# Virologia
# Humana

O GEN | Grupo Editorial Nacional – maior plataforma editorial brasileira no segmento científico, técnico e profissional – publica conteúdos nas áreas de ciências da saúde, exatas, humanas, jurídicas e sociais aplicadas, além de prover serviços direcionados à educação continuada e à preparação para concursos.

As editoras que integram o GEN, das mais respeitadas no mercado editorial, construíram catálogos inigualáveis, com obras decisivas para a formação acadêmica e o aperfeiçoamento de várias gerações de profissionais e estudantes, tendo se tornado sinônimo de qualidade e seriedade.

A missão do GEN e dos núcleos de conteúdo que o compõem é prover a melhor informação científica e distribuí-la de maneira flexível e conveniente, a preços justos, gerando benefícios e servindo a autores, docentes, livreiros, funcionários, colaboradores e acionistas.

Nosso comportamento ético incondicional e nossa responsabilidade social e ambiental são reforçados pela natureza educacional de nossa atividade e dão sustentabilidade ao crescimento contínuo e à rentabilidade do grupo.

# Virologia Humana

**Norma Suely de Oliveira Santos, D.Sc.**
Professora Titular
Departamento de Virologia
Universidade Federal do Rio de Janeiro

**Maria Teresa Villela Romanos, D.Sc.**
Professora Associada
Departamento de Virologia
Universidade Federal do Rio de Janeiro

**Marcia Dutra Wigg, D.Sc.**
Professora Adjunta
Departamento de Virologia
Universidade Federal do Rio de Janeiro

**José Nelson dos Santos Silva Couceiro, D.Sc.**
Professor Titular
Departamento de Virologia
Universidade Federal do Rio de Janeiro

4ª EDIÇÃO

gen | GUANABARA KOOGAN

- Os autores deste livro e a editora empenharam seus melhores esforços para assegurar que as informações e os procedimentos apresentados no texto estejam em acordo com os padrões aceitos à época da publicação, *e todos os dados foram atualizados pelos autores até a data do fechamento do livro.* Entretanto, tendo em conta a evolução das ciências, as atualizações legislativas, as mudanças regulamentares governamentais e o constante fluxo de novas informações sobre os temas que constam do livro, recomendamos enfaticamente que os leitores consultem sempre outras fontes fidedignas, de modo a se certificarem de que as informações contidas no texto estão corretas e de que não houve alterações nas recomendações ou na legislação regulamentadora.
- Data do fechamento do livro: 08/07/2021
- Os autores e a editora se empenharam para citar adequadamente e dar o devido crédito a todos os detentores de direitos autorais de qualquer material utilizado neste livro, dispondo-se a possíveis acertos posteriores caso, inadvertida e involuntariamente, a identificação de algum deles tenha sido omitida.
- Os autores preferiram grafar alguns termos técnicos segundo são comumente utilizados em trabalhos da área a adotar a grafia registrada formalmente no Vocabulário Ortográfico da Língua Portuguesa.
- **Atendimento ao cliente: (11) 5080-0751 | faleconosco@grupogen.com.br**

- Capa: Bruno Sales
- Créditos da imagem: iStock (ffikretow - ID: 1267049795; CHIARI_VFX - ID: 840117334; lukbar - ID: 1226808012)
- Editoração eletrônica: Anthares
- Ficha catalográfica

**CIP-BRASIL. CATALOGAÇÃO NA PUBLICAÇÃO**
**SINDICATO NACIONAL DOS EDITORES DE LIVROS, RJ**

V811
4. ed.

Virologia humana / Norma Suely de Oliveira Santos ... [et al.]. - 4. ed. - Rio de Janeiro : Guanabara Koogan, 2021.
760 p.

Inclui bibliografia e índice
ISBN 978-85-277-3774-6

1. Virologia médica. I. Santos, Norma Suely de Oliveira.

21-71484 CDD: 616.0191
CDU: 578.7

Meri Gleice Rodrigues de Souza - Bibliotecária - CRB-7/6439

# Colaboradores

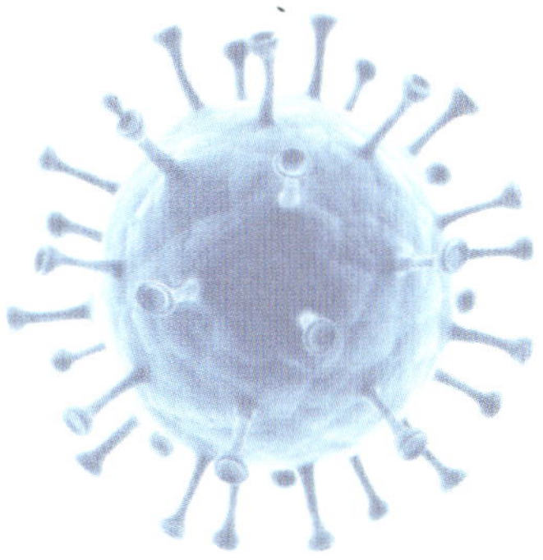


**Bárbara Vieira do Lago, D.Sc.**
Analista de Inovações e Operações Farmacêuticas
Fundação Oswaldo Cruz do Rio de Janeiro

**Caroline Cordeiro Soares, D.Sc.**
Pesquisadora em Saúde Pública
Laboratório de Virologia Molecular – Instituto Oswaldo Cruz
Fundação Oswaldo Cruz do Rio de Janeiro

**Daniela Prado Cunha, M.Sc.**
Mestra em Ciências da Saúde
Instituto Fernandes Figueira – Fundação Oswaldo Cruz do Rio de Janeiro

**Davis Fernandes Ferreira, D.Sc.**
Professor Associado
Departamento de Virologia
Universidade Federal do Rio de Janeiro

**Edson Oliveira Delatorre, D.Sc.**
Professor Adjunto
Departamento de Biologia
Universidade Federal do Espírito Santo

**Fernando Portela Câmara, D.Sc.**
Professor Associado
Departamento de Virologia
Universidade Federal do Rio de Janeiro

**Francisco Campello do Amaral Mello, D.Sc.**
Pesquisador em Saúde Pública
Departamento de Virologia
Fundação Oswaldo Cruz do Rio de Janeiro

**Gabriella da Silva Mendes, D.Sc.**
Professora Adjunta
Departamento de Virologia
Universidade Federal do Rio de Janeiro

**Luciana Barros de Arruda, D.Sc.**
Professora Associada
Departamento de Virologia
Universidade Federal do Rio de Janeiro

**Luciana Jesus da Costa, D.Sc.**
Professora Associada
Departamento de Virologia
Universidade Federal do Rio de Janeiro

**Lúcio Ayres Caldas, D.Sc.**
Professor Adjunto
Programa de Biofísica
Universidade Federal do Rio de Janeiro

**Natalia Motta de Araujo, D.Sc.**
Tecnologista em Saúde Pública
Departamento de Virologia
Fundação Oswaldo Cruz do Rio de Janeiro

**Pedro Telles Calil, B.Sc.**
Departamento de Virologia
Universidade Federal do Rio de Janeiro

**Renata Campos Azevedo, D.Sc.**
Professora Adjunta
Departamento de Virologia
Universidade Federal do Rio de Janeiro

**Sharton Vinícius Antunes Coelho, B.Sc.**
Departamento de Virologia
Universidade Federal do Rio de Janeiro

**Zilton Farias Meira de Vasconcelos, D.Sc.**
Departamento de Pesquisa Clínica
Instituto Fernandes Figueira – Fundação Oswaldo Cruz do Rio de Janeiro

# Prólogo

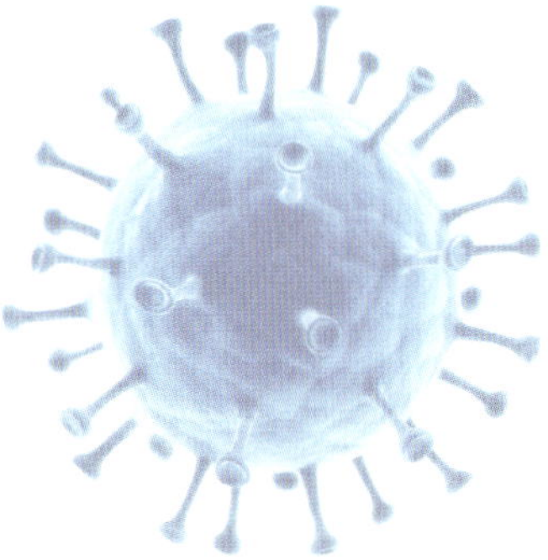

"Nada no mundo dos seres vivos é permanentemente fixo [...] Por motivos puramente biológicos é, portanto, inteiramente lógico supor que as doenças infecciosas estão mudando constantemente, novas doenças estão em processo de desenvolvimento e as antigas estão se modificando ou desaparecendo."
*Rats, Lice and History – Hans Zinsser, 1935*

Os vírus são estruturas intrigantes e desafiadoras, evoluem rapidamente e, apesar de todo o desenvolvimento científico e tecnológico alcançado pela humanidade, parecem estar sempre "um passo à nossa frente". Esses agentes têm monopolizado a atenção do mundo, desde os primórdios da humanidade. Neste século, testemunhamos eventos de emergência e reemergência de viroses que ameaçam a saúde pública global. Assistimos atônitos à ocorrência de novos surtos, novas epidemias e novas pandemias do vírus da influenza; deparamo-nos com as constantes epidemias de arboviroses, como dengue, Zika e Chikungunya, e, incredulamente, observamos a reemergência da febre amarela, a qual ameaça se reurbanizar. No curso de 18 anos (2002-2019), fomos testemunhas do surgimento de três novos coronavírus: inicialmente o SARS-CoV, em 2002, causando a síndrome respiratória aguda grave (SRAG) em diversos países de cinco continentes; em 2012, houve a emergência do MERS-CoV, cuja epidemia, que ainda se encontra em curso, já causou mais de 2.500 casos de SRAG em diversos países, principalmente na Península Arábica; ao fim de 2019, o mundo foi surpreendido pela maior pandemia de doença respiratória desde a gripe espanhola de 1918, com a emergência do SARS-CoV-2, agente etiológico da COVID-19, com milhões de casos confirmados e centenas de milhares de óbitos, atingindo todos os continentes. Agravando ainda mais esse cenário, o sarampo, uma doença considerada sob controle e em vias de erradicação, reemergiu em diversas regiões do globo, incluindo o Brasil, além da poliomielite, que continua desafiando o esforço das autoridades de saúde pública do mundo para a sua erradicação. Claro, não podemos deixar de fora as diversas viroses respiratórias e entéricas que anualmente continuam a ceifar milhões de vidas, principalmente entre crianças menores de 5 anos.

O controle dessas infecções passa necessariamente por duas frentes: formação e informação. É preciso investir na formação da próxima geração de pesquisadores, os quais deverão produzir conhecimento, informação e sugerir políticas públicas de combate e controle de antigas e novas doenças. É preciso esperar o inesperado.

A proposta deste livro é contribuir para a formação de uma nova geração de pesquisadores que lidará com os constantes desafios de saúde pública no âmbito da Virologia. Por essa razão, é com grande alegria que apresentamos a 4ª edição desta obra, revisada e atualizada. Nesta empreitada, contamos com a colaboração de um novo organizador, o Prof. Dr. José Nelson dos Santos Silva Couceiro.

Nesta nova edição, foram feitas algumas alterações com a finalidade de tornar a obra mais didática e destacar alguns temas de extrema relevância na Virologia. Assim, (i) alguns capítulos foram reestruturados: Viroses Multissistêmicas (*Capítulo 15*), Viroses do Sistema Nervoso Central (*Capítulo 17*), Febres Hemorrágicas Virais (*Capítulo 19*); (ii) foi criado um capítulo dedicado às arboviroses (*Capítulo 18*), dada a importância dessas infecções no contexto da saúde pública global; (iii) novos vírus emergentes, como os vírus Zika, Oropouche, Mayaro, Saint Louis e SARS-CoV-2, foram incluídos nos respectivos capítulos.

Mais uma vez, queremos reconhecer o esforço e a dedicação dos nossos colaboradores para que o resultado desta obra pudesse atender às expectativas de todos. Àqueles que, de alguma forma, contribuíram para a realização deste empreendimento, os nossos mais sinceros agradecimentos.

Desejamos expressar também os nossos agradecimentos a todos os colegas do Instituto de Microbiologia Prof. Paulo de Góes, da Universidade Federal do Rio de Janeiro (IMPG/UFRJ), que sempre acreditaram nesta iniciativa, dando-nos seu apoio e incentivo.

Finalmente, gostaríamos de dedicar esta obra aos nossos alunos, razão maior deste trabalho.

Queremos, ainda, prestar a nossa homenagem e demonstrar nossa gratidão ao Professor Dr. Raimundo Diogo Machado (★1931-✝2020), que infelizmente nos deixou em 02 de maio de 2020. O Professor Machado, como era conhecido por todos, foi um ilustre membro do Departamento de Virologia do IMPG/UFRJ, onde atuou como Professor, Pesquisador e Administrador, tendo imprimido a sua personalidade em tudo o que realizou, sempre com dedicação e empenho. Participou ativamente de cursos de graduação e pós-graduação, tendo sido importante na formação de muitos Professores e Pesquisadores do nosso país. Trabalhou durante muitos anos em pesquisas no âmbito das viroses respiratórias, tema em que desenvolveu o seu Mestrado e a sua Livre-Docência; nesse tema, foi referência da Organização Mundial da Saúde, no Brasil. Ademais, participou de trabalhos e orientou outros em diferentes áreas da Microbiologia e da Virologia. Chefiou o Departamento de Virologia em diversas ocasiões, tendo sido, ainda, Diretor do IMPG/UFRJ e um dos idealizadores do Curso de Especialização em Virologia (CEV). Além disso, foi Chefe do Laboratório de Diagnóstico Virológico do Hospital Universitário Clementino Fraga Filho, da UFRJ. Entretanto, a sua contribuição para a ciência não ficou restrita aos limites da UFRJ. O Professor Machado participou da fundação da Sociedade Brasileira de Virologia (SBV) e da Sociedade Brasileira de Análises Clínicas (SBAC), e da instalação do Programa Nacional de Controle de Qualidade (PNCQ) da SBAC. Ele deixou, indiscutivelmente, a sua marca na memória de todos que o conheceram.

**Norma Suely de Oliveira Santos**

**Maria Teresa Villela Romanos**

**Marcia Dutra Wigg**

**José Nelson dos Santos Silva Couceiro**

# Prefácio à Quarta Edição

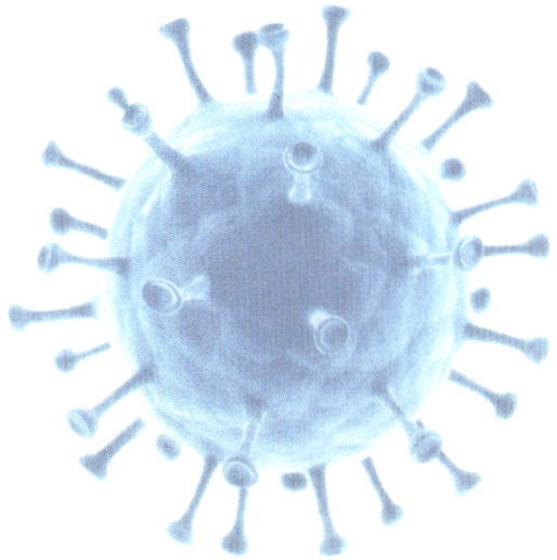

Os vírus, desde a sua caracterização como entidade biológica, nos idos do século XIX, têm despertado enorme fascínio na ciência da vida. Destacam-se pela sua simplicidade, contrapondo-se à complexa interação com os elementos da biosfera. Outrora, foram abstratos protagonistas de relevantes flagelos na história da civilização, não raramente, associados a causas místicas. O progresso da ciência tem demostrado que os vírus participam de forma decisiva na Biologia Celular, tanto no entendimento de aspectos da regulação do crescimento quanto nos processos evolutivos. Representam, também, importante instrumento na Biologia Molecular e no futuro da terapia gênica. Contudo, não podemos subestimá-los, pois é notória a ocorrência de viroses emergentes e reemergentes, em virtude da pressão seletiva de origens variadas e da transposição de barreira entre espécies de hospedeiros, dentre outros fatores.

Sentimo-nos honrados de poder prefaciar esta importante obra – *Virologia Humana*, cuja pedra fundamental foi lançada em 2002, à época com o título *Introdução à Virologia Humana*. Temos a convicção de que esta 4ª edição, assim como as outras, somente foi concebida e se tornou realidade graças ao esforço, à dedicação e, acima de tudo, à abnegação dos organizadores, Prof.ª Norma Suely de Oliveira Santos, Prof.ª Maria Teresa Villela Romanos, Prof.ª Marcia Dutra Wigg e Prof. José Nelson dos Santos Silva Couceiro, ilustríssimos colegas, os quais nos proporcionaram um cordial convívio, anos a fio, no Departamento de Virologia do IMPG/UFRJ. Rendemos a eles profundo reconhecimento e as nossas sinceras homenagens. Oxalá que possamos celebrar este feito em toda a sua plenitude nesta sublime ocasião; entretanto, o momento é de apreensão e extremamente delicado, em plena pandemia da COVID-19.

Esta 4ª edição de *Virologia Humana* foi revisada e atualizada. Alguns capítulos foram reestruturados para se adequarem à nova concepção de apresentação; outros, acrescentados, como o do novo coronavírus, SARS-CoV-2, atual por conta da emergência da COVID-19, com a sua recrudescência e a sua elevada letalidade. Em virtude da relevância de arboviroses, tendo em vista o recente surto epidêmico de microcefalia, além de casos esporádicos de outras arboviroses passíveis de desencadearem encefalite e meningite, foram incluídos os vírus Zika, Oropouche, Mayaro e Saint Louis.

Aos leitores, particularmente, alunos de graduação e pós-graduação de áreas afins, deixamos as nossas palavras de estímulo e incentivo; e a certeza de que, nesta obra bibliográfica completa, hão de encontrar uma leitura prazerosa de fácil assimilação, com enfoque nos principais vírus de interesse humano. Os organizadores introduzem a leitura explorando os aspectos gerais dos vírus, os mecanismos das infecções e as manifestações clínicas, a identificação laboratorial dos agentes virais, o controle e a epidemiologia das infecções, de forma concisa, objetiva e didática.

Rio de Janeiro, agosto de 2020.

**Prof. Carlos Nozawa**
Ex-Professor do Departamento de Virologia do IMPG/UFRJ
e Professor Aposentado do Departamento de Microbiologia
da Universidade Estadual de Londrina

# Material Suplementar

Este livro conta com o seguinte material suplementar:

- Bibliografia.

O acesso ao material suplementar é gratuito. Basta que o leitor se cadastre e faça seu *login* em nosso *site* (www.grupogen.com.br), clicando em GEN-IO, no *menu* superior do lado direito.

*O acesso ao material suplementar online fica disponível até seis meses após a edição do livro ser retirada do mercado.*

Caso haja alguma mudança no sistema ou dificuldade de acesso, entre em contato conosco (gendigital@grupogen.com.br).

genio
GEN | Informação Online

GEN-IO (GEN | Informação Online) é o ambiente virtual de aprendizagem do GEN | Grupo Editorial Nacional

# Sumário

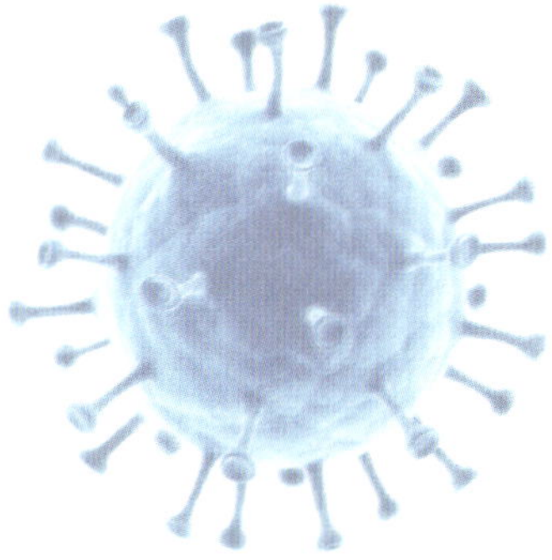

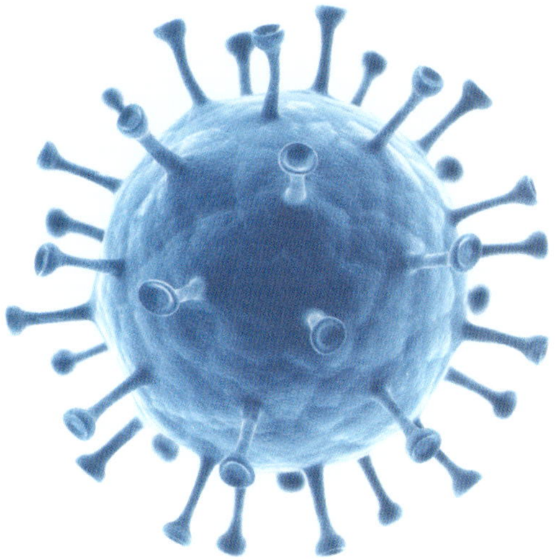

# Parte 1

# Virologia Geral

# Capítulo 1

# Introdução à Virologia

Norma Suely de Oliveira Santos

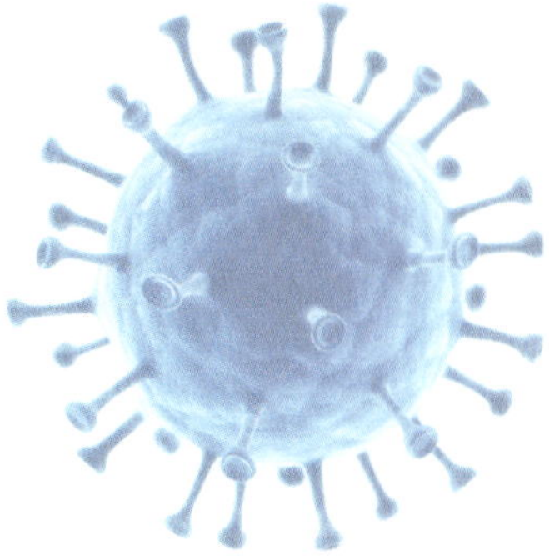

## História da Virologia

Surtos abruptos, muitas vezes de proporções epidêmicas, marcaram o início da história das doenças infecciosas. Os avanços científicos no final do século XIX e início do século XX resultaram no sucesso da prevenção e do controle de muitas doenças infecciosas, particularmente nas nações industrializadas. Apesar dessa melhoria na saúde, surtos de doenças infecciosas continuam a ocorrer e novas enfermidades surgem.

De acordo com a Organização Mundial da Saúde (OMS), dentre as doenças infecciosas que afligem o ser humano, cerca de 60% são de etiologia viral. A dimensão desse problema tem sido exaustivamente discutida no meio científico e foi brilhantemente sintetizada pelo médico e biólogo molecular americano Joshua Lederberg, laureado com o Prêmio Nobel de Fisiologia ou Medicina em 1958, que disse:

> "Os únicos reais competidores da humanidade pelo domínio do planeta são os vírus, os quais podem servir como parasitas e elementos genéticos nos seus hospedeiros. Os vírus não só apresentam uma plasticidade genética que os capacita a evoluir em novas direções, como também mostram a capacidade de interação genética e metabólica com as células infectadas, que os coloca em posição de mediar alterações evolucionárias cumulativas nas células hospedeiras. Contudo, o efeito das infecções virais não é sempre sutil; os vírus podem também dizimar uma população."

### Pré-história: primeiros indícios da existência dos vírus

As evidências sobre as infecções virais surgiram desde os primeiros registros de atividades humanas, sendo empregados vários métodos para combatê-las, mesmo antes do conhecimento da existência da partícula viral como agente etiológico de doenças. É possível afirmar que a Virologia desempenha um importante papel na história da evolução humana devido ao caráter predatório dos vírus, o que contribui para a seleção natural das espécies. As implicações médicas das infecções virais demandaram esforços extraordinários por parte dos pesquisadores, culminando com o desenvolvimento da Biologia Molecular, erradicação de doenças e elucidação dos processos celulares, vitais para o funcionamento do organismo vivo.

Desde que os primeiros seres humanos deixaram de ser nômades, domesticando animais e invadindo terras, os variados contatos intra e interespécies tornaram-se mais frequentes, possibilitando que diversos tipos de patógenos, dentre eles os vírus, fossem transmitidos e mantidos nas populações. Nesse tempo, os vírus extremamente virulentos, como os vírus do sarampo e da varíola, responsáveis por epidemias que dizimavam rapidamente as comunidades não imunes, provavelmente não seriam capazes de permanecer infecciosos por um longo período. Nesse caso, somente quando a densidade demográfica tornou-se mais consistente, esses vírus foram capazes de subsistir. Consequentemente, os vírus que apresentavam uma relação mais benigna e que puderam manter um contato mais intenso com o hospedeiro foram os primeiros a se adaptar no início da civilização, tais como os vírus do papiloma, os herpesvírus e os retrovírus.

As doenças virais começaram a ser registradas nas civilizações egípcias e greco-romanas. Na Mesopotâmia, no ano 1000 a.C., já existiam leis que descreviam a responsabilidade dos donos de animais domésticos e suas consequentes obrigações, caso esses ficassem raivosos. As leis estabeleciam, para os donos displicentes, pesadas multas ou até mesmo morte. O poeta grego Homero, no século VIII a.C., em sua obra *Ilíada*, descreve a personalidade "raivosa" (do grego *Lissa*; refere-se à deusa Lyssa, que personificava a ira, a raiva, a fúria desenfreada) do personagem Heitor e o "cuidado" necessário em lidar com ele, referindo-se à conduta dos donos de cães e sugerindo a ocorrência da raiva canina naquela época. Esses fatos demonstram o conhecimento da natureza contagiosa das doenças e o medo da sua propagação pelo contato com animais doentes.

Foi encontrada uma tábua com origem na civilização egípcia, datada do século XIV a.C., que mostra o desenho de um cidadão com deformidade anatômica semelhante àquela causada pelo vírus da poliomielite, e a múmia do faraó Ramsés V, falecido no século XII a.C., apresentando sequelas de varíola na face, além de hieróglifos relatando sua morte em virtude dessa doença. Outras doenças virais, conhecidas desde os tempos remotos, são a caxumba, a influenza e a febre amarela, esta última descrita desde a descoberta da África pelos europeus. É possível que o vírus da febre amarela (que provoca febre elevada e delírios, podendo levar à morte) tenha sido o responsável por dizimar as tripulações dos grandes barcos comerciais, sendo provavelmente o verdadeiro responsável pela lenda do navio fantasma O Holandês Voador, que, naquela época, assustava as tripulações dos navios em alto-mar.

Os seres humanos não foram apenas acometidos por doenças virais durante a maior parte da sua história, eles também manipularam esses agentes, ainda que não soubessem disso. Um exemplo clássico é o cultivo de tulipas com diferentes padrões, as quais eram extremamente valiosas na Holanda do século XVII.

Esse cultivo incluía a disseminação deliberada de um vírus (vírus do mosaico da tulipa) que, agora se sabe, causa o padrão listrado nas pétalas das tulipas tão cobiçadas naquela época.

Os esforços para controlar as doenças virais têm uma história ainda mais impressionante. É provável que a varíola já fosse endêmica na Ásia e Europa no século V e tenha tido um papel importante na história humana. Os colonizadores do Velho Mundo, no século XV, disseminaram o vírus da varíola entre os povos das Américas Central e do Sul, o que provocou uma epidemia letal, considerada um fator importante nas conquistas realizadas por um pequeno número de soldados europeus. A primeira medida de controle utilizada contra essa doença foi a variolação, que consistia na inoculação de material coletado de pústulas de varíola em uma escarificação realizada no braço de indivíduos saudáveis. No século XI, a prática era comum na China e na Índia e baseava-se no fato de que os sobreviventes da varíola eram protegidos contra infecções subsequentes (ver boxe "História da varíola"). Este procedimento foi introduzido na Inglaterra em 1721 por Lady Mary Wortley Montague, esposa do embaixador britânico no Império Otomano. Em 1776, George Washington introduziu a variolação entre soldados do exército americano. As consequências da variolação eram imprevisíveis e podiam levar a óbito 1 a 2% dos indivíduos submetidos ao procedimento, porém os riscos eram aceitáveis no século XVIII, quando 1 em cada 10 pessoas (10%) morria de varíola.

Edward Jenner, médico inglês, observou que ordenhadoras que eram expostas à *cowpox* (varíola de bovinos, branda em humanos) passavam a ser protegidas contra a varíola humana. Ele demonstrou que a inoculação de um garoto com extrato de lesões de *cowpox*, que induzia apenas lesões brandas, protegia-o contra a varíola humana. Desses experimentos com *cowpox*, surgiu o termo *vacinação* (*vacca* = vaca em latim).

## Desenvolvimento do conceito de vírus

Na segunda metade do século XIX, já era conhecida a existência de bactérias, fungos e protozoários, e a comunidade científica debatia a questão da origem desses microrganismos. Alguns acreditavam que eles surgiam espontaneamente (p. ex., em virtude de matéria em decomposição); outros acreditavam que eram gerados por reprodução, a exemplo do que ocorre com os organismos macroscópicos. A teoria da geração espontânea foi desconsiderada quando o médico francês Louis Pasteur demonstrou que o meio de cultura esterilizado permanecia livre de microrganismos enquanto fosse mantido em um recipiente

### História da varíola

#### Da varíola à primeira vacina

Através dos séculos, a varíola foi uma doença muito conhecida pela população mundial. Houve relato do primeiro caso identificado em 2000 a.C., na China e no leste da Ásia. No Egito, hieróglifos relatam que o faraó Ramsés V morreu em decorrência de varíola, em 1157 a.C. Esse vírus chegou à Europa em 710 d.C. por meio das batalhas das antigas Cruzadas e de migrações populacionais. A varíola veio para as Américas em 1519, quando Hernán Cortés foi nomeado para conquistar o império Asteca; alcançou a proporção de praga epidêmica nas cidades europeias, durante o século XVIII, e permaneceu amedrontando a população com o passar dos séculos, até ser considerada erradicada. O último caso da doença foi relatado na Somália, em 26 de outubro de 1977.

#### Prevenção

Na tentativa de evitar e curar a varíola, curandeiros chineses inventaram um método, denominado variolação, que envolvia a técnica de coletar crostas das lesões de vítimas da doença, transformar em pó e fazer com que os pacientes o inalassem. Eventualmente, esse procedimento apresentava resultado satisfatório; outras vezes, não, principalmente devido às diferenças entre estirpes que eram divididas em mais virulentas (25 a 30% de mortes) e menos virulentas (menos que 1% de mortes). A técnica de variolação era amplamente praticada na China e espalhou-se para muitos países do Oriente Médio. Durante muitos séculos, a variolação foi realizada por inoculação de fluido preparado de crostas da varíola nos braços dos pacientes, fazendo arranhões pequenos com uma agulha.

Lady Mary Wortley Montague, esposa do embaixador britânico no Império Otomano, contraiu varíola em 1715, sofrendo de intensa escarificação facial e perda dos cílios, ficando quase cega. Em 1718, enquanto vivia na Turquia, ela permitiu que seu filho de 6 anos fosse variolado, mesmo sob rigorosos protestos do corpo diplomático da embaixada inglesa em Constantinopla. Contudo, as consequências da variolação eram imprevisíveis e desagradáveis, pois lesões sérias se desenvolviam, invariavelmente, nos sítios de inoculação, sempre acompanhadas de febre e exantema generalizado, com índice de mortalidade em torno de 1 a 2%.

Em 1776, em Boston (Estados Unidos da América - EUA), a variolação foi colocada em prática nos soldados do exército americano pelo Reverendo Cotton Mather, com o consentimento de George Washington. No entanto, assim como na Inglaterra, esse método também encontrava resistência da classe médica.

Edward Jenner (1749-1823) foi variolado em 1756 – uma experiência que nunca pôde esquecer. Por volta dos 13 anos, tornou-se aprendiz de cirurgia e estendeu seus estudos por 7 anos, continuando a trabalhar em Londres até a idade de 23 anos, quando se transferiu para Berkeley (Inglaterra). Jenner teve a ideia da vacinação quando um antigo professor de cirurgia, ao visitá-lo em sua pequena quinta, lhe disse que uma ordenhadora de vacas tornara-se protegida da infecção por varíola após ter contraído lesão branda nas mãos adquirida por contato direto com vacas portadoras de *cowpox* (varíola de bovinos). Além disso, em 1774, o fazendeiro Benjamin Jesty relatou sua experiência de inocular sua esposa e seus filhos com as lesões de vaca com *cowpox*, do mesmo modo que era feito no Oriente Médio, por escarificação com agulhas nos braços. Não se sabe se Jenner tomou conhecimento daquele fato, mas em 14 de maio de 1796, ele vacinou um menino de 8 anos de idade, chamado James Phipps, com material de lesões de *cowpox* originadas das mãos de uma ordenhadora de vacas, Sarah Nelmes. Esse menino nunca adquiriu varíola, mas desenvolveu uma pequena lesão no sítio de inoculação, que regrediu em duas semanas. Em 1º de julho de 1796, o menino foi submetido a uma segunda inoculação, dessa vez com material de lesões de varíola de pessoas infectadas, e ele não ficou doente. Tal fato deu origem ao nome vacinação.

Muitas pessoas influentes ficaram contra Jenner, inclusive Sir Joseph Banks, presidente da Real Sociedade Britânica, que se recusou a aceitar o seu manuscrito para publicação; além disso, Jenner era considerado uma fraude. Contudo, a vacinação tornou-se uma prática amplamente utilizada por dois motivos: devido aos benefícios óbvios e ao fato de que Jenner gastou o resto de seus dias promovendo as vantagens da vacinação por todo o mundo. No momento de sua morte, em 25 de janeiro de 1823, a vacinação estava aceita e amplamente praticada por todo o mundo, incluindo EUA e Inglaterra.

*(continua)*

## História da varíola (*continuação*)

### Erradicação

Jenner foi a primeira pessoa a propor a erradicação da varíola por meio da vacinação, em 1801. Em 1950, a OMS adotou como meta a erradicação da varíola nas Américas; fato que, pelas projeções da Organização, levaria em torno de oito anos. Em 1958, a OMS lançou um programa mundial de erradicação, que se tornou real somente em 1965. Entre 200 e 300 milhões de doses da vacina antivariólica foram produzidas e aplicadas anualmente, e a vacinação alcançou o sucesso esperado em consequência do desenvolvimento do método por agulhas bifurcadas, em 1968, que tornou mais fácil e efetiva a administração das doses. O último caso de infecção natural foi relatado em 26 de outubro de 1977.

Inicialmente, a única maneira de se conseguir manter e propagar o vírus da varíola de bovinos (*cowpox virus*, CPXV) para obtenção da vacina era por propagação seriada de um braço a outro, mantendo o vírus circulante. Mas esse método era associado também à transmissão de outras doenças, tais como sífilis e hepatite. Em 1845, descobriu-se que o vírus para produção de vacinas poderia ser obtido em grandes quantidades inoculando, pelo método de escarificação, a estirpe original retirada da mão das ordenhadoras, nos flancos de bovinos. Esses animais foram posteriormente substituídos por ovelhas e búfalos, ainda no século XIX. As vacinas contra a varíola produzidas e usadas com sucesso durante o programa intensificado de erradicação são chamadas de vacinas de primeira geração, em contraste com as vacinas de segunda e terceira geração desenvolvidas no final da fase de erradicação, produzidas por meio de técnicas modernas de cultura de células e padrões atuais de Boas Práticas de Fabricação (GMP, *Good Manufacturing Practices*).

Contudo, em 1939, foi demonstrado que as preparações contemporâneas de CPXV usadas como vacinas contra a varíola continham um vírus diferente que não era encontrado na natureza, o qual foi denominado *vaccinia virus* (VACV), em referência ao procedimento de vacinação. Com o passar dos anos, o VACV substituiu o CPXV como vacina contra a varíola. Com base nas análises das sequências do genoma viral, é improvável que o VACV seja derivado de um CPXV ou do vírus da varíola de humanos (VARV). Trata-se de um fato interessante a ser relatado, pois, mesmo após milhões de doses de vacina terem sido aplicadas, ainda não se sabe como ou quando isso aconteceu. Certamente, o vírus contido na vacina original utilizada por Jenner era derivado do CPXV, mas qual vírus foi utilizado posteriormente para a produção das vacinas, ainda é um mistério da ciência.

### Situação atual da varíola no mundo

A varíola foi considerada erradicada pela OMS, em 1980. Atualmente, já é conhecida a sequência genômica do seu agente etiológico (VARV), assim como a sequência do CPXV e do VACV. Após a erradicação da doença, alguns segmentos das comunidades científicas e governamentais propuseram que todo o estoque de VARV fosse eliminado com segurança. Apesar de intensamente debatida, essa proposta não foi aceita por todos os países, pois alguns consideraram prudente a manutenção do vírus para estudos futuros. Assim, a partir da década de 1980, paulatinamente, as culturas do VARV existentes em vários laboratórios do mundo seriam destruídas e somente dois laboratórios receberam permissão para manter suas amostras – um nos EUA e outro na Rússia. A data de 30 de junho de 1999, para alguns, seria o último prazo para destruição dos estoques do VARV, no entanto, em abril de 1999, o presidente americano Bill Clinton decidiu manter os estoques em mais laboratórios, e incluiu também os Centers for Disease Control and Prevention (CDC), sob o argumento de que isso seria "essencial para o desenvolvimento de novos antivirais e vacinas".

Em 1980, a OMS reconheceu a necessidade de manter uma reserva de emergência da vacina contra a varíola com a finalidade de garantir a capacidade de responder a um ressurgimento da doença. Assim, um estoque de aproximadamente 2,4 milhões de doses da vacina é mantido na sede da OMS na Suíça, além de 31,01 milhões de doses, mantidas nos estoques nacionais da França, Alemanha, Japão, Nova Zelândia e EUA.

---

especial com pescoço longo e curvo, projetado para impedir a entrada de ar contendo "micróbios".

Em 1840, o médico alemão Jacob Henle sugeriu a hipótese da existência de agentes infecciosos capazes de causar doenças, mas muito pequenos para serem observados ao microscópio óptico. Na ausência de evidências diretas desses agentes, suas ideias não foram aceitas.

Na segunda metade do século XIX, três importantes avanços da Microbiologia levaram à aceitação da teoria dos "germes como causadores de doença". O primeiro foi protagonizado por Louis Pasteur, em 1867, que estudou o fenômeno da fermentação e demonstrou que diferentes microrganismos estavam associados a diferentes tipos de processos, tais como a produção de álcool, ácido láctico ou ácido acético. Essa ideia foi fundamental para a concepção das teorias sobre o desenvolvimento das doenças.

No segundo evento, Joseph Lister, cirurgião inglês, admirador do trabalho de Pasteur, teorizou que as infecções de feridas abertas eram causadas por microrganismos presentes no ambiente. Lister introduziu as técnicas assépticas, tendo realizado a primeira cirurgia nesse contexto e demonstrado a importância da antissepsia para reduzir as infecções durante cirurgias; além disso, ainda contribuiu para o estabelecimento da técnica de diluição para obter culturas puras de bactérias.

O terceiro evento foi protagonizado por Robert Koch, médico alemão e aluno de Jacob Henle. Koch desenvolveu a metodologia de isolamento de colônias bacterianas em meio sólido e demonstrou que o bacilo antraz (*Bacillus anthracis*) era o causador do carbúnculo (ou antraz) em bovinos. Ele usou essa metodologia para estabelecer culturas puras de uma única espécie de bactéria a partir de material de uma vaca infectada. Posteriormente, injetou uma amostra da cultura pura em animais saudáveis, os quais desenvolveram a doença; finalmente, isolou a mesma bactéria a partir dos animais inoculados. Koch também demonstrou que um bacilo era o causador da tuberculose em humanos.

Embora vários cientistas tenham contribuído para os conceitos anteriormente mencionados, foram basicamente os estudos de Pasteur, Lister e Koch que criaram uma nova abordagem experimental para a ciência médica e deram origem aos quatro postulados de Koch, para definir se um microrganismo é o causador de uma doença. Os postulados de Koch são:

- O organismo deve ser regularmente associado à doença e a suas lesões características
- O organismo deve ser isolado do indivíduo doente em cultura pura
- A inoculação da cultura pura do organismo em um hospedeiro saudável deve reproduzir a doença
- O mesmo organismo deve ser isolado da lesão desse novo hospedeiro.

Ao final do século XIX, esses conceitos se tornaram um paradigma na comunidade médica e delinearam um método experimental para ser utilizado em todas as situações. O não preenchimento de todos os postulados de Koch na identificação do agente causal de diversas doenças culminou com o desenvolvimento do conceito de uma nova classe de agentes infecciosos submicroscópicos – os vírus.

## Descobertas pioneiras

Em 1876, Adolf Mayer, químico alemão, verificou que uma das doenças que acometia o tabaco apresentava natureza infecciosa e podia ser transmitida de uma planta para outra por inoculação de plantas saudáveis com o sumo extraído de plantas doentes. Além disso, ele observou que o agente infeccioso era inativado quando aquecido a 80°C. Essa foi a primeira transmissão experimental de uma doença de planta. Embora a natureza infecciosa da doença tivesse sido estabelecida, não foi possível isolar bactéria ou fungo desse extrato, e os postulados de Koch não puderam ser cumpridos. Em um comunicado preliminar de seus achados, publicado em 1882, Mayer especulou que a causa da doença poderia ser "solúvel, possivelmente uma enzima". Contudo, em 1886, quando publicou as conclusões finais do estudo e denominou a infecção descrita por ele de doença do mosaico do tabaco (devido ao aspecto das lesões presentes nas folhas doentes), concluiu que essa doença era causada por uma bactéria que ele não havia conseguido isolar.

Em 1885, quase uma década antes do reconhecimento da existência dos vírus, Louis Pasteur desenvolveu uma vacina contra a raiva – a segunda desenvolvida para uso em seres humanos e a primeira produzida após a atenuação da patogenicidade do agente infeccioso. Tal atenuação foi obtida pela inoculação seriada do patógeno em coelhos. Em seguida, o material retirado de coelhos infectados foi "envelhecido" em frascos de vidro. Posteriormente, Pasteur mediu o grau de atenuação inoculando o material "envelhecido" em coelhos saudáveis. Após duas semanas, a capacidade de o agente matar os animais foi completamente eliminada; entretanto, Pasteur nunca investigou a natureza do agente infeccioso.

Em 1892, Dimitri Ivanovsky, biólogo russo-ucraniano, repetiu o experimento de Mayer com tabaco e confirmou que o sumo das folhas doentes continha um agente que podia transmitir a doença para plantas saudáveis. Ivanovsky demonstrou ainda que o agente infeccioso era capaz de passar pelo filtro de Chamberland, filtro de porcelana que contém poros muito pequenos que impedem a passagem de bactérias. Assim como Mayer, ele não conseguiu cultivar o microrganismo e atribuiu o fato a alguma falha da sua metodologia, sugerindo até a possibilidade de uma toxina ser a causadora da doença. Entretanto, mais tarde, seu experimento tornou possível uma definição de vírus – *agente filtrável* – e de uma técnica experimental pela qual um agente poderia ser definido como vírus.

Em 1898, Martinus Beijerinck, um microbiologista holandês que trabalhou com Adolf Mayer e desconhecia o trabalho de Ivanovsky, também demonstrou a filtrabilidade do agente do mosaico do tabaco. Ele confirmou os experimentos de Mayer de que o agente poderia ser inativado pelo calor, aquecendo-o a 90°C, excluindo assim a possibilidade de ser um esporo. Contudo, Beijerinck deu um passo adiante e demonstrou que o extrato infeccioso poderia ser diluído e então readquirir sua potência após a inoculação em folhas saudáveis; ou seja, o agente era replicado (o que significava que não era uma toxina), mas precisava ser em tecido vivo. Isso explicava a falha de Meyer em cultivar o patógeno fora do hospedeiro. Beijerinck criou as bases para a descoberta de um microrganismo menor que uma bactéria, filtrável, não observado ao microscópio óptico e propagado apenas em células ou tecidos vivos. Denominou esse agente de *contagium vivum fluidum*, enfatizando sua natureza infecciosa e suas propriedades físicas e reprodutivas peculiares.

Nesse ponto, duas propriedades fundamentais das características dessa nova classe de patógenos já estavam estabelecidas: eles eram menores que as bactérias, uma vez que conseguiam atravessar os poros de filtros que retinham bactérias, e precisavam de células vivas para a sua propagação. Esses patógenos passaram a ser chamados de agentes filtráveis. Mais tarde, o termo *virus*, do latim, que significa veneno, passou a ser utilizado para denominar os patógenos que se enquadravam nos critérios estabelecidos por Mayer, Ivanovsky e Beijerinck, com base na descoberta do agente da doença do mosaico do tabaco, que foi o primeiro patógeno que não cumpria os postulados de Koch naquela época.

No mesmo ano de 1898, os cientistas alemães Friedrich Loeffler e Paul Frosch, ambos alunos e assistentes de Robert Koch, demonstraram a filtrabilidade do agente causador da febre aftosa, uma doença de bovinos.

Em 1901, em Cuba, Walter Reed, médico militar americano, isolou pela primeira vez um vírus patogênico para seres humanos: o vírus da febre amarela, cuja identificação propiciou uma nova e importante descoberta – era um vírus transmitido por mosquitos. De fato, a hipótese de transmissão da doença por artrópode já havia sido levantada em 1881 pelo médico cubano Carlos Juan Finlay de Barres. Esse mesmo pesquisador, em 1882, identificou o mosquito do gênero *Aedes* como o agente transmissor da febre amarela, mas somente 20 anos mais tarde os estudos de Walter Reed confirmaram essa teoria.

Em 1908, os cientistas dinamarqueses Vilhelm Ellerman e Oluf Bang descobriram que era possível transmitir leucemia de uma galinha para outra por meio da inoculação de extrato de células sanguíneas. Na ocasião, não foi dada a devida importância ao trabalho, pois, naquela época, a leucemia não era considerada uma doença maligna e, além disso, o estudo com galinhas não era considerado "interessante".

Em 1911, Francis Peyton Rous, médico americano, demonstrou que o sarcoma de galinhas poderia ser transmitido pela inoculação de um extrato do tumor e, portanto, deveria ser causado por um agente transmissível, provavelmente um vírus. Como câncer não é contagioso, a descoberta da etiologia viral de câncer de galinha foi rapidamente relegada à condição de "curiosidade científica". Assim, Rous desistiu de seus estudos sobre vírus oncogênicos e, nos quase 20 anos subsequentes, houve pouco progresso na área de Oncovirologia. Em 1966, Rous foi laureado com o Prêmio Nobel de Fisiologia ou Medicina por seus estudos sobre vírus indutores de tumor.

A descoberta de uma categoria de agentes diferentes de todos os microrganismos conhecidos foi revolucionária. Essa ideia enfrentou uma oposição forte, e não foi aceita rapidamente, dando origem a um ciclo de 25 anos de debates sobre a natureza desses agentes (os vírus são sólidos ou líquidos?), que só terminou após a descoberta dos bacteriófagos e da primeira observação por microscopia eletrônica do vírus do mosaico do tabaco (TMV, *tobacco mosaic virus*).

## Era dos bacteriófagos

Em 1915, Frederick Twort, médico e bacteriologista inglês, ao tentar isolar o vírus de uma amostra de vacina da varíola, inoculou o material em ágar nutritivo; ele não conseguiu isolar o vírus, mas bactérias contaminantes cresceram rapidamente no meio. Twort notou que algumas colônias bacterianas sofreram alteração, tornando-se mais transparentes. Essas colônias não mais podiam ser cultivadas, indicando que as bactérias estavam mortas. Twort denominou o fenômeno de "vitrificação"; ele ainda demonstrou que a infecção de uma colônia normal de bactérias com esse material transparente poderia matá-las. Essa entidade era filtrável, poderia ser diluída e readquirir a potência ao ser novamente inoculada em bactérias. Twort publicou uma nota descrevendo o fenômeno e sugerindo que se tratava de um vírus de bactéria. Seu trabalho foi interrompido pela I Guerra Mundial, na qual ele foi combatente; ao retornar a Londres, não retomou a pesquisa sobre o assunto.

Nesse mesmo tempo, Félix d'Hérelle, médico e bacteriologista franco-canadense, estava trabalhando no Instituto Pasteur em Paris (França). Em 1915, ocorreu um surto de disenteria causado por *Shigella* em um esquadrão da cavalaria do exército francês, em Maisons-Laffitte, nos arredores de Paris. Félix d'Hérelle isolou a bactéria que estava causando a doença e observou áreas circulares translúcidas nas quais não havia crescimento bacteriano, denominando esse fenômeno de *plaque* (ou *placa*); ele também observou que, quando as placas apareciam, as bactérias morriam. Uma emulsão filtrada das fezes dos pacientes foi misturada à cultura da bactéria e inoculada em placas de ágar e, novamente, as áreas translúcidas apareceram.

No hospital do Instituto Pasteur, ocorreram diversos casos de disenteria e d'Hérelle acompanhou o caso de um paciente, desde a admissão até a convalescença, a fim de determinar em que momento da doença surgiam as placas, notando que o tempo de aparecimento era o mesmo que o paciente levava para ficar curado. Félix d'Hérelle atribuiu a cura à atividade dos vírus de bactérias e denominou-os de bacteriófagos ou fagos (*phagos*, em grego = ato de comer).

Em 1918, d'Hérelle realizou o primeiro experimento com fagos em seres humanos sofrendo de disenteria, com sucesso, dando origem ao que posteriormente passou a ser denominado de fagoterapia (ver boxe "Fagoterapia: passado e presente").

### Fagoterapia: passado e presente

O franco-canadense Félix d'Hérelle desenvolveu a ideia da fagoterapia, ou tratamento e prevenção de doenças utilizando bacteriófagos (ou fagos). Os bacteriófagos são vírus que infectam e lisam bactérias e, consequentemente, apresentam características distintas relevantes e adequadas paro o uso em biocontrole. A utilização dos fagos é considerada segura, visto que não é prejudicial para as células de mamíferos.

Em 1917, alguns microbiologistas já haviam isolado fagos capazes de infectar e matar diversas bactérias patogênicas, tais como *Shigella dysenteriae*, *Salmonella typhi*, *Escherichia coli*, *Pasteurella multocida*, *Vibrio cholerae*, *Yersinia pestis*, *Streptococcus* spp., *Pseudomonas aeruginosa* e *Neisseria meningitidis*. Esses achados serviram de base para o desenvolvimento de tratamentos específicos contra uma ampla variedade de doenças em todo o mundo. Entre 1918 e 1919, d'Hérelle utilizou a fagoterapia no tratamento do tifo de galinhas e no de disenteria de cinco seres humanos. Posteriormente, suspensões de fagos foram administradas por via oral ou injetável, ou por via tópica, para o tratamento de infecções causadas por *Staphylococcus*, infecções intestinais (p. ex., tifo, disenteria e cólera) e infecções sistêmicas (p. ex., septicemias). A fagoterapia também foi utilizada como medida preventiva em reservatórios de água em áreas epidêmicas; a partir daí, diversas preparações à base de fagos foram produzidas e comercializadas na Europa e nos EUA, e a fagoterapia tornou-se um sucesso comercial.

Sua repercussão foi tanta que o escritor americano Sinclair Lewis, vencedor do Prêmio Nobel de Literatura, em 1939, escreveu o romance Arrowsmith (1925), inspirado nos eventos científicos que levaram à aplicação da fagoterapia. O livro recebeu o Prêmio Pulitzer de Jornalismo.

Entre as décadas de 1920 e 1930, houve grande suporte político e científico ao trabalho de Félix d'Hérelle, nos EUA e na então União Soviética. Contudo, durante a década de 1940, as pesquisas focadas na aplicação médica dos fagos foram abandonadas na América do Norte e na maioria dos países europeus, mas alguns países do leste da Europa continuaram utilizando e desenvolvendo os fagos na terapia e na prevenção de doenças, particularmente a Geórgia (na época, o país era integrante da União Soviética). Em menor escala, alguns países da Europa Ocidental também continuaram o uso da fagoterapia e da fagoprofilaxia – França, até a década de 1960, e Suécia, até a década de 1980.

Em 1934, o *Journal of the American Medical Association* (JAMA) publicou os resultados de um estudo realizado nos EUA pelo Conselho Americano de Farmácia e Química. A pesquisa concluiu que, com poucas exceções, não havia evidências palpáveis da eficiência da fagoterapia. Além disso, houve denúncias de que os testes terapêuticos realizados por d'Hérelle e seus seguidores não estavam de acordo com os padrões científicos exigidos; dessa maneira, não produziram evidências confiáveis para a utilização da fagoterapia e da fagoprofilaxia.

É importante atentar para o fato de que, na época, a natureza dos bacteriófagos não era completamente conhecida. Somente em 1939, por meio do uso de microscopia eletrônica, foi possível demonstrar que os bacteriófagos eram vírus, e não toxinas. Consequentemente, muitas pesquisas iniciais utilizaram os fagos de maneira inapropriada – os bacteriófagos foram usados no tratamento de doenças não bacterianas, as condições de preparo e preservação dos fagos nem sempre eram adequadas etc.

Com a introdução dos antibióticos, a popularidade da fagoterapia decaiu. Ao final da década de 1960, o êxito dos antibióticos levou a comunidade médica a pressupor que a guerra contra as doenças infecciosas estava vencida. Infelizmente, essa suposição não se concretizou e, já nesse período, a resistência de algumas estirpes de bactérias aos antibióticos já era um problema significativo, embora fosse subestimado pela comunidade médica. Durante a década de 1990, o número de casos de resistência a antibióticos continuou a aumentar. Diversas bactérias patogênicas já apresentavam resistência a todos os antibióticos disponíveis na época, incluindo *Staphylococcus aureus*, resistente à meticilina (MRSA, *methicillin-resistant Staphylococcus aureus*), *Enterococcus* resistente à vancomicina (VRE, *vancomycin-resistant Enteroccocus*) e outros.

A ameaça atual das bactérias resistentes a antibióticos renovou o interesse na exploração dos bacteriófagos. De fato, alguns produtos originados a partir de bacteriófagos já estão disponíveis comercialmente e existem centros de tratamento especializados em fagoterapia. Os bacteriófagos são também utilizados como agentes antimicrobianos e são ferramentas para a desinfecção de patógenos em alimentos, em que as áreas de aplicação compreendem controle de água e alimentos, agricultura e saúde de animais.

Entretanto, somente a minoria dos pesquisadores da época reconheceu a importância dos bacteriófagos. Outros interpretaram os resultados de d'Hérelle de forma distinta; alguns achavam que as placas eram produzidas pelas próprias bactérias, enquanto outros consideravam a possibilidade de ser alguma substância produzida pelo corpo em virtude da infecção bacteriana.

Em 1919, ocorreu uma epidemia de tifo aviário na França; assim, Félix d'Hérelle teve a oportunidade de estudar o comportamento dos fagos em animais. Na tentativa de comprovar sua hipótese de que os fagos eram responsáveis pela cura da doença, d'Hérelle tratou inicialmente os animais infectados e, posteriormente, utilizou uma mistura de culturas de bacteriófagos ativos contra *Salmonella* na água das aves envolvidas na epidemia em curso. As aves infectadas foram curadas, e a epidemia foi extinta. Em 1920, durante uma epidemia de cólera, d'Hérelle observou que, caso não fosse detectado um bacteriófago ativo contra o *Vibrio cholerae* nas primeiras 48 horas da doença, os pacientes sucumbiam. Por outro lado, ao ser detectado um fago ativo contra a bactéria, o paciente se recuperava rapidamente, independentemente da intensidade dos sintomas. Novamente, d'Hérelle atribuiu a cura à atividade dos fagos.

Os estudos de Félix d'Hérelle levaram ao desenvolvimento da metodologia de titulação viral por placas, o primeiro método de quantificação de vírus. Ele também argumentou que o surgimento das placas evidenciava que os vírus eram partículas em vez de líquidos. Além disso, d'Hérelle demonstrou, por meio de experimentos de cossedimentação de vírus e células bacterianas, que a primeira etapa da infecção viral era a adsorção do agente à célula hospedeira e que esse processo somente ocorria se a bactéria fosse suscetível ao vírus – demonstrando assim, a especificidade do hospedeiro ao vírus. Devido à importância dos seus achados, Félix d'Hérelle é considerado o Pai da Virologia.

## Contribuições da química e da bioquímica para a elucidação da natureza dos vírus

No início da década de 1920, começaram as pesquisas com proteínas chamadas enzimas e os métodos para sua purificação. A noção de que os agentes filtráveis eram constituídos por proteínas começou a se intensificar entre 1927 e 1931; em 1929, C. G. Vinson e A. W. Petre, do Boyce Thompson Institute for Plant Research, em Nova York (EUA), aplicaram o processo de separação de proteínas ao sumo de folhas do tabaco que apresentavam a doença do mosaico. Eles observaram que, após tratamento prévio com etanol, acetona e sais, as partículas precipitadas migravam em um gel de eletroforese submetido a um campo magnético, de modo semelhante ao que acontece a uma proteína. Esse foi outro passo importante na Virologia, pois provou a existência de proteínas nos agentes filtráveis. No mesmo ano, Helen Purdy, também do Boyce Thompson Institute, realizando análises de precipitação, demonstrou que o antissoro produzido em coelhos contra o sumo das plantas infectadas com TMV apresentava comportamento diferente do antissoro contra o sumo de plantas saudáveis. Purdy também demonstrou que o antissoro contra o sumo de planta infectada era capaz de neutralizar 90% da infecciosidade do TMV; seus experimentos reforçaram a teoria de que os vírus eram constituídos por proteínas.

Após a purificação do TMV, foi possível estudar suas propriedades físico-químicas. Em 1933, o bioquímico alemão Max Schlesinger, trabalhando com preparações de bacteriófagos em Frankfurt (Alemanha), demonstrou que eles eram formados por proteínas e continham fosfato e ácido desoxirribonucleico (DNA). Em 1935, Wendell Meredith Stanley, bioquímico americano, do Rockefeller Institute em Nova Jersey (EUA), purificou o TMV, o que resultou em uma preparação infecciosa formada por cristais em formato de agulhas, cuja análise química mostrou a existência de proteína. Essa realização rendeu a Stanley o Prêmio Nobel de Química, em 1946; um ano depois, Frederick C. Bawden e Norman W. Pirie, trabalhando na Rothamsted Experimental Station, em Londres (Inglaterra), mostraram que os cristais de TMV continham fósforo e ácido ribonucleico (RNA). Em 1939, os alemães G. A. Kauche, E. Pfankuch e H. Ruska obtiveram a primeira micrografia eletrônica de um vírus – o TMV.

Os achados de Stanley trouxeram uma nova perspectiva não somente para a Virologia, mas também para a Biologia. Uma vez que os vírus podiam ser cristalizados e manter sua infecciosidade, talvez a natureza biológica da replicação pudesse, então, ser explicada em termos químicos. Independentemente da natureza do material genético, este tinha que conter informações, além de apresentar a capacidade de ser copiado com precisão. Até a descoberta de Stanley, a estrutura das macromoléculas celulares ainda não era conhecida e muitos acreditavam que o material genético fosse composto de proteínas e que, portanto, não seria possível compreender a hereditariedade em termos químicos. Os achados de Stanley colocaram fim a esse pensamento e marcaram o início da Biologia Molecular.

## Nova era dos bacteriófagos: Escola de Fagos e suas contribuições para as Ciências Biológicas

No final da década de 1930, os fagos receberam grande atenção devido à controvérsia sobre a maneira como eles eram formados. John Northrop, bioquímico americano do Rockefeller Institute, advogava a teoria de que os bacteriófagos eram produtos do metabolismo bacteriano. Ele teorizava que os fagos eram formados por um processo autocatalítico semelhante a enzimas, a partir de precursores inativos. Por outro lado, independentemente, Max Delbrück, Emory Ellis e Salvador Luria defendiam a ideia de que o processo de síntese dos fagos era essencialmente o mesmo dos vírus e da reprodução dos genes. De acordo com esse paradigma, os fagos eram vistos como uma ferramenta ideal para a compreensão dos genes e da hereditariedade.

Em 1937, o físico alemão Max Delbrück foi para o California Institute of Technology (Caltech), onde conheceu o biólogo americano Emory Ellis, que trabalhava com bacteriófagos. Ellis achava que o estudo com fagos contribuiria para a compreensão do papel dos vírus no câncer. Delbrück, por sua vez, acreditava que os fagos poderiam ser um sistema ideal para testar a natureza e a função dos genes. A contribuição mais significativa de Delbrück e Ellis foi o aprimoramento da técnica de cultivo para sincronizar a síntese dos fagos (*one-step growth curve experiment*), que possibilitou a análise de um único ciclo de biossíntese dos fagos em uma população de bactérias, levando à caracterização dos parâmetros da propagação dos bacteriófagos. Essa metodologia introduziu os métodos quantitativos na Virologia e mostrou que os fagos são sintetizados pelas bactérias e liberados por lise celular.

Em 1940, Delbrück conheceu Salvador Luria, médico italiano, que estava entusiasmado com a ideia de os genes serem moléculas e buscava um sistema para estudá-los; na época, Luria trabalhava com bacteriófagos na Columbia University. Ambos tinham interesses comuns e, por esse motivo, passaram a trabalhar em colaboração no Cold Spring Harbor Laboratory, em Long Island (EUA), pesquisando mutações em bactérias que produziam resistência aos fagos. Eles demonstraram as primeiras evidências de que a hereditariedade bacteriana é controlada por genes; esse trabalho deu início aos estudos de Genética Bacteriana e Biologia Molecular. Esses dois cientistas recrutaram muitos profissionais talentosos para trabalhar na sua equipe, a qual foi denominada Escola de Fagos. A Escola fundada por Delbrück e Luria treinou uma segunda geração de pesquisadores brilhantes; o que os distinguia dos demais era a sua determinação em compreender as bases da hereditariedade, analisando a biossíntese dos fagos. Muitos desses cientistas foram posteriormente laureados com o Prêmio Nobel.

As pesquisas desenvolvidas com bacteriófagos resultaram em descobertas que se tornaram marcos na Biologia Molecular; alguns exemplos: a elucidação dos mecanismos de mutação e reparo do DNA; tradução da informação genética; demonstração de que o DNA (e não as proteínas) forma o material genético; definição de gene e vetores para a tecnologia de DNA recombinante.

## Estabelecimento das culturas de células e os avanços da Virologia humana e veterinária

A descoberta dos agentes infecciosos filtráveis de plantas no final do século XIX desencadeou a busca por agentes etiológicos de doenças humanas, de animais e de plantas, cuja etiologia era desconhecida. Muitas descobertas foram feitas, como a transmissão do vírus da febre amarela por um vetor artrópode, a observação de corpúsculos de inclusão e a sua associação com patologias específicas, além da associação entre vírus e câncer. Ao longo desse período, muitos vírus foram descobertos e caracterizados de acordo com o seu tamanho (demonstrado por filtros com diferentes tamanhos de poro), resistência a agentes químicos e físicos, e patogenicidade. Com base apenas nessas propriedades, ficou claro que os vírus eram um grupo diverso de agentes; no entanto, os progressos na compreensão da natureza dos vírus eram, até então, oriundos dos estudos com bacteriófagos, decorrentes do desejo dos pesquisadores dos fagos de entender as bases físicas da hereditariedade.

O progresso nos estudos envolvendo os fagos foi possível principalmente devido ao desenvolvimento dos ensaios de placas, que tornava possível aos pesquisadores a aplicação de estudos quantitativos em um sistema simples e de fácil manipulação. O grande desafio para o avanço da Virologia com relação ao estudo de vírus de animais era a dificuldade de cultivo em laboratório. Enquanto os virologistas de plantas apenas precisavam de uma estufa e os estudiosos dos bacteriófagos precisavam de placas de Petri, os estudos com vírus de animais exigiam um biotério. Os progressos para a simplificação dos estudos vieram lentamente com a introdução dos animais de laboratório, tais como camundongos e dos ovos embrionados de galinha.

Entre 1948 e 1955, diversas descobertas científicas importantes produziram uma mudança dramática nesse cenário. Essas descobertas incluem o desenvolvimento de soluções nutrientes para cultura de células de mamíferos, a utilização de antibióticos nos meios de cultura de células e o estabelecimento de linhagens celulares imortalizadas. Esses avanços possibilitaram que o crescimento e a manutenção de células de mamíferos em culturas *in vitro* se tornassem rotineiros. Em 1949, os americanos John Franklin Enders, Thomas Huckle Weller e Frederick Chapman Robbins demonstraram que o poliovírus (PV) poderia ser propagado em vários tipos de culturas celulares. Esse estudo lhes rendeu o Prêmio Nobel em Fisiologia ou Medicina em 1954. Em 1952, Renato Dulbecco, virologista italiano, desenvolveu um ensaio de placas usando cultura de células para quantificar o vírus da encefalite equina do oeste (WEEV, *Western equine encephalitis virus*) e o PV.

A propagação de vírus em culturas de células resultou em consequências importantes para a Virologia. Possibilitou a descoberta de novos vírus que infectam seres humanos, para os quais não existia um hospedeiro animal disponível, tais como o vírus do sarampo, o vírus da rubéola e os adenovírus, além do desenvolvimento da vacina contra a poliomielite – primeira vacina produzida em cultura de células. A tecnologia de cultivo celular revolucionou os estudos de biossíntese de vírus, uma vez que o ciclo infeccioso viral passou a ser estudado em condições controladas, a exemplo dos ensaios utilizados para os bacteriófagos.

## Virologia moderna

Como os vírus são dependentes da célula hospedeira, eles devem usar as mesmas regras, sinalizações e vias regulatórias do hospedeiro. Essa ideia começou com o grupo dos fagos e continuou com o grupo de Virologia humana e veterinária; em pouco tempo, os virologistas começaram a fazer grandes contribuições para todas as áreas da Biologia. Mecanismos importantes da maquinaria de transcrição eucariótica foram elucidados pelos estudos com vírus; a maioria dos dados experimentais sobre fatores de transcrição foi obtida a partir de estudos *in vitro*, com o vírus de símios SV40 e com os adenovírus. O conhecimento atual dos mecanismos de reconhecimento dos promotores da RNA polimerase III foi obtido, em parte, por meio de estudos com adenovírus. Quase todo o conhecimento sobre as etapas de processamento do RNA mensageiro começou com observações feitas em vírus. Os estudos sobre a regulação da tradução utilizando PV e TMV foram bastante produtivos. Os vírus de animais também tiveram papel central no desenvolvimento da tecnologia de DNA recombinante. A descoberta da enzima transcriptase reversa nos retrovírus ajudou a explicar o processo de replicação desse vírus e disponibilizou uma ferramenta essencial na produção do DNA complementar (DNAc). O primeiro mapa de enzima de restrição de um cromossoma, *Hind* III, foi produzido com DNA do SV40; alguns dos primeiros experimentos de clonagem de DNA foram realizados com o DNA do SV40 inserido em fago $\lambda$ (lambda) ou o gene da $\beta$-hemoglobulina humana inserido no DNA do SV40 para a construção do primeiro vetor de expressão de mamíferos.

Grande parte do conhecimento sobre as origens dos cânceres provém de dois grandes grupos de vírus de animais: os retrovírus e os vírus tumorigênicos de DNA. Os oncogenes foram descritos inicialmente em vírus e, posteriormente, no genoma da célula hospedeira, usando o vírus do sarcoma de Rous. Foi também demonstrada associação entre vírus tumorigênicos de DNA e genes supressores de tumor; a proteína p53 foi descrita pela primeira vez em associação ao LT-Ag do SV40. Além disso, por meio de estudos com o SV40, adenovírus e poliomavírus de humanos, observou-se que eles codificam oncogenes que produzem proteínas que interagem e inativam as funções dos produtos de dois genes supressores de tumor, Rb e p53.

## Prêmio Nobel e Virologia

Um número significativo de laureados com o Prêmios Nobel foi consequência das descobertas realizadas diretamente no campo da Virologia ou em áreas relacionadas em que os vírus foram utilizados como ferramenta nos estudos. Foram concedidos Prêmios nas áreas de Química e Fisiologia ou Medicina (Quadro 1.1). Alguns desses Prêmios foram concedidos por descobertas sobre vírus de animais, outros foram concedidos por estudos com bacteriófagos e há aqueles que foram concedidos por estudos em Biologia Molecular e Celular envolvendo direta ou indiretamente vários vírus de animais e de plantas.

**Quadro 1.1** Prêmio Nobel e Virologia.

| Ano | Pesquisador | Motivação |
|---|---|---|
| 1946 | John H. Northrop, Wendell M. Stanley | Prêmio Nobel em Química pela obtenção de preparações de enzimas e proteínas virais em estado puro |
| 1951 | Max Theiler | Prêmio Nobel em Fisiologia ou Medicina por suas descobertas sobre a febre amarela e as maneiras de combatê-la |
| 1954 | John F. Enders, Thomas H. Weller, Frederick C. Robbins | Prêmio Nobel em Fisiologia ou Medicina pela propagação de poliovírus em diferentes tipos celulares |
| 1958 | Joshua Lederberg, George Beadle, Edward Tatum | Prêmio Nobel em Fisiologia ou Medicina por suas descobertas sobre recombinação genética e a organização do material genético de bactérias |
| 1965 | François Jacob, André Lwoff, Jacques Monod | Prêmio Nobel em Fisiologia ou Medicina por suas descobertas sobre controle genético de enzimas e síntese viral |
| 1966 | Francis Peyton Rous, Charles Huggins | Prêmio Nobel em Fisiologia ou Medicina pela descoberta dos vírus indutores de tumor |
| 1969 | Max Delbrück, Alfred D. Hershey, Salvador E. Luria | Prêmio Nobel em Fisiologia ou Medicina por suas descobertas sobre mecanismos de replicação e estrutura genética dos bacteriófagos |
| 1975 | David Baltimore, Renato Dulbecco, Howard Temin | Prêmio Nobel em Fisiologia ou Medicina por suas descobertas sobre a interação entre os vírus indutores de tumor e o material genético das células |
| 1976 | Baruch S. Blumberg, Daniel C. Gajdusek | Prêmio Nobel em Fisiologia ou Medicina por suas descobertas sobre novos mecanismos de origem e disseminação de doenças infecciosas |
| 1978 | Werner Arber, Daniel Nathans, Hamilton O. Smith | Prêmio Nobel em Fisiologia ou Medicina pela descoberta das enzimas de restrição e sua aplicação na solução de problemas de genética molecular |
| 1982 | Aaron Klug | Prêmio Nobel em Química pelo desenvolvimento da microscopia eletrônica de cristalografia e pela elucidação estrutural de complexos biologicamente importantes de ácido nucleico e proteínas |
| 1989 | John M. Bishop, Harold E. Varmus | Prêmio Nobel em Fisiologia ou Medicina pela descoberta da origem celular dos oncogenes dos retrovírus |
| 1993 | Richard J. Roberts, Phillip A. Sharp | Prêmio Nobel em Fisiologia ou Medicina pela descoberta dos genes descontínuos |
| 1996 | Peter C. Doherty, Rolf M. Zinkernagel | Prêmio Nobel em Fisiologia ou Medicina pela descoberta da especificidade da defesa imunológica mediada por células induzida por organismos infecciosos |
| 2006 | Andrew Z. Fire, Craig C. Mello | Prêmio Nobel em Fisiologia ou Medicina pela descoberta do RNA interferente (RNAi) – silenciamento gênico por RNA de fita dupla |
| 2008 | Harald zur Hausen | Prêmio Nobel em Fisiologia ou Medicina pela descoberta da associação entre vírus do papiloma de humanos e câncer cervical |
| 2008 | Françoise Barré-Sinoussi, Luc Montagnier | Prêmio Nobel em Fisiologia ou Medicina pela descoberta do vírus da imunodeficiência humana (HIV) |
| 2018 | George P. Smith, Sir Gregory Winter | Prêmio Nobel em Química pelo desenvolvimento do sistema *phage display* para a produção de anticorpos |
| 2020 | Harvey Alter, Michael Houghton, Charles Rice | Prêmio Nobel em Fisiologia ou Medicina pela descoberta do vírus da hepatite C |

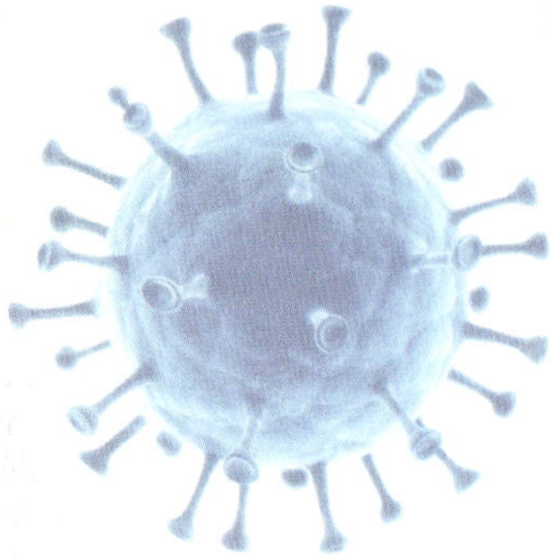

# Capítulo 2

# Origem, Evolução e Emergência dos Vírus

Norma Suely de Oliveira Santos

## Origem dos vírus

Por muito tempo, o difícil problema de elucidar a origem dos vírus foi negligenciado. Após serem considerados "não vivos" e deixados à margem dos estudos da evolução da vida por muitos biólogos, os vírus estão agora no centro do palco – podem ter atuado na origem do DNA, ter tido um papel central na emergência das células eucariotas e ter sido a causa da separação dos organismos biológicos nos três domínios: bactérias, arqueias e eucariotos.

Até a metade do século XX, os organismos eram divididos em dois grupos: bactérias (procariotos) e eucariotos; ao final desse século, as modernas ferramentas de Biologia Molecular tornaram possível uma nova classificação dos organismos celulares. Em 1990, Carl Woese, microbiologista norte-americano, descobriu a existência de três diferentes ribossomas no mundo celular, substituindo assim a antiga dicotomia procarioto-eucarioto pela tríade arqueia-procarioto-eucarioto. Nos últimos 30 anos, o desenvolvimento de estratégias de sequenciamento mais eficientes permitiu a criação de uma árvore universal da vida (TOL, *tree of life*), com base na sequência do RNA ribossomal (RNAr). Dessa maneira, todos os organismos celulares puderam ser agrupados em uma árvore universal da vida. Os vírus, contudo, por não possuírem ribossomas, não foram incorporados nessa árvore (ver boxe "Os vírus e a árvore universal da vida").

A origem das células é clara no sentido de que todas elas descendem de um único ancestral. Os registros fósseis indicam que a vida celular se iniciou com os procariotos, 4 bilhões de anos antes do tempo atual (ybp, *years before present*). É frequentemente sugerido que o primeiro tipo de vida celular foi o ancestral comum de toda a vida, o LUCA (*last universal common ancestor*). Este já era um organismo complexo, uma vez que o conjunto de proteínas universais contém 33 a 34 proteínas. Isso significa que, além das três moléculas de RNAr, o ribossoma de LUCA já continha pelo menos 33 proteínas. Em concordância com a ideia de que LUCA já era um organismo sofisticado, é provável que o moderno código genético otimizado já fosse operacional em LUCA. Como todas as células modernas descendem de LUCA, é teoricamente possível (embora seja difícil na prática) construir uma árvore universal da vida conectando todos os organismos que contêm ribossomas. Por outro lado, não existe uma única molécula comum a todos os vírus. Desse modo, não é possível construir uma árvore universal dos vírus, análoga à árvore de LUCA (Figura 2.1). Portanto, a compreensão da origem dos vírus modernos parece ser um problema mais complexo do que a compreensão da evolução das células.

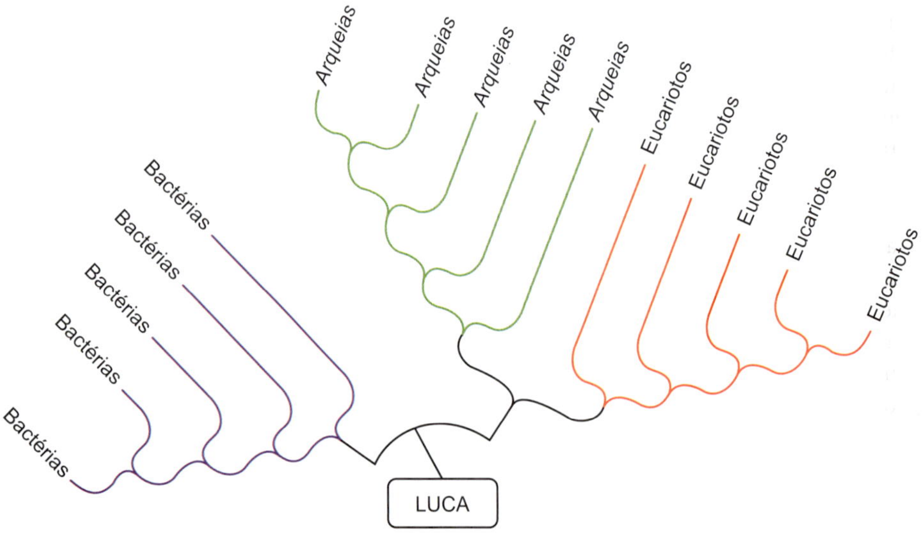


**Figura 2.1** Árvore da vida. Modelo especulativo da árvore da vida mostrando os três domínios: bactérias, eucariotos e arqueias. A árvore parte de LUCA (*last universal common ancestor*), o qual deu origem aos três domínios.

## Os vírus e a árvore universal da vida

A inclusão ou não dos vírus na árvore da vida é objeto de forte controvérsia. Alguns cientistas argumentam que os vírus não devem ser incluídos na árvore da vida e listam diversos motivos para sustentar esse argumento, tais como: (1) os vírus não são vivos; (2) os vírus são polifiléticos; (3) não existe uma linhagem viral ancestral; (4) a simplicidade e a capacidade de infectar hospedeiros filogeneticamente distintos não significam ancestralidade; (5) ausência de genes com funções metabólicas; (6) ausência de aparato para síntese de proteína; (7) os vírus são ladrões de genes celulares; (8) os vírus evoluem a partir das células. Essa visão é contestada por outros cientistas, os quais acreditam que, com a descoberta dos vírus gigantes de DNA, é necessário reavaliar o conceito de vírus e o seu possível papel nos estágios iniciais da evolução dos eucariotos. Esse grupo contra-argumenta que: (1) se os vírus são vivos ou não, trata-se de uma questão mais metafísica que científica – vírus são objetos da Biologia, e muitas descobertas fundamentais da Biologia Molecular foram feitas usando vírus como modelo; (2) os vírus são entidades genéticas distintas, capazes de evoluir e que, coletivamente, formam o mundo dos vírus – ou *virosfera* – o qual representa uma parte crucial do bioma do nosso planeta; (3) a existência de genes marcadores virais (*viral hallmark genes*) presentes em diversos vírus que dispõem de diferentes estratégias de replicação, tais como os grandes vírus de DNAfd e vírus de RNAfs+ que apresentam homólogos distantes nas formas celulares, sugere que eles representam relíquias da evolução pré-celular. Outros argumentam que a árvore da vida simplesmente não existe. Para esse terceiro grupo, a ideia de uma árvore da vida, a qual segue estritamente a teoria de Darwin, não é pertinente na era da genômica. Devido à ocorrência de transferência lateral de genes, os organismos modernos são quiméricos e formados por um mosaico de sequências originárias de diferentes organismos, o que torna a árvore da vida obsoleta.

## Diversidade da virosfera

Diferentemente dos outros organismos, os vírus são estruturas intracelulares obrigatórias que não se replicam individualmente. Eles são ubíquos e infectam todas as formas de vida nos três domínios e podem parasitar outros vírus (p. ex., vírus da hepatite D/vírus da hepatite B; Sputinik/mimivírus etc.). Aparentemente, todos os organismos celulares estudados possuem seus próprios vírus ou, pelo menos, elementos genéticos *virus-like*. Estudos recentes demonstraram que os vírus, primariamente os bacteriófagos, são a entidade biológica mais abundante do planeta. Os vírus se movem ativamente entre biomassas e são os principais agentes de evolução, em virtude de sua capacidade de funcionar como veículos de transferência horizontal de genes (HGT, *horizontal gene transfer*).

Tendo em vista a variedade de estratégias genéticas, a complexidade genômica e a ecologia global dos vírus, a questão da evolução dos vírus invariavelmente divaga por uma rede de perguntas, tais como: o que é um vírus? Os vírus são monofiléticos (descendem de um único ancestral) ou polifiléticos (têm múltiplas origens)? Em virtude das diferenças fundamentais no seu material genético (e, consequentemente, nos seus mecanismos de replicação, tamanho do genoma, complexidade genética, espectro de hospedeiro e outras características), é tentador descartar imediatamente a ideia de que os vírus são monofiléticos. Embora haja muitos argumentos em favor da ideia de que os vírus de RNA e de DNA foram gerados independentemente, suas origens podem ter sido sobrepostas, proporcionando um nível considerável de mistura entre estes. Talvez a questão mais fundamental seja: qual a origem dos vírus e qual a relação entre a evolução dos vírus e a evolução das formas de vida celulares?

## Categorias de genes virais

A análise das sequências das proteínas virais revelou a existência de várias categorias de genes virais que diferem marcadamente em sua origem. Existem pelo menos cinco classes de genes que podem ser agrupados em três categorias:

- A. Genes que contêm homólogos facilmente identificados em formas de vida celulares
  - A1. Genes que apresentam relação próxima com homólogos em organismos celulares (em geral, o hospedeiro do vírus em questão) presentes em um pequeno grupo de vírus. Exemplo: genes codificadores das proteínas envolvidas na interação vírus-célula do vírus da vaccínia
  - A2. Genes que são conservados dentro de um ou vários grupos de vírus que contêm homólogos celulares relativamente distantes. Exemplo: genes codificadores das proteases 3C e 2A dos poliovírus
- B. Genes virais específicos
  - B1. Genes ORFan (genes órfãos), ou seja, sem genes homólogos detectáveis exceto, possivelmente, em vírus intimamente relacionados. Exemplo: gene codificador da proteína 3A dos poliovírus
  - B2. Genes virais específicos que são conservados em um grupo relativamente grande de vírus, mas não são detectados homólogos em formas celulares. Exemplo: gene codificador da proteína VPg associada ao genoma dos poliovírus
- C. Genes marcadores virais (VHG, *viral hallmark genes*)
  - C1. Genes comuns a muitos grupos distintos de vírus, com homólogos distantes nas formas celulares e com forte indicação de monofilia, em todos os membros de uma dada família de genes virais. Ex.: genes codificadores de JRC (*jelly-roll-capsid*): proteína de capsídeo; S3H: superfamília helicase III; RpRd: RNA polimerase-RNA dependente; RCRE: endonuclease iniciadora da replicação do círculo rolante; RT: transcriptase reversa.

As cinco classes de genes virais, provavelmente, apresentam origens distintas. É possível que as duas classes de genes, com homólogos facilmente demonstráveis em formas de vida celular possam representar aquisições relativamente recentes (classe A1) e antigas (classe A2) do genoma de hospedeiros celulares.

A identificação de onde vieram os genes virais específicos é uma questão mais difícil. Não havendo evidência direta, uma hipótese possível seria a de que esses genes evoluíram de genes celulares, como resultado de uma aceleração dramática do processo evolutivo, associado à emergência de uma nova função vírus-específica, de modo que todos os traços de uma relação com os genes ancestrais foram eliminados.

A contribuição de cada uma dessas classes de genes para a formação do genoma de diferentes vírus depende principalmente do tamanho do genoma. Vírus com genomas pequenos, como a maioria dos vírus de RNA, costumam apresentar apenas um pequeno número de genes, e a maioria deles pertence à classe dos VHG. Diferentemente, nos vírus de genomas grandes (p. ex., poxvírus e outros vírus complexos de DNA de fita dupla [DNAfd]), todas as cinco classes de genes estão amplamente representadas.

Embora não haja qualquer correlação vertical entre os diferentes grupos de vírus de RNA e de DNA, um número considerável de genes que codificam proteínas com papéis fundamentais na replicação, expressão e empacotamento do genoma é comum a uma gama de grupos de vírus aparentemente não relacionados. Muitos desses genes são VHG, os quais são encontrados em uma ampla variedade de vírus (embora não em todos), mas não são encontrados em formas de vida celulares.

As características das proteínas codificadas pelos VHG são bastante incomuns e demandam uma explicação evolutiva. De fato, todos os VHG são responsáveis por aspectos centrais e essenciais da replicação dos vírus. Esses genes estão presentes em um grupo extremamente diverso, os quais frequentemente apresentam estratégias de replicação diferentes e tamanhos de genomas distintos. Finalmente, todos os VHG contêm homólogos distantes nas formas celulares, mas são aparentemente monofiléticos nos vírus.

As duas proteínas mais comumente encontradas entre os vírus são a JRC e a S3H. Cada uma delas cruzou a barreira entre vírus de RNA e de DNA e está presente em um enorme grupo de vírus pequenos de RNA de fita simples (RNAfs) até vírus complexos de DNAfd. A JRC é uma proteína que representa a principal subunidade do capsídeo de um vírion com estrutura icosaédrica. É altamente conservada e está presente em vírus de RNAfs e de RNA de fita dupla (RNAfd) e de DNAfd, reforçando o argumento da existência de um ancestral comum.

Um caso interessante é a proteína RCRE que está presente em grande variedade de *replicons* de DNA de fita simples (DNAfs) e de DNAfd, incluindo vírus, plasmídeos e transposons que infectam animais, plantas, bactérias e arqueias. As enzimas RpRd e RT catalisam a replicação dos vírus de RNAfs positivos (RNAfs+), RNAfs negativos (RNAfs–), de RNAfd e retrovírus.

Em virtude da grande conservação dessas estruturas, tem sido considerada a hipótese de que elas signifiquem a existência de linhagens distintas de arquitetura viral com ancestralidade no mundo pré-celular, embora não esteja clara a relação evolutiva entre essas linhagens.

A princípio, três hipóteses poderiam ser sugeridas para a origem dos VHG:

- A primeira possibilidade é a de que a noção dos VHG teria como base um artefato. O argumento comumente invocado é o de que ortólogos genuínos desses genes (contraparte evolutiva direta, geralmente com a mesma função), na verdade, existem nas formas de vida celulares, mas não são detectados devido à rápida divergência da sequência entre as proteínas virais e celulares. Contudo, esse argumento não se sustenta. Primeiramente, a conservação das proteínas VHG em classes de vírus extremamente diversas, com estratégias de replicação e expressão diferentes, mas a sua não conservação em formas celulares, é incompatível com a ideia de divergência rápida. Para isso ser verdade, a aceleração da evolução dos VHG nas diversas classes de vírus deveria ter acontecido de tal maneira que a similaridade entre as proteínas virais se mantivesse, enquanto a similaridade entre as proteínas virais e seus hipotéticos ortólogos celulares desaparecesse.

As outras duas hipóteses aceitam as proteínas VHG como realidade, mas oferecem cenários evolucionários contrastantes para explicar sua existência e disseminação.

- Uma hipótese propõe que os VHG representam a herança de um LUCA vírus (LUCAV). Esse cenário implica que, apesar de todas as evidências do contrário, todos os vírus existentes são monofiléticos, embora sua evolução subsequente tenha envolvido uma perda massiva de genes em algumas linhagens, assim como uma extensiva aquisição de novos genes do hospedeiro em outras linhagens
- Em outra hipótese, contrariamente, considerando uma origem polifilética dos vírus, a disseminação dos VHG pode ser explicada pelo fenômeno de HGT.

Sob um rigoroso escrutínio, nenhuma dessas hipóteses parece ser uma explicação viável da existência e distribuição desses genes virais. De fato, o número relativamente pequeno e a disseminação dos VHG parecem não concordar com a noção do LUCAV, embora pareça que um grande número de vírus distintos, se não todos, tenham alguma história em comum. Por outro lado, a similaridade extremamente distante entre as proteínas VHG de grupos de vírus com diferenças dramáticas na estratégia de replicação não é exatamente compatível com o cenário HGT.

Uma hipótese alternativa seria a de que os VHG antecederam as células e são descendentes diretos do *pool* genético primordial (ver boxe "*Pool* genético primordial: hipótese de Oparin-Haldane"). A ideia é de que, no *pool* primordial, a seleção agiria primariamente em funções envolvidas em replicação, o que é compatível com as propriedades dos VHG.

Considerando o espalhamento dos VHG entre numerosos grupos de vírus distintos, uma consequência crucial é que as principais linhagens virais derivam do mesmo estágio pré-celular da evolução. Este dado serve como fundamento para o conceito de um mundo viral ancestral.

## Hipóteses para a origem dos vírus

### *Hipóteses cell-first*

#### Hipótese do escape dos genes

Os vírus são ladrões de genes. Esta teoria tem tradicionalmente dominado a concepção da origem viral, em grande parte porque os vírus são, "agora", estruturas intracelulares e argumenta-se que

**_Pool_ genético primordial: hipótese de Oparin-Haldane**

Nas primeiras décadas do século XX, o bioquímico russo Aleksandr Ivanovich Oparin e o geneticista britânico John Burdon Sanderson Haldane, de maneira independente, sugeriram que, se a atmosfera primitiva fosse redutora e se houvesse um fornecimento adequado de energia, como luz ultravioleta (UV) ou raio, então, poderia ser sintetizada uma grande variedade de compostos orgânicos.

Oparin sugeriu que os compostos orgânicos poderiam ter sofrido uma série de reações, levando à síntese de moléculas mais complexas. Ele propôs que as moléculas formaram agregados coloidais em um ambiente aquoso, foram capazes de absorver e assimilar compostos orgânicos do ambiente e tomaram parte nos processos evolutivos, levando ao surgimento das primeiras formas de vida.

Haldane desenvolveu uma hipótese testável, envolvendo um "caldo pré-biótico ou sopa primordial". Ele propôs que os precursores de moléculas de importância biológica e formas primitivas de organismos vivos foram formados a partir de materiais inorgânicos. A Terra primitiva apresentaria as condições necessárias para isso: uma atmosfera redutora composta principalmente por gases como metano, amônia, vapor de água e dióxido de carbono; a existência de um oceano e de fontes de energia como a luz UV proveniente do Sol e descargas elétricas na atmosfera.

provavelmente sempre foi assim. Os vírus teriam se originado das células pelo escape de um grupo mínimo de componentes celulares, os quais formaram um novo sistema replicante infeccioso. De acordo com essa visão, todos os genes virais têm origem celular. Como consequência, a própria existência de genes essencialmente virais, ou seja, de origem viral, é praticamente negada.

Nesse cenário, existem duas possibilidades para explicar a existência de proteínas virais sem homólogos nas células modernas:

- Elas foram recrutadas de células modernas, cujos genomas ainda não foram sequenciados
- Elas divergiram drasticamente de seus homólogos celulares, de maneira que todos os traços desta homologia foram apagados ao nível da sequência de aminoácidos.

A primeira explicação parece improvável, uma vez que o número de proteínas virais específicas não diminui com o aumento do número de genomas celulares sequenciados. Ao contrário, novas proteínas vírus-específicas são descobertas cada vez que um novo vírus é sequenciado.

A segunda explicação também poderia ser descartada, visto que muitas proteínas virais sem homólogos celulares, como a RpRd, também não apresentam similaridade estrutural com proteínas celulares.

### Hipótese da redução gênica

Os vírus são formas de vida unicelulares degeneradas que perderam alguns dos genes e tornaram-se parasitas intracelulares obrigatórios. Na vida real, essa dicotomia é ofuscada pelo acréscimo de genes transferidos lateralmente entre os vírus (ou organismos intracelulares), infectando o mesmo hospedeiro, ou capturados diretamente do genoma da célula hospedeira. Na medida em que um maior número de genomas de vírus de eucariotos é sequenciado, novos genes continuam sendo identificados – a maioria deles sem uma afinidade filogenética óbvia com hospedeiros ou organismos celulares conhecidos. Tal observação favorece mais a ideia de que esses vírus são originados a partir da redução de genomas virais ancestrais mais complexos, ao invés da hipótese do acréscimo de vários genes exógenos (sem origem conhecida) em um genoma viral primitivo.

A hipótese de redução gênica ganhou suporte com a descoberta do mimivírus em 2003. O achado de diversos componentes de um aparato de tradução de proteínas codificadas por esse vírus sugere fortemente um processo de redução evolutiva de um ancestral, ainda mais complexo, que era capaz de sintetizar proteínas. Esse ancestral poderia ter se originado de um parasita intracelular obrigatório ou derivado do núcleo de uma célula eucariota primitiva.

A existência dos VHG coloca em xeque as duas hipóteses. A existência de proteínas específicas de vírus nega o conceito de vírus como ladrão de genes, o que levanta a questão se os genes virais poderiam ter origem viral. Em outras palavras, seria possível para os vírus criarem novos genes? A alta prevalência de genes virais homólogos aos dos hospedeiros em muitos vírus pode ser usada como suporte para a hipótese dos *escaped genes* ou até mesmo para a hipótese da redução gênica.

## *Hipóteses virus first*

A noção de que os vírus devem ser muito antigos (e até mesmo ancestrais das células) tem se tornado o ponto de partida de muitos cenários evolutivos ousados, modernizados para acomodar nosso conhecimento atual de Biologia Molecular e genômica. O microbiologista franco-canadense Félix d'Hérelle, descobridor dos bacteriófagos e um dos fundadores da Virologia, propôs que "os fagos devem ser os precursores evolucionários das células". Revendo a teoria de d'Hérelle, foi proposto que os vírus de RNA emergiram antes das células individualizadas, como *replicons* autônomos de RNA habitando compartimentos inorgânicos pré-bióticos.

### *Pool* genético primordial

Sugere-se que as principais classes de vírus de procariotos, incluindo os vírus de RNAfs+, elementos retroides e vários grupos de vírus de DNA, emergiram do *pool* genético primordial, em que a mistura e o agrupamento de diversos elementos genéticos foram incomparavelmente maiores que na comunidade biológica moderna.

Um possível cenário da origem viral tem como base o modelo de emergência de células e genomas dentro de uma rede de compartimentos inorgânicos. Tais compartimentos eram habitados por diversas populações de elementos genéticos, inicialmente RNA autorreplicantes, subsequentemente, moléculas de RNA grandes e complexas contendo um ou poucos genes codificadores de proteínas e, mais tarde, segmentos de DNA. Assim, as formas de vida iniciais, incluindo LUCA, seriam agrupamentos de elementos genéticos presentes em um sistema de compartimentos inorgânicos. Inicialmente, todos os segmentos de RNA na população seriam completamente *selfish*, e não haveria distinção entre os elementos "parasíticos virais" e aqueles que dariam origem às formas de vida celulares. Esse modelo sugere que, nos estágios iniciais da evolução, incluindo o estágio LUCA, todo o sistema genético era, de algum modo, *virus-like*.

Aparentemente, o *pool* genético primordial carreava uma variedade extraordinária de entidades *virus-like*. Quando as arqueias e bactérias escaparam da rede de compartimentos, elas poderiam ter carreado consigo apenas uma fração desses vírus que, subsequentemente, evoluíram no contexto celular para produzir a diversidade dos vírus modernos.

Na verdade, o conceito de um mundo *virus-like* não requer necessariamente um LUCA acelular. Neste modelo, o importante é a existência de um estágio pré-celular da evolução, no qual uma diversidade genética substancial já existia.

### Vírus de RNA: ancestrais do DNA

A ideia de que os vírus de RNA estariam envolvidos na origem do DNA (Figura 2.2) é bastante provocativa. De acordo com esse cenário, os vírus de RNA infectaram células de RNA e adquiriram um sistema de modificação RNA $\longrightarrow$ DNA para resistir às enzimas celulares de degradação de RNA (RNAses). Para que isso ocorresse, os vírus de RNA deveriam desenvolver uma enzima ribonucleotídeo redutase, para converter ribonucleotídeo-difosfato em desoxirribonucleotídeo-difosfato, e timidilato sintetase, para fazer dTMP (desoxitimidina monofosfato) a partir de dUMP (desoxiuridina monofosfato), as duas vias fundamentais na síntese de DNA. O RNA celular foi então substituído por DNA no curso da evolução, devido à grande estabilidade do DNA e à capacidade de reparo conferida pela sua estrutura de fita dupla. Isso tornou possível que os genomas de DNA maiores e mais complexos superassem os genomas de RNA das células mais primitivas. A última adição a esse mecanismo foi o sistema de restrição-modificação (sistema RM), a fim de proteger a célula de DNA exógenos.

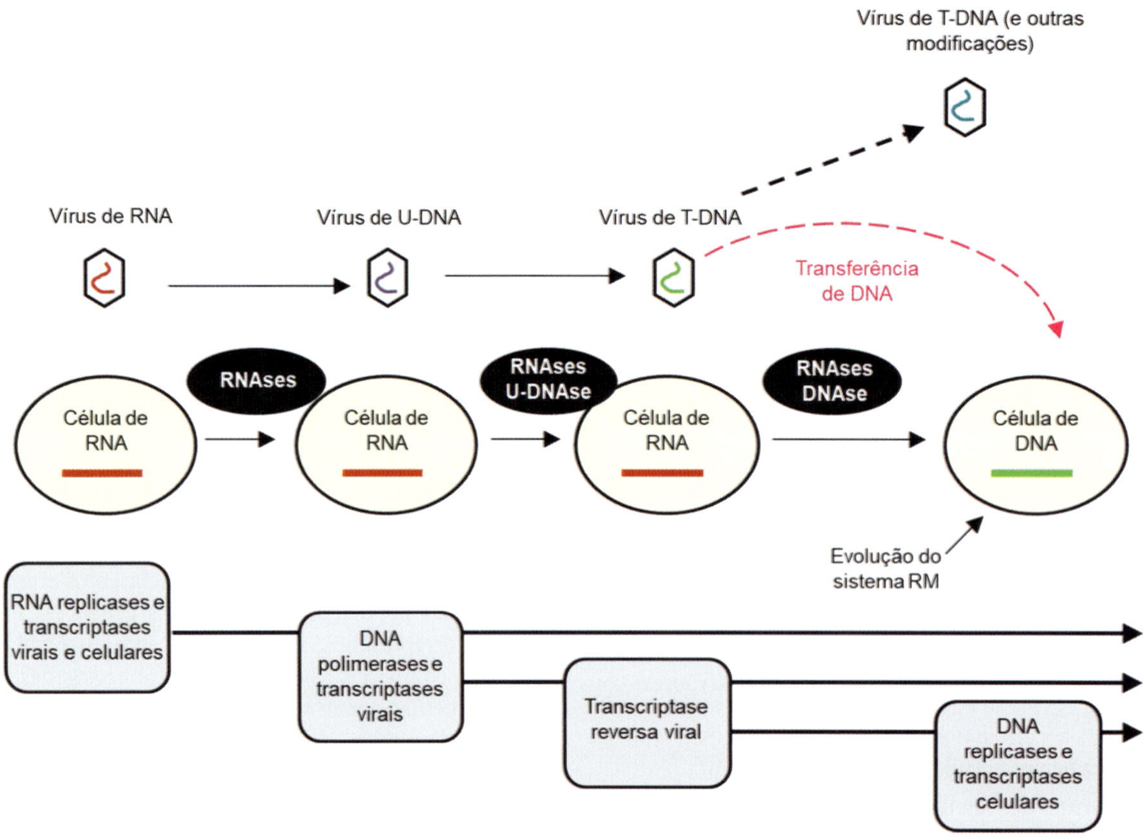


**Figura 2.2** Coevolução do genoma viral e celular. Nessa hipótese, os vírus de RNA coexistiam com células de RNA em um estágio evolutivo do mundo de RNA, após a introdução da síntese de proteínas. Para proteger seu genoma das RNAses, os vírus modificaram seu genoma para a forma U-DNA. Posteriormente, o genoma viral foi modificado para T-DNA para resistir às U-DNAses. O DNA viral e as proteínas de replicação de DNA foram transferidos por diversos vírus T-DNA para células de RNA, o que resultou na modificação do genoma celular de RNA → DNA. Essa transição deve ter envolvido a ação da transcriptase reversa viral. Alguns vírus de T-DNA atuais modificaram seu DNA para proteger seus genomas das DNAses. Finalmente, as células adquiriram o sistema de restrição-modificação para se proteger de DNA exógenos. Adaptada de Forterre, 2002.

## Três vírus: três domínios

A hipótese postula que a tecnologia de DNA foi transferida independentemente por três diferentes vírus de DNA para os organismos de RNA ancestrais das bactérias, eucariotos e arqueias. Essa teoria atribui um novo papel aos vírus ancestrais – o de estarem na origem dos três domínios celulares. Essa hipótese tenta explicar por que existem três linhagens distintas das células modernas em vez de um contínuo; a existência de três padrões ribossomais canônicos; e as diferenças críticas exibidas pela maquinaria replicativa dos eucariotos e arqueias.

De acordo com essa hipótese, cada um dos domínios celulares (arqueia, bactéria e eucarioto) se originou independentemente a partir da fusão de uma célula com genoma de RNA e um vírus de genoma de DNA (Figura 2.3). Possivelmente, as três células nascentes de genoma de DNA e suas descendentes superaram todas as linhagens de células de genoma de RNA contemporâneas, visto que elas eram capazes de acumular mais genes funcionais em genomas maiores. Uma consequência importante da completa remoção das células de RNA da biosfera seria que o espalhamento das células de DNA eliminou do mesmo modo a possibilidade da origem de domínios adicionais.

Como os genomas de DNA podem replicar com mais fidelidade que os de RNA, a transformação das células de RNA em células de DNA, induzida por vírus de DNA, seria seguida por uma redução drástica na frequência da evolução das proteínas previamente codificadas pelos genes de RNA. Isso explicaria a

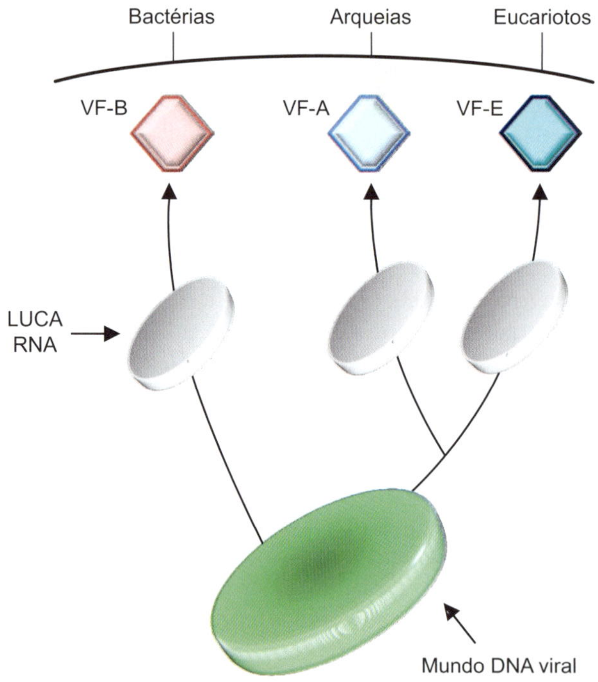


**Figura 2.3** Hipótese três vírus – três domínios. VF-B, VF-A e VF-E são os vírus fundadores das bactérias, arqueias e eucariotos. As setas entre VF-A e VF-E estão conectadas para simbolizar a relação evolutiva entre os dois vírus que deram origem aos domínios arqueia e eucarioto. Adaptada de Forterre, 2006.

formação de três padrões canônicos de proteínas ribossomais, um para cada domínio.

A existência de três vírus distintos de DNA (os vírus fundadores) na origem das células de DNA explicaria a distribuição errática de versões de proteínas informacionais de DNA celulares e famílias de arqueias e eucariotos, visto que cada domínio obteve suas proteínas informacionais de um vírus diferente. Em particular, além de explicar a diferença entre o aparato replicativo do DNA de arqueias e bactérias, a presente teoria também explicaria essas diferenças entre a maquinaria replicativa do DNA das arqueias e eucariotos, tais como a existência de DNA polimerases específicas de cada domínio (família D em arqueias, DNA polimerase em eucariotos) e DNA topoisomerases (família IIB em arqueias e IB em eucariotos).

## Teoria da eucariogênese-virogênese

Foi proposto que as proteínas de replicação dos eucariotos atuais tiveram origem de vírus de DNA, e que um vírus de DNAfd semelhante a um poxvírus pode ter originado o núcleo das células eucariotas, capturado por uma célula ancestral e adaptado como uma organela – a hipótese da eucariogênese viral. Nesse cenário, o núcleo funcionaria como um vírus de DNA, ou seja, replica seu DNA usando o metabolismo celular. Por outro lado, é possível utilizar nesse cenário a noção da virogênese nuclear, em que o núcleo celular de uma célula eucariota primitiva daria origem aos vírus de DNA (Figura 2.4).

Esse estado de idas e vindas de eucariogênese ↔ virogênese poderia explicar a multiplicidade de linhagens virais existentes, assim como sua diversidade de tamanho, complexidade e a aparente mistura de monofilia e polifilia observada entre os vírus. Nesse contexto, um vírus de DNA poderia ter sido originado a partir dessas ondas interativas de virogênese nuclear.

## Origem dos vírus de eucariotos

A origem dos vírus de eucariotos é um problema distinto; são relevantes duas características de tais vírus:

- Com exceção dos vírus complexos de DNAfd, todas as classes de vírus apresentam uma grande diversidade em eucariotos e procariotos
- Embora os vírus de eucariotos dividam um número substancial de genes com os bacteriófagos e outros elementos autônomos de procariotos, a relação entre os genomas de vírus de eucariotos e procariotos é sempre complexa, ao ponto de uma ligação direta entre grupos específicos de vírus dos dois domínios nem sempre ser demonstrável.

O surgimento dos vírus de eucariotos foi um complexo processo de mistura de genes de várias fontes, tendo provavelmente sido o *pool* de genes dos vírus de procariotos o mais importante. Com base no conhecimento atual da genômica dos vírus de bactéria e arqueia, parece que os bacteriófagos de endossimbiontes tiveram um papel significantemente mais importante na origem

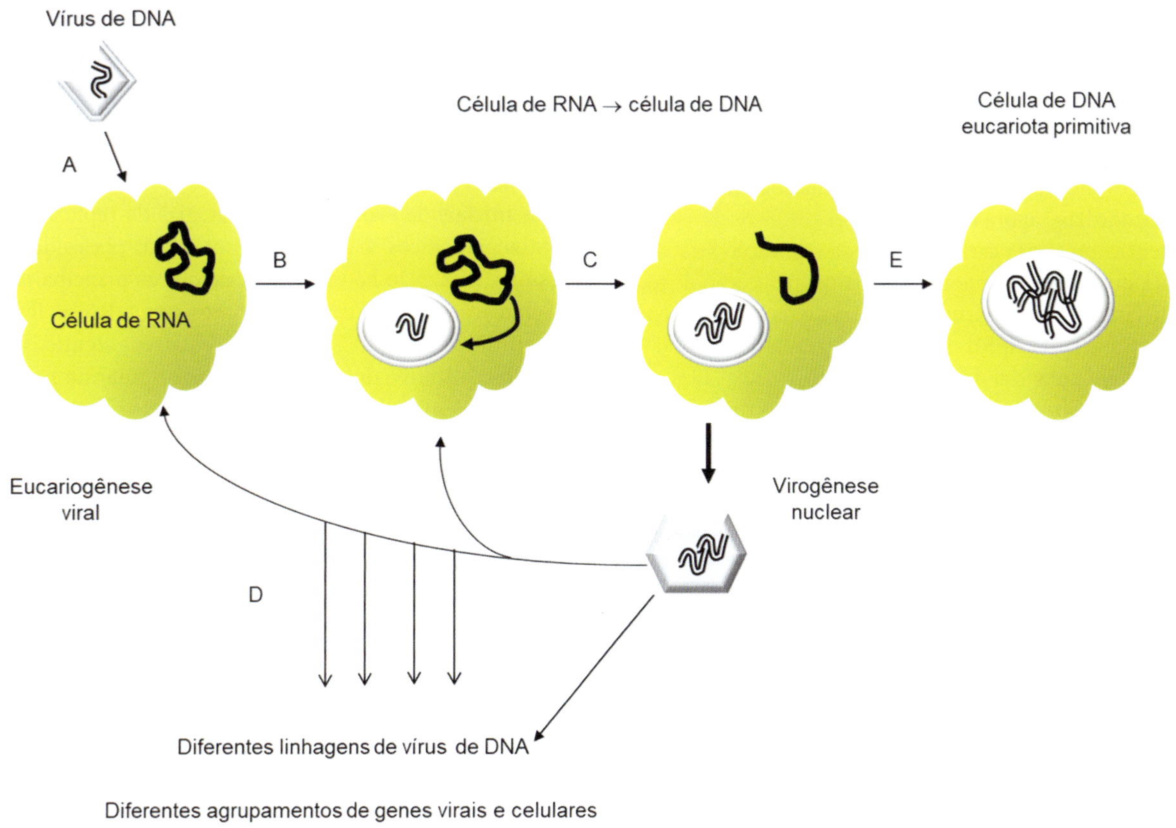


**Figura 2.4** Um possível cenário interativo para a eucariogênese viral e a virogênese nuclear. **A.** Um vírus de DNA primitivo (um ancestral dos bacteriófagos) é capturado por uma célula de RNA e se torna o núcleo primitivo. **B.** Os genes celulares são progressivamente recrutados para o núcleo, devido às vantagens seletivas da bioquímica do DNA. **C.** Essa situação se mantém instável e reversível por algum tempo, possibilitando a criação de novos vírus pré-eucarióticos, os quais reinfectam outras células em vários estágios desse processo interativo. **D.** Esse esquema hipotético fornece um mecanismo de emergência de várias linhagens virais sobrepostas, mas não monofiléticas, bem como para o rápido reagrupamento de genes virais e celulares, antes que eles cheguem ao seu limite "Darwiniano", ou seja, (**E**) a evolução de uma célula eucariota estável com genoma nuclear de DNA. Adaptada de Claverie, 2006.

dos vírus de eucariotos, em comparação com os elementos autônomos das arqueias. Em particular, os vírus de RNA de eucariotos, aparentemente, poderiam ter derivado somente dos fagos, visto que nenhum vírus de RNA de arqueias foi descrito até hoje. Os elementos retroides são também mais característicos de bactérias, particularmente α-protobactéria. O caso dos vírus de DNA é mais complicado, pois bacteriófagos e vírus de arqueia e plasmídeos dividem genes com os vírus de DNA. Assim, diferentes vírus de DNA de eucariotos devem ter herdado genes de bacteriófagos, vírus de arqueias ou uma mistura destes.

A contribuição central dos vírus de procariotos para a origem dos genomas de vírus de eucariotos parece ser fortemente amparada pela conservação dos VHG pela maior parte da virosfera, bem como a emergência dos vírus do *pool* genético primordial. Como os VHG nunca se tornaram parte integral do *pool* genético celular, a única fonte da qual os vírus de eucariotos poderiam ter adquirido esses genes essenciais seria o *pool* genético dos vírus de procariotos, plasmídeos e outros elementos autônomos.

## Cenário quimérico para origem dos vírus: replicons autônomos do pool primordial que recrutaram as proteínas de capsídeo do hospedeiro

Neste cenário, é proposto que a maquinaria replicativa dos vírus teve origem no *pool* genético primordial, enquanto as proteínas estruturais virais foram adquiridas dos hospedeiros em diferentes estágios evolutivos.

O genoma viral é composto por dois "módulos" principais que consistem em genes que codificam proteínas necessárias para a replicação do genoma (módulo replicativo) e proteínas envolvidas na formação dos vírions (módulo morfogenético). As proteínas de replicação viral geralmente não têm homólogos intimamente relacionados em organismos celulares existentes, com genomas sequenciados. Assim, foi sugerido que muitas dessas proteínas evoluíram no mundo pré-celular ou em linhagens celulares primordiais, agora extintas.

As principais proteínas características da replicação viral são a RpRd e a RT que, respectivamente, medeiam a replicação de todas as classes de vírus de RNA e vírus de transcrição reversa, bem como elementos retroides. As RpRd e RT são particularmente notáveis como relíquias em potencial do *pool* genético primordial. Elas compartilham a prega estrutural do domínio catalítico principal com as DNA polimerases-DNA dependentes envolvidas na replicação dos genomas de arqueias, eucariotos e muitos vírus de DNAfd, além da RCRE e primases arqueo-eucarióticas (AEP, *archaeo-eukaryotic primase*), que também são comumente encontradas em vírus de DNA e plasmídeos dos três domínios da vida celular. Essa prega está relacionada ao domínio do motivo de reconhecimento de RNA (RRM, RNA-*recognition motif*), um dos domínios mais comuns de ligação a RNA, que está envolvido em vários processos de biogênese de RNA em todas as formas de vida celular.

Foi sugerido que o RRM foi um dos primeiros domínios proteicos a evoluir e foi central para a origem e evolução inicial da replicação de RNA e DNA. O RRM provavelmente originou-se no mundo primordial de RNA, onde serviria como cofator para as ribozimas, incluindo ribozimas replicases hipotéticas. Posteriormente, o RRM desenvolveu uma série de funções enzimáticas, principalmente as de RpRd e RT. Como regra, a replicação do RNA e a transcrição reversa estão ausentes nas células, revelando diferenças fundamentais entre os mecanismos replicativos celular e viral.

A maioria das proteínas do capsídeo viral não possui homólogos detectáveis entre as proteínas celulares, levantando questões difíceis sobre suas origens. Um cenário possível envolve uma origem *de novo* das proteínas do capsídeo nos genomas dos *replicons* autônomos primordiais, por meio de mecanismos como superimpressão (*overprinting* – refere-se a um tipo de sobreposição em que toda ou parte da sequência de um gene é lida em uma sequência de leitura alternativa de outro gene no mesmo lócus) e diversificação.

Alternativamente, as proteínas do capsídeo poderiam ter evoluído a partir de proteínas ancestrais que originalmente desempenhavam funções celulares, mas foram subsequentemente recrutadas para a formação do capsídeo e sofreram aceleração substancial da evolução.

Não obstante essa aparente evolução rápida das proteínas estruturais virais, a análise abrangente das conexões evolutivas das principais proteínas virais, incluindo proteínas do capsídeo, nucleocapsídeo e matriz, usando métodos para comparação de sequência e estrutura, indica que muitas proteínas do capsídeo evoluíram a partir de proteínas celulares ancestrais, em várias ocasiões independentes.

É certo que os prováveis ancestrais celulares ainda não são detectáveis para todas as proteínas estruturais virais. Uma origem *de novo* de algumas dessas proteínas não pode ser descartada como uma rota distinta da evolução do vírus. No entanto, no geral, a exaptação (utilização de uma estrutura para uma função diferente daquela originalmente desempenhada, por seleção natural) de proteínas celulares parece ser um tema comum.

O cenário quimérico para a origem dos vírus combina características das hipóteses do *pool* genético primordial e do escape de genes (Figura 2.5). Nesse modelo, os estágios pré-celulares e precoces da evolução celular incluem várias formas de *replicons* autônomos parasíticos com genomas de RNA e DNA. Nos estágios iniciais da evolução, as estratégias de replicação dos elementos parasíticos se assemelhavam às dos plasmídeos e transposons atuais. Não há evidências de que as principais proteínas de replicação dos *replicons* autônomos, como RpRd, RT e RCRE, tenham sido codificadas por genes celulares autênticos. Assim, o módulo replicativo dos vírus parece se originar do *pool* genético primordial, embora o longo curso de sua evolução subsequente tenha envolvido muitas substituições por genes replicativos de seus hospedeiros celulares.

As primeiras proteínas do capsídeo e, portanto, os primeiros vírus verdadeiros, provavelmente evoluíram como resultado do recrutamento de proteínas de ligação a carboidratos ou de ácidos nucleicos de células que eram avançadas o suficiente para codificar várias proteínas com essas funções.

## Vírus gigantes e a virosfera: 4º domínio da vida?

O primeiro vírus gigante, o *Acanthamoeba polyphaga mimivirus* (APMV), foi descoberto em 2003. Inicialmente, foi confundido com uma bactéria e reconhecido como vírus apenas dez anos após o seu isolamento. Até hoje, a maioria de suas proteínas permanece não caracterizada.

Nos anos seguintes após a descoberta inicial do APMV, dezenas de novas espécies de vírus gigantes foram identificadas e seus genomas totalmente sequenciados. A maioria dos genomas dos vírus gigantes foi obtida a partir de projetos de sequenciamento metagenômico, em larga escala, que cobrem ecossistemas

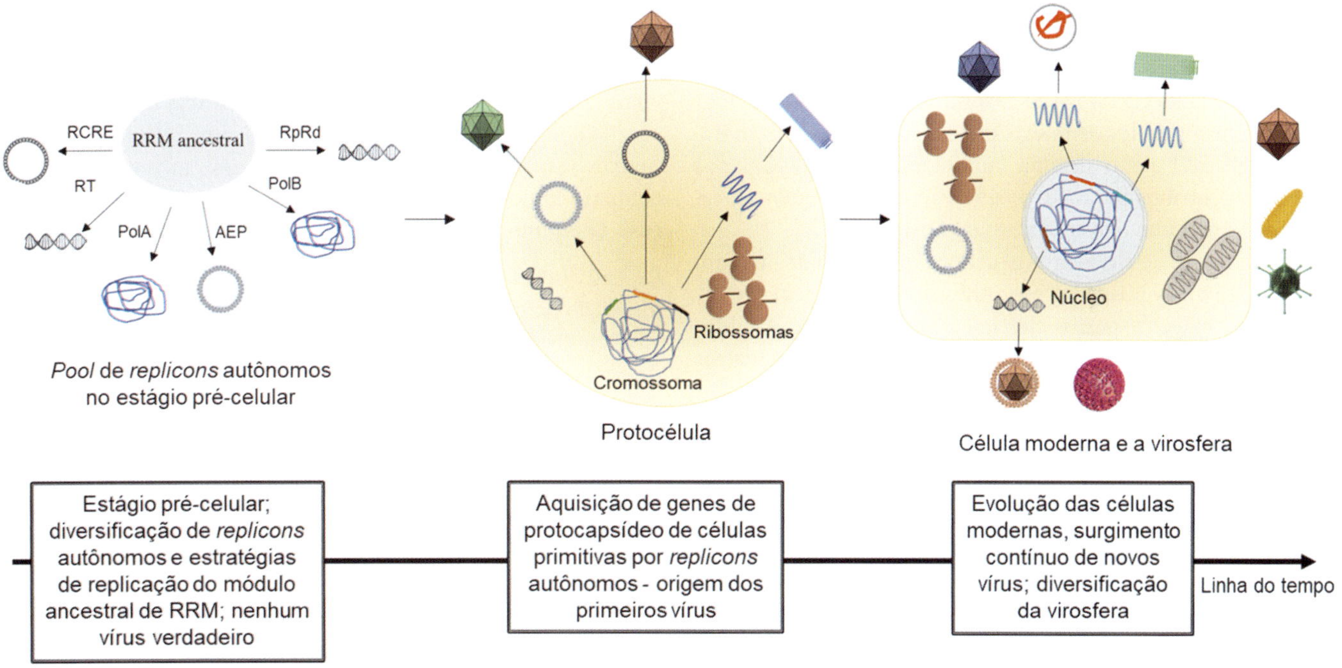


**Figura 2.5** Cenário quimérico para a origem dos vírus. Neste modelo, a origem dos vírus envolve um processo em dois estágios no qual *replicons* autônomos emergem antes da primeira forma de vida celular e capturam genes da proteína do capsídeo a partir de organismos celulares, o que lhes permite formar vírions. A evolução contínua e a adoção de genes celulares contribuem para maior diversificação da virosfera. AEP, primase arqueo-eucariótica (*archaeo-eukaryotic primase*); PolA, DNA polimerase da família A; PolB, DNA polimerase da família B; RCRE, endonuclease iniciadora da replicação do círculo rolante; RpRd, RNA polimerase-RNA dependente; RRM, motivo de reconhecimento de RNA (RNA-*recognition motif*); RT, transcriptase reversa. Adaptada de Krupovic *et al.*, 2019.

aquáticos (p. ex., oceanos, piscinas, lagos e unidades de águas residuais de refrigeração); outros foram sequenciados a partir de amostras extraídas de nichos geográficos e ecológicos pouco explorados (p. ex., o rio Amazonas, mares profundos e solos florestais). Apesar do crescimento do número de vírus gigantes conhecidos, a fração de proteínas não caracterizadas em seus proteomas permanece excepcionalmente alta. Muitas dessas proteínas não caracterizadas também foram consideradas como sendo codificadas por ORFans, ou seja, sem nenhuma correspondência significativa com qualquer outra sequência identificada.

Todos os vírus gigantes pertencem à superfamília dos vírus grandes de DNA nucleocitoplasmáticos (NCLDV, *nucleocytoplasmic large DNA viruses*), a qual foi substancialmente expandida após a descoberta dos vírus gigantes. Tradicionalmente, a superfamília dos NCLDV era composta pelas seguintes famílias virais: *Phycodnaviridae*, *Iridoviridae*, *Poxviridae*, *Asfarviridae* e *Ascoviridae*, para as quais um ancestral comum havia sido proposto. Após a inclusão do grupo taxonômico dos mais recentes vírus gigantes descritos (*Mimiviridae*, *Pandoraviridae* e *Marseillevirus*) na superfamília NCLDV, restaram apenas alguns genes compartilhados por toda a superfamília. Disparidades adicionais na estrutura dos vírions e estratégias de replicação entre os NCLDV levaram à conclusão de que a superfamília não é necessariamente um grupo taxonômico e que as famílias NCLDV têm maior probabilidade de evoluir separadamente.

Foram propostos dois modelos para a evolução de vírus gigantes. De acordo com o modelo da redução gênica, um genoma celular ancestral ficou reduzido em tamanho, levando à dependência do genoma resultante das células hospedeiras. A presença de genes portadores de funções celulares em quase todos os vírus gigantes (p. ex., componentes de tradução) é consistente com este modelo. Uma teoria alternativa e mais aceita defende um modelo de expansão. De acordo com esse modelo, os vírus gigantes atuais foram originados a partir de vírus ancestrais menores, portadores de apenas algumas dezenas de genes, e por meio de duplicação de genes e HGT, expandiram-se e diversificaram-se rapidamente. Esse modelo concorda com estudos metagenômicos e com o aumento da descoberta de vírus gigantes nos últimos anos, sugerindo uma troca maciça de genes entre esses vírus e uma variedade de organismos que compartilham os mesmos ecossistemas.

Um componente importante da dinâmica do genoma nos vírus gigantes são os virófagos. Estes são pequenos vírus de DNAfd que se utilizam do sistema de replicação dos vírus gigantes e são considerados parasitas desses vírus. Os virófagos (p. ex., Sputnik 1–3, Zamilion) estão associados aos membros da família *Mimiviridae* e à infecciosidade específica das suas estirpes virais. Além disso, pequenos elementos genéticos móveis, chamados transpovírions (combinando características de um transposon e um vírion), juntamente com outros elementos móveis, exibem interações ecológicas complexas com seus hospedeiros.

Ainda mais surpreendente foi a descoberta de imunidade à base de ácido nucleico nos mimivírus, semelhante ao sistema adaptativo CRISPR-Cas (repetições palindrômicas curtas agrupadas e regularmente interespaçadas, *clustered regularly interspaced short palindromic repeats*) em bactérias e arqueias. Apesar das diferenças para o sistema canônico CRISPR-Cas, um agrupamento de sequências operon-*like* derivado do virófago Zamilion foi identificado em mimivírus e demonstrado, experimentalmente, controlar a coinfecção pelo virófago. Esse agrupamento, cunhado MIMIVIRE, atua como um sistema de elementos de resistência a virófagos dos mimivírus contendo uma exonuclease, helicase e RNase III. A homologia entre a exonuclease associada ao MIMIVIRE e a exonuclease bacteriana Cas-4 foi revelada por análise da estrutura 3D da proteína. Presume-se que essa função relacionada ao CRISPR-Cas nos mimivírus degrade o DNA estranho, constituindo assim um sistema imunológico antiviral inato. É provável que o sistema imunológico CRISPR-Cas nos mimivírus contribua para a diversificação de sua sequência, removendo sequências não essenciais do hospedeiro.

Uma rica rede de elementos genéticos móveis contribui para a coevolução vírus-hospedeiro e a transferência de genes intervirais. Os virófagos e outros elementos móveis podem facilitar a transferência de genes, tendo assim o potencial de moldar os genomas de vírus gigantes e impactar sua diversidade.

A origem e a ancestralidade dos vírus gigantes permanecem controversas. Desde o início, quando o genoma do mimivírus foi sequenciado em 2004, uma filogenia baseada em sete genes concatenados, universalmente conservados, mostrou que o mimivírus agrupou próximo da origem do ramo eucariótico, e sugeriu-se que os vírus gigantes compreendem um quarto domínio na árvore da vida (TOL), ao lado das bactérias, arqueias e eucariotos. Essa hipótese foi posteriormente fortalecida por análises cladísticas e fenéticas baseadas em genes, incluindo aqueles implicados na síntese de nucleotídeos, transcrição e tradução. A hipótese da existência de um quarto domínio de microrganismos levou à definição dos "TRUC", que é um acrônimo para *Things Resisting Uncompleted Classifications* (coisas que resistem a classificações incompletas). Este termo foi cunhado porque a definição de domínios da vida por Carl Woese foi baseada em genes ribossômicos que estão ausentes em vírus gigantes. Essa proposta de um quarto domínio da vida, composto por vírus gigantes, permanece controversa e objeto de debate entre virologistas e biólogos evolucionistas.

## Propostas de redefinição de vírus

Inicialmente, os vírus foram definidos como agentes infecciosos não visíveis ao microscópio óptico e filtráveis. Mais tarde, Andre Michel Lwoff, microbiologista francês, laureado com o Prêmio Nobel de Medicina, em 1965, pela elucidação de mecanismos de controle genético de enzimas e síntese viral, definiu vírus como "entidades nucleoproteicas infecciosas, potencialmente patogênicas, que apresentam apenas um tipo de ácido nucleico, o qual é reproduzido de seu material genético; são incapazes de crescer ou fazer divisão binária, e são desprovidos de sistema de energia". A maioria dos biólogos moleculares define vírus como parasitas genético-moleculares que usam os sistemas celulares para sua replicação; contudo, trata-se de uma definição muito ampla, que engloba diversos tipos de elementos genéticos (tais como plasmídeos, transposons e viroides).

A descoberta dos mimivírus desafiou os conceitos ortodoxos de vírus. O tamanho e a composição genômica dos mimivírus desafiam a definição de vírus, em especial em termos de componentes bioquímicos, os quais não se supunha que fossem codificados por genomas virais.

Em 2006, o microbiologista francês Jean-Michel Clavier propôs uma mudança da atual visão científica sobre os vírus. Clavier comenta que, de um lado, temos as bactérias que são metabolicamente ativas, sequestram adenosina trifosfato (ATP, *adenosine triphosphate*) e precursores bioquímicos de seus hospedeiros para transcrever seus genomas, traduzir proteínas, replicar DNA e dividir-se. Do outro lado, temos as partículas virais que são metabolicamente inativas e, por isso, para a maioria dos biólogos, não merecem ser descritas como "organismos vivos", propondo que essa visão tradicional seja modificada. De acordo com Clavier, em vez de comparar uma "célula parasítica" (bactéria intracelular) com a partícula viral, talvez devêssemos compará-la com o viroplasma (ou *virus factory*, fábrica de vírus). O argumento para tal proposição seria que:

- Após infectarem a célula hospedeira, os NCLDV induzem a formação de uma estrutura intracelular que transcreve o genoma viral, traduz transcritos em proteínas e replica o DNA viral, antes de empacotá-lo em veículos sofisticados desenhados para reproduzir o viroplasma, após a infecção de uma nova célula hospedeira
- O viroplasma é envolto por uma membrana celular (geralmente derivada do retículo endoplasmático) para excluir organelas celulares, embora contenha elementos do citoesqueleto e ribossomas. Paralelamente, o viroplasma recruta mitocôndrias para a sua periferia para a obtenção de ATP. Nesse estágio, é significativa a semelhança funcional entre uma bactéria intracelular e um NCLDV.

Dessa maneira, a complexidade genômica dos NCLDV é proporcional à complexidade de um viroplasma, mas não com a da partícula usada para reproduzi-lo (o vírion). Clavier propôs que o viroplasma (que ele denominou célula viral, *virocell*) corresponderia ao verdadeiro vírus, enquanto a partícula viral (vírion) deveria ser considerada um mero veículo usado para disseminar seu genoma de uma célula para outra.

Em 2008, os microbiologistas franceses Didier Raoult e Patrick Forterre sugeriram um novo sistema para classificação dos organismos. Foi sugerido que todos os organismos celulares fossem definidos como "organismos codificadores de ribossomas" (REO, *ribossome-encoding organisms*), enquanto os vírus seriam definidos como "organismos codificadores de capsídeo" (CEO, *capsid-encoding organisms*). A análise do genoma dos CEO demonstra que não há uma única proteína comum na virosfera. Não existe um equivalente genético ao RNA ribossomal ou às proteínas universais dos REO. Além disso, proteínas virais específicas são encontradas apenas em um conjunto de grupos virais. Foi então proposto que as proteínas do capsídeo são o único determinante que pode ser considerado para a definição de vírus.

Foram identificados marcadores na proteína de capsídeo que não estão presentes em nenhuma proteína celular. Estudos de modelagem molecular demonstraram que existe uma estrutura denominada prega *double-jelly-roll*, que faz parte da estrutura das proteínas formadoras do capsídeo dos vírus de DNAfd que infectam os três domínios; essa prega não está presente em proteínas celulares. Esta observação favorece a hipótese de que uma forma ancestral de vírus que apresentava esse tipo de capsídeo antecedeu ou foi contemporânea de LUCA.

Interessantemente, essa estrutura também é observada em vírus de RNAfs, enquanto pregas *single-jelly-roll* são encontradas em muitos outros vírus de DNA e de RNA. Será útil determinar se essas pregas estão relacionadas evolutivamente, o que poderia sugerir uma origem comum e ancestral de alguns vírus.

## Impacto dos vírus na evolução da vida

O fato de que o número de genes virais específicos suplanta o número de genes celulares conhecidos nos estudos de metagenômica implica que mais genes foram transferidos dos vírus para as células do que das células para os vírus. Em total contraste com a visão dos vírus como ladrões de genes celulares, os organismos celulares seriam de fato ladrões de genes virais.

Bem mais que um simples veículo de transferência de genes de uma célula para outra, os vírus têm o potencial de introduzir novas funções nos genomas das células hospedeiras (funções que emergiram na virosfera), com um imenso impacto na evolução celular.

A importância do fluxo de genes dos vírus para as células implica que os vírus podem ter sido peças centrais na evolução da vida. De acordo com as teorias mais recentes, os vírus podem ter tido influência direta na origem do DNA, nos mecanismos de replicação de DNA, na origem do núcleo de células eucariotas, nos códigos genéticos alternativos e na formação dos três domínios da vida.

## Evolução das populações virais

À medida que as populações hospedeiras crescem e se adaptam, as populações virais capazes de infectá-las são selecionadas. Por outro lado, as infecções virais podem ser uma força seletiva significativa na evolução das populações hospedeiras, e caso estas não consigam adaptar-se a uma infecção viral letal, podem ser exterminadas. Os cientistas estão apenas começando a compreender as forças seletivas que regem a evolução dos vírus, a emergência de uma nova doença ou reemergência de uma infecção antiga, além das implicações desses fenômenos para a nossa sobrevivência.

Embora o genoma viral codifique uma quantidade pequena de genes, as populações virais apresentam uma enorme diversidade; a qual, manifestada pela grande coleção de permutações genômicas que estão presentes em uma população viral, em um dado momento, possibilita a manutenção dos vírus na natureza. Essa constante mudança nas populações virais ocorre por meio de fenômenos de mutações, recombinações, reagrupamentos e seleções diante das pressões seletivas, e é definida como evolução viral. As pressões seletivas podem ser impostas não apenas pelo ambiente, uma vez que os vírus estão expostos a uma variedade de defesas antivirais do hospedeiro, mas também pela limitação das informações codificadas no genoma viral. É crucial determinar se existem regras que governam o processo evolutivo.

A evolução das populações virais tem sido muito estudada. A primeira lição a considerar é que se deve evitar o conceito de "bom ou ruim". Partindo do princípio de que não existe outro objetivo além da "perpetuação", pode-se deduzir que os processos evolutivos não alteram o genoma viral de "simples" para "complexo", ou em alguma direção objetivando apenas a "perfeição". As alterações ocorrem por eliminação dos genótipos menos adaptados no momento, não com o propósito de construir algo melhor para o futuro. A hipótese da Rainha Vermelha (ver boxe "Hipótese da Rainha Vermelha") diz que "é preciso correr cada vez mais rápido para ficar no mesmo lugar". Ao aplicar essa teoria à evolução viral, é possível entender que a força motriz da evolução dos vírus é a sua perpetuação em uma população hospedeira.

### Definições importantes

Nos estudos de evolução e emergência de vírus, são utilizados termos específicos e frequentes. Alguns deles são explicados a seguir.

#### Hipótese da Rainha Vermelha

O termo é derivado da "Corrida da Rainha Vermelha", do livro *Through the Looking-Glass*, do britânico Lewis Carroll. A Rainha Vermelha disse: "é preciso correr cada vez mais rápido para ficar no mesmo lugar". Em termos evolutivos, o princípio da Rainha Vermelha pode ser colocado da seguinte maneira: é preciso uma contínua evolução para que uma espécie mantenha sua adaptabilidade (*fitness*) entre os sistemas com os quais está coevoluindo. Assim, pressões seletivas exercidas pelo hospedeiro e pelos vírus geralmente resultam na oscilação da frequência de alelos em ambas as populações.

- **População viral.** A evolução viral é definida em termos de população e não de uma partícula viral individualmente. As populações virais compreendem uma diversidade de mutantes que são produzidos em grandes quantidades. Na maioria das infecções, milhares de partículas são produzidas após um único ciclo de biossíntese viral na célula; devido à ocorrência de erros de cópia, praticamente cada novo genoma pode diferir do outro. Do mesmo modo, é equivocado assumir que uma partícula individual seja representativa da média dos vírions da população. A diversidade das populações virais oferece estratégias evolutivas; ocasionalmente, até mesmo o genótipo mais raro em uma determinada população pode tornar-se o mais comum após um único evento evolutivo.
- ***Quasispecies*.** O termo refere-se à mistura de variantes genéticas presentes na população viral. A expressão fenotípica de uma população de *quasispecies* resulta de uma pressão seletiva complexa em que alguns genomas estão mais aptos a se manter no ambiente que outros.
- **Aptidão ou *fitness*.** Adaptabilidade replicativa de um vírus ao seu ambiente. Trata-se da capacidade de um vírus se manter em uma população hospedeira e transmitir seus genes à nova geração. Portanto, é uma característica genética que possibilita a evolução do genoma viral para garantir a sua manutenção na natureza.
- **Paisagens de aptidão ou adaptativas (*fitness landscape* ou *adaptative landscape*).** Conjunto de possibilidades evolutivas de uma população viral. Trata-se do conjunto de possibilidades que viabiliza que uma sequência possa evoluir para outra, mais apta. Como os vírus apresentam índices elevados de erro ($10^{-4}$/base do genoma viral, comparado com $10^{-9}$/base do genoma do hospedeiro), genoma pequeno e tempo de replicação muito rápido, eles são capazes de se adequar rapidamente por meio dessa paisagem adaptativa.

Em geral, as paisagens adaptativas são usadas para visualizar a relação entre os genótipos e o sucesso replicativo; cada genótipo tem um *fitness*. Muitas vezes, paisagens adaptativas são concebidas como cadeias de vales e montanhas. Existem locais de picos (*fitness* mais alto) e vales (*fitness* mais baixo). Uma população em evolução geralmente se dirige em direção ao pico na paisagem, por uma série de pequenas alterações genéticas, até alcançar um equilíbrio ideal com o ambiente. Esta deve permanecer no pico, a menos que uma mutação rara abra o caminho para um novo pico mais elevado (Figura 2.6).

- **Erro catástrofe ou limite de erro.** A diversidade das populações virais oferece estratégias evolutivas; contudo, é inerente à teoria da *quasispecies* a existência de um limite de erro acima do qual o índice de erros é tão alto que não são produzidas partículas infecciosas. Esse limite é chamado de erro catástrofe.

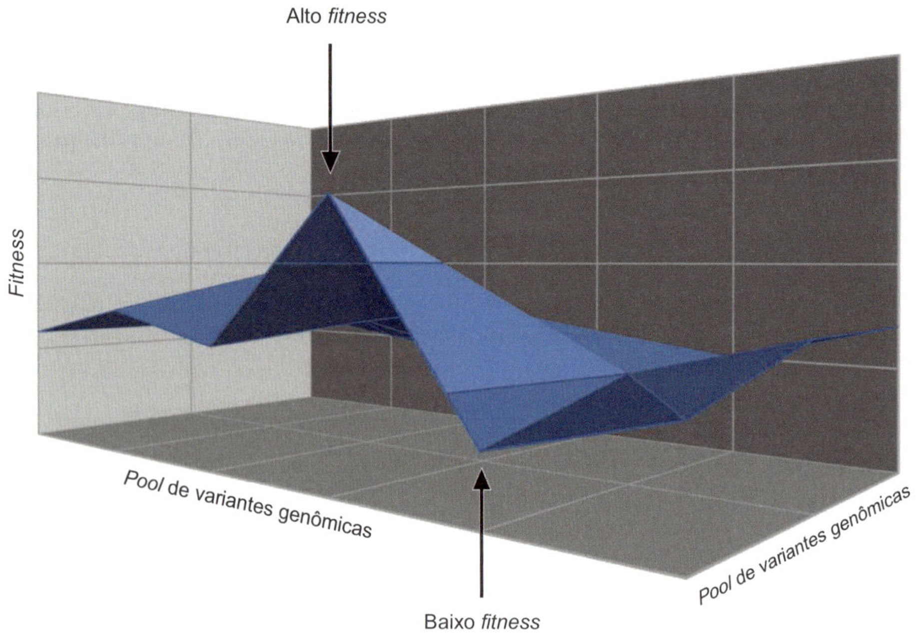


**Figura 2.6** Representação gráfica de uma paisagem adaptativa. Muitas vezes, paisagens adaptativas são concebidas como cadeias de vales e montanhas. Existem locais de picos (*fitness* mais alto) e vales (*fitness* mais baixo). O processo seletivo normalmente empurra a população para o pico mais alto.

- Gargalo genético (*genetic bottleneck*). Evento evolutivo resultante de uma pressão seletiva extrema, levando à perda de diversidade, ao acúmulo de mutações não seletivas ou ambos, em que uma porcentagem significativa da uma população é eliminada (perde a capacidade replicativa e sofre extinção) ou se adapta à nova realidade e se recupera.
- Deriva gênica (*genetic drift*) e troca gênica (*genetic shift*). A diversidade originada de erros de cópia e seleção imunológica (*genetic drift*) contrasta com a diversidade originada a partir de recombinação ou reagrupamento de genomas e segmentos genômicos (*genetic shift*). A deriva pode ocorrer sempre que o genoma for replicado. A troca ocorre somente em certas circunstâncias e é relativamente rara.
- Doença emergente. Refere-se a uma doença que surgiu recentemente em uma nova população – foi descoberta recentemente ou é causada por um novo patógeno – ou que já é conhecida por algum tempo, mas cuja incidência ou disseminação geográfica esteja aumentando rapidamente.

## Genética evolucionária da emergência viral

Busca entender os processos que sustentam a emergência de um patógeno. A genética evolucionária tem como meta compreender os processos responsáveis pela origem e manutenção de variações genéticas na população.

A genética evolucionária está igualmente relacionada com fatores do hospedeiro (tais como suscetibilidade e imunidade), assim como com o patógeno. Entretanto, iremos nos concentrar nos fatores relacionados com o patógeno.

### *Fatores evolutivos e emergência de vírus*

#### RNA × DNA

Um dos principais critérios para a classificação de vírus é a separação entre vírus, cujo genoma é constituído de DNA (vírus de DNA) e aqueles em que o genoma é constituído de RNA (vírus de RNA). Os retrovírus estão incluídos nos vírus de RNA, embora façam uma cópia de DNA do seu RNA genômico por meio de transcrição reversa. Os vírus de RNA estão mais frequentemente associados à emergência de doenças.

A princípio, a evolução é possível somente quando mutantes são introduzidos na população, o que ocorre durante o processo de cópia do ácido nucleico. Quando o genoma viral é replicado, mutações se acumulam na progênie viral. A maioria dos vírus de RNA é replicada com menor fidelidade que os de DNA. A média da frequência de erros descrita para a replicação do genoma de RNA é de aproximadamente um erro por $10^4$ ou $10^5$ nucleotídeos polimerizados. A taxa de erros estimada da replicação de DNA viral é cerca de 300 vezes menor que a descrita para os vírus de RNA.

Acredita-se que os vírus de RNA evoluam mais rapidamente que os de DNA, devido a uma combinação de índices elevados de erros durante a replicação pela RNA polimerase ou transcriptase reversa, o tamanho da população viral e a velocidade de biossíntese. Dessa maneira, a velocidade das mudanças evolutivas torna possível que os vírus de RNA produzam rapidamente mutações, as quais podem ser necessárias à adaptação ao novo ambiente, incluindo adaptação a uma nova espécie hospedeira.

#### Receptores celulares

Embora as mutações forneçam a matéria-prima para as mudanças evolutivas, em última instância, a combinação dos processos de variações genéticas e a seleção natural são responsáveis por determinar os mutantes que irão permanecer por um período prolongado. Como todos os vírus apresentam total dependência da maquinaria celular para a produção de novas partículas, a interação das proteínas virais com os receptores celulares é um fator significativo na adequação do vírus aos hospedeiros. Dessa maneira, seria razoável supor que as interações de sequências virais específicas e receptores celulares tenham particular importância como determinantes na capacidade de alguns vírus serem mais frequentemente associados à transmissão entre espécies hospedeiras do que outros. Por exemplo, o vírus da influenza A aviária é, em geral, incapaz de evoluir para uma transmissão humano-humano, porque não tem o aminoácido correto em várias proteínas virais para reconhecimento do receptor presente em células de seres humanos. A intimidade da relação entre vírus e receptor celular também prediz que os vírus que interagem com ampla variedade de receptores celulares são mais capazes de cruzar as barreiras interespécies em comparação com os vírus que apresentam um tropismo restrito.

### Mecanismo de transmissão

Outro fator que pode influenciar a capacidade dos vírus para cruzar barreiras interespécies é a maneira de transmissão. É fácil imaginar que certos mecanismos de transmissão, particularmente o respiratório, ou por meio de vetores, possa favorecer mais facilmente o surgimento de viroses que outros. Em ambos os casos, a probabilidade de exposição a um vírus emergente é relativamente alta, se comparada à transmissão sexual ou sanguínea. Muitos dos vírus descritos como emergentes são transmitidos por vetores artrópodes (arbovírus), os quais podem potencialmente se alimentar do sangue de diversos mamíferos hospedeiros. Embora um aumento na probabilidade de exposição, em geral, resulte no aumento da possibilidade de emergência, há vários outros fatores que não estão incluídos nessa análise. Por exemplo, parece haver uma associação entre o mecanismo de transmissão e a capacidade de o vírus ser eficientemente replicado nas células da nova espécie hospedeira. Esse fenômeno é bem documentado com alguns arbovírus, nos quais existem fortes evidências, obtidas de estudos comparativos *in vitro*, de que a necessidade de replicar em espécies muito distantes, como artrópodes e mamíferos, impõe fortes restrições contra alterações genômicas. Esse efeito é provavelmente atribuído a um processo antagonista de adequação, em que o aumento da adequação a uma espécie hospedeira reduz a adequação a outra. Assim, a maioria das mutações que ocorre em uma espécie pode ser deletéria para outra, sendo esses mutantes removidos por um processo de seleção.

## Cruzamento da barreira interespécie

Uma questão central na emergência de viroses é a suposição de que praticamente todos os vírus emergentes que acometem seres humanos são oriundos de outras espécies, em um processo de transmissão interespécies. A epidemiologia molecular tem identificado espécies-reservatórios de uma miríade de vírus que infectam seres humanos. Tal questão é ilustrada por meio da descoberta de primatas não humanos como reservatórios ancestrais do vírus da imunodeficiência humana (HIV, *human immunodeficiency virus*) e de algumas espécies de morcegos como reservatórios dos coronavírus causadores da SARS, SARS-CoV (*severe acute respiratory syndrome coronavirus*), e da MERS, MERS-CoV (*Middle East respiratory syndrome coronavirus*). Contudo, há exceções: o vírus da hepatite C causa uma das "novas" doenças mais prevalentes em seres humanos, mas não foi descoberto nenhum vírus similar que cause infecção em animais.

A questão seguinte a ser considerada é se alguns vírus têm maior capacidade de cruzar barreiras interespécies que outros. Nesse contexto, a ideia mais tentadora é a de que existem restrições filogenéticas nesse processo, de maneira que, quanto mais próximas estiverem as espécies hospedeiras em questão, maior a chance de sucesso na transmissão interespécie. Essa teoria é amparada em algumas observações. Em particular, não há evidências de que vírus que infectam seres humanos venham de organismos tão divergentes como plantas, peixes, répteis ou anfíbios, embora, em alguns casos (tais como vírus de plantas), a exposição ocorra regularmente pelo consumo de alimentos infectados. A maioria dos vírus que infectam seres humanos é originária de mamíferos, com poucas exceções ocasionais de vírus aviários. Além disso, embora vírus de insetos (os arbovírus) frequentemente infectem populações humanas, esses sempre passam de uma espécie de mamífero para outra, em vez de diretamente do inseto (que funciona como vetor), e tendem a causar infecção terminal no novo hospedeiro (ou seja, não ocorre a transmissão homem-homem).

Outra questão importante é se existe uma tendência filogenética com relação aos vírus de outros mamíferos que também afetam seres humanos; especificamente, se os vírus de primatas símios são mais capazes de infectar seres humanos do que os vírus de outras ordens de mamíferos. No momento não existem dados suficientes para validar essa hipótese. Além disso, é difícil dissociar totalmente a probabilidade de transmissão com a possibilidade de exposição; por exemplo, embora sejamos evolutivamente mais próximos de outros primatas do que de roedores, a população humana global está mais exposta aos roedores.

Existe também um bom motivo para crer em uma relação entre distância filogenética e a probabilidade de emergência de vírus. Se a capacidade de infectar a célula hospedeira é um ponto-chave para a transmissão interespécie, então espécies filogeneticamente relacionadas são mais prováveis de dividir receptores celulares relacionados.

No entanto, há alguns fatores complicadores nessa "teoria filogenética". Um grande número de vírus emergentes de seres humanos parece ter se originado de roedores em vez de primatas. Isso sugere que a densidade elevada de muitas populações de roedores torna possível que estes sejam capazes de carrear uma grande diversidade de patógenos e/ou que, frequentemente, roedores vivam em proximidade com seres humanos, aumentando a probabilidade de exposição. Outro fator potencialmente importante é a resposta imunológica filogeneticamente relacionada. Especificamente, espécies relacionadas, tais como seres humanos e outros primatas, provavelmente também dividem os alelos determinantes da resposta imunológica a patógenos. Isso tem sido particularmente bem documentado para o *locus* do MHC (complexo principal de histocompatibilidade [*major histocompatibility complex*]), no qual certos alelos têm persistido por milhões de anos. Em consequência, embora a espécie possa ser exposta a um novo patógeno, essa pode, por uma combinação de ancestrais comuns e sorte, apresentar a capacidade imunológica de evitar a infecção.

## Adaptação na nova espécie hospedeira

A maioria das definições de vírus emergentes é focada na questão da doença. Isso significa que nenhuma distinção é feita entre os vírus que se espalham eficientemente entre seres humanos e aqueles que causam doença esporadicamente, sem que ocorra a transmissão homem-homem. Aparentemente, muitas doenças emergentes de seres humanos, se não a maioria, são infecções terminais. Essa pode ser a dinâmica basal natural das transmissões interespécies; por exemplo, quase todas as transmissões aves-humanos do vírus da influenza A resultam em infecções terminais – ainda assim, ocasionalmente, esse processo pode causar uma pandemia.

Não está claro se, após a transmissão interespécie, o vírus emergente deve se adaptar para ser eficientemente sintetizado na nova espécie ou se o processo de emergência é indiferente para a seleção natural. Um modelo de emergência viral propõe que, durante os estágios iniciais de uma epidemia, é fundamental a adaptação à nova espécie hospedeira, porque eleva as taxas de biossíntese viral ($R_0 > 1$; ver *Capítulo 10*), de maneira que uma cadeia sustentada de transmissão possa ser estabelecida. Assim, os vírus que não evoluíram de modo a apresentar a transmissão humano-humano são aqueles que não se adaptaram completamente à nova espécie ($R_0 < 1$).

Um modelo alternativo de emergência viral propõe que a emergência somente será bem-sucedida se o vírus que já apresentar a mutação necessária for exposto à nova espécie hospedeira. Em outras palavras, estirpes virais emergentes "bem-sucedidas" são aquelas já "equipadas" para estabelecer infecções na nova espécie hospedeira, de modo que a probabilidade de emergência se torna uma função da frequência de exposição.

### Papel das recombinações na emergência de vírus

Embora os elevados índices de mutação sejam a força motriz da evolução dos vírus de RNA, há evidências de que a variabilidade genética observada nas populações desses vírus possa ser, em parte, modulada pela ocorrência de recombinações. Mais ainda, como a recombinação é um processo que potencialmente aumenta a adequação, criando genótipos vantajosos e removendo mutações deletérias, pode-se supor que esta auxilie no processo de emergência desses vírus. Um exemplo é a transmissão interespécie do vírus da influenza A de aves para seres humanos, fenômeno frequentemente associado a reagrupamentos entre subtipos de hemaglutinina e neuraminidase.

## Emergência de vírus e viroses

Entre 1700 e 1900, os índices de morbidade e mortalidade em associação às doenças infecciosas haviam decaído consideravelmente nos países desenvolvidos, levando ao aumento da expectativa média de vida. Essa melhoria foi atribuída a uma série de fatores, os quais reduziram a suscetibilidade do hospedeiro e dificultaram a transmissão de doenças, tais como: melhoria da habitação e nutrição; melhoria da qualidade da água e dos alimentos; melhoria dos padrões de higiene e de saneamento; introdução da imunização das populações humana e animal; e desenvolvimento dos antibióticos (Figura 2.7).

Assim, durante a maior parte do século XX, a percepção era de que as doenças infecciosas estavam controladas. Médicos ilustres acreditavam nisso, como Henry E. Sigerist, diretor do Institute of the History of Medicine da Johns Hopkins University dos Estados Unidos da América (EUA), que, em 1931, argumentou que "a maioria das doenças infecciosas [...] já foi desvendada [...]. Muitas doenças [...] já foram completamente exterminadas; outras têm sido largamente controladas [...]", e William Stewart, Secretário de Saúde dos EUA, que em depoimento ao Congresso americano, em 1969, sentenciou: "é hora de fechar o livro das doenças infecciosas. A guerra contra a pestilência acabou".

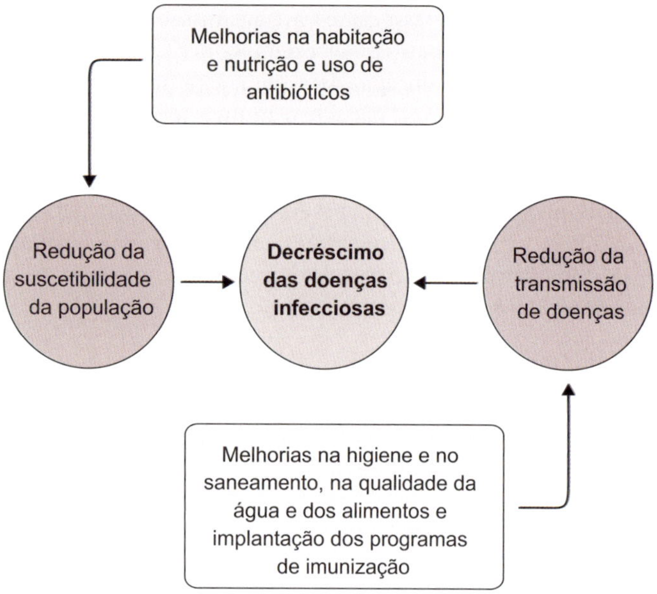


**Figura 2.7** Fatores envolvidos no decréscimo das doenças infecciosas no século XX. Adaptada de Cohen, 2000.

Essa atitude levou ao relaxamento da vigilância epidemiológica das infecções, das medidas de controle e prevenção das doenças infecciosas e ao surgimento da resistência de agentes patogênicos aos fármacos existentes. Assim, no início do século XXI, o otimismo começou a decair quando uma série de surtos e epidemias de doenças novas e reemergentes surgiu na imprensa leiga e nos jornais científicos, tanto em países desenvolvidos quanto em desenvolvimento. Grande parte dessas doenças emergentes ou reemergentes era causada por vírus. A partir desses eventos, o mundo científico se voltou para o estudo dos mecanismos que levaram ao retorno das doenças infecciosas.

## Processos evolutivos e disseminação de patógenos

Até o início do século XXI, os estudos de emergência de patógenos frequentemente envolviam a compilação de listas de patógenos que eram considerados novos para a população humana ou cuja frequência e abrangência geográfica tinham aumentado, além da descrição dos fatores ecológicos responsáveis pelo seu surgimento.

Esses estudos enfatizaram particularmente mudanças na ecologia humana (fatores modificadores da transmissão), tais como o tamanho da população, levando a grandes aglomerações de indivíduos; modificações na utilização do solo devido às novas práticas de agricultura e pecuária; viagens globais, facilitando a dispersão de patógenos e vetores; aumento do contato com animais silvestres, expondo o homem a novos patógenos e vetores; e reviravoltas políticas, levando à degradação do sistema de saúde pública.

Esses fatores têm sido responsabilizados por um impacto significativo das doenças infecciosas, frequentemente por aumentarem a proximidade e/ou densidade de possíveis reservatórios. Nesses estudos, foi largamente negligenciada a consideração do processo evolutivo que sustenta a emergência viral.

O principal papel da Biologia Evolucionária nos primeiros estudos de emergência de patógeno foi reconstruir a origem e a disseminação desse novo patógeno, primariamente por meio de análises filogenéticas. Embora o foco nas mudanças da ecologia humana e história filogenética tenha sido uma primeira etapa importante e necessária, é também essencial perguntar quais processos evolutivos são responsáveis pelo surgimento e pela disseminação de patógenos.

## Etapas na emergência de doenças infecciosas

A emergência de uma doença infecciosa pode ser dividida, didaticamente, em duas etapas: introdução de um agente em uma nova população (originado de outras espécies, ou uma nova variante de um patógeno humano já conhecido); e disseminação dentro da nova espécie hospedeira.

Fatores que promovam uma ou ambas as etapas irão precipitar a emergência de doenças. Com relação ao primeiro item, os numerosos exemplos de infecções que surgem como zoonoses sugerem que o *pool* zoonótico – introdução de infecções entre diferentes espécies – é uma importante e potencial fonte de emergência de doenças. Uma vez introduzida, a nova infecção deve então ser disseminada na população, embora o curso rápido da doença e a mortalidade elevada, combinados com uma baixa transmissibilidade, funcionem, frequentemente, como fatores limitantes. Contudo, mesmo que um agente zoonótico não seja capaz de disseminar-se rapidamente de um hospedeiro para outro e estabelecer-se dentro da nova espécie hospedeira, outros fatores podem espalhar a infecção. Adicionalmente, se o hospedeiro-reservatório ou os vetores transmissores da infecção tornam-se mais amplamente disseminados, o agente pode emergir em novas localidades.

A maioria das infecções parece ser causada por patógenos já presentes no ambiente, que, por meio de favorecimento seletivo, por alterações das condições do seu ambiente, têm a oportunidade de infectar uma nova população hospedeira ou, menos comumente, uma nova variante de um patógeno já conhecido pode evoluir e causar nova doença. O processo pelo qual um agente infeccioso pode ser transferido de animais para seres humanos ou disseminar-se de grupos isolados para novas populações pode ser denominado tráfego de agentes infecciosos. Uma série de atividades aumenta esse tráfego e, como consequência, promove a emergência de doenças e epidemias.

## Fatores envolvidos na emergência de doenças infecciosas

A emergência de doenças é frequentemente acompanhada de alterações ecológicas causadas por atividades humanas, tais como práticas inadequadas de agricultura – uso de sistemas de irrigação primitivos, desmatamentos e construção de barragens –, o que possibilita a proliferação de vetores e hospedeiros-reservatórios. A maioria das viroses emergentes é constituída de zoonoses, em que um reservatório animal é a fonte do vírus.

Seis fatores são reconhecidos como influenciadores da emergência de novas doenças: adaptação e mutação dos microrganismos (discutido anteriormente); alterações demográficas e comportamentais; alterações ambientais; comércio e viagens internacionais; desenvolvimento industrial e tecnológico; falência das medidas de saúde pública (Figura 2.8). Muitos desses fatores aumentam a suscetibilidade da população às doenças infecciosas ou aumentam a exposição ou transmissão dos agentes infecciosos.

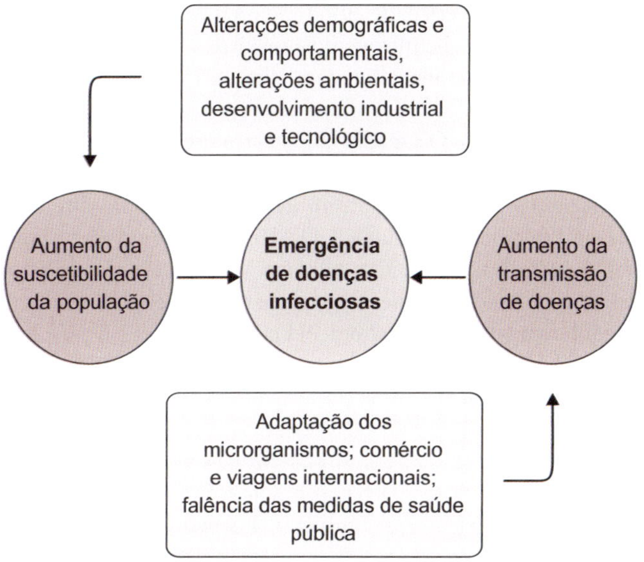


**Figura 2.8** Fatores envolvidos na emergência de doenças infecciosas. Adaptada de Cohen, 2000.

### *Alterações demográficas e comportamentais*

Alterações demográficas envolvem alterações nas populações, como maior número de pessoas suscetíveis a uma determinada infecção – aumento do envelhecimento da população; avanços médicos elevando o uso de imunossupressores; alterações sociais, tais como aumento da renda familiar, porque ambos os pais trabalham – maior frequência no uso de creches e, consequentemente, mais casos de transmissão de doenças. Além disso, os movimentos das populações humanas causados por guerras ou migrações são frequentemente importantes na emergência de doenças. Em diversas partes do mundo, as condições econômicas encorajam a migração em massa de trabalhadores das áreas rurais para as cidades. Uma vez na cidade, uma infecção recentemente introduzida tem a oportunidade de disseminar-se localmente entre a população e pode também espalhar-se ao longo de rodovias e diferentes rotas de transportes.

O comportamento humano pode ter efeitos importantes na disseminação de doenças; os melhores exemplos conhecidos são as doenças transmitidas por via sexual.

### *Alterações ambientais climáticas e utilização do solo*

#### Efeitos da globalização no período Antropoceno

Nas últimas décadas, a conectividade internacional aumentou em diversas frentes, incluindo o fluxo da informação, o movimento das pessoas, o comércio, o fluxo de capital, os sistemas regulatórios e a difusão cultural. Esse aumento exponencial nos índices demográficos, econômicos, comerciais e ambientais foi denominado grande aceleração. A época geológica atual é denominada período Antropoceno (termo usado por cientistas para descrever o período mais recente da era do planeta Terra, quando as atividades humanas começaram a ter um impacto significativo no clima do planeta).

As alterações climáticas globais são parte da síndrome antropocênica das alterações ambientais globais induzidas pelo homem. Essas alterações incluem a degradação do solo, a acidificação dos oceanos, a alteração e a diminuição da concentração de ozônio na estratosfera, da fertilidade do solo, dos recursos hídricos, da biodiversidade e do funcionamento do ecossistema e dos ciclos globais de nitrogênio e fósforo.

A complexidade das alterações climáticas e suas manifestações ambientais e sociais resultam em diversos riscos para a saúde do ser humano. O Quadro 2.1 mostra uma classificação das categorias de risco e suas causas.

Os efeitos primários ocorrem devido ao impacto direto do sistema físico na saúde pública. Os danos à saúde do ser humano são normalmente rápidos e óbvios, tais como ondas de calor, incêndios florestais, enchentes e tempestades, os quais tendem a aumentar em virtude das alterações climáticas.

Os efeitos secundários decorrem das alterações na ecologia de vetores, parasitas e espécies hospedeiras. Os danos à saúde do ser humano são menos óbvios que os efeitos primários e sua casualidade é contestada com frequência, especialmente no caso de doenças infecciosas. Diversas doenças infecciosas envolvem uma interação entre seres humanos, hospedeiro animal, vetor e organismo infeccioso; assim, a ecologia dessas doenças pode ser sensível às condições climáticas, especialmente temperatura e índice pluviométrico.

Os efeitos terciários resultam de uma interseção de clima, política e ecologia humana e animal.

A emergência e a ressurgência de numerosas doenças infecciosas são muito influenciadas por fatores ambientais, tais como clima e utilização do solo. As doenças mais afetadas por esses fatores são as de transmissão indireta, que requerem veículos para a transmissão entre hospedeiros (água e alimentos) ou vetores. A maioria das doenças transmitidas por vetores envolve vetores artrópodes, os quais são afetados por variações de temperatura. Dessa maneira, alterações climáticas podem mudar a incidência, transmissão sazonal e distribuição geográfica dessas doenças. Alterações pluviométricas (p. ex., enchentes e estiagens) também afetam a transmissão de doenças por vetores ou por água, visto que o excesso de chuvas pode provocar uma contaminação das águas recreacionais e sobrecarregar os sistemas de tratamento de água.

A destruição do *habitat* provocada pela utilização do solo é uma das principais causas de disseminação de doença infecciosa. A mudança de *habitat* pode acarretar mudança de local de criação dos vetores ou da biodiversidade dos vetores ou hospedeiros-reservatórios. As principais alterações ocorridas devido à utilização do solo são causadas por atividades como desenvolvimento de projetos agrícolas ou reservatórios de água (p. ex., construção de barragens), urbanização e desflorestamento. Essas mudanças desencadeiam uma cascata de fatores que exacerbam a emergência de doenças, tais como introdução de patógenos, pobreza, poluição e migração humana.

**Quadro 2.1** Categorias de risco à saúde do ser humano decorrentes de alterações climáticas de acordo com as causas.

| Categoria de risco | Causas |
|---|---|
| Primário | Consequências biológicas diretas das ondas de calor, eventos climáticos extremos e elevação dos níveis de poluição da atmosfera urbana, em virtude da elevação da temperatura |
| Secundário | Riscos mediados por mudanças ecoclimáticas que alteram a ecologia de vetores artrópodes, hospedeiros intermediários e patógenos. |
| Terciário | Consequências de tensões e conflitos causados pelo declínio dos recursos básicos decorrentes das alterações climáticas (água, alimentos, espaço para moradia) |

Adaptado de Butler e Harley, 2010.

### Comércio e viagens internacionais

Um dos grandes avanços do século XX foi a facilitação das viagens internacionais. Viagens que anteriormente levavam meses foram reduzidas a horas, transformando o mundo em uma aldeia global. Esse deslocamento facilitou a transmissão e o espalhamento de doenças. Grandes volumes de plantas, animais e outros materiais são transportados por toda a superfície do globo terrestre. A maior parte resulta de um transporte planejado de bens de um lugar para outro. No entanto, todos esses movimentos têm algum impacto significativo na justaposição de várias espécies em diferentes ecossistemas.

### Desenvolvimento industrial e tecnológico

Em linhas de produção, incluindo fabricação de alimentos, que processam ou usam produtos biológicos, os métodos modernos tornam possível um aumento de eficiência e redução de custos. Por outro lado, esses métodos de produção também podem aumentar as chances de contaminações acidentais e amplificar seus efeitos. O problema é agravado pela globalização, criando a possibilidade de introdução de novos agentes infecciosos em regiões geograficamente distantes.

### Falência das medidas de saúde pública

Medidas clássicas de saúde pública e saneamento têm sido eficientes para minimizar a disseminação de doenças, a exposição humana a muitos patógenos ou, ainda, para evitar seu espalhamento por meio de medidas de imunização ou controle de vetores. No entanto, tais medidas podem não eliminar totalmente os patógenos que podem permanecer, embora em número reduzido, em hospedeiros-reservatórios no ambiente, ou em pequenos focos de infecção. Como consequência, esses agentes podem reemergir se as medidas de controle e prevenção forem interrompidas.

## Impacto das zoonoses emergentes

Doenças infecciosas emergentes podem afetar seres humanos, animais domésticos, animais de criação ou selvagens e podem ter impacto significativo na saúde, comércio e biodiversidade. Já foi demonstrado que aproximadamente 58% dos patógenos que acometem seres humanos são zoonóticos, e desses, praticamente todos os mais importantes são zoonóticos ou foram originados como zoonoses antes de se adaptarem aos seres humanos. Das doenças infecciosas emergentes de seres humanos, 75% são zoonoses, nas quais os animais selvagens vêm surgindo como uma fonte importante de transmissão entre espécies. Por trás desse padrão, estão desafios específicos de saúde pública, originados a partir de uma complexa ecologia multi-hospedeiros de infecções zoonóticas, assim como rápidas mudanças ambientais e antropogênicas que estão alterando os índices e a natureza dos contatos entre as populações humanas e de animais.

O aumento massivo global pela demanda de alimentos de origem animal, associado ao crescimento populacional, aumento do poder aquisitivo, urbanização e mudanças na agricultura global, tem um impacto profundo na saúde, na subsistência e no ambiente. Esses fatos têm contribuído para a exacerbação dos problemas de saúde pública e ambientais, pressionando a produção e distribuição de alimentos e o transporte e comércio ilegais de animais de criação, produtos e pessoas.

O peso econômico das zoonoses emergentes recai desproporcionalmente no setor rural e nas áreas pobres, devido ao maior risco de exposição às doenças oriundas de animais selvagens ou de criação e em virtude da preexistência de desigualdades socioeconômicas entre as áreas urbanas e rurais. O impacto das zoonoses na saúde e na economia tem sido sentido principalmente, mas não exclusivamente, por países em desenvolvimento. A ausência de dados de vigilância epidemiológica sobre as zoonoses emergentes em muitos países em desenvolvimento significa que o peso das doenças de seres humanos, de animais de criação e selvagens é subestimado, e as oportunidades de implantação de medidas de controle são consequentemente limitadas.

## Processo de emergência de vírus zoonóticos

O processo de emergência de uma zoonose pode ser avaliado pela compreensão de diversos fatores, tais como:

- O modo como os vírus zoonóticos evoluem e são mantidos nos seus hospedeiros-reservatórios
- O mecanismo de transmissão desses vírus para outras espécies taxonomicamente distintas, causando infecção produtiva nos hospedeiros secundários e iniciando um processo patológico que resulta em doença
- A capacidade de, nesses hospedeiros secundários, induzir morbidade e mortalidade de magnitude suficiente para serem detectados e caracterizados como um novo problema de saúde de significância local, regional ou global.

## Estágios de emergência de vírus zoonóticos

O processo de emergência de uma zoonose pode ser dividido em cinco estágios:

- Estágio 1: um vírus presente em animal, mas que não pode ser detectado em seres humanos em condições naturais
- Estágio 2: ocorrência da transmissão interespécie em condições naturais. Um vírus de animal que, em condições naturais, foi transmitido de animal para ser humano (infecção primária), mas não foi transmitido entre seres humanos (infecção secundária). Exemplo: vírus Hendra, vírus do Oeste do Nilo (WNV, *West Nile virus*)
- Estágio 3: transmissão limitada do vírus entre os membros da nova espécie. Vírus de animal capazes de sustentar poucos ciclos de transmissão secundária entre seres humanos, causando surtos ocasionais (iniciados por um evento de transmissão primária) de curta duração. Exemplo: Ebola, Marburg, Monkeypox
- Estágio 4: sustentação da transmissão do vírus entre os membros da nova espécie hospedeira, independentemente de novos eventos interespécie. Vírus que existem em animais e que têm um ciclo silvestre natural de infecção em seres humanos a partir de transmissão primária do hospedeiro animal, mas mantêm longos períodos de transmissão secundária entre seres humanos sem o envolvimento do hospedeiro animal. Exemplo: vírus da febre amarela
- Estágio 5: adaptação genética e alterações fenotípicas que acompanham a sustentação da transmissão dentro da nova espécie. Vírus exclusivo de seres humanos. Exemplo: vírus do sarampo, vírus da rubéola, vírus da varíola.

Os primeiros estágios podem requerer a intermediação de outra espécie hospedeira como, por exemplo, um vetor artrópode ou vertebrado. Os últimos estágios demarcam uma mudança na inter-relação vírus-hospedeiro. Uma vez que a sustentação da transmissão ocorra entre hospedeiros humanos, a adaptação evolutiva entre vírus e hospedeiro pode transformar um vírus zoonótico em um novo vírus que infecte seres humanos. O novo vírus associado a seres humanos deve ser genética e fenotipicamente distinto do vírus ancestral, para que seja reconhecido como emergente ou uma nova entidade biológica. Com relação ao HIV e às amostras pandêmicas do vírus da influenza, as diferenças do vírus recém-adaptado aos seres humanos são aparentes em termos de preferência do hospedeiro e patogenicidade. Com o SARS-CoV, as alterações específicas do vírus que infecta humanos, em relação ao vírus de animal, não são tão claras, possivelmente pelo fato de a transmissão do SARS-CoV ter sido interrompida nos estágios iniciais da sua interação com o novo hospedeiro humano. Essa hipótese baseia-se nas variações genéticas observadas após a sustentação da transmissão do SARS-CoV, por meio de infecções secundárias humano-humano, em comparação com os vírus detectados após poucas passagens no hospedeiro humano.

## Fatores envolvidos na emergência de zoonoses

### Fatores abióticos ou ambientais

Os fatores ambientais frequentemente alteram as chances de contato entre as populações das espécies-reservatórios e a nova espécie ou hospedeiros intermediários, modulando o risco potencial de disseminação. As doenças zoonóticas são altamente dependentes de fatores abióticos (também denominados fatores ambientais). Em uma escala global, as mudanças climáticas têm sido vinculadas cada vez mais à emergência de zoonoses.

Em uma escala de tempo interanual, o fenômeno *El Niño Southern Oscillation* (ENSO) tem impactos profundos nos padrões climáticos globais e anomalias climáticas, frequentemente definindo picos importantes nas dimensões espaciais e temporais das condições de seca e inundação. Sabe-se agora que esses extremos de precipitação e temperatura resultantes dos eventos do ENSO são os fatores antecedentes de uma série de doenças transmitidas por vetores e pela água. A persistência de condições extremas de temperatura ou precipitação afeta a ecologia e o tamanho do *habitat* de diferentes vetores; taxas de crescimento populacional e dinâmica de vetores, distribuição e sazonalidade; biossíntese e incubação extrínseca de um vírus no vetor; padrões de transmissão e sazonalidade dos vírus.

Embora o ENSO seja principalmente um fenômeno tropical, ele tem consequências de longo alcance na circulação atmosférica global e impactos que se estendem para além dos trópicos, afetando o clima em outras regiões, especialmente partes da América do Norte.

Historicamente, epidemias e epizootias acompanharam alterações climáticas em regiões influenciadas pelo ENSO. Isso se deve ao desenvolvimento de condições ecológicas favoráveis sob as quais os vetores, artrópodes e roedores, de patógenos de seres humanos e de animais surgem em grande número, com sobrevivência e capacidade vetorial aprimoradas, aumentando assim o risco de transmissão de doenças (Quadro 2.2). Em algumas regiões, os eventos ENSO estão associados à amplificação de doenças endêmicas como dengue, malária, cólera e hantavirose. Enquanto, em outros, os eventos ENSO atuam como um gatilho para surtos de doenças, como na África Oriental, onde os surtos de febre do vale do Rift são precedidos por elevação da temperatura devido ao ENSO, ou em regiões tropicais altas e secas, onde o *El Niño* causa diretamente epidemias de malária.

### Fatores bióticos e evolucionários na emergência de zoonoses

Como discutido no início deste capítulo, fatores intrínsecos bióticos e evolucionários reforçam a capacidade de certos vírus, particularmente vírus de RNA, produzirem infecções interespécie. Vírus com elevadas taxas de biossíntese, altos índices de mutação e potencial para recombinação ou reagrupamentos podem se adaptar mais rapidamente a uma nova espécie hospedeira e tornarem-se transmissíveis entre seres humanos, emergindo como uma ameaça pandêmica.

### Interações bióticas extrínsecas na emergência de zoonoses

Interações extrínsecas como deslocamentos naturais ou induzidos por atividades humanas, de indivíduos de espécies-reservatórios ou vetores infectados, têm tido um papel importante na emergência de zoonoses nos últimos anos. O espalhamento global do SARS-CoV e a dispersão de mosquitos, pássaros ou seres humanos infectados com o WNV são exemplos dos problemas crescentes de um mundo interconectado.

## *Influências antropogênicas: fatores extrínsecos na emergência de doenças*

O crescimento populacional e as práticas de agricultura têm incitado a colonização humana em ecossistemas de elevada biodiversidade (p. ex., florestas tropicais), convertendo áreas abrangentes em campos cultivados e pastos. Nessas regiões, tal prática insere uma justaposição e mistura de seres humanos, animais de criação e a população nativa de animais com qualquer patógeno zoonótico existente nesse nicho. A construção de barragens para fornecimento de água para consumo humano e para a irrigação pode levar ao aumento da emergência de zoonoses, pois estas fornecem o ambiente para a aproximação de mosquitos vetores e hospedeiros-reservatórios de arbovírus.

Os animais domésticos podem favorecer novos nichos. Animais de criação como cavalos e porcos podem ter um papel central na cadeia de transmissão de infecções para seres humanos, como ocorreu com os henipavírus (vírus Nipha e Hendra). Inicialmente, esses vírus saltaram a barreira entre espécies de porcos e cavalos, e posteriormente foram transmitidos para seres humanos.

Alterações significativas na demografia da população humana global nas últimas décadas têm sido induzidas, não somente pelo crescimento populacional, mas por alterações na distribuição e estrutura social da população, causadas por migrações, movimento de populações entre as áreas urbanas e rurais e criação de campos de refugiados. A concentração de indivíduos em ambientes urbanos deu origem a megacidades, onde uma grande parcela dos indivíduos vive em condições precárias. As condições de vida nessas áreas superpopulosas são degradadas ainda mais pela inexistência de condições sanitárias – o que tem sido associado à emergência de doenças, particularmente aquelas transmitidas por vetores.

Talvez o fator antropogênico mais influente associado à emergência de doenças tenha sido o aumento da conectividade social por meio da construção de estradas e da popularização do transporte aéreo. A SARS e a COVID-19 são bons exemplos do papel do transporte rápido na ocorrência de doença.

A prática da medicina moderna, requerendo uso disseminado de agulhas, utilização cada vez maior de terapias imunossupressoras, transplante de órgãos e transfusão sanguínea, contribuiu substancialmente para o espalhamento e emergência de patógenos.

## Reconhecimento de novas doenças

Em geral, os patógenos identificados como agentes de novas doenças não são agentes novos que surgiram em um curto intervalo de tempo antes do reconhecimento da doença. Na maioria dos casos dessas novas doenças, os patógenos estavam presentes há vários séculos. O processo que leva ao reconhecimento de uma nova doença, frequentemente, envolve eventos sociais, econômicos e científicos.

**Quadro 2.2** Exemplos dos efeitos do fenômeno *El Niño* na transmissão de viroses de seres humanos e de animais.

| Doença | Região | Possíveis efeitos do *El Niño* na dinâmica da doença |
|---|---|---|
| Febre da dengue/ Febre chikungunya | Ásia, Oceania, América do Norte, América do Sul e Caribe | Em condições de seca: o armazenamento de água no perímetro doméstico promove a criação de mosquitos vetores, *Aedes aegypti* e *Aedes albopictus*; temperaturas elevadas reduzem o período de incubação extrínseca do vírus no vetor e promovem padrões de vegetação favoráveis ao desenvolvimento do vetor |
| | | Em condições de umidade: índices pluviométricos elevados favorecem a proliferação do vetor |
| Hantavirose | Ásia, América do Norte e América do Sul | Índices pluviométricos elevados aumentam a disponibilidade de alimentos (vegetação) para os roedores reservatórios, o que expande a população de roedores e pode promover o contato com seres humanos |
| Febre do vale Rift | África | Inundações dos *habitats* do mosquito vetor promovem a eclosão de ovos infectados (transovarianamente) e a proliferação e a sobrevivência de vetores |
| Febre do rio Ross | Oceania | Condições quentes podem aumentar a longevidade do mosquito vetor e, assim, a capacidade vetorial |

Adaptado de Anyamba *et al.*, 2019.

Doenças infecciosas novas são identificadas, mais rapidamente, em uma população com bom atendimento médico e baixos índices de infecções endêmicas. Doenças com um período de incubação longo tornam-se evidentes à medida que a expectativa de vida da população aumenta. Avanços tecnológicos que possibilitem a identificação de agentes infecciosos ou de alterações patológicas ou imunológicas induzidas por estes podem ser essenciais para a caracterização de uma doença e sua epidemiologia.

## Reconhecimento de novos vírus

Embora as doenças virais ocorram no ser humano desde épocas remotas, foi somente em 1901 que o vírus da febre amarela se tornou o primeiro vírus a ser reconhecido como capaz de causar doença em seres humanos. Atualmente, três ou quatro novos vírus são descritos anualmente (Figura 2.9A).

Uma extrapolação da curva de descoberta de novos vírus sugere que ainda há um *pool* substancial de vírus que infectam seres humanos não identificados. Parece ser quase inevitável que, em um futuro próximo, novos vírus continuem emergindo entre seres humanos, particularmente oriundos de outros mamíferos e aves. Como toda curva de descobertas, esta reflete um número de diferentes fatores, incluindo:

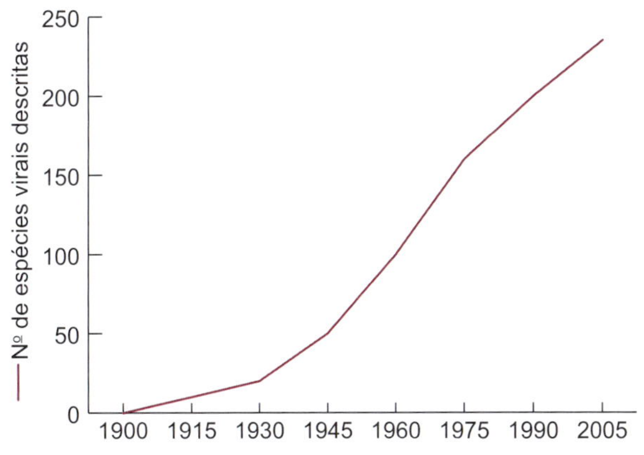


A

| Ano | Tecnologia |
|---|---|
| 1890s | Filtração |
| 1929 | Fixação do complemento |
| 1948 | Cultivo de células |
| 1970s | Anticorpos monoclonais |
| 1985 | Reação em cadeia da polimerase (PCR) |
| 2000s | Metagenômica (*high throughput sequencing*) |

B

**Figura 2.9 A.** Curva representativa da descoberta de vírus, mostrando o número cumulativo de espécies virais descobertas. **B.** Principais desenvolvimentos tecnológicos que favoreceram a descoberta de novos vírus. Adaptada de Woolhouse *et al.*, 2012.

- Tecnologia disponível para detecção de vírus
- Esforços investidos na detecção de novos vírus
- "Visibilidade" de diferentes vírus, ou seja, o quão comuns eles são e a natureza da doença causada por eles
- Normas taxonômicas para designação de "novo vírus"
- Emergência de novas espécies que não infectavam seres humanos previamente.

Assim, é necessário um sistema de vigilância global efetivo para detecção de novos vírus. Mais de 2/3 dos vírus de seres humanos também infectam hospedeiros não humanos, principalmente mamíferos, e, eventualmente, aves. Uma porção substancial dos vírus de mamíferos é capaz de cruzar a barreira interespécie e infectar seres humanos, embora apenas uma pequena parte que é transmitida de homem a homem seja capaz de causar surtos, epidemias ou pandemias.

Para a caracterização de uma doença e sua epidemiologia, podem ser essenciais avanços tecnológicos que possibilitem a identificação de agentes infecciosos ou de alterações patológicas ou imunológicas induzidas por estes (Figura 2.9B). Novos vírus continuam sendo descobertos a partir de técnicas de metagenômica, incluindo reação em cadeia da polimerase (PCR, *polymerase chain reaction*) randômica, nova geração de sequenciamento e microarranjos. O desafio será o desenvolvimento do conhecimento e metodologias que se mantenham à frente, ou pelo menos acompanhem a emergência de patógenos com testes de diagnóstico.

Em um ambiente em que as doenças estão mudando constantemente, serão necessários ensaios rapidamente adaptáveis, capazes de detectar vírus novos, "não esperados" ou mutantes, e fornecer informações, com prontidão, quanto ao perfil de resistência a fármacos, patogenicidade e preferência por hospedeiros.

### *Abordagens tecnológicas para ampliar o espectro de diagnóstico viral*

Fundamentalmente, há três níveis ou categorias de diagnóstico, com base no nível de confiança na hipótese sobre o agente etiológico:

- Suspeita da identidade específica do agente. Exemplos: PCR-multiplex, microarranjos para patógenos respiratórios
- Suspeita da identidade do agente ao nível de gênero, família ou grupo de agentes que causam encefalites, febres hemorrágicas, infecções respiratórias etc. Exemplos: PCR pangênero, seguido de sequenciamento, microarranjo, luminex etc.
- Total desconhecimento sobre a identidade do agente ou falha dos testes diagnósticos. Exemplo: abordagem metagenômica: amplificações randômicas seguidas de sequenciamento (ver *Capítulo 8*).

## Medidas de prevenção e controle de doenças infecciosas emergentes

Para vencer a guerra contra as doenças infecciosas, é fundamental que haja coordenação e cooperação perfeitas entre autoridades de saúde e pesquisadores. Um plano ideal para o gerenciamento de doenças infecciosas deve incluir: ampliação da capacidade de vigilância epidemiológica e resposta aos surtos; investimentos em pesquisa aplicada; investimentos em infraestrutura da saúde pública e oportunidades de treinamento para pessoal da área de saúde; desenvolvimento, implementação e estratégias de avaliação para prevenção e controle (medidas de saneamento, controle de vetores, vacinação etc.).

As atividades em cada uma dessas áreas são frequentemente integradas e complementares. Independentemente de qual seja o problema, a vigilância é necessária para detectar e definir a abrangência e a magnitude. A pesquisa aplicada fornece novas técnicas de vigilância, novos métodos de diagnóstico e possíveis intervenções. Vigilância, pesquisa aplicada, assim como prevenção e controle não serão eficientes sem a infraestrutura e o treinamento apropriados.

## Abordagem One Health

O conceito *One Heatlh* (também denominado *One Medicine*), definido como o esforço colaborativo de várias disciplinas, trabalhando localmente, nacionalmente e globalmente, para alcançar a saúde ideal para pessoas, animais e meio ambiente, vem recebendo crescente reconhecimento. O *One Health* reconhece que a saúde dos seres humanos e dos animais (domesticados e selvagens) está interconectada no contexto da saúde do ecossistema e fornece uma estrutura conceitual útil para o desenvolvimento de soluções para os desafios globais da saúde, através da interseção e integração de conhecimentos sobre seres humanos, animais e meio ambiente (Figura 2.10).

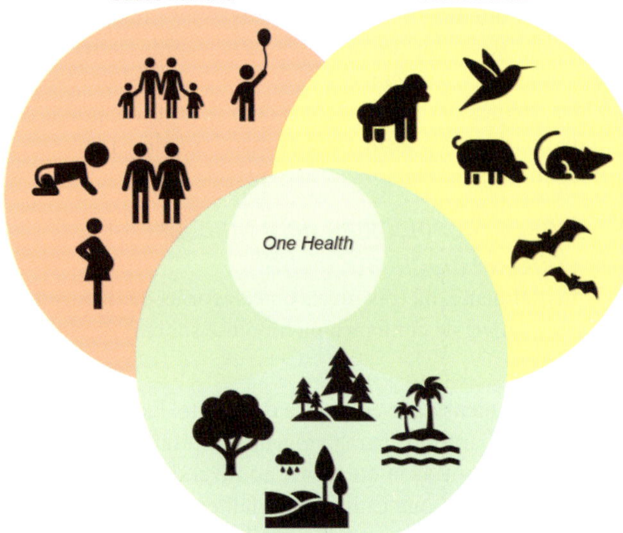


**Figura 2.10** Diagrama ilustrativo da abordagem *One Health*. A abordagem consiste na interseção e integração de conhecimentos sobre seres humanos, animais (domesticados e selvagens) e meio ambiente, no contexto da saúde global. Adaptada de Davis *et al*., 2017.

A abordagem *One Health* abrange diferentes campos da ciência e inclui, entre outros, doenças infecciosas, doenças crônicas, toxicologia, ecologia, agricultura e sustentabilidade, medicina de conservação, economia, antropologia, etnografia e ciências sociais.

As doenças infecciosas emergentes (EID, *emerging infectious diseases*) têm padrões globais não aleatórios de emergência, e o desenvolvimento da capacidade de prever, detectar e responder adequadamente as EID é crucial para impedir a propagação de tais doenças. As oportunidades para implementar uma abordagem *One Health* são aprimoradas pela disponibilidade de novas tecnologias e metodologias, incluindo ferramentas de vigilância, diagnóstico e desenvolvimento de vacinas por meio de pesquisa aplicada.

O desenvolvimento de novas tecnologias laboratoriais e de métodos computacionais facilitou grandes avanços em nossa capacidade de detectar e caracterizar contaminantes e patógenos emergentes e definir riscos de doenças. Os avanços na Biologia Molecular abriram novos caminhos para a identificação e detecção de patógenos, e os aplicativos de banco de dados que, com referência espacial e temporal, permitem avaliações de risco que podem auxiliar na vigilância de doenças, de acordo com as ameaças previstas.

No entanto, assim como as intervenções em saúde geralmente são focadas em um único setor, os sistemas de vigilância de doenças podem ser igualmente limitados. Há casos de grandes ameaças à saúde do ser humano ou de animais domésticos que não foram reconhecidas devido à falta de integração entre dados ambientais, da vida selvagem, de animais domésticos e de vigilância pública (p. ex., o atraso na associação dos casos de encefalite humana e a mortalidade dos corvos, causadas pelo WNV nos EUA, em 1999). Além disso, muitas vezes há vigilância insuficiente nas populações de animais silvestres, atrasando assim a identificação e a resposta a um evento de doença, resultando consequentemente em um aumento dos efeitos negativos sobre a fauna e os animais domésticos (p. ex., um surto de *peste des petits ruminants* [PPR], também conhecido como "peste de cabra" em antílopes [*Saiga tatarica mongolica*] na Mongólia não foi reconhecido por vários meses, resultando em perda de aproximadamente 50% da população desses animais).

Além disso, estudos epidemiológicos para determinar a causa da doença permitem o desenvolvimento de intervenções baseadas na separação temporal e espacial de seres humanos, animais domésticos e fauna silvestre, além de outras medidas preventivas. A comunicação de risco para modificar comportamentos humanos e estratégias de gerenciamento de doenças também são necessárias para impedir a transmissão de doenças e permitir que a vida selvagem e os seres humanos coexistam no mesmo ambiente. Finalmente, o desenvolvimento de ferramentas ou intervenções específicas para o gerenciamento de doenças deve seguir a abordagem *One Health*.

# Capítulo 3

# Propriedades Gerais dos Vírus

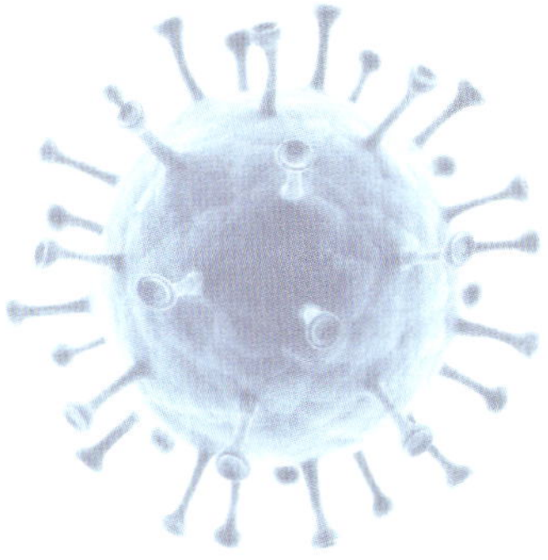

Marcia Dutra Wigg

## Fundamentos da Virologia

### Introdução

Os vírus apresentam enorme diversidade e, provavelmente, infectam todas as formas de vida do planeta. Compreender esse fenômeno é a chave para desvendar as interações entre os vírus e seus hospedeiros.

Embora os virologistas tenham tradicionalmente concentrado estudos em vírus que infectam seres humanos, animais e plantas, os recentes avanços obtidos por estudos de metagenômica, principalmente por sequenciamento de alto desempenho de amostras do meio ambiente, revelaram um grande "viroma" em toda a biosfera. Para dar uma ideia da ordem de grandeza da diversidade existente, um estudo de metanálise estimou a presença de $8 \times 10^{31}$ partículas semelhantes a vírus (VLP, *virus-like particles*) no planeta. Calculou-se que a biomassa de vírus equivale a de 75 milhões de baleias-azuis (aproximadamente 200 milhões de toneladas). Além da abundância, os vírus são incrivelmente diversos na constituição e organização de seu genoma, sequência genética e proteínas codificadas, além de apresentarem diferentes mecanismos de biossíntese e interação com as células dos hospedeiros.

Abordagens de metagenômica estão mudando a visão sobre a diversidade dos vírus e desafiando a maneira de como os virologistas reconhecem e classificam os vírus. Os dados obtidos por sequenciamento de alto desempenho têm modificado substancialmente a Virologia, com muito mais vírus agora conhecidos, mais por resultados de sequenciamento, do que por caracterização experimental. Para exemplificar, na família *Genomoviridae* existe apenas um vírus classificado (vírus de fungo patogênico para plantas, DNA de único filamento), enquanto há 120 possíveis membros sequenciados a partir de diferentes ambientes aguardando serem reconhecidos. O motivo é que esses vírus sequenciados não possuem informações sobre hospedeiros e outras propriedades biológicas que permitam classificá-los em espécies ou famílias para que entrem na classificação oficial.

A palavra vírus tem origem no latim e significa "veneno" ou "toxina", significado que traduz a dramática e ancestral evidência da associação desses agentes com diferentes morbidades que afligem a humanidade desde remotas eras, haja vista a pandemia de gripe espanhola, causada pelo vírus da influenza (FLUV A – $H_1N_1$), em 1918, em que 1/3 da população do mundo foi infectada e aproximadamente 50 milhões de seres humanos perderam suas vidas, segundo informação dos Centros para Prevenção e Controle de Doenças (Centers for Disease Control e Prevention, CDC) dos Estados Unidos da América (EUA). Em 2019, o coronavírus 2 associado à síndrome respiratória aguda grave (SARS-CoV-2) foi responsável pela pandemia de infecção respiratória em seres humanos, COVID-19 (nome dado pela Organização Mundial da Saúde [OMS]), que apresenta extrema morbidade e mortalidade, com consequências que ainda não puderam ser completamente contabilizadas, considerando que a pandemia ainda se encontra em curso na época da edição deste livro.

Embora, na maioria das vezes, os vírus sejam agressivos para seres humanos, animais e plantas, quando analisados por outro prisma, observa-se que nem sempre são vilões. Alguns vírus são utilizados na terapia gênica, como os retrovírus, adenovírus, herpesvírus e poxvírus. Por meio dessa terapia utilizando vetores virais, o tratamento de algumas doenças vem alcançando bons resultados.

Existem vírus de bactérias (bacteriófagos) considerados "protetores" que são encontrados em membranas mucosas do sistema digestório, respiratório e reprodutivo. Estudos datados de 2013 sugerem que fagos presentes nesses locais protegem o organismo da invasão de bactérias patogênicas. Os fagos se ligam em resíduos de glicanas presentes nas glicoproteínas da mucina e criam uma camada protetora que reduz a aderência bacteriana e a consequente colonização do muco, reduzindo a morte das células epiteliais pela infecção bacteriana.

Fagos também podem ser utilizados no tratamento de pacientes que não respondem à antibioticoterapia devido à resistência bacteriana, abordagem que teve início na década de 1960 e que foi retomada recentemente. Como exemplo, há o caso de uma paciente infectada com *Mycobacterium abscessus* multirresistente que foi tratada com êxito com um coquetel contendo três fagos produzidos por engenharia genética, que faziam parte da coleção de fagos do pesquisador Graham Hatfull da Universidade de Pittsburgh (EUA), que foram capazes de atuar proporcionando lise bacteriana, com consequente melhora do quadro clínico.

### Definição de vírus

Os vírus são estruturas subcelulares, com ciclo de biossíntese exclusivamente intracelular, sem nenhum metabolismo fora da célula hospedeira, e contêm, como material genético, ácido ribonucleico (RNA) ou ácido desoxirribonucleico (DNA), nunca os dois juntos. Não apresentam potencial genético ou bioquímico para gerar a energia necessária para realizar processos biológicos como a síntese de macromoléculas, por exemplo.

Um vírus é um arranjo molecular de proteínas e ácido nucleico, eventualmente com um envelope glicolipoproteico. Os vírus mais simples são constituídos de uma molécula de ácido nucleico circundado por uma capa de proteínas chamada *capsídeo*, com simetria icosaédrica (Figura 3.1A). Ao conjunto de ácido nucleico e proteínas associadas, mais o capsídeo, denomina-se *nucleocapsídeo*.

Alguns vírus podem apresentar um envoltório glicolipoproteico designado *envelope*, que tem origem em membranas de diferentes compartimentos celulares, modificadas após a infecção viral. Os vírus que apresentam envelope podem ter capsídeo com simetria icosaédrica (Figura 3.1B) ou helicoidal (Figura 3.1C). A partícula viral completa é chamada de *vírion*.

O capsídeo envolve o ácido nucleico viral e algumas proteínas necessárias para sua replicação. Além de manter o genoma viral protegido, a função básica do capsídeo é carreá-lo para dentro da célula, para que ocorra sua síntese pela célula infectada e o número de partículas virais seja amplificado.

Com o avanço das pesquisas nas áreas da Bioquímica, Biologia Molecular, Matemática e Metagenômica, muito se tem discutido sobre os conceitos básicos da Virologia, classificação dos vírus e, até mesmo, a definição de vírus. Novos dados têm contribuído para mudanças de paradigmas, como a descoberta de vírus grandes de DNA (NCLDV, *nucleocytoplasmic large DNA viruses*), como o mimivírus, o megavírus e o pandoravírus, que codificam mais de 1.000 proteínas. Com capsídeo medindo de 400 a 1.000 nm e fibras que se estendem por cerca de 600 nm, esses vírus podem suportar a síntese de vírus-satélites, denominados *virofagos*.

Nas décadas de 1950 e 1960, a estrutura detalhada do capsídeo que protege o material genético dos vírus foi obtida por imagens em alta resolução, e os cientistas observaram que muitos vírus apresentavam capsídeos com simetria icosaédrica. No entanto, em 2019, Antoni Luque, da Universidade Estadual de San Diego (EUA) e Reidun Twarock, da Universidade de York (Reino Unido) descobriram que alguns vírus não foram classificados adequadamente, com base na arquitetura do capsídeo. Isso ocorreu porque, apesar de as imagens estruturais dos vírus terem sido visualizadas ao microscópio eletrônico, não havia ainda um modelo matemático de interpretação de muitas das arquiteturas dos diferentes vírus. Esses autores evidenciaram seis novas maneiras pelas quais as proteínas podem se organizar para formar capsídeos icosaédricos, havendo, portanto, pelo menos oito maneiras pelas quais seus capsídeos podem ser projetados. Essa descoberta, provavelmente, fará uma alteração na descrição dos vírus, considerando que sua arquitetura é estruturada em padrões muito mais variados do que se acreditava. Além disso, provavelmente, haverá impacto na classificação dos vírus, com repercussão na compreensão de como eles se formam, evoluem e infectam hospedeiros.

Devido ao fato de esses conceitos ainda estarem em discussão, pois muitos estudos ainda estão em andamento, considerou-se pertinente apenas fazer um alerta a respeito da existência dessas novas e fascinantes descobertas, aguardando que essas e outras informações sejam discutidas pela comunidade científica.

Com base em evidências atualmente reconhecidas, algumas características dos vírus podem ser destacadas:

- São muito pequenos (menores que bactérias), com tamanho variando entre 18 e 300 nm (com exceção dos NCLDV, que possuem tamanho de até 1.000 nm), não podem ser vistos em microscopia óptica e passam por poros de filtros esterilizantes, usados para remoção de bactérias e outros contaminantes. Essa qualidade não é exclusiva dos vírus, pois algumas bactérias, como os micoplasmas, atravessam membranas esterilizantes
- Não podem ser cultivados em meios artificiais, pois são agentes intracelulares, que requerem metabolismo celular ativo para amplificação de seu material genético e progênie. Essa característica também não ocorre somente com os vírus, pois existem bactérias que não podem ser cultivadas em nenhum meio sintético, como o *Treponema pallidum*, as riquétsias e as clamídias
- Contêm somente um tipo de ácido nucleico (DNA ou RNA) como código genético. O restante de sua composição é proteína ou glicoproteína ou, se o vírus apresentar envelope, glicolipoproteína
- A curva de produção de vírus, em cultura de células, é em forma logarítmica na base 10, ao passo que as bactérias se multiplicam de forma binária
- Fora da célula animal, bacteriana ou vegetal viva, um vírus é incapaz de realizar replicação, pois necessita da biossíntese na célula infectada.

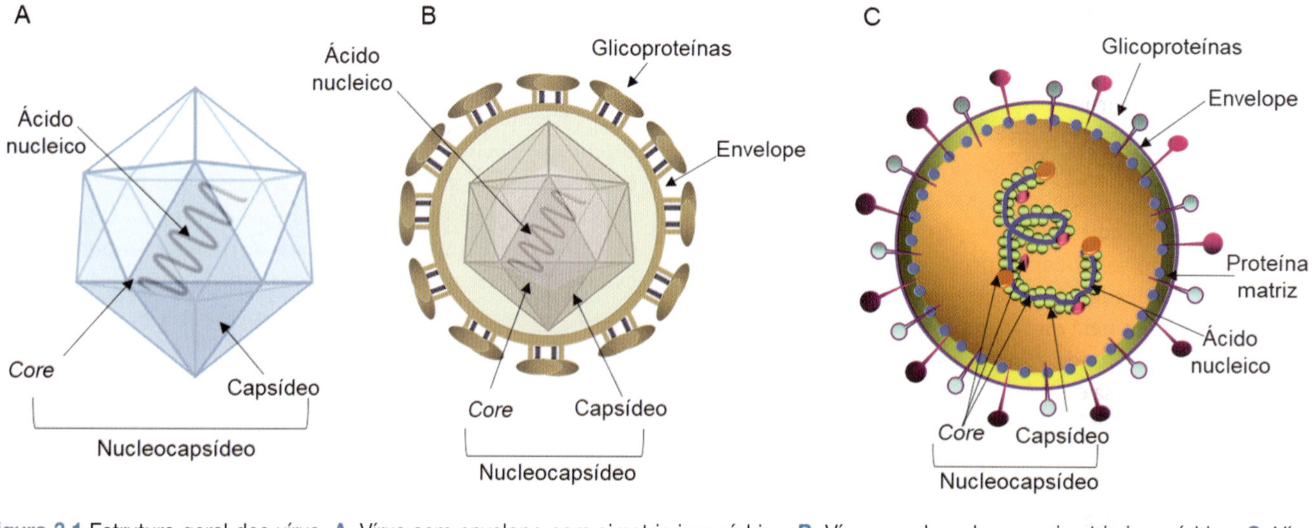


**Figura 3.1** Estrutura geral dos vírus. **A.** Vírus sem envelope com simetria icosaédrica. **B.** Vírus envelopado com simetria icosaédrica. **C.** Vírus envelopado com simetria helicoidal. O *core* é composto pelo ácido nucleico e proteínas associadas, enquanto o nucleocapsídeo é o conjunto de *core* e capsídeo.

## Nomenclatura e definições utilizadas em Virologia

A seguir, são apresentadas algumas nomenclaturas e definições mais utilizadas em Virologia:

- Capsômeros: protuberâncias nas superfícies dos vírus não envelopados, visualizadas por meio do microscópio eletrônico. Os capsômeros interagem entre si de maneira ordenada, geralmente seguindo um eixo de simetria. Essas unidades morfológicas formam o *capsídeo* que, geralmente, é formado por hexâmeros nas áreas planas dos vírus e pentâmeros nos vértices virais
- Capsídeo: conjunto de proteínas formadas pelos capsômeros, que envolve diretamente o ácido nucleico e proteínas a ele associadas (ver Figura 3.1)
- *Core* ou cerne: é formado pelo ácido nucleico viral associado a algumas proteínas virais envolvidas na replicação do genoma viral (ver Figura 3.1)
- Nucleocapsídeo: conjunto composto pelo *core* (ácido nucleico e proteínas associadas) e o capsídeo (ver Figura 3.1)
- Matriz proteica: estrutura de proteínas (proteínas matrizes) não glicosiladas existente em alguns vírus, localizada entre o envelope e o capsídeo, que tem como principais funções sustentar o envelope viral e servir de ancoragem para as proteínas virais de superfície (ver Figura 3.1C)
- Envelope: camada bilipídica proveniente da célula hospedeira, que envolve certas partículas virais (vírus envelopados), em que se encontram inseridas as glicoproteínas conhecidas pelo nome de *peplômeros* ou *espículas* virais (ver Figura 3.1B e C)
- Vírion: partícula viral completa e infecciosa
- RNA genômico ou DNA genômico são designados para o ácido nucleico, que se encontra na partícula viral madura (vírion)
- Unidade proteica: uma cadeia polipeptídica como, por exemplo, a proteína viral 1 (VP1) do poliovírus
- Subunidade estrutural ou protômero: uma ou mais unidades proteicas, não idênticas, que se associam para formar estruturas maiores, denominadas *capsômeros,* que são mantidos juntos por ligações não covalentes para formar o capsídeo
- Unidade de montagem: um grupo de subunidades ou de protômeros, formado durante a montagem do vírus, no processo de síntese viral.

## Estruturas virais e suas características

### *Capsídeo*

A arquitetura dos vírus ou sua simetria é definida pela forma e pela composição das subunidades proteicas que compõem o capsídeo, assim como as interações dessas proteínas com o ácido nucleico viral. O uso de pequenas subunidades proteicas para compor esse capsídeo é um artifício da natureza para economizar energia devido ao tamanho do genoma, o que Crick e Watson (1956) descreveram como princípio de "economia genética". Esses componentes proteicos devem interagir de maneira energeticamente favorável ao redor do genoma, formando uma estrutura. A morfologia dessa estrutura é regulada pelas regras descritas por Caspar e Klug (1962): "para que o capsídeo seja feito de muitas cópias da mesma proteína ou mesmo de poucas proteínas diferentes, existem formas geométricas que são mais favoráveis para que isso aconteça." Até o momento da edição deste livro, foram descritos capsídeos com arquiteturas icosaédrica (ou cúbica), helicoidal e complexa (pseudossimetria).

A ocorrência de subunidades proteicas similares obriga a um arranjo simétrico entre elas, que são unidas por meio de ligações não covalentes. Tais ligações têm a função de facilitar a liberação do ácido nucleico dentro da célula, mas mantêm as proteínas unidas para a manutenção da rigidez e estabilidade do vírus fora da célula.

A simetria icosaédrica obedece às características de um sólido geométrico formado por 20 triângulos equiláteros (faces) e 12 vértices, denominado icoságono. Cada um dos 12 vértices ou ângulos do icoságono é a interseção das cinco faces triangulares (Figura 3.2). Essa estrutura requer o mínimo de energia para montagem, a partir das subunidades, e, ainda assim, é a maneira mais eficiente conhecida de uma proteína ocupar uma área externa menor com uma área interna maior. A forma icosaédrica mais simples ocorre quando cada face do icoságono é construída por três subunidades estruturais ou protômeros, com um total de 60 subunidades. As subunidades estruturais se associam de maneira específica, originando estruturas maiores, denominadas capsômeros, que definem a unidade morfológica do capsídeo.

Outros vírions são construídos usando múltiplas cópias desses três protômeros, provocando subdivisões nos lados do icoságono. Nesses capsídeos, as subunidades agrupadas nas faces do icoságono arranjam-se em grupos de seis e são denominadas

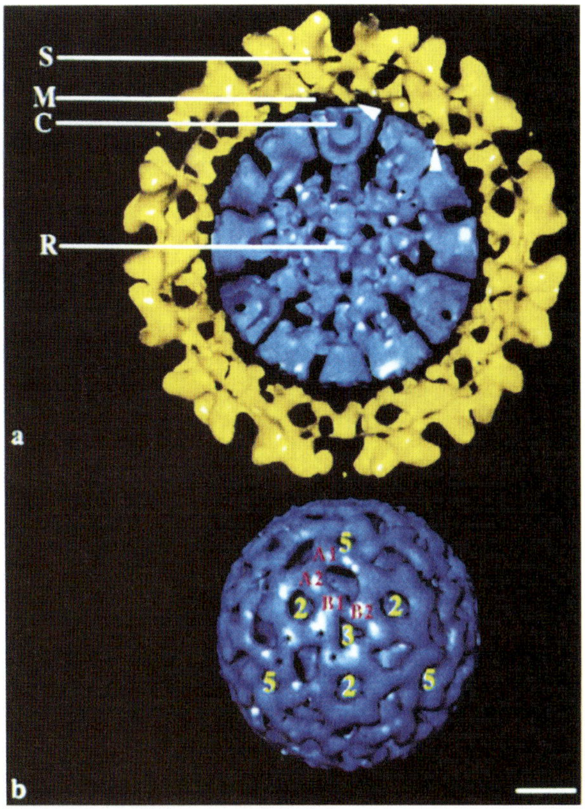


**Figura 3.2** Estrutura tridimensional do vírus Sindbis. **a.** As proteínas do envelope são mostradas em *amarelo*; as proteínas do nucleocapsídeo são mostradas em *azul*. Os pontos de interação entre as proteínas das espículas (S) e as proteínas do nucleocapsídeo estão indicados por *pontas de setas*. Também estão indicadas as localizações do envelope lipídico (M) e do RNA genômico (R). **b.** Representação tridimensional do nucleocapsídeo com a face triangular a partir de três vértices do icosaedro (barra = 50 Å). C: capsídeo. Reprodução da Figura 3 de Paredes *et al.*, 1993, com permissão da National Academy of Sciences, EUA. Obs.: a Proceedings of the National Academy of Sciences [PNAS] não é responsável pela acurácia da tradução.

*hexons* ou hexâmeros. As subunidades proteicas agrupadas nos vértices são chamadas de *pentons* ou pentâmeros.

Os vírus com simetria icosaédrica podem não apresentar envelope (Figura 3.3A) e são os menores vírus conhecidos (18 a 60 nm), como por exemplo, poliovírus. Há também vírus com arquitetura icosaédrica que apresentam envelope (Figura 3.3B), como por exemplo, herpesvírus.

Em micrografias eletrônicas, a arquitetura helicoidal é visualizada como um cilindro ou um tubo. As unidades proteicas são arranjadas de tal modo que as proteínas interajam, de maneira equivalente, umas com as outras e com a molécula de ácido nucleico. O nucleocapsídeo helicoidal pode ser rígido, como observado em vírus de plantas, ou longo e flexível, como nos vírus de animais. A simetria helicoidal com a presença de envelope (Figura 3.3C) está presente em muitos vírus que causam doenças em seres humanos, como no caso do vírus do sarampo. Os vírus que apresentam esse tipo de simetria e apresentam envelope, podem ter diferentes morfologias: esférica, filamentosa ou em "bala de projétil". Os vírus não envelopados que apresentam simetria helicoidal (Figura 3.3D), geralmente, infectam plantas, como é o caso do vírus do mosaico do tabaco.

A simetria complexa pode ser representada pelo bacteriófago λ, que apresenta um nucleocapsídeo tanto com simetria icosaédrica quanto helicoidal, e pelo bacteriófago T4, que além desse tipo de simetria, apresenta variedade de espículas e fibras na porção helicoidal. Os poxvírus são outro exemplo de simetria complexa e apresentam uma estrutura membranosa lipoproteica (envelope) que envolve um capsídeo em formato de haltere (Figura 3.3E). Para mais detalhes, consultar o *Capítulo 5*.

## Envelope

O envelope tem natureza glicolipoproteica e pode ter origem em membranas de diferentes compartimentos celulares, como a membrana plasmática (maioria dos vírus), o retículo endoplasmático (p. ex., flavivírus) ou o complexo de Golgi (p. ex., buniavírus). Os vírus adquirem o envelope por um processo denominado brotamento. Para que isso ocorra, glicoproteínas virais são transportadas e se aglomeram em sítios específicos das membranas celulares, onde recebem o nome de espículas. Posteriormente, os nucleocapsídeos interagem com essas espículas inseridas nas membranas celulares.

## Ácido nucleico viral

A maioria dos genomas virais é composta de uma única cópia de cada gene (haploide), com exceção do genoma dos retrovírus, que apresentam duas cópias de cada gene (diploide). Os genomas virais podem ser de fita dupla, fita simples, circular ou linear; além disso, podem apresentar genoma único (apenas uma fita) ou segmentado, em que a informação genética é dividida em diferentes segmentos do ácido nucleico.

Os genomas do tipo DNA podem ser de fita dupla (herpesvírus) ou de fita simples (parvovírus). Pequenas particularidades podem ser encontradas em alguns vírus como, por exemplo, os hepadnavírus (hepatite B), que apresentam um genoma de DNA de fita dupla (DNAfd), com um segmento parcial de fita simples.

Os genomas do tipo RNA de fita simples (RNAfs) podem ser de polaridade positiva (RNAfs+), isto é, apresentam a sequência genômica que corresponde a um RNA mensageiro (RNAm), como no caso dos poliovírus, que é imediatamente traduzido pela maquinaria celular, ou podem ser de polaridade negativa

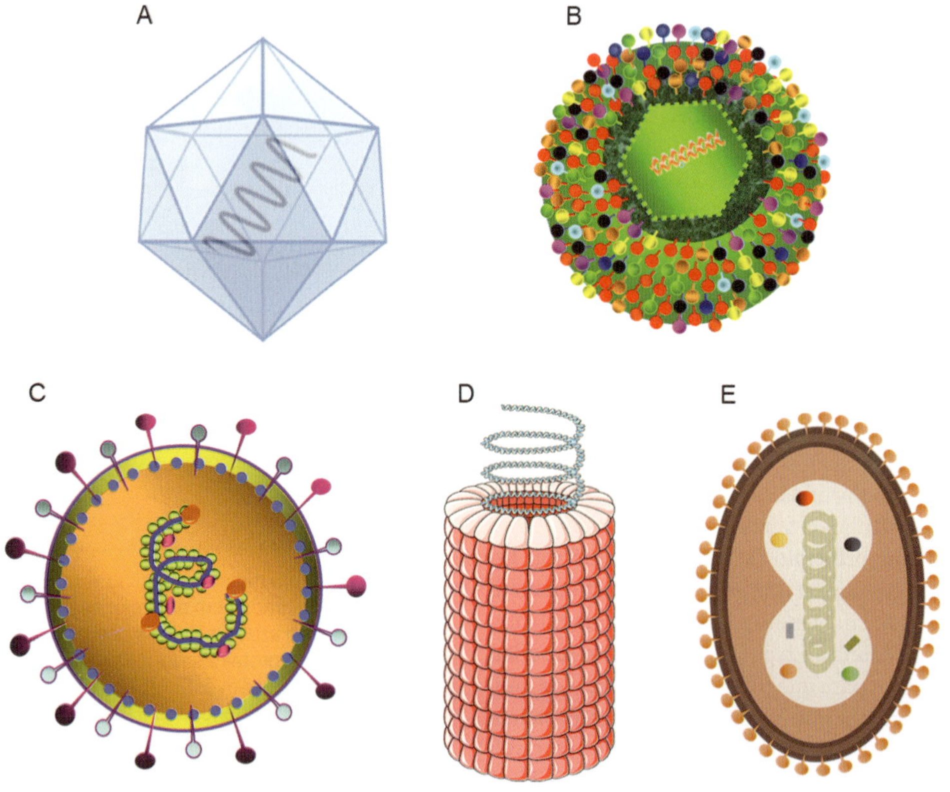


**Figura 3.3** Tipos de simetrias virais. **A.** Icosaédrica sem envelope. **B.** Icosaédrica com envelope. **C.** Helicoidal com envelope. **D.** Helicoidal sem envelope. **E.** Complexa.

(RNAfs–), ou seja, complementar ao RNAm (paramixovírus). A maioria dos RNA virais de polaridade negativa contém um único segmento, com exceção dos ortomixovírus (vírus da influenza), que têm sete ou oito segmentos de RNAfs.

Os genomas do tipo RNA também podem ser de fita dupla, segmentado, como o genoma dos reovírus e birnavírus. Outro tipo encontrado é o genoma de RNA que utiliza uma apresentação intermediária de DNA em seu processo de replicação, como os retrovírus.

Quanto maior o genoma, maior a quantidade de proteínas codificadas por ele. Contudo, há mecanismos de aproveitamento do genoma viral, como por exemplo, a tradução das proteínas em uma poliproteína que é clivada para originar as proteínas finais. Nesse caso, muitas vezes, as poliproteínas podem apresentar funções diferentes de seus produtos finais clivados durante o processo de infecção. Proteínas codificadas pelo genoma e traduzidas somente durante a biossíntese viral são chamadas de proteínas não estruturais, ao passo que aquelas que compõem a estrutura da partícula são denominadas proteínas estruturais.

## Biossíntese viral

A produção de vírions apenas pode ocorrer se a partícula viral encontrar uma célula que possa fazer o processo de biossíntese. Alguns vírus podem infectar vários tipos celulares, enquanto outros são bastante restritos quanto ao tipo celular que infectam. A *permissividade* de uma célula a determinado vírus, ou seja, a capacidade de uma célula sintetizar ou não determinado vírus depende de uma série de fatores celulares. Se a maquinaria da célula consegue não somente replicar o genoma viral, mas também ter como produto a montagem de partículas virais infecciosas, dizemos que essa célula é permissiva à propagação desse vírus. Vale salientar que o fato de uma célula replicar o genoma viral não significa que partículas virais infecciosas vão ser produzidas. O processo de infecção pode ser abortado a qualquer momento no ciclo de biossíntese viral, basta faltar algum componente celular necessário para tal.

Em geral, após a liberação do genoma viral na célula (RNA ou DNA), as primeiras proteínas produzidas são aquelas que asseguram a replicação do genoma (proteínas não estruturais); as proteínas que integram a nova partícula viral sintetizada são produzidas em uma fase mais tardia e são chamadas proteínas estruturais.

### Etapas do ciclo de biossíntese viral

A seguir, será descrito o ciclo de biossíntese dos vírus, de maneira genérica, e dividido em etapas didáticas, não acontecendo exatamente nessa sequência, dentro da célula. Para mais detalhes sobre o ciclo de biossíntese de determinado vírus, consultar o capítulo específico.

Na Figura 3.4 observa-se o esquema geral das etapas da biossíntese viral, que será descrito a seguir.

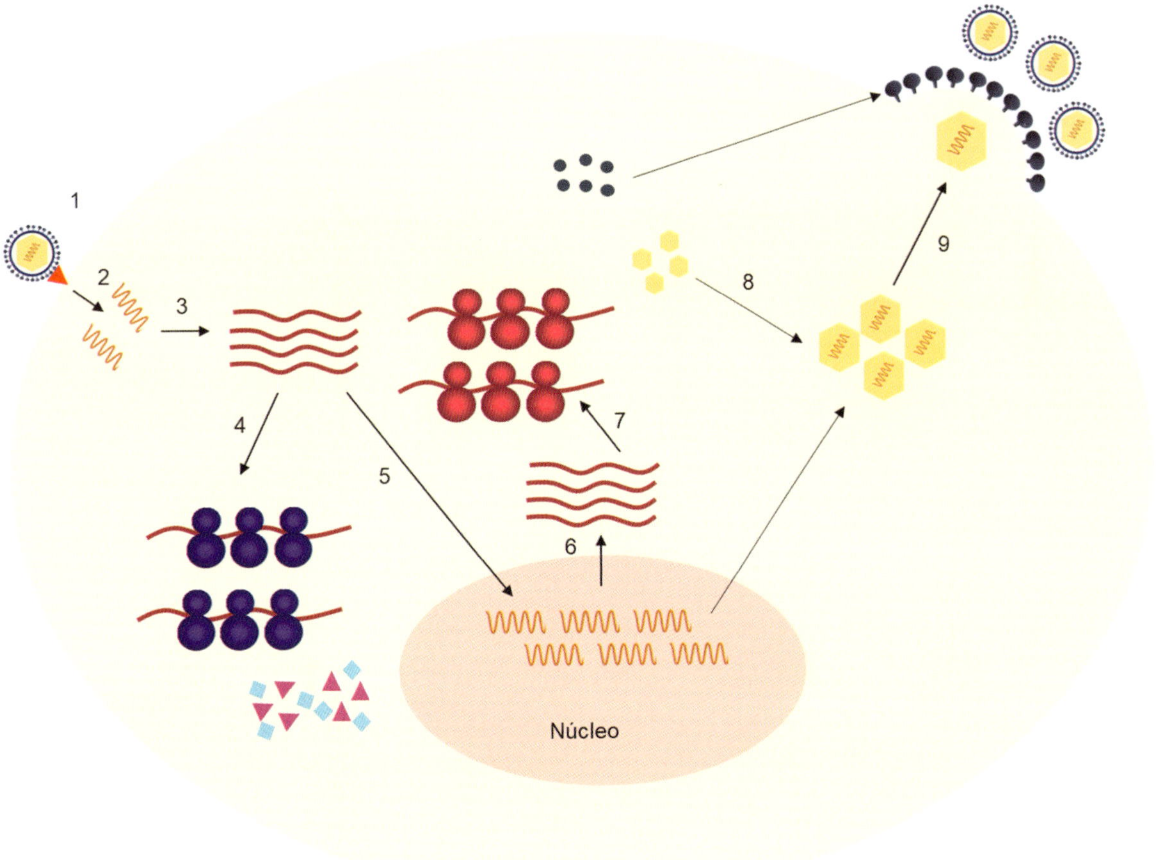


Figura 3.4 Esquema geral do ciclo de biossíntese viral: (1) adsorção do vírus a receptores celulares; (2) penetração e desnudamento do vírus; (3) transcrição inicial de RNA mensageiros (RNAm) virais; (4) tradução e processamento de proteínas virais iniciais; (5) replicação de novos ácidos nucleicos virais; (6) transcrição tardia de RNAm virais; (7) tradução tardia e processamento de proteínas virais estruturais; (8) maturação das proteínas virais e automontagem; (9) liberação.

## Adsorção

A adsorção é a primeira etapa da biossíntese viral, na qual ocorre a ligação específica de uma ou mais proteínas do capsídeo viral ou glicoproteínas do envelope do vírus com proteínas na superfície celular (ver Figura 3.4). Essas proteínas na superfície celular são chamadas de *receptores*, que são componentes que desempenham funções na célula, mas também são utilizadas pelas partículas virais para esse primeiro contato vírus-célula. A existência de receptores na superfície celular capazes de se ligar às estruturas virais torna essa célula suscetível à infecção. Assim, a *suscetibilidade* de uma célula é limitada à existência de receptores na sua superfície, e não deve ser confundida com *permissividade*, que é a capacidade de a célula produzir partículas virais infecciosas capazes de infectar novas células. Algumas células podem não ser naturalmente suscetíveis ao vírus por falta de receptores, mas mesmo assim podem ser permissivas, produzindo a progênie viral caso o genoma do vírus seja introduzido artificialmente na célula. O contrário também é verdadeiro, pois células podem conter receptores que são reconhecidos pelas proteínas virais, mas não apresentarem capacidade de sintetizar o vírus, não sendo permissivas. A ligação à célula hospedeira geralmente é irreversível, com exceção dos ortomixovírus e de alguns paramixovírus, que podem ser eluídos da superfície da célula por meio da ação de uma enzima viral (neuraminidase). Os mecanismos responsáveis pela adesão entre as proteínas virais e os receptores celulares são constituídos de ligações químicas não covalentes, tais como pontes de hidrogênio, atrações iônicas e forças de van der Waals.

## Penetração

A penetração ou internalização é um evento que depende de energia e envolve a etapa de transferência do vírus para dentro da célula. Durante a adsorção, mudanças conformacionais nas proteínas virais e receptores celulares possibilitam a liberação do nucleocapsídeo ou do genoma viral no interior da célula. Isso pode acontecer por diferentes mecanismos de penetração. O primeiro deles é a *fusão* entre o envelope viral e membranas celulares, que ocorre somente com vírus envelopados. Esse mecanismo pode acontecer de duas formas: *fusão direta* entre o envelope viral e a membrana citoplasmática da célula infectada ou fusão após endocitose, entre o envelope viral e a membrana do endossoma. Para alguns vírus envelopados, a adsorção expõe aminoácidos hidrofóbicos de algumas glicoproteínas virais (proteína de fusão), que facilitam a fusão direta entre o envelope viral e a membrana plasmática celular na superfície da célula, liberando o genoma viral para o citoplasma celular (Figura 3.5A), como acontece com o vírus do sarampo. No outro mecanismo chamado de *fusão após endocitose mediada por receptores*, o vírus é endocitado e, dentro de vesículas endocíticas (endossomas), vai para o citoplasma celular. Dependendo do nível de acidificação do endossoma, ocorre a fusão do envelope viral com a membrana do endossoma, em pH específico para cada vírus (fusão dependente de pH), como ocorre com os vírus da influenza (Figura 3.5B). O terceiro mecanismo de entrada na célula se dá por lise da membrana endocítica, que acontece com vírus que não apresentam envelope, com consequente liberação do genoma viral no citoplasma da célula infectada, como no caso dos adenovírus (Figura 3.5C). O quarto modo de penetração viral se dá pela passagem por poros na membrana endocítica, como ocorre com os poliovírus, liberando o genoma no citoplasma celular (Figura 3.5D). O quinto mecanismo de penetração se dá por translocação ou penetração direta, que é um evento raro em que a partícula viral ligada a receptores celulares é translocada para o citoplasma celular, por um mecanismo não muito bem compreendido até o momento, e o receptor é reciclado pela célula (Figura 3.5E). Outra variante desse modo de entrada é aquela em há a formação de um poro na membrana da célula e translocação do genoma viral através desse poro formado, com o restante da partícula viral permanecendo no meio extracelular, como no caso dos bacteriófagos.

A endocitose mediada por receptores, quer seja para vírus envelopados ou não, é provavelmente o mecanismo de penetração mais comum de entrada dos vírus nas células.

## Desnudamento

O mecanismo de liberação do ácido nucleico viral no citoplasma celular é chamado de desnudamento (ver Figura 3.4). O local onde ocorrerá essa liberação varia dependendo da família de vírus. Tal evento pode ter lugar em locais diferentes no interior da célula: no citosol, no interior do endossoma, nos poros nucleares ou no interior do núcleo.

## Transcrição e tradução de proteínas virais iniciais não estruturais

Para que a biossíntese viral seja bem-sucedida, é necessário ultrapassar as barreiras impostas pela fisiologia celular. Um exemplo dessas barreiras é a compartimentalização celular. As células apresentam vários compartimentos, delimitados por membranas (p. ex., núcleo, complexo de Golgi, vesículas endocíticas, retículo endoplasmático), cada um com seu microambiente específico em termos principalmente de enzimas e outras proteínas. Devido a isso, a síntese do genoma da maioria dos vírus com genoma de DNA ocorre no núcleo, pois é nesse local que a célula tem a maquinaria necessária para a replicação do DNA. Do mesmo modo, a replicação do genoma dos vírus de RNA costuma ocorrer no citoplasma, pois é nesse ambiente que uma molécula de RNA pode ser traduzida. Há exceções como, por exemplo, os poxvírus, que contêm genoma de DNA de fita dupla e têm a replicação no citoplasma, exigindo que os vírus tenham mecanismos para suprir as enzimas necessárias para a síntese, em compartimentos não compatíveis com os mecanismos naturais da célula hospedeira. Outras enzimas necessárias para a replicação viral que não existem na célula devem ser codificadas pelo genoma viral; e, para dar início à infecção, muitas delas precisam estar presentes na partícula viral infecciosa. Por exemplo, os retrovírus trazem na partícula viral a enzima transcriptase reversa, já pronta para dar início ao processo infeccioso. Caso isso não aconteça, não existe na célula uma enzima capaz de transformar RNA em DNA. O mesmo ocorre para enzimas que repliquem o RNA (RNA polimerase-RNA dependente). Além disso, as células traduzem apenas RNAm monocistrônicos, não reconhecendo sítios de iniciação de tradução no meio do RNA. Para tanto, um mecanismo interessante desenvolvido pelos vírus para ultrapassar esse problema é a formação de poliproteínas que são clivadas posteriormente, originando as proteínas individuais.

Existem estratégias que conferem ao RNAm viral uma vantagem em relação aos RNAm celulares, como, por exemplo, a inibição da transcrição de RNAm celular. Tais estratégias serão mostradas nos capítulos referentes às diferentes famílias virais.

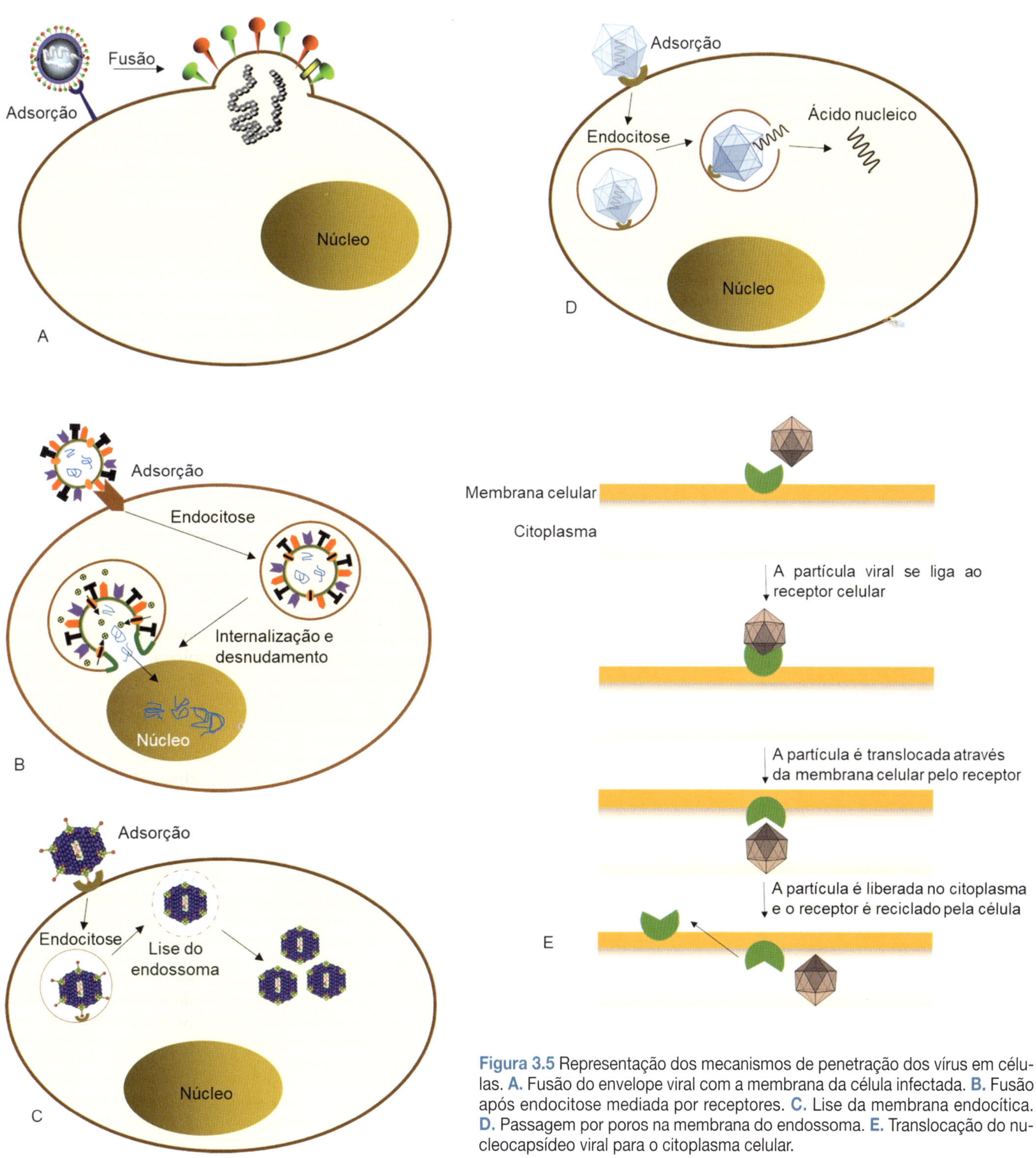


**Figura 3.5** Representação dos mecanismos de penetração dos vírus em células. **A.** Fusão do envelope viral com a membrana da célula infectada. **B.** Fusão após endocitose mediada por receptores. **C.** Lise da membrana endocítica. **D.** Passagem por poros na membrana do endossoma. **E.** Translocação do nucleocapsídeo viral para o citoplasma celular.

Nos primeiros estágios do ciclo de biossíntese viral, ocorrem a transcrição e a tradução de proteínas não estruturais (iniciais), como proteínas de ligação ao DNA e enzimas (ver Figura 3.4). Entre essas enzimas estão as polimerases, as quais são essenciais à replicação do genoma viral. Alguns vírus carregam polimerases associadas ao seu próprio ácido nucleico conforme mencionado previamente.

Após a transcrição, as proteínas virais são sintetizadas pela estrutura bioquímica celular. O processo de tradução ocorre no citosol, em ribossomas livres ou associados ao retículo endoplasmático. Proteínas sintetizadas em ribossomas livres são transportadas para o núcleo, enquanto proteínas produzidas no retículo endoplasmático rugoso são transportadas daí para o complexo de Golgi, onde podem sofrer modificações, como glicosilação, após terem sido traduzidas (ver Figura 3.4).

## Replicação do genoma viral

A replicação do genoma viral ocorre no citoplasma ou no núcleo, em geral, no mesmo local da transcrição das proteínas não estruturais (ver Figura 3.4).

## Estratégias de replicação

Neste item, serão apresentadas as estratégias gerais utilizadas pelos vírus durante o processo de replicação do genoma. Essas estratégias foram sugeridas por Baltimore, em 1971, que definiu uma classificação para os vírus com base em modelos de replicação e tipo de ácido nucleico viral, ficando conhecida por classificação de Baltimore (Quadro 3.1 e Figura 3.6), inicialmente descrita com seis classes, sendo posteriormente adicionada de mais uma classe. Mais adiante, no *Capítulo 4* e nos capítulos específicos, os mecanismos de replicação dos ácidos nucleicos dos diversos vírus serão descritos mais detalhadamente.

### *Classificação de Baltimore*

▸ **Classe I.** Os vírus de DNA de fita dupla (DNAfd) são agrupados na Classe I. O DNA viral é transportado para o núcleo e imediatamente transcrito em RNAm por enzimas celulares.

**Quadro 3.1** Classificação de Baltimore (1971).

| Classe | Tipo de ácido nucleico | Exemplo |
|---|---|---|
| I | DNA de fita dupla | Herpesvírus |
| II | DNA de fita simples | Parvovírus |
| III | RNA de fita dupla | Reovírus |
| IV | RNA de fita simples polaridade positiva | Picornavírus |
| V | RNA de fita simples polaridade negativa | Ortomixovírus |
| VI | RNA de fita simples com intermediário DNA | Retrovírus |
| VII | DNA de fita dupla com intermediário RNA | Hepadnavírus |

A partir dessa transcrição, são traduzidas, primeiramente, proteínas regulatórias (ou proteínas iniciais imediatas) de toda a síntese de proteínas e do genoma do vírus, assim como proteínas necessárias para a produção de RNAm viral. Em uma etapa mais tardia da biossíntese, são sintetizadas proteínas estruturais, para então começar a montagem da partícula viral (ver Figura 3.6). A maioria dos vírus de DNA é replicado no núcleo da célula (adenovírus, herpesvírus, papovavírus), com exceção dos poxvírus que permanecem no citoplasma durante toda a síntese de proteínas e de ácido nucleico. Os poxvírus são praticamente autônomos com relação a fatores de transcrição.

▸ **Classe II.** Os vírus de DNA de fita simples (DNAfs) são agrupados na Classe II. Esses vírus sintetizam uma fita de polaridade negativa complementar ao DNA genômico, que serve de molde para a síntese de novos DNA virais (ver Figura 3.6), uma vez que a DNA polimerase apenas reconhece DNAfd. Os parvovírus, que são exemplos de vírus de seres humanos constituídos de DNAfs, são replicados no núcleo celular utilizando-se de polimerases celulares.

▸ **Classe III.** Os vírus de RNA de fita dupla (RNAfd) são agrupados na Classe III. Para que a replicação tenha início, é necessária a síntese de RNAm. Esses vírus trazem a enzima RNA polimerase-RNA dependente como parte do vírion e apresentam genoma segmentado. Cada segmento é transcrito separadamente para gerar RNAm monocistrônicos ou, menos comumente, bicistrônicos (ver Figura 3.6). Exemplos de vírus que pertencem a essa classe são os reovírus.

▸ **Classe IV.** Na Classe IV, incluem-se os vírus de RNA de fita simples de polaridade positiva (RNAfs+), que servem como RNAm policistrônico; essa é a maneira mais simples de

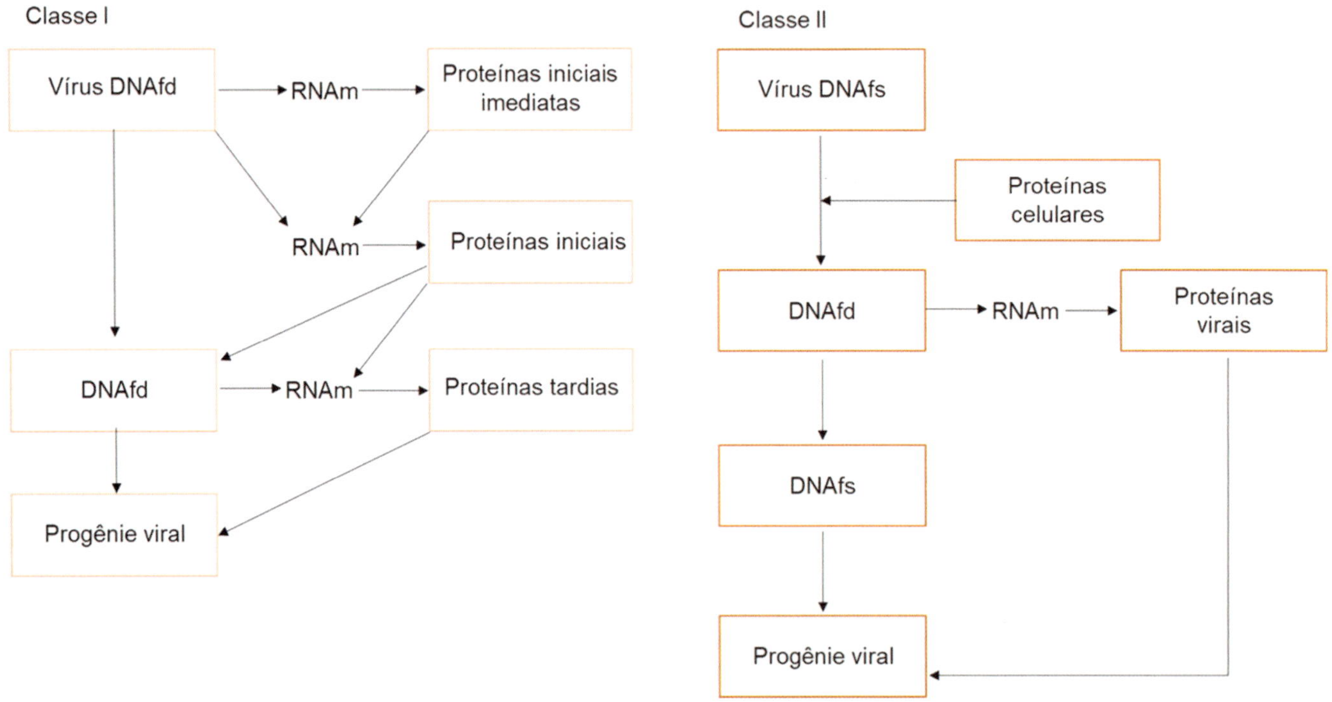


**Figura 3.6** Esquema das estratégias de replicação, segundo Baltimore (1971). (Detalhes sobre os eventos são descritos no texto.) fd: fita dupla; fs: fita simples; (+), polaridade positiva; (–), polaridade negativa. (*continua*)

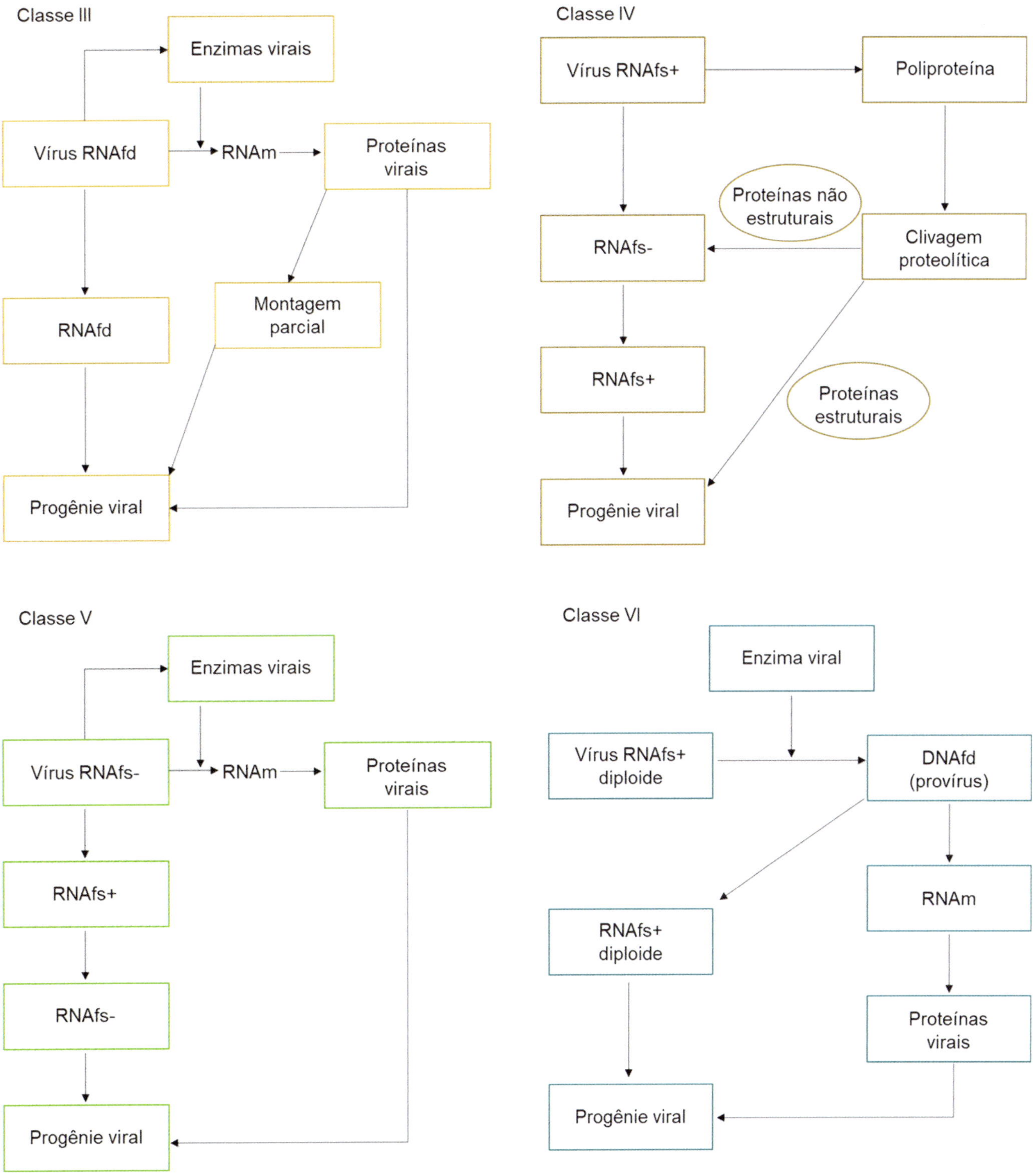


**Figura 3.6** (*continuação*) Esquema das estratégias de replicação, segundo Baltimore (1971). (Detalhes sobre os eventos são descritos no texto.) fd: fita dupla; fs: fita simples; (+), polaridade positiva; (–), polaridade negativa. (*continua*)

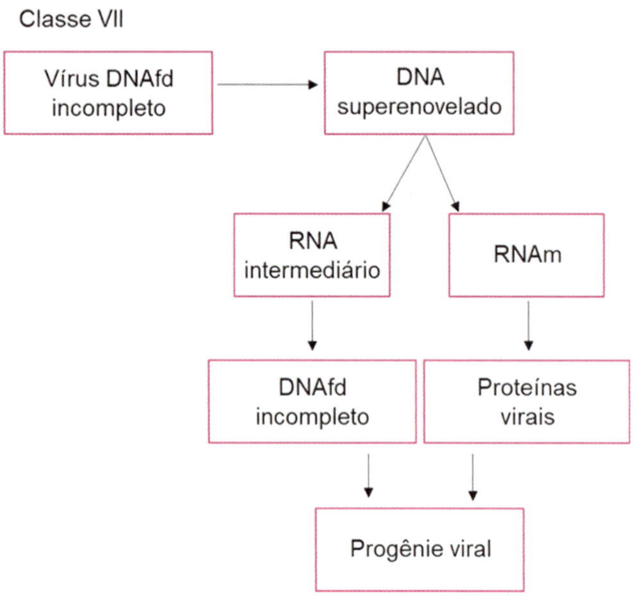


**Figura 3.6** (*continuação*) Esquema das estratégias de replicação, segundo Baltimore (1971). (Detalhes sobre os eventos são descritos no texto.) fd: fita dupla; fs: fita simples; (+), polaridade positiva; (–), polaridade negativa.

replicação. Assim que é liberado no citoplasma da célula-alvo, o RNA é reconhecido pela maquinaria de tradução da célula, ocorrendo síntese de uma poliproteína, que será processada posteriormente. Esses vírus necessitam da enzima RNA polimerase-RNA dependente para a replicação do seu genoma, que é codificada pelo genoma viral. O RNA genômico serve de molde para uma fita negativa complementar, que será transcrita novamente em RNA genômico por meio da polimerase viral. Durante o processo, muitas fitas genômicas são sintetizadas, além de proteínas que serão utilizadas para a montagem da partícula (ver Figura 3.6). Picornavírus, calicivírus, togavírus, flavivírus e coronavírus são exemplos de vírus que pertencem a essa classe.

▸ Classe V. Os vírus de RNA de fita simples com polaridade negativa (RNAfs-) correspondem à Classe V e não podem ser traduzidos diretamente *in vivo* ou *in vitro*. Assim, seu genoma sozinho não é considerado infeccioso. Os vírus podem apresentar RNA segmentado (ortomixovírus) ou não segmentado (paramixovírus, rabdovírus, filovírus, buniavírus). No primeiro caso, a primeira etapa é a transcrição do RNA viral pela RNA polimerase-RNA dependente associada ao genoma viral, produzindo RNAm monocistrônicos de polaridade positiva, que serão traduzidos e posteriormente servem de molde para a replicação do genoma viral. A partir daí, maior quantidade de proteínas virais e genomas será sintetizada para a montagem dos vírus (ver Figura 3.6). Nos vírus de RNA não segmentado, o processo é o mesmo, sendo que são sintetizados vários RNAm menores a partir do RNAfs-.

▸ Classe VI. Os retrovírus constituem a Classe VI; contêm um genoma diploide constituído de duas fitas de RNAfs+ e, durante a replicação do genoma, sintetizam um DNA intermediário (transcrição reversa). Tal transcrição é realizada pela enzima transcriptase reversa viral, que tem atividade de DNA polimerase-RNA dependente, que irá transcrever o RNA viral em DNA para ser integrado no genoma da célula. Uma vez inserido no genoma celular, o genoma viral recebe o nome de provírus, e a transcrição dos RNAm virais e RNA da progênie viral é feita por enzima RNA polimerase-DNA dependente celular (ver Figura 3.6).

A maioria dos vírus de RNA faz sua replicação no citoplasma da célula, com exceção dos ortomixovírus, que utilizam sua própria polimerase para, no núcleo, fazer a síntese do seu ácido nucleico.

▸ Classe VII. Nesta classe estão os vírus com genoma de DNAfd, como os hepadnavírus, com o envolvimento de um RNA intermediário (ver Figura 3.6). Esses vírus apresentam também uma transcriptase reversa codificada em seu genoma, e a sua produção de RNAm é bastante similar à dos vírus DNAfd da Classe I.

## Transcrição e tradução de proteínas virais tardias

Além da síntese de proteínas iniciais não estruturais, que são necessárias para o controle e expressão da transcrição do material genético viral, ocorrem transcrição e tradução de RNAm tardios que darão origem a proteínas virais estruturais, ou seja, proteínas que farão parte dos novos vírus formados (ver Figura 3.4). O destino final de algumas dessas proteínas é a membrana celular, onde se concentram em regiões específicas.

## Morfogênese

Do processo de morfogênese, fazem parte a automontagem e a maturação dos vírus (ver Figura 3.4). Após síntese de proteínas iniciais, geralmente regulatórias, transcrição do ácido nucleico de novos vírus e síntese de proteínas estruturais, as partículas virais começam a etapa de automontagem, um processo que culmina com a liberação dos vírions. Nesse processo, as proteínas estruturais sintetizadas se reúnem para formar o capsídeo. Os capsídeos que apresentam simetria helicoidal são montados com as proteínas dispostas em torno da molécula de ácido nucléico, enquanto os capsídeos com simetria icosaédrica formam primeiramente um pró-capsídeo em que o genoma viral penetra por meio de um poro. O pró-capsídeo de alguns vírus pode sofrer modificações que levam à formação do capsídeo maduro. A montagem de vírus não envelopados é um processo mais simples e se resume na formação dos nucleocapsídeos; para vírus envelopados a montagem só se completa após a aquisição do envelope viral. Os vírus não envelopados podem ser montados no citoplasma (picornavírus, reovírus) ou no núcleo (papovavírus, adenovírus).

## Liberação

A liberação dos vírions da célula infectada (ver Figura 3.4) pode se dar por lise celular ou brotamento. Os vírus não envelopados dependem da lise da célula para sua liberação, embora existam modelos, ainda bastante discutíveis, de liberação de alguns desses vírus, sem necessariamente destruir a membrana celular.

Os vírus envelopados adquirem o envelope nas membranas celulares citoplasmáticas, nucleares ou de algumas organelas ou vesículas intracelulares. Nesses vírus, o processo de saída da célula infectada ocorre após a aquisição do envelope e é denominado *brotamento* (Figura 3.7). Após a síntese das proteínas estruturais virais e síntese do ácido nucleico viral, ocorre a automontagem para a formação do nucleocapsídeo. Em seguida, o nucleocapsídeo migra para regiões da membrana celular onde se concentram proteínas virais glicosiladas, havendo o englobamento do nucleocapsídeo nessa região e liberação da partícula viral envelopada. Na Figura 3.8 observa-se o brotamento do vírus Sindbis de uma célula infectada. No caso de brotamento em

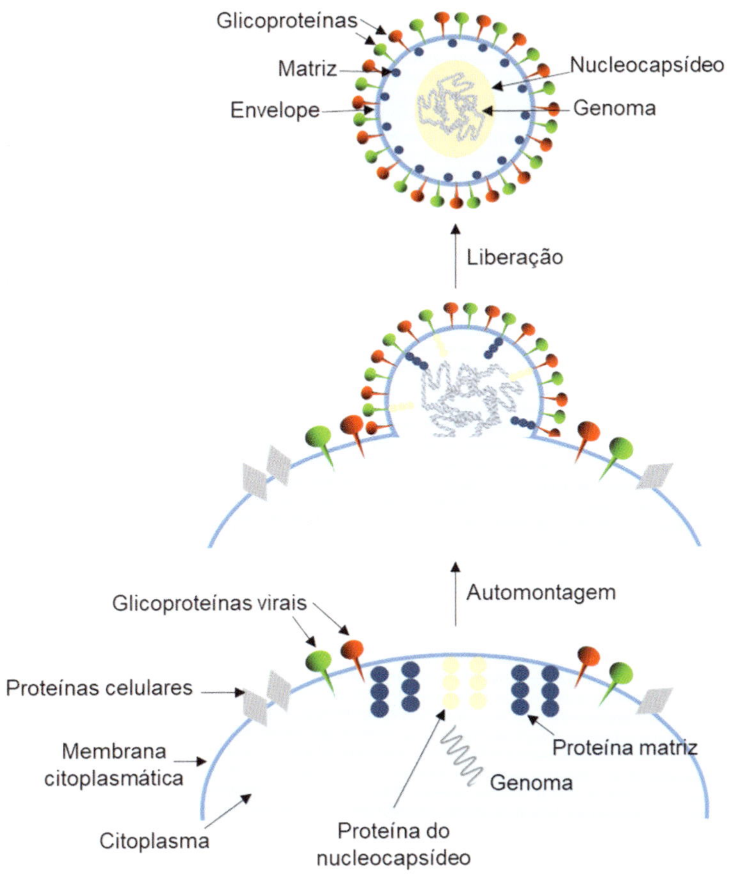


Figura 3.7 Representação do processo de brotamento de um vírus envelopado a partir da membrana citoplasmática. Após a síntese das proteínas estruturais virais e síntese do ácido nucleico viral, ocorre a automontagem para a formação do nucleocapsídeo. Em seguida, o nucleocapsídeo migra para regiões da membrana citoplasmática onde se concentram proteínas virais glicosiladas, havendo o seu englobamento nessa região e liberação da partícula viral envelopada.

membranas intracitoplasmáticas, a liberação das partículas pode ser feita por exocitose de vacúolos ou vesículas contendo partículas já envelopadas. Em geral, esse processo é feito sem causar dano à membrana celular, embora, em alguns casos, o grande número de partículas virais brotando em uma célula já prejudicada pela infecção viral possa levar à lise celular. Na maioria dos casos, os vírus já são infecciosos quando liberados da célula infectada; outros precisam sofrer um processo de maturação após a sua liberação.

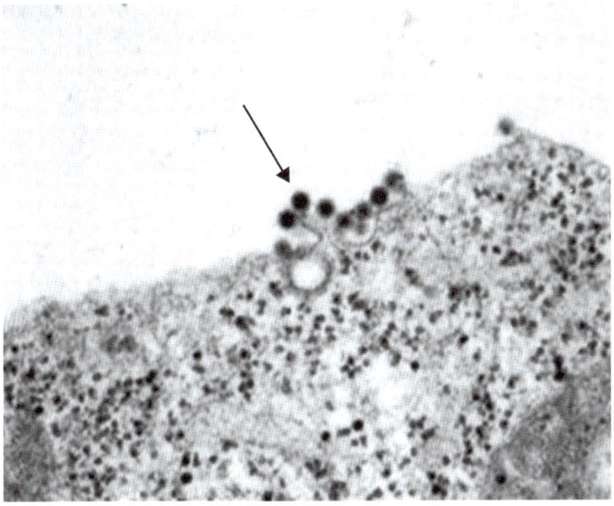

Figura 3.8 Vírus Sindbis brotando pela membrana citoplasmática de uma célula infectada.

## Classificação internacional dos vírus

Embora os primeiros estudos a respeito das viroses tenham começado no início do século XX, as evidências sobre a estrutura e composição dos vírus foram conhecidas somente por volta da década de 1930, com o aparecimento do microscópio eletrônico. Nessa época, Bawden, patologista de plantas, propôs que os vírus fossem agrupados de acordo com suas propriedades físico-químicas. Entre 1950 e 1960, houve avanço considerável na descoberta de novos vírus, o que motivou as sociedades científicas a sugerirem novos esquemas para a classificação com base nas características comuns de patogenia, tropismo por órgãos, modo de transmissão e ecossistemas. Em consequência, vários vírus que causavam uma mesma doença foram colocados juntos, embora pertencessem a diferentes famílias, como foi o caso dos vírus das hepatites. Isso causou muita confusão e houve a necessidade de uma nova classificação e nomenclatura que pudesse ser utilizada internacionalmente.

Assim, em 1966, foi criado o Comitê Internacional para Nomenclatura de Vírus (ICNV, *International Committee on Nomenclature of Viruses*), durante o Congresso Internacional de

Microbiologia, realizado em Moscou. Nessa ocasião, o Comitê era constituído por 43 representantes de Sociedades de Microbiologia espalhadas pelo mundo e, em 1971, publicou o *First Report*, alterando o nome para *International Committee on Taxonomy of Viruses* (ICTV), que permanece até hoje. Nessa publicação, constavam apenas as famílias *Papovaviridae* (gêneros *Papillomavirus* e *Polyomavirus*) e *Picornaviridae* (gêneros *Calicivirus*, *Enterovirus* e *Rhinovirus*), além de uma terceira família não denominada, que abrangia 38 gêneros de vírus conhecidos até aquele momento. O ICTV, em 2020, era formado por um Comitê Executivo (CE) com 19 membros e seis subcomitês. Para o período 2021-2023, o CE passou a ser constituído de 23 membros, com sete subcomitês, uma vez que o Subcomitê de Vírus de Bactérias e de Vírus de Arqueas foi subdividido em dois subcomitês. As atualizações que existem sobre a classificação dos vírus são baseadas no *9th Report* do ICTV, publicado em 2011 (último documento impresso) e no *10th Report*, na versão *on line*. A espécie viral é o nível mais baixo na classificação hierárquica aprovada pelo ICTV. Assim, espécie viral é definida como "grupo de vírus cujas propriedades podem ser distinguidas daquelas de outras espécies por múltiplos critérios". Entende-se por múltiplos critérios as informações sobre a biologia dos vírus (espectro de hospedeiros, epidemiologia, patogênese, distribuição geográfica), morfologia e comportamento quando sintetizados em culturas de células, além de atributos genéticos.

Os grupos de estudo do ICTV publicam uma lista máster de espécies (MSL, *Master Species List*) e organizam os vírus em níveis hierárquicos até espécie, além de níveis inferiores, tais como subespécies, estirpes e variantes. A primeira MSL corresponde ao *First Report*, de 1971. A última MSL foi divulgada em julho de 2019 e ratificada em março de 2020 (MSL#35). Para acesso à tabela de classificação dos vírus, consultar https://talk.ictvonline.org/taxonomy/.

Historicamente, uma espécie viral era definida segundo propriedades como propagação em cultura de células, morfologia do vírion, sorologia, sequência nucleotídica, espectro de hospedeiros, patogenicidade e epidemiologia. No entanto, existe grande variação no modo como esses critérios são aplicados para posicionar um vírus em determinada família.

Atualmente, na classificação dos vírus, o ICTV também leva em consideração a estrutura genômica, incluindo filogenia e sintonia genéticas, mas os critérios para a inclusão dessas propriedades ainda estão sendo discutidos. Assim, a taxonomia formal dos vírus estabelecida pelo ICTV, até o momento, baseia-se em:

- Morfologia: tamanho e forma do vírion; existência ou não de glicoproteínas; existência ou não de envelope e simetria estrutural do capsídeo
- Propriedades físico-químicas: massa molecular do vírion; coeficiente de sedimentação; estabilidade a variações de pH, calor, íons divalentes, detergentes e radiação; tipo e tamanho do ácido nucleico (DNA ou RNA); tipo de fita do ácido nucleico (dupla ou simples, circular ou linear); polaridade do ácido nucleico (positiva ou negativa); número de sequências nucleotídicas; existência de elementos repetidos no genoma; existência de isômeros do ácido nucleico; taxa de G/C do genoma e existência de terminais *cap* ou poli(A), no RNAm
- Proteínas: número, tamanho e atividade de proteínas estruturais e não estruturais; sequência de aminoácidos; tipo de glicosilação, fosforilação, miristilação e estrutura tridimensional da proteína
- Lipídios e carboidratos: composição e teor dos lipídios e açúcares existentes
- Replicação do genoma viral e organização gênica: tipo de ácido nucleico; estratégia de replicação; número e posição das sequências de leitura aberta (ORF, *open reading frames*); características da transcrição e tradução; processamento pós-traducional; local de acúmulo de proteínas virais; local de montagem; maturação e liberação da partícula viral
- Propriedades antigênicas: relações sorológicas obtidas de centros de referências
- Propriedades biológicas: hospedeiro natural; modo de transmissão na natureza; vetores; distribuição geográfica; patogenicidade; tropismo; patologias e histopatologias
- Sensibilidade a agentes físicos e químicos: de modo geral, os vírus são bastante sensíveis à inativação química e física. Os vírus envelopados contêm lipídios importantes para a integridade da partícula e glicoproteínas essenciais para a infecciosidade. Todos os agentes químicos e/ou físicos que dissolvem essa camada lipídica ou que produzem radicais livres entre as ligações de carbono diminuem ou eliminam a infecciosidade. Dentre os agentes químicos, ressaltam-se todos os solventes orgânicos que dissolvam lipídios, detergentes aniônicos e catiônicos que alterem as cargas das glicoproteínas de superfície, ácidos e bases inorgânicas e orgânicas. Os agentes físicos mais utilizados para inativação são o calor e as radiações ionizantes.

Tradicionalmente, o ICTV realiza a descrição e classificação de um novo vírus por meio das informações que foram relatadas anteriormente, como espectro de hospedeiros, ciclo de biossíntese, estrutura e propriedades da partícula viral, as quais levam à definição de um grupo de vírus, mas que limitam a inclusão de vários vírus na MSL. O sequenciamento de alto desempenho e abordagens metagenômicas têm modificado substancialmente a Virologia com muito mais vírus agora conhecidos somente pelos dados do sequenciamento.

A questão é se os vírus que são identificados por metagenômica podem ser incorporados na taxonomia oficial do ICTV. Em virtude de novos vírus terem sido revelados por tal metodologia, faltando dados biológicos para correlacionar com o agente, simpósios estão sendo realizados para discutir essa nova abordagem e incluí-la na classificação dos vírus. Em 2016 ocorreu um *workshop* com especialistas da área e membros do Comitê Executivo do ICTV, para discutir essa possibilidade e desenvolver uma estratégia de como chegar a um consenso. O Comitê absorveu algumas propostas, mas o assunto ainda está em discussão. O assunto é controverso e existe, inclusive, um grupo que considera que a classificação usando essa metodologia levaria a uma taxonomia de sequências e não verdadeiramente de vírus.

## Taxonomia dos vírus

### Nomenclatura oficial

De acordo com o Código Internacional de Classificação e Nomenclatura de Vírus (ICVCN, *International Code of Virus Classification and Nomenclature*), todos os níveis hierárquicos de classificação viral representam identidades internacionais que foram aprovadas com base em critérios definidos pelo ICTV e devem ser escritos em itálico ou sublinhados, com a primeira letra maiúscula, e não podem ser traduzidos. A maneira como o nome das espécies de vírus deve ser escrita ainda é um tema polêmico e sujeita a alterações. Em outubro de 2020, a 52ª reunião do Comitê Executivo do ICTV aprovou uma proposta que será discutida até 2023 para que seja usada a nomenclatura binomial latinizada para escrever o nome das espécies. No documento *How to write virus and species names* (https://talk.ictvonline.org/information/w/faq/386/how-to-write-virus-species-and-other-taxa-names) consultado no endereço do ICTV, em maio de 2020, encontra-se que os nomes das espécies são escritos em itálico e a primeira letra é maiúscula, por exemplo, *Measles morbillivirus* e *Zika virus*. Outras palavras podem ser escritas em maiúscula se forem nomes próprios ou letras do alfabeto, e o nome da espécie não pode ser abreviado.

Em 2017, Michael Adams (membro do ICTV) e colaboradores elaboraram um documento sugerindo uma discussão na comunidade internacional sobre a grafia das espécies virais na forma binomial latinizada, adaptada àquela sugerida por Carl Linnaeus, em 1753. No entanto, a grafia binomial encontra forte resistência por parte de alguns grupos científicos e esse assunto continua controverso, pois há discordâncias a respeito. Assim, há que se aguardar que haja uma definição sobre o assunto pelo ICTV. A seguir, há alguns exemplos utilizando a grafia oficial das espécies (em parênteses, a grafia informal):

- Família *Herpesviridae*, subfamília *Alphaherpesvirinae*, gênero *Simplexvirus*, espécie *Human herpesvirus 2* (herpesvírus de humanos 2)
- Família *Picornaviridae*, gênero *Enterovirus*, espécie *Enterovirus C* (poliovírus 1)
- Ordem *Mononegavirales*, família *Rhabdoviridae*, gênero *Lyssavirus*, espécie *Rabies lyssavirus* (vírus da raiva).

Até 2017, o ICTV reconhecia cinco níveis hierárquicos: Ordem, Família, Subfamília, Gênero e Espécie. Em 2020, foi publicado um Consenso em que o ICTV mudou seu entendimento e ampliou o número de níveis para 15 (representados como uma pirâmide invertida), para alinhá-los com o sistema taxonômico proposto por Linnaeus e poder contemplar todo o espectro de divergências genéticas da virosfera. Todos os nomes que compõem os níveis hierárquicos acima de espécie são escritos com uma única palavra, sempre em itálico e iniciando com letra maiúscula. As espécies terminam com o sufixo *-virus*, mas podem, em alguns casos, apresentar uma grafia que não segue esse padrão. São usados sufixos específicos para cada nível conforme pode ser visto na Figura 3.9. Cabe ressaltar que nem todos os vírus estão classificados em todos os níveis hierárquicos.

## Ordem viral

As ordens virais representam agrupamentos de famílias de vírus que compartilham características comuns. As ordens são reconhecidas pelo sufixo *-virales*. De acordo com a atualização de 2019 do ICTV, ratificada em 2020 (MSL#35), foram aprovadas 55 ordens em que 19 delas incluem espécies que causam infecção em seres humanos: *Amarillovirales*; *Articulavirales*; *Blubervirales*; *Bunyavirales*; *Chitovirales*; *Cirlivirales*; *Durnavirales*; *Hepelivirales*; *Herpesvirales*; *Martellivirales*; *Mononegavirales*; *Ortervirales*; *Picornavirales*; *Piccovirales*; *Reovirales*; *Rowavirales*; *Sepolyvirales*; *Stellavirales*; *Zurhausenvirales*.

## Família e subfamília viral

As famílias de vírus são representadas como um agrupamento de gêneros virais que compartilham características comuns e distintas de outros membros de outras famílias. Reconhece-se a família pelo sufixo *-viridae*; esse nível da taxonomia é estável e é a marca principal de todo sistema internacional para taxonomia de vírus. A maioria das famílias compartilha morfologias virais, estrutura genômica e/ou estratégias de replicação distintas, indicando uma grande separação filogenética. Ao mesmo tempo, as famílias virais são reconhecidas como um fator de união de vírus com características filogenéticas comuns, ainda que sejam filogeneticamente distantes. Em algumas famílias, notadamente, *Hantaviridae, Herpesviridae, Parvoviridae, Paramyxoviridae* e *Poxviridae*, subfamílias foram introduzidas devido ao reconhecimento de uma complexidade filogenética maior entre seus membros. As subfamílias são reconhecidas pelo sufixo *-virinae*. Na MSL#35 de 2020 foram relatadas 168 famílias e 103 subfamílias.

## Gênero viral

Os gêneros representam um agrupamento de espécies que compartilham características comuns e que são distintas de outros membros de outros gêneros. O gênero é reconhecido pelo sufixo *-virus*. Esse nível da hierarquia também é estável, sendo também considerado como um marco dessa taxonomia. Os critérios usados para criar os gêneros diferem de família para família; quanto mais vírus são descobertos, maior a pressão para utilizar como critério de enquadramento as pequenas variações genéticas e estruturais nos novos gêneros. A MSL#35 publicou 1.421 gêneros em 2020.

## Espécie viral

As espécies são consideradas as mais importantes dentro da classificação hierárquica; contudo, pelo menos para os vírus, são mais difíceis de definir. Membros de uma espécie são definidos por mais de uma propriedade, com a vantagem da acomodação da variabilidade genética dos vírus, sem depender de uma única característica. Apesar disso, os pesquisadores ainda encontram dificuldade em denominar espécie, subespécie, estirpe ou variante. Na MSL#35 de 2020 foram relacionadas 6.590 espécies de vírus.

Os grupos de estudo do ICTV determinaram propriedades mais específicas para definir a espécie viral, e enfatizaram as diferenças genômicas ou estruturais, físico-químicas ou sorológicas. Em sua atualização realizada em 2019 e ratificada em 2020, o ICTV priorizou a estrutura genômica dos vírus. A grafia

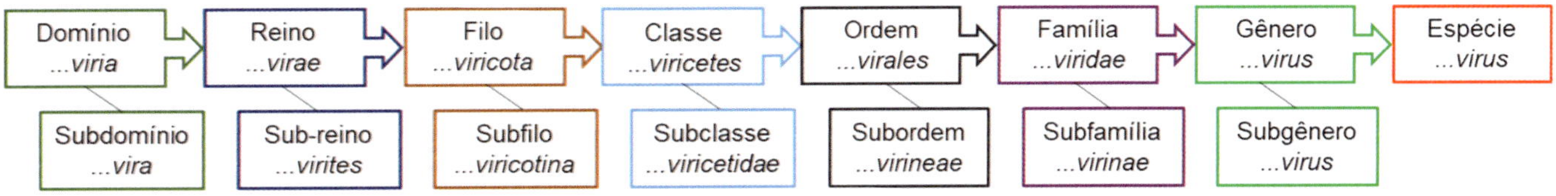


**Figura 3.9** Sufixos que designam os níveis hierárquicos na taxonomia viral. Fonte: Gorbalenya *et al*., 2020.

do nome da espécie segue uma regra adotada atualmente pelo ICTV, conforme mencionado anteriormente, por exemplo, espécie *Human alphaherpesvirus 1*.

### Nomenclatura vernacular ou informal

O ICTV faz uma distinção entre o nome informal e o da espécie do vírus. O primeiro seria usado para designar o material com o qual se trabalha no laboratório e a espécie é a denominação lógica da classificação de um vírus.

No uso informal, os nomes de família, subfamília, gênero e espécie podem ser escritos em fonte Times New Roman, sem a necessidade de ser em letras maiúsculas ou em itálico. Além disso, o nome não precisa estar com os sufixos referentes e pode vir da seguinte maneira: "a família picornaviridae", "o gênero enterovírus" etc.

O nome do vírus nunca deve ser escrito em itálico mesmo quando inclui o nome de uma espécie hospedeira ou gênero, e sempre em letras minúsculas. A primeira letra é escrita em maiúscula somente quando é um nome próprio ou começa uma frase, embora este critério esteja mudando uma vez que há uma recomendação de 2020 para que coxsackievírus, que era grafado com letra maiúscula por ter sido primeiramente isolado na cidade de Coxsackie, agora deve ser escrito com letra minúscula. Letras individualizadas podem ser escritas como maiúsculas.

Exemplos: "Amostras de vírus da dengue 2 foram isoladas...", "O vírus do mosaico dourado de sida ciliares (SCGMV) causa...", "Afídeos transmitem o vírus Y da batata (PVY)".

## Infecções subvirais

Com o aumento do conhecimento sobre a constituição dos vírus, em nível molecular, tornou-se claro que existem vários agentes infecciosos que são ainda menores que os vírus, como os vírus-satélites, viroides, vírus defectivos e elementos genéticos móveis.

### Vírus-satélites

Um vírus-satélite contém ácido nucleico "incompleto", sendo necessário outro vírus para completar seu ciclo de biossíntese. Os vírus associados ao adenovírus (AAV) são um exemplo – para ter sua biossíntese efetivada, necessitam da coinfecção com um adenovírus ou herpesvírus. A função auxiliar (*helper*) desses vírus varia de um sistema para outro.

### Viroides

Os viroides causam doenças em plantas e apresentam genoma entre 246 e 400 nt. São constituídos de RNAfs circular, com uma pronunciada estrutura secundária, em que algumas regiões pareiam com outras. Além disso, não codificam proteínas, mas seu genoma pode ser replicado independentemente do vírus *helper*. São replicados no núcleo da célula com o auxílio das proteínas celulares, sem que, em nenhum estágio, façam a síntese de DNA ou proteínas. A enzima que replica o RNA do viroide é a RNA polimerase II celular, que normalmente replica RNA a partir de DNA; no entanto, nesse caso, devido à estrutura secundária da molécula, faz essa replicação incomum.

Foi demonstrado que o RNA de viroides de plantas e o RNA do vírus da hepatite D (HDV), que usa o antígeno HBs (HBsAg) do vírus da hepatite B (HBV) em sua estrutura, compartilham algumas características.

O ICTV na versão 2020 (MSL#35) reconhece apenas uma família de viroides: *Avsunviroidae*, que inclui três gêneros: *Avsunviroid*, *Pelamoviroid* e *Elaviroid*, com um total de quatro espécies.

### Vírus defectivos

Muitos vírus com genoma de RNA e alguns vírus de DNA, como os adenovírus, produzem partículas defectivas interferentes (DI, *defective interfering*) quando há alta multiplicidade de infecção, isto é, quando se inocula grande quantidade de vírus na célula hospedeira. As partículas defectivas contêm genomas incompletos ou defectivos e são sintetizadas somente se outro vírus completo infectar a mesma célula, mas em maior velocidade devido ao tamanho reduzido. As partículas DI são importantes porque estabelecem infecções persistentes, alterando o curso da infecção, interferindo na biossíntese completa da partícula. Todas essas partículas são muito similares às parentais completas e existem como uma população mista.

### Elementos genéticos móveis

Estudos com bactérias mostraram que alguns elementos genéticos replicativos ou plasmídeos poderiam se transferir de uma célula para outra. Outros elementos móveis se integram no genoma da bactéria e são denominados *transposons*. As células eucarióticas podem apresentar um equivalente aos plasmídeos, que são os epissomas resultantes da replicação de alguns vírus.

### Prions

Os prions foram descritos em 1982, pelo ganhador do Prêmio Nobel de Fisiologia ou Medicina em 1997, Stanley Prusiner. A palavra *prion* vem de ***pro****teinaceous* ***i****nfectious* ***on****ly particle* e, como recomendado pelo próprio Stanley, a palavra deve ser pronunciada como oxítona. Os prions são agentes subvirais inteiramente diferentes dos elementos descritos anteriormente, pois se compõem somente de proteínas (denominadas PrP), sem qualquer resquício de ácido nucleico, e são muito resistentes à inativação por processos físicos ou químicos. São capazes de modificar outras proteínas celulares saudáveis em proteínas doentes (PrPSc, *prion protein scrapie*), fazendo o cérebro infectado tornar-se esponjoso e cheio de vacúolos. A destruição dessa proteína ocorre somente se o material contaminado for incinerado. São agentes de encefalopatias espongiformes, tanto em humanos quanto em animais.

A taxonomia dos vírus é alterada constantemente. A última atualização taxonômica do ICTV foi realizada em julho de 2019 e ratificada em março de 2020 (MSL#35) e pode ser consultada no endereço https://talk.ictvonline.org/taxonomy/.

O banco de dados *Virus Metadata Resource* (VMR) foi atualizado em novembro de 2019 e pode ser acessado para informações sobre vírus já catalogados e novas amostras isoladas. Essa informação inclui os números de acesso ao GenBank e ao RefSeq. Consultar em https://ictv.global/VMR/.

# Capítulo 4

# Estratégias de Replicação dos Genomas Virais

Luciana Jesus da Costa • Pedro Telles Calil

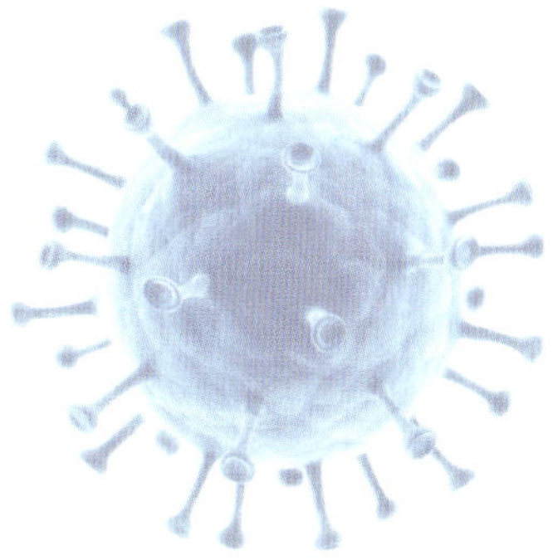

## Introdução

Na natureza, os vírus são os principais exemplos de como a replicação e a propagação da informação genética podem ser realizadas com o máximo de economia e simplicidade. Diversas estratégias replicativas foram selecionadas ao longo da coevolução dos vírus e suas respectivas células hospedeiras. Essas estratégias refletem os diferentes genes codificados pela informação genética viral, sua organização genômica e as interações estabelecidas entre os ácidos nucleicos e proteínas virais com as proteínas celulares.

Tanto os eventos de transcrição/tradução quanto os de replicação dos genomas virais dependem, em maior ou menor grau, dos fatores proteicos das células hospedeiras. Para os vírus de DNA discutidos neste capítulo, o evento de transcrição (com exceção dos poxvírus que codificam sua própria RNA polimerase), seguido pelo de tradução, são os mais dependentes da maquinaria celular. Assim sendo, os genomas virais devem apresentar sequências sinalizadoras de transcrição, tradução e replicação comuns aos genes e elementos de replicação celulares.

Evolutivamente, nos genomas virais, foram selecionadas combinações de sequências sinalizadoras que fazem com que essas regiões genômicas sejam mais eficientes do que as contrapartidas celulares. Além disso, proteínas virais que respondem de maneira específica e eficiente a esses sinais, seja sozinhas, seja estabelecendo interações com fatores de transcrição/tradução celulares, foram adquiridas/selecionadas ao longo da evolução. Essas "inovações" virais garantiram, na maioria das vezes, durante o ciclo de biossíntese viral, a eficiência da síntese dos constituintes dos vírus em detrimento das funções metabólicas originais das células hospedeiras.

Uma das características mais marcantes com relação às estratégias de replicação dos genomas dos diversos vírus presentes na natureza é o modo como, na maioria dos casos, tamanhos tão reduzidos de informação genética (que variam de aproximadamente 1.800 bases nucleotídicas para os menores genomas, até 2,5 milhões de bases nos pandoravírus, que é o maior genoma viral já caracterizado) levam à expressão de um número significativo de genes que são suficientes para subverter a maquinaria de síntese celular, possibilitando a execução de seus programas genéticos (Figura 4.1).

Diversos mecanismos de sobreposição gênica, tais como síntese de poliproteínas, mudanças de fase de tradução (*frameshift*), supressão de códons de parada, entre outros, são empregados durante a expressão gênica viral nas células hospedeiras. Esses mecanismos refletem a plasticidade da informação genética dos vírus e garantem a síntese de todas as proteínas virais necessárias para que o ciclo de biossíntese seja completado e novas partículas infecciosas sejam montadas e liberadas a partir da célula hospedeira.

A compreensão das estratégias de expressão e replicação da informação genética viral é importante para o conhecimento sobre os processos biológicos em geral e especificamente para

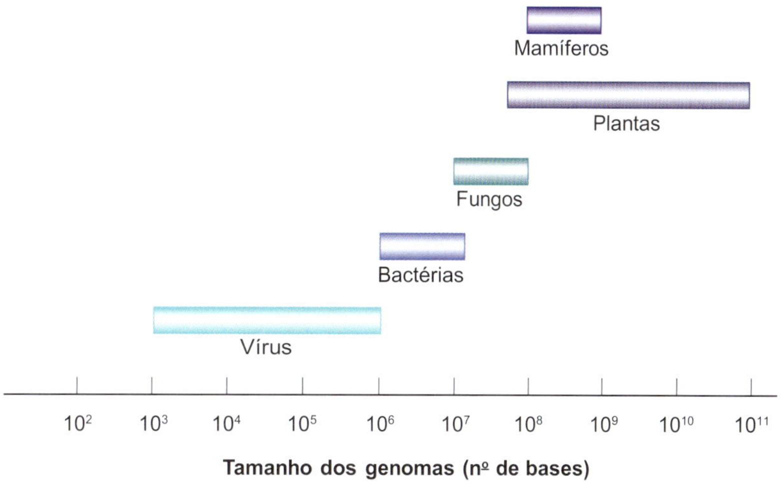


Figura 4.1 Comparação entre os tamanhos dos genomas virais e dos genomas dos demais organismos uni e multicelulares. As barras desenhadas sobre a escala representam os tamanhos já registrados do menor ao maior genoma de cada um dos grupos apresentados.

a caracterização das interações entre os vírus e as células hospedeiras. A aquisição desse conjunto de dados é fundamental para o desenvolvimento, por exemplo, de drogas antivirais, estratégias vacinais e vetores virais para utilização em terapias gênicas.

Neste capítulo, serão abordadas a composição e a organização dos diferentes genomas virais, as estratégias de expressão e replicação da informação gênica das principais famílias de vírus que infectam mamíferos e, quando possível, serão identificados os princípios gerais das estratégias replicativas, que podem sugerir relações evolutivas entre os diferentes grupos de vírus.

## Organização dos genomas virais

Quando comparados aos genomas das bactérias, arqueas, fungos, plantas ou animais, a composição e a organização dos genomas virais são as mais variáveis na natureza. Diferentemente dos genomas celulares que são constituídos normalmente por fitas duplas de DNA, os genomas virais existem em todas as variações estruturais possíveis. Podem ser de fitas simples ou duplas de DNA ou de RNA, de polaridade positiva, negativa ou ambas (ambivalente, *ambisense*), de topologia linear ou circular, além de serem compostos por um ou mais segmentos genômicos que podem conter informações genéticas diferentes em cada segmento ou apresentar a mesma informação em ambos os segmentos (genomas diploides). Dessa maneira, cada uma dessas configurações refletir-se-á em mecanismos próprios e divergentes de replicação genômica, expressão gênica e montagem de novas partículas virais. Na Figura 4.2 são apresentadas as características da composição genômica das diferentes famílias de vírus que infectam mamíferos. A grande diversidade dos vírus com genoma de RNA pode ser observada já na quantidade de diferentes tipos e topologias de moléculas de RNA que compõem seus genomas.

As moléculas de DNA e de RNA que compõem os diferentes genomas virais podem apresentar ainda modificações terminais, que servirão como importantes sinais regulatórios para a expressão gênica e a replicação do genoma viral.

Dentre os vírus de RNA de polaridade positiva, nos quais o genoma já é o próprio RNA mensageiro (RNAm), estes podem apresentar diferenças nas modificações presentes nas extremidades das moléculas de RNA. Enquanto os vírus das famílias *Picornaviridae*, *Caliciviridae* e, possivelmente, *Astroviridae* apresentam uma proteína viral (VPg) covalentemente ligada à extremidade 5′ e não possuem a modificação 7-metil-guanosina (ou *cap*), os vírus das famílias *Flaviviridae*, *Togaviridae*, *Coronaviridae*, *Arteriviridae* e *Retroviridae* têm a sua extremidade 5′ modificada pela adição da 7-metil-guanosina. Curiosamente, de todas essas famílias de vírus de RNA de polaridade positiva, somente os

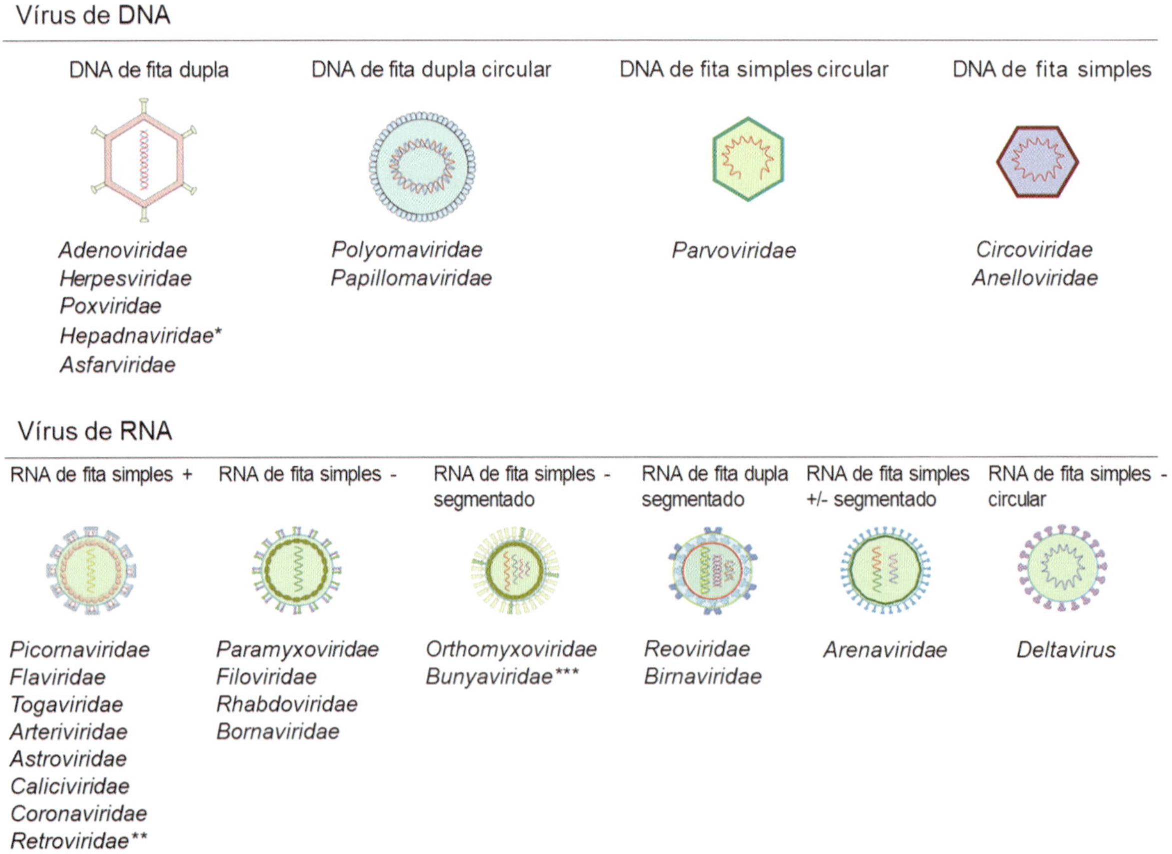


**Figura 4.2** Representação da composição genômica das diversas famílias de vírus com representantes que infectam mamíferos. Os vírus podem ter seu genoma constituído por moléculas de DNA ou RNA. Para os vírus de DNA, o genoma pode ser de fita dupla ou simples, circular ou linear. Para os vírus de RNA, o genoma pode ser positivo (+), negativo (–) ou ambivalente (+\–), fita dupla ou simples, linear ou circular e segmentado ou não. *O genoma dos hepadnavírus é formado por uma fita dupla de DNA incompleta, cujas extremidades apresentam sequências repetidas que se ligam por complementaridade, formando uma estrutura circular não covalente. **Os retrovírus apresentam genoma composto por duas fitas de RNA positivo ligadas pela extremidade 5′. ***Os segmentos genômicos de alguns vírus da família *Bunyaviridae* podem funcionar como ambivalentes, sendo tanto RNA de polaridade negativa quanto de polaridade positiva.

representantes da família *Flaviviridae* não apresentam a cauda poliadenilada – poli(A) – em sua extremidade 3′. O Quadro 4.1 apresenta um resumo das principais modificações encontradas nas terminações dos genomas de vírus de RNA e de DNA.

De modo geral, os genomas dos vírus de RNA de polaridade positiva variam em número de bases de 7 a 30 quilobases (kb) e apresentam sequências de leitura abertas (ORF, *open reading frames*) sintetizadas como precursores poliproteicos.

**Quadro 4.1** Resumo das modificações e estruturas, assim como as características encontradas nas extremidades 5′ e 3′ dos genomas virais.

| Família | Extremidade 5′ | Extremidade 3′ |
|---|---|---|
| *Picornaviridae* | VPg – UTR (IRES) | UTR – poli(A) |
| *Flaviviridae* | *cap* – UTR | UTR (IRES-*like*)* |
| Vírus da hepatite C | *cap* – UTR (IRES) | |
| *Caliciviridae* | VPg – UTR | UTR – poli(A) |
| *Astroviridae* | ? | Poli(A) |
| *Togaviridae* | *cap* – UTR | UTR – poli(A) |
| *Coronaviridae* | *cap* – *leader* – UTR | UTR – poli(A) |
| *Arteriviridae* | *cap* – UTR | Poli(A) |
| *Rhabdoviridae* | *trailer*** | *leader*** |
| *Filoviridae* | *trailer**** | *leader**** |
| *Paramyxoviridae* | *trailer*** | *leader*** |
| *Bornaviridae* | Sequência complementar ao 3′ | Sequência complementar ao 5′ |
| *Orthomyxoviridae* | NCR‡ | NCR‡ |
| *Arenaviridae* | Sequência complementar ao 3′ | Sequência complementar ao 5′ |
| *Reoviridae* | *cap* no RNAm | Base difosfato (podendo estar bloqueado) |
| *Retroviridae* | *cap* no RNAm<br>5′ LTR DNA‡‡ | Poli(A) RNAm<br>3′ LTR DNA‡‡ |
| *Hepadnaviridae* | R | R |
| *Adenoviridae* | Repetições terminais invertidas | Repetições terminais invertidas |
| *Parvoviridae* | Repetições terminais | Repetições terminais |
| *Herpesviridae* | Repetições terminais | Repetições terminais |
| *Poxviridae* | Repetições terminais | Repetições terminais |

UTR: regiões não traduzidas (*untranslated regions*); R: regiões de redundância de sequência; IRES: sítio interno de entrada de ribossomas (*internal ribosome entry site*); VPg: proteína viral associada ao genoma (*viral protein genome linked*); NCR: regiões não codificantes (*non coding regions*); RNAm: RNA mensageiro; LTR: estruturas terminais longas e repetidas (*long terminal repeats*); ?: sem definição. *As estruturas secundárias encontradas na extremidade 3′ do genoma do vírus da dengue apresentam grande semelhança com a estrutura IRES dos picornavírus. **Sequências *trailer* (rastreadora) e *leader* (líder) apresentam algum nível de complementaridade. ***Sequências *trailer* (rastreadora) e *leader* (líder) apresentam alto nível de complementaridade. ‡Elementos complementares. Podem estabelecer ligações que levam à circularização dos RNA. ‡‡Terminações longas repetidas presentes no genoma de DNA.

Os vírus das famílias *Picornaviridae* e *Flaviviridae* contêm as ORF referentes às proteínas estruturais organizadas no terço inicial do genoma (extremidade 5′) e àquelas referentes às proteínas não estruturais nos dois terços terminais do genoma. Essas ORF são flanqueadas por regiões não traduzidas (5′ UTR e 3′ UTR) que apresentam estrutura secundária complexa e são essenciais para o controle dos processos de transcrição e tradução dos genomas.

De maneira contrária, os vírus das famílias *Togaviridae*, *Astroviridae*, *Arteriviridae*, *Caliciviridae* e *Coronaviridae* mostram, nos dois terços iniciais do genoma (extremidade 5′), a codificação para as ORF do precursor poliproteico não estrutural e, no terço restante, a ORF do precursor poliproteico estrutural. Essas ORF também são flanqueadas por regiões não traduzidas (UTR, *untranslated regions*, 5′ e 3′), cujas estruturas secundárias são importantes sinais regulatórios de tradução e transcrição desses RNA.

Os vírus constituídos por genomas de RNA de polaridade negativa apresentam, invariavelmente, em suas extremidades 3′ e 5′, sequências líder (*leader*) e rastreadora (*trailer*), respectivamente. Essas sequências estão presentes tanto nos genomas não segmentados quanto nos segmentados e apresentam graus variados de complementaridade. A complementaridade entre as extremidades 5′ e 3′ determina sua aproximação e a circularização da molécula de RNA genômico, que pode ser tão forte quanto maior for o nível de complementaridade. Para os genomas não segmentados (*Rhabdoviridae*, *Paramyxoviridae*, *Filoviridae* e *Bornaviridae*), as ORF principais estão distribuídas da extremidade 3′ para a extremidade 5′ do RNA(–) genômico na seguinte ordem: proteína do nucleocapsídeo (N); fosfoproteína (P), que faz parte do complexo da replicase; proteína de matriz (M); glicoproteína do envelope (G) e RNA polimerase-RNA dependente (RpRd), denominada L. Nas sequências presentes entre cada uma dessas ORF, estão localizados importantes sinais reguladores de início e término de tradução. Existem variações no tamanho dessas ORF e na presença de outras ORF que se sobrepõem ou intercalam esta sequência geral, entretanto, esse tipo de organização genômica permanece invariável para os diferentes vírus de genoma não segmentado. Os vírus da família *Bornaviridae*, apesar de apresentarem organização genômica similar aos representantes das demais famílias de vírus de RNA de polaridade negativa, exibem estratégias únicas de replicação e expressão gênica, que serão discutidas posteriormente.

Para os vírus constituídos por genoma de RNA de fita simples segmentado (*Orthomyxoviridae*, *Bunyaviridae*), cada proteína viral é codificada por um RNA genômico diferente. Algumas estratégias de replicação, que serão discutidas posteriormente, levam à síntese de duas proteínas diferentes a partir de um mesmo RNA codificante.

Para os vírus com genomas constituídos por fitas duplas de RNA, a fita codificante é modificada pela adição de *cap* na extremidade 5′; contudo, sua extremidade 3′, apesar de modificada (presença de uma base difosfato), não apresenta poliadenilação. Todos os vírus com genomas constituídos por fitas duplas de RNA apresentam mais de um segmento de RNA genômico (segmentados); assim, cada proteína viral é codificada por um dos RNA.

Os vírus classificados na família *Arenaviridae* são únicos em sua constituição genômica, uma vez que cada um dos seus dois segmentos de RNA leva à expressão de duas proteínas diferentes.

Uma delas é traduzida a partir do RNAm transcrito a partir da extremidade 3′ do RNA genômico, enquanto a outra proteína é traduzida a partir da extremidade 5′ do próprio RNA genômico (RNA ambivalentes). No entanto, o RNA genômico não serve como molde para a tradução proteica logo após a entrada do vírus na célula hospedeira; o primeiro evento direcionado pelos RNA genômicos é a transcrição de RNAm subgenômico (RNAmsg) a partir das extremidades 3′.

Assim como nos vírus com genomas constituídos por moléculas de RNA, as diferentes famílias de vírus com genomas constituídos por moléculas de DNA também apresentam organização genômica variada. Uma característica comum, entretanto, é a presença de sequências promotoras, em *cis*, que irão determinar a transcrição dos genes virais. Além disso, alguns genomas apresentam sequências de íntrons intercalantes às regiões exônicas codificantes. Tais íntrons são removidos por *splicing* pela maquinaria celular de processamento e, dessa maneira, nos genomas desses vírus, há sinais de reconhecimento de locais de *splicing* comuns ao próprio genoma das células hospedeiras desses vírus (p. ex., *Adenoviridae*, *Herpesviridae*). A existência de origens de replicação nos genomas dos vírus de DNA é um requerimento básico para que sejam reconhecidos pelo complexo das DNA polimerases virais ou celulares e para que se inicie o processo de replicação.

Invariavelmente, os genomas dos vírus de DNA apresentam sequências repetidas direta ou indiretamente invertidas em ambas as extremidades de seus genomas. Em alguns casos, como por exemplo, os vírus da família *Herpesviridae*, há ainda a existência de regiões repetidas invertidas internas ao genoma. Essas sequências auxiliam a circularização dos genomas virais e contêm sinais fundamentais para a replicação destes genomas.

Uma importante observação que surge das comparações entre as diferentes características dos genomas virais, e consequentemente de suas diferentes estratégias replicativas, é a possibilidade de serem traçados paralelos evolutivos entre as distintas famílias virais – uma noção que será mais bem explorada ao longo deste capítulo.

## Estratégias de replicação e expressão dos genomas dos vírus de DNA

Com exceção dos vírus das famílias *Poxviridae*, *Asfarviridae* e *Iridoviridae*, todos os vírus com genomas constituídos por DNA apresentam replicação nuclear. Eles apresentam grande variação quanto ao tamanho de seus genomas (de 1,8 quilobases [kb] nos circovírus até 2,5 milhões de bases [Mb] nos pandoravírus) e, consequentemente, há grandes diferenças com relação à sua capacidade codificante, principalmente no que se refere à quantidade de funções necessárias para a replicação, que estão codificadas em seus próprios genomas. Dessa maneira, os vírus das famílias *Polyomaviridae*, *Papillomaviridae* e *Parvoviridae* que possuem genomas de pequena extensão (5 a 8 quilopares de bases [kpb]) dependem completamente das maquinarias de transcrição e tradução celulares para a expressão e replicação de seus genomas. A consequência dessa dependência é que, uma vez que as células apresentem mecanismos de controle do início da divisão celular, tais vírus irão depender da entrada espontânea da célula na fase S do ciclo celular para que ocorra a síntese de seus genomas (*Parvoviridae*); ou então, deverão codificar um gene ou genes que induzirão um estado celular que mimetize o ambiente da célula em divisão (*Papillomaviridae*, *Polyomaviridae*). Esses produtos gênicos geralmente inibem a função das duas proteínas supressoras de tumor celular mais importantes (proteína do retinoblastoma – pRb, e proteína de 53 kDa – p53). Essas proteínas inibem a progressão do ciclo celular, percebem danos no DNA e induzem a morte celular programada, respectivamente, entre outras funções. A desativação da pRb, por exemplo, induz a expressão das DNA polimerases celulares e enzimas que participam das vias de síntese de desoxinucleotídeos trifosfato (dNTP). A expressão desses genes será fundamental para a replicação dos genomas virais. Os produtos gênicos virais que induzem a divisão celular são considerados oncogenes, uma vez que induzem a perda dos controles de entrada e progressão do ciclo celular.

Por outro lado, os vírus com genomas constituídos por extensas moléculas de DNA (*Herpesviridae*, *Poxviridae*) mostram grande capacidade codificante e, em seus genomas, estão contidas as informações para a síntese de suas próprias DNA polimerases e ainda de enzimas necessárias para a síntese e modificação de dNTP (p. ex., a enzima timidino-cinase [TK; *thymidine kinase*] codificada pelo herpesvírus de humanos 1 [HHV-1]). Igualmente, no genoma desses vírus estão codificados fatores de transcrição, que irão competir intensamente com os promotores dos genes celulares pela maquinaria de transcrição e, assim, induzir uma forte transcrição a partir dos promotores virais. No caso dos vírus da família *Poxviridae*, uma vez que todo o ciclo de biossíntese ocorre no citoplasma celular, o genoma destes vírus codifica sua própria RNA polimerase-dependente de DNA e fatores proteicos que irão compor o complexo de transcrição viral, demonstrando completa independência das maquinarias celulares de transcrição e replicação.

Uma exceção importante dos vírus com genomas constituídos por moléculas pequenas de DNA são os *Hepadnavirus*, os quais, apesar de apresentarem limitada capacidade codificante (genoma contendo aproximadamente 3,2 kb), contêm sua própria replicase, que, nesse caso, é uma DNA polimerase-RNA dependente (transcriptase reversa). A existência dessa enzima determina uma estratégia replicativa única para esses vírus.

### Famílias *Parvoviridae*, *Polyomaviridae* e *Papillomaviridae*

Os eventos que se seguem à entrada dos vírus na célula hospedeira determinam a migração do genoma desses vírus para o núcleo celular. Apesar das diferenças nas estratégias de replicação existentes entre os membros de cada uma dessas famílias de vírus, seu ciclo de biossíntese pode ser dividido em duas fases: pré-replicativa, em que o evento principal é a expressão de um subgrupo de genes denominados genes iniciais; e de replicação, em que os eventos principais são a expressão dos genes tardios e propriamente a síntese de novas cópias de DNA genômico. Essas cópias serão empacotadas nas novas partículas virais que irão sair da célula infectada e reiniciar o ciclo de biossíntese em outras células-alvo.

No caso dos parvovírus, que são constituídos por uma fita simples de DNA, o próximo evento da biossíntese, após a chegada do DNA genômico ao núcleo celular, é a síntese da molécula complementar de DNA, o que depende da entrada espontânea da célula na fase S do ciclo de divisão celular. Após a síntese da molécula complementar de DNA, a fita dupla assume uma conformação de grampo (*hairpin*) e os promotores dos genes iniciais (NS1 e NS2) são reconhecidos pela maquinaria de transcrição celular. Os transcritos NS1 e NS2 sofrem eventos de processamento por *splicing*, com a retirada de pelo menos um pequeno íntron, para a formação dos RNAm maduros; os RNAm virais iniciais serão molde para a síntese de proteínas não estruturais.

As proteínas não estruturais exibem sinais de localização nuclear e ali participarão na próxima etapa de transcrição dos genes virais tardios e estimularão a replicação do DNA viral para dar origem a cópias de DNA genômico. Os transcritos tardios serão os moldes das proteínas estruturais (VP1 e VP2) e seus sinais de localização nuclear determinarão o local de montagem das novas partículas virais no núcleo celular. A proteína do capsídeo VP2 apresenta, além do sinal de localização nuclear, um sinal de transporte a partir do núcleo, o qual, possivelmente, determina o transporte das partículas virais recém-montadas através dos poros nucleares.

A replicação do DNA viral é feita por um mecanismo denominado *rolling-hairpin*, no qual, inicialmente, a estrutura intermediária da fita dupla de DNA (em formato de um grampo fechado) é processada por corte próximo à extremidade 3′ pela proteína viral NS1, que se torna covalentemente ligada à extremidade 5′ da fita de DNA original. Assim, a extremidade 3′ serve como iniciador e a DNA polimerase celular completa a síntese da fita de DNA complementar, formando uma nova estrutura palindrômica no terminal 3′. Desse modo, a síntese pode prosseguir em ambas as fitas-molde, produzindo estruturas concatâmeras que serão posteriormente separadas durante a etapa de empacotamento do genoma viral. É interessante citar que este é o mesmo processo de replicação que acontece com o genoma dos poxvírus.

No caso dos vírus do papiloma de humanos (HPV), os quais são constituídos por uma fita dupla de DNA circular de aproximadamente 8 kpb, após a entrada do genoma viral no núcleo da célula, segue-se a fase transcricional inicial. Uma região não codificante do genoma viral denominada LCR (região controladora longa [*long control region*]) contém os dois promotores virais iniciais que serão ativados, em um primeiro momento por fatores transcricionais celulares, levando à expressão das proteínas virais iniciais E1 e E2. A proteína E2 é o principal fator transcricional desses vírus e tanto estimula a expressão das proteínas virais, quanto também reprime a expressão dessas proteínas. O que determina a ativação ou repressão dos diferentes promotores virais é o estágio de diferenciação das células infectadas. Vale ressaltar que os HPV infectam inicialmente as células não diferenciadas das camadas basais dos epitélios escamoso cutâneo e da mucosa. Nestas células o genoma se estabelece como epissoma e a expressão de E1 e E2 controla os níveis de expressão das demais proteínas iniciais virais que irão proporcionar a replicação do genoma. É a expressão das proteínas virais E6 e E7 que irá retardar ou inibir a morte celular programada, a qual aconteceria em decorrência do estresse imposto pela presença do genoma viral na célula infectada, e promover a expressão das proteínas celulares envolvidas na síntese de DNA. A proteína E6, ao associar-se a p53, promove sua degradação proteassomal, enquanto E7 está envolvida com a inativação de pRb, promovendo assim a expressão dos fatores de síntese de DNA. Conforme as células basais se diferenciam, a expressão das proteínas virais muda, havendo o aumento da expressão das proteínas E4, E5, E6 e E7. Nas células mais diferenciadas, ocorre a ativação da expressão dos genes tardios (as proteínas do capsídeo L1 e L2) que estão envolvidos com a montagem dos novos vírions, e a partir da camada celular superior os novos vírus são liberados para o meio extracelular. Existem pelo menos quatro locais de ligação da proteína viral E2 ao LCR, e é sua associação com estes elementos e com fatores transcricionais celulares que regula a expressão gênica viral ao longo das fases do ciclo de biossíntese. Além disso, alterações epigenéticas contribuem para a regulação da transcrição dos papilomavírus.

Assim, as estratégias de expressão gênica e replicação do genoma dos poliomavírus e HPV também têm como base a expressão de um subconjunto de genes que codificam proteínas não estruturais (p. ex., o LT-Ag dos poliomavírus e a proteína E2 nos HPV) expressas na fase pré-replicativa e a posterior indução, pelas proteínas não estruturais, da expressão dos genes que codificam as proteínas estruturais e da síntese das enzimas celulares que irão participar da replicação do DNA viral (Figura 4.3). Como citado anteriormente, a indução da síntese das enzimas celulares envolvidas na replicação do DNA é realizada a partir da inibição da função de proteínas celulares-chave, primordiais no controle do ciclo de divisão celular. Assim, em células infectadas de maneira persistente, a expressão constante dos genes virais iniciais pode levar a transformações neoplásicas e à indução de tumores no organismo infectado.

A replicação do DNA dos poliomavírus e papilomavírus é realizada por mecanismo muito similar ao de replicação dos cromossomas celulares. Formam-se duas forquilhas de replicação na sequência *ori* (origem) presente no DNA genômico circular desses vírus (região rica em AT) com a polimerização de iniciadores de RNA e a síntese das fitas contínua e descontínua de maneira bidirecional. Estudos recentes demonstram que, no caso dos papilomavírus de alto risco para o desenvolvimento de tumores, a persistência viral na célula está associada à replicação do genoma viral em sua forma epissomal por um modelo de círculo rolante. Desta forma, garante a manutenção no núcleo das células infectadas de um grande número de cópias do genoma viral.

## Famílias *Adenoviridae*, *Herpesviridae* e *Poxviridae*

A maior capacidade codificante dos vírus das famílias *Adenoviridae*, *Herpesviridae* e *Poxviridae* garante maior independência dos genomas desses vírus, tanto para a expressão gênica quanto para a replicação do DNA genômico. Além disso, esses vírus codificam um grupo de genes envolvidos na supressão da resposta antiviral celular e na inibição do processo de apoptose que, na maioria das vezes, é deflagrado na célula infectada em resposta à presença de intermediários de síntese viral. Enquanto a biossíntese dos herpesvírus e adenovírus acontece dentro do núcleo da célula infectada, a biossíntese dos poxvírus acontece inteiramente no citoplasma celular.

De maneira semelhante para as famílias de vírus citadas anteriormente, o primeiro evento da biossíntese viral, após a localização dos genomas virais nos seus respectivos locais de replicação, é a indução da transcrição de um subconjunto de genes iniciais. No caso específico dos herpesvírus, a circularização do

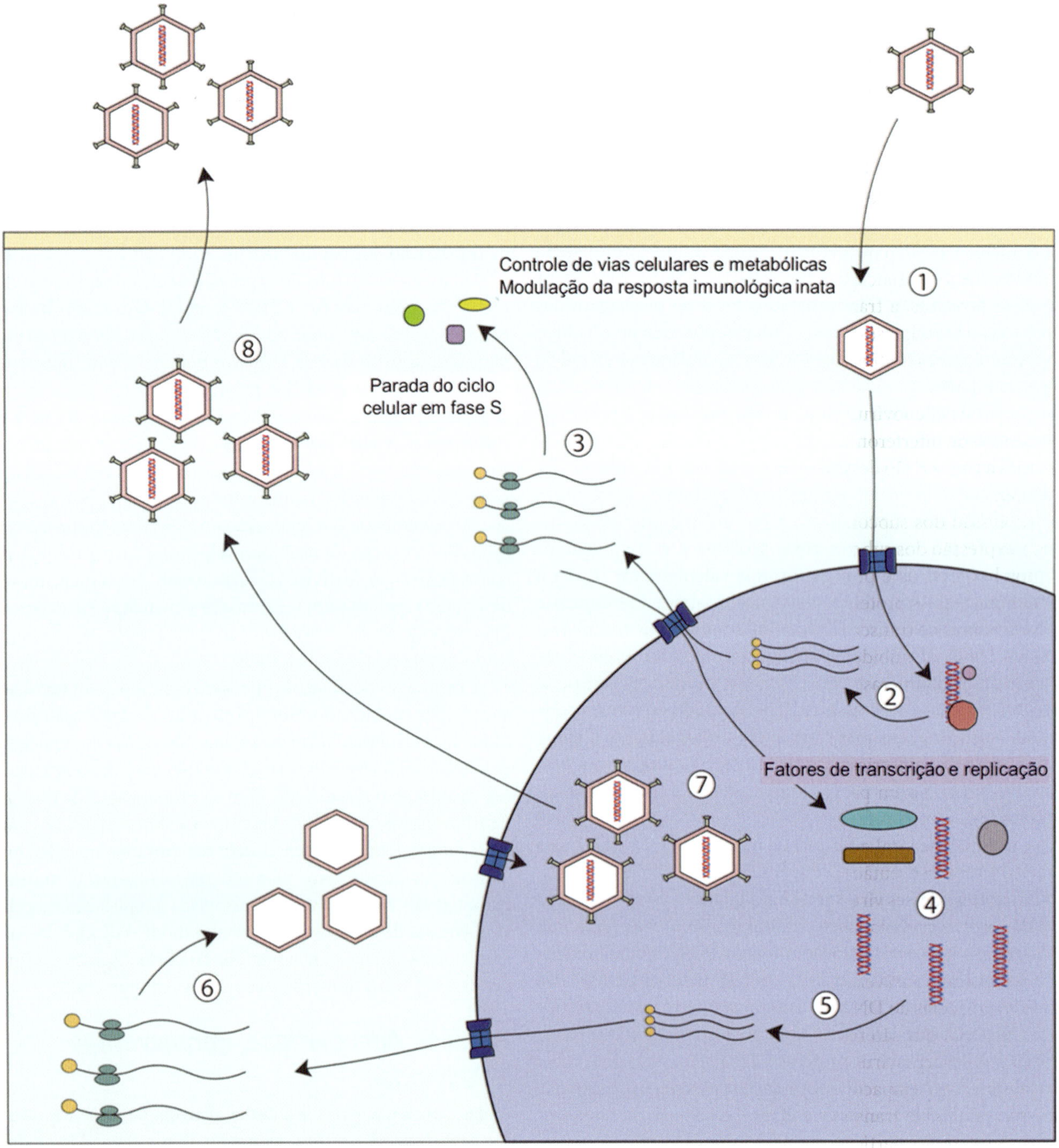


**Figura 4.3** Esquema geral da estratégia de biossíntese dos vírus de DNA. Durante o ciclo de biossíntese dos vírus de DNA, os eventos acontecem em cascata; portanto, a próxima etapa do ciclo ocorre somente se a anterior tiver sido completada de maneira bem-sucedida. Nesse esquema, estão representadas de forma geral as fases inicial e tardia da biossíntese dos vírus de DNA. A estratégia de replicação dos hepadnavírus é uma exceção a esse esquema geral. Após a entrada do vírus na célula (**1**), o genoma viral e os fatores de transcrição virais que fazem parte da partícula viral são direcionados para o núcleo da célula-alvo. Nesse momento, há a transcrição dos genes iniciais que geram os RNAm iniciais (**2**). Estes são translocados para o citoplasma, onde serão traduzidos, gerando as proteínas iniciais (**3**), que compreendem fatores de transcrição e replicação para a próxima etapa do ciclo de biossíntese e proteínas que modulam vias celulares, metabólicas e de resposta imune. Esses fatores iniciais induzem a expressão de um conjunto de genes celulares típicos da fase S do ciclo celular, permitindo que fatores de transcrição e replicação celulares estejam disponíveis para a etapa de replicação dos genomas virais. Os fatores virais iniciais voltam ao núcleo e atuam sobre promotores celulares, levando à transcrição de genes envolvidos na replicação do DNA (**4**), além de estimularem a transcrição de RNAm tardios (**5**). No caso dos poxvírus, adenovírus e herpesvírus, os genes iniciais são responsáveis pelo estímulo da transcrição dos genes intermediários (incluindo a DNA polimerase viral), e alguns desses genes intermediários estimulam a transcrição dos genes tardios. Os RNAm tardios são traduzidos (**6**) e seus produtos retornam ao núcleo para o sítio onde o genoma viral foi replicado; e nesse local, ocorre a montagem de novas partículas virais contendo o DNA genômico recém-replicado (**7**). As novas partículas virais saem do núcleo e são liberadas da célula (**8**). Detalhes a respeito das diferenças da estratégia de biossíntese para cada família viral estão presentes no texto.

DNA genômico viral é um evento anterior à transcrição dos genes iniciais e é induzida pelos sinais presentes nas terminações invertidas repetidas (TR, *terminal repeats*) longas (L) e curtas (S) presentes nas extremidades do genoma (5′-TRL/3′-TRS), assim como internas (IR, *internal repeats*) ao genoma (IRL/IRS). Ainda para essa família de vírus, a presença de um fator transcricional viral que se liga aos promotores dos genes iniciais é fundamental para a ativação da transcrição desses genes pela RNA polimerase II (RNA pol II) celular. Esse fator de transcrição faz parte do subconjunto de genes virais tardios, é empacotado na matriz proteica amorfa dos vírions e é igualmente transportado para o núcleo da célula infectada quando acontecem a entrada e o desnudamento (desencapsidação) viral (ver Figura 4.3).

Para os poxvírus, a transcrição dos genes iniciais é feita pelas próprias transcriptases virais e eles também trazem no vírion produtos dos genes tardios que servirão de fatores de transcrição dos genes iniciais.

No caso dos adenovírus, um conjunto de genes de supressão da produção de interferon é também expresso na fase inicial do ciclo, mas a transcrição desses genes é feita pela RNA polimerase III celular.

A expressão dos subconjuntos de genes iniciais desses vírus induz a expressão dos subconjuntos de genes intermediários (no caso dos herpesvírus e poxvírus) e dos genes tardios (no caso dos adenovírus). As proteínas iniciais têm funções diversas, tais como: de fatores de transcrição (ativam os promotores dos genes intermediários), de inibidores da apoptose celular ou, ainda, são a própria DNA polimerase viral e as enzimas de síntese de intermediários de dNTP, no caso de adenovírus e poxvírus.

Com o acúmulo das proteínas da fase intermediária, ocorre a estimulação da transcrição dos subconjuntos de genes tardios. Nos herpesvírus, fazem parte do conjunto de proteínas de fase intermediária, além dos fatores de transcrição dos genes tardios, a DNA polimerase viral e as enzimas que participam da síntese de dNTP. Nessa fase, então, inicia-se a replicação do DNA viral.

A biossíntese desses vírus chega então à fase tardia com o acúmulo das proteínas desta fase e de moléculas de DNA genômico recém-sintetizadas. As proteínas de fase tardia são principalmente estruturais, responsáveis pela montagem das novas partículas virais. As moléculas do DNA genômico são empacotadas, havendo para os DNA que são replicados pela formação de estruturas concatâmeras (herpesvírus e poxvírus) a separação de tais estruturas durante seu empacotamento. Algumas proteínas de fase tardia são fatores de transcrição que serão empacotados juntamente com as novas partículas virais e atuarão na fase inicial do ciclo de biossíntese viral na próxima célula-alvo.

Apesar das diferenças que existem para cada uma das famílias de vírus DNA apresentadas anteriormente, pode-se perceber que o ponto comum das estratégias de biossíntese, durante a fase inicial, tem como base a expressão de quantidades catalíticas de proteínas não estruturais necessárias para a replicação do DNA viral e a modulação da expressão gênica celular. Após a replicação do DNA viral, um subconjunto diferente de genes é expresso (genes tardios) em quantidades estequiométricas das proteínas estruturais necessárias para a montagem de novas partículas virais. Em geral, a expressão dos genes iniciais é reprimida nessa fase. A mudança de fase inicial para fase tardia pode ser entendida como uma estratégia adaptativa que traz aos vírus a vantagem de competirem com a maquinaria de transcrição e tradução da célula hospedeira, uma vez que a taxa de síntese dos genes iniciais é modesta, enquanto a taxa de síntese dos genes tardios (e dos genes intermediários em herpesvírus e poxvírus) durante a fase pós-replicativa é robusta, devido à grande amplificação do número de cópias genômicas. Desse modo, a informação genética dos vírus será preferencialmente transcrita e traduzida, em detrimento da informação genética celular.

Além disso, os promotores dos genes intermediários/tardios virais apresentam, além das sequências promotoras normais, sequências potencializadoras (*enhancers*) que aumentam a afinidade da maquinaria de transcrição celular por estes promotores. Os herpesvírus e os poxvírus exibem ainda estratégias de interrupção da síntese proteica celular por meio da indução do aumento da taxa de degradação dos RNAm. Mesmo que isso não seja específico para os RNAm celulares, os RNAm virais serão ressintetizados em uma taxa muito superior, resultando na supressão específica da síntese proteica celular.

## Família *Hepadnaviridae*

Os hepadnavírus são os que mais se distinguem dos vírus com genoma de DNA em sua estratégia de replicação. Esses vírus codificam sua própria replicase, que é, ao contrário dos demais vírus de DNA, uma DNA polimerase que utiliza uma molécula de RNA como molde (ou seja, exerce atividade de transcriptase reversa). Para esses vírus, a transcrição de seus genes ocorre no núcleo, porém a replicação do DNA genômico ocorre no citoplasma das células infectadas.

O genoma dos hepadnavírus é uma fita dupla de DNA incompleta, cuja extensão do final da fita codificante não é concluída durante o processo de replicação do DNA genômico. Quando as partículas virais infectam uma nova célula, a fita dupla de DNA incompleta, associada às proteínas do capsídeo, é direcionada ao núcleo celular e, ali, a síntese da fita de DNA codificante é completada e as extremidades da fita dupla são covalentemente ligadas, formando o que é conhecido como círculo covalentemente fechado (ccc, *covalently closed circle*). Na maioria das vezes, o DNA viral está associado a histonas e outras proteínas, e é mantido no núcleo celular de maneira epissomal. A estrutura ccc é transcricionalmente ativa, e o reconhecimento dos quatro diferentes promotores dos genes virais ocasiona a transcrição dos RNAm virais pela RNA pol II celular. São sintetizados RNAm de 3,5; 2,4; 2,1 e 0,8 kb, que serão moldes para as proteínas virais. Os RNAm de 3,5 kb serão moldes para as proteínas pré-C ou C (capsídeo) ou C + pol (capsídeo e polimerase). Uma vez que o promotor desses transcritos não apresenta a sequência TATA *box*, existirá heterogeneidade do tamanho da extremidade 5′ do RNAm, o que resultará na síntese de RNAm para as diferentes proteínas citadas anteriormente. Essa espécie de transcrito de 3,5 kb é ainda o RNA pré-genômico. Os RNAm de 2,4 kb serão moldes para a proteína pré-S1 (glicoproteína maior do envelope ou *Large*). Os RNAm de 2,1 kb apresentarão heterogeneidade do tamanho da extremidade 5′ e poderão ser moldes para as proteínas pré-S (M e S, glicoproteínas média e menor do envelope). Os RNAm de 0,8 kb serão moldes para a proteína viral X, que apresenta várias funções regulatórias na célula hospedeira e está envolvida com o disparo de eventos de transformação celular durante a fase crônica da infecção. Além dos dois promotores presentes no genoma dos hepadnavírus que determinam a transcrição dos RNAm virais, existem ainda dois elementos potencializadores (*enhancers*), um para cada promotor, que aumentam a taxa de síntese a partir de cada promotor em resposta à presença de fatores celulares específicos.

A presença do RNA pré-genômico no citoplasma da célula infectada, juntamente com o acúmulo das proteínas do capsídeo e polimerase, determinará o empacotamento dos primeiros em estruturas capsídicas e dentro deste microambiente acontecerá a transcrição reversa do molde de RNA em uma fita dupla incompleta de DNA. Uma vez completada essa fase, os novos vírions irão sair da célula para reiniciar o ciclo em uma nova célula-alvo.

A utilização de uma estratégia de transcrição reversa do RNA pré-genômico para a replicação do DNA viral pelos hepadnavírus pode ser sugerida como uma adaptação evolutiva, que garante a esses vírus a possibilidade de acumular mutações em uma taxa muito maior do que as observadas em vírus com genoma DNA. Tais mutações favorecem a rápida adaptação desses vírus às mudanças das condições das células hospedeiras, beneficiando, consequentemente, sua manutenção na natureza e a possibilidade de explorar novos hospedeiros.

## Estratégias de replicação e expressão dos genomas dos vírus de RNA

Os vírus com genoma constituído por RNA são considerados únicos em suas estratégias replicativas, uma vez que suas replicases são as únicas na natureza que replicam moléculas de RNA a partir de moldes de RNA. Há evidências de que a RNA pol II de células eucarióticas pode apresentar atividade de síntese de RNA a partir de moldes de RNA (RpRd), uma vez que essa já foi, por exemplo, implicada na replicação do genoma de RNA dos vírus da hepatite delta (HDV). No entanto, a demonstração de tal atividade ainda é controversa. Estudos *in vitro* utilizando a enzima altamente purificada demonstraram um baixo desempenho da RNA pol II quando um molde de RNA foi utilizado. Entretanto, a demonstração de tal atividade residual da RNA pol II de eucariotos poderá sugerir a aquisição da enzima ancestral, com atividade RpRd completa, durante a evolução dos vírus de RNA a partir das células eucarióticas. No entanto, é válido ressaltar que células de plantas e leveduras expressam RNA polimerases que utilizam RNA como molde, podendo também utilizar DNA como molde para a síntese deste RNA complementar (RNAc). Em plantas, essas RpRd sintetizam pequenos RNAc usando tanto moldes celulares quanto virais. Em células de tabaco já foi demonstrado que infecções por patógenos, principalmente virais, ativam a resposta celular que induz o aumento da expressão destas RpRd.

Três estratégias de replicação distintas podem ser identificadas nos vírus de RNA. Elas estão relacionadas com a polaridade do RNA genômico e com a presença, na partícula viral, de uma replicase com atividade de DNA polimerase a partir de moldes de RNA. Os vírus de RNA de polaridade positiva, cujo genoma é a própria molécula de RNAm (com exceção dos retrovírus), não empacotam a replicase viral, uma vez que, ao ficar disponível no citoplasma das células hospedeiras, o genoma leva à síntese imediata das proteínas virais. Os vírus com genoma de RNA de polaridade negativa necessitam empacotar sua própria polimerase nas novas partículas virais, uma vez que o RNA genômico será inicialmente transcrito dentro das células, produzindo, então, espécies de RNAm que serão moldes para a síntese das proteínas virais. Além disso, os retrovírus que são uma exceção dos vírus RNA de polaridade positiva utilizam o genoma viral constituído por RNAm como molde para a síntese de uma fita dupla de DNA que será incorporado ao genoma da célula hospedeira. Desta forma, estes vírus empacotam tanto a DNA-polimerase dependente de RNA (transcriptase reversa), quanto uma integrase viral. A primeira irá sintetizar a fita dupla de DNA tão logo o genoma viral entre na célula infectada, e a segunda irá integrar esta fita dupla de DNA ao genoma hospedeiro.

Apesar da diferença básica entre as estratégias replicativas dos vírus de RNA de polaridade positiva e negativa, um fator comum a ambos os grupos é sempre identificado nas células infectadas: a replicação dos RNA virais acontece a partir da formação de uma fita dupla de RNA, denominada intermediário de replicação. Para os vírus de RNA positivos, a replicação viral estará em associação íntima a membranas celulares, que podem ser de qualquer origem (membrana plasmática, retículo endoplasmático, mitocôndria, autofagossoma etc.). Proteínas não estruturais virais se associam a membranas específicas no caso de cada espécie viral, e levam à modificação dessas membranas para que ali se ancore o complexo de replicação, garantindo assim que o intermediário de replicação (que é um padrão molecular de patógeno – PAMP [*pathogen-associated molecular pattern*]) fique "escondido" do reconhecimento celular (ver *Capítulo 7*). Além disso, essas estruturas de membrana funcionam como plataformas que acumulam e aproximam os constituintes necessários para a síntese dos RNA virais. Para os vírus RNA negativos, em geral a replicação do RNA viral acontece em locais no citoplasma onde ocorre o acúmulo de proteínas virais denominados fábricas virais (ou viroplasmas). Estas fábricas podem estar circundadas por invaginações de membranas celulares de diferentes origens (retículo endoplasmático, endossomas tardios, complexo de Golgi), que conectam os RNA recém-sintetizados aos locais de montagem de novos vírus. No caso dos RNA negativos e positivos, exceção é feita àqueles vírus que têm replicação nuclear (ortomixovírus e bornavírus [RNA negativo] e retrovírus [RNA positivo]).

Os retrovírus, apesar de apresentarem genoma de RNA de polaridade positiva, empacotam a própria polimerase (transcriptase reversa), que uma vez no citoplasma da célula infectada irá sintetizar o genoma viral sob a forma de uma fita dupla de DNA. Após a integração do DNA viral ao material genético da célula hospedeira, poderá haver transcrição do RNAm viral e síntese proteica.

### Vírus de RNA de polaridade positiva

Em termos quantitativos, os vírus de RNA de polaridade positiva são os mais frequentes na natureza (ver Figura 4.2). Essa observação pode sugerir tanto o surgimento desse tipo de genoma viral no mundo eucariótico, como também maior frequência de incorporação/fixação de erros durante a etapa de replicação dos genomas virais observada nesses vírus.

Os mecanismos de replicação dos genomas dos vírus de RNA de polaridade positiva (RNA+) (excetuando os retrovírus) são os menos complexos dentre todos os vírus de RNA e de DNA. No entanto, as estratégias de controle de tradução/transcrição e transcrição/replicação são extremamente eficientes e inovadoras.

A replicação dos vírus de RNA+ pode ser dividida em duas estratégias básicas:

- Síntese da poliproteína viral precursora completa (contendo todas as ORF codificadas pelos vírus) a partir do RNAm que invadiu a célula; processamento do precursor por proteases virais e em alguns casos também por proteases de origem celular; transcrição da fita de RNA complementar (negativa) pela RpRd viral a partir do molde genômico; transcrição da fita de RNA genômico (positiva) pela RpRd viral a partir da fita de RNA negativa (Figura 4.4)
- Síntese da poliproteína viral precursora contendo somente as proteínas não estruturais; processamento do precursor não estrutural pela protease viral; transcrição da fita de RNA complementar (negativa) pela RpRd viral a partir do molde genômico; transcrição pela RpRd viral, a partir da fita de RNA negativa, de RNAmsg que serão moldes para a síntese das proteínas estruturais; e transcrição da fita de RNA genômico completa pela RpRd viral a partir da fita de RNA negativa (Figura 4.5).

As famílias de vírus que utilizam a primeira estratégia citada são *Picornaviridae* e *Flaviviridae*. As famílias de vírus que utilizam a segunda estratégia são *Togaviridae*, *Arteriviridae*, *Astroviridae*, *Caliciviridae* e *Coronaviridae*; essa segunda estratégia representa a aquisição de um mecanismo de controle temporal da síntese de proteínas não estruturais *versus* estruturais. A seleção dessa estratégia por um maior número de genomas virais pode sugerir uma vantagem evolutiva da mesma para os vírus.

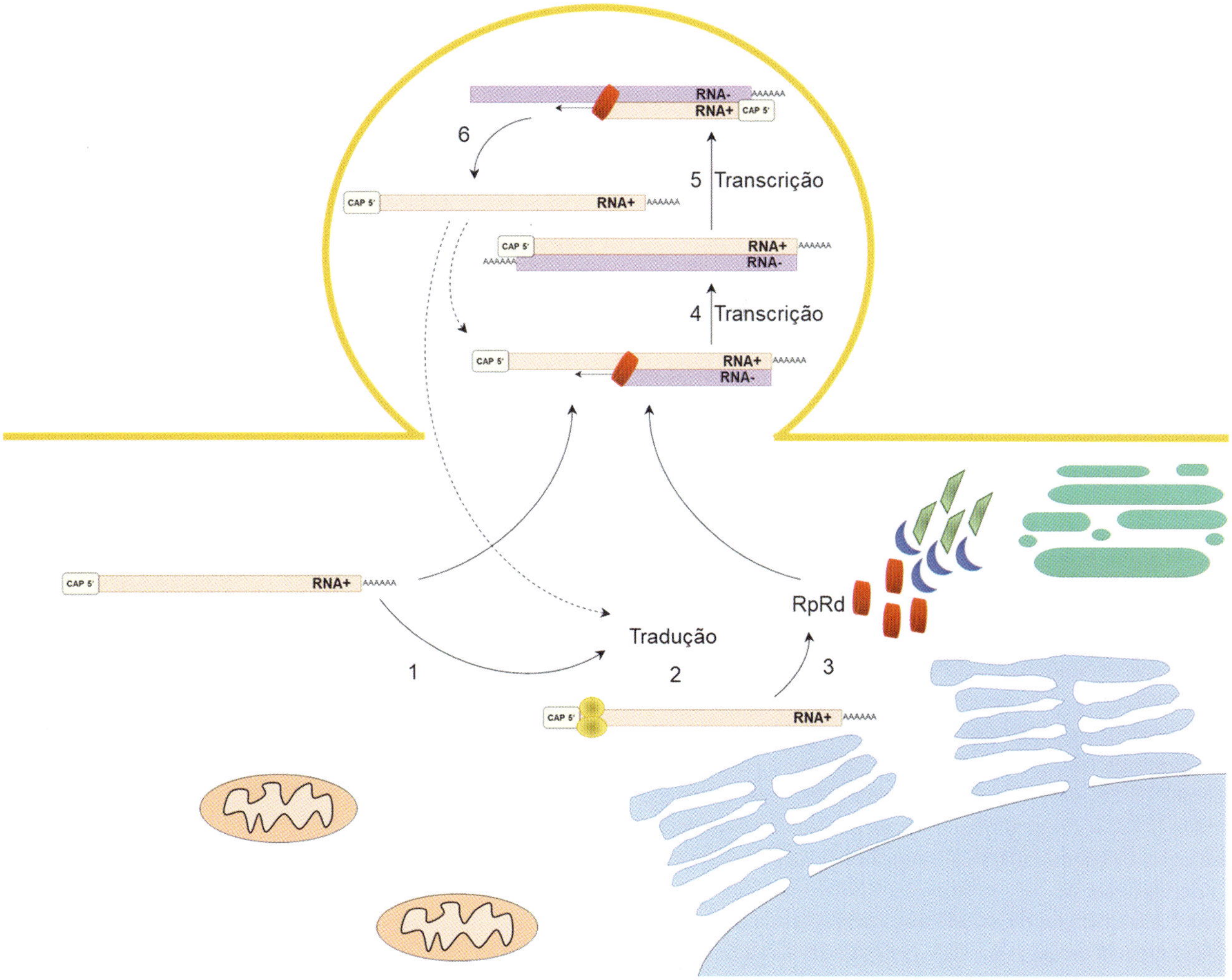


**Figura 4.4** Modelo de replicação do genoma dos vírus de RNA de polaridade positiva. A primeira etapa do ciclo replicativo desses vírus após a entrada no citoplasma celular e desnudamento do genoma viral é o seu reconhecimento pela maquinaria de síntese proteica celular (1), seguido pela tradução do genoma completo (2) que é responsável por gerar uma poliproteína precursora que contém todas as proteínas virais, incluindo a replicase viral (RpRd) (3). Após o processamento da poliproteína, ocorre a transcrição de um RNA complementar de polaridade negativa pela replicase viral que utiliza o mesmo RNA positivo que foi molde para a síntese proteica (4). O RNA complementar de polaridade negativa será, por sua vez, molde para a transcrição de novos RNA genômicos (5). Essas novas moléculas genômicas (6) podem servir para novos ciclos de replicação ou para serem traduzidas (indicado pelas *setas tracejadas*). É importante ressaltar que para a replicação do genoma viral ocorre a formação do intermediário de replicação, o RNA de fita dupla; este é um forte sinal de reconhecimento de infecção pela célula. As novas moléculas de RNA de polaridade positiva podem ser direcionadas para tradução ou passar por vários ciclos de replicação, servindo diretamente como molde para a síntese de mais RNA complementar de polaridade negativa. A replicação dos genomas desses vírus ocorre sempre em invaginações de membrana no citoplasma. Esse modelo de replicação geral representado na figura é referente aos vírus das famílias *Picornaviridae* e *Flaviviridae*. Para o primeiro, seu RNA genômico possui a proteína VPg (proteína viral ligada ao genoma) no lugar do *cap* 5'; enquanto para o segundo, não está presente a cauda poli-A. RpRd: RNA polimerase-RNA dependente.

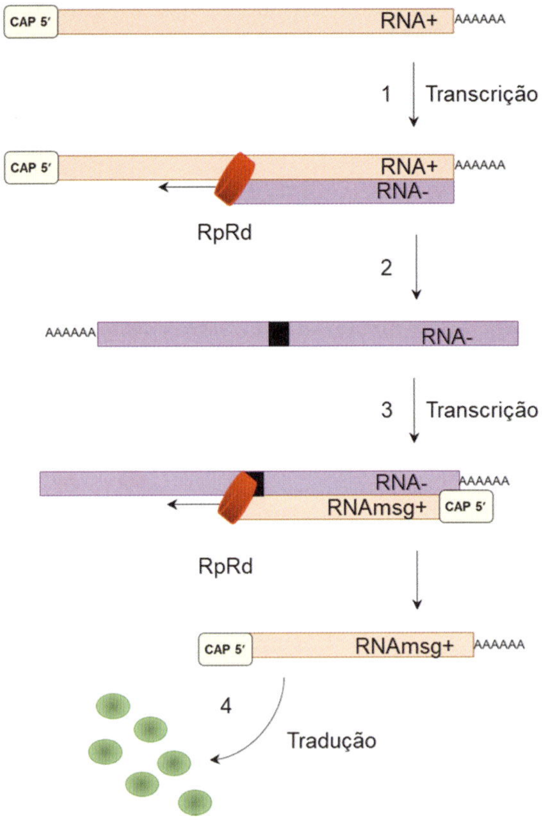


**Figura 4.5** Modelo de replicação do genoma dos vírus de RNA de polaridade positiva que apresentam RNAm subgenômicos. As primeiras etapas do ciclo de biossíntese desses vírus seguem conforme a Figura 4.4 (etapas 1 a 3). A partir daí, o RNA positivo genômico será utilizado como molde para a transcrição (**1**) de um RNA complementar de polaridade negativa completo (**2**), que, por sua vez, será molde para a transcrição de RNAm subgenômico (RNAmsg) (**3**), que será molde para a síntese das proteínas virais estruturais (**4**). O RNA negativo (**2**) também será molde para transcrição de novos RNA genômicos de polaridade positiva, conforme descrito nas etapas 4 a 6 da Figura 4.4. RpRd: RNA polimerase-RNA dependente.

## Famílias Picornaviridae e Flaviviridae

A síntese proteica nos picornavírus é iniciada a partir do reconhecimento de uma região de estrutura secundária complexa, independente de *cap*, denominada sítio interno de entrada de ribossomas (IRES, *internal ribosome entry site*), presente na extremidade 5′ UTR do genoma desses vírus. Nos flavivírus, que contêm *cap* na extremidade 5′, a tradução é iniciada pelo mecanismo dependente de *cap* comum aos RNAm da célula hospedeira. As consequências dessa diferença para a célula hospedeira e para a eficiência da expressão dos genes virais serão discutidas em outra seção deste capítulo.

O início e o prosseguimento da tradução das proteínas virais dependem de fatores celulares que reconhecem e se associam às estruturas secundárias no RNAm viral. Uma proteína celular importante para a síntese da poliproteína dos picornavírus é a *poly(C) binding protein* (PCBP, proteína de ligação poli (C)), que se associa ao IRES e favorece a tradução do RNAm viral. A participação da proteína celular que se liga à cauda poliadenilada (PABP, *poly(A) binding protein*) também é importante no processo de tradução, pois leva à aproximação das extremidades 5′ e 3′ do RNAm e aumenta a taxa de síntese proteica. Apesar de a cauda poli(A) estar ausente no RNAm dos flavivírus, duas regiões bem conservadas presentes na extremidade 3′ UTR (uma estrutura CS1, que contém o sinal de circularização, e a estrutura em grampo [*stem loop*, *hairpin* ou *hairpin loop*] da extremidade 3′ UTR denominada 3′ SL) são responsáveis pela aproximação das extremidades 5′ e 3′ e consequente circularização do RNAm. A forma circular do genoma dos flavivírus durante a replicação viral é essencial para a síntese da poliproteína e para a replicação do RNA genômico, como será discutido adiante.

Em geral, a síntese proteica acontece durante as primeiras três horas de infecção e leva ao acúmulo das proteínas virais no citoplasma da célula infectada. Modificações pós-traducionais em determinadas proteínas não estruturais virais, ou a presença de trechos de resíduos de aminoácidos básicos nessas proteínas, determinarão seu direcionamento para a face citoplasmática de membranas internas celulares (retículo endoplasmático, complexo de Golgi, endossomas modificados, membrana plasmática etc.). Na maioria das vezes, o encaminhamento para estruturas de membrana acontece antes mesmo do processamento parcial ou total da poliproteína precursora, o que garante a localização conjunta de proteínas que desempenharão funções complementares ou formarão complexos proteicos funcionais durante a replicação viral.

Quando a poliproteína viral é processada, as proteínas não estruturais se associam ao RNAm viral para o início da transcrição da fita negativa de RNA, iniciando assim o processo de replicação do genoma viral (ver Figura 4.4).

Uma regulação importante acontece nesse ponto. Já foi determinado para os picornavírus que é necessária a interrupção da tradução para que ocorra o início da transcrição. Quem regula esse processo de parada da tradução e início da transcrição é a associação da proteína precursora viral 3CD (protease + RpRd) à estrutura secundária na extremidade 3′ UTR, denominada *clover leaf* (trevo-de-três-folhas). Quando a 3CD se liga a essa estrutura e estabelece interações tanto com a PABP na 3′ UTR quanto com a PCBP na 5′ UTR, a tradução é inibida. A inibição da tradução acontece porque a 3CD promove o desligamento da interação da PCBP com o sítio IRES presente no 5′ UTR e, consequentemente, dele com a cauda poli(A) na extremidade 3′.

Dessa maneira, inicia-se a fase de transcrição dos genomas virais. A transcrição acontece em associação íntima à face citoplasmática de membranas perinucleares. Quem se associa a essas membranas é a precursora 3AB (3A + VPg), que está fortemente associada ao RNAm viral e se liga em 3CD. Essa ligação determinará a uridinilação do último resíduo do aminoácido carboxiterminal de 3B (precursor de VPg), originando assim o iniciador necessário para a síntese do RNA negativo. A 3AB é então processada, ficando VPg associada à extremidade 5′ do RNA recém-sintetizado. As novas moléculas de RNA negativo servirão como molde para a síntese de novos RNAm genômicos por um processo de formação do iniciador, idêntico ao citado para a síntese do RNA negativo. A existência das fitas negativas de RNA é sempre detectada sob a forma de intermediários de replicação, que são formados pela fita negativa mais a fita positiva de RNA.

Durante a fase de replicação, as sínteses das novas moléculas de RNAm genômico e da fita negativa complementar ocorrem em uma taxa de cerca de 30 a 70:1. O excesso de RNA genômicos de fita negativa complementar garante quantidades suficientes de proteínas virais sendo sintetizadas e de RNA genômico para empacotamento nos novos vírions.

Nos flavivírus, a circularização do RNAm genômico é igualmente fundamental para o aumento da taxa de síntese proteica no início da replicação e para a mudança da fase de tradução para a fase de transcrição do RNAm viral para a síntese da fita negativa de RNA. As interações entre as extremidades 5′ e 3′ da molécula de RNAm são estabelecidas em *cis* via estruturas secundárias complementares presentes em cada extremidade. Conforme o precursor poliproteico se acumula durante a fase de tradução e as proteínas começam a ser processadas, há o aparecimento da RpRd viral (NSP5). A interrupção da síntese proteica e o início da transcrição são determinados pela ligação da NSP5 a uma estrutura secundária de grampo (*stem loop*) presente na extremidade 5′ UTR (denominada SLA) do RNAm. Uma vez associada, a NSP5 é transferida para a extremidade 3′ do RNAm exclusivamente por interações RNA-RNA. As novas moléculas de RNA negativo servirão de molde para a síntese de novos RNAm genômicos (ver Figura 4.4). A NSP5 apresenta atividade *cap* metiltransferase, e é responsável pela adição da base 7-metil-guanosina à extremidade 5′ dos RNA recém-sintetizados.

Assim como acontece com os picornavírus, a síntese dos RNAm virais em relação à síntese dos RNA negativos é cerca de 10 a 100 vezes maior. Propõe-se que a síntese preferencial dos RNAm em detrimento dos RNA de polaridade negativa seja favorecida pela ligação da NSP5 ao SLA.

## Famílias Coronaviridae, Arteriviridae, Togaviridae, Caliciviridae e Astroviridae

A replicação do genoma dos coronavírus, arterivírus, togavírus, calicivírus e astrovírus também é iniciada com a síntese de uma poliproteína precursora. Esta, porém, contém apenas as proteínas não estruturais, uma vez que há códons de parada ao final da ORF dessas proteínas nesses genomas (ver Figura 4.5).

Os precursores proteicos não estruturais podem ser sintetizados a partir de mais de uma ORF presente no RNAm genômico. Isso acontece, por exemplo, nos alfavírus (família *Togaviridae*), nos quais as proteínas não estruturais são sintetizadas como precursores NSP123 ou NSP1234. A síntese de cada um desses precursores pode ser controlada por um evento de leitura por meio do códon de parada opal (UGA) (*read through*) ou por supressão deste códon de terminação opal presente entre a NSP3 e a NSP4. Ambos os eventos ocorrem com frequências que variam de 5 a 20%, o que é traduzido em menores quantidades da RpRd NSP4 em relação às demais proteínas não estruturais. Esse mecanismo pode ser considerado um controle da tradução *versus* transcrição nesses vírus. A presença do códon opal entre a NSP3 e a NSP4 é relacionada com a persistência da infecção de determinados alfavírus em insetos.

Outros vírus utilizam ainda uma estratégia de expressão de mais de uma poliproteína a partir do mesmo RNAm por meio do mecanismo de mudança de fase de leitura pelo ribossoma (*frameshift*). Isso aumenta a capacidade codificante do genoma sem aumentar o número de bases nucleotídicas que o compõem. A mudança de leitura do ribossoma é normalmente induzida pela presença de complexas estruturas secundárias (*stem loop*) e terciárias (*pseudoknot*), além de sequências "escorregadias" contendo quatro resíduos de uridina em sequência no RNAm próximo ao sítio preferencial de mudança de fase. Quando o ribossoma encontra tal estrutura, há uma instabilidade na ligação com o molde de RNAm e a localização dos sítios A e P do ribossoma pode ser deslocada em relação à fase de leitura original, reiniciando a síntese proteica na fase de leitura referente à outra proteína.

O genoma dos coronavírus, por exemplo, codifica duas ORF de poliproteínas não estruturais (ORF 1a e ORF 1ab). A ORF 1a é traduzida preferencialmente a partir do acoplamento do ribossoma ao AUG inicial, enquanto a ORF 1ab é traduzida a partir de um evento de *frameshift*, que, em geral, tem frequência baixa (5 a 20%), funcionando dessa maneira como mecanismo de controle das quantidades relativas das diferentes proteínas. O mesmo tipo de regulação da expressão das proteínas não estruturais acontece para as ORF 1a e 1b dos arterivírus.

O mecanismo de controle da parada de síntese proteica e início da replicação da fita negativa de RNA dos coronavírus é similar ao mecanismo dos picornavírus e envolve a participação da proteína celular PABP. As RpRd virais também podem interagir com estruturas secundárias presentes nas extremidades não traduzidas dos RNAm genômicos. Os RNAm desses vírus são poliadenilados na extremidade 3′ e apresentam a modificação *cap* na extremidade 5′. Exceções interessantes são os calicivírus e possivelmente os astrovírus, que em vez da modificação *cap*, contêm a proteína VPg covalentemente ligada à extremidade 5′ (ver Quadro 4.1). Os calicivírus, talvez, possam ser considerados um intermediário da evolução dos vírus de RNA positivos entre os picornavírus e togavírus, já que sua organização e composição genômicas são muito semelhantes àquelas dos picornavírus, porém a estratégia de expressão e replicação genômica é mais próxima dos togavírus.

A principal distinção entre o ciclo de biossíntese desses vírus e dos picornavírus e flavivírus é a síntese de RNAmsg pela RpRd viral. Vários mecanismos de síntese desses RNAmsg foram propostos, e eles variam para cada uma das famílias virais. Em geral, os RNAmsg dos vírus RNA positivos apresentam a extremidade 3′ idêntica à do RNAm genômico completo; o que os diferencia dos RNAm genômicos é a redução da extremidade 5′, que a traz para bem próximo do AUG inicial da ORF das proteínas estruturais.

Os mecanismos de síntese dos RNAmsg já descritos para vírus de vertebrados são sumarizados a seguir:

- Início de síntese interna. Neste mecanismo, a RpRd inicia a síntese da fita positiva subgenômica em uma sequência promotora interna presente na fita molde de polaridade negativa
- Terminação prematura da síntese da molécula de RNA de polaridade negativa e posterior utilização desse molde, do início ao fim, para a síntese do RNAmsg
- Transcrição descontínua do RNAmsg. Nesse mecanismo a RpRd inicia a síntese do RNA negativo a partir da extremidade 3′ do RNAm molde, sintetiza um pequeno trecho, solta do molde e reinicia a síntese mais à frente no RNAm, gerando assim RNA subgenômicos de polaridade negativa. Estes RNA subgenômicos negativos servirão de molde para a síntese dos RNAmsg pela própria RpRd viral. Este mecanismo acontece nos coronavírus e arterivírus, os quais apresentam genomas de cerca de 30.000 bases (ou seja, cerca de três vezes maiores que os genomas dos demais vírus RNA positivos). Este mecanismo garante a transcrição do terço final do genoma. Os sinais que determinam a parada da transcrição e sua continuidade mais à frente no molde de RNAm é a presença de sequências específicas

neste RNAm denominadas sequências regulatórias de transcrição ou TRS (*transcriptional regulatory sequences*), presentes no início de cada um dos genes estruturais desses vírus. A RpRd desses vírus inicia a síntese dos RNA negativos subgenômicos, geralmente pela presença de promotores na região 5′ anterior ao início +1 de transcrição. A RpRd dos coronavírus sintetiza um conjunto de pelo menos sete diferentes RNA negativos subgenômicos que serão molde para a síntese dos sete diferentes RNAmsg, estando a sequência líder presente na extremidade 5′ tanto do RNAm genômico completo quanto de todos os diferentes RNAmsg. Foi proposta ainda a síntese descontínua do RNA negativo em um mecanismo complexo de troca de um molde de RNAm genômico (doador) para outro (aceptor). Uma vez que cada um dos RNAm subgenômicos apresenta uma sequência promotora relacionada, o controle da expressão desses RNAm pode ser feito em nível transcricional.

Uma distinção interessante entre os coronavírus e os demais vírus de RNA, incluindo os RNA negativos, é que os primeiros codificam uma proteína não estrutural com atividade exorribonuclease. Esta enzima (Nsp14-ExoN) e seu cofator, a proteína não estrutural viral 10 (Nsp10) têm como atividade a excisão de ribonucleotídeos mal pareados da cadeia nascente de RNA, garantindo desta forma a fidelidade do processo de replicação do genoma dos coronavírus. Assim, apesar da grande similaridade da subunidade RpRd dos coronavírus com a RpRd dos demais vírus de RNA positivo, nos coronavírus a replicação de seu genoma é menos propensa ao acúmulo de erros. Esta característica deve ser fundamental para a manutenção destes genomas RNA de 30 kb. Isto não significa que não haja variação genética nesta família de vírus, pois os processos de transcrição e replicação dos coronavírus têm grande propensão à ocorrência de recombinações entre as moléculas de RNA.

## Vírus de RNA de polaridade negativa

A primeira etapa de replicação do genoma dos vírus de RNA de polaridade negativa é sempre a transcrição do genoma viral levando à síntese de RNAm distintos que servem de molde para a síntese das proteínas virais (Figura 4.6). Dessa maneira, os vírions necessariamente carregam o complexo replicase, que é composto pela RpRd, denominada L; uma fosfoproteína, denominada P; e pela proteína do nucleocapsídeo, denominada NP. A proteína do nucleocapsídeo participa do complexo replicase, principalmente como reguladora da mudança da fase de transcrição para a fase de replicação do genoma viral durante a biossíntese viral. A fosfoproteína forma trímeros e associa a RpRd L à proteína N.

A síntese dos RNAm virais a partir da transcrição do RNA genômico negativo é regulada pelas sequências sinalizadoras de início e término de transcrição presentes, ou entre os genes de cada ORF para os vírus não segmentados, ou pelas sequências presentes nas extremidades dos RNA segmentados. Para alguns dos vírus constituídos por RNA de polaridade negativa, o aumento da capacidade codificante de seus genomas ocorre devido à sobreposição de genes. Os mecanismos que garantem a expressão de cada um dos genes podem envolver: eventos de processamento por *splicing* (vírus cujo sítio de replicação é o núcleo da célula-alvo, mas não unicamente); início da tradução a partir de um AUG diferente presente na outra ORF que se sobrepõe; ou editoração do RNAm pela adição de bases extras, não originalmente presentes no molde de RNA, em posições específicas do RNAm. Um exemplo da ocorrência desses dois últimos eventos é a expressão das proteínas P, C e V dos paramixovírus. Essas proteínas são codificadas pela mesma região do genoma que se sobrepõe. A fosfoproteína P é sintetizada a partir do primeiro AUG do RNAm relativo a essa região genômica. A proteína básica C é sintetizada a partir de um AUG localizado, 19 nucleotídeos após o AUG inicial de P, e a tradução a partir desse segundo AUG determina uma fase de leitura diferente. A síntese da proteína V ocorre a partir desse mesmo RNAm; no entanto, a adição de uma riboguanosina (G) extra à posição 751 modifica a fase de leitura do RNAm nesse ponto. Assim, nos primeiros 250 aminoácidos, P e V são iguais e, a partir desse ponto, apresentam domínios proteicos distintos.

### Vírus de RNA negativo não segmentado

Após a entrada do RNA genômico na célula-alvo, a primeira etapa da replicação do genoma dos vírus com genomas constituídos por moléculas de RNA de fita simples negativo não segmentado é a síntese dos RNAm virais. Tanto as regiões gênicas quanto a região líder do genoma RNA negativo são transcritas pelo complexo proteico formado pela RpRd + L + P. A polimerase L apresenta atividades de polimerização, adição de *cap* e atividade metiltransferase, além de adição de cauda poli(A). Os diferentes RNAm são sintetizados com taxas diferenciadas, sendo aqueles mais próximos da extremidade 3′ do RNA negativo molde (N; P/C; M) presentes em maior quantidade do que aqueles mais próximos à extremidade 5′ (L). Assim, é criado um gradiente de concentração desses transcritos. Atualmente, este mecanismo de taxa diferencial de síntese dos diferentes RNAm não vem sendo confirmado em diferentes vírus RNA negativo, indicando que talvez não seja uma generalização para este grupo de vírus.

Conforme níveis mais altos da proteína N comecem a ser alcançados, essa proteína se liga ao RNA negativo e à replicase L. A ligação de L e N é controlada pelo nível de fosforilação de L, determinado pela proteína P. Cada subunidade de N liga-se a seis nucleotídeos na molécula de RNA genômico. Foi demonstrado que os genomas de alguns paramixovírus constituídos por números de bases múltiplos de seis são replicados mais eficientemente. Esse fenômeno foi denominado "regra do seis" (*rule of six*) e significa que quando o RNA negativo e, posteriormente, o RNA antigenômico (RNA+) estão inteiramente associados à proteína N, a transcrição é interrompida, pois o complexo de replicase passa a ignorar as regiões sinalizadoras de início e final de transcrição presentes nas regiões intergênicas. A síntese do RNA antigenômico é iniciada na região líder e segue até o final da região rastreadora. A associação de N ao RNA antigenômico recém-formado leva à síntese das moléculas de RNA genômico.

Os vírus da família *Bornaviridae* (composta por vírus de RNA negativo não segmentado) apresentam alguns aspectos peculiares de estratégia replicativa e de expressão gênica. Esta é a única família de vírus de RNA negativo não segmentado com replicação nuclear. Além disso, com exceção da proteína N, que é sintetizada a partir de transcrito único, as ORF das demais proteínas são sobrepostas (sobreposição das ORF das proteínas X e P; sobreposição das ORF das proteínas M, G e L) e a expressão de cada uma das proteínas é garantida pelo processamento por *splicing* dos transcritos precursores.

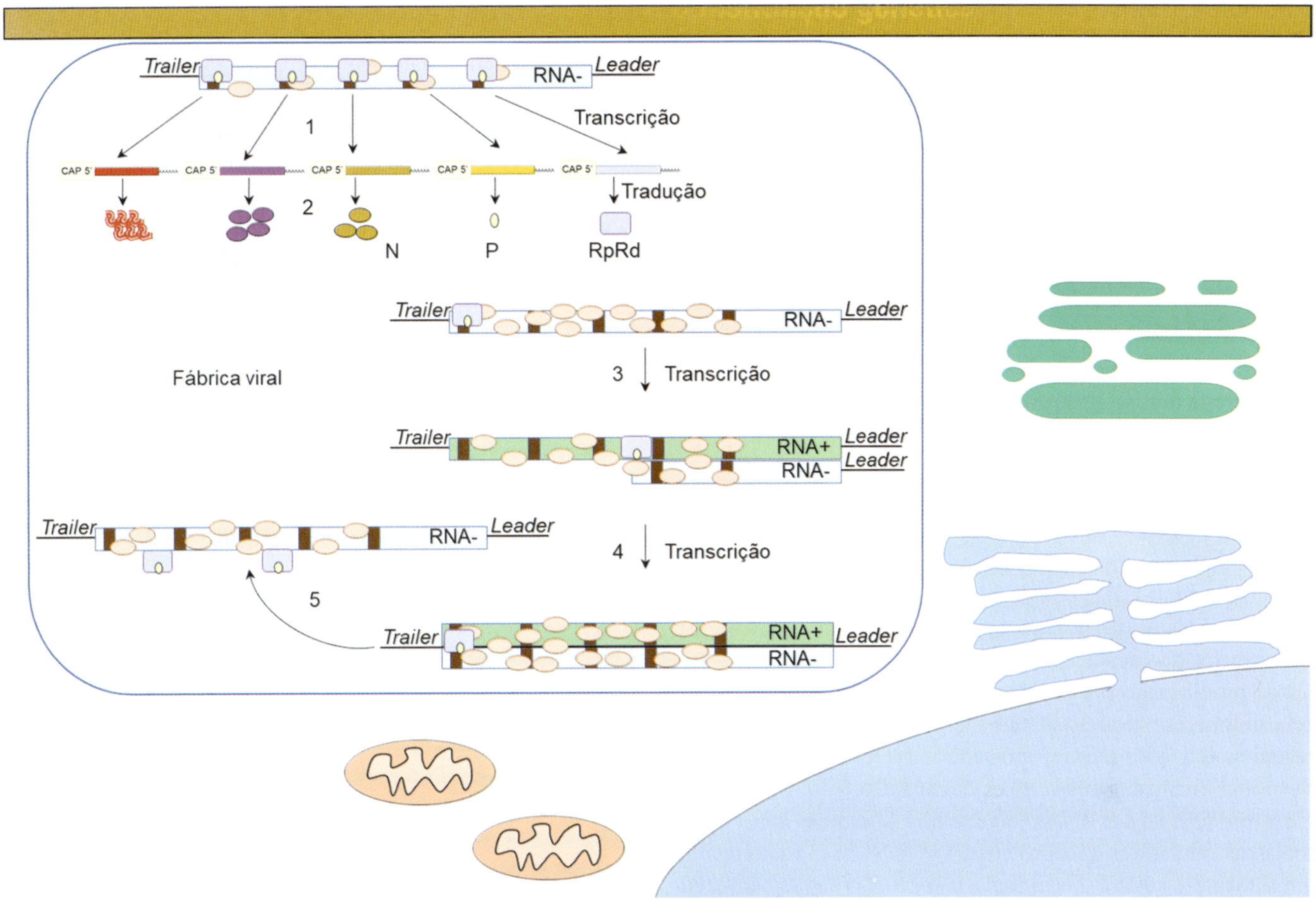


**Figura 4.6** Modelo de replicação do genoma dos vírus de RNA de polaridade negativa não segmentados. A primeira etapa do ciclo de biossíntese desses vírus após sua entrada e desnudamento do RNA genômico é a transcrição de vários RNAm capeados e poliadenilados (cada um relativo a um gene viral) (1), que serão moldes para a síntese de todas as proteínas virais (2). Para alguns dos vírus de RNA não segmentados, os promotores mais próximos da extremidade 5′ são mais fortes e, por isso, há um gradiente na quantidade de RNAm e, consequentemente, das suas respectivas proteínas. A proteína do nucleocapsídeo (N) forma um complexo com a RNA polimerase-RNA dependente (RpRd) e com a fosfoproteína (P) e induz a transcrição de um RNA de polaridade positiva completo não capeado e não poliadenilado (contendo em suas extremidades somente as sequências *leader* e *trailer*) (3), que então será molde para a transcrição de novos RNA genômicos (4 e 5). Para esses vírus, também ocorre a formação do intermediário de replicação, o RNA de dupla fita, sendo um forte sinal de reconhecimento de infecção pela célula. A replicação do genoma desses vírus acontece no citoplasma em locais chamados de fábricas virais, um sítio com intensa síntese de constituintes virais. As fábricas virais se localizam próximas de membranas celulares das diferentes organelas celulares.

## *Vírus de RNA negativo segmentado*

Apesar de as estratégias de replicação e expressão gênica dos ortomixovírus e buniavírus serem muito semelhantes, há uma diferença fundamental entre esses vírus. Para o primeiro, a replicação acontece no núcleo da célula-alvo; ao passo que, para o segundo, a replicação é inteiramente citoplasmática.

Nos ortomixovírus, oito segmentos de RNA genômico geralmente compõem o vírion. No núcleo celular, esses RNA genômicos são utilizados como molde para a síntese de oito diferentes RNAm; cada um servirá de molde para a síntese de uma proteína viral. Exceção importante é a ocorrência de sobreposição entre as ORF das proteínas M1 e M2, e NS1 e NS2 (atualmente designada como NEP). A expressão de cada uma dessas proteínas é garantida por processamento por *splicing* do RNAm de M1 (produz transcrito para M2) e igualmente por *splicing* do RNAm de NS1 (produz transcrito para NEP).

A transcrição dos RNA segmentados para a síntese dos RNAm virais é feita pelo complexo proteico com atividade de replicase. A esses RNAm virais, é incorporada a estrutura *cap* juntamente com cerca de 14 nucleotídeos iniciais dos RNAm celulares. Logo, o processo de adição de *cap* pela polimerase viral é feito a partir do sequestro dessa estrutura dos RNAm celulares. Isto acontece igualmente nos buniavírus, no citoplasma da célula-alvo. Esse tipo de estratégia é interessante, pois, por um lado, garante que a estrutura *cap* esteja presente nos RNAm virais mesmo quando a polimerase não apresentar atividade específica de metiltransferase, e por outro lado, é um eficiente mecanismo de competição dos vírus pela maquinaria de tradução celular. Assim, o conjunto de RNAm celulares capeados é reduzido, deixando a maquinaria celular disponível para a tradução dos RNAm virais.

Após a fase inicial de síntese proteica, as proteínas virais começam a se acumular no núcleo da célula infectada. A nucleoproteína (NP) parece servir como reguladora importante da mudança da transcrição dos segmentos genômicos para a replicação dos genomas virais. Essa proteína, ao se associar aos RNA genômicos negativos, leva à síntese do RNA positivo antigenômico completo (possivelmente, um complexo replicase diferente daquele responsável pela síntese dos RNAm virais é montado na região líder do RNA negativo). O RNA positivo antigenômico completo, que não é capeado, serve de molde para a síntese de moléculas de RNA negativo genômico, que podem ser, então, empacotadas nos novos vírions. Para os vírus de RNA negativo não segmentado, também é observado excesso de RNA negativo genômico com relação ao molde positivo antigenômico completo durante a fase de replicação do genoma viral.

## Vírus de RNA de fita dupla

Os reovírus e os birnavírus são os únicos vírus na natureza que empacotam uma fita dupla de RNA nos vírions. A replicase viral também está presente nos vírions em associação às proteínas estruturais VP1 e VP3. Apesar de os genomas desses vírus serem constituídos pelos RNA codificantes positivos, uma vez dentro das células, eles não serão moldes iniciais para a síntese proteica. A replicase inicia a síntese de novos RNAm a partir da transcrição de fita negativa molde no microambiente dos capsídeos de camada dupla (DLP, *double layered particles*). Cada segmento genômico é transcrito por um complexo polimerase presente em cada vértice do capsídeo de camada dupla viral e esses RNAm têm a modificação *cap* na extremidade 5′ catalisada pela própria polimerase viral, mas não são poliadenilados. Os RNAm recém-sintetizados são transportados para fora dos DLP através dos canais formados nos vértices do capsídeo.

A tradução desses RNAm ocorre em ribossomas livres no citoplasma celular e as glicoproteínas VP7 e NSP4 são sintetizadas em associação ao retículo endoplasmático. A proteína não estrutural NSP3 tem participação fundamental durante a tradução, uma vez que se associa à extremidade 3′ não poliadenilada dos RNAm virais e ao fator de início de tradução eIF4G ligado ao *cap* na extremidade 5′, aproximando, dessa maneira, os terminais 5′ e 3′. A NSP3 funciona conforme a PABP celular, levando à circularização dos RNAm virais e assim aumentando sua taxa de tradução. Outra consequência da circularização dos RNAm virais é que esta deve ser a forma preferencialmente transportada para as regiões denominadas viroplasmas (regiões de acúmulo de componentes virais onde ocorrem a replicação do genoma e a formação de novas partículas virais, constituídas por modificações de estruturas de membranas internas celulares), nas quais posteriormente ocorrerá a replicação do genoma viral. Outra função atribuída à circularização dos RNAm virais é o aumento da taxa de síntese proteica a partir deles.

Nos viroplasmas, os RNAm são replicados pela polimerase viral e, nesse local, são sintetizados RNA de fita negativa que permanecem associados à fita molde positiva. Desse modo, em nenhum momento durante a replicação viral são detectadas fitas negativas de RNA sozinhas na célula.

As proteínas virais estruturais recém-sintetizadas formam novos capsídeos, contendo em seu interior os diferentes segmentos de RNA genômico de fita dupla. Os mecanismos que regulam a parada da tradução dos RNAm virais e o início da transcrição podem ser o transporte desses RNAm para os viroplasmas e a associação de proteínas não estruturais virais recém-sintetizadas e fatores celulares. A regulação das diferentes etapas da biossíntese dos reovírus tem sido objeto de intensos estudos e novas informações sobre os mecanismos envolvidos devem ser obtidas futuramente.

### *Vírus de RNA ambivalente*

A estratégia de replicação dos arenavírus envolve a utilização da mesma fita de RNA, tanto como fita de RNAm codificante quanto como fita de RNA de polaridade negativa. Esses RNA genômicos são então denominados ambivalentes (*ambisense*), ou seja, podem ser lidos em ambos os sentidos 3′→5′ pela maquinaria de transcrição viral, e 5′→3′ pela maquinaria de tradução celular. No entanto, o RNA genômico no início do ciclo de biossíntese funciona primordialmente como um RNA negativo; somente no decorrer do ciclo é que eles funcionarão como RNA ambivalentes. Os arenavírus contêm genoma segmentado e a estratégia utilizada nos diferentes segmentos dos RNA genômicos foi descrita anteriormente.

Os segmentos de RNA desses vírus contêm estruturas secundárias do tipo grampo localizadas no meio das moléculas. Essas estruturas são denominadas IGR (regiões intergenômicas [*intergenomic region*]) e funcionam como sinais de terminação de transcrição. Estes segmentos de RNA são denominados L e S (significando *large* e *small*).

Assim que o genoma viral entra no citoplasma da célula-alvo, é utilizado como molde pela RpRd viral, denominada L, para a síntese de RNAmsg que serão moldes para a tradução da proteína NP (nucleocapsídeo), a partir do fragmento S, e da RpRd a partir do fragmento L.

O acúmulo da proteína NP recém-sintetizada associada aos RNA genômicos faz com que RpRd transcreva RNA completos. A associação de elevadas quantidades da proteína NP nas regiões intergênicas parece favorecer o relaxamento da estrutura de grampo e, desse modo, não mais levar à parada de síntese pela RpRd. Ou seja, nessa situação, são sintetizados RNA completos em vez dos RNAmsg. Nesse sentido, os RNA completos são moldes tanto para a síntese de novos RNA genômicos quanto para a síntese a partir da extremidade 3′ de RNAmsg. Por sua vez, agora, os RNAmsg são moldes para a tradução do precursor GPC (glicoproteína precursora; processada em GP1 e GP2), a partir do fragmento S, e da proteína Z (*zinc finger*), a partir do segmento L (Figura 4.7).

Um dado controverso é que a ausência de NP provoca a diminuição da síntese tanto dos RNAmsg quanto dos RNA completos (genômicos e complementares). Logo, apesar de NP favorecer a síntese dos RNA completos, não é responsável pelo balanço quantitativo entre esses tipos de RNA. Uma hipótese para explicar a síntese de cada um desses RNA (RNAmsg *versus* RNA completo) é que, durante a transcrição e replicação, dois diferentes complexos da polimerase L são formados e cada um deles estaria comprometido com a síntese de cada um dos tipos de RNA. É possível que a proteína viral Z auxilie no controle dos eventos de transcrição e tradução e, uma vez que comece a se acumular, favoreça o empacotamento dos RNA genômicos, o que levaria à diminuição da taxa de transcrição dos RNAmsg.

### *Família Retroviridae*

Os retrovírus se distinguem dos demais vírus de RNA de fita positiva pelo fato de codificarem uma enzima com atividade de polimerização de moléculas de DNA a partir de moldes de RNA. A estratégia de replicação desses vírus baseia-se na transcrição reversa da molécula de RNA em uma fita dupla de DNA, tão logo seu capsídeo semidesestruturado chegue ao citoplasma das células-alvo. Assim, apesar de ambas as fitas de RNA genômico poderem ser diretamente traduzidas em proteínas virais tão logo esses vírus entrem na célula hospedeira, a fase de síntese proteica ocorre apenas mais tardiamente, após a integração da fita dupla do DNA viral ao genoma da célula hospedeira, evento catalisado pela enzima viral integrase (o genoma viral integrado é denominado provírus). Dessa maneira, diferentemente dos vírus de RNA de polaridade positiva, os retrovírus empacotam a polimerase viral em suas partículas. Apesar de a replicação do genoma ser equivalente entre os diferentes gêneros da família *Retroviridae*, a estratégia de expressão das proteínas virais é tão mais complexa quanto o forem seus genomas. Os retrovírus mais simples (alfa, beta e gamarretrovírus) codificam somente as ORF *gag* (poliproteína precursora de proteínas estruturais), *pol* (poliproteína precursora das enzimas virais) e *env* (glicopoliproteína precursora de glicoproteínas do envelope). Os demais retrovírus, ditos complexos (deltarretrovírus, lentivírus e espumavírus) codificam, além das ORF principais já citadas, inúmeras variáveis de outras ORF localizadas na metade 3′ do genoma, sobrepostas entre si e com as ORF principais. Esses novos genes têm papel importante no controle da replicação viral e representam um ganho de função para esses vírus, aumentando a eficiência dos eventos celulares que levam à produção de novas partículas virais.

O DNA viral contém estruturas terminais longas e repetidas, denominadas LTR (*long terminal repeats*). Na LTR presente na extremidade 5′ do provírus, encontram-se sinais de reconhecimento de fatores de transcrição celulares. Assim, a RNA pol II celular ao transcrever o provírus sintetiza um único tipo de RNAm completo, com cerca de 9,5 kb, que contém toda a codificação genética viral. Sinais aceptores e doadores de *splicing*

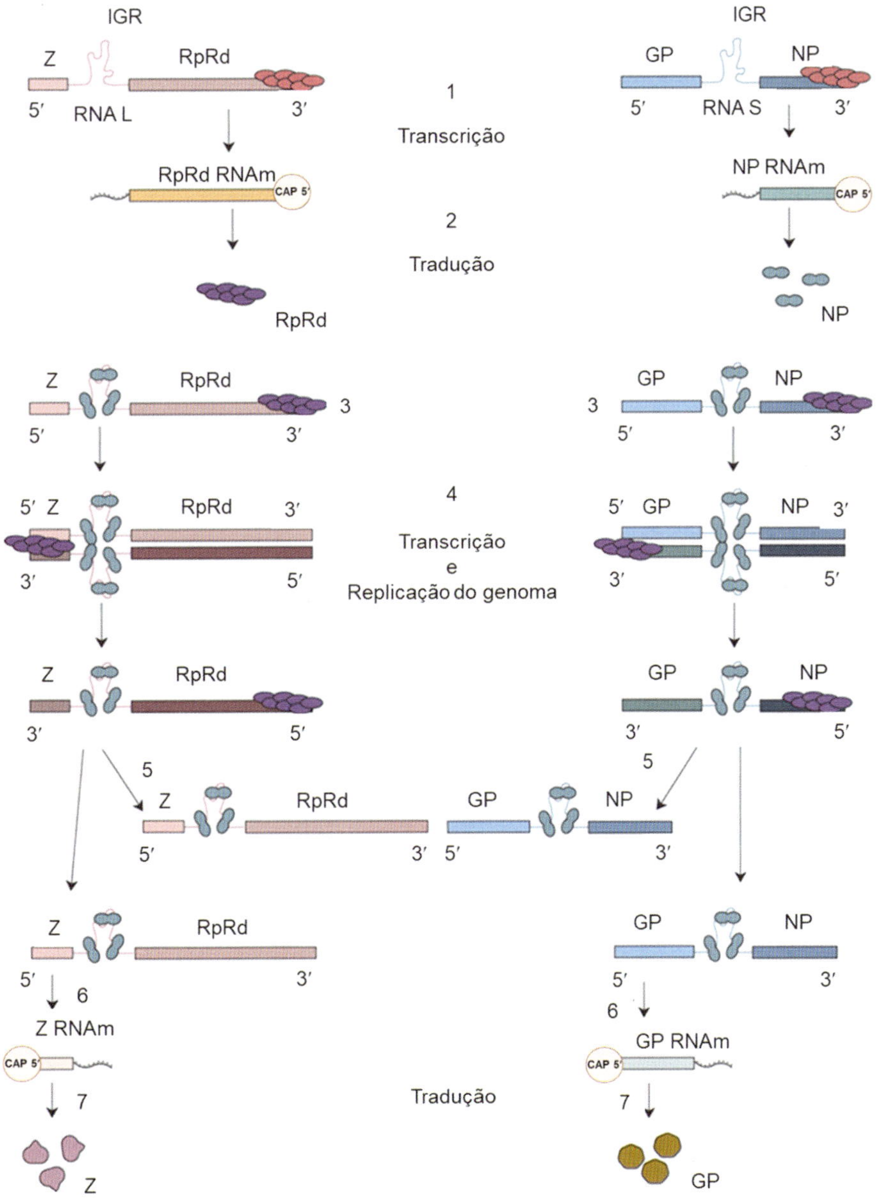


**Figura 4.7** Modelo de replicação do genoma dos arenavírus. Os arenavírus apresentam dois segmentos de RNA de polaridade negativa que funcionam como RNA ambivalente durante o ciclo replicativo. A primeira etapa da replicação é a transcrição de RNAm subgenômicos (RNAmsg), um tipo a partir de cada segmento (L ou S) (1). A RNA polimerase-RNA dependente (RpRd) será sintetizada a partir da tradução do RNAm L e a proteína do nucleocapsídeo (NP), a partir do RNAm S (2). NP se associa às regiões intergenômicas (IGR) (3), e induz a transcrição das fitas inteiras de RNA complementar (4). Esses últimos serão moldes para: (5) transcrição de fitas completas do RNA genômico; (6) transcrição dos RNAmsg, que serão traduzidos para produzir a proteína Z (7), derivado do segmento L, e o precursor glicoproteico GP, derivado do segmento S (7). Note que NP também se associa às fitas inteiras de RNA complementar para induzir a transcrição do RNA genômico.

estão presentes ao longo do RNAm de 9,5 kb e seu processamento completo produz transcritos menores (mais de um tipo de transcrito será produzido, dependendo da combinação de sítios doadores e aceptores de *splicing* utilizada), que são transportados do núcleo para o citoplasma, no qual servem como molde para a síntese das proteínas virais. O RNAm completo também é transportado para o citoplasma e, funciona, nos retrovírus simples, como molde para a síntese da poliproteína gag e, em alguns vírus, para a síntese da poliproteína pol, e também para ser empacotado como RNA genômico. Nos retrovírus complexos, o RNAm viral completo serve como molde tanto para a síntese das poliproteínas gag e pol, quanto para ser empacotado para compor o genoma viral (Figura 4.8).

O que garante que todos os diferentes RNAm processados sejam expressos é a presença de sítios de *splicing* crípticos (com menos similaridade com as sequências nucleotídicas consenso reconhecidas pela maquinaria de *splicing*) presentes no genoma.

Nos retrovírus simples, as quantidades relativas de RNAm processados *versus* RNAm completos não são finamente controladas e, assim, a síntese de todas as proteínas virais acontece ao mesmo tempo durante a fase de transcrição/tradução do ciclo de biossíntese. Em geral, nas células eucarióticas, RNAm não processados costumam ser transportados para o citoplasma para locais de degradação. O que garante que o RNAm completo dos retrovírus chegue ao citoplasma da célula infectada e seja traduzido é a presença de uma sequência específica na região 3′, que assume uma estrutura secundária em laço (*loop*); essa estrutura é reconhecida por proteínas celulares transportadoras (TAP, *transporters associated proteins*). A TAP se associa a proteínas do poro nuclear e a uma proteína ligadora de GTP, transportando RNAm do núcleo para o citoplasma da célula.

Nos retrovírus complexos, a biossíntese é dividida em duas partes; na primeira parte, é observada a presença das proteínas virais iniciais, sintetizadas a partir de RNAm completamente processados. Essas proteínas virais apresentam funções regulatórias. Nos lentivírus que infectam primatas, por exemplo, a proteína tat é a transativadora viral. Essa proteína, ainda no citoplasma, se associa a uma ciclina celular (T1) e à proteinocinase dependente de ciclina 9 (CDK9, *cyclin-dependent kinase* 9), e forma um complexo ternário. Ao chegar ao núcleo, tat se associa a uma região nascente do RNAm, que está sendo sintetizado (denominada TAR, *trans-activation response element*; elemento de resposta de transativação), e a CDK9, então, fosforila fortemente o carboxiterminal da RNA pol II. Esse mecanismo aumenta em mais de 100 vezes a taxa de transcrição do RNAm viral.

Outra proteína regulatória responsável pela mudança de fase do ciclo de biossíntese de inicial para tardia é a proteína rev, que também tem características de proteína transportadora, apresenta sinais de localização nuclear (NLS, *nuclear localization sequences*) e de transporte para o citoplasma (NES, *nuclear export sequence*) e migra do citoplasma para o núcleo e, deste, para o citoplasma, através dos poros nucleares.

Uma vez no núcleo, a proteína rev se associa a uma região de *loop* chamada RRE (*rev-response element*), presente na extremidade 3′ dos RNAm virais (presente no RNAm completo ou nos RNAm parcialmente processados). Ao se associar à região RRE, rev direciona o transporte imediato desses RNAm para o citoplasma. Assim, com a presença de rev na célula infectada, estarão presentes no citoplasma: RNAm de tamanhos intermediários (4,5 kb), que servem de molde para a expressão de proteínas virais acessórias e para a glicoproteína precursora do envelope; além do RNAm completo, que serve de molde para a síntese dos precursores estruturais e enzimáticos e como genoma viral. Logo, rev compete com a maquinaria de *splicing* nuclear pelos RNAm não processados ou parcialmente processados, fazendo com que estes deixem o núcleo antes de sofrerem o processamento completo (ver Figura 4.8).

A síntese de Gag ou Pol é controlada por um evento de mudança de fase de leitura (*frameshifting*) que ocorre 5% das vezes quando o ribossoma escorrega em uma sequência presente no RNAm viral, próxima ao final da fase de Gag, e se desloca um nucleotídeo para trás, entrando na fase de Pol. Assim, são produzidos precursores Gag e GagPol em uma proporção de 20:1. Esses precursores são clivados pela atividade da aspartil-protease presente em Pol. Dessa maneira, as novas partículas virais formadas pelas proteínas estruturais, enzimas virais e glicoproteínas do envelope, além das duas moléculas de RNA genômico associadas pela extremidade 5′ são montadas e saem da célula infectada, por brotamento. As clivagens das poliproteínas Gag e GagPol somente são iniciadas após o brotamento dos novos vírions.

É interessante notar que os espumavírus, cujo representante que infecta seres humanos é denominado *human foamy virus* (HFV), quando brotam a partir da célula hospedeira, já têm seu genoma completamente retrotranscrito, ou seja, como DNA de fita dupla. Assemelham-se assim aos hepadnavírus e podem ser considerados elos da evolução viral entre os vírus de genoma de DNA e os retrovírus.

## Estratégias virais de interferência com a síntese proteica celular

Tem-se como premissa o fato de que todos os vírus utilizam diversos componentes da maquinaria celular em associação às proteínas virais por eles codificadas. No caso de alguns vírus de RNA de fita de polaridade positiva, ocorre um sequestro de componentes proteicos envolvidos no processo de tradução celular, que é quase inteiramente direcionada para a síntese proteica viral. Logo, a célula hospedeira é diretamente prejudicada, uma vez que os RNAm virais passam a ser traduzidos em detrimento dos RNAm celulares, ocasionando a inibição da síntese de proteínas celulares (mecanismo denominado *host cell translation shut-off*).

Nos alfavírus, por exemplo, a inibição da síntese das proteínas celulares pode ser bloqueada em apenas 2 horas após o início da infecção. Apesar de vários mecanismos já terem sido propostos para explicar esse fenômeno, ainda não há um consenso sobre qual deles contribui de fato para a inibição da síntese proteica celular durante a infecção pelos alfavírus. Um dos mecanismos propostos está relacionado com a identificação da interação da proteína viral não estrutural NSP2 com a principal fosfoproteína ribossomal RpS6. Essa proteína é um componente da subunidade ribossomal 40S e seu alto grau de fosforilação está relacionado com o aumento da taxa de tradução celular global. Foi demonstrado que a proteína viral NSP2 pode interagir com uma proteína hipofosforilada ou, ao interagir com RpS6, diminui seus níveis de fosforilação. A real função de RpS6 no aumento global da taxa de síntese proteica celular ainda é controversa, porém parece que a interação de NSP2 e RpS6 levaria à tradução preferencial dos RNAm virais em detrimento dos RNAm celulares. Um segundo mecanismo interessante que explicaria a inibição da síntese proteica pelos alfavírus diz respeito à fosforilação do fator celular eIF2α durante a infecção das células-alvo. O fator eIF2α participa do processo de início de montagem da subunidade ribossomal 40S nos RNAm. A fosforilação desse fator restringe a atividade de um segundo fator de iniciação da tradução, o GTP-eIF2tRNAiMet. Nesse caso, a tradução dos RNAm virais estaria garantida pela existência de um elemento sinalizador potencializador da tradução, presente nesses RNAm, que aumentaria a afinidade dos fatores de iniciação da tradução pelos RNAm virais, diminuindo o requerimento pelo GTP-eIF2tRNAiMet. Foi demonstrado ainda que a indução de proteínas de estresse pela infecção viral é importante para a inibição da síntese proteica celular.

O poliovírus foi muito bem estudado nas últimas décadas e, por esse motivo, será usado para ilustrar esse tipo de estratégia. O mecanismo de direcionamento de determinados elementos celulares envolvidos na tradução, especificamente para o vírus, somente é possível devido ao fato de os RNAm dos poliovírus compartilharem diversas estruturas com os RNAm celulares, que são reconhecidas pela maquinaria celular, concomitante à existência de uma estrutura diferenciada que torna os RNAm virais resistentes a esse processo inibitório.

Portanto, estruturalmente, os RNAm de poliovírus, tais como os RNAm celulares, possuem extremidades que contêm uma sequência de nucleotídeos não traduzida, denominada UTR, sendo o 3′ UTR poliadenilado e, assim, envolvido na manutenção da integridade do RNAm, prolongando sua meia-vida no citoplasma. No entanto, diferentemente dos RNAm celulares que recebem a adição de um *cap* na extremidade 5′ UTR, os RNAm de poliovírus não são capeados. Em contrapartida, essa região 5′ UTR viral contém diversas estruturas secundárias em formato de grampo, conhecidas como IRES, que são reconhecidas por um complexo proteico celular responsável por recrutar a subunidade 40S ribossomal.

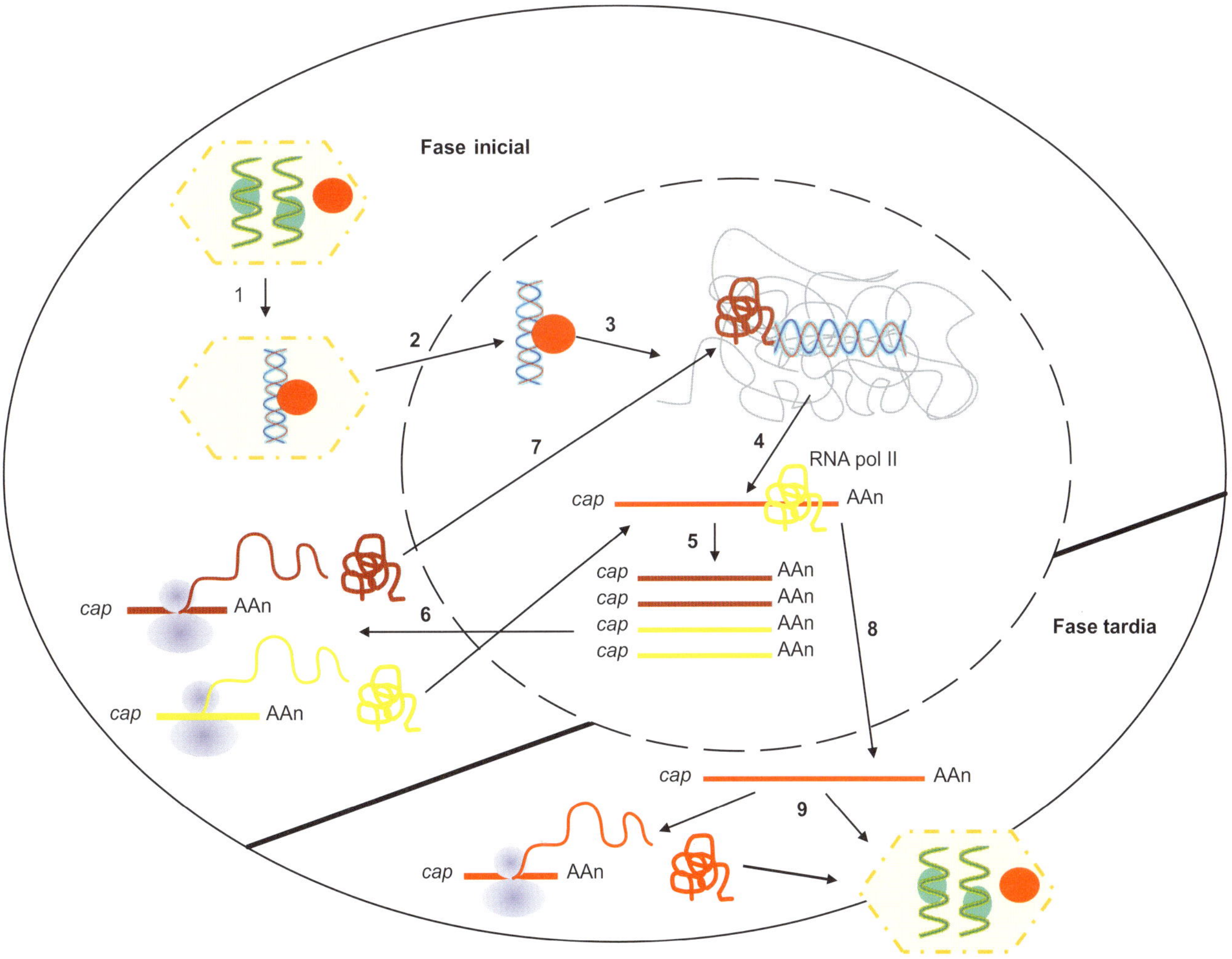


**Figura 4.8** Modelo de biossíntese do HIV. A primeira etapa da replicação dos retrovírus é a de transcrição reversa do RNA viral, na qual ocorre a produção de uma fita dupla de DNA; acontece no citoplasma da célula infectada, no interior do capsídeo viral parcialmente desestruturado (1). O DNA viral é transportado para o núcleo celular (2) e integrado pela enzima viral integrase ao genoma celular (3). A partir do DNA viral, a RNA pol II celular transcreve um RNAm completo (4), que sofre processamento por *splicing* (5) produzindo RNAm processados, que são transportados ao citoplasma e servem como moldes para a síntese de proteínas virais regulatórias (6) que voltam ao núcleo (7) e têm função de: fator de transcrição viral (tat – representada em *vinho*); transportadora de RNAm não processados ou parcialmente processados, do núcleo para o citoplasma da célula infectada (rev – representada em *amarelo*). Nesse momento, o ciclo passa à fase tardia. Transcritos completos ou parcialmente processados são transportados para o citoplasma (8) e servirão de molde para a tradução das proteínas estruturais que, juntamente com o RNA genômico, são empacotadas nos novos vírions (9).

O processo de iniciação da síntese proteica celular ocorre por meio do reconhecimento do *cap* na extremidade 5′ via complexo proteico de iniciação, denominado eIF4F (*eukaryotic initiation factor* 4F), e posterior recrutamento da subunidade 40S que desliza pelo RNAm até encontrar um AUG. O complexo eIF4F consiste em três polipeptídeos: eIF4E, eIF4A e eIF4G. O eIF4E é uma subunidade ligadora de *cap*; eIF4A é uma helicase dependente de RNA que, junto a eIF4B, desfaz a estrutura secundária presente na extremidade 5′ dos RNAm; enquanto eIF4G funciona como uma ponte em razão de sua interação com eIF4E, pela extremidade aminoterminal, e eIF4A, pela extremidade carboxiterminal. A eIF3 é outra subunidade que se liga diretamente à extremidade carboxiterminal de eIF4G e é responsável pelo recrutamento da subunidade menor do ribossoma 40S (Figura 4.9A).

Distintamente, ocorre a iniciação da síntese proteica dos poliovírus. Todo o processo se inicia com uma proteína viral denominada protease 2A, que é liberada autocataliticamente da poliproteína inicial. Essa protease cliva eIF4G próximo à sua extremidade aminoterminal, separando os sítios de ligação à eIF4E do restante carboxiterminal da proteína (Figura 4.9B). Esse último fragmento (2/3 restantes da proteína) mantém os sítios de ligação a eIF3 e eIF4A.

A clivagem proteolítica de eIF4G não possibilita a montagem do complexo de iniciação nos RNAm celulares, causando a inibição da síntese proteica celular. Entretanto, o fragmento de eIF4G correspondente à extremidade carboxiterminal é utilizado pelos RNAm do poliovírus, uma vez que não há necessidade da extremidade aminoterminal responsável pelo reconhecimento do *cap*. Portanto, a iniciação da tradução em poliovírus ocorre

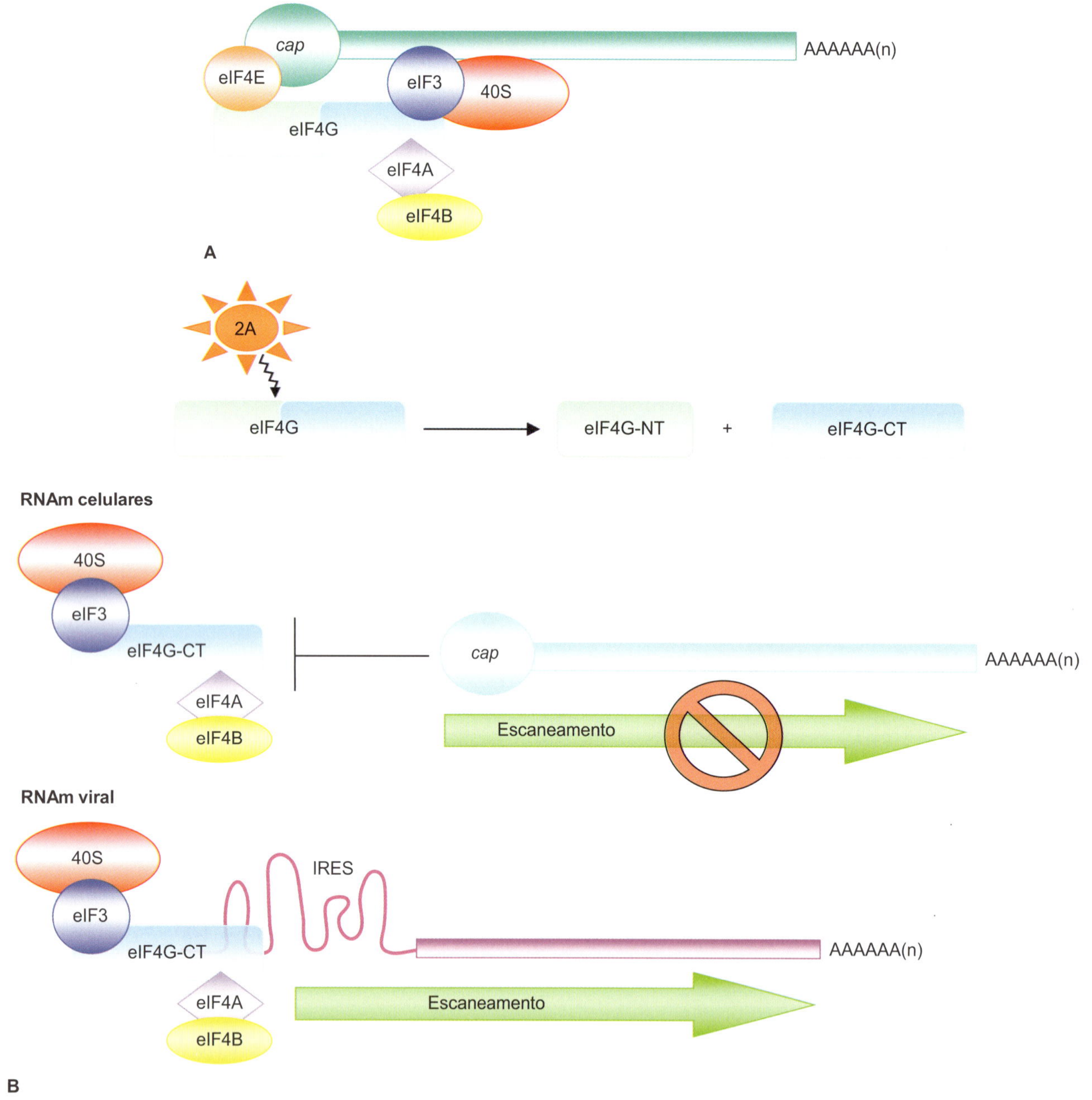


**Figura 4.9 A.** Montagem do complexo de iniciação da tradução em RNAm celulares. No esquema proposto, está representada a montagem dos fatores de início de tradução e da subunidade ribossomal 40S a partir do reconhecimento da estrutura *cap* na extremidade 5′ dos RNAm celulares. **B.** Consequências da clivagem do eIF4G pela protease 2A. Durante a infecção por poliovírus, a protease viral 2A cliva o fator de iniciação da tradução do eIF4G. Esse evento inibe a montagem da subunidade ribossomal 40S nos RNAm celulares, uma vez que o reconhecimento do *cap* já está inibido. A tradução não será inibida a partir do RNAm viral, uma vez que a porção carboxiterminal do fator eIF4G clivado reconhecerá a estrutura IRES, presente no RNAm viral e haverá a montagem da subunidade ribossomal 40S para o início da tradução.

independentemente da presença de um *cap*, mas dependente da presença do IRES, visto que o complexo formado com eIF4G carboxiterminal, eIF4A e eIF3 tem mais afinidade por IRES do que o complexo eIF4F (ver Figura 4.9B).

Em 1988, os IRES foram observados pela primeira vez nos próprios poliovírus; são estruturas secundárias estáveis, presentes no 5′ UTR de vários picornavírus, alguns flavivírus (como HCV) e alguns retrovírus (HTLV e SIV), que podem ou não conter o códon de iniciação, sendo esta uma das características consideradas para a classificação das três classes de IRES:

- Tipo I: são traduzidos de maneira escassa em RRL (lisado de reticulócito de coelho). Necessitam de um escaneamento 5′-3′ do ribossoma até o códon de iniciação. Exemplos: enterovírus e rinovírus
- Tipo II: tradução eficiente em RRL. O IRES abrange o códon de iniciação. Exemplos: cardiovírus e aphtovírus
- Tipo III: não é traduzido em RRL. Seu IRES também abrange o códon de iniciação. Exemplo: vírus da hepatite A.

Embora inicialmente tenham sido descritos em vírus, também foi observada a presença de IRES em RNAm celulares e funcionam preferencialmente quando a tradução *cap* dependente é inibida, como em casos em que a célula passa por situações de estresse, apoptose, mitose e diferenciação. Portanto, aparecem em poucos RNAm celulares, tais como aqueles que expressam fatores de crescimento, proteínas ligadoras de RNA, fatores de transcrição, inibidor de apoptose e o RNAm do próprio eIF4G.

Todos os IRES necessitam de determinados ITAF (fatores transativadores de IRES [*IRES trans-activator factors*]), que são fatores de transativação de IRES e agem em conjunto ou individualmente e não estão presentes em todas as células. Esses ITAF reconhecem estruturas secundárias-padrão e são responsáveis pela funcionalidade do IRES.

Após a descoberta dessas peculiaridades do 5′ UTR, pôde-se, enfim, cogitar uma possibilidade plausível que explicasse a atenuação do poliovírus vacinal produzido por Sabin e colaboradores, em 1954. Sabe-se que esses vírus atenuados são replicados facilmente no sistema digestório e induzem imunidade contra a infecção. Em uma posterior análise da sequência do vírus vacinal, observou-se que a atenuação ocorria devido a mutações pontuais, especialmente na região 5′ UTR dentro da sequência do IRES, como também em genes do capsídeo. Foi observado que a atenuação está diretamente associada à baixa neurovirulência e já foi descrito que a mutação pontual na sequência do IRES dos 5′ UTR causa um defeito na tradução proteica viral nas células do cérebro e da medula espinhal. A replicação reduzida nesses sítios poderia explicar a neurovirulência atenuada dos poliovírus vacinais.

Uma teoria que tenta explicar esse baixo nível de replicação no sistema nervoso baseia-se nos conceitos vistos anteriormente: uma mutação pontual na sequência do IRES causaria uma mudança na sua estrutura secundária, o que impediria o reconhecimento dessa estrutura pelos ITAF específicos desse tipo celular, enquanto nas células do sistema digestório, essa mudança estrutural não afetaria o reconhecimento do IRES por outra gama de ITAF.

# Capítulo 5

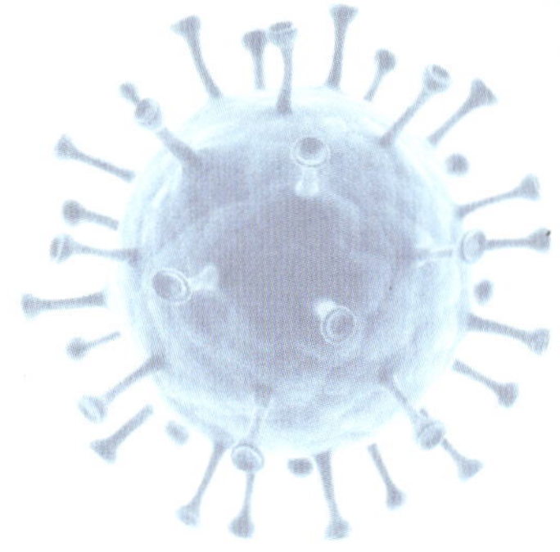

# Bases Físicas e Geométricas da Arquitetura do Capsídeo Viral

Fernando Portela Câmara

"Um vírus é um vírus." (André Lwoff)

## Conceito e propriedades elementares dos vírus

Vírus são agentes infecciosos que se propagam em uma célula hospedeira capaz de sustentar sua biossíntese; eles estão em um nível de complexidade inferior ao da célula mais primitiva, não tendo autonomia metabólica para obter sua própria energia e para se autorreplicar. São matrizes gênicas codificadas em RNA ou DNA protegidas por um capsídeo proteico, que pode ser revestido ou não por um envelope glicolipoproteico. Na maioria dos casos, a partícula viral tem, em média, dimensões inferiores ao comprimento de onda médio da radiação ultravioleta, motivo pelo qual só podem ser discerníveis por visualização em microscopia eletrônica.

Sendo basicamente um complexo nucleoproteico, as propriedades gerais dos vírus são as mesmas das proteínas e dos ácidos nucleicos. Sua natureza proteica os leva a ser inativados pelo calor, sendo mais comumente utilizado o calor úmido (60ºC por 30 minutos). A radiação ultravioleta inativa seu ácido nucleico, eliminando sua infecciosidade. No caso dos vírus que apresentam revestimento glicolipoproteico, sua inativação ocorre rápida e facilmente pela ação de detergentes e por solventes lipídicos (p. ex., clorofórmio, éter e desoxicolato de sódio). Um teste rápido de inativação com esses solventes já decide se um vírus possui envelope lipoproteico ou não.

Vírus com envelopes glicolipoproteicos, como os herpesvírus e vírus da influenza, também são rapidamente inativados no meio ambiente, mantendo-se infecciosos por algumas horas se estiverem protegidos por secreção mucoide ou sangue. Já os vírus desnudos, isto é, sem envelope, podem manter-se infecciosos por dias ou semanas no meio ambiente, como os rotavírus e os norovírus.

## Elementos da organização viral

A estrutura e a organização dos vírus foram primeiramente inferidas a partir de imagens de difração de raios X obtidas com amostras cristalizadas, que revelaram eixos de simetria quíntupla, não conhecida na cristalografia clássica. A fórmula de simetria rotacional 5:3:2 (ver mais adiante) foi assim demonstrada pela primeira vez em 1956 e, daí, deduziu-se que uma classe das partículas virais apresentava simetria icosaédrica. Outra classe de vírus tinha simetria helicoidal, facilmente dedutível das figuras de difração. O fato de que as proteínas eram externas ao ácido nucleico viral foi deduzido teoricamente para explicar a presença de múltiplas proteínas no capsídeo, o que foi posteriormente confirmado por microscopia eletrônica, por volta de 1960.

A microscopia eletrônica elucidou a morfologia geometricamente regular das partículas virais com a introdução da técnica de coloração negativa usando metais pesados, sendo possível confirmar as simetrias icosaédrica e helicoidal e os detalhes relevantes de sua organização. Com o aperfeiçoamento da técnica de microscopia eletrônica, foi possível acoplar sistemas de difração óptica e obter imagens com alto grau de detalhamento e sua análise automática por computação.

Alguns vírus como os poxvírus e os pandoravírus são grandes vírus, com mais de uma centena de genes, e sem simetria poliédrica, assemelhando-se a cocobacilos (simetria bilateral).

A nomenclatura da estrutura viral foi formalizada por Caspar e colaboradores (1962). O revestimento proteico que envolve o genoma foi denominado capsídeo, uma palavra derivada do grego, que significa "concha"; o conjunto do capsídeo mais o genoma viral é chamado de nucleocapsídeo. O genoma viral está codificado em DNA ou RNA. Outros vírus apresentam um envelope glicolipoproteico, obtido da membrana da célula hospedeira durante sua saída, porém o componente proteico é codificado pelo genoma viral. A designação original para envelope é *peplos*, e a de suas glicoproteínas, com a aparência de espículas, peplômeros. A partícula viral completa infecciosa é denominada vírion (literalmente "corpo do vírus"). As proteínas que formam o capsídeo são chamadas de unidades estruturais; nos vírus que são dotados de simetria icosaédrica, elas formam grupos morfologicamente distintos denominados capsômeros, alguns com cinco (pentons) e outros com seis (hexons) unidades estruturais, mas isso não é uma regra fixa (há vírus com capsômeros triméricos).

Além de veicular o genoma viral, o capsídeo reconhece a célula hospedeira, transfere o genoma viral e o protege de nucleases externas. Quando o vírus contém um envelope, o reconhecimento primário dos receptores celulares é feito pelas espículas glicoproteicas desse revestimento.

## Arquitetura do capsídeo viral

A elucidação da organização do capsídeo viral revelou a lei geral da formação de estruturas biológicas baseadas em proteínas. Trata-se de um modelo ideal para se compreenderem as leis fundamentais da organização molecular dos sistemas biológicos: como se originam, como se mantêm, como se comportam.

Após decifrar cristalograficamente a dupla-hélice do DNA e a hélice simples do RNA, Crick e Watson ocuparam-se de outro desafio: as imagens de difração de vírus simples cristalizados (partículas pequenas, nucleoproteicas, de forma regular). Eles partiram de um raciocínio simples com base na cristalografia geométrica: caso o capsídeo dos vírus mais simples (cristalizáveis) fosse composto de um só tipo de proteína ou de proteínas muito semelhantes, então o capsídeo viral seria uma estrutura simétrica, pois, para ser estável, as subunidades estruturais devem apresentar domínios de interação idênticos e se empacotar da maneira mais econômica possível, maximizando suas interações. Nessa linha de raciocínio, considerando que as proteínas são assimétricas e que elas só podem formar arranjos simétricos em grupos, concluíram que esses grupos só poderiam se reunir em duas formas: estruturas de simetria helicoidal ou de simetria cúbica.

Nessa época, a microscopia eletrônica ainda engatinhava e não tinha resolução para discernir o arranjo das subestruturas do capsídeo viral, mostrando apenas esferoides e bastonetes homogêneos como as formas básicas dos vírus. O aperfeiçoamento da resolução permitiu distinguir o perfil poliédrico dos vírus esferoides, e a introdução da técnica de contraste negativo confirmou visualmente a forma icosaédrica.

## Princípio da economia genética e correção automática de erros

Crick e Watson previram que o capsídeo não poderia ser formado por uma única molécula proteica. A razão do código genético para as proteínas corresponde a três bases nucleotídicas para cada aminoácido, e disso resulta uma proteína aproximadamente 1/10 menor e 1/5 menos pesada que o ácido nucleico codificador. Consequentemente, para conter o genoma que o codifica, o capsídeo deve ser necessariamente formado por um agregado estável de unidades de proteína idênticas. Com isso, se produz uma estrutura suficientemente grande para conter o ácido nucleico. Esses agregados se formam espontaneamente (minimização da energia livre), servindo como mecanismo de correção de erros, pois, se uma estrutura errada for sintetizada, ela será automaticamente excluída do agregado, pois gera instabilidade e, consequentemente, é deslocada a favor de uma unidade estrutural correta. Desse modo, uma grande economia genética é empregada na construção de estruturas: com uma informação mínima se produzem muitas cópias da mesma proteína que se agregam numa grande estrutura.

## Princípio do arranjo por eixos de simetria rotacional

As proteínas não apresentam simetria interna, pois são constituídas por α-L-aminoácidos (isômeros levogiros, que desviam o plano da luz polarizada para a esquerda no polarímetro). Isso faz com que proteínas idênticas (unidades estruturais) sejam assimétricas, e assim só poderão formar arranjos em forma de anéis em torno de um eixo, os chamados grupos simétricos por rotação (simetria rotacional). Esses grupos são anéis de proteínas representados como $C_n$, sendo *n* o número de proteínas no anel. Por exemplo, um capsômero pentamérico em um capsídeo icosaédrico apresenta simetria rotacional $C_5$.

Esses grupos rotacionais se agregam espontaneamente, repetindo-se para formar dois tipos de estruturas estáveis: estruturas tubulares, formadas pelo empilhamento dos anéis ao longo de um eixo, ou estruturas poliédricas ou esferoidais, formadas pela intercessão dos eixos rotacionais em um ponto central, gerando uma superfície fechada isométrica. Neste último caso, geram-se figuras de simetria cúbica, das quais a forma icosaédrica é a mais recorrente nos vírus esferoides ou isométricos. São esses os modos pelos quais os anéis proteicos se agregam maximizando a interação entre eles, portanto, formando arranjos de energia mínima. O arquétipo geométrico dos vírus isométricos é a simetria icosaédrica, cujo representante elementar é o icosaedro, um sólido regular (ou "platônico") formado por 12 vértices, 20 faces triangulares equiláteras e 30 arestas, que correspondem, respectivamente, aos eixos rotacionais $C_5$, $C_3$ e $C_2$, ou 5:3:2 para se referir ao arranjo. A Figura 5.1 ilustra esses princípios. Essas organizações simétricas são as que apresentam maior interação entre suas unidades estruturais; portanto, a menor energia mínima de todas as possibilidades de agregação.

## Simetria helicoidal

Neste caso, quando o ácido nucleico viral, um RNA em fita simples, está presente, os anéis de proteínas se enroscam em torno dele formando uma hélice, ou seja, as subunidades estruturais se

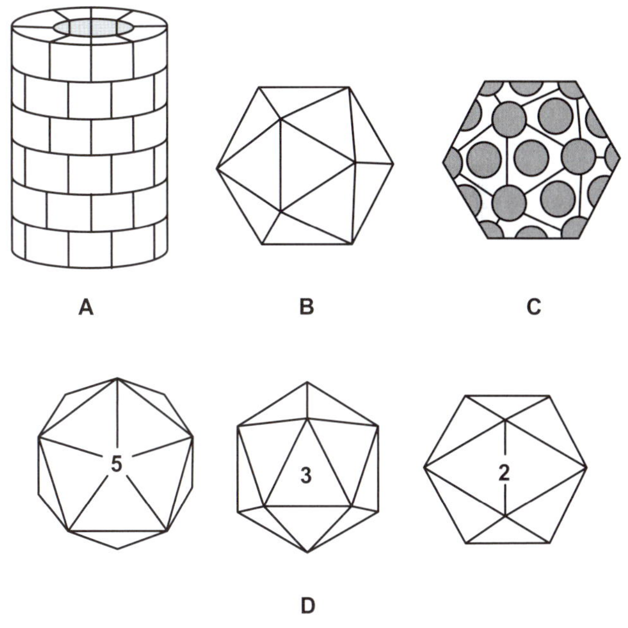


**Figura 5.1 A.** Arranjos em discos empilhados que geram simetria helicoidal (modelo do vírus do mosaico do tabaco) quando se adiciona o RNA viral às unidades estruturais. **B.** Figura de um icosaedro regular e uma superfície de simetria icosaédrica formada por capsômeros (**C**). Neste último caso, os círculos representam os capsômeros (unidades morfológicas), formados por grupos de 5 e 6 unidades estruturais, respectivamente, nos vértices e faces. Os capsômeros pentaméricos (pentons) são identificados pela vizinhança de 5 outros capsômeros e correspondem ao eixo $C_5$ (vértices), enquanto os capsômeros hexaméricos (hexons) são identificados pela vizinhança de 6 outros. **D.** Icosaedro visto pelo centro de seus vértices (eixo $C_5$), centro de face (eixo $C_3$) e centro de aresta (eixo $C_2$), formando a simetria composta 5:3:2.

enroscam na forma de uma hélice para conter o RNA. Esse arranjo é uma variação dos discos empilhados e mantém o padrão de máxima interação, que agora é ampliado em seu domínio com a incorporação da molécula de RNA (além das interações proteína-proteína, temos agora interação proteína-RNA).

Nos vírus de plantas com capsídeos de simetria helicoidal, estas são hélices rígidas com aparência de bastões longos, e não há envelope. Nos vírus com RNA de fita simples de muitos vertebrados, o capsídeo helicoidal é flexível e envelopado, enovelando-se no interior do envelope como um chicote enroscado (Figura 5.2).

## Simetria cúbica

No caso da simetria cúbica, os grupos rotacionais das unidades estruturais não se empilham, mas reúnem-se lado a lado em uma composição de eixos de simetria com um centro (intercessão) comum, formando uma superfície geodésica ou poliédrica. As figuras formadas são ditas possuírem simetria cúbica.

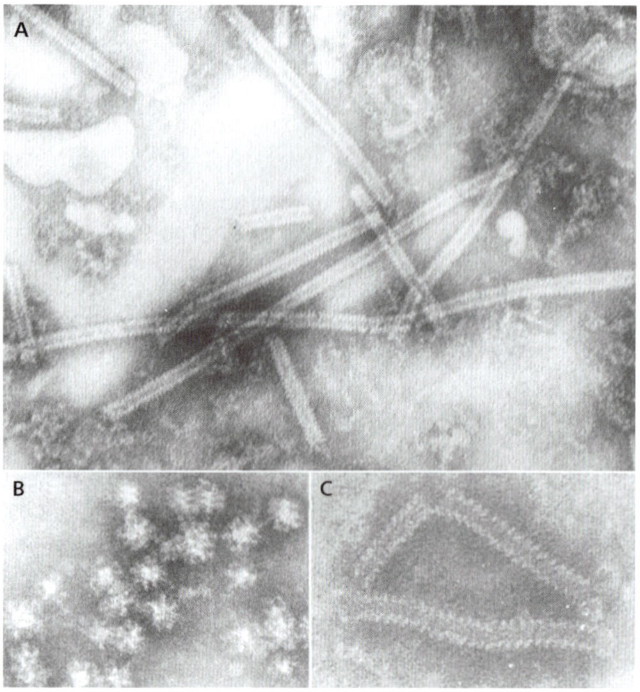


**Figura 5.2** Simetria helicoidal no vírus da influenza. **A.** Capsídeo viral exposto após remoção do envelope. Observar o aspecto denteado da imagem, que são as unidades estruturais evidenciadas com maior aumento em **C**. **B.** Espículas glicoproteicas isoladas do envelope viral (note que elas tendem a se agregar). **C.** Detalhe do capsídeo viral.

A simetria cúbica compreende qualquer construção com base nos eixos de simetria encontrados nos sólidos regulares (ou "platônicos"), os quais são: tetraedro, octaedro, hexaedro (ou cubo), dodecaedro e icosaedro. As propriedades de simetria e a sua eficiência de contenção de espaço estão resumidas no Quadro 5.1, e as respectivas formas ilustradas na Figura 5.3. Entende-se por simetria a disposição regular de unidades idênticas ou *quasi*-idênticas em uma estrutura, segundo um padrão regular de organização que se repete produzindo uma forma como resultado final do conjunto. Portanto, simetria não é forma, mas um padrão de arranjo que resulta em uma forma; simetria icosaédrica e icosaedro não são necessariamente a mesma coisa.

O termo simetria cúbica deriva do fato de que esses sólidos podem ser contidos no interior de um cubo, de modo a coincidirem com os eixos $C_3$ desse sólido (seus vértices). A escolha do cubo como cela conceitual é arbitrária, sendo apenas a forma mais intuitiva de dividir o espaço. Os eixos $C_5$ do dodecaedro e do icosaedro não têm contrapartida no cubo, daí a dificuldade de sua determinação nas figuras de difração de raios X. Essas dificuldades foram contornadas graças à técnica de sombreamento metálico em microscopia eletrônica, aplicada à análise da figura viral, bem como pela técnica de coloração negativa que confirmaria a ocorrência de capsômeros pentaméricos ou pentons, correspondentes ao grupo de rotação $C_5$, e hexaméricos ou hexons, correspondentes ao grupo $C_6$. Esses capsômeros são unidades morfológicas formadas, respectivamente, por cinco e seis unidades estruturais. Os avanços no detalhamento das imagens eletrônicas e na resolução por difração óptica e criofraturamento elucidaram definitivamente a estrutura capsídica.

### Simetria icosaédrica e capsídeos virais

Para Caspar e Klug (1962), os capsídeos isométricos escolhem a simetria icosaédrica supostamente por ser a de menor energia livre de formação (maior domínio de interações), e por ter o menor ângulo de deformação que esta simetria confere ao arranjo proteico, cujos limites, 5 a 7°, são compatíveis com a flexibilidade das proteínas. De acordo com os postulados da cristalografia geométrica, esses capsídeos se formam basicamente pela reunião de 12 pentâmeros (capsômeros) topologicamente relacionados com os vértices $C_5$ do icosaedro, portanto, reúnem um total de 60 unidades estruturais idênticas. Segundo o postulado, este seria o único número possível para integrar unidades estruturais equivalentemente relacionadas, isto é, em um domínio idêntico de interação.

No entanto, considerando que os vírus de simetria icosaédrica frequentemente apresentam um múltiplo de 60 unidades

**Quadro 5.1** Características essenciais dos sólidos regulares de Platão e seus parâmetros cristalográficos.

| Tipo | Classe* | V, F, A** | Faces | Razão S/V*** | Nº de subunidades equivalentes**** |
|---|---|---|---|---|---|
| Tetraedro | 3:2 | 4, 4, 6 | Triangulares equiláteras | 1 | 12 |
| Octaedro | 4:3:2 | 6, 8, 12 | Triangulares equiláteras | 1/2 | 24 |
| Hexaedro (cubo) | 4:3:2 | 8, 6, 12 | Quadradas | 1/2,4 | 24 |
| Icosaedro | 5:3:2 | 12, 20, 30 | Triangulares equiláteras | 1/3,6 | 60 |
| Dodecaedro | 5:3:2 | 20, 12, 30 | Pentagonais equiláteras | 1/5,3 | 60 |

*Refere-se aos eixos de rotação que compõem a figura (centro de vértices, faces e arestas), assinalados pela ordem decrescente dos números. **Números de vértices (V), faces (F) e arestas (A). ***Razão entre superfície (S)/volume (V), considerando o tetraedro como unidade. ****Número de subunidades assimétricas que formam a figura.

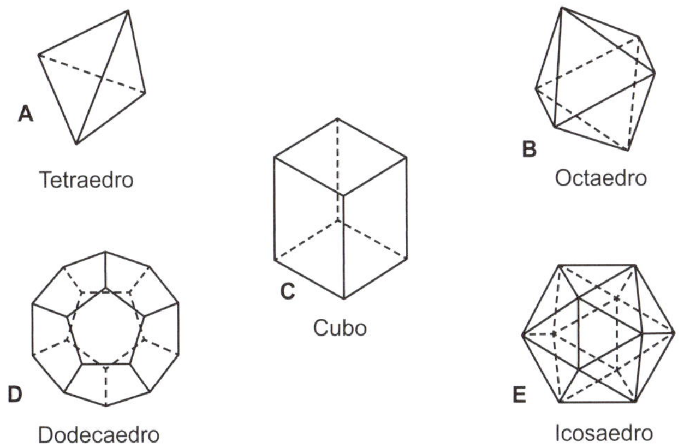


**Figura 5.3** Os cinco sólidos regulares ou platônicos, que são poliedros formados por faces equiláteras idênticas. **A.** Tetraedro, com quatro faces triangulares equiláteras. **B.** Octaedro, com oito faces triangulares equiláteras. **C.** Hexaedro ou cubo, com seis faces quadradas. **D.** Dodecaedro, com 12 faces pentagonais equiláteras. **E.** Icosaedro, com 20 faces triangulares equiláteras.

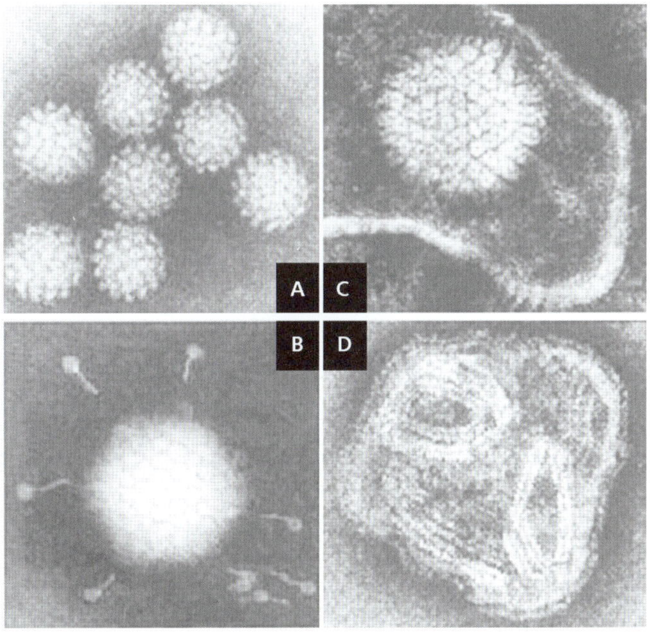


**Figura 5.4** Capsídeos de simetria icosaédrica e helicoidal. **A.** Poliomavírus com capsídeo geodésico e capsômeros. **B.** Adenovírus, exibindo capsídeo de simetria icosaédrica, capsômeros homogêneos e apêndices proteicos que emergem dos capsômeros pentaméricos. **C.** Herpesvírus ainda dentro do seu envelope, exibindo capsídeo icosaédrico e capsômeros ocos. **D.** Paramixovírus mostrando seu nucleocapsídeo de simetria helicoidal, ainda dentro do envelope.

estruturais, a simetria perfeita dos domínios de ligações entre as unidades estruturais não parece ser a condição necessária para que o arranjo seja o de menor energia. Partindo dos princípios da construção de domos geodésicos de Buckminster Fuller, Caspar e Klug (1962) mostraram ser possível construir arranjos estáveis de simetria icosaédrica com mais de 60 unidades estruturais.

Anteriormente, Horne e Wildy (1961) estabeleceram o primeiro modelo de capsídeos icosaédricos com base na descoberta dos capsômeros pentaméricos e hexaméricos, utilizando o método de empacotamento de pentágonos e hexágonos em poliedros com simetria icosaédrica, descoberto pelo matemático Michael Goldberg (1937). Esse autor mostrou ser possível construir uma superfície de simetria icosaédrica preservando os 12 vértices (no formato de pentágonos) e adicionando-se hexágonos de acordo com uma regra específica. As Figuras 5.4A-C e 5.5 mostram vários tipos de vírus com simetria icosaédrica. Em alguns deles, é possível identificar os pentons e hexons pela vizinhança: os pentons são circundados por cinco outros capsômeros; e os hexons, por seis outros. É possível ver capsídeos com simetria icosaédrica na forma poliédrica (herpesvírus e adenovírus) ou geodésica (poliomavírus), com capsômeros homogêneos ou ocos. Nos capsídeos helicoidais (Figura 5.4D), não ocorrem capsômeros, mas as unidades estruturais podem ser vistas se a resolução for suficiente.

Horne e Wildy (1961) consideraram apenas os pentons e hexons, não levando em conta a teoria de Crick e Watson das unidades estruturais. Dessa maneira, eles construíram um modelo meramente descritivo, enquanto Caspar e Klug (1962) avançaram na questão, explicando o capsídeo ontogenicamente, isto é, de como as unidades estruturais se organizam em pentâmeros e hexâmeros e como isso resulta em uma superfície de simetria icosaédrica. Assim, por exemplo, em um vírus com 180 unidades estruturais (como é o caso dos poliovírus e muitos vírus de plantas), 60 delas formariam os 12 pentâmeros (equivalentes de vértices), e as 120 restantes, os 20 hexâmeros (equivalentes de faces e/ou arestas).

## Geometria utilitária e o princípio da *quasi*-equivalência

No modelo de Caspar e Klug (1962) as unidades estruturais têm certa liberdade de variação em tamanho e flexibilidade, sem comprometer a estabilidade do arranjo. Eles partiram da ideia de Buckminster Fuller sobre a construção de domos geodésicos, em que o desenho é concebido dentro de uma geometria utilitária, isto é, sem o rigor teórico, mas objetivando o valor prático do que se quer obter: estabilidade e eficiência de contenção.

Um domo geodésico é uma construção baseada na simetria icosaédrica e que pode ser expandida à vontade, conforme regra determinada. Fuller partiu de um desenho com base na divisão triangular do espaço, o qual pode ser dobrado em pontos equidistantes de simetria $C_5$ para formar um contêiner geodésico. Esse tipo de dobra forma uma superfície geodésica de tensão mínima, resultando em uma estrutura de simetria icosaédrica. Dependendo do tamanho que se quer obter, os pontos das dobras ficarão mais distantes entre si, e os pontos de simetria $C_6$ vão sendo incluídos naturalmente, enquanto a curvatura da estrutura vai ficando mais aberta sem criar tensão. Fuller mostrou ainda que não havia necessidade de as unidades (no caso, canos de plástico conectados entre si em um plano triangulado) serem exatamente do mesmo tamanho (equivalência), podendo variar um pouco (*quasi*-equivalência) para facilitar a construção, tal é o conceito de geometria utilitária econômica, cujo princípio Fuller denominou de *dimaxion*.

Caspar e Klug (1962) aplicaram as ideias de Fuller e então perceberam que as estruturas biológicas seguiam o mesmo princípio. Capsômeros em um vírus icosaédrico com um múltiplo de 60 unidades estruturais não podem estar todos relacionados em equivalência exata. Uma discreta deformação no domínio de ligação entre os capsômeros deve acontecer para acomodá-los, e isso ocorre sem prejuízo da estabilidade da estrutura, pois, embora algumas ligações sejam levemente tensionadas, o arranjo permanece suficientemente estável para prosseguir a construção. Caspar e Klug chamaram esse princípio de *quasi*-equivalência.

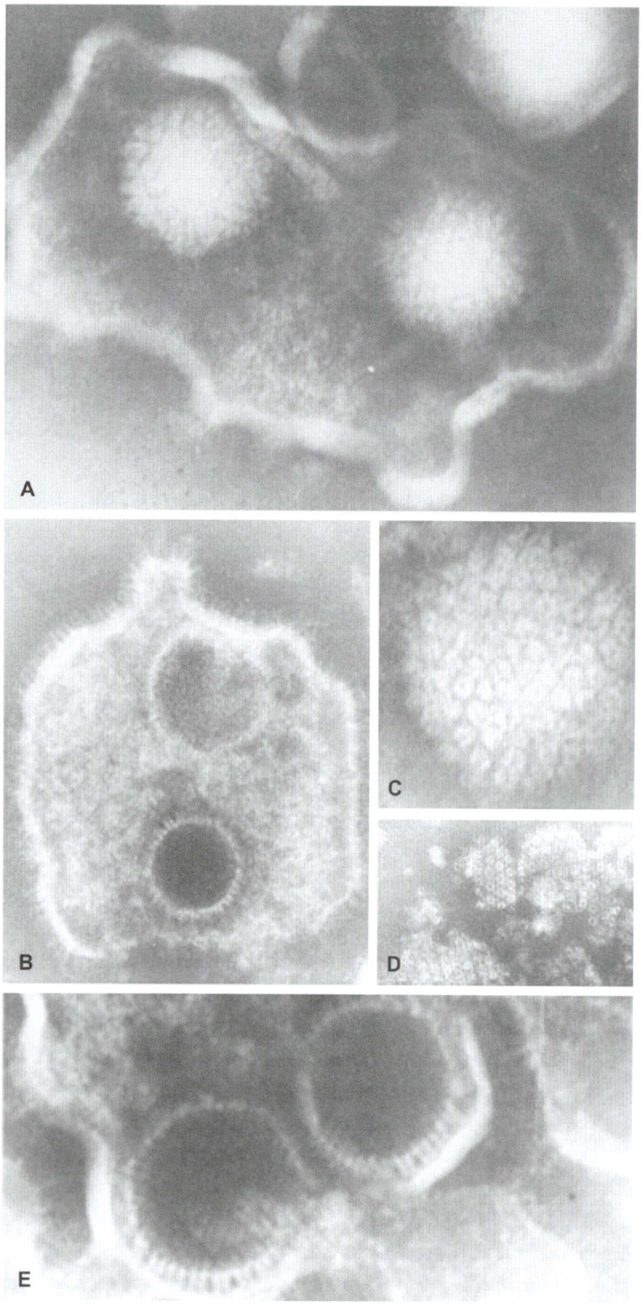

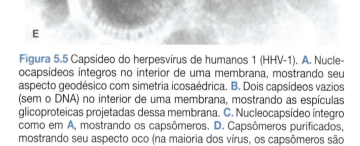

Figura 5.5 Capsídeo do herpesvírus de humanos 1 (HHV-1). A. Nucleocapsídeos íntegros no interior de uma membrana, mostrando seu aspecto geodésico com simetria icosaédrica. B. Dois capsídeos vazios (sem o DNA) no interior de uma membrana, mostrando as espículas glicoproteicas projetadas dessa membrana. C. Nucleocapsídeo íntegro como em A, mostrando os capsômeros. D. Capsômeros purificados, mostrando seu aspecto oco (na maioria dos vírus, os capsômeros são compactos). E. Dois capsídeos vazios (sem o DNA) no interior de uma membrana, como em B.

Desse modo, a ideia de *quasi*-equivalência despreza o rigor matemático da cristalografia geométrica e retém os princípios básicos da interação entre os polipeptídeos estruturais. A utilidade desta noção consiste em fazer predições sobre estruturas capsídicas e garantir que pequenas distorções nos arranjos não comprometam a estrutura. Com isso, os arranjos *quasi*-equivalentemente relacionados permanecem termodinamicamente mais estáveis que os equivalentemente relacionados, devido à possibilidade de um maior número de interações tanto em grupos locais quanto no conjunto. Em outras palavras, a *quasi*-equivalência leva necessariamente a um arranjo de simetria icosaédrica, pois possibilita um máximo de domínios de ligações e ângulos diédricos mais abertos (mínimo de tensão entre unidades), sendo, por consequência, o arranjo de maior estabilidade.

O argumento de Caspar e Klug claramente exclui qualquer outro tipo de simetria cúbica, conforme eles mesmos enunciam. Contudo, a ocorrência da simetria octaédrica (Figura 5.6), documentada em vários tipos de fagos, colocou em xeque essa afirmação. É evidente a existência de capsômeros tetravalentes e hexavalentes nesses fagos, violando o princípio proposto por Caspar e Klug. Outro exemplo é o da ocorrência de pentâmeros e trímeros no vírus-3 de rã; além disso, a descoberta de que os 72 capsômeros dos poliomavírus são todos pentaméricos e formados por um só tipo de proteína questiona a conclusão de Caspar e Klug.

Câmara, em 1991, sugeriu que as interações entre capsômeros dependem de segmentos polipeptídicos filamentosos com alto grau de liberdade, e que o modelo de Goldberg deveria ser

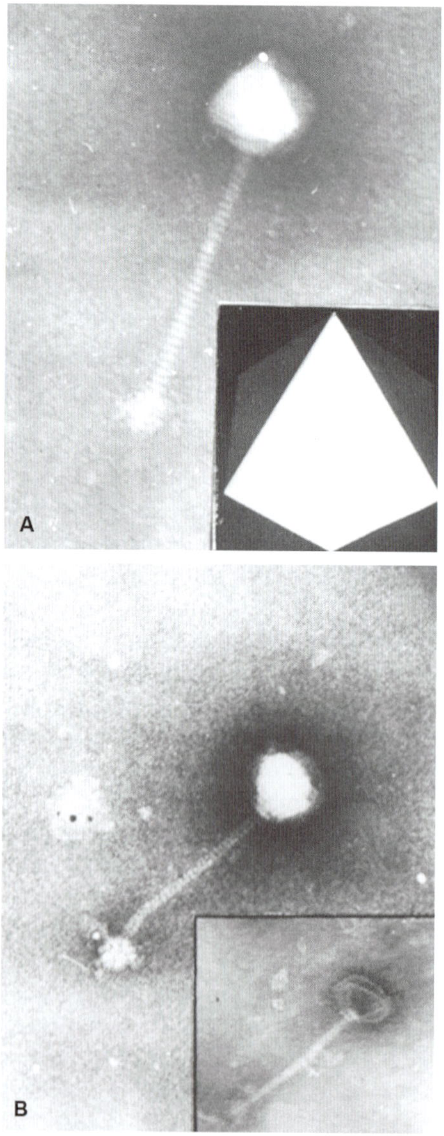

Figura 5.6 Vírus com simetria octaédrica (fago ômega). As figuras A e B foram obtidas após coloração com acetato de uranila. Observa-se a conformação deltaédrica de um octaedro regular na cabeça do fago, representado em uma figura de papelão no canto inferior direito da figura A.

formalmente adotado, considerando os hexágonos não como capsômeros específicos, mas como celas de alocação de capsômeros de qualquer grupo de rotação. Ele também mostrou, pela primeira vez, que a simetria icosaédrica confere metaestabilidade ao capsídeo, de tal modo que ele sofre rearranjo das subunidades sem perder a estrutura, em condições físico-químicas que normalmente dissociam interações entre proteínas.

## Número de triangulação (T)

Para explicar como um múltiplo de 60 unidades estruturais pode construir uma superfície de simetria icosaédrica (grupo 5:3:2), basta encontrar a fórmula que defina como essas unidades devem ser distribuídas em tal superfície. Isso se faz subdividindo um plano em triângulos unitários e, então, usando uma de duas coordenadas (separadas por um ângulo de 60°) para selecionar os pontos que definam os vértices da geodésica que se deseja construir. No caso de 60 unidades estruturais formaremos 12 vértices $C_5$, uma figura com um triângulo unitário por face (T = 1). Caso escolhamos quatro triângulos unitários por face, a classe do icosaedro será T = 4, e ele conterá 240 unidades estruturais, 60 das quais formarão 12 eixos $C_5$ e 180 formarão 30 eixos $C_6$, e assim sucessivamente, conforme a regra mostrada adiante.

Por outro lado, pode-se formar outra classe de geodésicas icosaédricas com T = 3, o que comporta 180 unidades estruturais; assim como icosaedros T = 7, comportando 420 unidades estruturais. Neste último caso, os arranjos podem ser dextrogiros ou levogiros, mas somente um é escolhido quando o DNA é acrescentado à partícula.

Portanto, o número total de unidades estruturais em um capsídeo icosaédrico será 60T, dos quais, 60 serão obrigatoriamente consumidos na formação de 12 pentâmeros (60/5 = 12), restando 60T – 60 unidades estruturais, que serão consumidas na formação dos hexâmeros, sendo (60T – 60)/6 = 10T – 10. Assim, o número total de capsômeros (hexâmeros + pentâmeros) em um capsídeo com 60T unidades estruturais será:

$$C = 10T - 10 + 12$$

$$C = 10T + 2$$

Em que C é o número de capsômeros e T é o número de triangulação.

## Classe de icosaedros

Será apresentado o desenvolvimento da teoria de Caspar e Klug (1962) para o desenho dos capsídeos de simetria icosaédrica, visto que a dedução da topologia do modelo não foi publicada no trabalho desses autores. O mesmo desenvolvimento pode ser aplicado para vírus de simetria octaédrica.

Um icosaedro regular (Figura 5.7C) é construído recortando-se 20 triângulos do plano mostrado na Figura 5.7A e dobrando-se conforme indicado na Figura 5.7B. A área da face triangular desse icosaedro é unitária (icosaedro da classe T = 1). A partir da Figura 5.7A, é possível escolher icosaedros com faces equivalentes a vários triângulos unitários, bastando selecionar as coordenadas h, k para os segundo e terceiro vértices (o primeiro está selecionado na origem [0, 0] dessas coordenadas), definindo a face triangular que servirá de modelo para a geodésica icosaédrica que se deseja construir (Figura 5.8).

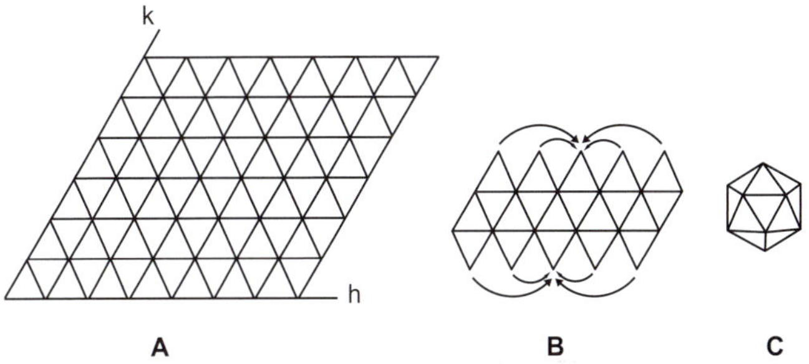


**Figura 5.7 A.** Retículo equitriangulado gerador de deltaedros (sólidos de faces triangulares com simetria icosaédrica) com as coordenadas h e k divergindo em ângulo de 60°. **B.** Para formar uma figura de simetria icosaédrica seleciona-se o primeiro vértice em h, k (0, 0) e o seguinte em um valor qualquer h, k, o terceiro fica automaticamente determinado, uma vez que a face delimitada é equilátera, que no exemplo da figura é (1, 1). **C.** O icosaedro é moldado de acordo com o recorte mostrado, que define as faces da figura, as quais podem estar subdivididas conforme as coordenadas tomadas no plano reticular. O número de triangulação, T, será determinado pelos valores tomados das coordenadas h e k.

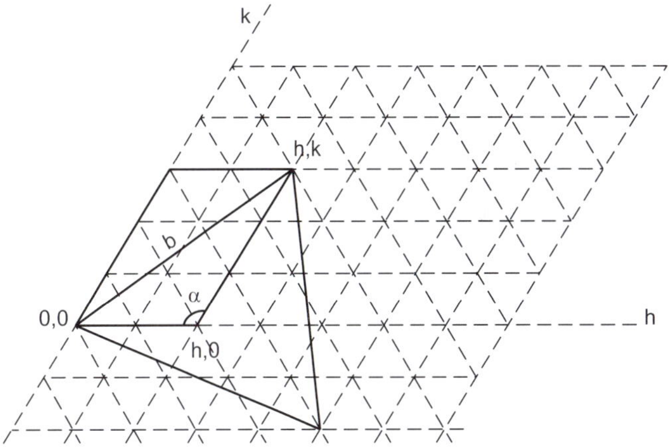


**Figura 5.8** Determinação de coordenadas para a construção de um icosaedro com face subdividida em qualquer número de triângulos unitários.

Um dos lados desse triângulo deverá coincidir com a diagonal b do paralelogramo (linhas pontilhadas na Figura 5.8) traçado de acordo com as linhas das coordenadas h, k, cuja expressão é dada pela conhecida fórmula:

$$b^2 = h^2 + k^2 - 2\,hk \cos \alpha \quad (1)$$

Temos que $\alpha = 120°$, portanto, $\cos \alpha = -1/2$, então, a equação 1 fica:

$$b^2 = h^2 + hk + k^2 \quad (2)$$

Sabe-se que a área de um triângulo é o produto do semicomprimento da base b por sua altura L, ou seja:

$$A = (b/2)L \quad (3)$$

E o valor da altura é dado pela equação:

$$L = b \text{ sen } 60° = b\sqrt{3/2} \quad (4)$$

De modo que a área do triângulo equilátero geral da Figura 5.8 será dada pela equação:

$$A = (b/2)(b\sqrt{3/2}) = b^2\sqrt{3/4} \quad (5)$$

Considere-se, agora, um triângulo unitário definido como $A_u$ = 1 que forma o reticulado da Figura 5.8. Sua área, $A_u$, será:

$$A_u = \sqrt{3/4} \quad (6)$$

Se a geodésica icosaédrica tiver sua face triangular constituída por um ou mais desses triângulos unitários, o número destes contidos na face triangular da figura, chamado de número de triangulação (T), será:

$$T = A/A_u = b^2 \qquad (7)$$

Ou seja,

$$T = h^2 + hk + k^2 \qquad (8)$$

Sendo (h, k) números inteiros não negativos.

Fatorando os diversos valores de T, chega-se à equação $T = Pf^2$, em que P assume valores inteiros correspondentes à série 1, 3, 7, 13, 19, 21, 31,... $h^2 + hk + k^2$, para todos os pares de inteiros (h, k), não tendo fator comum e *f* sendo qualquer inteiro. As classes observadas nos vírus icosaédricos são as seguintes:

- P = 1 (Figura 5.9), que resulta quando a seleção do segundo vértice é feita ao longo da coordenada h, sendo k = 0. Neste caso, $T = h^2$ e o número de capsômeros será $C = 10\,h^2 + 2$. Nesta classe, as arestas da figura icosaédrica estão preenchidas com capsômeros, e isso identifica a classe a que pertence o vírus
- P = 3 (Figura 5.10), quando a seleção do segundo vértice tem por coordenadas h = k. Neste caso, temos $T = 3\,h^2$ e $C = 30\,h^2 + 2$. Nesta classe, as arestas não estão totalmente, senão parcialmente, preenchidas com capsômeros
- P = 7 (Figura 5.11), a esta classe pertencem superfícies enantiomórficas, ou seja, formas que podem ser construídas tanto no sentido levogiro quanto no dextrogiro. Nestas classes, $h, k \neq 0$ e $h \neq k$, sendo $T = h^2 + hk + k^2$. A razão deste enantiomorfismo é que, para qualquer icosaedro desta classe, há sempre dois grupos de coordenadas simétricas entre si (h = m, k = n e h = n, k = m) para um mesmo valor de T e C. Cada par de icosaedros é "torcido", isto é, enantiomorfo entre si. Por convenção, serão levogiros quando h > k e dextrogiros quando h < k.

Por fim, generalizamos $T = Pf^2$ e $C = 10\,T + 2$ (para capsômeros penta e hexaméricos) para qualquer classe de simetria icosaédrica.

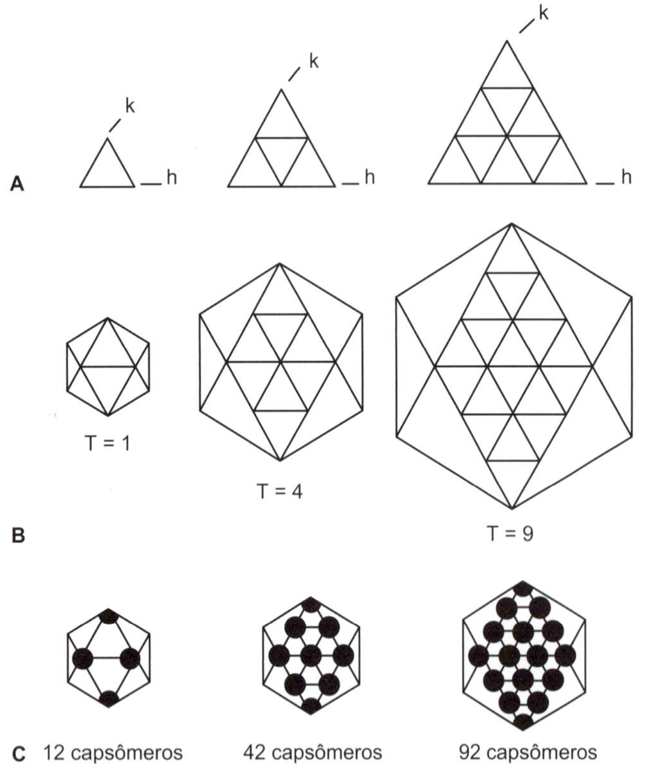


Classe P = 1

**Figura 5.9** Icosaedros da classe P = 1 com sua respectiva série (T = 1, 4, 9 etc.), tomada conforme o plano geral de construção sobre o retículo equitriangulado padrão. Note que cada unidade estrutural ocupará um vértice dos triângulos unitários do plano geral.

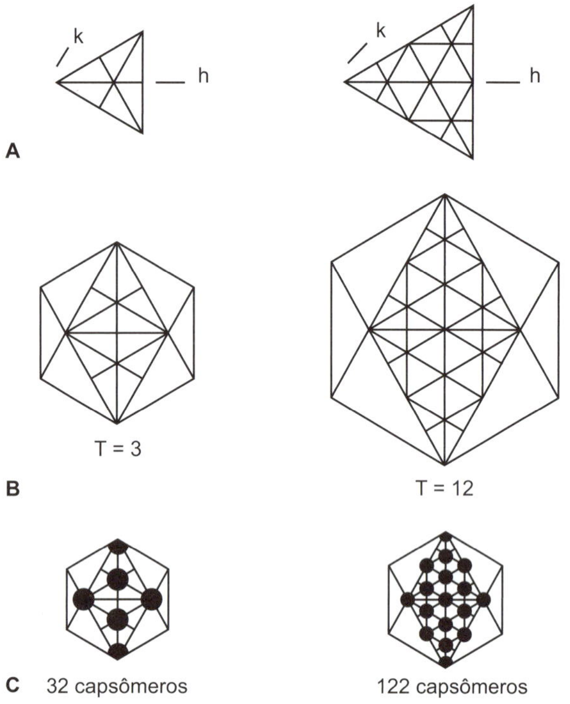


Classe P = 3

**Figura 5.10** Icosaedros da classe P = 3 com sua respectiva série (T = 3, 12 etc.), tomada conforme o plano geral de construção sobre o retículo equitriangulado padrão. Note que cada unidade estrutural ocupará um vértice dos triângulos unitários do plano geral.

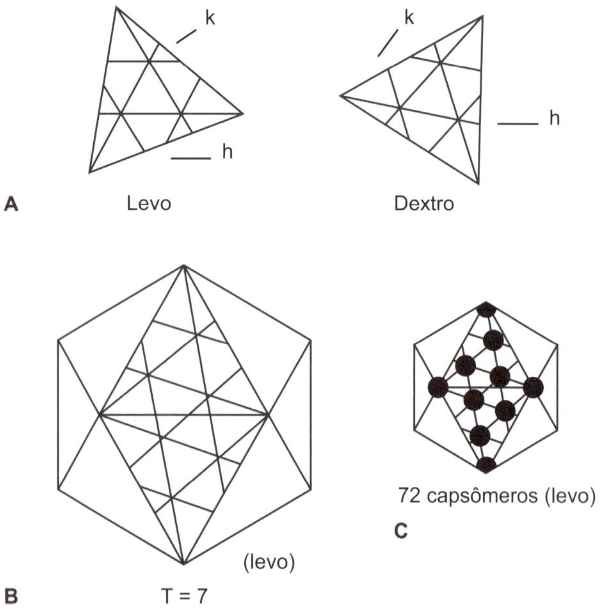


Classe P = 7

**Figura 5.11** Icosaedros da classe P = 7. Note que cada unidade estrutural ocupa um vértice dos triângulos unitários do plano geral. A partir dessa classe, os icosaedros construídos podem ser levogiros ou dextrogiros, sendo um deles selecionado durante a incorporação do DNA viral. Na figura está ilustrada apenas a forma levogira.

# Capítulo 6

# Patogênese das Infecções Virais

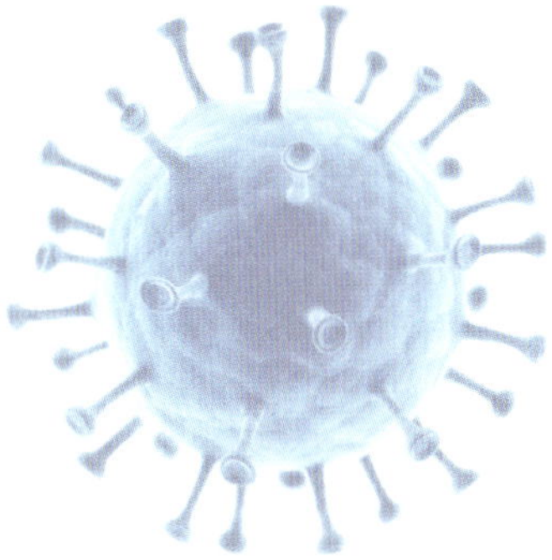

Norma Suely de Oliveira Santos

## Introdução

O prefixo *pato* (do grego, *pathos*) significa sofrimento ou doença e é utilizado em diversos termos para definir os processos envolvidos nas doenças, tais como:

- Patógeno: agente infeccioso capaz de causar doença
- Patologia: estudo da natureza e das modificações estruturais e/ou funcionais produzidas por doença no organismo
- Patogenicidade: capacidade de o agente infectar o hospedeiro e causar doença
- Patogênese ou patogenia: os dois termos são sinônimos e são utilizados para definir as etapas ou mecanismos envolvidos no desenvolvimento de uma doença.

Virulência é uma palavra que vem do latim (*virulentia*) e pode ser usada de várias maneiras; em algumas situações, o termo virulento é usado como sinônimo de patogênico. Assim, são descritas variantes virulentas (ou patogênicas), capazes de causar doença, e variantes não virulentas (ou não patogênicas) de um agente infeccioso.

Em outras circunstâncias, o termo virulência pode ser usado para expressar o grau de patogenicidade; embora, por definição, um patógeno seja capaz de causar doença, alguns estão mais capacitados a causar doença que outros. Em alguns casos, certas variantes de um determinado agente são mais virulentas que outras.

Finalmente, o termo virulência pode ser usado em referência à gravidade da doença, o que significa que um patógeno é mais virulento que outro se este for capaz de causar doença mais grave.

## Transmissão dos vírus na natureza

Os vírus somente são mantidos na natureza se puderem ser transmitidos de um hospedeiro para outro, da mesma espécie ou não. A transmissão dos vírus na natureza pode ocorrer de maneira horizontal, de um indivíduo para outro da mesma espécie ou não; ou vertical, da mãe para o embrião/feto (esse processo pode ocorrer durante a gestação ou durante o nascimento).

A transmissão horizontal pode ocorrer por diversos meios. São eles:

- Contato: pode ocorrer diretamente de um indivíduo infectado para um hospedeiro suscetível por meio de contato sexual, contato direto com pele infectada, ou indiretamente por fômites (objetos) ou perdigotos (aerossóis de secreções respiratórias ou saliva)
- Veículo: água ou alimentos contaminados
- Vetores: os vírus podem ser transmitidos por meio de animais vertebrados ou invertebrados, sendo possível classificar os últimos em vetores biológicos (o vírus é sintetizado no vetor) ou mecânicos (o vetor apenas carreia o vírus).

## Estabelecimento da infecção

Para garantir que a infecção seja bem-sucedida, é necessário que pelo menos três requisitos sejam atendidos: o inóculo viral deve ser suficiente para iniciar a infecção; as células no sítio inicial da infecção devem ser acessíveis, suscetíveis e permissivas ao vírus; e os mecanismos de defesa local do hospedeiro devem estar ausentes ou ineficientes.

### Inóculo viral

Esse requisito impõe uma barreira substancial à infecção e representa um elo sensível na transmissão do vírus de um hospedeiro para outro. Partículas virais livres sofrem pressão de um ambiente hostil, além de uma diluição que reduz a sua concentração. Os vírus transmitidos por água contaminada precisam manter-se estáveis na presença de choque osmótico, alterações de pH e luz solar, e não devem se adsorver de modo irreversível a resíduos contidos na água. Os vírus transmitidos por aerossóis devem permanecer hidratados e em altas concentrações para infectar o próximo hospedeiro. Esses vírus são transmitidos mais eficientemente em situações em que os indivíduos estão em contato próximo. Diferentemente, os vírus transmitidos por insetos, contato com mucosas, ou outras maneiras de contato, incluindo agulhas contaminadas, têm pouca exposição ao ambiente. Ainda que as partículas virais permaneçam infecciosas ao passar de um hospedeiro para outro, a infecção poderá não ser bem-sucedida devido à concentração insuficiente de partículas.

### Local de entrada

O sucesso da infecção também depende da acessibilidade física das células na porta de entrada, da suscetibilidade (presença de receptores celulares) e da permissividade (presença de produtos intracelulares necessários à biossíntese dos vírus).

### Defesa local do hospedeiro

Para iniciar a infecção, os vírus precisam dispor de mecanismos que lhes possibilitem contra-atacar as defesas do hospedeiro através de mecanismos passivos, ativos ou pela combinação de ambos. O padrão da infecção resultante é determinado pela cinética da biossíntese do vírus diante das defesas do hospedeiro. A interação entre a ação do vírus e as defesas do hospedeiro é dinâmica. Haverá consequências distintas para vírus que são sintetizados mais rapidamente ou lentamente, dependendo da intensidade da defesa do hospedeiro.

Os mecanismos de evasão ativa das defesas do hospedeiro requerem a síntese de produtos gênicos virais. Provavelmente, os processos evolutivos possibilitaram o desenvolvimento de mecanismos virais de evasão, modulação ou desarme das defesas do hospedeiro.

Alguns vírus podem evadir-se das defesas do hospedeiro de um modo passivo, em virtude de concentrações extremamente elevadas de partículas no inóculo. A passagem de vírus através das barreiras físicas da pele e das mucosas pode ser possível pela existência de cortes, abrasões ou perfurações de agulhas. Alguns vírus produzem infecções em sítios em que as células não estão diretamente expostas à ação dos anticorpos ou linfócitos citotóxicos. Um rompimento mais marcante das defesas primárias e secundárias ocorre durante o transplante de órgãos, o que coloca os vírus em contato direto com as células suscetíveis dos pacientes imunossuprimidos.

## Rotas de entrada dos vírus no organismo

Em geral, os vírus penetram nos organismos pelo contato com as células nas superfícies do corpo. Os sítios de entrada comumente utilizados por vírus incluem as mucosas dos sistemas respiratório e urogenital, a conjuntiva, o trato gastrointestinal e a pele.

### Mucosas

As superfícies mucosas representam uma vasta área do corpo coberta por barreiras epiteliais. Devido ao fato de as mucosas estarem em contato com o ambiente externo e, portanto, em contato frequente com antígenos estranhos, esses tecidos são imunologicamente ativos. A maioria das células das mucosas envolvidas na defesa imunológica está distribuída difusamente pelo tecido conjuntivo e é direta ou indiretamente responsável por funções efetoras, tais como evitar a entrada de patógenos pela barreira epitelial e destruir patógenos e/ou células infectadas, caso a invasão ocorra. Essas células efetoras incluem linfócitos B, linfócitos T citotóxicos (CTL, *cytotoxic T lymphocytes*) e células NK (*natural killer*). Além disso, macrófagos e células dendríticas presentes na mucosa fagocitam patógenos e resíduos macromoleculares, e também monitoram a mucosa para a detecção de antígenos estranhos. A ação coletiva dessas células minimiza a invasão de patógenos e a infecção das mucosas. A maioria dos eventos que induz a produção de resposta efetora ocorre em sítios sentinelas das mucosas, que são caracterizados pela existência de tecidos linfoides organizados, constituídos por folículos linfoides primários compostos de grupos de células B imaturas e áreas adjacentes de células T. Acima de cada folículo existe uma região rica em células B, células T e células dendríticas, que funcionam em estreita colaboração com a barreira epitelial adjacente.

Nas mucosas dos intestinos, das tonsilas e adenoides, assim como nas submucosas das vias respiratórias superiores e no apêndice, existem folículos linfoides que são recobertos na face luminal por um epitélio associado-folículo especializado, constituído, principalmente, por células colunares absortivas e células M (células epiteliais membranosas). Estas últimas são células epiteliais especializadas presentes somente no epitélio de folículos do tecido linfático associado a mucosas; são polarizadas e formam junções coesas que definem dois domínios plasmáticos principais: apical e basolateral. Sua principal característica é apresentar um subdomínio incomum na membrana basolateral que amplifica a superfície celular e forma uma bolsa intraepitelial. Essa bolsa fornece um reservatório para subpopulações de linfócitos B e T, células dendríticas e macrófagos intraepiteliais, assim como reduz a distância que os antígenos precisam transcorrer entre a face apical e a basolateral da barreira epitelial (Figura 6.1). As células M são estrutural e funcionalmente especializadas no transporte e na apresentação de antígenos e microrganismos ao tecido linfático. Elas endocitam e transferem antígenos, por transcitose, para o tecido linfoide localizado abaixo do epitélio, onde o material endocitado pelas células M, na face luminal, atravessa o citoplasma intacto e é transferido para a membrana basal e para o espaço extracelular. Contudo, o transporte de antígenos realizado pelas células M tem desvantagens, pois alguns patógenos exploram essa característica de promover a captura de antígenos, para apresentar às células do sistema imunológico, para ganhar acesso a tecidos mais profundos do organismo.

#### *Mucosa do sistema respiratório*

O sistema respiratório é, provavelmente, a rota mais comum de entrada dos vírus no organismo. Existem vários mecanismos de defesa do hospedeiro que objetivam bloquear a infecção do sistema respiratório; no entanto, muitos vírus penetram no organismo através dessa via, pelo contato com perdigotos (aerossóis) provenientes de tosse e espirro ou saliva de indivíduos infectados.

Barreiras mecânicas desempenham papel importante na defesa contra infecções virais que acometem o sistema respiratório, como a camada de células ciliadas que recobre o tecido das vias respiratórias, células secretoras de muco (*Goblet cells*) e glândulas subepiteliais secretoras de muco. As partículas estranhas são capturadas pelo muco presente na cavidade nasal e no sistema respiratório superior, sendo deglutidas após serem carreadas para a garganta, com o auxílio do movimento das células ciliadas.

No sistema respiratório inferior, as partículas capturadas no muco também são carreadas para a garganta com o auxílio das células ciliadas. A porção mais baixa do sistema respiratório inferior, os alvéolos, não contém cílios ou muco; contudo, apresentam macrófagos que são responsáveis pela fagocitose e pela destruição das partículas estranhas.

O tamanho da partícula é fundamental para o estabelecimento da infecção. Partículas maiores não atingem as porções mais profundas dos pulmões, enquanto partículas menores de 5 μm alcançam os alvéolos. Dessa maneira, gotículas de suspensões infecciosas maiores ficam depositadas na cavidade nasal, enquanto gotículas menores alcançam os alvéolos. As partículas inaladas que chegam aos alvéolos são fagocitadas por macrófagos alveolares. A maioria dos agentes infecciosos é destruída por esses macrófagos; contudo, muitos patógenos, incluindo vários vírus, conseguem escapar da destruição por essas células.

Uma vez que ocorra a infecção do sistema respiratório, esta pode ficar restrita ao epitélio do sistema respiratório (Quadro 6.1) ou pode ser disseminada pelo organismo.

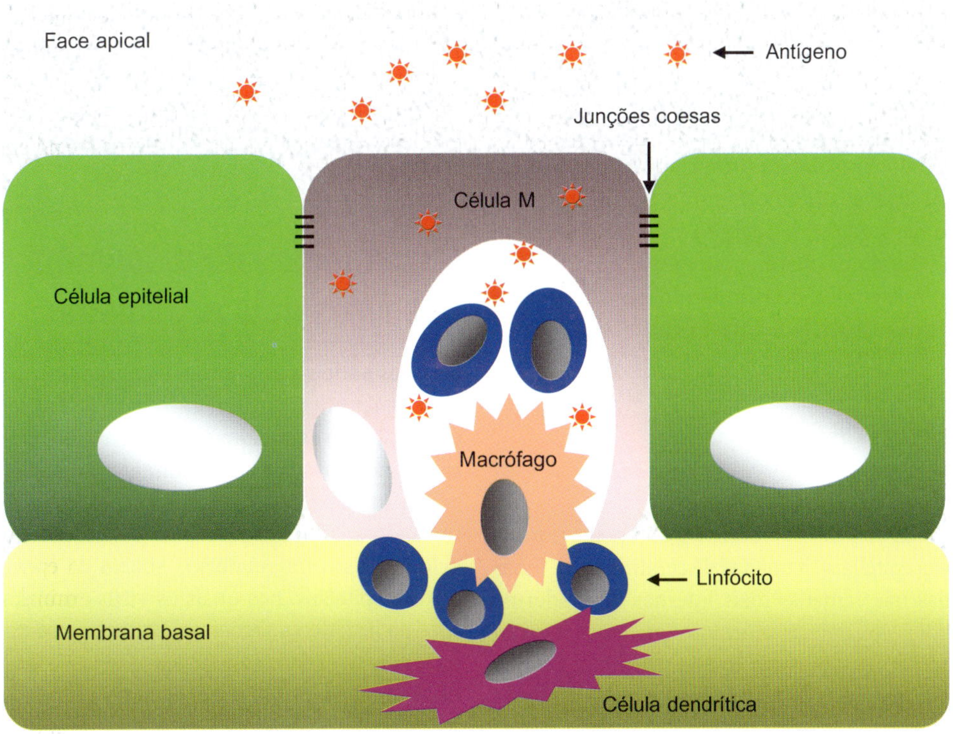


**Figura 6.1** Representação esquemática das células M.

## Mucosa do trato gastrointestinal

A mucosa do trato gastrointestinal é uma rota comum de entrada e disseminação de vírus. É um ambiente extremamente hostil devido a acidez do estômago, alcalinidade do intestino, presença de sais biliares, enzimas digestivas, camada de muco, anticorpos da classe IgA e células fagocitárias. Os vírus que infectam o organismo por essa rota são resistentes a extremos de pH, proteases e sais biliares. Os vírus que não apresentam essas características são destruídos quando expostos às condições do trato gastrointestinal.

Praticamente toda a superfície do intestino é coberta por células epiteliais colunares que apresentam microvilosidades na superfície apical. Essa superfície ciliada, semelhante a uma escova, em conjunto com uma superfície recoberta de enzimas digestivas, glicolipídeos, além de uma camada de muco, é permeável a eletrólitos e nutrientes, mas representa uma barreira para microrganismos. No entanto, alguns vírus – como adenovírus, norovírus, rotavírus e astrovírus, entre outros – são sintetizados eficientemente nas células do epitélio intestinal.

O mecanismo pelo qual os vírus atravessam as barreiras fisiológicas do trato gastrointestinal e atingem as células suscetíveis ainda não está completamente esclarecido. Sugere-se que a transcitose mediada pelas células M seria o mecanismo pelo qual alguns vírus teriam acesso a tecidos profundos do hospedeiro, a partir do lúmen do intestino.

Após atravessar a mucosa, os vírus podem invadir os vasos linfáticos e capilares do sistema circulatório, facilitando a disseminação no organismo. No entanto, alguns vírus são sintetizados nas células M e não são disseminados para os tecidos adjacentes.

Os vírus também podem invadir o organismo pela mucosa anal. É provável que as células M presentes no cólon facilitem a entrada desses vírus e sua invasão ao tecido linfático.

## Mucosa do sistema urogenital

O sistema urogenital é bem protegido por barreiras fisiológicas, incluindo muco e pH ácido. A atividade sexual pode resultar em abrasões no epitélio vaginal ou na uretra, possibilitando a entrada de vírus que podem infectar o epitélio e causar lesões locais.

**Quadro 6.1** Sítios de biossíntese viral no sistema respiratório.

| Sítio de infecção | Manifestação clínica | Exemplo de vírus |
|---|---|---|
| **Sistema respiratório superior** | | |
| Boca, cavidades nasais, faringe, laringe, tonsilas | Rinite, sinusite, faringite, laringite, tonsilite | Rinovírus, coronavírus de humanos, vírus da parainfluenza de humanos, vírus da influenza, vírus respiratório sincicial de humanos, adenovírus, metapneumovírus de humanos, bocavírus de humanos |
| **Sistema respiratório inferior** | | |
| Traqueia, brônquios, bronquíolos, alvéolos pulmonares | Traqueíte, bronquite, bronquiolite, pneumonia | Vírus da parainfluenza de humanos, vírus da influenza, vírus respiratório sincicial de humanos, metapneumovírus de humanos, bocavírus de humanos |

Outros vírus ganham acesso às células dos tecidos adjacentes e podem causar infecções disseminadas.

### Mucosa da conjuntiva

A conjuntiva é constantemente lavada pela secreção ocular e pelo movimento das pálpebras. Dessa forma, a possibilidade de ocorrer infecção viral através do olho é muito pequena, a menos que haja abrasão da mucosa. A infecção viral no olho pode ocorrer durante procedimentos oftálmicos ou por contaminação do ambiente como, por exemplo, pela contaminação da água de piscinas. Na maioria dos casos, a biossíntese é localizada e resulta na inflamação da conjuntiva. É rara a disseminação sistêmica do vírus a partir do olho, embora possa acontecer (p. ex., doença paralítica após conjuntivite por enterovírus 70).

### Pele

A porção mais superficial da pele, a epiderme, é composta por várias camadas de células epiteliais chamadas de ceratinócitos. Essas células são produzidas nas camadas mais internas da epiderme (basal e germinativa) e sofrem ceratinização ou corneificação durante sua migração para a superfície, dando origem à camada córnea, composta basicamente de ceratina, que é responsável pela impermeabilização da pele. Além dos ceratinócitos, encontram-se na epiderme os melanócitos e as células de defesa imunológica (células de Langerhans). Os ceratinócitos proveem rígida e impermeável barreira à entrada de vírus. Desse modo, os vírus só podem penetrar no organismo pelo rompimento da integridade da pele, produzindo lesões locais após penetração através de pequenas abrasões. Em geral, a propagação é limitada ao local de entrada, porque a epiderme é destituída de vasos sanguíneos ou linfáticos que poderiam facilitar a disseminação dos vírus.

A epiderme está apoiada na derme, uma camada extremamente vascularizada. Muitos vírus podem ter acesso à derme por meio da picada de vetores artrópodes, tais como mosquitos ou ácaros. Pode ocorrer ainda a inoculação viral mais profunda, no músculo abaixo da derme, por meio de agulhas contaminadas, instrumentos utilizados em tatuagens e na colocação de *piercings*. Há também a penetração pelo contato sexual em que agentes infecciosos presentes em fluidos corporais penetram pelas abrasões ou ulcerações da pele. Infecções letais podem também ser adquiridas por mordida de um animal. Diferentemente da infecção localizada na epiderme, os vírus que iniciam infecção na derme ou tecidos adjacentes podem atingir vasos sanguíneos, tecido linfático e células do sistema nervoso, com consequente disseminação para outros sítios do organismo.

## Tropismo

Muitos vírus não são propagados em todos os tipos celulares do hospedeiro, ficando restritos a algumas células específicas de certos órgãos. Tropismo é a capacidade do vírus para infectar alguns tecidos do hospedeiro e não outros; por exemplo, um vírus enterotrópico é propagado no intestino, ao passo que um vírus neurotrópico é propagado nas células do sistema nervoso. Alguns vírus são pantrópicos, infectando diversos tipos de células e tecidos e sendo propagados neles. O tropismo é determinado pela existência de receptores celulares (suscetibilidade), assim como de constituintes intracelulares essenciais para a síntese viral (permissividade). Contudo, ainda que a célula seja suscetível e permissiva, a infecção pode não ocorrer em virtude da dificuldade de o vírus interagir diretamente com o tecido (acessibilidade). Finalmente, a infecção pode não ocorrer ainda que a célula seja acessível, suscetível e permissiva, devido às defesas imunológicas inatas presentes no local da infecção.

## Mecanismos de disseminação dos vírus pelo organismo

Os vírus podem permanecer localizados na superfície do corpo na qual penetraram ou podem causar infecções disseminadas. Para uma infecção se espalhar para além do sítio primário, é necessário ultrapassar as barreiras físicas e imunológicas. Após cruzar o epitélio, as partículas virais alcançam a membrana basal, comprometendo sua integridade pela destruição das células epiteliais e pelo processo inflamatório. Abaixo da membrana estão os tecidos subepiteliais, nos quais os vírus encontram fluidos teciduais, sistema linfático e fagócitos. Todos apresentam papel importante na eliminação das partículas estranhas; contudo, também podem disseminar os vírus a partir do sítio primário da infecção.

### Liberação direcionada das partículas virais

Um mecanismo importante para possibilitar o escape das defesas locais do hospedeiro e facilitar o espalhamento da infecção no organismo é a liberação direcionada das partículas virais pelas células polarizadas na superfície da mucosa. Os vírus podem ser liberados pela face apical ou basolateral ou por ambas (Figura 6.2).

Após a biossíntese, os vírus que são liberados por meio da face apical retornam ao ponto inicial da infecção, irão infectar células vizinhas ou serão eliminados do organismo. Contrariamente, as partículas virais liberadas da face basolateral das células epiteliais polarizadas são protegidas dos mecanismos de defesa do lúmen; portanto, a liberação direcionada é o principal determinante do padrão de infecção. Em geral, os vírus liberados na membrana apical estabelecem uma infecção localizada ou limitada. Nesses casos, o espalhamento local célula a célula ocorre no epitélio infectado, mas as partículas virais raramente invadem os vasos linfáticos e sanguíneos adjacentes. Por outro lado, a liberação dos vírus na membrana basolateral possibilita o acesso aos tecidos adjacentes e pode facilitar o espalhamento sistêmico.

### Disseminação local pela superfície do epitélio

Após a penetração dos vírus nas células do epitélio, ocorre a propagação com invasão das células vizinhas pelos novos vírus formados. Essa é a maneira de disseminação dos vírus que causam infecção localizada na pele e nas mucosas. Os vírus que entram no corpo via trato gastrointestinal ou sistema respiratório também podem ser disseminados rapidamente pela superfície epitelial, com o auxílio do movimento mucociliar local.

### Disseminação pelos nervos periféricos

Muitos vírus são disseminados a partir do sítio primário da infecção por meio das terminações nervosas locais. Para alguns vírus, a disseminação neural é a característica definitiva da sua patogênese; para outros, a invasão do sistema nervoso é um desvio pouco frequente do seu sítio de biossíntese e destino. Alguns

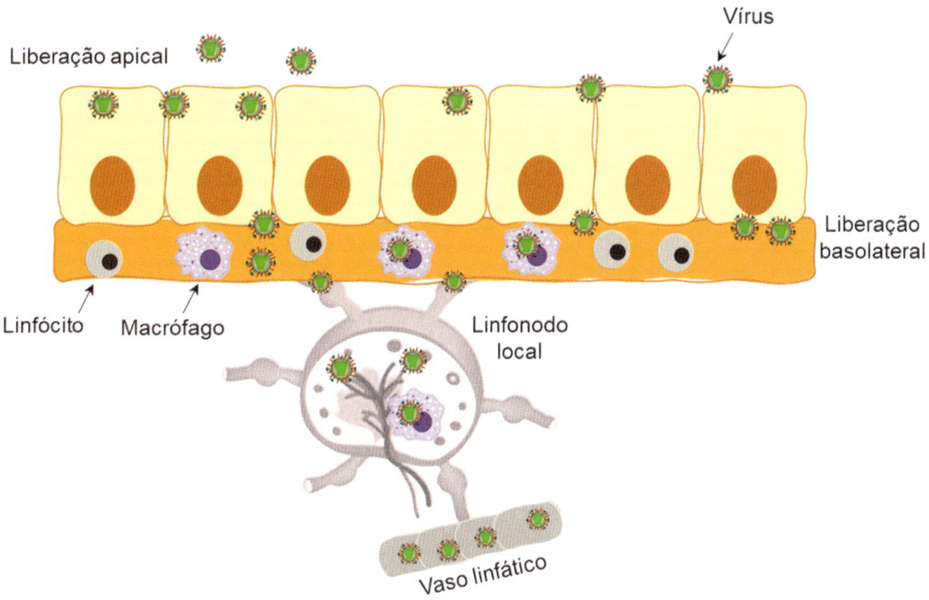


Figura 6.2 Esquema representativo da liberação de vírus em células polarizadas.

vírus podem atingir o tecido cerebral por via hematogênica; outros vírus ganham acesso ao sistema nervoso central (SNC) via nervo olfatório ou oftálmico (Quadro 6.2). Nossa compreensão sobre os processos de locomoção das partículas virais nas células do sistema nervoso é limitada. Aparentemente, os vírions entram nos neurônios por meio dos mesmos mecanismos usados em outros tipos celulares. Como a síntese de proteínas não ocorre nas células neurais, as partículas virais devem ser transportadas para o sítio de biossíntese. As evidências indicam que os vírions são transportados para os neurônios por meio dos sistemas de transporte celulares; no entanto, proteínas virais devem orientar a direção desse transporte.

A disseminação dos vírus no sistema nervoso pode ocorrer em um movimento centrípeto ou retrógrado (das extremidades para o centro) ou centrífugo ou antirretrógrado (do centro para as extremidades).

Os vírus que infectam o sistema nervoso são chamados de neurotrópicos, e eles são, em geral, capazes de infectar grande variedade de tipos celulares. A propagação viral costuma ocorrer em células não neurais com o subsequente espalhamento dos vírus para fibras nervosas aferentes ou eferentes no tecido infectado. Em determinadas circunstâncias, os vírions podem entrar diretamente nos neurônios sem propagação prévia em células não neurais; contudo, esse evento não é frequente. A menos que as partículas sejam injetadas diretamente no cérebro ou medula espinhal, invadam os neurônios olfatórios e oftálmicos ou infectem células ganglionares retinais, os primeiros neurônios a serem infectados são os constituintes do sistema nervoso periférico.

Quadro 6.2 Disseminação viral pelo sistema nervoso central.

| Rota de entrada | Exemplo de vírus |
|---|---|
| Neural | Poliovírus, vírus da febre amarela, vírus da encefalite venezuelana, vírus da raiva, reovírus tipo 3, herpesvírus de humanos 1 e 2 |
| Nervo olfatório ou oftálmico | Herpesvírus de humanos 1, 2 e 3, coronavírus de humanos, vírus da raiva |
| Hematológica | Poliovírus, vírus do sarampo, coxsackievírus, arenavírus, vírus da caxumba, herpesvírus de humanos 1, 2 e 5, vírus do Oeste do Nilo |

## Disseminação linfática

Os capilares linfáticos são consideravelmente mais permeáveis do que os capilares do sistema circulatório, facilitando a entrada de vírus. Como os vasos linfáticos, eventualmente, se juntam ao sistema venoso, as partículas virais na linfa têm livre acesso à circulação sanguínea. Os vírus que entram nos capilares são transportados para os linfonodos, nos quais encontram células migratórias do sistema imunológico (macrófagos e linfócitos). Alguns vírus são propagados nessas células e a progênie viral é liberada no plasma. A célula linfática infectada pode também migrar do linfonodo local para sítios distantes do sistema circulatório.

## Disseminação pelo sangue (viremia)

Os vírus que escapam das defesas locais podem chegar à circulação sanguínea e produzir infecção disseminada. Entram na corrente sanguínea de diferentes maneiras: pelos capilares, após biossíntese viral nas células endoteliais, por inoculação pela picada de um vetor ou por via iatrogênica. Uma vez no sangue, os vírus ganham acesso a todos os tecidos do hospedeiro; assim, os vírus podem circular livres no plasma ou estar associados a leucócitos, plaquetas ou eritrócitos. Os vírus associados a leucócitos, geralmente linfócitos e monócitos, não são eliminados tão rapidamente quanto os vírus que circulam livres no plasma, porque estão protegidos da neutralização pelos anticorpos e outros componentes do plasma, podendo ser carreados para tecidos distantes.

O termo viremia designa presença de partículas virais infecciosas no sangue. A viremia ativa é produzida pela biossíntese viral, ao passo que a viremia passiva é resultado da introdução das partículas virais no sangue sem que ocorra biossíntese no sítio de entrada (p. ex., inoculação de vírus por picada de mosquito ou agulha contaminada). A liberação de partículas virais no sangue após a propagação inicial no sítio de entrada se constitui na viremia primária. Em geral, a concentração de partículas virais durante a viremia primária é baixa; no entanto, a infecção disseminada subsequente à viremia primária resulta na liberação de grande quantidade de partículas virais e é denominada viremia secundária.

Em mulheres grávidas, a viremia pode resultar na transmissão da infecção para o feto. Isso pode ocorrer por infecção direta da placenta e posterior invasão do tecido fetal, ou através de células circulantes infectadas, tais como monócitos e linfócitos, que podem atingir a circulação fetal.

A concentração de vírus no sangue é determinada pela velocidade de propagação nas células permissivas e pela velocidade com que as partículas são liberadas e retiradas do sangue. As partículas circulantes são removidas por células fagocíticas do sistema reticuloendotelial no fígado, pulmões, baço e linfonodos. Os anticorpos específicos presentes no soro irão se ligar às partículas virais e neutralizá-las. A formação de complexos vírus-anticorpo facilita a captura por macrófagos. Os complexos vírus-anticorpo podem ser sequestrados em quantidades significativas nos rins, no baço e no fígado.

## Invasão de outros tecidos

Após a disseminação dos vírus pelo sangue, para que continuem sendo sintetizados, eles precisam invadir novas células e tecidos. Existem três tipos principais de junções tecido–vaso sanguíneo que fornecem rotas de invasão tecidual. Em alguns tecidos, as células endoteliais estão associadas a uma densa membrana basal; em outros sítios, o endotélio contém lacunas e, em outros, podem existir sinusoides nos quais os macrófagos formam parte da junção tecido–vaso sanguíneo.

### *Fígado, baço, medula óssea e glândulas adenoides*

Esses tecidos são caracterizados pela existência de sinusoides (ou cavidades) recobertos por macrófagos. Tais macrófagos, que pertencem ao sistema reticuloendotelial, funcionam filtrando o sangue e removendo partículas estranhas. Essas células, frequentemente, constituem-se em uma porta de entrada para os vírus em vários tecidos. Os vírus costumam infectar o fígado pelo sangue, resultando na infecção das células de Kupffer (macrófagos que recobrem os sinusoides hepáticos).

A interação dos vírus com as células hepáticas pode resultar em: passagem de partículas virais para os sinusoides, sem serem fagocitadas; fagocitose e destruição das partículas virais; propagação viral nas células de Kupffer; transferência das partículas virais por transcitose, para as células hepáticas em que serão propagadas e excretadas no ducto biliar; propagação nas células de Kupffer e nas células endoteliais, seguida da infecção dos hepatócitos e excreção no ducto biliar.

### *Glomérulos renais, pâncreas, íleo e cólon*

Esses tecidos não possuem sinusoides e, portanto, os macrófagos não estão presentes. Para infectar tais tecidos, os vírus devem, a princípio, aderir às células endoteliais, geralmente dos capilares ou vênulas, em que o fluxo sanguíneo é lento e as paredes são menos espessas. Como as células endoteliais não são muito fagocíticas, a adesão das partículas virais a essas células depende da presença de receptores celulares. Para aumentar a chance de adesão, é necessário que as partículas estejam presentes em concentrações elevadas e permaneçam em circulação por tempo suficiente. Uma vez que os vírus estejam aderidos à parede do vaso, podem invadir rapidamente os glomérulos renais, pâncreas, íleo e cólon, porque a junção das células endoteliais que recobrem os capilares, nesse caso, apresenta brechas (fendas entre as células; junções frouxas), o que possibilita que os vírus ou a célula infectada atravessem para os tecidos adjacentes. Alguns vírus atravessam o endotélio dentro de monócitos ou linfócitos, enquanto estão realizando o processo de diapedese.

### *Sistema nervoso central, tecido conjuntivo, músculos esquelético e cardíaco*

No SNC, no tecido conjuntivo e nos músculos esquelético e cardíaco, as células do endotélio capilar não apresentam brechas e são envoltas por densa membrana basal. No SNC, a membrana basal é a base para a barreira hematoencefálica. Contudo, não se trata apenas de uma barreira, mas de um sistema de permeabilidade seletiva. Em algumas partes do cérebro, o epitélio capilar apresenta brechas, e a membrana basal é esparsa; esses sítios, altamente vascularizados, incluem o plexo coroide. Alguns vírus atravessam o epitélio capilar e invadem o estroma do plexo coroide, em que podem cruzar o epitélio e invadir o fluido cerebroespinhal (ou liquor) por transcitose ou propagação e liberação direta no liquor. Uma vez no liquor, a infecção se espalha para as células ependimais que recobrem os ventrículos e os tecidos adjacentes ao cérebro. Outros vírus podem infectar diretamente ou serem transportados pelo epitélio capilar. Alguns vírus atravessam o endotélio dentro de células como monócitos e linfócitos. O aumento da permeabilidade local do endotélio capilar, causado por certos hormônios, pode também possibilitar a entrada de vírus no cérebro e medula espinhal.

Alguns vírus são propagados nos músculos cardíaco e esquelético ou no tecido conjuntivo. Ainda não foram elucidados os mecanismos pelos quais esses vírus invadem esses sítios pelo sangue.

### *Tecidos placentário, embrionário e fetal*

A membrana basal é menos desenvolvida no embrião e no feto, podendo ocorrer infecções por invasão do tecido placentário e subsequente invasão do tecido embrionário ou fetal. Células circulantes infectadas, tais como monócitos, podem entrar na circulação embrionária ou fetal diretamente.

# Danos teciduais induzidos por vírus

Em última instância, os distúrbios das funções do corpo, que são observados como sinais e sintomas das viroses, resultam do dano causado pelos vírus nas células. Esses danos podem resultar da biossíntese viral nas células, de consequências da resposta imunológica ou de ambas.

## Efeitos da infecção por vírus citocidas

Eventualmente, a patogenia pode ser induzida pelo dano celular causado por um vírus altamente citocida. Um dos principais mecanismos de dano celular é a apoptose após a infecção viral. Em outras ocasiões, proteínas virais induzem ou bloqueiam a apoptose, presumivelmente para favorecer a evolução do ciclo infeccioso e a produção de nova progênie viral.

A infecção viral também pode resultar na interrupção de processos essenciais para o hospedeiro, tais como síntese de proteínas, síntese de ácido nucleico e transporte de moléculas, fazendo com que a permeabilidade da membrana celular seja alterada. Outra possível consequência é a difusão do conteúdo dos lisossomas no citoplasma, resultando na autólise da célula.

O genoma celular também pode ser danificado diretamente pela infecção viral; por exemplo, a biossíntese dos retrovírus requer a inserção de cópias do DNA proviral em localizações randômicas do genoma celular. Essas inserções podem afetar a expressão ou a integridade de genes celulares.

Alguns efeitos patogênicos são indiretos. Nesse caso, a infecção viral não causa morte celular, mas pode interferir com a síntese de moléculas importantes para a sobrevivência da célula. Por exemplo, quando o vírus da coriomeningite linfocítica é inoculado em camundongos recém-nascidos, ele é propagado nas células da glândula pituitária que produzem o hormônio do crescimento, reduzindo significativamente sua síntese – como resultado, o camundongo não se desenvolve e morre em pouco tempo.

## Imunopatologia

É possível que a resposta imunológica seja a única causa dos sintomas da doença em algumas infecções por vírus. Os danos causados pelo sistema imunológico são denominados imunopatologias e podem representar o preço a ser pago pelo hospedeiro para eliminar a infecção viral. Para os vírus não citopatogênicos, é possível que a resposta imunológica seja a única causa da doença. A maioria das imunopatologias induzidas por vírus é causada por células T ativadas, mas há exemplos de doenças provocadas por anticorpos ou resposta inata exagerada.

▸ Lesões causadas por linfócitos T citotóxicos. Ainda não está claro o mecanismo pelo qual essas células causam danos ao organismo. Há evidências de que o dano tecidual possa ser consequência da citotoxicidade dos CTL. Essas células também podem liberar proteínas que recrutam células inflamatórias para o sítio da infecção, as quais liberam citocinas proinflamatórias.

▸ Lesões causadas por células $TCD_4^+$. Os linfócitos $TCD_4^+$ produzem mais citocinas que os CTL, além de recrutarem e ativarem muitas células efetoras não específicas. Essa reação inflamatória é denominada hipersensibilidade tardia. Muitas das células recrutadas são neutrófilos e células mononucleares, as quais causam danos teciduais. A imunopatologia é o resultado da liberação de enzimas proteolíticas, radicais reativos como peróxido e óxido nítrico, e citocinas.

▸ Lesões causadas por células B. Quando ocorre propagação viral na presença de resposta imunológica inadequada, acontece a formação de grandes quantidades de complexos vírus–anticorpo. Esses complexos acumulam-se em concentrações extremamente elevadas quando ocorre a biossíntese viral em sítios inacessíveis ao sistema imunológico ou quando a biossíntese viral continua na presença de uma resposta imunológica inadequada. Esses complexos não são removidos eficientemente pelo sistema reticuloendotelial e permanecem circulando na corrente sanguínea. Assim, são depositados nos pequenos capilares, causando lesões que são agravadas quando o sistema complemento é ativado.

▸ Imunossupressão induzida por vírus. A modulação da resposta imunológica por produtos virais pode variar de uma atenuação branda e específica até uma inibição drástica e global da resposta. Alguns mecanismos imunossupressivos utilizados pelos vírus incluem: infecção de células do sistema imunológico, desenvolvimento de tolerância após a infecção fetal, interrupção de liberação de citocinas e produção de virocinas.

▸ Síndrome da resposta inflamatória sistêmica. Um fato importante da defesa imunológica contra as infecções virais é que, quando a propagação viral atinge um determinado limiar, a resposta imunológica é mobilizada e amplificada, resultando em uma resposta global. Em geral, essa resposta é bem tolerada e bloqueia rapidamente a infecção. A maneira como esse limiar é determinado não está clara; entretanto, se o limiar for alcançado muito rapidamente ou se a resposta imunológica não for proporcional à infecção, a produção e a liberação de citocinas inflamatórias e mediadores de estresse, em larga escala, podem sobrecarregar e matar o hospedeiro infectado. Esse fenômeno costuma ocorrer em indivíduos muito jovens, malnutridos ou em pacientes cujos sistemas de defesa do organismo encontram-se comprometidos sendo, às vezes, denominado de "tempestade de citocinas".

▸ Hiperativação do sistema imunológico por superantígenos. Superantígenos são proteínas que atuam como potentes mitógenos de células T. Essas proteínas se ligam às moléculas do complexo principal de histocompatibilidade (MHC, *major histocompatibility complex*) do tipo II presentes nas células apresentadoras de antígenos, e interagem com a cadeia Vβ do receptor de células T. Em torno de 2 a 20% das células T expressam a cadeia Vβ em que os superantígenos se ligam. Assim, em vez de serem apresentados ao receptor de células T, como peptídeos, pelas moléculas de MHC classe II, os superantígenos se ligam à cadeia Vβ diretamente. Como resultado, ocorrem a ativação e a proliferação de todas as subclasses de células T que expressam essa cadeia às quais os superantígenos se ligaram. Os superantígenos interferem claramente com a coordenação da resposta imunológica e desviam as defesas do hospedeiro. Todos os superantígenos conhecidos são oriundos de agentes infecciosos; muitos são proteínas virais, como os produzidos pelo vírus do tumor mamário de camundongos (MMTV, *mouse mammary tumor virus*), herpesvírus de humanos 4 (HHV-4) e herpesvírus de humanos 5 (HHV-5).

▸ Mecanismos associados aos radicais livres. Dois radicais livres – superóxido ($O_2^-$) e óxido nítrico (NO, *nitric oxide*) – são produzidos durante a resposta inflamatória e podem ter um papel importante na patologia induzida por alguns vírus. O superóxido é produzido pela enzima xantino-oxidase presente em fagócitos; por si só, não é tóxico para algumas células e vírus e seu efeito deve resultar da formação de peroxinitrito ($ONOO^-$) pela interação com o NO que é produzido em abundância nos tecidos infectados por vírus durante a inflamação, como parte da resposta imunológica inata. Esse gás é capaz de inibir a biossíntese de muitos vírus. Enquanto baixas concentrações de NO apresentam um efeito protetor, concentrações elevadas ou produção prolongada têm o potencial de contribuir para a indução de danos teciduais. Embora o NO seja relativamente inerte, reage rapidamente com o $O_2^-$ formando $ONOO^-$, o qual é mais reativo e pode ser responsável pelos efeitos tóxicos nas células.

▸ Autoimunidade. Doenças humanas autoimunes são causadas por uma resposta imunológica direcionada contra tecidos do próprio hospedeiro. Uma das hipóteses para a autoimunidade induzida por vírus teoriza que alguns agentes virais dividam determinantes antigênicos comuns com os tecidos do hospedeiro. Essa teoria é denominada mímica molecular. A infecção levaria à produção de uma resposta imunológica contra esses antígenos comuns, resultando na resposta autorreativa. Embora muitos peptídeos virais apresentem sequências comuns com proteínas humanas, ainda é difícil obter evidências diretas que comprovem essa teoria.

## Determinantes genéticos de virulência viral

Os genes que afetam a virulência viral podem ser divididos em quatro categorias (alguns deles podem ser incluídos em mais de uma categoria). Eles codificam proteínas que afetam a biossíntese viral; interferem com os mecanismos de defesa do hospedeiro; facilitam a disseminação dos vírus no hospedeiro e entre hospedeiros; e são diretamente tóxicos para a célula.

▸ Produtos gênicos que afetam a biossíntese viral. Um requerimento primário para a biossíntese de vírus de DNA é o acesso a grandes quantidades de desoxirribonucleotídeos trifosfatados na célula, o que se torna uma limitação significativa para vírus que são sintetizados em células diferenciadas como os neurônios. Por outro lado, o genoma de muitos vírus de DNA codifica proteínas que alteram a síntese celular de maneira que sejam produzidos substratos para a síntese de novos vírus. Outro mecanismo é a codificação de enzimas virais que funcionam no metabolismo de nucleotídeos e síntese de DNA, tais como timidino-cinases e ribonucleotídeo-redutases. Mutações nesses genes frequentemente reduzem a neurovirulência dos herpesvírus de humanos 1 e 2 (HHV-1 e HHV-2), pois esses mutantes não são propagados nos neurônios ou em células incapazes de complementar essa deficiência.

▸ Sequências não codificantes que afetam a biossíntese viral. As variantes atenuadas utilizadas na vacina Sabin contra os poliovírus são exemplos de vírus com mutações em proteínas não codificantes. Cada um dos três sorotipos virais presentes na vacina contém uma mutação na região 5′ não codificante do RNA viral, o que impede a biossíntese dos vírus no SNC.

▸ Produtos gênicos que modificam as defesas do hospedeiro. Os estudos de virulência viral identificaram uma gama de proteínas virais que sabotam as defesas inata e adaptativa do hospedeiro. Algumas dessas proteínas virais são chamadas de virocinas (proteínas virais análogas de citocinas, de fatores de crescimento ou de reguladores imunológicos extracelulares que aumentam a proliferação das células hospedeiras e a produção de vírus) ou virorreceptores (homólogos de receptores celulares para citocinas e quimiocinas, ou homólogos de moléculas do sistema imunológico na superfície da célula). Mutações nesses genes podem afetar a virulência viral.

▸ Genes que facilitam a disseminação viral. Mutações em alguns genes virais podem afetar a disseminação dos vírus do sítio de inoculação para o órgão em que ocorre a doença. Algumas proteínas virais têm sido implicadas em neuroinvasividade como, por exemplo, a glicoproteína D (gD) do HHV-1, que, ao sofrer a mudança de um único aminoácido, bloqueia a via neural para o seu espalhamento para o SNC. Outro exemplo é a proteína $\sigma 1$ do capsídeo dos reovírus que reconhece o receptor celular e determina a rota de disseminação para o SNC, por via neural ou hematogênica.

▸ Toxinas virais. Alguns produtos gênicos virais podem causar dano celular diretamente; no entanto, a virulência é reduzida caso ocorram alterações nesses genes. O exemplo mais convincente de uma proteína viral com toxicidade intrínseca relevante para a doença é a proteína NSP4 dos rotavírus. A NSP4 é uma glicoproteína não estrutural que participa do processo de maturação da partícula viral. Ao ser administrada a camundongos jovens, a NSP4 atua como uma enterotoxina e desencadeia uma via de transdução de sinal na mucosa intestinal. Quando essa proteína é produzida em células de inseto e mamíferos, provoca aumento da concentração de cálcio intracelular.

## Evasão das defesas do hospedeiro

Os mamíferos desenvolveram elaborados mecanismos de defesa para impedir as infecções por vírus. Os vírus, por outro lado, desenvolveram mecanismos de contradefesa que os possibilitam continuar infectando mamíferos; tais mecanismos de contradefesa variam de simples a elaborados (Quadro 6.3). Um mecanismo comum é a parada da síntese de macromoléculas da célula, rapidamente após a infecção, outro seria a produção rápida da progênie viral. A rápida parada da célula hospedeira impede a produção de interferon ou outras citocinas requeridas para as funções da resposta imunológica inata e adaptativa. Esse mecanismo também interrompe a produção de moléculas de MHC classes I e II, necessárias para o reconhecimento da célula infectada. A biossíntese rápida possibilita que os vírus completem vários ciclos de produção de partículas, antes que a resposta adaptativa seja formada e quantidades suficientes de citocinas sejam produzidas, para levar a célula a esse estado antiviral, e antes que a resposta adaptativa seja formada.

Já foram identificadas mais de 50 proteínas virais capazes de modular os mecanismos de defesas dos mamíferos para controlar as infecções virais e para eliminar os vírus, uma vez que a infecção ocorra.

**Quadro 6.3** Estratégias utilizadas pelos vírus para sua evasão do sistema imunológico.

- Rápida interrupção da síntese de macromoléculas do hospedeiro
- Comprometimento da produção de antígenos virais:
  - Restrição da expressão gênica
  - Infecção em sítios pouco acessíveis ao sistema imunológico
  - Variações antigênicas
- Interferência com a apresentação de antígenos pelo MHC I e MHC II
- Interferência com a atividade de células NK
- Interferência com a função de citocinas:
  - Produção de homólogos virais de reguladores celulares de citocina
  - Neutralização da atividade de citocinas
  - Produção de receptores de citocinas solúveis
- Inibição da apoptose

MHCI: *major histocompatibility complex* (complexo principal de histocompatibilidade); NK: células *natural killer*.

## Interferência com a expressão de peptídeos e função das moléculas do complexo principal de histocompatibilidade

A resposta imunológica mediada pelos CTL representa uma ferramenta potente da defesa adaptativa do hospedeiro contra infecções virais. Essa resposta depende, em parte, da capacidade de as células T detectarem os antígenos virais na superfície das células infectadas e as eliminarem. Tal reconhecimento requer a apresentação de peptídeos virais por moléculas de MHC de classe I (MHC I), por vias de produção e transporte de peptídeos virais endógenos para a superfície da célula. As proteínas virais são degradadas por meio de poliubiquitinização e processadas no proteossoma, em que são clivadas em pequenos peptídeos de 8 a 10 aminoácidos. Esses peptídeos entram no retículo endoplasmático (RE) pelas proteínas transportadoras de antígenos (TAP, *transporters associated proteins*). Dentro do RE, o sítio de ligação dos peptídeos nas moléculas de MHC I está inicialmente coberto por uma chaperona, que é removida para possibilitar a ligação dos peptídeos virais. Em seguida, os complexos peptídeos–MHC I são transportados do RE para a membrana citoplasmática, dentro de vesículas do complexo de Golgi, onde, então, podem ser detectados pelos CTL. Todas essas etapas podem sofrer interferência de proteínas virais que agem interrompendo ou retardando o processo por tempo suficiente, a fim de tornar possível a biossíntese viral (Figura 6.3 e Quadro 6.4).

O processamento inicial das proteínas virais pode ser interrompido pela estabilização da proteína de tal maneira que esta não seja degradada no proteossoma. O HHV-5 codifica uma proteína de 72 kDa que, quando é expressa juntamente com a pp65 (outra proteína viral), não ocorre a resposta mediada por CTL. A pp65 fosforila a proteína 72 kDa e, de algum modo, impede que esta seja degradada pelo proteossoma.

As TAP são também alvo da ação de proteínas virais. Por exemplo, a proteína US6 do HHV-5 bloqueia o canal interno do transportador TAP na face luminal do RE, impedindo a entrada dos peptídeos virais. A proteína ICP47 dos HHV-1 e HHV-2 se liga à TAP pelo lado citoplasmático e bloqueia a entrada dos peptídeos no RE. A proteína UL49.5 do vírus vaccínia (VV) inibe TAP por dois mecanismos: causando alterações

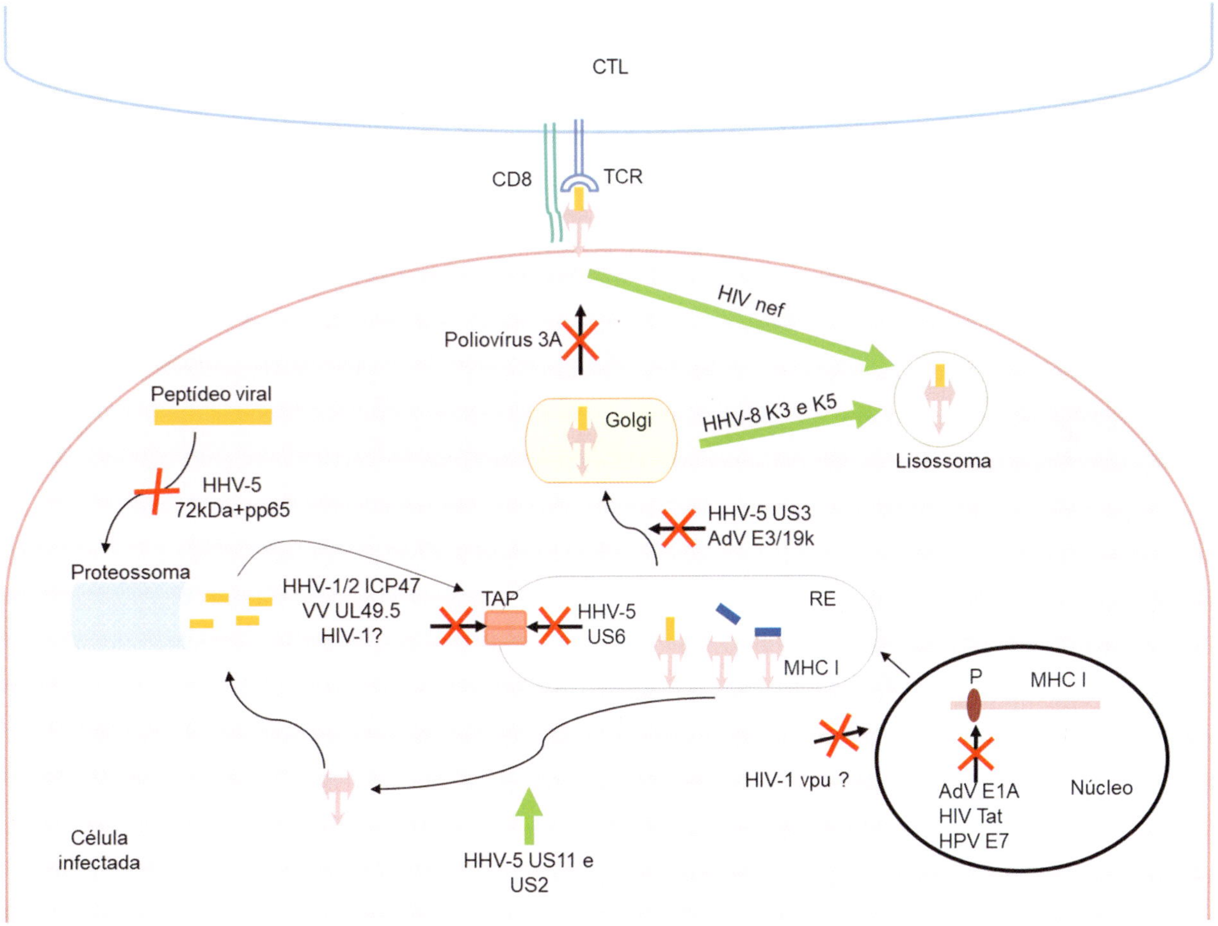


**Figura 6.3** Mecanismos de interferência de proteínas virais com a apresentação de antígenos pelo MHC I. Na célula infectada, uma parte das proteínas virais recém-sintetizadas é transportada para o proteossoma, onde são digeridas em pequenos peptídeos (*laranja*). Esses peptídeos são transportados para o lúmen do RE por intermédio de proteínas TAP. Os peptídeos se ligam a uma fenda na molécula recém-sintetizada de MHC I (*rosa*); o complexo peptídeo-MHC I é então transportado para o complexo de Golgi e, finalmente, para a superfície da célula onde será reconhecido pelas células $TCD_8^+$. Proteínas virais podem bloquear (*X, vermelho*) quase todas as etapas desse processo. As *setas verdes* indicam estimulação. No núcleo, a transcrição dos genes de MHC I pode ser bloqueada por proteínas virais que reprimem o promotor desses genes. Para mais detalhes, ver texto. HHV-5: herpesvírus de humanos 5; HIV-1: vírus da imunodeficiência humana 1; HPV: vírus do papiloma de humanos; HHV-1/2: herpesvírus de humanos 1 e herpesvírus de humanos 2; VV: vírus vaccínia; AdV: adenovírus; HHV-8: herpesvírus de humanos 8; TAP: *transporters associated proteins* (proteínas associadas a transportadores); MHC: *major histocompatibility complex* (complexo principal de histocompatibilidade); TCR: *T cell receptor* (receptor de célula T); CTL: *cytotoxic T lymphocyte* (linfócito T citotóxico); RE: retículo endoplasmático.

**Quadro 6.4** Mecanismos virais de interferência com MHC.

| Vírus | Proteína viral | Mecanismo proposto |
|---|---|---|
| **MHC I** | | |
| HHV-5 | pp65 | Fosforilação da proteína de 72 kDa, impedindo sua degradação no proteossoma |
| | US6 | Inibição de TAP |
| | US2 e US11 | Degradação das cadeias pesadas de MHC I no proteossoma |
| | US3 | Retenção de MHC I no retículo endoplasmático |
| HIV-1 | nef | Endocitose de moléculas de MHC I |
| | tat | Repressão do promotor do gene de MHC I |
| | vpu | Desestabilização da síntese de MHC I |
| | ? | Inibição de TAP |
| HPV | E7 | Repressão do promotor dos genes de MHC I |
| HHV-1 e HHV-2 | ICP 47 | Inibição de TAP |
| VV | UL49.5 | Inibição de TAP |
| AdV | E3/19K | Retenção de MHC I no retículo endoplasmático |
| | E1A | Repressão do promotor dos genes de MHC I |
| HHV-8 | K3 e K5 | Endereçamento das moléculas de MHC I para degradação nos lisossomas |
| Poliovírus | 3A | Inibição do transporte vesicular das moléculas de MHC I |
| **MHC II** | | |
| Poxvírus | T7 e B8-R | Inibição da indução da expressão de genes de MHC II |
| AdV | E1A | Inibição da indução da expressão de genes de MHC II |
| HPIV-3 | V? | Inibição da indução da expressão de genes de MHC II |
| Vírus da caxumba | V? | Inibição da indução da expressão de genes de MHC II |
| NiV | V? | Inibição da indução da expressão de genes de MHC II |
| HHV-4 | BZLF1 | Inibição da indução da expressão de genes de MHC II |
| | BZLF2 | Interação com MHC II bloqueando a ativação dos linfócitos $TCD_4^+$ |
| HHV-4 | US2 | Degradação das moléculas de MHC I HLA-DR-α e HLA-DM-α, no proteossoma |
| HHV-1 (KOS) | ? | Remoção das moléculas de MHC II do compartimento endocítico |
| HIV-1 | Nef | Redução da expressão de MHC II na superfície da célula |

HHV-5: herpesvírus de humanos 5; HIV-1: vírus da imunodeficiência humana 1; HPV: vírus do papiloma de humanos; HHV-1 e HHV-2: herpesvírus de humanos 1 e herpesvírus de humanos 2; HHV-1 (KOS): herpesvírus de humanos 1 estirpe KOS; VV: vírus vaccínia; AdV: adenovírus; HHV-8: herpesvírus de humanos 8; HPIV-3: vírus da parainfluenza de humanos 3; NiV: vírus Nipah; HHV-4: herpesvírus de humanos 4; TAP: *transporters associated proteins* (proteínas associadas a transportadores); MHC: *major histocompatibility complex* (complexo principal de histocompatibilidade); HLA: *human leukocyte antigen* (antígeno leucocitário humano).

conformacionais neste complexo ou degradando TAP no proteossoma. O vírus da imunodeficiência humana 1 (HIV-1) também bloqueia o transporte de peptídeos do citoplasma para o RE por um mecanismo ainda não elucidado.

O transporte da molécula de MHC I ligada ao peptídeo viral do RE para o complexo de Golgi é outro alvo das proteínas virais. As proteínas US11 e US2 do HHV-5 deslocam a molécula de MHC I do RE para o citoplasma, em que elas são degradadas no proteossoma e a proteína US3 se liga às moléculas de MHC I, retendo-as no RE. A glicoproteína 19 k codificada pela região E3 dos adenovírus (AdV) também retém as moléculas de MHC I no RE.

Alguns peptídeos virais, tais como as proteínas K3 e K5 do herpesvírus de humanos 8 (HHV-8), atuam como ubiquitino-ligases encaminhando as moléculas de MHC I para degradação nos lisossomas e impedindo sua expressão na superfície da célula. A proteína nef do HIV-1 reduz a expressão das moléculas de MHC I, sequestrando-as da superfície celular e as direcionando para os lisossomas, onde serão destruídas. A proteína 3A do poliovírus inibe o transporte vesicular das moléculas de MHC I. A proteína tat do HIV-1, a proteína E1A do AdV e a proteína E7 do vírus do papiloma de humanos (HPV) reprimem o promotor dos genes do MHC I, interferindo com a transcrição de RNA mensageiros para a síntese das moléculas de MHC I. A proteína vpu do HIV-1 interfere nos estágios iniciais da síntese de MHC I, desestabilizando as moléculas recém-sintetizadas por um mecanismo ainda não elucidado.

Nas vias de apresentação de antígenos exógenos, as proteínas são internalizadas e degradadas em peptídeos que podem se ligar a moléculas de MHC II presentes em células apresentadoras de antígenos (*antigen presenting cells* [APC], linfócitos B, células dendríticas e macrófagos). No lúmen do RE as moléculas de MHC II se ligam a uma proteína denominada "cadeia invariante" (Ii, CD74) o que impede a ligação do MHC II com peptídeos endógenos presentes no RE e direciona a molécula para a via endocítica pelo complexo de Golgi e trans-Golgi para um sítio denominado MIIC (*MHC class II loading compartments*). No MIIC, a cadeia Ii é degradada por proteases, incluindo catepsinas S e L, deixando um fragmento conhecido como peptídeo de classe II associado à cadeia invariante (CLIP, *class II associated invariant chain peptide*), ligado à fenda da molécula de MHC II.

Os antígenos exógenos entram nas APC por endocitose e são internalizados em vesículas (endossomas). A redução do pH ativa proteases dentro do endossoma, levando à degradação dos antígenos exógenos em pequenos peptídeos. Este endossoma irá fundir-se com as vesículas exocíticas contendo as moléculas de MHC II em subdomínios do MIIC em que o CLIP será removido com o auxílio das moléculas de HLA-DM (*human leukocyte antigen*-DM; antígeno leucocitário humano-DM) em pH ácido, possibilitando a formação do complexo peptídeo-MHC II, o qual será transportado para a superfície da célula, onde podem ser reconhecidos pelos receptores das células $TCD_4^+$. As células $TCD_4^+$ *helper* (Th) ativadas estimulam os CTL e auxiliam a coordenar a resposta antiviral. Qualquer proteína viral que module a via de apresentação de antígenos pelo MHC II irá interferir com a ativação das células Th. Muitos produtos virais modulam MHC II (Figura 6.4; ver Quadro 6.4).

Os vírus podem escapar da detecção pelas células $TCD_4^+$ por pelo menos dois mecanismos; um deles é a inibição da indução da expressão de genes do MHC II pelo bloqueio do sinal de transdução do interferon-γ (INF-γ) e da expressão do transativador de moléculas MHC classe II (CIITA, *class II transactivator*). O outro mecanismo é a inibição da via de apresentação de antígeno pelo MHC II por proteínas virais que afetam a estabilidade ou o ordenamento das moléculas de MHC II.

Os poxvírus produzem proteínas (p. ex., T7, B8-R) que funcionam como homólogos solúveis de receptores para IFN-γ (IFN-γR). A proteína BZLF1 do HHV-4 reduz a transcrição do IFN-γR1 e a proteína E1A do AdV inibe a transcrição de IFN-γR2. Alguns paramixovírus – tais como o vírus da caxumba, o vírus da parainfluenza de humanos 3 (HPIV-3) e o vírus Nipah

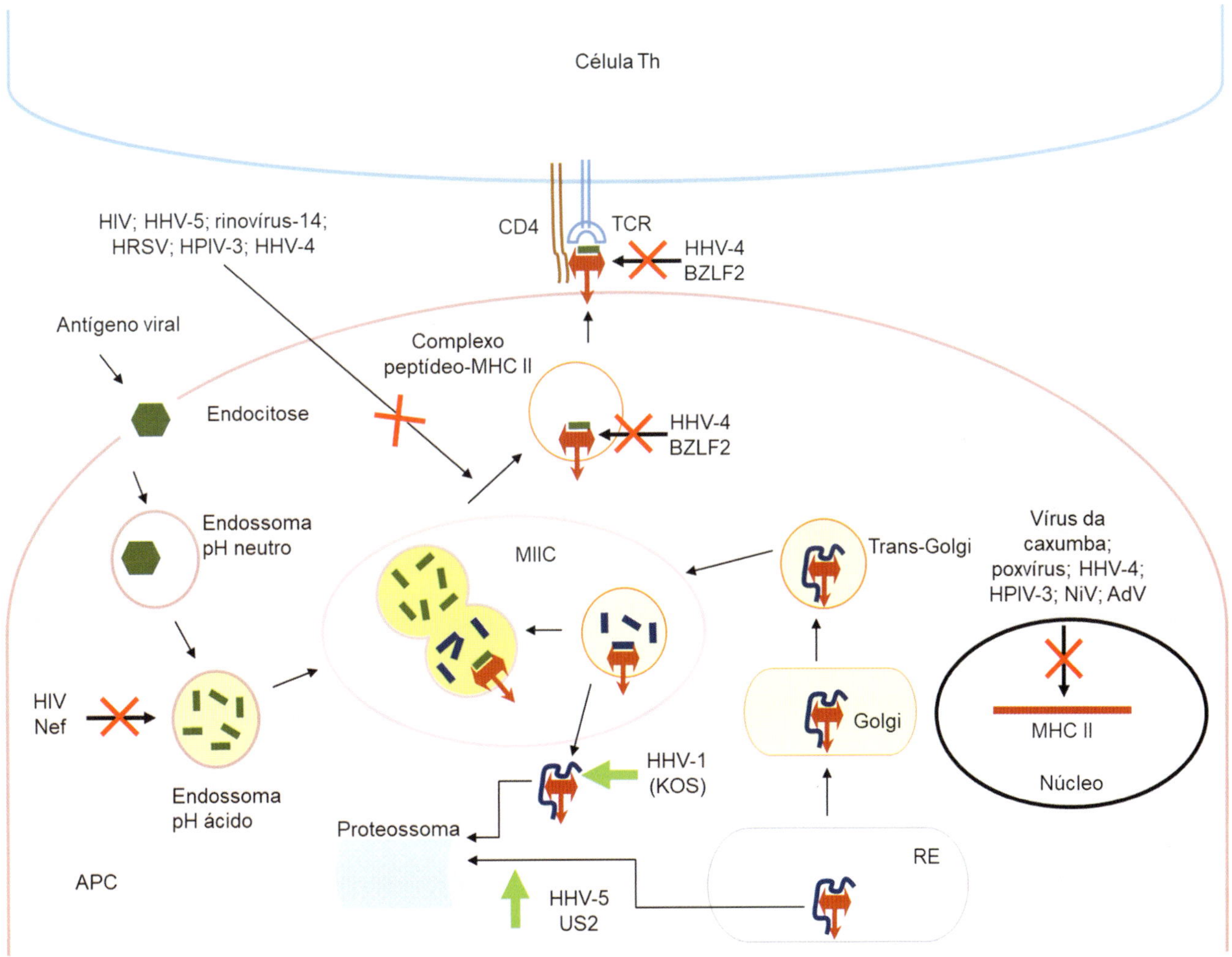


**Figura 6.4** Mecanismos de interferência de proteínas virais com a apresentação de antígenos pelo MHC II. Os antígenos exógenos entram nas APC por endocitose e são internalizados em endossomas que se fundem com vesículas endocíticas contendo as moléculas de MHC II. Isso resulta na formação do complexo peptídeo–MHC II, que é transportado para a superfície da célula em que será reconhecido pelas células $TCD_4^+$. Proteínas virais podem bloquear (*X vermelho*) quase todas as etapas desse processo. As *setas verdes* indicam estimulação. No núcleo, a transcrição dos genes de MHC II pode ser bloqueada por proteínas virais que reprimem o promotor desses genes. Para mais detalhes, ver texto. HHV-5: herpesvírus de humanos 5; HIV-1: vírus da imunodeficiência humana 1; HHV-1: herpesvírus de humanos 1 estirpe KOS; HPIV-3: vírus da parainfluenza de humanos 3; NiV: vírus Nipah; HRSV: vírus respiratório sincicial de humanos; HHV-4: herpesvírus de humanos 4; APC: *antigen presenting cells* (células apresentadoras de antígenos); MHC: *major histocompatibility complex* (complexo principal de histocompatibilidade); TCR: *T cell receptor* (receptor de célula T); MIIC: *MHC class II loading compartments* (compartimentos de carga MHC classe II); célula Th: linfócitos $TCD_4^+$ *helper*; RE: retículo endoplasmático.

(NiV) – produzem uma proteína (possivelmente a proteína V) que interfere com transdutor de sinal e ativador da transcrição 1 (STAT1, *signal transducer and activator of transcription 1*).

É descrito que a proteína US2 do HHV-5 promove a degradação de dois componentes das moléculas de classe II no proteossoma, HLA-DR-α e HLA-DM-α, impedindo o reconhecimento pelas células $TCD_4^+$. A proteína BZLF2 do HHV-4 interage com as moléculas de MHC II no citoplasma e na superfície da célula, bloqueando a ativação de linfócitos $TCD_4^+$. A infecção pela estirpe KOS do HHV-1 remove moléculas de MHC II de compartimentos de vesículas endocíticas. A proteína nef do HIV-1 reduz a expressão de MHC II na superfície da célula, possivelmente por interferir com a acidificação nas vesículas endossomais, afetando a formação do complexo peptídeo-MHC II.

Alguns vírus inibem a apresentação de antígenos pelo MHC II por indução de secreção de IL-10 ou expressão de homólogos virais de IL-10, que podem reduzir a expressão de MHC II na superfície celular, retendo os complexos peptídeo-MHC II no MIIC (Quadro 6.5).

## Interferência com a atividade do sistema complemento

Células infectadas podem ser destruídas por meio do complemento, por uma via ativada pelos anticorpos ligados aos antígenos virais na superfície da célula. A neutralização viral por anticorpos também é amplificada pela ação do complemento. Os herpesvírus de humanos expressam proteínas que interferem com a ativação do complemento como, por exemplo, os HHV-1 e HHV-2, que contêm a glicoproteína C (gC) na superfície da partícula que se liga ao componente C3b, bloqueando o início da cascata do complemento. Os HHV-1 e HHV-2 também expressam um complexo de proteínas (gE e gI), que apresentam receptor para a fração Fc da imunoglobulina. Esse complexo liga-se à IgG pelo domínio Fc, bloqueando a ativação do complemento. O HHV-5 também expressa proteínas que funcionam como receptor para Fc.

## Infecção de células do sistema imunológico

Alguns vírus infectam células do sistema imunológico como linfócitos e macrófagos. Além de desempenharem papel direto nas defesas imunológicas, essas células também migram por todo o organismo, facilitando o transporte desses vírus. A infecção lítica pelo HIV nos linfócitos T induz uma profunda imunossupressão, uma vez que essas células são necessárias à produção da resposta imunológica. Do mesmo modo, o vírus do sarampo infecta diversas células do sistema imunológico, incluindo linfócitos T e B, e monócitos, resultando em uma imunossupressão que persiste por algumas semanas após a infecção. Outros vírus infectam células T, células B, macrófagos ou outras células importantes para a resposta imunológica. Além disso, a infecção do timo por vírus no início da vida de um animal, quando o sistema imunológico ainda está se desenvolvendo, pode resultar em tolerância imunológica, que faz com que o vírus não seja reconhecido como um antígeno estranho. Isso possibilita que o vírus estabeleça uma infecção que perdura para toda a vida.

## Redução da atividade das células *natural killer*

As células NK são as principais efetoras da resposta imunológica inata a infecções virais. A função das células NK é induzir a lise da célula infectada por meio da liberação de grânulos citotóxicos, como perforinas e granzimas. A ação das células NK é controlada pelo balanço dos receptores de ativação e inibição presentes nessas células (Quadro 6.6). As moléculas de MHC I se ligam em receptores na superfície das células NK, inibindo a atividade dessas células. A redução da expressão de MHC I torna a célula infectada mais suscetível à lise pela ação das células NK. A redução da expressão de MHC I é um evento comum em infecções virais; nesse sentido, a célula infectada atuaria causando sua própria destruição, promovendo, assim, um mecanismo de proteção.

Os vírus podem provocar a inibição das células NK por vários mecanismos. A inibição pode ser causada por: modificação da expressão de ligantes na superfície da célula infectada, seja por aumento da expressão de ligantes de inibição, expressão de moléculas virais que mimetizam ligantes de inibição ou decréscimo da expressão de ligantes de ativação, inibição de citocinas como IFN-γ ou IL-18, expressão de moléculas virais que competem com receptores de IL-18, sequestro intracelular de quimiocinas ou interferência com a liberação de grânulos citotóxicos como perforinas e granzimas. Exemplos desses mecanismos são mostrados na Figura 6.5.

As células humanas estão protegidas da destruição pelas células NK, primariamente, pelas moléculas de HLA-C e HLA-E. As células infectadas pelo HIV provavelmente também se protegem da atividade das células NK, por um mecanismo de interferência com a expressão das moléculas do MHC I, reduzindo seletivamente a expressão de moléculas de HLA-A e HLA-B, as quais são moléculas do MHC I de reconhecimento para a maioria dos CTL. Isso não afeta a expressão de moléculas HLA-C ou HLA-E. Dessa maneira, as células são resistentes à lise mediada por células NK e, embora permaneçam sensíveis à lise por CTL, essa sensibilidade está fortemente reduzida.

**Quadro 6.5** Exemplos de vírus que induzem a expressão de interleucina 10 (IL-10) ou codificam homólogos de IL-10.

| Indução da expressão de IL-10 | Expressão de homólogos de IL-10 |
|---|---|
| HIV; HHV-5; rinovírus-14; HPIV-3; HRSV | HHV-4; HHV-5 |

HIV: vírus da imunodeficiência humana; HHV-5: herpesvírus de humanos 5; HPIV-3: vírus da parainfluenza de humanos tipo 3; HRSV: vírus respiratório sincicial de humanos; HHV-4: herpesvírus de humanos 4.

**Quadro 6.6** Exemplos de receptores de inibição e ativação encontrados em células NK.

| Receptor | Efeito em células NK |
|---|---|
| $CD_{94}$/NKG2A | Inibição |
| Ly49I | Inibição |
| LIR-1 | Inibição |
| Ly49H | Ativação |
| IL18Rα | Ativação |
| NKG2D | Ativação |

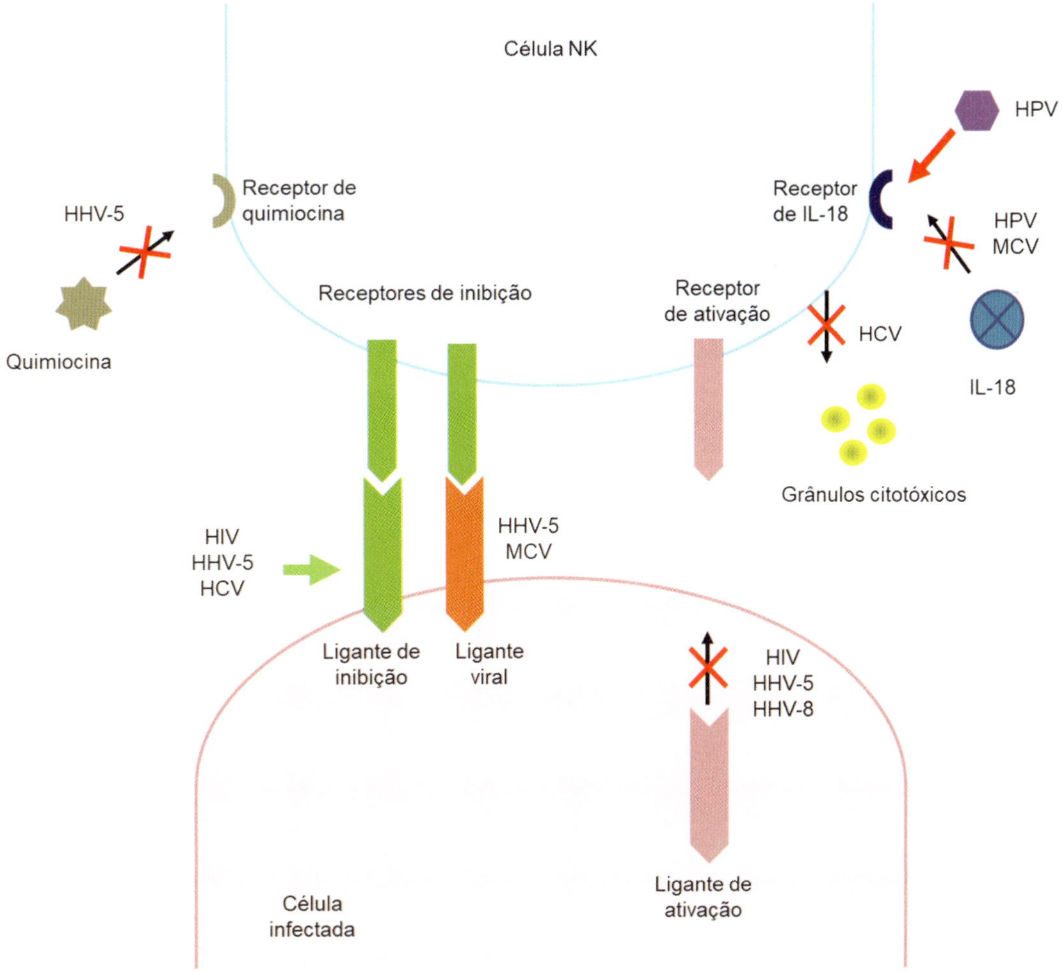


**Figura 6.5** Mecanismos de interferência de proteínas virais com a atividade de células NK. A ação das células NK é controlada por interações com ligantes de inibição ou ativação. Os ligantes de inibição são moléculas de MHC I; quando a célula NK se liga a essas moléculas, sua ativação é bloqueada. Quando os receptores das células NK se ligam a antígenos virais, essas células são ativadas e provocam a morte da célula infectada por meio da liberação de grânulos citotóxicos. Os vírus podem causar a inibição (X, *vermelho*) das células NK por vários mecanismos. Para mais detalhes, ver texto. NK: células *natural killer*; HHV-5: herpesvírus de humanos 5; HIV: vírus da imunodeficiência humana; HPV: vírus do papiloma de humanos; HCV: vírus da hepatite C; HHV-8: herpesvírus de humanos 8; MCV: vírus do molusco contagioso.

## Variações antigênicas

Os hospedeiros que sobrevivem à infecção aguda tornam-se, em geral, imunes à infecção pelo mesmo vírus, por toda a vida, como ocorre, por exemplo, com o poliovírus e o vírus do sarampo. Por outro lado, a infecção aguda causada por alguns vírus (p. ex., rinovírus e vírus da influenza) ocorre repetidamente, apesar da eliminação do vírus pelo sistema imunológico. Os mecanismos responsáveis por reinfecções ainda não são completamente compreendidos, mas as propriedades estruturais dos vírus e a capacidade dos anticorpos neutralizantes de bloquear a infecciosidade dos vírus são parâmetros críticos.

Os vírus que conseguem tolerar diversas substituições de aminoácidos nas suas proteínas estruturais e permanecem infecciosos apresentam o que se denomina plasticidade estrutural (p. ex., HIV, vírus da influenza, rinovírus). Assim, os vírus que sofrem mutações não são completamente neutralizados pelos anticorpos já existentes no organismo, podendo acarretar a reinfecção dos indivíduos que estão parcialmente protegidos. Por outro lado, alguns vírus não suportam alterações indiscriminadas de aminoácidos (p. ex., poliovírus, vírus do sarampo, vírus da febre amarela), e é rara a ocorrência de mutações em genes que codificam proteínas estruturais e que resultem na redução da capacidade de reconhecimento pelos anticorpos.

Os princípios envolvidos na seleção e manutenção de partículas virais que escapam dos anticorpos durante a infecção natural ainda não são muito compreendidos. Por exemplo, os rinovírus apresentam uma plasticidade estrutural extraordinária, com mais de 160 diferentes tipos de rinovírus circulando na população, o que explica o fato de um indivíduo poder sofrer vários episódios de resfriado por ano. O mesmo acontece com a gripe, porque os vírus da influenza sofrem mutações muito frequentemente, não sendo completamente neutralizados pelos anticorpos. Por outro lado, os poliovírus que pertencem à mesma família dos rinovírus, por um motivo ainda não explicado, apresentam apenas três sorotipos. Contudo, essa propriedade garante que a vacina contra os poliovírus, que foi produzida nos anos 1950, continue apresentando a mesma eficácia. Isso também acontece com o vírus do sarampo e o da febre amarela, que, por apresentarem poucas alterações nas sequências das proteínas do envelope, induzem uma proteção duradoura à reinfecção. Em consequência, a proteção da vacina contra o sarampo dura por longos períodos, enquanto a vacina contra a gripe deve ser administrada anualmente.

As alterações nas proteínas virais são denominadas variações antigênicas. Em um hospedeiro imunocompetente, as variações antigênicas ocorrem por dois processos distintos: o primeiro é o surgimento de vírions com proteínas de superfície apresentando alterações antigênicas discretas (*antigenic drift*), após a propagação no hospedeiro natural; o segundo consiste em uma alteração mais drástica nos genes que codificam as proteínas de superfície, resultando na expressão de uma nova proteína (*antigenic shift*). Essa alteração drástica na composição do vírion resulta da coinfecção de um hospedeiro com dois sorotipos virais. Vírus com genoma segmentado podem trocar segmentos, ou genomas correplicantes podem produzir genomas reagrupados, resultando em um vírion híbrido que pode temporariamente escapar das defesas imunológicas.

### *Quasispecies*

A mistura de variantes de um mesmo vírus presente em um hospedeiro, em um determinado momento, é denominada de *quasispecies*. Embora seja conveniente pensar nos vírus como partículas homogêneas, isso não corresponde à realidade, uma vez que tanto a RNA polimerase quanto a DNA polimerase virais promovem erros, produzindo mutantes durante a infecção. Em geral, a polimerase dos vírus de genoma de RNA apresenta uma precisão menor que a enzima dos vírus de DNA. Dessa maneira, as mutações têm um peso maior na patogênese dos vírus de RNA em comparação com a dos vírus de DNA. No entanto, mutações têm papel importante na patogênese de qualquer vírus. A geração de uma população de *quasispecies* resulta de uma pressão seletiva complexa e intensa no hospedeiro, em que alguns vírions estão mais capacitados a escapar da resposta imunológica que outros. A natureza dessa pressão seletiva e o potencial patogênico dos vírus selecionados são determinantes importantes da patogênese viral.

## Bloqueio da apoptose

Frequentemente, a infecção de células de animais por vírus resulta em apoptose celular, caso o vírus não a bloqueie. As células NK e os CTL induzem apoptose para a destruição das células infectadas. Contudo, a própria biossíntese viral, com frequência, induz a apoptose celular. Para os vírus de biossíntese rápida, como a maioria dos vírus de genoma de RNA, a apoptose parece não inibir a produção de vírus. Isso pode resultar no espalhamento mais rápido do vírus para as células vizinhas devido à lise celular e a um processo inflamatório mais discreto do que normalmente ocorreria, uma vez que a apoptose não induz inflamação. Para os vírus de biossíntese mais lenta, como a maioria dos vírus de DNA, a apoptose prematura resulta em declínio significativo da produção de partículas virais. Dessa maneira, muitos vírus desenvolveram mecanismos para inibir ou retardar a apoptose das células infectadas. A maioria desses mecanismos interfere na via de ativação das caspases ou regula a atividade da proteína p53.

### Produção de serpinas

Muitos poxvírus produzem proteínas que inibem a atividade das caspases (cisteíno-proteases). Essas proteínas dos poxvírus são relacionadas com as serpinas (inibidores de protease) celulares, que são pequenas proteínas que servem como substrato para as serino-proteases, mas que, permanecendo ligadas à protease após a clivagem, bloqueiam sua atividade. As serpinas são importantes na regulação da resposta inflamatória e apoptose. As serpinas dos poxvírus inibem as caspases possivelmente de maneira semelhante às serpinas celulares: são clivadas pelas caspases, mas permanecem ligadas a elas com consequente bloqueio da sua atividade. Esses produtos virais provavelmente bloqueiam a apoptose induzida por qualquer via que requeira a ativação de caspases.

### Interferência com a sinalização do receptor Fas ou fator de necrose tumoral

Alguns poxvírus codificam uma proteína homóloga ao receptor (R) do fator de necrose tumoral (TNFR, *tumor necrosis factor receptor*; receptor para fator de necrose tumoral). Essa proteína inibe a interação do TNF-α (*tumor necrosis factor*-α) com o TNFR, impedindo a apoptose ativada via TNF-α. Os adenovírus produzem proteínas que antagonizam os efeitos do TNF-α. O vírus do molusco contagioso, um poxvírus, produz uma proteína similar à proteína celular FADD (Fas-*associated death domain*; domínio de morte associado ao Fas), a qual se associa à caspase-8, recrutando-a para ativar os receptores Fas (também chamados CD95 ou APO-1) e TNF na superfície da célula, resultando na ativação da caspase-8. A proteína viral impede essa interação e consequente ativação da sinalização da caspase-8 por Fas e TNF. Alguns herpesvírus produzem proteínas que interferem com a ativação da caspase-8 por interação com FADD, em um mecanismo semelhante ao vírus do molusco contagioso.

Outro mecanismo de interferência com a ativação da apoptose por receptores Fas é a redução do número dessas moléculas na superfície da célula. Os adenovírus produzem uma proteína que faz com que esses receptores sejam internalizados e degradados na célula.

### Produção de homólogos de Bcl-2

A proteína celular Bcl-2 inibe a apoptose. Vários herpesvírus e adenovírus produzem homólogos da Bcl-2, os quais atuam como agentes antiapoptóticos. O HHV-4 desenvolveu outro mecanismo para a inibição da apoptose, codificando uma proteína que estimula a produção celular da Bcl-2.

### Controle da concentração de p53

Muitos vírus de DNA induzem a síntese de DNA celular, o que leva ao aumento da concentração de p53. Essa proteína antitumor tem papel central no controle do ciclo celular, sendo que uma de suas funções é a de ativador da transcrição. A sua concentração é controlada por uma rápida rotatividade do índice de produção/degradação e pela ativação, induzida pela própria p53, da transcrição de um gene celular denominado *mdm*-2 (*murine double minute 2 homolog*; homólogo do gene duplo minuto 2 de camundongo), o qual também requer interação com p300.

A proteína mdm-2 se liga à p53 e inibe a sua capacidade de atuar como fator de transcrição, regulando assim sua própria síntese. Esse balanço é desestabilizado por vírus de DNA, durante o processo de estimulação da célula para entrar na fase S, tornando possível o acúmulo da p53. Altas concentrações de p53 induzem apoptose, provavelmente como resultado da sua atividade transcricional. Muitos vírus de DNA resistem à apoptose induzida pela proteína p53 sequestrando-a ou interferindo com suas funções como ativador transcricional, ou causando sua rápida degradação. Alguns herpesvírus, adenovírus, HPV e o vírus da hepatite B (HBV) apresentam esses mecanismos.

## Defesas virais contra citocinas e quimiocinas

As citocinas e quimiocinas são reguladores potentes das defesas inata e adaptativa. Em virtude de sua importância na regulação da resposta imunológica e devido ao seu potencial efeito contra a infecção viral, muitos vírus desenvolveram mecanismos de interferência nas atividades dessas defesas. Isso inclui a codificação de homólogos ou análogos de citocinas e quimiocinas, ou de seus receptores. Pelo fato de as interações das citocinas e quimiocinas serem complexas, as vias pelas quais os produtos virais induzem seus efeitos não são compreendidas com frequência. Os vírus também produzem proteínas que inibem aspectos específicos da resposta inata, induzidos por citocinas.

### Evasão do estado antiviral

Muitos vírus codificam produtos que especificamente interferem com a ativação da via da proteíno-cinase dependente de RNA (PKR, *protein kinase RNA-activated*), que leva à interrupção da síntese de proteínas celulares. Isso sugere que essa via é importante para o controle das infecções por vírus. Diversos mecanismos estão envolvidos: síntese de RNA competitivo que se liga à PKR, mas não a ativa (p. ex., adenovírus, HHV-4 e HIV); síntese de produtos que sequestram RNA de dupla fita (p. ex., vírus vaccínia e reovírus); produção de proteínas que se ligam à PKR e a impedem de fosforilar eIF-2α (*eukaryotic initiation factor 2*; fator de iniciação eucariótico 2) (p. ex., vírus vaccínia); e ativação de inibidores celulares ou degradação de PKR (p. ex., vírus da influenza, poliovírus e HIV).

### Interferência com vias de transdução de sinais

Adenovírus, HHV-4 e HBV codificam produtos que interferem com a transdução de sinal do receptor de interferon. Não estão esclarecidos os mecanismos pelos quais a transdução de sinal é bloqueada.

### Produção de proteínas de ligação a citocinas

Alguns vírus codificam proteínas que mimetizam os receptores celulares (virorreceptores) que se ligam a citocinas. A maioria dessas proteínas virais é secretada pela célula na forma de proteínas solúveis que neutralizam a atividade das citocinas, ligando-se a elas de maneira não produtiva. Poxvírus, HHV-4, HHV-5 e HHV-8 são exemplos de vírus que produzem essas proteínas semelhantes aos receptores de citocinas e quimiocinas.

### Secreção de virocinas

Alguns herpesvírus como o HHV-4 e o HHV-8 produzem análogos de citocinas (IL-6, IL-10) ou quimiocinas, denominados virocinas. As IL-6 e IL-10 são necessárias para a proliferação de células B e, presumivelmente, servem para expandir essa população. As virocinas servem para atrair as células-alvo, uma vez que esses vírus infectam linfócitos B; além disso, desviam a resposta imunológica para uma resposta das células B auxiliada por células Th2, reduzindo a intensidade da resposta por CTL auxiliada por células Th1. Dessa maneira, enquanto expande o número de células permissivas disponíveis para a infecção viral, essas virocinas também reduzem o número de CTL, controlando a população de células infectadas.

## Infecção de tecidos com vigilância imunológica reduzida

As células e órgãos do corpo diferem no grau de suas defesas imunológicas. Alguns tecidos (p. ex., pele, glândulas, ductos biliares e túbulos renais) são expostos rotineiramente a partículas estranhas e, em consequência, apresentam um limiar mais elevado para a ativação das defesas imunológicas. O HHV-5, por exemplo, é sintetizado na superfície luminal das glândulas salivares e mamárias e ductos renais. Nesses tecidos, a vigilância imunológica é "frouxa", o que torna possível a manutenção da infecção. Os HPV são outro exemplo de vírus que se utiliza desse mecanismo. A biossíntese desses vírus ocorre na camada externa diferenciada da pele, não afetada pela resposta imunológica.

Certos compartimentos do organismo, tais como o SNC, o humor vítreo do olho e áreas de drenagem linfática, são destituídos de iniciadores e efetores da resposta inflamatória, visto que esses tecidos podem ser danificados pelo acúmulo de fluido, inchaço e desbalanço iônico, que caracterizam a inflamação. Além disso, como a maioria dos neurônios não se regenera, uma defesa imunológica com base na morte celular é certamente prejudicial.

# Padrões de infecção

Em geral, as infecções naturais podem ser rápidas ou autolimitadas (infecções agudas) ou de longa duração (infecções persistentes) (Figura 6.6); podem ocorrer variações e combinações desses dois modelos.

## Infecções agudas e infecções inaparentes

O termo infecção aguda indica a produção rápida de vírus, seguida da resolução e eliminação rápida da infecção pelo hospedeiro. Essas infecções são relativamente passageiras e, em um hospedeiro saudável, as partículas virais e as células infectadas são completamente eliminadas pelo sistema imunológico em poucos dias. Uma infecção aguda é uma estratégia eficiente de manutenção de alguns vírus, visto que sua progênie estará disponível para infectar outro hospedeiro antes de a infecção ser debelada.

As infecções agudas são frequentemente associadas a grandes epidemias, afetando milhões de indivíduos anualmente (p. ex., dengue, gripe, sarampo). A natureza de uma infecção aguda impõe dificuldades para médicos, epidemiologistas, indústrias farmacêuticas e órgãos de saúde pública, pois, no momento em que as pessoas adoecem ou produzem uma resposta imunológica detectável, os vírus já foram disseminados para outro hospedeiro. Pode ser difícil diagnosticar essas infecções retrospectivamente ou controlá-las em grandes populações ou ambientes superlotados (p. ex., creches, acampamentos militares, dormitórios, abrigos, escolas e escritórios).

As infecções agudas não resultam, necessariamente, em doença, podendo ocorrer de modo inaparente ou assintomático. Nesse caso, há a produção suficiente de vírus para sua manutenção na população, mas a quantidade está abaixo da requerida

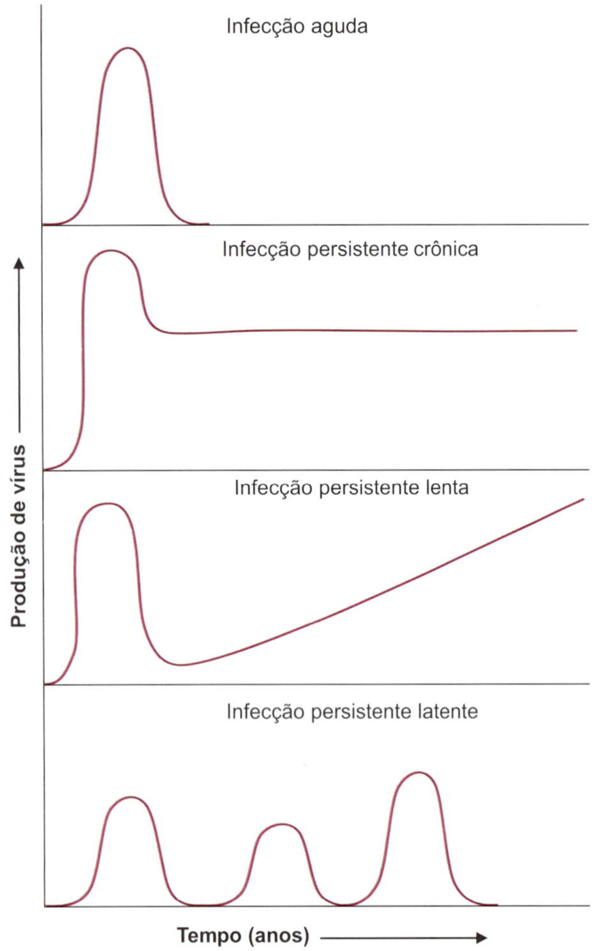


Figura 6.6 Esquema dos padrões de infecção.

para a produção de sintomas no hospedeiro. Na verdade, as infecções virais inaparentes são bastante comuns e podem funcionar como fonte de infecção na população. Essas infecções são reconhecidas pela presença de anticorpos vírus-específicos sem qualquer registro de doença.

A resposta imunológica inata limita e controla a maioria das infecções agudas. Em consequência, essas infecções são desastrosas para indivíduos cujas defesas iniciais estão comprometidas, principalmente pelo fato de as partículas virais não permanecerem localizadas no sítio primário da infecção, sendo amplamente disseminadas. Em uma infecção primária, a resposta imunológica adaptativa não influencia a biossíntese do vírus por vários dias, mas é essencial para a eliminação final do vírus e células infectadas. A resposta adaptativa também fornece memória para a defesa contra exposições subsequentes.

## Infecções persistentes

Ao contrário das infecções agudas, as infecções persistentes não são eliminadas rapidamente pela resposta imunológica adaptativa, e as partículas ou produtos virais continuam sendo produzidos por longos períodos. As partículas infecciosas podem ser produzidas contínua ou intermitentemente por meses ou anos. Em algumas situações, o genoma viral permanece por longos períodos na célula infectada, mesmo depois de cessar a detecção das proteínas virais. Existem três tipos de infecções persistentes: crônica, em que o vírus é continuamente propagado e excretado; lenta, em que ocorre um longo período entre a infecção aguda primária e o surgimento dos sintomas, havendo produção contínua de vírus durante esse período; e latentes, na qual o vírus persiste em uma forma "não infecciosa", com períodos intermitentes de reativação.

Muitas doenças cerebrais fatais, caracterizadas por ataxia ou demência, derivam de um tipo extremo de infecção persistente lenta. O período entre o contanto inicial com o agente infeccioso e o surgimento de sintomas pode ser de vários anos. Uma vez que surgem os sintomas, a morte geralmente ocorre rapidamente. Alguns vírus, como o do sarampo, o poliomavírus de humanos 2 (HPyV2), o HIV e o vírus linfotrópico para células T de humanos (HTLV), podem estabelecer infecções lentas com patogênese grave do sistema nervoso nos estágios finais da doença. Em muitos casos, a infecção persistente ocorre em compartimentos periféricos sem nenhum efeito aparente, e apenas afeta o cérebro depois de muitos anos.

As infecções persistentes latentes podem ser caracterizadas por três propriedades gerais: expressão do ciclo viral produtivo ausente ou ineficiente; reconhecimento ineficiente da célula contendo o genoma viral latente pelo sistema imunológico; e persistência do genoma viral intacto, podendo, eventualmente, iniciar uma infecção aguda produtiva, garantindo a disseminação da progênie para um novo hospedeiro.

O genoma latente pode ser mantido integrado ou não ao genoma da célula hospedeira. A manutenção do genoma viral latente é notável por sua estabilidade, o que requer um balanço entre a expressão de genes reguladores virais e celulares. Em geral, um pequeno número de produtos virais é sintetizado durante a infecção latente; contudo, os vírus latentes devem apresentar mecanismos de reativação, de maneira que tais vírus possam disseminar-se para outros hospedeiros.

A reativação geralmente decorre de traumas, estresse ou outras agressões.

## Infecções abortivas

Infecção abortiva é aquela em que o vírus infecta um hospedeiro ou uma célula suscetível, mas a biossíntese não se completa, geralmente pelo fato de um gene viral ou celular essencial não ser expresso. Desse modo, a infecção abortiva é não produtiva; no entanto, essa infecção não é necessariamente ignorada ou benigna para o hospedeiro infectado. A interação do vírus com proteínas da superfície da célula, seguida do desnudamento da partícula, pode induzir danos na membrana, desarrumação de endossomas, ou ativar vias de sinalização que causam apoptose e produção de citocinas. Em algumas situações, células sofrendo infecção abortiva não são reconhecidas pelo sistema imunológico, e o genoma viral pode persistir por todo o tempo de vida da célula. Em alguns casos, a infecção pode prosseguir por tempo suficiente para que os CTL reconheçam a célula infectada. Essa infecção, possivelmente, pode induzir a produção de interferon e resposta inflamatória, que podem ser danosas para o hospedeiro, se um número suficiente de células estiver envolvido.

## Transformação celular

A transformação celular é um tipo especial de infecção persistente. Uma célula infectada com certos vírus de DNA e também alguns retrovírus pode exibir propriedades de crescimento alteradas e começar a proliferar mais rapidamente que células não infectadas. Em algumas infecções, essas mudanças são acompanhadas pela integração do genoma viral ao genoma celular. Em outras situações, a biossíntese é coordenada pela célula. As partículas virais podem não mais ser produzidas; no entanto, parte ou todo o seu material genético geralmente persiste. Esse padrão de infecção persistente causa alteração no comportamento da célula que leva à transformação celular, podendo progredir para o câncer.

## Períodos de infecção

Os períodos de infecção são designados de acordo com a etapa da doença. Desse modo, temos:

- Período de incubação: período compreendido entre a infecção e o aparecimento dos primeiros sintomas característicos da doença
- Período prodrômico: o indivíduo apresenta sintomas clínicos generalizados e inespecíficos (p. ex., febre, mal-estar, dor de cabeça etc.) e esses sintomas antecedem aqueles característicos da doença
- Período da doença: o indivíduo apresenta os sintomas característicos associados à doença
- Período de infecciosidade: o indivíduo infectado permanece excretando e transmitindo o vírus
- Período de convalescença: período durante o qual o paciente se recupera.

## Excreção do vírus pelo organismo

O último estágio da patogênese é a excreção do vírus infeccioso, necessário para a manutenção da infecção na população. A excreção, normalmente, ocorre por uma das superfícies do corpo envolvidas na entrada do vírus. No caso das infecções localizadas, a mesma superfície está envolvida na entrada e na saída do vírus. Em infecções generalizadas, uma variedade de tipos de excreção está frequentemente envolvida.

▸ Secreções respiratórias. Os vírus que causam infecções localizadas no sistema respiratório, por exemplo, o vírus da influenza e o vírus respiratório sincicial, são liberados no muco e na saliva, e excretados do organismo por meio da tosse, do espirro e da fala. Em várias infecções sistêmicas, tais como na rubéola, na caxumba e no sarampo, os vírus também são excretados pelo sistema respiratório.

▸ Fezes. Todos os vírus que infectam o trato gastrointestinal são excretados nas fezes e podem poluir o ambiente, provocando epidemias pela contaminação da água e alimentos. São exemplos de vírus excretados pelas fezes os vírus das hepatites A (HAV) e E (HEV) e os rotavírus.

▸ Pele. Muitos vírus são propagados na pele e as lesões induzidas por estes contêm partículas infecciosas que podem ser transmitidas a outro hospedeiro. Em geral, a transmissão da infecção ocorre por contato direto. Vírus transmitidos por essa rota incluem os poxvírus, HHV-1 e HHV-2, HHV-3 (vírus da varicela-zoster) e os HPV.

▸ Sistema genitourinário. É importante rota de excreção para vírus transmitidos por via sexual como HIV, HHV-1, HHV-2, HPV e vírus da hepatite B (HBV). Alguns vírus são excretados na urina (virúria) e também podem contaminar o ambiente e, eventualmente, infectar outros hospedeiros como, por exemplo, HHV-5, vírus da caxumba, hantavírus e arenavírus.

▸ Leite materno. Vários tipos de vírus são excretados no leite, o que pode servir como rota de transmissão como, por exemplo, HHV-5, HBV, HIV e HTLV.

▸ Sangue. O sangue é uma fonte importante para a veiculação de vírus pelos artrópodes e também serve como rota de transferência de vírus para o embrião ou o feto, transmissão de vírus por transfusão sanguínea ou por agulhas e seringas contaminadas.

# Capítulo 7

# Resposta do Hospedeiro às Viroses

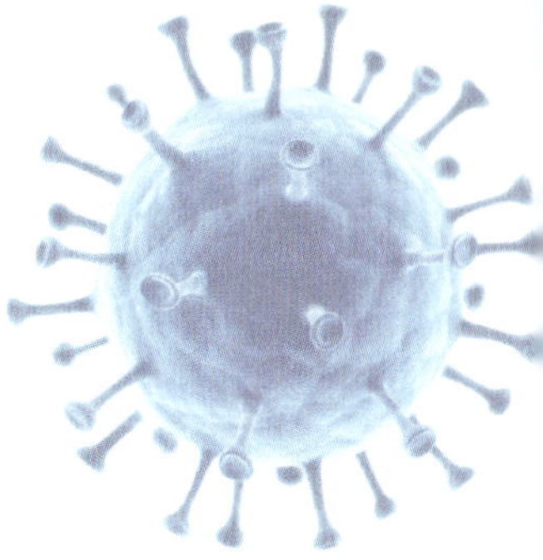

Luciana Barros de Arruda • Sharton Vinícius Antunes Coelho

## Introdução

O estabelecimento e desenvolvimento de uma infecção viral e o surgimento ou não de manifestações clínicas decorrentes dessa infecção dependem de um conjunto de fatores, incluindo o ambiente epidemiológico, as características virais e os fatores inerentes ao próprio hospedeiro. Nesse contexto, o tropismo viral, as propriedades da biossíntese de um dado vírus, o tamanho do inóculo viral, as características genéticas do indivíduo, seu estado imunológico, além do perfil da resposta imunológica elicitada durante a infecção, determinarão a definição dessa infecção como assintomática ou sintomática, aguda, persistente crônica ou persistente latente.

A interação dos vírus com os diversos componentes do sistema imunológico (SI) se inicia pelo reconhecimento do patógeno por células residentes na porta de entrada das infecções. Esse reconhecimento induz a produção de mediadores inflamatórios, que contribuem para a inibição da biossíntese viral e que participam da regulação da própria resposta de outros componentes do SI. Em geral, o conjunto dessas interações possibilita a eliminação do vírus com dano mínimo, mas também pode estar diretamente relacionado com os sintomas da infecção. Assim, a doença viral (sinais e sintomas) pode ser resultado da incapacidade do SI de conter a biossíntese viral e disseminação da infecção, ou pode ser consequência de uma resposta inflamatória exacerbada.

Além disso, uma vez que componentes do SI são diretamente impactados durante uma infecção, uma das maneiras de se evidenciar o contato com um agente viral ou, ainda, avaliar a progressão de uma determinada infecção é a medida da ativação celular e/ou produção de anticorpos específicos. Desse modo, a compreensão da resposta do hospedeiro é essencial não apenas para entender os diversos fatores associados à patogênese de uma dada infecção, mas também para definir estratégias de diagnóstico e de prevenção e/ou controle por meio de vacinação. Em geral, as estratégias naturais de controle de uma infecção viral consistem basicamente em mecanismos físico-químicos de eliminação do agente viral; neutralização e/ou eliminação de vírus livres no hospedeiro; e eliminação das células infectadas. Neste capítulo, será discutida a maneira como diferentes componentes do hospedeiro podem influenciar a progressão de uma infecção viral.

## Mecanismos de resposta inespecífica

### Barreiras anatômicas e secreções de superfície

Para o estabelecimento de uma infecção viral em um hospedeiro, as partículas virais precisam acessar células suscetíveis e permissivas à infecção. Para tal, os vírus precisam atravessar barreiras, físicas e químicas inespecíficas, já na porta de entrada. Propriedades físico-químicas e estruturais de um tecido influenciam a estabilidade do vírus em um determinado ambiente. A camada de células epiteliais, o muco, o pH, a temperatura e a presença de proteases e de peptídeos antimicrobianos podem influenciar direta ou indiretamente (pela modulação de mecanismos da imunidade inata) a eficiência da propagação viral em um determinado sítio.

O sistema respiratório, por exemplo, apresenta como barreiras a camada de muco, o epitélio ciliado e a própria temperatura. Dessa forma, as infecções virais respiratórias estão normalmente associadas a vírus envelopados, como vírus da influenza (FLUV), vírus da parainfluenza de humanos (HPIV) e vírus respiratório sincicial de humanos (HRSV), que são mais estáveis nesse ambiente.

O trato gastrointestinal é outro ambiente adverso à propagação de diversos vírus. As propriedades desses tecidos como o pH ácido, as proteases secretadas, sais biliares e muco são barreiras importantes. O envelope viral, por exemplo, é sensível à ação dos sais biliares, de modo que a maioria das infecções desse tecido é causada por vírus não envelopados, como os rotavírus (RV). Por outro lado, alguns vírus podem utilizar as proteases presentes no trato gastrointestinal para alterar o capsídeo externo ou envelope, expondo produtos da clivagem necessários para a infecção, o que favorece sua infecciosidade.

Uma série de propriedades fisiológicas do sistema genital feminino também promove proteção contra a infecção por diferentes vírus. Essas propriedades incluem o pH ácido, a presença de bactérias produtoras de peróxido de hidrogênio, o muco e as camadas da barreira epitelial. Hormônios sexuais também influenciam a suscetibilidade e a predisposição a doenças, em parte por modularem a imunidade de mucosas.

Além dos fatores descritos, proteínas e peptídeos antimicrobianos (como as defensinas e catelicidinas), presentes em diferentes tecidos, também apresentam papel fundamental na defesa inata. As defensinas são pequenos peptídeos catiônicos produzidos por células epiteliais, polimorfonucleares e até linfócitos, capazes de formar poros em membranas, podendo atuar diretamente na partícula viral ou na membrana da célula infectada. Esses peptídeos podem também participar da neutralização de partículas virais quando se ligam a carboidratos envolvidos na interação com o receptor da célula hospedeira ou ao capsídeo de determinados vírus, inibindo seu desnudamento.

## Idade

Outro fator que influencia o desenvolvimento de uma infecção viral é a idade, como pode ser evidenciado pela maior suscetibilidade ou morbidade de infecções observadas em diferentes faixas etárias, além de diferenças nas respostas a determinadas vacinas.

Recém-nascidos apresentam uma relativa imaturidade funcional do SI, caracterizada por um repertório alterado de células imunes e menor capacidade inflamatória. Esse perfil, muitas vezes, impacta a eficiência da resposta imunológica, ocasionando maior suscetibilidade a determinadas infecções e/ou maior gravidade dos sintomas. Células de neonato infectadas por HRSV, por exemplo, têm menor eficiência de produção de determinadas citocinas importantes para o controle da infecção, o que pode estar associado a maior gravidade da doença causada por esse vírus nos primeiros meses de vida. Outro exemplo que demonstra as diferenças observadas no prognóstico de uma infecção viral com relação à idade é a infecção pelo vírus da hepatite B (HBV). Quando ocorre na infância, essa infecção tem maior probabilidade de persistência se comparada quando o indivíduo já é adulto.

Nesse sentido, ainda, é importante apontar a importância dos anticorpos transmitidos verticalmente durante a gestação, ou durante a amamentação na proteção a infecções na primeira infância. No entanto, esses anticorpos influenciam na eficiência dos processos de vacinação, interferindo no desenvolvimento de uma imunidade ativa por neutralizar o agente vacinal. Por esse motivo, algumas vacinas são administradas apenas após 6 meses de idade, quando não haverá mais interferência de anticorpos maternos.

Por outro lado, o envelhecimento está associado ao aumento de morbidade e mortalidade por infecções virais, além de apresentar menor eficácia de resposta a vacinas. Isso se deve a alterações funcionais do SI que ocorrem durante o processo de envelhecimento, chamadas coletivamente de imunossenescência. Essas alterações incluem redução do número de linfócitos T e B (em especial a redução na proporção de linfócitos T virgens) e limitação progressiva do repertório de linfócitos T. A involução tímica e a exposição a antígenos ao longo da vida contribuem para a redução do número e do repertório de linfócitos T, e também para o processo de exaustão funcional dessas células, o que está relacionado com perda da capacidade proliferativa e de suas atividades efetoras. Alguns autores sugerem que células apresentadoras de antígenos também podem mostrar algumas alterações funcionais, tais como diminuição da capacidade fagocítica e migratória e alteração nos níveis de citocinas secretadas. Assim, diversos estudos demonstram que o avanço da idade está associado ao risco maior de complicações após infecções virais, como aquelas causadas por FLUV ou HRSV, e reativação do herpesvírus de humanos 3 (HHV-3; vírus da varicela-zoster), induzindo neuralgia, por exemplo.

## Constituição genética

O papel da constituição genética intrínseca de um indivíduo no controle ou progressão de uma infecção pode ser evidenciado pelo fato de que algumas infecções virais parecem ser mais ou menos prevalentes em determinados grupos étnicos, em populações presentes em regiões específicas ou, ainda, em grupos familiares. Por exemplo, nos pacientes com hepatite crônica causada pelo HBV, o histórico familiar é considerado fator de risco para o desenvolvimento de hepatocarcinoma celular. Por essa razão, estudos clínicos para o desenvolvimento de novas vacinas contra diferentes patógenos devem ser realizados em diferentes localizações geográficas.

Uma das alterações genéticas conhecidas que apresentam efeito marcante sobre a evolução/suscetibilidade a uma infecção é o alelo delta 32 do gene de CCR5 (receptor de quimiocina C-C tipo 5 [*C-C chemokine receptor type 5*]), associado à resistência do hospedeiro à infecção pelo vírus da imunodeficiência humana (HIV). Trata-se de uma deleção de 32 pb em uma região transmembrana do correceptor CCR5, e indivíduos que carregam duas cópias dessa deleção são protegidos da infecção.

Polimorfismos genéticos têm sido associados a melhor ou pior progressão de infecções virais. Diante disso, o estudo de polimorfismos de genes diretamente associados à resposta imunológica tem se mostrado extremamente revelador, para a caracterização dos componentes importantes do SI, no controle de uma dada infecção. Sabe-se, por exemplo, que determinados alelos do complexo principal de histocompatibilidade (MHC, *major histocompatibility complex*) estão mais ou menos associados à progressão de determinadas infecções virais, provavelmente influenciando o padrão de antígenos apresentados aos linfócitos T, o que está diretamente relacionado com a qualidade da resposta imunológica celular induzida. Polimorfismos em antígenos leucocitários humanos (HLA, *human leukocyte antigen*) podem influenciar o controle, a progressão e a probabilidade de transmissão do HIV. Homozigose de alguns genes de HLA I foi associada à progressão mais rápida para a doença; além disso, a identidade de alelos entre doadores e receptores, ou seja, a transmissão de vírus entre indivíduos que compartilham os mesmos alelos no *loci* de classe I, como pode ser observado na transmissão vertical, aumenta a suscetibilidade à infecção. Alguns grupos HLA específicos têm demonstrado diferentes efeitos na infecção pelo HIV, como HLA-B27 e HLA-B57, que parecem estar associados a uma evolução mais lenta, sendo esse último independente da etnia, clado viral ou grupo de risco. Por outro lado, HLA-B35 e HLA-B53 têm sido associados a maior carga viral.

Polimorfismos de receptores importantes da imunidade inata, como de proteíno-cinase RNA dependente (PKR, *protein kinase RNA-dependent*), ou de enzimas essenciais para o controle da infecção intracelular, como as óxido-nítrico-sintases, também têm sido descritos como associados à progressão de infecções pelo vírus da hepatite C (HCV) e HRSV. Do mesmo modo, polimorfismos de regiões estruturais ou promotoras do gene de uma lectina do sistema complemento (MBL, *mannam binding lectin*) têm sido associados à progressão das hepatites mediadas por HBV e HCV. Além disso, polimorfismo de nucleotídeo único (SNP, *single nucleotide polymorphism*) em genes de citocinas, como interferons (IFN), fator de necrose tumoral alfa (TNF-$\alpha$, *tumor necrosis factor alpha*), interleucina 1 (IL-1) e fator de transformação do crescimento beta (TGF-$\beta$, *transforming growth factor beta*), tem sido estudados em diferentes infecções, como as causadas pelos vírus da dengue (DENV), HBV, HCV, entre outros.

Polimorfismos em genes não diretamente associados à resposta imunológica também têm sido descritos – como é o caso de SNP em *tsg*101 (*tumor susceptibility gene 101*); esse gene codifica uma proteína celular importante para a liberação do HIV. Três alelos diferentes foram caracterizados, e um deles está associado a progressão mais rápida para a síndrome da imunodeficiência adquirida (AIDS, *acquired immunodeficiency syndrome*), provavelmente por tornar possível uma maior eficiência na liberação de partículas virais da célula hospedeira e, consequentemente, maior taxa de biossíntese viral.

### Estado nutricional

O estado nutricional de um indivíduo pode influenciar diretamente tanto a propagação viral quanto o perfil de resposta imunológica de um indivíduo. Estados de desnutrição e subnutrição, obesidade, diabete, anemias, ou outras doenças metabólicas afetam a suscetibilidade a infecções ou a probabilidade de maior gravidade das mesmas. A disponibilidade de determinadas moléculas pode afetar ou ser afetada pela biossíntese viral em uma célula. Além disso, deficiências em macro ou micronutrientes, além de déficit energético ou proteico têm sido amplamente associados a alterações na resposta imunológica por diferentes fatores. O estado nutricional tem reflexo na mucosa intestinal. A lesão de mucosa pode acarretar perda de tecido linfoide, alterações na microbiota, diminuição dos níveis de imunoglobulina A (IgA) secretória, o que pode estar associado a um perfil inflamatório crônico e deficiências na resposta específica contra diferentes patógenos. Deficiências metabólicas podem apresentar efeitos na hematopoiese e no perfil fenotípico e funcional de células linfoides e mieloides de um indivíduo, impacto esse que pode ser ainda maior na primeira infância.

De fato, uma série de estudos epidemiológicos, clínicos ou desenvolvidos em modelos experimentais apontaram a subnutrição ou deficiências de metabólitos específicos como fatores de risco e aumento de gravidade das infecções causadas por FLUV, HRSV, coxsackievírus, RV, entre outros. Outro exemplo clássico é a maior prevalência de casos graves de sarampo em indivíduos subnutridos.

### Estado imunológico

Diferentes situações de imunodeficiência também vão influenciar o progresso de infecções virais. Indivíduos com imunossupressão crônica, como no caso de infecção pelo HIV, podem ter propagação viral descontrolada e doença grave causada, potencialmente, por qualquer patógeno viral. A deficiência na produção de anticorpos, como em indivíduos com agamaglobulinemia associada ao cromossoma X, também resulta em maior propagação e disseminação virais. A infecção por enterovírus nesses indivíduos, por exemplo, está associada ao acometimento do sistema nervoso central (SNC). Do mesmo modo, camundongos deficientes em linfócitos B, quando infectados com FLUV ou vírus do Oeste do Nilo (WNV, *West Nile virus*) sucumbem à infecção em poucos dias.

## Papel da imunidade inata no controle das infecções virais

Ao entrarem em contato com células hospedeiras, componentes estruturais dos vírus serão reconhecidos por receptores de reconhecimento de padrão (PRR, *pattern recognition receptors*). Tais receptores podem estar na superfície celular e reconhecerem proteínas presentes na superfície viral no momento da adsorção; eles também podem estar localizados no citoplasma ou em vesículas celulares e reconhecer o genoma viral liberado após a internalização. A ativação desses receptores induzirá a ativação das células hospedeiras que irão produzir mediadores envolvidos na resposta antiviral ou no recrutamento e ativação de células do SI, iniciando-se, então, uma resposta inflamatória.

A ativação de células da imunidade inata por agentes virais impacta no controle da infecção por, basicamente, dois grandes mecanismos: (i) controle inicial do patógeno em si, por meio da produção de citocinas, como os IFN, e da ativação de fagócitos e células citotóxicas; e (ii) integração com componentes da imunidade adquirida, por intermédio da maturação e ativação de células apresentadoras de antígenos, da própria apresentação de antígenos e da produção de citocinas pró-inflamatórias, que contribuem para o recrutamento de outros tipos celulares e amplificação da resposta imunológica. Por outro lado, a secreção de citocinas pró-inflamatórias e com características pirogênicas, por componentes da imunidade inata, ainda no início da infecção, está associada às manifestações clínicas não específicas que são observadas no período prodrômico das infecções, como a febre.

A seguir, serão abordadas as células efetoras da imunidade inata e as estratégias de reconhecimento viral por essas células, assim como os mediadores produzidos após o reconhecimento e seu efeito biológico e antiviral.

### Células efetoras da imunidade inata

A resposta do hospedeiro a uma infecção viral pela imunidade inata envolve não somente células classicamente definidas como sendo do SI, mas os diferentes tipos de células que interagem com os vírus durante a patogênese da infecção. Isso se dá pelo fato de que a expressão de sensores de RNA e DNA, capazes de reconhecer o genoma viral, não se restringe às células do SI.

Diferentes tipos celulares, muitas vezes presentes já na porta de entrada das infecções virais, são capazes de produzir mediadores que participam do controle da propagação viral. Células endoteliais e epiteliais, por exemplo, participam da resposta inicial a uma infecção viral pela produção de espécies reativas de oxigênio (ROS) e óxido nítrico (NO), que inibem a biossíntese de alguns vírus; pela produção de IFN, que inibe a biossíntese e disseminação viral; e pela secreção de quimiocinas e de leucotrienos, que ajudam no recrutamento de outros tipos celulares, iniciando a resposta e o processo inflamatório. Tipos celulares específicos de diferentes tecidos também são capazes de produzir mediadores com atividade antiviral ou que modulam a resposta inflamatória. Nesse sentido, astrócitos, por exemplo, podem ser infectados e/ou ativados após interação com partículas virais que invadem o sistema nervoso, produzindo NO, prostaglandinas, citocinas e quimiocinas que afetam a neuroinvasividade e neuropatologia dessas infecções. Hepatócitos são também infectados e ativados por uma ampla gama de vírus, e sua interação com os mesmos contribui para eventos inflamatórios no fígado.

Mastócitos e leucócitos polimorfonucleares (neutrófilos, basófilos e eosinófilos) são residentes em diversos tecidos ou atraídos após um estímulo inflamatório. Embora a infecção produtiva desses tipos celulares por vírus tenha sido pouco descrita, sua ativação logo após o estabelecimento de uma infecção viral tem sido associada a inflamação e alterações vasculares, muitas vezes responsáveis pelos sintomas iniciais da infecção, ou disseminação viral no hospedeiro.

Finalmente, monócitos, macrófagos e células dendríticas (DC, *dendritic cells*), caracterizados como células do SI apresentadoras de antígenos, estão distribuídos por diversos tecidos do hospedeiro, e atuam como sentinelas no reconhecimento de patógenos e início da resposta imunológica inata, além de serem determinantes para ativação de linfócitos.

## Mastócitos e leucócitos polimorfonucleares

Mastócitos são células residentes em diversos tecidos como a pele, mucosas e tecido conjuntivo, e apresentam papel bastante conhecido na coordenação de respostas alérgicas e em processos de anafilaxia via secreção de imunoglobulina E (IgE). No entanto, essas células também são consideradas linha de frente do SI inato mediando respostas defensivas contra patógenos virais. Quando ativadas, seja pela infecção viral direta, seja por mediadores provenientes de outros tipos celulares, podem participar na indução de processos inflamatórios locais e/ou sistêmicos. Os mastócitos se associam com o endotélio vascular e podem ativá-lo através da produção de citocinas como TNF-α, IL-1β, IL-6, IL-8 e IFN-α, além de facilitar o aumento da permeabilidade vascular através da produção de mediadores lipídicos e de grânulos citoplasmáticos contendo histaminas, catelicidinas e prostaglandinas. Mastócitos podem ainda secretar várias quimiocinas como CCL-5 (RANTES, regulada sob ativação, expressa e secretada por células T normais [*regulated on activation, normal T cell expressed and secreted*]) e CCL-2, as quais favorecem o recrutamento de células efetoras como NK, NKT e γδT provenientes da corrente sanguínea para o sítio da infecção. A participação de mastócitos já foi demonstrada em inúmeras infecções virais, incluindo as infecções por DENV, vírus da encefalite japonesa (JEV, *Japanese encephalitis virus*) e WNV e infecções respiratórias como aquelas causadas por HRSV, rinovírus , FLUV, dentre outras.

Embora mastócitos sejam células importantes no controle de infecções virais, já foi demostrado que dependendo do estímulo que essas células recebem e do agente viral em questão, a resposta elicitada pode contribuir para um processo inflamatório sistêmico e dano tecidual, o qual pode ser prejudicial ao hospedeiro. Por exemplo, a secreção de serotoninas, quimases, leucotrienos e metaloproteinases por essas células pode contribuir para o aumento da permeabilidade vascular e favorecer a invasão e disseminação viral para diferentes tecidos.

Eosinófilos, basófilos e neutrófilos são leucócitos polimorfonucleares que migram pela corrente sanguínea e se depositam em grandes quantidades nos sítios de inflamação ou infecção. Quando ativados, liberam grânulos contendo diversas proteínas e enzimas com alta toxicidade para os seus alvos. Embora todas essas células tenham alguma relevância no controle e na patogênese de inúmeras infecções virais, os neutrófilos se destacam por serem as células mais abundantes da imunidade inata envolvidas em múltiplas funções pró-inflamatórias e antimicrobianas.

Os neutrófilos possuem meia-vida curta e podem ser ativados diretamente por partículas ou componentes virais, mas também por sinais provenientes de outras populações celulares. Esses incluem citocinas como TNF-α, IL-1 e IL-6, quimiocinas como CXCL1, CXCL2 e CXCL8, além de componentes do sistema complemento como C5a e leucotrieno B4, como exemplos. Uma vez ativadas, essas células migram da corrente sanguínea para os tecidos e passam a ser capazes de fagocitar, internalizar e destruir partículas virais no sítio da infecção. Nesse sentido, neutrófilos podem apresentar diferentes respostas efetoras, incluindo produção de espécies ROS, produção de peptídeos α-defensinas e catelicidinas, secreção de citocinas (TNF-α, IL-6, IL-8 e IFN), quimiocinas, e liberação de NETs (*neutrophil extracellular traps*). As NETs são redes compostas por DNA, histonas e proteínas granulares como mieloperoxidase e a elastase. Essas redes foram caracterizadas, inicialmente, por serem capazes de sequestrar e concentrar agentes microbianos, além de favorecer sua fagocitose. Posteriormente, foram associadas também a destruição e inativação de partículas virais, como já descrito na infecção por HIV, por exemplo.

Diversos trabalhos têm investigado e discutido intensamente os aspectos patofisiológicos da resposta inflamatória induzidos por neutrófilos em uma variedade de infecções virais, como as infecções por HRSV, HBV, HIV, herpesvírus de humanos 1 e 2 (HHV-1 e HHV-2), herpesvírus de humanos 5 (HHV-5), WNV e FLUV. Entretanto, como muitos dos produtos liberados por essas têm sido implicados também em danos teciduais, a relação benefício/dano na patogênese das infecções virais tem sido bastante controversa.

## Macrófagos e células dendríticas

A interação de partículas virais ou seus componentes com monócitos circulantes e macrófagos teciduais pode resultar em infecção e propagação viral e/ou ativação desses tipos celulares. De fato, monócitos e macrófagos são células-alvo da infecção por diferentes vírus e participam ativamente da disseminação e transmissão dos vírus para outros tipos celulares. A interação entre monócitos/macrófagos e partículas ou componentes virais pode ocorrer pela infecção produtiva dessas células, pela internalização das partículas por receptores do tipo lectina, pela internalização de imunocomplexos via receptores para porção Fc das imunoglobulinas (FcγRI, FcγRII, FcγRIII), ou até mesmo pela fagocitose de células ou seus fragmentos após necrose ou apoptose. Além disso, o reconhecimento viral por receptores do tipo lectina e PRR (serão melhor detalhados posteriormente neste capítulo) expressos por essas células pode levar à produção de mediadores pró- e anti-inflamatórios, e antivirais. Nesse sentido, monócitos/macrófagos podem ter um papel antiviral direto pela produção de NO e mediadores reativos de oxigênio, contribuindo para a inibição da propagação dos vírus. Além disso, quando ativadas, essas células podem liberar citocinas pró-inflamatórias e quimiocinas, como IL-1, TNF-α, IL-6 e IL-8, participando do recrutamento e ativação de outros tipos celulares para o sítio da infecção. Finalmente, monócitos/macrófagos infectados podem apresentar antígenos virais para os linfócitos T e produzir citocinas que regulam a atividade dessas células, contribuindo para a ativação da imunidade adquirida.

De acordo com o estímulo que recebem, incluindo o reconhecimento viral e o microambiente no qual ocorre esse reconhecimento, os macrófagos podem se diferenciar em subtipos fenotipicamente e funcionalmente distintos, chamados M1 e M2. Macrófagos M1 secretam citocinas inflamatórias e estão mais associados a respostas inflamatórias e ativação de linfócitos do tipo Th1; enquanto macrófagos M2 estão mais associados aos processos de angiogênese e remodelamento tecidual. A frequência e função desses subtipos podem então influenciar o perfil da resposta elicitada pela infecção viral. É importante lembrar ainda que macrófagos especializados dos tecidos como a micróglia no SNC e células de Kupffer no fígado também podem ser infectados e/ou ativados pelas partículas virais presentes nesses sítios.

As DC também apresentam ampla distribuição nos tecidos epiteliais e de mucosa, em geral, portas de entrada de uma infecção viral. Essas células também atuam na produção de mediadores antivirais, na secreção de citocinas pró-inflamatórias e quimiocinas, e são consideradas essenciais para a apresentação de antígenos e estimulação dos linfócitos T. Tem sido descrito, ainda, que as DC podem estimular diretamente linfócitos B e células *natural killer* (NK), sendo, portanto, componentes-chave na resposta inata e na integração entre imunidade inata e adaptativa.

Tal como os macrófagos, as DC podem ser produtivamente infectadas por diferentes vírus, ou interagir com partículas ou componentes virais pela ligação com receptores do tipo lectina como DC-SIGN (ligante de molécula de adesão intercelular não integrina específica de célula dendrítica [*dendritic cell-specific intercellular adhesion molecule-grabbing non-integrin*]), envolvidos em processos de endocitose; via FcγRs; ou após fagocitose de células ou seus fragmentos após necrose ou apoptose. Uma vez maduras, essas células têm menor capacidade fagocítica e maior capacidade de apresentação de antígenos e produção de citocinas.

As DC são caracterizadas fenotípica e funcionalmente como DC mieloides (mDC) e plasmocitoides (pDC). Ambas são importantes apresentadoras de antígenos e participam na regulação da imunidade adquirida. As mDC estão presentes no sangue, em órgãos linfoides secundários e em tecidos periféricos (como a pele). Em tecidos periféricos, são chamadas células de Langerhans, quando se localizam na epiderme, e DC dérmicas intersticiais (intDC), quando estão presentes na derme. As mDC ativadas produzem IL-12, IL-15 e IL-18, as quais são críticas para a ativação de células Th1 e subsequente ativação de resposta de células $TCD_8^+$ citotóxicas e eliminação de células infectadas. Além disso, essas citocinas são importantes para a ativação de células NK e manutenção de células T de memória.

Já as pDC estão presentes no sangue e são as principais células produtoras de IFN do tipo I (IFN-I) em resposta a uma infecção viral. Além de IFN, as pDC produzem também IL-6, a qual é importante para a diferenciação de linfócitos B em plasmócitos, além de produzirem quimiocinas envolvidas no recrutamento de outros tipos celulares para o sítio inflamatório. A importância das pDC no controle das infecções virais pode ser evidenciada, na infecção pelo HIV. Em pacientes infectados, observa-se diminuição do número dessas células, sendo este número inversamente proporcional à carga viral. Além disso, pacientes em terapia antirretroviral apresentam restituição parcial dessa população celular. Na infecção por HRSV, essas células também parecem ser essenciais, uma vez que a depleção de pDC resulta em inibição do controle da biossíntese viral e exacerbação da patologia.

## Reconhecimento de componentes virais por receptores da imunidade inata

A primeira etapa necessária para o desencadeamento de uma resposta imunológica a determinado vírus é o reconhecimento desse agente. Em linhas gerais, os componentes da imunidade inata reconhecem estruturas moleculares compartilhadas por diferentes agentes infecciosos, que são coletivamente chamadas de padrões moleculares associados a patógenos (PAMP, *pathogen-associated molecular patterns*). Dentro do grupo de PAMP virais, estão incluídos componentes de superfície e o próprio genoma viral. Os receptores que reconhecem os chamados PAMP são coletivamente chamados de PRR. O engajamento desses receptores está associado a uma série de funções que incluem produção de IFN-I, produção de citocinas pró-inflamatórias e quimiocinas, e maturação de células dendríticas. Por este motivo, o reconhecimento por PRR é um ponto-chave para o início do desenvolvimento de uma resposta imunológica vírus-específica.

### Proteíno-cinase R

Um dos principais padrões moleculares associados a alguns agentes virais são as moléculas de RNA de fita dupla (RNAfd). Essas estruturas são características de vírus e podem estar presentes tanto em vírus que apresentam genoma de RNA de fita dupla, quanto durante o processo de replicação de vírus de RNA de fita simples (RNAfs). As moléculas de RNAfd são reconhecidas intracelularmente por diferentes PRR. Um dos exemplos mais conhecidos é a enzima PKR. Trata-se de uma cinase que apresenta um domínio de reconhecimento de RNAfd e um sítio catalítico, responsável pela fosforilação de fatores de alongamento da transcrição. Essa enzima é ativada após o reconhecimento de uma molécula de RNAfd e sua ação está associada, principalmente, à inibição da síntese de proteínas, incluindo a de proteínas virais. Além disso, a ativação dessa enzima pode ser regulada não apenas pela ligação ao RNA, mas também por citocinas como o IFN.

Muitos vírus apresentam mecanismos de escape desse reconhecimento. Vírus que apresentam capsídeo de simetria helicoidal geralmente mantêm suas proteínas de capsídeo associadas ao RNA durante o processo de biossíntese, impedindo o reconhecimento do genoma pela PKR. Outros vírus, como o HCV, apresentam proteínas capazes de se ligar ao sítio catalítico da enzima, bloqueando sua função. A proteína NS1 do FLUV, além de se ligar ao RNA, também estimula inibidores celulares da PKR.

### Receptores do tipo toll: reconhecimento de componentes virais na superfície celular ou em vesículas intracelulares

Uma das famílias de receptores mais bem estudadas é a do tipo *toll* (TLR, *toll-like receptors*). Essa família abrange um grupo de 13 receptores descritos até o momento (TLR1-TLR13), que reconhecem diferentes padrões moleculares associados a patógenos, e são expressos em diferentes tipos celulares, incluindo células dendríticas, macrófagos, células epiteliais, células endoteliais, linfócitos e células NK. Os TLR apresentam diferentes sítios de localização intracelular. TLR1, 2, 4, 5, 6, 10, 11 são expressos na superfície celular e participam do reconhecimento de componentes de superfície viral; TLR3, 7, 8, e 9 são expressos em vesículas intracelulares e estão associados ao reconhecimento de moléculas de ácido nucleico viral, que chegam até esses compartimentos por endocitose.

Os TLR contêm um domínio extracelular (TLR expressos na membrana plasmática) ou voltado para o lúmen dos endossomas (TLR intracelulares), caracterizado por repetições ricas em leucina (LRR, *leucine-rich repeats*); um único domínio transmembrana; e um domínio citoplasmático, conhecido como domínio TIR (*toll*/IL-1R). O domínio LRR está envolvido com o reconhecimento do patógeno e, embora todos os TLR compartilhem

LRR similares, diferentes TLR reconhecem assinaturas moleculares distintas. Já o domínio TIR é responsável pela sinalização intracelular que se inicia pelo recrutamento de moléculas adaptadoras, iniciando uma via de transdução de sinal que culmina na indução de IFN e de citocinas inflamatórias.

Já foram descritos muitos padrões presentes em partículas virais, tendo sido mais bem estudado o reconhecimento de componentes do genoma viral. Nesse sentido, TLR3 reconhece a principal assinatura molecular viral, que é a molécula de RNAfd. Na verdade, essa estrutura pode estar presente também durante a replicação de vírus de RNAfs, e TLR3 parece estar envolvido no reconhecimento de RNA de vírus de RNAfd como reovírus, mas também de RNAfs como HRSV, WNV, DENV, vírus chikungunya (CHIKV) e FLUV. TLR7 e TLR8 reconhecem moléculas de RNAfs, e TLR7 está envolvido no reconhecimento de RNA ricos em guanosina ou uridina (G/U), presentes no genoma do FLUV, por exemplo. TLR9 reconhece domínios CpG não metilados de DNA, presentes em vírus de DNA, como os HHV-1, HHV-2 e o HHV-5. Além do genoma, outras estruturas moleculares virais também são reconhecidas por TLR. Já foi descrito que componentes do envelope de HRSV levam à ativação de TLR4. Tanto o HHV-1 quanto o HHV-2 podem ativar TLR2, o qual também tem sido implicado no reconhecimento de HHV-5 e da proteína hemaglutinina do vírus do sarampo. Além disso, alguns vírus podem conter diferentes PAMP reconhecidos por mais de um TLR, como é o caso dos HHV-1 e HHV-2, cuja interação com a célula hospedeira é capaz de levar à ativação de TLR2, supostamente por meio de sua gD, e de TLR9, por seu DNA genômico.

A ativação de TLR após o reconhecimento das assinaturas moleculares descritas induz uma cascata de sinalização intracelular, a qual se inicia com o recrutamento de moléculas adaptadoras e segue com a ativação de fatores de transcrição, que incluem elementos reguladores da produção de IFN (fator regulatório de interferon [*interferon regulatory factor* – IRF]) e NF-κB (fator nuclear-κB [*nuclear factor-κB*]). A ativação desses fatores leva à secreção de IFN-I pelas células infectadas e de citocinas pró-inflamatórias e quimiocinas. Essas últimas funcionam na amplificação da resposta inflamatória e facilitam o recrutamento de leucócitos, a fim de agir em conjunto com os IFN na resposta antiviral. Com exceção do TLR3, os outros TLR recrutam a proteína adaptadora MyD88 (resposta primária do gene 88 à diferenciação mieloide [*myeloid differentiation primary response gene 88*]) para iniciar a sinalização. Esse recrutamento leva à ativação de IK cinase beta (IKK-β, *I kappa kinase β*) e NF-κB, além de IKK-α e IRF7 e indução de IFN-α. Já o TLR3 recruta a proteína adaptadora TRIF (interferon-β indutor de adaptador contendo domínio TIR), que também leva à ativação de fatores de transcrição, incluindo NF-κB, IRF3 e AP-1. A ativação de IRF3 está envolvida com a produção de IFN-I, enquanto NF-κB e AP-1 regulam a expressão de genes que codificam citocinas inflamatórias. A via de ativação de TRIF também é compartilhada por TLR4.

O papel do reconhecimento de PAMP virais por TLR na indução da produção de IFN pode ser evidenciado em uma série de modelos experimentais. A depleção de TLR7 causa deficiência na produção de IFN-I por pDC após a infecção pelo FLUV ou o vírus da estomatite vesicular (VSV, *vesicular stomatitis virus*). De maneira similar, a produção de IFN-α por pDC em resposta a vírus de DNA, como HHV-1, HHV-2 e HHV-5, depende da expressão de TLR9.

Outro aspecto importante da ativação de TLR é a maturação de DC, que parece ser crítica para a ativação de linfócitos $TCD_4^+$ e $TCD_8^+$ durante infecções virais. Já foi demonstrado, por exemplo, que camundongos deficientes em MyD88 não são capazes de estimular linfócitos $TCD_4^+$ após infecção com HHV-2. Do mesmo modo, esses animais também apresentam deficiência na resposta mediada por células $TCD_8^+$ ao vírus da coriomeningite linfocítica (LCMV, *lymphocytic choriomeningitis virus*). O reconhecimento via TLR está associado, ainda, à apresentação cruzada de antígenos virais a células $TCD_8^+$ citotóxicas. Esse efeito foi particularmente descrito para TLR3, o qual é altamente expresso em DC com alta capacidade fagocítica. Essas células podem, então, englobar restos de células infectadas por vírus que sofreram apoptose em decorrência da infecção. O TLR3 reconheceria RNAfd presente no interior dessas células, e esse processo possibilitaria a apresentação cruzada, para células $TCD_8^+$, de antígenos provenientes de vírus que não infectam DC. Por outro lado, a dependência de TLR para ativação dos linfócitos T também pode ser indireta, via IFN-I. Já foi demonstrado que células $TCD_8^+$, que não expressam receptor para esses IFN, apresentam capacidade limitada de expansão e diferenciação após infecção com LCMV. Assim, uma das principais funções dos TLR durante uma infecção viral é o reconhecimento do vírus para posterior apresentação e ativação de linfócitos T. Os mecanismos de apresentação de antígenos e ativação dos linfócitos T serão discutidos mais adiante.

É interessante notar que nem sempre o reconhecimento do vírus e consequente ativação de TLR é benéfico para o hospedeiro. Em alguns casos, o reconhecimento por esses receptores está mais associado à indução de uma atividade inflamatória, diretamente envolvida com as manifestações clínicas da infecção. Já foi descrito que a capacidade do WNV em atravessar a barreira hematoencefálica depende de processo inflamatório, iniciado pelo reconhecimento viral pelo TLR3. De maneira idêntica, camundongos com deficiência de TLR2 parecem estar mais protegidos da encefalite induzida por HHV-1. Por outro lado, camundongos com deficiência de TLR4 não respondem bem à infecção por HRSV, e polimorfismos desse receptor estão associados a maior gravidade da doença em crianças.

### RNA helicases (RIG e MDA-5): reconhecimento de RNA viral no citoplasma

A família de RNA helicases do tipo RIG-I (gene induzível pelo ácido retinoico-I [*retinoic acid inducible gene-I*]), ou RLR, inclui RIG-I, MDA-5 (proteína associada à diferenciação de melanoma 5 [*melanoma differentiation-associated protein 5*]) e Lgp-2 (laboratório de genética e fisiologia 2 [*laboratory of genetics and physiology 2*]), que são proteínas altamente ubíquas e, diferentemente dos receptores do tipo TLR envolvidos no reconhecimento de genoma viral, se localizam no citoplasma celular. RIG-I é formada por um domínio helicase capaz de se ligar a moléculas de RNAfd virais e dois domínios tipo CARD (domínio de recrutamento de caspase [*caspase recruiting domain*]), necessários para a sinalização. O reconhecimento de RNAfd parece induzir uma alteração conformacional na molécula que expõe seus domínios CARD, possibilitando o recrutamento da proteína adaptadora MAVS (proteína de sinalização antiviral mitocondrial [*mithocondrial antiviral signaling protein*]). O recrutamento de MAVS promove, então, a ativação de NF-κB eIRF3. De fato, foi demonstrado em linhagens celulares que o bloqueio de RIG impede a ativação de IRF3 e a produção de IFN-I em resposta à infecção viral. Estudos realizados com camundongos deficientes de RIG-I e MDA-5 revelaram que, enquanto RIG é essencial para o reconhecimento de vírus que apresentam RNAfs, tais como flavivírus, paramixovírus, ortomixovírus e rabdovírus, MDA-5 é requerida para o reconhecimento de outro grupo de vírus, que incluem os picornavírus.

Embora tanto RIG quanto alguns TLR reconheçam moléculas de RNA viral, aparentemente, a resposta mediada por RIG-I e TLR não é redundante. Primeiramente, a expressão desses receptores difere de acordo com o tipo celular, de modo que TLR parece ser essencial em pDC, enquanto RIG é importante em mDC, macrófagos e fibroblastos. Além disso, a expressão desses receptores ocorre em diferentes compartimentos celulares, ou seja, aqueles vírus que infectam células dendríticas, que entram por fusão e são sintetizados no citoplasma, devem ser primariamente reconhecidos por RIG; enquanto aqueles que são endocitados podem ser reconhecidos por TLR. Já foi comentado também que TLR3, principalmente, pode reconhecer seus ligantes após interação com células que entraram em apoptose ou que sofreram lise, seja por necrose, seja pela própria infecção viral.

Outras RNA helicases também têm papel na resposta imunológica antiviral, porém, aparentemente, como reguladores negativos de RIG-I e MDA-5. Esse é o caso da Lgp-2, que apresenta atividade de ligação com moléculas de RNA, mas não contém os domínios CARD.

### Sensores de DNA: reconhecimento de DNA viral citoplasmático ou nuclear

Moléculas de DNA podem ser reconhecidas pelo receptor TLR9, presente em vesículas intracelulares (descrito anteriormente), mas também podem ser reconhecidas por sensores de DNA presentes no citosol e até no núcleo. A caracterização dos sensores celulares responsáveis pelo reconhecimento de vírus que apresentam DNA como genoma, bem como os mecanismos moleculares disparados por esse reconhecimento estão em ampla expansão. Dentre os receptores já descritos, podemos destacar os receptores AIM2 (proteína ausente em melanoma 2 [*absent in melanoma 2 protein*]), DAI (ativador dependente de DNA de fatores reguladores de IFN [DNA-*dependent activator of interferon regulatory factors*]), IFI-16 (proteína 16 induzível por IFN gama [*IFN-γ inducible protein 16*]), e cGAS (GMP-AMP-sintase cíclica [*cyclic GMP-AMP (cGAMP) synthase*]).

Com exceção do receptor AIM2, que envolve a ativação do complexo inflamassoma (que será discutido posteriormente), o reconhecimento de DNA viral citoplasmático por esses receptores leva ao recrutamento da molécula adaptadora STING (proteína estimuladora de genes de interferon [*stimulator of interferon genes*]). Ou seja, após ativação dos sensores de DNA, STING migra do retículo endoplasmático (RE) para o citosol, onde ativa TBK1 (serino-treonino-proteíno-cinase [*serine-threonine-protein kinase*]) e NF-κB. A ativação de TBK leva à ativação de IRF e produção de IFN-I; enquanto a ativação de NF-κB induz a expressão de quimiocinas e citocinas inflamatórias, como descrito anteriormente.

Os receptores DAI foram descritos como fatores ativadores de IRF dependentes de DNA, ou simplesmente DAI. Essas moléculas estão presentes no citoplasma e reconhecem moléculas de DNA de fita dupla na sua forma canônica de beta-hélice. A estimulação de DAI induz a ativação de NF-κB e IRF3/IRF7 por IKK-β e TBK, respectivamente, resultando na produção de citocinas inflamatórias e IFN-I. A produção de IFN, associada à estimulação de DAI, já foi descrita em modelos de infecção por adenovírus (AdV) e HHV-1.

O receptor IFI-16 faz parte da família PYHIN (família contendo domínios pirina e HIN [*pyrin and HIN domain containing family*]). Os receptores dessa família contêm, pelo menos, um domínio HIN responsável pelo reconhecimento de DNA, e um domínio pirina, envolvido na sinalização intracelular subsequente. O papel de IFI-16 na produção de IFN-α e controle da biossíntese de HHV-1 e HHV-2 e poxvírus, por exemplo, já foi relatado. Como descrito, sua ativação está associada, principalmente, à via de sinalização de STING, TBK, IRF3 e NF-κB. No entanto, a ativação de inflamassomas após engajamento desse sensor também já foi reportada.

O reconhecimento de moléculas de DNA pelo receptor cGAS não ativa diretamente moléculas adaptadoras e fatores de transcrição, mas gera a produção do dinucleotídeo cíclico mensageiro secundário cGAMP (monofosfato cíclico de guanosina-adenosina-monofosfato [*cyclic guanosine monophosphate–adenosine monophosphate*]). Esse mensageiro, então, se liga a STING, induzindo a sinalização já descrita. A ativação de cGAS tem sido descrita em vários modelos de infecção viral, incluindo HIV, HHV-1 e vaccínia vírus (VV).

As Figuras 7.1 e 7.2 representam diferentes estratégias de reconhecimento de vírus de DNA e de RNA, respectivamente, e o efeito desse reconhecimento na ativação celular e produção de IFN e citocinas pró-inflamatórias.

## Mediadores da resposta imunológica antiviral: interferon

Os IFN são citocinas produzidas por diferentes tipos celulares e são classificados como IFN-I (IFN-α e IFN-β), do tipo II (IFN-γ) e do tipo III (IFN-λ). Os IFN-I incluem os IFN-α e IFN-β, os quais são elementos-chave na resposta imunológica antiviral. Essas citocinas apresentam uma série de funções envolvidas tanto no controle direto da biossíntese viral, quanto na regulação de outros componentes do SI. A produção de IFN-I é induzida após a infecção viral em diferentes tipos celulares, por meio do engajamento e da ativação de receptores que reconhecem padrões moleculares associados a patógenos (PRR), como foi anteriormente descrito. Essas citocinas secretadas interagem com receptores específicos presentes nas células vizinhas e induzem diferentes vias de sinalização intracelular, que podem culminar na indução, nessas células, do chamado "estado antiviral", como será explicado adiante.

Os IFN-α e IFN-β se ligam a seus receptores de maneira autócrina e parácrina, o que resulta em um *feedback* positivo da produção dessas citocinas. Essa ligação inicia uma cascata de sinalização intracelular, levando à ativação de fatores de transcrição chamados STAT (transdutor de sinal e ativador de transcrição [*signal transducing activators of transcription*]), que se ligam a elementos de resposta estimulados por IFN (ISRE, elementos de resposta estimulados por interferon [*interferon-stimulated response elements*]), iniciando a transcrição de vários genes estimulados por IFN (ISG, genes estimulados por interferon [*interferon-stimulated genes*]). Mais de 400 ISG já foram

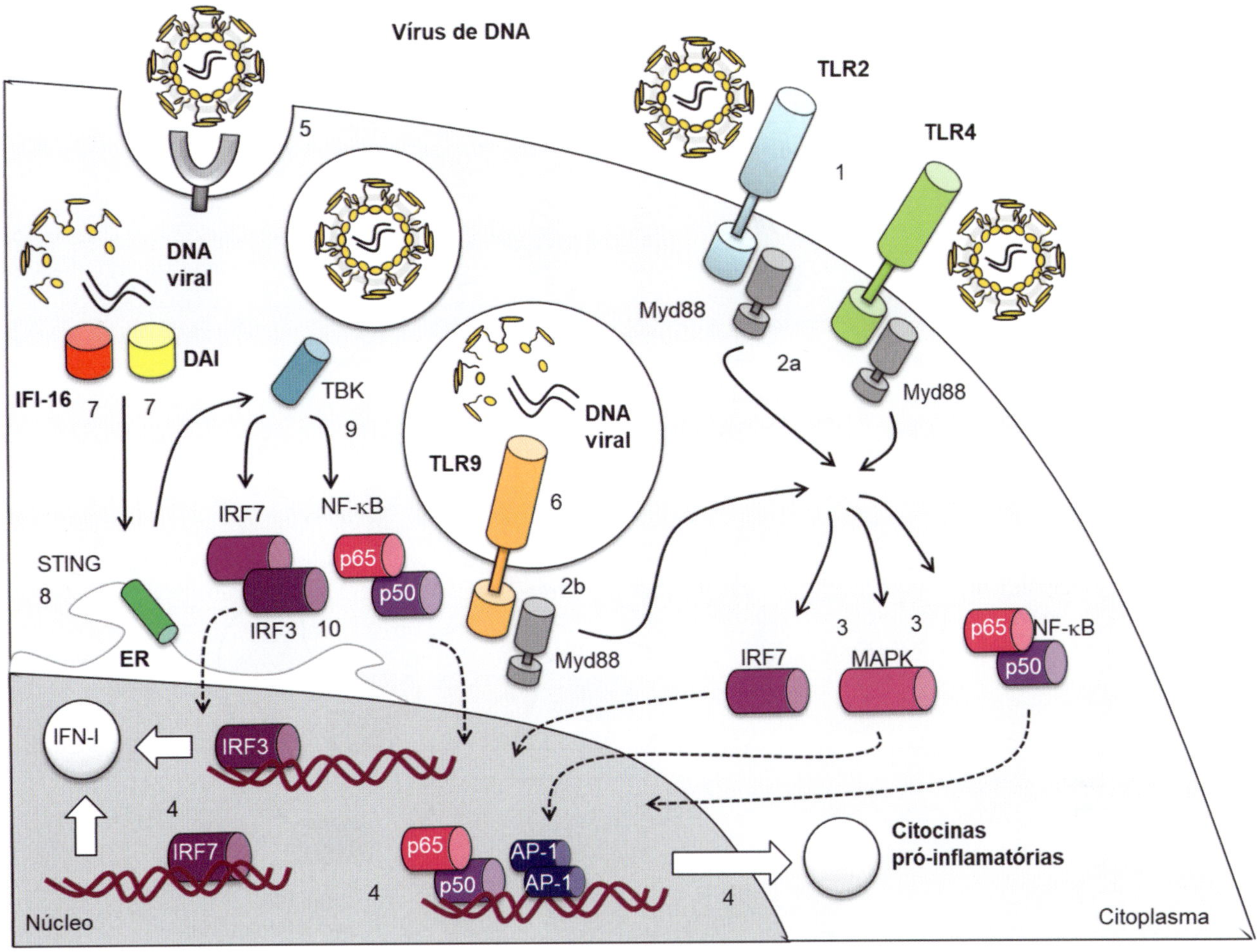


**Figura 7.1** Reconhecimento de vírus de DNA por receptores da imunidade inata. Diferentes sensores celulares são responsáveis pelo reconhecimento de vírus de DNA pelas células. Na superfície celular, receptores do tipo *toll* 2 e 4 (TLR2 e TLR4), por exemplo, são capazes de reconhecer componentes estruturais dos vírus, tais como proteínas em sua superfície (**1**). Uma vez ativados pela ligação ao vírus, os TLR iniciam uma cascata de ativação, que leva à fosforilação da molécula adaptadora Myd88 (**2a**), ativando, por sua vez, diversos fatores transcricionais, tais como IRF7, NF-κB e MAPK (proteíno-cinase ativada por mitógeno [*mitogen-activated protein kinase*]) (**3**). Estes fatores ativados são translocados para o núcleo celular e dirigem a transcrição dos genes que codificam IFN-I e citocinas pró-inflamatórias (**4**). Ao penetrar uma célula, os vírus de DNA também podem ser detectados por sensores celulares intracitoplasmáticos. Vírus que penetram por endocitose (**5**), por exemplo, têm assinaturas moleculares detectadas por TLR intracitoplasmáticos, que se localizam em vesículas, como o TLR9 (**6**). O TLR9 reconhece o DNA viral e ativa a molécula adaptadora Myd88 (**2b**), a qual sinaliza a infecção viral de maneira semelhante à que acontece com os TLR de superfície (**3, 4**). Adicionalmente, moléculas de DNA viral livres no citoplasma também podem ser detectadas por sensores de DNA não associados a vesículas, tais como DAI e IFI-16 (**7**). Uma vez ativados, estes sensores traduzem o sinal através da molécula ativadora STING (**8**), que deixa o retículo endoplasmático e ativa TBK (**9**) e IKK-β (não mostrado). Estas moléculas, por sua vez, induzem a ativação de IRF3/IRF7 e NF-κB, respectivamente (**10**), os quais são translocados para o núcleo e induzem a transcrição de IFN-I e citocinas pró-inflamatórias (**4**).

descritos, demonstrando o amplo espectro de efeitos biológicos possivelmente induzidos por IFN, embora nem todos os ISG descritos tenham função conhecida até o momento (Figura 7.3).

Dentre os genes induzidos por IFN já conhecidos, muitos induzem nas células estimuladas, efeitos biológicos coletivamente chamados de "estado antiviral", por afetarem a síntese proteica, o metabolismo de RNA, as vias de reconhecimento viral, a viabilidade e o crescimento celular, impactando, assim, a biossíntese viral. Dentre esses genes, pode-se destacar: (i) o gene que codifica a proteíno-cinase RNA dependente (PKR), previamente descrita; (ii) a 2′5 oligoadenilato sintetase (2′5OAS), que ativa a ribonuclease L (RNAseL) e degrada RNA viral; (iii) genes que codificam IFITM (proteínas transmembrana induzidas por interferon [*interferon-induced transmembrane proteins*]), envolvidas na inibição de mecanismos de entrada de diferentes vírus; (iv) algumas APOBEC (molécula semelhante ao polipeptídeo catalítico da enzima de edição do RNAm da apolipoproteína B [*apolipoprotein B mRNA editing catalytic polypeptide-like*]), que podem estar associadas à edição de DNA; (v) sensores de RNA e DNA (PRR) já descritos, entre muitos outros. Além disso, os elementos estimulados por IFN potencializam a maturação de células dendríticas, a citotoxicidade mediada por células NK e a diferenciação de células T citotóxicas, contribuindo para a integração entre a imunidade inata e a adaptativa.

Uma clara evidência do papel dos IFN para o controle de infecções virais é o fato de que, em modelos de cultura de células ou animais experimentais deficientes em IFN-I ou nos seus receptores (IFNAR, receptor de interferon alfa/beta [*interferon-alpha/beta receptor*]), observa-se aumento da biossíntese de diferentes vírus, incluindo flavivírus, reovírus, filovírus e herpesvírus. Por outro lado, alguns vírus estabelecem infecção produtiva no hospedeiro, mesmo após indução de IFN pelas células hospedeiras,

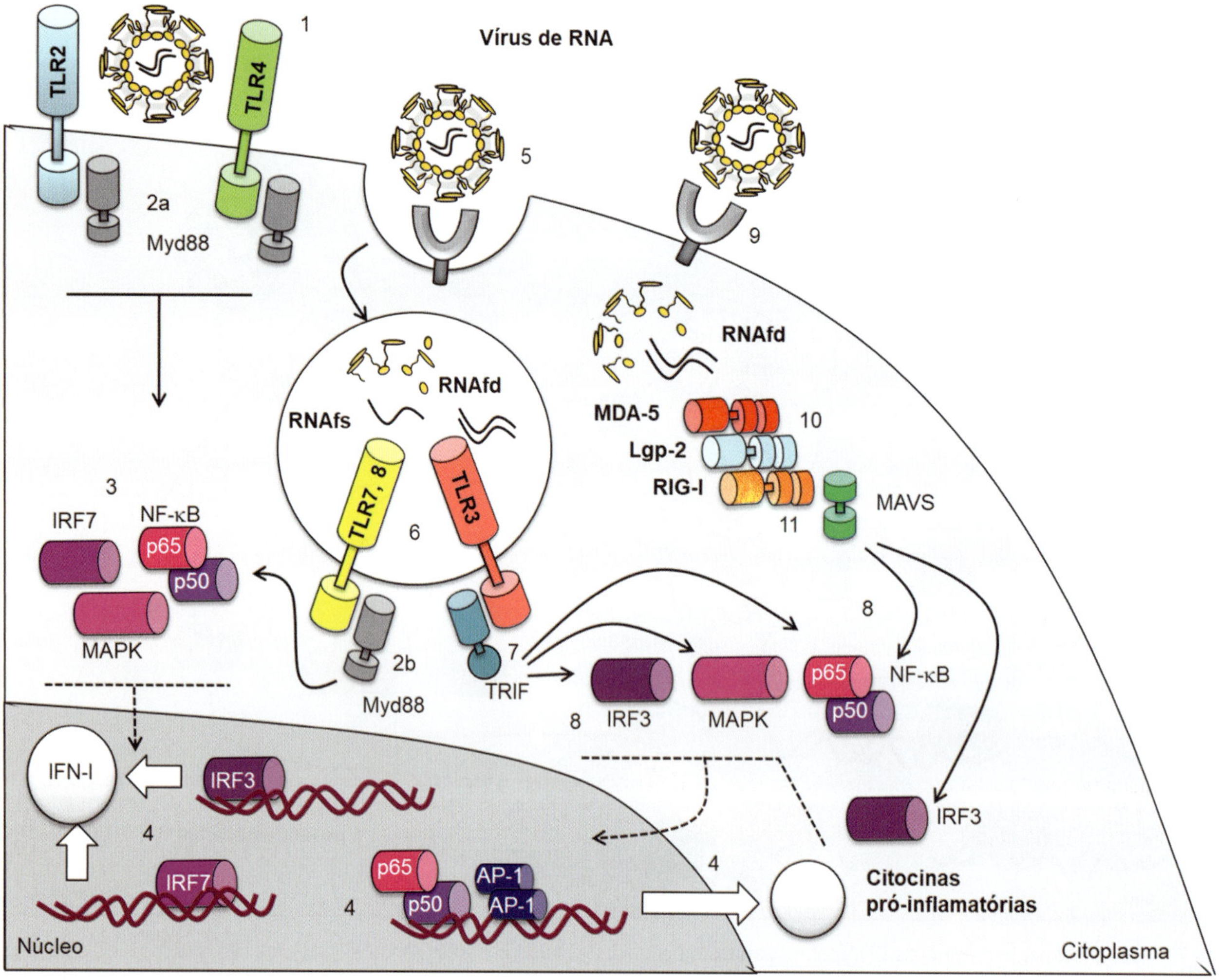


Figura 7.2 Reconhecimento de vírus de RNA por receptores da imunidade inata. Diferentes sensores celulares são responsáveis pelo reconhecimento de vírus de RNA pelas células. Na superfície celular, receptores do tipo *toll* 2 e 4 (TLR2 e TLR4), por exemplo, são capazes de reconhecer componentes estruturais dos vírus, tais como proteínas em sua superfície (1). Uma vez ativados pela ligação ao vírus, os TLR iniciam uma cascata de ativação que leva à fosforilação da molécula adaptadora Myd88 (2a), que, por sua vez, ativa diversos fatores transcricionais, tais como IRF7, NF-κB e MAPK (3). Estes fatores ativados são translocados para o núcleo celular e dirigem a transcrição dos genes que codificam IFN-I e citocinas pró-inflamatórias (4). Ao penetrar uma célula, os vírus RNA também podem ser detectados por sensores celulares intracitoplasmáticos. Vírus que penetram por endocitose (5), por exemplo, têm assinaturas moleculares detectadas por TLR intracitoplasmáticos que se localizam em vesículas, tais como TLR3, TLR7, TLR8 (6). O TLR3 detecta a presença de RNA viral de fita dupla (RNAfd) e desencadeia uma cascata de sinalização através da molécula adaptadora TRIF (7), que por sua vez ativa fatores de transcrição tais como IRF3, NF-κB e MAPK (8). Estes fatores, uma vez translocados para o núcleo, induzem a transcrição dos genes codificadores de IFN-I e citocinas pró-inflamatórias (4). Já TLR7 e TLR8 ativam a molécula adaptadora Myd88 (2b) e sinalizam a infecção viral de maneira semelhante aos TLR de superfície (3, 4). Por fim, vírus ou componentes virais livres no citoplasma, como acontece quando determinados vírus penetram na célula por fusão de seu envelope com a membrana celular (9), por exemplo, podem ter seus padrões moleculares detectados por sensores livres no citoplasma, tais como RIG-I, MDA-5 e Lgp-2, membros da família de RNA helicases do tipo RIG-I (10). Estes sensores possuem domínios que reconhecem RNAfd do vírus e desencadeiam sinais através da ativação da proteína adaptadora MAVS (11). Uma vez ativada, MAVS induz a ativação dos fatores transcricionais IRF3 e NF-κB (8), os quais se translocam para o núcleo e induzem a transcrição de IFN-I e citocinas pró-inflamatórias (4).

o que demonstra que os mesmos apresentam estratégias de escapar dos efeitos mediados por essas citocinas, como será descrito adiante.

Além dos IFN-α e IFN-β, o IFN-γ também participa ativamente do controle da biossíntese de vários patógenos virais, especialmente pela ativação de diferentes tipos celulares, como células NK e linfócitos T citotóxicos. Esses mecanismos serão discutidos posteriormente.

A estrutura, a função e os receptores de um novo grupo de IFN foram caracterizados. Essas citocinas, classificadas como IFN-III, são chamadas de IFN-λ 1, IFN-λ 2 e IFN-λ 3, ou de IL-29, IL-28A e IL-28B, respectivamente. Assim como os IFN-I, a produção desses mediadores pode ser induzida por uma infecção viral, por meio do reconhecimento de componentes virais e ativação de PRR. Os IFN-λ são reconhecidos por receptores distintos daqueles engajados por IFN-I, mas as vias de sinalização estimuladas são semelhantes e incluem a ativação de STAT. Assim, os efeitos antivirais atribuídos aos IFN-α e β, aparentemente, também podem ser induzidos por IFN-λ. Polimorfismos nos genes que codificam IFN-III foram associados à progressão e/ou melhor resposta à terapia após infecção com HCV, e o potencial terapêutico dessas citocinas tem sido investigado.

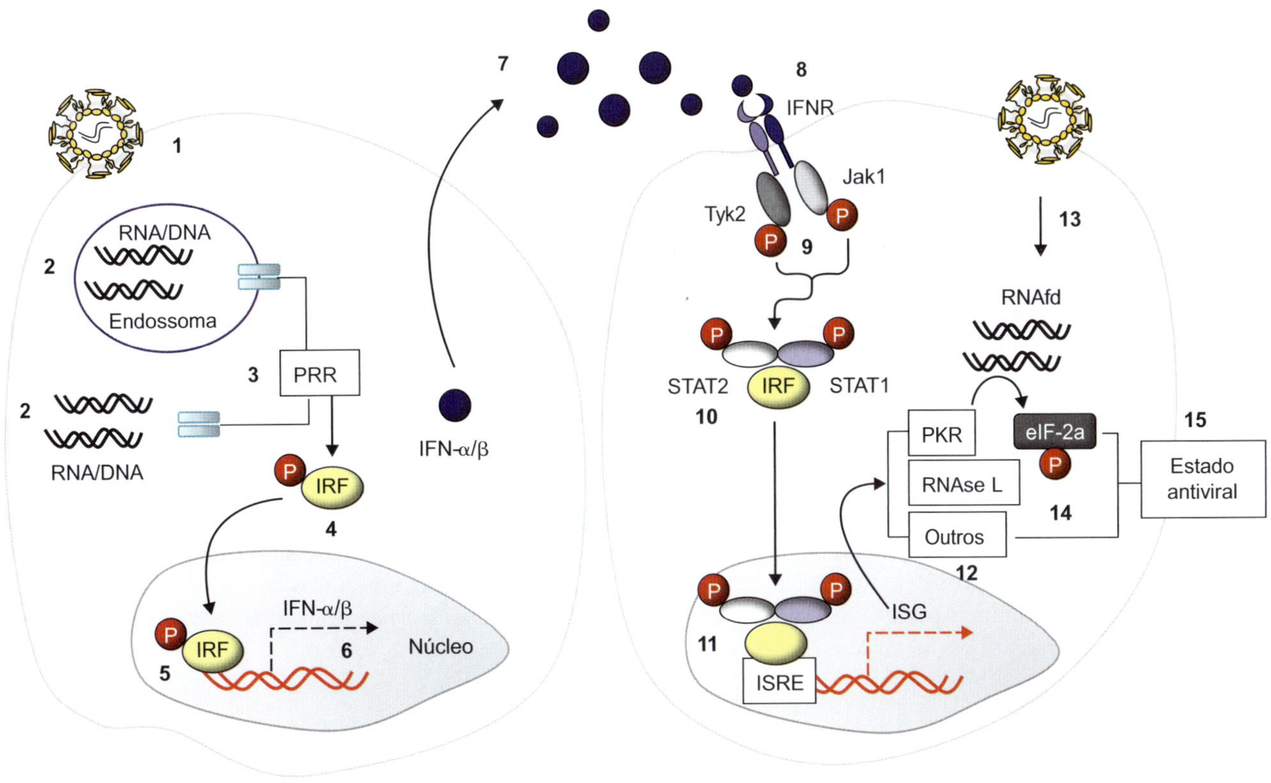


**Figura 7.3** Mecanismos de produção e ação dos IFN-I durante uma infecção viral. Durante a infecção celular por um determinado tipo de vírus (1), há produção de moléculas de DNA ou RNA virais (2) dentro de endossomas ou livres no citoplasma da célula infectada. Esses ácidos nucleicos virais são detectados por receptores de reconhecimento de patógenos (PRR) (3), tais como receptores tipo *toll*, tipo RIG, entre outros. Ativação destes receptores leva a uma cascata de sinalização, que culmina com a fosforilação e ativação de fatores regulatórios de transcrição de IFN (IRF) (4), os quais são translocados para o núcleo e induzem a transcrição dos genes codificadores dos IFN-I (5 e 6). Os IFN produzidos são secretados da célula infectada (7) e se ligam aos receptores de IFN (IFNR) (8) de maneira autócrina ou parácrina. A ativação dos IFNR leva à fosforilação das cinases Jak1 e Tyk2 (9), as quais, por sua vez, fosforilam e ativam os fatores de transcrição STAT 1 e 2 que formam, juntamente com IRF ativados, um complexo transcricional (10) que migra para o núcleo e se liga a elementos gênicos estimulados por IFN (ISRE) (11), culminando com a transcrição de genes estimulados por IFN (ISG) (12). Dentre os produtos expressos que se acumulam no citoplasma, destacam-se a cinase dependente de RNA (PKR) e a RNAse L, entre outros (12). Caso ocorra a infecção desta célula (13), a PKR se liga ao RNA de fita dupla (RNAdf) produzido pelo vírus e fosforila o fator de iniciação da síntese proteica (eIF-2a), bloqueando a tradução de novas proteínas virais ou celulares (14), deixando a célula refratária à multiplicação viral (estado antiviral) (15). As funções de imunorregulação pelos IFN-I e a ação de outros fatores codificados por ISG não estão representados na figura.

## Ativação de inflamassomas

O reconhecimento de padrões moleculares virais em associação a alterações no metabolismo das células infectadas pode levar, ainda, à ativação de complexos proteicos, chamados inflamassomas. A ativação de inflamassomas já foi reportada durante a infecção por vírus de DNA e de RNA, incluindo AdV, VV, FLUV, vírus da encefalomiocardite, DENV, e vírus do sarampo. Esses complexos têm um importante papel na resposta inflamatória e no controle da infecção causada por diferentes vírus, por atuarem como plataformas proteicas para a ativação da enzima caspase 1, a qual é responsável pela maturação e secreção das citocinas inflamatórias IL-1β e IL-18. Além disso, apresentam atuação local e sistêmica, e estão associadas a febre, ativação de linfócitos T e células NK, e infiltração de leucócitos.

Os inflamassomas podem ser formados por diferentes receptores e os mais bem estudados são aqueles constituídos de receptores do tipo NOD (domínio de oligomerização de nucleotídeo [*nucleotide oligomerization domain*]) ou NLR (receptores tipo NOD [*nod-like receptors*]), particularmente o do tipo NLRP3 (família de receptores tipo NOD3, contendo domínios pirina [*NOD-like receptor family, pyrin domain containing 3*]). Diferentes NLR e complexos inflamassomas podem ser ativados, dependendo do patógeno em questão. Quando ativados, esses receptores recrutam a proteína adaptadora ASC (*apoptosis-associated speck-like protein containing a CARD* [*caspase recruitment domain*]; proteína tipo adaptadora associada à apoptose contendo CARD [domínios de recrutamento de caspases]) a qual se liga, e recruta a proteína caspase 1 para a formação do complexo.

Na verdade, são necessários dois sinais para ativação completa do sistema até a secreção das citocinas da família da IL-1. O primeiro, muitas vezes mediado por TLR, induz a síntese de pró-IL-1β e pró-IL-18. Um segundo sinal é disparado por alterações iônicas no citoplasma celular, como o efluxo de potássio ($K^+$) ou outros íons, que induzem ativação de receptores do tipo NOD e ativação de caspase 1 que, então, cliva as formas imaturas das citocinas, tornando possível sua secreção. Na infecção pelo FLUV, por exemplo, foi sugerido que a ativação de inflamassomas e a secreção de IL-1β requerem a ativação de TLR7 pelo RNA viral e a atividade da proteína M2, induzindo efluxo de prótons do complexo de Golgi e a ativação de NLRP3. Mecanismo semelhante já foi descrito na infecção por HRSV, na qual a ativação de TLR2, seguida de produção de ROS e efluxo de $K^+$, com ativação de inflamassoma NLRP3, produz IL-1β. Essa pode ter caráter protetor, mas também pode provocar sintomas inflamatórios, em casos de pneumonia.

Sensores de DNA, como AIM2 e IFI16, também têm sido associados à ativação de inflamassomas. Essas moléculas apresentam, além dos seus domínios de ligação a DNA, domínios pirina (PYN), os quais estão associados ao recrutamento de ASC. O papel de AIM2 na ativação de caspase 1 e produção de IL-1β foi descrito após reconhecimento de VV, e IFI-16 foi associado à formação e à ativação de inflamassomas durante a infecção por HHV-8 (herpesvírus de humanos 8 ou herpesvírus associado ao sarcoma de Kaposi (KSHV), HHV-1, HHV-2 e HHV-5 (Figura 7.4).

## Papel da resposta imunológica humoral nas infecções virais

A presença de componentes da resposta imunológica humoral, como anticorpos e peptídeos do sistema complemento, é essencial para neutralizar e eliminar partículas virais circulantes, impedindo sua entrada em células hospedeiras e inibindo sua disseminação pelo organismo, além de ter um papel importante na prevenção de reinfecções. O papel de cada um desses componentes será discutido a seguir.

### Linfócitos B e produção de anticorpos

Um dos mecanismos mais importantes de controle de uma infecção viral é bloquear a interação do vírus com a célula hospedeira, em um processo chamado neutralização. Os mecanismos de resposta imunológica humoral têm um papel-chave nesse processo, particularmente pela ativação de linfócitos B específicos e produção de anticorpos (imunoglobulinas). Os linfócitos B são estimulados após o reconhecimento de antígenos virais por suas imunoglobulinas (Ig) de superfície. Essas Ig, em associação a outras proteínas responsáveis pela sinalização intracelular, formam o BCR (*B cell receptor*), o receptor de antígenos da célula B. A ativação inicial dessas células induz a expansão de um clone de células específicas contra um dado antígeno viral e secreção de anticorpos do isotipo IgM. Subsequentemente e

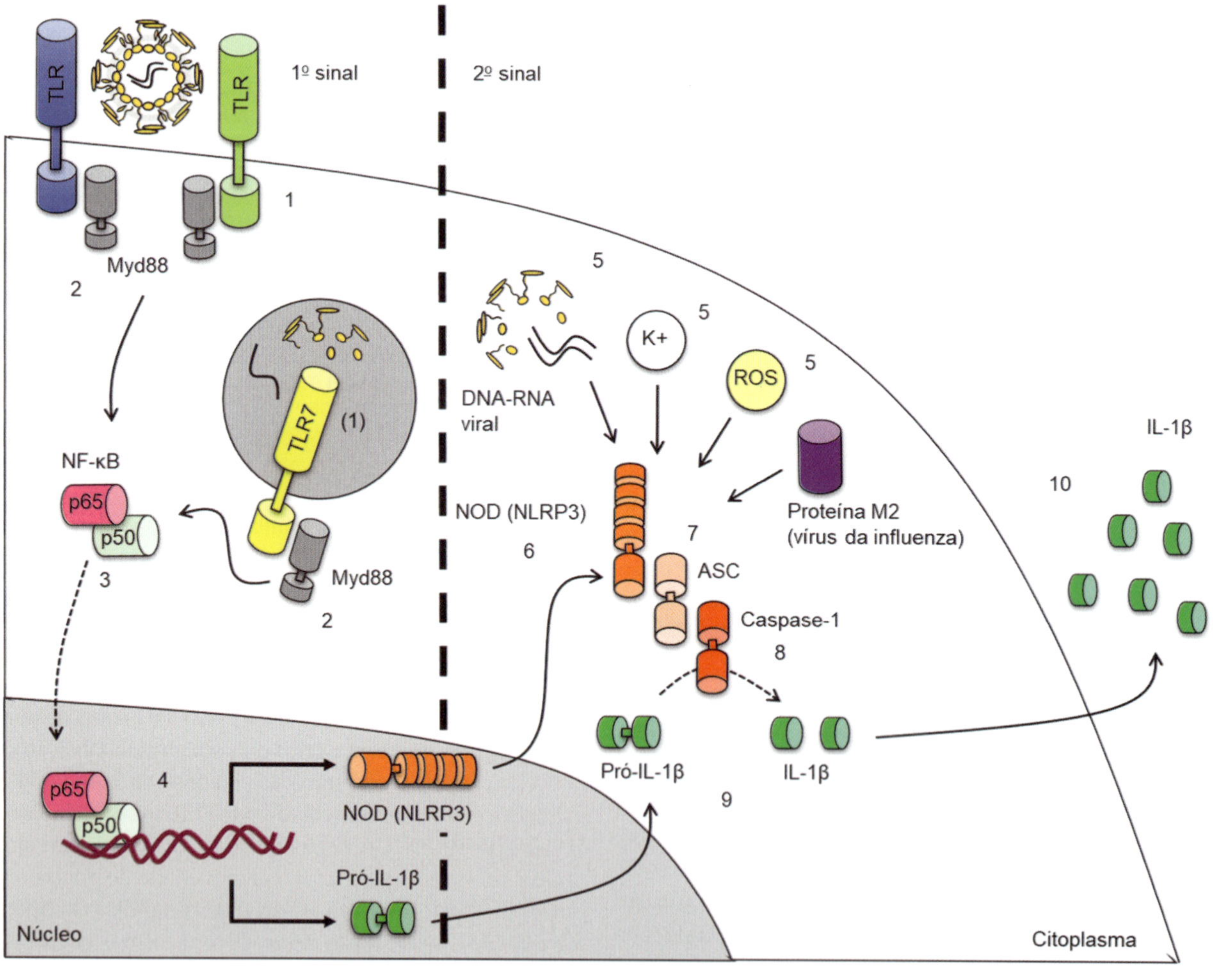


**Figura 7.4** Ativação do inflamassoma por infecções virais. Diferentes sensores celulares, como por exemplo os receptores do tipo *toll* (TLR) na superfície celular ou em vesículas citoplasmáticas, dentre outros, detectam padrões moleculares de vírus (**1**). Este reconhecimento leva à ativação dos TLR e ao recrutamento da proteína adaptadora Myd88 (**2**), a qual ativa NF-κB (**3**). O fator transcricional NF-κB se transloca para o núcleo e induz a transcrição dos genes codificadores de IL-1β e NOD (NLRP3) (**4**). Esta etapa corresponde ao primeiro sinal de ativação do inflamassoma. O influxo de íons como potássio ($K^+$) no citoplasma celular e a presença de ácido nucleico viral, espécies reativas de oxigênio (ROS) e determinadas proteínas virais, como a proteína M2 do FLUV, correspondem ao segundo sinal de ativação do inflamassoma (**5**). O sinal induz o recrutamento e ativação de NOD (NLRP3) (**6**), a qual ativa a proteína adaptadora ASC (**7**). ASC é capaz de se ligar e ativar caspase-1 (**8**), que, por sua vez, converte pró-IL-1β em IL-1β (**9**), levando à secreção desta citocina pró-inflamatória (**10**). Outros componentes celulares e vias transdutoras de sinal, não ilustradas na figura, também estão associadas à ativação do inflamassoma por vírus específicos.

em especial após a interação das células B com linfócitos $TCD_4^+$ também específicos para o antígeno, essas células são capazes de fazer mudança de classe de Ig, secretando IgG, IgA e IgE. A IgG é o principal isotipo presente na circulação sanguínea e em fluidos extracelulares, e funciona como eficiente opsonina para o reconhecimento por fagócitos e ativação do sistema complemento, como será discutido mais adiante. Já a IgA é o principal isotipo presente em secreções, especialmente na mucosa do trato intestinal e do sistema respiratório, tendo, então, grande importância no controle das infecções desses tecidos. A IgE está presente em níveis mais baixos na circulação e, aparentemente, suas funções não estão associadas a mecanismos de neutralização ou opsonização viral.

A importância dos anticorpos na proteção contra infecções virais é claramente evidenciada em infecções agudas que induzem imunidade protetora e duradoura. Esse é o caso da infecção por vírus do sarampo, da poliomielite e outros, em que se observa que indivíduos soropositivos para essas infecções (ou seja, que já tiveram contato e apresentam anticorpos específicos contra esses vírus) não voltam a apresentar a doença caso ocorra a reinfecção. Além disso, é possível notar que, mesmo no caso de vírus que não induzem imunidade protetora, a infecção primária, em geral, causa quadros clínicos mais graves do que em indivíduos soropositivos. A ativação rápida de linfócitos B com indução de anticorpos IgM neutralizantes é essencial, muitas vezes, para a própria sobrevivência do hospedeiro, especialmente na infecção com vírus altamente citopáticos, como o vírus Ebola (EBOV). Outro exemplo, já relatado anteriormente, é o de modelos experimentais de infecção com FLUV ou o WNV, nos quais camundongos deficientes em linfócitos B sucumbem rapidamente à infecção.

O processo de neutralização, na verdade, indica a capacidade de um anticorpo se ligar e inativar o vírus e pode ocorrer por diferentes mecanismos. A ligação dos anticorpos a um vírus pode induzir: agregação das partículas virais; desestabilização da estrutura da partícula; inibição da adsorção a células hospedeiras; inibição da fusão do vírion com a membrana da célula hospedeira ou da entrada do genoma de vírus não envelopados no citoplasma; inibição da função do *core* viral pelo sinal desencadeado pelo anticorpo e bloqueio do brotamento ou liberação viral da superfície celular.

O mecanismo de agregação de partículas virais mediado pela ligação de anticorpos depende do isotipo de Ig e sua valência, e da distância entre os epítopos virais. Esses agregados podem ser fagocitados e degradados com mais eficiência que a partícula isolada, facilitando, então, a eliminação do vírus da circulação. Anticorpos neutralizantes podem, ainda, induzir alterações conformacionais em proteínas de superfície virais, impedindo sua funcionalidade. Na infecção por poliovírus (PV), demonstrou-se que a ligação dos anticorpos pode induzir um processo diferente de desestabilização da estrutura viral. Embora esse mecanismo não esteja totalmente esclarecido, é possível que esses anticorpos mimetizem a função de receptores da célula hospedeira que contribuem para o desnudamento da partícula.

É provável que o mecanismo de neutralização mais bem conhecido esteja relacionado com a inibição da adsorção do vírus à célula hospedeira. Essa inibição pode ser mediada não apenas pela ligação dos anticorpos diretamente ao sítio de ligação do vírus ao receptor, mas também pela oclusão e bloqueio estérico desse sítio, ou interferência em sua função. Esses anticorpos podem bloquear, ainda, a fusão do envelope viral com a membrana da célula hospedeira. Em geral, os peptídeos hidrofóbicos presentes nas proteínas virais responsáveis pela fusão não estão expostos ao reconhecimento por anticorpos. Ainda assim, a inibição do processo de fusão pode ocorrer devido à ligação dos anticorpos às espículas virais, impedindo a interação subsequente do vírus com o receptor celular de fusão, de maneira semelhante ao processo de inibição de adsorção. Além disso, é possível que a presença do anticorpo bloqueie a interação entre as membranas viral e celular, impedindo o processo de fusão de membranas. Alternativamente, a ligação dos anticorpos pode estabilizar a conformação pré-fusão das proteínas virais, impedindo a ativação do processo de fusão.

Outras estratégias podem estar associadas à neutralização dos vírus em etapas posteriores à entrada na célula hospedeira. Anticorpos que reconhecem a neuraminidase do FLUV, por exemplo, impedem a liberação da partícula da célula infectada.

No entanto, a maioria dos anticorpos não apresenta atividade neutralizante. Muitas vezes, os antígenos reconhecidos pela célula B são fragmentos ou proteínas virais liberados de células que foram lisadas após a infecção, e podem ser proteínas internas dos vírus que não estão expostas na partícula circulante, ou proteínas que foram desnaturadas, degradadas, processadas ou que não foram sintetizadas completamente. Alternativamente, esses anticorpos podem ser específicos contra proteínas nativas, mas sem papel na adsorção ou penetração viral, e sem apresentar atividade neutralizante. Contudo, mesmo anticorpos sem atividade neutralizante direta podem contribuir para o controle da infecção por outros mecanismos. Nesse sentido, os anticorpos agem também como opsoninas, possibilitando o reconhecimento desses imunocomplexos por receptores para a porção Fc das Ig (FcR), presentes em macrófagos e neutrófilos. Esse processo leva à internalização dos complexos e à destruição da partícula viral pelos fagócitos. Por outro lado, o reconhecimento desses imunocomplexos por receptores Fc pode estar associado à potencialização da infecção de macrófagos, como tem sido descrito na infecção por DENV e outros vírus.

A ligação de anticorpos com antígenos virais expressos na superfície da célula infectada pode, ainda, induzir o fenômeno de ADCC (citotoxicidade mediada por células dependente de anticorpos [*antibody-dependent cell-mediated cytotoxicity*]) – mediado pelo reconhecimento de receptores Fc, seguido de ativação de células NK e liberação de seus grânulos citolíticos, como será discutido posteriormente. Além disso, a formação de complexos vírus-anticorpos pode estimular a ativação da via clássica do sistema complemento, como será detalhado mais adiante.

Vale lembrar que os linfócitos B são também células apresentadoras de antígeno. A penetração de vírus nessas células pode levar ao processamento e à apresentação de seus peptídeos e ativação subsequente de linfócitos T. Na verdade, esse processo é importante para a própria ativação dos linfócitos B, uma vez que a regulação da atividade dessas células pelas células T é essencial para a maior eficiência da resposta B (com anticorpos com maior afinidade) e para o desenvolvimento de memória celular. O desenvolvimento de células de memória com produção de anticorpos específicos é o principal mecanismo de controle de reinfecções em indivíduos convalescentes ou imunizados. Assim, um dos principais objetivos para o desenvolvimento de vacinas é a elicitação de anticorpos potentes/neutralizantes que impeçam a morbidade e a mortalidade causada por um patógeno viral.

Em resumo, a principal função efetora dos linfócitos B envolvida no controle de uma infecção viral é a neutralização, mediada pela secreção de anticorpos específicos, possibilitando o bloqueio da interação do vírus com receptores na célula hospedeira e tornando possível a opsonização da partícula, levando à ativação do sistema complemento e à fagocitose. Além disso, após um primeiro contato com o antígeno viral pode haver o desenvolvimento de células de memória que poderão responder ao mesmo antígeno com maior eficiência em uma reexposição. Essa resposta de memória está, então, associada à proteção ou menor gravidade a reinfecções pelo mesmo vírus e é o racional para o desenvolvimento das vacinas.

### *Sistema complemento*

Componentes do sistema complemento têm papel importante no controle da propagação viral, participando diretamente da destruição do agente viral, da opsonização desses vírus para o reconhecimento e englobamento por células fagocíticas e da indução de resposta inflamatória. A cascata do complemento pode ser iniciada por três diferentes vias: clássica, que se inicia com a ligação de C1 a complexos antígeno-anticorpo; alternativa, que se inicia pela ligação de C3 a estruturas do vírus ou de células infectadas; e das lectinas, que envolve a proteína MBL (lectina ligadora à manose [*mannan-binding lectin*]) – uma proteína sérica que se liga a alguns carboidratos expressos em glicoproteínas de envelopes virais. Todas essas vias envolvem uma cascata de reações que produzem uma C3 convertase ligada à superfície viral. Essa enzima cliva C3, liberando C3b e C3a; C3b se mantém associado à superfície do patógeno e pode funcionar como uma opsonina, tornando o vírus alvo de fagócitos que apresentam receptores para C3 (CR1), facilitando a eliminação dos vírus da circulação. Alternativamente, C3b pode se associar a C5, produzindo uma C5 convertase que cliva C5, gerando C5a e C5b. A presença de C5b associada ao vírus pode iniciar uma nova sequência de reações, resultando na associação de outros componentes do complemento e na formação do complexo de ataque à membrana (MAC, *membrane attack complex*). Esse complexo cria um poro na bicamada lipídica que pode causar a lise de vírus envelopados e de células infectadas por vírus. Além disso, C3a, C4a e, principalmente, C5a, liberados após as clivagens das convertases, têm função de anafilatoxinas e induzem a liberação de histamina por mastócitos e basófilos, causando vasodilatação e aumento da permeabilidade vascular. Além disso, esses fragmentos também são importantes mediadores inflamatórios envolvidos no recrutamento de leucócitos para o sítio infectado.

Além dos mecanismos descritos, componentes do complemento, como a MBL, podem agir na neutralização viral por meio da competição pela ligação em receptores de superfície das células hospedeiras, como foi descrito para o HIV e os filovírus Ebola e Marburg. O papel dessa via no controle de algumas infecções virais começou a ser mais bem compreendido após a descrição de polimorfismos genéticos, que afetam a concentração plasmática e o estado oligomérico de MBL. Na infecção por HBV, por exemplo, polimorfismos associados a baixos níveis de expressão de MBL se correlacionam a pior prognóstico, associado à persistência viral, à progressão da doença e à sobrevivência ou não à doença hepática fulminante.

Além de macrófagos e neutrófilos que apresentam receptores para C3, outros tipos celulares também têm receptores para complemento, cujo engajamento pode estar associado à ativação dessas células, como ocorre com $CD_{21}$ (CR2) presentes nos linfócitos B. O sistema complemento apresenta, ainda, um importante papel no controle da resposta imunológica adaptativa. Já foi demonstrado, por exemplo, que animais deficientes em C3, infectados com FLUV, apresentam redução da capacidade migratória de linfócitos $TCD_8^+$, levando à inibição da atividade citolítica e do controle da infecção.

A ativação exacerbada ou crônica do sistema complemento, por outro lado, pode ser prejudicial para o hospedeiro, podendo levar a um dano tecidual devido à lise celular pela formação do MAC; à opsonização de células infectadas seguida de fagocitose; e ao aumento da resposta inflamatória mediada por fragmentos de complemento e anafilatoxinas. Em modelos de infecção experimental por HRSV, demonstrou-se que a ocorrência de formação e deposição de imunocomplexos, seguida de fixação de complemento, está diretamente relacionada com a hiper-reatividade brônquica e pneumonia. A deposição de imunocomplexos, levando à inflamação e a alterações vasculares, está associada, ainda, a manifestações clínicas comuns a diferentes infecções, tais como os exantemas e a geração de edemas (Figura 7.5).

## Papel da resposta imunológica celular nas infecções virais

Enquanto a resposta humoral e a presença de anticorpos e componentes do sistema complemento são fundamentais para a neutralização de vírus circulantes e a inibição da disseminação viral, a resposta imunológica celular é essencial para outra etapa – a eliminação das células infectadas. Nesse sentido, os linfócitos $TCD_8^+$, com atividade citotóxica, surgem ao lado das células NK, como as principais células efetoras. Além desses, as células $TCD_4^+$ também apresentam papel importante de regulação da resposta imunológica como um todo. Essas células expressam marcadores de superfície e produzem diferentes citocinas envolvidas na regulação da ativação de componentes da imunidade inata, de células $TCD_8^+$ e de linfócitos B, além de serem essenciais para o desenvolvimento de memória imunológica.

### Células *natural killer*

Embora sejam de origem linfocitária, as células NK são consideradas componentes efetores da imunidade inata, uma vez que seu padrão de reconhecimento da célula-alvo é distinto de linfócitos T e B (não apresentam receptores clonais como TCR ou BCR). Essas células apresentam atividade citotóxica e, quando ativadas, liberam grânulos citolíticos, contendo enzimas como granzimas e perforinas, que induzem a apoptose da célula-alvo. O reconhecimento da célula-alvo pelas células NK pode ocorrer por dois mecanismos; o primeiro está relacionado com a expressão de FcR e com o reconhecimento e a indução de apoptose das células infectadas recobertas por anticorpos. Tal processo é chamado de citotoxicidade mediada por anticorpos (ADCC).

Células NK expressam, ainda, um conjunto de receptores que reconhecem padrões de carboidratos expressos em diferentes ligantes celulares, levando à ativação dessas células, com liberação de grânulos citotóxicos. A ativação induzida por esses receptores

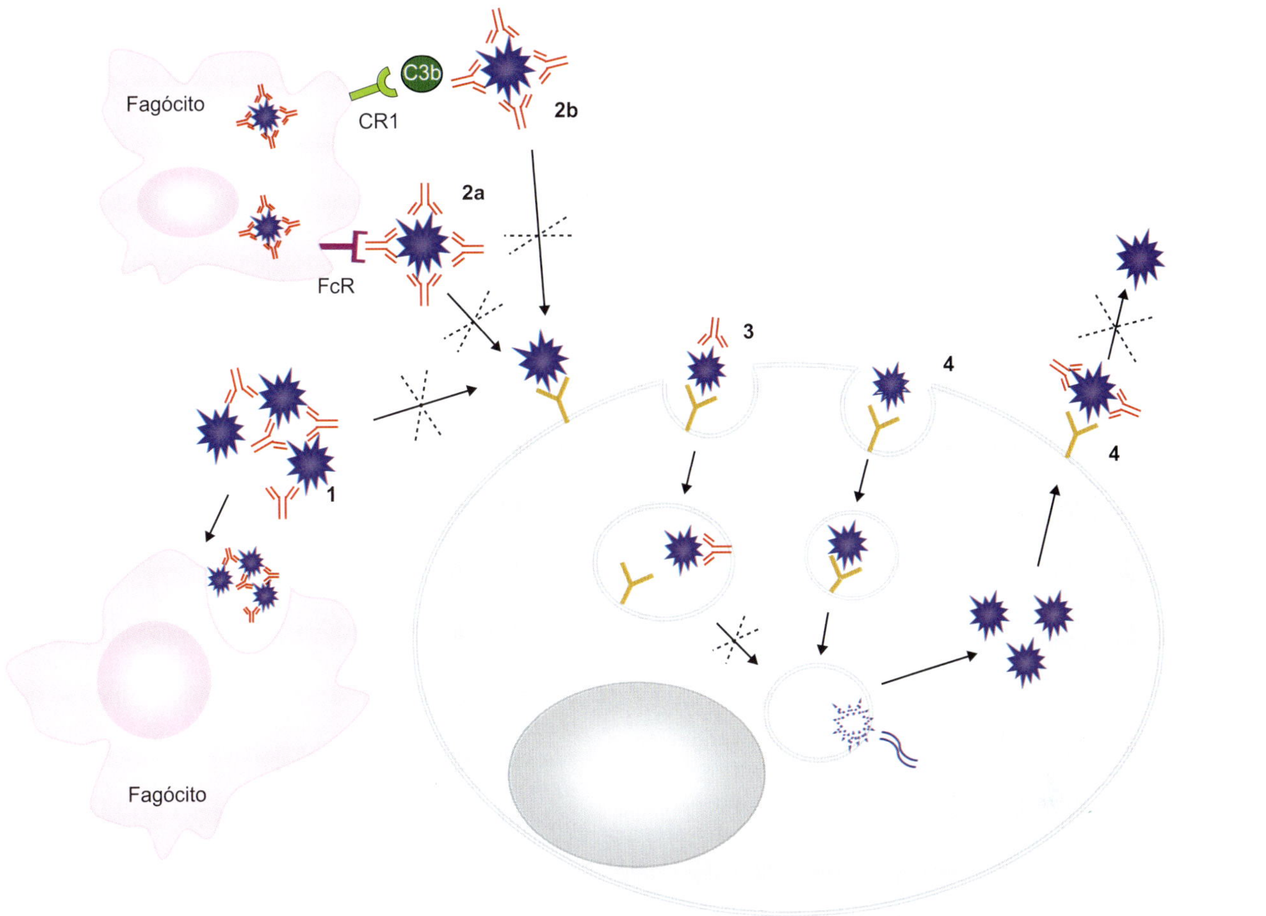


**Figura 7.5** Exemplos de estratégias de neutralização viral mediada por anticorpos. (**1**) A ligação das partículas virais aos anticorpos pode promover sua agregação, impedindo a interação com receptores de superfície. Assim, esses agregados podem ser mais facilmente eliminados da circulação por fagócitos. (**2**) Anticorpos podem bloquear o sítio de ligação do vírus com o receptor celular, impedindo a adsorção. Esses imunocomplexos vírus-anticorpo podem ser reconhecidos por receptores para a porção Fc das Ig (FcR) presentes em fagócitos (**2a**). A seguir, os imunocomplexos podem ativar o sistema complemento, possibilitando a interação com opsoninas, as quais também podem ser reconhecidas por receptores na superfície dos fagócitos (CR1) (**2b**). (**3**) A ligação do anticorpo pode impedir a fusão por interagir diretamente com o peptídeo de fusão, bloqueá-lo estericamente, ou impedir as alterações conformacionais necessárias para que ocorra a fusão. (**4**) Anticorpos podem se ligar ao vírus durante o brotamento e impedir sua liberação (p. ex., anticorpo antineuraminidase do vírus da influenza).

é regulada por outro grupo de receptores, que reconhecem moléculas de MHC I e têm atividade inibitória sobre células NK. Desse modo, o segundo mecanismo de ativação das células NK está relacionado com o reconhecimento de um padrão anormal de expressão de moléculas de MHC I nas células-alvo. Diferentes vírus são capazes de modular a expressão de moléculas de MHC nas células hospedeiras, de modo que, em geral, células infectadas por vírus apresentam uma diminuição da expressão de MHC I. Dessa maneira, a baixa expressão de MHC I em células infectadas torna possível o reconhecimento dessas células pelas células NK, sem que ocorra o engajamento dos receptores inibitórios, levando à ativação das células NK e à liberação de seus grânulos citotóxicos. Estudos mais recentes apontam, ainda, que células NK podem responder com mais eficiência a um segundo estímulo com o mesmo agente, sugerindo que essas células também fazem parte do repertório de memória imunológica do hospedeiro.

A importância da atividade NK no controle de infecções virais pode ser corroborada pelo fato de que sua deficiência predispõe a infecções recorrentes e mais graves por vírus respiratórios, herpesvírus e poxvírus. Além disso, já foi demonstrado seu papel em infecções causadas por HIV, vírus do papiloma de humanos (HPV), entre outros.

Além de sua atividade citotóxica, as células NK são capazes de secretar uma série de citocinas (como o IFN-$\gamma$) e quimiocinas (como MIP-1$\alpha$, MIP-1$\beta$ e RANTES) que participam da regulação da resposta imunológica.

## Linfócitos T

Diferentemente das células NK, os linfócitos T apresentam um padrão clonal de reconhecimento e necessitam de ativação prévia para a realização da sua função efetora, fazendo parte da chamada imunidade adaptativa. O reconhecimento do patógeno é feito por meio de seus receptores específicos de antígenos (TCR, *T cell receptor*), os quais reconhecem pequenos peptídeos associados a moléculas de MHC expressas na superfície de células apresentadoras de antígenos. O TCR age em conjunto com duas moléculas assessórias, $CD_4$ e $CD_8$, as quais são mutuamente exclusivas e determinam com qual tipo de MHC os linfócitos T irão interagir. Células $TCD_8^+$ reconhecem antígenos via MHC I, enquanto as $TCD_4^+$ têm seu reconhecimento antigênico restrito à apresentação via MHC II. Todas as células nucleadas expressam MHC I, enquanto a expressão de MHC II está restrita às APC, que são as células dendríticas, os macrófagos e os linfócitos B. A ligação do TCR específico ao antígeno apresentado pela molécula de MHC promove a ativação do linfócito T e a rápida divisão celular expandindo o *pool* de células específicas ao antígeno e promovendo a amplificação da resposta.

Classicamente, a apresentação de antígenos virais ocorre via moléculas de MHC I. Esse tipo de apresentação é característico de patógenos citoplasmáticos, que são degradados nos proteossomas celulares. A degradação ou processamento desses antígenos nos proteossomas produz pequenos peptídeos os quais são endereçados ao RE, onde se associam às moléculas de MHC I recém-sintetizadas. Assim, o complexo peptídeo-MHC formado migra para a membrana celular, na qual é apresentado para os linfócitos $TCD_8^+$. Já a apresentação via moléculas de MHC II é característica de patógenos intravesiculares. A degradação ocorre dentro das vesículas, principalmente lisossomas, por meio de proteases ácidas presentes. Posteriormente, ocorre a fusão dessas vesículas com outras vesículas contendo a molécula de MHC II, o que permite sua associação aos peptídeos virais gerados. Esses complexos migram para a membrana celular, onde são apresentados a linfócitos $TCD_4^+$. Sabe-se, no entanto, que essas vias não são tão restritas e que existem mecanismos de processamento e apresentação cruzada de antígenos. Nesse sentido, antígenos provenientes de patógenos intravesiculares podem ser apresentados via MHC I. Acredita-se que isso possa ocorrer devido à associação de componentes do proteossoma a vesículas endossomais ou, ainda, pela reciclagem de moléculas de MHC I da membrana plasmática por meio de endocitose. Dessa maneira, antígenos processados nos lisossomas podem se associar ao MHC I presente nas vesículas. Vale ressaltar que os antígenos presentes nas vesículas podem ser oriundos tanto de vírus endocitados quanto de fragmentos originados de células que entraram em apoptose após a infecção viral, os quais podem ser capturados pelas APC. Desse modo, essa via de apresentação cruzada é importante para a apresentação de antígenos derivados de vírus que não infectam APC, para que haja ativação dos linfócitos $TCD_8^+$ citotóxicos.

A apresentação cruzada é importante também para ativação de células $TCD_4^+$. A geração de peptídeos para a apresentação via MHC II para células $TCD_4^+$ pode ocorrer após lise de células infectadas e liberação desses antígenos, os quais podem ser capturados e endocitados por APC, em um processo semelhante ao descrito anteriormente. É possível, ainda, que moléculas de MHC II recém-sintetizadas e expressas no RE se encontrem e se associem a peptídeos produzidos no proteossoma, possibilitando a apresentação dos mesmos via MHC II. Independentemente de mecanismos de apresentação cruzada, a apresentação de antígenos virais via MHC II pode ocorrer após a captura dos vírus por receptores do tipo lectina (receptores de manose, DC-SIGN), que direcionam as partículas para os endossomas.

Durante a apresentação do antígeno à célula T, é necessária, além da ligação MHC/TCR, a participação de outras moléculas chamadas coestimulatórias. Esses sinais são imprescindíveis tanto para a maturação do linfócito T quanto para a maturação das APC que, quando maduras, liberam citocinas importantes para a determinação do padrão de resposta, como é o caso dos linfócitos $TCD_4^+$. Além disso, há maior expressão de moléculas de adesão e receptores de quimiocinas nos linfócitos T, como um mecanismo de direcionar essas células para o sítio de infecção.

## Linfócitos $TCD_8^+$

A principal função efetora dos linfócitos $TCD_8^+$ está associada à sua atividade citotóxica e à indução de apoptose da célula-alvo. O processo tem início pelo reconhecimento do antígeno viral, associado a moléculas de MHC I na superfície das células infectadas. Isso leva à ativação das células $TCD_8^+$ com liberação de grânulos citolíticos. O conteúdo desses grânulos contém uma série de proteínas e enzimas que podem causar dano e morte da célula-alvo infectada. Uma dessas moléculas é a perforina, uma proteína capaz de formar poros nas membranas celulares. Outras moléculas são as granzimas, que são serino-proteases, e, ao entrarem na célula infectada, ativam a cascata de apoptose, iniciada pela ativação de caspase-3. A granulisina também é uma enzima capaz de levar a célula a entrar em apoptose. Dessa maneira, essas moléculas atuam em conjunto, possibilitando que a célula infectada seja eliminada. A apoptose da célula infectada, consequentemente, causa destruição das partículas virais, impedindo a infecção de outras células e sua disseminação no hospedeiro.

A lise das células infectadas pode ocorrer, ainda, por outros mecanismos de indução de citotoxicidade, como aquele mediado pelo engajamento do receptor Fas, que induz a ativação de cascata de caspases. Quando ativados, os linfócitos $TCD_8^+$ expressam em sua membrana o ligante de Fas (FasL), que pode interagir com o receptor Fas na superfície da célula infectada e induzir a morte dessas células.

Além de sua atividade citotóxica, as células $TCD_8^+$ também secretam inúmeros mediadores imunológicos, incluindo citocinas e quimiocinas, tais como o IFN-$\gamma$, TNF-$\alpha$, MIP-1$\beta$, dentre outros, que podem contribuir para ativação de mecanismos antivirais nas células infectadas. A liberação de IFN-$\gamma$, por exemplo, inibe a replicação viral e promove aumento na expressão de moléculas de MHC, além de ativar macrófagos. A ativação dessas células leva à inibição da propagação viral pela produção de espécies reativas de oxigênio e pela maior eficiência na degradação de proteínas.

Esses achados demonstram o papel crucial da ativação dos linfócitos $TCD_8^+$ para o controle da propagação viral. No entanto, caso haja persistência do antígeno e ativação crônica dessas células pode haver deficiência de sua função efetora, devido a um fenômeno chamado exaustão celular. A exaustão celular é caracterizada pela inibição progressiva da atividade citotóxica e da produção de citocinas mediadas pelos linfócitos $TCD_8^+$ e está associada a alta carga viral, e manutenção do patógeno no hospedeiro. Nesse sentido, a expressão de marcadores associados à exaustão, como o receptor PD-1, foi demonstrada em infecções crônicas, como aquelas causadas por HCV e HIV. Além desse mecanismo, a deficiência de linfócitos $TCD_4^+$ também pode contribuir para a inibição da função das células $TCD_8^+$, como será discutido a seguir.

## Linfócitos $TCD_4^+$

A ativação de linfócitos $TCD_4^+$, também chamados linfócitos T auxiliares ou T *helper* (Th), é de extrema importância para o controle de uma infecção viral, uma vez que sua principal função efetora está associada à expressão de moléculas ativadoras e produção de citocinas envolvidas na regulação de diferentes componentes da resposta imunológica. O papel central das células $TCD_4^+$ na resposta antiviral pode ser evidenciado pelo fato de que uma deficiência de número ou função dessas células é associada à reativação de infecções persistentes latentes, à suscetibilidade aumentada a infecções oportunistas e à baixa eficiência de vacinas.

As células $TCD_4^+$ são estimuladas após interação e apresentação de antígenos por APC e, de acordo com o estímulo e padrão de citocinas produzidas pelas APC, as células T *helper* podem ser diferenciadas em Th1, Th2, Th17 ou $T_{reg}$ (células T regulatórias [*regulatory T cells*]).

As células Th1 produzem, sobretudo, IFN-γ, IL-2 e IL-18. Essas citocinas são importantes para a sobrevivência, a manutenção e a expansão de linfócitos e para a ativação de macrófagos, células NK e linfócitos $TCD_8^+$. Desse modo, a ativação de células Th1 é central para a indução e a manutenção da resposta antiviral. Já as células Th2 produzem IL-4, IL-5 e IL-13 e, classicamente, são associadas à modulação da produção de determinados isotipos de imunoglobulina.

As células Th17 produzem IL-17, IL-21 e IL-22 e participam ativamente de respostas inflamatórias. O aumento da produção de IL-17 já foi associado à exacerbação da resposta inflamatória e ao surgimento de determinados sintomas em diferentes infecções virais, tais como na ceratite causada após a infecção da córnea pelo HHV-1, na miocardite causada pelo coxsackievírus B3 e na infecção crônica pelo HBV. Por outro lado, as células Th17 parecem ser importantes para a imunidade de mucosas; além disso, o equilíbrio na proporção desse subtipo celular parece ser importante para o controle de infecções nesses tecidos. Na infecção pelo HIV, por exemplo, há relato de que a produção de citocinas com perfil Th1 e Th17 está inversamente correlacionada à carga viral. Além disso, células Th17 são preferencialmente depletadas no trato gastrointestinal de pacientes HIV-positivos, enquanto em modelos de infecção pelo vírus da imunodeficiência símia (SIV) em seus hospedeiros naturais que não adoecem, a população de células Th17 se mantém intacta, sugerindo que a preservação da mesma influencie a progressão para AIDS.

As células $T_{reg}$ caracterizadas pela expressão do receptor $CD_{25}$ e, muitas vezes, do fator de transcrição Foxp3, estão associadas à supressão da resposta imunológica mediada por linfócitos $TCD_4^+$. Essa inibição ocorre, principalmente, pela produção de citocinas, tais como IL-10 e TGF-β, que modulam negativamente a resposta T. A participação de células $T_{reg}$ em infecções virais já foi demonstrada em infecções por HIV e HCV. Em pacientes com infecção crônica por HCV, foi observada a indução de citocinas características da ativação de $T_{reg}$, como IL-10 e TGF-β. Além disso, foi descrita maior frequência de $T_{reg}$ nos pacientes com infecção crônica em relação àqueles que eliminaram a infecção. De maneira semelhante, em pacientes HIV-positivos não tratados, observou-se que a proporção de células $T_{reg}$ em mucosas se correlaciona diretamente à carga viral.

Diante da enorme plasticidade das células $TCD_4^+$, seu papel na ativação de outros tipos celulares é também bastante diverso. Nesse sentido, sabe-se que a expansão de linfócitos $TCD_8^+$ e indução de resposta citotóxica pode ser positivamente modulada por essas células. Algumas das citocinas produzidas por células $TCD_4^+$ são essenciais para a sobrevivência, expansão ou manutenção das células T, de maneira que a ativação das células Th é importante tanto para a expansão de CTL específicos para o vírus nas respostas primárias, quanto para sua subsequente diferenciação em células de memória. Tem sido observado, em vários modelos de infecção viral, que a ativação de células $TCD_8^+$, na ausência do *help* de $TCD_4^+$, está associada à produção de células com menor potencial de produção de citocinas, de resposta a quimiocinas, com menor desenvolvimento de células de memória e, consequentemente, deficiência de uma resposta secundária. Esses achados são claramente evidenciados em infecções virais crônicas, como na infecção pelo HIV. Nesse caso, devido à depleção marcante dos linfócitos $TCD_4^+$, as células $TCD_8^+$ estão expostas à estimulação antigênica constante, na ausência ou ineficiência do estímulo de células T *helper*, o que tem sido associado à alteração funcional das células $TCD_8^+$, levando-as a um processo de inativação funcional e exaustão. A importância do papel das células Th na funcionalidade dos CTL pode ser evidenciada, ainda, em modelos de vacinação, nos quais tem sido possível observar que a indução de uma resposta citotóxica ótima ao antígeno vacinal e, consequentemente, ao desafio com o vírus selvagem, depende de células $TCD_4^+$.

A resposta mediada por células $TCD_4^+$ é essencial também para a modulação da produção de anticorpos. Embora os linfócitos B possam ser estimulados de maneira T-independente, essa via gera apenas a secreção de IgM de baixa afinidade. A resposta T-dependente (ou seja, quando o linfócito B, além do reconhecimento do antígeno específico pelo BCR, interage com células $TCD_4^+$ ativadas) provoca mudança de classe de Ig em um processo chamado de maturação da afinidade. Tal processo está relacionado com a indução de sinais na célula B e com a seleção de clones de linfócitos B capazes de secretar anticorpos com maior afinidade/avidez pelo antígeno específico.

O desenvolvimento de memória imunológica, tanto de linfócitos $TCD_8^+$ quanto de células B, também parece depender da ativação de células $TCD_4^+$, como demonstrado em uma variedade de modelos de infecções virais.

As células $TCD_4^+$ apresentam, ainda, atividade citotóxica, uma vez que, assim como os linfócitos $TCD_8^+$, expressam FasL em sua superfície, podendo induzir o sinal de morte celular em células infectadas expressando Fas (Figura 7.6).

## Mecanismos de agressão tecidual mediados pela resposta imunológica celular

A ativação dos linfócitos T provoca um quadro de inflamação que pode levar a danos teciduais ou sistêmicos. Um dos exemplos mais bem conhecidos dos efeitos deletérios da resposta imunológica celular é o desenvolvimento de cirrose e carcinoma hepatocelular nas infecções crônicas por HBV, que parece ser mediado pela resposta citotóxica dos linfócitos $TCD_8^+$. O infiltrado de células $TCD_8^+$ também está associado à patologia pulmonar observada após infecção com FLUV. A atividade citotóxica mediada pelos linfócitos $TCD_8^+$ também é um dos mecanismos de imunodeficiência observados na infecção pelo HIV. O HIV infecta, principalmente, células $TCD_4^+$; dessa maneira, o reconhecimento e a destruição das células infectadas afetam diretamente o sistema imunológico do hospedeiro.

Na infecção pelo DENV, também existem evidências de que a ativação de células $TCD_4^+$ e $TCD_8^+$ é mais potente em pacientes com as manifestações graves da doença. Nas infecções secundárias por esse vírus, acredita-se que ocorra um fenômeno chamado "pecado antigênico original", no qual se tem ativação de células de memória com maior afinidade por outros sorotipos virais

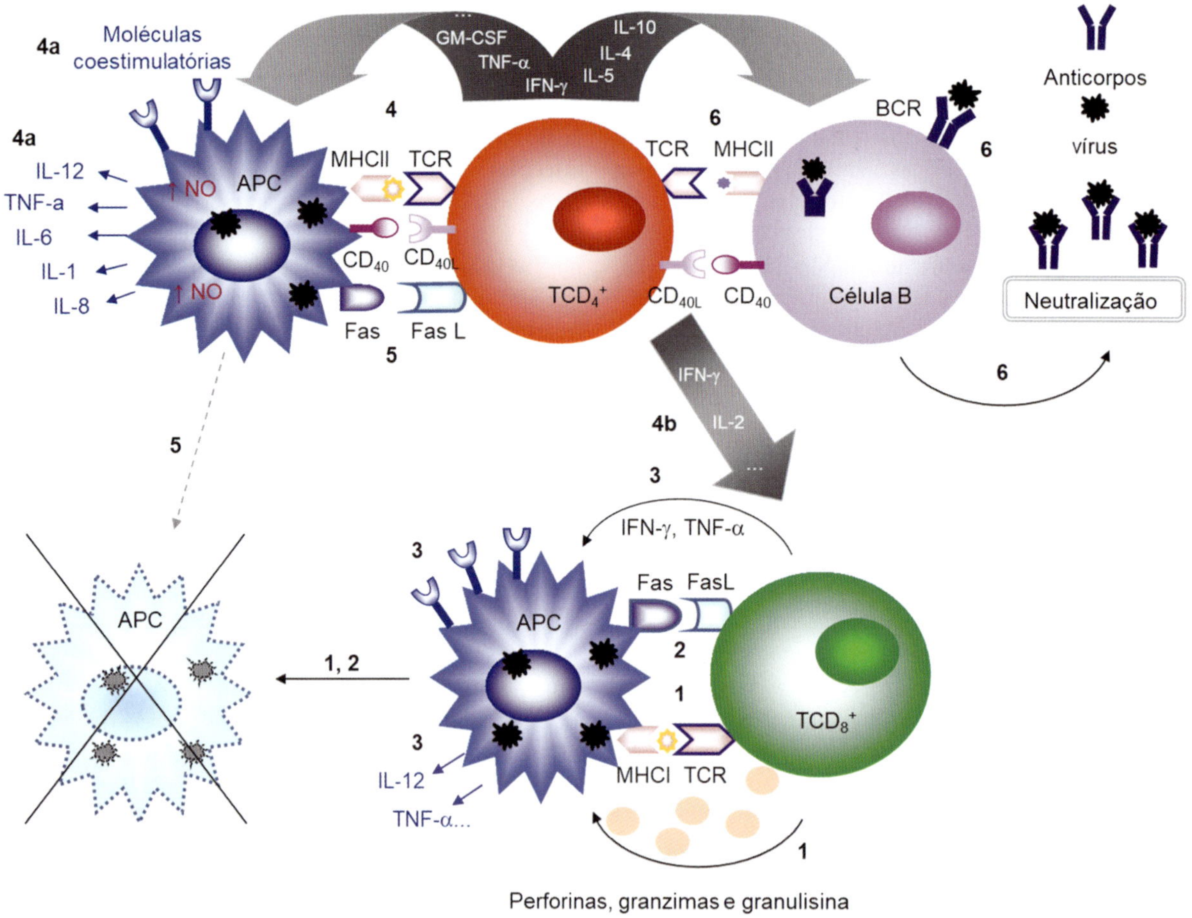


**Figura 7.6** Mecanismos efetores de resposta imunológica celular no controle da infecção viral. (1) Células infectadas apresentam antígenos virais, via MHC I, para linfócitos $TCD_8^+$. As células $TCD_8^+$ estimuladas secretam grânulos citolíticos que induzem a apoptose da célula-alvo e destruição dos vírus intracelulares. (2) Essas células podem expressar FasL, que interage com Fas na célula-alvo, também induzindo a morte celular. (3) Os linfócitos $TCD_8^+$ ativados secretam citocinas, estimulando a ativação das APC, com aumento da expressão de moléculas coestimulatórias e produção de citocinas. (4) Antígenos virais podem ser apresentados por APC, via MHC II, estimulando células $TCD_4^+$. A ativação de células $TCD_4^+$ induz a secreção de citocinas que podem: (4a) estimular a APC, induzindo aumento da expressão de moléculas coestimulatórias, produção de NO e de citocinas pró-inflamatórias (algumas das citocinas secretadas pelas APC são induzidas pelo próprio patógeno); (4b) potencializar a ativação de linfócitos $TCD_8^+$ citotóxicos. (5) Células $TCD_4^+$ ativadas podem também expressar FasL, induzindo apoptose da célula infectadas, expressando Fas. (6) Linfócitos B reconhecem e internalizam os vírus via BCR, e apresentam peptídeos virais para células $TCD_4^+$. Essas últimas são ativadas, e passam a expressar moléculas estimulatórias (p. ex., $CD_{40L}$) e a produzir citocinas que auxiliam na ativação das células B, e na secreção de anticorpos para neutralização viral.

que não o da infecção corrente. Essas células têm um fenótipo ativado e entram em apoptose; além disso, apresentam um padrão de degranulação deficiente, porém com liberação eficiente de citocinas como IFN-γ e TNF-α, que podem atuar diretamente nas células endoteliais, contribuindo para o extravasamento de plasma e para a patogênese da dengue hemorrágica.

A produção exacerbada de citocinas pró-inflamatórias, tanto por linfócitos T quanto por células da imunidade inata, pode estar associada à lesão tecidual e à gravidade de diversas infecções virais. Nas infecções causadas pelo FLUV associado à pandemia de 1918 (gripe espanhola) e pela estirpe $H_5N_1$, foi observada maior produção de citocinas e quimiocinas, tais como IL-6, TNF-α, IFN-γ, IL-10 e MCP-1, em comparação com os níveis observados em infecções mais brandas por outros subtipos antigênicos. O nível mais alto dessas citocinas também foi relacionado com maior probabilidade de letalidade da infecção.

Em geral, muitas citocinas como IL-6, IL-1 e IFN-γ são necessárias para o controle da propagação viral, mas também estão associadas à patologia. Esse fato pode ser evidenciado em modelos experimentais, em que a deficiência na produção dessas citocinas ou na expressão de seus receptores específicos está associada à inflamação mais branda e a menor lesão tecidual; no entanto, se correlaciona também ao retardo no controle da propagação viral.

## Mecanismos de escape do sistema imunológico

Alguns vírus induzem uma infecção aguda e são transmitidos de maneira eficiente para outro hospedeiro; outros persistem no hospedeiro em equilíbrio com o SI. Para isso, os diversos agentes virais apresentam diferentes mecanismos de escape contra a resposta imunológica.

## Modulação das vias de sinalização intracelular induzidas por IFN e receptores da imunidade inata

A inibição da produção de IFN ou da sinalização induzida pelo mesmo parece ser um efeito comum a vários agentes virais. Em alguns casos, os mecanismos não estão caracterizados, mas a inibição da sinalização induzida por PRR ou pelos próprios receptores de IFN (IFNAR) tem sido largamente demonstrada e pode estar associada a diferentes proteínas virais. A clivagem ou a inativação de moléculas adaptadoras envolvidas na ativação por PRR já foram associadas à expressão de proteínas não estruturais de diferentes vírus. Por exemplo, a protease NS3A/4 do HCV cliva e inativa TRIF, inibindo a sinalização via TLR3. Por outro lado, por impedir a ativação de IRF3 e NF-κB, a proteína A46R do VV, que apresenta sítios de similaridade com domínios TIR, parece ser capaz de se ligar a TRIF e também interferir na sinalização mediada por TLR, por impedir a ativação de IRF3 e NF-κB. A proteína NS3 de DENV se associa a MAVS em determinados tipos celulares, inibindo o sinal mediado por RIG-I/MDA-5.

Outras estratégias de escape já descritas estão associadas à inibição dos sinais mediados por IFN. Proteínas não estruturais de diferentes flavivírus e vírus respiratórios, por exemplo, já foram associadas à redução da expressão de genes dependentes de IFN por bloquear a fosforilação, aumentar a degradação ou inibir a expressão de componentes essenciais da transdução de sinal, pertencentes à via Jak/STAT. Já foi sugerido que a modulação da resposta aos IFN é um elemento importante para o desenvolvimento de doenças mais graves causadas por flavivírus, como DENV e o vírus da Zika (ZIKV), por exemplo.

Diferentes vias de sinalização celular mediada por IFN, por ativação de receptores da imunidade inata, ou por receptores de reconhecimento de antígeno de células T e B (TCR e BCR) convergem na ativação de NF-κB, e diversos vírus desenvolveram estratégias para subverter esse sinal. A proteína não estrutural 1 (NS1) do FLUV, por exemplo, interfere na sinalização de IRF3 e NF-κB, inibindo a produção de IFN. Já os poxvírus produzem proteínas que inibem a degradação de IKK, impedindo a translocação e a ativação de NF-κB. Estratégias semelhantes de inibição da translocação de NF-κB por proteínas virais também já foram relatadas nas infecções por rinovírus, WNV e HIV.

Alguns vírus apresentam mecanismos de escape dos inflamassomas; o vírus do mixoma produz uma proteína que inibe a ativação de inflamassomas. A proteína V do vírus do sarampo interage com NLRP3, inibindo a produção de IL-1β mediada pelo inflamassoma.

## Sequestro de antígenos

Uma vez que o reconhecimento de assinaturas moleculares ou epítopos específicos é o ponto-chave da resposta imunológica, uma das estratégias para inibi-la é ocultar essas estruturas. O sequestro de antígenos ocorre, por exemplo, quando os vírus infectam células não permissivas ou semipermissivas e se mantêm em estado de latência. Em geral, a latência está associada a uma baixa taxa de transcrição e, consequentemente, de síntese e expressão de proteínas virais. Com isso, os vírus mantêm sua informação genética, mas escapam do reconhecimento pelo sistema imunológico, até que ocorra algum evento que converta o estado de latência em um estado de biossíntese viral ativa. Diferentes vírus são capazes de permanecer nesse estado de biossíntese não permissiva ou semipermissiva, como é o caso dos HHV-1, HHV-2, HHV-3 e HHV-4 e até mesmo o HIV. Alguns desses vírus, como os HHV-1 e HHV-2, mesmo nas fases iniciais do processo de reativação, são primariamente transmitidos célula a célula, com pouca liberação de partículas virais no meio extracelular, inibindo, assim, a exposição de epítopos e o acesso de anticorpos para neutralizar a partícula.

Outro modo de sequestro de antígenos virais ocorre quando os vírus são mantidos em sítios imunoprivilegiados como o cérebro. Esse tecido é protegido pela barreira hematoencefálica, a qual limita a presença de componentes do sistema periférico. Além disso, as células nervosas têm uma baixa capacidade de apresentação de antígenos, dificultando a ativação de uma resposta imunológica específica nesses sítios.

## Mutações de epítopos

A mutação de epítopos T e B tem sido associada à resistência ou à cronicidade de diferentes infecções virais. Esse dado está de acordo com relatos de que a amplitude/diversidade da resposta celular pode indicar um melhor prognóstico da infecção. Isso possibilitaria a manutenção da resposta mesmo que um epítopo imunodominante fosse alterado; além disso, uma resposta ampla já no início da infecção diminuiria o impacto da pressão seletiva sobre um número restrito de epítopos. A indução de uma resposta mais ampla, contra maior número de epítopos específicos, já foi associada a um melhor prognóstico em infecções pelo HIV e HCV. Na verdade, a existência de sorotipos ou subtipos de vírus da mesma espécie, por si só, já pode ser considerada um mecanismo de escape do reconhecimento viral. Embora diferentes sorotipos compartilhem muitos antígenos, os epítopos neutralizantes não costumam ser comuns.

Os vírus que apresentam genoma segmentado, como é o caso do FLUV e do RV, podem sofrer alterações antigênicas mais drásticas, devido ao rearranjo entre segmentos de diferentes sorotipos virais, aumentando ainda mais a possibilidade de escape da resposta imunológica. Os rearranjos dos segmentos do FLUV (*antigenic shift*), produzindo novos sorotipos virais, têm sido associados às grandes pandemias de influenza com maiores índices de mortalidade.

## Inibição de morte celular

Como discutido anteriormente, a indução de morte celular é uma das estratégias disparadas por linfócitos $TCD_8^+$ citotóxicos e células NK para a eliminação de células infectadas por vírus. No entanto, para o vírus, é importante retardar a morte celular até que a progênie viral tenha sido gerada. Alguns vírus produzem proteínas que modulam a atividade de componentes celulares envolvidos no controle da apoptose, como a Bcl-2 – uma proteína celular que inibe a apoptose. Proteínas virais podem aumentar a produção de Bcl-2 ou bloquear sua destruição natural. A p53, por sua vez, é codificada por um antioncogene pró-apoptótico que pode ser bloqueado por proteínas virais.

## Infecção e modulação da ativação de células do sistema imunológico

Alguns vírus apresentam tropismo por células do próprio SI, o que, por si só, já representa um mecanismo de escape do hospedeiro. Além disso, muitas vezes, esses vírus utilizam fatores de transcrição envolvidos com a ativação dessas células para sua própria biossíntese; podem, ainda, produzir proteínas que são análogas a proteínas celulares envolvidas na ativação celular, mimetizando sua função efetora e modulando a ativação das células infectadas.

Um dos principais exemplos de vírus que infectam células do SI é o HIV, que apresenta tropismo por células que expressam o receptor $CD_4$, especialmente os linfócitos $TCD_4^+$ auxiliares, mas também células apresentadoras de antígenos como macrófagos e células dendríticas. Assim, a infecção pelo HIV resulta em uma imunodeficiência que, conforme a infecção progride, o hospedeiro se torna incapaz de controlar a propagação de qualquer patógeno, incluindo o próprio HIV, o qual também utiliza a maquinaria de ativação celular para controle de sua própria biossíntese. Dentre outros elementos, esse vírus apresenta, em seu genoma, sítios de ligação de NF-κB, envolvidos na ativação de sua transcrição. Desse modo, a ativação linfocitária com ativação desse fator de transcrição acaba contribuindo para a biossíntese viral.

O vírus linfotrópico para células T de humanos (HTLV) é outro retrovírus que tem tropismo por linfócitos T, e a infecção por esse vírus está associada à leucemia linfoma de células T do adulto (LLcLA), além da paraparesia espástica tropical ou mielopatia associada ao HTLV-1. A proteína Tax do HTLV é a principal responsável pela transformação das células leucêmicas, e um de seus efeitos está associado à interação com fatores de transcrição celulares como NF-κB. A atividade oncogênica dessa proteína é primariamente resultado de seu efeito sobre a via de NF-κB, resultando em uma ativação persistente desse fator. Dentre outras funções, a ativação de NF-κB torna possível o crescimento dos linfócitos T de maneira independente de IL-2. Inicialmente, a ativação está envolvida em um aumento da expressão de IL-2 e IL-2R, que terão efeito autócrino, o qual é seguido de crescimento sem depender dessa citocina. Pacientes com LLcLA são imunocomprometidos e apresentam infecções oportunistas com frequência, causadas por diferentes patógenos.

Outro exemplo de vírus que infecta células do SI é o HHV-4, que apresenta tropismo por células epiteliais, mas também por linfócitos B, sendo capaz de induzir a formação de tumores e linfomas B. O HHV-4, assim como outros vírus da subfamília *Gamaherpesvirinae*, incluindo HHV-8, também apresenta sítios de ligação de NF-κB em seus promotores. A infecção latente por esses vírus resulta em uma ativação persistente de NF-κB, a qual está envolvida na capacidade de tais vírus em induzir transformação celular. O HHV-4 apresenta também uma proteína denominada LMP-1, que funciona como um receptor de $CD_{40}$ ativado, promovendo sobrevivência, proliferação e expressão de marcadores de ativação por linfócitos B infectados. Essa proteína também ativa NF-κB, o que é essencial para a sobrevivência dessas células.

## Produção de imunomoduladores virais

Os próprios vírus são capazes de produzir e induzir a secreção de proteínas que funcionam como imunomoduladores. A literatura é bastante vasta com relação à descrição de imunomoduladores virais que são secretados por células infectadas e incluem inibidores do sistema complemento, reguladores de cascata de coagulação, moléculas de adesão e homólogos de citocinas e de seus respectivos receptores.

Vírus associados a infecções persistentes interrompem a síntese normal de citocinas e quimiocinas e/ou a expressão de seus receptores, inibindo sua função. Além disso, alguns vírus codificam homólogos de citocinas, também chamadas virocinas, as quais se ligam ou substituem as citocinas do hospedeiro, tornando-as inativas ou não funcionais. Os herpesvírus e os poxvírus codificam uma série de proteínas homólogas a receptores de quimiocinas e proteínas capazes de se ligar a uma variedade de citocinas, incluindo TNF, IL-1β, IFN-α/β, IFN-γ, CC quimiocinas, IL-18, GM-CSF e IL-2. O efeito de todas essas proteínas não é conhecido – algumas podem bloquear a ligação das citocinas com seus receptores celulares; outras funcionam como ligantes independentes, capazes de induzir sinalização intracelular, levando a uma ativação constitutiva dessas vias. Esses imunomoduladores também podem interferir com a sinalização mediada pelas citocinas, inibindo cinases e podendo modular positiva ou negativamente a expressão de receptores e correceptores celulares.

## Modulação no processamento e na apresentação de antígenos

Um dos mecanismos mais bem conhecidos de evasão da resposta imunológica é a inibição do processamento e/ou da apresentação de antígenos aos linfócitos T. Essa modulação pode ocorrer em todas as etapas do processamento, é mediada por diferentes proteínas virais e resulta na diminuição da expressão de complexo peptídeo viral-MHC na superfície da célula infectada.

É possível inibir a fragmentação de antígenos pelo proteossoma, assim como seu transporte para o RE; por exemplo, algumas proteínas virais são resistentes à fragmentação pelo proteossoma, como é o caso da proteína EBNA1 de HHV-4. Outras, como a ICP47 de HHV-1 e HHV-2 e US6 de HHV-5, se ligam às proteínas transportadoras de antígeno (TAP, *transporters associated proteins*) ou ao próprio MHC, inibindo a translocação de peptídeos e sua associação ao MHC. A associação dos peptídeos produzidos pelo processamento com moléculas de MHC e/ou o tráfego dos complexos peptídeo-MHC podem ser impedidos pelo bloqueio da síntese de moléculas de MHC, pela manutenção de moléculas de MHC no RE ou pelo redirecionamento dessas moléculas (ou do complexo) do RE para o citosol, provocando sua proteólise e degradação. O redirecionamento do complexo peptídeo-MHC da superfície celular para lisossomas já foi descrito e também resulta na degradação do complexo e inibição da apresentação de antígenos.

Por outro lado, muito pouco se conhece sobre o efeito de proteínas virais sobre a apresentação de antígenos via MHC II. No entanto, já se sabe que essa apresentação pode ocorrer não apenas após processamento de proteínas ditas exógenas nos lisossomas, mas também após o processamento de antígenos virais por uma via dependente de proteossomas (apresentação cruzada). Desse modo, é possível que os efeitos ou resistência de proteínas virais à fragmentação pelos proteossomas também influenciem a apresentação de antígenos via moléculas de MHC II. Outro mecanismo associado à apresentação de antígenos via MHC II é a autofagia, que pode ser desencadeada por situações de estresse celular e está associada à formação de vesículas celulares e ao englobamento de conteúdo citoplasmático por essas vesículas. Essas vesículas se fundem aos lisossomas, levando à degradação dos componentes presentes. Diferentes vírus modulam a produção dos autofagossomas e o processo de autofagia, o que poderia também influenciar a apresentação de antígenos gerados nos lisossomas.

Outro mecanismo de apresentação de antígenos ocorre pela apresentação de estruturas lipídicas por moléculas $CD_1$, reconhecidas por subtipos específicos de linfócitos T, e esse mecanismo também é inibido por alguns patógenos virais.

Além do reconhecimento do complexo peptídeo-MHC pelo receptor de antígenos expresso nas células T (TCR), o processo de apresentação de antígenos e ativação de linfócitos T depende da expressão dos receptores $CD_4$ e $CD_8$ pelos linfócitos T e da interação entre moléculas coestimulatórias presentes na superfície das APC, com seus ligantes na célula T. Essas etapas também são inibidas por alguns vírus que inibem a expressão de moléculas coestimulatórias pelas APC ou inibem a expressão de $CD_4$ ou $CD_8$ pelas células T.

## Evasão da citotoxicidade mediada por células NK

Conforme já discutido, a diminuição da expressão de moléculas de MHC I pelas células infectadas é um dos mecanismos de escape de células citotóxicas desenvolvido por vários vírus, inibindo seu reconhecimento por linfócitos $TCD_8^+$. Por outro lado, esse mecanismo torna essas células mais suscetíveis à ação de células NK. Alguns vírus desenvolveram mecanismos para escapar de ambos os tipos celulares. O HHV-5 produz uma proteína que funciona como um análogo de MHC I, não é capaz de apresentar antígeno e não induz ativação de células $TCD_8^+$; contudo, a proteína é reconhecida pelo receptor inibitório expresso nas células NK, $CD_{94}$, induzindo sinal negativo e impedindo sua atividade citotóxica. Outros vírus codificam proteínas que funcionam como antagonistas dos receptores de ativação de células NK ou inibem a expressão dos ligantes dos receptores de ativação de células NK nas células infectadas, como ocorre com algumas estirpes de HHV-5.

## Evasão de anticorpos e complemento

Os vírus são capazes de subverter a atividade de anticorpos e complemento por mecanismos altamente diversos e complexos. As estratégias de evasão da resposta mediada por anticorpos estão associadas principalmente aos mecanismos já discutidos de sequestro de antígenos, mutação de epítopos específicos e/ou recombinação, além da existência de diferentes sorotipos dentro de uma mesma espécie viral.

Com relação ao escape do sistema complemento, sabe-se que essa cascata é finamente controlada por proteínas inibitórias do hospedeiro, e os vírus são capazes de sequestrar algumas dessas proteínas ou de codificar proteínas homólogas a esses inibidores. Os HIV, HTLV-1 e VV incorporam esses inibidores em seu envelope durante o processo de biossíntese. Já os HHV-1 e HHV-2 produzem uma proteína chamada gC, que se liga ao componente C3b do complemento e bloqueia sua capacidade de neutralização. A importância desse mecanismo de escape pode ser evidenciada pelo fato de que vírus mutantes, que não expressam essa proteína, apresentam caráter atenuado em modelos de infecção em animal. Da mesma família, o HHV-8 codifica uma proteína de controle do complemento – KCP (KSHV *complement control protein*), que é homóloga aos reguladores de complemento de seres humanos e atua como cofator para o fator I inibitório (associado à inativação de C3b e C4b), responsável por acelerar a decomposição ou inibir a formação das C3 convertases. Vale lembrar que esta formação é uma etapa-chave da cascata de complemento, associada à liberação de anafilatoxinas, à opsonização do patógeno e ao início da formação do complexo lítico terminal (MAC). A deleção desse gene em um KSHV murino inibiu de modo significativo o estabelecimento da infecção aguda e a capacidade de manutenção de uma infecção persistente pelo vírus nesse modelo animal. O VV também codifica uma proteína de controle do complemento (VCP, *vaccinia virus complement control protein*), estruturalmente similar a C4b-BP, e que atua bloqueando a via clássica e alternativa dessa cascata.

Na Figura 7.7 são mostrados os mecanismos de escape viral ao sistema imunológico.

# Vacinas antivirais

Muitas vezes, a resposta imunológica do hospedeiro ao agente infeccioso não é bem-sucedida, sendo incapaz de eliminar a infecção. A não eliminação do patógeno resulta no comprometimento do indivíduo e no desenvolvimento de doenças graves e até letais. Assim, durante séculos, têm sido estudadas maneiras de "reforçar" a defesa do organismo contra patógenos. Poucas descobertas médicas tiveram tanto impacto na história humana como o desenvolvimento das vacinas. A utilização de imunógenos vacinais alterou profundamente as relações entre seres humanos e muitas doenças infecciosas consideradas ícones para a humanidade, tais como a poliomielite, o sarampo, a varíola, a febre amarela e outras. Um dos fatores associados ao enorme impacto clínico das vacinas é que poucas ações de saúde pública apresentam um balanço da razão custo-benefício tão favorável como a vacinação de uma população. Adicionalmente, a vacinação produz um efeito amplificador de controle, uma vez que, quando realizada em um percentual significativo de uma dada população, acaba por reduzir a circulação do patógeno, devido à diminuição do número de indivíduos suscetíveis e à redução da quantidade de hospedeiros disponíveis para a multiplicação do agente infeccioso. A esse processo amplificador de controle denomina-se "imunidade de rebanho" cuja proteção se estende também aos indivíduos que não foram vacinados, seja por apresentarem algum tipo de imunocomprometimento, ou mesmo por outro motivo.

## Histórico

Antes mesmo do conhecimento dos vírus e de seu papel como agentes causadores de doenças infecciosas, a observação de que um indivíduo exposto a determinadas doenças não adoecia novamente levantou a hipótese de que a inoculação de um "patógeno atenuado" em um indivíduo poderia protegê-lo de uma infecção mais grave. Nos anos finais do século XVIII, o médico e naturalista inglês Jenner observou que ordenhadoras de vacas pareciam ser imunes à varíola. Devido ao contato com vacas que apresentavam *cowpox*, uma forma de varíola de bovinos mais branda, essas pessoas adquiriam uma doença localizada, com a formação de pústulas nas mãos. Jenner postulou, então, que o material proveniente das vacas estaria protegendo os ordenhadoras da infecção pelo agente causador da varíola. Para testar

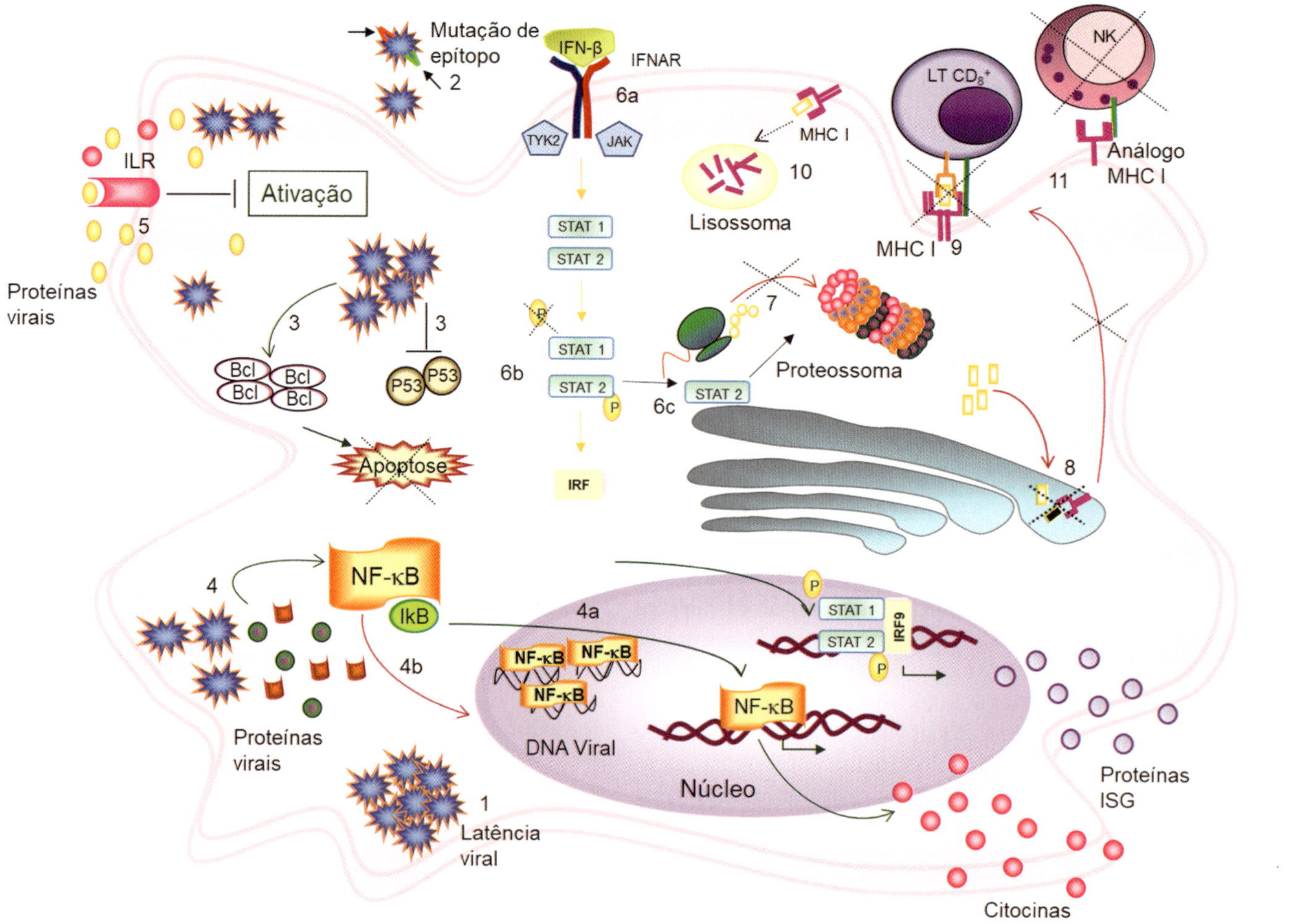


**Figura 7.7** Mecanismos de escape viral. (**1**) Estado de latência viral – o vírus é capaz de se manter dentro da célula hospedeira com baixa taxa transcricional, limitando, assim, a síntese e expressão de proteínas virais. (**2**) Os vírus sofrem mutações alterando epítopos imunogênicos e, dessa maneira, escapam do reconhecimento por células do sistema imunológico. (**3**) Alguns vírus são capazes de inibir a apoptose celular através do aumento da expressão de Bcl (proteína antiapoptótica) ou bloqueando a produção da proteína P53 (pró-apoptótica). (**4**) Proteínas produzidas por vírus, como a Tax (HTLV) e a LMP-1 (HHV-4) podem ter função análoga a proteínas celulares, levando à ativação de fatores de transcrição como NF-κB. Esses fatores podem atuar modulando a ativação da célula hospedeira (**4a**) ou até mesmo a transcrição do genoma viral (**4b**). (**5**) Alguns vírus codificam proteínas análogas de citocinas, denominadas virocinas, que são capazes de se ligar a receptores de citocinas celulares e inibir a transdução de sinal, consequentemente, inibindo vias de ativação celular. (**6**) Alguns vírus podem escapar da resposta antiviral induzida por IFN do tipo I por diminuir a expressão de seus receptores (**6a**), inibir a fosforilação de fatores de transcrição ativados pelos mesmos (**6b**), ou levar à degradação desses fatores por proteossomas (**6c**). (**7** a **11**) Os vírus podem também interferir no processamento e apresentação de antígenos. (**7**) Algumas proteínas virais são resistentes à degradação pelo proteossoma; (**8**) outras proteínas impedem a ligação dos peptídeos gerados no proteossoma a molécula de MHC; (**9**) ou impedem que o complexo MCH-antígeno seja levado até a membrana, impossibilitando que o antígeno seja apresentado para células T. (**10**) Outra estratégia utilizada pelos vírus de impedir a apresentação de antígeno é através do redirecionamento do complexo MCH-antígeno para vesículas lisossomais e posterior destruição. Algumas dessas estratégias levam à diminuição da expressão de moléculas de MHC I, o que possibilita o escape dos linfócitos $TCD_8^+$, mas torna essas células mais suscetíveis ao reconhecimento de células NK. (**11**) Para escapar desse reconhecimento por células NK, alguns vírus produzem proteínas análogas ao MHC I, as quais não são capazes de apresentar antígenos, mas são reconhecidas pelo receptor inibitório de NK, produzindo um sinal negativo e inibindo a ação citotóxica dessas células.

sua hipótese, ele inoculou fluido coletado da pústula da mão de uma ordenhadora em ambos os braços de um garoto de 8 anos e o expôs a material proveniente de pacientes infectados com varíola humana. Feito isso, nenhuma doença se manifestou, o que levou Jenner a publicar o primeiro tratado de vacinação em 1798. Embora Jenner tenha desenvolvido uma maneira de proteção contra a infecção, ele não conhecia o agente etiológico, o modo de transmissão e os mecanismos fisiológicos da doença. Em 1980, quase 200 anos depois da publicação do tratado de Jenner, a Organização Mundial da Saúde (OMS) decretou a erradicação global da varíola após uma intensa campanha de vacinação mundial.

Durante muitos anos, o desenvolvimento de outras vacinas permaneceu relativamente estagnado e foi somente após o conhecimento da teoria microbiana das doenças, descrita por Pasteur na segunda metade do século XIX, que a ideia de usar microrganismos atenuados para imunização voltou a ganhar força. O grupo coordenado por Pasteur foi responsável por diversos testes pioneiros de desenvolvimento de vacinas, e a primeira vacina de uso humano desenvolvida pelo grupo foi a antirrábica. Embora desconhecessem a origem viral da doença, os pesquisadores utilizaram passagens seriadas de amostras de sangue, provenientes de cães raivosos, no sistema nervoso de coelhos. Em 1885, Pasteur injetou material proveniente da medula de coelho infectado em uma criança mordida por um cão. A criança não desenvolveu a doença e foi descoberto, então, um imunizante contra a raiva. Com o estudo da imunologia e o conhecimento dos agentes infecciosos, tornou-se possível o desenvolvimento de vacinas a partir das características dos patógenos e da doença causada por eles.

Algumas exigências devem ser cumpridas para que a produção de vacinas tenha êxito. É necessário que sejam seguras, sendo inaceitável qualquer nível de toxicidade, e devem proporcionar proteção à maior parte das pessoas que a receberem. Devido à dificuldade de aplicar doses de reforço a grandes populações, é recomendada a fabricação de vacinas que ofereçam proteção imunológica duradoura. Além disso, é importante que as vacinas tenham baixo custo, para serem administradas ao maior número de indivíduos possível.

Programas efetivos de vacinação, associados à baixa variabilidade de um determinado agente viral e à ausência de diferentes reservatórios, são capazes de erradicar a doença, mesmo que nem todos os indivíduos sejam contemplados. O aumento de pessoas imunizadas leva à diminuição de reservatórios naturais, reduzindo ou até eliminando a incidência do patógeno na população. A confirmação desse fato foi a erradicação da varíola no mundo, em 1980. No entanto, para o sucesso de um programa de erradicação de uma doença são necessários o esforço contínuo e a manutenção de ampla cobertura de vacinação na população até sua erradicação. Falhas na cobertura de vacinação por ausência de políticas públicas ou por não vacinação por grupos individuais, seja por razões ideológicas ou religiosas, permitiram a reemergência de infecções virais que não eram reportadas há muitos anos em determinadas regiões geográficas, como no caso do sarampo nas Américas.

A maioria das vacinas tem sido desenvolvida com o intuito de induzir uma resposta imunológica protetora por meio da produção de células efetoras de longa vida e de memória. Tais vacinas são denominadas ativas. Por outro lado, a imunização pode ocorrer de forma passiva pela transferência de anticorpos ou células específicas, importante em uma resposta emergencial. Nesta seção, serão abordadas as diferentes estratégias de vacinação existentes e seus mecanismos de ação.

## Imunização passiva

A imunização passiva tem curta duração, pois o hospedeiro não desenvolve uma resposta ao patógeno. Nesse caso, a imunidade protetora dura apenas pelo período de meia-vida dos anticorpos/células injetados. Em geral, a imunização passiva é indicada em casos de doenças potencialmente fatais induzidas geralmente por toxinas ou em acidentes graves, quando uma intervenção rápida é essencial para o controle da infecção. Esse tipo de vacinação consiste na administração de imunoglobulinas (Ig) específicas contra o patógeno, na forma recombinante ou previamente produzida em hospedeiros heterólogos (soros).

A imunização passiva é utilizada na terapia pós-exposição contra diferentes vírus. A mais comumente utilizada é o soro antirrábico, produzido em equinos e indicado em acidentes graves após mordida por animais com suspeita ou infectados com vírus da raiva (RABV). Essa intervenção é importante porque, uma vez que o vírus se dissemine para o sistema nervoso, não há mais como controlar a infecção, que é letal. Desse modo, a administração do soro, juntamente com outras medidas preventivas de higienização do local do ferimento, tem o objetivo de neutralizar o vírus na porta de entrada, contribuindo para o controle da infecção, induzido pela vacinação ativa. A utilização de Ig passiva também pode ser indicada após exposição aos vírus do sarampo, HAV, HBV e HHV-3 e é indicada, particularmente, em indivíduos que não foram previamente imunizados e que apresentam risco de desenvolvimento de doenças graves, como os pacientes imunocomprometidos. É importante ressaltar, no entanto, que a imunização passiva não protege em casos de reinfecção, uma vez que não há geração de memória imunológica induzida pela vacina.

## Vacinas de vírus atenuados

Os vírus atenuados são tradicionalmente produzidos por meio de várias passagens em um sistema hospedeiro, que resulta no acúmulo de mutações – as quais tornam o vírus menos patogênico à célula humana, mas são capazes de induzir resposta imunológica eficiente. A atenuação deliberada por passagens sucessivas em culturas de células ou ovos embrionados vem sendo utilizada há muitos anos e possibilitou o desenvolvimento de uma série de vacinas antivirais, como a da poliomielite (Sabin, VOP), febre amarela, sarampo, caxumba, rubéola e varicela. Com maior conhecimento dos mecanismos de biossíntese e patogênese dos vírus, tem sido possível desenvolver novas estratégias para a sua atenuação, além do desenvolvimento de outras vacinas.

Como exemplo, é necessário que a vacina contra o FLUV seja: abrangente contra os diferentes subtipos virais; incapaz de induzir complicações graves (como a pneumonia); e preferencialmente capaz de induzir imunidade de mucosa, como na infecção natural. Uma das vacinas utilizadas na prevenção da infecção pelo FLUV, ainda não disponível no Brasil, é administrada por via intranasal e composta de vírus atenuado, que foi selecionado pela sensibilidade à temperatura, mimetizando a infecção natural por esse vírus e produzindo, assim, uma resposta imunológica de mucosa. O vírus vacinal é sintetizado no sistema respiratório superior (no qual a temperatura é mais baixa), mas não no sistema respiratório inferior (pulmões, em que a temperatura é mais elevada, em torno de 37°C). Além disso, é uma vacina trivalente, constituída por três subtipos do vírus. A decisão de modificar a composição da vacina anualmente é realizada com base no conhecimento de que esses vírus são capazes de sofrer mutações constantes em seus segmentos genômicos por um mecanismo conhecido como *drift* antigênico (discutido no *Capítulo 14*).

O RV é outro vírus de genoma segmentado, contra o qual vacinas preparadas com vírus atenuados vêm sendo desenvolvidas a partir de rearranjos gênicos. A rotavirose é caracterizada por gastroenterites com eventos de vômito, diarreia e febre, podendo evoluir ao óbito em muitos casos. Com o intuito de desenvolver imunidade de mucosa, via produção de IgA, vários estudos têm sido feitos utilizando vírus atenuados, que são administrados por via oral.

A primeira vacina desenvolvida contra RV (RotaShield®) foi produzida utilizando estirpes virais geradas por reagrupamentos entre vírus que infectam símios e seres humanos e constituída de quatro estirpes virais atenuadas. Ela foi licenciada nos EUA, em 1998, mas foi retirada do mercado nove meses depois, por estar associada ao aumento da intussuscepção intestinal. Em 2000, foi desenvolvida uma nova vacina monovalente preparada com vírus atenuados (Rotarix®), utilizando a estirpe viral RIX4414, sorotipo G1[P8] proveniente de vírus isolado de uma criança com diarreia. Embora essa vacina tenha se mostrado bastante eficiente contra a diarreia, ela é pouco abrangente. Outra vacina, preparada com vírus atenuados e tetravalente (RotaTeq®), utiliza rearranjo de vírus isolados de seres humanos e de bovinos e tem apresentado elevada proteção contra manifestações graves de diarreia. Em julho de 2005, foi licenciada no Brasil a vacina de RV de seres humanos (VORH – Rotarix®) e incluída no calendário de vacinação infantil em março de 2006. A vacina é indicada para crianças de 2 a 12 meses de vida, sendo aplicada em 2 doses por via oral.

Em geral, as vacinas produzidas com vírus atenuados são muito potentes, pois são capazes de estimular diferentes componentes do SI. O fato de o vírus atenuado manter a capacidade de ser sintetizado pelas células provoca não apenas a produção de anticorpos, mas também possibilita o processamento e a apresentação de proteínas virais via MHC I, e ativação de linfócitos $TCD_8^+$. Além disso, a vacinação com vírus atenuado está associada à ativação de células $TCD_4^+$ e ao desenvolvimento de células de memória.

A limitação dessa estratégia de vacinação é dada pela possibilidade de o vírus sofrer mutações que induzam a reversão do estágio não patogênico para um estágio patogênico. Essa reversão pode levar ao desenvolvimento da doença e possibilita a transmissão do vírus de indivíduos vacinados para indivíduos que não tiveram contato com o vírus. Por essa razão, as vacinas atenuadas, em geral, não são indicadas para indivíduos imunocomprometidos e gestantes. No primeiro caso, o estado imunocomprometido do indivíduo pode permitir a contínua propagação do vírus vacinal no organismo, aumentando a possibilidade de mutações e reversão de fenótipo. Essa restrição é avaliada caso a caso e depende do tipo e grau de imunocomprometimento do indivíduo. O segundo caso se aplica a vacinas compostas por vírus com potencial teratogênico; caso haja reversão, haveria a possibilidade de transmissão vertical do vírus. No entanto, estudos realizados com gestantes que ainda não sabiam da gestação e fizeram uso de vacinas atenuadas, como a vacina da rubéola, não demonstraram nenhum caso de infecção congênita. Esses dados indicam que a probabilidade de transmissão vertical dos vírus atenuados presentes na vacina é extremamente baixa. Ainda assim, a recomendação nesses casos é que não se faça uso da vacina em gestantes.

A utilização da técnica de DNA recombinante para atenuar vírus é uma estratégia adotada para superar a limitação das técnicas anteriores. Genes virais específicos são isolados, submetidos à mutação e inseridos em um genoma viral reconstituído. A mutação realizada por engenharia genética torna impossível a reversão ao tipo selvagem.

## Vacinas de vírus inativados

Os vírus inativados perdem a capacidade de propagação em células devido a alterações irreversíveis, as quais podem ser provocadas por calor, alteração do pH, radiação ou agentes químicos. Essas vacinas não têm o fator limitante de reversão ao tipo selvagem; no entanto, a resposta imunológica produzida por esse tipo de vacinação pode ser menos potente e requerer o uso de adjuvantes vacinais.

A estratégia de vacinação com vírus inativado tem sido adotada durante anos contra o FLUV. A vacina trivalente é constituída por duas linhagens de FLUV da espécie A (FLUVA) e uma linhagem da espécie B (FLUVB), que são propagados em ovos embrionados, purificados e inativados com formaldeído ou com betapropiolactona. A tetravalente é constituída por duas linhagens de FLUVA e duas de FLUVB. Essa combinação permite maior abrangência na proteção contra doença devido à grande variedade de genótipos do vírus. Além disso, como o FLUV tem capacidade mutagênica alta, as estirpes circulantes são revisadas anualmente pela OMS e inseridas na vacina (o mesmo acontece com a vacina trivalente de vírus atenuados para influenza). Diferentemente da vacina atenuada, a inativada é administrada por via intramuscular e também gera uma resposta local e sistêmica.

Vacinas contra a hepatite A, poliomielite (Salk, VIP) e raiva também se baseiam nessa estratégia de inativação viral.

## Vacinas de subunidades/vacinas recombinantes

A baixa proteção proporcionada por algumas vacinas preparadas com vírus atenuados (HBV) e a limitação de cultivo de alguns vírus (HPV) estimularam a busca de novas estratégias para a produção de vacinas. As vacinas de subunidades são compostas por antígenos purificados de vírus patogênicos ou são formadas por epítopos imunogênicos, que são sintetizados em laboratório.

A primeira vacina não infecciosa feita a partir de subunidade viral foi licenciada em 1981, nos EUA, contra o HBV. O antígeno HBs (HBsAg) foi isolado de plasma humano, clonado e expresso em leveduras (*Saccharomyces cerevisiae*). A proteína HBs é liberada das células de leveduras por meio da ruptura celular e purificada por métodos físico-químicos. A vacina atualmente produzida não contém DNA detectável de levedura, e menos de 1% do teor de proteínas é da levedura; ela é administrada via intramuscular em três doses e apresenta eficácia de 90 a 100%.

A utilização de proteínas recombinantes expressas em sistemas de vírus, como o baculovírus, está sendo aplicada no combate ao HPV. A vacina se baseia na síntese e utilização de proteínas virais do capsídeo (L1), formando as chamadas partículas semelhantes a vírus, ou *virus-like particles* (VLP), que são administradas em associação a adjuvantes. Três vacinas foram desenvolvidas – bivalente, tetravalente ou nonavalente, contendo dois, quatro ou nove diferentes tipos virais. Essas vacinas têm mostrado eficácia para induzir resposta imunológica humoral e celular.

A estratégia de desenvolvimento de VLP pode ser utilizada, ainda, para produção de vacinas quiméricas, nas quais VLP de um vírus podem funcionar como plataforma para expressão de epítopos de outros vírus. Vacinas de VLP têm sido desenvolvidas e testadas contra DENV, ZIKV, vírus da febre amarela (YFV, *Yellow fever virus*), entre outros, mas ainda não há outras vacinas licenciadas além da vacina contra HPV, já descrita.

As vacinas que utilizam vírus inativados, proteínas recombinantes e VLP induzem resposta imunológica relativamente mais fraca, quando comparadas com as de vírus atenuados. Essas estratégias vacinais são capazes de induzir a produção de anticorpos e ativação de células $TCD_4^+$; no entanto, devido à incapacidade do vírus em propagar *in vivo*, induzem menor ativação de células $TCD_8^+$. Em virtude da menor imunogenicidade, é necessário que sejam administradas juntamente com substâncias adjuvantes que aumentam a resposta imunológica para os antígenos da vacina. Acredita-se que a maioria dos adjuvantes atue em células apresentadoras de antígenos, induzindo a ativação de células T.

Várias substâncias vêm sendo usadas como adjuvantes como, por exemplo, constituintes de microrganismos, sais minerais, emulsões, lipossomas, *nano-beads*, dentre outros, sendo necessário avaliar muito bem o risco-benefício dos efeitos colaterais. As reações que podem ocorrer incluem dor, inflamação local, inchaço, necrose no local de injeção, náusea, febre, eosinofilia, alergia e imunotoxicidade, podendo conduzir ao desenvolvimento de doenças autoimunes. Estudos pré-clínicos do uso de adjuvantes são de extrema importância e costumam ser feitos em animais de pequeno porte.

De fato, o amplo reconhecimento dos mecanismos funcionais das vacinas, associado ao conjunto de ações para sua otimização faz com que todas as vacinas licenciadas para uso humano sejam consideradas seguras e eficientes.

Novas estratégias vacinais têm sido desenvolvidas com o intuito de aumentar a eficácia das vacinas ou possibilitar o desenvolvimento de novas vacinas. A utilização de microrganismos como vetores vacinais possibilita a inserção de genes de diferentes patógenos em um mesmo veículo, possibilitando, assim, a criação de uma única vacina que abranja vários agentes infecciosos. Outra estratégia adotada é a utilização de DNA de patógenos como vacina.

## Vacinas de DNA

As vacinas de DNA são constituídas por plasmídeos que codificam proteínas virais específicas e podem ser expressos pelas células do hospedeiro em que foram inoculadas. Em geral, as vacinas são preparadas utilizando-se genes que codificam proteínas de superfície, por serem mais imunogênicas, em associação a promotores de expressão no hospedeiro, além de uma enzima responsável pela transcrição viral. A apresentação dos antígenos produzidos poderia ser realizada pelos miócitos presentes no local de inoculação; contudo, é mais provável que as proteínas expressas sejam liberadas por secreção ou devido à morte (por apoptose ou necrose) das células portando o DNA. As APC capturam essas proteínas, processam e apresentam para as células do sistema imunológico, oferecendo resposta específica contra o patógeno em questão. A administração pode ser feita por injeção intramuscular, endovenosa ou intradérmica, além de inoculação intranasal do DNA puro ou complexo DNA-lipossoma.

A vacina de DNA apresenta vantagem sobre as demais estratégias, por não utilizar agentes infecciosos, não requerer o uso de vetores ou proteínas purificadas e, principalmente, por fornecer resposta imunológica mais efetiva a infecções virais com ativação dos diferentes braços da resposta imunitária, incluindo células $TCD_8^+$. Além disso, uma vez que a manipulação de plasmídeos para a construção de vacinas de DNA é tecnicamente mais simples que a manipulação de partículas virais completas ou proteínas intactas, essa estratégia possibilita a inserção de genes de diferentes sorotipos virais na mesma vacina e a seleção e inserção de epítopos imunodominantes específicos. Vacinas de DNA, RNA mensageiro e de vetores virais têm sido elaboradas contra vírus como DENV, ZIKV, parvovírus, FLUV, HCV, HIV, coronavírus (CoV), dentre outros.

Até o momento, poucas vacinas com essas formulações foram licenciadas para uso em seres humanos, incluindo a vacina tetravalente contra dengue e algumas vacinas contra COVID-19. Outras estratégias têm sido desenvolvidas para melhorar a eficiência das vacinas de DNA, como a inserção de imunomoduladores nessas vacinas, o que contribui para a potencialização da resposta imunológica. Além disso, diferentes metodologias têm sido avaliadas, como a adição de genes de citocinas e a adição de moléculas coestimulatórias e de direcionamento de antígenos para uma via de apresentação específica. Está em estudo, ainda, a associação do uso de vacinas de DNA a outras tecnologias, como a utilização de vetores virais mais imunogênicos.

## Vetores virais

Os vetores virais são desenvolvidos a partir da inserção de uma molécula de DNA, que expressa os genes virais de interesse, em um vírus não patogênico. Modelos experimentais de vacinação utilizando vetores virais estão sendo desenvolvidos para DENV, FLUV, vírus do sarampo, HIV, HBV e RABV. Uma única vacina desenvolvida com esse tipo de estratégia licenciada para humanos é a vacina Dengvaxia®, que se baseia na inserção dos genes de proteínas do envelope de DENV no genoma do vírus da febre amarela (YFV17D204). Foram feitas quatro vacinas quiméricas, em cada uma delas os genes de envelope do YFV foram substituídos pelos genes de cada sorotipo de DENV, gerando uma formulação vacinal tetravalente, cujo uso é recomendado para indivíduos a partir de 9 anos de idade que já tiveram infecção por algum sorotipo de DENV. Essa restrição se deveu ao fato de complicações terem sido reportadas em indivíduos que nunca haviam tido dengue e fizeram uso da vacina, mas os mecanismos ainda não estão claros. Recentemente, com a pandemia de COVID-19, foram produzidas vacinas que utilizam AdV de chimpanzé ou AdV de humanos.

Em geral, os vetores virais com capacidade replicativa são mais imunogênicos que plasmídeos de DNA isolados. No entanto, essa técnica apresenta como limitação a possibilidade de neutralização da vacina por hospedeiros previamente imunizados com o vírus utilizado como vetor. Ainda, se for necessário o uso de doses de reforço, o hospedeiro que desenvolveu memória imunológica contra o vetor na primeira dose poderia neutralizar a vacina nas doses subsequentes.

A combinação de vacinas de DNA puro com vetores virais ou com diferentes vetores contendo a mesma sequência antigênica tem sido estudada para suplantar a limitação de ambas as estratégias. Dessa maneira, a ativação inicial do sistema imunológico com o DNA isolado forneceria uma resposta de memória que seria amplificada pela administração subsequente do vetor viral. No Quadro 7.1 são apresentadas as características e exemplos de diferentes estratégias de vacinação antiviral. Para mais detalhes, consultar o endereço da Sociedade Brasileira de Imunizações (SBIm), com o Calendário de Vacinação do Programa Nacional de Imunizações do Ministério da Saúde (MS) do Brasil (https://sbim.org.br/calendarios-de-vacinacao; está atualizado até maio de 2021, mas não há COVID-19).

**Quadro 7.1** Características e exemplos de diferentes estratégias de vacinação antiviral.

| Estratégia | Vacinas licenciadas para humanos (Vírus/doença) | Esquema vacinal recomendado pelo Ministério da Saúde do Brasil |
|---|---|---|
| Vírus atenuado | Vírus da febre amarela/febre amarela | *Crianças*: 1ª dose aos 9 meses; reforço da vacina aos 4 anos de idade<br>*Indivíduos que receberam uma dose da vacina antes de completarem 5 anos de idade*: administrar uma dose de reforço, com intervalo mínimo de 30 dias entre a dose e o reforço<br>*Indivíduos de 5 a 59 anos de idade que nunca foram vacinadas ou sem comprovante de vacinação*: administrar 1 (uma) dose da vacina<br>*Pessoas de 5 a 59 anos de idade que receberam uma dose da vacina*: considerar vacinado. Não administrar nenhuma dose<br>*Pessoas com 60 anos de idade ou mais, que nunca foram vacinadas ou sem comprovante de vacinação*: o serviço de saúde deverá avaliar a pertinência da vacinação, levando em conta o risco da doença e o risco de eventos adversos nessa faixa etária e/ou decorrentes de comorbidades |
| | Poliovírus/poliomielite (VOP) | Reforço da VIP: 2 doses – aos 15 meses e aos 4 anos de idade |
| | Vírus do sarampo/sarampo* | *Crianças*: 12 meses – tríplice viral (MMR)[1]; 15 meses – tetra viral[2]<br>*Adolescentes (10 a 19 anos de idade)*: verificar a situação vacinal anterior. Se nunca vacinado, administrar 2 doses MMR (intervalo mínimo de 1 mês)<br>*Adultos*: verificar a situação vacinal anterior<br>Se nunca vacinado: 20 a 29 anos de idade – 2 doses MMR (intervalo mínimo de 1 mês); 30 a 49 anos de idade – 1 dose MMR |
| | Vírus da caxumba/caxumba* | *Crianças*: 12 meses – tríplice viral (MMR)[1]; 15 meses – tetra viral[2]<br>*Adolescentes (10 a 19 anos de idade)*: verificar a situação vacinal anterior. Se nunca vacinado, 2 doses MMR (intervalo mínimo de 1 mês)<br>*Adultos*: verificar a situação vacinal anterior<br>Se nunca vacinado: 20 a 29 anos de idade – 2 doses MMR[1] (intervalo mínimo de 1 mês); 30 a 49 anos de idade – 1 dose MMR |
| | Vírus da rubéola/rubéola* | *Crianças*: 12 meses – tríplice viral (MMR); 15 meses – tetra viral<br>*Adolescentes (10 a 19 anos de idade)*: verificar a situação vacinal anterior. Se nunca vacinado, 2 doses MMR (intervalo mínimo de 1 mês)<br>*Adultos*: verificar a situação vacinal anterior.<br>Se nunca vacinado: 20 a 29 anos de idade – 2 doses MMR (intervalo mínimo de 1 mês); 30 a 49 anos de idade – 1 dose MMR |
| | Herpesvírus de humanos 3/ varicela (ou catapora) | 15 meses – na forma de tetra viral; 4 anos de idade – reforço contra varicela apenas |
| | Herpesvírus de humanos 3/ herpes-zoster# | 1 dose, a partir dos 50 anos de idade |
| | Rotavírus/rotavirose | 1 dose entre 2 e 4 meses de vida |
| Vírus inativado | Vírus da raiva/raiva | Suspeita de contato com animal infectado |
| | Poliovírus (VIP)/poliomielite** | 3 doses aos 2, 4, e 6 meses de vida |
| | Vírus da influenza/gripe | *Campanha Anual de Vacinação da Gripe*: crianças de 6 meses a 5 anos de idade (5 anos, 11 meses e 29 dias); maiores de 60 anos de idade; gestantes; profissionais de saúde; ou grupos recomendados durante a campanha |
| | Vírus da hepatite A/hepatite A# | *Crianças*: 2 doses – 12 e 18 meses<br>*Adultos não previamente vacinados*: 2 doses, com intervalo de 6 meses |
| Vacinas de subunidades (recombinantes) | Vírus da hepatite B/hepatite B** | *Crianças*: uma dose ao nascer; 3 doses na formulação quíntupla combinada (DTPa-HB-IPV)[3]: 2, 4 e 6 meses de vida<br>*Adolescentes e adultos*: verificar a situação vacinal anterior. Se nunca vacinado, 3 doses |
| * | Herpesvírus de humanos 3/ herpes-zoster# | 2 doses com intervalo de 2 meses, a partir dos 50 anos de idade |
| VLP† | Vírus do papiloma humano/ papilomatose | Meninas de 9 a 14 anos de idade e meninos de 11 a 14 anos de idade: 2 doses, com intervalo de 6 meses |
| Vetores virais | Vírus da dengue/dengue*** | 9 anos de idade; 3 doses no intervalo de 1 ano |

†VLP: *virus-like particles* (partículas semelhantes a vírus).*De acordo com o calendário de vacinação infantil do Ministério da Saúde (MS) do Brasil, as vacinas contra sarampo, caxumba e rubéola são administradas conjuntamente, na forma de tríplice viral (MMR)[1] ou junto com varicela, na forma de tetra viral.[2] As idades e formulações vacinais indicadas no quadro dizem respeito a essa recomendação do MS. Entretanto, essas vacinas podem ser também administradas na forma de mono (vacina contra um vírus apenas), dupla viral (sarampo e rubéola), tríplice (sarampo, caxumba e rubéola) ou tetra viral (sarampo, caxumba, rubéola e varicela), quando houver atrasos ou desconhecimento das vacinas administradas, ou recomendado em situações de surtos, epidemias, e campanhas específicas. [1]MMR (tríplice viral): sarampo, caxumba e rubéola. [2]Tetra viral: sarampo, caxumba, rubéola e varicela. **Essas vacinas estão presentes também em formulações combinadas com vacinas bacterianas, não disponíveis pelo sistema público de saúde brasileiro até fevereiro de 2021, incluindo:
(i) Vacinas pentaméricas: DTPw-VIP-Hib (celular) e DTPa-VIP-Hib (acelular) (incluindo tríplice bacteriana celular (difteria, tétano, coqueluche (DTPw) ou acelular (DTPa) + *Haemophilus influenzae* tipo b (Hib) + poliomielite (VIP).
(ii) Vacinas hexaméricas: DTPw-HB-VIP-Hib (celular) e DTPa-VIP-Hib (acelular) (incluindo tríplice bacteriana celular (difteria, tétano, coqueluche (DTPw) ou acelular (DTPa) + *Haemophilus influenzae* tipo b (Hib) + poliomielite (VIP) + hepatite B). ***Essa vacina é conhecida comercialmente como Dengvaxia® e não está disponível no Sistema Único de Saúde (SUS). Segundo a Organização Mundial da Saúde (OMS), a Agência Nacional de Vigilância Sanitária (Anvisa) e o Laboratório Sanofi Pasteur, a vacina só deve ser ministrada em pessoas que já tiveram infecção prévia pelo vírus. #Até fevereiro de 2021 não estavam disponíveis no sistema de saúde público brasileiro.

# Capítulo 8

# Diagnóstico Laboratorial das Viroses

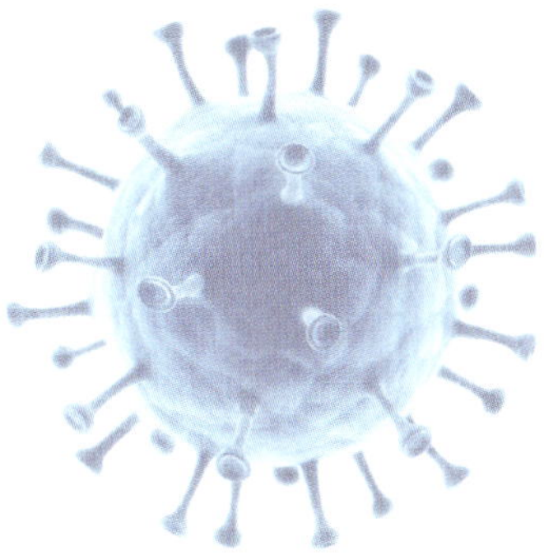

Norma Suely de Oliveira Santos

## Introdução

Nas últimas décadas, o diagnóstico das infecções virais tem emergido como uma importante ferramenta na medicina, contribuindo de maneira precisa na identificação de patógenos e direcionando o seu tratamento.

A amplitude do uso das técnicas de diagnóstico tem várias explicações. Primeiro, as recentes pandemias causadas por patógenos virais, tais como o vírus da imunodeficiência humana (HIV, *human immunodeficiency virus*), os vírus da influenza (FLUV) e os coronavírus de humanos SARS-CoV e SARS-CoV-2 (coronavírus associados à síndrome respiratória aguda grave [*severe acute respiratory syndrome coronavirus*]) e MERS-CoV (coronavírus associado à síndrome respiratória do Oriente Médio [*Middle East respiratory syndrome coronavirus*]) que tornaram imperativa a identificação do patógeno para a garantir o manejo correto dos pacientes e a implantação de medidas de prevenção e controle. Segundo, o sucesso dos transplantes de medula óssea e de órgãos sólidos que aumentaram o número de pacientes sujeitos a infecções virais oportunistas. Terceiro, o aumento do número de agentes antivirais disponíveis e seu uso dependem da rápida identificação do patógeno. Quarto, o desenvolvimento tecnológico (p. ex., produção de anticorpos monoclonais e ensaios de amplificação de ácido nucleico) tem tornado o diagnóstico virológico rápido e preciso. Além disso, o desenvolvimento da reação em cadeia da polimerase (PCR, *polymerase chain reaction*) em tempo real possibilitou a aplicação de um método quantitativo no diagnóstico laboratorial das infecções virais.

Uma importante característica do diagnóstico virológico moderno é o uso de múltiplos métodos na detecção das infecções virais, incluindo o isolamento viral, a detecção de antígenos e anticorpos, e a amplificação do ácido nucleico viral.

O diagnóstico virológico pode ser fundamental em algumas situações clínicas. Por exemplo, o laboratório tem papel crucial na identificação rápida e precisa de patógenos que causam doenças em pacientes com o sistema imunológico comprometido, especialmente pacientes transplantados; HIV-positivos; com infecções sexualmente transmissíveis; com infecções respiratórias graves; com infecções gastrointestinais; com hepatites virais agudas ou crônicas; e com infecções congênitas.

O diagnóstico virológico tem importância também na saúde pública. Por exemplo, a vigilância de pacientes com infecções respiratórias agudas é primordial para o reconhecimento de uma nova estirpe viral com potencial pandêmico; diagnósticos específicos no caso de sarampo, caxumba, rubéola e poliomielite podem guiar um programa de imunização eficiente; o reconhecimento de encefalites causadas por arbovírus pode sugerir um programa de controle de mosquitos; a detecção de norovírus pode ser importante para o controle de gastroenterites causadas por alimentos e água contaminados.

## História do diagnóstico virológico

A era da medicina virológica começou em 1898, quando Loeffler e Frosch descobriram que a doença dos pés e boca que afligia o gado era causada por um vírus denominado de agente filtrável naquela época. Em 1892, inclusões virais já haviam sido notadas por Guarnieri, que descreveu inclusões intranucleares e intracitoplasmáticas em tecidos infectados pelo vírus da varíola.

No primeiro quarto do século XX, o conhecimento dos vírus como causadores de doenças em seres humanos aumentou rapidamente. Os primeiros métodos utilizados amplamente no diagnóstico virológico foram os sorológicos, que buscavam a detecção de antígenos virais ou anticorpos contra o vírus. O teste de fixação do complemento descrito por Bedson e Bland, em 1929, foi o primeiro método empregado para detectar anticorpos contra os vírus vaccínia (VV) e herpesvírus de humanos 3 (HHV-3; vírus da varicela-zoster).

O primeiro isolamento de patógenos virais de seres humanos em cultura de células por Weller e Enders, em 1948, possibilitou grande avanço no diagnóstico virológico. Atualmente, o cultivo celular ainda é considerado o padrão de referência, também chamado de padrão-ouro (*gold standard*) para o diagnóstico de muitas viroses.

A primeira aplicação de anticorpos fluorescentes no diagnóstico virológico foi para a detecção do antígeno do FLUV em secreção nasal. O desenvolvimento de anticorpos monoclonais na década de 1970 aumentou a disponibilidade de reagentes imunológicos com alta especificidade. A partir da década de 1980, os laboratórios foram capazes de implantar testes utilizando como base anticorpos monoclonais para a detecção de uma variedade de antígenos virais em espécimes clínicos. A introdução de técnicas moleculares para diagnóstico virológico teve início com o desenvolvimento da PCR, descrita em 1985 e aprimorada a partir da introdução da metodologia da PCR em tempo real, no final da década de 1990.

## Espécimes clínicos para o diagnóstico virológico

Um dos mais importantes fatores para um diagnóstico apurado em Virologia está relacionado com a maneira com que a amostra clínica é manuseada. O tempo da colheita em relação ao aparecimento da doença, a quantidade, a qualidade do material colhido, o tempo antes de ser processado e as condições do transporte para o laboratório são importantes variáveis a serem destacadas.

Colher o material clínico na fase aguda da doença e no sítio em que está ocorrendo biossíntese viral aumenta o êxito no diagnóstico laboratorial. Por esse motivo, é importante o conhecimento a respeito da patogenia da doença. Por exemplo, se um paciente estiver com suspeita de meningite viral, o liquor é a amostra ideal a ser colhida. Em infecções envolvendo lesões de pele ou mucosa, as amostras colhidas da própria lesão são consideradas ideais.

O isolamento viral requer mais atenção nas condições de armazenagem e transporte do que as amostras submetidas para detecção de antígeno viral ou ácido nucleico, pelo fato de a infecciosidade do vírus ter de ser preservada.

Os espécimes clínicos devem ser colocados em meio de transporte de vírus (MTV; meio de cultura com solução salina balanceada e tamponada em pH 7,2, contendo antibióticos e antifúngico) e transportados rapidamente para o laboratório para garantir a integridade das partículas virais. Quando não for possível o transporte imediato, o material em MTV deve ser mantido refrigerado ou em gelo. Se houver necessidade de estocagem por poucas horas, o laboratório deve ser consultado sobre as condições ideais para o agente suspeito. Em geral, não é recomendável a manutenção do material em temperatura ambiente, e se houver demora maior que 24 horas para o transporte, deve ser congelado a temperatura de –70°C ou mais baixa, e transportado para o laboratório em gelo seco. A recuperação de alguns vírus, tais como vírus respiratório sincicial de humanos (HRSV) e herpesvírus de humanos, pode ser seriamente comprometida por ciclos de congelamento e descongelamento, e as amostras suspeitas de conter esses vírus devem permanecer na geladeira (4°C) e não devem ser congeladas a –20°C. Alguns meios apresentam um fator estabilizante como gelatina ou outra proteína para diminuir os danos físicos às partículas virais; tal procedimento é crítico para os espécimes que serão submetidos ao isolamento do vírus.

Em geral, o processamento da amostra clínica inclui a adição de mais antibióticos e antifúngico à amostra e centrifugação para retirar *debris* e contaminantes (clarificação), antes da inoculação nos sistemas hospedeiros.

Para o diagnóstico sorológico, a amostra do soro na fase aguda deve ser colhida nos primeiros dias da doença e a amostra da fase convalescente, 2 a 4 semanas depois. Se um teste específico para IgM estiver disponível, a amostra na fase aguda já é suficiente. Caso o teste seja realizado poucos dias após a colheita, o material pode ser estocado a 4°C, visto que as imunoglobulinas são estáveis no soro ou plasma. Caso o período de estocagem seja prolongado, o material deverá ser mantido a –20°C ou –70°C. Para certas infecções virais, a sorologia pode ser realizada em saliva ou urina.

Acompanhando o material colhido deve-se anexar uma ficha contendo as seguintes informações: nome, idade, endereço e sexo do paciente; descrição do material colhido; época da colheita e suspeita clínica; histórico das vacinas virais já tomadas pelo paciente; situação epidemiológica da doença na zona residencial do paciente, no seu local de trabalho ou em áreas próximas, e se realizou viagem a local de circulação de algum vírus endêmico.

Os tipos de materiais que podem ser utilizados na tentativa de detecção e isolamento de vírus estão listados nos Quadros 8.1 e 8.2.

## Significado da detecção de vírus

A detecção de vírus em uma amostra clínica *per se* não é prova suficiente do envolvimento do vírus no quadro clínico do paciente. Essa questão é exacerbada com a utilização das metodologias de amplificação do genoma viral, tais como a PCR e outras altamente sensíveis que podem detectar baixos níveis de

**Quadro 8.1** Alguns exemplos de materiais indicados para exame virológico.

| | Material a ser colhido | |
|---|---|---|
| **Local da lesão** | **Para propagação viral** | **Para exame direto** |
| Sistema respiratório | Lavado de garganta, aspirado de nasofaringe em crianças de até 2 anos | Aspirado de nasofaringe, lavado de garganta |
| Sistema nervoso central | Liquor, sangue (para isolamento de arbovírus), fezes ou *swab* retal, lavado de garganta, biópsia cerebral | Biópsia cerebral, liquor, esfregaço de fragmentos de corno de Ammon* |
| Trato gastrintestinal | Fezes | Fezes |
| Sistema cardiovascular | Fezes | Biópsia de tecido cardíaco, líquido pericárdico |
| Pele e mucosa | Líquido de vesículas, raspado de úlceras ou crostas, fezes, *swab* de garganta | Líquido de vesículas, raspado de úlceras ou crostas |
| Fígado | Sangue (para isolamento do vírus da febre amarela) | Soro**, fezes*** |
| Infecções congênitas | Lavado de garganta†, placenta | Biópsia de tecido do feto†† |
| Febres de origem desconhecida | Sangue heparinizado, lavado de garganta, fezes e urina recente | Não descrito |

*Somente para diagnóstico de raiva. **Para demonstração de antígeno de superfície do vírus da hepatite B (HBsAg). ***Para demonstração do vírus da hepatite A e E. †Para isolamento do vírus da rubéola ou herpesvírus de humanos 5 (HHV-5). ††Para detecção de HHV-5.

**Quadro 8.2** Tipos de materiais indicados para exame virológicos *post mortem*.

| Patologia | Material a ser colhido |
|---|---|
| Doença respiratória | Pulmão, *swab* traqueal, sangue |
| Doença do SNC | Meninges, tecido cerebral, medula espinhal, liquor, conteúdo do cólon, sangue |
| Doença cardiovascular | Miocárdio, sangue |
| Doença de pele | Líquidos de vesículas, raspado de úlceras, *swab* de nasofaringe |
| Hepatite | Fígado, sangue |
| Febres de origem desconhecida | Cérebro, fígado, pulmão, líquido pleural, baço, rins, líquido peritoneal, sangue |

SNC: sistema nervoso central.

partículas virais em infecção persistente produtiva ou até mesmo latente, não necessariamente relacionados com o quadro que o paciente está apresentando naquele momento. A fim de determinar a existência de relação causal entre o vírus detectado e a doença apresentada pelo paciente, diversos fatores precisam ser considerados. Um deles é verificar se o vírus detectado é associado com infecção persistente produtiva ou latente, pois sua detecção pode requerer o suporte de outras evidências antes de ser determinado seu papel na doença. Por exemplo, a detecção do anticorpo IgM específico ou demonstração de soroconversão, juntamente com a detecção do vírus, sugere infecção aguda e, consequentemente, fortalece a relação causal. Alternativamente, podem ser utilizados métodos de Biologia Molecular para detecção de RNA mensageiro viral que codifica uma proteína estrutural ou outra proteína viral que seria expressa somente na infecção ativa.

## Métodos utilizados no diagnóstico virológico

As técnicas utilizadas para o diagnóstico laboratorial de uma virose podem ser realizadas com base em quatro parâmetros: (1) isolamento e identificação do vírus, (2) sorologia para detecção de antígenos e/ou anticorpos, (3) detecção direta da partícula viral e (4) amplificação de ácidos nucleicos virais.

O método clássico empregado para a confirmação da infecção viral consiste no isolamento e na identificação do vírus, juntamente com a sorologia para detecção de anticorpos. Atualmente, a sorologia para detecção de antígenos e a detecção direta da partícula viral ou a amplificação de ácidos nucleicos virais têm sido, em muitos casos, úteis para confirmar a suspeita clínica.

Para o isolamento e a identificação de vírus, o virologista utiliza sistemas vivos, nos quais os vírus são propagados; na maioria dos laboratórios, as culturas de células constituem o sistema mais utilizado.

Na sorologia, são utilizados métodos para detecção de antígenos virais e/ou anticorpos específicos, produzidos pelo hospedeiro em resposta à infecção viral (p. ex., métodos imunoenzimáticos, aglutinação, imunofluorescência, *Western blotting*, testes imunocitoquímicos). A detecção do antígeno viral diretamente no material clínico, sem uma etapa prévia de amplificação em cultura, em alguns casos, constitui forma rápida e eficiente de diagnóstico. Por meio da demonstração da presença de anticorpos ou alterações nos níveis destes, é possível obter informações valiosas quanto à condição imunológica do indivíduo.

Uma variedade de métodos de diagnóstico rápido pode ser empregada, com base na detecção do vírus ou do ácido nucleico viral em espécimes retirados diretamente do paciente, sem o isolamento do vírus em laboratório. Como exemplos desses métodos, temos: microscopia eletrônica, imunoeletromicroscopia, hibridização e amplificação do ácido nucleico, mas dependendo do vírus, será necessária a comprovação do aumento significativo do nível de anticorpos específicos para o diagnóstico da infecção atual.

No entanto, as técnicas utilizadas para o diagnóstico virológico não estão restritas somente a essas abordagens. Esfregaços de células infectadas, provenientes de lesões ou colhidas de outros sítios infectados, podem ser corados por métodos como Giemsa ou hematoxilina-eosina, e observados ao microscópio óptico quanto a inclusões induzidas por vírus. Essas inclusões podem ser localizadas no núcleo ou no citoplasma, sendo representadas por grandes agregados de proteínas virais ou uma combinação de vírions e produtos do metabolismo celular. Algumas delas podem ser úteis na identificação presuntiva do vírus, ou podem até mesmo confirmar (patognomônicas) a infecção viral, como no caso dos corpúsculos de Negri, produzidos pelo vírus da raiva e encontrados no cérebro de animais e seres humanos infectados.

## Isolamento e identificação de vírus

Para se demonstrar que uma dada infecção tem etiologia viral, é de fundamental importância comprovar-se, laboratorialmente, a presença dos vírus no paciente infectado, e que é realmente ele o responsável pelo quadro clínico. Essa comprovação pode ser feita por isolamento e identificação do vírus no espécime, detecção de antígenos específicos ou amplificação do genoma em associação com a detecção de anticorpos específicos. No caso dos anticorpos, é possível fazer tanto a detecção de IgM em uma única amostra de soro quanto a de anticorpos totais por sorologia pareada. Nesse último caso, procura-se a conversão sorológica ou soroconversão, representada pela diferença significativa (4 vezes ou mais) nos títulos de anticorpos específicos contra o agente etiológico no soro do paciente infectado, no intervalo entre as fases aguda e convalescente da doença.

Apesar do desenvolvimento de técnicas novas e rápidas para o diagnóstico das infecções virais, por meio da demonstração do vírus, antígeno viral ou ácido nucleico viral nos espécimes clínicos, o isolamento do vírus ainda permanece como o padrão de referência para a comparação dos novos métodos.

O isolamento viral comparado a outros métodos de diagnóstico apresenta vantagens e desvantagens. As culturas de células amplificam a quantidade de vírus, facilitando sua detecção e identificação; tornam possível a produção de partículas infecciosas que podem ser caracterizadas e estocadas para estudos futuros; possibilitam o isolamento de diferentes tipos de vírus, incluindo aqueles não considerados no momento da inoculação, e até mesmo vírus previamente desconhecidos podem ser isolados. Esse último item é um contraste entre os métodos de isolamento e os que se baseiam no diagnóstico imunológico os quais normalmente detectam o vírus específico para o qual os reagentes forem direcionados.

O isolamento viral também apresenta desvantagens como método de diagnóstico, incluindo: o sistema usado para o isolamento de certos vírus pode não estar disponível ou ser muito complicado para a rotina laboratorial; o tempo necessário para isolar certos vírus pode ser demorado, e não satisfazer à necessidade clínica etc.

Um dos princípios mais importantes para o protocolo do isolamento viral é a escolha do sistema de propagação para o vírus pesquisado. Uma vez inoculados no sistema hospedeiro suscetível, os vírus provocam modificações fisiológicas nesse sistema, que são observadas como efeitos consequentes da biossíntese viral.

Os fenômenos de alteração morfológica celular, denominados efeito citopático ou citopatogênico (CPE, *cytopathogenic effect*) e atividade de hemadsorção, além do desenvolvimento de paralisia e/ou lesões degenerativas e morte em animais, são exemplos de efeitos consequentes da biossíntese de vírus pelas células competentes dos sistemas hospedeiros utilizados.

A propagação de vírus em laboratório é feita em sistemas hospedeiros obrigatoriamente vivos, que podem ser representados por animais de laboratório, ovos embrionados de galinha e/ou culturas de células. Deve-se salientar que apenas o isolamento de um vírus em determinado hospedeiro não representa a confirmação de que aquele vírus é o agente etiológico da doença em questão.

## Propagação viral em animais de laboratório

A propagação viral em animais de laboratório com a finalidade de diagnóstico não tem sido utilizada com frequência, devido ao advento das culturas de células as quais fornecem uma opção mais simples e prática. O uso de camundongos, em geral, está limitado ao isolamento de arbovírus, vírus da raiva e alguns coxsackievírus (CV) do grupo A, para os quais camundongos recém-nascidos, com 24 horas de vida, são inoculados por via intracerebral ou intraperitoneal, e observados por aproximadamente duas semanas para a verificação do desenvolvimento de sintomas clínicos, antes de serem sacrificados para a realização de exames histopatológicos dos órgãos afetados e/ou de testes sorológicos para a identificação do vírus isolado.

Animais de grande porte não costumam ser utilizados rotineiramente para o isolamento de vírus de seres humanos. Primatas não humanos, especialmente chimpanzés, são utilizados em alguns laboratórios de pesquisa para o isolamento de vírus, os quais não são cultiváveis em outros sistemas hospedeiros. Algumas espécies de macacos também são utilizadas em testes de neurovirulência de algumas vacinas, como a Sabin contra a poliomielite.

## *Propagação viral em ovos embrionados*

Até a década de 1950, os ovos embrionados de galinha constituíram o sistema hospedeiro de escolha para a propagação de muitos vírus. Desde então, as culturas de células passaram a ser utilizadas amplamente para a propagação viral. Entretanto, os ovos embrionados continuam sendo utilizados para isolamento de vírus aviários, FLUV e para a produção de alguns tipos de vacinas virais.

A incubação artificial dos ovos embrionados de galinha deve ser feita em uma temperatura adequada, com umidade em torno de 62% e circulação de ar. A umidade e a circulação de ar são importantes para evitar a dessecação da membrana da casca, que serve como um sistema de troca de $O_2$ e $CO_2$ para o desenvolvimento do embrião.

A escolha da via de inoculação (saco vitelino, cavidade amniótica, cavidade alantoica, membrana corioalantoica ou embrião), assim como a idade do embrião, é determinada pela especificidade do vírus que se quer isolar por uma dada membrana. Assim, por exemplo, o material clínico para a detecção do FLUV deve ser inoculado no saco amniótico ou cavidade alantoica; o material suspeito de conter o vírus da caxumba deve ser inoculado em cavidade alantoica; e o material proveniente de lesão de líquido de vesícula, supostamente contendo os herpesvírus de humanos 1 ou 2 (HHV-1; HHV-2), deve ser inoculado na membrana corioalantoica.

A observação da propagação viral em ovos embrionados pode ser realizada a partir da técnica de hemaglutinação (HA), com o líquido amniótico ou alantoico, ou da visualização de *pocks* (do grego, pústulas), que são lesões esbranquiçadas e/ou hemorrágicas na membrana corioalantoica. A identificação do vírus isolado pode ser feita por meio de reações sorológicas, utilizando-se soros padrões.

## *Propagação viral em culturas de células*

O uso do cultivo celular para isolamento viral teve início após quatro fatos importantes: o emprego das técnicas assépticas cirúrgicas; a descoberta dos antibióticos; o desenvolvimento de um meio de cultura para manutenção de células *in vitro* e técnicas de cultura celular em monocamadas, por Gey, em 1930; e a demonstração da propagação do poliovírus (PV) e do VV em cultura celular, por Enders e Weller.

### Tipos de culturas celulares

É difícil classificar as culturas de células com base na morfologia, porém, em geral, é possível separá-las como células do tipo epitelial (epitelioides) e células do tipo fibroblasto (fibroblastoides).

As culturas de células (ou linhagens celulares) também são classificadas de acordo com a capacidade de ancoragem (aderência) a uma superfície determinada, podendo crescer formando monocamadas ou em suspensão. As células aderentes dependem da fixação à base de frascos ou placas de cultura para se proliferarem; nestes, formam uma única camada contínua sobre a superfície e representam a maioria das linhagens em estudo. Já as linhagens em suspensão não dependem de ancoragem e se proliferam suspensas no meio, como o próprio nome sugere.

As culturas de células rotineiramente utilizadas também podem ser classificadas de acordo com o tipo de cultivo: culturas de células primárias, culturas celulares diploides, linhagens celulares contínuas, culturas clonadas e estirpes celulares, as quais podem ser derivadas de muitas espécies de animais, e que diferem substancialmente em suas características. Geralmente, são culturas bidimensionais (2D), nas quais as células podem ser cultivadas tanto em suspensão quanto em monocamadas.

As culturas de células primárias, também chamadas de culturas finitas, originam-se de células desagregadas recentemente de determinados tecidos de um organismo e apresentam tempo limitado de vida em cultura – em geral, não mais que 5 a 20 ciclos de divisão celular. A maioria dos tecidos normais dá origem a esse tipo de cultura e, após certo período, as células entram em senescência e morrem. Podem ser obtidas de sangue, órgãos (rins, fígado, linfonodos, baço, timo, pâncreas) e organismos (embriões), mediante desagregação enzimática ou mecânica do tecido ou por meio de lavados. Quando um cultivo primário é subcultivado (passagem ou repique), as células da primeira passagem recebem o nome de cultivo secundário.

Culturas de células primárias de diferentes origens, incluindo células de embrião de galinha e rim de macaco, cão, coelho ou *hamster*, têm sido usadas em todo o mundo para a produção de vacinas produzidas com vírus atenuados ou inativados para uso em seres humanos. O sucesso no controle de doenças virais, tais como poliomielite, sarampo, caxumba e rubéola, tornou-se possível por intermédio do uso de vacinas preparadas em culturas de células primárias – a experiência tem indicado que esses produtos são seguros e eficientes. Contudo, a tendência atual é a substituição desses cultivos primários por culturas celulares diploides, devido ao fato de a qualidade e a sensibilidade das culturas primárias obtidas de diferentes animais serem variáveis. Além disso, a dificuldade de obtenção de culturas derivadas de primatas não humanos tem aumentado principalmente devido à contaminação por agentes infecciosos.

As culturas de células finitas (ou diploides) são estabelecidas a partir do subcultivo de células primárias, geralmente derivadas de tecidos de origem animal, consistindo em uma população homogênea de um único tipo de célula, que pode dividir-se até 100 vezes antes de entrar em senescência. Essa cultura retém o número de cromossomas diploide a despeito de numerosos ciclos de divisão celular.

A principal vantagem das culturas celulares diploides de origem humana ou símia em comparação com as culturas de células primárias é que podem ser bem caracterizadas e padronizadas, e a produção pode ser baseada em um sistema de banco de células. Vacinas preparadas em duas linhagens celulares diploides diferentes, originadas de pulmão de embrião humano (p. ex., WI-38 e MRC-5), têm sido usadas extensamente nas últimas décadas, e são consideradas seguras.

Já as linhagens de células ditas contínuas, permanentes, ou imortais, consistem em um único tipo celular e têm a capacidade ilimitada de crescimento em cultura; o estabelecimento pode ser a partir de tecidos humanos ou de animais. Elas frequentemente apresentam morfologia ou número de cromossomas anormais (aneuploides). Essas linhagens são derivadas dos seguintes métodos:

- Subcultivo seriado ou cultivo primário de células de tumor de origem humana ou animal, tais como as células HeLa (carcinoma de cérvice uterina humano)
- Transformação de uma célula normal apresentando um tempo de vida finito, com um oncogene viral; por exemplo, linfócito B transformado pelo herpesvírus de humanos 4 (HHV-4) (cultura de células Daudi)
- Transformação de uma célula normal por meio de um agente químico mutagênico
- Subcultivo seriado de uma população de células normais, produzindo espontaneamente uma nova população de células com tempo de vida infinito
- Fusão entre uma célula de mieloma com um linfócito B produtor de anticorpos.

Linhagens de células contínuas são agora consideradas um substrato alternativo para a produção de muitas substâncias biológicas medicinais. Um sistema de banco de células de linhagem contínua, semelhante ao utilizado para células diploides, pode gerar produtos biológicos por um período indefinido, com base em células bem caracterizadas e padronizadas. No entanto, muitas dessas células expressam vírus endógenos e são tumorigênicas, havendo o risco da formação de tumores associados ao DNA celular residual, que pode codificar proteínas transformantes e proteínas promotoras de crescimento.

As culturas clonadas (clones) têm origem na seleção clonal, que é o estabelecimento de uma população de células derivadas de uma única célula. Os clones podem ser derivados de uma linhagem de células contínuas ou de uma cultura primária. Em ambos os casos, o propósito da clonagem é o mesmo: minimizar o grau de variação genética e fenotípica dentro da população de células. Por outro lado, o termo estirpes celulares é usado para descrever a população de células subcultivadas selecionadas com base na expressão de propriedades específicas, características funcionais, ou marcadores.

Os pesquisadores têm reconhecido as limitações das culturas de células 2D, dado ao fato de que elas não reproduzem as características morfológicas e bioquímicas que as células apresentam no tecido original. Alternativamente, a metodologia tridimensional (3D) de culturas de células oferece aos pesquisadores os meios para crescimento e diferenciação celulares, em condições que reproduzem o ambiente *in vivo*.

Uma grande vantagem das culturas de células 3D é sua geometria bem-definida em comparação com culturas tradicionais, sua semelhança mais próxima com a situação *in vivo* no que diz respeito à forma e ao ambiente celular. Forma e ambiente podem determinar a expressão gênica e o comportamento biológico das células.

Vírus podem ser isolados por inoculação de culturas em monocamadas ou em suspensão. Suspensão de linfócitos é usada para a propagação de alguns retrovírus (vírus linfotrópico para células T de humanos [HTLV, *human T-cell lymphotropic virus*] e HIV), herpesvírus de humanos como os HHV-4, HHV-6 e HHV-7.

Os fatores fundamentais para a escolha da linhagem celular para o isolamento viral são a permissividade e a velocidade de propagação. Cada linhagem de células mostra permissividade diferenciada a cada grupo ou membro de famílias de vírus, como é possível observar no Quadro 8.3, no qual são exemplificadas algumas células utilizadas para o isolamento de vírus. Essa capacidade para suportar a propagação viral deve-se, muitas vezes, à presença de fatores e do tipo de atividade celular que têm sido identificados como sendo importantes para a biossíntese de certos vírus, como por exemplo, a presença de receptores celulares, fatores que facilitam o desnudamento viral, fatores de transcrição, proteíno-cinases, proteases, enzimas de replicação de DNA e fatores de tradução.

## Evidenciação da propagação viral em cultura celular

### *Observação do efeito citopatogênico*

No que diz respeito à observação da propagação viral em culturas de células permissivas, várias abordagens podem ser realizadas a fim de detectar a presença da propagação viral nas células inoculadas.

**Quadro 8.3** Exemplos de culturas de células utilizadas para a propagação de vírus.

| Tipo de cultura | Célula | Origem | Vírus propagado |
|---|---|---|---|
| Primária | AGMK | Rim de macaco (*Cercopithecus aethiops*) | RVA, HHV-3, HAV |
| | PRK | Rim de coelho | HHV-1, HHV-2 |
| | SIRC | Córnea de coelho | HIV-1, vírus da rubéola |
| Diploide | MRC-5 | Pulmão fetal humano | Rinovírus, RABV, HHV-5 |
| | WI-38 | Pulmão fetal humano | Rinovírus, RABV, HHV-5 |
| | DBS-FRhL-2 | Pulmão fetal de macaco (*Macaca mulatta*) | Rinovírus, vírus da rubéola, EV |
| Contínua | LLC-MK2 | Rim de macaco (*Macaca mulatta*) | HMPV, HAstV, HAV |
| | Vero | Rim de macaco (*Cercopithecus aethiops*) | HHV-1, HHV-2, DENV, HCoV |
| | HEp-2 | Carcinoma de laringe humana | HRSV, rinovírus, EV, HHV-1, HHV-2 |
| | HeLa | Carcinoma de cérvice uterina humano | HAdV, rinovírus, HHV-1, HHV-2 |
| | A549 | Carcinoma de pulmão humano | HAdV, EV, HHV-3 |
| | MDCK | Rim de cão | FLUVA |

RVA: rotavírus *A*; HHV-3: herpesvírus de humanos 3; HAV: vírus da hepatite A; HHV-1 e HHV-2: herpesvírus de humanos 1 e 2; HIV-1: vírus da imunodeficiência humana 1; RABV: vírus da raiva; HHV-5: herpesvírus de humanos 5; EV: enterovírus; HMPV: metapneumovírus de humanos; HAstV: astrovírus de humanos; DENV: vírus da dengue; HCoV: coronavírus de humanos; HRSV: vírus respiratório sincicial de humanos; HAdV: adenovírus de humanos; FLUVA: vírus da influenza A.

O CPE se refere a alterações na morfologia em células individuais ou grupos de células induzidas pela infecção viral, as quais são observadas ao microscópio óptico. Dependendo do vírus e do tipo de cultura de células, o CPE observado na cultura pode ser caracterizado pelo arredondamento celular, células refráteis, picnose, vacuolização, granulação, formação de células gigantes, degeneração granular onde o citoplasma torna-se refringente, formação de sincícios que resultam da fusão de células, agregação, perda da aderência, ou lise. Alguns exemplos de CPE induzido por vírus estão apresentados na Figura 8.1.

Alguns tipos de CPE dão uma indicação sobre o vírus que foi isolado. Assim, alguns enterovírus, como o PV e CV, podem produzir CPE caracterizados pela total destruição das células que usualmente ocorre dentro das primeiras 12 a 24 horas após inoculação; outros, como os adenovírus de humanos (HAdV), que somente são propagados adequadamente em células de origem epitelial, em geral, causam um CPE que consiste em arredondamento, aumento de tamanho e agregação das células infectadas.

Muitos vírus como os HHV-1, HHV-2, HHV-3 e vírus do sarampo, que comumente causam infecções em seres humanos, podem induzir CPE em uma ampla gama de células que são consideradas permissivas a esses vírus. Esses efeitos, geralmente, são caracterizados pela presença de células arredondadas ou multinucleadas, que aparecem 2 a 3 dias após a infecção.

Em geral, a presença de HRSV pode ser reconhecida pelo desenvolvimento de células gigantes multinucleadas (sincícios) nas culturas inoculadas após 1 semana de incubação. Outros, como os rotavírus (RV), são considerados agentes exigentes, pois requerem condições especiais em termos de cultura. Em geral, o CPE desses vírus é caracterizado por focos de células redondas e refringentes similares a velas em chama.

A biossíntese de certos vírus em cultura de células pode ser muito lenta. Nas últimas décadas, foram desenvolvidos vários sistemas para acelerar a evidenciação da propagação viral em cultura de células, como é o caso do sistema de *shell vial*, das linhagens celulares geneticamente modificadas e das culturas de células mistas.

### *Sistema de* shell vial

A possibilidade de detecção da propagação de vírus em culturas de células no formato de *shell vial*, antes do surgimento do CPE, foi demonstrada pela primeira vez por Gleaves e colaboradores, em 1984. O método original utiliza centrifugação em baixa velocidade para favorecer a infecção das culturas de células MRC-5 (fibroblastos de pulmão de embrião humano) pelo herpesvírus de humanos 5 (HHV-5), seguida por incubação para amplificação de proteínas específicas do vírus (as quais estão localizadas no núcleo celular) e, finalmente, a detecção dessas proteínas é realizada por ensaio de imunofluorescência (IF), utilizando anticorpos específicos para uma proteína nuclear do HHV-5. Esse sistema apresenta positividade em 24-48 horas, bem antes que o CPE do HHV-5 seja observado na cultura de células inoculada pelo método tradicional.

A velocidade no tempo de detecção do vírus e a sensibilidade do sistema de *shell vial* para o HHV-5 estimularam o desenvolvimento de sistemas similares para outros vírus, incluindo os HHV-1, HHV-2, HHV-3, HAdV, enterovírus (EV) e alguns vírus respiratórios.

### *Linhagens celulares geneticamente modificadas*

O emprego de linhagens celulares geneticamente modificadas na rotina clínica para a detecção de vírus a partir de material de paciente foi proposto por Stabell e Olivo, em 1992. Esses pesquisadores utilizaram cultura de células BHK-21 (células de rim de *hamster* recém-nascido), transformadas por um promotor ligado ao gene da β-galactosidase de *Escherichia coli*, que é ativado pela síntese dos HHV-1 e HHV-2. A adição de um substrato para essa enzima, o 5-bromo-4-cloro-3-indolil-β-D-galactosidase (X-Gal), resulta na formação de um produto colorido nas células infectadas. Essa linhagem celular está disponível comercialmente como parte de um *kit* para diagnóstico, denominado ELVIS (sistema induzido por vírus ligado a enzima [*enzyme-linked virus-induced system*]). Esse sistema apresenta várias vantagens, incluindo a rapidez. O resultado está disponível em 24 horas, após a inoculação da amostra por centrifugação em baixa velocidade, incubação

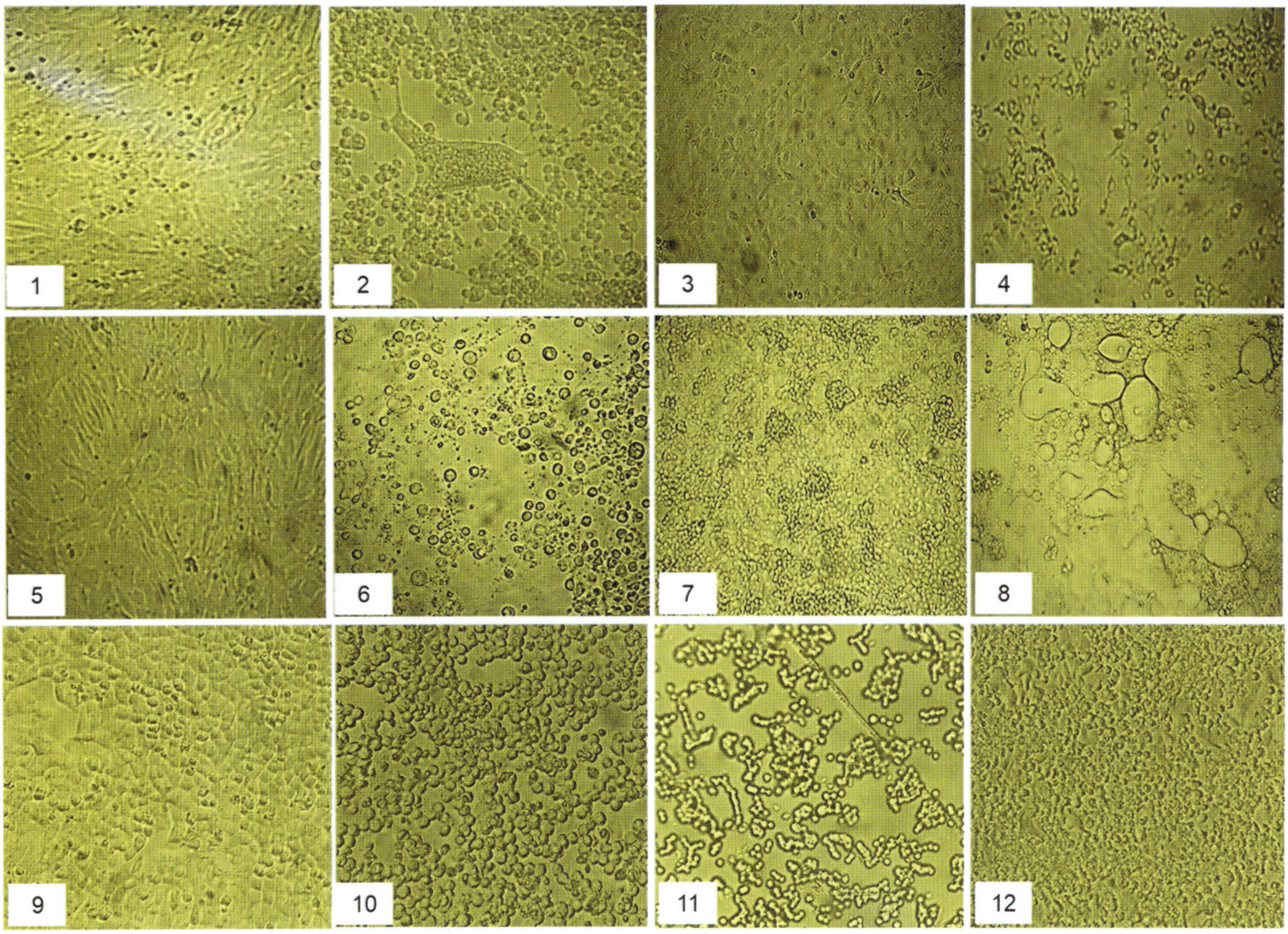


**Figura 8.1** Efeito citopatogênico (CPE) induzido por vírus em culturas de células. **1.** Cultura de células Vero (rim de macaco *Cercopithecus aethiops*) não infectadas. **2.** CPE causado pelo herpesvírus de humanos 1 (HHV-1) em células Vero. **3.** Cultura de células MA-104 (rim fetal de macaco *Macaca mulatta*) não infectadas. **4.** CPE causado pelo rotavírus de símio SA-11 em células MA-104. **5.** Cultura de células GRX (células estreladas hepáticas de murino) não infectada. **6.** CPE causado pelo HHV-1 em células GRX. **7.** Cultura de células C6/36 (*Aedes albopictus*) não infectadas. **8.** CPE causado pelo vírus da dengue 3 (DENV-3) em células C6/36. **9.** Cultura de células HEp-2 (carcinoma de laringe humana) não infectadas. **10.** CPE causado pelo HHV-1 em células HEp-2. **11.** CPE causado pelo adenovírus de humanos 3 (HAdV-3) em células HEp-2. **12.** CPE causado pelo vírus da parainfluenza de humanos 1 (HPIV-1) em células HEp-2.

(pernoite), e tratamento com o substrato. Outra vantagem é que a leitura se baseia no surgimento de cor, mas o CPE ainda pode ser visualizado ao microscópio. Esse sistema é conveniente para laboratórios que manipulam grande quantidade de amostras, e tem o potencial de automatização. O conceito de indicador vírus-específico é aplicável a outros vírus de DNA ou de RNA. Em 1995, Tebas *et al.* desenvolveram um protocolo nesse formato para teste rápido de sensibilidade dos HHV-1 e HHV-2 a antivirais.

### Culturas de células mistas

Outro sistema desenvolvido para acelerar a propagação viral em cultura de células é o uso de culturas mistas em que a monocamada celular é preparada a partir de uma mistura de células, o que torna possível o uso de células permissivas para uma ampla variedade de vírus em uma única cultura. Esse sistema é usado juntamente com a inoculação da amostra por centrifugação em baixa rotação, o que favorece a infecção. A propagação do vírus na cultura amplifica o sinal e a IF facilita a detecção rápida do patógeno.

O sistema de cultura de células mistas tem sido desenvolvido para vírus presentes em alguns espécimes clínicos específicos. A mistura rápida para vírus respiratório (*R-mix*) é uma combinação de células ML (pulmão de marta) e células A549 (carcinoma de pulmão humano), para a detecção de HRSV, vírus da parainfluenza de humanos (HPIV), FLUV A e FLUV B, e HAdV. Uma mistura denominada A & H preparada pela combinação de células CV-1 (fibroblasto de rim de macaco-verde africano, *Cercopithecus aethiops*) e células MRC-5 é utilizada para a detecção de HHV-1, HHV-2, HHV-3 e HHV-5. A mistura E & A envolve a combinação de células RD (rabdomiossarcoma) e NCI-H292 (carcinoma de pulmão humano) e a mistura E & B, células BGMK (cultura derivada da linhagem AGMK) e A549, que são utilizadas para o isolamento de vários EV.

Por outro lado, a propagação de vírus que produzem pouco ou nenhum CPE visível em culturas de células pode ser evidenciada por técnicas alternativas como, por exemplo, a observação de corpúsculos de inclusão, que são alterações mais discretas na arquitetura intracelular e são discerníveis ao microscópio óptico. O efeito é altamente específico para alguns vírus em particular, e a presença de um tipo específico de corpúsculo de inclusão pode fornecer o diagnóstico da infecção viral, como por exemplo, o corpúsculo de Negri induzido pela propagação do vírus rábico (RABV). A localização dessas inclusões, intranucleares ou intracitoplasmáticas, é característica do vírus infectante. Alguns exemplos de vírus e a localização das inclusões produzidas por estes estão apresentados no Quadro 8.4.

Outras técnicas como teste de hemaglutinação (HA), hemadsorção (Hd), interferência viral (IV), reações sorológicas (p. ex., IF) e detecção do ácido nucleico viral, também podem ser utilizadas para a demonstração da propagação viral, após a inoculação da cultura.

**Quadro 8.4** Localização de corpúsculos de inclusão produzidos por alguns vírus.

| Vírus | Localização do corpúsculo | |
|---|---|---|
| | Nuclear | Citoplasmática |
| Herpesvírus de humanos 1 e 2 | X | – |
| Herpesvírus de humanos 3 | X | – |
| Herpesvírus de humanos 5 | X | – |
| Adenovírus | X | – |
| Poliomavírus de humanos 1 e 2 | X | – |
| Parvovírus B19 | X | – |
| Poxvírus | – | X |
| Vírus do sarampo | X | X |
| Vírus da parainfluenza | – | X |
| Vírus da raiva | – | X |
| Vírus da febre amarela | X | X |

X: presença; –: ausência.

## Teste de hemaglutinação

Certos vírus são capazes de aglutinar hemácias de animais de diferentes espécies; esse fenômeno é denominado hemaglutinação (HA) viral. Os vírus se ligam diretamente aos receptores constituídos de ácido siálico presentes na superfície das hemácias. A ligação de partículas virais a estes receptores resulta no agrupamento visível dessas hemácias que se depositam no fundo da placa, formando um tapete. Caso não haja a presença de vírus hemaglutinante no material pesquisado, as hemácias irão depositar-se no fundo da placa em forma de botão (Figura 8.2A). Assim, a hemaglutinação viral não é uma reação sorológica, porque esta não envolve a ligação antígeno-anticorpo. A capacidade de hemaglutinar é restrita a alguns vírus, sendo importante a espécie do animal de origem das hemácias.

A hemaglutinação viral é usada em laboratório de Virologia para a detecção qualitativa e quantitativa de vírus hemaglutinantes. Na forma quantitativa, a suspensão viral é submetida a diluições seriadas e testadas contra hemácias. A determinação da maior diluição em que ocorre a hemaglutinação total das hemácias permite estimar o título viral na amostra. O título viral é definido como o inverso da maior diluição em que ocorre hemaglutinação total (Figura 8.2B). Nessa diluição, encontra-se a quantidade mínima de vírus necessária para que ocorra a hemaglutinação total; a concentração de vírus nesta diluição é denominada uma unidade hemaglutinante (1 UHA). Assim, se ao realizar uma

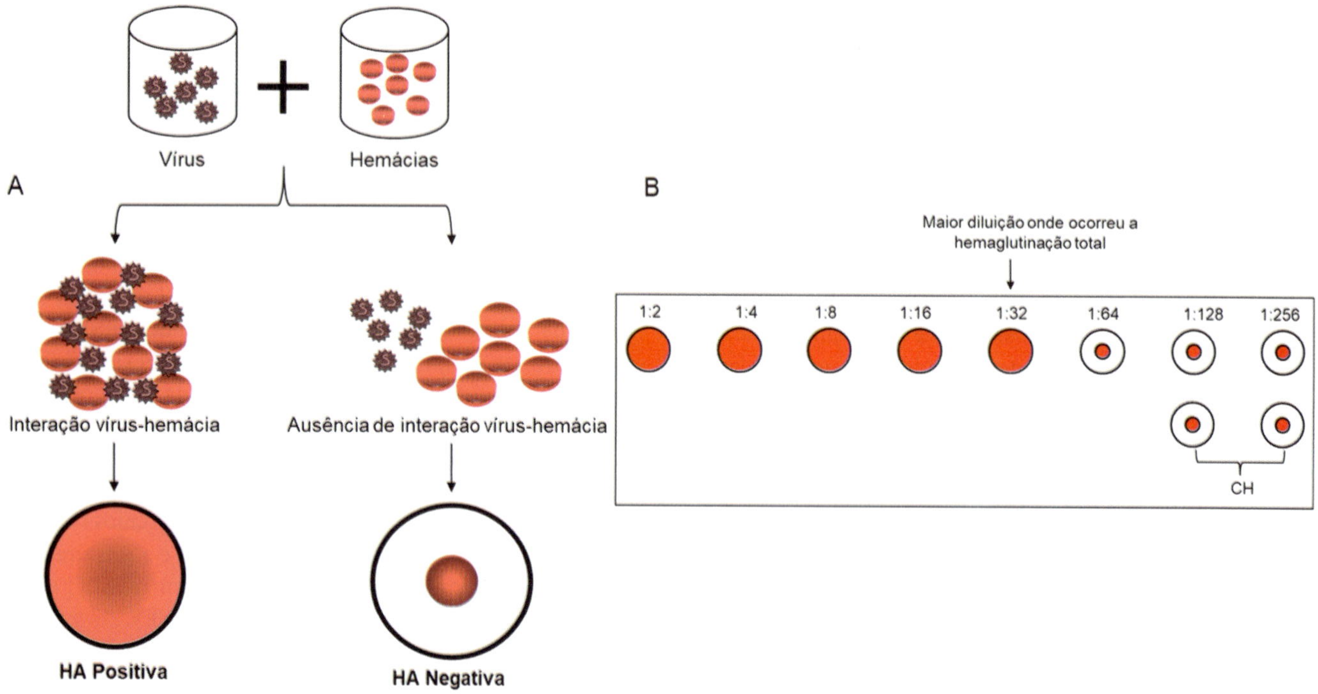


**Figura 8.2** Teste de hemaglutinação (HA). **A.** O teste de HA consiste na interação entre a hemaglutinina do vírus e o ácido siálico presente na superfície das hemácias. Quando se mistura uma suspensão de hemácias e vírus hemaglutinantes, haverá a formação de um agregado vírus-hemácias, que se deposita no fundo da placa em forma de tapete. Na ausência de vírus hemaglutinante as hemácias irão se depositar no fundo da placa em forma de botão. **B.** Exemplo de titulação viral por meio do teste de HA. Nesse exemplo uma preparação viral foi submetida a diluições seriadas (1:2 a 1:256) e testada contra uma concentração estabelecida de hemácias. A maior diluição em que ocorreu hemaglutinação total foi 1:32; logo, o título da preparação viral é de 32 UHA. A diluição em que se encontra a quantidade mínima de partículas virais – suficiente para induzir hemaglutinação total (1 UHA) é 1:32, visto que em diluições maiores não ocorre a hemaglutinação (diluições de 1:64 até 1:256, formação de botão). CH: controle de hemácias; UHA: unidades hemaglutinantes.

reação de HA para quantificar o título viral em uma preparação, a maior diluição em que ocorrer a hemaglutinação completa for 1:32, o título dessa preparação é igual a 32 e nessa diluição, existe 1 UHA. Por conseguinte, na preparação original que está 32 vezes mais concentrada temos 32 UHA (ver Figura 8.2B). A determinação desse valor é importante para a padronização de antígenos hemaglutinantes que serão utilizados na reação de inibição da hemaglutinação que será apresentada mais adiante neste capítulo.

#### Teste de hemadsorção

O teste de hemadsorção (Hd), que se refere à capacidade de hemácias aderirem à superfície de células infectadas por certos tipos de vírus, serve para detectar a propagação de vírus que expressam hemaglutininas (proteínas que se ligam aos receptores de ácido siálico na superfície de hemácias) na membrana celular, tais como o FLUV ou HPIV. No teste, uma suspensão de hemácias é adicionada à cultura de células infectadas e a hemaglutinina expressa na superfície das células infectadas durante o processo de biossíntese viral irá se ligar aos resíduos de ácido siálico presentes na membrana das hemácias (Figura 8.3).

#### Teste de interferência viral

O teste de interferência viral (IV) baseia-se no fenômeno em que a cultura celular infectada por um vírus pode tornar-se resistente à infecção por outro vírus para o qual, originalmente, era permissiva. Para a realização desse ensaio, uma cultura de células previamente inoculada com a amostra é "desafiada" com um vírus de referência para o qual essa cultura é sabidamente permissiva. Uma segunda cultura do mesmo tipo (controle), a qual não foi inoculada com a amostra, é desafiada simultaneamente para demonstrar a capacidade de o vírus de referência causar CPE na cultura. A interferência será demonstrada se o vírus de referência for propagado na cultura controle, mas não propagar na cultura inoculada com a amostra. O vírus isolado pode ser identificado por reações sorológicas (Figura 8.4).

### Identificação do vírus isolado

Para a identificação do vírus isolado em culturas de células, colhe-se o sobrenadante da cultura e, em ovos embrionados, o líquido alantoico ou amniótico, para execução de testes sorológicos clássicos, tais como teste de neutralização, de fixação do complemento ou de inibição da hemaglutinação, utilizando-se soros padrões contra os vírus pesquisados. No caso de animais de laboratório, deve-se colher o cérebro, os órgãos ou os músculos infectados, para exames histopatológicos, ou sangue, para realização de sorologia. É possível também a análise dessas amostras em microscopia eletrônica, buscando diretamente a partícula viral ou a detecção do ácido nucleico viral por métodos moleculares.

## Diagnóstico sorológico das infecções virais

As reações sorológicas são empregadas em Virologia com as seguintes finalidades: (1) confirmar a suspeita clínica, diagnosticando laboratorialmente uma enfermidade causada por

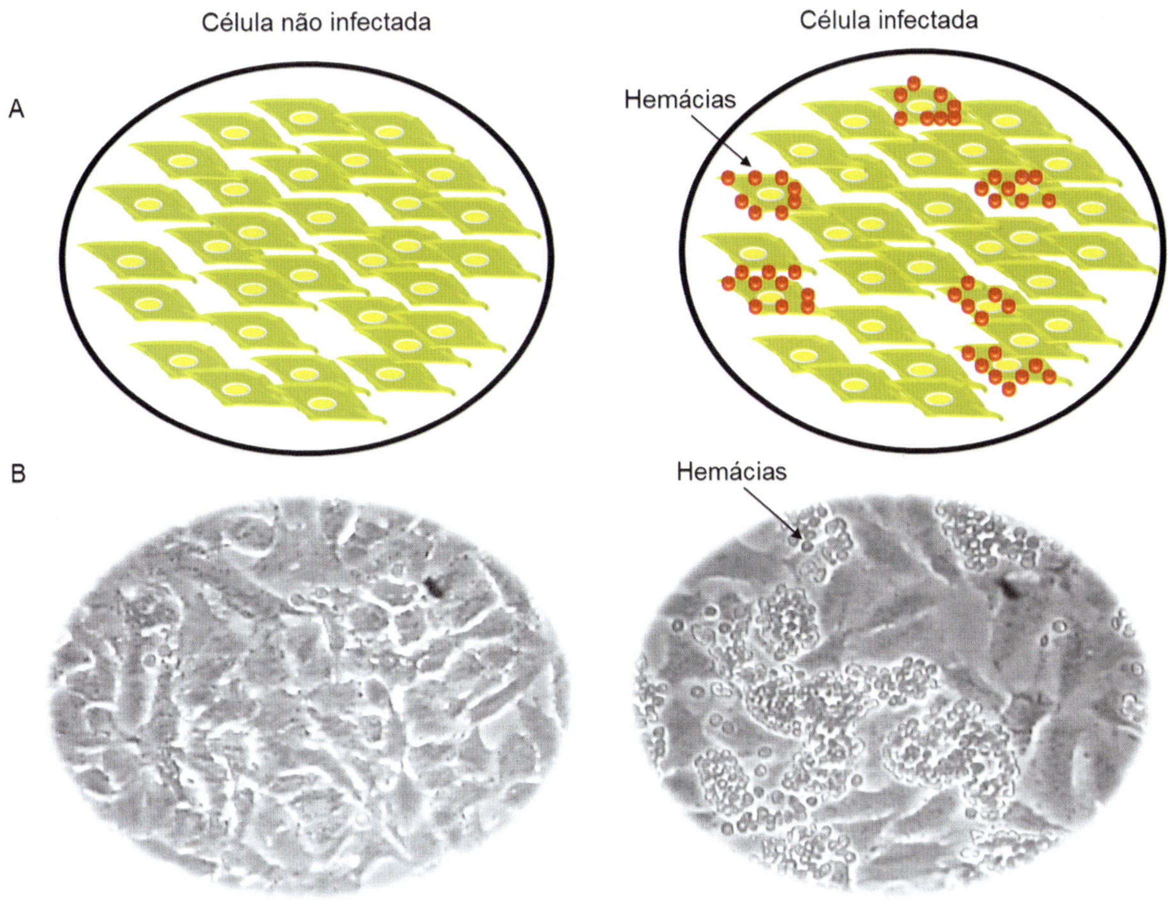


**Figura 8.3** Teste de hemadsorção (Hd). No teste de Hd ocorre a interação entre o ácido siálico presente na superfície da hemácia e a hemaglutinina viral presente na superfície da célula infectada. **A.** Esquema ilustrativo do teste de Hd. **B.** Teste de Hd realizado em cultura de células A549 (carcinoma de pulmão humano) com o vírus da influenza A (FLUVA/Puerto Rico/08/1934($H_1N_1$).

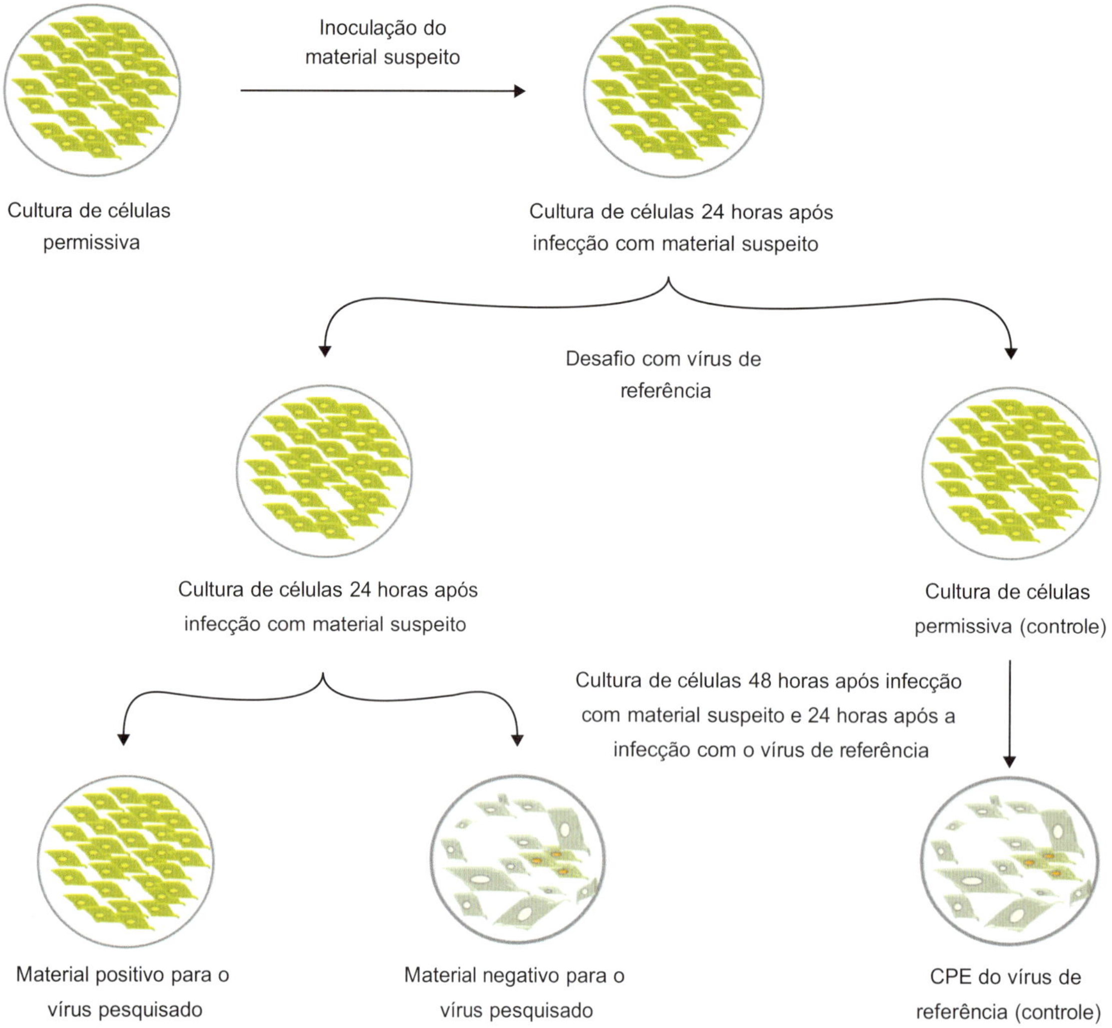


**Figura 8.4** Teste de interferência viral (IV). Esse teste baseia-se na capacidade de certos vírus interferirem com a propagação de um segundo vírus na mesma cultura. A amostra suspeita de conter vírus é inoculada em cultura de células e incubada por 24 horas; após esse período, um segundo vírus, denominado vírus de referência, que sabidamente apresenta propagação rápida e citocida nessa cultura celular, é inoculado na mesma cultura do material suspeito e em uma nova cultura (controle). As culturas são novamente incubadas por 24 horas e é realizada a observação do efeito citopatogênico (CPE). Caso o material suspeito seja positivo, o vírus presente nesse material irá impedir a propagação do vírus de referência, não sendo observado o CPE; caso o material seja negativo, o vírus de referência será propagado rapidamente e induzir CPE na cultura de células.

vírus, (2) identificar o vírus isolado em cultura e (3) estudar epidemiologicamente o comportamento de uma virose em uma dada comunidade.

Os princípios básicos do diagnóstico sorológico das infecções virais são os mesmos usados em sorologias para outras doenças infecciosas. A infecção pela maioria dos microrganismos, incluindo vírus, induz a formação de anticorpos específicos; estes, quando identificados no soro de um indivíduo, produzem evidências de que ele foi infectado por um determinado patógeno.

A detecção de anticorpos da classe IgM em uma única amostra de soro do paciente possibilita o diagnóstico de infecção recente. A presença de IgG pode significar um contato prévio com o vírus ou infecção recente, se for demonstrado aumento significativo (conversão sorológica) no título de anticorpos (≥ 4 vezes) entre duas amostras de soro (sorologia pareada), colhidas com um intervalo de 15 a 20 dias.

Para o diagnóstico das infecções virais, a sorologia é usada frequentemente porque, muitas vezes, o isolamento viral é difícil, além de não estar amplamente disponível. A sorologia também é útil para determinar o estado imunológico do paciente; ou seja, verificar se o indivíduo já foi infectado ou imunizado contra certos vírus, por meio da pesquisa de anticorpos específicos contra esse vírus. A detecção de anticorpos é a única opção para confirmar uma infecção aguda prévia, uma vez que o agente infeccioso não está mais presente, permanecendo apenas os anticorpos como prova de que a infecção ocorreu.

Em geral, a sorologia serve como um método indireto para o diagnóstico da infecção viral. No sorodiagnóstico, os anticorpos produzidos em várias síndromes clínicas são identificados e quantificados. Os testes sorológicos tradicionais detectam primariamente imunoglobulinas da classe G (IgG). A IgG é o anticorpo de memória produzido em grandes quantidades durante a infecção e que persiste por longos períodos ou mesmo toda a vida, após a maioria das infecções virais. Além disso, a IgG é a imunoglobulina predominante no soro, representando aproximadamente 76%, em comparação com 16% de IgA, 8% de IgM, e menos de 1% de IgD e IgE. A IgM é a primeira imunoglobulina produzida, porém em menor quantidade que a IgG, e diminui rapidamente para níveis não detectáveis, podendo ser detectada juntamente com a IgG em testes tradicionais que medem anticorpos totais. Contudo, IgM e IgG não são diferenciadas nesses métodos. A IgA pode ou não ser detectada, sendo o seu surgimento, os níveis e a sua duração menos previsíveis que os da IgM e da IgG. A IgD e a IgE, cuja quantidade é mínima e provavelmente não é detectada, ainda não tiveram o seu papel em infecções virais devidamente elucidado.

## Testes sorológicos utilizados em Virologia

### *Teste de neutralização*

O teste de neutralização (TN) está fundamentado no princípio de que vírus infecciosos, quando interagem com o anticorpo específico, são neutralizados e, por conseguinte, perdem a capacidade de infectar células permissivas. O teste é realizado em duas etapas: na primeira, o vírus infeccioso e o soro do paciente são misturados e incubados para que ocorra a formação do imunocomplexo (antígeno-anticorpo); na segunda etapa, alíquotas da mistura vírus-soro são inoculadas em um hospedeiro permissivo, geralmente cultura de células. Após incubação apropriada, a cultura é examinada para a observação do CPE. Se no soro do paciente houver anticorpos específicos contra o vírus pesquisado, estes irão se ligar ao vírus, neutralizando-o na primeira etapa, e este não irá infectar a cultura de células. Consequentemente, o CPE não será observado. Caso os anticorpos do paciente não sejam específicos para o vírus pesquisado, estes não se ligarão ao vírus na primeira etapa, o qual permanecerá infeccioso e irá infectar a cultura de células produzindo CPE (Figura 8.5A).

O teste de neutralização pode ser usado tanto para a identificação de vírus quanto para a avaliação do nível de anticorpos. Quando um vírus precisa ser identificado, uma suspensão desse vírus é misturada com uma suspensão de soro padrão (anticorpos específicos). Para a detecção de anticorpos no soro do paciente, uma suspensão de um vírus conhecido é misturada ao soro do paciente que contém os anticorpos de especificidade desconhecida. O TN detecta anticorpos totais (IgM e IgG), sem discriminar a classe da imunoglobulina. Dessa maneira, o diagnóstico de uma infecção recente utilizando o TN para pesquisa de anticorpos totais somente pode ser realizado pela demonstração da conversão sorológica ou soroconversão. Nesse caso, testam-se as duas amostras de soro do paciente (soro da fase aguda e soro da fase convalescente) simultaneamente, fazendo-se diluições seriadas dos soros para determinação do título de anticorpos (Figura 8.5B). Se o soro da fase convalescente apresentar um título de anticorpos ≥ 4 vezes o da fase aguda, ou se somente forem detectados anticorpos no soro convalescente, o paciente está apresentando uma infecção aguda ou recente. Caso seja detectada a presença de anticorpos, mas não houver variação de título entre os soros, diz-se que o paciente teve contato prévio com o vírus pesquisado; contudo, este não é o responsável pela infecção atual. Finalmente, se não forem detectados anticorpos contra o vírus pesquisado nos soros do paciente, diz-se que este é suscetível para o vírus, pois não possui imunidade contra o mesmo.

### *Teste de inibição da hemaglutinação*

No teste de inibição da hemaglutinação (HI), a capacidade de hemaglutinação de um vírus é bloqueada quando esse vírus reage com o anticorpo específico. O teste de HI é executado em dois estágios. No primeiro estágio, um vírus hemaglutinante e soro são misturados e incubados. Se o soro possui anticorpos específicos para o vírus, haverá a formação do imunocomplexo. No segundo estágio, são adicionadas hemácias à mistura do primeiro

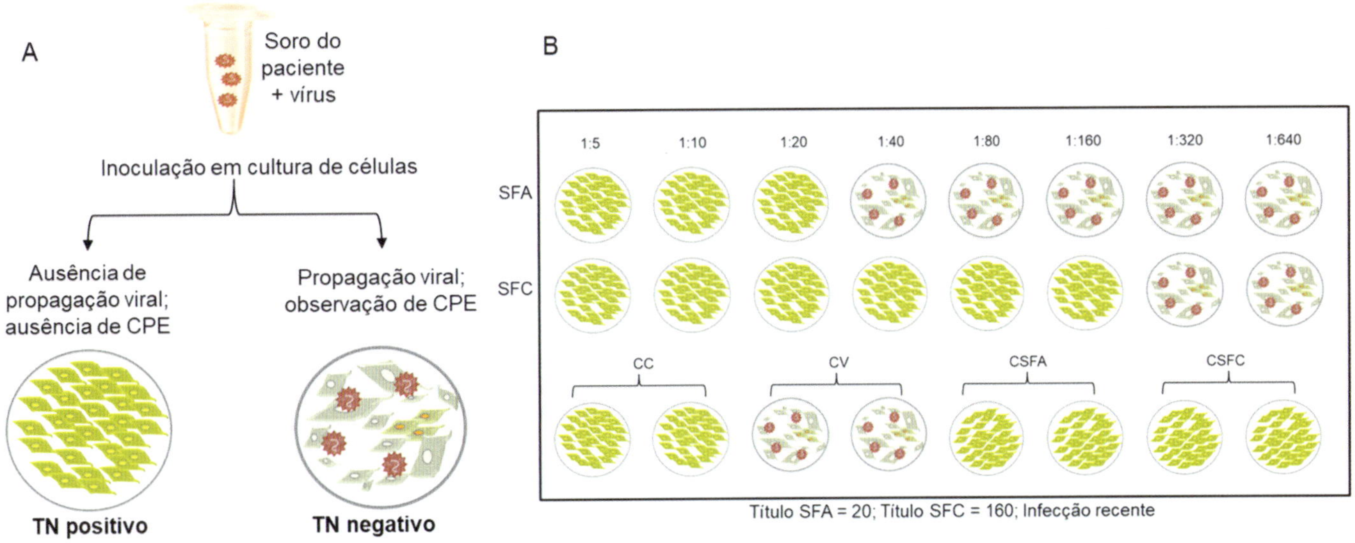


**Figura 8.5** Teste de neutralização (TN). **A.** O teste baseia-se na capacidade de os anticorpos neutralizarem a infecciosidade dos vírus. Pode ser usado para identificação de vírus, utilizando-se soro padrão, ou para detecção de anticorpos no soro, utilizando-se vírus infeccioso padrão. Inicialmente, vírus e anticorpos são misturados e, posteriormente, a mistura é inoculada em cultura de células. Se os anticorpos conseguirem neutralizar a infecciosidade do vírus, este não será capaz de infectar as células e, por conseguinte, não haverá a indução do efeito citopatogênico (CPE), caso o vírus não seja neutralizado, o CPE será observado. **B.** Exemplos de titulação de anticorpos por meio de TN. Foram analisados soros da fase aguda (SFA) e da fase convalescente (SFC) de um paciente para a detecção de anticorpos contra um determinado vírus. O título de anticorpos do soro é definido como o inverso da maior diluição em que ocorreu a neutralização total do vírus (ausência de CPE). O título do SFA foi 20 e do SFC, 160; ocorreu soroconversão ou conversão sorológica (título do soro da fase convalescente ≥ 4 vezes o título do soro da fase aguda). Assim, diz-se que o paciente está apresentando uma infecção recente pelo vírus testado. CC: controle de células não infectadas; CV: controle de vírus (células infectadas com o vírus usado na reação); CSFA: controle de soro da fase aguda (células inoculadas com o SFA); CSFC: controle de soro da fase convalescente (células inoculadas com o SFC).

estágio; o vírus complexado ao anticorpo não tem a capacidade de produzir a hemaglutinação. Quando o anticorpo, no primeiro estágio, não é específico para o vírus, não há formação do complexo vírus-anticorpo, e o vírus mantém a sua capacidade de induzir hemaglutinação. A técnica é aplicável apenas a vírus com capacidade hemaglutinante (Figura 8.6A). Para a detecção de anticorpos no soro do paciente, um vírus hemaglutinante padrão é misturado com diferentes diluições desse soro. Se o soro inibir a hemaglutinação pelo vírus, confirma-se a presença de anticorpos específicos contra o vírus em questão. O teste de HI também pode ser usado para identificação de vírus; nesse caso, o vírus é misturado com soros padrões contendo anticorpos específicos. Se os anticorpos inibirem a hemaglutinação, o vírus é identificado. Assim como o TN, a reação de HI detecta anticorpos totais (IgM e IgG) e o diagnóstico de uma infecção por pesquisa de anticorpos somente pode ser realizado pela sorologia pareada para a demonstração de soroconversão (Figura 8.6B).

## Teste de fixação do complemento

O teste de fixação do complemento (FC) baseia-se no princípio de que o complemento, um agente lítico, é ligado (fixado) a um complexo antígeno-anticorpo. A reação de FC é realizada em duas fases. Na primeira fase, o soro, o antígeno e o complemento são misturados e incubados. Se o soro contiver anticorpo específico para o antígeno, o complexo antígeno-anticorpo será formado e o complemento será fixado. Na segunda fase, um complexo formado por hemácia + anticorpo anti-hemácia, o qual funciona como um complexo antígeno-anticorpo (sistema revelador), é adicionado à mistura. Se o complemento for fixado na primeira fase, este não estará mais ativo ou disponível para atuar no complexo hemácia-anticorpo, e assim as hemácias permanecerão intactas e não serão lisadas. Consequentemente, a ausência de hemólise indica que o antígeno e o anticorpo da primeira fase eram específicos um para o outro. Se, na primeira fase, o anticorpo não for específico para o antígeno, não haverá formação de imunocomplexos, o complemento não será fixado e permanecerá livre e ativo. Quando for adicionado o sistema revelador, o complemento ativo irá reconhecer o segundo imunocomplexo, ao qual irá se fixar; isso irá ativar a cascata do complemento, resultando na lise das hemácias. A presença de hemólise indica que o antígeno e o anticorpo da primeira fase não eram específicos um para o outro (Figura 8.7A).

Quando o teste de FC é usado para identificação de vírus, o antígeno na primeira fase é o sobrenadante de células infectadas com o vírus, e os anticorpos presentes em soros padrões são específicos para vírus conhecidos. Quando a reação é usada para a detecção de anticorpos, o antígeno na primeira fase é uma suspensão de um vírus conhecido, e os anticorpos a serem pesquisados estão presentes no soro do paciente. A reação de FC detecta anticorpos totais (IgM e IgG) e o diagnóstico de uma infecção recente por pesquisa de anticorpos somente pode ser realizado pela sorologia pareada (Figura 8.7B).

## Imunofluorescência

A técnica de imunofluorescência (IF) utiliza anticorpos marcados com corantes fluorescentes para revelar a formação de um imunocomplexo vírus-anticorpo. Os anticorpos marcados são chamados de conjugados. O corante fluorescente usado mais frequentemente em Virologia é o isotiocianato de fluoresceína (FITC), o qual produz uma fluorescência verde-amarelada.

### Imunofluorescência direta

A imunofluorescência direta (IFD) é um método usado para identificação de muitos antígenos virais. Na IFD, um conjugado

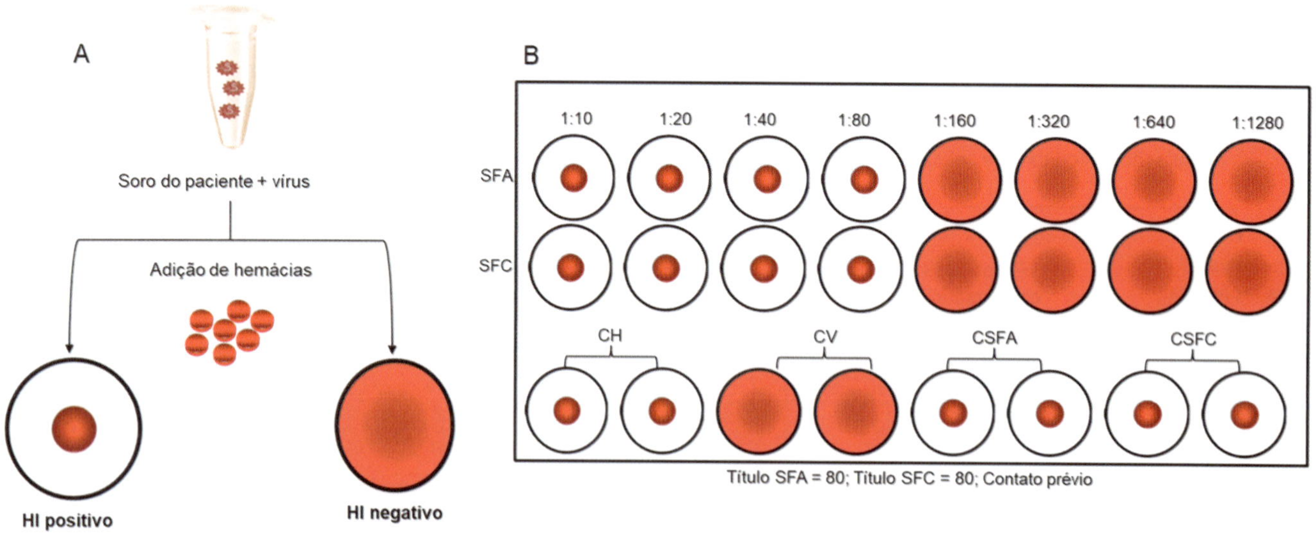


**Figura 8.6** Teste de inibição da hemaglutinação (HI). **A.** A ligação dos anticorpos à hemaglutinina viral impede que esta consiga interagir com o ácido siálico na superfície da hemácia, inibindo assim o processo de hemaglutinação. Esse fenômeno é explorado no teste de HI. Inicialmente, vírus e anticorpos são misturados e posteriormente as hemácias são adicionadas à mistura. Se os anticorpos estiverem ligados à hemaglutinina viral, não haverá a formação do agregado vírus-hemácias; as hemácias irão depositar-se no fundo da placa em forma de botão. Se não ocorrer a ligação vírus-anticorpos, a hemaglutinina viral estará livre para ligar ao ácido siálico da hemácia e haverá a formação de um tapete de hemácias no fundo da placa. **B.** Exemplos de titulação de anticorpos por meio do teste de HI. Foram analisados soros da fase aguda (SFA) e da fase convalescente (SFC) de um paciente para a detecção de anticorpos contra um determinado vírus. O título de anticorpos do soro é definido como o inverso da maior diluição em que ocorreu a inibição total da hemaglutinação (botão). Tanto o título do SFA quanto o do SFC foram 80; não ocorreu soroconversão, embora o paciente apresente anticorpos contra o vírus pesquisado. Assim, diz-se que o paciente não está apresentando infecção recente, mas já esteve em contato com o vírus pesquisado. CH: controle de hemácias; CV: controle de vírus (vírus hemaglutinantes + hemácias); CSFA: controle de soro da fase aguda (SFA + hemácias); CSFC: controle de soro da fase convalescente (SFC + hemácias).

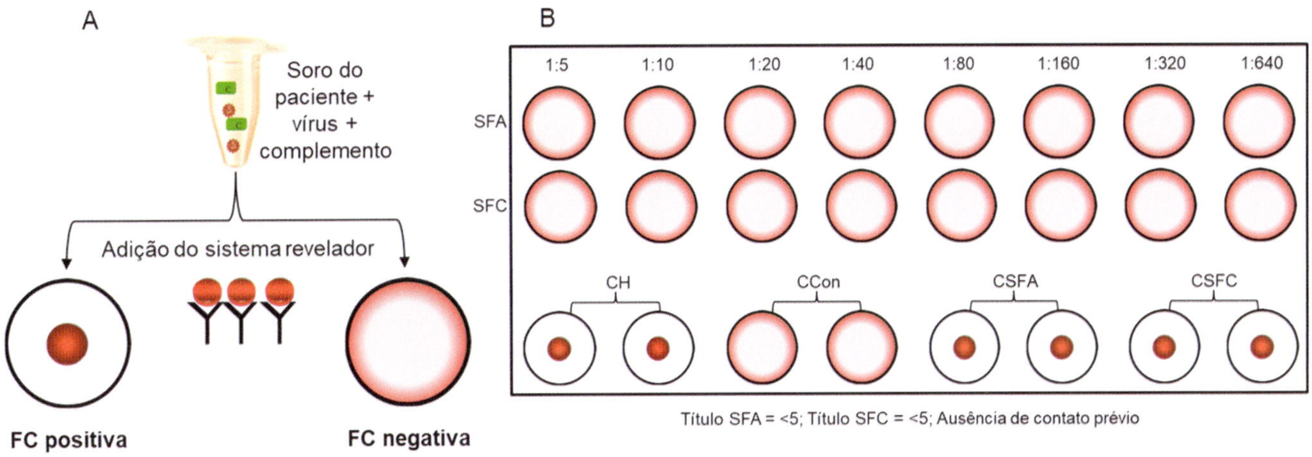


**Figura 8.7** Teste de fixação do complemento (FC). **A.** Este teste mede a capacidade de o complexo antígeno-anticorpo se ligar (fixar) ao complemento e desencadear o processo de lise celular. O vírus é misturado com anticorpo e complemento; se o anticorpo estiver complexado ao vírus, o complemento será fixado. Em seguida, é adicionada uma mistura do complexo formado por hemácias e anticorpos anti-hemácia. Caso o complemento tenha sido "consumido" pelo complexo vírus-anticorpo, a mistura hemácia-anticorpo se deposita no fundo da placa em forma de botão. Caso não tenha ocorrido a formação do complexo vírus-anticorpo, o complemento será fixado ao complexo hemácia-anticorpo, provocando a lise das hemácias. **B.** Exemplos de titulação de anticorpos pelo teste de FC. Foram analisados soros da fase aguda (SFA) e soro da fase convalescente (SFC) de um paciente para a detecção de anticorpos contra o determinado vírus. O título de anticorpos do soro é definido como o inverso da maior diluição em que ocorreu a fixação do complemento (botão). O título do SFA foi < 5 e do SFC foi < 5; não foram detectados anticorpos contra o vírus pesquisado. Assim, diz-se que o paciente nunca esteve em contato com o vírus pesquisado, sendo suscetível à infecção por esse vírus. CH: controle de hemácias; CCon: controle de conjugado (sistema revelador + complemento); CSFA: controle de soro da fase aguda (SFA + sistema revelador); CSFC: controle de soro da fase convalescente (SFC + sistema revelador).

de especificidade conhecida é adicionado ao antígeno viral que está fixado em uma lâmina de microscópio. Se o anticorpo for específico para o antígeno, ocorre formação do complexo vírus-anticorpo, que é visualizado pela fluorescência observada ao microscópio de fluorescência. Se o conjugado não for específico para o antígeno, não há formação do imunocomplexo e a fluorescência não é observada (Figura 8.8A).

### Imunofluorescência indireta

A imunofluorescência indireta (IFI) é uma técnica usada em laboratório virológico para a identificação de antígeno ou detecção de anticorpo. O teste é realizado em duas etapas. Na primeira, o soro do paciente é adicionado a células infectadas fixadas a uma lâmina de microscópio. Após incubação, as lâminas são lavadas para remover anticorpos não ligados. Na segunda etapa, um anticorpo anti-imunoglobulina conjugado com fluoresceína é adicionado. O tipo do conjugado é determinado pela espécie do anticorpo usado na primeira etapa. Por exemplo, se uma imunoglobulina de origem humana é usada na primeira etapa, então um conjugado anti-imunoglobulina de humano é usado na segunda etapa. Após incubação e lavagem, o esfregaço é observado ao microscópio de fluorescência. Se no soro do paciente houver anticorpos específicos para o vírus fixado à lâmina na primeira etapa, estes se ligarão ao antígeno e o conjugado irá se ligar ao complexo, possibilitando a observação da fluorescência. Caso o soro do paciente não contenha anticorpos específicos para o vírus, não irão se ligar a este e o conjugado não se ligará ao complexo na segunda etapa, não sendo observada fluorescência. Essa técnica pode ser usada para detecção de IgM ou IgG específicas para um determinado vírus (Figura 8.8B).

A técnica de IFI tem a vantagem de não ser preciso obter um antissoro conjugado com o corante fluorescente para cada tipo de vírus, o que torna o diagnóstico mais barato do que quando se utiliza apenas a IFD. Além disso, não existem comercializados antissoros-conjugados com o corante fluorescente para alguns tipos de vírus.

## *Aglutinação passiva ou aglutinação do látex*

A aglutinação direta é um mecanismo pelo qual antígenos livres são agrupados por ligação com anticorpos específicos. A aglutinação passiva ou aglutinação do látex (AL) é semelhante à reação direta; contudo, o antígeno é artificialmente ligado a uma partícula carreadora, a qual, em geral, é uma partícula de látex. Essas partículas são agrupadas por ligação com os anticorpos específicos para o antígeno presente na sua superfície.

O teste de aglutinação passiva é usado para detecção de vírus ou antígenos virais. Para isso, o componente artificialmente ligado ao carreador é um anticorpo de especificidade conhecida. Essa reação algumas vezes é chamada de aglutinação passiva reversa. As partículas cobertas com anticorpos são misturadas a uma suspensão contendo vírus e, quando os anticorpos ligados ao carreador se ligam ao antígeno, ocorre a aglutinação, que é visível a olho nu (Figura 8.9A).

A reação de aglutinação passiva também é usada em Virologia Clínica para detecção de anticorpos. Para esse propósito, antígenos virais conhecidos são adsorvidos ao carreador e as partículas são misturadas com soro do paciente. Se o anticorpo presente no soro for específico para o antígeno viral ligado ao carreador, haverá aglutinação (Figura 8.9B).

## *Teste de imunoperoxidase*

A reação envolve o uso de anticorpos conjugados com a enzima peroxidase. A coloração pode ser direta ou indireta e é realizada em uma sequência semelhante à da IFD ou IFI (Figura 8.10A e B). A técnica de imunoperoxidase (IP) requer uma etapa adicional, que consiste na adição de um substrato. Nas áreas em que o conjugado se liga ao imunocomplexo, ocorrerá mudança de coloração devido à ação da enzima peroxidase no substrato. A preparação é analisada ao microscópio óptico.

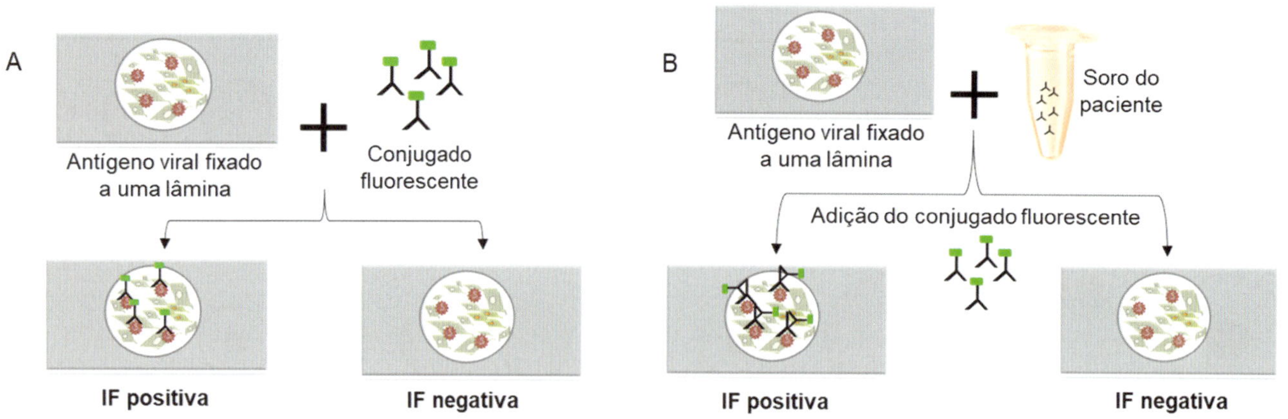


**Figura 8.8** Teste de imunofluorescência (IF). O teste detecta antígenos ou anticorpos fixados a uma lâmina, utilizando um sistema revelador (conjugado) que consiste em um anticorpo antivírus ou anti-imunoglobulina ligado a um corante fluorescente. Na pesquisa de antígenos, o antígeno viral é fixado à lâmina e, em seguida, é adicionado o conjugado (**A**: teste de IFD). Na pesquisa de anticorpos, inicialmente, o anticorpo é capturado por interação com o antígeno viral fixado na lâmina. Em seguida, é usado um sistema revelador que consiste em um anticorpo anti-imunoglobulina ligado a um corante fluorescente (**B**: teste de IFI). A leitura do resultado é realizada em microscópio de fluorescência.

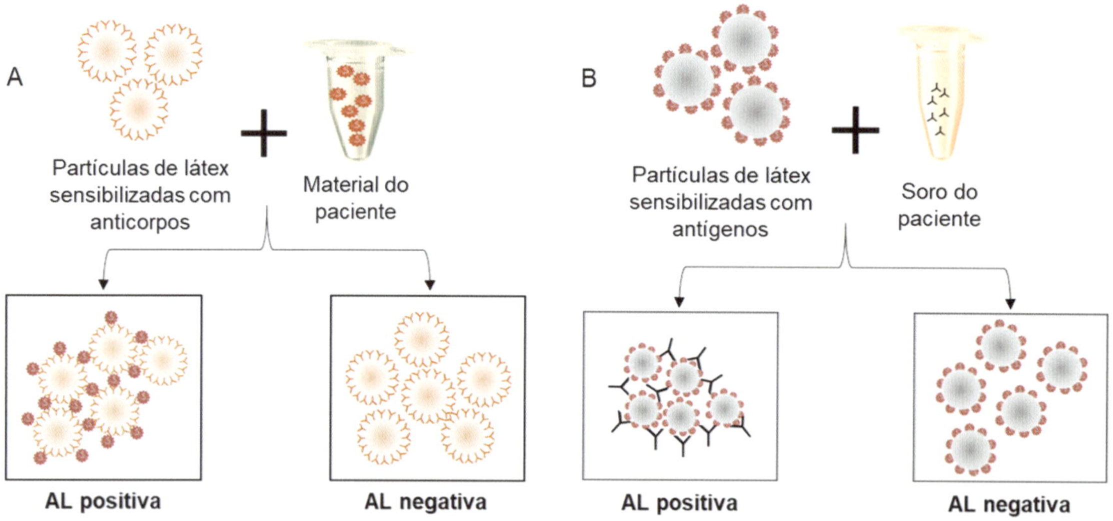


**Figura 8.9** Teste de aglutinação do látex (AL). Nesse teste, partículas de látex são recobertas (sensibilizadas) com antígenos ou anticorpos. As partículas sensibilizadas são misturadas ao material-teste. Caso haja a presença de vírus no material colhido do paciente (**A**) ou anticorpos específicos contra o vírus pesquisado no soro do paciente (**B**), ocorrerá agregação das partículas de látex, visível a olho nu.

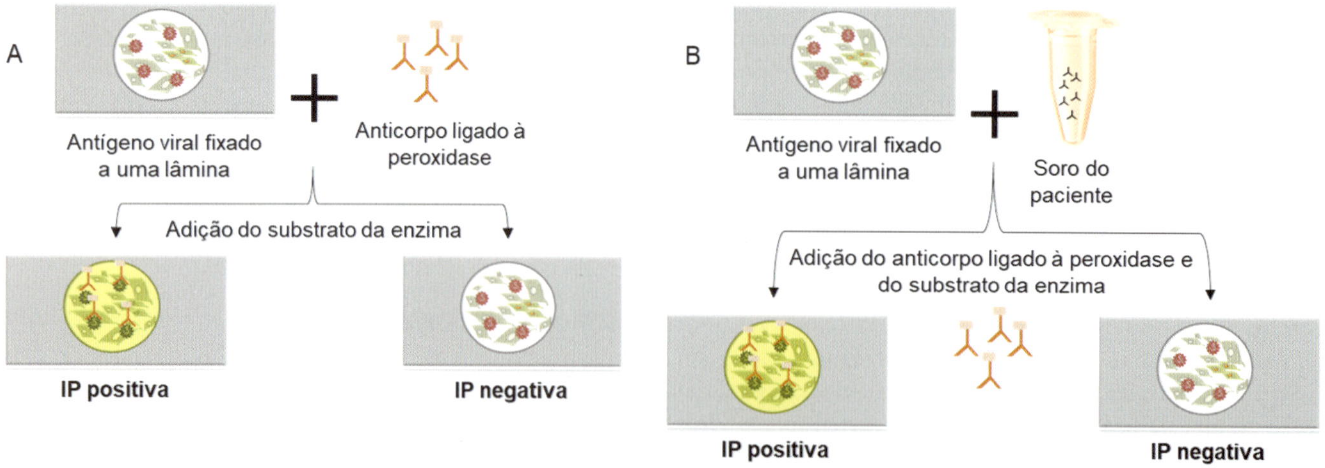


**Figura 8.10** Teste de imunoperoxidase (IP). O princípio do teste de IP é semelhante ao descrito para IF. Entretanto, nesse teste, o conjugado é um anticorpo ligado a uma enzima. A ligação do conjugado ao sistema é revelada pela adição do substrato específico para a enzima. A leitura do resultado é realizada pela observação do aparecimento de cor, observada ao microscópio óptico. O teste pode ser utilizado para a pesquisa de antígenos (**A**) ou de anticorpos (**B**).

## Teste imunoenzimático

A reação imunoenzimática (EIA, *enzyme immunoassay*) é a base para muitos testes usados para a identificação de antígenos ou a detecção de anticorpos. O sistema envolve anticorpos conjugados com enzimas. O resultado do teste é determinado por observação (avaliação qualitativa) ou medida espectrofotométrica (avaliação quantitativa) da mudança de cor, produzida pela ação da enzima sobre o seu substrato.

O EIA, também denominado ELISA (*enzyme linked immunosorbent assay*; ensaio imunossorvente ligado a enzima), revolucionou o diagnóstico virológico. O teste pode ser desenvolvido em diversos formatos para detecção de antígenos ou anticorpos; o sistema envolve a detecção do imunocomplexo fixo em um suporte, usando para isso um anticorpo conjugado a uma enzima. O resultado do teste é determinado pela observação ou medida espectrofotométrica da coloração produzida pela reação da enzima sobre o substrato. Assim, o teste envolve as seguintes etapas: formação do imunocomplexo (antígeno-anticorpo); adição do conjugado (anticorpo-enzima); e revelação (adição do substrato-reação colorida). Diversas enzimas são comumente utilizadas nos testes EIA (Quadro 8.5); a mais utilizada é a peroxidase extraída do rábano (*Armoracia rusticana*) ou raiz forte (*horseradish plant*).

Um dos componentes do imunocomplexo (antígeno ou anticorpo) é fixado a um suporte sólido (placa, fita ou cassete); este processo é denominado de sensibilização do sistema. No teste para detecção de anticorpos, um antígeno viral é ligado ao suporte, ao passo que, para a identificação de antígeno, um anticorpo específico é ligado ao suporte. Em seguida, é adicionada a amostra-teste para formação do imunocomplexo. No ensaio para a detecção de antígeno, o material-teste pode ser originado de diversos espécimes biológicos como, por exemplo, lavado de garganta, secreções, fezes, plasma ou uma suspensão de células infectadas com vírus (Figura 8.11A); no ensaio para a detecção de anticorpos, o material-teste é o soro do paciente (Figura 8.11B). Após a reação do material-teste com a fase sólida e a lavagem do sistema para a remoção do material que não reagiu, o conjugado (anticorpo-enzima) é adicionado. Após a incubação e a lavagem, o substrato específico da enzima associado a um cromógeno (p. ex., tetrametilbenzidina [TMB]) é adicionado. A enzima presente no sistema irá reduzir o substrato e o produto de degradação do substrato irá oxidar o cromógeno, resultando em uma reação colorida. Por exemplo, se a enzima utilizada no teste for peroxidase e o cromógeno for TMB, o substrato adicionado será $H_2O_2$; a peroxidase catalisa a reação de desdobramento da $H_2O_2$ em $H_2O$ e $O_2$. À medida que a $H_2O_2$ é reduzida, o cromógeno é oxidado, produzindo o aparecimento de cor azul. Caso a amostra seja negativa, o conjugado não irá se ligar ao sistema e será subsequentemente removido na etapa de lavagem. Consequentemente, o cromógeno adicionado na etapa de revelação não será oxidado e, portanto, não haverá alteração de cor da reação que permanecerá incolor (Figura 8.11). Após alguns minutos uma solução de interrupção (*stopping solution*), nesse caso uma solução de $H_2SO_4$, é adicionada para interromper a reação. A adição da solução de interrupção provoca alteração na coloração da reação, que se torna amarela. Finalmente, o resultado do teste é lido por medida da absorbância utilizando espectrofotômetro, em comprimento de onda adequado ao corante utilizado, nesse caso, 450 nm. No Quadro 8.5 são mostrados exemplos de enzimas, substratos e soluções de interrupção utilizados no teste EIA.

## Teste imunocromatográfico de fluxo lateral

O teste imunocromatográfico de fluxo lateral também é referido como *lateral flow immunochromatographic assay* ou *lateral flow immunoassay*, porque se baseia no fluxo lateral da amostra que ocorre por capilaridade em uma membrana de nitrocelulose (Figura 8.12A). É também denominado de *gold-immunochromatographic assay* porque utiliza ouro coloidal ligado a um anticorpo como sistema detector. Anticorpos são imobilizados em uma membrana de nitrocelulose formando linhas-teste (anticorpo antivírus) e controle (anticorpo antidetector), nas quais atuam como anticorpos de captura. Para a realização do teste, a amostra é adicionada a um local do cassete que contém um anticorpo específico para o vírus pesquisado conjugado a ouro coloidal (detector). Esse anticorpo é diferente daquele usado na linha-teste e se liga a um epítopo diferente no vírus. Se o vírus estiver presente na amostra, este irá reagir com o conjugado (anticorpo-ouro

**Quadro 8.5** Exemplos de enzimas, substratos e soluções de interrupção utilizados no teste EIA ou ELISA.*

| | | Alteração de cor | | Comprimento de onda para leitura (nm) | | |
|---|---|---|---|---|---|---|
| **Enzima** | **Substrato/ cromógeno** | **Sem interrupção** | **Após interrupção** | **Sem interrupção** | **Após interrupção** | **Solução de interrupção** |
| Peroxidase | $H_2O_2$/OPD | Verde/laranja | Laranja/ marrom | 450 | 492 | $H_2SO_4$ 1,25M |
| | $H_2O_2$/TMB | Azul | Amarelo | 650 | 450 | SDS 1% |
| | $H_2O_2$/ABTS | Verde | Verde | 414 | 414 | Sem interrupção |
| | $H_2O_2$/5AS | Marrom | Marrom | 450 | 450 | Sem interrupção |
| Fosfatase alcalina | pnpp/pnpp | Amarelo/verde | Amarelo/ verde | 405 | 405 | $Na_2CO_3$ 2M |
| β-galactosidase | ONPG/ONPG | Amarelo | Amarelo | 420 | 420 | $Na_2CO_3$ 2M |
| Urease | Ureia/bromocresol | Roxo | Roxo | 588 | 588 | Mertiolate a 1% |

*EIA (teste imunoenzinático [*enzyme immunoassay*]) ou ELISA (ensaio imunossorvente ligado a enzima [*enzyme-linked immunosorbent assay*]). OPD: dicloridrato de O-fenilenodiamina; TMB: 3,3′5,5′-tetrametilbenzidina; SDS: dodecil sulfato de sódio; ABTS: 2,2′-azino-bis [ácido 3-etilbenzoltiazolina-6-sulfônico]-sal diamônio; 5AS: ácido 5-aminossalicílico; pnpp: paranitrofenil fosfato; ONPG: O-fenil β-D-galactopiranosídeo.

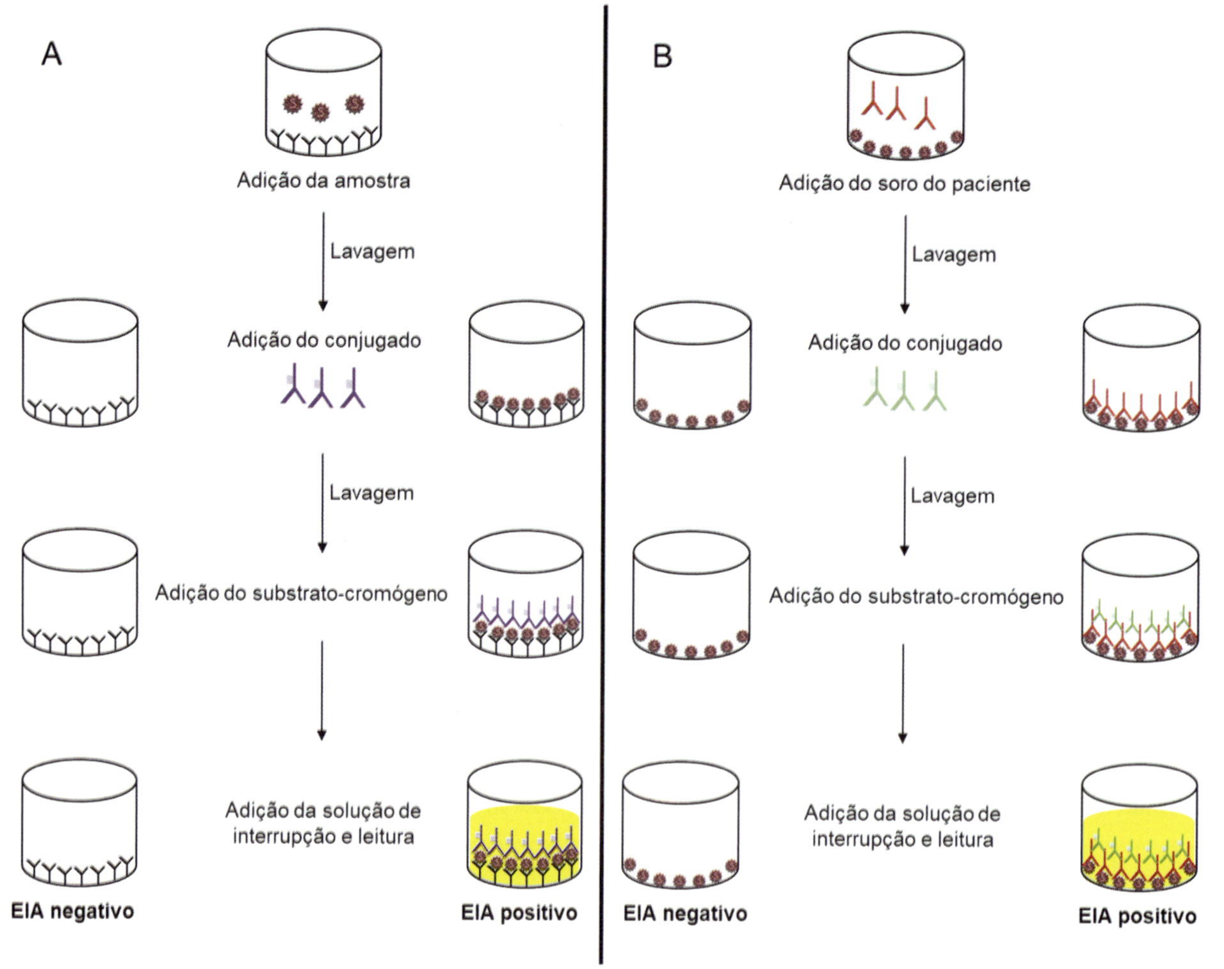


**Figura 8.11** Teste imunoenzimático (EIA [*enzyme immunoassay*] ou ELISA [*enzyme-linked immunosorbent assay*]). No teste EIA é realizada uma reação colorimétrica utilizando-se como sistema revelador um anticorpo conjugado a uma enzima, e o aparecimento de cor ocorre pela adição do substrato específico da enzima misturado a um agente cromogênico. O teste pode ser realizado para a pesquisa de antígenos virais ou anticorpos antivírus. Para a detecção de antígenos virais, o teste é realizado em microplaca sensibilizada com anticorpos específicos contra o vírus pesquisado e revelado pela adição do conjugado (anticorpo antivírus-enzima) e do substrato associado ao cromógeno (**A**). Para a detecção de anticorpos, o teste é realizado em microplaca sensibilizada com o antígeno viral, e é revelado pela adição do conjugado (anti-imunoglobulina-enzima) e do substrato associado ao cromógeno (**B**).

coloidal), formando um imunocomplexo (vírus-conjugado). Esse imunocomplexo irá migrar através da membrana de nitrocelulose por capilaridade e, subsequentemente, irá reagir com o outro anticorpo vírus-específico imobilizado na linha-teste do cassete, produzindo uma banda visível (devido à concentração do detector em um espaço físico limitado), cuja densidade é proporcional à concentração do vírus presente na amostra. Os conjugados não ligados ao vírus continuam migrando até alcançar a linha-controle na qual irão reagir com o anticorpo antidetector. O teste é considerado positivo se as duas linhas (teste e controle) se tornam visíveis (Figura 8.12B.1); negativo se somente a linha-controle estiver visível (Figura 8.12B.2); ou inválido, se nenhuma linha se tornar visível (Figura 8.12B.3) ou somente a linha-teste se tornar visível (Figura 8.12B.4).

Esse teste não requer o uso de instrumentos e é conveniente para teste de amostras individuais, com resultado disponível em 5 a 20 minutos. Diversas versões comerciais estão disponíveis, particularmente para detecção de HRSV, FLUV, HAdV, HIV e RV. Alguns testes disponíveis no mercado fazem a detecção conjunta de mais de um vírus (p. ex., HAdV + RV ou HRSV + FLUV). Em geral, a sensibilidade desse teste tem sido mais baixa quando comparada com a IF, cultura de células ou PCR. Contudo, os testes imunocromatográficos de última geração têm apresentado maior sensibilidade em relação aos de primeira geração.

## *Immunoblotting/Western blotting*

*Immunoblotting* ou *Western blotting* (WB) é um imunoensaio em suporte sólido, que utiliza antígenos virais imobilizados para detectar anticorpos contra proteínas específicas. A técnica é usada principalmente para confirmação ou teste suplementar, com o objetivo de verificar um resultado obtido em outro teste. *Kits* comerciais estão disponíveis para o diagnóstico da infecção pelo HIV-1, vírus da hepatite C (HCV) e HTLV. A principal vantagem do teste de *immunoblotting* é a possibilidade de visualizar a interação específica do antígeno com o anticorpo. Esse teste é altamente sensível e específico.

O teste de *immunoblotting* mais comumente utilizado é o WB. O procedimento envolve a separação das proteínas virais usando o método de SDS-PAGE (eletroforese em gel de poliacrilamida contendo o detergente aniônico duodecil sulfato de sódio [*sodium dodecyl sulfate–polyacrylamide gel electrophoresis*]). As bandas resultantes são transferidas para uma membrana de

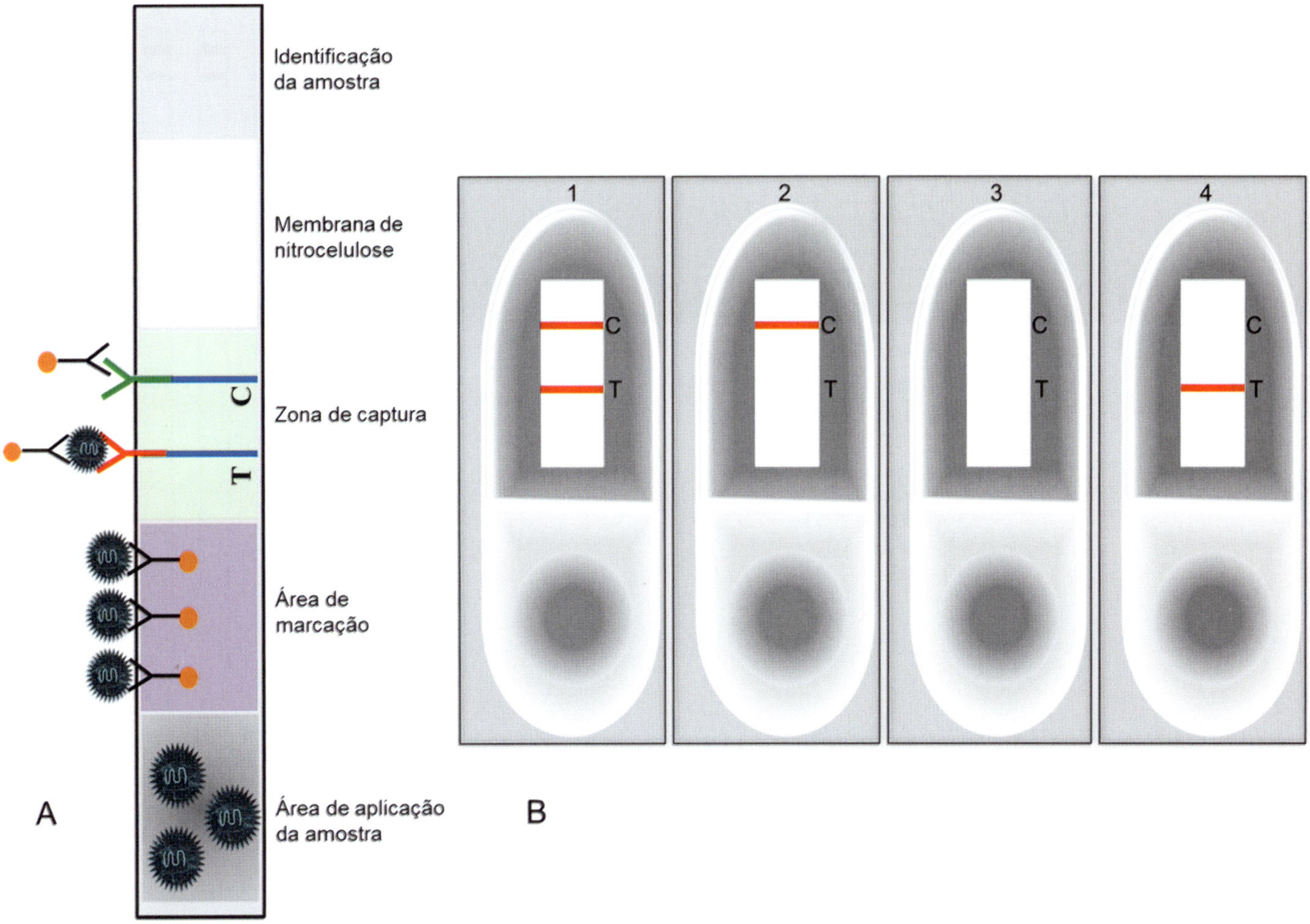


**Figura 8.12** Teste imunocromatográfico de fluxo lateral (*lateral flow immunochromatographic assay*). **A.** Diagrama representativo do teste imunocromatográfico. A amostra-teste é aplicada no cassete e migra por capilaridade através da membrana de nitrocelulose até uma área contendo anticorpos contra o vírus que se quer detectar, marcados com ouro-coloidal (conjugado), formando o imunocomplexo que continuará migrando até a área de captura, na qual irá se ligar a um anticorpo de captura específico para o vírus, formando uma linha visível (linha T). Os conjugados não ligados a vírus continuarão migrando até encontrar a linha contendo o anticorpo de captura controle em que se ligarão (linha C). **B.** *1.* Exemplo de um teste positivo: ambas as linhas, teste e controle, tornam-se visíveis. *2.* Exemplo de um teste negativo: somente a linha-controle torna-se visível. *3* e *4*. Exemplo de testes inválidos: linha-controle negativa.

nitrocelulose, a qual é cortada em tiras. Cada tira serve como antígeno para um teste de WB. Cada banda do antígeno presente na fita está relacionada com uma proteína do vírus intacto (Figura 8.13A). Em seguida, o soro-teste (contendo anticorpos) reage com as proteínas presentes na membrana, formando o imunocomplexo (invisível). A presença do imunocomplexo é demonstrada pela reação imunoenzimática, usando-se anticorpo anti-imunoglobulina humana marcado com uma enzima (conjugado) (Figura 8.13B).

## Diagnóstico molecular das infecções virais

Algumas técnicas para a identificação de vírus não são imunológicas e não dependem da ligação de antígeno e anticorpo. Essas técnicas baseiam-se na Biologia Molecular dos vírus, especificamente na identificação de sequências únicas do ácido nucleico viral.

As técnicas de Biologia Molecular tornaram-se imprescindíveis como ferramenta para detecção de doenças virais; monitoramento da carga viral; acompanhamento da terapia antiviral e genotipagem de diversos vírus. No entanto, há que se ter cuidado com a interpretação dos resultados obtidos com essas técnicas para fins de diagnóstico, pois apenas a detecção do genoma viral, algumas vezes, não é suficiente para diagnosticar uma infecção recente, pois o vírus detectado pode estar causando uma infecção assintomática ou uma infecção persistente crônica e não ser ele o agente etiológico da doença que está sendo pesquisada.

Em geral, essas técnicas podem ser divididas em métodos para detecção, genotipagem do genoma viral, determinação da sequência e quantificação de ácido nucleico viral.

Os métodos moleculares possibilitam aos laboratórios rapidez para detectar e identificar previamente um patógeno de difícil cultivo ou aqueles que se apresentam em baixa quantidade na amostra clínica. Uma das principais vantagens das técnicas moleculares em relação aos testes tradicionais é a capacidade de estes reduzirem o tempo de detecção do agente, evitando o período de janela imunológica, tempo em que os testes sorológicos não têm ainda sensibilidade para detectar a soroconversão do paciente. Alguns vírus, como, por exemplo, HIV e HCV, apresentam uma grande janela imunológica, na qual ficam indetectáveis pelas metodologias tradicionais. Os testes moleculares

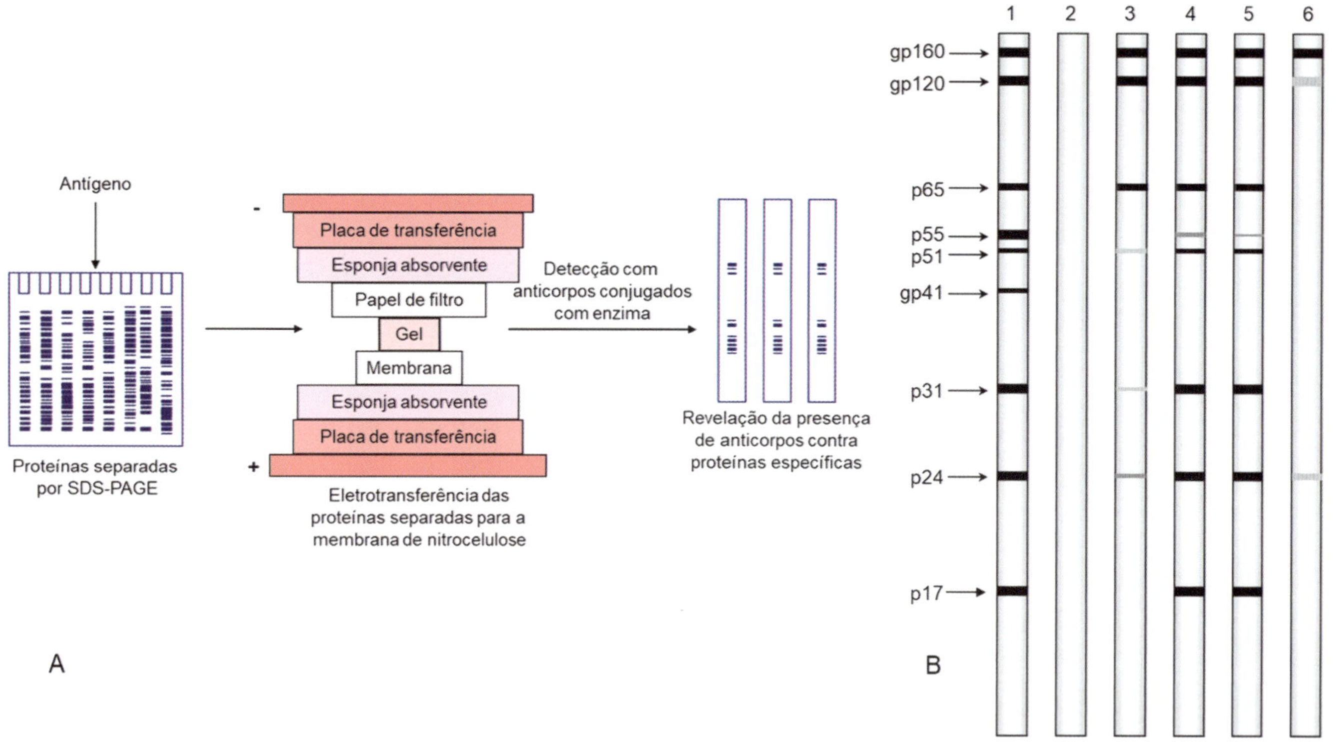


**Figura 8.13** Teste de *Western blotting* (WB). **A.** Para a realização do WB, proteínas são separadas em um gel de poliacrilamida e transferidas para uma membrana de nitrocelulose que será utilizada como suporte para a detecção de anticorpos. A reação é revelada pela adição do conjugado formado por anti-imunoglobulina-enzima e do substrato associado a um cromógeno. **B.** Representação esquemática do resultado de um teste de WB para diagnóstico da infecção pelo HIV-1. *Linha 1*, controle positivo; *linha 2*, controle negativo; *linhas 3 a 6*, soros positivos. Os números à esquerda representam o peso molecular aproximado dos antígenos do HIV-1. Os critérios usados para interpretar um WB positivo envolvem a observação de duas bandas (p24, gp41 ou gp160/gp120).

conseguem a diminuição desta janela; por exemplo, no caso do HIV, o teste de reação em cadeia da polimerase associado à reação de transcrição reversa (RT-PCR, *reverse transcription polymerase chain reaction*) é capaz de diminuir a detecção do vírus de 22 dias pós-infecção (resultado este obtido com um teste imunoenzimático de última geração) para 11 dias. No caso do HCV, diminui de 40 dias para 15 dias.

## Eletroforese em gel de poliacrilamida

A eletroforese em gel de poliacrilamida (PAGE, *polyacrylamide gel electrophoresis*) é utilizada para vírus de genoma segmentado, principalmente RV e reovírus, e consiste na separação dos segmentos genômicos virais pelo tamanho molecular, utilizando gel de poliacrilamida. Esses segmentos podem ser visualizados após coloração do gel, geralmente por nitrato de prata. Esse teste viabiliza a análise de variações no genoma viral, além de tornar possível a observação da ocorrência de coinfecções. (Figura 8.14).

## Métodos de amplificação do ácido nucleico

### Reação em cadeia da polimerase

A reação em cadeia da polimerase (PCR) é uma técnica de amplificação usada para sintetizar, *in vitro*, sequências específicas de DNA. Inicialmente, um ácido nucleico-alvo (DNA ou RNA) é isolado de tecidos ou fluidos do paciente, ou de cultura de células infectadas. Se o ácido nucleico-alvo for RNA, este deve ser convertido primeiramente em DNA complementar (DNAc) por transcrição reversa, antes de começar o processo de amplificação, ou seja, é necessário realizar a reação em cadeia da polimerase

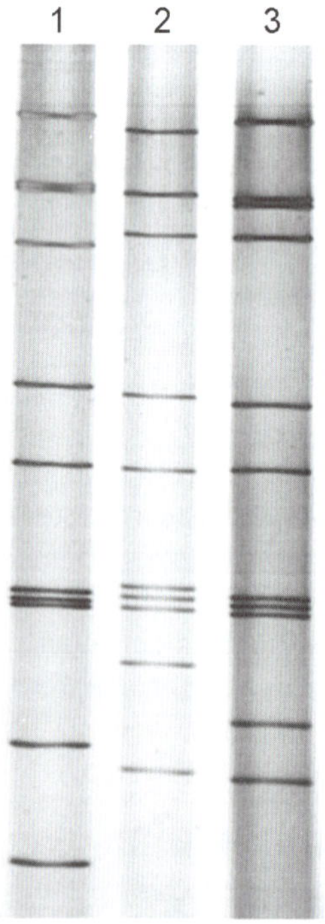


**Figura 8.14** Eletroforese em gel de poliacrilamida (PAGE, *polyacrylamide gel electrophoresis*) para a detecção de rotavírus, após coloração com nitrato de prata. Nessa técnica, o ácido nucleico viral é extraído do espécime clínico e submetido à eletroforese em gel de poliacrilamida; a separação das bandas ocorre por diferença de peso molecular. É utilizado principalmente para análise de vírus de genoma segmentado. Na figura, é mostrada uma PAGE para análise do genoma de rotavírus da espécie *A*. *1.* Amostra de perfil longo. *2.* Amostra de perfil supercurto. *3.* Amostra de perfil curto.

associada à transcrição reversa (RT-PCR; *reverse transcription polymerase chain reaction*). A partir daí, o DNA é amplificado enzimaticamente por PCR.

A PCR é uma reação cíclica que requer um molde de DNA, um tampão, os quatro desoxinucleotídeos trifosfato – dNTP (desoxiadenosina trifosfato, desoxitimidina trifosfato, desoxicitidina trifosfato e desoxiguanosina trifosfato) –, sequências iniciadoras ou *primers* e a enzima DNA polimerase. Os iniciadores são oligonucleotídeos com sequências que são complementares a sequências específicas, que flanqueiam a sequência-alvo do DNA que será amplificado. Os iniciadores determinam a especificidade e o tamanho do produto amplificado. Quando os iniciadores se ligam ao DNA-alvo (hibridização), a DNA polimerase, usando os dNTP como substrato, inicia a replicação da sequência-alvo (extensão). O tampão fornece as condições adequadas para a atividade da DNA polimerase.

Esse processo cíclico é repetido diversas vezes para amplificar o DNA original em progressão exponencial. A reação é realizada em um termociclador, cuja temperatura é programada, aumentando ou diminuindo, de acordo com as necessidades da PCR.

O produto amplificado é denominado de *amplicon*. O *amplicon* pode ser detectado por hibridização com sondas específicas ou visualizado após eletroforese em gel de agarose e coloração com brometo de etídio.

Cada ciclo de PCR envolve três etapas. Na primeira, o DNA-alvo é desnaturado por aquecimento da mistura a aproximadamente 94 a 96°C, por 1 minuto. Isso resulta na separação das fitas de DNA. Na segunda, os reagentes são resfriados para uma temperatura entre 25 e 60°C, aproximadamente, para possibilitar a hibridização dos iniciadores à sequência-alvo, nos sítios específicos. Na terceira etapa, a temperatura é elevada para aproximadamente 72°C, para tornar possível a atividade ótima da polimerase. A DNA polimerase adiciona os nucleotídeos, resultando na duplicação e extensão da sequência-alvo (Figura 8.15).

Foram desenvolvidas diversas variações da PCR possibilitando a detecção simultânea de diversos patógenos, a automação do teste e a quantificação do produto amplificado, que são apresentadas no Quadro 8.6. A seguir, serão descritas apenas algumas das metodologias correntes desenvolvidas a partir da PCR inicial (PCR convencional).

## Reação em cadeia de polimerase convencional no formato *multiplex*

*Multiplex*-PCR refere-se a reações de PCR que incluem mais do que um conjunto de iniciadores, possibilitando a detecção de múltiplos alvos, na mesma reação. A *multiplex*-PCR foi desenvolvida com os objetivos de diminuir o custo da reação e aumentar a velocidade do diagnóstico. Já existem protocolos de *multiplex*-PCR para detecção de vírus respiratórios, enterovírus,

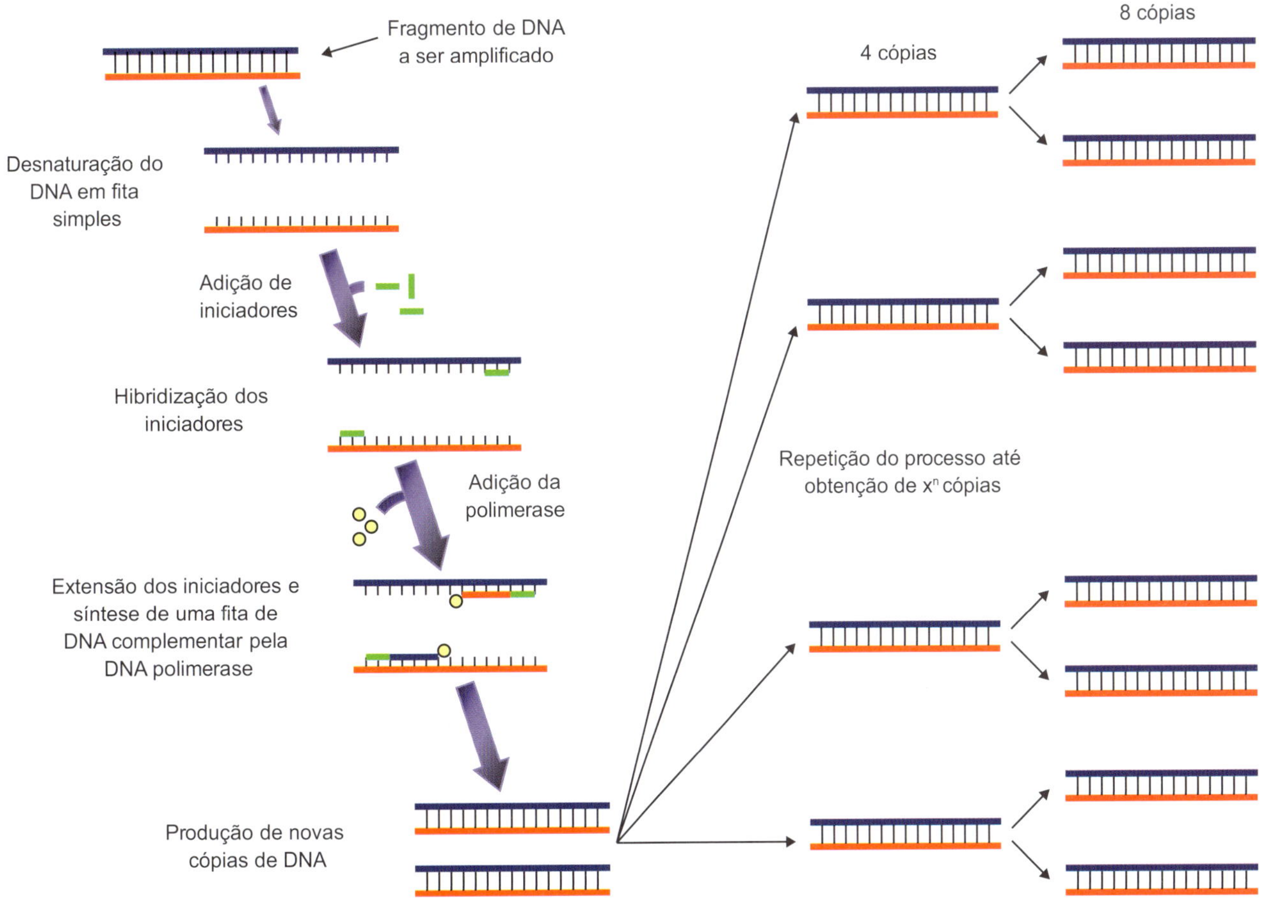


**Figura 8.15** Reação em cadeia da polimerase (PCR, *polymerase chain reaction*). A PCR é uma reação cíclica de amplificação do DNA mediada por uma polimerase DNA dependente. Inicialmente, o DNA-alvo é aquecido de 94 a 96°C durante 1 a 15 minutos, para desnaturação da fita dupla. Em seguida, iniciam-se os ciclos de aquecimento (desnaturação)-hibridização (ligação do alvo a iniciadores específicos)-extensão (síntese de novas fitas). A quantidade do produto amplificado dobra a cada ciclo. Os ciclos são repetidos 20 a 35 vezes ou mais e, ao final, é feita uma etapa de 5 a 15 minutos de extensão. A reação é realizada em um termociclador e os produtos são analisados por eletroforese em gel de agarose. Caso a amostra-alvo seja RNA, é realizada inicialmente a síntese do DNA complementar (DNAc) utilizando a enzima transcriptase reversa.

**Quadro 8.6** Exemplos de variações da técnica de PCR.

| Nome | Método | Vantagem | Desvantagem |
|---|---|---|---|
| Transcrição reversa associada à PCR (RT-PCR) | Na etapa inicial, o RNA é transcrito reversamente em DNA, utilizando a enzima transcriptase reversa | Possibilita a detecção de alvos de RNA | Menor sensibilidade |
| *Multiplex*-PCR | Utiliza múltiplos pares de iniciadores em um único tubo de reação | Possibilita a detecção simultânea de múltiplos alvos | Os iniciadores precisam ser altamente específicos e os diversos pares de iniciadores precisam ser otimizados para funcionar nas mesmas condições |
| *Touchdown* PCR | Redução progressiva da temperatura de hibridização dos iniciadores entre 3 e 5°C acima do ótimo até 3 a 5°C abaixo, à medida que os ciclos progridem | Fornece ambiente vantajoso para a hibridização de iniciadores de maior afinidade no início do ciclo, reduzindo a amplificação de contaminantes | Requer o uso de termocicladores que possibilitem gradiente de temperatura |
| *Hot-start* PCR | Impede que as enzimas se tornem ativas até que sejam alcançadas temperaturas elevadas; pode utilizar modificadores ou proteínas conjugadas ou barreira de cera | Reduz a produção de *background* pela produção de produtos inespecíficos formados antes que a temperatura ótima seja alcançada | Requer reagentes especiais |
| *Nested* PCR | Duas reações sequenciais de PCR em que o segundo par de iniciadores hibridiza em regiões internas no produto da primeira reação | Aumenta sensibilidade e especificidade | Aumenta o risco de contaminação durante a manipulação do produto da primeira reação |
| *In situ* PCR (IS-PCR) | Reação de PCR realizada em células fixadas com detecção do produto por meio de microscópio | Mostra a localização do alvo dentro da célula | Complexo, custo elevado |
| PCR em tempo real quantitativo (q-PCR) | Observação dos resultados após cada ciclo de extensão | Possibilita a quantificação do alvo, reduz risco de contaminação, pois não há necessidade de manipulação do produto amplificado | Custo elevado |
| PCR digital (dPCR) | Partição da amostra em milhões de unidades por diluição limitante. Amplificação por PCR de cada unidade separadamente | Permite a quantificação absoluta do alvo sem referência a uma curva de calibração tornando-a mais rápida, precisa e reprodutível que a qPCR | Custo elevado |

herpesvírus e muitos outros. Também já existem protocolos para a detecção simultânea de vírus e protozoários (p. ex., HHV-4 e *Toxoplasma gondii*) (Figura 8.16). Os produtos amplificados são identificados de acordo com o tamanho do fragmento produzido na reação de PCR, visualizados após eletroforese em gel de agarose e coloração com brometo de etídio.

## PCR em tempo real

A metodologia da PCR em tempo real (*real time PCR*), também denominada de qPCR (*quantitative* PCR) quando utilizada para quantificação do produto alvo, foi desenvolvida com o objetivo de automatizar a PCR, tornando-a mais eficiente, rápida e segura. Nesse ensaio, é possível acompanhar visualmente o progresso da amplificação do produto da PCR.

O acompanhamento do acúmulo do produto amplificado em tempo real tornou-se possível pela utilização de iniciadores, sondas ou produtos amplificados marcados com moléculas fluorescentes. Esses produtos marcados produzem uma mudança no sinal de fluorescência após interação direta ou hibridização com o produto amplificado. O sinal está relacionado com a quantidade do *amplicon* presente durante cada ciclo de amplificação.

A curva ideal de amplificação da PCR em tempo real, quando plotada em um gráfico de intensidade de fluorescência *versus* o número de ciclos da PCR, é sigmoidal (Figura 8.17). As amplificações iniciais não podem ser observadas, pois a emissão de fluorescência é mascarada pelo sinal de fundo (*background*). Contudo, quando há quantidade suficiente do produto amplificado, a progressão exponencial do ensaio pode ser monitorada à medida que as taxas de amplificação entram na fase linear (FL). Em condições ideais, a quantidade de produto amplificado aumenta em uma razão de 1 $\log_{10}$ a cada 3,32 ciclos. À medida que os reagentes são consumidos, a reação entra em uma fase de transição (FT) e, eventualmente, chega a uma fase de *plateau* (FP), na qual ocorre pouco ou nenhum aumento na emissão de fluorescência. O ponto em que a fluorescência ultrapassa o limiar do sinal de fundo é chamado de limiar do ciclo ou ponto de ultrapassagem, e esse valor é usado para calcular a quantidade de produto durante a PCR em tempo real.

A detecção de produtos da PCR em tempo real tem sido realizada, até o momento, principalmente por três métodos. O sistema mais simples usado é o que emprega o corante *SYBR Green*, o qual emite fluorescência quando se liga ao DNA de fita dupla

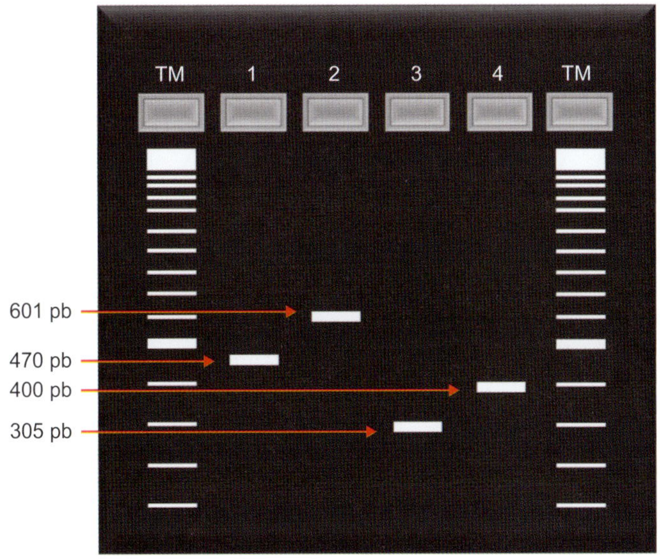


**Figura 8.16** Representação esquemática de uma eletroforese de produtos amplificados em uma reação em cadeia da polimerase (PCR, *polymerase chain reaction*) no formato *multiplex* (*multiplex*-PCR), utilizando gel de agarose corado com brometo de etídio. O esquema mostra o resultado hipotético de uma reação para detecção de quatro vírus distintos. A identificação do vírus detectado é feita pelo tamanho do fragmento amplificado. Linha 1 – vírus respiratório sincicial de humanos (HRSV), 470 pb (pares de base); linha 2 – metapneumovírus de humanos (HMPV), 601 pb; linha 3 – vírus da influenza A (FLUVA), 305 pb; linha 4 – adenovírus de humanos (HAdV), 400 pb. TM – marcador de tamanho molecular, variando de 100 a 1.500 pb.

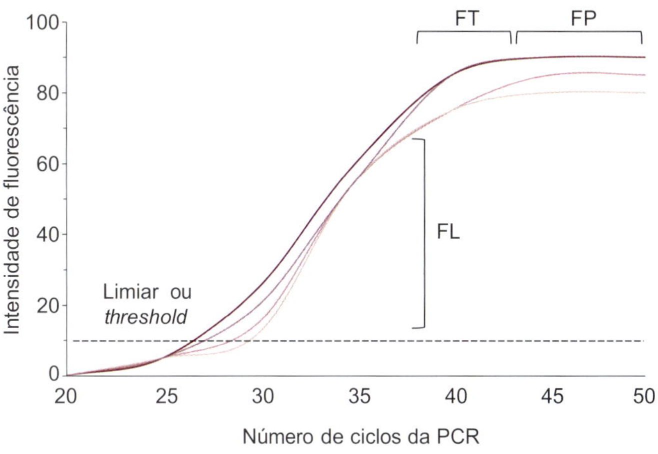


**Figura 8.17** Análise da cinética da reação em cadeia da polimerase em tempo real (*real time polymerase chain reaction*; *real time* PCR). A curva ideal de amplificação da PCR em tempo real, quando plotada em um gráfico de intensidade de fluorescência *versus* o número de ciclos da PCR, é sigmoidal. Quando há quantidade suficiente do produto amplificado, a progressão exponencial do ensaio pode ser monitorada à medida que as taxas de amplificação entram na fase linear (FL). À medida que os reagentes são consumidos, a reação entra em uma fase de transição (FT) e, eventualmente, chega a uma fase de *plateau* (FP), na qual ocorre pouco ou nenhum aumento na emissão de fluorescência. O ponto em que a fluorescência ultrapassa o limiar do sinal de fundo é chamado de limiar do ciclo ou ponto de ultrapassagem (indicado pela linha pontilhada), e esse valor é usado para calcular a quantidade de produto durante a PCR em tempo real.

(DNAfd). Quando o *SYBR Green* é incluído em uma reação da PCR, a intensidade da fluorescência é proporcional à quantidade do produto amplificado (Figura 8.18A). Como o *SYBR Green* não se liga a um DNAfd específico, o sinal é gerado tanto para produtos indesejáveis, como dímeros de iniciadores, quanto para os produtos esperados (Figura 8.18B). A discriminação entre os sinais pode ser obtida por meio da análise das curvas de dissociação, a qual é também referida como análise do *melting point*. Quando a temperatura de dissociação (*melting point*) do DNAfd é alcançada, o *SYBR Green* é liberado e a fluorescência diminui. Essa temperatura é determinada pela sequência e pelo tamanho do produto da PCR; assim, a distinção entre o produto desejável e o indesejável é facilmente realizada (Figura 8.18B). De maneira semelhante, é possível fazer a detecção simultânea de duas sequências-alvo (Figura 8.18C).

Um sistema de detecção com base na interação de sondas fluorescentes é o chamado *Taqman*. Este método utiliza uma sonda que é complementar ao segmento do produto da PCR pretendido, localizada entre os iniciadores da reação; ela apresenta duas porções fluorescentes: uma chamada de apresentador (*Reporter*, R), localizada na extremidade 5′, e a outra denominada capturador de energia (*Quencher*, Q), localizada na extremidade 3′. O segundo fluorocromo não deixa que a energia luminosa usada para excitar a sonda chegue em quantidade suficiente para excitar o primeiro fluorocromo (R). Durante a etapa de hibridização do ciclo da PCR, a sonda com ambos os fluorocromos está hibridizada ao DNA-alvo e, durante a etapa de extensão, a *Taq* polimerase, por meio da sua atividade de 5′-exonuclease, remove a sonda, liberando o fluorocromo apresentador, viabilizando, assim, a emissão de sua fluorescência. A fluorescência é proporcional à quantidade do produto da PCR (Figura 8.19).

Outro sistema de detecção baseia-se no uso de sondas marcadas com dois corantes fluorescentes que interagem um com outro, seguindo o princípio da transferência de energia de ressonância fluorescente (FRET, *fluorescence resonance energy transfer*). O sistema requer duas sondas homólogas a porções adjacentes em uma das fitas do DNA amplificado. As sondas são escolhidas de modo que a extremidade 5′ de uma seja semelhante a alguns nucleotídeos da terminação 3′ da outra. Essas extremidades adjacentes são capazes de emitir fluorescência, assim cada sonda funciona como um fluorocromo. O fluorocromo da extremidade 3′ é chamado de doador, e o da extremidade 5′, de receptor. A propriedade desses fluorocromos é que, quando próximos, a excitação do doador conduz à emissão de luz pelo receptor. Quando ambas as sondas estão ligadas em suas sequências-alvo, os dois fluorocromos estão próximos o suficiente para que a excitação do receptor e a emissão de fluorescência ocorram. A intensidade da fluorescência é proporcional à quantidade de produto da PCR (Figura 8.20).

A metodologia da PCR em tempo real representou uma contribuição significativa para o diagnóstico clínico devido à rapidez com que os resultados podem ser produzidos. Essa rapidez deve-se principalmente à redução do tempo dos ciclos de amplificação, eliminação da etapa de detecção do produto após a amplificação e ao uso de equipamento de alta sensibilidade para detecção da fluorescência.

Comparado com a PCR convencional, a PCR em tempo real apresenta várias vantagens, tais como: o produto da PCR é monitorado dentro do tubo de reação, não há necessidade de um sistema de detecção por separação (p. ex., gel de eletroforese); o tempo para avaliar uma reação pode ser menor que 1 hora; a chance de contaminação do produto amplificado por PCR em

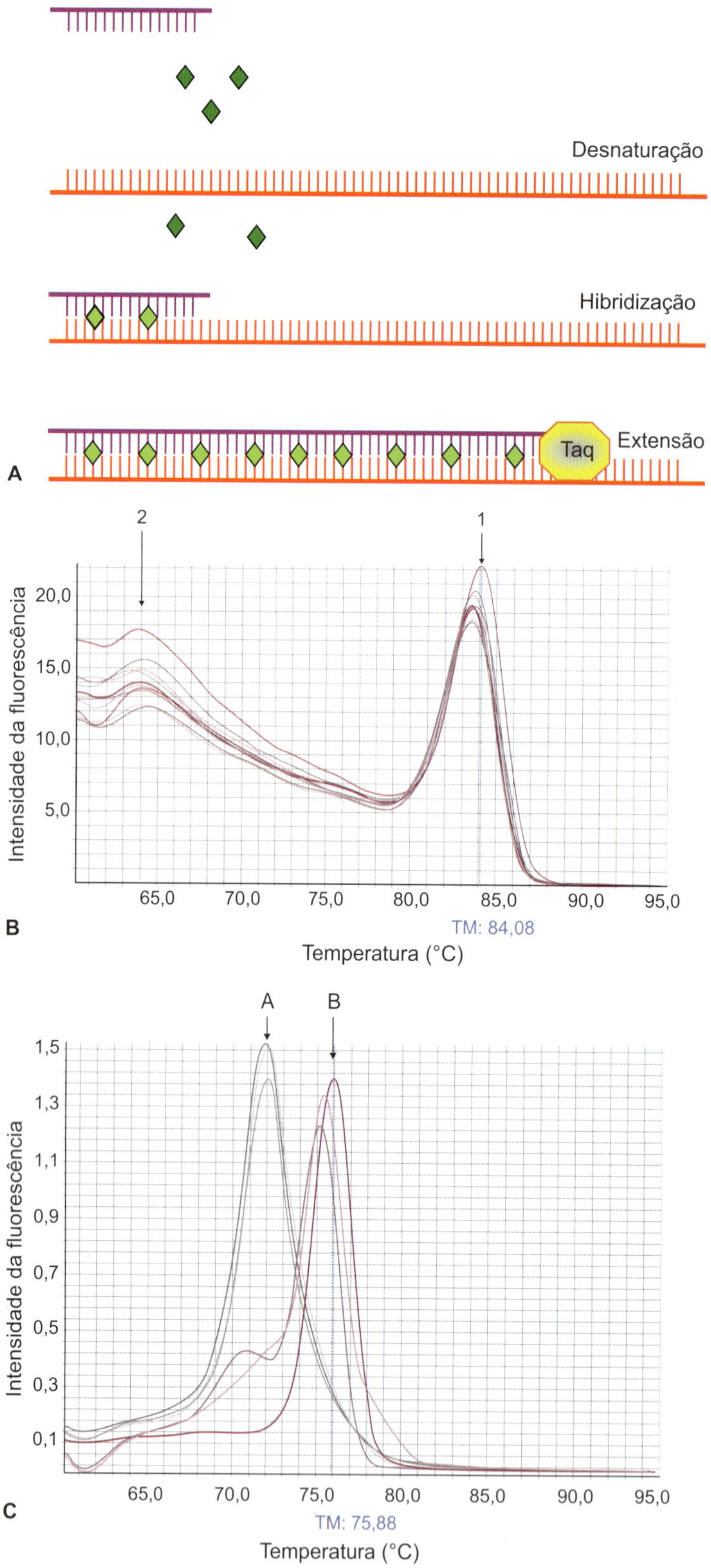


**Figura 8.18** Reação em cadeia da polimerase em tempo real (*real time polymerase chain reaction*; *real time* PCR) utilizando o sistema *SYBR Green*. **A.** Esquema da reação de *SYBR Green*. Quando o *SYBR Green* se liga ao DNA de fita dupla (DNAfd), ocorre emissão de fluorescência. A intensidade da fluorescência é proporcional à quantidade do produto amplificado. **B.** Curva de *melting*. Exemplo de uma curva de *melting* de uma reação de PCR em tempo real. Como o *SYBR Green* não se liga a um DNAfd específico, o sinal é gerado tanto para produtos indesejáveis (como dímeros de iniciadores) quanto para os produtos esperados. A temperatura de *melting* (TM) do produto da PCR é determinada pela sequência e pelo tamanho do produto. Assim, é possível identificar o sinal de amplificação do alvo desejado pela observação da curva de *melting*, em que cada produto amplificado vai apresentar um pico de emissão de sinal de acordo com sua TM. As amostras positivas (sequência-alvo) são agrupadas no pico 1 na temperatura de aproximadamente 84°C; o pico 2, formado na temperatura 64°C, reflete os dímeros de iniciadores. **C.** A análise da curva de *melting* possibilita também a identificação de diferentes sequências-alvo amplificadas simultaneamente. No exemplo, é mostrada uma reação em que foram amplificadas duas sequências-alvo: a sequência A, com uma TM de aproximadamente 73°C, e a sequência B, com uma TM de aproximadamente 76°C.

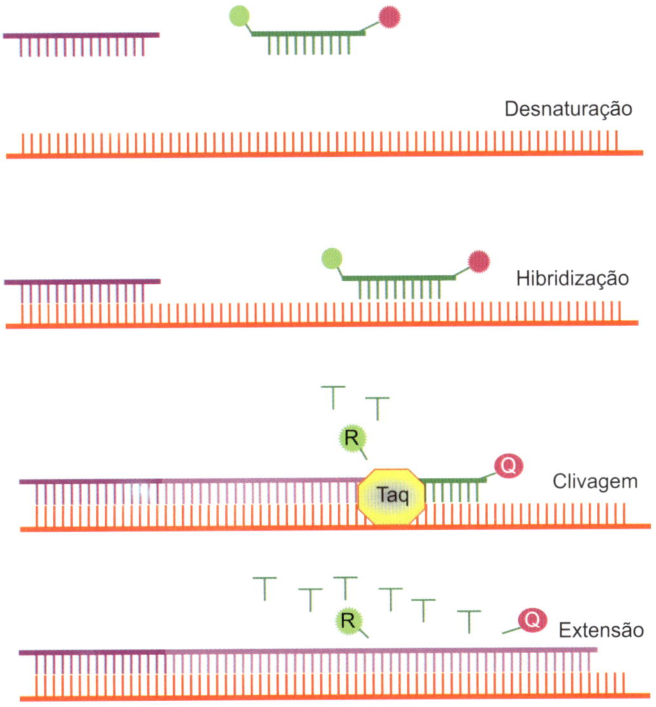


**Figura 8.19** Reação em cadeia da polimerase em tempo real (*real time polymerase chain reaction*; *real time* PCR), utilizando o sistema *Taqman*. O método utiliza uma sonda complementar ao produto da PCR, a qual apresenta duas porções fluorescentes: apresentador (*Reporter*, R) e capturador de energia (*Quencher*, Q). O segundo fluorocromo (Q) não deixa que a energia luminosa usada para excitar a sonda chegue em quantidade suficiente para excitar o primeiro fluorocromo (R). Durante a PCR, a sonda com ambos os fluorocromos é hibridizada ao DNA-alvo, sendo posteriormente removida pela *Taq* polimerase. Isso libera o fluorocromo R, o que possibilita a emissão de sua fluorescência; esta é proporcional à quantidade do produto da PCR.

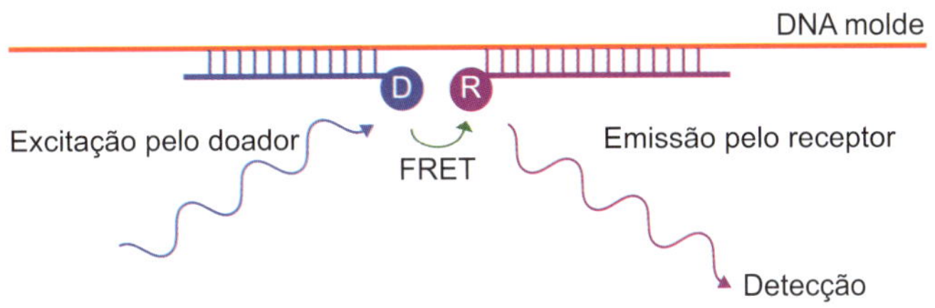


**Figura 8.20** Reação em cadeia da polimerase em tempo real (*real time polymerase chain reaction*; *real time* PCR) pelo sistema FRET. A hibridização de sondas adjacentes resulta na transferência de energia de ressonância fluorescente (FRET) devido à interação entre os fluoróforos doador (D) e receptor (R). Quando ambas as sondas estão ligadas em suas sequências-alvo, os dois fluorocromos estão próximos o suficiente para haver a excitação do receptor e a emissão de fluorescência. A intensidade da fluorescência é proporcional à quantidade de produto da PCR.

tempo real é menor, uma vez que não há necessidade do manuseio dos produtos amplificados; o uso de múltiplos corantes fluorescentes com comprimentos de ondas diferentes torna possível a detecção de mais de um produto por reação e a maior vantagem é a possibilidade de quantificação, uma vez que a fluorescência produzida é proporcional à quantidade do produto amplificado.

As possíveis desvantagens do uso da PCR em tempo real em comparação com a PCR convencional seriam a incompatibilidade de certas plataformas com algumas substâncias fluorescentes, assim como a restrição da capacidade da *multiplex*-PCR nos sistemas de tempo real disponíveis no momento. Além disso, o custo do equipamento ainda é proibitivo para laboratórios de pequeno porte.

## PCR digital

O princípio básico da PCR digital (dPCR) envolve diluição limitante extrema e particionamento da amostra em milhões de unidades separadas que idealmente contêm 0 ou 1 partícula. Cada unidade contém todos os reagentes necessários para a reação e basicamente funcionam como uma microrreação de PCR. Após a PCR, cada partição é classificada como positiva ou negativa. Se a partição contiver o DNA de interesse, a amplificação por PCR produz um sinal positivo. Se o DNA-alvo não estiver presente, não há sinal. A quantificação é binária, daí o termo "digital". Se o número de unidades de particionamento for conhecido, a quantidade inicial de moléculas-alvo pode ser estimada pelo conhecimento do número total de sinais positivos e negativos.

Assim como a PCR em tempo real, a dPCR utiliza iniciadores, sondas ou produtos amplificados marcados com moléculas fluorescentes. A principal diferença da dPCR e a PCR em tempo real é o fato de o volume da reação ser dividido em um grande número de pequenas partições (de 500 a milhões) de um volume muito pequeno (atualmente de 6 nanolitros até alguns picolitros). Atualmente, existem vários equipamentos para realização da dPCR no mercado.

Existem duas abordagens principais para a realização da dPCR: métodos baseados em câmara e métodos baseados em gotículas.

### *Métodos baseados em câmara*

Os métodos baseados em câmara (*chamber-based methods*) usam partições de estado sólido pré-fabricadas (câmaras) nas quais a mistura de reação é injetada. Como nas placas de 96 poços para a PCR em tempo real, as câmaras são descartáveis. Um termociclador permite que as câmaras sejam cicladas e lidas, de forma semelhante à PCR em tempo real. O número e o tamanho das câmaras por dispositivo são fixos e, portanto, altamente consistentes em execuções (Figura 8.21). O número de partições e reações por execução é geralmente menor do que nas plataformas baseadas em gotículas.

### *Métodos baseados em gotículas*

Nos métodos baseados em gotículas (ddPCR; *droplet-based dPCR methods*), a compartimentação da mistura de reação é alcançada através da produção de uma emulsão de água em óleo antes da PCR, produzindo um grande número de gotículas. Os alvos de DNA na emulsão são amplificados por PCR, e um leitor mede a fluorescência das gotículas. O número de partições varia entre plataformas diferentes e entre reações individuais.

A quantificação do DNA-alvo através da dPCR apresenta várias vantagens em comparação com a PCR em tempo real. A principal vantagem do método dPCR é que ele permite a quantificação absoluta do alvo sem referência a uma curva de calibração, tornando-o mais rápido, preciso, sensível e reprodutível que a PCR em tempo real. Devido ao elevado nível de particionamento de amostra, a dPCR pode produzir resultados com grande precisão.

A PCR digital tem sido empregada no diagnóstico de câncer e na identificação e quantificação de bactérias e vírus.

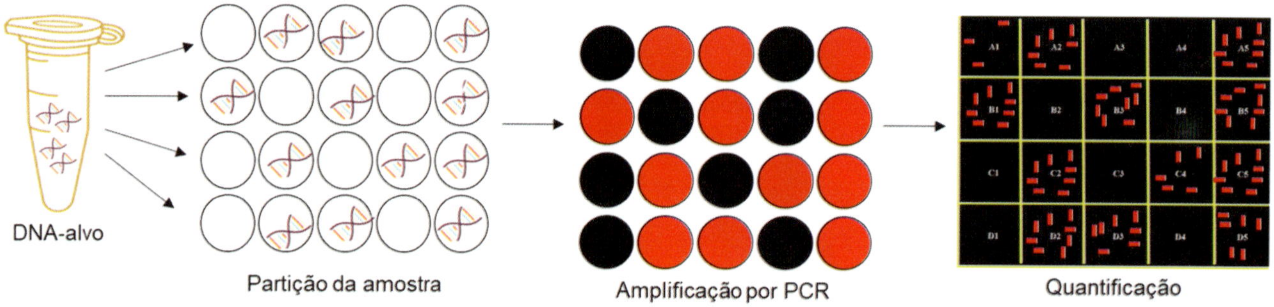


**Figura 8.21** Reação em cadeia da polimerase digital (dPCR, *digital polymerase chain reaction*). A PCR digital é realizada dividindo a amostra e os reagentes (p. ex., sondas e iniciadores) em câmaras de reação separadas, de modo que qualquer reação contenha apenas 0 ou 1 molécula-alvo. A PCR padrão é realizada e o número de reações fluorescentes é contado. As reações "vermelhas" positivas para PCR continham 1 molécula-alvo e as reações "pretas" negativas para PCR não têm alvo. A quantificação do número total de moléculas-alvo na amostra original é realizada no formato digital.

## Ensaios de amplificação de RNA

Foram desenvolvidos diversos ensaios para a amplificação direta do RNA. Esses ensaios de amplificação com base na transcrição (*transcription-based amplification*) utilizam três enzimas, uma transcriptase reversa (RT), uma ribonuclease (RNase) H e a T7 RNA polimerase-DNA dependente, para amplificar a sequência-alvo de RNA, em uma série de reações que mimetizam o esquema de replicação dos retrovírus. A reação é isotérmica e não requer instrumentos sofisticados. A amplificação inicia-se com a produção de uma fita de DNA que é complementar ao RNA-alvo, utilizando um iniciador que apresenta uma sequência promotora da T7 na terminação 5′. O híbrido RNA-DNA resultante é convertido a DNA de fita dupla (DNAfd) por ação da RNase H e de um segundo iniciador que também contém um promotor da T7 na terminação 5′. O DNAfs resultante funciona como molde para que a T7 faça a transcrição. O RNA recém-sintetizado funciona como molde para os próximos ciclos da reação. Variações dos ensaios de amplificação com base na transcrição incluem o ensaio de amplificação mediado por transcrição (TAM, *transcription-mediated amplification*), replicação autossustentada de sequências (3SR, *self-sustained sequence replication*) e amplificação a partir do ácido nucleico específico (NASBA, *nucleic acid specific based amplification*). A reação de NASBA será descrita com mais detalhes a seguir.

### Reação de amplificação com base no ácido nucleico específico

A amplificação com base no ácido nucleico específico (NASBA) é uma reação de amplificação de RNA ou DNA de fita simples que ocorre a 41°C, na qual é usada uma transcriptase reversa aviária (AMV-RT), que apresenta também atividade de polimerase DNA dependente, uma RNA polimerase de bacteriófago (T7) e uma RNAse H. O iniciador 1 hibridiza a um RNA ou DNA de fita simples e é estendido pela AMV-TR para formar um híbrido RNA-DNA ou DNA-DNA, seguido pela degradação da fita original de RNA pela RNAse H. No caso do híbrido DNA-DNA, este é aquecido a 100°C/5 minutos, para a desnaturação das fitas. O iniciador 2 hibridiza a fita simples de DNA e é estendido pela AMV-RT. O DNA de fita dupla resultante contém uma sequência promotora da polimerase T7, a qual está codificada na sequência do iniciador 1, e serve como molde para a RNA polimerase T7 sintetizar RNA a partir das fitas positivas do DNA. Esses RNA recém-formados servem como molde para a síntese do DNA complementar pela AMV-RT. Esse ciclo amplifica a sequência-alvo, e a incorporação e a coamplificação de um controle interno facilitam a quantificação com a detecção do produto por quimioluminescência (Figura 8.22).

## Métodos de hibridização

A técnica baseia-se na identificação de sequências específicas do ácido nucleico viral utilizando sondas marcadas. Sequências complementares ao ácido nucleico viral, marcadas com enzimas, fluoresceína, ou radioisótopos, são comercializadas. Essas sequências complementares marcadas são chamadas de sondas e são capazes de se hibridizar a fitas complementares de DNA ou RNA. As sondas podem ser usadas em diferentes formatos, em fase sólida ou líquida.

### Hibridização *in situ*

No método de hibridização *in situ*, as células ou fragmentos de tecidos são fixados em lâminas e submetidos, mais frequentemente, ao aquecimento, para promover a desnaturação do ácido nucleico-alvo, causando a separação das fitas. A seguir, a sonda é adicionada, sendo hibridizada à sequência complementar. A reação é lavada para remover as sondas que não se hibridizaram e no caso de a sonda estar marcada com uma enzima, o substrato é adicionado. Após a adição do substrato, o esfregaço é examinado ao microscópio óptico para determinar se houve ou não hibridização (Figura 8.23).

### *Dot blotting*, *Southern blotting* e *Northern blotting*

*Dot blotting*, *Southern blotting* e *Northern blotting* são técnicas de hibridização para a pesquisa de ácido nucleico. Na *dot blotting* ou *slot blotting*, a sequência-alvo (DNA ou RNA) é aplicada diretamente a uma membrana, sem necessidade de separação prévia por eletroforese, e hibridizada com uma sonda marcada com radioisótopo ou enzima. O teste é indicado para a análise de um grande número de amostras, podendo ser realizado diretamente do espécime clínico ou a partir do ácido nucleico purificado com base na amostra. Os testes de *Southern* (detecção de DNA) e *Northern blotting* (detecção de RNA) constituem ferramentas valiosas para a pesquisa. Nesses testes, o ácido nucleico é inicialmente digerido por enzimas de restrição e os fragmentos são separados por eletroforese e transferidos para uma membrana de

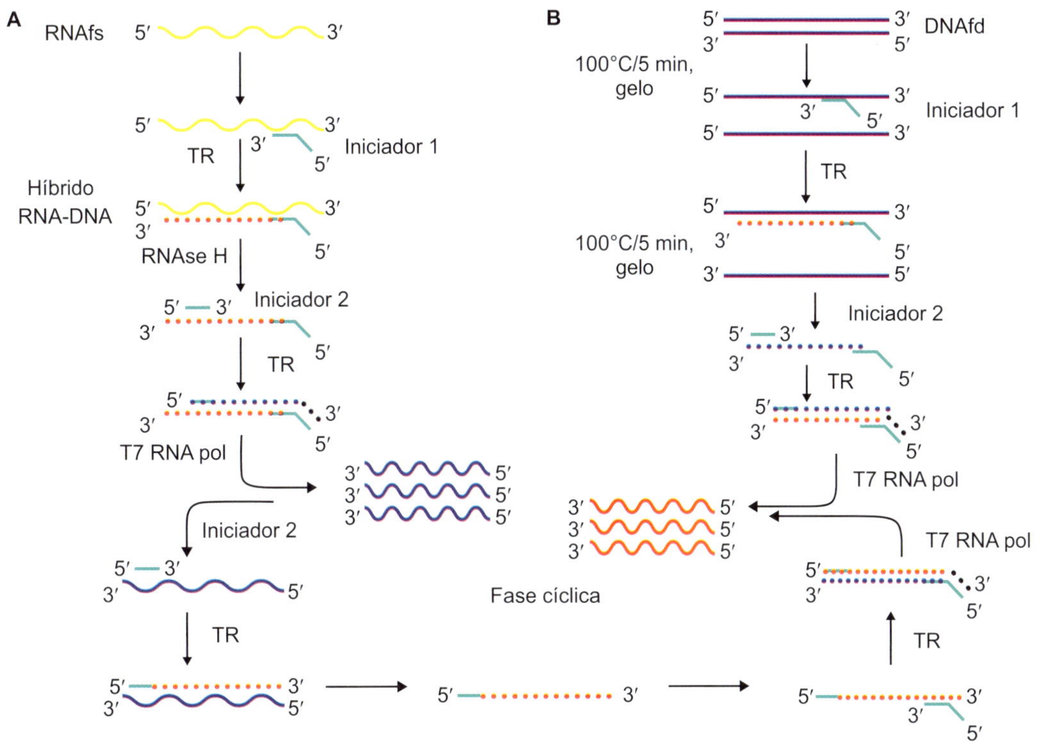


**Figura 8.22** Reação de amplificação com base no ácido nucleico específico (NASBA, *nucleic acid specific based amplification*). A NASBA é uma reação cíclica de amplificação a partir da transcrição do RNA que utiliza uma transcriptase reversa, uma ribonuclease e uma RNA polimerase. Os iniciadores utilizados apresentam uma sequência promotora da RNA polimerase. A reação é isotérmica e não requer instrumentos sofisticados e pode ser realizada para a amplificação de (**A**) RNAfs ou (**B**) DNAfd. TR: transcriptase reversa.

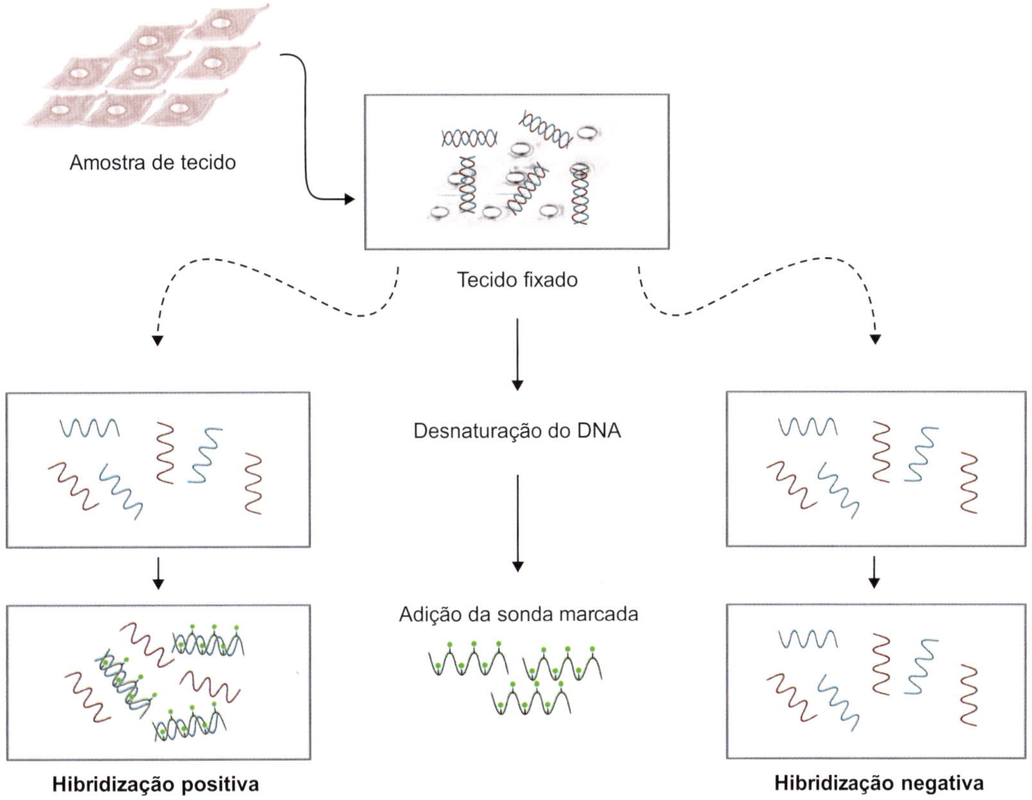


**Figura 8.23** Reação de hibridização *in situ*. A técnica detecta a presença de sequências de DNA ou RNA específicas em tecidos fixados a um suporte. Nesta reação, o DNA/RNA-alvo é fixado a um suporte e hibridizado a sondas específicas complementares ao alvo, marcadas com enzimas, corantes fluorescentes ou luminescentes.

nitrocelulose. Posteriormente, esses fragmentos são hibridizados com sondas marcadas com radioisótopo ou enzima. Contudo, devido à necessidade de pessoal especializado para a realização do teste e do tempo requerido para a obtenção de resultados, esses métodos não são facilmente adaptáveis aos laboratórios clínicos (Figuras 8.24 e 8.25).

## Hibridização em microarranjos

A hibridização de amostras de DNA-teste com sequências gênicas específicas imobilizadas em superfícies sólidas (*microarray*, *microchips* ou microarranjos) tem se tornado uma ferramenta importante no estudo de expressão gênica, análise filogenética e na pesquisa de polimorfismo de nucleotídeos.

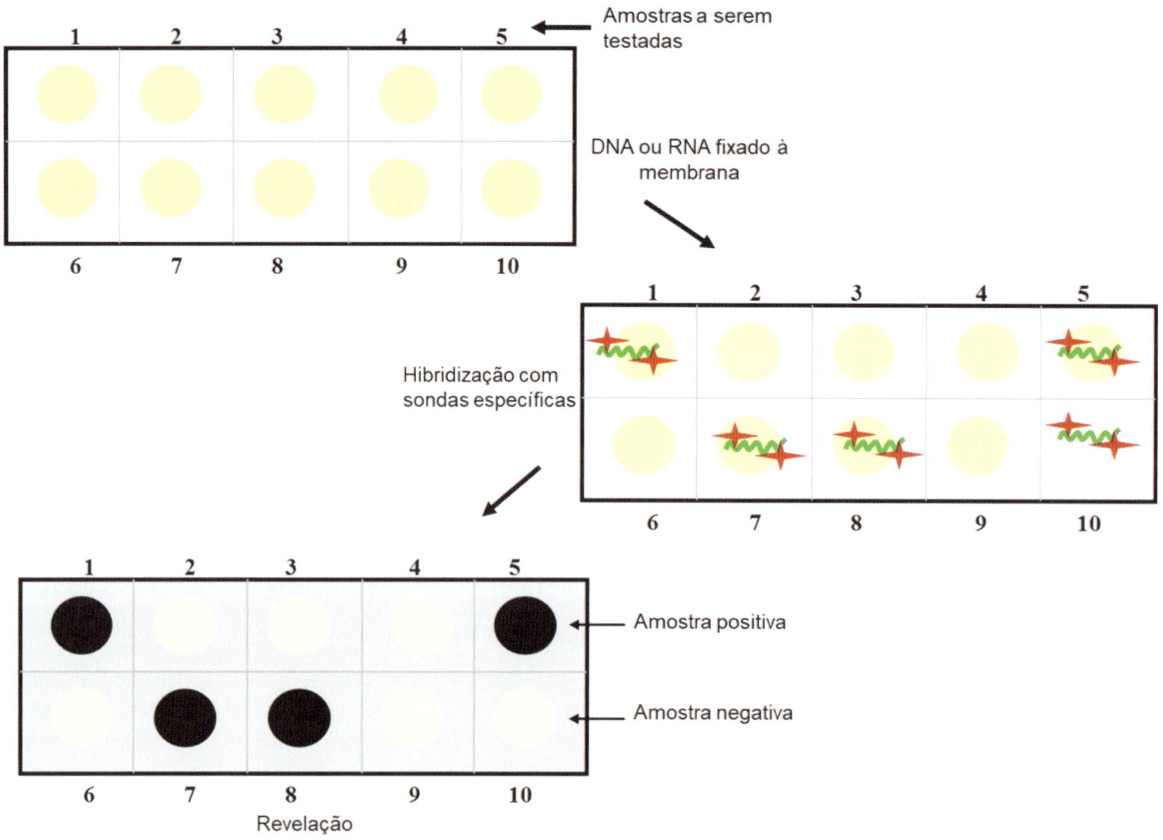


**Figura 8.24** Teste de *dot blotting*. Trata-se de um teste para pesquisa de biomoléculas. No diagnóstico virológico, o *dot blotting* é geralmente usado para a detecção de ácido nucleico. Para tal, a amostra é aplicada diretamente em uma área delimitada (*dot*) de uma membrana de nitrocelulose e subsequentemente submetida à reação de hibridização com sondas específicas.

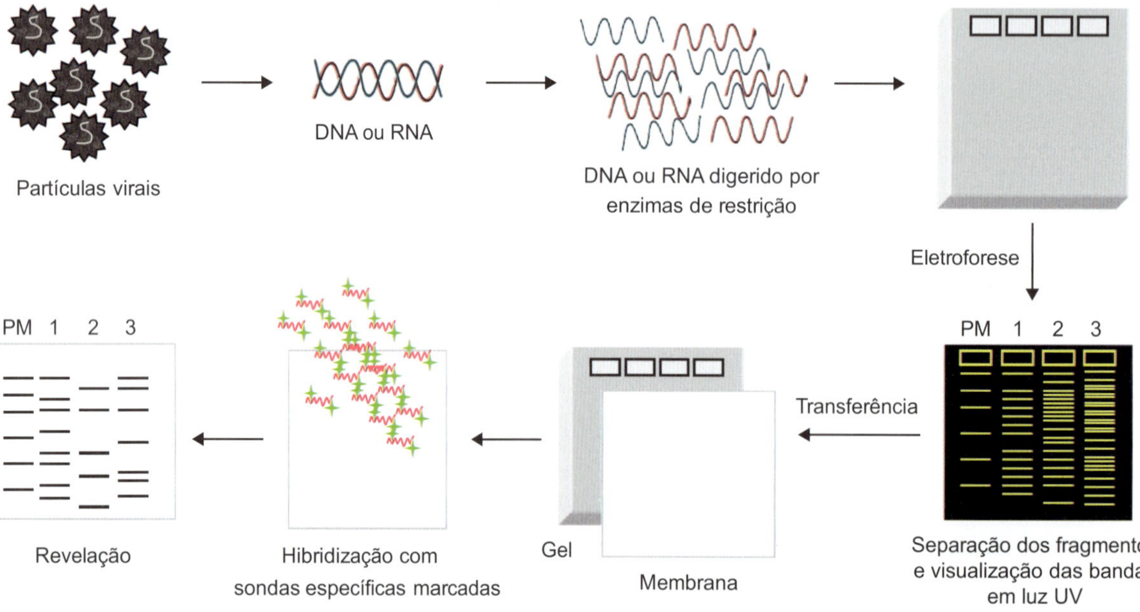


**Figura 8.25** Testes de *Southern blotting* e *Northern blotting*. Ambos os testes são reações de hibridização para a detecção de DNA (*Southern blotting*) ou RNA (*Northern blotting*). O ácido nucleico é previamente digerido com enzimas de restrição; os fragmentos são separados por eletroforese, transferidos para uma membrana e hibridizados a sondas específicas.

Um DNA *microarray* (microarranjo de DNA) é uma coleção de pontos microscópicos formados por sequências de DNA fixados em uma superfície sólida constituída de vidro, plástico ou silicone. Os segmentos microscópicos de DNA fixados são denominados sondas (também chamados de *reporters*). Milhares de sondas são ligadas ao suporte, formando um pequeno *chip* que é utilizado como plataforma para a realização de reações de hibridização que possibilitam a detecção da sequência ou sequências-alvo no material analisado. As sequências de DNA (ou DNAc) a serem analisadas são marcadas com corantes fluorescentes e colocadas para reagir com as sequências fixadas na superfície do microarranjo. Ao final da reação de hibridização, o sistema é lavado, as amostras que não hibridizaram são removidas e a concentração de DNA hibridizado é medida pela intensidade da emissão de fluorescência. Dependendo da plataforma utilizada, a reação pode ser realizada com um ou dois fluoróforos. Os corantes fluorescentes Cy3 e Cy5 (corantes de cianina) são comumente usados na marcação de DNA. Os DNA marcados e hibridizados são analisados em um *microarray scanner* para a visualização da fluorescência após a excitação com um raio *laser* de comprimento de onda definido (Figura 8.26).

O uso de sondas representando todas as possíveis variações de sequências de nucleotídeos dentro da sequência-alvo possibilita a caracterização rápida e precisa da sequência que está sendo estudada. Também é possível a detecção de múltiplas sequências variantes presentes no mesmo espécime. A tecnologia de hibridização em microarranjos tem o potencial para viabilizar a detecção simultânea de múltiplas infecções causadas por diversos patógenos, virais ou não. A primeira aplicação desse método para diagnóstico na Virologia foi para o rápido sequenciamento do HIV, buscando mutações associadas à resistência às drogas antirretrovirais. Em outra aplicação, sequências representativas de todos os outros vírus já sequenciados têm sido selecionadas para criar um sistema capaz de descobrir um vírus ainda não conhecido. A tecnologia de microarranjos ainda não está disponível para a rotina laboratorial de diagnóstico.

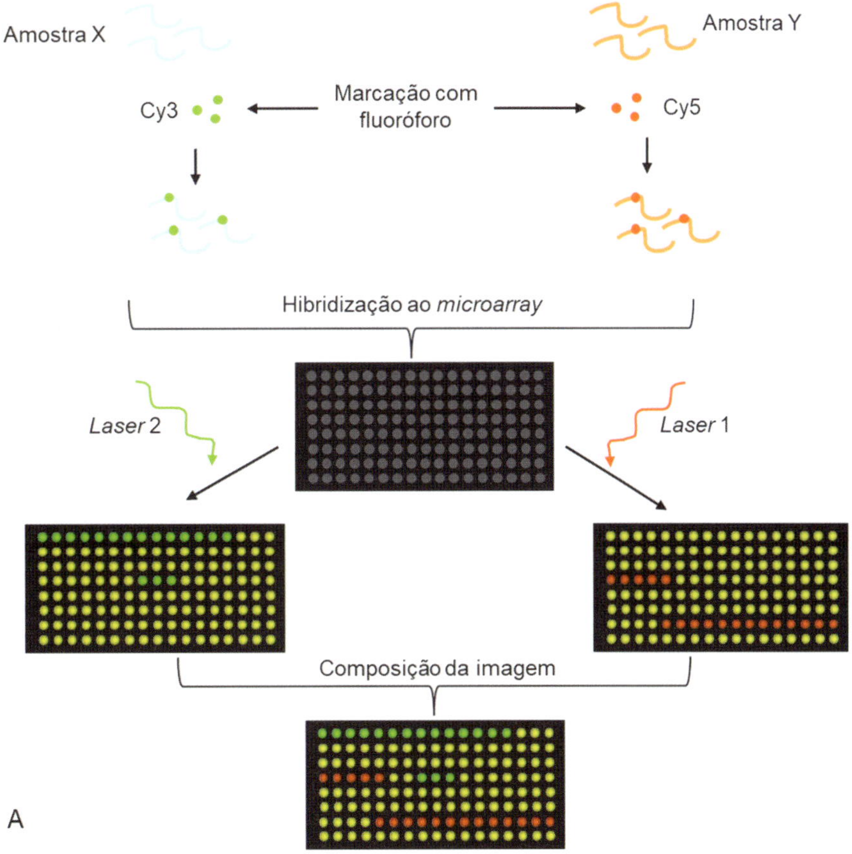


**Figura 8.26** Esquema representativo de dois experimentos utilizando a reação de hibridização em microarranjos. **A.** Avaliação da expressão gênica de cultura de células gliais de feto humano (PHFG; *primary human fetal glial*) infectadas com amostras de HPyV2 (poliomavírus de humanos 2) isoladas de pacientes com e sem leucoencefalopatia multifocal progressiva (PML; *progressive multifocal leukoencephalopathy*). Os DNA das amostras-teste (X – células infectadas com uma estirpe de HPyV2 isolada de paciente com PML; Y – células infectadas com uma estirpe de HPyV2 de paciente sem PML) são marcados com corantes (Cy3 e Cy5), os quais emitem fluorescência ao serem excitados com raios *laser* em diferentes comprimentos de onda (Cy3 – 570 nm e Cy5 – 670 nm). Os DNA-teste marcados são hibridizados ao *microarray* contendo sequências-alvo (sondas) do DNA de células PHFG não infectadas. Cada "ponto" representa um gene diferente. As amostras-teste são colocadas para hibridizar com essas sequências conhecidas, com o objetivo de detectar diferenças na expressão dos diversos genes durante a infecção pelo HPyV2, resultando ou não em PML. O *chip* é escaneado em dois diferentes comprimentos de onda, e as imagens são sobrepostas no computador. A intensidade da fluorescência é medida e expressa nas cores verde (Cy3) ou vermelha (Cy5). Os pontos em amarelo representam áreas onde quantidades equivalentes de DNA de cada amostra foram fixadas e, portanto, apresentam igual intensidade de cada cor (verde + vermelho = amarelo), significando que esses genes estão igualmente expressos nas duas situações. Os pontos em que há maior intensidade de uma ou outra amostra são predominantemente verdes ou vermelhos. Assim, pontos verdes representam genes cuja expressão está aumentada na infecção com estirpes associadas à PML, ao passo que pontos vermelhos indicam o aumento da expressão de determinados genes em estirpes virais não associadas à PML. (*continua*)

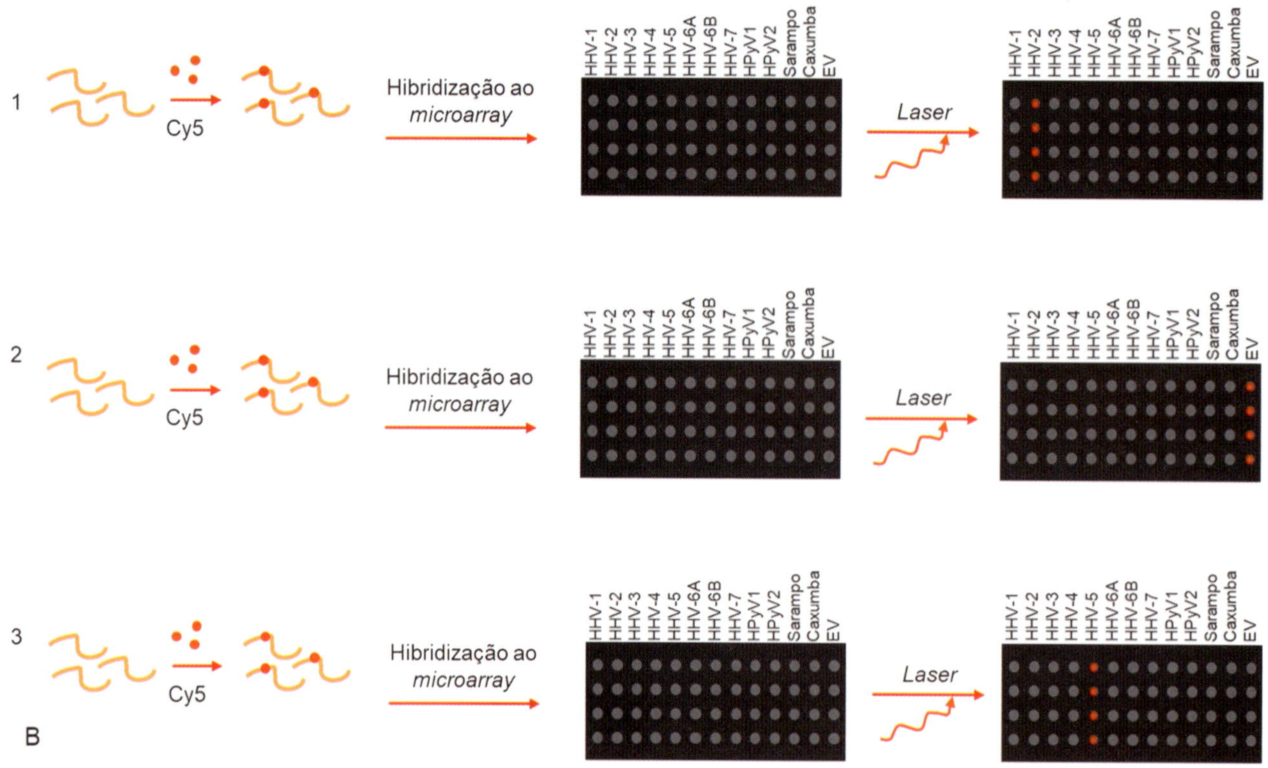


**Figura 8.26** (*Continuação*) Esquema representativo de dois experimentos utilizando a reação de hibridização em microarranjos. **B.** Identificação de patógeno viral causando infecção no sistema nervoso central (SNC). Foram fixadas ao *microarray* sondas específicas para 13 patógenos virais associados à infecção do SNC (herpesvírus de humanos 1 e 2 [HHV-1 e HHV-2], herpesvírus de humanos 3 [HHV-3], herpesvírus de humanos 4 [HHV-4], herpesvírus de humanos 5 [HHV-5], herpesvírus de humanos 6A e 6B [HHV-6], herpesvírus de humanos 7 [HHV-7], poliomavírus de humanos 1 e 2 [HPyV1 e HPyV2], vírus do sarampo, vírus da caxumba e enterovírus [EV]). O genoma viral foi extraído de amostra de liquor, amplificado por reação em cadeia da polimerase (PCR; *polymerase chain reaction*) e marcado com corante de cianina – 5 (Cy5). Em seguida, a amostra-teste foi hibridizada a um *microarray* contendo sequências específicas dos vírus pesquisados. A figura mostra os resultados obtidos para três pacientes: paciente 1 – positivo para HHV-2; paciente 2 – positivo para EV; paciente 3 – positivo para HHV-5.

## Métodos de amplificação de sinal

### *Ensaio de captura de híbridos*

Testes de hibridização estão disponíveis comercialmente para a quantificação do HHV-5 e do vírus da hepatite B (HBV). Nos testes de captura de híbridos (HCA, *hybrid capture assay*), sondas de RNA se ligam ao DNA-alvo do vírus, os híbridos RNA-DNA resultantes são capturados por um anticorpo ligado a uma fase sólida, e então os híbridos capturados são detectados usando anticorpo marcado com fosfatase alcalina e quimioluminescência. No formato quantitativo, são utilizados controles externos para produzir uma curva de calibração, que será usada para determinar a concentração de DNA na amostra-teste (Figura 8.27).

### *Ensaio de DNA ramificado*

O ensaio de DNA ramificado (bDNA, *branched DNA*) baseia-se na detecção de sinal em vez da detecção da amplificação da sequência-alvo; pode ser usado para RNA ou DNA. As amostras são adicionadas a uma microplaca sensibilizada com sondas, que irão capturar a sequência-alvo. Em seguida, são adicionadas outras sondas, as quais irão hibridizar simultaneamente na sequência-alvo e em uma sonda de DNA ramificado (bDNA). Essa sonda de bDNA contém ramificações que irão ligar-se a sondas conjugadas com fosfatase alcalina. A detecção é feita por incubação do complexo com um substrato quimioluminescente e posterior medida da emissão de luz em um luminômetro. O sinal é diretamente proporcional à concentração do ácido nucleico-alvo, uma vez que não há alteração no número de moléculas. A quantificação do DNA-alvo no espécime é determinada por uma curva utilizando um padrão externo (Figura 8.28).

## Tipagem e comparação do genoma viral

A caracterização molecular com o propósito de tipagem nem sempre é relevante para o tratamento do paciente, mas é utilizada principalmente para estudos epidemiológicos, investigação da patogênese e progressão da doença. Os métodos mais utilizados serão descritos a seguir.

### *Determinação da sequência do ácido nucleico viral*

Uma vez que o genoma viral foi detectado, a determinação da sequência pode ser realizada para relacionar duas ou mais estirpes virais na investigação da possibilidade de reação cruzada (flavivírus) e para direcionar a terapia (HIV). Nos testes de genotipagem do HIV para determinação de resistência a antirretrovirais, a sequência da transcriptase reversa e a da protease viral são determinadas e comparadas com o vírus selvagem. Embora o potencial para os testes de resistência para HIV seja limitado pela falta de evidências do benefício clínico, custo e conhecimentos necessários para uma boa interpretação, com a elevação dos índices de resistência aos antirretrovirais para o HIV, esses testes podem ter uma aplicação potencial em algumas áreas

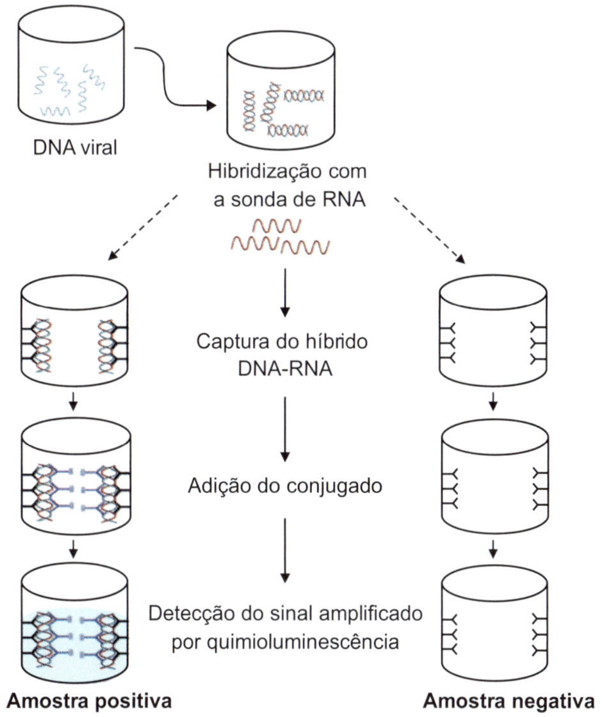


**Figura 8.27** Ensaio de captura de híbridos (HCA, *hybrid capture assay*). Esse ensaio tem como base uma reação colorimétrica para detectar DNA viral na amostra clínica de pacientes. Para isso, o DNA da amostra é hibridizado a uma sonda de RNA e o híbrido DNA-RNA é capturado em uma microplaca sensibilizada com anticorpo. Em seguida, o híbrido DNA-RNA capturado é detectado pela adição de um anticorpo conjugado a uma enzima e a um substrato luminescente.

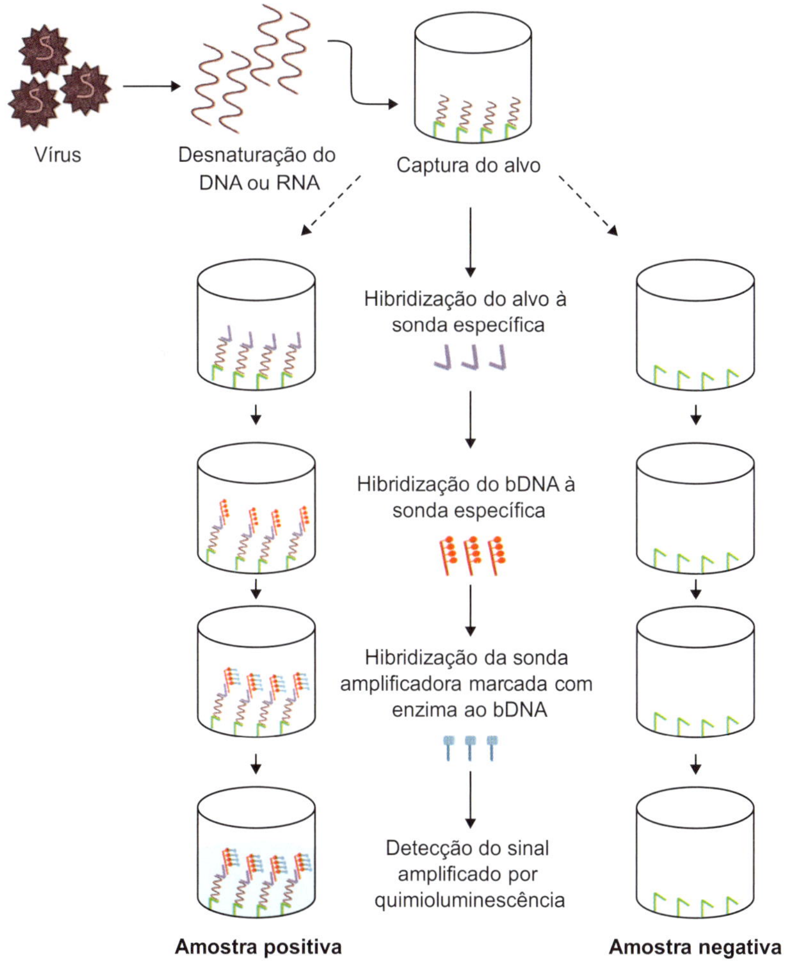


**Figura 8.28** Ensaio de DNA ramificado (bDNA, *branched DNA*). O ácido nucleico é hibridizado a dois tipos de sondas: uma sonda de captura está ligada ao suporte e serve para fixar o alvo à superfície da microplaca; a segunda sonda contém uma região complementar à sequência-alvo e a outra complementar à sonda de DNA ramificado (bDNA). Cada molécula de bDNA contém diversos sítios de ligação à sonda amplificadora marcada com fosfatase alcalina. A reação é revelada por adição de substrato luminescente.

como escolha da primeira linha de terapia, adaptação da terapia, profilaxia pós-exposição e prevenção da transmissão vertical (Figura 8.29).

## Reação de polimorfismo de fragmentos do DNA em gel de agarose após eletroforese

O sítio de clivagem do DNA por enzimas de restrição é dependente da sequência. A presença de mutações em um potencial sítio de clivagem resulta em padrões diferentes de fragmentação do genoma, quando esses fragmentos são separados em gel de agarose. A reação de polimorfismo de fragmentos do DNA em gel de agarose após eletroforese (RFLP, *restriction fragment length polymorphism analysis*) requer grande quantidade de DNA purificado diretamente da amostra ou amplificado inicialmente por PCR. Os resultados são revelados como padrões de migração de bandas em um gel de agarose corado com brometo de etídio. Uma limitação da técnica é o fato de uma mutação somente ser detectada se esta ocorrer em um sítio de reconhecimento da enzima usada. Como as enzimas de restrição apenas são capazes de clivar DNA, para os vírus de RNA, é necessário realizar uma etapa de RT-PCR antes da digestão enzimática (Figura 8.30).

## Southern blotting

A reação de *Southern blotting* é uma modificação da reação de RFLP em que o DNA viral é digerido por enzimas de restrição e os fragmentos são submetidos a uma eletroforese em gel de poliacrilamida, transferidos para uma membrana de nitrocelulose e hibridizados com sondas marcadas com radioisótopos contra todo o genoma ou apenas uma região específica (ver Figura 8.25). Esse teste já foi descrito anteriormente, no item "Métodos de hibridização", neste capítulo.

## Hibridização reversa

A hibridização reversa (RH, *reverse hybridization* ou LIPA, *line probe assay*) baseia-se em um sistema em que os produtos das amostras-teste amplificados na PCR são hibridizados em sondas específicas fixadas em linhas paralelas, em fitas de membrana de náilon. Em um teste desenvolvido para tipagem de HCV, o RNA viral é amplificado por RT-PCR com iniciadores biotinilados. Os produtos da PCR são hibridizados a sondas em fitas, e os híbridos são detectados com estreptavidina conjugada à fosfatase alcalina. A reação do fragmento amplificado com uma sonda específica resulta na formação de linhas visíveis na fita, possibilitando a identificação do subtipo de HCV (Figura 8.31).

## PCR-ELISA

Na reação em cadeia da polimerase associada ao ensaio imunossorvente ligado a enzima (PCR-ELISA, *polymerase chain reaction-enzyme-linked immunosorbent assay*), também conhecida como DNA-EIA ou DEIA (ensaio imunoenzimático para detecção de DNA [DNA *enzyme immunoassay*]), o produto da PCR é marcado com um *reporter* (p. ex., digoxigenina); a seguir, esse produto é desnaturado e hibridizado a sondas específicas complementares a uma região conservada da sequência-alvo, que estão fixadas em uma microplaca. Os híbridos são detectados com um anticorpo contra o *reporter* (antidigoxigenina)

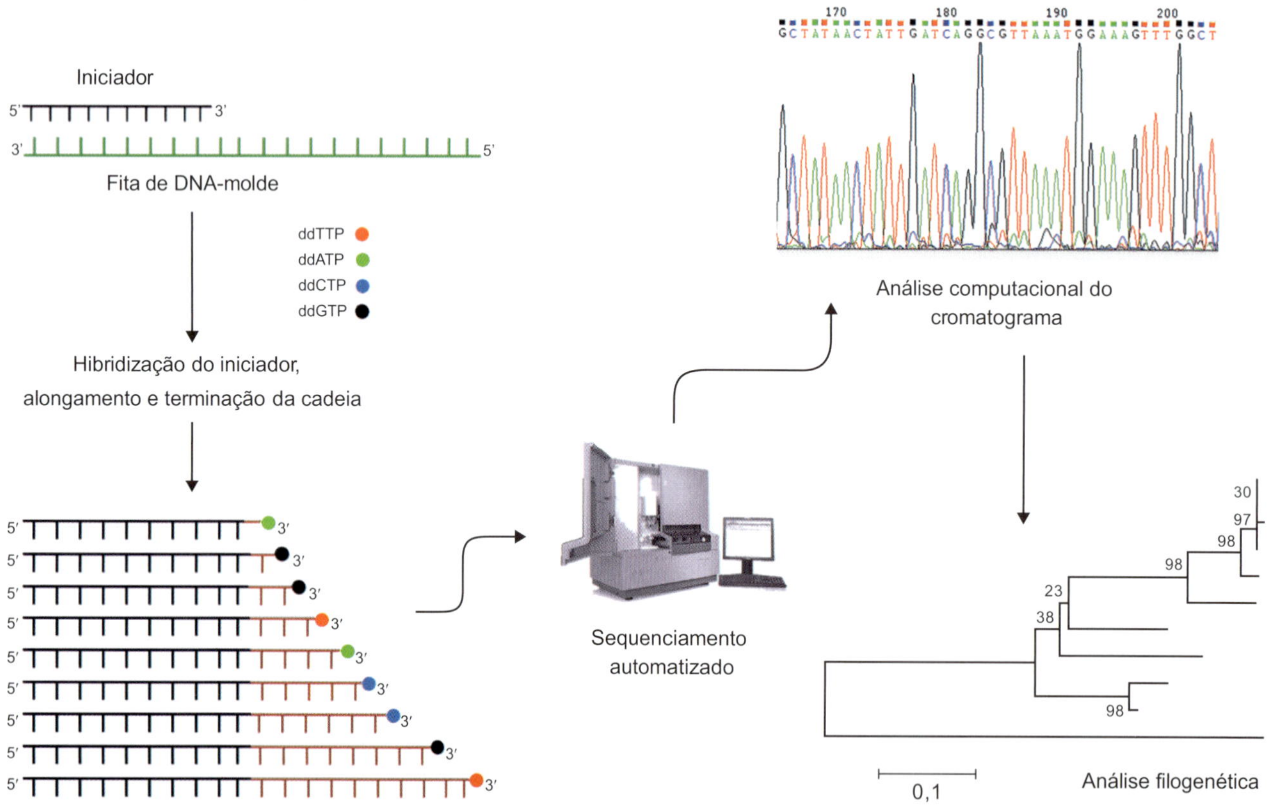


**Figura 8.29** Sequenciamento do genoma viral. O sequenciamento de ácidos nucleicos baseia-se na síntese de uma fita de DNA complementar feita por uma polimerase DNA dependente, na presença de sequências iniciadoras complementares ao alvo, 2′-deoxinucleotídeos (dNTP) e 2′,3′-dideoxinucleotídeos (ddNTP), que funcionam como terminadores da síntese. Uma vez obtida a sequência complementar, é feita a análise computacional dos resultados, a qual possibilita a identificação e a caracterização do genoma-alvo.

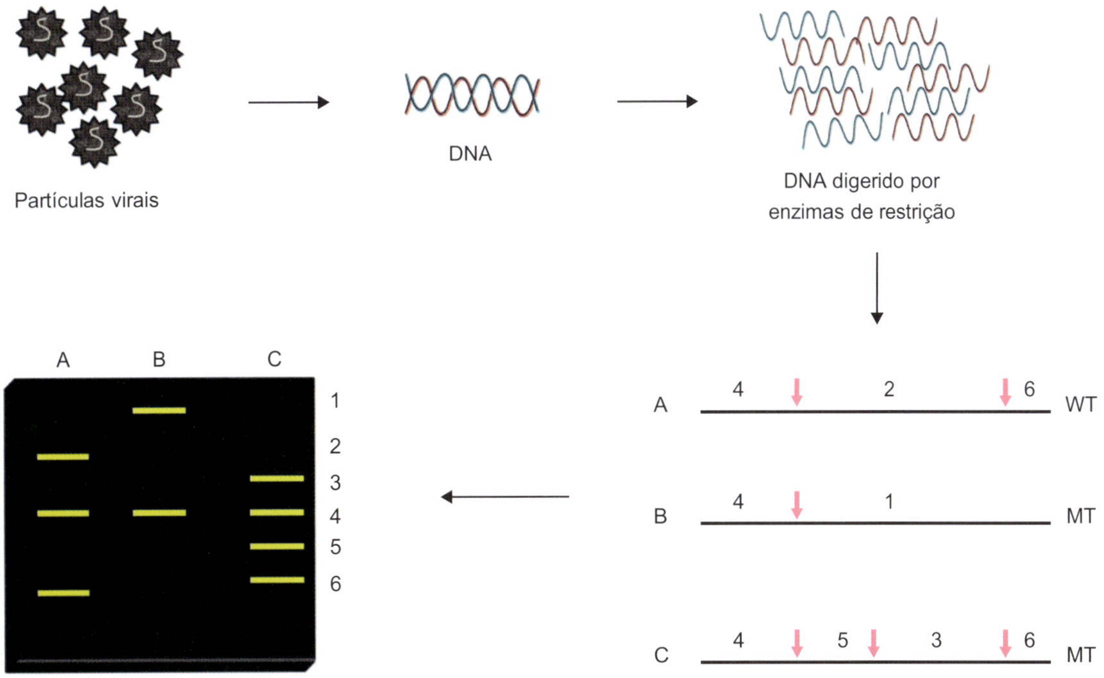


**Figura 8.30** Reação de polimorfismo de fragmentos de DNA em gel de agarose após eletroforese (RFLP, *restriction fragment length polymorphism analysis*). O teste tem como base o reconhecimento de sequências específicas no DNA por enzimas de restrição. O DNA-alvo é submetido à digestão com enzima de restrição e os fragmentos resultantes são separados por tamanho por meio de eletroforese em gel de agarose. A presença de mutações nos sítios de reconhecimento da enzima possibilita a identificação de variantes (ou mutantes). Na figura, é mostrada uma situação fictícia em que três estirpes virais são analisadas: **A** – estirpe selvagem (WT); **B** e **C** – mutantes (MT). O DNA viral foi digerido por enzimas de restrição e, posteriormente, submetido à eletroforese. Nota-se um perfil de migração distinto entre a estirpe selvagem (que apresenta 2 sítios de clivagem) e as variantes **B** e **C** (com 1 e 3 sítios, respectivamente).

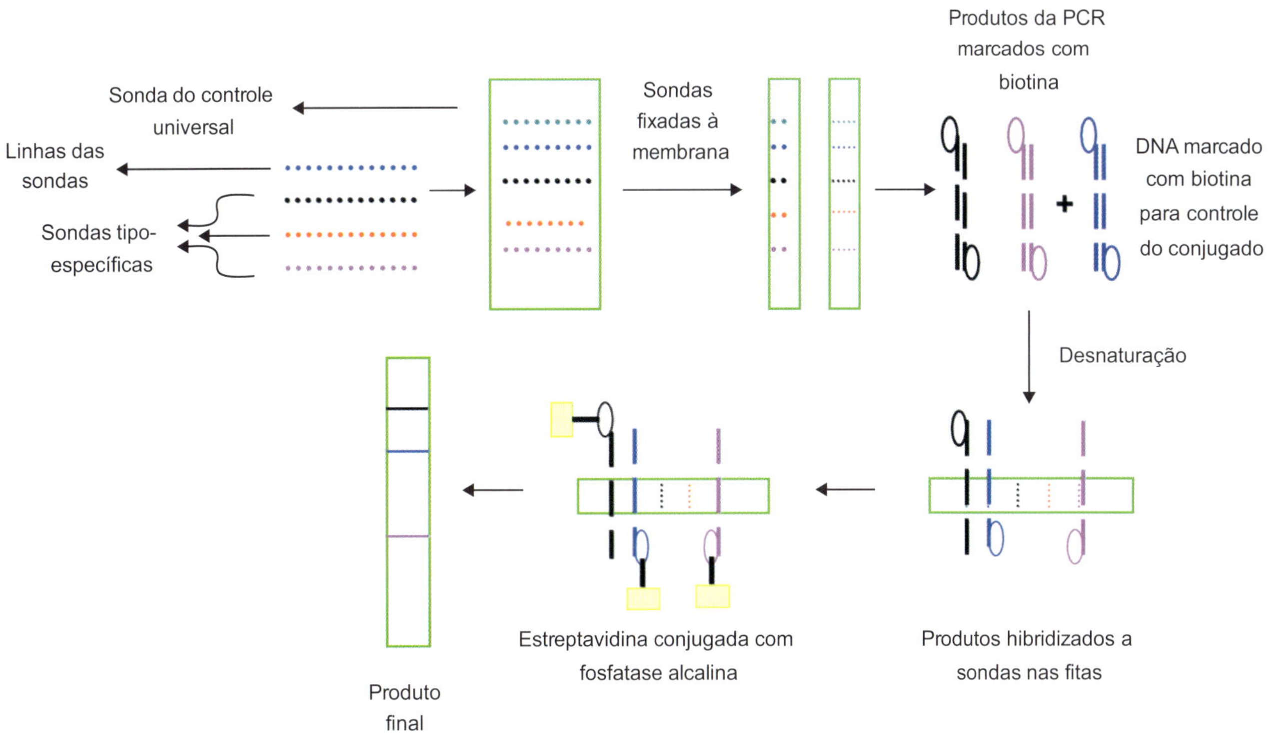


**Figura 8.31** Reação de hibridização reversa (RH, *reverse hybridization*; ou LIPA, *line probe assay*). Esta é uma reação de amplificação em que sondas são fixadas em linha a uma membrana de náilon. O genoma viral é inicialmente amplificado por PCR usando iniciadores marcados com biotina. Posteriormente, são hibridizados às sondas presentes na membrana e a reação é revelada por adição de estreptavidina e fosfatase alcalina.

conjugado com enzima e revelado por adição do substrato (ver teste *EIA*) ou conjugado a um corante fluorescente revelado por quimioluminescência (ver teste de *bDNA*). Uma variação do formato do teste é a marcação do produto da PCR com um ligante (p. ex., biotina), a fixação do produto a uma placa sensibilizada com avidina, e a hibridização destes produtos a sondas específicas complementares a uma região conservada da sequência-alvo e marcadas com um *reporter.* Finalmente, os híbridos são detectados pela reação enzimática ou quimioluminescência (Figura 8.32).

## Análise do polimorfismo da conformação de DNA de fita simples

A substituição de um único nucleotídeo é suficiente para causar alteração na mobilidade de um fragmento de DNA de fita simples em um gel de poliacrilamida neutro. Inicialmente, a conformação de DNA de fita simples (SSCP, *single stranded conformation polymorphism*) foi realizada a partir dos fragmentos da reação de RFLP do DNA genômico da amostra-teste, desnaturados por tratamento com álcali e submetidos à eletroforese em gel de poliacrilamida neutro, sendo a mobilidade comparada com uma amostra padrão. Posteriormente, foram feitas modificações para acomodar a amplificação de segmentos específicos do genoma mutante e do padrão por PCR, seguidas de desnaturação e separação no gel. Se a mutação estiver presente no segmento do genoma que está sendo testado, o segmento irá correr em uma posição diferente no gel em relação à amostra padrão. Essa técnica é utilizada para análise de HAdV, parvovírus (PARV), HBV e HCV (Figura 8.33).

## Ensaio da mobilidade do heterodúplex

A mobilidade de heterodúplex (HMA, *heteroduplex mobility assay*) baseia-se na característica de fitas duplas de DNA migrarem, em gel não desnaturante, de acordo com a complementaridade entre as fitas. Fitas apenas com pares A-T e C-G migram mais rapidamente que fitas de mesmo tamanho contendo erros de pareamento. Heterodúplex são formados quando duas moléculas de DNA de fita simples não idênticas, mas estritamente relacionadas, hibridizam. Tais moléculas terão distorções por erros de pareamento e bases não pareadas, quando deleções ou inserções

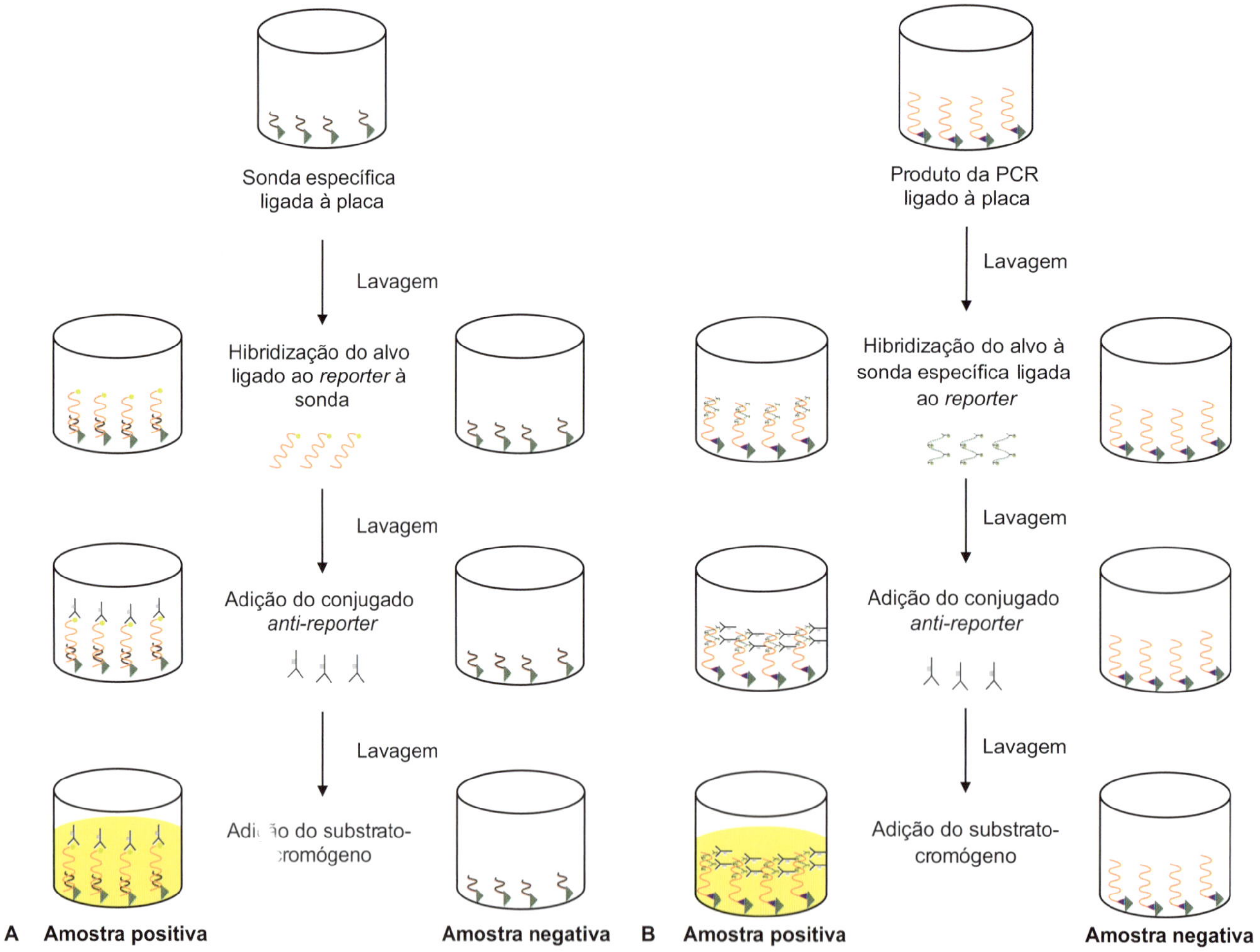


**Figura 8.32** Reação de PCR-ELISA (reação em cadeia da polimerase associada ao ensaio imunossorvente ligado a enzima [*polymerase chain reaction-enzyme-linked immunosorbent assay*]). **A.** Exemplo fictício de um teste de PCR-ELISA para a detecção de herpesvírus de humanos 1 (HHV-1) em liquor. As amostras-teste foram submetidas à amplificação por PCR, utilizando iniciadores marcados com digoxigenina (*reporter*). Os produtos foram fixados a uma microplaca sensibilizada com uma sonda específica para HHV-1. Em seguida, foi adicionado um anticorpo antidigoxigenina conjugado a uma enzima (conjugado *anti-reporter*). Finalmente, foi adicionado o substrato da enzima associado a um cromógeno. Na amostra positiva para HHV-1, houve aparecimento de cor; na amostra negativa, a reação permaneceu incolor. **B.** Exemplo fictício de um teste de PCR-ELISA para genotipagem de rotavírus da espécie *A* (RVA). As amostras-teste foram submetidas à amplificação por PCR utilizando iniciadores de consenso (marcados com biotina), para todos os genótipos de RVA. Os produtos foram fixados a uma microplaca sensibilizada com avidina. Em seguida, foram adicionadas sondas específicas para o genótipo G1 de RVA, ligadas à digoxigenina (*reporter*). Finalmente foi adicionado o substrato da enzima associado a um cromógeno. Na amostra positiva para RVA-G1, houve aparecimento de cor; na amostra negativa, a reação permaneceu incolor.

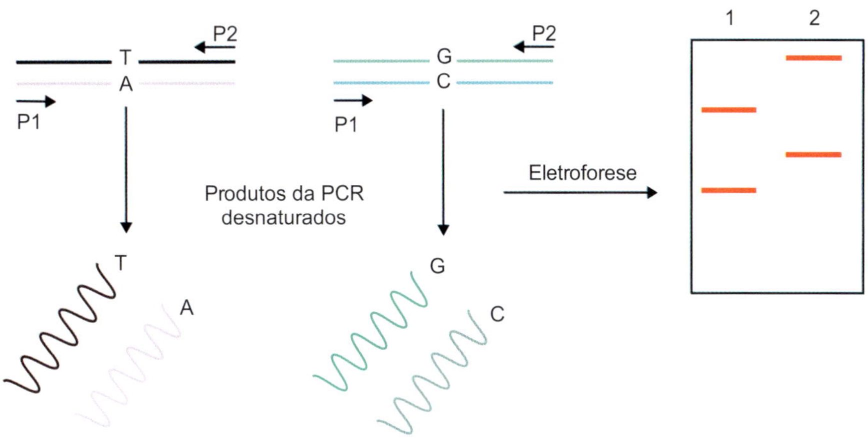


**Figura 8.33** Reação de análise do polimorfismo da conformação do DNA de fita simples (SSCP, *single stranded conformation polymorphism*). O ensaio de SSCP é utilizado em Virologia para análise de variantes virais. O teste baseia-se na mobilidade dos fragmentos de DNA de fita simples; alterações pontuais na sequência nucleotídica do DNA induzem alterações no perfil de migração.

acontecem. Essas distorções estruturais provocam um retardamento da migração do heterodúplex em relação ao homodúplex em eletroforese em gel de poliacrilamida. A extensão desse retardamento é proporcional ao grau de divergência entre as duas sequências. Quando as fitas que hibridizam são idênticas, formam homodúplex e migram com mais facilidade pelo gel de poliacrilamida, ao contrário de moléculas heterodúplex, que têm sua estrutura alterada. A divergência entre as sequências deve ser maior que 1 a 2% e menor que 25 a 30%, para que haja um retardamento mensurável. Na prática, é improvável que duas sequências com mais que 35% de divergência (ou menos que 65% de similaridade) hibridizem e formem heterodúplex (Figura 8.34).

## Quantificação do ácido nucleico viral

A quantificação do ácido nucleico viral, também chamada de determinação da carga viral, tem se tornado um tema importante na Virologia Clínica devido à sua utilização como indicador de prognóstico, resposta à terapia antiviral e risco de transmissão.

### Potenciais indicações

#### Indicador de prognóstico

A quantificação do genoma viral como indicador de prognóstico está bem estabelecida para HIV. Há demonstrações de que os níveis plasmáticos de RNA viral são correlacionados aos estágios da doença e que aqueles com baixos níveis de HIV-1 no plasma permanecem assintomáticos e saudáveis por longos períodos. Demonstrou-se também que a carga viral logo após a soroconversão pode predizer a progressão da síndrome da imunodeficiência adquirida (AIDS). A dosagem da carga viral também tem sido útil em predizer a doença por HHV-5 após transplante, sendo considerada mais útil que a determinação qualitativa. Além disso, a carga viral de HHV-5 é um fator preditivo de sobrevida nos estágios avançados da AIDS. A carga viral do HHV-4 no plasma e sangue periférico pode predizer o desenvolvimento de distúrbios proliferativos pós-transplante.

#### Avaliação da resposta terapêutica

A quantificação do genoma viral como um indicador da resposta terapêutica é mais bem compreendida em relação ao HIV e

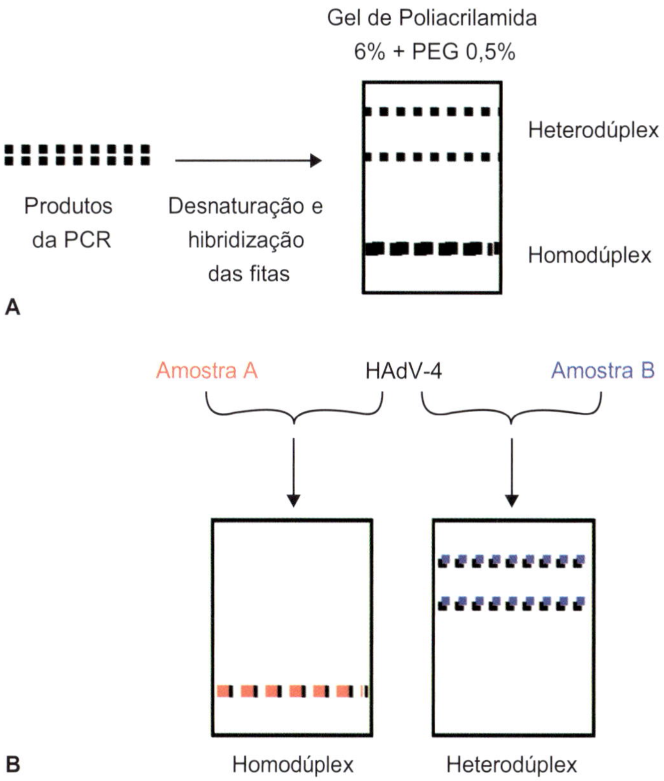


**Figura 8.34** Ensaio de mobilidade do heterodúplex (HMA, *heteroduplex mobility assay*). Nesse ensaio é analisada a divergência entre duas sequências de DNA pelo perfil de migração de híbridos DNA-DNA por meio de eletroforese em gel de poliacrilamida. As amostras são amplificadas por PCR, os produtos são desnaturados, misturados e hibridizados, resultando na formação de homodúplex (formados pelo pareamento de duas moléculas de DNA de fitas simples idênticas) e heterodúplex (formados pelo pareamento de duas moléculas de DNA de fitas simples não idênticas). Os heterodúplex migram mais lentamente na eletroforese em virtude das distorções da fita induzidas pelos erros de pareamento. Na figura, é mostrada uma análise fictícia para a identificação do sorotipo de duas (**A** e **B**) estirpes de adenovírus de humanos (HAdV) por HMA. O DNA viral foi amplificado por PCR, desnaturado e hibridizado com uma amostra de referência de HAdV do genótipo 4. A amostra **A** formou homodúplex com o vírus de referência indicando que pertence ao mesmo genótipo; a amostra **B** formou heterodúplex com o vírus de referência indicando divergência entre as sequências – logo, não pertencem ao mesmo genótipo.

HCV, para o qual a terapia tem como meta a redução dos níveis plasmáticos de RNA viral para níveis indetectáveis pelo maior tempo possível.

### Avaliação do risco de transmissão viral

A quantificação do genoma viral para a avaliação do risco de transmissão, embora não seja utilizada com frequência no momento, pode se tornar importante no futuro. É geralmente aceito que o risco de transmissão de um vírus aumenta com níveis elevados de vírus nos fluidos corporais. Por exemplo, a transmissão do HCV da mãe para o filho é mais provável de acontecer quando os níveis maternos de RNA viral no sangue são maiores que $10^6$ cópias do genoma/mℓ. Acredita-se que a transmissão ocorra no momento do nascimento, e evidências demonstram que os índices de transmissão são mais baixos em cesarianas em comparação com o parto normal.

A respeito da transmissão vertical do HIV-1, tem sido demonstrado que, embora inconsistentemente, níveis elevados de RNA viral no plasma materno aumentam o risco de infecção fetal, e isso é consistente com a eficácia da zidovudina na redução da transmissão materno-fetal do HIV-1. Carga viral plasmática elevada parece induzir a um maior risco de transmissão heterossexual por via sexual.

## *Métodos para a quantificação do ácido nucleico viral*

### PCR competitiva e não competitiva

A PCR competitiva baseia-se na quantidade relativa de produto gerado a partir de uma quantidade de sequência-alvo, em relação a uma quantidade conhecida de um DNA ou RNA-competitivo introduzido em uma série de alíquotas iguais da amostra-teste. O DNA-competitivo é parecido com o DNA-alvo, porém, difere geralmente no tamanho do fragmento ou na composição do ácido nucleico, pela introdução de uma deleção interna ou rearranjo da sequência. Isso serve como um controle interno em todas as etapas da amplificação. A quantificação do DNA-alvo é realizada por determinação da concentração na qual quantidades iguais dos produtos dos DNA, competitivo e alvo, tenham acumulado e os sinais sejam idênticos. O sinal pode ser medido de várias maneiras, incluindo: coloração do produto da PCR por brometo de etídio; marcação do produto amplificado com radioisótopo; captura e análise do gel por computação; uso de sondas marcadas com fluorescência ou quimioluminescência; técnicas colorimétricas envolvendo EIA ou, ainda, cromatografia líquida (Figura 8.35).

Na PCR não competitiva, é utilizado um controle interno que apresenta o mesmo sítio de ligação do iniciador que o DNA ou RNA-alvo, mas difere na sequência interventora usada para detectar o produto amplificado. O controle interno é adicionado em uma quantidade de número de cópias conhecida. Com esse método, a sequência de ambos, alvo e controle interno, é coamplificada com igual eficiência e detectada por meio de sondas que apresentam sítios diferentes de ligação. O controle interno é incorporado em todas as reações, para monitorar a eficiência da preparação e amplificação da amostra e calcular a quantidade do ácido nucleico detectado.

#### *PCR em tempo real*

A PCR em tempo real quantitativa (qPCR) já foi descrita e discutida anteriormente. Atualmente, é a metodologia de escolha para a quantificação de ácido nucleico. Este ensaio é caracterizado por uma elevada sensibilidade técnica (< 5 cópias) e elevada precisão (< 2% desvio padrão). A quantificação do número de cópias do genoma presentes na amostra é obtida após análise dos valores da amplificação plotados, em um gráfico de intensidade de fluorescência *versus* número de ciclos da PCR (ver Figura 8.18).

#### *PCR digital*

A dPCR já foi descrita e discutida anteriormente. A dPCR pode ser utilizada para a quantificação de ácido nucleico e apresenta maior sensibilidade que a PCR em tempo real. A quantificação do número de cópias do genoma presentes na amostra é obtida com base na contagem do número total de partições positivas e negativas e usando a estatística de Poisson (distribuição de Poisson é uma distribuição de probabilidade de variável aleatória discreta que expressa a probabilidade de uma série de eventos ocorrer num certo período de tempo se estes eventos ocorrem independentemente de quando ocorreu o último evento) (ver Figura 8.23).

# Metagenômica e descobrimento de novos vírus

As infecções virais representam uma ameaça constante para a população humana. A despeito da evolução significativa do diagnóstico virológico nas últimas décadas, acredita-se que exista um

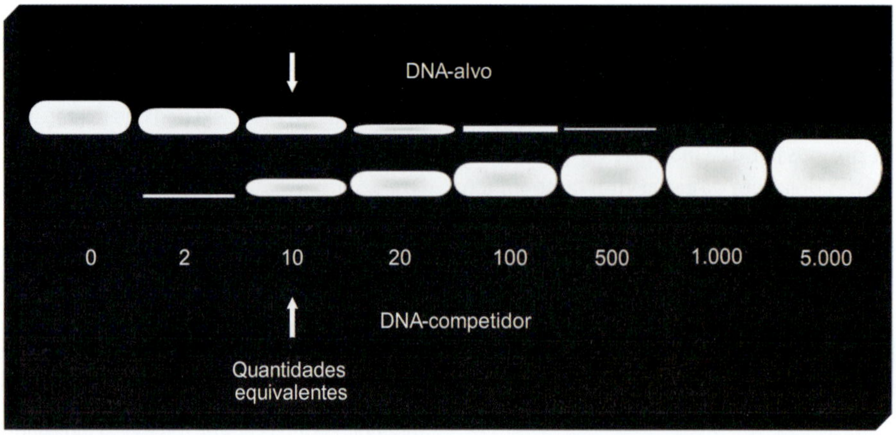


**Figura 8.35** Diagrama da quantificação de DNA em um teste de PCR competitivo quantitativo, utilizando quantidades crescentes de um DNA-competidor. A quantificação do DNA-alvo é realizada por determinação da concentração na qual quantidades iguais dos produtos dos DNA, competitivo e alvo, apresentem a mesma intensidade de banda e os sinais sejam idênticos.

número significativo de patógenos virais ainda não identificados que podem potencialmente causar novas doenças ou estar associados a doenças infecciosas conhecidas, cujo agente etiológico ainda não foi identificado. Existe ainda a ameaça real da adaptação de novos vírus à espécie humana. Um problema basal na descoberta de novos vírus é a limitação da tecnologia disponível. Claramente, ao longo da história, a descoberta de novos vírus está vinculada a grandes avanços tecnológicos (ver *Capítulos 1 e 2*). Por muito tempo, nas estratégias para descoberta de novos vírus, utilizaram-se tecnologias clássicas, tais como microscopia eletrônica, cultura de células e métodos sorológicos. Embora essas abordagens tenham resultado na descoberta de diversos agentes, elas apresentam limitações metodológicas; por exemplo, a necessidade de títulos muito elevados de vírus para a visualização ao microscópio eletrônico, muitos vírus não propagam em cultura de células ou apresentam requerimentos muito específicos quanto ao tipo celular e às condições de cultivo e a necessidade de reagentes específicos para os testes sorológicos.

O desenvolvimento dos testes moleculares de primeira geração (p. ex., PCR convencional e sequenciamento de Sanger) foi um marco fundamental para a descoberta de novos agentes. Entretanto, estas metodologias ainda são limitadas, pois não existe uma sequência universal do genoma viral, semelhante ao RNA ribossomal 16S de bactérias, que possibilite a amplificação e/ou sequenciamento de um vírus desconhecido.

Desde o início do século XXI, a aplicação de metodologias de metagenômica levou à aceleração do processo de descoberta de novos vírus e, subsequentemente, sua associação ou não a doenças infecciosas. A metagenômica é a denominação dada à análise do *pool* genômico (metagenoma) do grupo de microrganismos de um determinado ambiente por técnicas independentes de cultivo.

A tendência da Virologia Clínica moderna tem sido a substituição gradual dos métodos tradicionais de descoberta de vírus por novas tecnologias de Biologia Molecular. Contudo, as técnicas tradicionais e as novas metodologias para isolar, identificar e caracterizar vírus se complementam na descoberta de novos vírus. Dois tipos de métodos moleculares têm sido usados para a descoberta de vírus: os sequência-dependentes (p. ex. hibridização em microarranjo e PCR degenerada) e os sequência-independentes (p. ex. SISPA, VIDISCA, RAP-PCR, RDA e RCA). A seguir, são apresentados esses métodos.

## Métodos de amplificação sequência-dependente

### *Hibridização em microarranjos*

Detalhes desta metodologia foram apresentados anteriormente neste capítulo. Dois tipos de protocolos da metodologia de hibridização em microarranjos são usados na identificação de vírus. O primeiro utiliza sondas curtas (sensíveis a um único erro de pareamento [*mismatch*]) para a detecção de tipos ou subtipos de vírus conhecidos; por exemplo, na diferenciação dos herpesvírus de humanos, na genotipagem de rotavírus ou na detecção de vírus respiratórios. O segundo tipo de microarranjos emprega sondas longas (60 a 70 pb), o que pode levar à ocorrência de erros de pareamento, denominados *virochip, virus chip* ou *panvirus DNA microarray*. O espectro de vírus detectáveis nessa técnica está teoricamente limitado à disponibilidade de sequências que podem ser incluídas no *chip*. A aplicação dessa tecnologia resultou na descoberta de diversos vírus de seres humanos e de animais. Em Virologia Humana, a aplicação da hibridização em microarranjos possibilitou a caracterização do SARS-CoV, vírus isolado em cultura de células Vero a partir de secreção respiratória de um paciente com SARS; a descrição de um novo gamarretrovírus (XMRV, *xenotropic murine related virus*) em tumor de próstata; e um novo cardiovírus relacionado com o vírus da encefalomielite de murino (TMEV, *Theiler's murine encephalomyelitis virus*) no trato gastrointestinal de indivíduos com diarreia.

### *PCR degenerada*

Detalhes da metodologia de PCR foram apresentados anteriormente neste capítulo. A PCR baseia-se na hibridização de iniciadores específicos complementares à sequência-alvo. Por essa razão, o conhecimento prévio da sequência do genoma do patógeno é um pré-requisito para o estabelecimento de um protocolo de PCR para diagnóstico, o que limita o uso da metodologia na descoberta de novos vírus. Uma alternativa é a utilização de iniciadores que hibridizam em regiões altamente conservadas na sequência de vírus relacionados. Como essas regiões quase nunca são completamente conservadas, os iniciadores normalmente são degenerados (mistura de iniciadores similares, mas não idênticos), o que possibilita a hibridização com todas as variantes, ou as mais comuns, da sequência conservada. Tal metodologia tornou possível a identificação de diversos vírus, incluindo o hantavírus Sin Nombre.

## Métodos de amplificação sequência-independente

### *SISPA*

Esse método é utilizado para amplificação e identificação de ácido nucleico viral desconhecido a partir de espécimes clínicos e ambientais. A amplificação sequência-independente com um único iniciador ou SISPA (*sequence-independent single primer amplification*) foi originalmente descrita em 1991, para identificação de ácido nucleico de sequências virais desconhecidas presentes em pequenas quantidades na amostra. O método original envolvia digestão do DNA por endonucleases, seguido de ligação direta de uma sequência denominada de adaptador nas duas terminações da molécula de DNA. A sequência do adaptador torna possível a amplificação por PCR por meio de um iniciador complementar a esta. Após a amplificação, esses fragmentos são visíveis em um gel de agarose e podem ser clonados e sequenciados. O protocolo original foi posteriormente adaptado para: amplificação de RNA e DNA; aumento da concentração de vírus na amostra por ultracentrifugação; remoção de células e mitocôndrias por filtração e remoção de DNA contaminantes por digestão com DNAse, que irá degradar DNA livre sem destruir o genoma viral protegido pelo capsídeo (Figura 8.36). Novos vírus de seres humanos e de animais foram descritos usando essa metodologia; dentre os vírus de seres humanos descobertos inclui-se o vírus da hepatite E (HEV).

### *VIDISCA*

A VIDISCA (*virus discovery cDNA-amplified fragment length polymorphism*) é uma variação da SISPA. As etapas iniciais do processo são as mesmas: ultracentrifugação, tratamento com DNAse, purificação do ácido nucleico, digestão do DNA por enzimas de restrição, ligação a um adaptador e amplificação por PCR. Em seguida, é realizada uma segunda reação de PCR, utilizando todas as combinações possíveis de quatro iniciadores; cada iniciador contém 1 a 3 nucleotídeos adicionais na terminação 3′ da sequência dos iniciadores usados na primeira PCR. Existem 16 possíveis combinações (4×4) de iniciadores se cada iniciador for acrescido de somente 1 nucleotídeo; desse modo são realizadas 16 reações da segunda PCR. Esse processo simplifica o padrão de bandas observadas na eletroforese em comparação com a SISPA, visto que cada reação contém apenas 1/16 do número de fragmentos amplificados (ver Figura 8.36). O coronavírus NL63 é um exemplo de patógeno descoberto pela aplicação dessa estratégia.

## PCR randômica/RAP-PCR

Este método PCR randômica ou RAP-PCR (*random arbitrary primed*-PCR) é comumente utilizado para amplificação e marcação de sondas com corantes fluorescentes para análises de microarranjos; contudo, também é utilizado para a descoberta de novos vírus. A RAP-PCR não requer a etapa de ligação a um adaptador ou a utilização de um par de iniciadores (senso e antissenso) por reação; na RAP-PCR, são utilizados dois iniciadores em duas reações separadas. O iniciador utilizado na primeira reação apresenta uma sequência definida na terminação 5′, seguida de uma sequência hexamérica ou heptamérica degenerada na terminação 3′. A segunda reação é realizada com um iniciador complementar à sequência 5′ do iniciador da primeira reação, possibilitando a amplificação do primeiro produto e subsequente caracterização por sequenciamento. Atualmente, esta é a metodologia mais comumente usada na descoberta de novos vírus, tais como: poliomavírus de humanos 3 e 4 (HPyV3 e HPyV4); bocavírus de humanos 2 e 3 (HBoV-2 e HBoV-3); salivírus (SalV); parechovírus de humanos (HPeV-7); vírus do papiloma de humanos 116 (HPV116), entre outros.

## Análise de diferença representacional

A análise de diferença representacional (RDA, *representational difference analysis*) combina a hibridização subtrativa com a amplificação genômica e identifica diferenças na sequência entre duas amostras relacionadas. A hibridização subtrativa consiste na remoção de sequências nucleotídicas comuns das duas amostras,

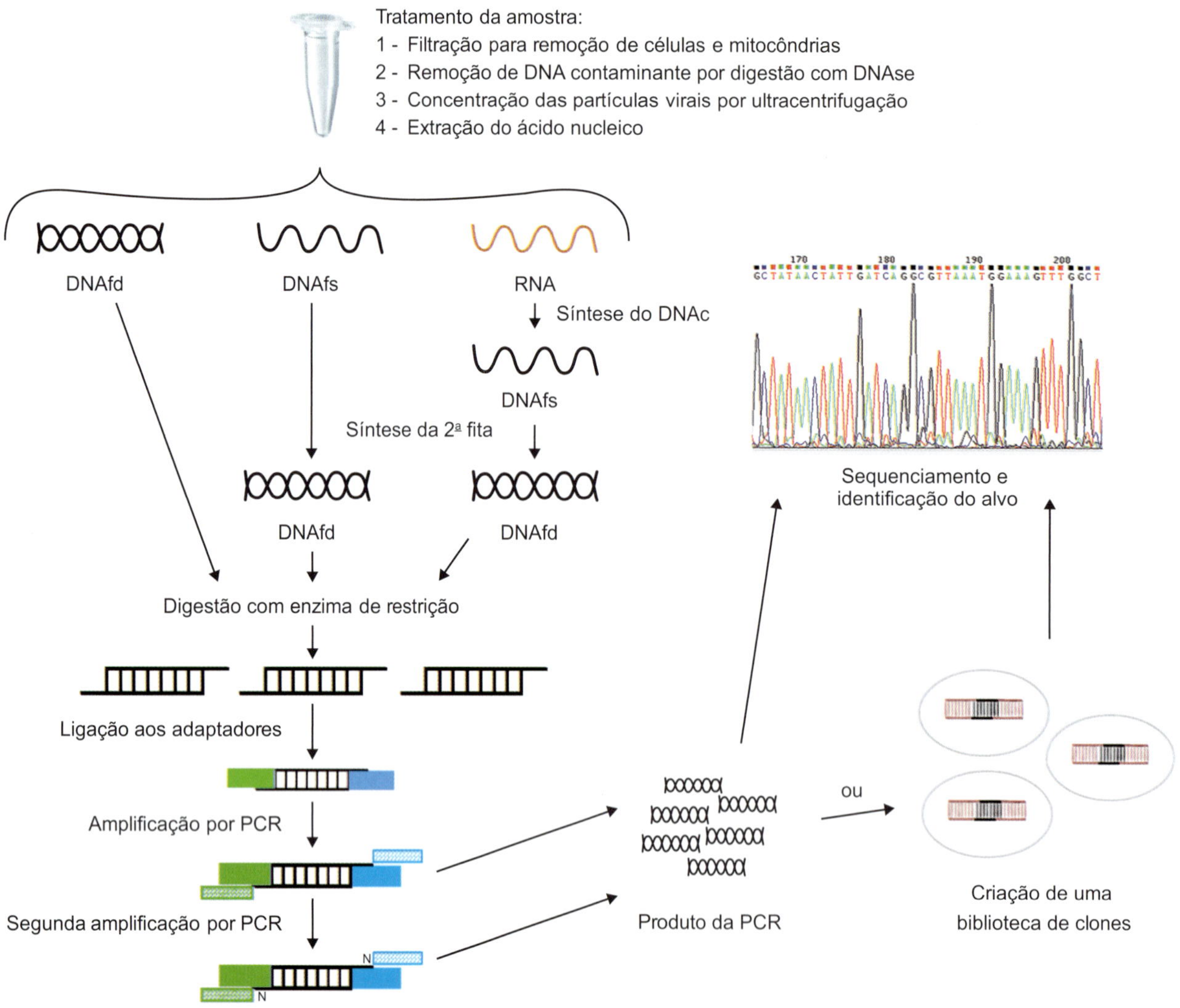


**Figura 8.36** Fluxograma geral da estratégia de SISPA (*sequence-independent single primer amplification*). A amostra é inicialmente tratada para purificação do ácido nucleico viral. Se a amostra for constituída de DNA de fita simples (DNAfs), deverá ser realizada a síntese da segunda fita; se a amostra for de RNA, deverá ser realizada a síntese do DNA complementar (DNAc) e a síntese da segunda fita. Uma vez que tenha sido produzido o DNA de fita dupla (DNAfd), este será digerido por enzimas de restrição. Os fragmentos produzidos serão ligados a sequências adaptadoras e submetidos à amplificação por PCR; os produtos da PCR são sequenciados diretamente ou clonados e, posteriormente, sequenciados. Uma variação desta metodologia utiliza uma segunda reação de PCR com iniciadores modificados na terminação 3′ (VIDISCA, *virus discovery cDNA-amplified fragment length polymorphism*), reduzindo o número de fragmentos amplificados por reação e simplificando a análise (ver texto).

deixando as sequências distintas intactas, com a amplificação do alvo. A técnica utiliza duas fontes de ácido nucleico, denominadas teste ou *tester* e condutor ou *driver*, em que apenas a amostra-teste contém a sequência patogênica. O DNA em ambas as amostras é digerido por endonucleases e sequências adaptadoras são ligadas somente aos fragmentos de DNA da amostra-teste. Os fragmentos digeridos das duas amostras são misturados, desnaturados e hibridizados, resultando em três tipos de moléculas: teste/teste, teste/condutor, condutor/condutor. A seguir, é feita a etapa de amplificação utilizando iniciadores para as sequências adaptadoras. A molécula teste/teste será preferencialmente e exponencialmente amplificada, já que apresenta as sequências adaptadoras nas duas extremidades; a molécula teste/condutor, que contém apenas o adaptador em uma das fitas, será amplificada linearmente e, posteriormente, removida por digestão enzimática; a molécula condutor/condutor não contém o adaptador e não será amplificada. Como a concentração da molécula teste foi significativamente aumentada com este processo, esta agora poderá ser sequenciada e o patógeno será identificado (Figura 8.37). A RDA tem limitações, pois precisa que as duas fontes (teste e condutor) de DNA apresentem elevada similaridade nucleotídica. Contudo, a despeito das limitações, o uso da RDA possibilitou a identificação do herpesvírus de humanos 8 (HHV-8), o vírus torque teno (TTV) e as variantes do vírus da hepatite G (GBV-A e GBV-B).

## Amplificação em círculo rolante

A amplificação em círculo rolante (RCA, *rolling circle amplification*), também denominada *multiple displacement amplification* ou *whole genome amplification*, utiliza iniciadores randômicos e a polimerase do fago Φ29. Essa enzima exibe elevado grau de processamento (aproximadamente 70.000 nucleotídeos), atividade de correção (*proofreading*) e capacidade de deslocar a fita recém-sintetizada e continuar o processo de síntese de novas fitas. Quando a enzima completa um círculo no genoma viral, ela desloca a fita e continua o processo múltiplas vezes. Iniciadores randômicos se ligam à fita deslocada que é agora usada como molde para novas fitas, que, ao final, é convertida em DNA de fita dupla (Figura 8.38). Os produtos da amplificação, longos concatâmeros lineares de fita dupla de genomas virais, podem ser digeridos por enzimas de restrição e visualizados por eletroforese em gel de agarose e, subsequentemente, clonados e caracterizados por sequenciamento. Os poliomavírus de humanos 6 (HPyV6) e 7 (HPyV7), assim como o HBoV-1, foram descobertos por meio dessa metodologia.

## Métodos de sequenciamento

A maioria dos métodos descritos anteriormente gera produtos que precisam ser definitivamente identificados por sequenciamento. Os estudos iniciais de metagenômica de vírus utilizavam o método de Sanger (também denominado de

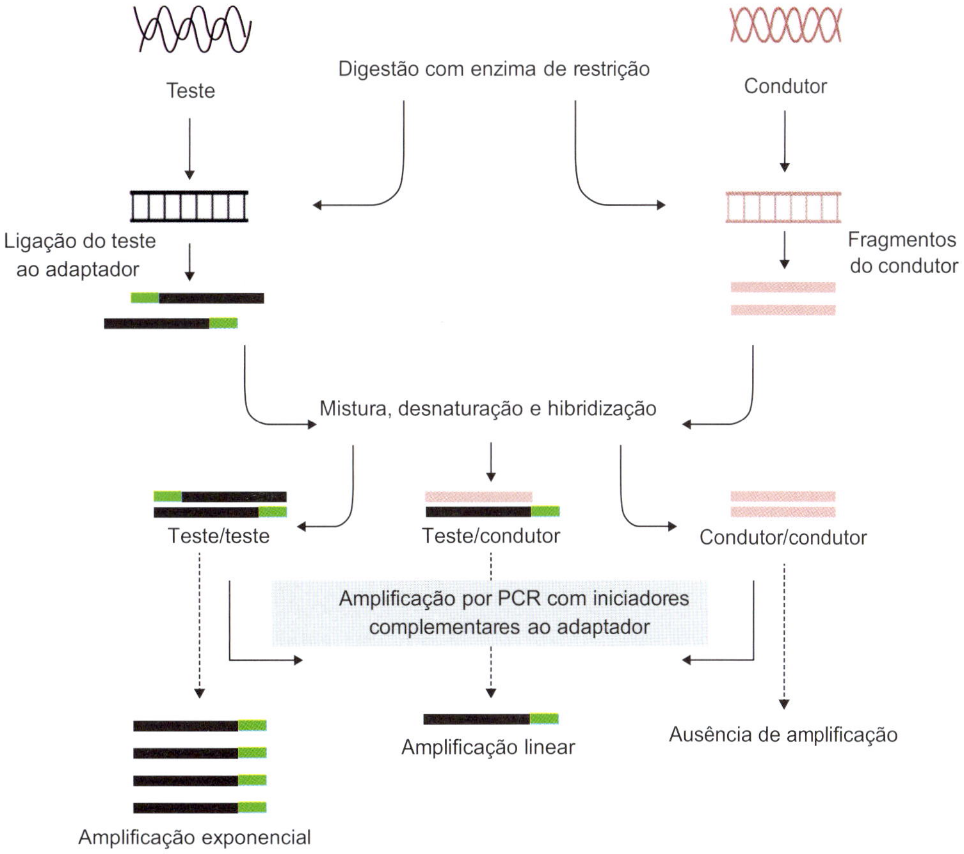


**Figura 8.37** Análise de diferença representacional (RDA, *representational difference analysis*). São utilizadas duas amostras: o teste (contendo o patógeno pesquisado) e o condutor (amostras geneticamente relacionadas). O DNA é digerido por enzimas de restrição; o teste é ligado a um adaptador. As duas amostras são misturadas, desnaturadas e hibridizadas, resultando na formação de três tipos de moléculas: teste/teste, teste/condutor, condutor/condutor. Essas moléculas são submetidas à amplificação por reação em cadeia da polimerase (PCR, *polymerase chain reaction*) utilizando um iniciador complementar à sequência do adaptador. A molécula teste/teste será amplificada preferencialmente e exponencialmente.

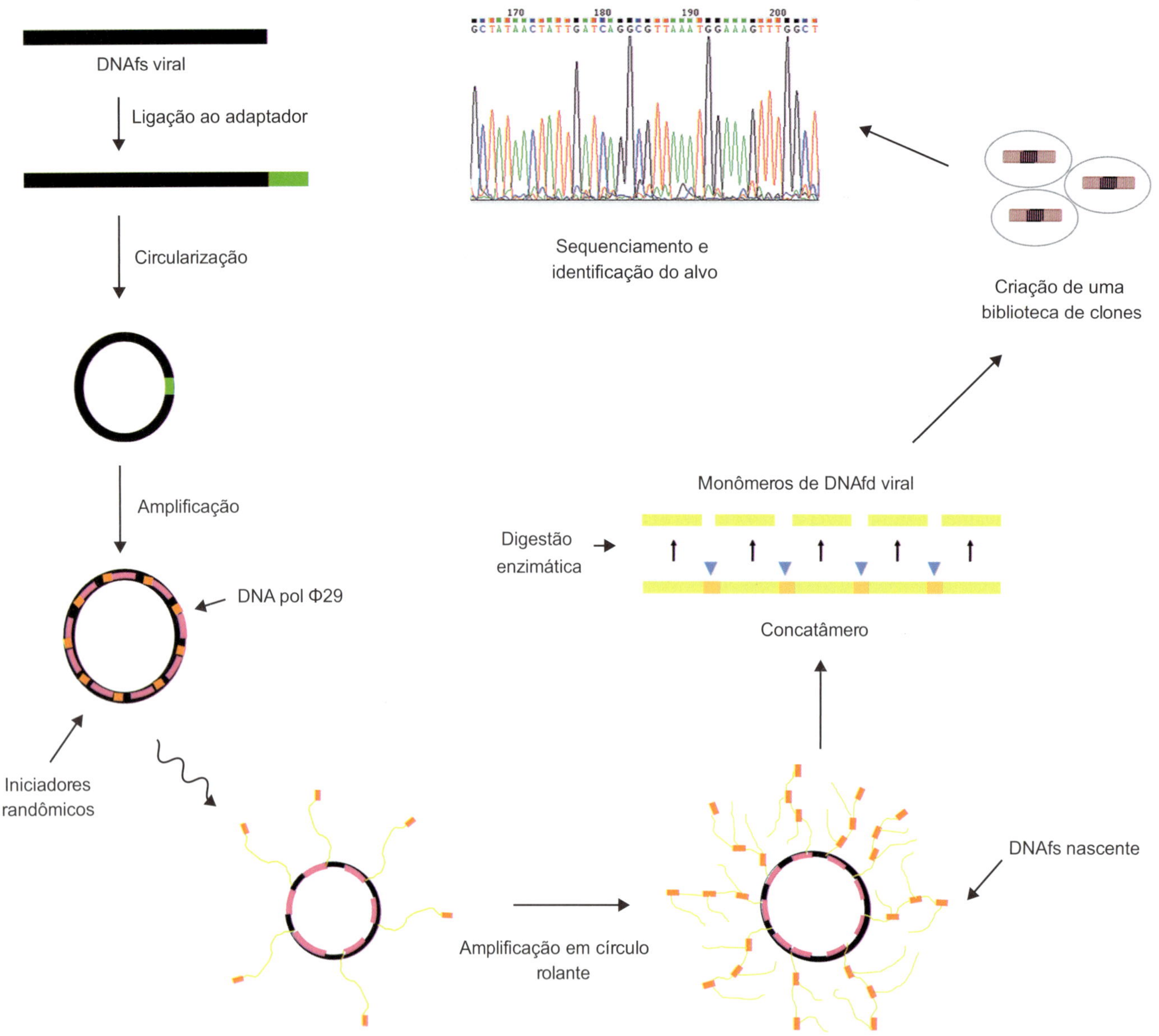


**Figura 8.38** Amplificação em círculo rolante (RCA, *rolling circle amplification*). O teste utiliza iniciadores randômicos e a polimerase do fago phi29 (Φ29). Inicialmente, o DNA de fita simples (DNAfs) viral (preto) é ligado a um adaptador (*verde*) fosforilado na terminação 3′; se a amostra for DNA de fita dupla (DNAfd), deve ser previamente desnaturada; se for RNA, deve ser produzido o DNAc e a fita de RNA inicial deve ser removida por ação da RNAse. Em seguida, é feita uma reação com uma ligase para circularizar o DNA. É então realizada a amplificação utilizando iniciadores randômicos (*marrom*) e a polimerase Φ29 (*magenta*). Por serem randômicos, os iniciadores vão hibridizar em diferentes sítios do genoma simultaneamente, e a síntese é iniciada em todos esses sítios. Quando a enzima completa um círculo no genoma viral, ela desloca a fita e continua o processo múltiplas vezes. Como os iniciadores continuam presentes na reação, estes se ligam às fitas que foram deslocadas e elas tornam-se moldes para a síntese de novos DNA. Os produtos finais são longos concatâmeros de DNAfd, os quais serão digeridos por enzima de restrição, liberando os monômeros de DNA viral, que podem ser clonados e sequenciados.

método de terminação de cadeia ou sequenciamento dideoxi), que se baseia na síntese de uma fita de DNA complementar feita por uma polimerase DNA dependente, na presença de 2′-deoxinucleotídeos (dNTP) e 2′,3′-dideoxinucleotídeos (ddNTP); este último funciona como terminador da síntese. Uma limitação desse método é a necessidade de clonagem do genoma viral antes do sequenciamento, embora também possam ser utilizados produtos de PCR.

Atualmente, o método de Sanger vem sendo parcialmente substituído por novas tecnologias comumente referidas como "a próxima geração de sequenciamento" (*next generation sequencing*; NextGen ou NGS) ou sequenciamento de alto rendimento (HTS, *high throughput sequencing*). O termo é aplicado a novas tecnologias de sequenciamento capazes de produzir sequências centenas ou milhares de vezes mais barato e mais rapidamente em comparação com as abordagens tradicionais.

No Quadro 8.7 são mostrados alguns exemplos de novos vírus que infectam seres humanos e que foram descobertos por meio de metodologias moleculares e abordagens de metagenômica.

**Quadro 8.7** Exemplos de novos vírus que infectam seres humanos, descobertos por meio de metodologias moleculares e abordagens de metagenômica.

| Vírus | Estratégia |
|---|---|
| ASFV-*like* | RAP-PCR e sequenciamento de alto rendimento |
| BFV | RAP-PCR e sequenciamento de alto rendimento |
| Cardiovírus TMEV-*like* | Hibridização em microarranjos e sequenciamento de Sanger |
| Gamarretrovírus XMRV-*like* | Hibridização em microarranjos e sequenciamento de Sanger |
| HBoV-1 | RCA e sequenciamento de Sanger |
| HBoV-2 | RAP-PCR e sequenciamento de alto rendimento |
| HBoV-3 | PCR degenerada e sequenciamento de Sanger |
| HCoSV | RAP-PCR e sequenciamento de Sanger |
| HCoV-NL63 | VIDISCA e sequenciamento de Sanger |
| HEV | SISPA e sequenciamento de Sanger |
| HHV-8 | RDA e sequenciamento de Sanger |
| HMPV | RAP-PCR e sequenciamento de Sanger |
| HPeV7 | RAP-PCR e sequenciamento de Sanger |
| HPV116 | RAP-PCR e sequenciamento de Sanger |
| HPyV3 | RAP-PCR e sequenciamento de alto rendimento |
| HPyV4 | RAP-PCR e sequenciamento de alto rendimento |
| HPyV5 | DTS e sequenciamento de alto rendimento |
| HPyV6 | RCA e sequenciamento de alto rendimento |
| HPyV7 | RCA e sequenciamento de alto rendimento |
| HPyV8 | RCA sequenciamento de Sanger |
| SalV | RAP-PCR e sequenciamento de alto rendimento |
| LUJV | RCA e sequenciamento de alto rendimento |
| MERS-CoV | RAP-PCR e sequenciamento de alto rendimento |
| PARV4 | SISPA e sequenciamento de Sanger |
| SAFV | SISPA e sequenciamento de Sanger |
| SARS-CoV | Hibridização em microarranjos e sequenciamento de Sanger |

RAP-PCR: *random arbitrary primed PCR*; RDA: *representational difference analysis*; RCA: *rolling circle amplification*; SISPA: *sequence-independent single primer amplification*; VIDISCA: *virus discovery DNA amplified fragment length polymorphism*; DTS: *digital transcriptome subtraction*; ASFV: *African swine fever virus*; BFV: *Burkina Faso virus*; TMEV: *Theiler's murine encephalomyelitis virus*; XMRV: *xenotropic murine related virus*; HBoV: bocavírus de humanos; HCoSV: cosavírus de humanos; HCoV-NL63: coronavírus de humanos NL63; HEV: vírus da hepatite E; HHV-8: herpesvírus de humanos 8; HMPV: metapneumovírus de humanos; HPeV: parechovírus de humanos; HPV: vírus do papiloma de humanos; HPyV: poliomavírus de humanos; SalV: salivírus; LUJV: Lujo vírus; MERS-CoV: coronavírus associado à síndrome respiratória do Oriente Médio; PARV4: parvovírus 4; SAFV: vírus Saffold; SARS-CoV: coronavírus associado à síndrome respiratória aguda grave.

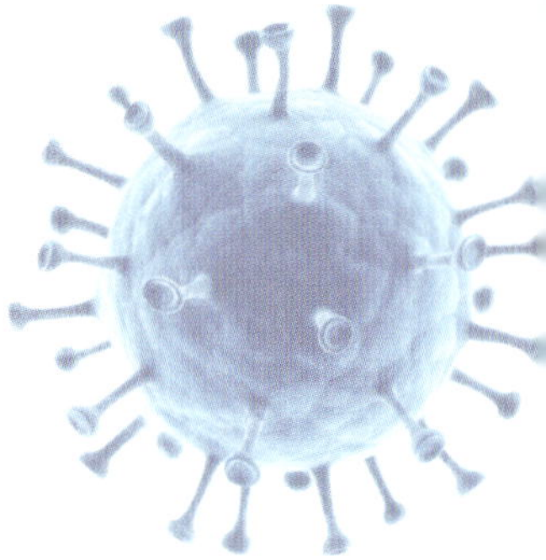

# Capítulo 9

# Antivirais

Marcia Dutra Wigg

## Introdução

O mercado global relacionado aos antivirais tem perspectiva de alcançar 44,2 bilhões de dólares em 2026, conforme informação da *Fortune Business Insights*. Assim, a pesquisa por novos antivirais que possam ser adicionados aos já existentes tem motivado, ainda mais, as indústrias farmacêuticas a incrementarem as pesquisas e lançarem novos fármacos, principalmente quando novos vírus surgem causando uma pandemia, como é o caso do SARS-CoV-2 (coronavírus 2 associado à síndrome respiratória aguda grave [*severe acute respiratory syndrome coronavirus 2*]), que atingiu de surpresa a população mundial no final do ano de 2019, causando a pandemia por COVID-19.

Todos os anos, milhões de pessoas morrem no mundo por infecções causadas por vírus, apesar do grande avanço da medicina moderna e da disponibilidade de algumas vacinas. De fato, a vacinação é possível para a prevenção de doenças causadas por alguns vírus, como o da hepatite B (HBV), da varicela-zoster (HHV-3; herpesvírus de humanos 3), da influenza A (FLUVA) e B (FLUVB), da febre amarela (YFV; *Yellow fever virus*), do sarampo (*Measles virus*), da rubéola (*Rubella virus*) e poliovírus (PV); mas não para outros vírus, como o da hepatite C (HCV), vírus da imunodeficiência humana (HIV) e vírus associados a febres hemorrágicas, como o Marburg (MARV). Em dezembro de 2019, foi aprovada uma vacina contra o vírus Ebola (EBOV), que causa febre hemorrágica e, em 2021, algumas vacinas foram licenciadas para a prevenção da infecção pelo SARS-CoV-2.

A prevalência de doenças virais crônicas, tais como aquelas provocadas pelos HCV e HIV, além de infecções causadas pelo FLUV; emergência e reemergência de novas espécies de coronavírus e picornavírus, além da resistência viral a muitas drogas já existentes levaram a um aumento na demanda para novas estratégias na busca por drogas eficazes. O aumento no conhecimento dos mecanismos moleculares da infecção viral tem gerado grande potencial para a descoberta de novos medicamentos que tenham como alvo proteínas virais ou fatores do hospedeiro. Os alvos de atuação dos antivirais podem ser direcionados diretamente ou indiretamente para bloquear a função de proteínas virais, principalmente a atividade enzimática, ou bloquear algum outro mecanismo da biossíntese viral. Agindo em fatores do hospedeiro infectado, os antivirais podem atingir algumas proteínas celulares que possam estar envolvidas no ciclo de biossíntese do vírus-alvo, além de regular alguma função do sistema imunológico ou outro processo celular do hospedeiro.

Atualmente (junho de 2021), o mundo continua enfrentando a pandemia pelo SARS-CoV-2, com altíssimo grau de morbidade, e letalidade estimada entre 1 e 5%, e para o qual não há qualquer droga específica para o tratamento, aprovada pelos órgãos competentes. Informação obtida no mapa da Johns Hopkins University and Medicine mostra que, em 15 de junho de 2021, o SARS-CoV-2 tinha infectado 176.412.684 pessoas no mundo e levado a óbito 3.815.164. Embora algumas vacinas já tenham sido aprovadas em tempo recorde devido à gravidade da pandemia, com o rápido crescimento da doença em todo o mundo, a população necessita urgentemente de meios de proteção e controle diante dessa ameaça terrível e invisível. Desde que foi verificado que outros vírus: SARS-CoV e MERS-CoV (*Middle East respiratory syndrome-related coronavirus*), assim como o SARS-CoV-2 são capazes de ser espontaneamente transmitidos para seres humanos a partir de alguns animais que funcionam como reservatórios, há forte pressão para o desenvolvimento de ferramentas que possam combater novas ameaças no futuro. Em 2021, foi demonstrado que circulam diversas variantes de SARS-CoV-2, com diferentes sequências genômicas, o que realça a necessidade urgente de uma estratégia de contenção pancoronavírus.

A busca por drogas com propriedades antivirais teve início em 1955, quando Hamre e colaboradores demonstraram que algumas tiossemicarbazonas inibiam o vírus vaccínia (VV) cultivado em camundongos e ovos embrionados, com base nos estudos de Dormagk e colaboradores, que mostraram a atividade dessa classe de substâncias químicas sobre o bacilo da tuberculose, uma bactéria de multiplicação intracelular. Posteriormente, em 1963, Bauer sintetizou uma nova substância, *N*-metil-isatin-β-tiossemicarbazona, também chamada metisazona ou Marboran® (Figura 9.1), que foi eficaz na prevenção e no tratamento da varíola, tendo sido usada com êxito em epidemias do passado, na Índia, apesar de seus efeitos colaterais. Com o sucesso da vacina e a consequente erradicação da varíola no mundo, o uso da metisazona foi interrompido. No entanto, a Organização Mundial da Saúde (OMS) tem enfatizado o desenvolvimento de novos fármacos para prevenção e/ou tratamento da varíola devido ao risco de o vírus ser reintroduzido por atos de bioterrorismo. Assim, em 2018, a Food and Drug Administration (FDA) dos Estados Unidos da América (EUA) aprovou a molécula tecovirimat (TPOXX®) ou *N*-[(1*R*,2*R*,6*S*,7*S*,8*S*,10*R*)-3,5-dioxo-4-azatetraciclo[5.3.2.$0^{2,6}$.$0^{8,10}$]dodec-11-en-4-il]-4-(triflúormetil)benzamida, que foi selecionada por meio de triagem realizada por simulação em computador a partir de uma biblioteca de moléculas, e

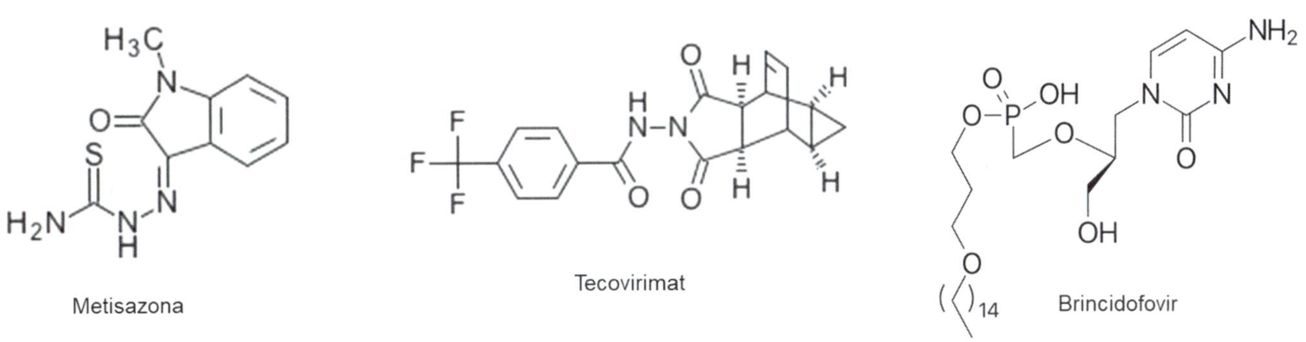


**Figura 9.1** Inibidores do vírus da varíola.

mostrou proteção da infecção em primatas não humanos (Figura 9.1). Seu mecanismo de ação tem como alvo a glicoproteína p37 do envelope de vários poxvírus, incluindo o vírus da varíola, interferindo, assim, na saída dos vírus da célula. Tecovirimat foi o primeiro antiviral aprovado pela FDA com indicação para tratamento da varíola. Em junho de 2021, essa mesma agência aprovou o brincidofovir (Tembexa®) ou [(2S)-1-(4-amino-2-oxopirimidin-1-il)-3-hidroxipropan-2-il]oximetil-(3-hexadecoxipropoxi)-ácido fosfínico, uma pró-droga do cidofovir (ver Figura 9.14) conjugada a um lipídeo. Seu mecanismo de ação baseia-se na inibição da DNA polimerase viral. No caso desses dois fármacos, os testes foram realizados em animais considerando a impossibilidade de realização de ensaios clínicos em seres humanos.

No início das pesquisas, devido ao pouco conhecimento sobre a biologia molecular dos vírus e à toxicidade dos primeiros antivirais como metisazona e análogos nucleosídicos como iododesoxiuridina e vidarabina, pensou-se que seria impossível obter um agente antiviral sem interferir no metabolismo celular. Conceitualmente, é muito mais fácil desenvolver um antibacteriano do que um antiviral, porque as bactérias se multiplicam independentemente do hospedeiro, enquanto os vírus são patógenos intracelulares que dependem de a célula viva produzir novas partículas virais.

Os análogos nucleosídicos surgiram de extensos programas para a seleção de substâncias anticancerígenas por sua capacidade de interferir na síntese do ácido desoxirribonucleico (DNA) celular. Assim, as primeiras drogas antivirais baseadas nessa classe de substâncias eram capazes de atuar no DNA viral, mas também na síntese do DNA celular, com consequentes efeitos tóxicos para as células dos pacientes. Por esse motivo, o surgimento de novos agentes antivirais esbarrava na dificuldade em obter substâncias com baixa toxicidade. Com o maior conhecimento sobre as diferenças existentes entre o metabolismo celular e o ciclo de biossíntese de muitos vírus, passou-se a acreditar que seria possível a obtenção de um antiviral seletivo.

A toxicidade das drogas antivirais provém do fato de que os vírus, embora possuam toda a informação para a construção de novas partículas virais contida em seu genoma, quer seja ele de DNA ou de ácido ribonucleico (RNA), não apresentam a capacidade de autorreplicação, necessitando de parte do aparato bioquímico celular para que ocorra a síntese de seus componentes. No entanto, existem alguns processos do ciclo de biossíntese viral que são peculiares aos vírus e podem servir de alvos específicos para as substâncias antivirais. Como exemplo, pode-se citar o processo de entrada e saída do FLUV das células, assim como a existência de enzimas virais, como a timidino-cinase e a helicase-primase dos herpesvírus, além da transcriptase reversa e da protease do HIV, que são fundamentais para a biossíntese viral.

Na década de 1980, devido ao elevado custo com o desenvolvimento dos antivirais, os pesquisadores decidiram concentrar os estudos nas viroses mais importantes epidemiologicamente: viroses respiratórias, doenças causadas por herpesvírus e a síndrome da imunodeficiência adquirida (AIDS, *acquired immunodeficiency syndrome*); posteriormente, as hepatites virais B e C foram incluídas. Atualmente, as pesquisas estão voltadas também para o combate a vírus emergentes e reemergentes, como as estirpes aviárias e suínas do FLUV, coronavírus (SARS-CoV, SARS-CoV-2 e MERS-CoV), além daqueles que podem ser manipulados para fins de bioterrorismo, tais como o vírus da varíola e os associados a febres hemorrágicas. Também para o PV, existe um interesse atual no descobrimento de um antiviral, uma vez que a vacina, embora eficiente no controle da poliomielite, não tem sido capaz de erradicar a doença no mundo conforme se pensava com otimismo. Com isso, observa-se um aumento acentuado tanto na pesquisa quanto na liberação de novos antivirais.

Os agentes profiláticos ou terapêuticos, já disponíveis para os vírus, podem ser divididos em três grandes grupos:

- Inibidores direcionados para um determinado alvo, como por exemplo, inibidores da protease do HIV, que são desenvolvidos para um vírus específico e podem estar sujeitos ao desenvolvimento de resistência; não agem em novos vírus emergentes ou que surjam por manipulação genética; além de poderem apresentar efeitos colaterais não esperados
- Vacinas, que também são direcionadas para um determinado vírus ou estirpe viral, precisam ser administradas antes ou, em alguns casos, imediatamente após a infecção para serem efetivas; não estão disponíveis para novos vírus emergentes e são difíceis de produzir para alguns vírus como o HIV
- Interferons e outras drogas anti-inflamatórias ou imunomoduladoras, que são menos específicas em termos de espectro de ação e atuam somente em alguns vírus, como HBV e HCV, além de apresentarem sérios efeitos colaterais como consequência da interação com o sistema imunológico e endócrino do organismo.

Os potenciais candidatos a antivirais podem ser selecionados empiricamente a partir de grandes programas de triagem (*screening*), nos quais uma infinidade de substâncias é testada ao acaso ou por indicação na medicina tradicional, como vem sendo feito desde a década de 1950. No entanto, a tendência atual é a pesquisa racional utilizando simulação em computador que desenha e seleciona drogas com potencial antiviral com base no conhecimento atual sobre as estruturas virais e a biologia molecular dos vírus, incluindo dados de metagenômica.

Apesar de serem selecionados milhares de inibidores em programas de triagem de antivirais, somente alguns obtêm êxito e se tornam medicamentos licenciados pelas Agências Regulamentadoras presentes em cada país. Até abril de 2020, algumas drogas tiveram seu licenciamento aprovado de forma individual ou em associação para o tratamento de doenças produzidas pelos seguintes vírus: HIV-1, HBV, HCV, herpesvírus de humanos 1 (HHV-1 ou vírus herpes simplex 1), herpesvírus de humanos 2 (HHV-2 ou vírus herpes simplex 2), herpesvírus de humanos 3 (HHV-3 ou vírus da varicela-zoster), herpesvírus de humanos 5 (HHV-5 ou citomegalovírus humano), herpesvírus de humanos 8 (HHV-8 ou herpesvírus associado ao sarcoma de Kaposi), vírus do papiloma de humanos (HPV), vírus respiratório sincicial de humanos (HRSV), FLUV e vírus da varíola. Em outubro de 2020, a FDA aprovou rendesivir (Veklury®) para tratamento da COVID-19 em pacientes hospitalizados; foi também aprovada uma mistura de três anticorpos monoclonais (Inmazeb®) e um anticorpo monoclonal (Ebanga®) para tratamento da espécie *Zaire ebolavirus* (vírus Ebola). Em junho de 2021, conforme já mencionado, brincidofovir foi aprovado para o tratamento da varíola.

Alguns antivirais não são mais utilizados nos esquemas terapêuticos no Brasil: amantadina, rimantadina, adefovir dipivoxila, indinavir, saquinavir, nelfinavir, estavudina, didanosina e delavirdina, ou foram descontinuados pelo fabricante: fomivirsen, vidarabina, boceprevir, telaprevir e simeprevir. Os antivirais que foram descontinuados não serão apresentados no livro.

## Breve revisão sobre a síntese de ácidos nucleicos

Para melhor compreensão dos mecanismos de atuação das substâncias antivirais, é necessária uma breve revisão sobre conceitos fundamentais na síntese de ácidos nucleicos. Existem dois tipos de materiais genéticos: DNA e RNA. Estes, por sua vez, são constituídos por subunidades, os nucleotídeos, que são formados por uma base nitrogenada (citosina, guanosina, adenosina ou timidina, no DNA, e uracila substituindo a timidina, no RNA) mais um açúcar (ribose no RNA ou desoxirribose no DNA) e três fosfatos. Somente nessa forma eles são incorporados à cadeia que está sendo sintetizada. O conjunto formado pela base mais o açúcar chama-se nucleosídeo. Os nucleosídeos são fosforilados por enzimas celulares chamadas cinases, passando, então, à forma de nucleotídeos, que apresentam grupamento fosfato (Figura 9.2).

O processo no qual uma fita-molde é copiada em uma nova fita é chamado de transcrição, que é realizada graças à participação de enzimas denominadas DNA ou RNA polimerases, dependendo da fita gerada; e DNA ou RNA dependentes, dependendo da fita que serve de modelo. Esse processo pode produzir novas fitas de DNA ou RNA. Quando a fita sintetizada é um RNA mensageiro (RNAm), ela precisa ser decodificada na forma de proteínas. Tal processo é chamado de tradução.

## Sítios de atuação de um antiviral

Os pesquisadores realizam estudos para encontrar moléculas que possam inibir eventos específicos dos vírus, sem interferir no metabolismo normal da célula. Essa tarefa não tem sido fácil, mas existem etapas na biossíntese dos vírus que podem ser utilizadas como potenciais alvos dos agentes antivirais, tais como:

- Interferência na adsorção dos vírus, bloqueio de receptores celulares e fusão do envelope viral com membranas celulares
- Inibição do desnudamento e consequente impedimento da liberação do ácido nucleico viral no interior da célula
- Inibição da transcrição inicial, tendo como alvo algumas enzimas virais, como as DNA e RNA polimerases, além de transcriptase reversa
- Interferência na tradução e no processamento de proteínas virais que regulam a biossíntese
- Replicação (síntese de novos ácidos nucleicos virais)
- Inibição da transcrição tardia de ácidos nucleicos virais e da integração do genoma do vírus ao genoma da célula
- Interferência na tradução e no processamento de proteínas virais estruturais, agindo no processo de clivagem ou glicosilação
- Interferência no processo de montagem e maturação das proteínas virais
- Inibição do brotamento.

Na Figura 9.3 podem ser visualizadas as etapas do ciclo de biossíntese de um vírus hipotético e os sítios passíveis de sofrerem a atuação dos antivirais. Exemplos de alvos para os agentes antivirais são encontrados no Quadro 9.1.

A terapia combinada emprega drogas que possam atuar em dois ou mais estágios da biossíntese viral e, atualmente, tem sido um recurso muito utilizado, principalmente no tratamento da infecção pelo HIV e HCV, visando diminuir a toxicidade e reduzir a chance de seleção de mutantes resistentes.

Os antivirais podem ser utilizados profilaticamente, com o intuito de impedir a instalação de uma infecção viral, como se fossem vacinas. A profilaxia com uma substância antiviral apresenta um efeito mais rápido do que a vacinação, considerando que se pode obter proteção com um antiviral em um tempo tão curto quanto 1 hora após a administração. Nessa categoria, além dos quimioterápicos que interferem no ciclo de biossíntese viral, incluem-se também algumas substâncias chamadas virucidas, porque inativam a partícula viral antes que ela alcance a célula-alvo. Essa abordagem é explorada no preparo de pomadas ou géis para vírus que são transmitidos por via sexual, tais como o HIV, HHV-1 e HHV-2. A outra forma de utilização dos antivirais é terapêutica, na qual o medicamento é administrado logo após a infecção ou depois da instalação dos primeiros sinais clínicos, para impedir ou reduzir o espalhamento do vírus no organismo.

## Etapas de desenvolvimento de um antiviral

Para que uma droga com potencial antiviral seja liberada para uso em seres humanos, são necessários vários anos de estudo. As pesquisas são divididas em duas fases: pré-clínica e clínica. Todas as etapas necessárias ao desenvolvimento de um antiviral são avaliadas antes que um quimioterápico receba a licença para ser utilizado comercialmente. No Brasil, a Agência Nacional de Vigilância Sanitária (Anvisa), nos EUA, a FDA e, na Europa, a European Medicines Agency (EMA), além de outros órgãos em cada país, concedem licença para que um medicamento seja

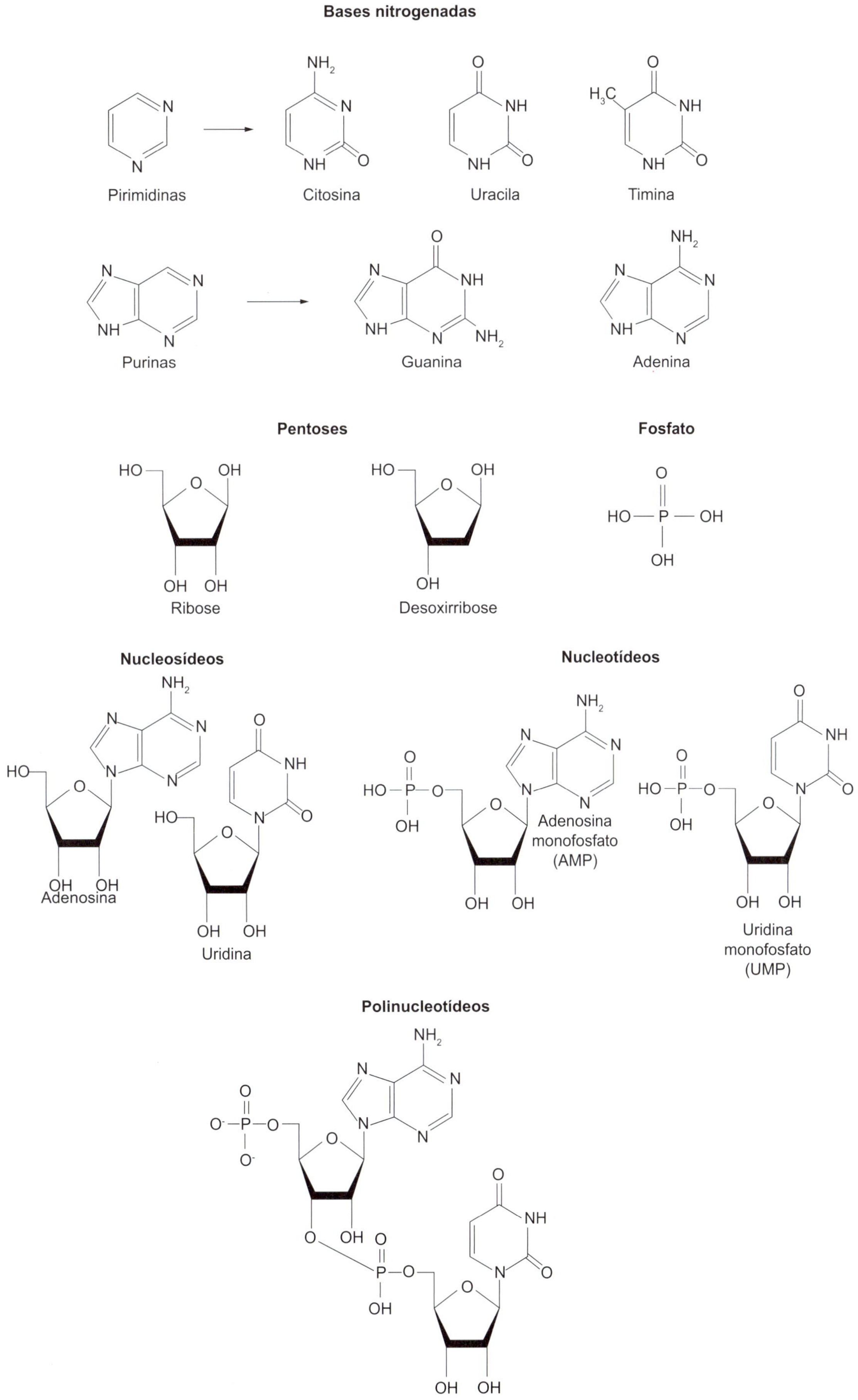


**Figura 9.2** Constituintes do ácido nucleico.

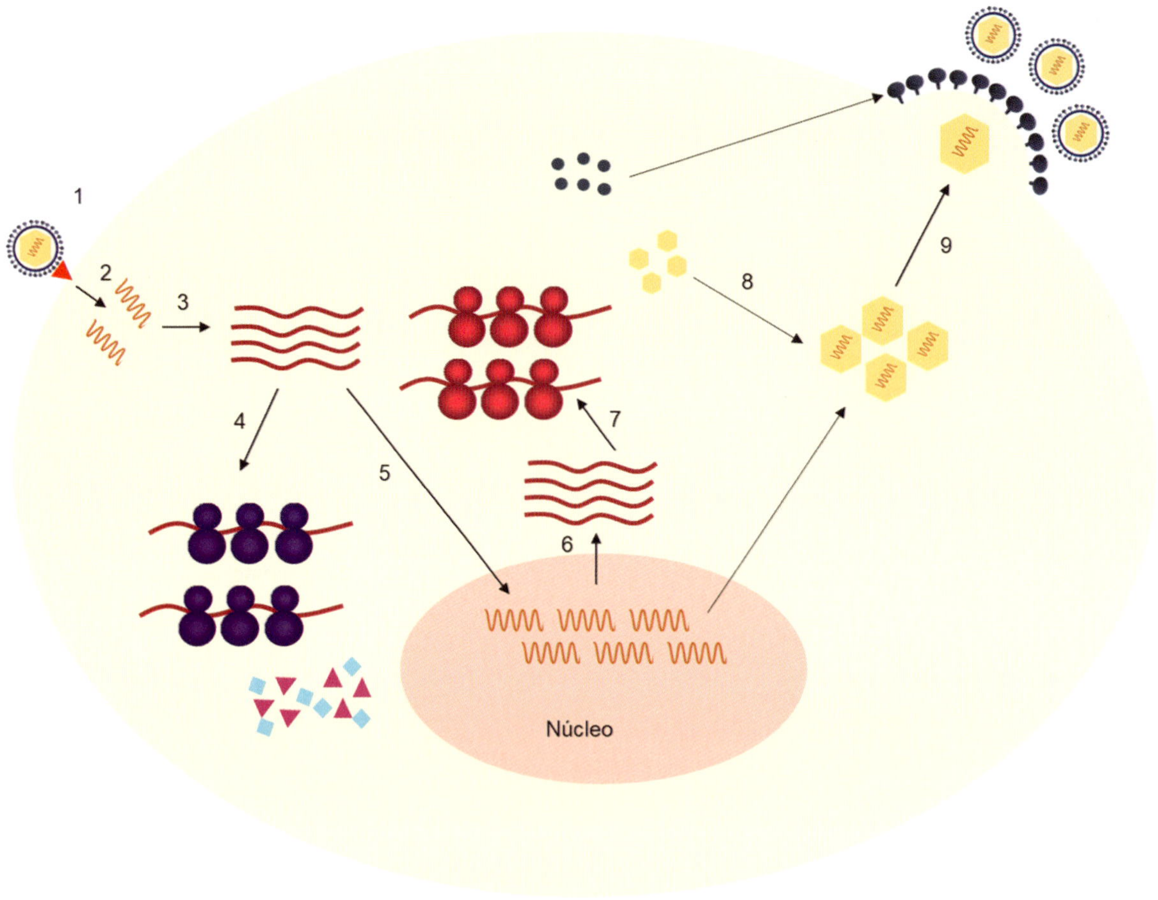


**Figura 9.3** Interferência dos antivirais nas etapas de biossíntese de um vírus. Os potenciais alvos dos agentes antivirais podem ser: (*1*) interferência na adsorção dos vírus, bloqueio de receptores celulares e fusão do envelope viral com a membrana da célula; (*2*) inibição do desnudamento dos vírus; (*3*) inibição da transcrição inicial, tendo como alvo algumas enzimas virais; (*4*) interferência na tradução e processamento de proteínas virais; (*5*) inibição da replicação de novos ácidos nucleicos virais; (*6*) inibição da transcrição tardia e integração do genoma do vírus no genoma da célula; (*7*) interferência na tradução e no processamento de proteínas virais estruturais, agindo no processo de clivagem ou na glicosilação; (*8*) interferência na montagem e maturação das proteínas virais; (*9*) inibição do brotamento.

utilizado em seres humanos após a análise dos protocolos e resultados dos testes de segurança e eficácia da droga candidata a medicamento. Inicialmente, a substância selecionada passa pela fase pré-clínica, quando são realizados testes em laboratório utilizando culturas de células mantidas *in vitro*, com a finalidade de avaliação da atividade citotóxica e antiviral. Nessa etapa, também são determinados os mecanismos de ação e, uma vez que seja comprovada sua atividade inibidora, com baixa toxicidade em cultura de células, os estudos prosseguem utilizando-se, agora, animais. Nesse modelo, estabelecem-se as concentrações que não são tóxicas para os órgãos, além de propriedades farmacológicas, como absorção, metabolização e eliminação; determina-se a dose terapêutica (relação entre o efeito tóxico e a dose efetiva), além de se detectarem possíveis efeitos teratogênicos (efeitos no embrião ou no feto) e a capacidade de provocar carcinogênese. Essa etapa demora, em média, de 3 a 4 anos para ser completada.

Para que haja prosseguimento nas pesquisas, com testes em seres humanos, os protocolos e os resultados da primeira fase são submetidos à avaliação no sentido de liberar a droga para a realização dos testes clínicos. Tendo sido aprovada, inicia-se a fase clínica, que consiste em três etapas após o protocolo ter sido aprovado por um Conselho de Ética para Experimentação em Seres Humanos. A etapa I é realizada em voluntários sadios e refere-se aos testes para observação do metabolismo da droga e sua ação farmacológica. Nessa etapa, o objetivo é estabelecer a concentração a ser administrada, sua meia-vida no organismo e quais órgãos são acometidos desde a administração até a excreção. Deve-se salientar que os estudos são realizados pelo método duplo-cego, em que nem o médico nem o voluntário sabem quem está tomando o placebo ou a droga.

Na etapa II, são incluídos poucos pacientes para a confirmação do efeito antiviral. Ocorre a coleta de dados importantes, como características demográficas (idade, sexo, peso, raça), história e sinais da doença, com testes laboratoriais e isolamento do vírus realizados antes e depois da terapia. Além disso, determinam-se a melhor dose terapêutica e a melhor via de administração, assim como o intervalo entre as doses.

A etapa III pode ser feita simultaneamente à etapa II, mas, geralmente, inicia-se após as evidências da eficiência da droga nos pacientes voluntários. Nessa fase, centenas a milhares de pacientes são incluídos e serão monitorados quanto à segurança do medicamento quando usado por um longo período de tempo. Estudos adicionais de farmacocinética e farmacologia são realizados, assim como a verificação do efeito sobre neonatos, crianças e idosos, pacientes com disfunção renal, hepática ou que estejam fazendo uso de medicamentos que possam interferir na droga. Os estudos clínicos de avaliação de drogas para uso em seres humanos precisam ser desenhados de modo que sejam multicêntricos, randomizados

Quadro 9.1 Exemplos de alvos para os antivirais.

| Alvo | | Antiviral* | Vírus |
|---|---|---|---|
| Adsorção | | Sulfato de dextrana, heparina | HIV, HHV-1 e HHV-2 |
| | | Análogos peptídicos | Maioria dos vírus |
| | | Anticorpos neutralizantes | Maioria dos vírus |
| | | Maraviroc | HIV |
| Penetração e desnudamento | | Amantadina e rimantadina | FLUV |
| Fusão | | Enfuvirtida | HIV |
| Transcrição | Transcriptase reversa | Zidovudina (AZT) | HIV |
| | | Lamivudina | HIV e HBV |
| | DNA polimerase | Aciclovir | HHV-1, HHV-2 e HHV-3 |
| | | Ganciclovir | HHV-5 |
| | Helicase-primase | Pritelivir (AIC-316) | HHV-1 e HHV-2 |
| | Complexo terminase | Letermovir | HHV-5 |
| | RNA polimerase | Favipiravir | FLUV |
| Síntese de RNA e RNAm virais | | Ribavirina | HRSV |
| Integração do genoma viral no DNA celular | | Raltegravir e dolutegravir | HIV |
| Síntese de proteínas virais não estruturais | | Daclatasvir | HCV |
| Síntese de proteínas virais e liberação de vírus | | Interferon | HBV, HCV e HPV |
| Processamento de proteínas virais | | Darunavir | HIV |
| | | JNJ379 | HBV |
| Liberação das partículas virais | | Oseltamivir, zanamivir, peramivir e laninamivir | FLUV |
| Inativação da partícula viral | | Nonoxinol-9 | HIV |
| | | Enviroxima | Rinovírus |

*Alguns antivirais podem não ter sido ainda licenciados para uso em seres humanos.
HIV-1: vírus da imunodeficiência humana 1; HHV-1: herpesvírus de humanos 1; HHV-2: herpesvírus de humanos 2; HBV: vírus da hepatite B; HHV-3: herpesvírus de humanos 3; HHV-5: herpesvírus de humanos 5; HRSV: vírus respiratório sincicial de humanos; HCV: vírus da hepatite C; HPV: vírus do papiloma de humanos; FLUV: vírus da influenza; DNA: ácido desoxirribonucleico; RNA: ácido ribonucleico; RNAm: RNA mensageiro.

e abertos utilizando metodologia duplo-cego, e com controle do grupo ao qual será administrado o placebo, para que possam ser validados pela comunidade científica.

Após a conclusão da etapa III, os resultados são novamente submetidos à avaliação, e será decidido sobre a liberação ou não da droga para ser comercializada. Para que uma droga seja considerada medicamento e chegue às prateleiras das farmácias, são necessários de 10 a 12 anos de pesquisa, com um investimento de cerca de US$ 1 bilhão. Em uma estimativa, de aproximadamente 100.000 substâncias que passam pelos testes antivirais de triagem em culturas de células, apenas 250 chegarão a testes clínicos e apenas uma chegará a ser comercializada. No Brasil, todos os medicamentos, nacionais ou importados, são licenciados pela Anvisa e encaminhados à Câmara de Regulação do Mercado de Medicamentos (CMED).

Algumas drogas não estão passando por todas as etapas do processo de avaliação, reduzindo o tempo para o licenciamento, devido à necessidade de novos medicamentos, principalmente voltados para o tratamento de infecções produzidas por vírus respiratórios, como coronavírus, e vírus associados com infecções crônicas como HIV e HCV ou com elevada letalidade como vírus associados a febres hemorrágicas.

## Drogas antivirais disponíveis para uso clínico

Conforme visto anteriormente, um antiviral pode atuar em diferentes etapas do ciclo de biossíntese viral desde a adsorção até a liberação dos vírus pelas células. Muitos antivirais licenciados para uso em seres humanos são análogos de nucleosídeos (Figuras 9.4 a 9.7) que apresentam ação inibidora sobre algumas polimerases virais. Algumas dessas moléculas são pró-drogas que precisam passar à forma nucleotídica pela ação de cinases celulares ou virais, que adicionam fosfatos aos nucleosídeos, transformando-os, então, em nucleotídeos. O mecanismo de ação dos análogos de nucleosídeos ou nucleotídeos é por inibição competitiva, decorrente da ligação preferencial da polimerase viral ao fármaco, em detrimento da ligação ao substrato natural, e/ou bloqueio na síntese do ácido nucleico por ligação irreversível do análogo à enzima.

Neste capítulo, serão focalizados apenas os antivirais que já receberam aprovação para serem utilizados clinicamente e não existe nenhum comprometimento, por parte dos organizadores do livro ou da editora, de indicação de qualquer deles. Deve-se ressaltar que, até o momento, nenhum antiviral é capaz de curar

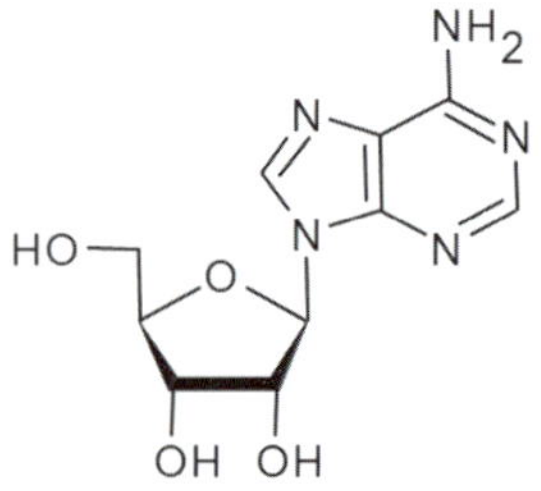

Adenosina

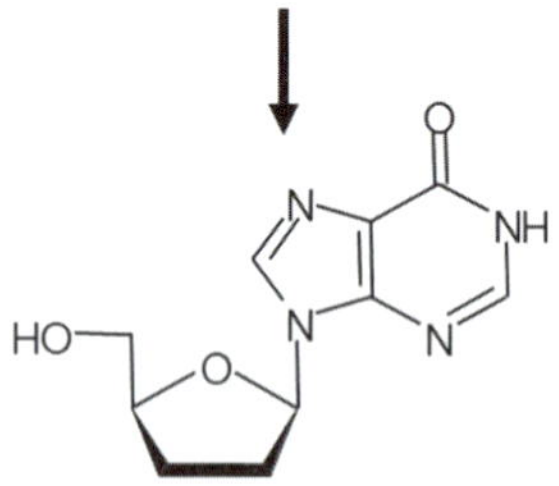

Didanosina (ddI)

**Figura 9.4** Análogos do nucleosídeo adenosina.

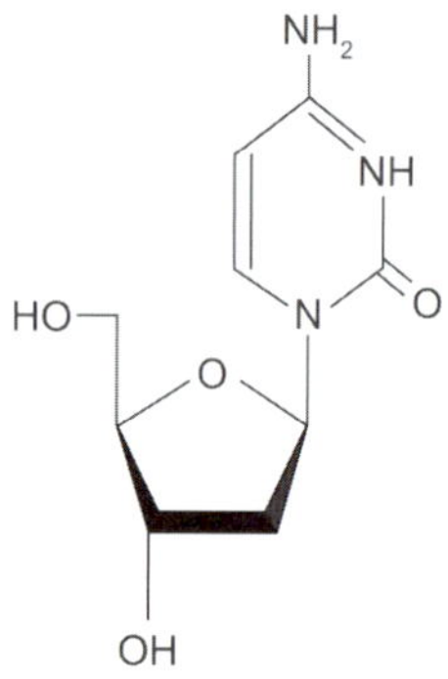

Citidina

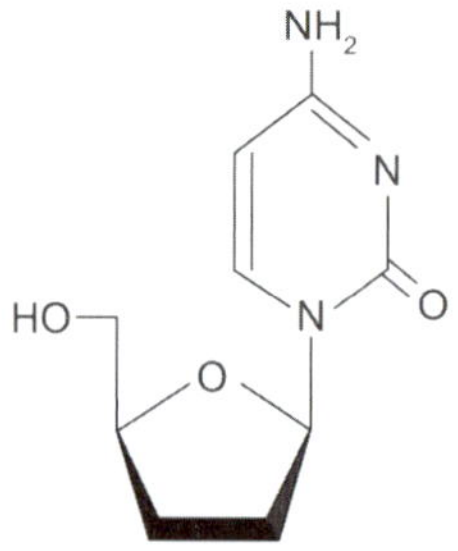

Zalcitabina
(ddC)

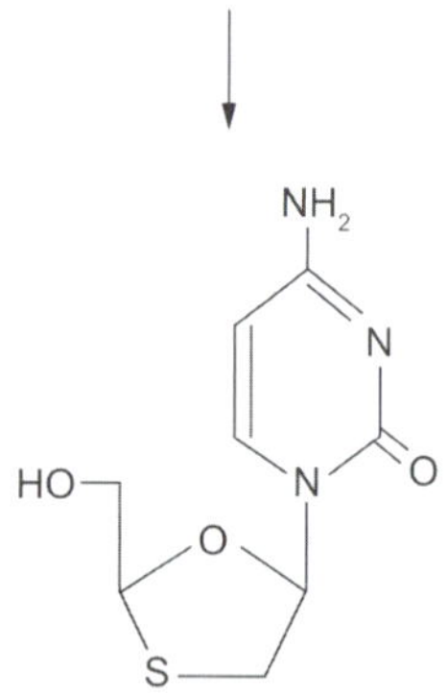

Lamivudina
(3TC)

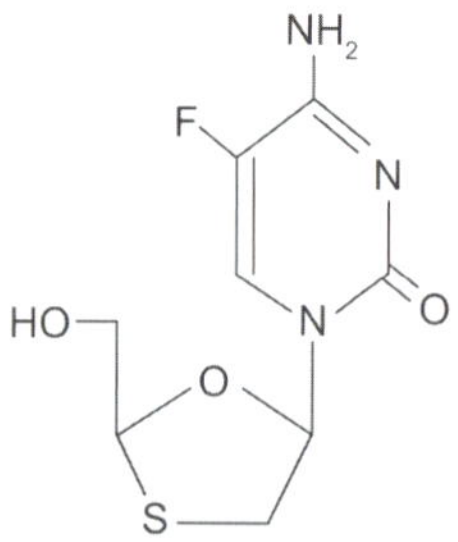

Entricitabina
(FTC)

**Figura 9.5** Análogos do nucleosídeo citidina.

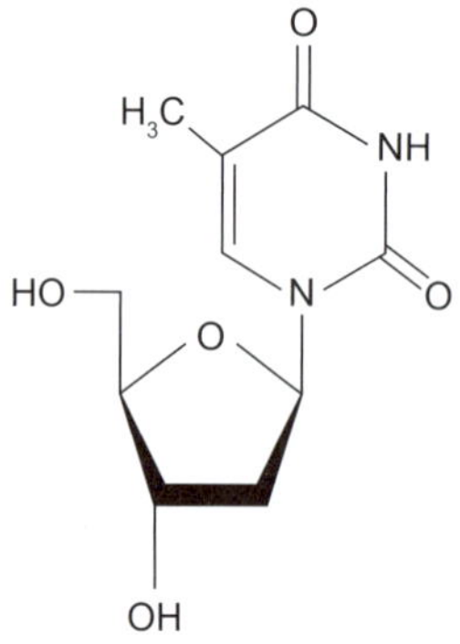

Timidina

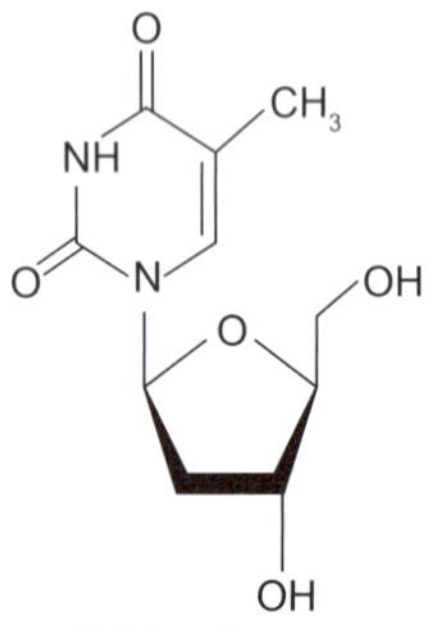

Telbivudina

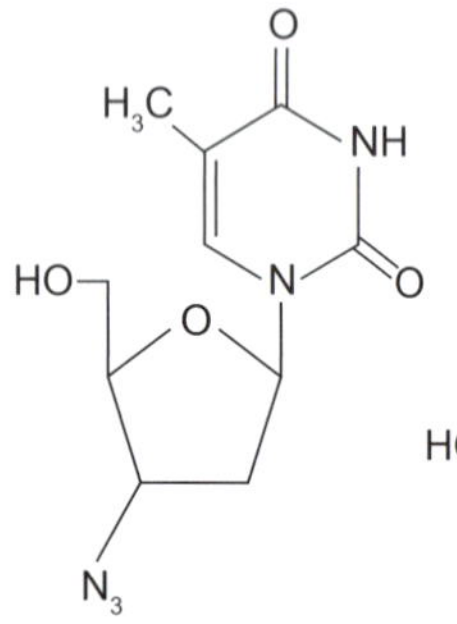

Zidovudina
(AZT)

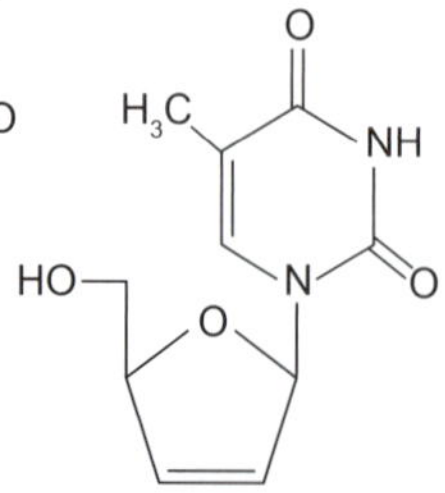

Estavudina
(d4T)

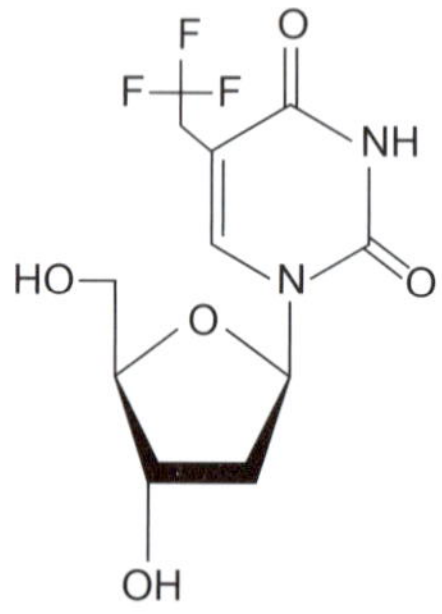

Trifluridina
(TFT)

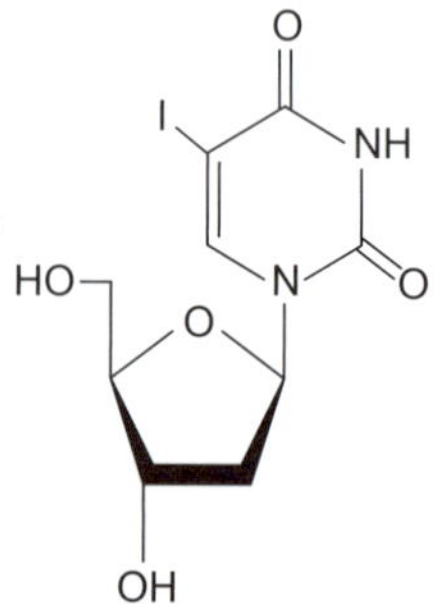

Iododesoxiuridina
(IDU)

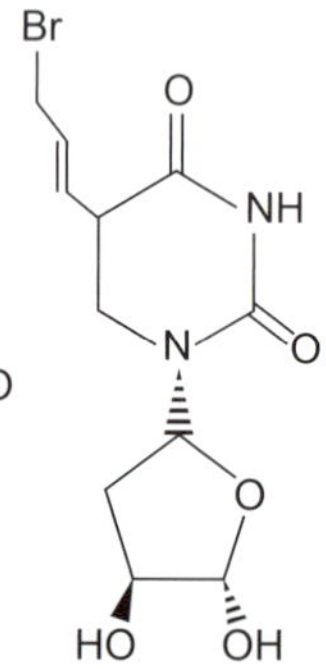

Brivudina
(BVDU)

**Figura 9.6** Análogos do nucleosídeo timidina.

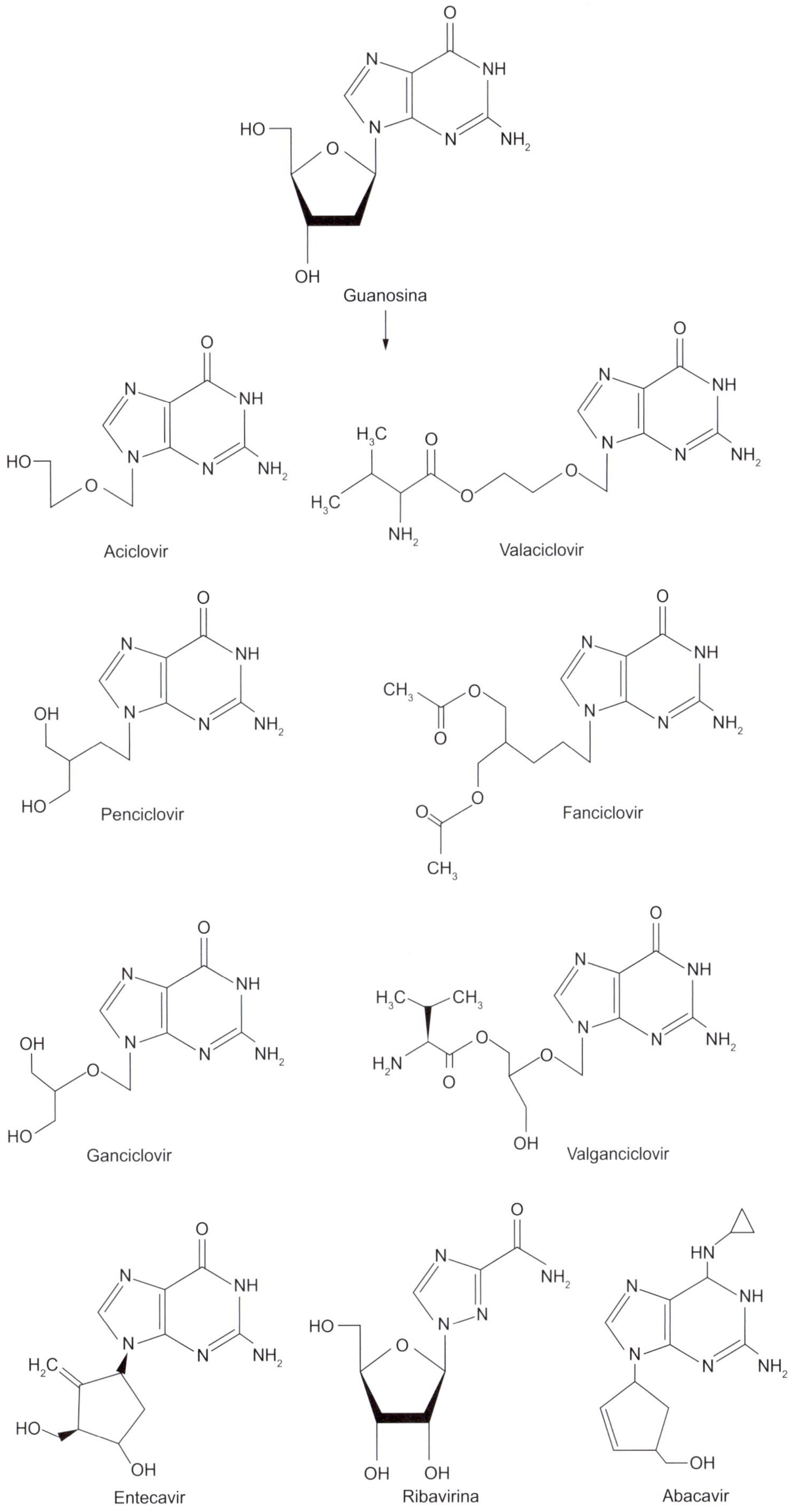


**Figura 9.7** Análogos do nucleosídeo guanosina.

o paciente da virose. Esses quimioterápicos atuam diminuindo os sintomas ou reduzindo a duração da doença, ou até mesmo melhorando a qualidade de vida do paciente.

A nomenclatura utilizada para a grafia dos antivirais aqui apresentados segue a Denominação Comum Brasileira (DCB), atualizada em março de 2021, com exceção de maraviroc e interferon.

## Drogas anti-influenza

### Amantadina e rimantadina

A amantadina (Symmetrel®), uma amina primária (1-amino-adamantana), é um medicamento utilizado no tratamento da doença de Parkinson, que foi descoberto, por acaso, como sendo ativo na inibição do FLUVA, mas não apresenta atividade para os FLUVB ou FLUVC. Vários estudos clínicos têm mostrado que a administração profilática durante a ocorrência de um surto é eficiente em 70 a 80% dos indivíduos. A rimantadina (Flumadine®) também é uma amina primária [1-(adamantan-1-il)etano-1-amina], muito similar à amantadina, com a adição de um grupamento metila (Figura 9.8).

A amantadina mostra-se eficaz quando administrada profilaticamente e pode ser útil para diminuir os sintomas da doença, quando administrada dentro de 48 horas da infecção. No entanto, apresenta efeitos colaterais de natureza neurológica, tais como nervosismo, irritabilidade e insônia, que cessam com a descontinuidade da medicação. A rimantadina é mais potente que a amantadina e apresenta menos efeitos tóxicos.

A profilaxia é recomendada somente para grupos de risco: idosos acima de 65 anos, diabéticos e pessoas com doenças crônicas cardíacas e pulmonares.

A substituição de aminoácidos no domínio transmembrana da proteína M2 propicia o rápido aparecimento de resistência à amantadina e à rimantadina, sendo os vírus resistentes transmissíveis a contatos. Além disso, estudos recentes mostraram que ambas as drogas não são eficientes em crianças ou idosos. Por esse motivo, o uso desses antivirais nas epidemias de influenza não está sendo mais recomendado.

#### Mecanismo de ação

Amantadina e rimantadina ligam-se ao canal de prótons formado pela proteína M2 do FLUVA. O mecanismo de ação dessas moléculas ainda é controverso; elas podem agir bloqueando

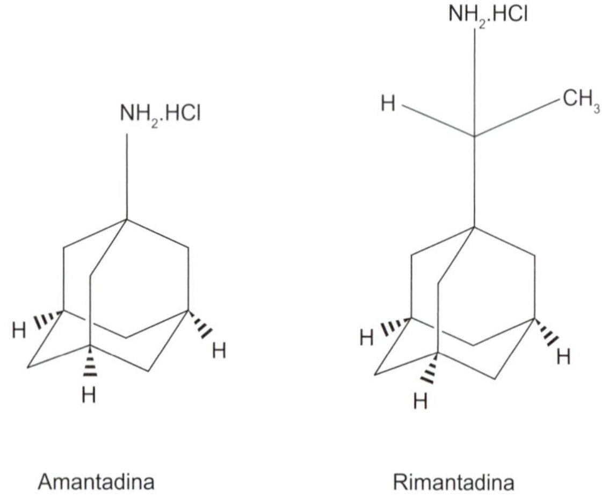


**Figura 9.8** Aminas primárias anti-influenza.

diretamente a proteína M2, impedindo a passagem de íons pelo canal de prótons, ou podem atuar alostericamente. Por outro lado, por serem bases fracas, indiretamente, também podem elevar o pH endossomal; sem a concentração ideal de íons $H^+$, o peptídeo fusogênico do vírus não é ativado, bloqueando a fusão do envelope viral com a membrana do endossoma. Além disso, a proteína M1 não se dissocia do nucleocapsídeo, impedindo que ele migre para o núcleo da célula, havendo bloqueio da transcrição e replicação do genoma viral (Figura 9.9). As amostras de FLUV que apresentam mutação no gene da proteína M2 ou da glicoproteína hemaglutinina podem ser resistentes a esses agentes. Em algumas amostras de FLUVA, também foi verificada a atividade inibitória de amantadina e rimantadina, na fase de maturação viral.

### Oseltamivir e zanamivir

O fosfato de oseltamivir (Tamiflu®) ou fosfato de 1-ciclo-hexeno-1-ácido carboxílico, 4-(acetilamino)-5-amino-3-(1-etilpropoxi)-etil éster, [3R-(3α,4β,5α)] e zanamivir (Relenza®) ou ácido 5-(acetilamino)-4-[(aminoiminometil)-amino]-2,6-anidro-3,4,5-tridesoxi-D-glicero-D-galacto-non-2-enônico, são antivirais análogos de ácido siálico (Figura 9.10) e, portanto, inibem a neuraminidase viral na etapa de liberação das partículas virais. Eles têm a vantagem de agir em FLUVA e FLUVB, sendo 100 vezes mais ativos do que a amantadina. O fosfato de oseltamivir faz parte da Lista de Medicamentos Essenciais da OMS, 2019 (https://apps.who.int/iris/handle/10665/325771).

Esses antivirais podem reduzir o tempo de duração da influenza A e B não complicada. Iniciando-se o tratamento dentro de 1 dia ou 2, podem reduzir a gravidade e diminuir o tempo da doença. Alguns estudos limitados sugerem que eles possam também evitar complicações, como a pneumonia bacteriana ou viral, ou a exacerbação de doenças crônicas. Se tomados após 48 horas do aparecimento dos sintomas, esses antivirais não têm atuação.

O uso dessas medicações como profilaxia não é um substituto para a vacinação, mas um auxílio para prevenir e controlar a gripe. Estudos realizados em comunidades de adultos sadios indicaram que o oseltamivir e o zanamivir são eficientes para prevenir a infecção.

O fosfato de oseltamivir apresenta como efeito colateral mais frequente problemas gastrointestinais, como náusea e vômito (10%), mas também foram descritos efeitos neuropsíquicos, principalmente em crianças, no Japão. O zanamivir é administrado por inalação e apresenta efeitos colaterais principalmente em pacientes com asma e doença pulmonar obstrutiva crônica (DPOC). Menos de 5% dos pacientes apresentam diarreia, náusea, sinusite, bronquite, tosse, cefaleia e tonteira.

Para tratamento, ambas as drogas devem ser administradas durante 5 dias, preferencialmente até 48 horas a partir da data de início dos sintomas. Dessa maneira, o tempo de doença é reduzido para 1 ou 2 dias e a chance de transmissão do vírus diminui. Para a prevenção, elas devem ser tomadas por quem ainda não está doente, mas que entrou em contato com alguém gripado. Nesse caso, a eficiência de prevenção é de 70 a 90%. Principalmente as pessoas que sofrem risco de ter um quadro grave por contraírem a infecção, como idosos e pacientes com comprometimento cardíaco, devem fazer a prevenção. O tempo de administração da medicação varia em cada caso.

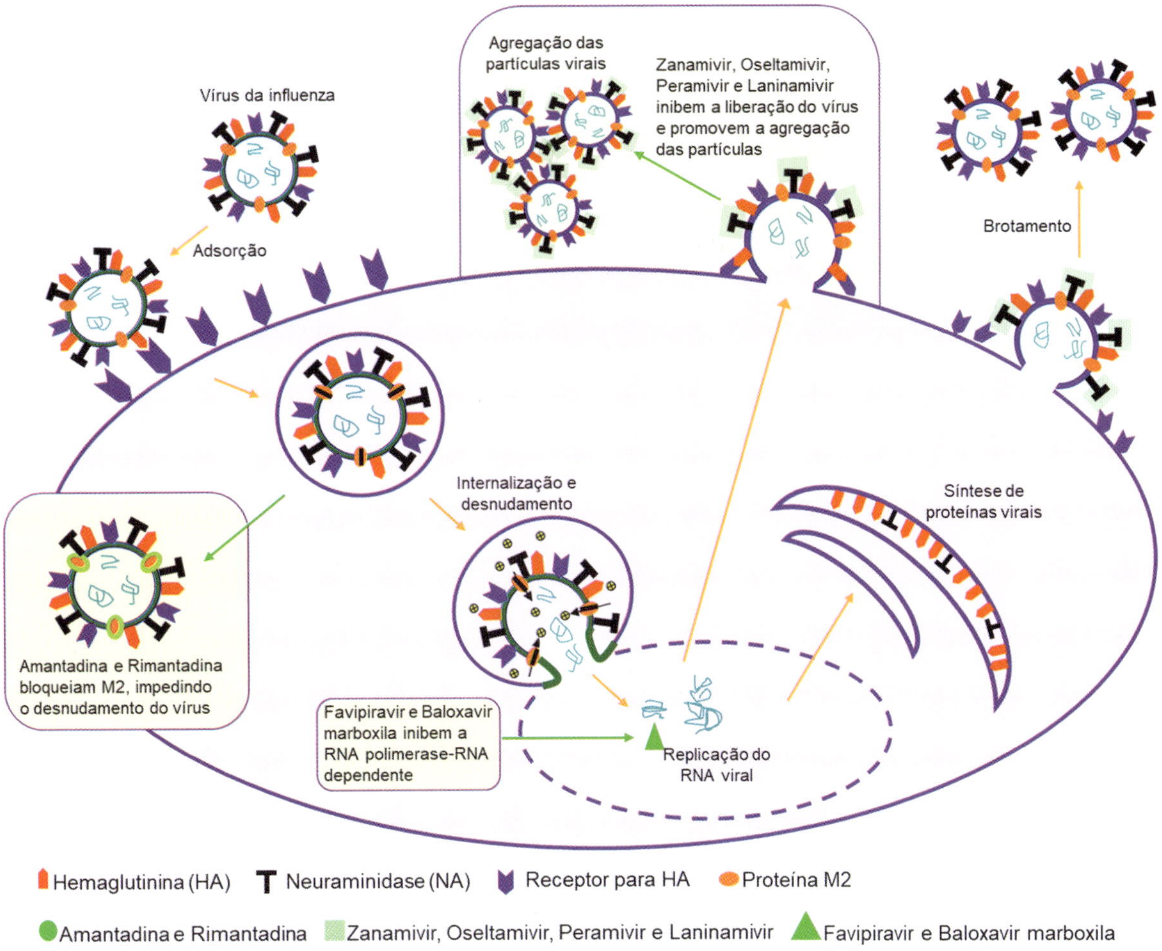


**Figura 9.9** Mecanismo de ação das drogas anti-influenza. Amantadina e rimantadina ligam-se diretamente ao canal de prótons formado pela proteína M2 do vírus da influenza A (FLUVA), bloqueando sua função, ou provocando uma inibição alostérica. Por outro lado, elevam o pH endossomal e, sem a concentração ideal de íons $H^+$, indiretamente, inibem a fusão entre o envelope viral e a membrana do endossoma, pois o peptídeo fusogênico do vírus não é ativado. Além disso, a proteína M1 não se dissocia do nucleocapsídeo, impedindo que ele migre para o núcleo da célula, havendo bloqueio da transcrição e replicação viral. Oseltamivir, zanamivir, peramivir e octanoato de laninamivir inibem a neuraminidase viral, deixando resíduos de ácido siálico não clivados na superfície das células e no envelope do vírus. Isso faz com que a hemaglutinina viral se ligue a esses resíduos, resultando em agregação na superfície das células e consequente inibição da liberação de novas partículas virais. Favipiravir inibe a RNA polimerase-RNA dependente dos FLUV. Baloxavir marboxila inibe a função endonuclease da subunidade PA da RNA polimerase-RNA dependente e impede a transcrição de RNAm virais.

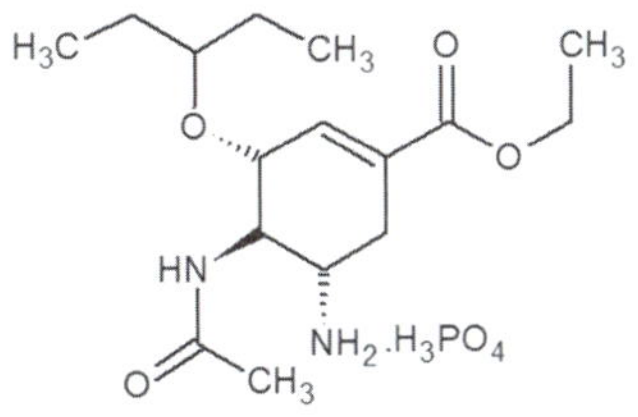

Fosfato de oseltamivir

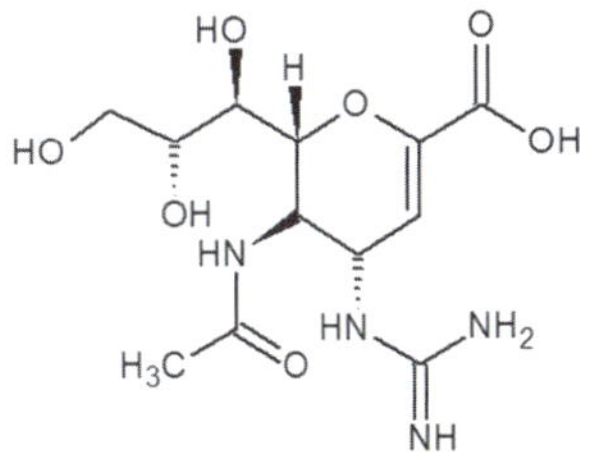

Zanamivir

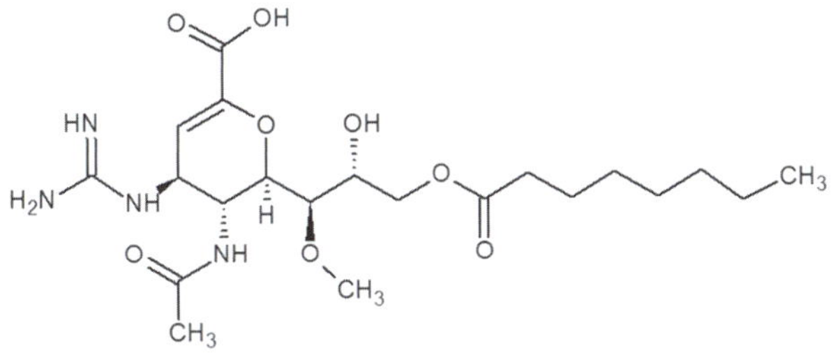

Octanoato de laninamivir

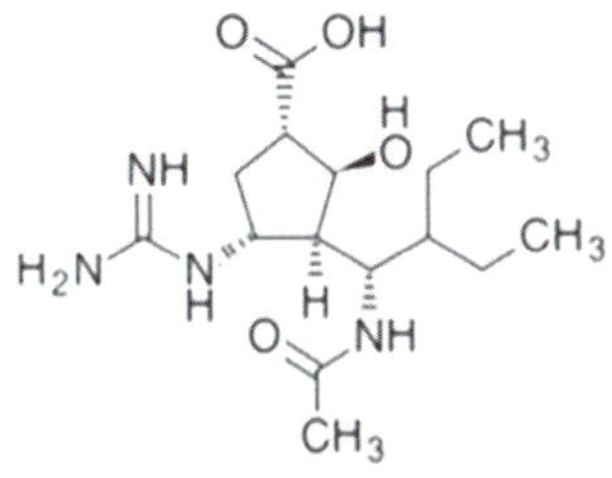

Peramivir

**Figura 9.10** Inibidores da neuraminidase do vírus da influenza.

## Mecanismo de ação

A neuraminidase do FLUV desempenha um importante papel na saída dos vírus das células infectadas e no movimento através do muco (ver *Capítulo 14*). O oseltamivir e o zanamivir, por serem análogos de ácido siálico, inibem a neuraminidase viral, ligando-se ao seu sítio ativo e impedindo a clivagem de ácidos siálicos na superfície das células e no envelope do vírus. Isso faz com que a hemaglutinina viral se ligue a esses resíduos, resultando em agregação de partículas virais, na superfície das células e consequente inibição da liberação de novos vírus (ver Figura 9.9).

Quanto mais similar aos análogos de ácido siálico, maior a chance de seleção de mutantes resistentes, o que acontece com o oseltamivir. Existe também outra diferença fundamental entre o oseltamivir e o zanamivir que explica o padrão de resistência para esses antivirais: devido à sua maior cadeia hidrofóbica, o oseltamivir requer uma rotação do resíduo catalítico Glu276 da neuraminidase viral para poder se ligar; enquanto o zanamivir, por apresentar uma cadeia menor, se liga diretamente à neuraminidase. Por exemplo, em um mutante N1 em que a neuraminidase apresentou uma substituição na posição 274, na qual a histidina (His/H) foi trocada pela tirosina (Tyr/Y), a rotação pode não ser necessária, provocando resistência ao oseltamivir. Durante a pandemia de 2009, estirpes do vírus $H_1N_1$ resistentes ao oseltamivir foram isoladas no mundo todo, mesmo em pacientes não tratados. Felizmente, vírus resistentes ao oseltamivir são ainda sensíveis ao zanamivir, para o qual a resistência tem sido escassamente relatada. No entanto, o zanamivir apresenta o inconveniente de ser administrado por inalação, o que faz com que ele não possa ser utilizado em pacientes com infecção grave pelo FLUV e em pacientes com asma ou DPOC. Para diminuir esse problema, está sendo considerada a formulação endovenosa. Em 2017, o Ministério da Saúde (MS) do Brasil divulgou as diretrizes para quimioprofilaxia e tratamento da influenza no "Protocolo de Tratamento de Influenza" (https://bvsms.saude.gov.br/bvs/publicacoes/protocolo_tratamento_influenza_2017.pdf).

A quimioprofilaxia é recomendada para:

- Pessoas com risco elevado de complicações, não vacinadas ou vacinadas há menos de 2 semanas, após exposição a caso suspeito ou confirmado de influenza
- Crianças com menos de 9 anos de idade, primovacinadas, que ainda não tomaram segunda dose de vacina com intervalo de 1 mês para serem consideradas vacinadas
- Pessoas com graves deficiências imunológicas
- Profissionais de laboratório, não vacinados ou vacinados há menos de 15 dias, que tenham manipulado amostras clínicas de origem respiratória que contenham o FLUV, sem uso adequado de EPI
- Trabalhadores de saúde, não vacinados ou vacinados há menos de 15 dias, e que estiveram envolvidos na realização de procedimentos invasivos geradores de aerossóis, ou na manipulação de secreções de caso suspeito ou confirmado de influenza, sem o uso adequado de EPI
- Residentes de alto risco em instituições fechadas e hospitais de longa permanência, durante surtos na instituição.

O MS do Brasil disponibiliza fosfato de oseltamivir e zanamivir no Sistema Único de Saúde (SUS) e deve ser utilizado o receituário simples para a prescrição do medicamento. A dose de fosfato de oseltamivir para adultos é de 75 mg, 2 vezes/dia, por 5 dias e, até o momento, não há evidência científica consistente para indicar o aumento da dose ou do tempo de utilização do antiviral. A indicação de zanamivir somente está autorizada em casos de impossibilidade do uso do fosfato de oseltamivir.

Gestantes estão no grupo de pacientes com risco para complicações por influenza, tendo em vista a maior mortalidade registrada nesse segmento populacional, especialmente durante a pandemia de 2009. Por esse motivo, devem ser tratadas, preferencialmente, com o fosfato de oseltamivir; este tratamento não é contraindicado na gestação, pois não há relatos de malformações, até o momento, com melhor relação risco/benefício.

Ainda em 2017, com base no perfil epidemiológico da influenza no Brasil, o MS do Brasil realizou, em parceria com várias sociedades médicas, uma revisão do "Protocolo de tratamento de Influenza", com destaque para a importância do tratamento dos casos de síndrome gripal (SG) e de síndrome respiratória aguda grave (SRAG). Para tanto, foram revisadas e redefinidas algumas condutas a serem instituídas frente aos casos de infecção pelo FLUV e foram atualizadas as indicações de tratamento e quimioprofilaxia. No Quadro 9.2 observa-se a posologia de oseltamivir e zanamivir para tratamento e quimioprofilaxia de infecção pelo vírus da influenza.

Em geral, a quimioprofilaxia com antiviral não é recomendada se o período após a última exposição a uma pessoa com infecção pelo vírus for maior que 48 horas; para que seja efetiva, o antiviral deve ser administrado durante a potencial exposição com FLUV e continuar por mais 10 dias após a última exposição. Segundo o "Protocolo de Tratamento de Influenza" (2017), considera-se exposição o contato com caso suspeito ou confirmado para influenza até 48 horas.

### *Peramivir e laninamivir*

O antiviral peramivir (Rapiacta R®, Peramiflu®) é um análogo do ciclopentano (ver Figura 9.10). Quimicamente, é o ácido (1S, 2S,3R,4R)-3-[(1S)-1-(acetilamio)-2-etilbutil]-4-(carbamidoilamino)-2-hidroxiciclopentanocarboxílico tri-hidratado e inibe a enzima neuraminidase do FLUV. Foi licenciado pela FDA em outubro de 2009 sob "autorização de uso emergencial", devido à epidemia $H_1N_1$, para ser administrado em única dose endovenosa, até 48 horas do início dos sintomas em pacientes hospitalizados somente nos casos em que outros antivirais não fossem efetivos ou não estivessem disponíveis.

Peramivir age contra os FLUVA e FLUVB e tem eficácia clínica comparável ao oseltamivir no tratamento dos casos graves de influenza sazonal. Esse antiviral foi desenvolvido pela metodologia de desenho computacional de novas drogas, com base em estruturas já conhecidas, e consiste em uma cadeia de ciclopentano com um grupamento guanidil carregado positivamente e cadeias laterais lipofílicas. Os estudos envolvendo pacientes adultos revelaram que o antiviral é seguro e tem um perfil farmacocinético que possibilita a administração 1 vez/dia. O peramivir foi licenciado no Japão, Coreia do Sul, China e EUA. A evidenciação de resistência ainda está em investigação.

O octanoato de laninamivir (Inavir®) é a pró-droga do laninamivir, um inibidor de neuraminidase do FLUV, que também foi desenhada em computador a partir do conhecimento de estrutura e função (ver Figura 9.10). Quimicamente, é o octanoato de D-glicero-D-galacto-non-2-enonicoacido-5-(acetilamino)-4-[(aminoiminometil)amino]-2,6-anidro-3,4,5-tridesoxi-7-*O*-metil-9, que foi licenciado no Japão em outubro de 2010.

**Quadro 9.2** Drogas antivirais e posologia[1] para tratamento e quimioprofilaxia de infecção pelo vírus da influenza (oseltamivir e zanamivir).

| Antiviral | Faixa etária | | Tratamento | Quimioprofilaxia |
|---|---|---|---|---|
| Fosfato de oseltamivir[2] (Tamiflu®) | Adulto | | 75 mg, 12/12 h, 5 dias | 75 mg, 1 vez/dia, 10 dias |
| | Criança maior de 1 ano | ≤ 15 kg | 30 mg, 12/12 h, 5 dias | 30 mg, 1 vez/dia, 10 dias |
| | | 16 kg a 23 kg | 45 mg, 12/12 h, 5 dias | 45 mg, 1 vez/dia, 10 dias |
| | | 24 kg a 40 kg | 60 mg, 12/12 h, 5 dias | 60 mg, 1 vez/dia, 10 dias |
| | | > 40 kg | 75 mg, 12/12 h, 5 dias | 75 mg, 1 vez/dia, 10 dias |
| | Criança menor de 1 ano | 0 a 8 meses* | 3 mg/kg, 12/12 h, 5 dias | 3 mg/kg, 1 vez/dia, 10 dias |
| | | 9 a 11 meses | 3,5 mg/kg, 12/12 h, 5 dias | 3,5 mg/kg, 1 vez/dia, 10 dias |
| Zanamivir[3] (Relenza®) | Adulto e criança ≥ 7 anos | | 10 mg: 2 inalações de 5 mg, 12/12 h, 5 dias | 10 mg: 2 inalações de 5 mg, 1 vez/dia, 10 dias |
| | Criança ≥ 5 anos a < 7 anos | | – | 10 mg: 2 inalações de 5 mg, 1 vez/dia, 10 dias |

[1]Protocolo usado no Brasil. [2]O fosfato de oseltamivir não foi aprovado pela FDA para uso em crianças menores de 1 ano e apenas foi liberado para profilaxia em uso emergencial nos EUA. [3]A indicação de zanamivir somente está autorizada em casos de impossibilidade do uso do fosfato de oseltamivir (Tamiflu®). *Fosfato de oseltamivir não é recomendado para menores de 3 meses, a menos que a situação seja julgada crítica. Fonte: Ministério da Saúde do Brasil, 2017; CDC, 2017.

O uso é restrito a adultos e é administrado em única inalação; apresenta atividade para o FLUV sazonal e também para vírus resistentes ao oseltamivir. Estudos evidenciaram que o laninamivir e a pró-droga octanoato de laninamivir apresentam especificidade para diferentes tipos de neuraminidases do FLUV. Foi constatado também que esse inibidor se liga ao sítio ativo da neuraminidase de maneira peculiar, mas com alguma similaridade à ligação do oseltamivir.

Peramivir e octanoato de laninamivir ainda não estão licenciados no Brasil.

### Mecanismo de ação

O peramivir e o octanoato de laninamivir se ligam competitivamente ao sítio ativo da neuraminidase do FLUVA por serem análogos de ácido siálico. Estudos com o peramivir mostraram que ele é capaz de inibir a atividade neuraminidásica de várias estirpes de FLUVA e FLUVB, incluindo o $H_1N_1$ (influenza suíno). A enzima neuraminidase promove a liberação dos vírus da célula, clivando as ligações entre o ácido siálico e o resíduo de açúcar adjacente, promovendo o espalhamento do vírus no sistema respiratório por diferentes mecanismos. Os inibidores fazem com que essa função da neuraminidase fique prejudicada (ver Figura 9.9).

## *Favipiravir*

Favipiravir é um inibidor que foi licenciado como Avigan® no Japão para tratamento de infecção pelos FLUVA, FLUVB e FLUVC. Quimicamente é o 6-flúor-3-hidroxi-pirazina-2-carboxamida (Figura 9.11). Esse antiviral apresenta atividade para estirpes altamente patogênicas do FLUV. *In vitro*, o favipiravir foi ativo contra o FLUVA ($H_1N_1$), resistente ao oseltamivir. A posologia de favipiravir para adultos é 1.600 mg por via oral de 12 em 12 horas no primeiro dia, seguido de 600 mg de 12 em 12 horas durante mais 4 dias. Resultados em pacientes apresentando FLUVA $H_5N_1$ mostraram um efeito sinérgico quando administrado juntamente com oseltamivir. O favipiravir também apresenta um amplo espectro de ação contra muitos vírus de genoma de RNA, inibindo *in vitro* o YFV; vírus da raiva (RABV) e vírus do Oeste do Nilo (WNV; *West Nile virus*). Também foi demonstrada sua atividade *in vitro* contra norovírus (NoV), alguns arenavírus (Machupo, Junin, Pichinde, Tacaribe e Guaranito) e buniavírus (Punta Toro, La Crosse e febre do vale Rift). Estudos *in vitro* e em camundongos revelaram efeito contra o EBOV, resultados que podem indicar seu uso em epidemias por esse vírus. Esse antiviral ainda não foi licenciado no Brasil.

Durante a pandemia pelo SARS-CoV-2 em 2019/2020 o favipiravir foi usado na China e no Japão como tratamento experimental, mas ainda sem resultados conclusivos na época da edição do livro.

### Mecanismo de ação

O mecanismo de ação do favipiravir é diferente de todos os outros inibidores anti-influenza e inibe a RNA polimerase viral. Dentro da célula, o favipiravir é convertido em favipiravir ribofuranosil monofosfato por uma (adenina, hipoxantina, guanina) fosforribosil transferase celular e passa à forma trifosfato (TP) ativa. Seu efeito antiviral é atenuado pela adição de nucleotídeos purina nos experimentos de atividade antiviral, indicando que a RNA polimerase viral reconhece o favipiravir-TP como um análogo nucleotídico de purina. Favipiravir trifosfato apresenta inibição seletiva sobre a RNA polimerase-RNA dependente dos FLUV, incluindo vírus $H_5N_1$, além de outros vírus que possuem RNA, tanto de fita positiva, quanto negativa.

## *Baloxavir marboxila*

O baloxavir marboxila (Xofluza®) é uma pró-droga do ácido baloxavir, um novo antiviral que foi licenciado no Japão e nos EUA, pela FDA, para tratamento de infecção pelo FLUVA e FLUVB. Assim como favipiravir, é uma droga que apresenta mecanismo de ação completamente distinto dos outros antivirais inibidores

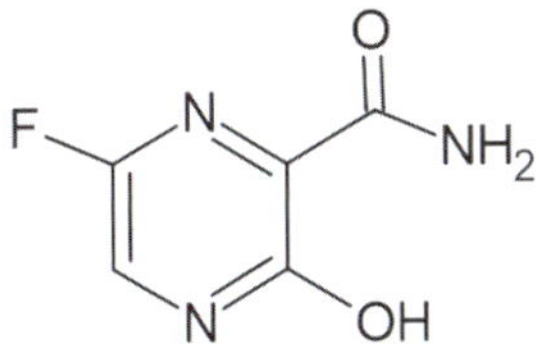

Favipiravir

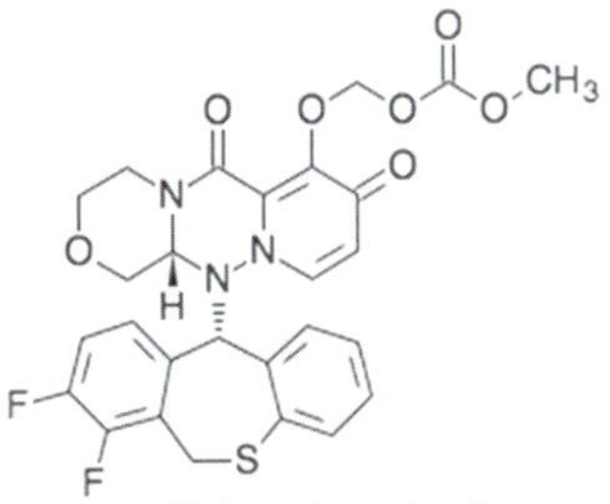

Baloxavir marboxila

**Figura 9.11** Inibidores da RNA polimerase-RNA dependente do vírus da influenza.

da neuraminidase que haviam sido licenciados anteriormente. Quimicamente, é o ácido 5-hidroxi-4-piridona-3-carboxílico que apresenta efeito antiviral inibindo a função endonuclease *cap*-dependente da subunidade PA da RNA polimerase-RNA dependente dos FLUV impedindo a transcrição de RNAm virais.

Uma das vantagens desse fármaco é a posologia, pois apenas 1 dose por via oral é necessária, em indivíduos acima de 12 anos, para permitir o tratamento eficaz da infecção por FLUVA e FLUVB. O medicamento deve ser administrado dentro de 48 horas do início dos sintomas na dose de 40 mg em indivíduos entre 40 e 80 kg e 80 mg em indivíduos acima de 80 kg. No entanto, em estudos realizados nas fases clínicas II e III foi detectado que 2,2% das estirpes de FLUVA ($H_1N_1$) e 9,7% das estirpes $H_3N_2$ apresentaram resistência com mutações PA/I/MF. Os efeitos colaterais provocados pelo antiviral são diarreia, bronquite, resfriado, cefaleia e náusea.

#### Mecanismo de ação

Os FLUV apresentam uma RNA polimerase-RNA dependente, que é um heterodímero formado pelas subunidades PA, PB1 e PB2 que são essenciais para a replicação do genoma dos vírus. A atividade RNA polimerase-RNA dependente reside na subunidade PB1 e a atividade endonuclease *cap*-dependente, na subunidade PA. A síntese de RNAm viral requer um *primer* de pré-RNAm celular para a transcrição viral, de modo que a proteína PB2 possa se ligar à estrutura capeada desse pré-RNA no núcleo de células infectadas. Posteriormente PB2 é clivada pela endonuclease PA *cap*-dependente, que produz um fragmento de 9 a 13 bases na extremidade 3'-*cap* que atua como iniciador para a RNA polimerase viral, processo chamado *cap-snatching*. Baloxavir marboxila inibe a função endonuclease da subunidade PA da RNA polimerase-RNA dependente e impede a transcrição de RNAm virais.

## Droga anti-HRSV

### Ribavirina

Ribavirina (1-β-D-ribofuranosil-1,2,4-triazol-3-carboxamida), Virazole® ou Viramid® é um fármaco que foi sintetizado em 1970 e, em 1972, utilizado como antiviral. É estruturalmente parecido com o nucleosídeo natural guanosina, com a diferença que o anel da base nitrogenada se encontra aberto na ribavirina (Figura 9.7). Apresenta atividade para muitos vírus, tanto para os que apresentam genoma de DNA, quanto para os de genoma RNA, e foi licenciado pela FDA, em 1986, para o tratamento de infecções pelo HRSV. É administrado na forma de aerossol para tratamento de crianças com broncopneumonia grave produzida pelo HRSV. Entretanto, também pode ser utilizado em adultos com infecção grave pelo FLUV ou vírus do sarampo. Estudos têm mostrado que a administração de ribavirina por via oral ou endovenosa também pode ser útil no tratamento da febre de Lassa e febres hemorrágicas da Coreia e da Argentina. Apresenta benefícios no tratamento da hepatite C quando associado ao interferon-α e outros inibidores que agem diretamente sobre o HCV, conforme descrito mais adiante. Ribavirina faz parte da Lista de Medicamentos Essenciais da OMS, 2019.

#### Mecanismo de ação

O amplo espectro de ação da ribavirina justifica-se pelos seus diferentes modos de atuação. Sendo semelhante à guanosina trifosfato, esse análogo inibe a enzima inosina-5'-monofosfato (IMP) desidrogenase, que converte IMP em xantina monofosfato (XMP), inibindo a síntese de ácidos nucleicos, além de impedir o capeamento de RNAm. Por outro lado, também inibe a RNA polimerase do FLUV.

## Drogas anti-HHV-1, HHV-2 e HHV-3

### Iododesoxiuridina e trifluridina

O inibidor iododesoxiuridina (5-iodo-2-desoxiuridina), IDU ou Stoxil®, é um análogo da timidina (ver Figura 9.6), que foi sintetizado por William Prusoff, em 1959, e introduzido na terapia antiviral por Kaufmann e colaboradores, em 1962. Para atuar como antiviral, ele precisa ser fosforilado por enzimas celulares para ser transformado em sua forma ativa trifosfato. O IDU foi o primeiro quimioterápico a ser usado no tratamento da ceratite herpética. Seus efeitos colaterais incluem ceratite epitelial puntiforme, demora na cicatrização do epitélio, conjuntivite folicular, obstrução lacrimal e reação de hipersensibilidade. É frequente a resistência viral ao IDU, que é percebida clinicamente quando não há melhora da lesão herpética. Pode ser usado sob a forma de pomada oftálmica a 0,5%, 5 vezes/dia, durante 7 a 14 dias, ou colírio a 0,1%, 9 vezes/dia, durante 7 a 14 dias. Embora o IDU seja comercializado na forma de pomada oftálmica, alguns clínicos o prescrevem para tratamento do herpes orofacial, mas a resposta não é muito boa.

Kaufman e Heidelberg descreveram o efeito antiviral da trifluridina (5-triflúormetil-2-desoxiuridina). Também conhecida como trifluortimidina, TFT ou Viroptic® (ver Figura 9.6), é um análogo da timidina que também é fosforilado por enzimas celulares, para ser transformado em sua forma ativa trifosfato. Esse antiviral é utilizado no tratamento da ceratite herpética e, em tratamentos prolongados, pode produzir reações adversas semelhantes às do IDU, porém de menor intensidade. Na formulação como colírio a 1%, deve ser usado 9 vezes/dia, durante 14 a 21 dias.

#### Mecanismo de ação

Os antivirais IDU e trifluridina são análogos da timidina e seu mecanismo de ação ocorre pela incorporação da forma trifosfatada no DNA viral, com consequente inibição da replicação viral pela incorporação do análogo, que não é o substrato natural para a incorporação no ácido nucleico que está sendo sintetizado. Não sendo seletivos, por serem fosforilados por enzimas celulares, comprometem também o DNA celular, sendo muito tóxicos para serem administrados por outra via que não seja a tópica.

### Brivudina

Quimicamente, o antiviral brivudina é [(*E*)-5-(2-bromovinil)-2'-desoxiuridina], um análogo da timidina (ver Figura 9.6). Também pode ser encontrado com a denominação de bromovinildesoxiuridina, BVDU, Zostex®, Brivirac® ou Zerpex®. Foi sintetizado em 1970, na Universidade de Birmingham, Inglaterra, tendo sido demonstrado seu efeito inibidor sobre os HHV-1 e HHV-3 pelo grupo belga liderado por Erik De Clerck, em 1979. É também um potente inibidor do herpesvírus de humanos 4 (HHV-4 ou vírus de Epstein-Barr) *in vitro*. Tem sido sugerido o tratamento de encefalite produzida pelo HHV-4, mas ainda existe a necessidade de comprovação de sua eficácia em ensaios clínicos. Sua atividade deve-se ao grupamento (*E*)-bromovinil na configuração *trans*, que é crucial para a seletividade desse antiviral. Brivudina é considerado um potente e seletivo antiviral, mas não está licenciado no Brasil, nem nos EUA e Reino Unido, sendo utilizado na Alemanha e em outros países da Europa para tratamento do herpes-zoster. A vantagem de brivudina sobre o aciclovir, em relação ao HHV-3, é que esse antiviral age em concentrações nanomolares e apresenta baixa toxicidade para células, podendo ser administrado sistemicamente. Seu efeito adverso principal é o aparecimento de náusea durante o tratamento. Recomenda-se a administração de 125 mg, em única dose ao dia, durante 7 dias, de preferência iniciando até 3 dias seguintes ao aparecimento das manifestações cutâneas ou 2 dias após o aparecimento das vesículas do zoster.

Brivudina não inibe o HHV-2, porque a timidino-cinase desse vírus não é capaz de converter eficientemente a brivudina monofosfato para a forma difosfato, resultando em uma redução substancial da forma ativa, brivudina trifosfato, em células infectadas. No entanto, esse antiviral pode ser usado como marcador para a diferenciação entre os HHV-1 e HHV-2.

### Mecanismo de ação

O inibidor brivudina é fosforilado pela timidino-cinase viral, passando à forma monofosfato e difosfato. Em seguida, é transformado na forma trifosfato por enzimas celulares, agindo como inibidor competitivo em relação ao substrato natural desoxitimidina trifosfato (dTTP), sendo incorporado ao DNA viral por meio da DNA polimerase. Essa incorporação afeta a estabilidade e a função do DNA viral, havendo em consequência a inibição da biossíntese viral.

## *Aciclovir*

O trabalho pioneiro de Gertrude Ellion e colaboradores levou à síntese do aciclovir (2-amino-9-(2-hidroxietoximetil)-1H-purin-6-ona), Zovirax®. Sua atividade antiviral foi primeiramente relatada por Peter Collins e John Bauer, mas somente foi introduzido como antiviral em 1979, para o tratamento de infecções produzidas pelos HHV-1, HHV-2 e HHV-3. Originalmente, o aciclovir foi sintetizado com a finalidade de inibir a enzima adenosina desaminase, para melhorar o desempenho da vidarabina (antiviral que foi descontinuado pelo fabricante), e posteriormente foi verificado seu efeito antiviral. O aciclovir é um análogo da guanosina, que apresenta uma cadeia acíclica em lugar da desoxirribose (ver Figura 9.7). A forma trifosfato ativa encontra-se em concentrações 40 a 100 vezes maiores nas células infectadas em comparação com as células sadias, inibindo a replicação do DNA viral e produzindo poucos efeitos colaterais. Apresenta o melhor índice terapêutico (dose tóxica/dose efetiva) de todos os antivirais, pois sua atuação se dá quase que exclusivamente nas células infectadas, já que precisa ser ativado pela timidino-cinase viral para exercer seu efeito. O aciclovir faz parte da Lista de Medicamentos Essenciais da OMS, 2019.

O aciclovir pode ser usado por via oral, endovenosa ou tópica. A apresentação oral pode ser na forma de comprimidos, cápsulas ou suspensão. Esse antiviral deve ser administrado 2 a 5 vezes/dia, durante 5 a 10 dias, dependendo da concentração usada, começando o mais cedo possível, no tratamento e profilaxia dos episódios de infecções mucocutâneas pelos HHV-1 e HHV-2, diminuindo a dor, o tempo de permanência do vírus na lesão e o tempo de cicatrização. No caso do "tratamento supressivo" da recorrência do herpes genital, devem-se administrar 400 mg, 2 vezes/dia, durante 12 meses (Quadro 9.3).

Na formulação como pomada, o aciclovir a 5% em propilenoglicol é aplicado 4 vezes/dia, durante 5 dias, nas lesões mucocutâneas localizadas. Observou-se cicatrização mais rápida e diminuição dos sintomas locais (dor, prurido, ardência), e os efeitos foram melhores nos casos em que se iniciou precocemente o tratamento. O aciclovir tópico é recomendado para o herpes orofacial e genital, tanto na primoinfecção quanto nas recorrências, a fim de abreviar o tempo de cicatrização das lesões e diminuir os sintomas locais (ver Quadro 9.3). Os melhores resultados são com a aplicação precoce (até 8 horas do início dos primeiros sintomas). Nos casos relatados como insucessos, questiona-se o tempo de início do tratamento (início após a instalação franca das lesões) ou seleção de mutantes resistentes.

Em pacientes imunocomprometidos, o aciclovir endovenoso (5 mg/kg, de 8/8 horas, 5 dias) mostra-se eficaz para diminuir a dor, abreviando o tempo de cicatrização das lesões e evitando formação de novas vesículas (ver Quadro 9.3).

Em casos de encefalite, recomenda-se a dose de 10 mg/kg, de 8/8 horas, com administração endovenosa durante 2 a 3 semanas e em pacientes com ceratite herpética, o aciclovir é administrado na formulação de pomada a 3%, para ser usado 5 vezes/dia, durante 7 a 14 dias (ver Quadro 9.3).

Os efeitos colaterais do aciclovir, em geral, são leves e incluem náusea e diarreia. Somente no caso de pacientes com grau insuficiente de hidratação ou com função renal comprometida, pode ocorrer um efeito adverso quando o aciclovir é usado por via sistêmica, que é a alteração da função renal devido à cristalização e ao depósito do fármaco nos rins. Por sua potente seletividade e baixa toxicidade é, atualmente, o antiviral de escolha para o tratamento das diferentes formas de infecção herpética produzida pelos HHV-1 e HHV-2, podendo ser usado também para infecções causadas pelo HHV-3, mas com menor eficiência. Alguns estudos também mostraram que o aciclovir pode evitar a recorrência se for administrado no primeiro episódio de herpes genital.

### Mecanismo de ação

Dentro da célula, o aciclovir é fosforilado passando à forma monofosfato, por intermédio da timidino-cinase viral. A partir dessa primeira fosforilação, crucial para a seletividade do aciclovir, enzimas celulares transformam-no em di (DP) e trifosfato (TP). Dessa maneira, o aciclovir-TP compete com a desoxiguanosina-TP como substrato para a DNA polimerase viral, que então o incorpora na cadeia do DNA viral que está sendo sintetizada. Devido ao fato de o aciclovir não apresentar a hidroxila (OH) na posição 3′, necessária à ligação de outros nucleotídeos, a síntese do DNA é interrompida (Figura 9.12). Além disso, a DNA polimerase forma uma ligação irreversível com o aciclovir-TP, com inativação da enzima. No entanto, mutações na timidino-cinase ou DNA polimerase virais podem produzir mutantes resistentes ao aciclovir, que podem causar infecções graves em pacientes imunocomprometidos, principalmente naqueles com AIDS.

## *Valaciclovir*

O valaciclovir (Valtrex®) é uma pró-droga (ver Figura 9.7) do aciclovir e, por ser um éster de L-valina, tem biodisponibilidade consideravelmente superior ao aciclovir, sendo absorvido com maior eficiência e, por isso, são usadas doses mais baixas. Após a administração oral, o valaciclovir é convertido por esterases a aciclovir e valina, pelo metabolismo de primeira passagem no fígado. Esse antiviral é utilizado para tratamento de infecções

**Quadro 9.3** Drogas antivirais e posologia para tratamento de infecções por herpesvírus de humanos das espécies 1, 2 e 3.

| Vírus | Doença | Antiviral (via de administração) | Posologia[1] | Comentários |
|---|---|---|---|---|
| HHV-1 e HHV-2 | Herpes mucocutâneo | Aciclovir (EV) | 5 mg/kg, 8/8 h, 5 dias | Terapia EV é preferida nos casos graves com doença disseminada (pacientes imunocomprometidos); há risco de nefropatia |
| | | Aciclovir (oral) | 200 mg, 5 vezes/dia, 5 a 10 dias | Herpes orofacial e herpes genital |
| | | | 400 mg, 8/8 h, 5 a 10 dias | |
| | | | 800 mg, 12/12 h, 5 a 10 dias | |
| | | Aciclovir creme 5% | 6/6 h, 5 dias | Herpes orofacial e herpes genital |
| | | Valaciclovir (oral) | 500 mg, 12/12 h, 3 dias | Herpes orofacial e primo infecção/ recorrência de herpes genital |
| | | Fanciclovir (oral) | 250 mg, 8/8 h, 5 dias | Primoinfecção de herpes genital |
| | | | 125 mg, 12/12 h, 5 dias | Herpes genital recorrente |
| | Ceratite herpética | Aciclovir pomada 3% | 5 vezes/dia, 7 a 14 dias | Herpes oftálmico |
| | | Aciclovir (oral) | 400 mg, 5 vezes/dia, 7 a 14 dias | A administração por via oral é controversa |
| | | Valaciclovir (oral) | 500 mg, 12/12 h, 7 a 14 dias | |
| | | Fanciclovir (oral) | 125 mg, 12/12 h, 7 a 14 dias | |
| | Encefalite herpética | Aciclovir (EV) | 10 mg/kg, de 8/8 h, 2 a 3 semanas | Risco de nefropatia |
| | Infecção neonatal | Aciclovir (EV) | 10 mg/kg, de 8/8 h, 10 a 14 dias | Risco de nefropatia |
| | "Tratamento supressivo" | Aciclovir (oral) | 400 mg, 12/12 h, 12 meses (400 a 800 mg, 2 a 3 vezes/dia para pacientes HIV-positivos) | Herpes genital recorrente |
| | | Valaciclovir (oral) | 500 mg, 1 vez/dia, 12 meses | Herpes genital com recorrência de < 9 episódios por ano |
| | | | 1.000 mg, 1 vez/dia ou 500 mg, 12/12 h, 12 meses | Herpes genital com recorrência de > 9 episódios por ano |
| | | Fanciclovir (oral) | 250 mg, 12/12 h, 12 meses | Herpes genital recorrente |
| HHV-3 | Herpes-zoster | Aciclovir (EV) | 10 a 12 mg/kg, de 12/12 h, 7 dias | Recomendado para pacientes imunocomprometidos |
| | | Aciclovir (oral) | 600 a 800 mg, 5 vezes/dia, 7 a 10 dias | Menos eficiente que valaciclovir em virtude da baixa biodisponibilidade |
| | | Valaciclovir (oral) | 1.000 mg, 8/8 h, 7 dias | Preferível para doença branda ou localizada |
| | | Fanciclovir (oral) | 500 mg, 8/8 h, 7 dias | |

EV: endovenosa; HHV-1: herpesvírus de humanos 1; HHV-2: herpesvírus de humanos 2; HHV-3: herpesvírus de humanos 3; HIV-positivos: positivos para o vírus da imunodeficiência humana. [1]Doses para indivíduos com função renal normal.

orofaciais ou genitais pelos HHV-1 e HHV-2, assim como infecções causadas pelo HHV-3 (ver Quadro 9.3).

No tratamento da primoinfecção do herpes genital e no tratamento da recorrência, um estudo com 1.170 pacientes mostrou que o uso de 500 mg de valaciclovir 2 vezes/dia, durante 3 dias, é suficiente para a remissão das lesões, enquanto o aciclovir precisa de 5 a 10 dias para surtir o mesmo efeito com maior número de tomadas diárias. O valaciclovir também foi superior em tempo de cura e em tempo de resolução do episódio em 75% dos pacientes, além de abortar o surgimento de lesões em 31% dos pacientes. A média de tempo de liberação de partículas virais no grupo valaciclovir foi 50% menor que a do grupo placebo. Em pacientes imunocomprometidos, a posologia recomendada é de 2 comprimidos de 500 mg ou 1 comprimido de 1.000 mg, 3 vezes/dia, durante 7 a 14 dias. Durante o tratamento, o valaciclovir acelera a cicatrização das lesões e diminui a duração da dor durante o episódio de herpes. Também diminui o tempo de *shedding* viral, período durante o qual o vírus é detectado na mucosa genital, sem causar sintomas, e pode ser transmitido para o parceiro sexual.

No caso de ceratite herpética, recomenda-se a dose de 500 mg, de 12/12 horas, durante 7 a 14 dias.

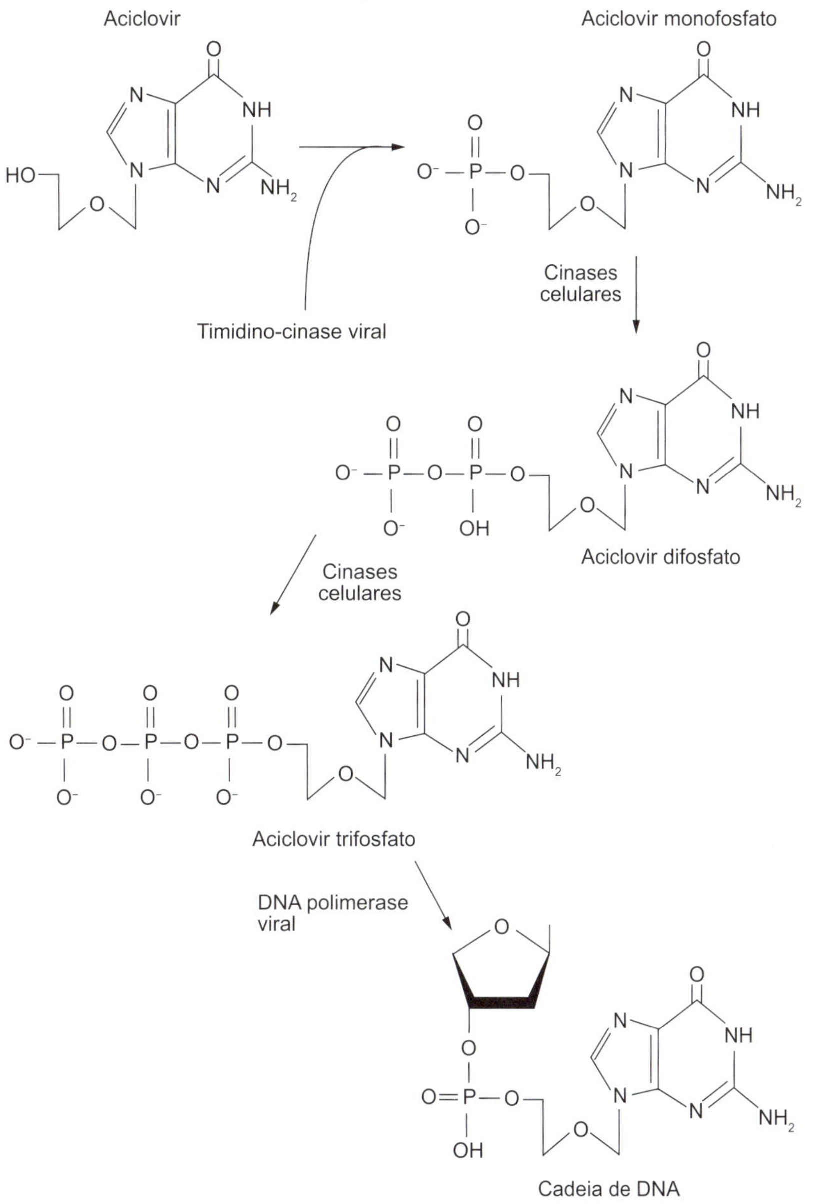


**Figura 9.12** Mecanismo de ação do aciclovir. A timidino-cinase viral adiciona um fosfato ao aciclovir, que passa à forma monofosfato (MP). A partir dessa primeira fosforilação, passa a di (DP) e trifosfato (TP), por intermédio de enzimas celulares. Desse modo, o aciclovir-TP compete com a desoxiguanosina-TP, no sítio de ação da DNA polimerase viral, que então o incorpora na cadeia do DNA viral que está sendo sintetizada. Devido ao fato de o aciclovir não apresentar a hidroxila (OH) na posição 3′, necessária à ligação de outros nucleotídeos, a síntese do DNA é interrompida. Além disso, a DNA polimerase forma uma ligação irreversível com o aciclovir-TP.

Quando o valaciclovir é administrado assim que os primeiros sinais da lesão herpética são observados, como formigamento, coceira ou vermelhidão, o medicamento pode ser capaz de evitar completamente o desenvolvimento das vesículas dolorosas. Nos testes clínicos, o valaciclovir preveniu o desenvolvimento de vesículas e úlceras em 1/3 a mais de pacientes quando comparado ao placebo, além de reduzir a transmissão do vírus a contatos suscetíveis.

O valaciclovir pode ser usado como "tratamento supressivo" visto que ensaios clínicos comprovaram que esse fármaco previne ou retarda as recorrências de herpes genital. No "tratamento supressivo", é necessário tomar 500 mg ou 1.000 mg do valaciclovir, dependendo da frequência dos episódios de recorrência (ver Quadro 9.3). Os efeitos colaterais do valaciclovir, em geral, são leves e podem incluir cefaleia ou náusea. Um estudo mostrou que o uso do valaciclovir em concentração de 500 mg em dose única diária usada no "tratamento supressivo" foi capaz de controlar o aparecimento de recorrência em 69% dos pacientes contra apenas 9,5% dos pacientes em uso de placebo.

Em pacientes imunocomprometidos, o tratamento do herpes orofacial com valaciclovir na concentração de 1.000 mg, 2 vezes/dia, se mostrou tão eficaz quanto com aciclovir 200 mg, 5 vezes/dia, porém o valaciclovir apresenta melhor posologia.

Com relação ao tratamento de herpes-zoster, o valaciclovir mostrou eficácia superior na recuperação do paciente em comparação com o aciclovir: resolução mais rápida da dor aguda associada; menor tempo de duração das lesões; menor incidência de pacientes com dor pós-herpética e menor incidência de dor persistente por mais de 6 meses após o episódio.

## Mecanismo de ação

O valaciclovir apresenta o mesmo mecanismo de ação do aciclovir (ver Figura 9.12).

### *Fanciclovir*

Fanciclovir (Famvir®, Penvir®) é um derivado acíclico da guanosina (ver Figura 9.7). Esse antiviral é uma pró-droga que é metabolizada no fígado e intestinos e se transforma na forma ativa penciclovir (2-amino-9-[4-hidroxi-3-(hidroximetil) butil]-6,9-di-hidro-3H-purin-6-ona), molécula semelhante ao aciclovir. O fanciclovir é bem absorvido por via oral e apresenta biodisponibilidade melhor que a do aciclovir. É indicado para o tratamento de infecções agudas por HHV-3; tratamento ou supressão de herpes genital recorrente em pacientes imunocompetentes e tratamento de infecções mucocutâneas orofaciais recorrentes, em pacientes imunocompetentes. É encontrado em comprimidos na concentração de 125 mg, 250 mg e 500 mg. No tratamento do herpes-zoster, a posologia é de 500 mg, 8/8 horas, por 7 dias (ver Quadro 9.3). O tratamento deve ser iniciado o mais cedo possível no curso da doença, imediatamente após o diagnóstico. No caso de herpes genital, no primeiro episódio de infecção, a posologia é 250 mg, 8/8 horas, durante 5 dias. Para tratamento de infecções genitais recorrentes, administrar 125 mg, 12/12 horas, durante 5 dias. Recomenda-se iniciar o tratamento durante o período prodrômico ou o mais cedo possível após o início das lesões. Em pacientes imunodeficientes, para o tratamento de infecção herpética recorrente orofacial ou genital, a dose recomendada é de 500 mg, 12/12 horas, durante 7 dias.

O fanciclovir é capaz de reduzir o tempo de duração das lesões herpéticas, além de diminuir a dor. De modo semelhante ao valaciclovir e aciclovir, o fanciclovir também encurta o período durante o qual o vírus é detectado na mucosa genital; em alguns países, é aprovado para uso diário como "tratamento supressivo" no herpes genital, com administração de 250 mg, 12/12 horas, durante 12 meses.

Em caso de ceratite herpética, pode ser administrado na dose de 125 mg, 12/12 horas, durante 7 a 14 dias (ver Quadro 9.3). Os efeitos colaterais do fanciclovir são leves, sendo os mais comuns, cefaleia e náusea.

A indicação do uso de antivirais (aciclovir, valaciclovir ou fanciclovir) orais em algumas manifestações da doença ocular herpética ainda é controversa. Parece existir uma concordância em se prescrever o antiviral oral nos casos de infecção primária extensa e grave, em casos selecionados de ceratouveíte, endotelite, iridociclite e trabeculite, pacientes imunocomprometidos, nas profilaxias de pacientes com doença ocular herpética com alta frequência de recorrência e nos pacientes submetidos a transplante de córnea. A dose recomendada é de 400 mg, 5 vezes/dia, durante 7 a 14 dias, para o aciclovir; 500 mg, 12/12 horas, durante 7 a 14 dias, para o valaciclovir; e 125 mg, 12/12 horas, durante 7 a 14 dias, para o fanciclovir (ver Quadro 9.3).

O MS do Brasil, por intermédio do SUS, oferece apenas o medicamento aciclovir como Componente Básico da Assistência Farmacêutica, e não disponibiliza o valaciclovir e o fanciclovir, por considerar o aciclovir e o aciclovir sódico (injetável) medicamentos de primeira escolha em infecções causadas pelos HHV-1, HHV-2 e HHV-3, em pacientes imunocompetentes e imunocomprometidos.

#### Mecanismo de ação

O fanciclovir apresenta o mesmo mecanismo de ação do aciclovir (ver Figura 9.12).

### *Docosanol*

Docosanol é um álcool primário saturado com 22 átomos de carbono, que apresenta amplo espectro de atuação *in vitro* contra vírus envelopados. Evidências clínicas têm mostrado que doconasol a 10% apresenta efeito no tratamento de herpes labial e genital, diminuindo a dor e o tempo de duração das lesões, sendo o único antiviral até o momento classificado como "medicamento isento de prescrição" (MIP).

#### Mecanismo de ação

Embora não muito bem estabelecido, seu mecanismo de ação pode ser explicado pela atuação no envelope viral, o que impediria a ligação do vírus em receptores na membrana de novas células a serem infectadas, diminuindo a propagação viral.

## Drogas anti-HHV-5

### *Ganciclovir*

O ganciclovir (9-[1-3-desidroxi-2-propoxi]metilguanina), DHPG, Cymevene®, Cytovene®, é um análogo da guanosina, semelhante ao aciclovir (ver Figura 9.7). É ativo contra todos os herpesvírus, mas é cerca de 100 vezes mais ativo contra o HHV-5. A infecção pelo HHV-5 é a causa mais frequente de cegueira em pacientes imunodeficientes, principalmente aqueles com AIDS (para mais informações, ver *Capítulos 13 e 20*).

O principal efeito adverso do ganciclovir é a toxicidade para a medula óssea, com neutropenia, anemia e diminuição de plaquetas, além de sintomas gastrointestinais, como diarreia, náusea, vômito e dor abdominal. Pode ocorrer também descolamento de retina, febre, cefaleia, insônia, parestesia e neuropatia periférica. Usado por via sistêmica, induz neutropenia de leve a moderada em 54% dos pacientes.

Devido à sua elevada toxicidade, o ganciclovir foi licenciado apenas para o tratamento de retinite causada por HHV-5 em pacientes aidéticos, como profilaxia em pacientes submetidos a transplantes de órgãos ou medula, ou como tratamento se for verificada a ativação do HHV-5 nesses indivíduos.

#### Mecanismo de ação

O HHV-5 não apresenta timidino-cinase, portanto o ganciclovir é monofosforilado por uma fosfotransferase codificada pelo gene $U_L97$ presente no genoma do vírus, com posterior fosforilação por enzimas celulares. Na forma trifosfato, o ganciclovir é adicionado ao DNA que está sendo sintetizado, sendo um inibidor competitivo da incorporação da desoxiguanosina trifosfato (dGTP) pela DNA polimerase viral. O ganciclovir não se liga irreversivelmente à DNA polimerase como o aciclovir, mas também interrompe a síntese do DNA por não possuir a OH no carbono 3′. O ganciclovir-TP inibe mais eficientemente a DNA polimerase do HHV-5 do que as polimerases celulares, embora seja extremamente tóxico. A possibilidade de resistência viral deve ser considerada em pacientes que demonstrem pouca resposta clínica ou excreção viral persistente (Figura 9.13). A resistência viral ao ganciclovir pode aparecer por diferentes mecanismos, entre os quais mutação no gene da fosfotransferase $U_L97$ ou mutação no gene da DNA polimerase viral.

### *Valganciclovir*

De maneira semelhante ao valaciclovir, o valganciclovir (Valcyte®) é uma pró-droga por ser um éster de valina do ganciclovir (ver

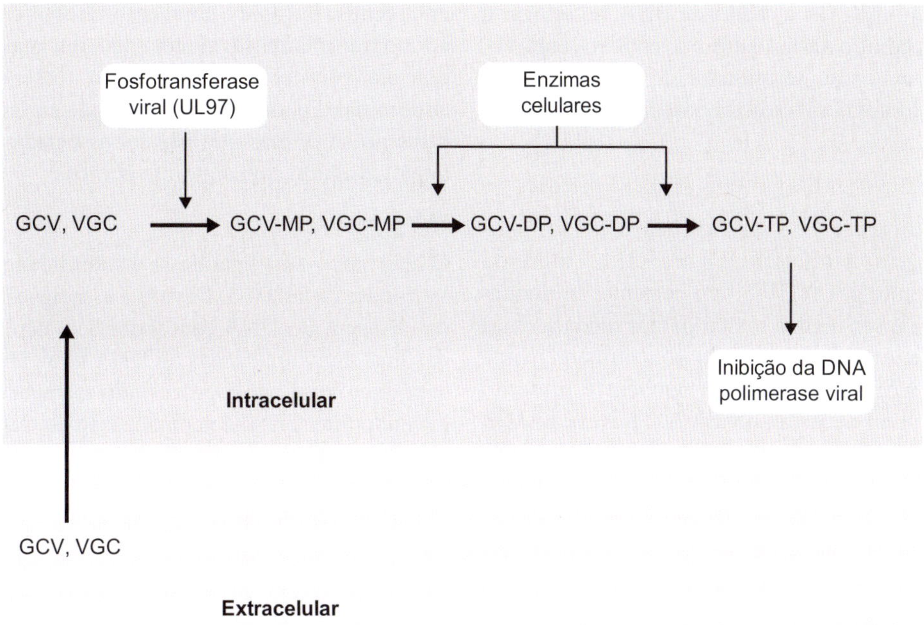


**Figura 9.13** Mecanismo de ação do ganciclovir e do valganciclovir. GCV: ganciclovir; VGC: valganciclovir; MP: monofosfato; DP: difosfato; TP: trifosfato.

Figura 9.7). Seus efeitos tóxicos, portanto, são os mesmos do ganciclovir. Após a administração oral, o valganciclovir é rapidamente convertido em ganciclovir por esterases hepáticas e intestinais. Esse antiviral faz parte da Lista de Medicamentos Essenciais da OMS, 2019.

Seu uso é recomendado na retinite causada por HHV-5 em pacientes aidéticos, como profilaxia em pacientes que irão ser submetidos a transplantes de órgãos ou medula, ou como tratamento caso seja verificada a ativação do HHV-5 nesses indivíduos.

Tem sido proposto o uso de valganciclovir na síndrome da fadiga crônica, com resultados satisfatórios em um número muito reduzido de pacientes, sendo ainda necessária a realização de mais pesquisas.

A dose recomendada para uso na retinite ativa é de 900 mg, 12/12 horas, durante 21 dias. Em dose de manutenção, o valganciclovir é administrado 1 vez/dia, na mesma concentração. No caso de pacientes submetidos a transplante, a dose é de 900 mg, 1 vez/dia, iniciado até o 10º dia após o transplante e continuado até o 100º dia.

### Mecanismo de ação

O mecanismo de ação do valganciclovir é o mesmo do ganciclovir (ver Figura 9.13).

## *Cidofovir*

O cidofovir ou (*S*)-9-(3-hidroxi-2-fosfonilmetoxipropil)citosina (HPMPC, Vistide®) é um análogo acíclico nucleotídico da desoxicitidina monofosfato (dCMP) e foi o primeiro análogo de nucleotídeo a ser licenciado pela FDA (Figura 9.14). Apresenta um amplo espectro de atuação e é recomendado para o tratamento de retinite causada pelo HHV-5 em pacientes com AIDS, que não apresentem alteração da função renal, retardando a progressão da retinite em pacientes que ainda não tenham sido tratados. Apresenta meia-vida longa, o que faz com que possa ser administrado em doses menos frequentes (2 vezes/semana), não havendo, portanto, necessidade de implantação de cateter venoso. A administração do cidofovir retarda a progressão da retinite causada pelo HHV-5. Porém, devido à sua nefrotoxicidade, é administrado juntamente com probenecida e soro fisiológico para hidratação.

### Mecanismo de ação

O cidofovir precisa sofrer fosforilação por meio de cinases celulares que adicionam dois fosfatos, convertendo-o em um derivado trifosfatado, que é a forma ativa. Dessa maneira, a ativação do cidofovir ocorre tanto em células infectadas quanto em sadias. O cidofovir trifosfato inibe competitivamente a incorporação da

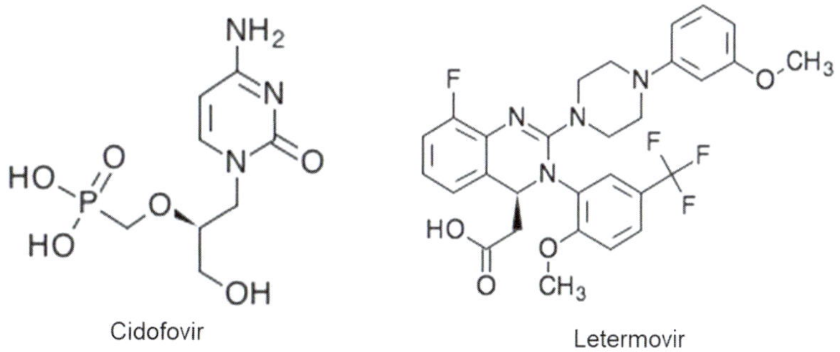


**Figura 9.14** Análogo nucleotídico (cidofovir) e não nucleosídico (letermovir) anti-HHV-5.

desoxicitidina-trifosfato (dCTP) à cadeia de DNA, ao se ligar à DNA polimerase, impedindo a adição dos nucleotídeos naturais. No entanto, só age como um "terminador de cadeia" quando duas moléculas do cidofovir são adicionadas sequencialmente ao DNA do HHV-5.

### *Fosfonoformato*

O fosfonoformato (Foscarnet®) é o sal sódico do ácido fosfonofórmico e é um análogo do pirofosfato (Figura 9.15). É utilizado no tratamento da retinite por HHV-5, em pacientes imunodeficientes. A vantagem é ser menos tóxico para a medula óssea do que o ganciclovir, e poder ser usado concomitantemente com a zidovudina (AZT). Esse antiviral também é prescrito para pacientes que sofrem de lesões invasivas e graves causadas por HHV-1 e HHV-2 resistentes ao aciclovir, assim como por HHV-3. Devido à sua baixa biodisponibilidade, a administração do fosfonoformato torna-se difícil, requerendo administração endovenosa, por meio de bomba de infusão. Seu principal efeito colateral é a lesão renal.

#### Mecanismo de ação

Diferentemente dos análogos nucleosídicos, o fosfonoformato não precisa ser fosforilado ou ativado por enzimas celulares ou virais. Ele se liga à DNA polimerase do HHV-5, no sítio de ligação do pirofosfato, inibindo a ligação de novos nucleotídeos. Outra hipótese seria a de que o fosfonoformato formaria um intermediário instável com os nucleotídeos, resultando na degradação do ácido nucleico.

### *Letermovir*

O letermovir (Prevymis®), um inibidor não nucleosídico, é quimicamente o 2-[(4*S*)-8-flúor-2-[4-(3-metoxifenil)piperazin-1-il]-3-[2-metoxi-5-(triflúormetil)fenil]-4H-quinazolin-4-il]ácido acético (ver Figura 9.14). Inicialmente, o fármaco foi testado em pacientes infectados com HHV-5 submetidos a transplante alogênico de células-tronco hematopoiéticas (TCTH alogênico; *allogeneic hematopoietic stem cell transplant, allogeneic* HSCT) e também foi eficaz em outros pacientes imunocomprometidos como os que receberam transplante de órgão ou HIV-positivos. Em 2017, foi aprovado pela FDA e em 2018 pela EMA, para uso profilático na reativação do HHV-5 apenas em indivíduos submetidos a TCTH alogênico. Como o número de pacientes com a doença causada pelo HHV-5 não é muito grande, se for considerado o número de transplantes dessa natureza, o letermovir foi primeiramente designado como um "medicamento órfão" (medicamento único, usado em doenças raras), em 2011. Esse medicamento não está licenciado no Brasil.

A apresentação do letermovir é na forma de comprimidos de 240 ou 480 mg ou solução para infusão endovenosa na concentração de 20 mg/mℓ (concentração final: 480 mg). A posologia indicada é de 1 comprimido de 480 mg 1 vez/dia ou infusão

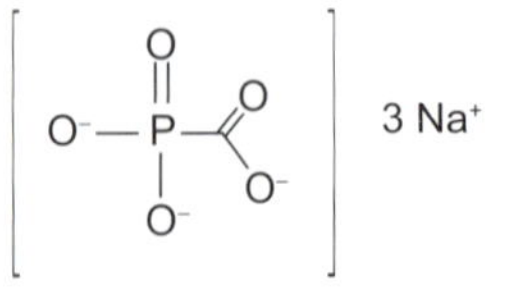


Fosfonoformato sódico

**Figura 9.15** Análogo do pirofosfato.

endovenosa durante 1 hora, em ambos os casos, durante 100 dias após o transplante. Os efeitos colaterais mais comuns são náusea, diarreia, vômito, edema periférico, tosse, cefaleia, fadiga e dor abdominal. Foi observada moderada elevação de aminotransferases no soro, mas que não foi associada a comprometimento hepático agudo com sintomas clínicos.

#### Mecanismo de ação

O letermovir atua ligando-se à subunidade $pU_L56$ do complexo terminase do HHV-5. Devido a essa ligação, há o impedimento da clivagem do DNA concatamérico, não havendo a formação das fitas individualizadas do DNA viral. Dessa maneira, o DNA genômico viral não é processado e empacotado nos capsídeos, havendo interferência na finalização do ciclo de biossíntese viral e infecção de novas células.

## Drogas anti-HPV e anti-HHV-8

### *Interferon-α convencional e interferon-α peguilado*

Interferons (IFN) apresentam natureza química glicoproteica. São descritos três diferentes tipos de IFN: tipo I (α e β), tipo II (γ) e tipo III (λ), com base nas características estruturais, tipo de receptores requeridos e atividades biológicas. Embora todos os tipos de IFN estimulem a resposta imunológica, contribuindo para a eliminação dos vírus, somente os IFN tipos I e III são diretamente produzidos em resposta a uma infecção viral. Até recentemente, foi aceito que o IFN tipo I era o único mediador precoce da resposta inata aos vírus, assim como regulador da subsequente resposta do sistema imunológico (SI) adaptativo. Ultimamente, verificou-se que havia um grupo de proteínas funcionalmente similares ao IFN tipo I, as quais foram denominadas IFN tipo III (IFN-λ ou IL-28/29). Consequentemente, tanto o IFN tipo I quanto o tipo III compartilham a mesma propriedade de induzir a célula a um "estado antiviral" (para mais informações, ver *Capítulo 7*). O IFN-γ, classificado como tipo II, é chamado de interferon imunológico e depende da estimulação de mitógenos e antígenos para a sua produção pelas células do SI. Os IFN tipo I são reconhecidos não somente por sua atividade antiviral, como também pela ação antitumoral, e por isso são usados também no tratamento de vários tipos de neoplasias.

Os IFN produzidos no organismo são chamados de endógenos, enquanto os que são administrados durante um tratamento com finalidade antiviral são denominados exógenos. Os IFN utilizados como quimioterápicos são IFN-α, que podem ser produzidos em culturas de células e posteriormente purificados, ou fabricados por técnicas de engenharia genética. Os primeiros IFN utilizados em seres humanos apresentavam muitas impurezas oriundas da suspensão de células utilizadas na sua preparação.

Existem dois tipos de IFN exógenos utilizados na prática terapêutica: IFN-α convencional (2a = Roferon-A®; 2b = Intron-A®), e o IFN-α associado ao polietilenoglicol: PEG-IFN-α (2a = Pegasys®; 2b = PegIntron®).

O IFN-α é recomendado no tratamento de pacientes portadores de verrugas genitais produzidas pelos HPV e no tratamento dos tumores produzidos pelo HHV-8 associado ao sarcoma de Kaposi.

Para o tratamento das verrugas genitais, o IFN-α é administrado por meio de injeções no local da lesão, sendo necessárias 3 injeções/semana, durante 3 semanas, ou 2 injeções/semana, durante 8 semanas, dependendo do tipo de IFN.

O tratamento do sarcoma de Kaposi com IFN-α apresenta resultados contraditórios. Pode ser administrado por injeção local (o que alguns autores consideram ineficiente) ou por via sistêmica, com resposta parcial ou total em 30 a 70% dos casos, mas que envolve vários efeitos colaterais.

Os efeitos colaterais relacionados com a administração de IFN são: sintomas gripais (astenia, cefaleia, dores musculares), fadiga intensa, insônia, depressão, anemia, dores nas articulações, disfunção da tireoide, hipertrigliceridemia e alterações neuropsiquiátricas, diferentes em cada paciente. Alguns pacientes apresentam, ainda, retinopatia, alterações auditivas e gastrointestinais, enquanto outros não são acometidos por nenhum efeito colateral. A maior parte dos doentes consegue completar o tratamento, porém em alguns casos, é necessária a redução das doses (20% dos pacientes) ou a sua descontinuidade (5%).

## Mecanismo de ação

Quando o IFN-α se liga aos receptores presentes na membrana celular, ele ativa genes específicos que são transcritos em RNAm, que, por sua vez, são traduzidos em proteínas que interferem na replicação viral. O IFN liga-se a receptores R1 e R2 na membrana das células, ativando os genes para a produção de cinases celulares – tirosino-cinase 2 (Tyk2) e Janus-cinase 1 (JaK1), que fosforilam duas proteínas denominadas STAT (transdutor de sinal e ativador de transcrição [*signal transducers as well as activators of transcription*]), STAT 1 e STAT 2, presentes no citoplasma. Essas proteínas fosforiladas, juntamente com outra proteína celular IRF9 (fator regulador de interferon 9 [*IFN regulatory factor* 9]), formam um complexo conhecido como ISGF3 (fator 3 de genes estimulados por inteferon [*IFN-stimulated genes factor* 3]), que é translocado do citosol para o núcleo onde se liga em promotores de genes celulares chamados ISRE (elementos de resposta estimulados por interferon [*IFN-stimulated response elements*]), ativando a transcrição de RNAm que darão origem a proteínas antivirais, levando a um "estado antiviral" na célula. Os principais efeitos antivirais do interferon são produzidos por duas enzimas: 2′, 5′-oligoadenilato sintetase, que ativa a endonuclease RNase L, que, por sua vez, degrada o RNAm viral; e uma proteíno-cinase específica para o fator de iniciação ribossomal (eIF2a), que fosforila e inativa o RNAm viral, ocorrendo, assim, a inibição da síntese de proteínas virais (e celulares). Além disso, o IFN induz a produção da enzima ADAR1 (adenosina desaminase que atua no RNA [*adenosine deaminase acting on RNA*]), a qual desestabiliza RNA de fita dupla, transformando adenosina em inosina, levando à edição pós-transcricional dos RNAm transcritos e à consequente inativação desses RNA. Mais um papel dos IFN é o estímulo de outras proteínas como a GTPase MX, que desfosforila GTP em GDP e induz a liberação de óxido nítrico nas células (Figura 9.16).

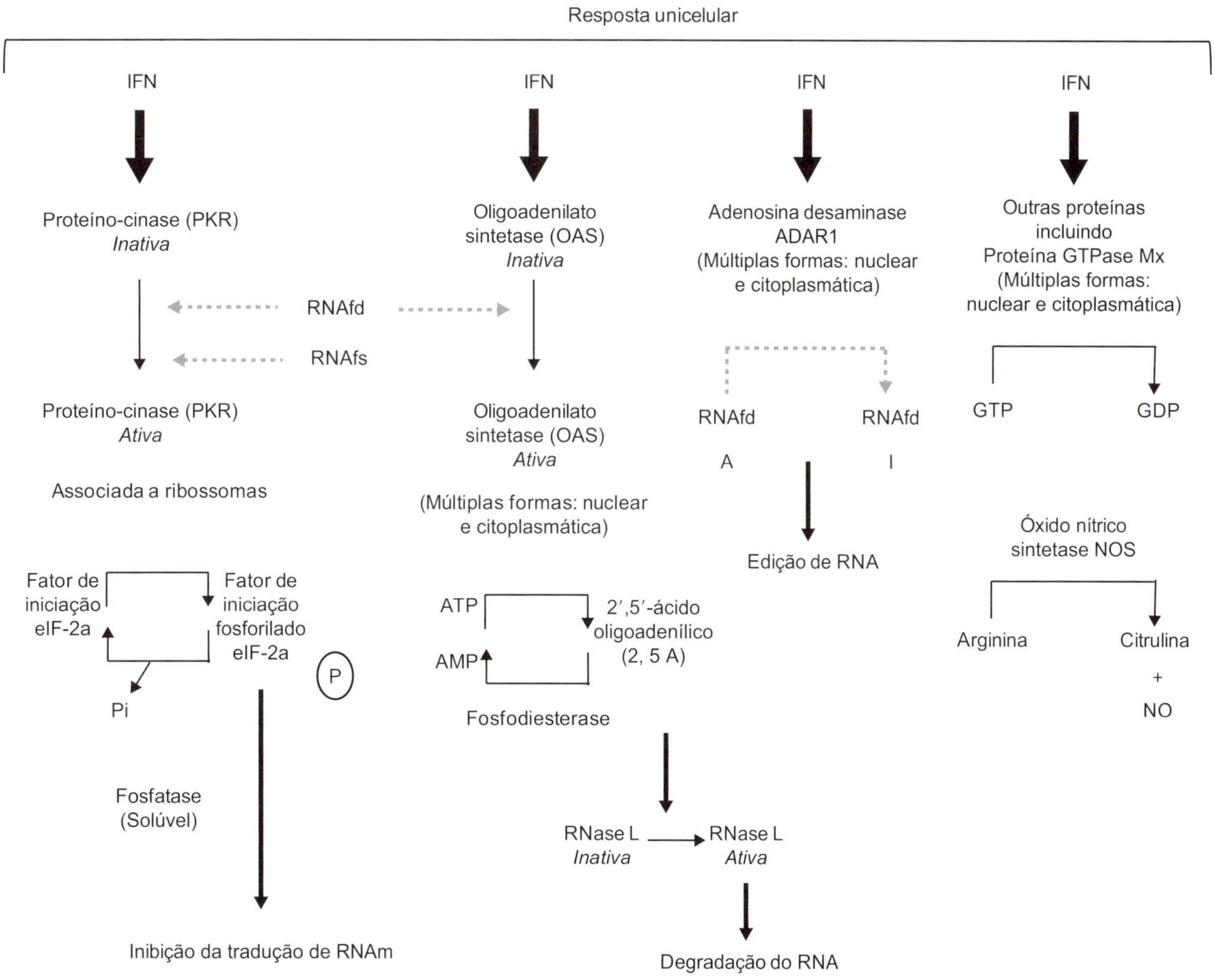


**Figura 9.16** Mecanismo de ação do interferon (para detalhes, ver texto).

## *Imiquimode e podofilotoxina*

Imiquimode (Aldara®, Ixyum®, Imoxy®) é uma amina imidazoquinolina sintética disponível para uso tópico no tratamento de verrugas externas, genitais e anais, causadas pelos HPV. Imiquimode é um agonista do receptor *toll-like* (TLR) e foi aprovado pela FDA e pelo MS do Brasil. Está disponível na apresentação de creme 50 mg/g para ser aplicado sobre as lesões 3 vezes/semana até que a verruga desapareça, ou por um período máximo de 16 semanas. Esse medicamento também é prescrito no tratamento de carcinoma basocelular.

Por sua ação citotóxica, a podofilotoxina é usada no tratamento de verrugas externas genitais e anais, causadas pelo HPV. É extraída da seiva da planta *Podophyllum peltatum,* que apresenta elevado teor de lignanas, mas, atualmente, já existem derivados semissintéticos. Está disponível na forma de creme 1,5 mg/g (Wartec®) para ser aplicado apenas na lesão até cobri-la por completo. O creme deve ser aplicado 2 vezes por dia, durante 3 dias consecutivos seguido de uma pausa de 4 dias. O processo pode ser repetido por até 4 semanas.

Imiquimode é fornecido pelo SUS. Em 2017 o fabricante da podofilotoxina descontinuou a produção do medicamento, mas ele ainda pode ser encontrado comercialmente na concentração que varia de 10 a 25%, em veículo alcoólico ou tintura de benjoin. A pele saudável deve ser protegida com vaselina ou pasta de óxido de zinco antes de a podofilina ser aplicada sobre as lesões da pele, devendo-se lavar a região com água e sabão 4 a 6 horas depois da aplicação. A aplicação deve ser realizada 1 a 2 vezes/semana. O uso da podofilina tem sido cada vez mais restrito devido aos efeitos colaterais sistêmicos e ao baixo sucesso terapêutico.

### Mecanismo de ação

Imiquimode não apresenta ação antiviral direta. O mecanismo de ação não é bem conhecido, mas parece atuar como modulador da resposta imunológica, induzindo IFN-α e outras citocinas no tecido das verrugas genitais, o que levaria a um processo inflamatório local.

A podofilotoxina é um fármaco que interrompe a estruturação dos microtúbulos inibindo sua polimerização, levando à interrupção da mitose e consequente morte das células infectadas, que vão sendo substituídas por células saudáveis após poucas semanas.

## *Doxorrubicina*

A doxorrubicina é a hidroxidaunomicina, uma antraciclina isolada de *Streptomyces peucetius* var. *caesius.* É uma droga citostática, utilizada em várias patologias por sua ação antineoplásica. Na forma lipossomal, a doxorrubicina, é administrada por infusão endovenosa, no tratamento de pacientes com HHV-8 associado ao sarcoma de Kaposi, relacionado com a AIDS (para mais informações, ver *Capítulo 21*). A doxorrubicina é também usada em leucemias agudas linfoblásticas e mieloblásticas; tumor de Wilms; neuroblastoma; mieloma múltiplo; sarcomas de tecido mole; osteossarcomas; carcinomas de bexiga, mama, ovário, tireoide, estômago e pulmão; linfomas de Hodgkin e não Hodgkin; e sarcoma de Ewing.

Existem três apresentações da doxorrubicina: convencional, lipossomal e associada ao polietilenoglicol (PEG). Lipossomas são vesículas microscópicas compostas de uma bicamada fosfolipídica, que são capazes de encapsular drogas ativas.

A associação da doxorrubicina com PEG (Doxopeg®) somente deve ser utilizada caso o paciente não responda ao tratamento com a doxorrubicina tradicional ou a outros quimioterápicos como o interferon. Caelyx® é o cloridrato de doxorrubicina encapsulado em lipossomas com metoxipolietilenoglicol (MPEG) conjugado na superfície. Esse processo de associação com PEG é chamado peguilação e tem a finalidade de proteger os lipossomas, da detecção pelo sistema fagocítico mononuclear, o que prolonga o tempo de circulação sanguínea do medicamento.

### Mecanismo de ação

A doxorrubicina se liga ao DNA, inibindo a síntese de ácido nucleico viral e da célula. Estudos sobre o mecanismo de atuação em estruturas celulares têm mostrado rápida penetração celular e ligação à cromatina perinuclear, com rápida inibição da atividade mitótica, com indução de mutagênese e aberração cromossomial. O mecanismo antineoplásico é explicado pela intercalação na dupla-hélice do DNA, formando um complexo ternário com a topoisomerase II e com o DNA. A estabilização do complexo de clivagem inibe novas ligações do DNA e provoca quebras na dupla-hélice. Também inibe diretamente a topoisomerase II, interage com as membranas celulares e mitocondriais, perturba a transmissão de sinais intracelulares e forma radicais livres. Finalmente, desencadeia o processo de morte celular por apoptose.

# Drogas anti-HBV

As drogas licenciadas pela FDA para o tratamento da hepatite B crônica são: IFN-α convencional, PEG-IFN-α, fumarato de tenofovir desoproxila (TDF), adefovir dipivoxila, lamivudina (3TC), entecavir (ETV) e telbivudina.

O Protocolo Clínico e Diretrizes Terapêuticas para Hepatite B e Coinfecções (PCDT HBV), do MS do Brasil, em 2017, recomendou o emprego de PEG-IFN-α, fumarato de tenofovir desoproxila e entecavir para tratamento da hepatite B crônica, e excluiu IFN-α, adefovir dipivoxila e lamivudina da lista de medicamentos por entender que os primeiros oferecem melhor posologia e menos efeitos adversos.

A terapia antiviral é indicada para pacientes com hepatite B crônica. O MS do Brasil define como hepatite B crônica a persistência do vírus ou a presença do HBsAg por mais de seis meses. Pode-se proceder ao tratamento conforme os critérios de inclusão, na ausência de HBsAg por mais de seis meses, desde que se mantenha a investigação epidemiológica do caso. Os objetivos da terapia são: tornar o nível do DNA indetectável, quando analisado pela reação em cadeia da polimerase (PCR, *polymerase chain reaction*) em tempo real e negativar o HBsAg.

Segundo o PCDT HBV do MS do Brasil (2017), são elegíveis para o tratamento da hepatite B sem agente delta: paciente com HBeAg reagente e ALT (alanina aminotransferase) maior que 2 vezes o limite superior da normalidade (LSN); adulto maior de 30 anos com HBeAg reagente; paciente com HBeAg não reagente, HBV-DNA > 2.000 UI/ml e ALT maior que 2 vezes o LSN. Outros critérios de inclusão para tratamento, independentemente dos resultados de HBeAg, HBV-DNA e ALT para hepatite B sem agente delta são: história familiar de carcinoma hepatocelular (CHC); manifestações extra-hepáticas com acometimento motor incapacitante, artrite, vasculites, glomerulonefrite e poliarterite nodosa; coinfecção HIV/HBV ou HCV/HBV; hepatite aguda grave (coagulopatias ou icterícia por mais de 14 dias); reativação de hepatite B crônica; cirrose/insuficiência hepática; biópsia hepática METAVIR ≥ A2F2 ou elastografia hepática >

7,0 kPa; prevenção de reativação viral em pacientes que irão receber terapia imunossupressora ou quimioterapia.

A eficácia do tratamento é verificada pela mudança no perfil sorológico, dosagem de aminotransferases e níveis de HBV-DNA medidos por PCR em tempo real. Nos pacientes portadores de hepatite B crônica HBeAg reagente, pesquisar HBsAg, anti-HBs, HBeAg, anti-HBe e HBV-DNA após 48 semanas de tratamento. Nos pacientes portadores de hepatite B crônica HBeAg não reagente, pesquisar HBsAg, anti-HBs, HBV-DNA após 48 semanas de tratamento.

Além da dosagem dos parâmetros virais deve ser realizado um monitoramento clínico com hemograma completo a cada 12 semanas; AST (aspartato aminotransferase)/ALT na 2ª semana de tratamento e a cada 4 semanas de tratamento; glicemia de jejum, TSH (hormônio estimulador da tireoide [*thyroid-stimulating hormone*]) e T4 (tiroxina) a cada 12 semanas.

O paciente poderá ter o tratamento suspenso se comprovado que o HBV-DNA tornou-se indetectável e houve negativação sustentada do HBsAg (desfecho ideal), ou soroconversão do HBeAg para anti-HBe (portador inativo) em dois exames de realização anual.

Em pacientes que não apresentarem anticorpos anti-HBs e apresentarem HBV-DNA > 20.000 UI/mℓ ao final da 48ª semana de tratamento, a medicação deverá ser substituída por fumarato de tenofovir desoproxila (TDF) ou entecavir (ETV).

## Interferon-α peguilado

O IFN-α peguilado ou PEG-IFN-α (2a = Pegasys®; 2b = PegIntron®) é o IFN convencional associado ao polietilenoglicol (PEG), que apresenta novas características, como a de poder ser aplicado apenas 1 vez/semana, mantendo constante o seu nível no sangue, o que teoricamente possibilita maior eficácia do tratamento. O PEG-IFN tem se mostrado mais eficaz e com menor índice de efeitos colaterais, já sendo usado rotineiramente no tratamento da hepatite C.

O PEG-IFN-α apresenta atividade antiviral e imunomoduladora, e é indicado em tratamento alternativo de 48 semanas, reservado a pacientes portadores de infecção pelo vírus da hepatite B, reagentes na pesquisa de HBeAg.

A posologia do PEG-IFN-α 2a 40 kDa é de 180 mcg/semana via subcutânea (SC) e de PEG-IFN-α 2b 12 kDa é de 1,5 mcg/kg/semana via SC durante 48 semanas. Os efeitos terapêuticos de ambos são equivalentes em pacientes virgens de tratamento.

Contraindicações ao tratamento com PEG-IFN-α: consumo habitual de álcool e/ou drogas; cardiopatia grave; disfunção tireoidiana não controlada; distúrbios psiquiátricos não tratados; neoplasia recente; insuficiência hepática; antecedente de transplante, exceto hepático; distúrbios hematológicos como anemia, leucopenia e plaquetopenia; doença autoimune; intolerância ao medicamento.

No caso da hepatite delta, o regime terapêutico inclui PEG-IFN-α 180 mcg/semana por 48 a 96 semanas + fumarato de tenofovir desoproxila (TDF) por tempo indeterminado ou PEG-IFN-α 180 mcg/semana durante 48 a 96 semanas + entecavir por tempo indeterminado.

### Mecanismo de ação

O mecanismo de ação do IFN foi descrito no tópico "Drogas anti-HPV e anti-HHV-8" deste capítulo.

## Fumarato de tenofovir desoproxila

O fumarato de tenofovir desoproxila (TDF, Viread®) é o fumarato de 9-[(*R*)-2-[[bis[[(isopropoxicarbonil)oxi]metoxi]fosfinil]metoxi]propil]adenina (1:1) (Figura 9.17). É uma pró-droga do

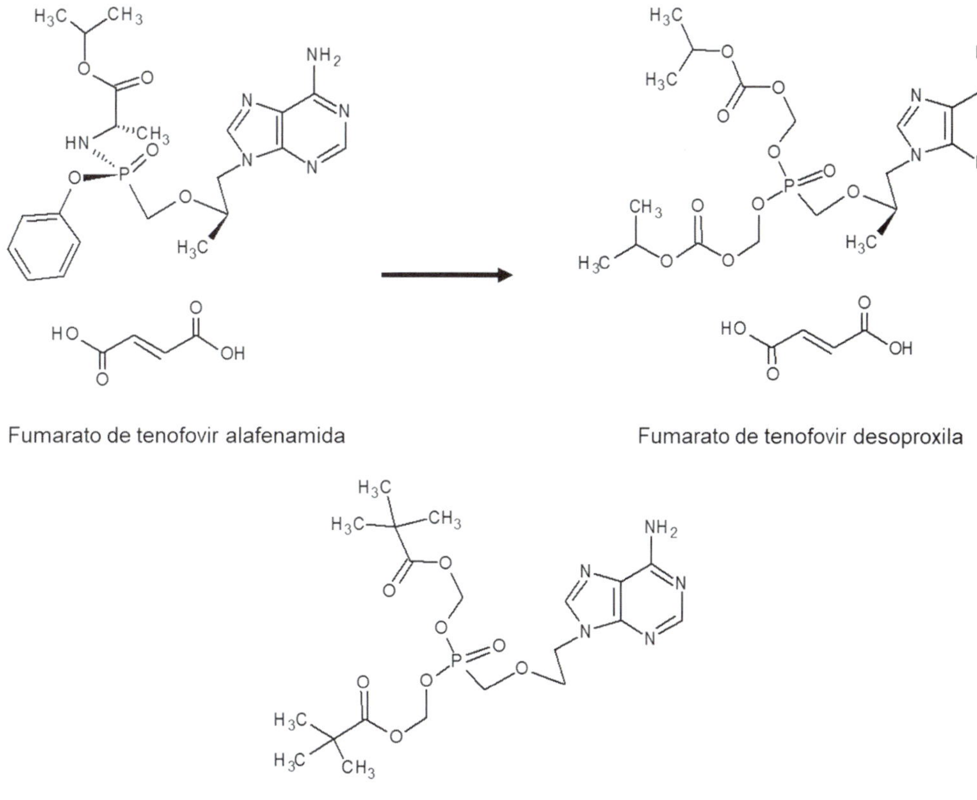


**Figura 9.17** Análogos nucleotídicos anti-HBV e anti-HIV.

tenofovir desoproxila, um análogo nucleotídico da desoxiadenosina monofosfato. O TDF tem melhor potência de inibição da síntese do HBV e maior rapidez de ação que o adefovir dipivoxila (ADF), além de apresentar melhor perfil de resistência. Por ser uma pró-droga, o TDF é hidrolisado e convertido na forma ativa tenofovir desoproxila nos intestinos. Esse medicamento faz parte da Lista de Medicamentos Essenciais da OMS, 2019.

A dose recomendada de TDF é de 300 mg, administrada 1 vez/dia, por via oral por tempo indeterminado, até que ocorra conversão sorológica para anti-HBs. Esse antiviral constitui a primeira linha de tratamento para a hepatite B crônica. Apresenta elevada potência de supressão viral e alta barreira contra as mutações do HBV. Para a suspensão do tratamento, é necessário que o HBV-DNA não seja detectado durante 6 meses após a soroconversão para anti-HBs.

Um estudo mostrou que em pacientes virgens de tratamento, após 1 ano de terapia com TDF, houve redução de 4 a 6 $\log_{10}$ na carga viral dos pacientes. Outro estudo randomizado, duplo-cego, em pacientes HBeAg não reagentes previamente experimentados com IFN e/ou análogos de nucleosídeos, como a lamivudina ou entricitabina, TDF demonstrou a supressão viral em 93% dos pacientes.

Embora bem tolerado, o TDF pode causar nefrotoxicidade particularmente em diabéticos, hipertensos, negros, idosos, pessoas com baixo peso corporal (especialmente mulheres), doença pelo HIV avançada ou insuficiência renal preexistente e no uso concomitante de outros medicamentos nefrotóxicos, além de causar desmineralização óssea. O uso de TDF em pacientes portadores de cirrose hepática deve ser realizado com cautela. Quando necessário, o TDF deve ser substituído por entecavir. Resistência ao TDF não foi descrita até o momento. Dados sobre a prescrição de TDF durante o primeiro trimestre de gestação não demonstraram aumento em defeitos congênitos em comparação com a população que não faz uso do antiviral.

### *Fumarato de tenofovir alafenamida*

O fumarato de tenofovir alafenamida (TAF, Vemlidy®) é o hemifumarato de (*S*)-isopropil 2-(((*S*)-((((*R*)-1-(6-amino-9H-purin-9-il)propan-2-il)oxi)metil)(fenoxi)fosforil)amino)propanoato (ver Figura 9.17). TAF é um precursor e age como pró-droga do TDF, e foi licenciada no Brasil em 2019. Em comparação com 300 mg do TDF, 25 mg de TAF aumentam 7 vezes a concentração intracelular de tenofovir difosfato e diminuem 90% do TDF circulante no plasma, o que reduz os efeitos colaterais como nefrotoxicidade e descalcificação dos ossos. Quando combinado com cobicistate, uma dose efetiva de 10 mg pode ser utilizada. A indicação é o uso em pacientes adultos com hepatite B crônica com cirrose compensada. A eficácia e segurança do Vemlidy® foram testadas em mais de 1.200 pacientes com hepatite B em dois ensaios clínicos durante dois anos. O MS do Brasil não disponibiliza esse antiviral no SUS para tratamento da hepatite B, mas em 2019 ele foi incluído nos esquemas terapêuticos para tratamento da infecção pelo HIV (descrito mais adiante neste capítulo).

O mecanismo de ação do TDF e TAF será descrito no final deste tópico.

### *Entecavir*

O entecavir (ETV, Baraclude®) é o fármaco 2-amino-9-[(1*S*,3*R*,4*S*)-4-hidroxi-3-(hidroximetil)-2-metilidenociclopentil]-3H-purin-6-ona, um análogo do nucleosídeo guanosina (ver Figura 9.7). Um estudo mostrou que o ETV apresenta redução de até 7 $\log_{10}$ nos níveis de DNA do HBV em 48 semanas de tratamento. Este antiviral faz parte da Lista de Medicamentos Essenciais da OMS, 2019.

O ETV é recomendado nos casos de contraindicação ao uso do TDF, ou quando este leva à alteração da função renal em decorrência do seu uso. Ambas as opções de monoterapia são equivalentes em eficácia, salvo quando ocorrem mutações do HBV ao tratamento com ETV. Em pacientes em tratamento com imunossupressor e quimioterapia, a escolha do ETV deve ser feita como tratamento inicial.

Em pacientes previamente tratados com lamivudina ou telbivudina que já apresentam mutações virais, o ETV tem sua eficácia reduzida.

No caso de resistência viral ao tratamento com ETV, é recomendada a associação de TDF ao esquema de tratamento em curso. Após um ano de resgate e após o HBV-DNA tornar-se indetectável, deve-se proceder à substituição da terapia dupla por monoterapia com TDF.

O ETV está disponível na forma de comprimidos de 0,5 mg. Em pacientes virgens de tratamento e/ou portadores de cirrose Child-Pugh A, o regime terapêutico corresponde a uma dose de 0,5 mg/dia de ETV por tempo indeterminado até que haja conversão sorológica. Para pacientes portadores de cirrose Child-Pugh B ou C (cirrose descompensada), é recomendada a dose de 1,0 mg/dia por tempo indeterminado até ocorrer a conversão sorológica.

O mecanismo de ação do ETV será descrito no final deste tópico.

### *Telbivudina*

O antiviral telbivudina (L-desoxitimidina, LdT, Tyseka®, Sebivo®), é o 1-[(2*S*,4*R*,5*S*)-4-hidroxi-5-(hidroximetil)oxolan-2-il]-5-metil-1,2,3,4-tetra-hidropirimidina-2,4-diona, um análogo nucleosídico L-isômero da timidina (ver Figura 9.6), que inibe a transcriptase reversa do HBV, e foi liberado pela FDA em 2006 para o tratamento da hepatite B crônica. Alguns estudos sugerem que a telbivudina é ligeiramente mais eficiente do que a lamivudina na inibição da replicação do DNA viral em pacientes HBeAg-positivos. Esse inibidor não está disponível para uso no Brasil.

O mecanismo de ação da telbivudina será descrito no final deste tópico.

### *Interferon-α convencional*

Além de apresentar ação antiviral, o IFN-α convencional (2a = Roferon-A®; 2b = Intron-A®) também tem ação sobre o sistema imunológico do indivíduo, com ação antiproliferativa e imunomoduladora. O Ministério da Saúde (MS) do Brasil recomendava o emprego de IFN-α convencional para o tratamento inicial da hepatite B crônica, mas o PCDT de 2017 excluiu esse medicamento dos esquemas terapêuticos.

### *Adefovir dipivoxila*

O adefovir dipivoxila (Hepsera®; Preveon®) é o 9-[2-[[bis [(pivaloiloxi)metoxi]-fosfinil]-metoxi]etil]adenina (Figura 9.17), que é uma pró-droga do adefovir um análogo nucleotídico da desoxiadenosina monofosfato. Esse quimioterápico foi desenvolvido inicialmente para o tratamento de pacientes infectados com HIV, mas foi verificada sua nefrotoxicidade nas doses empregadas para esse fim, que era mais elevada do que a usada no tratamento da hepatite B. Apresenta uma potente atividade contra o HBV, sendo indicado para pacientes adultos com hepatite B crônica, quando constatada resistência à lamivudina.

Devido à maior frequência de efeitos adversos e resistência viral, o MS do Brasil não recomenda mais o emprego do adefovir dipivoxila para o tratamento da infecção pelo vírus da hepatite B. O tratamento de pacientes que já estão em uso do fármaco deve ser substituído por TDF ou ETV, conforme situação clínica.

O mecanismo de ação do adefovir dipivoxila será descrito no final deste tópico.

### *Lamivudina*

A lamivudina (3TC, Epivir®) é a 4-amino-1-[(2*R*,5*S*)-2-(hidroximetil)-1,3-oxatiolan-5-il]-2(1H)-pirimidinona (ver Figura 9.5), análogo nucleosídico da citidina, de administração oral e excelente tolerabilidade, na dose de 100 mg/dia. Essa droga reduz os níveis de DNA do HBV em 4 $\log_{10}$ durante o tratamento de 12 semanas, com consequente melhora da inflamação hepática e progressão da doença.

Devido à fraca barreira genética e à facilidade de desenvolvimento de resistência, o MS do Brasil não recomenda mais o uso de lamivudina para o tratamento da infecção pelo vírus da hepatite B em pacientes adultos. No caso de pacientes que já estão em uso do fármaco, este deve ser substituído, preferencialmente, por TDF, devido à possibilidade de resistência cruzada com entecavir, havendo descontinuação progressiva do uso da lamivudina. No entanto, o MS do Brasil manteve a lamivudina no tratamento de crianças abaixo de 18 anos.

O mecanismo de ação da lamivudina será descrito a seguir.

#### Mecanismo de ação

O HBV apresenta um genoma constituído de DNA circular de fita parcialmente dupla e a replicação ocorre de duas maneiras: inicialmente, a DNA polimerase II celular, a partir do DNA viral, sintetiza o DNA totalmente fechado (DNAccc, *covalently closed circle DNA*), que é transcrito em RNA pré-genômico pela mesma enzima celular. Em seguida, o RNA é convertido em DNA de fita dupla pela DNA polimerase viral (transcriptase reversa), que dá origem ao genoma dos novos vírus (para mais informações, ver *Capítulos 4 e 16*). Esse mecanismo de transcrição da polimerase do HBV é complicado e compreende uma troca de molde para que ocorra a síntese do DNA de fita dupla. Os inibidores lamivudina, entecavir e telbivudina são análogos dos nucleosídeos citidina, guanosina e timidina, respectivamente, que competem com os desoxinucleotídeos naturais, após passarem à forma ativa trifosfato, no sítio ativo da DNA polimerase, impedindo a transcrição reversa (TR) do RNA pré-genômico para formar o DNA viral. Esses antivirais também inibem a síntese do DNA viral ao serem adicionados à fita do DNA que está sendo sintetizado, funcionando como "terminadores de cadeia". Adefovir dipivoxila, TDF e TAF são análogos nucleotídicos que atuam inibindo a transcrição reversa e também interrompem a síntese do DNA. Por já serem análogos nucleotídicos, esses três antivirais apresentam vantagem sobre os análogos nucleosídicos. Eles são fosforilados à forma trifosfato e competem com o nucleotídeo natural desoxiadenosina trifosfato (dATP). Uma vez tendo sido incorporados na cadeia do DNA, terminam a síntese e interrompem a transcrição reversa. O mecanismo de ação do IFN foi descrito no tópico "Drogas anti-HPV e anti-HHV-8" deste capítulo.

Os fluxogramas para tratamento de pacientes com hepatite B crônica, reagentes ao HBeAg, assim como para pacientes não reagentes ao HBeAg, disponibilizado pelo PCDT HBV (2017) encontram-se nas Figuras 9.18 e 9.19, respectivamente.

O fluxograma para o tratamento da hepatite delta, disponibilizado pelo PCDT HBV (2017), encontra-se na Figura 9.20.

O fluxograma para definição do análogo de nucleos(t)ídeo para tratamento da hepatite delta, disponibilizado pelo PCDT HBV (2017), encontra-se na Figura 9.21.

## Drogas anti-HCV

O tratamento da hepatite C é indicado quando há infecção aguda ou crônica pelo HCV, independentemente do estadiamento da fibrose hepática. No entanto, é necessário saber se o paciente tem fibrose avançada (F3) ou cirrose (F4), já que esse diagnóstico poderá afetar a condução clínica do paciente e o esquema de tratamento proposto. O tratamento sempre deve ser considerado nos casos de hepatite C aguda, sendo necessário um esforço contínuo para diagnosticá-la o mais precocemente possível.

O diagnóstico da hepatite C aguda se dá por soroconversão recente (há menos de seis meses), em que o paciente é anti-HCV não reagente no início dos sintomas ou no momento da exposição, e anti-HCV reagente na segunda dosagem, realizada com intervalo de 90 dias; ou anti-HCV não reagente e detecção do HCV-RNA em até 90 dias após o início dos sintomas ou a partir da data de exposição, quando esta for conhecida (PCDT HCV, 2019).

O diagnóstico de hepatite C crônica ocorre quando o paciente apresenta resultado anti-HCV reagente por mais de seis meses; e HCV-RNA detectável por mais de seis meses (PCDT HCV, 2019).

Os critérios para início do tratamento da hepatite C aguda recomendado pelo MS do Brasil constam do Protocolo Clínico e Diretrizes Terapêuticas para Hepatite C e Coinfecções (PCDT HCV, 2018):

Pacientes sintomáticos e assintomáticos:

- Realizar pesquisa de HCV-RNA quantitativo no momento da suspeita clínica de infecção aguda pelo HCV
- Repetir o HCV-RNA quantitativo na 4ª semana após o primeiro exame:
  - Se não ocorrer diminuição da carga viral de pelo menos 2 $\log_{10}$, iniciar o tratamento
  - Se a carga viral diminuir mais do que 2 $\log_{10}$, avaliar na 12ª semana antes de indicar o tratamento. Quando a viremia ainda for presente na 12ª semana, deve-se iniciar o tratamento. Quando a carga viral do HCV-RNA for inferior a 12 UI na 12ª semana, o tratamento não estará indicado. Recomenda-se a monitorização da carga viral na 24ª e 48ª semanas de acompanhamento para confirmação da resolução espontânea da infecção (*clearance* viral espontâneo)
  - O tratamento, quando iniciado, deve ser feito seguindo-se as mesmas recomendações terapêuticas de pacientes com hepatite C crônica.

Para pacientes assintomáticos, o MS do Brasil recomenda iniciar o tratamento imediatamente após o diagnóstico, principalmente nas populações de maior risco como pessoas expostas a acidentes com instrumentos perfurocortantes, pacientes de hemodiálise e usuários de drogas endovenosas.

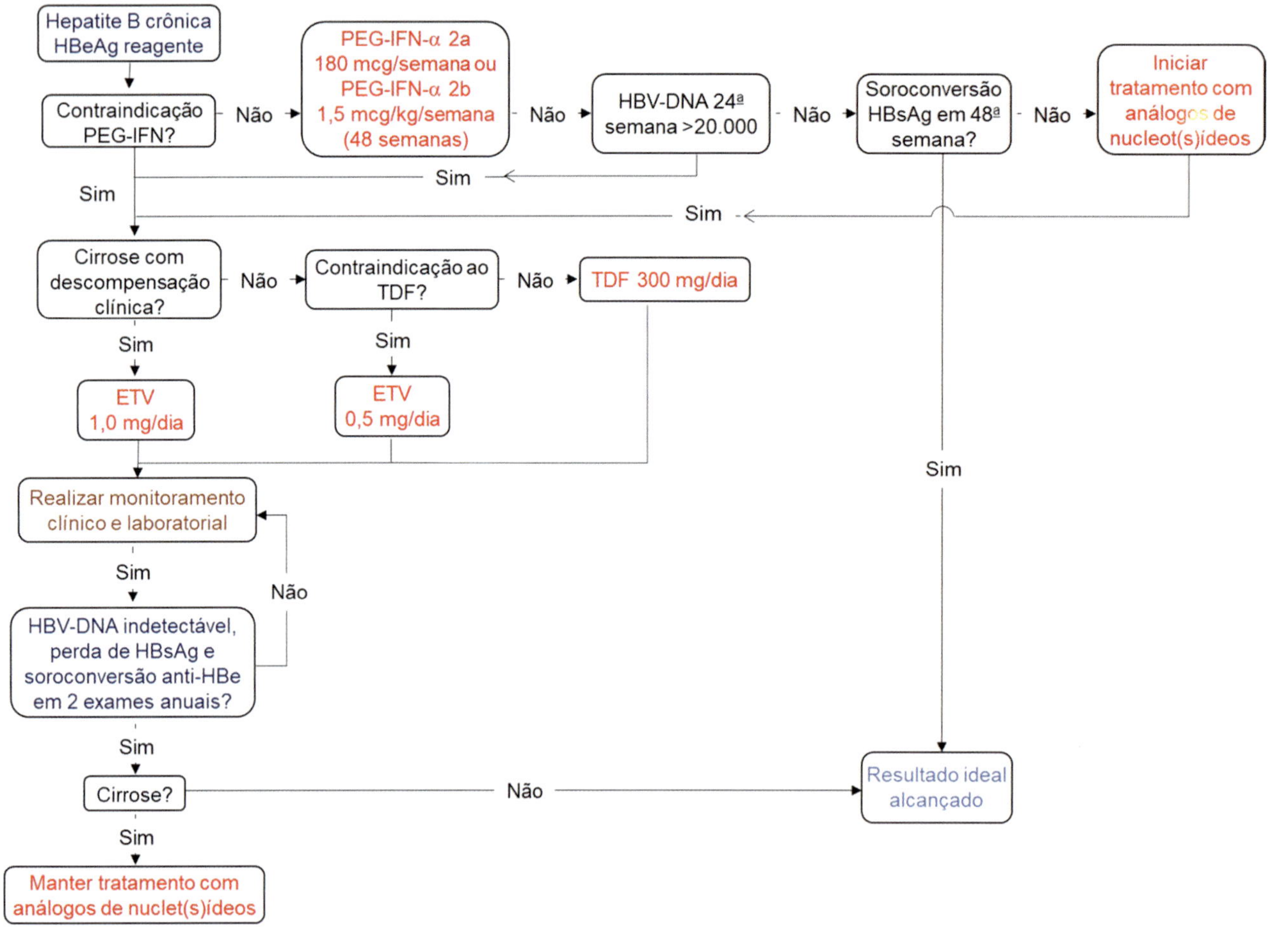


**Figura 9.18** Fluxograma para tratamento de pacientes com hepatite B crônica reagentes ao HBeAg*. PEG-IFN: interferon peguilado; TDF: fumarato de tenofovir desoproxila; ETV: entecavir. *PCDT HBV, MS do Brasil (2017).

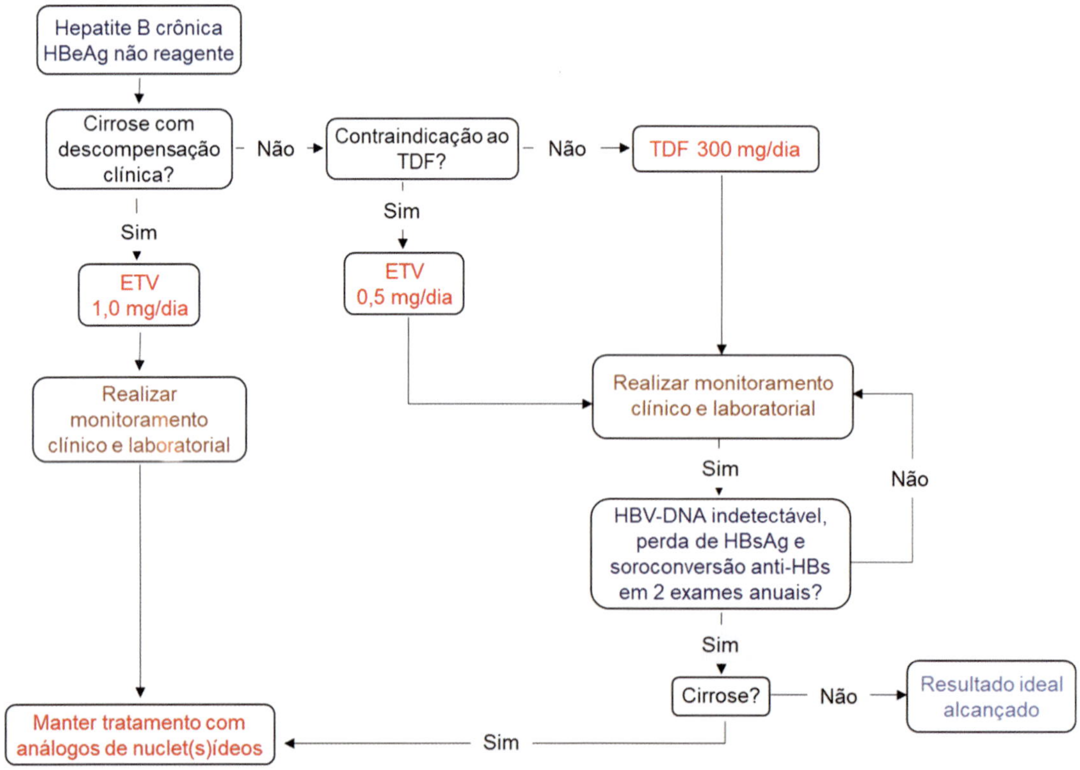


**Figura 9.19** Fluxograma para tratamento de pacientes com hepatite B crônica não reagentes ao HBeAg*. TDF: fumarato de tenofovir desoproxila; ETV: entecavir. *PCDT HBV, MS do Brasil (2017).

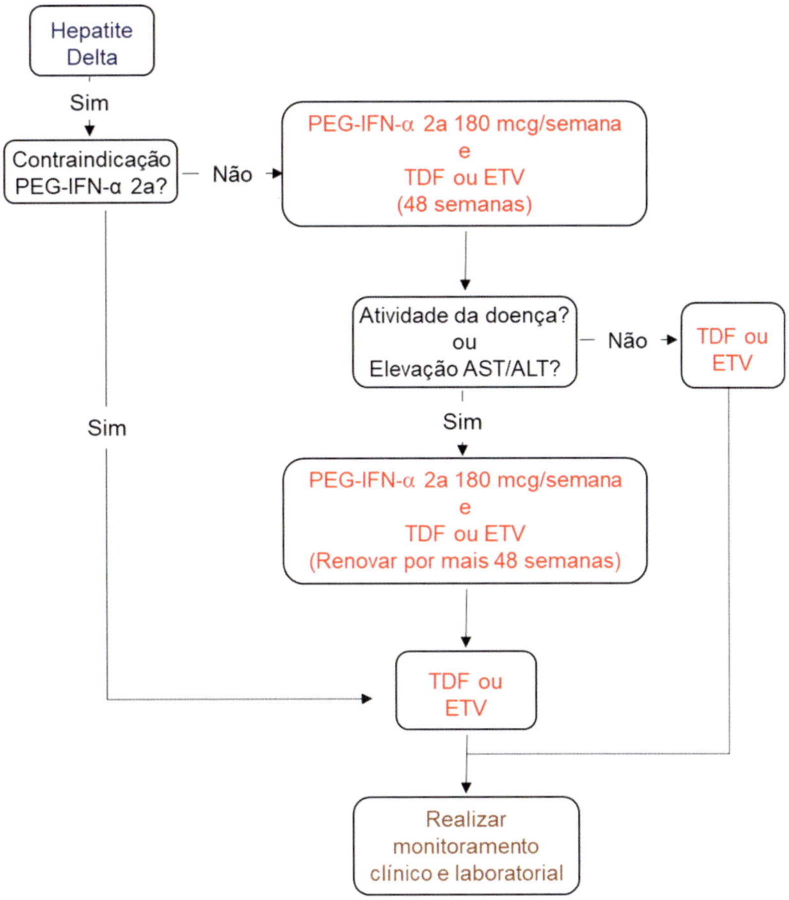


**Figura 9.20** Fluxograma para o tratamento da hepatite delta*. PEG-IFN: interferon peguilado. TDF: fumarato de tenofovir desoproxila; ETV: entecavir. *PCDT HBV, MS do Brasil (2017).

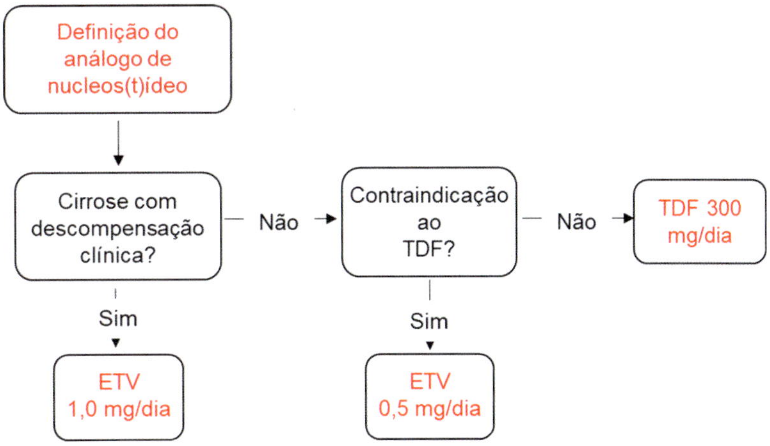


**Figura 9.21** Fluxograma para definição do análogo de nucleos(t)ídeo para tratamento da hepatite delta*. TDF: fumarato de tenofovir desoproxila; ETV: entecavir. *PCDT HBV, MS do Brasil (2017).

Os objetivos do tratamento da hepatite C aguda ou crônica são: obter resposta virológica sustentada (RVS), quando o RNA do HCV em 24 semanas é indetectável (em esquemas com PEG-IFN-α) ou em 12 ou 24 semanas (em esquemas com antivirais de ação direta [DAA, *direct-acting antivirals*]) após o término do tratamento; evitar a progressão da infecção e suas consequências, tais como cirrose, câncer hepático e óbito; melhorar a qualidade e aumentar expectativa de vida do paciente; diminuir a incidência de novos casos e reduzir a transmissão da infecção pelo HCV.

Há vários esquemas terapêuticos para o tratamento da hepatite C aguda, dependendo do genótipo viral. Para consultar esses diferentes esquemas, acessar o "Protocolo Clínico e Diretrizes Terapêuticas para Hepatite Viral C e Coinfecções", do MS do Brasil, atualizado em junho de 2019, no endereço: http://www2.ebserh.gov.br/documents/222346/3961627/protocolo_de_hepatite_c_2019.pdf/c241ef0a-d882-43b4-9a3d-61a06bc60bea.

De acordo com o MS do Brasil, as atuais alternativas terapêuticas para o tratamento da hepatite C, com registro no Brasil e incorporadas ao SUS, apresentam elevada eficácia terapêutica, que é medida pela RVS. As condutas para a escolha dos esquemas diferem entre si, como, por exemplo, no caso de indicações para determinadas populações; se o paciente já foi tratado com DAA ou não; se o paciente apresenta cirrose e em quais níveis; diferenças na facilidade da posologia e preço do medicamento.

Para o tratamento da hepatite C, foram licenciados os seguintes antivirais: PEG-IFN-α 2a; PEG-IFN-α 2b; ribavirina; inibidores da protease NS3/NS4A (boceprevir, telaprevir, simeprevir, veruprevir ou paritaprevir, vaniprevir, grazoprevir, glecaprevir, asunaprevir); inibidores da proteína NS5A do complexo da RNA polimerase (daclatasvir, ledipasvir, elbasvir, velpatasvir, pibrentasvir, ombitasvir); inibidores da RNA polimerase NS5B (sofosbuvir, dasabuvir) (Quadro 9.4), além de associações entre esses fármacos antivirais (Quadro 9.5). Conforme relatado anteriormente, boceprevir, telaprevir e simeprevir tiveram a fabricação descontinuada pelo fabricante e não serão descritos no livro.

O MS do Brasil, por intermédio do SUS, até fevereiro de 2021, disponibilizava os seguintes inibidores do HCV nos esquemas terapêuticos: daclatasvir (Daklinza®) e sofosbuvir (Sovaldi®), e as seguintes associações: sofosbuvir + ledipasvir (Harvoni®); elbasvir + grazoprevir (Zepatier®); velpatasvir + sofosbuvir (Epclusa®); glecaprevir + pibrentasvir (Maviret®) e ombitasvir + veruprevir + ritonavir + dasabuvir (esquema 3D – Viekira® Pak); PEG-IFN-α 2a + ribavirina e PEG-IFN-α 2b + ribavirina. A posologia desses antivirais nos esquemas terapêuticos do SUS encontra-se no Quadro 9.6.

**Quadro 9.4** Antivirais de ação direta (DAA) licenciados para tratamento da hepatite C.

| Classe de inibidor | Antiviral | Nome comercial licenciado® |
|---|---|---|
| Inibidor da protease NS3/NS4A | Veruprevir (ou paritaprevir) | Viekira Pak[1#] |
| | Vaniprevir | Vanihep |
| | Grazoprevir | Zepatier[2#] |
| | Glecaprevir | Maviret[3#] |
| | Asunaprevir | Sunvepra |
| Inibidor da proteína NS5A do complexo RNA polimerase | Daclatasvir[#] | Daklinza[#] |
| | Ledipasvir | Harvoni[4#] |
| | Elbasvir | Zepatier[2#] |
| | Velpatasvir | Epclusa[5#] |
| | Pibrentasvir | Maviret[3#] |
| | Ombitasvir | Viekira Pak[1#] |
| Inibidor da RNA polimerase NS5B | Sofosbuvir[#] | Sovaldi[#], Harvoni[4#], Epclusa[5#] |
| | Dasabuvir | Exviera, Viekira Pak[1#] |

[#]Disponível no Sistema Único de Saúde, Ministério da Saúde do Brasil. [1]Viekira® Pak, associação ombitasvir + veruprevir + ritonavir + dasabuvir; [2]Zepatier®, associação grazoprevir + elbasvir; [3]Maviret®, associação pibrentasvir + glecaprevir; [4]Harvoni®, associação sofosbuvir + ledipasvir; [5]Epclusa®, associação sofosbuvir + velpastavir. Informações atualizadas até fevereiro de 2021.

**Quadro 9.5** Associação de antivirais licenciados para tratamento da hepatite C.

| Associação | Nome comercial licenciado® |
|---|---|
| PEG-IFN-α 2a + R | Pegasys + R[2#] |
| PEG-IFN-α 2b + R | PegIntron + R[2#] |
| Sofosbuvir + ribavirina | Sovaldi + R[2] |
| Sofosbuvir + PEG-IFN-α 2a + R | Sovaldi + Pegasys + R[3] |
| Daclatasvir + asunaprevir | Daklinza + Sunvepra[2] |
| Ledipasvir + sofosbuvir | Harvoni[1#] |
| Ombitasvir + dasabuvir + veruprevir + ritonavir | Viekira Pak[1#] |
| Daclatasvir + sofosbuvir | Daklinza[#] + Sovaldi[2#] |
| Elbasvir + grazoprevir | Zepatier[1#] |
| Velpatasvir + sofosbuvir | Epclusa[1#] |
| Glecaprevir + pibrentasvir | Maviret[1#] |

[#]Disponível no Sistema Único de Saúde, Ministério da Saúde do Brasil. R: ribavirina; PEG-IFN: interferon peguilado. [1]Dose única combinada (1 comprimido). [2]Duas apresentações diferentes. [3]Três apresentações diferentes. Informações atualizadas até fevereiro de 2021.

**Quadro 9.6** Posologia dos antivirais disponíveis no Brasil para tratamento da hepatite C.

| Antiviral | Posologia |
|---|---|
| PEG-IFN-α 2a 180 mcg + ribavirina[1] 1 g | 1 vez/semana, subcutâneo<br>1 vez/dia |
| PEG-IFN-α 2b 1,5 mcg/kg + ribavirina 1 g (até 74 kg), 1,2 g (≥ 75 kg) | 1 vez/semana, subcutâneo<br>1 vez/dia |
| Daclatasvir[2] 30 mg | 1 comprimido/dia |
| Daclatasvir 60 mg | 1 comprimido/dia |
| Sofosbuvir 400 mg | 1 comprimido/dia |
| Glecaprevir 100 mg + pibrentasvir 40 mg | 3 comprimidos/dia |
| Velpatasvir 100 mg + sofosbuvir 400 mg | 1 comprimido/dia |
| Sofosbuvir 400 mg + ledipasvir 90 mg | 1 comprimido/dia |
| Elbasvir 50 mg + grazoprevir 100 mg | 1 comprimido/dia |
| Veruprevir 75 mg + ritonavir 50 mg + ombitasvir 12,5 mg + dasabuvir 250 mg | 2 comprimidos/dia, pela manhã<br>1 comprimido 2 vezes/dia (manhã e noite) |

[1]Em pacientes com cirrose Child-Pugh B e C, a dose inicial de ribavirina deve ser de 500 mg/dia, podendo ser aumentada conforme a tolerância do paciente e avaliação médica. A dose máxima não deve ultrapassar 1 mg/kg/dia. [2]É necessário reduzir a posologia de daclatasvir para 30 mg/dia quando coadministrado com atazanavir/ritonavir ou atazanavir/cobicistate. Quando administrado com efavirenz, etravirina ou nevirapina recomenda-se elevar a dose de daclatasvir para 90 mg/dia. Fonte: PCDT HCV, MS do Brasil (2019).

A seguir, serão abordados os antivirais disponíveis para o tratamento da hepatite C.

## *IFN-α peguilado 2a, IFN-α peguilado 2b, IFN-α peguilado 2a ou 2b associados à ribavirina*

Desde a descoberta do HCV, a falta de modelos para estudar sua patogênese e biossíntese, *in vitro* ou em animais, prejudicou a pesquisa de inibidores para esse vírus. Entretanto, mesmo com o pouco conhecimento sobre o vírus, o IFN convencional foi aprovado pela FDA, nos EUA, para o tratamento da hepatite C, em 1991. Em seguida, a otimização da molécula do IFN forneceu o PEG-IFN que, associado à ribavirina (R), foi de grande valia no tratamento dessa patologia. No entanto, somente 50% dos pacientes desenvolvem RVS quando tratados com a associação dessas drogas.

Existem dois tipos de PEG-IFN-α: 2a = Pegasys® e 2b = PegIntron® para o tratamento da hepatite C, que fazem parte da Lista de Medicamentos Essenciais da OMS, 2019. O processo de produzir o PEG-IFN consiste em unir uma molécula de IFN ao polietilenoglicol (PEG); este envolve a molécula de IFN, fazendo com que o organismo não o reconheça como um agente estranho. Assim, o processo de metabolização do IFN é retardado, fazendo com que ele permaneça mais tempo agindo antes de ser eliminado, diminuindo o número de doses necessárias ao tratamento. As moléculas de PEG-IFN podem ter diferentes tamanhos, pesos moleculares e eficácia e, aparentemente, as moléculas de maior tamanho parecem agir bem melhor para a supressão do vírus.

Uma das vantagens do PEG-IFN é a diminuição dos efeitos colaterais, além da melhora na qualidade de vida do paciente, no que diz respeito à utilização do medicamento, uma vez que o mesmo é empregado em dose única semanal, ao contrário do IFN convencional, que deve ser injetado em três doses semanais. Cabe ressaltar que o índice daqueles que abandonam o tratamento por graves efeitos secundários é igual àqueles com IFN convencional, ou seja, 12% dos tratados.

No Brasil, anteriormente, a associação de PEG-IFN-α e ribavirina (PEG-IFN + R), por 48 a 72 semanas era recomendada para tratamento e retratamento de pacientes infectados cronicamente pelo genótipo 1 do HCV. No entanto, em ensaios clínicos randomizados, as taxas médias de RVS alcançadas com PEG-IFN + R em um primeiro tratamento foram em torno de 40 a 50% para esse genótipo. Portanto, aproximadamente metade dos pacientes tratados com o esquema preconizado não responde a essa terapia. No retratamento do paciente após falha virológica prévia a esse esquema, em média, mais de 80% dos pacientes retratados persistem com infecção pelo HCV, permanecendo com risco de complicações clínicas e morte.

Nos últimos anos, a pesquisa por novos inibidores do HCV resultou no descobrimento de moléculas que agem diretamente sobre o vírus (DAA, *direct-acting antiviral*), que serão apresentados posteriormente. Assim, atualmente, o PEG-IFN, associado ou não à ribavirina, ainda continua sendo prescrito no SUS, mas somente em algumas situações específicas ou juntamente com DAA.

A terapia com IFN é utilizada na seguinte dosagem: PEG-IFN-α 2a (180 mcg) ou PEG-IFN-α 2b (1,5 mcg/kg), por via subcutânea, 1 vez/semana, associados à ribavirina (1.000 mg/dia), por via oral, em pacientes com menos de 75 kg, e 1.200 mg em pacientes com mais de 75 kg. Os melhores resultados do tratamento são obtidos naqueles pacientes com a forma da doença que naturalmente é benigna.

### Mecanismo de ação

O mecanismo de ação do IFN-α encontra-se descrito no tópico "Drogas anti-HPV e anti-HHV-8", e o da ribavirina encontra-se no tópico "Droga anti-HRSV" deste capítulo.

## *Antivirais de ação direta (DAA) para HCV*

Com a introdução de sistemas celulares para o cultivo do HCV, novos antivirais puderam ser desenvolvidos, os chamados DAA, que apresentam melhores resultados do que esquemas terapêuticos utilizando somente IFN, facilidade na administração e menor tempo de tratamento, com menos efeitos adversos, em conformidade com o que preconizam a *European Association for the Study of the Liver* (2017) e a *American Association for the Study of Liver Diseases and Infectious Diseases Society of America* (2017). Em 2016, a Sociedade Brasileira de Infectologia (SBI) e a Sociedade Brasileira de Hepatologia (SBH), disponibilizaram um Consenso com as "Recomendações para Tratamento da Hepatite C no Brasil com novos antivirais com ação direta (DAAs)".

### Inibidores da protease NS3/NS4A

Todos os inibidores da protease NS3/NS4A do HCV são grafados com o sufixo *previr*.

No final deste tópico encontra-se o mecanismo de ação de todos os inibidores da protease NS3/NS4A do HCV.

#### *Veruprevir (paritaprevir)*

Veruprevir (ou paritaprevir) é uma acilsulfonamida cujo nome químico é: (2*R*,6*S*,12*Z*,13a*R*,14a*R*,16a*S*)-(2*R*,6*S*,12*Z*,13a*R*,14a*R*,16a*S*)-*N*-(ciclopropano-sulfonil)-6-[(5-metilpirazina-2-carbonil)amino]-5,16-dioxo-2-[(fenantridin-6-il)oxi]-1,2,3,6,7,8,9,10,11,13a,14,15,16,16a-tetradeca-hidrociclopropa[e]pirrolo[1,2-a][1,4]diazaciclopentadecina-14a(5H)-carboxamida (Figura 9.22). É um potente inibidor da serino-protease NS3/NS4A do HCV, aprovado pela FDA e pelo MS do Brasil. É administrado em combinação com ombitasvir + dasabuvir + ritonavir (Viekira® Pak), para tratamento de infecção pelo genótipo 1. Viekira® Pak combina três agentes antivirais de ação direta contra o HCV e um potencializador farmacocinético (ritonavir), com diferentes mecanismos de ação e perfis de resistência não sobreponentes para atingir o vírus em múltiplas etapas de seu ciclo de biossíntese. É constituído por 2 comprimidos revestidos (1 com ombitasvir + veruprevir + ritonavir e outro com dasabuvir).

A dose oral de Viekira® Pak recomendada na bula da Anvisa é de 2 comprimidos revestidos de 75 mg de veruprevir/50 mg de ritonavir/12,5 mg de ombitasvir, 1 vez/dia (pela manhã), e um comprimido revestido de 250 mg de dasabuvir, duas vezes/dia (pela manhã e à noite).

#### *Vaniprevir*

Vaniprevir é um derivado macrocíclico: (1*R*,21*S*,24*S*)-21-*terc*-butil-*N*-((1*R*,2*R*)-1-{[(ciclopropilsulfonil)amino]carbonil}-2-etilciclopropil)-16,16-dimetil-3,19,22-trioxo-2,18-dioxa-4,20,23-triazatetraciclo[21.2.1.14,7.06,11]-heptacosa-6,8,10-trieno-24-carboxamida (Figura 9.22). É um inibidor da serino-protease NS3/NS4A do HCV que foi registrado e licenciado com o nome de Vanihep® no Japão, mas não está disponível no Brasil.

#### *Glecaprevir*

Glecaprevir foi aprovado na Europa e no Brasil para ser usado em associação com pibrentasvir (inibidor da proteína NS5A). A associação desses dois antivirais foi licenciada com o nome de Maviret®. Quimicamente, o glecaprevir é o (3a*R*,7*S*,10*S*,12*R*,21*E*,24a*R*)-7-*terc*-butil-*N*-((1*R*,2*R*)-2-(diflúor-metil)-1-((1-metilciclopropano-1-sulfonil)carbamoil)ciclopropil)-20,20-diflúor-5,8-dioxo-2,3,3a,5,6,7,8,11,12,20,23,24a-dodeca-hidro-1H,10H-9,12-metanociclopenta(18,19)(1,10,17,3,6)trioxa-diazociclonona-

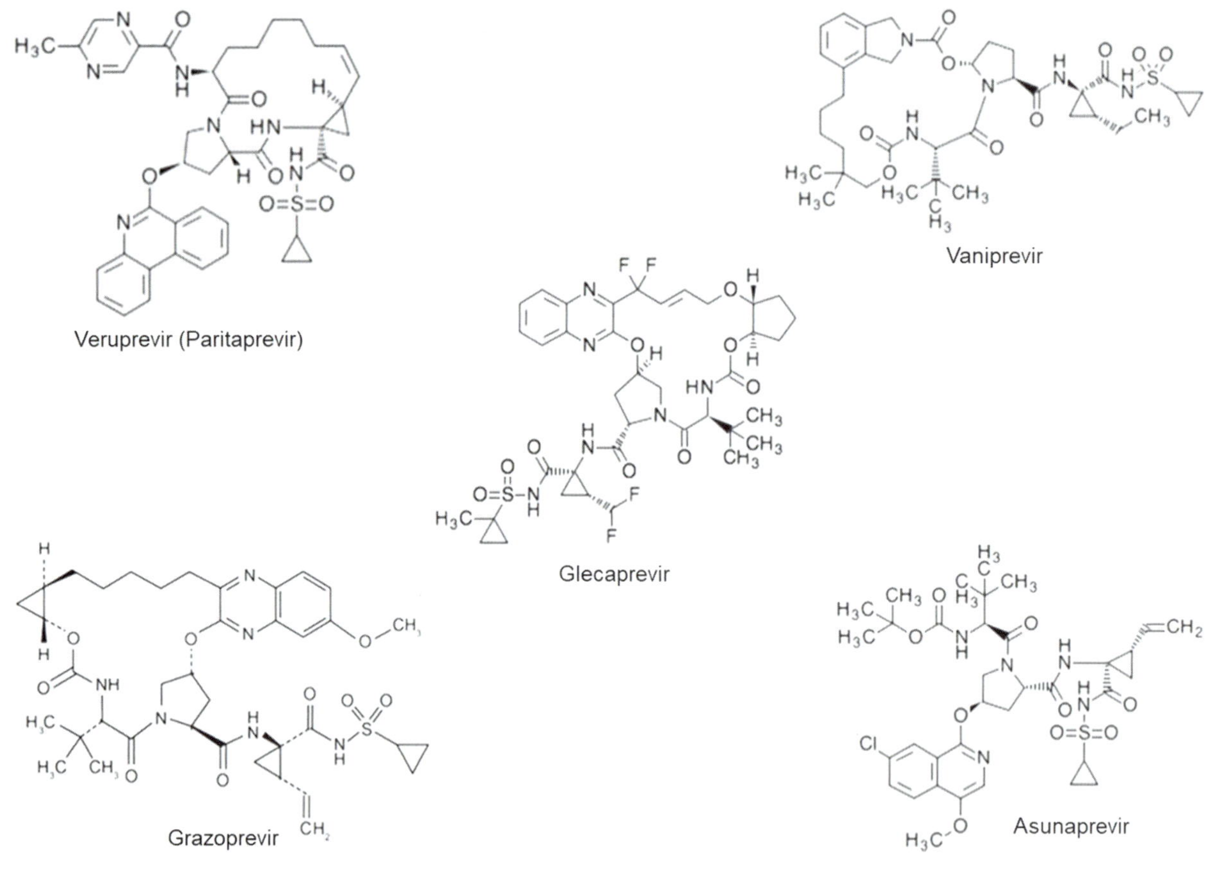


**Figura 9.22** Inibidores da protease NS3/NS4A do HCV.

decino(11,12-b)quinoxalina-10-carboxamida (Figura 9.22). Os dois fármacos em conjunto são ativos para todos os 6 genótipos do HCV. Maviret® está disponível em comprimidos contendo 100 mg de glecaprevir e 40 mg de pibrentasvir. A dose recomendada é de 3 comprimidos 1 vez/dia, ingeridos com alimentos, durante 8, 12 ou 16 semanas, dependendo se o paciente apresenta cirrose hepática, ou se recebeu prévio tratamento com PEG-IFN + R, com ou sem sofosbuvir, ou sofosbuvir + R. Os efeitos adversos mais comuns são cefaleia e cansaço. Maviret® é bastante eficaz no tratamento de pacientes virgens de tratamento e que não apresentem cirrose hepática. Os dois inibidores que constituem o Maviret® fazem parte da Lista de Medicamentos Essenciais da OMS, 2019. A eficácia da terapia varia de 89 a 99%, dependendo do genótipo, condição clínica e presença de outras doenças. Além disso, possibilita tratar pacientes com HCV submetidos a tratamento prévio com DAA, em um período que varia entre 8 e 16 semanas, enquanto outros medicamentos variam de 8 a 24 semanas.

### Grazoprevir

Grazoprevir é um inibidor azamacrocíclico: (1a*R*,5*S*,8*S*,10*R*,22a*R*)-5-*terc*-butil-*N*-{(1*R*,2*S*)-1-[(ciclopropano-sulfonil)carbamoil]-2-etenilciclopropil}-14-metoxi-3,6-dioxo-1,1a,3,4,5,6,9,10,18,19,20,21,22,22a-tetradeca-hidro-8H-7,10-metanociclopropa [18,19] [1,10,3,6]dioxadiazociclononadecino[11,12-b]quinoxalina-8-carboxamida (Figura 9.22). Em 2016, foi aprovada a combinação de grazoprevir + elbasvir (inibidor da proteína NS5A), que foi licenciada como Zepatier®, que faz parte do esquema terapêutico do MS do Brasil, para infecção por genótipos 1 ou 4 do HCV. Essa associação mostra resposta virológica sustentada (RVS) entre 94 e 97% para o genótipo 1 e entre 97 e 100% para o genótipo 4 após 12 semanas de tratamento. Pode ser usado para pacientes com cirrose compensada, coinfecção com HIV ou lesão renal grave. Zepatier® é formado por 50 mg de elbasvir e 100 mg de grazoprevir, com posologia de 1 comprimido por dia, com ou sem alimentos. Os efeitos colaterais mais frequentes são cefaleia e cansaço.

### Asunaprevir

Asunaprevir foi licenciado primeiramente no Japão e na Rússia com o nome comercial de Sunvepra®. Quimicamente é o 3-metil-*N*-{[(2-metil-2-propanil)oxi]carbonil}-L-valil-(4R)-4-[(7-cloro-4-metoxi-1-isoquinolinil)oxi]-*N*-{(1*R*,2*S*)-1-[(ciclopropilsulfonil)carbamoil]-2-vinilciclopropil}-L-prolinamida (Figura 9.22). Em 2014, foi aprovado no Japão, EUA e alguns países da Europa para tratamento da hepatite C em combinação com daclatasvir (inibidor da proteína NS5A), mas não foi licenciado ainda no Brasil.

### Mecanismo de ação

Por ser uma enzima multifuncional, a serino-protease NS3/NS4A do HCV tem atraído a atenção dos pesquisadores, como alvo para o desenvolvimento de potenciais antivirais. Os inibidores da proteína NS3/NS4A do HCV são peptideomiméticos e atuam na interação covalente com o aminoácido serina na posição 139 da protease viral. Foram descobertos pela abordagem do desenho racional de drogas em computador com base em estruturas já conhecidas. Assim, esses antivirais inibem a síntese do HCV por meio da ligação à serino-protease, impedindo-a de clivar a poliproteína precursora necessária para a maturação e a infecciosidade da partícula viral. NS3 é essencial para a clivagem proteolítica de múltiplos sítios da poliproteína e desempenha importante papel durante a replicação do RNA do HCV, enquanto NS4A atua como um cofator, ativando NS3.

## Inibidores da proteína NS5A do complexo da RNA polimerase

Todos os inibidores da proteína NS5A do HCV apresentam o sufixo *asvir*.

O mecanismo de ação de todos os inibidores da proteína NS5A encontra-se no final deste tópico.

### Daclatasvir

Em 2014, o inibidor daclatasvir (Daklinza®), inibidor da proteína NS5A que faz parte do complexo da RNA polimerase do HCV, foi licenciado na Europa e no Japão, para ser utilizado em associação a outras drogas para o tratamento de adultos com hepatite crônica provocada pelo HCV, genótipos 1, 2, 3 ou 4, que apresentassem doença hepática compensada. Quimicamente, é o carbamato de metil *N*-[(2*S*)-1-[(2*S*)-2-[5-[4-[4-[2-[(2*S*)-1-[(2*S*)-2-(metoxicarbonilamino)-3-metilbutanoil] pirrolidin-2-il]-1H-imidazol-5-il]fenil]fenil]-1H-imidazol-2-il] pirrolidin-1-il]-3-metil-1-oxobutan-2-il]. Daclatasvir (Figura 9.23) é administrado em associação com o sofosbuvir (inibidor da RNA polimerase viral – NS5B). Além disso, é administrado por via oral, o tempo de administração é mais curto quando comparado com esquemas que utilizam IFN + R e apresenta atividade para pacientes que não respondem ao tratamento com inibidores da protease NS3/NS4A. Estudos clínicos mostraram que o inibidor é bem tolerado, com baixas taxas de abandono do tratamento (< 1%) devido aos efeitos colaterais e baixa percentagem de efeitos adversos graves (4,7%).

Daclatasvir foi licenciado para tratamento da infecção crônica pelo HCV em pacientes adultos com infecção pelos genótipos 1, 2, 3 ou 4, virgens de tratamento ou experimentados, incluindo pacientes com cirrose compensada e descompensada, recorrência de HCV pós-transplante hepático e pacientes coinfectados HCV/HIV. É encontrado na forma de comprimidos de 60 mg e não deve ser administrado em monoterapia. Pode ser utilizado em combinação com PEG-IFN-α e R para o tratamento da infecção crônica pelo HCV ou em combinação com sofosbuvir com ou sem R. Daclatasvir pode reativar o HBV em pessoas coinfectadas com HCV. Por esse motivo, o MS do Brasil recomenda a triagem de HBV em todas as pessoas antes de iniciar o tratamento. Esse antiviral faz parte da Lista de Medicamentos Essenciais da OMS, 2019 e foi licenciado pelo MS do Brasil em 2015.

### Ledipasvir

Ledipasvir é um derivado benzoimidazólico cujo nome químico é carbamato de metil [(2*S*)-1-{(6*S*)-6-[4-(9,9-diflúor-7-{2-[(1*R*,3*S*,4*S*)-2-{(2*S*)-2-[(metoxicarbonil)amino]-3-metilbutanoil}-2-azabiciclo[2.2.1]hept-3-il]-1H-benzimidazol-5-il}-9H-fluoren-2-il)-1H-imidazol-2-il]-5-azaspiro[2.4]hept-5-il}-3-metil-1-oxobutan-2-il] (Figura 9.23). Esse fármaco é eficiente para tratar os genótipos 1a, 1b, 4, 5 ou 6 do HCV, e menos ativo para os genótipos 2 ou 3. Foi aprovado em 2014 pela FDA, para uso em monoterapia ou associado com sofosbuvir (Harvoni®), e faz parte da Lista de Medicamentos Essenciais da OMS, 2019. O tratamento com ledipasvir pode levar à cura do paciente ou alcançar RVS depois de 12 semanas de dose diária. Quando usado em associação com sofosbuvir, apresenta RVS entre 93 e 99% após 12 semanas de tratamento. Além disso, é eficaz no tratamento de hepatite C em pacientes coinfectados com HIV. No Brasil, ledipasvir faz parte do medicamento Harvoni® prescrito em combinação ou não com R, para HCV genótipo 1 em adultos.

### Elbasvir

Elbasvir é um complexo heterotetracíclico: N,N'-(((6*S*)-6-fenil-6H-indolo(1,2-c)(1,3)benzoxazina-3,10-diil)bis(1H-imidazol-5,2-diil-(2S)-2,1-pirrolidinadiil((1S)-1-(1-metiletil)-2-oxo-2,1-etanodiil)))bis-, C,C'-dimetil éster do ácido carbâmico (Figura 9.23), usado em associação com grazoprevir sob o nome de Zepatier®, para tratamento dos genótipos 1 ou 4. Foi observado que substituições nos aminoácidos nas posições 28, 30, 31, ou 93 conferem resistência a elbasvir, mas mesmo assim ele é eficiente no tratamento da hepatite C. Quando em associação com grazoprevir (Zepatier®) a RVS alcançada está entre 94 e 97% para o genótipo 1 e entre 97 e 100% para o genótipo 4, após 12 semanas de tratamento. Pode ser usado em pacientes com cirrose compensada, em pacientes com coinfecção com HIV, ou doença renal grave.

### Velpatasvir

Velpatasvir é um derivado heteropentacíclico: carbamato de metil {(2*S*)-1-[(2*S*,5*S*)-2-(9-{2-[(2*S*,4*S*)-1-{(2*R*)-2-[(metoxicarbonil) amino]-2-fenilacetil}-4-(metoximetil)pirrolidin-2-il]-1H-imidazol-4-il}-1,11-di-hidro[2]benzopirano[4',3':6,7]nafto[1,2-d] imidazol-2-il)-5-metilpirrolidin-1-il]-3-metil-1-oxobutan-2-il} (Figura 9.23), usado em combinação com sofosbuvir (inibidor da RNA polimerase), com o nome de Epclusa®. Esse antiviral faz parte da Lista de Medicamentos Essenciais da OMS, 2019. É eficaz no tratamento dos 6 genótipos do HCV. O tratamento com Epclusa® pode levar à cura do paciente ou levar à RVS após 12 semanas de dose diária, associada à melhora na qualidade de vida do paciente juntamente com redução de dano ao fígado, reduzindo a necessidade de transplante, redução da incidência de CHC e redução da mortalidade. Epclusa® representa a primeira associação de antivirais contra HCV indicado para todos os genótipos. Atualmente, é a medicação mais potente com obtenção de 93 a 99% de RVS após 12 semanas de terapia, dependendo do genótipo e nível de cirrose.

### Pibrentasvir

Pibrentasvir é o carbamato de metil ((2*S*,3*R*)-1-((2*S*)-2-(5-((2*R*,5*R*)-1-(3,5-diflúor-4-(4-(4-flúorfenil)piperidin-1-il)fenil)-5-(6-flúor-2-((2*S*)-1-(N-(metoxicarbonil)-*O*-metil-L-treonil) pirrolidin-2-il)-1H-benzimidazol-5-il)pirrolidin-2-il)-6-flúor-1H-benzimidazol-2-il)pirrolidin-1-il)-3-metoxi-1-oxobutan-2-il) (Figura 9.23), que foi aprovado em 2017, pela FDA para uso em associação com glecaprevir, com o nome de Maviret®, para tratamento da hepatite C crônica produzida pelos 6 genótipos, em pacientes sem cirrose ou cirrose branda, incluindo pacientes com dano renal de moderado a grave e pacientes em diálise. É eficaz na terapia de pacientes que não tiveram êxito com tratamentos com outros inibidores da proteína NS5A ou NS3/NS4A, mas não ambos. Estudos em culturas de células tratadas somente com pibrentasvir revelaram a emergência de mutantes resistentes em relação aos genótipos 1a, 2a e 3a, levando à diminuição da eficácia. Em estudos clínicos, Maviret® mostrou RVS de mais de 93% para os genótipos 1a, 2a, 3a, 4, 5 e 6. Maviret® faz parte da Lista de Medicamentos Essenciais da OMS, 2019.

### Ombitasvir

Ombitasvir é um derivado dipeptídico: biscarbamato de dimetil ([(2*S*,5*S*)-1-(4-*terc*-butilfenil)pirrolidine-2,5-diil]bis{(4,1-fenileno) carbamoil(2S)pirrolidina-2,1-diil[(2S)-3-metil-1-oxobutano-

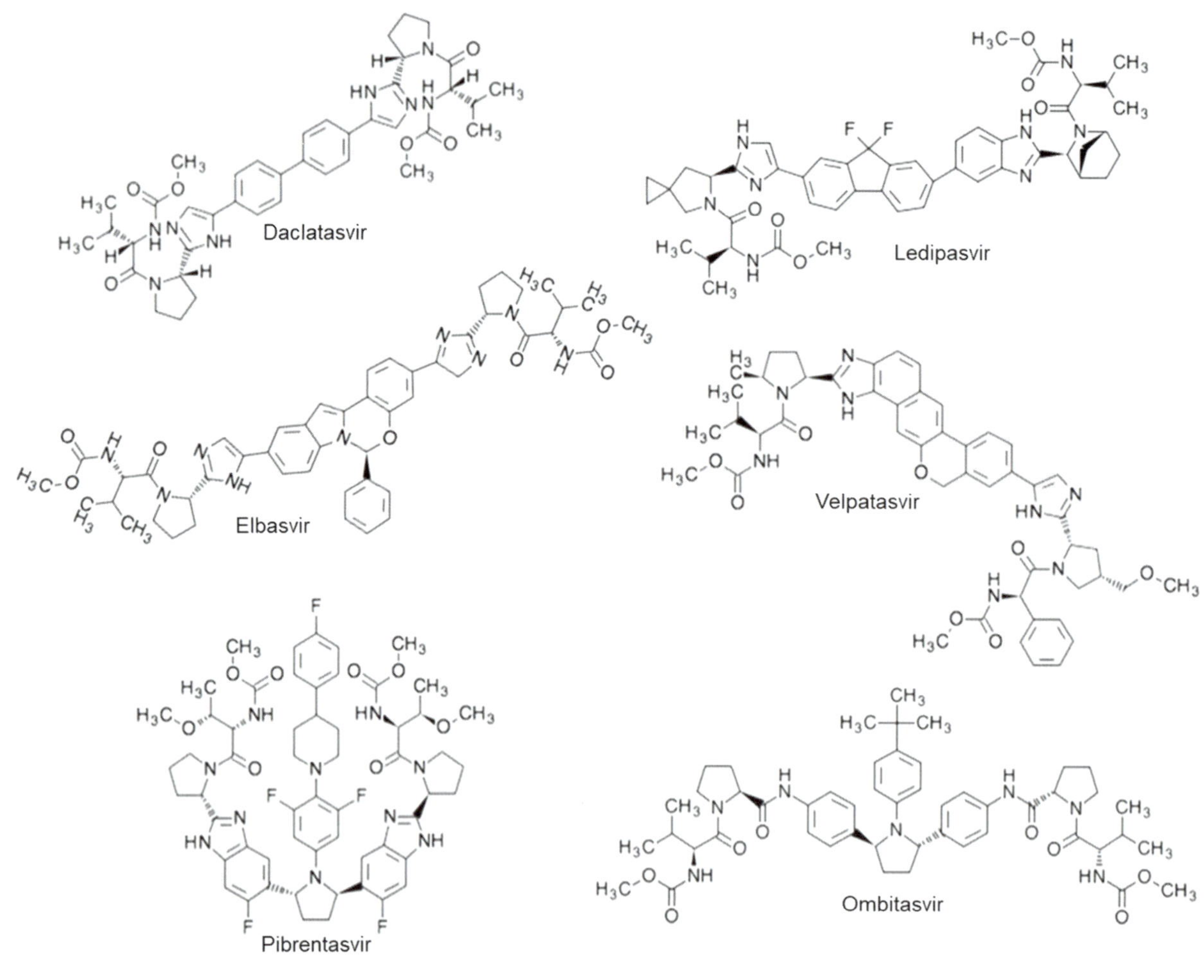


**Figura 9.23** Inibidores da proteína NS5A do complexo da RNA polimerase do HCV.

1,2-diil]}) (Figura 9.23) que foi aprovado para uso em combinação com veruprevir, ritonavir e dasabuvir (Viekira® Pak), para tratamento de infecção pelo genótipo 1 do HCV.

Para tratamento de paciente infectado com o genótipo 1, virgem de tratamento ou experimentado, sem complicações é recomendado o esquema veruprevir + ritonavir + ombitasvir + dasabuvir (esquema 3D), que são recomendados como a primeira linha de tratamento para esses pacientes. Em pacientes não cirróticos, o esquema 3D, por 12 semanas, também pode ser uma opção, sendo usado sem ribavirina para genótipo 1b e com ribavirina para genótipo 1a.

### *Mecanismo de ação*

Ainda não se conhece bem a função da proteína NS5A, mas, possivelmente, ela desempenha importante papel modulando a atividade da RNA polimerase-RNA dependente (NS5B). Embora o exato mecanismo de ação dos inibidores dessa proteína também não seja bem compreendido, resultados com daclatasvir, que é o inibidor mais bem estudado, indicam que eles se ligam ao domínio I da NS5A, impedindo sua hiperfosforilação e levando ao rompimento do complexo de replicação do RNA viral, com consequente inibição da transcrição do RNA do HCV e bloqueio da produção de novas partículas virais. Devido aos múltiplos papéis desempenhados pela proteína NS5A, foi sugerido, por meio de um estudo de modelagem molecular, que esse inibidor também possa interferir na etapa de montagem dos novos vírus.

## Inibidores da RNA polimerase (NS5B)

Todos os inibidores da RNA polimerase (NS5B) do HCV apresentam o sufixo *buvir*.

O mecanismo de ação do sofosbuvir e dasabuvir encontra-se no final deste tópico.

### *Sofosbuvir (análogo nucleotídico)*

Em dezembro de 2013 a FDA aprovou o inibidor sofosbuvir (Figura 9.24), licenciado como Sovaldi®, um análogo nucleotídico da uridina monofosfato que inibe a RNA polimerase (NS5B) do HCV. Esse inibidor apresenta vantagem em relação aos inibidores da protease pela baixa taxa de seleção de mutantes resistentes responsáveis por falha terapêutica. Quimicamente, é o propanoatode(*S*)-isopropil-2-((*S*)-(((2*R*,3*R*,4*R*,5*R*)-5-(2,4-dioxo-3,4-di-hidropirimidin-1(2H)-il)-4-flúor-3-hidroxi-4-metiltetra-hidrofuran-2-il)metoxi)-(fenoxi)fosforil-amino). A eficácia do sofosbuvir foi avaliada em seis estudos clínicos consistindo em 1.947 participantes que nunca tinham sido tratados ou que não responderam a tratamento prévio, incluindo participantes coinfectados com HIV. Os estudos tiveram como objetivo avaliar se havia negativação dos níveis de HCV no sangue após 12 semanas de tratamento (RVS). Os resultados obtidos nessas avaliações clínicas demonstraram que o sofosbuvir foi eficaz no tratamento de pacientes infectados com os genótipos 1, 2, 3 ou 4, incluindo aqueles com CHC aguardando transplante de fígado, e também em coinfectados com o HIV-1. Além disso, pacientes que não toleravam o tratamento com IFN puderam ser tratados com esse novo antiviral.

Sofosbuvir pode ser encontrado em associação com ribavirina, PEG-IFN + R, ledipasvir, daclatasvir e velpatasvir. Para tratamento de paciente infectado com o genótipo 1, virgem de tratamento ou experimentado, sem complicações, é recomendado sofosbuvir associado a daclatasvir. Pacientes não cirróticos podem ser tratados por 12 semanas com sofosbuvir + daclatasvir, ambos sem ribavirina, independentemente do subtipo do genótipo 1.

No esquema terapêutico do Brasil, sofosbuvir está associado com velpatasvir (Epclusa®), daclatasvir (Sovaldi®) ou ledipasvir (Harvoni®). Todos fazem parte da Lista de Medicamentos Essenciais da OMS, 2019.

### *Dasabuvir (não nucleosídico)*

Em 2014, a FDA aprovou o antiviral dasabuvir (Figura 9.24) ou Exviera®. Esse fármaco é um inibidor não nucleosídico da RNA polimerase do HCV e foi o primeiro inibidor dessa classe de medicamentos a ser desenvolvido para tratamento da hepatite C. Faz parte do arsenal terapêutico do MS do Brasil associado a outros medicamentos, e faz parte da Lista de Medicamentos Essenciais da OMS, 2019. Dasabuvir é empregado associado com ombitasvir + veruprevir + ritonavir na apresentação chamada Viekira® Pak. Dasabuvir é o N-(6-(3-(*terc*-butil)-5-(2,4-dioxo-3,4-di-hidropirimidin-1(2H)-il)-2-metoxifenil)naftalen-2-il)metano sulfonamida. É administrado por via oral, 2 vezes/dia por um período de 12 a 24 semanas e indicado para o tratamento dos genótipos 1a e 1b, além de vírus com genótipo 1 de subtipos desconhecidos e genótipo 1 em infecções mistas, em pacientes sem cirrose ou que tenham cirrose compensada. A combinação de fármacos do Viekira® Pak pode resultar em cura de 90% das pessoas com hepatite C.

Dasabuvir, a exemplo de outros DAA, pode causar reativação do HBV em pessoas coinfectadas com HCV. Por esse motivo, o MS do Brasil recomenda a triagem para HBV em todos os elegíveis a iniciarem o tratamento que utiliza DAA, com o objetivo de minimizar o risco de reativação.

### *Mecanismo de ação*

A proteína NS5B tem função de RNA polimerase-RNA dependente, essencial para a síntese de novos genomas do HCV. Essa enzima catalisa a síntese de uma fita de RNA de polaridade negativa complementar usando o genoma como molde e subsequente síntese da fita positiva de RNA a partir da fita de RNA negativa intermediária. O sofosbuvir, um análogo nucleotídico, é uma pró-droga que quando metabolizada passa à forma ativa trifosfato a qual inibe a RNA polimerase do HCV. A forma trifosfato dessa molécula serve como um substrato defectivo para a proteína viral NS5B e, assim, age como inibidor da síntese do RNA viral, ligando-se ao sítio catalítico da enzima. Alguns análogos nucleosídicos já haviam sido testados contra o HCV anteriormente, mas apresentaram baixa eficácia, pois a primeira fosforilação não é eficiente. O sofosbuvir foi desenhado de maneira a evitar essa primeira etapa, uma vez que a molécula já é adicionada de um grupamento fosfato durante sua síntese. Grupamentos adicionais são ligados ao radical fosfato para mascarar, temporariamente, as duas cargas negativas e facilitar a entrada do inibidor na célula infectada. O dasabuvir, por não ser um análogo nucleosídico, liga-se ao domínio "palma da mão" da RNA polimerase NS5B do HCV, induzindo uma alteração conformacional na RNA polimerase e impedindo a síntese do RNA viral.

Entre as principais alterações do Protocolo Clínico e Diretrizes Terapêuticas para Hepatite C e Coinfecções (PCDT HCV), em 2019, está a inclusão de dois esquemas terapêuticos que tratam todos os genótipos de vírus da hepatite C: glecaprevir + pibrentasvir e velpatasvir + sofosbuvir, que estão incluídos na Lista de Medicamentos Essenciais da OMS (2019). Essas duas novas opções terapêuticas se somam ao tratamento já existente desde 2015 com sofosbuvir + daclatasvir. Além dessas opções, o PCDT HCV (2019) manteve as indicações para ledipasvir + sofosbuvir (genótipo 1), elbasvir + grazoprevir (genótipos 1 e 4), ribavirina e PEG-IFN-α, para algumas situações pediátricas.

## Drogas anti-HIV-1

Atualmente, ser portador do HIV é uma condição crônica e tratável devido aos avanços na descoberta de antirretrovirais (ARV) cada vez mais potentes e com menos efeitos colaterais, que fizeram com que a AIDS estabelecesse seu atual perfil de doença crônica.

A terapia antirretroviral (TARV) não consegue eliminar o vírus do organismo. Ela tem como objetivo diminuir a morbidade e a mortalidade das pessoas vivendo com HIV (PVHIV), melhorando sua qualidade e aumentando a expectativa de vida. Não se utiliza a monoterapia no tratamento de indivíduos HIV-positivos devido ao rápido aparecimento de mutantes resistentes; preconiza-se a TARV combinada, utilizando classes distintas de inibidores na tentativa de burlar o fenômeno da resistência viral.

Desde 1995, quando o antiviral azidotimidina (AZT) começou a ser fornecido na rede pública de saúde pelo MS do Brasil, passando pela introdução da HAART (terapia antirretroviral altamente eficaz [*highly active antiretroviral therapy*]) vários esquemas de tratamento foram oferecidos às PVHIV, até os dias de hoje (fevereiro de 2021). Em 2018, por meio do Protocolo Clínico e Diretrizes Terapêuticas para Manejo da Infecção pelo HIV em Adultos (PCDT HIV), o Ministério da Saúde (MS) do Brasil, definiu novos esquemas terapêuticos para PVHIV.

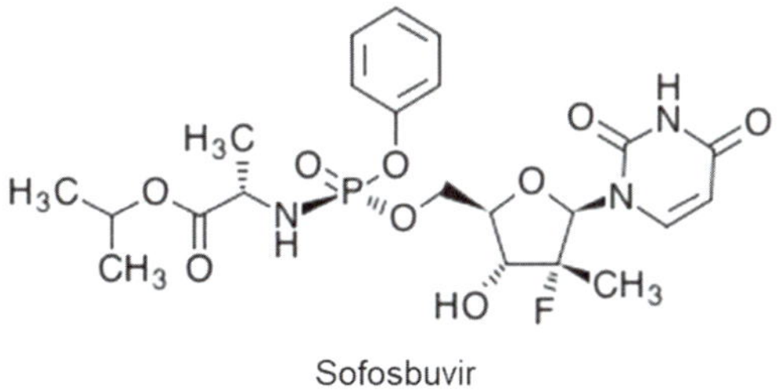

Sofosbuvir

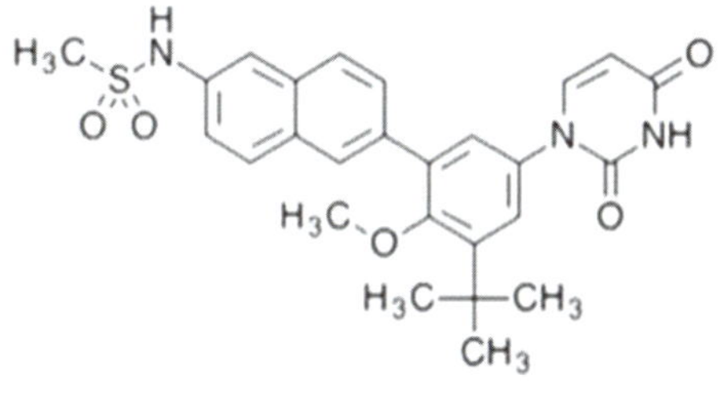

Dasabuvir

**Figura 9.24** Inibidores da RNA polimerase (NS5B): inibidor análogo nucleotídico (sofosbuvir) e inibidor não nucleosídico (dasabuvir) do HCV.

O início imediato da TARV é recomendado para todas as PVHIV, independentemente do seu estágio clínico e/ou imunológico. Iniciar o tratamento precocemente acarreta benefícios às PVHIV em relação à redução da morbidade e letalidade, diminuição da transmissão da infecção e impacto na redução da tuberculose, que é a principal causa infecciosa de óbitos em PVHIV no Brasil e no mundo. Como consequência da formulação de novas apresentações farmacêuticas, alterações nos esquemas terapêuticos permitiram maior adesão aos medicamentos com resultados significativos, reduzindo o número de indivíduos que abandonam o tratamento.

Além do impacto clínico favorável, o início mais precoce da TARV tem reduzido a taxa de transmissão do HIV. Todavia, deve-se considerar a importância da adesão e o risco de efeitos adversos em um tratamento de longo prazo.

A introdução da classe de inibidores de integrase nos esquemas iniciais preferenciais em adultos e pacientes graves coinfectados com *Mycobacterium tuberculosis* possibilitou uma prescrição muito melhor em termos de eficácia, perfil de tolerabilidade e barreira genética, já na primeira oferta de terapia às PVHIV.

Existem diferentes classes de ARV que são: (1) inibidores nucleosídicos da transcriptase reversa (INTR); (2) inibidores não nucleosídicos da transcriptase reversa (INNTR); inibidores nucleotídicos da transcriptase reversa (INtTR); inibidores da integrase (IIN); inibidores peptideomiméticos da protease (IPpm); inibidores não peptideomiméticos da protease (IPnpm); inibidor da fusão e inibidor da adsorção ao correceptor CCR5 (ICCR5).

Nos Quadros 9.7 e 9.8 são mostradas as drogas antivirais e associações, respectivamente, que foram licenciadas para tratamento da infecção pelo HIV-1.

**Quadro 9.7** Antivirais licenciados para tratamento da infecção pelo HIV-1.

| Classe de inibidor | Antiviral | Nome comercial licenciado® |
|---|---|---|
| Inibidor nucleosídico da TR (INTR) | Zidovudina# (AZT) | Retrovir |
| | Didanosina (ddI) | Videx |
| | Zalcitabina (ddC) | Hivid |
| | Estavudina (d4t) | Zerit |
| | Lamivudina# (3TC) | Epivir |
| | Abacavir# (ABC) | Ziagen |
| | Entricitabina# (FTC) | Emtriva* |
| Inibidor não nucleosídico da TR (INNTR) | Nevirapina# (NVP) | Viramune |
| | Delavirdina (DLV) | Rescriptor |
| | Efavirenz# (EFV) | Sustiva |
| | Etravirina (ETR) | Intelence |
| | Rilpivirina | Edurant |
| Inibidor nucleotídico da TR (INtTR) | Fumarato de tenofovir desoproxila# (TDF) | Viread |
| | Fumarato de tenofovir alafenamida (TAF) | Vemlidy** |
| Inibidor da integrase (IIN) | Raltegravir# (RAL) | Isentress*** |
| | Elvitegravir (EVG) | Vitekta**** |
| | Dolutegravir# (DTG) | Tivicay |
| | Bictegravir | Bictarvy***** |
| Inibidor peptideomimético da protease (IPpm) | Saquinavir (SQV) | Fortovase, Invirase |
| | Indinavir (IDV) | Crixivan |
| | Ritonavir#(r) | Norvir |
| | Nelfinavir (NFV) | Viracept |
| | Lopinavir# (LPV) | Aluviran |
| | Atazanavir# (ATV) | Reyataz |
| Inibidor não peptideomimético da protease (IPnpm) | Tipranavir (TPV) | Aptivus |
| | Darunavir# (DRV) | Prezista |
| Inibidor da fusão | Enfuvirtida (ENF) | Fuzeon |
| Inibidor da adsorção ao correceptor CCR5 | Maraviroc (MVC) | Celsentri |

TR: transcriptase reversa. #Disponível no Sistema Único de Saúde, Ministério da Saúde do Brasil. *Associação com TDF; **Associação em Odefsey®, Descovy®, Genvoya® ou Bictarvy®; ***Associação com TDF e 3TC; ****Associação em Stribild®; *****Associação com FTC e TAF. Atualizado em fevereiro de 2021.

## Inibidores da transcriptase reversa do HIV-1

A transcriptase reversa (TR) é um heterodímero constituído das subunidades p66/p51 que são alvos de antivirais. Os inibidores nucleosídicos da TR (INTR) e os inibidores nucleotídicos da TR (INtTR) agem no sítio de ligação da enzima ao substrato, atuando como substratos inibidores competitivos dos nucleotídeos naturais. Os inibidores não nucleosídicos da TR (INNTR) agem no sítio de ligação vizinho ao sítio ativo da enzima (inibição alostérica).

### Inibidores nucleosídicos da transcriptase reversa (INTR) do HIV-1

Existem 7 INTR disponíveis para o tratamento da infecção pelo HIV. Todos têm o mesmo mecanismo de inibição e seus efeitos tóxicos variam entre si. Os vírus isolados de pacientes tratados com os análogos nucleosídicos são frequentemente resistentes. No entanto, a resistência também foi relatada em pacientes que nunca foram tratados com os inibidores, devido à mutação natural que ocorre na TR (para mais informações, ver *Capítulo 20*).

O mecanismo de ação de todos os inibidores nucleosídicos da TR do HIV-1 encontra-se no final deste tópico.

#### *Zidovudina*

O inibidor zidovudina (AZT, azidotimidina, Retrovir®) foi sintetizado em 1985, como parte de um programa para a busca de substâncias antineoplásicas, e foi aprovado pela FDA para tratamento de pacientes com AIDS, em 1987. É um análogo da timidina que possui um radical azido na posição 3′ da desoxirribose (ver Figura 9.6). Esse análogo penetra na célula por difusão passiva e foi o primeiro antiviral disponível para o tratamento desses pacientes. Zidovudina é um inibidor da transcriptase reversa (TR) do HIV, que compete com a desoxitimidina trifosfato no sítio ativo da enzima. Sendo fosforilado por cinases celulares, não apresenta seletividade e acumula-se em células infectadas ou

**Quadro 9.8** Associação de antivirais licenciados para tratamento da infecção pelo HIV-1.

| Antiviral[1] | Nome comercial licenciado® |
|---|---|
| AZT + 3TC | Combivir |
| ABC + 3TC | Epzicom |
| ABC + AZT + 3TC | Trizivir |
| Lopinavir + ritonavir | Kaletra |
| Atazanavir + ritonavir | - |
| Entricitabina + TDF | Truvada |
| Entricitabina + TDF + efavirenz | Atripla |
| Entricitabina + TDF + rilpivirina | Eviplera/Complera |
| Entricitabina + TDF + elvitegravir + cobicistate[2] | Stribild |
| Darunavir + cobicistate[2] | Prezcobix |
| Atazanavir + cobicistate[2] | Evotaz |
| Raltegravir + 3TC | Dutrebis |
| Raltegravir + 3TC + TDF | - |
| Dolutegravir + abacavir + 3TC | Triumeq |
| TAF + rilpivirina + entricitabina | Odefsey |
| TAF + entricitabina | Descovy |
| TAF + entricitabina + bictegravir | Biktarvy |
| TAF + entricitabina + elvitegravir + cobicistate[2] | Genvoya |

AZT: azidotimidina; 3TC: lamivudina; ABC: abacavir; TDF: fumarato de tenofovir desoproxila, TAF: fumarato de tenofovir alafenamida. [1]Todos em dose fixa combinada (1 comprimido). Algumas dessas combinações ainda não estão disponíveis no Brasil. [2]Fármaco potencializador; não apresenta efeito antiviral. Atualizado em fevereiro de 2021.

não, embora seja substancialmente mais potente na inibição da TR que das polimerases celulares. No tratamento com zidovudina, recomenda-se uma dose de 300 mg, 2 vezes/dia. A zidovudina é encontrada em associação a outros medicamentos, como a lamivudina (Combivir®), e associada à lamivudina + abacavir (Trizivir®), administrados em dose fixa combinada (um único comprimido), como parte de uma estratégia terapêutica para aumentar a adesão ao tratamento pela diminuição do número de comprimidos diários a serem ingeridos. Esse antiviral faz parte da Lista de Medicamentos Essenciais da OMS, 2019.

Devido à sua toxicidade, o AZT provoca, frequentemente, anemia macrocítica significativa devido ao comprometimento da medula óssea, com neutropenia e/ou granulocitopenia, além de cefaleia, náusea, mal-estar, insônia, vômito, dor abdominal, diarreia, mialgia e febre.

A resistência ao AZT ocorre devido a mutações em seis códons do gene *pol*, que codifica para a TR do HIV.

O AZT também é administrado na quimioprofilaxia em exposição ocupacional ao HIV como alternativa ao fumarato de tenofovir desoproxila (TDF), que é o medicamento de escolha em associação com lamivudina (3TC) e dolutegravir (DTG).

### Didanosina

O antiviral didanosina (ddI, didesoxiinosina, Videx®) é um análogo da adenosina (ver Figura 9.4) que foi indicado para o tratamento da infecção avançada pelo HIV para pacientes que tivessem sido submetidos à terapia prolongada com zidovudina, ou que tivessem demonstrado intolerância a essa droga. É rapidamente degradado em pH ácido; portanto, é necessária a administração na forma de comprimidos tamponados. Pancreatite e neuropatia periférica são as mais sérias complicações associadas à didanosina. Em 2016, esse antiviral foi retirado dos esquemas terapêuticos do SUS, do MS do Brasil.

### Zalcitabina

O inibidor zalcitabina (ddC, didesoxicitidina, Hivid®) é um análogo da citidina (ver Figura 9.5) e foi licenciado para uso em combinação com a zidovudina. Os efeitos colaterais mais evidentes são: erupção cutânea, aftas na mucosa oral e febre; neuropatia periférica também pode ocorrer. A posologia é de 0,75 mg, 3 vezes/dia.

### Estavudina

O antiviral estavudina (d4T, Zerit®) é um análogo da timidina (ver Figura 9.6) que é estruturalmente similar à zidovudina, porém mais bem tolerado. Causa menos efeitos colaterais, mas pode ocorrer neuropatia periférica em 20% dos casos. Em 2014 esse antiviral foi excluído dos esquemas terapêuticos do SUS, do MS do Brasil.

### Lamivudina

O inibidor lamivudina (3TC, Epivir®) é um análogo da citidina (ver Figura 9.5), que é importante por sua capacidade de modificar a resistência ao AZT e produzir um efeito sinérgico quando administrado concomitantemente. Embora possa causar neutropenia e neuropatia periférica, é o menos tóxico dos INTR até o momento. Durante o tratamento, administrar 150 mg, 2 vezes/dia, ou 300 mg, 1 vez/dia. Se o paciente tiver menos de 50 kg, 2 mg/kg, 2 vezes/dia. Em associação com AZT (Combivir®), a posologia é de 1 comprimido por dia, dose fixa combinada contendo 300 mg de zidovudina e 150 mg de 3TC. Existe também a associação lamivudina + abacavir (Epzicom®), administrada na forma de comprimidos contendo 300 mg de lamivudina e 600 mg de abacavir, para ser usada em dose única diária (dose fixa combinada). Esse antiviral faz parte da Lista de Medicamentos Essenciais da OMS, 2019.

### Abacavir

O abacavir (ABC, Ziagen®) é um análogo nucleosídico carboxílico da guanosina (ver Figura 9.7), ativado intracelularmente à forma carbovir trifosfato (CBV-TP) por um mecanismo diferente dos demais análogos. É primeiro fosforilado a abacavir monofosfato, então desaminado para passar a carbovir monofosfato (CBV-MP) e, finalmente, é fosforilado a CBV-TP. A enzima responsável pela desaminação não é a adenosina-desaminase nem a ácido adenílico-desaminase, mas uma enzima completamente diferente que parece ser bastante abundante nos tecidos. Quando o CBV-TP é incorporado ao DNA proviral, resulta em terminação da cadeia. Penetra no sistema nervoso central do mesmo modo que a zidovudina, prevenindo, assim, problemas mentais como a demência que ocorre em pacientes aidéticos. Tem a vantagem de ser menos tóxico para o sistema hematopoiético do que o AZT. A dose é de 300 mg, 2 vezes/dia. Seu efeito colateral é a hipersensibilidade, com sintomas respiratórios e/ou gastrointestinais, em geral com febre e sem acometimentos de mucosas; inicialmente, os sintomas podem ser confundidos com uma virose. Pode ser encontrado em associação com lamivudina (Epzicom®). Esse inibidor faz parte da Lista de Medicamentos Essenciais da OMS, 2019.

### Entricitabina

O antiviral entricitabina (FTC, Emtriva®) é o enantiômero (–) de um tio-análogo da citidina, que tem um átomo de flúor na posição 5 (ver Figura 9.5), diferindo da lamivudina apenas pela adição do flúor na molécula. Os efeitos colaterais mais frequentes são cefaleia, diarreia, náusea, exantema e despigmentação da pele. Já foram relatados efeitos graves como acidose láctica e hepatotoxicidade (hepatomegalia e esteatose). É administrado em cápsulas, na dosagem de 200 mg, 1 vez/dia, ou solução oral, 240 mg (24 mℓ), 1 vez/dia, podendo ser utilizado em crianças. O inibidor FTC é um dos componentes do Truvada® (combinado com TDF) e Atripla® (combinado com o efavirenz e TDF). Também está presente no medicamento Complera®/Eviplera® em associação a TDF e rilpivirina, além de fazer parte do medicamento Stribild®, uma associação de entricitabina + TDF + elvitegravir + cobicistate. Essa associação é chamada de *quad* ("quadripílula"), o que favorece a posologia da medicação, diminuindo a quantidade de comprimidos que o paciente precisa ingerir, melhorando a adesão ao tratamento. O cobicistate não apresenta atividade antiviral, mas age como um fármaco potencializador para os antivirais. Em 2017, o MS do Brasil liberou o uso diário de comprimido único de FTC associado com TDF (Truvada®) em casos de pré-exposição (PrEP) ao HIV-1.

### Mecanismo de ação dos INTR

O genoma do HIV é constituído de RNA de fita simples diploide e, por meio da enzima transcriptase reversa (TR), codificada pelo vírus, cada fita desse RNA é convertida em um DNA de duplo filamento, que é integrado ao genoma da célula infectada (para mais informações, ver *Capítulo 20*). Os análogos nucleosídicos são convertidos a análogos nucleotídicos por enzimas celulares que os convertem na forma ativa 5′-trifosfato, para atuarem como inibidores competitivos ou substratos alternativos para a polimerase. São chamados "terminadores de cadeia", assim como o aciclovir, pois a síntese do DNA cessa quando eles são adicionados porque não apresentam a hidroxila na posição 3′, impedindo a adição de novos nucleotídeos à cadeia de DNA que está sendo sintetizada. Zidovudina, didanosina, zalcitabina, estavudina e abacavir não apresentam o grupo 3′-hidroxila, enquanto a lamivudina e entricitabina, além disso, possuem um açúcar modificado.

## Inibidores não nucleosídicos da transcriptase reversa (INNTR) do HIV-1

Existem 5 INNTR do HIV-1 (Figura 9.25), que serão apresentados a seguir.

O mecanismo de ação de todos os inibidores não nucleosídicos da TR do HIV-1 encontra-se no final deste tópico.

### Nevirapina

O antiviral nevirapina (NVP, Viramune®), 11-ciclopropil-4-metil-5,11-di-hidro-6H-dipirido[3,2-b:2',3'-e][1,4]diazepin-6-ona (ver Figura 9.25), foi o primeiro INNTR a ser licenciado para a terapia do HIV-1. É estudado desde 1993, e provou ser superior em doentes gravemente imunocomprometidos. A atividade inibitória da nevirapina não é por competição com os nucleosídeos trifosfatos naturais. A transcriptase reversa do HIV-2 e as DNA-polimerases celulares não são inibidas pela nevirapina.

Esse antiviral é mais eficiente na prevenção da transmissão do HIV da mãe para o filho em relação ao tratamento com AZT, sendo mais barato. Nesse caso, a mãe recebe uma dose antes do parto e o filho recebe uma dose logo depois de nascer. O tratamento durante a gestação só pode ser feito com AZT, e a administração concomitante com a nevirapina torna-o mais eficiente.

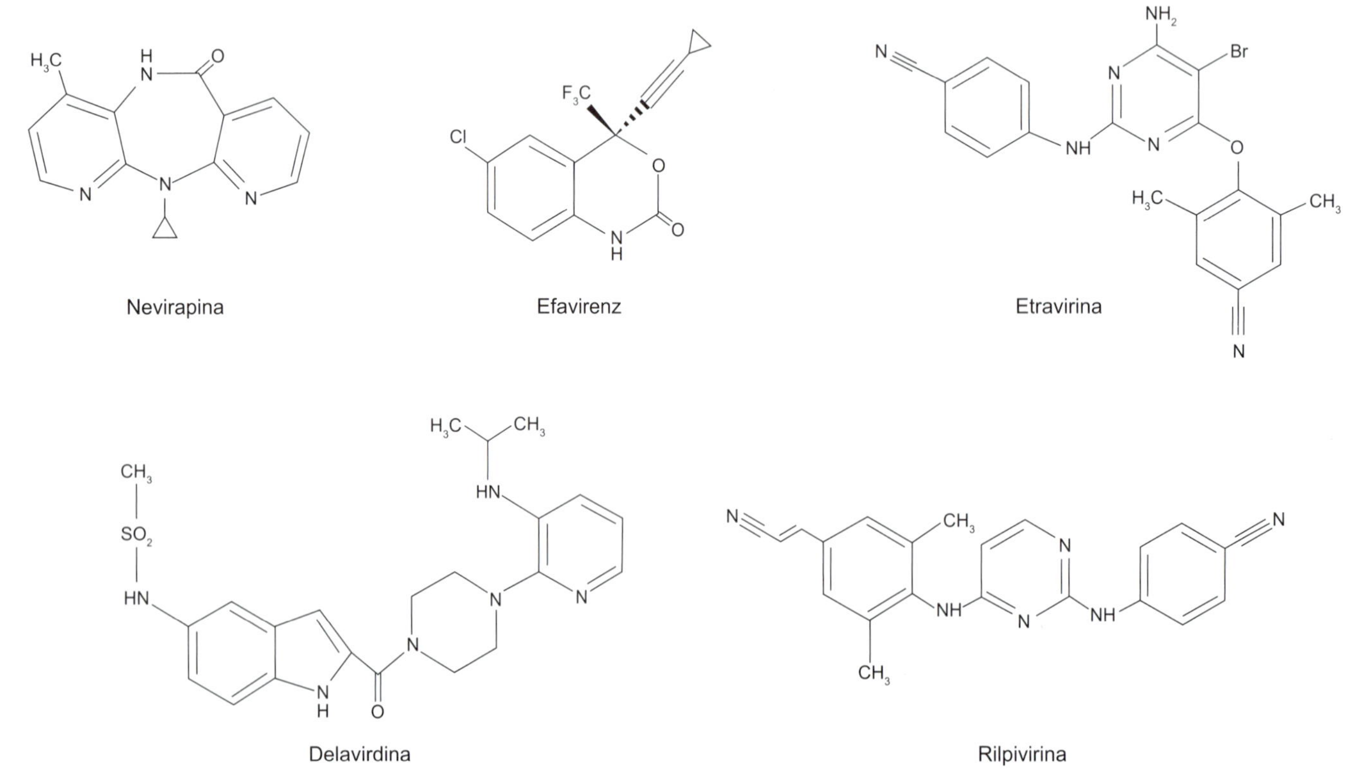


**Figura 9.25** Inibidores não nucleosídicos da transcriptase reversa do HIV-1.

No caso de conciliar as duas drogas, a gestante toma o AZT durante a gestação e, na hora do parto, uma dose de nevirapina, a mesma que o bebê recebe ao nascer. Esse antiviral faz parte da Lista de Medicamentos Essenciais da OMS, 2019.

Os efeitos colaterais mais evidentes são exantema do tipo eritema multiforme, hepatite, elevação de transaminases, febre, náusea e cefaleia.

#### Delavirdina

A droga delavirdina (DLV, Rescriptor®), N-[2-({4-[3-(propan-2-ilamino)piridin-2-il]piperazin-1-il}carbonil)-1H-indol-5-il] metanossulfonamida (ver Figura 9.25), foi o segundo INNTR a ser licenciado pela FDA, em 1997. Devido à elevada quantidade de comprimidos, que precisam ser tomados 3 vezes/dia, e por ter sua absorção diminuída na presença de antiácidos, a delavirdina é atualmente muito raramente prescrita.

#### Efavirenz

O inibidor efavirenz (EFV, Sustiva®, Stocrin®), (4*S*)-8-cloro-5-(2-ciclopropiletinil)-5-(triflúormetil)-4-oxo-2-azabiciclo-[4.4.0]-deca-7,9,11-trien-3-ona (ver Figura 9.25), foi o primeiro INNTR que se mostrou tão eficaz ou, provavelmente, até melhor que os inibidores da protease, em doentes não tratados previamente. A posologia do efavirenz é de 600 mg, 1 vez/dia. Apresenta muitos efeitos colaterais, como: aparecimento de exantema, sintomas neurológicos (confusão, alterações de pensamento, dificuldade de concentração, despersonalização), elevação de transaminases, hiperlipidemia com aumento dos níveis de colesterol e teratogenicidade (em macacas). Esse inibidor faz parte da Lista de Medicamentos Essenciais da OMS, 2019.

#### Etravirina

O antiviral etravirina (ETR, Intelence®), 4-[6-amino-5-bromo-2-[(4-cianofenil)amino]-pirimidin-4-il]oxi-3,5-dimetilbenzonitrila (ver Figura 9.25), pertence à classe das diarilpirimidinas, da segunda geração de INNTR, que foi licenciado pela FDA em 2008 e pelo MS do Brasil em 2017 (comprimidos de 200 mg). É um INNTR prescrito para o tratamento de pacientes que já experimentaram outros INNTR e que apresentaram resistência a esses medicamentos. Os efeitos colaterais mais comuns são exantema e náusea, que ocorrem em mais de 10% dos pacientes. O medicamento deve ser descontinuado caso haja reações graves na pele, tais como a síndrome de Stevens-Johnson, reações de hipersensibilidade e eritema multiforme. A posologia é de 200 mg, 1 vezes/dia, sempre depois das refeições. Não são conhecidos os efeitos para uso pediátrico ou em pacientes que nunca experimentaram o tratamento antirretroviral.

#### Rilpivirina

A droga rilpivirina (Edurant®), 4-{[4-({4-[(E)-2-ciano-vinil]-2,6-dimetilfenil}amino)pirimidin-2-il]amino}benzonitrila (ver Figura 9.25), assim como a etravirina, é uma diarilpirimidina que faz parte da segunda geração de INNTR. Apresenta maior potência, meia-vida mais longa e menos efeitos colaterais em comparação com os INNTR mais antigos, como o efavirenz. Esse antiviral foi licenciado pela FDA em 2011, e também pode ser encontrado em associação aos inibidores entricitabina (FTC) e fumarato de tenofovir desoproxila (TDF), fazendo parte de um único comprimido com o nome de Complera® ou Eviplera®, que é administrado 1 vez/dia. Rilpivirina foi aprovado para ser administrado a adultos que nunca fizeram uso de antirretrovirais e que apresentem carga viral $\leq 10^5$ cópias/mℓ no início do tratamento. Está disponível em comprimidos de 25 mg, administrados 1 vez/dia. Os efeitos colaterais desse antiviral incluem depressão, hepatotoxicidade, nefrotoxicidade e lipodistrofia.

#### Mecanismo de ação dos INNTR

Por não serem análogos nucleosídicos, os INNTR não são incorporados ao DNA viral, inibindo a replicação do HIV-1 pela ligação não competitiva à transcriptase reversa, em sítios diferentes daqueles utilizados pelo substrato (inibição alostérica). Em consequência disso, o mecanismo de resistência para esses inibidores não é o mesmo dos análogos nucleosídicos, fazendo com que seja útil o seu emprego em associação a tais análogos.

### Inibidores nucleotídicos da transcriptase reversa (INtTR) do HIV-1

#### Fumarato de tenofovir desoproxila

O fumarato de tenofovir desoproxila (TDF, Viread®) é a pró-droga do tenofovir desoproxila que é um análogo nucleotídico da guanosina (ver Figura 9.17) que atua na transcriptase reversa do HIV-1 e do HBV. A posologia recomendada é de 300 mg/dia. Em geral, é bem tolerado e pouco associado a efeitos adversos como diarreia, vômito e náusea; há alguns relatos de indução de insuficiência renal. Pode ser encontrado em associação com entricitabina (Truvada®) ou entricitabina + efavirenz (Atripla®), reduzindo a dose diária para 1 comprimido. O TDF faz parte do esquema de terapia ARV inicial preferencial para adultos e crianças acima de 12 anos, do MS do Brasil. Em 2017, o MS liberou o uso diário de comprimido único de TDF combinado com entricitabina (Truvada®) em casos de pré-exposição (PrEP) ao HIV-1. Esse antiviral faz parte da Lista de Medicamentos Essenciais da OMS, 2019.

#### Fumarato de tenofovir alafenamida

O fumarato de tenofovir alafenamida (TAF, Vemlidy®) é uma pró-droga do TDF (ver Figura 9.17) que foi licenciada pela FDA, em 2015, para ser usada em associação com elvitegravir, entricitabina e cobicistate (Genvoya®), e em 2016, em associação com entricitabina (Descovy®) e com entricitabina e rilpivirina (Odefsey®) para o tratamento de adultos e adolescentes (com 12 anos de idade ou mais, com peso corporal de, pelo menos, 35 kg), com infecção pelo HIV-1.

Em 2019, o Descovy® foi aprovado pela FDA para ser usado como estratégia de profilaxia pré-exposição (PrEp) nos EUA. A segurança e eficácia do Descovy® para PrEP foram avaliadas em um estudo multinacional com 5.387 homens HIV-negativos e mulheres trans, que fazem sexo com homens, e corriam risco de infecção pelo HIV. O estudo comparou o Descovy® com o Truvada® (FTV + TDF, 200 mg/300 mg) e mostrou que a proteção do Descovy® era semelhante à do Truvada® na redução do risco de adquirir infecção pelo HIV. O tratamento só não se aplica a mulheres que fazem sexo vaginal, pois a efetividade nessa população não foi avaliada.

Também em 2019, a FDA aprovou o medicamento Biktarvy® que é a associação de TAF + entricitabina + bictegravir para tratamento de HIV em adultos e crianças com mais de 6 anos e com peso corporal de pelo menos 25 kg. O paciente precisa tomar apenas 1 comprimido/dia, com ou sem alimentos, para o tratamento da infecção pelo HIV. Bictegravir é um novo inibidor da integrase, que será descrito adiante neste capítulo.

#### Mecanismo de ação dos INtTR

O mecanismo de ação do TDF e TAF foi descrito no tópico "Drogas anti-HBV".

## Inibidores da integrase (IIN) do HIV-1

Existem quatro inibidores da integrase do HIV-1, que serão descritos a seguir.

O mecanismo de ação de todos os inibidores da integrase do HIV-1 encontra-se no final deste tópico.

### Raltegravir

O inibidor raltegravir (RAL, Isentress®) foi licenciado em 2007 para ser usado em associação a outros agentes. Em 2016, foi aprovado pelo MS do Brasil para ser administrado em combinação com outros ARV (TDF + 3TC) para o tratamento de infecção por HIV-1 em adultos e crianças acima de 2 anos de idade. Estudos clínicos têm mostrado que essa associação pode reduzir a carga viral do HIV-1 no sangue e aumentar o número de linfócitos T $CD_4^+$. Há também a combinação somente com lamivudina com o nome comercial de Dutebris®. Quimicamente, é o sal monopotássico do *N*-[(4-flúorfenil)metil]-1,6-di-hidro-5-hidroxi-1-metil-2-[1-metil-1-[[(5-metil-1,3,4-oxadiazol-2-il)carbonil]amino]etil]-6-oxo-4-pirimidina-carboxamida (Figura 9.26). Deve ser administrado na dose de 400 mg, 2 vezes/dia, e não requer a administração simultânea do ritonavir como adjuvante farmacológico. Os efeitos adversos mais comuns são diarreia, náusea e cefaleia, podendo causar comprometimento muscular em alguns pacientes. O raltegravir é usado em pacientes virgens de tratamento ou aqueles que já foram tratados com algum ARV, em combinação com outras drogas.

Raltegravir é o único inibidor de integrase que possui dados de segurança e eficácia para todos os grupos de PVHIV, a partir de 2 anos de idade, sendo escolha terapêutica para gestantes com HIV/AIDS, pacientes coinfectados com tuberculose ou com comorbidades frequentes nessa população, como diabetes e osteoporose ou osteopenia.

Esse medicamento integra o esquema de TARV inicial preferencial para adultos, quando ocorre coinfeção com tuberculose, incluído no PCDT HIV (2018) e está incluído na Lista de Medicamentos Essenciais da OMS, 2019.

### Elvitegravir

O antiviral elvitegravir (EVG, Vitekta®), quimicamente, 6-(3-cloro-2-flúorbenzil)-1-[(2S)-1-hidroxi-3-metilbutan-2-il]-7-metoxi-4-oxo-1,4-di-hidroquinolina-3-ácido carboxílico (ver Figura 9.26), é um inibidor da enzima integrase do HIV-1. Ele atua em associação ao cobicistate, um fármaco potencializador de seu efeito antiviral. No entanto, esse inibidor só foi licenciado para ser administrado na quadripílula Stribild®, que é uma associação de TDF + entricitabina + elvitegravir + cobicistate. Os efeitos colaterais mais comuns são náusea, diarreia, pesadelos e cefaleia. A posologia é de 1 comprimido, 1 vez/dia.

### Dolutegravir

O dolutegravir (DTG, Tivicay®) é uma carboxamida que inibe a integrase do HIV-1 e foi licenciado pela FDA em 2013 e pelo MS do Brasil, em 2014. Quimicamente, é o (4*R*,12a*S*)-N-(2,4-diflúorbenzil)-7-hidroxi-4-metil-6,8-dioxo-3,4,6,8,12,12a-hexa-hidro-2H-pirido[1',2':4,5]pirazino[2,1-b][1,3]oxazina-9-carboxamida (ver Figura 9.26). DTG é indicado para o tratamento da infecção pelo HIV em combinação com outros agentes antirretrovirais. Em 2017, a associação de DTG com abacavir (ABC) e lamivudina (3TC) foi registrada no Brasil com o nome de Triumeq®, e em 2018, o DTG foi incluído no PCDT para HIV para ser utilizado como terapia inicial preferencial em adultos, juntamente com TDF e 3TC.

Em 2018, no PCDT HIV, o MS do Brasil recomendou a substituição de esquemas de TARV contendo INNTR ou inibidores da protease do HIV potencializados com ritonavir (IP/r), por esquemas com DTG.

Em 2019, com base em novos dados que avaliaram os benefícios e riscos, a OMS recomendou a utilização do DTG como o principal tratamento de primeira e segunda linhas para todas as populações, incluindo mulheres grávidas e aquelas com potencial para engravidar, depois que foi verificado ser muito baixa a chance de acometimento do tubo neural.

DTG é uma medicação eficaz, de fácil posologia e com menos efeitos colaterais em relação às alternativas usadas previamente. O DTG também apresenta elevada barreira genética ao desenvolvimento de resistência ao medicamento, o que é importante devido à tendência crescente de resistência aos tratamentos baseados em EFV e NVP.

O início da TARV com esquema contendo DTG apresenta taxas superiores de supressão viral (carga viral < 50 cópias/mℓ) e menor risco de descontinuação de uso devido a eventos

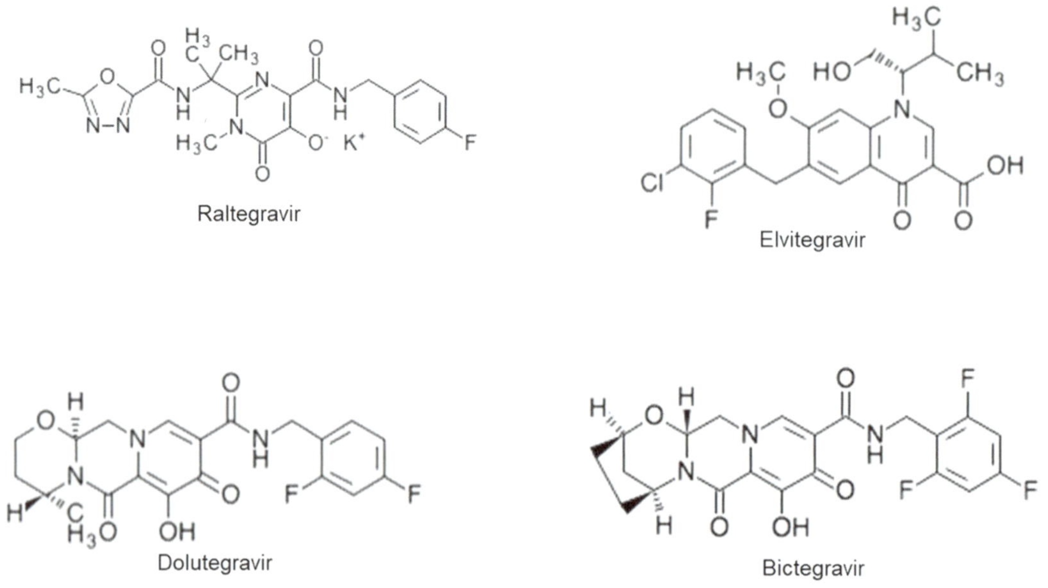


**Figura 9.26** Inibidores da integrase do HIV-1.

adversos, quando comparado a esquemas iniciais baseados em INTR ou INtTR, INNTR, IP ou outros IIN.

Em um estudo clínico, foi observado que o esquema contendo DTG combinado com Epzicom® (abacavir +3TC), ou Atripla® (TDF + entricitabina + rilpivirina) foi eficaz na redução da carga viral em pacientes virgens de tratamento, em comparação com o raltegravir. Alguns estudos têm demonstrado que DTG atua em pacientes com vírus resistentes ao raltegravir.

Os efeitos colaterais mais comuns observados durante o tratamento incluem insônia e cafaleia. Porém alguns graves efeitos podem ocorrer, como reações de hipersensibilidade e hepatotoxicidade em pacientes coinfectados com HBV ou HCV.

Resultados de um estudo comparando DTG com efavirenz indicaram que ele reduz a carga viral e aumenta o número de linfócitos $TCD_4^+$ em pacientes virgens de tratamento ou tratados com outro IIN.

A posologia do DTG é de 1 comprimido de 50 mg, 1 vez/dia; ele pode ser usado em adultos virgens de tratamento e em pacientes já tratados com outros antirretrovirais, mesmo aqueles que foram tratados com outro IIN. Caso o indivíduo já tenha sido tratado com algum IIN, provavelmente, alguma resistência já existe e, então, é recomendada a administração de 50 mg, 2 vezes/dia. Esse antiviral também pode ser administrado a crianças maiores de 12 anos que pesem mais de 40 kg, mas que nunca tenham sido tratadas com outro IIN. Esse medicamento faz parte da Lista de Medicamentos Essenciais da OMS, 2019.

### *Bictegravir*

Bictegravir é o (2*R*,5*S*,13a*R*)-8-hidroxi-7,9-dioxo-N-(2,4,6-triflúor-benzil)-2,3,4,5,7,9,13,13a-octa-hidro-2,5-metanopirido[1',2':4,5]pirazino[2,1-b][1,3]oxazepina-10-carboxamida (ver Figura 9.26), um derivado do dolutegravir. Bictegravir foi aprovado em 2018 pela FDA e em 2019 pelo MS do Brasil, em associação com entricitabina e TAF (Bictarvy®) para tratamento de HIV em adultos e crianças com mais de 6 anos e com peso corporal de pelo menos 25 kg. O paciente precisa tomar apenas 1 comprimido/dia, com ou sem alimentos, para o tratamento da infecção pelo HIV. Embora licenciado pelo MS do Brasil, esse medicamento não está incluído no PCDT HIV de 2018 e não faz parte dos esquemas terapêuticos do SUS.

### *Mecanismo de ação dos IIN*

A integração do DNA do HIV-1 é necessária e essencial para a manutenção do DNA viral na célula infectada. O processo de integração ocorre em várias etapas, principalmente o processamento endonucleolítico da terminação 3′ do DNA viral, transferência do DNA viral e posterior inserção no DNA celular. Os inibidores da integrase do HIV-1 foram projetados de maneira a se ligarem ao sítio catalítico da enzima no complexo integrase-DNA viral e quelarem dois íons $Mg^{++}$ presentes no sítio ativo da enzima, com um efeito específico na transferência do DNA viral que será inserido no DNA celular. Assim, raltegravir, elvitegravir, dolutegravir e bictegravir impedem a inserção do DNA proviral transcrito pela transcriptase reversa, no DNA celular.

## Inibidores da protease (IP) do HIV-1

Desde 1995, 6 inibidores peptideomiméticos da protease do HIV-1 foram aprovados: saquinavir, indinavir, ritonavir, nelfinavir, lopinavir e atazanavir (Figura 9.27), além de dois inibidores não peptideomiméticos: tipranavir e etanolato de darunavir (Figura 9.28). Por apresentarem estrutura muito semelhante à

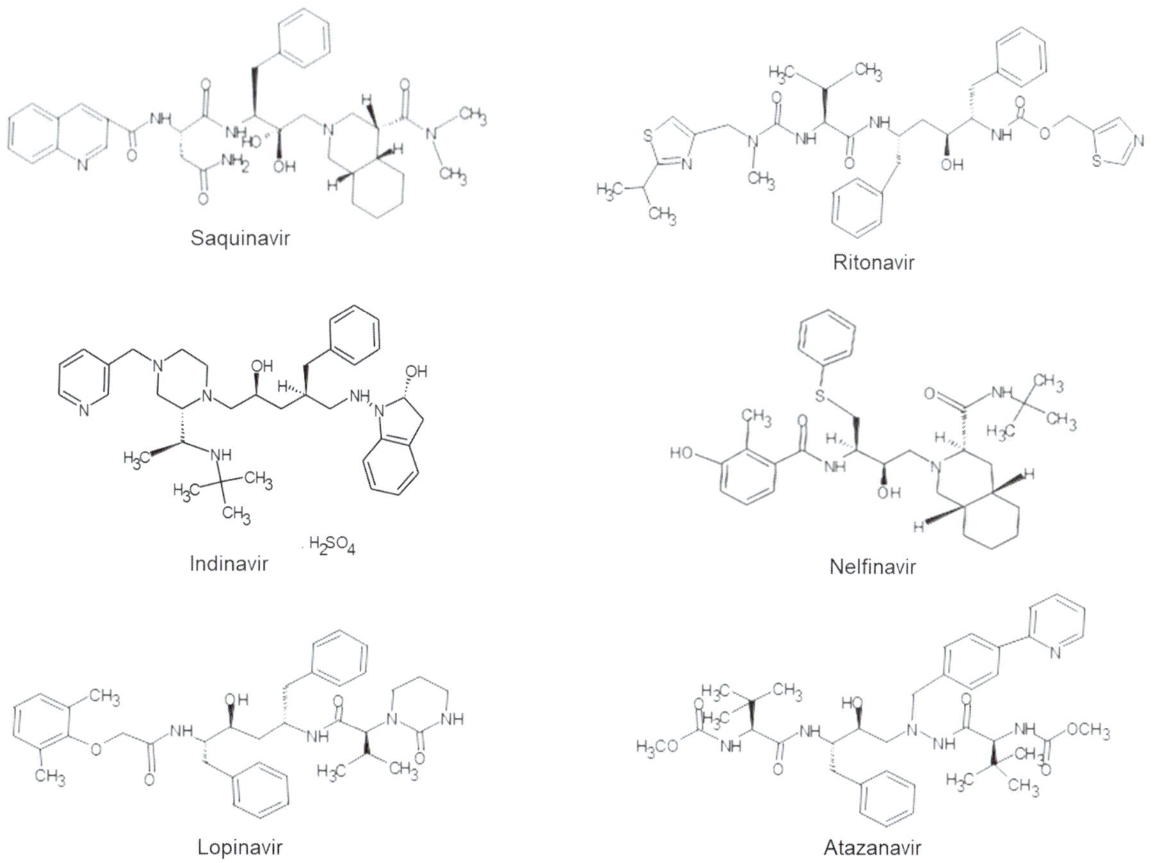


**Figura 9.27** Inibidores peptideomiméticos da protease do HIV-1.

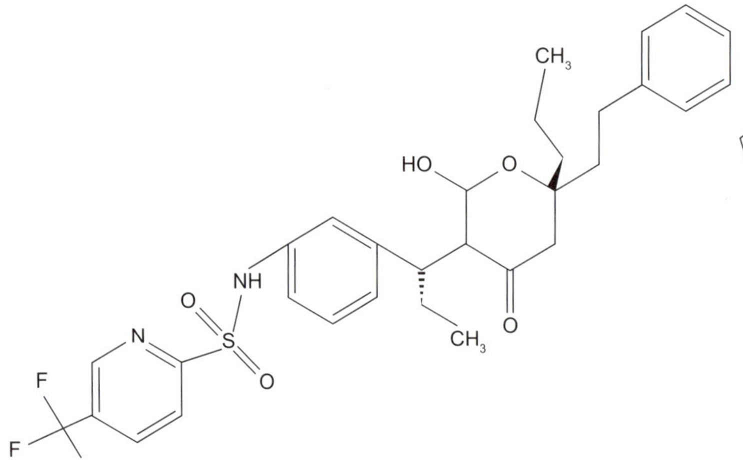


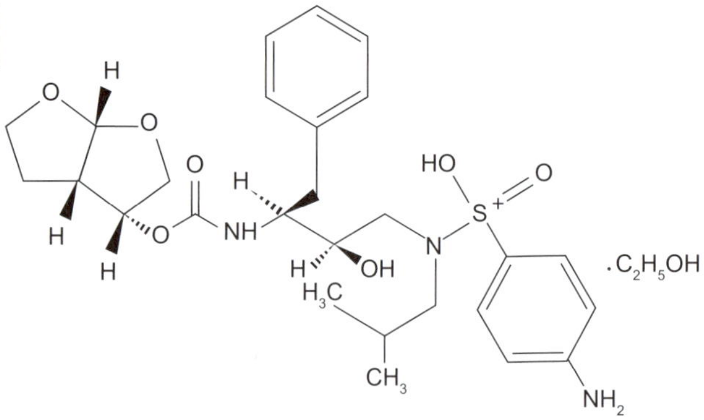


**Figura 9.28** Inibidores não peptideomiméticos da protease do HIV-1.

região de clivagem presente na poliproteína precursora das proteínas estruturais do HIV-1, essas drogas impedem que a protease viral realize o processamento e a clivagem da poliproteína, com consequente inibição da maturação viral.

### Inibidores peptideomiméticos da protease (IPpm) do HIV-1

O mecanismo de ação de todos os IPpm do HIV-1 encontra-se no final deste tópico.

#### *Saquinavir*

O inibidor saquinavir (SQV, Invirase®, Fortovase®), (2*S*)-N-[(2*S*,3*R*)-4-[(3*S*)-3-(*terc*-butilcarbamoil)-deca-hidroisoquinolin-2-il]-3-hidroxi-1-fenilbutan-2-il]-2-(quinolin-2-ilformamido)butanodiamida, foi o primeiro inibidor da protease do HIV-1 a ser liberado pela FDA (ver Figura 9.27). Em 2016, o saquinavir foi retirado dos esquemas de tratamento do SUS, do MS do Brasil.

#### *Ritonavir*

O ritonavir (r, Norvir®), 1,3-tiazol-5-il-metil-N-[(2*S*,3*S*,5*S*)-3-hidroxi-5-[(2*S*)-3-metil-2-{[metil({[2-(propan-2-il)-1,3-tiazol-4-il]metil})carbamoil]amino}butanamido]-1,6-difenil-hexan-2-il] carbamato (ver Figura 9.27), parece ser o mais potente inibidor da protease viral *in vivo*, mas raramente é administrado sozinho. Apresenta boa biodisponibilidade e é quase sempre utilizado em associação a outros antirretrovirais como adjuvante farmacológico. Quando associado com AZT ou 3TC, apresenta boa diminuição da carga viral. Recentemente, ritonavir foi aprovado como adjuvante do atazanavir para ser usado em condições especiais. Esse antiviral faz parte da Lista de Medicamentos Essenciais da OMS, 2019.

#### *Indinavir*

O inibidor sulfato de indinavir (IDV, Crixivan®), (2*S*)-1-[(2*S*,4*R*)-4-benzil-2-hidroxi-4-{[(1*S*,2*R*)-2-hidroxi-2,3-di-hidro-1H-inden-1-il]carbamoil}butil]-N-*terc*-butil-4-(piridin-3-ilmetil)piperazino-carboxamida (ver Figura 9.27), reduz acentuadamente a carga viral no paciente, quando usado em combinação com os inibidores nucleosídicos. No entanto, pode causar nefrolitíase, dor abdominal, náusea e vômito. A partir de 2014, esse antiviral foi excluído dos esquemas terapêuticos do SUS, do MS do Brasil.

#### *Nelfinavir*

O nelfinavir (NFV, Viracept®), (3*S*,4a*S*,8a*S*)-N-*terc*-butil-2-[(2*R*,3*R*)-2-hidroxi-3-[(3-hidroxi-2-metilfenil)formamido]-4-(fenilsulfanil) butil]-deca-hidroisoquinolina-3-carboxamida (ver Figura 9.27) é um inibidor que pode ser utilizado em adultos e crianças. Pelo fato de apresentar menor efeito colateral, principalmente no que se refere ao aumento das taxas de triglicerídeos no sangue, foi recomendado pelo MS do Brasil como primeira opção para tratamento, em associação a inibidores nucleosídicos. Atualmente, esse inibidor não faz parte dos esquemas terapêuticos do SUS, do MS do Brasil.

#### *Lopinavir*

O lopinavir (LPV, Aluviran®), (2*S*)-N-[(2*S*,4*S*,5*S*)-5-[2-(2,6-dimetilfenoxi)acetamida]-4-hidroxi-1,6-difenil-hexan-2-il]-3-metil-2-(2-oxo-1,3-diazinan-1-il)butanamida (ver Figura 9.27), é mais comumente utilizado em associação ao ritonavir, recebendo o nome comercial de Kaletra®, liberado para uso em adultos e crianças acima de 6 meses de idade. Considerado ultrapassado, o lopinavir foi excluído dos principais protocolos internacionais e do Brasil (Nota Técnica 59, 2017) devido à elevada toxicidade e aos efeitos colaterais tais como intolerância gastrointestinal e aumento do risco cardiovascular, além da posologia mais complexa, que requer o uso de 4 comprimidos/dia. Assim, a partir de 2017 a associação lopinavi/ritonavir foi substituída por atazanavir/ritonavir, que faz parte da Lista de Medicamentos Essenciais da OMS, 2019. No entanto, esse antiviral ainda é utilizado nos esquemas terapêuticos do MS do Brasil para tratamento de crianças até 3 anos (que consigam deglutir os comprimidos) como terceiro ARV em associação com AZT e 3TC. Na pandemia de coronavírus ocorrida em 2019/2020, o lopinavir/ritonavir foi testado em alguns países como alternativa para o tratamento de pacientes graves, mas na ocasião do preparo do livro, ainda não havia resultados conclusivos.

#### *Atazanavir*

O atazanavir (ATV, Reyataz®), carbamato de metil N-[(1*S*)-1-{[(2*S*,3*S*)-3-hidroxi-4-[(2*S*)-2-[(metoxicarbonil)amino]-3,3-dimetil-N'-{[4-(piridin-2-il)fenil]metil}butano-hidrazida]-1-fenilbutan-2-il]carbamoil}-2,2-dimetilpropil] (ver Figura 9.27) foi o primeiro antiviral aprovado para dose única 1 vez/dia em associação com ritonavir. A ocorrência de lipodistrofia e hipercolesterolemia é muito menor com esse medicamento, mas pode causar icterícia, devido ao aumento da bilirrubina total. Desde 2004, O SUS do MS do Brasil disponibiliza esse antiviral nos esquemas terapêuticos e a partir de 2018 a associação atazanavir/ritonavir substituiu lopinavir/ritonavir. Na epidemia de coronavírus ocorrida em 2019/2020, o atazanavir/ritonavir foi testado como alternativa para tratamento de pacientes graves, mas na ocasião do preparo do livro, ainda não havia resultados conclusivos. Essa associação faz parte da Lista de Medicamentos Essenciais da OMS, 2019.

- Mecanismo de ação dos IPpm

O HIV-1 é liberado da célula infectada na forma imatura, ou seja, com os precursores das proteínas, que formam o capsídeo e enzimas, ainda não clivados (para mais informações, ver *Capítulo 20*). Somente no meio extracelular é que a protease viral, que faz parte da poliproteína pr160, sofre autoativação e inicia o processo de clivagem das outras proteínas que constituem a própria poliproteína pr160 (Gag-Pol) e a poliproteína pr55 (Gag), para, então, o vírus se tornar infeccioso. Os inibidores que mimetizam a protease do HIV-1 são desenvolvidos de modo que sua estrutura química seja muito semelhante à região do substrato natural que é clivada pela enzima. Desse modo, a protease viral não cliva o substrato natural e o vírus não é capaz de causar infecção. O substrato natural para a protease do HIV contém uma ligação fenilalanina/prolina, que as enzimas de mamíferos raramente clivam e essa característica foi explorada no desenho dos inibidores peptídicos.

#### Inibidores não peptideomiméticos da protease (IPnpm) do HIV-1

O mecanismo de ação de todos os IPnpm do HIV-1 encontra-se no final deste tópico.

##### *Tipranavir*

O tipranavir (TPV, Aptivus®), N-{3-[(1*R*)-1-[(2*R*)-6-hidroxi-4-oxa-2-(2-feniletil)-2-propil-3,4-di-hidro-2H-piran-5-il]propil]fenil}-5-(triflúormetil)piridina-2-sulfonamida (ver Figura 9.28), é um inibidor da protease do HIV que não mimetiza a sequência peptídica a ser clivada pela protease viral, pertencendo à classe das sulfonamidas. Essa droga é indicada quando há resistência a vários inibidores da protease, sendo capaz de reduzir drasticamente a carga viral. Somente deve ser prescrita a pacientes que já experimentaram outras medicações antirretrovirais sem sucesso. Tipranavir associado ao ritonavir tem sido relacionado com hemorragia intracraniana não fatal e hepatotoxicidade. Os efeitos colaterais mais comuns são diarreia, náusea, vômito, cefaleia, fadiga, exantema e lipodistrofia. Esse antiviral foi licenciado pelo MS do Brasil em 2009, mas foi retirado dos esquemas terapêuticos no PCDT HIV, 2018.

##### *Etanolato de darunavir*

O etanolato de darunavir (DRV, Prezista®), carbamato de [(1*R*,5*S*,6*R*)-2,8-dioxabiciclo[3.3.0]oct-6-il]-N-[(2*S*,3*R*)-4-[(4-aminofenil)sulfonil-(2-metilpropil)amino]-3-hidroxi-1-fenil-butan-2-il], com etanol 1:1 (ver Figura 9.28), é um inibidor não peptideomimético da protease do HIV-1. Foi aprovado em 2006 pela FDA e, em 2007, pela EMA, para adultos com tratamentos prévios que não responderam aos regimes terapêuticos antirretrovirais e, posteriormente, para indivíduos virgens de tratamento. Faz parte da Lista de Medicamentos Essenciais da OMS, 2019. Para alcançar concentrações adequadas no organismo, o etanolato de darunavir deve ser administrado simultaneamente com o ritonavir. A dose recomendada é de 600 mg de darunavir (2 comprimidos de 300 mg) com 100 mg de ritonavir, 2 vezes/dia com a refeição, geralmente em associação a outras drogas. Estudos mostraram que esse antiviral é bastante ativo quando combinado ao inibidor da fusão enfuvirtida. Acredita-se que o darunavir confira uma barreira à resistência viral muito maior que outros inibidores da protease. Os efeitos colaterais mais frequentes observados em pacientes que tomam darunavir são cefaleia, diarreia, dor abdominal e vômito (5% dos casos). Por outro lado, 7% apresentam exantema de gravidade variável, incluindo alguns casos de eritema multiforme, síndrome de Stevens-Johnson ou necrólise epidérmica tóxica. Os pacientes com alergia a sulfas não devem tomar darunavir, pelo fato de ser um medicamento da classe das sulfonamidas. Alguns pacientes apresentam elevação das transaminases.

- Mecanismo de ação dos IPnpm

Tipranavir e darunavir, em semelhança aos inibidores peptideomiméticos, também inibem o processamento das poliproteínas precursoras Gag e Gag-Pol do HIV-1, atuando na aspartil-protease do HIV-1, por se ligarem ao sítio ativo da enzima, impedindo sua atividade catalítica, mesmo que sua estrutura química não seja muito semelhante à região do substrato natural da enzima. Tanto o tipranavir quanto o darunavir são moléculas flexíveis que apresentam forte interação com a asparagina presente no sítio ativo da protease viral, o que possibilita melhor atividade contra vírus resistentes.

### Inibidores da entrada do HIV-1

#### Inibidor da fusão

##### *Enfuvirtida*

O antiviral enfuvirtida (ENF, Fuzeon®, T-20) é um peptídeo (Figura 9.29) e foi o primeiro medicamento licenciado pela FDA como inibidor da entrada do HIV-1 e aprovado pelo MS do Brasil em 2017. Ele foi selecionado a partir de uma estratégia racional direcionada que explorou a capacidade de peptídeos inibirem a biossíntese do HIV em culturas de células. Ao contrário dos outros ARV, esse antiviral é mais bem tolerado. O efeito colateral mais comum é uma reação na pele na área em que é injetado. No entanto, outros efeitos não muito frequentes já foram relatados: reações alérgicas, com náusea e vômito, problemas renais, paralisia, exantema grave, falta de ar e infecção grave no local da injeção. A dose recomendada é de 90 mg (1 mℓ), 2 vezes/dia. Para crianças entre 6 e 16 anos, a dose recomendada é de 2 mg/kg, 2 vezes/dia (com um máximo de 90 mg).

- Mecanismo de ação

O enfuvirtida impede a entrada do HIV-1 em linfócitos $TCD_4^+$, bloqueando a etapa final da fusão do envelope do vírus com a membrana da célula, interagindo com a membrana celular e produzindo um estado intermediário de pré-grampo, fazendo assim uma ponte entre as duas membranas e ligando-se nas duas terminações da glicoproteína gp41 do envelope viral. Esse antiviral mimetiza os 36 aminoácidos N-terminais da região de homologia 2 de gp41 (HR2), e assim se liga a HR1, impedindo

Ac - Tyr - Thr - Ser - Leu - Ile - His - Ser - Leu - Ile - Glu - Glu - Ser - Gln - Asn - Gln - Gln - Glu - Lys - Asn - Glu - Gln - Glu - Leu - Leu - Glu - Leu - Asp - Lys - Trp - Ala - Ser - Leu - Trp - Asn - Trp - Phe - $NH_2$

Enfuvirtida

**Figura 9.29** Inibidor da fusão do HIV-1.

a formação do feixe de 6 α-hélices. A resistência é adquirida rapidamente durante o tratamento e basta uma única mutação na gp41 para diminuir radicalmente sua eficácia. Quase todas as mutações relacionadas com resistência estão localizadas no sítio de ligação desse peptídeo a HR1.

### Inibidor da adsorção ao correceptor CCR5

#### *Maraviroc*

O ARV maraviroc (MVC, Celsentri®), 4,4-diflúor-N-{(1S)-3-[3-(3-isopropil-5-metil-4H-1,2,4-triazol-4-il)-8-azabiciclo[3.2.1] oct-8-il]-1-fenilpropil}ciclo-hexanocarboxamida (Figura 9.30), é uma pequena molécula que inibe a adsorção do HIV-1 por ser um antagonista da interação entre o correceptor CCR5 e a glicoproteína gp120 do envelope do HIV-1. O maraviroc é recomendado para ser administrado em associação a outros ARV, em pacientes infectados com vírus com tropismo para esse correceptor, o que acontece com 50 a 60% dos pacientes já recebendo tratamento antirretroviral. Alguns pontos devem ser considerados antes do início do tratamento com maraviroc: deve ser realizada a análise da amostra viral do paciente para determinar o tropismo pelo receptor; a prescrição não é recomendada para pacientes com infecção mista ou vírus com tropismo para o receptor CXCR4; a segurança e a eficácia não foram determinadas em pacientes adultos virgens de tratamento, gestantes ou crianças.

Seus efeitos colaterais potenciais mais graves são a hepatotoxicidade e o risco de eventos cardiovasculares, que em curto prazo, não foram verificados. Os efeitos mais comuns são tosse, febre, problemas respiratórios, exantema, dor abdominal e tonteira. A dose recomendada para adultos é de 150, 300 ou 600 mg, 2 vezes/dia, dependendo da terapêutica antirretroviral administrada concomitantemente.

- Mecanismo de ação

O maraviroc é um antagonista do correceptor CCR5 que atua bloqueando a interação dessa molécula com a glicoproteína gp120 do envelope do HIV. Ao se ligar especificamente em CCR5, altera os domínios *loop* extracelulares, impedindo que a alça V3 de gp120 se ligue ao receptor. Portanto, essa droga impede a entrada

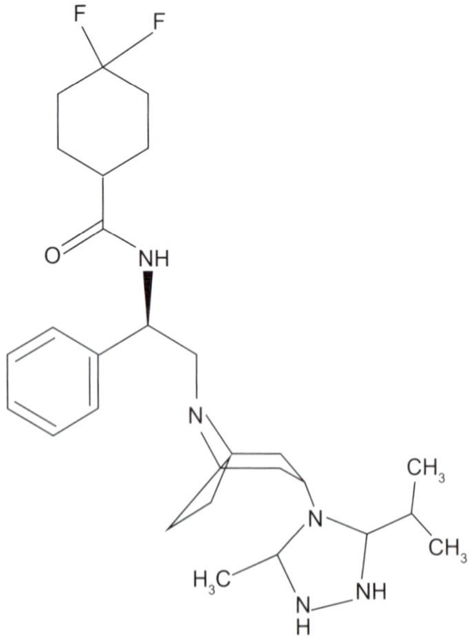


Maraviroc

**Figura 9.30** Inibidor da adsorção do HIV-1 ao correceptor CCR5.

do HIV-1 nas células, bloqueando a rota mais importante para a infecção viral, que é a ligação do vírus ao correceptor. Dessa maneira, o HIV-1 não consegue penetrar nas células suscetíveis; no entanto, a seleção de mutantes resistentes ocorre rapidamente.

Na Figura 9.31 pode-se observar o ciclo de biossíntese do HIV e os sítios de atuação das drogas anti-HIV-1.

## Considerações sobre a terapia antirretroviral no Brasil

O Brasil garante o acesso gratuito e universal à TARV e adota esquemas terapêuticos que garantem melhor qualidade e aumento da expectativa de vida das PVHIV, bem como a minimização dos efeitos colaterais relacionados ao uso prolongado dos ARV, que é considerado um importante fator que leva ao abandono do tratamento e surgimento de estirpes virais resistentes aos medicamentos.

Existem algumas situações expressas pelo MS do Brasil em que a TARV deve ser iniciada imediatamente: indivíduos sintomáticos; com contagem de linfócitos $TCD_4^+$ menor que 350 células/$mm^3$; gestantes; pacientes apresentando tuberculose ativa, coinfecção com HCV e/ou HBV; risco cardiovascular elevado (maior que 20%).

É recomendação da OMS que a terapia inicial deve sempre incluir combinações de três ARV, sendo 1 INTR + 1 INtTR associados a uma outra classe de antirretrovirais (INNTR, IP/r ou IIN).

### TARV em adultos

No Brasil, para início de tratamento, o esquema preferencial para adultos é a associação de 1 INTR (3TC) + 1 INtTR (TDF), associados ao IIN dolutegravir (DTG). Exceção a esse esquema deve ser observada para os casos de coinfecção TB-HIV, mulheres vivendo com HIV (MVHIV) com possibilidade de engravidar e gestantes (Quadro 9.9).

A associação do fumarato de tenofovir desoproxila com lamivudina (TDF/3TC) além de estar disponível em coformulação (comprimido único), apresenta a vantagem de ser menos tóxica em relação à lipodistrofia e ao comprometimento hematológico quando comparada ao AZT. Possibilita dose única diária, além de apresentar perfil favorável quando se consideram toxicidade, supressão virológica e resposta de linfócitos $TCD_4^+$. Aparentemente é superior em eficácia quando comparada ao abacavir (ABC), em especial quando a carga viral é > 100.000 cópias/mℓ. A associação TDF/3TC é recomendada para os casos de coinfecção HIV-HBV. Porém o TDF causa diminuição da densidade óssea e sua pior desvantagem é a nefrotoxicidade, particularmente em diabéticos, hipertensos, negros, idosos e no uso concomitante de outros medicamentos nefrotóxicos. Pacientes com doença renal preexistente devem usar preferencialmente outra associação de INTR.

A associação zidovudina/lamivudina (AZT/3TC) é uma das mais estudadas em ensaios clínicos randomizados: apresenta eficácia e segurança equivalentes a outras combinações de dois INTR/INtTR, sendo habitualmente bem tolerada. Está disponível em coformulação no SUS e o paciente ingere um comprimido 2 vezes/dia. A toxicidade hematológica é um dos principais efeitos adversos do AZT, o que pode resultar na sua substituição. Outro efeito adverso do AZT a ser considerado é a lipodistrofia. Por ser produzida no Brasil, essa associação apresenta menor custo comparativo com outros antivirais, o que favorece a distribuição a todos os que precisam de terapia.

A combinação de abacavir com lamivudina (ABC/3TC) é alternativa para os pacientes com contraindicação aos esquemas com TDF/3TC. O ABC não deve ser administrado a pacientes que apresentem resultado positivo para HLA-B*5701.

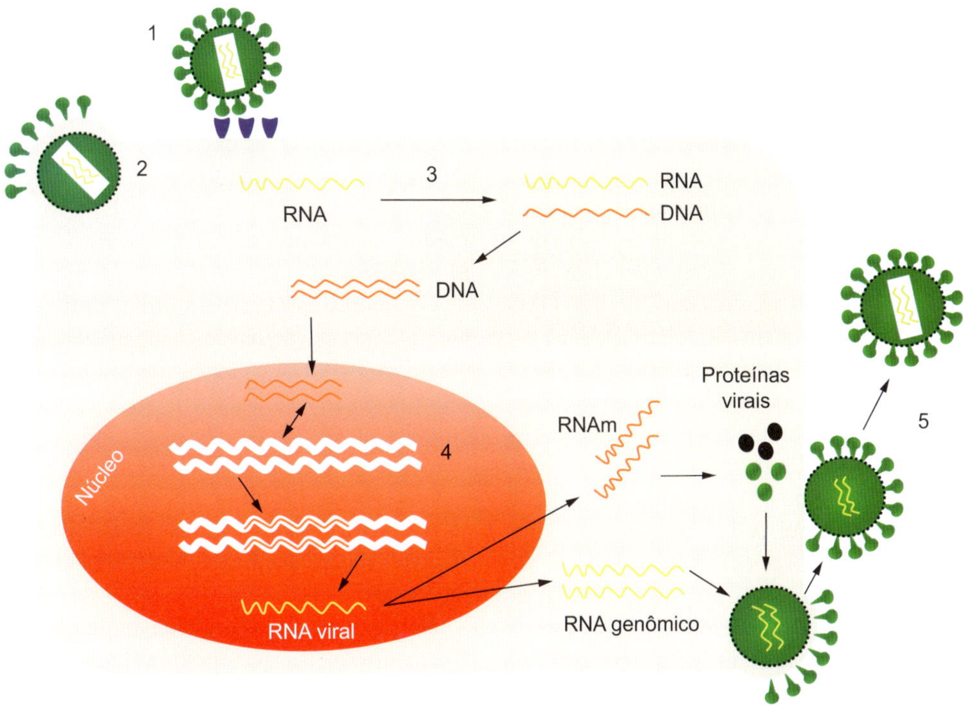


**Figura 9.31** Sítios de atuação das drogas anti-HIV-1. *1.* Inibidor da adsorção ao correceptor CCR5. *2.* Inibidor da fusão. *3.* Inibidores da transcriptase reversa. *4.* Inibidores da integrase. *5.* Inibidores da protease.

O DTG é um inibidor da integrase que apresenta algumas vantagens como elevada potência, alta barreira genética, administração em dose única diária e poucos eventos adversos, garantindo esquemas ARV mais duradouros e seguros. As MVHIV devem ser informadas quanto ao risco de má formação congênita, embora a OMS, com base em novos dados que avaliaram os benefícios e riscos, recomende a utilização do DTG. MVHIV em início de tratamento devem usar esquemas preferencialmente contendo EFZ e realizar genotipagem pré-tratamento.

Os esquemas que incluem os INNTR, particularmente com EFV, apresentam melhor perfil de toxicidade, maior comodidade posológica (1 comprimido/dia) com consequente melhor adesão ao tratamento a longo prazo, elevada potência de inibição da biossíntese viral, maior eficácia e maior durabilidade da supressão viral, quando comparados a esquemas que utilizam IP. As principais desvantagens do EFV e de outros INNTR são a prevalência de resistência primária em pacientes virgens de tratamento e a baixa barreira genética para o desenvolvimento de resistência. Quando comparado aos IIN, o EFV apresentou alguns resultados desfavoráveis em relação à supressão viral, além de descontinuação do tratamento devido a efeitos adversos. Por outro lado, IP/r oferecem maior barreira à resistência que os

**Quadro 9.9** Esquema de terapia antirretroviral (TARV) inicial preferencial para adultos.

| Situação | TARV | Dose diária | Observação |
|---|---|---|---|
| Adultos em início de tratamento | TDF/3TC<br>+ DTG | (300 mg/300 mg) DFC 1 vez/dia<br>50 mg 1 vez/dia | – |
| Coinfecção TB/HIV sem critérios de gravidade (conforme critérios abaixo) | TDF/3TC/EFV | (300 mg/300 mg/600 mg)<br>DFC 1 vez/dia | Concluído o tratamento completo para TB, poderá ser feita a mudança de EFV para DTG |
| Coinfecção TB/HIV com um ou mais dos critérios de gravidade abaixo:<br>▪ Linfócitos $TCD_4^+ < 100$ céls/mm³<br>▪ Presença de outra infecção oportunista<br>▪ Necessidade de internação hospitalar/doença grave<br>▪ TB disseminada | TDF/3TC<br>+ RAL | (300 mg/300 mg) DFC 1 vez/dia<br>400 mg 12/12 h | Concluído o tratamento completo para TB, deverá ser feita a mudança de RAL para DTG em até 3 meses |

TDF: fumarato de tenofovir desoproxila; DTG: dolutegravir; 3TC: lamivudina; EFV: efavirenz; RAL: raltegravir; DFC: dose fixa combinada (1 comprimido). TB: tuberculose.
Fonte: DIAHV/SVS/MS (2018). Para mais informações, consultar: http://www.aids.gov.br/pt-br/profissionais-de-saude/hiv/protocolos-clinicos-e-manuais.

INTR, INtTR ou INNTR, porque a resistência a qualquer IP/r resulta do acúmulo de mutações, enquanto apenas uma mutação de INNTR confere resistência completa ao efavirenz.

O RAL deve ser administrado 2 vezes/dia, o que representa uma potencial desvantagem em relação a esquemas de tomada única diária. Entretanto, RAL apresenta excelente tolerabilidade, alta potência, sem muitas interações medicamentosas, menos eventos adversos e segurança para o uso em coinfecções como hepatite B e C, e tuberculose. Apresenta barreira genética superior quando comparado aos INNTR, mas não aos IP/r e ao DTG.

O INNTR recomendado no esquema de terapia inicial é o EFZ, exceto em gestantes. Quando houver contraindicação ou ocorrência de evento adverso com esse ARV, a opção preferencial é o inibidor nevirapina. Quando não for possível o uso deste, opta-se pelo lopinavir associado ao ritonavir, que pode ser substituído pelo atazanavir/r devido ao seu perfil de toxicidade favorável e eficácia na supressão viral. A desvantagem relacionada com o emprego do atazanavir é o seu elevado custo.

Avanços na TARV levaram a um aumento progressivo nas taxas de resposta terapêutica. Com os esquemas ARV modernos, pelo menos 80% dos pacientes apresentam carga viral inferior a 50 cópias/mℓ após um ano de tratamento e a maioria mantém a supressão viral nos anos seguintes. Porém, durante o tratamento, pode ocorrer falha terapêutica com a não obtenção ou não manutenção da carga viral em níveis indetectáveis. Esses pacientes, normalmente, necessitam de alterações em seus esquemas ARV, sendo o novo tratamento denominado "terapia de resgate". Nesse caso, recomenda-se o acompanhamento do paciente utilizando o teste de genotipagem, o qual otimiza a terapia de resgate; sua realização logo após a falha terapêutica orienta a mudança precoce do esquema ARV, reduzindo a chance de acúmulo progressivo de mutações e de ampla resistência aos medicamentos.

A falha terapêutica é consequência da falha virológica, imunológica e clínica, e pode ser decorrência de baixa adesão ao tratamento, inadequação do esquema terapêutico, fatores farmacológicos ou resistência viral. Entre os principais motivos que comprometem a adesão, destacam-se fatores relacionados à tolerabilidade, posologia, interações medicamentosas e eventos adversos relacionados às medicações. A falha virológica é o principal parâmetro para a alteração do esquema terapêutico e é caracterizada por detecção de carga viral (CV-HIV) após seis meses do início ou da modificação do tratamento, ou CV-HIV detectável em indivíduos em TARV que mantinham CV-HIV indetectável. Ela reduz os benefícios em relação à recuperação imunológica, aumenta o risco de progressão da doença e leva à emergência de resistência aos ARV. Na falha imunológica, 15 a 30% dos pacientes que iniciam a TARV podem apresentar deficiência na recuperação dos níveis de linfócitos $TCD_4^+$ (mesmo com supressão da biossíntese viral). Nesse caso, não se recomenda a alteração na TARV quando há supressão da carga viral. A falha clínica pode ser decorrente da recuperação imunológica insuficiente, falha de quimioprofilaxia para infecções oportunistas ou síndrome inflamatória de reconstituição imunológica. A ocorrência de doenças oportunistas na ausência de falha virológica não indica falha da TARV. A resistência aos ARV pode ser causada pela seleção de mutantes durante uso irregular da TARV (resistência secundária), ou por estirpes resistentes transmitidas diretamente de um indivíduo para outro (resistência transmitida) comprometendo, potencialmente, a resposta ao tratamento.

Quando a resistência viral é detectada, recomenda-se o teste de genotipagem para iniciar a terapia de resgate. A genotipagem apresenta as seguintes vantagens: possibilita a escolha de esquemas ARV com maior chance de supressão viral após a identificação das mutações que levaram à resistência; propicia o uso de medicamentos ativos por períodos mais prolongados; evita trocas desnecessárias de ARV; evita a toxicidade adicional por medicamentos que não são efetivos; e melhora a relação custo-benefício.

Os fatores associados à falha virológica são: baixa adesão ao tratamento, esquemas inadequados, fatores farmacológicos e resistência viral. A falha virológica prejudica a recuperação imunológica, aumenta o risco de progressão da doença e leva à emergência de estirpes resistentes aos ARV. A supressão parcial e a persistência de CV-HIV detectável, mesmo em níveis baixos, levam ao acúmulo de mutações que conferem resistência não só aos medicamentos em uso, mas também a outros da mesma classe, o que, consequentemente, resulta em perda de opções terapêuticas.

No caso em que o paciente ainda não iniciou o tratamento, faltam evidências que apontem para o benefício na implantação rotineira da genotipagem no Brasil. Assim, o MS do Brasil, no PCDT HIV (2018), recomenda a realização da genotipagem pré-tratamento em PVHIV virgens de tratamento com TARV para: (1) pessoas que tenham se infectado com um parceiro em uso atual ou prévio de TARV; (2) gestantes infectadas pelo HIV; (3) indivíduos coinfectados TB-HIV; e (4) crianças infectadas pelo HIV.

Com o objetivo de monitorar a transmissão de amostras de HIV resistentes aos ARV, o MS do Brasil implantou a Rede Nacional de Vigilância de Resistência aos Antirretrovirais. Os dados obtidos de um estudo realizado em 2015 mostraram que a prevalência nacional de mutações de resistência primária aos inibidores da protease e aos inibidores da transcriptase reversa (INTR/INtTR e INNTR) foi de 9,5%. A prevalência nacional de mutações somente para os INNTR foi de 5,8%.

#### TARV em crianças e adolescentes

A TARV deve ser indicada para todas as crianças e adolescentes vivendo com HIV, independentemente de fatores clínicos, da contagem de linfócitos $TCD_4^+$ e da carga viral.

A maioria das crianças com aquisição vertical da infecção pelo HIV tem histórico de exposição aos ARV na vida intrauterina, perinatal e/ou pós-natal com altas taxas de resistência transmitida, principalmente para AZT e NVP. A genotipagem pré-tratamento está recomendada a todas as crianças e adolescentes para definição de um esquema eficaz.

A combinação de 2 INTR é considerada a melhor escolha para o esquema ARV, devido à sua barreira genética, segurança e eficácia. O melhor resultado em pediatria é com AZT + 3TC, com dados de segurança bem documentados. A associação preferencial de INTR inclui AZT + 3TC e ABC + 3TC ou INtTR (TDF) + 3TC, conforme a faixa etária detalhada no Quadro 9.10.

A associação ABC + 3TC tem apresentado resultados iguais ou melhores que AZT + 3TC. Dependendo da faixa etária, o esquema inicial pode ser: INTR + IP ou INTR + IIN.

Os IP têm eficácia clínica, virológica e imunológica bem documentadas, e elevada barreira genética. Na faixa de 14 dias a 24 meses, o lopinavir potencializado com ritonavir (LPV/r) é o único IP indicado.

A prescrição de IIN, como RAL e DTG para crianças, está baseada em estudos que demonstram sua superioridade, com melhor eficácia, tolerabilidade e interação com outros antivirais. Essa classe de ARV é recomendada na faixa etária a partir de 2 anos com RAL e acima de 12 anos com DTG. A NVP é prescrita para crianças menores de 3 anos de idade, pois o EFV não tem indicação nessa faixa etária. Nos primeiros 14 dias, a posologia é de 150 mg/m$^2$, em dose única diária, para reduzir o risco de toxicidade, e, a seguir, 150 mg/m$^2$ de 12 em 12 horas (dose máxima diária = 400 mg).

Em crianças com histórico de exposição durante a gestação ou perinatal à NVP ou no caso em que o uso de EFV e NVP esteja impossibilitado, deve-se proceder à sua substituição por LPV/r.

Os esquemas preferenciais e alternativos indicados para início de tratamento em crianças e adolescentes pode ser verificado no Quadro 9.10.

### Tratamento da infecção pelo HIV-2

Várias peculiaridades terapêuticas devem ser consideradas em pacientes com infecção pelo HIV-2: todos os INNTR disponíveis e muitos IP (nelfinavir, ritonavir, indinavir, atazanavir, tipranavir), assim como enfuvirtida, são ineficazes; a resistência aos ARV ocorre mais rapidamente, mesmo na presença de carga viral indetectável.

A TARV deve ser iniciada antes das manifestações de imunodeficiência avançada porque a recuperação da contagem de linfócitos TCD$_4^+$ é menor e mais lenta em indivíduos com infecção pelo HIV-2 que naqueles com infecção pelo HIV-1.

Vários IP licenciados para o tratamento da infecção pelo HIV-1 mostram atividade fraca ou ausente contra o HIV-2. Darunavir ou lopinavir potencializados com ritonavir são mais ativos contra o HIV-2 que outros IP. Os IIN também são eficazes contra o HIV-2. Raltegravir e dolutegravir são potentes inibidores do HIV-2.

O esquema ARV para o tratamento inicial preferencial da infecção pelo HIV-2 consiste na combinação de 1 INtTR (TDF) e 1 INTR (3TC) associados com 1 IP/r (darunavir/ritonavir). No esquema inicial alternativo, o IP é substituído por um inibidor da IIN (DTG).

O Quadro 9.11 apresenta o tratamento inicial (preferencial e alternativo) para o HIV-2.

**Quadro 9.11** Esquemas antirretrovirais no tratamento da infecção pelo HIV-2.

| Esquema inicial preferencial | | Esquema inicial alternativo | |
|---|---|---|---|
| INTR | IP | INTR | IIN |
| TDF + 3TC | DRV/r | TDF + 3TC | DTG |

INTR: inibidor nucleosídico da transcriptase reversa; IP: inibidor da protease; IIN: inibidor da integrase; TDF: fumarato de tenofovir desoproxila; DRV/r: darunavir potencializado por ritonavir; 3TC: lamivudina; DTG: dolutegravir.
Fonte: DIAHV/SVS/MS do Brasil (2018). Para mais informações, consultar: http://www.aids.gov.br/pt-br/profissionais-de-saude/hiv/protocolos-clinicos-e-manuais.

### Quimioprofilaxia pré-exposição (PrEP) ao HIV-1

A quimioprofilaxia pré-exposição (PrEP) ao HIV-1 consiste no uso de ARV para reduzir o risco de adquirir a infecção pelo HIV. A efetividade e a segurança da PrEP já foram demonstradas em estudos clínicos.

Em um estudo que avaliou a PrEP oral diária em homens que fazem sexo com homens (HSH) e mulheres trans, houve redução de 44% no risco de aquisição de HIV com o uso diário de comprimido único de FTC combinado com TDF. A eficácia da profilaxia foi fortemente associada à adesão: em participantes com o antiviral em níveis sanguíneos detectáveis, a redução da incidência do HIV foi de 95%.

Outra pesquisa que incluiu casais sorodiscordantes heterossexuais mostrou a efetividade da PrEP com redução geral de 75% no risco de infecção por HIV. A eficácia também foi mais elevada entre homens (84%) do que entre mulheres (66%).

Entre pessoas usuárias de drogas endovenosas, o estudo Bangkok Tenofovir mostrou uma redução de 49% no risco de infecção por HIV com a PrEP oral. O efeito da PrEP também foi avaliado no estudo IPERGAY em que foi observada redução de 86% no risco de aquisição do HIV.

O esquema recomendado pelo MS do Brasil para uso na PrEP é a combinação dos antirretrovirais TDF e FTC, cuja eficácia e segurança foram demonstradas, com poucos eventos adversos associados a seu uso.

**Quadro 9.10** Esquemas de terapia anti-HIV-1 preferenciais e alternativos indicados para início de tratamento em crianças e adolescentes.

| | Início de tratamento | | | |
|---|---|---|---|---|
| | Preferencial | | Alternativo | |
| Faixa etária | INTR | 3º ARV | INTR | 3º ARV |
| 14 dias a 3 meses | AZT + 3TC | LPV/r | AZT + 3TC | NVP |
| 3 meses a 2 anos | ABC + 3TC | LPV/r | AZT + 3TC | NVP |
| 2 anos a 3 anos | ABC + 3TC | RAL | AZT + 3TC | NVP |
| 3 anos a 12 anos | ABC + 3TC | RAL | AZT + 3TC | EFZ |
| | | | TDF + 3TC | |
| Acima de 12 anos | TDF + 3TC | DTG | ABC + 3TC | EFZ |
| | | | AZT + 3TC | |

INTR: inibidor nucleosídico da transcriptase reversa; ARV: antirretroviral. AZT: azidotimidina; 3TC: lamivudina; ABC: abacavir; LPV/r: lopinavir potencializado por ritonavir; RAL: raltegravir; DTG: dolutegravir; TDF: fumarato de tenofovir desoproxila; NVP: nevirapina; EFZ: efavirenz.
Fonte: DIAHV/SVS/MS (2018). Para mais informações, consultar: http://www.aids.gov.br/pt-br/profissionais-de-saude/hiv/protocolos-clinicos-e-manuais.

### Quimioprofilaxia em exposição ocupacional ao HIV-1

No caso de indivíduos que se contaminam acidentalmente com o HIV-1, os antirretrovirais também podem ser administrados profilaticamente, na tentativa de impedir a soroconversão, que pode ocorrer em 0,3% dos casos de acidente percutâneo com sangue e 0,09% quando há contaminação de mucosas. No entanto, a melhor profilaxia pós-exposição (PEP, *post exposure prophylaxis*) ao HIV continua sendo o respeito às normas de biossegurança. A quimioprofilaxia deve ser iniciada em um período de 2 horas e continuar a ser administrada durante 28 dias após o acidente. Recomenda-se o acompanhamento sorológico do indivíduo no momento do acidente, em 6 semanas, 12 semanas e 6 meses após a exposição. Se possível, deve ser realizada a pesquisa do HIV pela RT-PCR (reação em cadeia da polimerase associada à transcrição reversa [*reverse transcription polymerase chain reaction*]), para a detecção do genoma viral, que informará de imediato se houve a infecção viral. Em 2015, ocorreu a última atualização dos protocolos pelos Centros para Controle de Doenças (CDC – Centers for Disease Control and Prevention) dos EUA por meio do *Updated U.S. Public Health Service Guidelines for the Management of Occupational Exposures to HIV and Recommendations for Postexposure Prophylaxis*, que recomenda sejam utilizadas drogas já licenciadas com maior eficácia e menos efeitos adversos. O CDC recomenda a PEP na combinação de 1 INTR (entricitabina – FTC) + 1 INtTR (fumarato de tenofovir desoproxila – TDF) + 1 IIN (raltegravir – RAL), por serem bem toleradas, eficazes, com boa posologia e causarem menos interações com outros medicamentos. No Brasil, em 2018, o MS disponibilizou um esquema a ser seguido na profilaxia das exposições ocupacionais (Quadro 9.12). São recomendados TDF + 3TC + DTG em esquema preferencial ou AZT na impossibilidade de TDF e ainda um 3º esquema que usa TDF + 3TC + ATV/r, no caso de impossibilidade de uso de DTG. Segundo o MS do Brasil, o esquema preferencial (TDF + 3TC + DTG) apresenta menor número de efeitos adversos e baixa interação medicamentosa, o que propicia melhores adesão e manejo clínico. Além disso, apresenta elevada barreira genética, aumentando a segurança na infecção com vírus resistentes.

No atendimento inicial, após a exposição ao HIV, é necessário que o profissional avalie como, quando e com quem ocorreu a exposição. Quatro fatores direcionam a decisão da indicação ou não da PEP: se o material biológico é de risco para a transmissão do HIV; se o tipo de exposição é de risco, se o tempo decorrido entre a exposição e o atendimento é menor que 72 horas e se a pessoa exposta é não reagente para o HIV no momento da exposição. Em caso positivo para todas as situações a PEP está indicada.

### Associação de drogas anti-HIV-1

Para que a TARV tenha sucesso, é necessário que o paciente tome mais de 95% das doses prescritas. Devido à elevada toxicidade dos ARV e ao complicado esquema de administração da medicação, muitos pacientes abandonam o tratamento ou o fazem de maneira incorreta. Por esse motivo, atualmente, as indústrias farmacêuticas têm concentrado esforços no sentido de associar duas ou mais drogas em um mesmo comprimido ou cápsula, com o objetivo de aumentar a adesão ao tratamento. Estão disponíveis algumas combinações de ARV (ver Quadro 9.8): Combivir® (lamivudina + zidovudina); Epzicom® (abacavir + lamivudina); Trizivir® (abacavir + lamivudina + zidovudina); Kaletra® (lopinavir + ritonavir); atazanavir + ritonavir; Truvada® (entricitabina + tenofovir); Atripla® (entricitabina + tenofovir + efavirenz); Complera®/Eviplera® (entricitabina + tenofovir + rilpivirina); Stribild® (entricitabina + tenofovir + elvitegravir + cobicistate); Prezcobix® (darunavir + cobicistate); Evotaz® (atazanavir + cobicistate); Dutrebis® (raltegravir + lamivudina); raltegravir + lamivudina + tenofovir; Triumeq® (dolutegravir + abacavir + lamivudina); Odefsey® (fumarato de tenofovir alafenamida + rilpivirina + entricitabina); Descovy® (fumarato de tenofovir alafenamida + entricitabina); Biktarvy® (fumarato de tenofovir alafenamida + entricitabina + bictegravir) e Genvoya® (fumarato de tenofovir alafenamida + cobicistate + entricitabina + elvitegravir). Algumas dessas combinações ainda não estão disponíveis no Brasil.

**Quadro 9.12** Quimioprofilaxia em exposição ocupacional ao HIV.

| |
|---|
| **Preferível*** |
| TDF 300 mg + 3TC 300 mg 1 comprimido 1 vez/dia |
| + DTG 50 mg 1 comprimido 1 vez/dia |
| **Alternativo*** |
| Impossibilidade de TDF: AZT 300 mg + 3TC 150 mg |
| 1 comprimido 2 vezes/dia |
| + DTG 50 mg 1 comprimido 1 vez/dia |
| Impossibilidade de DTG: TDF 300 mg |
| 1 comprimido 1 vez/dia |
| + 3TC 150 mg 1 comprimido 2 vezes/dia |
| + ATV/r 300 mg/100 mg 1 comprimido 1 vez/dia cada um |
| Impossibilidade de ATV/r: TDF 300 mg |
| 1 comprimido 1 vez/dia |
| + 3TC 150 mg 1 comprimido 2 vezes/dia |
| + DRV/r 600 mg/100 mg 1 comprimido 2 vezes/dia cada um |

*Durante 28 dias. TDF: fumarato de tenofovir desoproxila; 3TC: lamivudina; DTG: dolutegravir; AZT: azidotimidina; ATV/r: atazanavir potencializado por ritonavir; DRV/r: darunavir potencializado por ritonavir.
Fonte: DIAHV/SVS/MS do Brasil (2018). Para mais informações, consultar: http://www.aids.gov.br/pt-br/profissionais-de-saude/hiv/protocolos-clinicos-e-manuais.

## Perspectivas de novos antivirais

Em 2018, dados obtidos por Chaudhuri *et al.* mostraram que havia 100 drogas antivirais em desenvolvimento, sendo 29 em fase I, 46 em fase II e 25 em fase III de ensaios clínicos em seres humanos. Dessas, 25 eram voltadas para o HIV, 30 para o HBV e 6 para o HCV.

Embora o principal alvo das pesquisas por novos antivirais seja a busca por drogas que atinjam diretamente os vírus, vem aumentando a quantidade de novos fármacos que possam afetar mecanismos dos hospedeiros que participam da patogênese viral. Pequenas moléculas continuam a representar a principal classe de novos inibidores direcionados para os vírus, embora oligonucleotídeos venham se destacando. Muitos candidatos são desenvolvidos para serem empregados em monoterapia em detrimento de terapia combinada e um dos motivos é que primeiro a droga precisa ser aprovada sozinha para depois ser aprovada em associação. Outra estratégia que vem ganhando força é o reposicionamento de moléculas. Há considerável interesse em drogas que já foram licenciadas para uso em outras doenças, virais ou não e que, portanto, já passaram por testes de segurança e, assim, podem ser testadas diretamente em novos vírus, como é o caso do SARS-CoV-2.

Antes de 2020, a maior epidemia por um coronavírus tinha sido causada pelo SARS-CoV, em 2013, em que foram infectados 8.000 indivíduos, com 774 óbitos. Os prejuízos econômicos globais foram estimados entre 30 e 100 bilhões de dólares. Está sendo estimado que o impacto na economia mundial devido à pandemia pelo SARS-CoV-2 será na ordem de trilhões de dólares, sem considerar as vidas perdidas, que não têm preço.

Vários grupos de pesquisa nacionais e internacionais estão trabalhando em colaboração de modo a obter uma intervenção preventiva ou terapêutica para a COVID-19. Algumas abordagens como o desenvolvimento de vacinas, emprego de plasma de indivíduos convalescentes, interferon, pequenas moléculas antivirais e anticorpos monoclonais estão sendo exploradas. No entanto, considerando que o desenvolvimento de drogas antivirais se mostra dispendioso e demorado, não há tempo hábil para que novas drogas sejam desenvolvidas e possam diminuir o avanço da pandemia.

Cabe ressaltar que todos os estudos de avaliação de drogas em seres humanos precisam ser desenhados de modo que sejam multicêntricos e randomizados, utilizando metodologia duplo-cego e com controle do grupo ao qual será administrado o placebo, para que possam ser validados pela comunidade científica. Devido à urgência no tratamento de pacientes, muitos estudos que aqui serão mencionados não seguiram esses critérios e mais ensaios clínicos ainda deverão ser efetuados até que se confirme que determinado fármaco pode ser empregado com segurança e eficácia na COVID-19. Além disso, alguns trabalhos foram publicados na plataforma bioRxiv, que publica resultados antes de serem *peer-reviewed* e obterem o aval da comunidade científica.

De acordo com o endereço https://clinicaltrials.gov/, da U.S. National Library of Medicine, dos EUA, em 15 de junho de 2021, havia 5.949 ensaios clínicos para drogas que pudessem ser potenciais inibidores do SARS-CoV-2. Entre as drogas testadas estão cloroquina e hidroxicloroquina, que já são usadas como antimaláricos e também no tratamento de lúpus eritematoso e artrite reumatoide, mas sem indicação formal (uso *off-label*) como antivirais de uso clínico. Esses dois fármacos parecem inibir a entrada do vírus, impedindo a glicosilação dos receptores celulares, o processamento proteolítico de proteínas virais e a acidificação de endossomas. Essas moléculas também apresentam efeito imunomodulador, reduzindo a produção de citocinas e reduzindo a autofagia e atividade lisossomal nas células do paciente. Ainda não há resultados concretos da atuação da cloroquina/hidroxicloroquina, mas a cloroquina foi usada na China no tratamento de mais de 100 pacientes, resultando em melhora nos resultados radiográficos, aumento do *clearance* viral e redução da progressão da infecção. Um estudo realizado na França empregando hidroxicloroquina na concentração de 200 mg também mostrou aumento no *clearance* viral. Os pesquisadores também relataram que a associação com azitromicina potencializava os resultados. No entanto, esse estudo é questionado por falhas no desenho dos testes clínicos e aferição de resultados. Por sua vez, um ensaio clínico realizado na China não mostrou evidências de melhora nos pacientes tratados com hidroxicloroquina em concentração de 400 mg. Há estudos com cloroquina e hidroxicloroquina com objetivo de avaliar o potencial no tratamento da COVID-19, incluindo seu emprego como profilaxia pós-exposição em profissionais que lidam diretamente com pacientes. Embora a OMS não recomende o uso dessas drogas e tenha interrompido o Estudo Solidariedade com base em alguns resultados obtidos no tratamento de pacientes hospitalizados, que não apresentaram melhora significativa, a Organização também reconhece que essas evidências não se aplicam ao uso da hidroxicloroquina na prevenção de infecções por COVID-19 ou no tratamento de pacientes não hospitalizados, duas áreas em que ainda são necessárias mais evidências acerca da eficácia do medicamento contra o SARS-CoV-2. Por exemplo, em um artigo de revisão de 42 estudos clínicos em língua inglesa realizados até abril de 2020, os autores discutem que os resultados sobre a eficácia ou não dessas drogas não são conclusivos, que os efeitos adversos estão relacionados a doses elevadas utilizadas no tratamento e que ainda são necessários mais estudos controlados para determinar a eficácia e segurança dessas drogas no tratamento da COVID-19.

Em abril de 2020, o Conselho Federal de Medicina do Brasil (CFM) divulgou um parecer que estabelecia critérios e condições de tratamento com cloroquina/hidroxicloroquina em pacientes com diagnóstico confirmado de COVID-19 em três níveis diferentes de infecção: com sintomas leves em que tivessem sido descartadas outras viroses; com sintomas importantes, mas sem necessidade de internação; e em pacientes críticos recebendo cuidados intensivos. Esses critérios não foram alterados mesmo com a posição da OMS. Esse assunto tem suscitado debates inflamados na comunidade científica internacional, com pesquisadores contra e a favor do emprego desses fármacos no tratamento da COVID-19, sem nenhuma conclusão definitiva, até o momento, com relação ao efeito na quimioprofilaxia ou no tratamento precoce.

Nitazoxanida é um medicamento indicado principalmente como anti-helmíntico, mas que também tem prescrição, segundo a bula da Anvisa do MS do Brasil, para gastroenterite produzida por rotavírus e norovírus, amebíase, giardíase, criptosporidíase, blastocistose, balantidíase e isosporíase. Esse fármaco apresentou atividade *in vitro* contra MERS-CoV e SARS-CoV-2. Alguns estudos clínicos, inclusive no Brasil, estão sendo realizados para verificar a possibilidade de seu uso no tratamento da COVID-19. Aqui no Brasil, o uso da nitozaxanida emergiu de um *screening* por biologia computacional e inteligência artificial com mais de 2.000 moléculas. Esse *screening* foi realizado no Centro Nacional de Pesquisa em Energia e Materiais (CNPEM) e a nitozaxanida foi testada *in vitro* no Instituto de Biologia da Unicamp (Universidade Estadual de Campinas). Em decorrência dos resultados obtidos, 1.575 voluntários com sintomas iniciais em sete cidades (cinco em São Paulo, uma no Distrito Federal e uma em Minas Gerais) participaram da avaliação da droga. A pesquisa foi conduzida no padrão multicêntrico, randomizado, com grupo de controle e duplo-cego, e o resultado desse estudo foi publicado no *European Respiratory Journal*: na dose de 500 mg, de 8 em 8 horas, durante 5 dias, a nitozaxanida reduziu a carga viral em pacientes com até 3 dias de confirmação da doença, o que representa menor possibilidade de contágio pelos pacientes tratados e evita a evolução da doença para casos graves. Nos EUA, um ensaio clínico mostrou que houve redução de 3 dias no tempo de internação de pacientes com a COVID-19 utilizando a nitazoxanida. Outro antiparasitário, a ivermectina, tem sido utilizado por alguns médicos na profilaxia e no tratamento da COVID-19; no entanto, há necessidade de mais estudos clínicos controlados. Um dos potenciais mecanismos antivirais propostos seria a inibição de importina $\alpha/\beta$ celular.

No tocante a drogas antivirais já utilizadas para outros vírus, a associação lopinavir/ritonavir tem sido bastante explorada desde que apresentou atividade contra outros coronavírus. Lopinavir/ritonavir são inibidores de protease usados no tratamento da infecção pelo HIV, em que o ritonavir funciona como potencializador do lopinavir (LPV). No entanto, em 34 estudos clínicos em andamento, os resultados não revelaram o potencial esperado para a COVID-19. Foi mostrado que o LPV inibe uma protease do SARS-CoV-2 em estudos *in vitro* e em animais de experimentação. Um estudo retrospectivo com 1.052 pacientes mostrou que o uso da medicação no início da doença estava associado com redução na taxa de mortalidade (2,3% *versus* 11,0%). Em 2021, a OMS recomendou a suspensão dos estudos clínicos com esse antiviral. Darunavir é outro inibidor da protease do HIV que está sendo considerado no tratamento da COVID-19, mas não há qualquer dado clínico sobre esse antirretroviral, a não ser um ensaio clínico randomizado realizado na China usando o darunavir potencializado pelo cobicistate.

Pesquisa realizada na Fundação Oswaldo Cruz (Fiocruz), do Ministério da Saúde do Brasil, juntamente com outras instituições, mostrou que o antiviral atazanavir, um inibidor de protease utilizado no tratamento do HIV, atua inibindo a atividade da $M^{pro}$ (*main protease*), uma protease do SARS-CoV-2. Atazanavir potencializado pelo ritonavir também foi incluído no estudo. Além do efeito antiviral, também foi demonstrada inibição da produção de proteínas que atuam em processos inflamatórios nos pulmões e que podem levar ao agravamento do quadro clínico da doença. Ensaios clínicos estão sendo conduzidos para confirmar a atividade no tratamento da COVID-19.

Rendesivir é um novo antiviral análogo de nucleotídeo, que foi inicialmente desenvolvido para tratamento de febres hemorrágicas associadas aos EBOV e MARV. No entanto, durante os testes clínicos foi observado que ele não era efetivo. Posteriormente essa molécula mostrou atividade para outros vírus, incluindo SARS-CoV e MERS-CoV, em estudos *in vitro* e em modelos usando animais, o que o tornou candidato a ensaios em pacientes, tendo demonstrado eficácia no tratamento de um paciente nos EUA, que se recuperou da COVID-19. Esse resultado permitiu que o rendesivir fosse incluído em 10 estudos clínicos distribuídos globalmente. Um desses estudos, realizado nos EUA, Canadá e Japão, mostrou resultados animadores. A droga foi administrada durante 10 dias em pacientes que apresentavam quadro grave de COVID-19 e 68% apresentaram melhora considerável, incluindo alguns pacientes que puderam sair dos respiradores. Em outubro de 2020, a FDA aprovou rendesivir (Veklury®) para tratamento endovenoso da COVID-19 em pacientes hospitalizados.

O antiviral ribavirina é um análogo da guanosina que esteve em investigação porque apresentou efeito contra alguns coronavírus. No entanto, nas pesquisas especificamente com o SARS-CoV-2 precisou de elevadas concentrações para inibir a biossíntese viral em testes *in vitro*. Nos ensaios clínicos houve a necessidade da administração em elevadas concentrações, muito próximas da dose tóxica. Estudos clínicos realizados até o momento não mostraram evidências de que possa ser utilizado no tratamento de pacientes com COVID-19.

Outros antivirais também estão sendo investigados, como, por exemplo, drogas com atividade para FLUV e outros vírus de genoma RNA. Assim, estão sendo testados clinicamente o favipiravir (Avigan®) e umifenovir (Arbidol®). Favipiravir é um inibidor análogo nucleosídico que foi licenciado como Avigan® no Japão para tratamento de infecção pelos FLUVA, FLUVB e FLUVC. Também apresenta um amplo espectro de ação contra muitos vírus de genoma de RNA, inibindo *in vitro* YFV; RABV e WNV. Também foi demonstrada sua atividade *in vitro* contra norovírus, alguns arenavírus (Machupo, Junin, Pichinde, Tacaribe e Guaranito) e buniavírus (Punta Toro, La Crosse e febre do vale Rift). Estudos *in vitro* e em camundongos revelaram efeito contra o EBOV. Durante a pandemia pelo SARS-CoV-2 em 2019/2020 o favipiravir foi usado na China e no Japão como tratamento experimental. Umifenovir é licenciado na China e na Rússia para tratamento de infecção pelo FLUV e mostrou atividade contra o SARS-CoV-2 *in vitro*. Seu mecanismo de ação é a inibição da ligação entre o receptor ACE-2 e a glicoproteína viral S, impedindo a fusão do envelope viral com a membrana do endossoma celular com consequente bloqueio da penetração viral. Em um estudo com 67 pacientes, na China, o desempenho do umifenovir foi mediano, mas outros estudos continuam em andamento.

Pesquisas sobre o mecanismo de adsorção e penetração do SARS-CoV-2 levou Zhou e colaboradores e Hoffmann e colaboradores a identificarem a molécula ACE-2 (enzima conversora de angiotensina 2 [*angiotensin-converting enzyme 2*]) como um receptor para a ligação da glicoproteína S presente na superfície do vírus. Hoffmann e colaboradores também revelaram que a penetração mediada por receptor é dependente de uma enzima celular, a serino-protease transmembrana 2 (TMPRSS2, *trans-membrane serine protease 2*). Um antiviral que iniba TMPRSS2 poderia prevenir a progressão da doença nos pulmões uma vez que células alveolares expressam grandes quantidades de TMPRSS2 e ACE2 e essas moléculas poderiam ser o sítio primário da entrada do SARS-CoV-2 nos pulmões. Com essa finalidade, mesilato de camostato, um fármaco usado no Japão para tratamento de pancreatite, foi avaliado e demonstrou ser capaz de impedir a entrada do vírus nas células pela inibição da serino-protease TMPRSS2. Ainda não há resultados da sua atividade em pacientes, mas existe potencial para ser incluída em estudos clínicos.

Até que se obtenha um fármaco eficaz para o tratamento ou profilaxia da infecção pelo SARS-CoV-2, o tratamento consiste no acompanhamento clínico para sintomas leves até intervenções mais complexas para os pacientes que necessitam do aparato da unidade de terapia intensiva (UTI). Para o suporte não terapêutico específico, estão sendo utilizados corticosteroides, agentes imunomoduladores e imunoglobulinas. Desde que foi relatado que a interleucina-6 (IL-6) parece ter participação na fisiopatologia da COVID-19, desempenhando papel de principal fator mediador dos processos inflamatórios desencadeados nos pulmões, anticorpos monoclonais produzidos contra essa citocina poderiam barrar a inflamação dos pulmões e propiciar a melhora do paciente. Assim, tocilizumabe foi usado em poucos pacientes com algum sucesso e sarilumabe encontra-se na fase

II de testes clínicos em um estudo multicêntrico duplo-cego em pacientes hospitalizados.

Tem chamado atenção o tratamento de pacientes com plasma de indivíduos que se recuperaram da COVID-19, metodologia já testada em infecções com SARS-CoV e MERS-CoV. Acredita-se que esses anticorpos poderiam agir diretamente sobre as partículas virais livres como também no *clearance* de células infectadas, mas os estudos ainda estão em progresso, inclusive no Brasil.

A Figura 9.32 mostra uma representação do ciclo de biossíntese do SARS-CoV-2 e o mecanismo de ação de alguns potenciais agentes com atividade anti-SARS-CoV-2.

Explorando novas perspectivas para outros vírus, o tratamento para HIV inclui esquemas de tratamento dinâmicos que estão sempre sendo atualizados à medida que antivirais mais seguros e eficazes são produzidos, fruto da pesquisa nessa área. Apesar do sucesso da atual terapia antirretroviral, existe uma contínua necessidade da pesquisa em novas drogas anti-HIV, e novas estratégias estão sendo desenvolvidas para superar os problemas da resistência viral e a toxicidade. Por exemplo, o peptídeo T20 ou enfuvirtida é um inibidor da fusão do HIV e foi o primeiro inibidor dessa classe a ser aprovado para uso clínico. T20 atua sobre o HIV em concentrações nanomolares, mas sua biodisponibilidade é muito baixa, fazendo com que seja limitada sua aplicação clínica. Para superar essa desvantagem farmacocinética, alguns peptídeos modificados, incluindo Cp32M, sifuvirtida e T2635, foram gerados. Além disso, peguilação e glicosilação foram introduzidos para melhorar a farmacocinética desses inibidores, mas ainda faltam testes clínicos para comprovar sua eficácia. Uma das abordagens para aumentar a aderência ao tratamento foi a associação de várias drogas em um único comprimido, como aconteceu com o Stribild®, que consiste na associação de quatro antirretrovirais em dose única combinada (único comprimido).

Inibidores do complexo enzimático helicase-primase dos herpesvírus abrem as portas para uma interessante vertente na pesquisa por novos antivirais. Um desses inibidores é o AIC316 ou pritelivir que está na fase II de testes para infecções mucocutâneas produzidas por HHV-1 e HHV-2 resistentes ao aciclovir em pacientes adultos imunocomprometidos. Preliminarmente, esse inibidor mostrou atividade dose-dependente reduzindo o *shedding* viral (transmissão sem sintomas) em dois estudos clínicos realizados em pacientes apresentando herpes genital. Por ser um fármaco com um mecanismo de ação inovador em contraste com os análogos nucleosídicos atualmente disponíveis, pritelivir não necessita ser ativado por enzimas para exercer seu efeito antiviral.

O surto por EBOV que ocorreu entre 2013 e 2016 no oeste da África disparou o gatilho para intensos esforços em identificar inibidores para filovírus. Favipiravir, que já foi aprovado para tratamento de infecção por FLUV, e BCX4430 (galidesivir) são dois análogos de nucleosídeos com amplo espectro de ação que estão em fase de testes clínicos. Após a fase I de segurança, somente três pacientes foram testados, mas sem resultados

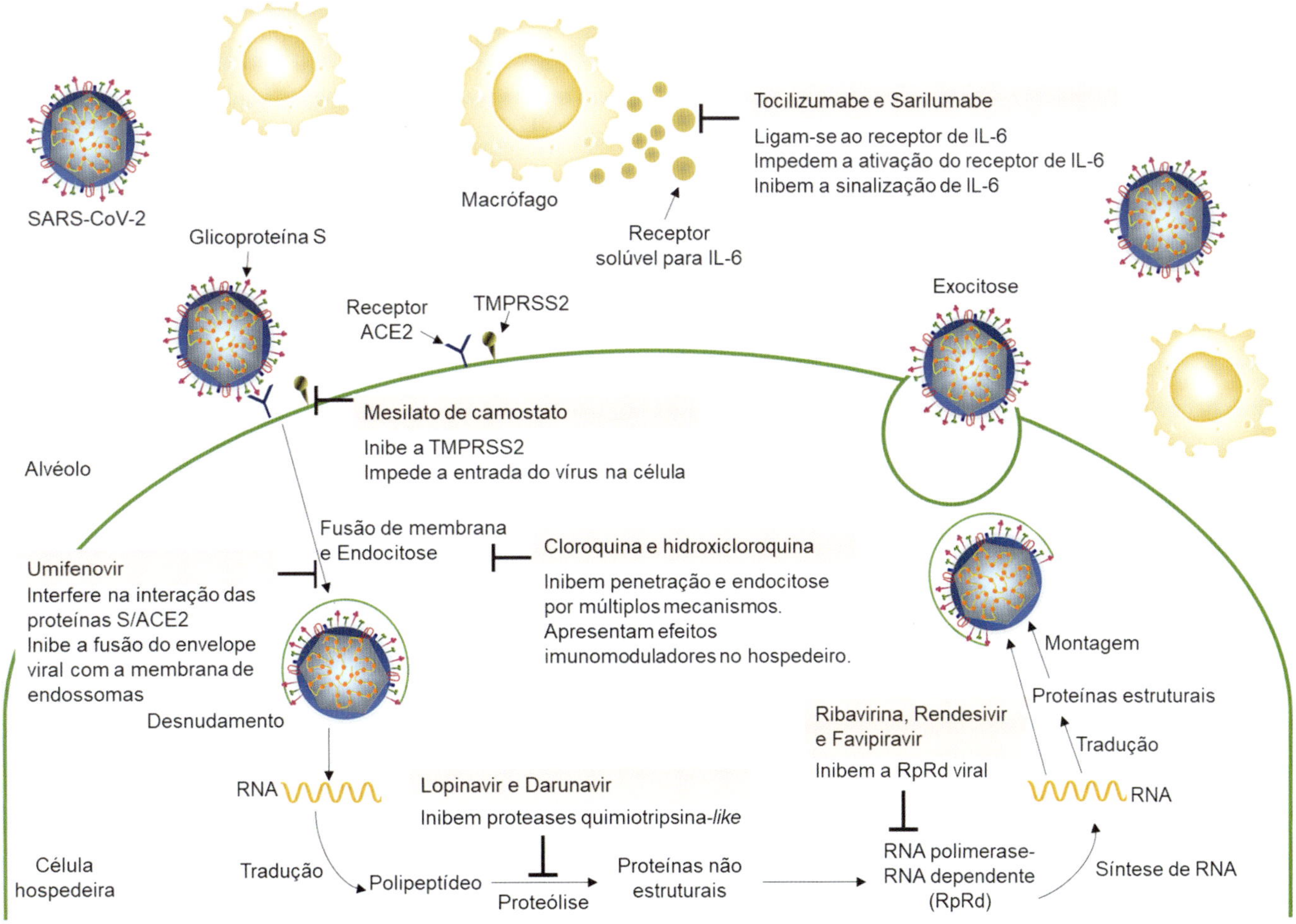


**Figura 9.32** Mecanismo de ação de alguns potenciais agentes com atividade anti-SARS-CoV-2. ACE2: enzima conversora de angiotensina 2; TMPRSS2: serino-protease transmembrana 2; IL-6: interleucina 6. Adaptada de Sanders *et al.*, 2020.

conclusivos. Em outubro de 2020, com base em estudos com anticorpos monoclonais, a FDA autorizou uma mistura de três anticorpos monoclonais (Inmazeb®) e um anticorpo monoclonal (Ebanga®) para tratamento da espécie *Zaire ebolavirus* (vírus Ebola).

Não há antivirais para tratamento da dengue, mas duas moléculas, modipafanto e celgosivir estão na fase II de testes clínicos (abril de 2020) para serem administradas durante as primeiras 48 horas de febre em adultos com dengue. Modipafanto impede a ativação do receptor para o fator de ativação de plaquetas (PAFR, *platelet-activating factor receptor*), uma proteína que pode estar associada com a fisiopatologia da inflamação que ocorre na infecção grave pelo vírus da dengue (DENV). Celgosivir é um alcaloide derivado da castanospermina que é extraída das sementes de *Castanospermum australe* e age na enzima α-glicosidase 1 celular que é necessária para o dobramento das glicoproteínas do vírus da dengue. Esses dois antivirais foram escolhidos para testes clínicos porque já haviam passado por testes de segurança em seres humanos e apresentaram efeito sobre a biossíntese do DENV *in vitro* e em camundongos.

Outra abordagem que deve ser considerada na pesquisa de moléculas inovadoras é como efetivamente eliminar o vírus do hospedeiro, o que em alguns casos não acontece com as drogas disponíveis. Por exemplo, a combinação de interferon e adefovir dipivoxila para hepatite B reduz o título do vírus no fígado, mas não consegue eliminá-lo do organismo porque o DNA circular (DNAccc) não pode ser removido e se mantém no núcleo das células hepáticas, com o vírus podendo ser reativado. Assim, novas estratégias que sejam capazes de eliminar o DNA viral da célula infectada são requeridas para futuros antivirais com ação anti-HBV. Isso pode ser conseguido com os moduladores da montagem de capsídeos (*capside assembly modulators*; CAM) que representam uma classe promissora de inibidores para HBV. Existem 12 moléculas de CAM sob investigação, dentre elas: GLS4, JNJ379 e ABI-H0731, em fase II de testes clínicos. As outras moléculas estão em fase pré-clínica ou na fase I de testes clínicos. Considerando que o capsídeo do HBV é formado pela proteína do *core* que apresenta múltiplas funções na replicação do HBV, as moléculas de CAM aceleram a cinética de oligomerização dessas proteínas, fazendo com que não ocorra o empacotamento da RNA polimerase pré-genômica, resultando na formação de capsídeos vazios e diminuição da síntese do DNAccc. Esse mecanismo de ação é diferente do apresentado pelos antivirais já aprovados para a terapia da hepatite B, e poderia alcançar melhores resultados do que os obtidos até o momento.

Há várias iniciativas para desenvolver um medicamento virucida que possa ser usado topicamente para proteger a mulher da infecção pelo HIV, sem a necessidade do consentimento do parceiro. Considerando que em alguns países as mulheres apresentam vulnerabilidade em termos socioeconômicos e culturais, o que as torna alvos fáceis da infecção pelo vírus, um método contraceptivo associado a um fármaco com atividade virucida desenvolvido com esse fim seria da maior importância para que se tenha sucesso na estratégia de prevenção da AIDS. Para alcançar esse objetivo, o fumarato de tenofovir desoproxila (TDF) foi testado na forma de gel em mulheres africanas, mas infelizmente não apresentou resultados significativos. Uma pesquisa realizada no Brasil pela Empresa Brasileira de Pesquisa Agropecuária (Embrapa) do Ministério da Agricultura, Pecuária e Abastecimento do Brasil, em colaboração com os National Institutes of Health (NIH) dos EUA e a Universidade de Londres foi publicada na *Science*, mostrando a obtenção de uma proteína sintetizada por cianobactérias que apresenta efeito virucida para o HIV – cianovirina-N, a partir de soja geneticamente modificada. A partir desses resultados, a próxima etapa deverá ser a formulação de um gel vaginal que possa ser testado clinicamente.

Produtos naturais, particularmente os obtidos de plantas, têm recebido especial atenção por seu potencial como antivirais. Desde eras remotas extratos de plantas têm sido utilizados na medicina tradicional de vários países. Enquanto os antivirais sintetizados quimicamente geralmente mostram baixa eficácia e efeitos adversos, os produtos naturais poderiam ser uma alternativa, considerando que alguns já demonstraram efeito antiviral com menos toxicidade. Com esse objetivo, algumas metodologias têm sido usadas para liberar fitoquímicos de maneira mais eficiente no organismo e com menor efeito adverso. Formulações farmacêuticas usando diferentes metodologias como micelas, nanopartículas, nanossuspensões e microesferas, além de sistemas de emulsificações *self*-nano e *self*-micro são empregados na liberação de produtos naturais no organismo.

Existem produtos naturais que demonstraram potencial como antivirais para prevenir e/ou atenuar os sintomas clínicos e que estão aguardando para serem avaliados em teste clínicos. Vários fitoquímicos obtidos de extratos de plantas já foram isolados, purificados e identificados como alcaloides, terpenos, flavonoides, glicosídeos e proteínas. Rutina, um flavonoide glicosilado, presente em diferentes plantas é ativo contra o FLUV, HHV-1 e HHV-2 e vírus da parainfluenza de humanos (HPIV). Quercetina, uma aglicona da rutina, é um fitoquímico abundante em muitas plantas e mostrou atividade sobre vários vírus tais como: FLUV, rinovírus, DENV, HHV-1 e HHV-4, PV, adenovírus (AdV), vírus Mayaro (MAYV), vírus da encefalite japonesa (JEV), HRSV e HCV. Há poucos estudos sobre o seu mecanismo de ação, mas já foi demonstrado no caso do HCV que a quercetina exerce seu efeito antiviral inibindo a protease NS3/NS4A do HCV. Também inibe várias etapas da biossíntese dos rinovírus: endocitose, transcrição do genoma viral e síntese de proteínas. Em outro estudo, a quercetina apresentou mecanismo de ação mais específico, reduzindo a síntese do DENV, mas sem interferir no processo de adsorção e penetração.

Apigenina é encontrada em muitas plantas e apresenta atividade contra enterovírus 70, HCV e FLUV. Apigenina e mais cinco flavonoides (baicaleína, biochanina A, kempferol, luteolina e naringenina) foram ativos contra o FLUVA $H_5N_1$ em cultura de células epiteliais de pulmão humano (A549) inibindo a produção da nucleoproteína. Baicalina mostrou amplo espectro de ação inibindo alguns enterovírus, DENV, HRSV, vírus da doença de Newcastle (NDV), HIV e HBV, com diferentes mecanismos de ação.

Triterpenos e ácido ursólico são abundantemente encontrados no reino vegetal e são ativos contra o HCV inibindo a RNA polimerase-RNA dependente NS5B. Esses fitoquímicos também podem inibir a biossíntese do enterovírus 71.

Extratos de *Ardisia chinensis* e os ácidos cafeoilquínicos de *Schefflera heptaphylla*, ambas as plantas originárias do sul da China, apresentaram efeito inibidor para o coxsackievírus (anteriormente Coxsackievírus) B3. Norsesquiterpenos das raízes de *Phyllantus emblica* mostraram inibição também contra o coxsackievírus B3, além de FLUVA, HRSV e HHV-1 e HHV-2. A flavona tricina isolada do bambu *Sasa albo-marginata* foi ativa contra o HHV-5, com desempenho melhor que o ganciclovir. Uma pró-droga da tricina (tricina-alanina-ácido glutâmico) foi desenvolvida para melhorar sua biodisponibilidade para uso oral. A isoflavona genisteína (originariamente descrita como inibidora de proteíno-cinase específica para tirosina) mostrou efeito contra arenavírus, inibindo a entrada dos vírus na célula, que ocorre pelo mecanismo de endocitose mediada por clatrina dependente de colesterol. O ácido raoulico, extraído da planta *Raoulia australis*, apresenta efeito inibidor para picornavírus como coxsackievírus B3 e B4, e enterovírus 71.

Um glicosídeo de *Adenium obesum* mostrou efeito contra o FLUV, assim como derivados da quercetina, extrato de raízes de *Pelergonium sidoides*, chá de *Psidium guajava*, derivados da theaflavina e produtos do chá-verde.

Um estudo publicado em 2020 demonstrou o potencial de fitofármacos na inibição da protease $M^{pro}$ e da glicoproteína S do SARS-CoV-2. Verificou-se a atividade antiviral, em testes de modelagem molecular, de: hesperidina (flavanona extraída da pele de frutas cítricas), nabiximol (combinação de canabidiol e tetra-hidrocanabinol extraídos de *Cannabis sativa*), pectolinarina (extraída das hastes espinhosas de plantas do gênero *Cirsium*), galato de epigalocatequina (extraído das folhas verdes da planta *Camelia sinensis*) e rhoifolina (flavona extraída das folhas de *Rhus succedanea*). Outro estudo, que incluiu 170 fitofármacos, selecionou 57 moléculas. Destas, a curcumina foi quem demonstrou melhor inibição para $M^{pro}$, enquanto solanina, rutina e acetosídeo tiveram efeito para $M^{pro}$ e glicoproteína S. Esses resultados mostram que substâncias extraídas de plantas têm potencial como inibidores de SARS-CoV-2 e abrem perspectiva para testes em culturas de células e em animais.

Ressalte-se que a pesquisa voltada para atividade antiviral de substâncias extraídas de plantas tem sido novamente alvo do interesse dos cientistas, como aconteceu no início do século passado, agora com um novo enfoque: a biotransformação das substâncias naturais ativas para torná-las mais eficientes no organismo.

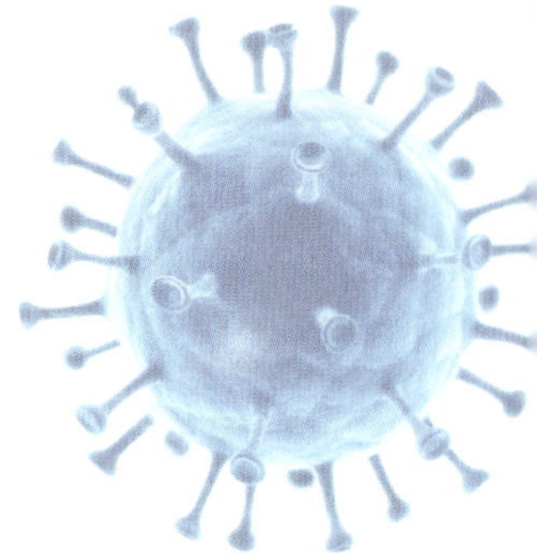

# Capítulo 10

# Disseminação de Vírus em Populações e Evolução da Virulência

Fernando Portela Câmara

## Introdução

Em *Rats, Lice, and History*, um livro publicado em 1935 que marcou época, o microbiologista Hans Zinsser propagou a ideia de que parasitas e hospedeiros evoluíam em direção a uma "convivência pacífica". Esse equívoco evolucionista é ainda hoje ensinado em muitos cursos de medicina, apesar das muitas evidências contrárias, como chamou a atenção Paul Ewald. O patógeno mais bem adaptado é sempre aquele com maior chance de propagar eficientemente seus genes, e isso não está necessariamente condicionado a uma baixa virulência.

Os fatos mostram que a virulência de um patógeno viral evolui rapidamente devido à facilidade com que um vírus consegue ser rápida e eficientemente propagado na população, seja por contágio direto ou por ação de vetores. O aumento da virulência do sorotipo 3 do vírus da dengue (DENV-3) na epidemia de 2001 foi um exemplo; o vírus da síndrome da imunodeficiência adquirida (AIDS, *acquired immunodeficiency syndrome*) – o HIV (vírus da imunodeficiência humana [*human immunodeficiency virus*]) –, torna-se mais agressivo em regiões em que o comércio sexual é livre e frequente. Por outro lado, se a transmissibilidade do patógeno é dificultada, seja por imunidade de grupo, seja por fatores sanitários, formas com virulência atenuada tornam-se mais frequentes, prejudicando minimamente a cadeia de hospedeiros para maximizar sua disseminação.

A propagação de uma infecção segue a lei de ação das massas. Quanto maior a concentração de indivíduos suscetíveis expostos a um patógeno infeccioso, maior a taxa de infecção e de propagação. Essa taxa de infecção é expressa como um número de reprodução basal da infecção, $R_0$, definido como o número de infecções secundárias produzidas por um indivíduo infeccioso em uma população de suscetíveis, em uma dada categoria particular de risco. O Quadro 10.1 mostra alguns exemplos de patógenos com seus respectivos $R_0$.

O parâmetro $R_0$ deve ser avaliado quando a epidemia estiver no início e depende das seguintes variáveis:

$$R_0 = \beta c D$$

Em que $\beta$ é a probabilidade média de um suscetível ser infectado por um agente infeccioso; *c* é o número médio de contatos com suscetíveis realizados durante o período médio de transmissão (*D*) do infectante. Note-se que se $R_0 > 1$, o número de infectados crescerá exponencialmente (cadeia de infecção), gerando uma epidemia; se $R_0 < 1$, a epidemia não se autossustenta e tende a desaparecer; e se $R_0 = 1$, o patógeno persiste endemicamente na população. A estimativa de $R_0$ pode ser feita por meios diretos e indiretos.

Em outras palavras, $R_0 > 1$ é o fator que possibilita que o vírus invada uma população. Por exemplo, se um indivíduo infecta apenas dois outros durante a fase de transmissão, estes infectarão, teoricamente, quatro outros, e assim exponencialmente, 8, 16, 32 etc., até o apogeu da epidemia. Se, por outro lado, um infectado transmite apenas a um outro, e este, por sua vez somente a um outro, o patógeno se mantém em equilíbrio estacionário na população ($R_0 = 1$), sem causar epidemia, mas também sem desaparecer, como ocorre nos períodos interepidêmicos.

## Invasão e persistência de patógenos infecciosos: limiar epidêmico

Patógenos infecciosos que causam imunidade de grupo a longo prazo, como as infecções comuns na infância (sarampo, rubéola, caxumba e outras), persistem em uma população quando o número de suscetíveis desta permite a permanência do agente após a invasão. Para isto, a população deve ter tamanho mínimo para que torne possível a circulação do patógeno. Isso somente acontece quando a reposição de novos suscetíveis por nascimento é

**Quadro 10.1** Exemplos dos valores de $R_0$ para alguns patógenos.

| Vírus/doença | Transmissão | $R_0$ |
|---|---|---|
| HIV/AIDS | Sexual | 2-5 |
| Vírus da influenza/gripe | Perdigotos, contato | 2-3 |
| Vírus do sarampo/sarampo | Perdigotos, contato | 12-18 |
| Vírus da caxumba/caxumba | Perdigotos, contato | 12-17 |
| Vírus da rubéola/rubéola | Perdigotos, contato | 5-7 |
| SARS-CoV/SARS | Perdigotos, contato | 2-5 |
| SARS-CoV-2/COVID-19 | Perdigotos, contato | 2-4 |
| MERS-CoV/MERS | Perdigotos, contato | 0,8-1,3 |
| Poliovírus/poliomielite | Fecal-oral | 5-7 |
| Vírus da varíola/varíola | Contato | 6-7 |

HIV/AIDS: vírus da imunodeficiência humana/síndrome da imunodeficiência adquirida (*human immunodeficiency virus/acquired immunodeficiency syndrome*); SARS: síndrome respiratória aguda grave (*severe acute respiratory syndrome*); SARS-CoV; SARS-CoV-2: coronavírus associado à SARS; COVID-19: doença por coronavírus-2019 (*coronavirus disease-2019*); MERS: síndrome respiratória do Oriente Médio (*Middle East respiratory syndrome*); MERS-CoV: coronavírus associado à MERS.

suficiente para manter o patógeno minimamente circulante ($R_0$ próximo de 1) até que o acúmulo de suscetíveis seja suficiente para uma nova epidemia.

Os programas de vacinação em massa são dirigidos para esse tipo de invasão, como é o caso de sarampo, poliomielite, caxumba, rubéola, febre amarela, coqueluche e difteria. Bartlett, em 1957, mostrou em um trabalho (agora clássico) que o vírus do sarampo só consegue manter-se em uma população quando esta tem um tamanho mínimo de 300 mil pessoas, pois, a partir dessa magnitude, se houver imunidade de grupo (ou de rebanho), a fração crítica de 30 suscetíveis (nascimentos novos por ano na população em questão) é o mínimo suficiente para manter o vírus do sarampo na população após uma epidemia (considerando o $R_0$ = 12 para o sarampo, incubação de 12 dias e período de contágio de 6 dias). Esse fato sugere que o sarampo teria se instalado nas populações humanas (saltando de rebanhos animais para a espécie humana e aí se adaptando seletivamente) somente quando surgiram as primeiras grandes cidades; portanto, em um período recente da história humana. Por outro lado, infecções crônicas como, por exemplo, diarreias crônicas infecciosas, infecções persistentes latentes (herpes) e infecções sexualmente transmissíveis requerem um número muito menor de indivíduos. Para o herpesvírus, por exemplo, um grupo de 1.000 indivíduos é suficiente para mantê-lo persistindo em pequenos grupos sociais.

Refere-se como limiar epidêmico o número de suscetíveis em uma população abaixo do qual uma epidemia não se propaga, ou seja, a condição $R_0 > 1$ não é alcançada. Em outras palavras, $R_0 = 1$ (condição endêmica) ou $R_0 < 1$ (extinção ou desaparecimento do patógeno). O limiar epidêmico nos mostra como se pode erradicar uma doença infecciosa de uma população por meio de vacinação periódica em massa, procurando-se manter uma imunidade de grupo (artificialmente induzida) constantemente elevada. Não é necessário que 100% da população seja imunizada; digamos que em torno de 80% (como foi o caso da varíola) seria uma proporção significativa. No Brasil, conseguiu-se eliminar a poliomielite da população através de um programa bem-sucedido de vacinação infantil que persistiu por muitos anos. Outras medidas são possíveis, mas nem sempre bem-sucedidas, uma vez que envolvem a mudança de comportamento da população, campanhas educativas etc., como o caso do uso de preservativos para evitar o contágio do HIV, assim como o uso de máscaras, higienização das mãos e uso de álcool em gel no caso da recente pandemia do SARS-CoV-2.

## Existe um limiar epidêmico?

O conceito de limiar epidêmico pressupõe que a população em estudo está em equilíbrio, ou seja, não varia significativamente dentro da escala de tempo do evento de interesse. Nessa condição, a fração de suscetíveis é previsível e relativamente fixa, portanto, determinística. Quando se leva em consideração populações humanas a longo prazo, esse dado deve ser reavaliado cada vez que a população sofre uma variação significativa em seu tamanho.

Contudo, com o advento da AIDS ficou claro que as populações não se comportam homogeneamente como no modelo da lei de ação de massas. Grupos com certos padrões de comportamento ou costumes podem concorrer para amplificação de um patógeno dentro deles, e a partir daí espalhar-se na população geral. Nesses grupos, patógenos podem evoluir rapidamente para estirpes mais virulentas, possibilitando-os invadirem, na sequência, a população geral. Desse modo, a dinâmica patógeno-hospedeiro não segue um determinismo, e pode eventualmente exibir um comportamento não linear, algumas vezes caótico. Isto se aplica também às complexas interações entre patógenos e seus vetores.

O comportamento não linear das epidemias questiona o conceito de limiar epidêmico, um parâmetro determinístico que ainda orienta os planejamentos em saúde pública, e que vem se mostrando ineficiente frente à complexidade do mundo moderno. A teoria do caos nos ensina que populações podem exibir comportamentos diversos, segundo a faixa de valores assumidos pelos seus parâmetros, e isso deve ser levado em consideração ao se formularem planejamentos efetivos para lidar com situações inesperadas.

# Coevolução e virulência

A coevolução vírus-hospedeiro também está sujeita à imprevisibilidade, dado que as equações que modelam essa interação são, por natureza, não lineares.

Sabe-se, por observações epidemiológicas e experimentos, que a virulência de um vírus evolui rapidamente para mais ou para menos, conforme a sua propagação seja facilitada ou não entre os hospedeiros. Um experimento clássico sobre essa questão foi a introdução do vírus da mixomatose ("varíola dos coelhos") para controlar a população de coelhos europeus (*Oryctolagus cuniculus*) que acarretou graves prejuízos econômicos. A praga irrompeu na Austrália 20 anos após esses animais terem sido lá introduzidos, em 1859. O vírus da mixomatose é um arbovírus endêmico entre coelhos sul-americanos, que exibem uma forma branda da doença, mas é letal para os coelhos europeus. As epizootias foram estudadas por Myers e Fenner, e a dinâmica da virulência por May, usando uma expressão para $R_0$, empiricamente definida como:

$$R_0 = \frac{\beta N}{\alpha + \gamma + \rho}$$

Em que $\beta$ é a taxa de infecção (transmissibilidade); $N$ é a população de suscetíveis; $\alpha$ é a virulência (definida como taxa de mortalidade); $\gamma$ é a taxa de mortalidade por outras causas que possam interferir nas observações; e $\rho$ é a taxa de recuperação dos infectados.

No primeiro ano de sua introdução, em 1951, a mortalidade do coelho australiano pela mixomatose foi muito próxima de 100% (Figura 10.1), ou seja, $\alpha = 1$. Contudo, a cada ano, foi possível verificar diminuição progressiva da virulência do patógeno ($\alpha < 1$) e aumento concomitante da taxa de recuperação ($\rho > 0$) dos coelhos. Após 7 anos, a taxa de mortalidade estabilizou-se em torno de 25% (Figura 10.2), ou seja, $\alpha = 0{,}25$; portanto, houve seleção concomitante de coelhos mais resistentes e de estirpes virais menos agressivas, embora ainda com significativa virulência (um vírus com essa taxa de virulência em uma população humana é considerado "altamente perigoso" e "letal"). Esse fenômeno de evolução por pressões seletivas mútuas é chamado de coevolução.

Note-se que, para a linhagem mais atenuada ter prevalecido, foi necessário que também tivesse a maior taxa de transmissão,

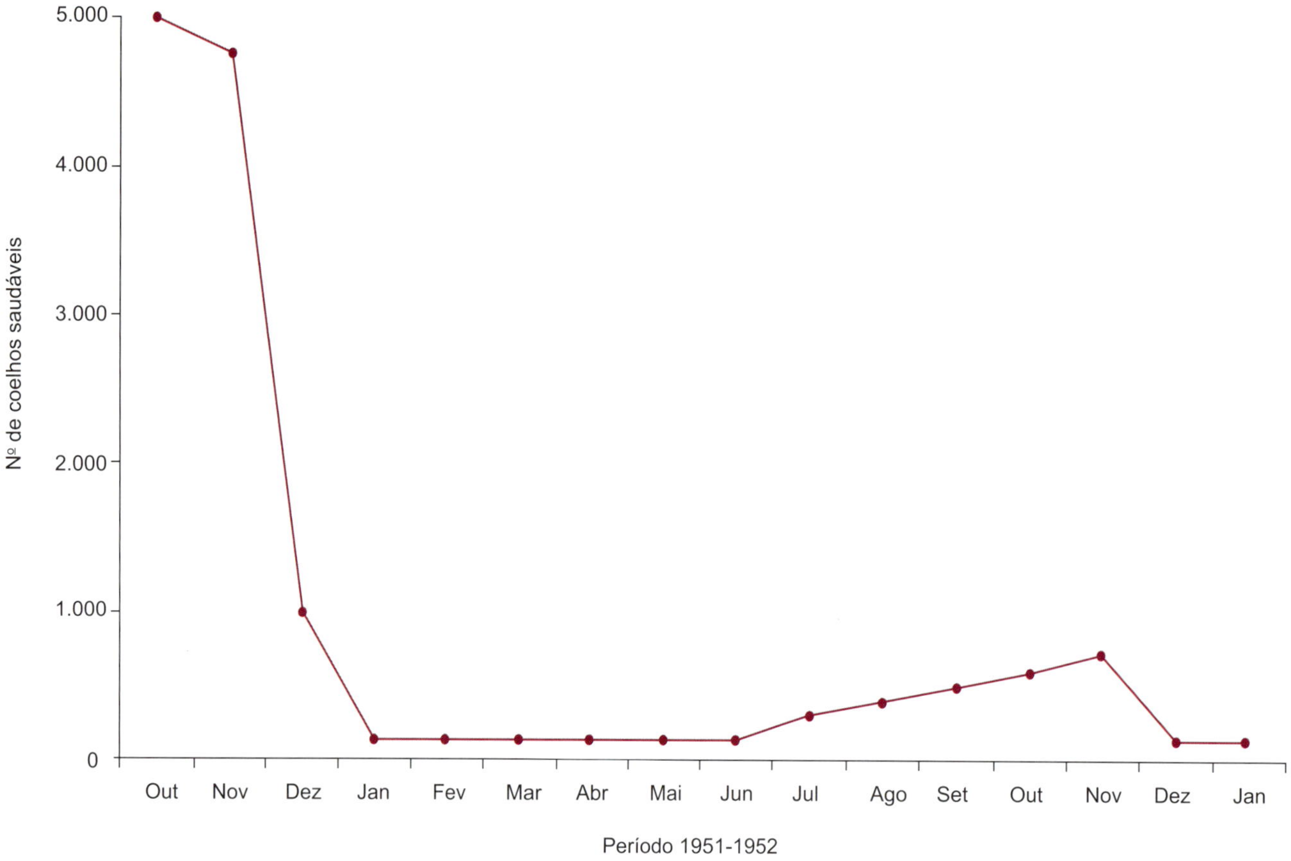


**Figura 10.1** Colapso populacional do coelho europeu (*Oryctolagus cuniculus*) em uma dada localidade da Austrália, após a introdução do vírus da mixomatose. Fonte: Myers *et al.*, 1954.

que é o critério de seleção natural. Assim, a seleção de uma linhagem com virulência equivalente a 25% de mortalidade para uma população de coelhos, também selecionada por sua resistência relativa ao patógeno, talvez seja o melhor acordo para que vírus e hospedeiro sobrevivam e garantam sua descendência no ambiente em que coexistem. Contudo, não sabemos se essa associação continua evoluindo após o experimento ter sido encerrado.

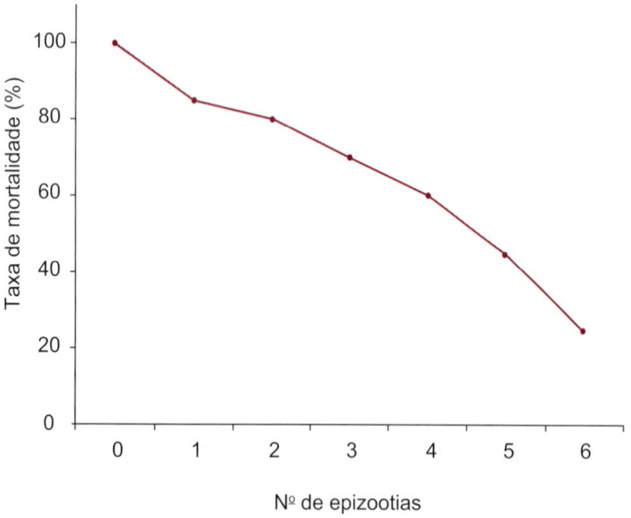


**Figura 10.2** Taxa de mortalidade do coelho europeu após exposição a várias epizootias de mixomatose. Adaptada de Fenner e Myers, 1978.

Levin e Pimentel, em 1981, desenvolveram um modelo simples em que duas linhagens do mesmo vírus concorrem para uma mesma população de hospedeiros. Suponha que dois sorotipos do mesmo vírus, com respectivas virulências $\alpha 1$ e $\alpha 2$, sendo $\alpha 1 > \alpha 2$, invadam a mesma população de hospedeiros suscetíveis. A princípio, julgamos que a linhagem 1, por ser mais virulenta, induzirá mortalidade alta na população, e se for muito transmissível, invadirá amplamente a população, matando grande parte dos hospedeiros, o que dificultará sua posterior propagação (isso explica por que as epidemias de Ebola, um patógeno altamente virulento, tendem a se autolimitarem). Por outro lado, se a população for invadida pela linhagem 2, boa parte dos hospedeiros sobreviverá imune ao patógeno e este terá dificuldades em se propagar na população. Cabe agora a pergunta: se a população for invadida por essas duas variantes ao mesmo tempo, qual delas irá prevalecer? A linhagem 2 (pouco virulenta) ou a linhagem 1 (muito virulenta)? Não existe resposta para essa questão, pois ela dependerá da vantagem eventual que a transmissibilidade confere à virulência no contexto em que a infecção estiver ocorrendo, como nos ensinou a mixomatose dos coelhos australianos.

A virulência não é necessariamente amortecida durante a persistência de um vírus em uma população, pois está sujeita a variação no jogo das interações mútuas entre virulência, transmissibilidade e resistência do hospedeiro. Essas interações não são previsíveis e podem provocar dinâmicas complicadas e até mesmo caóticas, como o problema dos três corpos que permanece insolúvel para a física, justo por ter uma dinâmica caótica.

## Dinâmica da diversidade genotípica

Para tentar explicar essas dinâmicas complicadas na interação vírus-comunidades, May, em 1996, sugeriu que isso decorre, em última análise, de um jogo genético. De fato, a lei do equilíbrio de Hardy-Weinberg aplica-se a populações grandes e estáveis, em que as frequências dos alelos podem ser consideradas como constantes, mas não se aplica a situações como a que está sendo tratada aqui, qual seja, que os valores adaptativos de genes virais se modificam em função da propagação do vírus na população. Considere o par de alelos *A,a* de um patógeno, em que *A* determina alta virulência e *a*, baixa virulência. Sabe-se que a frequência do gene *A* na geração $t+1$ será a frequência na geração *t* multiplicada por seu sucesso relativo (valor adaptativo do genótipo *A* dividido pela soma dele mesmo, mais a frequência do genótipo *a*, multiplicada por seu sucesso relativo). Se o genótipo *A* for raro, o patógeno não se propagará; porém, se ele começar a se tornar comum, o patógeno invadirá a população e matará os hospedeiros. Em consequência disso, o valor adaptativo desse genótipo começará a cair, de acordo com a fração de hospedeiros que ele estiver eliminando. Tem-se aqui uma dinâmica não linear regendo os alelos, ou seja, não há convergência para um atrator em ponto fixo (equilíbrio estacionário).

Considere ainda que, nesse contexto (genótipo *A* ocorrendo com frequência), o genótipo *a* seja raro. Como ele não elimina os hospedeiros, terá um valor adaptativo melhor que *A* e sua frequência começará a aumentar; contudo, a partir de certo ponto, esse valor será menor que *A* e começará a diminuir. O mapa dessa dinâmica é tipicamente não linear, produzindo ciclos e caos. Se deixarmos que o patógeno regule sua população, teremos flutuações completamente caóticas das frequências genéticas, levando a resultados imprevisíveis. Assim, é bem possível que esse polimorfismo genético afete o limiar crítico e a coevolução mencionados anteriormente.

A dinâmica patógeno-hospedeiro é imprevisível, e somente é possível controlá-la em situações locais restritas, com margem de incerteza razoável.

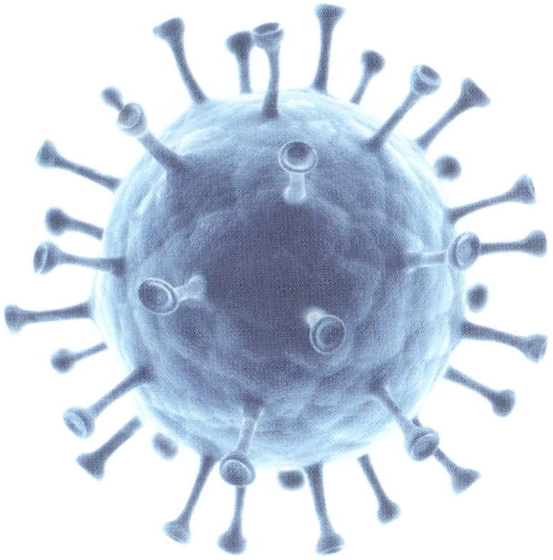

# Parte 2

# Virologia Clínica

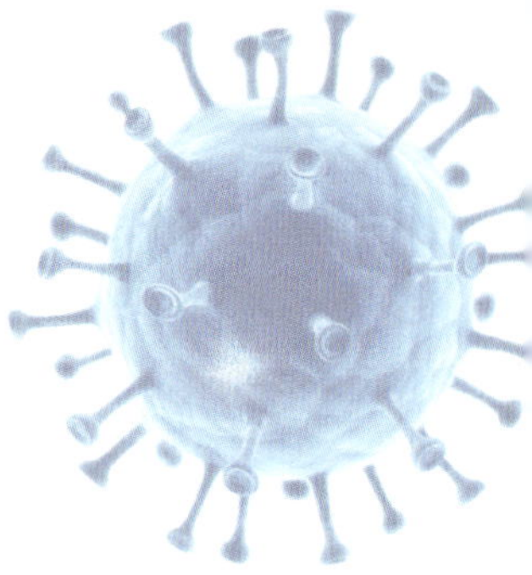

# Capítulo 11

# Viroses Entéricas

Norma Suely de Oliveira Santos

## Introdução

Nas últimas décadas houve um progresso substancial no que diz respeito à sobrevida infantil. Em 2011 ocorreram 6,9 milhões de óbitos entre crianças menores de 5 anos; uma redução significativa em comparação com os 12 milhões de óbitos ocorridos em 1990. Apesar desse avanço, doenças evitáveis continuam a vitimar crianças. Globalmente, a pneumonia e a diarreia estão entre as principais causas de mortalidade infantil.

De acordo com um levantamento realizado pelo *Global Burden of Diseases* (GBD) envolvendo 195 países e territórios em todo o mundo, em 2016, a diarreia foi a 8ª causa de mortalidade, responsável por mais de 1,6 milhão de óbitos (22,4/100.000 habitantes). A maioria dos óbitos por diarreia ocorreu em crianças < 5 anos de idade (446.000; 70,6/100.000 habitantes) e em adultos > 70 anos de idade (690.010; 171,1/100.000 habitantes) (Figura 11.1). Quase 90% desses óbitos ocorreram no sul da Ásia e na África Subsaariana. As evidências mostram que a doença diarreica afeta, desproporcionalmente, locais com acesso precário a saúde, água potável e saneamento, assim como populações de baixa renda ou marginalizadas.

A doença diarreica infecciosa resulta da contaminação de água e alimentos ou é transmitida pessoa a pessoa, devido a condições precárias de higiene. Uma porção significativa dos episódios de diarreia poderia ser evitada por meio de medidas de saneamento, higiene e tratamento de água. Em todo o mundo, 780 milhões de indivíduos não têm acesso à água potável e 2,5 bilhões não têm acesso a saneamento básico. Trata-se de um problema enfrentado por diversos países e que enfatiza as diferenças entre as metas de gerenciamento clínico e as prioridades da saúde pública. O impacto da doença é maior em países em desenvolvimento, em que representa uma das principais causas de mortalidade infantil. O tratamento na forma de solução de reidratação oral (SRO) é simples e eficiente; contudo, é

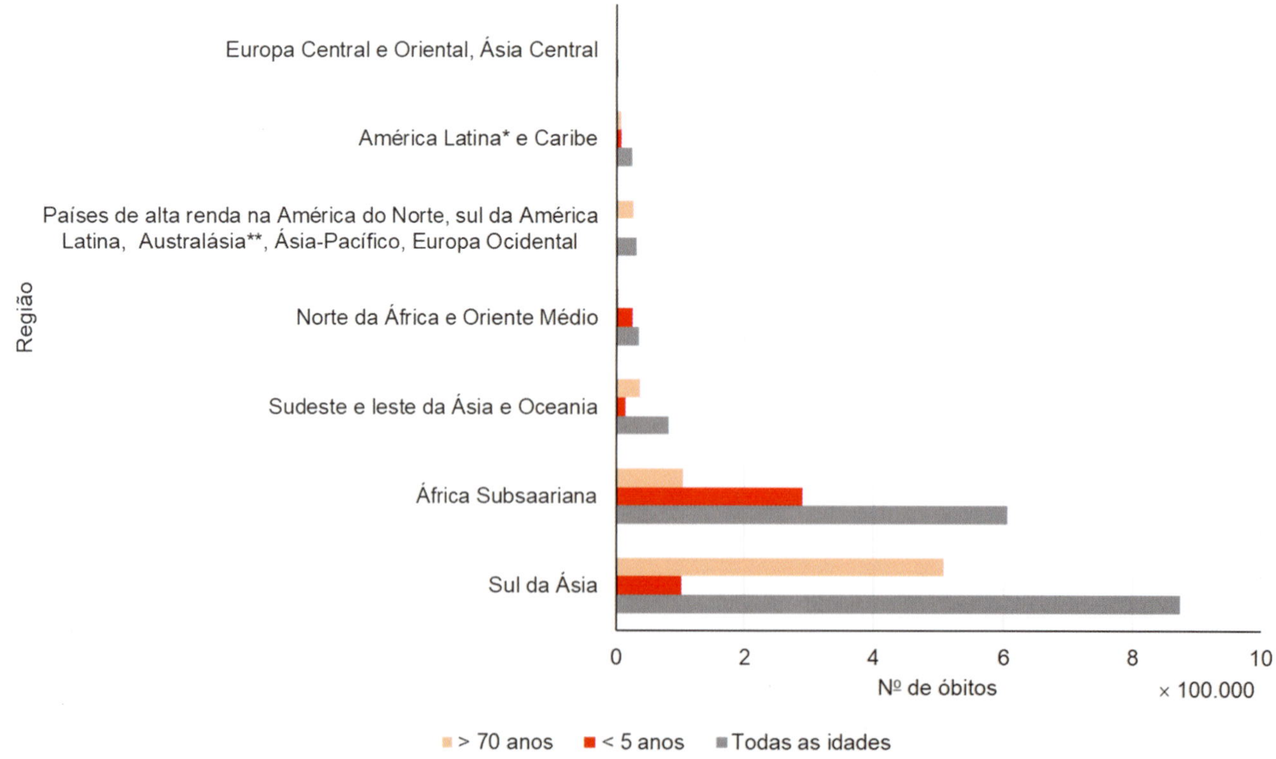


**Figura 11.1** Óbitos decorrentes de doença diarreica entre indivíduos de < 5 a > 70 anos de idade, em 2016, de acordo com o *Global Burden of Diseases*. *Região dos Andes, Central e Tropical da América Latina; **Austrália, Nova Zelândia, Nova Guiné e algumas ilhas menores da parte oriental da Indonésia. Fonte: GBD 2016 Diarrhoeal Disease Collaborators, 2018.

subutilizado. A prevenção da mortalidade na população está associada à melhoria em educação, saneamento básico e nutrição.

A diarreia infecciosa resulta da infecção do trato gastrointestinal por uma ampla gama de patógenos. A doença diarreica é caracterizada por aumento do número de evacuações, pastosas ou líquidas (3 ou mais evacuações em 24 horas), frequentemente acompanhadas de vômito, febre e dor abdominal. O termo disenteria é usado quando há sangue, muco e células brancas do sangue nas fezes. A diarreia aquosa é responsável por aproximadamente 35% das mortes relacionadas com diarreia, enquanto a taxa para a disenteria é de 20% e para a diarreia crônica é de 45%.

Nos países em desenvolvimento, episódios repetidos de infecções entéricas podem contribuir para a desnutrição. Em geral, essas infecções ocorrem durante os primeiros anos de vida, um período crítico para o crescimento físico e desenvolvimento cerebral, podendo comprometer o crescimento e as funções cognitivas. O crescimento físico durante esse período é mais rápido do que em qualquer outro momento e muitas vias cognitivas essenciais são estabelecidas antes dos 18 meses de vida. A interrupção desses processos por doenças infecciosas como a diarreia pode levar não apenas à mortalidade a curto prazo, mas também ao comprometimento do desenvolvimento cognitivo, menores níveis de escolaridade, menor produtividade econômica na idade adulta e uma propensão para o desenvolvimento de doenças metabólicas na idade adulta. Em estudos realizados em Fortaleza (Ceará, Brasil), crianças de uma comunidade de baixa renda foram acompanhadas durante os primeiros 10 a 12 anos de vida. Os episódios diarreicos foram documentados durante os dois primeiros anos de vida e 4 a 10 anos depois as crianças foram avaliadas quanto a aptidão física e funções cognitivas. Foi observada uma correlação entre o número de episódios de diarreia nos dois primeiros anos de vida e a deficiência de coordenação visual-motora, memória auditiva de curto prazo e processamento de informações, além de pontuações mais baixas em testes de inteligência.

Em países industrializados, onde há maior acesso aos serviços de saúde pública, água potável, além de práticas corretas de higiene pessoal e sanitização no preparo de alimentos, a mortalidade pela doença diarreica decaiu drasticamente. Entretanto, essa doença ainda permanece como uma das causas importantes de morbidade. A maioria dos episódios é de natureza autolimitada e raramente resulta em diarreia persistente, desnutrição ou óbito em crianças previamente saudáveis.

## Diarreia infantil

A doença diarreica é a segunda principal causa de óbito entre crianças ≤ 5 anos de idade em todo o mundo, embora seja uma doença evitável e tratável. Globalmente, ocorrem cerca de 1,7 bilhão de casos de diarreia, resultando em mais de 500.000 óbitos infantis anualmente. Em países em desenvolvimento, crianças ≤ 3 anos de idade sofrem, em média, três episódios de diarreia por ano. Cada episódio priva a criança dos nutrientes necessários ao seu crescimento. Como resultado, a diarreia é a principal causa de desnutrição infantil.

Reconhecendo a magnitude desse problema, na Cúpula do Milênio realizada no ano de 2000, os Estados-membros da Organização das Nações Unidas (ONU) se comprometeram com uma série de metas globais (MDG, *Millennium Development Goals*) para 2015, algumas das quais se sobrepunham aos esforços para reduzir o ônus da pneumonia e da diarreia. Essas incluíam: a MDG 4, que tinha por objetivo reduzir a taxa de mortalidade entre crianças abaixo de 5 anos de idade em 2/3, e a MDG 7, que tinha como um dos objetivos reduzir pela metade a proporção de pessoas sem acesso sustentável a água potável e saneamento básico.

A proposta da MDG 7 para água potável, ou seja, reduzir pela metade a proporção de pessoas sem acesso sustentável a água potável, foi atingida em 2010. Contudo, essa meta não se referia à segurança ou confiabilidade da água fornecida. Por outro lado, embora tenham sido feitos progressos substanciais, a MDG 4 ainda não foi alcançada. Em 2009 a Organização Mundial da Saúde (OMS) e o Fundo das Nações Unidas para a Infância (UNICEF, *United Nations Children's Fund*) coordenaram o Grupo de Estudo sobre Intervenções para Diarreia e Pneumonia (*Diarrhoea and Pneumonia Interventions Study Group*) que desenvolveu o Plano de Ação Global para a Prevenção e Controle de Pneumonia e Diarreia (GAPPD, *Global Action Plan for Prevention and Control of Pneumonia and Diarrhoea*). Esse plano estabeleceu metas para reduzir a incidência de doença grave e óbitos devido à diarreia em crianças até 2025. Através da promoção de várias estratégias eficazes de intervenção e tratamento, o plano tinha como alvo reduções de mortalidade para 1 em 1.000 e redução de 75% nos níveis específicos de incidência de diarreia grave de cada país em 2010. Nos últimos 20 anos, diversas intervenções para combate à doença diarreica mostraram-se eficazes, tais como: promoção do aleitamento materno; alimentação complementar adequada entre crianças de 6 a 23 meses de idade, incluindo ingestão adequada de micronutrientes; melhoria do saneamento; o uso de SRO, especialmente a fórmula de baixa osmolaridade mostrou-se uma ferramenta comprovadamente eficaz no combate à mortalidade por diarreia; e o uso de suplementos de zinco com SRO para tratar crianças com diarreia que reduz a mortalidade em crianças < 5 anos de idade. Infelizmente, a cobertura destas intervenções relevantes ainda não atingiu os níveis exigidos para o impacto desejado.

Historicamente, relatos provenientes de diversos países demonstram o impacto devastador dessa doença na população infantil. Por exemplo, na Irlanda, no século XVIII, aproximadamente 80% dos bebês admitidos em orfanatos morriam da chamada "cólera infantil", durante os dois primeiros anos de vida. Em 1900, a taxa de mortalidade devido à diarreia em crianças com idade entre 16 e 18 meses, na cidade de Nova Iorque, foi estimada em 5.603/100.000. Entre março de 1942 e abril de 1943, 109 de 206 crianças admitidas no West Middlesex Hospital, em Londres, morreram de diarreia grave sem identificação do patógeno. No início da década de 1900, de cada 1.000 bebês nascidos na cidade de Victoria, em Melbourne, na Austrália, 100 a 200 morriam antes dos 12 meses de vida. A principal causa dessa mortalidade foi diarreia, particularmente durante os meses mais quentes ("diarreia do verão"); contudo, em 1940, a taxa de mortalidade por gastroenterite em crianças jovens já havia caído para 1,64/1.000 crianças nascidas vivas, em decorrência de diversos fatores, incluindo melhoria da higiene domiciliar, disponibilidade de equipamento de refrigeração, melhoria no tratamento de esgotos, mudanças nas exigências hospitalares para a admissão de pacientes e avanços no tratamento da doença.

## Doença diarreica no Brasil

No Brasil, os óbitos e hospitalizações devido à diarreia vêm declinando nos anos recentes. Entre 1990 e 2007 foi observada uma redução de 92,4% (de 6,6 para 0,5/1.000 crianças nascidas vivas). Entretanto, o número de casos ainda permanece elevado. Apesar dos importantes avanços alcançados na prevenção e controle das doenças infecciosas, a doença diarreica aguda (DDA) continua sendo um dos principais problemas de saúde pública e um grande desafio para as autoridades de saúde. De acordo com dados do Ministério da Saúde (MS) do Brasil, entre 2007 e 2018, foram notificados 49.129.738 de casos de DDA, a maioria ocorrendo nas Regiões Sudeste e Nordeste (Figura 11.2A). De acordo com dados do Sistema de Informação de Mortalidade (SIM), anualmente ocorrem mais de 4 milhões de casos e mais de 4 mil óbitos por DDA. Entre 2000 e 2017, o Brasil teve 86.074 óbitos por DDA, dos quais 72,3% ocorreram nas Regiões Nordeste e Sudeste do país (Figura 11.2B). Contudo, o impacto desses óbitos foi maior nas Regiões Norte e Nordeste, onde ocorreram 2,7 e 3,4 óbitos/100.000 habitantes, respectivamente (Figura 11.2C). As faixas etárias mais atingidas entre 2007 e 2018 foram crianças ≤ 5 anos e adultos ≥ 60 anos (Figura 11.3).

## Etiologia da doença diarreica

A doença diarreica infecciosa pode ser causada por vírus, bactérias e parasitas, sendo que a importância das infecções intestinais bacterianas e parasitárias está diretamente relacionada com as condições socioeconômicas da população. Com a melhoria das condições sanitárias e de higiene pessoal, o ônus da doença devido a infecções bacterianas e parasitárias tem diminuído, enquanto tem sido observado aumento da proporção de hospitalizações e óbitos devido às infecções virais entéricas, que permanecem como problema de saúde pública mesmo em países desenvolvidos. Dentre os patógenos virais, rotavírus, calicivírus, adenovírus e astrovírus são responsáveis pela maior proporção dos casos. Entretanto, o agente etiológico permanece não identificado em aproximadamente 40% dos casos de diarreia.

O aprimoramento das metodologias laboratoriais para a detecção e a identificação de patógenos tem permitido a intensificação das buscas por novos agentes infecciosos que possam ser associados aos quadros de diarreia. Nesse sentido, uma ferramenta valiosa na identificação de novos vírus, incluindo aqueles que infectam o trato gastrointestinal, é a metagenômica, que tem tornado possível a associação de novos vírus pertencentes às famílias *Picornaviridae*, *Parvoviridae* e *Polyomaviridae* a quadros diarreicos em seres humanos.

Frequentemente, é difícil diferenciar diarreia viral daquela causada por agentes bacterianos apenas com base em manifestações clínicas, e são necessários exames laboratoriais para fazer um diagnóstico específico. A diarreia viral é geralmente autolimitada, com recuperação dentro de 2 a 5 dias, e as medidas de tratamento concentram-se em manter a hidratação adequada.

# Rotavírus

## Histórico

Em 1973, Ruth Bishop e colaboradores, na Austrália, ao examinarem cortes ultrafinos de mucosa duodenal de crianças com gastroenterite aguda, utilizando microscopia eletrônica, observaram a presença de partículas virais nas células epiteliais das vilosidades. No mesmo ano, Thomas Henry Flewett e colaboradores, na Inglaterra, analisando fezes de crianças hospitalizadas também detectaram partículas virais nesse material. O vírus foi identificado como sendo uma partícula semelhante aos reovírus/orbivírus (*reovirus-like*/*orbivirus-like*) com uma estreita semelhança com vírus implicados em casos de diarreia neonatal em camundongos e em bezerros.

A partícula foi inicialmente referida por vários nomes, incluindo *reovirus-like*, *orbivirus-like*, *duovirus*, vírus da gastroenterite infantil, ou como um "novo" vírus. A estrutura semelhante a uma roda que era vista por microscopia eletrônica levou à escolha do nome *rotavirus* (do latim *rota*, roda) (Figura 11.4). Assim, os rotavírus (RV) que infectam seres humanos foram rapidamente associados a descrições anteriores na literatura, como as de vírus idênticos que causavam diarreia grave em camundongos recém-nascidos (vírus EDIM, *epizootic diarrhea of infant mice*), em bezerros recém-nascidos (NCDV, *Nebraska calf diarrhea virus*) e ao vírus SA11 (*simian agent 11*), agente de diarreia em símios. Desde então, os RV têm sido associados com diarreia em diversas espécies de mamíferos e aves.

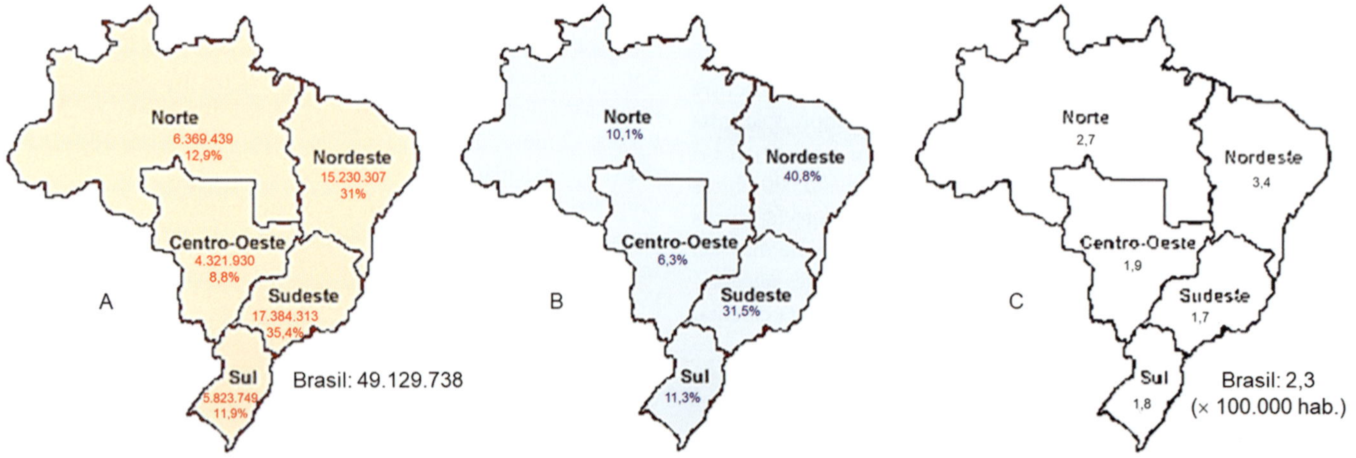


**Figura 11.2** Situação epidemiológica da doença diarreica aguda (DDA) no Brasil. **A.** Número de casos de DDA por Região do Brasil, 2007-2018. **B.** Distribuição dos óbitos causados por DDA por Região do Brasil, 2017. **C.** Taxa de mortalidade por DDA (× 100.000 habitantes) por Região do Brasil, 2017. Fonte: SIM/MS do Brasil, 2019.

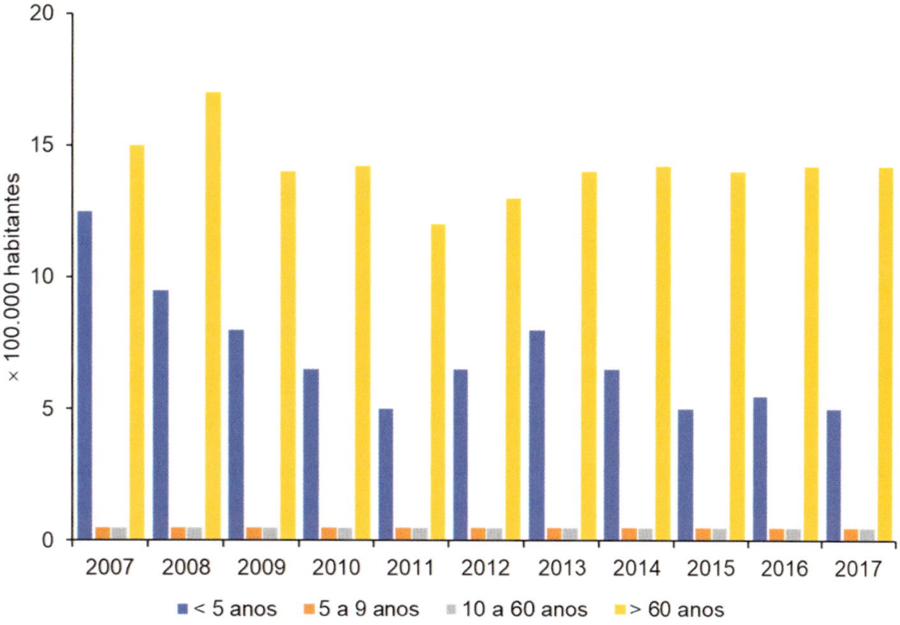


**Figura 11.3** Taxa de mortalidade (× 100.000 habitantes) por doença diarreica aguda e por faixa etária, Brasil 2007-2017. Fonte: SIM/MS do Brasil, 2019.

## Classificação e características

De acordo com o Comitê Internacional para Taxonomia de Vírus (ICTV, *International Committee on Taxonomy of Viruses*), 2020 (MSL #35), os RV são classificados na família *Reoviridae*, subfamília *Sedoreovirinae*, gênero *Rotavirus*. Com base nas características genômicas da proteína de capsídeo, VP6, são ainda classificados em 12 espécies: nove espécies (*A-D, F-J*) já reconhecidas e oficializadas pelo ICTV. Duas espécies recentemente propostas, *K* e *L*, ainda aguardam verificação. A espécie *E* foi originalmente reportada em suínos em 1986, mas ainda não foi confirmada, uma vez que não existem sequências disponíveis da VP6 dessas estirpes. As estirpes pertencentes à mesma espécie compartilham, pelo menos, 53% de identidade de aminoácidos. No Quadro 11.1 está apresentada a relação das espécies de RV e seus respectivos hospedeiros. Algumas espécies são ainda classificadas em genótipos, como será apresentado mais adiante neste capítulo.

A partícula dos RV mede aproximadamente 100 nm de diâmetro, incluindo as espículas, e não possui envelope. Apresenta capsídeo de simetria icosaédrica e contém todas as enzimas necessárias à síntese do seu genoma, que consiste em 11 segmentos de RNA de fita dupla (RNAfd), não infeccioso. Seis desses segmentos de RNA codificam proteínas estruturais virais (VP, *viral protein*): VP1-VP4, VP6 e VP7. Os demais segmentos genômicos codificam proteínas não estruturais (NSP, *non structural*

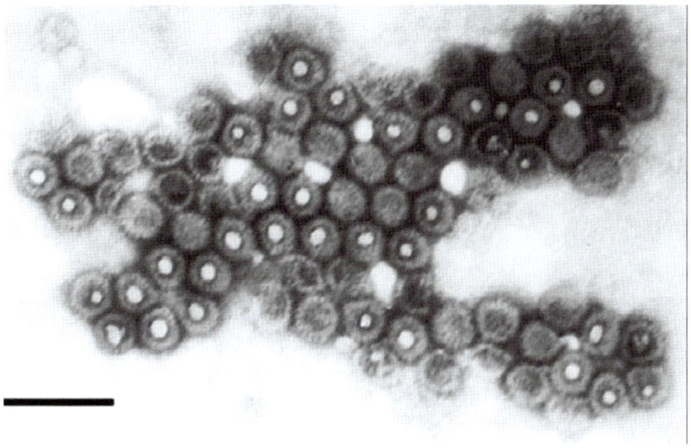

**Figura 11.4** Micrografia eletrônica de RV a partir de material fecal diarreico proveniente de ser humano. Barra 200 nm.

**Quadro 11.1** Espécies de RV detectadas, até o momento, em diferentes hospedeiros.

| Espécie | Espécie hospedeira |
|---|---|
| *A* | Ampla variedade de mamíferos (incluindo humanos, bovídeos, suídeos, camelídeos, equinos, ovinos, caprinos, canídeos, felinos, ursídeos (panda), lagomorfos, murinos, quirópteros (morcegos), viverídeos (civeta), procionídeos (guaxinim) e musaranhos e diversas espécies de aves (galinhas, perus, patos, faisões, pombos, perdizes e codornas) |
| *B* | Humanos, bovinos, caprinos, ovinos, suínos e murinos |
| *C* | Humanos, bovinos, suínos, felinos, caninos e mustelídeos (furões) |
| *D* | Aves (galinhas, perus, patos, faisões, pombos, perdizes e codornas) |
| *E* | Suínos |
| *F* | Aves (galinhas, perus e pombos) |
| *G* | Aves (galinhas, perus e gaivotas) |
| *H* | Humanos, suínos e quirópteros |
| *I* | Caninos e felinos |
| *J* | Quirópteros |
| *K* | Musaranhos |
| *L* | Musaranhos |

Fonte: Guo *et al.*, 2013; Ghosh e Kobayashi, 2014; Mihalov-Kovács *et al.*, 2015; Moutelíková *et al.*, 2016; Bányai *et al.*, 2017; Busi *et al.*, 2017; Johne *et al.*, 2019.

*proteins*): NSP1-NSP6 (algumas estirpes adaptadas em cultura de células não apresentam a proteína NSP6).

Algumas características gerais da estrutura de cada segmento genômico dos RV foram visualizadas pela análise da sequência nucleotídica dos 11 segmentos genômicos de diversas estirpes. Cada fita positiva do RNA genômico começa com um resíduo de guanosina, seguido de uma sequência conservada que faz parte da região não codificante (NCR, *non coding region*), uma sequência de leitura aberta (ORF, *open reading frame*), um códon de terminação e outra sequência conservada não codificante no terminal 3′, que termina com dois resíduos de citosina. Quase todos os RNA mensageiros (RNAm) terminam com a sequência consenso 5′-UR(G ou C)$N_{0\text{-}3}$GACC-3′, e esta contém sinais importantes para a expressão e replicação do genoma. Os últimos quatro nucleotídeos (GACC) do RNAm funcionam como potencializadores da tradução. O tamanho das NCR 3′ e 5′ varia entre os diferentes genes, mas as NCR de estirpes homólogas são altamente conservadas. Não há sinal de poliadenilação no terminal 3′ dos genes e todos eles apresentam pelo menos uma ORF. Embora alguns genes tenham ORF adicionais (genes 7, 9, 10 e 11), as evidências indicam que todos são monocistrônicos, exceto pelo gene 11. As sequências nucleotídicas dos genes dos RV são ricas em bases A + U (58 a 67%). Os segmentos de fita dupla de RNA são completamente pareados e a fita positiva contém uma sequência *cap* $m^7$GpppG$^{(m)}$GC no terminal 5′. Em geral, as sequências conservadas terminais contêm elementos *cis*-regulatórios que são importantes para a transcrição, a tradução, o transporte, a replicação do genoma, a montagem e o empacotamento do RNA viral (Figura 11.5).

Quando observado por microscopia eletrônica, o vírion apresenta três camadas proteicas distintas formadas por VP2, VP6 e VP7 (Figura 11.6). A camada mais interna, que envolve o genoma, denominada *core*, é formada pela VP2, que interage com VP1 e VP3. As VP1 (RNA polimerase-RNA dependente) e VP3 (responsável pelo *capping* do RNAm) ligam-se diretamente aos segmentos do RNA genômico. A partícula com apenas uma camada proteica é denominada SLP (*single-layered particle*).

A camada intermediária corresponde ao capsídeo interno ou intermediário, que é constituído pela VP6 e envolve a SLP, formando a partícula de duas camadas proteicas, denominada DLP (*double-layered particle*). VP6 é o principal componente estrutural do vírion e tem papel fundamental na estrutura da partícula, devido às suas interações com as proteínas do capsídeo externo e com a VP2.

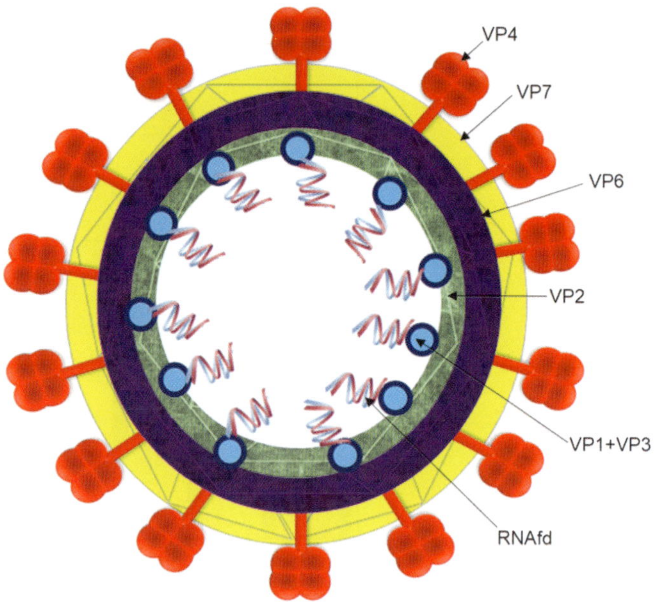


**Figura 11.6** Esquema da partícula de RV. A partícula de rotavírus (RV) é formada por três camadas de proteínas (VP2, VP6 e VP7, mostradas em *verde*, *roxo* e *amarelo*, respectivamente) e espículas da proteína VP4 (*vermelho*), que estão inseridas no capsídeo externo, interagindo com as moléculas de VP6 e VP7 e se estendem para fora da partícula. As proteínas VP1 (*azul-escuro*) e VP3 (*azul-claro*) formam o complexo da polimerase e ficam localizadas abaixo da camada de VP2. O genoma viral de RNA de fita dupla (*magenta* e *azul*) é segmentado e fica associado ao complexo da polimerase no interior da partícula.

A camada externa forma o capsídeo externo, é composta pelas VP7 e VP4, e envolve a DPL, formando a partícula completa denominada TLP (*triple-layered particle*) com três camadas proteicas. As espículas formadas pela VP4 estão inseridas no capsídeo externo, interagindo com moléculas da VP7; contudo, na face interna, o domínio globular da VP4 interage com a VP6. As interações entre as VP4-VP7 e VP4-VP6 sugerem que a VP4 participa na manutenção da estrutura geométrica dos capsídeos interno e externo, assim como afeta domínios funcionais da partícula. A VP7 envolve a superfície da partícula viral e interage com VP4 e

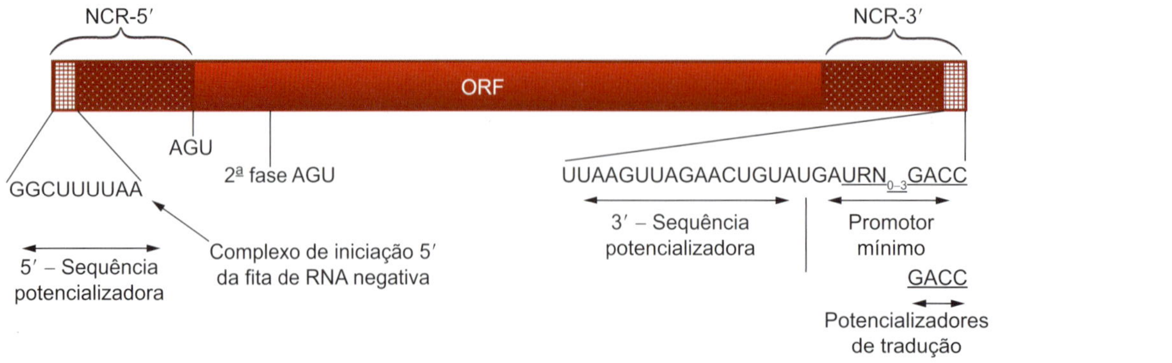


**Figura 11.5** Principais características da estrutura genômica dos RV. Os genes não apresentam sinais de poliadenilação, são ricos em resíduos A+U e têm sequências conservadas não codificantes (NCR, *non coding region*) nos terminais 5′ e 3′. As *setas horizontais* mostram elementos *cis*-regulatórios dos RNA mensageiros. A análise da variação no terminal 3′ de sequências de diversas estirpes virais mostrou que o promotor mínimo da tradução apresenta uma sequência UR(A ou G)$N_{0\text{-}3}$GACC (sublinhado). Os últimos quatro nucleotídeos no terminal 3′ (GACC) são potencializadores da tradução. Adaptada de Estes e Greenberg, 2013.

VP6, auxiliando na manutenção da estrutura da partícula. Detalhes da codificação, localização e função das proteínas virais são descritos a seguir e mostrados no Quadro 11.2.

A reconstituição tridimensional da partícula viral demonstrou que as partículas de RV apresentam canais que atravessam as camadas de VP2, VP6 e VP7, tornando possível a difusão de íons e pequenas moléculas regulatórias para dentro e para fora da partícula. Existem 132 canais divididos em três tipos:

- Canais do tipo I: 12 canais nos vértices pentaméricos do icosaedro, circundado por cinco trímeros de VP6, que atravessam as três camadas de VP2, VP6 e VP7 e funcionam como túneis para passagem dos RNA+ virais durante o processo de transcrição
- Canais do tipo II: 60 unidades em cada uma das posições pentavalentes, circundando os canais do tipo I; a VP4 interage com VP6 e VP7 próximo desses canais, mantendo a estrutura geométrica da partícula
- Canais do tipo III: 60 unidades localizadas nas posições hexavalentes do capsídeo, circundando as 20 faces triangulares do icosaedro.

Embora a função das diferentes proteínas seja semelhante entre as diversas espécies de RV, sua codificação e o tamanho dos segmentos genômicos variam entre as diferentes espécies. A ordem de codificação das proteínas e os tamanhos do genoma apresentados a seguir referem-se às estirpes da espécie *A* (RVA).

A VP2 e o complexo VP1 + VP3 formam a camada mais interna do vírus e o complexo da polimerase, respectivamente. A camada de VP2 apresenta configuração tipo T = 13 (ver *Capítulo 5*), é codificada pelo 2º segmento genômico, contém 881 aminoácidos (aa) e compõe o *core* da partícula; sua presença é necessária para a atividade de replicase de VP1.

A VP1 é codificada pelo 1º segmento genômico, contém 1.088 aa e apresenta atividade de RNA polimerase-RNA dependente (RpRd). VP1 é uma proteína globular cuja estrutura apresenta uma grande cavidade central que abriga o sítio ativo para polimerização do RNA. O domínio da polimerase VP1 tem uma arquitetura "em concha à direita" comum às polimerases. Os domínios aminoterminal e carboxiterminal formam uma "cela" que encerra o centro catalítico da VP1. Quatro canais, cada um com uma função distinta, permitem o acesso ao sítio ativo:

**Quadro 11.2** Codificação, localização e funções das proteínas dos RV da espécie *A*.

| Segmento genômico | Proteína | Tamanho† | Massa (kDa) | Localização (nº de cópias) | Função |
|---|---|---|---|---|---|
| 1 | VP1 | 3.302 | 125 | SLP (11) | RNA polimerase-RNA dependente, ligação a RNAfs, forma complexo com VP3 |
| 2 | VP2 | 2.690 | 95 | SLP (120) | Ligação ao RNA necessária para a atividade de replicase de VP1 |
| 3 | VP3 | 2.591 | 88 | SLP (11) | Metiltransferase, guanililtransferase, ligação a RNAfs |
| 4 | VP4 (VP8* + VP5*) | 2.362 | 85 (58 + 27) | TLP (120) | Antígeno neutralizante determinante dos genótipos P, proteína de ligação à célula, hemaglutinina, peptídeo de fusão, fator de virulência, potencializa a infecciosidade após clivagem proteolítica |
| 5 | NSP1 | 1.581 | 53 | Não estrutural | Antagonista do interferon, ligação ao RNA |
| 6 | VP6 | 1.356 | 45 | DLP (780) | Antígeno determinante de espécie; necessária para a transcrição |
| 7 | NSP3 | 1.104 | 34 | Não estrutural | Liga-se à terminação 3′ do RNAm, importante para a tradução, homólogo de PABP, interage com eIF4G |
| 8 | NSP2 | 1.059 | 35 | Não estrutural | Importante para a replicação e montagem do genoma, ligação ao RNA, NTPase, NDP-cinase, RTPase, atividade de helicase, formação do viroplasma com NSP5 e VP1 |
| 9 | VP7 | 1.062 | 34 | TLP (780) | Antígeno neutralizante determinante dos genótipos G, glicoproteína cálcio-dependente |
| 10 | NSP4 | 751 | 20 | Não estrutural | Glicoproteína transmembrana presente no RE, viroporina, receptor intracelular para DLP, papel na morfogênese das TLP, interage com viroplasma e via autofágica, modula o cálcio intracelular e a replicação do RNA, enterotoxina, secretada da célula, fator de virulência |
| 11 | NPS5 | 667 | 26 | Não estrutural | Fosfoproteína, ligação ao RNA, proteíno-cinase, formação de viroplasma com NSP2, interage com VP2 e NSP6 |
|  | NSP6 | 276 | 12 | Não estrutural | Interage com NSP5, presente no viroplasma, ligação ao RNA |

†Número de nucleotídeos.
*Indica que esses peptídeos são produtos de clivagem.
SLP: *single-layered particle* (partícula com apenas uma camada proteica); DLP: *double-layered particle* (partícula com duas camadas proteicas); TLP: *triple-layered particle* (partícula com três camadas proteicas); RNAfs: RNA de fita simples; PABP: *poly(A)-binding protein* (proteína de ligação a poli(A)); eIF4G: *eukaryotic translation initiation factor* 4 G (fator de iniciação da tradução eucariótica 4 G) NTPase: *nucleoside triphosphatase* (nucleosídeo trifosfatase); NDP-kinase: *nucleoside diphosphate-kinase* (nucleosídeo difosfato-cinase); RTPase: *RNA triphosphatase* (RNA-trifosfatase); RE: retículo endoplasmático.
Adaptado de Desselberger, 2014.

(1) entrada do RNA molde, (2) troca de nucleotídeos e pirofosfato durante a catálise, (3) saída do RNA molde (durante a transcrição) ou RNAfd (durante a replicação do genoma) e (4) liberação de RNAm durante a transcrição. Nos vértices do icosaedro, estão localizados os canais do tipo I que permitem a extrusão de RNAm. O diâmetro desses canais é maior nas DLP do que nas TLP, sugerindo que a remoção do VP7 permite alterações conformacionais que desencadeiam o processo de transcrição.

A VP3 é codificada pelo 3º segmento genômico, contém 835 aa e atividades de metiltransferase e guanililtransferase. A VP3 é o componente menos compreendido do complexo da polimerase do RV. A sua estrutura ainda não é conhecida. No entanto, várias funções de capeamento enzimático de RNA, incluindo guanilação, N7-metilação e 2′-*O*-metilação, foram atribuídas a VP3. É sugerido que uma cópia, tanto de VP1 quanto de VP3, está associada a cada segmento do RNA genômico. O par VP1 + VP3 está ancorado no lado interno da camada de VP2 no vértice do icosaedro. Como existem 11 segmentos de RNA e 12 vértices no icosaedro, especula-se que um dos vértices deve ser "vazio", sem a presença do componente VP1 + VP3.

A VP4 é codificada pelo 4º segmento genômico, contém 776 aa, forma a espícula viral em um total de 60 espículas (120 moléculas) por partícula, e é responsável pela adsorção da partícula a receptores celulares e pela penetração da partícula na célula (Figura 11.7). Está associada a diversas funções biológicas, tais como atividade hemaglutinante de algumas estirpes de RV, restrição da propagação em culturas de células e virulência. A espícula de RV é formada por um dímero da VP4 e apresenta uma estrutura distinta com dois domínios globulares distais, um corpo central (domínio β-barril) e um domínio globular interno (base), que fica inserido na camada de VP7 na periferia dos canais do tipo II. A VP4 é clivada por proteases celulares em uma região específica, gerando dois fragmentos (VP8* e VP5* – o asterisco indica que esses peptídeos são produtos de clivagem). Para que as partículas possam penetrar na célula, a espícula de VP4 precisa ser clivada por proteases tripsina-*like* no trato gastrointestinal. Os produtos de clivagem permanecem não covalentemente associados na superfície do vírion. A análise estrutural da VP4 antes e depois da clivagem por tripsina revelou que a espícula adquire uma conformação mais rígida após a proteólise. Na ausência de tripsina, a espícula apresenta uma conformação desordenada e flexível e as partículas mostram baixa infecciosidade (Figura 11.7A).

A porção globular da espícula é constituída pelo peptídeo VP8* derivado da porção aminoterminal da VP4. O resto da espícula é formado por três cópias de VP5* mais a região aminoterminal estendida da VP8*. Embora a sequência da região VP8* seja a mais variável entre as proteínas estruturais dos RV, e a principal responsável pela diversidade dos genótipos P (codificados por VP4), sua estrutura é conservada. Contudo, a especificidade da ligação a receptores celulares é dependente desta sequência e é importante para a transmissão interespécies, restrição de hospedeiro e tropismo celular dos RV. A VP5* adota uma conformação incomum que apresenta elementos de simetria trimérica e dimérica. A base globular trimérica da VP5* fica ancorada na camada de VP6. À medida que a espícula se projeta para fora da partícula, a simetria trimérica é perdida; uma das subunidades de VP5* permanece estendida próxima à superfície da partícula

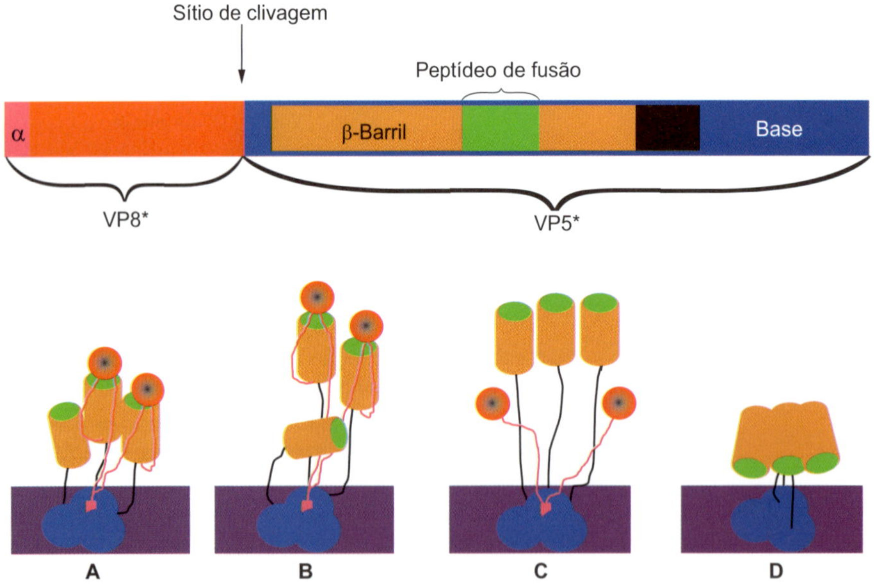


**Figura 11.7** Esquema linear e alterações conformacionais da estrutura da VP4 dos RV. *Parte superior do painel:* esquema da estrutura linear da VP4. A VP4 é uma proteína composta por 776 aminoácidos (aa) com duas subunidades produzidas por clivagem proteolítica, VP8* (aa 1-247) e VP5* (aa 248-776). No esquema, é indicada a posição do sítio de clivagem proteolítica. No peptídeo VP8*, é mostrada a região correspondente à α-hélice (aa 1-20; *magenta*), que conecta o VP8* (*vermelho*) ao VP5* na partícula viral; no peptídeo VP5*, são mostrados os seguintes domínios: β-barril ou domínio antigênico (*laranja*; aa 248-479) que corresponde ao "corpo" da projeção; peptídeo de fusão (*verde*; aa 385-404) contendo as regiões hidrofóbicas de VP5*; a sequência de aa (*preto*, aa 479-510) que liga a região β-barril à base; e a base (*azul*, aa 510-776). *Parte inferior do painel:* alterações conformacionais da espícula durante o processo de penetração na célula. **A.** Espícula de VP4 não clivada, apresentando conformação desordenada. **B.** Espícula de VP4 clivada com configuração ordenada, em um estado pré-penetração. **C.** Forma intermediária estendida, resultante da dissociação das duas subunidades de VP8*, possibilitando a exposição do peptídeo de fusão. **D.** Conformação de "guarda-chuva", que corresponde ao estado pós-penetração; as subunidades de VP8* podem ser retidas na partícula, mas não estão mostradas na figura. As cores do diagrama linear correspondem aos domínios da VP4 representados na parte inferior do painel; a região em *roxo* corresponde à camada de VP6, na qual a base da VP5* fica ancorada. Adaptada de Kim *et al.*, 2010.

e as outras duas formam uma interação dimérica e se projetam para longe da superfície da partícula. Essas subunidades diméricas se ligam aos dois glóbulos de VP8* (Figura 11.7B).

A porção VP8* funciona como receptor para a adsorção da partícula à célula. A haste da espícula, formada pela VP5*, apresenta atividade lipofílica, que parece ser importante para a entrada do vírus na célula, enquanto a propriedade de permeabilização da membrana celular associada à região carboxiterminal de VP5* parece depender da exposição de três regiões hidrofóbicas (domínio de fusão), localizadas debaixo dos glóbulos de VP8*.

A camada de VP7 que envolve a camada da VP6 restringe a dissociação da VP4 por reduzir o diâmetro sobre a base da VP5*. A camada da VP7 limita o acesso da tripsina a VP4, possibilitando que a clivagem ocorra apenas na região de ligação de VP8* e VP5*. As partículas tripsinizadas apresentam uma espícula bem ordenada, o que aumenta a infecciosidade viral. A proteólise desencadeia um processo de reorganização, no qual a espícula adota uma conformação mais rígida, devido à dissociação das subunidades de VP8* (Figura 11.7C). Essa conformação da VP4 sofre alterações adicionais durante a biossíntese viral.

Uma vez que a VP7 é removida durante o processo de penetração, a conformação da espícula é alterada para a forma trimérica estável de um "guarda-chuva", considerada a conformação pós-penetração da VP5*. Esse mecanismo de *fold back* é necessário para a exposição das regiões hidrofóbicas (domínio de fusão) de VP5* (Figura 11.7D). É possível que a VP5* consiga perfurar a membrana celular através dessas regiões hidrofóbicas.

A VP6 forma o capsídeo intermediário e está em contato direto com a camada de VP7. A VP6 é codificada pelo 6º segmento genômico e contém 397 aa; em função da sua massa e número de cópias, é a proteína mais abundante do vírion. Tem papel central na organização da arquitetura do vírus pela sua interação com as proteínas do capsídeo externo, VP7, VP4, e com a camada mais interna do vírus formada pela VP2. Sua presença é necessária para que ocorra o processo de transcrição.

A VP7 é uma proteína glicosilada, codificada pelo 9º segmento genômico, na maioria das estirpes de RV, contém 326 aa, está presente no capsídeo externo e fixa as espículas de VP4 na estrutura viral. Juntamente com VP4 induz a produção de anticorpos neutralizantes. Os primeiros 50 resíduos de aminoácidos correspondem a um peptídeo sinal que é clivado na forma madura da proteína. A VP7 madura é dobrada em dois domínios compactos: uma dobra de Rossman [motivo estrutural encontrado em proteínas que se ligam a nucleotídeos] (domínio I) com um domínio β-barril (domínio II) inserido em uma de suas alças (Figura 11.8). A trimerização da VP7 é totalmente dependente da coordenação dos íons cálcio que medeiam as interações entre cada subunidade. Cada trímero de VP7 fica posicionado em cima de um trímero de VP6, organizado na mesma configuração T = 13, completando o capsídeo externo. Os resíduos aminoterminais da VP7 são organizados como um braço que segura a VP6. Devido à dependência de íons cálcio para trimerização da VP7, a depleção desses íons resulta na remoção do capsídeo externo do vírus. A depleção de cálcio não só destrói a infecciosidade do vírus, mas também ativa a função transcricional da polimerase viral. A remoção da VP7 altera a configuração das camadas de VP2 e VP6, resultando na expansão dos canais do tipo I e permitindo a extrusão dos RNAm recém-sintetizados.

As NSP são sintetizadas nas células infectadas e atuam em vários aspectos do ciclo de biossíntese viral ou interagem com as proteínas do hospedeiro, influenciando na patogênese ou na resposta imunológica à infecção. Após a penetração do vírus na célula, as NSP coordenam e regulam a transcrição dos RNAm virais e a formação do viroplasma, um corpúsculo de inclusão denso, que funciona como um compartimento para a replicação e o empacotamento do genoma e montagem inicial do capsídeo. Além disso, as NSP estão envolvidas em processos antagonistas da resposta antiviral do hospedeiro e subvertem importantes processos celulares para tornar possível a biossíntese viral (ver Quadro 11.2).

A sequência da NSP1 apresenta grande variabilidade entre as estirpes de RV. Esta proteína é codificada pelo 5º segmento genômico e contém 491 aa. Estudos iniciais sugeriam que a NSP1 não seria essencial para a propagação viral em cultura de células; contudo, estudos mais recentes atribuem a essa proteína um papel importante de restrição de hospedeiro e no controle da resposta antiviral inata do hospedeiro, promovendo a degradação de fatores de regulação de interferon (IFN) no proteossoma e bloqueando a transcrição de NF-κB (fator nuclear-κB [*nuclear factor-κB*]), além de participar do processo de supressão da apoptose nos estágios iniciais da infecção, facilitando a biossíntese viral.

A NSP2 participa na formação do viroplasma e na replicação/empacotamento do genoma. É codificada pelo 8º segmento genômico e possui 317 aa. A NSP2 é uma proteína multifuncional com ação enzimática; apresenta atividades de ligação ao RNA de fita simples (RNAfs) e de enzimas: helicase, nucleosídeo trifosfatase (NTPase, *nucleoside triphosphatase*), RNA trifosfatase (RTPase, *RNA triphosphatase*) e nucleosídeo difosfato-cinase (NDP-kinase, *nucleoside diphosphate-kinase*). Essa proteína interage com outra proteína não estrutural, a NSP5, para a formação do viroplasma, e interage direta ou indiretamente com as proteínas estruturais presentes no viroplasma, VP1 e VP2.

A NSP3 é codificada pelo 7º segmento genômico e contém 315 aa. Acredita-se que a NSP3 seja uma antagonista da proteína de ligação a poli(A) (PABP, *poly (A) – binding protein*) e que atue facilitando a tradução dos RNAm virais em detrimento da síntese de proteínas do hospedeiro. Para compensar a ausência da cauda poli(A), a NSP3 dos RV se liga a uma sequência consenso (5′-GUGACC-3′) localizada na porção 3′ do RNAm viral. Enquanto o domínio aminoterminal da NSP3 se liga à sequência consenso, a porção carboxiterminal interage com eIF4G (fator de

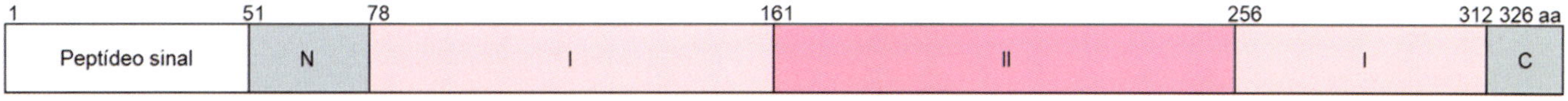


**Figura 11.8** Diagrama da estrutura linear e organização dos domínios da glicoproteína VP7 dos RV. O esquema mostra o peptídeo sinal (*branco*), as extensões dos terminais N e C (*cinza*), a dobra Rossmann (domínio I, *rosa-claro*) e o domínio β-barril (*rosa-escuro*). Adaptada de Aoki *et al.*, 2009.

iniciação da tradução eucariótica 4 G [*eukaryotic translation initiation factor 4 G*]), resultando na circularização do RNAm pela ligação do *cap* com o eIF4E. Durante a infecção viral, a NSP3 se liga com maior afinidade ao eIF4E do que a PABP, aumentando a eficiência da tradução dos RNAm virais. Além de promover a tradução dos RNAm, essa interação impede a degradação desses RNA por nucleases celulares (Figura 11.9).

As proteínas dos RV são transcritas a partir de RNAm capeados e não poliadenilados. A proteína NSP3 se liga especificamente à sequência consenso GUGACC, no terminal 3′ dos RNAm virais, e interage com o fator de iniciação da tradução de eucariotos, eIF4G. A ligação de NSP3 a eIF4G e sua ligação específica à terminação 3′ dos RNAm virais colocam os RNAm virais em contato com a maquinaria de tradução celular, favorecendo a tradução eficiente das proteínas virais. A NSP3 interage com a mesma região da PABP; consequentemente, durante a infecção por RV, a PABP é removida da eIF4G, levando à parada da tradução de proteínas celulares.

A NSP4 é uma proteína não estrutural multifuncional, envolvida na morfogênese viral. É codificada pelo 10º segmento genômico e contém 175 aa. Essa proteína é sintetizada no retículo endoplasmático (RE) como uma proteína transmembrana glicosilada e consiste em três domínios hidrofóbicos (H1–H3): dois sítios de glicosilação orientados para a face luminal da membrana do RE estão presentes no domínio H1; o domínio H2 atravessa a membrana do RE; o domínio H3 contém uma viroporina formada por um grupo de resíduos carregados positivamente e uma α-hélice anfipática. Após esses domínios, encontra-se um domínio citoplasmático estendido, contendo uma região em bobina e uma porção carboxiterminal flexível hidrofílica (Figura 11.10). O domínio H3 induz a um desequilíbrio da homeostase do cálcio celular, liberando o cálcio de reservatórios do RE.

Diversos sítios de ligação a proteínas já foram mapeados na NSP4, incluindo o domínio integrina I, caveolina e VP4. A interação com domínios integrina I na membrana citoplasmática sinaliza um aumento do cálcio intracelular por uma via dependente

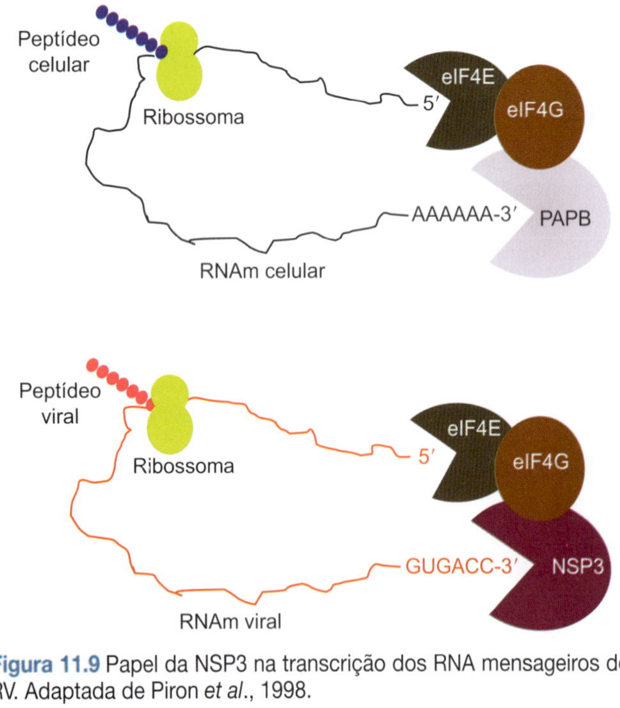


**Figura 11.9** Papel da NSP3 na transcrição dos RNA mensageiros dos RV. Adaptada de Piron *et al.*, 1998.

de fosfolipase C (PLC, *phospholipase C*), subsequentemente liberando cloro através dos canais transmembrana de cloro ativados por canais de cálcio formados pela proteína transmembrana 16A (TMEM16A, *transmembrane member 16A*).

A região flexível carboxiterminal se liga a microtúbulos e atua como um receptor intracelular para a forma DLP, facilitando a montagem do vírion. Outras funções atribuídas a NSP4 incluem: desestabilização da integridade da membrana; inibição da absorção de sódio pelos canais de sódio epiteliais (ENaC, *epithelial* $Na^+$ *channel*) e inibição do transportador de glicose dependente de sódio 1 (SGLT1, *sodium-glucose linked transporter* 1); e rearranjo dos microtúbulos celulares e da rede de actina. A região compreendida entre os aminoácidos 112 e 135 é altamente conservada e considerada um peptídeo enterotoxigênico. Já foi demonstrado que este peptídeo induz diarreia em camundongos neonatos.

Foi demonstrado que a NSP4 interage com uma via autofágica por meio de mecanismos mediados por cálcio. A expressão da NSP4 induz a liberação de cálcio do RE para o citoplasma celular, que resulta na ativação de uma via de sinalização cálcio-dependente, envolvendo uma serino/treonino-cinase dependente da cálcio-calmodulina 2 proteíno-cinase (CAMKK2, *calcium/calmodulin-dependent protein kinase 2*) e uma proteíno-cinase ativada por 5′-adenosina monofosfato (AMPK, *5′-adenosine monophosphate–activated protein kinase*), desencadeando autofagia. O RV manipula o transporte vesicular autofágico para transportar proteínas virais associadas ao RE para o viroplasma.

Na célula infectada, existem pelo menos três *pools* de NSP4. Um *pool* é representado pela NSP4 localizada na membrana do RE e está presente durante todo o curso da infecção. Esse *pool* serve como receptor, durante o brotamento das partículas imaturas (DLP) para dentro do RE. O segundo *pool* minoritário encontra-se no compartimento intermediário retículo endoplasmático-Golgi (ERGIC, *endoplasmic reticulum-Golgi intermediate compartment*) e pode ser levado de volta ao RE ou ser parte de uma via de secreção não clássica, para a liberação e clivagem de um peptídeo de NSP4, no citoplasma celular nos estágios iniciais da infecção. O terceiro *pool* de NSP4 é distribuído em estruturas vesiculares associadas à proteína marcadora de autofagossomas (LC3, proteínas associadas a microtúbulos 1A/1B cadeia leve 3 [*microtubule-associated proteins 1A/1B light chain 3*]) e o viroplasma; é regulado pelos níveis de cálcio e é detectado 6 horas após a infecção, quando ocorre uma elevação dos níveis de cálcio intracelular. A vesícula LC3-NSP4 pode servir como uma plataforma (*scaffold*) de membrana lipídica para a formação de um grande viroplasma, a partir do recrutamento de viroplasmas iniciais ou estruturas semelhantes ao viroplasma constituídas por NSP2 e NSP5.

Estudos utilizando RNA interferentes (RNAi) demonstraram que a NSP4 é essencial para replicação, transcrição e morfogênese dos RV, embora o mecanismo associado a esses eventos permaneça desconhecido. A capacidade de esta proteína interagir com múltiplas proteínas virais e celulares pode ser atribuída à sua localização em diferentes compartimentos celulares, durante os diferentes estágios da infecção.

A NSP5 é uma proteína fosforilada; no entanto, o mecanismo de fosforilação dessa proteína durante a infecção não está claro. Ela é codificada pelo 11º segmento genômico, contém 198 aa, é uma proteíno-cinase e ligante de RNA. Até o momento, a única

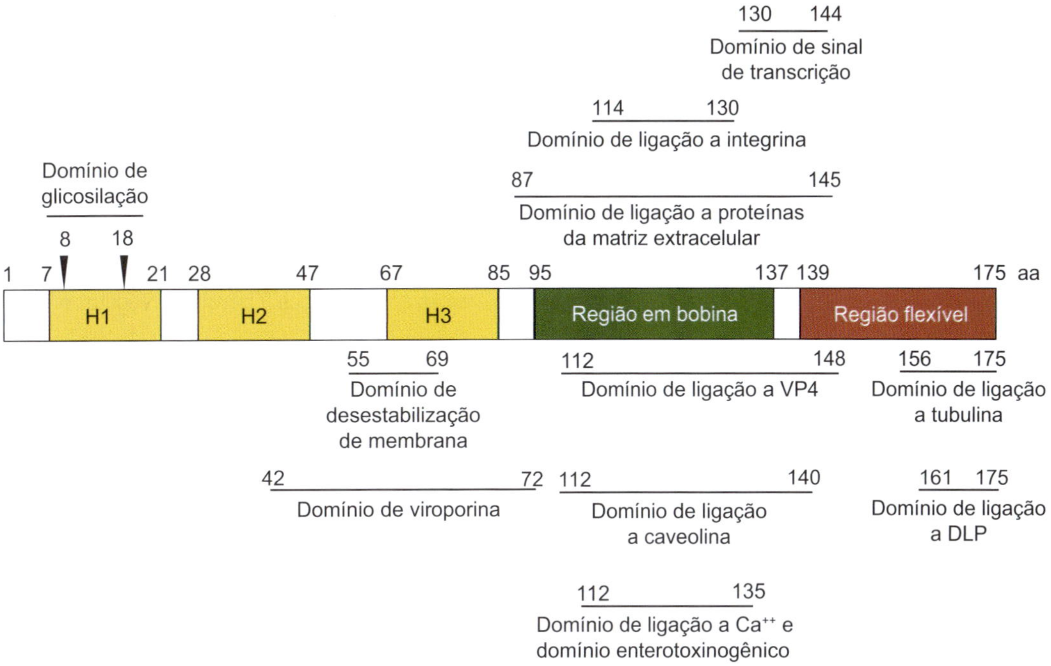


**Figura 11.10** Esquema da estrutura linear da proteína não estrutural NSP4 dos RV. O esquema mostra os domínios funcionais da NSP4, as regiões hidrofóbicas H1–H3, a região em bobina do domínio citoplasmático e a região carboxiterminal flexível, além de domínios de interação com proteínas celulares e virais. Os domínios oligoméricos estão localizados principalmente na $\alpha$-hélice anfipática (H3) e na região enovelada. Adaptada de Sastri *et al.*, 2011.

propriedade definitivamente associada à NSP5 é a de formação do viroplasma, juntamente com a NSP2. Essas duas proteínas interagem com outras proteínas dos RV, tais como VP1, VP2 e NSP6, além de RNAfs e RNAfd. Estudos mostram que a NSP5 está envolvida em diversos processos, como a dinâmica e a regulação do viroplasma, e funciona como um adaptador para a integração das várias funções da NSP2 com as outras proteínas virais, durante a replicação e empacotamento do genoma.

A NSP6 é transcrita a partir de uma ORF alternativa presente no 11º segmento genômico e contém 92 aa. Ela apresenta a capacidade de ligação a RNAfs e RNAfd com a mesma afinidade. Alguns estudos sugerem que essa proteína está presente no viroplasma; contudo, o papel da NSP6 na biossíntese viral ainda não está caracterizado. A NSP6 apresenta uma taxa elevada de recirculação *(turnover)* sendo completamente degradada dentro de 2 horas da sua síntese.

O perfil característico dos segmentos genômicos dos RV pode ser observado pela técnica de eletroforese em gel de poliacrilamida (PAGE, *polyacrylamide gel electrophoresis*). Os segmentos são distribuídos em quatro classes de tamanho, sendo numerados pela ordem de migração no gel: classe I (genes 1, 2, 3 e 4), classe II (genes 5 e 6), classe III (genes 7, 8 e 9) e classe IV (genes 10 e 11) (Figura 11.11). A análise dos perfis eletroforéticos tem sido amplamente utilizada para caracterizar as amostras de RV obtidas em cultura de células e isoladas de fezes, revelando a cocirculação de amostras com perfis diferentes durante uma epidemia. Essa análise torna possível a classificação presuntiva dos RV em espécies, assim como a classificação dos RV da espécie *A* em perfis eletroforéticos (eletroforetipos). Três perfis distintos estão associados à diferença na migração do 11º segmento, eletroforetipo longo (L, *long*), eletroforetipo curto (S, *short*) e supercurto (SS, *super-short*), representando um critério útil para a classificação dos RVA. A diversidade dos eletroforetipos pode ser devida a mutações, rearranjos e reagrupamentos, que podem ocorrer no caso de coinfecção por diferentes estirpes de RVA (ver item "Mecanismos de evolução e diversidade dos rotavírus" mais adiante).

Por serem vírus não envelopados, os RV, geralmente, são resistentes à extração com fluorocarbono e exposição ao éter, clorofórmio ou detergentes (p. ex., desoxicolato de sódio). A infecciosidade dos RV é relativamente estável dentro da faixa de pH de 3 a 9. As espículas de VP4 são removidas por tratamento

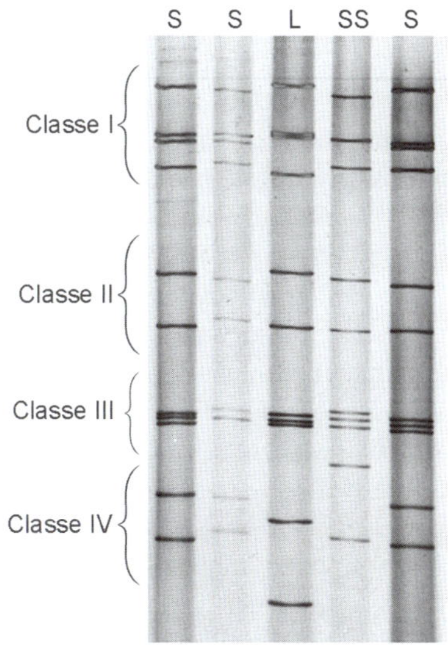


**Figura 11.11** Perfis de migração (eletroforetipos) do genoma dos RV em eletroforese em gel de poliacrilamida (PAGE, *polyacrylamide gel electrophoresis*). Os segmentos são distribuídos em 4 classes de tamanho, sendo numerados pela ordem de migração na PAGE: classe I (genes 1, 2, 3 e 4), classe II (genes 5 e 6), classe III (genes 7, 8 e 9) e classe IV (genes 10 e 11). L (*long*): eletroforetipo longo; S (*short*): eletroforetipo curto; SS (*super-short*): eletroforetipo supercurto.

em pH elevado. Partículas virais isoladas de seres humanos e de bezerros mantêm a infecciosidade por vários meses a 4°C ou a –20°C, quando estabilizadas com cloreto de cálcio a 1,5 mM. Os RV podem ser inativados por desinfetantes, como fenóis, cloro, formol e β-propiolactona. O etanol (95%), talvez o agente mais eficaz, exerce seu efeito por meio da remoção do capsídeo externo. Desinfetante *spray* contendo etanol (0,1% *O*-fenilfenol e etanol 79%), água sanitária (hipoclorito de sódio a 6% diluído para dar 800 ppm [partes por milhão] de cloro livre) e fenol-base efetivamente reduzem o título viral de 95 a 99%, após um tratamento de 10 minutos.

A infecciosidade da partícula depende da integridade do capsídeo externo que, por sua vez, depende da presença de íons cálcio. O tratamento com agentes quelantes de cálcio, tais como ácido etilenodiaminotetracético (EDTA, *ethylenediaminetetraacetic acid*) e ácido etilenoglicoltetracético (EGTA, *ethyleneglycoltetracetic acid*), remove a camada mais externa do vírion e resulta na perda da infecciosidade. A densidade em gradiente de cloreto de césio (CsCl) é igual a 1,36 g/cm$^3$ para a partícula completa (TLP); 1,38 g/cm$^3$ para a partícula incompleta (DLP) e 1,44 g/cm$^3$ para a partícula nua (SLP). No que se refere ao coeficiente de sedimentação em sacarose, situa-se entre 520 e 530 S para TLP, 380 e 400 S para DLP e é igual a 280 S para SLP.

## *Classificação genotípica dos rotavírus*

Os RVA são epidemiologicamente mais importantes e têm sido classificados utilizando vários critérios. Mais especificamente, os RVA têm sido classificados com base: (i) nas propriedades antigênicas das VP6, VP7, VP4 e NSP4; (ii) no padrão de migração do RNA genômico quando submetidos à eletroforese (longo, curto, supercurto ou eletroforetipo atípico); (iii) no padrão de hibridização dos segmentos genômicos (genogrupos); e (iv) na análise da sequência nucleotídica (genótipos). A classificação genotípica também foi sugerida para os RV das espécies *C* (RVC) e *H* (RVH).

### Classificação das espécies *A*, *C* e *H*

O Grupo de Trabalho para Classificação de Rotavírus (RCWG, *Rotavirus Classification Working Group*) é responsável pela determinação de novos genótipos, evitando assim duplicidade de informação e minimizando erros. Por tal motivo, quando é detectado um possível "novo" genótipo de qualquer um dos 11 segmentos de RV, a sequência deve ser enviada para o RCWG, que irá proceder à análise dessa sequência com base em critérios preestabelecidos e sugerir a nova nomenclatura, quando for apropriado. O RCWG definiu uma classificação para os RVA com base na sequência de todos os 11 segmentos de RNA genômico, na qual as notações Gx-P[x]-Ix-Rx-Cx-Mx-Ax-Nx-Tx-Ex-Hx são utilizadas para os genes que codificam VP7-VP4-VP6-VP1-VP2-VP3-NSP1-NSP2-NSP3-NSP4-NSP5/6, respectivamente (Figura 11.12). A letra x indica o número (algarismo arábico) do genótipo; os números referentes aos genótipos P devem ser escritos entre colchetes para não confundir com a classificação dos sorotipos P utilizada anteriormente, uma vez que essas classificações não são coincidentes. Essa nova classificação torna possível uma análise mais completa dos isolados com características incomuns, que podem representar um reagrupamento entre amostras de RVA isoladas de seres humanos ou entre as amostras de humanos e de animais. A ferramenta *Rotavirus A Genotype Determination* está disponível *online* para

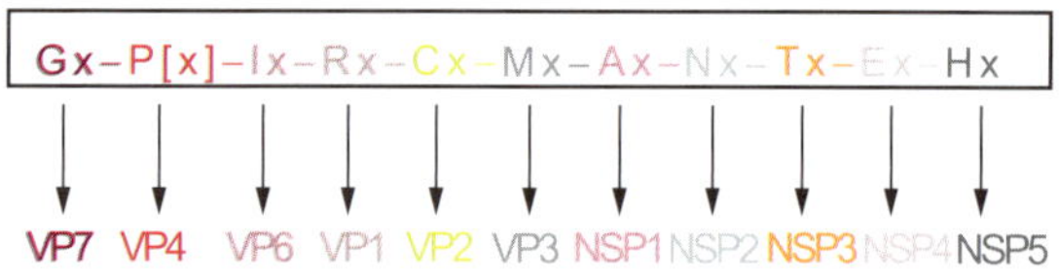


**Figura 11.12** Classificação genotípica dos RVA com base na sequência dos 11 segmentos de RNA genômico. A notação dos genótipos para cada gene é feita utilizando-se uma letra correspondente à descrição do produto do gene (p. ex., VP3 – Metiltransferase, seguido de um número. A letra x indica o número [algarismo arábico] do genótipo; os números referentes aos genótipos P devem ser escritos entre colchetes).

tipagem de RVA (https://www.viprbrc.org/brc/rvaGenotyper.spg?method=ShowCleanInputPage&decorator=reo).

O Quadro 11.3 apresenta um resumo da classificação, bem como os valores de corte da percentagem de identidade das sequências de nucleotídeos, para definição de genótipos dos 11 segmentos genômicos de RVA e a classificação proposta, ainda não referendada pelo RCWG, para RVC e RVH.

## Mecanismos de evolução e diversidade dos rotavírus

A dinâmica das infecções por RV na população humana e de animais, assim como sua diversidade, reflete os mecanismos e forças que dirigem a evolução desses vírus. A evolução dos RV tem sido elucidada pela análise do repertório genético das estirpes circulantes utilizando-se, principalmente, o sequenciamento clássico de Sanger (ver *Capítulo 8*). Em consequência dessas análises, foram identificados diversos mecanismos que por si sós ou em combinação conduzem a um melhor conhecimento sobre a evolução e a diversidade desses vírus. Quatro mecanismos são considerados os mais importantes: o acúmulo de mutações pontuais no genoma (deriva gênica ou *genetic drift*), o rearranjo gênico, o reagrupamento dos segmentos genômicos (troca gênica ou *genetic shift* ou *reassortment*) e a transmissão interespécies.

## *Mutações pontuais*

Os vírus de RNA apresentam taxas de mutações mais altas do que nos sistemas de DNA, devido à alta taxa de erro da enzima RpRd, estimada em $10^{-3}$ a $10^{-5}$/nucleotídeo/cópia do genoma. Mutações pontuais são uma das principais bases da diversidade dos RV. A taxa de mutação dos RV foi avaliada em $5 \times 10^{-5}$/nucleotídeo/cópia do genoma. Essa taxa de mutação sugere que, em média, o genoma dos RV difere do genoma da estirpe parental por, pelo menos, uma mutação, e é consistente com a alta taxa de mutação esperada para um vírus de RNA. O acúmulo dessas mutações pode gerar linhagens genéticas distintas, resultando em mutantes que podem escapar dos anticorpos neutralizantes. A ocorrência destas variações já foi descrita em diferentes segmentos genômicos dos RVA e podem afetar a função das proteínas virais.

## *Rearranjos gênicos*

Rearranjos ou recombinação são novos arranjos de blocos de ácidos nucleicos que envolvem trocas entre duas moléculas, e têm como consequência a duplicidade parcial ou deleção de sequências de nucleotídeos que ocorrem dentro de um segmento de ácido nucleico, causando uma mudança no tamanho de

**Quadro 11.3** Valores de corte da percentagem de identidade de nucleotídeos que definem novos genótipos para os 11 segmentos genômicos de RV das espécies *A, C* e *H*.

| | Valor de corte do percentual de identidade de nucleotídeos* | | | | Genótipos (n)** | | |
|---|---|---|---|---|---|---|---|
| **Gene** | **RVA** | **RVC** | **RVH** | **Descrição do produto do gene** | **RVA** | **RVC** | **RVH** |
| VP1 | 83 | 84 | 85 | **R**NA polimerase-RNA dependente | R (27) | R (4) | R (3) |
| VP2 | 84 | 85 | 87 | Proteína do ***C**ore* | C (23) | C (6) | C (4) |
| VP3 | 81 | 85 | 86 | **M**etiltransferase | M (23) | M (6) | M (7) |
| VP4 | 80 | 85 | 86 | Sensível à **P**rotease | P (57) | P (21) | P (6) |
| VP6 | 85 | 87 | 87 | Capsídeo **I**nterno | I (31) | I (13) | I (6) |
| VP7 | 80 | 85 | 86 | **G**licosilada | G (41) | G (18) | G (10) |
| NSP1 | 79 | 84 | 84 | **A**ntagonista de interferon | A (38) | A (9) | A (6) |
| NSP2 | 85 | 87 | 67 | **N**TPase | N (27) | N (8) | N (2) |
| NSP3 | 85 | 85 | 87 | Potencializador da **T**radução | T (27) | T (6) | T (4) |
| NSP4 | 85 | 81 | 83 | **E**nterotoxina | E (31) | E (5) | E (6) |
| NSP5/6 | 91 | 80 | 89 | Fosfoproteína (*p**H**osphoprotein*) | H (27) | H (4) | H (3) |

*Os valores de corte têm como base o percentual da identidade de nucleotídeos entre os rotavírus pertencentes aos diferentes genótipos.
**n: número de genótipos.
Fonte: Matthijnssens *et al.*, 2008; Suzuki e Hasebe, 2017; Suzuki e Inoue, 2018; RCWG, 2021.

segmento ou, no caso dos vírus de RNA segmentado como os RV, do gene, podendo gerar proteínas que podem ou não perder sua função normal.

Rearranjos em segmentos de RNA foram detectados em RVA isolados de seres humanos portadores de imunodeficiência, assim como em humanos e animais imunocompetentes. Segmentos rearranjados de RNA dos RVA têm o potencial de contribuir para a evolução destes vírus através da produção de proteínas truncadas que podem ou não perder sua função normal. Além disso, os segmentos rearranjados são capazes de fazer reagrupamento durante coinfecções. Entretanto, sua contribuição relativa à diversidade genômica e antigênica na natureza é provavelmente pequena, comparada com a de mutações pontuais e reagrupamentos.

## *Reagrupamento genômico*

O reagrupamento consiste na troca/substituição (*genetic shift*) de segmento(s) de RNA genômico entre diferentes estirpes de RV (Figura 11.13A), que ocorre durante uma coinfecção em condições naturais (*in vivo*) ou condições experimentais (*in vitro*). Embora os vírus reagrupados possam ser gerados facilmente através da coinfecção de diferentes estirpes de RV no mesmo enterócito, este fenômeno não é inteiramente aleatório e pode ser influenciado por muitos fatores, incluindo: (i) as estirpes parentais do vírus as quais provavelmente precisam pertencer à mesma espécie viral, uma vez que reagrupamentos entre diferentes espécies de RV não são comprovados; (ii) fatores do hospedeiro (coinfecção de um enterócito por diferentes estirpes); e (iii) fatores ambientais (coexistência de diferentes espécies de hospedeiros infectadas por diferentes estirpes virais). A incidência do reagrupamento é afetada pela frequência de coinfecções e pela diversidade genética de estirpes de RV circulantes na população. Numerosos estudos epidemiológicos revelaram que algumas estirpes de RVA podem ter surgido de reagrupamentos entre estirpes de humanos e de animais.

O reagrupamento entre estirpes virais oriundas de diferentes espécies hospedeiras pode criar vírus quiméricos portadores de segmentos de RNA de ambos os vírus parentais. Presume-se que, quando os RV cruzam a barreira interespécies, precisam adaptar-se ao novo hospedeiro para serem eficientemente disseminados na nova espécie hospedeira. Entretanto, ao adquirir os segmentos de RNA derivados de estirpes patogênicas de RVA de uma determinada espécie hospedeira, esses vírus quiméricos teriam melhores chances de infectar e se disseminar de forma eficiente nessa espécie. Ou seja, este mecanismo de evolução genética permite combinar as vantagens da replicação e infecção das estirpes de RV de origem humana e animal para o surgimento de estirpes que possam romper a barreira interespécies, com o potencial de causar antropozoonose (doença primária de animais e que pode ser transmitida aos seres humanos) e/ou zooantroponoses (doença primária de seres humanos e que pode ser transmitida aos animais).

## *Transmissão interespécies*

Outro mecanismo envolvido na diversidade e evolução dos RV é a transferência de estirpes virais entre espécies hospedeiras diferentes (Figura 11.13B). Embora a transmissão direta do vírion entre animais e humanos não seja um evento frequente, já foram relatados casos de infecções por estirpes de RVA de origem suína, bovina, canina e felina em humanos causando desde quadros assintomáticos até diarreia grave.

A transferência de segmentos genômicos entre diferentes hospedeiros parece ser mais frequente do que a transmissão direta. Quando ocorre coinfecções envolvendo estirpes de duas espécies hospedeiras distintas, pode ocorrer a troca de segmentos genômicos resultando em um vírus quimérico capaz de infectar uma terceira espécie (Figura 11.13C).

Foi sugerido que as espécies de RV que infectam aves (AvRV) e RV de mamíferos foram separadas entre si no início do processo evolutivo desses vírus, uma vez que as estirpes de AvRV são mais próximas genética e antigenicamente entre si do que com estirpes de mamíferos. Existem relatos da detecção de RVA em bovinos com características genômicas de AvRVA. Contudo, não existe nenhuma evidência direta de que AvRVA causem enterite em bovinos ou outros mamíferos. Entretanto, já foram demonstradas evidências da transmissão experimental de AvRVA para mamíferos, através da inoculação oral de estirpes de RVA de pombos e peru em camundongos. Existem ainda relatos de RVA de mamíferos capazes de infectar aves.

## Biossíntese viral

Os RV infectam os enterócitos localizados no meio e na ponta das vilosidades e as células enterocromafins (EC; células enteroendócrinas que ocorrem no epitélio que reveste o lúmen dos sistemas digestório e respiratório) do intestino delgado. A biossíntese viral ocorre exclusivamente no citoplasma.

Em células intestinais polarizadas, o vírus penetra principalmente através da membrana apical, embora algumas estirpes virais consigam penetrar também através da membrana basolateral. A propagação do vírus nessas células altera as funções das células diferenciadas (enterócitos), por meio da interferência no tráfego de proteínas celulares e desestruturação do citoesqueleto e das junções celulares, além de estimular as vias de sinalização celulares que podem ativar a resposta imunológica e a secreção de quimiocinas e citocinas.

Evidências indicam que VP4 e VP7 participam do processo inicial de interação com a célula. Uma ampla variedade de células pode ser infectada por RV, sugerindo que a ligação inicial (adsorção) é uma interação complexa, sendo os receptores pós-adsorção críticos para a penetração do vírus. A adsorção da partícula viral é mediada pela espícula de VP4. A ligação ao receptor celular independe da clivagem da VP4. Entretanto, a eficiência da penetração da partícula na célula-alvo depende da clivagem proteolítica da VP4.

Existe um consenso de que a entrada dos RV na célula é um processo que ocorre em múltiplas fases sequenciais e coordenadas, envolvendo interações entre os peptídeos da VP4 (VP5* e VP8*) e a VP7 com diferentes moléculas na superfície celular. A VP8* tem sido associada a ligação inicial à célula hospedeira através da interação com sialoglicanas. No processo de adsorção/penetração da partícula, acredita-se que o domínio VP8* da espícula viral está envolvido na interação com resíduos de ácido siálico (AS, termo genérico para uma família de monossacarídeos ubíquos expressos em vertebrados superiores e normalmente encontrado nos terminais de N-glicanas, *O*-glicanas e glicoesfingolipídeos [gangliosídeos]), possivelmente nos gangliosídeos GM1 e GD1a. O tratamento das células com sialidases pode levar à redução da infecciosidade de algumas estirpes de RV demonstrando assim a existência de estirpes sialidase-sensível e sialidase-resistente. As estirpes de RV de origem animal são

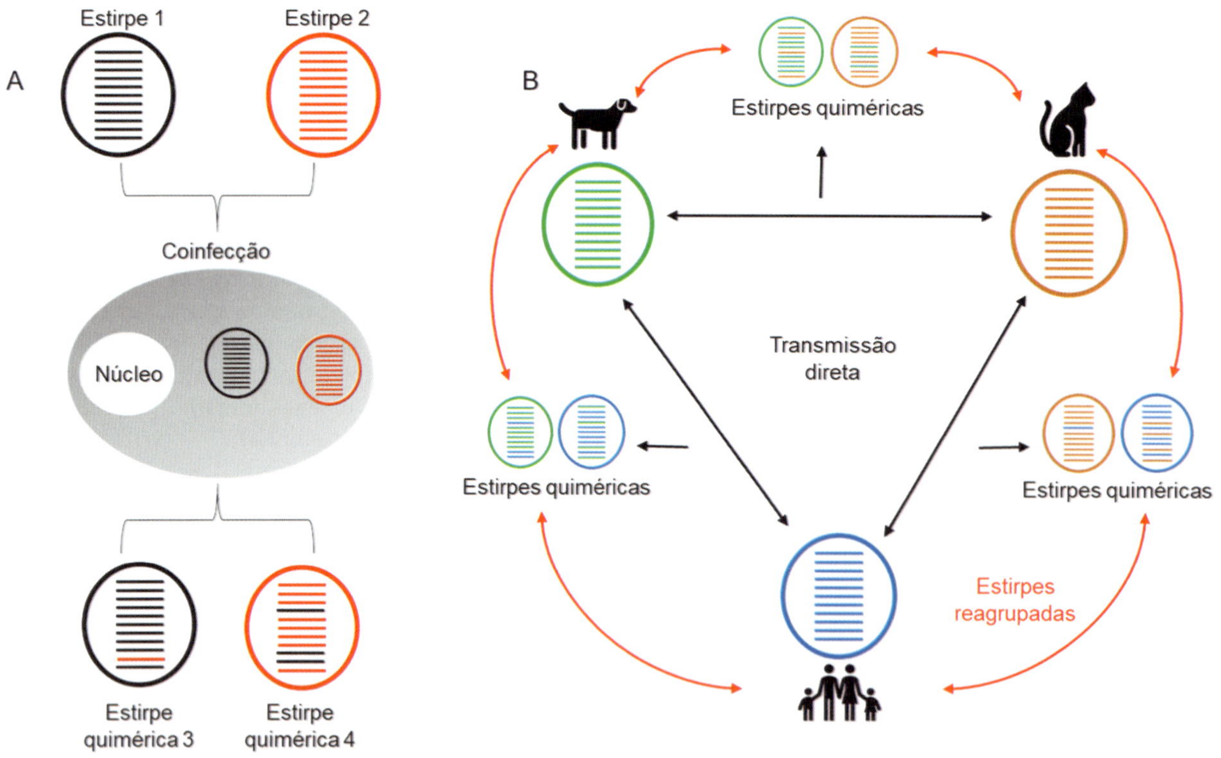


**Figura 11.13** Mecanismos de evolução dos RV. **A.** Reagrupamento genômico. A coinfecção entre duas estirpes distintas de RVA (1 e 2) resulta no surgimento de estirpes reagrupadas (quiméricas) devido à troca de segmentos gênicos. As estirpes resultantes adquirem segmentos genômicos de ambos os vírus parentais. A estirpe 3 carreia um segmento genômico (segmento 10, que codifica NSP4) da estirpe 2 e os demais segmentos da estirpe A. A estirpe 4 carreia os segmentos 4, 9 e 10, que codificam VP4, VP7 e NSP4, respectivamente, da estirpe 1, consequentemente contém as duas proteínas de superfície idênticas às da estirpe 1. **B.** Transmissão interespécies. Este evento envolve a transmissão do vírus completo (p. ex., transmissão direta de uma estirpe de RVA canino para felino, de seres humanos para animais ou vice-versa; *setas pretas*) ou de estirpes quiméricas (reagrupadas) contendo segmentos genômicos dos RVA de hospedeiros distintos (p. ex., um RVA de canino sofre reagrupamento com um RVA de felino; a estirpe quimérica resultante pode ser transmitida para outro hospedeiro, incluindo humanos; *setas vermelhas*) resultando na introdução de uma nova variante viral em uma espécie hospedeira.

normalmente sialidase-sensíveis. Estudos recentes demonstraram que estirpes de RV que são sialidase-resistentes (não se ligam a AS) podem interagir com antígenos de grupo sanguíneo não sialilado (HBGA, *histo-blood group antigens*; glicoconjugados não sialilados, expressos na superfície dos glóbulos vermelhos, células epiteliais e nas secreções da mucosa). O domínio VP5* e a VP7 estão associados às ligações pós-adsorção envolvendo correceptores não glicanos. Diversas integrinas incluindo $\alpha v\beta 3$ e $\alpha x\beta 2$ são sugeridas como possíveis correceptores para VP7 e $\alpha 2\beta 1$ para VP5*, que participam do processo de penetração dos RV. A proteína de choque térmico HSP70 (*heat shock protein 70*) também foi proposta como um correceptor para a VP5*.

Foi inicialmente proposto que a internalização dos RV ocorreria por um processo de penetração direta através da membrana celular. Contudo, estudos mais recentes indicam que a internalização do vírus ocorre por endocitose mediada por receptores, cujo mecanismo depende da estirpe viral. A interação inicial com a membrana celular ocorre muito rapidamente, embora algumas partículas tenham um curto período de movimento lateral (< 1 min). São propostos dois modelos para a entrada dos RV na célula (Figura 11.14). No primeiro modelo (Figura 11.14A), a interação da VP8* com o receptor celular leva à endocitose da partícula por uma vesícula coesa. Essa interação possivelmente permite o movimento lateral dos domínios globulares da VP8*, expondo os domínios hidrofóbicos da VP5* e levando à inserção desses domínios na membrana, resultando na desestabilização da mesma e liberação de íons $Ca^{++}$ para fora da vesícula. Essa liberação de cálcio é crucial para a despolarização da VP7. A remoção da VP7 permite que a espícula de VP4 sofra as alterações conformacionais pós-penetração (ver Figura 11.7). Dentro de 5 minutos da adsorção, as partículas são completamente endocitadas, sendo inacessíveis aos agentes externos. Dentro de 3 a 5 minutos as DLP são liberadas para o citoplasma celular. No segundo modelo (Figura 11.14B), um sistema funcional ESCRT (complexos de classificação endossômica necessários para o transporte [*endosomal sorting complexes required for transport*]) é essencial para a infecção por RV. Possivelmente, a maioria das estirpes de origem humana e animal entra na célula por endocitose mediada por clatrinas. Após atingir o endossoma maduro, as rotas de saída para o citoplasma variam entre as estirpes. Algumas estirpes saem diretamente do endossoma maduro e outras de endossomas tardios. Pouco se sabe sobre os mecanismos utilizados pelos RV para sair dos compartimentos endossômicos. No entanto, tem sido demonstrado que a internalização do vírus ativa as vias celulares PI3K (fosfoinositídeo-cinase 3 [*phosphoinositide 3-kinase*]), Akt (proteíno-cinase B [*protein kinase B*]) e ERK (cinases reguladas por sinal extracelular [*extracellular signal-regulated kinases*]),

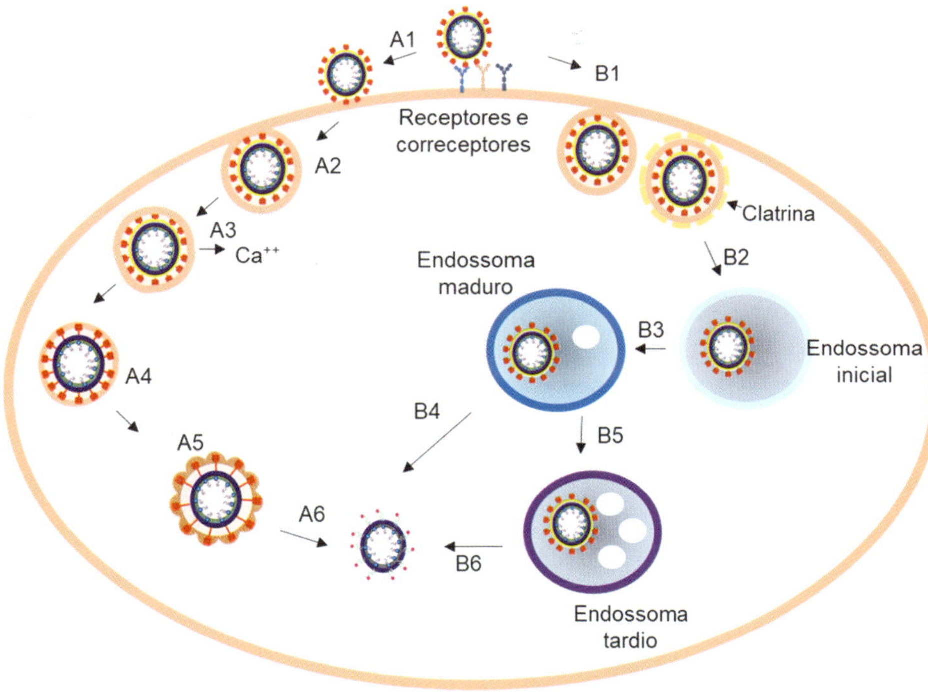


**Figura 11.14** Modelos propostos para a entrada do RV na célula. A internalização das partículas virais se inicia, em ambos os modelos, a partir da interação da região VP8* da espícula viral com moléculas de glicanas presentes na membrana celular. No modelo **A**, este período inicial da interação permite movimentos laterais da partícula viral (**A1**), a qual é posteriormente imobilizada pela inserção dos domínios hidrofóbicos da VP5*, iniciando o englobamento do vírion por uma vesícula coesa (**A2**). Provavelmente devido à desestabilização da membrana pela VP5*, ocorre a liberação de íons $Ca^{++}$ da vesícula para o citoplasma (**A3**), produzindo uma diminuição progressiva da concentração de cálcio resultando na remoção da camada de VP7 (**A4**). Sem a camada de VP7, a espícula de VP4 pode sofrer as alterações conformacionais pós-penetração. O movimento dos domínios hidrofóbicos durante estas alterações conformacionais impele a membrana a expandir sua área, levando à formação de bolhas. Por fim, essa deformação se distribui através da membrana da vesícula (**A5**). Quando, devido à progressiva mudança de conformação da espícula de VP4, o estresse acumulado ultrapassa o ponto de ruptura da membrana, a vesícula é rompida e a partícula com duas camadas proteicas é liberada para o citoplasma celular, iniciando o processo de transcrição (**A6**). No modelo **B**, após a interação com as moléculas de glicanas, a partícula é internalizada por endocitose clatrina-dependente ou não, dependendo da estirpe viral (**B1**). Independentemente da via endocítica, a partícula chega ao endossoma inicial (**B2**) e progride para o endossoma maduro (**B3**) do qual algumas estirpes são liberadas para o citoplasma celular e o processo de transcrição é iniciado (**B4**). Outras estirpes precisam chegar aos endossomas tardios (**B5**) antes de serem liberadas para o citoplasma (**B6**). Adaptada de Rodríguez e Luque, 2019.

no início da infecção, para permitir a acidificação endossomal dependente de V-ATPase (*vacuolar-type* $H^+$-ATPase), necessária para o desnudamento da partícula.

A transcrição inicial ocorre no citoplasma celular. A partícula viral contém todas as enzimas necessárias para a síntese dos RNAm, que é mediada pelo complexo da polimerase viral, VP1 + VP3. As enzimas estão inativas na partícula viral completa (TLP) e podem ser ativadas *in vitro* por tratamento com agentes quelantes ou aquecimento, pois esses tratamentos removem o capsídeo externo. Na célula infectada, ocorre também a remoção do capsídeo externo, e a transcrição acontece a partir dessa partícula viral incompleta (DLP), próximo ao vértice do icosaedro, onde está localizado o complexo VP1 + VP3. Para a atividade de VP1, é necessário que a VP6 permaneça associada à partícula. Provavelmente, VP6 tem interação conformacional com VP1, pois sua remoção leva a uma alteração dessa proteína, que deixa de ser funcional. Após a penetração e a liberação da DLP no citoplasma celular, a transcrição dos 11 segmentos em RNA+ inicia-se imediatamente. Os RNA+ recém-transcritos deixam o *core* através dos canais do tipo I na camada de VP2, e múltiplos transcritos podem ser liberados simultaneamente. Cada segmento genômico é transcrito por um complexo da polimerase específico, e o transcrito resultante deixa a partícula pelo sistema de canais no vértice adjacente ao sítio de síntese (Figura 11.15). Como cada complexo da polimerase opera independentemente, a transcrição não é equimolar, consequentemente alguns RNA+ são produzidos em maior abundância que outros. Os RNA+ nascentes servem a dois propósitos durante a biossíntese viral: atuam como RNAm para a síntese de proteínas e como molde para a replicação do RNA genômico.

Antes da penetração, parece que a VP7 inibe a atividade do complexo da polimerase (VP1 + VP3). Nesse estado inativo, a VP1 provavelmente está ligada à terminação 3′ da fita negativa do RNA (RNA–) genômico, a qual funciona como molde para a transcrição do RNA+. A VP7 se dissocia durante a penetração, resultando na alteração da conformação das camadas de VP6 e VP2. Essas alterações resultam na ativação da polimerase e expansão do canal do vértice, possibilitando a extrusão dos RNA+ transcritos. A terminação 5′ é imediatamente recrutada e capeada pela VP3, antes de o RNA+ deixar o canal (Figura 11.15).

Os transcritos se acumulam no citosol e estão disponíveis para a tradução em proteínas virais pelos ribossomas celulares. Nos estágios iniciais do ciclo de biossíntese, a NSP3 se liga à sequência consenso na terminação 3′ dos RNA+, favorecendo a tradução das proteínas virais (ver Figura 11.9). Nos estágios tardios do ciclo, a proteína NSP1 se liga à terminação 5′ dos RNA+, bloqueando a transcrição mediada pela NSP3 e, consequentemente, favorecendo o empacotamento e subsequente replicação do RNA genômico (Figura 11.16).

A maioria das proteínas estruturais e não estruturais do RV é sintetizada nos ribossomas livres e posteriormente agregadas no citoplasma. As glicoproteínas VP7 e NSP4 são sintetizadas nos ribossomas associados à membrana do RE e inseridas nessa membrana. A VP7 é orientada para o lúmen do RE e a NSP4 é

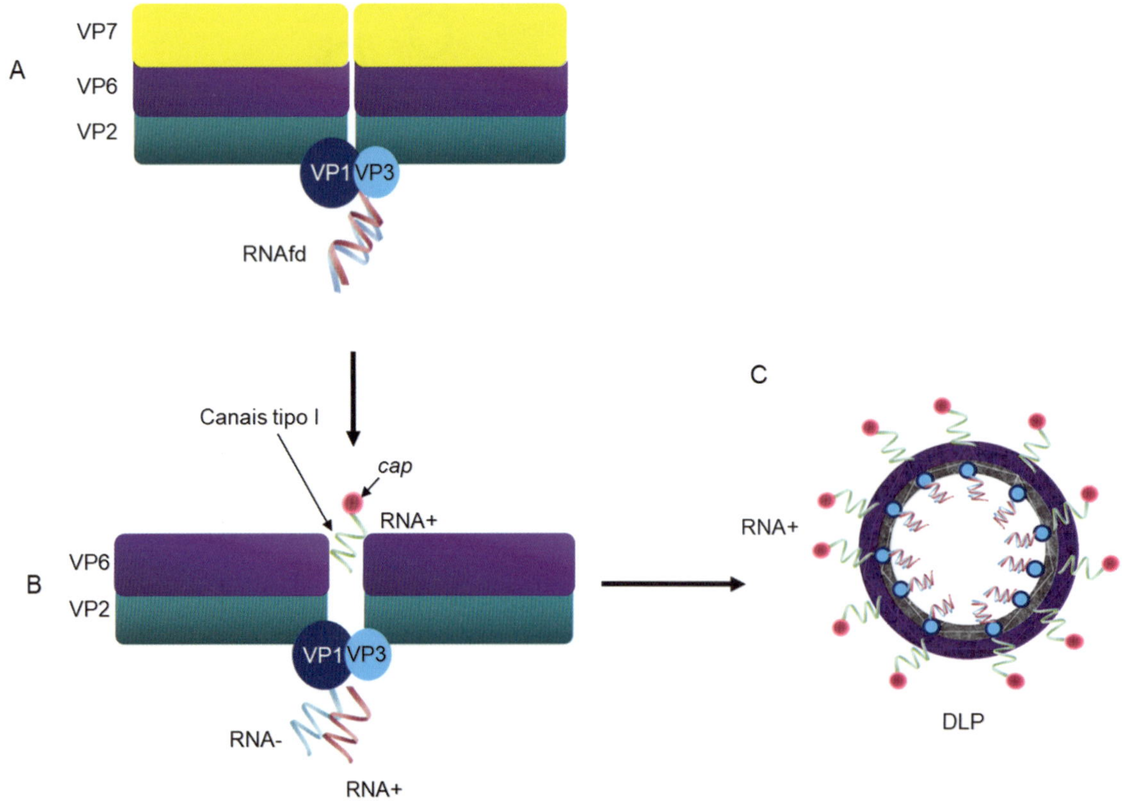


**Figura 11.15** Alterações conformacionais na partícula DLP dos RV que desencadeiam a transcrição dos RNA+. **A.** Antes da penetração na célula, a camada de VP7 inibe a transcrição por meio do complexo de transcrição VP1 + VP3. No estado inativo, a polimerase viral provavelmente está ligada à extremidade 3′ da fita negativa do genoma. **B.** A remoção da camada de VP7 durante o processo de penetração resulta em alterações espaciais de VP6 e VP2, levando à ativação da polimerase e à expansão dos canais do tipo I, localizados no vértice do icosaedro, possibilitando a extrusão dos transcritos de RNAm(+), que são imediatamente capeados pela VP3 antes de deixarem os canais (**C**). RNAfd: RNA de fita dupla; RNAm(+): RNA mensageiros positivos. Adaptada de Trask *et al.*, 2012.

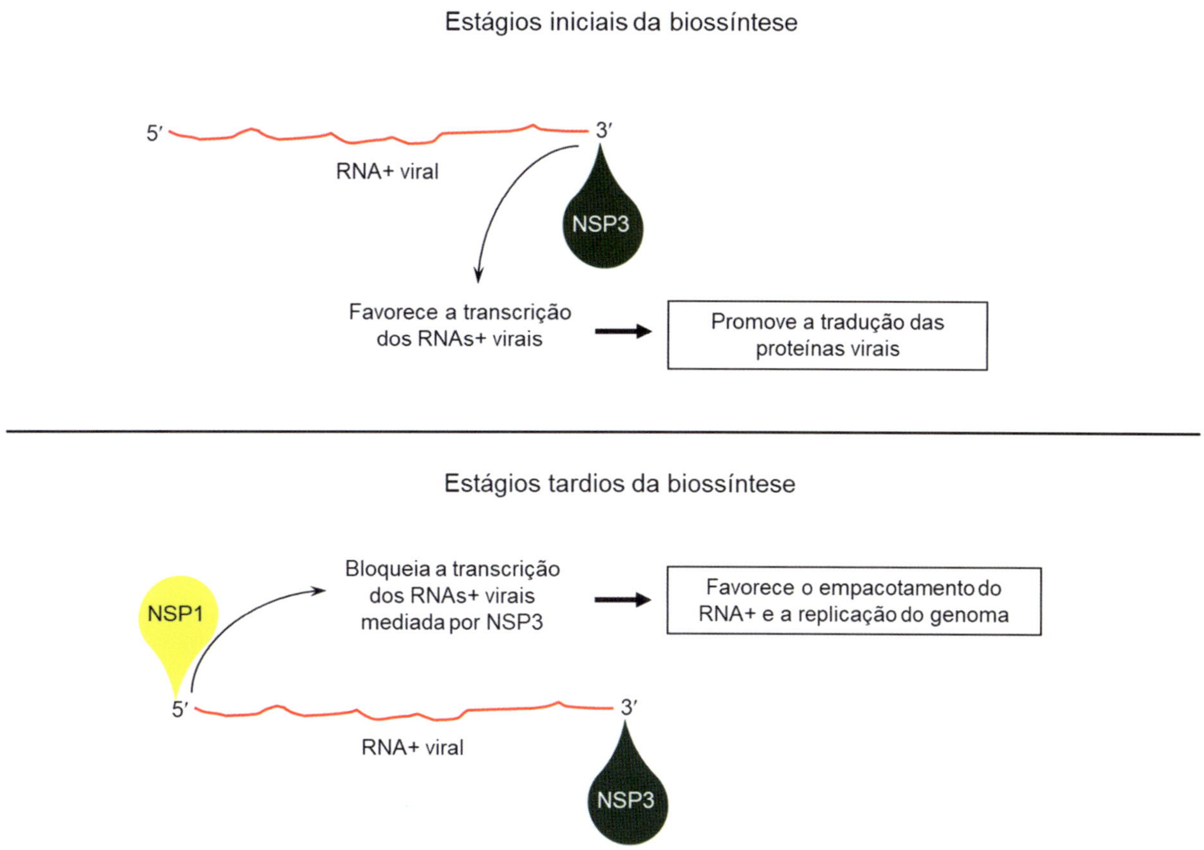


**Figura 11.16** Regulação da tradução de proteínas e replicação do genoma dos RV pelas NSP1 e NSP3. A NSP3 se liga à terminação 3′ do RNA+, favorecendo a tradução de proteínas virais e inibindo a tradução de proteínas celulares. O papel da NSP1 é modular a ação da NSP3, ligando-se à terminação 5′, favorecendo o empacotamento e a replicação do genoma. Adaptada de Chung e McCrae, 2011.

orientada para a face citoplasmática da membrana. A NSP5, que também é glicosilada, é sintetizada nos ribossomas livres e glicosilada no RE e, durante a infecção, permanece no citoplasma. O processamento dessas proteínas acontece exclusivamente no RE, não sendo transportadas para o complexo de Golgi.

Duas proteínas não estruturais (NSP2 e NSP5) se situam ao redor das DLP que estão transcrevendo os RNA+, dirigindo a formação do viroplasma através da interação com corpos lipídicos e possivelmente a vesícula LC3-NSP4. Os octâmeros da proteína NSP2 se ligam ao RNA+ e à NSP5, formando o viroplasma que sequestra os RNA+ virais e as proteínas de capsídeo para o início da montagem das novas partículas. O viroplasma é também o sítio de transcrição tardia de RNA+ pelas DLP recém-formadas. Dentro do viroplasma, os RNA+ são empacotados dentro da camada de VP2 e replicados pela VP1, formando o RNAfd.

Não está completamente estabelecida a ordem da interação entre as proteínas e o RNA+ durante o empacotamento e a replicação do genoma; no entanto, estudos bioquímicos e estruturais sugerem a formação de intermediários de replicação (IR), de acordo com o seguinte modelo: (i) cópias individuais de VP1 (provavelmente associadas à VP3) se ligam à terminação 3′ na sequência conservada UGUG dos RNA+ virais, criando 11 diferentes complexos RNA-VP1 + VP3, que corresponderiam ao IR pré-*core*. Acredita-se que as polimerases que formam os complexos são inicialmente inativas e precisariam sofrer algumas alterações conformacionais para iniciar a síntese do RNAfd; (ii) os complexos RNA-VP1 + VP3 são agrupados, possivelmente seguindo o mesmo modelo descrito para os vírus da influenza e reovírus, em que cada segmento genômico contém NCR nas terminações 5′ e 3′, que possivelmente determinam o arranjo dos segmentos genômicos em um padrão específico, de acordo com o pareamento entre essas regiões dos diferentes genes; (iii) em seguida, a proteína VP2 é agregada em torno desses complexos, formando o *core* da partícula (IR *core* ou SLP), ligando-se ao complexo VP1 + VP3 e ativando a polimerase que iniciará a síntese da fita negativa do RNA. Diferentemente do processo de transcrição, o qual ocorre múltiplas vezes para cada segmento genômico, a replicação do genoma é equimolar e produz exatamente uma cópia de cada um dos 11 segmentos genômicos por vírion. A replicação e o empacotamento do genoma são regulados, em parte, pelas interações entre a polimerase viral (VP1) e a proteína do *core* (VP2). A ligação de VP1 e VP2 desencadeia alterações conformacionais na polimerase que favorece o início da síntese do RNA. Essa exigência da interação com a proteína do *core* garante que a polimerase não irá replicar o genoma fora da partícula viral; (iv) finalmente, a proteína VP6 é agregada à partícula, gerando o terceiro IR, as DLP (Figura 11.17). Estas DLP podem amplificar a biossíntese viral através de ciclos de transcrição tardia do genoma.

Os processos de replicação do RNA, empacotamento do genoma e a montagem da DLP ocorrem no citoplasma, dentro dos viroplasmas, os quais aparecem 2 a 3 horas após a infecção.

Um dos aspectos menos compreendidos da biossíntese dos RV é o processo pelo qual o vírus adquire o seu capsídeo externo. Para completar a montagem do vírion, as DLP precisam deixar o

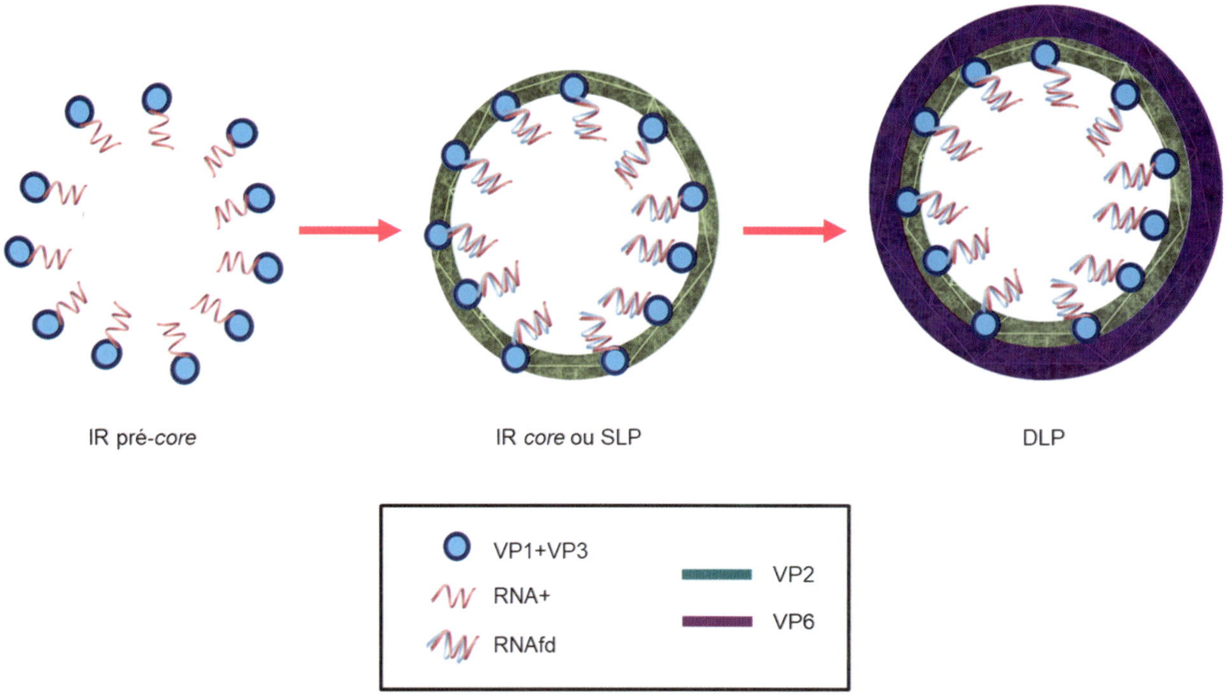


**Figura 11.17** Esquema ilustrativo do processo de montagem inicial das partículas dos RV e replicação do genoma. A montagem das partículas e a replicação do genoma viral envolvem a formação de três intermediários de replicação (IR). VP1 e VP3 se associam no viroplasma, formando o complexo da polimerase. A VP1 também se liga a uma sequência específica (UGUG) na terminação 3′ do RNA+ de cada um dos 11 segmentos genômicos, mas permanece inativa (IR pré-*core*). Os 11 segmentos genômicos são agrupados (uma cópia de cada segmento), e a proteína VP2 promove sua automontagem e se conecta ao complexo pela ligação a VP1 (IR *core*). Tal ligação desencadeia o processo de replicação do genoma pela síntese da fita negativa do RNA, formando assim o RNAfd. Por fim, a VP6 se agrega à partícula, formando a DLP. Adaptada de McDonald e Patton, 2011.

viroplasma associadas à espícula de VP4 e penetrar no RE para ganhar acesso à VP7. Da mesma forma que a montagem descontrolada de VP2 ou VP6 prejudicaria a replicação do genoma, a adição prematura da VP7 a DLP reprimiria a replicação silenciando a transcrição do RNA+. Ao compartimentalizar a VP7 para o RE, os RV garantem que as DLP só sejam convertidas em TLP depois de deixarem os limites do viroplasma. Uma característica distinta da morfogênese dos RV é que as partículas subvirais (DLP), as quais são montadas nos viroplasmas, brotam pela membrana do RE e tornam-se transitoriamente envelopadas. O envelope adquirido nesse processo é perdido na medida em que as partículas se movem para o interior do RE, e é substituído por uma camada de proteínas virais que formarão o capsídeo externo.

A NSP4 é uma proteína transmembrana que se acumula no RE, próximo à localização do viroplasma, e é um fator central na regulação da montagem do capsídeo externo. A região aminoterminal (domínio H1) dessa proteína se estende para dentro do lúmen do RE, é glicosilada, forma pontes dissulfeto intramoleculares e segue-se uma sequência transmembrana (domínio H2) e um motivo tetramérico em bobina, citoplasmático. A região carboxiterminal da NSP4 se liga à DLP pela interação com a VP6 e VP4, possivelmente servindo como chaperona para a interação DLP-VP4. Embora o mecanismo de recrutamento das DLP do viroplasma para o RE ainda não tenha sido desvendado, é postulado que seja realizado por interação com a NSP4. Também se especula que a VP7 é retida na membrana do RE por interação da NSP4 com sua sequência de sinal de clivagem.

O modelo atual para a montagem do capsídeo externo é ilustrado na Figura 11.18. A NSP4 recruta ambas DLP do viroplasma e VP4 para a face citoplasmática da membrana do RE. A interação da DLP-VP4 com NSP4 permite o brotamento da partícula para dentro do RE, resultando em partículas transitoriamente envelopadas. A seguir, a membrana é removida e VP7 é associada à partícula, travando assim a VP4 na estrutura do vírion. Estudos bioquímicos e estruturais sustentam esse modelo. A microscopia eletrônica e a de fluorescência de células infectadas indicam que a VP4 se acumula na região entre o viroplasma e o RE. O mecanismo de remoção do envelope transitório não é conhecido, entretanto, estudos com RNAi demonstraram que na ausência de VP7, as DLP envelopadas se acumulam dentro do RE. Esse achado sugere fortemente um papel da VP7 na remoção do envelope durante a fase final da montagem do vírus.

Estudos *in vitro* indicam que as partículas recém-formadas podem ser liberadas das células infectadas por meio de diferentes mecanismos. Um deles é a liberação de células polarizadas do epitélio renal por lise celular. Outros estudos sugerem que o RV é liberado das células polarizadas do epitélio intestinal pelo transporte vesicular não convencional que não utiliza o complexo de Golgi e lisossomas. Com as crescentes evidências de que, em uma infecção natural, os RV podem ser propagados em outros tipos celulares, além das células do epitélio intestinal, é possível que esses vírus sejam liberados das células infectadas *in vivo* por mais de um mecanismo.

Uma representação esquemática da biossíntese do RV é mostrada na Figura 11.19.

## Patogênese

A infecção por RV em seres humanos produz um amplo espectro de efeitos, resultando em uma infecção assintomática, branda ou grave, podendo levar à desidratação e à morte. Nossa

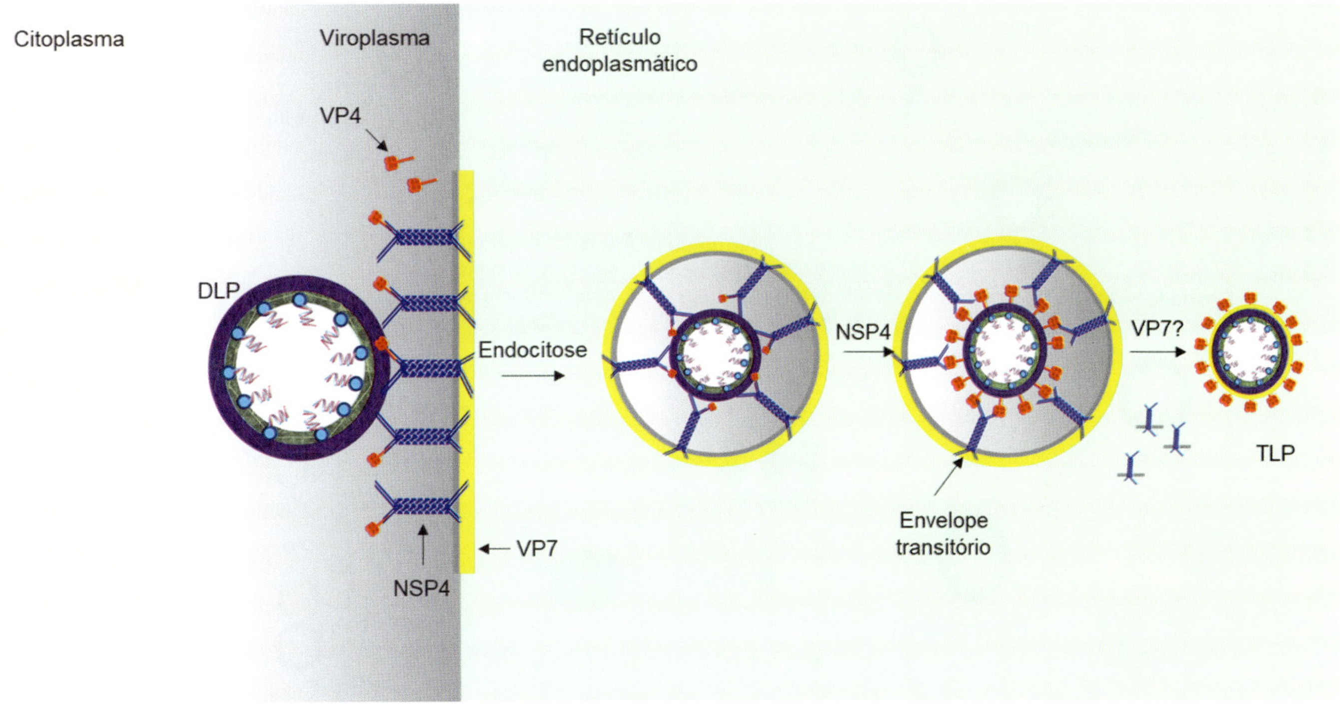


**Figura 11.18** Modelo proposto para a montagem do capsídeo externo dos RV. As DLP são recrutadas do viroplasma para a face citoplasmática do retículo endoplasmático (RE) por interações com a região carboxiterminal do tetrâmero de NSP4. Essa mesma região provavelmente recruta e se liga à VP4, que é sintetizada no citoplasma. No lúmen, a VP7 se associa à membrana do RE por intermédio de seu peptídeo-sinal de clivagem e à NSP4. As DLP interagem com NSP4 e brotam para dentro do RE, tornando-se transitoriamente envelopadas. Por meio de um mecanismo desconhecido, presumivelmente envolvendo VP7, a membrana do RE é retirada, juntamente com a NSP4, tornando possível a montagem das TLP. Adaptada de Trask *et al.*, 2012.

compreensão da patogênese da rotavirose tem como base estudos realizados em modelos que utilizam animais de experimentação. Os RV são sintetizados nos enterócitos das vilosidades e nas células EC do intestino delgado. Durante o primeiro episódio da infecção por RV, as partículas virais são excretadas por vários dias, em concentrações elevadas nas fezes e no vômito de indivíduos infectados. Os RV são altamente infecciosos e muito resistentes às condições ambientais. Um número muito baixo de partículas infecciosas (10 a 100 partículas) é necessário para iniciar infecção. Por outro lado, um grande número, quase 100 bilhões de partículas, é excretado por grama de material fecal.

Embora o intestino delgado seja o sítio preferencial para a biossíntese viral, estudos recentes demonstraram a ocorrência de antigenemia, viremia e disseminação sistêmica em diversos sítios.

O resultado da infecção é influenciado por fatores virais e fatores do hospedeiro. O mais proeminente fator do hospedeiro que afeta a evolução clínica da infecção é a idade. Assim, recém-nascidos infectados com RV raramente têm a doença sintomática. Essa proteção é supostamente mediada pela transferência transplacentária de anticorpos maternos. A redução dos títulos desses anticorpos coincide com a idade de máxima suscetibilidade das crianças à doença grave por RV (6 meses a 2 anos de idade). Os RV podem infectar adultos, mas a doença sintomática grave é relativamente rara e pode resultar de infecções por uma estirpe viral incomum ou por doses infecciosas extremamente elevadas.

Os RV são transmitidos por via fecal-oral, contato pessoa a pessoa e contato com superfícies contaminadas por aerossóis produzidos por vômito.

Entre as células ao longo do intestino delgado, destacam-se os enterócitos, que são células maduras não proliferativas, recobrem as vilosidades e apresentam a função de absorção, além das células da cripta. Os enterócitos sintetizam diversas enzimas que são expressas na parte apical e são responsáveis pela capacidade de digestão dessas células. A absorção ocorre por mecanismos de difusão passiva de solutos como, por exemplo, gradientes osmóticos e eletroquímicos, assim como pelo transporte ativo.

As células da cripta são as células precursoras dos enterócitos e não apresentam a capacidade absortiva destes, secretando íons $Cl^-$ no lúmen do intestino. Em conjunto, os enterócitos e as células da cripta têm a função de estabelecer um fluxo de eletrólitos bidirecional através do epitélio, favorecendo a absorção e a secreção, respectivamente.

Embora poucos estudos histopatológicos tenham sido realizados em pacientes com infecção por RV, é sabido que a infecção e a biossíntese viral na mucosa duodenal de bebês podem causar interrupção na homeostase celular. Esta interrupção resulta em encurtamento e atrofia das vilosidades, perda das microvilosidades, infiltração de células mononucleares, distensão do retículo endoplasmático e aumento do tamanho mitocondrial nos enterócitos. De forma semelhante ao observado em crianças, a infecção por RV em leitões e bezerros resulta em encurtamento das vilosidades intestinais e vacuolização dos enterócitos. Por outro lado, a infecção em camundongos resulta em danos mínimos ao epitélio intestinal, embora, em filhotes seja observada a vacuolização dos enterócitos e isquemia das vilosidades intestinais. Além disso, a infecção por RV em camundongos com menos de 2 semanas de idade não causa doença diarreica, e infecções em

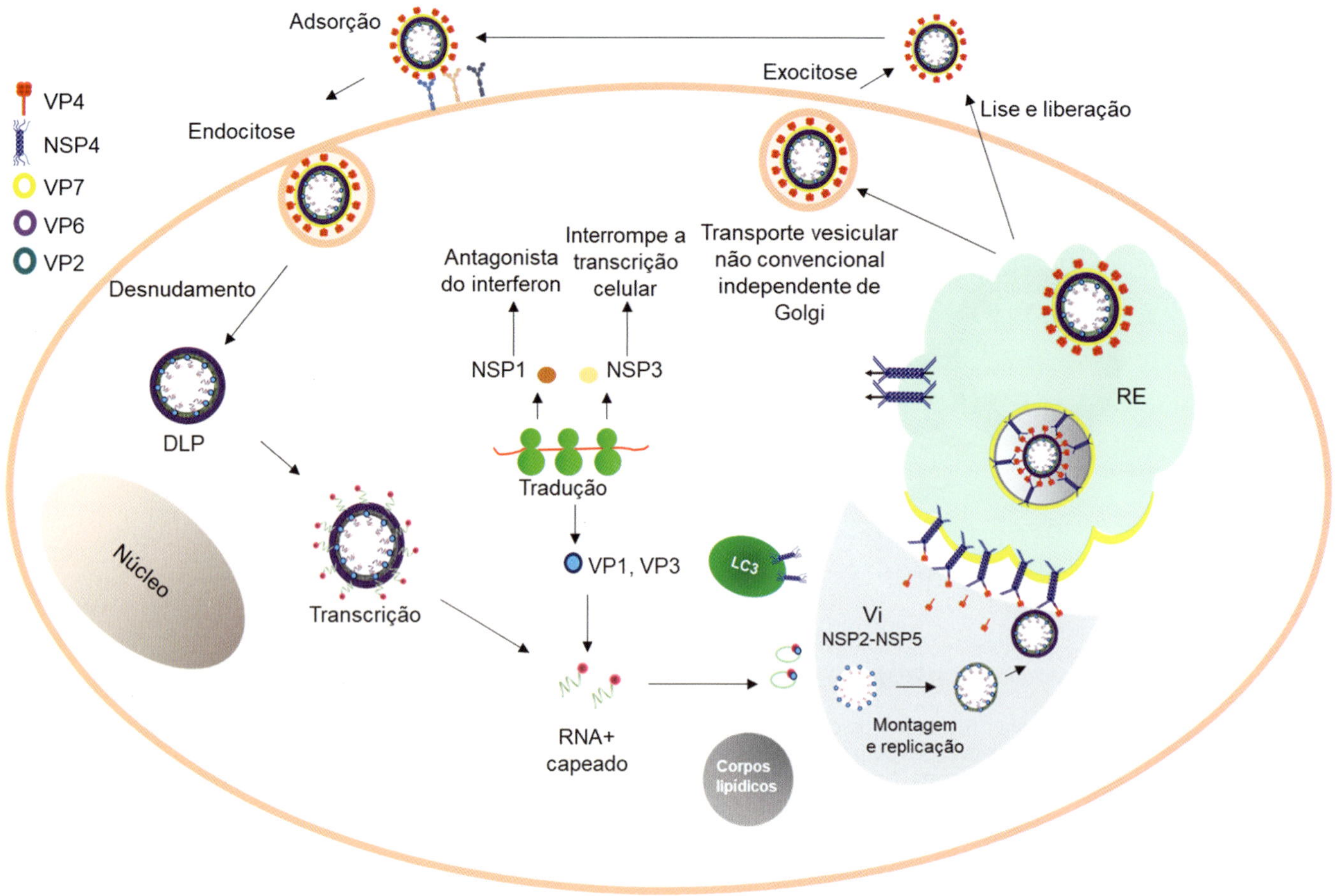


**Figura 11.19** Esquema da biossíntese dos RV. A partícula viral adsorve à superfície celular via VP4, que precisa ser clivada por proteases celulares. Essa ligação induz alterações conformacionais nas proteínas do capsídeo externo. Em seguida, o vírus é internalizado por endocitose mediada por receptores, e perde seu capsídeo externo (desnudamento). A síntese dos RNA mensageiros é mediada por uma polimerase viral; cada segmento genômico é transcrito independentemente. A maioria das proteínas estruturais e não estruturais do RV é sintetizada nos ribossomas livres. As glicoproteínas VP7 e NSP4 são sintetizadas nos ribossomas associados à membrana do retículo endoplasmático (RE) e inseridas nessa membrana. NSP4 associada à proteína do autofagossoma LC3 forma uma vesícula, a qual pode servir como uma plataforma (*scaffold*) de membrana lipídica para a formação de um grande viroplasma (Vi), a partir do recrutamento de Vi iniciais ou estruturas semelhantes a Vi, formadas por NSP2 e NSP5 e corpos lipídicos. Os processos de replicação do RNA, empacotamento do genoma e os estágios iniciais da montagem da partícula ocorrem no citoplasma, dentro do Vi. A VP4 é adicionada à partícula na face citoplasmática do RE com a participação da NSP4. A maturação final ocorre quando as partículas brotam para dentro do RE, ganhando, transitoriamente, um envelope. Dentro do RE, esse envelope é removido, em um processo possivelmente coordenado pela VP7. O ciclo termina com a liberação da progênie por lise celular ou por exocitose, através de transporte vesicular não convencional independente de Golgi. Fonte: Desselberger, 2014; Crawford *et al*., 2017.

camundongos adultos ocorrem sem sintomas ou alterações histopatológicas. Como mostrado em estudos em leitões e camundongos, os sintomas da infecção por RV podem ocorrer antes de alterações histológicas, indicando que essas alterações *per se* não explicam a apresentação clínica. A diarreia associada à infecção por RV é um processo não inflamatório e envolve mecanismos mal-absortivos e secretores.

A propagação viral nos enterócitos do meio e do ápice das vilosidades do intestino delgado, provoca a descamação dessas células e, em consequência, acelera a migração de células secretórias das criptas para as vilosidades, promovendo assim perda temporária da capacidade absortiva do intestino, visto que essas células imaturas não conseguem absorver sais e água eficientemente, nem degradar açúcar, pois são pobres em dissacaridases, resultando no quadro de diarreia mal-absortiva. Os vírus não são propagados nas células das criptas.

Diversos mecanismos contribuem para a redução da função absortiva do epitélio intestinal durante a infecção por RV, incluindo: (i) destruição dos enterócitos devido à propagação viral; (ii) redução da regulação da expressão de enzimas envolvidas na absorção; e (iii) alterações funcionais nas junções celulares coesas (*tight junctions*) entre enterócitos, induzindo o vazamento paracelular de água, e o comprometimento do cotransporte de sódio-soluto, mediado pela NSP4, que estão envolvidos na reabsorção de grandes volumes de água em condições fisiológicas (Figura 11.20).

Existe também um componente secretor da diarreia por RV, o qual é mediado pela ativação do sistema nervoso entérico (SNE) e por efeitos da enterotoxina NSP4 – a primeira enterotoxina viral descrita. A NSP4 secretada de células infectadas se liga a células do epitélio intestinal e induz o aumento dos níveis de cálcio citoplasmático, ativando canais de cloro cálcio-dependentes. A ativação desses canais causa secreção excessiva de íons cloro no lúmen intestinal, criando um gradiente osmótico que facilita o transporte de água para o lúmen, levando à diarreia secretora.

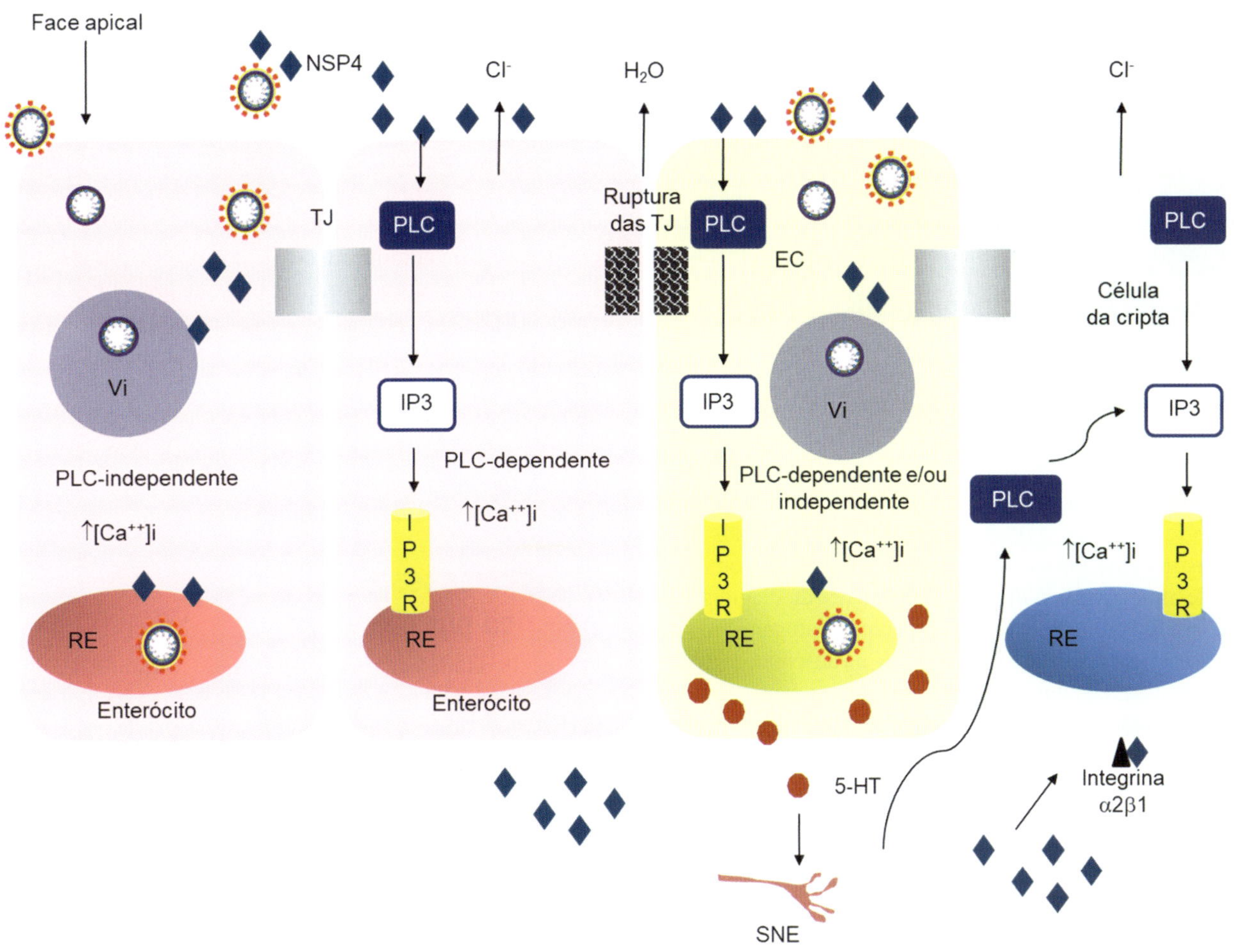


**Figura 11.20** Mecanismo da patogênese dos RV. A infecção inicial da célula na porção luminal do intestino (*rosa*) leva à propagação do vírus com montagem no viroplasma (Vi) e sua liberação, juntamente com proteínas virais, na porção apical. A proteína NSP4 (*azul*) e partículas virais são liberadas por lise celular ou por uma via de secreção não clássica. A NSP4 intracelular também induz à liberação de $Ca^{++}$ de estoques internos, principalmente do retículo endoplasmático (RE), por meio de um mecanismo independente da PLC (*phospholipase* C, fosfolipase C) que envolve a NSP4 atuando como uma viroporina, levando ao aumento do cálcio intracitoplasmático ($[Ca^{++}]i$). A NSP4 produzida pela célula infectada rompe as junções intercelulares coesas (TJ, *tight junctions*), induzindo o fluxo paracelular de água e cloro. A NSP4, ou um peptídeo derivado desta (aa112-175), liberado de células previamente infectadas, liga-se a um receptor específico em células não infectadas e desencadeia uma cascata de sinalização por PLC e inositol fosfato 3 (IP3) e seu receptor específico (IP3R), que resulta na liberação de $Ca^{++}$ e um aumento da concentração de $[Ca^{++}]i$. O aumento da $[Ca^{++}]i$ também perturba o citoesqueleto das microvilosidades. A infecção resulta na secreção de serotonina (5-HT) pelas células enterocromafins (EC; *amarelo*) estimuladas pela propagação viral (induzindo o aumento do $[Ca^{++}]i$, por um mecanismo PLC-independente) ou por ação da NSP4 exógena (induzindo o aumento do $[Ca^{++}]i$ por um mecanismo PLC-dependente), levando à ativação do sistema nervoso entérico (SNE). As células da cripta (*azul*) não sustentam a propagação viral, mas podem ser afetadas pela ação do SNE ou pela NSP4, que sinalizam uma elevação do $[Ca^{++}]i$ induzindo a secreção de íons $Cl^-$. Adaptada de Ramig, 2004.

A NSP4 afeta a homeostase do cálcio intracelular por duas vias: uma via independente de fosfolipase C (PLC, *phospholipase* C), mediada por seu domínio viroporina que induz a extrusão de cálcio do RE (NSP4 endógena); a segunda via é mediada por uma cascata de sinalização pela PLC e inositol fosfato 3 (IP3, *inositol phosphate 3*) e seu receptor específico (IP3R, *inositol phosphate 3 receptor*), por meio da interação da NSP4 exógena (ou do peptídeo derivado da NSP4; aa 112-175), secretados das células infectadas que afetam as células não infectadas, ativando a secreção de cloro. Estudos em camundongos mostraram a localização da NSP4, tanto na face apical das células das vilosidades intestinais, juntamente com outras proteínas virais, como sozinha na face basolateral dessas células e em células das criptas. A localização da NSP4 na face basolateral é consistente com a observação de que essa proteína interage com β-3 laminina e fibronectina. As integrinas basolaterais α1β1 e α2β1 são receptores para a enterotoxina dos RV (Figura 11.20).

A infecção por RV e o aumento dos níveis intracelulares de cálcio mediado pela NSP4 podem induzir a secreção de serotonina (5-HT, 5-hidroxitriptamina) pelas EC, que podem ativar nervos entéricos do intestino delgado levando ao aumento da motilidade intestinal. A infecção por RV e a liberação de 5-HT dependente da NSP4 também podem ativar nervos vagais que se projetam para regiões do cérebro associadas a náuseas e vômitos. O nervo vago contém neurônios que se projetam do intestino para o cérebro e vice-versa e é uma via importante na detecção de estímulos eméticos e na indução de vômito.

A infecção por RV está associada ao atraso do esvaziamento gástrico. Acredita-se que o esvaziamento gástrico ocorra principalmente em função do gradiente de pressão entre o estômago e o duodeno, o qual é influenciado por receptores neurais e hormonais, ainda não bem caracterizados, no duodeno e no jejuno. Além disso, o atraso observado no esvaziamento gástrico pode ser mediado pelo aumento da secreção de hormônios gastrointestinais (como secretina, gastrina, glucagon e colecistocinina), bem como ativação de vias neurais que envolvem neurônios vagais não colinérgicos, não adrenérgicos e dopaminérgicos. No entanto, não se sabe se a infecção por RV induz sinalização através dessas vias ou induz a secreção desses hormônios gastrointestinais.

### Infecção em sítios extraintestinais

Evidências sugerem que a infecção por RV é sistêmica atingindo para além do lúmen intestinal, independentemente da presença ou não de diarreia. O RV pode causar infecção sistêmica ao entrar na corrente sanguínea, embora os mecanismos de infecção extraintestinal não sejam claros. Um curto período de viremia pode ocorrer em uma grande proporção de crianças com gastroenterite grave por RV, e o vírus pode ser detectado nos tecidos não intestinais de indivíduos imunocompetentes. Como a detecção de antigenemia não é uma ferramenta de diagnóstico de rotina para RV, o impacto deste agente como patógeno em crianças pode ser subestimado, especialmente na ausência de diarreia.

As convulsões (fenômeno eletrofisiológico anormal temporário que ocorre no cérebro e que resulta em uma sincronização anormal da atividade elétrica neuronal) são possivelmente a manifestação extraintestinal mais frequentemente reconhecida da infecção por RV. O papel da infecção por RV como causa de convulsão e doença neurológica clínica está bem estabelecido na literatura científica; estes são os sintomas neurológicos mais comuns, com incidência de 4% e 7,7% dos pacientes, respectivamente. Além disso, diversos estudos descreveram lesões difusas da matéria branca cerebral nos neonatos com convulsões associadas ao RV.

O mecanismo fisiopatológico da convulsão induzida por RV ainda não está claro. Uma hipótese proposta sugere papel fundamental para a NSP4, através da interrupção da homeostase de cálcio que pode resultar em neurotoxicidade e desregulação da neurotransmissão. Como apresentado anteriormente, a NSP4 atua como uma enterotoxina indutora de secreção de íons cloro e água através da elevação do cálcio citosólico. No entanto, este efeito não se limita às células intestinais uma vez que a NSP4 pode se ligar à superfície de vários tipos de células, através da interação com glicosaminoglicanas. Assim, os efeitos fisiopatológicos da NSP4 podem ter um tropismo celular mais amplo e exercer ampla gama de efeitos fisiológicos no hospedeiro. Também foi demonstrado que a NSP4 possui propriedades inerentes à desestabilização de membrana.

Outra possível explicação para as convulsões induzidas por RV é através da ação direta de infecção no sistema nervoso central (SNC). Esta hipótese é suportada por diversos estudos que demonstram a detecção do RV no liquor e por modelos experimentais utilizando animais. No entanto, a presença do vírus não foi pesquisada no liquor em todos os casos de convulsão associadas ao RV, tampouco o mecanismo patogênico foi estabelecido. Outras possíveis manifestações extraintestinais são descritas com base em relato de casos e, por conseguinte, é mais difícil estimar o seu real significado.

### Associação com doenças autoimunes

O papel do RV como um fator ambiental desencadeador de várias doenças autoimunes tem sido o foco de interesse nos últimos anos. Atenção especial tem sido dada à doença celíaca, uma enteropatia autoimune, em que uma alta frequência de infecções por RV pode aumentar o risco de doença celíaca na infância em indivíduos geneticamente predispostos, com um risco relativo de 3,76 para indivíduos com duas ou mais infecções. O mecanismo desta associação não é claro.

Da mesma forma, a infecção por RV tem sido sugerida como um fator desencadeante para diabetes melito tipo 1 (DM1), uma endocrinopatia autoimune que leva à destruição seletiva de células beta pancreáticas produtoras de insulina. Dados de experimentos utilizando animais, bem como estudos *in vitro* indicam que RV, como outros vírus, é claramente capaz de modular o desenvolvimento de diabetes através de diferentes mecanismos, incluindo lise de células beta, ativação de células T autorreativas, supressão de células reguladoras e mimetismo molecular. No entanto, o mecanismo exato não é totalmente claro e alguns autores consideram essa associação improvável.

## Manifestações clínicas da infecção entérica por rotavírus

O espectro clínico da rotavirose é amplo, variando de um quadro assintomático até uma diarreia grave e vômito causando desidratação, desequilíbrio eletrolítico, choque e morte. Em casos típicos, após o período de incubação de 1 a 3 dias, a doença tem um início abrupto, com febre e vômito seguidos de diarreia aquosa explosiva. Com a reposição adequada de fluidos, a desidratação pode ser resolvida. Os sintomas gastrointestinais costumam desaparecer dentro de 3 a 7 dias, mas podem perdurar por até 2 a 3 semanas. Embora, na maioria dos casos a recuperação seja completa, podem ocorrer fatalidades, principalmente em crianças ≤ 1 ano de idade.

## Imunidade

A suscetibilidade à infecção por RV é modulada por fatores não imunológicos (como a presença de ácido gástrico e expressão diferencial de receptores de RV, como HBGA, no intestino) e fatores imunológicos. O primeiro nível de imunidade aos RV de humanos é uma suscetibilidade inata ou resistência à infecção, com base parcialmente no genótipo da enzima alfa-1, 2-fucosiltransferase (FUT2, *alpha-1, 2-fucosyltransferase*) de um indivíduo. A FUT2 controla a fucosilação e a expressão de antígenos HBGA na mucosa intestinal. Esses carboidratos funcionam como ligantes e acredita-se que sejam os receptores iniciais necessários para a ligação do RV às células hospedeiras. A suscetibilidade ou resistência a uma estirpe específica de RV depende de a superfície celular no intestino expressar a glicana apropriada. Os RV que infectam seres humanos se ligam aos HBGA, enquanto a maioria das estirpes de RV de animais se liga às sialoglicanas. A distribuição dos tipos de HBGA em diferentes populações humanas afeta a prevalência de genótipos de RV em todo o mundo e a suscetibilidade a algumas estirpes de origem animal.

A maioria dos dados sobre a resposta imunológica induzida por RV é proveniente de estudos usando modelos em animais (principalmente camundongos neonatos ou adultos e leitões gnotobióticos), embora a relevância desses dados para infecção em crianças seja desconhecida e os mecanismos de imunidade à doença por RV em humanos não sejam completamente compreendidos.

Os RV são inicialmente reconhecidos por receptores de reconhecimento de padrões (PPR, *pattern recognition receptors*) nos enterócitos ou células do sistema imunológico (incluindo macrófagos, células dendríticas ou linfócitos B e T). O RNAfd dos RV pode ser reconhecido por receptores do tipo *toll* (TLR, *toll-like receptors*; TLR3, TLR7 e TLR8); receptores tipo NOD (domínio de oligomerização de nucleotídeos [*nucleotide oligomerization domain*]); receptores tipo RIG-I (gene indutível pelo ácido retinoico-I [*retinoic acid inducible gene-I*]); e receptores MDA5 (proteína 5 associada à diferenciação do melanoma [*melanoma differentiation-associated protein 5*]). RIG-I e MAD5 iniciam a resposta mediada por IFN tipos I e III.

Em camundongos, as células do sistema imunológico adaptativo, como as células $TCD_8^+$ e, até certo ponto, as células B, podem mediar o *clearance* da infecção por RV. Níveis muito baixos de células $TCD_8^+$ específicas para RV podem ser detectados no sangue de crianças com diarreia, enquanto na maioria das crianças saudáveis essas células estão abaixo do limite de detecção. Poucos dados relevantes estão disponíveis sobre o nível ou a qualidade da imunidade entérica de células T ao RV em crianças ou adultos.

Embora as crianças possam ter muitas reinfecções por RV, estas diminuem progressivamente em gravidade. Os níveis de anticorpos séricos totais da imunoglobulina A (IgA) específicos para o RV, medidos após a infecção, são atualmente o melhor marcador de proteção contra a doença, e a presença de anticorpos IgA anti-RV no soro é amplamente utilizada como marcador da resposta a vacina, embora a correlação com a proteção contra gastroenterite grave não seja absoluta.

## Diagnóstico laboratorial

A infecção causada pelos RV não induz sintomas característicos e específicos o suficiente para que se possa fechar um diagnóstico apenas com base em sintomatologia, uma vez que outras infecções também causam quadros clínicos de gastroenterite e sintomas semelhantes.

Algumas características da infecção por RV levaram ao desenvolvimento de inúmeras técnicas de diagnóstico a partir da identificação direta de partículas ou antígenos virais nas fezes. A dificuldade e demora para propagar esses vírus em laboratório e o grande número de partículas virais ($10^{15}$ partículas/g de fezes) excretadas nas fezes, durante um período relativamente longo (5 a 7 dias), levaram ao desenvolvimento de técnicas diretas de diagnóstico.

Um dos métodos imunológicos mais usados no diagnóstico das rotaviroses tem sido o ensaio imunoenzimático (EIA, *enzyme immunoassay*), que é muito específico e sensível, com a sua especificidade podendo ser ampliada pela utilização de anticorpos monoclonais (MAb, *monoclonal antibodies*). A utilização dessa técnica na detecção dos RVA é facilitada pela grande comercialização de *kits*. O EIA apresenta vantagens como a possibilidade de automação para a testagem de grande quantidade de amostras e, por outro lado, não necessita de muitos equipamentos, tornando possível a aplicação também em pequena escala.

Alguns laboratórios têm como rotina o uso de outros métodos para detecção de RVA, tais como: imunofluorescência (IF), testes imunocromatográficos e aglutinação do látex (AL) (para mais informações, ver *Capítulo 8*). Atualmente, existem vários *kits* comerciais com base nessas técnicas.

Há também alguns testes imunoenzimáticos desenvolvidos para a detecção de RV das espécies *B* e *C*; os quais, a exemplo dos existentes para os RVA, são voltados somente para a identificação dos antígenos virais nas fezes.

A PAGE ainda é muito utilizada na identificação dos 11 segmentos do RNAfd, característico dos RV (ver Figura 11.11). Devido a essa característica de genoma segmentado, o padrão eletroforético tem sido utilizado para identificar e diferenciar estirpes virais, sendo útil em estudos epidemiológicos, possibilitando, por exemplo, o monitoramento de padrões de transmissão dos RV e a determinação da prevalência de determinadas estirpes virais em diferentes localidades e épocas do ano. Além disso, essa técnica ainda é uma das maneiras de se realizar a identificação de RV das espécies não A, que não podem ser identificados pela maioria das técnicas sorológicas disponíveis.

O desenvolvimento de técnicas de biologia molecular – tais como a reação em cadeia da polimerase associada à transcrição reversa (RT-PCR, *reverse transcription polymerase chain reaction*) e a análise da sequência de nucleotídeos – levou a um rápido aumento do número de informações sobre a etiologia das rotaviroses, fornecendo dados específicos e abrangentes sobre os RV circulantes em todo o mundo. Muitas vezes, o sequenciamento genômico completa ou certifica resultados obtidos por outras técnicas, além de fornecer dados que tornam possível o estudo evolutivo dos RV circulantes em dada região, reforçando e ampliando dados epidemiológicos sobre esses vírus.

O desenvolvimento da técnica de reação em cadeia da polimerase (PCR, *polymerase chain reaction*) em tempo real e a sua adaptação aos protocolos de diagnóstico de RV possibilitou a utilização de maneira mais ampla da RT-PCR, já que essa técnica dispensa a eletroforese, permitindo rápida e fácil interpretação dos resultados. Estudos demonstraram aumento de 111% na detecção de amostras positivas para RV quando as técnicas de RT-PCR em tempo real e aglutinação em látex foram comparadas.

A propagação do vírus em cultura de células é possível utilizando-se linhagens celulares como MA-104 (células de rim fetal de macaco-verde africano, *Cercopithecus aethiops*) e CaCo-2 (células de adenocarcinoma de cólon humano). Contudo, a propagação do vírus em cultura é muito lenta, não tendo valor prático para diagnóstico.

A caracterização dos genótipos pode ser realizada pelas técnicas RT-PCR, hibridização, ensaio imunossorvente ligado à enzima-reação em cadeia da polimerase (PCR-ELISA, *polymerase chain reaction-enzyme linked immunosorbent assay*) e sequenciamento.

## Epidemiologia

Praticamente todas as crianças entre 3 e 5 anos já sofreram pelo menos um episódio de diarreia por RV. Os RV são considerados os principais agentes de diarreia desidratante grave entre crianças menores de 5 anos de idade em todo o mundo, independente do *status* socioeconômico (Figura 11.21). A gravidade das infecções por RV é idade-dependente. Embora a doença possa acometer indivíduos de todas as idades, essa é a causa mais frequente de doença clinicamente significante em crianças. A primeira infecção geralmente é a mais grave, com diarreia e desidratação intensas, ocorrendo principalmente em crianças entre 3 e 24 meses de idade, embora o pico de ocorrência da doença por faixa etária varie globalmente. Uma avaliação da distribuição etária dos casos de diarreia por RV entre crianças menores de 5 anos de idade no

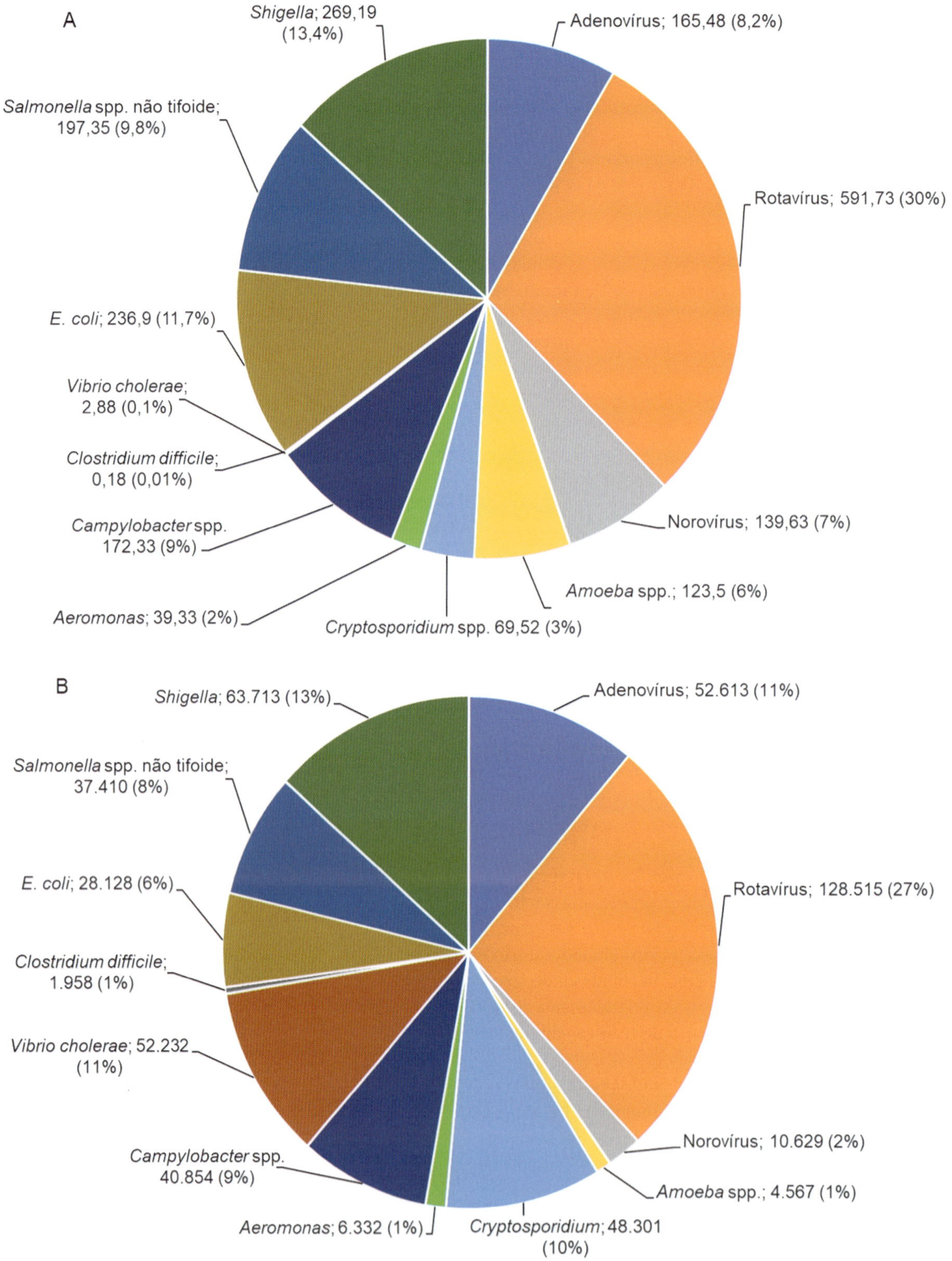


**Figura 11.21** Principais agentes etiológicos associados à doença diarreica aguda em 195 países e territórios em todo o mundo, em 2016. **A.** Número de episódios de diarreia ×1.000.000. **B.** Óbitos associados à doença diarreica em crianças menores de 5 anos de idade. Fonte: GBD 2016 Diarrhoeal Disease Collaborators, 2018.

período pré-vacinação revelou que em países com taxas de mortalidade infantil média, elevada ou muito elevada, a idade média para hospitalização devido a diarreia por RV foi de 10,6; 9,9 e 8,7 meses, respectivamente. Em países com taxas de mortalidade infantil baixa e muito baixa, a idade média para hospitalização devido à diarreia por RV foi de 15 meses. Em países com mortalidade infantil muito elevada, 69% das internações devidas à diarreia por RV em crianças menores de 5 anos ocorrem no primeiro ano de vida, sendo 3% dos casos por volta dos 2,3 meses, 8% por volta de 3,5 meses e 27% até os 6 meses de idade.

Ao contrário de muitos patógenos entéricos bacterianos, os RV subsistem em climas temperados e tropicais, bem como em ambientes sociais desenvolvidos e em desenvolvimento. A grande quantidade de vírus eliminado provavelmente explica o fato de que melhorias no padrão de higiene, em países desenvolvidos, não reduzem significativamente a incidência da doença.

Em climas temperados, a doença é sazonal, ocorrendo geralmente nos meses mais frios e secos do ano. Em um estudo australiano realizado por um período de 10 anos, foi demonstrado que temperatura e umidade mais elevadas levavam à diminuição das hospitalizações. No entanto, existem variações regionais na sazonalidade da rotavirose. Por exemplo, nos Estados Unidos da América (EUA), o pico da doença começa no sudoeste, no outono, e termina no nordeste na primavera. Na Europa, a doença tende a se propagar do sul para o norte, geralmente na mesma estação. Os fatores responsáveis por essa sazonalidade (umidade relativa, média da temperatura, densidade populacional) não estão claramente definidos. Apesar das infecções por RV flutuarem bem menos em áreas de clima tropical, as taxas também variam nessas áreas. De fato, uma revisão sistemática de 26 estudos concluiu que o pico de infecções nos trópicos também ocorre nos meses mais frios e secos. As diferenças na sazonalidade, assim como na disponibilidade de atendimento médico e a ocorrência de comorbidades na infância, resultam em uma diferença marcante no impacto da doença entre países desenvolvidos e em desenvolvimento.

Os RV foram detectados pela primeira vez no Brasil em 1977, em material fecal de crianças com diarreia, na cidade de Belém, estado do Pará. Desde então, vários estudos epidemiológicos têm demonstrado a ampla disseminação desse vírus no país. Um estudo realizado em 866 municípios de 22 estados brasileiros, demonstrou que, no período de 1996 a 2005 (pré-vacinação) e de 2006 a 2017 (pós-vacinação), 25,1% e 20,8%, respectivamente, das crianças com diarreia aguda foram positivas para RVA.

Devido ao ônus elevado da rotavirose em todo o mundo e ao esforço da comunidade científica para o desenvolvimento de medidas de prevenção seguras e eficientes, diversos programas de vigilância epidemiológica têm sido criados visando ao monitoramento da diversidade dos RVA circulantes na população. Neste sentido, Austrália (*Australian Rotavirus Surveillance Program*) e EUA (*National Rotavirus Strain Surveillance System*) implantaram programas nacionais de vigilância dos genótipos G e P desde 1993 e 1996, respectivamente. Posteriormente, grupos regionais de vigilância foram estabelecidos na África (*African Rotavirus Network*), na Ásia (*Asian Rotavirus Surveillance Network*) e na Europa (*The European Rotavirus Network* [*EuroRotaNet*]) para monitorar a diversidade antigênica das estirpes circulantes. No Brasil, a vigilância epidemiológica e laboratorial da rotavirose foi oficialmente estabelecida em 2006, pela Secretaria de Vigilância em Saúde, Coordenação de Vigilância de Doenças de Transmissão Hídrica e Alimentar, contudo, diversos estudos epidemiológicos foram realizados em todo o território nacional ao longo das duas últimas décadas. Desde 2008, a OMS coordena a *Global Rotavirus Surveillance Network* (GRSN), uma rede de hospitais e laboratórios de vigilância sentinela que reportam aos Ministérios da Saúde de cada país e à OMS dados das características clínicas e de testes laboratoriais das infecções por RVA em crianças ≤ 5 anos de idade hospitalizadas com gastroenterite aguda. A *Global Rotavirus Laboratory Network* (GRLN) é um componente fundamental da GRSN, projetada para realizar testes de alta qualidade para diagnóstico da diarreia por RVA e caracterizar os genótipos das estirpes mais prevalentes em diferentes países e regiões. Em dezembro de 2017, a rede já agrupava 187 laboratórios, incluindo 108 laboratórios-sentinela hospitalares (SHL, *sentinel hospital laboratories*), 69 laboratórios nacionais e provinciais, 9 Laboratórios Regionais de Referência (RRL, *Regional Reference Laboratories*) e um Laboratório de Referência Global (GRL, *Global Reference Laboratory*). Todos os laboratórios SHL alcançaram alto nível de desempenho no diagnóstico de RVA e a genotipagem é realizada nos laboratórios de referência nacionais e regionais.

A avaliação da distribuição global dos diferentes genótipos de RVA entre 1989 e 2014, incluindo quase 75.000 estirpes virais, revelou que os genótipos de RVA G1P[8], G2P[4], G3P[8], G4P[8], G9P[8] e G12P[8] representam 74,4% das infecções por RVA. Outros genótipos como G1P[4], G1P[6], G2P[6], G3P[6], G9P[4], G9P[6] e G12P[6] foram menos frequentes. Genótipos como G5, G6 e G8 e G9, associados a diferentes genótipos P, são mais restritos a determinadas regiões, ocasionalmente sendo os tipos predominantes nesses locais. Curiosamente, este cenário permaneceu inalterado após a introdução da vacinação contra a rotavirose.

No Brasil, a avaliação da distribuição dos genótipos de RVA apresenta três períodos epidemiológicos distintos: 1982-1995 e 1996-2006, períodos pré-vacinação, e a partir de 2006, período pós-vacinação. Entre 1982-1995, os genótipos clássicos G1P[8], G2P[4], G3P[8] e G4P[8] foram os mais prevalentes, porém o atípico G5P[8] foi frequentemente detectado; 1996-2006, o genótipo G9P[8] emergiu, seguindo uma tendência mundial, e o genótipo G2P[4] foi raramente detectado; a partir de 2006, G2P[4] reemergiu e foi o genótipo predominante até 2016. O genótipo G12 (P[8] ou P[6]) emergiu em 2008 e sua incidência vem aumentando no período pós-vacinal, atingindo o pico entre 2014-2015. Em 2017 foi observada a predominância do genótipo G3P[8].

Os RVB têm sido implicados em grandes surtos de diarreia grave (envolvendo até 20.000 indivíduos) em adultos, em diversas partes da China e em pequenos surtos ou casos esporádicos em Bangladesh e na Índia. Os indivíduos afetados apresentaram diarreia aquosa grave, tendo havido óbitos entre pacientes idosos. Até o momento, as infecções por RVB têm ocorrido como epidemias isoladas ou casos esporádicos, possivelmente devido à contaminação da água.

Os RVC já foram detectados em seres humanos em diversas partes do mundo incluindo Brasil, causando diarreia. A infecção por RVC afeta tanto crianças quanto adultos. Entretanto, a prevalência de RVC como agente etiológico da diarreia não está bem estabelecida, possivelmente devido à falta de ensaios para diagnósticos rápidos e sensíveis, como existem para RVA. A partir da utilização de ensaios que usam técnicas moleculares, a frequência de detecção de RVC em seres humanos vem crescendo em todo o mundo.

## Impacto social da rotavirose

As infecções por RV são a principal causa de diarreia grave mundialmente. Em 2016, as infecções por RV resultaram em mais de 591 milhões de episódios de gastroenterite e 228.047 óbitos em todo o mundo, sendo o principal agente etiológico de óbitos por diarreia no mundo, entre todos os grupos etários. Entre crianças ≤ 5 anos de idade ocorreram 128.515 óbitos devido a rotavirose em 2016. Aproximadamente 90% desses óbitos ocorreram em países pobres na África Subsaariana e Ásia e estão associados a um atendimento médico precário (Figura 11.22). A proporção de infecções por RV aumenta com o aumento da gravidade da gastroenterite; essas proporções variam de 8 a 10% de todos os episódios de diarreia até 35 a 40% dos episódios de diarreia grave que requerem internação hospitalar em todo o mundo.

## Potencial zoonótico dos rotavírus

A transmissão interespécies de RVA já foi considerada um evento raro. Durante a década de 1980, estudos de hibridização RNA-RNA produziram evidências convincentes de que a transmissão interespécies de RVA poderia ocorrer. Estes estudos revelaram uma relação genética muito próxima entre algumas estirpes incomuns de RVA que infectam seres humanos e animais. Utilizando a mesma metodologia, observou-se que outras estirpes detectadas em seres humanos compartilham uma mesma constelação genética com estirpes oriundas de outras espécies hospedeiras. Coletivamente, esses estudos revelaram que a transmissão direta não é o único mecanismo utilizado para quebra da barreira interespécies, já que um dos mecanismos descritos em associação a este tipo de transmissão é o reagrupamento genômico, podendo contribuir para o aparecimento de estirpes potencialmente zoonóticas.

Entretanto, à medida que as técnicas de sequenciamento se tornaram amplamente utilizadas, o número de sequências dos genes que codificam VP4 e VP7 provenientes das estirpes circulantes de RVA aumentou exponencialmente. O acúmulo de informações oriundas das análises dessas sequências e de dados de prevalência das estirpes RVA, revelou que, pelo menos, 3/4 das combinações possíveis dos genótipos G-P detectados em seres humanos podem ser consideradas incomuns, e estas representam uma prevalência global de menos de 1%.

Esforços globais de vigilância epidemiológica forneceram evidências sólidas de que os reagrupamentos entre estirpes de RVA que infectam seres humanos e animais são cruciais para o intercâmbio de segmentos genéticos entre esses vírus, assim como para a eficiente transmissão e disseminação dessas estirpes entre os novos hospedeiros não homólogos. Os exemplos mais proeminentes são as estirpes G9P[8] e G12P[8], que se tornaram globalmente comuns durante o final da década de 1990 e início da década de 2000. Os genótipos G9 e G12 dessas estirpes emergentes foram provavelmente adquiridos a partir de estirpes de RVA de animais, enquanto o outro antígeno de superfície (P) e o restante da constelação genotípica são de estirpes de humanos. Os genótipos G9 e G12 detectados em suínos, bovinos e humanos, mostram uma constelação genômica derivada de RVA suíno atestando a origem animal desses genes.

Outras estirpes zoonóticas apresentam distribuição geográfica mais restrita. Por exemplo, verificou-se que algumas estirpes pertencentes aos genótipos G6, G8 ou G10, de origem bovina, causam epidemias regionais em humanos, em partes da África, Ásia e Europa, enquanto em outras áreas são geralmente detectadas de forma esporádica, sem evidências de ligação epidemiológica com a variante epidêmica destes genótipos. Análises

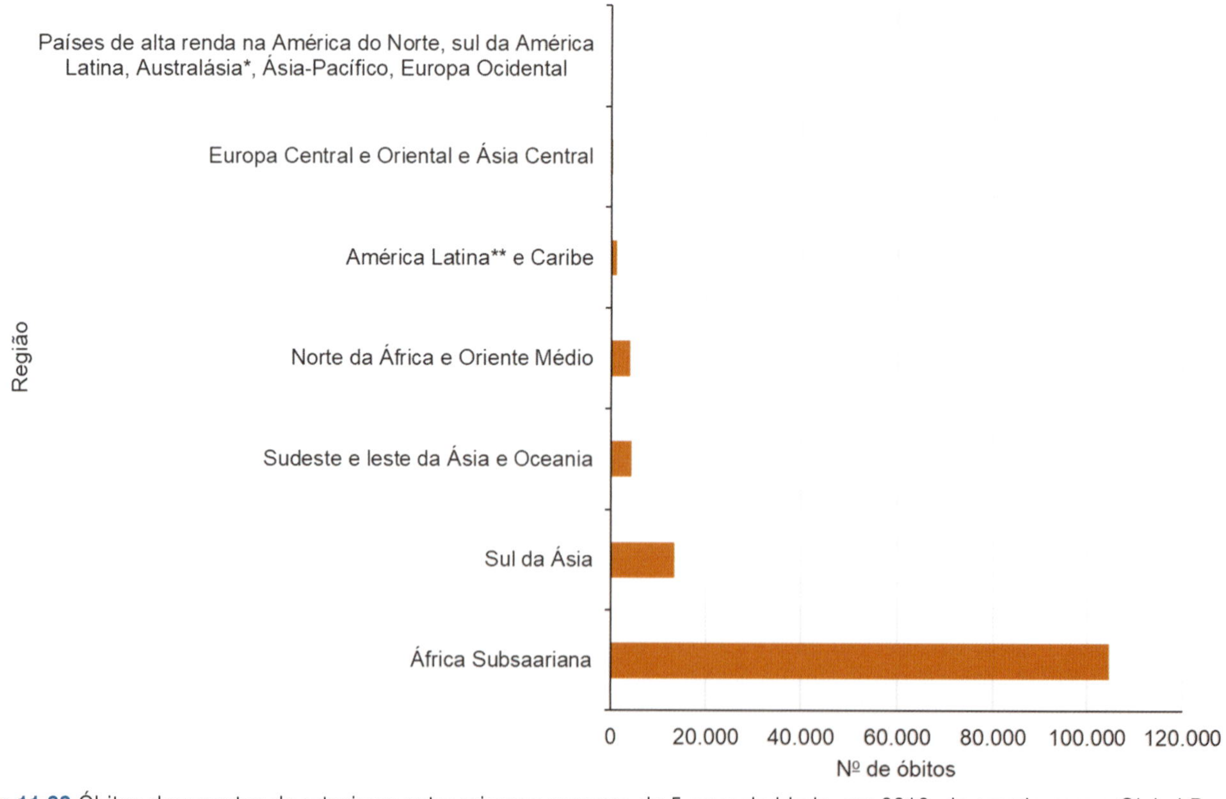


**Figura 11.22** Óbitos decorrentes da rotavirose entre crianças menores de 5 anos de idade, em 2016, de acordo com o *Global Burden of Diseases*. *Austrália, Nova Zelândia, Nova Guiné e algumas ilhas menores da parte oriental da Indonésia. **Região dos Andes, Central e Tropical da América Latina. Fonte: Troeger *et al*., 2018.

moleculares dos RVA G6, G8 e G10 revelaram heterogeneidade genética entre as estirpes circulantes, indicando que ocorrem múltiplos eventos de transmissão interespécies independentes em várias áreas geográficas; contudo, apenas algumas dessas estirpes tornaram-se clinicamente importantes em uma determinada área geográfica.

A questão de por que certos tipos de genótipos de origem animal são mais frequentemente encontrados em seres humanos do que em outras espécies de animais permanece aberta. Por exemplo, as combinações de genótipos G-P mais comumente detectados em suínos e bovinos são G5P[7] e G6P[11], respectivamente; estes genótipos foram detectados apenas em alguns poucos casos de infecção em humanos em todo o mundo. Entretanto, os genótipos G3/G9/G4P[6] de suíno e G6/G8/G10P[14] de ruminantes são relativamente mais comuns em seres humanos do que nos respectivos hospedeiros de origem animal.

Os mecanismos moleculares responsáveis pela variação antigênica dessas estirpes entre as diferentes espécies hospedeiras permanecem desconhecidos, contudo, alguns estudos têm fornecido informações relevantes que podem auxiliar na compreensão desses fenômenos. Foi levantada a possibilidade de que a composição genética da espécie hospedeira pode determinar a suscetibilidade dos indivíduos à infecção por determinadas estirpes de RVA e consequentemente, pode favorecer ou inviabilizar a infecção por estirpes heterólogas. A VP4 é uma proteína-chave neste processo, uma vez que funciona como receptor para a adsorção dos RV à célula. O domínio de ligação ao receptor celular da VP4 (VP8*) interage com porções de carboidratos na superfície celular.

Foi demonstrado que algumas estirpes de RVA de origem animal dependem do ácido siálico para a interação inicial com as células, p. ex.: estirpes P[1] (bovino), P[2] e P[3] (símio) e P[7] (suíno). Para algumas estirpes de RVA de suínos, o gangliosídeo GM3 sialilado foi proposto como o receptor celular. Estudos recentes indicam que os principais genótipos humanos P[4], P[6] e P[8] não dependem dos ácidos siálicos terminais para a ligação celular, uma vez que são capazes de se ligar aos ácidos siálicos internos presentes nos antígenos HBGA. A hipótese é que ocorre uma ligação preferencial das estirpes P[4] e P[8] com os antígenos B de Lewis ou antígenos tipo H-1. As crianças com polimorfismo no gene da FUT2, também chamadas de não secretoras da enzima alfa-1, 2-fucosiltransferase, parecem ser resistentes a infecções por estirpes P[8]. Desta forma, para que as crianças sejam suscetíveis às estirpes P[8], os dois fenótipos (secretores FUT2 e antígeno B de Lewis) são necessários, enquanto as estirpes P[6] infectam principalmente crianças Lewis-negativas, independentemente de seu fenótipo secretor.

Notavelmente, a distribuição desproporcional de indivíduos Lewis-negativos entre as populações (4 a 6% da população europeia e norte americana *versus* 30% da população africana e latino-americana) poderia explicar a maior frequência de estirpes P[6] entre crianças africanas, enquanto P[4] e P[8] predominam na população caucasiana. Curiosamente, estirpes com genótipos P[9], P[14] e P[25] parecem depender de interações com antígenos HBGA do tipo A para a ligação à superfície celular. Consequentemente, os indivíduos portadores de antígeno de tipo A podem ser mais suscetíveis à infecção por estirpes de RVA de origem animal que reconhecem esse tipo de antígeno.

As análises comparativas de sequências genômicas demostraram que a maioria das estirpes de RVA de origem humana pertencem a três constelações genotípicas, dos genes não G, não P a saber: I1-R1-C1-M1-A1-N1-T1-E1-H1 (Wa-*like*), I2-R2-C2-M2-A2-N2-T2-E2-H2 (DS-1-*like*), e I3-R3-C3-M3-A3-N3-T3-E3-H3 (AU-1-*like*). As estirpes humanas Wa-*like* compartilham sua constelação genotípica com estirpes suínas, as estirpes DS-1-*like* compartilham sua constelação genotípica com estirpes bovinas, enquanto as estirpes AU-1-*like* estão relacionadas com estirpes felinas.

Esses estudos revelaram diversos cenários de eventos de transmissão interespécies, frequentemente sugerindo uma configuração do genoma oriunda de múltiplos hospedeiros. Por exemplo, uma estirpe detectada em uma criança com diarreia grave, na Hungria, contém em sua constelação genes oriundos de estirpes de RVA de búfalo, felino e bovino. Outra estirpe detectada em uma criança assintomática, no Quênia, carregava genes de provável origem de RV de símio e um número de genes cuja origem não pôde ser elucidada. Estirpes de RVA detectadas em crianças na Índia possuem genes provavelmente oriundos de estirpes de felinos, símios e caprinos. A análise filogenética de várias estirpes com genótipo G4P[6] detectadas na Hungria sugere uma origem zoonótica destes vírus, possivelmente através do reagrupamento entre estirpes provenientes de suínos e de humanos. Uma estirpe G3P[14] isolada de uma criança australiana apresentou uma mistura de genótipos originários de morcego, felino/canino-*like* e bovino, enquanto uma estirpe detectada em Barbados pode ser produto de reagrupamento entre RVA de humano, de suíno e de bovino. Postula-se que os eventos que podem levar ao surgimento deste mosaico genético resultariam de uma possível aquisição sequencial de genes de um *pool* comum de genes circulantes em uma área geográfica, em um único hospedeiro ou pela alternância de espécies hospedeiras (ver Figura 11.13).

Conforme apresentado anteriormente, a transmissão zoonótica do RVA está frequentemente associada ao fenômeno de reagrupamento dos segmentos gênicos. Isto exigiria a ocorrência de coinfecção do hospedeiro por estirpes homólogas e heterólogas. A transmissão de estirpes de RVA heterólogas pode ocorrer diretamente via contato direto com animais, ou indiretamente por contato com fômites contaminados com material fecal. A água contaminada com fezes pode desempenhar um papel chave na transmissão do RVA, pois pode conter estirpes de RVA de origem humana e animal, facilitando assim coinfecções por estirpes homólogas e heterólogas, criando a oportunidade de reagrupamento. Portanto, a transmissão por via hídrica poderia ser uma explicação alternativa para a ocorrência de estirpes de RV com uma constelação genotípica quimérica.

Infecções interespécies por RVC também já foram descritas, embora em menor frequência do que ocorre para RVA, entre suínos e bovinos. O potencial de transmissão de suínos para humanos foi também sugerido após a detecção de estirpes suíno-*like* infectando humanos, bem como estirpes humano-*like* infectando suínos.

## Prevenção e controle

Embora a mortalidade por rotavirose varie de acordo com o nível socioeconômico, os índices da doença são similares em países desenvolvidos e em desenvolvimento. Isso indica que melhorias nos padrões de saneamento e higiene, os quais têm sido responsabilizados pela redução da incidência da maioria das diarreias infecciosas em países desenvolvidos, dificilmente irão prevenir a rotavirose de modo significativo. Consequentemente, a prevenção por meio de vacinação é essencial para o controle dessa doença. A OMS recomenda a vacinação contra a rotavirose como parte de um pacote integrado com intervenções de prevenção (promoção de aleitamento materno, reidratação oral, lavagem das mãos, melhoria no suprimento de água e saneamento) e tratamento para reduzir a morbidade e mortalidade da doença diarreica.

Até o final de 2018, 92 países em todo o mundo haviam introduzido a vacina contra a rotavirose em seus programas nacionais de imunização e outros seis países também o fizeram em fase inicial ou regionalmente. Em muitos países de baixa renda, a introdução da vacina contra rotavirose é apoiada pela *Global Alliance for Vaccines and Immunization* (GAVI). Dos 73 países originalmente elegíveis pela GAVI, 46 receberam apoio para a implantação da vacina até 2019, enquanto oito já haviam sido aprovados pela GAVI e estavam planejando a introdução em um futuro próximo.

Embora a infecção primária não confira imunidade completa, estudos clínicos têm demonstrado que a infecção primária parece conferir proteção contra doença grave após a reinfecção. Da mesma forma, embora a infecção neonatal não confira proteção completa contra a doença, crianças que sofreram a infecção neonatal parecem ter doença mais branda após a reinfeção. Esta proteção não parece ser homotípica; contudo, a proteção é mais forte quando a criança é reexposta ao mesmo tipo G. Quando a proteção contra a infecção natural é analisada, parece que a resposta humoral homotípica é mais forte que a heterotípica. Assim, ainda não estão claros os benefícios de uma vacina polivalente *versus* uma vacina monovalente.

A primeira vacina contra a rotavirose licenciada foi a tetravalente RRV (RRV-TV) (Rotashield®, Wyeth Lederle Vaccines, Filadélfia, EUA), a qual demonstrou, durante os testes clínicos, alta eficiência (90%) contra casos graves e 60% contra qualquer infecção pelo RV. Foi licenciada em outubro de 1998 nos EUA e recomendada para uso oral, em três doses, aos 2, 4 e 6 meses de idade. A vacina RRT-TV era composta por quatro estirpes virais atenuadas, correspondendo aos quatro sorotipos G dos vírus que infectam seres humanos com maior frequência (G1-G4). A vacina era constituída pela estirpe MMU18006 de macaco rhesus (com especificidade para o genótipo G3) e três estirpes reagrupadas de vírus de humano e macaco rhesus, as quais continham um único gene derivado de vírus de estirpes de humanos (VP7) inserido, correspondendo aos genótipos G1, G2 e G4 e 10 segmentos do vírus símio. Nove meses após sua liberação, quando aproximadamente 600.000 crianças já haviam sido vacinadas e 1.800.000 doses já haviam sido ministradas, a vacina foi retirada do mercado devido à sua associação a casos graves de intussuscepção (invaginação de qualquer porção do tubo gastrointestinal em outra porção adjacente), que não é uma consequência natural da infecção por RV.

Em junho de 1999, 15 casos de intussuscepção foram diagnosticados em crianças 2 semanas após a vacinação; em julho desse mesmo ano, os Centros para Controle e Prevenção de Doenças (CDC, Centers for Disease Control and Prevention), dos EUA, suspendeu temporariamente o uso da Rotashield® (RRV-TV) em território americano, com base em relatos sobre a ocorrência dessa patologia entre crianças vacinadas. Em outubro de 1999, 98 casos de intussuscepção foram registrados, e 60 ocorreram 7 dias após a aplicação da primeira, segunda ou terceira dose da vacina. Após esses episódios, o Comitê Consultivo para Práticas de Imunização (ACIP, *Advisory Committee on Immunization Practices*), dos EUA, optou por cancelar o uso da RRV-TV, recomendando mais estudos com relação aos casos de intussuscepção induzidos pela vacina.

As possíveis explicações para o fato de a vacina RRV-TV ter causado intussuscepção incluem: (1) uma das estirpes presentes na vacina poderia apresentar patogênese distinta das estirpes selvagens; (2) o vírus vacinal poderia se adsorver em células do intestino de maneira distinta do vírus selvagem; e (3) a resposta imunológica induzida pelas estirpes vacinais poderia ser diferente daquela induzida pelo vírus selvagem.

Em 2006, duas vacinas contra rotavirose, Rotarix® (RV1) e RotaTeq® (RV5), foram licenciadas e quase imediatamente introduzidas nos programas nacionais de imunização de vários países. Em 2009, depois que as vacinas foram demonstradas como eficazes em países em desenvolvimento na África e na Ásia, a OMS recomendou prioridade na inclusão das vacinas contra rotavirose nos programas nacionais de imunização em todo o mundo. Atualmente, as vacinas contra rotavirose são amplamente utilizadas em todo o mundo e tiveram um impacto substancial no ônus da doença.

Até o final de 2019, quatro vacinas contra rotavirose estavam pré-qualificadas pela OMS: Rotarix®, RotaTeq®, Rotavac® e ROTASIIL®. No entanto, as vacinas pré-qualificadas mais recentemente – Rotavac® e ROTASIIL® – atualmente estão em uso apenas na Índia (ambas as vacinas) e na Palestina (somente Rotavac®). Ademais, no final de 2018, 74 países usavam a Rotarix® em seus programas nacionais de imunização, 14 usavam a RotaTeq® e nove usavam ambas. Duas vacinas adicionais contra rotavirose estão disponíveis em âmbito local: Rotavin-M1®, disponível no mercado privado no Vietnã, e a vacina Lanzhou Lamb Rotavirus (LLR®), disponível no mercado privado na China (Quadro 11.4).

## *Impacto da vacinação e eficácia das vacinas contra a rotavirose*

Avaliações da eficácia das vacinas requerem, a longo prazo, maior compreensão da diversidade antigênica e genética dos RV. De acordo com a emergência de novos genótipos, pode ser necessária a inclusão de grande variedade de estirpes nas futuras formulações. A seleção das estirpes deve também levar em consideração o aparecimento de novas variantes antigênicas. As formulações devem variar de acordo com a região geográfica, para cobrir a diversidade local das estirpes virais. A seleção imunológica causada por imunizações de larga escala pode resultar na emergência de mutantes que escapem à imunidade induzida pela vacina. A caracterização sorológica e molecular de estirpes de RV tem, portanto, importância fundamental para definir a extensão da diversidade das estirpes circulantes.

Dados da GRSN coletados ao longo de nove anos (2008 a 2016) demonstram o impacto da introdução da vacina contra rotavirose nas hospitalizações infantis por gastroenterite por RV (RVGE, *rotavirus gastroenteritis*) principalmente em países de baixa e média renda. Em países que não haviam introduzido a vacina em seus programas nacionais de imunização, o RV foi detectado em 38% das hospitalizações por gastroenterite aguda anualmente, enquanto naqueles que introduziram a vacina, o RV foi detectado em 23% das hospitalizações por gastroenterite

**Quadro 11.4** Características das vacinas licenciadas contra a rotavirose.

| Vacina | Fabricante | Composição | Nº de doses |
|---|---|---|---|
| **Licenciadas globalmente** | | | |
| Rotarix® | GlaxoSmithKline Biologicals | G1P[8] | 2 |
| RotaTeq® | Merck & Co. Inc. | G1, G2, G3, G4, P[8] | 3 |
| Rotavac® | Bharat Biotech | G9P[11] | 3 |
| ROTASIIL® | Serum Institute of India | G1, G2, G3, G4, G9 | 3 |
| **Licenciadas localmente** | | | |
| Rotavin-M1® | POLYVAC | G1P[8] | 3 |
| LLR® | Lanzhou Institute of Biological Products | G10P[15] | 3 |

Fonte: Burke *et al.*, 2019.

aguda, mostrando um declínio relativo de 39,6% após a introdução da vacina. As reduções nas Regiões da OMS variaram de 26,4% na Região do Mediterrâneo Oriental a 55,2% na Região Europeia. Esta tendência de redução foi mantida em nove países por 6 a 10 anos. A distribuição etária da incidência de crianças com RVGE, após a introdução da vacina, está concentrada entre crianças mais velhas.

Uma revisão publicada em outubro de 2019 forneceu um resumo dos dados disponíveis sobre o impacto e eficácia da vacina contra a rotavirose, nas diferentes Regiões da OMS. Uma metanálise de estudos da América Latina estimou eficácia vacinal de 71% contra a hospitalização por RV em crianças ≤ 12 meses de idade na Região. Houve redução média de 43% nas taxas de mortalidade por gastroenterite aguda em crianças ≤ 1 ano em países com mortalidade baixa e 45% em países com mortalidade alta. Estimou-se que, em 2015, a vacinação contra RV preveniu aproximadamente 123.000 hospitalizações e 660 óbitos associados ao RV, nos 15 países da América Latina que introduziram a vacina, e aproximadamente 2.260 hospitalizações e 180 óbitos associados ao RV, nos dois países do Caribe que usam a vacina. Uma metanálise dos dados da vacinação contra a rotavirose nos EUA encontrou eficácia vacinal média de 84% contra hospitalizações ou visitas a departamentos de emergência associadas ao RV. A eficácia da vacina estimada por metanálise foi semelhante para RV5 (84%) e RV1 (83%).

No Brasil a vacinação contra a rotavirose (Rotarix®) foi introduzida no programa de imunização infantil em 2006. Uma metanálise dos dados de RVGE, realizadas após 10 anos de utilização da vacina (2006-2017), revelou redução significativa da infecção entre crianças vacinadas. Entre crianças de até 2 anos de idade, principal grupo de risco para doença grave por RV, houve redução do número de casos de rotavirose de 29,1% no período pré-vacinação para 18,7% no período pós-vacinação. No período pós-vacinação os casos de rotavirose ocorreram mais comumente entre crianças não vacinadas (30%) do que em crianças parcialmente ou completamente vacinadas (22,6% e 17,7%, respectivamente). Esta redução foi mais marcante no grupo etário de crianças de até 2 anos de idade, em que 16,2% e 27,2% das crianças vacinadas e não vacinadas, respectivamente, foram positivas para RV.

Na Região Europeia da OMS, apenas 18 dos 53 países introduziram a vacina contra rotavirose em seus programas nacionais de imunização. As estimativas de eficácia da vacina para a Região variam, com a maior eficácia observada em países com níveis socioeconômicos mais elevados (p. ex., 86% e 94% na redução da hospitalização por RVGE em crianças ≤ 5 anos na Alemanha e Finlândia, respectivamente) e menor eficácia observada em países com níveis socioeconômicos mais baixos (p. ex.: 62% e 79% na redução da hospitalização por RVGE em crianças ≤ 2 anos na Armênia e República da Moldávia, respectivamente).

Na Região Africana da OMS, 35 dos 47 países introduziram a vacina contra rotavirose em seus programas nacionais de imunização até 2018. Dos sete países africanos da Região Mediterrânea Oriental da OMS, quatro introduziram a vacina. A *African Rotavirus Surveillance Network* comparou o ônus da rotavirose entre os países que introduziram a vacina antes de 2013 com os países que ainda não haviam introduzido a vacina até 2015. A positividade para RV diminuiu significativamente ao longo do tempo nos países que introduziram a vacina mais cedo (35% em 2010 a 19% em 2015 para países que introduziram a vacina antes de 2013); o declínio desta positividade foi menos acentuado nos países que introduziram a vacina após 2013 (44% em 2010 a 25% em 2015). Os países que não haviam introduzido a vacina até o final do período do estudo não apresentaram alterações significativas na positividade para RV (32% em 2010 e 30% em 2015). Outros dados publicados na Região mostraram estimativas da eficácia da vacina variando de 49 a 86%, com a maior eficácia observada contra doença grave e em crianças mais jovens.

Na Ásia, apenas oito países introduziram a vacina contra rotavirose em âmbito nacional; dois países adicionais (Índia e Paquistão) começaram uma introdução em fases. Uma revisão recente e metanálise de dados dessa região encontraram eficácia média da vacina de 94% em países com mortalidade infantil baixa, 64% em países com mortalidade infantil média e 49% em países com mortalidade infantil alta. Essa análise estimou ainda que a introdução da vacina em todos os 43 países da Região estudada poderia evitar 710.000 hospitalizações e 35.000 óbitos por RV anualmente.

## Tratamento

O tratamento da rotavirose, assim como para a maioria das diarreias infecciosas, é de suporte; crianças devem receber hidratação e alimentação apropriadas. Desde a década de 1970, a OMS tem recomendado o uso de SRO. Em casos mais graves, deve ser usada inicialmente a hidratação parenteral, sendo esta substituída pelo SRO assim que possível. A OMS também preconiza a utilização de suplementos de zinco, eficaz na redução da duração dos episódios de diarreia e do volume das fezes.

# Adenovírus

## Histórico

Os adenovírus de humanos (HAdV) foram isolados e caracterizados como agentes virais por dois grupos de pesquisadores que estudavam a etiologia de infecções respiratórias agudas. Em 1953, Rowe e colaboradores observaram a degeneração de culturas de células primárias de adenoides humanas, resultante da biossíntese de um vírus não identificado presente nesse tecido. Em 1954, Hilleman e Werner, estudando a epidemia da doença respiratória em recrutas, isolaram agentes das secreções respiratórias que induziam alterações citopáticas em cultura de células de origem humana. Esses vírus foram logo relacionados entre si, e inicialmente chamados de agentes da degeneração da adenoide (AD, *adenoid degeneration*), da doença da adenoide-faringoconjuntival (APC, *adenoid-pharingeal-conjunctival*) ou da doença respiratória aguda (ARD, *acute respiratory disease*). Apenas em 1956 foram denominados adenovírus, devido ao tecido no qual foram descobertos.

Em 1962, foi demonstrado que o HAdV genótipo 12 podia induzir o desenvolvimento de tumores em roedores. Essa foi a primeira descrição de um patógeno viral de humanos capaz de induzir oncogênese. Até o momento, entretanto, nenhuma evidência epidemiológica foi encontrada associando definitivamente os HAdV com desenvolvimento de tumores malignos em seres humanos. Contudo, a capacidade de induzir tumores em animais e transformar células em cultura estabeleceu os adenovírus como um modelo importante nos estudos de oncogênese.

À medida que o interesse em estudar a propriedade dos HAdV em induzir tumores se intensificou, sua aplicação como um sistema experimental tornou-se evidente. Os protótipos dos HAdV são propagados facilmente e possibilitam a produção de estoques virais com títulos elevados. Além disso, o genoma viral é facilmente manipulado, facilitando os estudos sobre a função dos genes virais.

Atualmente, a utilidade dos HAdV como vetores para a terapia gênica é objeto de grande interesse. Objetiva-se a utilização de vetores adenovirais para a introdução de genes para a terapia de doenças genéticas, bem como doenças malignas e vasculares. Em paralelo, genes que codificam epítopos que podem induzir imunidade a várias doenças infecciosas estão sendo introduzidos com a ajuda desses vetores.

A relação entre os HAdV e a doença diarreica tem uma história longa e complicada, porque muitos HAdV são sintetizados eficientemente no intestino e são excretados nas fezes, sem que a doença diarreica seja observada. Em 1973, um tipo de HAdV (estirpe Tak) foi isolado em células de carcinoma de útero humano (HeLa), a partir das fezes de uma criança com gastroenterite na Holanda, não sendo compatível com nenhum dos tipos conhecidos até aquele momento. De 1979 a 1983, vários HAdV não tipáveis foram isolados de crianças com diarreia e/ou vômito, em células de rim de macaco *Cynomolgus* e HeLa, na Holanda e noroeste da Alemanha. Esses vírus, representados pela estirpe Dugan, eram antigenicamente relacionados entre si e com a estirpe Tak. Todos eram difíceis de propagar nas células mencionadas e não proliferavam em células de rim de embrião humano (HEK, *human embryo kidney*) ou células diploides de fibroblasto de embrião humano (HDF, *human diploid fibroblast*), diferentemente dos outros tipos conhecidos. Desde então, esses HAdV têm sido observados em uma frequência maior do que os vírus que são propagados normalmente nas culturas de células citadas, e em íntima associação com doença diarreica. Estudos sorológicos, com antissoros preparados a partir de vírus purificados das fezes, indicaram a existência de dois novos sorotipos. A análise de proteínas e do DNA dos vírus cultivados em culturas de células infectadas indicou que esses vírus constituíam uma espécie de HAdV diferente daquelas conhecidas até aquele momento.

Atualmente, os HAdV entéricos são considerados agentes etiológicos importantes da doença diarreica infantil em todo o mundo; podem ainda afetar jovens e adultos, principalmente em períodos de surtos, havendo também evidências de transmissão nosocomial.

## Classificação e características

Os HAdV estão classificados na família *Adenoviridade*, no gênero *Mastadenovirus*, e são divididos em sete espécies designadas de *A* a *G*, de acordo com suas propriedades físico-químicas, imunológicas e bioquímicas. Dentro dessas espécies existem 79 genótipos que eram originalmente classificados com base na sorologia (por teste de neutralização), mas agora são classificados com base na análise de sequência genômica (Quadro 11.5).

As partículas virais são icosaédricas, medindo aproximadamente 90 nm de diâmetro. As partículas contêm DNA (13% da massa da partícula), proteínas (87%), não apresentam envelope lipídico e mostram traços de carboidratos, pois a proteína da fibra do vírion é modificada por adição de glicosamina. O vírion consiste em um capsídeo proteico envolvendo o *core* que contém o DNA viral. O capsídeo é composto de três proteínas principais: 240 trímeros hexaméricos (hexons), 12 unidades pentaméricas (bases dos pentons) e 12 fibras triméricas (fibras dos pentons) – e quatro proteínas minoritárias: IIIa, VI, VIII e IX (Figura 11.23). O vírion contém ainda cinco proteínas adicionais: V, VII, μ e IVa2, mais a AVP (protease viral). Não existe o peptídeo I, porque foi demonstrado que a descrição original para essa proteína, na realidade, era uma mistura de moléculas agregadas. Sete desses peptídeos formam o capsídeo: o hexon é formado por um trímero do polipeptídeo II, unido por ligações covalentes. O penton é composto por duas estruturas distintas: a base, que é um pentâmero do polipeptídeo III, é responsável por ancorar o penton ao capsídeo; e a fibra, um trímero do polipeptídeo IV, que forma uma estrutura alongada que se estende a partir do vértice da partícula viral. Os HAdV pertencentes a espécies diferentes apresentam fibras de tamanhos variados. As proteínas IIIa, VI, VIII e IX estabilizam a interação entre os trímeros do hexon, tornando possível que o mesmo hexon seja usado em quatro diferentes ambientes químicos na superfície do capsídeo. O *core* da partícula viral é constituído por sete proteínas e o genoma. O peptídeo VII, principal proteína do *core* e os polipeptídeos V, VIII e μ se ligam ao DNA e possivelmente condensam o DNA dentro do *core*. A proteína VI está associada a uma cavidade na face interna do trímero do hexon e ao peptídeo V. A proteína IVa2 está presente no vértice do icosaedro. A sétima proteína do *core* é a proteína terminal (TP, *terminal protein*), ligada covalentemente à terminação 5′ do DNA viral, que funciona como um iniciador para a replicação do DNA. O *core* também contém 10 moléculas da proteína AVP (cisteíno-protease), que cliva várias proteínas virais durante a montagem e maturação

**Quadro 11.5** Classificação de espécies e genótipos dos HAdV e os respectivos sítios de infecção.

| Espécie | Principal sítio de infecção | Genótipo |
|---|---|---|
| HAdV-A | Sistemas respiratório e urinário, trato gastrointestinal | 12, 18, 31, 61 |
| HAdV-B | Sistemas respiratório e urinário, trato gastrointestinal, conjuntiva | B1: 3, 7, 16, 21, 50, 66, 68<br>B2: 11, 14, 34, 35, 55, 79 |
| HAdV-C | Sistemas respiratório e urinário, trato gastrointestinal | 1, 2, 5, 6, 57 |
| HAdV-D | Conjuntiva, trato gastrointestinal | 8-10, 13, 15, 17, 19, 20, 22-30, 32, 33, 36-39, 42-49, 51, 53, 54, 56, 58-60, 62-65, 67, 69, 70, 71, 73, 74, 75 |
| HAdV-E | Sistema respiratório, conjuntiva | 4 |
| HAdV-F | Trato gastrointestinal | 40, 41 |
| HAdV-G | Trato gastrointestinal | 52 |
| Não classificada | Desconhecido | 72, 76, 77, 78 |

Adaptado de Chen e Tian, 2018.

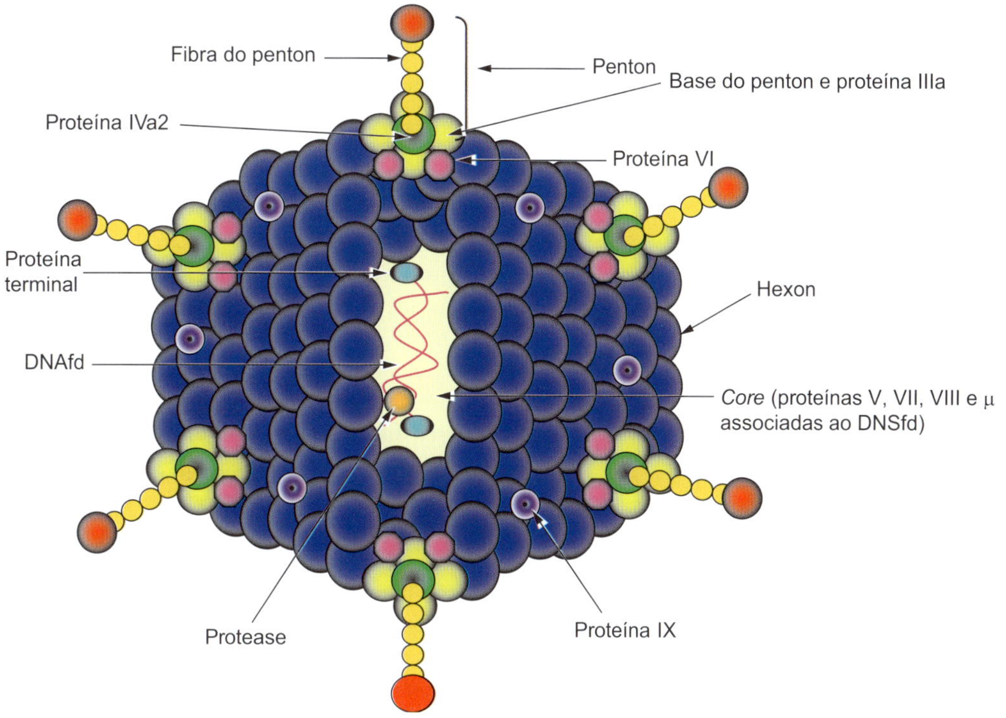


**Figura 11.23** Esquema da partícula de HAdV. Os adenovírus são vírus não envelopados, com um capsídeo de simetria icosaédrica, contendo genoma de DNA de fita dupla (DNAfd). O capsídeo é constituído de 240 unidades hexaméricas (hexons, *azul*), 12 pentaméricas (bases dos pentons, *amarelo*) e 12 fibras dos pentons (*amarelo* e *vermelho*). A fibra associada a cada um dos pentons possibilita a adsorção do vírus à célula.

da partícula e durante o desnudamento da partícula e saída do endossoma durante a biossíntese viral (Quadro 11.6).

O genoma é composto pelo DNA de fita dupla (DNAfd), linear e não segmentado, variando de 26 a 45 kb (tamanho que varia entre as espécies), e apresenta terminações de sequências repetidas invertidas (ITR, *inverted terminal repeats*), com tamanho que varia de 36 a 200 pares de base (pb). Essas regiões invertidas viabilizam a circularização da fita simples do DNA viral, formando uma estrutura *panhandle*, acreditando-se que esta seja importante para a replicação do genoma, funcionando como a origem da replicação.

A sequência do DNA viral é bastante conservada entre todos os HAdV e codifica proteínas estruturais, além de proteínas envolvidas na replicação do DNA e montagem do vírus. Entretanto, a sequência do DNA dos HAdV, dos genes iniciais 1, 3, 4, e de um pequeno VA-RNA (*virus associated-RNA*), transcritos pela RNA polimerase III, é conservada entre outros mastadenovírus isolados de mamíferos, mas não é conservada entre outros gêneros isolados de vertebrados.

O genoma dos HAdV codifica seis unidades de transcrição iniciais (E1A, E1B, E2A, E2B, E3 e E4), três unidades intermediárias (IX, IVa2 e E2 tardio) e contém um promotor principal tardio (MLP, *major late promoter*), cuja ativação produz cinco famílias de RNA mensageiros (RNAm) tardios (L1 a L5), todos transcritos pela RNA polimerase II (Figura 11.24).

**Quadro 11.6** Codificação e localização das proteínas dos HAdV.

| Proteína | Localização | Função conhecida |
|---|---|---|
| II | Monômero do hexon, localizada na face externa do capsídeo | Estrutural |
| III | Base do penton, localizada na face externa do vértice | Estrutural, penetração |
| IIIa | Associada à base do penton, localizada na face externa do capsídeo | Estabilização do capsídeo e do *core*, montagem da partícula |
| IV | Fibra, localizada na face externa do vértice | Ligação ao receptor celular, hemaglutinação |
| IVa2 | *Core* | Necessária para o empacotamento do DNA no capsídeo |
| V | *Core*: associado ao DNA e à base do penton | Histona-*like*, empacotamento |
| VI | Peptídeo do hexon, localizada na face interna do vértice | Estabilização do capsídeo e do *core*, participa do rompimento da membrana do endossoma |
| VII | *Core* | Histona-*like* |
| VIII | Peptídeo do hexon, localizada na face interna do capsídeo | Estabilização do capsídeo e do *core*, montagem da partícula |
| IX | Peptídeo do hexon, localizada na face externa do capsídeo | Estabilização do capsídeo e do *core*, montagem da partícula |
| TP | Genoma | Iniciador para a replicação do DNA viral |
| Mμ | *Core* | Ligação ao DNA viral |
| AVP | *Core* | Cisteíno-protease |

Fonte: Benevento *et al*., 2014; Ahi e Mittal, 2016.

## Biossíntese viral

Os dados sobre a biossíntese dos HAdV baseiam-se principalmente em estudos realizados com os genótipos 2 e 5. A biossíntese viral leva cerca de 30 horas e resulta na produção de aproximadamente 100.000 novas partículas por célula. A biossíntese ocorre no núcleo celular e é dividida em duas fases: fase inicial (subdividida em inicial imediata e inicial) e fase tardia. Os eventos iniciais compreendem as etapas de adsorção, penetração, transcrição e tradução dos genes iniciais. Os produtos dos genes iniciais regulam a expressão dos genes virais e a replicação

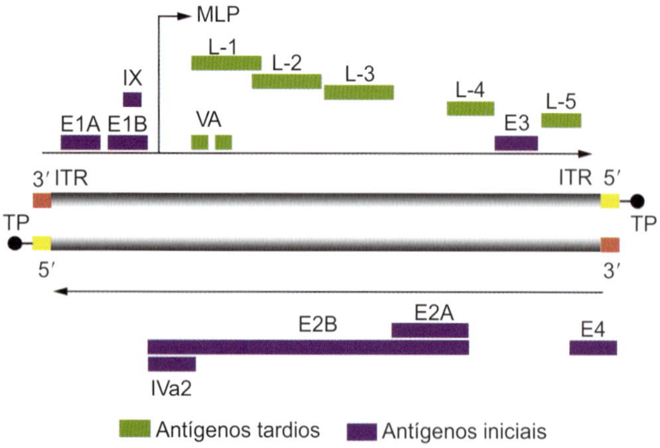


**Figura 11.24** Estrutura do genoma dos HAdV. O genoma é dividido em seis unidades de transcrição inicial, E1A, E1B, E2A, E2B, E3 e E4, e cinco famílias de RNA mensageiros tardios, L1 – L5, os quais são produtos de *splicing* alternativos de um transcrito tardio expresso pelo promotor principal tardio. Quatro transcritos menores, IX, IVa2 e 2 VA também são produzidos. As sequências repetidas invertidas (ITR, *inverted terminal repeats*) são localizadas nos terminais 3′ e 5′ do genoma e estão envolvidas na replicação do DNA viral. TP: *terminal protein* (proteína terminal associada ao genoma); MLP: *major late promoter* (promotor principal tardio). Adaptada de Flint *et al*., 2009.

do DNA, induzem a progressão do ciclo celular e bloqueiam a apoptose. Concomitantemente com o início da replicação do DNA, ocorre o início da fase tardia do ciclo com a expressão de um novo grupo de genes virais tardios e a montagem da progênie viral. Embora os termos iniciais e tardios sejam convenientes para descrever os eventos que ocorrem durante a biossíntese, é difícil a distinção entre tais eventos.

A adsorção ocorre pela ligação da fibra a receptores celulares que são diferentes para a adsorção e a internalização. HAdV pertencentes às espécies *A*, *C*, *D*, *E* e *F* utilizam como receptor uma proteína da membrana plasmática, denominado CAR (receptor para adenovírus e coxsackievírus B [*coxsackievirus B and adenovirus receptor*]). CAR é um componente das junções das células epiteliais. Os HAdV da espécie *B* utilizam como receptor a molécula $CD_{46}$, expressa em células hematopoiéticas e dendríticas. Moléculas de ácido siálico podem também funcionar como receptor para o HAdV37, pertencente à espécie *D*. Em seguida à adsorção, a base do penton se liga a integrinas da superfície celular. Essa ligação induz a remoção da fibra com consequente internalização da partícula, por endocitose mediada por receptor. A liberação da partícula que se encontra no endossoma é uma das etapas menos compreendidas. É sabido que ela é parcialmente desmontada antes de ser liberada no citoplasma, com o *core* migrando até o núcleo, onde entra pelos poros e é convertido em um complexo DNA viral-histonas celulares.

Uma vez que o genoma viral se encontra no núcleo, a RNA polimerase II celular transcreve os RNAm iniciais; posteriormente, um grupo de RNA tardios é produzido. A transcrição dos genes iniciais envolve mecanismos de *splicing*, resultando na produção de cerca de 30 RNAm. As proteínas traduzidas a partir desses RNAm iniciais são requeridas para a replicação do genoma viral. Os produtos dos genes E1A induzem a célula a entrar na fase S. As proteínas codificadas pela região E2 estão envolvidas diretamente na replicação do DNA viral e incluem uma DNA polimerase, uma proteína de ligação ao DNA de fita simples (DBP, *DNA-binding protein*) e um precursor da proteína terminal, o qual está envolvido na iniciação da replicação do DNA. As proteínas E1B e E3 modulam a resposta do hospedeiro à infecção. A região E4 codifica proteínas envolvidas na transcrição e no transporte dos RNAm virais e na replicação do DNA. A transcrição dos genes tardios também envolve mecanismos de *splicing*, resultando na produção de pelo menos 18 RNAm, que são traduzidos em proteínas necessárias para a montagem do vírus. Um ou dois genes, designados VA (*virus associated*), são transcritos pela RNA polimerase III celular. Pequenas moléculas de VA-RNA são transcritas, mas não são traduzidas. A função dessas moléculas é inibir a síntese de interferon pelo hospedeiro.

Os produtos da expressão dos genes iniciais imediatos são reguladores desses genes. Sua expressão induz a ocorrência de três eventos principais. O primeiro é a indução da fase S na célula hospedeira, produzindo um ambiente ótimo para a replicação do genoma viral. Os produtos dos genes E1A e E4 têm papel nesse processo. O segundo é estabelecer na célula hospedeira um sistema de proteção contra várias defesas antivirais desencadeadas pelo organismo infectado. Os genes E1B, E3 e VA-RNA contribuem para esse sistema de proteção. O terceiro é sintetizar produtos virais necessários à replicação do DNA viral. Todos esses eventos dependem da ativação dos eventos de transcrição do genoma viral, sendo que as proteínas ativadoras principais são codificadas pela região E1A. As regiões E1A/E1B contêm os oncogenes dos HAdV envolvidos na transformação celular *in vitro*.

A replicação ocorre no núcleo e pelo menos três proteínas virais estão envolvidas: a proteína terminal (TP), que atua como sequência iniciadora para a síntese do DNA viral; a DBP, e a DNA-pol (DNA polimerase-DNA dependente). As etapas tardias ocorrem junto com a replicação. Os genes tardios, que codificam as proteínas estruturais, são transcritos, processados e transportados para o citoplasma, onde acontece a síntese proteica viral.

A montagem da partícula ocorre no núcleo. Entretanto, a etapa inicial da montagem da partícula se dá no citoplasma, com a montagem dos capsômeros de hexons e pentons. A formação dos hexons requer uma proteína viral (L4-100K) enquanto ocorre a trimerização da fibra. A proteína L4-100K apresenta duas funções: atua como uma chaperonina, facilitando a conformação do hexon, e como uma plataforma de sustentação, facilitando a formação dos trímeros. O penton consiste em uma base pentamérica e uma fibra trimérica, que são montadas independentemente no citoplasma e, subsequentemente, são combinadas. Após sua produção, os capsômeros são importados para o núcleo onde ocorre a montagem do vírion. As proteínas virais são fabricadas em excesso. Somente 20% dos hexons são utilizados para a montagem dos vírions e apenas 10% do DNA viral é empacotado. O DNA viral é então empacotado dentro do capsídeo; durante a montagem, os precursores das proteínas VI, VII, VIII, μ e TP são clivados pela protease viral, sendo essas clivagens necessárias para estabilizar a partícula e torná-la infecciosa.

Existem, pelo menos, três processos que facilitam a liberação da progênie viral da célula infectada. Primeiro, a liberação dos vírions da célula infectada está associada à desarrumação de filamentos intermediários, que são componentes do citoesqueleto. A vimentina é clivada rapidamente no início da infecção por uma protease desconhecida. Como resultado, o sistema de extensão da vimentina entra em colapso na região perinuclear. Tardiamente, no ciclo de biossíntese, a protease viral cliva a citoceratina celular K18, o que induz a formação de uma proteína truncada, incapaz de polimerizar e formar filamentos. Ao contrário, essa proteína é acumulada no citoplasma, desestabilizando a célula e tornando-a mais suscetível à lise. O segundo processo envolve a proteína E3-11 de 6 kDa. Esta, que também é denominada ADP (proteína de morte dos adenovírus [*adenovirus death protein*]), acumula-se na célula, na fase final da infecção, e mata a célula por meio de um mecanismo ainda desconhecido. O terceiro processo envolve os trímeros da fibra do penton, que interferem com a oligomerização da proteína CAR nas junções das células epiteliais (Figura 11.25).

## Patogênese

Em geral, a transmissão dos HAdV pode ocorrer por contato direto ou indireto, por meio de aerossóis, secreções oculares e respiratórias e, no caso dos HAdV entéricos pela via fecal-oral, por intermédio de água ou alimentos contaminados. Alguns genótipos são capazes de estabelecer infecções assintomáticas e continuar sendo excretados pelas fezes por meses e até anos.

A proteína estrutural penton é diretamente citotóxica. Sua importância na doença em humanos ainda não foi esclarecida, mas tem sido isolada do sangue em diversos casos fatais de pneumonia por HAdV. Outros fatores virais antagonizam a ação antiviral dos interferons, do fator de necrose de tumor e de linfócitos T citotóxicos.

A gastroenterite, causada por HAdV dos genótipos 40 e 41, produz lesões no trato gastrointestinal que levam à atrofia das vilosidades e hiperplasia compensatória das criptas, com subsequente má absorção e perda de fluidos. Após a infecção, são produzidos anticorpos neutralizantes tipo-específicos que induzem proteção contra reinfecções pelo mesmo genótipo.

## Manifestações clínicas

As manifestações clínicas dos diversos genótipos de HAdV são bem variadas (para mais informações, ver *Capítulo 14*). Aproximadamente 10% de todas as doenças febris que acometem crianças são atribuídas a esses vírus. Os HAdV são os patógenos mais comumente associados a infecções oculares (para mais informações, ver *Capítulo 22*). Esses vírus também têm sido associados a outros quadros clínicos como cistite hemorrágica, hepatites, gastroenterites e intussuscepção. A detecção do genoma viral na ausência do isolamento do vírus em cultura foi descrita em casos de miocardite, morte súbita infantil, síndrome "choque tóxico-*like*" e morte "não explicada". O aperfeiçoamento das técnicas moleculares possibilitou a demonstração da associação entre HAdV e quadros como a displasia broncopulmonar e doença pulmonar obstrutiva crônica (DPOC). O isolamento de HAdV em pacientes com manifestações do sistema nervoso central, como paralisia flácida aguda e encefalite com edema cerebral, também já foi descrito. Podem ainda causar infecções persistentes em pacientes imunocomprometidos.

### Infecção entérica

Os genótipos mais comumente associados à infecção entérica são os HAdV 40 e 41, únicos membros da espécie *F*. Dois outros genótipos, HAdV 50 (espécie *B*) e HAdV 51 (espécie *D*), foram

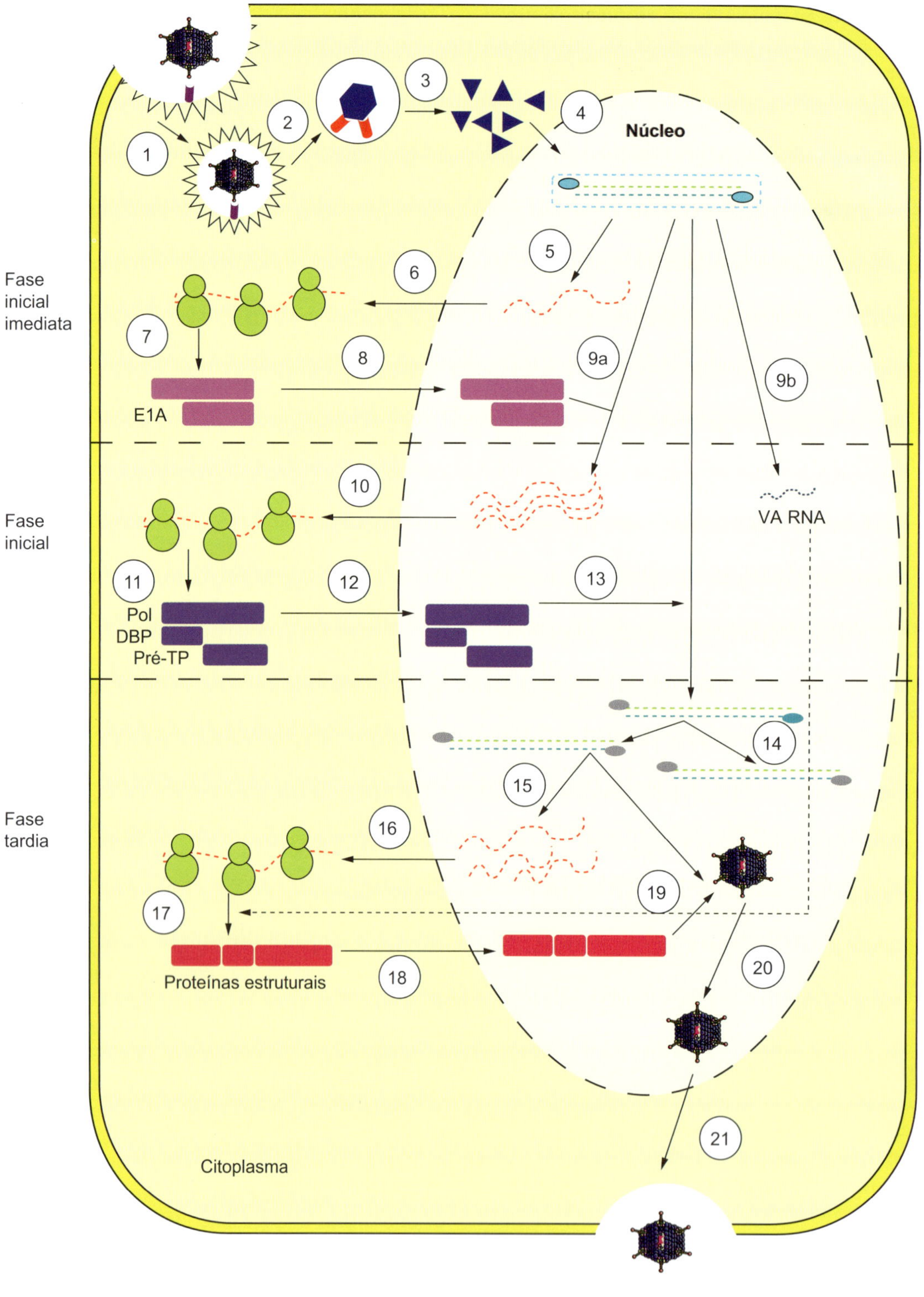


**Figura 11.25** Esquema da biossíntese do HAdV 2. **1** e **2.** Adsorção das partículas aos receptores celulares e penetração por endocitose; **3.** Remoção das fibras dos pentons; **4.** Desmonte da partícula e transporte do genoma viral para dentro do núcleo; **5.** Transcrição dos genes iniciais imediatos, E1A, pela RNA polimerase II celular; **6** a **8.** Exportação dos RNAm E1A para o citoplasma, tradução e importação das proteínas iniciais imediatas para dentro do núcleo; **9a.** As proteínas E1A estimulam a transcrição dos genes iniciais pela RNA polimerase II celular; **9b.** Transcrição do gene VA pela RNA polimerase III celular; **10** a **12.** Exportação dos RNAm iniciais para o citoplasma, tradução e importação das proteínas iniciais para dentro do núcleo; **13.** Síntese do DNA viral; **14** e **15.** Moléculas de DNA viral servem como molde para a síntese de novos DNA ou para a transcrição dos genes tardios; **16** a **18.** Exportação dos transcritos para o citoplasma, tradução e importação das proteínas tardias para dentro do núcleo; **19.** Montagem do capsídeo e empacotamento do DNA viral, formando partículas não infecciosas; **20.** Clivagem das proteínas precursoras pela protease viral, resultando na formação de partículas infecciosas; **21.** Liberação das partículas infecciosas com destruição celular. Adaptada de Mayer, 2005.

associados a gastroenterite em pacientes imunodeprimidos. Assim, os genótipos 40, 41, 50 e 51 são denominados HAdV entéricos (EHAdV) por estarem relacionados com a doença diarreica.

A importância de alguns genótipos de HAdV não entéricos nas gastroenterites tem sido muito discutida. Por serem frequentemente encontrados em fezes de crianças com diarreia, a associação de alguns HAdV não entéricos, como HAdV 3 (espécie *B*) e HAdV 31 (espécie *D*) às gastroenterites não está bem elucidada, mesmo porque muitos HAdV são propagados eficientemente no intestino e são excretados nas fezes, sem que haja relação com doença diarreica.

O período de incubação das infecções entéricas causadas por HAdV é de aproximadamente 8 dias. Essa infecção está menos associada a febre alta e desidratação do que a doença diarreica causada por rotavírus (RV); vômito e febre são sintomas que podem preceder ou acompanhar a diarreia. As complicações raras incluem colite hemorrágica, hepatite, colecistite e pancreatite.

## Diagnóstico laboratorial

O diagnóstico das infecções por HAdV pode ser realizado com base no isolamento viral em linhagens celulares como A549 (carcinoma de pulmão humano), HeLa (carcinoma de cérvice uterina humana) e HEp-2 (carcinoma de laringe humana), dentre outras, utilizando-se culturas convencionais ou *shell vial* (ver *Capítulo 8*). As culturas por técnicas convencionais são o padrão-ouro, mas podem ter baixa sensibilidade para alguns espécimes clínicos (p. ex., sangue) e podem demorar vários dias para desenvolver o efeito citopatogênico (CPE).

Os HAdV são normalmente isolados de lavados ou aspirados de nasofaringe, *swabs* de nasofaringe e orofaringe, conjuntiva, lágrima, sangue, fezes e urina. Além disso, também foram isolados de lavado broncoalveolar, *swab* de uretra, *swab* de cérvice uterina, fígado, baço, liquor, rim, cérebro e miocárdio.

O vírus isolado pode ser posteriormente identificado por imunofluorescência (IF), ensaio imunoenzimático (EIA, *enzyme immunoassay*) ou teste de neutralização (TN). A demonstração da presença do vírus pode também ser realizada por detecção direta do antígeno viral na amostra clínica, por meio de métodos como EIA e IF.

Atualmente, a detecção do DNA viral por reação em cadeia da polimerase (PCR, *polymerase chain reaction*) no plasma, na urina ou em outras amostras clínicas é a abordagem mais frequentemente usada para estabelecer o diagnóstico.

A tipagem molecular não é realizada rotineiramente em amostras clínicas positivas para HAdV em laboratórios de diagnóstico clínico, mas tem sido o foco de vários estudos recentes que investigam a epidemiologia da doença associada a HAdV. Os testes sorológicos podem ser úteis em investigações epidemiológicas, mas têm valor prático limitado em pacientes individuais. A determinação do sorotipo por teste de neutralização com soros de referência é trabalhosa e demorada e atualmente é realizada apenas em alguns laboratórios de referência em saúde pública em todo o mundo. Técnicas baseadas em PCR visando a amplificação dos genes da fibra ou regiões hipervariáveis do hexon e/ou sequenciamento de genes do hexon permitem a identificação definitiva do genótipo/espécie. A tipagem molecular por amplificação por PCR e sequenciamento de genes de hexon e fibra provou ser extremamente valiosa para a identificação de recombinantes intertípicos.

## Epidemiologia

Estudos epidemiológicos sobre as infecções entéricas em todo o mundo confirmam a importância dos HAdV como agentes etiológicos de doença diarreica. De acordo com os dados da *Global Burden of Diseases* (GBD), em 2016 ocorreram mais de 165 milhões de episódios de diarreia e 93.286 óbitos decorrentes da diarreia por HAdV em todo o mundo, atingindo indivíduos de todas as idades. Mais de 75 milhões destes episódios e 52.613 óbitos ocorreram entre crianças menores de 5 anos de idade (ver Figura 11.21).

No Brasil, pouco se sabe quanto à incidência desse vírus em associação a quadros de diarreia. Ao contrário dos estudos sobre RV, abundantes desde sua descoberta, a literatura sobre gastroenterites por HAdV apresenta lacunas de tempo. Além disso, são poucos os estudos que, além da detecção, têm como objetivo a caracterização dos genótipos isolados, o que ampliaria a visão epidemiológica da doença. Apesar dessa dificuldade, foi demonstrada a circulação de HAdV-F causando diarreia na população com taxas de incidência entre 4 e 11,5%. Um surto de gastroenterite associado ao HAdV-A12 foi descrito em uma população de baixa renda no Rio de Janeiro em 2013.

## Prevenção e controle

As medidas preventivas são as mais importantes no controle das gastroenterites, sejam elas virais ou bacterianas. Boas condições sanitárias e higiene pessoal ainda são as melhores maneiras para a redução de casos. Até o momento, não existe uma vacina contra a infecção entérica por HAdV.

## Tratamento

O tratamento das infecções entéricas por HAdV é o mesmo aplicado aos outros casos de gastroenterite viral. A terapia recomendada é, principalmente, a reidratação para reposição de eletrólitos perdidos em decorrência de vômito e diarreia, que pode ser oral, ou endovenosa nos casos mais graves.

# Calicivírus de humanos

## Histórico

A "doença do vômito do inverno" foi descrita por Zahorsky, em 1929. Essa doença era caracterizada por náusea e vômito (embora a diarreia estivesse presente em alguns surtos) e febre branda, ocorrendo entre os meses de setembro e março, que correspondem ao período outono/inverno no hemisfério norte. Acometia estudantes e pessoas institucionalizadas, com espalhamento secundário para os familiares. A análise dos casos primários sugeriu uma fonte comum de contaminação e não era possível isolar nenhuma bactéria que pudesse ser considerada o agente etiológico. Estudos conduzidos em Ohio, nos Estados Unidos da América (EUA), no final da década de 1940, mostraram que a maior parte dos casos de gastroenterite não poderia ser atribuída a bactérias ou parasitas conhecidos na época e, portanto, permanecia sem o agente etiológico definido. Estudos clínicos em que voluntários foram expostos a suspensões fecais filtradas para remover bactérias confirmaram a hipótese de que um agente viral provavelmente era a causa da doença.

No outono de 1968, um surto de gastroenterite aguda acometeu 50% (116 de 232) dos estudantes e professores de uma escola primária na cidade de Norwalk, Ohio, EUA. A doença foi caracterizada principalmente por náusea, vômito e dor abdominal; os sintomas duraram de 12 a 24 horas e nenhum paciente foi hospitalizado. Os casos secundários ocorreram em 32,3% dos familiares dos primeiros pacientes, com uma média de 48 horas de período de incubação. Outros casos com características epidemiológicas semelhantes ao caso de Norwalk foram descritos em Columbus, Ohio, EUA, em 1968; em um parque onde a fonte de contaminação foi a água, em 1969; em estudantes na Flórida, EUA, em 1967.

Estudos laboratoriais não obtiveram sucesso na tentativa de identificação do agente responsável pelos surtos que estavam ocorrendo, até que, em 1971, Dolin e colaboradores selecionaram amostras fecais ou *swabs* retais de pacientes de quatro surtos diferentes que ocorreram nos EUA: o primeiro ocorreu em um navio em 1966; o segundo ocorreu em Norwalk, em 1968; o terceiro em Bethesda, Maryland, em 1969, e finalmente, em New Britain, Connecticut, em 1970. Subsequentemente, filtrados livres de bactérias foram preparados a partir dessas amostras e administrados por via oral a voluntários prisioneiros da Casa de Correção de Maryland (Jessup, Maryland, EUA) e voluntários do Centro Clínico do National Institutes of Health (NIH) (Bethesda, Maryland, EUA). Os voluntários foram isolados 1 a 2 dias antes do desafio e observados por até 10 dias após a inoculação.

Dos surtos escolhidos, somente o de Norwalk induziu a doença em dois dos três voluntários que foram inoculados. Os voluntários doentes apresentaram um quadro brando de diarreia, febre baixa, anorexia, dor abdominal, dor de cabeça e náusea sem vômito, que regrediu espontaneamente em 96 horas. O terceiro voluntário permaneceu assintomático durante o período de observação. Uma segunda passagem em voluntários foi realizada a partir das fezes de um dos voluntários que apresentou as manifestações clínicas da infecção. Nove voluntários receberam o inóculo e sete desenvolveram o quadro clínico. Dois apresentaram apenas episódios de vômito (cerca de 20 episódios em 24 horas), sem diarreia; dois voluntários tiveram diarreia, mas não vômito. Os três restantes apresentaram ambos os sintomas (diarreia e vômito) e mais dois permaneceram assintomáticos durante todo o período de observação. Esses experimentos confirmaram as observações prévias de que a gastroenterite aguda infecciosa não bacteriana poderia ser induzida experimentalmente por administração oral de filtrados feitos a partir de fezes de pessoas que adoeceram.

Na tentativa de detectar tal agente, presumivelmente viral, a técnica de imunomicroscopia eletrônica (IME) foi adaptada para estudar os filtrados fecais derivados do surto de Norwalk. Os filtrados foram examinados por IME utilizando, como fonte de anticorpos específicos, o soro da fase convalescente de um paciente que foi experimentalmente infectado, e partículas semelhantes aos picornavírus e parvovírus foram identificadas. Esse estudo mostrou que a partícula de 27 nm encontrada era mesmo o agente responsável pelo surto de Norwalk, já que o soro dos pacientes na fase convalescente apresentava anticorpos capazes de aglutinar tais partículas.

Em 1976, Madeley e Cosgrove descreveram a presença de calicivírus típicos em fezes de crianças com gastroenterite. Nessa época, os calicivírus eram membros do grupo dos picornavírus e haviam sido descritos em gatos, porcos e leões-marinhos, mas nunca em seres humanos. No mesmo ano, Flewett e Davies também relataram partículas de calicivírus em biópsia intestinal de uma criança que morreu por causa de gastroenterite aguda e também nas fezes de outra criança que apresentava a doença. A técnica de IME possibilitou a identificação de outros vírus que estavam associados a gastroenterite como o vírus Hawaii, em 1977, e o vírus Snow Mountain, em 1982. Devido a dificuldades para a identificação desses vírus e à falta de parâmetros taxonômicos, diversas estirpes foram nomeadas de acordo com os locais onde foram encontradas.

Em outubro de 1977, ocorreu um surto de diarreia aguda em crianças em uma creche na cidade de Sapporo no Japão. Das 34 crianças que frequentavam a creche, 26 (77%) sofreram diarreia. A IME de amostras fecais dessas crianças revelou a presença de partículas virais descritas como calicivírus típicos. Quatro surtos de diarreia ocorreram na mesma creche entre 1977 e 1982, causados por vírus apresentando a mesma morfologia. A análise molecular da região da RNA polimerase-RNA dependente (RpRd) de uma das estirpes detectadas nesses surtos, denominada HuCV/Sapporo/82/Japan, demonstrou que ela era geneticamente distinta dos calicivírus descritos em seres humanos e mais próxima dos calicivírus de animais. A análise com soro hiperimune mostrou que esse vírus era antigenicamente distinto dos demais calicivírus de seres humanos conhecidos na época. O vírus Sapporo tornou-se o protótipo de um grupo de vírus denominados Sapporo-*like* ou calicivírus clássicos. Um levantamento soroepidemiológico realizado em 1995 mostrou que esses vírus já circulavam em Sapporo há 19 anos (1977-1995). Esses vírus também foram detectados em outras cidades do Japão, assim como nos EUA, Reino Unido, Arábia Saudita e Quênia, mostrando ser uma causa comum de diarreia em crianças.

Durante os anos 1970 e 1980, foram feitas várias descrições de vírus pequenos, de estrutura arredondada e não cultiváveis encontrados em fezes, o que levou ao desenvolvimento de um sistema provisório de classificação desses agentes de acordo com suas características morfológicas e físico-químicas. Dois grupos morfológicos foram descritos: o grupo formado por partículas sem uma estrutura de superfície definida (*featureless*), representado pelos coxsackievírus B5 e vírus da hepatite A (ambos picornavírus) e alguns parvovírus; e o grupo formado por vírus de estrutura definida. Esse grupo foi subdividido em três subgrupos: astrovírus, calicivírus clássicos (representado pelo vírus Sapporo) e os vírus pequenos de estrutura arredondada (SRSV, *small rounded-structured viruses*), representados pelo vírus Norwalk.

## Classificação e características

Apesar de ter sido descoberto no início da década de 1970, somente em 1990, com a clonagem e caracterização do genoma do vírus Norwalk, é que ele pôde ser, enfim, caracterizado como membro da família *Caliciviridae* (*calici*, do latim *calyx* = cálice). Os calicivírus que infectam seres humanos (HuCV) estão classificados na família *Caliciviridae*, gêneros *Norovirus* e *Sapovirus*. Embora o Comitê Internacional para Taxonomia de Vírus (ICTV, *International Committee on Taxonomy of Viruses*), MSL#35 de 2020, contemple somente as espécies *Norwalk virus*, no gênero *Norovirus*, e *Sapporo virus*, no gênero *Sapovirus*, há na literatura várias outras espécies descritas nos dois gêneros. Assim, serão referidos aqui apenas os nomes do gêneros: norovírus e sapovírus. Estes vírus são ainda classificados em genótipos como será apresentado mais adiante neste capítulo.

As partículas dos calicivírus são pequenas, medindo entre 27 e 40 nm de diâmetro, não envelopadas e com capsídeo de simetria icosaédrica. O capsídeo é formado pela proteína VP1 e apresenta projeções em forma de arcos na sua superfície, arranjadas em forma de "cálice" (Figura 11.26). Os calicivírus contêm um capsídeo icosaédrico T = 3, composto por 180 moléculas de VP1, organizadas em 90 dímeros.

Os calicivírus têm o genoma composto por uma molécula de RNA de fita simples de polaridade positiva (RNAfs+) com tamanho variando entre 7,3 e 8,5 kb, contendo uma pequena proteína viral covalentemente ligada ao genoma (VPg) na terminação 5′, uma longa sequência de leitura aberta (ORF, *open reading frame*) que codifica uma poliproteína posicionada entre regiões não traduzidas (UTR, *untranslated regions*) curtas nos terminais 5′ e 3′ e uma cauda poliadenilada na terminação 3′. As UTR contêm estruturas secundárias de RNA evolutivamente conservadas que se estendem para as regiões codificadoras e podem ser encontradas em todo o genoma. Essas estruturas são importantes para a replicação e a tradução do genoma, assim como para a patogênese viral. As proteínas não estruturais são codificadas próximas à terminação 5′ do genoma e as proteínas estruturais são codificadas próximas à terminação 3′. Três proteínas estruturais são encontradas nos calicivírus: VP1, VP2 e VPg. A VP1 é a principal proteína do capsídeo, está presente em 180 cópias (na forma de 90 dímeros) por vírion. A VP2 é considerada uma proteína estrutural minoritária, porque está presente em apenas 1 ou 2 cópias por vírion; sua função é desconhecida. A VPg é covalentemente ligada ao genoma e ao RNA subgenômico (RNAsg) em células infectadas. É também um componente minoritário do vírion, presente em 1 ou 2 cópias por partícula. Embora esteja presente no vírus, sua função primária é atuar como uma proteína não estrutural durante a biossíntese viral.

O genoma dos norovírus (NoV) varia em tamanho de 7,3 a 7,5 quilobases (kb) e é organizado em três ORF conservadas

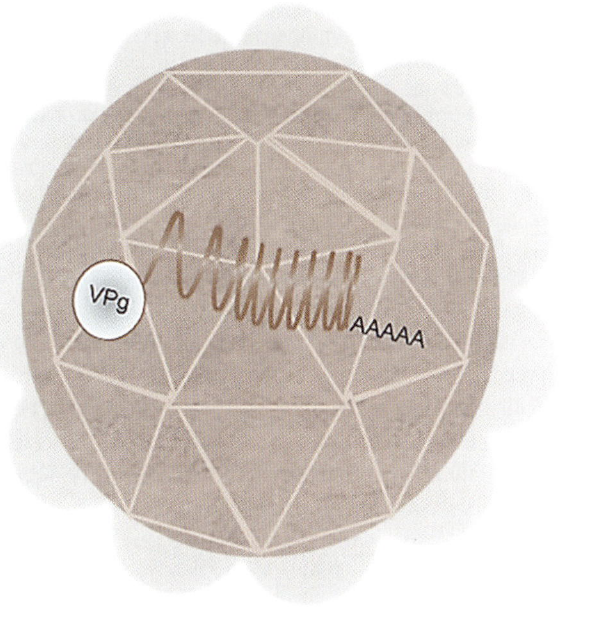


**Figura 11.26** Estrutura das partículas dos HuCV. A partícula não apresenta envelope glicolipoproteico e contém capsídeo de simetria icosaédrica medindo de 27 a 40 nm de diâmetro. O capsídeo é formado por 90 dímeros (180 moléculas) da VP1, formando uma concha da qual se projetam capsômeros em forma de arcos. Estes arcos são arranjados formando 32 cavidades na superfície dos calicivírus. O genoma viral é constituído de uma molécula de RNA de fita simples de polaridade positiva (RNAfs+) poliadenilado, contendo uma proteína (VPg) na terminação 5′.

(Figura 11.27). A ORF1 é traduzida como uma grande poliproteína, que é clivada co- e pós-traducionalmente pela protease codificada pelo vírus (NS6) para liberar pelo menos seis proteínas não estruturais (NS), incluindo a NS6. As outras NS incluem a RpRd (NS7), VPg (NS5), a suposta NTPase/RNA helicase (NS3), NS1/2 e NS4, ambas implicadas na formação de complexos de replicação. A NS1/2 é posteriormente processada, durante os últimos estágios da infecção, por caspases celulares ativadas por apoptose e por uma protease celular ainda não identificada. As ORF2 e ORF3 são traduzidas de um RNAsg e codificam as proteínas do capsídeo, VP1 e VP2, respectivamente. O RNAsg é idêntico aos últimos 2,4 kb do genoma e é anexado covalentemente à VPg na extremidade 5′ com uma cauda poli(A) na extremidade 3′.

O genoma dos sapovírus (SaV) tem aproximadamente 7,1 a 7,7 kb dividido em, pelo menos, duas ORF (Figura 11.27). A ORF1 codifica uma grande poliproteína contendo as proteínas não estruturais seguidas pela principal proteína do capsídeo, VP1. A ORF2 provavelmente codifica a proteína estrutural minoritária VP2. Uma terceira ORF (ORF3) foi sugerida em várias estirpes de SaV de humanos e de morcego; no entanto, sua função é desconhecida. A poliproteína codificada em ORF1 é expressa e processada em pelo menos seis proteínas não estruturais (NS1, NS2, NS3, NS4, NS5 e NS6-NS7) e uma proteína estrutural (VP1), pela protease codificada pelo vírus. Os estudos *in vitro* não conseguiram demonstrar a clivagem da proteína NS6-NS7 pela protease viral, embora as proteínas NS6 e NS7 possam desempenhar suas respectivas funções (proteolítica e polimerase) quando expressas individualmente *in vitro*. As funções biológicas das outras proteínas NS do SaV não foram determinadas experimentalmente; no entanto, NS3 e NS5 têm motivo típico de NTPase de calicivírus (GAPGIGKT) e de VPg (KGKTK e DDEYDE), respectivamente. A VPg está ligada à extremidade 5′ do RNA viral e é crítica para a replicação, transcrição e tradução do genoma dos calicivírus. A VP1, uma proteína de aproximadamente 60 quilodaltons (kDa), é um componente importante do vírion. Dois mecanismos podem ser considerados na produção da VP1 dos SaV. Um deles é que a VP1 é produto de clivagem da poliproteína codificada em ORF1 e o outro é que a VP1 é traduzida de um RNAsg. Um RNAsg foi confirmado para a estirpe SaV-Cowden durante a biossíntese. A proteína VP2 ainda não foi identificada nos vírions dos SaV; no entanto, a expressão desta proteína foi detectada nos produtos de tradução *in vitro* de uma construção de DNA complementar (DNAc) genômico de SaV de suíno e a partir de células infectadas por SaV de suíno.

A nomenclatura para as proteínas dos NoV ainda não foi unificada na literatura. Um resumo da nomenclatura e funções das proteínas dos NoV e SaV está apresentado no Quadro. 11.7.

A capacidade de expressar a proteína do capsídeo em altos níveis em células de inseto, usando o sistema de baculovírus, e o fato de que VP1 pode se automontar em partículas morfologicamente e antigenicamente similares aos vírions infecciosos (VLP, *virus-like particles*) possibilitaram a caracterização estrutural do capsídeo dos NoV, por meio da reconstrução por criomicroscopia eletrônica e por cristalografia de raios X. Essas estruturas são muito similares entre os calicivírus. A proteína VP1 consiste em dois domínios: o domínio em concha (S, *shell*) e o domínio protuberante (P, *protruding*), dividido em dois subdomínios, P1 e P2 (ver Figura 11.27). O domínio S corresponde à região aminoterminal, que é relativamente conservada entre os NoV, apresenta uma estrutura

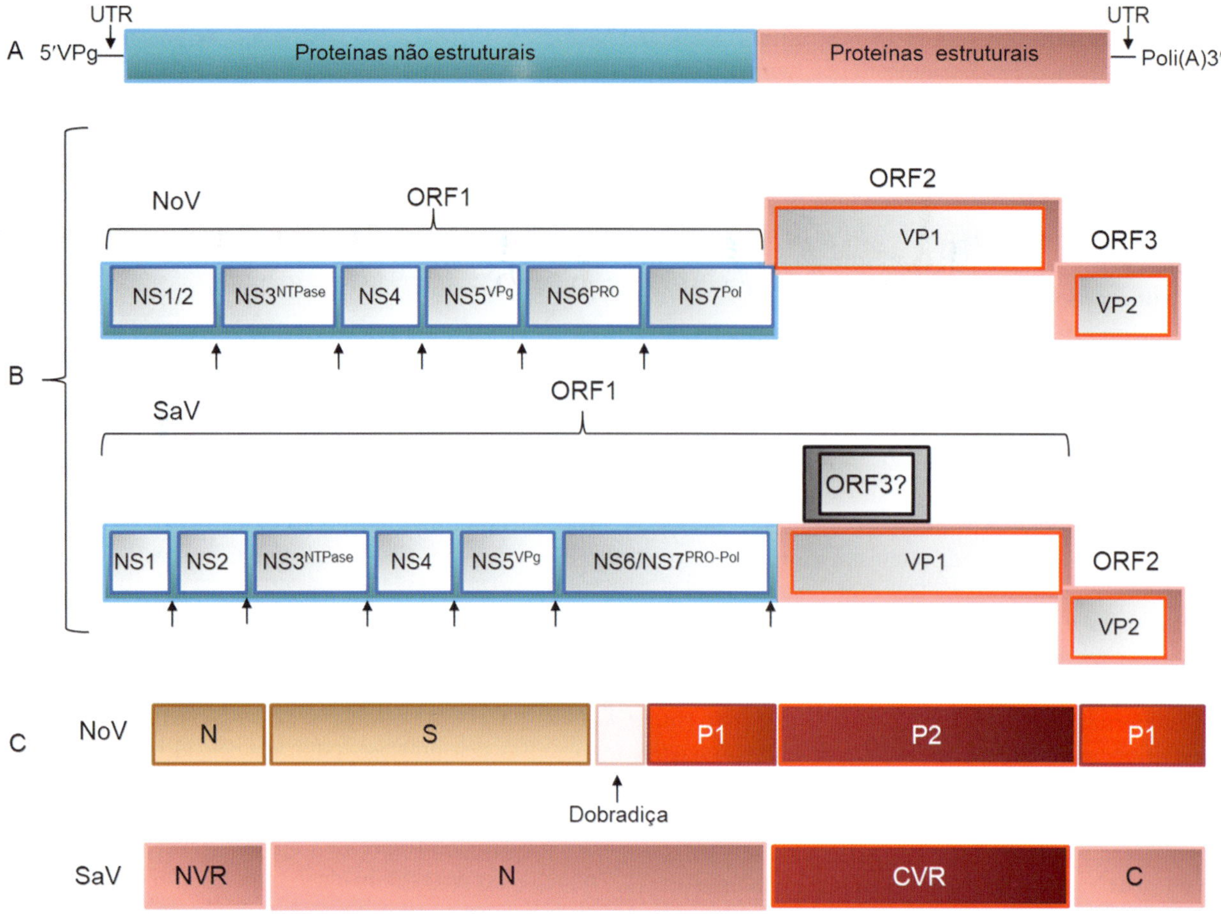


**Figura 11.27** Organização e estrutura genômica dos HuCV. **A.** Organização genômica. O RNA de fita positiva mede entre 7,3 e 8,5 quilobases (kb), é covalentemente ligado a uma proteína viral (VPg) na terminação 5′ e é poliadenilado (poli(A)) na terminação 3′. Apresenta regiões não traduzidas (UTR, *untranslated regions*) curtas nos terminais 5′ e 3′. **B.** Estrutura genômica dos norovírus (NoV) e sapovírus (SaV). No genoma dos NoV, a VP1 está em uma fase de leitura diferente das proteínas não estruturais. O genoma dos SaV é organizado de modo que a sequência da principal proteína do capsídeo (VP1) está na mesma fase de leitura que as proteínas não estruturais. Uma grande poliproteína codificada pelo ORF1 é traduzida a partir do RNA viral e é processada em precursores ou produtos finais pela protease viral. A estratégia de processamento proteolítico varia entre os diferentes calicivírus; contudo, todos os vírus codificam domínio (*setas*) para proteínas não estruturais (NS1-NS7); um sítio de clivagem extra está presente na ORF1 dos SaV. A ORF3 dos SaV foi sugerida, mas sua função ainda não foi estabelecida. **C.** Organização da VP1 dos NoV e SaV. A VP1 dos NoV é organizada em um domínio S (*shell*), contendo a região aminoterminal (N) e o domínio P (*protrunding*) dividido em P1 e P2. O domínio P2 é exposto na superfície do vírion e é o sítio de ligação com receptores celulares. Os domínios S e P são conectados por uma sequência flexível (dobradiça). A VP1 dos SaV é organizada em quatro domínios: região variável aminoterminal (NVR, *N-terminal variable region*), região aminoterminal (N), região variável central (CVR, *central variable region*) e região carboxiterminal (C). Fonte: Green, 2013; Oka *et al.*, 2015.

em β-barril que está envolvida na formação do icosaedro e separa-se do domínio P por uma dobradiça flexível. O domínio P corresponde à região carboxiterminal e é a região mais externa e variável da VP1. O domínio P se projeta para fora do icosaedro e, devido à sua localização, está envolvido com a imunogenicidade e a ligação a receptores celulares. O subdomínio P1 forma as laterais dos arcos dos capsômeros; e o subdomínio P2, altamente variável, forma o topo do arco. As variações estruturais e de sequência no domínio P estão relacionadas com o escape à ação de anticorpos neutralizantes e à diversidade entre as estirpes de NoV. A proteína principal do capsídeo (VP1) se liga pelo domínio P2 a antígenos de grupo sanguíneos (carboidratos determinados geneticamente, encontrados nas células epiteliais de mucosas) que atuam como receptores para NoV na membrana celular.

A VP1 dos SaV pode ser dividida em vários domínios: região variável aminoterminal (NVR, *N-terminal variable region*), região aminoterminal (N), região variável central (CVR, *central variable region*) e região carboxiterminal (C) (ver Figura 11.27). A região CVR da VP1 dos SaV provavelmente corresponde ao domínio P2 altamente variável da VP1 dos NoV.

A partícula dos HuCV é resistente no ambiente. O NoV pode permanecer infeccioso até 12 horas em superfícies, até 12 dias em tecidos, meses ou até anos em água contaminada parada. A partícula é estável em uma faixa de pH de 5 a 10 e resistente a ácido, éter, até 10 ppm (parte por milhão) de cloro e aquecimento a 60°C por 30 minutos.

## Classificação genotípica dos HuCV

Os NoV são classificados em genogrupos e genótipos baseados na diversidade de aminoácidos da proteína VP1 completa (Quadro 11.8). As sequências nucleotídicas dos genomas de diferentes genogrupos de NoV compartilham apenas 51 a 56% de identidade entre si e os genótipos compartilham aproximadamente 85% de identidade. Contudo, como recombinações na região de junção ORF1-ORF2 são comuns e, como alguns genótipos parecem ser mais propensos à recombinação do que outros, uma

**Quadro 11.7** Proteínas estruturais e não estruturais dos HuCV.

| Proteína | ORF | Função |
|---|---|---|
| **Norovírus** | | |
| NS1/2 ou p48 ou N-terminal | 1 | Formação de complexos de replicação* |
| NS3 ou NTPase ou 2C-*like* | 1 | RNA helicase*/NTPase |
| NS4 ou p22 ou 3A-*like* | 1 | Formação de complexos de replicação* |
| NS5 ou VPg | 1 | Proteína ligada ao genoma envolvida na tradução e replicação |
| NS6 ou Pro ou 3C-*like* | 1 | Protease |
| NS7 ou Pol ou 3Dpol | 1 | RNA polimerase-RNA dependente (RpRd) |
| VP1 | 2 | Principal proteína do capsídeo |
| VP2 | 3 | Componente minoritário do capsídeo |
| **Sapovírus** | | |
| NS1/2 | 1 | Formação de complexos de replicação* |
| NS3 | 1 | NTPase* |
| NS4 | 1 | Formação de complexos de replicação* |
| NS5 | 1 | VPg* |
| NS6/7 | 1 | Protease/RpRd |
| VP1 | 1 | Principal proteína do capsídeo |
| VP2 | 2 | Componente minoritário do capsídeo* |

*Essas funções foram propostas, mas ainda não foram totalmente demonstradas.
Fonte: Thorne e Goodfellow, 2014; Oka *et al.*, 2015.

nomenclatura dupla foi proposta. Como o sequenciamento da VP1 completa não é atualmente um procedimento de rotina, sequências nucleotídicas de regiões relativamente pequenas de ORF1 (POL, polimerase) ou ORF2 (CAP, capsídeo) do genoma dos NoV são usadas para genotipagem das estirpes. Conforme determinado com base na diversidade da sequência de nucleotídeos na região CAP, vários genótipos contêm até quatro subclados (*subclusters*) ou linhagens diferentes (por exemplo, GI.3a a GI.3d); portanto, sequências de referência representativas de cada subclado são necessárias para a tipagem correta dessas estirpes. A ferramenta *Norovirus Typing Tool Version 2.0* está disponível *online* para tipagem de NoV com base nas sequências da polimerase e do capsídeo (https://www.rivm.nl/mpf/typingtool/norovirus/).

O sistema de nomenclatura inclui informações sobre genogrupo, genótipo e, para as estirpes GII.4, a linhagem. Por exemplo, se ambas as sequências POL e CAP são conhecidas, a estirpe deve ser identificada da seguinte forma: NoV GII/Hu/US/2010/GII.P12-GII.12/HS206 (genogrupo/hospedeiro/origem/ano de detecção/genótipo POL/genótipo CAP/nome da estirpe). Quando apenas sequências CAP estão disponíveis, a estirpe deve ser identificada da seguinte forma: NoV GII/Hu/AU/2012/GII.4 Sydney/Melbourne 456 (genogrupo/hospedeiro/origem/ano de detecção/genótipo CAP e linhagem/nome da estirpe).

Sabe-se que os vírus dos genogrupos GI, GII e GIV infectam seres humanos. Os NoV de animais, incluindo vírus encontrados em suínos, cães e gatos, estão intimamente relacionados às estirpes de humanos (HNoV) e agrupam-se no GII (NoV de suínos) e GIV (NoV de felinos e caninos), respectivamente. Os NoV pertencentes a outros genogrupos infectam uma ampla gama de hospedeiros que inclui animais de gado, como vacas e ovelhas, mas também mamíferos marinhos e roedores (Quadro 11.8).

Para a classificação genética dos SaV, as sequências de VP1 são amplamente usadas, porque essa região é mais diversa que a região RpRd e a sequência de VP1 se correlaciona com o fenótipo do vírus (ou seja, antigenicidade). Os SaV podem ser divididos em 19 genogrupos (GI-GXIX) com base na análise da sequência nucleotídica completa de VP1. As estirpes pertencentes ao mesmo genogrupo compartilham, pelo menos, 57% de identidade de aminoácidos entre si. Os genogrupos GI, GII, GIV e GV já foram detectados em seres humanos (Quadro 11.9). As estirpes de SaV que infectam seres humanos (HSaV) são ainda classificadas em 18 genótipos: GI.1 – GI.7, GII.1 – GII.8, GIV.1, GV.1 e GV.2. O valor de corte para identificação de genótipos através da análise da distância par a par (*pairwise distance*) é ≤ 0,169.

## Mecanismos de evolução dos HuCV

### *Variações antigênicas*

No geral, a evolução dos NoV é complexa. Embora vários genótipos de HNoV tenham sido identificados, GII.4 é o único genótipo associado a pandemias de gastroenterite, e os vírus pertencentes a essa linhagem genética representam mais de 80% de todas as infecções por HNoV.

Vários mecanismos impulsionam a evolução das linhagens GII.4. Acredita-se que as estirpes GII.4 sejam capazes de se ligar a uma ampla variedade de antígenos do grupo histossanguíneo (HBGA, *histo-blood group antigens*), que são receptores para o HNoV, do que outros genótipos de HNoV e, portanto, possui um número maior de hospedeiros suscetíveis na população. Além disso, a maior adequação epidemiológica dessa linhagem pode ser o resultado de taxas mais altas de biossíntese e mutação, dando-lhes maior capacidade de evoluir do que outros genótipos de HNoV.

**Quadro 11.8** Classificação dos NoV com base na análise filogenética do gene completo que codifica a VP1.

| Genogrupo | Genótipo | Hospedeiro |
|---|---|---|
| GI | GI.1 – GI.9 | Humanos |
| GII | GII.1 – GII.22 | Humanos, suínos* e leões marinhos |
| GIII | GIII.1 – GIII.3 | Bois e ovelhas** |
| GIV | GIV.1 | Humanos |
| | GIV.2 | Cães, gatos, leões |
| GV | GV.1 e GV.2 | Camundongos |
| GVI | GVI.1 e GVI.2 | Cães |
| GVII | GVII.1 | Cães |

*Os GII.11, GII.18 e GII.19 foram detectados somente em suínos, até o momento.** GIII.3.
Fonte: Villabruna *et al.*, 2019; Vinjé, 2015.

**Quadro 11.9** Classificação dos SaV com base na análise filogenética do gene completo que codifica a VP1.

| Genogrupo | Genótipo | Hospedeiro |
|---|---|---|
| GI | GI.1 - GI.7 | Humanos |
| | GI.1 | Símios (chimpanzés) |
| GII | GII.1 - GII.8 | Humanos |
| | ? | Murinos |
| GIII | GIII.1 | Suínos |
| GIV | GIV.1 | Humanos |
| GV | GV.1 e GV.2 | Humanos |
| | GV.3 | Suínos |
| | GV.4 | Otarídeos (leões-marinhos) |
| GVI | ? | Suínos |
| GVII | ? | Suínos |
| GVIII | ? | Suínos |
| GIX | ? | Suínos |
| GX | ? | Suínos |
| GXI | ? | Suínos |
| GXII | ? | Mustelídeos (martas) |
| GXIII | ? | Caninos |
| GXIV | ? | Quirópteros (morcegos) |
| GXV | ? | Murinos |
| GXVI | ? | Quirópteros (morcegos) |
| GXVII | ? | Quirópteros (morcegos) |
| GXVIII | ? | Quirópteros (morcegos) |
| GXIX | ? | Quirópteros (morcegos) |

Fonte: Liu X *et al.*, 2016; Oka *et al.*, 2015; 2016; Yinda CK *et al.*, 2017.

A variação antigênica (*antigenic drift*) é um fator importante que contribui para o surgimento de novas estirpes de HNoV. As alterações antigênicas estão associadas ao domínio P2 da VP1. Como o domínio P2 contém o sítio de ligação aos HBGA e como são necessárias apenas algumas mutações de aminoácidos para alterar a especificidade da ligação neste sítio, as variações antigênicas podem estar correlacionadas com uma alteração na especificidade de ligação aos HBGA. Através do acúmulo de mutações nesse domínio, o HNoV é capaz de gerar novas variantes antigênicas da linhagem pandêmica GII.4 que têm o potencial de escapar da imunidade da população. A variação nas preferências de ligação aos HBGA entre as estirpes GII.4 pode ter implicações para a suscetibilidade da população hospedeira local em relação a cada variante, de acordo com a prevalência de cada HBGA na população em questão. Atualmente, existem evidências substanciais de que a seleção imunológica impulsiona a evolução da proteína de capsídeo dos HNoV e resulta na substituição de estirpes dominantes por estirpes emergentes que não são suscetíveis à imunidade da população.

Uma comparação da evolução entre estirpes dos genótipos não GII.4 e GII.4 sugere que as estirpes não GII.4 estão sujeitas a menor pressão adaptativa. Embora menos prevalentes que as estirpes GII.4, as estirpes GII.3 são frequentemente detectadas em amostras de pacientes, principalmente em crianças, e evoluem a uma taxa de $4{,}16 \times 10^{-3}$ substituições de nucleotídeos/sítio/ano, o que é semelhante à taxa de evolução das estirpes GII.4 e GI. No entanto, apesar das taxas semelhantes de substituição de nucleotídeos, o acúmulo de mutações de aminoácidos é muito menor nas estirpes GII.3 do que nas estirpes GII.4, o que é indicativo de uma pressão imunogênica mais limitada nestas estirpes. As estirpes GII.2 também exibem evolução antigênica limitada.

Não existem muitas informações sobre os mecanismos de variação antigênica das estirpes de HSaV. Para as estirpes de HNoV GII.4, foram identificadas alterações genéticas e antigênicas na VP1 que parecem conferir a esses vírus vantagens evolutivas. No caso dos HSaV, múltiplos genogrupos e genótipos cocirculam na população e não parece haver infecção preferencial por tipos específicos. Contudo, estudos relatam a ocorrência de alterações genéticas cumulativas na VP1 de estirpes HSaV GI.2, semelhante ao descrito para os HNoV GII.4. Entre 2007 e 2009 foi observada a emergência de estirpes de HSaV GI.2 em diversos surtos de gastroenterite em alguns países da Europa (Holanda, Suécia, Eslovênia e Hungria) e a análise filogenética revelou alta similaridade dessas estirpes, sugerindo que essa linhagem se expandiu a partir de um ancestral comum. A análise filodinâmica sugeriu que essas estirpes emergiram a partir de variação antigênica semelhante ao que foi observado para o HNoV G-II.4.

## Recombinações

Recombinações são frequentemente observadas entre os HNoV e acredita-se ser um mecanismo importante pelo qual a diversidade genética é gerada e pode estar associado a alterações antigênicas significativas. A maioria das recombinações inter- e intragenótipo das estirpes de NoV ocorre na região do genoma correspondente a junção das ORF 1e 2, que também é o local de início da transcrição para o RNAsg viral. Um ponto secundário de recombinação nas estirpes GII.4 está na junção ORF2-ORF3. A junção ORF1-ORF2 é interessante, pois separa a região que codifica as proteínas não estruturais, responsáveis pela replicação do genoma viral, da região que codifica as proteínas do capsídeo. Com efeito, a recombinação nessa junção permite que o vírus troque a codificação do capsídeo, mantendo a região envolvida na replicação do genoma. Essa recombinação poderia, portanto, também ajudar no escape da resposta imunológica do hospedeiro (Figura 11.28).

A análise dos padrões evolutivos das estirpes pandêmicas de HNoV GII.4 revelou o impacto generalizado das recombinações inter- e intragenótipo no surgimento das principais variantes de GII.4. Diversos eventos de recombinação em potencial foram detectados nas estirpes GII.4 examinadas, a maioria localizados próximos à sobreposição ORF1-ORF2.

Quase todos os HNoV não GII.4 contemporâneos são vírus recombinantes. As estirpes GII.3 agrupam-se em quatro linhagens, cada uma delas associada a um genótipo ORF1 diferente. O surgimento de cada linhagem foi acompanhado por um aumento na diversidade genética, sugerindo que a recombinação resulta em uma taxa de evolução mais elevada, o que pode oferecer uma vantagem seletiva temporária. Este fato demonstra o provável papel dos eventos de recombinação na alteração da eficiência de propagação dos HNoV.

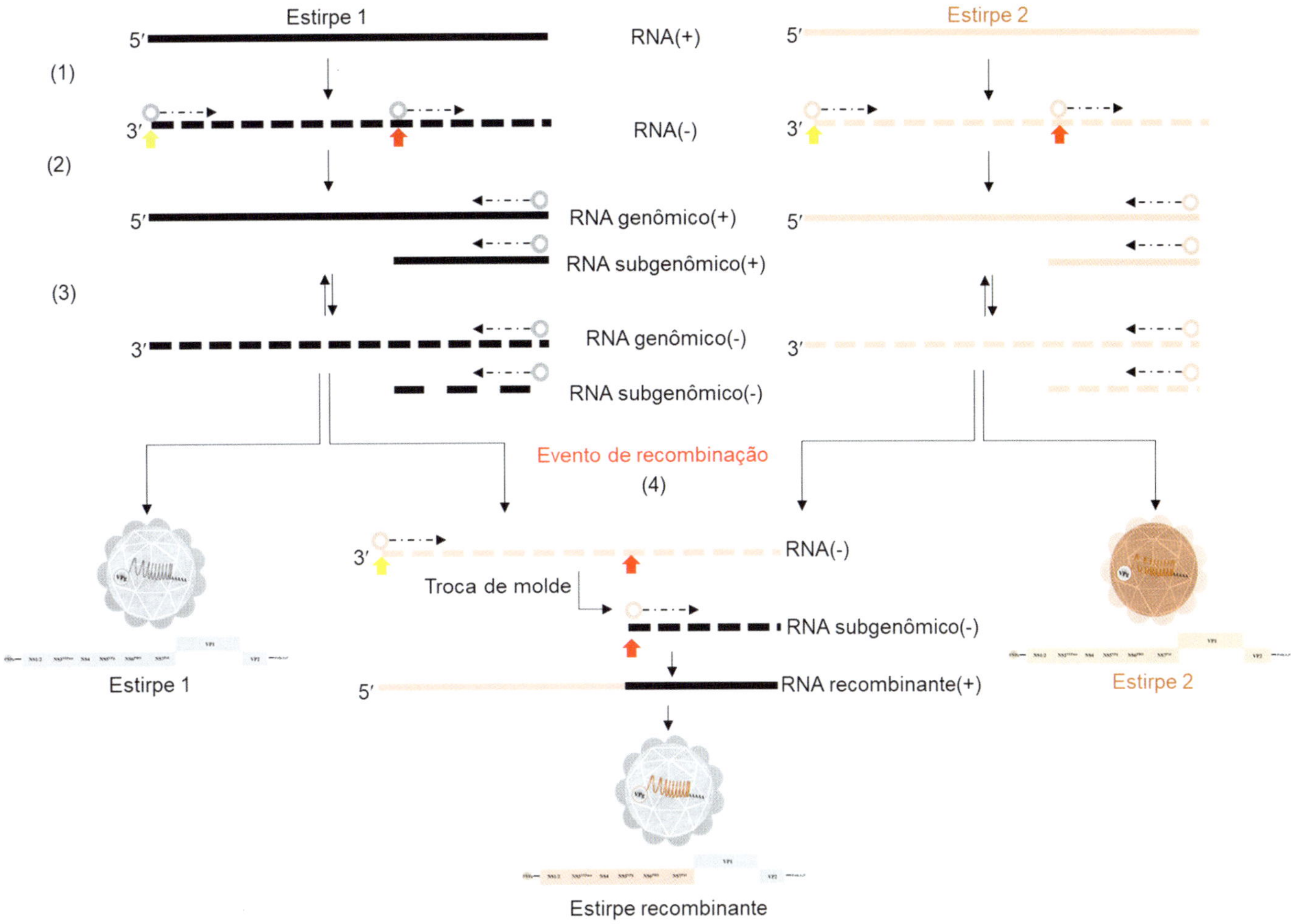


**Figura 11.28** Mecanismo de recombinação dos NoV na junção ORF1-ORF2. **1.** O RNA viral genômico de sentido positivo – RNA(+) (*linha cheia*) – é transcrito pela RNA polimerase-RNA dependente (RpRd) (*círculo*) em intermediários de replicação de sentido negativo – RNA(–) (*linha tracejada*). **2.** A ligação da RpRd às sequências promotoras quase idênticas, localizadas na extremidade 3′ (*seta amarela*) e na junção das ORF1 e 2 (*seta vermelha*), gera RNA genômico e subgenômico positivos (*linha cheia*). **3.** Esses moldes direcionam a síntese de RNA a partir da extremidade 3′, para produção de ambos, RNA genômico e subgenômico negativos. **4.** A recombinação ocorre quando a RpRd inicia a síntese de RNA(+), no promotor (*seta amarela*) localizado na extremidade 3′ de um RNA genômico (–), mas interrompe no promotor subgenômico (*seta vermelha*) e troca de molde para o RNA subgenômico (–) de uma estirpe coinfectante. Após a recombinação, uma estirpe recombinante é produzida com um RNA viral que possui uma nova combinação de ORF1 e ORF2-ORF3. Fonte: Bull *et al.*, 2005.

Evidências de recombinações já foram descritas para o HSaV. Estirpes de HSaV que apresentam inconsistências entre a classificação baseada na análise da sequência da região codificadora das proteínas não estruturais (incluindo a região da RpRd) e da região codificadora da VP1 são designadas de estirpes recombinantes ou quiméricas. Já foram descritas estirpes apresentando recombinações intra- e intergenogrupo. Todas as estirpes apresentando recombinações intergenogrupo são GIV (com base na sequência da VP1), e foram identificadas como GII pela sequência da RpRd. Recombinações intragenogrupo já foram identificadas em estirpes GI, GII e GIII.

## Biossíntese viral

Diversos sistemas de genética reversa foram desenvolvidos para vários calicivírus, incluindo vírus de felinos, de suínos e para o NoV de murino (MNV, *murine norovirus*). No momento, o único NoV que pode ser propagado eficientemente em cultura de células é o MNV. A biossíntese dos HNoV tem sido estudada após a expressão de proteínas virais, a partir de clones infecciosos de DNAc ao genoma viral.

A adsorção do HNoV à superfície da célula ocorre por interação entre a proteína VP1 com receptores celulares (glicanas) e interação adicional com correceptores (proteínas). Para os HNoV, foram descritas moléculas associadas e não associadas a células que atuam na adsorção, por diversos mecanismos. Essas moléculas incluem os HBGA, ácidos biliares, ácido siálico e cátions divalentes. Os HBGA podem ser associados ou não a células, e ambas as formas podem desempenhar função na entrada de HNoV; se ligam ao domínio P2 da VP1, embora com uma afinidade relativamente baixa e sem induzir rearranjos estruturais significativos na VP1.

Estudos com voluntários mostraram que a infecção por HNoV se correlacionava com o *status* de secretor do hospedeiro, ou seja, a capacidade de secretar HBGA em fluidos corporais. O *status* de secretor é determinado por mutações no gene *FUT2*, que codifica a enzima FUT2 (alfa-1, 2-fucosiltransferase [*alpha-1, 2-fucosyltransferase*]). O FUT2 converte o precursor do antígeno H do tipo 1 (carboidrato) em antígeno maduro, que pode ser posteriormente modificado por enzimas em diversos antígenos de carboidratos. Aproximadamente, 20 a 30% das pessoas têm polimorfismos no gene *FUT2*, resultando em uma enzima não funcional. Esses indivíduos, denominados não secretores, são incapazes de secretar antígenos do grupo sanguíneo ABO em seus fluidos corporais. A presença de anticorpos anti-HNoV que bloqueiam a ligação *in vitro* da VP1 aos HBGA se correlaciona com a proteção contra certos genótipos de HNoV. Os indivíduos não secretores exibem resistência significativa aos genogrupos HNoV GI.1 e GII.4; no entanto, a resistência ao HNoV não é absoluta, pois os não secretores podem ser infectados experimentalmente e naturalmente com alguns HNoV. Estudos estruturais e funcionais descreveram vários sítios de ligação a HBGA distintos entre as estirpes de HNoV, o que pode refletir a capacidade de determinadas estirpes de infectar hospedeiros não secretores.

O mecanismo de penetração varia entre os calicivírus. O mecanismo proposto para o MNV é uma via endocítica que possivelmente envolve balsas lipídicas (*lipid rafts*) sensíveis a colesterol e dinamina II. A etapa de desnudamento da partícula não foi elucidada, mas parece ser um processo rápido. O genoma do MNV é liberado no citoplasma celular 1 hora após a infecção.

Uma vez dentro da célula, o RNA genômico positivo é imediatamente traduzido. Esse processo requer uma interação entre a proteína VPg e o aparato de tradução celular. Foi demonstrado que a proteína VPg do HNoV e do MNV interage com componentes do complexo do fator de iniciação da tradução eIF4F (fator de iniciação da tradução eucariótica 4 F [*eukaryotic translation initiation factor 4 F*]). As extremidades dos genomas dos calicivírus contêm estruturas de RNA evolutivamente conservadas que são conhecidas por interagir com fatores de células hospedeiras para promover a replicação e tradução do genoma viral.

A biossíntese dos calicivírus é associada à inibição da tradução celular, e a protease viral cliva algumas proteínas celulares envolvidas no processo de tradução, o que deve fornecer alguma vantagem ao processo de tradução de proteínas virais. A ORF1 é a primeira a ser traduzida produzindo uma grande poliproteína, que é rapidamente processada pela protease viral em precursores ou produtos finais. Algumas dessas proteínas não estruturais e seus precursores funcionam na montagem de sítios de replicação dentro da célula, enquanto outras, como a RpRd, participam da replicação do genoma. Um RNAsg bicistrônico ligado à VPg é produzido em grande quantidade e funciona como um molde para a tradução das proteínas estruturais VP1 e VP2. A regulação da tradução da VP2 (20% dos níveis da tradução da VP1), a partir desse RNAsg, foi mapeada em uma região da VP1 contendo uma sequência de 70 nucleotídeos denominada TURBS (sítio de ligação ribossômica a montante da terminação [*termination upstream ribosomal binding site*]).

A replicação do genoma ocorre em viroplasmas e envolve a produção de uma fita de RNA negativa complementar (RNAc–) a partir da terminação 3′ do RNA genômico, e também envolve, possivelmente, a interação com proteínas celulares. A fita negativa serve como molde para a transcrição de duas fitas positivas: uma fita completa que serve como RNA para a tradução de proteínas não estruturais ou como genoma para a progênie viral, e uma fita de RNAsg correspondente a 1/3 do genoma na direção da terminação 3′, que funciona como RNAm para a tradução de proteínas estruturais.

O processo de montagem das novas partículas foi descrito para o calicivírus de felinos (FCV, *feline calicivirus*) e envolve duas etapas. Na primeira, ocorre rápida agregação das proteínas do capsídeo; a segunda etapa envolve a associação das proteínas de capsídeo ao RNA genômico recém-sintetizado, formando a partícula infecciosa. Já foram descritas interações entre as proteínas de capsídeo e a VPg ligada ao genoma, bem como a proteína RpRd, sugerindo que essas interações podem estar relacionadas com o empacotamento do genoma. Na biossíntese do FCV, observa-se a existência de partículas virais de diferentes densidades contendo o RNA genômico ou o subgenômico associados à VPg, indicando que eles não são empacotados juntos no mesmo vírion. Já foi sugerido que partículas contendo o RNAsg apresentariam uma virulência mais elevada, mas sua função na biossíntese viral é desconhecida. As partículas recém-sintetizadas saem da célula por lise.

Uma representação esquemática da biossíntese dos HNoV é mostrada na Figura 11.29.

## Patogênese

A falta de um sistema biológico como cultura de células ou um modelo que utiliza animal para a propagação de HuCV, dificulta o entendimento da patogenia da infecção. Atualmente, o que se sabe sobre a patogênese da infecção por HuCV é proveniente de estudos com NoV em voluntários humanos e estudos com MNV-1 ou outros calicivírus de animais.

Com base em estudos realizados em voluntários, o vírus entra no organismo predominantemente por via oral e o período de incubação varia de 10 a 51 horas, com média de 24 horas. A duração da doença aguda é de 24 a 48 horas.

Biópsias intestinais de voluntários que desenvolveram a doença revelaram que a mucosa intestinal desses pacientes apresentou anormalidades como achatamento e alargamento das vilosidades intestinais, hiperplasia das células das criptas, vacuolização citoplasmática e infiltração de células polimorfo e mononucleares na lâmina própria; a mucosa propriamente dita permanecia intacta. Nenhuma alteração histológica foi observada no fundo e no antro gástricos, ou na mucosa do cólon, na fase aguda ou convalescente da doença.

A extensão do envolvimento do intestino delgado permanece desconhecida. Biópsias intestinais de crianças infectadas cronicamente com HNoV, após transplantes de intestino delgado, mostraram aumento da apoptose dos enterócitos e inflamação que é difícil de distinguir da rejeição do aloenxerto. Além disso, o antígeno de HNoV foi detectado nos enterócitos das vilosidades, mas não nas células das criptas de pacientes imunocomprometidos com infecção crônica pelo HNoV, que foram submetidos a transplante de células-tronco hematopoiéticas ou de intestino delgado. A infecção por NoV também está associada à disfunção da barreira epitelial. Embora os HNoV exibam alta espécie-especificidade, leitões e bezerros gnotobióticos podem ser infectados oralmente com HNoV GII.4; uma vez infectados, esses animais apresentam diarreia leve e infecção do intestino, principalmente dos enterócitos do intestino delgado proximal (duodenal e jejunal).

A atividade enzimática (fosfatase alcalina, sucrase e trealase) intestinal também é diminuída, resultando em uma esteatorreia branda e má absorção de carboidratos transitória. A atividade da adenilato ciclase jejunal não é elevada e a secreção gástrica de ácido clorídrico, pepsina e fatores intrínsecos tem sido associada a essas alterações histológicas. Ao contrário, o esvaziamento gástrico é atrasado e isso, ou o dano estrutural transitório nas vilosidades intestinais, pode contribuir para náuseas e vômitos associados a essa gastroenterite. O porquê de a doença ser rápida e

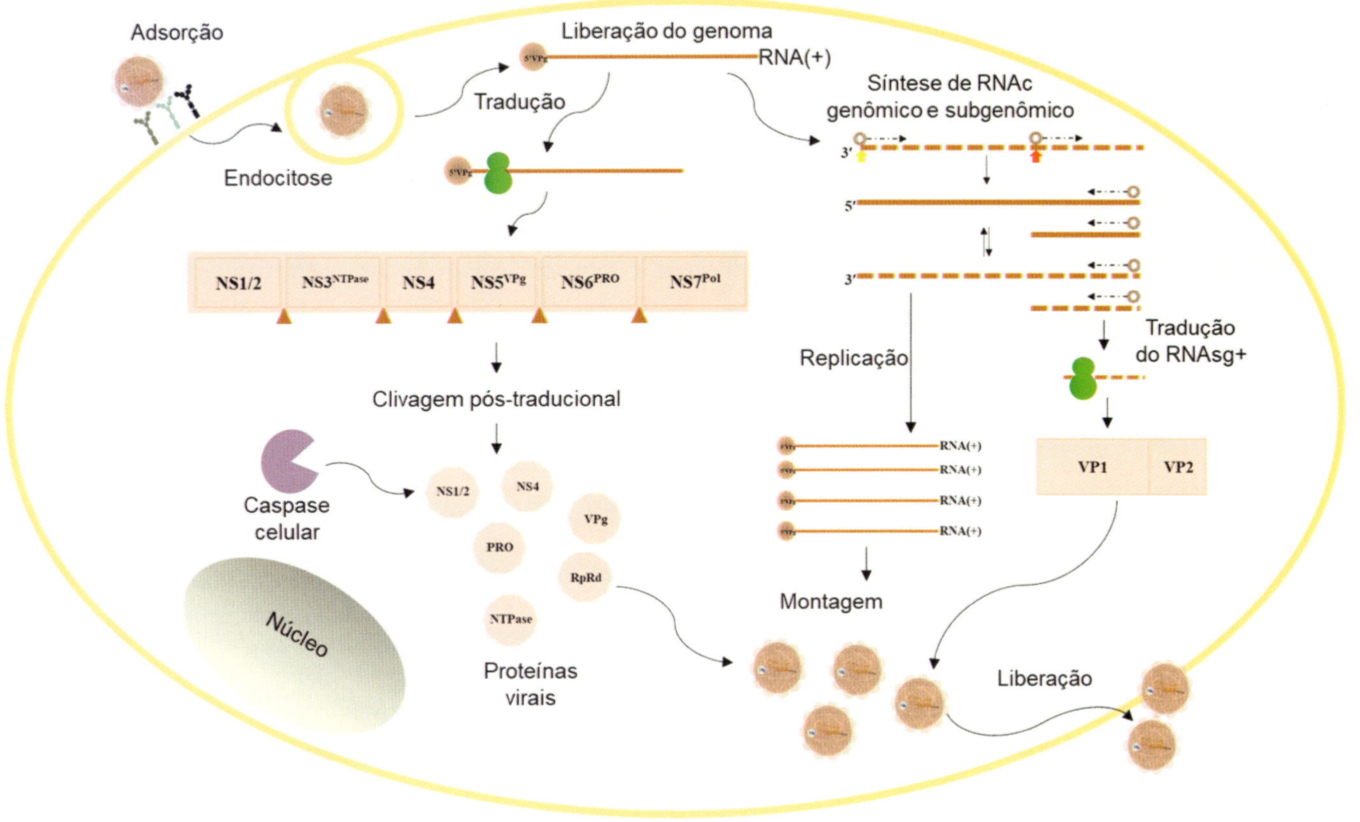


**Figura 11.29** Esquema da biossíntese dos NoV. Após a adsorção do vírus aos receptores e correceptores celulares, ocorrem a penetração (possivelmente por endocitose) e o desnudamento da partícula viral, e o RNA de sentido positivo RNA(+) é então liberado para o citoplasma celular, onde ocorre a tradução do RNA viral. A proteína VPg ligada à extremidade 5′ do genoma é responsável por recrutar os fatores de tradução do hospedeiro. Após a tradução, a poliproteína codificada pela ORF1 é então clivada pós-traducionalmente pela protease codificada por vírus (PRO) em proteínas individuais: NS1/2, NTPase, NS4, VPg, PRO, RNA polimerase-RNA dependente (RpRd). A NS1/2 é ainda clivada por caspases do hospedeiro. Durante a replicação do genoma, o RNA(+) é primeiro convertido em RNA de sentido negativo (RNAc, RNA complementar), que é então usado como molde para a síntese de novo RNA genômico e subgenômico positivo. As proteínas do capsídeo VP1 e VP2 são produzidas a partir de RNA subgenômico (RNAsg+) que contém apenas ORF2 e ORF3. Os capsídeos recém-formados se agrupam em torno de RNA genômico e possivelmente subgenômico e, eventualmente, as novas partículas virais são liberadas da célula infectada por mecanismos que não são totalmente compreendidos. Adaptada de Hassan e Baldridge, 2019.

geralmente explosiva ainda precisa ser explicado. A doença sintomática também pode ser devido à resposta imunológica inata do hospedeiro à infecção viral.

O estabelecimento de culturas celulares derivadas de células-tronco intestinais humanas chamadas "enteroides intestinais humanos" deve trazer maior compreensão da infecção e patogênese do HNoV. Essas culturas de células epiteliais não transformadas, de diferentes segmentos do intestino delgado, são multicelulares e os enterócitos nessas culturas suportam a propagação de diferentes estirpes virais; a biossíntese depende da estirpe e para algumas estirpes a biossíntese requer ou depende da adição de bile às culturas.

Os HuCV podem causar surtos por meio de diferentes vias de transmissão muito bem documentadas, incluindo transmissão por ingestão de água e alimentos contaminados e pessoa a pessoa. A transmissão zoonótica é considerada uma hipótese e ainda não foi documentada. Entretanto, a detecção de HNoV em espécies de animais de contato próximo ao homem levanta a suspeita de uma possível transmissão zoonótica e da existência de animais reservatórios para esses vírus.

A transmissão por alimentos é uma rota importante para a disseminação global de HuCV e pode ocorrer quando os manipuladores contaminam os alimentos no local ou durante as etapas anteriores da produção de alimentos como, por exemplo, o cultivo de frutos do mar em áreas costeiras contaminadas por fezes, e produtos como frutas frescas e congeladas podem ser contaminados por irrigação com água contaminada por esgoto ou por contato com pessoal infectado, durante a colheita e o processamento.

A transmissão pessoa a pessoa pode ocorrer por duas vias: fecal-oral e por contato com superfícies contaminadas por aerossóis gerados durante episódios de jatos de vômito, que geralmente ocorrem durante a doença. Muitas características dos HuCV facilitam seu espalhamento; dentre elas, as seguintes: (a) a quantidade elevada de partículas virais excretada nas fezes (HNoV – $10^7$ partículas/grama de fezes; HSaV – $1{,}32\times10^5$ a $1{,}05\times10^{11}$ cópias do genoma/grama de fezes) e a dose infecciosa muito baixa (1 a 10 partículas para HNoV), possibilitando que o vírus se espalhe por meio de aerossóis, fômites, contato pessoa a pessoa e contaminação ambiental, como evidenciado por taxas de ataque (taxa de incidência de uma doença em uma população específica ou em um grupo bem definido de pessoas expostas ao risco de serem acometidas por essa doença, limitado a uma área e tempo restritos) de 30% em casos secundários, de pessoas próximas aos doentes; (b) a excreção de partículas virais precede o início da doença em 30% das pessoas expostas e continua mesmo após o desaparecimento dos sintomas, aumentando o risco de espalhamento secundário – uma preocupação particular com manipuladores de alimentos e familiares do doente; (c) resistem a uma ampla variação de temperatura e persistem em superfícies, águas recreacionais e para consumo, e em uma variedade de alimentos como ostras, frutas e vegetais, que são irrigados e/ou consumidos crus; (d) em virtude da grande diversidade genética e da falta de proteção cruzada e de imunidade duradoura, repetidas infecções podem ocorrer durante a vida de um indivíduo; (e) o genoma sofre mutações que causam *drift* antigênica e recombinações, resultando na evolução de novas estirpes que são capazes de infectar hospedeiros suscetíveis.

A transmissão nosocomial do HNoV é um grande problema para os serviços de internação. Os indivíduos podem excretar o vírus em grandes quantidades por várias semanas após a resolução dos sintomas, atuando como fonte de transmissão nosocomial. No entanto, análises de surtos nosocomiais sugerem que a maioria desses surtos é resultado da transmissão de indivíduos sintomáticos. Em um ambiente hospitalar, pacientes imunocomprometidos que são infectados cronicamente com HNoV e são sintomáticos podem atuar como um reservatório do vírus e contribuir para a transmissão nosocomial.

## Manifestações clínicas

A infecção pelo HNoV é principalmente aguda, com um período de incubação de 12 a 48 horas. Os sintomas geralmente incluem vômitos, cólicas abdominais, febre baixa, presença de muco nas fezes, diarreia aquosa, dor de cabeça, mal-estar, calafrios, mialgia (Figura 11.30). Vômitos e diarreia geralmente estão presentes juntos, mas podem ocorrer individualmente. A excreção viral ocorre principalmente nas fezes e no vômito.

O espectro clínico da doença é variável e até 1/3 das pessoas infectadas são assintomáticas. Na primeira infância as infecções por HNoV podem frequentemente ser assintomáticas, possivelmente devido ao efeito da amamentação e à transferência de anticorpos maternos. Em adultos saudáveis, a doença é autolimitada e os sintomas clínicos tendem a durar de 2 a 3 dias. Embora o pico de excreção viral ocorra 2 a 5 dias após a infecção, o RNA viral foi detectado em amostras de fezes por até 4 a 8 semanas em indivíduos saudáveis. Como se acredita que o pico da infecciosidade ocorra durante os sintomas clínicos e o período imediatamente após a doença, é recomendável que indivíduos que trabalhem em assistência médica, alimentos e os cuidadores sejam dispensados do trabalho por 48 a 72 horas após a resolução dos sintomas.

Em grupos mais suscetíveis, como idosos, crianças ≤ 5 anos, indivíduos imunocomprometidos ou com doenças de base, os sintomas clínicos podem ser muito mais graves e durar mais

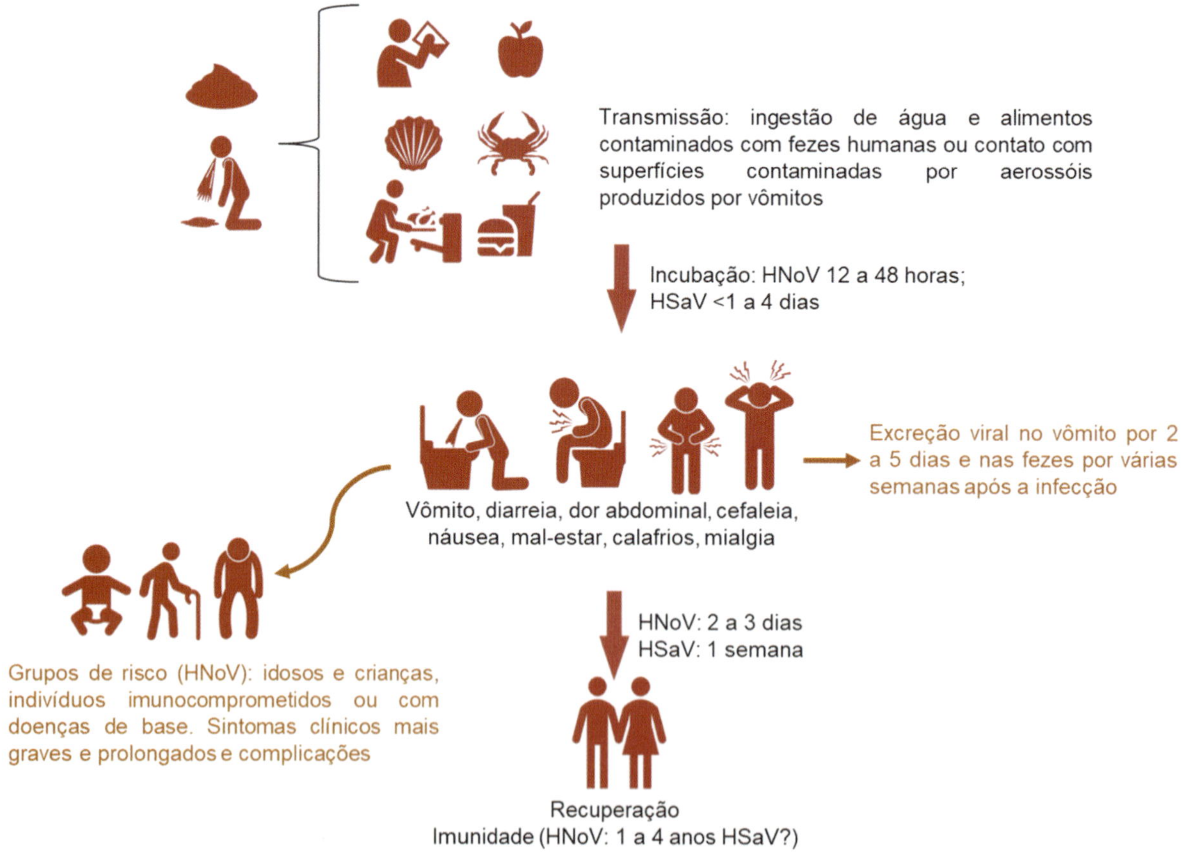


**Figura 11.30** Curso clínico da diarreia por HuCV. A transmissão por águas e alimentos é uma rota importante para a disseminação de calicivírus de humanos (HuCV). A transmissão pessoa a pessoa pode ocorrer por via fecal-oral e por contato com superfícies contaminadas por aerossóis gerados durante episódios de jatos de vômito. Os sintomas incluem vômito, cólicas abdominais, diarreia aquosa, cefaleia, mal-estar, calafrios, mialgia. A excreção viral ocorre principalmente nas fezes e no vômito. Em grupos mais suscetíveis, como idosos, crianças ≤ 5 anos, indivíduos imunocomprometidos ou com doenças de base, os sintomas clínicos da infecção por HNoV podem ser muito mais graves e durar mais tempo. A duração da imunidade induzida pelos HSaV ainda é desconhecida.

tempo. Em pacientes imunocomprometidos, a doença pode durar várias semanas a meses, ou até anos, independentemente da causa viral da infecção. A resolução da infecção e doença crônica em pacientes transplantados e imunossuprimidos está associada à reconstituição do sistema imunológico e à detecção de anticorpos séricos que podem bloquear a ligação viral a antígenos HBGA. Infecções prolongadas por HNoV foram relatadas em indivíduos com imunodeficiências primárias, em pacientes transplantados recebendo terapia imunossupressora e em pacientes submetidos à quimioterapia, bem como em indivíduos infectados pelo vírus da imunodeficiência humana (HIV, *human immunodeficiency virus*). Também foram relatadas complicações, como insuficiência renal aguda levando à hemodiálise, complicações cardíacas, incluindo arritmias, rejeição aguda de órgãos do enxerto em indivíduos transplantados e óbito.

Complicações em adultos saudáveis são menos comuns. Contudo, já foi relatada a síndrome inflamatória intestinal (SII) transitória pós-infecção até 3 meses após o início dos sintomas e doença inflamatória intestinal (DII). Sequelas de longo prazo foram descritas entre os militares dos EUA incluindo dispepsia (dificuldade de digestão), constipação e doença do refluxo gastrointestinal. Os sintomas neurológicos são raros, mas foram observados. Dor de cabeça, rigidez da nuca, fotofobia e obtundação (declínio do estado mental do paciente que apresenta níveis mais baixos de alerta de consciência) foram observados juntamente com sintomas gastrointestinais em três militares britânicos; um desses pacientes também teve coagulação intravascular disseminada e dois pacientes necessitaram de suporte ventilatório. Outras complicações pouco frequentes foram relatadas entre pessoas saudáveis, incluindo enterocolite necrosante, convulsões e artrite pós-infecciosa na população pediátrica, bem como relatos de casos individuais, entre adultos, de colite isquêmica, lesão hepatocelular transitória e síndrome hemolítico-urêmica.

Os idosos formam um grupo de alto risco para doença grave. As investigações de surtos de HNoV relataram maior duração de diarreia, de 3 a 9 dias, em adultos mais velhos e recuperação ainda mais lenta da doença em pacientes com idade ≥ 85 anos, com quase metade dos afetados ainda sintomáticos após 4 dias. Outros sintomas clínicos além da diarreia também podem ser prolongados nessa faixa etária; um estudo relatou dor de cabeça, sede e vertigem persistentes até 19 dias após o início da doença, em 10 indivíduos de 79 a 94 anos, em um centro de atendimento a idosos, embora a diarreia e o vômito tenham resolvido no 4º dia após o início dos sintomas. Se os idosos forem hospitalizados com infecção por HNoV, eles são mais frequentemente admitidos em uma unidade de terapia intensiva (UTI). Além disso, os idosos hospitalizados por outras condições têm maior probabilidade de adquirir uma infecção hospitalar por HNoV. Essa propensão a infecções adquiridas no ambiente hospitalar pode ser devida a estadias mais longas e maior exposição, mas também pode ser secundária ao aumento da suscetibilidade ao vírus, devido a redução da capacidade imunológica associada a idade ou condições e comorbidades crônicas subjacentes.

Com base nos dados epidemiológicos de pacientes infectados com HSaV, o período de incubação varia de < 1 dia a 4 dias. Os principais sintomas clínicos incluem diarreia e vômito; no entanto, sintomas constitucionais adicionais como náusea, cólicas estomacais e abdominais, calafrios, dor de cabeça, mialgia ou mal-estar também são frequentemente relatados; febre é um sintoma clínico raro (ver Figura 11.30). A diarreia geralmente resolve dentro de 1 semana; no entanto, já foram relatados casos de indivíduos que apresentaram sintomas por mais tempo (até 20 dias). A excreção viral ocorre principalmente nas fezes e no vômito.

Em geral, a gravidade da doença por HSaV é menor que a doença induzida pelos rotavírus (RV) e HNoV. Os sintomas são geralmente autolimitados e os pacientes geralmente se recuperam em alguns dias; no entanto, os sintomas, a gravidade e a duração da doença dependem do indivíduo, e a infecção pode levar à hospitalização. A mortalidade é rara, mas foi relatada em surtos que ocorreram em uma instituição de cuidados de longa duração (LTCF, *long term care facility*) para idosos. Não existem informações disponíveis sobre infecções por HSaV em grupos de risco como bebês prematuros ou pacientes imunocomprometidos. A infecção assintomática já foi descrita. A excreção de partículas de HSaV nas fezes pode persistir por 1 a 4 semanas do início da doença. O HSaV foi detectado nas fezes de um paciente imunocomprometido que apresentou diarreia prolongada (147 dias).

## Imunidade

A imunidade aos HNoV baseia-se primeiro na suscetibilidade genética inata ou resistência à infecção com base na presença de HBGA dos hospedeiros que servem como fatores de ligação celular necessários para estabelecer infecção e doença clínica. Muitos HNoV se ligam aos HBGA presentes na superfície das células epiteliais. A ausência de expressão de HBGA secretado no epitélio intestinal está associada com resistência à infecção pelo GI.1 e pela maioria das estirpes GII.4. Os HBGA ligam NoV de forma estirpe-específica.

Em seres humanos, os níveis de citocinas pró e anti-inflamatórias atingem o pico durante o período sintomático da infecção por HNoV, que geralmente desaparece em 1 a 2 dias, indicando a ativação do sistema imunológico do hospedeiro após a infecção. Indivíduos sintomáticos experimentalmente infectados com HNoV mostraram maior ativação do sistema imunológico conforme medido pelas citocinas séricas, em comparação com indivíduos assintomáticos, sugerindo que a sintomatologia pode ser imunomediada. Além disso, os sintomas não se correlacionaram diretamente com maior carga viral, medida pelo título ou pela duração da excreção do vírus, ressaltando novamente o papel da ativação imunológica no desenvolvimento dos sintomas.

Embora estudos em seres humanos sejam críticos para entender a interação específica do HNoV com o sistema imunológico, grande parte do nosso entendimento vem de estudos em camundongos selvagens e imunodeficientes. Para o MNV, foi demonstrado que a MDA5 (proteína 5 associada à diferenciação do melanoma [*melanoma differentiation-associated protein 5*]) é necessária para controlar a infecção através da indução de IFN. Fator regulador de IFN 3 (IRF3, *interferon regulatory factor 3*) e IRF7 são induzidos na infecção por MNV, que eventualmente estimulam a produção de IFN tipo I (IFN-$\alpha$ e IFN-$\beta$) e limitam a propagação do vírus.

Estudos iniciais da infecção em seres humanos sugeriram que a imunidade protetora contra os HNoV seria de curto prazo, na faixa de 8 a 14 semanas após a infecção. Estudos mais recentes, no entanto, indicaram que a imunidade protetora pode durar mais do que se pensava inicialmente, com estimativas variando de 1 a 4 anos.

Ensaios experimentais com HNoV em voluntários humanos mostram sinais de indução de resposta imunológica adaptativa. Embora a resposta imunológica celular ao HNoV tenha sido pouco explorada, a resposta imunológica humoral foi estudada de maneira mais ampla.

A infecção por HNoV na idade adulta leva ao aumento na circulação de plasmoblastos vírus-específicos, produtores de IgG e IgA, 1 semana após a infecção, e as concentrações de células B da memória específica para o vírus atingem o pico em 2 semanas. IgA e IgG séricas preexistentes e altas concentrações de células B de memória, no momento da exposição ao vírus, também estão associadas a um menor risco de doença. Os anticorpos maternos ajudam a proteger as crianças da infecção por HNoV, e as crianças subsequentemente desenvolvem anticorpos com alta afinidade. Os anticorpos anti-HNoV persistem por pelo menos 6 meses em adultos e crianças. A resposta mediada por células T ocorre após a infecção, mas sua importância relativa não é bem caracterizada. A contribuição da infecção prévia com estirpes heterólogas para a proteção contra a infecção por novas estirpes ainda não é totalmente compreendida; resposta heterotípica ao HBGA pode ser observada em adultos e crianças jovens, mas algumas evidências sugerem que a infecção primária de crianças pode não resultar em proteção contra novas infecções por outras estirpes.

Os mecanismos de imunidade/resistência ao HSaV no local da infecção (lúmen intestinal) ainda precisam ser esclarecidos, mas a presença de anticorpos séricos anti-HSaV preexistentes foi associada a redução da frequência de infecção e doença, pelo menos para anticorpos contra estirpes antigenicamente homólogas. Este fato foi também observado nos surtos de gastroenterite que ocorreram em maternidades. Os adultos que tinham anticorpos séricos anti-HSaV homólogos não apresentaram sintomas clínicos na reinfecção. Recentemente, foram relatadas reinfecções sintomáticas por estirpes pertencentes a genogrupo/genótipo distintos da infecção prévia.

## Diagnóstico diferencial das infecções por HNoV

A falta de um teste de diagnóstico acessível para os clínicos foi um problema para se estabelecer a etiologia de surtos de gastroenterite, que provavelmente eram causados por HNoV. Então, Kaplan e colaboradores, em 1982, desenvolveram uma série de critérios, com base na observação de 38 surtos de HNoV, para distinguir os surtos causados por HNoV daqueles de origem bacteriana. Os quatro critérios indicativos eram: vômito em mais de 50% das pessoas afetadas em um surto; período de incubação entre 24 e 48 horas; duração da doença entre 12 e 60 horas e a não identificação de bactérias na coprocultura. Esses critérios foram estabelecidos quando os testes para diagnóstico de surtos tinham como base métodos pouco sensíveis, como a microscopia eletrônica. Esses critérios foram reavaliados por um grupo de pesquisadores dos Centros para Controle e Prevenção de Doenças (Centers for Disease Control and Prevention – CDC) dos EUA, e os resultados mostraram que os critérios de Kaplan ajudam a discriminar os surtos de origem alimentar causados por HNoV daqueles causados por bactérias, entretanto, esses critérios não devem ser utilizados individualmente e, sim, todos juntos. Na prática, é importante que amostras dos surtos sejam coletadas e enviadas para um laboratório para que possam ser testadas.

## Diagnóstico laboratorial dos HuCV

A interpretação dos testes de diagnóstico para HuCV depende da qualidade das amostras submetidas à análise e, portanto, requer que amostras apropriadas sejam coletadas e manipuladas adequadamente. A amostra ideal para o diagnóstico de infecção por HuCV são as fezes diarreicas. As amostras devem ser coletadas dentro de 48 a 72 horas após o início dos sintomas, embora o HuCV possam ser detectados nas amostras de fezes por um período mais prolongado. As amostras devem ser refrigeradas a 4°C antes do teste e congeladas a –20° ou –70°C para armazenamento a longo prazo. O vômito é um tipo de amostra alternativo que pode ser usado para complementar o teste de amostras de fezes durante as investigações de surtos. A colheita e o manuseio são iguais aos das amostras de fezes. As amostras de soro não são recomendadas para o diagnóstico de rotina.

Atualmente, a metodologia de reação em cadeia da polimerase associada à transcrição reversa (RT-PCR, *reverse transcription polymerase chain reaction*) convencional ou em tempo real vem sendo bastante utilizada, pois possibilita, além da detecção, a quantificação da carga viral na amostra. Com essa metodologia, os HuCV podem ser detectados em fezes, vômito, água e alimentos contaminados e fômites.

Os ensaios de detecção de antígeno do HNoV geralmente contêm uma mistura de anticorpos específicos anti-HNoV e mostram alguma variação na sensibilidade, devido ao grande número variantes antigênicas. Testes imunocromatográficos e ensaios imunoenzimáticos (EIA, *enzyme immunoassay*) são comercializados para diagnóstico. Ambos os testes mostram especificidade e sensibilidade semelhantes. Embora a sensibilidade média seja baixa (até 52% para o HNoV GI e até 78% para os HNoV GII.4), em situações de surto em que várias amostras clínicas estão disponíveis para teste, essa baixa sensibilidade pode ser aceitável.

EIA foram desenvolvidos para a detecção de HSaV e têm sido utilizados para a detecção viral em amostras clínicas. No entanto, esses ensaios não são amplamente utilizados para diagnóstico devido à dificuldade na detecção de estirpes antigenicamente diversas, baixa sensibilidade em comparação com os métodos de detecção de ácidos nucleicos e falta de disponibilidade comercial.

## Epidemiologia

Os HNoV são causa importante de gastroenterite aguda em pessoas de todas as idades em todo o mundo. Estima-se que sejam responsáveis por 12 a 24% dos casos de gastroenterite ocorrentes na comunidade em geral ou atendidos em ambulatórios, 11 a 17% dos casos atendidos em serviços de emergência ou hospitalizados e aproximadamente 70.000 a 200.000 mortes anualmente. A epidemiologia do HNoV difere entre as regiões temperadas e tropicais. Nas regiões temperadas do hemisfério norte, surtos são particularmente comuns durante o inverno, embora também tenham sido observados picos no verão. A razão para o aumento de surtos de HNoV no inverno não é clara, mas vários fatores foram sugeridos, incluindo aglomeração e clima (umidade interna e externa). Nos trópicos, um aumento na infecção por HNoV foi observado na estação chuvosa.

Os calicivírus, especialmente o HNoV, são causas importantes de doença gastrointestinal esporádica. Estudos identificaram o HNoV como o agente etiológico mais frequente em casos de gastroenterite esporádica. Esses casos esporádicos podem ocorrer em indivíduos ou em um pequeno agrupamento familiar. A incidência de gastroenterite por HNoV é maior em crianças ≤ 5 anos. Notavelmente, em alguns países como EUA e Finlândia, após a implementação da vacina contra rotavirose, o HNoV emergiu como a principal causa de gastroenterite pediátrica grave. A doença grave associada ao HNoV também é comum em adultos ≥ 65 anos, entre os quais ocorrem a maioria das fatalidades associadas ao HNoV.

Os surtos de HNoV foram relatados em uma variedade de ambientes, particularmente em áreas de alojamentos, refeitórios e ambientes de difícil manutenção. Surtos geralmente ocorrem em instalações como restaurantes, hospitais, lares para idosos, navios de cruzeiro, enfermarias militares, escolas e creches. Surtos de HNoV foram associados a itens alimentares contaminados com fezes em sua fonte, especialmente o consumo de ostras que podem concentrar vírus de águas contaminadas. No entanto, a contaminação de alimentos geralmente ocorre por parte dos manipuladores infectados, no local do preparo, e alimentos prontos para consumo, como saladas e sanduíches, estão particularmente envolvidos nesse tipo de transmissão.

O HNoV é frequentemente envolvido em surtos em hospitais e lares para idosos. Esses surtos em ambientes fechados podem apresentar um desafio logístico em termos de eliminação da fonte e um ônus financeiro para as instituições de saúde. Os surtos de HNoV são comuns em hospitais, com taxas de ataque variando de 5 a 60%. Nos hospitais, a transmissão de pessoa para pessoa é o principal modo de transmissão e pode ocorrer entre pacientes e funcionários.

Os idosos que moram em LTCF estão expostos a risco elevado de infecção e complicações por HNoV. A configuração única dos LTCF, com salas compartilhadas e áreas comuns, onde o vírus pode se espalhar por muitas rotas, incluindo contato pessoa a pessoa e contato com superfícies contaminadas, pode facilitar a transmissão de HNoV. A maioria dos surtos de HNoV em LTCF tem altos níveis de transmissão de pessoa para pessoa, provavelmente devido ao contato próximo necessário entre funcionários e residentes com mobilidade limitada. As instalações para refeições compartilhadas em alguns LTCF também podem aumentar o risco de exposição e transmissão de origem alimentar. As taxas de ataque e óbito também são mais altas nos surtos de HNoV em LTCF, em comparação com outras causas de surtos agudos de gastroenterite.

Escolas e creches são frequentemente implicadas em surtos de gastroenterite aguda. Relatos de surtos de HNoV foram documentados em toda as faixas etárias, desde creches até escolas. Múltiplos modos de transmissão, incluindo pessoa para pessoa, alimentos contaminados e superfícies contaminadas por aerossóis produzidos por vômito, foram descritos nesses surtos, e o controle pode ser complicado pela excreção viral assintomática.

O HNoV é também uma das principais causas de morbidade nos centros de treinamento militar e nos campos de operação por muitas das mesmas razões pelas quais causa doenças em ambientes civis: alojamentos próximos, o baixo inóculo viral necessário para a infecção, excreção viral persistente, resistência viral à desinfecção e a variações de temperatura.

Numerosos surtos de HNoV têm sido associados a navios de cruzeiro. Acomodações compartilhadas, além de falta de incentivo aos passageiros e tripulantes por reportar doenças, são fatores associados aos surtos. Surtos de HNoV também foram relatados em *resorts*. Os fatores de risco para a aquisição da doença são semelhantes aos relatados durante surtos de navios de cruzeiro, como compartilhar quartos com pessoas afetadas anteriormente e contaminação do ambiente durante episódios de vômito.

Aumentos cíclicos nos surtos de HNoV ocorrem a cada 2 a 4 anos, e frequentemente esses aumentos resultam do surgimento de estirpes virais geneticamente distintas, contra as quais a imunidade da população é inadequada.

A circulação de HNoV no Brasil já foi demonstrada em diversos estudos. O vírus já foi detectado em alimentos associados a surto de gastroenterite em navio de cruzeiro, em águas recreacionais (Lagoa Rodrigo de Freitas, Rio de Janeiro, Brasil e água do mar, em Florianópolis, Santa Catarina, Brasil), em surtos em presídios, creches, surtos comunitários e casos esporádicos.

Os HSaV são detectados em todo o mundo em casos esporádicos de gastroenterite com taxas de positividade que variaram de 2,2 a 12,7%. Os HSaV foram detectados principalmente nos meses frios, em regiões temperadas, entre pacientes com gastroenterite esporádica, embora também tenham sido relatados picos sazonais diferentes entre os anos.

O número de surtos documentados é menor para HSaV em comparação ao HNoV. Os surtos de HSaV atingem pessoas de todas as idades, em vários ambientes, como creches, jardins de infância, escolas, faculdades, hospitais, casas de repouso, restaurantes, hotéis e navios. Surtos de HSaV transmitidos por alimentos também foram relatados. O maior surto de gastroenterite por HSaV por transmissão alimentar foi relatado no Japão em 2010 (665 indivíduos afetados). A fonte de contaminação foi identificada como sendo refeições preparadas por manipuladores de alimentos que estavam excretando HSaV.

No Brasil, infecção por HSaV é pouco estudada, contudo o vírus já foi detectado associado a gastroenterite em comunidades e em crianças hospitalizadas e em água de esgoto.

## Prevenção e controle

Até o momento, não existe uma vacina para controle da diarreia causada por HuCV. Uma vacina produzida com VLP está em fase II de ensaios clínicos e uma vacina que utiliza adenovírus (AdV) recombinante que expressa a proteína VP1 de HNoV está em fase I de ensaios clínicos.

Limitar o contato com pessoas infectadas durante e por 1 a 2 dias após a resolução da doença e a lavagem frequente das mãos diminui a transmissão viral. A dispensa do trabalho durante a doença e, por pelo menos, 48 a 72 horas após a resolução da doença é recomendada para indivíduos com alta propensão a transmitir o vírus, como funcionários doentes em unidades de saúde e pessoas envolvidas no manuseio de alimentos. A limpeza e desinfecção rotineiras de superfícies são essenciais para interromper a transmissão de HuCV; as áreas de alto risco incluem banheiros, torneiras, grades de cama, telefones, maçanetas, equipamentos de informática e superfícies de preparação de alimentos. O hipoclorito de sódio (alvejante à base de cloro) é o agente de escolha para desinfecção de superfícies e deve ser aplicado a uma concentração de 1.000 a 5.000 ppm.

## Tratamento

O tratamento da gastroenterite causada por HuCV baseia-se na reidratação oral, com fluidos e eletrólitos, ou endovenosa, no caso de vômitos com desidratação grave. Embora agentes antivirais não tenham sido desenvolvidos ainda, as estruturas da polimerase e protease virais são conhecidas, assim como o sítio para a ligação de antígenos sanguíneos, sendo potenciais alvos para o desenvolvimento de fármacos.

# Astrovírus

## Histórico

Os astrovírus (AstV) foram detectados pela primeira vez em associação a um surto de diarreia e vômito em uma maternidade da Inglaterra, em 1975. Appleton e Higgins observaram, por microscopia eletrônica, a presença de partículas virais pequenas, com cerca de 27 nm de diâmetro e sem nenhuma semelhança estrutural com os previamente identificados rotavírus (RV) e norovírus (NoV). A denominação de AstV foi dada por Madeley e Cosgrove, em 1975, devido à forma de estrela de cinco ou seis pontas apresentada por essas partículas. Apesar de esta característica ter sido utilizada para denominar esses vírus, a presença dessas projeções nas partículas é pH dependente e pode estar presente em apenas 10% da população viral. De fato, em algumas instâncias, a aparência típica em forma de estrela não é facilmente reconhecida em preparações para microscopia eletrônica, podendo haver erros na identificação viral. Provavelmente foi o que ocorreu com a infecção por AstV em aves, que foram inicialmente descritas como infecções relacionadas com os picornavírus ou enterovírus. Por esse motivo, os avanços nos métodos de detecção viral e identificação com base na análise dos genomas tornaram possível a confirmação da presença de AstV em diferentes hospedeiros.

Logo após as primeiras descrições em seres humanos, várias partículas de tamanho e morfologia similares foram identificadas em associação à gastroenterite em diversas espécies de animais, principalmente domésticos. Os primeiros relatos de infecção por AstV em animais foram em cordeiros e bezerros com diarreia.

Com base em observações clínicas e virológicas de casos de mortes entre patos, na década de 1980, a presença de AstV foi associada a casos fatais de hepatite. Talvez essa tenha sido a primeira evidência de localização extraintestinal desses vírus. Casos semelhantes de hepatite fatal em patos foram relatados na década de 1960, antes mesmo da identificação dos AstV e de sua associação à doença em patos. Até o momento, a lista de espécies suscetíveis à infecção por AstV inclui animais domésticos, sinantrópicos (animais que colonizam habitações humanas e seus arredores retirando vantagens em matéria de abrigo, acesso a alimentos e a água) e selvagens, além de espécies de aves e mamíferos de ambientes aquáticos e terrestres. Na última década, registrou-se aumento na descrição de AstV em novas espécies de animais, devido ao avanço nas técnicas laboratoriais para sua identificação.

## Classificação e características

Os AstV que infectam seres humanos (HAstV) pertencem à família *Astroviridae*, gênero *Mamastrovirus*. Com base na sequência da ORF2 (sequência de leitura aberta 2 [*open reading frame 2*]), os HAstV são divididos em HAstV clássicos, atualmente classificados pelo Comitê Internacional para Taxonomia de Vírus (ICTV, *International Committee on Taxonomy of Viruses*), como a espécie *Mamastrovirus 1* e HAstV emergentes classificados como espécies *Mamastrovirus 6*, *Mamastrovirus 8* e *Mamastrovirus 9* do gênero *Mamastrovirus*. Embora ainda não seja oficialmente reconhecido pelo ICTV e com base na homologia do capsídeo, o clado VA5, recentemente identificado, pode ser classificado como uma nova espécie.

Os HAstVs clássicos são classificados em oito sorotipos (HAstV-1 a HAstV-8) que apresentam 64 a 84% de similaridade entre eles, quanto a composição de aminoácidos da proteína do capsídeo. Dentro de cada sorotipo, diferentes linhagens ou subtipos genéticos também podem ser identificados, com base em homologia de nucleotídeos inferior a 93 a 95% da sequência parcial da ORF2 (Quadro 11.10). Não está claro se existe uma diferença biológica significativa entre linhagens. Algumas linhagens podem compartilhar alguns genes na ORF1ab e a recombinação pode contribuir significativamente para a diversidade e evolução dessas estirpes.

Desde 2008, novos HAstV foram identificados, incluindo dois clados distintos que foram nomeados de acordo com os locais onde foram identificados pela primeira vez: MLB (Melbourne) e VA (Virgínia). O clado VA também é conhecido como HMO (*human-mink-ovine*; humano-marta-ovino), em função das estirpes de AstV de animais que também se agrupam com esse clado filogeneticamente. O nível de identidade de aminoácidos entre MLB-HAstV, VA/HMO-HAstV e os HAstV clássicos é muito baixo, sugerindo que pode haver diferenças biológicas e antigênicas significativas entre eles. Tanto o clado MLB quanto o VA/HMO são geneticamente mais próximos dos AstV isolados de outras espécies animais do que dos oito HAstV clássicos.

Comparado aos HAstV clássicos, os novos HAstV são ainda mais diversos. Os MLB-HAstVs (*Mamastrovírus 6*) são classificados em três tipos ou clados (MLB1, MLB2 e MLB3), enquanto os VA-HAstV são divididos nas espécies de *Mamastrovirus 8*, contendo VA2 (também chamado HMO-B) e VA4, e *Mamastrovirus 9* contendo VA1 (também chamado HMO-C) e VA3 (HMO-A). O clado VA5 pode vir a ser classificado como uma nova espécie.

**Quadro 11.10** Classificação dos HAstV.

| Espécie | Sorotipo/clado | Linhagem |
|---|---|---|
| *Mamastrovirus 1* | HAstV1 | 1a a 1f |
| | HAstV2 | 2a a 2d |
| | HAstV3 | 3a a 3c |
| | HAstV4 | 4a a 4c |
| | HAstV5 | 5a a 5c |
| | HAstV6 | 6a e 6b |
| | HAstV7 | - |
| | HAstV8 | - |
| *Mamastrovirus 6* | HAstV-MLB1-3 | - |
| *Mamastrovirus 8* | HAstV-VA2 (HMO-A) e 4 | - |
| *Mamastrovirus 9* | HAstV-VA1 (HMA-C) e 3 (HMA-B) | - |
| Não classificada | HAstV-VA5 | - |

Fonte: Vu *et al.*, 2017.

Como não há antissoro específico contra novos HAstV, a correlação entre esses clados e sorotipos ainda não foi confirmada experimentalmente.

As partículas de AstV são pequenas, medem cerca de 28 a 30 nm de diâmetro, apresentam simetria icosaédrica, não contêm envelope lipídico e a morfologia de estrela de cinco ou seis pontas, quando presente, é uma importante característica para distinguir os AstV de outros vírus, como os calicivírus ou picornavírus, cujas partículas também medem cerca de 30 nm de diâmetro. Embora essa morfologia seja uma característica importante dos AstV, estudos mostram que em apenas 10% das partículas de uma preparação para microscopia eletrônica essa morfologia é encontrada (Figura 11.31).

O material genético dos AstV é composto por uma molécula de RNA de fita simples, linear, de polaridade positiva (RNAfs+), poliadenilada, com tamanho variando entre 6,8 e 7,9 kb. O genoma dos AstV é composto por três ORF, denominadas ORF1a, ORF1b e ORF2, flanqueadas por regiões não traduzidas (UTR, *untranslated regions*) nas extremidades 5′ e 3′ (Figura 11.32). A ORF1a codifica um polipeptídeo não estrutural (NSP1a). Esse polipeptídeo contém uma variedade de motivos conservados, incluindo possíveis helicases transmembrana, domínios em bobina, um epítopo imunorreativo, um possível sinal de localização nuclear (NLS, *nuclear localization signal*) e uma serino-protease. A NSP1a é clivada após a etapa de tradução por proteases celulares e virais, originando pelo menos cinco peptídeos funcionais. A região NLS é conservada em todos os AstV sequenciados. Apesar de esse sinal estar presente em 56% das proteínas que são transportadas para o núcleo celular, ele por si só não deve ser o único motivo para as proteínas de AstV serem transportadas para o núcleo da célula infectada. De fato, pesquisadores avaliaram o endereçamento nuclear de proteínas não estruturais de AstV e os resultados sugeriram o acúmulo de algumas dessas proteínas codificadas pela ORF1a nesse compartimento durante a infecção, além de encontrar-se proteínas estruturais de AstV no núcleo das células infectadas. As razões para o acúmulo nuclear dessas proteínas não estruturais ainda não estão claras, mas talvez ocorram interações entre as proteínas virais e celulares nesse compartimento. Também foi sugerido um motivo para uma proteína de ligação ao genoma (VPg) codificado após a região da protease, que apresenta similaridades com a VPg dos calicivírus; contudo, sua síntese na célula infectada nunca foi investigada.

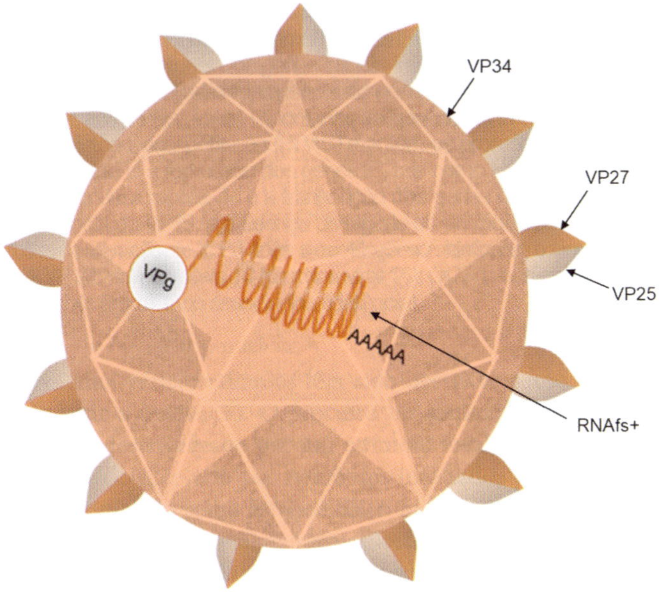


**Figura 11.31** Diagrama da partícula dos HAstV. A partícula mede de 28 a 30 nm diâmetro, não contém envelope glicolipoproteico e apresenta capsídeo de simetria icosaédrica. O genoma viral é constituído de uma molécula de RNA de fita simples de polaridade positiva (RNAfs+) poliadenilado, contendo uma proteína (VPg) na terminação 5′. As projeções da superfície são pequenas e a superfície tem aparência áspera com espículas projetadas dos vértices. O capsídeo é composto por três proteínas: VP34 que forma o *core* do capsídeo e VP27 e VP25 que formam as espículas.

A ORF1b também codifica uma proteína não estrutural, a RNA polimerase RNA dependente (RpRd). Os produtos das ORF1a e 1b são duas poliproteínas que são sintetizadas a partir do RNA genômico por um evento de *frameshifting* ribossomal na etapa de tradução. Acredita-se que os produtos dessas ORF, processados em polipeptídeos menores pela protease viral, estejam envolvidos na replicação do RNA viral.

A ORF2 codifica as proteínas estruturais do vírion, que são sintetizadas como uma poliproteína precursora de 87 a 90 quilodaltons (kDa) (VP90) a partir de um RNA mensageiro subgenômico (RNAmsg). Essa poliproteína é processada por caspases intracelulares, resultando em uma proteína de 70 a 80 kDa (VP70), a qual sofrerá novo processamento, dessa vez por proteases extracelulares (tripsina-*like*), resultando em três polipeptídeos de aproximadamente 34 kDa (VP34), 27 kDa (VP27) e 25 kDa (VP25), que formam o capsídeo viral. A VP34 representa um domínio conservado e forma o *core* do capsídeo, enquanto VP25 e VP27 formam as espículas na superfície do vírus.

Uma ORF adicional (ORF X) de 91-122 códons, contida na ORF2 foi descrita em todos os HAstV e em alguns AstV de outros mamíferos. O códon de iniciação da ORF X está localizado 41 a 50 nucleotídeos após o códon AUG da ORF2. Ainda não se sabe se uma proteína é codificada pela ORF X e qual a sua função.

Os tamanhos de cada uma dessas estruturas variam entre as espécies e os sorotipos. Do ponto de vista genético, a ORF1b parece ser menos divergente e a ORF2 a mais divergente entre as diferentes ORF. Esse evento é esperado, considerando que a região que codifica para a proteína de capsídeo é mais sujeita a pressões seletivas se comparada com as regiões que codificam para as proteínas não estruturais.

## Mecanismos de evolução dos AstV

Eventos de recombinação e mutações são os principais fatores que determinam a evolução molecular dos vírus RNA. Dado que AstV de pelo menos três clados distintos cocirculam em seres humanos, é possível que a coinfecção de um indivíduo por dois sorotipos diferentes possa levar ao surgimento de um novo tipo de HAstV, como foi proposto para as estirpes de HAstV clássicos. No entanto, a probabilidade de isso ocorrer entre vírus de clados distintos, como os HAstV-MLB e HAstV-VA, é desconhecida, uma vez que este evento nunca foi relatado.

O foco principal dos estudos de recombinação de AstV tem sido os genótipos de HAstV clássicos, em virtude da maior disponibilidade de sequências genômicas destes vírus. Diversos estudos relataram a ocorrência de recombinação intratípica e, com base na análise do ORF2, foi especulado que 6,6% das estirpes de HAstV seriam recombinantes. Embora a recombinação de

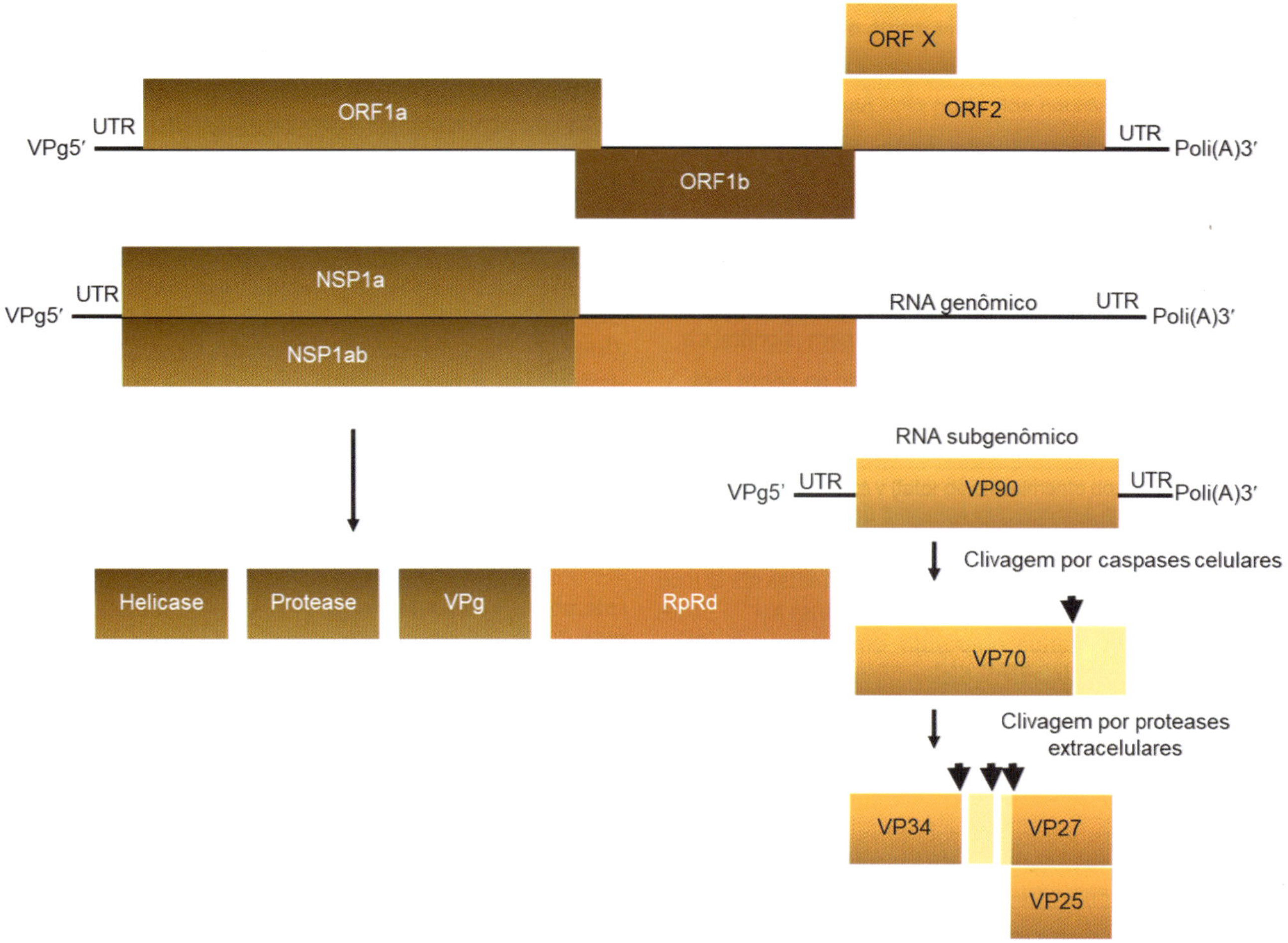


**Figura 11.32** Estrutura genômica dos HAstV. O RNA de fita positiva (RNA+) mede entre 6,8 e 7,9 kb, é poliadenilado (poli(A)) na terminação 3′ e contém regiões não traduzidas (UTR, *untranslated regions*) de 85 nucleotídeos (nt) na terminação 5′ e 83 nt na terminação 3′. Uma vez dentro da célula, a ORF1a é imediatamente traduzida em proteínas não estruturais. A tradução do produto da ORF1b ocorre por um evento de *frameshifting* ribossomal, resultando na produção de uma RNA polimerase-RNA dependente (RpRd). O RNA subgenômico (RNAsg) de 2,4 kb contém UTR nas terminações 5′ e 3′, uma cauda poli(A) e é traduzido a partir de um promotor interno na fita negativa complementar. A ORF2 é traduzida a partir do RNAsg, produzindo a proteína estrutural (VP90) precursora das proteínas do capsídeo. A VP90 sofre clivagens na região carboxiterminal, por caspases celulares, durante a maturação do vírus. Partículas infecciosas são geradas por novas clivagens de VP70 por proteases (tripsina-*like*) extracelulares, resultando em três pequenas proteínas estruturais: VP34 que forma o capsídeo do vírion e VP27 e VP25 que formam as espículas. Uma ORF adicional (ORF-X) de 91-122 códons, contida na ORF2 foi descrita em todos os HAstV e em alguns AstV de outros mamíferos, contudo, não existem evidências de uma proteína codificada por esta ORF. Fonte: Bosch *et al*., 2014; Cortez *et al*., 2017.

fragmentos de genoma seja comum em vírus de RNAfs, esses eventos ocorrem com maior frequência em regiões genômicas altamente conservadas e entre estirpes geneticamente relacionadas, enquanto as recombinações intertipos e interespécies são comparativamente raras. Estudos determinaram que o genoma do HAstV sofreu vários eventos de recombinação, que ocorreram principalmente na região de junção ORF1b/ORF2 do genoma. A recombinação entre estirpes de AstV de animais e humanos também foi sugerida com base em evidências filogenéticas. Contudo, este fato também pode indicar que esses vírus compartilham uma ancestralidade comum.

## Biossíntese viral

A dificuldade de propagação dos AstV em sistemas de cultura de células atrasou sua caracterização, mas, em 1981, Lee e Kurtz demonstraram infecção produtiva dos vírus e propagação viral em células HEK (rim de embrião humano [*human embryo kidney*]), com adição de tripsina. A sequência do genoma completo do HAstV-1 foi determinada em 1994 e o primeiro DNA complementar (DNAc) infeccioso foi desenvolvido em 1997. A pesquisa básica sobre a biossíntese dos AstV e as funções das proteínas virais começou a se expandir, mas muita informação é inferida do que já se sabe sobre outros vírus de RNA de fita positiva como os alfavírus e os picornavírus.

Muito pouco se sabe sobre os mecanismos de adsorção e penetração dos astrovírus na célula hospedeira, e o receptor permanece desconhecido. O mesmo tipo celular pode ser suscetível ou não as diferentes linhagens de HAstV, o que sugere diferentes receptores para as diversos linhagens. Células CaCo2 (células de adenocarcinoma de cólon humano) suportam infecção pelos HAstV-1 a 8, enquanto outras linhagens de carcinoma de cólon humano minimamente suportam a infecção pelo HAstV-1.

A infecciosidade dos HAstV aumenta significativamente (3 a 5 logs) pelo tratamento com tripsina, o que provavelmente é um requisito para a infecção natural. Embora o processamento proteolítico da VP70 tenha sido elucidado para o HAstV-8, o mecanismo pelo qual o tratamento dos vírions com tripsina aumenta a infecciosidade do vírus ainda permanece desconhecido.

Algumas evidências sugerem que a entrada do vírus na célula ocorra por meio de endocitose possivelmente dependente de clatrina. A entrada do vírus na célula também depende da acidificação do endossoma, sugerindo que o vírus é endocitado e o genoma somente é liberado no citoplasma após atingir o endossoma tardio. Embora o desnudamento não seja conhecido, há evidências de que o processo é mediado por um motivo de direcionamento ao retículo endoplasmático no domínio carboxiterminal da proteína de capsídeo.

As primeiras proteínas traduzidas após a liberação do genoma no citoplasma são as proteínas não estruturais NSP1a e NSP1ab codificadas pelas ORF1a e ORF1b. A sobreposição parcial de sequência entre ORF1a e ORF1b é transcrita por meio de um mecanismo de *frameshifting* para produzir a proteína NSP1ab, que é então processada na proteína NSP1b, a RNA polimerase-RNA dependente (RpRd). A poliproteína NSP1a é autoclivada pela serino-protease viral e, potencialmente, por proteases celulares não identificadas, em proteínas menores de função desconhecida. Uma das proteínas NSP1a, é a VPg, a qual colocaliza com o RNA viral *in vitro* e acredita-se que facilita a replicação e transcrição do genoma viral a partir de um molde de RNA complementar negativo.

A síntese da proteína do capsídeo codificada pela ORF2 envolve um RNA genômico e subgenômico (RNAsg), com um excesso de RNAsg produzido 12 horas após a infecção, coincidindo com níveis mais altos de produção de proteína de capsídeo. A proteína do capsídeo é sintetizada como um precursor, VP90 (180 cópias por partícula) inativo que sofre etapas sucessivas de clivagem. Começando intracelularmente, as caspases clivam VP90 para gerar VP70. A VP70 é posteriormente processada em VP34, VP27 e VP25 por proteases extracelulares do tipo tripsina-*like* para formar partículas maduras. VP34 e VP27/VP25 formam o capsídeo e as espículas, respectivamente. Estima-se que haja 30 espículas na partícula infecciosa. O envolvimento preciso das proteínas do hospedeiro durante o processo de biossíntese não é bem descrito, embora tenha sido postulado que as regiões não traduzidas do genoma viral servem para recrutar fatores do hospedeiro necessários para replicação eficiente, estabilização do genoma e identificação de locais de transcrição.

A montagem de partículas também não está completamente esclarecida. O local para a montagem pode ser dependente da estirpe viral. A liberação de partículas virais da célula infectada ocorre por um mecanismo não citolítico que não é acompanhado por morte celular significativa. Foi postulado que a liberação dos HAstV é semelhante às vias alternativas não citolíticas usadas pelo RV ou poliovírus, ocorrendo através de vesículas autofágicas ou através de alguma forma de desestabilização da membrana celular.

## Patogênese

As infecções por HAstV são transmitidas pela via fecal-oral, geralmente por meio do contato pessoa a pessoa, e acometem uma variada gama de indivíduos, incluindo idosos, indivíduos imunocomprometidos e adultos saudáveis. Entretanto, o grupo populacional mais afetado por essas infecções são crianças menores de 2 anos de idade. Embora a diarreia por HAstV não seja muito comum em adultos, aqueles que mantêm contato com crianças infectadas, como pais, cuidadores ou médicos, também podem adquirir a doença.

A patogênese dos HAstV ainda não está totalmente esclarecida, porém estudos sugerem que a propagação viral ocorra nas células epiteliais das vilosidades do intestino delgado. Em indivíduos com infecção sintomática, partículas virais foram detectadas nas vilosidades do epitélio e em macrófagos da lâmina própria. Em células de animais infectados, observou-se a formação de vacúolos seguida de degeneração e morte celular, levando a atrofia das vilosidades. A infecção por HAstV é caracterizada pelo encurtamento das pontas das microvilosidades e alterações na função do epitélio intestinal.

Um estudo de caso de uma criança que recebeu transplante de medula óssea mostrou que, apesar da diarreia aguda, as anormalidades morfológicas foram relativamente poucas e não específicas, e a resposta inflamatória foi baixa. Apesar de o paciente ser imunocomprometido, o que explicaria a baixa resposta imunológica, foram relatadas reações inflamatórias (agudas e crônicas) bem caracterizadas para outras complicações que ocorrem em pacientes transplantados. Parece que a patogênese de HAstV em associação a diarreia não é de natureza inflamatória, e que não há envolvimento gástrico, apenas células do intestino delgado são afetadas, com uma extensão maior da infecção nas células do jejuno-íleo se comparadas com as do duodeno.

Os mecanismos de indução de diarreia pelos HAstV ainda não estão esclarecidos. A diarreia pode ser induzida por diferentes mecanismos, como destruição do epitélio intestinal, modulação de canais iônicos ou da atividade de dissacaridase intestinal, levando a má absorção ou alteração da permeabilidade seletiva do epitélio intestinal.

### *Infecção em sítios extraintestinais*

Os HAstV clássicos e, especialmente os HAstV emergentes, foram identificados em infecções do sistema nervoso central (SNC), indicando que alguns desses vírus são capazes infectar células e órgãos extraintestinais. Em geral, os achados neuro-histopatológicos são consistentes com encefalite viral não supurativa. Os sinais mais característicos são degeneração neuronal grave, presença de astrócitos hipertróficos e infiltração de linfócitos T e macrófagos no cérebro. Especificamente, os manguitos perivasculares, compostos de células mononucleares, gliose e necrose neuronal, são uma característica comum de todas as infecções neurológicas causadas por HAstV. A infecção está presente em diferentes partes do SNC (p. ex., cérebro, tronco cerebral e cerebelo), com gravidade variável. Não são observados corpúsculos de inclusão.

## Manifestações clínicas

O período de incubação dos HAstV varia de 1 a 4 dias. Os sintomas podem durar de 2 a 4 dias. A doença entérica causada por HAstV é caracterizada primariamente pela diarreia, embora vômito, febre, anorexia, dor abdominal e desidratação branda também sejam ocasionalmente observados. Geralmente, o quadro clínico é menos grave do que o causado pela infecção por RV, não requer hospitalização e se resolve espontaneamente.

A infecção por HAstV pode ser assintomática. Cerca de 2% das pessoas infectadas excretam vírus nas fezes sem apresentar os sintomas de gastroenterite.

As infecções por HAstV são motivo de preocupação clínica na população imunocomprometida, devido ao aumento da gravidade dos sintomas e ao envolvimento extraintestinal. Em indivíduos imunocomprometidos, os sintomas podem ser prolongados, levando ocasionalmente, a disseminação sistêmica, que pode resultar em encefalite e meningite.

Os HAstV já foram identificados como o agente etiológico em, pelo menos, nove casos de doença extraintestinal grave com envolvimento neurológico. O primeiro caso de encefalite associada a HAstV foi relatado em um adolescente de 15 anos de idade com agamaglobulinemia ligada ao cromossomo X, que inicialmente apresentou declínio cognitivo, ficou em coma e morreu 71 dias após a admissão. A presença de HAstV-VA1 foi demonstrada nas amostras de biópsia. Desde a publicação deste relato, foram descritos mais oito casos de encefalite ou meningite nos quais suspeitou-se do envolvimento dos HAstV-MLB1, HAstV-MLB2, HAstV-VA1 ou HAstV-4. Em oito desses nove casos, os pacientes apresentavam agamaglobulinemia ligada ao cromossomo X ou haviam sido submetidos a transplante de células-tronco hematopoiéticas.

Apenas dois casos de indivíduos imunocompetentes com sintomas extraintestinais foram relatados, até o momento: uma mulher hospitalizada com meningite aguda na Suíça apresentou resultado positivo para HAstV-MLB2 nas amostras de liquor, urina e fezes e uma adolescente de 16 anos, hospitalizada com encefalite na Alemanha, apresentou resultado positivo para HAstV-1 no liquor e nas fezes.

## Diagnóstico laboratorial

Tradicionalmente, os HAstV eram detectados em amostras fecais por microscopia eletrônica (ME) direta, sendo encontrados em menos de 1% dos casos de crianças com diarreia. Os HAstV são excretados em grande quantidade nas fezes dos indivíduos infectados (aproximadamente $10^8$ partículas/g de fezes). Apesar das características de superfície descritas para os vírions, o diagnóstico por ME requer um microscopista muito bem treinado, já que apenas 10% das partículas de uma preparação apresentam as características de estrela de cinco a seis pontas.

O diagnóstico laboratorial das infecções por HAstV pode ser realizado por meio do isolamento viral em cultura de células CaCo-2 (células de adenocarcinoma de cólon humano). O isolamento viral nas células CaCo-2 é muito útil nos casos em que a quantidade de partículas é insuficiente para a detecção por ME e, principalmente, para contornar problemas causados pela presença de inibidores de baixo peso molecular que interferem na amplificação, por reação em cadeia da polimerase associada à transcrição reversa (RT-PCR, *reverse transcription polymerase chain reaction*), do RNA extraído das fezes. Diversas linhagens celulares podem ser empregadas para a propagação dos diferentes sorotipos de AstV. A propagação de HAstV foi detectada pela primeira vez em cultura de células HEK, em que a biossíntese viral era evidenciada utilizando a técnica de IF. O isolamento viral também pode ser realizado em culturas de células T84 (células de carcinoma de cólon humano), HT-29 (células de adenocarcinoma de cólon humano) e MA-104 (células de rim fetal de macaco verde africano, *Cercopithecus aethiops*).

O desenvolvimento e o uso de anticorpos monoclonais e ensaio imunoenzimático (EIA, *enzyme immunoassay*) para a detecção de HAstV levaram a relatos de maiores taxas de prevalência da infecção, em pacientes hospitalizados com diarreia. A evidenciação da presença de astrovírus pode ser feita por imunoensaios que detectam antígenos comuns a todos os sorotipos de HAstV como, por exemplo, o EIA, ou ainda pela detecção do ácido nucleico viral diretamente das fezes ou de células inoculadas, por meio de RT-PCR. A clonagem e o sequenciamento desses vírus tornaram possíveis o desenvolvimento e a utilização de ensaios de biologia molecular na detecção viral.

A RT-PCR para a detecção de HAstV em amostras fecais é mais sensível que os testes imunoenzimáticos comerciais, por isso é a ferramenta utilizada em estudos epidemiológicos, embora não haja uma região genômica específica de consenso para a utilização dessa técnica. Alguns pesquisadores utilizam regiões conservadas da ORF1a como região-alvo; outros grupos utilizam oligonucleotídeos para uma região relativamente conservada dentro da região variável do gene do capsídeo que pode ser sequenciada para determinação do genótipo viral.

A técnica de RT-PCR em tempo real e outras variações, como ensaios para detecção de múltiplos vírus entéricos, foram desenvolvidas para a detecção de todos os sorotipos de HAstV em amostras clínicas. Essa técnica tem algumas vantagens em relação à RT-PCR convencional: é mais rápida, mais sensível e não requer nenhuma manipulação após a reação, como na eletroforese, reduzindo assim o risco de contaminação.

## Epidemiologia

Os AstV estão amplamente distribuídos na natureza, infectando seres humanos e uma variedade de espécies de animais. Os HAstV são encontrados no mundo todo e estão associados a casos de diarreia aguda ou persistente. As infecções por HAstV têm mostrado um perfil espécie-específico. No entanto, embora ainda não tenha sido documentada a transmissão zoonótica de AstV, alguns relatos sugerem a possibilidade de transmissão interespécies de animais a seres humanos e, portanto, o potencial zoonótico das infecções por AstV. Com base em estudos filogenéticos, já foi sugerida a transmissão de porcos para gatos e, então, para seres humanos com hospedeiros intermediários indefinidos potencialmente envolvidos.

Os picos de incidência variam entre as diferentes regiões geográficas. Estudos demonstraram que 34 a 60% dos casos de diarreia viral em crianças nos Estados Unidos da América (EUA), França e Finlândia aconteceram no final do inverno e primavera. Em países tropicais, as maiores taxas de prevalência da infecção são encontradas nos meses chuvosos.

Os HAstV têm sido identificados como agentes de gastroenterite infantil na maioria dos países onde foram investigados, porém a prevalência da doença varia bastante de acordo com os grupos estudados. Eles estão associados a aproximadamente 4 a 10% dos casos de diarreia em crianças.

A genotipagem realizada na maioria dos estudos mostra que o HAstV-1 é o genótipo mais prevalente e é responsável por 2,5 a 9% dos casos de diarreia em pacientes hospitalizados e por surtos e casos esporádicos em todo o mundo. HAstV-2, 3 e 4 também estão frequentemente associados a surtos de diarreia. Por meio de análises moleculares da ORF2, discretas variações de sequências intragenotípicas foram observadas.

No Brasil, infecção por HAstV é pouco estudada, contudo o vírus já foi detectado associado a gastroenterite em comunidades e em crianças hospitalizadas e em água de esgoto.

## Prevenção e controle

A infecção por HAstV é frequentemente associada a casos de gastroenterite hospitalar em pacientes imunocomprometidos, conhecidos pela excreção prolongada de vírus. O isolamento desses pacientes é uma medida apropriada, eficiente e essencial em hospitais. Medidas de controle para surtos de gastroenterite viral devem focar na remoção da fonte de infecção (p. ex., manipulador de alimentos, fonte de água contaminada etc.) e na interrupção da transmissão pessoa a pessoa. Até o momento não existem vacinas disponíveis contra a infecção pelos HAstV.

### Tratamento

Geralmente, a gastroenterite causada pelos HAstV é autolimitada, branda, com ou sem vômito e náusea. Nenhuma terapia específica é necessária, a não ser em pacientes que ficam desidratados, em que se faz necessária a reposição de fluidos e eletrólitos perdidos durante a doença.

## Vírus entéricos emergentes

No mundo todo, aproximadamente 500.000 crianças morrem de diarreia anualmente e 1,7 bilhão sofrem múltiplos episódios de diarreia. Em média, em 40% dos casos, o agente etiológico não pode ser identificado. O estabelecimento de técnicas moleculares vem tornando possível a caracterização de novos vírus, dentre eles, vírus detectados nas fezes de indivíduos com diarreia. A detecção e a caracterização desses novos agentes irão possibilitar a investigação do seu papel como agente causal de diarreia em seres humanos. A seguir, serão apresentados alguns vírus recém-descobertos por meio da abordagem metagenômica, além de vírus previamente detectados por técnicas virológicas clássicas que, a partir de estudos recentes utilizando métodos moleculares, vêm sendo associados a quadros de diarreia.

### Bocavírus de humanos (Bocaparvovírus de primatas 1 e 2)

Detalhes sobre morfologia, classificação, biossíntese, patogênese e diagnóstico desse patógeno estão descritos no *Capítulo 14*.

O bocavírus de humanos (HBoV) foi identificado em 2005 em amostras de aspirado de nasofaringe de pacientes com doença respiratória. Esse vírus foi classificado na família *Parvoviridae*, subfamília *Parvovirinae*, gênero *Bocaparvovirus*, e foi proposto como um possível agente etiológico de doença respiratória. Entretanto, evidências epidemiológicas têm associado o HBoV como um possível agente de gastroenterite aguda. Entre 2009 e 2010, três novas espécies de HBoV foram descritas e denominadas de HBoV-2 a HBoV-4, sendo a primeira renomeada para HBoV-1.

Em 2009, Kapoor e colaboradores, utilizando metagenômica, relataram a identificação de um novo parvovírus semelhante ao HBoV em material fecal, o qual foi denominado HBoV-2. Foi demonstrado que o HBoV-2 apresenta organização genômica idêntica ao HBoV-1; contudo, tem apenas 78%, 67% e 80% de identidade com as proteínas NS1, NP1 e VP1/VP2, respectivamente, do HBoV-1. No estudo de Arthur e colaboradores, na Austrália, foi descrita ainda uma terceira espécie de bocavírus, a qual foi denominada bocavírus humano-3 (HBoV-3). A análise do genoma do HBoV-3 demonstrou que esse vírus apresenta maior homologia com as regiões codificadoras das proteínas não estruturais NS1 e NP1 (91% e 83%, respectivamente) do HBoV-1 do que HBoV-2 (77% e 70%, respectivamente). Por outro lado, o HBoV-3 apresenta maior similaridade com as regiões codificadoras das proteínas estruturais VP1/VP2 (90%) do HBoV-2 do que HBoV-1 (80%). Esse achado sugere que HBoV-3 pode ter emergido a partir de um evento ancestral de recombinação entre HBoV-1 e HBoV-2. Em 2010, Kappor e colaboradores analisando amostras fecais de crianças detectaram uma nova espécie de bocavírus, a qual foi denominada bocavírus humano-4 (HBoV-4). A análise mais apurada da relação filogenética dos membros do gênero bocavírus mostrou que a sequência dos genes NS1 e NP1 do HBoV-3 forma um clado com o HBoV-1, enquanto o gene VP1/VP2 forma um clado com HBoV-2. Essa incongruência na associação filogenética entre os *loci* reforça as evidências de que o HBoV-3 se originou de um evento de recombinação entre HBoV-1 e HBoV-2. A análise também demonstrou que o HBoV-4 pode ter sido originado de modo semelhante, em um evento de recombinação entre os genes NS1 e NP1 do HBoV-2 e VP1/VP2 do HBoV-3. Para verificar a semelhança ao longo do genoma, foram calculados os valores de similaridades com base no modelo de Junkes-Cantor, o qual estima a distância evolucionária em termos de número esperado de mutações entre duas sequências. A análise do genoma completo reforçou a hipótese de recombinações entre HBoV-1 e HBoV-2, dando origem ao HBoV-3 e de recombinações entre HBoV-2 e HBoV-3, dando origem ao HBoV-4, sendo os dois pontos de recombinação próximos à junção de NP1 e VP1.

O Comitê Internacional para Taxonomia de Vírus (ICTV, *International Committee on Taxonomy of Viruses*) revisou a classificação da família *Parvoviridae* e as espécies de HBoV-1 e 3 passaram a ser denominadas de Bocaparvovírus de primatas 1 (*Primate bocaparvovirus 1*) e as espécies HBoV-2 e 4 passaram a ser denominadas de Bocaparvovírus de primatas 2 (*Primate bocaparvovirus 2*). O genoma dos HBoV é constituído de DNA de fita simples (DNAfs), de aproximadamente 5 quilobases (kb).

Desde que o HBoV-1 foi identificado, pesquisadores em todo o mundo investigam o papel etiológico dos HBoV. O HBoV-1 é predominantemente encontrado no sistema respiratório, enquanto o HBoV-2, HBoV-3 e HBoV-4 são detectados principalmente nas fezes. No entanto, muitas questões sobre o HBoV ainda permanecem não respondidas, especialmente em relação ao papel dos HBoV na gastroenterite aguda.

No Brasil, a circulação do HBoV foi demonstrada pela primeira vez por Albuquerque e colaboradores, em 2007. Nesse estudo, o HBoV-1 foi detectado em 2% (14/705) de espécimes fecais de crianças com diarreia. Posteriormente, diversos estudos descreveram a detecção do vírus em espécimes obtidos do sistema respiratório. Mais recentemente, a circulação dos HBoV-2 e HBoV-3 foi também demonstrada no país, em amostras fecais de pacientes imunocompetentes e imunocomprometidos. A circulação do HBoV-4 nunca foi descrita no Brasil.

Não se tem pleno conhecimento a respeito da rota de transmissão dos HBoV. A via respiratória está envolvida, mas parece não ser a única via de transmissão. Com a descoberta da presença de HBoV em amostras fecais, a transmissão fecal-oral desses vírus tem sido discutida.

Sintomas gastrointestinais são observados em até 25% dos pacientes com doença respiratória, positivos para HBoV, fato que sugere que esses vírus podem não se limitar apenas ao sistema respiratório, a exemplo do que ocorre com o bocavírus canino e bovino. Entretanto, o papel dos HBoV como patógenos entéricos ainda não está definido.

## Picornavírus emergentes associados a infecções entéricas

Membros da família *Picornaviridae* são vírus não envelopados, com um capsídeo de simetria icosaédrica, medindo aproximadamente 30 nm de diâmetro, com genoma de RNA de fita simples de polaridade positiva (RNAfs+). Os salivírus, cosavírus e vírus Saffold têm sido detectados em fezes e amostras respiratórias de indivíduos apresentando sintomas que variam desde gastroenterite até paralisia flácida aguda. Entretanto, esses vírus são também detectados com frequência em indivíduos assintomáticos, e a sua relevância clínica permanece não elucidada. Além desses novos vírus, o vírus Aichi, descrito há quase 30 anos, vem emergindo como um possível patógeno entérico importante.

Detalhes sobre morfologia, classificação, biossíntese, patogênese e diagnóstico dos picornavírus estão descritos no *Capítulo 17*.

### Vírus Aichi-1

O vírus Aichi (AiV) foi isolado primeiramente em pacientes com gastroenterites não bacteriana associada ao consumo de ostras, em 1980, na Prefeitura de Aichi, no Japão. Logo depois, um estudo soroepidemiológico demonstrou que 7,2% dos indivíduos entre 7 meses e 4 anos de idade apresentavam anticorpos anti-AiV e que esta prevalência aumentou com a idade, chegando a 80% em indivíduos com até 35 anos.

O AiV é um membro do gênero *Kobuvirus* (do termo *Kobu*, que em japonês significa botão, derivado da característica da partícula) da família *Picornaviridae*. O gênero *Kobuvirus*, consiste em três espécies: *Aichivirus A*, *Aichivirus B* e *Aichivirus C*, que foram recentemente renomeados e anteriormente chamados Aichi vírus/Aichivírus, kobuvírus bovino e kobuvírus porcino, respectivamente. A espécie *Aichivirus A* consiste de três membros geneticamente distintos com diferentes espécies hospedeiras, a saber, AiV-1 (Aichivírus de humanos), kobuvírus canino 1 e kobuvírus murino.

O genoma do AiV-1 consiste em um RNAfs+ com aproximadamente 8,3 quilobases (kb), que codifica para proteínas estruturais, típicas da família *Picornaviridae*, tais como VP0, VP3 e VP1 além de proteínas não estruturais 2A, 2B, 2C, 3A, 3B, 3C e 3D. Com base na análise filogenética da sequência de 519 pb da junção 3C-3D (3CD), foram descritos três genótipos de AiV-1: AiV-1A, AiV-1B e AiV-1C.

Embora o AiV-1 tenha sido descrito há cerca de 30 anos, poucos estudos epidemiológicos foram realizados para avaliar a frequência desse vírus, bem como o seu papel como agente de doença em humanos. Entretanto, os estudos realizados apontam para a possibilidade de que o AiV-1 seja um importante agente de diarreia. Por exemplo, o RNA do AiV-1 foi detectado em 55% (54/99) das amostras fecais de pacientes adultos provenientes de 12 (32%) de 37 surtos de gastroenterites no Japão. Além do Japão, o AiV-1 já foi detectado em associação à doença diarreica em outros países. Pham e colaboradores detectaram AiV-1 em espécimes fecais de indivíduos do Japão, Bangladesh, Vietnã e Tailândia, com uma prevalência de 6,5%, 2,5%, 1,6% e 0,9%, respectivamente. Na França, o AiV-1 foi detectado em 0,9% (4/457) das amostras fecais de crianças hospitalizadas com diarreia aguda, 1,6% (9/566) das amostras fecais provenientes de 110 surtos de diarreia não bacteriana e 50% (6/12) das amostras fecais provenientes de um surto de gastroenterite associado ao consumo de ostras. Ainda na França, um estudo de soroprevalência envolvendo 972 indivíduos demonstrou que 25% dos indivíduos entre 7 meses e 9 anos de idade e 85% dos indivíduos com até 30 anos de idade apresentavam anticorpos contra AiV-1. Na Tunísia, onde a soroprevalência desse patógeno varia de 68%, entre indivíduos menores de 10 anos de idade, até 100%, em indivíduos maiores de 60 anos de idade, o AiV-1 foi detectado em 4,1% (22/788) das amostras fecais de crianças com diarreia e também foi detectado em água de esgoto e em frutos do mar. O AiV-1 foi detectado em 50% (25/50) das amostras fecais de crianças com gastroenterite aguda resultante da ingestão de água contaminada na Finlândia; outro estudo demonstrou a detecção do AiV-1 em 0,5% (5/1063) de crianças com gastroenterite aguda. Na China e na Hungria, o AiV-1 foi detectado em 1,8% (8/445) e 1,5% (1/65) de amostras fecais de crianças com diarreia. Na Espanha, foi demonstrada a presença de anticorpos contra AiV-1 em 70% (n = 364) dos indivíduos pesquisados, sendo também observada uma concordância entre o aumento da prevalência e o aumento da idade. Na Venezuela, o AiV-1 foi detectado em água de esgoto. A presença de AiV-1 foi demonstrada em casos esporádicos de gastroenterites na Alemanha (3 casos) e no Brasil (5 casos).

### Salivírus A

O salivírus foi descoberto em 2009 por dois grupos distintos. Holtz e colaboradores foram os primeiros a relatar a presença desses vírus em amostras fecais coletadas em 1984 de crianças australianas com diarreia aguda e o denominaram *klassevirus* (*kobu-like virus associated to stools and sewage*). No mesmo ano, Li e colaboradores identificaram um vírus semelhante em 18 amostras fecais provenientes da Nigéria, Tunísia, Nepal e Estados Unidos da América (EUA), e o denominaram *salivirus* (*stool Aichi-like virus*). A denominação salivírus (SalV) foi ratificada pelo Comitê Internacional de Taxonomia de Vírus (ICTV, *International Committee on Taxonomy of Viruses*) em 2014. Atualmente, o salivírus é classificado no novo gênero *Salivirus* da família *Picornaviridae*, o qual contém uma única espécie o *Salivirus A* (SalV-A) e dois genótipos, salivírus A1 e A2 (SalV-A1 e SalV-A2). O genoma desse vírus é constituído por um RNAfs+, com aproximadamente 8 kb.

Outros estudos moleculares detectaram SalV-A em amostras pediátricas e de esgoto. O SalV-A1 já foi detectado em seres humanos em todos os continentes; o SalV-A2 somente foi detectado em humanos na China. Em um estudo sorológico, foram analisadas 353 amostras de soro provenientes de pacientes com idades entre zero e 79 anos de idade, coletados de dois hospitais da cidade americana de Saint Louis, onde foi observado que 4 de 6 indivíduos positivos para SalV, detectados por reação em cadeia da polimerase associada à transcrição reversa (RT-PCR, *reverse transcription polymerase chain reaction*), demonstraram soroconversão para a proteína viral 3C, sugerindo que a infecção e a replicação por SalV ocorrem em seres humanos. Em uma triagem adicional das 353 amostras de cada grupo etário, foi encontrada uma soroprevalência de 6,8%. Contudo, o papel do SalV como patógeno de seres humanos ainda precisa ser elucidado em estudos futuros.

No Brasil, um estudo epidemiológico realizado no Rio de Janeiro analisou 598 amostras fecais de indivíduos de diferentes idades, com e sem diarreia. Foram pesquisados vírus entéricos estabelecidos como RV, norovírus, astrovírus e adenovírus, bem como vírus entéricos emergentes como SalV-A1, AiV-1 e cosavírus de humanos (HCoSV). Os vírus entéricos convencionais foram detectados em 41 amostras (18,2%); o SalV-A1 foi detectado em 10 (1,7%) amostras provenientes de indivíduos de 3 a 44 anos de idade sem diarreia. O AiV-1 foi detectado em 10 amostras (0,8%) de crianças com diarreia. HCoSV não foi detectado.

## Cosavírus de humanos

Em 2008, foi descrita uma espécie viral pertencente a um novo gênero da família *Picornaviridae*. Esse vírus, denominado cosavírus de humanos A1 (HCoSV-A1, *common stool associated picornavirus*), foi inicialmente detectado nas fezes de crianças do Sudeste da Ásia (Paquistão e Afeganistão) que apresentavam paralisia flácida aguda (PFA) não associada ao poliovírus. O genoma de RNAfs+ do HCoSV foi detectado em 49% (28/57) das crianças com PFA e 44% (18/41) das crianças saudáveis do grupo controle. No mesmo ano, o genoma de uma estirpe viral geneticamente relacionada denominada (HCoSV-E1) foi detectado nas fezes de uma criança com diarreia, em Melbourne, Austrália.

Desde então, o HCoSV tem sido detectado em fezes e tem sido sugerida sua associação à diarreia. Contudo, a patogenicidade desse vírus em seres humanos permanece desconhecida, uma vez que tem sido detectado com igual frequência em indivíduos com ou sem diarreia. Isso pode ocorrer devido à presença de diferentes espécies e sorotipos do vírus que podem ter um grau variável de patogenicidade, como ocorre para outros enterovírus. Com base na sequência da proteína estrutural VP1, o gênero cosavírus é dividido em cinco espécies (*A, B, D, E* e *F*) de acordo com o ICTV. A definição da espécie *C* está pendente devido à falta da sequência genômica completa.

Em um estudo epidemiológico realizado na China entre novembro de 2008 e dezembro de 2009, foram analisadas amostras fecais de crianças entre 1 mês e 8 anos de idade: 188 crianças hospitalizadas devido à diarreia e 60 crianças saudáveis. O genoma do HCoSV foi detectado em seis (3,2%) amostras de crianças com diarreia e uma (1,6%) criança do grupo controle. Posteriormente, o HCoSV foi também detectado nas fezes de um indivíduo adulto com diarreia na Tailândia.

No Brasil, foi realizado um estudo epidemiológico para a avaliação da frequência da excreção de HCoSV nas fezes de indivíduos com e sem diarreia. Foram analisadas 359 amostras fecais de crianças com diarreia e 204 crianças saudáveis, coletadas entre 2006 e 2011. Treze (3,6%) crianças com diarreia e 69 (33,8%) crianças do grupo controle foram positivas para HCoSV. Foi demonstrada a ocorrência de coinfecção com outros patógenos entéricos como rotavírus, norovírus, astrovírus ou adenovírus, em 10 das 13 crianças com diarreia que foram positivas para a presença do HCoSV. Nesse mesmo estudo, foram analisadas 154 amostras fecais de adultos HIV-positivos com diarreia e apenas uma foi positiva para o HCoSV.

O HCoSV foi também detectado em água de esgoto coletada em 12 cidades nos EUA.

## Vírus Saffold

Desde 2007, diversos autores vêm descrevendo a detecção do primeiro cardiovírus de humanos. O vírus foi inicialmente isolado em cultura de células diploides renais fetais humanas (HFDK, *human fetal diploid kidney*) a partir de fezes de uma criança de 8 anos de idade com doença febril indiferenciada em San Diego, nos EUA. O vírus foi denominado vírus Saffold (SAFV), em referência ao nome do meio do primeiro autor do trabalho. Um vírus Saffold-*like* também foi isolado de *swab* de nasofaringe de uma criança de 23 meses de idade com pneumonia, febre e otite em Quebec, no Canadá. Esses vírus foram posteriormente classificados como SAFV1 e SAFV2, dentro do gênero *Cardiovirus* na espécie *Cardiovirus B*. Desde então, seis novos tipos de SAFV foram descritos.

Estudos epidemiológicos detectaram o SAFV em diversos países, incluindo Afeganistão, Canadá, China, Alemanha, Paquistão e EUA, mostrando que esse vírus está disseminado por todo o mundo e é detectado mais frequentemente em amostras fecais e respiratórias de recém-nascidos e crianças menores de 6 anos de idade. Os tipos mais prevalentes são o SAFV1, 2 e 3. A soroprevalência demonstrada para o SAFV2 e 3 na África, Ásia e Europa, foi de 75% em crianças maiores de 24 meses de idade e 90% entre crianças mais velhas e adultos.

Os cardiovírus causam infecção entérica em roedores com complicações adicionais, tais como miocardite, DM1, encefalite e sintomas semelhantes a esclerose múltipla. Desde sua descoberta, em 2007, muitos investigadores descreveram a detecção do SAFV em amostras colhidas de pacientes com gastroenterite, mas uma associação causal entre o vírus e os sintomas ainda não está completamente elucidada.

O genoma do SAFV foi também detectado nas fezes de crianças do Sudeste da Ásia com quadro de PFA em campanhas de vigilância de poliomielite. Novamente, uma associação à doença não pôde ser confirmada, uma vez que crianças saudáveis também estavam excretando o vírus. Do mesmo modo, o SAFV não pôde ser detectado no liquor de crianças apresentando quadro neurológico.

Uma pesquisa recente mostrou a presença do SAFV2 no liquor e nas fezes de uma criança com ataxia causada por cerebelite; e, no liquor, sangue e miocárdio de outra criança que sofreu morte súbita sem nenhum histórico de doença, sugerindo que o SAFV2 pode ter causado uma infecção invasiva e doença grave nessa criança.

Esses dados sugerem que os SAFV, assim como muitos enterovírus, podem eventualmente causar gastroenterite, infecção respiratória e complicações neurológicas em crianças, mas provavelmente causam infecção silenciosa com frequência.

# Poliomavírus de humanos 10 e 11 (HPyV10 e HPyV11)

Detalhes sobre morfologia, classificação, biossíntese, patogênese e diagnóstico desse patógeno estão descritos no *Capítulo 15*.

A análise de amostras de condiloma de um paciente com a síndrome WHIM (*warts, hypogammaglobulinemia, infections and myelokathexis syndrome*, uma imunodeficiência congênita rara caracterizada por verrugas, hipogamaglobulinemia, infecções e mielocatexia) demonstrou a presença de espécie de poliomavírus de humanos o qual foi chamado HPyV10. Simultaneamente, dois outros grupos de pesquisadores descreveram, independentemente, a descoberta de mais dois poliomavírus: Malawi (MWPyV) e México (MXPyV). O MWPyV foi detectado em fezes de uma criança saudável do Malawi e o MXPyV detectado nas fezes de uma criança mexicana que apresentava diarreia. A análise do genoma completo desses três vírus revelou que eles são praticamente idênticos representando assim diferentes variantes da mesma espécie viral denominada HPyV10. A espécie poliomavírus Saint Louis (StLPyV) foi identificada em 2013 a partir das fezes de uma criança saudável do Malawi, assim como de crianças com diarreia, nos Estados Unidos da América (EUA) e Gâmbia e posteriormente esse vírus foi renomeado para HPyV11.

O Comitê Internacional para Taxonomia de Vírus (ICTV, *International Committee on Taxonomy of Viruses*) classifica os HPyV10 e HPyV11 na família *Polyomaviridae*, no gênero *Deltapolyomavirus*, espécies *Human polyomavirus 10* e *Human polyomavirus 11*. O genoma é constituído de DNA de fita dupla (DNAfd) circular.

Por terem sido detectados em material fecal, os HPyV10 e HPyV11 foram tentativamente relacionados à doença diarreica. Contudo, até o presente momento, ainda não existem estudos suficientes que possam confirmar ou descartar essa associação ou, até mesmo, fornecer informações básicas sobre esses vírus, como por exemplo, como eles estão distribuídos na população, quais os sítios de persistência, patogênese entre outros. A detecção destes vírus em diferentes espécimes clínicos (fezes, aspirado de nasofaringe, *swab* nasal e de orofaringe, urina, tonsilas, adenoides e pele) de indivíduos saudáveis e/ou imunossuprimidos, sugere a ocorrência de infecção sistêmica, mas não esclarece os mecanismos de transmissão, sítios de biossíntese, persistência e patogênese.

Em concordância com o paradigma geralmente aceito de que a infecção primária por HPyV geralmente ocorre durante a infância, a detecção do genoma viral tem sido descrita com frequência entre crianças jovens. Um estudo realizado no St. Louis Children's Hospital, Saint Louis, EUA, foram analisadas 514 amostras fecais de crianças com diarreia, das quais 2,3% (12/514), obtidas de crianças <5 anos de idade, foram positivas para HPyV10. Outro estudo detectou o HPyV10 em 3,4% das amostras fecais (30/834), de crianças provenientes dos EUA, México e Chile, com e sem diarreia. O HPyV10 também foi detectado em 7,2% das amostras fecais (19/263) provenientes de crianças com e sem diarreia na Austrália e 1,7% das crianças com diarreia na China e 2,8% de crianças com e sem diarreia no Rio de Janeiro, Brasil. Estes dados são também confirmados por estudos de soroprevalência. Um estudo realizado na Itália avaliou a presença de anticorpos anti-HPyV10 em 825 indivíduos saudáveis e demonstrou soropositividade média de 41,8% na população adulta. Semelhante ao observado para outras espécies de HPyV, a soroprevalência mostrou-se idade-dependente. Crianças entre 1 e 2 anos apresentaram soropositividade de 26,9%, atingindo 68,2% em crianças de 3 a 4 anos. Após este pico a soroprevalência decresce lentamente com a idade para 31,5% em indivíduos de 30 a 39 anos, permanece estável em 41,8% entre adultos jovens e atinge 47,3% em indivíduos mais velhos. Um estudo realizado no Colorado, EUA, analisou 500 amostras de soro de indivíduos saudáveis e mostrou uma soroprevalência mais elevada, chegando a 75,8%. Foi também observada uma relação idade-dependente, onde crianças de 1 a 3 anos apresentaram 23,8% de soropositividade para HPyV10, atingindo 58,3% entre crianças de 7 a 10 anos, permanecendo estável entre 50 e 69,4% até os 50 anos de idade e chegando a > 75% entre indivíduos mais velhos.

Com relação ao HPyV11, os dados da literatura também sugerem a ocorrência da infecção primária na infância, tanto através da detecção de anticorpos, quanto da detecção da partícula viral em espécimes clínicos. No St. Louis Children's Hospital, Saint Louis, EUA, a presença do genoma viral foi detectado em 1,4% das crianças. Na China o genoma do HPyV11 foi detectado em amostras fecais de 2,2% das crianças com diarreia e 2,9% das crianças sem diarreia. Em estudo realizado no Seattle Children's Hospital, Seattle, WA, EUA, o HPyV11 foi detectado em 1% das crianças com e sem diarreia. No Brasil, o HPyV11 foi detectado em 4,8% de crianças com e sem diarreia no Rio de Janeiro. A presença de anticorpos anti-HPyV11 foi demonstrada em adultos e crianças de Denver e Saint Louis, EUA. Em Denver, a soroprevalência média foi de 68%, variando de acordo com a idade: 23,8% entre crianças de 1 a 3 anos, 61,1 a 70,8% entre indivíduos de 4 a 20 anos e 68,8 a 74,2% entre indivíduos > 21 anos de idade. Em Saint Louis, a soroprevalência média foi de 70%, semelhante a Denver. Entretanto a prevalência entre indivíduos mais jovens foi mais elevada chegando a 53,3% entre crianças menores de 6 meses de idade, caindo para 37,9% entre crianças com idade entre 6 meses e 1 ano, 22,6% entre crianças de 1 a 2 anos, 60 a 85,3% entre indivíduos de 2 a 20 anos e atingindo 91,2 a 95,2% entre indivíduos > 21 anos.

Estudos filogenéticos demonstraram a diversidade genética das estirpes de HPyV10 e HPyV11, sendo descritos três genótipos distintos para cada uma destas espécies. Essa diversidade foi observada através de sequenciamento e análise filogenética das regiões que codificam LTAg, VP1 e VP2 de estirpes de HPyV10 e HPyV11. Estirpes do genótipo 1 de HPyV10 já foram detectadas nos EUA, na Austrália e China; estirpes do genótipo 2 já foram detectadas no Malawi e na China e o genótipo 3 descrito na China. Um estudo recente demonstrou a circulação dos três genótipos de HPyV10 no Rio de Janeiro. Com relação ao HPyV11, estirpes do genótipo 1 já foram detectadas nos EUA, na China e Austrália; o genótipo 2 já foi detectado nos EUA, em Malawi e na Gâmbia e estirpes do genótipo 3 já foram detectadas nos EUA e na China. Estes três genótipos também foram detectados no Rio de Janeiro.

Embora não esteja clara a associação entre a infecção por estes vírus e diarreia, a excreção destes agentes nas fezes indica a possibilidade de transmissão fecal-oral. Esta hipótese é reforçada pela detecção do HPyV10 em águas fluviais, o que possibilitaria a transmissão viral por ingestão de água ou alimento contaminado.

# Capítulo 12

# Viroses Dermotrópicas

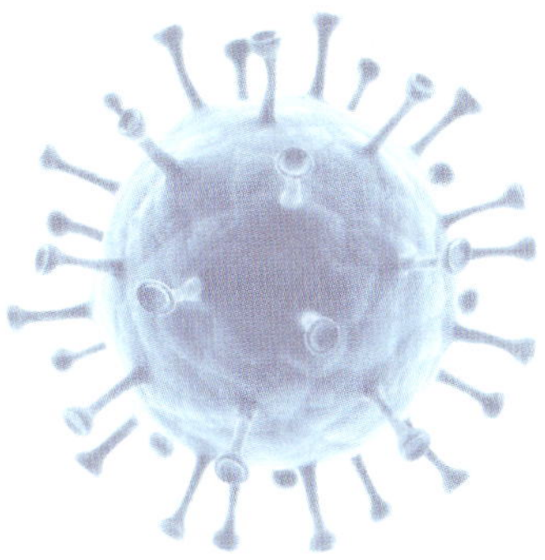

Marcia Dutra Wigg

## Introdução

As viroses dermotrópicas podem ser divididas em dois grupos: (1) aquelas causadas por vírus que permanecem no local da infecção, restritos à superfície corpórea (infecções herpéticas orofaciais e genitais, molusco contagioso e verrugas); e (2) as causadas por vírus que se alojam no tecido epitelial somente após se disseminarem sistemicamente pelo organismo, causando lesões visíveis na epiderme e/ou mucosa (infecções causadas pelo vírus da varicela-zoster, herpesvírus de humanos 6 e 7 e herpesvírus associado ao sarcoma de Kaposi, além de sarampo e rubéola, entre outros). Além disso, as lesões epiteliais causadas pelos vírus dermotrópicos que são disseminados pelo sangue podem ser divididas em lesões transmissoras diretas desses patógenos e que são contagiosas (varicela, por exemplo), ou lesões derivadas das reações imunológicas do hospedeiro e não contagiosas (exantemas causados pelos herpesvírus de humanos 6 e 7 e vírus do sarampo, por exemplo).

Neste capítulo serão abordadas as viroses dermotrópicas causadas pelos herpesvírus de humanos 1 e 2 (herpes orofacial e genital), herpesvírus de humanos 3 (varicela-zoster) e vírus do molusco contagioso.

## Classificação e características dos herpesvírus que acometem seres humanos

Os herpesvírus desenvolveram sofisticados mecanismos para subversão do sistema imunológico durante milhões de anos de coevolução com seus hospedeiros. Assim, eles foram muito exitosos na infecção de seres humanos se considerarmos que quase toda a população adulta apresenta infecção persistente latente por pelo menos um herpesvírus, e uma grande parte por mais de um.

Existem nove herpesvírus que acometem seres humanos e são importantes patógenos (Quadro 12.1): herpesvírus de humanos 1 (HHV-1) ou vírus herpes simplex 1 (HSV-1), herpesvírus de humanos 2 (HHV-2) ou vírus herpes simplex 2 (HSV-2); herpesvírus de humanos 3 (HHV-3) ou vírus da varicela-zoster (VZV); herpesvírus de humanos 4 (HHV-4) ou vírus Epstein-Barr (EBV); herpesvírus de humanos 5 (HHV-5) ou citomegalovírus humano (HCMV); herpesvírus de humanos 6A e 6B (HHV-6A e HHV-6B) ou vírus linfotrópicos de células B; herpesvírus de humanos 7 e herpesvírus de humanos 8 (HHV-8) ou herpesvírus associado ao sarcoma de Kaposi (KSHV).

Com base na morfologia, nas propriedades biológicas, dados sorológicos e no sequenciamento genético dos herpesvírus, o grupo de estudo em herpesvírus do Comitê Internacional para Taxonomia de Vírus (ICTV, *International Committee on Taxonomy of Viruses*), em 2020 (MSL #35), classificou os herpesvírus que acometem seres humanos na ordem *Herpesvirales*, família *Herpesviridae*, subfamílias *Alphaherpesvirinae*, *Betaherpesvirinae* e *Gammaherpesvirinae*. Na subfamília *Alphaherpesvirinae*, gênero *Simplexvirus*, há duas espécies: *Human alphaherpesvirus* 1 (HHV-1) e *Human alphaherpesvirus* 2 (HHV-2), que são neurotrópicos e causam lesões mucocutâneas orofaciais e genitais, podendo ocasionar também infecção ocular e encefalite. No gênero *Varicellovirus* encontra-se a espécie *Human alphaherpesvirus* 3 (HHV-3) que causa varicela (ou catapora). Em adultos com algum tipo de imunossupressão, principalmente idosos, o HHV-3 sofre reativação e provoca o aparecimento do herpes-zoster, que pode complicar causando, principalmente, neuralgia pós-herpética. Os herpesvírus de humanos da subfamília *Betaherpesvirinae* estão classificados em dois gêneros: *Cytomegalovirus*, em que se encontra o *Human betaherpesvirus* 5 (HHV-5) e o gênero *Roseolovirus* com três espécies: *Human betaherpesvirus 6A* (HHV-6A), *Human betaherpesvirus* 6B (HHV-6B) e *Human betaherpesvirus 7* (HHV-7), que possuem tropismo celular abrangente. O HHV-5 é capaz de causar infecções congênitas, acarretando, principalmente, perda de audição e retardamento mental. Pacientes imunocomprometidos, tais como aqueles submetidos a transplante, e pacientes com síndrome da imunodeficiência adquirida (AIDS, *acquired immunodeficiency syndrome*) têm quadros de reativação do HHV-5 como retinite, pneumonia e infecção generalizada. A infecção crônica pelo HHV-5 tem sido associada com aterosclerose e reestenose (ver *Capítulo 13*). O HHV-6 possui duas espécies, *A* e *B*. Até o momento, nenhuma doença foi claramente associada ao HHV-6A, enquanto a espécie *B* é representada pelo agente etiológico do exantema súbito, uma doença infantil caracterizada por febre alta e exantema, ocasionalmente complicada com convulsões ou encefalite (ver *Capítulo 15*). A patologia do HHV-7 ainda não está completamente elucidada, mas também está implicado como agente do exantema súbito (ver *Capítulo 15*). Em pacientes transplantados, a reativação do HHV-7 pode facilitar a instalação do quadro clínico provocado pelo HHV-5. Juntamente com o HHV-5

Quadro 12.1 Classificação dos herpesvírus que acometem seres humanos.

| Espécie | Sinônimo | Subfamília | Patologia |
|---|---|---|---|
| HHV-1 | Herpesvírus de humanos 1, vírus herpes simplex 1 (HSV-1) | *Alphaherpesvirinae* | Herpes orofacial e/ou genital (predominantemente orofacial), infecção ocular, encefalite |
| HHV-2 | Herpesvírus de humanos 2, vírus herpes simplex 2 (HSV-2) | *Alphaherpesvirinae* | Herpes genital e/ou orofacial (predominantemente genital), encefalite |
| HHV-3 | Herpesvírus de humanos 3, vírus da varicela-zoster (VZV) | *Alphaherpesvirinae* | Varicela, herpes-zoster |
| HHV-4 | Herpesvírus de humanos 4, vírus Epstein-Barr (EBV), linfocriptovírus | *Gammaherpesvirinae* | Mononucleose infecciosa, linfoma de Burkitt, linfoma do SNC em pacientes com AIDS, síndrome linfoproliferativa pós-transplante (PTLD), carcinoma de nasofaringe |
| HHV-5 | Herpesvírus de humanos 5, citomegalovírus de humanos (HCMV) | *Betaherpesvirinae* | Síndrome *mononucleose-like*, infecções congênitas, retinite, pneumonia |
| HHV-6A | Herpesvírus de humanos 6A, vírus linfotrópico de células B | *Betaherpesvirinae* | Ainda não associado a qualquer doença |
| HHV-6B | Herpesvírus de humanos 6B, vírus linfotrópico de células B | *Betaherpesvirinae* | Exantema súbito (sexta doença ou *roseola infantum*) |
| HHV-7 | Herpesvírus de humanos 7 | *Betaherpesvirinae* | Exantema súbito, doença febril respiratória aguda |
| HHV-8 | Herpesvírus de humanos 8, herpesvírus associado ao sarcoma de Kaposi | *Gammaherpesvirinae* | Sarcoma de Kaposi, linfoma de efusão primário, alguns tipos de doença de Castleman |

HHV: *human herpes virus* (herpesvírus de humanos); SNC: sistema nervoso central; AIDS: *acquired immunodeficiency syndrome* (síndrome da imunodeficiência adquirida).

e o HHV-7, o HHV-6 está sendo considerado um patógeno importante em pacientes imunocomprometidos. Na subfamília *Gammaherpesvirinae*, gênero *Lymphocryptovirus*, encontra-se o *Human gammaherpesvirus 4* (HHV-4) ou vírus Epstein-Barr (EBV), e no gênero *Rhadinovirus*, o *Human gammaherpesvirus 8* (HHV-8) ou herpesvírus associado ao sarcoma de Kaposi. O HHV-4, também chamado de vírus da mononucleose infecciosa, é também capaz de causar o linfoma de Burkitt, o linfoma do sistema nervoso central (SNC) em pacientes com AIDS, a síndrome linfoproliferativa pós-transplante (PTLD, *post-transplant lymphoproliferative disorder*) e o carcinoma de nasofaringe (ver *Capítulo 21*). O HHV-8 é o agente etiológico do sarcoma de Kaposi e outras doenças malignas (ver *Capítulo 21*). Esses dois últimos vírus são linfotrópicos e os únicos herpesvírus com potencial oncogênico.

Os vírions de todos os herpesvírus são formados por um capsídeo icosaédrico (T: 16) constituído por 162 (ou 161) capsômeros constituídos de 150 hexons e 12 (ou 11) pentons e um *core* constituído pelo DNA de fita dupla (DNAfd); uma estrutura proteica amorfa chamada tegumento e envelope glicolipoproteico.

Todos os membros da família *Herpesviridae* compartilham quatro importantes propriedades biológicas: (i) codificam enzimas envolvidas no metabolismo do ácido nucleico viral (timidino-cinase, timidilato-sintetase, ribonucleotídeo-redutase), síntese do ácido nucleico viral (DNA polimerase, helicase/primase) e processamento de proteínas (proteíno-cinase), embora essas proteínas possam variar entre os diferentes vírus; (ii) realizam a síntese do seu DNA no núcleo; (iii) levam à destruição das células pela produção de partículas infecciosas; (iv) apresentam a capacidade de causar infecção persistente em que alguns vírus permanecem em estado de latência e somente alguns genes são expressos.

A infecção persistente latente difere da infecção persistente crônica porque a produção de vírus infeccioso não está presente em todo o curso da infecção, além de possuir capacidade de reativação. Na infecção persistente latente, um vírus pode não realizar o ciclo de biossíntese completo em algumas células e pode estar proliferando ativamente em outras. Existem circunstâncias em que um vírus está latente em praticamente todas as células, como é o caso do HHV-3, e em menor extensão para os HHV-1 e HHV-2; em outras, o vírus causa o ciclo lítico em algumas células em particular, mas não existem sintomas associados, como no caso da reativação sem sintomas (*shedding*) dos HHV-1 e HHV-2, talvez, do HHV-3, e ainda outras circunstâncias em que a infecção lítica leva a manifestações clínicas, mas com algumas células permanecendo com vírus em estado latente (Figura 12.1).

# Herpesvírus de humanos 1 e 2

## Histórico

Os primeiros herpesvírus de seres humanos a serem descritos foram os vírus herpes simplex 1 e 2 (historicamente designados assim, e na nomenclatura oficial, HHV-1 e HHV-2). Esses vírus apresentam características biológicas particulares, tais como a capacidade de causar diferentes tipos de patologias, assim como estabelecer infecções persistentes latentes por toda a vida dos hospedeiros e de serem reativados causando lesões que podem se localizar no sítio da infecção primária inicial ou próximas a ele.

Em época tão remota quanto o ano 3000 a.C., nas Tábuas Sumerianas, já se encontrava menção a lesões genitais herpéticas. Hipócrates (460 a 377 a.C.), médico da Grécia antiga, documentou lesões causadas por esses vírus denominando-as de *herpes*

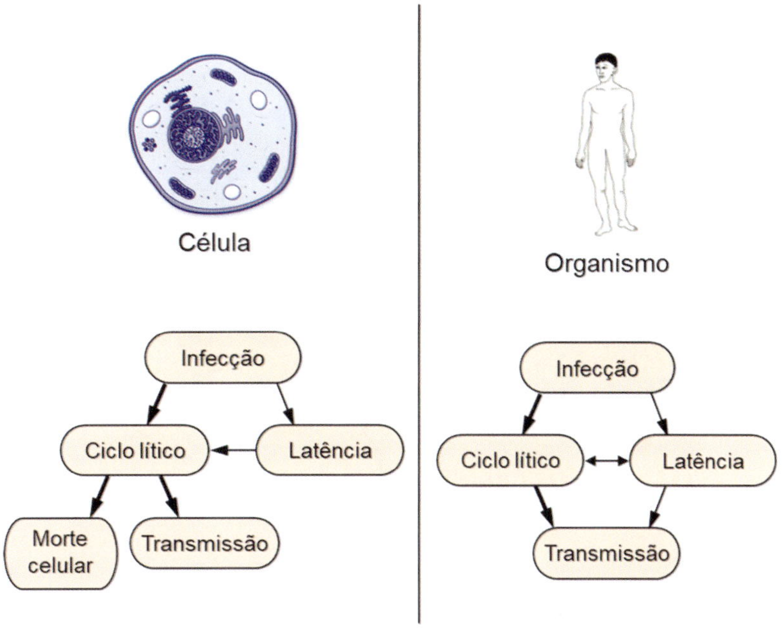


**Figura 12.1** Tipos de infecção provocadas pelos HHV-1 e HHV-2 na célula e no organismo. As *setas mais grossas* indicam eventos mais frequentes.

(derivado do grego *herpein* = rastejar, réptil), em referência ao modo como se manifestam as vesículas na pele. No entanto, o relato feito por Hipócrates podia estar se referindo à lesão por qualquer microrganismo, uma vez que a descrição não foi específica para a lesão herpética. O historiador grego Heródoto (484 a 425 a.C.) descreveu a doença com sintomas como febre e pequenas vesículas na boca e ulcerações nos lábios, denominando-a *herpes febrilis*. Desde então, a palavra herpes foi usada para descrever inúmeras enfermidades da pele, não necessariamente produzidas por um herpesvírus. Provavelmente, dessas denominações derivou a observação posterior de Galeno, farmacêutico e médico grego (129 a 199 a.C.), que dizia que as lesões em bolhas eram uma forma de o corpo liberar os humores malignos e, por isso, chamou-as de *excretinas* herpéticas. Coube a Vidal, em 1873, a comprovação de que o herpes era infeccioso e podia ser transmitido de uma pessoa a outra. Gruter, em 1913, realizou estudos em coelhos e mostrou inequivocamente o isolamento e a transmissão do vírus, mas só publicou seus resultados em 1924. Nesse ínterim, outro pesquisador, Lowenstein, repetiu e aprimorou os experimentos de Gruter inoculando material de vesículas herpéticas retiradas da pele ou da córnea humanas e reproduzindo a mesma lesão na córnea de coelhos. Por Lowenstein ter publicado seus dados em 1919, a comunidade científica o reconhece como responsável pelo primeiro isolamento de um vírus herpes simplex. Em 1930, Andrewes e Carmichael associaram as recorrências à infecção herpética e mostraram que a reativação da doença ocorria em pacientes com anticorpos neutralizantes, o que gerou um polêmico debate internacional entre os cientistas. Em 1939, Burnet e Williams publicaram a descrição que mais se assemelha àquela atualmente reconhecida para os HHV-1 e HHV-2.

Entre 1920 e 1960, os estudos sobre esses vírus tiveram expansão substancial devido à descoberta de uma grande variedade de sistemas hospedeiros, inicialmente aves e mamíferos e, posteriormente, ovos embrionados e culturas de células, capazes de realizarem sua propagação eficientemente.

Em 1968, Nahmias e Dowdle demonstraram que havia dois tipos (atualmente espécies) de herpesvírus do gênero *Simplexvirus*, com base em suas diferenças antigênicas e biológicas. Associaram os HSV-1 (HHV-1) às infecções não genitais, acima da cintura, e os HSV-2 (HHV-2) àquelas que causavam lesões abaixo da cintura e na área genital. Essas observações foram fundamentais para os estudos clínicos, sorológicos, imunológicos e epidemiológicos, que culminaram no estabelecimento da terapia antiviral, além da demonstração das diferenças genotípicas e fenotípicas entre variantes de HHV-1 e HHV-2, por endonucleases de restrição; utilização de antígenos específicos em testes soroepidemiológicos; identificação dos diversos produtos gênicos e suas regulações intrínsecas, possibilitando a utilização desses vírus como ferramenta de estudo de translocação de proteínas e conexões sinápticas do sistema nervoso.

## Classificação e características

O ICTV, em sua revisão publicada em 2020 (MSL #35), classifica os herpesvírus de humanos 1 e 2 na família *Herpesviridae*, subfamília *Alphaherpesvirinae*, gênero *Simplexvirus*, espécies *Human alphaherpesvirus* 1 (HHV-1), ou herpesvírus de humanos 1 e *Human alphaherpesvirus* 2 (HHV-2) ou herpesvírus de humanos 2. Embora a terminologia oficial seja HHV-1 e HHV-2, esses herpesvírus são mais encontrados na literatura médica, ou mesmo em publicações especializadas, com a citação vírus herpes simplex 1 (HSV-1) e vírus herpes simplex 2 (HSV-2).

Os HHV-1 e HHV-2 apresentam características morfológicas e ciclo de biossíntese semelhantes aos de outros membros da família *Herpesviridae*. Podem produzir infecções líticas, com ciclo de biossíntese curto, e estabelecer infecção persistente latente em células neuronais sensoriais.

Esses vírus são pleomórficos, mais frequentemente esféricos, com 186 nm de diâmetro, que pode chegar a 225 nm quando as espículas do envelope são incluídas. Apresentam *core* eletrodenso, composto de DNAfd linear de 152 quilopares de bases (Kpb) com 68% de G/C para o HHV-1 e 69% para o HHV-2. Conforme

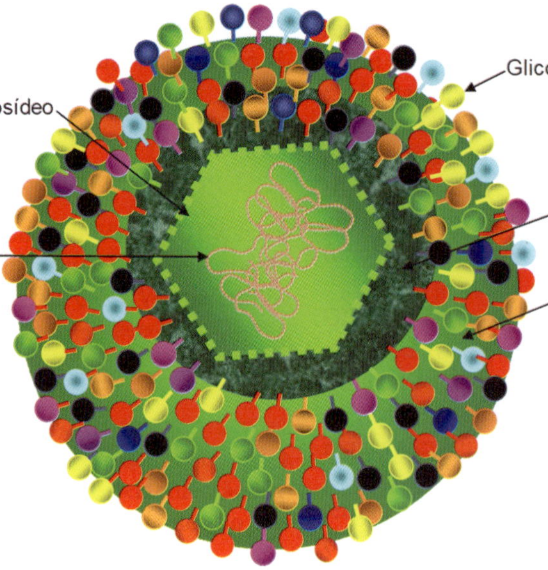


Figura 12.2 Esquema representativo da estrutura dos HHV-1 e HHV-2. O vírion é pleomórfico, mais frequentemente esférico, com diâmetro de 186 nm que pode chegar a 225 nm quando as espículas do envelope são incluídas. O capsídeo é icosaédrico, formado por 162 (ou 161) capsômeros, sendo 150 hexâmeros e 12 (ou 11) pentâmeros, e não está localizado simetricamente no centro do envelope viral. Apresenta *core* eletrodenso composto de DNA de fita dupla linear, uma camada amorfa denominada tegumento e envelope lipoproteico com glicoproteínas e poliaminas inseridas em sua superfície.

citado anteriormente, da mesma forma que em outros vírus da família *Herpesviridae*, os capsídeos dos HHV-1 e HHV-2 são icosaédricos (T = 16), formados por 162 (ou 161) capsômeros, sendo 150 hexâmeros e 12 (ou 11) pentâmeros, e não estão localizados simetricamente no centro do envelope viral, o que pode ser observado em micrografias eletrônicas. As partículas virais apresentam uma camada amorfa denominada tegumento, constituída de proteínas importantes para a regulação do ciclo de biossíntese viral, e um envelope lipoproteico que é obtido a partir de membranas da célula infectada, com glicoproteínas e poliaminas nele inseridas (Figuras 12.2 e 12.3).

As partículas virais são frágeis, pois o envelope glicolipoproteico é suscetível ao tratamento químico com solventes orgânicos, detergentes e proteases, e tratamento físico como calor (60°C) ou radiação ionizante e não ionizante.

O genoma dos HHV-1 e HHV-2 codifica, aproximadamente, 84 proteínas que constituem o capsídeo, proteínas do envelope, tegumento, além de outras proteínas que são geradas somente durante a biossíntese dos vírus, denominadas proteínas não estruturais ou funcionais. A nomenclatura mais comumente empregada para designar as proteínas virais é VP (proteína viral [*virion protein*]) ou ICP (proteína de célula infectada [*infected cell protein*]). O genoma é constituído por dois componentes que são formados por sequências únicas (U, *unique*), covalentemente ligadas, chamadas de L (longa [*long*]) e S (curta [*short*]), dependendo do tamanho do fragmento genômico que será lido, utilizando-se as siglas $U_L$ ou $U_S$.

O genoma pode ser dividido em seis importantes regiões: (1) sequências “a” – terminações da molécula linear que são importantes na circularização do DNA viral e no empacotamento do DNA no vírion; (2) $R_L$ (*repeated long*) – sequência longa repetida, de 9 kpb, codifica a proteína regulatória inicial α0, assim como o promotor e a maioria dos genes associados aos transcritos associados à latência (LAT, *latency-associated transcripts*); (3) $U_L$ – região longa única, de 108 kpb, codifica pelo menos 56 diferentes proteínas. Essa região contém genes para enzimas que participam da replicação do DNA e para proteínas do capsídeo, assim como muitas outras proteínas; (4) $R_S$ (*repeated short*) – região de repetições curtas, de 6,6 kpb, codifica a mais importante proteína imediatamente inicial α, que é uma poderosa ativadora transcricional. Atua juntamente com α0 e α27 na região $U_L$ para estimular a expressão de genes que levam à replicação do genoma viral; (5) $Ori_L$ – origem de replicação, está no meio da região $U_L$, enquanto a $Ori_S$ está em $R_S$, estando assim presente em duas cópias. Esse conjunto de $Ori_S$ funciona durante a infecção para gerar um complexo de replicação muito similar ao encontrado no fago T4; (6) $U_S$ – região curta única; codifica 12 sequências de leitura aberta (ORF, *open reading frames*), várias das quais são glicoproteínas importantes na formação do vírus e inibição de alguns mecanismos de defesa do organismo.

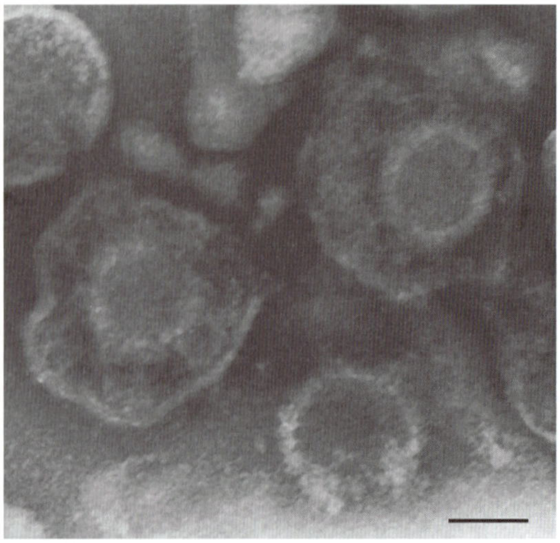

Figura 12.3 Micrografia eletrônica do HHV-1. Barra = 100 nm.

A estrutura do capsídeo do HHV-1 tem sido bem estudada por meio de criomicroscopia eletrônica (CME) e outras técnicas sofisticadas que revelam imagens tridimensionais do vírus. Por meio dessa metodologia, foi revelado que o capsídeo é formado por oito proteínas: VP5 ($U_L$19), VP19C ($U_L$38), VP23 ($U_L$18), VP26 ($U_L$35), $U_L$6, $U_L$17, $U_L$25 e VP24 ($U_L$26) (Figura 12.4 e Quadro 12.2). Recentemente, foi demonstrado que o capsídeo é constituído por 161 capsômeros, subunidades da principal proteína estrutural VP5, que por sua vez são formados por 150 hexons (hexâmeros) que se situam nas arestas e faces do icosaedro e 11 pentons (pentâmeros) que estão em todos os vértices, menos em um. Os pentâmeros e hexâmeros são constituídos, respectivamente, de 5 e 6 cópias de VP5. O único vértice não ocupado é onde se situa o complexo que forma o portal por onde o DNA entra e sai do capsídeo. Geometricamente, o portal é cilíndrico e constituído de 12 cópias da proteína $U_L$6, que formam um dodecâmero, mas que não é visualizado nas imagens de CME tradicionais. Na extremidade de cada ponta do hexâmero formado por VP5 há uma cópia da proteína VP26, com um total de 900 cópias por capsídeo. Localizado na superfície de cada face do icosaedro está o complexo tríplex que tem função de ligar os capsômeros durante a formação do capsídeo. Existem 320 tríplexes por capsídeo e cada um é composto de uma subunidade de VP19C e duas subunidades de VP23. Estudos de CME revelaram a presença de um componente adicional, que se liga especificamente aos tríplexes adjacentes aos pentons, chamado de componente específico do vértice do capsídeo (CVSC; *capsid vertex specific component*) ou componente específico do capsídeo C (CCSC; *C-capside specific component*). Cada CVSC é um heterodímero das proteínas $U_L$17 e $U_L$25 e se liga a $U_L$36 (VP1/2), a maior proteína do tegumento. Uma das funções de CVSC é estabilizar o capsídeo durante e após o empacotamento do DNA viral. O último componente do capsídeo é a proteína VP24 que tem função de protease e cliva as proteínas "plataforma" (*scaffold*) durante o processo de maturação do capsídeo, mas a precisa localização dessa proteína no capsídeo ainda não foi determinada. Há controvérsia na literatura se o número de capsômeros do capsídeo viral é 162 ou 161. Alguns autores consideram que seriam 161 porque um dos vértices do icosaedro teria o pentâmero de um dos vértices substituído pelo portal, enquanto outros consideram 162 porque ainda não é possível determinar e alinhar o vértice-portal do capsídeo por reconstrução

**Quadro 12.2** Proteínas do capsídeo do HHV-1.

| Proteína | Gene | Característica e/ou função |
|---|---|---|
| VP5 | $U_L19$ | Forma 162 (161) capsômeros, principal proteína do capsídeo |
| VP19C | $U_L38$ | Proteína formadora do tríplex (1 subunidade); participa da montagem do capsídeo |
| VP23 | $U_L18$ | Proteína formadora do complexo tríplex (2 subunidades); participa da montagem do capsídeo |
| VP26 | $U_L35$ | Proteína situada na extremidade de cada ponta do hexâmero formado por VP5 |
| $U_L$6 | $U_L6$ | Proteína portal (dodecâmero); participa da translocação do DNA viral para entrada e saída do capsídeo |
| $U_L$17 | $U_L17$ | Componente específico do vértice do capsídeo; envolvido no empacotamento do DNA viral, clivagem do DNA viral e estabilização do DNA viral dentro do capsídeo |
| $U_L$25 | $U_L25$ | Realiza a interação entre o capsídeo e a proteína $U_L$36 do tegumento; participa da ancoragem do capsídeo no poro nuclear, permitindo a entrada do DNA viral no núcleo |
| VP24 | $U_L26$ | Apresenta função de protease; localização no capsídeo ainda indeterminada |

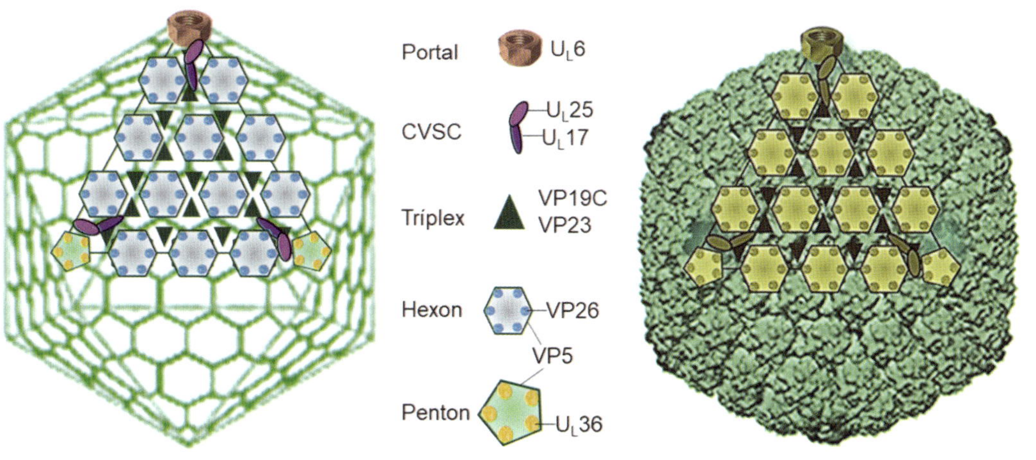


**Figura 12.4** Representação das proteínas do capsídeo do HHV-1. O esquema mostra a localização das proteínas que formam o capsídeo com a representação em uma face do icosaedro (T = 16). A proteína $U_L$6 é um dodecâmero que forma o complexo portal e fica em um único vértice onde seria um penton. Cinco cópias de CVSC (componente específico do vértice do capsídeo [*capsid vertex specific component*]), um heterodímero de $U_L$17 e $U_L$25, estão situadas próximas a cada vértice de pentâmeros (pentons). Tríplex é um heterodímero formado por 1 cópia de VP19C e 2 cópias de VP23. Hexâmeros (hexons) da principal proteína VP5 são capeados por subunidades de VP26, enquanto os pentâmeros (pentons) se ligam a subunidades da proteína do tegumento $U_L$36, que também interage com $U_L$25 de CVSC. Adaptada de Heming *et al.*, 2017.

de imagens 3D, embora algumas publicações já o tenham feito utilizando metodologia mais sofisticada.

Entre o capsídeo e o envelope encontra-se o tegumento que ocupa aproximadamente 2/3 do volume interno do vírion e contém mais de 20 proteínas. As principais proteínas do tegumento são: VP16 ou α-TIF (fator transindutor-α [*α-trans-inducing factor*]), anteriormente chamada Vmw65, que é potente transativadora de genes α; VP22 ou VHS (fator viral de parada da síntese de proteínas do hospedeiro [*virion host shut-off*]), que para a síntese de macromoléculas da célula infectada; e a maior proteína do tegumento, $U_L$36 (VP1/2), que parece participar da liberação do DNA viral no poro nuclear após a penetração.

Três grandes eventos ocorrem para assegurar a formação do tegumento e a correta incorporação das glicoproteínas nos vírions: (1) adição das principais proteínas do tegumento: $U_L$36 e $U_L$37; (2) interação $U_L$11-$U_L$16; e (3) interação $U_L$7-$U_L$51. No primeiro evento, a proteína $U_L$36 se associa ao vértice do capsídeo pela ligação a CVSC formado por $U_L$17-$U_L$25. CVSC interage com os tríplexes (VP19C+VP23) localizados próximos aos pentons. Essa interação ocorre somente quando o DNA já está dentro do capsídeo e não antes. Por essa razão, a incorporação da proteína $U_L$36 só ocorre depois do empacotamento do DNA. Subsequentemente a proteína $U_L$37 se liga diretamente a $U_L$36 e, assim, é adicionada ao tegumento (Figura 12.5). No segundo evento, a proteína $U_L$16 do tegumento se liga ao capsídeo e é importante na montagem e no processo de brotamento. Ela se une com $U_L$11 por meio da porção acídica da molécula e essa interação é essencial para a biossíntese viral. Como $U_L$11 é associada a membranas, pode, portanto, direcionar os capsídeos para membranas por meio de $U_L$16 e participar do processo de envelopamento secundário. No terceiro evento, $U_L$7 e $U_L$51 interagem e desempenham importante papel no mecanismo de envelopamento do vírion. Na Figura 12.6, pode ser visualizado um esquema que mostra as proteínas do tegumento e as glicoproteínas do envelope viral distribuídas na partícula viral.

O envelope consiste em uma bicamada lipídica apresentando, pelo menos, 11 glicoproteínas (Figura 12.6): gB (VP7 e VP8.5, gene *$U_L27$*); gC (VP8, gene *$U_L44$*); gD (VP17 e VP18, gene *$U_S6$*); gE (VP12.3 e VP12.6, gene *$U_S8$*); gG (gene *$U_S4$*); gH (gene *$U_L22$*); gI (gene *$U_S7$*), gJ (gene *$U_S5$*), gK (gene *$U_L53$*), gL (gene *$U_L1$*) e gM (gene *$U_L10$*). O envelope também contém pelo menos mais uma proteína que é codificada pelo gene *$U_L20$*.

Ao microscópio eletrônico, as glicoproteínas do HHV-1 são visualizadas como longas espículas em número de 600 a 750 por

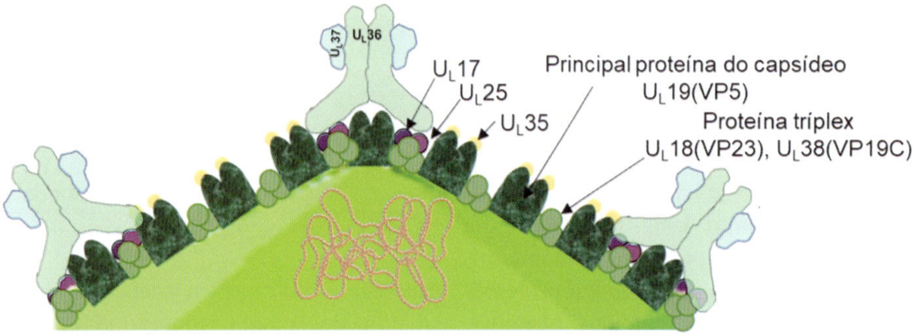


**Figura 12.5** Eventos iniciais da formação do tegumento do HHV-1. A parte interna do tegumento contém a proteína $U_L$36 que está associada ao vértice do capsídeo pela ligação a CVSC (componente específico do vértice do capsídeo [*capsid vertex specific component*]) formado por $U_L$17-$U_L$25. Em seguida, CVSC interage com os tríplexes (VP19C + VP23) localizados próximos aos pentons. Subsequentemente, a proteína $U_L$37 liga-se diretamente a $U_L$36 que, assim, é adicionada ao tegumento. $U_L$35 (VP26) é uma proteína do capsídeo situada na extremidade de cada ponta do hexâmero formado por VP5. Adaptada de https://viralzone.expasy.org/5616. Acesso: 15 abr. 2021.

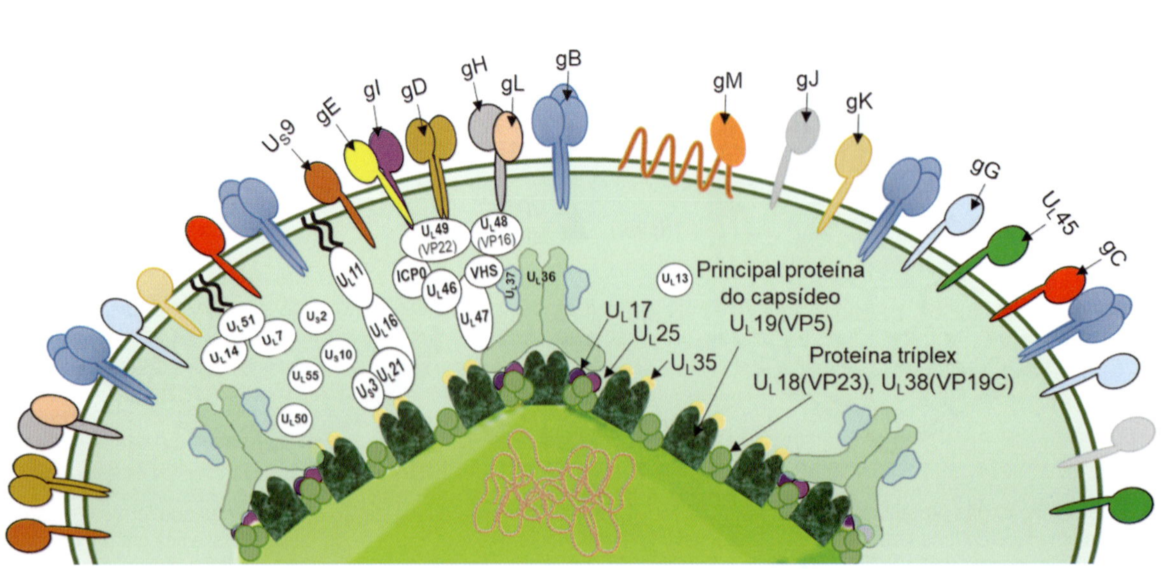


**Figura 12.6** Proteínas do tegumento e glicoproteínas do envelope do HHV-1. O esquema mostra as 20 proteínas que formam o tegumento e as 11 glicoproteínas do envelope viral. $U_L$17, $U_L$25, $U_L$35 (VP26) e o complexo tríplex são proteínas do capsídeo. Adaptada de https://viralzone.expasy.org/5796. Acesso em: 15 abr. 2021.

vírion. Elas variam de comprimento, espaçamento e ângulo de acordo com a maneira de como emergem da membrana. A distribuição dessas glicoproteínas no envelope sugere que elas se arranjem de maneira que formem grupamentos funcionais.

O DNA viral é linear de fita dupla, sendo empacotado na forma de toroide, bem compactado no interior do capsídeo, de forma que as extremidades sejam mantidas bem próximas, circularizando rapidamente no núcleo da célula infectada na ausência de síntese proteica.

No Quadro 12.3 estão descritas as funções das proteínas iniciais imediatas e das principais proteínas do tegumento do HHV-1 e no Quadro 12.4 podem ser encontradas as glicoproteínas do envelope codificadas pelo genoma dos HHV-1 e suas respectivas funções.

## Variação genética

Os genomas dos HHV-1 podem ser divididos em seis clados. Quatro deles ocorrem no leste da África, um no leste da Ásia e um na Europa e Estados Unidos da América (EUA). Isto sugere que o vírus pode ter se originado no leste da África. O mais recente ancestral comum das estirpes eurasianas parece ter surgido há 60.000 anos. Os genomas dos HHV-2 podem ser divididos em dois clados: um é globalmente distribuído e o outro é mais limitado geograficamente à região da África Subsaariana. Os genótipos dos HHV-2 distribuídos globalmente sofreram quatro recombinações ancestrais com o HHV-1.

A primeira evidência sobre a ocorrência de variação genética surgiu de estudos com as proteínas estruturais do HHV-1 que indicaram que proteínas não glicosiladas variavam na mobilidade eletroforética e essa característica poderia ser usada como marcador dos HHV-1 e HHV-2. No entanto, foi verificado que estirpes epidemiologicamente próximas não são distinguidas por essa técnica e essas diferenças só são bem visualizadas com a análise do ácido nucleico viral. Variantes distintas de HHV-1 parecem resultar de uma substituição de base que pode adicionar ou eliminar um sítio de clivagem para endonucleases de restrição. Os padrões de clivagem de uma determinada estirpe são relativamente estáveis e nenhuma alteração no padrão de restrição foi observada quando um mesmo isolado viral foi passado em culturas de células por 13 anos. No entanto, polimorfismos foram evidenciados quando amostras de pacientes não relacionados foram comparadas. Com base nessas propriedades, a técnica de polimorfismo por endonuclease de restrição está sendo usada em vários estudos epidemiológicos de transmissão do HHV-1 em populações humanas para traçar o padrão do vírus que é transmitido de pacientes para o pessoal hospitalar, de paciente para paciente e de pessoal hospitalar para pacientes.

**Quadro 12.3** Proteínas iniciais imediatas* e principais proteínas do tegumento** codificadas pelo genoma do HHV-1.

| Proteína/gene | Função |
|---|---|
| *ICP0, $\alpha$0 | Não é essencial para a biossíntese, mas promove infecção viral e expressão dos genes virais; desempenha múltiplas funções, incluindo a de ubiquitino-ligase; localiza-se próxima a $ND_{10}$ para iniciar a replicação do ácido nucleico viral |
| *ICP4, $\alpha$4 | Fosfoproteína que atua como repressora e transativadora; liga-se ao DNA e interage com fatores de transcrição regulando positivamente a maioria dos genes $\alpha$ e $\beta$; negativamente, regula a si mesma, ORF P e ICP0 |
| *ICP22, $\alpha$22 | Proteína regulatória fosforilada; participa da degradação de ciclinas e da modificação transcricional da topoisomerase II $\alpha$; participa como mediadora da fosforilação da RNA polimerase II; necessária para o acúmulo de proteínas tardias |
| *ICP27/$U_L$*54* | Proteína regulatória multifuncional de genes $\alpha$; bloqueia *splicing* de RNAm, promove o acúmulo de alguns RNAm $\beta$, estimula a transcrição do gene $\alpha$2 e a exportação de RNAm do núcleo |
| *ICP47, $\alpha$47 | Bloqueia o transporte de peptídeos antigênicos para a apresentação de antígenos pelo MHC de classe I em células infectadas |
| **VP16/$U_L$*48* | Também chamada $\alpha$-TIF, proteína multifuncional do tegumento; induz genes $\alpha$ por interação com as proteínas do hospedeiro: HCF-1 e OCT-1; o complexo se liga a uma sequência consenso GyATGnTAATGArATTCy-NC; necessária para a montagem do vírus |
| **VHS/$U_L$*41* | Endorribonuclease que seletivamente degrada RNAm na fase inicial da biossíntese e para a síntese de proteínas celulares; em fase tardia, associa-se a VP16 e cessa a degradação dos RNAm |
| **VP1/2/$U_L$*36* | Maior proteína do tegumento; liga-se a $U_L$17 e $U_L$25 que formam CVSC |
| **VP22/$U_L$*49* | Atua promovendo a modulação de VHS e na cromatina |
| **$U_L$14/$U_L$*14* | Participa do mecanismo de transporte do capsídeo para o núcleo |
| **$U_L$21/$U_L$*21* | Participa do empacotamento do DNA e durante a etapa de montagem e maturação do capsídeo |
| **$U_L$23/$U_L$*23* | Enzima viral timidino-cinase |
| **$U_L$47/$U_L$*47* | Participa na modulação de VHS e do processo de saída do vírus do núcleo |
| **$U_S$11/$U_S$*11* | Inibição da resposta imunológica inata do hospedeiro para o vírus |

$ND_{10}$: *nuclear domain 10* (domínio nuclear 10); ORF: *open reading frame* (sequência de leitura aberta); ICP: *infected cell protein* (proteína de célula infectada); RNAm: RNA mensageiro; CVSC: *capsid vertex specific component* (componente específico do vértice do capsídeo); MHC: *major histocompatibility complex* (complexo principal de histocompatibilidade); $\alpha$-TIF: *$\alpha$-trans-inducing factor* (fator transindutor-$\alpha$); HCF-1: *host cell factor 1* (fator da célula hospedeira 1); OCT1: octâmero 1; VHS: *virus host shut-off* (fator viral de parada da síntese de proteínas do hospedeiro); VP: *virion protein* (proteína viral).

Devido à grande similaridade do padrão de transcrição dos HHV-1 e HHV-2, somente com a introdução da técnica de hibridização em microarranjos (*microarrays*) (ver *Capítulo 8*), as características da cinética de muitos genes desses vírus estão sendo descritas.

## Distribuição e organização dos RNA mensageiros virais

O genoma dos HHV-1 e HHV-2 é formado por pelo menos 90 possíveis ORF as quais codificam RNA mensageiros (RNAm), que são traduzidos em, pelo menos, 84 proteínas. Os genes que codificam essas proteínas são classificados em α ou iniciais imediatos, β ou iniciais e γ ou tardios. As características dos principais transcritos são:

- Cada RNA transcrito codifica uma única proteína, com três exceções. A primeira exceção é um único RNAm que serve de molde para a síntese de duas proteínas, ORF P e ORF O. A síntese das proteínas é iniciada a partir de uma única metionina, mas diverge entre o primeiro e o 35º códon fornecendo dois peptídeos diferentes. A segunda exceção é o gene $U_L26$ que codifica um polipeptídeo que se autocliva e forma duas proteínas. A porção aminoterminal gera uma proteína que funciona como protease e a porção carboxiterminal dá origem à proteína VP35 (ICP 35) que funciona como "plataforma" (*scaffold*) para a montagem do capsídeo. A terceira exceção é o RNA que codifica a proteína $U_L3$. Esse RNA tem 2,9 kb e contém as ORF para as proteínas $U_L1$, $U_L2$ e $U_L3$, mas as proteínas $U_L1$ e $U_L2$ são codificadas por RNAm diferentes e o mecanismo de expressão de $U_L3$ é desconhecido
- Muitos *clusters* de RNA são coterminais e podem ter arranjos "cabeça-cabeça", "cabeça-cauda" e "cauda-cauda". Não são conhecidos os sítios exatos onde ocorre a iniciação, para todos os RNA. Em muitos casos, mas principalmente na fase tardia da infecção, os códons de terminação da transcrição são ignorados, gerando transcritos enormes em paralelo com os transcritos regulares
- Esses grandes transcritos são RNA sintetizados sem parada no códon. Nesse caso, os transcritos são 3′ coterminais e as sequências codificantes do menor RNA são idênticas à porção carboxiterminal da proteína codificada pelo RNA maior. Por exemplo, o RNA codificado por $U_S1.5$ é 3′ coterminal com o RNA do gene *α22*. A proteína codificada por $U_S1.5$ contém 250 resíduos carboxiterminais presentes nos 420 resíduos da proteína α22
- Algumas das ORF são antissenso entre si, como por exemplo, $\gamma_1 34.5$ e ORF P; $U_L43$ e $U_L43.5$, além de gB e $U_L27.5$, e talvez outras ORF antissenso
- Poucos RNA que se acumulam na célula são produtos de *splicing*
- Alguns RNAm não codificam para nenhuma proteína. Os mais bem conhecidos são os LAT, e o RNAm $Ori_S$, que é sintetizado tardiamente no ciclo de biossíntese e é 3′ coterminal com o RNAm que codifica para ICP4.

A lista de todos os genes dos HHV-1 e HHV-2, e suas funções, assim como as proteínas codificadas pelos produtos desses genes é extensa e foge ao escopo deste livro.

## Biossíntese viral

Quando um vírus infecta uma célula, enfrenta um ambiente hostil, pois a maquinaria das células do hospedeiro é intrinsecamente antiviral. Um dos pontos marcantes da infecção pelos HHV-1 ou HHV-2 é a dramática reorganização do núcleo das células infectadas levando à formação de grandes compartimentos de síntese globulares nos quais ocorre a transcrição dos genes, a replicação do DNA e o seu empacotamento. Durante a infecção, fatores celulares que são benéficos para a biossíntese viral são sequestrados enquanto outros fatores são degradados ou inativados. Duas vias de homeostase da célula são afetadas pela infecção por esses vírus: a do controle de qualidade de proteínas e a de resposta a dano ao DNA. Esses eventos são orquestrados por várias proteínas virais, incluindo as proteínas imediatamente iniciais ICP0, ICP4, ICP22 e ICP27, que inibem a ação de fatores celulares contra os vírus.

Os HHV-1 e HHV-2 infectam diferentes tipos de células, tais como fibroblastos, células do epitélio escamoso (ceratinócitos) e mucoso, células polarizadas do epitélio cilíndrico, células gliais e terminações nervosas. O ciclo de biossíntese desses vírus é mais rápido quando comparado ao dos outros herpesvírus. A transcrição do genoma viral em RNAm, a replicação do DNA viral e a montagem de novos capsídeos é realizada no núcleo. Inicialmente, o DNA viral é transcrito em RNAm pela RNA polimerase II da célula hospedeira, mas existe coparticipação de fatores celulares e virais, em todos os estágios da infecção. Antes que as proteínas estruturais virais sejam sintetizadas o DNA viral é replicado. A síntese dos produtos do DNA viral é estritamente controlada e a expressão dos genes virais é realizada de maneira sequencial e coordenada. Os genes α ou iniciais imediatos são transcritos na ausência da síntese *de novo* das proteínas virais. Os produtos dos genes α estão envolvidos na ativação da expressão dos genes β ou genes iniciais. Várias das proteínas codificadas pelos genes β são enzimas envolvidas na replicação do genoma viral e proteínas de ligação ao DNA. O DNA é sintetizado por um mecanismo de círculo rolante, fornecendo concatâmeros que são clivados em monômeros durante o processo de montagem do capsídeo viral. Os genes γ ou tardios são transcritos eficientemente em seguida à replicação do DNA viral e seus produtos estão envolvidos na montagem dos constituintes da partícula viral.

A montagem dos vírus ocorre em vários estágios. Depois do empacotamento do DNA dentro da estrutura precursora do capsídeo, esses nucleocapsídeos recém-formados sofrem maturação e adquirem infecciosidade, saindo da célula por três possíveis mecanismos que ainda não são consenso na literatura: brotamento da membrana nuclear externa (único envelopamento); envelopamento na membrana nuclear interna, desenvelopamento e segundo envelopamento em vesículas intracitoplasmáticas; ou passagem direta pelo poro nuclear. Com a sofisticação das técnicas de análise de imagens, bioinformática e análises bioquímicas e genéticas, a segunda hipótese tem sido mais aceita. Em células permissivas o ciclo de biossíntese dos HHV-1 dura, aproximadamente, 18 a 20 horas.

A seguir, serão detalhadas as etapas do ciclo de biossíntese do HHV-1 considerando que a grande maioria das informações disponíveis na literatura científica está concentrada nesse vírus como modelo de estudo.

### Adsorção

Para iniciar a infecção, o vírus precisa ligar-se na superfície da célula, por meio da interação com receptores celulares. A entrada dos vírions nas células suscetíveis acontece em duas fases: (1) adsorção das partículas virais à superfície celular; e (2) interação irreversível entre o envelope viral e a membrana celular, resultando na fusão direta do envelope com a membrana citoplasmática ou na fusão com membranas de endossomas, permitindo a penetração do nucleocapsídeo no interior da célula. A fusão do envelope viral com a membrana da célula é um evento muito rápido, logo em seguida à adsorção.

Conforme mencionado anteriormente, 11 glicoproteínas do envelope viral descritas até o momento apresentam participação no processo de adsorção e penetração do HHV-1 (ver Figura 12.6 e Quadro 12.4). No entanto, apesar do detalhado conhecimento sobre os receptores na célula que realizam a ligação a esses vírus e da estrutura da glicoproteína D (gD), a entrada desse vírus nas células suscetíveis ainda é, em parte, um quebra-cabeça.

A glicoproteína C (gC) codificada pelo gene $U_L44$ é uma glicoproteína do tipo mucina devido ao elevado teor de oligossacarídeos *N*- e *O*-ligados, mas não é essencial para a penetração do vírus. Ela facilita a alteração conformacional da glicoproteína B (gB). A gC liga-se ao componente C3b do complemento e bloqueia sua capacidade de neutralização, fazendo com que mutantes deficientes na produção dessa glicoproteína apresentem infecção atenuada em animais de experimentação. Inicialmente, gC e gB (em menor extensão) interagem com os receptores para o vírus presentes na superfície da membrana celular. Esses receptores são glicosaminoglicanas representadas principalmente por sulfato de heparana. Essa ligação entre as glicoproteínas virais e o receptor cria múltiplos pontos de adesão, mas é lábil e reversível. Assim, a glicoproteína D (gD) se torna a principal participante do processo de adsorção proporcionando uma ligação estável por interagir com outros receptores celulares, tais como o receptor mediador da entrada de herpesvírus (HVEM, *herpesvirus entry mediator*), nectinas que pertencem à classe de moléculas de adesão intercelular e sulfato de heparana-3-*O*-sulfatado. Receptores do tipo nectina estão envolvidos na formação das sinapses dos neurônios e na junção de células epiteliais. Nectina 1 é um receptor de amplo espectro para os alfa-herpesvírus de seres humanos e de animais, que está largamente expresso em tecidos de origem humana, muitos deles alvos para o HHV-1, como o SNC, gânglios e tecido mucoepitelial. Esse receptor também é expresso em todas as linhagens celulares de origem humana, incluindo células epiteliais, neuronais e fibroblastos. O receptor nectina interage diretamente com gD. Nectina 2 pode servir de receptor alternativo para vírus mutantes com substituição de apenas um aminoácido (no entanto, esses mutantes não perdem a capacidade de continuar se ligando em nectina 1). Para que ocorra a penetração é necessária a participação de gD que interage com um dos receptores, sinaliza o reconhecimento do receptor e desencadeia o processo de fusão recrutando três glicoproteínas – gB, glicoproteína H (gH) e glicoproteína L (gL) – que são responsáveis pela fusão na membrana plasmática. gD é constituída de duas regiões: uma porção aminoterminal, onde se encontra o sítio de ligação ao receptor, e a porção carboxiterminal que possivelmente participa do mecanismo de fusão, mas não é fusogênica. Além disso, gD protege a célula de apoptose e participa do processo de espalhamento dos vírus célula a célula e da difusão transináptica do vírus.

Em seguida à ligação ao receptor, ocorre alteração conformacional de gD que favorece a interação com o heterodímero formado por gH/gL. Essa interação expõe os domínios de fusão de gB, enquanto gH/gL parecem funcionar como reguladores da fusão, provavelmente transmitindo um sinal do complexo

**Quadro 12.4** Glicoproteínas do envelope do HHV-1 e suas respectivas funções.

| Glicoproteína | Função |
|---|---|
| gB | Interage com HS durante a adsorção; participa nos processos de adsorção e fusão à célula hospedeira; induz a formação de anticorpos neutralizantes. Sítio *Syn* na região carboxiterminal |
| gC | Interage com HS ou CS durante a adsorção; afinidade pelo fator C3b do complemento |
| gD | Interage com os receptores nectina, HVEM e 3-*OS* HS; participa da fusão; protege a célula da apoptose; participa no processo de espalhamento dos vírus célula a célula e na difusão transsináptica do vírus; não contém sítio *Syn* |
| gE | Participa do transporte de vírions; funciona como receptor para a fração Fc de imunoglobulinas |
| gG | É uma glicoproteína de ligação à quimiocinas que inibe a quimiotaxia de neutrófilos; é maior no HHV-2, sendo usada em testes imunoenzimáticos (ELISA) para diferenciar a infecção pelo HHV-1 ou HHV-2 |
| gH | É essencial para a infecciosidade e a transmissão célula a célula; forma complexo com gL; o complexo gH-gL permite a fusão entre o envelope viral e a membrana celular; não contém sítio *Syn*; induz anticorpos neutralizantes |
| gI | Forma complexo com gE; o complexo gE-gI funciona como receptor viral para a região Fc de imunoglobulinas; em células epiteliais facilita o espalhamento célula a célula |
| gJ | Inibe apoptose e induz aumento da concentração de espécies de oxigênio reativo (ROS, *reactive oxygen species*) na célula hospedeira |
| gK | Presente no complexo de Golgi parece participar do transporte dos vírus através do citoplasma e no envelopamento das partículas virais na membrana nuclear; parece estar associada à patogênese do vírus em infecção ocular |
| gL | Forma complexo com gH e provavelmente regula a atividade fusogênica de gH; induz a formação de anticorpos neutralizantes |
| gM | Interage com receptores nas junções intercelulares, mediando o espalhamento célula a célula |

HS: *heparan sulfate* (sulfato de heparana); CS: *chondroitin sulfate* (sulfato de condroitina); HHV-1: herpesvírus de humanos 1; HHV-2: herpesvírus de humanos 2; HVEM: *herpesvirus entry mediator* (receptor mediador de entrada de herpesvírus); 3-*OS* HS: sulfato de heparana modificado; ELISA: *enzyme linked immunosorbent assay* (ensaio imunossorvente ligado a enzima); sítio *Syn*: região responsável pela formação de sincício (*syncytium*).

gD-receptor para gB. Isso faz com que haja a penetração, devido à fusão do envelope viral com a membrana da célula ou, como acontece em alguns tipos de células, com a membrana de vesículas endossomais no citoplasma. A interação de gD + gH/gL + gB forma o complexo fusogênico (Figura 12.7).

A gB é uma proteína fusogênica classe III e é a glicoproteína que apresenta o domínio de fusão do vírus. Desempenha duas funções opostas na fusão: participa da execução da fusão e exerce atividade antifusogênica. As duas atividades funcionam separadamente e residem no ectodomínio e na cauda citoplasmática, respectivamente. Essa glicoproteína é codificada pelo gene $U_L27$ e é um trímero com um *core* bem compactado. Mutantes que não apresentam gB não são infecciosos, mas induzem fusão em culturas de células. Considera-se que gB é a espícula responsável pela fusão, com a participação de gH/gL, embora ainda não seja muito claro como ocorre exatamente a participação dessas glicoproteínas nesse processo. É importante notar que tanto a entrada por fusão na membrana plasmática quanto a entrada por fusão em vesículas endocíticas necessita da participação das quatro glicoproteínas (gD, gB, gH e gL).

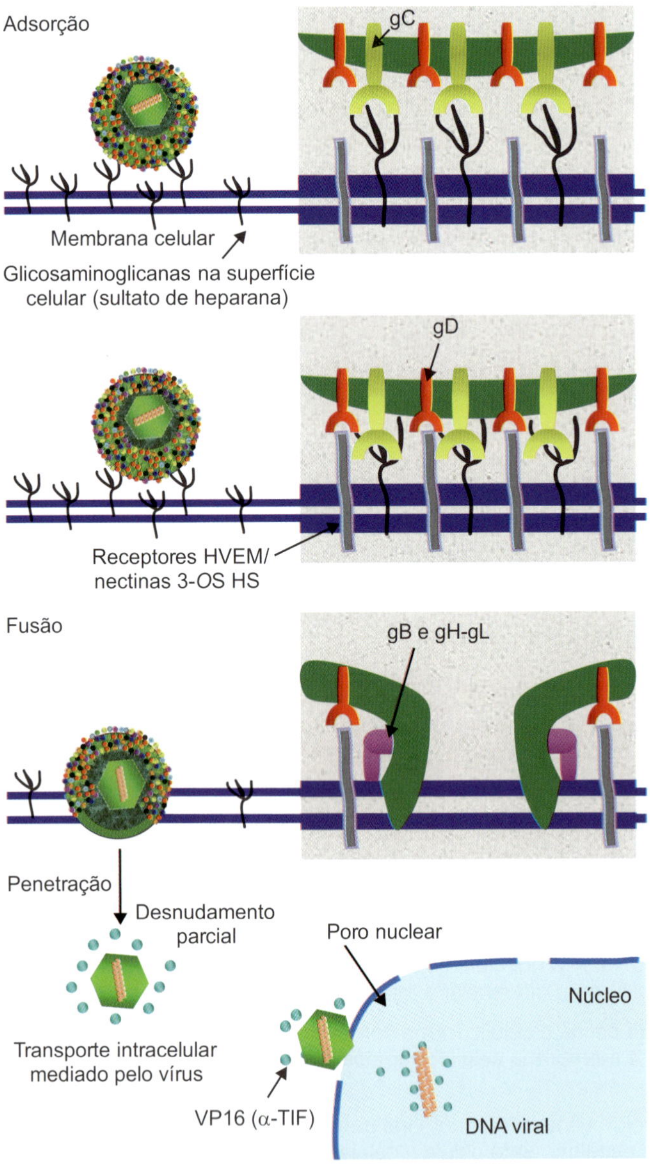


**Figura 12.7** Mecanismo de adsorção e penetração do HHV-1. gC e gB (não mostrada) interagem reversivelmente com sulfato de heparana na membrana da célula; gD se liga a outros receptores celulares (HVEM, nectinas ou sulfato de heparana-3-*O*-sulfatado) estabilizando a ligação. Ocorre alteração conformacional de gD, que interage com gH/gL, havendo a exposição dos domínios de fusão de gB e do heterodímero gH/gL, fazendo com que haja a penetração devido à fusão direta do envelope viral com a membrana da célula ou em membranas de endossomas. A seguir, o genoma atravessa o poro nuclear com o auxílio da VP16 (α-TIF). HVEM: *herpesvirus entry mediator* (receptor mediador da entrada de herpesvírus); VP16: *viral protein 16* (proteína viral 16); α-TIF: *α-trans-inducing factor* (fator transindutor-α).

A gH é codificada pelo gene $U_L22$ e é essencial para a infecciosidade do HHV-1. Sua deleção produz vírus não infecciosos que não realizam o processo de fusão nas células. Anticorpos neutralizantes bloqueiam a entrada dos vírus, mas permitem que ocorra a adsorção indicando uma função na etapa pós-adsorção. Essa glicoproteína é tipicamente uma estrutura de fusão com uma α-hélice e duas porções heptarrepetidas firmemente enroladas. Ainda não se sabe se gH interage diretamente com algum receptor celular. Essa glicoproteína induz anticorpos neutralizantes.

A gL é uma glicoproteína codificada pelo gene $U_L1$ e precisa estar associada a gH para ser ativa. Do mesmo modo que acontece com mutantes com deleção para gH, aqueles que não expressam gL também não conseguem penetrar na célula. Em ensaios fusogênicos realizados em culturas de células, foi observado que a formação do heterodímero gH/gL é necessária para ocorrer fusão.

A gE (gene $U_S8$) e a gI (gene $U_S7$) formam um heterodímero e são encontradas em membranas de células e no envelope do vírion. Anteriormente, não foi dada atenção a essas glicoproteínas porque a deleção nos genes que as codificam não interfere na biossíntese viral *in vitro*. No entanto, *in vivo*, os mutantes são profundamente afetados e apresentam atenuação com comprometimento na capacidade de disseminação pelos neurônios. Vários mecanismos parecem regular a disseminação célula a célula mediada pelo heterodímero formado por gE/gI. Assim, gE/gI facilita o movimento do HHV-1 através das junções formadas entre as células epiteliais, fibroblastos e neurônios *in vivo*, provavelmente encaminhando os novos vírus para a superfície lateral e junção das células. O complexo gE-gI constitui um receptor viral para a região Fc na IgG monomérica.

A gG, codificada pelo gene $U_S4$ é uma glicoproteína de ligação a quimiocinas que inibe a quimiotaxia de neutrófilos. É maior no HHV-2, sendo usada em testes sorológicos realizados por ensaio imunoenzimático (EIA, *enzyme immunoassay*) do tipo ELISA (para mais informações ver *Capítulo 8*) para diferenciar a infecção pelo HHV-1 ou HHV-2. A gJ, codificada pelo gene $U_S5$, inibe apoptose e induz aumento da concentração de espécies de oxigênio reativo (ROS; *reactive oxygen species*) na célula hospedeira.

A gK é uma glicoproteína codificada pelo gene $U_L53$. Em células infectadas ela se situa principalmente no complexo de Golgi e parece estar envolvida no transporte dos vírions através do citoplasma e no envelopamento das partículas virais na membrana nuclear. Parece que essa glicoproteína está associada com a patogênese dos vírus na infecção ocular.

Em células polarizadas, gM ($U_L11$), juntamente com o complexo gE/gI, é responsável pela interação com os receptores das junções celulares, de modo que facilita o espalhamento do vírus célula a célula.

A $U_L20$ é uma proteína do envelope viral não glicosilada muito parecida com gK. Em células infectadas essa proteína pode ser encontrada no complexo de Golgi e em membranas nucleares e desempenha importante papel na saída das partículas virais do núcleo, envelopamento citoplasmático e fusão induzida pelo vírus, além de formar um complexo com gK com a finalidade de coordenar o transporte intracelular.

Outros fatores que podem afetar a entrada do HHV-1 e/ou a sinalização intracelular são a capacidade de gB rapidamente mobilizar as balsas lipídicas (*lipid rafts*), assim como a liberação de íons $Ca^{++}$ com aumento intracelular desencadeado pela ligação do receptor nectina em gD e da ligação da subunidade αv da integrina em gH.

Com uma gama de receptores, resta saber qual seria a preferência de ligação do HHV-1, mas a resposta a essa questão ainda não está completamente desvendada. Em princípio, dois parâmetros norteiam a preferência por receptores: afinidade do ligante e densidade de receptores na superfície da célula. No caso de gD a afinidade não parece ser relevante considerando que a preferência de ligação tanto para HVEM quanto para nectina é a mesma. Nectina parece ser o receptor de escolha na ligação em células nervosas, além de células epiteliais da vagina. Esse receptor está presente também nas junções intercelulares da pele. A distribuição de HVEM nos tecidos sugere que ele poderia ser o principal receptor para os HHV-1 e HHV-2 em linfócitos T, ou em órgãos linfoides (baço e timo), fígado e pulmões. No entanto, esses órgãos não são alvos primários para o vírus a não ser em casos de infecção disseminada. Foi demonstrado que vírus isolados de espécimes clínicos podem utilizar ambos os receptores igualmente às estirpes adaptadas sugerindo que isso seja um requisito para o sucesso da infecção e espalhamento no hospedeiro.

## Penetração e desnudamento

A penetração do HHV-1 por fusão direta (Figura 12.8) com a membrana da célula sempre foi um paradigma proveniente de estudos em células Vero (células de rim de macaco-verde africano, *Cercopithecus aethiops*) em que a penetração por endocitose não leva a uma infecção produtiva. No entanto, experimentos realizados por Nicola, McEvoy e Straus utilizando células HeLa (carcinoma de cérvice uterina humana) ou CHO (carcinoma de ovário humano) evidenciaram que a penetração do HHV-1 ocorre também pela via endocítica (Figura 12.8) e os fatores determinantes são o tipo de célula e as características dos receptores. Por exemplo, em células HeLa e CHO, que expressam nectina 1 ou HVEM, a penetração é inibida por drogas que modificam o pH do endossoma, revelando a penetração via fusão

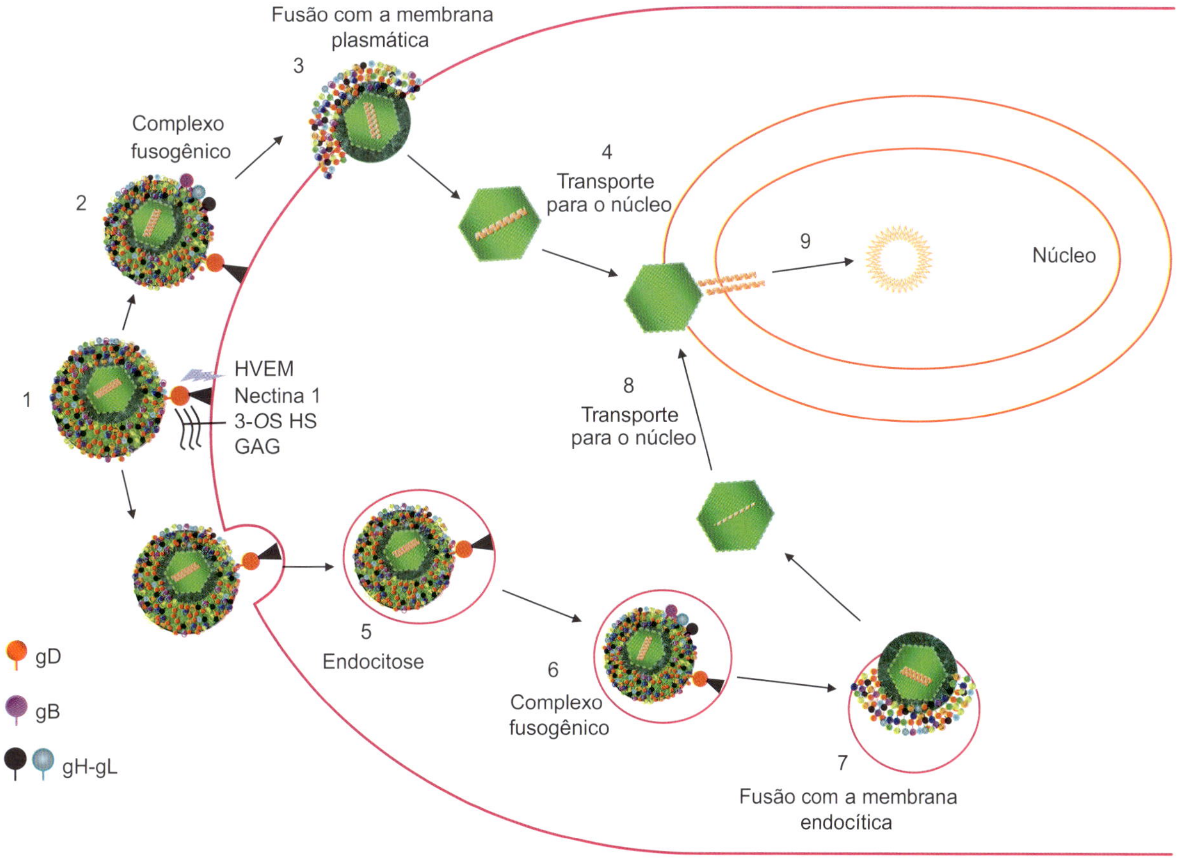


**Figura 12.8** Mecanismos de penetração do HHV-1. A partícula viral se liga aos receptores glicosaminoglicanas (principalmente sulfato de heparana), nectina 1, 3-*O*S HS e HVEM na superfície da célula (**1**). Após a adsorção, o complexo fusogênico (**2**), formado por gD + gH/gL + gB é ativado, e ocorre a fusão direta do envelope viral com a membrana citoplasmática celular (**3**), liberando o nucleocapsídeo no citoplasma. Junto com aproximadamente 20 proteínas do tegumento, o nucleocapsídeo é transportado pelos microtúbulos até a membrana nuclear (**4**). O outro mecanismo de penetração viral ocorre por endocitose (**5**), após ligação aos receptores celulares. Com a ativação do complexo fusogênico (**6**), há fusão do envelope viral com a membrana endocítica (**7**), havendo a liberação do nucleocapsídeo no citoplasma e o transporte até o núcleo (**8**). Independentemente do mecanismo de penetração, ao chegar ao núcleo, o capsídeo vazio é deixado no citoplasma, e o DNA e a proteína do tegumento VP16 (α-TIF), após associação a proteínas citoplasmáticas do hospedeiro, HCF-1 e OCT-1, penetram no núcleo pelo poro nuclear (**9**). GAG: glicosaminoglicanas; HVEM: *herpesvirus entry mediator* (receptor mediador da entrada de herpesvírus); 3-*O*S HS: sulfato de heparana-3-*O*-sulfatado; gD: glicoproteína D; gB: glicoproteína B; gH/gL: heterodímero formado pelas glicoproteínas H e L; HCF-1 (fator da célula hospedeira 1 [*host cell factor 1*]) e OCT-1 (octâmero 1); GAG: glicosaminoglicanas.

com endossomas. No entanto, quando esses mesmos receptores são expressos em células J (células neuronais de retina) a penetração ocorre por fusão direta na membrana citoplasmática. Além disso, quando nectina 1 é expressa em endossomas quiméricos formados por nectina 1-EGFR (receptor para fator de crescimento epidermal [*epidermal growth factor receptor*]), ou está presente em balsas lipídicas quiméricas formadas por nectina 1-glicosilfosfatidilinositol, as vias de entrada em células J tornam-se endocíticas. Assim, foi demonstrado que a penetração pela via endocítica também é produtiva, envolve rápida captação dos vírus e requer a participação de gB, gD e gH/gL, como na penetração por fusão direta na membrana citoplasmática. Nesse processo, também é possível a participação da enzima celular fosfatidilinositol-3-cinase.

Quer seja pela fusão direta do envelope viral com a membrana da célula, ou após a fusão com membranas endocíticas, os capsídeos liberados no citosol permanecem ligados a proteínas do tegumento como VP1/2, $U_L37$ e $U_S3$, mas se dissociam de outras proteínas incluindo VP16 ($\alpha$-TIF). Essa desmontagem parcial fornece estabilidade aos vírions. São propostos alguns mecanismos para explicar como ocorre a dissociação do tegumento como, por exemplo, fosforilação, clivagem proteolítica e acidificação do citosol. Após esses eventos de liberação no citoplasma, o complexo capsídeo-VP1/2-$U_L37$-$U_S3$ é transportado, subsequentemente, para o poro nuclear, ocasião em que ocorre proteólise de VP1/2, resultando na liberação do DNA viral, que juntamente com VP16, penetra no núcleo da célula. VP16 funciona como ativadora da transcrição dos genes iniciais imediatos virais via fatores de transcrição celulares. A proteína VHS permanece no citoplasma onde causa a desagregação de polirribossomas e degradação de RNAm celulares e virais parando a síntese de proteínas celulares. Após a entrada no núcleo, o DNA circulariza logo no início da infecção, ainda na ausência de síntese de proteínas virais.

## *Transporte dos nucleocapsídeos para o núcleo*

A entrada do vírus na célula culmina com a liberação do nucleocapsídeo no citosol junto com aproximadamente 20 proteínas do tegumento. Os nucleocapsídeos e algumas proteínas, como a VP16 ($\alpha$-TIF), chegam ao poro nuclear e são transportados por um mecanismo de transporte ativo que possibilita os movimentos retrógrados e antirretrógados do capsídeo nos microtúbulos. Foi calculado que se não houvesse esse mecanismo de transporte, os nucleocapsídeos levariam 231 anos para atravessar 10 mm no citoplasma de um axônio. Assim que os nucleocapsídeos chegam ao citoplasma, eles se colocam junto aos microtúbulos e sua despolimerização acelera o transporte dos capsídeos com o auxílio de cinesinas citoplasmáticas denominadas dineína e cinesina-1. Essas proteínas fazem a mediação do transporte até o centro de organização de microtúbulos (MTOC, *microtubule-organizing center*) da célula. Um fator celular que participa desse processo de transporte é a proteína de choque térmico 90 (Hsp90, *heat shock protein 90*). Alguns estudos mostram que assim que o nucleocapsídeo chega ao núcleo ocorre sua ancoragem na membrana nuclear, com a participação da proteína do tegumento VP1/2 e nucleoporinas Nup358 e Nup214. Outras proteínas do hospedeiro e virais participam desse processo: integrina-b e a proteína viral $U_L25$, que interagem com nucleoporinas CAN/Nup214 e hCG1 com o objetivo de ancorar os capsídeos no complexo do poro nuclear. $U_L25$ também foi descrita com participação na interação com VP1/2 e $U_L6$ para desencadear a liberação do DNA para dentro do núcleo.

Em seguida, o DNA e a proteína do tegumento VP16, após associação a proteínas citoplasmáticas do hospedeiro, HCF-1 (fator da célula hospedeira 1 [*host cell factor 1*]) e OCT-1 (octâmero 1), penetram no núcleo pelo poro nuclear, deixando o capsídeo no citoplasma. Foi proposto que a proteína do tegumento VP1/2, ligada ao capsídeo, tem que ser clivada por uma serino- ou cisteíno-protease para que o DNA seja liberado no núcleo e que esse evento só ocorre quando o capsídeo se liga ao poro nuclear. Quando o DNA viral penetra no núcleo ocorre um remodelamento da estrutura nuclear com modificações profundas. Devido a essas alterações nucleares, pode-se evidenciar, em preparações de culturas de células coradas, a presença de corpúsculos de inclusão intranucleares eosinofílicos chamados de corpúsculos tipo A de Cowdry.

Logo após a penetração no núcleo o DNAfd linear é rapidamente transformado em um genoma circular que funciona como molde para a síntese de novos DNA virais. Experimentos utilizando mutantes selecionados em culturas de células demonstraram que assim que o DNA viral chega ao núcleo ele circulariza pela ação da DNA ligase IV/XRCC4 celular que é necessária para a formação das terminações do genoma e replicação eficiente.

O DNA genômico do HHV-1 é infeccioso por si só, o que significa que partículas virais podem ser geradas diretamente de células transfectadas com o DNA viral purificado, sem a necessidade da participação de proteínas virais acompanhando esse DNA; em outras palavras, as proteínas iniciais imediatas podem ser transcritas graças a fatores celulares do hospedeiro.

## *Expressão dos genes iniciais imediatos*

Durante a infecção produtiva dos HHV-1, os genes são expressos em três fases sequenciais: fase inicial imediata (IE; $\alpha$), fase inicial (E; $\beta$) e fase tardia (L; $\gamma$). A expressão gênica viral é coordenada em cascata, ativada pelo complexo VP16 ($\alpha$-TIF)/proteínas celulares, sequencialmente, em que os RNAm $\alpha$ ou iniciais imediatos (IE, *immediate early*) são traduzidos nos ribossomas livres em proteínas iniciais imediatas, ou polipeptídeos $\alpha$, atingindo o pico máximo de produção entre 2-4 horas após a entrada do vírus na célula. Cinco proteínas $\alpha$ são sintetizadas nos estágios iniciais da infecção produtiva: ICP0 ($\alpha$0), ICP4 ($\alpha$4), ICP22 ($\alpha22/U_S1$), ICP27 ($\alpha27/U_L54$) e ICP47 ($\alpha47/U_S12$) codificadas pelos genes IE (ver Quadro 12.3). Com exceção de ICP47, todas as outras quatro proteínas estimulam a expressão dos genes $\beta$ e são regulatórias de toda a síntese proteica e genômica do vírus. As proteínas codificadas pelos RNAm $\alpha$0, $\alpha$4 e $\alpha$27 ativam a expressão dos genes virais durante a transcrição, ou a expressão de RNAm, e interagem para formar complexos nucleares com o genoma viral. As proteínas $\alpha$22 e $\alpha$47 são dispensáveis para a replicação em muitos tipos de culturas de células. A proteína $\alpha$47 parece participar na modulação da resposta do hospedeiro à infecção, interferindo especificamente com a apresentação de antígenos virais na superfície das células infectadas.

Os promotores dos genes $\alpha$ contêm vários sítios de ligação para fatores de transcrição celulares e são ativados quando os VRE (elementos de resposta a VP16 [*VP16 response elements*]) se ligam na sequência consenso no DNA viral. A principal característica que diferencia os genes $\alpha$ dos outros genes virais é a presença da sequência consenso 5′GyATGnTAATGAArATTCyTTGnGGG3′ que serve como sítio de ligação para os VRE e para o fator de transcrição celular OCT-1, para ocorrer a ativação dos genes α. Quando a VP16 (α-TIF) se desliga do tegumento, liga-se à proteína HCF-1 e são transportadas para dentro do núcleo, onde se ligam a OCT-1 formando o complexo VP16-HCF-1-OCT-1 chamado complexo ativador da transcrição. A ligação ao DNA viral ocorre por intermédio de OCT-1.

## Expressão dos genes iniciais

A ativação da maquinaria de transcrição da célula pela ação dos produtos do gene α resulta na expressão dos genes iniciais ou β. Uma vez que as proteínas α estejam acumuladas em quantidade suficiente, retornam ao núcleo para ativar a transcrição e posterior tradução no citoplasma dos genes β ou iniciais (E, *early*), em proteínas iniciais, ou polipeptídeos β, responsáveis pela replicação do ácido nucleico viral.

Sete desses genes são necessários para a replicação do DNA viral: $U_L30/U_L42$ (codificam para o complexo da DNA polimerase), $U_L29$ (codifica a proteína de ligação ao DNA de fita simples – DNAfs), $U_L9$ (codifica a proteína de ligação à origem – OBP [*origin binding protein*]) e $U_L5$, $U_L8$ e $U_L52$ (codificam o complexo helicase/primase). Quando níveis suficientes das proteínas codificadas por esses genes se acumulam dentro da célula infectada, a replicação do DNA viral ocorre. As proteínas β são importantes para a síntese de novas moléculas de DNA e de regulação de genes correlacionados a sua expressão completa, como os genes da DNA polimerase; timidino-cinase ($U_L23$) e ribonucleotídeo-redutase ($U_L39$); e de proteínas de ligação ao DNAfs denominadas complexo primossoma ou helicase/primase. Os genes β requerem proteínas α para serem expressos, sendo o pico máximo de síntese entre 6 e 12 horas pós-infecção. Outras proteínas iniciais estão envolvidas aumentando os *pools* de desoxinucleotídeos nas células infectadas, enquanto outras parecem funcionar como enzimas reparadoras para as novas fitas do DNA viral sintetizadas. Essas proteínas acessórias não são essenciais para a replicação do DNA viral, no entanto danos nos genes que codificam essas proteínas têm notável efeito na patogênese e/ou capacidade de biossíntese viral em determinados tipos de células.

No Quadro 12.5 encontram-se os genes envolvidos na replicação do DNA do HHV-1.

## Expressão dos genes tardios

O pico de expressão dos genes tardios ou γ ocorre entre 10 e 16 horas pós-infecção. A replicação do DNA viral representa um evento crítico na biossíntese do vírus. Níveis elevados de replicação do DNA direcionam a célula, irreversivelmente, para produzir vírus o que resulta na sua destruição. A replicação do DNA também tem importante influência na expressão dos genes virais. A expressão de proteínas iniciais é significativamente reduzida ou parada logo após o início da replicação, enquanto os genes tardios começam a ser expressos em grande quantidade.

Os genes γ ou tardios (L, *late*) são regulados por proteínas α e β e codificam as proteínas tardias (proteínas γ) que formam as proteínas estruturais do vírus, como as proteínas do tegumento, capsídeo e espículas glicoproteicas. Essas proteínas são sintetizadas no retículo endoplasmático rugoso (RER), e as proteínas do envelope viral são glicosiladas no complexo de Golgi e na rede trans-Golgi (TGN, *trans-Golgi network*).

Os genes tardios podem ser divididos em duas classes: tardios *γ1*, chamados de "fugazes" (*leaky-late*) e verdadeiramente tardios *γ2*. Os transcritos γ1 são expressos em baixos níveis antes da replicação do DNA e alcançam níveis elevados assim que a replicação se inicia. Por outro lado, os transcritos γ2 são difíceis de detectar até que termine a replicação do DNA. Mais de 30 proteínas fazem parte da estrutura do vírus, sendo todas expressas pelos genes tardios.

À medida que as proteínas β são expressas várias proteínas migram para o núcleo e se reúnem para formar o complexo de replicação nos sítios pré-replicativos, onde a síntese do DNA viral tem início.

## Replicação do DNA viral

O genoma do HHV-1 é estruturalmente complexo. Consiste em duas regiões únicas, $U_L$ e $U_S$, flanqueadas por sequências repetidas invertidas dispostas no arranjo ab-$U_L$-b'a'c'-$U_S$-ca e contém

**Quadro 12.5** Genes associados à replicação do DNA do HHV-1.

| Gene | Outra denominação | Principal função | Essencial para a replicação do DNA viral em cultura de células |
|---|---|---|---|
| $U_L9$ | OBP | Proteína de ligação à origem, atividade de helicase e ATPase | Sim |
| $U_L30$ | Pol | Subunidade catalítica da DNA polimerase | Sim |
| $U_L42$ | – | Subunidade de processamento da DNA polimerase | Sim |
| $U_L5$ | Helicase/primase | Subunidade da helicase/primase; contém os "motivos" da helicase | Sim |
| $U_L8$ | – | Subunidade da helicase/primase; interage com outras proteínas | Sim |
| $U_L52$ | – | Subunidade da helicase/primase; contém os "motivos" da primase | Sim |
| $U_L29$ | ICP8 | Proteína de ligação e pareamento ao DNA de fita simples | Sim |
| $U_L23$ | TK | Timidino-cinase | Não |
| $U_L39$ | ICP6 | Subunidade da ribonucleotídeo-redutase | Não |

$U_L$: sequência única longa; ICP: *infected cell protein* (proteína de célula infectada); OBP: *origin binding protein* (proteína de ligação à origem); Pol: polimerase; TK: *thymidine kinase* (timidino-cinase).

três origens de replicação: $Ori_S$ que está presente em duplicata no genoma viral na região repetida "c" e $Ori_L$ que está presente em $U_L$ (Figura 12.9). $Ori_S$ e $Ori_L$ se situam na região regulatória do promotor dos genes transcritos: $Ori_L$ está entre os genes codificantes para proteínas de replicação, ICP8 ($U_L29$) e a subunidade catalítica da polimerase, e $Ori_S$ está entre os genes que codificam as proteínas iniciais imediatas ICP4 e ICP22 ou ICP47. Tanto $Ori_S$ quanto $Ori_L$ contêm uma região rica em A/T rodeada por sítios de reconhecimento para a proteína de ligação à origem (OBP), $U_L9$. $Ori_S$ contém um palíndromo imperfeito de 45 pb nos quais a região rica em A/T está flanqueada por dois sítios de reconhecimento para OBP. A sequência "a" serve como sinal para clivagem e empacotamento.

O genoma do HHV-1 expressa, aproximadamente, 90 RNAm que incluem alguns RNA não codificantes e 16-17 microRNA (miRNA).

Sete proteínas são essenciais à síntese do DNA viral: $U_L9$ (OBP), $U_L29$ (ICP8, proteína de ligação ao DNAfs); $U_L30/U_L42$ (complexo polimerase) e $U_L5/U_L8/U_L52$ (complexo helicase/primase).

A $U_L9$ é a proteína de ligação à origem (OBP) que mostra várias atividades bioquímicas incluindo atividade nucleosídeo-trifosfatase; DNA helicase para substratos parcialmente fita dupla; ligação não específica a DNAfd e cooperação na ligação à origem de replicação. Parece que o resíduo aminoterminal 534 contém uma região necessária para dimerização eficiente e $U_L9$ adota a configuração cabeça-cabeça. No entanto, $U_L9$ pode ser orientada para a configuração cabeça-cauda na qual a porção aminoterminal fica em contato com o terminal carboxila. Para se ligar ao DNA de dupla-hélice e desenrolá-lo na origem de replicação, $U_L9$ interage com outras proteínas celulares e virais como $U_L29$ (ICP8), $U_L8$ e $U_L42$. As atividades de helicase e ATPase de $U_L9$ são estimuladas por ICP8, e uma sequência de 13 aminoácidos na extremidade carboxiterminal de $U_L9$ parece ser responsável por essa interação.

A ICP8 é codificada pelo gene $U_L29$ e foi originalmente identificada como sendo a principal proteína de ligação ao DNAfs. Essa proteína participa da síntese do DNA viral e controla a expressão dos genes, a formação dos sítios pré-replicativos e dos compartimentos replicativos, além de ser responsável pelo elevado nível de recombinação durante a infecção. É uma metaloproteína (Zn) multifuncional de 130 kDa que, além de se ligar ao DNAfs, desestabiliza a α-hélice. Funciona em associação a helicase/primase.

A DNA polimerase é um dímero cujas proteínas são codificadas pelos genes $U_L30$ e $U_L42$. Contém domínios estruturais típicos da maioria das polimerases, mas contém mais dois outros domínios: um domínio pré-$NH_2$ terminal (1-140) e um domínio também $NH_2$-terminal nos resíduos 141-362 e 594-639, além de apresentar atividade 5′-3′ RNAse importante para remover iniciadores (*primers*).

A helicase/primase é um heterodímero formado pelos produtos dos genes $U_L5$, $U_L8$ e $U_L52$. Um subcomplexo de $U_L5$ e $U_L52$ mostra atividade de ATPase dependente de DNA, primase e helicase, e $U_L8$ interage com outros componentes da maquinaria de replicação viral, provavelmente coordenando o progresso da forquilha de replicação.

O modelo aceito para a replicação do DNA do HHV-1 prevê síntese bidirecional do tipo θ que resulta na amplificação da molécula circular seguida de mudança para replicação em círculo rolante gerando concatâmeros (várias cópias do genoma inteiro linear) do genoma viral (Figura 12.10). A replicação do DNA é iniciada nas origens redundantes de replicação $Ori_L$ e $Ori_S$ que são reconhecidas e ativadas pela OBP codificada pelo gene $U_L9$.

Depois que OBP se liga a dois sítios Ori, se associa a ICP8, que é uma proteína de ligação em DNA de fita simples. Então, a helicase/primase é recrutada para a origem, promovendo o desenrolamento do DNA e síntese de um iniciador para a síntese do DNA. Isso faz com que se forme uma bolha no DNA e o complexo da polimerase inicie a síntese. A replicação se dá sem a participação de ICP8, pelo mecanismo de círculo rolante que produz concatâmeros tipo "cabeça-cauda" do DNA viral que são clivados em monômeros durante o empacotamento no capsídeo. A síntese do DNA do HHV-1 inicia-se em uma das três origens de replicação $Ori_L$, ou em uma das duas cópias de $Ori_S$, com $U_L9$ e ICP8 distorcendo a região da origem rica em A/T. Em seguida, o complexo helicase/primase é recrutado para desenrolar o DNA de fita dupla e sintetizar pequenos *primers* para iniciar a replicação do DNA (Figura 12.11). Alguns estudos têm revelado que a atividade de primase do complexo helicase/primase requer a formação de um dímero e a sua forma funcional contém provavelmente duas cópias do complexo. A replicação do DNA é um processo muito eficiente, produzindo muitas centenas, senão milhares de cópias do genoma viral.

O genoma dos HHV-1 também codifica outras proteínas que não são essenciais para a síntese do DNA viral. Isso inclui algumas proteínas envolvidas na síntese de nucleotídeos e metabolismo do DNA: timidino-cinase, ribonucleotídeo-redutase, desoxiuridina-trifosfatase e DNA-uracilo-glicosidase.

O DNA dos HHV-1 é transcrito no núcleo e todas as proteínas virais são sintetizadas no citoplasma. A RNA polimerase II celular é responsável pela transcrição de todos os genes virais que codificam para proteínas.

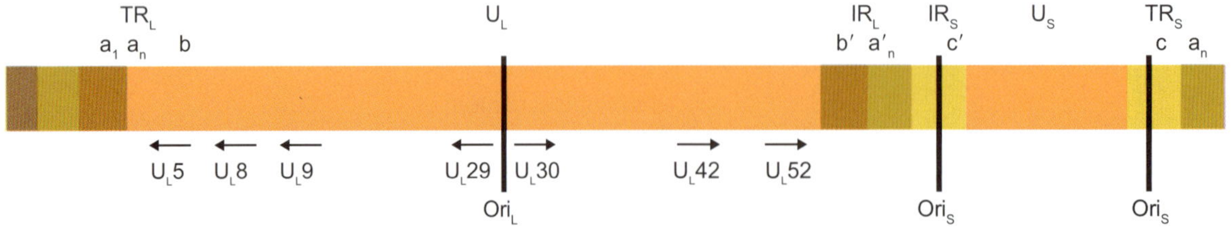


**Figura 12.9** Esquema da estrutura do genoma do HHV-1. São mostradas as posições das sequências repetidas a, b, e c nos terminais repetidos $TR_L$ e $TR_S$, as regiões repetidas internas $IR_L$ e $IR_S$ e as posições das origens de replicação $Ori_L$ e $Ori_S$ no DNA. A posição e a direção da transcrição dos sete genes essenciais para a replicação estão indicadas por *setas*. O desenho não está em escala. L: *long*; S: *short*; ′: orientação invertida; n: número variável de cópias.

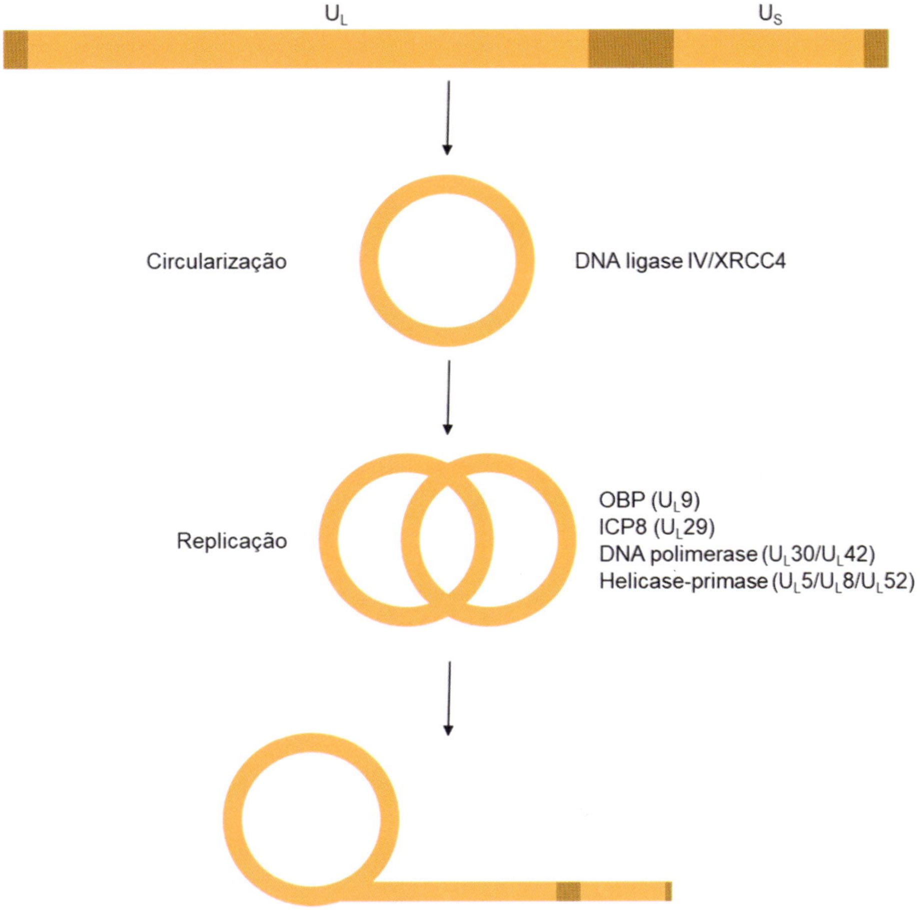


**Figura 12.10** Início da replicação do DNA viral. O genoma linear é circularizado pela DNA ligase IV/XRCC4 e serve como molde para a replicação do DNA viral. A primeira fase da replicação tipo θ tem início nas três origens de replicação redundantes $Ori_S$ e $Ori_L$. A seguir ocorre a replicação pelo mecanismo de círculo rolante. $U_L$: região única longa; $U_S$: região única curta.

## Montagem e maturação dos capsídeos

Uma característica dos HHV-1 é que os capsídeos são montados no núcleo. As proteínas do capsídeo viral que são sintetizadas no citoplasma são transferidas para o núcleo graças às sequências de localização nuclear (NLS, *nuclear localization sequence*) que sinalizam para direcionar essas proteínas para o núcleo.

Na formação do capsídeo, inicialmente as proteínas VP5 se associam em torno de proteínas "plataforma" (*scaffold*) e outras proteínas no citoplasma e são transportadas para o núcleo, onde ocorre a montagem de pró-capsídeos. Posteriormente, as proteínas "plataforma" desse arcabouço proteico sofrem autoclivagem dando origem a capsídeos maduros que são liberados vazios e, assim, o DNA é empacotado dentro desses capsídeos (Figura 12.12). Apesar da variedade de formas de capsídeos, as estruturas básicas gerais são compostas de polipeptídeos *scaffold*, principalmente VP35, VP22a, VP21, protease viral VP24 e proteínas do capsídeo VP5, VP19C, VP23 e VP26. Essas proteínas se reúnem formando os hexons e pentons por um mecanismo que ainda não é bem compreendido. A VP5 é a maior proteína do capsídeo e seu principal componente, enquanto VP26 é a menor proteína, com mais de 900 cópias por vírus; localiza-se na superfície dos pentons e hexons que formam os capsídeos.

Em células que são infectadas liticamente pelos HHV-1, podem ser encontrados três tipos de capsídeos, conforme descrito por Gibson e Roizman, que os chamaram de capsídeos tipos A, B e C. Os capsídeos tipo A são ocos, sem DNA ou qualquer outra estrutura e parece que são gerados em infecções abortivas ou são produtos finais derivados do empacotamento inapropriado do DNA viral; o capsídeo tipo B é formado por proteínas *scaffold*; e o capsídeo tipo C é o capsídeo maduro, contém o DNA viral e não apresenta proteínas *scaffold*.

O DNA viral dentro do capsídeo não está associado a histonas na infecção produtiva. No entanto, poliaminas altamente básicas parecem facilitar o processo de empacotamento e formação dos capsídeos, presumivelmente associadas ao tegumento. O DNA é sintetizado pelas enzimas codificadas pelos genes β que geram concatâmeros que são clivados em monômeros e empacotados em capsídeos que podem ser encontrados em variados estágios de maturação.

## Empacotamento do DNA viral

A sequência do genoma dos HHV-1 apresenta um sinal para a clivagem do novo DNA sintetizado na replicação em círculo rolante, para que fique no tamanho ideal a ser empacotado nos pró-capsídeos. As sequências DR1 repetidas que flanqueiam as sequências "a" contêm os sítios de clivagem no genoma. O empacotamento do DNA do HHV-1 nos capsídeos requer a participação das proteínas $U_L$6, $U_L$15, $U_L$17, $U_L$25, $U_L$28, $U_L$32 e $U_L$33, sendo que apenas $U_L$25 não participa da clivagem dos concatâmeros do DNA viral recém-sintetizado. Todas essas seis

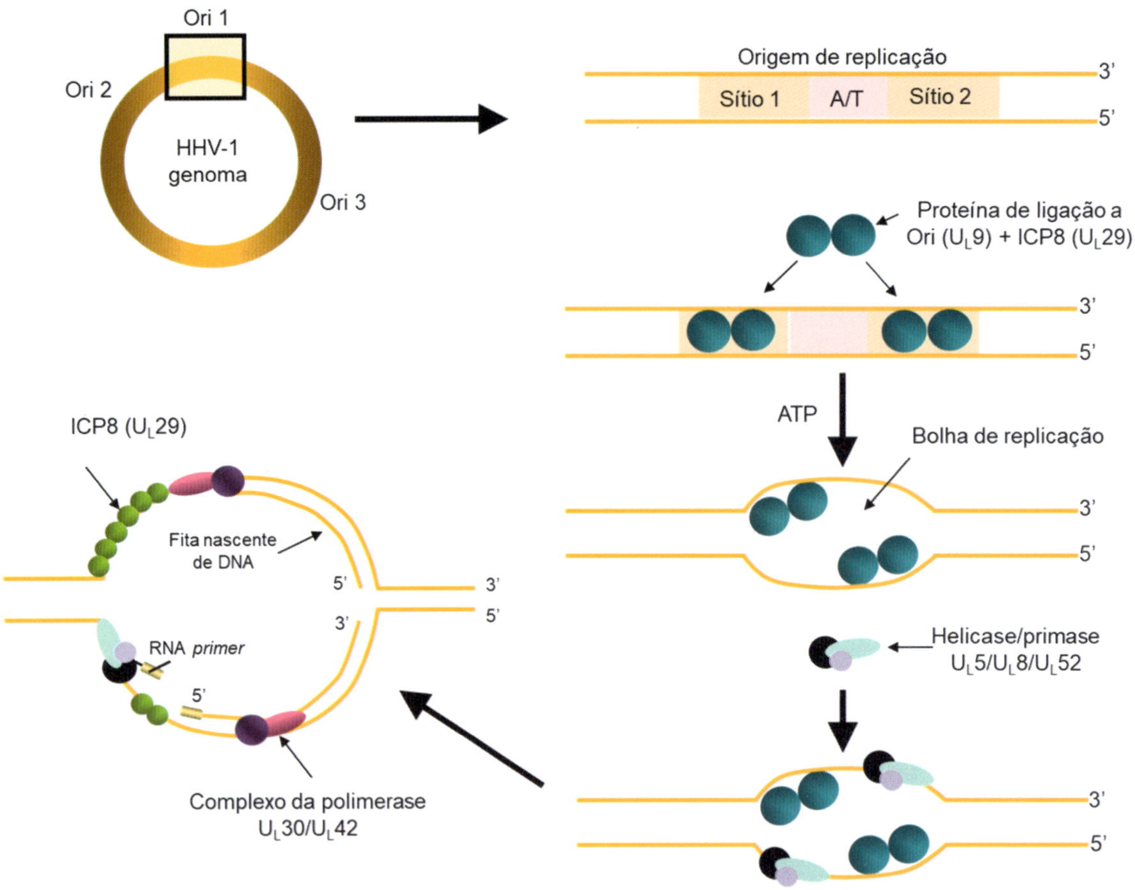


**Figura 12.11** Replicação do genoma do HHV-1. Ao penetrar no núcleo, o DNA circulariza. A proteína de ligação à origem ($U_L9$) se liga a dois sítios da origem de replicação (Ori) e se associa a ICP8 ($U_L29$) que é a proteína de ligação em DNA de fita simples. A helicase/primase é então recrutada para a origem, promovendo o desenrolamento do DNA e a síntese de um RNA iniciador (*primer*) para a síntese do DNA. Isso faz com que se forme uma bolha no DNA e o complexo da polimerase inicie a síntese do DNA. A replicação se dá pelo mecanismo de círculo rolante, sem a participação de ICP8.

proteínas são necessárias para o empacotamento eficiente e se faltar alguma delas, os concatâmeros se acumulam na forma de capsídeos B no núcleo e não formam capsídeos C. $U_L6$ forma o portal dodecamérico em um vértice do capsídeo, local por onde o genoma viral entra no capsídeo formado, enquanto o complexo $U_L15/U_L28$ direciona o genoma para dentro do capsídeo. A $U_L6$ provavelmente interage especificamente com essas duas proteínas. $U_L25$ também apresenta importante papel no processo de empacotamento, antes do movimento de direcionamento dos nucleocapsídeos para o citoplasma. Depois da montagem dos nucleocapsídeos virais no núcleo, o processo de maturação continua com a aquisição de algumas proteínas do tegumento. Assim, proteínas como VP1/2 e $U_L17$, além de VP16 (α-TIF) e VHS se associarão ao nucleocapsídeo nesse estágio permitindo que o conjunto saia do núcleo. O movimento da saída dos nucleocapsídeos do núcleo é promovido por filamentos de actina nuclear.

## Liberação das partículas virais

Devido ao tamanho dos nucleocapsídeos (aproximadamente 120 nm), eles não conseguem atravessar o poro nuclear, que somente permite a passagem de partículas de até 36 nm. Portanto, o envelopamento dos alfa-herpesvírus, incluindo os HHV-1, é um processo complexo e controverso, e o processo de transporte do nucleocapsídeo, do núcleo até o espaço extracelular, ainda não está bem estabelecido. Na hipótese de único envelopamento proposto por Johnson e Spear, em 1982, os vírions dos HHV-1 sofreriam um primeiro envelopamento na membrana interna do envoltório nuclear e sairiam do núcleo dentro de vesículas formadas pela membrana externa do envoltório nuclear. Nesse estágio, os oligossacarídeos das glicoproteínas e glicolipídeos ainda estariam na forma imatura. A seguir, as vesículas contendo os vírus envelopados no seu interior fariam a via exocítica e interagiriam com membranas, principalmente do complexo de Golgi e TGN resultando na maturação das glicoproteínas virais através da ação de glicosil-transferases e glicosidases. Então, o vírus maduro seria liberado no espaço extracelular depois da fusão da vesícula nuclear com a membrana citoplasmática (Figura 12.13). Nessa via hipotética, o vírus incorporaria o tegumento no núcleo e o envelope seria adquirido na membrana interna do envoltório nuclear. A constituição das glicoproteínas presentes no envelope inicial não se alteraria e apenas sofreria maturação.

Existe ainda a possibilidade de que o nucleocapsídeo possa sair do núcleo por poros nucleares, que se tornariam maiores durante o processo de infecção, e tornar-se envelopado por passagem por vesículas derivadas do Golgi.

Com o desenvolvimento de técnicas sofisticadas de análises bioquímicas, imunoquímicas e genéticas, a hipótese proposta por Stackpole, em 1969, em que ocorreria um duplo

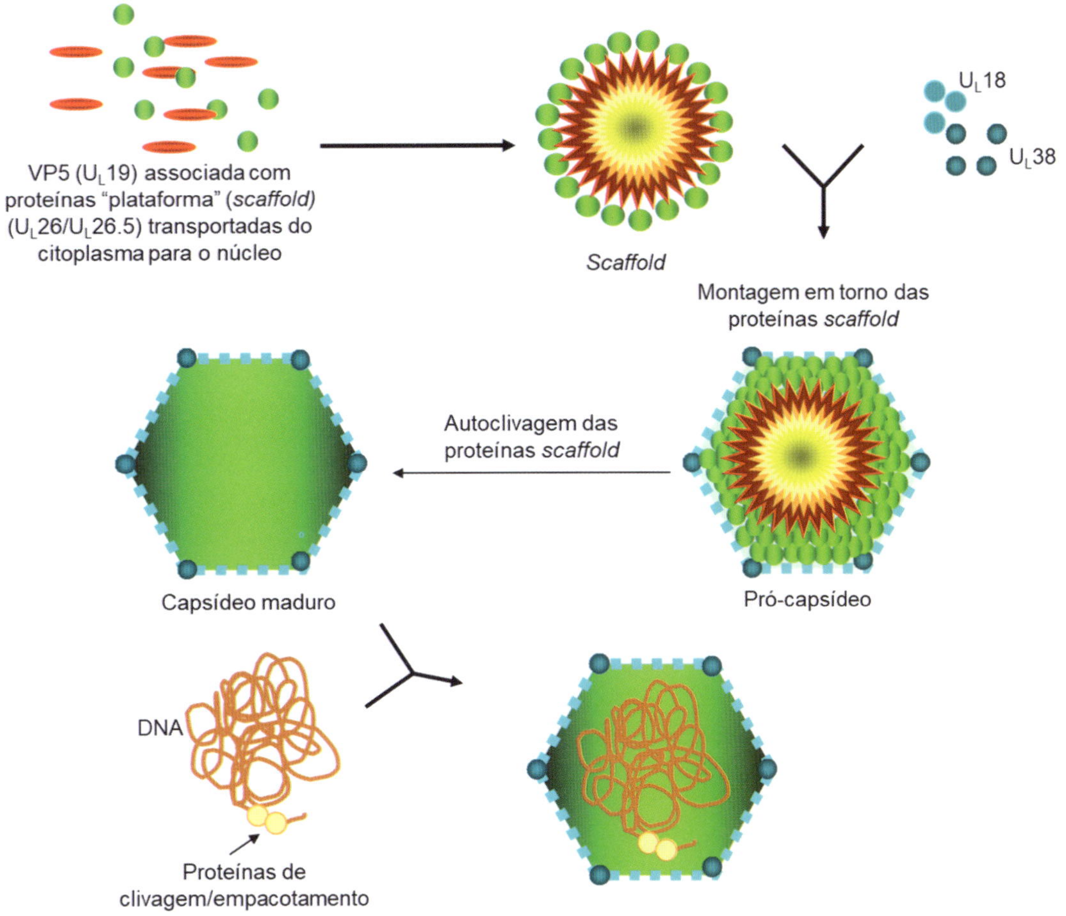


**Figura 12.12** Montagem do capsídeo e empacotamento do genoma do HHV-1. Inicialmente, as proteínas VP5 se associam a proteínas "plataforma" (*scaffold*) e outras proteínas no citoplasma e são transportadas para o núcleo, onde ocorre a montagem do pró-capsídeo. Esse arcabouço proteico é degradado, dando origem a capsídeos maduros que são liberados vazios e o DNA é empacotado dentro desses capsídeos. VP5: *virion protein 5* (proteína viral 5).

envelopamento, atualmente é a mais aceita. Nesse modelo, após a montagem dos capsídeos e empacotamento do genoma viral, os nucleocapsídeos adquiririam um envelope na lamela interna da membrana nuclear (primeiro envelopamento) ficando no lúmen perinuclear. Duas proteínas são necessárias para a saída desse compartimento: $U_L$34 que fica ancorada na membrana nuclear e $U_L$31, uma proteína solúvel que parece revestir os nucleocapsídeos, e seria responsável por conduzi-los até a lamela interna do envoltório nuclear.

Já com esse primeiro envelope, os nucleocapsídeos se acumulariam no lúmen perinuclear entre as duas lamelas (interna e externa) da membrana nuclear e perderiam o envelope por fusão com a lamela externa, liberando os nucleocapsídeos, juntamente com algumas proteínas do tegumento, no citosol. Várias glicoproteínas virais participariam desse processo tais como $U_S$3 (serino/treonina proteíno-cinase) e $U_L$31, entre outras. No citosol, os nucleocapsídeos se associariam a outras proteínas do tegumento incluindo VP16 (α-TIF) e VHS, que parecem interagir para auxiliar no segundo envelopamento, e seriam conduzidos ao complexo de Golgi e/ou TGN, na região onde as glicoproteínas virais já sofreram processamento e maturação nesses compartimentos celulares, e ganhariam o segundo envelope. A seguir, os vírus seriam liberados no espaço extracelular por exocitose após a fusão da vesícula contendo os vírus envelopados no Golgi ou TGN, com a membrana citoplasmática (ver Figuras 12.13 e 12.14). Os vírus adquiririam o tegumento nessa última etapa e o segundo envelope poderia apresentar a sua constituição glicoproteica diferente da do primeiro envelope nuclear. Enquanto os capsídeos são montados e sofrem maturação no núcleo e são liberados no citoplasma, as glicoproteínas virais são traduzidas e processadas no retículo endoplasmático (RE) e TGN.

Há argumentos contra e a favor das duas hipóteses: envelopamento único ou duplo envelopamento, mas a última tem sido mais aceita, embora haja alguns questionamentos contra. Um deles é como explicar o mecanismo de transporte dos nucleocapsídeos da membrana externa nuclear para o Golgi ou TGN considerando que não podem utilizar a via de transporte por microtúbulos, pois sua arquitetura e função ficam muito prejudicadas na infecção viral.

Estudos moleculares demonstraram que a CTMP-7 (proteína da membrana celular tetraspanina 7 [*cellular tetraspanin membrane protein 7*]), uma proteína da superfamília das tetraspaninas, que são encontradas na membrana citoplasmática celular, é importante no processo de saída dos HHV-1 das células interagindo com a VP26 na membrana citoplasmática. Essa interação pode afetar diretamente a saída dos vírus das células infectadas.

A Figura 12.15 mostra um esquema geral do ciclo de biossíntese dos HHV-1.

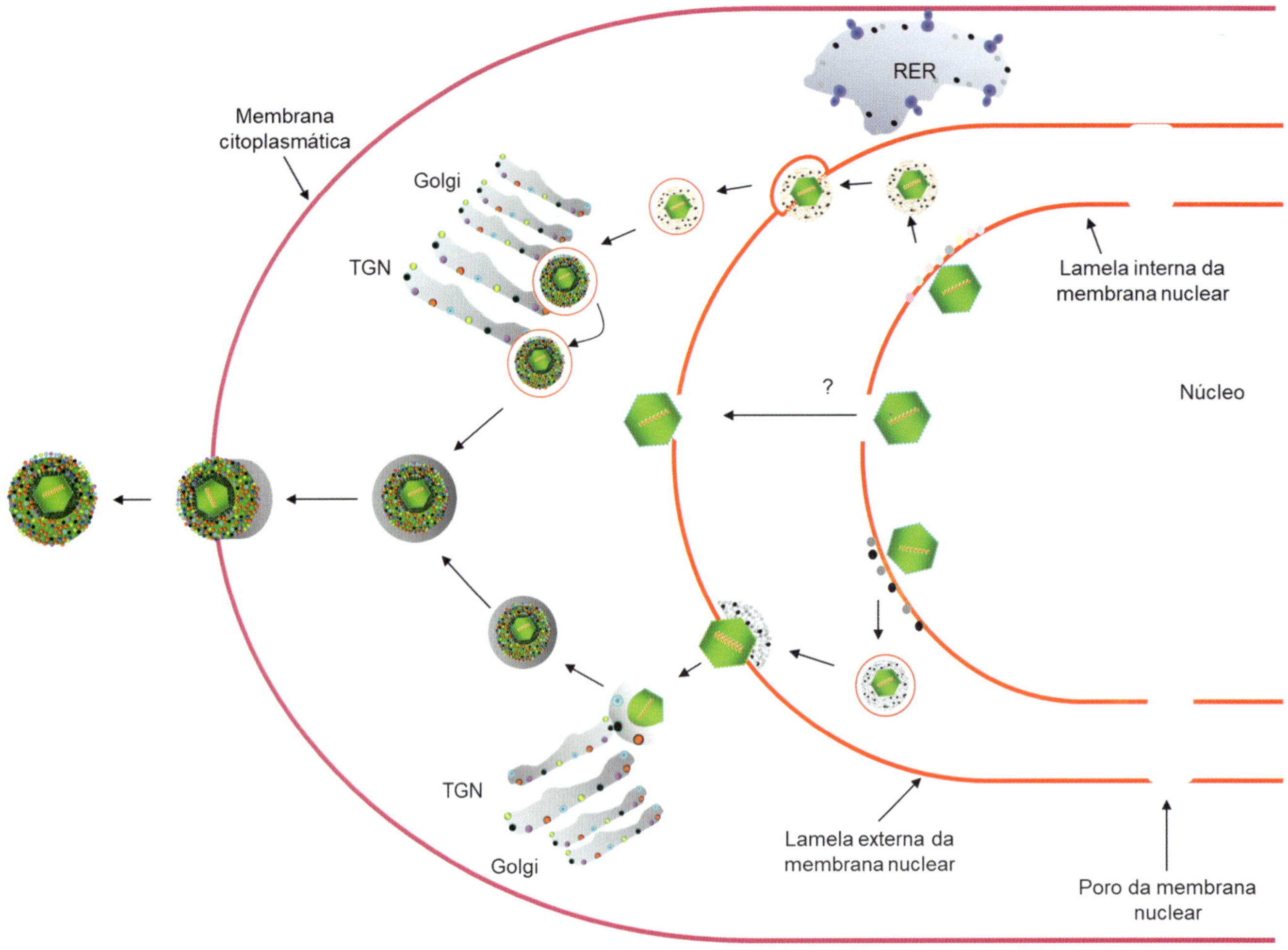


**Figura 12.13** Esquema dos mecanismos alternativos de saída do HHV-1 das células. O mecanismo de envelopamento único está mostrado na parte superior da figura e o duplo envelopamento (envelopamento/desenvelopamento/envelopamento) é mostrado na parte inferior. As glicoproteínas do envelope do vírion, que estão no lúmen perinuclear, e as do envelope do vírion, que estão em vesícula recém-saídas do núcleo são mostradas em cores diferentes das glicoproteínas do envelope do vírion nas proximidades do complexo de Golgi e TGN, e dos vírions extracelulares, para mostrar que os oligossacarídeos das glicoproteínas virais dos primeiros ainda não foram processados e não sofreram maturação. A figura mostra também a possibilidade de o nucleocapsídeo sair do núcleo por meio de poros modificados na membrana nuclear sem transitar pelo lúmen perinuclear. RER: retículo endoplasmático rugoso; TGN: *trans-Golgi network* (rede trans-Golgi).

## Infecção produtiva

### *Transmissão célula a célula*

Um importante fator a ser considerado é o destino dos vírions após o ciclo de biossíntese. Enquanto a maioria das células infectadas pelo HHV-1 ou HHV-2 liberam abundante quantidade de vírus extracelular, uma parte dos vírions intracelulares podem ser direcionados pelo contato célula a célula, dependendo do tipo de célula infectada. Em células epiteliais os vírions são principalmente transportados pelas junções na membrana plasmática, processo mediado pelo complexo viral gE/gI, e nos neurônios, em combinação do complexo com $U_S9$.

Assim, a principal rota pela qual a infecção pelos HHV-1 ou HHV-2 se dissemina em seres humanos é a transmissão célula a célula, ou seja, a progênie viral passa diretamente de uma célula infectada para outra não infectada adjacente. Isso ocorre na infecção primária quando os vírus espalham-se do sítio primário da infecção nas células do tecido mucocutâneo para a terminação do axônio dos neurônios sensoriais (transporte retrógrado). Do mesmo modo, esse fenômeno também ocorre na reativação durante a fase de latência, quando os vírus recém-sintetizados saem dos neurônios para o tecido mucocutâneo (transporte antirretrógrado). Geralmente é assumido que esse mecanismo de espalhamento dos HHV-1 ou HHV-2 representa uma estratégia de evasão dos vírus livrando-os do contato com anticorpos e células do sistema imunológico. O modelo mais simples de visualização desse mecanismo de transmissão de vírus célula a célula é a formação de *plaques* que são detectados em ensaios *in vitro* utilizando culturas de células infectadas.

Na infecção produtiva, que ocorre no tecido mucocutâneo, o DNA viral sofre a ação da proteína imediata inicial ICP0, que inibe o mecanismo de reparo do DNA celular, ocorrendo infecção lítica com a expressão dos genes dos HHV-1 e HHV-2. Os genes IE ou α são os mais importantes para a expressão dos outros genes virais e mobilização da maquinaria de transcrição celular. Essa fase é seguida pela expressão de vários genes direta ou indiretamente envolvidos na replicação do genoma viral, os chamados genes iniciais ou β, e finalmente, após a replicação do genoma, as proteínas estruturais são expressas durante a fase tardia ou γ (Figura 12.16). Na infecção produtiva todo o ciclo

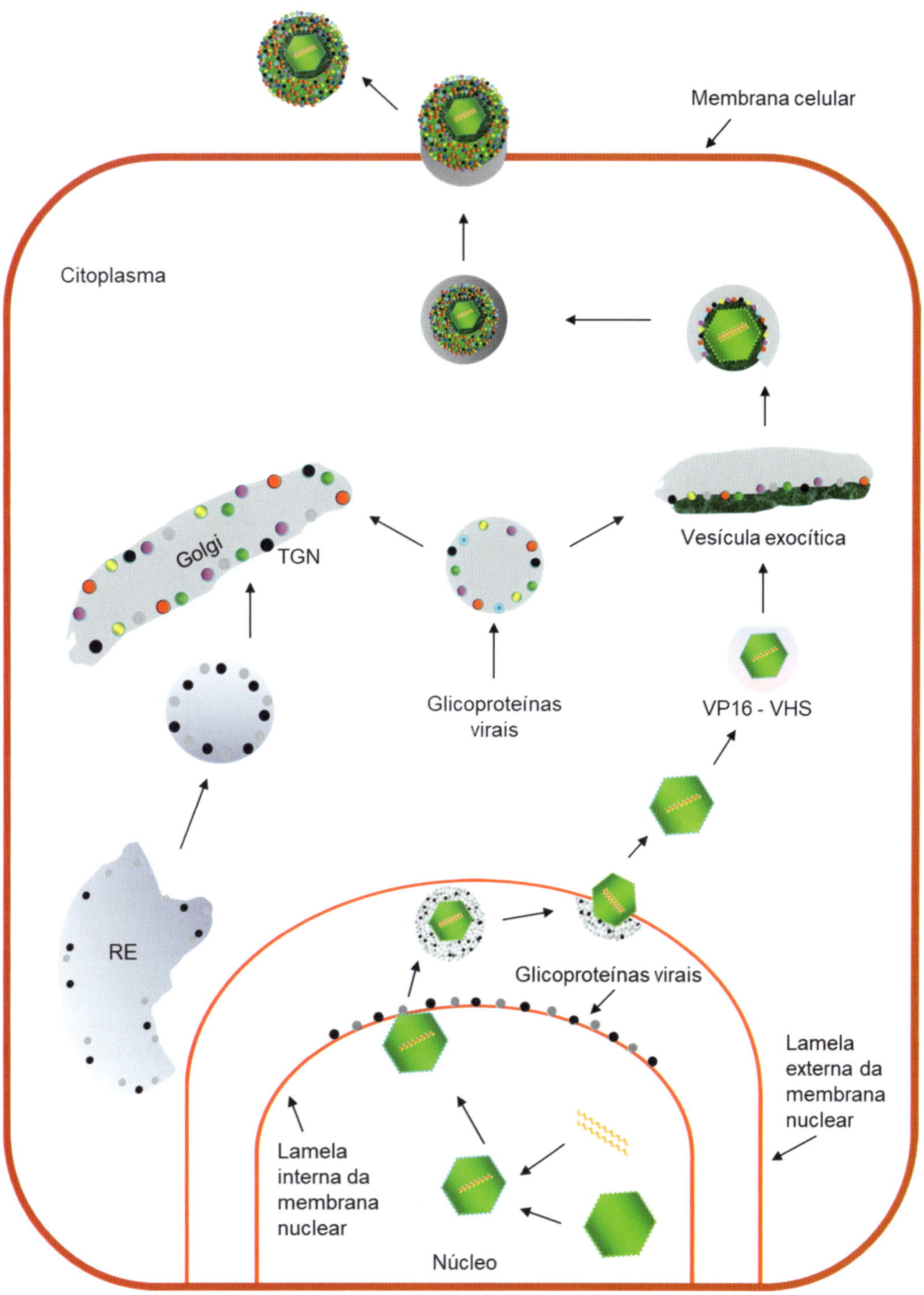


**Figura 12.14** Esquema da saída do HHV-1 pelo modelo de duplo envelopamento. No núcleo, o nucleocapsídeo adquire um envelope na lamela interna da membrana nuclear; o nucleocapsídeo envelopado se situa no lúmen perinuclear (entre as 2 membranas do núcleo); ocorre fusão do envelope com a lamela externa da membrana nuclear (desenvelopamento); liberação do nucleocapsídeo no citoplasma; ocorre o segundo envelopamento no complexo de Golgi ou TGN; saída por brotamento pela fusão de vacúolos contendo os vírus envelopados, com a membrana citoplasmática. RE: retículo endoplasmático; TGN: *trans-Golgi network* (rede trans-Golgi); VP16: *virion protein 16* (proteína viral 16); VHS: *virus host shut-off* (fator viral de parada da síntese de proteínas do hospedeiro).

de biossíntese do vírus é realizado e ocorre a síntese de novas partículas virais infecciosas. Após a penetração do DNA viral no núcleo, a proteína VHS permanece no citoplasma e interfere com a transcrição do DNA celular e síntese de proteínas, enquanto VP16 (α-TIF) e o DNA viral associados aos fatores celulares OCT-1 e HCF-1 formam um complexo que se liga na sequência consenso do elemento responsivo TAATGARAT-VP16 presente em cada promotor dos genes IE nos domínios nucleares do genoma celular chamados POD (domínios oncogênicos da proteína nuclear da leucemia promielocítica [*nuclear promyelocytic leukemia protein* [PML] *oncogenic domains*]), também conhecidos como $ND_{10}$ (domínio nuclear 10 [*nuclear domain 10*]), que são estruturas subnucleares ligadas à matriz nuclear. A potente ativação de VP16 em conjunção com HCF-1 incrementa a

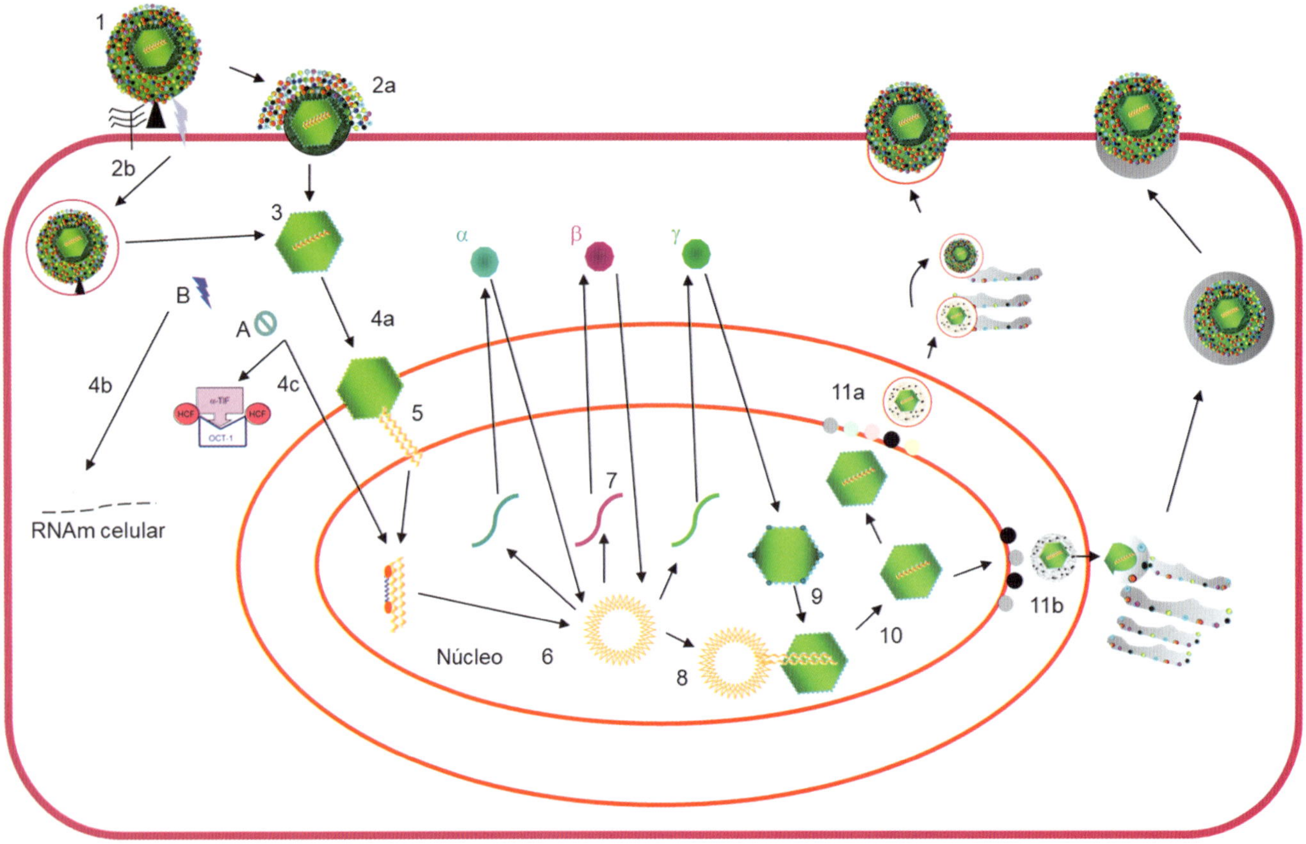


**Figura 12.15** Esquema geral da biossíntese do HHV-1. **1.** Adsorção do vírion à membrana citoplasmática da célula hospedeira. **2a.** Penetração por fusão direta do envelope viral com a membrana citoplasmática, ou **2b.** Penetração por endocitose. **3.** Liberação do nucleocapsídeo e das proteínas virais (A–VP16 [α-TIF] e B–VHS) no citoplasma da célula. **4a.** Migração do nucleocapsídeo para o núcleo da célula, por meio de microtúbulos do citoesqueleto. **4b.** Degradação de RNAm da célula hospedeira pela proteína VHS. **4c.** VP16 (α-TIF) forma complexo com as proteínas celulares HCF-1 e OCT-1; no núcleo ligam-se ao DNA viral para iniciar a transcrição pela RNA polimerase II celular. **5.** Liberação do ácido nucleico no interior do núcleo e o capsídeo vazio é deixado no citoplasma. **6.** Circularização do DNA viral. **7.** Transcrição dos genes em RNAm α, pela RNA polimerase II celular; tradução de proteínas α no citoplasma que são direcionadas para o núcleo para ativar a expressão dos genes β e transcrição dos genes β, em RNAm β, tradução das proteínas β que voltam para o núcleo para ativar a expressão dos genes γ; ativação dos genes γ pelas proteínas β e transcrição dos genes γ em RNAm γ, tradução das proteínas γ que voltam para o núcleo para fazer parte da estrutura dos vírions. **8.** Replicação do genoma viral pela DNA polimerase viral. **9.** Montagem do capsídeo dos vírus. **10.** Empacotamento do DNA viral. **11a.** Saída dos vírus com apenas um envelopamento: o nucleocapsídeo adquire o envelope na lamela interna do envoltório nuclear e por brotamento da lamela externa é conduzido dentro de vesículas até a membrana citoplasmática onde o vírus é liberado. **11b.** Saída dos vírus por duplo envelopamento: o nucleocapsídeo recebe um envelope na lamela interna da membrana nuclear e perde esse envelope ao sair do núcleo. O envelope definitivo é adquirido no Golgi ou TGN que já contêm as glicoproteínas processadas e maduras inseridas na membrana. O vírus sai da célula por fusão da membrana da vesícula com a membrana citoplasmática, sendo liberado da célula no meio extracelular. RNAm: RNA mensageiro; VP 16: *virion protein 16* (proteína viral 16); α-TIF: *α-trans-inducing factor* (fator transindutor-α); VHS: *virus host shut-off* (fator viral de parada da síntese de proteínas do hospedeiro); HCF-1: *host cell factor 1* (fator da célula hospedeira 1); OCT-1: octâmero 1.

transcrição dos genes IE e, assim, a cascata de genes líticos do HHV-1 é desencadeada. A VP16 não é essencial para a expressão dos genes IE, mas aumenta a infecciosidade viral, estimulando a transcrição desses genes.

Após esse evento, tem início a síntese dos RNA iniciais imediatos, pela DNA polimerase II celular, com produção de proteínas α, principalmente α0 e α4 que estimulam e regulam a síntese dos RNA iniciais e síntese de proteínas β. A seguir, ocorre a síntese de proteínas β que são as enzimas necessárias para a síntese do DNA viral: DNA polimerase viral e complexo helicase/primase. As proteínas β sintetizam o genoma viral com a participação de proteínas α. Tem início a síntese de RNA tardios e síntese de proteínas γ, processo regulado pelas proteínas α e β (ver Figura 12.16). Na infecção há o acúmulo de seis RNAm correspondentes a ICP0, ICP4, ICP22, ICP27, ICP47 e $U_S$1.5.

## Mecanismos de infecção persistente latente

A capacidade de causar infecção persistente latente por toda a vida do hospedeiro é uma característica de toda a família *Herpesviridae*, variando o sítio de latência de acordo com a subfamília. A principal característica dos membros da subfamília *Alphaherpesvirinae* é estabelecer latência nos nervos sensoriais.

Durante a latência dos HHV-1 ou HHV-2, o genoma viral fica armazenado em neurônios periféricos, na ausência de vírus infecciosos, mas com potencial para recomeçar uma infecção. Ocorre a repressão de todos os genes líticos virais sem manifestação dos sintomas clínicos. Avanços em estudos de epigenética têm ajudado a explicar como a expressão do gene viral é amplamente inibida durante a latência. Por outro lado, evidências mostram que a latência não é inteiramente silenciosa. Essa estratégia aparentemente benigna é de crucial importância para a manutenção do vírus uma vez que o hospedeiro se torna um

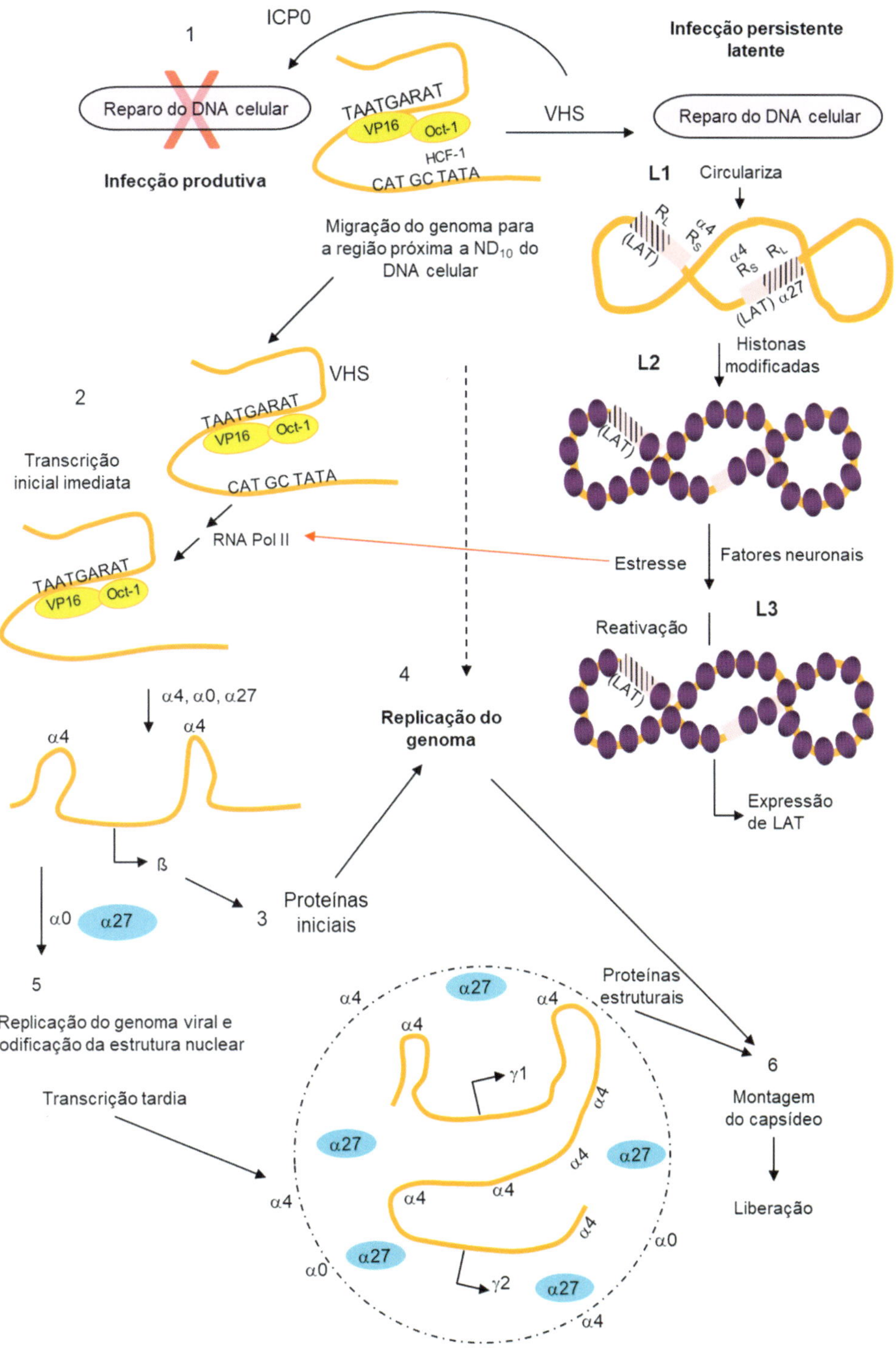


**Figura 12.16** Biossíntese do HHV-1 na infecção produtiva e persistente latente. A infecção pelo HHV-1 leva a dois tipos de infecção: produtiva e persistente latente. Na infecção produtiva, que ocorre nas células epiteliais, todo o ciclo de biossíntese do vírus é realizado, com síntese de proteínas e ácido nucleico virais, enquanto na infecção persistente latente, nos neurônios, apenas LAT são expressos. *Infecção produtiva*: **1.** VHS interfere com a transcrição do DNA celular e síntese de proteínas, e VP16 (α-TIF) e o DNA viral, associados a OCT-1 e HCF-1, migram para a região próxima a $ND_{10}$ do genoma celular. **2.** Inicia-se a síntese dos RNA iniciais imediatos pela RNA polimerase II celular, com produção de proteínas α, principalmente α0, α4 e α27 que atuam ativando a expressão dos genes virais durante a transcrição e regulam a síntese dos RNA iniciais e síntese de proteínas β. **3.** Síntese de proteínas β (polimerase viral, complexo helicase/primase). **4** e **5.** Proteínas β sintetizam o genoma viral com a participação de proteínas α. Tem início a síntese de RNA tardios e síntese de proteínas γ, processo regulado pelas proteínas α e β. **6.** Ocorrem a montagem e o empacotamento do DNA viral nos capsídeos formados. O vírus é envelopado e é liberado no espaço extracelular. *Infecção persistente latente*: nos neurônios, a ação de VHS não ocorre e a célula continua suas funções. **L1.** O DNA circulariza, formando um epissoma não integrado ao DNA celular. **L2.** O DNA forma um epissoma não integrado ao DNA celular que se associa a histonas modificadas da cromatina nuclear. **L3.** Essa associação faz com que ocorra a expressão dos LAT. Eventualmente, pelo estímulo de vários fatores desencadeantes, principalmente estresse, a infecção latente passa a ser produtiva, após o vírus migrar para as células epiteliais. LAT: *latency associated transcripts* (transcritos associados à latência); VHS: *virus host shut-off* (fator viral de parada da síntese de proteínas do hospedeiro); VP16: *virion protein 16* (proteína viral 16); α-TIF: α-*trans-inducing factor* (fator transindutor-α); OCT-1: octâmero 1; HCF-1: *host cell factor 1* (fator da célula hospedeira 1); $ND_{10}$: *nuclear domain 10* (domínio nuclear 10).

reservatório para periódicas reativações, que é o processo em que os vírus voltam ao ciclo lítico.

Por serem neurotrópicos, após a infecção primária na mucosa ou na epiderme, oral ou genital, é nos neurônios sensoriais desses tecidos que os HHV-1 ou HHV-2 estabelecem a latência. Após estabelecer infecção lítica nas células do sítio da primeira infecção, esses vírus penetram pelas terminações nervosas, infectam os dendritos neuronais dos gânglios sensoriais e são transportados pelos microtúbulos até o gânglio sensorial em um sentido retrógrado ao estímulo nervoso (Figura 12.17). Dentro de poucos dias não se detectam partículas virais, e a latência se estabelece.

Em uma infecção persistente latente o genoma viral é mantido intacto em neurônios sensoriais ocorrendo apenas algumas transcrições de porções restritas desse genoma. A latência dos HHV-1 ou HHV-2 pode ser classificada em três fases: estabelecimento, manutenção e reativação. O estabelecimento ocorre durante a fase aguda da infecção em que a biossíntese viral acontece em níveis elevados no sítio da infecção. A infecção regride e os vírus são eliminados do local em aproximadamente duas semanas. Durante esse período, o vírus se desloca dos axônios para os neurônios do gânglio sensorial do sítio da infecção havendo um período de infecção aguda no gânglio, mas que regride. Assim, é necessário que aconteça uma profunda restrição da expressão dos genes virais para que a infecção produtiva não ocorra.

Na fase de manutenção da infecção persistente latente, o DNA viral migra para o núcleo dos neurônios e é circularizado na forma de epissoma pelas enzimas de reparo do DNA celular atuando na sequência "a", o que leva à infecção latente, até que sinais de reativação sejam recebidos e o vírus retorne ao sítio inicial de infecção causando a recorrência da doença (fase de reativação).

Conforme já mencionado, durante a latência, o DNA viral não está completamente silencioso. Nenhum dos genes virais expressos durante a fase lítica é detectado, mas alguns RNA, denominados LAT, podem ser encontrados em grande quantidade (ver Figuras 12.16 e 12.17). A razão para que haja a transcrição contínua de genes *LAT* não é conhecida em detalhes, mas essa é uma característica da infecção persistente latente dos HHV-1 e HHV-2 nos neurônios. O mecanismo preciso pelo qual esses vírus estabelecem a infecção latente não é ainda totalmente conhecido.

Os LAT são RNA produzidos por *splicing* e formam um conjunto de RNA colineares transcritos de um *locus* que se situa na região repetida que flanqueia a região $U_L$. Sua transcrição leva à produção de um transcrito primário instável denominado *minor* LAT de 8,2 kb que gera por *splicing* um íntron estável incomum de 2 kb que sofre posterior *splicing* para gerar um outro íntron de 1,5 kb. Juntos, esses dois últimos são chamados de *major* LAT porque são os principais LAT produzidos durante a fase de latência nos neurônios. Alguns estudos têm identificado a presença de miRNA nos genomas dos HHV-1 e HHV-2. Tem sido mostrado que tanto o HHV-1 quanto o HHV-2 codificam, respectivamente, 16-17 e 18 miRNA no *locus* de LAT ou adjacente a ele.

O nervo trigêmeo carreia a inervação sensorial da face, conjuntiva e mucosa oral. No caso do herpes orofacial, estudos mostram que a inflamação causada pela infecção pelo HHV-1 ou HHV-2 produz um aumento na permeabilidade da barreira nervo-sangue que é menos eficiente que a barreira hematoencefálica que protege o SNC. Assim, partículas de HHV-1 ou HHV-2 são internalizadas pelas terminações nervosas e alcançam o corpo dos neurônios do gânglio por meio do transporte retrógrado, local em que a latência viral irá se estabelecer. Enquanto

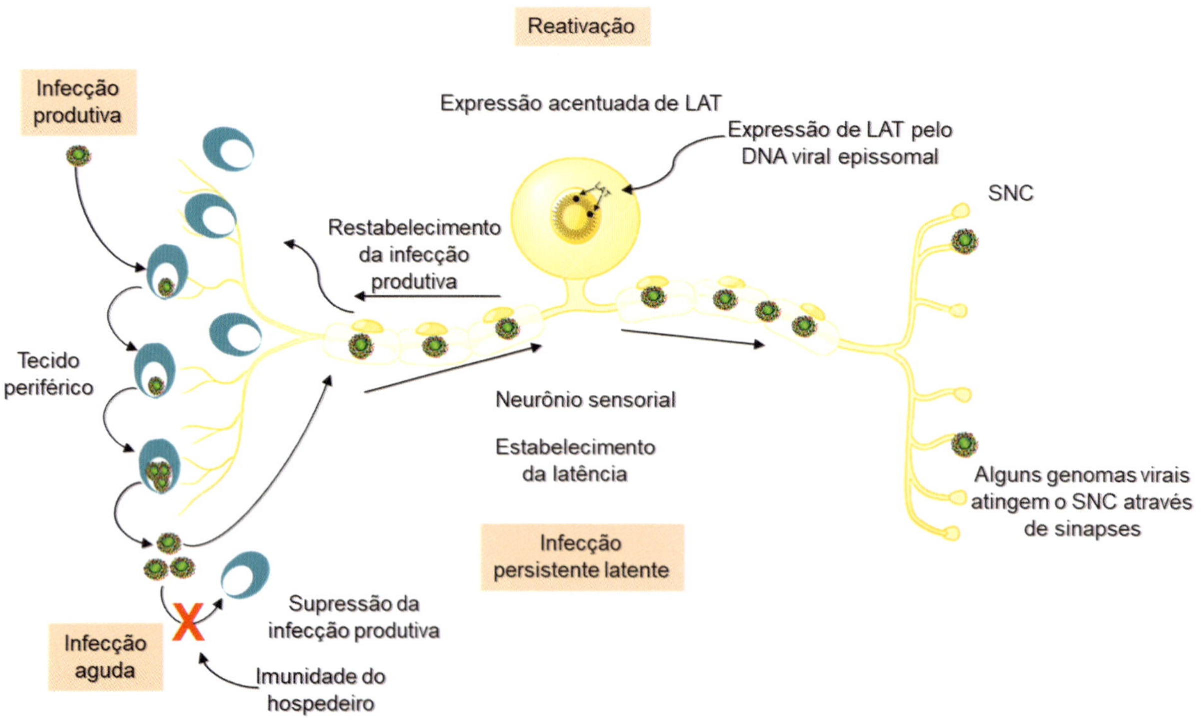


**Figura 12.17** Infecção persistente latente dos neurônios pelo HHV-1. Após estabelecer infecção lítica nas células da mucosa ou epiderme, os vírus penetram pelas terminações nervosas e são transportados pelos axônios, em um sentido retrógrado ao estímulo nervoso, para os neurônios do gânglio sensorial. Dentro de poucos dias, não se detectam partículas virais, e a latência se estabelece. O genoma viral é encontrado na forma de epissoma circular no núcleo de alguns neurônios até que sinais de reativação sejam recebidos e ele retorne ao sítio inicial de infecção, causando a recorrência da doença. Durante a latência/persistência, o DNA viral não está completamente silencioso, pois alguns RNA denominados LAT podem ser encontrados em elevados níveis nas células. LAT: transcritos associados à latência; SNC: sistema nervoso central.

as partículas virais são rapidamente internalizadas nas terminações nervosas dos neurônios sensoriais, defesas antivirais do hospedeiro podem impedir a progressão da infecção no epitélio antes de a doença se manifestar. Na realidade, a neutralização imunológica da infecção no epitélio ocorre devido aos dois mecanismos de defesa: inato e adaptativo. Durante a resposta inata, a infecção de células epiteliais estimula a produção de interferon (IFN)-β que ativa células a secretarem IFN-α. Tanto IFN-α quanto IFN-β induzem um estado antiviral nas células infectadas e nas células vizinhas. Por sua vez, interleucina 18 (IL-18) liberada de células ativa células *natural killer* (NK) que secretam IFN-γ e granzimas A e B. Durante a fase adaptativa, as células dendríticas fagocitam os vírus e se dirigem para os linfonodos regionais, ativando linfócitos T e B, que retornam ao sítio primário da infecção. A resposta antigênica específica resulta na lise das células epiteliais infectadas, com o aparecimento de lesões detectáveis. No entanto, já durante a resposta inata, a neutralização dos vírus pode ocorrer, assim impedindo o desenvolvimento das lesões epiteliais e, portanto, os pacientes permanecem assintomáticos. Além disso, se a imunidade inata for eficiente, é possível que a fase adaptativa não ocorra e todos os pacientes permaneçam soronegativos.

Em adição, enquanto a infecção oral herpética progride na mucosa e outras partículas virais alcançam o corpo dos neurônios do gânglio trigêmeo, células do sistema imunológico e mediadores químicos impedem o espalhamento dos vírus para o SNC. Realmente, logo após a internalização dos vírus nos axônios, ocorre uma infiltração massiva de linfócitos $TCD_8^+$ e macrófagos que atravessam a barreira nervo–sangue com esse objetivo. Essa infiltração é persistente no gânglio trigêmeo com produção de citocinas (IFN-λ, TNF-α) que suspendem a biossíntese viral, e quimiocinas que atraem outras células do sistema imunológico no gânglio. A infiltração de linfócitos resulta na inflamação crônica do gânglio trigêmeo e na latência. Durante a latência, o DNA viral circulariza no núcleo dos neurônios e, em seguida, histonas neuronais específicas se juntam ao DNA. Nenhum dos genes virais expressos durante a fase lítica é detectado, mas ocorre a transcrição de um pequeno segmento do genoma viral, com a expressão dos LAT que podem ser encontrados em níveis elevados (ver Figuras 12.16 e 12.17). Por sua vez, os LAT modificam a cromatina do genoma viral promovendo um estável, mas reversível silêncio transcricional. LAT são detectados no corpo de todos os neurônios, que são convertidos em reservatórios de infecções recorrentes por toda a vida.

Durante a latência, portanto, tanto a inibição da replicação do DNA viral quanto a inibição da expressão de antígenos virais ocorrem. Pode parecer paradoxal, mas ambos – hospedeiro e vírus – cooperam controlando o espalhamento da infecção. Essa colaboração entre patógeno e hospedeiro na manutenção da infecção latente intracelular é conhecida como "equilíbrio de Nash", uma típica estratégia de patógenos que coevoluíram com seres humanos e não acontece somente com os herpesvírus.

O promotor para os LAT contém elementos que são específicos do neurônio, mas ainda não há a completa compreensão de como esse fraco promotor é favorecido em detrimento de outros muito mais potentes como os do ciclo lítico.

Várias hipóteses têm sido formuladas para explicar a infecção persistente latente dos neurônios e é possível que não ocorra apenas um modelo, mas a combinação de vários deles. Um dos modelos sugere a repressão da expressão dos genes líticos virais por fatores celulares nos neurônios. O fator celular OCT-2 (octâmero 2) reprimiria os genes α porque os neurônios expressariam pequenas quantidades de OCT-1, ou até mesmo não expressariam essa proteína que é essencial para a ativação desses genes. Outro modelo estaria relacionado com a inibição dos genes líticos pelos genes *LAT*, promovida pelas modificações em histonas da cromatina celular. Uma terceira hipótese refere-se à inibição da biossíntese viral pela resposta imunológica do hospedeiro, por intermédio das células $TCD_8^+$ ou interferon-γ que poderiam bloquear a expressão de genes virais e a replicação do genoma.

Na primeira hipótese, a explicação para a latência nos neurônios seria a maior expressão da proteína OCT-2 que reprimiria a expressão de genes α, porque não conseguiria se complexar a VP16 (α-TIF), diferentemente do que ocorre em células epiteliais, que apresentam o ciclo lítico. Em células epiteliais, VP16 forma um complexo com as duas proteínas celulares OCT-1 e HCF-1 para que a replicação se inicie. OCT-1 é um fator de transcrição celular que reconhece uma sequência específica de oito nucleotídeos em promotores de genes celulares. Quando complexado com VP16 (α-TIF), OCT-1 reconhece outra sequência nucleotídica que está presente em promotores de genes virais. Por ser essa uma ligação instável, há a necessidade da participação de HCF-1 para formar o complexo ativador da transcrição dos genes α, iniciando-se assim a replicação do genoma viral (Figura 12.18).

Na segunda hipótese, foi demonstrada a participação das histonas da cromatina celular no processo de infecção tanto produtiva quanto na latência, e na reativação dos HHV-1 ou HHV-2. Nas células, o mecanismo geral de funcionamento das histonas é permitir a regulação da expressão gênica ao compactar ou descompactar a cromatina, permitindo que fatores de transcrição tenham acesso ao DNA. Modificações pós-traducionais nas histonas influenciam a expressão gênica, por exemplo a acetilação de histonas afrouxa a cromatina (eucromatina) e ocorre ativação; por outro lado a desacetilação das histonas empacota a cromatina (heterocromatina) impedindo a ativação dos genes celulares. A partir desse conhecimento da bioquímica das histonas da cromatina celular, foi sugerida a participação dessas moléculas no controle do ciclo lítico e da latência dos HHV-1 e HHV-2: durante a infecção, o DNA desses vírus entraria no núcleo e se tornaria rapidamente associado a histonas em consequência de uma resposta celular, provavelmente tentando silenciar o gene IE estranho. O genoma desses vírus não parece apresentar um *cap* metilado durante a latência, e sofreria controle para entrar no ciclo lítico ou em latência por meio de modificações pós-traducionais de histonas, que agiriam em promotores específicos dos vírus. Durante a fase lítica da infecção (Figura 12.19) ocorreriam modificações, tais como a acetilação de H3K9 (histona H3, lisina 9 da região aminoterminal) e H3K14, que estimulariam os promotores dos genes líticos, enquanto modificações repressivas como dimetilação de H3K9 pouco aconteceriam. Em contraste, durante a latência (Figura 12.19), o *locus* para a transcrição de LAT seria enriquecido com histonas H3K9 e H3K14 metiladas e desacetiladas, na região do promotor de LAT, fazendo com que os promotores de ICP0 e da RNA polimerase não sejam ativados.

Na fase lítica, o complexo VP16/OCT-1/HCF-1 interagiria com vários coativadores incluindo histona-acetiltransferases (CBP/p300), fatores remodelantes de cromatina (BGRF-1 e

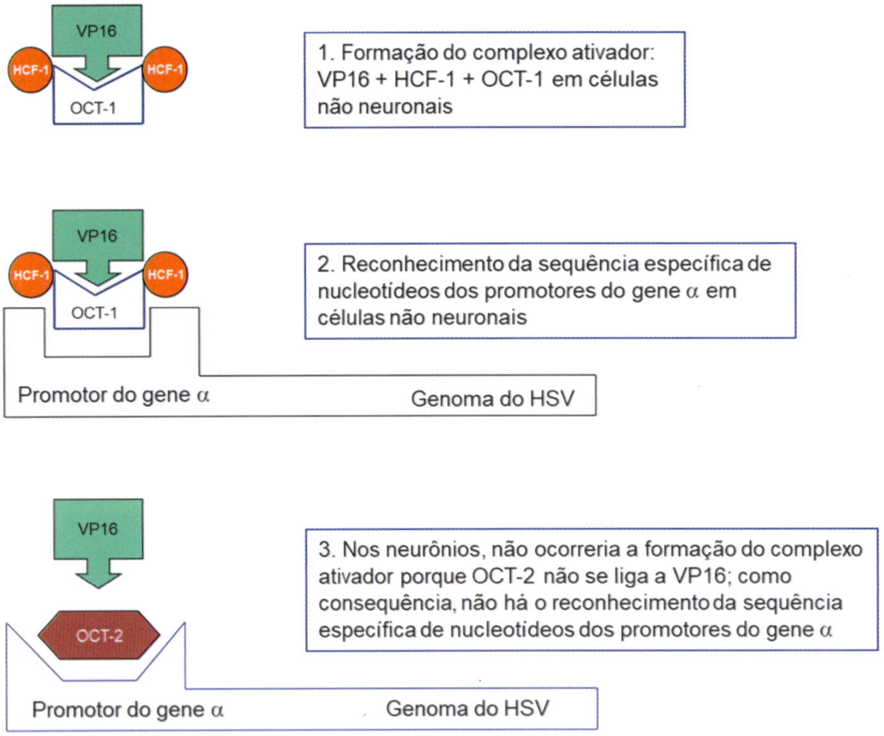


**Figura 12.18** Mecanismo proposto de latência do HHV-1 controlada por OCT-2. O sucesso da infecção pelo HHV-1 pode ser atribuído ao estabelecimento da infecção persistente latente, que dura por toda a vida do indivíduo. Em células epiteliais, durante o ciclo lítico, haveria a formação do complexo VP16 + HCF-1 + OCT-1 e reconhecimento de sequência específica dos promotores do gene α por OCT-1. Nesse modelo, ocorreria a repressão da expressão dos genes líticos virais nos neurônios, porque o fator celular OCT-2 (octâmero 2) se ligaria aos promotores, mas não conseguiria se complexar a VP16 (α-TIF). Isso aconteceria porque os neurônios expressariam pouco ou nenhum fator OCT-1, que é essencial para a ativação desses genes. VP16: *virion protein 16* (proteína viral 16); HCF-1: *host cell factor 1* (fator da célula hospedeira 1); OCT-1: octâmero 1; α-TIF: *α-trans-inducing factor* (fator transindutor-α).

BRM), histona-metiltransferases (HMT) e demetilase-1 específica para serina (LSD-1). O reconhecimento de promotores pelo complexo formado por VP16/OCT-1/HCF-1 resultaria em ativação da expressão dos genes IE e impedimento do acúmulo de histonas que possam reprimir o genoma viral. Modificações de histonas tais como metilação de H3K4 e acetilação de H3K9 e H3K14 estariam associadas à transcrição ativa durante a infecção lítica (Figura 12.19). Em seguida à formação do complexo VP16/OCT-1/HCF-1 com o DNA viral, a ativação e o acúmulo das proteínas iniciais imediatas (IE, α) serviriam para direcionar a transcrição dos genes virais, subvertendo toda a bioquímica da célula infectada. As principais proteínas transativadoras da expressão dos genes virais são ICP0 e ICP4. Outra importante função de ICP0 é criar um ambiente favorável à transcrição favorecendo a destruição de repressores celulares. Na infecção persistente latente nos neurônios, a ação de VP16 não ocorreria e a célula continuaria suas funções. O DNA circularizaria, formando um epissoma não integrado ao DNA celular e, então, se associaria a histonas presentes na cromatina nuclear, modificadas principalmente por metilação e acetilação, que desempenhariam um importante papel na regulação da expressão dos LAT. Histonas metiladas e desacetiladas, principalmente metilação de H3K9 e H3K27, manteriam o promotor do gene lítico viral reprimido, o que resultaria em silenciamento da expressão viral (Figura 12.19). A exceção para essa repressão seria a expressão dos genes *LAT* que são ativamente transcritos.

Na ausência de VP16, a presença de alguns ou de todos os coativadores envolvidos na ativação dos promotores durante a infecção lítica pode facilitar a expressão dos genes virais, revertendo o efeito repressivo da heterocromatina. A participação de histonas acetiladas na região promotora de ICP0 resultaria na sua expressão e consequente reativação dos vírus (Figura 12.19).

Posteriormente, os genes IE promovem a infecção lítica e a evasão da ação do sistema imunológico. Tais funções incluem a inibição da tradução de RNAm da célula por destruição da maquinaria de *splicing*; promoção da exportação do RNAm viral para o citoplasma por ICP27 e evasão do reconhecimento por linfócitos $TCD_8^+$. Evidências têm mostrado a participação de uma subpopulação de linfócitos $TCD_8^+$ pertencente à classe das células T de memória residentes de tecido ($T_{RM}$) nesse reconhecimento.

## Mecanismo de reativação

O processo de reativação ocorre devido à combinação de dois eventos concorrentes: a supressão da resposta imunológica que controla a replicação do genoma viral durante a latência e o estímulo de fatores exógenos.

Os produtos dos genes virais que participam do ciclo lítico não são geralmente detectados nos neurônios latentemente infectados e, portanto, a reativação da latência parece ocorrer na ausência de proteínas virais preexistentes por meio de mecanismos celulares. Os fatores celulares que desencadeiam a reativação dos genomas latentes ainda não são bem conhecidos;

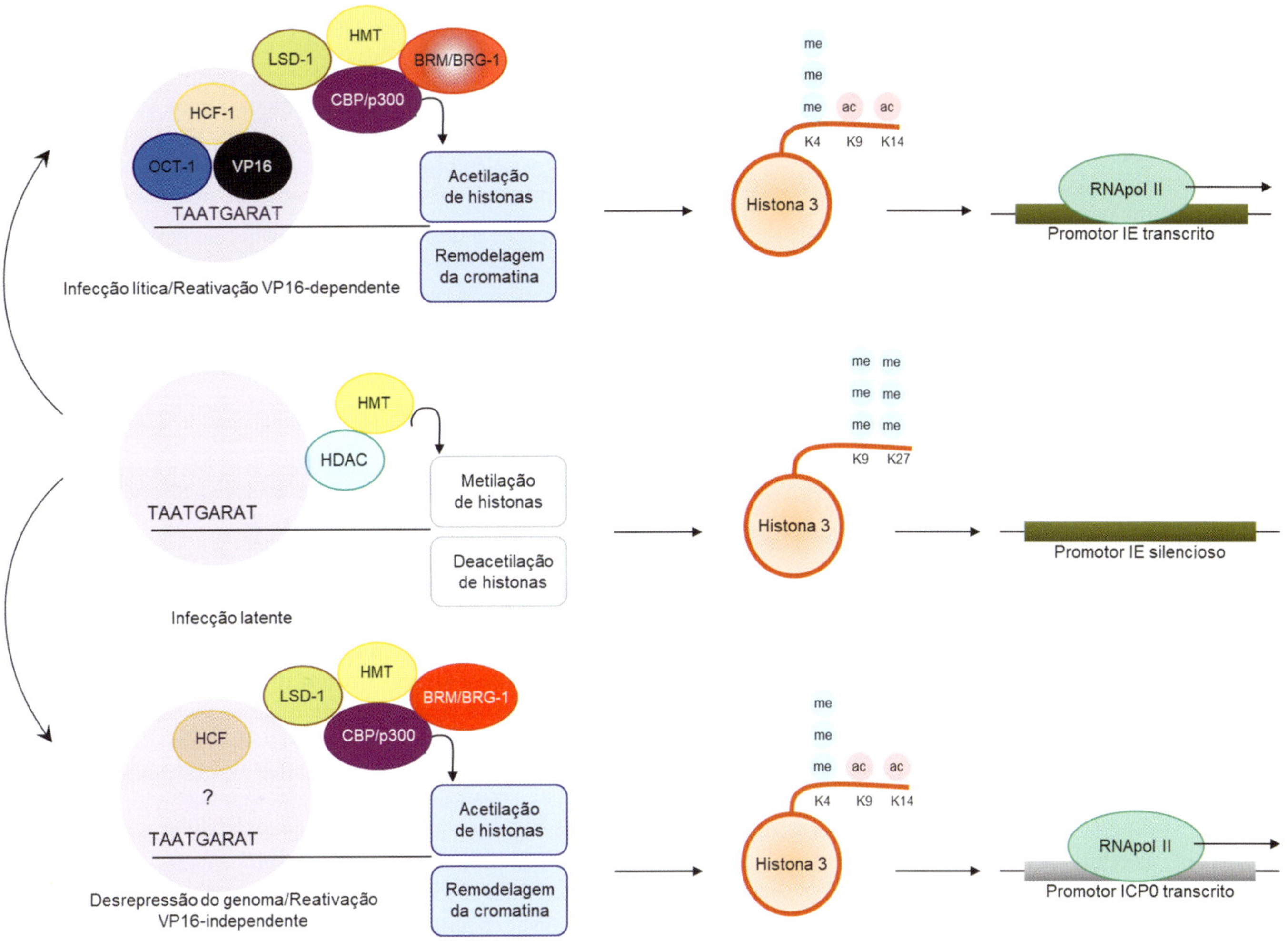


**Figura 12.19** Mecanismos propostos para o controle da expressão de genes dos HHV-1 pela cromatina celular. *Infecção lítica/reativação VP16-dependente*: o complexo transativador viral VP16/OCT-1/HCF-1 interage com vários ativadores, incluindo histona-acetiltranferases (CBP/p300), fatores de remodelagem da cromatina (BGRF-1 e BRM), histona-metiltransferases (HMT) e demetilase-1 específica para lisina (LSD-1). O reconhecimento de promotores dos genes iniciais imediatos (IE) pelo complexo formado por VP16 resulta na expressão desses genes e o impedimento do acúmulo de histonas repressivas do gene viral. Histonas modificadas associadas à transcrição ativa, como H3K4 metilada, além de H3K9 e H3K14 acetiladas, estão associadas ao genoma viral durante a infecção lítica. *Infecção latente*: na ausência do complexo transativador viral, HMT e histona-desacetilases (HDAC) mantêm os promotores líticos virais reprimidos, o que é caracterizado pelo acúmulo de histonas modificadas associadas à repressão dos genes IE, tais como H3K9 e H3K27 metiladas, resultando no silenciamento da expressão dos genes virais. Uma exceção a essa repressão é a transcrição dos genes LAT que são ativamente transcritos durante a latência. *Reativação independente de VP16*: na ausência de VP16, a presença de alguns ou de todos os coativadores envolvidos na ativação dos promotores durante a infecção lítica pode facilitar a ativação de ICP0 após a acetilação de histonas, o que leva à reversão da repressão dos genes e consequente reativação da biossíntese viral. VP16: *virion protein 16* (proteína viral 16); OCT-1: octâmero 1; HCF-1: *host cell factor 1* (fator da célula hospedeira 1); LAT: *latency associated transcripts* (transcritos associados à latência).

no entanto, vários estímulos têm sido descritos como capazes de induzir a reativação. O processo de reativação da latência pode ser desencadeado por um estímulo local, tal como injúria ao tecido inervado por neurônios infectados pelo vírus ou por um estímulo como estresse físico ou emocional, febre, exposição à luz ultravioleta, menstruação, desequilíbrio hormonal, assim como por outros sinais que possam reativar a biossíntese do vírus simultaneamente em neurônios de diversos gânglios. O gânglio do nervo sensorial sofre repetidos ataques de reativação sem perder sua função. A explicação para isso é que um ou vários neurônios infectados latentemente repliquem somente uns poucos genomas e gerem poucos vírus infecciosos durante a reativação inicial. Isto pode acontecer com ou sem dano celular intenso, ou com a morte de apenas poucas células. Esse processo pode ser ampliado por genes virais que interferem com apoptose, como ICP34.5, que atua para impedir a morte neuronal durante a reativação limitada de poucos genomas. Para que a reativação da biossíntese viral tenha sucesso é necessário que a célula latentemente infectada permita a produção de vírus infecciosos e o hospedeiro apresente algum grau de imunodepressão. Esse comprometimento imunológico está relacionado com os estresses físico e psicológico, que são sabidamente imunossupressores e fortemente indutores da reativação. Além disso, foi demonstrado que a latência ocorre em neurônios dependentes do fator de crescimento dos nervos (NGF, *nerve growth factor*) porque quando esses neurônios são privados de NGF, ocorre rápida expressão de vírus. A suscetibilidade genética do hospedeiro parece ser um determinante na frequência da recorrência e gravidade, particularmente, o gene *C21* (orf91) localizado no segmento mais longo do cromossoma 21.

Embora o mecanismo de reativação seja pouco conhecido, em geral, os estímulos têm ligação com a capacidade de causar estresse, tanto ao organismo quanto diretamente ao neurônio. A reativação do herpes orofacial também pode ocorrer dentro de 3 dias após traumatismos gerados por tratamento de canal dentário ou extração de dente, ou ainda em tratamentos estéticos que utilizam abrasão da pele por meio de *laser* ou ácido retinoico. Esses estímulos podem estar associados à elevação local de prostaglandinas das classes E e F, que são rapidamente sintetizadas na membrana plasmática, em resposta à injúria tissular, e são liberadas nos espaços extracelulares, ativando a liberação intracitoplasmática de adenosina monofosfato cíclico (cAMP), que, por sua vez, ativa proteíno-cinases celulares, que, fosforilando outras proteínas, podem ativar a expressão de genes virais.

O transporte antirretrógrado ocorre pelos microtúbulos do citosol a uma velocidade de 4 a 5 mm/hora. A reativação se assemelha à infecção primária e durante a reativação todos os indivíduos são contagiosos independentemente da manifestação clínica da recorrência.

Uma pequena proporção (3%) de indivíduos adultos com sintomas clínicos de gengivoestomatite não desenvolve IgM, nem IgG. No entanto, alguns desses indivíduos soronegativos eliminam vírus na saliva e lágrimas, e atuam como portadores virais assintomáticos, disseminando vírus mesmo sem sintomas (*shedding*). Em indivíduos que são persistentemente soronegativos e imunes aos HHV-1 ou HHV-2, parece que a proteção se deve à imunidade mediada por células T.

Como já descrito anteriormente, a biossíntese dos HHV-1 ou HHV-2 nas células permissivas resulta em destruição dessas células. Tem sido sugerido que a reativação dos vírus nos neurônios sensoriais não leva à sua destruição, o que se justificaria pelo fato de os pacientes não sofrerem perda sensitiva, mesmo em locais de múltiplas recorrências. No entanto, já foi relatado que alguns neurônios podem sofrer infecção lítica. Por outro lado, as terminações nervosas de outros tecidos adjacentes podem ser estendidas até o tecido com a lesão herpética, fazendo com que o vírus ascenda por outros neurônios, causando infecção persistente e consequente reativação em outros sítios, próximos ao local onde ocorreu a primeira infecção. Possivelmente, os vírus latentes também podem ser reativados em tecidos periféricos, o que explicaria, em parte, a transmissão do vírus em períodos assintomáticos (*shedding*), sem que o paciente perceba.

No Quadro 12.6 encontram-se as características da infecção persistente latente produzida pelos HHV-1 ou HHV-2.

Embora os seres humanos sejam os hospedeiros naturais para os HHV-1 ou HHV-2, alguns aspectos da patogênese e latência podem ser estudados em modelos experimentais utilizando camundongos. Durante a fase aguda da doença, que dura entre 3 e 10 dias após a infecção, os vírus são detectados nos gânglios sensoriais desses animais, mas eles são rapidamente eliminados pela resposta imunológica adaptativa, o que resulta em latência. Diferentemente do que acontece em seres humanos, a reativação espontânea e o desenvolvimento da recorrência são raramente observados nesses animais. Por esse motivo, muitos estudos de reativação são realizados em explantes de gânglios infectados latentemente. Outro modelo comumente usado é o olho de coelho que é inoculado com certas estirpes de HHV-1 e leva a reativações espontâneas periódicas e à detecção de vírus infecciosos nas lágrimas do animal, uma situação análoga ao *shedding* viral que ocorre em seres humanos. Os cobaios representam o modelo de escolha para estudos de reativação espontânea do HHV-2.

**Quadro 12.6** Características da infecção persistente latente produzida pelos HHV-1 e HHV-2 em seres humanos.

- Somente uma pequena parte dos neurônios é infectada
- Alguns neurônios sofrem infecção produtiva e são destruídos. Outros, como provavelmente os neurônios dependentes de NGF, sofrem infecção persistente latente
- Os neurônios que apresentam o vírus em estado de latência abrigam várias cópias do genoma viral
- Todos os genes líticos são "desligados" durante a fase de latência, mas ocorre a síntese de LAT
- Nem todos os neurônios expressam LAT
- A reativação ocorre em poucos neurônios que contêm o genoma viral

NGF: *nerve growth factor* (fator de crescimento dos nervos); LAT: *latency associated transcripts* (transcritos associados à latência).

O sistema *in vitro* utilizando culturas de células, embora criticado por ser um modelo artificial, tem fornecido alguns resultados interessantes. Em um modelo de infecção, culturas primárias derivadas de neurônios de gânglios da raiz dorsal de embriões de camundongos foram tratadas com aciclovir durante 7 dias, resultando em latência dos vírus, que puderam ser reativados por alguns estímulos, como, por exemplo, remoção de NGF. A latência também pôde ser eficientemente estabelecida em culturas primárias de neurônios inoculadas com vírus mutantes deficientes na expressão dos genes IE, ou mutantes defectivos para a replicação do DNA.

## Patogênese

A patogênese das infecções pelo HHV-1 ou HHV-2 é explicada pelos conhecimentos dos eventos de biossíntese viral, estabelecimento da infecção persistente latente e reativação. A infecção por esses vírus não causa propriamente uma doença "recorrente". Existe, na realidade, uma infecção persistente latente em alguns neurônios dos gânglios sensoriais com grau variável e imprevisível de expressão de alguns genes virais em células epiteliais podendo também ocorrer reativações assintomáticas da infecção (*shedding*) que levam à transmissão do vírus em período de latência clínica.

### *Transmissão*

A transmissão é dependente de um contato íntimo e pessoal de um hospedeiro suscetível com alguém que esteja excretando ativamente os HHV-1 ou HHV-2, quer esteja manifestando os sintomas clínicos ou não. Os vírus penetram no organismo pelo contato direto com a pele apresentando alguma lesão, ou mucosas da boca ou genital. Os vírus podem ser transmitidos quando presentes em fluidos corporais como saliva, sêmen e secreções cervicais, ou no líquido das vesículas. O risco da infecção é maior quando ocorre o contato direto com o líquido das vesículas durante os episódios de herpes. Com a biossíntese do vírus no sítio de entrada, o vírion intacto e/ou seu nucleocapsídeo é transportado pelos axônios dos nervos sensoriais para o gânglio da raiz dorsal, através de um fluxo retrógrado, onde a latência é estabelecida. Esse é o princípio fundamental da patogênese da doença. Durante o período de latência, geralmente, o vírus não é transmissível. No entanto, algumas vezes, ocorre a síntese de partículas virais resultando na transmissão sem a presença de sintomas (*shedding*) a outra pessoa suscetível à infecção. Este conhecimento é da maior importância, pois aproximadamente 1/3 das infecções é transmitida nesse estágio da infecção. Um estudo mostrou que cerca de 40% das pessoas infectadas experimentam episódios de *shedding* por um período de 5% do tempo de infecção, enquanto outro evidenciou a frequência de 9 a 28%. Foi calculado que aproximadamente metade dos episódios de *shedding* assintomáticos ocorre dentro de poucos dias antes ou após o episódio de herpes e dura em torno de 1 dia e meio.

### Herpes orofacial

Os HHV-1 e HHV-2 têm sido detectados em saliva e sangue de pacientes com infecções orofaciais ativas. O herpes orofacial é a manifestação mais prevalente da doença. A primoinfecção geralmente acontece antes dos 2 anos de idade e apresenta-se clinicamente como gengivoestomatite herpética (ver adiante). A transmissão mais frequente se dá por contato íntimo pessoal, tal como o beijo. Além disso, devido à transmissão pela saliva, deve-se evitar compartilhar escova de dentes ou usar utensílios pessoais, como copos, de uma pessoa infectada.

### Herpes genital

O herpes genital é mais frequentemente transmitido por meio da atividade sexual, e pessoas com múltiplos parceiros sexuais têm maior risco de contrair a infecção. Os indivíduos com a infecção ativa têm maior chance de transmitir o vírus. No entanto, tem sido demonstrado que 1/3 de todas as infecções genitais ocorre no período de *shedding* viral. Por outro lado, somente 10 a 35% das pessoas que apresentam herpes genital sabem que têm a infecção. Desses indivíduos, a maioria não apresenta sintomas, ou não sabe reconhecer a doença quando ela aparece. O HHV-2 foi considerado o principal agente do herpes genital, mas a detecção do HHV-1 nesse tipo de lesão vem aumentando, provavelmente devido à prática de sexo oral. O *shedding* do herpes genital causado pelo HHV-1 é menos comum do que pelo HHV-2, sendo assim, a probabilidade de o HHV-1 ser transmitido no herpes genital é menor, embora a transmissão possa ocorrer. Uma pessoa que apresente os dois vírus tem uma chance maior de transmiti-los do que um indivíduo que tenha somente o HHV-2, enquanto um indivíduo infectado somente com o HHV-1 tem menor chance de contrair o HHV-2.

## *Infecção primária e reativação*

Indivíduos suscetíveis, sem anticorpos preexistentes aos HHV-1 ou HHV-2 desenvolvem a infecção primária após o primeiro contato com os vírus. Embora a biossíntese primária do vírus no sítio inicial da infecção possa levar a uma doença grave e até deixar sequelas no SNC, normalmente, a interação do vírus com o hospedeiro é branda, levando ao estabelecimento da latência por toda a vida do hospedeiro. Normalmente, a infecção primária costuma ser mais invasiva que a recorrente, devido à falta de imunidade celular e humoral do hospedeiro, podendo ocorrer pneumonia, hepatite e/ou comprometimento do SNC. A infecção primária com HHV-1 ou HHV-2 dura de 2 a 3 semanas, mas a dor pode persistir ainda por até 6 semanas. É bastante importante identificar uma infecção primária, quando possível, pois o início do tratamento pode ser decisivo para reduzir a quantidade de vírus no organismo ou as chances de complicação. Existem evidências de que o tratamento precoce da infecção genital, logo no início da infecção primária, possa impedir que o vírus produza uma infecção persistente latente no organismo.

Indivíduos que tiveram um episódio primário decorrente da infecção por uma espécie dos vírus, mesmo possuindo níveis de anticorpos detectáveis para essa espécie, podem apresentar a reativação que se manifesta na forma de infecção recorrente ou recidivante para esse determinado vírus, após qualquer tipo de estresse, do tipo endógeno ou exógeno, com o aparecimento das lesões, geralmente, no sítio inicial de infecção. Nesse caso, a doença é evidente na forma de vesículas (epiderme e mucosas) ou úlceras (mucosas) e regride, em média, em 12 dias. Os surtos recorrentes podem acontecer em intervalos de dias, semanas ou anos. Para a maioria das pessoas, as recorrências são mais frequentes nos primeiros anos após o primeiro ataque. Durante esse tempo, a resposta imunológica do indivíduo faz com que progressivamente as recorrências sejam mais brandas e menos frequentes. No entanto, o sistema imunológico não é capaz de erradicar o vírus do organismo.

A reativação do HHV-1 é mais frequente na região orofacial. O gânglio escolhido para o estabelecimento da infecção persistente pode ser o trigêmeo, vago ou qualquer um dos oito pares de nervos cervicais. A infecção causada pelo HHV-2, geralmente, está restrita à região anogenital, e é considerada uma infecção sexualmente transmissível (IST). O nervo escolhido como sítio de infecção persistente pode ser qualquer um dos cinco pares de nervos lombossacrais.

Em algumas circunstâncias não muito frequentes, pode haver a infecção das mãos, coxas e nádegas pela transmissão por autoinoculação.

### Alterações celulares

Após o começo da biossíntese viral, as células infectadas sofrem uma alteração profunda em sua organização estrutural e bioquímica, resultando em sua morte. As mudanças patológicas induzidas pela produção dos HHV-1 ou HHV-2 são similares, tanto para infecções primárias quanto para as recorrentes, ocorrendo somente uma diferença na extensão da lesão. Essas mudanças são a combinação da morte celular induzida pela biossíntese do vírus e a resposta inflamatória mediada pelas respostas inata e adaptativa do hospedeiro.

As alterações celulares induzidas pelo vírus incluem mudanças na cromatina da célula hospedeira, duplicação e dobramento das membranas intracelulares, inserção de proteínas virais nas membranas celulares, e alteração do metabolismo macromolecular da célula hospedeira.

Com a lise celular, um fluido líquido e claro (líquido vesicular) contendo grande quantidade de vírus aparece entre a epiderme e a derme. Esse fluido também contém restos celulares, células inflamatórias e/ou células gigantes. Na derme, há intensa resposta inflamatória, mais pronunciada na resposta primária que na recorrente. Quando ocorre a remissão da lesão, o fluido torna-se purulento, com o recrutamento de mais células inflamatórias, seguido do aparecimento de crosta, sem deixar cicatriz (exceção para pacientes com excessivas recorrências). Em mucosas, as vesículas são menos evidentes, sendo encontradas, nesses locais, úlceras ou formações aftosas.

Alterações vasculares podem ser evidenciadas por um colapso perivascular e pontos de necrose. Esse achado histopatológico é observado, principalmente, em infecções em outros locais que não a pele, como no cérebro (encefalites por HHV-1 ou HHV-2), em tecidos de indivíduos imunocomprometidos ou em neonatos.

#### Efeitos na resposta imunológica

A história natural das infecções pelos HHV-1 ou HHV-2 é influenciada por mecanismos de defesa inata e/ou adaptativa do hospedeiro. A resposta inicial do hospedeiro é inflamatória inespecífica e surge paralelamente à síntese viral na célula. Ao mesmo tempo, ocorre a indução da resposta adaptativa, com recrutamento de mais células efetoras ao local de infecção inicial.

Os HHV-1 e HHV-2 apresentam capacidade de espalhamento célula a célula, que é rápida e eficiente, sem atingir o meio extracelular. Devido a essa propriedade, os anticorpos são pouco eficientes em neutralizar os vírus após o estabelecimento da infecção persistente latente.

A participação de glicoproteínas virais interferindo com a resposta imunológica tem sido descrita. A glicoproteína C (gC) liga-se no componente C3b do complemento e impede a ativação das vias do complemento, fazendo com que a neutralização mediada por complemento, que é feita pela IgM, prejudique a imunidade humoral contra os HHV-1 ou HHV-2. Além disso, o complexo formado pelas glicoproteínas gE e gI apresenta elevada afinidade pela região Fc da IgG, o que resulta no bloqueio da capacidade de os anticorpos neutralizarem a infecciosidade dos vírus. Esse complexo receptor para Fc também bloqueia a citotoxicidade mediada por anticorpos e a fagocitose.

Um dos principais fatores para evasão do sistema imunológico pelos HHV-1 ou HHV-2 é a presença da proteína ICP47 que inibe a apresentação de antígenos pelo complexo principal de histocompatibilidade (MHC, *major histocompatibility complex*) de classe I, fazendo com que ocorra a inibição da indução da resposta de linfócitos $TCD_8^+$ para os HHV-1 ou HHV-2. Além disso, as células infectadas por esses vírus inativam a resposta por linfócitos T citotóxicos (CTL, *cytotoxic T lymphocytes*). A proteína ICP22 inibe a capacidade de células B apresentarem antígenos a linfócitos $TCD_4^+$ através do MHC de classe II.

A imunidade humoral não impede a recorrência ou reinfecção. Os anticorpos de mães soropositivas que são transferidos ao feto, via placenta, não protegem os recém-natos contra a infecção, mas podem abrandar a doença, em caso de exposição ao vírus, durante o nascimento do bebê.

## Manifestações clínicas

### *Infecção primária*

#### Gengivoestomatite herpética

A infecção primária (ou primoinfecção) pelo HHV-1 (não pelo HHV-2) é adquirida, normalmente, até 2 anos de idade, com envolvimento da mucosa da boca e da gengiva, com duração da doença de, aproximadamente, 2 a 3 semanas. É comum o aparecimento de dor e inflamação da mucosa oral, com dificuldade de ingestão de alimentos e água. As lesões intraorais envolvem vesículas e ulcerações eritematosas, lentas na cicatrização, com linfoadenopatia submandibular e cervical, associada à gengivoestomatite primária. O período de incubação da doença é de 2 a 12 dias.

#### Infecção da orofaringe

Quando a infecção primária ocorre em indivíduos adultos, surge faringite associada a uma síndrome semelhante à mononucleose (ver HHV-4, no *Capítulo 21*), que deve ser identificada mediante diagnósticos diferenciais. Geralmente, na infecção primária pelo HHV-1 ocorre o acometimento da orofaringe, mas já existem casos de HHV-2 isolados dessa região. No curso da infecção primária, existe grande diversidade de sintomas que varia desde totalmente assintomática até quadros combinados de febre, úlceras na garganta, lesões vesiculares e ulcerativas, edema, linfoadenopatia localizada, anorexia e/ou dor. O período de incubação da doença é de 2 a 12 dias.

#### Infecção genital

Normalmente, as infecções genitais são causadas pelo HHV-2, mas o HHV-1 também tem sido isolado das infecções herpéticas nesse local. A infecção primária genital é caracterizada por formação de vesículas ou úlceras com duração das lesões de, aproximadamente, 3 semanas, caracterizando-se pela excreção de grandes quantidades de vírus ($10^6$ partículas/0,2 mℓ). São relatados sintomas como parestesia (sensação anormal e desagradável sobre a pele que assume diversas formas como queimação, dormência, ou coceira) e disestesia (enfraquecimento ou perda de algum dos sentidos, especialmente tato) envolvendo o períneo e as extremidades inferiores do corpo. Febre, disúria (sensação de dor, ardor ou desconforto ao urinar), linfoadenopatia inguinal e mal-estar são observados tanto em homens quanto em mulheres, embora a intensidade das lesões e as complicações sistêmicas sejam mais observadas em mulheres.

Na mulher, a infecção primária envolve lesão bilateral da vulva, linfoadenopatia e disúria, podendo acometer a cérvice, o períneo, a vagina, as nádegas e as coxas (Figura 12.20). Retenção urinária ocorre em 10% dos casos e meningite asséptica, em 25%. No homem, a infecção primária é normalmente caracterizada pela formação de vesículas na glande ou no corpo do pênis. Lesões extragenitais são observadas nas nádegas, no períneo ou nas coxas. As complicações incluem radiculomielite, levando a retenção urinária, neuralgias e meningoencefalite. As lesões perianal e anal primárias, associadas à proctite (inflamação da mucosa retal), são mais observadas em homossexuais masculinos. Como ocorre com as infecções orofaciais causadas por HHV-1, a transmissão do HHV-2 pode ocorrer mesmo que as lesões sejam imperceptíveis ou a infecção seja assintomática.

### *Reativação da infecção*

Os eventos observados na reativação da infecção na região labial podem ser resumidos da seguinte maneira: a infecção é pré-anunciada por um período prodrômico de 0 a 2 horas até 2 dias. O paciente sente dor, queimação, coceira ou formigamento, com duração de 6 horas, antes do período de erupção das vesículas, que aparecem mais comumente na borda dos lábios. Podem ocorrer febre, cefaleia, cansaço e linfoadenopatia. De 2 a 5 dias, o paciente nota a formação de vesículas, devido ao edema na pele ou mucosa, que têm uma aparência característica, pois ficam agrupadas e apresentam um líquido claro. A dor é mais intensa no início, melhorando dentro de 4 a 5 dias. Após 5 a 12 dias, as vesículas se rompem liberando o líquido contendo partículas virais infecciosas, que podem ser transmitidas a outro indivíduo não imune. Nessa fase, pode haver a contaminação da lesão por bactérias. A seguir as vesículas se transformam em crostas e se inicia o processo de cicatrização, com regeneração do tecido e nenhum indício da infecção (Figuras 12.21 e 12.22). Então, os vírus retornam ao estado latente

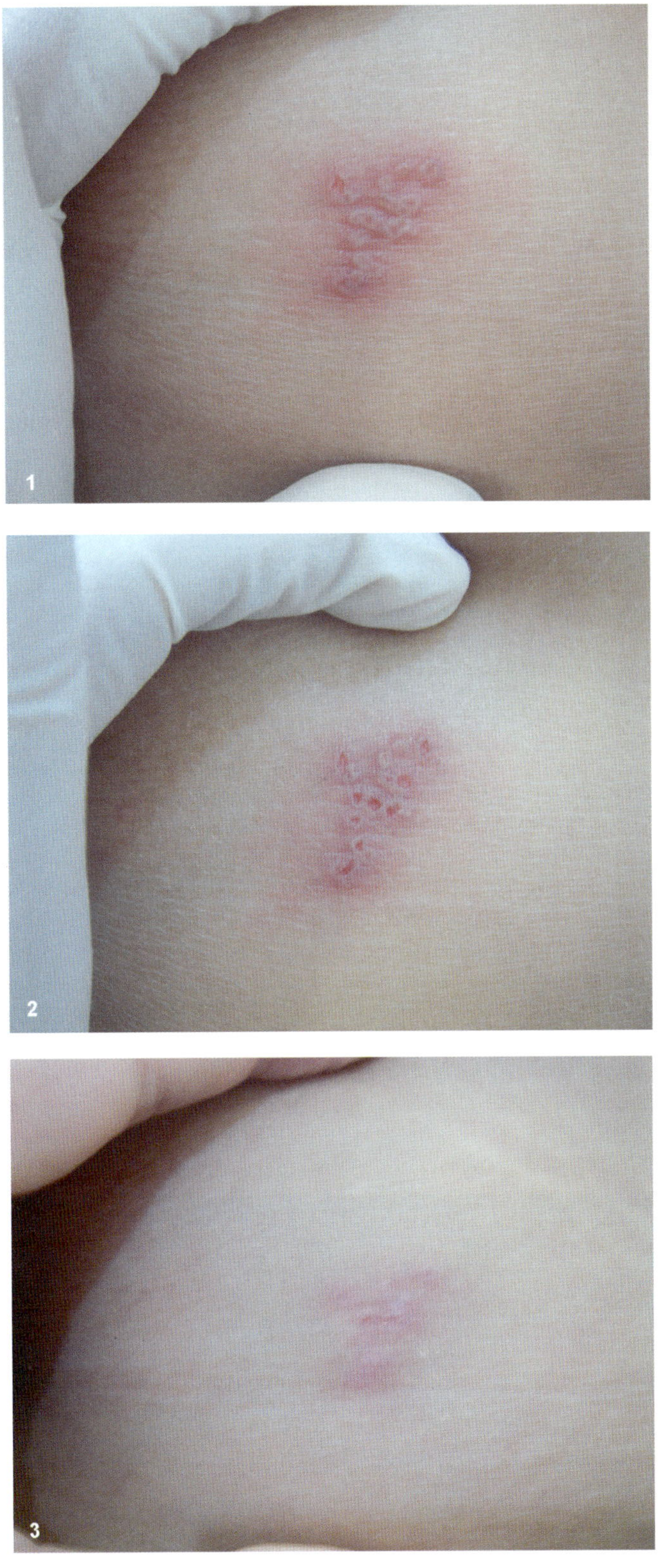


**Figura 12.20** Estágios da lesão produzida pelo HHV-1 em região posterior da coxa. **1.** Vesículas produzidas pelo HHV-1 na fase 3 da infecção. **2.** Fase 4 da infecção: rompimento das vesículas. **3.** Fase 5: remissão das lesões após 10 dias. Ver detalhes sobre os estágios das lesões herpéticas na Figura 12.21.

nos neurônios sensoriais até a próxima reativação. Na reativação da infecção na região genital, a evolução clínica é semelhante, mas, geralmente, as lesões se apresentam na forma de úlceras ou aftas na mucosa.

## Outras manifestações clínicas

### Ceratoconjuntivite herpética

A ceratoconjuntivite herpética, normalmente, é causada pelo HHV-1, mas o comprometimento agudo da retina pode ser devido ao HHV-2. Estima-se 50.000 novos casos notificados a cada ano somente nos EUA, sendo a segunda maior causa de cegueira em adultos naquele país. A infecção pelo HHV-1 ou HHV-2 no olho é comum em crianças recém-nascidas. A ceratite (inflamação da córnea) causa dor repentina, visão embaçada e lesão na córnea. O olho pode inchar e a infecção pode levar de 2 a 3 semanas para regredir. Está associada com conjuntivite unilateral ou bilateral, seguida de adenopatia, fotofobia, lacrimejamento, edema e lesões dendríticas da córnea. O desaparecimento das lesões ocorre em aproximadamente 1 mês, mesmo com terapia apropriada. A recorrência da infecção nesse local é comum, sendo normalmente unilateral e, dependendo do número de recorrências, há a formação de cicatrizes, que com o tempo pode levar à perda da visão. Cerca de 40% das pessoas têm mais de uma recorrência, geralmente ceratite em apenas um olho, mas os sintomas podem se manifestar no outro olho também. Alguns oftalmologistas acreditam, por experiência na clínica, que a intensa exposição ao sol possa desencadear a recorrência. Lesões na córnea podem ocorrer após muitas reativações. A ceratite estromal pode ocorrer, mas não é frequente. Nessa patologia, camadas profundas da córnea estão envolvidas, possivelmente devido a uma resposta imunológica anormal, e pode levar à cegueira. Iridociclite é outra grave complicação da infecção ocular pelo herpes na qual a íris e toda a área em torno dela se torna inflamada (ver *Capítulo 22*).

### Nódulo herpético

O nódulo herpético, geralmente, ocorre no dedo polegar ou indicador das mãos, em adultos, e qualquer dedo em crianças. O HHV-1 causa 60% das manifestações clínicas. Em crianças, geralmente, é causado pelo hábito de chupar o dedo. Em adultos, essa patologia é considerada uma condição ocupacional quando os profissionais, principalmente dentistas, não usam luvas para tratar pacientes com lesões herpéticas.

### Infecção congênita e neonatal

A infecção do recém-nascido pode ocorrer em três situações: *in utero*, durante o parto e pós-natal. A infecção *in utero* é rara e se dá por infecção da placenta, caracterizada por necrose e inclusões nos trofoblastos, ou por ascensão do vírus, via cérvice, causando corioamnionite. Caracteriza-se por vesículas ou manchas disseminadas na pele do bebê, coriorretinite ou ceratoconjuntivite, com microcefalia ou hidrocefalia. É uma infecção mais grave, entre todas aquelas causadas pelo herpesvírus do gênero *Simplexvirus*. Estima-se a ocorrência de 1 caso a cada 200.000 nascimentos. A infecção durante o parto é a mais comum e acontece quando o neonato se contamina com secreções infecciosas contendo vírus, durante a passagem no canal vaginal. A infecção pós-natal pode ocorrer por intermédio de profissionais de saúde, durante o período de internação hospitalar, ou pais e parentes e, normalmente, está relacionada com a presença de HHV-1 em lesões orofaciais nessas pessoas.

A apresentação clínica da infecção por HHV-1 ou HHV-2, em neonatos, depende do sítio de biossíntese viral e da extensão da lesão. Embora tenham sido documentados casos de infecções

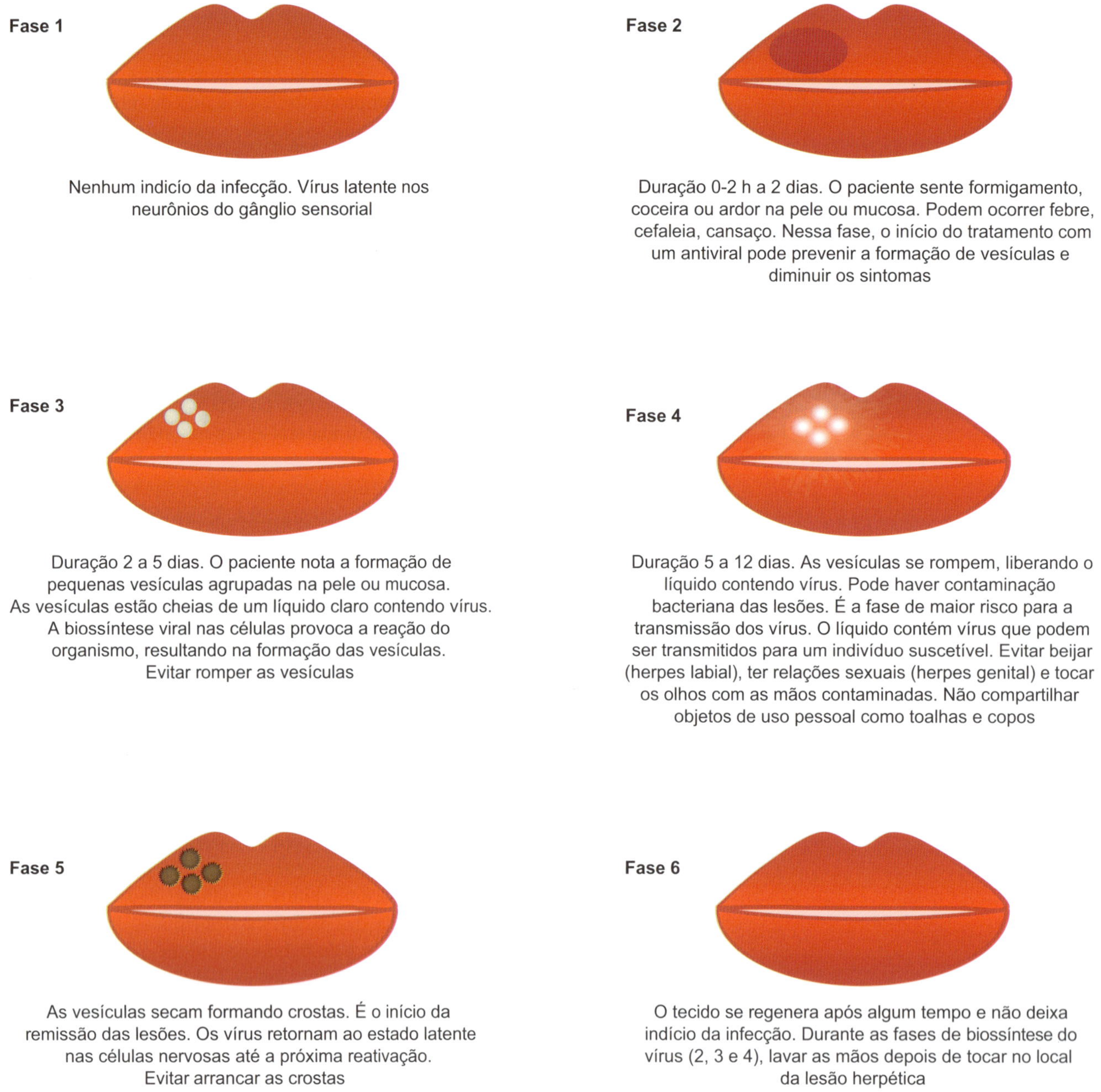

Fase 1
Nenhum indício da infecção. Vírus latente nos neurônios do gânglio sensorial
Fase 2
Duração 0-2 h a 2 dias. O paciente sente formigamento, coceira ou ardor na pele ou mucosa. Podem ocorrer febre, cefaleia, cansaço. Nessa fase, o início do tratamento com um antiviral pode prevenir a formação de vesículas e diminuir os sintomas
Fase 3
Duração 2 a 5 dias. O paciente nota a formação de pequenas vesículas agrupadas na pele ou mucosa. As vesículas estão cheias de um líquido claro contendo vírus. A biossíntese viral nas células provoca a reação do organismo, resultando na formação das vesículas. Evitar romper as vesículas
Fase 4
Duração 5 a 12 dias. As vesículas se rompem, liberando o líquido contendo vírus. Pode haver contaminação bacteriana das lesões. É a fase de maior risco para a transmissão dos vírus. O líquido contém vírus que podem ser transmitidos para um indivíduo suscetível. Evitar beijar (herpes labial), ter relações sexuais (herpes genital) e tocar os olhos com as mãos contaminadas. Não compartilhar objetos de uso pessoal como toalhas e copos
Fase 5
As vesículas secam formando crostas. É o início da remissão das lesões. Os vírus retornam ao estado latente nas células nervosas até a próxima reativação. Evitar arrancar as crostas
Fase 6
O tecido se regenera após algum tempo e não deixa indício da infecção. Durante as fases de biossíntese do vírus (2, 3 e 4), lavar as mãos depois de tocar no local da lesão herpética

**Figura 12.21** Estágios da manifestação clínica do herpes orofacial.

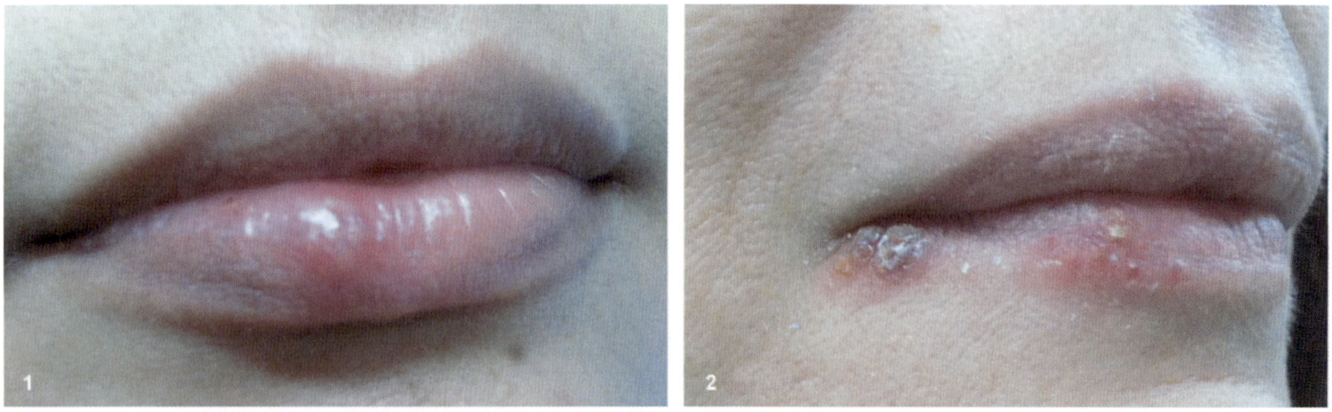


**Figura 12.22** Manifestação clínica da reativação do HHV-1. **1.** Vesículas produzidas pelo HHV-1 na fase 3 da infecção. **2.** Vesículas secas formando crostas na fase 5 da infecção. Ver detalhes sobre os estágios das lesões herpéticas na Figura 12.21.

assintomáticas, a maioria dos casos é sintomática e letal. A identificação do tempo de infecção é primordial para o prognóstico e intervenção terapêutica imediata.

A infecção pelos HHV-1 ou HHV-2, congênita ou durante o parto, causa doenças que podem ser divididas em três categorias:

- Infecção disseminada: ocorre em 25% dos recém-nascidos e apresenta mau prognóstico, tanto em mortalidade quanto em morbidade. Nesses casos, a introdução de uma terapia antiviral precoce diminui os casos fatais. Os principais órgãos afetados pela infecção disseminada são cérebro, pulmões, fígado, glândulas adrenais, pele, olhos e/ou boca. Os sintomas aparentes incluem irritabilidade, perturbação mental, falência respiratória, hepatite, sangramentos, choque, e, frequentemente, as vesículas características são consideradas patognomônicas. Encefalite é vista em 60 a 75% dos casos de infecção disseminada, mas a causa de morte mais comum é pneumonia ou coagulação intravascular disseminada. O exame sorológico do cordão umbilical demonstra positividade para IgM, além de antigenemia (viremia)
- Encefalite: a infecção no cérebro dos neonatos pode estar associada com infecção disseminada, atingindo esse órgão por via hematogênica ou por consequência da ascensão do vírus para o gânglio neuronal, via fluxo retrógrado. A manifestação clínica da doença é caracterizada por perturbação mental, irritação, tremores, anorexia, instabilidade de temperatura, elevação das fontanelas e sinais de distúrbios piramidais. O exame do liquor mostra pleocitose (aumento do número de leucócitos no liquor) e proteinúria (perda excessiva de proteínas na urina)
- Infecção localizada na pele, boca e olhos: de baixa mortalidade e média morbidade, ocorre em 40% dos recém-nascidos. A infecção na pele e na boca caracteriza-se por vesículas discretas e, nos olhos, por ceratoconjuntivite, normalmente restritas a essas partes do corpo do bebê que entraram em contato com a região infectada da mãe, ou adquirida por meio de transmissão nosocomial. Se o vírus atingir o sangue, a infecção pode progredir e atingir outras áreas e órgãos. A recorrência, frequentemente, se dá em 6 meses, independentemente de a terapia ter sido utilizada. Antes do emprego da terapia, aproximadamente 30% das crianças infectadas apresentavam complicações neurológicas. Outra manifestação da pele inclui erupção zosteriforme. A infecção envolvendo o olho pode apresentar-se na forma de ceratoconjuntivite, coriorretinite e, em casos mais graves, microlftalmia e displasia da retina.

Para que ocorra a transmissão da mãe para o recém-nascido durante o parto, a infecção materna por HHV-1 ou HHV-2 deve ser genital. Essa transmissão é influenciada por, pelo menos, quatro fatores: (1) tipo de infecção apresentada pela mãe ao termo da gravidez, isto é, duração, quantidade de vírus excretado no trato genital e tempo de remissão, que varia entre a infecção primária ou recorrente; (2) anticorpos maternos do tipo IgG que atravessam a placenta, protegendo o bebê de uma exposição inadvertida; (3) tempo de ruptura da membrana amniótica até o nascimento do bebê (superior a 6 horas), que expõe o bebê à infecção, por ascendência do vírus pela cérvice uterina; e (4) intervenção médica durante o parto, como, por exemplo, pelo uso de fórceps ao nascimento, que podem ser fonte de infecção.

Os bebês podem adquirir a infecção pelos HHV-1 ou HHV-2 quando a mãe tem a infecção ativa recorrente, mas o maior risco para o bebê ocorre quando a mãe tem uma infecção primária assintomática no momento do parto, por ter adquirido o vírus no final da gestação. Em tais casos, entre 30 e 50% dos recém-nascidos tornam-se infectados. O herpes recorrente ou infecção primária adquirida no início da gestação tem menor risco para a criança (menos de 1%).

Alguns médicos, atualmente, recomendam que a gestante infectada pelo HHV-2 seja tratada com aciclovir ou valaciclovir para auxiliar na redução da recorrência da infecção e não haver necessidade de intervenção cesariana. As gestantes são orientadas a começar a medicação no último trimestre da gravidez, ingerindo uma dose diária do antiviral.

Se a infecção genital primária é adquirida no terceiro trimestre de gestação, a maioria dos manuais médicos propõe que a gestante seja submetida à cesariana quando apresentar infecção primária sintomática nas 4 a 6 últimas semanas antes do parto porque pode não haver tempo para a soroconversão e o recém-nascido pode se infectar. Se não houver tempo para a cesariana, como o risco de transmissão vertical é elevado, a mãe e o bebê devem ser tratados com aciclovir endovenoso.

Para gestantes que apresentem um episódio recorrente de herpes genital algumas semanas antes do parto, uma terapia supressiva com aciclovir ou valaciclovir é recomendada durante as últimas 4 semanas. Além disso, quando não houver sintomas, mas existir a detecção do vírus por teste laboratoriais à época do parto, a cesariana eletiva é indicada.

Em 80 a 90% das infecções em neonatos, o HHV-1 ou HHV-2 é adquirido na época do parto e 5 a 10% das infecções são causadas por aquisição do vírus logo após o nascimento. Setenta a 80% das infecções por esses vírus em neonatos são causadas pelo HHV-2 e o restante devido ao HHV-1. Normalmente, uma infecção em neonatos por HHV-2 tem um prognóstico pior do que por HHV-1.

As crianças que apresentam herpes neonatal são quase sempre sintomáticas e a doença é frequentemente letal. A infecção que geralmente é identificada nas primeiras 48 horas do parto é caracterizada por vesículas na epiderme, lesões nos olhos (coriorretinite, microftalmia e catarata), danos neurológicos e comprometimento do crescimento e desenvolvimento psicomotor.

### Lesões de pele

Em pacientes que apresentam problemas dermatológicos preexistentes, e em pacientes imunodeficientes, as infecções na pele causadas por HHV-1 ou HHV-2 normalmente se manifestam por eczema herpético também conhecido como erupção variceliforme de Kaposi. As lesões podem ser localizadas, semelhantes às lesões encontradas em dermatomas no herpes-zoster, ou disseminadas. Quando não tratada, essa patologia pode ser extremamente grave ou possivelmente fatal. Outro tipo de infecção da pele é o *herpes gladiatorum*, encontrado em praticantes de lutas marciais. Embora raro, pode ocorrer também o eritema herpético multiforme, que se caracteriza por erupções irregulares circulares na parte de trás dos braços e dorso das mãos, que pode se manifestar após a recorrência de uma infecção herpética.

### Infecção em pacientes imunocomprometidos

Pacientes que apresentam o sistema imunológico comprometido por desnutrição, emprego de terapia imunossupressora, ou por doenças que atinjam o sistema imunológico são alvos de infecção herpética de alto risco. No caso de os HHV-1 ou HHV-2 atingirem a região orofacial, esses pacientes podem desenvolver herpes disseminado na pele e outros órgãos, podendo invadir o sistema respiratório superior e inferior, causando pneumonia, e o esôfago, ocasionando esofagite. Na região perianal, as lesões são extensas, atingindo os órgãos genitais internos, períneo e reto. A terapia antiviral deve ser administrada e avaliada continuamente quanto à possibilidade de seleção de estirpes virais mutantes resistentes. Pacientes imunodeprimidos com infecção assintomática também podem excretar o vírus. A esofagite causada pelos herpes também pode ocorrer nesses pacientes.

#### Infecção do sistema nervoso central

A encefalite por HHV-1 ou HHV-2 é uma das doenças mais devastadoras, dentre todas as outras causadas pelos herpesvírus. Nos EUA, o índice de encefalite é estimado em 40 a 50 casos/ano. A incidência de encefalite hemorrágica focal é de 1 caso em 200.000 indivíduos/ano. As manifestações clínicas, em adultos e crianças mais velhas, variam desde encefalite focal, com febre, até alteração de consciência, comportamento bizarro, transtorno mental e alterações neurológicas. A terapia antiviral deve ser introduzida o quanto antes, depois de descartado outro agente infeccioso. A mortalidade é observada em aproximadamente 70% dos pacientes não tratados. Meningite ocorre em 10% dos casos de infecção primária genital pelo HHV-2. As mulheres têm maior risco de complicarem para encefalite do que os homens com herpes genital primário. Os sintomas de meningite incluem cefaleia, febre, rigidez de nuca, vômito e fotofobia. Os sintomas regridem sem complicações após 2 a 7 dias, embora recorrências tenham sido relatadas.

Muitos estudos moleculares e celulares têm demonstrado a importância da imunidade inata, em particular da participação dos IFN, limitando o acesso dos vírus ao SNC. Em poucas crianças estudadas que apresentavam encefalite herpética foi verificado o comprometimento da resposta imunológica inata que prejudicou a produção de IFN-$\alpha/\beta$ e IFN-$\lambda$ por fibroblastos e/ou neurônios infectados com HHV-1 ou HHV-2 com maior permissividade das células à infecção. As mutações afetam proteínas envolvidas na produção de IFN induzida por estímulos de receptores TLR3 (*toll-like receptor 3*; receptor tipo *toll* 3).

### *Outras formas de infecção*

O HHV-1 ou HHV-2 já foram isolados de secreções respiratórias de adultos que apresentavam broncoespasmo e síndromes respiratórias. Esses quadros estão associados a alta taxa de mortalidade e morbidade.

Alguns estudos têm indicado um elevado risco de doença de Alzheimer em pessoas que apresentam HHV-1 e o gene ApoE4, que é conhecido por ser um fator de risco para essa doença. Além disso, já foi encontrada uma proteína no HHV-1 que mimetiza a proteína $\beta$-amiloide que se acredita seja crítica no processo de Alzheimer.

### *Associação com malignidade*

A associação do HHV-2 ao carcinoma de cérvice uterina tem sido proposta por diversos pesquisadores, devido à presença de HHV-2 na lesão cancerosa e à quantificação dos anticorpos específicos em 100% dos pacientes com esse tipo de carcinoma. Mas, nesses estudos, não foram pesquisadas outras IST, e os testes moleculares falharam em satisfazer os critérios necessários para demonstrar a relação entre causa e efeito. Atualmente, a tendência é considerar que o HHV-2 seja um marcador do comportamento sexual que predisporia o paciente a infecções pelo vírus do papiloma de humanos (HPV), principal responsável pelo carcinoma de cérvice uterina.

## Relação entre a infecção pelos HHV-1 e HHV-2 e o vírus da imunodeficiência humana

A infecção lítica pelos HHV-1 ou HHV-2 na mucosa genital gera a ruptura da barreira epitelial, deflagrando um processo inflamatório que recruta células linfocitárias efetoras, suscetíveis à infecção pelo vírus da imunodeficiência humana (HIV). Isso facilitaria a entrada desse vírus no hospedeiro e aumentaria o risco de transmissão para hospedeiros suscetíveis.

A infecção lítica ou persistente latente pelo HHV-1 ou HHV-2 estimula a biossíntese do HIV, aumentando a transcrição e tradução de proteínas desse vírus, com consequente aumento da liberação de partículas virais no plasma e favorecendo a progressão para a AIDS. Por esse motivo, pode ser recomendável associar ao tratamento do paciente imunodeficiente a terapia anti-herpes para evitar a ativação da infecção viral.

Por outro lado, a síntese do HIV nos linfócitos e tecidos linfoides leva à imunodepressão celular intensa. Como consequência, a imunidade celular, que é um fator explicitamente associado ao controle da infecção por HHV-1 ou HHV-2, é diminuída e induz a aumento ou ativação da biossíntese desses vírus nas células epiteliais. Por esse motivo, as lesões herpéticas em pacientes imunodeficientes são muito mais invasivas, dolorosas, e os vírus podem facilmente atingir a circulação sanguínea, caminhando para um mau prognóstico.

## Efeitos emocionais e sociais do herpes genital

O impacto emocional e social na vida dos pacientes com infecção herpética genital é muito grande, sendo necessário, em alguns casos, o acompanhamento psicoterapêutico dos pacientes. Em uma pesquisa realizada entre pacientes apresentando a infecção, 78% disseram que se sentiam deprimidos e 75% ficavam preocupados com rejeição. Aproximadamente 25% dos pacientes apresentavam pensamentos suicidas e cerca de 80% responderam que a doença tinha profundo efeito na vida sexual.

## Diagnóstico laboratorial

Embora os médicos identifiquem facilmente a forma recorrente da infecção herpética pelo tipo de lesão e histórico da doença, nas infecções primárias, nas manifestações clínicas atípicas e nas reativações assintomáticas (*shedding*) é necessário que se faça o diagnóstico laboratorial da infecção.

O isolamento do vírus ainda é o *gold standard* para o diagnóstico da infecção pelos HHV-1 ou HHV-2. Se a lesão estiver presente, é feita uma escarificação das vesículas com um *swab*, ou retirada do líquido da vesícula. O isolamento do vírus pode ser feito a partir da inoculação em hospedeiros suscetíveis: animais de laboratório, particularmente camundongos recém-nascidos, com visualização da morte ou paralisia; membrana corioalantoica de ovos embrionados, com a visualização de *pocks*; ou cultura de células, com a visualização de efeito citopatogênico (CPE) característico e corpúsculos de inclusão; algumas estirpes podem apresentar a formação de sincícios nas culturas inoculadas (para mais informações, consultar o *Capítulo 8*).

Nos líquidos das vesículas podem ser detectados antígenos virais específicos por imunofluorescência (IF), diretamente, ou após inoculação em cultura de células. Outros espécimes clínicos podem ser utilizados para isolamento desses vírus, tais como liquor, fezes, urina e secreções da orofaringe, nasofaringe e conjuntiva, embora não sejam os materiais de escolha. Em recém-natos com evidências de comprometimento do fígado e intestino, o aspirado duodenal é recomendado.

Um método que foi utilizado por muito tempo é o teste de Tzanck que consiste em escarificação da lesão e visualização das células ao microscópio óptico após coloração. Essas células apresentam corpúsculos de inclusão intranucleares que dão uma indicação da infecção em 50 a 70% dos casos, mas não é capaz de diferenciar qualquer um dos nove herpesvírus que causam infecção em seres humanos.

O resultado do diagnóstico virológico deve ser usado juntamente com a avaliação clínica do paciente. A diferenciação entre as espécies do gênero *Simplexvirus* só tem importância para estudos epidemiológicos.

Na ausência clínica de lesão, testes sorológicos devem ser empregados para identificar a pessoa infectada e devem ser realizados de 12 a 16 semanas após a exposição ao vírus. Os testes mais empregados são *Western blotting*, com precisão de 99%, EIA (ELISA) e imunofluorescência (IF). O EIA usa a glicoproteína G (gG) do envelope viral para diferenciar entre anticorpos para HHV-1 e HHV-2.

Os testes sorológicos são mais importantes em mulheres soronegativas, que queiram engravidar ou iniciar um relacionamento sexual com um parceiro sabidamente soropositivo. Também podem ser utilizados para identificar a espécie viral na infecção primária e qual a origem da contaminação, especialmente em mulheres a termo da gravidez; para o tratamento em pessoas com úlceras genitais recorrentes e que apresentem resultados negativos em cultura; para estudos epidemiológicos e, finalmente, para monitorar os níveis de anticorpos específicos de pessoas que trabalham em laboratório de análises clínicas ou de pesquisa e são soronegativas.

Os métodos moleculares têm sido ótima ferramenta para o diagnóstico virológico. No caso da infecção herpética, a reação em cadeia da polimerase (PCR, *polymerase chain reaction*) tem sido a mais empregada, e, em alguns casos, a técnica de hibridização em microarranjos (*microarrays*). A PCR é utilizada se houver pouca quantidade de vírus no material clínico ou para diferenciar as espécies virais. Quando ocorre o *shedding* viral, a PCR tem sido de grande valia para demonstrar a presença do vírus sem a manifestação dos sintomas. Em casos de encefalite, a PCR identifica a espécie de herpes no liquor e fornece um rápido diagnóstico da encefalite herpética, eliminando a necessidade de biópsia. A sensibilidade da PCR é superior à da cultura de células e resulta em um diagnóstico muito mais rápido.

## Epidemiologia

As infecções por HHV-2 são menos frequentes do que as produzidas pelo HHV-1 com prevalência de 10 a 20% nos EUA e Europa. Os vírus estão distribuídos tanto em países em desenvolvimento, incluindo tribos indígenas do Brasil, quanto em países mais desenvolvidos. No caso da infecção por HHV-2, a prevalência é maior em mulheres sexualmente ativas. Estudos têm mostrado que o risco de a mulher contrair a infecção genital é de 22% contra 18% dos homens. No entanto, os homens apresentam o dobro de chance de manifestar recorrências a mais do que as mulheres.

Na última atualização da Organização Mundial da Saúde (OMS) sobre infecções herpéticas por HHV-1, havia uma estimativa de que 3,7 bilhões de pessoas com idade abaixo de 50 anos, ou seja, 67% da população mundial apresentavam herpes orofacial ou genital pelo HHV-1, em 2016. A maior prevalência foi na África (88%) e a menor aconteceu nas Américas (45%). Com relação à infecção genital somente, a estimativa foi que entre 122 e 192 milhões de pessoas com idade entre 15 e 49 anos apresentavam infecção pelo HHV-1. A maioria das infecções ocorreu nas Américas, Europa e Pacífico ocidental, onde o HHV-1 continuava a ser mais adquirido na idade adulta. Com relação ao HHV-2, foi estimado que 491 milhões de pessoas com idade entre 15 e 49 anos conviviam com infecção genital causada por essa espécie de herpesvírus. A prevalência foi estimada ser mais elevada na África (44% de mulheres e 25% de homens) seguida pelas Américas (24% de mulheres e 12% de homens). A prevalência aumentou de acordo com a idade, mas o maior número de recém-infectados era de adolescentes.

Informação obtida nos Centros para Controle e Prevenção de Doenças (Centers for Disease Control and Prevention – CDC) dos EUA mostra que a soroprevalência do HHV-2 nos EUA caiu de 18% no período de 1999 a 2000 para 2,1% no período 2015 a 2016, com soroprevalência maior entre indivíduos não hispânicos negros. Dados de prevalência do HHV-1 entre adolescentes com idade entre 14 e 19 anos mostram redução de quase 23%, quando se comparam os períodos de 1999 a 2004 com 2005 a 2010, indicando que a infecção orofacial pelo HHV-1 diminuiu nesse grupo e a soroprevalência para HHV-2 foi muito menor (menos de 2%) nos dois períodos de tempo. Alguns estudos mostraram que a infecção genital por HHV-1 tem diminuído entre adultos jovens.

Em um estudo publicado em 2020, com levantamento de dados de 2016, que representou a primeira tentativa de documentar o ônus (*burden*) mundial de infecções genitais produzidas por HHV-1 ou HHV-2, foi estimado que 187 milhões de pessoas com idade entre 15 e 49 anos tiveram pelo menos um episódio de úlceras genitais relacionadas com a infecção por esses vírus, o que equivale a 5% da população mundial. A distribuição do número de casos entre homens e mulheres com idade entre 15 e 49 anos apresentando úlceras genitais, positivos para HHV-1 ou HHV-2, nas seis Regiões da OMS é mostrada na Figura 12.23. Desses 187 milhões, 178 milhões foram positivos para HHV-2, quando comparado com 9 milhões para HHV-1. Globalmente, 6,4% das infecções ocorreram em mulheres e 3,6% em homens (ver Figura 12.23). O ônus de infecções genitais por qualquer das espécies foi mais elevado na África (59 milhões), seguido pelo Pacífico ocidental (38 milhões), Américas (35 milhões) e Sudeste da Ásia (32 milhões). No entanto, o ônus por HHV-1 foi mais elevado nas Américas.

Em países em desenvolvimento, a soroconversão para o HHV-1 acontece bem cedo, durante a primeira infância, ao passo que, em países desenvolvidos, ocorre mais tarde, já na adolescência. Em relação ao HHV-2, os fatores que influenciam a aquisição desse vírus são relacionados com a quantidade de parceiros sexuais e promiscuidade.

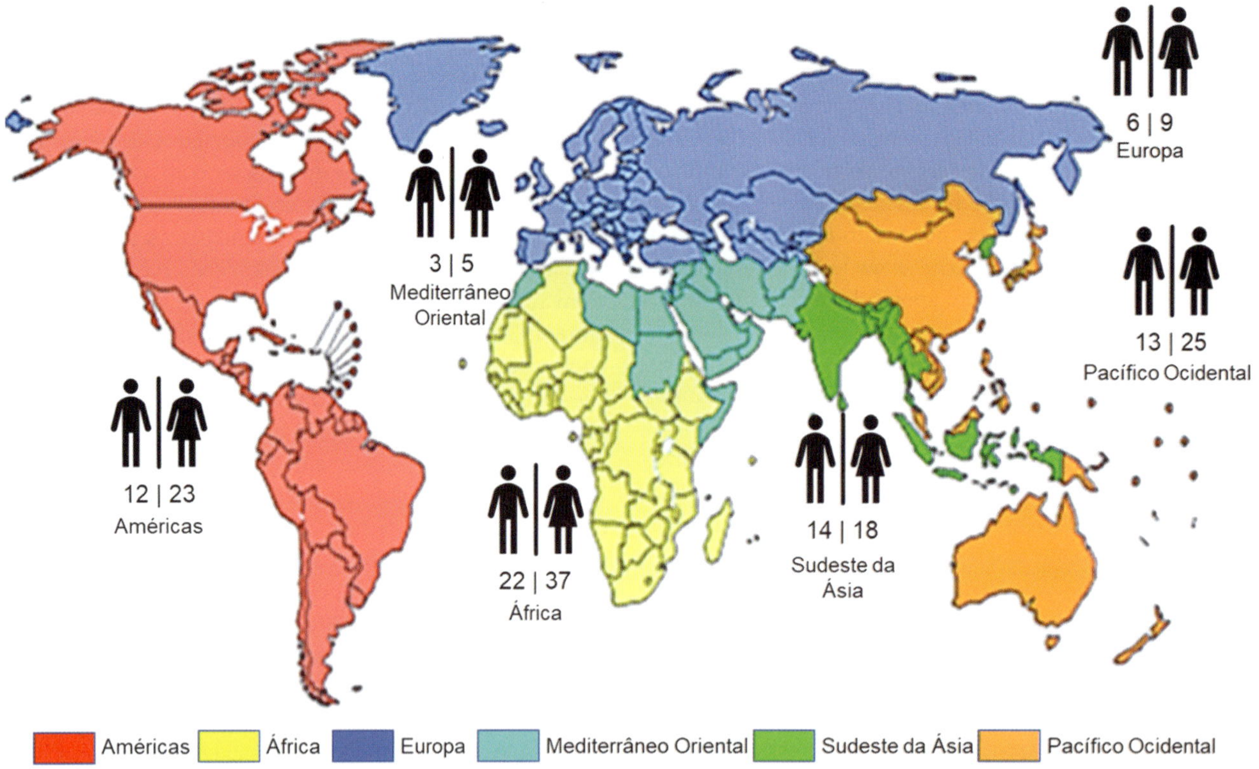


| | Total de mulheres | Total de homens | Total global |
|---|---|---|---|
| **Prevalência (%)** | 6,4 | 3,6 | 5 |
| Números (milhões) | 117 | 70 | 187 |

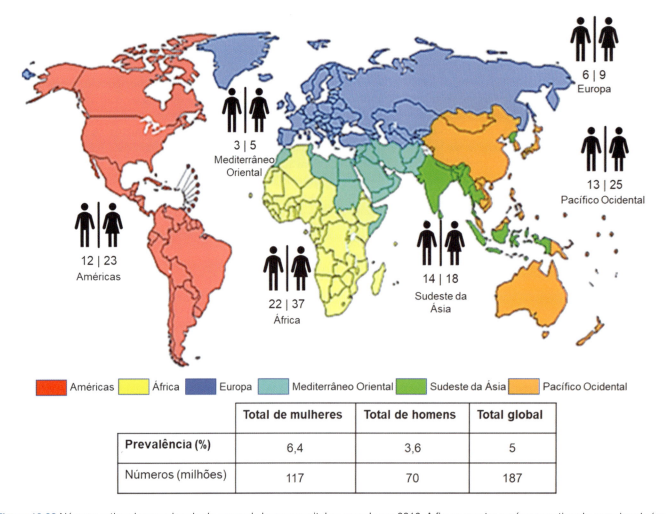

**Figura 12.23** Número estimado aproximado de casos de herpes genital no mundo em 2016. A figura mostra o número estimado aproximado (em milhões) de pessoas com idade entre 15 e 49 anos com úlceras genitais causadas por HHV-1 ou HHV-2 em 2016. Os números foram arredondados no trabalho original. Adaptada de Looker *et al.*, 2020.

O herpes orofacial é a forma mais comum de infecção produzida por HHV-1 ou HHV-2 e os vírus presentes nas lesões são facilmente transmissíveis. Alguns estudos sugerem que por volta dos 5 anos mais de 1/3 das crianças em áreas pobres estejam infectadas, enquanto se observam 20% de infecção em áreas com melhores condições socioeconômicas. No entanto, 60% dessa população mais privilegiada apresentam infecção, aproximadamente, aos 30 anos de idade. Após os 40 anos de idade não há diferenças no número de pessoas infectadas em função das condições socioeconômicas. Qualquer indivíduo não imune está sob o risco de se infectar por qualquer das duas espécies.

No Brasil, existem poucos estudos epidemiológicos e as comparações entre eles devem ser feitas com cuidado, pois utilizam populações, faixas etárias e testes de diagnóstico diferentes nas pesquisas. Um estudo mostrou que 640 mil novos casos de herpes genital são diagnosticados anualmente. Outra análise, realizada em 2010, nas cidades de Fortaleza, Rio de Janeiro, Manaus e Porto Alegre e que envolveu 1.090 indivíduos mostrou que a prevalência dos anticorpos para HHV-1 foi de 67,2%, sem diferença quanto ao sexo, mas aumentando com a idade. A soroprevalência de HHV-1 não foi homogênea, variando de 47,0% em Fortaleza a 73,3% em Manaus. A taxa global de infecção pelo HHV-2 nesse estudo foi de 11,3%. Em outro estudo envolvendo adolescentes, gestantes ou não, e doadores de sangue foi demonstrada a soroprevalência para HHV-2 entre 22,6 e 42%.

Um inquérito sorológico obteve dados sobre a prevalência dos HHV-1 e HHV-2 entre homens e mulheres no Brasil, com os seguintes resultados por faixa etária: 1 a 4 anos: 36%; 5 a 9 anos: 52,4%; 10 a 14 anos: 68,1%; 15 a 19 anos: 83,3%; 20 a 29 anos: 83,6%; 30 a 35 anos: 95,2%; 35 a 44 anos: 96%; e acima de 45 anos: 94,6%.

Pacientes com imunodeficiência, notadamente aqueles com AIDS, apresentam maior risco de infecção pelos HHV-1 ou HHV-2, assim como complicações mais graves.

Existem também algumas profissões que expõem o profissional ao risco da infecção como médicos, enfermeiros e dentistas, assim como atletas que praticam esporte sem vestimentas que os protejam do contato físico, como os pugilistas.

## Prevenção e controle

Medidas de prevenção das IST e de higiene devem ser ensinadas a adolescentes e grupos de risco. O uso de preservativos durante a relação sexual deve ser exigido, principalmente no caso de mulheres grávidas soronegativas, para a proteção do bebê. No caso de suspeita de infecção primária da gestante, a cesariana é indicada. Nas mulheres com histórico de infecção passada, o exame vaginal cuidadoso deve ser realizado, se possível com colheita de secreção vaginal para o isolamento viral perto da época do nascimento do bebê, para possibilitar a terapia antiviral.

Atendentes, enfermeiras e o corpo médico da área ginecológica, que apresentarem quaisquer tipos de lesões nas mãos ou nos lábios, devem ser afastados imediatamente, a fim de evitar disseminação da infecção no berçário ou nas gestantes.

Vacinas para uso em seres humanos ainda não estão disponíveis. Várias abordagens têm sido realizadas no sentido da obtenção de vacinas profiláticas ou terapêuticas para a infecção pelos HHV-1 e HHV-2. Estão sendo desenvolvidas vacinas preparadas com vírus atenuados, peptídeos virais, vacinas produzidas em vetores e vacinas utilizando a tecnologia de DNA recombinante, mas até agora sem sucesso.

O desenvolvimento de uma vacina segura e eficaz contra HHV-1 e HHV-2 deve contemplar algumas estratégias. A vacina candidata deve mimetizar o ciclo de biossíntese do HHV-1 ou HHV-2, mas precisa ser substancialmente menos patogênica e assegurar a resposta imunológica inata e consequente ativação da resposta adaptativa. Além disso, deve ser capaz de induzir a expressão das principais moléculas virais que exercem efeito patológico e expô-las ao sistema imunológico. Também deve ser desenhada para prontamente entregar essas moléculas às células apresentadoras de antígeno incluindo células dendríticas e macrófagos, sem interferir com esse processo ou eventos de indução de apoptose celular. Idealmente, a vacina candidata não pode apresentar neurotropismo.

Embora estudos com vacinas para prevenir a infecção herpética genital e neonatal em animais tenham revelado resultados promissores, os testes clínicos em seres humanos não mostraram a eficácia necessária. Existem mais de 15 pesquisas envolvendo a busca por uma vacina segura e eficaz, mas até o momento nenhuma delas obteve sucesso em testes clínicos.

### Tratamento

Nenhum quimioterápico desenvolvido até o momento é capaz de curar a infecção herpética. O paciente pode ter recorrências mesmo sob o tratamento e continuar a transmitir o vírus. No entanto, as drogas anti-herpes reduzem os sintomas e diminuem o tempo da manifestação clínica.

Atualmente, os antivirais aciclovir, valaciclovir e fanciclovir, que são análogos nucleosídicos, são as principais drogas empregadas no tratamento das infecções tanto pelo HHV-1 quanto pelo HHV-2 (ver *Capítulo 9*). No caso de resistência a esses fármacos, que pode ocorrer nos genes da timidino-cinase, DNA polimerase viral ou em ambas, pode-se empregar o fosfonoformato ou o cidofovir (ver *Capítulo 9*). Essas drogas podem ser usadas no tratamento durante o episódio herpético ou supressivamente. No primeiro caso, a medicação é usada quando o indivíduo percebe que as lesões herpéticas irão aparecer. No segundo caso, o tratamento requer que o paciente tome doses diárias do medicamento e tem a finalidade de impedir a reativação do vírus, principalmente naqueles que apresentam seis ou mais episódios por ano.

## Herpesvírus de humanos 3

### Histórico

O alfa-herpesvírus HHV-3 (herpesvírus de humanos 3 ou vírus da varicela-zoster) causa varicela ou catapora, como infecção primária, e herpes-zoster, na reativação. Por muito tempo, a classe médica considerou a catapora como uma variante da varíola, tendo sido somente em 1867 que Heberden demonstrou as diferenças entre as duas doenças.

Em 1892, von Bokay observou que crianças adquiriam varicela após contato com parentes apresentando a doença na forma de herpes-zoster e sugeriu que o mesmo agente infeccioso estivesse presente nas duas patologias. Mais tarde, essa observação foi comprovada pelo desenvolvimento de varicela em crianças suscetíveis, após inoculação do material de vesículas derivadas de pacientes com herpes-zoster.

O primeiro isolamento do vírus foi realizado em membrana corioalantoica de ovos embrionados de galinha, por Goodpasture e Anderson, em 1944, que já haviam demonstrado anteriormente a presença de inclusões nucleares e células gigantes multinucleadas em biópsia de tecido de diversos pacientes com varicela.

Em 1953, Weller e Sttodard descreveram o primeiro isolamento do vírus em cultura de células. Esses pesquisadores observaram que tanto o material vesicular da varicela quanto o de herpes-zoster originavam um efeito citopatogênico (CPE) indistinguível.

A propagação do vírus *in vitro* permitiu a ligação entre o achado clínico e o sorológico, traçando uma identidade única para o agente etiológico da varicela e do herpes-zoster.

Embora o agente etiológico da varicela já fosse conhecido, foi somente em 1965 que o médico britânico Robert E. Hope-Simpson sugeriu: "o herpes-zoster é uma manifestação espontânea da varicela". Essa observação foi baseada em minucioso exame clínico realizado em aproximadamente 3.500 pacientes durante sua prática clínica por mais de 16 anos, combinado com aprofundados estudos na literatura sobre anatomia e epidemiologia a respeito do herpes-zoster. Esse estudo conduziu-o à sua famosa observação: "Seguinte à infecção (varicela), o vírus torna-se latente em gânglios sensoriais, onde pode ser reativado de tempos em tempos (herpes-zoster)". Dezoito anos depois sua hipótese foi comprovada por Donald Gilden que detectou o DNA do VZV (vírus da varicela-zoster, como era chamado o HHV-3 na época) em gânglios humanos latentemente infectados. Embora muito se tenha aprendido sobre a biologia do HHV-3, os mecanismos de latência e reativação da biossíntese desse vírus ainda permanecem como um enigma sob muitos aspectos, em parte porque o HHV-3 não causa doença em animais de experimentação. No entanto, recentes abordagens *in vitro* que utilizam células-tronco embrionárias humanas (hESC, *human embryonic stem cell*) derivadas de neurônios têm fornecido um modelo de estudo para latência viral e reativação o que terá reflexos positivos na elucidação desse mecanismo tão complexo.

O HHV-3 causa duas patologias distintas: varicela e herpes-zoster. A ligação entre essas duas doenças foi feita há mais de 100 anos e foi baseada em duas observações: (1) o HHV-3 fica latente em neurônios humanos por décadas após o quadro clínico de varicela e (2) a imunidade celular (CMI, *cell mediated immunity*) específica para HHV-3 é necessária para a manutenção da latência. A varicela é a manifestação clínica primária do HHV-3 e o herpes-zoster ocorre em consequência da reativação do vírus nos neurônios sensoriais. Assim, um indivíduo suscetível que entre em contato com secreções de lesões do herpes-zoster vai manifestar o quadro clínico de varicela e não o de herpes-zoster.

Atualmente, o HHV-3 é o único vírus da família *Herpesviridae* que possui uma vacina protetora. Antes da introdução da vacinação, em 1995, 4 milhões de indivíduos por ano contraíam o vírus nos Estados Unidos da América (EUA), com uma incidência de 15 a 16 casos por 1.000 habitantes.

## Classificação e características

O Comitê Internacional para Taxonomia de Vírus (ICTV, *International Committee on Taxonomy of Viruses*), em sua revisão publicada em 2020 (MSL #35), classifica o HHV-3 na família *Herpesviridae*, subfamília *Alphaherpesvirinae*, gênero *Varicellovirus*, espécie *Human alphaherpesvirus* 3 (HHV-3), herpesvírus de humanos 3 ou vírus da varicela-zoster (VZV).

Os aspectos morfológicos são semelhantes aos demais vírus da família *Herpesviridae*, e assim como os demais membros da subfamília *Alphaherpesvirinae*, caracteriza-se pela infecção lítica, pelo ciclo de biossíntese curto e por estabelecer infecção persistente latente em células neuronais.

O ácido nucleico é composto de DNA de fita dupla (DNAfd) linear codificando aproximadamente 65 proteínas. O genoma do HHV-3 é o menor entre os herpesvírus que infectam seres humanos.

A literatura tem poucas informações sobre a biologia molecular e biossíntese desse vírus. O HHV-3 apresenta o DNA com tamanho de 125 quilopares de bases (Kpb), que é menor do que o dos HHV-1 e HHV-2 (152 kpb), e também tem menor conteúdo G + C (46%) enquanto o dos HHV-1, 68% e HHV-2, 69%. O genoma consiste em uma região única longa ($U_L$, *unique long*) com 105 kpb, uma região única curta ($U_S$, *unique short*) com aproximadamente 5 kpb, além de sequências internas repetidas (IR, *internal repeated*) e terminações repetidas (TR, *terminal repeated*). Os genes que codificam as ORF62/ORF71, ORF63/ORF70 e ORF64/ORF69 são duplicados. A origem de replicação (Ori) está localizada na região repetida, e o DNA pode se tornar circular pareando bases nas suas terminações. Aproximadamente 2/3 das sequências de leitura aberta (ORF, *open reading frames*) do HHV-3 são necessárias para a biossíntese, a maioria envolvida na replicação do DNA e outras funções, tais como clivagem do DNA e empacotamento, metabolismo do ácido nucleico e montagem do capsídeo. O HHV-3 contém cinco genes únicos (ORF1, ORF2, ORF13, ORF32 e ORF57) que não são encontrados nos HHV-1 e HHV-2 e perdeu 15 genes expressados por esses vírus.

A morfologia dos vírions varia de pleomórficos a esféricos com 80 a 120 nm de diâmetro. O DNA linear é empacotado no capsídeo icosaédrico que é formado pelas proteínas codificadas pelas ORF20, ORF21, ORF23, ORF33, ORF40 e ORF41. Os capsídeos são circundados pelo tegumento constituído por proteínas com função regulatória do ciclo de biossíntese como as proteínas iniciais imediatas (IE) virais; fatores de transativação como os codificados pelas ORF4, ORF62 e ORF63; proteínas codificadas pelas ORF de 9 a 12; duas cinases virais (ORF47 e ORF66), além de outras proteínas. As partículas virais apresentam envelope derivado da membrana citoplasmática da célula infectada com oito glicoproteínas (gB, gC, gE, gH, gI, gK, gL e gN). O complexo formado pelas glicoproteínas gB/gH-gL é responsável pelo processo de fusão do envelope viral com a membrana citoplasmática da célula infectada.

Esse vírus é capaz de realizar espalhamento célula a célula com fusão de células adjacentes de maneira mais eficiente que os HHV-1 e HHV-2. Assim, especula-se que a ausência de gD seja responsável pela diferença no comportamento biológico. Não existe homólogo de gD no HHV-3, mas sabe-se que a gH e a gL, juntamente com gB, são responsáveis pela fusão do envelope com a membrana citoplasmática e penetração, além de participarem na formação de sincícios e espalhamento célula a célula. Nos HHV-3, quatro glicoproteínas são essenciais: gB, gH, gL e gE. Parece que gE funciona como gD, pelo menos em parte, nas funções equivalentes.

Quatro genes adicionais foram identificados: ORF0, ORF9A, ORF33,5 e um recentemente descoberto, VLT (transcrito associado à latência do VZV [*VZV latency-associated transcript*]). Uma característica do HHV-3 que é subestimada é a transcrição de vários genes, incluindo ORF0, ORF42/45, ORF50 e VLT que requer a maquinaria de *splicing* do hospedeiro para remover íntrons do pré-RNAm, além de apresentar padrões de *splicing* alternativos. Há ainda a possibilidade da existência de microRNA (miRNA), pequenos RNA não codificantes, que é um campo de estudo ainda em aberto.

Com base em limitados resultados experimentais e, principalmente, por analogia com os outros alfa-herpesvírus, os genes do HHV-3 foram nomeados: iniciais imediatos (IE, *immediate early*), iniciais (E, *early*) e tardios (L, *late*) e são transcritos na dependência da síntese de proteínas regulatórias codificadas por cada um. As proteínas codificadas pelos genes IE atuam como reguladoras da transcrição (IE4, IE61, IE62 e IE63), as codificadas pelos genes E estão principalmente envolvidas na replicação do DNA, enquanto os genes L codificam proteínas estruturais e também uma proteína reguladora (L10). Todas as proteínas do HHV-3, exceto a proteína ubiquitino-ligase codificada pela ORF61 (IE61), fazem parte da partícula viral. Parece que, em parte, a dificuldade em estudar a regulação dos genes do HHV-3 é devido à natureza altamente associada do vírus com as células infectadas.

Recentes avanços no campo da genômica e biologia computacional têm conduzido ao aumento na quantidade de informações sobre o sequenciamento do genoma do HHV-3, com múltiplos estudos interessados em explorar a evolução do HHV-3. Talvez a principal consequência disso tenha sido a evidência de que o genoma do HHV-3 é muito estável, com aproximadamente 98% das sequências conservadas, comparando as amostras mais remotas com as atuais. A segunda evidência é que a história evolutiva do HHV-3 é parecida com a dos outros herpesvírus e é resultado de extensa recombinação.

## Biossíntese viral

Embora pertencendo à mesma família, existem algumas diferenças entre os HHV-1 e HHV-2, e o HHV-3. A mais notável diferença entre eles é a ausência de gD no HHV-3.

O ciclo de biossíntese tem início com a adsorção e entrada do HHV-3 em células suscetíveis, mas é um evento pouco conhecido. Presume-se que o mecanismo de penetração ocorra por fusão direta do envelope viral com a membrana da célula ou por endocitose após a adsorção do vírion à membrana citoplasmática. A fusão é desencadeada pelas glicoproteínas do envelope que interagem com moléculas na superfície da célula, tais como o receptor 8 para manose-6-fosfato ou glicoproteína associada com mielina. A glicoproteína B (gB) do HHV-3, juntamente com gH e gL forma um complexo de fusão, mas outras glicoproteínas do envelope provavelmente também contribuem para esse processo.

Após a entrada, os vírions sofrem desnudamento e os nucleocapsídeos são transportados para o núcleo da célula onde ancoram na membrana nuclear para permitir a penetração do DNA no núcleo, atravessando o poro nuclear. Dentro do núcleo, o DNA se torna circular e se associa com proteínas codificadas pelos genes *IE*, *E* e *L* que são sintetizadas no citoplasma e entram no núcleo, incluindo IE62 que é a principal proteína viral e funciona como uma proteína transativadora da transcrição. A replicação do genoma e a expressão dos genes virais dependem tanto de fatores de transcrição e tradução celulares, quanto de fatores codificados pelo vírus. Além disso, proteínas do tegumento, ORF47 e ORF66, são serino/treonino-cinases que fosforilam fatores de transcrição virais e outras proteínas virais regulatórias. A proteína IE62 se complexa com fatores celulares como o fator de transcrição Sp1 (*specificity protein 1*; proteína de especificidade 1), que tem sítios de ligação em muito promotores virais para transativar genes do HHV-3. Similarmente a outros herpesvírus, os nucleocapsídeos sofrem um envelopamento primário na membrana nuclear e posterior desenvelopamento pela fusão com a lamela externa da membrana nuclear e são liberados no citoplasma onde se direcionam à rede trans-Golgi (TGN, *trans-Golgi network*).

Pouco se sabe sobre a saída desse vírus das células. Três glicoproteínas participam da saída do HHV-3 das células: gE, gI e gB. Estudos utilizando microscopia eletrônica demonstraram que gE está ausente nos vírions que se situam no lúmen perinuclear, mas está presente nas membranas que formam a TGN e no envelope dos vírus situados no citoplasma ou extracelulares. As membranas da TGN assumem morfologia como um "C" achatado e são adicionadas das proteínas do tegumento na face côncava, que parece servir para orientar o envelopamento viral. Da mesma forma que nos HHV-1, a gE forma um complexo com a gI e isso é determinante para o espalhamento célula a célula, assim como maturação e reciclagem das glicoproteínas nas membranas celulares. A glicoproteína gB seria a terceira proteína que participa da saída do HHV-3 das células infectadas. Seu endodomínio contém determinantes para o transporte intracelular e localização da gB no retículo endoplasmático (RE) e sinalização do transporte no Golgi. Assim, o envelopamento secundário ocorre em cisternas da rede TGN, onde os capsídeos adquirem as proteínas que formam o tegumento e o envelope com as glicoproteínas que estão inseridas na membrana dessa estrutura celular. Os novos vírus se dirigem para a superfície da célula em vesículas do Golgi para serem liberados por fusão da membrana da vesícula com a membrana da célula infectada (Figura 12.24A). A detecção de novas partículas ocorre entre 9 e 12 horas pós-infecção. A diferença do HHV-3 para os outros herpesvírus é que os vírions são altamente associados com células. As mesmas glicoproteínas que promovem a fusão do envelope do vírus com a membrana da célula infectada são expressas na superfície da célula e induzem a fusão de células infectadas com não infectadas produzindo sincícios e contribuindo para o espalhamento do vírus.

Na infecção persistente latente, o DNA viral está na forma epissomal no núcleo do neurônio (Figura 12.24B) e o exato mecanismo de como isso ocorre ainda não está totalmente elucidado. Nessa fase, acredita-se que o DNA circular está inativo e nenhuma ou somente pouca expressão de proteínas IE ou E ocorra, o que é controverso, uma vez que nenhuma proteína viral é encontrada no núcleo. Recentemente foi verificado que neurônios sensoriais latentemente infectados com HHV-3 e contendo DNA epissomal expressam os VLT e/ou RNA codificado pela ORF63. A infecção persistente latente não causa qualquer alteração na morfologia das células infectadas.

## Mecanismo de latência

### *Entrada do HHV-3 no sistema nervoso periférico e latência*

Duas teorias, não mutuamente exclusivas, pelas quais os neurônios sensoriais do gânglio da raiz dorsal (DRG, *dorsal root ganglia*) e do gânglio trigêmeo (TG, *trigeminal ganglia*) são infectados pelo HHV-3 foram propostas: (1) Após o quadro clínico de varicela, o HHV-3 penetra pelas terminações nervosas da derme, nos locais com lesão cutânea, e tem acesso ao gânglio pelo transporte retrógrado axonal (Figura 12.25A). A evidência que fornece suporte a essa hipótese é a detecção de antígenos virais nas células de Schwann (células que formam a bainha de mielina que envolve os axônios dos neurônios no sistema nervoso periférico) e axônios periféricos, na derme de pacientes com varicela, além de observações de que o herpes-zoster pode se manifestar no local de inoculação da vacina contra varicela ou em locais mais afetados pela varicela. Foi demonstrada a infecção de axônios pelo HHV-3 e o transporte retrógrado para o corpo dos neurônios, possivelmente envolvendo a fusão entre células não neuronais infectadas e axônios neuronais. Notavelmente, os terminais nervosos estão localizados muito próximos aos vasos sanguíneos da junção derme-epiderme e dos folículos pilosos, sugerindo que o HHV-3 pode, ao mesmo tempo, infectar células da epiderme ou ceratinócitos dos folículos pilosos e se espalhar célula a célula. (2) Linfócitos T infectados com HHV-3 transportam os vírus para os gânglios durante a viremia associada ao quadro de varicela. As células T infectadas fundem com neurônios e, assim, o corpo das células neuronais é infectado (Figura 12.25A). Subsequentemente, os vírus começam o ciclo produtivo dentro de neurônios, a morte celular é impedida, a biossíntese cessa e a latência é estabelecida no núcleo dos neurônios (Figura 12.25A). Essa hipótese é corroborada pela detecção do DNA do HHV-3 em gânglios obtidos de pacientes na fase prodrômica da varicela. Além disso, a aplicação da vacina contra varicela resulta no estabelecimento de latência bilateral nos DRG e gânglios entéricos. O HHV-3 prolonga a latência via fosforilação do transdutor de sinal e ativador da transcrição 3 (STAT3, *signal transducer and activator of transcription 3*) e indução de survivina, e modula seu fenótipo induzindo células T de memória ativadas, com tropismo para a pele. Embora os pré-requisitos para a entrada das células T nos gânglios sejam desconhecidos, foi evidenciado que enxertos de DRG fetais humanos implantados em camundongos com imunodeficiência, são infectados quando os animais são inoculados, por via endovenosa, com linfócitos T tonsilares infectados com HHV-3.

A expressão de genes é altamente restritiva durante a latência no gânglio. Assim, o mecanismo definitivo pelo qual o HHV-3 causa infecção e latência em neurônios ainda necessita de mais investigações.

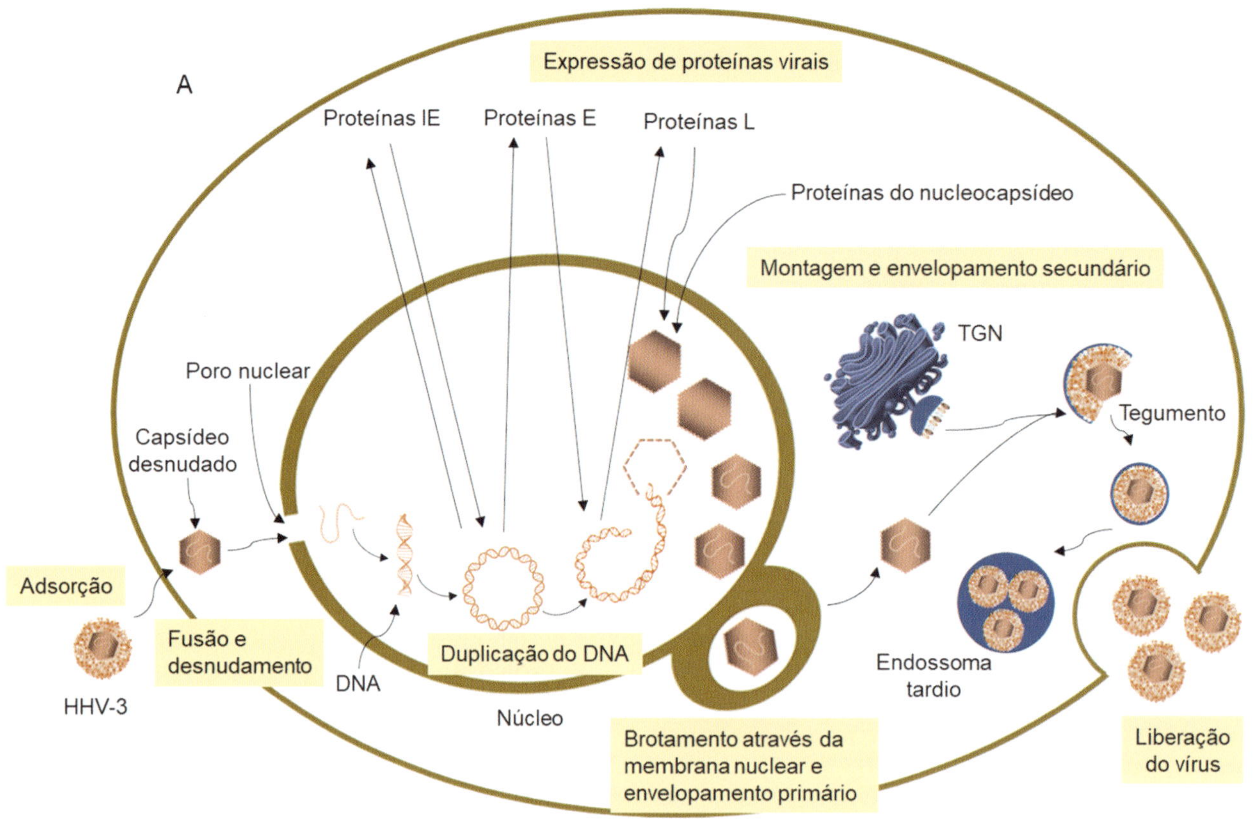


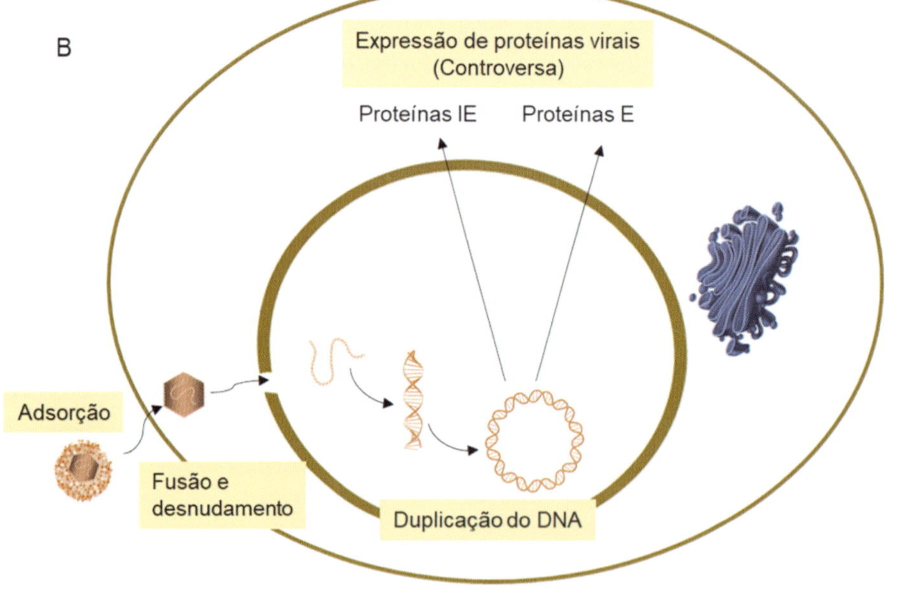


**Figura 12.24** Ciclo lítico do HHV-3 e latência. **A.** Ciclo lítico: a infecção começa com a adsorção, fusão e desnudamento do vírus. O nucleocapsídeo é transportado para o núcleo da célula onde o DNA penetra pelo poro nuclear. Dentro do núcleo, o DNA se torna circular e se associa com proteínas IE, E e L que foram sintetizadas no citoplasma e entram no núcleo. Após a montagem dos novos capsídeos e empacotamento do DNA viral, as partículas saem por meio de envelopamento e desenvelopamento na membrana nuclear e se dirigem para a rede trans-Golgi (TGN, *trans-Golgi network*). Nesse local, são novamente envelopados e recebem as glicoproteínas e o tegumento, para saírem da célula em vesículas que se fundem com a membrana da célula para liberar os vírus infecciosos. **B.** Latência: após a penetração do DNA do HHV-3 no núcleo da célula neuronal do gânglio ele se torna circular na forma de epissoma. O mecanismo de latência ainda não está bem elucidado, mas a atividade do DNA praticamente cessa, embora possa ocorrer pouca expressão de proteínas IE ou E, o que é controverso. Neurônios sensoriais latentemente infectados com HHV-3 expressam transcritos associados à latência do VZV (VLT) e/ou RNA codificado pela ORF63. Adaptada de Gershon *et al.*, 2015.

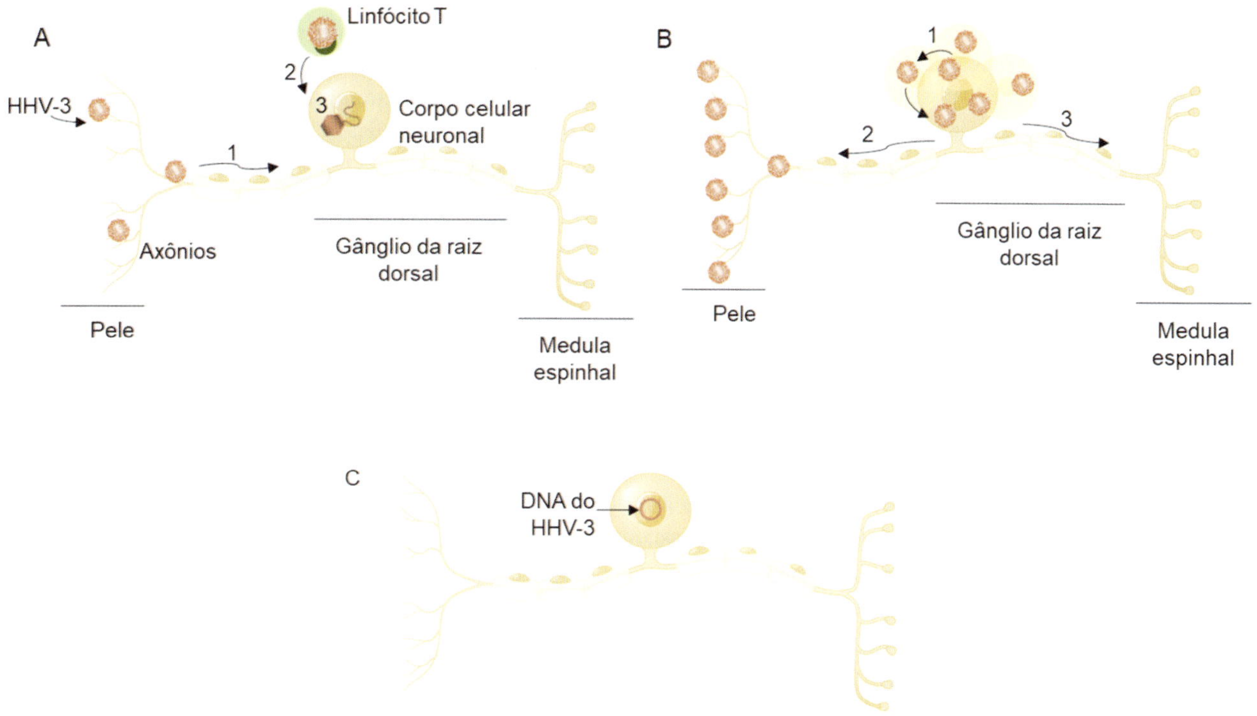


**Figura 12.25** Representação dos possíveis mecanismos de infecção e estabelecimento de latência e reativação do HHV-3 em neurônios sensoriais. **A.** Durante a varicela, o HHV-3 tem acesso aos neurônios dos gânglios sensoriais pelas terminações nervosas na pele e ocorre transporte axonal retrógrado para o corpo celular do neurônio (1); ou ocorre infecção direta do corpo do neurônio por células T infectadas por HHV-3 (2), seguido pela liberação do genoma viral no núcleo (3). **B.** A reativação do HHV-3 resulta na síntese do vírus e espalhamento para o corpo celular do neurônio (1), seguido pela difusão dos vírus pelo axônio e atingindo a pele, ocorrendo o herpes-zoster (2); possivelmente envolve também a disseminação para a medula espinhal (3). **C.** Neurônios sensoriais latentemente infectados com HHV-3 contêm o DNA epissomal no núcleo e expressam transcritos associados à latência do VZV (VLT) e/ou RNA codificado pela ORF63. Adaptada de Depledge *et al.*, 2018.

## Locais de latência do HHV-3

Todos os herpesvírus possuem a capacidade de estabelecer latência de modo a fornecer um reservatório de infecção para indivíduos suscetíveis. Durante a infecção primária, o HHV-3 estabelece latência duradoura em neurônios sensoriais localizados no DRG e TG. O DNA do HHV-3 já foi detectado em outros nervos sensoriais (geniculado, vestibular e espinhal) e gânglios autônomos (nodoso, entérico e torácico), mas permanece incerto se os vírus podem estabelecer latência e sofrer posterior reativação nesses sítios. Os únicos locais confirmados até o momento capazes de estabelecer latência e reativação são DRG e TG, onde o DNA é mantido na forma de epissoma circular em 2 a 5% dos neurônios sensoriais com mediana de 5 a 7 cópias do genoma por neurônio. No entanto, o DNA do HHV-3 e um pequeno número de transcritos virais foram detectados em biópsias de tecido intestinal provenientes de indivíduos naturalmente infectados ou vacinados. Evidências sugerem que a reativação do HHV-3 pode estar associada com disfunção gastrointestinal, possivelmente como resultado de danos em neurônios do sistema nervoso entérico ou produção de vírus em células dos intestinos.

A maneira de como a latência do HHV-3 é alcançada e mantida ainda é um desafio para os virologistas. Permanece ainda obscuro se a latência ocorre devido a um período de relativa quiescência viral, por um bloqueio transitório na expressão completa dos genes, ou se o vírus está constantemente em um estado de reativação, que é abortada. Estudos conduzidos em gânglios entéricos removidos cirurgicamente sugerem um bloqueio na expressão de genes, embora estudos em gânglios provenientes de autópsia suportem a hipótese do abortamento da reativação, havendo a necessidade de mais investigação.

## HHV-3 e transcritos associados à latência

A identificação dos VLT representou um dos maiores avanços no estudo sobre a latência do HHV-3. VLT é um RNA poliadenilado que apresenta pelo menos cinco diferentes éxons. É um produto antissenso da ORF61, um homólogo do gene RL2 do HHV-1 que codifica a proteína ICP0, o que significa conservação evolucionária. Durante a latência, uma única isoforma de VLT é expressa nos neurônios que foram estudados em TG infectados pelo HHV-3. VLT parecem ser estruturalmente complexos quando comparados com os LAT do HHV-1, que é composto de apenas dois éxons e um íntron. Embora os VLT sejam expressos predominantemente durante a fase de latência, sua expressão não está restrita a essa fase. Já foram detectadas múltiplas isoformas de VLT que sofrem *splicing* durante o ciclo lítico que ocorre em células epiteliais e culturas de células de melanoma. Esses VLT são chamados de $VLT_{ly}$ e são mais complexos do que os VLT encontrados na fase de latência.

Além dos VLT, o HHV-3 expressa mais um transcrito associado à latência: RNA codificado pelo gene ORF63. Ambos os transcritos podem ser expressos pela mesma população de neurônios ou por populações diferentes, mas ainda não se sabe como eles influenciariam na reativação da biossíntese do vírus. O RNA ORF63 é essencial para a replicação do DNA do HHV-3 e sua proteína IE63 funciona não somente como ativadora e reguladora da transcrição de genes E, mas também modifica a suscetibilidade neuronal à apoptose e funciona como uma imuno-evasina que bloqueia a sinalização de interferon (IFN).

### Reativação do HHV-3

Na infecção persistente latente, o DNA viral está na forma epissomal no núcleo do neurônio. Os produtos da transcrição dos genes virais são necessários para estabelecer e manter a latência, mas fatores do hospedeiro subsequentemente determinam se o vírus permanecerá latente ou não. Há vários potenciais desencadeantes da reativação, incluindo a expressão da proteína codificada pela ORF61 e a presença de mediadores da inflamação. Diferentes genes virais são expressos durante a infecção persistente latente e lítica. O produto do gene ORF61 é necessário e suficiente para induzir a mudança entre os dois estágios: infecção lítica e latência.

Quando o HHV-3 é reativado, é transportado ao longo dos microtúbulos dentro dos axônios sensoriais das células epiteliais, normalmente sem viremia. A infecção da pele causa exantema em um dermatoma (área da pele inervada por um único nervo sensorial). Os nervos sensoriais mais comumente atingidos pela reativação do HHV-3 são aqueles relacionados aos seguintes gânglios: trigêmeo, torácicos, cranianos ou lombossacrais. Inflamação e necrose de todos os outros tipos de células do gânglio afetado também ocorrem.

A reativação do HHV-3 resulta na biossíntese do vírus e espalhamento para o corpo celular do neurônio (ver Figura 12.25B), seguido pela difusão dos vírus pelo axônio e atingindo a pele, ocorrendo o herpes-zoster (ver Figura 12.25B), possivelmente envolvendo também a disseminação para a medula espinhal (ver Figura 12.25B). Nenhum antígeno viral é detectado na superfície de neurônios latentemente infectados, o que protege essas células da resposta imunológica do indivíduo. A imunidade celular é fundamental para a manutenção da latência. Os neurônios sensoriais latentemente infectados com HHV-3 contêm o DNA epissomal no núcleo (Figura 12.25C) e expressam VLT e/ou RNA codificado pela ORF63.

A manifestação clínica da reativação do HHV-3 latente é o herpes-zoster e/ou patologias associadas. O herpes-zoster acontece, tipicamente, uma vez ou duas durante toda a vida do indivíduo e provavelmente requer dois eventos: estímulo de um neurônio latentemente infectado e a superação da resposta imunológica do indivíduo. Além disso, a reativação assintomática pode ocorrer frequentemente. Possivelmente, a fase de biossíntese viral intragânglio ocorre depois da reativação do HHV-3 latente, antes que o vírus volte para a pele pelos axônios o que permite que o sistema imunológico tenha mais tempo para controlar os eventos de reativação antes que o indivíduo se torne sintomático. Os fatores ambientais que possam influenciar na reativação do HHV-3 e os mecanismos moleculares que ocorrem nesse processo ainda precisam de mais pesquisas.

A reativação do HHV-3 está associada com a diminuição da imunidade dependente de células T específicas para o HHV-3, mas não da imunidade humoral, sugerindo que células T de memória específicas para HHV-3 atuam impedindo a reativação. No entanto, uma grande quantidade de linfócitos T de memória específica para o vírus fica retida em órgãos. Essas células são chamadas de linfócitos T de memória residentes em tecidos ($T_{RM}$, *tissue-resident memory T*) e fornecem proteção à reexposição ao HHV-3.

A reativação está associada com CMI ou pode ocorrer como consequência natural da idade (a capacidade proliferativa dos linfócitos T específicos para HHV-3 diminui com a idade), ou mesmo resultado de imunossupressão. O herpes-zoster também ocorre em crianças cujas mães foram infectadas durante o final da gravidez ou que tiveram varicela no primeiro ano de vida porque crianças nessa situação ainda não desenvolveram adequada CMI específica para HHV-3.

A reativação assintomática é de grande interesse. Permanece ainda sem resposta se alguns genes virais são traduzidos com ou sem síntese de partículas virais e se essas partículas são liberadas na pele pelo transporte axonal com ou sem espalhamento de células satélites que circundam os neurônios. A liberação de vírions na pele pode não necessariamente causar lesões se a biossíntese for controlada rapidamente pela resposta imunológica inata e adaptativa. Dados epidemiológicos mostram que o herpes-zoster também se manifesta em indivíduos jovens, mas em uma frequência menor do que em idosos.

## Patogênese

### Varicela

A infecção primária pelo HHV-3 é denominada varicela ou catapora. A doença tem início pela infecção das células da orofaringe do hospedeiro suscetível pelo contato direto com secreções ou aerossóis de vesículas de um indivíduo infectado. O período de incubação é de 10 a 21 dias. No período prodrômico, que precede o aparecimento das lesões na epiderme, ocorrem febre, mal-estar, cefaleia e dor abdominal.

O HHV-3 causa infecção quando partículas virais alcançam a mucosa epitelial dos sítios de entrada. Ocorre biossíntese local que é seguida por disseminação para tonsilas e outros tecidos linfoides regionais que compreendem o anel linfático de Waldeyer (formado pelas tonsilas faríngea, palatina e lingual, que fazem parte do sistema imunológico), onde o HHV-3 tem acesso a linfócitos T o que facilita o transporte dos vírus para a epiderme (Figura 12.26), neurônios e outros tecidos do organismo. Nas tonsilas, o vírus pode infectar, preferencialmente, linfócitos $TCD_4^+$ ativados, principalmente células expressando antígeno leucocitário cutâneo (CLA, *cutaneous leukocyte antigen*) e receptor para quimiocinas CXCR4 (*C-X-C chemokine receptor type 4*), além de células apresentadoras de antígenos tais como monócitos, células dendríticas e macrófagos, que podem então transferir os vírus para os linfócitos T nos linfonodos. Os linfócitos T infectados caem na corrente sanguínea e liberam os vírus na epiderme onde ocorre a síntese de novas partículas virais. A infecção pelo HHV-3 tem início na camada basal da pele e a biossíntese de partículas virais na epiderme continua até que a resposta antiviral local mediada pelo IFN-α não consegue conter a infecção, fazendo com que as erupções cutâneas se manifestem. A viremia continua mesmo após o aparecimento das primeiras lesões na epiderme, ocorrendo várias vezes depois da primeira erupção cutânea. Esse fato faz com que o paciente apresente lesões que aparecem em diferentes estágios e se distribuam de forma centrípeta, principalmente no tronco.

A viremia que acontece na varicela possivelmente também é responsável pela infecção latente dos neurônios, particularmente neurônios entéricos ou outros neurônios que não apresentam terminações nervosas na epiderme. Por exemplo, o HHV-3

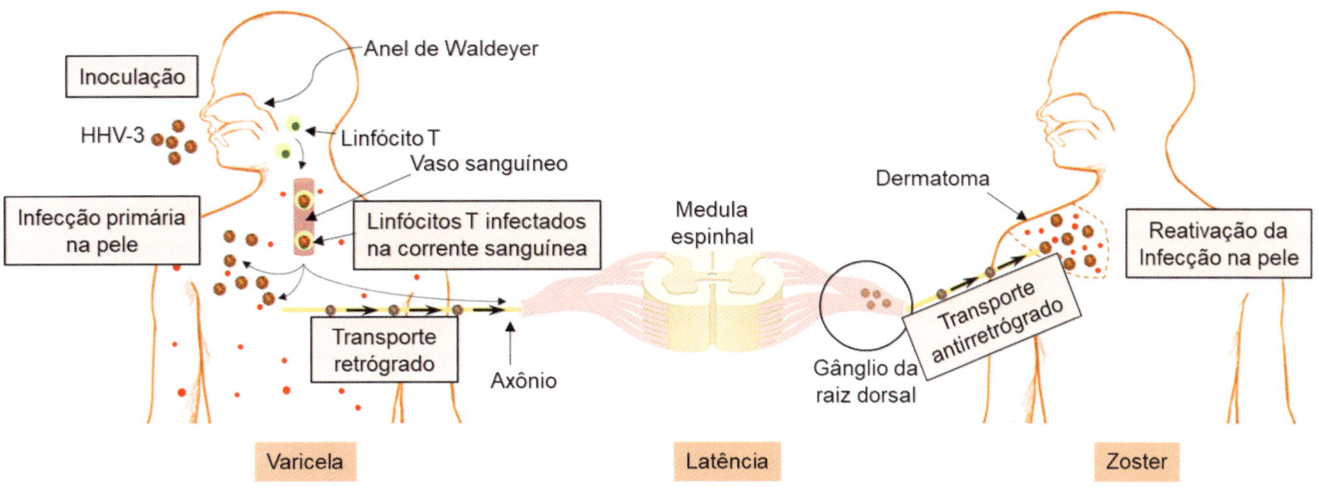


**Figura 12.26** Infecção aguda e reativação do HHV-3. Partículas virais alcançam a mucosa epitelial nos sítios de entrada. Ocorre produção local de vírus que é seguida por disseminação para tonsilas e outros tecidos linfoides regionais que compreendem o anel linfático de Waldeyer, onde a HHV-3 causa infecção em linfócitos T. A seguir, os linfócitos T caem na corrente sanguínea e liberam os vírus na epiderme onde ocorre nova síntese viral. O HHV-3 estabelece latência em gânglios sensoriais após ser transportado para o núcleo dos neurônios ao longo dos axônios, ou por viremia. A reativação da latência produz uma segunda propagação na pele, que causa lesões no dermatoma que é inervado pelo gânglio sensorial afetado produzindo o quadro clínico de herpes-zoster. Adaptada de Zerboni *et al.*, 2014.

latente pode ser encontrado no gânglio da raiz dorsal de crianças que nunca tiveram a manifestação clínica da varicela.

Existem dois mecanismos de disseminação do HHV-3: (1) pela epiderme, por lesões superficiais que liberam partículas virais livres de células e podem ser transmitidas de hospedeiro para hospedeiro; e (2) espalhamento célula a célula.

A primeira alteração histopatológica decorre da biossíntese do HHV-3 na epiderme, com aparecimento de células epiteliais gigantes multinucleadas caracterizadas por inclusões nucleares eosinofílicas. Os vasos endoteliais que irrigam essa epiderme apresentam intensa vasculite, caracterizando um estágio maculopapular. O vírus chega ao epitélio por meio de linfócitos T infectados carreados na corrente sanguínea. Também pode ocorrer biossíntese viral nas células do endotélio capilar com posterior espalhamento do vírus para o tecido epitelial.

As células mononucleares do sangue periférico e as células dos vasos endoteliais da derme também apresentam inclusões eosinofílicas intranucleares e multinucleadas. Observa-se degeneração progressiva das células epiteliais, com formação de vesículas. Quando a lesão progride para úlcera, a necrose pode ocorrer na derme afetada. Nessa fase, o vírus pode ser visualizado por microscopia eletrônica, nas células endoteliais, ceratinócitos, compartimentos lisossomais dos macrófagos e livres no líquido das vesículas. Agregados de partículas e capsídeos vazios são visíveis no núcleo dos ceratinócitos. As alterações histopatológicas são indistinguíveis daquelas causadas por HHV-1 e HHV-2.

## Resposta imunológica

### *Tropismo do HHV-3 por linfócitos T*

O HHV-3 foi inicialmente classificado como apenas neurotrópico, mas experimentos utilizando enxertos de linfócitos T em camundongos que apresentam imunodeficiência combinada grave (SCID, *severe combined immunodeficiency*) e linfócitos T de tonsilas *in vitro* revelaram que o HHV-3 também apresenta tropismo por linfócitos T. Células $TCD_3^+$, além de $TCD_4^+$ e $TCD_8^+$ são totalmente permissivas à biossíntese e liberação de vírus infecciosos. O HHV-3 causa infecção em linfócitos T de tonsilas com elevada eficiência o que sugere que o vírus é transferido de células epiteliais do sistema respiratório para os linfócitos T das tonsilas e outros órgãos linfoides que compreendem o anel linfático de Waldeyer. O HHV-3 também pode infectar células dendríticas as quais podem facilitar o espalhamento para os linfonodos. Células T $CD_4^+$ infectadas com HHV-3 expressam marcadores de ativação de células de memória e apresentam proteínas de direcionamento para a pele (*skin-homing*) tais como CLA e CXCR4 e, dessa maneira consegue circular na pele e outros tecidos.

Notadamente, o HHV-3 não promove fusão de linfócitos T infectados, o que indica que os vírus entram em cada linfócito T separadamente. Essa característica difere dos sincícios formados em células infectadas da epiderme e sugere que o HHV-3 tem a capacidade de impedir fusão em determinados tipos de células. A capacidade do HHV-3 para infectar células de memória sem parar seu espalhamento explica o desenvolvimento de lesões disseminadas da varicela e é consistente com a viremia que é observada nos casos clínicos.

A resposta celular inata regula a patogênese na pele. Estudos realizados em enxertos de pele mostram que a formação de lesões é um processo altamente regulado e determinado por expressiva resposta inata das células da derme e epiderme. A liberação do HHV-3 em enxertos de pele por linfócitos T infectados leva à formação gradual de lesões por aproximadamente 10 a 21 dias, o que é consistente com o período de incubação da varicela. Inicialmente, as células infectadas aparecem em torno dos folículos pilosos e proteínas virais são então detectadas em grupamentos de células adjacentes, algumas das quais fundem produzindo sincícios. As células não infectadas em torno do foco da infecção produzem IFN-α e IFN-β e fatores de transcrição STAT1 (transdutor de sinal e ativador da transcrição 1 [*signal transducer and activator of transcription 1*]) e NF-κB (fator nuclear-κB [*nuclear factor-κB*]), que orquestram a resposta imunológica inata. Durante a varicela, a imunidade mediada por células T somente ocorre tardiamente na infecção e é raramente detectada até que as lesões na pele tenham se desenvolvido. A resposta imunológica adaptativa é importante para conter a infecção, mas o controle da propagação viral pela resposta inata provavelmente contribui para a persistência do HHV-3 na população uma vez que uma infecção grave que mate o hospedeiro não é interessante para o vírus, pois, assim, ele não pode ser transmitido para outro hospedeiro suscetível. O HHV-3 suprime a resposta inata para produzir lesões repletas de vírus na superfície da pele, em que ceratinócitos liberam os novos vírus sintetizados.

A infecção primária pelo HHV-3 induz a produção de IgM, IgG e IgA específicas. Em indivíduos imunocompetentes, os anticorpos começam a ser detectados no começo da fase em que as erupções cutâneas aparecem. Os anticorpos são dos tipos neutralizantes ou fixadores de complemento e participam da citotoxidade mediada por células e dependente de anticorpos (ADCC, *antibody dependent cellular citotoxity*). No entanto, embora os anticorpos específicos para HHV-3 sejam formados durante a infecção, essa resposta imunológica não é necessária para a recuperação da varicela.

A mãe imunizada transfere sua IgG por via transplacentária, protegendo o feto e depois o bebê, por até 6 meses.

Após a indução dos mecanismos da resposta imunológica pela infecção primária pelo HHV-3, linfócitos T de memória são mantidos durante o estabelecimento da latência e persistem por toda a vida do paciente. Durante esse tempo, são detectados picos de resposta imunológica, durante surtos epidêmicos da doença ou reativações subclínicas do vírus, sem que o paciente demonstre estar com infecção ativa. A reinfecção pelo HHV-3 raramente ocorre, embora alguns poucos casos tenham sido documentados, principalmente em pacientes imunocomprometidos.

## Herpes-zoster

A história natural e a patogênese do herpes-zoster foram descritas no trabalho clássico de Hope-Simpson publicado em 1965. Em seu trabalho pioneiro, esse autor faz a ligação entre biossíntese viral e doença clínica, com CMI. Na infecção primária, nenhuma imunidade para o vírus existe e a infecção torna-se aparente na forma de varicela e a latência se estabelece nos neurônios. Nesse ínterim, a CMI controla a biossíntese viral, e a reativação do vírus permanece subclínica e assintomática, ao que ele chamou de "reversões contidas". Exposições exógenas ao HHV-3 reforçam a CMI; mesmo assim os níveis de CMI podem cair de vez em quando, com novas "reversões contidas", mas com o passar do tempo podem chegar a níveis críticos e o herpes-zoster se desenvolve. Após o quadro clínico de herpes-zoster, novas "reversões contidas" continuam a acontecer (Figura 12.27).

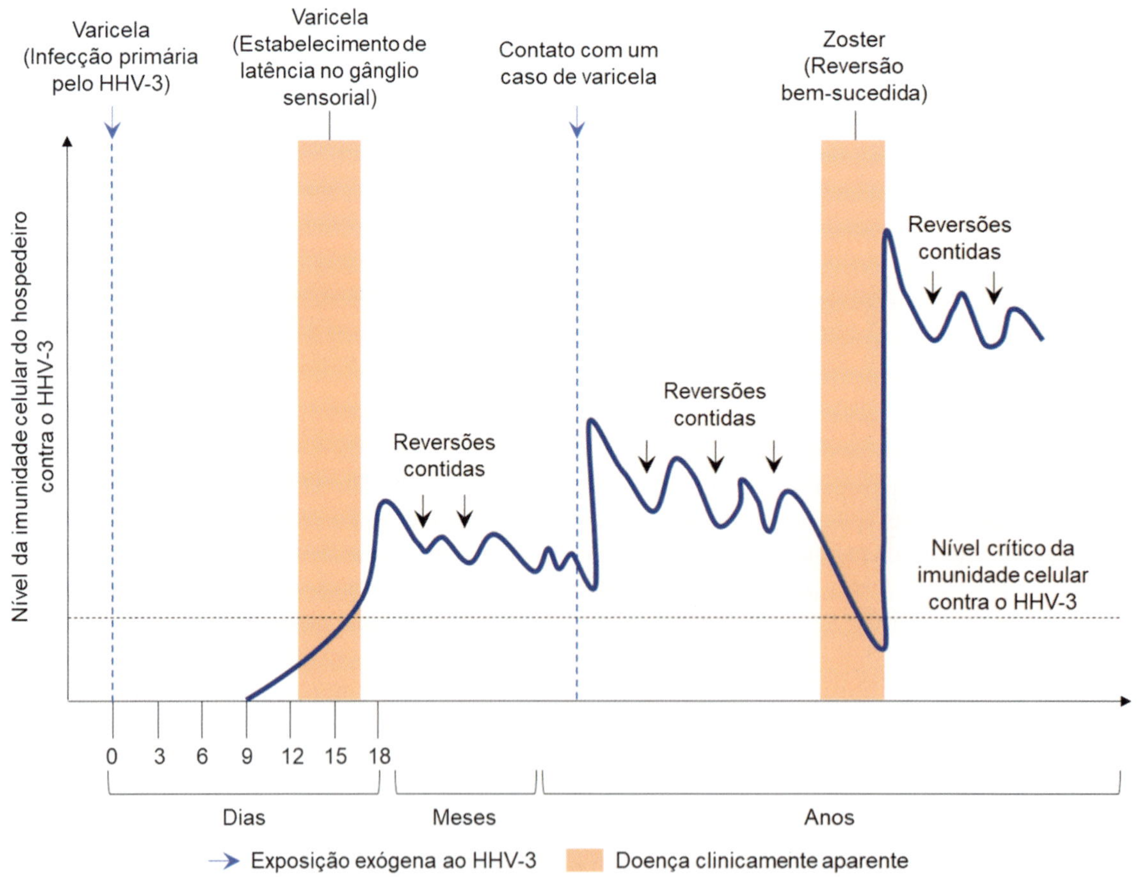


**Figura 12.27** História natural e patogênese do herpes-zoster descrita por Hope-Simpson. O clássico modelo da patogênese do herpes-zoster descrito por Hope-Simpson, em 1965, faz a ligação entre doença clínica e os níveis de imunidade celular. Na infecção primária, nenhuma imunidade para o HHV-3 existe e a varicela se manifesta. A seguir, a imunidade celular controla a biossíntese viral e a reativação acontece de forma subclínica e assintomática ("reversões contidas"). O contato exógeno com HHV-3 potencializa a imunidade celular, mas os níveis tendem a cair com o passar do tempo até que chega a um nível crítico em que a imunidade celular não consegue mais controlar a biossíntese e o herpes-zoster pode se desenvolver. Adaptada de Gershon *et al*., 2015.

Hope-Simpson postulou que a reativação do HHV-3 era frequente e poderia ocorrer com ou sem sintomas. A realidade da reativação subclínica foi demonstrada quando foi verificado que 1/3 dos astronautas desenvolveram reativação do HHV-3 transitoriamente durante a viagem ao espaço. O diagnóstico foi realizado pesquisando o DNA do HHV-3 em saliva; os astronautas não tinham sintomas de herpes-zoster e o DNA viral desapareceu dentro de poucas semanas do retorno à Terra. Ressalte-se que é muito raro isolar o HHV-3 da saliva de pacientes com infecção ativa ou subclínica por HHV-3 em situações normais.

Após a infecção primária, o HHV-3 ascende para o núcleo dos neurônios ao longo dos axônios, ou por viremia e permanece em sua forma de infecção persistente latente. A reativação da latência resulta na produção de novos vírions e se manifesta sob a forma de herpes-zoster (ver Figura 12.26) com erupções vesiculares no dermatoma, distribuído em um único feixe axonal derivado de um determinado gânglio sensorial. As lesões no dermatoma, normalmente, são unilaterais, acompanhando todo o feixe nervoso. A aparência das lesões na pele, agrupadas em diferentes áreas ao longo do feixe nervoso, demonstra que o vírus é transportado até a epiderme por múltiplos axônios.

Histologicamente, as lesões do herpes-zoster são iguais àquelas da varicela. As proteínas do HHV-3 são encontradas nas células gigantes das lesões eritematosas da epiderme, células foliculares do epitélio, vesículas intraepidérmicas, histiócitos da derme e, mais tarde, no estágio pustular, nos ceratinócitos necróticos.

Corpúsculos de inclusão foram descritos nas células do neurilema dos pequenos nervos sensoriais que inervam a derme abaixo das vesículas. As degenerações celulares envolvem gânglios e nervos da porção posterior da coluna vertebral, que podem progredir para inflamação das células do corno anterior da medula, promovendo deficiência na função motora, neurite, mielite ou leptomielite localizada.

Em pacientes imunocomprometidos, as lesões são caracterizadas por hiperplasia epidermal e hiperceratose; as células são gigantes, multinucleadas, com intensa biossíntese viral.

A imunidade celular é fundamental para que a reativação do HHV-3 não ocorra. Dessa forma, se houver diminuição desse tipo de imunidade, mesmo que momentânea, a reativação do vírus pode ocorrer. Essa queda de imunidade é observada em pacientes idosos ou em situações extremas de estresse. Após o restabelecimento da resposta celular, ocorre a proliferação acentuada de linfócitos T específicos, assim como a indução de citocinas e IFN. Essa reativação do sistema imunológico persistirá por muitos anos; fato que explicaria a raridade de um segundo episódio da doença. Nos casos de reativação do HHV-3 em pacientes com imunossupressão grave (em terapia imunossupressiva ou em casos da síndrome da imunodeficiência adquirida (AIDS, *acquired immunodeficiency syndrome*), a deficiência na resposta imunológica celular é profunda, havendo a possibilidade de uma disseminação hematogênica que pode ameaçar a integridade da vida do paciente. Elevados níveis de IgG não protegem o indivíduo da reativação do HHV-3.

Usando a reação em cadeia da polimerase (PCR, *polymerase chain reaction*) em tempo real foi possível quantificar uma média de 258 cópias de DNA por 100.000 gânglios, um nível que é 1/10 da quantidade de HHV-1 latente no gânglio trigêmeo.

A persistência do HHV-3 difere da dos HHV-1 e HHV-2 porque não acontecem reativações assintomáticas em sítios mucocutâneos ou presença de vírus em células do sangue periférico. Acredita-se que ocorram reativações periódicas, mas a imunidade celular consegue deter o HHV-3 de maneira mais eficiente.

## Manifestações clínicas

### *Varicela*

A varicela ou catapora é uma infecção primária aguda muito contagiosa causada pelo HHV-3. Normalmente ocorre em crianças, em regiões onde a vacinação não é praticada. Com a introdução da vacinação, houve redução significativa no número de casos, mas mesmo crianças vacinadas podem apresentar um quadro brando de varicela. A doença apresenta período de incubação que varia de 10 a 21 dias, com os sintomas começando, geralmente, entre o 14º e o 16º dia, após o contato de indivíduos suscetíveis com indivíduos infectados. A fase prodrômica da doença, em 50% dos pacientes, apresenta-se com sintomas de febre, mal-estar, cefaleia e dor abdominal, que precedem as erupções cutâneas em 24 a 48 horas. Após o aparecimento da primeira lesão, os sintomas predominantes são febre de 38,6°C, irritabilidade, apatia e anorexia, com duração em torno de 24 a 72 horas. As lesões cutâneas (exantema) podem ser vistas em diferentes estágios de evolução devido às várias viremias que ocorrem durante a infecção. A erupção é na forma maculopapular que progride rapidamente para formar vesículas com borda irregular. Geralmente, as lesões iniciam-se no couro cabeludo e face, espalhando-se para o tronco de maneira centrípeta (Figuras 12.28 e 12.29), e, em questão de horas, transformam-se em vesículas cheias de fluido claro e translúcido, repletas de vírus. Essa fase vesicular é acompanhada por intenso prurido em todo o corpo. Após esse tempo, as vesículas tornam-se escuras e umbilicadas, com formação de crosta, período que dura em média 24 a 48 horas. Enquanto as lesões iniciais passam por essas fases, novas lesões aparecem. É comum serem observadas vesículas nas membranas mucosas da orofaringe, conjuntiva e vagina. O número total de lesões pode variar de 10 a 2.000, mas a maioria das crianças tem menos que 300 lesões.

Um indivíduo com varicela é contagioso começando no primeiro dia do exantema até o total desaparecimento das lesões. O HHV-3 difere dos HHV-1 e HHV-2 porque pode ser adquirido por via respiratória, devido à formação de aerossóis formados pelas lesões.

#### Complicações da varicela

Em crianças saudáveis as complicações pelo HHV-3 são raras. No entanto, pode levar a uma infecção disseminada com envolvimento de outros órgãos (ver Figura 12.28). Entre esses órgãos, os pulmões são os principais alvos, visto que a pneumonia é a complicação mais comum, com alta taxa de mortalidade. A patogênese da pneumonia por varicela envolve a infecção ativa do epitélio dos alvéolos, e a alteração patológica decorrente inclui infiltração de células mononucleares nos septos alveolares e consequente edema, com intenso acúmulo de exsudato e descamação das células nos espaços alveolares. Essas alterações impedem o transporte eficiente de oxigênio dos alvéolos para os capilares pulmonares, resultando em intensa hipóxia e falência respiratória. Os sintomas são associados com dispneia e tosse, começando entre o 1º e 6º dias, após o aparecimento da primeira lesão na pele. A pneumonia por varicela é sempre transitória,

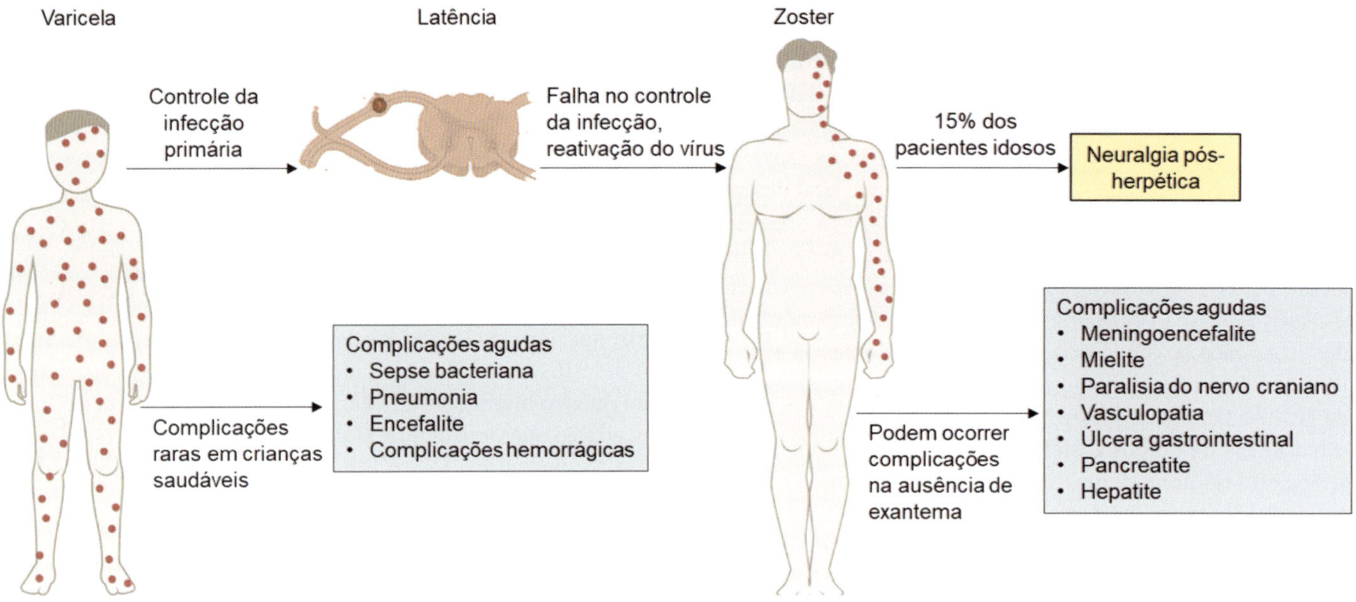


**Figura 12.28** Representação das manifestações clínicas da infecção pelo HHV-3. Adaptada de Gershon *et al.*, 2015.

resolvendo-se em 24 a 72 horas, embora nódulos calcificados nos pulmões possam persistir durante semanas ou meses. Na pneumonia fatal, além dessas patologias, a necrose local dos capilares, arteríolas e alvéolos é observada.

Outra complicação importante da varicela envolve o sistema nervoso central (SNC). A meningoencefalite é observada principalmente em pacientes imunocomprometidos. Em crianças saudáveis, a ataxia do cerebelo (perda de coordenação motora e planejamento dos movimentos) pode ocorrer e esse tipo de lesão é relacionado somente com a varicela. A infecção do SNC envolve intensa produção de vírus no cérebro e cerebelo. As alterações histopatológicas do SNC manifestam-se como desmielinização, danos aos axônios, infiltrados perivasculares de células mononucleares, proliferação da micróglia e degeneração neuronal. Os sintomas podem ser observados já durante o período de incubação do vírus, mas, na maioria dos casos, começam entre o 2º e 6º dias, após o aparecimento da primeira lesão. Os sintomas variam de dificuldade da fala à ataxia e diminuição da consciência e rigidez da nuca. A resolução da doença pode ser rápida, entre 24 e 72 horas após o aparecimento dos sintomas, sem deixar nenhuma sequela.

A síndrome de Reye é um tipo de encefalopatia aguda que pode estar associada à varicela. Os sintomas característicos são elevação de transaminases e amônia, e degeneração dos ácidos graxos do cérebro, em associação a aumento da pressão intracraniana e progressiva deterioração neurológica. Nesse caso, aspirina e derivados salicilados são contraindicados, pois são considerados como fatores desencadeantes e amplificadores dessa síndrome.

Mais raramente observada, a trombocitopenia, acompanhada de complicações hemorrágicas e complicações renais, pode estar associada à varicela.

Em crianças imunocompetentes, a complicação mais comum da varicela é a infecção bacteriana secundária das lesões por *Streptococcus pyogenes* ou *Staphylococcus aureus*, causando impetigo. Quando há invasão bacteriana dos tecidos moles, podem ser observados linfoadenite, celulite ou abscessos subcutâneos. No caso de infecção bacteriana preexistente na pele, podem ocorrer gangrena e bacteremia, seguida de septicemia e coagulopatias intravasculares.

Em gestantes com varicela primária, ocorre indução do parto prematuro ou transmissão da varicela ao feto. A síndrome da varicela congênita em bebês sobreviventes é caracterizada por lesões na pele, com cicatrizes deformantes, atrofia das extremidades e danos do sistema nervoso autônomo. Essas anomalias não são vistas em nenhuma outra síndrome viral embriopática. Microcefalia; atrofia cortical secundária, devido à encefalite intrauterina; dores e retardamento mental são comuns em crianças afetadas. São observadas disfunções oculares, gastrointestinais e renais.

A varicela neonatal, outra patologia observada em bebês, ocorre quando as mães apresentam a varicela primária, pouco antes ou logo depois do nascimento do filho. A infecção neonatal apresenta-se como varicela típica, com as vesículas em vários estágios de evolução, ou o bebê desenvolve varicela ainda nas primeiras semanas de vida.

A duração das lesões da varicela em crianças imunocompetentes varia de 1 a 7 dias. A doença pode ser branda, passando despercebida, mas raramente é assintomática. A preexistência de qualquer doença exantemática ou mesmo queimadura de sol, durante o período de incubação do HHV-3, pode agravar os sintomas da varicela. Essa doença não deixa cicatrizes, mas é normal existir hipopigmentação que persiste por semanas, logo após a cura das lesões. Contudo, por observações clínicas, somente uma vesícula, a primeira a aparecer, deixa uma cicatriz, que, normalmente, situa-se na face ou logo acima da sobrancelha, como consequência da invasão dos vírus nos tecidos subepiteliais, logo no início das erupções.

Entre a população em alto risco de desenvolver doenças graves e progressivas associadas à varicela estão indivíduos imunocomprometidos, assim como gestantes e recém-nascidos. Nesses indivíduos, tanto a resposta imunológica humoral quanto

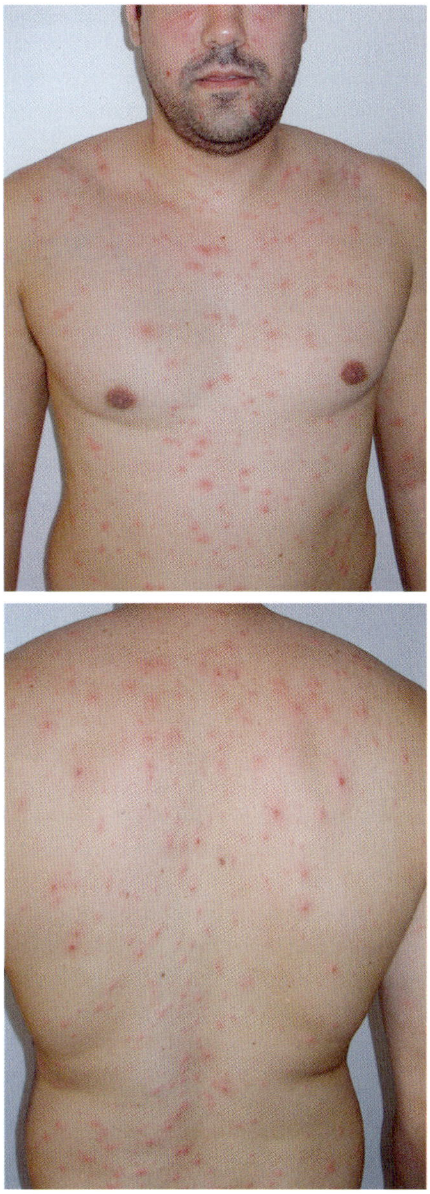

**Figura 12.29** Manifestação clínica da varicela. Observar as erupções cutâneas maculopapulares da varicela, que evoluem para vesículas e crostas, distribuem-se principalmente no rosto e tronco e apresentam-se em vários estágios de evolução.

a celular estão diminuídas, e as complicações citadas anteriormente podem ser mais graves, podendo levar a óbito em curto espaço de tempo.

Admite-se que varicela assintomática seja evento raro, embora casos com sintomas inespecíficos possam passar despercebidos. A maioria dos casos de varicela é de doença leve, benigna, embora possam ocorrer complicações levando a hospitalização e, mais raramente, óbito ou sequelas neurológicas permanentes.

## *Herpes-zoster*

A manifestação clínica clássica da recorrência do HHV-3 consiste em um grupo de lesões vesiculares circundadas por uma área eritematosa que aparece unilateralmente em dermatomas, em um ou mais nervos sensoriais adjacentes, e é denominada herpes-zoster (ver Figuras 12.26 e 12.28). Inicialmente, as lesões aparecem agrupadas em um ou mais sítios ao longo do dermatoma; a princípio discretas, progridem para vesículas convergentes e cheias de líquido, durante a evolução da doença.

Considera-se que em torno de 15 a 20% da população apresente um episódio de herpes-zoster durante a vida. Idosos e imunocomprometidos têm maior risco de reativação do HHV-3, caracterizada por dor e exantema vesicular localizado.

A lesão cutânea é acompanhada por dor intensa e hipersensibilidade devido à inflamação dos nervos, e muito prurido. Cerca de 50% dos casos de herpes-zoster são lesões em dermatomas torácicos; 14 a 20% envolvem os nervos cranianos; e 16% dos pacientes desenvolvem lesões em dermatomas na região lombossacral.

As lesões cutâneas cessam entre o 3º e o 7º dia; contudo, o exantema pode progredir para confluência ao longo de todo o dermatoma. A remissão das lesões demora, normalmente, 2 semanas, mas pode durar de 4 a 6 semanas.

### Complicações do herpes-zoster

A incidência de complicações do herpes-zoster aumenta com a idade (ver Figura 12.28). A complicação mais comum do herpes-zoster é a neuralgia pós-herpética (PHN, *post-herpetic neuralgia)*, que ocorre em aproximadamente 15% dos idosos com quadro de herpes-zoster. É decorrente de danos aos neurônios, o que causa dores intensas e crônicas, até mesmo debilitantes. Hipersensibilidade da pele ao toque ou à temperatura persiste por muitos meses, em 5 a 10% dos pacientes. Há três teorias, não mutuamente exclusivas, para explicar a patogênese da PHN. A primeira delas é que a excitabilidade neuronal dos gânglios ou medula espinhal fique alterada durante a recuperação; a segunda é que a infecção produtiva do HHV-3 cause inflamação crônica no gânglio; e a terceira teoria seria uma perturbação na fisiologia neuronal devida à expressão de genes e produção de proteínas virais.

Alguns pacientes apresentam dores neuropáticas e/ou paralisia de nervos cranianos, sem a presença de erupções cutâneas, o que é atribuído à reativação do HHV-3. Além dessas complicações outras já foram descritas e podem ocorrer também sem o aparecimento das lesões na pele.

Mais raramente, são descritas alterações patológicas do cérebro, decorrentes de complicações relacionadas com a reativação do HHV-3. A meningoencefalite pode aparecer entre o 6º e o 9º mês após a reativação do vírus. Os sintomas mais comuns são alteração da consciência, dores de cabeça e fotofobia.

Outra grave complicação da reativação do HHV-3 é a infecção de artérias cerebrais (vasculopatia pelo HHV-3) que causa acidente vascular cerebral (AVC) isquêmico e hemorrágico. Em adultos, o risco de AVC aumenta em 30% dentro de 1 ano após o herpes-zoster e cerca de 4,5 vezes depois que o herpes-zoster ocorre na ramificação oftálmica do nervo trigêmeo. O HHV-3 que é reativado no nervo trigêmeo pode se deslocar dos nervos sensoriais oftálmicos para a face e via fibras sensoriais aferentes atinge a artéria carótida e suas ramificações intracranianas. Assim, o vírus estabelece infecção na parede das artérias, que leva à inflamação, fraqueza da artéria, formação de aneurisma, oclusão e AVC. A vasculopatia produzida pelo HHV-3 se manifesta clinicamente com dor de cabeça, alteração no estado mental e déficit neurológico focal. Em mais de 2/3 dos pacientes, a angiografia revela estenose arterial focal e oclusão, aneurisma e hemorragia.

Uma recente descrição de complicação do herpes-zoster é a arterite por células gigantes, em que antígenos, DNA e partículas virais são encontrados nas artérias temporais de pacientes, principalmente em pacientes com mais de 50 anos.

A reativação do HHV-3 no nervo trigêmeo pode envolver o ramo oftálmico, incluindo sintomas como conjuntivite, retinite, ceratite dendrítica, uveíte e glaucoma. A cegueira é rara, mas se observa com frequência a paralisia facial. Em pessoas idosas a encefalite é particularmente associada ao herpes-zoster oftálmico. A tomografia desses pacientes demonstra infarto das artérias, inflamação vascular e trombose.

Além das complicações já descritas, raramente também podem ocorrer mielite, úlceras gastrointestinais, pancreatite e hepatite.

A complicação relacionada à reativação do HHV-3 nos nervos lombossacrais inclui disfunção da bexiga e do íleo. A paralisia das extremidades também está associada às sequelas do herpes-zoster.

Em populações de risco, como pacientes imunocomprometidos, a reativação do HHV-3 é caracterizada por lesões graves no dermatoma, com alto risco do desenvolvimento de viremia e disseminação visceral. Ocasionalmente, pacientes com AIDS desenvolvem reativação crônica, que pode persistir durante meses, se a terapia antiviral não for introduzida. A disseminação cutânea é observada em 10 a 40% dos pacientes com AIDS, que é um sinal para a disseminação sistêmica. Com a disseminação sistêmica, as complicações são as mesmas observadas na varicela primária. Várias reativações do HHV-3 podem ser indicador clínico inicial de infecção por HIV, mas esses episódios não predizem a progressão da AIDS.

## Diagnóstico laboratorial

Historicamente, a importância do diagnóstico era a diferenciação entre varíola, vaccínia generalizada pós-vacinação e varicela. Atualmente, a varicela deve ser diferenciada das erupções cutâneas associadas a outros patógenos, tais como enterovírus, *Staphylococcus aureus* ou *Streptococcus pyogenes*, ou mesmo de reações alérgicas ou dermatites diversas.

O diagnóstico da doença em crianças é clínico. Em testes laboratoriais, o sangue examinado na fase aguda da doença apresenta uma diminuição de leucócitos, nas primeiras 72 horas de exantema, seguida de linfocitose acentuada. Linfoblastos e pró-linfócitos são encontrados no sangue circulante, e alterações da função hepática são comuns na fase convalescente e durante o curso da doença.

O diagnóstico clínico do herpes-zoster é mais difícil quando as erupções cutâneas são precedidas de dor aguda e parestesia. A intensa dor mimetiza, muitas vezes, infarto do miocárdio, colecistite, apendicite, entre outras condições clínicas. Quanto às erupções causadas pelo herpes-zoster, podem ser confundidas por dermatites de contato. As erupções vesiculares localizadas devem ser distinguidas entre HHV-1 e HHV-2 recorrentes, e as disseminadas devem ser diferenciadas das causadas pela varicela.

O diagnóstico laboratorial normalmente é necessário para se iniciar o tratamento das infecções causadas pelo HHV-3, nas pessoas imunocompetentes, mas um diagnóstico clínico rápido deve ser feito em pacientes de alto risco, para que haja uma intervenção eficaz.

Os métodos virológicos incluem: detecção de proteínas virais *in situ*; isolamento do vírus em culturas de células a partir de material clínico do paciente; detecção do ácido nucleico viral e sorologia para pesquisa de anticorpos específicos, que serão descritos a seguir.

A detecção de proteínas virais *in situ* pode ser realizada direta ou indiretamente, utilizando-se anticorpos monoclonais ou policlonais marcados com fluoresceína ou peroxidase. O material deve ser colhido na base das lesões cutâneas vesiculares ou de biópsia de outros órgãos com suspeita da infecção.

O ácido nucleico do HHV-3 pode ser detectado diretamente no líquido das vesículas ou cascas, saliva e liquor de paciente por PCR. A detecção do ácido nucleico é mais sensível que o isolamento em cultura de células.

O isolamento em culturas de células é o método definitivo, porém demorado. Após a inoculação em cultura de células com material proveniente de líquido ou da base das lesões de vesículas novas, o vírus pode ser detectado em cerca de 7 dias. Devido ao longo tempo para o isolamento do vírus, as culturas virais só servem para a confirmação do diagnóstico. Um método mais rápido e eficiente, para aumentar a sensibilidade e isolamento, consiste na técnica de *shell vial* (ver *Capítulo 8*). É um método mais rápido do que o método de cultura de células convencional e demora de 1 a 3 dias para o diagnóstico. Mesmo em condições ótimas, o isolamento desse vírus é difícil.

Os métodos sorológicos disponíveis são baseados na detecção de IgG, e são importantes para saber o estado imunológico do paciente, isto é, se este já entrou em contato com o vírus ou para avaliar a proteção da vacina. O FAMA (*fluorescent-antibody membrane antigen assay*) é considerado o método padrão-ouro devido ao elevado grau de sensibilidade e especificidade. Esse método detecta anticorpos protetores específicos produzidos para o HHV-3 ligado em membrana e revelado por método fluorescente. Em virtude de o FAMA utilizar vírus infecciosos foi desenvolvida uma variante da técnica, que utiliza a glicoproteína viral gE, uma das principais constituintes do HHV-3. Outro método que pode ser utilizado é o ensaio imunoenzimático (EIA, *enzyme immunoassay*), que utiliza glicoproteínas do HHV-3 purificadas.

## Epidemiologia

A varicela é doença comum da infância e tem distribuição universal. É uma doença quase sempre benigna, mas altamente contagiosa. A doença apresenta distribuição sazonal, com a maioria dos casos ocorrendo no final do inverno e início da primavera em países de clima temperado. Picos epidêmicos têm sido observados a cada 2 a 3 anos.

A epidemiologia da varicela é mais bem estudada em países desenvolvidos. Embora a quantidade de dados sobre a prevalência da infecção pelo HHV-3 esteja aumentando é necessário que se realizem mais inquéritos sorológicos para melhor caracterizar os surtos, particularmente na África e na Índia. A incidência da varicela ocorre em uma taxa de 13 a 16 casos por 1.000 indivíduos/por ano. Em países de clima temperado, a incidência maior é em crianças na pré-escola (1 a 4 anos de idade) ou crianças mais velhas (5 a 9 anos de idade) com incidência anual nessa população de 100 casos para 1.000 crianças. Cerca de 90% das pessoas se tornam infectadas antes da adolescência e somente uma pequena parte de adultos permanece suscetível. Em países de clima tropical, como o Brasil, a análise das internações por faixa etária demonstra que a aquisição da varicela ocorre em crianças de até 9 anos de idade. A diferença no comportamento em países de clima temperado ou tropical pode ser relacionada às propriedades do HHV-3, por exemplo, inativação pela temperatura e umidade, ou fatores afetando o risco à exposição. O herpes-zoster não segue esse padrão porque resulta da reativação do HHV-3.

Os surtos de varicela ocorrem em lugares onde as crianças ficam reunidas, como escolas, mas também acontecem em abrigos para idosos, hospitais, orfanatos, campos de refugiados, quartéis e penitenciárias.

Embora a varicela seja uma doença autolimitada, pode resultar em sérias complicações e morte. Em países desenvolvidos, aproximadamente 5 em cada 1.000 pacientes são hospitalizados, e 2 a 3 em cada 100.000 morrem.

A varicela adquirida nos dois primeiros trimestres da gestação causa graves problemas congênitos. A taxa de infecção na varicela congênita, em recém-nascidos de mães com varicela no primeiro semestre de gravidez, é de 1,2%; quando a infecção ocorre entre a 13ª e a 20ª semana de gestação, é de 2%. Recém-nascidos que adquirem varicela entre 5 e 10 dias de vida, cujas mães infectaram-se 5 dias antes do parto e 2 dias após estão mais expostos à varicela grave, com a letalidade podendo atingir 30%.

Em países que praticam a vacinação de rotina em crianças, a epidemiologia da varicela mudou completamente. Nos EUA, que utilizou 1 dose de vacina em programas de vacinação implantados em 1995 e 2 doses a partir de 2007, a incidência de casos de varicela, hospitalização e morte em crianças caiu 95%.

A epidemiologia do herpes-zoster tem sido descrita praticamente somente em países desenvolvidos os quais apresentam expectativa de vida mais elevada. A incidência de herpes-zoster na população em geral é de 3 a 4 por 1.000 indivíduos/ano de observação, variando de 1 por 1.000 indivíduos/ano de observação em crianças menores de 10 anos para mais de 10 por 1.000 indivíduos/ano de observação em adultos com 60 anos ou mais. Por volta de 85 anos de vida, mais de 50% da população relata ter tido pelo menos um episódio de herpes-zoster. Episódios de herpes-zoster ao longo de todo o ano mantêm o vírus circulante na comunidade, passível de ser transmitido para qualquer indivíduo suscetível que irá manifestar varicela. Não existe prevalência étnica ou de sexo para herpes-zoster.

Em indivíduos com CMI baixa, a taxa de herpes-zoster é substancialmente mais elevada. Em indivíduos HIV-positivos e em pacientes submetidos a transplante, a incidência pode ser 10 vezes maior do que na população em geral. Fatores de risco para reativar o vírus são estresse psicológico e trauma mecânico.

Antes de a vacinação ser introduzida, 30% dos adultos desenvolviam herpes-zoster. No entanto, recentemente, elevada proporção de indivíduos tem apresentado comprometimento da imunidade para o HHV-3 o que tem levado ao aumento do número de casos, principalmente devido à maior expectativa de vida entre os idosos, pessoas que fazem uso de imunossupressores por transplante de órgãos, pacientes em tratamento para câncer que recebem quimioterapia ou com doenças autoimunes e pacientes HIV-positivos. Indivíduos negros adultos dos EUA e do Reino Unido têm probabilidade 25 a 50% menor de apresentarem herpes-zoster do que pessoas brancas, possivelmente por fatores genéticos.

Estudos sobre o genoma viral identificaram cinco clados com genótipos distribuídos em diferentes áreas geográficas: clado 1, genótipo C, clado 2, genótipo J, clado 3, genótipo B, clado 4, genótipo J2 e clado 5, genótipo A1. Os genótipos B e C são encontrados principalmente na Europa e América do Norte, os genótipos J2 e A1 estão principalmente na África e Ásia, enquanto o genótipo J, que inclui a estirpe Oka, que deu origem à vacina, é prevalente no Japão.

Estudos avançados de genotipagem demonstraram que a coinfecção com mais de um genótipo é possível, principalmente em crianças, o que proporciona a possibilidade de recombinação genética. É também possível que ambos os genótipos da coinfecção possam estabelecer latência e terem potencial de reativação. Isto sugere que a imunidade para o HHV-3 nem sempre protege contra a reinfecção (embora possa ser subclínica) por outro genótipo. O significado biológico da reinfecção foi investigado em uma população de adultos apresentando herpes-zoster, em Londres (Reino Unido). Esse estudo mostrou que até 30% dos casos de herpes-zoster podiam ser resultantes de reinfecção pelo HHV-3.

Tradicionalmente, achava-se que o HHV-3 era transmitido a partir de secreções do sistema respiratório, o que não é mais aceito. Dos três alfa-herpesvírus, o HHV-3 é o único que é transmitido por aerossóis formados a partir do líquido das vesículas ou células infectadas com o vírus. Também pode ser transmitido por fômites contaminadas com material de lesões da pele de pacientes apresentando varicela ou herpes-zoster.

A reativação do HHV-3 na forma de herpes-zoster fornece uma vantagem evolucionária ao vírus uma vez que, assim, ele pode ser transmitido a indivíduos suscetíveis que apresentarão varicela.

Recentemente a OMS recomendou "imunização de rotina de crianças contra varicela em países em que a varicela apresenta importante impacto na saúde pública". Devido ao movimento antivacina em alguns países, é importante continuar com as pesquisas com o objetivo de melhorar os métodos atuais para prevenção e tratamento da varicela e do herpes-zoster.

Não há dados consistentes sobre a incidência de varicela no Brasil, uma vez que somente os casos graves internados e óbitos são de notificação compulsória, embora os surtos devam ser notificados às secretarias municipais e estaduais de saúde. Mesmo que alguns estados já notifiquem os casos de varicela, considera-se que ainda não é satisfatório. Além disso, há poucos estudos publicados e, portanto, não há dados precisos sobre a incidência por faixa etária e o impacto da varicela e do herpes-zoster no país até o momento. Em 2021, a última atualização de dados epidemiológicos sobre varicela, na página do Ministério da Saúde (MS) do Brasil data de 2017.

Dados do MS do Brasil mostram que no período de 2006 a 2016, o número de internações no Sistema Único de Saúde (SUS) variou de 4.200 a 12.600 por ano. As Regiões com maior número de internações foram Sudeste e Nordeste. A taxa de letalidade entre os casos hospitalizados variou de 1,0 a 4,3 nesse mesmo período.

No período entre 2012 e 2017 foram notificados 602.136 casos de varicela no Brasil; a Região Sul notificou o maior número com 199.057 (33 %) dos casos, seguida da Região Sudeste com 189.249 (31,4%), enquanto a Região Norte notificou 40.325 (6,6%). O ano de 2013 foi o que registrou o maior número de casos de varicela, com 197.628 (32,8%) casos, enquanto 2017 registrou o menor número, com 11.220 (1,8%) casos, embora número parcial. A média de casos notificados neste período foi de 100.356 casos.

Com a introdução da vacina tetra viral (sarampo, caxumba, rubéola e varicela) no Calendário Nacional de Vacinação, em 2013, para crianças de 15 meses de idade, houve uma redução considerável do número de internações no SUS, embora esses dados ainda não estejam disponíveis para consulta.

## Prevenção e controle

Na maioria dos casos, a prevenção da transmissão do HHV-3 escapa do controle epidemiológico.

Pacientes hospitalizados, com quadro de varicela ou herpes-zoster, devem ser isolados em quartos com filtros esterilizantes no ar-condicionado, para bloquear a transmissão do HHV-3 pelo sistema de ar. Essa medida é fundamental para proteção de outros pacientes do hospital, uma vez que esse vírus já foi detectado, pela técnica de PCR, nos filtros de ar-condicionado de alguns hospitais. Os profissionais suscetíveis da área de saúde, que entrarem em contato com a varicela, devem ser mantidos afastados de gestantes, neonatos ou pacientes imunocomprometidos.

O desenvolvimento da vacina atenuada permitiu grande avanço na prevenção da varicela. A vacina é derivada de uma variante atenuada após 33 passagens da estirpe Oka, propagada em fibroblastos de embrião de cobaio e células de pulmão de embrião humano. Induz tanto imunidade celular quanto humoral, tendo sido a primeira vacina liberada para um herpesvírus.

Inicialmente, a vacina foi muito controversa por causa do receio de que ela pudesse ser oncogênica e da possibilidade de que a imunidade não fosse duradoura. Ela foi testada no Japão durante 5 anos antes que fosse distribuída para o restante do mundo.

A vacina para o herpes-zoster foi licenciada pela Food and Drug Administration (FDA) dos EUA em 2008 para vacinação de rotina em adultos com 60 anos ou mais para prevenção do zoster e suas complicações, principalmente a PHN. A vacina é segura e eficaz, mas infelizmente, a adesão não é grande, provavelmente devido ao elevado custo e à falta de sensibilidade para prevenir doenças em indivíduos idosos. A vacina tem sido usada para vacinar adultos entre 50 e 59 anos, mas não é oficialmente recomendada.

Existe atualmente uma vacina recombinante preparada com uma subunidade do HHV-3 (HZ/su) em lipossoma, que contém gE e adjuvante ASO1B, e parece ser promissora na imunização contra o herpes-zoster e suas complicações. Estudos clínicos na fase I e II mostraram que a vacina em duas doses foi bem tolerada e induziu resposta imunológica muito mais potente do que a preparada com a estirpe Oka. Além disso, por ser uma vacina desenvolvida com subunidade do vírus, pode ser empregada na vacinação de indivíduos imunocomprometidos que não podem receber a vacina Oka por ser de vírus atenuado. Estudos de fase III estão ainda em andamento.

A partir de setembro de 2013 a vacinação contra a varicela foi introduzida no Calendário Nacional de Vacinação do Brasil, fazendo parte do Plano Nacional de Imunizações (PNI), a partir da recomendação da CONITEC (Comissão Nacional de Incorporação de Tecnologias), do SUS, em 2012.

A vacina para varicela está licenciada no Brasil na apresentação monovalente, que pode ser administrada juntamente com a segunda dose da vacina tríplice viral (sarampo, caxumba e rubéola) aos 15 meses de idade. No Calendário Anual de Vacinação e nas Campanhas de Vacinação, é utilizada a apresentação tetra viral (sarampo, caxumba, rubéola e varicela), que é administrada aos 15 meses de idade se a criança tiver recebido a primeira dose da vacina tríplice viral aos 12 meses. Aos 4 anos de idade deve ser administrada a 2ª dose da vacina monovalente para varicela. A vacina monovalente também é indicada para surto hospitalar a partir dos 9 meses de idade.

A vacina tetra viral tem fabricação nacional pelo Complexo Tecnológico de Vacinas do Instituto de Tecnologia em Imunobiológicos (Bio-Manguinhos) da Fundação Oswaldo Cruz (Fiocruz). É constituída de vírus atenuados de sarampo (estirpe Schwarz), caxumba (estirpe RIT 4385, derivada da estirpe Jeryl Lynn), rubéola (estirpe Wistar RA 27/3) e varicela (estirpe Oka).

Cada dose da vacina contra a varicela deve conter no mínimo 1.350 unidades formadoras de placas (UFP) de HHV-3 em cultura de células, e contém traços de neomicina e gelatina. A sua administração é feita por via subcutânea.

A vacina é indicada para todas as crianças a partir de 15 meses, assim como adolescentes e adultos suscetíveis, que não tiverem contraindicação, mas não garante imunidade total. A vacina não é recomendada para indivíduos que tenham apresentado reação alérgica grave a uma dose prévia, ou a qualquer um de seus componentes, assim como durante a gravidez e em pessoas com imunodeficiência.

A vacina monovalente ou tetravalente deve ser administrada com cautela em crianças menores de 1 ano em função da baixa eficácia nessa faixa etária devido à interferência dos anticorpos maternos transferidos durante a gestação e pela falta de informação quanto à segurança de uso nesse grupo; em gestantes (mulheres em idade fértil devem evitar a gravidez durante 30 dias após a administração); em imunodeprimidos, exceto os casos especiais (pacientes em uso de terapia imunossupressora só deverão fazer uso da vacina após 3 meses de suspensão da medicação); durante 1 mês após o uso de corticosteroides em dose imunossupressora; em indivíduos que apresentaram reação anafilática à dose anterior da vacina ou a algum de seus componentes.

Os eventos adversos podem ser dor transitória, hiperestesia e rubor no local da aplicação. Um mês após a vacinação, em cerca de 7 a 8% dos indivíduos, pode ocorrer exantema maculopapular ou variceliforme, de pequena intensidade. A literatura refere que eventos adversos a essa vacina são poucos significativos, observando-se manifestações como dor, calor e rubor em torno de 6%, em crianças, e de 10 a 21%, em adultos suscetíveis.

Não utilizar salicilatos durante 6 semanas após a vacinação por terem sido temporalmente associados à ocorrência de síndrome de Reye.

O risco de reativação do HHV-3 na forma de herpes-zoster é mais baixo em indivíduos que foram vacinados quando comparado com aqueles que tiveram a doença natural.

Para a profilaxia pós-exposição, em caso de contraindicação ao uso da vacina, pode ser utilizada a imunoglobulina humana específica hiperimune antivaricela-zoster (VZIG, *varicella-zoster immune globulin*) que é obtida de plasma humano contendo títulos elevados de IgG contra o HHV-3. A VZIG é recomendada para indivíduos suscetíveis (sem história de varicela prévia) com alto risco de doença grave (imunodeprimidos, gestantes, recém-nascidos de mães que tiveram varicela entre os últimos

5 dias da gestação até 48 horas após o parto, e recém-nascidos prematuros) e que tenham tido contato significativo com o HHV-3 (contato domiciliar contínuo ou permanência com o doente em ambiente fechado por pelo menos 1 hora), devendo ser administrada no período de até 96 horas após a exposição. A administração da VZIG não elimina a chance de adquirir varicela, mas reduz a gravidade da doença em pacientes imunodeprimidos e não existe indicação de administração de VZIG para alteração do curso do herpes-zoster. A VZIG contém de 10 a 18% de globulina e timerosal como preservativo e pode ser administrada por via intramuscular em qualquer idade.

### Tratamento

Tanto para a varicela quanto para o herpes-zoster, os medicamentos de eleição são fanciclovir, valaciclovir e aciclovir (ver *Capítulo 9*). No caso do aparecimento de resistência às drogas utilizadas, interferon e fosfonoformato podem ser administrados, desde que o paciente seja intensamente monitorado.

O prurido pode ser atenuado com banhos e compressas frias, além da aplicação de soluções contendo cânfora, mentol ou óxido de zinco. Para se evitar a infecção bacteriana secundária das lesões, aconselha-se manter as unhas curtas e limpas, e banhos de permanganato de potássio 1:40.000, 2 vezes por dia. Deve-se ter o cuidado de proteger os olhos quando da aplicação do permanganato. Caso a infecção bacteriana ocorra, recomenda-se o emprego de antibióticos adequados para as bactérias mais comumente envolvidas em infecções na epiderme.

No herpes-zoster, o tratamento com o antiviral valaciclovir é a droga de primeira escolha (embora o aciclovir e o fanciclovir também possam ser usados). Essa droga acelera a cicatrização das lesões, reduz a dor associada à neurite aguda e previne a neurite pós-herpética, principalmente se iniciada nas primeiras 72 horas após o início dos sintomas. O tratamento é recomendado especialmente para os maiores de 50 anos e, independentemente da idade, para pacientes com envolvimento de cabeça e pescoço, em particular herpes-zoster oftálmico.

## Vírus do molusco contagioso

### Histórico

Molusco contagioso (MC, *molluscum contagiosum*) é uma doença viral cosmopolita e autolimitada, frequente em crianças, adultos sexualmente ativos e indivíduos imunocomprometidos. A doença é caracterizada por múltiplas e pequenas lesões róseas ou esbranquiçadas nodulares e umbilicadas, não inflamatórias, espalhadas na pele, principalmente no tronco. Em adultos, pode concentrar-se mais nas áreas anogenitais. Essa doença é conhecida há muito tempo pelos dermatologistas que a consideram uma enfermidade trivial, sem justificativa de ser tratada, a não ser por questões estéticas. No entanto, com o surgimento da síndrome da imunodeficiência adquirida (AIDS, *acquired immunodeficiency syndrome*), apresenta-se como um problema mais sério.

### Classificação e características

O vírus do molusco contagioso (MCV) pertence a uma grande família de vírus DNA denominada *Poxviridae*. Os vírus dessa família, apesar de apresentarem o genoma do tipo DNA, são sintetizados no citoplasma das células de vertebrados e invertebrados.

O MCV está classificado na família *Poxviridae*, subfamília *Chordopoxvirinae*, gênero *Molluscipoxvirus*, espécie *Molluscum contagiosum virus* (MCV ou vírus do molusco contagioso). Essa única espécie apresenta quatro genótipos: MCV1, MCV2, MCV3 e MCV4. MCV 1 é o genótipo mais comum (75 a 96%), seguido do MCV2, enquanto MCV3 e 4 são extremamente infrequentes.

Os poxvírus são os maiores vírus encontrados em animais, sendo visíveis ao microscópio óptico. A partícula viral apresenta morfologia retangular ou ovoide, medindo 350 nm × 270 nm. O capsídeo apresenta simetria complexa, sendo envolvido por uma membrana externa formada de subunidades cilíndricas arranjadas de forma irregular. O *core*, em forma de haltere, é envolvido por uma membrana (interna) e contém o DNA de fita dupla (DNAfd) linear com aproximadamente 190 quilopares de bases (Kpb) e proteínas associadas, entre elas uma transcriptase. Entre a membrana externa e o *core*, existem dois corpos laterais de natureza desconhecida. As partículas virais, que são liberadas naturalmente da célula e não por lise celular, apresentam um envelope derivado da membrana do complexo de Golgi, onde estão embebidas espículas com aproximadamente 20 nm.

Diferentes estudos foram desenvolvidos com o intuito de sequenciar o genoma do vírus e determinar possíveis genes envolvidos na evasão da resposta imunológica, uma hipótese que veio à tona baseada na ausência de inflamação observada em amostras histopatológicas de lesões da pele.

Até o momento, foram identificados quatro genes virais que codificam proteínas que podem alterar a ativação do fator nuclear κB (NF-κB; *nuclear factor-κB*): MC159, MC160, MC132 e MC005. NF-κB está presente em células dendríticas e regula a transcrição do DNA, facilita a síntese de citocinas pró-inflamatórias como o fator de necrose tumoral α (TNF-α; *tumor necrosis factor-α*), interleucina (IL)-1, IL-6, entre outras) e participa da ativação da resposta imunológica inata e adquirida. Foi mostrado que as proteínas MC132 e MC005 alteram a ativação de NF-κB inibindo o reconhecimento de receptores de reconhecimento de padrões (PRR, *pattern recognition receptors*). Além disso, MC132 se ligaria e estimularia a degradação da subunidade p65 de NF-κB e MC005 inibiria a ativação do complexo IKK (IκB-cinase [*IκB-kinase*]) ligando-se à subunidade ativa NEMO (modulador essencial de NF-κB [*NF-κB essential modulator*]).

Por meio do sequenciamento do genótipo MCV1, também foram descobertos novos genes que codificam produtos envolvidos na patogênese e evasão do sistema imunológico, como uma proteína de ligação a IL-18 e inibidores da apoptose.

### Biossíntese viral

O MCV ainda não foi propagado em culturas de células, nem em qualquer animal de laboratório; contudo, um grande número de partículas pode ser extraído de lesões e são detectadas por meio de seu DNA. O modelo de biossíntese viral é baseado em estudos realizados com o vírus vaccínia. O vírus adsorve na membrana da célula hospedeira via receptores celulares ainda não muito bem estabelecidos, talvez utilizando como receptor o fator de crescimento epidérmico (EGF, *epidermal growth factor*). A penetração ocorre pela endocitose mediada por receptores. Após a entrada no citoplasma da célula hospedeira, são sintetizados RNA mensageiros (RNAm), que são traduzidos em várias proteínas, incluindo fatores de crescimento, enzimas e fatores para a replicação e transcrição intermediária do DNA viral. Entre esses fatores, encontra-se uma proteína responsável pelo desnudamento, que remove a membrana do *core*, liberando o DNA no citoplasma. Os genes intermediários são transcritos e os RNAm formados são traduzidos em fatores de transcrição de genes tardios, que, traduzidos, dão origem às proteínas estruturais, enzimas e mais fatores de transcrição iniciais. A montagem do vírion começa com a formação de estruturas membranosas discretas. O DNA concatamérico é clivado e empacotado em forma de vírions imaturos. Os vírions são envolvidos por membranas de Golgi modificadas e transportadas para a periferia da célula. A fusão dos vírions envelopados dessa forma, com a membrana citoplasmática, libera a partícula viral no meio extracelular.

## Patogênese

O MCV é transmitido principalmente por contato direto com a pele infectada, por via sexual, não sexual ou autoinoculação. Pode haver contaminação por fômites como esponjas de banho e toalhas. A transmissão pode ocorrer também em piscinas contaminadas com o MCV.

O MCV infecta a epiderme e realiza o ciclo de biossíntese no citoplasma de células, com um período de incubação entre 2 e 6 semanas. A lesão típica causada pelo vírus consiste em massa hipertrofiada localizada na epiderme, que se aprofunda na derme, sem atravessar a membrana basal. É observado um aumento da mitose celular na camada germinativa da lesão, com alterações patológicas no núcleo e citoplasma. À medida que as células se diferenciam, são infectadas e as lesões tornam-se mais pronunciadas, com as células aumentadas e o citoplasma repleto de massa granular hialina e acidófila conhecida como "corpo do molusco" ou "corpo de Henderson-Patterson". As lesões umbilicadas são causadas pela degeneração das células epidermais e hipertrofia dos ceratinócitos devido à presença de corpúsculos de inclusão (acúmulo de vírus) e hiperplasia das células basais não infectadas.

O MCV induz pouca imunidade e a lesão pode persistir de 2 semanas a 2 anos, sem sinal de inflamação. Os anticorpos produzidos contra esse vírus não apresentam reação cruzada com outros poxvírus. Contudo, a imunidade celular parece ser mais importante para conter a infecção, pois, em pacientes aidéticos ou imunossuprimidos por terapia, ocorrem espalhamento e recorrência das lesões do molusco.

## Manifestações clínicas

As manifestações clínicas pelos quatro genótipos parecem ser semelhantes. As lesões do MCV apresentam-se como nódulos piriformes umbilicados, que são observados na superfície da pele, com aproximadamente 2 a 5 mm de diâmetro. O período de incubação, determinado por inoculação em humanos voluntários, varia de 14 a 50 dias. As lesões podem aparecer em qualquer parte do corpo, e são raras na sola dos pés e na palma das mãos. As lesões sempre aparecem agrupadas em áreas localizadas, provavelmente devido à infecção simultânea ou ao espalhamento mecânico. O MCV não causa doença sistêmica, ficando localizado no sítio da inoculação. Geralmente são observadas de 1 a 20 lesões, mas ocasionalmente podem ser vistas centenas. Os nódulos são indolores e apresentam uma abertura central esbranquiçada que dá uma aparência umbilicada. A duração das lesões é variável e na maioria dos casos regridem espontaneamente em um período de 6 a 9 meses.

## Diagnóstico laboratorial

O diagnóstico pode ser feito clinicamente ou pela dermoscopia que mostra lesões umbilicadas, polilobulares com uma estrutura amorfa branca amarelada e vasos periféricos. Pode ser realizada biópsia da lesão para observação de corpúsculos de inclusão ou visualização das partículas virais por microscopia eletrônica. A reação em cadeia da polimerase (PCR, *polymerase chain reaction*) também tem sido descrita para identificação do vírus. Ocasionalmente, lesões solitárias na face ou no pescoço podem ser confundidas com carcinoma de células basais; na sola dos pés, por serem raras, também são de difícil diagnóstico.

## Epidemiologia

O MCV é distribuído mundialmente, sendo mais comum em certas áreas, como Ilhas Fiji, Nova Guiné e República Democrática do Congo (antigo Zaire).

É mais frequente em crianças, mas pode também afetar adolescentes e adultos. Uma pesquisa mostrou que existe uma prevalência de 8,28% em crianças e maior frequência em áreas geográficas de clima quente.

Considerando a soroprevalência os resultados são variáveis em diferentes populações. Um estudo realizado na Austrália revelou uma taxa de soropositividade de 23% em crianças e adultos. Na Alemanha, a soroprevalência foi de 14,8% em crianças e adultos entre 0 e 40 anos, enquanto no Reino Unido a taxa foi de 30,3% em um estudo que pesquisou 30 indivíduos saudáveis com média de idade de 27 anos. No Japão, a soroprevalência foi de 6%.

Estima-se que em pacientes positivos para o HIV (vírus da imunodeficiência humana), a taxa de prevalência seja de 20%. Além do HIV (vírus da imunodeficiência humana [*human immunodeficiency virus*]), o MCV pode estar associado a imunossupressão iatrogênica ou imunodeficiências primárias como a causada pela síndrome de imunodeficiência DOCK8 (imunodeficiência combinada grave causada por uma mutação genética no gene *DOCK8*).

A transmissão ocorre por contato direto com a pele lesionada, ou via fômites, e pode acometer pessoas de qualquer idade, sendo mais frequente em crianças. Estudos epidemiológicos mostram que nos adultos a infecção é mais comum nos homens do que nas mulheres, sendo considerada uma infecção sexualmente transmissível (IST). Existem evidências de que as lesões genitais sejam mais comuns do que em outras partes do corpo. Durante a última década, houve um aumento de casos de infecção pelo MCV, principalmente em pacientes HIV-positivos.

## Prevenção

Não existe vacina. A cobertura das lesões e a higiene adequada das mãos, após a manipulação das lesões, impedem a transmissão em muitas situações.

# Tratamento

A necessidade de um tratamento ativo para MCV é controverso. Existe somente um consenso nos casos de doença disseminada com complicações ou razões estéticas em que os nódulos umbilicados são removidos cirurgicamente ou pelo processo de crioterapia. Existem vários tratamentos: mecânico, químico, empregando imunomoduladores e antivirais.

Em um estudo que analisou a resolução das lesões entre pacientes tratados e não tratados não evidenciou diferenças significativas entre os dois grupos, com percentagens de resolução de 69,5% e 72,6%, respectivamente.

Os métodos químicos destroem as lesões por meio da resposta inflamatória que eles produzem. Cantaridina é um agente tópico que inibe fosfodiesterase e que produz uma lesão intraepidérmica seguida de cura sem deixar escaras, em alguns casos. O tratamento deve ser repetido de 2 a 4 semanas até todas as lesões terem desaparecido.

Hidróxido de potássio é uma substância alcalina que dissolve ceratina. Tem sido usado em concentrações terapêuticas de 5 a 20%, 2 vezes ao dia, com resultados comparáveis ao uso de crioterapia ou imiquimode. Outros métodos químicos são também relatados: podofilotoxina, ácido tricloroacético, ácido salicílico, ácido lático, ácido glicólico, peróxido de benzoíla e tretinoína.

O método imunomodulatório estimula a resposta imunológica do paciente contra o vírus. Nesse caso o uso do imiquimode pode ser útil, pois estimula a resposta imunológica sendo um agonista do receptor *toll-like* 7 que ativa a resposta inata do hospedeiro.

No método antiviral, a aplicação tópica de cidofovir em concentração de 1 a 3% em creme ou por via endovenosa, tem sido benéfico. O problema do cidofovir venoso é a nefrotoxicidade. Um novo antiviral, sinecatequina, tem sido utilizado, mas não existem evidências determinando sua eficácia.

# Capítulo 13

# Viroses Congênitas

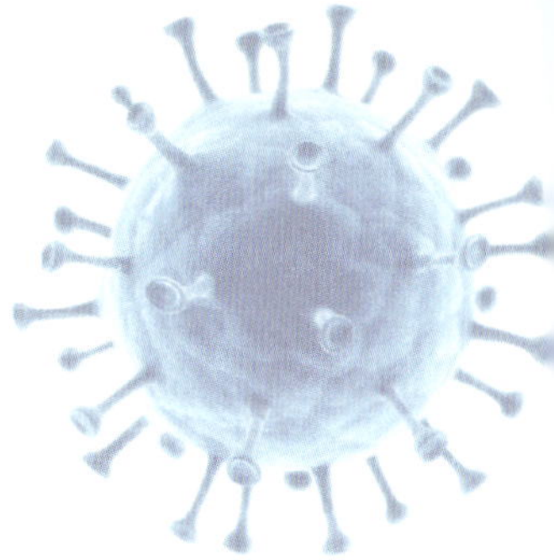

Marcia Dutra Wigg • Gabriella da Silva Mendes •
José Nelson dos Santos Silva Couceiro

## Introdução

Infecções virais durante a gravidez apresentam risco de transmissão intrauterina que pode resultar em danos fatais ao embrião ou ao feto. As consequências dessa infecção dependem do tipo de vírus. Para a maioria das infecções virais não há risco de lesões para o embrião ou para o feto. Contudo, alguns vírus são teratogênicos, ou seja, induzem malformações ou anomalias congênitas; outros causam doença no recém-nascido, variando de gravidade, desde sintomas brandos e transitórios até doença fatal. A capacidade de um vírus cruzar a barreira transplacentária, infectar o embrião ou o feto e causar danos depende, entre outros fatores, da condição imunológica da mãe contra o vírus específico. Em geral, a infecção primária durante a gravidez é substancialmente mais danosa que a infecção secundária, ou a reativação.

A caracterização laboratorial do *status* imunológico materno é essencial para o diagnóstico da infecção e a distinção entre infecções primária e secundária. De maneira semelhante, a avaliação do dano fetal e o prognóstico requerem o apoio laboratorial, particularmente naqueles casos em que decisões clínicas, tais como uso de medicamentos, interrupção da gravidez (quando permitida) ou administração intrauterina de imunoglobulina, precisam ser tomadas.

Neste capítulo serão apresentados três vírus associados a infecções congênitas potencialmente graves: vírus da rubéola, herpesvírus de humanos 5 e parvovírus B19. A infecção causada pelo vírus da Zika é também uma infecção congênita de grande importância na saúde pública. Detalhes sobre esta infecção estão apresentados no *Capítulo 18*.

## Vírus da rubéola

Marcia Dutra Wigg

### Histórico

De acordo com dados históricos, os primeiros relatos da descrição clínica da rubéola datam do século XVIII e foram realizados por médicos alemães: Hoffmann, em 1740, de Bergen, em 1752 e Orlow, em 1758. Até o início do século XIX, a rubéola era considerada uma forma benigna do sarampo, tendo sido denominada sarampo alemão, provavelmente devido à influência germânica na época. Em 1814, de Maton descreveu a doença como uma entidade clínica diferente do sarampo, chamando a infecção pelo vírus da rubéola de *rötheln*. O termo *rubella* foi proposto pelo médico alemão Veale, em 1866, por ser um nome mais sonoro na língua inglesa. Em 1914, Hess sugeriu a etiologia viral para a rubéola realizando estudos em macacos. No entanto, foi somente em 1938 que Hiro e Tasaka, no Japão, confirmaram que a rubéola era transmitida por um vírus. Esses pesquisadores reproduziram a doença em crianças sadias, infectando-as com fluidos de secreções nasais provenientes de indivíduos com rubéola, fluidos esses que foram previamente passados em filtros que retinham bactérias.

A rubéola é predominantemente uma doença da infância, ainda considerada endêmica em várias regiões do mundo. A infecção pelo vírus da rubéola provoca o aparecimento de erupções cutâneas maculares e febre ocasional, com enfartamento de gânglios linfáticos (linfoadenopatia), principalmente os cervicais, mas outros gânglios também podem ser acometidos.

Foi o oftalmologista australiano Norman Gregg, em 1941, quem primeiro fez a correlação entre anomalias congênitas (teratogenia) e o quadro clínico da rubéola em gestantes, ao constatar casos de catarata e outras patologias em crianças recém-nascidas durante e após uma epidemia de rubéola. A princípio, suas observações foram alvo de ceticismo, mas ganharam credibilidade à medida que outros danos congênitos foram descritos em crianças cujas mães adquiriam rubéola no início da gravidez.

O vírus da rubéola foi isolado em 1962, em cultura de células, por dois grupos independentes: Parkmann, Buescher e Artenstien, do Walter Reed Army Institute of Research, Estados Unidos da América (EUA), que mostraram a presença do vírus isolado de recrutas em um teste de interferência viral com echovírus, e Weller e Neva, da Harvard University (EUA), que evidenciaram o efeito citopatogênico do vírus isolado de pacientes, em células amnióticas humanas, possibilitando assim o desenvolvimento da vacina.

A infecção pelo vírus da rubéola é importante devido à possibilidade de causar a síndrome da rubéola congênita (SRC). Além disso, esse vírus apresenta a capacidade de persistir no hospedeiro humano, sem causar sinais e/ou sintomas detectáveis, além do seu potencial envolvimento com doenças autoimunes.

### Classificação e características

O Comitê Internacional para Taxonomia de Vírus (ICTV, *International Committee on Taxonomy of Viruses*), em revisão de 2020 (MSL#35), classificou o vírus da rubéola na família *Matonaviridae*, gênero *Rubivirus*, espécie *Rubella virus* (vírus da rubéola). O vírus da rubéola compartilha algumas propriedades com os arbovírus do grupo A, e foi anteriormente classificado na família *Togaviridae*.

Estudos de criomicroscopia eletrônica evidenciaram que o vírus da rubéola é pleomórfico e tem um diâmetro que varia de 55 a 86 nm, embora a maioria dos vírions apresente morfologia esférica com diâmetro aproximado de 70 nm. A partícula viral é formada pelo capsídeo, que apresenta massa molecular entre 33 e 38 quilodaltons (kDa), simetria icosaédrica e é composto de uma única proteína (C) fosforilada que não é glicosilada. A proteína C apresenta resíduos de arginina e prolina que parecem estar envolvidos na ligação do capsídeo ao ácido nucleico viral. O vírus da rubéola apresenta um envelope originado de membranas celulares onde se encontram as espículas glicoproteicas medindo 5 a 8 nm, que são constituídas pelos heterodímeros E1 e E2, ambos com domínios transmembrana. O nucleocapsídeo, que mede 30 a 34 nm de diâmetro, é constituído por uma molécula de RNA de fita simples e múltiplas cópias das proteínas do capsídeo (Figura 13.1).

Por técnicas que utilizam anticorpos monoclonais, foi evidenciado que a glicoproteína E1 contém, pelo menos, seis epítopos não sobrepostos que estão associados à capacidade hemaglutinante e de indução de anticorpos neutralizantes. Além disso, E1 é a principal estrutura envolvida com a adsorção do vírus à célula e apresenta atividade fusogênica. Alguns estudos têm demonstrado que a glicoproteína E2 é rica em arginina e não fica exposta, sendo encoberta por E1.

O genoma é constituído por uma única molécula de RNA de fita simples de polaridade positiva (RNAfs+) com 9,7 quilobases (kb). O coeficiente de G/C é de 70%, o maior entre todos os vírus com genoma de RNA estudados até o momento. O RNA genômico (RNAg) apresenta duas sequências de leitura aberta (ORF, *open reading frames*) não sobrepostas separadas por uma região não traduzível de 123 nucleotídeos que parece estar associada à regulação da síntese do RNA subgenômico (RNAsg). Os 2/3 próximos à porção 5′ metilada (*cap* de 7-metilguanosina) codificam as proteínas não estruturais (NS), responsáveis pela replicação do genoma viral. A região correspondente ao terço proximal à porção 3′ poliadenilada codifica as três proteínas estruturais que são traduzidas a partir de um RNAsg, que também possui *capping* e é poliadenilado. Existem algumas sequências não traduzidas (UTR, *untranslated regions*) na terminação 3′ que funcionam em *cis* regulando a transcrição de RNA de fita positiva por meio da ligação à forma fosforilada da calreticulina, uma proteína com afinidade por cálcio que se encontra no lúmen do retículo endoplasmático (RE).

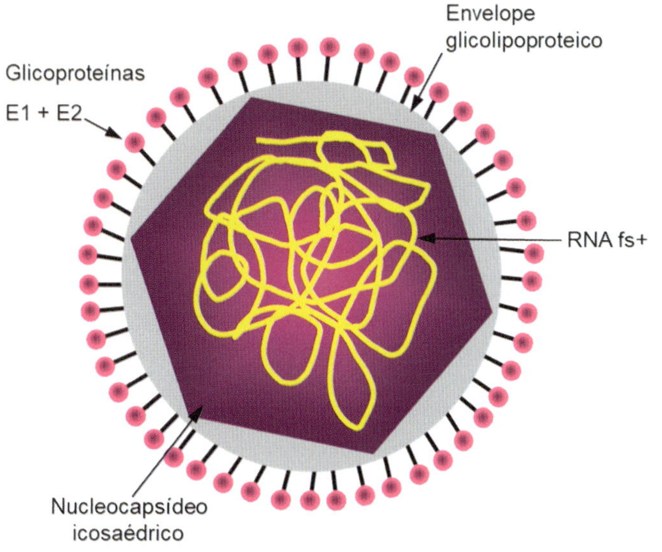


**Figura 13.1** Representação esquemática do vírus da rubéola. O vírion é constituído de capsídeo de simetria icosaédrica contendo o genoma de RNA de fita simples de polaridade positiva (RNAfs+), circundado por um envelope glicolipoproteico originado de membranas celulares com espículas de glicoproteínas virais.

O vírus é relativamente estável quando submetido ao calor. É inativado dentro de 5 a 20 minutos em temperatura de 56°C e em 48 horas a 37°C, permanecendo ainda com alguma infecciosidade por até 7 dias. Se mantido em temperatura em torno de −20°C, a infecciosidade é perdida em semanas ou meses. No entanto, é estável por muitos anos a −80°C. Quando submetido à liofilização, é estável a 4°C por anos e em temperatura ambiente por meses. É sensível a solventes orgânicos, detergentes e radiação UV. Mantém a infecciosidade em pH de 6,8 a 8,1. Exibe um coeficiente de sedimentação em sacarose de 1,18 a 1,19 g/cm$^3$. A partícula viral completa apresenta massa molecular de 52 kDa e atividade hemaglutinante e hemolítica.

## Diversidade genética

No ano 2000, a Organização Mundial da Saúde (OMS/WHO [*World Health Organization*]) estabeleceu a Rede Mundial de Laboratórios para Sarampo e Rubéola (GMRLN, WHO *Global Measles and Rubella Laboratory Network*) para fornecer suporte na vigilância epidemiológica do sarampo, rubéola e síndrome de rubéola congênita, e obter informações sobre a diversidade genética dos vírus da rubéola circulantes no mundo. Em 2020, a GMRLN compreendia 713 laboratórios, situados em 191 países.

Embora o vírus da rubéola apresente apenas um sorotipo, análises filogenéticas com base no sequenciamento de uma região de 739 nucleotídeos (8.731 a 9.469) do gene da glicoproteína E1 confirmaram a existência de dois clados (previamente designados I e II) que diferem de 8 a 10% no número de nucleotídeos.

Até março de 2021, a GMRLN havia identificado 13 genótipos do vírus da rubéola, divididos em clado 1 (1B, 1C, 1D, 1E, 1F, 1G, 1H, 1I e 1J) e clado 2 (2A, 2B e 2C), incluindo o genótipo 1a, que era provisório e, por isso, escrito em letra minúscula. Segundo a OMS, em 2010, os genótipos 1E, 1G, 1J e 2B eram os mais frequentemente detectados. Os genótipos 1B, 1C, 1F, 1H e 2C foram ainda detectados na primeira década deste século, mas não são detectados desde 2010. Os últimos relatos da presença dos genótipos 1D e 1I datam da década de 1990. O genótipo 1a, que é formado principalmente por amostras da década de 1960, incluindo a maioria das estirpes vacinais, foi relatado esporadicamente; no entanto, é possível que algumas detecções fossem contaminações de laboratório. A última vez que o genótipo 2A foi detectado ocorreu em 1980, e é considerado inativo, provavelmente extinto, juntamente com os genótipos 1D, 1F e 1I.

Até 2015, dos quatro genótipos ativos, 1E e 2B apresentavam ampla distribuição geográfica e eram frequentemente detectados, mas o genótipo 2B mostrava maior distribuição (Figura 13.2). Os genótipos 1G e 1J eram mais restritos geograficamente e menos detectados. Esses quatro genótipos representavam 70% de todas as sequências disponíveis para análise.

Em 2007, dados da Organização Pan-Americana da Saúde (OPAS/PAHO [*Pan American Health Organization*]) indicavam que os genótipos 1C e 2B eram considerados endêmicos na

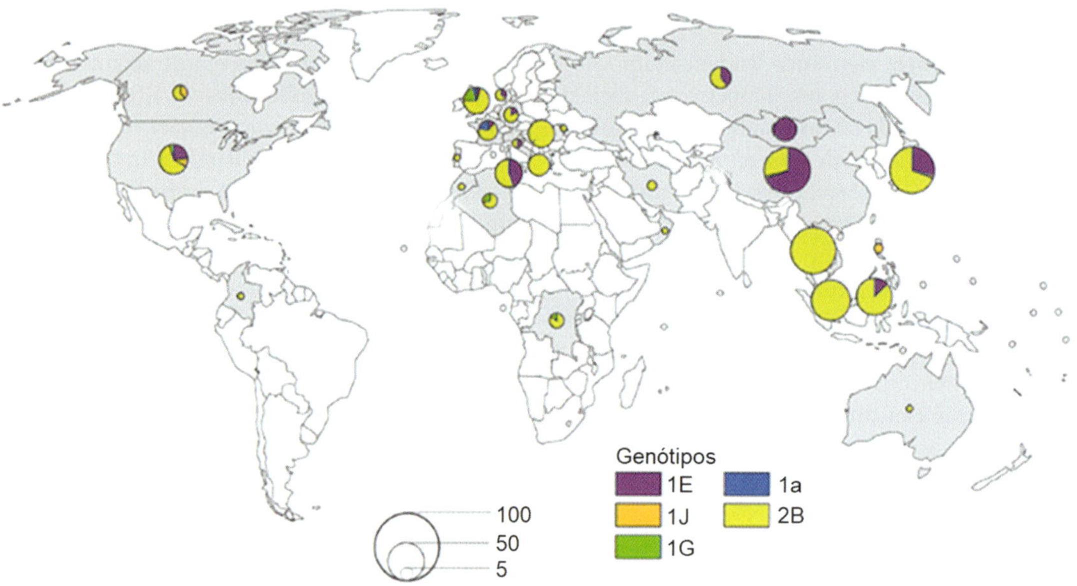


Figura 13.2 Distribuição global dos genótipos do vírus da rubéola por país, 2010-2015. O tamanho dos círculos é proporcional ao número de sequências reportadas por país durante 2010-2015. Adaptada de Mulders *et al.*, 2016.

Região das Américas. O genótipo 1C só foi encontrado na Região das Américas e era o genótipo detectado com mais frequência nessa região. No Brasil, foi notificada a presença do genótipo 2B, além dos genótipos 1B e 1G, todos considerados endêmicos, e o genótipo 1J, provavelmente importado. A partir de 2015, a Região das Américas foi certificada pela OMS como área livre da circulação autóctone do vírus da rubéola.

Com dados obtidos pela GMRLN, foi verificado que no período entre 2016 e 2018, a diversidade genética do vírus da rubéola diminuiu globalmente depois da implantação das estratégias de eliminação do vírus. Das 1.296 sequências notificadas pela Vigilância para Nucleotídeos de Rubéola (RubeNS, *Rubella Nucleotide Surveillance*), o número de genótipos detectados caiu de 5 em 2016 (58% 1E e 40% 2B) para 2 (1E e 2B) em 2018. No entanto, segundo a OMS, ainda há muitas falhas na vigilância epidemiológica mundialmente. Com exceção da Região das Américas, que logrou eliminar o vírus da rubéola em 2015, o vírus permanece endêmico em todas as outras Regiões. Para ilustrar, das 866 sequências analisadas pela RubeNS, em 2018, 837 (96,6%) tiveram origem na Região do Pacífico Ocidental, provenientes principalmente da China e do Japão.

A GMRLN propôs uma nomenclatura para descrever a sequência obtida dos RNA extraídos dos isolados virais de acordo com a origem desse RNA, que pode ser de amostra isolada em laboratório (RVi, *RNA extracted from a rubella virus isolate*) ou extraído diretamente de material clínico (RVs, *RNA extracted directly from clinical material*). Outros dados são incluídos na descrição do vírus como a cidade, o estado ou a província onde o vírus foi isolado, o país e a semana epidemiológica em que o caso ocorreu, todos obrigatórios. Dentre os dados facultativos, encontram-se o genótipo (entre colchetes) e a procedência do RNA, que pode ser de paciente com síndrome de rubéola congênita (CRS, *congenital rubella syndrome*; SRC, síndrome de rubéola congênita), de recém-nascido com rubéola congênita (CRI, *congenital rubella infection*) ou vacinal. Os exemplos mostram a atual nomenclatura: RVs/ Hong Kong.CHN/20.12/2[1E], que designa o vírus da rubéola genótipo 1E derivado diretamente de amostra de paciente colhida na cidade de Hong Kong, China, na 20ª semana epidemiológica de 2012. RVi/Ho Chi Minh. VNM/41.11/[2B](CRS) refere-se ao genótipo 2B, isolado em laboratório de um paciente com síndrome de rubéola congênita, na província de Ho Chi Minh, Vietnã, na 41ª semana epidemiológica de 2011.

## Biossíntese viral

O vírus da rubéola apresenta biossíntese lenta com um período de eclipse que pode durar 10 a 12 horas. O pico de produção de vírus em cultura de células é alcançado entre 36 e 48 horas.

### *Adsorção e penetração*

O vírus da rubéola liga-se rapidamente a células permissivas por intermédio da glicoproteína E1 do envelope viral. O receptor celular ainda não foi identificado, mas estudos realizados em cultura de células LLC-MK2 (células epiteliais de rim de macaco rhesus, *Macaca mulatta*), permissivas ao vírus da rubéola estirpe M33, apontam para uma glicoproteína da superfamília das imunoglobulinas denominada MOG (glicoproteína de oligodendrócitos de mielina [*myelin oligodendrocyte glycoprotein*]), embora outras moléculas não possam ser excluídas como receptores. MOG é encontrada, principalmente, em células do sistema nervoso central (SNC), o que explicaria o tropismo do vírus em pacientes com SRC, e mesmo em rubéola pós-natal, causando desmielinização e comprometimento neurológico.

Após ocorrer a adsorção do vírus à membrana citoplasmática da célula suscetível, a partícula é transferida para a região *coated pit*, formada por moléculas de clatrina, para ser endocitada. Então, forma-se uma *coated vesicle* no citoplasma com a partícula viral em seu interior. Depois de sucessivas passagens em endossomas, quando o vírus atinge um nível ideal de acidificação em pH entre 5,0 e 5,5, ocorre alteração conformacional das glicoproteínas do envelope viral e das proteínas do capsídeo. Esse processo leva à fusão do envelope do vírion com a membrana do endossoma, o que permite desencadear o processo de desnudamento, com a liberação do nucleocapsídeo e disponibilização do genoma viral para a transcrição (Figura 13.3).

## Tradução, transcrição e replicação do genoma

Foi sugerido que a tradução e a transcrição do RNA viral ocorrem no citoplasma em endossomas modificados contendo vesículas no seu interior, e que são denominados "complexos de replicação" viral. O "complexo de replicação" viral é formado pelo retículo endoplasmático rugoso (RER) e por endossomas contendo vesículas no seu interior. Possivelmente, as vesículas protegem o RNAg viral durante a transcrição. No início do processo, o RER migra para a vizinhança do endossoma modificado e fica associado em parte dele, circundando-o à medida que a infecção progride (ver Figura 13.3).

Após o desnudamento, 2/3 do RNAg 40S de polaridade positiva são traduzidos em proteínas não estruturais, necessárias à síntese do RNA complementar (fita de polaridade negativa), que serve como molde para a síntese de outras fitas de RNAg (RNA virais) e de RNAsg (24S) que funcionarão como RNA mensageiros e serão traduzidos em proteínas estruturais (Figura 13.4). Além disso, ocorrem intermediários replicativos (IR) de 21S, representando RNA parciais de filamento duplo e formas replicativas (FR) de 19 a 20S, representando um RNA de fita dupla completo. Partículas defectivas podem ser observadas durante a síntese do vírus e podem interferir com a formação de novas partículas infecciosas.

A partir da terminação 5′ do RNAg 40S, é sintetizada a poliproteína precursora (p200) que sofre clivagem em *cis* para produzir dois polipeptídeos NS: p150 formado pelas enzimas metiltransferase (M), X e cisteíno-protease papaína-*like* (P), e p90 formado pela helicase (H) e RNA polimerase-RNA dependente (R, replicase). A helicase é responsável pelo desenovelamento do RNA; a polimerase, pela replicação do ácido nucleico; e a metiltransferase catalisa a metilação do terminal 5′ do RNAg. A função do domínio X não está ainda bem esclarecida, mas parece que ele está envolvido com a clivagem em *trans* pela protease (Figura 13.5).

## Síntese de proteínas estruturais, montagem e liberação das partículas virais

As proteínas estruturais são sintetizadas a partir do RNAsg 24S que é transcrito a partir da terminação 3′ do RNAg. Esse RNA 24S de polaridade positiva é traduzido em uma poliproteína precursora (p100), que sofre várias modificações após a transcrição para gerar as proteínas do capsídeo (C), além das proteínas do envelope E1 e E2 (ver Figura 13.5).

A poliproteína p100 é um heterodímero constituído das proteínas C-E2-E1. A proteína C dá origem ao capsídeo e é uma fosfoproteína que é separada de E2 por uma sinalase celular. Observou-se a presença de fragmentos hidrofóbicos existentes na porção aminoterminal de E2 e E1, que são os sinalizadores para a translocação do polipeptídeo precursor para o lúmen do RER. Após a ancoragem na membrana do RER, sinalases celulares clivam a proteína precursora entre C e E2 e entre E2 e E1. Após a clivagem, a sequência peptídica sinalizadora de E2 ainda permanece no capsídeo, mantendo-o ancorado à membrana do RER, fato fundamental para a morfogênese do nucleocapsídeo e sua interação com as membranas intracelulares.

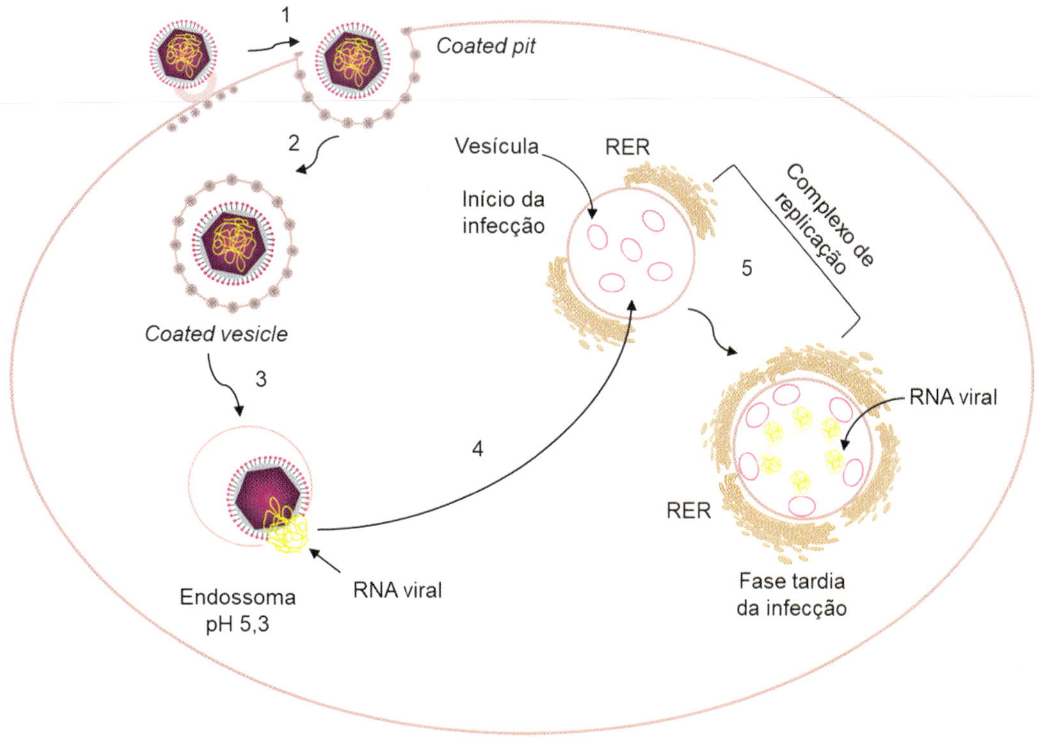


**Figura 13.3** Formação do "complexo de replicação" durante a biossíntese do vírus da rubéola. **1.** O vírus da rubéola adsorve-se à membrana celular e é transferido para a região *coated pit*. **2.** A seguir, forma-se a *coated vesicle* com a partícula viral em seu interior. **3.** Quando o vírion atinge o endossoma com pH entre 5,0 e 5,5, a proteína do capsídeo e a glicoproteína E1 sofrem alterações conformacionais com consequente fusão do envelope do vírion com a membrana do endossoma e liberação do genoma viral no citoplasma. **4.** A transcrição do RNA viral ocorre em locais chamados "complexos de replicação" viral que são endossomas modificados, contendo vesículas no seu interior, associados ao retículo endoplasmático rugoso (RER) que migra para a vizinhança do endossoma modificado. No início do processo, o RER fica associado somente em parte do endossoma modificado. **5.** À medida que a infecção progride o RER circunda o endossoma.

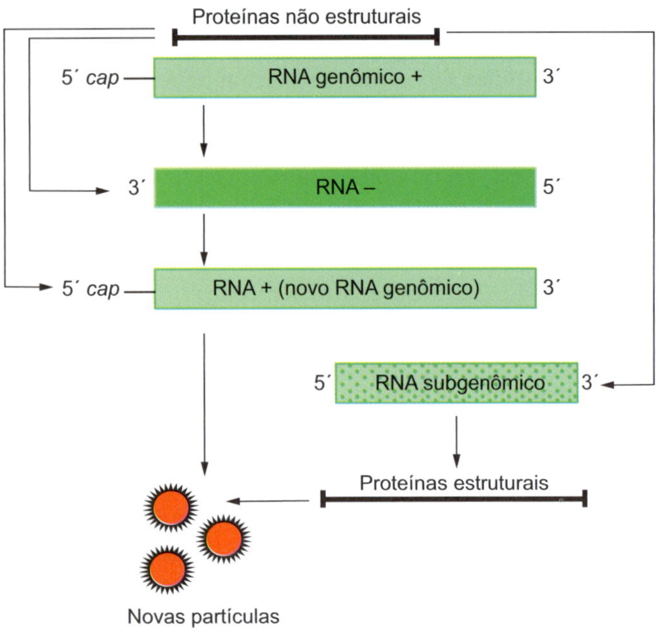


**Figura 13.4** Replicação do genoma do vírus da rubéola. A partir do RNA de fita simples viral de polaridade positiva (RNA genômico) ocorre a síntese das proteínas não estruturais, que são codificadas pela terminação 5′, e que participam da síntese da fita negativa do RNA, da fita positiva do RNA (novo RNA genômico) e do RNAm subgenômico codificado pela terminação 3′ do RNA genômico. O RNA subgenômico codifica as proteínas estruturais que, juntamente com a fita positiva recém-sintetizada do RNA genômico, formarão novas partículas virais.

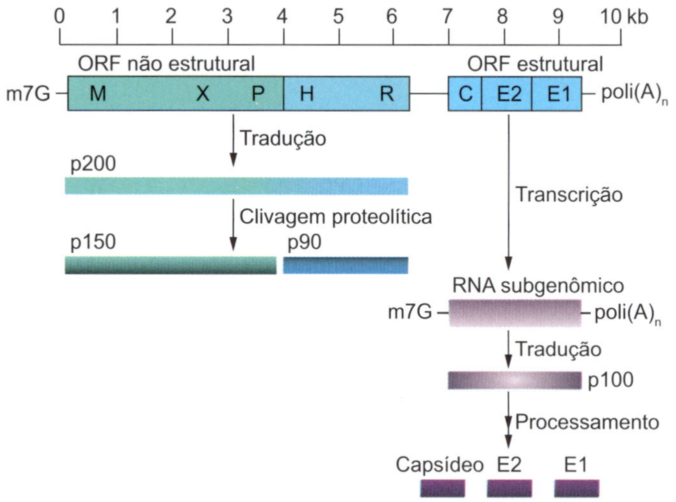


**Figura 13.5** Tradução e processamento das proteínas estruturais e não estruturais do vírus da rubéola. O genoma do vírus da rubéola compreende duas longas sequências de leitura aberta (ORF, *open reading frames*), com a terminação 5′ codificando para proteínas não estruturais (NS) e a terminação 3′ para proteínas estruturais. A poliproteína precursora (p200) é traduzida a partir da terminação 5′ do RNA genômico e sofre clivagem em *cis* para produzir duas proteínas NS, p150 e p90. Os sítios de clivagem para metiltransferase (M), X, cisteíno-protease papaína-*like* (P), helicase (H) e replicase (R) são mostrados. As proteínas estruturais são sintetizadas a partir do RNA subgenômico 24S que é traduzido em uma poliproteína precursora (p100), que sofre várias modificações pós-transcricionais para gerar as proteínas do capsídeo (C), e do envelope, E2 e E1.

A maturação da glicoproteína E1, que adquire sua forma terciária através de pontes de enxofre, ocorre, preferencialmente, no RER. As *O*-glicosilações e *N*-acetilações tanto de E1 quanto de E2 são realizadas no complexo de Golgi, com os heterodímeros se formando no RER. São observadas glicoproteínas também em vacúolos intracitoplasmáticos e na membrana citoplasmática. *In vitro,* existem evidências de que glicoproteínas virais são secretadas de células infectadas na forma de antígenos solúveis sem atividade infecciosa ou hemaglutinante, porém reagem com anticorpos fixadores de complemento e agregam plaquetas. A produção desses antígenos solúveis ocorre tardiamente durante a infecção e é mais observada em células persistentemente infectadas.

Estudos indicam que a montagem do nucleocapsídeo ocorre nas vesículas do "complexo de replicação" viral. Nessas vesículas, os RNA virais recentemente sintetizados são rapidamente envolvidos por proteínas do capsídeo formadas no RER adjacente à membrana do endossoma modificado formando dessa maneira o nucleocapsídeo (Figura 13.6). O mecanismo que envolve a translocação do nucleocapsídeo para interagir com os heterodímeros E2-E1 ainda não é conhecido.

A saída dos vírions se dá por brotamento, principalmente, em membranas intracelulares do RER, Golgi e vacúolos. Alguns estudos sugerem que o sítio primário para o brotamento do vírus da rubéola seja o RER e complexo de Golgi, com somente pouca quantidade de proteínas estruturais alcançando a membrana citoplasmática. Além disso, a composição dos lipídeos presentes no envelope viral é mais compatível com a de membranas intracelulares.

Existe uma hipótese de que a saída de vírions da superfície apical de células infectadas estaria envolvida com a transmissão entre pessoas, enquanto a saída na região basolateral poderia ser importante para estabelecer a infecção sistêmica e a passagem pela placenta.

## Persistência viral

O processo de liberação do vírus da rubéola de células infectadas demora vários dias para ocorrer e, enquanto isso, a célula permanece viável. Realmente, embora a morte celular possa ocorrer por apoptose em algumas linhagens inoculadas com alta multiplicidade de infecção (MOI, *multiplicity of infection*), a infecção de uma grande variedade de células com baixa MOI resulta em pouca citopatogenicidade e persistência viral. Os interferons (IFN) podem ter participação nesse processo, sendo induzidos em várias células cronicamente infectadas e em células mononucleares do sangue periférico (PBMC, *peripheral blood mononuclear cells*), tanto *in vitro* quanto *in vivo*. No entanto, a síntese de IFN não é essencial para a persistência do vírus da rubéola considerando que culturas de células Vero (células epiteliais de rim de macaco *Cercopithecus aethiops*) e BHK-21(células fibroblásticas de rim de *hamster* recém-nascido) são incapazes de produzir IFN e, mesmo assim, estabelecem persistência.

O vírus da rubéola permanece muitos meses em crianças infectadas congenitamente e em adultos, que desenvolvem artrite associada à infecção natural ou vacinação. A persistência viral *in vivo* ocorre mesmo na presença de elevados títulos de anticorpos neutralizantes, que limitam a disseminação do vírus no organismo, mas na realidade são responsáveis pela manutenção da persistência.

## Efeito da biossíntese do vírus da rubéola em linhagens celulares

O vírus da rubéola é propagado em grande número de células primárias e de linhagem contínua de vertebrados. Entretanto, a maioria delas produz baixos títulos virais com pouco efeito citopatogênico (CPE) como, por exemplo, células BHK-21, Vero e

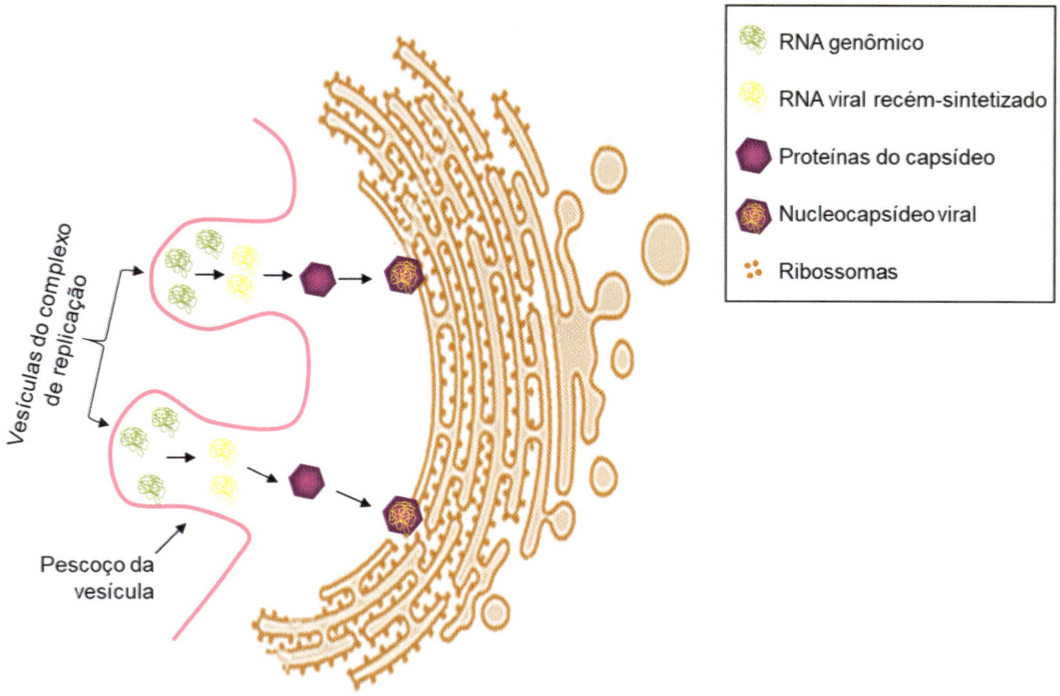


**Figura 13.6** Participação do "complexo de replicação" como sítio da síntese do RNA viral e montagem do nucleocapsídeo. Nas vesículas dos endossomas do "complexo de replicação" os RNA virais são sintetizados (ver Figura 13.3) e rapidamente envolvidos por proteínas do capsídeo formadas no retículo endoplasmático rugoso (RER) adjacente. O mecanismo que envolve a translocação do nucleocapsídeo resultante para interagir com os heterodímeros E2-E1 ainda não é conhecido.

RK-13 (células epiteliais de rim de coelho), todas deficientes na produção de IFN.

Em células permissivas, a síntese de RNA viral e proteínas é somente detectável 10 a 12 horas após a infecção (período de eclipse). Depois de 26 a 30 horas, observa-se aumento gradual na síntese de RNA viral. A produção de novas partículas virais completas é detectada entre 36 e 48 horas, quando se inicia o CPE caracterizado por refringência celular, presença de restos celulares, arredondamento e descolamento da monocamada de células aderida ao suporte. Em nenhuma linhagem celular estudada, observa-se a destruição completa das células, e em todas elas se estabelece uma infecção persistente crônica.

A composição de lipídeos das membranas das células infectadas pelo vírus da rubéola é diferente daquela encontrada em células não infectadas. Os níveis de fosfatidilcolina e ácido linoleico são maiores em células infectadas, ao passo que os outros fosfolipídeos estão em menor quantidade.

A microscopia eletrônica revela a proliferação de membranas no Golgi, logo no início da infecção. Durante o curso da biossíntese, observam-se vacuolização do citoplasma, proliferação e distensão das membranas do RER e Golgi e, ocasionalmente, aparecimento de inclusões citoplasmáticas cristalinas e lamelas vazias. Estudos revelam que a glicoproteína viral E1 está envolvida nesses mecanismos.

Durante o período de eclipse, nenhum efeito na síntese macromolecular da célula é verificado, mas alguns pesquisadores demonstraram que a inibição da síntese de RNA celular pode ser observada por até 72 horas após a infecção de células *in vitro*, culminando com total inibição da síntese proteica da célula ao final da infecção viral.

Foi evidenciado que as células infectadas pelo vírus da rubéola crescem e se dividem bem mais lentamente do que as outras células não infectadas. Em um estudo com células derivadas de pulmão de embrião humano infectadas com o vírus da rubéola, observou-se, após poucas passagens, a interrupção do crescimento dessas células, o que não aconteceu com outras células infectadas derivadas de outros tecidos do mesmo embrião humano (pele, mucosa da faringe, hipófise, timo, pericárdio, cérebro e rim). O efeito do vírus da rubéola no crescimento das células de pulmão do embrião infectadas deveu-se, sobretudo, a uma inibição da mitose, por mecanismos não elucidados. Alguns autores apontam para a desagregação dos microfilamentos das células infectadas, o que dificultaria a formação do fuso mitótico.

## Patogênese

### *Rubéola pós-natal*

A rubéola pós-natal é transmitida, principalmente, por gotículas de secreções de naso- ou orofaringe, pelo contato direto com indivíduos infectados. Em menor proporção, também pode ocorrer transmissão por contato direto com sangue e urina. É pouco frequente a transmissão indireta por contato com objetos contaminados (fômites). A mucosa do sistema respiratório superior e os tecidos linfoides da faringe são a porta de entrada e o sítio inicial de infecção viral. O período de incubação é de aproximadamente 14 a 21 dias, quando ocorre a viremia e o vírus é disseminado para os tecidos-alvo. Após a biossíntese nos sítios primários, o vírus é disseminado para as células dos gânglios linfáticos regionais via sangue e/ou linfa, onde ocorre uma nova propagação nos linfonodos, sendo a causa da linfoadenopatia cervical e suboccipital inicial, que começa entre o 5º e o 10º dia, antes do aparecimento do exantema e persiste após, aproximadamente, 15 dias. O vírus é detectado no sangue periférico de pacientes ao mesmo tempo em que ocorre a excreção dos vírus nas secreções naso- ou orofaríngeas, fezes e urina, sendo essa a fase contagiosa do paciente. A fase prodrômica é discreta, com sintomas inespecíficos e ligeiro mal-estar. O exantema, que se manifesta de maneira macular, aparece de 14 a 21 dias após o início da biossíntese viral no sistema respiratório superior, com a erupção cutânea iniciando-se na face e depois espalhando para o corpo, raramente durando mais de 3 dias (Figuras 13.7 e 13.8).

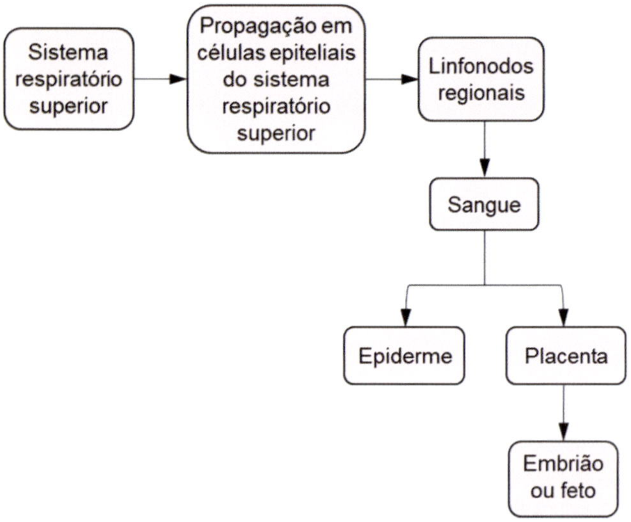


**Figura 13.7** Patogênese da infecção pelo vírus da rubéola.

No caso de a paciente ser gestante, o vírus pode atravessar a placenta, atingindo o embrião ou o feto e causando a SRC.

A liberação do vírus no sangue cessa abruptamente assim que aparece o exantema, marcando a fase de aparecimento dos anticorpos específicos. A primeira imunoglobulina a ser detectada é a IgM, que aparece do 10º ao 15º dia após o aparecimento do exantema e alcança pico após, aproximadamente, 4 semanas. Geralmente, após 6 meses, o nível de IgM começa a declinar, podendo ser detectada, em alguns casos, por mais de 1 ano. Após 3 semanas do exantema, IgG, IgA, IgD e IgE também podem ser encontradas. A produção de IgG ocorre para todos os determinantes antigênicos da partícula viral (E1, E2 e C), com maior quantidade para E1. A resposta do tipo IgA na nasofaringe é a principal barreira para reinfecções.

Células mononucleares infectadas e vírus livres, nas secreções naso- ou orofaríngeas, são detectados por 1 semana ou mais, depois do aparecimento do exantema. A duração da linfoadenopatia é variável, mas desaparece após algumas semanas, com um pico de aumento de tamanho durante o aparecimento do exantema.

O exantema cutâneo é, principalmente, resultado de um fenômeno imunológico devido à formação de complexo antígeno/anticorpo no endotélio capilar. É possível detectar a presença de vírus em biópsias de pele obtidas de regiões com ou sem exantema, mas o vírus não pode ser isolado dessa região. Outros locais onde ocorre a detecção de partículas virais são: saco conjuntival, urina, líquido sinovial, pulmão e liquor.

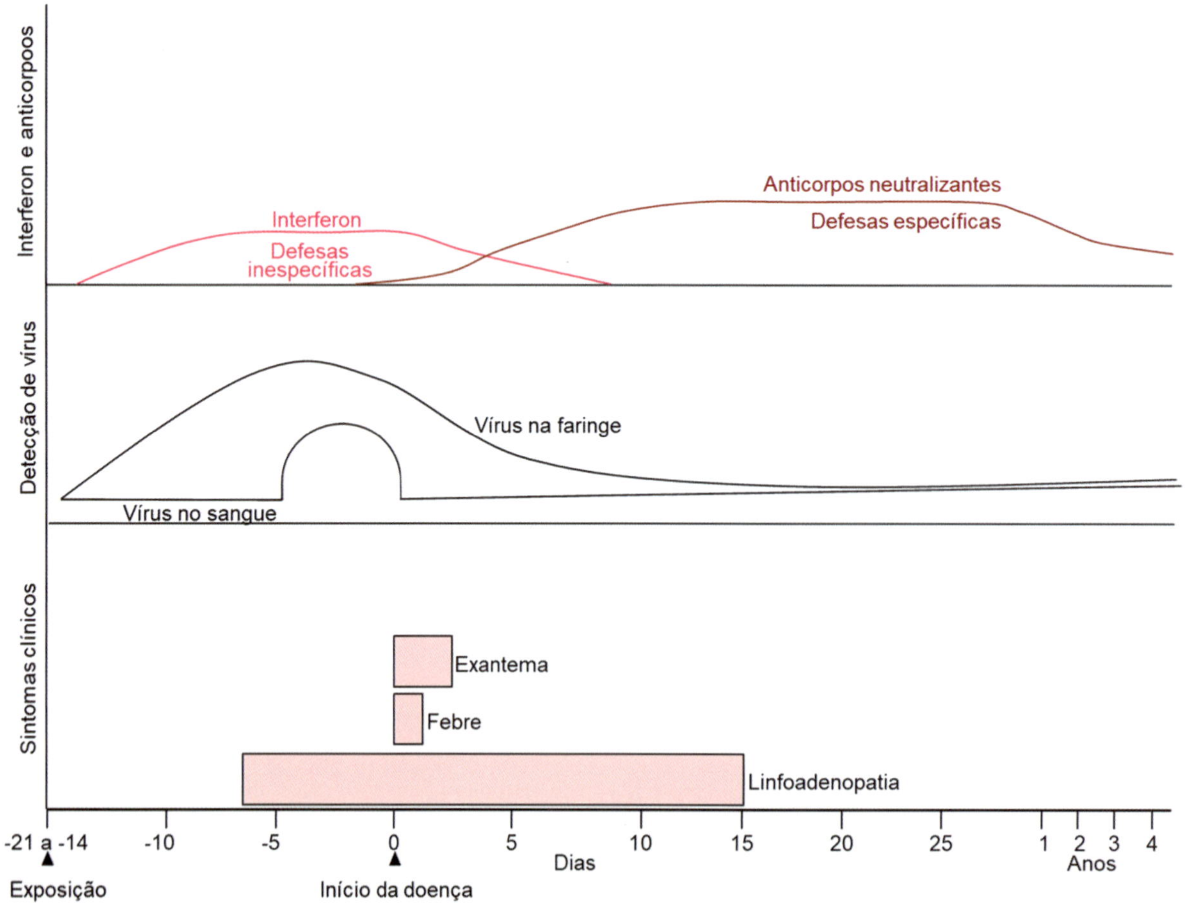


**Figura 13.8** Sintomas, padrão de excreção do vírus e resposta imunológica na rubéola pós-natal. A linfoadenopatia ocorre entre o 5º e 10º dia antes do aparecimento do exantema e persiste após, aproximadamente, 15 dias. O vírus é detectado no sangue ao mesmo tempo que acontece a excreção nas secreções de naso- ou orofaringe, fezes e urina. O exantema macular surge de 14 a 21 dias após o início da biossíntese viral no sistema respiratório superior e dura apenas 3 dias.

As complicações mais comuns da infecção natural pelo vírus da rubéola são dores nas articulações, caracterizadas por artrite e poliartralgia transitórias, que podem evoluir para um estado crônico. O comprometimento das articulações ocorre em 50% das mulheres na faixa etária dos 20 aos 40 anos, 6% dos homens e raramente em crianças. Os sintomas iniciam-se precocemente, até 6 dias antes do quadro cutâneo, e a artralgia é mais comum que a artrite, com duração de 3 a 13 dias.

Em epidemias, mais de 60% das complicações envolvem as articulações, que nesses casos são consideradas como um tipo de manifestação clínica da rubéola e não complicação. O acometimento das articulações é simétrico, migratório ou aditivo, preferindo as pequenas articulações e, posteriormente, joelhos, punhos, tornozelos e cotovelos. Geralmente, o quadro regride no período de 30 dias, mas alguns pacientes experimentam recorrências das artralgias por períodos de mais de 2 anos. A patogênese ainda não é bem conhecida, mas provavelmente envolve a propagação do vírus no local, com consequente formação de imunocomplexos nas articulações. Além disso, são encontrados vírus em PBMC de mulheres com artropatia pós-rubéola.

É normal haver diminuição transitória do número de plaquetas em pacientes com rubéola, mas púrpura trombocitopênica sintomática ocorre em somente 1 em cada 1.500 casos. Essa condição é normalmente autolimitada e pode ocorrer na ausência do exantema e sem outra causa relacionada. Mais raramente, outras complicações podem ser vistas, tais como: anemia hemolítica, arritmias cardíacas em crianças e tireoidite ou hepatite em adultos. Já foi descrita a associação da rubéola a doenças crônicas, incluindo doenças autoimunes.

A complicação mais séria da infecção natural da rubéola é a encefalomielite ou encefalite pós-infecção, que ocorre em taxa de 1 a cada 6.000 a 10.000 casos. Os sintomas começam rapidamente nos 6 primeiros dias após o aparecimento do exantema, com cefaleia, vômitos, rigidez de nuca, letargia e convulsões, com alterações no eletroencefalograma. Mielite e polirradiculite também podem ocorrer. O liquor é límpido, embora o vírus possa ser isolado dele. Nos raros casos fatais registrados em adultos e adolescentes, inflamação e desmielinização foram documentadas, mas em casos não fatais não existem esses dados registrados. O tratamento é somente de apoio e o curso da doença é muito rápido. A prescrição de corticoides pode ser feita, mas os resultados são controversos.

Existe somente uma espécie do vírus da rubéola e a aquisição natural desse vírus confere imunidade para a reinfecção devido à produção de elevados títulos de anticorpos neutralizantes, IgG e IgM (Figuras 13.8 e 13.9). No entanto, o vírus vacinal não confere imunidade permanente e o título de anticorpos protetores é mais baixo. O vírus selvagem pode ser diferenciado do vacinal pelos epítopos que residem em E2 e/ou em C. Os sítios de hemaglutinação são encontrados em E1. A reinfecção pode ocorrer em pacientes que possuam baixos títulos de anticorpos; normalmente é assintomática e confinada à orofaringe. Em alguns casos raros ocorre disseminação sistêmica.

Linfocitose transitória é observada em pacientes naturalmente infectados ou vacinados, e a resposta de hipersensibilidade tardia, mediada por linfócitos, fica diminuída por semanas, ou até mesmo anos, após a infecção natural.

## Rubéola congênita

A rubéola congênita é transmitida por via transplacentária da mãe para o embrião ou para o feto. A criança com rubéola congênita pode eliminar o vírus pela urina e secreções naso- ou orofaríngeas, por período superior a 1 ano. A transmissão é maior nos primeiros meses de vida e até os 3 meses de idade todas as crianças devem ser consideradas como fontes de transmissão do vírus.

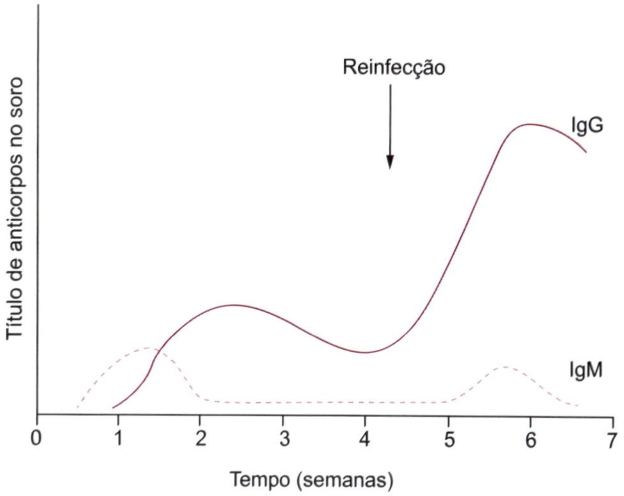


**Figura 13.9** Resposta sorológica na reinfecção pelo vírus da rubéola.

Diferentemente da rubéola pós-natal, a rubéola congênita tem consequências devastadoras para o desenvolvimento do embrião ou do feto, pois quando a mãe sofre infecção primária, o vírus atravessa a placenta e pode causar a SRC. A maior taxa de infecção ocorre no primeiro trimestre de gravidez, com 67 a 85% dos recém-nascidos apresentando sequelas graves. As chances de infecção diminuem para 25 a 35%, quando a infecção ocorre no segundo trimestre, diminuindo para 10 a 0% no último trimestre. Essas taxas de infecção variam na literatura, mas sempre há concordância em que o primeiro trimestre é o de maior risco para a criança.

Se a gestante apresentou infecção prévia pelo vírus da rubéola e possui níveis protetores de IgG, a reinfecção durante a gestação, normalmente, não acarreta dano ao embrião ou ao feto, sendo que relatos de teratogenia após reexposição ao vírus são raros.

Os estudos sobre o efeito da propagação do vírus da rubéola na síntese macromolecular e divisão celular são de muita relevância clínica, pois demonstram que essa seria uma das causas da SRC devido à diminuição do número de células nos órgãos afetados do feto. A infecção das células durante a embriogênese resulta na diminuição da mitose e atrofia dos órgãos. Em associação à redução da mitose, uma grande quantidade de cromossomas partidos é encontrada em células de linhagem diploide e em fetos com a SRC. Um estudo em cultura de células Vero mostrou que a infecção pelo vírus da rubéola está associada a acentuada despolimerização de filamentos de actina e rompimento de estruturas do citoesqueleto, o que poderia afetar a mitose. O comprometimento mitocondrial também tem sido relacionado com a diminuição do crescimento celular. Dessa maneira, é provável que a infecção não citopática de algumas células embrionárias *in utero* afete o delicado equilíbrio entre o crescimento celular e a diferenciação, o que poderia atingir a organogênese.

O efeito citolítico do vírus da rubéola também pode contribuir com os danos observados na SRC, como no caso da catarata congênita, em que se observam células picnóticas no cristalino.

A apoptose celular é outro fator que pode desempenhar papel importante na SRC. Foi observado que o vírus da rubéola interfere no ciclo celular, provavelmente, devido à interação da proteína não estrutural p90 com uma proteína reguladora da citocinese, o que provocaria tetraploidia com indução de apoptose.

Assim, parece provável que um conjunto de fatores envolvendo a inibição do crescimento e divisão celulares, associado à morte celular relacionada com apoptose, resultaria no comprometimento da organogênese durante o início do desenvolvimento fetal.

Em tecidos fetais congenitamente infectados observam-se pontos de necrose não inflamatórios, aparentemente devido à ação direta das células citotóxicas mediadas pelo complexo principal de histocompatibilidade (MHC, *major histocompatibility complex*) de classes I e II, tanto no feto quanto na placenta. A infecção da placenta, durante os três primeiros meses de gravidez, caracteriza-se por necrose do endotélio vascular, hipoplasia e placentite.

O exame ao microscópio eletrônico dos tecidos fetais congenitamente infectados demonstra a agregação tubular em cisternas do RER e um grande número de corpúsculos de inclusão, particularmente perto das lesões necróticas.

Imunocomplexos circulantes contendo antígenos do vírus da rubéola podem ser detectados no soro de quase metade das crianças com SRC, o que explicaria os comprometimentos tardios, como *diabetes mellitus* ou tireoidite, encontrados em indivíduos que tiveram a infecção congênita.

A prolongada persistência do vírus da rubéola sugere que nem a IgG materna, nem as defesas do feto desenvolvidas *in utero* (IgM) conseguem combater a infecção durante a gestação. Os recém-nascidos infectados no começo da gravidez apresentam uma diminuição da imunidade celular, principalmente da resposta citotóxica específica para o vírus e da produção de linfocinas, mas a síntese de imunoglobulinas das classes IgM, IgA e IgG é normal. Quando ocorre a infecção após o 3º mês de gravidez, os recém-nascidos possuem a resposta celular semelhante à das pessoas que adquirem a rubéola pós-natal.

Os títulos de anticorpos são detectáveis por toda a vida do indivíduo com SRC, mas podem cair abruptamente, possibilitando uma reinfecção. A resposta humoral em crianças com SRC é totalmente diferente daquela de pessoas com rubéola pós-natal ou mesmo vacinadas contra o vírus da rubéola, pois não há produção de anticorpos para a proteína C nem para a glicoproteína E2.

## Manifestações clínicas

### Rubéola pós-natal

A infecção causada pelo vírus da rubéola, tanto na infância quanto na fase adulta, é normalmente branda, e subclínica na maioria das vezes. A rubéola também é conhecida como sarampo de 3 dias ou sarampo alemão.

A manifestação clínica da rubéola se caracteriza por uma combinação de sintomas que inclui exantema macular, linfoadenopatia, febre baixa, conjuntivite, faringite e artralgia. O enfartamento dos gânglios cervicais posteriores e occipitais e a erupção cutânea (exantema) são as manifestações mais proeminentes da doença em 95% dos casos de rubéola. O exantema se caracteriza por lesões maculares de coloração vermelha, que tendem a coalescer, desaparecendo rapidamente em alguns dias (em média, 3 dias). Na maioria das vezes, o exantema começa na face e no couro cabeludo, espalhando-se pelo corpo de maneira centrípeta. Os sintomas desaparecem rapidamente, mas a artropatia pode persistir.

### Síndrome da rubéola congênita

A consequência clínica da invasão do vírus da rubéola nos tecidos embrionários ou fetais é variada. Se a infecção for muito perto da concepção, pode resultar na morte do embrião, o que não acontece com frequência. Mesmo quando o embrião ou o feto está infectado, ele sobrevive na maioria dos casos e a gestação continua com nascimentos prematuros ou nascimentos a termo com a criança podendo apresentar malformações ou anomalias congênitas (Figura 13.10). Em alguns países onde o aborto para esse caso é legalizado, a conduta médica, quando ocorre confirmação laboratorial da infecção pelo vírus da rubéola nos 2 primeiros meses da gestação, é a indicação do aborto terapêutico.

A clássica tríade da SRC consiste em catarata, patologias cardíacas e surdez neurossensorial, mas muitas outras anomalias são descritas. Cerca de 10% das crianças sintomáticas nascidas com manifestações clínicas da SRC apresentam baixo peso, perda da audição, doenças cardíacas, alterações endócrinas, retardamento psicomotor, catarata ou glaucoma, retinopatia, microftalmia, púrpura trombocitopênica, hepatoesplenomegalia e crescimento atrofiado. Menos frequentemente, são observadas linfoadenopatia, alterações ósseas, hepatite/icterícia e anemia hemolítica (Quadro 13.1). No Brasil, os dados epidemiológicos mostram que cerca de 40% das cataratas congênitas são devidas à infecção pelo vírus da rubéola.

A maioria das crianças (80%) com SRC demonstra algum tipo de comprometimento neurológico, manifestado por alteração das fontanelas ("moleira"), letargia, irritabilidade, alterações no tônus muscular, retardamento mental, alteração postural e surdez neurossensorial.

Os exames laboratoriais dessas crianças demonstram níveis aumentados de proteínas no liquor e eletroencefalograma anormal, com o vírus da rubéola podendo ser isolado dos liquores e de quase todos os órgãos das crianças, sendo recuperado por até 1 ano ou mais. A maioria dos pacientes com SRC excreta vírus nas secreções de naso- ou orofaringe e na urina, em grande quantidade, no tempo do nascimento, e 3% continuam a excretar vírus por pelo menos 20 meses. A maioria das manifestações clínicas da SRC é evidente ao nascimento ou são detectadas algum tempo depois.

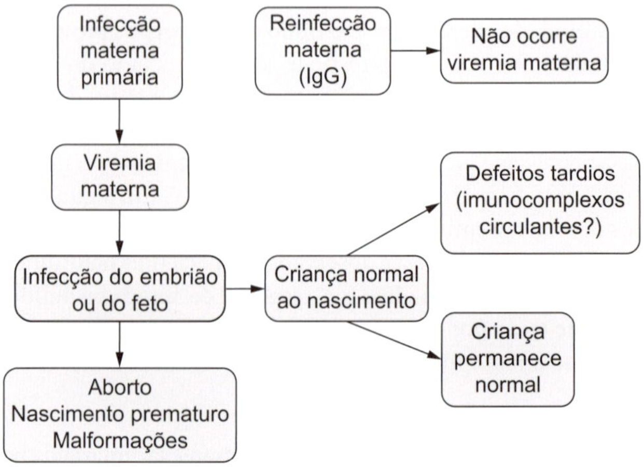


**Figura 13.10** Consequências da rubéola congênita.

**Quadro 13.1** Anomalias congênitas decorrentes da infecção pelo vírus da rubéola.

| Tipo | Anomalia |
|---|---|
| Ocular | Catarata, microftalmia, glaucoma, retinite |
| Cardíaco | Persistência do ducto arterial, defeito no septo interauricular, defeito no septo interventricular, estenose da artéria pulmonar periférica |
| Auditivo | Surdez neurossensorial |
| Neurológico | Retardamento mental, meningoencefalite, pan-encefalite progressiva (rara), microcefalia |
| Outros | Retardamento do crescimento, baixo peso ao nascimento, lesões ósseas, hepatoesplenomegalia, púrpura trombocitopênica, pneumonia, *diabetes mellitus*, tireoidite |

As lesões que ocorrem nos fetos que sofreram infecção *in utero* são consequências diretas ou indiretas da biossíntese dos vírus nos tecidos embrionários ou fetais. Contudo, existem evidências de que os danos perinatais ou pós-natais, como por exemplo, *diabetes mellitus* e tireoidite, têm origem em reações imunológicas do hospedeiro. Estudos histopatológicos de crianças que morreram após o nascimento demonstraram respostas inflamatórias em alguns órgãos, principalmente cérebro e pulmão. Imunocomplexos circulantes são encontrados em quase todas as crianças com SRC.

No início da década de 1960, uma grande epidemia de rubéola ocorreu nos EUA. Após 25 anos, foi realizado um estudo com alguns pacientes, tendo sido constatado que 1/3 dos infectados levava uma vida normal, 1/3 precisava do apoio familiar e o restante estava internado em alguma instituição por necessitarem de cuidados médicos permanentes. Foram encontradas sequelas tardias, principalmente relacionadas com comprometimento cardíaco.

## Diagnóstico laboratorial

Os sintomas comuns da rubéola pós-natal são frequentemente confundidos com aqueles causados por outras viroses exantemáticas, tais como exantema súbito, chikungunya, Zika, dengue, parvovirose, entre outras. Portanto, o diagnóstico laboratorial é essencial para confirmar a infecção pelo vírus da rubéola, pois os pacientes são potencialmente infecciosos mesmo após o término da doença. O material clínico preferencial para o isolamento do vírus da rubéola pós-natal é lavado ou *swab* de orofaringe ou *swab* de nasofaringe, mas pode também ser isolado do sangue total, urina, saliva e liquor. Para os testes sorológicos, são colhidas duas amostras de sangue para pesquisa de anticorpos: a primeira logo após o aparecimento do exantema e a segunda, 15 a 21 dias após a primeira amostra.

O diagnóstico definitivo da infecção pelo vírus da rubéola deve ser acompanhado pelo isolamento e identificação do vírus, mas em laboratórios de análises clínicas, isso nem sempre é possível devido à dificuldade na propagação do vírus em cultivos celulares. Assim, o isolamento do vírus da rubéola não tem finalidade de diagnóstico e é, geralmente, realizado em laboratórios de pesquisa, e tem como objetivos estabelecer o padrão dos genótipos circulantes no país, diferenciar os casos autóctones da rubéola dos casos importados e diferenciar o vírus selvagem do vírus vacinal.

Pelo fato de o vírus não induzir CPE característico ou as células infectadas não produzirem partículas virais em grande quantidade, o teste de interferência viral pode ser utilizado em laboratórios de pesquisa, baseando-se na capacidade de o vírus induzir a produção de IFN.

O vírus é isolado das secreções respiratórias de 5 a 7 dias antes e depois do aparecimento do exantema. O material clínico colhido é dispensado em tubos contendo solução salina adicionada de 1% de albumina e antibióticos, e imediatamente colocado em geladeira. O transporte para o laboratório deve ser realizado o mais breve possível, sempre em ambiente refrigerado.

Na suspeita de infecção pelo vírus da rubéola no 1º trimestre de gestação, pode-se colher o líquido amniótico (amniocentese) para a detecção do vírus, mas esse procedimento não é realizado de rotina devido aos riscos de traumatismo ao feto. Na SRC, o vírus pode ser isolado das fezes, urina e secreção de naso- ou orofaringe, logo após o nascimento. Mais tarde, o liquor e a garganta são os sítios de isolamento preferencial. Nos fetos natimortos, é possível o isolamento do vírus em todos os tecidos.

Os testes moleculares de amplificação do ácido nucleico viral (RT-PCR, reação em cadeia da polimerase associada à transcrição reversa [*reverse transcription polymerase chain reaction*]) e os testes de hibridização são bastante sensíveis para a detecção do vírus da rubéola.

Embora a detecção de IgM específica para o vírus da rubéola seja o método padrão para a confirmação da infecção, o emprego de RT-PCR para detecção direta do RNA viral está sendo adotado em alguns laboratórios para complementar o diagnóstico. A detecção do RNA por RT-PCR em tempo real é mais sensível que a RT-PCR convencional.

Os testes sorológicos mais empregados no diagnóstico da rubéola são inibição da hemaglutinação (HI, *inhibition of hemagglutination*), ensaio imunoenzimático (ELISA, ***e**nzyme-**l**inked **i**mmuno**s**orbent **a**ssay*) e teste de imunofluorescência (IF) e ainda são os mais indicados para a determinação de anticorpos específicos para o vírus da rubéola. A detecção do anticorpo do tipo IgM específico para o vírus da rubéola é o teste mais rápido para definir a infecção aguda, pois está presente no início da infecção e raramente é detectado após 5 a 10 semanas do contágio primário. O teste de ELISA para a pesquisa de anticorpos das classes IgG e IgM específicos para a rubéola é o mais utilizado pelos laboratórios clínicos e laboratórios de saúde pública. O Ministério da Saúde (MS) do Brasil constituiu o Sistema Nacional de Vigilância em Viroses Exantemáticas, tendo os LACEN (Laboratórios Centrais Estaduais) e o Centro de Referência Nacional do Instituto Oswaldo Cruz, no Rio de Janeiro, como laboratórios de referência para diagnóstico.

Em caso de infecção, o diagnóstico é dado pela pesquisa de IgM específica para rubéola em uma única amostra de soro e qualquer título de anticorpos define infecção recente. No entanto, na pesquisa de IgG específica apenas ou anticorpos totais para diagnóstico de infecção, há que se evidenciar a conversão sorológica (aumento no título do soro da fase convalescente $\geq$ 4 vezes o título do soro colhido na fase aguda da infecção) em amostras de soro colhidas com um intervalo de 15 a 21 dias.

Na triagem para estabelecer a situação imunológica, um indivíduo com título de IgG igual ou superior a 15 UI/mℓ no teste de ELISA é considerado imune ao vírus da rubéola.

O diagnóstico da SRC não pode ser somente estabelecido com base nos achados clínicos. Considerando que o isolamento viral em culturas de células nem sempre é possível, a detecção do RNA viral por técnicas moleculares pode ser realizada, desde que acompanhada da demonstração de IgM específica para rubéola no soro do cordão umbilical. Quando a sorologia é realizada por detecção de IgM no sangue periférico do recém-nascido ou pelo acompanhamento dos níveis de IgG específica durante tempo mais prolongado (alguns meses até 2 anos de idade), o achado de níveis de IgG estáveis ou elevados confirma o diagnóstico. A queda de anticorpos IgG na criança sugere o declínio dos anticorpos maternos adquiridos passivamente.

A necessidade de um diagnóstico rápido na gestante ocorre quando existe risco de infecção para o embrião ou feto, mas deve haver grande cuidado de interpretação e seleção do teste empregado. Não existe substituto para o conhecimento prévio do estado imunológico da mãe, por isso a necessidade de um exame pré-natal bem feito para a detecção da imunidade prévia ao vírus através da pesquisa de anticorpos da classe IgG específicos para rubéola. Mães soronegativas devem ser cuidadosamente monitoradas desde o início da gravidez, mas caso ocorram sintomas parecidos com os de rubéola, deve-se confirmar a presença de IgM específica e verificar o estágio da gravidez. O diagnóstico na gestante sintomática é feito com uma colheita de sangue para sorologia após o início do exantema. Considera-se infecção recente por rubéola um resultado com IgM positiva, ou conversão sorológica. Porém, no caso em que o sangue é colhido após o 28º dia do início do exantema, um resultado não reagente para IgM, com IgG positiva, não pode descartar a possibilidade de infecção recente pelo vírus da rubéola. O motivo é que, sem o conhecimento prévio da imunidade da gestante, a produção de IgG específica com IgM negativa em amostra tardia, pode ter ocorrido em resposta recente à infecção viral.

Níveis detectáveis de IgM podem ser observados no soro do feto após 21 semanas de gestação, que atinge pico máximo por volta dos 6 meses após o nascimento, quando começa a declinar. Anticorpos maternos da classe IgG atravessam a placenta e podem ser detectados ao nascimento. Anticorpos IgG específicos para rubéola, sintetizados pela criança, só são detectados após, aproximadamente, um mês do nascimento (Figura 13.11). Embora a detecção de IgM no soro do feto ou mesmo de RNA viral signifique infecção fetal, esses achados não predizem se houve danos fetais.

O MS do Brasil, em 1999, divulgou fluxogramas para a interpretação dos resultados do exame sorológico para diagnóstico da rubéola por ELISA. Nessa época, ainda havia a pesquisa de anticorpos da classe IgM específicos para o vírus da rubéola em gestantes assintomáticas. No entanto, em 2013, a Secretaria de Vigilância em Saúde do MS recomendou que não fosse mais solicitado esse exame sorológico durante o pré-natal, exceto para as gestantes que apresentassem manifestações clínicas da doença, relato de viagem ao exterior ou contato com viajantes nos últimos 30 dias, e os fluxogramas remanescentes são mostrados nas Figuras 13.12 a 13.14. Segundo a Secretaria, não seria necessário realizar o exame se a gestante não apresentasse sintomas uma vez que não existe mais a circulação do vírus da rubéola no Brasil e a probabilidade de ocorrerem resultados falso-positivos na pesquisa de IgM para rubéola dificultaria o manejo clínico das gestantes e produziria elevado número de casos suspeitos notificados, sem corresponder à definição de caso dessa doença.

A solicitação do padrão imunológico realizado por pesquisa de anticorpos da classe IgG específicos para o vírus da rubéola é de suma importância para mulheres que desejam engravidar. Mulheres não imunes devem ser vacinadas, mas devem aguardar de 60 a 90 dias para engravidar após a vacinação, e se já estiverem grávidas, receber a vacina após o parto.

## Epidemiologia

Com exceção da Região das Américas, o vírus da rubéola é endêmico em todo o mundo e altamente transmissível entre crianças de 5 a 9 anos de idade, que antes da introdução da vacinação em massa respondiam por 40% dos casos reportados. Os adolescentes e adultos jovens constituem a população mais vulnerável à infecção.

A incidência da SRC durante períodos epidêmicos é de 1 a 4 casos por 1.000 nascidos vivos; em períodos endêmicos é de 0,1 a 0,8 caso por 1.000 nascidos vivos. A incidência média da SRC em anos não epidêmicos é de 0,5 por 1.000 nascidos vivos, com base em dados de incidência de surdez e de cardiopatia congênitas atribuídas ao vírus da rubéola. Diversos estudos demonstraram que sem uma estratégia de eliminação da rubéola seriam esperados 20.000 casos de SRC ao ano na Região das Américas e Caribe. Globalmente, estima-se que aproximadamente 110.000 bebês apresentem SRC anualmente, principalmente no Sudeste da Ásia e na África.

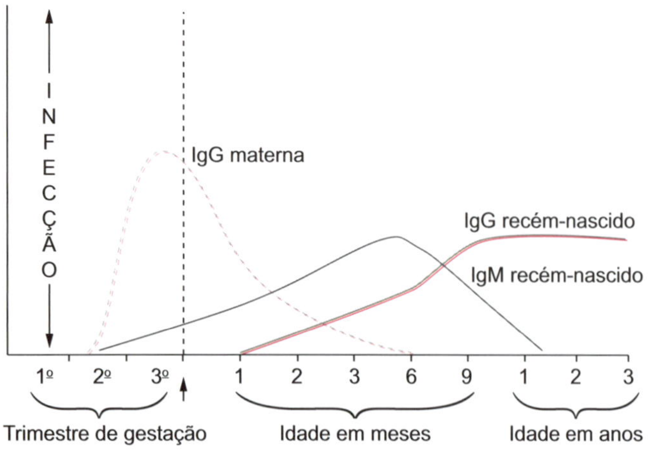


**Figura 13.11** Resposta imunológica na síndrome de rubéola congênita (SRC).

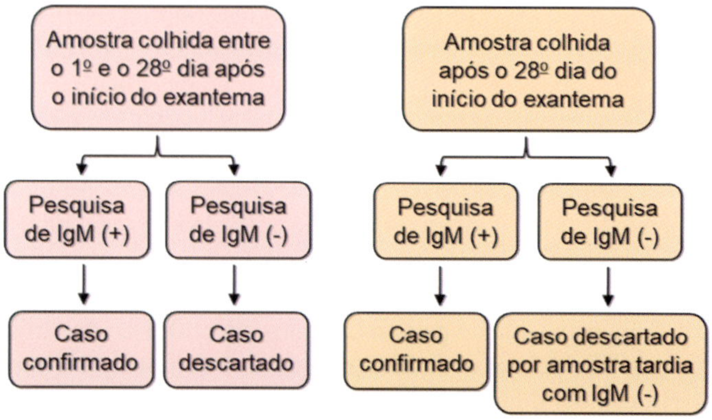


**Figura 13.12** Diagnóstico laboratorial da rubéola pós-natal (exceto gestantes). (+): positivo; (–): negativo. Fonte: Ministério da Saúde do Brasil, 2009.

Segundo dados da OPAS e da OMS, entre 1998 e 2006 houve uma redução de 98% no número de casos confirmados de infecção pelo vírus da rubéola, passando de 135.947 em 1998 para 3.005 em 2006. Já os casos de SRC passaram de 23, em 2002, para 10, em 2006.

No entanto, em 2007, a Região das Américas experimentou a ressurgência de casos devido à importação do vírus de países cujas campanhas de vacinação em massa tiveram como alvo somente a população do sexo feminino. Como resultado disso, ocorreram 13.187 casos confirmados de rubéola em 2007, resultando em 27 casos de SRC entre 2008 e 2009. A repercussão na redução da incidência da rubéola e da SRC foi mais forte nos países que, em campanhas, vacinaram homens e mulheres.

Antes da introdução da vacina nos EUA e Inglaterra, surtos aconteciam em intervalos de 6 a 9 anos. Nas regiões tropicais, surtos ainda são observados no final do inverno e no início da primavera. A vacinação em massa é praticada em vários países do mundo, incluindo o Brasil. Em alguns países, a vacinação ainda não ocorre e o vírus selvagem permanece endêmico.

A OMS dividiu o mundo em seis Regiões estratégicas para a eliminação da rubéola e do sarampo e reafirmou a meta de eliminar a rubéola em âmbito global até o ano 2020 em cinco delas. As Regiões das Américas e Europa implantaram estratégias com o objetivo de eliminar a rubéola e a SRC até 2010 e 2015, respectivamente. A Região do Pacífico Ocidental planejava acelerar de forma significativa a prevenção da rubéola e da SRC até 2015, e a Região do Mediterrâneo Oriental estava discutindo a data para a eliminação da rubéola. As Regiões da África e Sudeste da Ásia não estabeleceram metas para o controle, prevenção ou eliminação da rubéola na ocasião (Figura 13.15). Em abril de 2012, foi lançada a estratégia "Iniciativa contra o sarampo e a rubéola" (*Measles & Rubella Initiative*), que deu origem ao Plano Estratégico Global para Sarampo e Rubéola (*Global Measles and Rubella Strategic Plan*) que abrangeu o período de 2012 a 2020, e

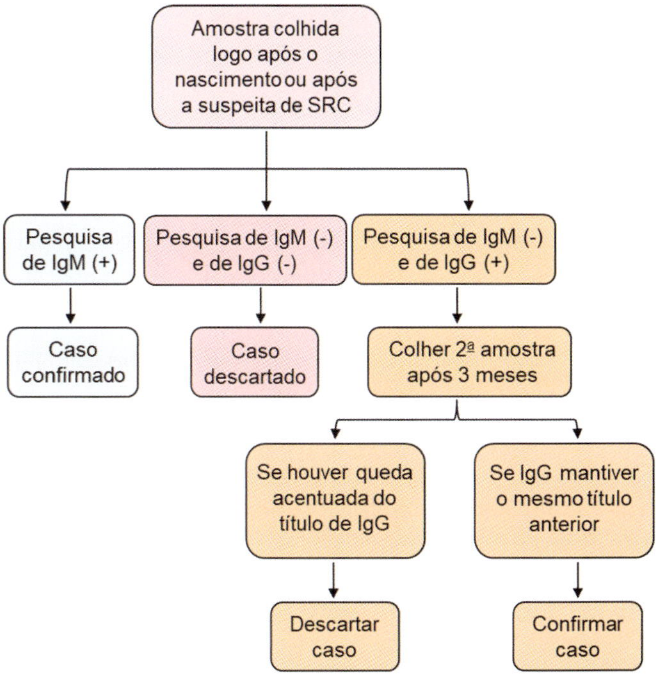


**Figura 13.14** Diagnóstico laboratorial de recém-nascido de mãe com diagnóstico confirmado de rubéola, durante a gestação, ou lactente com suspeita de síndrome de rubéola congênita (SRC). (+): positivo; (–): negativo. Fonte: Ministério da Saúde do Brasil, 2009.

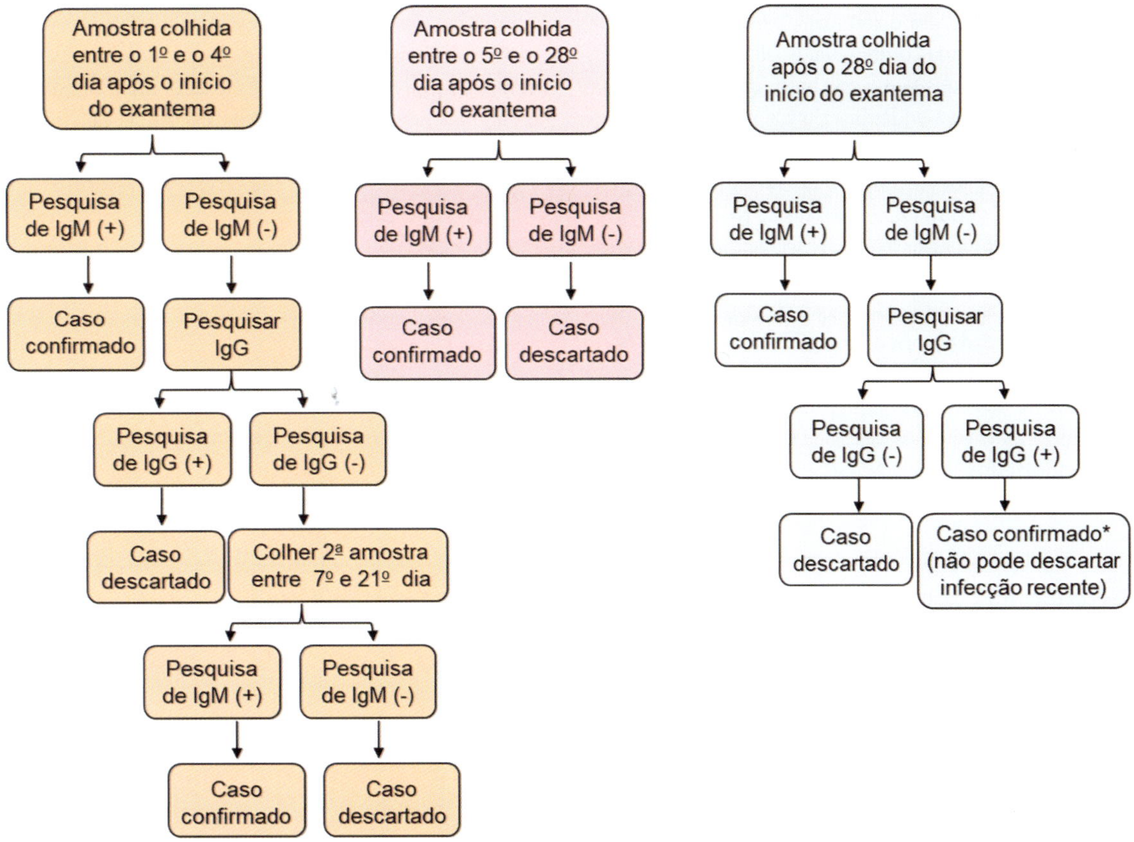


**Figura 13.13** Diagnóstico laboratorial da rubéola em gestantes sintomáticas. (+): positivo; (–): negativo. *Para mais detalhes consultar texto. Fonte: Ministério da Saúde do Brasil, 2009.

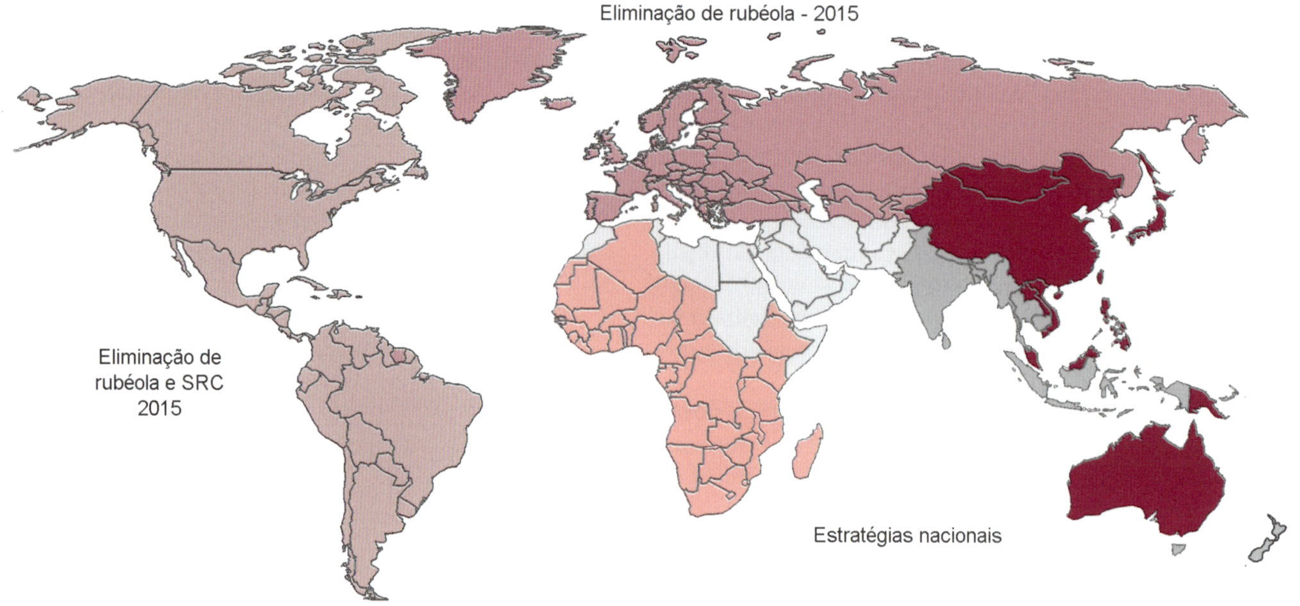


**Figura 13.15** Metas dos programas de rubéola por Região da Organização Mundial da Saúde (2012 a 2015). As Regiões das Américas e da Europa (*rosa-claro* e *rosa-escuro*) implantaram estratégias para a eliminação da rubéola e da SRC até 2010 e 2015, respectivamente. A Região do Pacífico Ocidental (*vinho*) planejava acelerar de forma significativa a prevenção da rubéola e da SRC até 2015, e a Região do Mediterrâneo Oriental (*cinza-claro*) ainda estava discutindo o estabelecimento da data para a eliminação da rubéola. As Regiões da África (*cor salmão*) e Sudeste da Ásia (*cinza-escuro*) não estabeleceram metas para o controle, prevenção ou eliminação da rubéola na ocasião. SRC: síndrome da rubéola congênita. Fonte: OMS, 2012.

incluiu novas metas globais para 2015 e 2020. A iniciativa encorajava 62 países, que ainda não haviam implantado a vacinação contra a rubéola, a considerarem a inclusão da vacinação em seu esquema de imunização nacional, juntamente com os programas bem estabelecidos de imunização contra o sarampo, para assim proteger contra as duas doenças de forma combinada. Infelizmente, até março de 2021, apenas a Região das Américas havia cumprido a meta para eliminação da transmissão endêmica do vírus da rubéola.

Em 2017, a OPAS e a OMS lançaram o "Plano de ação para assegurar a sustentabilidade da eliminação do sarampo, rubéola e síndrome da rubéola congênita nas Américas 2018-2023" ("*Plan of Action for the Sustainability of Measles, Rubella, and Congenital Rubella Syndrome Elimination in the Americas* 2018-2023").

Na Região da Américas, os últimos casos de rubéola endêmica ocorreram no Brasil e Argentina, em 2009. No mesmo ano, Canadá e EUA reportaram casos importados. Entre 2010 e 2019, foram confirmados 84 casos de rubéola pós-natal em oito países da Região das Américas e 16 casos de SRC (Figura 13.16). Todos os casos foram importados ou relacionados a eles. O Canadá foi responsável por 3 casos de SRC (1 em 2011, 1 em 2015 e 1 em 2018) e 13 ocorreram nos EUA (3 em 2012, 1 em 2013, 1 em 2014, 1 em 2015, 2 em 2016 e 5 em 2017).

Em 2010, ocorreram 12 casos importados de rubéola pós-natal no Canadá, 1 na Guiana Francesa e 5 nos EUA. Cinco países apresentaram casos em 2011: Argentina (1), Canadá (2), Chile (1), Colômbia (1) e EUA (4). Em 2012, Argentina (1), Canadá (2), Chile (1), Colômbia (2) e EUA (9). Dois países mostraram casos em 2013: Canadá (1) e EUA (10). Em 2014, Argentina (2), Brasil (1), Canadá (1) e EUA (6). Em 2015, EUA (3). Em 2016, 2 casos importados de rubéola foram relatados, 1 no Canadá e 1 nos EUA. Em 2017, foram 8 casos: 1 no México e 7 nos EUA. Em 2018, foram reportados 2 casos no México e 2 nos EUA. Em 2019, 3 na Argentina e 1 no Chile (Figura 13.16). Os casos argentinos de 2019 compreenderam um homem com histórico de viagem à China e duas crianças que tiveram contato com uma família com histórico de viagem à Índia. No Chile, o caso importado foi de uma mulher que também viajou para a Índia.

Em 2015, a OMS declarou a Região das Américas como a primeira Região livre da transmissão endêmica do vírus da rubéola. No entanto, mantê-la livre do vírus da rubéola é um desafio constante devido ao permanente risco de importação e reintrodução do vírus nos países, como aconteceu com o sarampo no Brasil.

A interrupção da transmissão endêmica do vírus da rubéola nas Américas foi atingida por meio da utilização de estratégias de vacinação em massa voltadas para crianças em idade escolar, adolescentes e adultos. Em 2009, todos os países e territórios das Américas vacinaram suas populações. No segundo semestre de 2010, México, Peru, Chile, Haiti, República Dominicana e Colômbia realizaram campanha de seguimento para crianças com idade entre 1 e 8 anos, com a meta de vacinar 95% desse grupo.

Até o final da década de 1980 a dimensão da epidemiologia da rubéola nos países da América Latina não era conhecida. No Brasil, a rubéola pós-natal e a SRC foram introduzidas na lista de doenças de notificação compulsória somente em 1996. Em 1997 foram notificados cerca de 30.000 casos de rubéola, sendo que no período entre 1999 e 2001 ocorreram surtos dessa doença em vários estados do Brasil. O resultado dos surtos nesse período, com alta incidência entre adultos jovens, foi o aumento na incidência da SRC. Entre 1997 e 2000 foram notificados 876 casos suspeitos de SRC e 132 casos foram confirmados no mesmo período.

No Brasil, os estudos de soroprevalência de anticorpos contra a rubéola realizados no final da década de 1980 e início da década de 1990 orientaram a definição e a implantação de estratégias de vacinação.

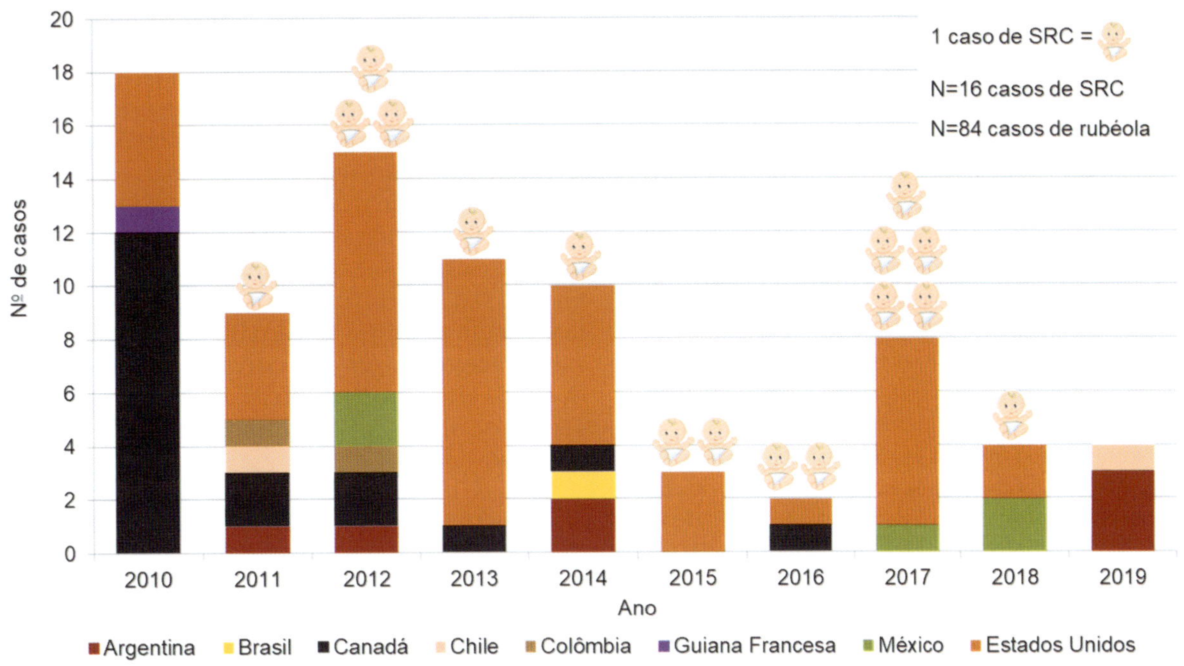


**Figura 13.16** Distribuição de casos importados de rubéola e SRC por ano e país após a interrupção da transmissão endêmica na Região das Américas (2010 a 2019). Dados até junho de 2019. Adaptada de PAHO/WHO, 2019.

A implantação do Plano de Erradicação do Sarampo no país, a partir de 1999, com a vacinação de crianças acima de 12 meses até 11 anos de idade, impulsionou a vigilância e o controle da rubéola. A segunda dose da vacina foi introduzida em 2004 para a faixa etária de 4 a 6 anos de idade.

A vigilância da rubéola integrada à vigilância do sarampo foi implantada em 1999, tornando oportuna a detecção de casos e surtos e a efetivação das medidas de controle adequadas. Nesse mesmo ano, foram confirmados 14.502 casos da doença, correspondendo ao coeficiente de incidência de 8,9/100.000 habitantes, sendo que o maior coeficiente foi verificado nas mulheres em idade fértil, sendo mais relevante no grupo de 10 a 29 anos de idade, chegando a 24/100.000 mulheres nessa faixa etária.

No ano 2000, foram confirmados 15.413 casos de rubéola, com incidência global de 9/100.000 habitantes, mantendo o mesmo padrão de incidência em mulheres em idade fértil. Nesse ano, foi concluída a implantação da vacina tríplice viral para crianças de 12 meses a 11 anos e ocorreu a campanha de seguimento contra o sarampo para os menores de 5 anos, fatos que aliados à implantação da vigilância da rubéola e da SRC integrada à vigilância do sarampo resultaram na redução de 62% dos casos confirmados de rubéola, entre os anos de 2000 e 2001.

Entre 1998 e 2002 foram realizadas campanhas de vacinação para as mulheres em idade fértil na faixa etária de 12 a 49 anos de idade com o objetivo de eliminar a SRC no país. Nessa oportunidade, foram vacinadas 29 milhões de mulheres, com alcance de cobertura média de 95,68%. Também foi completada a introdução da vacina dupla ou tripla viral no esquema básico de vacinação do Programa Nacional de Imunizações, processo iniciado em 1993. O fortalecimento da vigilância do sarampo e da rubéola no país revelou a necessidade de controle e prevenção da SRC. Também houve ampliação da oferta da vacina para os homens até 39 anos e mulheres até 49 anos de idade.

Em 2002, ocorreram 1.480 casos de rubéola no Brasil, decréscimo de 95%, quando comparado à incidência de 1997. As taxas de incidência no sexo feminino, em 2002, foram de 1 para 100.000 mulheres tanto na faixa etária de 15 a 19 anos, como de 20 a 29 anos. Em 2003, foram confirmados 563 casos de rubéola e em 2004, 401 casos.

Em um estudo realizado no estado de São Paulo no período entre 1997 e 2004 foi detectado o genótipo 1G em vírus isolados de pacientes com sintomas clínicos de rubéola. Em outro estudo de genótipos de rubéola realizado com amostras colhidas no período entre 1996 e 1999 de amostras clínicas coletadas de casos esporádicos e de um pequeno surto ocorrido no estado do Rio de Janeiro, a análise filogenética demonstrou a cocirculação de 2 genótipos do vírus da rubéola classificados como 1B e 1G.

Por meio da vacinação de rotina para crianças com 12 meses de idade, houve redução da circulação do vírus da rubéola do final de 2002 até 2005, apresentando queda na incidência da doença de 10/100.000 habitantes em 2001, para 0,5/100.000 habitantes em 2005.

Em 2005, ocorreu um surto de rubéola no Rio Grande do Sul, com 26 casos, sendo 23 (88,5%) do sexo masculino, com idade entre 20 e 39 anos. Foi detectado o genótipo 1J que circulava na China, mas a fonte não foi identificada. A partir desse surto apareceu um novo perfil de incidência da rubéola que se caracterizava por atingir adultos jovens, do sexo masculino, grupo que não havia sido alvo de estratégias de vacinação contra a doença, exceção feita às crianças na faixa de 12 meses a 11 anos de idade. Também foi notificado 1 caso no estado de São Paulo em que foi detectado o genótipo 1B, mas sem localização da origem e que não resultou em disseminação do vírus no país.

Em 2006, houve um surto de rubéola no estado do Rio de Janeiro que se espalhou para os estados de Minas Gerais, Ceará, Paraíba, Mato Grosso e Mato Grosso do Sul. Foram confirmados, nessa ocasião, 1.612 casos da doença, sendo 586 no Rio de

Janeiro e 364 em Minas Gerais, com predominância na população do sexo masculino, mantendo esse perfil em todos os estados onde ocorreram surtos de rubéola.

Em 2007 e 2008 foram confirmados, respectivamente, 8.145 e 2.201 casos de rubéola no país envolvendo quase todos os estados da federação com 27 casos de SRC confirmados em 2007. O genótipo identificado em ambos os surtos foi o 2B que circulou durante todo o surto da doença, sendo considerado endêmico no país. A faixa etária mais acometida foi a de 20 a 39 anos e 70% dos casos confirmados ocorreram no sexo masculino.

A partir desses dados, em 2008, ocorreu no Brasil a maior campanha de vacinação contra o vírus da rubéola, com 67,9 milhões de homens e mulheres na faixa etária de 20 a 39 anos de idade vacinados. Os estados do Rio de Janeiro, Minas Gerais, Rio Grande do Norte, Mato Grosso e Maranhão incluíram também a faixa etária de 12 a 19 anos após um estudo ter verificado a suscetibilidade dessa população na região. A estratégia de vacinar ambos os sexos já obtivera sucesso em outros países, tendo sido verificado aqui no Brasil que os homens constituíam a população mais suscetível à doença porque não foram vacinados na infância. Anteriormente, o MS só imunizava crianças e mulheres em idade fértil, mas com o expressivo aumento de número de casos, o governo decidiu adotar uma ação mais agressiva. A cobertura vacinal de 2008 foi de 96,7% da população-alvo e as mulheres tiveram cobertura vacinal de 98,4% no país.

A campanha de vacinação de 2008 teve o objetivo de interromper a transmissão endêmica do vírus da rubéola no território brasileiro e alcançar a meta da OMS de eliminação da rubéola e da SRC, deixando o país livre da doença.

Após 2009 até março de 2021 não foram confirmados mais casos de rubéola no Brasil, indicando a interrupção da transmissão autóctone do vírus da rubéola. Os últimos casos confirmados de rubéola autóctone no Brasil datam de dezembro de 2008, nos estados de São Paulo e Pernambuco, e o último caso confirmado de SRC data de agosto de 2009, proveniente de mãe infectada pelo vírus da rubéola em 2008. Em 2014 foi confirmado um caso importado de rubéola no estado do Rio de Janeiro, de um tripulante de um navio proveniente das Filipinas.

A meta da eliminação da rubéola e da SRC até 2010 foi um compromisso do Brasil e demais países da Região das Américas, assumido em 2003. Para tanto, foram implantadas estratégias de vigilância de rubéola e SRC, além da vacinação. As ações de vacinação incluíram a administração da vacina tríplice viral na rotina aos 12 meses de idade com uma segunda dose entre 4 e 6 anos de idade, associadas a campanhas de vacinação de seguimento a cada 4 anos dirigidas a crianças de 1 a 4 anos e campanhas de vacinação de adolescentes e adultos, além de vacinação de bloqueio para contatos suscetíveis. No Brasil, a implantação da vacina contra rubéola na rotina foi realizada de maneira gradativa entre 1992 e 2000, por meio da vacina tríplice viral. A faixa etária estabelecida foi de 12 meses a 11 anos de idade, e foi ampliada gradativamente ao longo dos anos. Campanhas de vacinação de seguimento foram realizadas em 2000 e 2004 e a vacinação de mulheres em idade fértil foi concluída em todas as unidades federadas em 2002. A inclusão da vacinação de homens em 2008 contribuiu para a redução do número de casos nos últimos anos.

Em 2010, o Brasil foi certificado pela OPAS como país sem circulação do vírus endêmico da rubéola por mais de 12 meses e comprometeu-se, entre vários itens, a manter a vacinação obrigatória em duas doses da vacina tríplice viral e continuar com o estado de alerta para casos importados até a eliminação global. Em 23 de abril de 2015 o Brasil recebeu do Comitê Internacional de *Experts* da OMS o documento da verificação da eliminação da rubéola e da síndrome da rubéola congênita.

No entanto, com eventos internacionais realizados no Brasil e o grande fluxo de viajantes, a OPAS e a OMS alertam para a possibilidade de indivíduos infectados trazerem o vírus da rubéola de outras regiões, o que poderia levar a surtos da doença no país. Daí a importância da vigilância epidemiológica ativa, manutenção de elevada imunidade da população pela vacinação, e manutenção da notificação dos casos suspeitos, que é realizada de acordo com protocolo específico. O fluxograma de como deve ser realizada a notificação dos casos suspeitos de rubéola pode ser observado na Figura 13.17.

Segundo o MS do Brasil, a classificação dos casos confirmados de rubéola é realizada de acordo com a fonte de infecção:

- Caso importado de rubéola: caso cuja infecção ocorreu fora do país durante os 12 a 23 dias prévios ao surgimento do exantema, de acordo com a análise dos dados epidemiológicos ou virológicos. A confirmação deve ser laboratorial e a colheita de espécimes clínicos para a identificação viral deve ser realizada no 1º contato com o paciente
- Caso relacionado com importação: infecção contraída localmente, que ocorre como parte da cadeia de transmissão originada por um caso importado, de acordo com a análise dos dados epidemiológicos e/ou virológicos
- Caso com origem de infecção desconhecida: caso em que não foi possível estabelecer a origem da fonte de infecção após a investigação epidemiológica minuciosa
- Caso índice: primeiro caso ocorrido entre vários casos de natureza similar e epidemiologicamente relacionados, sendo a fonte de infecção no território nacional. A confirmação deve ser laboratorial e a colheita de espécimes clínicos para a identificação viral deve ser realizada no 1º contato com o paciente
- Caso secundário: caso novo de rubéola surgido a partir do contato com o caso índice. A confirmação deve ser laboratorial e a colheita de espécimes clínicos para a identificação viral deve ser realizada no 1º contato com o paciente

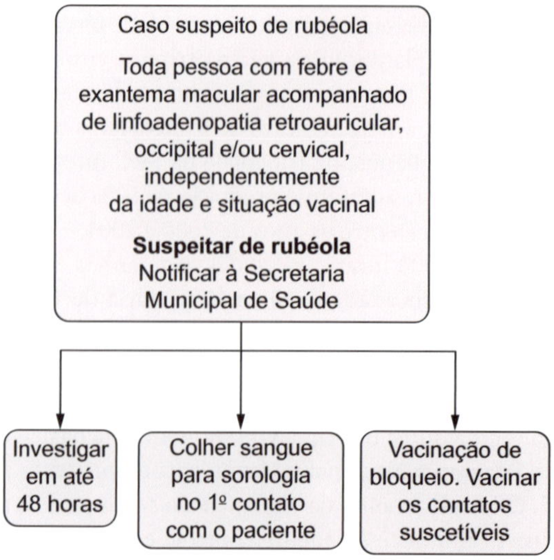


**Figura 13.17** Fluxograma da notificação dos casos suspeitos de rubéola. Fonte: Ministério da Saúde do Brasil, 2009.

- Caso autóctone: caso novo ou contato de caso secundário de rubéola após a introdução do vírus no país. A confirmação deve ser laboratorial e a colheita de espécimes clínicos para a identificação viral deve ser realizada no primeiro contato com o paciente. O vírus identificado deve circular no país por mais de 12 meses. Assim, o país deixa de ser área livre da circulação do vírus autóctone.

O número de países que utilizam a vacina contra a rubéola em seus programas nacionais de vacinação vem aumentando. Em dezembro de 2018, 168 de um total de 194 países, introduziram a vacinação para rubéola e a cobertura global estimada foi de 69%. Casos de infecção pelo vírus da rubéola foram reduzidos em 97%: de 670.894 casos em 102 países no ano 2000 para 14.621 casos em 151 países em 2018. Os casos de SRC são mais elevados nas Regiões da OMS que compreendem a África e o Sudeste da Ásia, regiões que não apresentam cobertura vacinal eficiente.

Devido ao risco de reintrodução da rubéola na Região das Américas, a OPAS/OMS têm encorajado os países a fortalecerem a vigilância epidemiológica e intensificarem a vacinação para alcançar a meta superior a 95%, vacinando todas as crianças abaixo de 5 anos e ficarem alertas aos casos importados.

Devido ao risco de importação e reintrodução do vírus da rubéola na Região das Américas, a OPAS/OMS recomendam aos países as seguintes medidas:

- Intensificar esforços para implantar o "Plano de ação para assegurar a sustentabilidade da eliminação do sarampo, rubéola e síndrome da rubéola congênita nas Américas 2018–2023", com quatro linhas de estratégia: (1) garantir acesso universal à vacinação; (2) intensificar a capacidade dos sistemas de vigilância epidemiológica para sarampo, rubéola e SRC; (3) desenvolver um sistema operacional para monitorar a manutenção do *status* de eliminação do vírus; (4) estabelecer mecanismos-padrões para rápida resposta quando da suspeita de um caso importado de sarampo, rubéola ou SRC, com o objetivo de prevenir o estabelecimento da transmissão endêmica nos países
- Manter a cobertura vacinal de 95%, administrando duas doses de vacina para sarampo, caxumba e rubéola em todos os municípios
- Vacinar populações de risco que não apresentarem comprovante de vacinação contra sarampo e rubéola, tais como profissionais da saúde, pessoas que trabalham com turismo e transporte de turistas, assim como pessoas que viajarem para o exterior do país
- Manter estoque da vacina dupla viral (sarampo e rubéola) e tríplice viral (sarampo, caxumba e rubéola)
- Facilitar o acesso aos serviços de vacinação para estrangeiros ou pessoas que viajarem para países endêmicos com surtos, populações de rua, indígenas ou outras populações vulneráveis
- Implantar um plano de imunização para populações de imigrantes nas áreas de fronteiras com grande tráfego, priorizando aquelas pessoas consideradas de risco, incluindo imigrantes e residentes nas cidades de fronteira
- Aumentar a cobertura de vacinação com o objetivo de aumentar a imunidade da população
- Intensificar a vigilância epidemiológica de sarampo e rubéola com o objetivo de alcançar prontamente a detecção de casos suspeitos e fornecer informações de gestantes com sinais ou sintomas de rubéola. Assegurar que os laboratórios de saúde pública recebam as amostras clínicas em 5 dias e que os resultados tenham urgência
- Intensificar a vigilância epidemiológica da SRC em todos os serviços médicos que estejam relacionados ao diagnóstico de malformações ou anomalias congênitas
- Fornecer uma pronta resposta aos casos importados de rubéola para evitar o retorno da transmissão endêmica, por meio de profissionais treinados e pela implantação nacional de protocolos que sejam capazes de rastrear os casos importados.

## Prevenção, controle e tratamento

Em 1969 foi desenvolvida uma vacina preparada com o vírus atenuado da rubéola, estirpe Wistar RA27/3, propagada em fibroblastos de pulmão de embrião humano (WI-38), que é utilizada nas campanhas de vacinação.

A vacina utilizada contra o vírus da rubéola pode ser encontrada na forma monovalente ou combinada com a vacina contra sarampo (MR, *measles-rubella*), caxumba e sarampo (MMR, *measles-mumps-rubella*) ou caxumba, sarampo e varicela (MMRV, *measles-mumps-rubella-varicella*), para serem administradas por via subcutânea.

Na campanha de vacinação de 2008 foi utilizada a MR para vacinar a população de 20 a 39 anos de idade e a MMR para a população de 12 a 19 anos de idade. A MR foi fornecida pela OPAS e constituída dos vírus atenuados do sarampo (estirpe Edmonston Zagreb) e vírus atenuados da rubéola (estirpe Wistar RA 27/3). A MMR é uma combinação dos vírus atenuados do sarampo (estirpe Schwarz), caxumba (estirpe RIT 4385 – derivada da estirpe Jeryl Lynn) e rubéola (estirpe Wistar RA 27/3). A MMR utilizada na rede pública e nas campanhas de vacinação é preparada no Instituto de Tecnologia em Imunobiológicos (Bio-Manguinhos da Fundação Oswaldo Cruz do MS do Brasil). As amostras virais são preparadas separadamente e obtidas por propagação em fibroblastos de embrião de galinha (caxumba e sarampo) ou células diploides humanas MRC5 (rubéola). As vacinas são utilizadas em dose única de 0,5 mℓ, por via subcutânea, e induzem proteção duradoura em cerca de 100% da população com proteção aproximada de 90% dos vacinados mesmo após 15 anos. As vacinas protegem não somente contra a doença, mas também contra a viremia, embora os títulos de anticorpos sejam menores e a proteção não seja tão duradoura quanto na infecção natural. Embora a vacina seja atenuada, pode induzir linfoadenopatia branda, exantema e febre baixa. A artralgia é pouco comum em crianças, mas ocorre em 25% das mulheres adultas, 1 a 3 semanas após a vacinação. O vírus vacinal é liberado em pequenas quantidades na garganta, mas incapaz de se espalhar para contatos, fazendo com que a vacinação em crianças possa ser realizada mesmo se a mãe estiver grávida.

Não há evidências de teratogenia causada por vírus vacinal, mas a vacina é contraindicada durante a gravidez. Mulheres que queiram engravidar devem esperar 2 a 3 meses após a vacinação. Crianças com SRC liberam grande quantidade de vírus na orofaringe e na urina, durante muitos meses, e são um fator de risco para gestantes. Por isso, essas crianças devem ser cuidadas por profissionais da área de saúde que já tenham sido imunizados.

Somente no início da década de 1990 foi implantada a vacinação obrigatória para crianças acima de 12 meses até 11 anos no Brasil. Atualmente, a vacinação é realizada aos 12 meses de idade, com uma 2ª dose aos 15 meses.

O emprego de gamaglobulina hiperimune não impede a viremia e, portanto, não protege contra a infecção. No entanto, ela pode reduzir os sintomas clínicos com consequente diminuição da viremia materna que pode diminuir os riscos para o feto.

A maioria dos casos de rubéola adquirida pós-nascimento não requer tratamento específico. As complicações da rubéola são tratadas sintomaticamente.

A partir de setembro de 2013, o MS introduziu a vacina tetra viral (sarampo, caxumba, rubéola e varicela) para crianças de 15 meses de idade que receberam a 1ª dose da vacina tríplice viral aos 12 meses. Essa vacina tem como objetivo reduzir o número de injeções em um mesmo momento, bem como buscar melhor adesão à vacinação e consequentemente, a melhoria das coberturas vacinais.

Concluindo, a rubéola é uma doença que ainda desempenha importante papel na saúde pública mundial, principalmente em relação às manifestações da SRC, como surdez e comprometimentos cardíacos e oculares. Existe ainda pouco conhecimento sobre os mecanismos de teratogênese e a relação da rubéola com doenças autoimunes e seu mecanismo de persistência em nível molecular.

# Herpesvírus de humanos 5

Gabriella da Silva Mendes

## Histórico

A observação de alterações citopatológicas associadas ao herpesvírus de humanos 5 (HHV-5), anteriormente denominado de citomegalovírus de humanos (HCMV), em indivíduos imunocomprometidos e em recém-nascidos foi descrita quase 100 anos antes do estabelecimento das culturas de células para isolamento viral. A doença de inclusão citomegálica foi inicialmente reconhecida em associação com a presença de células citomegálicas com inclusões intranucleares encontradas em autópsia de neonatos antes do reconhecimento da etiologia viral da doença. Entretanto, somente em 1956/57 o isolamento viral foi descrito por três diferentes grupos de pesquisadores, nos Estados Unidos da América (EUA), em três diferentes situações. Em 1956, por Smith, em St. Louis, a partir de glândulas salivares e rins de crianças com sintomas de infecção congênita. No mesmo ano, por Rowe e colaboradores, em Bethesda, a partir de amostras de adenoides de crianças assintomáticas, e em 1957, por Weller e colaboradores, em Boston, a partir de amostras de fígado e de urina de crianças com infecção congênita. O vírus recém-descoberto foi, então, denominado vírus das glândulas salivares. Em 1970, foi proposta por Weller a denominação citomegalovirose e citomegalovírus, respectivamente em substituição aos termos doença de inclusão citomegálica e vírus das glândulas salivares, em função da alteração celular (citomegalia) induzida pela infecção viral. Atualmente, esse vírus é denominado herpesvírus de humanos 5.

## Classificação e características

O HHV-5 pertence à ordem *Herpesvirales*, família *Herpesviridae*, subfamília *Betaherpesvirinae*, gênero *Cytomegalovirus*, espécie *Betaherpesvirus humano 5*. Existe apenas 1 sorotipo, embora ocorram variações genômicas entre estirpes isoladas de indivíduos diferentes.

A partícula do HHV-5 tem a estrutura típica dos herpesvírus, que apresentam morfologia complexa e quatro componentes básicos que formam o vírion: *core*, capsídeo, tegumento e envelope. A partícula viral completa tem diâmetro que varia de 200 a 230 nm. O *core* do vírion maduro contém o DNA (Figura 13.18).

O capsídeo do HHV-5 é composto por quatro proteínas: a proteína principal do capsídeo (MCP, *major capsid protein*,

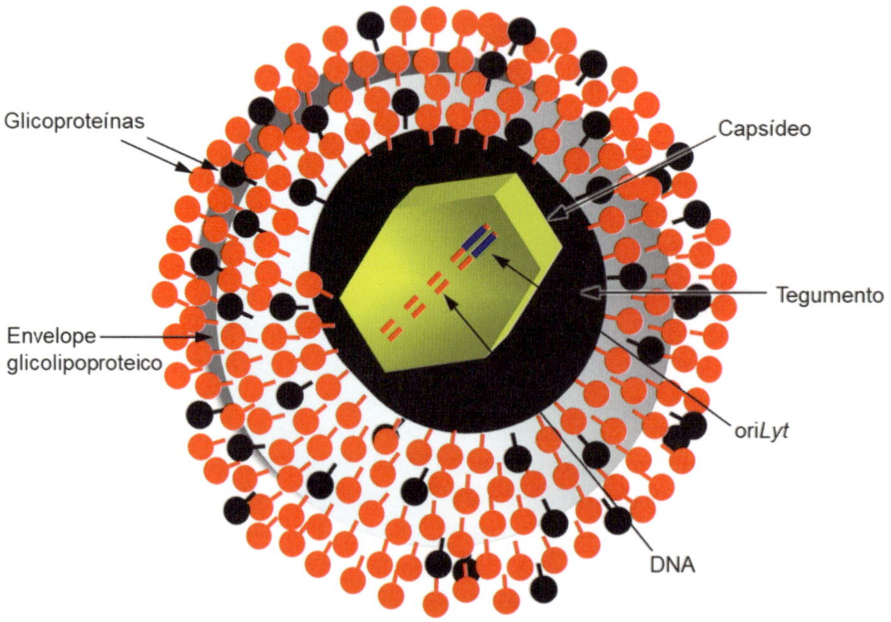


**Figura 13.18** Esquema da partícula de HHV-5. O vírion mede entre 200 e 230 nm de diâmetro e é constituído de capsídeo icosaédrico, contendo o DNA de fita dupla onde se encontra uma origem de síntese (ori*Lyt*) essencial para a replicação do genoma viral. O capsídeo é envolto por envelope glicolipoproteico derivado do compartimento intermediário do retículo endoplasmático-Golgi (ERGIC, *endoplasmic reticulum-Golgi intermediate compartment*) ou de vesículas endossomais, no qual estão inseridas glicoproteínas virais. Entre o nucleocapsídeo e o envelope encontra-se o tegumento formado por proteínas virais.

produto do gene $U_L86$); um tríplex composto de duas subunidades: subunidade 1 denominada componente tríplex do capsídeo 1 ou proteína de ligação à proteína minoritária do capsídeo (TRI1, *capsid triplex component 1*; *minor capsid protein binding protein*, produto do gene $U_L85$) e subunidade 2 denominada componente tríplex do capsídeo 2 ou proteína minoritária do capsídeo (TRI2, *capsid triplex component 2; minor capsid protein*, produto do gene $U_L46$) e a proteína menor de capsídeo (SCP, *smallest capsid protein*, produto do gene $U_L48A$). Um penton especializado, composto de uma proteína portal (PORT, produto do gene $U_L104$), atua como canal para a empacotamento e liberação do DNA juntamente com duas subunidades principais da terminase, subunidade da terminase 1 (TER1, *terminase subunit 1*, produto do gene $U_L89$) e subunidade da terminase 2 (TER2, *terminase subunit 2*, produto do gene $U_L56$). Um complexo capsídeo vértice-*capping* (CVC, *capsid vertex-capping*) composto das proteínas $U_L77$ e $U_L93$ está presente em todos os pentons e as proteínas codificadas pelos genes $U_L51$ e $U_L52$ provavelmente proveem a estabilidade da estrutura. O capsídeo icosaédrico é formado por 162 capsômeros, sendo 12 pentaméricos e 150 hexaméricos.

O tegumento, situado entre o capsídeo e o envelope, é formado por pelo menos 32 proteínas virais, muitas das quais são fosforiladas e altamente imunogênicas. Essas proteínas desempenham diversas funções desde o controle das funções celulares no início da infecção até organizar os estágios finais da montagem do vírion. No tegumento também pode ser encontrada pequena quantidade de proteínas e RNA citoplasmáticos capturados passivamente para dentro da partícula viral durante o processo de envelopamento.

O envelope viral, derivado do compartimento intermediário retículo endoplasmático-Golgi (ERGIC, *endoplasmic reticulum-Golgi intermediate compartment*) ou de vesículas endossomais, contém aproximadamente 23 glicoproteínas virais. Cinco glicoproteínas de envelope (gB, gH, gL, gM e gN) são responsáveis por funções essenciais da biossíntese viral e são alvos dos anticorpos neutralizantes. Algumas dessas proteínas participam do processo de adsorção do vírus na superfície da célula, mas a maioria provavelmente está envolvida na modulação da resposta celular à infecção.

O material genético consiste em uma molécula de DNA de fita dupla (DNAfd) linear, não segmentado, de aproximadamente 236 quilobases (kb), com conteúdo G/C em torno de 57% e número estimado de 252 sequências de leitura aberta (ORF, *open reading frames*). Juntamente com o DNA estão duas moléculas de RNA viral (RNAv); RNAv-1 de cerca de 300 nucleotídeos (nt) e RNAv-2 de cerca de 500 nt, conectadas, formando um híbrido RNA-DNA em uma região essencial, a região da origem lítica (ori*Lyt*) da síntese do DNA. O genoma do HHV-5 possui um arranjo contendo uma região longa única ($U_L$, *unique long*) e uma região curta única ($U_S$, *unique short*) com possibilidade de sofrerem inversão durante a replicação. A região S está flanqueada por sequências repetidas terminais (TR, *terminal repeats*), e sequências repetidas internas (IR, *internal repeats*) que são designadas $TR_S$ e $IR_S$, respectivamente, e contêm sinais para a clivagem e o empacotamento do genoma da progênie durante a replicação. As sequências repetidas flanqueando a região L, denominadas $IR_L$ e $TR_L$, originalmente caracterizadas na estirpe AD169, parecem resultar da contínua propagação do vírus em cultura de células. O HHV-5 tem maior complexidade genômica do que os outros herpesvírus devido à ocorrência de várias aquisições e duplicações gênicas. O genoma contém uma origem de síntese de DNA (ori*Lyt*) localizada entre os genes $U_L57$ e $U_L69$, que é essencial para a sua replicação. A região ori*Lyt* é longa, com cerca de 3.000 pares de base (pb) e estruturalmente complexa; contém uma sequência rica em pirimidina (Y-*block*), elementos repetidos, sequências repetidas diretas e invertidas, sítios de ligação de fatores de transcrição e o híbrido RNA-DNA. A organização genômica apresenta o arranjo $R_L1\text{-}14/U_L1\text{-}150/IR_S1/U_S1\text{-}34/TR_S1$ (Figura 13.19).

O HHV-5 pode ser inativado por vários tipos de tratamentos físicos e químicos, como, por exemplo: aquecimento (56°C por 30 minutos), pH baixo, éter, luz UV e ciclos de congelamento/descongelamento.

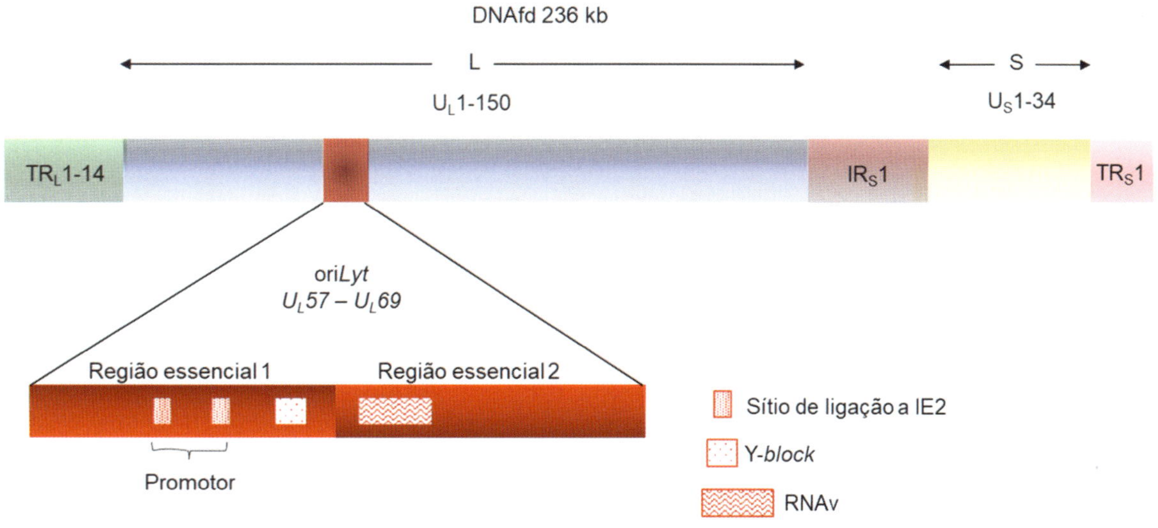


**Figura 13.19** Representação esquemática do genoma do HHV-5. O genoma viral é constituído por DNA de fita dupla (DNAfd) de aproximadamente 236 kb. As *setas* mostram a posição das regiões únicas longa ($U_L$) e curta ($U_S$). As regiões L e S estão flanqueadas por sequências repetidas terminais ($TR_L$ e $TR_S$), e sequências repetidas internas ($IR_S$); ori*Lyt*, origem de replicação do DNA formada pela região essencial 1, o promotor e uma sequência rica em pirimidinas (Y-*block*); e a região essencial 2, que inclui o híbrido RNA-DNA.

## Biossíntese viral

A adsorção do vírion ocorre por interação das proteínas de envelope gB e gM com moléculas de sulfato de heparana na superfície da célula. A ligação inicial desencadeia uma cascata onde trímeros da glicoproteína gB e heterodímeros de gH:gL organizam eventos sequenciais com receptores celulares que resultam na fusão entre o envelope do vírus e membranas celulares, seguindo-se a liberação do nucleocapsídeo e proteínas do tegumento no citoplasma.

O HHV-5 infecta uma grande variedade de tipos celulares e desta forma outras moléculas funcionam como receptores ou correceptores para este vírus. Por exemplo, em fibroblastos, o receptor tipo α para fator de crescimento derivado de plaquetas (PDGFRα, *platelet-derived growth factor receptor*-α) funciona como receptor primário; já em células epiteliais e endoteliais, esse receptor é a neuropilina 2 (NRP2, *neuropilin 2*).

A penetração da partícula viral na célula hospedeira, também varia dependendo do tipo celular. Em fibroblastos, o vírus penetra por uma rápida macropinocitose, que é dependente da interação do trímero gH:gL:gO com PDGFRα, enquanto em células epiteliais e endoteliais a penetração ocorre por endocitose dependente de pH baixo e precisa da interação do complexo pentamérico consistindo em gH:gL:p$U_L$128:p$U_L$130:p$U_L$131A com NRP2.

Uma vez no citoplasma o nucleocapsídeo é translocado para o núcleo, possivelmente via microtúbulos citoplasmáticos. As proteínas do tegumento LTP (proteína tegumentar grande [*large tegument protein*]; $U_L$48), e LTPbp (proteína de ligação à LTP [*LTP binding protein*]; $U_L$47) controlam o processo de desnudamento e liberação do DNA.

As proteínas do tegumento são carreadas para o núcleo, juntamente com o nucleocapsídeo, e são responsáveis pela ativação da síntese de nova progênie viral. Dentre essas proteínas, algumas são importantes para induzir o início da síntese proteica e outras interrompem a síntese macromolecular da célula.

Três tipos de genes virais são expressos: os genes iniciais imediatos (IE, *immediate early* ou α) que codificam as proteínas iniciais imediatas (proteínas IE ou α), os genes iniciais tardios (DE, *delayed early* ou β), que codificam as proteínas iniciais tardias (proteínas DE ou β), e os genes tardios (L, *late*) ou γ, que codificam as proteínas tardias (proteínas L ou γ), constituídas principalmente de proteínas estruturais. Estas proteínas são expressas sequencialmente de maneira coordenada e regulada em um período de 48 a 72 horas.

Em primeiro lugar, a RNA polimerase II celular transcreve os RNA mensageiros (RNAm) para a síntese das proteínas IE, que consistem em proteínas de ligação ao DNA, importantes para a regulação da transcrição gênica. Após o pico de expressão das proteínas IE, entre 8 e 12 horas pós-infecção (hpi) o segundo tipo de genes iniciais, os genes DE, começa a ser transcrito. As proteínas DE consistem em mais fatores de transcrição e enzimas, incluindo a DNA polimerase. O período de síntese das proteínas DE continua por 18 a 24 hpi, quando começa a síntese do DNA viral.

Durante o ciclo lítico em fibroblastos, a síntese do DNA viral começa 14 a 16 hpi, aumentando em 24 hpi, atingindo até 10.000 cópias do genoma por célula, no momento da montagem da progênie viral. A síntese do DNA se inicia no sítio ori*Lyt*, envolvendo um mecanismo ainda desconhecido. Esse sítio é dividido em duas regiões: região essencial 1, a qual contém o promotor de ori*Lyt* e uma sequência rica em pirimidinas (Y-*block*); e a região essencial 2, que inclui o híbrido RNA-DNA e uma estrutura adjacente de RNA em haste-alça capaz de se ligar a proteínas virais. Essa região é também rica em sequências repetidas diretas e invertidas, sítios de ligação de fatores de transcrição. O DNA viral a ser utilizado no processo de replicação é circularizado após ser liberado no núcleo celular. Para o início da replicação do DNA é necessário que o promotor ori*Lyt* seja ativado. A arquitetura do DNA é consistente com a estrutura concatamérica gerada pela forma de replicação em círculo rolante, e este é provavelmente o molde para a replicação do genoma, como acontece com outros herpesvírus.

A expressão das proteínas L atinge o pico após o início da replicação do DNA. As proteínas L são divididas em LL ("fugazes" [*leaky late* ou γ1]); e TL (verdadeiramente tardios [*true late* ou γ2]). As proteínas LL são expressas mesmo na presença de inibidores da síntese de DNA viral, enquanto a expressão das proteínas TL é bloqueada. Os produtos dos genes L controlam a maturação do capsídeo, o empacotamento do DNA, a maturação do vírion e a sua saída da célula. As glicoproteínas do envelope são sintetizadas no retículo endoplasmático rugoso, glicosiladas no Golgi e transportadas em vesículas para o sítio de envelopamento do nucleocapsídeo.

O processo de montagem da partícula viral começa no núcleo onde o DNA viral recém-sintetizado é empacotado dentro de capsídeos pré-formados. As proteínas do tegumento são adicionadas sequencialmente ao nucleocapsídeo, começando no núcleo e continuando no citoplasma, fornecendo estabilidade durante a translocação do nucleocapsídeo do núcleo para o citoplasma e direcionando o nucleocapsídeo para os sítios de envelopamento. É possível que atinja o citoplasma por um processo de envelopamento transitório na lamela interna do núcleo quando da passagem pelo espaço perinuclear e remoção desse envelope ao passar pela lamela externa. Após a chegada ao citoplasma, é direcionado para sítios onde será acrescido do envelope definitivo. Esse estágio final ocorre no ERGIC e resulta na formação do vírion que é liberado da célula. O vírion é transportado para a superfície celular dentro de vesículas, utilizando a maquinaria exocítica da célula (Figura 13.20).

## Patogênese

O HHV-5 compartilha com outros herpesvírus a capacidade de produzir infecção persistente latente no hospedeiro, disseminar-se célula a célula em presença de anticorpos circulantes, reativar-se em condições de imunossupressão e induzir imunossupressão transitória. O HHV-5 é o único herpesvírus que exibe transmissão natural transplacentária que ocorre menos frequentemente durante a infecção recorrente do que na infecção primária, devido ao controle pela imunidade adaptativa.

### *Infecção primária*

O vírus pode ser transmitido por meio de contaminação com diversos líquidos biológicos, tais como: saliva, sangue, sêmen, secreção vaginal, urina, leite materno, transfusão sanguínea e transplantes de órgãos. A maior fonte de vírus causando infecção primária em mulheres grávidas é o contato com crianças no período em que estas estão excretando vírus.

Haja vista a quantidade de vias que o vírus é excretado, existem diferentes portas de entrada no hospedeiro; entretanto,

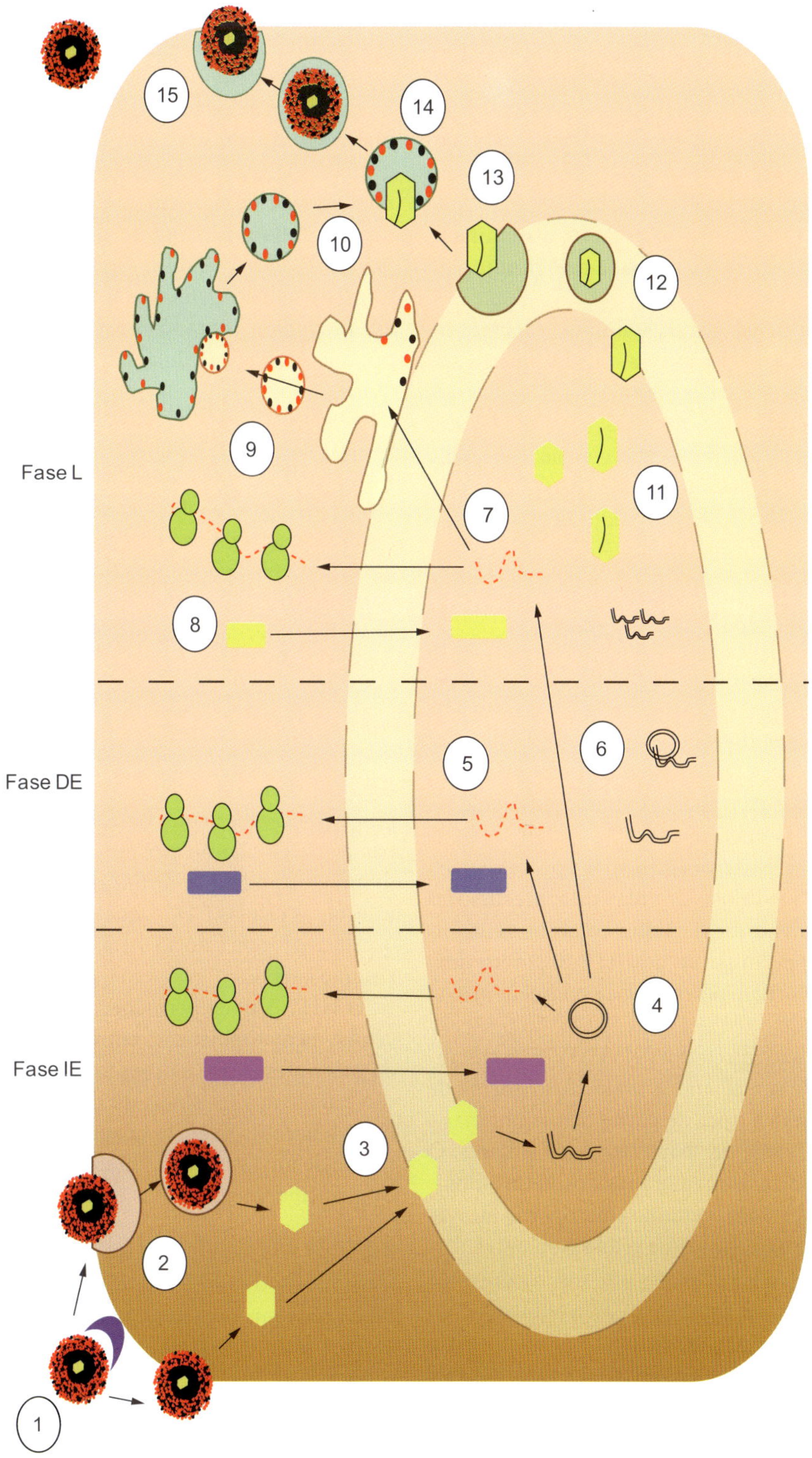


**Figura 13.20** Esquema da biossíntese do HHV-5. **1.** Adsorção das glicoproteínas do envelope viral (gB e gM) aos receptores de sulfato de heparana na superfície da célula. **2.** Penetração da partícula a partir da fusão do envelope viral com a membrana celular ou com a membrana endocítica e liberação do nucleocapsídeo para o citoplasma. **3.** Translocação do nucleocapsídeo para o núcleo e desnudamento do DNA viral. **4.** Transcrição dos RNA mensageiros (RNAm) dos genes iniciais imediatos (IE, *immediate early* ou $\alpha$) que serão transportados para o citoplasma onde serão traduzidos em proteínas IE ou $\alpha$, as quais serão transportadas para o núcleo. **5.** Transcrição dos RNAm dos genes tardios iniciais (DE, *delayed early* ou $\beta$), que serão transportados para o citoplasma onde serão traduzidos em proteínas DE ou $\beta$, as quais serão transportadas para o núcleo. **6.** Início da síntese de DNA viral por mecanismo de círculo rolante. **7.** Transcrição dos RNAm dos genes tardios (L, *late* ou $\gamma$) que serão transportados para o citoplasma onde serão traduzidos em proteínas LL ("fugazes" [*leaky late* ou $\gamma$1]), que serão transportadas para o núcleo para montagem da partícula (**8**) ou serão encaminhadas para o retículo endoplasmático (**9**) onde serão traduzidas e processadas no complexo ERGIC, transformando-se em proteínas TL (verdadeiramente tardias [*true late* ou $\gamma$2]). Essas proteínas são posteriormente transportadas em vesículas para o sítio de envelopamento do nucleocapsídeo (**10**). **11.** Empacotamento do DNA viral recém-sintetizado em capsídeos pré-formados, adição das proteínas do tegumento. **12.** Saída do nucleocapsídeo do núcleo por brotamento através da lamela interna da membrana nuclear quando a partícula adquire um envelope transitório. **13.** Saída do núcleo através da fusão do envelope transitório com a lamela externa da membrana nuclear. **14.** O nucleocapsídeo é liberado no citoplasma e direcionado para as vesículas do complexo ERGIC, onde recebe o envelope definitivo. **15.** O vírion é transportado para a superfície e liberado por exocitose para o meio extracelular. ERGIC: retículo endoplasmático-Golgi (*endoplasmic reticulum-Golgi intermediate compartment*).

presume-se que a maioria dos indivíduos entre em contato com o HHV-5 por via oral e que as primeiras células a serem infectadas são as células do epitélio da orofaringe e macrófagos.

Uma vez infectando as células epiteliais, o vírus inicia seu ciclo lítico, gerando a progênie viral infecciosa que será disseminada para outros tipos celulares como fibroblastos, células endoteliais, células dendríticas e outras células da imunidade inata. Durante esse estágio inicial, o vírus pode ser disseminado tanto via célula a célula, principal via, mediada pelo produto do gene $U_S$*28*, quanto por partículas livres.

Após a infecção atingir as células da imunidade inata, tem início a segunda fase da disseminação viral (disseminação sistêmica). Monócitos e neutrófilos que migram para o sítio de entrada são rapidamente infectados. Ademais, as células endoteliais infectadas estimulam a aderência das células da resposta imunológica inata ao endotélio ao aumentarem a expressão de moléculas de adesão como ICAM-1 (molécula de adesão intercelular-1 [*intercellular adhesion molecule-1*]), e VCAM-1 (molécula de adesão de célula vascular-1 [*vascular cell adhesion molecule-1*]). Esse fenômeno leva ao aumento da interação entre monócitos e neutrófilos não infectados e o endotélio infectado, aumentando a probabilidade da disseminação célula a célula. Outro fator que contribui para essa disseminação é o fato de que, a infecção das células endoteliais aumenta a permeabilidade vascular o que, por sua vez, aumenta o contato entre as células infectadas e as células da resposta imunológica inata, levando ao aumento de células infectadas.

Os monócitos são considerados o principal tipo celular na disseminação do HHV-5. São células de vida curta, precursoras dos macrófagos e células dendríticas. Assim como os neutrófilos, os monócitos não são permissíveis ao HHV-5, porém uma vez que se diferenciam, se tornam permissivos e conseguem sustentar a biossíntese viral.

Os neutrófilos também são infectados pelo HHV-5, entretanto o processo de infecção é semelhante à trogocitose (forma de contato entre células que leva à troca de partes de membranas e moléculas associadas) realizada por bactérias intracelulares. O que ocorre é uma fusão entre as membranas dos neutrófilos e das células endoteliais infectadas, gerando microporos através dos quais o vírus consegue passar de uma célula para outra.

A disseminação célula a célula é apenas um dos mecanismos pelos quais as células endoteliais promovem a disseminação do vírus; elas podem também desempenhar uma ação mais direta na disseminação viral, ao se desprenderem da vasculatura e entrarem na corrente sanguínea. Na circulação sanguínea estas células são denominadas de células endoteliais gigantes e permanecem permissivas à biossíntese viral. Essas células podem potencialmente transferir o vírus para órgãos não infectados.

Normalmente, uma infecção viral já atrairia um influxo de células como monócitos, leucócitos e polimorfonucleares para o sítio da infecção, e isso, *per se*, já fornece células-alvo adicionais para a disseminação viral. Entretanto, essa resposta é amplificada durante a infecção pelo HHV-5, através da excreção de virocinas que são homólogas de quimiocinas celulares. A região $U_L$*146* codifica a virocina v-CXCL-1 (quimiocina viral CXCL-1 [*viral chemokine CXCL-1*]), que é homóloga funcional das quimiocinas humanas CXCL8, CXCL1 e CXCL2.

A partir desse momento, o vírus pode ser disseminado para vários órgãos ou tecidos, incluindo glândulas salivares, túbulos renais, cérvice uterina, testículos, epidídimo, fígado, trato gastrointestinal e pulmões, independentemente do *status* imunológico do hospedeiro ou da presença de doença (Figura 13.21).

Em hospedeiro imunocompetente, a infecção primária normalmente é assintomática e, em indivíduos imunossuprimidos, o HHV-5 pode infectar além das células endoteliais as células mielomonocíticas, o que pode contribuir para a patogênese da doença. A fase sistêmica da infecção em adultos é acompanhada por níveis elevados de excreção viral na urina, saliva, leite materno e secreções genitais. O *clearance* gradual da infecção aguda em indivíduos imunocompetentes está relacionado com a resposta imunológica celular efetiva em vez de níveis de anticorpos.

## Infecção latente e reativação

Como dito anteriormente, a etapa inicial do ciclo lítico do HHV-5 ocorre nas células epiteliais da mucosa, onde os monócitos $CD_{14}^+$ circulantes no sangue periférico (PBM, *peripheral blood monocytes*) se tornam infectados ao entrar em contato com as células epiteliais infectadas. O HHV-5 induz a diferenciação de monócitos para macrófagos inflamatórios e a sobrevivência dos PBM infectados, através da ativação das vias de sinalização celular EGFR/PI3K/AkT (receptor do fator de crescimento epitelial/fosfatidilinositol 3-cinase/serino-treonino-cinases [AkT cinases] [*epidermal growth factor receptor/phosphatidylinositol-3-kinase/serine-threonine-protein kinases* [*AkT kinases*]); e da via das integrinas, na ausência da expressão gênica viral. Essa diferenciação é estimulada para que os PBM infectados consigam passar da circulação periférica para os órgãos. Além disso, os monócitos podem se dirigir diretamente para a medula óssea e infectar as células $CD_{34}^+$, que são precursoras hematopoiéticas e o principal reservatório viral, estabelecendo uma infecção persistente latente.

O HHV-5 pode permanecer latente por longos períodos nas células hematopoiéticas, entretanto, pode ocorrer a reativação da biossíntese viral na presença de imunossupressão, estimulação halogênica ou sinais de diferenciação. Sabe-se que tanto a manutenção da latência quanto a reativação não dependem somente de um fator, mas sim de uma gama de sinais onde o vírus é o principal mediador.

### Controle das vias de sinalização celulares para o estabelecimento de latência e reativação

Para conseguir controlar as células que sofrem a infecção persistente latente, o HHV-5 se liga a moléculas sinalizadoras na superfície celular, como o receptor para o fator de crescimento epidermal (EGFR, *epidermal growth factor receptor*), PDGFR e integrinas iniciando uma cascata de sinalização para o estabelecimento da latência antes mesmo da entrada do vírus na célula hospedeira. A ativação de EGFR permite que o vírus manipule a proliferação, diferenciação, migração e sobrevivência celular, imunidade inata e reparo do DNA. A via de sinalização das integrinas regula muitas funções similares a EGFR, mas também influencia na sinalização intra- e intercelular.

Para escapar dos mecanismos celulares intrínsecos de detecção de DNA externo, a proteína viral pp71, uma proteína do tegumento codificada pela região $U_L$*82*, se liga aos genes estimuladores de interferon (STING, *stimulator of interferon genes*), impedindo sua translocação para microssomas, prevenindo o recrutamento e a fosforilação do fator regulador de interferon 3 (IFR3; *interferon regulatory factor 3*) e da proteíno-cinase TBK1

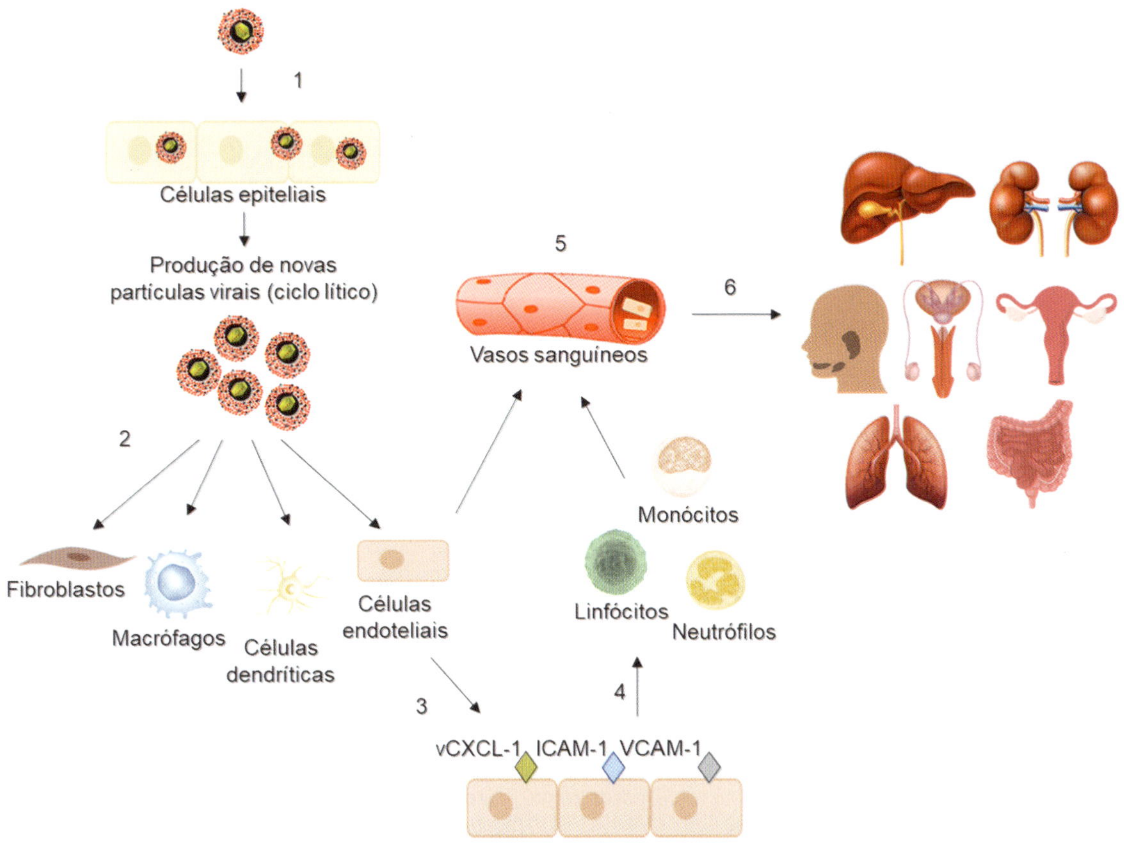


**Figura 13.21** Esquema da patogênese do HHV-5. A maioria dos indivíduos entra em contato com o HHV-5 por via oral e as primeiras células a serem infectadas são as células epiteliais e macrófagos na orofaringe, onde ocorre o ciclo lítico, gerando a progênie viral (**1**). Em seguida, as partículas virais recém-sintetizadas são disseminadas para outros tipos celulares como fibroblastos, macrófagos, células endoteliais e células dendríticas (**2**). As células endoteliais infectadas estimulam a aderência das células da resposta imunológica inata ao endotélio ao aumentarem a expressão de ICAM-1 (molécula de adesão intercelular-1 [*intercellular adhesion molecule-1*]) e VCAM-1 (molécula de adesão de células vascular-1 [*vascular cell adhesion molecule-1*]) e a expressão de vCXCL-1 (quimiocina viral CXCL-1 [*viral chemokine CXCL-1*]) (**3**), o que atrai leucócitos que também são infectados (**4**). Os monócitos são considerados o principal tipo celular na disseminação do HHV-5. Outro fator que contribui para essa disseminação é que a infecção das células endoteliais aumenta a permeabilidade vascular (**5**). A disseminação célula a célula é somente um dos papéis das células endoteliais; elas podem também desempenhar um papel mais direto na disseminação ao se desprenderem da vasculatura e entrarem na corrente sanguínea. O vírus pode então ser disseminado para vários órgãos ou tecidos, independentemente do *status* imunológico do hospedeiro ou da presença de doença (**6**).

(*TANK-binding kinase 1*), impedindo a resposta antiviral. Além disso, pp71 também reduz a expressão de MHC I (complexo principal de histocompatibilidade I [*major histocompatibility complex I*]) na superfície da célula infectada, reduzindo a ativação da resposta imunológica adaptativa. Essa inibição da ativação do sistema imunológico tem papel-chave no desenvolvimento da latência.

A supressão de funções essenciais para a biossíntese também é importante para o estabelecimento ou manutenção da latência, e a proteína viral responsável por isso é $U_L138$, que regula positivamente EGFR na superfície celular, enquanto $U_L135$ tem um papel importante na reativação da síntese viral, com uma ação contrária a $U_L138$ em relação a EGFR.

O receptor viral acoplado à proteína G (vGPCR; *viral G protein-coupled receptor*), $U_S28$, atenua a sinalização via NF-κB (fator nuclear κB [*nuclear factor-κB*]) e MAPK (proteíno-cinase ativada por mitógeno [*mitogen-activated protein kinase*]) e promove a adesão de monócitos ao endotélio ativando a sinalização Gαq/PLC-β (subunidade alfa da proteína Gq/fosfolipase C-β [*Gq protein alpha subunit/phospholipase C-β*]).

O estado anti-inflamatório é essencial para a manutenção da latência, e este é reforçado pelos microRNA (miRNA) miR-$U_S5$-1 e miR-$U_L112$-3P, que têm como alvo IKKα e IKKβ (complexo I κ-cinase α e β [*I kappa kinase complex* α e β]), reduzindo a responsividade celular à interleucina 1β (IL-1β, *interleukin*-1β) e TNF-α (fator de necrose tumoral-α [*tumor necrosis factor*-α]). Esses miRNA se ligam a fração 3′ UTR de ambas as moléculas em resposta a sinalização via NF-κB.

Além de $U_L135$, a proteína viral $U_L7$ também funciona regulando a sinalização necessária para a reativação da biossíntese viral. A $U_L7$ também leva à adesão de leucócitos, ativa as vias PI3K/AkT e MAPK/ERK (proteíno-cinase ativada por mitógeno/cinases reguladas por sinal extracelular [*mitogen-activated protein kinase/extracellular signal-regulated kinases*]), inibe a resposta pró-inflamatória reduzindo a expressão de TNF, IL-8 e IL-6 nas células mieloides e promove a diferenciação das células $CD_{14}^+$ e $CD_{34}^+$. Ou seja, $U_L7$ funciona como um potente regulador viral autócrino da reativação e diferenciação celular.

A Figura 13.22 resume os principais acontecimentos associados às vias de sinalização celulares para ocorrência da latência ou reativação.

## Controle do programa de expressão gênica viral para estabelecimento de latência e reativação

Um ponto-chave da latência é a inibição da expressão dos genes IE, assim como um dos primeiros eventos necessários para a

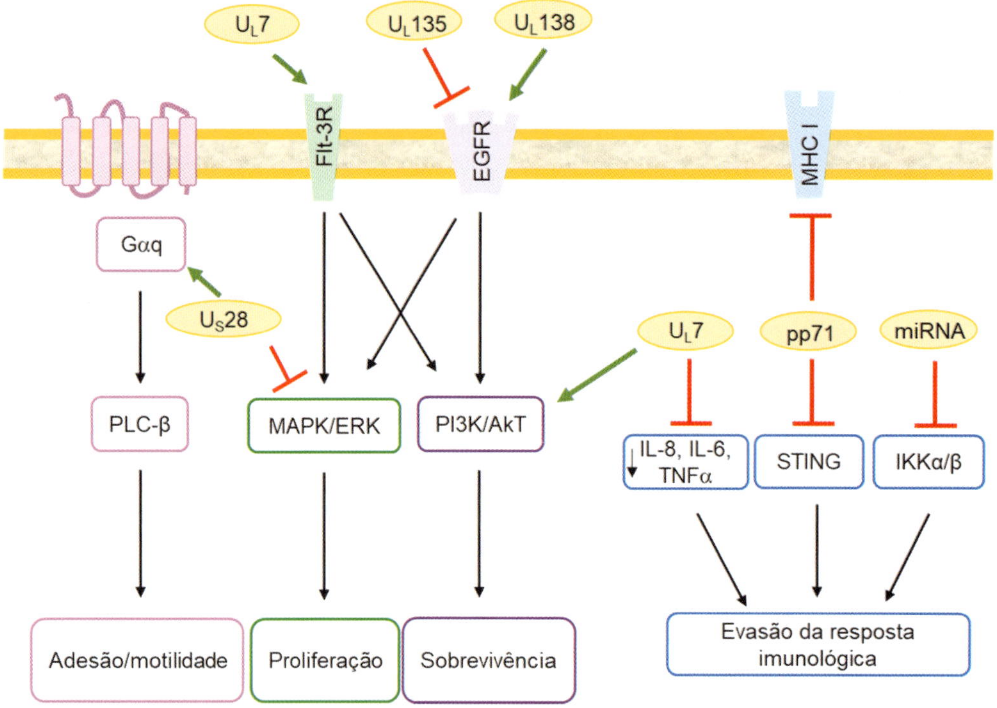


**Figura 13.22** Regulação da sinalização celular pelo HHV-5 durante a latência. O HHV-5 utiliza diferentes proteínas virais e microRNA (miRNA) durante a infecção latente para alterar o ambiente de sinalização intracelular, visando à regulação da infecção latente. Esse modelo demonstra como cada componente viral inibe (*traço vermelho*) ou promove (*seta verde*) esses eventos durante a latência. Gαq: *Gq protein alpha subunit* (subunidade alfa da proteína Gq); PLC-β: *phospholipase C-β* (fosfolipase C-β); MAPK/ERK: *mitogen-activated protein kinase/extracellular signal-regulated kinases* (proteíno-cinase ativada por mitógeno/cinases reguladas por sinal extracelular); PI3K/AkT: *phosphatidylinositol-3-kinase/serine-threonine-protein kinases [AkT kinases]* (fosfatidilinositol-3-cinase/serino-treonino-cinases [AkT cinases]); TNF-α: *tumor necrosis factor-α* (fator de necrose tumoral-α); IL-6: *interleukin-6* (interleucina-6); IL-8: *interleukin-8* (interleucina-8); Flt-3R: *FMS-like tyrosine kinase 3 receptor* (receptor de tirosino-cinase 3 semelhante a FMS); EGFR: *epidermal growth factor receptor* (receptor do fator de crescimento epitelial); MHC I: *major histocompatibility complex I* (complexo principal de histocompatibilidade I); STING: *stimulator of interferon genes* (genes estimuladores de interferon); IKK α/β: *I kappa kinase complex* α/β (complexo I κ-cinase α e β). Adaptada de Collins-McMillen *et al.*, 2018.

reativação é a sua expressão. A expressão dos genes IE é regulada pelo principal promotor inicial imediato (MIEP, *major immediate early promoter*) e regiões potencializadoras. Com um tamanho de aproximadamente 1 kb de DNA, regiões dentro do MIEP podem se ligar a fatores de transcrição ativadores ou repressores, e uma vez que o DNA do HHV-5 é rapidamente cromatinizado após a entrada no núcleo da célula hospedeira, o MIEP está sujeito a regulação pela estrutura da cromatina.

A análise da estrutura da cromatina mostra que a latência coincide com a presença de uma estrutura de cromatina repressora ao redor de MIEP, assim como a presença de alterações nas histonas H3.

A proteína KAP1 (KRAB (caixa associada Krüppel) associada à proteína 1 [*KRAB (Krüppel-associated box) associated protein 1*]) foi identificada como uma organizadora de cromatina que pode mediar a repressão de MIEP durante a latência. Embora não seja uma proteína de ligação somente ao DNA, KAP1 tem a capacidade de se associar com diversos locais do genoma do HHV-5 em células $CD_{34}^+$. Além disto, a atividade de KAP1 é reprimida durante a infecção lítica por fosforilação mediada pela via AkT/mTOR (serino-treonino-cinases (AkT cinases)/alvo da rapamicina em mamíferos [*serine-threonine-protein kinases (AkT kinases)/mammalian target of rapamycin*]), implicando que essa via também é importante para a regulação da latência.

A diferenciação das células $CD_{34}^+$, que podem conter o vírus em latência, em células dendríticas maduras resulta na remoção tanto das alterações nas histonas quanto da estrutura supressora ao redor de MIEP, permitindo a transcrição dos genes IE, necessários para a reativação.

## Resposta imunológica ao HHV-5

A infecção pelo HHV-5 é uma infecção oportunista clássica em que a doença se desenvolve quando a resposta imunológica encontra-se comprometida como na síndrome da imunodeficiência adquirida (AIDS, *acquired immunodeficiency syndrome*), em terapia imunossupressora ou infecção congênita. A imunidade natural ao vírus não previne a reinfecção, embora a imunidade celular preexistente desempenhe importante papel na limitação da doença aguda em hospedeiros imunocompetentes e imunodeficientes.

A resposta inata envolvendo células NK (*natural killer*) e interferon (IFN) é importante no controle imediato da infecção viral, entretanto, os macrófagos não parecem desempenhar função crítica. A resposta protetora adaptativa parece ser mediada pelas células T com os anticorpos desempenhando um papel secundário. Uma vez que o vírus está amplamente associado às células hospedeiras, porém livre nas secreções corporais, os anticorpos neutralizantes são importantes para o controle da transmissão. A resposta citotóxica mediada pelas células T, em particular, é reconhecida como crítica no controle da biossíntese viral, desenvolvimento da doença e reativação do estado de latência.

As células da linhagem mieloide dão origem aos macrófagos e células dendríticas teciduais e são a provável fonte de transferência viral no caso de transplantes de órgãos sólidos. Essas células estão sujeitas à imunomodulação por produtos de genes virais que permitem o escape do vírus do sistema imunológico e facilitam sua persistência.

### Evasão da resposta imunológica

A capacidade de o HHV-5 evitar a eliminação pelo sistema imunológico do hospedeiro pode ser devida, em parte, aos muitos produtos gênicos com potencial de interferir na resposta à infecção. De fato, mais de 40 produtos gênicos codificados pelo HHV-5, capazes de interferir direta ou indiretamente na resposta imunológica, já foram identificados, até o momento.

O HHV-5 é capaz de interferir em diversas etapas da ativação tanto da resposta inata quanto da resposta adaptativa. O vírus expressa proteínas que (i) interferem com a ativação das células NK; (ii) regulam negativamente a expressão de moléculas MHC classes I e II ou; (iii) impedem que estas apresentem antígenos na superfície celular, comprometendo a ativação das células $TCD_4^+$ e $TCD_8^+$; (iv) reduzem a ativação das vias que levam à produção de IFN; (v) causam imunossupressão; (vi) mimetizam a ação de proteínas celulares, comprometendo a resposta imunológica; (vii) inibem a apoptose; (viii) além de expressar uma proteína com função de receptor para a região Fc das imunoglobulinas (Quadro 13.2).

Uma característica da infecção pelo HHV-5 em hospedeiros imunocompetentes é a persistência da infecção primária ativa com propagação viral nas células epiteliais das glândulas salivares e rins, acompanhada da excreção esporádica de vírus por meses (adultos) ou anos (crianças), a despeito da resposta imunológica inteiramente funcional. A propagação em tecidos específicos, que apresentam vigilância imunológica menos intensa, também é um fator que favorece a persistência da infecção. O estabelecimento do estado de latência com restrição do número de genes virais expressos minimiza a exposição ao sistema imunológico.

## Manifestações clínicas

O HHV-5 raramente causa complicações em indivíduos imunocompetentes; contudo, em embriões, fetos, bebês prematuros e indivíduos imunossuprimidos, a infecção pode causar uma miríade de quadros clínicos (Quadro 13.3).

### *Infecção congênita*

A infecção congênita ocorre por via transplacentária e pode resultar em quadro sintomático ou assintomático no neonato. Estima-se que 1 a 4% das mulheres soronegativas irão tornar-se infectadas durante a gravidez e 30 a 40% dessas mulheres infectadas irão transmitir o vírus ao embrião ou ao feto. Infecções

**Quadro 13.2** Exemplos de proteínas codificadas pelo HHV-5 que auxiliam no escape da resposta imunológica.

| Produto gênico | Efeito/Mecanismo de evasão da resposta imunológica |
|---|---|
| $U_S2$, $U_S3$, $U_S6$, $U_S11$ | Regulação negativa e comprometimento da expressão de MHC I; redução da apresentação de antígenos para células $TCD_8^+$; evasão da resposta das células $TCD_8^+$ |
| $U_S2$ | Regulação negativa da expressão de MHC II; redução da apresentação de antígenos do HHV-5 para células $TCD_4^+$ |
| $U_S18$, $U_S20$ | Inibição da degradação endossomal; escape do reconhecimento por células NK |
| $U_L18$ | Expressão de um homólogo de MHC I; regulação negativa das células $TCD_8^+$; produção de homólogo de ligante para receptores das células NK |
| $U_L16$ | Regulação do ligante NKG2D de células NK; comprometimento da função das células NK |
| $U_L40$ | Evasão das células NK; superexpressão de HLA-E |
| $U_L83$ (pp65) | Sequestro de IE1; inibição do processamento no proteossoma; interferência com a expressão de genes antivirais |
| IE2 | Superexpressão da proteína antiapoptótica FLIP |
| $U_S28$ (vGPCR) | Mimetiza receptores de quimiocinas; redução da resposta inflamatória |
| $U_L82$ (pp71) | Liga-se à ISG inibindo a resposta antiviral |
| $U_L111A$ | Mimetiza IL-10, causando imunossupressão |
| $U_L141$ | Regulação negativa de $CD_{155}$ (ligante ativador de células NK) |
| $U_L142$ | Inibição de MICA |
| $U_L36$ | Inibição do recrutamento da pró-caspase 8; redução da atividade fagocítica |
| $U_L37$ | Inibição das proteínas Bak e Bax da família pró-apoptótica de Bcl-2; inibição da apoptose |
| $U_L97$ | Juntamente com pp65, intermedeia a evasão do sistema imunológico |
| $U_L141$-$U_L144$ | Codifica para um homólogo do receptor de TNF (TNFR); inibição da expressão de $CD_{155}$ e $CD_{112}$ (ligantes ativadores de células NK) e de TRAIL |
| $U_L146$ | É uma quimiocina; influencia a resposta inflamatória |
| $U_L148$ | Supressão de $CD_{58}$; potente modulador da função das células $TCD_8^+$ |

MHC I: *major histocompatibility complex I* (complexo principal de histocompatibilidade I); NK: células *natural killer*; NKG2D: *natural killer group 2 member D* (NK grupo 2, membro D); HLA-E: *human leukocyte antigen E* (antígeno leucocitário de humanos E); FLIP: *FLICE-inhibitory protein* (proteína inibidora de FLICE); ISG: *interferon-stimulated genes* (genes estimulados por interferon); IL-10: interleucina 10; MICA: *MHC I polypeptide–related sequence A* (sequência A relacionada ao polipeptídeo do MHC I); TNF: *tumor necrosis factor* (fator de necrose tumoral); TRAIL: *TNF-related apoptosis-inducing ligand* (ligante indutor de apoptose relacionado a TNF). Adaptado de Patro, 2019.

**Quadro 13.3** Características clínicas da infecção pelo HHV-5.

| Tipo de paciente | Característica clínica |
|---|---|
| Indivíduos saudáveis | Normalmente assintomática. Eventualmente causa mononucleose com febre, mialgia, adenopatia, esplenomegalia |
| Feto/recém-nascido com infecção congênita | Doença da inclusão citomegálica; icterícia, hepatoesplenomegalia, petéquias, microcefalia, hipotonia, convulsões, letargia |
| Receptores de transplantes de órgãos sólidos | Doença febril com leucopenia e mal-estar, pneumonite, enterocolite, esofagite ou gastrite, hepatite, retinite, outras doenças invasivas (nefrite, cistite, miocardite, pancreatite) |
| Receptores de transplantes de medula óssea | Pneumonite, enterocolite, esofagite ou gastrite, menos frequentemente retinite, encefalite, hepatite |
| HIV/AIDS | Retinite, enterocolite, esofagite ou gastrite, vitreíte de recuperação imunológica com inflamação do segmento posterior, pneumonite, hepatite |

HIV: *human immunodeficiency virus* (vírus da imunodeficiência humana); AIDS: *acquired immunodeficiency syndrome* (síndrome da imunodeficiência adquirida).

maternas não primárias também podem resultar em transmissão fetal. A possibilidade de transmissão e a gravidade da doença fetal sintomática são maiores durante a infecção materna primária quando comparada com reativações da infecção persistente latente ou reinfecções por uma nova estirpe na mãe soropositiva. No caso da reativação da infecção durante a gravidez, o risco é menor, pois os anticorpos maternos possuem uma ação protetora contra a transmissão intrauterina.

Estima-se que 10 a 30% das mulheres soropositivas serão reinfectadas durante a gestação, e 1 a 3% transmitirão o vírus para o embrião ou para o feto. Os sintomas da doença no recém-nascido e sequelas tardias neurocognitivas podem manifestar-se após a transmissão durante a infecção primária ou recorrente.

Entre 10 e 15% dos neonatos que sofreram infecção congênita são sintomáticos ao nascimento, exibindo retardo no crescimento, hepatite com icterícia e hepatoesplenomegalia, trombocitopenia com petéquias, anormalidades ósseas, anormalidades da dentição, e diversos danos ao sistema nervoso central (SNC) como microcefalia, calcificação intracerebral, coriorretinite, convulsões e perda auditiva neurossensorial.

Embora o dano ao SNC seja comumente associado à infecção primária na gestante, também tem sido relatado após a infecção materna recorrente. Estudos recentes demonstram estreita associação entre a carga viral presente na placenta e no cérebro e a lesão histológica subsequente: quanto mais partículas virais detectadas nesses tecidos, maior a resposta imunológica e maior o dano observado. Anomalias induzidas no SNC são provavelmente resultado do efeito direto da biossíntese viral no cérebro e de efeitos indiretos como os danos induzidos pela resposta imunológica e hipóxia cerebral.

A taxa de mortalidade reportada entre recém-nascidos sintomáticos é de aproximadamente 30%. A maioria (90%) dos bebês infectados *in utero* é assintomática ao nascimento; contudo, 10 a 17% desenvolvem sequelas auditivas ou neurocognitivas tardias tais como surdez neurossensorial, coriorretinite, déficit neurológico, atraso no desenvolvimento psicomotor, convulsões e atrofia do nervo óptico. Essas alterações tornam-se clinicamente aparentes nos três primeiros anos de vida. Por esse motivo, devem ser efetuados exames audiométricos e avaliações do desenvolvimento periodicamente, independentemente de a infecção ser sintomática ou não (Figura 13.23).

O risco de sequelas permanentes parece ser mais elevado em crianças nascidas de mães com infecção primária na primeira metade da gestação. Após a infecção materna no primeiro trimestre, cerca de 1/4 das crianças (20 a 25%) congenitamente infectadas irão desenvolver perda auditiva neurossensorial, e 30 a 35% irão sofrer alguma forma de sequela neurológica.

Estima-se que mais de 2/3 dos bebês com infecção congênita nasceram de mães que já eram soropositivas para HHV-5. Observações demonstram que o risco de infecção sintomática ao nascimento e sequelas, especialmente perda auditiva, nessas crianças pode ser semelhante ao apresentado por aquelas nascidas de mães que sofreram infecção primária. Além disso, em regiões pobres, pode haver subgrupos de risco tais como mães portadoras de doenças crônicas imunossupressivas.

### *Infecção perinatal*

As gestantes abrigando o HHV-5 na cérvice uterina podem apresentar reativação da biossíntese viral durante a gravidez. Cerca de 50% das crianças nascidas de parto normal, cuja cérvice da mãe está infectada, adquire infecção tornando-se, portanto, excretora do vírus com 3 a 4 semanas de idade. Os recém-nascidos também podem adquirir o HHV-5 do leite ou colostro materno. Nos lactentes a infecção perinatal, em geral, não causa nenhuma doença clinicamente evidente.

Por outro lado, neonatos prematuros de baixo peso apresentam risco significativo de desenvolvimento de doença após a aquisição da infecção pelo HHV-5 via amamentação ou por transfusão sanguínea. Esses bebês podem apresentar dificuldades respiratórias, neutropenia ou aparência séptica (com apneia, bradicardia, palidez e distensão intestinal) no início da infecção. Não está clara, contudo, a possibilidade de essa infecção resultar em sequelas de longa duração.

### *Infecção em indivíduos imunocompetentes*

A citomegalovirose é uma infecção sexualmente transmissível (IST). A quantidade de vírus no sêmen é maior do que a observada em qualquer outra secreção orgânica. O HHV-5 é mais prevalente em pessoas de baixo nível socioeconômico que vivem em condições de aglomeração, bem como em pessoas que vivem em países subdesenvolvidos. Embora a maioria das infecções adquiridas pelo adulto jovem seja assintomática, os pacientes podem desenvolver uma síndrome mononucleose-*like*, com sintomas semelhantes aos da infecção pelo HHV-4 (ver *Capítulo 21*), porém tonsilofaringite, linfoadenopatia e esplenomegalia são menos comuns na infecção pelo HHV-5 (Quadro 13.3).

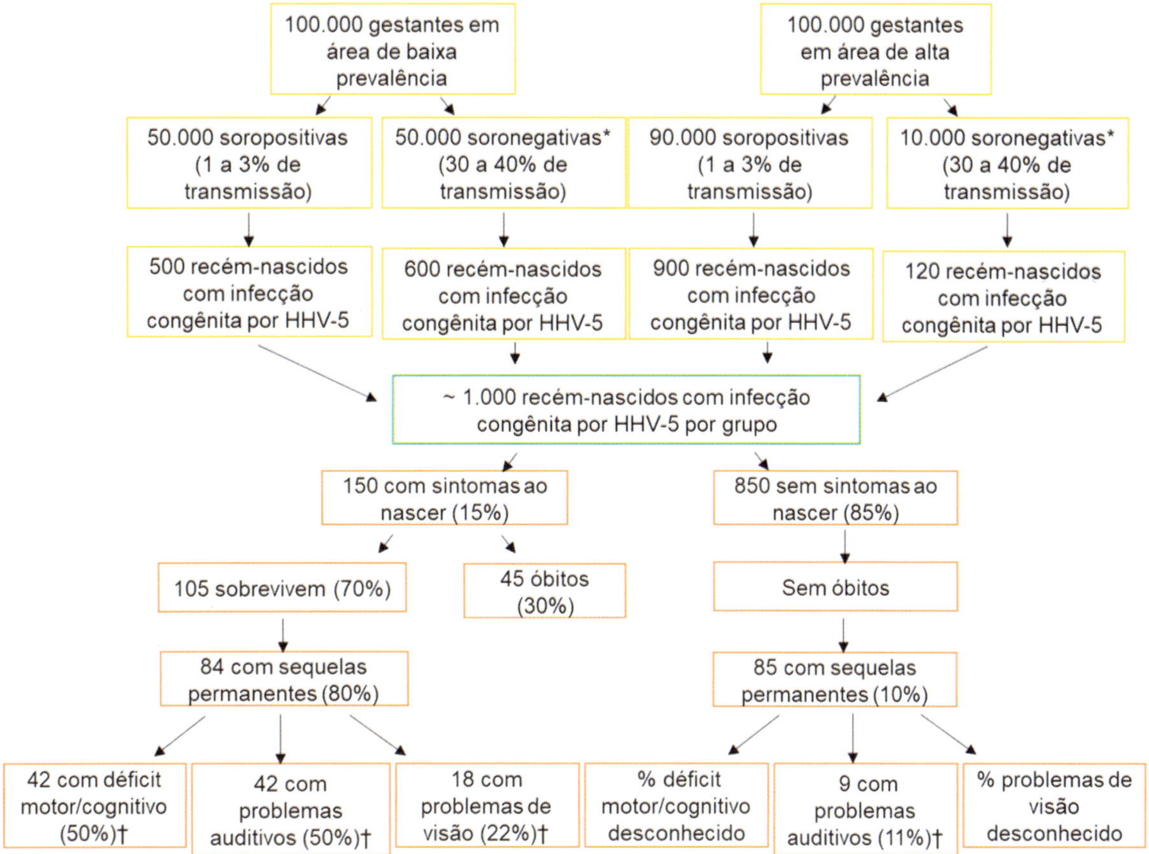


**Figura 13.23** Estimativa da prevalência da infecção congênita pelo HHV-5 e sequelas em crianças e recém-nascidos. *Gestantes soronegativas apresentam entre 1 e 4% de probabilidade de desenvolverem infecção primária durante a gestação, e destas, entre 30 e 40% transmitem o vírus para o embrião/feto. †Levando em consideração que uma criança pode apresentar mais de uma sequela permanente. Adaptada de Manicklal *et al.*, 2013.

Entre os sintomas é possível observar febre por mais de 10 dias, mal-estar, mialgia, cefaleia, fadiga e hepatomegalia. Raramente a infecção primária em indivíduos imunocompetentes tem sido associada a complicações como as observadas em indivíduos imunodeficientes. Contudo, raramente podem ocorrer artralgia, artrite, colite ulcerativa, pneumonite, hepatite, meningite asséptica e miocardite. Apesar de a infecção pelo HHV-5 promover um quadro com aumento das células T (linfocitose atípica) semelhante àquele observado na infecção pelo HHV-4, não há a produção de anticorpos heterófilos. Deve-se suspeitar de doença por HHV-5 em pacientes com mononucleose negativos para anticorpos heterófilos ou sinais de hepatite com resultados negativos para hepatites A, B ou C.

## Infecção em indivíduos imunocomprometidos

O HHV-5 é uma infecção oportunista preocupante em indivíduos imunocomprometidos como os indivíduos infectados pelo vírus da imunodeficiência humana (HIV, *human immunodeficiency virus*) e pacientes transplantados em uso de medicação imunossupressora devido ao comprometimento da resposta imunológica. Antes da introdução da terapia antirretroviral (ART, *antiretroviral therapy*) em países desenvolvidos, aproximadamente 40% dos pacientes HIV-positivos sofriam de doença por HHV-5. Após a introdução da ART a incidência da doença por HHV-5 decaiu significativamente. A despeito desse declínio, a infecção pelo HHV-5 continua a ser um problema para esses pacientes. A manifestação mais comum em pacientes imunocomprometidos é a retinite, a qual é caracterizada por necrose retinal hemorrágica. Contudo, o uso da ART levou ao surgimento de uma nova síndrome de recuperação imunológica, a vitreíte, com inflamação do segmento posterior do olho. Essa síndrome ocorre quase que exclusivamente em pacientes com histórico prévio de retinite por HHV-5 à medida que a contagem de células $TCD_4^+$ é recuperada após a terapia antirretroviral. Outras manifestações incluem enterocolite, gastrite, esofagite, hepatite e encefalite, com a pneumonite sendo uma causa rara de doença pulmonar em pacientes HIV-positivos (ver Quadro 13.3).

A infecção por HHV-5 continua a ser a principal preocupação em receptores de transplantes de órgãos sólidos, a despeito da melhoria do tratamento e vigilância. A doença por HHV-5 apresenta elevada morbidade e mortalidade após transplantes e está associada a diminuição da sobrevida do enxerto. Clinicamente, a infecção aguda pelo HHV-5 nesses pacientes pode se manifestar como uma síndrome caracterizada por febre, leucopenia, mal-estar, artralgia e/ou erupção macular ou doença invasiva que se apresenta como hepatite, pneumonite, enterocolite, encefalite, coriorretinite, nefrite, cistite, miocardite ou pancreatite (ver Quadro 13.3). O diagnóstico da doença por HHV-5 nesses pacientes é feito de acordo com os sinais e sintomas em conjunto com a detecção do vírus no sangue e nos tecidos envolvidos.

Em receptores de transplantes de medula óssea, a infecção pelo HHV-5 é frequentemente causada pela reativação da infecção persistente latente. Durante o período inicial do transplante

(< 100 dias), as manifestações clínicas mais comuns são a pneumonite e a enterocolite. O desenvolvimento de doença tardiamente (> 100 dias pós-transplante) tem também emergido como uma complicação importante e uma ameaça à sobrevida prolongada. Um estudo reportou a ocorrência de doença tardia em 17,8% dos pacientes com média de 169 dias após o transplante, com índice de mortalidade de 46%. Além do envolvimento pulmonar e gastrointestinal, algumas vezes ocorrem retinite e encefalite. Fatores preditivos da doença tardia pelo HHV-5 incluem a carga viral, linfopenia e imunodeficiência HHV-5-T específica.

### *HHV-5 e câncer*

Nos últimos anos, diversos estudos vêm descrevendo uma associação significativa entre HHV-5 e processos oncogênicos em seres humanos. Muitos destes estudos demonstraram uma alta prevalência do HHV-5 em câncer de mama, cólon e próstata, rabdomiossarcoma, carcinoma hepatocelular, tumores em glândulas salivares, neuroblastoma e tumores cerebrais (meduloblastoma ou glioblastoma). Outro fator que reforça o possível papel do HHV-5 em neoplasias é o fato de que o genoma do vírus somente é encontrado em células tumorais e algumas células inflamatórias, mas nunca nas células adjacentes ao tumor.

Tradicionalmente, o que se aceita é que o papel do HHV-5 em neoplasias seja oncomodulatório, ou seja, o vírus possui a capacidade de afetar as células tumorais fazendo com que a neoplasia se torne mais agressiva ao estimular a proliferação e sobrevivência celular, imunossupressão, angiogênese e criando um ambiente pró-inflamatório.

Entretanto, muitas das proteínas codificadas pelo HHV-5, principalmente as proteínas IE (codificadas por $U_L122$ e $U_L123$), regulam processos essenciais para o desenvolvimento de neoplasias como a desregulação do ciclo celular; além de que, os produtos gênicos de IE1 e IE2 podem promover a imortalização celular ao manter a atividade da telomerase e bloqueando a apoptose mediada por TNF-$\alpha$. Essas proteínas iniciais também interferem com fatores celulares-chave incluindo pRb, ciclinas, p53, NF-$\kappa$B e PI3K-AkT, afetando o controle do ciclo celular, diferenciação, proliferação, apoptose e metabolismo dessas células.

Já foi demonstrado que, *in vitro*, o HHV-5 consegue transformar células epiteliais, embora nem todas as estirpes possuam essa capacidade. Uma característica comum observada é que as estirpes que conseguem esse feito não apresentam uma infecção lítica rápida, o que protegeria as células de uma transformação oncogênica. Uma infecção não lítica permite que muitos mecanismos mediados pelo vírus atuem de forma oncomodulatória e oncogênica sem matar a célula hospedeira, permitindo então a transformação.

Ou seja, no caso do HHV-5 a expressão dos genes IE sem biossíntese viral e na ausência de lise celular, pode contribuir para a proliferação e sobrevivência de células tumorais e levar à transformação oncogênica. Visto isso, outra descoberta que reafirma o papel do HHV-5 como vírus oncogênico, é o fato de que as estirpes isoladas de glioblastomas, não apresentavam biossíntese ativa e tinham poucas mutações.

Entretanto, apesar de cumprir alguns (mas não todos) dos critérios ligados ao desenvolvimento de neoplasias induzidas por vírus, até o momento o exato papel do HHV-5 nesse processo é apenas teórico, e o vírus não está incluído na lista atual de vírus oncogênicos. São necessários mais estudos para realmente elucidar essa questão.

## Diagnóstico laboratorial

A característica histológica da infecção pelo HHV-5 é a célula citomegálica, que é uma célula aumentada contendo um denso corpúsculo de inclusão intranuclear basofílico e central em "olho de coruja". Essas células infectadas podem ser encontradas em qualquer tecido do corpo e no sedimento urinário. As inclusões são facilmente observadas por meio das colorações de Papanicolaou ou hematoxilina-eosina.

Os testes sorológicos são úteis para determinar se o paciente já apresentou infecção pelo HHV-5, informação de grande importância clínica para doadores de sangue e órgãos, e na avaliação pré-transplante de possíveis receptores. Além disso, testes para soroconversão e detecção de IgM para HHV-5 são usualmente utilizados para estabelecer se a infecção ocorreu recentemente. Testes sorológicos não são úteis no diagnóstico de HHV-5 em pacientes imunocomprometidos. Para o diagnóstico da infecção materna ainda pode ser utilizado o *Western blotting* que permite a mensuração da afinidade ou avidez do anticorpo IgG anti-HHV-5 pelo antígeno viral e a detecção da reatividade de anticorpos IgM anti-HHV-5 para diferentes proteínas virais, fornecendo potencialmente uma visão mais ampla da resposta antigênica em comparação a outros imunoensaios. Esse método, apesar de detectar a infecção materna primária mais precocemente que o teste imunoenzimático *(EIA, enzyme immunoassay)* e também poder auxiliar no diagnóstico da gestante com resultado sorológico equivocado, ainda apresenta viabilidade comercialmente questionável. Embora a detecção da IgM específica seja utilizada no diagnóstico de infecção congênita, a detecção viral é mais precisa e preferida. A Figura 13.24 resume as etapas para o diagnóstico durante a gestação.

O vírus pode ser isolado a partir de saliva, urina, fígado, adenoides, rins e leucócitos do sangue periférico. O método padrão-ouro para detecção do HHV-5 é a inoculação de material clínico em culturas de fibroblastos de pulmão humano seguido da observação do efeito citopatogênico (CPE) característico. Esta é uma técnica laboriosa e lenta. Além disso, o isolamento viral é menos sensível que os métodos modernos. O rápido isolamento em cultura de células baseado no estímulo da infecção da monocamada por centrifugação a baixa velocidade e detecção dos antígenos iniciais imediatos através de anticorpos monoclonais (*shell vial*) permite a detecção do vírus entre 24 e 48 horas, porém não é mais sensível que o isolamento tradicional.

A detecção precoce da fosfoproteína pp65 (fosfoproteína mais abundante do tegumento viral) em leucócitos (antigenemia) é um indicador de infecção ativa, e níveis elevados estão, geralmente, associados a infecções sintomáticas.

Uma variedade de métodos moleculares para detecção do HCMV em amostras de pacientes imunocomprometidos tem sido desenvolvida para a análise qualitativa e quantitativa, tais como a reação em cadeia da polimerase (PCR; *polymerase chain reaction*) convencional e em tempo real, reação de amplificação baseada no ácido nucleico específico (NASBA, *nucleic acid specific based amplification*) e captura híbrida.

### *Diagnóstico da infecção congênita*

Comprovada a infecção materna, é possível verificar o eventual comprometimento fetal, mediante investigação diagnóstica, utilizando-se técnicas não invasivas ou invasivas. A ecografia e a ressonância magnética são excelentes métodos de rastreio

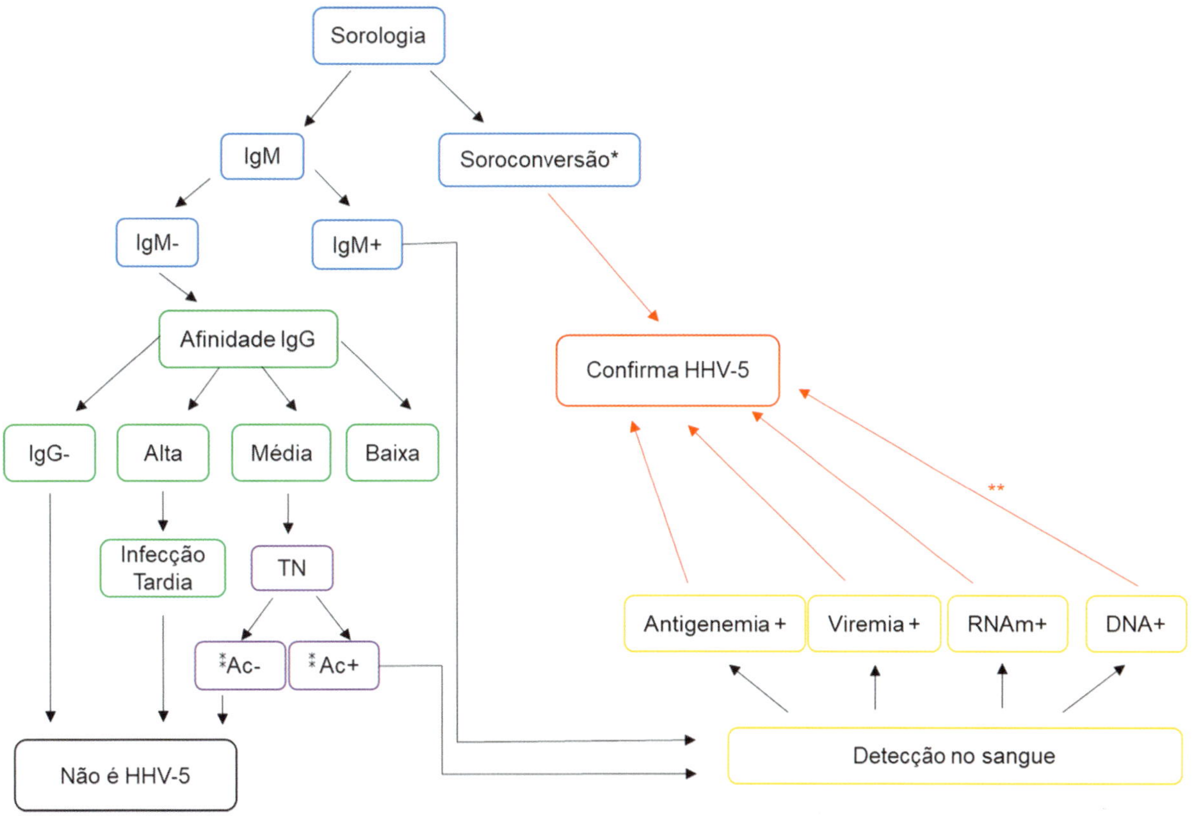


**Figura 13.24** Diagnóstico sistemático de infecção por HHV-5 durante a gestação, incluindo abordagens sorológicas e de detecção de antígeno. TN: teste de neutralização; Ac: anticorpo. *Soroconversão em mulheres soronegativas para HHV-5 antes da gestação. **Diagnóstico definitivo da infecção em qualquer fase da gestação. Adaptada de Revello e Gerna, 2002.

na presença de suspeita de infecção fetal. No entanto, o diagnóstico de certeza dessa infecção é obtido pela cultura do vírus ou, mais frequentemente, pela amplificação do seu genoma no líquido amniótico obtido por amniocentese. Alguns resultados falso-negativos têm sido relatados, provavelmente devido aos exames terem sido realizados em uma etapa muito precoce da gestação, antes da presença de urina fetal no líquido amniótico, ou muito próximo ao período da infecção materna e antes da transmissão do vírus ao feto. Não se recomenda o diagnóstico da infecção fetal *in utero* pelo teste de IgM do sangue do cordão umbilical, pelo fato de estar submetendo o feto aos riscos de um método invasivo no qual uma amostra do sangue fetal é obtida por punção do cordão umbilical (cordocentese). Além disso, muitos fetos infectados pelo HHV-5 demoram em produzir IgM específica, fazendo-o apenas em gestação avançada, o que resulta em baixa sensibilidade desse método.

Após o nascimento, para saber se a infecção é congênita ou perinatal, busca-se o isolamento do vírus de tecido de biópsia ou fluido corporal, principalmente urina. Se este isolamento for obtido somente em 4 a 8 semanas após o nascimento tem-se uma infecção perinatal. Caso o isolamento consiga ser observado antes, tem-se uma infecção congênita. A infecção congênita também pode ser facilmente diagnosticada pelo isolamento do vírus na saliva ou pela detecção do DNA viral em mancha de sangue seco (DBS, *dried blood spot*) por PCR nas primeiras três semanas de vida. O resultado da PCR quantitativa em recém-nascidos com infecção congênita pode ter valor prognóstico. Recém-nascidos com altos níveis de DNA viral no sangue têm maior probabilidade de apresentar perda da audição neurossensorial ou outras sequelas.

### Diagnóstico da infecção em indivíduos imunocomprometidos

As técnicas laboratoriais mais importantes no diagnóstico de indivíduos imunocomprometidos são as que quantificam a carga viral no sangue, visto que quanto maior a carga viral no sangue total, maior a chance de desenvolvimento da doença. Muitas técnicas são utilizadas com essa finalidade, incluindo antigenemia para pp65, PCR quantitativa competitiva, NASBA para o RNAm de pp67 (fosfoproteína do tegumento viral codificada pelo gene $U_L65$, abundante na fase tardia da síntese viral), captura híbrida e PCR em tempo real.

### Diagnóstico diferencial

A infecção sintomática por HHV-5 em pacientes imunocompetentes deve ser diferenciada de outras causas virais ou não virais que induzam quadro semelhante à mononucleose, entre eles HHV-4, HIV, vírus das hepatites A, B ou C, e o *Toxoplasma gondii*. A infecção congênita por HHV-5 deve ser diferenciada de outras infecções congênitas e perinatais representadas pelo acrônimo TORCH: Toxoplasmose, Rubéola, Citomegalovírus (HHV-5), Herpesvírus de humanos 1 e 2 (HHV-1 e HHV-2) e HIV (também deduzido anteriormente como Toxoplasmose, Outros, Rubéola, Citomegalovírus e Herpes). Em pacientes imunodeficientes, a correlação da doença à infecção pelo HHV-5 é facilitada pela quantificação da carga viral no sangue, detecção do vírus no tecido afetado e avaliação da resposta à terapia antiviral dirigida ao mesmo.

## Epidemiologia

Análises soroepidemiológicas demonstraram que a infecção pelo HHV-5 ocorre praticamente em todas as regiões do mundo.

A prevalência de anticorpos aumenta com a idade, atingindo níveis máximos após 25 anos. Estudos correlacionando idade e prevalência da infecção sugerem o aumento da infecção no período perinatal e na maturidade sexual. A infecção pelo HHV-5 apresenta caráter endêmico, não apresenta perfil sazonal definido e, até o momento, nenhum genótipo tem sido associado a determinada localização geográfica. O índice endêmico da infecção varia conforme a região geográfica, sendo em torno de 50% na América do Norte e Europa (variação de 40 a 80%), enquanto no Japão e em alguns países da América do Sul ou África estes índices estão próximos de 100%. No Brasil, a soroprevalência atinge mais de 90% da população adulta.

Os estudos epidemiológicos, em sua grande maioria, são direcionados às mulheres em idade reprodutiva devido à importância para a saúde pública das infecções por HHV-5 em mulheres grávidas. Estudos relatam a maior incidência entre mulheres e que estas são infectadas mais cedo que os homens. Embora a prevalência da infecção pelo HHV-5 aumente com a idade, a prevalência da infecção como um todo e a idade inicial de aquisição do vírus variam significativamente. De maneira geral, a prevalência da infecção é maior, e a idade de infecção menor, em países em desenvolvimento. Nos EUA e na Europa, a prevalência da infecção é maior entre indivíduos de condição socioeconômica inferior, entre indivíduos não pertencentes à etnia branca e imigrantes de países em desenvolvimento. Quase todos os estudos soroepidemiológicos são baseados em amostras de conveniência, tais como de pacientes de instituições de saúde, doadores de sangue ou profissionais da área de saúde e, portanto, não representam uma estimativa precisa da infecção entre a população.

Até 50% das mulheres em idade fértil em países industrializados é soronegativa. Nessa população, a aquisição da infecção pelo HHV-5 ocorre em taxa de 1 a 7% ao ano e normalmente após contato prolongado com crianças menores de 3 anos de idade. Por outro lado, em comunidades carentes de países industrializados e em países pobres, a infecção é adquirida muito cedo na vida devido à transmissão por aleitamento materno e ao convívio com aglomerações de indivíduos; consequentemente, poucas mulheres adultas são soronegativas.

A incidência da infecção *in utero* é paralela à soroprevalência materna, provavelmente devido ao fato de que os índices de soroprevalência servem como marcadores do tamanho do reservatório do vírus. Assim, índices elevados de soroprevalência aumentam as chances de reativação ou reinfecção de um indivíduo soropositivo, ou infecção primária em um indivíduo soronegativo. Em países industrializados onde a soroprevalência materna é relativamente baixa, os índices de infecção congênita são em média de 0,6 a 0,7% dos nascimentos (1 em cada 100 a 150 neonatos). Entretanto, mesmo dentro de uma região geográfica, índices variáveis de soropositividade materna para HHV-5 entre indivíduos de diferentes etnias e níveis socioeconômicos podem resultar em padrões epidemiológicos distintos de infecções congênitas. Por outro lado, em países em desenvolvimento onde a soropositividade da população é elevada, são reportados índices elevados de infecção congênita (1 a 5%).

## Transmissão horizontal

Para haver a transmissão do HHV-5 é necessário contato direto com o material infectado, ou seja, a transmissão pelo ar ou por aerossóis não ocorre. Altas taxas de infecção são observadas onde o contato com fluidos corporais acontece, como entre parceiros sexuais (sêmen, saliva, secreção vaginal), entre crianças em creches e entre crianças em idade pré-escolar e seus cuidadores (saliva, urina).

O HHV-5 é comumente e persistentemente excretado nas secreções cervicais e vaginais, bem como no sêmen. A prevalência é maior entre indivíduos que possuem múltiplos parceiros sexuais e IST. Altas taxas têm sido descritas nas clínicas de IST, entre adolescentes com vida sexual ativa e entre homens homossexuais sexualmente ativos. O vírus tem sido detectado no sêmen de 2,9 a 33,5% dos doadores soropositivos, podendo ser transmitido durante a inseminação artificial causando infecção materna e até mesmo fetal.

A transmissão viral também ocorre frequentemente onde crianças se reúnem. Estudos de vigilância epidemiológica em creches detectaram HHV-5 em brinquedos, superfícies e mãos dos profissionais (contaminados com saliva ou urina), embora a transmissão não ocorra por meio de objetos ou superfícies contaminadas. Os profissionais de creches apresentam maiores taxas de infecção (7 a 20%) comparadas à taxa encontrada em adultos nos EUA (em torno de 2%). Pais de crianças frequentadoras de creches também apresentam risco elevado de sofrerem contaminação, bem como os pais de crianças prematuras que adquiriram infecção nosocomial enquanto atendidos no berçário do hospital.

## Transmissão vertical

A transmissão da mãe para o filho é importante via de manutenção da infecção na população. Pode ocorrer de três diferentes formas: transplacentária, intraparto e via leite materno. Infecções por via transplacentária ocorrem em mulheres infectadas antes da concepção (reinfecção com outra estirpe do vírus ou após a reativação de infecção latente), assim como, mais frequentemente, em mulheres com infecção primária durante a gestação. A taxa de infecção primária durante a gestação varia de 0,7 a 4,1% com maiores taxas entre mulheres jovens, solteiras e de baixa condição socioeconômica. A taxa de transmissão transplacentária do HHV-5 ao embrião ou ao feto durante a infecção primária materna é de aproximadamente 30 a 50%. Após a reativação ou reinfecção, a probabilidade de infecção congênita é muito menor, variando entre 0,15 e 3%. As dificuldades técnicas relativas ao diagnóstico dessas infecções secundárias limitam o conhecimento exato da sua transmissão vertical. No curso da infecção, o fator idade gestacional poderá também ter papel importante sobre a taxa de transmissão vertical. Esta parece aumentar com a idade gestacional: 36% no 1º trimestre, 44% no 2º e 77,6% no último trimestre. Contudo, as consequências da infecção por HHV-5 são mais graves quando a infecção materna ocorre antes da 20ª semana.

A transmissão intraparto do HHV-5 é relacionada com o local de excreção do vírus. Aproximadamente 10% das mulheres excretam o vírus na vagina ou cérvice uterino no período próximo ao momento do parto, tendo sido relatadas taxas de 2 a 28%. A excreção no sistema genital é comum em mulheres mais jovens e é incomum após os 30 anos. Se o vírus estiver presente no sistema genital materno no momento do parto, a taxa de transmissão ao recém-nascido é de aproximadamente 50%.

## Transmissão perinatal

A fonte mais comum de transmissão da mãe para o filho é o leite materno. Em um estudo realizado entre crianças de mães soropositivas, a infecção pelo HHV-5 não foi detectada em crianças amamentadas por menos de 1 mês ao passo que a taxa encontrada entre crianças amamentadas por mais de 1 mês foi de 39%. O HHV-5 foi isolado no leite de 30% das mulheres soropositivas em repetidas amostras. Vinte e cinco por cento das crianças amamentadas até 1 ano de idade por mães soropositivas adquiriram o HHV-5. Quando o vírus pôde ser detectado no leite materno, verificou-se que 69% das crianças foram infectadas, comparadas aos 10% das crianças amamentadas por mães soropositivas cujo leite foi negativo para a presença do vírus. Um estudo com amostras seriadas de leite de mulheres soropositivas demonstrou o isolamento viral em 70% das amostras colhidas entre o 9º dia e 3 meses após o parto; todas as amostras colhidas antes ou depois desse intervalo foram negativas. Outros estudos com base na técnica da PCR descreveram a presença do DNA do HHV-5 em mais de 95% das amostras de leite de mulheres soropositivas. Nos EUA, aproximadamente 10% das crianças adquirem o vírus de fonte materna.

### *Transmissão para indivíduos imunocomprometidos*

Nos receptores de transplantes de órgãos, a infecção pelo HHV-5 pode apresentar-se sob três formas distintas: infecção primária, reativação da infecção e reinfecção. A reinfecção tem sido observada em casos de exposição a diferentes estirpes virais. A incidência da doença sintomática é diferente nas três formas de infecção, sendo mais frequente nas infecções primárias (cerca de 40 a 60% dos casos), seguida pela reinfecção (40% dos casos), e menos frequente nas reativações (20% dos casos).

Quase todos os pacientes adultos portadores de HIV possuem anticorpos para o HHV-5. Nesses pacientes a doença causada por esse vírus ocorre com maior frequência quando a contagem de células $TCD_4^+$ encontra-se inferior a 50 células/$mm^3$.

### *Transmissão iatrogênica*

Esse tipo de transmissão ocorre por meio de transfusões sanguíneas, sendo proporcional ao número de unidades transfundidas, e é estimado em 5 a 12% por unidade. Também pode ocorrer por meio de transplantes de órgãos, variando de acordo com o tipo de órgão transplantado (pulmão tem alta frequência de infecção, seguido de fígado, pâncreas e rins) e de acordo com a sorologia do doador/receptor (se positiva ou negativa). Note-se que a transmissão iatrogênica só é possível devido à capacidade de latência do vírus que pode ser reativado posteriormente.

## Prevenção, controle e tratamento

Uma vez que a infecção pelo HHV-5 é comum entre a comunidade, é quase sempre assintomática, e resulta na excreção viral por meses ou anos, torna-se difícil o estabelecimento de medidas de prevenção e controle baseadas na limitação da exposição ao vírus. Algumas medidas de prevenção têm demonstrado eficiência entre determinados grupos de estudo.

A lavagem adequada das mãos e evitar o contato com secreções corporais parecem funcionar entre os profissionais da saúde. A utilização do preservativo limita a transmissão entre indivíduos sexualmente ativos. A transmissão por meio de transfusão pode ser prevenida pela filtração dos leucócitos do sangue total ou pela administração de produtos sanguíneos de doadores soronegativos a pacientes de risco (recém-nascidos, grávidas e imunodeficientes). Outras medidas de prevenção e controle devem ser seguidas na tentativa de evitar a transmissão de maneira geral, entre elas: a realização de testes pré-natais para detecção da infecção primária nas gestantes; não amamentar, nos casos de mães infectadas; observar condições de higiene adequadas; evitar contatos íntimos com desconhecidos; não compartilhar seringas nem utensílios pessoais.

As vacinas contra HHV-5 ainda estão em desenvolvimento, até o momento não existe vacina licenciada. Estudos recentes demonstraram a importância da resposta imunológica contra o pentâmero gH:gL:$pU_L128$:$pU_L130$:$pU_L131A$ na contribuição da proteção contra a infecção congênita por HHV-5, então atualmente esse está sendo um alvo bastante estudado para o desenvolvimento de uma vacina protetora. Em 2019, pesquisadores da empresa americana Merck Sharp & Dohme Corp. levantaram a hipótese de que uma vacina que conseguisse imitar a resposta imunológica em indivíduos soropositivos para HHV-5, talvez protegesse contra a infecção congênita. Com base nessa premissa, foi desenvolvida a vacina V160, que se mostrou segura e imunogênica em indivíduos soronegativos para HHV-5, induzindo tanto resposta humoral quanto celular. Foi demonstrado ainda que o soro proveniente de indivíduos imunizados com a V160 apresentava atributos semelhantes ao obtido de indivíduos soropositivos para o vírus, incluindo a alta afinidade dos anticorpos a antígenos virais. Entretanto esse protótipo ainda necessita de mais estudos para garantir segurança e eficácia.

Tradicionalmente o tratamento antiviral contra HHV-5 é feito com uma dessas quatro drogas licenciadas pela FDA (Food and Drug Administration): ganciclovir, valganciclovir, cidofovir e fosfonoformato (ver *Capítulo 9*). Cada um desses agentes demonstrou reduzir ou eliminar a viremia ou excreção do HHV-5 e prevenir o controle da doença, principalmente em pacientes imunocomprometidos. Entretanto, também apresentam baixa biodisponibilidade por via oral e toxicidade significativa e, portanto, sua utilização é recomendada somente para pacientes com risco de doença grave, visto que a infecção pelo HHV-5 em pacientes imunocompetentes é, geralmente, autolimitada, o tratamento antiviral, para esse grupo, não é recomendado.

Atualmente, o ganciclovir ainda é o antiviral de primeira escolha para o tratamento de infecções contra o HHV-5, entretanto, em 2017, o letermovir, foi aprovado pela FDA e em 2018 pela EMA (European Medicines Agency), para uso profilático da reativação do HHV-5 em indivíduos submetidos a transplante alogênico de células-tronco hematopoiéticas (TCTH alogênico; *allogeneic hematopoietic stem cell transplant*, *allogeneic* HSCT). Esse fármaco apresenta uma boa biodisponibilidade por via oral, apresenta toxicidade relativamente baixa e tem alvo diferente dos antivirais tradicionalmente utilizados, não havendo risco de induzir resistência cruzada. Outros antivirais em estudo são maribavir e brincidofovir.

Sobre o tratamento da infecção congênita, trabalhos demonstram a eficácia da globulina hiperimune de origem humana (GIH) na infecção primária materna ainda durante a gestação, onde foi relatada, em alguns casos, a regressão de anormalidades fetais cerebrais. O tratamento antiviral da infecção congênita grave com ganciclovir é indicado baseado na evidência de que o tratamento previne o posterior desenvolvimento da surdez neurossensorial. Além disso, um estudo demonstrou que a terapia prolongada com ganciclovir endovenoso seguido de valganciclovir por via oral na infecção congênita sintomática por HHV-5 é segura e parece levar a melhor resultado auditivo que o tratamento a curto prazo.

# Parvovírus B19

José Nelson dos Santos Silva Couceiro

## Histórico

O parvovírus B19 foi detectado pela primeira vez em 1975, na Inglaterra, por Cossart e colaboradores. Na época, o grupo trabalhava com a detecção do antígeno de superfície do vírus da hepatite B (HBsAg) por contraimunoeletroforese e observou que o teste apresentava alguns resultados falso-positivos. Após a análise do material por microscopia eletrônica, foi possível identificar partículas virais de simetria icosaédrica com aproximadamente 23 nm e morfologia compatível com a apresentada pelos membros da família *Parvoviridae*. A amostra analisada estava catalogada como B19, por essa razão o vírus passou a ser conhecido como parvovírus B19.

## Classificação e características

De acordo com o Comitê Internacional para Taxonomia de Vírus (ICTV, *International Committee on Taxonomy of Viruses*), em revisão de 2020 (MSL#35), o parvovírus B19 está classificado na família *Parvoviridae*, subfamília *Parvovirinae* e gênero *Erythroparvovirus*, espécie *Primate erythroparvovirus 1* (eritroparvovírus de primatas 1).

Os vírus detectados em seres humanos incluem três clados distintos que diferem de 5 a 20% em suas sequências, cada clado diferindo em menos do que 1 a 4%; vírus de infecções persistentes mostram maior variabilidade. Estudos de filogenia propuseram a divisão do parvovírus B19 em três genótipos. O genótipo 1, subdivido em 1A (protótipos – Au e Wi) e 1B (protótipos – Vn115 e Vn147); genótipo 2 (protótipos A6 e LaLi); e genótipo 3 que é dividido em 2 subgenótipos 3A (protótipo – V9) e 3B (protótipo – D91.1).

O B19, como os demais vírus da família *Parvoviridae*, é caracterizado por seu tamanho pequeno, com diâmetro de 25 nm, com peso molecular de 5,5 a 6,2 × $10^6$ daltons (Da), não envelopado e apresenta capsídeo icosaédrico (Figura 13.25). O capsídeo é constituído por 60 subunidades estruturais de duas proteínas, VP1 com 84 kDa e VP2 com 58 kDa, codificadas pela mesma sequência genética. VP1 constitui 5% dessas subunidades, enquanto VP2 corresponde a 95% da composição do capsídeo. VP2 se situa na região carboxiterminal de VP1, é formada pelos primeiros 227 aminoácidos de VP1 e constitui a região VP1u (VP1 *unique*) que é exposta na superfície do capsídeo.

A estrutura do capsídeo do parvovírus B19 é formada por estruturas em folha β-pregueada que constituem a superfície interna do capsídeo. Além disso, estruturas em forma de laços são responsáveis pela topologia da superfície do capsídeo, distribuem-se em eixos de simetria helicoidal de 2, 3 e 5 segmentos, e são determinantes do tropismo e da resposta antigênica. Na superfície do capsídeo são observadas depressões a cada eixo de 2 e 5 segmentos, uma protusão a cada eixo de 3 segmentos, 1 canal cilíndrico sendo circundado pelas depressões presentes a cada eixo de 5 segmentos, por onde a extremidade amino de VP2 é externalizada.

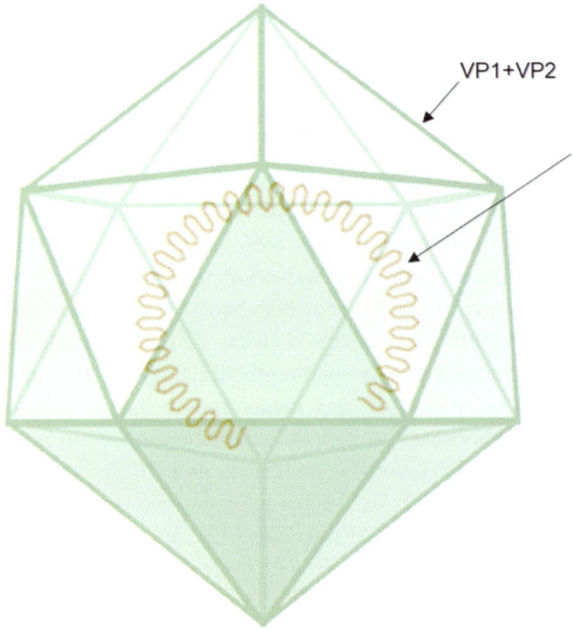


**Figura 13.25** Esquema da partícula do parvovírus B19. O vírion mede aproximadamente 25 nm de diâmetro e não possui envelope glicolipoproteico. O capsídeo é formado por 60 subunidades das proteínas VP1 e VP2.

O genoma viral é constituído por uma molécula de DNA de fita simples (DNAfs) de aproximadamente 5,5 quilobases (kb), que possui sequências palindrômicas (361 nucleotídeos) que se complementam, o que origina estruturas em grampo nas duas extremidades. Essas estruturas funcionam como iniciadores para a DNA polimerase na replicação do genoma viral. A região codificante do vírus pode ser dividida em três regiões: NS1, VP2 e VP1u. Esta última codifica os 227 aminoácidos adicionais presentes em VP1 e ausentes em VP2 (Figura 13.26). O genoma possui um único promotor, denominado P6, que se localiza na região 5′, o qual dirige a expressão de todo o genoma. O promotor é regulado positivamente pela proteína NS1, e sua atividade é maior em células precursoras de eritrócitos.

Quando se realiza a extração do genoma viral, observa-se a formação de fitas duplas, sugerindo que algumas partículas virais sejam formadas de DNA senso e outras de DNA antissenso, ocorrendo hibridização das fitas nesse processo.

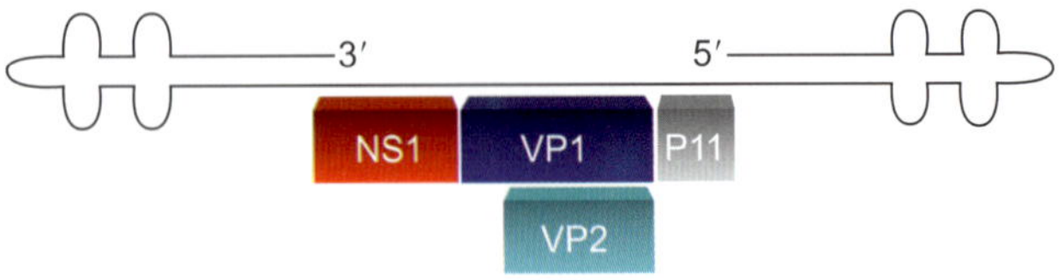


**Figura 13.26** Genoma dos vírus do gênero *Erythroparvovirus*. O genoma do parvovírus B19, assim como o dos demais vírus do gênero *Erythroparvovirus*, é constituído por DNA de fita simples de aproximadamente 5,5 kb contendo sequências palindrômicas em forma de grampo nas extremidades, necessárias à replicação do DNA, e três sequências de leitura aberta (ORF). A ORF1 está localizada à esquerda do genoma linear (terminação 3′ da fita de DNA negativa) e codifica a proteína não estrutural NS1 e a ORF2 (à direita do genoma) codifica as proteínas do capsídeo VP1 e VP2, incluindo a região VP1u (não mostrada). A 3ª ORF, próxima à terminação 5′, codifica uma pequena proteína não estrutural P11 (P11 kDa), que é importante na expressão de VP2 e no processo de exportação da partícula viral madura do núcleo para o citoplasma.

Duas sequências de leitura aberta (ORF, *open reading frames*) codificam também para algumas proteínas e peptídeos não estruturais, mas a maioria não tem, ainda, função estabelecida. A proteína não estrutural NS1, a mais abundante proteína não estrutural, de aproximadamente 78 kDa (671 aminoácidos), desempenha papel fundamental na biossíntese do vírus, tanto no processo de replicação do genoma, por suas funções de helicase e endonuclease, quanto na sua transcrição, por recrutamento de numerosos fatores de transcrição. NS1 promove a regulação em *trans* do promotor viral P6 e alguns promotores celulares. Duas outras menores proteínas não estruturais, 11 kDa (P11) e 5 kDa, são também codificadas. Alguns estudos indicam que P11 pode ser crítica na expressão de VP2 e no processo de exportação da partícula viral madura do núcleo para o citoplasma.

A análise das sequências de regiões parciais dos genes da proteína não estrutural (NS1) e da proteína do capsídeo VP1 confirmou o alto grau de homologia com variabilidade inferior a 2,9% em nucleotídeos e a 3,6% em aminoácidos (com exceção de VP1u). A variabilidade dos genes do capsídeo pode ser ligeiramente maior (4,2%) em estirpes isoladas durante diferentes períodos epidêmicos, ou em regiões geograficamente distintas. A região mais divergente do genoma se situa em VP1u, compondo a parte aminoterminal (273 aminoácidos) da proteína do capsídeo VP1. Essa proteína está situada na superfície do vírus e se encontra, portanto, exposta ao sistema imunológico, o que a torna o principal epítopo de neutralização. A proteína VP2, a maior proteína constituinte do capsídeo, é formada por 554 aminoácidos (aproximadamente 84 kDa). Durante a infecção crônica, o B19 é submetido por longo tempo à pressão seletiva do sistema imunológico, gerando variabilidade de VP1u de até 4% de divergência nucleotídica e 8,2% de divergências em aminoácidos. Foi demonstrado que apesar da importante variabilidade dessa região, a capacidade de ligação aos anticorpos neutralizantes não se modifica, mesmo nas estirpes de B19 descritas como as mais divergentes.

Os vírus da família *Parvoviridae* apresentam grande estabilidade, resistindo à temperatura de 60°C por algumas horas e a variações de pH entre 3,0 e 9,0, mas podem ser inativados por formalina, β-propiolactona, hidroxilamina e agentes oxidantes. Esta grande estabilidade permite que esses vírus permaneçam infecciosos após tratamento de derivados do sangue pelo calor, assim como em produtos como albumina, imunoglobulinas e concentrados dos fatores VIII e IX.

## Biossíntese viral

O ciclo de biossíntese do B19 (Figura 13.27) começa com a adsorção do B19 à superfície celular através de um receptor, que é o antígeno P, um globosídeo tetra-hexose-ceramida (Gb4Cer) presente na membrana celular. Embora esse processo de adsorção não esteja totalmente elucidado, observa-se que pessoas que não expressam o antígeno P não são infectadas. Além disso, culturas de células tratadas com anticorpos monoclonais anti-P ficam protegidas da infecção. O antígeno P pode ser encontrado na superfície de eritrócitos e seus progenitores, assim como em megacariócitos, células endoteliais e células da placenta, além de células do fígado e coração de fetos. Mesmo apresentando o receptor, muitas células não são permissivas para a síntese do vírus. Nesse caso, são produzidas apenas proteínas não estruturais, sem produção de vírus, e a morte celular ocorre por citotoxicidade ou indução de apoptose pela proteína NS1.

Além disso, foram identificadas outras moléculas que poderiam explicar o tropismo do vírus B19. Estudos prévios sugeriram que Gb4Cer é necessário para o vírus ligar-se às células, mas não o suficiente para promover sua entrada. Uma sequência de 110 aminoácidos na porção aminoterminal de VP1u, que contém um domínio de ligação a receptores (RBD, *receptor-binding domain*), seria responsável pela internalização das partículas virais. Outras moléculas, como a integrina α5β1 e o autoantígeno Ku80 foram identificadas como correceptoras na infecção pelo B19. Enquanto a proteína Ku80 colabora com a ligação do vírus à célula, a integrina α5β1 parece ser requerida para a internalização. A presença dessas moléculas explicaria a infecção por via respiratória e em órgãos não pertencentes ao sistema hematopoiético. A integrina α5β1 funciona como correceptor nos progenitores eritroides. Estudos demonstraram a presença da proteína Ku80 no citoplasma e superfícies de vários tipos celulares, incluindo linhagens celulares de leucemias, mieloma múltiplo e linhagens tumorais. A proteína Ku80 é um componente do complexo DNA-PK das balsas lipídicas (*lipid rafts*) de membrana nas células de mamíferos.

A internalização (penetração) de todos os parvovírus acontece por endocitose mediada por receptor, com participação das proteínas clatrina, dinamina e da rede do citoesqueleto. No modelo de infecção de parvovírus B19, após a endocitose, o capsídeo é transportado em vesículas endossômicas, onde o pH ácido permite a exposição do domínio PLA2 (fosfolipase A2) e do SLN (sinal de localização nuclear), localizados em uma sequência de 128 a 160 aminoácidos de VP1u que conduzem, respectivamente, à lise da membrana endossomal que é responsável parcialmente pela liberação da partícula viral no citoplasma, e a ligação das proteínas do capsídeo à importinas que conduzem a entrada das partículas virais no núcleo celular, provavelmente pelo poro nuclear. O domínio PLA2 é localizado entre os aminoácidos 130 e 195 de VP1u. O SLN é, provavelmente, exposto após mudança conformacional, permitindo o direcionamento ao núcleo por meio dos microtúbulos. Alguns estudos apontam que o capsídeo é internalizado no núcleo, ainda íntegro, com posterior liberação do DNA. Para a replicação do seu genoma, o vírus utiliza as enzimas envolvidas na replicação do DNA celular, em um processo bastante complexo, com produção de 12 transcritos processados por *splicing* alternativo, com múltiplos sítios de adenilação. Os grampos 3′ funcionam como iniciadores para que a DNA polimerase sintetize uma fita complementar, até que a polimerização alcance o grampo 5′ (Figura 13.28).

O DNA é circularizado pela ação da ligase e em seguida a proteína multifuncional NS1 interage com um sítio específico da fita recém-sintetizada, um pouco antes da região correspondente ao terminal 5′ do grampo, que funciona como uma *nickase* sítio-específica, permitindo que nesse ponto seja criada uma nova terminação 3′. Ocorre a duplicação do DNA a partir desse ponto, ficando a NS1 ligada covalentemente à extremidade 5′ criada, originando um dímero. Após desnaturação, na ponta onde se encontra a NS1, são formados dois grampos, e novamente a extremidade 3′ funciona como iniciador da replicação, formando um grande grampo com quatro cópias do genoma denominado tetrâmero (ver Figura 13.28). A partir do grampo tetrâmero se inicia a produção de novas moléculas de DNA genômico. A proteína NS1 age como *nickase* e em seguida como helicase, permitindo a formação de grampos, tanto na fita

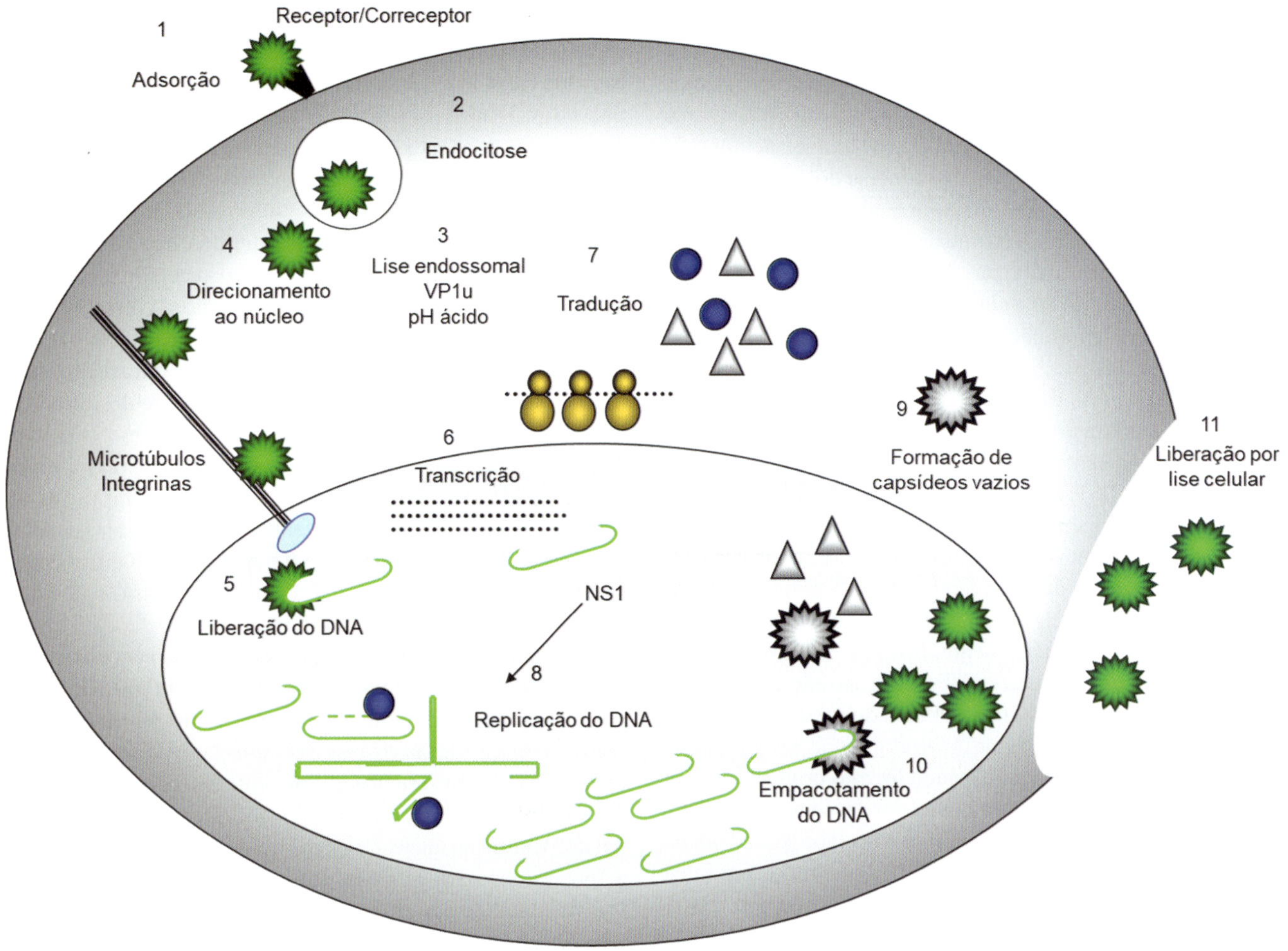


**Figura 13.27** Ciclo de biossíntese do parvovírus B19. A biossíntese é iniciada com a adsorção da partícula ao receptor, antígeno P, na superfície celular, possivelmente com a participação de correceptores (1), seguida de endocitose (2). A liberação das partículas para o citoplasma ocorre em pH ácido (3). As partículas são então direcionadas para o núcleo (4), onde o genoma é liberado (5) e inicia-se o processo de transcrição do RNA mensageiro (6), que é encaminhado para o citoplasma para tradução das proteínas virais NS1, VP1, VP2 e P11 (7). A replicação do DNA é iniciada nas sequências terminais palindrômicas e produz formas intermediárias (8), as quais são posteriormente clivadas pela proteína não estrutural NS1. A proteína VP2 tende a montar o capsídeo espontaneamente, com formação de partículas vazias no núcleo e no citoplasma (9), mas o empacotamento do genoma ocorre no núcleo (10). Finalmente, as partículas recém-sintetizadas são liberadas por lise celular (11).

cortada quanto na complementar. O resultado é uma estrutura em forma de cruz, com uma extremidade 3′ livre, permitindo a polimerização que gera a estrutura intermediária MJ2. Pela ação de helicase da NS1, esse DNA recém-sintetizado é desnaturado, o que permite que a fita se hibridize consigo mesma, gerando o intermediário MJ1. Novamente ocorre a polimerização a partir de 3′, que acaba por separar a fita nascente da fita parental, originando o intermediário δJ, que é parcialmente fita simples. Uma segunda NS1 cliva especificamente o sítio, liberando a fita simples, que é o DNA genômico (Figura 13.29).

O processo de transcrição de todo o genoma é dirigido pelo promotor P6, e a proteína NS1 desempenha um papel fundamental, associando-se a enzimas celulares para regular a transcrição para a formação dos RNA mensageiros (RNAm) maduros, após processos alternativos de *splicing* e poliadenilação. A partir destes, ocorre tradução da proteína NS1 (altamente conservada), das proteínas estruturais VP1 e VP2 (com percentual significativo de variabilidade) e outras proteínas complementares.

A proteína VP2 tende a montar o capsídeo espontaneamente, com formação de partículas vazias no núcleo e no citoplasma, mas o empacotamento do genoma ocorre no núcleo, processo em que participa, de modo importante, a proteína NS1. Esse processo de biossíntese causa alterações como vacuolização do citoplasma e marginalização da cromatina, relacionadas respectivamente com a formação de pseudópodes e de corpúsculos de inclusão, conduzindo a apoptose, o que leva ao processo de liberação do vírus. Outra proteína não estrutural, proteína 11 kDa, presente em percentual no mínimo 100 vezes menor do que NS1 em células infectadas, além de potente indutora de apoptose, leva ao aumento do nível da replicação do DNA viral, com implicação também na produção e distribuição de VP2. A proteína não estrutural 7,5 kDa não tem ainda função conhecida.

## Patogênese

A patogenia do B19 foi descrita, inicialmente, por meio de um experimento utilizando voluntários saudáveis, que foram infectados por via intranasal, permitindo que as mudanças que ocorrem no organismo fossem descritas durante a infecção. Sintetizado, presumidamente, em tecido linfoide de nasofaringe, o vírus pode ser detectado no sangue a partir do 5º ou 6º dia após a infecção, com um pico de viremia ocorrendo entre o 8º e o 9º

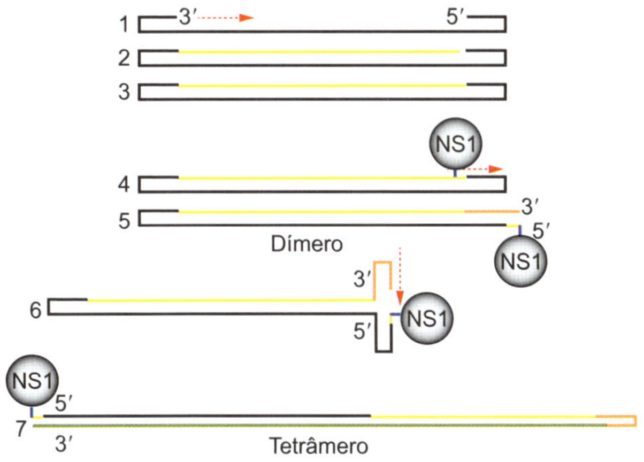


**Figura 13.28** Síntese do grampo tetrâmero do parvovírus B19. A replicação é mediada por DNA polimerases celulares e inicia-se na sequência palindrômica da terminação 3′ até que a polimerização alcance o grampo 5′ (1), formando inicialmente sequências dúplex de DNA monomérico (2, 3). O DNA é circularizado e a proteína NS1 se liga a ele, um pouco antes da região correspondente ao terminal 5′ do grampo. Ocorre a duplicação do DNA a partir desse ponto (4), ficando a NS1 ligada covalentemente à extremidade 5′ criada, originando um dímero (5). Em seguida o DNA é desnaturado na ponta onde se encontra NS1, e uma nova fita é sintetizada a partir da extremidade 3′ (6), resultando na formação de um tetrâmero (7). A partir do grampo tetrâmero se inicia a produção de novas moléculas de DNA genômico. Nesse processo, as fitas nascentes são liberadas do complexo por clivagem mediada por outras moléculas de NS1, como indicado na Figura 13.27.

dia, conduzindo à infecção de células precursoras de eritrócitos e reticulócitos periféricos, que passam a não ser observados na medula óssea, por 2 a 5 dias. Isto conduz à parada na eritropoiese, com queda do hematócrito, que dura cerca de 4 dias, ficando a biossíntese do vírus limitada, devido à carência de células competentes para sua produção. A replicação do DNA viral, que se inicia na fase S (fase de duplicação do DNA) do ciclo celular,

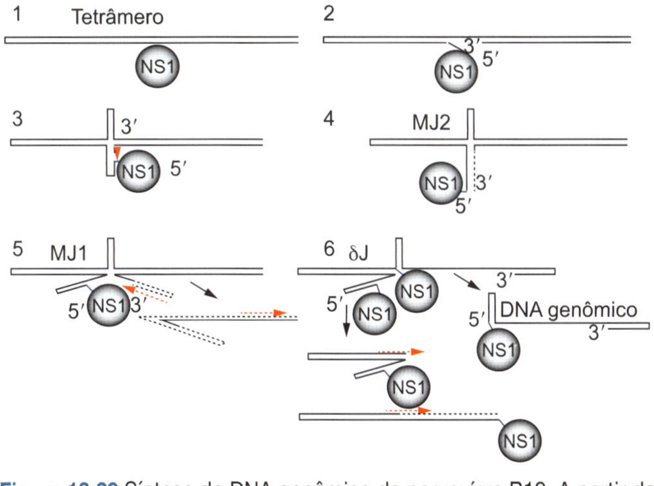


**Figura 13.29** Síntese do DNA genômico do parvovírus B19. A partir da formação do tetrâmero (ver Figura 13.28), a proteína NS1 a ele ligada (1) age como *nickase* e, em seguida, como helicase (2), permitindo a formação de grampos. Isso leva à formação de uma estrutura em forma de cruz (3), assim como de uma estrutura intermediária MJ2 (4). Por ação de NS1, o DNA é desnaturado, permitindo que a fita de DNA se hibridize consigo mesma, o que conduz à formação da estrutura intermediária MJ1 (5). Em seguida, a polimerização separa as fitas parentais e nascentes, originando o intermediário de fita simples δJ. A ligação de uma segunda estrutura NS1 a δJ conduz à sua clivagem com a liberação final do DNA genômico de fita simples (6).

mas atinge maior nível em fase G2 (fase entre a duplicação do DNA e o início da mitose, com presença de títulos superiores a $10^{13}$ partículas virais/mℓ), é dependente da replicação do DNA da célula hospedeira, já que os vírus não codificam uma DNA polimerase. A biossíntese dos parvovírus B19 é regulada pela citocina glicoproteica EPO (eritropoietina), que na medula óssea em estado de hipóxia, promove a diferenciação e desenvolvimento de células precursoras, conduzindo à produção de glóbulos vermelhos (RBC, *red blood cells*) maduros que permite o aumento da expressão e replicação dos genes virais e produção de partículas virais. Se discute se a replicação do genoma viral também é dependente da replicação paralela do DNA celular e da resposta ao dano (quebra de cadeias) a esse DNA durante o processo, mecanismo de defesa que é dependente de cinases celulares e permite preservar sua estabilidade e integridade.

A viremia declina e o paciente começa a produzir anticorpos IgM entre o 10º e o 12º dia após a infecção, iniciando a resposta humoral específica. Após o 14º dia começam a ser produzidos os anticorpos IgG, que garantirão imunidade duradoura, dirigida principalmente contra a VP2 e, em alguma extensão, contra a VP1.

Em relação aos sintomas, a doença é dividida em dois períodos: a primeira fase entre o 8º e o 11º dia, com sintomas não específicos, como febre, mialgia, fadiga e mal-estar. Esse período é concomitante ao pico de viremia e ao desaparecimento dos precursores de eritrócitos da medula óssea. A segunda fase, que ocorre entre o 17º e o 24º dia, quando a produção de IgG e IgM atingem o ápice, é caracterizada por exantema e artralgia (Figura 13.30), caracterizados como mediados pela resposta imunológica. A prevalência de anticorpos IgG varia de 2 a 15% em crianças de 1 a 5 anos de idade atingindo 50% em adolescentes aos 15 anos de idade e quase 80% dos adultos.

A resposta imunológica também ocasiona a produção de anticorpos IgA em secreções de nasofaringe, que fornecem proteção na mucosa. A resposta antigênica mais intensa é produzida frente a VP1u e às VP2 localizadas nas protrusões dos eixos de simetria em três segmentos. A VP1u apresenta papel importante na estimulação da resposta imunológica e inflamação crônica. Essa proteína apresenta variabilidade não conservativa relativamente alta (3,5 a 8,2%), em indivíduos persistentemente infectados, mutações que conduzem à modificação em antígenos de superfície, à inabilidade em eliminar o vírus e consequentemente ao desenvolvimento de infecção persistente que pode manter-se de 10 meses a 5 anos depois de infecção aguda. Além dos distúrbios do estado imunológico, a biossíntese persistente do vírus pode ser observada em diferentes tecidos. Contudo, a integração do genoma de B19 ao genoma humano, até o momento, somente foi demonstrada experimentalmente. Na resposta inata, parece que as proteínas NS1 e VP2 têm efeito na estimulação de defensinas e receptores *toll-like* 9 (TLR9) entre outros; NS1 tem papel adicional como transativador de P6 e vários promotores celulares como TNF-α e interleucina-6, assim como na iniciação da apoptose em células eritroides e não eritroides, por interação com caspase 3. Acredita-se que a maioria das manifestações clínicas relacionadas com a infecção por B19 tem relação com o dano a precursores eritroides por ação citolítica ou atividade apoptótica de NS1.

## Manifestações clínicas

O B19 tem sido relacionado com diversos quadros clínicos, incluindo sintomas comuns a muitas viroses, como alterações

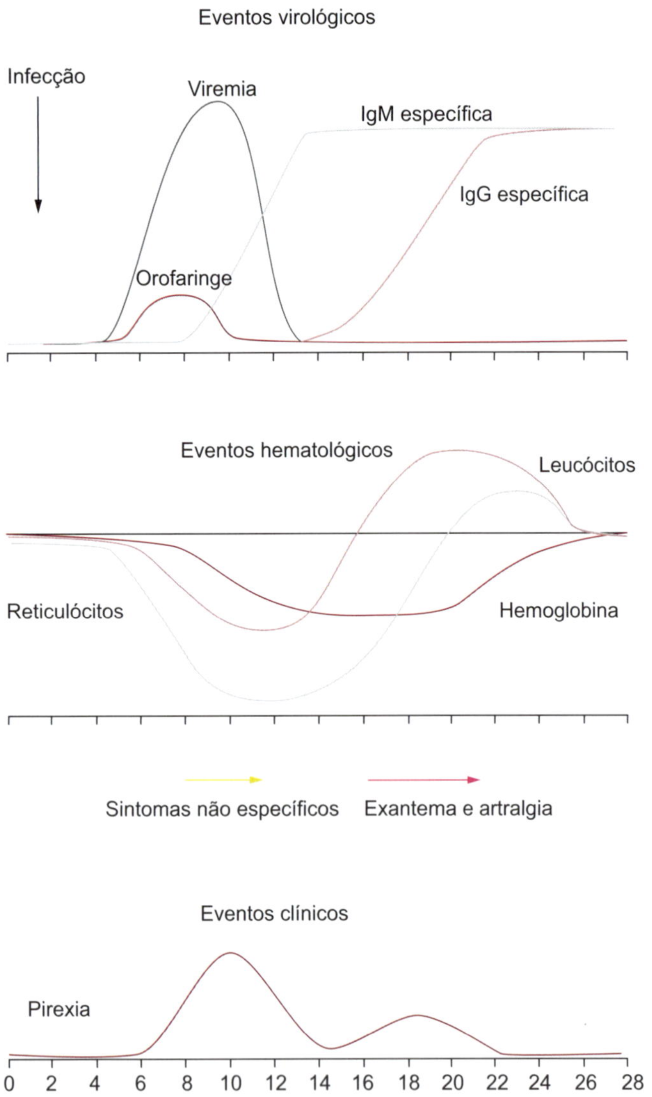


**Figura 13.30** Patogênese do parvovírus B19. Na primeira fase da infecção, os sintomas não específicos como mialgia, fadiga, mal-estar, infecção de orofaringe e pico de febre (pirexia) são observados em paralelo com o aparecimento do pico de viremia, o desaparecimento de precursores de eritrócitos (reticulócitos) e queda do nível de leucócitos. Na segunda fase da infecção, os níveis de IgM surgem mais precocemente (13º dia) e os de IgG atingem o seu ápice (22º dia), juntamente com os sintomas específicos como o exantema e a artralgia, com o aumento do nível de reticulócitos e leucócitos.

leves do sistema respiratório, febre, mialgia, fadiga e mal-estar. Os quadros mais caracteristicamente relacionados são o eritema infeccioso ou 5ª doença, artropatia (artralgia), crise aplástica transitória em indivíduos com anemia hemolítica crônica, anemia crônica em imunodeprimidos, hidropisia fetal e outras complicações observadas durante a gravidez, com ou sem aborto.

Alguns estudos têm avaliado a possibilidade de o parvovírus B19 estar associado ao estabelecimento de doenças autoimunes por meio de mimetismo com moléculas celulares, mas ainda faltam dados suficientes para comprovar essa teoria.

## Eritema infeccioso ou 5ª doença

O eritema infeccioso (EI) foi descrito pela primeira vez, em 1889, por um dermatologista inglês e recebeu o nome de 5ª doença pelo fato de ser a 5ª descrita entre as seis doenças exantemáticas infantis caracterizadas na época. A relação etiológica do vírus com o quadro clínico foi estabelecida apenas em 1983, durante um surto ocorrido em uma escola de Londres. O quadro é caracterizado por exantema maculopapular que geralmente se inicia na face, a qual assume aparência brilhante, com aspecto de "esbofeteamento". Em seguida, o exantema acomete o tronco e os membros, exibindo uma aparência reticular rendilhada, confundindo-se com outras doenças exantemáticas como sarampo e rubéola. O quadro acomete principalmente indivíduos na faixa etária de 5 a 14 anos, com duração de 1 a 2 dias, mas pode reaparecer alguns dias depois, por exposição ao sol, exercícios físicos ou estresse emocional. O quadro de exantema é ocasionado pela deposição de complexos formados entre antígenos e anticorpos nos capilares, já que existe concomitância entre o período de produção de anticorpos e o aparecimento do exantema.

## Crise aplástica transitória

A crise aplástica transitória (CAT) foi o primeiro quadro a ser etiologicamente relacionado com a infecção por B19, em 1980, demonstrada por diversos estudos em pacientes com alguma disfunção de glóbulos vermelhos. O quadro é descrito como uma parada repentina na eritropoiese, que se mantém por 4 ou 5 dias, provocada por queda considerável na população de células precursoras de eritrócitos, chegando a níveis indetectáveis na medula óssea e conduzindo também ao desaparecimento de reticulócitos no sangue periférico. O desaparecimento dessas células pode ser explicado pela própria infecção viral, além disso, estudos *in vitro* demonstraram atividade citotóxica e de indução de apoptose dos eritroparvovírus sobre as células precursoras de eritrócitos, através da proteína não estrutural NS1. A parada na eritropoiese ocorre em todas as pessoas infectadas, mas esse quadro geralmente não causa maiores problemas em pessoas sem deficiências de células vermelhas, onde a vida média dos eritrócitos na corrente sanguínea é de cerca de 120 dias, nas quais a interrupção na produção, durante 4 dias, pode ser contornada pelo organismo. O quadro se torna preocupante quando o paciente infectado é portador de alguma doença hemolítica, como anemia falciforme, anemia hemolítica autoimune, anemia diseritropoiética, esferocitose hereditária, entre outras, em que a vida média dos eritrócitos é drasticamente menor, o que torna o quadro perigoso e até potencialmente fatal. Portanto, como a gravidade da infecção está diretamente relacionada com o tempo de vida dos eritrócitos, o quadro se torna mais grave nos indivíduos com doença hemolítica mais desenvolvida. Nesses casos, os pacientes apresentam palidez e letargia, quadros característicos de anemia grave. Nos casos mais leves, em uma semana o quadro evolui para cura espontânea, enquanto nos casos mais graves é recomendada transfusão sanguínea.

Outra associação clínica hematológica importante foi verificada em pacientes que apresentavam leucemia aguda. O DNA do parvovírus B19 foi detectado no liquor de pacientes com leucemia aguda, mas estava ausente em controles normais. Parece que a supressão de precursores eritroides e a proliferação celular estão associadas à infecção pelo B19 e à patogênese da leucemia aguda.

## Artropatia

O quadro apresenta início repentino, geralmente com duração de 2 a 4 semanas, mas pode se prolongar por alguns meses. É descrito como poliartrite simétrica, acometendo regiões periféricas do corpo, principalmente as articulações das mãos, associado principalmente a adultos do sexo feminino. Como no eritema infeccioso a manifestação dos sintomas surge após a produção dos anticorpos, quando ocorre formação de complexos entre antígeno e anticorpo. O genoma do vírus tem sido detectado em pacientes com artropatias crônicas e em casos de artrite reumatoide.

Curiosamente, a artrite crônica associada ao B19 é muito semelhante à apresentação clínica para a artrite reumatoide (AR), onde 50% dos pacientes que a apresentam satisfazem os critérios para o diagnóstico de AR. A dificuldade em distinguir a artrite crônica por AR e B19 ainda é maior, porque a interação entre o vírus B19 e o sistema imunológico leva à produção de vários tipos de anticorpos, incluindo o fator reumatoide utilizado no diagnóstico de AR.

A dor articular e a inflamação associadas ao B19 parecem ser causadas por vários fatores, incluindo uma proteína viral que pode atuar como uma enzima do hospedeiro que está envolvida na ativação da inflamação imunomediada.

### *Infecção por B19 durante a gestação*

O primeiro caso de infecção intrauterina foi observado por Brown e colaboradores, em 1984, durante um surto de eritema infeccioso, onde se identificou um caso de hidropisia fetal. A transmissão vertical ocorre em aproximadamente 30% dos casos de infecção materna, causando hidropisia ou morte fetais em 2 a 5% dos casos, com mais alto risco de transmissão transplacentária ocorrendo no 1º e 2º trimestres de gravidez.

Durante a infecção intrauterina, quando provavelmente o endotélio capilar fetal é destruído pela biossíntese viral que impede trocas de sangue entre mãe e feto, têm sido observadas algumas alterações como anemia intensa, leucoeritroblastose, depósitos de ferro no fígado e alterações citopáticas típicas nos eritroblastos hepáticos.

A hidropisia fetal está relacionada geralmente com infecções entre 3 e 6 meses de gestação, ocorrendo devido à queda no número de precursores de eritrócitos, causando anemia no feto, o que acarreta deficiência cardíaca, gerando acúmulo de líquidos no organismo, responsáveis pela hidropisia. Os casos mais graves podem evoluir para aborto espontâneo.

Ao se comprovar a infecção de uma gestante, recomenda-se o seu acompanhamento por ultrassonografias periódicas, caso sejam observadas alterações, a transfusão sanguínea intrauterina pode amenizar o quadro. Ao se verificar presença de exantema em gestantes, o diagnóstico laboratorial é esclarecedor. O grande problema está nos casos de infecções assintomáticas na mãe, que não excluem a transmissão para o feto, e por essa razão é importante a realização do diagnóstico de IgG pré-natal e que os profissionais de saúde se mantenham em alerta para essa infecção nas mães IgG-negativas.

## Diagnóstico laboratorial

A inexistência de uma linhagem de células estável e de fácil manutenção para propagação do vírus a partir de material do paciente, faz com que sejam utilizadas várias técnicas para pesquisa de anticorpos no soro e de DNA do vírus em qualquer líquido biológico. A escolha da técnica é feita de acordo com o material clínico, a síndrome e o histórico do paciente. O Ministério da Saúde do Brasil constituiu o Sistema Nacional de Vigilância em Viroses Exantemáticas, tendo os LACEN (Laboratórios Centrais estaduais) e o Centro de Referência Nacional do Instituto Oswaldo Cruz, no Rio de Janeiro, como laboratórios de referência para diagnóstico.

O teste mais utilizado para o diagnóstico de infecções pelo B19 é a pesquisa de anticorpos específicos por ensaio imunoenzimático (EIA, *enzyme immunoassay*). Isso é possível porque a viremia por B19 geralmente é breve e o aparecimento dos sintomas coincide com a queda da viremia e a elevação do nível de anticorpos. O desenvolvimento de testes comerciais, tanto para pesquisa de IgM como para IgG, só se tornou possível com a utilização de proteínas virais recombinantes.

A detecção da IgM específica é indicada para os casos de eritema infeccioso e artropatia, já que esses sintomas são ocasionados pela formação de imunocomplexos e, por algumas vezes, neste período, o DNA já não é mais detectável. No exame pré-natal é recomendado que haja detecção de IgG, indicando imunidade protetora. No caso de presença de exantema em gestantes, a detecção de IgM vai indicar infecção recente.

Outros testes muito utilizados são os que fazem a detecção do vírus, por métodos de captura de antígeno, por radioimunoensaio (RIA, *radioimmunoassay*) ou EIA, ou detecção do genoma viral através de hibridização ou *immunoblotting*. A técnica mais sensível atualmente é a reação em cadeia da polimerase (PCR, *polymerase chain reaction*), que tem se mostrado muito eficiente, pois pode detectar o vírus em qualquer tipo de material, mesmo em concentrações muito baixas. Além disso, a PCR é capaz de detectar o DNA por vários meses após o término da infecção. Essas reações, contudo, devido à sua alta sensibilidade, podem apresentar problemas de contaminação, gerando resultados falso-positivos.

Em casos de crise aplástica transitória, o teste recomendado é pesquisa do DNA viral, pois esse quadro está relacionado com a queda dos precursores de eritrócitos, que desaparecem após 9 a 10 dias de infecção, período que é anterior ao aparecimento de anticorpos.

A PCR também é indicada para casos de infecções crônicas em imunodeprimidos, pois muitas vezes esses pacientes não conseguem produzir os anticorpos necessários para combater a infecção. Tem sido feito investimento na padronização de metodologia de quantificação (NAT, *nucleic acid amplification technology*) de DNA.

Para confirmação da infecção do feto deve ser realizada a pesquisa de DNA por PCR, em amostra do líquido amniótico. No caso de morte fetal o teste mais indicado é a hibridização *in situ* do DNA viral, em tecidos fetais, geralmente do fígado.

A propagação do vírus pode ser realizada em cultura de células, mas não são utilizadas na rotina de diagnóstico. Podem-se utilizar culturas de células primárias de medula óssea humana ou de sangue periférico, enriquecidas com eritropoietina, ou células de linhagem contínua, tal como MB-02, uma linhagem originada de megacariócitos leucêmicos humanos.

## Epidemiologia

O B19 está amplamente distribuído pelo mundo e pode ser encontrado em todos os continentes. Por ser uma infecção amplamente disseminada, atinge principalmente a faixa etária infantil, que normalmente adquire imunidade duradoura. A prevalência de IgG dentro da população cresce com o avanço da faixa etária e apresenta valores muito parecidos, em grande parte do mundo, alcançando índices de 50% em adultos e 90% em idosos.

A prevalência de IgG geralmente é menor em localidades mais isoladas como em populações tribais e de zonas rurais. Nos países de clima temperado, a grande maioria dos casos, geralmente, é registrada durante o inverno e a primavera.

A transmissão pode ser direta, por meio de secreções do sistema respiratório das pessoas infectadas; parenteral e vertical (da mãe para o feto). No contato direto a taxa de infecciosidade é alta, o que explica a ocorrência de surtos. Depois da infecção por via respiratória, um pequeno grau de síntese viral ocorre no tecido linfoide da orofaringe, seguindo-se viremia maciça ($10^{13}$ cópias por m$\ell$), quando linfopenia, neutropenia e trombocitopenia não são significativas, seguindo-se disseminação pelo organismo com chegada a medula óssea e produção generalizada dos eritroblastos. A trombocitopenia pode ser explicada parcialmente pela biossíntese viral nos trombócitos, com papel de supressão sobre medula óssea, toxicidade de NS1 sobre megacariócitos e por anticorpos antiplaquetas. A transmissão parenteral acontece nos transplantes e nas transfusões sanguíneas, mas principalmente na administração de hemoderivados preparados a partir de milhares de bolsas de sangue, que podem estar contaminadas com B19, que é resistente ao tratamento térmico geralmente utilizado. A transmissão por hemoderivados é favorecida pela infecção persistente em medula óssea de indivíduos assintomáticos, com altos títulos virais sem presença simultânea de anticorpos, e pela prolongada biossíntese viral. Existe controvérsia sobre o papel de anticorpos em eliminar ou reduzir a infecciosidade em transfusões de sangue. Indivíduos com condições de anemia hemolítica crônica, mulheres grávidas e imunocomprometidos são considerados pacientes de risco.

Em relação ao Brasil, a infecção por B19 foi diagnosticada pela primeira vez, em urina de crianças, durante um surto de eritema infeccioso, em setembro de 1987. No ano de 1988, o antígeno do B19 foi obtido, pela primeira vez no Brasil, em uma pesquisa envolvendo doadores de sangue saudáveis na cidade de Cabo Frio. A prevalência da IgG específica para o B19 e a presença da infecção comprovada por detecção de IgM, ou detecção do ácido nucleico viral por PCR, foi verificada nos estados do Rio Grande do Sul, Rio de Janeiro e São Paulo, e nas cidades de Belém e Manaus, em episódios de doença exantemática, febre ou aborto espontâneo.

O genótipo 1 é o mais prevalente no mundo, mas pode haver variação dependendo da região geográfica estudada. O genótipo 2 tem sido detectado em vários países europeus e Estados Unidos da América (EUA), enquanto a presença do genótipo 3 tem sido observada principalmente em países tropicais. No Brasil, estudos recentes indicam a circulação dos genótipos 1, 2 e 3.

## Prevenção, controle e tratamento

A medida profilática mais eficaz seria a vacinação. Já foram desenvolvidas vacinas utilizando vírus atenuados para alguns parvovírus de animais, contudo a produção de vacina para o B19 apresenta muitos obstáculos, como a dificuldade da sua propagação em cultura de células, o que torna a produção em larga escala muito dispendiosa. Os melhores resultados vêm sendo observados com o uso da expressão de proteínas em sistema de baculovírus, pela expressão de VP2, para a formação de capsídeos vazios sem a presença de DNA viral. Contudo, até o momento, não existem vacinas disponíveis ou medicamentos antivirais específicos para o combate a infecção pelo B19. Análogos de nucleotídeos como cidofovir e brincidofovir, inibidores de vírus de DNA de fita dupla, assim como algumas moléculas de flavonoides, demonstraram atividade antiviral frente a parvovírus B19, porém estudos precisam ser desenvolvidos para que, no futuro, o seu uso possa ser possível.

O tratamento é sintomático, assim recomenda-se o uso de antitérmicos para a febre e anti-inflamatório no caso das artropatias, além de medidas mais específicas, que devem ser tomadas de acordo com o quadro.

Pacientes que apresentem imunodeficiência congênita ou adquirida devem ser tratados com imunoglobulinas. Embora pacientes recebendo tratamento imunossupressor, normalmente evoluam para cura, esta pode ser acelerada pelo uso de imunoglobulinas. Nesses casos é importante o monitoramento por PCR, se possível quantitativo, para acompanhar a evolução do quadro. As imunoglobulinas também podem ser administradas em pacientes imunodeprimidos como forma de prevenção da anemia crônica associada à infecção pelo B19, que é grave nesses pacientes.

A eritropoietina pode ser utilizada, tanto em casos de anemia hemolítica crônica, em imunocomprometidos, quanto nos casos de crise aplástica transitória, ajudando na formação de novos eritrócitos, na tentativa de restabelecer o nível normal. Quando a anemia já é grave, torna-se necessária a realização de transfusão sanguínea.

Quando a hidropisia fetal é diagnosticada, é necessário que se faça o acompanhamento por ultrassonografia, além do monitoramento das taxas de $\alpha$-fetoproteína no soro materno, pois muitas vezes o quadro evolui para cura, sem que se faça qualquer tratamento. Em casos graves, contudo, o tratamento pode ser feito através de imunoglobulinas administradas diretamente no feto ou por transfusão sanguínea intrauterina, quando o quadro de anemia estiver se agravando. A possibilidade de uso de anticorpos monoclonais em infecções por parvovírus B19 tem sido analisada, dirigidos especialmente para a proteína VP2 e região N-terminal de VP1u, porém estudos ainda são requeridos para tornar viável a sua utilização.

Devido à alta prevalência da infecção na maioria dos países, à cura espontânea, à ausência de complicações nas pessoas saudáveis e ao elevado custo do diagnóstico específico, considera-se, geralmente, que não há necessidade de fazer a pesquisa do B19 nas bolsas de sangue. Contudo, pode haver transmissão parenteral à gestante, a paciente imunodeprimido ou portador de anemia hemolítica crônica, o que justificaria o rastreio do DNA do B19 em *pools* de bolsas de sangue ou hemoderivados.

A introdução do procedimento de inativação viral dupla, de preparações de fatores de coagulação concentrados, praticamente eliminou as infecções por vírus associada à transfusão sanguínea nos últimos 20 anos. Apesar disso, preocupações teóricas sobre a transmissão de agentes infecciosos permaneceram, pois é sabido que métodos atualmente disponíveis de inativação viral são incapazes de eliminar parvovírus B19 ou prions desses produtos. Os parvovírus não causam patogenicidade crônica semelhante àquela dos vírus da imunodeficiência humana ou da hepatite C, mas podem causar manifestações clínicas, especialmente em pacientes imunocomprometidos. Infelizmente, no Brasil, tecnologias baseadas em testes de NAT para detecção do B19 ainda não são utilizadas nos testes de hemovigilância.

Outra medida de grande importância é o tratamento das bolsas com vapor, pressão positiva e purificação por cromatografia, onde o risco é reduzido, mas não é totalmente eliminado.

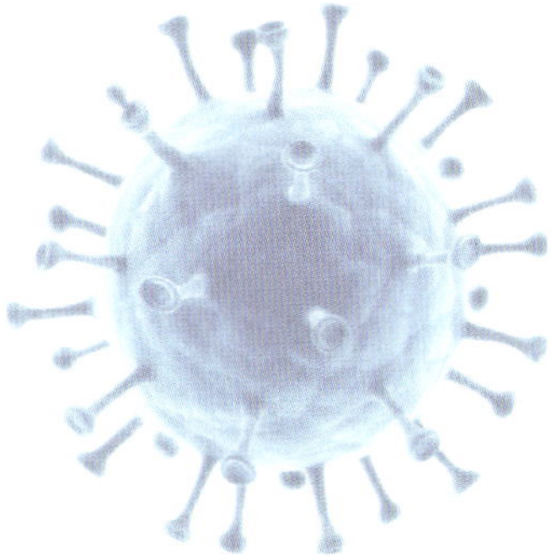

# Capítulo 14

# Viroses Respiratórias

José Nelson dos Santos Silva Couceiro •
Gabriella da Silva Mendes

## Introdução

As infecções do sistema respiratório representam uma das principais causas de morbimortalidade no mundo inteiro. Embora haja variações consideráveis nas causas de mortalidade infantil, a Organização Mundial da Saúde (OMS) classifica as infecções do sistema respiratório inferior (SRI) como a segunda principal causa de morte entre crianças menores de 5 anos de idade.

As infecções respiratórias causadas por vírus desempenham um papel importante na saúde pública. Doenças respiratórias agudas virais estão entre aquelas que mais comumente acometem adultos e crianças. O sistema respiratório está sujeito a infecções causadas por vírus de genoma constituído de DNA ou de RNA, os quais produzem doenças de variados níveis de gravidade, desde quadros brandos, clinicamente sem importância, os resfriados (quadros de coriza, espirros, congestão nasal e dor de garganta, normalmente sem febre e sem sintomas sistêmicos), até doenças fatais. Os quadros febris de infecção do sistema respiratório são classificados, segundo a gravidade dos sinais e sintomas, como: (a) síndrome gripal (SG) ou gripe (tosse ou dor de garganta, seguida(s) de febre súbita, com mialgia, cefaleia ou artralgia) e (b) síndrome respiratória aguda grave (SRAG) (estertores crepitantes à ausculta pulmonar, insuficiência respiratória, disfunção de órgãos vitais e choque). Esta é a classificação utilizada pela Rede Laboratorial de Vigilância em Influenza do Ministério da Saúde (MS) do Brasil.

Em países desenvolvidos, a mortalidade devida às infecções respiratórias virais agudas em indivíduos imunocompetentes é baixa, com exceção de epidemias causadas pelo vírus da influenza (FLUV) e, possivelmente, infecções pelo vírus respiratório sincicial de humanos (HRSV). Contudo, é uma das principais causas de mortalidade infantil em países em desenvolvimento, sendo responsável por cerca de 4,5 milhões de mortes anuais entre crianças menores de 5 anos de idade. Em países em desenvolvimento, agentes virais são identificados em 3 a 40% dos casos de doença respiratória e contribuem para 6 a 21% das mortes.

Os HRSV, FLUV, vírus da parainfluenza de humanos (HPIV), alguns adenovírus de humanos (HAdV), coronavírus de humanos (HCoV) e rinovírus são reconhecidamente associados a doenças respiratórias no homem. Dentre eles, o FLUV é o responsável pelo maior número de mortes, principalmente, em pacientes de risco como idosos e imunocomprometidos. Essas infecções também representam grandes perdas econômicas, considerando que geram faltas à escola e ao trabalho. As infecções causadas pelos FLUV, HPIV, HRSV e algumas espécies de HCoV ocorrem epidemicamente, enquanto aquelas causadas por HAdV, rinovírus e por alguns HCoV se manifestam de maneira endêmica. Alguns FLUV e HCoV podem ocasionar pandemias.

As infecções do sistema respiratório superior (SRS) como a doença influenza-*like* (*flu-like*) e resfriados são extremamente comuns entre pacientes não hospitalizados. Por outro lado, a pneumonia viral e a bronquiolite são responsáveis por cerca de 1/10 das infecções do SRI que acometem os seres humanos. Os vírus que acometem o sistema respiratório são transmitidos por contato direto e aerossóis. Muitos fatores contribuem para a gravidade da doença, incluindo características virais, quantidade do inóculo e fatores do hospedeiro, como idade, estado de saúde, condição imunológica, além de fatores socioeconômicos e nutricionais.

Muitos casos de infecção respiratória aguda que aconteceram no passado não foram relacionados com agentes etiológicos conhecidos, talvez por falta de métodos de diagnóstico que identificassem esses agentes. O progresso recente da Vigilância Epidemiológica e da Biologia Molecular tem permitido a identificação rápida de diversos agentes respiratórios emergentes. Assim, nas últimas décadas, novas variantes ou novos vírus foram descritos tais como: variantes aviárias da espécie *A* dos FLUV, como $H_5N_1$, $H_7N_9$, $H_7N_7$, $H_{10}N_8$ e $H_9N_2$, metapneumovírus de humanos (HMPV), cinco novos HCoV (HCoV-NL63, HCoV-HKU1, SARS-CoV, MERS-CoV, SARS-CoV-2), bocavírus de humanos (HBoV) e poliomavírus de humanos 3 e 4 (HPyV3 e HPyV4).

Cada um desses vírus pode ser responsável por diferentes síndromes clínicas, dependendo da idade e condição imunológica do hospedeiro. Por outro lado, cada um dos quadros clínicos respiratórios associados a infecções virais pode ser causado por diferentes patógenos virais. Contudo, os estudos clínico-epidemiológicos demonstram que alguns vírus são mais comumente associados a determinados quadros. Neste sentido, o FLUV, que é o agente etiológico da gripe, é também frequentemente associado a traqueíte, traqueobronquite e pneumonia em adultos e crianças; o rinovírus é apontado como o principal agente etiológico de resfriado em pacientes de todas as idades; o HPIV é o agente mais comumente presente em quadros de crupe em crianças; os HRSV e HMPV são agentes de bronquiolite, pneumonia e otite média em crianças menores de 6 meses de idade; os SARS-CoV, MERS-CoV e SARS-CoV-2 são associados a pneumonia grave e síndrome da angústia respiratória, especialmente entre idosos, imunocomprometidos e portadores de doenças crônicas como doença renal ou pulmonar, câncer, obesidade e diabetes (Figura 14.1).

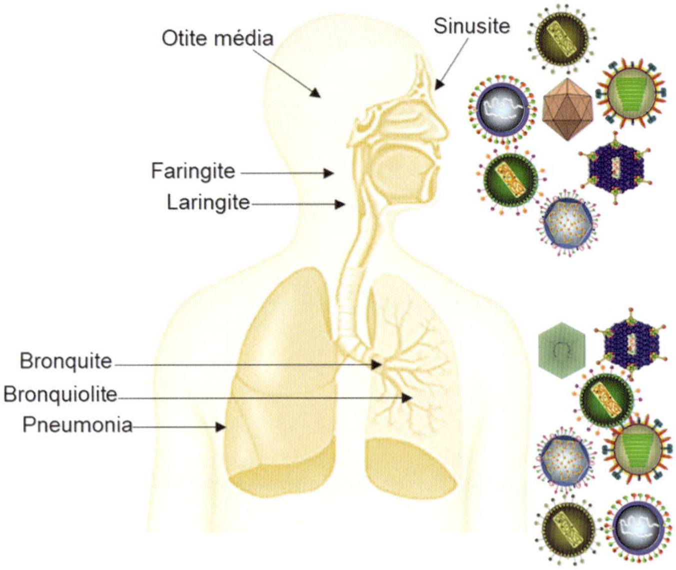


| Sistema respiratório superior | |
|---|---|
| **Síndrome** | **Principais agentes virais** |
| Gripe | FLUV |
| Resfriado | Rinovírus, HAdV, HCoV, HPIV, HRSV, HMPV |
| Faringite | FLUV, HPIV, rinovírus, HRSV, HAdV |
| Laringite | HAdV |

| Sistema respiratório inferior | |
|---|---|
| **Síndrome** | **Principais agentes virais** |
| Gripe | FLUV |
| Traqueite | FLUV |
| Laringotraqueobronquite (crupe) | HPIV |
| Bronquite/bronquiolite | HPIV, HRSV, HMPV, HBoV |
| Pneumonia | FLUV, HCoV, HPIV, HRSV, HMPV, HBoV, HAdV |

**Figura 14.1** Exemplos de patógenos virais que infectam o sistema respiratório de seres humanos e diferentes síndromes respiratórias causadas por esses vírus. FLUV: vírus da influenza; HPIV: vírus da parainfluenza de humanos; HRSV: vírus respiratório sincicial de humanos; HMPV: metapneumovírus de humanos, HCoV: coronavírus de humanos; HAdV: adenovírus de humanos; HBoV: bocavírus de humanos.

Neste capítulo foram incluídos todos os agentes virais classificados como essencialmente respiratórios (assim denominados por ser o sistema respiratório o sítio-alvo para a propagação viral) como: FLUV, HPIV, reovírus de humanos (HREOV), HAdV, rinovírus, HRSV, HMPV, HCoV, HBoV, além dos novos candidatos a vírus respiratórios HPyV3 e HPyV4. Outros agentes virais como os poliovírus, vírus do sarampo, entre outros, embora tenham o sistema respiratório como porta de entrada e sítio de propagação inicial, não são enquadrados entre os vírus respiratórios, por não ser este sítio o seu principal alvo da infecção.

# Vírus da influenza, vírus da parainfluenza de humanos, reovírus de humanos e adenovírus de humanos

José Nelson dos Santos Silva Couceiro

## Vírus da influenza

### *Histórico*

Os vírus da influenza (FLUV) sofrem mutações de caráter antigênico e funcional, o que ocasiona, frequentemente, o surgimento de surtos, epidemias e pandemias, relatados desde a Grécia antiga por Hipócrates e Livy, incluindo uma epidemia no ano 412 a.C. Há relatos históricos de infecções compatíveis com aquelas causadas pelo FLUV durante a guerra do Peloponeso, que atingiu duramente Atenas em 430 a.C., e também durante a guerra dos Cem Dias. Posteriormente, existem ainda vários relatos de epidemias e pandemias que ocorreram desde o século XVI e que continuam a ocorrer até os dias de hoje. O termo influenza data da Idade Média, quando, na região de Florença (Itália) acreditava-se que os sinais clínicos de febre, tosse e calafrios ocorressem por "influência" (em italiano, *influenza*) de conjunções planetárias.

A primeira estirpe desse vírus que causava epidemias e pandemias foi isolada em porcos em 1930, mas o isolamento do vírus em seres humanos ocorreu somente em 1933. Na época, tais estirpes foram classificadas no gênero *Influenzavirus* e esse isolado foi chamado de vírus da influenza. Em 1940, outro tipo de FLUV foi detectado e nomeado vírus da influenza B; o primeiro, foi classificado como vírus da influenza A. Nove anos mais tarde, foi identificado um terceiro tipo de FLUV denominado vírus da influenza C. Posteriormente, foram isolados novos FLUV, que foram classificados nos gêneros *Thogoto*, *Isa* e *Quaranjavirus*. Em 2011, nos Estados Unidos da América (EUA), foi isolada uma nova variante de FLUV em porcos, a qual foi classificada como vírus da influenza D (ver a classificação mais recente dos FLUV no tópico "Classificação e características" mais adiante).

Os FLUV, conhecidos como vírus da gripe, são responsáveis por infecções respiratórias agudas. A primeira pandemia conhecida ocorreu no período entre 1889 e 1892, teve início na Rússia e percorreu o mundo em quatro meses com mortalidade estimada em 1.000.000 de óbitos. A pandemia de 1918, ou gripe espanhola, foi a mais fatal de todas, tendo percorrido o mundo em três ondas, assolando por mais de uma vez o mesmo país, com o saldo final avaliado em aproximadamente 50 milhões de mortos. Estima-se que entre outubro e dezembro de 1918, período oficialmente reconhecido como pandêmico, 65% da população brasileira adoeceu. Só no Rio de Janeiro, foram registradas aproximadamente 15.000 mortes em uma população de quase um milhão de habitantes, enquanto em São Paulo, aproximadamente 5.331 pessoas morreram (quase 1% da população). A pandemia recebeu esse nome devido ao surgimento de casos de gripe entre civis na Espanha, país neutro na Segunda Guerra Mundial, depois de circular, por algum tempo, entre soldados dos exércitos americano e britânico. A origem dessa pandemia é controversa, especula-se que a primeira das três ondas possa ter se originado em Fort Riley (Kansas, EUA), associada a um quadro respiratório benigno em um soldado que trabalhava na limpeza de chiqueiros de porcos. Outra possível origem está localizada em campos militares no norte da França, que forneciam todas as condições para o surgimento de um surto de quadros respiratórios de alta mortalidade, tais como aglomeração humana e presença de aves, cavalos e porcos. A frequência de pneumonias secundárias por bactérias do gênero *Haemophilus* fez com que essas bactérias fossem apontadas, na época, como o agente etiológico da pandemia, classificadas então como *Haemophilus influenzae*. No século XX, duas outras pandemias ocorreram: as gripes Asiática (1957) e Hong Kong (1968), enquanto a Russa (1977) tem seu caráter pandêmico sob discussão. Essas pandemias foram sempre originadas de episódios de infecção entre aves, na Ásia. No século XXI, a primeira pandemia de gripe ocorreu no período 2009-2010, tendo se iniciado no México.

## Classificação e características

Os FLUV acometem homens ou animais e estão atualmente classificados, pelo Comitê Internacional para Taxonomia de Vírus (ICTV, *International Committee on Taxonomy of Viruses*, 2020, MSL#35), na família *Orthomyxoviridae* (*orthos*, original, verdadeiro; *myxa*, muco). Essa família é composta por sete gêneros: *Alphainfluenzavirus* (anteriormente denominado *Influenzavirus A*), espécie *Influenza A virus* (vírus da influenza A [FLUVA]); *Betainfluenzavirus* (anteriormente denominado *Influenzavirus B*), espécie *Influenza B virus* (vírus da influenza B [FLUVB]); *Gammainfluenzavirus* (anteriormente denominado *Influenzavirus C*), espécie *Influenza C virus* (vírus da influenza C [FLUVC]); *Deltainfluenzavirus* (anteriormente denominado *Influenzavirus D*), espécie *Influenza D virus* (vírus da influenza D [FLUVD]); *Thogotovirus*, dividido em duas espécies – *Thogoto thogotovirus* (vírus Thogoto [THOV]) e *Dhori thogotovirus* (vírus Dhori [DHOV]); *Isavirus*, espécie *Salmon isavirus* (vírus Isa [ISAV]); e *Quaranjavirus*, espécies *Quaranfil quaranjavirus* (vírus Quaranfil [QRFV]) e *Johston Atoll quaranjavirus* (vírus Johnston Atoll [JAV]).

Somente espécies pertencentes aos três primeiros gêneros, alfa- (FLUVA), beta- (FLUVB) e gamainfluenzavírus (FLUVC), infectam, comprovadamente, seres humanos. As estirpes que infectam seres humanos são representadas, sequencialmente, pela espécie do vírus ao qual pertençam (*A, B, C*), pelo animal no qual foi isolado (somente no caso de estirpes de animais), pela origem geográfica do isolamento (cidade ou país), identificação da estirpe e ano de isolamento. Adicionalmente, somente no caso de vírus da espécie *A*, constam entre parênteses, os subtipos antigênicos de suas duas estruturas de superfície, hemaglutinina e neuraminidase. Assim, por exemplo, na estirpe de origem humana designada como A/Brazil/2/78 ($H_3N_2$) tem-se: espécie da estirpe/origem/identificação da estirpe entre aquelas coletadas para diagnóstico/ano de isolamento (subtipo 3 de hemaglutinina e subtipo 2 de neuraminidase). Em casos de infecções por estirpes de FLUV, pertencentes ao gênero alfainfluenzavírus, detectadas em humanos e animais, entre eles aves, porcos, cavalos e até focas e baleias, podem ser isolados todos os 18 subtipos de hemaglutinina (HA) e 11 subtipos de neuraminidase (NA) existentes. Em 2014, foram propostos os dois últimos subtipos de HA (17 e 18) e de NA (10 e 11) reconhecidos entre os FLUVA; os vírus dos subtipos $H_{17}N_{10}$ e $H_{18}N_{11}$ foram detectados em morcegos, na Guatemala e no Peru, respectivamente. A classificação dos FLUVA, quanto à espécie e ao subtipo de hemaglutinina e neuraminidase, é tradicionalmente realizada mediante reações de inibição de hemaglutinação (HI, *hemagglutination inhibition*) e de neuraminidase (NI, *neuraminidase inhibition*); contudo técnicas rápidas de imunofluorescência (IF) direta e indireta e ensaios imunoenzimáticos (EIA, *enzyme immunoassay*) podem ser utilizados para o mesmo fim, assim como a reação em cadeia da polimerase associada à transcrição reversa (RT-PCR, *reverse transcription polymerase chain reaction*), convencional ou em tempo real.

As partículas virais são geralmente esféricas, como observado por micrografia eletrônica (Figura 14.2), mas algumas vezes apresentam morfologia filamentosa. São compostas de 0,8 a 1% de RNA, 70% de proteína, 20% de lipídeos, 5 a 8% de carboidratos e medem aproximadamente 100 nm de diâmetro.

Pela sua própria composição química, os FLUV são sensíveis ao calor (56°C/30 min), pH ácido (3,0) e solventes lipídicos. O genoma é constituído de RNA de fita simples (RNAfs) de polaridade negativa, segmentado (FLUVA e FLUVB – oito segmentos; FLUVC – sete segmentos). Na Figura 14.3 pode-se observar a estrutura dos vírus pertencentes ao gênero alfainfluenzavírus, que mostra os oito segmentos de RNA envolvidos pelo capsídeo proteico de simetria helicoidal, a proteína matriz 1 (M1) e o envelope glicolipoproteico, no qual estão inseridos dois tipos de estruturas glicoproteicas: HA (trimérica) e NA (tetramérica). Cada monômero de HA é composto por duas subunidades, a subunidade globular $HA_1$ e a subunidade em haste $HA_2$, ligadas covalentemente por pontes dissulfeto; o trímero mantém-se unido por ligações não covalentes. Além desses componentes, existe o canal de prótons formado pelas proteínas tetraméricas M2 (proteína matriz 2) e BM2, nas espécies de vírus da influenza A e B, respectivamente. Os tetrâmeros são constituídos por monômeros unidos por ligações dissulfeto. A proteína M2 é formada de 97 aminoácidos (aa) e a BM2 apresenta 109 aa e são constituídas de segmentos aminoterminal extracelulares, transmembranares e carboxiterminal intracelulares.

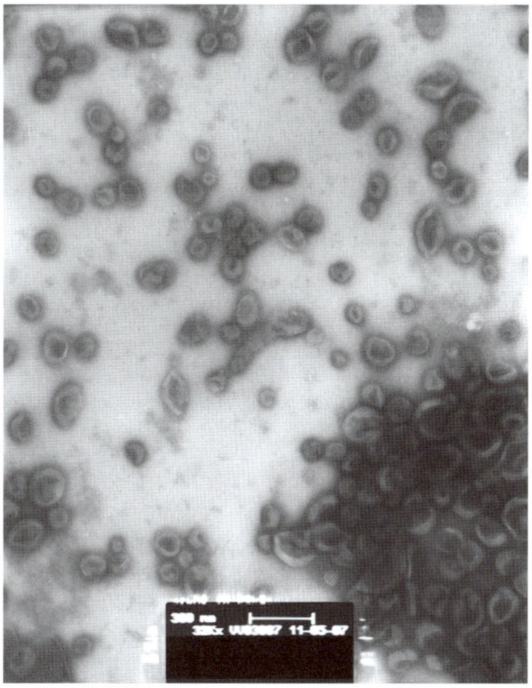

**Figura 14.2** Micrografia eletrônica de FLUV, espécie *Influenza A virus*, a partir de preparação purificada em gradiente de sacarose de 20 a 60%. Barra = 300 nm.

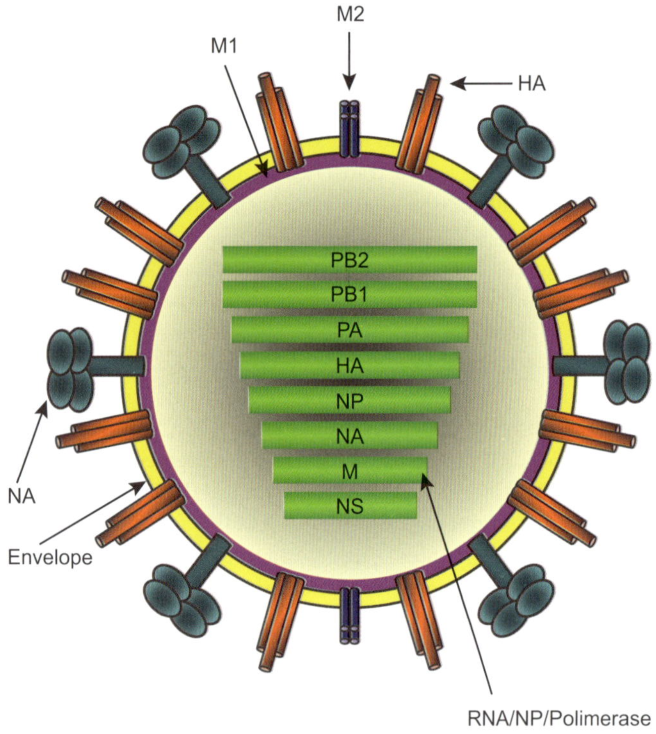


**Figura 14.3** Representação da estrutura dos FLUV.

No Quadro 14.1 estão relacionadas proteínas codificadas pelo genoma dos vírus alfa, beta e gamainfluenzavírus, e suas respectivas funções.

## *Biossíntese viral*

### Biossíntese do vírus da influenza A

No modelo de biossíntese dos FLUVA (Figura 14.4), a partícula viral adsorve-se às células através do sítio de ligação localizado no segmento $HA_1$ da glicoproteína HA, que se liga em resíduos de ácido siálico (AS) expostos na membrana citoplasmática, cada um deles ligado a um resíduo de galactose (Gal) por ligação $\alpha$2,3 ou $\alpha$2,6. Amostras de origem humana têm afinidade por estruturas com topologia de guarda-chuva flexível (glicanas $\alpha$2,6 sialiladas), enquanto amostras de origem aviária revelam afinidade por estruturas com topologia em forma de cone estreito (glicanas $\alpha$2,3 sialiladas). Essas estruturas de AS têm localização altamente exposta, distribuição ubíqua e carga negativa, representando a principal classe de moléculas utilizadas como receptores pelos vírus. Esse sítio receptor é ladeado por cinco sítios antigênicos (A, B, C, D e E). Os aminoácidos que ocupam as posições 226 (leucina e glutamina para estirpes de origem humana e aviária, respectivamente) e 228 (serina e glicina para estirpes de origem humana e aviária, respectivamente) do sítio receptor são responsáveis pelas diferenças de afinidade por estruturas de AS $\alpha$2,3Gal ou AS $\alpha$2,6Gal, respectivamente, nas estirpes de FLUVA de humanos que apresentam hemaglutinina dos subtipos $H_2$ ou $H_3$. Nas estirpes do subtipo $H_1$, os aminoácidos presentes nas posições 190 (aspartato e glutamato para estirpes de origem humana e aviária, respectivamente) e 225 (aspartato e glicina para estirpes de origem humana e aviária, respectivamente) são os responsáveis por essa variação na afinidade por estruturas de AS $\alpha$2,3Gal ou AS $\alpha$2,6Gal, respectivamente.

Parece que existe um mecanismo complementar nesse processo de adsorção, com atuação sequencial de um segundo receptor, ainda não descrito.

Após a adsorção, a endocitose ocorre via clatrinas, um modelo tradicionalmente aceito. No entanto, possivelmente, também pode acontecer por meio de outro modelo independente, tanto de vesículas cobertas por clatrina, como por caveolina, diferenciadas pelo seu tamanho e forma, com posterior fusão pH-dependente. Nesse processo de fusão, que ocorre em várias etapas, a partícula viral insere o peptídeo fusogênico da HA na membrana do endossoma que a está envolvendo. Para que isso ocorra, a proteína M2 funciona como um canal de prótons e possibilita a fusão, acidificando o interior da partícula viral, a partir de um ambiente endossomal já fisiologicamente acidificado. Nesse processo, a histidina (na posição 37), localizada no domínio transmembrana formador do poro do canal M2, é responsável pela atividade e próton-seletividade, permitindo a passagem de íons $H^+$ e não de $Na^+$ e $K^+$, bloqueados pelos grupamentos imidazol da histidina, enquanto a valina (na posição 27) e o triptofano (na posição 41) são importantes para a rota unidirecional de condutância do canal. Em pH elevado, a histidina não carregada faz com que o triptofano obstrua a passagem de íons $H^+$, impedindo o processo de fusão; em pH baixo, a histidina carregada permite a rotação do triptofano, levando à passagem desses íons. O núcleo funcional de M2 é formado pela histidina e triptofano, nas posições 31 e 41 da cadeia de aminoácidos. Nesse processo, o peptídeo fusogênico aminoterminal do segmento $HA_2$ (resultante da clivagem prévia de $HA_0$ em $HA_1$ e $HA_2$), que forma a haste da hemaglutinina, se mantém inserido em uma cavidade formada por resíduos de $HA_1$ e $HA_2$ devido a interações eletrostáticas.

A clivagem de $HA_0$ também pode ocorrer no espaço extracelular, por enzimas como a plasmina, e em vesículas endossomais das células-alvo, por serino-proteases. A NA pode ter papel facilitador sobre a clivagem da HA por recrutamento de uma protease que teria ação ativadora sobre o plasminogênio, com geração da plasmina, anteriormente mencionada. O baixo pH endossomal provoca a mudança conformacional irreversível de $HA_2$ para que ocorra a fusão do envelope viral com a membrana do endossoma. Esse processo é dependente do peptídeo de fusão aminoterminal do domínio transmembrana e de uma sequência em forma de bobina enrolada localizada entre as duas membranas. Inicialmente, devido ao baixo pH endossomal, uma estrutura localizada entre o peptídeo de fusão e a estrutura em forma de bobina enrolada assume um estado de transição laço-hélice, levando o peptídeo de fusão hidrofóbico a ser impulsionado em direção à membrana endossomal e ser nela inserido. A seguir, o ectodomínio carboxiterminal de $HA_2$ dobra-se sobre a estrutura em forma de bobina enrolada, em um arranjo antiparalelo, gerando uma estrutura estável. Essa estrutura formada pelo peptídeo de fusão e pela estrutura de ancoragem de HA faz com que o envelope viral seja puxado em direção à membrana endossomal, culminando na fusão entre as duas membranas com consequente liberação da ribonucleoproteína no citoplasma da célula. O processo de fusão entre o envelope e a membrana endossomal é possível porque o pH ácido leva à dissociação da proteína M1, com perda da matriz e consequente maior fluidez do envelope bilipídico viral.

Uma vez no interior do citoplasma, a ribonucleoproteína viral é conduzida ao núcleo pelas nucleoporinas que formam o poro

**Quadro 14.1** Proteínas codificadas pelos segmentos de RNA dos FLUV, dos gêneros alfa, beta e gamainfluenzavírus, e suas respectivas funções.

| Segmento de RNA | Proteína e função* | | |
|---|---|---|---|
| | **Alfainfluenzavírus (FLUVA)** | **Betainfluenzavírus (FLUVB)** | **Gamainfluenzavírus (FLUVC)** |
| 1 | PB2/759 aa (segmento = 2.341 nt): compõe a RNA polimerase; papel de reconhecimento do *cap* | PB2/770 aa (segmento = 2.369 nt): compõe a RNA polimerase; papel de reconhecimento do *cap* | PB2/774 aa (segmento = 2.365 nt): compõe a RNA polimerase |
| 2* | PB1/757 aa (segmento = 2.341 nt): compõe a RNA polimerase; alongamento de cadeia | PB1/752 aa (segmento = 2.368 nt): compõe a RNA polimerase; alongamento de cadeia | PB1/754 aa (segmento = 2.363 nt): compõe a RNA polimerase |
| 3** | PA/716 aa (segmento = 2.233 nt): compõe a RNA polimerase; atividade de endonuclease | PA/726 aa (segmento = 2.245 nt): compõe a RNA polimerase; atividade de endonuclease | P3/709 aa (segmento = 2.183 nt): compõe a RNA polimerase |
| 4 | HA/550 aa (segmento = 1.778 nt): glicoproteína de superfície; atividades de adsorção e fusogênica | HA/584 aa (segmento = 1.882 nt): glicoproteína de superfície; atividades de adsorção e fusogênica | HEF/655 aa (segmento = 1.178 nt): glicoproteína de superfície; atividades fusogênica e esterásica |
| 5 | NP/498 aa (segmento = 1.565 nt): ligação ao RNA viral, síntese do RNA viral; formação do nucleocapsídeo, em conjunto com o RNA viral e o complexo polimerase | NP/560 aa (segmento = 184 nt): ligação ao RNA viral, síntese do RNA viral; formação do nucleocapsídeo, em conjunto com o RNA viral e o complexo polimerase | NP/565 aa (segmento = 1.807 nt): ligação ao RNA viral, síntese do RNA viral; formação do nucleocapsídeo, em conjunto com o RNA viral e o complexo polimerase |
| 6 | NA/454 aa (segmento = 1.413 nt): glicoproteína de superfície; atividade sialidásica | NA/466 aa (segmento = 1.557 nt): glicoproteína de superfície; atividade sialidásica | CM2/115 aa (segmento = 1.180 nt): glicoproteína de superfície, canal iônico (?) |
| | | NB/100 aa (segmento = 302 nt): proteína de envelope, canal iônico (?) | CM1/242 aa (segmento = 952 nt); proteína matriz |
| 7 | M1/252 aa (segmento = 1.271 nt): proteína matriz/interação com ribonucleoproteína e glicoproteínas; brotamento/antagonista do interferon | M1/248 aa (segmento = 1.180 nt): proteína matriz, interação com ribonucleoproteína e glicoproteínas; brotamento | NS1/246 aa (segmento = 918 nt): proteína multifuncional/antagonista do interferon |
| | M2/97 aa (segmento = 366 nt): proteína de envelope, canal iônico | BM2/109 aa (segmento = 585 nt): proteína de envelope, canal iônico | NEP/182 aa (segmento = 605 nt): exportação da ribonucleoproteína viral |
| 8 | NS1/230 aa (segmento = 890 nt): proteína multifuncional | NS1/281 aa (segmento = 1.096 nt): proteína multifuncional/antagonista do interferon | – |
| | NEP/121 aa (segmento = 418 nt): exportação da ribonucleoproteína viral | NEP/122 aa (segmento = 441 nt): exportação da ribonucleoproteína viral | |

*As proteínas M2, NEP (FLUVA), NEP (FLUVB) e CM1 e NEP (FLUVC) são codificadas a partir de *splicing* de transcritos de RNAm.
**ORF alternativa é responsável pela expressão da proteína PB1-F2.
***ORF alternativa é responsável pela expressão da proteína PA-X.

nuclear. Essa etapa é dependente da energia gerada pela transformação de Ran-GTP (proteína nuclear relacionada a Ras-trifosfato de guanosina – pequena proteína ligada a GTP [*Ras-related nuclear protein-guanosine triphosphate*]) em Ran-GDP (ran-difosfato de guanosina [*ran-guanosine triphosphate*]) e pela atuação das importinas α e β. Essas importinas movimentam a ribonucleoproteína para dentro do núcleo da célula, pela ligação a uma sequência de reconhecimento específica denominada sinal de localização nuclear (SLN) da proteína NP viral, que é uma sequência com menos de 20 aa e rica em aminoácidos básicos.

No núcleo, ocorrem os processos de transcrição e de replicação do genoma viral comandados pelo complexo polimerase formado pelas subunidades proteicas PB2 (proteína básica 2 da polimerase [*polymerase basic protein 2*]), PB1 (proteína básica 1 da polimerase [*polymerase basic protein 1*]) e PA (proteína ácida da polimerase [*polymerase acidic protein*]), que age sequencialmente na síntese do RNA mensageiro (RNAm) e de novos RNA virais. Foi demonstrado que PB2 apresenta um sítio de ligação com PB1 e duas regiões de ligação a NP. PB1 apresenta os sítios independentes para a ligação com PB2 e PA, atuando assim, respectivamente, na transcrição e replicação. Inicialmente, ocorre a transcrição do RNA viral polaridade negativa (RNAv–) para um RNA complementar de polaridade positiva (RNAc+) que atua como RNAm, evento que acontece pela ligação sequencial das extremidades 5′ e 3′ do RNAv– à PB1.

Após a ligação inicial da extremidade 5′ do RNAv– à subunidade PB1 do complexo-polimerase, a subunidade PB2 se liga a um RNAm celular capeado (*cap*-RNAm), seguindo-se a ligação da extremidade 3′ do RNAv– à PB1, formando um dúplex com a extremidade 5′. Então, a atividade de endonuclease de PA cliva o *cap*-RNAm. A sequência restante, formada pelo *cap* ligado a uma sequência de 10 a 13 nt, permanece ligada à PB2 e atua

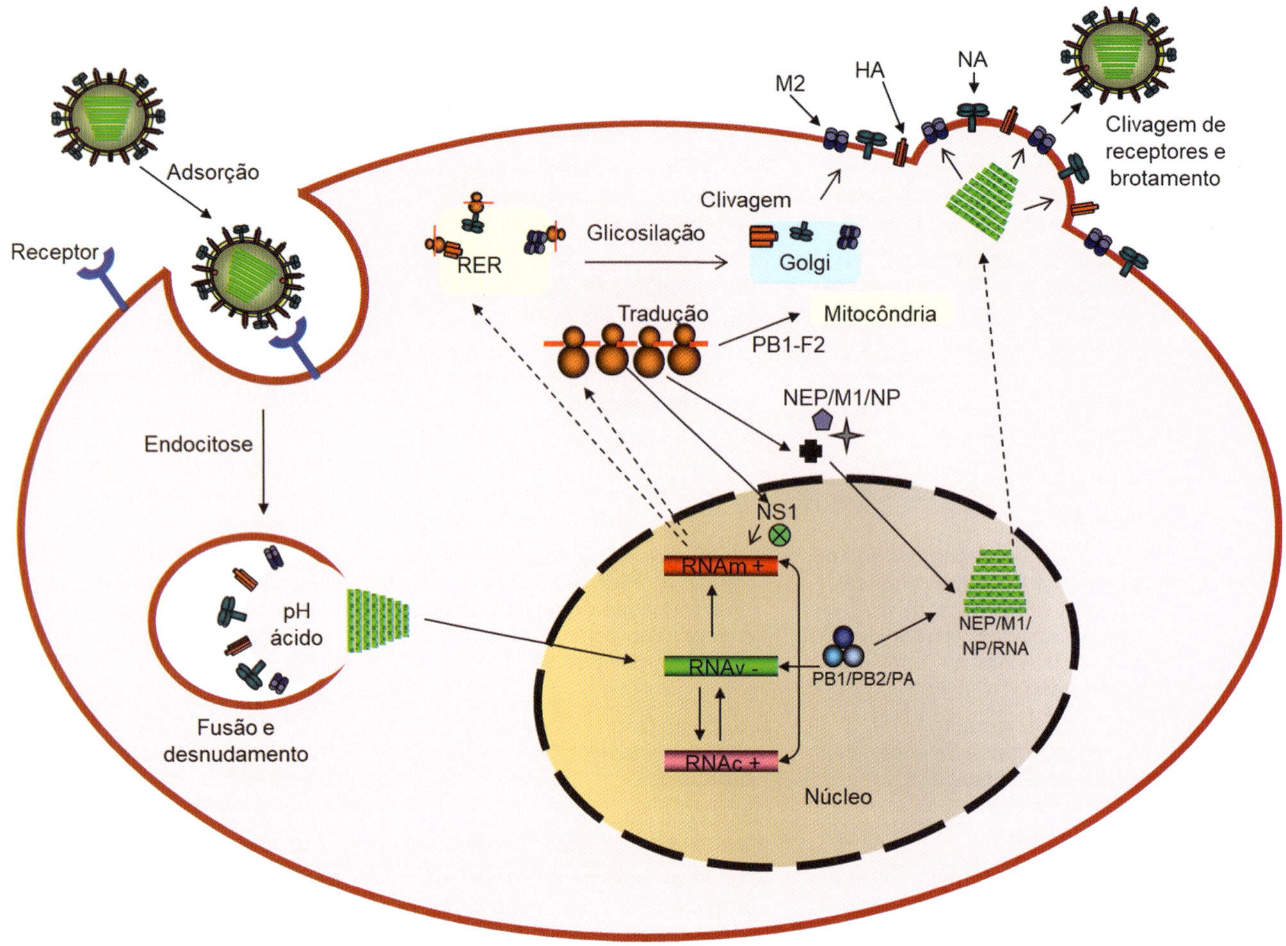


**Figura 14.4** Biossíntese dos FLUVA. Para mais detalhes, ver o texto. As *setas em linhas cheia* e *tracejada* representam, respectivamente, a rota de ação das importinas (rota do citoplasma para o núcleo) e exportinas (rota do núcleo para o citoplasma) no seu papel de transporte de RNA e proteínas, via reconhecimento de sinais de localização nuclear (SLN). RER: retículo endoplasmático rugoso; HA: hemaglutinina; NA: neuraminidase; M1: proteína matriz 1; M2: proteína matriz 2; PA: *polymerase acidic protein* (proteína ácida da polimerase); PB1: *polymerase basic-1 protein* (proteína básica 1 da polimerase); PB1-F2: *polymerase basic-1 protein-Frame 2* (proteína básica 1 da polimerase-proteína codificada pela sequência *Frame* de nucleotídeos de 62 a 70); PB2: *polymerase basic-2 protein* (proteína básica 2 da polimerase); NEP: *nuclear export protein* (proteína de exportação nuclear); NP: nucleoproteína; NS1: *non-structural protein 1* (proteína não estrutural 1); RNAm+: RNA mensageiro; RNAv–: RNA viral; RVAc+: RNA complementar.

como um iniciador capeado, dando início à síntese do RNAm viral. A seguir, resíduos formados por guanosina são ligados à extremidade 3′ do iniciador capeado e pareiam com resíduos citosina da extremidade 3′ do RNAv–, iniciando-se a transcrição e o alongamento da cadeia de RNAm viral, quando, então, o *cap* se desliga de PB2. A extremidade 5′ permanece ligada à PB2, enquanto o molde de RNAv– é lido na direção 3′ → 5′. Contudo, por impedimento estérico, a polimerase só é capaz de ler sequências formadas por uridinas, o que causa uma leitura em repetição, gerando uma cadeia de 150 resíduos de adenosina que é finalmente adicionada à extremidade 3′ do RNAm viral nascente. Nesse processo, a cadeia de RNAm viral é sintetizada a partir do molde do RNAv–, mas a síntese completa da cadeia complementar ao RNAv– não ocorre devido à parada na síntese, com perda de leitura de cerca de 23 nt, ocasionada pela leitura em repetição da cadeia de poliuridinas. Nesse mecanismo de biossíntese viral, a proteína multifatorial dimérica NS1 (proteína não estrutural 1 [*non-structural protein 1*]), de 230 aa, produto do gene NS, apresenta entre outras funções, uma ação inibidora sobre a poliadenilação e clivagem do RNAm celular, tornando-o disponível como fonte de iniciadores para a síntese do RNAm viral. NS1 é constituída por monômeros formados por sete cadeias β- e três α-hélices, capazes de fazer interações proteína-proteína e proteína-RNA. Os RNAm virais saem do núcleo pela ação de exportinas que reconhecem a sequência de localização nuclear, e são encaminhados aos ribossomas para a síntese de proteínas virais.

Em uma etapa posterior, independentemente de iniciadores, a partir da ligação da extremidade 5′ do RNAv– à PB1, acontece a ativação da proteína PA, quando ocorre fosforilação. Tem início, então, a síntese da cadeia do RNAc+ de polaridade positiva (antigenoma), inteiramente complementar ao RNAv–, processo que é dependente da presença da proteína NP recém-sintetizada e independente das atividades de ligação ao *cap* (PB2) e de endonuclease (PA). Finalmente, por um mecanismo similar, esse RNAc+ serve de molde para a síntese de novo RNAv–, após a ligação da sua extremidade 5′ à PB1, fosforilação e ativação de PA, em um mecanismo também dependente de NP, que regula a replicação por interação com PB1 e PB2.

A montagem final das novas partículas virais também acontece no núcleo, onde se forma um complexo composto pelo RNA viral recém-sintetizado mais as proteínas PB2, PB1 e PA (complexo polimerase), NP e M1, que são direcionadas para o núcleo após a tradução nos ribossomas. A proteína M1 é sintetizada na fase inicial da biossíntese a partir do RNAm codificado pelo segmento 7 (M) do RNAv–, enquanto a proteína M2 codificada pelo mesmo segmento é sintetizada, em uma fase mais tardia, por meio de um mecanismo dependente de *splicing*. O mesmo acontece com as proteínas NS1 e NEP (proteína de exportação nuclear [*nuclear export protein*]) que são codificadas a partir do segmento 8 (NS) do RNAv–, a segunda delas dependente de um processo de *splicing*. Após a síntese das outras proteínas específicas do vírus, e glicosilação de algumas delas no retículo endoplasmático rugoso (RER) e complexo de Golgi, o conjunto RNA-complexo polimerase-NP-M1, já montado no núcleo, é encaminhado ao citoplasma celular. No processo de montagem, a proteína M2 equilibra o pH entre o lúmen do complexo de Golgi e o citosol, impedindo a mudança conformacional prematura de HA devido ao pH ácido do ambiente. Para que o conjunto RNA-complexo polimerase-NP-M1 atravesse o poro nuclear é preciso a participação da NEP, composta por 121 aa, que reconhece o sinal de exportação nuclear e interage, por forças iônicas, com a proteína M1. A manutenção da flexibilidade de M1, necessária para que esta proteína desempenhe, de modo eficiente, seu papel no processo de montagem, é dependente da ausência de pH ácido.

Essa estrutura agora formada aproxima-se da membrana celular para que a proteína M1, presente no núcleo, membranas internas e citosol, interaja com o domínio citoplasmático das espículas HA (11 aa), NA (22 aa), e M2 (54 aa). As regiões da membrana celular onde ocorrem essas interações chamam-se balsas lipídicas (*lipid rafts*), que são estruturas constituídas de colesterol e esfingolipídeos, densas e flutuantes na membrana plasmática.

O domínio transmembrana situado na cauda citoplasmática de M2 é formado por uma estrutura em $\alpha$-hélice com uma face hidrofóbica que se insere parcialmente na membrana e uma face hidrofílica que se projeta no citosol. M2 está inserida na fronteira da zona de brotamento, na região de *lipid rafts*, onde se localizam HA e NA, e apresenta uma pequena região transmembrana (19 aa). Os oligômeros de proteína M1 que não apresentam domínios transmembrana e são ligados às caudas citoplasmáticas de HA, NA e M2, são responsáveis pelo processo de brotamento.

Em uma etapa anterior, que torna possível o brotamento, as glicoproteínas HA (proteína transmembrana do tipo I) e NA (proteína transmembrana tipo II) são encaminhadas à membrana citoplasmática e nela se ancoram por domínios transmembrana (27 e 30 aa, respectivamente), por ligação carboxiterminal e aminoterminal, respectivamente, expondo o seu ectodomínio extracelularmente. Nesse processo, tanto a proteína M2 (FLUVA) quanto a BM2 (FLUVB), que são proteínas transmembrana do tipo III e tetraméricas, são inseridas por um domínio transmembrana de 20 aa, mas essas proteínas diferem na extensão de seu ectodomínio aminoterminal (M2 e BM2 com 23 e 7 aa, respectivamente) e a cauda citoplasmática carboxiterminal (M2 e BM2 com 52 e 82 aa, respectivamente). Durante o processo de síntese pós-traducional, as espículas glicoproteicas HA e NA passam por uma etapa de glicosilação que é seguida de dobramento e clivagem por proteases celulares ou bacterianas, de modo a apresentar duas subunidades $HA_1$ e $HA_2$, a partir da sua forma $HA_0$ original não clivada. O processo de clivagem, por proteases extracelulares ou ligadas à membrana, ocorre em duas fases: primeiro uma endoprotease cliva um resíduo de arginina na sequência que conecta $HA_1$ e $HA_2$ ao terminal carboxil e, em seguida, essa arginina é removida por uma carboxipeptidase, gerando, sequencialmente, as extremidades aminoterminal de $HA_2$ e carboxiterminal de $HA_1$. Ocorre também uma etapa de acilação, pela adição de resíduos de ácido palmítico na proximidade do terminal-carboxi de HA.

A maior capacidade de disseminação de estirpes aviárias de alta patogenicidade (HPAI, *highly pathogenic avian influenza viruses*) pode ser explicada, em parte, pela presença de uma sequência de aminoácidos básicos, constituída de resíduos de argininas e lisinas, no sítio de clivagem da HA, favorecendo a clivagem por endoproteases ubíquas tais como furina, no complexo de Golgi e na rede trans-Golgi. Contudo, algumas estirpes HPAI podem não apresentar uma sequência consenso para clivagem por furina, e mesmo assim são suscetíveis à clivagem. Por sua vez, a menor patogenicidade de estirpes de origem humana e aviária de baixa patogenicidade (LPAI, *low pathogenic avian influenza viruses*) pode ser explicada pela presença de resíduos de arginina ou de lisina no sítio de clivagem pontual da HA, que é acessível a um número limitado de proteases tripsina-*like*. Assim, estirpes LPAI somente podem ser clivadas, no complexo de Golgi e membrana celular, por serino-proteases transmembrana; no espaço extracelular, por enzimas como plasmina, tripsina e trombina; e nas vesículas endossomais das células-alvo, também por serino-proteases. Pela ação dessas enzimas, a estrutura $HA_2$ pode assim expor seus domínios hidrofóbicos fusogênicos presentes no peptídeo de fusão, que tornam as partículas virais fusogênicas e infecciosas, permitindo a ocorrência de novos ciclos de biossíntese em células vizinhas.

Por outro lado, no processo final de liberação da partícula viral, atua a estrutura glicoproteica NA. Por meio da atividade sialidásica da NA, os resíduos de AS da membrana citoplasmática são clivados, o que permite que a partícula viral seja liberada por brotamento a partir da membrana da célula infectada. A NA encontra-se na forma de tetrâmero e cada partícula viral apresenta, em média, 100 espículas dessa glicoproteína. Cada unidade do tetrâmero é constituída de seis cadeias antiparalelas em folha $\beta$ e apresentam um sítio ativo catalítico altamente conservado, circundado por uma sequência conservada de aminoácidos e um segundo sítio de ligação a ácidos siálicos que tem a função de aproximar a NA de seu substrato. A NA tem como funções: (i) permitir o transporte pela mucina, destruindo receptores de HA da célula hospedeira para a eluição dos vírions a partir das células infectadas; (ii) remover ácidos siálicos das cadeias glicosiladas de HA e NA, prevenindo autoagregação de partículas; e (iii) clivar ácidos siálicos do muco, prevenindo o carreamento de partículas virais e, assim, sua inativação, permitindo a penetração dos vírus no sistema respiratório. As propriedades funcionais de HA e NA precisam ser balanceadas para permitir a penetração na camada de muco, altamente sialilado, do sistema respiratório e a eficiente disseminação viral. Deste modo, a razão entre HA e NA é um fator crítico, desde que existem aproximadamente, oito vezes mais espículas HA do que NA por partícula viral. O excesso de HA sobre NA pode ser compensado pela mais baixa afinidade de HA por ácidos siálicos.

Esses processos levam à propagação da infecção viral às células vizinhas, à medida que impossibilitam a reinfecção da célula já infectada e a formação de aglomerados de partículas virais devido à presença de ácidos siálicos na superfície de membranas citoplasmáticas e envelopes virais. A ação clivante de NA sobre receptores pode ter, além do papel impeditivo sobre o processo de adsorção viral pela HA, um papel facilitador sobre a clivagem da HA, por recrutamento de uma protease de ação ativadora sobre o plasminogênio, a plasmina então gerada é capaz de clivar $HA_0$, tornando-a ativa para o processo de fusão. As principais fases do ciclo de biossíntese e as estruturas virais envolvidas estão representadas na Figura 14.5.

## Biossíntese dos vírus da influenza B e C

Nos FLUVB, diferentemente dos FLUVA, a proteína NB (equivalente à proteína NA da espécie *A*), provavelmente, é responsável pela formação do canal aniônico e, juntamente com a glicoproteína NA, parece ser sintetizada a partir do segmento 6 do RNAv–. A proteína BM2 (proteína M2 dos vírus da espécie B), comprovadamente formadora do canal iônico, é sintetizada a partir do segmento 7, o mesmo responsável pela codificação da proteína M1 (ver Quadro 14.1).

Nos vírus da influenza C, a glicoproteína HEF, ancorada por ligação carboxiterminal ao envelope viral, é responsável pelos processos de ligação a receptores e de fusão, assim como pelo processo final de clivagem de receptores, onde é expressa a sua atividade de acetil-esterase (clivagem do grupo acetil do ácido siálico). É discutido o papel da proteína CM2 (proteína M2 dos vírus do gênero *Influenza C virus*) como canal aniônico, de função semelhante à proteína M2. Nesses vírus, as proteínas PB2, PB1 e P3 compõem o complexo polimerase, desempenhando as funções de síntese de RNAm e RNAv–, enquanto a proteína CM1 apresenta a função de matriz e as proteínas NS1 e NEP desempenham funções similares àquelas proteínas de mesmo

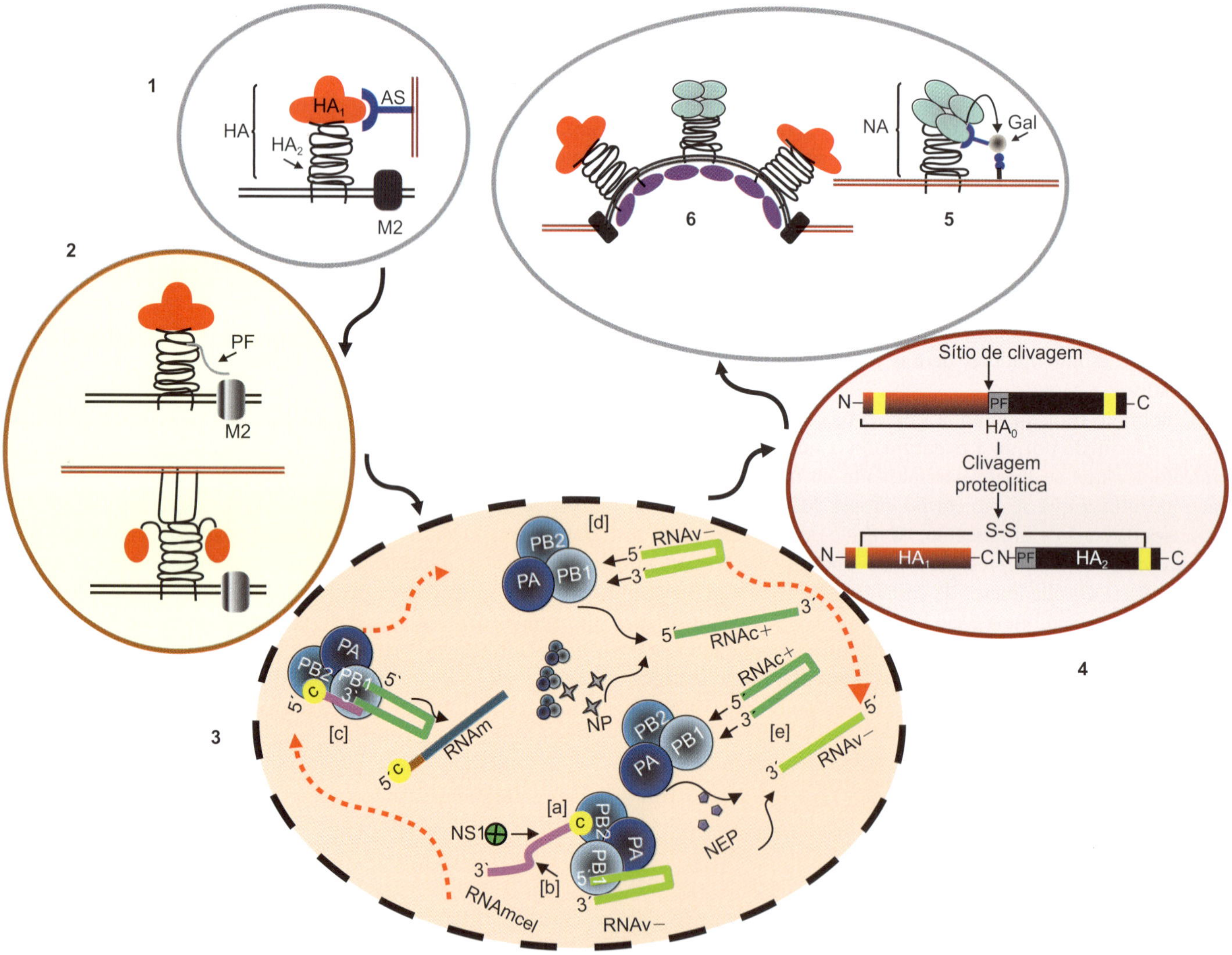


**Figura 14.5** Principais fases da biossíntese dos FLUVA e estruturas virais envolvidas nesse processo. Nos diagramas, observam-se: **1.** Na membrana celular ocorre a ligação do vírus ao receptor celular de ácido siálico (AS), com o canal de prótons (M2) fechado; **2.** No citoplasma ocorre a fusão, permitida pela abertura do canal de M2, com inserção do peptídeo de fusão (PF) da hemaglutinina (HA) na membrana do endossoma; **3.** No núcleo celular ocorrem: [*a*] ligação do RNA viral (RNAv–) a PB1, [*b*] ação de endonuclease da PB2 com clivagem de RNA mensageiro celular (RNAmcel) e produção de iniciadores, [*c*] síntese de RNA mensageiro viral (RNAm), [*d*] síntese do RNA complementar (RNAc+) e [*e*] de novos RNAv–, pelo complexo PB1, PB2 e PA, indicando a participação de NS1 na síntese de RNAm, pela disponibilização de RNAmcel [*c*], de NP solúvel na síntese de RNAc+ [*d*] e de NEP na regulação do nível de RNAv– [*e*]; **4.** No citoplasma (complexo de Golgi) ocorre a clivagem de HA em $HA_1$ e $HA_2$, permitindo a exposição futura do PF; **5.** Na membrana citoplasmática ocorre a clivagem de resíduos de AS pelo sítio ativo de neuraminidase (NA); e **6.** O brotamento com ligação de M1 às caudas de HA e NA, localizadas nas balsas lipídicas (*lipid rafts*), M2 localizando-se fora das balsas lipídicas e permitindo a formação das dobras de membrana, no processo de formação da partícula viral a ser liberada.

nome entre os FLUVA (ver Quadro 14.1). A glicoproteína HEF da espécie *Influenza C virus*, tal como as glicoproteínas HA dos FLUVA e FLUVB, necessitam sofrer um processo de clivagem por proteases celulares ou bacterianas, com a clivagem de $HA_0$ em $HA_1 + HA_2$ e de HEF em $HEF_1 + HEF_2$, para que o peptídeo fusogênico possa ser exposto no processo de fusão, durante a disseminação da infecção viral.

## Patogênese

Os FLUV são transmitidos, pessoa a pessoa, por meio de aerossóis provenientes do sistema respiratório ou pelo contato com fômites e superfícies contaminadas. Os FLUV penetram no sistema respiratório superior (SRS) através da mucosa do nariz, da boca e/ou da conjuntiva. No processo de patogênese, a especificidade de ligação por receptores celulares, assim como a suscetibilidade de clivagem da hemaglutinina e o balanço entre as atividades de ligação pela hemaglutinina e de clivagem pela neuraminidase, são fatores determinantes da patogenicidade. Foi demonstrado que a atividade da neuraminidase é dependente de temperatura e pH, assim, nos pulmões, a presença de condições ideais, em relação a esses parâmetros, poderá fornecer o ambiente ótimo para o vírus e o surgimento de quadros clínicos graves. Nos seres humanos, a propagação do FLUV é geralmente restrita às células epiteliais do SRS e sistema respiratório inferior (SRI), devido à expressão limitada de serino-protease secretada por células não ciliadas do epitélio brônquico. Contudo, algumas estirpes de influenza aviária altamente virulentas, contêm inserções genéticas no sítio de clivagem da HA, que permitem o processamento por proteases ubíquas. Isso pode causar alterações no tropismo e sítios adicionais de biossíntese viral, em animais e seres humanos. No mecanismo de infecção, a camada de mucina, os movimentos ciliares e os inibidores de protease podem prevenir, tanto o processo de entrada do vírus na célula como o processo de desnudamento da partícula viral.

Uma vez que o FLUV tenha infectado eficientemente as células epiteliais respiratórias, a biossíntese ocorre em poucas horas e uma grande quantidade de novos vírions são produzidos. As partículas infecciosas são preferencialmente liberadas da face apical das células epiteliais para as vias aéreas. Assim, a partir do SRS, a infecção pode atingir o SRI, por meio de viremia ou disseminação célula a célula. Ocorre rápida disseminação do vírus dentro dos pulmões devido à rápida infecção para as células vizinhas. As células infectadas são destruídas com consequente necrose celular e descamação. A infecção de macrófagos alveolares e células dendríticas, residentes em vias aéreas e epitélio alveolar, pode desempenhar papel na resposta imunológica à infecção viral, inclusive pela apresentação do antígeno viral aos linfócitos $TCD_4^+$ e $TCD_8^+$. Várias citocinas e quimiocinas tais como interleucina (IL)-1β, IL-6, IL-8, TNF-α (fator de necrose tumoral-α [*tumor necrosis factor*-α]), MCP-1 (proteína-1 quimiotática de monócitos [*monocyte chemotactic protein-1*]), MIP-1α (proteína-1 α quimiotática de monócitos [*monocyte chemotactic protein-1*α]), RANTES (regulada sob ativação, expressa e secretada por células T normais [*regulated on activation, normal T cell expressed and secreted*]) e IP-10 (proteína 10 induzida por interferon gama [*interferon gamma-induced protein 10*], também denominada CXCL10), podem participar do processo.

As células epiteliais infectadas secretam citocinas que recrutam células do sistema imunológico. Os macrófagos endocitam e destroem os vírus e atraem células *natural killer* (NK) que conduzem à destruição de células infectadas, por ação de citocinas. Essas células epiteliais infectadas montam uma resposta anti-inflamatória por reconhecimento de padrões moleculares virais, partindo do reconhecimento sequencial do RNA viral iniciado por RIG-I (gene induzível pelo ácido retinoico-I [*retinoic acid inducible gene*-I]), MAVS (proteínas de sinalização antiviral mitocondrial [*mitochondrial antiviral signaling proteins*]), TRIM25 (proteína 25 contendo motivo tripartido [*tripartite motif-containning protein 25*]), IPS-1 (estimulador-1 do promotor de interferon-β [*interferon-β-promoter stimulator-1*]) que conduz a indução final de IRF3 (fator regulatório de interferon 3 [*interferon regulatory factor 3*]) e IRF7 e produção de interferons (IFN) dos tipos I (IFN-I) e III (IFN-III). Em adição, o reconhecimento de padrões moleculares por PKR (proteíno-cinase R ativada por RNA [*protein kinase RNA-activated*]) ativa a translocação de NF-κB (fator nuclear κB [*nuclear factor* κ*B*]) para o núcleo, ativação de transcrição de agrupamentos de genes pró-inflamatórios, pró-apoptóticos e antivirais. Outros reconhecedores do FLUV incluem o NLRP3 (família de receptores tipo NOD3, contendo domínios pirina [*NOD-like receptor family, pyrin domain containing 3*]) de inflamassomas, além de os receptores tipo *toll* (*toll-like*) de endossomas (TLR3 e TRL7).

As células endoteliais de pulmão não somente medeiam o extravasamento intra e extrapulmonar de monócitos e leucócitos, por expressão de moléculas de adesão e quimiocinas, mas também liberam mediadores inflamatórios tais como IL-6 e TNF-α, com ação pró-inflamatória durante a infecção. Essas células endoteliais, por outro lado, são a maior fonte de ACE2 (enzima conversora de angiotensina 2 [*angiotensin-converting enzyme 2*]), que aumenta os níveis de angiotensina 2 e está relacionada à proteção de células epiteliais e leva à melhor recuperação após a infecção. A via da esfingosina-1-fosfato pelas células endoteliais conduz a níveis mais elevados de citocinas e quimiocinas, orquestrando também a resposta inflamatória que conduz à lesão pulmonar. Quando a biossíntese viral começa a ficar fora de controle, citocinas enviam um sinal para o hipotálamo que eleva a temperatura do corpo (febre) para reduzir a síntese viral. Como consequência, macrófagos secretam mais citocinas para recrutar outras células do sistema imunológico, como neutrófilos, que participam do processo de apoptose e *clearance* viral. Devido à resposta imunológica frente à infecção, os tecidos respiratórios ficam edemaciados e inflamados.

Os macrófagos também ativam células dendríticas (DC, *dendritic cells*), que por sua vez irão recrutar linfócitos T auxiliares (Th, T *helper*), incluindo Th1 e Th2, e linfócitos T citotóxicos (CTL, *cytotoxic T lymphocyte*). A ativação das células Th1 envolve a resposta celular do sistema imunológico adaptativo (macrófagos, células NK e CTL). A ativação das células Th2 envolve a resposta humoral (as células B são ativadas passando a plasmócitos que irão produzir anticorpos específicos para o vírus). À medida que o vírus se dissemina pelo sistema respiratório e pela corrente sanguínea, os primeiros sintomas começam a surgir. O processo de biossíntese continua por vários dias, a infecção progride e mais citocinas são produzidas pelos vários tipos celulares envolvidos no processo (tempestade de citocinas). O estresse oxidativo devido à infecção viral (condição de desequilíbrio entre a geração de compostos oxidantes e a atuação dos sistemas de defesa antioxidante) conduz a oxidação e nitração de proteínas, oxidação de lipídeos, quebra de fitas de cadeias de DNA, com dano tecidual, inflamação e apoptose. Os macrófagos pulmonares são a primeira linha de defesa fagocitando partículas virais e células apoptóticas, secretando IFN-I e outras citocinas e quimiocinas. Esses macrófagos residentes parecem ser cruciais para limitar a disseminação, a morbidade e a mortalidade na infecção por FLUV. Eles iniciam, ao mesmo tempo, a resposta inata e adaptativa por estimulação de linfócitos $TCD_8^+$ que podem levar a imunopatologias. Por exemplo, fosfolipídeos oxidados têm sido indicados como potencializadores da produção de citocinas pelos macrófagos e são cruciais na progressão da lesão pulmonar induzida pelo FLUV. Essa inflamação causa sintomas como coriza, febre, muco, espirros, tosse, olhos lacrimejantes, dores de cabeça, dores musculares, fadiga, dificuldade em respirar (devido à constrição brônquica), náusea etc., podendo evoluir para um quadro de síndrome respiratória aguda grave (SRAG).

Depois de destruir o vírus, algumas células B e T se tornam células de memória, de modo a proteger o organismo na eventual ocorrência de uma nova infecção pela mesma estirpe viral, ou outra estirpe antigenicamente relacionada.

Se o vírus atinge os pulmões, os macrófagos alveolares recrutam outras células do sistema imunológico, como neutrófilos e eosinófilos, para auxiliar no controle da infecção. Porém, se os macrófagos ficarem infectados e outras células imunológicas ficarem sobrecarregadas, isso pode levar à pneumonia. A pneumonia geralmente ocorre quando bactérias infectam o tecido pulmonar que já está inflamado pelo FLUV. Na pneumonia mais grave, ocorre pneumonite intersticial, com marcada hiperemia e espessamento das paredes alveolares. Observam-se infiltração, predominantemente por leucócitos mononucleares, dilatação de capilares e trombose, com a presença de antígenos virais em células epiteliais e macrófagos alveolares. Em casos graves, a infecção se dissemina para o compartimento alveolar, onde os vírus se ligam a pneumócitos tipo II (célula produtora de surfactantes, que mantém os alvéolos abertos e auxiliam na difusão de gases pela membrana alveolar), que exibem alta expressão de ácidos siálicos ligados a galactose em arranjo α-2,3, levando a um dano alveolar extenso e difuso. Este dano se expressa histologicamente como edema hemorrágico, deposição de fibrina, infiltração massiva de leucócitos, apoptose extensa de células epiteliais de alvéolos e brônquios e formação de membranas hialinas. No processo de infecção, os mastócitos podem ativar o endotélio capilar, por produção de citocinas como TNF-α, IL-α, IL-β, IL-6, IL-8 e IFN-α, estando também envolvidos no aumento da permeabilidade vascular e no recrutamento de células efetoras, este último através da secreção de quimiocinas. Os mastócitos, são importantes no controle da infecção, contudo, em certas circunstâncias, o seu papel no aumento da permeabilidade vascular pode levar à invasão e disseminação dos vírus pelos tecidos.

Neutrófilos são recrutados logo no início da infecção nos alvéolos, e a sua depleção no início da infecção está associada a disseminação descontrolada dos vírus e progressão de doença benigna a grave. Por outro lado, o recrutamento excessivo, observado em infecções por estirpes altamente patogênicas de $H_5N_1$ ou $H_1N_1$ contribuem para lesão pulmonar. A migração intercelular de neutrófilos, recrutados em grande número, dos vasos sanguíneos para os alvéolos, requer a abertura de complexos de junções epiteliais que contribuem para a desintegração da barreira alveolar e a progressão da doença. Moléculas sinalizadoras liberadas pelos neutrófilos contribuem significantemente para a lesão pulmonar, assim como citocinas, espécies oxigênio reativas, proteases extracelulares e histonas liberadas pelos neutrófilos têm sido demonstradas como causadores de lesão na infecção pelo FLUV.

Na Figura 14.6 são apresentados os processos de interação entre FLUV, epitélio respiratório e células/elementos participantes da resposta imunológica, inata e adquirida, responsáveis pela patogênese das infecções por esses vírus no sistema respiratório, desde a sua porta de entrada até a chegada ao SRI, pelas diferentes vias de disseminação viral.

A proteína NS1 desempenha um importante papel na patogenicidade dos FLUV fazendo com que eles escapem da resposta imunológica inata, inibindo a via de sinalização que permite a produção e ação do IFN-I, além de inibir a PKR. NS1 pode reprimir as interleucinas pró-inflamatórias e a apoptose em macrófagos infectados e desempenha um papel importante na patogênese da infecção. A pequena proteína PA-X (41 a 61 aminoácidos) tem também papel regulatório sobre a resposta imunológica inata e adquirida. A proteína PB1-F2 está envolvida no processo apoptótico, conduzindo também à inflamação, com papel, dependente da estirpe viral, na regulação da resposta imunológica inata. Ela tem sido considerada responsável pela alta virulência da estirpe $H_5N_1$ de FLUVA aviária e da estirpe pandêmica de FLUVA ($H_1N_1$) da gripe espanhola, responsáveis por "tempestades de citocinas", quando infiltração de células inflamatórias e hemorragia grave podem ser observadas.

As respostas relacionadas com a imunidade sistêmica (IgG e IgM) e de mucosa (IgA) começam a surgir no 5º dia da infecção e atingem seu pico máximo aproximadamente 10 dias após. Nesse processo, o IFN também atinge seu pico máximo após 3 dias de infecção, estando presente até o 8º dia. Os anticorpos contra HA e NA são comprovadamente associados a resistência à infecção, os anticorpos IgG e IgA produzidos após a infecção natural diminuem gradualmente em 1 ano.

Hospedeiros suscetíveis podem ter seus mecanismos de controle celular sobre a propagação viral comprometidos, se as suas respostas de IFN se mostrarem defectivas, por mutação em IFTM3 (proteína transmembrana 3 induzida por interferon [*interferon-induced transmembrane protein 3*]) ou a sua imunidade celular se mostrar ineficiente, por mutação de IRF7, com níveis aumentados de inflamação sistêmica (por obesidade, gravidez ou doença avançada), levando a que se apresentem em estado crítico de doença, o que pode ser explicado pela biossíntese viral prolongada a que estes fatores conduzem.

## Manifestações clínicas

A gripe, infecção causada por FLUV das espécies *Influenza A virus*, *Influenza B virus* e *Influenza C virus* surge após um período de incubação que varia de 24 a 72 horas, mas pode chegar a atingir 4 a 5 dias, dependendo da infecciosidade e quantidade de vírus, e do estado imunológico do hospedeiro. Após o desaparecimento da febre, de 38 a 40 °C, que surge no 2º ou 3º dia após a infecção, o acometimento do SRI se intensifica, surgindo sintomas como tosse com catarro e fraqueza que podem durar até 2 semanas. A febre pode durar por 3 a 7 dias. A obstrução nasal e a faringite são comuns, também podendo ocorrer conjuntivite. Alguns indivíduos podem apresentar, embora menos comumente quando se trata de infecções por FLUV, sinais e sintomas de resfriado com coriza, espirros, congestão nasal e dor de garganta, normalmente

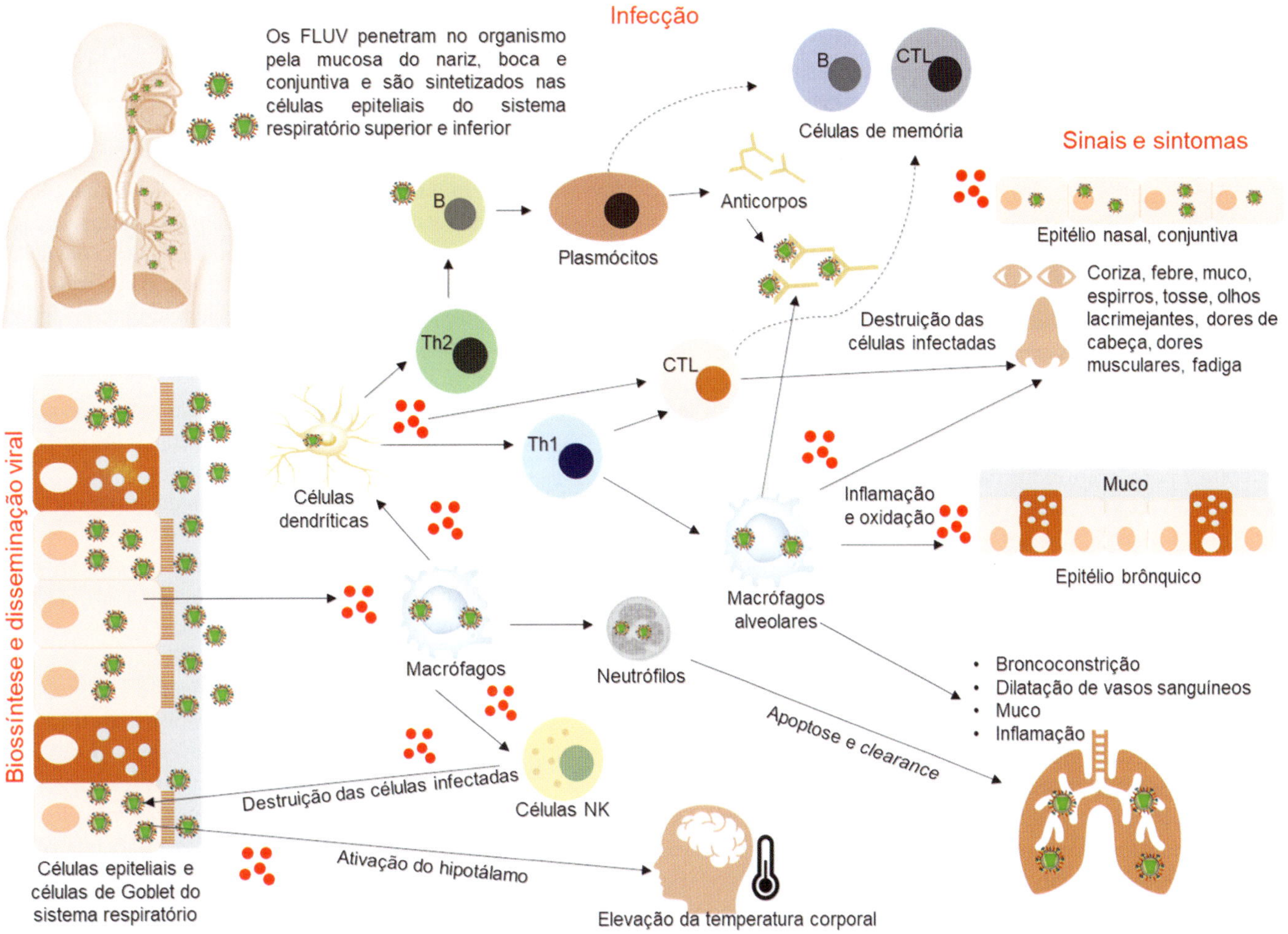


**Figura 14.6** Processos de interação entre vírus, epitélio respiratório e células/elementos participantes das respostas imunológicas inata e adquirida, no mecanismo de imunofisiopatologia das infecções por FLUV. Os vírus infectam as células epiteliais dos sistemas respiratório superior e inferior. A propagação viral no epitélio induz a destruição celular e liberação de citocinas (*esferas vermelhas*), resultando na ativação de diversas classes de células do sistema imunológico para realizar o *clearance* do vírus. Os macrófagos são recrutados por citocinas produzidas pelas células infectadas, e apresentam os antígenos virais às células dendríticas, desencadeando a resposta imunológica adaptativa, com participação das células T-*helper* (Th1 e Th2), linfócitos T citotóxicos (CTL) e células B. O processo de biossíntese continua por vários dias, a infecção progride e mais citocinas são produzidas pelas várias células imunológicas (tempestade de citocinas); essas citocinas desencadeiam inflamação e oxidação. Essa resposta imunológica ocasiona os sintomas associados à gripe como coriza, febre, espirros, tosse, olhos lacrimejantes, dores de cabeça, dores musculares, fadiga etc. Após a eliminação do vírus, são produzidas células B e T de memória, de modo a proteger o organismo na eventual ocorrência de uma nova infecção pela mesma estirpe viral, ou outra estirpe antigenicamente relacionada. NK: *natural killer*. Adaptada de Influenza (Flu) Prevention & Natural Remedies, 2020.

sem febre e sem sintomas sistêmicos. A infecção pode conduzir a mialgia generalizada, prostração intensa, anorexia e, com frequência, dor de garganta, coriza e congestão nasal.

A infecção pode atingir o SRI, por meio de viremia ou disseminação célula a célula, conduzindo ao acometimento da laringe, traqueia, brônquios, bronquíolos e pulmões. Essa viremia não é normalmente significativa e surge após a propagação viral em gânglios linfáticos regionais, levando à inflamação difusa da mucosa e edema. Após 6 a 24 horas do início dos sintomas, uma pneumonia grave pode surgir abruptamente, com taquipneia, taquicardia, cianose, febre alta e hipotensão, levando a hipóxia, sinais radiológicos de pneumonia e morte dentro de 1 a 4 dias. O paciente pode apresentar uma pneumonia bacteriana ou rinossinusite secundárias, pela perda da camada mucociliar do epitélio do sistema respiratório. Coinfecções com *Streptococcus pneumoniae* e *Staplylococcus aureus* são aquelas observadas mais frequentemente, podendo conduzir à morte por pneumonia. Pneumonias fatais com coinfecção já tinham sido observadas em soldados mortos durante a pandemia de gripe espanhola. Coinfecções com outros vírus respiratórios, tais como HRSV (vírus respiratório sincicial de humanos [*human syncytial respiratory virus*]), aumentam a gravidade da doença, especialmente em pacientes imunocomprometidos.

Em geral, as infecções pelo FLUV se resolvem, espontaneamente, em 7 dias, apesar da tosse, mal-estar e fadiga poderem persistir por algumas semanas. Contudo, complicações podem surgir, tais como: pneumonia primária por influenza, pneumonia bacteriana; rinossinusite; otite; desidratação, agravamento de doenças crônicas como insuficiência cardíaca, asma ou diabetes. O agravamento dos casos clínicos pode ser sinalizado em adultos por: dispneia, taquipneia ou hipoxemia; persistência ou aumento da febre por mais de 3 dias ou retorno após 48 horas de período afebril (em casos de pneumonite primária pelo FLUV e pneumonia bacteriana secundária) e alteração do sensório (confusão mental, sonolência, letargia). O agravamento dos casos clínicos em crianças pode ser alertado por: persistência ou retorno da febre; taquipneia com aumento do esforço respiratório; bradipneia e ritmo respiratório irregular, gemidos expiratórios (colapso alveolar e de pequenas vias aéreas); estridores inspiratórios (som agudo, chiado, causado pela obstrução de vias aéreas); sibilos e aumento do tempo expiratório (obstrução de vias aéreas inferiores); palidez cutânea e hipoxemia; alteração do nível de consciência (irritabilidade ou apatia).

Nos casos de SRAG, recomenda-se que haja prioridade no tratamento precoce para: grávidas em qualquer idade gestacional; puérperas até duas semanas após o parto; adultos com mais de 60 anos de idade; crianças com menos de 5 anos de idade (as crianças menores do que 2 anos têm maior risco de hospitalização e as menores do que 6 meses de idade têm maior risco de óbito); população indígena aldeada ou com dificuldade de acesso; indivíduos menores de 19 anos de idade em uso prolongado de ácido acetilsalicílico (risco de síndrome de Reye). Além desses, também estão enquadrados neste grupo, indivíduos que apresentem: pneumopatias (incluindo asma); pacientes com tuberculose de todas as formas (há evidências de complicações e possibilidade de reativação); cardiovasculopatias; nefropatias; hepatopatias; doenças hematológicas (incluindo anemia falciforme); distúrbios metabólicos (incluindo *diabetes mellitus*); transtornos neurológicos e do desenvolvimento que possam comprometer a função respiratória ou aumentar o risco de aspiração; disfunção cognitiva, lesão medular, epilepsia, paralisia cerebral; síndrome de Down, acidente vascular encefálico ou doenças neuromusculares; imunossupressão associada a medicamentos; neoplasias; HIV/AIDS (vírus da imunodeficiência humana/síndrome da imunodeficiência adquirida [*human immunodeficiency virus/acquired immunodeficiency syndrome*]) e obesidade.

Diferentemente do que ocorre com os FLUVA e FLUVB, o FLUVC leva, geralmente, a uma infecção mais branda, semelhante ao resfriado, denominação dada às infecções virais do SRS que não são relacionadas normalmente com infecção pelos FLUV.

As complicações por infecção pelos FLUV podem surgir na forma de bronquite, bronquiolite, laringotraqueobronquite (crupe viral), pneumonia, rinossinusite, conjuntivite, enterite, exantema e miocardite, sendo maior o risco de sua ocorrência em pacientes imunocomprometidos e idosos, especialmente aqueles com doença cardiopulmonar. Em gestantes, a maior incidência de complicações pode surgir durante o 2º e 3º trimestres de gravidez, sem conduzir, contudo, a malformações congênitas. Foi observada uma associação entre a infecção por FLUV e a exacerbação de quadros de asma.

Existe uma possível associação etiológica entre os FLUVA e FLUVB e a síndrome de Reye, uma encefalopatia que acontece simultaneamente com sintomas hepáticos, após início marcado por sintomas respiratórios. Essa síndrome se caracteriza por degeneração gordurosa do fígado, com vômito, além de um quadro de encefalopatia grave com sintomas de irritabilidade, inquietude e com diminuição progressiva do nível de consciência, com edema cerebral progressivo e coma. Além disso, quadros de encefalopatia gripal, com sintomas de irritabilidade, confusão, psicose, delírio e coma, assim como de encefalite pós-gripal e encefalite letárgica têm sido associados à infecção por FLUV. Embora não seja observada viremia significativa, o vírus já foi recuperado de fígado, baço, coração, glândulas adrenais, rins e meninges.

## Diagnóstico laboratorial

Os materiais de escolha para o isolamento dos FLUV são lavado ou *swab* de garganta, saliva ou aspirado do SRI, os quais devem ser colhidos na fase aguda da doença e acompanhados de dados clínicos. Amostras de soro da fase aguda e convalescente devem ser colhidas, paralelamente, para evidenciação da conversão sorológica mediante teste de inibição da hemaglutinação (HI). Os dados de hemograma não são específicos, podendo ser observadas leucocitose ou leucopenia.

As amostras clínicas podem ser submetidas a técnicas rápidas de diagnóstico de detecção viral, por IF direta (IFD) ou indireta (IFI), EIA e RT-PCR. Nos testes de diagnóstico por biologia molecular são utilizadas como alvos de iniciadores para detecção universal de FLUVA de humanos, FLUVA de origem suína e FLUVB, as sequências genômicas codificadoras das proteínas M, NP e NEP, respectivamente. No caso específico dos FLUVA e FLUVB, um sistema de diagnóstico rápido, baseado na revelação da presença viral por meio da atividade de neuraminidase, pode ser utilizado. Para identificação viral podem também ser empregadas reações sorológicas como fixação de complemento (FC), teste de neutralização (TN) e HI. A identificação das espécies e dos subtipos dos FLUV é realizada, tradicionalmente, por reação de HI.

No Brasil, alguns testes de IFI e de EIA são aprovados pelo Ministério da Saúde (MS) para diagnóstico rápido de identificação de infecções por FLUVA e FLUVB. Atualmente, os laboratórios componentes da Rede Laboratorial de Vigilância de Influenza (RLVI) utilizam a metodologia de RT-PCR em tempo real como metodologia de testagem inicial para a detecção de RNA de FLUVA e FLUVB. As amostras positivas são submetidas ao isolamento viral, caracterização antigênica e genética, além da análise de resistência a antivirais. Os casos negativos são analisados por RT-PCR ou PCR em tempo real para os outros vírus que acometem o sistema respiratório (Figura 14.7).

A RLVI faz parte do Sistema Nacional de Laboratórios de Saúde Pública (SISLAB)e é constituída por 27 Laboratórios Estaduais Centrais de Saúde Pública (LACEN; dois Laboratórios de Referência Regional – LRR), o Instituto Evandro Chagas, em Belém e o Instituto Adolfo Lutz, em São Paulo; e um Laboratório de Referência Nacional (LRN), Instituto Oswaldo Cruz, no Rio de Janeiro. Os LRR e LRN são responsáveis pelas análises complementares às realizadas pelos LACEN que fazem parte da sua rede de abrangência. Esses três laboratórios são credenciados pela Organização Mundial da Saúde (OMS) como centros de referência para influenza (NIC, *Nacional Influenza Center*), os quais fazem parte da rede global de vigilância da influenza.

Os LACEN são responsáveis pela base da informação utilizada para vigilância, a partir da identificação do agente etiológico, tipagem e subtipagem dos FLUV circulantes, utilizando um algoritmo de diagnóstico laboratorial para influenza e outros vírus respiratórios (Figura 14.7). Esses laboratórios realizam o processamento inicial das amostras colhidas, incluindo aliquotagem, estocagem e diagnóstico laboratorial viral. Um quantitativo das amostras processadas pelos LACEN é sistematicamente enviado para os Laboratórios de Referência para realização de análises complementares.

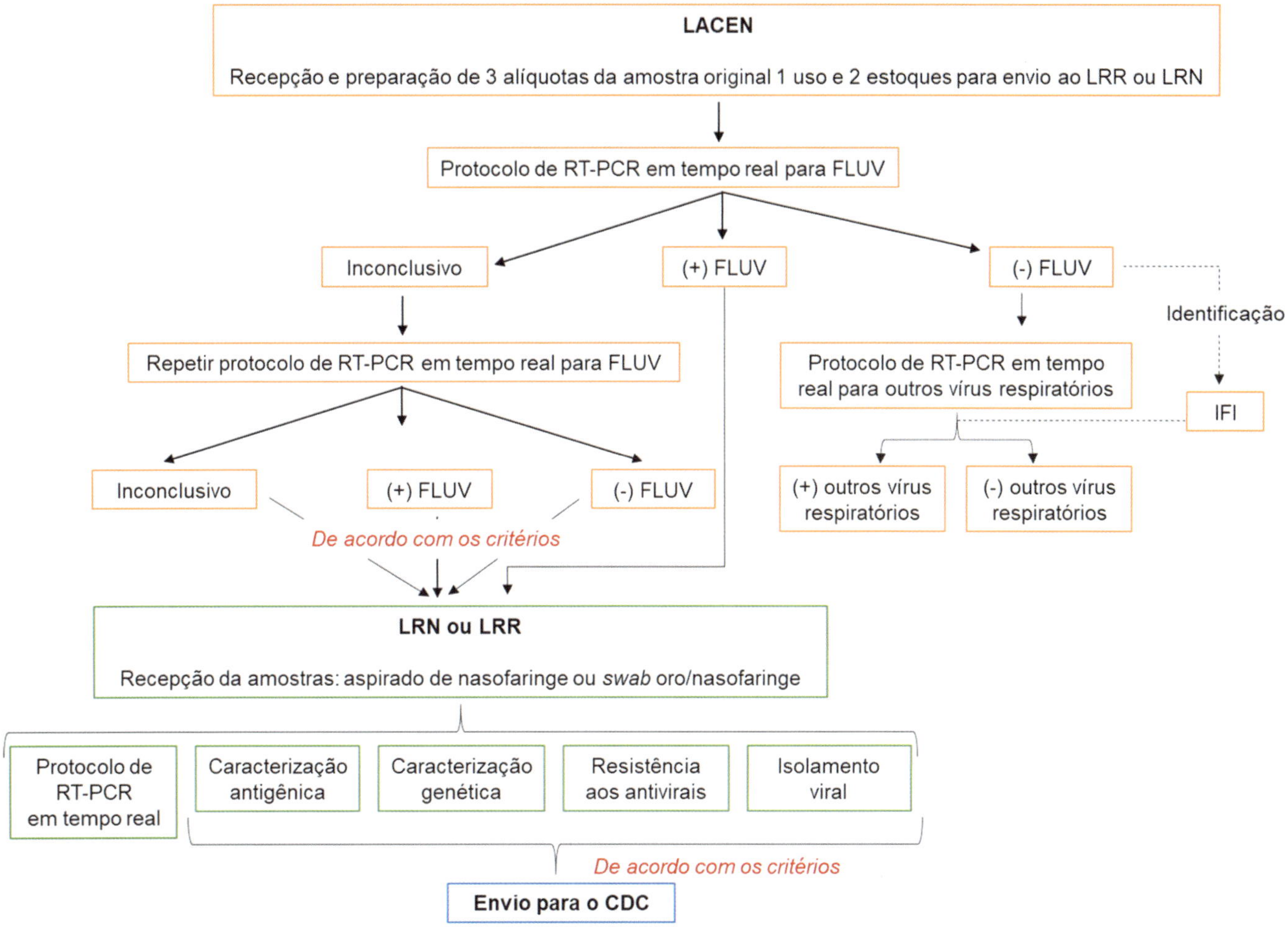


**Figura 14.7** Algoritmo para diagnóstico laboratorial para FLUV e outros vírus respiratórios. FLUV: vírus da influenza; RT-PCR: *reverse transcription polymerase chain reaction* (reação em cadeia da polimerase associada à transcrição reversa); LACEN: Laboratórios Estaduais Centrais de Saúde Pública; LRR: Laboratórios de Referência Regional; LRN: Laboratório de Referência Nacional; CDC: Centers for Disease Control and Prevention (Centros para Controle e Prevenção de Doenças); IFI: imunofluorescência indireta; (+): positivo; (–): negativo. Fonte: MS do Brasil/SVS, 2016.

Os Laboratórios de Referência são responsáveis pela caracterização antigênica e genética dos vírus circulantes e identificação de novos subtipos, bem como o monitoramento da resistência aos antivirais. Como parte da rede global, esses laboratórios enviam, anualmente, isolados virais e amostras clínicas para os Centros para Controle e Prevenção de Doenças (Centers for Disease Control and Prevention – CDC) em Atlanta, EUA, o Centro Colaborador da OMS das Américas, para subsidiar a seleção das estirpes virais para a composição da vacina anual pela OMS (Figura 14.7).

A rede de laboratórios estaduais é constituída pelos LACEN Alagoas, Bahia, Espírito Santo, Minas Gerais, Paraná, Rio de Janeiro, Rio Grande do Sul, Santa Catarina e Sergipe, os quais são subordinados ao Instituto Oswaldo Cruz; LACEN Distrito Federal, Goiás, Mato Grosso, Mato Grosso do Sul, Piauí, Rondônia, São Paulo e Tocantins, subordinados ao Instituto Adolfo Lutz; e LACEN Acre, Amazonas, Amapá, Ceará, Maranhão, Pará, Paraíba, Pernambuco, Rio Grande do Norte e Roraima, subordinados ao Instituto Evandro Chagas.

No diagnóstico tradicional em Virologia, os materiais clínicos colhidos, de acordo com a suspeita clínica, devem ser inoculados, após tratamento, em ovos embrionados de galinha ou culturas de células, especialmente MDCK (células Madin-Darby de rim de cão). A detecção do vírus, no líquido alantoico ou amniótico de ovos embrionados, e em culturas de células, é realizada como observado no Quadro 14.2.

Para a confirmação da etiologia viral, associa-se o isolamento do vírus em sistema hospedeiro com a sorologia para a pesquisa de IgG, IgM ou IgA específicas.

## Epidemiologia

A incidência de doenças respiratórias causadas pelos FLUV atinge o pico máximo no inverno, inclusive no Brasil, mas a doença pode ser observada durante todo o ano. Os FLUVA e FLUVB, com menor incidência para o FLUVB, circulam entre homens, porcos, cavalos e aves, assim como entre cães, gatos, morcegos e até focas e baleias, levando à manutenção dos vírus na natureza. Com frequência, essas infecções são inaparentes, não resultando, portanto, no surgimento de doença. A circulação do vírus, em uma ampla variedade de hospedeiros, favorece o surgimento de novas estirpes virais por infecção intra- ou interespécies. Na Figura 14.8A estão listadas as estirpes de FLUVA já detectadas em cada um dos animais componentes da cadeia epidemiológica, com cada um dos subtipos de hemaglutinina (HA) e neuraminidase (NA), além das estirpes de FLUVB.

Fatores como especificidade de ligação ou de atividade sialidásica de glicoproteínas HA ou NA por estruturas receptoras celulares (AS $\alpha$2,3Gal ou AS $\alpha$2,6Gal), envolvidas no processo

**Quadro 14.2** Sistemas hospedeiros empregados para o isolamento dos vírus respiratórios e métodos de revelação da propagação viral nesses hospedeiros.

| Vírus | Sistema hospedeiro | Método de revelação |
|---|---|---|
| Influenza | Ovos embrionados/culturas de células | Hemaglutinação/CPE (células arredondadas; perda de adesão ao suporte) |
| Parainfluenza | Ovos embrionados/culturas de células | Hemaglutinação/CPE (sincícios) |
| Respiratório sincicial | Culturas de células | CPE (sincícios) |
| Reovírus | Culturas de células | CPE (inclusões citoplasmáticas; aparência granular) |
| Rinovírus | Culturas de células | CPE (células arredondadas; picnose nuclear) |
| Coronavírus | Culturas de células | CPE (células alongadas; presença de vacúolos intracitoplasmáticos) |
| Adenovírus | Culturas de células | CPE (células aglomeradas com aparência de cachos de uva) |

CPE: efeito citopatogênico.

de ligação ou clivagem de receptores; estabilidade da glicoproteína HA, evitando uma mudança precoce de configuração que levaria, de modo irreversível, à sua inativação; perda de sensibilidade das estruturas virais, envolvidas com o processo de fusão, à clivagem por proteases (celulares, como plasmina e furina, ou bacterianas); assim como variações nas atividades funcionais das estruturas PB2 e NS1, são indicados como os maiores determinantes da restrição da faixa de hospedeiros suscetíveis e da patogenicidade. Na verdade, a proteína NS1 parece ser parcialmente responsável pela capacidade da infecção viral ocorrer em múltiplas espécies de animais. Os FLUVD circulam entre bovinos, porcos, cavalos, pequenos ruminantes e camelos, e apresentam potencial zoonótico para causar doença entre humanos, como comprovado por sorologia.

Existem alguns mecanismos que explicam a transmissão entre espécies, como de aves selvagens para aves domésticas e o homem. São eles:

- Surgimento de mutações facilitadoras da disseminação viral, pela aquisição de múltiplos aminoácidos básicos em local próximo ao sítio de clivagem, ou perda de aminoácidos ligados a carboidratos, ambos na cadeia da HA
- Ocorrência de encurtamento da haste da neuraminidase, com perda da eficiência de sua atividade de clivagem sobre receptores, que seria compensada com o aumento da glicosilação da cabeça globular da HA. Essa glicosilação reduziria a sua afinidade por receptores e, assim, facilitaria a liberação dos vírus, por prevenir, tanto a agregação da espícula de HA a membranas celulares, quanto a ligação entre envelopes virais.

A emergência de novas variantes dos FLUVA é responsável pelos surtos frequentes, epidemias e pandemias de gripe. O surgimento dessas novas variantes ocorre em consequência de variações restritas (*drifts*) ou extensas (*shifts*) no seu RNA, e da elevada frequência de rearranjo ou recombinação genética, com as consequentes alterações funcionais e antigênicas nas proteínas do vírus. As variações tipo *drift* (deriva gênica) são relacionadas com erros da RNA polimerase viral que gera um grande número de variantes de HA e NA, a partir das quais a resposta imunológica do hospedeiro pode selecionar um novo vírus, enquanto as variações tipo *shift* (troca gênica) são causadas por substituição de segmentos de RNA entre amostras, esta última com possibilidade de gerar uma pandemia. De acordo com a OMS, a influenza ou gripe acomete anualmente 5 a 15% da população mundial, causando 3 a 5 milhões de quadros graves e aproximadamente 500.000 mortes. As pandemias de gripe têm ocorrido ao longo da história da humanidade. No século XX ocorreram as pandemias da gripe espanhola, asiática, Hong Kong e russa (esta última com caráter pandêmico não confirmado), por FLUVA dos subtipos $H_1N_1$, $H_2N_2$, $H_3N_2$ e $H_1N_1$, respectivamente. A gripe espanhola (1918-1919) causou altíssima taxa de mortalidade entre adultos jovens com idades de 15 a 34 anos, levando a uma grave patologia pulmonar com destruição rápida e profunda de tecidos pulmonares, que resultava em óbito. Durante essa pandemia, que aconteceu em três ondas, duas estipes virais circularam simultaneamente, uma delas com afinidade para AS α2,6Gal e outra com dupla afinidade para AS α2,6Gal e para AS α2,3Gal, esta última presente no epitélio alveolar. O vírus causador da gripe Hong Kong manteve a $N_2$ dos vírus $H_2N_2$ circulantes, relacionados com aqueles causadores da gripe asiática (1957), e adquiriu $H_3$ e PB1 de estirpe de origem aviária. A gripe russa foi primeiramente reportada na China, causando doença em jovens abaixo de 23 anos; o alto nível de similaridade com os vírus circulantes no início dos anos 1950, anterior ao surto de $H_2N_2$, fez surgir a suspeita de que ela fosse originária de acidente por contaminação com uma estirpe do estoque de um laboratório de pesquisa. Na Figura 14.8B estão apresentadas as pandemias de FLUVA, a caracterização antigênica e genética dos vírus envolvidos, época de ocorrência e número aproximado de óbitos entre seres humanos.

## Pandemia por influenza A $H_1N_1$ 2009: primeira pandemia do século XXI

No período de 2009 a 2010, ocorreu a primeira pandemia do século XXI, iniciada no México e se disseminando nos EUA a partir do estado da Califórnia, atingindo todo o mundo, tendo sido responsável por cerca de 18.500 mortes confirmadas. Estudos indicaram que esses números foram subavaliados e estimaram o número total de mortes entre 105.700 e 395.600, atingindo 214 países. O vírus causador (FLUVA $H_1N_1$ 2009) apresentava segmentos de origem aviária (NA, M, PB1, PB2 e PA) e suína (HA, NP e NS), e parecia estar circulante, provavelmente em porcos, por algum tempo antes da pandemia. Nessa pandemia, observaram-se como fatores de risco a gravidez (especialmente no último trimestre da gravidez) e condições crônicas, tais como doenças respiratórias (especialmente asma), autoimunes e cardiovasculares, além de diabetes e obesidade. Casos clínicos

A

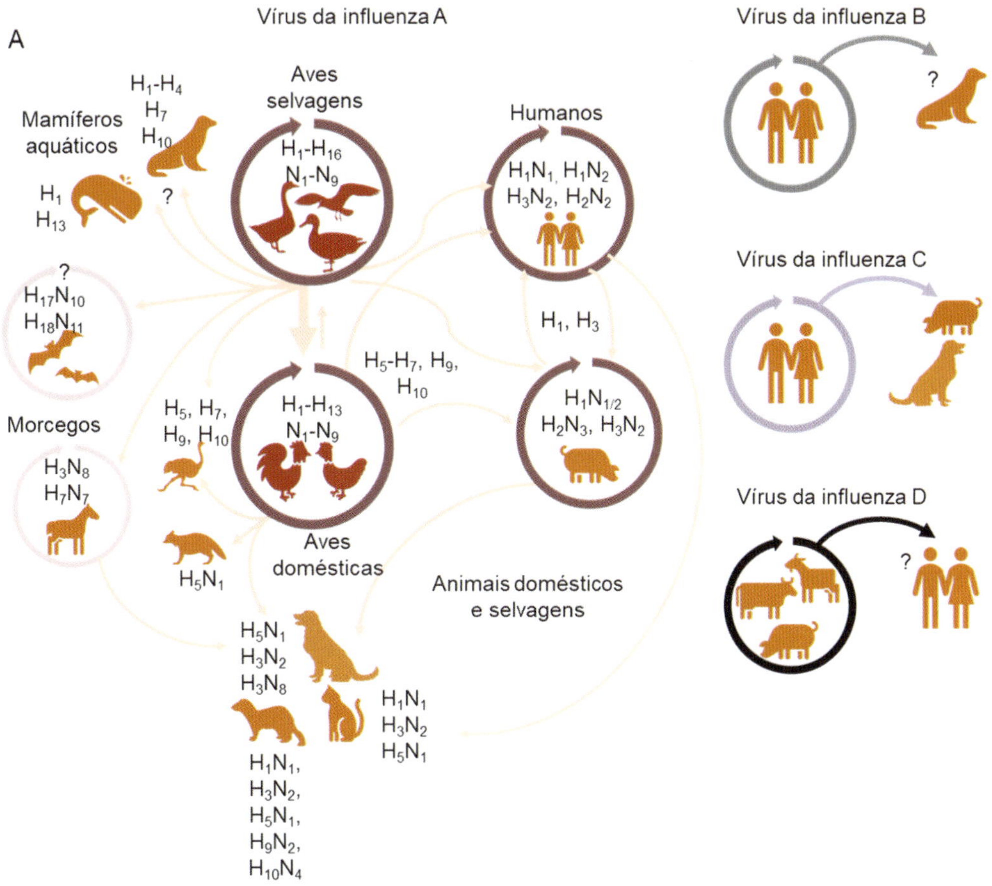


B

| Pandemia/caracterização antigênica do vírus | Caracterização genética do vírus | Ocorrência/ mortalidade |
|---|---|---|
| Espanhola/$H_1N_1$ | PB2<br>PB1<br>PA<br>HA<br>NP<br>NA<br>M<br>NS | 1918-1919/40 a 50 milhões |
| Asiática/$H_2N_2$ | PB2<br>PB1<br>PA<br>HA<br>NP<br>NA<br>M<br>NS | 1957/1 a 2 milhões |
| Hong Kong/$H_3N_2$ | PB2<br>PB1<br>PA<br>HA<br>NP<br>NA<br>M<br>NS | 1968/700.000 |
| Russa/$H_1N_1$ | PB2<br>PB1<br>PA<br>HA<br>NP<br>NA<br>M<br>NS | 1977/10.000 |
| $H_1N_1$ 2009/$H_1N_1$ | PB2<br>PB1<br>PA<br>HA<br>NP<br>NA<br>M<br>NS | 2008-2009/ aprox. 18.400 |

Espanhola $H_1N_1$ — Aviária $H_3N_2$ — Suína clássica $H_1N_1$ — Aviária $H_2N_2$ — Aviária $H_2N_2$ — Aviária $H_1N_1$

**Figura 14.8** Epidemiologia da influenza em seres humanos e animais. **A.** Ciclo epidemiológico dos vírus da influenza A, B, C e D. **B.** Pandemias do FLUVA e caracterização antigênica e genética dos vírus envolvidos, época de ocorrência e número aproximado de óbitos entre seres humanos. Adaptada de Long *et al.*, 2019.

graves têm sido observados nas Américas associados à infecção por uma variante do FLUV $H_1N_1$ 2009 que apresenta uma mutação no aminoácido 222 (ácido aspártico ⟶ asparagina; D222N) no sítio receptor da hemaglutinina.

## Epidemiologia da gripe aviária: $H_5N_1$ e outras amostras aviárias

Uma estirpe potencialmente pandêmica, a estirpe $H_5N_1$ de FLUVA, tem se mostrado altamente patogênica, classificada como HPAI, circulando inicialmente na Ásia através das correntes de aves migratórias, com observação de infecção em pássaros por vários quadrantes do mundo. Até o momento, a transmissão para seres humanos, só foi demonstrada pela manipulação de aves infectadas. Contudo, houve um caso comprovado de transmissão homem a homem, envolvendo um indivíduo que teve contato próximo e constante com um parente infectado. Além das mutações que levaram, principalmente, à aquisição de especificidade por receptores de AS α2,6Gal por vírus aviário originalmente com afinidade por receptores de AS α2,3Gal, aquelas adquiridas em genes codificadores da polimerase PB2, assim como das proteínas NS1, podem também ter conduzido à rápida evolução das amostras $H_5N_1$. Os alvéolos pulmonares apresentam maior riqueza em receptores de AS α2,3Gal, possibilitando que estirpes que tenham especificidade de ligação por essas estruturas, as aviárias por exemplo, induzam quadros graves de pneumonia. As mutações de PB2 são propostas como responsáveis pela tolerância da polimerase das estirpes aviárias às temperaturas mais baixas do pulmão humano, comparadas àquelas temperaturas do trato gastrointestinal aviário (41°C), onde originalmente são propagados. Mutações de PB2 tem papel também na estabilização de sua interação com NP, aumentando a taxa de biossíntese viral e induzindo infecções mais graves, o que tem sido relacionado a maior patogenicidade das pandemias humanas e dos surtos e epidemias de gripe aviária. As mutações em NS1 potencializam seu papel em limitar a resposta imunológica inata.

O primeiro caso de infecção em seres humanos pela estirpe $H_5N_1$ foi observado na cidade de Hong Kong, em maio de 1997, quando foi isolada em um menino de 3 anos de idade que morreu de pneumonia. Esse primeiro caso em humano foi precedido pela detecção do vírus em gansos, na província chinesa de Guangdong, nos meses de março a maio do mesmo ano. Logo após, no mês de dezembro de 1997, a infecção por esse vírus causou a morte de seis pessoas em um total de 24 acometidas, o que levou à eliminação de 1.500.000 aves, como medida de controle. A despeito dessa medida, o vírus se disseminou pelo mundo, demonstrando seu potencial pandêmico, tendo infectado aves selvagens e de criação, em pelo menos 55 países da Ásia, Oriente Médio, África e Europa. A estatística das infecções por esse vírus, desde 2003, quando a infecção por $H_5N_1$ voltou a ser detectada, tem sido documentada pelos CDC (EUA) e pela OMS. A disseminação da infecção por $H_5N_1$ em seres humanos, registrada pela OMS no período de 2003 a junho de 2014, levou ao registro de 667 casos clínicos em 15 países, sendo que 58,9% (393 casos) deles resultaram em óbito; a incidência foi ascendente de 2003 a 2007 com uma queda do número de casos a partir daí, mas sempre mantendo uma taxa de letalidade significativa, entre 43 e 75% entre 2008 e 2012, com somente dois casos confirmados (um deles comprovadamente fatal), no período de maio a junho de 2014. Dados da OMS, coletados de 17 países, mostram que, no período de 2003 a junho de 2020, ocorreram 861 infecções por $H_5N_1$confirmadas laboratorialmente, com 455 mortes registradas.

Infecções de seres humanos por diferentes estirpes de FLUVA dos subtipos $H_5N_1$, $H_7N_9$, $H_7N_7$, $H_{10}N_8$ e $H_9N_2$ têm ocorrido pelos diversos continentes do globo, mas, em geral, apenas estirpes do subtipo $H_7$, além daquelas $H_5N_1$, têm levado a síndromes respiratórias graves. No período de fevereiro a novembro de 2013, um surto de infecções por $H_7N_9$ se estabeleceu na China, e foi monitorado pela OMS, com 139 casos detectados, com 32,3% de mortalidade. Outros picos de incidência foram relatados nas primeiras 7 semanas de 2014, na China e Malásia. Essas estirpes exibiam mutações no aminoácido 160 (treonina ⟶ alanina; T160A) da hemaglutinina e uma deleção de cinco aminoácidos na haste da neuraminidase. A predominância de estruturas de ácido siálico em arranjo α2,3 no sistema respiratório de crianças e no trato ocular (córnea, conjuntiva e ducto lacrimal), de crianças e adultos, pode explicar a maior suscetibilidade desse grupo etário e desse sítio a infecções por FLUVA aviário. As autoridades chinesas implantaram medidas de prevenção e controle para a contenção da incidência da infecção e não foram observados indícios de que a transmissão pessoa a pessoa, já relatada, pudesse ser sustentada, o que pôde ser confirmado por dados que revelaram uma curva descendente de relatos de infecção. Contudo, entre março de 2013 e junho de 2020, a OMS havia reportado a ocorrência de 1.568 casos da infecção por esse vírus em seres humanos, incluindo 615 óbitos. Entre eles, 33 casos foram associados ao vírus HPAI A($H_7N_9$), que apresenta mutações no gene da hemaglutinina, indicando uma alteração para alta patogenicidade em aves. Não foi detectado aumento da transmissibilidade ou virulência relacionados a esse vírus, em casos acometendo seres humanos. Casos de infecção em humanos por $H_9N_2$, confirmados em laboratório, ainda têm sido reportados pela OMS. Entre 2015 e junho de 2020 foram reportados 33 casos de infecção em humanos por influenza aviária A($H_9N_2$) na China.

O 1º caso em humano associado à estirpe aviária de FLUVA subtipo $H_{10}N_8$ foi identificado em dezembro de 2013, coincidindo com uma 2ª onda de infecções pelo subtipo $H_7N_9$ no oeste da China, até dezembro de 2014. Essa nova estirpe apresentou adaptação aos receptores de células do sistema respiratório humano. Contudo, o potencial pandêmico, já demonstrado para $H_5N_1$ e $H_7N_9$, não foi observado para o subtipo $H_{10}N_8$ entre outros.

Os FLUVB e FLUVC sofrem menos variações antigênicas do que o FLUVA, de forma que as grandes pandemias estão associadas a este último.

Dados de 2019 do MS do Brasil, apontam o FLUVA $N_1$, FLUVB, FLUVA não subtipado e FLUVA ($H_3N_2$) como agentes de 42,6%, 33,2%, 4,9% e 19,3% dos casos de SG respectivamente. Por outro lado, os dados indicam o FLUVA ($H_1N_1$)pdm09 (estirpe causadora da pandemia de gripe $H_1N_1$ de 2009-2010), FLUVA ($H_3N_2$), FLUVA não subtipado e FLUVB como responsáveis por 66,2%, 16,6%, 5,4% e 11,8% dos casos de SRAG.

## Prevenção e controle

Devido à alta taxa de mutação observada entre os FLUVA, o controle da doença por meio da imunização se torna extremamente difícil. O uso das vacinas licenciadas, produzidas com a partícula viral completa ou antígenos particulados, é restrito, principalmente, aos idosos com mais de 60 anos e crianças acima de 6 meses de idade, assim como a pacientes de qualquer idade com doenças cardíacas, pulmonares e renais crônicas, e indivíduos imunocomprometidos. As estirpes de FLUVA ($H_1N_1$ e $H_3N_2$) e FLUVB, presentes na vacina produzida em ovos embrionados, são determinadas a cada ano, para os hemisférios norte e sul, pela OMS, a partir de informações epidemiológicas fornecidas pelos laboratórios de referência em influenza, situados em diferentes regiões do mundo. Recomenda-se que a vacinação seja feita antes do início do inverno, quando ocorre o aumento da incidência de infecções. Devido a situação que se configurou na época, a OMS desenvolveu estudo conjunto com vários de seus centros credenciados, na busca de novos recombinantes de estirpes $H_5N_1$ FLUVA, representativas das variantes em circulação, para o desenvolvimento de uma vacina para uso em seres humanos (adaptação à ligação a receptores de AS $\alpha$2,6Gal), estabelecendo-se também medidas de controle quanto à biossegurança global. Como a disseminação da estirpe foi controlada, não foi necessária a continuação do estudo e a implantação da vacinação para essa estirpe de FLUV.

No Brasil, como estratégia para garantir a autossuficiência nacional, foi construída uma planta de produção de vacinas contra a gripe no Instituto Butantan, em São Paulo, em 2008. A vacina é produzida em ovos embrionados de galinha, com tecnologia do Instituto Sanofi-Pasteur, com uso de processo de purificação, fragmentação viral por uso de detergente, inativação por formaldeído e esterilização por filtração. No caso específico de crianças até 8 anos, a vacina é administrada em duas doses com intervalo mínimo de 3 semanas entre elas, sendo recomendada a administração de dose única a partir dos 9 anos, com exceção daquelas crianças nunca vacinadas. O Quadro 14.3 apresenta informações sobre a estratégia de vacinação na rede pública de saúde, apresentando os grupos de indivíduos a serem vacinados, número e volume das doses para cada grupo e intervalo entre elas (A), também relacionando os grupos prioritários a serem vacinados (B).

A administração da vacina não é recomendada para pessoas com alergia a proteínas do ovo ou demais componentes da vacina, assim como na presença de doenças agudas febris. Entre os efeitos adversos possíveis da vacinação podem ser observados eventos de dor local, eritema e enduração (eventos locais), febre, mialgia e cefaleia (eventos sistêmicos), urticárias, espasmo de laringe, hipotensão e choque (reações anafiláticas). A associação entre o uso da vacina atual e casos de síndrome de Guillain-Barré não está totalmente comprovada. Em estudo realizado nos EUA, observou-se um aumento da ordem de 1 caso em cada 1.000.000 de pessoas imunizadas. Os sintomas dessa síndrome podem surgir no prazo de 7 dias a 6 semanas após a vacinação.

O MS do Brasil, por intermédio da Secretaria de Vigilância em Saúde (SVS), a partir do alerta dado pelo surgimento da gripe aviária, estabeleceu, na época, o "Plano Brasileiro de Preparação para Enfrentamento de uma Pandemia de Influenza", em que foram estabelecidas normas nas áreas de vigilância epidemiológica, diagnóstico laboratorial, controle de infecções hospitalares, emprego de vacinas e antivirais. Além disso, foram estabelecidas normas de vigilância em portos, aeroportos e fronteiras, com a finalidade de proteção e promoção da saúde da população, na busca da segurança sanitária de produtos e serviços nos terminais de passageiros e cargas, entrepostos, estações aduaneiras, meios e vias de transportes aéreos, marítimos, fluviais, lacustres e terrestres do país, com recomendações a serem seguidas conforme a epidemia se encontre em seu período interpandêmico, alerta pandêmico, pandêmico ou pós-pandêmico. Entre os objetivos desse plano estavam relacionados:

- Delinear as ações e atividades necessárias para retardar a introdução da estirpe pandêmica no país
- Minimizar o impacto na morbidade e mortalidade resultante da disseminação da pandemia
- Minimizar as repercussões no funcionamento dos serviços essenciais à sociedade.

Para que esses objetivos sejam atingidos é necessário que algumas medidas sejam implantadas, tais como:

- Fortalecimento da infraestrutura do país em vigilância epidemiológica, diagnóstico laboratorial, assistência e vacinação
- Indicação de grupos prioritários de indivíduos para aplicação de quimioprofilaxia e vacinação
- Desenvolvimento de mecanismos de cooperação e articulação técnica entre as vigilâncias de influenza em humanos e animais, assim como entre os centros de produção de conhecimento científico e tecnológico.

Para evitar a gripe ou a sua transmissão deve-se fazer uso de medidas preventivas como: higienizar as mãos com água e sabão ou álcool em gel a 70%, principalmente depois de tossir ou espirrar, assim como depois de usar o banheiro, antes de comer, antes

**Quadro 14.3** Informações sobre a estratégia de vacinação em crianças (**A**) e grupos prioritários (**B**) para influenza na rede pública de saúde do Brasil e sobre grupos prioritários a serem vacinados.

**A. Em crianças**

| Idade | Número de doses | Volume por dose | Intervalo |
|---|---|---|---|
| Crianças de 6 meses a 2 anos de idade | 2 doses | 0,25 mℓ | 3 semanas a 30 dias |
| Crianças de 3 anos a 8 anos de idade | 2 doses | 0,50 mℓ | 3 semanas a 30 dias |
| Crianças a partir de 9 anos de idade e adultos | Dose única | 0,50 mℓ | – |

**B. Grupos prioritários**

- Crianças de 6 meses aos 5 anos de idade
- Indivíduos com mais de 60 anos de idade
- Gestantes e puérperas (até 45 dias após o parto)
- Trabalhadores na área de saúde
- Povos indígenas
- Adolescentes e jovens sob medidas socioeducativas – 12 a 21 anos de idade
- Indivíduos privados de liberdade e funcionários do sistema prisional
- Professores de escolas públicas e privadas
- Indivíduos portadores de doenças crônicas respiratórias, hepáticas, renais e neurológicas, diabetes, imunossupressão, obesos (grau III), transplantados e portadores de trissomias

e depois de tocar os olhos, a boca e o nariz; evitar tocar os olhos, nariz ou boca, após contato com superfícies potencialmente contaminadas (corrimãos, bancos, maçanetas etc.). Manter hábitos saudáveis como alimentação balanceada, ingestão de líquidos e atividade física. Pessoas com síndrome gripal devem evitar contato direto com outras pessoas, abstendo-se de suas atividades de trabalho, estudo, sociais ou aglomerações e ambientes coletivos.

Além das vacinas até hoje utilizadas, baseadas nas hemaglutininas e neuraminidases virais, a indústria farmacêutica tem realizado grande investimento para desenvolvimento de uma vacina universal em que a proteína conservada M2 seria utilizada como antígeno, com resultados iniciais promissores. Investimento tem sido feito no sentido da utilização de peptídeos NP, M1, NS1, PB1, PA, HA e NA, expressos em vetor do vírus vaccínia, além do desenvolvimento de antígenos indutores de resposta imunológica em células T.

### Tratamento

Antivirais como cloridrato de amantadina e rimantadina, que têm sua ação baseada na inibição de M2 durante o processo de fusão, são empregados somente em pacientes de alto risco. Devido ao aparecimento de mutantes resistentes, que são transmitidos a contatos, essas drogas não são recomendadas nas atuais epidemias. Os antivirais oseltamivir, zanamivir e peramivir (este último somente para pacientes hospitalizados) têm seu mecanismo baseado na inibição do sítio ativo da neuraminidase viral, bloqueando a expansão da infecção. O antiviral octanoato de laninamivir apresenta o mesmo mecanismo de ação e foi licenciado no Japão para tratamento da gripe sazonal em 2010, incluindo os casos resistentes ao oseltamivir. A análise de resistência à amantadina demonstrou o envolvimento de mutações nos aminoácidos 26 (leucina ⟶ fenilalanina; L26F), 27 (valina ⟶ alanina; V27A) e 31 (serina ⟶ asparagina; S31N). A mutação no aminoácido 31 também foi observada em relação à rimantadina.

A resistência ao oseltamivir, detectada em estirpes circulantes, derivadas da estirpe responsável pela pandemia de 2009 a 2010, está associada à mutação histidina ⟶ tirosina no aminoácido 275 (H275Y), responsável por casos graves e surtos pelo mundo, tendo-se observado outras mutações, em aminoácidos próximos (asparagina ⟶ lisina, N369K, N386K; valina ⟶ isoleucina; V241I,), que facilitam a emergência e transmissão da estirpe. Em estirpe de FLUVA $H_3N_2$ e em algumas estirpes de FLUVA $H_1N_1$ sazonais (Oceania e sudoeste da Ásia em 2008 e EUA em 2008 e 2009), a mutação ocorreu no aminoácido 274 (H274Y). Outras mutações na NA também têm sido relacionadas a resistência a oseltamivir em estirpes sazonais, tais como: serina ⟶ glicina (S79G), valina ⟶ alanina (V116A), isoleucina ⟶ metionina/valina (I117M/V e I117V), glutamato ⟶ valina/glicina/alanina/aspartato (E119V/G/A/D), histidina ⟶ asparagina (H126N), aspartato ⟶ glicina/alanina/asparagina/valina (D151G/A/N/V), aspartato ⟶ glicina/glutamato (D119G/E), arginina ⟶ glutamina (R222Q), isoleucina ⟶ metionina/valina/arginina (I233M/V/R), valina ⟶ metionina (V234M) e serina ⟶ glicina/asparagina (S247G/N). Estudos permitiram observar que estirpes virais resistentes aos inibidores da neuraminidase podem exibir uma baixa taxa de biossíntese com baixo potencial de transmissão. No entanto, já foram isoladas estirpes virais resistentes a todos os antivirais disponíveis para o tratamento da infecção pelo FLUV, inclusive estirpes do vírus aviários responsáveis por surtos entre seres humanos. Os antivirais favipiravir e baloxavir marboxila inibem a RNA polimerase-RNA dependente e endonuclease virais, respectivamente, e já foram liberados para tratamento. Atualmente, um novo conceito de terapêutica antiviral tem sido proposto baseado na interação com glicanas de glicoproteínas do envelope viral, mas ainda não existem drogas licenciadas. Para mais informações sobre antivirais anti-influenza ver *Capítulo 9*.

## Vírus da parainfluenza de humanos

### Histórico

Os vírus da parainfluenza que infectam seres humanos (HPIV, vírus da parainfluenza de humanos [*human parainfluenzavirus*]) não são sujeitos a processos importantes de mutação, tendo sido isolados pela primeira vez no período 1956-1960, em material de necrópsia de um bebê com doença respiratória. O nome dos vírus se origina da sua relação com os FLUV, tanto pela natureza da infecção quanto pelas suas características físicas e morfológicas. Até hoje, cinco espécies foram isoladas em seres humanos, em paralelo com alguns tipos de origem murina, símia, aviária e bovina.

### Classificação e características

Os HPIV das espécies 1 (*Human respirovirus 1* ou vírus da parainfluenza de humanos 1) e 3 (*Human respirovirus 3* ou vírus da parainfluenza de humanos 3) estão classificados na família *Paramyxoviridae*, dentro da subfamília *Orthoparamyxovirinae*, gênero *Respirovirus*. Os HPIV espécie 2 (*Human orthorubulavirus 2* ou vírus da parainfluenza de humanos 2) e espécie 4 (*Human orthorubulavirus 4* ou vírus da parainfluenza de humanos 4), subtipos 4a e 4b, são classificados na família *Paramyxoviridae*, subfamília *Rubulavirinae*, no gênero *Orthorubulavirus*. Os vírus desses gêneros são sensíveis ao calor (56°C – 30 min), pH ácido (3,0) e solventes lipídicos.

As partículas virais são esféricas com diâmetro de 150 a 200 nm, mas podem também se apresentar na forma filamentosa. São constituídas por 0,9% de RNA, 70% de proteínas, 20 a 40% de lipídeos e 6% de carboidratos. Esses vírus apresentam RNA de fita simples (RNAfs) não segmentado, de 15 a 19 quilobases (kb) de extensão e de polaridade negativa. O genoma viral codifica seis (*Respirovirus*) a sete (*Orthorubulavirus*) genes e está protegido por um capsídeo de simetria helicoidal formado pela proteína N, que está ligada às proteínas P (tetramérica) e L, formadoras do complexo da polimerase viral, estando também presentes as proteínas estruturais V e C. O nucleocapsídeo é envolto por um envelope que apresenta a proteína M em sua face interna, e as estruturas F, HN e SH ancoradas em sua superfície, projetando-se para o exterior (Figura 14.9). A glicoproteína trimérica F e a proteína SH estão ancoradas ao envelope por ligação carboxiterminal, enquanto a glicoproteína tetramérica HN está ancorada, por sua haste, por ligação aminoterminal. Na estrutura do envelope, a proteína M estabelece interação com as ribonucleoproteínas e as caudas das estruturas F e HN, colocalizadas nas balsas lipídicas (*lipid rafts*) da membrana celular.

As estruturas do RNA dos respirovírus e dos ortorrubulavírus são mostradas na Figura 14.10. As funções das oito proteínas codificadas pelo genoma dos respirovírus (N, P, V, C, M, F, HN e L) e dos ortorrubulavírus (N, V, P, M, F, SH, HN, L) estão descritas no Quadro 14.4.

### Biossíntese viral

As etapas de síntese do HPIV pela célula ocorrem no citoplasma, sendo a partícula liberada por brotamento através da membrana

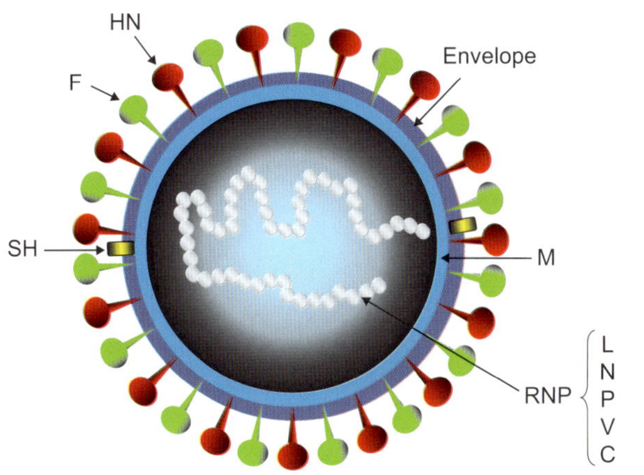


**Figura 14.9** Representação da estrutura dos HPIV. As estruturas de superfície SH estão presentes somente nos ortorrubulavírus.

citoplasmática (Figura 14.11). Em um processo sequencial, a ligação vírus-célula ocorre via ligação da cabeça globular da glicoproteína HN (proteína de membrana do tipo II) a cadeias sialiladas de glicoproteínas ou glicolipídeos (gangliosídeos) da superfície celular. O domínio globular (cabeça) da HN contém dois sítios, um de ligação a ácidos siálicos e de expressão da atividade de neuraminidase e um segundo sítio que além de participar também no processo de ligação a receptores, contribui para a ativação da proteína F. Assim, a proteína HN interage com a proteína F, com consequente formação de *clusters* HN-F. Nessa interação, F sofre um rearranjo e assim é ativada, com exposição de seu peptídeo fusogênico. Em seguida, acontece o processo de fusão pH-independente, em que o peptídeo de fusão é inserido na membrana citoplasmática. Esse processo de fusão é dependente da clivagem de $F_0$ em $F_1$ e $F_2$, quando o peptídeo de fusão,

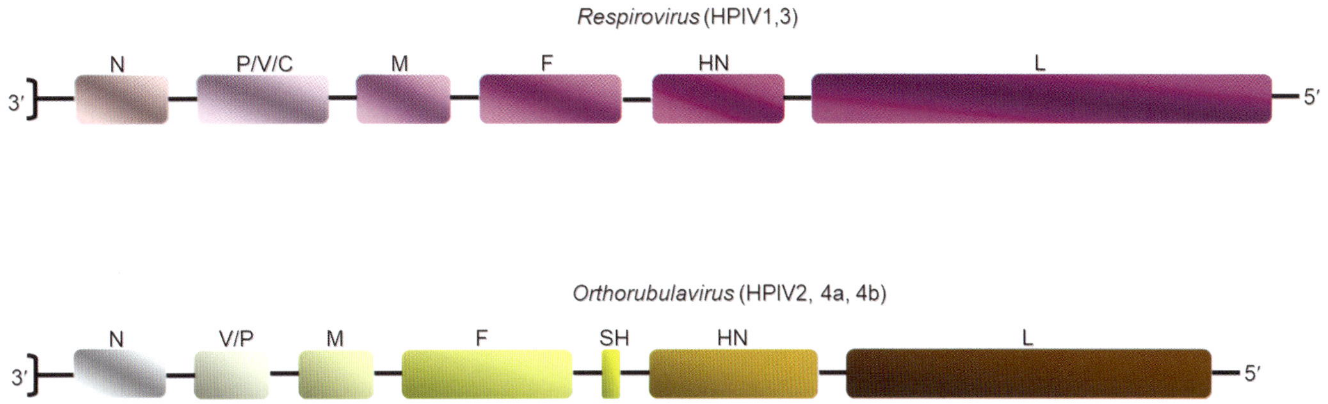


**Figura 14.10** Estrutura genômica dos HPIV, gêneros *Respirovirus* e *Orthorubulavirus*.

**Quadro 14.4** Proteínas codificadas pelos genomas dos HPIV dos gêneros *Orthorubulavirus* e *Respirovirus*.

| *Orthorubulavirus* | | *Respirovirus* | |
|---|---|---|---|
| RNA | Proteína e função | RNA | Proteína e função |
| N | N/489-557 aa: maior proteína do nucleocapsídeo; ligada ao RNA(–) e (+) | N | N/489-557 aa: maior proteína do nucleocapsídeo; ligada ao RNA(–) e (+) |
| V/P | V/225-385 aa/proteína estrutural: bloqueia indução de interferon; função pouco compreendida | P/V/C | P/391-603 aa: associada ao nucleocapsídeo; cofator da polimerase |
| | P/391-603 aa: associada ao nucleocapsídeo; cofator da polimerase | | V/225-385 aa/proteína estrutural: bloqueia indução de interferon; função pouco compreendida |
| | | | C/175 a 219 aa/proteína estrutural: bloqueia indução de interferon; aumenta brotamento; deprime a síntese de RNA viral |
| M | M/341-377 aa: localizada na superfície interna do envelope; montagem e brotamento | M | M/341 a 377 aa: localizada na superfície interna do envelope; montagem e brotamento |
| F | F/529-565 aa: glicoproteína de superfície; atividade fusogênica | F | F/529-565 aa: glicoproteína de superfície; atividade fusogênica |
| SH | SH/44-142 aa: proteína de superfície | – | – |
| HN | HN/565-582 aa: glicoproteína de superfície; atividade de adsorção; atividade sialidásica | HN | HN/565-582 aa: glicoproteína de superfície; atividade de adsorção; atividade sialidásica |
| L | L/2.204-2.269 aa: associada ao nucleocapsídeo; maior componente da polimerase; apresenta domínio catalítico | L | L/2.204-2.269 aa: associada ao nucleocapsídeo; maior componente da polimerase; apresenta domínio catalítico |

aa: aminoácidos.

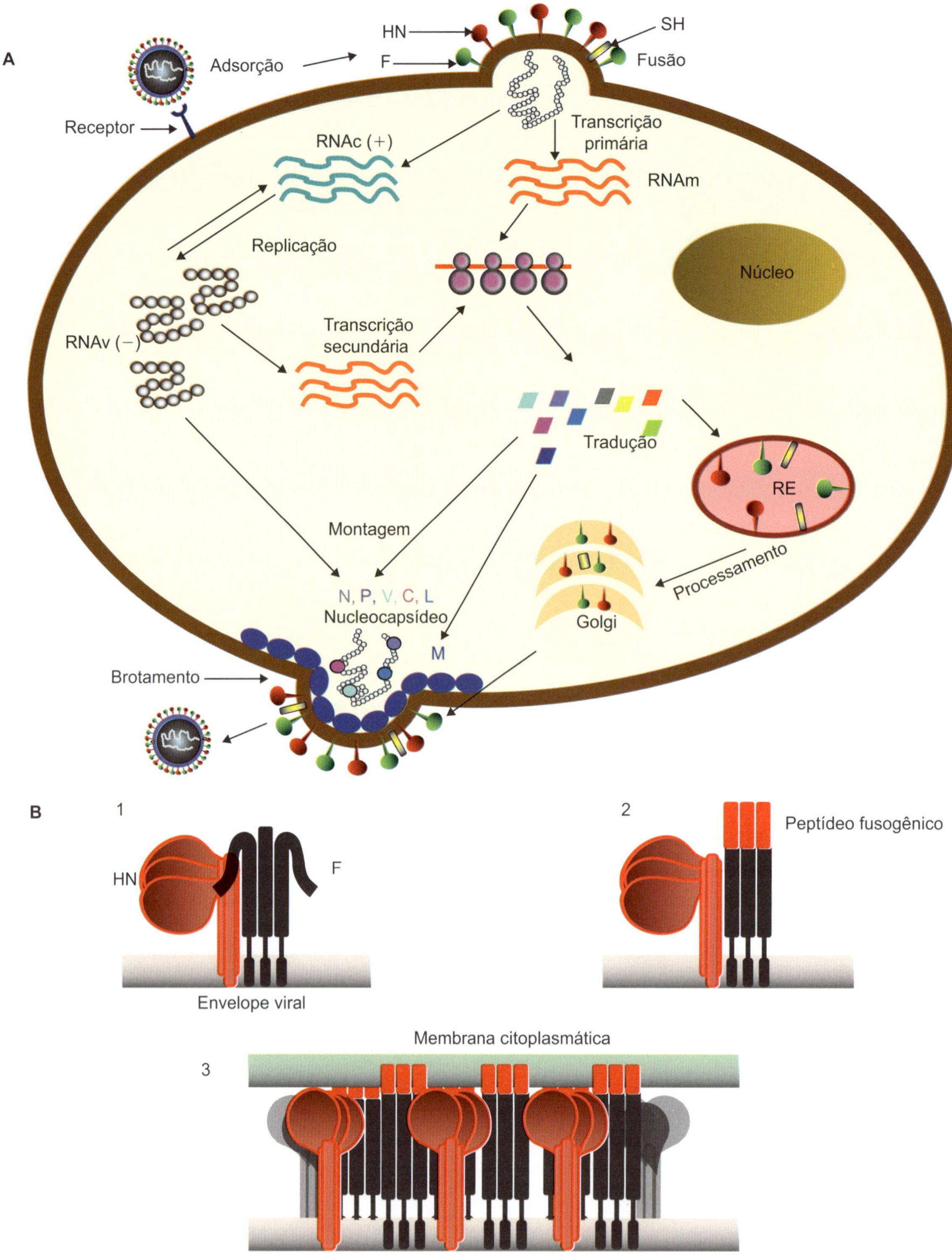


**Figura 14.11 A.** Biossíntese dos HPIV. A ligação vírus–célula ocorre pela ligação da glicoproteína HN a cadeias sialiladas de glicoproteínas ou glicolipídeos (gangliosídeos) da superfície celular. HN interage com a proteína F e é ativada, com exposição de seu peptídeo fusogênico. Em seguida, o peptídeo de fusão é inserido na membrana citoplasmática, propiciando a fusão direta entre o envelope viral e a membrana citoplasmática, em pH neutro. Após o processo de fusão há a liberação do capsídeo viral no citoplasma celular, permitindo que se inicie o processo de transcrição primária e de replicação do genoma viral de polaridade negativa (RNAv–), que são comandados pelos complexos proteicos P-L e N-P-L, respectivamente. O processo de transcrição produz RNA mensageiros (RNAm) subgenômicos. Na presença da proteína N recém-sintetizada, inicia-se o processo de replicação com a síntese do antigenoma, constituído por cadeias de RNA de polaridade positiva (RNAc+) inteiramente complementares ao RNAv–. Esse antigenoma serve, então, de modelo para a síntese dos novos genomas virais de polaridade negativa (RNAv–). O processo de transcrição secundária ocorre em seguida, com a participação do complexo proteico P-L. Após o processamento das proteínas no retículo endoplasmático (RE) e glicosilação no complexo de Golgi, segue-se a montagem das partículas virais: a proteína M interage com a proteína N, com a polimerase viral (proteínas P e L), com a proteína V e com as glicoproteínas SH (somente nos ortorrubulavírus), com a HN e com a proteína F. A proteína C (presente somente nos respirovírus) participa do processo de brotamento. **B.** Detalhamento do processo de fusão pH-independente. As estruturas de superfície SH são expressas somente pelos ortorrubulavírus. A ligação de HN a F (*1*) leva sequencialmente à formação de *clusters* e à ativação de F (*2*) com exposição e inserção de seu peptídeo fusogênico na membrana citoplasmática (*3*), conduzindo à fusão vírus-célula.

componente do segmento F1 (extremidade aminoterminal da proteína F clivada) se insere na membrana celular, propiciando a fusão direta entre o envelope viral e a membrana citoplasmática, em pH neutro. A sequência de aminoácidos (aa) responsável pela ação fusogênica apresenta grande homologia com o peptídeo fusogênico da hemaglutinina dos FLUV.

O processo de fusão culmina com a liberação do capsídeo viral no citoplasma celular, permitindo que se inicie o processo de transcrição primária e de replicação do genoma viral de polaridade negativa (RNAv–), que são comandados pelos complexos proteicos P-L e N-P-L, respectivamente. O processo de transcrição se dá gene a gene, em um processo contínuo, onde a cada parada de transcrição de um gene se segue o início da transcrição do próximo, conduzindo à formação de RNA mensageiros (RNAm) subgenômicos. Na presença da proteína N recém-sintetizada, inicia-se o processo de replicação com a síntese do antigenoma, constituído por cadeias de RNA de polaridade positiva (RNAc+) inteiramente complementares ao RNAv–, em que a presença das junções é ignorada pela polimerase viral (P-L), não havendo a formação de cadeias poliadeniladas. Esse antigenoma serve, então, de modelo para a síntese dos novos RNAv–, em que o papel da proteína V (nos ortorrubulavírus) ainda não é compreendido. O processo de transcrição secundária ocorre em seguida, com a participação do complexo proteico P-L. Após o processamento das proteínas no retículo endoplasmático (RE) e glicosilação no complexo de Golgi, segue-se a montagem das partículas virais, quando a proteína M interage com o nucleocapsídeo (proteína N) e o genoma nele contido, assim como com a polimerase viral (proteínas P e L) e a proteína V. Na última etapa da montagem, o nucleocapsídeo interage com as glicoproteínas SH (somente nos ortorrubulavírus), HN e F, já sintetizadas e presentes na membrana celular, no processo de brotamento. A proteína C (presente somente nos respirovírus) participa do processo de brotamento.

Para a montagem final das partículas infecciosas é essencial a clivagem da proteína $F_0$ em estruturas compostas por $F_1$ e $F_2$ ligadas por pontes dissulfeto, realizada por proteases celulares ou bacterianas, e a clivagem de ácidos siálicos, pela proteína HN. Isto se dá de modo semelhante ao que acontece com os FLUV, em relação às proteínas HA e NA, respectivamente. Proteínas do hospedeiro presentes no complexo endossomal e a ubiquitina participam dos processos de montagem e brotamento; a proteína C (respirovírus) parece participar do recrutamento dessas proteínas do hospedeiro.

## Patogênese

Esses vírus são transmitidos via aerossóis ou fômites, penetrando pela nasofaringe e propagando-se pelo epitélio ciliado do sistema respiratório superior (SRS), com quadro inicial de resfriado, normalmente, com coriza, espirros, congestão nasal e dor de garganta, normalmente sem causar febre e sintomas sistêmicos e, a partir daí, se disseminam para o sistema respiratório inferior (SRI). Através de disseminação célula a célula ou por viremia, a infecção por HPIV pode atingir laringe, traqueia e brônquios, causando laringotraqueobronquite (crupe), além de bronquíolos e pulmões, com quadros de bronquiolite e pneumonia. A inflamação leva à obstrução de uma região menos distensível (região subglótica), o que impede o fluxo de ar, causando estridores (som agudo, chiado, causado pela obstrução de vias aéreas), elevação do esforço respiratório, podendo levar à fadiga, hipóxia (baixa disponibilidade de oxigênio para determinado órgão) e falência respiratória em casos graves. Quando a inflamação atinge os pulmões, suas vias aéreas e parênquima são atingidos, levando à redução da ventilação e perfusão, seguido de hipoxemia (baixa concentração de oxigênio no sangue arterial) que pode causar falência respiratória nos casos mais graves (Figura 14.12). A necrose celular, a descamação, os infiltrados inflamatórios, os produtos celulares e virais liberados, e a resposta imunológica conduzem aos sintomas clínicos da doença.

O RNAv– é reconhecido por MDA-5 (proteína associada à diferenciação de melanoma 5 [*melanoma differentiation-associated protein 5*]), RIG-I (gene induzível pelo ácido retinoico-I [*retinoic acid-inducible gene-I*]) e PKR (proteíno-cinase ativada por RNA [*protein kinase RNA-activated*]), que levam à indução de interferon-β (IFN-β) e citocinas pró-inflamatórias com consequente indução de um estado antiviral. Diversos fatores contribuem para a patogênese viral tais como: sensibilidade da proteína precursora $F_0$ à clivagem em $F_1$ e $F_2$; variabilidade da proteína M, interferindo no processo de brotamento viral; interferência sobre a indução e ativação de IFN associada à proteína V (não expressa em HPIV-1 e não expressa ou pouco expressa em HPIV-3) e C. A proteína C pode modular e reduzir a síntese de RNAv–, impedindo o acúmulo de RNA de fita dupla e, desse modo, evitando a ativação de MDA-5 e PKR. O INF, as células NK (*natural killer*), os anticorpos e as células T citotóxicas desempenham papel importante na resolução do processo infeccioso. A imunidade conferida pela IgA é de curta duração, embora desempenhe um importante papel na proteção contra o vírus.

## Manifestações clínicas

Quando os HPIV atingem o SRS, após 2 a 6 dias de incubação, podem ocorrer quadros de resfriado, caracterizados por início gradual de congestão nasal, coriza, dor de garganta, tosse e rouquidão, podendo evoluir para um quadro de febre variável e, com menor frequência, mal-estar, mialgia e cefaleia. A infecção pode ainda alcançar faringe, traqueia, pulmões, brônquios, bronquíolos e alvéolos pulmonares, com quadros de laringotraqueobronquite (crupe), bronquiolite e pneumonia, podendo levar a falência respiratória.

A incidência de infecções por HPIV aumenta a partir da idade de 6 meses até os 2 a 5 anos de idade, com queda gradual até os 12 anos de idade ou mais. Os HPIV-1 e HPIV-2 estão associados ao crupe que acomete crianças nos primeiros 5 anos de vida. A bronquite e a pneumonia têm como principal agente etiológico o HPIV-3. O HPIV-4 está envolvido com infecções brandas do SRS, em crianças.

As consequências das infecções por HPIV podem ser mais sérias em crianças nos primeiros meses de vida. Em jovens e adultos, a infecção lembra um resfriado comum com ou sem tosse e febre. Foi constatada associação entre a infecção por HPIV e a exacerbação de quadros de asma.

## Diagnóstico laboratorial

Os materiais de escolha para o isolamento dos vírus são lavado ou *swab* de garganta, saliva ou aspirado de SRI, os quais devem ser colhidos na fase aguda da doença e acompanhados de dados clínicos.

Tal como detalhado para o diagnóstico das infecções por FLUV, os materiais podem ser submetidos a técnicas rápidas de diagnóstico por meio de metodologias de imunofluorescência (IF, direta ou indireta) e reação em cadeia da polimerase

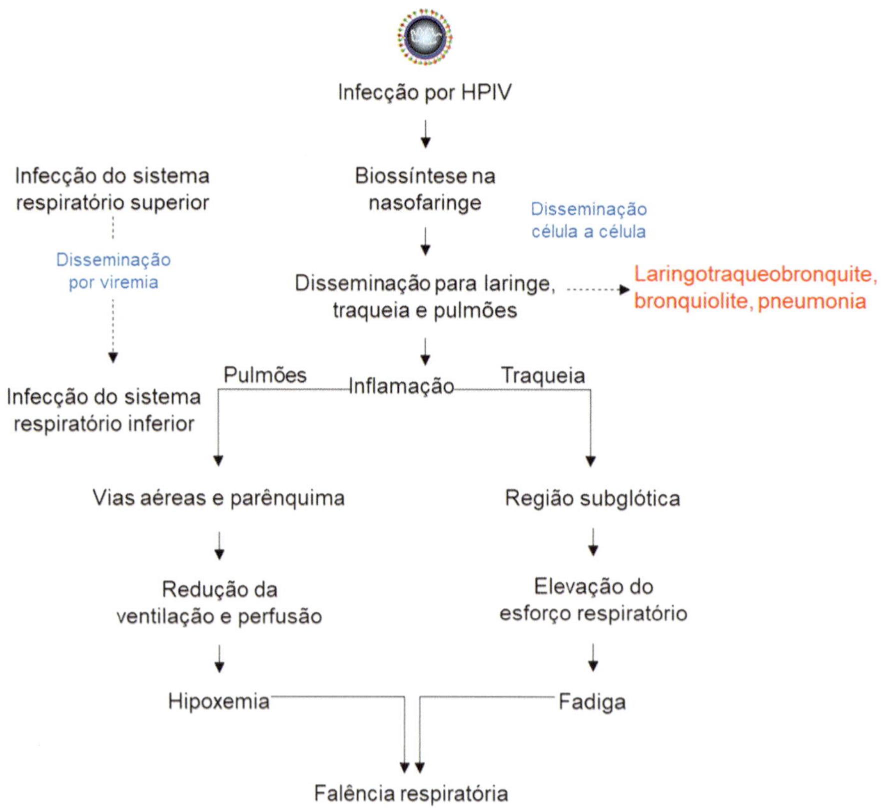


**Figura 14.12** Mecanismo de patogênese dos HPIV. As infecções por vírus da parainfluenza de humanos (HPIV) são transmitidas por aerossóis e fômites e se iniciam pela biossíntese viral no sistema respiratório superior, especialmente nasofaringe, com quadros de resfriado (coriza, espirros, congestão nasal e dor de garganta, normalmente sem causar febre e sintomas sistêmicos). A disseminação célula a célula e viremia permitem que a infecção atinja laringe, traqueia e brônquios, causando laringotraqueobronquite (crupe), além de atingir bronquíolos (bronquiolite) e pulmões (pneumonia). A inflamação conduz à obstrução da região subglótica da traqueia que, impedindo o fluxo de ar, conduz a estridores, elevação do esforço respiratório, fadiga, hipóxia e falência respiratória, em casos graves. A inflamação das vias aéreas e do parênquima pulmonar conduz à redução da ventilação e perfusão, seguida de hipoxemia (baixa concentração de oxigênio no sangue arterial); a falência respiratória também pode sobrevir. Adaptada de Branche e Falsey, 2016.

associada à transcrição reversa (RT-PCR, *reverse transcription polymerase chain reaction*), convencional ou em tempo real, usados ou não em sistemas *multiplex*. Essas técnicas podem ser associadas a isolamento em sistema hospedeiro e comprovação da produção de anticorpos por sorologia para a pesquisa de IgM ou IgA específicas, além da conversão sorológica na pesquisa de anticorpos totais.

No diagnóstico tradicional em Virologia, os materiais colhidos, de acordo com a suspeita clínica, devem ser inoculados em ovos embrionados de galinha ou culturas de células. A detecção do vírus é feita por reação de hemaglutinação (HA, *hemagglutination reaction*) em líquido alantoico ou amniótico de ovos embrionados e sobrenadantes de culturas de células, ou da detecção de efeito citopatogênico (CPE), como pode ser observado no Quadro 14.2. Para a identificação viral, são empregadas reações sorológicas como fixação do complemento (FC), teste de neutralização (TN), inibição de hemaglutinação (HI, *hemagglutination inhibition*) e IF.

Para o diagnóstico sorológico comprobatório da infecção, são pesquisados IgM específica em um único soro, empregando ensaios imunoenzimáticos (EIA, *enzyme immunoassays*), ou anticorpos totais em soros pareados do paciente (soros colhidos nas fases aguda e convalescente da doença), utilizando HI ou TN e evidenciação de conversão sorológica.

## Epidemiologia

Os HPIV são altamente transmissíveis, infectando a maioria das crianças até os 5 anos de idade, ocorrendo com maior frequência nos meses mais frios. As reinfecções com qualquer tipo de HPIV são comuns, embora a doença clínica seja geralmente branda.

Em uma pesquisa extensa realizada entre 1990 e 2004, entre habitantes do hemisfério norte, verificou-se que o HPIV era responsável por 20 a 40% das infecções, o HPIV-3 era o agente mais comum de infecções (52%), seguido por HPIV-1 (26%), HPIV-2 (12%) e HPIV-4 (2%). Nessa pesquisa, os seguintes quadros clínicos foram observados, em ordem decrescente de incidência: crupe, laringite, traqueobronquite, doença febril, infecção do sistema respiratório inferior, otite média, pneumonia, faringite e bronquiolite. No hemisfério norte, o HPIV-2, alternadamente com HPIV-1 e HPIV-3 está envolvido em epidemias bienais no outono, com quadros de envolvimento do sistema respiratório superior, mas pode levar ao crupe e à pneumonia.

## Prevenção, controle e tratamento

Uma vacina experimental com vírus inativados, preparada com os tipos 1, 2 e 3, mostrou-se antigênica em crianças, mas aplicada por via parenteral não preveniu a doença. Vacinas produzidas com vírus atenuados ou com tecnologias de biologia molecular (vacinas produzidas com tecnologia de DNA-recombinante e uso de lipossomos como sistema de entrega de antígeno) com expressão de glicoproteínas HN e F, têm sido testadas, porém sem resultados ainda conclusivos. Não há tratamento antiviral estabelecido para tratamento de infecções pelos HPIV, embora venham sendo realizadas pesquisas baseadas em análogos de nucleosídeos, em inibidores de sialidase e fusão, em proteína recombinante com atividade sialidásica sobre receptores celulares (DAS181), e em tecnologia de RNA interferente (RNAi).

## Reovírus de humanos

### Histórico

Em 1959, Sabin propôs que um grupo de vírus previamente classificados como membros do grupo dos echovírus 10 fossem reclassificados em uma nova família. Como esses vírus eram tipicamente isolados do sistema respiratório e do trato gastrointestinal, e não eram associados a nenhuma doença, ele propôs o nome de reovírus (vírus respiratórios, entéricos, órfãos [***r**espiratory, **e**nteric, **o**rphan **virus**es*]).

### Classificação e características

Os reovírus que infectam seres humanos (HREOV, *human reovirus*, reovírus de humanos), associados a infecções respiratórias, são classificados na família *Reoviridae*, subfamília *Spinareovirinae*, no gênero *Orthoreovirus*, espécie *Mammalian orthoreovirus*, a qual contém três sorotipos, HREOV-1, HREOV-2 e HREOV-3.

A partícula viral não envelopada apresenta diâmetro de 70 a 85 nm (Figura 14.13). Um capsídeo duplo de simetria icosaédrica envolve o cerne de 10 segmentos de RNA de fita dupla (RNAfd), com um total aproximado de 23,5 kpb. Três segmentos são classificados como grandes (*large*) (L1, L2, L3), três como médios (*medium*) (M1, M2, M3) e quatro como pequenos (*small*) (S1, S2, S3, S4), codificando proteínas nomeadas em letras gregas, também em relação ao seu tamanho: três proteínas λ, quatro proteínas μ e cinco proteínas σ, determinadas respectivamente pelos segmentos L, M e S. Entre os 10 segmentos de RNA, oito codificam para uma única proteína cada um, e dois codificam para duas proteínas cada um, em um total de oito proteínas estruturais (λ3, λ2, λ1, μ2, μ1, σ1, σ2 e σ3) e quatro proteínas não estruturais (μNS, μNSC, σ1s e σNS). As funções dessas proteínas na biossíntese viral estão apresentadas no Quadro 14.5. A polimerase viral é composta de uma subunidade λ3, responsável pela atividade catalítica, e duas subunidades μ2 que funcionam como cofatores. As proteínas μNS e μNSC são codificadas pela sequência de leitura aberta (ORF, *open reading frame*) do segmento M3, enquanto σ1 e σ1S pela ORF do segmento S1. Entre as oito proteínas estruturais, quatro formam o capsídeo externo (λ2, μ1, σ1 e σ3), duas formam o capsídeo interno (λ3e μ2) e duas o *core* (60 dímeros de λ1 e 150 monômeros de σ2), como observado na Figura 14.13. A proteína pentamérica λ2 apresenta forma de torre, se projeta a partir da proteína trimérica λ1 e se estende desde o *core* até o capsídeo externo onde está ligada à proteína trimérica σ1 em α-hélice que se projeta, em cada vértice, a partir de λ2, como longas fibras. Formando a parte principal do capsídeo externo e tendo também a função de estabilizá-lo, existe a proteína μ1, assim como seus produtos de clivagem μ1N e μ1C. A proteína μ1 forma arranjos com a proteína σ3, ao redor dos canais que atravessam o capsídeo externo, canais provavelmente envolvidos na penetração viral. Cada cópia de λ3 está associada a três monômeros de λ1. O capsídeo externo é composto por 200 hetero-hexâmeros de μ1. As proteínas do *core* e capsídeo interno interagem com a proteína λ2 do capsídeo externo e estão associadas às proteínas λ1 e σ2.

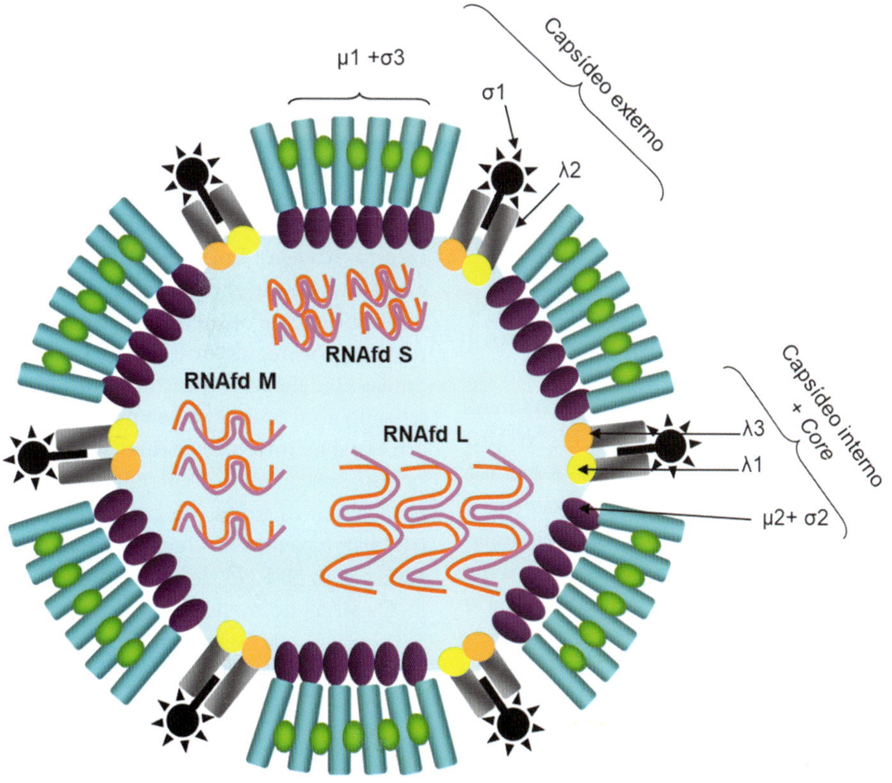


**Figura 14.13** Representação da estrutura dos HREOV. O vírion é formado por três camadas de proteínas: dois capsídeos (interno e externo) concêntricos de simetria icosaédrica, os quais envolvem o *core* proteico que contém o genoma composto por RNA de fita dupla.

**Quadro 14.5** Proteínas codificadas pelo genoma dos HREOV e suas respectivas funções.

| Segmento de RNA | Proteína e função |
|---|---|
| L1 3.854 nt | λ3/1.267 aa: localizada no capsídeo interno, atua como RNA polimerase-RNA dependente, interage com λ1, λ2 e talvez μ2 |
| L2 3.916 nt | λ2/1.289 aa: localizada no capsídeo externo, pentamérica, forma projeções (pequenas torres), atividades de guanililtransferase e metiltransferase no capeamento do RNAm |
| L3 3.901 nt | λ1/1.275 aa: localizada no capsídeo interno, dependente da coexpressão da proteína σ2, ligada ao RNA, atividades RNA trifosfatase e RNA helicase foram observadas na proteína parcialmente purificada |
| M1 2.304 nt | μ2/736 aa: ligada ao RNA, localizada no capsídeo interno, cofator da RNA polimerase-RNA dependente |
| M2 2.203 nt | μ1/708 aa: localizada no capsídeo externo, clivada em μ1C e μ1N, tem papel na penetração e ativação da transcriptase, interage com λ2, σ3 e talvez λ1 |
| M3 2.241 nt | μNS/721 aa: ligada ao *core*, proteína não estrutural com papel na transcrição secundária e na montagem da partícula viral |
| | μNSC/681 aa: proteína não estrutural de função não conhecida |
| S1 1.416 nt | σ1/455 aa: proteína trimérica de ligação à célula, hemaglutinina localizada no capsídeo externo que interage com λ2 e talvez σ3 |
| | σ1s/120 aa: proteína talvez associada à inibição da síntese do DNA celular |
| S2 1.331 nt | σ2/418 aa: proteína que interage com λ1 para formar o capsídeo interno, está ligada ao RNAfd |
| S3 1.198 nt | σNS/366 aa: proteína não estrutural, ligada ao RNAm |
| S4 1.196 nt | σ3/365 aa: forma com λ1-base do capsídeo externo, interage com λ2, μ1 e talvez σ1. Atua na tradução, ligada ao RNAfd e é sensível à protease |

nt: nucleotídeos; aa: aminoácidos; RNAm: RNA mensageiro; RNAfd: RNA de fita dupla.

## *Biossíntese viral*

No vírion (partícula viral completa) ou partícula subviral (derivada da proteólise do vírion), a proteína viral σ1, assim como μ1/μ1C, é responsável pela ligação entre a partícula viral e a célula, por intermédio de estruturas como a glicoforina A, JAM-A (molécula A de adesão de junção [*junctional adhesion molecule A*]), NgR1 (proteína reguladora negativa do crescimento 1 [*negative growth regulatory protein 1*]) e sialoglicanas, que funcionam como receptores. Em uma primeira etapa, a proteína σ1 viral age como uma glicosil hidrolase (mucinase) que transforma a forma dimérica de JAM-A em monômeros que interagem com a partícula viral, sendo liberada no processo de penetração. A adsorção ocorre por um mecanismo de múltiplas etapas, em que a ligação de baixa afinidade com ácidos siálicos serve para ancorar o vírion na célula-alvo, com posterior ligação de alta afinidade com JAM-A, embora a ligação inicial com ácidos siálicos não seja obrigatória. A seguir, ocorre a entrada do vírus por endocitose, promovida por integrinas β1, mais provavelmente pela via clatrino-dependente, conforme Figura 14.14. No processo de endocitose, a estrutura do capsídeo externo é perdida, havendo a formação de partículas subvirais infecciosas (ISVP, *infectious subviral particles*) a partir de partículas virais completas (vírions). Nesse processo, ocorrem ainda outros eventos que desempenhariam um possível papel no processo de penetração através de membranas celulares: remoção de σ3 por clivagem proteolítica que é dependente de pH ácido em algumas células e de cisteíno-proteases endocíticas; mudança conformacional de σ1; exposição e clivagem de μ1 para formar proteínas δ e φ. Um dos quatro domínios de μ1, que contém três sítios de clivagem proteolítica, interage com moléculas vizinhas de μ1 e com σ3; a partir da clivagem de μ1 que origina μ1N e μ1C, um fragmento N-terminal seria inserido na membrana celular o que levaria à formação de um poro, revelando-se importante no processo de penetração viral. No desenrolar do processo, ocorre a exposição final do *core* viral.

A perda de σ3 e μ1 conduz à ativação da transcriptase viral, processo em que a mudança conformacional de λ2 parece desempenhar papel importante, com a abertura de um canal através do qual passam substratos ou produtos da transcrição. No processo seguinte, a transcriptase viral (proteína λ3) funciona em associação à atividade de helicase (desenrolamento da cadeia), que parece ser desempenhada por λ1. A proteína λ1 também pode desempenhar funções de RNA trifosfatase que libera fosfato inorgânico e inicia a formação do *capping* do RNA mensageiro (RNAm). Em seguida, ocorre a síntese do RNAm, com as estruturas λ2 expondo sequencialmente suas atividades de guanililtransferase e de metiltransferase, processo no qual a proteína μ1 tem papel regulatório sobre a ligação de σ2 ao RNA de cadeia dupla. Evidências estruturais indicam que o RNAm recém-sintetizado atravessa a camada mais externa do capsídeo, através de um canal na interface de duas subunidades λ1 e, então, atravessa um canal no meio do pentâmero λ2. Cada um dos 10 RNAm é modelo para a síntese da cadeia de RNA de polaridade negativa (RNA–), havendo produção de partículas subvirais resistentes à RNase com 10 RNA de cadeia dupla.

Os sítios de replicação do genoma viral e de montagem de partículas virais estão contidos em complexos de replicação que contêm RNA viral, proteínas virais em abundância, ribossomos e microtúbulos. As proteínas não estruturais μNS e σNS, assim como a proteína estrutural μ2 participam na formação e organização destes complexos de replicação com μ2 e μNS sendo necessárias para a formação de inclusões e recrutamento de fatores virais adicionais. Após a transcrição primária e a tradução

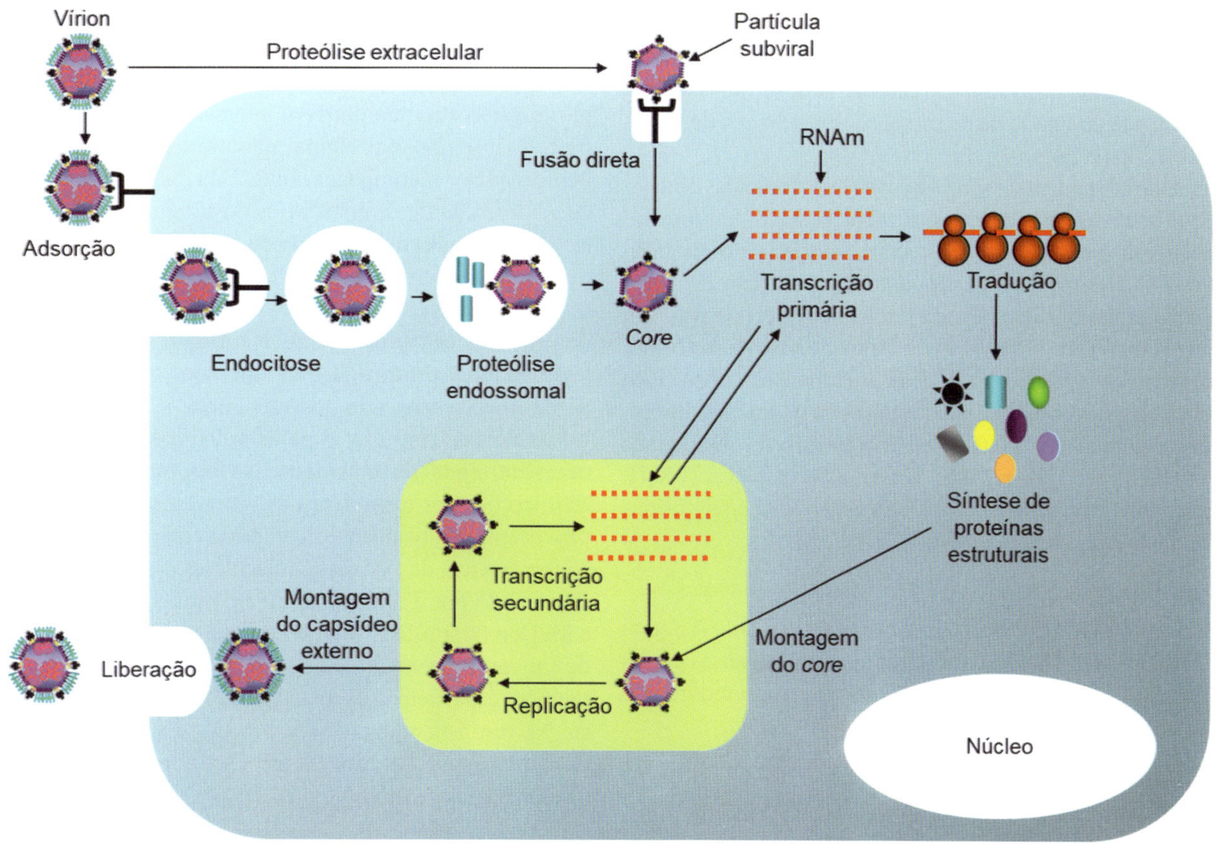


**Figura 14.14** Biossíntese dos HREOV. A biossíntese viral ocorre no citoplasma celular. Após a ligação da proteína viral S1 a receptores celulares, a partícula é endocitada e parcialmente desnudada, com remoção do capsídeo externo, formando partículas subvirais infecciosas. A transcrição inicial mediada pela polimerase viral ocorre em associação às partículas subvirais, em que são produzidos RNA de polaridade positiva que servirão como RNA mensageiro e como molde para a replicação do genoma. Os RNA positivos deixam as partículas subvirais e são traduzidos no citoplasma. Em seguida, começa o processo de montagem das novas partículas com formação do *core* e do capsídeo interno e o empacotamento de fitas de RNA positivos que serão utilizadas pela polimerase viral, como molde para síntese da fita negativa que irá compor os novos genomas. A transcrição secundária retroalimenta esse processo. Posteriormente, o capsídeo externo é adicionado, e as partículas são liberadas por lise celular.

do RNAm em proteínas virais, ocorre o processo de empacotamento das fitas de RNA de polaridade positiva (RNA+) recém-sintetizadas, no qual participa a proteína σNS, estrutura com forte afinidade por RNA de cadeia simples. No *core* viral, montado no processo de empacotamento, ocorre a replicação com síntese de fitas de RNA– utilizando como modelo as fitas de RNA+, anteriormente empacotadas, e por fim é sintetizado o RNA genômico viral de fita dupla (RNAfd). A transcrição secundária retroalimenta o processo, mas seu papel exato ainda é controverso. Fragmentos de μ1 sinalizam o processo de apoptose. Finalmente, ocorre a montagem do capsídeo externo dos vírions (partículas virais completas), no retículo endoplasmático (RE), processo que conta com a participação do citoesqueleto. As partículas virais são então liberadas por lise celular ou por um processo não lítico por meio de carreadores membranosos, mecanismo este ainda a ser esclarecido.

## Patogênese

Os três sorotipos de HREOV, como os demais vírus respiratórios, são transmitidos pessoa a pessoa através de gotículas levadas pelo ar ou pelo contato com fômites ou superfícies contaminadas. Os vírus penetram através da nasofaringe e são propagados pelas células do epitélio respiratório superior, que são destruídas com consequente necrose celular e descamação. A infecção, geralmente, conduz a quadros benignos de resfriado com quadro de coriza, espirros, congestão nasal e dor de garganta, sem, normalmente, causar febre e sintomas sistêmicos. No entanto, a infecção pode atingir traqueia, brônquios, bronquíolos e pulmões, por disseminação célula a célula ou via viremia. A partir do sistema respiratório superior (SRS) os HREOV podem disseminar para o sistema respiratório inferior (SRI), atingindo diversos sítios do sistema respiratório, causando quadros de resfriado, síndrome gripal (SG) ou síndrome respiratória grave (SRAG), os dois últimos em percentagens reduzidas de incidência.

O RNAfd é reconhecido por TLR3 (receptor tipo *toll* 3 [*toll-like receptor 3*]). Dados recentes revelam que λ1 pode contribuir para o controle de indução de interferon (IFN). As proteínas σ1 e σS são indutoras de apoptose, há ativação de NF-κB (fator nuclear-κB [*nuclear factor-κB*]), inibição de síntese de DNA celular, havendo indução de IFN e outras citocinas.

## Manifestações clínicas

As infecções por HREOV localizam-se no SRS, causando, normalmente, quadros de resfriado. Pode-se observar febre, mal-estar, anorexia e faringite em período de 2 a 5 dias após a infecção. A infecção neonatal por HREOV já foi relacionada a quadros de doença hepatobiliar e do sistema nervoso central, em crianças. A relação etiológica desses vírus com quadros de exantema maculopapular e miocardite, em crianças e adultos, já foi também registrada.

### *Diagnóstico laboratorial*

Os materiais de escolha para o isolamento dos vírus são o lavado ou *swab* de garganta, saliva ou aspirado de SRI, os quais devem ser colhidos na fase aguda da doença e acompanhados de dados clínicos.

Esses materiais podem ser submetidos a técnicas rápidas de diagnóstico por metodologias de imunofluorescência (IF), imunocitoquímica e reação em cadeia da polimerase associada à transcrição reversa (RT-PCR, *reverse transcription polymerase chain reaction*). Também pode ser utilizada a técnica tradicional de propagação em cultura de células com observação do efeito citopatogênico (CPE) característico (ver Quadro 14.2). Para o diagnóstico sorológico comprobatório podem ser utilizadas técnicas de IF direta ou indireta e ensaio imunoenzimático (EIA, *enzyme immunoassay*), além de teste de neutralização por redução da formação de placas (PRNT, *plaque reduction neutralization test*), e inibição da hemaglutinação (HI, *hemagglutination inhibition*).

### *Epidemiologia*

As infecções por HREOV ocorrem durante todo o ano. A detecção de anticorpos na maioria dos indivíduos, nas diversas partes do mundo, indica a elevada circulação desses vírus, embora não conduza comumente a infecções sintomáticas.

### *Prevenção, controle e tratamento*

Existem somente vacinas para uso veterinário. Não há ainda antivirais disponíveis para tratamento, contudo um derivado da fluorometil cetona (benziloxicarbonil-fenil-alanil-fluorometil cetona) demonstrou atividade sobre reovírus, *in vitro* e *in vivo*.

## Adenovírus de humanos

### *Histórico*

Em 1953, os adenovírus de humanos (HAdV; *human adenovirus*) foram isolados pela primeira vez como agentes de infecções respiratórias, a partir de adenoides de origem humana, daí originando o seu nome. Na época, observou-se que esses vírus eram responsáveis por pequena percentagem de quadros respiratórios na população em geral, e por cerca de 5 a 10% de infecções em crianças. Esses vírus estão classificados na família *Adenoviridae*, gênero *Mastadenovirus*, e apresentam sete espécies (*A, B, C, D, E, F* e *G*) que acometem seres humanos. A classificação, características dos vírus e biossíntese viral estão descritas no *Capítulo 11*.

### *Patogênese*

Os HAdV são transmitidos pessoa a pessoa por meio de gotículas levadas pelo ar ou pelo contato com superfícies contaminadas. Por intermédio de suas fibras, se ligam a receptores celulares denominados CAR (receptor de coxsackievírus e adenovírus [*coxsackievirus and adenovirus receptor*]), que se rompem e levam ao aumento da permeabilidade celular. Nesse processo, uma variedade de outras estruturas, tais como $CD_{40}$, $CD_{80}$, integrinas e ácidos siálicos, são apontadas como prováveis moléculas receptoras.

Os vírus penetram através da nasofaringe, boca e conjuntiva, são sintetizados pelas células do epitélio do sistema respiratório superior (SRS), epitélio do trato gastrointestinal e epitélio da conjuntiva, respectivamente, que são destruídas com consequente necrose celular e descamação. A biossíntese nos epitélios da conjuntiva e do SRS pode resultar em quadros de conjuntivite, febre faringoconjuntival, laringite ou doença respiratória aguda. A biossíntese na conjuntiva e SRS pode permitir que o HAdV seja disseminado célula a célula e que, chegando aos linfonodos seja novamente sintetizado e disseminado, por viremia, para múltiplos órgãos causando diarreia, intussuscepção (condição em que parte do intestino se invagina em outra seção do intestino), cistite hemorrágica e meningoencefalite. Esta disseminação pode resultar na infecção de diversos sítios do sistema respiratório inferior (SRI), resultando em quadros de laringotraqueobronquite (crupe), bronquiolite e pneumonia (Figura 14.15).

Os sintomas clínicos da doença estão associados à liberação de produtos celulares e virais e a uma resposta imunológica à lesão tecidual produzida. Nas infecções por HAdV, a gravidade da doença tem sido correlacionada à indução de citocinas inflamatórias, contudo, o papel adicional do interferon (IFN) necessita ainda ser elucidado. Na resposta imunológica inata às infecções por esses vírus, as diversas estruturas do capsídeo provocam uma resposta inflamatória como consequência do reconhecimento de padrões moleculares associados a patógenos promovido por TLR9 (receptor tipo toll 9 [*toll-like receptor 9*]) e MyD88 (resposta primária do gene 88 à diferenciação mieloide [*myeloid differentiation primary response gene 88*]), havendo também a participação do sistema complemento nesse processo. Na resposta adaptativa, o hexon é considerado o principal elemento desencadeador da resposta por células $TCD_8^+$ citotóxicas e células de memórias $TCD_4^+$.

### *Manifestações clínicas*

Os HAdV são propagados por células epiteliais da faringe, produzindo infecção localizada e quadro geral de resfriado caracterizado por início gradual de congestão nasal, coriza, dor de garganta, tosse e rouquidão, apresentando febre variável e, menos frequentemente, mal-estar, mialgia e cefaleia. O período de incubação varia de 5 a 10 dias, culminando com infecções subclínicas, na maioria das vezes. A patogênese, esquematizada na Figura 14.15, conduz ao aparecimento de quadros respiratórios como laringite, febre faringoconjuntival, doença respiratória aguda (tosse, expectoração, dor no peito, dispneia, com presença ou não de febre), bronquite, laringotraqueobronquite (crupe viral), bronquiolite e pneumonia, mas fora do sistema respiratório podem levar a quadros de conjuntivite, diarreia, intussuscepção, cistite hemorrágica e meningoencefalite.

Os HAdV das espécies *B*, *C* e *E* têm o sistema respiratório como seu mais importante sítio de biossíntese. A doença respiratória aguda de recrutas, predominantemente causada pelos genótipos (anteriormente denominados sorotipos) 4 e 7, das espécies *E* e *B* respectivamente, que ocorre especialmente em condições de fadiga e aglomeração, pode conduzir a complicações de sintomas respiratórios, com pneumonite e óbito. Os HAdV dos genótipos 11 e 21 da espécie *B* são associados a cistite hemorrágica aguda em crianças jovens, enquanto os genótipos 3 (espécie *B*), 5 (espécie *C*), 7 (espécie *B*), 12 (espécie *A*) e 32 (espécie *D*) destes vírus estão associados a meningoencefalite em crianças e pacientes imunocomprometidos. Esses vírus podem estabelecer infecção persistente crônica nas amígdalas e adenoides, intestino, trato urinário e linfócitos, embora esta persistência seja controversa para alguns. Essa persistência pode estar relacionada com a proteína viral E3 que possivelmente atua impedindo a eliminação de linfócitos infectados.

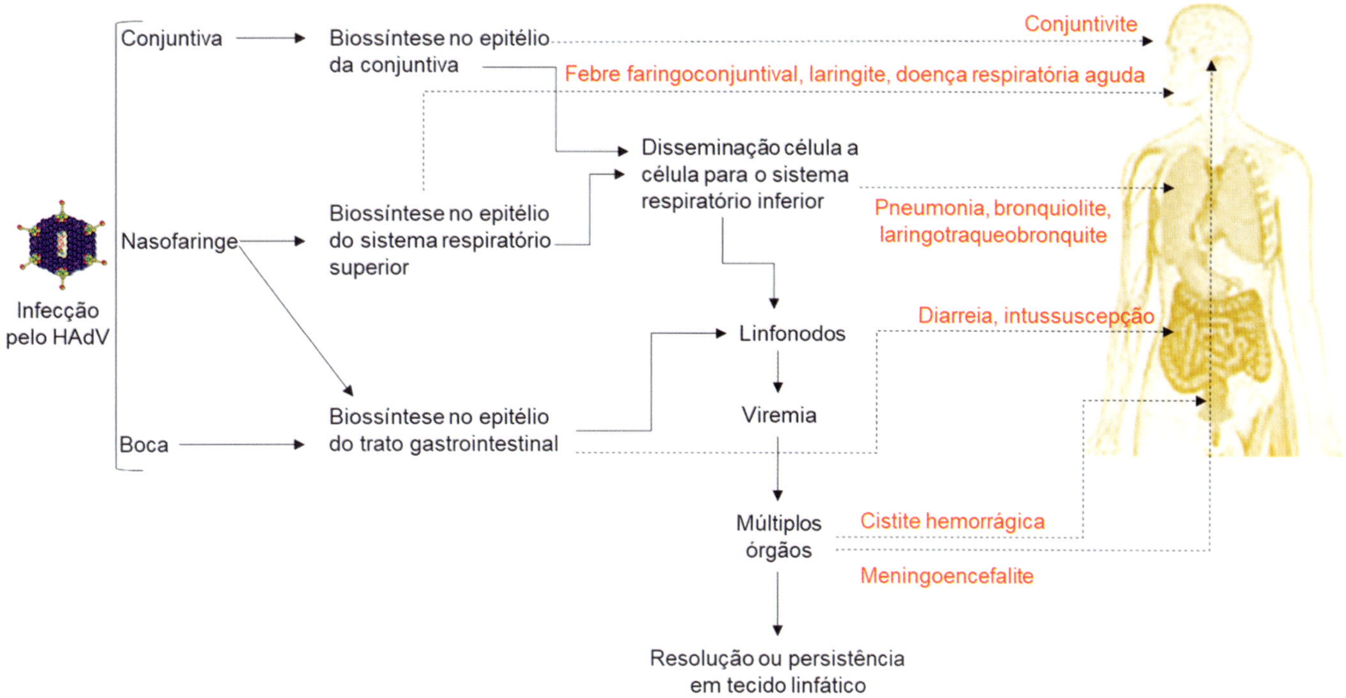


**Figura 14.15** Mecanismo de patogênese dos HAdV. Os adenovírus de humanos (HAdV) penetram através da nasofaringe, boca e conjuntiva, realizando a biossíntese nos epitélios do sistema respiratório superior, do trato gastrointestinal e da conjuntiva. As células infectadas são destruídas com consequente necrose e descamação. A propagação nos epitélios da conjuntiva e do sistema respiratório superior pode conduzir a quadros de conjuntivite, febre faringoconjuntival, laringite ou doença respiratória aguda, podendo também levar à disseminação viral célula a célula e/ou viremia, resultando na infecção de múltiplos órgãos, como o sistema nervoso central e trato urinário, causando meningoencefalite e cistite hemorrágica, respectivamente. A infecção pode atingir diversos sítios do sistema respiratório inferior, sendo responsável por quadros de laringotraqueobronquite (crupe), bronquiolite e pneumonia, mas podem também levar à infecção de sítios de outros sistemas, causando diarreia e intussuscepção.

## Diagnóstico laboratorial

Os materiais de escolha para o isolamento dos HAdV são lavados ou *swabs* de garganta, *swabs* de conjuntiva, saliva ou aspirados de SRI, os quais devem ser colhidos na fase aguda da doença e acompanhados de dados clínicos. Esses materiais podem ser submetidos a técnicas rápidas de diagnóstico utilizando metodologias de imunofluorescência (IF, direta ou indireta), ensaio imunoenzimático (EIA, *enzyme immunoassay*), aglutinação por látex (AL) e reação em cadeia da polimerase (PCR, *polymerase chain reaction*). Os testes de IF, na forma de *kits* comerciais para diagnóstico de vírus respiratórios, incluindo os HAdV, como já descrito em relação ao diagnóstico das infecções por FLUV, suprem as necessidades básicas dos laboratórios de diagnóstico.

No diagnóstico tradicional em Virologia, os materiais colhidos de acordo com a suspeita clínica devem ser inoculados em culturas de células, após tratamento. A detecção do vírus é feita por visualização do efeito citopatogênico (CPE), como observado no Quadro 14.2. Para a identificação viral são empregadas reações sorológicas como fixação do complemento (FC), teste de neutralização (TN), IF e EIA.

Para o diagnóstico sorológico comprobatório da infecção, é pesquisada IgM específica em um único soro, empregando os testes de IF, EIA ou *Western blotting*. Para a pesquisa de anticorpos totais, em soros pareados do paciente (soros colhidos nas fases aguda e convalescente da doença), podem ser utilizados os testes de FC e TN. Ensaios de PCR convencional ou em tempo real podem ser também empregados. Sistemas *multiplex* têm sido utilizados para diagnóstico, como parte de um painel empregado para a detecção de vírus causadores de síndromes clínicas similares.

## Epidemiologia

Os HAdV são encontrados em todas as regiões do mundo, tendo como reservatório o homem. As infecções ocorrem durante todo o ano, sem variabilidade sazonal significativa, em eventos esporádicos, embora epidemias locais ou regionais tenham sido descritas. HAdV55 (espécie *B*) foi relacionado com surtos de infecção respiratória febril na China, Singapura, Oriente Médio, Estados Unidos da América (EUA) e América do Sul. Populações fechadas, como de internatos, orfanatos, hospitais nas internações por longo tempo, enfermarias neonatais e psiquiátricas, recrutas militares e indivíduos imunocomprometidos são os alvos mais comuns de infecção. Surtos de infecções por HAdV na Ásia, têm atingido a população da Malásia, Coreia do Sul e China, entre outros. A Organização Mundial da Saúde (OMS), no seu último levantamento, relacionou estirpes de HAdV4 e HAdV7, das espécies *E* e *B*, respectivamente, como responsáveis por 20% das infecções por HAdV, incluindo surtos de doença grave. HAdV7 tem sido implicado em infecções na América do Sul, inclusive no Brasil. As infecções do sistema respiratório ocorrem, principalmente, nos primeiros anos de vida, sendo muitas vezes assintomáticas. Embora os HAdV provoquem apenas 2 a 5% de todas as doenças respiratórias na população em geral, a doença respiratória pelos genótipos 3, 4, 7, 14 e 21 é comum em recrutas.

## Prevenção, controle e tratamento

A vacina atenuada preparada com os genótipos 4 e 7 de HAdV, administrada por via oral, é eficaz na prevenção das doenças provocadas por esses genótipos, e seu uso é restrito a militares nos EUA. Esta vacinação foi interrompida em 1999, seguindo-se um aumento significativo de infecções respiratórias febris e hospitalizações, contudo a sua reintrodução em uso, em 2011, resultou na uma redução de 100 vezes no número de infecções diagnosticadas. Antivirais como cidofovir e ribavirina, este último mostrando seletividade de ação sobre determinados genótipos, têm sido utilizados experimentalmente; contudo, nenhum deles apresentou resultados que conduzissem à liberação para uso pela Food and Drug Administration (FDA), dos EUA. Uso de imunoterapia, com uso de imunoglobulina intravenosa, tem apresentado resultados promissores, mas requer mais estudos.

# Rinovírus, vírus respiratório sincicial de humanos, metapneumovírus de humanos, coronavírus de humanos, bocavírus de humanos e poliomavírus de humanos

Gabriella da Silva Mendes

## Rinovírus

### Histórico

Os rinovírus foram isolados, pela primeira vez, em 1956 e são responsáveis por aproximadamente 50% dos quadros clínicos de resfriado, com localização predominante no sistema respiratório superior (SRS), podendo também acometer o sistema respiratório inferior (SRI). Somente com a evolução das técnicas moleculares foi possível compreender melhor o espectro da doença causada por esses vírus. Atualmente, os rinovírus são reconhecidos como importantes agentes na exacerbação de algumas patologias respiratórias crônicas como a asma e a doença pulmonar obstrutiva crônica (DPOC).

### Classificação e características

Os rinovírus estão classificados na família *Picornaviridae*, no gênero *Enterovirus* e apresentam três espécies: *Rhinovirus A, B* e *C* (rinovírus A, B e C) que compreendem, até o momento, 169 sorotipos (A = 80; B = 32; C = 57). Em 2020, o Grupo de Estudo sobre a família *Picornaviridae* (*Picornaviridae Study Group*) do Comitê Internacional para Taxonomia de Vírus (ICTV, *International Committee on Taxonomy of Viruses*), recomendou que os rinovírus fossem grafados por extenso e somente abreviados com a sigla RV quando esta fosse associada ao sorotipo (exemplo, RV-A1), provavelmente para diferenciar do rotavírus, que tem a mesma sigla.

A partícula viral não é envelopada e mede 20 a 30 nm de diâmetro. O capsídeo tem simetria icosaédrica e é composto de subunidades proteicas formando 60 capsômeros, cada um deles constituído das proteínas VP1, VP2, VP3 e VP4. O genoma é constituído de RNA linear de fita simples (RNAfs), de polaridade positiva, não segmentado, ligado covalentemente, no terminal 5′, a proteína VPg (proteína do vírion ligada ao genoma). A proteína VP4 é o elemento de conexão entre o capsídeo e o RNA viral de polaridade positiva (RNAv+). Várias outras proteínas codificadas pelo RNAv representam papéis diversos durante o processo de replicação do material genético e formação das novas partículas virais. Esses vírus apresentam sensibilidade a pH ácido (5,0) e ao calor. Mais detalhes sobre a classificação e estrutura da partícula e do genoma de vírus do gênero *Enterovirus* são apresentados no *Capítulo 17*.

### Biossíntese viral

Embora os rinovírus possam se ligar a diferentes tipos celulares, o epitélio respiratório fornece as principais células suscetíveis para cada uma das três espécies virais. De forma geral, todos os rinovírus utilizam como receptor uma das três principais glicoproteínas plasmáticas. Os rinovírus das espécies *A* e *B* podem ser subdivididos em grupos de maior ou menor infecciosidade de acordo com o receptor que utilizam. O grupo de maior infecciosidade é formado por todos os sorotipos de RV-B e pela maioria dos RV-A e utilizam a molécula de adesão intercelular 1 (ICAM-1, *intercellular adhesion molecule 1*) como receptor. O grupo de menor infecciosidade, formado por 12 sorotipos do RV-A utiliza membros da família do receptor para lipoproteína de baixa densidade (LDLR, *low-density lipoprotein receptor*), enquanto todos os sorotipos de RV-C reconhecem proteínas relacionadas à família das caderinas (CDHR-3, *cadherin-related family member 3*) expressa pelas células epiteliais ciliadas. Tanto os RV-A de maior infecciosidade quanto os RV-C podem se adaptar a utilizar proteoglicanas, como o sulfato de heparana, como receptor quando adaptados em culturas de células HeLa (células de carcinoma de cérvice uterina humana), *in vitro*. A interação com o receptor celular, independentemente do tipo, ocorre através da região chamada *canyon*, formada pelas proteínas VP1, VP2 e VP3. Após o processo de adsorção, os receptores dirigem a entrada do vírus via endocitose clatrina-dependente, clatrina-independente ou via macropinocitose. O baixo pH endossomal induz alterações conformacionais de sequências anfipáticas ou de resíduos de aminoácidos hidrofóbicos que se inserem na membrana endossomal, levando à formação de poros ou à ruptura de membrana, com a liberação do ácido nucleico ou de partículas subvirais no citosol. Após o desnudamento do RNAv, ocorre o processo de clivagem sequencial do genoma viral que se inicia com a remoção do segmento VPg. A replicação do genoma dos rinovírus requer a montagem de um complexo de replicação, que envolve lipídeos, proteínas e o RNAv+, que é replicado para produzir uma fita de polaridade negativa, que serve como molde para a produção do novos RNAv+, no citoplasma. Após a transcrição e a tradução, com a montagem final das partículas virais, os vírions são liberados por lise celular.

### Patogênese

A transmissão dos rinovírus pode ocorrer através do contato direto ou indireto pessoa a pessoa, assim como através de aerossóis. A porta de entrada é a mucosa nasal ou da conjuntiva, mas não a mucosa da cavidade oral. Os rinovírus infectam células da nasofaringe, onde realizam o ciclo de biossíntese. Diferentemente dos outros vírus respiratórios, os rinovírus não causam destruição celular a ponto de romperem a barreira epitelial do SRS. Entretanto, esse dano é suficiente para comprometer a função dessa barreira, pois a infecção viral leva à dissociação das junções de oclusão 1 (*zona ocluddens* 1) entre as células epiteliais. Esses espaços criados permitem que citocinas, células do sistema imunológico e outros agentes patogênicos penetrem nas camadas mais internas das vias respiratórias, causando aumento significativo de mediadores pró-inflamatórios no hospedeiro.

A infecção e propagação dos rinovírus nas células epiteliais ciliadas levam à ativação de vias de sinalização que culminam na liberação de diferentes citocinas, quimiocinas, peptídeos vasoativos (bradicinina) e fatores de crescimento endotelial vascular (VEGF, *vascular endothelial growth factor*). Consequentemente, ocorre a ativação de células inflamatórias (leucócitos, granulócitos, monócitos) que invadem a submucosa, resultando na amplificação do processo inflamatório e os sintomas clássicos do resfriado. Através da disseminação célula a célula, o vírus pode chegar no SRI onde já foi associado a quadros de bronquiolite e pneumonia. Porém a importância maior dos rinovírus no SRI está associada a exacerbação de sintomas associados a doenças respiratórias crônicas como a asma.

A resposta imunológica tem um papel importante no desencadeamento dos sintomas associados à infecção pelos rinovírus. Uma vez no organismo, seu capsídeo é reconhecido por TLR2 (receptor tipo *toll* 2 [*toll-like receptor 2*]) sobre a superfície celular, e, após o processo de internalização, que envolve uma vesícula endocítica, o RNA é reconhecido por TLR3, TLR7 e TLR8. Uma vez gerada a fita dupla de RNA necessária para a replicação viral, ocorre uma resposta por interferon (IFN) mediada por MDA-5 (proteína associada à diferenciação de melanoma 5 [*melanoma differentiation-associated protein 5*]) e RIG-I (gene induzível pelo ácido retinoico-I [*retinoic acid-inducible gene-I*]). A ativação desses receptores amplifica a produção de IFN-I (α e β) e IFN-γ e a expressão gênica de citocinas pró-inflamatórias, incluindo RANTES (regulada sob ativação, expressa e secretada por células T normais [*regulated on activation, normal T cell expressed and secreted*]), IP-10 (proteína 10 induzida por interferon γ [*interferon γ-induced protein 10*], também denominada CXCL10), IL-6 e IL-8 (interleucinas 6 e 8) e o peptídeo epitelial 78 ativador de neutrófilos (ENA-78, *epithelial-neutrophil activating peptide 78*) (Figura 14.16).

As cininas também desempenham papel importante na sintomatologia associada ao rinovírus. Foi observado que pessoas infectadas apresentam maior carga de bradicinina no fluido nasal do que indivíduos não infectados. Níveis elevados de bradicinina estão associados com aumento da permeabilidade vascular e, consequente aumento do influxo de neutrófilos.

As células T contribuem para a imunidade antiviral através do reconhecimento de antígenos virais, que por sua vez, desencadeiam respostas citotóxicas e humorais. A resposta humoral é importante para prevenir a infecção por rinovírus, uma vez que ocorre a produção de IgG e de IgA neutralizantes sorotipo-específicas que podem se manter elevadas, por até 1 ano após a infecção. A presença desses anticorpos, quando não impede a infecção, pode atenuar os sintomas. Entretanto, existe pouca neutralização cruzada entre os diferentes sorotipos, o

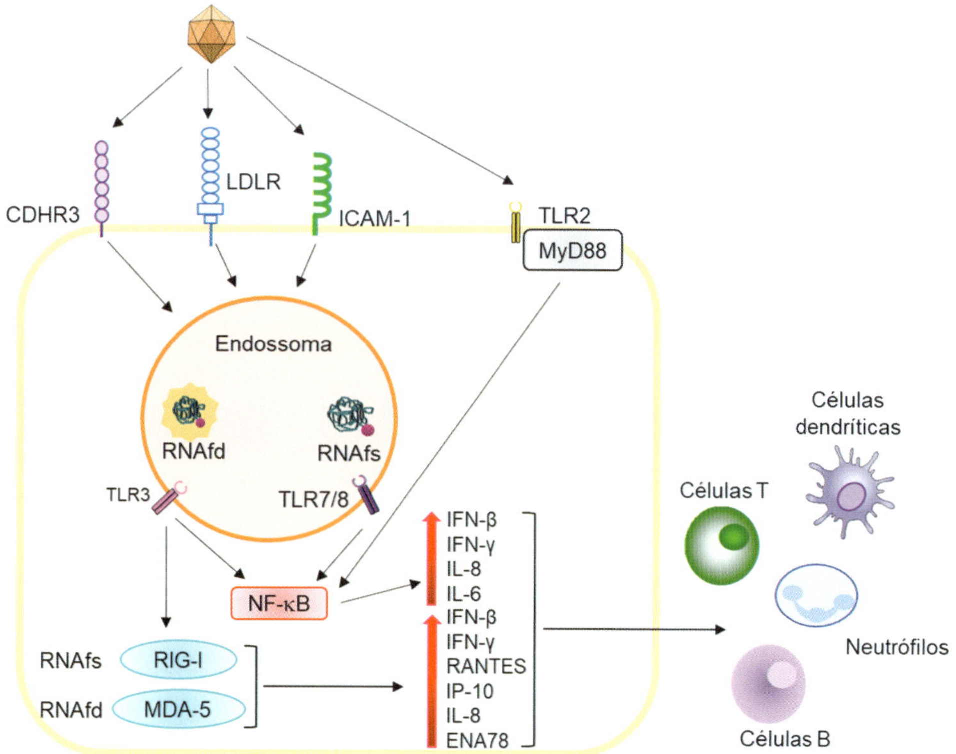


**Figura 14.16** Vias de transdução de sinais da ativação da resposta imunológica pelos rinovírus. No endossoma, o RNA viral de fita simples (RNAfs) e de fita dupla (RNAfd) são reconhecidos por receptores tipo *toll* (TLR, *toll-like receptor*) 3 e TLR7/8, respectivamente. A interação com TLR3 leva à regulação positiva de RIG-I (gene induzível pelo ácido retinoico-I [*retinoic acid-inducible gene-I*]) e MDA-5 (proteína associada à diferenciação de melanoma 5 [*melanoma differentiation-associated protein 5*]), que vão estimular a expressão de genes induzidos por interferon (IFN) como RANTES (regulada sob ativação, expressa e secretada por células T normais [*regulated on activation, normal T cell expressed and secreted*]), IP-10 (proteína 10 induzida por interferon gama [*interferon gamma-induced protein 10*]), IL-6 e IL-8 (interleucinas 6 e 8) e ENA78 (peptídeo epitelial 78 ativador de neutrófilos [*epithelial-neutrophil activating peptide 78*]). A interação com TLR7/8 ativa a cascata de NF-κB (fator nuclear-κB [*nuclear factor-κB*]). Os rinovírus também interagem com TLR2, iniciando uma resposta pró-inflamatória via MyD88 (resposta primária à diferenciação mieloide 88 [*myeloid differentiation primary response 88*]). Essas respostas culminam na produção de IFN e recrutamento de células de defesa. CDHR3: *cadherin related family member 3* (precursor 3 relacionado a família de caderinas); ICAM-1: *intercellular adhesion molecule-1* (molécula de adesão intercelular-1; LDLR: *low-density lipoprotein receptor* (receptor para lipoproteína de baixa densidade). Adaptada de Jacobs *et al.*, 2013.

que representa um grande desafio para o desenvolvimento de vacinas, visto que, atualmente, 169 sorotipos foram descritos.

As células endoteliais secretam RANTES e IP-10, que promovem a quimiotaxia. IP-10 também é secretada por células epiteliais brônquicas, monócitos, linfócitos e neutrófilos em resposta ao IFN-$\gamma$ e TNF-$\alpha$ (fator de necrose tumoral-$\alpha$ [*tumor necrosis factor*-$\alpha$]), cujos níveis durante a infecção pelo rinovírus são elevados. As subpopulações de células T específicas para rinovírus não são ativadas somente por aquele sorotipo específico, ocorre também uma reação cruzada devido a epítopos virais compartilhados, podendo desencadear uma resposta mais potente. A eliminação do rinovírus do organismo hospedeiro depende de uma resposta Th1, com produção intensa de citocinas.

## Manifestações clínicas

As infecções por rinovírus podem acometer tanto o SRS quanto o SRI, além de estarem associadas a exacerbação de doenças respiratórias crônicas. Entretanto, com o avanço das técnicas moleculares para detecção viral, observou-se que a infecção assintomática por rinovírus é bastante comum, principalmente em crianças. A detecção do rinovírus em indivíduos assintomáticos pode estar associada com pelo menos um dos seguintes fatores: (i) excreção viral prolongada após resolução do quadro respiratório; (ii) sintomas leves, que podem passar despercebidos; (iii) excreção viral no período de incubação, anterior ao desenvolvimento dos sintomas específicos associados a infecção viral. Em crianças com menos de 4 anos de idade, a taxa de infecções assintomáticas varia entre 12 e 32%, sendo mais alta nas crianças mais jovens. Entre adultos e idosos, a taxa de infecções assintomáticas por rinovírus é bem menor que a observada em crianças, chegando somente até 2% das infecções.

### Infecção no sistema respiratório superior

Estudos de epidemiologia molecular mostram que o rinovírus é responsável por 50 a 67% dos quadros de resfriado. Esse quadro é caracterizado por ser autolimitado em indivíduos imunocompetentes, com um período de incubação de aproximadamente 2 dias e o período sintomático variando entre 7 a 14 dias. Os sintomas mais comumente associados são rinorreia, congestão nasal, dor de garganta, tosse, cefaleia, indisposição e febre baixa. Apesar do curso da doença ser geralmente leve, o impacto econômico desencadeado por atendimentos, internações e faltas ao trabalho é considerável, podendo chegar a U$ 10 bilhões de dólares por ano em custos diretos e indiretos.

O rinovírus também está relacionado ao desenvolvimento de otite média, tornando-se uma complicação comum em aproximadamente 30% dos quadros respiratórios. A disfunção na tuba auditiva é o fator mais importante no desenvolvimento da otite média, pois atrapalha a drenagem da orelha média, que funciona como uma proteção contra secreções da nasofaringe, aumentando a pressão negativa. A infecção viral aumenta a inflamação da orelha média, diminui a função dos neutrófilos e reduz a penetração de medicamentos. A coinfecção com patógenos bacterianos é bastante comum no quadro de otite média, podendo corresponder até 60% dos casos. O papel dos patógenos bacterianos em associação com o rinovírus será discutido mais adiante neste capítulo. Os quadros de otite média, em geral, são mais comuns em crianças pois a tuba auditiva é curta e horizontal, enquanto nos adultos ela se torna mais orientada verticalmente e endurecida o que dificulta a chegada de agentes patogênicos no local.

Anormalidades sinusais são frequentemente detectadas na tomografia computadorizada ou na ressonância magnética dos pacientes com resfriado. Na rinossinusite, anteriormente denominada de sinusite, os seios maxilar e etmoidal são os seios paranasais mais comumente envolvidos. Os principais sintomas são congestão nasal, obstrução ou bloqueio bilateral; rinorreia purulenta; dor ou opressão facial; e hiposmia ou anosmia (perda parcial ou total do olfato, respectivamente). Também podem ser observados sintomas menores como cefaleia, dor e pressão nos ouvidos, halitose, tosse, febre baixa e fadiga ou indisposição. Os sintomas da rinossinusite por rinovírus atingem o pico 2 a 3 dias após seu início, declinando gradualmente a partir 5º dia e desaparecem entre 10 e 14 dias. O envolvimento bacteriano não é tão comum em casos de otite média, mas o ato de assoar o nariz é o principal responsável pela disseminação de fluidos nasais, contendo patógenos virais e bacterianos, para os seios paranasais, em pacientes com resfriado comum, devido a maior pressão exercida na área quando comparada com a da tosse e do espirro.

### Infecção no sistema respiratório inferior

A crupe, ou laringotraqueobronquite é um quadro respiratório caracterizado por inchaço na traqueia que interfere na respiração normal levando a sintomas de tosse, estridor (som agudo, chiado, causado pela obstrução de vias aéreas) e rouquidão, entretanto ocasionalmente pode ocorrer febre e rinorreia. Embora seja mais frequentemente causada pelos vírus da parainfluenza de humanos (HPIV, *human parainfluenzavirus*), aproximadamente 10% dos casos são causados por rinovírus.

A bronquiolite é a manifestação clínica mais comum associada a infecção pelo rinovírus no SRI de crianças menores de 2 anos hospitalizadas. Depois do vírus respiratório sincicial de humanos (HRSV, *human syncytial respiratory virus*), o rinovírus é o segundo agente causal mais comum deste quadro. A bronquiolite é caracterizada pelo acúmulo de muco nos bronquíolos, dificultando assim a passagem de ar, comprometendo a expiração do ar dos pulmões. A bronquiolite induzida pelo rinovírus tende a ser menos agressiva e está associada a uma redução da expressão de IFN-I e a uma resposta inflamatória com características de Th2. Isso associado a ruptura ou afrouxamento das junções coesas e altos níveis de citocinas induzidos pela infecção viral, resulta em broncoespasmo, edema e produção de muco ocasionando a obstrução parcial ou total dos bronquíolos.

Diversos estudos realizados em crianças hospitalizadas devido à pneumonia na comunidade estabeleceram o rinovírus como patógeno frequentemente associado ao quadro, sendo responsável por 18 a 26% das pneumonias virais, embora seja difícil determinar o papel primário dos vírus na presença de coinfecções com bactérias, o que ocorre em mais de 50% dos casos. Já entre adultos, o rinovírus é responsável por apenas 5% das pneumonias adquiridas na comunidade. Durante a infecção pelo rinovírus, a maioria das células de defesa recrutadas para as vias aéreas são neutrófilos, que são um fator-chave para o desenvolvimento de sintomas no SRI, pois alguns dos produtos derivados da sua ativação estão envolvidos no processo de obstrução e na produção de muco.

### Doenças respiratórias crônicas

Durante muito tempo, a associação entre rinovírus e asma foi ignorada. Entretanto, com a implantação e evolução das técnicas de diagnóstico molecular, foi demonstrada não apenas a capacidade do rinovírus infectar o SRI, mas também a conexão entre rinovírus e a exacerbação da asma. Ademais, o desenvolvimento de infecções respiratórias virais associadas à sibilância (sons produzidos pela obstrução do fluxo das vias aéreas), principalmente durante os primeiros 2 anos de vida, atualmente é considerado como um fator de risco para o desenvolvimento de asma. A disfunção das vias aéreas inferiores após a infecção pelo rinovírus pode ocorrer como um efeito direto da propagação viral nessas células, ou pelo estímulo de mecanismos inflamatórios e imunológicos. O rinovírus pode estimular a produção de fatores angiogênicos e fibroproliferativos pelo epitélio, como o VEGF e FGF-2 (fator de crescimento de fibroblasto-2 [*fibroblast growth factor-2*]), que contribuem para mudanças estruturais brônquicas relacionadas com o remodelamento das vias respiratórias na asma. Além disso, os indivíduos asmáticos apresentam deficiência na resposta imunológica inata e adquirida que resultam em uma baixa indução de IFN e comprometimento da resposta Th1, que é essencial para a eliminação do vírus. Em indivíduos asmáticos, foi observado que ocorre a ativação da resposta tipo Th2, que normalmente está associada a presença de alérgenos e helmintos, com produção excessiva de citocinas do tipo 2 como IL-4, IL-5 e IL13, além de IL-25, IL-33 e TSLP (linfopoietina estromal tímica [*thymic stromal lymphopoietin*]) que atuam como potentes indutores dessa resposta.

A associação entre a infecção pelo rinovírus no início da vida e o desenvolvimento da asma é explicada justamente por essa diferença no tipo de resposta imunológica acionada. O sistema imunológico imaturo é mais permissivo ao desenvolvimento de uma resposta Th2 e refratário a resposta Th1. A secreção de IL-12 é suprimida nas células dendríticas de neonatos, inibindo assim a diferenciação das células de resposta Th1, pois uma vez estimulados, os basófilos do neonato irão secretar IL-4, que se liga ao heterorreceptor presente em células dendríticas e reduz a expressão de IL-12.

A doença pulmonar obstrutiva crônica (DPOC) é caracterizada pela presença de inflamação nas paredes das vias aéreas, fibrose, hipertrofia muscular e metaplasia das células caliciformes. Essas alterações na estrutura celular contribuem para a produção de muco e destruição das paredes alveolares. A infecção por rinovírus pode agravar os sintomas de DPOC, pois leva à produção de citocinas pró-inflamatórias como IL-6, IL-8, IP10 e RANTES, que auxiliam no recrutamento de neutrófilos e na produção de muco. Outro fator que pode contribuir para essa exacerbação é o fato de a expressão de ICAM-1, a molécula usada pelo rinovírus como receptor celular, ser muito maior nas células de pacientes com DPOC, o que pode aumentar a taxa de adsorção de partículas de rinovírus às células epiteliais, além de, por participar do processo de recrutamento e ativação de leucócitos, aumentar a resposta inflamatória no local.

O rinovírus também pode levar a exacerbação dos sintomas em pacientes com fibrose cística, embora esse mecanismo não seja completamente compreendido ainda. O que foi observado é que as células epiteliais brônquicas de pacientes com fibrose cística produzem menos IFN-β e IFN-γ.

## Coinfecções com patógenos bacterianos

A patogênese do rinovírus no sistema respiratório apresenta diversos mecanismos que aumentam a suscetibilidade a infecções bacterianas. O *Staphylococcus aureus* tem sua internalização facilitada em pneumócitos através do aumento da liberação de IL-6 e IL-8 e pelo aumento da expressão de ICAM-1, que é o principal receptor utilizado pelo rinovírus, na superfície celular de células vizinhas não infectadas (Figura 14.17A).

O processo de internalização do *Haemophilus influenzae* em pneumócitos também é influenciado pelo rinovírus, pois

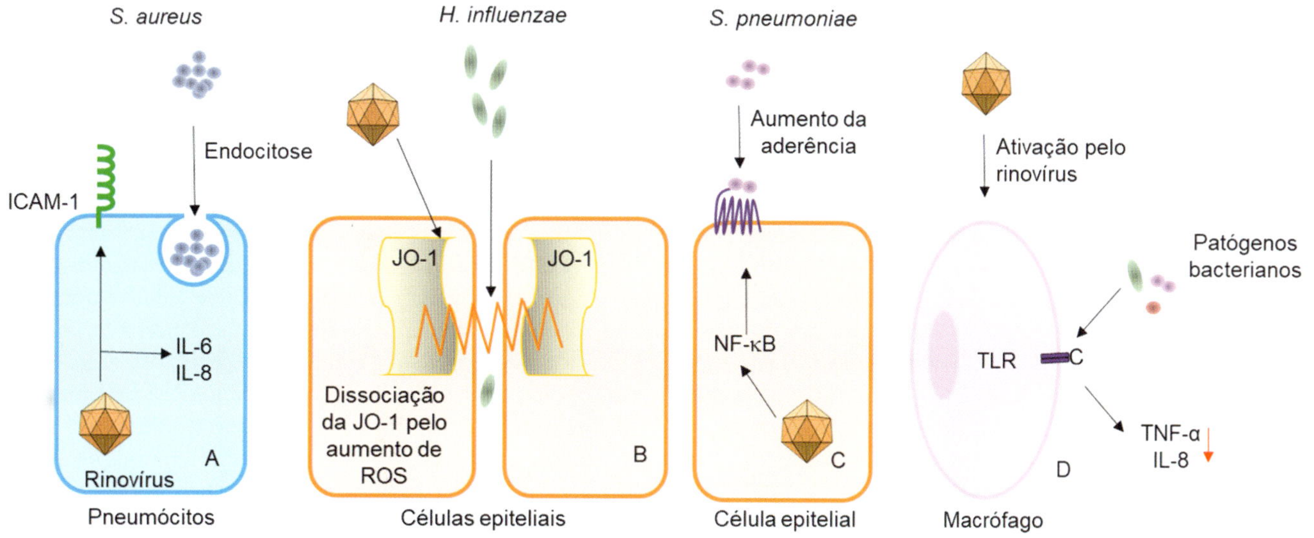


**Figura 14.17** Mecanismos através dos quais os rinovírus podem aumentar a suscetibilidade à infecção bacteriana. **A.** Os rinovírus promovem a internalização de *S. aureus* em cultura de pneumócitos não totalmente permissivos para essa bactéria, devido ao aumento da liberação de IL-6 e IL-8 (interleucinas 6 e 8) e expressão de ICAM-1 (molécula de adesão intercelular-1 [*intercellular adhesion molecule-1*]) nas células vizinhas não infectadas. **B.** Os rinovírus levam ao rompimento da barreira celular através da dissociação das junções de oclusão 1 (JO-1) e através do aumento da geração de espécies reativas de oxigênio (ROS, *reactive oxygen species*), facilitando a transmigração de bactérias como o *H. influenzae*. **C.** Os rinovírus estimulam a adesão de *S. pneumoniae* em células epiteliais humanas, ao induzir a expressão do receptor para o fator de ativação plaquetária (PAFR, *platelet-activating factor receptor*) via NF-κB fator nuclear-κB [*nuclear factor-κB*]); . **D.** Macrófagos ativados pelos rinovírus demonstram níveis reduzidos de secreção de TNF-α (fator de necrose tumoral α [*tumor necrosis factor-α*]) e IL-8 quando seu TLR (receptor tipo toll [*toll-like receptor*]) é exposto a patógenos bacterianos. *S. aureus*: *Staphylococcus aureus*; *H. influenzae*: *Haemophilus influenzae*; *S. pneumoniae*: *Streptococcus pneumoniae*. Adaptada de Jacobs *et al.*, 2013.

este interfere na função da barreira celular epitelial através da dissociação das junções de oclusão 1 (JO-1), pelo aumento da produção de espécies reativas ao oxigênio (ROS, *reactive oxygen species*), facilitando a transmigração bacteriana (Figura 14.17B).

O rinovírus pode estimular a adesão do *Streptococcus pneumoniae* a células epiteliais da traqueia através do aumento dos níveis do receptor do fator de ação plaquetária (PAFR, *platelet-activating factor receptor*) via NF-κB (fator nuclear-κB [*nuclear factor-κB*]) (Figura 14.17C).

Ademais, os macrófagos ativados pelo rinovírus, quando expostos a bactérias através dos TLR demonstram redução dos níveis de produção de IL-8 e TNF-α, comprometendo a resposta imunológica contra agentes bacterianos (Figura 14.17D).

## Diagnóstico laboratorial

Os materiais de escolha para o isolamento dos vírus são o lavado ou *swab* de garganta, saliva ou aspirado do SRI, os quais devem ser colhidos na fase aguda da doença e acompanhados de dados clínicos.

No diagnóstico clássico em Virologia, os materiais colhidos de acordo com a suspeita clínica devem, após tratamento para remoção de *debris* e contaminantes bacterianos e fúngicos, ser inoculados em culturas de células, com evidenciação de efeito citopatogênico (CPE), como observado no Quadro 14.2. Para o diagnóstico sorológico comprobatório da infecção podem ser empregados o teste de neutralização (TN) e o ensaio imunoenzimático (EIA, *enzyme immunoassay*), este último para a pesquisa de anticorpos IgM e IgA.

Quanto ao diagnóstico rápido, podem ser utilizadas técnicas de EIA, reação em cadeia da polimerase associada à transcrição reversa (RT-PCR, *reverse transcription polymerase chain reaction*), NASBA (amplificação com base no ácido nucleico específico [*nucleic acid sequence-based amplification*]) e técnicas de quantificação baseadas em RT-PCR em tempo real, mas somente a detecção do vírus em espécimes clínicos não implica diagnóstico da infecção.

Atualmente a RT-PCR é a metodologia mais utilizada devido a sua alta sensibilidade, principalmente quando comparada com o isolamento em culturas de células. Entretanto, um grande problema é a dificuldade de diferenciar rinovírus dos demais enterovírus, pois a região de escolha para a RT-PCR é a região 5′ UTR (maior sensibilidade) e é difícil encontrar iniciadores que separem esses vírus, e ainda sejam capazes de detectar todas as espécies de rinovírus. Ademais, a sensibilidade para detecção do RV-C é muito inferior, devido à alta variabilidade nessa região. Existem algumas plataformas comerciais em formato *multiplex* que conseguem distinguir entre rinovírus e outros enterovírus, por exemplo, a Anyplex II® RV16 da Seegene Inc. (Coreia do Sul); entretanto, a sensibilidade se mostrou inferior ao painel de patógenos respiratórios virais xTAG® da Luminex Corporation (EUA).

## Epidemiologia

Os rinovírus encontram-se distribuídos pelo mundo todo. A maioria das infecções são assintomáticas ou causam apenas sintomas leves. Os rinovírus são os principais agentes associados ao quadro de resfriado, entretanto entre suas três espécies, o RV-A está mais associado a casos de sibilo; RV-B a pneumonia e RV-C ao desenvolvimento de asma e infecções com sintomas mais graves. A maioria das infecções por rinovírus são adquiridas na comunidade, entretanto ocasionalmente são descritas infecções nosocomiais ou surtos em instituições de saúde. Como é um vírus não envelopado, apresenta certa resistência a desinfetantes e álcool, além de permanecer viável no ambiente por períodos prolongados, o que pode explicar esses surtos.

Os rinovírus causam doenças respiratórias ao longo de todo o ano, contudo, desde a década de 1960 é sabido que, em climas temperados, ocorre um pico do número de infecções no início do outono, com um pequeno aumento na primavera também. Após a descoberta dos RV-C, inúmeros estudos foram realizados visando observar diferenças sazonais ou geográficas entre as espécies, entretanto todas as espécies foram identificadas em todos os meses em regiões de clima temperado, tropical, subtropical e semiárido. Mas foi observado que o RV-C apresenta uma sazonalidade discreta com picos no outono e inverno na maioria das regiões temperadas ou subtropicais e nos trópicos, com o maior número de infecções sendo observado na temporada de chuvas.

Dados epidemiológicos recentes apontam o rinovírus como um copatógeno comum, principalmente em crianças. Um número crescente de estudos relata o envolvimento dos rinovírus como principal agente ou com participação significativa em mais de 50% das infecções no SRS, assim como apresentam a capacidade de desencadear crises asmáticas tanto em adultos quanto em crianças, enfatizando o fato de que esse patógeno pode ser responsável por morbidade mais elevada do que a previamente reconhecida.

Os rinovírus são a segunda principal causa de bronquiolite, após o HRSV, e provavelmente está envolvido no desenvolvimento de sibilo durante os primeiros anos de vida. Atualmente, aproximadamente 20 a 40% das crianças com menos de um ano de idade com bronquiolite estão infectadas ou, pelo menos, coinfectadas com rinovírus, e em crianças hospitalizadas com menos de 3 anos de idade, essa taxa sobe para 50%.

## Prevenção e controle

Como os métodos de transmissão pessoa a pessoa incluem aerossóis e contato indireto por meio de fômites contaminadas, as medidas preventivas incluem distanciamento social, utilização de máscaras respiratórias e higiene das mãos. O distanciamento social inclui o fechamento de escolas e evitar aglomerações em locais públicos. Apesar de ser difícil avaliar sua eficácia no mundo atual devido à alta globalização, simulações computadorizadas demonstram que o distanciamento social pode reduzir a transmissão durante uma epidemia em até 90% dependendo da infecciosidade do agente. Já a utilização de máscaras respiratórias, principalmente por profissionais de saúde, é uma forma eficaz de prevenção já bem estabelecida. Entretanto, máscaras cirúrgicas não impedem o contato com partículas virais, funcionam apenas como uma barreira para aerossóis; para prevenção são indicadas as máscaras conhecidas como N95.

A utilização de vacinas específicas para rinovírus, na tentativa de evitar infecções mais graves, tem sido pesquisada, mas ainda não está disponível para uso em seres humanos. Na experimentação de possíveis vacinas, dificultada pelo grande número de tipos sorológicos virais, tem sido notada a indução de uma resposta heterotípica transitória.

## Tratamento

Os estudos muitas vezes utilizam antivirais licenciados para outras viroses e avaliam sua atividade antirrinovírus. Nesse contexto, a ribavirina e outros análogos nucleosídicos mostraram uma atividade antiviral moderada sobre os rinovírus. Entretanto, essa atividade melhora significativamente quando a ribavirina é combinada com IFNα-2a. O pleconaril é conhecido por demonstrar atividade antiviral de amplo espectro. Ele se liga a bolsos hidrofóbicos presentes nos capsídeos virais, alterando o sítio de ligação viral com receptores celulares, bloqueando o desnudamento. Ele apresenta uma biodisponibilidade de 70% e uma longa meia-vida. Estudos experimentais demonstraram que voluntários infectados pelo rinovírus tratados com esse antiviral apresentaram sintomatologia clínica mais branda. Porém, a Food and Drug Administration (FDA), vetou a liberação do pleconaril para uso em seres humanos devido a preocupações com sua segurança e interação medicamentosa. Por esse fato, estudos com variações do pleconaril continuam em andamento visando uma melhora na atividade por uma mudança na sua forma de apresentação, inclusive na forma de *spray* intranasal.

## Vírus respiratório sincicial de humanos

### Histórico

O vírus respiratório sincicial (RSV, vírus respiratório sincicial [*respiratory syncytial virus*]) foi descrito pela primeira vez, em 1956, quando um grupo de chimpanzés criados nos arredores de Washington, D.C. (Estados Unidos da América [EUA]), apresentou um quadro clínico semelhante ao resfriado. Morris e colaboradores isolaram um agente citopático de um desses animais doentes que apresentava coriza e mal-estar e o denominaram "agente da coriza do chimpanzé" (CCA, *chimpanzee coryza agent*). Esses pesquisadores examinaram toda a colônia e constataram que praticamente 100% dos animais estavam infectados. Além disso, perceberam que as pessoas que tiveram contato com o grupo de animais também foram infectadas, mas exibiam quadro de infecção do sistema respiratório superior (SRS) mais brando e com menor gravidade do que o apresentado pelos chimpanzés. Estudos subsequentes identificaram duas variantes do vírus, isoladas de outros pacientes com doença do SRS. A variante Long, comumente usada em estudos laboratoriais, foi isolada de lavado broncopulmonar de uma criança com broncopneumonia, e a variante Schneider foi isolada de um paciente com crupe. Com base no efeito citopatogênico do agente em cultura de células, com formação de sincícios, e a similaridade entre os vírus isolados de macaco e das amostras Long e Schneider isoladas de seres humanos, Chanock e colaboradores criaram o termo "vírus respiratório sincicial (RSV)", posteriormente alterado para HRSV (vírus respiratório sincicial de humanos [*human respiratory syncycial virus*]) para classificar todos os isolados e descrever a doença em crianças. Posteriormente, Beem e colaboradores descreveram em detalhes a epidemiologia da infecção desse vírus durante surtos em comunidades.

### Classificação e características

Em 2020, o Comitê Internacional para Taxonomia de Vírus (ICTV, *International Committee on Taxonomy of Viruses*) revisou a classificação de diversos vírus (MSL #35), dentre eles, o HRSV. Atualmente este vírus é classificado na família *Pneumoviridae*, gênero *Orthopneumovirus*, espécie *Human orthopneumovirus* (ortopneumovírus de humanos). Entretanto, por serem mais difundidos nas publicações, a denominação vírus respiratório sincicial de humanos e a sigla HRSV serão aqui utilizadas.

As partículas virais são envelopadas e apresentam formas predominantemente esféricas. Contudo, já foram observadas espécies filamentosas capazes de atingir um tamanho consideravelmente maior, portanto, o diâmetro do vírus varia entre 100 e 350 nm. O nucleocapsídeo é helicoidal e o envelope contém três glicoproteínas transmembrana: proteína G, principal proteína envolvida na adsorção do vírus à célula; proteína de fusão F; e uma proteína hidrofóbica SH. A face interna do envelope é associada à proteína matriz M que desempenha um papel fundamental na montagem e estabilidade do vírion. O nucleocapsídeo é formado pela nucleoproteína (N) e pela fosfoproteína (P) que protegem o genoma viral, pela RNA polimerase-RNA dependente (L), que media a replicação, e as proteínas reguladoras M2. A M2-1, proteína antiterminação, é um componente estrutural do vírion e fator de processamento da transcrição, e M2-2, a qual não se sabe se está presente na partícula viral, mas desempenha papel na mudança do balanço do processo de transcrição para o de replicação do RNA viral (Figura 14.18). Além dos genes estruturais e genes acessórios da replicação, o HRSV também codifica duas proteínas não estruturais (NS1 e NS2), que suprimem a sinalização da resposta imunológica inata e antagonizam as vias apoptóticas. O HRSV não apresenta neuraminidase, nem hemaglutinina.

O genoma viral é constituído de RNA de fita simples, linear, de polaridade negativa (RNAfs–), não segmentado, de aproximadamente 15 quilobases (kb) (Figura 14.19). A organização genômica do HRSV consiste em 10 genes que codificam 11 proteínas cujas características estão descritas no Quadro 14.6. O genoma contém regiões não codificantes nos terminais 3′ e 5′, denominadas regiões *leader* (Le) e *trailer* (Tr), respectivamente. A região *leader* 3′Le, dirige a replicação do antigenoma (RNAc+, RNA complementar de polaridade positiva) e a transcrição dos RNA mensageiros (RNAm). A região *trailer* 5′Tr inibe a formação de grânulos de estresse (SG, *stress granules*) na célula hospedeira. A produção do antigenoma usa o RNA genômico viral de polaridade negativa (RNAv–) completo como molde e é regulada pela região 3′Le, que contém um sinal de empacotamento que garante a associação de nucleoproteínas com o antigenoma nascente. O antigenoma é copiado no RNAv– devido à forte atividade promotora da região complementar do *trailer* (TrC), que provavelmente contém um sinal de empacotamento para associação da nucleoproteína ao genoma nascente. Os genes virais são separados pelas sequências de início do gene (GS, *gene start*), e final do gene (GE, *gene end*) que comandam a produção de RNAm monocistrônicos que são 5′-capeados e metilados e poliadenilados na extremidade 3′ (Figura 14.20).

Existem dois principais grupos de HRSV denominados de A e B, que geralmente coexistem no início da temporada epidêmica, mesmo que ocorram *clusters* geográficos. A variabilidade antigênica entre esses dois grupos é determinada por variações na proteína G (35% de homologia entre as estirpes A e B). Devido a essa baixa homologia, muitos anticorpos que têm a glicoproteína G como alvo podem ser específicos para cada grupo, enquanto os anticorpos contra a proteína F apresentam reação cruzada entre HRSV-A e HRSV-B. As infecções pelo grupo A são mais frequentes que as causadas pelo grupo B e sua transmissibilidade também parece ser superior.

Ocorrem ainda variações antigênicas adicionais dentro dos dois grupos e com isso, muitos genótipos foram descritos. Até o momento a análise da sequência nucleotídica da glicoproteína G levou a identificação de 11 genótipos dentro do grupo A

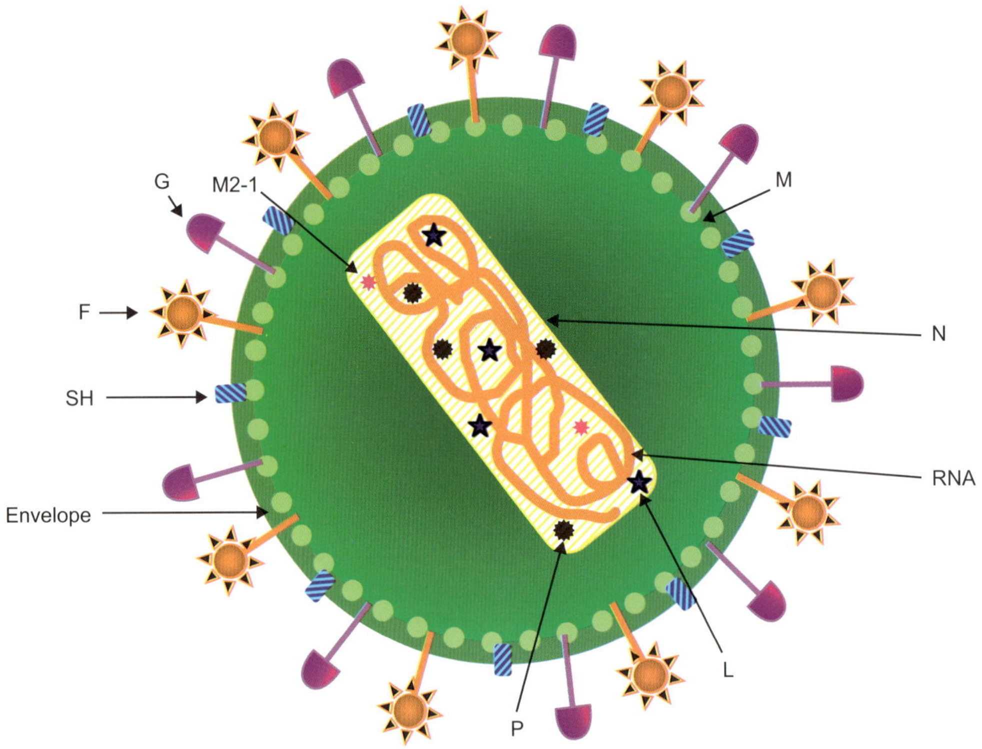


Figura 14.18 Representação da estrutura dos vírus da família *Pneumoviridae* que infectam seres humanos. O vírion consiste em um nucleocapsídeo de simetria helicoidal formado pela nucleoproteína (N), e as proteínas L (RNA polimerase-RNA dependente), P (fosfoproteína) e M2-1 (fator de transcrição viral e proteína antiterminação), contendo genoma de RNA de polaridade negativa. O nucleocapsídeo é envolto por um envelope glicolipoproteico que contém espículas das glicoproteínas F, G e SH. A proteína M está localizada na face interna do envelope. As partículas dos HRSV e HMPV são similares.

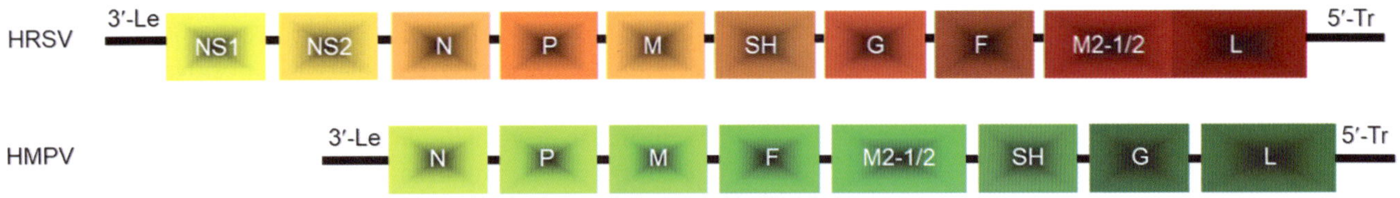


Figura 14.19 Esquema do genoma do vírus respiratório sincicial de humanos (HRSV) e do metapneumovírus de humanos (HMPV). Os membros da família *Pneumoviridae* que infectam seres humanos têm genoma constituído de RNA de fita simples, linear, de polaridade negativa, não segmentado, de aproximadamente 15 kb (HRSV) ou 13 kb (HMPV). Os genes são representados como caixas com a proteína codificada correspondente. O HRSV expressa duas proteínas extras em relação ao HMPV, NS1 e NS2. As posições das proteínas F, M, SH e G diferem nos dois vírus e as ORF para M2 e L se sobrepõem no HRSV. ORF: *open reading frames* (sequências de leitura aberta); Le: *leader*; N: nucleoproteína; P: fosfoproteína; M: proteína matriz; F: proteína de fusão; SH: pequena proteína hidrofóbica; G: glicoproteína de ligação; L: RNA polimerase-RNA dependente; Tr: *trailer*; NS1 e NS2: proteínas não estruturais 1 e 2.

**Quadro 14.6** Proteínas codificadas pelo genoma do HRSV.

| Proteínas estruturais | Características |
|---|---|
| Nucleoproteína (N) | Principal proteína do nucleocapsídeo; atividade de ligação ao RNA |
| Fosfoproteína (P) | Associada ao nucleocapsídeo; cofator da polimerase |
| M2-1 | Associada ao nucleocapsídeo; fator essencial para transcrição do RNA. Fator antiterminação |
| *Large* (L) | Associada ao nucleocapsídeo; principal componente da RNA polimerase RNA-dependente viral |
| Matriz (M) | Localizada na face interna do envelope; importante na morfogênese viral |
| Fusão (F) | Presente no envelope; atividade de fusão; importante na penetração do vírus na célula e na formação de sincícios. O precursor $F_0$ é ativado por clivagem em $F_1$ e $F_2$ |
| Glicoproteína (G) | Presente no envelope; principal mediador da adsorção |
| *Small hydrophobic* (SH) | Presente no envelope; é uma pequena proteína hidrofóbica denominada viroporina com papel antiapoptótico mediado por TNF-$\alpha$ |
| M2-2 | Regulação do processo de transcrição e replicação do RNA |
| **Proteínas não estruturais** | **Características** |
| NS-1<br>NS-2 | Interferem com indução de interferon $\alpha$ e $\beta$. |

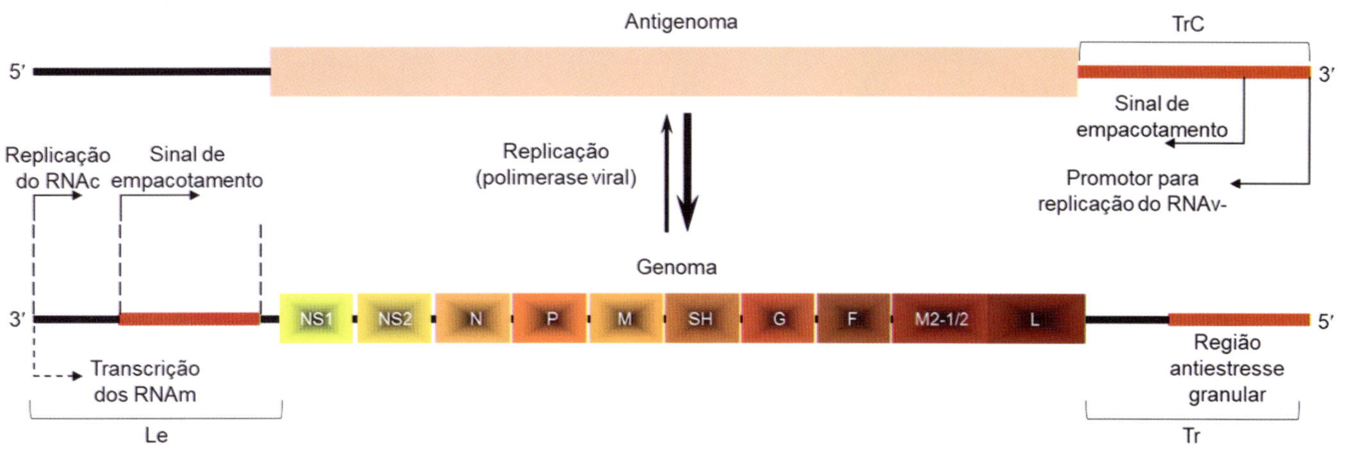


**Figura 14.20** Replicação do genoma dos pneumovírus. O genoma viral de polaridade negativa (RNAv–) contém regiões não codificantes denominadas 3′ *leader* (Le) e 5′ *trailer* (Tr). A região 3′ Le, dirige a replicação do antigenoma (RNAc [RNA complementar] de polaridade positiva) e a transcrição dos RNA mensageiros (RNAm). A região 5′ Tr inibe a formação de grânulos de estresse na célula hospedeira. A produção do antigenoma usa o RNAv– completo como molde e é regulada pela região 3′ Le, que contém um sinal de empacotamento que garante a associação de nucleoproteínas com o RNAc nascente. O RNAc é copiado no RNAv– devido à forte atividade promotora da região complementar do *trailer* (TrC), que provavelmente contém um sinal de empacotamento para a associação da nucleoproteína ao genoma nascente. Adaptada de Lay *et al.*, 2013.

(GA1-GA7, NA1, NA2, SAA1 e ON1) e 23 genótipos dentro do grupo B (GB1-GB4, SAB1-SAB4, URU1, URU2, BA1-BA12 e THB). Diferentes genótipos podem circular ao mesmo tempo dependendo da temporada epidêmica, e a predominância de um genótipo sobre o outro varia de ano para ano e de acordo com a localização.

## Biossíntese viral

A primeira etapa da infecção é a adsorção da partícula viral a receptores presentes na superfície celular. Uma proteína denominada nucleolina foi descrita como sendo um dos principais receptores utilizados pelo HRSV. Essa proteína é encontrada em muitos compartimentos celulares, mas principalmente no núcleo, e encontra-se envolvida em diversos processos celulares. Na membrana celular, a nucleolina faz parte de um complexo proteico de 500 kDa e já foi descrita como receptor para outros vírus. Além da nucleolina, outras proteínas celulares têm sido implicadas na infecção pelo HRSV *in vitro*, incluindo ICAM-1(molécula de adesão intercelular 1 [*intercellular adhesion molecule 1*]), RhoA (membro A da família homóloga ao Ras [*Ras homolog gene family, member A*]) e anexina II. Proteínas surfactantes produzidas por células epiteliais também já foram associadas à potencialização da infecciosidade do HRSV *in vitro*. Acreditava-se que o receptor de quimiocinas CX3CR1 (receptor 1 de quimiocina CX3C [CX3C *chemokine receptor 1*]) também poderia funcionar como receptor para o vírus, entretanto estudos recentes de modelagem molecular mostraram que a proteína viral G não se encaixaria com esse receptor, descartando, portanto, essa hipótese.

A entrada do vírus na célula ocorre por fusão do envelope viral com a membrana citoplasmática. Esse processo é dependente de cálcio, ocorre em pH fisiológico e é mediado pela proteína F. Todos os eventos da biossíntese ocorrem no citoplasma celular. Após a fusão, o nucleocapsídeo se mantém intacto com as três proteínas N, P e L, pois elas são necessárias para a transcrição do genoma pela polimerase viral. O genoma é então transcrito progressivamente em RNAm subgenômicos que geralmente são monocistrônicos. Os RNAm e as proteínas virais são primeiramente detectadas na célula, 4 a 6 horas depois da infecção. A transcrição e a replicação do genoma viral são comandadas pelo complexo da polimerase (N/P/L). O acúmulo de RNAm chega ao máximo em torno de 14 a 18 horas. Durante a transcrição viral, o complexo da polimerase transcreve sequencialmente cada um dos genes virais individualmente a partir de seus próprios promotores (sequências GS) e terminando na sequência GE. Isso ocorre em um mecanismo de início/parada, em que a polimerase "varre" a sequência intergênica após um sinal GE antes de iniciar a transcrição no próximo sinal GS. Os RNAm virais são capeados, metilados e poliadenilados e traduzidos pela maquinaria de tradução celular. Depois que ocorre um acúmulo de proteínas virais, e através de um mecanismo não completamente elucidado, provavelmente envolvendo a proteína M2-2 (ver Quadro 14.6), a polimerase viral muda da transcrição de genes para replicação de antigenomas, onde a polimerase não é mais direcionada por sinais GS e GE. Usando a região do *trailer* complementar (TrC3′) como promotor, são produzidas fitas de RNAv–.

A montagem e a liberação do vírus ocorrem na superfície apical de células polarizadas. O movimento dos componentes virais para essa superfície utiliza o sistema de reciclagem endossômica apical. Os novos nucleocapsídeos se associam à proteína M, que está ligada a certas áreas da superfície apical da membrana plasmática da célula, para onde as proteínas G e F migraram anteriormente. Os vírus são liberados por brotamento. A liberação da progênie viral começa a partir de 10 a 12 horas após a infecção, atingindo o pico em 24 horas, e continua até a deterioração da célula em 30 a 48 horas (Figura 14.21).

## Patogênese

Antes de entrar no processo patogênico em si, é importante compreender a importância dos fatores externos (comportamentais, ambientais), fatores do hospedeiro (resposta imunológica, idade, polimorfismos, sexo) e virais (genótipos, mutações) na gravidade da doença associada ao HRSV (Figura 14.22).

### Fatores externos

Fatores climáticos como temperatura e umidade influenciam na transmissão viral. Por exemplo, em climas mais frios as pessoas tendem a frequentar ambientes fechados e populosos favorecendo

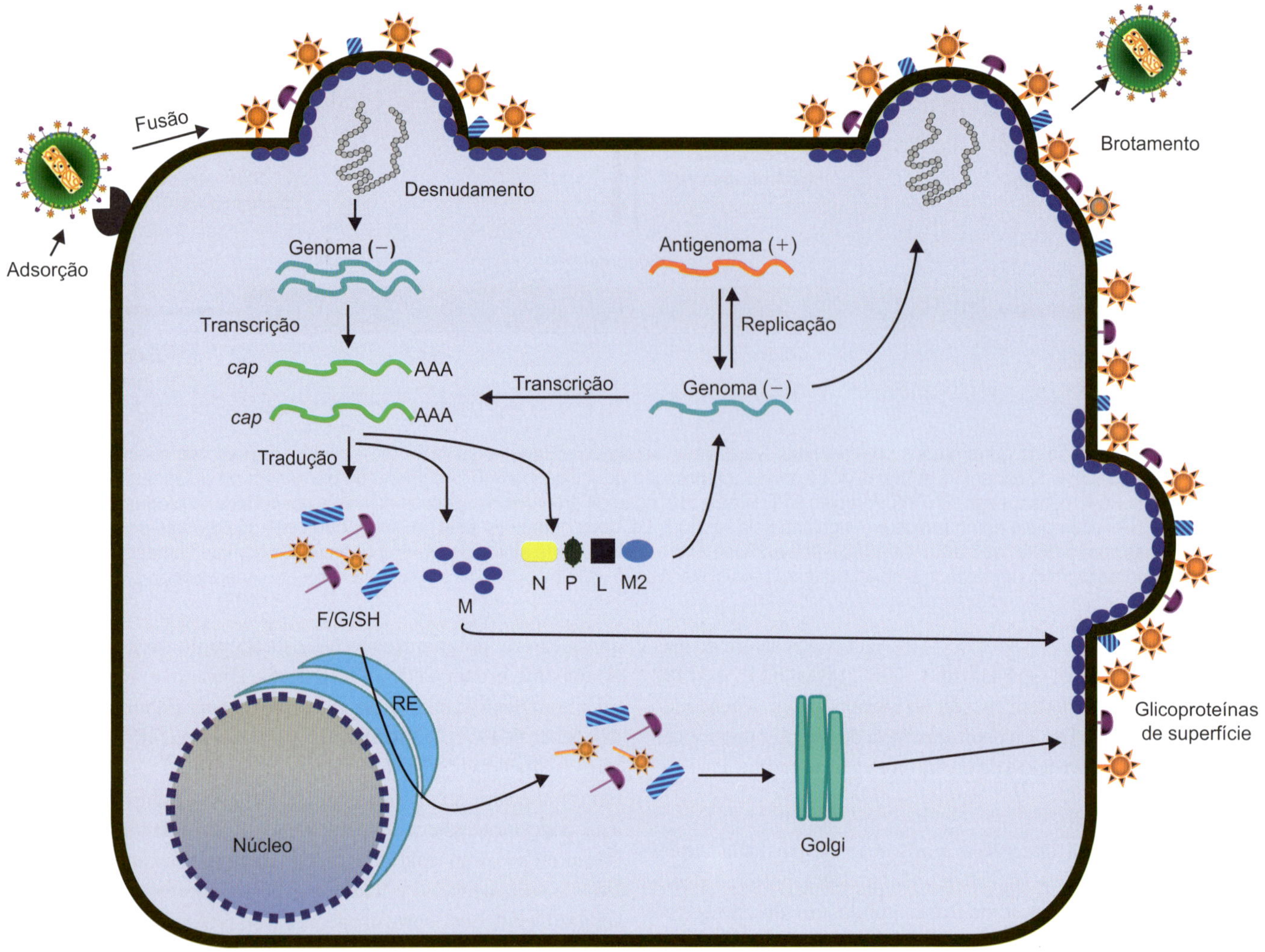


**Figura 14.21** Biossíntese dos vírus da família *Pneumoviridae* que infectam seres humanos. A biossíntese tem início com a adsorção da partícula viral que é mediada pelas proteínas F e G aos receptores celulares. A etapa de internalização da partícula ocorre por fusão do envelope viral com a membrana plasmática, um processo dependente da proteína F, liberando o nucleocapsídeo (contendo o genoma e a RNA polimerase-RNA dependente) no citoplasma celular. Para o HMPV, a proteína F deve ser clivada para converter o precursor $F_0$ no heterodímero $F_1/F_2$. Em seguida, o genoma viral é transcrito, traduzido e replicado no citoplasma. A polimerase utiliza a fita negativa do genoma viral para dois processos distintos: como molde para transcrever RNA mensageiros poliadenilados e capeados, os quais serão traduzidos em proteínas virais, e para produzir um antigenoma de polaridade positiva, que servirá de molde para a síntese de novos RNA negativos genômicos. Após a tradução, as proteínas N, L, P, M e M-2 são transportadas para a membrana citoplasmática, e as glicoproteínas F, G e SH são direcionadas para o retículo endoplasmático (RE) e para o complexo de Golgi, onde são processadas e posteriormente transportadas para a membrana citoplasmática. Seguem-se os processos de montagem e liberação da partícula viral por brotamento.

a disseminação de agentes respiratórios. Já a umidade tem papel importante na manutenção do vírus infeccioso no ambiente.

A presença de crianças pequenas em creches, hospitais e ambulatórios também constitui um fator de risco. A exposição a fumaça, seja por tabagismo ativo ou passivo, ou de veículos e indústrias prejudica a saúde do sistema respiratório e abre espaço para o desenvolvimento de sintomas mais graves.

## Fatores do hospedeiro

Diversos fatores associados ao hospedeiro aumentam o risco de desenvolvimento de sintomas mais graves inclusive: idade (menores de 6 meses e maiores de 65 anos), parto prematuro, má nutrição, gênero e resposta imunológica. Doenças crônicas como cardiopatias, fibrose cística, doença pulmonar crônica e doenças neurológicas e musculares também estão associadas ao desenvolvimento de sintomatologia mais grave.

O fator idade está associado ao desencadeamento de uma resposta imunológica eficiente. O sistema imunológico do recém-nascido é imaturo e, consequentemente não consegue responder à infecção viral de forma adequada para eliminação do patógeno. Algo parecido ocorre nos idosos, não que o sistema imunológico destes seja imaturo, mas encontra-se deficiente e menos responsivo. Outro fator importante em crianças é o sexo. Estudos relatam que recém-nascidos do sexo masculino apresentam maior probabilidade de desenvolver uma infecção mais grave pois suas vias aéreas apresentam um diâmetro menor do que o observado no sexo feminino.

Existe uma forte correlação epidemiológica entre a hipersensibilização das vias aéreas (causando uma resposta exacerbada a um antígeno) e o desenvolvimento de sintomas respiratórios graves no início da vida, podendo ainda levar ao desenvolvimento de asma na vida adulta. Durante a infecção pelo HRSV, uma grande quantidade de IgE é produzida, e altos níveis de IgE estão relacionados com maior gravidade da infecção pelo HRSV causando chiado em recém-nascidos e asma em crianças. Foi

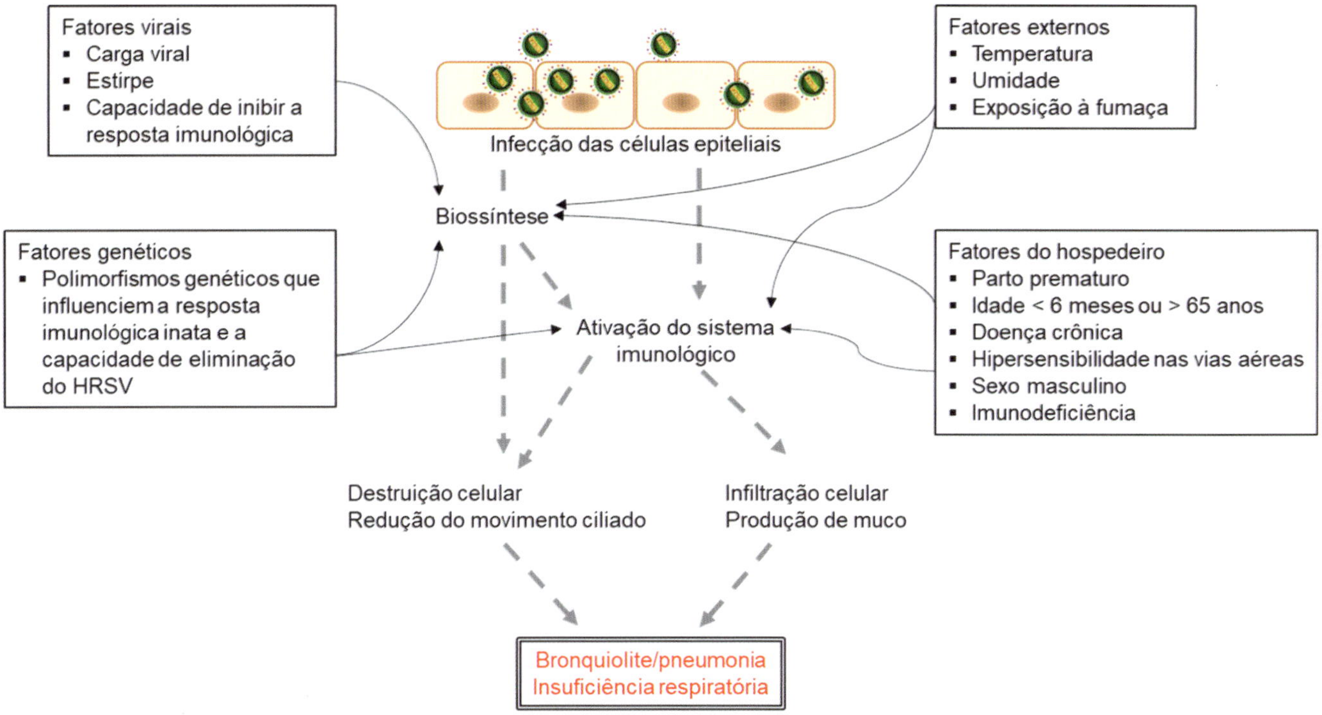


**Figura 14.22** Fatores que influenciam a patogênese e a doença clínica causada pelo HRSV. A infecção do epitélio respiratório pelo vírus respiratório sincicial de humanos (HRSV) é influenciada por inúmeros fatores internos associados ao hospedeiro e polimorfismos genéticos, fatores ambientais externos e fatores associados ao vírus. Adaptada de Tahamtan *et al.*, 2019.

observado que pessoas asmáticas também apresentam níveis elevados de IgE, desenvolvendo, portanto, sintomas mais graves.

Quanto a fatores genéticos, indivíduos com predisposição a asma apresentam 3 vezes mais chances de hospitalização devido à infecção pelo HRSV do que indivíduos sem essa predisposição. Alguns polimorfismos de nucleotídeo único (SNP, *single nucleotide polymorphism*) também já foram associados ao desenvolvimento de doença grave pelo HRSV como o SNP Asp299Gly (aspartato → glicina) e Thr399I (treonina → isoleucina) no ectodomínio de TLR4. Essas mutações podem atenuar ou atrasar a ativação da resposta imunológica inata ao HRSV. Outros SNP já associados a sintomas mais graves por HRSV são: genótipo CC em $CD_{14}$; SNP nos genes que codificam vitamina D, *Jun*, *IFN-5* e *OR13C5*.

## Fatores virais

Acredita-se que a carga viral esteja diretamente associada à gravidade da doença, assim como o grupo ao qual pertence o HRSV. Por muito tempo, os estudos demonstraram que o HRSV-A é mais patogênico e causa sintomas mais graves do que o HRSV-B. Entretanto, nos últimos anos surgiram estudos que afirmam o contrário. O que se observa é que o HRSV-A é mais facilmente transmitido e, portanto, mais disseminado, do que o HRSV-B. Quanto ao genótipo, também não existem dados suficientes para inferir que um genótipo é mais patogênico que outro.

## Fisiopatologia da infecção

A transmissão do vírus ocorre pessoa a pessoa através do contato com o epitélio nasal, bucal ou ocular de indivíduos infectados pelo HRSV, de aerossóis produzidos por tosse, espirro ou por contato com superfícies e objetos contaminados. O HRSV pode permanecer infeccioso por períodos prolongados na superfície de objetos como: móveis (7 horas), pele (30 minutos), tecidos (2 horas) e luvas de látex ou nitrílicas (5 horas), o que facilita sua disseminação.

Ao penetrar no organismo pelo nariz, boca ou conjuntiva o vírus inicia o ciclo de biossíntese infectando células epiteliais do SRS, podendo também infectar macrófagos e monócitos. A disseminação viral para o sistema respiratório inferior (SRI) envolve aspiração da secreção ou propagação célula para célula por fusão, sem emergir no meio extracelular. Uma vez alcançando os bronquíolos, é novamente propagado, porém de forma mais eficiente. Na verdade, as principais células-alvo da infecção são as células ciliadas do epitélio brônquico e os pneumócitos alveolares. A infecção pelo HRSV é concentrada em grupos não contínuos de células ou em grupos menores de células ciliadas apicais no epitélio das vias respiratórias.

À medida que a infecção progride, o HRSV induz a destruição e descamação das células epiteliais das vias aéreas, perda do movimento ciliado, assim como formação esporádica de sincícios e hipersecreção de muco. Esse conjunto de fatores pode levar à obstrução bronquiolar. A descamação das células ciliadas apicais expõe fibras nervosas nociceptivas levando ao reflexo de tosse. Apesar disso, a destruição celular pelo HRSV não é intensa. Apesar da infecção pelo HRSV ser caracterizada pelo excesso de produção de muco, o vírus não infecta as células caliciformes (ou células de Goblet, produtoras de muco), e nem induz a produção de muco por elas. O vírus infecta as células basais do epitélio respiratório, que se diferenciam em células secretoras de muco, ou seja, o HRSV induz indiretamente a produção de muco através da estimulação da proliferação das células caliciformes. Além disso a infecção pelo HRSV reduz drasticamente o transporte mucociliar, um movimento unidirecional do epitélio respiratório que mobiliza o muco para fora dos pulmões, levando ao acúmulo desse muco no lúmen brônquico. Consequentemente, o processo infeccioso causa necrose do epitélio respiratório, edema na submucosa e oclusão do lúmen brônquico podendo levar ao desenvolvimento de pneumonia ou bronquiolite (Figura 14.23).

Recentemente foi demonstrado que o HRSV, assim como o rinovírus, induz a produção de TSLP (linfopoietina estromal tímica [*thymic stromal lymphopoietin*]) e IL-33 (interleucina 33), que são citocinas associadas com o desenvolvimento de asma alérgica. Essas citocinas criam um ambiente inflamatório que, direta ou indiretamente, induz a secreção de muco, recruta neutrófilos e eosinófilos, e leva a secreção das citocinas de resposta Th2 (IL-4, IL-6 e IL-10), IL-5 e IL-13.

A carga viral está diretamente relacionada à gravidade da doença, assim como em muitos outros vírus respiratórios. Portanto, a gravidade da infecção dita o grau de inflamação. O HRSV causa uma intensa inflamação neutrofílica das vias respiratórias, que pode ser acompanhada de eosinofilia nos casos mais graves. Como o HRSV é um vírus relativamente pouco citopatogênico, acredita-se que a maioria do dano observado nas vias aéreas durante a infecção seja mediado pela resposta imunológica.

Embora o HRSV seja pneumotrópico, ele não fica restrito a esse sítio. Em diversos casos fatais de infecção por HRSV, em adultos ou crianças imunocomprometidos, o vírus se disseminou para outros órgãos incluindo fígado, rins e miocárdio.

## Evasão da resposta imunológica

O HRSV causa reinfecções frequentes e resfriados recorrentes na infância. Em adultos ocorrem reinfecções a cada dois ou três anos, entretanto, os sintomas geralmente são mais leves, a carga viral mais baixa e as reinfecções ficam limitadas ao SRS, exceto em caso de imunocomprometimento. A resistência parcial a reinfecção é caracterizada pela indução da resposta imunológica de memória que, até pouco tempo acreditava-se ser exclusiva da resposta adaptativa (linfócitos T e B). Porém, existem evidências de que alterações, a médio e longo prazo, da resposta inata das mucosas também pode conferir memória protetora, e sinais inflamatórios são essenciais para a diferenciação total da resposta imunológica adaptativa. Portanto, a modulação das respostas inata e adaptativa pode ser responsável pela capacidade de reinfecção deste vírus.

As proteínas não estruturais NS1 e NS2 do HRSV bloqueiam a produção de interferon tipo I (IFN-I), impedindo sua produção ou sinalização. Ademais, NS1 desfaz a ligação de IRF3 (fator regulador do interferon 3 [*interferon regulatory factor 3*]) com o promotor de IFN-β ao se ligar diretamente a este fator, levando à inibição da produção e das respostas seguintes aos IFN-I.

A proteína viral F pode se ligar a TLR4 (receptor tipo *toll* 4 [*toll-like receptor 4*]) na membrana celular, atuando como um imunomodulador e impedindo o desencadeamento da cascata

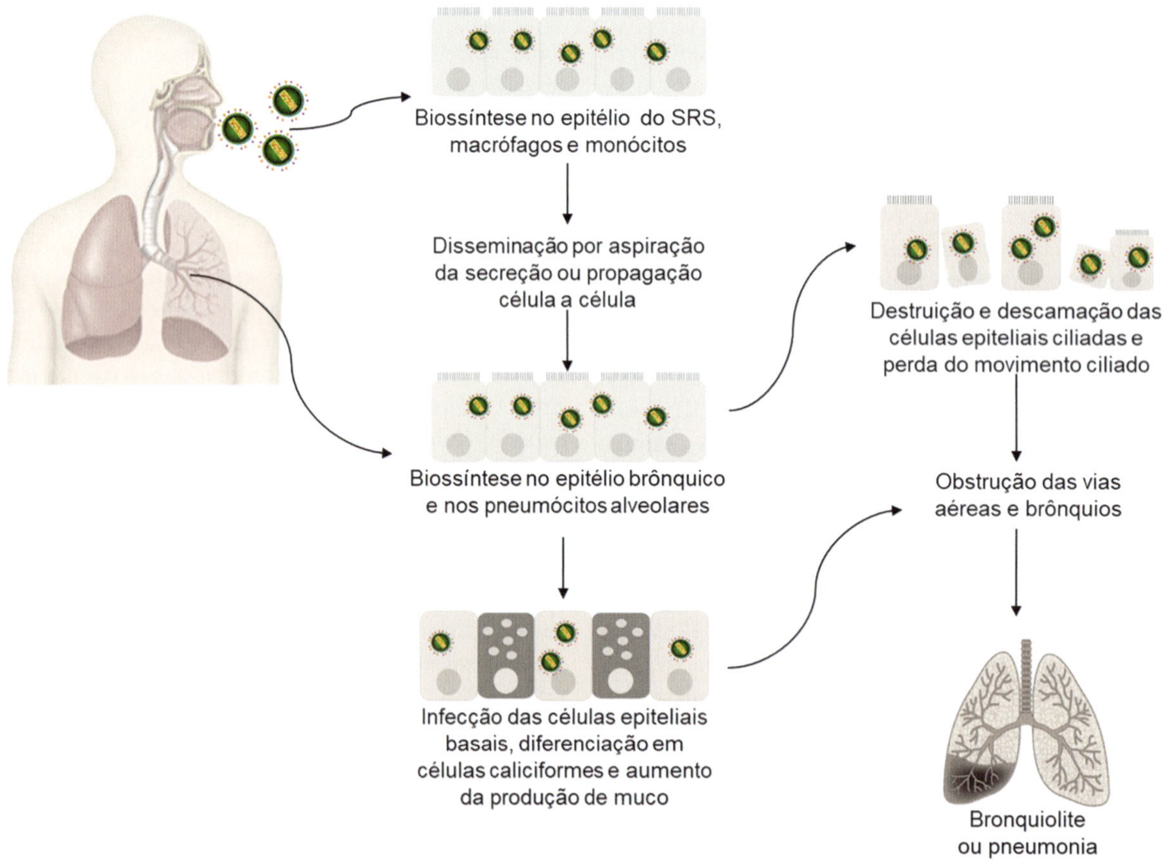


**Figura 14.23** Esquema da patogênese do HRSV. O vírus respiratório sincicial de humanos (HRSV) é transmitido por contato pessoa a pessoa, aerossóis infecciosos ou por contato com superfícies e objetos contaminados. O vírus é sintetizado no epitélio respiratório, podendo também infectar macrófagos e monócitos. A partir do sistema respiratório superior (SRS) a infecção progride para o sistema respiratório inferior (SRI), por aspiração da secreção e disseminação célula a célula. Uma vez no SRI, o vírus infecta o epitélio brônquico e os pneumócitos alveolares, provocando a destruição e descamação das células epiteliais das vias aéreas, perda do movimento ciliado e hipersecreção de muco. O vírus infecta as células basais do epitélio respiratório, que se diferenciam em células secretoras de muco. A infecção causa necrose do epitélio respiratório, edema na submucosa e oclusão do lúmen brônquico, podendo levar ao desenvolvimento de pneumonia ou bronquiolite.

de sinalização que seria acionada. A proteína viral G é muito semelhante à fractalina (também denominada CX3CL1, ligante 1 de quimiocina de motivo C-X3-C [*C-X3-C motif chemokine ligand 1*]), uma quimiocina que atua na quimiotaxia de linfócitos e monócitos e normalmente é expressa em células endoteliais ativadas. Ela impede a resposta induzida pelos TLR que resultariam na produção de IFN-I. Essa proteína também está presente na forma solúvel, e acredita-se que funcione como um mecanismo de escape, pois os anticorpos anti-HRSV se ligariam a essa proteína G solúvel, impedindo a neutralização viral e opsonização da célula infectada.

Diversos mecanismos nos quais o HRSV pode interferir com a apresentação de antígenos já foram propostos. *In vitro*, as células dendríticas infectadas exibem um comprometimento da sinapse imunológica, possivelmente devido à interação com a proteína viral N.

Na Figura 14.24 é apresentado um resumo dos mecanismos de evasão da resposta imunológica conhecidos até o momento para o HRSV.

## Manifestações clínicas

O HRSV pode causar diversos quadros de doença das vias respiratórias, desde resfriado até pneumonia. Os aspectos clínicos da infecção por HRSV variam de acordo com a idade. A infecção primária, que normalmente ocorre entre 6 semanas e 2 anos de idade, é normalmente sintomática e envolve o SRI. Infecções assintomáticas por HRSV em crianças são raras. Reinfecções em crianças mais velhas são, em geral, menos graves.

As infecções do sistema respiratório são frequentemente associadas a chiado, pneumonia e otite média aguda. Os neonatos exibem chiado com menor frequência, e a apneia pode ser o único sintoma da infecção. A mortalidade em crianças imunocompetentes é baixa, mas infecções fatais são comuns em pacientes imunocomprometidos e pacientes com anormalidades cardíacas. A pneumonia é um dos sintomas mais comuns em idosos.

Os sintomas do SRI, em crianças, como taquipneia e chiado, normalmente aparecem de 1 a 3 dias após o surgimento da rinorreia, representando o espalhamento do vírus para os brônquios e bronquíolos. A recuperação clínica da bronquiolite por HRSV pode ocorrer na presença de excreção do vírus no SRS.

Infecções do SRS associadas ao HRSV já foram descritas em crianças mais velhas e adultos, na reexposição. Os sintomas mais comuns são rinorreia, congestão nasal, faringite e tosse.

### Infecção em crianças

O sintoma da doença por HRSV é a bronquiolite manifestada por chiado, bloqueio da respiração, edema nasal, retração subcostal e, algumas vezes, cianose. Cerca de 50% das crianças hospitalizadas com doença por HRSV apresentam febre. A pneumonia por HRSV é também comum na infecção primária. As crianças

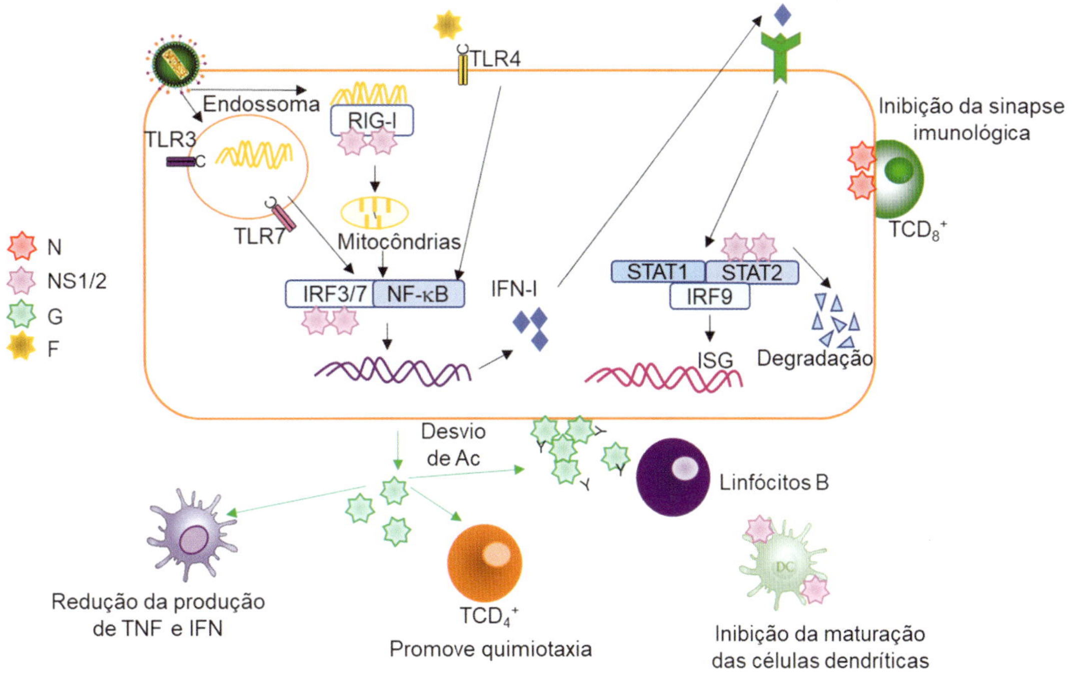


**Figura 14.24** Mecanismos de interferência na resposta imunológica utilizados pelo HRSV. Diferentes proteínas virais possuem papel na inibição da resposta imunológica. A proteína NS2 se liga a RIG-I (gene induzível pelo ácido retinoico-I [*retinoic acid-inducible gene-I*]) interferindo na sinalização inata via MAVS (proteína de sinalização antiviral mitocondrial [*mitochondrial antiviral-signaling protein*]); NS1 promove o desligamento de IRF3 (fator regulador do interferon 3 [*interferon regulatory factor 3*]) ao promotor de interferon-β (IFN-β); as proteínas G e N também inibem a produção de IFN-I (interferon tipo I); NS1 e NS2 podem aumentar a degradação de STAT2 (transdutor de sinal e ativador de transcrição 2 [*signal transducer and activator of transcription 2*]) e atuam na redução da maturação de células dendríticas, diminuindo sua capacidade de apresentação de antígenos; a proteína F se liga a TLR4 (receptor tipo *toll* 4 [*toll-like receptor 4*]) e pode causar a dessensibilização da ativação da via de sinalização; a proteína G secretada pode se ligar a CX3CR1 (receptor 1 de quimiocina CX3C [CX3C *chemokine receptor 1*]) presente em células dendríticas e alguns linfócitos, alterando a quimiotaxia e reduzindo suas funções, além de poder desviar a resposta imunológica, através da ligação com anticorpos (Ac) neutralizantes e, por último, a proteína N pode interromper a sinapse imunológica em linfócitos $TCD_8^+$. HRSV: vírus respiratório sincicial de humanos; ISG: *interferon-stimulated gene* (gene estimulado por interferon); TNF: *tumor necrosis factor* (fator de necrose tumoral); NF-κB: *nuclear factor-κB* (fator nuclear-κB); $TCD_4^+$: linfócitos $TCD_4^+$. Adaptada de Openshaw *et al.*, 2017.

podem apresentar sinais e sintomas de ambas as manifestações (bronquiolite e pneumonia) simultaneamente. A apresentação clínica pode depender da proporção das vias respiratórias parcialmente obstruídas pelo processo inflamatório. Isso resulta em chiado e bloqueio do ar, enquanto atelectasia (achatamento dos alvéolos) subsegmentar resulta na oclusão completa das vias respiratórias. A oclusão parcial dos bronquíolos resulta na hiperaeração e achatamento do diafragma. A obstrução completa resulta em atelectasia que pode ser lobar.

A hipóxia é um achado comum em crianças hospitalizadas com doença do SRI. A apneia pode acompanhar a bronquiolite e a pneumonia por HRSV em crianças. Bebês prematuros ou crianças menores de 3 meses apresentando apneia devem ser investigados para infecção por HRSV.

### Infecção em adultos

A apresentação clínica comum na infecção por HRSV em adultos imunocompetentes é semelhante à observada em crianças, com sintomas iniciais que incluem sinais de doença do SRS como: congestão nasal, tosse, dor de garganta e rouquidão, dor de ouvido, rionossinusite, e/ou febre baixa. Adultos podem ainda apresentar pouco ou nenhum sintoma e ainda assim o vírus ser isolado das secreções respiratórias.

Em idosos, os sintomas clínicos da infecção pelo HRSV podem ser indistinguíveis da infecção pelo FLUV, com exceção da febre potencialmente mais baixa.

Em adultos com doença pulmonar crônica, a doença por HRSV pode se apresentar como dispneia com ou sem hipóxia e pode ser acompanhada de tosse, com ou sem febre, congestão nasal e chiado. Esses achados são relativamente inespecíficos e o diagnóstico definitivo geralmente é realizado por diagnóstico laboratorial.

A Figura 14.25 demonstra a relação de quadro clínico, tipo de resposta imunológica e idade.

## Diagnóstico laboratorial

O diagnóstico laboratorial de uma virose respiratória pode ser utilizado para aumentar a confiança no diagnóstico clínico. Dada a curta duração dos sintomas, um teste rápido de diagnóstico é necessário para dar peso às decisões relacionadas ao tratamento. Uma metanálise dos testes rápidos para HRSV mostrou que estes apresentavam em média 75,3% de sensibilidade e 98,7%

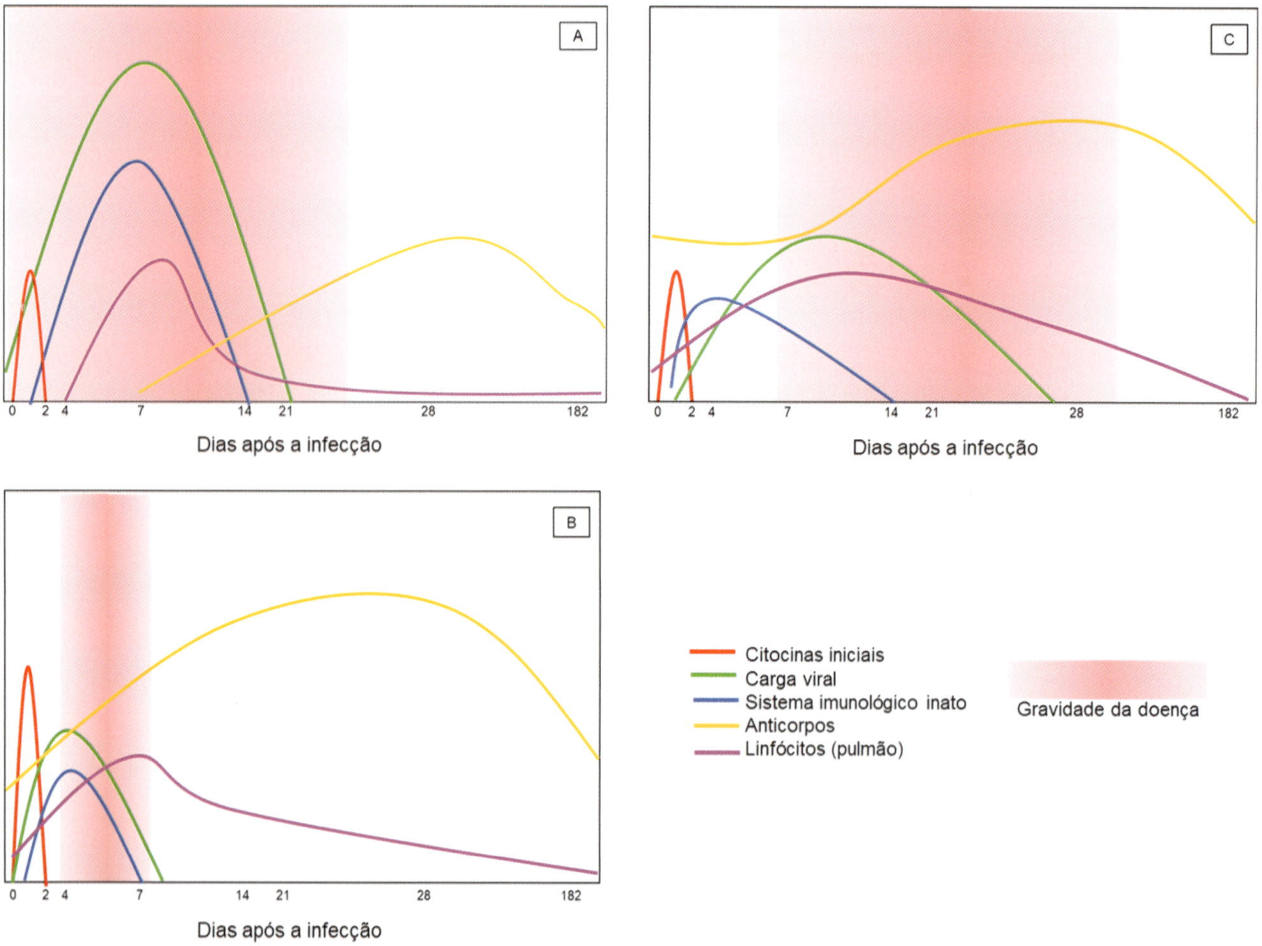


**Figura 14.25** Cinética da resposta imunológica contra a infecção pelo HRSV em pacientes de diferentes faixas etárias **A.** Infecção em recém-nascidos: nesses pacientes, tanto a resposta adaptativa quanto a inata são imaturas, permitindo o desenvolvimento de uma alta carga viral associada com um quadro grave. O HRSV inibe ativamente a resposta imunológica e a resposta de memória é curta. **B.** Infecção secundária em adultos: esses indivíduos geralmente já foram infectados diversas vezes ao longo da vida pelo HRSV e possuem níveis variados de imunoglobulinas G e A na circulação sanguínea e nas mucosas, o que garante uma proteção parcial contra a reinfecção pelo HRSV, sendo associada a sintomas mais brandos. A resposta protetora é transitória e os níveis de anticorpos decaem rapidamente. **C.** Infecção secundária em idosos: a diminuição da função efetora das respostas inata e adaptativa em idosos leva ao desenvolvimento de doença insidiosa e prolongada. HRSV: vírus respiratório sincicial de humanos. Adaptada de Openshaw *et al.*, 2017.

de especificidade, o que sugere que, apesar de falsos-negativos não serem incomuns, um resultado positivo pode aumentar a confiança no diagnóstico e impedir a utilização desnecessária de antibióticos.

Os espécimes clínicos de escolha são, geralmente, *swab* nasal e aspirado de nasofaringe, devendo ser transportados em gelo e mantidos a 4°C até o processamento, já que o congelamento pode gerar perda de infecciosidade.

O diagnóstico de HRSV é realizado por meio do isolamento viral em cultura de células, ou por testes sorológicos como imunofluorescência (IF) e ensaio imunoenzimático (EIA, *enzyme immunoassay*). As culturas de células HEp-2 (carcinoma de laringe humana) são as mais usadas para o isolamento do HRSV. O efeito citopatogênico (CPE) é característico com sincícios (células gigantes multinucleadas), aparecendo após cerca de 3 a 7 dias de incubação, mas a detecção viral pode ser acelerada pela utilização da metodologia de *shell vial* (ver *Capítulo 8*).

Métodos moleculares tais como reação em cadeia da polimerase associada à transcrição reversa (RT-PCR, *reverse transcription polymerase chain reaction*) convencional ou em tempo real e PCR-ELISA (reação em cadeia da polimerase associada ao ensaio imunoenzimático [*polymerase chain reaction-enzyme linked immunosorbent assay*]; ver *Capítulo 8*) são utilizados com o objetivo de acelerar o diagnóstico laboratorial.

Embora a comprovação da produção de anticorpos específicos contra a infecção seja essencial em um diagnóstico virológico, nesse caso, os testes sorológicos com soros pareados usando soros da fase aguda e convalescente, embora úteis em estudos de soroprevalência e epidemiológicos, são menos utilizados, pois um diagnóstico rápido é importante para os procedimentos de controle da infecção e cuidados com o paciente.

O Quadro 14.7 resume as vantagens e desvantagens de cada uma dessas metodologias.

## Epidemiologia

O HRSV é o principal agente etiológico de infecções respiratórias na infância. Praticamente todas as crianças são infectadas por esse vírus até os 2 anos de idade. A maioria das infecções é sintomática e, geralmente, envolve o SRI. Quase 30% das crianças apresentam um quadro clínico, que frequentemente é diagnosticado como bronquiolite ou pneumonia, no primeiro ano de vida. Cerca de 2% das crianças são hospitalizadas devido à doença associada ao HRSV por volta do 2º mês de vida. A incidência de infecção primária por HRSV é reduzida com o aumento da idade.

**Quadro 14.7** Comparação entre os métodos de diagnóstico para HRSV.

| Teste | Tempo | Vantagens | Desvantagens | Sensibilidade (%) | Especificidade (%) |
|---|---|---|---|---|---|
| Cultura de células | 3 a 5 dias | Alta especificidade<br>Detecta coinfecções<br>Estoque para outros estudos | Não é mais recomendado para diagnóstico primário devido à baixa sensibilidade e ao tempo despendido | 56,9 a 86,5 | 100 |
| RADT | 15 a 30 min | Pode ser realizado no local<br>Rápido<br>Melhor sensibilidade em recém-nascidos e crianças jovens | Baixa sensibilidade/especificidade em adultos<br>Possíveis resultados falso-negativos | 11 a 48 | 89,5 a 100 |
| IFD em espécime primário | 30 a 60 min | Melhor sensibilidade em recém-nascidos e crianças jovens<br>Mais rápido que a RT-PCR | Sem utilidade em crianças mais velhas e adultos<br>Colheita do espécime afeta a sensibilidade | 23 a 73,9 | 96,8 a 99,6 |
| TMR | 1 a 2 h | Mais rápido que *multiplex*<br>Maiores sensibilidade e especificidade em crianças mais velhas e adultos | Limitado somente para influenza e HRSV | 90,6 a 97,9 | 99,4 a 100 |
| *Multiplex* RT-PCR | 2 a 8 h | Altas sensibilidade e especificidade<br>Baixa possibilidade de resultados falsos-positivos ou falsos-negativos<br>Detecção de múltiplos vírus | Demorado comparado a IFD<br>Caro comparado a IFD<br>Pode detectar o genoma viral mesmo após o final dos sintomas | 84 a 100 | 97,7 a 100 |

RADT: *rapid antigen detection test* (teste rápido para detecção de antígeno); IFD: imunofluorescência direta; TMR: testes moleculares rápidos; RT-PCR: *reverse transcription polymerase chain reaction* (reação em cadeia da polimerase associada à transcrição reversa; HRSV: vírus respiratório sincicial de humanos.

A imunidade induzida pela infecção primária tem efeito limitado contra a reinfecção. No entanto, a gravidade da doença geralmente é reduzida a partir da 3ª infecção. A frequência das reinfecções indica que a proteção induzida após a infecção pelo HRSV é incompleta.

As epidemias pelo HRSV, em países de clima temperado, geralmente ocorrem durante o inverno e na primavera-verão em regiões subtropicais. Embora os dois grupos possam circular simultaneamente na mesma área geográfica, em geral, existe predominância do grupo A. O ciclo de sazonalidade das infecções por HRSV é comum. Em um ano o pico ocorre durante o inverno, no ano seguinte, no final do inverno e início da primavera.

Durante as duas primeiras décadas de estudos com HRSV, observou-se que o pico de hospitalizações associadas a esse vírus foi mais frequente em centros urbanos. Mais recentemente, as infecções mais graves causadas pelo HRSV têm sido relacionadas com baixa condição socioeconômica.

A coinfecção com o metapneumovírus de humanos (HMPV, *human metapneumovirus*), outro membro da família *Pneumoviridae*, agrava os quadros clínicos de doenças respiratórias. Estudos demonstram que a infecção concomitante por HRSV e HMPV, em crianças menores de 2 anos, confere risco relativo 10 vezes maior de admissão em unidade de terapia intensiva pediátrica para tratamento com ventilação mecânica.

### Prevenção e controle

A imunoprofilaxia passiva, utilizando anticorpo monoclonal contra a proteína F (palivizumabe; Synagis®), tem sido utilizada em pacientes de alto risco como pacientes imunocomprometidos e bebês prematuros. No Brasil, a utilização da imunoprofilaxia foi aprovada pela Agência Nacional de Vigilância Sanitária (Anvisa) em 1999. A terapia é recomendada para bebês prematuros (menores de 35 semanas) e deve ser aplicada por via intramuscular, em cinco doses mensais e consecutivas, que podem ser iniciadas logo após o nascimento dos bebês de risco. Apesar de inúmeros estudos realizados, até o momento não existem vacinas contra a infecção por HRSV.

### Tratamento

O tratamento da doença grave do SRI por HRSV requer intensa terapia de suporte como: remoção mecânica de secreções, posicionamento correto da criança, administração de oxigênio e em alguns casos mais graves, assistência respiratória. O uso de broncodilatadores é controverso, mas pode ser benéfico em crianças mais velhas se o chiado for um sintoma importante. Corticosteroides são comumente usados como terapia anti-inflamatória, embora haja uma deficiência de dados demonstrando claramente a sua eficácia.

O único antiviral licenciado para o tratamento de infecções por HRSV é a ribavirina (1-β-D-ribofuranosil-1,2,4-triazol-3-carboxamida), um análogo de nucleosídeo, aprovado em 1986. É administrado via aerossol utilizando-se máscaras ou ventilação mecânica. Embora apresente atividade *in vitro* contra HRSV, a ribavirina somente é usada em casos graves de infecção em pacientes com risco de desenvolver bronquiolite ou pneumonia por HRSV devido à dificuldade de administração e baixa eficácia.

Dado a duração prolongada dos sintomas e produção viral, o HRSV é um alvo de interesse para o desenvolvimento de drogas antivirais. Baseando-se em sua biossíntese, existem inúmeros alvos em potencial, como o processo de adsorção, fusão, replicação do genoma, processamento de proteínas, entre outros.

## Metapneumovírus de humanos

### Histórico

Em 2001, o metapneumovírus de humanos (HMPV, *human metapneumovirus*) foi descrito pela primeira vez, quando pesquisadores holandeses analisaram 28 aspirados de nasofaringe colhidos de crianças com infecção no sistema respiratório, ao longo de 20 anos. Apesar de o quadro clínico típico de infecção viral ser muito semelhante ao da doença causada por HRSV, nenhum patógeno foi isolado desses espécimes. Os pesquisadores inocularam esse material em cinco diferentes linhagens celulares: Vero (rim de macaco-verde africano, *Cercopithecus aethiops*), tMK (células terciárias de rim de macaco), A549 (carcinoma de pulmão humano), MDBK (células de rim bovino de Madin-Darby) e CEF (fibroblasto de embrião de galinha). A propagação viral foi muito lenta nas células tMK, muito pobre em Vero e A549, e ausente em MDBK e CEF. Somente na célula tMK, observou-se uma propagação lenta e dependente de tripsina. O efeito citopatogênico (CPE) obtido foi semelhante ao observado em células infectadas com HRSV, com formação de sincícios e destruição celular. A observação do isolado por microscopia eletrônica revelou partículas pleomórficas e semelhantes a paramixovírus. O sequenciamento do genoma viral detectou que esse vírus era muito semelhante ao pneumovírus aviário. Após a inoculação do isolado viral em aves (perus e galinhas) e macacos *Cynomolgus*, os pesquisadores obtiveram propagação viral e sintomas clínicos somente em macacos, eliminando, desta forma, a possibilidade de que poderia se tratar do pneumovírus aviário. Análises filogenéticas acabaram por revelar um novo vírus, denominado metapneumovírus de humanos.

### Classificação e características

O HMPV pertence à família *Pneumoviridae*, gênero *Metapneumovirus*. As partículas virais são envelopadas, pleomórficas, com cerca de 150 a 600 nm de diâmetro com capsídeo helicoidal (ver Figura 14.18). O genoma viral é constituído de RNA de fita simples linear de polaridade negativa (RNAfs–), não segmentado, de aproximadamente 13 quilobases (kb), contendo oito genes e nove sequências de leitura aberta (ORF, *open reading frames*) que codificam a proteína matriz (M), três glicoproteínas de envelope: proteína de fusão (F), glicoproteína de ligação à célula (G) e pequena proteína hidrofóbica de superfície (SH), as proteínas que formam o nucleocapsídeo: nucleoproteína (N), fosfoproteína (P), e uma polimerase (L); semelhante ao genoma do HRSV, o genoma do HMPV contém o gene M2, do qual são expressas as proteínas M2-1 (fator de transcrição e regulador da síntese de RNA) e M2-2. Diferentemente do HRSV, não apresenta as proteínas não estruturais NS1 e NS2 (ver Figura 14.19 e Quadro 14.8). Os terminais genômicos do HMPV contêm sequências *leader* e *trailer* parcialmente complementares e atuam como promotores para direcionar a transcrição do RNA mensageiro (RNAm) e RNA antigenômico de polaridade positiva (RNAc+, complementar) ou RNA genômico viral (RNAv–), respectivamente.

As partículas virais são sensíveis ao tratamento com clorofórmio e não apresentam atividade hemaglutinante com hemácias de peru, galinha, porco ou cobaio. *In vitro*, a biossíntese viral é dependente de tripsina, porém já foram descritas estirpes que ao longo de sucessivas passagens em culturas celulares não dependem mais dessa enzima.

Baseando-se na sequência dos genes que codificam as proteínas F e G, o HMPV foi classificado em dois genótipos (A e B)

Quadro 14.8 Proteínas do HMPV e suas respectivas funções.

| Gene | Proteína | Aminoácidos | Função |
|---|---|---|---|
| *N* | Nucleoproteína | 294 | Empacotamento do RNA genômico |
| *P* | Fosfoproteína | 294 | Cofator da RNA polimerase viral |
| *M* | Proteína matriz | 254 | Auxilia na montagem e no brotamento viral |
| *F* | Proteína de fusão | 539 | Ligação vírus-célula e fusão de membranas |
| *M2* | M2-1 | 187 | Fator de processamento da transcrição |
| | M2-2 | 71 | Regula a transcrição/replicação do RNA |
| *SH* | Pequena proteína hidrofóbica | 177 a 183 | Possível viroporina ou inibidora da resposta imunológica inata |
| *G* | Proteína de adsorção | 229 a 236 | Liga-se a glicosaminoglicanas celulares |
| *L* | Porção maior da polimerase | 2.005 | Atividade catalítica para replicação do RNA viral |

HMPV: metapneumovírus de humanos.

e quatro subgrupos: A1, A2, B1 e B2. Esses genótipos apresentam reação e proteção cruzadas. As linhagens A e B demonstram 80% de similaridade na sequência de nucleotídeos, assim como ocorre com os dois grupos de HRSV. A proteína de fusão, principal antígeno neutralizante dos outros pneumovírus, é mais conservada nos HMPV do que nos HRSV.

## Biossíntese viral

O ciclo de biossíntese dos HMPV é muito semelhante ao dos HRSV. A adsorção das partículas de HMPV à célula hospedeira é mediada pela ligação da proteína viral F a receptores celulares. Acredita-se que o HMPV se ligue à célula hospedeira através de interações da proteína G com sulfato de heparana e outras glicosaminoglicanas. A proteína F codifica um motivo RGD (Arg-Gly-Asp) que se liga a integrinas de ligação a resíduos RGD como receptores celulares, e então é responsável por mediar a fusão da membrana celular com o envelope viral. A penetração da partícula viral acontece em condições de pH neutro. Para o HMPV, a proteína F deve ser clivada para converter o precursor $F_0$ no heterodímero $F_1/F_2$. *In vivo*, essa clivagem provavelmente é mediada por proteases extracelulares presentes no sistema respiratório dos seres humanos infectados, como a TMPRSS2 (serino-protease transmembrana 2 [*transmembrane protease, serine 2*]) ou a miniplasmina, o que não foi observado com os HRSV. Essa clivagem ativa a proteína F, ao criar um peptídeo de fusão que é inserido na membrana da célula-alvo durante o processo de fusão. Após a fusão da membrana, o nucleocapsídeo é liberado no citoplasma, onde o RNAv– serve como molde para a síntese de RNAm e RNAc+. A maior parte do conhecimento sobre a transcrição do HMPV é inferida a partir do conhecimento do HRSV e de outros paramixovírus.

A transcrição do genoma viral em RNAm por ação do complexo RNA polimerase-RNA dependente ocorre no citoplasma celular. A transcrição dos genes ocorre de maneira sequencial, terminando e reiniciando a cada uma das junções intergênicas.

Para o HRSV, acredita-se que a proteína M2-2 seja responsável pela mudança no equilíbrio da síntese de RNAm para o RNAv–. Evidências recentes sugerem que a M2-2 do HMPV regula a síntese de RNA de maneira semelhante. A síntese de RNAc+, que servirá de molde para a síntese de novos genomas virais de polaridade negativa (RNAv–), somente tem início após a tradução dos primeiros transcritos primários em proteínas virais. A síntese dos RNAm é mediada pela mesma polimerase viral; todavia, na síntese dessas cópias complementares ao genoma viral, o complexo enzimático ignora todas as junções gênicas. Acredita-se que, a concentração de proteína N no meio celular determine a mudança na transcrição, com síntese de RNAv– em detrimento da síntese de RNAm.

A montagem dos nucleocapsídeos ocorre no citoplasma e supõe-se que ocorra em passos distintos: primeiramente, a proteína N livre se associa aos genomas, formando um complexo ribonucleoproteico (RNP) de simetria helicoidal. Na segunda etapa, as proteínas P e L se associam à RNP, formando o nucleocapsídeo. A proteína M direciona os nucleocapsídeos para as regiões da membrana celular, ricas em proteínas de superfície viral, e mais apropriadas ao brotamento da partícula viral. A maturação da partícula viral acontece na superfície da célula hospedeira, e os vírions permanecem firmemente aderidos à membrana celular até o brotamento, que é facilitado pela proteína M (ver Figura 14.21).

## Patogênese

O HMPV pode ser transmitido pessoa a pessoa por contato direto com secreções respiratórias, aerossóis infecciosos ou por contato com superfícies e objetos contaminados, sendo que as crianças infectadas geralmente excretam o vírus por mais de 10 dias. O período de incubação varia de 5 a 6 dias e os sintomas de febre, tosse, coriza, dispneia e respiração sibilosa frequentemente duram entre 4 e 6 dias.

O HMPV tem como alvo, basicamente, células epiteliais dos sistemas respiratórios superior (SRS) e inferior (SRI), e leucócitos residentes nos pulmões. Durante a infecção, ocorrem inúmeras alterações histopatológicas nos pulmões, incluindo dano à arquitetura do epitélio respiratório, destruição das células epiteliais, formação de uma membrana de hialina, perda do movimento ciliado, produção exacerbada de muco e inflamação do parênquima pulmonar.

Assim como para o HRSV, foi observado que o HMPV infecta grupos celulares não contínuos e que a ativação da imunidade do hospedeiro é delimitada a essas regiões de biossíntese e que o grau de envolvimento respiratório está fortemente relacionado com a disseminação viral no sistema respiratório. Exceto em pacientes imunocomprometidos ou com doenças pulmonares crônicas, que podem desenvolver inflamação crônica do epitélio respiratório, a infecção pelo HMPV é aguda e autolimitada. Essas alterações patológicas agudas e crônicas levam ao comprometimento da troca gasosa e geram estresse respiratório no indivíduo infectado.

A etapa inicial de infecção das células respiratórias é crucial tanto para a disseminação para os pulmões quanto para o desencadeamento dos eventos imunológicos relacionados à inflamação e injúria pulmonar. Como dito anteriormente, o principal alvo são as células epiteliais das vias aéreas, entretanto o HMPV também infecta células epiteliais dos brônquios, bronquíolos e alvéolos e, eventualmente pode também infectar macrófagos alveolares, que são uma importante população mieloide que controla a homeostase inflamatória e imunológica nos pulmões. A disseminação para o SRI pode ocorrer através da aspiração ou célula a célula.

Assim como com outros vírus da família dos pneumovírus, a resposta imunológica tem um papel significativo no dano pulmonar e, consequentemente na gravidade da infecção. A infecção pelo HMPV leva à produção de interferon tipos I e III (IFN-I e IFN-III) através do reconhecimento de peptídeos virais por RIG-I (gene induzível pelo ácido retinoico-I [*retinoic acid-inducible gene-I*]) no citoplasma ou por TLR (receptor tipo *toll* [*toll-like receptor*]) 3 e 7 no endossoma, via NF-κB (fator nuclear-κB [*nuclear factor-κB*]). Apesar do alto nível de indução, a produção desses IFN tem um papel muito pequeno na eliminação do vírus. Além da indução de IFN, ocorre a superexpressão de inúmeros genes pró-inflamatórios que ativam a rede imunológica e levam à eliminação do vírus ao custo de uma inflamação pulmonar exacerbada. Durante as primeiras 12 horas após a infecção, as células epiteliais superexpressam TSLP (linfopoietina estromal tímica [*thymic stromal lymphopoietin*]), IL-1, IL-6 e IL-33 (interleucina 1, 6 e 33). Essas células também secretam uma gama de quimiocinas pró-inflamatórias com motivos CC e CXC. Coletivamente, essas interleucinas e quimiocinas possuem uma ação sinérgica no recrutamento e ativação de leucócitos responsáveis pela inflamação e dano pulmonar associado ao HMPV. Por exemplo, CCL2 (ligante de quimiocina C-C motivo 2 [*C-C motif chemokine ligand 2*]) atua na quimiotaxia de células Th17, monócitos e células dendríticas plasmocitoides; CCL3 e CCL4 recrutam neutrófilos; CXCL (ligante de quimiocina de motivo C-X-C [*C-X-C motif chemokine ligand*]), 1, 2 e 3 são importantes mediadores da migração e ativação transepitelial de neutrófilos, que são os principais responsáveis pelo dano inflamatório observado; CXCL10 é modulador do tráfico de células T e atrai preferencialmente células efetoras Th1.

A destruição celular, associada à perda dos movimentos ciliados e a produção de muco devida à intensa resposta inflamatória são os responsáveis pelo desenvolvimento dos principais sintomas associados à infecção pelo HMPV, bronquiolite e pneumonia (Figura 14.26).

Quanto à presença de anticorpos contra o HMPV, sua prevalência varia de acordo com a idade. Em crianças na faixa etária

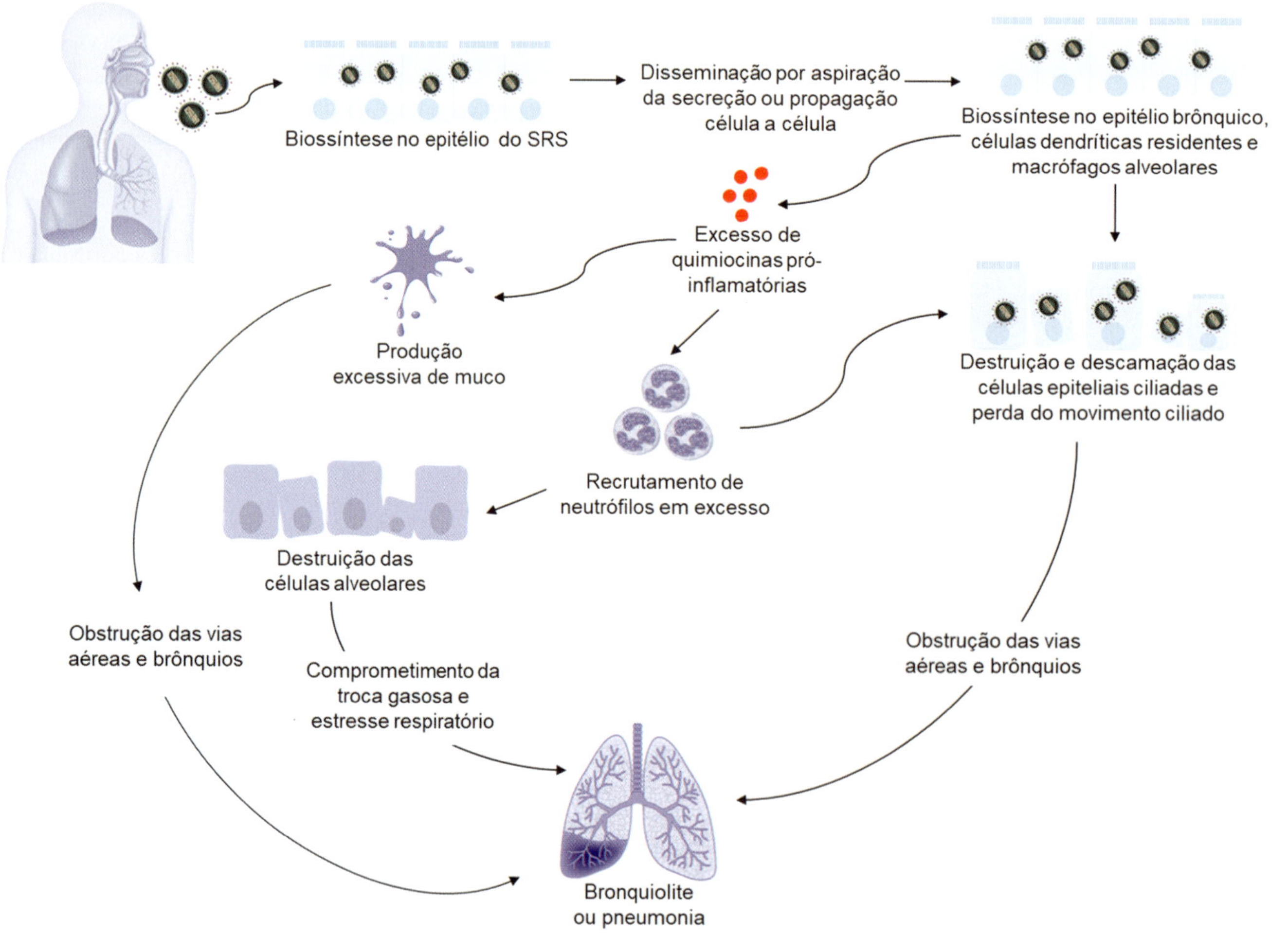


**Figura 14.26** Esquema da patogênese do HMPV. O metapneumovírus de humanos (HMPV) é transmitido por contato pessoa a pessoa, aerossóis infecciosos ou por contato com superfícies e objetos contaminados. A biossíntese primária ocorre no epitélio do sistema respiratório superior (SRS). A etapa inicial de infecção das células respiratórias é crucial tanto para a disseminação para os pulmões quanto para o desencadeamento dos eventos imunológicos relacionados a inflamação e injúria pulmonar. Em seguida, o vírus é disseminado para o sistema respiratório inferior (SRI), por aspiração da secreção e disseminação célula a célula. Uma vez no SRI, o vírus infecta o epitélio brônquico, células dendríticas residentes e macrófagos alveolares, provocando destruição e descamação das células ciliadas. A destruição celular, associada à perda dos movimentos ciliados, e à produção de muco, devido à intensa resposta inflamatória, são os responsáveis pelo desenvolvimento dos principais sintomas associados à infecção por esse vírus, bronquiolite e pneumonia.

entre 6 meses e 1 ano a prevalência de anticorpos é de 25%, aumentando para 55% entre 1 e 2 anos, 70% entre 2 e 5 anos e superior a 100% em crianças acima de 5 anos de idade. Em geral, apesar da existência de anticorpos protetores em adultos, ocorrem reinfecções tanto em indivíduos imunocompetentes quanto em imunocomprometidos. Não se sabe se esse fenômeno ocorre devido à imunidade cruzada limitada entre diferentes estirpes de HMPV, porém esses dados levantam a hipótese de que a resposta humoral, mesmo representando um pequeno envolvimento na eliminação do agente, contribua para amenização do quadro clínico.

## Evasão da resposta imunológica

A infecção viral desencadeia a sinalização para a secreção de IFN-I. As proteínas M2-2, G, P e SH do HMPV interferem com a detecção do RNAfs viral e de outros padrões associados a patógenos utilizando diferentes estratégias. M2-2 promove a evasão global do reconhecimento por TLR2 em células dendríticas devido a sua interação com o adaptador MyD88 (resposta primária à diferenciação mieloide 88 [*myeloid differentiation primary response 88*]), que é crítico para a ativação de genes pró-inflamatórios. Além de interagir com MyD88, a proteína M2-2 também interage com MAVS (proteína de sinalização antiviral mitocondrial [*mitochondrial antiviral-signaling protein*]), dificultando a regulação positiva de INF em células epiteliais respiratórias. A expressão da glicoproteína viral G nessas células interfere na sinalização via RIG-I, através da interação de seu domínio citoplasmático com a porção N terminal da RNA helicase. Ademais, essa interação proteína-proteína leva ao desacoplamento de RIG-I e MAVS, impedindo a sinalização e secreção de citocinas e IFN pelas células respiratórias infectadas (Figura 14.27).

## Fatores de risco

Os fatores de risco mais comuns são idade, *status* imunológico, doença pulmonar e insuficiência cardíaca e coinfecção.

**Idade.** Principalmente recém-nascidos e idosos podem sofrer infecções por HMPV que necessitem atenção médica. Em crianças, a gravidade da doença está diretamente ligada à carga viral, sugerindo que algum fenômeno relacionado à idade pode estar modulando a eliminação do HMPV, causando maior comprometimento pulmonar devido à inflamação das vias aéreas. As crianças apresentam poucas células de memória, enquanto os idosos, além de apresentarem células de memória em menor número, estas apresentam comprometimento funcional.

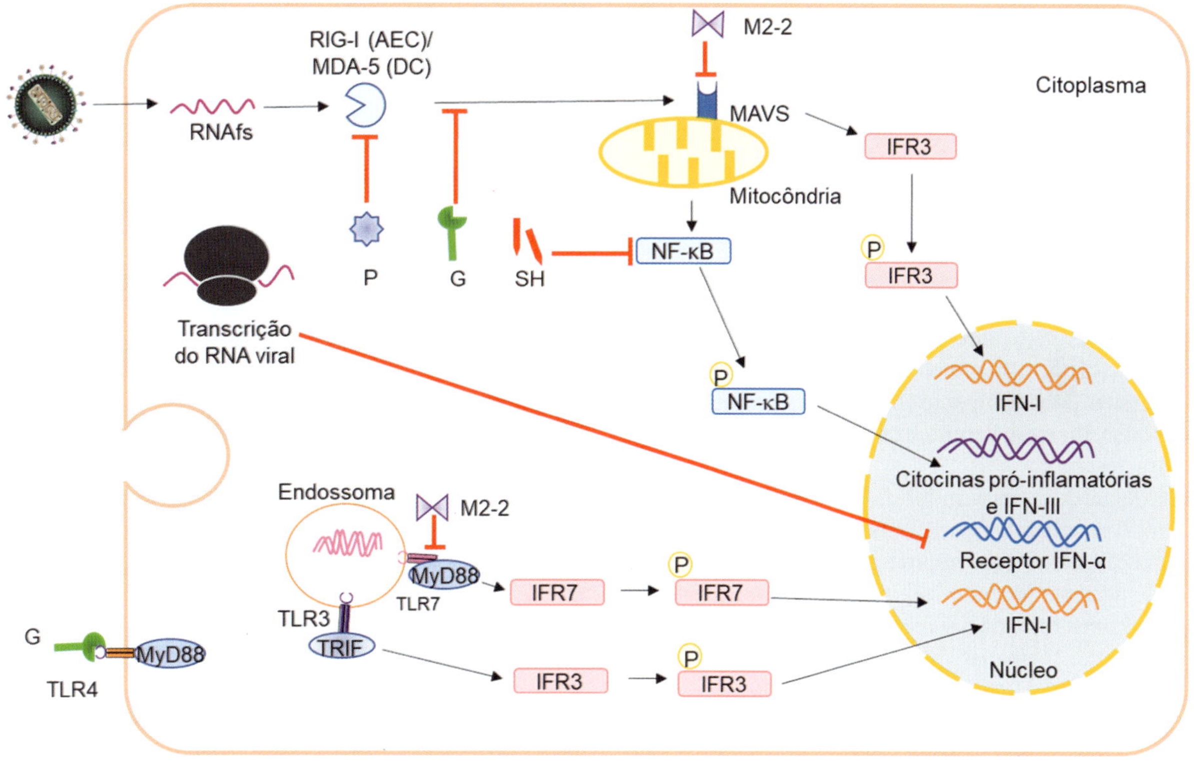


**Figura 14.27** Reconhecimento do HMPV por diferentes padrões e modulação da resposta mediada por interferons. As células epiteliais das vias aéreas (AEC, *airway epithelial cells*) e células dendríticas (DC, *dendritic cells*) reconhecem o HMPV por duas vias principais. A primeira envolve RIG-I (gene induzível pelo ácido retinoico-I [*retinoic acid-inducible gene-I*]) em células epiteliais e MDA-5 (proteína associada à diferenciação de melanoma 5 [*melanoma differentiation-associated protein 5*]) em células dendríticas, que se ligam a MAVS (proteína de sinalização antiviral mitocondrial [*mitochondrial antiviral-signaling protein*]) para sinalização, o que leva à produção de interferon tipo I (IFN-I); proteínas pró-inflamatórias e IFN-III também podem ser secretados, através da ativação de IRF3 (fator regulador do interferon 3 [*interferon regulatory factor 3*]) e NF-κB (fator nuclear-κB [*nuclear factor-κB*]), respectivamente. A segunda via envolve os TLR (receptor tipo *toll* [*toll-like receptor*]) 3, 4 e 7 que interagem com produtos virais. A ativação de TLR3 e TLR7 (células dendríticas) leva à secreção de IFN-I através de TRIF (adaptador indutor de interferon-β contendo domínio TIR [*TIR-domain-containing adapter-inducing interferon-β*]) e MyD88 (resposta primária à diferenciação mieloide 88 [*myeloid differentiation primary response 88*]), respectivamente, e a proteína G interage com a sinalização de TLR4. Quanto à interferência com a resposta imunológica, as proteínas G e P reduzem o reconhecimento do RNA viral, através da inibição da via de sinalização desencadeada por RIG-I e MAVS; as proteínas M2-2 e SH são fatores de virulência-chave que modulam negativamente a sinalização inata, através da interação com MyD88 e NF-κB, respectivamente. Ademais, M2-2 interage diretamente com MAVS, comprometendo a expressão de IFN. HMPV: metapneumovírus de humanos; RNAfs: RNA de fita simples. Adaptada de Céspedes *et al.*, 2016.

▸ *Status* imunológico. Infecções por HMPV já foram descritas em pacientes imunocomprometidos. A infecção por HMPV também já foi descrita em associação com doença fatal do SRI em um paciente receptor de transplante de células hematopoéticas.

▸ Doença pulmonar e insuficiência cardíaca. Os HMPV são comumente responsáveis pela exacerbação do quadro de doença pulmonar obstrutiva crônica (DPOC), e vêm sendo associados à parada respiratória em pacientes com doença cardiopulmonar e insuficiência cardíaca. Além disso, existe uma forte associação com desenvolvimento de asma alérgica, ou exacerbação do quadro.

▸ Coinfecção. Alguns vírus já foram descritos em casos de coinfecção com o HMPV, porém o mais comum é o HRSV, que é encontrado em 5 a 17% dos pacientes infectados com o HMPV. Na maioria desses estudos, não foi observado um agravamento do quadro clínico quando múltiplos vírus foram detectados.

Apesar de muitos estudos estabelecerem uma relação entre a coinfecção HRSV-HMPV em crianças com quadro de bronquiolite, ainda são necessários mais estudos para confirmar esse dado.

## Manifestações clínicas

Um amplo espectro de sintomas clínicos tem sido descrito associados à infecção por HMPV em pacientes de todas as idades, variando de um quadro brando do SRS até doença grave que requer hospitalização. Em geral, adultos imunocompetentes infectados com HMPV apresentam sintomas respiratórios brandos de resfriado, como tosse, rinorreia, rouquidão, dor de garganta e febre.

Entre pacientes que requerem hospitalização por HMPV, as manifestações clínicas mais comuns são bronquiolite, asma exacerbada e pneumonia. Uma gama de sintomas envolvendo o SRS e SRI já foram descritos nesses grupos de pacientes, incluindo tosse, rinorreia, chiado, dispneia e otite média.

O diagnóstico clínico pode variar de rinofaringite a bronquite, bronquiolite, crupe e pneumonia, sendo que alguns pacientes podem necessitar de atendimento em unidades de terapia intensiva. Além disso, diarreia, vômito, exantema, disfagia e conjuntivite já foram descritos.

O amplo leque de doenças induzidas pelo HMPV, descrito até o momento, é semelhante àquele causado por outros vírus que causam infecção no sistema respiratório. A duração dos sintomas antes do paciente procurar atendimento médico é de menos de 1 semana, com a maioria das crianças excretando o vírus por, aproximadamente, 2 semanas.

## Diagnóstico laboratorial

Os espécimes clínicos geralmente utilizados para o isolamento viral são: aspirado de nasofaringe; *swabs* de nasofaringe, nasal, ou de orofaringe; ou uma combinação de *swabs* nasal e de orofaringe.

O HMPV pode ser isolado mais eficientemente em cultura de células tMK e LLC-MK2 (rim de macaco rhesus) e a propagação viral depende de tripsina, que deve ser adicionada ao meio de cultura. O CPE aparece após 10 a 14 dias de inóculo e se caracteriza por focos de células arredondadas e refringentes, com grupos de pequenos sincícios e subsequente desprendimento da monocamada. A detecção viral nas células infectadas pode ser acelerada utilizando-se a técnica de *shell vial* (ver *Capítulo 8*) com anticorpos monoclonais (MAb, *monoclonal antibodies*).

A detecção de HMPV em espécimes clínicos tem sido feita primariamente por meio de técnicas moleculares como reação em cadeia da polimerase associada à transcrição reversa (RT-PCR, *reverse transcription polymerase chain reaction*) convencional ou em tempo real e PCR-ELISA (reação em cadeia da polimerase associada ao ensaio imunossorvente ligado a enzima [*polymerase chain reaction-enzyme linked immunosorbent assay*]) (ver *Capítulo 8*) com base na amplificação dos genes F, N ou L. A especificidade dos produtos da RT-PCR pode ser confirmada por sequenciamento.

O diagnóstico sorológico não é realizado pelos mesmos motivos mencionados para HRSV.

## Epidemiologia

O HMPV tem circulação mundial. Desde o seu isolamento inicial pelos pesquisadores holandeses, o HMPV foi encontrado em todos os continentes. Estudos multicêntricos realizados em ambos os hemisférios identificaram uma incidência global de infecções por HMPV de 9%. A infecção por HMPV afeta principalmente crianças entre 2 e 5 anos de idade. Estima-se que o HMPV afete crianças na mesma taxa que o vírus da influenza e, o custo mediano para o sistema de saúde de uma pessoa infectada pelo HMPV é estimado em torno de US$5.513,00. A circulação dos genótipos varia anualmente e o genótipo predominante muda a cada 1 a 3 anos, embora a cocirculação de vários genótipos seja comum. Testes sorológicos indicaram que a positividade para o HMPV é de 100% até os 5 anos de idade. Na maioria das populações estudadas, o pico de infecções por HMPV coincide com o do HRSV. Em climas temperados, o pico sazonal ocorre entre o inverno e primavera, porém a prevalência anual varia devido a episódios epidêmicos. Nos Estados Unidos da América (EUA), o HMPV é responsável por mais de 20.000 hospitalizações por ano em crianças menores de 5 anos de idade. Dados epidemiológicos relacionados à América Central mostram que o HMPV é o patógeno mais prevalente na Península de Yucatán, no México. No Panamá e Guatemala, a incidência de HMPV associada a infecções respiratórias agudas vêm aumentando ao longo dos anos. Na América do Sul, o vírus já foi descrito na Argentina, no Uruguai, Equador, Chile, Peru e Brasil.

No Brasil estudos demonstram uma incidência extremamente elevada (32 a 36%) de infecções por HMPV em crianças < 5 anos de idade, afetando principalmente crianças < 6 meses de idade. Já foram identificados os genótipos A1, A2a, B1 e B2 no país.

O HMPV já foi descrito em grande parte dos países que compõem o continente europeu: Áustria, Croácia, Alemanha, Bulgária, Romênia, Dinamarca, Finlândia, Noruega, Suécia, Itália, Grécia, França, Espanha, Portugal, Bélgica, Turquia, Polônia, Suíça, Inglaterra e Irlanda.

Na Áustria, o HMPV foi identificado como a principal causa de hospitalização de crianças menores de 1 ano de idade. Na Croácia, o HMPV é o principal causador de infecções respiratórias agudas, onde parece ocorrer um ciclo bianual. Durante epidemias, o HMPV é responsável por até 30% das internações por infecção respiratória aguda em recém-nascidos. Na Grécia, análises filogenéticas revelaram a circulação de quatro diferentes *clusters* do subgrupo B2. Na Noruega, entre os anos de 2002 e 2003, o HMPV foi o patógeno respiratório mais comumente identificado.

Na Ásia, a maioria das crianças infectadas foram clinicamente diagnosticadas com chiado (33,3%) e infecção no SRI (38,9%). Estudos soroepidemiológicos em crianças demonstraram que em Israel, a soropositividade em crianças até 5 anos de idade era de 100%, enquanto na China essa taxa chega a mais de 90% já nos 3 primeiros meses de vida. Porém, essa grande proporção de bebês soropositivos para HMPV pode ser devida à transmissão de anticorpos maternos. A primeira epidemia de HMPV no Japão ocorreu em 2003, onde foi descrita uma soroprevalência de 20,4% em crianças. Na Malásia, a primeira epidemia ocorreu em 2009, onde o HMPV foi responsável por 9,6% dos quadros de infecção respiratória em crianças.

Na Oceania, o HMPV foi descrito na Austrália, onde é relativamente comum em crianças e apresenta uma baixa taxa de coinfecção com outros patógenos, e na Nova Zelândia, onde estudos retrospectivos demonstraram a presença do HMPV em amostras respiratórias de crianças colhidas em 1999.

No continente Africano existem estudos da infecção por HMPV no Egito, Marrocos, Moçambique, África do Sul, Camarões, Quênia, Madagascar, Argélia e Costa do Marfim. A maioria dos dados relacionados aos padrões evolutivos e epidemiológicos em crianças na África Subsaariana não se encontra disponível.

### Prevenção e controle

Pesquisas visando desenvolvimento de uma vacina estão sendo realizadas, porém até o momento nenhuma foi licenciada contra a infecção por HMPV. Alguns estudos em roedores e primatas não humanos mostraram resultados promissores, porém muito pouco foi estudado em voluntários humanos. Uma grande variedade de vacinas contendo vírus atenuados, inativados, ou subunidades e utilizando vetores foram testadas em modelos que utilizam animais, apresentando-se imunogênicas e protetoras.

A proteína F, uma das principais glicoproteínas de superfície expressas pelo HMPV, por ser altamente conservada entre os dois genótipos existentes foi alvo de estratégias de imunização. Dentre as estratégias que se mostraram eficazes, encontram-se a imunização com anticorpos monoclonais, vetores virais quiméricos, vacina de DNA da proteína F e a própria proteína F solúvel administrada com adjuvante.

Apesar da proteína G também ser uma das principais glicoproteínas virais de superfície, as estratégias desenvolvidas utilizando-a como alvo, apesar de levarem à produção de anticorpos, não se mostraram protetoras.

As vacinas com vírus atenuados obtidas por engenharia genética reversa ou utilizando proteínas recombinantes, testadas em animais, mostraram resultados encorajadores. Elas mimetizam a infecção natural; entretanto, a infecção natural pelo HMPV somente gera imunidade protetora parcial, o que acrescenta um desafio no desenvolvimento de vacinas. Nesse caso, a ideia inicial foi o desenvolvimento de uma vacina preparada com vírus atenuado para imunização intranasal. Alguns candidatos foram selecionados utilizando diferentes modos de atenuação, dentre estes, a deleção da proteína G e da proteína M2-2 além da substituição da proteína P pela sua homóloga presente no metapneumovírus aviário (AMPV).

### Tratamento

O tratamento das infecções causadas pelo HMPV é principalmente de suporte. No caso de crianças que necessitem de hospitalização, as terapias primárias são hidratação endovenosa e tratamento com oxigênio. Os broncodilatadores e corticosteroides têm sido utilizados empiricamente, entretanto não existem testes controlados em relação à utilização dessas drogas no caso de infecção pelo HMPV e nenhum dado apoia ou discorda de sua eficácia.

A maioria das estratégias de tratamento são abordagens inovadoras baseadas em inibidores de fusão ou RNA interferente (RNAi) e se mostraram eficazes *in vitro* e em modelos que utilizam animais.

A ribavirina é um antiviral de amplo espectro com atividade inibitória sobre uma variedade de vírus de DNA e de RNA, incluindo o HMPV. Ela limita a transcrição viral e apresenta efeitos imunomoduladores. A combinação da ribavirina oral e em aerossol com imunoglobulina policlonal endovenosa parece ser um tratamento eficaz no caso de quadros graves causados pelo HMPV. Entretanto, ambos os medicamentos são caros e apresentam desvantagens. A ribavirina é potencialmente teratogênica e a preparação de imunoglobulinas requer grande número de infusões, gera uma alta carga proteica e apresenta efeitos adversos em crianças com insuficiência cardíaca.

Preparações de imunoglobulinas padrão (portanto, sem seleção de anticorpos específicos contra um determinado microrganismo) inicialmente utilizadas como medida preventiva contra o HRSV, também se mostraram atuantes sobre a biossíntese do HMPV, *in vitro*.

## Coronavírus de humanos

### Histórico

O primeiro coronavírus (CoV) descrito foi o vírus da bronquite infecciosa (IBV, *infectious bronchitis virus*) isolado de galinhas apresentando quadro de doença respiratória, em 1937. Entre 1946 e 1951, outros CoV que acometem animais foram descritos, tais como o vírus da hepatite de camundongos (MHV, *murine hepatitis virus*) e o vírus da gastroenterite transmissível de porcos (TGEV, *transmissible gastroenteritis virus*). Esses três agentes foram considerados não relacionados até a descrição do primeiro coronavírus isolado de seres humanos, na década de 1960.

O primeiro CoV capaz de causar infecção em seres humanos (HCoV, *human coronavirus*; estirpe B814) foi descrito por Tyrrell e Bynoe em 1965, e foi isolado de uma criança com quadro de resfriado. Posteriormente o vírus foi visualizado ao microscópio eletrônico e apresentava morfologia semelhante ao IBV. Na mesma época, Hamre e Procknow isolaram cinco estirpes virais de material clínico de estudantes de medicina apresentando resfriado. A estirpe protótipo, 229E, foi examinada por Almeida e Tyrrell, e a sua morfologia era idêntica àquela das estirpes B814 e IBV. Posteriormente, novas estirpes virais foram isoladas, incluindo o coronavírus OC43.

As características desses vírus que levaram à designação de coronavírus (estruturas circulares com espículas de superfície que tinham um bulbo na porção terminal) foram primeiramente notadas em estudos de microscopia eletrônica do IBV e posteriormente em estudos de microscopia eletrônica em isolados de seres humanos. Como essas partículas virais lembravam uma coroa, receberam o nome coronavírus.

Vírus com características idênticas visualizadas por microscopia eletrônica têm sido detectados em um amplo grupo de animais e de seres humanos, e apresentam organização genômica e estratégia de biossíntese similares.

Os CoV são associados a doenças economicamente importantes que acometem gado, aves domésticas e porcos, e causam doença grave em gatos. Esses vírus também são reconhecidos como a segunda causa mais comum de resfriado em seres humanos, depois do rinovírus.

Em 2002, um surto de uma nova doença, a síndrome respiratória aguda grave (SARS, *severe acute respiratory syndrome*) foi descrito e um novo coronavírus (SARS-CoV; coronavírus associado à SARS) foi demonstrado como sendo o agente etiológico. A doença alcançou proporções pandêmicas, atingindo 33 países em cinco continentes, causando mais de 8.400 casos com aproximadamente 900 óbitos até agosto de 2003, quando medidas agressivas de intervenção na saúde pública conseguiram conter a pandemia.

Devido à atenção dada aos CoV a partir de 2003, em função da pandemia do SARS-CoV, as pesquisas sobre esses vírus foram intensificadas e, como consequência, novas espécies de HCoV foram descritas. Em 2004, van der Hoek e colaboradores, na Holanda, isolaram o HCoV-NL63 a partir de aspirado de nasofaringe de uma criança de 7 meses de idade hospitalizada com bronquiolite, conjuntivite e febre. Em 2005, Woo e colaboradores, na China, descreveram o isolamento de um novo CoV, HCoV-HKU1, a partir de aspirado de nasofaringe de dois pacientes com pneumonia.

Os HCoV-229E, -OC43, -NL63 e -HKU1, descritos anteriormente, fazem parte de um grupo chamado CAR-CoV (coronavírus respiratório adquirido na comunidade [*community-acquired respiratory-CoV*]), que são responsáveis por 15 a 30% dos casos de resfriado em indivíduos imunocompetentes, embora alguns possam causar infecções graves, principalmente em crianças e idosos.

Dez anos após a identificação do SARS-CoV, um novo CoV foi identificado a partir de um caso de doença respiratória grave na Arábia Saudita. Inicialmente denominado EMC-CoV (*Erasmus Medical Center – Coronavirus*), esse vírus foi isolado do escarro de um paciente de 60 anos com pneumonia aguda e falência renal. Posteriormente, o Comitê Internacional para Taxonomia de Vírus (ICTV, *International Committee on Taxonomy of Viruses*) alterou a nomenclatura para coronavírus associado à síndrome respiratória do Oriente Médio ou MERS-CoV (*Middle East respiratory syndrome coronavirus*).

Em dezembro de 2019, a China relatou um *cluster* de casos humanos de pneumonia associado com o *Huanan Seafood Wholesale Market*, um mercado local de frutos do mar, na cidade de Wuhan, província de Hubei. Em janeiro de 2020, as autoridades de saúde chinesas confirmaram que esses casos estavam relacionados à circulação de um novo CoV, posteriormente denominado SARS-CoV-2 (coronavírus 2 associado à síndrome respiratória grave [*severe acute respiratory syndrome-related coronavirus 2*]) e a doença causada por este patógeno foi denominada COVID-19 (*coronavirus disease* 2019). Embora os primeiros relatos da doença fossem de pessoas ligadas ao mercado de frutos do mar e, portanto, poderiam ter origem na exposição a esse tipo de alimento, dados epidemiológicos indicaram que o SARS-CoV-2 era transmitido de pessoa a pessoa.

## Classificação e características

O ICTV (2020, MSL#35) classifica os CoV na família *Coronaviridae*. Os HCoV pertencem à subfamília *Orthocoronavirinae*. O HCoV-229E e o HCoV-NL63 pertencem ao gênero *Alphacoronavirus*, sendo o HCoV-229E classificado no subgênero *Duvinacovirus*, e o HCoV-NL63, no subgênero *Setracovirus*. Os HCoV-HKU1, HCoV-OC43, SARS-CoV e MERS-CoV estão classificados no gênero *Betacoronavirus* e em três linhagens e subgêneros diferentes: linhagem A, *Embecovirus* (HCoV-OC43 e HCoV-HKU1); linhagem B, *Sarbecovirus* (SARS-CoV); e linhagem C, *Merbecovirus* (MERS-CoV). Embora o HCoV-OC43 apareça em publicações como *Betacoronavirus*, subgênero *Embecovirus*, ele não está contemplado na classificação do ICTV. De acordo com as análises filogenéticas das sequências disponíveis, o SARS-CoV-2 estaria geneticamente relacionado com o gênero *Betacoronavirus*; porém; o ICTV, até maio de 2021, não havia emitido um comunicado oficializando essa classificação.

Os CoV são os maiores vírus de RNA. Os vírions são partículas esféricas envelopadas de 80 a 120 nm de diâmetro. O genoma de RNA se associa com a fosfoproteína N para formar o nucleocapsídeo longo, flexível e helicoidal, que não é comum em vírus de RNA de polaridade positiva. Quando liberados do envelope, os nucleocapsídeos aparecem como estruturas tubulares estendidas, de 14 a 16 nm de diâmetro. O nucleocapsídeo é envolvido por um envelope glicolipoproteico que é formado durante o brotamento a partir das membranas celulares. Dois tipos de espículas estão presentes na superfície do vírion. O envelope também contém a glicoproteína M (transmembrana), que se liga ao nucleocapsídeo estabilizando o genoma, e atravessa três vezes a bicamada lipídica e a proteína E (envelope), em quantidade muito menor que outras proteínas do envelope viral (Figura 14.28).

A glicoproteína S funciona como uma proteína de fusão viral classe 1 e forma a espícula longa, presente em todos os coronavírus. Cada espícula é um trímero que se projeta 20 nm para fora do envelope e confere ao vírus a aparência de coroa solar, quando visto ao microscópio eletrônico. É ela a responsável pela adsorção do vírus aos receptores celulares e pela entrada do vírus nas células suscetíveis. Por ser a proteína mais exposta, é o principal alvo dos anticorpos neutralizantes.

A proteína transmembrana M é altamente hidrofóbica e atravessa o envelope viral por 3 vezes. É a proteína mais abundante na partícula viral e está na forma de dímero glicosilado embebida no envelope viral e pode assumir duas formas, alongada ou compacta. A forma compacta dá ao vírus a aparência esférica. A forma alongada participa na montagem do vírus por meio de interações com o ribonucleocapsídeo. A proteína M também tem influência no tropismo por determinados órgãos e induz a produção de interferon-β (IFN-β).

A glicoproteína transmembrana E é um componente minoritário do envelope. Ela é sintetizada em abundância durante o ciclo de biossíntese, mas só uma pequena parte é incorporada ao envelope viral. Participa da montagem do vírus por meio da interação do domínio C-terminal com a proteína M, induzindo a curvatura do envelope. Também participa do brotamento viral através da membrana, via formação de canais iônicos (viroporinas).

Alguns coronavírus apresentam outra glicoproteína, hemaglutinino-esterase (HE), que forma a espícula mais curta do envelope viral, mas não é encontrada no SARS-CoV-2.

Os CoV apresentam um genoma de RNA de fita simples, de polaridade positiva (RNAfs+), não segmentado, com 27 a 32 quilobases (kb) de tamanho. O RNA genômico (RNAg) é capeado e poliadenilado. O terminal 5′ contém uma sequência líder (L) de cerca de 65 a 98 bases (L). Várias estirpes de CoV já foram sequenciadas, incluindo o SARS-CoV-2. A ordem dos genes é sempre a mesma (Figura 14.29). No terminal 5′ se localiza a polimerase que é seguida das quatro proteínas estruturais dos CoV: as proteínas S, E, M e N. Alguns CoV também apresentam um gene da proteína HE, entre o gene da polimerase

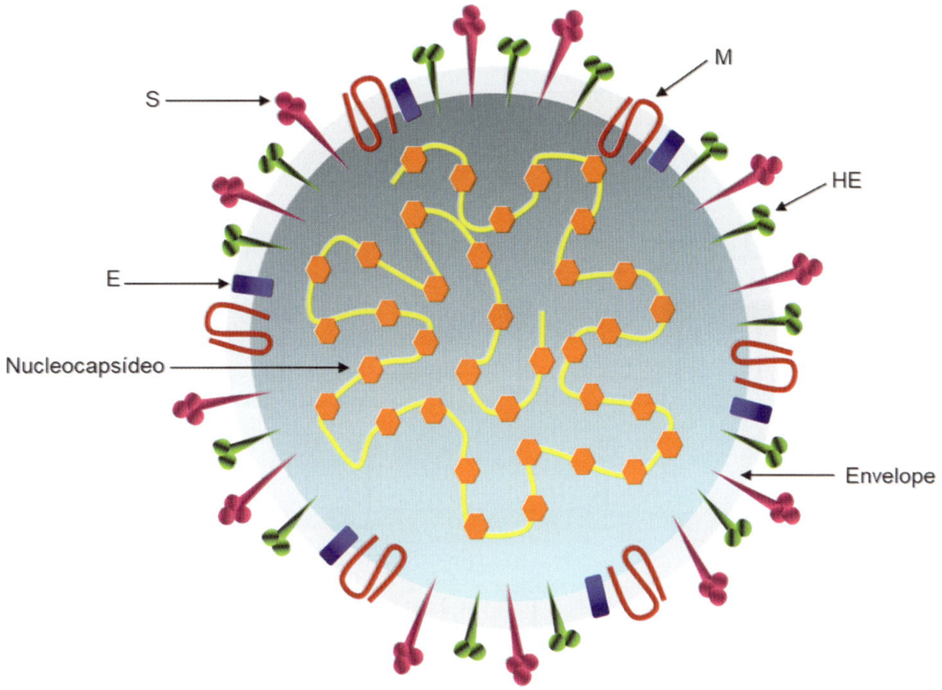


**Figura 14.28** Esquema da partícula dos coronavírus. O vírion consiste em um nucleocapsídeo helicoidal formado pela fosfoproteína N associada ao RNA genômico. A glicoproteína S forma a espícula longa, presente em todos os coronavírus. A proteína transmembrana M é altamente hidrofóbica e atravessa o envelope viral 3 vezes. A glicoproteína transmembrana E é um componente minoritário do envelope. Alguns coronavírus apresentam outra glicoproteína, hemaglutinino-esterase (HE), que forma a espícula mais curta do envelope viral.

e o gene S. Maiores detalhes sobre as funções das proteínas estruturais dos CoV são apresentados no Quadro 14.9.

O gene 1 compreende 2/3 do genoma a partir do terminal 5′ e consiste em duas sequências de leitura aberta (ORF, *open reading frames*) sobrepostas. Essas ORF são traduzidas em uma poliproteína precursora das proteínas do complexo de transcrição-replicação. Todos os coronavírus codificam uma protease quimiotripsina-*like* denominada $M^{pro}$ ou $3CL^{pro}$. Essa enzima é responsável pelo processamento do restante da poliproteína. A ORF1a também codifica uma proteína multifuncional Nsp3 com atividade de ADP-ribose-1′-fosfatase, duas proteínas (Nsp7 e Nsp8) que formam uma estrutura cilíndrica que pode ser importante para a síntese de RNA do vírus, e uma proteína de ligação ao RNA (Nsp9). A ORF1b codifica a RNA polimerase-RNA dependente viral e uma proteína multifuncional. Além de atividade de helicase, essa proteína apresenta atividade de NTPase e dNTPase e 5′-trifosfatase. Os CoV possivelmente codificam também uma exonuclease 3′–5′ (ExoN), uma endorribonuclease uridilato-específica (NendoU), e uma 2′-*O*-ribose-metiltransferase-S-adenosilmetionina-dependente (2′-*O*-MT).

Além dos genes codificantes, o RNAg de todos os coronavírus tem cerca de sete nucleotídeos na região 5′ de cada gene denominada sequência intragênica. Se essa sequência sofrer mutação, o RNA subgenômico (RNAsg) que se inicia nessa região não será transcrito.

A maior parte dos CoV infecta apenas uma espécie de animal ou, no máximo, um número limitado de espécies relacionadas. O SARS-CoV e o MERS-CoV parecem ser exceções pelo fato de conhecidamente infectarem um amplo grupo de animais, incluindo humanos, primatas não humanos, civetas (*Paguma larvata*), guaxinins, cães, gatos, roedores, camelídeos e morcegos. A ecologia do SARS-CoV-2 não é conhecida, até o momento da edição deste livro; contudo, é possível que este apresente um comportamento zoonótico.

## Biossíntese viral

A primeira etapa da biossíntese viral é a adsorção dos vírions à membrana plasmática das células-alvo. O principal determinante do tropismo viral é provavelmente a ligação da proteína S a uma glicoproteína receptora específica na superfície celular. Diversos receptores têm sido identificados para os CoV. Alguns alfacoronavírus utilizam a molécula aminopeptidase N (APN) como receptor. Alguns betacoronavírus se ligam à superfície da célula através das glicoproteínas HE ou S, as quais reconhecem resíduos de ácido siálico 9-*O*-acetilado.

Apesar de a maior parte das estirpes de CoV exibir especificidade restrita, esses vírus sofrem mutação durante passagens *in vivo* ou *in vitro*, de maneira semelhante a outros vírus de RNA. Logo que o SARS-CoV foi isolado, o receptor na célula hospedeira foi identificado como sendo a enzima conversora da angiotensina 2 (ACE2, *angiotensin converting enzyme 2*). A ACE2 é expressa nos pulmões, coração, rins e intestino delgado, bem como em outros tecidos. O SARS-CoV infecta primariamente o pulmão e o intestino delgado, embora o ácido nucleico viral tenha sido encontrado em outros órgãos. Os SARS-CoV isolados de felinos e humanos são praticamente idênticos, mas diferem na sua capacidade de se ligar à ACE2 de humanos. Estudos de epidemiologia molecular de diferentes estirpes de SARS-CoV isoladas entre 2002 e 2003 revelaram várias mudanças na proteína S que aumentaram sua capacidade de ligação à molécula de ACE2 de humanos. Outras proteínas da classe das lectinas, como a $CD_{209L}$, também denominada L-SIGN (ligante de molécula de adesão intercelular não integrina específica de fígado/linfonodo [*liver/lymph node-specific intercellular adhesion molecule-grabbing integrin*]), $CD_{209}$, também denominada DC-SIGN (ligante de molécula de adesão intercelular não integrina específica de célula dendrítica [*dendritic cell-specific intercellular adhesion*

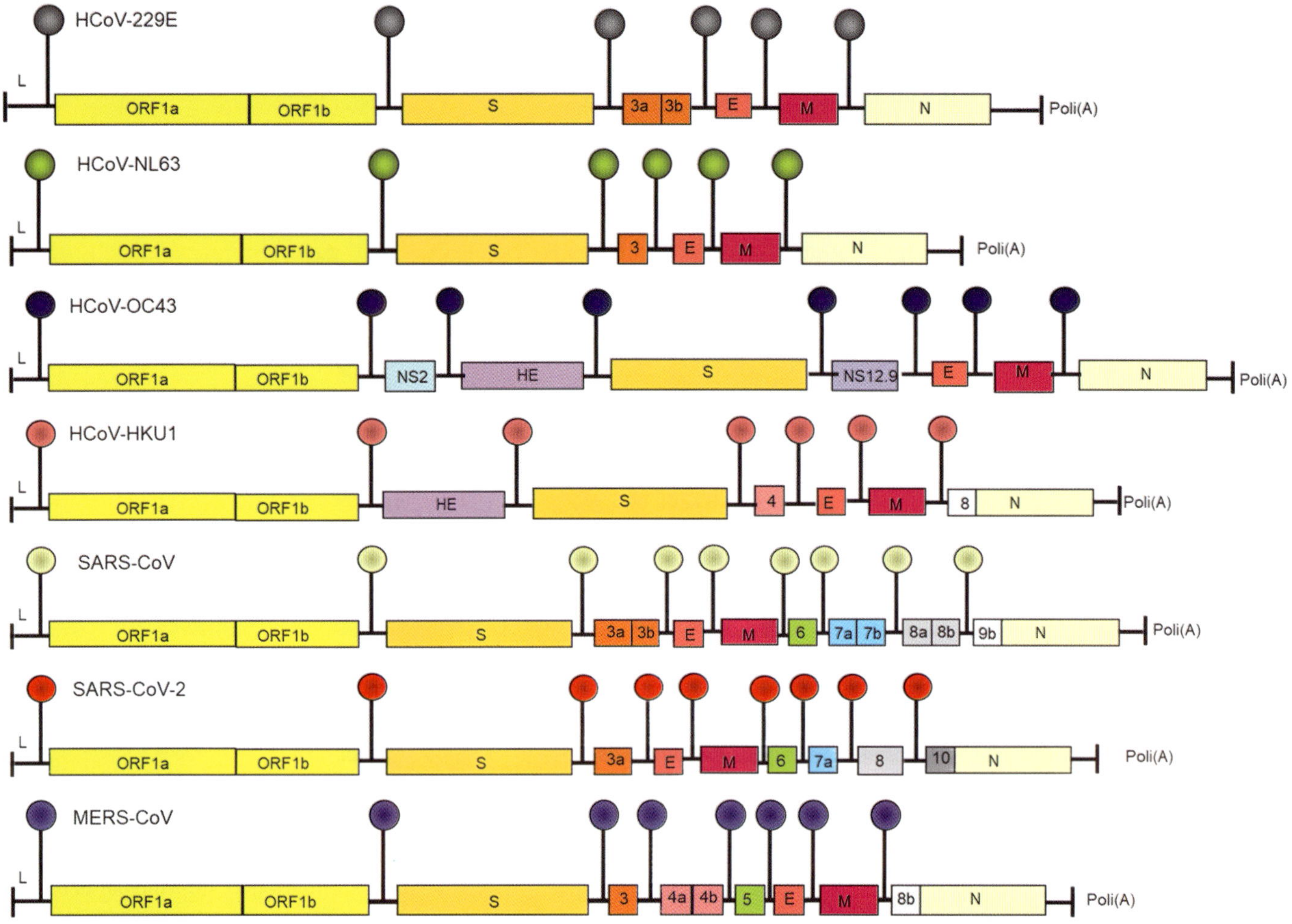


**Figura 14.29** Esquema do genoma de espécies de HCoV pertencentes aos gêneros *Alphacoronavirus* (HCoV-229E e HCoV-NL63) e *Betacoronavirus* (HCoV-HKU-1, HCoV-OC43, SARS-CoV, MERS-CoV e SARS-CoV-2). O terminal 5′ consiste em um *cap* e uma sequência líder de cerca de 65 a 98 bases (L), presentes em todos os RNA mensageiros subgenômicos (RNAmsg). Após a sequência L, segue-se uma região não traduzida de 200 a 400 nucleotídeos. No terminal 3′ existe outra região não traduzida de 200 a 500 nucleotídeos, seguida da calda poli(A) de comprimento variável. As sequências dessas regiões são importantes para a replicação e a transcrição do RNA. O restante da sequência genômica inclui de 8 a 14 sequências de leitura aberta (ORF, *open reading frames*). As ORF dentro de cada gene são traduzidas a partir de um único RNA mensageiro (RNAm).

**Quadro 14.9** Proteínas estruturais codificadas pelos CoV.

| Proteína | Características e função |
|---|---|
| N | Fosfoproteína associada ao genoma viral (nucleocapsídeo); induz a formação de imunidade mediada por célula |
| M (anteriormente denominada E1) | Proteína transmembrana; determina o sítio de brotamento do vírus; atua na montagem das partículas; interage com o nucleocapsídeo; induz a produção de interferon $\alpha$ |
| E (anteriormente denominada sM) | Desencadeia o processo de montagem da partícula; associada ao envelope; pode causar apoptose |
| S (anteriormente denominada E2) | Forma espículas grandes na superfície do vírus; liga-se ao receptor celular; induz a fusão do vírus com a membrana celular; pode induzir fusão célula-célula; induz a produção de anticorpos neutralizantes; induz imunidade mediada por célula |
| HE (anteriormente denominada E3) | Forma espículas pequenas na superfície de alguns coronavírus; causa hemaglutinação; pode induzir adsorção; a esterase cliva grupos acetil de ácido neuramínico 9-*0*-acetil |

*molecule-grabbing non-integrin*]), e LSECtin (lectina do tipo C de células endoteliais sinusoidais do fígado e linfonodos [*liver and lymph node sinusoidal endothelial cell C-type lectin*]) podem facilitar a entrada do SARS-CoV nas células. Essas lectinas se ligam à proteína S do SARS-CoV, mas, em geral (com a possível exceção de L-SIGN), não são importantes para conferir suscetibilidade para uma célula que não apresente ACE2. A precisa relação entre a ligação da lectina e a subsequente ligação à ACE2 não está bem entendida até o presente momento. Em relação ao SARS-CoV-2, também foi relatada a utilização de ACE2 como receptor, apesar de sua proteína S apresentar somente 76% de identidade no nível de aminoácidos com a do SARS-CoV.

Diferentemente do SARS-CoV, o MERS-CoV infecta indiscriminadamente tipos celulares provenientes de diferentes espécies, incluindo morcegos, suínos, macacos, camelídeos e humanos. Um coronavírus pantrópico é um evento raro e alarmante do ponto de vista epidemiológico. A teoria é de que o MERS-CoV adquiriu a capacidade de transmissão interespécies através de mecanismos de adaptação a componentes celulares conservados, incluindo receptores. A molécula utilizada pelo vírus para adsorção à célula hospedeira é a $CD_{26}$, também denominada de DPP4 (dipeptidil peptidase-4 [*dipeptidyl peptidase-4*]), que é uma proteína encontrada na superfície de diferentes tipos celulares, incluindo as células do epitélio do sistema respiratório de seres humanos. Um fato interessante é que a sequência de aminoácidos do DPP4 de humanos é muito semelhante à sequência de proteínas homólogas encontradas em morcegos da espécie *Pipistrellus pipistrellus*, que funcionam como receptor para o MERS-CoV.

Após o vírus se ligar a um receptor específico, a penetração é facilitada por um cofator celular recentemente descoberto, a molécula $CD_{66e}$, também denominada de CEACAM5 (molécula de adesão celular 5 relacionada ao antígeno carcinoembrionário [*carcinoembryonic antigen-related cell adhesion molecule 5*]). Devido ao fato de a proteína S dos CoV ser uma proteína de classe I, é necessário que esta seja clivada por proteases para que sua função fusogênica seja ativada. A responsável por esse processo é uma serino-protease transmembrana celular, a TMPRSS2 (serino-protease transmembrana 2 [*transmembrane protease, serine 2*]), possibilitando a penetração da partícula viral por fusão do envelope viral com a membrana plasmática ou a membrana endossomal. A ligação do vírus com o receptor induz mudança conformacional da proteína S que ativa o processo de fusão à membrana. Evidências indicam que diferentes CoV entram na célula por mecanismos distintos, seja por endocitose pH ácido-dependente ou por fusão pH-independente. Para os MHV, BCoV (coronavírus bovino [*bovine coronavirus*]) e IBV, a fusão ocorre em pH ligeiramente alcalino. Estudos usando agentes lisossomotrópicos mostraram que o SARS-CoV necessita de pH ácido para a penetração, mas não para a fusão de células mediada pela glicoproteína S. Além disso, a proteólise mediada pela catepsina L nos endossomas é necessária para a fusão do SARS-CoV à membrana do endossoma. A clivagem da proteína S é necessária para a fusão do envelope viral com a membrana do hospedeiro, e essa clivagem ocorre, no caso do SARS-CoV, na saída do vírus das células. Essa fusão vírus-célula também necessita da presença de colesterol, aparentemente envolvendo troca de componentes da membrana.

Após a fusão com a membrana celular ou endossomal, o nucleocapsídeo viral é liberado para o citoplasma e o RNA é liberado, tornando-se disponível para a transcrição e a tradução. Esse processo não é bem conhecido.

Após a liberação do RNA viral no citoplasma, este é usado para a tradução das proteínas codificadas pelas ORF1a e ORF1b, que juntas formam o complexo RNA transcriptase-replicase. Esse complexo inclui múltiplas atividades enzimáticas, provavelmente envolvidas com a polimerização, modificação e processamento do RNA. Esse complexo transcriptase-replicase deve primeiro sintetizar uma fita de RNA simples negativa, que servirá como molde para a iniciação da transcrição de múltiplas sequências genômicas de RNAm nas células infectadas.

O envolvimento de muitas enzimas no processamento do RNA, em particular, a exonuclease e a endorribonuclease, na síntese de RNA é única para CoV. A participação dessas enzimas sugere que a síntese de RNA dos CoV envolve a clivagem de produtos durante a transcrição, um processo necessário para a transcrição descontínua.

A poliproteína ORF1a/1b é a primeira e única proteína viral sintetizada na etapa inicial de transcrição e é necessária para a síntese de RNA viral. O produto do gene primário de ORF1a e 1b é processado em múltiplas proteínas por suas próprias proteases. As proteínas ORF1a e 1b são transportadas ao sítio de replicação do RNA viral. Essas proteínas são colocalizadas com novos RNA virais sintetizados e proteínas N em uma estrutura dupla membranosa, ao redor da região perinuclear da célula.

Observações de microscopia eletrônica revelaram que o sítio principal de replicação do genoma do vírus está em vesículas entre o retículo endoplasmático (RE) e o complexo de Golgi, chamado ERGIC (compartimento intermediário retículo endoplasmático [RE]-Golgi [*endoplasmic reticulum* [*ER*]-*Golgi intermediate compartment*]). Estudos bioquímicos indicaram que as proteínas M e E, que fazem parte do envelope viral, são essenciais para a liberação das partículas virais. A proteína M determina o sítio de montagem e replicação do genoma do vírus. A proteína E é localizada no ERGIC, embora algumas moléculas possam ser transportadas à superfície celular. O nucleocapsídeo formado pela proteína N e o RNAg recém-sintetizado interagem com as proteínas M e E, dando início à montagem da partícula. O papel da proteína E neste processo ainda não está completamente esclarecido. As proteínas virais S e HE são incorporadas no vírion por interações com a proteína M, formando um complexo ternário S-M-HE. Antes do brotamento as partículas virais sofrem alterações morfológicas no complexo de Golgi, resultando na formação de partículas virais maduras. Os vírions se acumulam em vesículas, que eventualmente se unem com a membrana plasmática, ocorrendo a exocitose para a liberação dos vírus no espaço extracelular (Figura 14.30).

## Patogênese

### HCoV-229E, HCoV-OC43, HCoV-NL63 e HCoV-HKU1

Os HCoV realizam a biossíntese nas células epiteliais do sistema respiratório e trato gastrointestinal. Além da infecção local nesses sítios, alguns CoV espalham-se a outros tipos de células epiteliais, onde causam sinais e sintomas da doença. Alguns CoV causam infecção sistêmica no seu hospedeiro natural. Antes de 2003, os HCoV eram considerados agentes de doença do sistema respiratório superior (SRS) e causa de baixa mortalidade.

### SARS-CoV, MERS-CoV e SARS-CoV-2

Dentre os CoV que infectam seres humanos, SARS-CoV, MERS-CoV e SARS-CoV-2 causam doença mais grave. Os vírus infectam tanto as vias respiratórias superiores quanto as células epiteliais alveolares, resultando em injúria pulmonar. Os vírus ou produtos virais são também detectados em outros órgãos, como rins, fígado e intestino delgado, sendo encontrados nas fezes. Embora o pulmão seja o órgão mais afetado por esses vírus, o mecanismo exato da injúria pulmonar é controverso. Um grande número de macrófagos é detectado no pulmão infectado, o que é consistente com a noção de que a destruição pulmonar ocorre durante o processo de liberação do vírus. Algumas citocinas pró-inflamatórias e quimiocinas, como IP-10 (proteína 10 induzida por interferon gama, também denominada CXCL10 [*interferon gamma-induced protein 10*]), MCP-1

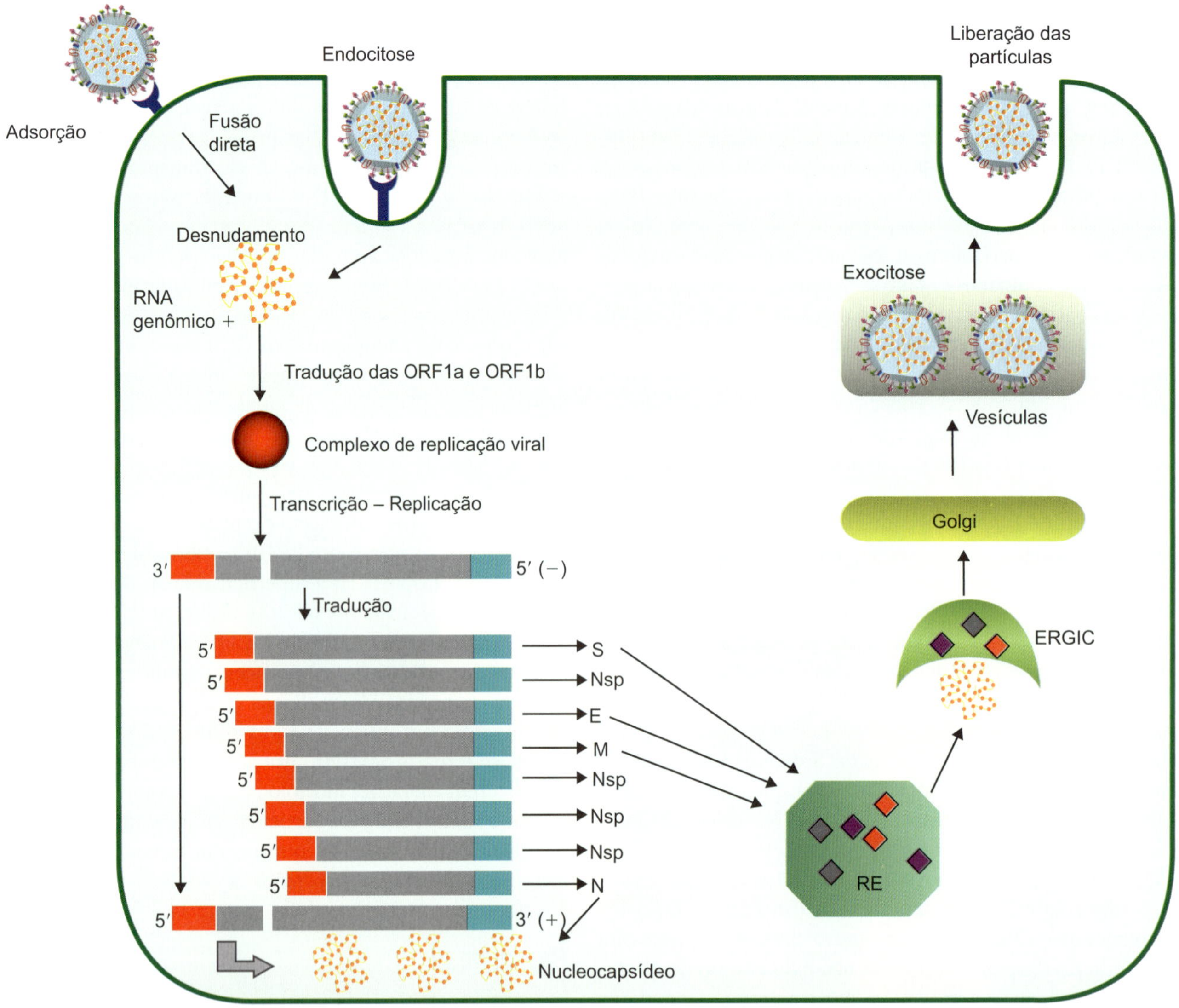


**Figura 14.30** Esquema da biossíntese dos coronavírus. A biossíntese tem início com a ligação da glicoproteína S ao receptor celular. A penetração ocorre por fusão do envelope viral com a membrana plasmática ou endossomal. O RNA genômico (RNAg) é liberado no citoplasma, onde ocorrem a transcrição e a tradução de uma poliproteína codificada pelas ORF1a e 1b, que sofre clivagens por enzimas virais. A fita de RNAg positivo serve de molde para o complexo transcriptase-replicase sintetizar uma fita de RNA negativo, que é molde para a transcrição de RNA mensageiros subgenômicos (RNAmsg), em um processo descontínuo. A fosfoproteína N e o RNA genômico recém-sintetizado se associam no citoplasma, formando o nucleocapsídeo. A replicação do genoma presumivelmente ocorre de modo concomitante à formação do nucleocapsídeo. As proteínas M, E e S são transportadas em vesículas entre o retículo endoplasmático (RE) e o complexo de Golgi, chamado ERGIC (compartimento intermediário retículo endoplasmático [RE]-Golgi [*endoplasmic reticulum (ER)-Golgi intermediate compartment*]), onde o nucleocapsídeo interage com as proteínas M e E, iniciando o processo de montagem final da partícula. As proteínas virais S e HE são incorporadas no vírion, por interações com a proteína M. As partículas são liberadas da célula por fusão entre vesículas contendo os vírions e a membrana plasmática.

(proteína-1 quimiotática de monócitos [*monocyte chemotactic protein-1*]), MIP-1α (proteína inflamatória de macrófagos-1α [*macrophage inflammatory protein-1α*]), RANTES (regulada sob ativação, expressa e secretada por células T normais [*regulated on activation, normal T cell expressed and secreted*]) e MCP-2, TNF-α (fator de necrose tumoral-α [*tumor necrosis factor-α*]) e IL-6 (interleucina 6) são expressas pelas células dendríticas infectadas; sendo muitas dessas moléculas também expressas em níveis elevados no soro de pacientes infectados.

## SARS-CoV

Diferentemente da maioria dos CoV, o SARS-CoV é surpreendentemente estável no meio ambiente. Não está claro como esse vírus envelopado retém sua infecciosidade na presença de bile e enzimas proteolíticas no trato gastrointestinal. Talvez pelo fato de as glicoproteínas do envelope de CoV serem muito glicosiladas, os vírions sejam altamente resistentes à degradação por proteases.

Dados de estudos retrospectivos realizados em Guangzhou, no sul da China, sugeriram que o SARS-CoV era transmitido de espécies de animais para seres humanos no mercado popular. Em seguida, foi detectada em civetas uma variante muito semelhante ao vírus que circulava em humanos, e este fato, associado à alta soroprevalência entre os tratadores, levou ao entendimento de que as civetas eram as responsáveis pela transmissão para humanos. Entretanto, em 2005 foi descoberto que morcegos-ferradura

(*Rhinolopus* spp.) carreavam um vírus com alta similaridade (92%) ao SARS-CoV de humanos e civetas, sugerindo que o morcego seria o reservatório natural desse vírus (Figura 14.31).

A principal forma de transmissão é através do contato direto com secreção respiratória contendo o vírus. Porém, outras formas incluem a transmissão fecal-oral e fômites ou superfícies contaminadas. Eventos de superespalhamento (SSE, *superspread events*) foram responsáveis pela grande e rápida disseminação do SARS-CoV. Os dois eventos mais marcantes foram o evento inicial originado a partir de um nefrologista chinês hospedado no Hotel Metropole em Hong Kong e o outro envolvendo mais de 300 pessoas em Hong Kong, em um complexo residencial privado, o Amoy Gardens. Além disso, a transmissão nosocomial foi responsável por grandes surtos em diferentes países. O período de incubação estimado varia entre 3 e 6 dias. O tempo médio entre o início dos sintomas e a necessidade de hospitalização era de 2 a 8 dias; entretanto, esse período se tornou mais curto à medida que a epidemia ia progredindo. O tempo médio entre o início dos sintomas e necessidade de ventilação mecânica ou óbito era de 11 a 24 dias.

Os estudos relatando as patologias observadas em células e órgãos contribuiu para o melhor entendimento da patogênese desse vírus. A descoberta inicial do receptor utilizado pelo SARS-CoV foi essencial para compreender a sintomatologia. Esse vírus utiliza uma metalopeptidase chamada de ACE2, que no sistema respiratório pode ser encontrada nas células epiteliais do lúmen da traqueia, brônquios e alvéolos. ACE2 possui um papel protetor no desencadeamento de dano grave agudo nos pulmões, e foi observado que a ligação do vírus à ACE2 regula negativamente sua expressão, reduzindo seu papel protetor. Danos citopatogênicos diretos, devidos à propagação viral nas células das vias aéreas, também desempenham um papel importante no desenvolvimento da patologia, principalmente nos 10 primeiros dias da doença, quando ocorre o pico de biossíntese viral.

O SARS-CoV também infecta células do sistema imunológico incluindo monócitos, macrófagos alveolares e linfócitos T. Esse fato pode justificar a linfopenia observada nesses pacientes, bem como a ampla disseminação para outros órgãos. Como monócitos e células T fazem parte da resposta imunológica inata e adaptativa, a destruição dessas células pode resultar

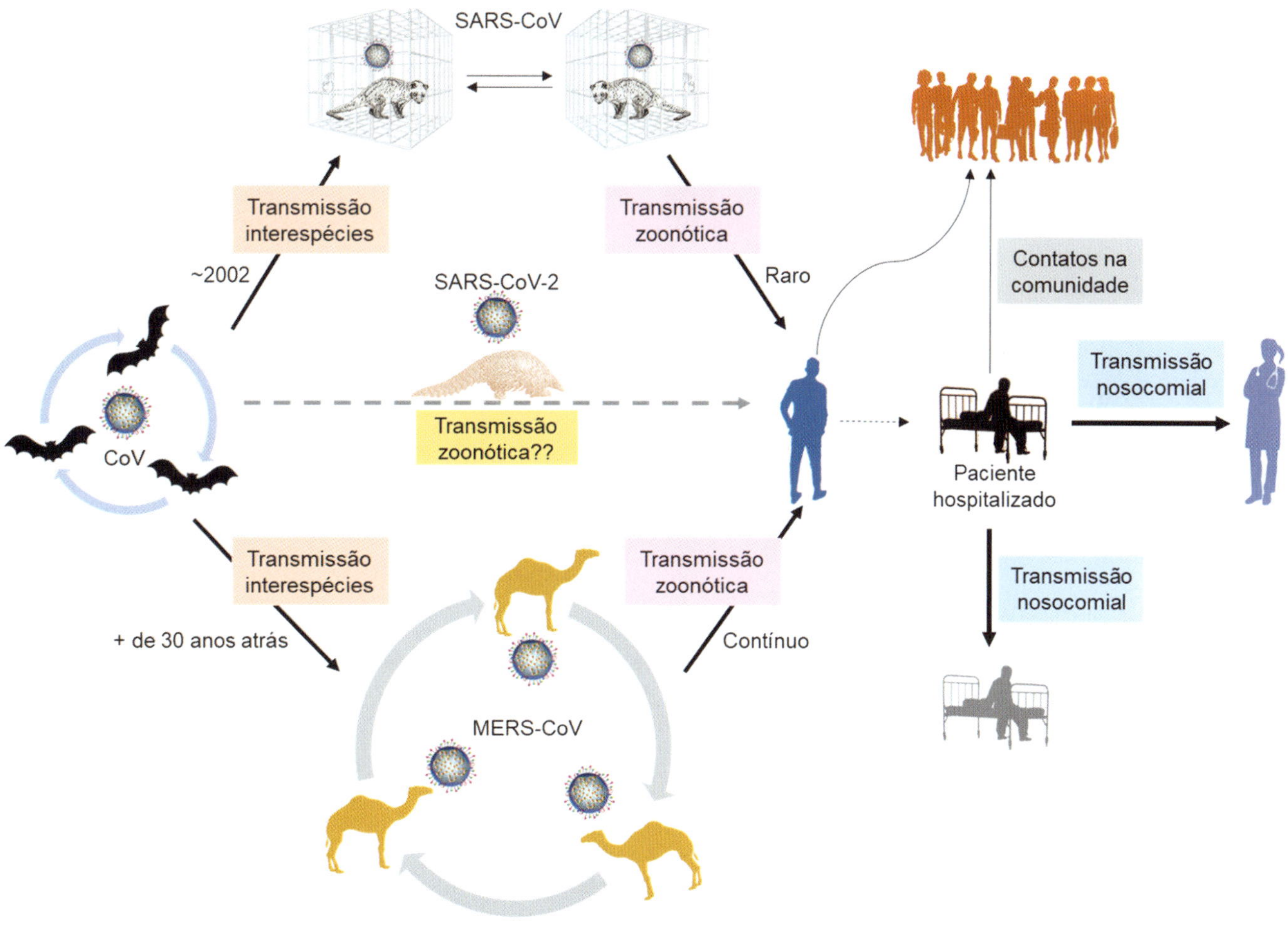


**Figura 14.31** Eventos associados à emergência dos SARS-CoV, MERS-CoV e SARS-CoV-2. Diferentes espécies de morcegos carreiam uma gama de espécies de coronavírus, incluindo SARS-CoV e MERS-CoV, e, provavelmente, o recente SARS-CoV-2. O SARS-CoV ultrapassou a barreira interespécies infectando civetas provenientes do mercado de animais na China; análises genéticas sugerem que isso ocorreu no ano de 2002. Inúmeras pessoas com contato com esses animais adoeceram. O ancestral do MERS-CoV cruzou a barreira interespécies para camelídeos, e os estudos sorológicos sugerem que esse fenômeno ocorreu há mais de 30 anos. A circulação abundante do MERS-CoV nessa população de camelídeos resulta numa transmissão zoonótica constante. Quanto ao recém-descrito SARS-CoV-2, ainda faltam algumas lacunas a serem preenchidas; acredita-se que o reservatório natural sejam morcegos, entretanto, o intermediário entre morcegos e humanos ainda não está definitivamente demonstrado, embora tenha sido sugerido o pangolim da Malásia (*Manis* spp.). Os três vírus se disseminam na população através de contato pessoa a pessoa, e principalmente, por via nosocomial. Adaptada de De Wit *et al*., 2016.

no comprometimento da resposta imunológica, favorecendo a ocorrência de dano pulmonar grave. A infecção das células epiteliais respiratórias induz a secreção de quimiocinas que atraem células de defesa para o local. Essas células, como macrófagos e células dendríticas, secretam mais quimiocinas, aumentando a quimiotaxia. Porém, a produção em excesso dessas quimiocinas pró-inflamatórias e o recrutamento de células do sistema imunológico podem levar à destruição do parênquima pulmonar nos pacientes infectados com SARS-CoV. Com tanta destruição celular, é provável que a exposição de antígenos próprios em massa induza ao desenvolvimento de autoimunidade.

Outro fator que contribui para a patogênese viral é o fato de a infecção não induzir a produção de altos níveis de interferon tipo I (IFN-I). Ademais, o vírus parece interferir com a capacidade fagocítica dos macrófagos, o que favorece o desenvolvimento de infecções pulmonares secundárias. A Figura 14.32 resume os principais mecanismos que contribuem para a patogênese do SARS-CoV.

## MERS-CoV

O MERS-CoV pode ser encontrado em diversos hospedeiros naturais como dromedários, morcegos e porcos-espinho, sendo também descrito em outros animais como coelhos, bodes, vacas, civetas, porcos e cavalos. Foi ainda relatada prevalência do MERS-CoV em animais como ovelhas, cabras e burros que tiveram contato com camelos. Entretanto, estudos filogenéticos demonstram que o MERS-CoV que infecta seres humanos teve sua origem em morcegos. Os camelos entram em contato com o vírus ao consumir água ou alimentos contaminados com fezes de morcegos infectados. Do camelo, o vírus pode ser transmitido para outros animais não camelídeos e para seres humanos. Os humanos podem ainda transmitir a infecção para outros humanos. A transmissão do MERS-CoV é considerada esporádica, geralmente associada a profissionais de saúde, intrafamiliar e que necessita um contato íntimo prolongado (ver Figura 14.31).

A patogênese da infecção pelo MERS-CoV ainda não está completamente esclarecida. O vírus já foi encontrado em diversos tipos celulares como macrófagos alveolares, pneumócitos, células epiteliais renais e macrófagos da musculatura esquelética. O que se sabe, até o momento, é que a patogênese do MERS-CoV em seres humanos e animais está associada a três principais mecanismos: (i) atuação de proteínas acessórias como p4A, que bloqueia a produção de IFN-I, e proteína M, que atua em células apresentadoras de antígenos, contribuindo para a inflamação e pneumonia; (ii) atuação da protease PLpro, que inibe a resposta imunológica adaptativa; e (iii) atuação da proteína DPP4, que está mais associada ao dano tecidual em si, pois aumenta a taxa apoptótica ao se complexar com a proteína S em células alveolares, causando um efeito citotóxico, ou ainda aumentando a ação de $TCD_4^+$ e $TCD_8^+$, estimulando a apoptose ou ainda causando a supressão das células progenitoras mieloides, favorecendo a biossíntese viral.

## SARS-CoV-2

Os relatos iniciais de uma pneumonia causada por um agente desconhecido começaram em dezembro de 2019. Rapidamente, cientistas identificaram um novo coronavírus, posteriormente denominado de SARS-CoV-2. Inicialmente especulava-se que a transmissão para seres humanos pudesse ocorrer a partir de contato com algum animal marinho, visto que o surto começou em um mercado popular de frutos do mar. Entretanto, após análises moleculares e filogenéticas, foi demonstrado que o SARS-CoV-2 apresenta uma grande similaridade (96,2%) com CoV detectados em morcegos-ferradura na China, sugerindo que esses animais seriam a provável origem do vírus. Contudo, até maio de 2021, ainda não se sabia como o vírus evoluiu para

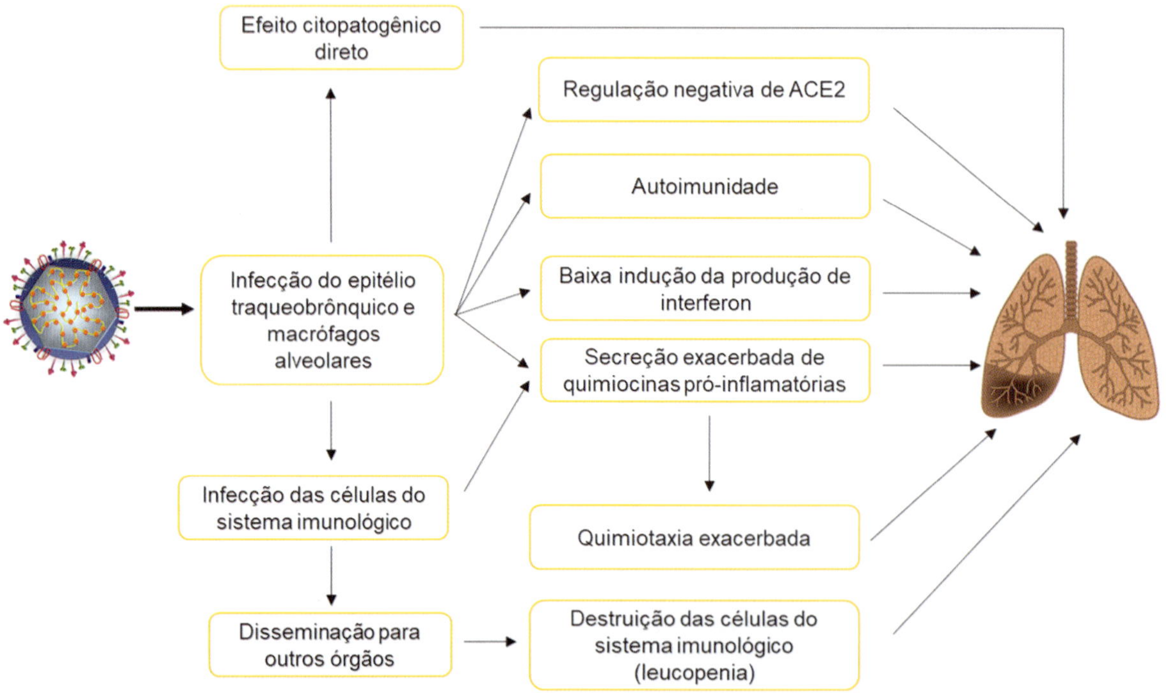


**Figura 14.32** Principais mecanismos que contribuem para a patogênese do SARS-CoV. Os eventos patológicos e a cascata de alterações formam a base para os sintomas clínicos e achados patológicos nos diferentes estágios da SARS (síndrome respiratória aguda grave [*severe acute respiratory syndrome*]). ACE2: *angiotensin-converting enzyme 2*; enzima conversora de angiotensina 2. Adaptada de Hui e Zumla, 2019.

conseguir infectar outras espécies, embora dois estudos que utilizaram análise genômica comparativa tenham mostrado que o SARS-CoV-2 pode ter se originado da recombinação de um CoV de pangolim da Malásia (*Manis* spp.) com um CoV de morcego (Bat-CoV RaTG13). O CoV de pangolim mostrou 91% de identidade com o SARS-CoV-2 e 90,6% com o CoV de morcego. Pangolins e morcegos são animais de hábitos noturnos, alimentam-se de insetos e compartilham os mesmos nichos ecológicos, o que faz do pangolim um possível hospedeiro intermediário.

Na comunidade, a transmissão ocorre pessoa a pessoa, através de aerossóis expelidos pelas pessoas infectadas ao tossir, espirrar e falar. A maior parte das aquisições da infecção pelo SARS-CoV-2 parece decorrer do contato com indivíduos assintomáticos. Em alguns indivíduos que evoluem com sintomas, a carga viral pode estar elevada 2 a 3 dias antes do aparecimento desses sintomas, o que acarreta que quase metade das infecções secundárias pode ser causada a partir de indivíduos pré-sintomáticos. Um fator primordial na transmissibilidade do SARS-CoV-2 é o elevado nível de eliminação viral (*shedding*) a partir de secreções do SRS, mesmo em indivíduos com sintomas leves. A quantidade de vírus produzida e eliminada pela faringe é bastante elevada durante a primeira semana dos sintomas, com pico de $> 7 \times 10^8$ cópias do RNA viral detectadas a partir de *swab* de nasofaringe no 4º dia.

Em virtude da prolongada excreção do vírus nas fezes de indivíduos infectados, existe a possibilidade de transmissão fecal-oral, embora ainda não tenham sido relatados casos de transmissão por essa via. Também foi descrita a transmissão nosocomial. A transmissão vertical ocorre raramente e a propagação viral transplacentária já foi relatada (ver Figura 14.31).

O SARS-CoV-2 é transmitido predominantemente por meio de gotículas (tamanho entre 5 e 10 μm de diâmetro) produzidas por secreções respiratórias ou por contato direto durante algum tempo com uma pessoa infectada que esteja próxima (geralmente menos de 1 metro). No caso de aerossóis (gotículas menores que 5 μm), estes podem ser inalados ou depositar-se sobre superfícies, em que podem ser detectados em até 4 horas se o material for de cobre, até 24 horas no caso de papelão e entre 2 e 3 dias se plástico ou aço inoxidável. Os indivíduos podem ser infectados pelo contato com os aerossóis que contaminam as mãos que tocam os olhos, o nariz e a boca. Inicialmente, parecia que a contaminação ocorria somente por meio de gotículas de tamanho entre 5 e 10 μm de diâmetro, que se depositam no chão pela ação da gravidade, e não se pensava nos aerossóis. Atualmente, acredita-se que a transmissão por aerossóis é uma rota de transmissão epidemiologicamente relevante na pandemia do SARS-CoV-2. O conhecimento sobre o modo de transmissão do SARS-CoV-2 é crucial para a implantação de medidas preventivas. Uma grande proporção do espalhamento da COVID-19 parece ocorrer por meio de aerossóis de indivíduos infectados assintomáticos, durante a respiração ou a fala. Aerossóis podem se acumular e permanecer infecciosos no ambiente por 4 horas e serem facilmente inalados e atingir os pulmões. Medidas para reduzir a transmissão por aerossóis devem ser implantadas, como o uso regular de máscara e testagem para identificar e isolar indivíduos infectados assintomáticos. A tosse de uma pessoa com elevada carga viral em secreções respiratórias ($2{,}35 \times 10^9$ cópias/mℓ) pode gerar uma quantidade de $1{,}23 \times 10^5$ partículas virais, que podem permanecer na forma de aerossóis, em comparação a 386 partículas expelidas em condições de infecção normal (as máscaras podem bloquear em torno de 94% dos vírus na forma de aerossóis).

A transmissão ideal ocorre em ambientes fechados, apinhados de gente e barulhentos, em que as pessoas precisam gritar para se fazer ouvir. Gritar e falar alto ocasiona a emissão contínua de fluxo de gotículas ou aerossóis contendo vírus. Embora os aerossóis permaneçam no ar por minutos e sejam capazes de infectar pessoas a uma certa distância, a transmissão ideal ocorre quando as pessoas gritam umas com as outras a uma distância curta, e inalam profundamente os aerossóis contendo vírus expelidos durante a conversa, que vão atingir os pulmões.

O período de incubação varia entre 2 e 14 dias, mas na maioria dos casos fica entre 3 e 7 dias, o que facilita a disseminação do vírus na população. Por razões ainda desconhecidas, há alguns indivíduos que são capazes de infectar dezenas a centenas de pessoas, provavelmente porque expelem uma quantidade muito grande de vírus enquanto falam, tossem ou espirram. Isto, possivelmente, está diretamente relacionado com a gravidade dos sintomas, grande quantidade de vírus no SRS e SRI e quantidade do RNA do SARS-CoV-2 no plasma.

Em maio de 2021, as diretrizes em relação à COVID-19 eram:

1. A transmissão respiratória é predominante.
2. A transmissão vertical ocorre raramente.
3. A transmissão por contato direto com fômites é possível, mas improvável de ocorrer como via de contágio usual, mas não significa que os cuidados na lavagem das mãos sejam negligenciados.
4. Embora o vírus tenha sido isolado de saliva e de fezes, e o RNA viral tenha sido detectado em sêmen e sangue, não há relatos de transmissão por via fecal-oral, sexual ou transfusão de sangue.
5. Gatos, cães e furões podem se infectar e transmitir o vírus entre eles, mas não há descrição de transmissão para seres humanos; martas transmitem o vírus entre elas e podem transmitir para humanos.

Presume-se que, assim como em relação a outros HCoV, ocorra a biossíntese inicial na mucosa do epitélio do SRS (cavidade nasal e faringe), com maior taxa de biossíntese no sistema respiratório inferior (SRI) e mucosa gastrointestinal, causando um curto período de viremia. Quando a infecção é controlada pelo sistema imunológico neste ponto, o indivíduo permanece assintomático (80% dos casos). Entretanto, alguns pacientes exibiram sintomas extrarrespiratórios como nefro- e hepatopatias, falência renal e diarreia, sugerindo um envolvimento sistêmico, o que condiz com a distribuição no organismo do receptor celular (ACE2) utilizado pelo vírus. Foi proposto um possível papel patogênico para o SARS-CoV-2 em tecidos testiculares, gerando preocupações em relação à esterilidade em pacientes jovens. Na maioria dos pacientes apresentando quadro respiratório, observa-se a presença de sincícios e pneumócitos aumentados caracterizados por núcleo difuso, citoplasma granuloso anfifílico e nucléolos proeminentes nos espaços intra-alveolares, o que indica dano citotóxico associado à biossíntese viral. Os achados clínicos também demonstram uma resposta inflamatória exuberante, que resulta na inflamação do tecido pulmonar, sendo, provavelmente, a principal causa de óbito. A rápida biossíntese viral e o dano celular, a regulação negativa e sequestro de ACE2 induzido pelo vírus e a potencialização da resposta imunológica dependente de anticorpos são responsáveis pelo processo inflamatório agressivo associado ao SARS-CoV-2. O rápido início da biossíntese viral pode causar danos epiteliais e endoteliais massivos associados a morte celular e vazamento vascular, desencadeando a produção excessiva de citocinas e quimiocinas pró-inflamatórias. Além disso, a perda da função de ACE2 no pulmão foi proposta como estando relacionada ao dano pulmonar agudo, pois sua regulação negativa pode levar à disfunção do sistema renina-angiotensina (SRA), estimulando ainda mais a inflamação e causando permeabilidade vascular.

Entretanto, foi observado que somente alguns pacientes, principalmente os que desenvolvem anticorpos neutralizantes logo no início, vivenciam uma inflamação persistente, SARS e até mesmo morte súbita, enquanto a maioria dos pacientes sobrevive às respostas inflamatórias e elimina o vírus. Um possível mecanismo seria a potencialização da resposta imunológica dependente de anticorpos (ADE, *antibody dependent enhancement*). Este fenômeno, amplamente conhecido na Virologia, foi confirmado em diversas infecções virais. A ADE pode promover a captação de imunocomplexos pelas células infectadas seguida da sua interação com receptores de Fc, ou outros receptores, resultando no estímulo da infecção na célula-alvo.

A resposta celular também se encontra comprometida durante a infecção; células $TCD_4^+$ e $TCD_8^+$ periféricas normalmente encontram-se reduzidas e hiperativadas em pacientes graves. Foram observadas concentrações elevadas de células $TCD_4^+$ pró-inflamatórias e células $TCD_8^+$ de grânulos citotóxicos, sugerindo resposta imunológica antiviral e superativação de células T. Além disso, diversos estudos relatam que a linfopenia é uma característica comum da infecção, podendo ser atribuída tanto a uma maior gravidade quanto à possibilidade de óbito (Figura 14.33).

## Manifestações clínicas

Em seres humanos, os HCoV têm sido associados a doença respiratória branda, pneumonia e síndrome respiratória aguda grave, além de doença entérica e esclerose múltipla. As características clínicas e epidemiológicas das infecções por HCoV seguem dois padrões distintos: um para CoV exclusivamente de seres humanos (HCoV) (229E, NL63, OC43, HKU1), e um para CoV zoonótico, SARS-CoV, MERS-CoV e, possivelmente, o SARS-CoV-2.

### HCoV-229E, HCoV-OC43, HCoV-NL63 e HCoV-HKU1

De todos os HCoV descritos, o HCoV-229E e HCoV-OC43 são relativamente bem estudados. Os sintomas da infecção incluem febre, dor de cabeça, mal-estar, calafrios, rinorreia, inflamação de garganta e tosse. A infecção natural, tanto em adultos como em crianças, é geralmente associada com resfriado, semelhante aos rinovírus. As infecções por HCoV são também ocasionalmente associadas a doenças do SRI em crianças e adultos. A coronavirose tem sido detectada em crianças hospitalizadas com doença do SRI em taxas variadas, porém geralmente menor do que 8% dos pacientes.

A infecção por HCoV tem sido também detectada em adultos com doença aguda do sistema respiratório, incluindo cerca de 5% daqueles hospitalizados com doença do SRI. Alguns estudos sugerem que os HCoV podem causar otite média. Além disso, os HCoV têm sido associados com falta de ar e exacerbação da asma. Os HCoV, NL63 e HKU1, foram também detectados em pessoas com doença do SRS e SRI. O vírus HKU1 já foi detectado em amostras de secreção respiratória e nas fezes de alguns pacientes sem doença aguda. Estudos de infecção natural e estudos em voluntários têm mostrado que a reinfecção é comum, sugerindo que a infecção não induz elevados níveis de imunidade protetora.

### SARS-CoV, MERS-CoV e SARS-CoV-2

#### *SARS-CoV*

Os principais sintomas associados à infecção pelo SARS-CoV são febre, calafrios, mialgia, tosse seca, mal-estar, dispneia e cefaleia. Dor de garganta, produção de muco, rinorreia, náusea, vômito e tontura são menos comuns. Diarreia aquosa esteve presente entre 40 e 70% dos casos e começava, geralmente, uma semana após os sintomas iniciais. Crianças menores de 12 anos apresentam sintomas mais brandos do que os observados em adultos e adolescentes, tanto que não foram relatados óbitos entre indivíduos dessa faixa etária. Em gestantes, a taxa de mortalidade chegou a 35% e estava associada com uma alta incidência de aborto espontâneo, parto prematuro, retardo no crescimento intrauterino, sem infecção perinatal nos recém-nascidos.

A doença parece se manifestar em diferentes estágios. Na primeira semana, os pacientes apresentavam febre, tosse seca, mialgia e mal-estar que podiam melhorar, independentemente da presença de consolidação pulmonar (sinal de doença respiratória caracterizado por substituição do ar alveolar por líquido prejudicial [como transudato, exsudato ou tecido conjuntivo], lesionando a área) e aumento da carga viral circulante. Na segunda semana havia recorrência da febre, piora da consolidação pulmonar e falência respiratória, com aproximadamente 20% dos pacientes evoluindo para o quadro de síndrome respiratória aguda grave, necessitando de ventilação mecânica. Infecções assintomáticas são muito raras e a taxa de mortalidade é em torno de 12% de todos os casos.

#### *MERS-CoV*

Os sintomas, achados laboratoriais e anormalidades de imagem associadas ao MERS-CoV não são específicos deste vírus, mas sim comuns a outras infecções no sistema respiratório. O período de incubação varia entre 2 e 14 dias. As manifestações clínicas variam entre assintomática, infecção branda, moderada ou grave, geralmente complicada por pneumonia, síndrome da angústia respiratória, choque séptico e falência múltipla dos órgãos.

Os casos mais brandos podem apresentar febre baixa, calafrios, rinorreia, tosse seca, dor de garganta e mialgia. Alguns pacientes apresentam sintomas gastrointestinais como náusea, vômito e diarreia. A ocorrência de coinfecções com bactérias ou outros vírus já foi relatada. Aproximadamente metade dos casos de MERS apresentam injúria renal aguda.

Já nos casos mais graves ocorre a falência respiratória com necessidade de ventilação mecânica. Uma característica da infecção grave por MERS-CoV é a rápida progressão para síndrome da angústia respiratória e falência múltipla dos órgãos, em média 2 dias após admissão na UTI. A infecção parece ser mais grave em pacientes idosos, imunocomprometidos e com doenças crônicas, como doença renal ou pulmonar, câncer, obesidade e diabetes.

De acordo com a Organização Mundial da Saúde (OMS), a taxa de mortalidade é bastante variável, ficando, em média, entre 20,4 e 60%. A maior taxa de mortalidade é observada em

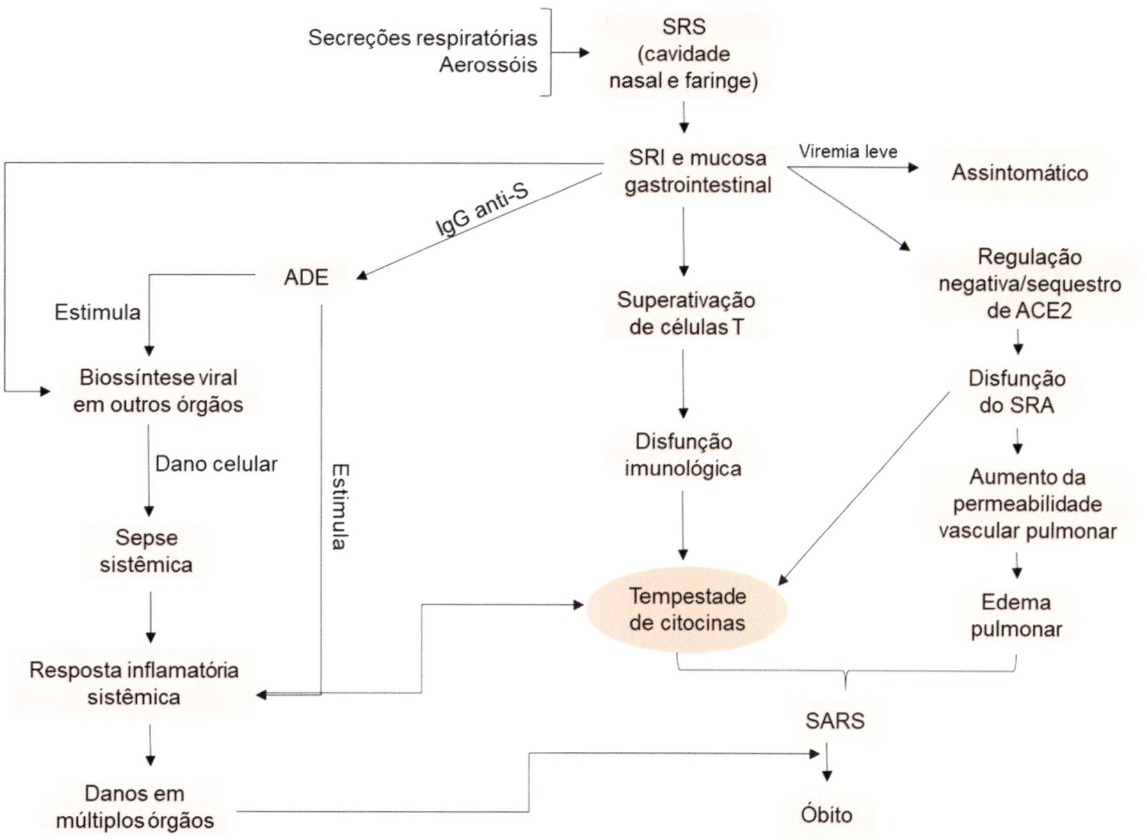


**Figura 14.33** Mecanismo proposto para a patogênese do SARS-CoV-2 em humanos. O SARS-CoV-2 é transmitido por secreções respiratórias. Presume-se que a biossíntese viral primária ocorra no epitélio da mucosa do sistema respiratório superior (SRS), seguido de disseminação e biossíntese no sistema respiratório inferior (SRI) e na mucosa gastrointestinal, dando origem a uma viremia leve. Alguns pacientes eliminam a infecção nesse estágio, resultando em quadros assintomáticos. O SARS-CoV-2 utiliza como receptor uma metalopeptidase chamada de ACE2. Essa molécula possui papel protetor no desencadeamento de dano grave agudo nos pulmões, e foi observado que a ligação do vírus a ACE2 regula negativamente sua expressão, reduzindo seu papel protetor. Em consequência, a regulação negativa de ACE2 levaria à disfunção do sistema renina-angiotensina (SRA), estimulando ainda mais a inflamação, causando aumento da permeabilidade vascular e edema pulmonar. A resposta celular também se encontra comprometida durante a infecção, em pacientes graves. São observadas concentrações elevadas de células $TCD_4^+$ e $TCD_8^+$, sugerindo resposta imunológica antiviral e superativação de células T, o que desencadeia disfunção imunológica, gerando uma "tempestade de citocinas", que junto com o edema pulmonar pode levar ao quadro de síndrome respiratória aguda grave (SARS, *severe acute respiratory syndrome*) e óbito. Danos citopatogênicos diretos, devidos à biossíntese viral nas células do SRI, também desempenham papel importante no desenvolvimento da patologia. A rápida biossíntese viral, o dano celular, a regulação negativa de ACE2 induzida pelo vírus e a potencialização da resposta imunológica dependente de anticorpos (ADE, *antibody dependent enhancement*) são responsáveis pelo processo inflamatório agressivo associado ao SARS-CoV-2, que contribuem para a evolução para a SARS. Alguns pacientes também apresentam sintomas não respiratórios, como lesão hepática e cardíaca agudas, insuficiência renal, diarreia, implicando envolvimento de múltiplos órgãos. O receptor celular utilizado pelo vírus é amplamente expresso em mucosa nasal, brônquios, pulmão, coração, esôfago, rim, estômago, bexiga e íleo, e esses órgãos humanos são todos vulneráveis ao SARS-CoV-2. IgG: imunoglobulina G; ACE2: *angiotensin-converting enzyme 2* (enzima conversora de angiotensina 2); SARS: *severe acute respiratory syndrome* (síndrome respiratória aguda grave). Adaptada de Jin *et al.*, 2020.

pacientes admitidos na UTI, podendo chegar até 90%. O tempo entre o surgimento dos sintomas e o óbito também é variável, ficando entre 11 e 27 dias.

### SARS-CoV-2

A doença causada pelo SARS-CoV-2 é denominada COVID-19 e é considerada uma doença autolimitada, com a maioria dos casos apresentando sintomas leves, ocorrendo recuperação após 10 a 22 dias. No geral, a infecção causada pelo SARS-CoV-2 compartilha semelhanças com a infecção causada pelo SARS-CoV, inclusive com períodos de incubação próximos. A infecção inicialmente causa sintomas inespecíficos como mialgia (44% dos pacientes), febre (98% dos pacientes), tosse seca (76% dos pacientes), dispneia (55% dos pacientes) e sintomas gastrointestinais (50% dos pacientes). Diferentemente dos outros HCoV, o SARS-CoV-2 raramente causa sintomas no SRS (dor de garganta e rinorreia, por exemplo).

É importante diferenciar os indivíduos assintomáticos e que permanecem assim durante todo o curso da infecção daqueles nos quais os sintomas ainda não são evidentes, mas evoluirão para a manifestação de sintomas (indivíduos pré-sintomáticos). Calcular a porcentagem exata de indivíduos assintomáticos não é fácil. O melhor dado que se dispõe vem do episódio em que 3.600 pessoas, incluindo passageiros e tripulação, ficaram retidas a bordo do navio de cruzeiro Diamond Princess e que involuntariamente participaram de um "experimento controlado". Devido às precárias condições de higiene, mais de 700 pessoas se infectaram com o SARS-CoV-2 enquanto o navio permanecia em quarentena no porto de Yokohama, Japão. Após testes sistemáticos, 328 (51,7%) dos primeiros 634 casos confirmados foram assintomáticos. Considerando a variação do período de incubação calculado entre 5,5 e 9,5 dias, os pesquisadores calcularam a proporção real de 17,9% de assintomáticos.

De acordo com os dados conhecidos, até o momento, a infecção pelo SARS-CoV-2 pode ter cinco desfechos distintos: assintomático (1,2%); sintomas leves a moderados (80,9%); sintomas graves (13,8%); SARS (com necessidade de ventilação mecânica; 4.7%); e óbito (até 4,5%).

Com o avanço da pandemia, começaram a ser relatados sintomas neurológicos graves, como encefalites e convulsões, e brandos como hiposmia (redução do olfato), fantosmia (alucinação olfativa) e anosmia (redução do paladar) e, nos casos mais leves, 40% dos pacientes acometidos apresentam reversão do quadro em até 30 dias. Alguns pacientes também podem apresentar sintomas dermatológicos e manifestações oculares, além de lesões hepáticas e renais.

Também foram relatados danos cardíacos e arritmias (20 a 44% dos pacientes); desenvolvimento de coágulos (33%) podendo causar embolia pulmonar e danos renais (10 a 27%). Na tentativa de combater a infecção viral, ocorre liberação intensa de citocinas inflamatórias, culminando com lesão endotelial e início de coagulação, com a formação de elevadas quantidades de fibrina, que pode progredir para um quadro de coagulação intravascular disseminada (CID). Na CID, ocorre ativação da coagulação sanguínea, com consumo de fatores de coagulação e consequente trombose de pequenos e médios vasos, o que leva à hemorragia pela depleção de fatores de coagulação. Como consequência da formação da grande quantidade de fibrina, o sistema fibrinolítico é ativado na tentativa de degradá-la, surgindo os dímeros D, que são produtos de degradação da fibrina.

Conforme a pandemia evolui, novos conhecimentos são adicionados à patogênese do SARS-CoV-2. Dados preliminares mostram que as alterações metabólicas, fisiológicas e vasculares que ocorrem normalmente durante o período de gestação podem tornar a mulher mais suscetível a quadros graves de COVID-19 em comparação com a população em geral. Recentemente, foi relatado que, em gestantes, há maior expressão do receptor ACE2, o que levaria a maior risco de complicações na infecção pelo vírus, como, por exemplo, pré-eclâmpsia (síndrome hipertensiva que pode afetar, aproximadamente, 3,5% de todas as mulheres grávidas) por vasoconstrição, inflamação e efeitos que promovem coagulação. Além disso, pode ocorrer nascimento prematuro e aumento na necessidade de realização de partos cesarianos. Por sua vez, a ativação do complemento, que ocorre tanto em pré-eclâmpsia quanto na COVID-19, pode resultar em quadros graves trombóticos, em gestantes infectadas.

A Figura 14.34 demonstra a evolução clínica da COVID-19.

Ainda não se têm bem definidos os principais grupos de risco, principalmente pelo surgimento de variantes que têm modificado o comportamento de infecciosidade do vírus. De maneira geral, o maior número de óbitos e casos críticos tem sido observado em indivíduos acima de 60 anos de idade, com comorbidades respiratórias (asma ou bronquite crônica) e pacientes com diabetes, doença cardiovascular e hipertensão. Os pacientes diabéticos apresentam diferentes alterações na imunidade inata, tendo comprometimento da fagocitose por neutrófilos, macrófagos e monócitos, na quimiotaxia neutrofílica e atividade bactericida.

Mais ainda, diabetes e hipertensão estão associados à ativação do SRA em diferentes tecidos, e são frequentemente tratadas com inibidores de ACE e inibidores do receptor de angiotensina, o que, por sua vez, pode levar ao aumento da expressão de ACE2, facilitando a entrada do vírus na célula hospedeira, aumentando o risco de desenvolvimento de sintomas graves nessas populações.

## Diagnóstico laboratorial

As infecções por CoV em animais e seres humanos foram detectadas, inicialmente, por isolamento em cultura de células, microscopia eletrônica, estudos sorológicos e técnicas moleculares. Assim como os outros vírus respiratórios, os HCoV são mais frequentemente detectados no início da doença.

O isolamento de HCoV de indivíduos infectados nem sempre é bem-sucedido. O SARS-CoV foi isolado em células LLC-MK2 (rim de macaco rhesus), células Vero (rim de macaco *Cercopithecus aethiops*) e células primárias de epitélio respiratório humano (*human airway epithelium cells*), o HCoV-NL63, assim como o MERS-CoV, foi isolado em células tMK (células terciárias de rim de macaco [*tertiary monkey kidney cells*]), células LLC-MK2, células Vero e em células HAE (células epiteliais amnióticas humanas [*human amniotic epithelial cells*]). A microscopia eletrônica do material isolado contribuiu para a identificação e

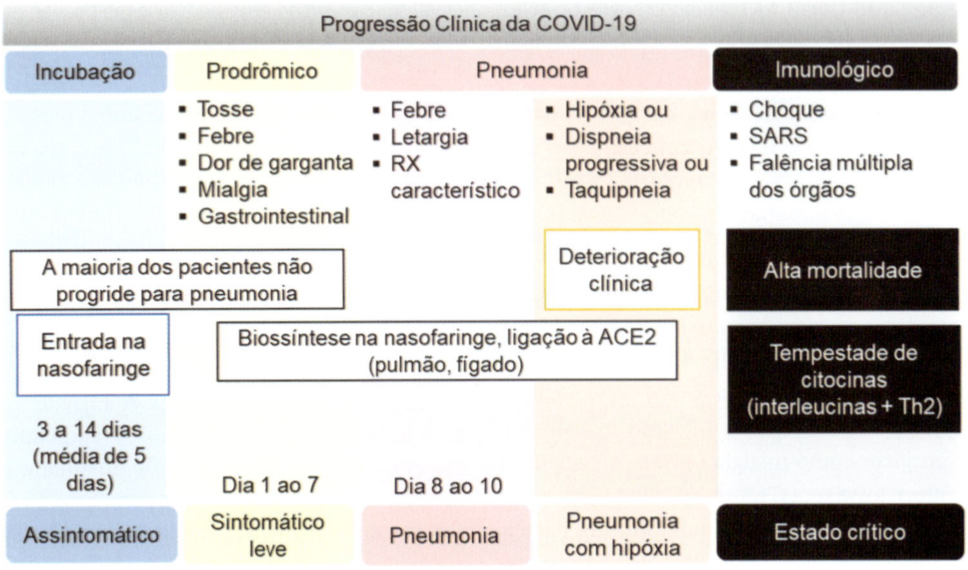


**Figura 14.34** Evolução clínica da COVID-19.

a caracterização de coronavírus, incluindo o SARS-CoV. O HCoV-OC43 foi isolado somente em células HAE.

A cinética de propagação do MERS-CoV em células HAE se mostrou mais rápida do que a do SARS-CoV. Foi observado também que o MERS-CoV e o HCoV-229E apresentam predileção por culturas de células epiteliais não ciliadas de brônquios humanos, enquanto HCoV-NL63, HCoV-OC43 e SARS-CoV preferem células ciliadas.

Muitos ensaios sorológicos têm sido usados para diagnosticar infecções por HCoV, incluindo fixação do complemento (FC), inibição da hemaglutinação (HI, *hemagglutination inhibition*) para vírus com proteína HE, teste de neutralização (TN), ensaio imunoenzimático (EIA, *enzyme immunoassay*) e imunofluorescência (IF).

Ensaios de reação em cadeia da polimerase associada à transcrição reversa (RT-PCR, *reverse transcription polymerase chain reaction*) têm se tornado o padrão para a detecção de muitas infecções virais, incluindo muitas infecções por CoV em humanos e animais, devido à rapidez na obtenção dos resultados.

Para o SARS-CoV são usados testes sorológicos rápidos e RT-PCR para detectar e confirmar a infecção. O soro provou ser o melhor espécime para a detecção do RNA viral durante a 1ª semana da doença, enquanto as fezes e secreções respiratórias foram os melhores materiais clínicos durante a 2ª semana da doença. Testes moleculares demonstraram que a taxa de positividade em espécimes respiratórios aumenta de menos de 40% para mais de 80%, durante os 2º e 3º dias da doença.

Para o caso específico do MERS-CoV existem três protocolos de RT-PCR para detecção de rotina, utilizando como alvos a região do gene da proteína E (upE), ORF1b e ORF1a. As reações para upE e ORF1a são consideradas igualmente sensíveis. A reação para a ORF1b é menos sensível, porém mais específica. Esses alvos foram selecionados por não demonstrarem reação cruzada com outros vírus respiratórios, incluindo outros HCoV. A confirmação laboratorial é obtida com a positividade em ensaio de amplificação, com pelo menos dois alvos distintos; isolamento em culturas celulares; ou sorologia realizada em um laboratório colaborador da OMS. Entretanto, a confirmação de um caso por sorologia envolve a realização de EIA e TN utilizando o princípio de sorologia pareada (ver *Capítulo 8*).

O diagnóstico da COVID-19 é realizado por meio de exames clínicos, laboratoriais e radiológicos. Sintomas e achados radiológicos na tomografia de tórax não são específicos. Portanto, para o SARS-CoV-2 tem-se utilizado três principais metodologias para o diagnóstico laboratorial: RT-PCR, isolamento viral em cultura de células e ensaios sorológicos para detecção de IgM e/ou IgG. Apesar de a RT-PCR ser o padrão-ouro indicado pela OMS, a eficácia de todos esses testes depende do tipo de amostra utilizada e do tempo de colheita após o aparecimento dos sintomas.

Para a RT-PCR, o material de escolha é o *swab* (conhecido como "teste do cotonete"), aplicado à parede posterior da nasofaringe ou parede posterior da orofaringe, próximo à úvula, evitando contato com a língua. É recomendado que sejam colhidos espécimes de ambos os locais, que podem ser combinados no mesmo tubo de ensaio. A RT-PCR tem boa eficiência quando o material é colhido desde 1 semana antes do surgimento dos sintomas até a 2ª semana após. Como a partir da 3ª semana a carga viral circulante na nasofaringe decai bastante, a partir desse momento a amostra de escolha passa a ser o lavado broncoalveolar, cuja eficiência permanece alta até 6 semanas após o surgimento dos sintomas.

Já o isolamento viral em cultura de células tem uma janela menor, sendo possível quando a amostra é colhida 1 semana antes do início dos sintomas até 1 semana depois. Os ensaios sorológicos somente podem ser realizados a partir da 2ª semana do início dos sintomas, quando se consegue detectar anticorpos da classe IgM; na 3ª semana geralmente ocorre a soroconversão, e anticorpos da classe IgG começam a ser detectados e estima-se, permaneçam em níveis elevados por até 5 meses.

Apesar de o material de escolha ser preferencialmente proveniente do sistema respiratório superior, estudos demonstram que o vírus também pode ser encontrado nas fezes dos pacientes, em menor concentração, até 4 semanas após o início dos sintomas. Existem estudos que demonstraram a detecção de SARS-CoV2 no esgoto de diversas cidades, inclusive no Brasil.

## Epidemiologia

### HCoV-229E, HCoV-OC43, HCoV-NL63 e HCoV-HKU1

A transmissão ocorre de forma similar à maioria dos outros vírus respiratórios. Estudos sorológicos sugerem que a infecção com HCoV-229E e HCoV-OC43 ocorra cedo em crianças e, então, repetidamente por toda vida. Aproximadamente 50% das crianças em idade escolar e mais de 80% de adultos apresentam anticorpos para esses vírus. Em climas temperados, a detecção de HCoV-229E e HCoV-OC43 foi mais frequentemente realizada entre dezembro e maio, e sua frequência variou de ano para ano, em geral com pico de atividade ocorrendo sempre a cada 2 a 4 anos. Devido ao fato de os HCoV-229E, OC43, NL63 e HKU1 causarem infecções com sintomas leves em pacientes imunocompetentes, estudos soroepidemiológicos são raros. O interesse sobre os HCoV aumentou nos últimos 20 anos, com o surgimento do SARS-CoV, MERS-CoV e SARS-CoV-2.

### SARS-CoV

Antes do ano de 2003, apenas dois CoV, 229E e OC43, eram associados a infecções em humanos. Em novembro de 2002, começaram relatos de pneumonia atípica de causa desconhecida na cidade de Fosham, na província de Guangdong, na China, onde muitos profissionais de saúde foram infectados. O vírus foi exportado para Hong Kong em 21 de fevereiro de 2003, por um médico que cuidou de alguns desses casos de pneumonia atípica, levando à ocorrência de surtos de pneumonia grave. A doença foi posteriormente nomeada pela OMS como "síndrome respiratória aguda grave (SARS)". Somente meses após o início dos casos, em março de 2003, o agente etiológico foi identificado, recebendo o nome de SARS-CoV. O vírus se espalhou para 33 países. Cadeias de transmissão, pessoa a pessoa, ocorreram no Canadá, em Hong Kong, Taipei, Singapura e no Vietnã.

Algumas pessoas que trabalhavam em feiras de animais selvagens na China tinham evidência sorológica da infecção semelhante à SARS-CoV, adquirida antes do surto de 2003, porém não foi relatada nenhuma doença respiratória semelhante à SARS. Embora os animais tenham sido a fonte original de SARS-CoV, a disseminação global ocorreu pela transmissão pessoa a pessoa, por contato próximo (p. ex., contato direto pessoa a pessoa, provavelmente por aerossóis ou fômites contaminados com gotículas infecciosas). A maior parte da disseminação ocorreu no ambiente familiar e entre agentes de saúde.

A história epidêmica do SARS-CoV foi breve: a OMS declarou o fim da epidemia em julho de 2003. No total, o vírus acometeu 8.422 pessoas, com 916 óbitos, reportados em 33 países. Durante a epidemia, a SARS causou interrupções das viagens internacionais e teve um profundo impacto nos serviços de saúde e na economia dos países afetados. Entre junho de 2003 e junho de 2004, o SARS-CoV ressurgiu em quatro ocasiões: três destas foram atribuídas a falhas na biossegurança de laboratórios em Singapura, Vietnã e Pequim, onde sete casos foram associados a uma única cadeia de transmissão. O quarto incidente foi na província de Guangdong e resultou em quatro casos esporádicos adquiridos na comunidade, provavelmente devido ao contato com animais infectados.

Embora muitos animais selvagens tenham sido testados para evidenciar infecções por SARS-CoV-*like*, apenas o morcego-ferradura mostrou um padrão de infecção consistente com a condição de reservatório natural do SARS-CoV; 30 a 85% desses morcegos provenientes de Hong Kong e algumas províncias da China apresentavam anticorpos para o SARS-CoV-*like*, com alguns desses vírus já tendo sido sequenciados.

No Brasil, três casos de infecção pelo SARS-CoV foram confirmados; entretanto, sem óbitos.

## MERS-CoV

Desde o primeiro relato da MERS em abril de 2012 até maio de 2021 foram confirmados laboratorialmente 2.590 casos de infecção em seres humanos pelo MERS-CoV, dos quais 941 evoluíram a óbito (taxa de mortalidade de 36%). Até maio de 2021, 27 países haviam relatado casos de MERS: no Oriente Médio – Qatar, Jordânia, Arábia Saudita, Omã, Kuwait, Irã, Líbano, Iêmen e Emirados Árabes Unidos. Também foram relatados casos em países na Europa – Áustria, Alemanha, França, Itália, Holanda, Grécia, Turquia e Reino Unido; na África – Tunísia, Argélia e Egito; na Ásia – Bahrain, Tailândia, China, Coreia do Sul, Malásia e Filipinas; e na América do Norte – EUA. Entretanto, todos os casos fora da Península Arábica apresentaram conexão direta ou indireta com o Oriente Médio. Mais de 80% dos casos e óbitos foram registrados na Arábia Saudita.

As características epidemiológicas e demográficas dos casos relatados não apresentaram alterações significativas desde 2012. A faixa etária com maior risco de casos primários continua sendo de 50 a 59 anos e, para casos secundários, essa faixa é de 30 a 39 anos. O número de óbitos também é maior na faixa de 50 a 59 anos.

Após muitos debates, ficou estabelecido que o reservatório natural do MERS-CoV são os morcegos da espécie *Taphozous perforatus* de origem africana e que os camelos e dromedários foram inicialmente infectados, através de um evento de recombinação que levou à divergência genética do vírus de morcego. Os camelos se tornam infectados ao entrarem em contato com as fezes ou saliva desses animais, presentes nas baias de água utilizadas. Os camelídeos conseguem manter o vírus circulando entre si e a infecção em seres humanos parece ser acidental através do contato com leite, urina e carne contaminados. Porém, a manutenção e a disseminação da epidemia são feitas através da transmissão direta entre humanos (ver Figura 14.31). Fora da Arábia Saudita, a principal forma de transmissão é nosocomial.

Diferentemente do SARS-CoV, cuja epidemia acabou em 2003, casos de MERS continuam a ser relatados até os dias atuais. Embora haja relatos de casos de MERS ao longo do ano todo, o vírus apresenta um caráter sazonal, com picos em abril e junho. Esse comportamento foi observado até o ano de 2019, mesmo com a queda drástica no número de casos, quando comparado com o início da epidemia. Em setembro e novembro de 2013 e 2014, foi relatado um aumento no número de casos, provavelmente devido à peregrinação à cidade de Meca, que ocorreu próximo a este período nesses anos.

## SARS-CoV-2

A Comissão de Saúde da província de Hubei, da cidade de Wuhan, na China, relatou uma série de pacientes com quadro de pneumonia atípica em 31 de dezembro de 2019. Sete dias após o comunicado, o SARS-CoV-2 foi isolado de um paciente apresentando pneumonia. Embora inicialmente tenha sido anunciado que apenas 27 pacientes haviam sido acometidos pela doença, 11 dias depois esse número chegou a 41 casos, com 7 pacientes em estado crítico e 1 óbito. As autoridades chinesas informaram então à OMS que alguns dos pacientes acometidos eram vendedores ou possuíam cargos associados ao mercado de frutos do mar de Huanan, que vendia carne de animais recentemente abatidos. Em 20 de janeiro de 2020, os inúmeros relatos de casos entre familiares e contatos próximos a 16 profissionais de saúde apontavam para a transmissão pessoa a pessoa. Apesar do reconhecimento do surto pelas autoridades chinesas, os esforços para impedir a disseminação do vírus não foram suficientes e, em 30 de janeiro de 2020, a OMS declarou quadro de emergência de saúde pública.

Até o final de maio de 2021 foram confirmados 167.252.150 casos, com 3.467.663 óbitos em 216 países/territórios/áreas. Em 25 de maio de 2021, os países com maior número de casos relatados eram os EUA, com 32.797.873 de casos e 584.700 óbitos, seguidos pela Índia (26.948.874 casos e 307.231 óbitos), Brasil (16.120.176 casos e 449.858 óbitos), França (5.820.918 casos e 107.403 óbitos), Turquia (5.186.487 casos e 46.268 óbitos), Rússia (5.009.911 casos e 118.801 óbitos), Reino Unido (4.462.542 casos e 127.721 óbitos), Itália (4.192.183 casos e 125.255 óbitos), Alemanha (3.651.640 casos e 87.423 óbitos), Espanha (3.631.661 casos e 79.601 óbitos), Argentina (3.539.484 casos e 74.063 óbitos) e Colômbia (3.232.456 casos e 84.724 óbitos).

Baseando-se nesses dados, o $R_0$ (número de infecções secundárias produzidas por um indivíduo infeccioso) estimado para o SARS-CoV-2 varia entre 2 e 5, o que significa que cada pessoa infectada consegue transmitir o vírus para pelo menos outras 2 pessoas.

Com uma população próxima de 2,5 milhões de pessoas e devido ao seu papel como um dos principais centros de transporte da China, a cidade de Wuhan é o cenário ideal para o desenvolvimento de uma nova epidemia. Ademais, o aumento significativo do número de pessoas viajando para o ano-novo chinês pode ter sido um fator significativo na disseminação global, e dentro da própria China, do SARS-CoV-2. Diversos países relataram casos de transmissão autóctone.

No Brasil, o primeiro caso de COVID-19 foi relatado em 26 de fevereiro de 2020. A maioria dos casos se concentrou na Região Sudeste, principalmente no eixo Rio-São Paulo; seguida da Região Nordeste, Região Sul, Regiões Centro-Oeste e Norte.

## Variantes do SARS-CoV-2

Todos os vírus sofrem mutação. As mutações que ocorrem nos coronavírus e, na realidade, em todos os vírus de RNA podem ter origem em três processos: primeiro, as mutações podem ser devidas a erro na síntese do RNA durante a replicação, mecanismo este que é reduzido no SARS-CoV-2 porque sua RNA polimerase apresenta mecanismo de reparo; segundo, a variabilidade genômica pode resultar da recombinação entre duas linhagens virais, coinfectando o mesmo hospedeiro; terceiro, as mutações podem ser induzidas no processo de edição de RNA do hospedeiro, que faz parte da resposta imunológica natural.

Desde o início da pandemia de SARS-CoV2, a OMS tem analisado diversos relatos de variantes virais que potencialmente poderiam apresentar aumento na transmissibilidade, maior gravidade no quadro clínico ou até mesmo interferir no diagnóstico ou nos métodos de prevenção e tratamento. A seguir, serão apresentadas as principais variantes descritas até o momento.

A primeira variante identificada em fevereiro de 2020 no Reino Unido apresentava uma substituição D614G (aspartato→glicina) no gene S, que codifica a espícula viral responsável pelo processo de reconhecimento e adsorção à célula-alvo. No período de alguns meses, essa variante substituiu o vírus que originou a pandemia na China e se tornou a forma dominante no mundo todo. Estudos em modelos que utilizam animais mostraram que a D614G apresentava maior infecciosidade e era mais facilmente transmissível. Entretanto, essa substituição não interferia na eficácia dos testes diagnósticos nem nas vacinas existentes.

Posteriormente, em setembro de 2020, ainda no Reino Unido, foi descrita uma descendente da D614G chamada de variante 20I/501Y.V1, também conhecida como B.1.1.7. Essa variante apresenta 17 mutações, entre as quais destaca-se uma mutação no domínio de ligação ao receptor (RBD, *receptor binding domain*) da proteína S na posição 501, onde o aminoácido asparagina (N) foi substituído pela tirosina (Y), ou seja, a mutação N501Y, além da mutação P681H (prolina→histidina) próxima ao sítio de clivagem de furina (comum entre os coronavírus), e a deleção no aminoácido 69/70 levando a uma alteração conformacional na proteína S. Desde então, essa variante já foi descrita em mais de 90 países e está associada com maior transmissibilidade (em torno de 40%) e maior risco de óbito.

Em 18 de dezembro de 2020, as autoridades sul-africanas anunciaram a detecção de uma nova variante que estava se disseminando rapidamente pelo país. Denominada de 20H/501Y.V2, também conhecida como B.1.351, apresenta múltiplas mutações na proteína S como K417N (lisina→asparagina), E484K (glutamato→lisina) e N501Y (asparagina→tirosina), mas, diferentemente da B.1.1.7, não apresenta a deleção em 69/70. Atualmente, essa variante já foi descrita em aproximadamente 50 países, dentro e fora do continente africano. Apesar de essa variante estar associada a maior carga viral no indivíduo infectado, nenhuma associação com a gravidade da doença foi descrita até o momento.

Em janeiro de 2021, a variante 20J/501Y.V3, também conhecida como P.1, foi identificada em quatro viajantes brasileiros durante uma triagem padrão no aeroporto de Haneda, Japão. Ela contém três mutações na proteína S: K417T (lisina→treonina), E484K (glutamato→lisina) e N501Y (asparagina→tirosina). Existem indícios de que algumas dessas mutações possam afetar a transmissibilidade e o perfil antigênico, o que afetaria a capacidade dos anticorpos gerados anteriormente por meio de imunização passiva ou ativa reconhecerem e neutralizarem o vírus. Essa variante foi responsável por um surto em Manaus que quase levou o sistema de saúde ao colapso. Mundialmente, já foi detectada em 25 países das Américas, Europa e Ásia.

Outras variantes de interesse são a B.1.427 e B.1.429, responsáveis por mais de 60% dos novos casos de COVID-19 na Califórnia e que apresentam a mutação L452R (leucina→arginina), presente em outras linhagens pandêmicas e que facilitaria a adesão do vírus à célula hospedeira; e B.1.526, amplamente distribuída em Nova York, onde uma versão carrega a mutação E484K (glutamato→lisina) e outra a S477N (serina→asparagina).

As variantes B.1.1.7, B.1.351 e P.1 escapam da imunidade natural ou adquirida por meio de vacinas em diferentes graus. B.1.351 e P.1 são também parcial ou totalmente resistentes a anticorpos monoclonais. É provável que B.1.1.7 esteja associada a maior risco de hospitalização e morte quando comparada com os outros vírus previamente circulantes.

Essa evolução viral é um processo normal conhecido como "coronaviroses sazonais" e, recentemente, foi reproduzido *in vitro*. Evolução convergente sugere que, sob a pressão de cada vez mais pessoas infectadas produzindo anticorpos contra o SARS-CoV-2, o vírus está desenvolvendo uma configuração mais perfeita. As variantes podem afetar a pandemia de COVID-19 de várias maneiras: aumentar a transmissibilidade e a gravidade da doença; diminuir a proteção de infecção prévia pelo SARS-CoV-2; diminuir a resposta a vacinas, assim como a resposta a anticorpos monoclonais.

A linhagem B.1.617 ou P.4, que foi detectada em outubro de 2020 na Índia, foi recentemente relatada (junho de 2021) no estado de São Paulo (Brasil) e detectada em um indivíduo que retornou de viagem ao país de origem dessa variante. Essa linhagem também já foi detectada no estado do Maranhão, em seis tripulantes de um navio, e mais seis casos suspeitos estão sendo avaliados nos estados de Minas Gerais, Espírito Santo e Distrito Federal. Há mais 219 pessoas sendo monitoradas no país. Essa variante é originária da P.1, originária de Manaus (Amazonas, Brasil). Há três versões para essa variante P.4: B.1.617.1, B.1.617.2 e B.1.617.3, que já foram detectadas em cerca de 50 países, incluindo o Brasil, e se tornaram dominantes na Índia e em algumas regiões do Reino Unido. Ainda não se sabe o padrão de transmissibilidade e de virulência da variante P.4, que contém mutação L452R (leucina—arginina), em que o aminoácido leucina foi substituído pela arginina, na proteína S. Em um estudo realizado pelo NHS (Serviço Nacional de Saúde [National Health Service]) da Inglaterra, mostrou-se que as vacinas Comirnaty® e AZD1222® são efetivas contra a forma sintomática da COVID-19 causada por essa variante. Ainda não existem estudos com a Coronavac®. Uma nova variante híbrida formada pelas variantes da Índia e do Reino Unido foi detectada no Vietnã.

## Prevenção e controle

As medidas de prevenção e controle comuns para todos os HCoV incluem: higiene básica das mãos, evitar contato com secreções respiratórias, controle de contatos, utilização de máscara N95 (ou PFF2, Peça Facial Filtrante), evitar locais com aglomeração de pessoas e restrição da movimentação geral. No caso de hospitais, além do equipamento de proteção individual (máscara N95, luvas cirúrgicas e jaleco descartável), deve-se ter um cuidado maior com pacientes apresentando infecções respiratórias agudas. A limpeza e a higienização do quarto de hospital em que o paciente acometido se encontra são de suma importância, principalmente das superfícies frequentemente em contato com os pacientes; tudo utilizado por esses pacientes (roupa de cama, avental, talheres, pratos, copos) deve ser descartado como material biológico infeccioso.

As máscaras N95 bloqueiam a passagem de 95% de partículas pequenas, incluindo aerossóis. Máscaras cirúrgicas somente filtram partículas grandes, não sendo muito eficientes. No entanto, elas são capazes de reter gotículas de saliva ou secreções respiratórias, reduzindo o risco de infecção. As máscaras de tecido bloqueiam as secreções geradas durante espirros, tosse ou pela fala, desde que sejam multicamadas. Na falta da máscara N95, as máscaras de tecido são importantes para reduzir a contaminação em lugares públicos.

No caso de exposição a um dos agentes, principalmente SARS-CoV, MERS-CoV e SARS-CoV-2, deve ser realizada uma quarentena, de pelo menos 14 dias, de todos os indivíduos com que o paciente teve contato; entretanto, esse intervalo de quarentena ainda está sendo estabelecido. A OMS dispôs critérios para a liberação de pessoas positivas para o SARS-CoV-2: no caso de pacientes sintomáticos, após 10 dias do aparecimento dos sintomas mais pelo menos 3 dias adicionais sem sintomas; no caso de indivíduos assintomáticos, 10 dias depois do teste positivo em RT-PCR.

O desenvolvimento de vacinas é dificultado porque mesmo a infecção natural não produz imunidade capaz de impedir a reinfecção, nem a doença. Além disso, a variabilidade genética e antigênica dos CoV e sua capacidade para recombinar são desafios para uma vacinação eficaz.

No caso do SARS-CoV, o controle da infecção, pela identificação de pessoas expostas (contatos) ao vírus, interrompeu seu espalhamento dentro de 4 meses do início de sua disseminação global. O sucesso no bloqueio da disseminação do SARS-CoV pode ser atribuído ao seu padrão de transmissão e ao trabalho conjunto das autoridades de saúde pública no mundo todo, e comunidades científicas governamentais e públicas que trabalharam juntas para controlar a disseminação do vírus. No entanto, o baixo risco de transmissão do SARS-CoV antes da hospitalização e a baixa taxa de infecção assintomática tornaram mais fácil a prevenção da transmissão com medidas sanitárias públicas.

Quanto a vacinas para o MERS-CoV, apesar de existirem inúmeros estudos *in vitro*, somente dois testes clínicos estão registrados até o momento. Um teste clínico de fase I, realizado em voluntários saudáveis, foi estabelecido para avaliar a segurança e a imunogenicidade da vacina feita com DNA plasmidial, denominada temporariamente de GLS-5300, que expressa a proteína S do MERS-CoV. Este teste foi planejado para durar um ano e começou em 2016; entretanto, até o momento os resultados não foram divulgados. Um segundo estudo, também em fase I, começou na universidade de Oxford, na Inglaterra, e utiliza um vetor adenoviral contendo o gene da proteína S do MERS-CoV. Até a conclusão deste capítulo ainda encontra-se na fase de inclusão de pacientes.

O SARS-CoV-2 é sensível à radiação UV e ao calor (56°C durante 30 minutos). Álcool a 70% é capaz de inativar o vírus após 30 segundos, desinfetantes contendo cloro (água sanitária), água oxigenada e clorofórmio inativam o vírus de maneira eficiente.

De acordo com a OMS, até maio de 2021 estavam disponíveis seis vacinas aprovadas para utilização, seis autorizadas para uso inicial ou limitado e 91 candidatas em diferentes fases de ensaios clínicos e pré-clínicos para a prevenção da infecção pelo SARS-CoV-2. Quatro plataformas são utilizadas: RNAm, vetor adenoviral, subunidades proteicas e antígeno inativado.

Um exemplo de vacina de RNAm é a desenvolvida pela Pfizer-BioNTech (EUA-Alemanha), comercialmente chamada de Comirnaty®, que utiliza um RNAm, o qual codifica a proteína S do SARS-CoV2 carreada por nanopartículas oleosas, para impedir a rápida degradação do RNA viral. Uma vez dentro da célula hospedeira, por ser um RNAm, este é imediatamente traduzido na proteína de interesse, que é então apresentada ao sistema imunológico, levando à sua ativação. A mesma tecnologia é utilizada pela empresa Moderna, Inc. (EUA). Ambas necessitam de duas doses, com intervalo de 28 dias entre elas.

Já a vacina desenvolvida pelo Gamaleya Research Institute (Rússia) utiliza a tecnologia de vetor adenoviral. A SputnikV® possui uma molécula de DNA de fita dupla inserida dentro de um vetor adenoviral, e nessa molécula de DNA encontra-se a informação para codificar a proteína S do SARS-CoV2. Esse vetor penetra nas células hospedeiras e, embora não seja replicado, o gene carregando a informação de interesse é transcrito e traduzido, gerando assim a proteína que, a partir desse momento, pode seguir dois caminhos: (i) ser direcionada para a superfície celular onde será expressa e (ii) ser quebrada em antígenos menores e apresentada por receptores na superfície da célula, levando à ativação o sistema imunológico. Essa vacina é aplicada em duas doses feitas em vetores diferentes: a primeira feita no vetor adenoviral do genótipo HAdV26 e a segunda, 21 dias após, do genótipo HAdV5, impedindo assim que o sistema imunológico atue contra o próprio vetor utilizado na vacina. Essa mesma tecnologia é utilizada por outras empresas como a Johnson & Johnson (EUA) e a Oxford-AstraZeneca (Reino Unido). Entretanto, apesar de ambas necessitarem de duas doses, a vacina é feita somente com um genótipo do vetor adenoviral.

A Novavax, Inc. (EUA) desenvolveu uma vacina modificando a proteína S do SARS-CoV2 chamada NVX-CoV2373. O gene alterado foi inserido em um baculovírus e colocado em contato com células de mariposa, as quais, por sua vez, produzem essa proteína S modificada. Espontaneamente, essas proteínas S se unem para formar a espícula viral completa, da mesma forma que fazem na superfície dos CoV. Essa metodologia é amplamente conhecida e é utilizada na fabricação das vacinas contra o vírus da influenza (FLUV) e o vírus do papiloma de humanos (HPV). Uma vez montada, essas espículas purificadas são inseridas em nanopartículas, juntamente com um composto extraído de uma planta, a *Quillaja saponaria*, também conhecida como quilaia, que atua como um adjuvante, atraindo as células do sistema imunológico para o local da injeção. Devem ser utilizadas duas doses, com um intervalo de 21 dias. Essa vacina ainda não está liberada para utilização e, atualmente, encontra-se na fase III de testes clínicos.

A última plataforma, utilizada pela empresa Sinovac Biotech (China), é baseada na inativação do vírus selvagem. Para criar a vacina chamada de Coronavac® os pesquisadores produziram grandes estoques de SARS-CoV-2, proveniente de uma amostra chinesa, em cultura de células Vero. Em seguida, a infecciosidade do vírus foi inativada por tratamento com β-propiolactona. Apesar de o vírus não mais poder ser produzido nas células, suas proteínas, inclusive a proteína S, permanecem intactas. Para criar a vacina, esses vírus inativados foram então adicionados de adjuvantes (base alumínio). A eficácia da vacina se mostrou em torno de 50%, e são necessárias duas doses, com intervalo de 21 a 28 dias entre elas.

Em março de 2021, dois laboratórios que produzirão vacinas no Brasil solicitaram à Agência Nacional de Vigilância Sanitária (Anvisa) autorização para a realização de testes clínicos. Uma das vacinas é a Butanvac®, produzida pelo Instituto Butantan (São Paulo, Brasil). A vacina será preparada a partir de vírus da doença de New Castle (NDV) geneticamente modificados para conter a proteína S, propagados em ovos embrionados de galinha e posteriormente inativados. A outra vacina é a Versamune®-CoV-2FC, fabricada pela Faculdade de Medicina de Ribeirão Preto, da Universidade de São Paulo (São Paulo, Brasil), em parceria com outros laboratórios, que utiliza a subunidade S1 da proteína S purificada e carreada em nanopartículas de natureza lipídica.

No Quadro 14.10 encontra-se um resumo das principais vacinas e plataformas desenvolvidas contra o SARS-CoV-2.

Em todo mundo, até maio de 2021, aproximadamente 1.489.727.128 de doses de vacinas já haviam sido administradas. Entretanto, ao se analisar separadamente cada país, observa-se uma grande diferença nos índices vacinais. Os percentuais de indivíduos imunizados (receberam o esquema vacinal completo) nos países que mais vacinaram suas populações, em 24 de maio de 2021, eram: Israel (59,1%), Bahrain (42,1%), Chile (40,3%), EUA (39%), Catar (34,3%), Reino Unido (33,7%), Hungria (31,8%), Uruguai (28,3%), Itália (17,2%), França (14,7%), Alemanha (14,2%), Brasil (8,9%) e Índia (3%).

No Brasil, as vacinas utilizadas até maio de 2021 eram a Coronavac® (Sinovac Biotech), a AZD1222® (Oxford-AstraZeneca) , além da Comirnaty® (Pfizer-BioNTech) que necessitam de duas doses para apresentar eficácia (ver Quadro 14.10). Até a data da publicação deste livro, a média de cobertura vacinal no país era de 31 doses a cada 100 pessoas, já tendo sido aplicadas mais de 65,2 milhões de doses, em que 21% da população já haviam recebido pelo menos uma dose e 10% recebido duas.

### *Tratamento*

Ainda não estão disponíveis antivirais específicos para tratar infecções por HCoV. A biologia molecular sugere vários sítios potenciais, incluindo a RNA polimerase viral, proteases codificadas pelo vírus, o processo para montagem e liberação de HCoV a partir de células infectadas, receptores celulares para ligação do vírus e a glicoproteína responsável pela adsorção a receptores celulares.

Até maio de 2021, somente o medicamento rendesivir havia sido licenciado pela Food and Drug Administration (FDA) para o tratamento da COVID-19, em pacientes hospitalizados. Apesar de existirem diferentes relatos sobre uma variedade de tratamentos que obtiveram sucesso, ainda não existem dados clínicos suficientes (para mais informações sobre tratamentos experimentais, consultar o *Capítulo 9*). O manejo clínico envolve prevenção da infecção e medidas de controle e suporte, como oxigenoterapia e ventilação mecânica quando indicado.

A COVID-19 tem sido associada ao estado inflamatório e pró-trombótico, com aumento de fibrina, fibrinogênio e dímeros D. Embora a incidência real de trombose não seja conhecida, a quantidade de relatos é significativa em pacientes na UTI. Entretanto, a terapia com anticoagulantes não deve ser iniciada em casos leves ou moderados. Adultos internados com COVID-19 devem receber medicamentos para prevenção de tromboembolismo venoso.

## Bocavírus de humanos

### *Histórico*

Em 2005, após uma triagem molecular em larga escala para a detecção de sequências genômicas virais em espécimes respiratórios, Allander e colaboradores, na Suécia, detectaram dois genomas com sequências similares (amostras ST1 e ST2) cuja análise filogenética sugeria tratar-se de um novo parvovírus de seres humanos relacionado com os parvovírus de animais MVC (parvovírus canino [*minute virus of canine*]) e BPV (parvovírus bovino [*bovine parvovirus*]). Esse novo vírus foi denominado de bocavírus de humanos (HBoV, *human bocavirus*), e por terem sido detectados em espécimes respiratórios, os investigadores

**Quadro 14.10** Principais plataformas e vacinas contra SARS-CoV-2 (Maio/2021).

| Plataforma | Tipo de candidato | Desenvolvedor/nome comercial | Eficácia | Nº de doses |
|---|---|---|---|---|
| Vetor viral não replicante | ChAdOx1+ | Oxford-AstraZeneca/AZD1222 | 62% | 2 |
| Vetor viral não replicante | Vetor adenoviral tipo 26 | Johnson & Johnson/JNJ78436795 ou Ad26.CoV2.S | 72% | 1 |
| Vetor viral não replicante | Vetor adenoviral tipo 26 e tipo 5 | Gamaleya Research Institute/SputnikV | 91,6% | 2 |
| RNA | RNAm em LNP++ | Moderna-NIH/ mRNA-1273 | 94,5% | 2 |
| RNA | RNAm em LNP++ | Pfizer-BioNTech/Comirnaty | 95% | 2 |
| Subunidade | Proteína S em LNP++ | Novavax/NVX-CoV2373 | * | 2 |
| Vírus inativado | Vírus inativado com β-propiolactona | Sinovac/Coronavac | 50% | 2 |

+ ChAdOx1: adenovírus de chimpanzé modificado para impedir sua biossíntese; ++LNP: nanopartícula líquida; *ainda não licenciada para uso; RNAm: RNA mensageiro.

imaginaram que poderia tratar-se de um novo agente etiológico de infecção respiratória em seres humanos. Para avaliar essa hipótese, foram examinados aspirados de nasofaringe obtidos de pacientes hospitalizados com quadro respiratório e 3,1% foram positivos para HBoV. Em 82% dessas amostras positivas, o HBoV foi o único agente detectado, enquanto em 18% dos espécimes foi observada a presença de outros vírus, como HRSV (vírus respiratório sincicial de humanos [*human syncytial respiratory virus*]) e HAdV (adenovírus de humanos [*human adenovirus*]). A análise dos dados clínicos das crianças positivas somente para HBoV demonstrou que todas haviam apresentado sintomas respiratórios por um período de 1 a 4 dias. Todos os pacientes apresentavam graus variados de sintomas respiratórios incluindo bronquite, asma e muitos deles tinham pneumonia. A faixa etária desses pacientes variava entre 5 meses e 4 anos de idade. A análise do genoma completo desse novo vírus confirmou a sua relação com os parvovírus de origem animal MVC e BPV.

O nome "bocavírus" é derivado da combinação "bo" (de bovino) e "ca" (de canino). O bocavírus bovino (BPV) causa primariamente diarreia. Já o bocavírus canino é implicado como causa de doença respiratória neonatal e embriopatia.

## Classificação e características

Os parvovírus estão entre os menores vírus conhecidos, com víriones medindo de 18 a 26 nm de diâmetro. O nome deriva do latim *parvus* (pequeno). O HBoV foi classificado como um membro da família *Parvoviridae*, subfamília *Parvovirinae*, gênero *Bocaparvovirus*. Duas espécies de HBoV foram descritas: Bocaparvovírus de primata 1 (*Primate bocaparvovirus 1*), que inclui os genótipos HBoV-1 e HBoV-3, e Bocaparvovírus de primata 2 (*Primate bocaparvovirus 2*), que inclui os genótipos HBoV-2 (variantes 2a, 2b e 2c) e HBoV-4.

Como todos os membros dessa família, o HBoV apresenta um genoma constituído de DNA de fita simples (DNAfs) de aproximadamente 5 kb, cujas sequências terminais permanecem desconhecidas. O genoma codifica para pelo menos duas proteínas estruturais que formam o capsídeo (VP1 e VP2) e uma não estrutural (NS1). VP1 e VP2 apresentam uma região carboxiterminal em comum, exceto pela região aminoterminal da VP1 que possui um motivo da fosfolipase A. O genoma do HBoV fica protegido pelo capsídeo icosaédrico e, assim como ocorre com os MVC e BPV, codifica ainda uma proteína não estrutural denominada NP-1 cuja função ainda é desconhecida (Figura 14.35).

Detalhes sobre morfologia e biossíntese dos parvovírus estão descritos no *Capítulo 11*.

## Patogênese

Os HBoV são detectados em amostras respiratórias e nas fezes. O HBoV-1 é considerado predominantemente um patógeno respiratório enquanto os HBoV-2, -3 e -4 são encontrados principalmente em fezes.

A forma de transmissão dos HBoV é desconhecida, contudo, muitos parvovírus são transmitidos por inalação ou contato com escarro, fezes ou urina. É provável que o HBoV-1 seja transmitido de forma semelhante.

Os mecanismos da patogênese dos HBoV não são conhecidos porque não existe um modelo estabelecido em animal ou *in vitro*. Entretanto, o HBoV-1 já foi isolado em cultura de células primárias de epitélio respiratório humano (HTEpC, *human trachea epithelial primary cells*).

Estudos realizados em crianças com pneumonia, sibilo, asma e/ou bronquiolite, sugerem que o HBoV-1 pode ser capaz de infectar as vias respiratórias inferiores. Alguns estudos demonstraram a presença do DNA do HBoV-1 em lavado broncoalveolar (BAL) de adultos receptores de transplante de pulmão com pneumonia ou insuficiência respiratória aguda. A infecção pelo HBoV-1 parece ser sistêmica visto que o DNA viral pode ser detectado no soro.

O HBoV-1 parece persistir por longos períodos na mucosa. Um estudo demonstrou a presença de HBoV-1 em 32% dos pacientes com tonsilectomia sugerindo que o tecido linfático possa ser um sítio de persistência viral. Índices elevados de infecção por HBoV-1 têm sido descritos também em amostras de tecidos de indivíduos com rinossinusite crônica. O HBoV-3 foi detectado, na forma epissomal, no íleo de uma criança com sintomas gastrointestinais.

## Manifestações clínicas

Uma grande variedade de sinais e sintomas tem sido descrita em pacientes infectados pelos HBoV incluindo rinite, faringite, tosse, dispneia, sibilo, pneumonia, otite média aguda, febre, náusea, vômito e diarreia. Muitos desses sintomas têm sido questionados devido a altas taxas de coinfecção em indivíduos sintomáticos e a elevadas taxas de detecção de HBoV em indivíduos assintomáticos. Contudo, cada vez mais evidências vêm se acumulando demonstrando a importância do HBoV-1 como patógeno respiratório.

Vários estudos têm reportado a presença do HBoV-1 em doença respiratória aguda incluindo resfriado, asma, sibilo, bronquiolite, pneumonia, otite média aguda e bronquite plástica ou pseudomembranosa (doença rara caracterizada pela formação de moldes brônquicos rígidos ou gelatinosos devido ao acúmulo de secreção brônquica). Não é possível diferenciar clinicamente a infecção respiratória causada por diferentes vírus como os rinovírus, HRSV, HMPV (metapneumovírus de humanos [*human metapneumovirus*]), FLUV (vírus da influenza [*influenzavirus*]) e HBoV-1, ou mesmo bactérias. Entretanto, algumas características clínicas distintas têm sido reportadas: hipóxia e neutrofilia são mais acentuadas em crianças com doença do sistema respiratório inferior, infectadas por HBoV-1 do que HRSV. Uma revisão da prevalência de manifestações respiratórias em crianças positivas para HBoV mostrou frequência de 79% de tosse, 67% febre, 66% rinorreia, 40% hipóxia, 35% taquipneia, 27% sibilo, 13% faringite, e 48% outros sintomas respiratórios (angústia respiratória, cianose, apneia etc.).

Sinais de pneumonia, tais como infiltrado intersticial na radiografia do tórax e hiperinsuflação pulmonar, espessamento peribrônquico, ou atelectasia parecem ser comuns (43 a 83%),

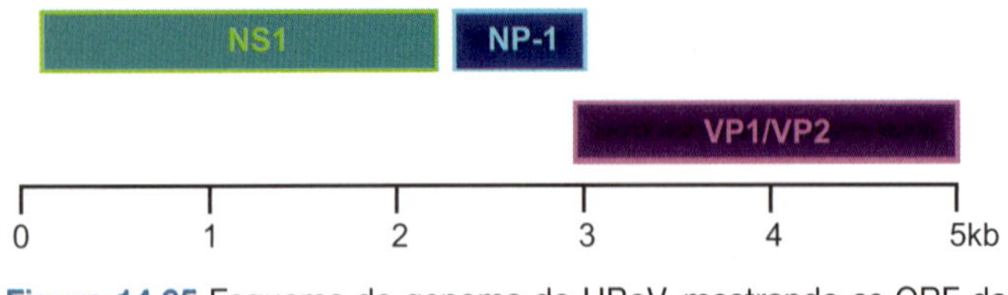


**Figura 14.35** Esquema do genoma do HBoV, mostrando as ORF da estirpe ST1. NS1, 1.920 nucleotídeos (nt) (nt 183 a 2.102), 639 aminoácidos (aa); NP-1, 1.660 nt (nt 2.340 a 2.999), 219 aa; e VP1/VP2, 2.016 nt (nt 2.986 a 5.001), 671 aa. ORF: *open reading frames* (sequências de leitura aberta).

em associação a infecção pediátrica por HBoV-1, enquanto infiltrado lobar e derrame pleural são raros.

Os fatores de risco para doença grave causada por HBoV-1 são similares aos descritos para os demais vírus respiratórios: doença crônica de base tais como doença cardíaca (lesões cardíacas congênitas ou falência cardíaca) ou pulmonar (asma ou DPOC [doença pulmonar obstrutiva crônica]), bebês prematuros com doença pulmonar crônica ou imunossupressão.

Em imunossuprimidos a detecção de HBoV-1 tem sido associada a febre, sintomas de infecção do sistema respiratório inferior, convulsão, hepatite e sintomas gastrointestinais. Contudo, a extensão dos riscos da infecção por HBoV nesses indivíduos ainda não está clara visto que os índices de detecção do vírus em indivíduos imunocomprometidos são semelhantes àqueles observados em indivíduos imunocompetentes.

### *Diagnóstico laboratorial*

A detecção de HBoV em espécimes clínicos tem sido feita por técnicas moleculares como a reação em cadeia da polimerase (PCR, *polymerase chain reaction*) convencional ou em tempo real com base na amplificação dos genes NP-1 e NS1. A amostra clínica de escolha tem sido *swab* nasal e aspirado de nasofaringe. Entretanto, a PCR talvez não seja a metodologia ideal para o diagnóstico devido à excreção prolongada do vírus tanto no sistema respiratório quanto no trato gastrointestinal, levando a elevados índices de detecção em indivíduos assintomáticos.

### *Epidemiologia*

O DNA do HBoV-1 foi encontrado em 2 a 19% dos pacientes com doença do sistema respiratório superior ou inferior. O vírus é detectado principalmente em crianças entre 6 e 24 meses de idade, durante todo o ano, embora com maior frequência durante os meses de inverno e primavera. O HBoV-1 é detectado com menor frequência em outros grupos etários incluindo adultos. Dados sobre a ocorrência de infecções por HBoV-1 em idosos são escassos. Um estudo realizado na cidade do Rio de Janeiro envolvendo indivíduos entre 19 e 80 anos demonstrou a frequência de 11,9% (16/134) de infecções por HBoV, das quais 31,3% (5/16) foram causadas por HBoV-1 e 68,7% (11/16) foram causadas por HBoV-2.

O DNA dos HBoV-2, HBoV-3 e HBoV-4 são detectados geralmente em fezes, e o HBoV-2, e possivelmente, o HBoV-3 estão associados com gastroenterite.

Os achados soroepidemiológicos são compatíveis com os estudos moleculares e mostram que as infecções por HBoV-1 são mais comuns na primeira infância. Devido à transferência de anticorpos maternos, a soropositividade é comum entre crianças menores de 2 anos de idade. Após 6 anos de idade praticamente todas as crianças apresentam anticorpos contra HBoV-1. Os índices de coinfecção observados são bastante elevados: até 83% em amostras respiratórias e 100% em amostras fecais. O DNA do HBoV-1 pode ser detectado na nasofaringe de indivíduos imunocomprometidos por pelo menos 6 meses após a infecção. Consequentemente, indivíduos assintomáticos apresentam índices elevados de detecção viral.

### *Prevenção, controle e tratamento*

Não existem medidas específicas de prevenção e controle das infecções por HBoV. Também não existem antivirais específicos para tratamento das infecções por esse vírus. Em um estudo controlado, o uso de prednisolona não foi eficiente no tratamento de crianças infectadas pelo HBoV-1 que apresentaram chiado. No momento, utiliza-se apenas tratamento de suporte. Embora o HBoV-1 esteja associado a infecções do sistema respiratório inferior, o curso da doença é normalmente autolimitado e sem complicações.

## Poliomavírus de humanos: HPyV3 e HPyV4

### *Histórico*

Em 2007, um grupo de pesquisadores liderados por Allander utilizou técnicas de metagenômica para a triagem molecular de vírus em larga escala a partir de amostras clínicas e detectou em aspirados de nasofaringe um fragmento de DNA que apresentava baixa identidade com a região VP1 do poliomavírus SV40Py. O genoma foi clonado e a sua sequência demonstrou grande similaridade com proteínas não estruturais e baixa similaridade com proteínas estruturais de outros poliomavírus de primatas. O vírus descoberto foi então denominado de KI poliomavírus (KIPyV), em alusão ao nome do instituto onde o vírus foi descrito (*Karolinska Institutet*, Estocolmo, Suécia).

No mesmo ano, Gaynor e colaboradores detectaram a presença de DNA com homologia de 50%, 35% e 34% com os HPyV1, 2 e SV40Py, respectivamente, em 43 amostras de 2.135 (2%) aspirados de nasofaringe, caracterizando um novo poliomavírus, que foi denominado WU poliomavírus (WUPyV – em alusão ao nome do centro onde foi inicialmente descrito: *Washington University*, Missouri, EUA). Em 2018, o Comitê Internacional para Taxonomia de Vírus (ICTV, *International Committee on Taxonomy of Viruses*) reorganizou a classificação de diversos vírus, inclusive dos poliomavírus, desde então o KIPyV é denominado de HPyV3 e o WUPyV é denominado de HPyV4.

O fato de os dois vírus terem sido detectados originalmente em amostras respiratórias levantou a suspeita de que eles fossem agentes de infecções do sistema respiratório. Contudo, a ação patogênica desses vírus ainda é objeto de especulação. Sua associação a doença respiratória ainda é controversa devido a elevadas taxas de detecção em indivíduos assintomáticos e coinfecção com outros patógenos respiratórios em indivíduos sintomáticos. Entretanto, em muitos casos os HPyV3 ou HPyV4 foram os únicos patógenos detectados em quadros de infecções respiratórias onde foi pesquisada a presença de vírus, bactérias e fungos.

Detalhes sobre a classificação, características dos vírus, morfologia e biossíntese viral estão descritos no *Capítulo 15.*

### *Patogênese*

A inalação de perdigotos infecciosos já foi citada como via de transmissão desses vírus, hipótese reforçada com a descoberta dos HPyV3 e HPyV4 em amostras procedentes do sistema respiratório.

A infecção primária por HPyV3 e HPyV4 parece acontecer cedo na infância e esses vírus são detectados em amostras do sistema respiratório, principalmente de crianças com doenças respiratórias agudas; o sítio de persistência viral ainda permanece desconhecido.

Esses vírus também já foram detectados em sangue de indivíduos positivos para o vírus da imunodeficiência humana (HIV, *human immunodeficiency virus*) e em doadores de sangue saudáveis; em saliva de indivíduos imunocompetentes e imunocomprometidos; em tecido linfático de pacientes imunossuprimidos; em fezes de crianças com e sem diarreia; e em tecido cerebral de pacientes com leucoencefalopatia multifocal progressiva (PML, *progressive multifocal leukoencephalopathy*).

Ainda não é possível definir o papel etiológico desses vírus na patogênese das doenças respiratórias e ainda não foi descrita nenhuma associação com doenças do trato gastrointestinal ou linfático. As células hospedeiras genuínas do HPyV3 e HPyV4 ainda não foram estabelecidas, mas o DNA viral foi descrito em sangue, cérebro, sistema nervoso central (SNC), pulmão e tonsilas até o momento. Ambos os vírus ainda não foram associados a uma doença específica ou a alguma sintomatologia, mas o DNA viral tem sido detectado em tumores e linfomas.

## Diagnóstico laboratorial

O diagnóstico das infecções respiratórias por HPyV3 e HPyV4 é realizado por técnicas moleculares como reação em cadeia da polimerase (PCR, *polymerase chain reaction*) convencional ou em tempo real.

## Epidemiologia

Alguns trabalhos descrevem a prevalência de HPyV3 e HPyV4 em amostras respiratórias de crianças com infecção respiratória aguda com uma variação de 7%. No entanto, outros trabalhos detectaram índice semelhante, em grupos controle sem infecção respiratória. Alguns pesquisadores sugerem que é improvável que a prevalência desses vírus em secreções respiratórias seja um marcador confiável da sua prevalência na população em geral. Alguns estudos descrevem que taxas de soroprevalência de HPyV3 e HPyV4 variam entre 75% e 80%.

## Prevenção, controle e tratamento

Não existem medidas específicas de prevenção e controle das infecções por HPyV3 e HPyV4. Também não existem antivirais específicos para tratamento das infecções por esses vírus.

# Capítulo 15

# Viroses Multissistêmicas

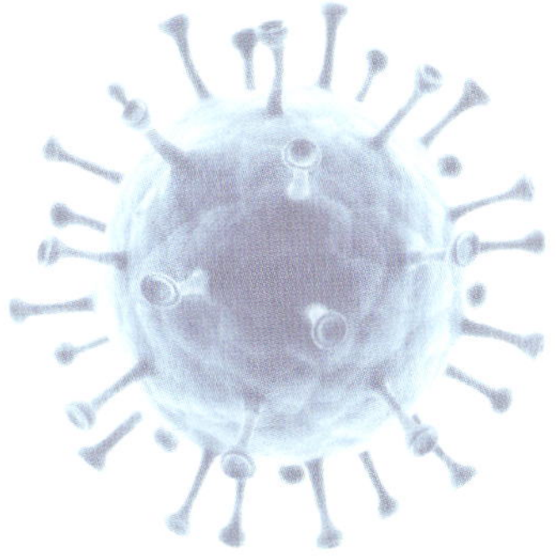

Gabriella da Silva Mendes • Norma Suely de Oliveira Santos • Maria Teresa Villela Romanos

## Introdução

Doenças multissistêmicas são condições clínicas que afetam diversos órgãos e tecidos do organismo. As viroses multissistêmicas podem ser causadas por vírus de RNA ou de DNA, que possuem mecanismos de transmissão (vias respiratória, entérica, congênita ou por picada de vetores artrópodes) e patogênese diversos. Neste capítulo serão apresentados alguns dos principais vírus capazes de causar doenças multissistêmicas.

## Vírus do sarampo

Gabriella da Silva Mendes • Norma Suely de Oliveira Santos

### Histórico

O sarampo é uma doença altamente contagiosa que pode resultar em complicações graves com sequelas permanentes e óbito. Antes do desenvolvimento das vacinas contra o sarampo, a doença afetava 90% das crianças antes de completarem 15 anos de idade; a estimativa era de que a infecção pelo vírus do sarampo resultasse em mais de 2 milhões de mortes e entre 15.000 e 60.000 casos de cegueira anualmente, em todo o mundo.

Historicamente, o sarampo sempre foi considerado o principal responsável por óbitos em crianças, no mundo. No entanto, embora haja algumas referências sobre essa enfermidade nos séculos IV e VII da Era Cristã, o sarampo só foi descrito no século X, por Rhazes, médico e filósofo persa. Nenhuma descrição dessa doença foi encontrada nos relatos de Hipócrates ou outros autores da Era Pré-Cristã. Isso ocorreu, provavelmente, devido ao padrão epidemiológico da doença, que não possui reservatório de origem animal, nem induz infecções persistentes crônicas epidemiologicamente importantes. Assim, acredita-se que o vírus do sarampo se estabeleceu como patógeno de seres humanos há 5.000 anos aproximadamente, quando a população das civilizações do Oriente Médio atingiu tamanho suficiente para a manutenção da transmissão do vírus, pois é necessária uma população de milhões de novos indivíduos suscetíveis para manter a circulação do vírus, o que não ocorria naquela época.

O vírus foi introduzido nas Américas, no século XVI, como resultado da exploração europeia no Novo Mundo, causando milhares de mortes nas populações americanas nativas.

O primeiro isolamento do vírus do sarampo foi realizado em 1954, pelos pesquisadores Enders e Peebles, a partir do sangue do paciente David Edmonston, cujo nome batizou a primeira estirpe utilizada na vacinação.

Apesar de, atualmente, haver uma vacina eficaz, que foi desenvolvida há mais de 40 anos, o sarampo ainda leva a óbito milhares de pessoas no mundo, segundo dados da Organização Mundial da Saúde (OMS) e da Organização Pan-Americana da Saúde (OPAS). A maior incidência do sarampo se dá em países em desenvolvimento, mas também ocorre, embora em menor incidência, em países industrializados. A erradicação do sarampo no mundo, por meio de campanhas de vacinação, faz parte das metas da OMS. Em 2000 o Brasil atingiu a meta da OMS para a erradicação da transmissão do vírus do sarampo autóctone, e em 2016, o Brasil e as Américas foram declarados livres do sarampo pela OMS e OPAS. Entretanto, em 2019, o país perdeu essa certificação após a ocorrência de casos no território nacional por mais de 12 meses consecutivos.

### Classificação e características

O vírus do sarampo é classificado na ordem *Mononegavirales*, família *Paramyxoviridae*, subfamília *Orthoparamyxovirinae*, gênero *Morbillivirus*, espécie *Measles morbillivirus* (vírus do sarampo). Difere do gênero *Paramyxovirus* por não apresentar atividade neuraminidásica e por induzir a formação de corpúsculos de inclusão intranucleares, além de intracitoplasmáticos. A partícula viral é esférica, medindo de 100 a 300 nm, constituída de capsídeo de simetria helicoidal, pleomórfica, com genoma de RNA de fita simples (RNAfs), linear, não segmentado, de polaridade negativa e envelope glicolipoproteico derivado da célula hospedeira (Figura 15.1). O RNA genômico (RNAg) possui aproximadamente 16 quilobases (kb) e codifica oito proteínas, das quais seis são estruturais (P, L, N, H, F e M) e duas são não estruturais (V e C). As proteínas não estruturais são traduzidas a partir do RNAg ou subgenômico (RNAsg) que codifica a fosfoproteína viral (P) (Figura 15.2). Das seis proteínas estruturais, P, L (polimerase/transcriptase) e N (nucleoproteína) envolvem o RNA viral formando o nucleocapsídeo. As proteínas H (hemaglutinina), F (proteína de fusão) e M (proteína matriz), juntamente com lipídeos da membrana da célula hospedeira, formam o envelope viral.

A proteína H é uma glicoproteína na forma de tetrâmero presente na superfície do envelope viral. A proteína F é uma glicoproteína transmembrana sintetizada como precursor inativo $F_0$.

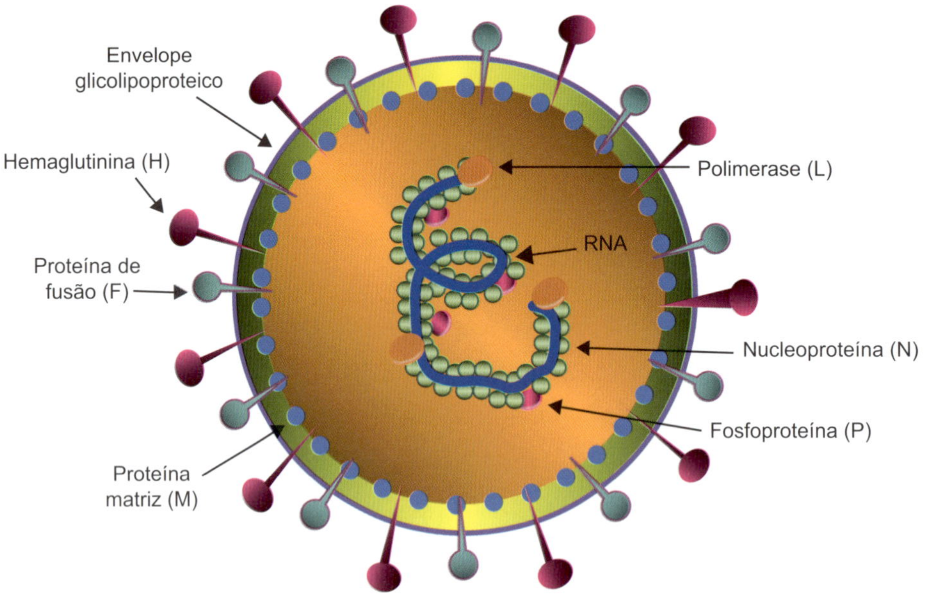


**Figura 15.1** Representação esquemática do vírus do sarampo. A partícula é constituída de capsídeo de simetria helicoidal contendo o genoma de RNA de fita simples (RNAfs) de polaridade negativa. O nucleocapsídeo é envolto por um envelope glicolipoproteico contendo espículas de hemaglutinina (H) e proteína de fusão (F).

É responsável pela fusão do envelope viral à membrana da célula hospedeira, com consequente penetração da partícula viral, e é também mediadora de hemólise. Após sua síntese e glicosilação no retículo endoplasmático (RE), $F_0$ é transportada para o complexo de Golgi, onde é clivada por furinas em duas subunidades, $F_1$ e $F_2$. A função da proteína F é desencadear o processo de fusão do envelope viral com a membrana da célula hospedeira, enquanto a função da proteína H é ligar-se aos receptores presentes nessa membrana. As demais proteínas estão envolvidas no processo de biossíntese: as proteínas P e L formam o complexo da polimerase viral e regulam a transcrição, a replicação do genoma e a eficiência com que a nucleoproteína (N) se agrega para formar o nucleocapsídeo; a proteína M liga o nucleocapsídeo ao envelope viral durante o processo de montagem. As funções das proteínas V e C ainda não estão esclarecidas, mas ambas parecem contribuir para a virulência do vírus do sarampo pela regulação da transcrição e diminuição da sensibilidade aos efeitos antivirais dos interferons (IFN) $\alpha$ e $\beta$.

Pela análise genética do vírus do sarampo, evidencia-se que ocorre variabilidade devido a mutações nos genes N, H e F. Assim, as proteínas N de vírus selvagens mostram heterogeneidade na região carboxiterminal; os genes F de estirpes selvagens quase não variam, apresentando apenas três alterações detectadas até o momento, enquanto o gene H é muito variável com alterações de bases que conduzem à mudança no tipo de aminoácido, o que propicia novos sítios de glicosilação.

Embora exista apenas um tipo antigênico do vírus do sarampo, a caracterização genética de amostras selvagens identificou oito clados (A-H) apresentando, até o momento, 24 genótipos (A, B1, B2, B3, C1, C2, D1, D2, D3, D4, D5, D6, D7, D8, D9, D10, D11, E, F, G1, G2, G3, H1 e H2). Entretanto, alguns genótipos (B1, C1, D1, E, F e G1) não têm sido detectados, apesar da vigilância epidemiológica, e são considerados "inativos". Além disso, cinco genótipos não têm sido relatados desde 2006 (D2, D3, D10, G2 e H2) sugerindo que eles também possam estar inativos. Estudos têm mostrado que todas as estirpes vacinais disponíveis tiveram origem na estirpe selvagem pertencente ao genótipo A. Entre os diversos genótipos, não há diferenças nas propriedades biológicas ou variação na sensibilidade aos métodos de diagnóstico. Em 1998, a OMS recomendou um protocolo para a padronização dos genótipos do vírus do sarampo, indicando que a sequência nucleotídica mínima necessária para designar genótipo deve ser constituída de pelo menos 450 nucleotídeos (nt) que codificam a parte carboxiterminal da proteína N, e a sequência de todo o gene H deve ser obtida. Em 2012, a OMS acrescentou que um novo genótipo deve ter como base sequências obtidas de múltiplos casos e, pelo menos, 1 isolado viral tem que estar disponível como estirpe de referência. Além disso, a

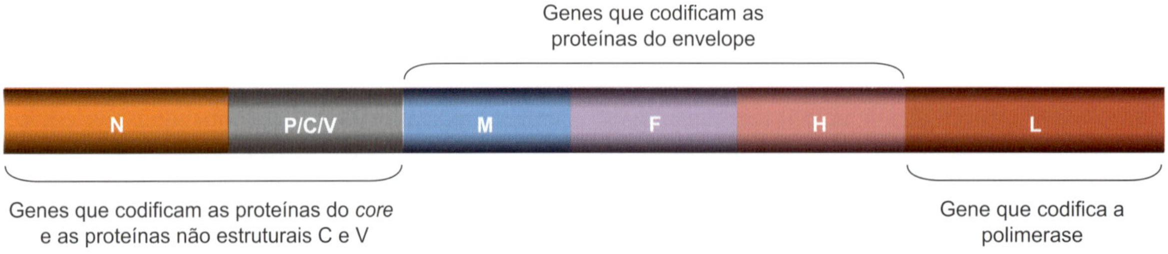


**Figura 15.2** Esquema representativo do genoma do vírus do sarampo. O genoma do vírus do sarampo é constituído de RNA de fita simples (RNAfs) de polaridade negativa, de aproximadamente 16 kb. Codifica oito proteínas das quais seis são estruturais (P, L, N, H, F e M) e duas são não estruturais (V e C).

designação do novo genótipo precisa ser epidemiologicamente útil de maneira que seja fácil a identificação das fontes de infecção e vias de transmissão, ou caracterizar transmissão endêmica em uma região ou país.

O vírus do sarampo é rapidamente inativado pelo calor, pH ácido, éter e tripsina. Perde a infecciosidade em menos de 2 horas quando está presente no ar, em objetos ou em superfícies.

## Biossíntese viral

Três proteínas celulares já foram identificadas como receptores para o vírus do sarampo até o momento: $CD_{46}$ (ou MCP, proteína cofator de membrana [*membrane cofactor protein*]), $CD_{150}$ (ou SLAM, molécula sinalizadora de ativação de linfócitos [*signalling lymphocyte activation molecule*]) e nectina-4. $CD_{46}$ é uma molécula regulatória do sistema complemento, atuando como cofator na inativação proteolítica de C3b e C4b. É expressa em todas as células nucleadas humanas, preferencialmente na superfície apical de células epiteliais polarizadas. Eritrócitos de macacos, mas não de seres humanos, expressam $CD_{46}$ em sua superfície, o que permite que haja a aglutinação dessas hemácias pelo vírus do sarampo. Entretanto, foi demonstrado que apenas estirpes adaptadas em laboratório ou vacinais utilizam esse receptor para infectar as células, ademais foi demonstrado que mesmo essas estirpes, raramente utilizam $CD_{46}$ *in vivo*. SLAM é uma glicoproteína de membrana celular expressa em linfócitos T e B ativados, timócitos imaturos, macrófagos e células dendríticas que é utilizada por todas as estirpes de vírus do sarampo e acredita-se que seja o principal receptor utilizado pelo vírus. A ligação ao receptor SLAM em células do sistema imunológico explicaria a natureza imunossupressora da infecção pelo vírus do sarampo. Nectina-4 é uma proteína de adesão presente em células epiteliais, principalmente em células da placenta e em células da traqueia, e parece ser o receptor para estirpes de vírus selvagens e para a estirpe vacinal Edmonston. A distribuição desses receptores é um determinante importante no tropismo celular do vírus do sarampo. As estruturas que formam o sítio de ligação na proteína H são sobrepostas, fazendo com que haja diferenças na eficiência de ligação ao receptor celular, dependendo da estirpe viral. Provavelmente, existem outros receptores ainda não identificados em células endoteliais e epiteliais de seres humanos.

O mecanismo pelo qual o vírus do sarampo penetra em células suscetíveis é via fusão direta do envelope viral com a membrana citoplasmática. A entrada do vírus na célula-alvo é mediada pelas duas glicoproteínas do envelope viral, a glicoproteína H, responsável pela adsorção ao receptor celular e a proteína de fusão F. Essas proteínas formam um complexo para que haja a fusão do envelope do vírus com a membrana da célula, mas esse mecanismo não é ainda totalmente elucidado. Inicialmente, a glicoproteína H forma um complexo com o receptor SLAM fazendo com que o envelope viral se aproxime da membrana da célula com consequente alteração conformacional da proteína F (ainda na forma inativa $F_0$), o que permite a interação com a membrana da célula. A seguir a glicoproteína H estabiliza a proteína F em um estágio pré-fusão e sinaliza para que ocorra alteração conformacional em F, havendo a clivagem das subunidades $F_1$ e $F_2$, essencial para a patogenicidade do vírus. A subunidade $F_1$ do peptídeo de fusão inicia, então, o processo de fusão do envelope viral com a membrana celular, resultando na liberação do nucleocapsídeo viral no citoplasma da célula (Figura 15.3).

O mecanismo de penetração de alguns vírus da família *Paramyxoviridae*, somente por fusão direta do envelope viral com a membrana da célula suscetível, tem sido questionado. Alguns estudos mostram que vírus como NDV (vírus da doença de Newcastle), NiV (vírus Nipah) e HMPV (metapneumovírus de humanos) podem entrar na célula pela via endocítica, sem perderem infecciosidade, sugerindo que essa via possa ser rota alternativa para a entrada desses vírus em células. Portanto, mais estudos ainda são necessários para elucidar o mecanismo de penetração do vírus do sarampo.

Após a penetração, a RNA polimerase-RNA dependente viral é ativada e inicia a transcrição de RNA mensageiros (RNAm). A transcrição ocorre sequencialmente seguindo a ordem do genoma, com a síntese dos RNAm N, P/C/V, M, F, H e L. A polimerase termina a síntese no final de cada gene, seguida de poliadenilação e reinício da síntese na posição da sequência de consenso do próximo gene, sem transcrever o trinucleotídeo intragênico. O RNA viral parental de polaridade negativa (RNAv–) é copiado em uma fita complementar de polaridade positiva (RNAc+), a qual serve como modelo para a síntese de novos RNAv–. O RNAv– é então capeado e metilado na terminação 5′ e poliadenilado na terminação 3′.

As glicoproteínas de envelope, H e F, são sintetizadas e glicosiladas no RE, posteriormente processadas no complexo de Golgi e transportadas para a membrana citoplasmática como oligômeros para formar os peplômeros H e F. As outras proteínas virais se acumulam no citoplasma. O acúmulo de proteína N parece regular a mudança do processo de transcrição de RNAm para a replicação do RNAv–, isso porque a síntese do RNAc+ e dos novos RNAv– está associada à sua concomitante encapsidação pela proteína N.

O gene P codifica as proteínas P, C e V. A proteína P é cofator da polimerase, que é ativada por fosforilação, formando trímeros e ligando-se às proteínas L e N para formar o complexo da replicase viral. A proteína C interfere com a resposta imunológica inata, inibindo a sinalização de IFN; modula a atividade da polimerase viral; e tem sido implicada na prevenção da morte celular. A proteína V é fosforilada, distribuída difusamente no citoplasma da célula infectada e afeta a interação N-P.

A proteína L está presente em pequenas quantidades na célula infectada, interage e funciona em associação à proteína P, e é parte do nucleocapsídeo viral.

A proteína M liga-se aos nucleocapsídeos recém-sintetizados assim como no terminal citoplasmático das proteínas H e F que se encontram inseridas na membrana da célula infectada. Essa área modificada da membrana citoplasmática, que exclui as proteínas celulares, posteriormente dará origem ao envelope viral. A partícula viral completa deixa a célula por brotamento pela superfície apical das células epiteliais polarizadas. Todo esse processo de biossíntese do vírus do sarampo dura aproximadamente 24 horas.

## Patogênese

O sarampo é uma doença extremamente contagiosa. O período de incubação compreende o intervalo entre a exposição ao vírus e o surgimento da doença com os sintomas característicos, e tem a duração de 14 dias, mas pode variar de 10 a 21 dias.

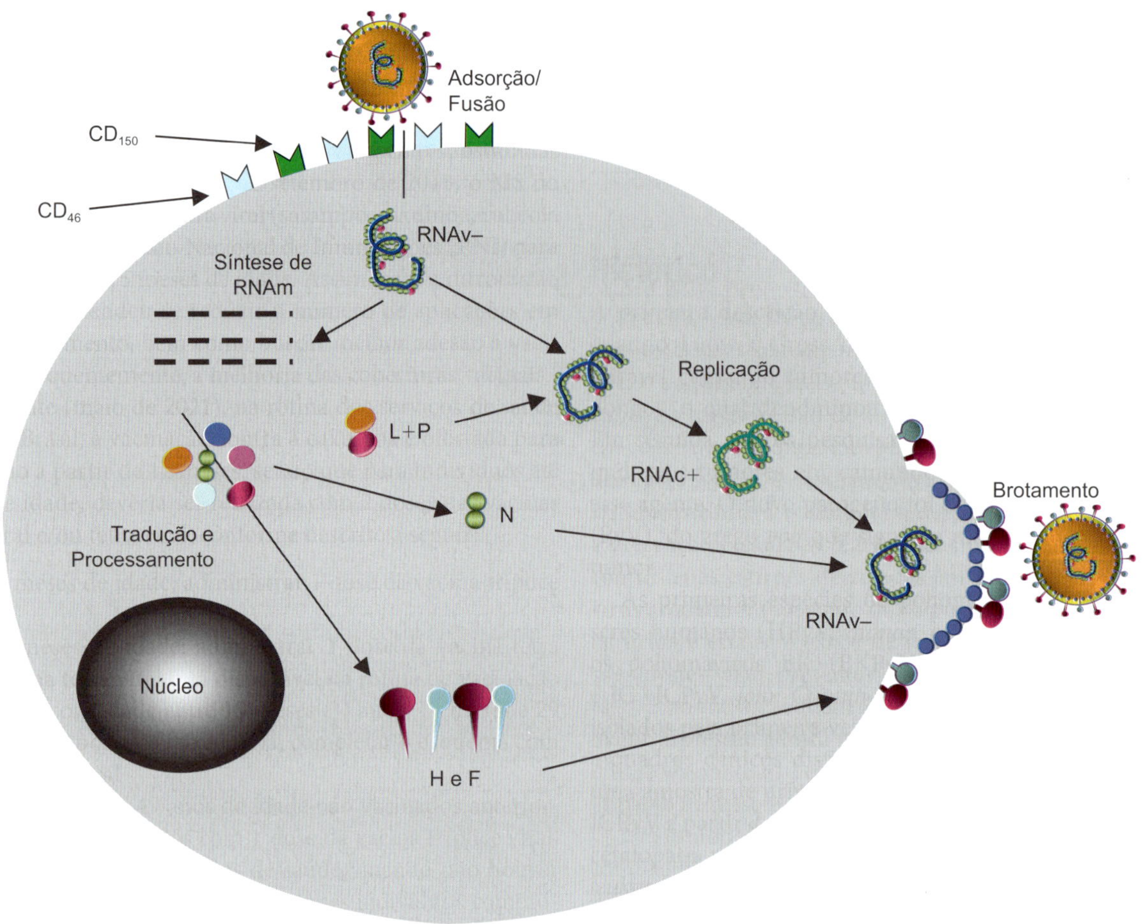


**Figura 15.3** Esquema da biossíntese do vírus do sarampo. As etapas de adsorção ao receptor celular e fusão do envelope viral com a membrana celular são mediadas pelas proteínas H e F, respectivamente. Após a fusão o nucleocapsídeo é liberado no citoplasma celular. O processo de transcrição é realizado pela polimerase viral e resulta na produção de RNA mensageiros subgenômicos (RNAmsg). Em seguida ocorre a tradução e processamento das proteínas virais. O RNA viral parental de polaridade negativa (RNAv–), é copiado em uma fita de RNA complementar de polaridade positiva (RNAc+), a qual serve como molde para a síntese de novos RNAv–. A partícula viral completa deixa a célula por brotamento pela superfície apical das células epiteliais polarizadas.

A transmissão ocorre por contato direto com secreções respiratórias e urina de pessoas infectadas e, menos frequentemente, por meio de aerossóis ou objetos (fômites) e superfícies contaminados. Infecções inaparentes são raras, e a infecção natural é iniciada quando o vírus atinge as células do sistema respiratório, ou conjuntiva, dos indivíduos suscetíveis. Originalmente, acreditava-se que as células-alvo iniciais do vírus do sarampo eram as células epiteliais respiratórias, porém estas não expressam SLAM ou nectina-4 na sua superfície apical, não podendo, portanto, serem infectadas pelo vírus do sarampo logo após sua entrada pelo sistema respiratório. Atualmente sabe-se que as células-alvo iniciais, *in vivo*, são células $SLAM^+$ (linfócitos e macrófagos, principalmente) e células dendríticas. Acredita-se que o vírus é aspirado e chega aos alvéolos pulmonares, onde infecta e é sintetizado nos macrófagos e células dendríticas alveolares. Essas células então migrariam para as camadas celulares subepiteliais do sistema respiratório, onde podem transmitir o vírus para células epiteliais através do receptor nectina-4 presente na face basolateral dessas células. Experimentos demonstram que o vírus do sarampo infecta essas células pela face basolateral, porém brota exclusivamente pela face apical.

Durante os primeiros 2 a 4 dias, o vírus é propagado localmente na mucosa do sistema respiratório superior e é disseminado, provavelmente, pelos macrófagos pulmonares e células dendríticas para os linfonodos locais, onde novamente é sintetizado. Assim, o vírus ganha a corrente sanguínea em leucócitos infectados, produzindo a viremia primária, o que dissemina a infecção para o sistema reticuloendotelial (Figura 15.4). Com isso, os tecidos linfoides, incluindo tonsilas, adenoides, tecido linfoide do sistema respiratório e do trato gastrointestinal, linfonodos, timo, baço e apêndice, tornam-se os principais sítios de biossíntese viral. A seletividade da infecção nos tecidos linfoides reflete as mudanças na superfície dos leucócitos infectados que faz com que eles sejam direcionados para o endotélio vascular dos órgãos linfoides. A propagação viral nesses sítios leva à viremia secundária, o que amplia a magnitude da infecção, disseminando o vírus para diversos tecidos, incluindo pele, conjuntiva, orofaringe, mucosa respiratória, pulmões, mucosa genital, rins, trato gastrointestinal e fígado, onde o vírus é sintetizado nas células epiteliais e endoteliais, assim como nos linfócitos, monócitos e macrófagos. A propagação do vírus nesses sítios, juntamente com o desenvolvimento da resposta

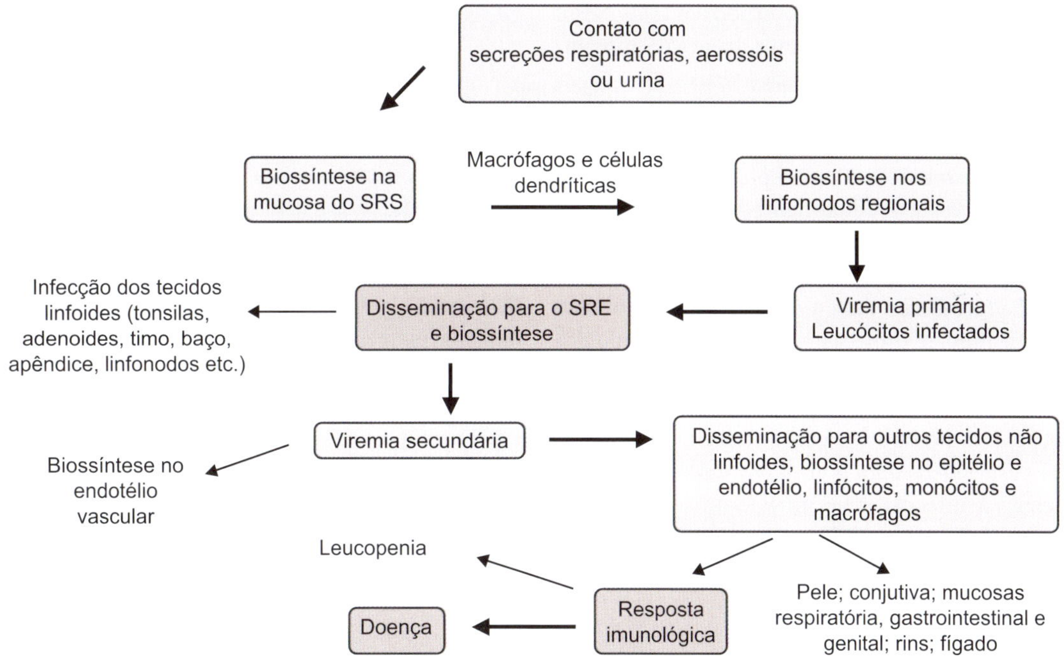


**Figura 15.4** Representação esquemática da patogênese do vírus do sarampo. SRS: sistema respiratório superior; SRE: sistema reticuloendotelial.

imunológica, leva ao surgimento dos sinais e sintomas prodrômicos que ocorrem de 8 a 12 dias após a infecção pelo vírus, ainda dentro do período de incubação. Os sintomas prodrômicos são consequência do envolvimento das superfícies epiteliais da orofaringe, sistema respiratório, trato gastrointestinal e conjuntiva. O final da viremia secundária é marcado por leucopenia possivelmente devida à rápida remoção dos linfócitos infectados do sangue periférico.

A infecção do endotélio vascular tem papel central na patogênese do sarampo. A infecção das células endoteliais dos pequenos vasos da lâmina própria e da derme, durante a viremia secundária, precede a infecção do endotélio, e provoca alterações inflamatórias nesses vasos, e em torno deles. As alterações observadas na pele, conjuntiva, membranas mucosas dos sistemas respiratório e trato gastrointestinal, e outros tecidos epiteliais são secundárias às alterações do endotélio dos pequenos vasos.

Os sinais e sintomas prodrômicos, assim como o exantema maculopapular, são consequência da interação dos linfócitos $TCD_8^+$ com células infectadas dos pequenos vasos sanguíneos da pele e das mucosas dos tecidos dos sistemas reticuloendotelial e linfoide do corpo, resultando em resposta inflamatória, destruição das células infectadas e eliminação do vírus. O aparecimento simultâneo do exantema e anticorpos no soro dos indivíduos infectados pelo vírus do sarampo, sugere que a resposta citotóxica celular mediada por anticorpos poderia ser a causa do exantema. Em pacientes com disfunção de células T, não se evidencia o aparecimento do exantema.

As manchas de Koplik, que são enantemas que aparecem na mucosa oral, ocorrem aproximadamente 1 a 2 dias antes do exantema. O aparecimento do exantema e das manchas de Koplik está correlacionado a prognóstico favorável em crianças imunocomprometidas, sugerindo que o desenvolvimento dessas lesões depende da presença da imunidade celular.

Uma das características mais marcantes da infecção pelo vírus do sarampo é a formação de células gigantes multinucleadas, ou sincícios, as quais resultam da fusão de células infectadas com células vizinhas não infectadas. Dois tipos de células gigantes são descritos nos tecidos dos pacientes. O primeiro tipo são células gigantes reticuloendoteliais, também chamadas de células de Warthin-Finkeldey, e são encontradas nos tecidos linforreticulares do organismo. São aparentemente formadas pela fusão de linfócitos infectados ou células reticuloendoteliais com células adjacentes não infectadas. Essas células gigantes aparecem nos tecidos linfoides de 3 a 7 dias após a infecção, durante a viremia primária, aumentam de tamanho e número durante o período de incubação e tendem a desaparecer após o surgimento do exantema, exceto no timo. O outro tipo celular são as células epiteliais gigantes que são observadas na pele; na conjuntiva; na mucosa da boca, nariz, faringe, traqueia, brônquios e bronquíolos; trato gastrointestinal, bexiga, pélvis, córtex renal, pâncreas, tireoide, fígado, glândulas adrenais e salivares. Essas células surgem durante a viremia secundária e atingem o pico quando o exantema aparece.

Normalmente, o vírus está presente nas secreções respiratórias e na conjuntiva no final do período de incubação, durante a fase prodrômica, e nos 2 a 3 primeiros dias do exantema. A viremia ocorre durante esse período, embora se inicie mais cedo, de 3 a 4 dias após a infecção e persista por 6 a 7 dias após o estabelecimento do exantema. A virúria ocorre durante o período prodrômico, e por 6 dias ou mais após o aparecimento do exantema. Os pacientes são, geralmente, considerados infecciosos a partir do surgimento dos primeiros sintomas e a infecciosidade é mais alta no final da fase prodrômica, quando ocorre o pico dos sintomas respiratórios como espirro, tosse e coriza (Figura 15.5). A excreção do vírus é prolongada em crianças desnutridas e pacientes imunocomprometidos.

A resposta imunológica específica é essencial para a recuperação e também tem papel importante na patogênese da doença e suas complicações. A imunidade é duradoura e persiste por, pelo menos, 65 anos. Isto foi observado quando, em 1781, o sarampo desapareceu das Ilhas Faroé e só foi reintroduzido em 1846. Nessa ocasião, somente os indivíduos que tiveram a doença 65 anos antes apresentavam anticorpos protetores para o vírus.

Na infecção primária, os anticorpos são detectáveis no soro no 1º dia do exantema (ver Figura 15.5). O título de anticorpos eleva-se rapidamente e atinge o pico máximo em 3 a 4 semanas, quando decresce gradualmente, mas persiste para o resto da vida. Os anticorpos mais abundantes e rapidamente produzidos são contra a proteína N. Anticorpos contra as proteínas H e F contribuem para a neutralização do vírus e são suficientes para induzir proteção. A resposta imunológica celular é iniciada no período prodrômico e mediada por células $TCD_4^+$ e $TCD_8^+$. A indução da resposta duradoura reflete a contínua produção de anticorpos e a persistência de linfócitos T citotóxicos (CTL) específicos para o vírus. A imunossupressão profunda associada à infecção pelo vírus é uma das principais causas das infecções secundárias que contribuem para a maior parte da mortalidade e morbidade associada ao sarampo. O mecanismo ainda não é completamente elucidado, mas talvez esteja relacionado com o efeito do vírus sobre os linfócitos T e B, e monócitos.

## Manifestações clínicas

### *Sarampo típico*

A infecção pelo vírus do sarampo em hospedeiro imunocompetente raramente é subclínica. A fase prodrômica tem início após 8 a 12 dias do contágio com o paciente apresentando mal-estar, febre, anorexia, coriza, tosse e conjuntivite (ver Figura 15.5). Os sintomas respiratórios aumentam de intensidade, assim como a febre, atingindo o pico no auge do exantema, em torno do 3º dia do seu aparecimento. A coriza é intensa, com secreção nasal profusa e mucopurulenta; ocorre conjuntivite com lacrimejamento, edema de pálpebra e, frequentemente, fotofobia. A tosse é intensa. Cefaleia, dor de garganta, dor ocular e mialgia são também comuns, especialmente em adolescentes e adultos. Em 24 a 72 horas antes do surgimento do exantema surgem os enantemas (manchas de Koplik) na mucosa oral próxima aos segundos molares. As manchas de Koplik são caracterizadas por bordas irregulares, vermelhas com o centro esbranquiçado, e são patognomônicas do sarampo. A inflamação intensa que ocorre nos tecidos linfoides durante o período prodrômico resulta no aparecimento de linfoadenopatia generalizada e esplenomegalia branda.

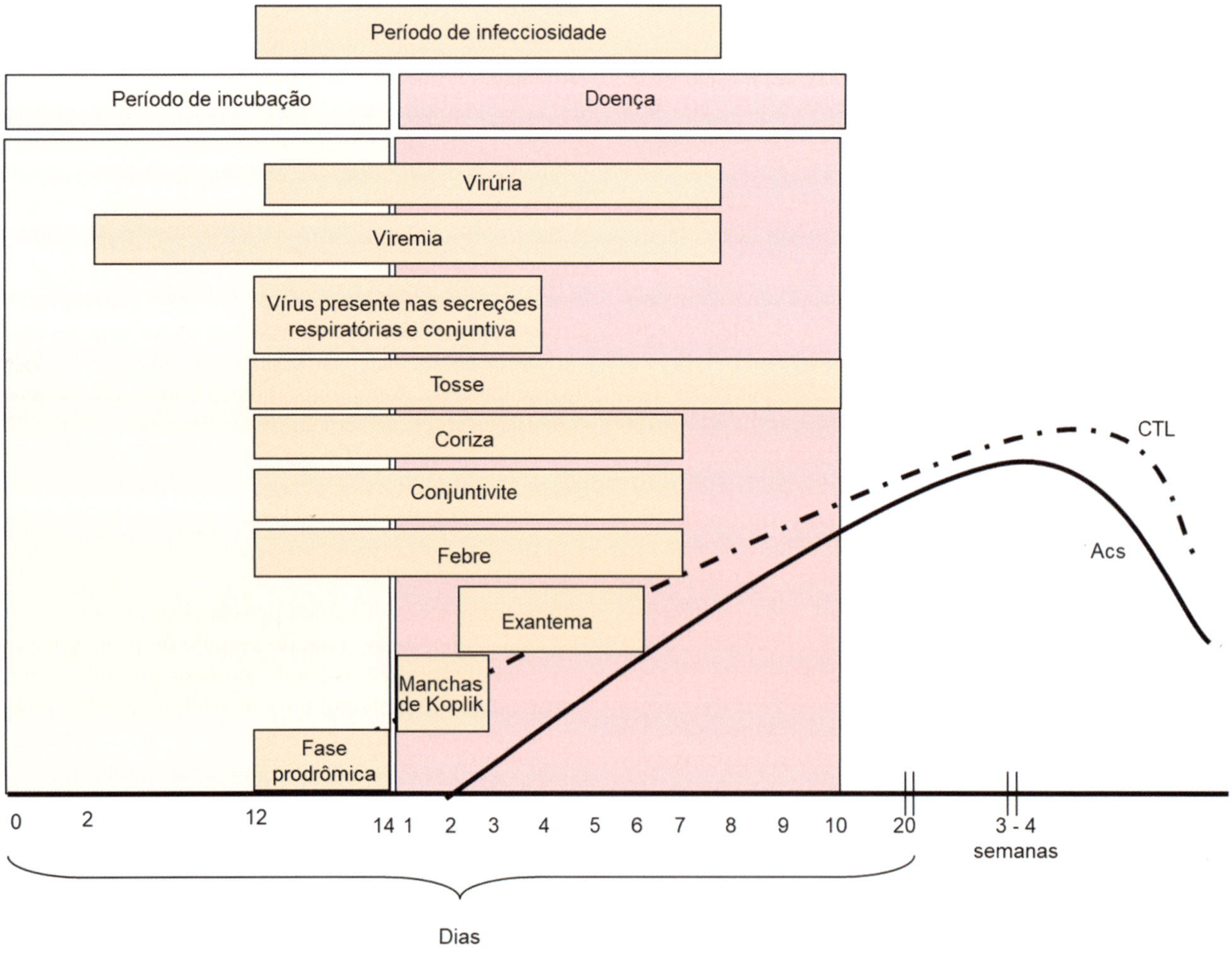


**Figura 15.5** Evolução cronológica da infecção pelo vírus do sarampo. O período de incubação médio é de 14 dias. O vírus está presente nas secreções respiratórias e na conjuntiva no final do período de incubação, durante a fase prodrômica, e nos 2 a 3 primeiros dias do exantema. A viremia inicia-se 3 a 4 dias após a infecção e persiste por 6 a 7 dias após o estabelecimento do exantema. A virúria ocorre durante o período prodrômico, e por 6 dias ou mais após o aparecimento do exantema. Os anticorpos são detectáveis no soro no 1º dia do exantema. O título de anticorpos eleva-se rapidamente e atinge o pico máximo em 3 a 4 semanas, quando decresce gradualmente, mas persiste para o resto da vida. A resposta imunológica celular é iniciada no período prodrômico ocorrendo persistência de linfócitos T citotóxicos (CTL, *cytotoxic T lymphocytes*) específicos para o vírus.

O exantema tem início entre o 3º e o 4º dia após o início da fase prodrômica. Primeiro aparecem lesões maculares discretas atrás das orelhas e nuca, próximo ao couro cabeludo. Nos 3 dias seguintes, o exantema progride para lesões maculopapulares, espalhando-se para face, pescoço, tronco e extremidades sem, contudo, atingir a sola dos pés ou as palmas das mãos. As lesões da face e do pescoço tendem a se tornar confluentes, enquanto no abdômen e nos membros tendem a ser discretas. Em casos graves, o exantema pode ser acompanhado de edema, especialmente na face. O exantema começa a desaparecer após o 3º dia do seu surgimento; dessa forma quando atinge as pernas já está começando a desaparecer do rosto. À medida que o exantema vai desaparecendo, surge uma coloração marrom na pele, provavelmente devido a hemorragias capilares, com descamação discreta parecendo farinha (daí a denominação descamação furfurácea) a qual desaparece nos 10 dias seguintes.

Em geral, a febre atinge pico de 39 a 40°C no auge do exantema, mas decai rapidamente em 24 a 48 horas. A tosse e a coriza são manifestações da intensa reação inflamatória envolvendo a mucosa do sistema respiratório. Com a queda da temperatura, a coriza e a conjuntivite cessam e a tosse reduz de intensidade, embora persista por 1 semana ou mais.

### Sarampo atenuado

Esse quadro pode ocorrer em indivíduos parcialmente imunizados contra o sarampo, incluindo pessoas que receberam imunoglobulina antissarampo após a exposição; crianças com anticorpos residuais maternos; e pessoas que, ocasionalmente, apresentaram resposta imunológica fraca pós-vacinação ou infecção natural. É geralmente brando, com período de incubação prolongado (aproximadamente 21 dias). O período prodrômico é curto ou ausente, a febre é reduzida, as manchas de Koplik, quando presentes, são discretas e desaparecem rapidamente. O exantema tem tempo de duração curto e é marcadamente atenuado. As complicações são infrequentes.

### Sarampo atípico

Essa denominação é utilizada nos casos de doença grave, com manifestações atípicas. Inicialmente foi observado em indivíduos que receberam uma ou mais doses da vacina contra sarampo inativada com formalina e foram subsequentemente expostos ao vírus selvagem.

Embora haja relatos bem documentados da ocorrência de sarampo atípico em crianças que receberam a vacina com vírus atenuado, o risco mais elevado está entre as crianças que receberam a vacina com vírus inativado. Entre os anos de 1963 e 1967, entre 500.000 e 1 milhão de crianças, somente nos Estados Unidos da América (EUA), receberam a vacina contra o sarampo produzida com vírus inativado com formalina. Esse processo produz alterações na imunogenicidade da proteína F e, assim, os indivíduos que recebiam a vacina não desenvolviam imunidade funcional contra essa proteína. Aparentemente, esses indivíduos também desenvolviam imunidade celular ineficiente. A infecção subsequente com o vírus selvagem resultava no espalhamento do vírus célula a célula a despeito da produção elevada de anticorpos contra várias proteínas virais.

Casos atípicos ocorrem, aproximadamente, 7 anos após a administração da vacina, mas já foi reportado um intervalo de até 16 anos. As características clínicas da doença em adultos podem ser diferentes das descritas em crianças. A administração da vacina produzida com vírus atenuado após 2 a 3 doses da vacina produzida com vírus inativado não elimina a subsequente suscetibilidade ao sarampo atípico e é, frequentemente, associada a reações locais intensas.

Clinicamente, o sarampo atípico difere do sarampo típico principalmente por apresentar febre mais elevada e prolongada, lesões de pele atípicas, e pneumonite grave. Após a exposição ao vírus e passando pelo período de incubação usual, o paciente apresenta a doença com início abrupto, caracterizada por período prodrômico de 2 a 3 dias, com febre alta, cefaleia, mialgia, dor no peito, dor abdominal (tão intensa que pode mimetizar apendicite), anorexia, eosinofilia, efusão pleural, tosse não produtiva e dispneia, seguido rapidamente de exantema incomum começando na palma das mãos e sola dos pés e que se espalha de forma centrípeta para o tronco, sem atingir a face. O exantema consiste em lesões maculopapulares discretas que, frequentemente, progridem para vesículas, petéquias ou lesões púrpuras (hemorrágicas) e é acompanhado por hiperestesia e edema de mãos e pés. Quase todos os pacientes apresentam pneumonia, enzimas hepáticas elevadas e alguns pacientes apresentam evidências de miosite e coagulação intravascular disseminada (CID).

Apesar da gravidade, o sarampo atípico é geralmente autolimitado, embora as complicações pulmonares possam persistir por anos. O vírus não foi isolado de pacientes com a doença atípica e esses parecem não transmitir o vírus para outros indivíduos. As manifestações do sarampo atípico são resultado da ativação da resposta imunológica que parece combinar elementos de hipersensibilidade tardia e reação de Arthus.

### Sarampo negro ou hemorrágico

O sarampo negro ou sarampo hemorrágico é caracterizado por febre alta que aparece abruptamente, alteração do estado mental, delírio, angústia respiratória, e erupções hemorrágicas confluentes, na pele e mucosas. O sangramento do nariz, boca, trato gastrointestinal e sistema urogenital é frequentemente grave, com mortalidade elevada. A patogênese parece envolver CID associada a infecção maciça do endotélio vascular. Essa forma da doença é extremamente rara em países desenvolvidos.

### Sarampo na gravidez

Durante a gravidez, a infecção pelo vírus do sarampo tem efeito deletério no desenvolvimento da gestação, podendo ocorrer aborto ou nascimento prematuro. A morbidade e a mortalidade pelo sarampo parecem ser mais acentuadas durante o 3º trimestre e o período puerperal, com aumento do risco de pneumonia.

### Sarampo congênito

A transmissão do vírus do sarampo da mãe para o filho ainda *in utero* é diagnosticada como infecção congênita. O exantema está presente no nascimento ou aparece durante os primeiros 10 dias de vida. A doença varia de branda até fatal. A mortalidade é mais elevada em bebês prematuros e em crianças que não desenvolvem o exantema. A elevada prevalência de anticorpos contra o sarampo adquiridos passivamente da mãe resulta na proteção da maioria dos recém-nascidos. Na ausência de anticorpos maternos, o sarampo é, com frequência, uma doença grave com índices de mortalidade que excedem a taxa de 3%, sendo a maioria das mortes associadas à pneumonia. Na ausência de profilaxia com imunoglobulina a mortalidade pode chegar a 30%.

## Sarampo em pacientes imunocomprometidos

Crianças e adultos com deficiência da imunidade mediada por células podem desenvolver infecção grave, progressiva e frequentemente fatal pelo vírus do sarampo, em geral na ausência do exantema e período prodrômico típicos. A manifestação mais frequente dessa infecção é a pneumonia de células gigantes (pneumonia de Hecht), que se instala em 2 a 3 semanas após a infecção, e é caracterizada por insuficiência respiratória crescente, pneumonia intersticial progressiva com presença de células gigantes multinucleadas em todo o epitélio traqueal e alveolar, excreção prolongada de vírus e presença das células gigantes na secreção de nasofaringe. O vírus pode ser isolado de tecidos do pulmão, brônquios e lavado de nasofaringe. A mortalidade é elevada; os pacientes que se recuperam podem ir a óbito devido à encefalite subaguda pelo sarampo. Os índices de fatalidade chegam a 70% em pacientes da oncologia e 40% em pacientes HIV-positivos. A mortalidade é menor entre pacientes que desenvolvem o exantema típico com manchas de Koplik e produção detectável de anticorpos, e em pacientes HIV-positivos previamente vacinados contra o sarampo.

Outra manifestação frequente causada pelo vírus do sarampo em pacientes imunocomprometidos é a encefalite subaguda ou encefalite com corpúsculos de inclusão (MIBE, *measles inclusion body encephalitis*). A MIBE pode acompanhar a pneumonia de células gigantes, ou mais frequentemente ocorrer isoladamente, aparecendo de 1 a 7 meses após a infecção pelo vírus do sarampo. O paciente apresenta alteração do estado mental com entorpecimento, irritação, inquietude e sensação de angústia, evoluindo para coma e morte. A mortalidade ultrapassa 85% e os sobreviventes apresentam sequelas neurológicas. O vírus pode ser detectado no liquor e no cérebro, mas é geralmente defectivo e não pode ser isolado por técnicas tradicionais. A vacina com vírus atenuado pode causar MIBE em crianças gravemente imunodeficientes. A MIBE parece ter patogênese similar à panencefalite esclerosante subaguda (SSPE, *subacute sclerosing pan-encephalitis*) também causada pelo vírus do sarampo, contudo, a primeira aparece mais cedo e progride mais rápido devido à ausência de resposta imunológica.

## Complicações associadas à infecção pelo vírus do sarampo

O risco de complicações decorrentes da infecção pelo vírus do sarampo aumenta com idade avançada, desnutrição e deficiência de vitamina A. Complicações pelo sarampo já foram descritas em praticamente todos os órgãos. O sarampo é uma doença devastadora em crianças malnutridas, com índices de complicações de até 80% durante epidemias e índices de fatalidade que podem atingir 15 a 20%.

A pneumonia é responsável por mais de 500.000 mortes anuais associadas ao sarampo, e é causada por infecções secundárias bacterianas ou virais, ou pelo próprio vírus do sarampo. Outras complicações respiratórias incluem a laringotraqueobronquite (crupe) e otite média. Ulcerações da boca, ou estomatite, podem dificultar a ingestão de água e alimentos. Muitas crianças com sarampo desenvolvem diarreia, complicando ainda mais o quadro de desnutrição. Complicações oculares como a ceratoconjuntivite são comuns após o sarampo, particularmente em crianças com deficiência de vitamina A. Com frequência, essas lesões progridem para ulcerações de córnea, as quais são agravadas por superinfecção bacteriana e podem resultar em xeroftalmia e cegueira. Em consequência disso, o sarampo é importante causa de cegueira na infância em países em desenvolvimento, com estimativa de 15.000 a 60.000 casos por ano. Assim, a suplementação da alimentação com elevadas doses de vitamina A, por via oral, é recomendada para todas as crianças com sarampo, em países em desenvolvimento.

Complicações raras, mas graves, decorrentes da infecção pelo vírus do sarampo envolvem o sistema nervoso central (SNC). Existem três teorias para a entrada do vírus no parênquima cerebral: (i) O vírus é capaz de infectar neurônios, portanto foi proposto que possa chegar ao cérebro através do bulbo olfativo (Figura 15.6A); (ii) como o vírus pode infectar monócitos no sangue periférico, isso permite que atravesse a barreira hematoencefálica uma vez que esses monócitos infectados podem transmigrar e se diferenciar em macrófagos perivasculares e células da micróglia (Figura 15.6B); e (iii) o vírus pode infectar e ser propagado nas células endoteliais podendo, portanto, infectar as células dos capilares cerebrais, sendo liberado diretamente no parênquima pela face apical (Figura 15.6C).

A encefalomielite aguda pós-infecção pelo sarampo ou encefalomielite aguda disseminada (ADEM, *acute disseminated encephalomyelitis*) é a complicação neurológica mais comumente associada ao sarampo. É rara em crianças menores de 2 anos de idade, mas ocorre em cerca de 1 em 1.000 casos de sarampo em crianças mais velhas, com maior frequência em adultos. Geralmente, manifesta-se durante a 1ª semana após o estabelecimento do exantema, mas ocasionalmente se desenvolve durante a fase prodrômica ou logo após o desaparecimento do exantema. O início é tipicamente abrupto com irritabilidade, cefaleia, vômito e confusão mental, progredindo rapidamente para coma. As manifestações são frequentemente acompanhadas de convulsões e pela recorrência ou elevação da febre. O curso clínico é variável; a mortalidade está entre 10 e 20% e a maioria dos sobreviventes apresenta sequelas neurológicas. Parece ser uma doença autoimune embora o mecanismo ainda não esteja devidamente esclarecido. Algumas possibilidades incluem (i) apresentação de antígenos de mielina alterados por oligodendrócitos infectados pelo vírus; (ii) ativação e expansão de linfócitos autorreativos como resultado de ativação autoimune e desregulação, que ocorrem durante a fase aguda do sarampo, e (iii) mímica molecular. O RNA viral, assim como antígenos virais são detectáveis no cérebro, não havendo produção intratecal de anticorpos específicos contra o vírus do sarampo.

Outra complicação neurológica associada à infecção pelo vírus do sarampo é a SSPE. É uma complicação rara e tardia do sarampo que ocorre em cerca de 1 em 300.000 casos. Tipicamente, a SSPE aparece 6 a 7 anos depois que a criança teve sarampo que, em geral, ocorreu antes dos 2 anos de idade. O estabelecimento da doença é insidioso com os sintomas refletindo a perda progressiva das funções corticocerebrais que ocorre ao longo de vários meses. Nos estágios iniciais, alterações sutis da personalidade e deterioração da capacidade intelectual manifestam-se, geralmente, pelo declínio no rendimento escolar, podendo ocorrer perda de habilidades e confusão. Posteriormente, o paciente desenvolve ataxia progressiva, deterioração mental e discinesia extrapiramidal. A progressão da doença é variável e são comuns períodos de remissão, mas na maioria dos casos a morte ocorre em 1 a 3 anos do surgimento dos sintomas. O exame patológico revela a ocorrência de encefalite difusa envolvendo as massas branca e cinzenta. Os neurônios e as células gliais apresentam inclusões nucleares e citoplasmáticas (corpúsculos de inclusão) típicas do sarampo, constituídas de nucleocapsídeos contendo RNA viral e antígenos. Embora estejam presentes grandes quantidades de vírions, RNA e proteínas N e P, a síntese de uma ou mais proteínas do envelope é marcadamente reduzida ou ausente, ou a proteína é funcionalmente defectiva, interferindo, assim, na montagem ou no brotamento do vírus. O vírus infeccioso não está presente, assim como as células gigantes multinucleadas. As partículas presentes são defectivas e apresentam múltiplas mutações no genoma, especialmente no gene M. A maioria dos vírus não apresenta síntese da proteína M, ou ela é defectiva, e alguns apresentam alterações nas proteínas H ou F.

A terceira complicação neurológica do sarampo é a MIBE. É uma doença progressiva, geralmente fatal, que ocorre exclusivamente em pacientes imunocomprometidos.

A Figura 15.7 resume as complicações que podem ocorrer na infecção pelo vírus do sarampo.

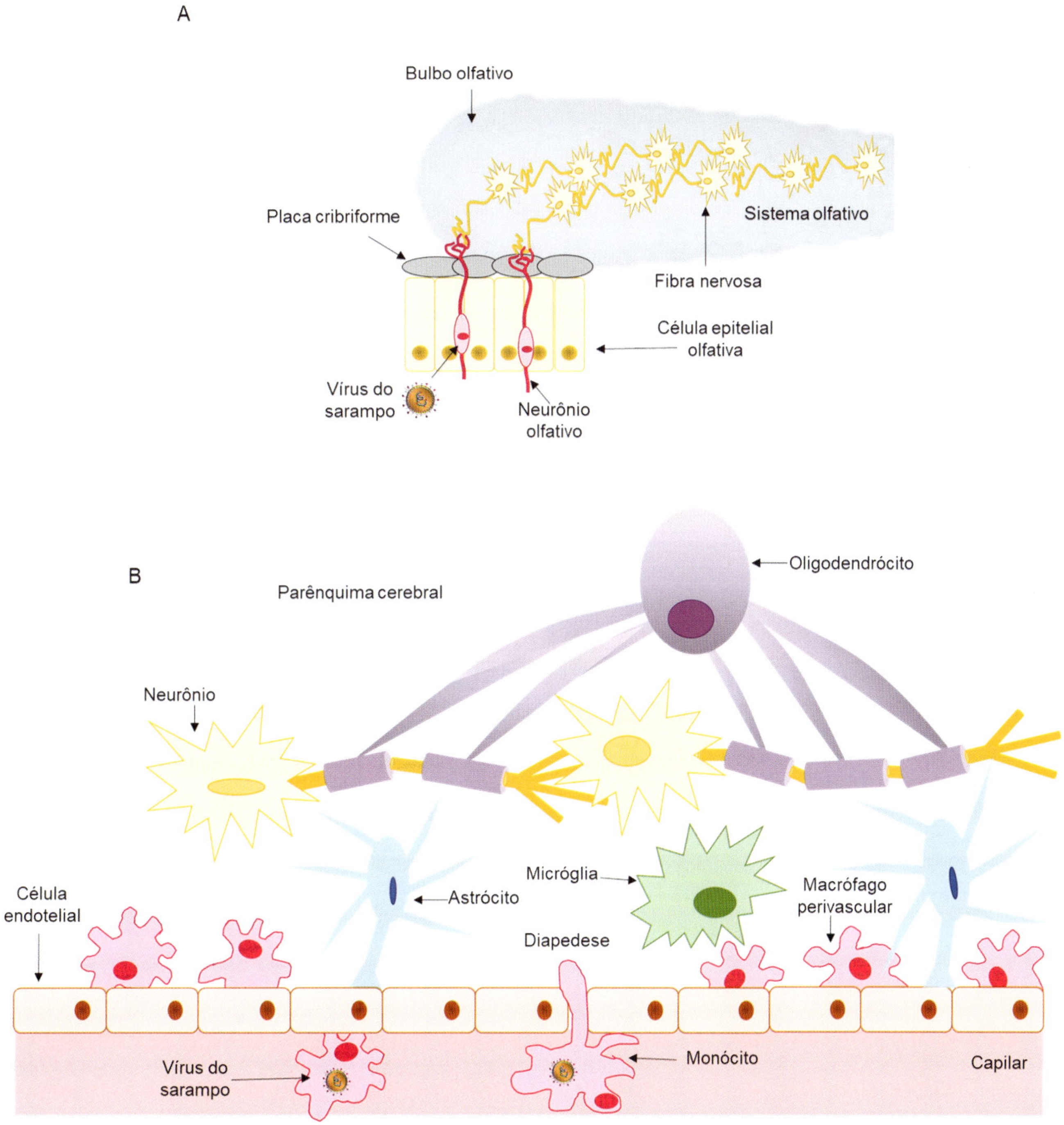


**Figura 15.6** Possíveis rotas de entrada do vírus do sarampo no cérebro. **A.** Migração transsináptica através do bulbo olfativo. Uma vez que o vírus do sarampo consiga infectar e se disseminar pelos neurônios, é possível que o vírus ganhe acesso ao parênquima cerebral através dos neurônios olfativos localizados no epitélio nasal. **B.** Transmigração dos monócitos infectados através da barreira hematoencefálica. O vírus do sarampo pode infectar os monócitos da medula óssea, que penetram no cérebro por diapedese, onde ocorre o processo de maturação dessas células em macrófagos perivasculares ou micróglia. (*continua*)

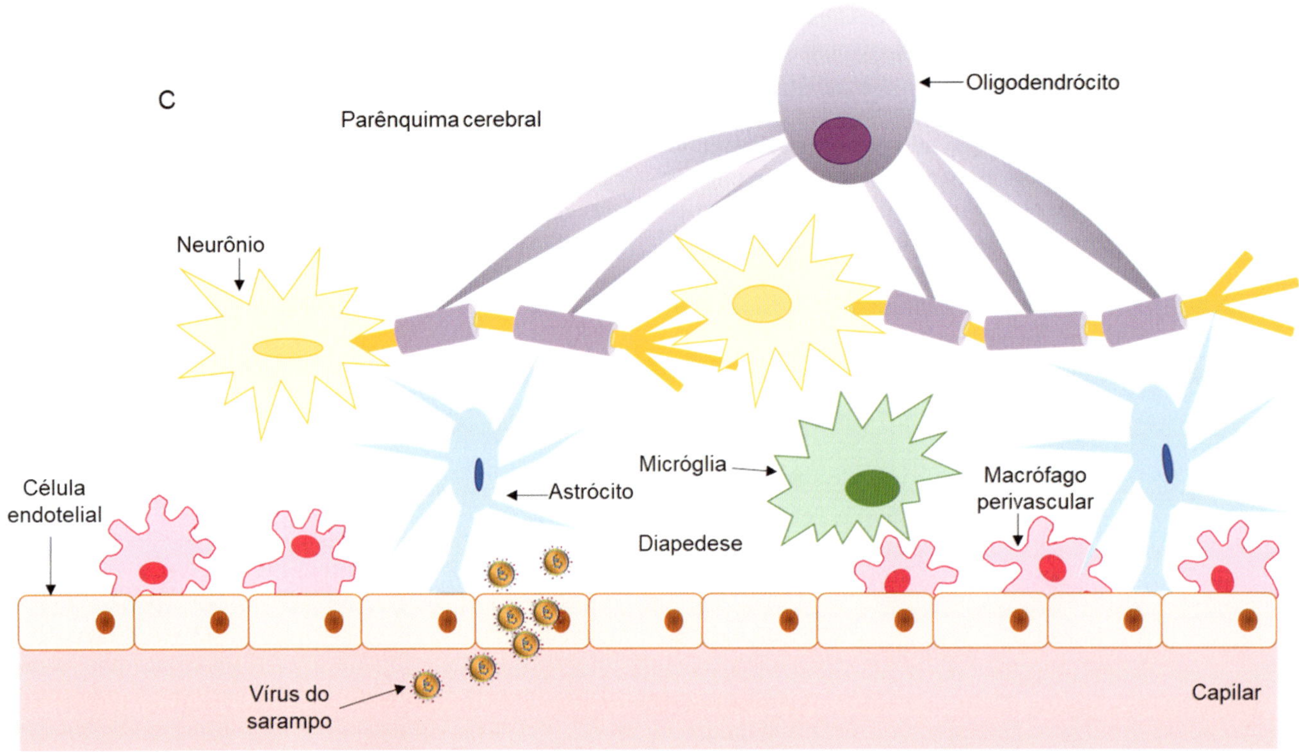


**Figura 15.6** (*Continuação*) Possíveis rotas de entrada do vírus do sarampo no cérebro. **C.** Propagação do vírus do sarampo nas células endoteliais dos capilares cerebrais. Uma vez infectando essas células, o vírus é sintetizado e pode ser liberado diretamente no parênquima cerebral. Adaptada de Imunopedia.org, 2020.

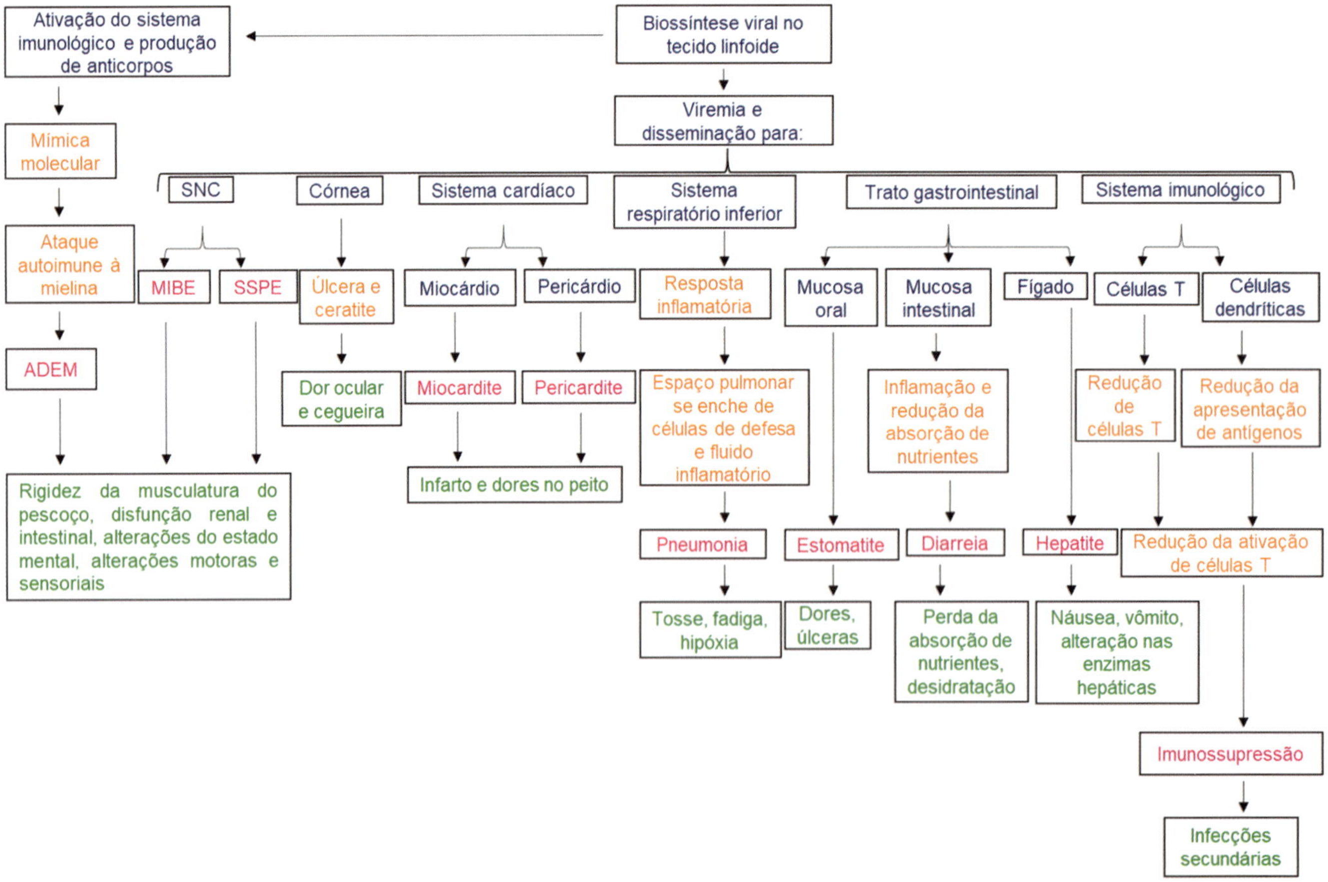


**Figura 15.7** Esquema demonstrativo das possíveis complicações associadas à infecção pelo vírus do sarampo. Em *azul* são os mecanismos associados à fisiopatologia do vírus do sarampo; em *laranja* são os mecanismos por meio dos quais as complicações ocorrem; em *rosa* são as complicações em si; em *verde* os sintomas decorrentes das complicações. ADEM: *acute disseminated encephalomyelitis* (encefalomielite aguda disseminada); SSPE: *subacute sclerosing panencephalitis* (pan-encefalite esclerosante subaguda); MIBE: *measles inclusion body encephalitis* (encefalite com corpúsculos de inclusão); SNC: sistema nervoso central. Adaptada de Dey, 2020.

## Diagnóstico clínico

O sarampo clássico é facilmente diagnosticado clinicamente. As manchas de Koplik são de grande valia e são patognomônicas. No entanto, fora de epidemias ou surtos, podem passar despercebidas pelo clínico porque aparecem antes do exantema. A definição clínica de sarampo inclui exantema maculopapular generalizado por 3 dias ou mais; febre em torno de 38,3°C, juntamente com os sintomas de tosse, coriza e conjuntivite. Contudo, nem todos esses sinais e sintomas estão sempre presentes, e muitos são comuns a outras doenças. O diagnóstico diferencial inclui escarlatina, rubéola, parvovirose, infecção pelos herpesvírus de humanos 6 e 7, infecção meningocócica, doença de Kawasaki, síndrome de choque tóxico, dengue, algumas enteroviroses e todas as outras causas de exantema e febre. O diagnóstico clínico é mais difícil em algumas situações: no período prodrômico; quando a doença e o exantema foram atenuados devido à presença de anticorpos adquiridos passivamente; e quando o exantema e as manchas de Koplik estão ausentes, como ocorre, frequentemente, em pacientes imunocomprometidos, crianças muito pequenas ou malnutridas, e indivíduos previamente imunizados.

## Diagnóstico laboratorial

O sarampo pode ser diagnosticado por meio do isolamento do vírus em culturas de células a partir de secreções respiratórias, *swabs* de nasofaringe ou conjuntiva, células mononucleares do sangue periférico, e urina, obtidos durante a fase febril da doença, assim como de tecidos de biópsia. Células primárias de rim de embrião humano ou células primárias de rim de macaco são as mais sensíveis ao isolamento do vírus selvagem. Culturas de células obtidas de primatas como as células Vero (rim de macaco-verde africano; *Cercopithecus aethiops*) são menos sensíveis e três ou mais passagens são necessárias para que o efeito citopatogênico (CPE) característico seja consistentemente observado. As linhagens celulares B95-8 (linfócito B de macaco sagui-cabeça-de-algodão, *Saguinus oedipus*, transformado pelo HHV-4) e B95a (linhagem derivada da B95-8 com capacidade de adesão) foram muito utilizadas por serem mais sensíveis que a Vero para o isolamento primário do vírus. Contudo, a distribuição dessas células é estritamente controlada por se tratar de linhagem derivada de uma espécie de primata ameaçada de extinção. Atualmente, a linhagem Vero/SLAM é recomendada para o isolamento do vírus do sarampo. Esta é uma linhagem derivada da célula Vero, que foi transfectada com um plasmídeo que codifica o gene para a molécula SLAM (receptor para o vírus) de seres humanos. A sensibilidade dessa linhagem ao isolamento do vírus do sarampo é equivalente à das células B95a, e a infecção resulta em CPE que pode ser observado na 1ª ou 2ª passagens. Leucócitos de cordão umbilical também têm maior sensibilidade para isolamento primário do que linhagens de células de primatas. A técnica de *shell vial* (ver *Capítulo 8*), associada à detecção de antígenos utilizando anticorpos fluorescentes, 24 a 36 horas após a inoculação, pode aumentar a rapidez e a sensibilidade do diagnóstico por cultura de células. Contudo, o isolamento viral permanece difícil e nem sempre disponível em laboratórios clínicos.

A detecção direta de células gigantes em secreções respiratórias, sedimento urinário, células epiteliais de superfícies como nasofaringe, mucosa oral ou conjuntiva, ou tecido obtido de biópsia, é um método prático e rápido de diagnóstico. Esses espécimes devem ser fixados e corados com hematoxilina-eosina. Células gigantes multinucleadas, características da infecção pelo sarampo, contendo corpúsculos de inclusão intracitoplasmáticos e intranucleares, estão geralmente presentes durante a fase prodrômica e nos primeiros 2 a 3 dias do exantema. No entanto, células gigantes multinucleadas com essas características também são produzidas durante a infecção pelos herpesvírus de humanos 1, 2 e 3. Esses mesmos espécimes podem ser testados por imunofluorescência (IF) ou imunoperoxidase (IP) aumentando a sensibilidade e a especificidade do diagnóstico. Essas técnicas podem detectar antígenos virais em fases tardias da infecção, quando o vírus infeccioso não é mais evidenciado.

A pesquisa de anticorpos tem sido a principal ferramenta no diagnóstico do sarampo. Um aumento $\geq 4$ vezes no título de anticorpos entre os soros das fases aguda e convalescente (soroconversão ou conversão sorológica), ou a detecção de IgM específica para o vírus do sarampo em uma única amostra de soro ou saliva é considerado como diagnóstico de infecção recente pelo vírus do sarampo. A detecção da presença de anticorpos IgG específicos em uma única amostra de soro pode ser usada como evidência de infecção prévia ou imunização. Na infecção primária, em hospedeiro imunocompetente, os anticorpos contra o vírus do sarampo são, geralmente, detectáveis no soro dentro de 1 a 3 dias após o surgimento do exantema, atingem o pico máximo em 2 a 4 semanas, e permanecem detectáveis por muitos anos. Diversos métodos estão disponíveis para a detecção de anticorpos contra o vírus do sarampo como, por exemplo, teste de neutralização (TN), inibição da hemaglutinação (HI, *hemagglutination inhibition*), IF indireta (IFI) e ensaio imunoenzimático (EIA, *enzyme immunoassay*).

No Brasil, os laboratórios de referência para sarampo da Rede Nacional de Laboratórios de Saúde Pública utilizam a técnica de EIA para a detecção de anticorpos IgM e IgG específicos.

A detecção do RNA viral pode ser realizada por reação em cadeia da polimerase associada à transcrição reversa (RT-PCR, *reverse transcription polymerase chain reaction*) ou hibridização *in situ* a partir de *swab* de oro- ou nasofaringe, urina, liquor ou de tecidos infectados. Essas técnicas são extremamente sensíveis e especialmente úteis em infecções do SNC onde o vírus não é facilmente isolado, e em pacientes imunocomprometidos, que podem não ser capazes de produzir anticorpos detectáveis. Quando combinada com a análise da sequência de nucleotídeos, a técnica de RT-PCR permite a identificação e caracterização precisa do genótipo viral, facilitando estudos epidemiológicos.

## Epidemiologia

O sarampo ocorre em todo o mundo, exceto em populações extremamente isoladas, afetando igualmente ambos os sexos. No ano 2000, a OMS/OPAS estimaram a ocorrência de 562.400 óbitos de crianças devido ao sarampo, correspondendo a 5% de todos os óbitos entre crianças menores de 5 anos de idade. Em 2001, a OMS, em conjunto com os Centros para Prevenção e Controle de Doenças (Centers for Disease Control and Prevention, CDC) dos EUA, Fundo das Nações Unidas para a Infância (United Nations Children's Fund – UNICEF), Cruz Vermelha Americana (American Red Cross, ARC) e Organização das Nações Unidas (ONU) lançou a "Iniciativa contra o sarampo e a rubéola" (*M&R Initiative, Measles and Rubella Initiative*) com o objetivo de estabelecer um plano de ação para fornecer suporte técnico e financeiro para acelerar as ações de controle do sarampo. Como resultado desse esforço, a mortalidade devido ao sarampo, em 2018, foi reduzida em 73% (144.000 óbitos) quando comparada com a do ano 2000. Em 2012, A OMS lançou o Plano Estratégico Global para Sarampo e Rubéola: 2012-2020 (*Global Measles and Rubella Strategic Plan*: 2012-2020). Algumas das metas em relação ao sarampo seriam: reduzir o número de mortes em 95% em relação aos níveis de 2000, até 2015, e em 2020, conseguir eliminá-lo em, pelo menos, cinco das seis Regiões da OMS e manter as metas alcançadas em 2015.

A despeito do esforço da OMS para controle do sarampo, o progresso na redução do número de casos e da mortalidade decorrente da doença ficou estagnado entre 2007 e 2009.

De 2010 a 2015, apresentou um "efeito sanfona", ou seja, aumentou em um ano e diminuiu no seguinte, tornando a aumentar novamente no ano consecutivo. Até que em 2016, pela primeira vez, o número de óbitos associados à infecção pelo vírus do sarampo, em todo mundo, ficou abaixo dos 100.000, voltando a subir em 2017 e 2018 (Figura 15.8).

Nesse mesmo ano, em 2016, a Região das Américas foi declarada livre da circulação do vírus do sarampo. A cobertura vacinal na grande parte dos países que compõe essa Região da OMS alcançava valores muito próximos de 95% necessários para interromper a circulação do vírus. Apesar disso, alguns casos importados ainda eram descritos.

Dos 144.000 óbitos devido ao sarampo em todo o mundo em 2018, mais de 95% ocorreram em países em desenvolvimento, sem infraestrutura de saúde adequada. De acordo com a UNICEF, até julho de 2019 aproximadamente 86% de todas as crianças do mundo receberam 1 dose da vacina contra o sarampo, aumento de 13% da cobertura em relação ao ano 2000, e 69% receberam a segunda dose. Entretanto, esses valores significam que em 2018, 20 milhões de crianças não receberam a vacina contra o sarampo, e outro fato importante é que 23 países ainda não haviam introduzido a segunda dose da vacina, necessária para o desenvolvimento de uma proteção duradoura, no seu calendário vacinal.

Apesar disso, nos anos de 2017 a 2019 os números de casos e surtos associados ao vírus do sarampo aumentaram no mundo todo. Até maio de 2020, a República Democrática do Congo, Madagascar, Nigéria, Ucrânia, Iêmen, Cazaquistão, Índia, Tailândia, Filipinas e o Brasil ainda enfrentavam surtos de casos de sarampo. A Figura 15.9 demonstra a distribuição de casos de sarampo de janeiro de 2018 a dezembro de 2019, no mundo todo, por milhão de habitantes.

Incidência, idade dos pacientes e gravidade da infecção variam fortemente em diferentes áreas geográficas. Não ocorrem infecções persistentes crônicas epidemiologicamente importantes. Dessa forma, a manutenção da infecção em populações humanas depende da manutenção da cadeia de transmissão da infecção aguda e isto requer reposição constante de indivíduos suscetíveis. Como os membros mais velhos da comunidade geralmente são imunes devido à exposição prévia ao vírus selvagem ou vacinal, o sarampo endêmico é primariamente uma doença da infância.

A infecção pelo vírus do sarampo em indivíduos não imunes é quase sempre sintomática. Infecções subclínicas são extremamente raras, com algumas pessoas infectadas apresentando sintomas brandos e exantema pouco expressivo. Essas infecções subclínicas podem ocorrer em indivíduos que receberam imunoglobulina específica para sarampo ou crianças apresentando anticorpos maternos.

A idade média dos indivíduos infectados depende da época em que eles perdem os anticorpos maternos e da frequência de contato com indivíduos infectados. Em geral, os anticorpos maternos conferem proteção durante os 6 primeiros meses de vida e a doença pode ser modificada pelos níveis marginais de

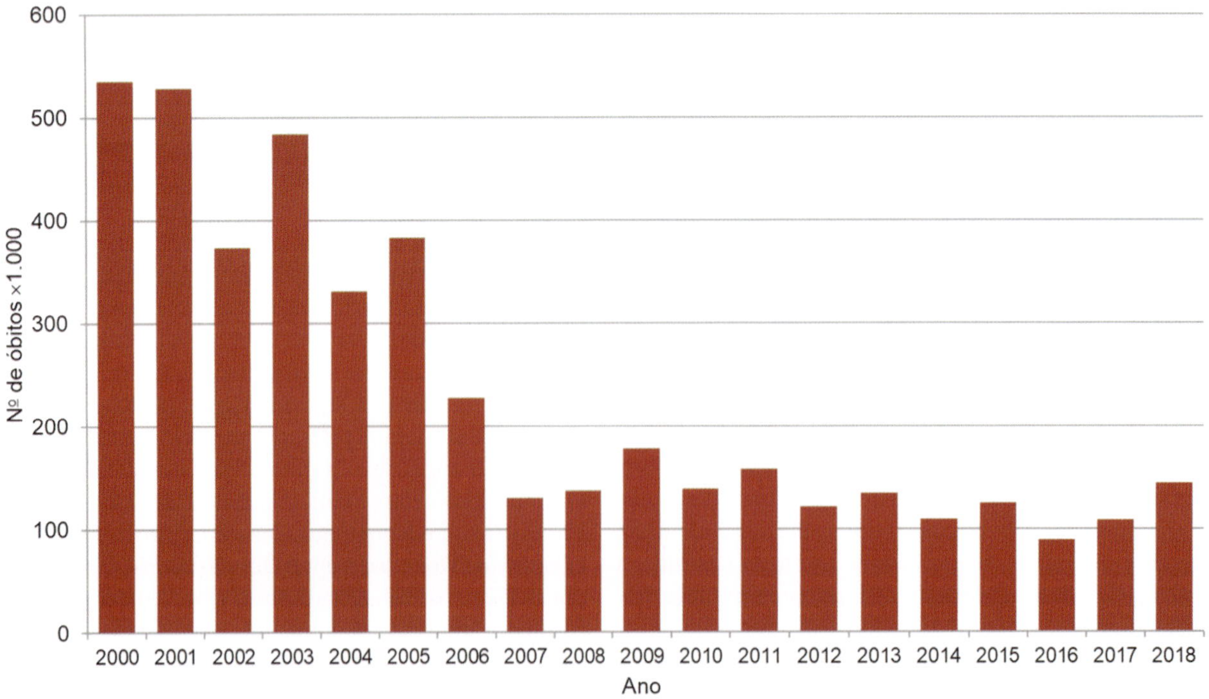


Figura 15.8 Número estimado de mortes decorrentes do sarampo globalmente entre 2000 e 2018. Fonte: WHO, 2020.

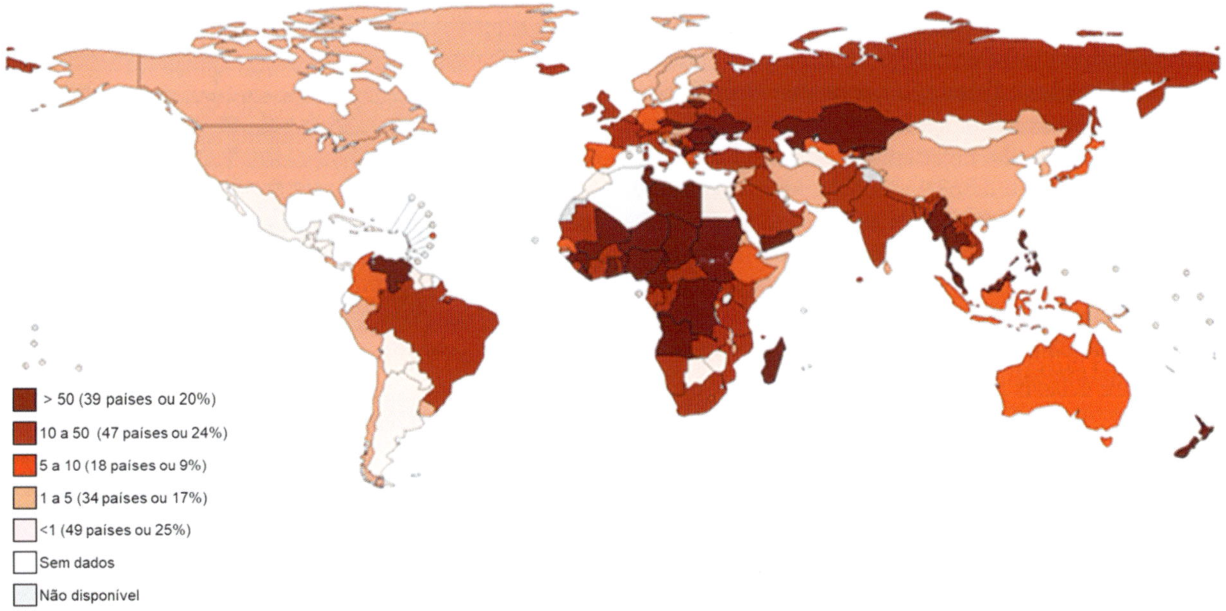


**Figura 15.9** Distribuição do número de casos de sarampo reportados no mundo, ocorridos no período de janeiro de 2018 a agosto de 2019. Fonte: WHO, 2019.

anticorpos maternos que persistem por cerca de 6 a 9 meses. Devido ao fato de que mães vacinadas apresentam níveis mais baixos de anticorpos do que as que adquiriram imunidade natural, seus filhos irão tornar-se suscetíveis à doença mais cedo. Em algumas áreas de países em desenvolvimento, os anticorpos maternos são perdidos mais rapidamente e muitas crianças são infectadas entre 4 e 6 meses de vida, e praticamente todos são infectados antes dos 2 anos de idade. Em países desenvolvidos, a idade média para aquisição da infecção é mais elevada, entre 4 e 6 anos de vida.

A infecção natural induz imunidade para toda a vida. Na reexposição ao vírus, indivíduos naturalmente infectados podem ser reinfectados, permitindo a propagação limitada do vírus na porta de entrada. Tais reinfecções são quase sempre assintomáticas e não resultam na transmissão do vírus aos contatos suscetíveis.

Em clima temperado, a incidência de sarampo atinge o pico no final do inverno e início da primavera, atingindo patamar mínimo no verão e outono. Essas diferenças são menos pronunciadas em regiões equatoriais, onde a incidência é maior nos meses secos e quentes, possivelmente porque os aerossóis infecciosos são mais estáveis quando a umidade relativa do ar está abaixo de 40%.

Nos locais onde as coberturas vacinais não são homogêneas e estão abaixo de 95%, a doença tende a comportar-se de forma endêmica, com a ocorrência de epidemias a cada 2 ou 3 anos, aproximadamente. Na zona rural, a doença apresenta-se com intervalos mais longos.

Vários fatores podem afetar a gravidade da doença. A morbidade e a mortalidade são mais elevadas em crianças, idosos, indivíduos de nível socioeconômico baixo e sem acesso a cuidados médicos. A mortalidade é elevada em crianças desnutridas, especialmente naquelas com deficiência de vitamina A.

Embora a Região da Europa tenha atingido a maior cobertura esperada para a segunda dose da vacina contra o vírus do sarampo (90%), os países em que estão ocorrendo surtos da doença vêm experimentando uma diversidade de desafios nos anos recentes incluindo o declínio ou estagnação da cobertura vacinal, devido à baixa cobertura subnacional que ocorre entre grupos marginalizados e também devido a "vazios imunológicos" (baixa cobertura vacinal) nas populações mais velhas. A maioria dos casos reportados ocorre em indivíduos não vacinados ou com vacinação incompleta. Em 2018, a Região da Europa da OMS reportou um total de 83.540 casos e 74 óbitos causados pelo vírus do sarampo; isso comparado com 25.869 casos e 42 óbitos em 2017; e 5.273 casos e 13 óbitos em 2016. As estatísticas oficiais em 2019, confirmaram o aumento do número de casos, com mais de 100.000 casos relatados, sendo a grande maioria dos casos na Ucrânia, assim como ocorreu em 2018. Além da Ucrânia, a Albânia, Georgia, Israel, Quirguistão e Macedônia do Norte estão entre os países com o maior número de casos de sarampo relatados em todo o mundo. Devido a esses surtos em 2019, Albânia, República Checa, Grécia e Reino Unido perderam seu certificado de erradicação do sarampo.

A Região do Mediterrâneo Oriental, assim como o resto do mundo, apresentou aumento significativo do número de casos de sarampo entre 2016 (6.263 casos) e 2017 (14.223 casos), devido a isto, no início de 2018 começou a ser implementado um plano de vacinação entre crianças com idades entre 6 meses e 10 anos. O número de casos nessa Região, em 2018 teve um aumento de mais de 300%, com 57.960 notificados, entretanto, o plano de vacinação parece ter começado a dar resultados, visto que em 2019 foram registrados 19.296 casos, sendo a Somália responsável por quase 4.000 casos no último ano, decorrentes ainda de um surto que começou em 2016, e até 2020 não havia sido contido.

A Região do Pacífico Ocidental, entre 2014 e 2017, apresentou um declínio constante dos casos de sarampo, de 128.518 casos em 2014 para 11.118 em 2017, uma redução de aproximadamente 90%. Entretanto, em 2018 esse número mais que dobrou, e em 2019 atingiu um pico de 65.304 casos. O país com o maior número de casos, desde 2018 é as Filipinas; já a China, que vinha sendo o país com o maior número de casos desde pelo menos 2008 apresentou uma redução drástica em seus números.

A Região do Sudeste da Ásia é composta por 11 países, que até 2011 eram responsáveis por aproximadamente 45% dos óbitos por sarampo no mundo. Entretanto, a taxa de infecção por milhão de habitantes caiu de 69,9 em 2000 para 25 em 2011. Desde então, a taxa de infecção pelo vírus do sarampo estava permanecendo relativamente estável, até que em 2018 houve um aumento significativo do número de casos, elevando a taxa para 53,1 por milhão de habitantes. Diferentemente das outras Regiões, o Sudeste da Ásia conseguiu, em 2019, reduzir em quase 70% sua incidência fechando o ano com 14,9 por milhão.

A Região das Américas era considerada completamente livre da circulação do vírus do sarampo até 2017. A quantidade de casos relatados anualmente não chegava a 1.000 em toda a Região. Porém, em 2018 foram relatados 16.692 casos de sarampo e, em 2019 esse número continuou a subir, chegando a 19.509 casos, fazendo com que alguns países, entre eles o Brasil, perdesse o *status* de erradicação do sarampo nesse ano. Os EUA chegaram perto de perder o certificado devido a um surto na cidade e depois no estado de Nova Iorque, que começou na comunidade de judeus ortodoxos, responsável por 75% dos 1.200 casos registrados em 2019. Entretanto, antes do final de 2019, as autoridades confirmaram a interrupção do surto, e o país conseguiu manter seu *status* frente à OMS/OPAS.

Estimando o número total de casos e óbitos globalmente devidos ao sarampo, o ônus maior foi observado na África Subsaariana, onde a cobertura vacinal é umas das menores no mundo. Em 2018, três países dessa Região sofreram o maior impacto: República Democrática do Congo, Libéria e Madagascar, que juntamente com Ucrânia e Somália foram responsáveis por quase 50% dos óbitos no mundo todo. Novamente, após uma breve queda no número de casos, em 2019 quase 200.000 relatos de infecção pelo vírus do sarampo foram registrados, entretanto a OMS suspeita que esse número seja maior devido à subnotificação.

A Figura 15.10 mostra a distribuição de casos de sarampo por Região da OMS de 2000 até maio de 2020.

## Situação do sarampo no Brasil

O sarampo é uma doença de notificação compulsória no Brasil, desde 1968. Para fins de vigilância epidemiológica, o Ministério da Saúde (MS) define caso suspeito de sarampo como "todo paciente que, independentemente da idade e da situação vacinal, apresentar febre e exantema maculopapular, acompanhados de um ou mais dos seguintes sinais e sintomas: tosse e/ou coriza e/ou conjuntivite; ou todo indivíduo suspeito com história de viagem ao exterior nos últimos 30 dias ou de contato, no mesmo período, com alguém que viajou ao exterior". Se o caso suspeito for confirmado por laboratório ou mesmo clinicamente (nos casos em que há impossibilidade da confirmação laboratorial por falha na vigilância epidemiológica), a Secretaria Municipal de Saúde tem que ser notificada para proceder à vacinação de bloqueio dos contatos.

Diversas epidemias ocorreram no país durante a década de 1970, acometendo cerca de 2 a 3 milhões de crianças. De acordo com dados do MS, até 1992 o país havia enfrentado 10 epidemias de sarampo, sendo uma a cada 2 anos, em média. A última grande epidemia ocorreu em 1997, acometendo mais de 50 mil pessoas.

Com a implantação do Plano de Erradicação do Sarampo, que ocorreu em 1992, o número de casos autóctones confirmados foi reduzido drasticamente: de 908 em 1999, para zero em 2001. Segundo dados do MS, em fevereiro de 2000 havia ocorrido o último surto de sarampo autóctone do país, com 15 casos no estado do Acre. O controle da doença também diminuiu o número de óbitos no país, graças à interrupção do ciclo de transmissão da doença, que por sua vez foi decorrência da melhoria dos níveis de vacinação da população.

No período de 2001-2005, houve 10 casos confirmados (quatro importados e seis contatos) de sarampo no Brasil que tiveram origem no Japão, Europa e Ilhas Maldivas (Ásia). No estado da Bahia, em 2006, houve um surto com 57 casos confirmados. As investigações mostraram existir uma só cadeia de transmissão, porém não foi possível estabelecer como o sarampo chegou aos municípios atingidos pela doença. Foi identificado o genótipo D4, que tem circulação predominante na Europa e na África.

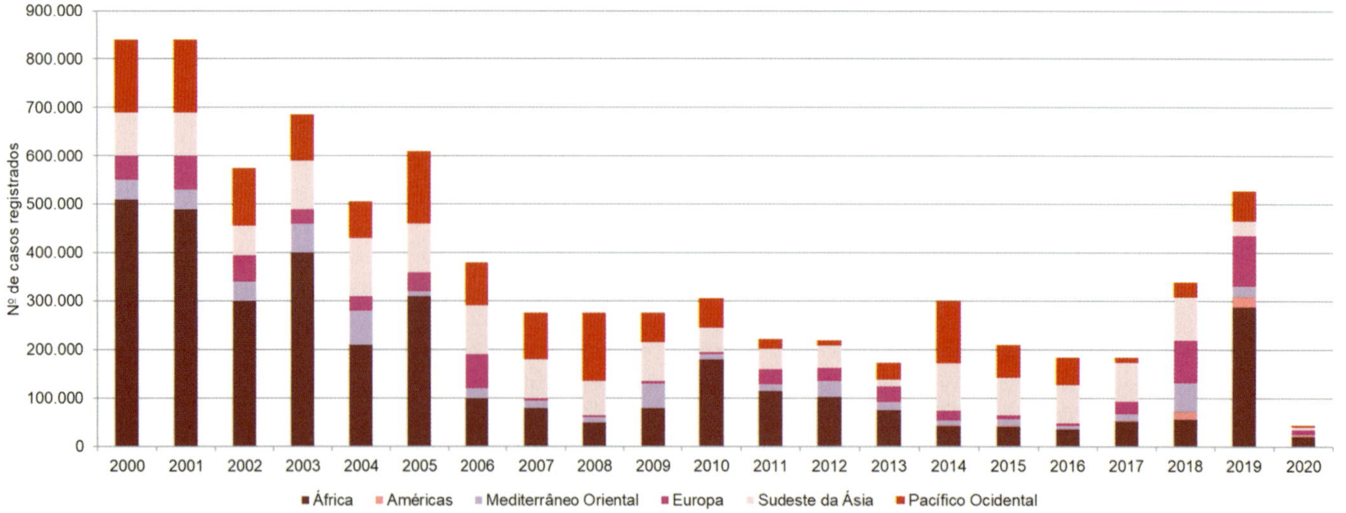


**Figura 15.10** Distribuição de casos de sarampo por Região da Organização Mundial da Saúde (OMS) de 2000 até maio de 2020. A Região das Américas não aparece no gráfico até o ano de 2017 devido ao baixo número de casos de sarampo neste continente no período (2000-2010: zero caso; 2011: 1.372; 2012: 143; 2013: 651; 2014: 1.798; 2015: 425; 2016: 92; e 2017: 888). Fonte: WHO, 2020.

Entre 2007 e 2009 foram descritos 4.517 casos suspeitos de sarampo no Brasil, mas nenhum foi confirmado. Entre 2010 e 2013 foram notificados 5.596 casos suspeitos dos quais 305 (5,4%) foram confirmados, todos relacionados com casos importados ou secundários a estes. Todas as Regiões brasileiras foram acometidas, ainda que pontualmente. O genótipo D4 se mostrou prevalente em todos os anos, acompanhado dos genótipos B3 (2010 e 1013), G3 (2011) e D8 (2012-2013). No ano de 2013 ocorreu a primeira morte relacionada ao sarampo desde 2006, a vítima foi uma criança de 7 meses de idade, soropositiva para HIV e com sífilis.

Entre 2014 e 2017 a situação do vírus do sarampo no país melhorou bastante e foram registrados somente 1.090 casos não autóctones, sendo 876 em 2014 e 214 em 2015. São Paulo e Ceará foram os estados mais afetados. Não houve relato de óbitos nesse período. Nos anos de 2016 e 2017 não foram confirmados casos de sarampo no país. Quanto ao genótipo circulante, o D4 que era frequentemente encontrado, deu lugar ao D8 em todos os anos em que houve casos relatados e B3, em menor escala, em 2014.

Em 2010, o Brasil foi declarado livre da circulação do vírus do sarampo pela OMS, pois não havia registro de circulação de vírus autóctone desde 2001, somente casos importados. Este fato foi confirmado em 2016, quando o país recebeu o certificado de erradicação do sarampo, juntamente com a Região das Américas. No entanto, a partir de 2018 a situação epidemiológica do vírus do sarampo no país começou a mudar, pois o vírus voltou a circular no país. Foram relatados 10.326 casos de sarampo no Brasil nesse ano, em 11 estados, sendo que o estado do Amazonas concentrou a maior parte dos casos (9.803 ou 94,9%), seguido pelo estado de Roraima (355 casos ou 3,4%). Apesar do grande número de casos, somente foram registrados 12 óbitos. Acredita-se que o motivo desse novo surto no Brasil seja devido à entrada de imigrantes venezuelanos não imunizados no país, principalmente pelo estado de Roraima, que faz fronteira com o Brasil, aliado à baixa cobertura vacinal, que veio caindo ao longo dos anos até ficar abaixo de 90% em 2017. No estado do Amazonas, antes deste surto, o último caso registrado de sarampo havia sido no ano 2000.

Segundos dados do MS, desde fevereiro de 2018 o vírus do sarampo voltou a circular no Brasil. Em 2019, o cenário piorou e foram registrados 15.326 casos de sarampo no país, com 15 óbitos. O vírus se disseminou pelo país, sendo São Paulo o estado com o maior número de casos (14.239 ou 89,4%) e óbitos (14 ou 93,3%), seguido dos estados do Paraná (594 casos ou 3,7%), Rio de Janeiro (253 casos), Santa Catarina e Pernambuco (185 cada), Minas Gerais (131 casos) e Bahia (46 casos). Diante desses fatos, o MS lançou um plano de Vacinação Indiscriminada contra o Sarampo para pessoas de 20 a 49 anos em todo o país, no período de 23 de março a 22 de maio de 2020. A vacinação foi estendida de 25 de maio até 30 de junho no sentido de que as equipes de saúde dos estados pudessem captar pessoas não vacinadas durante a campanha, como, por exemplo, populações institucionalizadas (empresas, instituições públicas, escolas técnicas, universidades, fábricas, hotéis, restaurantes etc.); vacinação em lugares estratégicos de concentração de pessoas (*shoppings*, centros comerciais, centros religiosos, supermercados, praças, praias, terminais de ônibus e táxis, rodoviárias, entre outros); vacinação por microconcentração (postos móveis em áreas de difícil acesso com participação de líderes e agentes comunitários) e vacinação de puérperas em maternidades (hospitais ou durante a primeira visita domiciliar).

Apesar do esforço do MS do Brasil, em dezembro de 2020 ainda estavam ocorrendo surtos de sarampo em quatro das cinco Regiões do país. Entre as semanas epidemiológicas de 01 a 52 de 2020 (29/12/2019 a 26/12/2020), foram notificados 16.736 casos de sarampo, confirmados 8.427 (50,4%), descartados 7.935 (47,4%) e em investigação 374 (2,2%). Os estados do Pará, Rio de Janeiro, São Paulo e Amapá concentravam o maior número de casos confirmados de sarampo, totalizando 8.148 (96,7%) casos. Foram registrados 7 óbitos nesse período, 5 no estado do Pará, 1 no Rio de Janeiro e 1 em São Paulo.

A Figura 15.11 mostra a situação epidemiológica do vírus do sarampo no Brasil, desde 1980 até dezembro de 2020.

Para a manutenção da ausência de transmissão autóctone da doença é fundamental a manutenção de taxas elevadas de cobertura vacinal, tanto na população infantil quanto na de adultos que pertençam a grupos de risco. A vacinação dos viajantes para países fora das Américas visa impedir que pessoas não imunizadas contraiam a doença fora do país e a reintroduzam em nosso meio.

O MS define os tipos de ocorrência de infecção pelo vírus do sarampo no país da seguinte maneira: (i) caso importado é definido como uma infecção que ocorreu fora do país durante os 12 a 23 dias prévios ao surgimento do exantema, de acordo com a análise dos dados epidemiológicos ou virológicos. A confirmação deve ser laboratorial e a colheita de espécimes clínicos para a identificação viral deve ser realizada no primeiro contato com o paciente; (ii) caso relacionado com importação refere-se à infecção contraída localmente, que ocorre como parte de uma cadeia de transmissão originada por um caso importado, de acordo com a análise dos dados epidemiológicos e/ou virológicos; e (iii) caso autóctone é definido como caso novo ou contato de um caso secundário de sarampo após a introdução do vírus no país. A confirmação deve ser laboratorial e a colheita de espécimes clínicos para a identificação viral deve ser realizada no primeiro contato com o paciente. O vírus identificado deve circular no país por mais de 12 meses. Com essa confirmação, o país deixa de ser uma área livre da circulação do vírus autóctone.

### Cobertura vacinal nacional

O indicador de cobertura vacinal representa um importante instrumento para a manutenção do *status* epidemiológico de um país frente a determinada doença, uma vez que somente com coberturas adequadas é possível alcançar o controle ou manter em condição de eliminação ou erradicação as doenças preveníveis por vacinação sob vigilância. No caso do vírus do sarampo, a cobertura vacinal indicada é de pelo menos 95% da população suscetível. De acordo com o MS, em 2017, depois de 15 anos com índices de cobertura para a vacina do sarampo quase em 100%, o país não alcançou a meta estipulada pelo Programa Nacional de Imunizações (PNI), ficando em 90%, sendo a Região Norte a que apresentou pior cobertura (80,2%), porém nenhuma das outras quatro Regiões do país conseguiu alcançar a meta. Em 2018, a cobertura vacinal subiu para 91,8%, ainda aquém do necessário para interromper a cadeia de transmissão do sarampo e, novamente nenhuma Região alcançou a meta de 95%.

O "vazio imunológico" que ocorreu em 2017-2018 foi um fator facilitador para a ocorrência dos surtos vivenciados até o final do ano de 2019, contribuindo assim para a perda do título de "área livre de circulação" do vírus do sarampo. As ações de

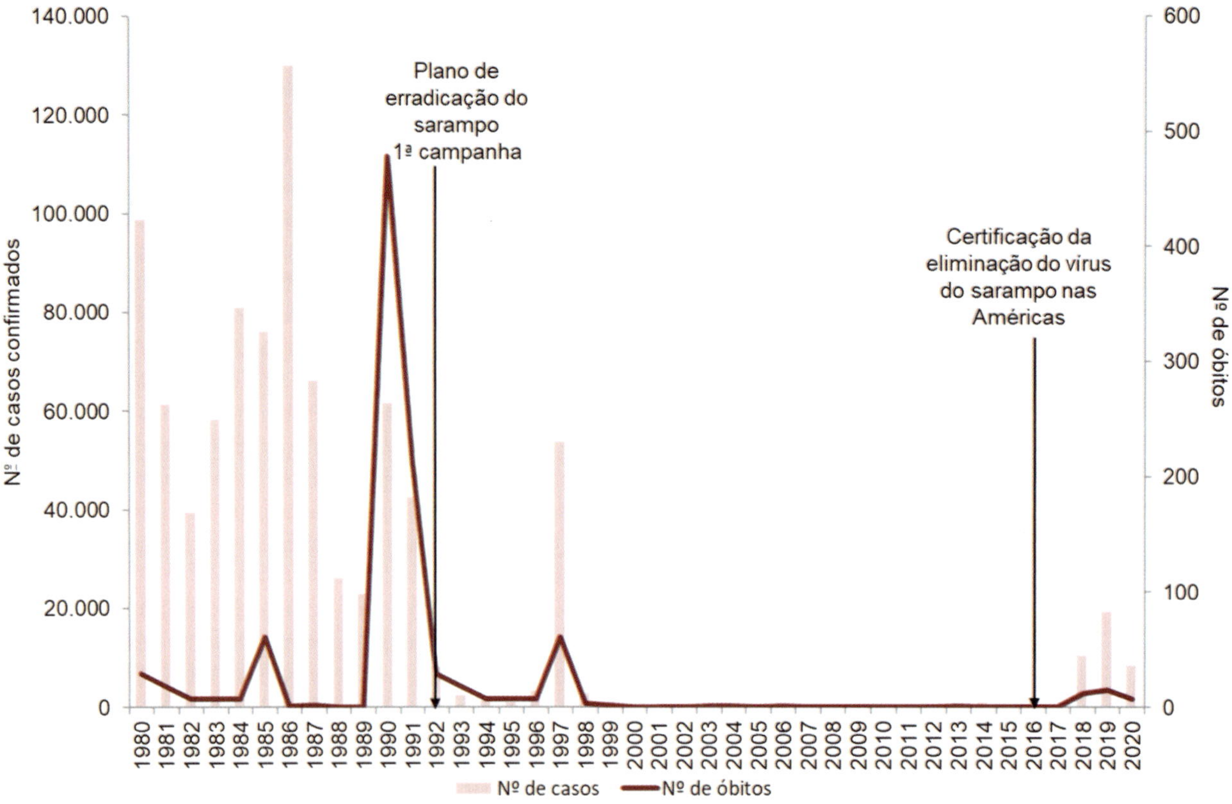


**Figura 15.11** Número de casos confirmados e série de óbitos por sarampo no Brasil entre 1980 e dezembro de 2020. Fonte: MS do Brasil, 2020.

vacinação têm sido intensificadas nos locais de ocorrência dos casos para interromper a cadeia de transmissão do sarampo. Em 2019, o Brasil ultrapassou a meta de cobertura vacinal da tríplice viral (sarampo, rubéola e caxumba) recomendada pela OMS, com 99,4% das crianças de um ano de idade vacinadas. O resultado é o melhor dos últimos cinco anos, embora oito estados (Pará [85,4%], Roraima [87,9%], Bahia [88,9%], Maranhão [90%], Acre [91,4%], Piauí [91,9%], São Paulo [93,9%] e Amapá [94,9%]) e o Distrito Federal (93,7%) não tenham atingido a meta mínima, que é de 95%.

## Prevenção e controle

A recomendação de quarentena em casos de sarampo não é seguida porque a transmissão do vírus ocorre antes mesmo de ser diagnosticado clinicamente. Medidas de contenção ambiental, incluindo desinfecção, também têm pouco impacto no espalhamento do sarampo porque o vírus é bastante lábil e fômites não têm papel significativo na transmissão.

O isolamento é indicado para pacientes hospitalizados com sarampo até o 5º dia do surgimento do exantema. Pacientes imunocomprometidos com sarampo continuam excretando o vírus e devem ser isolados durante todo o curso da doença. Pessoal médico e paramédico suscetível à doença que tenham sido expostos ao vírus devem ser afastados do contato com pacientes do 5º ao 21º dia após a exposição, a despeito de ter recebido imunização pós-exposição com vacina ou imunoglobulina. Aqueles que apresentarem a doença devem ser afastados até o 5º dia do surgimento do exantema.

## *Imunização ativa*

### Vacinas

As vacinas contra o sarampo são seguras e eficientes. Têm interrompido a transmissão da doença em grandes áreas geográficas, fornecendo uma ferramenta crucial para a eliminação global do sarampo. Essas vacinas contêm vírus atenuado, cultivado geralmente em fibroblasto de embrião de galinha ou em células diploides humanas.

Os conservantes utilizados podem ser a albumina humana, sulfato de neomicina, sorbitol e gelatina, diferindo de acordo com o laboratório fabricante da vacina. Várias vacinas produzidas com vírus atenuado estão disponíveis em todo o mundo, seja na forma simples ou combinada. A maioria das vacinas atuais teve origem na estirpe Edmonston, isolada por Enders e Peebles, em 1954. Essas vacinas sofreram manipulações em culturas de células, mas a análise da sequência de nucleotídeos demonstra menos de 0,6% de diferença entre a maioria das estirpes vacinais e variam dependendo do laboratório produtor (Figura 15.12). A estirpe atualmente utilizada pelo MS do Brasil é a Schwarz e é produzida em Bio-Manguinhos (Fundação Oswaldo Cruz, Rio de Janeiro, Brasil).

No Brasil, a vacinação contra o sarampo foi instituída no início da década de 1960 e incluída no Plano Nacional de Imunizações (PNI) em 1973. Inicialmente, a vacina monovalente era administrada em dose única aos 8 meses de idade, em 1976 passou a ser aos 7 meses e, em 1982 tornou-se obrigatória aos 9 meses, com reforço aos 15 meses. Em abril de 2004 foi adotada a vacina tríplice viral (MMR, *measles* = sarampo; *mumps* = caxumba e

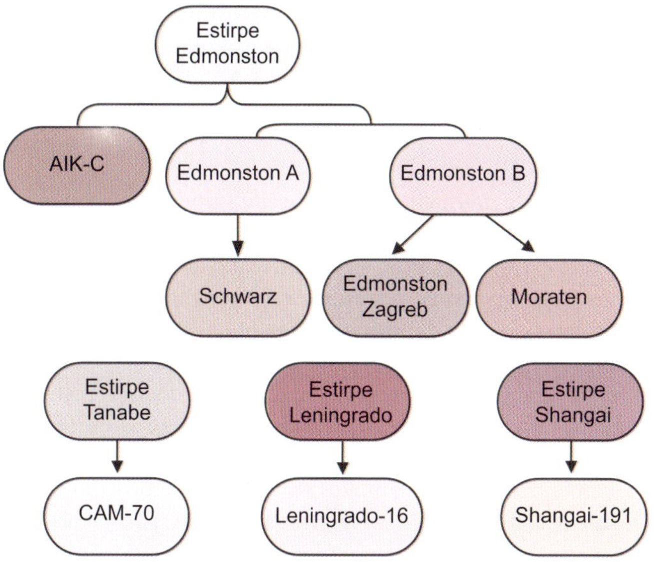


**Figura 15.12** Estirpes virais utilizadas para a produção da vacina contra o sarampo.

*rubella* = rubéola) que é administrada por via subcutânea em 2 doses (12 meses e 15 meses).

As vacinas contra o sarampo induzem imunidade humoral e celular, que são respostas similares à infecção natural. A resposta humoral parece ser a mais efetiva para a imunidade, com presença de anticorpos IgG, IgM e IgA específicos para o vírus do sarampo tanto no soro, quanto nas secreções nasais. Os anticorpos IgM aparecem inicialmente entre 12 e 15 dias após a vacinação e atingem o pico com 21 a 28 dias, quando são substituídos pelos anticorpos da classe IgG, que persistem por 10 a 15 anos. A proporção de crianças que desenvolvem títulos protetores de anticorpos após a vacinação depende da presença de anticorpos maternos e da maturidade imunológica, assim como da dose e da estirpe do vírus vacinal. Polimorfismos em genes de origem humana associados à resposta imunológica (p. ex., TAP2, transportador associado ao processamento de antígenos [*transporter associated with antigen processing*] e HLA-DQA1, antígeno leucocitário humano haplótipo DQA1 [*human leucocyte antigen DQA1*]) também influenciam a resposta imunológica à vacina. Estatisticamente, aproximadamente 85% das crianças desenvolvem títulos protetores de anticorpos quando a vacina é administrada até 9 meses de idade, e 90 a 95% têm resposta protetora de anticorpos após vacinação aos 12 meses de idade. A duração dos títulos protetores de anticorpos após a vacinação é menor do que a proteção adquirida após a infecção natural, sendo estimado que 5% das crianças percam os títulos protetores de 10 a 15 anos após a vacinação. Entretanto, o decréscimo nos títulos de anticorpos não significa necessariamente a perda da imunidade, uma vez que uma resposta secundária geralmente é desenvolvida após a reexposição ao vírus, com rápida elevação dos anticorpos IgG.

A vacina contra o sarampo está disponível na forma combinada com a vacina contra rubéola (MR), caxumba e rubéola (MMR) ou caxumba, rubéola e varicela (MMRV) para ser administrada por via subcutânea. Se estocada e administrada corretamente, a vacina induz anticorpos em mais de 95% dos indivíduos vacinados. A formulação atual da vacina é considerada segura, contudo, alguns indivíduos (5 a 15%) podem apresentar febre e alteração do estado mental com entorpecimento, irritabilidade, inquietação e sensação de angústia e 2 a 5% podem desenvolver exantema. Encefalite ou encefalopatias podem ocorrer na proporção de 1 caso em 1 milhão de vacinados. Não há associação definitiva entre a vacinação e o desenvolvimento de SSPE.

A vacina é contraindicada para mulheres grávidas; indivíduos alérgicos à neomicina ou gelatina; pacientes imunocomprometidos (exceto HIV-positivos); portadores de algumas malignidades hematológicas que estão em remissão e para os quais a terapia imunossupressiva tenha sido interrompida por pelo menos 3 meses; e indivíduos que receberam administração recente de imunoglobulina.

A vacina MMR é recomendada para pessoas com infecção assintomática ou sintomática branda por HIV, e não é recomendada para pessoas com evidências de imunossupressão grave. A vacina MMRV ainda não foi aprovada para uso em pessoas infectadas pelo HIV.

Até junho de 2020, na rotina dos serviços de saúde do Brasil, a vacinação contra o sarampo deveria ser realizada conforme as indicações do Calendário Nacional de Vacinação (CNV) de 2020 (disponível em https://www.saude.go.gov.br/files/imunizacao/calendario/Calendario.Nacional.Vacinacao.2020.atualizado.pdf; acesso em: 20 abr. 2021) e Instrução Normativa referente ao CNV 2020 (disponível em https://antigo.saude.gov.br/images/pdf/2020/marco/04/Instru----o-Normativa-Calend--rio-Vacinal-2020.pdf; acesso em: 20 abr. 2021) e deve obedecer ao seguinte esquema:

- Administrar a primeira dose da vacina tríplice viral aos 12 meses de idade
- Completar o esquema de vacinação contra o sarampo, caxumba e rubéola com a vacina tetra viral aos 15 meses de idade (corresponde à segunda dose da vacina tríplice viral e à primeira dose da vacina para varicela). A vacina tetra viral está disponível na rotina de vacinação para crianças com idade entre 15 meses e 4 anos, 11 meses e 29 dias de idade. Após esta faixa etária, completar o esquema com a vacina tríplice viral. As vacinas tríplice viral e varicela (monovalente) podem ser utilizadas em substituição à tetra viral, quando não houver disponibilidade dessa vacina
- Pessoas de 5 a 29 anos de idade não vacinadas ou com esquema incompleto devem receber ou completar o esquema de duas doses de tríplice viral, conforme situação encontrada, considerando o intervalo mínimo de 30 dias entre as doses
- Pessoas de 30 a 59 anos de idade não vacinadas devem receber uma dose de tríplice viral. Quando houver indicação, a vacina dupla viral (sarampo e rubéola) poderá ser utilizada para vacinação de pessoas a partir dos 30 anos de idade ou outras faixas etárias, de acordo com as estratégias definidas pelo MS do Brasil
- Trabalhadores de saúde independentemente da idade devem receber 2 doses da tríplice viral, conforme situação vacinal encontrada, observando o intervalo mínimo de 30 dias entre as doses
- Pessoas imunocomprometidas ou portadoras de condições clínicas especiais deverão ser avaliadas nos Centros de Referência para Imunobiológicos Especiais (CRIE) antes da vacinação.

Em situação epidemiológica de risco para o sarampo ou a rubéola, a vacinação de crianças entre 6 e 11 meses de idade pode ser temporariamente indicada, devendo-se administrar a dose zero da vacina tríplice viral. A dose zero não é considerada válida para cobertura vacinal de rotina. Após a administração da dose zero de tríplice viral, deve-se manter o esquema vacinal recomendado no Calendário Nacional de Vacinação.

A vacina MMR também deve ser aplicada durante a realização de bloqueio vacinal de contatos de casos suspeitos ou confirmados da doença, em indivíduos da faixa etária de 6 meses a 39 anos de idade ou mais, dependendo da situação epidemiológica, que não comprovem vacinação anterior.

A estratégia de vacinação da OPAS consiste em quatro subprogramas: *catch-up* (alcance), *keep-up* (manutenção), *follow-up* (acompanhamento) e *mop-up* (complementação). A fase de "alcance" é realizada por meio de campanhas maciças de imunização que tem como alvo todas as crianças, em ampla faixa etária, tenham elas tido ou não sarampo, ou recebido vacina. A meta é atingir rapidamente índice elevado de imunidade na população e interrupção da transmissão do vírus. A fase de "manutenção" refere-se à necessidade de manter uma cobertura vacinal rotineira maior que 90%, pela facilitação do acesso à vacina. A fase de "acompanhamento" visa campanhas periódicas de imunização em massa, para prevenir o acúmulo de crianças suscetíveis e, tipicamente, tem como alvo crianças entre 1 e 4 anos de idade. A fase de "complementação" tem como foco crianças que são difíceis de atingir em áreas de surtos de sarampo ou baixa cobertura vacinal.

### Limitações das vacinas licenciadas

Apesar dos benefícios das vacinas contra o sarampo para a saúde pública, existem várias limitações que podem ser importantes para a eliminação global do sarampo. Primeiro, as vacinas com vírus atenuados são inativadas se forem expostas à luz e ao calor: perdem cerca de metade da sua potência após a reconstituição se forem estocadas a 20°C por 1 hora e praticamente perdem toda a potência se mantidas a 37°C por 1 hora. A cadeia de refrigeração deve ser controlada para permitir os programas de imunização. Segundo, as vacinas devem ser administradas por via subcutânea ou intramuscular, necessitando de pessoal treinado, agulhas e seringas descartáveis, e descarte apropriado para esse material. Terceiro, anticorpos maternos e a imaturidade imunológica reduzem a eficiência da vacinação, dificultando a eficiência da imunização em bebês. Quarto, a vacina com vírus atenuado tem potencial para causar sérios efeitos adversos, como infecção do cérebro e dos pulmões, em pacientes imunocomprometidos. Finalmente, uma 2ª dose de vacina deve ser oferecida, além da 1ª dose fornecida por intermédio dos programas regulares, para alcançar níveis suficientemente elevados de imunidade na população para interromper a transmissão do vírus.

Para a eliminação do sarampo é necessária a 2ª dose da vacina para permitir a proteção de crianças que não responderam à 1ª dose, ou que não foram previamente vacinadas. Duas grandes estratégias de administração dessa 2ª dose têm sido usadas. Em países com infraestrutura adequada, a 2ª dose da vacina é administrada por intermédio dos serviços rotineiros de imunização, tipicamente, antes do início da vida escolar. Uma ampla cobertura é garantida pela exigência da vacinação pelas escolas. A 2ª estratégia, inicialmente desenvolvida pela OPAS para as Américas do Sul e Central, envolve campanhas de imunização em massa, chamadas de programas suplementares de imunização (PSI). Se forem bem sucedidos os PSI apresentam um custo-benefício favorável com declínio dramático na transmissão, na incidência e na mortalidade. Essa estratégia logrou êxito na eliminação do sarampo da América Latina e resultou em redução significativa da incidência e da mortalidade em áreas da África Subsaariana.

## Imunização passiva

O emprego de imunoglobulina específica pode prevenir ou atenuar o sarampo em pessoas suscetíveis, mas a vacina com vírus atenuado é a melhor opção na maioria das situações. Em pacientes imunocompetentes, a administração de imunoglobulina em até 72 horas após a exposição normalmente previne a viremia e quase sempre a doença. Administrada até 6 dias após a exposição ainda é capaz de prevenir ou atenuar a doença. A imunoglobulina, provavelmente, diminui a morbidade se administrada antes do período prodrômico. A profilaxia com imunoglobulina é recomendada para os contatos secundários e nosocomiais que tenham risco de desenvolver sarampo grave, particularmente crianças menores de 1 ano de idade, pessoas imunocomprometidas (incluindo HIV-positivos que tenham sido previamente imunizados com a vacina) e mulheres grávidas. Exceto bebês prematuros, aqueles menores de 5 meses são parcialmente ou completamente protegidos pelos anticorpos maternos. Se o sarampo for diagnosticado na mãe, todas as crianças não imunizadas próximas devem receber a imunoglobulina.

A imunoglobulina específica pode ser administrada via intramuscular ou endovenosa. A dosagem depende do peso e deve proteger o paciente durante período em torno de 3 semanas após a administração.

Indivíduos suscetíveis que receberam tratamento pós-exposição com imunoglobulina devem ser imunizados com a vacina tão logo possível. A vacina deve ser administrada 5 a 6 meses após o tratamento com imunoglobulina, dependendo da dose. Intervalos maiores são requeridos após doses elevadas de imunoglobulina endovenosa.

A vacina com vírus atenuado pode induzir alguma proteção em indivíduos imunocompetentes se administrada até 72 horas após a exposição. Essa opção é uma alternativa à profilaxia com imunoglobulina e oferece a vantagem de induzir proteção mais duradoura.

## Erradicação

A eliminação global do sarampo tem sido debatida desde 1960, logo após a liberação da primeira vacina contra a doença. A Conferência para Erradicação de Doenças de Dahlem (Alemanha), em 1997, definiu erradicação como permanente redução para zero da incidência global da infecção causada por um patógeno específico como resultado de esforço deliberado, e como consequência, as intervenções não mais seriam necessárias. Embora posteriormente tenham sido propostas algumas modificações a essa definição, três critérios são considerados necessários para uma doença ser considerada possível de ser erradicada: primeiro, os seres humanos devem ser cruciais para a transmissão da doença; segundo, devem existir ferramentas sensíveis e específicas de diagnóstico; e terceiro, deve existir uma forma de intervenção eficiente. A demonstração da interrupção da transmissão em uma grande área geográfica por período prolongado sugere a possibilidade de erradicação.

Muitos especialistas acreditam que o sarampo atenda a esses critérios. O vírus do sarampo não possui reservatório não humano, a doença pode ser rapidamente diagnosticada após o estabelecimento do exantema e o vírus não sofreu mutação ou evoluiu significativamente a ponto de alterar os epítopos imunogênicos. Contudo, é uma doença altamente infecciosa que requer nível elevado da população imunizada para interromper a transmissão e é contagioso por alguns dias antes do aparecimento do exantema (o primeiro sintoma mais facilmente diagnosticado). A doença também pode ser mais difícil de eliminar em regiões que possuem alta prevalência de indivíduos infectados com o HIV-1. Isso porque em centros urbanos da África Subsaariana, que são áreas superpopulosas com elevada prevalência de HIV-1, crianças infectadas podem ter papel na sustentação da transmissão do vírus do sarampo. As mães infectadas fazem a transferência de IgG por via transplacentária de maneira deficiente, resultando em baixos títulos de anticorpos protetores nos recém-nascidos, o que aumenta o período de suscetibilidade à infecção pelo vírus do sarampo antes da época de imunização. Crianças HIV-1-positivas que são vacinadas contra o sarampo podem se tornar suscetíveis ao vírus devido à imunossupressão progressiva causada pelo HIV. Crianças com deficiência da imunidade celular podem não desenvolver o exantema característico e, em consequência, a infecção pode não ser diagnosticada rapidamente, aumentando o potencial de transmissão, particularmente em ambientes hospitalares. Além disso, crianças HIV-positivas podem ter excreção prolongada do vírus em virtude da imunidade celular deficiente, aumentando o período de infecciosidade e o espalhamento do vírus para contatos secundários.

O programa *Millennium Development Goal 4* (Metas de Desenvolvimento para o Milênio 4 – MDG4) da OMS teve como objetivo reduzir em 2/3 a mortalidade de crianças menores de 5 anos entre 1990 e 2015. Pelo fato de que a vacinação contra o sarampo tem impacto na redução da mortalidade infantil e de que a cobertura vacinal contra o sarampo pode ser considerada marcador de acesso infantil aos serviços de saúde, a OMS selecionou a cobertura da vacinação rotineira contra o sarampo como um indicador do progresso em direção ao cumprimento das metas da MDG4.

Evidências contundentes demonstram os benefícios de prover o acesso universal à vacinação contra o sarampo e a rubéola. Desde 2000, com o apoio da *M&R Initiative*, mais de 1 bilhão de crianças foram vacinadas; aproximadamente 145 milhões em 2012. A *M&R Initiative* é um esforço conjunto da OMS, UNICEF, ARC, CDC dos EUA e da ONU para auxiliar os países a atingirem as metas de controle do sarampo e da rubéola.

Em abril de 2012, a *M&R Initiative* lançou novo plano estratégico global para sarampo e rubéola para o período entre 2012 e 2020 que teve como marco a erradicação do sarampo, da rubéola e da síndrome de rubéola congênita (SRC). O plano incluiu novas metas globais para o período entre 2015 e 2020. Até o final de 2015 foram estabelecidos a redução global da mortalidade por sarampo em pelo menos 90% em relação a 2000 e a eliminação do sarampo, da rubéola e da SRC em nível regional. Até o final de 2020 a meta seria a eliminação das três morbidades em pelo menos cinco das seis Regiões da OMS.

A estratégia tem como objetivo a implantação de cinco componentes centrais: (i) alcançar e manter cobertura vacinal elevada com 2 doses da vacina MR; (ii) monitorar a doença por meio de sistemas de monitoramentos eficientes, e avaliar os efeitos do programa para garantir o progresso e o impacto positivo das campanhas vacinais; (iii) desenvolver e manter planos de contingência e rápida resposta aos surtos, e o tratamento eficiente dos casos; (iv) comunicação e compromisso para angariar a confiança da população e a busca pela imunização; (v) implementar e desenvolver as pesquisas necessárias para dar suporte a ações custo-efetivas e aprimorar a vacinação e as ferramentas de diagnóstico.

Não tendo sido cumpridas as metas para o período entre 2012 e 2020, uma nova visão e estratégia para acelerar o progresso na imunização para 2021 a 2030 vem sendo desenvolvida. Os pilares dessa nova estratégia incluem comprometimento e demanda, pesquisa e inovação, integração e sustentabilidade; todos sendo vitais para alcançar a meta de eliminação do sarampo.

### Novas ferramentas para a erradicação do sarampo

A administração de vacinas por meio de aerossol foi inicialmente avaliada no início da década de 1960 em vários países, incluindo a antiga União Soviética e os EUA. Estudos realizados na África do Sul e no México demonstraram que a administração da vacina contra o sarampo via aerossol é altamente eficiente na elevação de anticorpos preexistentes, embora a resposta imunológica primária a esse tipo de vacina seja reduzida em comparação com a subcutânea. A administração da vacina aerossolizada contra o sarampo tem o potencial de facilitar as campanhas de vacinação em massa.

A vacina ideal deve ser barata, segura, estável ao calor, imunogênica em bebês ou crianças, e administrada em dose única sem a necessidade do uso de seringas ou agulhas. A idade para a vacinação deve coincidir com o calendário do Programa de Imunização Expandida para maximizar os resultados e compartilhar os recursos. Uma nova vacina não deve expor os indivíduos imunizados ao risco de desenvolver sarampo atípico e não deve ser associada com imunossupressão prolongada.

Diversas candidatas a vacinas com algumas dessas características estão sendo desenvolvidas e testadas. Vacinas com DNA complementar (DNAc), codificando as proteínas H ou F, ou ambas, são termoestáveis e teoricamente poderiam induzir a produção de anticorpos mesmo na presença de anticorpos maternos.

## Tratamento

O tratamento em pacientes sem complicações é sintomático e inclui repouso, hidratação e antipiréticos. Em crianças com traqueobronquite pode ser necessário o uso de vaporizadores, expectorantes e agentes antitussígenos. A redução da iluminação do ambiente ajuda a eliminar o desconforto associado à fotofobia.

A superinfecção bacteriana (p. ex., otite média e pneumonia) deve ser prontamente tratada com antibióticos. O tratamento das complicações é de suporte. A obstrução da laringe pode necessitar de traqueostomia. A pneumonia por sarampo, geralmente, requer ventilação mecânica. A encefalite demanda controle das convulsões e da pressão intracraniana, manutenção da ventilação, e provisão de fluidos, eletrólitos e calorias.

Embora a administração de imunoglobulina seja eficiente para a profilaxia, não parece ter valor no tratamento da doença estabelecida. Contudo, é razoável a administração de imunoglobulina em pacientes imunocomprometidos com sarampo, os quais apresentam resposta humoral lenta ou ausente.

A vitamina A é eficiente no tratamento do sarampo, embora não seja um antiviral. Ela é essencial para a manutenção do tecido epitelial, e sua deficiência pode resultar em xeroftalmia, metaplasia escamosa, cegueira noturna, imunidade celular deficiente, entre outras complicações. O tratamento com vitamina A reduz consideravelmente a morbidade e a mortalidade dos quadros graves das doenças respiratórias e diarreia infantil em países em desenvolvimento. A OMS recomenda que a vitamina A seja administrada em todas as crianças diagnosticadas com sarampo em regiões onde a deficiência dessa vitamina seja um problema reconhecido e onde a mortalidade por sarampo seja > 1%.

Não existe terapia antiviral considerada eficaz contra o sarampo. O tratamento com ribavirina já foi sugerido, mas sua eficácia não foi demonstrada.

# Vírus da caxumba

Gabriella da Silva Mendes • Norma Suely de Oliveira Santos

## Histórico

A caxumba é uma doença infecciosa comum na infância, conhecida desde o século V a.C. quando Hipócrates descreveu, pela primeira vez, uma doença epidêmica caracterizada por tumefação não supurativa próxima ao ouvido. O envolvimento do SNC foi descrito pela primeira vez na literatura por Hamilton em 1790.

O fato de que a doença seria causada por um vírus foi sugerida em diversos experimentos conduzidos em animais no início dos anos 1900, porém foi somente em 1934, que Johnson e Goodpasture provaram que o agente etiológico da caxumba seria um vírus. Essa hipótese foi confirmada por esses pesquisadores, no ano seguinte, mediante demonstração de que a saliva proveniente de quatro pacientes doentes era capaz de induzir parotidite quando inoculada em macacos rhesus. Para descartar a possibilidade de agente bacteriano, passaram a saliva em um filtro que retinha bactérias e injetaram o filtrado nos macacos. Posteriormente, os mesmos pesquisadores repetiram o experimento inoculando crianças com o filtrado do macerado de parótidas de macacos doentes, conseguindo reproduzir a doença nas crianças, o que preencheu todos os requisitos dos postulados de Koch.

Em 1945, Habel e Enders isolaram o vírus da caxumba em ovos embrionados, permitindo a demonstração da capacidade hemaglutinante, hemolisante e neuraminidásica do vírus.

O desenvolvimento da primeira vacina utilizando vírus da caxumba inativado ocorreu em 1946, sendo testada em seres humanos em 1951. Em 1958, surgiu a primeira vacina obtida com vírus atenuado que foi licenciada, em 1967, nos Estados Unidos da América (EUA), utilizando a estirpe Jeryl Lynn. Em 1981, a vacina produzida com vírus atenuado preparada com a estirpe Urabe Am9 foi licenciada no Japão.

Embora a caxumba seja conhecida como uma doença da infância, historicamente era descrita principalmente entre militares durante períodos de mobilização. O vírus da caxumba foi a principal causa de morbidade entre os soldados confederados durante a guerra civil americana, além de ser a principal causa de dias de trabalho perdidos pelos militares americanos durante a primeira guerra mundial. Embora a incidência tenha diminuído após esse período, continuou sendo um problema durante a segunda guerra mundial, apresentando uma frequência três vezes maior que a segunda condição mais frequente, que era o sarampo.

A caxumba é também conhecida por parotidite epidêmica ou parotidite infecciosa, sendo chamada popularmente de papeira.

## Classificação e características

O vírus da caxumba é classificado na ordem *Mononegavirales*, família *Paramyxoviridae*, subfamília *Rubulavirinae*, gênero *Orthorubulavirus*, espécie *Mumps orthorubulavirus* (vírus da caxumba). A partícula viral é esférica, medindo de 100 a 300 nm e é constituída de capsídeo de simetria helicoidal, pleomórfica, com genoma de RNA de fita simples (RNAfs), linear, não segmentado, de polaridade negativa e envelope glicolipoproteico derivado da célula hospedeira (Figura 15.13). O RNA genômico possui aproximadamente 15,4 quilobases (kb) e codifica nove proteínas das quais seis são estruturais (P, L, NP, HN, F e M) e três são não estruturais (SH, V [ou NS1] e I [ou NS2]), traduzidas alternativamente a partir do RNA genômico (RNAg) ou subgenômico (RNAsg) que codifica a fosfoproteína (P) viral (Figura 15.14). Das seis proteínas estruturais, P, L (polimerase/transcriptase) e NP (nucleoproteína) formam o nucleocapsídeo. A glicoproteína hemaglutinina-neuraminidase (HN), a proteína de fusão (F) e a proteína matriz (M), juntamente com lipídeos da membrana da célula hospedeira, formam o envelope viral.

A nucleoproteína (NP) é a principal proteína estrutural e envolve o genoma viral. A fosfoproteína P é associada à NP e, em conjunto com a proteína L, funciona como um complexo RNA polimerase-RNA dependente. O processamento do RNA do gene P durante a transcrição produz duas proteínas não estruturais V e I, as quais são detectáveis em células infectadas pelo vírus. A proteína V pode estar envolvida na replicação do RNA viral e na diminuição da resposta antiviral mediada pelo interferon (IFN), pelo bloqueio da sinalização do IFN e limitação da sua produção. A função da proteína I ainda não está esclarecida.

A proteína L funciona como uma polimerase/transcriptase. Já M é uma proteína de membrana, não glicosilada, cuja função é auxiliar na montagem dos novos vírus, ligando o nucleocapsídeo ao envelope. A proteína HN é *N*-glicosilada e possui atividade de hemaglutinina e neuraminidase cujos domínios estão localizados em sítios diferentes na proteína. A HN está localizada no

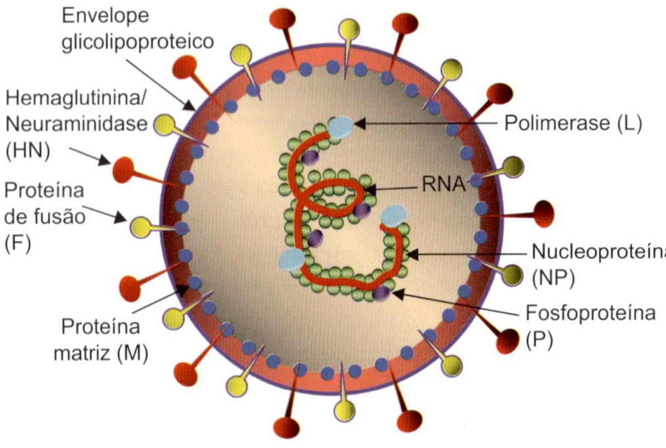


**Figura 15.13** Representação esquemática do vírus da caxumba. O vírion apresenta capsídeo de simetria helicoidal e envelope glicolipoproteico. O genoma é constituído de RNA de fita simples de polaridade negativa que codifica seis proteínas estruturais e três proteínas não estruturais.

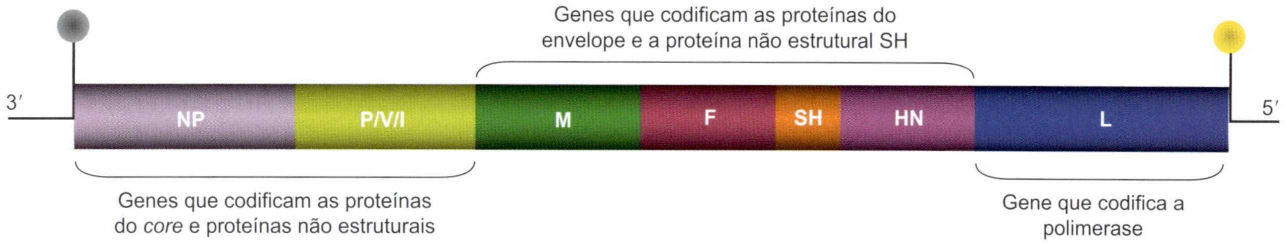


**Figura 15.14** Esquema representativo do genoma do vírus da caxumba. O genoma do vírus da caxumba codifica sete unidades transcricionais: nucleoproteína (NP), fosfoproteína (P), proteína matriz (M), proteína de fusão (F), uma pequena proteína hidrofóbica (SH), hemaglutinina-neuraminidase (HN) e a polimerase viral (L). O genoma é flanqueado na terminação 3′ por uma sequência *leader* de 55 nt (*cor cinza*) e na terminação 5′ por uma sequência *trailer* de 24 nt (*cor amarela*). Essas regiões são essenciais para a transcrição e a replicação do genoma.

envelope do vírus e se liga em receptores na membrana da célula hospedeira, permitindo a adsorção da partícula; anticorpos contra essa proteína neutralizam a infecciosidade viral. A proteína F é o peptídeo de fusão do vírus, sendo uma molécula *N*-glicosilada ancorada no envelope. Essa proteína é expressa como precursor inativo $F_0$ que é clivado por uma protease celular, resultando em sua forma ativa, que consiste em duas subunidades glicoproteicas ($F_1$ e $F_2$) conectadas por ligações dissulfídricas. A proteína SH está associada à membrana da célula infectada, e recentemente foi associada com mecanismos de evasão da resposta imunológica, interferindo com a ativação da via de NF-κB (fator nuclear-κB [*nuclear factor-κB*]) ao interagir com os complexos formados por TNF-R1 (receptor 1 do fator de necrose tumoral [*tumor necrosis factor-receptor 1*]), IL1-R1(receptor 1 para interleucina 1 [*interleukin-1-receptor 1*]) e TLR3 (receptor 3 *toll-like* [*toll-like receptor 3*]), inibindo assim a apoptose da célula infectada.

Embora o vírus da caxumba apresente somente 1 sorotipo, já foi descrita variação genética entre estirpes, existindo 12 genótipos classificados de A até N (excluindo E e M, reclassificados como C e K, respectivamente), com base na sequência de 316 pares de bases do gene SH, que é o mais variável no genoma do vírus. A caracterização genética do vírus da caxumba é importante para a vigilância epidemiológica, e é uma ferramenta útil na identificação das rotas de transmissão do vírus, assim como na diferenciação entre estirpes vacinais e selvagens.

## Biossíntese viral

A biossíntese do vírus da caxumba se inicia com a ligação da glicoproteína HN em resíduos de ácido siálico, na superfície da membrana celular. Em seguida, ocorre a fusão do envelope do vírus com a membrana celular, mediada pela proteína F, permitindo a penetração do nucleocapsídeo para o citoplasma celular, onde ocorre a biossíntese viral. Como o vírus da caxumba possui genoma de RNA de polaridade negativa, o primeiro evento requerido após a penetração na célula é a transcrição de múltiplos RNA mensageiros (RNAm). A transcrição é mediada pela RNA polimerase-RNA dependente viral. Os RNAm são traduzidos em proteínas, as quais são submetidas a modificações pós-traducionais. Em seguida, o RNAg parental, de polaridade negativa, é copiado em uma fita completa de RNA complementar de polaridade positiva (RNAc+), a qual serve como molde para a síntese de novos RNAg de polaridade negativa. Durante a biossíntese viral, o RNAg serve como molde tanto para a transcrição de RNAm como para a replicação do RNAg, e esses eventos são regulados pela concentração intracelular de NP. Os nucleocapsídeos recém-montados são transportados para a membrana citoplasmática e pelo direcionamento da proteína M são alinhados ao longo da superfície interna da membrana, abaixo das glicoproteínas virais. Os novos vírus são liberados da célula por brotamento, incorporando parte da membrana celular ao envelope viral.

## Patogênese

A caxumba é altamente contagiosa. O homem é o único hospedeiro natural do vírus da caxumba, embora a infecção experimental possa ser induzida em diversas espécies de animais incluindo macacos, hamsters, camundongos, ratos e embriões de galinha.

O vírus da caxumba é transmitido por meio do contato direto com secreções respiratórias provenientes de espirros e tosse. A saliva é uma das principais fontes de disseminação do vírus. O período de incubação médio é de 18 dias. Durante o período de incubação, ocorre biossíntese primária nas células epiteliais da mucosa nasal ou do sistema respiratório superior, seguida do espalhamento do vírus para os linfonodos regionais. Posteriormente, ocorre viremia transitória, possivelmente com síntese viral em células T, resultando na disseminação do vírus para os tecidos glandular e neural. Essa fase virêmica termina com o início da resposta imunológica humoral (Figura 15.15).

Os indivíduos são mais infecciosos no período próximo ao surgimento da parotidite. O vírus pode ser isolado da saliva a partir de 5 dias antes até 6 a 7 dias após o surgimento da

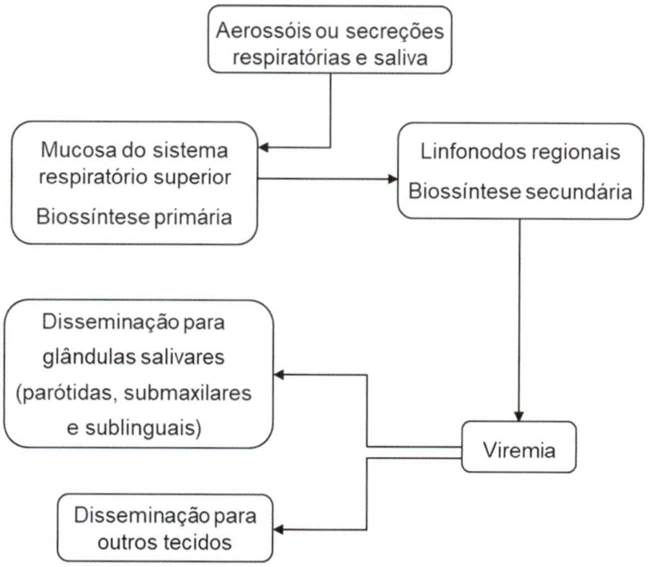


**Figura 15.15** Representação esquemática da patogênese do vírus da caxumba.

parotidite, indicando que a pessoa infectada é capaz de transmitir o vírus por período em torno de 11 dias. O vírus pode ser isolado da saliva de praticamente todos os pacientes com parotidite aguda. O fim da excreção viral na saliva está correlacionado com o surgimento da IgA secretora específica. Anticorpos IgM específicos para o vírus da caxumba também estão presentes na saliva. O vírus também pode ser isolado da urina durante os 5 primeiros dias da doença; a virúria pode continuar por até 2 semanas. O vírus da caxumba, geralmente, não causa infecção persistente crônica (Figura 15.16).

Os anticorpos do tipo IgM específicos para o vírus da caxumba no soro são detectáveis dentro de 10 a 12 dias após o contágio e caem para níveis não detectáveis em 6 meses. A IgA específica aparece na saliva 6 dias após o início da doença clínica. A IgG específica atinge o pico máximo a partir da 3ª semana da infecção e induz imunidade permanente. Anticorpos contra a proteína HN são comprovadamente neutralizantes, embora anticorpos contra a proteína F, provavelmente, também possam neutralizar o vírus. A resposta imunológica celular específica para o vírus da caxumba também é induzida durante a infecção.

## Infecção das glândulas parótidas

O sintoma clínico inicial da doença é geralmente relacionado à infecção das glândulas parótidas, mas a infecção viral dessas glândulas não é uma etapa primária, nem obrigatória na infecção. A inflamação das glândulas parótidas ocorre entre 2 e 3 semanas após a infecção, geralmente é bilateral e começa no lóbulo da orelha e se estende até a mandíbula. Também pode ocorrer a inflamação das glândulas submaxilares, submandibulares e sublinguais. Raros casos de edema de supraglote, na laringe, já foram descritos.

O vírus infecta o epitélio ductal, produzindo inclusões intracitoplasmáticas, constituídas de nucleocapsídeos e antígenos virais, com eventual descamação das células envolvidas. Os orifícios dos ductos de Wharton (submandibular) e de Stensen (parótidas) se tornam avermelhados e inchados com petéquias hemorrágicas, as vezes acompanhadas de necrose desses ductos. A dor associada ao quadro é causada pela obstrução desses ductos inflamados devido à ocorrência de edema ou de *debris* celulares.

## Infecção do sistema nervoso central

As manifestações clínicas mais comumente associadas a infecção pelo vírus da caxumba são meningite (principalmente em indivíduos do sexo masculino) e encefalite, entretanto também podem ocorrer síndrome de Guillain-Barré, mielite transversa, ataxia cerebelar, paralisia facial e paralisia flácida.

A invasão viral do sistema nervoso central (SNC) ocorre via plexo coroide. Células sanguíneas mononucleares infectadas podem atravessar o epitélio do estroma do plexo coroide e funcionar como fonte para a subsequente infecção do epitélio coroidal. Contudo, a possibilidade da passagem direta do vírus livre no plasma pelo endotélio do plexo coroide para o epitélio coroidal não foi excluída.

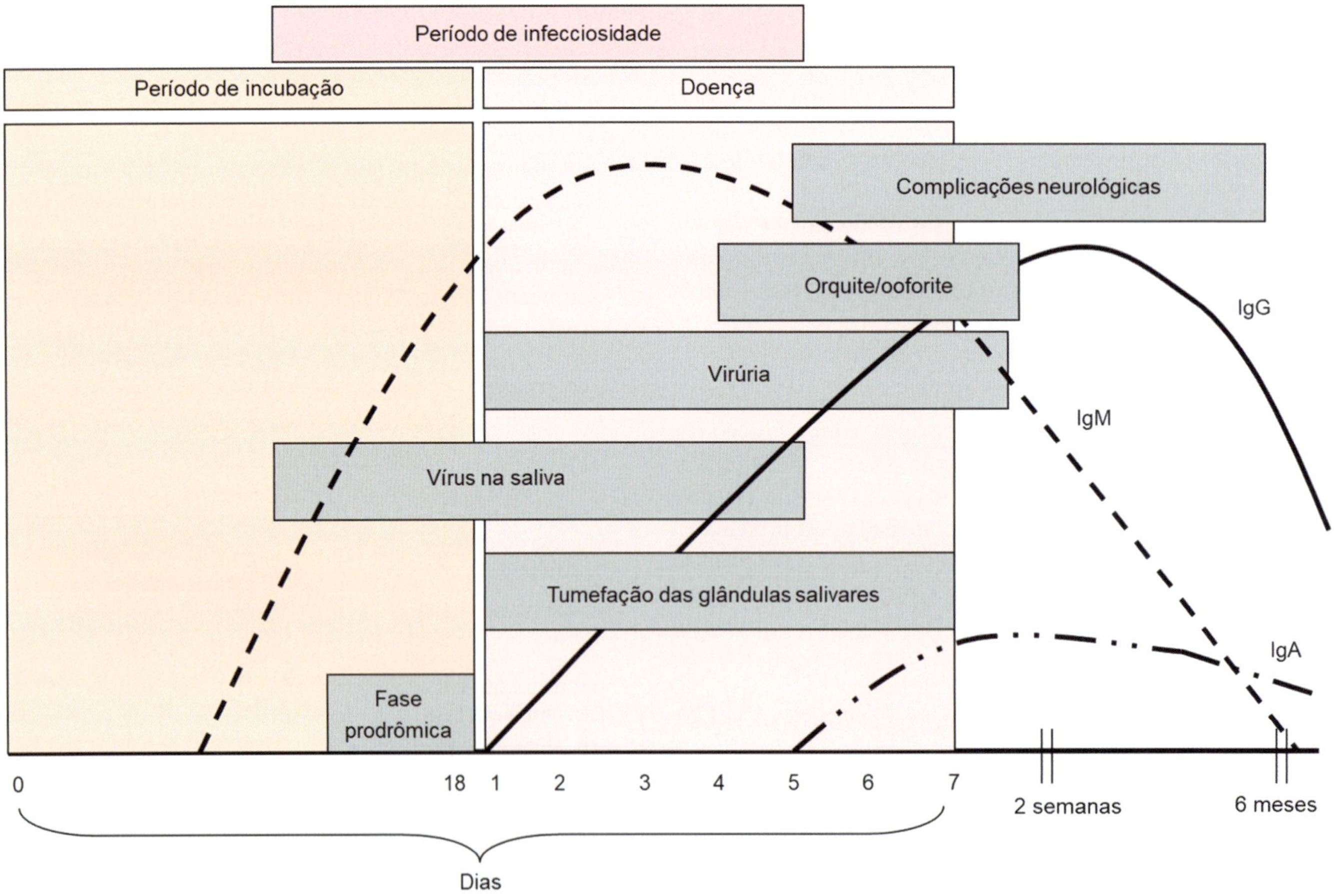


**Figura 15.16** Evolução cronológica da infecção pelo vírus da caxumba. O período de incubação médio é de 18 dias. O vírus pode ser isolado da saliva seis dias antes até 6 a 7 dias após o surgimento da parotidite. O vírus também pode ser isolado da urina durante os cinco primeiros dias da doença; a virúria pode persistir por até 2 semanas. A IgM específica para o vírus da caxumba está presente em níveis detectáveis no início da doença e declina após 6 meses, concomitantemente à elevação da IgG específica que persiste por toda a vida.

No caso da meningite, os sintomas aparecem entre 1 e 2 semanas após a ocorrência da parotidite, isso quando ocorre parotidite, pois ambas as manifestações são independentes. Os sintomas associados a esse quadro são os clássicos: febre, rigidez do pescoço, vômito, cefaleia e letargia. Geralmente desaparecem em 48 horas, entretanto já foram relatados casos cujo sintomas tiveram duração por mais de 10 dias.

Casos de encefalite, associados ou não com meningite, são mais raros. Porém ocorrem com maior frequência quando a infecção primária pelo vírus ocorre na idade adulta do que em crianças. A patologia típica da caxumba nos casos de encefalite inclui edema e congestão do cérebro com hemorragias, infiltração linfocítica e gliose perivascular e desmielinização.

Raramente a infecção do SNC pelo vírus da caxumba é fatal, e na maioria dos casos de meningite se resolve sem sequelas. Entretanto, as alterações eletroencefalográficas, ataxia e distúrbios do comportamento podem levar meses para regredir após o quadro de meningoencefalite. Danos transitórios e permanentes tais como surdez, mielite e ataxia cerebelar podem ocorrer.

### Infecção das gônadas

O envolvimento sintomático das gônadas ocorre principalmente no período pós-puberdade em homens e raramente é documentado em mulheres.

#### Orquite

A orquite é a manifestação clínica mais frequente quando a infecção primária é adquirida durante ou após a puberdade. Estima-se que a incidência varie entre 15 e 40%. A orquite associada ao vírus da caxumba resulta em um inchaço doloroso, podendo acometer um ou ambos os testículos (17 a 38% dos casos) e ocorre alguns dias ou até dois meses após a parotidite. A orquite pode vir acompanhada de febre alta, vômitos e cefaleia. No exame clínico do escroto, geralmente sensível e inflamado, é observado testículo quente e inchado. A epididimite (inflamação do epidídimo) acompanha a orquite em 85% dos casos e normalmente precede a orquite. Os sintomas regridem espontaneamente em 3 a 15 dias; entretanto, o testículo pode permanecer sensível por semanas. As complicações associadas a orquite são graves: infertilidade (pode ocorrer quando ambos os testículos são acometidos) e atrofia testicular; por outro lado, a suspeita de que a orquite pudesse ter alguma ligação com o desenvolvimento de câncer de testículo foi descartada por inúmeros estudos.

A infertilidade é resultado principalmente da destruição tecidual associada ao edema parenquimal durante a infecção pelo vírus. A pressão induzida pela congestão dos túbulos seminíferos, e a infiltração linfocitária perivascular levam à necrose dos mesmos. A hialinização desses túbulos pode levar ao desenvolvimento de fibrose ou atrofia testicular. Frequentemente são observadas anormalidades na espermatogênese em relação ao número, morfologia e mobilidade. Estudos demonstram que, 3 meses após a infecção, 50% dos pacientes ainda apresentam essas anormalidades e, mesmo após 3 anos, 24% dos adultos e 38% das crianças continuam apresentando esses sintomas.

#### Ooforite

A ooforite é uma infecção dos ovários que, a menos que seja realizado o exame pélvico, pode ser atribuída a uma infecção pancreática ou apendicite. Estudos demonstraram que a infecção pelo vírus da caxumba inibe a esteroidogênese (produção de hormônios derivados do colesterol) e induz apoptose de algumas células ovarianas, podendo causar tanto infertilidade quanto menopausa precoce.

### Infecção dos rins

O vírus da caxumba frequentemente se dissemina para os rins, onde células epiteliais dos túbulos distais, cálices e ureteres possivelmente são os sítios primários de biossíntese. Anormalidades brandas da função renal já foram descritas, mas elas são geralmente de pouca importância clínica.

### Infecção do pâncreas

A pancreatite é caracterizada por concentrações elevadas de amilase no soro e no fluido peritoneal. Pode induzir dor abdominal, por vezes intensa, e sensibilidade à palpação que persiste por 3 a 7 dias na maioria dos casos. É uma complicação rara associada a infecção pelo vírus da caxumba, porém casos mais graves como de necrose pancreática difusa, formação de pseudocistos, pancreatite hemorrágica grave e anormalidades exócrinas transitórias já foram observadas.

### Infecção do coração e do músculo esquelético

A invasão do miocárdio ocorre frequentemente na caxumba, como pode ser observado pelas anormalidades eletrocardiográficas. Embora essa infecção raramente seja sintomática, a miocardite linfocítica intersticial e a pericardite branda podem ocorrer após a biossíntese do vírus nas células do miocárdio e pericárdio. A miocardite associada à caxumba pode induzir uma sequela rara, mas séria, chamada de fibroelastose endocardial. Diferentemente do que ocorre no miocárdio, a caxumba não causa miosite do músculo esquelético. Artrite, de branda a moderada, mono ou poliarticular, frequentemente migratória, é descrita em associação a caxumba.

### Infecção do feto e do recém-nascido

O vírus da caxumba pode ser transmitido por via transplacentária. Pode haver lesões no feto quando a infecção é contraída durante o 1º trimestre da gravidez, e ocorre após a infecção da placenta com ou sem o espalhamento subsequente do vírus diretamente para os tecidos fetais. O vírus já foi isolado de tecido fetal após aborto espontâneo, durante o 1º trimestre, no 4º dia da doença materna. Também já foi evidenciada a presença do vírus em tecidos derivados de aborto terapêutico de mãe soronegativa que havia recebido a vacina com vírus atenuado 1 semana antes.

O vírus da caxumba é excretado no leite materno, mas poucos casos de caxumba perinatal foram descritos.

A patogênese em recém-nascidos parece ser diferente. Nos 1º e 2º anos de vida, as crianças podem apresentar apenas envolvimento pulmonar, sem associação evidente com parotidite.

## Manifestações clínicas

O período de incubação é de 18 dias, mas pode variar de 14 a 28 dias. O aumento das parótidas ocorre em 95% dos casos de infecção clinicamente aparente. A taxa de infecções subclínicas varia com a idade, mas em média é de 30%. Cerca de 50% dos casos estão associados a sintomas respiratórios não específicos. Tipicamente, o período prodrômico caracteriza-se por cefaleia, mal-estar, anorexia, mialgia e febre baixa ocorrendo entre 1 e 2 dias antes do intumescimento das parótidas. Crianças podem reclamar de dor de ouvido. Pacientes com quadro clássico de parotidite podem apresentar parotidite uni- ou bilateral. As glândulas submaxilares e sublinguais também podem estar envolvidas em, aproximadamente, 10% dos casos. As glândulas começam a desinchar depois de 4 a 7 dias. A liberação do vírus pela saliva começa cerca de 5 dias antes do início da parotidite e cessa de 6 a 7 dias mais tarde.

Além das glândulas salivares, vários órgãos podem ser afetados durante a infecção pelo vírus da caxumba, incluindo testículos, epidídimo, próstata, ovários, fígado, pâncreas, baço, tireoide, rins, olhos, ouvidos, timo, coração, glândulas mamárias, pulmões, medula óssea, articulações e SNC. Esses órgãos são geralmente afetados após a parotidite, mas seu envolvimento pode ser evidenciado clinicamente antes, durante ou mesmo na ausência de parotidite.

O envolvimento do SNC é a manifestação mais comum depois da parotidite. Acontece com maior frequência em homens que em mulheres. Pode ocorrer meningite asséptica, encefalite ou meningoencefalite. A principal complicação é a meningite (cerca de 10% dos casos de caxumba). A maioria dos casos tem febre, vômitos, rigidez de nuca, e cerca de 20% dos casos pode apresentar convulsão. O liquor apresenta glicose normal, com aumento de linfócitos e proteínas, com a presença de anticorpos para o vírus da caxumba. Os sintomas de meningite duram de 3 a 10 dias, e a recuperação quase sempre é completa. No entanto, quando ocorre encefalite (0,02 a 0,3% dos casos), a evolução pode ser mais grave. Um estudo sugeriu que a maioria dos casos de meningite ocorre sem a parotidite.

A caxumba é uma das causas mais comuns de perda auditiva neurossensorial. A estimativa da incidência varia significativamente entre os estudos devido à grande heterogeneidade das populações acometidas, podendo ficar entre 0,5 a 1 caso a cada 1.000 acometidos. A perda auditiva ocorre 4 a 5 dias após os outros sintomas clínicos, porém não está relacionada com a intensidade desses sintomas, exceto no caso de meningoencefalite. Geralmente é unilateral e de intensidades variadas, porém casos de perda grave da audição e surdez definitiva são conhecidos. O desenvolvimento da perda auditiva seria o resultado da ação direta do vírus e estaria intimamente ligado à infecção do fluido cefalorraquidiano (liquor), visto que o vírus é detectado no fluido endolinfo e perilinfococlear. A perilinfa é derivada direta do liquor e se torna contaminada por esta via de disseminação. O vírus da caxumba induz atrofia das células pilosas do órgão de Corti, assim como a destruição da bainha de mielina em torno do nervo vestibulococlear. Pode ocorrer envolvimento do gânglio vestibular, o que explica a vertigem vivenciada pelos pacientes infectados.

Outras complicações como artrite, nefrite, hepatite, tireoidite e trombocitopenia são mais raras.

## Diagnóstico laboratorial

Na maioria dos casos, o diagnóstico clínico é confiável, mas nem sempre o entumecimento das glândulas salivares representa infecção pelo vírus da caxumba, considerando que a obstrução dos ductos salivares e infecções bacterianas podem levar a esse quadro. Por outro lado, manifestações clínicas atípicas como, por exemplo, meningite ou orquite sem parotidite, podem requerer confirmação laboratorial.

O vírus pode ser isolado da saliva, urina ou liquor (este último no caso de pacientes com meningite). O isolamento pode ser realizado em culturas de células primárias de rim de macaco ou em células de rim de embrião humano, em que a propagação do vírus pode ser evidenciada pela observação do efeito citopatogênico (CPE), caracterizado pela formação de sincícios e lise celular, 5 a 10 dias após a inoculação. O material clínico também pode ser inoculado em ovos embrionados de galinha, sendo a propagação viral revelada pelo teste de hemaglutinação (HA).

A demonstração de IgM específica para o vírus da caxumba na fase aguda da doença é indicativa de infecção recente. A IgM é detectável em torno do 5º dia da doença, atinge o pico em 1 semana, e persiste por pelo menos 6 semanas. A detecção de anticorpos totais no soro da fase convalescente (coletado 2 semanas após o estabelecimento da doença) com título $\geq$ 4 vezes o título de anticorpos no soro da fase aguda demonstra infecção recente. Devido ao fato de a IgM poder persistir por muitos meses, pode-se obter um resultado positivo em ensaio imunoenzimático (EIA, *enzyme immunoassay*) durante uma expansão clonal não específica do sistema imunológico, além de poder ocorrer uma reação cruzada com outras IgM, ou seja, atualmente se sugere que a presença ou ausência de IgM anticaxumba seja somente um dos elementos do diagnóstico e que deva ser associada a uma técnica molecular ou isolamento viral para confirmação.

O diagnóstico molecular é uma ferramenta importante devido a sua grande especificidade. Na maioria dos casos de surtos de parotidite relatados recentemente, a sorologia para caxumba demonstrou somente IgG positivo, enquanto a reação em cadeia da polimerase associada à transcrição reversa (RT-PCR, *reverse transcription polymerase chain reaction*) da saliva desses indivíduos foi positiva para a presença do genoma viral.

Em caso de suspeita de meningite, a busca pelo agente viral deve ser realizada preferencialmente no liquor. A Organização Mundial da Saúde (OMS) recomenda, atualmente, a identificação do genótipo encontrado, visto que esta informação possui um valor relevante epidemiologicamente.

## Epidemiologia

A caxumba é geralmente uma doença benigna, com fatalidade baixa, sendo a maioria das mortes resultado da encefalite. É uma doença exclusiva do ser humano, distribuída mundialmente, que ocorre, principalmente, nas áreas urbanas, em ambientes fechados como orfanatos, creches, escolas e quartéis. Em populações urbanas suscetíveis, a caxumba é uma doença da infância. Mais de 50% dos casos de caxumba acontecem em crianças entre 5 e 9 anos de idade. Entretanto, ao longo das duas últimas décadas, uma mudança gradual tem sido observada na idade típica da infecção, com aumento da incidência em indivíduos entre 10 e 19 anos de idade. Em populações não vacinadas, aproximadamente 92% das crianças de até 15 anos de idade possuem anticorpos contra o vírus da caxumba. A infecção é geralmente adquirida na escola, com espalhamento secundário para os membros da família. A caxumba raramente é observada em crianças menores de 1 ano de idade, provavelmente devido à presença de anticorpos maternos. Contudo, bebês prematuros, nascidos de mães soropositivas, apresentam baixos títulos de anticorpos ao nascimento, e aos 3 meses de idade não são detectados anticorpos maternos nessas crianças. Dessa forma, os bebês prematuros são particularmente suscetíveis à infecção pelo vírus da caxumba.

Antes da década de 1960, a caxumba era uma doença comum em todas as partes do mundo, com incidência anual de aproximadamente 0,1 a 1% chegando até 6% em algumas populações. Em países de clima tropical a doença é endêmica o ano todo, enquanto em países de clima temperado o pico da doença ocorre no inverno e primavera. Na era pré-vacinação a infecção pelo vírus da caxumba era a principal causa de encefalite em muitos países. Em países onde a vacina foi introduzida no final da década de 1960, a incidência da caxumba decaiu consideravelmente. Na maior parte do mundo a incidência de caxumba varia entre 100 e 1.000/100.000 habitantes. Até o final do ano de 2019, 122 países/territórios da OMS haviam incluído a vacina contra caxumba em seus programas de imunização (Figura 15.17). Na maioria desses países é utilizada a vacina combinada contra sarampo, caxumba e rubéola (MMR, *measles* = sarampo; *mumps* = caxumba e *rubella* = rubéola). Contudo, na Região da África, apenas o Egito, Líbia e Argélia introduziram a vacinação contra caxumba, e na Região do Sudeste da Ásia, apenas Singapura, Tailândia, Brunei e, recentemente, Butão. Nessas duas Regiões a incidência da doença continua elevada, com picos epidêmicos a cada 2 a 5 anos, afetando principalmente crianças de 5 a 9 anos de idade.

A doença tem baixa prioridade em termos de esforço da saúde pública para seu controle. Essa talvez seja a razão para a tendência na manutenção do número elevado de casos registrados da doença mundialmente (Figura 15.18).

A epidemiologia global do vírus da caxumba não é tão extensa nem tão detalhada quanto a do vírus do sarampo, pois diferentemente deste, a caxumba não é uma doença de notificação compulsória. Devido a esse fato, muitos países não têm controle do número de casos e, consequentemente não os reportam corretamente à OMS, portanto acredita-se que os dados sobre os números de infecções por caxumba sejam subestimados.

Antes da inserção da vacina no calendário de imunização, o vírus circulava de forma endêmico-epidêmica. Atualmente o vírus somente é endêmico nos países que não aderiram à vacinação.

Quando as Regiões da OMS são observadas separadamente, é possível verificar algumas diferenças. Na Região da África, onde somente três países introduziram a vacina no calendário de imunização nacional, os casos de caxumba se mantiveram estáveis, com menos de 20 mil casos por ano de 2001 até 2014. Em 2015 foi observado um aumento significativo e, em 2016 o número de casos foi quase quatro vezes maior do que no ano anterior, com mais de 100 mil casos reportados. Apesar de a incidência em 2017 ter caído para menos da metade do ano anterior, em 2018 foi observado novamente um aumento, fechando o ano com mais de 50 mil casos.

Na Região das Américas, apenas a Guiana Francesa e o Haiti não introduziram a vacina contra caxumba em seus calendários nacionais. Desde 1999 o número de casos nas Américas se manteve em torno de 30 mil por ano. A partir de 2012 começou-se a observar um declínio do número de casos, chegando à metade em relação ao período anterior. Entretanto, desde 2016, as Américas vivenciam um aumento anual gradativo do número de casos, fechando o ano de 2018 com 65.775 casos notificados de caxumba.

A Região do Mediterrâneo Oriental, desde o ano 2000 vinha apresentando uma queda no número de casos, sendo que de 2006 até 2015 foram menos de 15 mil casos por ano. Assim como nas outras Regiões, em 2016 o número de casos aumentou em pelo menos três vezes em relação ao ano anterior. A partir desse ano, a Região vem apresentando um declínio significativo, quase retornando ao valor do início dos anos 2000.

Até o ano de 2005, a Região da Europa relatava mais de 180 mil casos de caxumba por ano. A partir de 2006, a incidência foi caindo significativamente até chegar a somente 10 mil casos em 2015. Entretanto, novamente no ano de 2016 o número de casos aumentou, ainda que, quando comparada a outras Regiões, foi um número pequeno. Nos anos de 2017 e 2018 a Região manteve esse valor mais elevado, em torno de 20 mil casos por ano.

A Região do Sudeste da Ásia, até o ano de 2008, reportava menos de 15 mil casos de caxumba por ano à OMS. A partir de 2009 esse número aumentou para em torno de 30 a 40 mil casos por ano, atingindo o pico em 2017 com mais de 60 mil casos.

Já a Região do Pacífico Ocidental, sempre apresentou um número muito elevado de casos de caxumba. Em todos os anos são reportados mais de 200 mil casos, exceto no ano de 2003, quando a incidência foi em torno de 80 mil casos. Os principais países responsáveis por esses números elevados são a China e o Japão, que juntos somam mais de 70% do número relatado anualmente.

A Figura 15.19 mostra os casos de caxumba reportados pela OMS, nas seis Regiões desde o ano de 1999 até 2018.

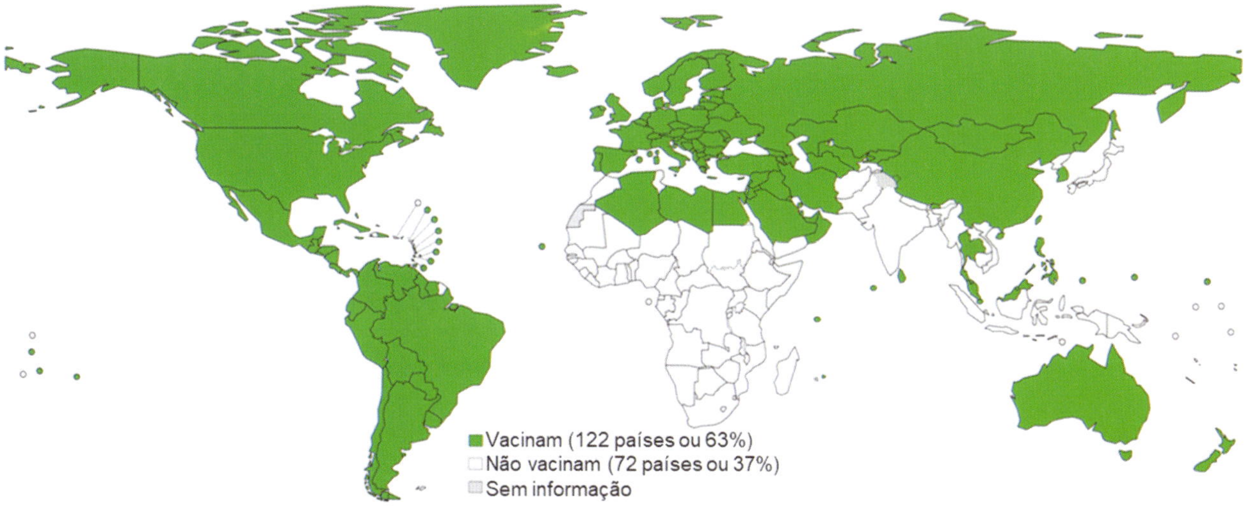


**Figura 15.17** Países que utilizavam a vacina contra caxumba em seus programas de imunização em 2019. Fonte: WHO, 2020.

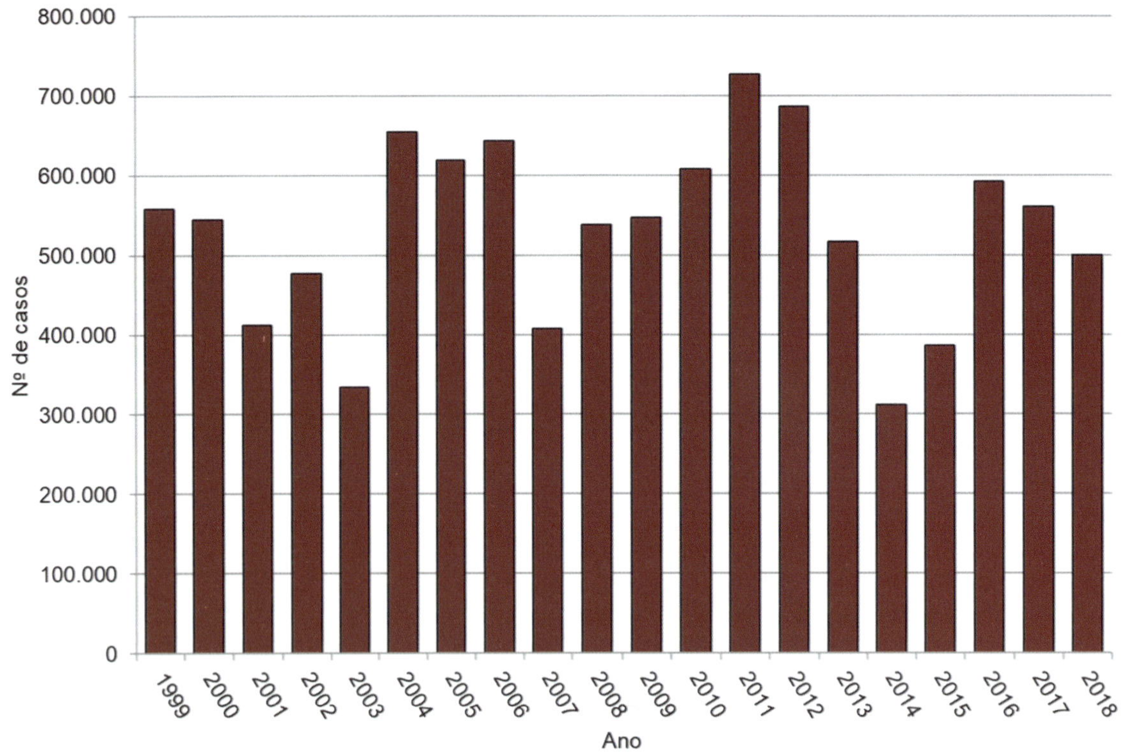


**Figura 15.18** Casos de caxumba registrados globalmente entre 1999 e 2018. Fonte: WHO, 2020

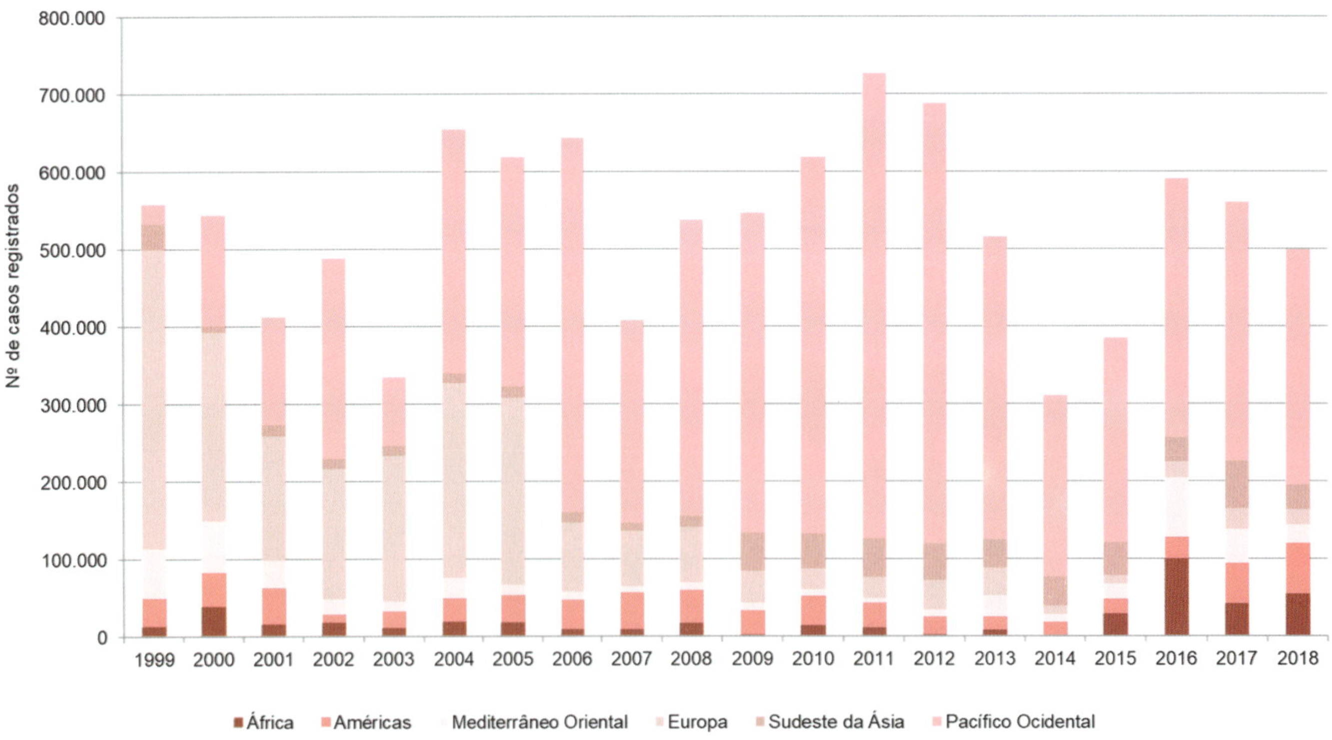


**Figura 15.19** Casos de caxumba registrados entre 1999 e 2018, por Região da Organização Mundial de Saúde (OMS). Fonte: WHO, 2020.

### *Situação da caxumba no Brasil*

Em 1992, a vacina tríplice viral (MMR) foi introduzida no calendário de vacinação do Brasil para crianças a partir dos 15 meses. Posteriormente, como estratégia de controle da rubéola e da síndrome de rubéola congênita (SCR), foi realizada campanha de vacinação em que foram vacinadas com a tríplice viral todas as crianças na faixa etária de 12 meses a 10 anos de idade. Durante essa campanha, foi utilizada somente a estirpe Urabe Am9, tendo sido vacinadas 6.841.636 crianças, atingindo-se cobertura vacinal de 95,8%. Com essa estratégia, o impacto sobre a morbidade por caxumba, e consequentemente da meningite, logo foi observado. Antes da campanha eram notificados cerca de 300 a 1.030 casos de meningite associados à caxumba por ano, com coeficientes de incidência variando entre 1 e 3/100.000 habitantes. Após a introdução da vacina ocorreu considerável queda no número de casos, variando de 5 a 14 por ano, e com incidências entre 0,02 e 0,04/100.000 habitantes. No entanto, desde 1999, vários surtos de caxumba têm ocorrido no Brasil, a exemplo de outros países, como Inglaterra e EUA. Apesar da falta de dados oficiais sobre a incidência desse vírus na população, sabe-se que, desde então, o vírus circula por todas as Regiões brasileiras, causando surtos, e que nos últimos anos o número de casos tem aumentado exponencialmente.

A caxumba está deixando de ser uma doença tipicamente infantil para tornar-se mais frequente em adolescentes. No Brasil, como a vacina estava fora do calendário de vacinação até 1992, quem nasceu antes dessa data só está protegido se tiver contraído o vírus naturalmente. Além disso, entre 1992 e 2004, o esquema de vacinação só incluía 1 dose da vacina. O reforço foi instituído em 2004, para crianças entre 4 e 6 anos. Considerando que, no Brasil, assim como no resto do mundo, a caxumba não é uma doença de notificação compulsória, há dificuldade na obtenção de dados epidemiológicos.

## Prevenção e controle

### *Vacinas*

Em 1951, foi utilizada uma vacina produzida com vírus inativado contra a caxumba, mas foi abandonada poucos anos após o desenvolvimento das vacinas com vírus atenuados, mais eficazes e com proteção mais prolongada.

A caxumba pode ser eficientemente prevenida pelo uso da vacina com vírus atenuado, que está disponível na forma combinada sarampo-caxumba-rubéola (tríplice viral – MMR) ou caxumba, sarampo, rubéola e varicela-zoster (tetra viral – MMRV). Várias são as estirpes vacinais utilizadas contra a caxumba e as mais empregadas mundialmente são a Urabe (licenciada no Japão, em 1981) e a Jeryl Lynn (licenciada em 1967, nos EUA). As estirpes utilizadas na produção de vacinas contra a caxumba estão listadas no Quadro 15.1. A administração da vacina contra a caxumba é contraindicada em mulheres grávidas, em pessoas que receberam imunoglobulina nos últimos 3 meses ou em pessoas que estão imunocomprometidas. Crianças HIV-positivas sem sintomas devem receber a vacina.

Tanto a vacina tríplice viral quanto a tetra viral são distribuídas pelo Ministério da Saúde (MS) do Brasil e são preparadas no Complexo Tecnológico de Vacinas do Instituto de Tecnologia em Imunobiológicos (Bio-Manguinhos/Fundação Oswaldo Cruz, Rio de Janeiro, Brasil). A vacina tríplice viral é uma preparação mista liofilizada das estirpes de vírus atenuados de sarampo (estirpe Schwarz), caxumba (estirpe RIT 4385, derivada da estirpe Jeryl Lynn) e rubéola (estirpe Wistar RA 27/3), obtidas separadamente por propagação em culturas de tecidos de galinha (caxumba e sarampo) ou células diploides humanas MRC5 (rubéola). A estirpe do vírus da caxumba utilizada no preparo da vacina é a mais aperfeiçoada no mundo, pois apresenta menor reatogenicidade e promove elevada taxa de proteção contra a

**Quadro 15.1** Estirpes vacinais utilizadas na prevenção da caxumba.

| Estirpe do vírus da caxumba | Laboratório | Substrato de cultivo | Distribuição |
|---|---|---|---|
| Jeryl Lynn | Merck | FEG | Mundial |
| Urabe | GlaxoSmithKline | FEG | Mundial |
| | Pasteur-Mérieux | OEG | Mundial |
| | Biken | OEG | Japão |
| Hoshino | Kitasato Institute | FEG | Japão |
| Rubini | Swiss Serum Institute | CDH | Suíça, Itália, Espanha, Portugal |
| Leningrad-3 | Bacterial Medicine Institute | FEC | Rússia |
| Leningrad-Zagreb | Institute of Immunological of Zagreb e Serum Institute of India | FEG | Croácia*, Índia |
| Miyara | Chem-Sero Institute | FEG | Japão |
| Torii | Takeda Chemicals | FEG | Japão |
| NK M-46 | Chiba | FEG | Japão |
| S-12 | Razi State Serum and Vaccine Institutei | CDH | Irã |
| RIT 4385 | GlaxoSmithKline | FEG | Europa |

FEG: fibroblasto de embrião de galinha; OEG: ovos embrionados de galinha; CDH: células diploides humanas; FEC: fibroblasto de embrião de codorna. *Integrante da antiga Iugoslávia.

caxumba. A vacina tetra viral tem a mesma composição da vacina tríplice viral apenas com a adição da estirpe OKA do herpesvírus de humanos 3 (vírus da varicela-zoster).

No Brasil, eram licenciadas duas vacinas tríplices virais que utilizavam as seguintes estirpes vacinais do vírus da caxumba: Urabe AM9 (presente na vacina Trimovax®, Pasteur-Mérieux) e Jeryl Lynn (vacina MMRII®, Merck), atualmente substituídas pela estirpe RIT 4385. A partir de setembro de 2013, o MS do Brasil introduziu a vacina tetra viral (sarampo, caxumba, rubéola e varicela-zoster) no Plano Nacional de Imunizações (PNI) para crianças a partir de 15 meses de idade. Assim, com a introdução dessa vacina, pretendeu-se reduzir o número de aplicações em um mesmo momento, bem como buscar melhor adesão à vacinação e consequentemente, a melhoria das coberturas vacinais.

Atualmente (maio de 2021), na rotina dos serviços de saúde pública do Brasil, a vacinação contra a caxumba é ofertada para a população a partir de 12 meses, sendo que para indivíduos até 19 anos de idade, deveria ser realizada com 2 doses das vacinas tríplice viral e/ou tetra viral, conforme descrito a seguir:

- Aos 12 meses de idade: administrar 1 dose da vacina tríplice viral
- Aos 15 meses de idade: administrar 1 dose da vacina tetra viral. A vacina tetra viral está disponível na rotina de vacinação para crianças com idade entre 15 meses e 4 anos, 11 meses e 29 dias de idade. Após essa faixa etária, completar o esquema com a vacina tríplice viral
- Indivíduos de 20 a 49 anos de idade não vacinados anteriormente devem ser vacinados com 1 dose da vacina tríplice viral. Contudo, na rotina dos serviços de saúde, quando não houver ocorrência de surto de caxumba, caso esses indivíduos comprovem o recebimento anterior de 1 dose da vacina dupla (sarampo e rubéola), tríplice (sarampo, rubéola e caxumba) ou tetra viral (sarampo, rubéola, caxumba e varicela), não está recomendada nova dose de vacina.

Tanto a vacina tríplice viral quanto a tetra viral são administradas por via subcutânea e podem ser aplicadas simultaneamente (no mesmo dia) com qualquer outra vacina do calendário vacinal. São pouco reatogênicas e bem toleradas, sendo as manifestações locais pouco frequentes, comparando com as vacinas que contêm hidróxido de alumínio, como a vacina DPT (difteria, coqueluche e tétano).

As crianças com caxumba são geralmente isoladas por 1 semana após o surgimento da parotidite, embora os benefícios dessa prática sejam duvidosos, uma vez que o vírus é excretado nas secreções respiratórias, vários dias antes do surgimento dos sintomas.

## Tratamento

A terapia dos pacientes sem complicações consiste em medidas de alívio dos sintomas como administração de analgésico, antipirético, repouso e hidratação, uma vez que não existe terapia antiviral disponível. No caso da orquite, o tratamento inclui repouso, analgésico e aplicação de gelo no local.

Pacientes com caxumba e evidências clínicas de encefalite devem ser hospitalizados para observação. O tratamento de suporte para pacientes com meningoencefalite pelo vírus da caxumba requer repouso, controle da febre, hidratação, antiemético e anticonvulsivante.

O tratamento com soro hiperimune pode trazer benefícios para pacientes imunocomprometidos, assim como para adolescentes e adultos jovens do sexo masculino se for administrado no início da infecção.

# Poliomavírus de humanos

Norma Suely de Oliveira Santos

## Histórico

A primeira descrição de um poliomavírus ocorreu em 1953, quando Ludwik Gross demonstrou a presença de um agente filtrável causando tumores em glândulas salivares de camundongos, o qual denominou de "vírus do tumor de parótidas". Em seguida, outros pesquisadores observaram a formação de múltiplos tumores em camundongos e ratos inoculados com esse agente. O novo patógeno foi denominado de poliomavírus (PyV), do grego *poli* que significa múltiplo e *oma* que significa tumor.

As primeiras espécies de poliomavírus capazes de infectar seres humanos (HPyV, *human polyomavirus*) descritas foram os poliomavírus BK (BKPyV, *Brennan-Krohn polyomavirus*) e JC (JCPyV, *John Cunningham polyomavirus*), os quais foram isolados pela primeira vez no ano de 1971, porém relacionados a quadros clínicos distintos. O BKPyV foi isolado a partir de uma amostra de urina de um paciente de transplante renal, e o JCPyV a partir do tecido cerebral de um paciente com leucoencefalopatia multifocal progressiva (PML, *progressive multifocal leukoencephalopathy*).

Por quase quatro décadas, JCPyV e BKPyV foram as únicas espécies de poliomavírus conhecidas capazes de infectar seres humanos. Com o advento de técnicas avançadas de detecção de genomas, 12 novas espécies foram descritas. Originalmente as espécies de HPyV eram identificadas pelas iniciais dos pacientes, dos locais em que elas haviam sido descritas, ou da patologia as quais estavam associadas ou ainda por um número correspondente à ordem cronológica da identificação. Com o intuito de simplificar e padronizar a denominação desses vírus, o Comitê Internacional para Taxonomia de Vírus (ICTV, *International Committee on Taxonomy of Viruses*) renomeou todas as espécies de HPyV, identificando-as numericamente de acordo com a ordem de descrição das espécies. Na Figura 15.20 são apresentadas as espécies de HPyV conhecidas até o momento, em ordem cronológica de sua descrição.

## Características gerais

O ICTV classifica os HPyV em três gêneros dentro da família *Polyomaviridae*: *Alphapolyomavirus*, *Betapolyomavirus* e *Deltapolyomavirus*, espécies *Human polyomavirus* (poliomavírus de humanos). A classificação dos HPyV descritos até o momento está apresentada na Quadro 15.2. A análise filogenética do genoma dos HPyV revelou a existência de variantes genéticas, permitindo uma classificação genotípica para algumas espécies. A classificação genotípica das diferentes espécies de HPyV será apresentada mais adiante neste capítulo.

Atualmente, existem 13 poliomavírus exclusivamente associados aos seres humanos. Outro poliomavírus, o HPyV12, foi detectado em seres humanos, mas não está clara sua atribuição como

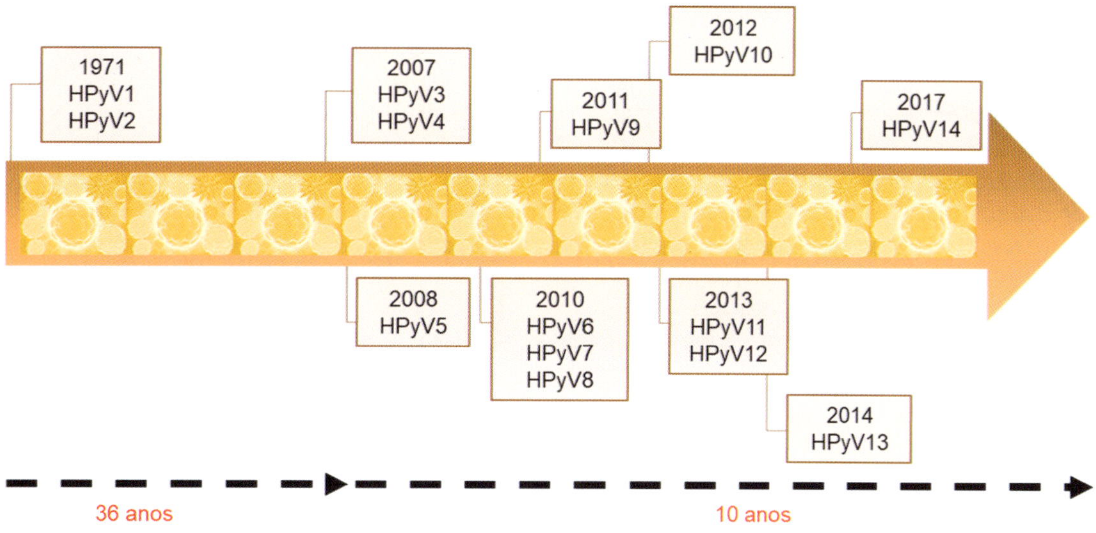


**Figura 15.20** Cronologia da descoberta das espécies de HPyV. A primeira descrição de um poliomavírus infectando seres humanos ocorreu em 1971, quando simultaneamente os poliomavírus de humanos 1 (HPyV1) e 2 (HPyV2) foram descritos pela primeira vez. Por mais de 30 anos, estas foram as únicas espécies de poliomavírus detectadas em seres humanos. Entretanto, com o desenvolvimento de novas tecnologias moleculares, 12 novas espécies foram descritas, desde 2007.

**Quadro 15.2** Classificação dos HPyV.

| Espécie viral | Sinônimo (sigla) | Gênero | Doença associada |
|---|---|---|---|
| Poliomavírus de humanos 1 | Poliomavírus BK[1] (BKPyV) | *Betapolyomavirus* | Nefropatia, cistite hemorrágica |
| Poliomavírus de humanos 2 | Poliomavírus JC[2] (JCPyV) | *Betapolyomavirus* | Leucoencefalopatia multifocal progressiva |
| Poliomavírus de humanos 3 | Poliomavírus KI[3] (KIPyV) | *Betapolyomavirus* | Doença respiratória aguda (?) |
| Poliomavírus de humanos 4 | Poliomavírus WU[4] (WUPyV) | *Betapolyomavirus* | Doença respiratória aguda (?) |
| Poliomavírus de humanos 5 | Poliomavírus de células de Merkel (MCPyV) | *Alphapolyomavirus* | Carcinoma de células de Merkel |
| Poliomavírus de humanos 6 | (HPyV6) | *Deltapolyomavirus* | Dermatose prurítica e disceratótica |
| Poliomavírus de humanos 7 | (HPyV7) | *Deltapolyomavirus* | Exantema pruriginoso, dermatose prurítica e disceratótica |
| Poliomavírus de humanos 8 | Poliomavírus associado à tricodisplasia espinulosa (TSPyV) | *Alphapolyomavirus* | Tricodisplasia espinulosa |
| Poliomavírus de humanos 9 | (HPyV9) | *Alphapolyomavirus* | Desconhecida |
| Poliomavírus de humanos 10 | Poliomavírus México (MXPyV); Poliomavírus Malawi (MWPyV); (HPyV10) | *Deltapolyomavirus* | Doença diarreica (?) |
| Poliomavírus de humanos 11 | Poliomavírus Saint Loius (StLPyV) | *Deltapolyomavirus* | Doença diarreica (?) |
| Poliomavírus de humanos 12[5] | (HPyV12) | *Alphapolyomavirus* | Desconhecida |
| Poliomavírus de humanos 13 | Poliomavírus New Jersey (NJPyV) | *Alphapolyomavirus* | Desconhecida |
| Poliomavírus de humanos 14 | Poliomavírus Lyon IARC[5,a] (LiPyV) | *Alphapolyomavirus* | Desconhecida |

[1]Brennan Krohn; [2]John Cunningham; [3]Karolinska Institutet; [4]Washington University; [5]IARC: International Agency for Research on Cancer (Agência Internacional de Pesquisa sobre Câncer). [a]Ainda não está confirmado como poliomavírus de seres humanos. HPyV12 infecta naturalmente musaranhos.

vírus de seres humanos. Foi demonstrado que o HPyV12 infecta naturalmente musaranhos. São necessários estudos para esclarecer se a descoberta desse vírus em amostras de origem humana é um exemplo de evento recente de transmissão interespécies ou foi devida à contaminação com reagentes de origem animal.

As partículas virais não possuem envelope e apresentam um diâmetro pequeno, de aproximadamente 40 a 45 nm com capsídeo em simetria icosaédrica. Cada partícula apresenta um total de 72 capsômeros constituídos por unidades pentaméricas da proteína estrutural VP1, e uma única cópia das proteínas VP2 e VP3. A VP1 fica exposta na superfície da partícula e é responsável pela antigenicidade e interação com os receptores do hospedeiro, tendo assim papel importante no tropismo e patogenicidade (Figura 15.21).

As partículas virais sedimentam a 240S em gradiente de sacarose. O vírion possui densidade de 1,34 g/mℓ, e o capsídeo vazio

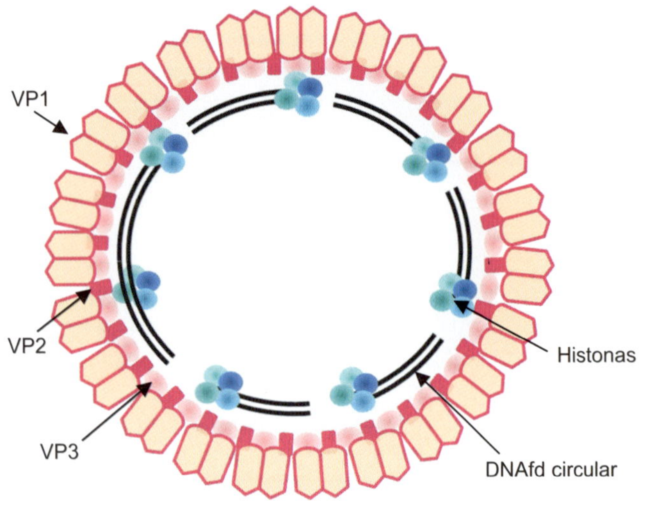


**Figura 15.21** Esquema da partícula de PyV. As partículas virais não têm envelope, medem cerca de 40 a 45 nm de diâmetro e possuem capsídeo icosaédrico formado pelas proteínas VP1, VP2 e VP3. O genoma é constituído de DNA fita dupla (DNAfd) circular de aproximadamente 5,2 quilobases (kb), complexado com histonas celulares.

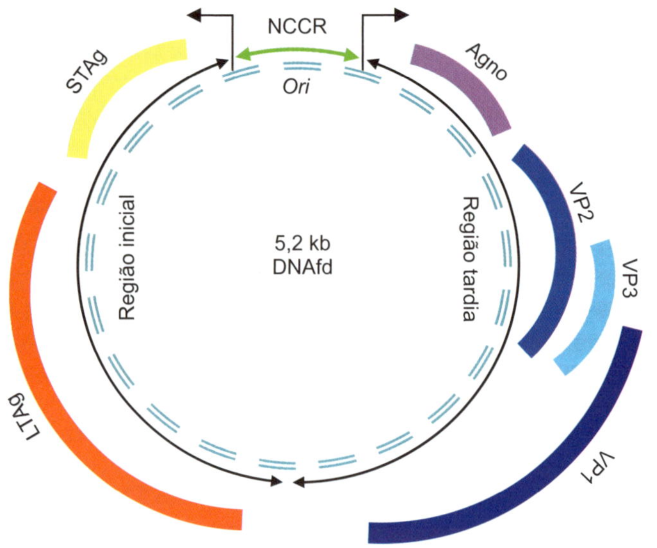


**Figura 15.22** Organização genômica dos HPyV1 e HPyV2. O genoma circular consiste em uma fita dupla de DNA (DNAfd) e possui três regiões distintas: a região controle não codificante (NCCR, *noncoding control region*) que contém a origem de replicação do DNA (*Ori*) e os promotores das regiões inicial e tardia com seus respectivos sítios de iniciação de transcrição; a região inicial que codifica o LTAg (antígeno T *large*) e o STAg (antígeno T *small*); e a região tardia que codifica as proteínas de capsídeo VP1, VP2 e VP3. A sequência de leitura aberta (ORF, *open reading frame*) das proteínas VP2 e VP3 é a mesma, mas a tradução começa em códons de iniciação AUG sucessivos para gerar as diferentes proteínas. A agnoproteína (Agno) é codificada por um transcrito tardio.

apresenta densidade de 1,29 g/mℓ em gradiente de cloreto de césio. Os vírus são relativamente resistentes à inativação por calor, formalina e solventes lipídicos. O tratamento do vírus com ácido etilenoglicoltetracético (EGTA) em condições redutoras resulta na dissociação da estrutura pentamérica da VP1.

O genoma é constituído de DNA de fita dupla (DNAfd) circular complexado com histonas celulares (H2A, H2B, H3 e H4) formando um microcromossoma superenovelado, o qual apresenta a mesma estrutura da cromatina celular, exceto pela ausência de histona H1, que somente está associada ao genoma viral, na célula infectada e é dividido em três regiões: a região regulatória não codificante (NCCR, *noncoding control region*), a região precoce e a região tardia (Figura 15.22).

A região NCCR engloba a origem de replicação (*Ori*) e elementos de controle transcricional que direcionam a transcrição dos genes precoces e tardios, e é a região de maior diversidade de sequências entre os poliomavírus, embora, alguns motivos sejam conservados. A origem de replicação contém uma região rica em AT e repetições do motivo de ligação a LTAg 5′-GRGGC-3′ (em que R = A ou G), ou 5′-CC (W) 6GG-3′ no caso de poliomavírus de ave. O promotor precoce de todos os HPyV possui uma sequência *TATA-box*, enquanto o promotor tardio não tem esse motivo. Estirpes de HPyV frequentemente apresentam alta variabilidade na região NCCR com substituições, deleções, repetições e rearranjos. Os rearranjos da região NCCR afetam a replicação do DNA viral, a atividade do promotor, a produção de vírus e podem alterar as propriedades patogênicas do vírus. Por exemplo, deleções ou duplicações dentro da região NCCR de estirpes de HPyV1 e HPyV2 detectadas em pacientes imunocomprometidos, podem aumentar a expressão gênica precoce, a taxa de biossíntese e o aumento da citopatogenicidade dessas estirpes (ver item "Papel dos rearranjos genômicos na patogênese dos HPyV").

A região inicial, que é transcrita antes do início da replicação do DNA viral, codifica antígenos tumorais (TAg; *tumor antigen*) que são expressos a partir de um transcrito maior, que por *splicing* alternativo resulta em transcritos distintos, tais como T *large* (LTAg), T *small* (STAg) e, em algumas espécies de poliomavírus, o T *middle* (MTAg). Até o momento, entre os poliomavírus que infectam humanos, somente o HPyV8 expressa o MTAg cuja função permanece desconhecida. O HPyV1 ainda apresenta o *trunc* TAg (antígeno tumoral truncado [*truncated TAg*]).

O LTAg é uma proteína multifuncional, uma vez que regula a infecção viral através da modulação de múltiplos processos virais e celulares, sendo necessária para a replicação do DNA viral, transcrição e montagem da partícula viral. Tem como alvo múltiplas vias celulares, incluindo aquelas que regulam a proliferação e a morte celular e a resposta inflamatória. Em poliomavírus de mamíferos, esta proteína se liga a motivos 5′-GRGGC-3′ no NCCR e esta ligação regula a mudança da transcrição inicial para a replicação do genoma viral e transcrição tardia.

O STAg parece desempenhar um papel na replicação do DNA viral e no controle da transição entre a transcrição inicial e tardia, contribuindo para a progressão do ciclo celular para fase S. A região inicial parece codificar várias proteínas adicionais. Uma sequência de leitura aberta (ORF, *open reading frame*) que codifica um peptídeo líder inicial de respectivamente 39 e 38 resíduos é conservada nos genomas HPyV1 e HPyV2. A função da proteína líder inicial dos HPyV1 e HPyV2 permanece incerta. A região inicial também codifica o MTAg e uma proteína homóloga à STAg, denominada de *alternative* T (ALT) e ambos são expressos pela sequência de leitura aberta alternativa do LTAg (ALTO, *Alternate frame of the Large T Open reading frame*), também conhecido como ORF5. ALT é expressa pelos HPyV5, HPyV8 e HPyV13 e sua função permanece desconhecida, mas não parece ser essencial para a replicação do DNA viral. O HPyV11 é o único poliomavírus que possui uma variante do antígeno T, chamada de antígeno 229T, produzida por *splicing* alternativo, além dos antígenos LT e ST. A análise da sequência do antígeno T do HPyV8 revelou que através de *splicing* são gerados seis RNA mensageiros (RNAm) que possivelmente codificam os antígenos ST, MT, LT, *tiny* T, 21kT e ALT. O HPyV2 codifica as proteínas $T'_{135}$, $T'_{136}$ e $T'_{165}$ que potencializam a replicação do genoma viral mediada pela LTAg. A proteína 17kT do HPyV1 foi sugerida como relevante para a transformação celular.

A região tardia codifica três proteínas do capsídeo, VP1, VP2 e VP3, contudo entre os HPyV conhecidos, apenas o HPyV5 não codifica a proteína VP3. A VP1 determina a antigenicidade e a especificidade do receptor e, consequentemente, tem um impacto significativo na ligação da partícula a receptores celulares, tropismo tecidual e patogenicidade dos poliomavírus. As proteínas VP2 e VP3 são encontradas na partícula viral em menor proporção e possuem função unicamente estrutural. Uma pequena proteína não estrutural, denominada de agnoproteína que também é codificada a partir da região tardia de SV40 (*simian vacuolating virus* 40 ou *simian virus* 40), HPyV1 e HPyV2, está envolvida na transcrição e na replicação do DNA, na biogênese dos vírions e na liberação viral. A agnoproteína de HPyV2 potencializa a ligação da LTAg à origem de replicação estimulando a replicação do DNA viral. Em contrapartida, demonstrou-se que a agnoproteína de HPyV1 interage com o antígeno nuclear de proliferação celular e inibe a replicação do DNA *in vitro*. No Quadro 15.3 são apresentadas as proteínas codificadas pelos HPyV.

Além disso, HPyV1, HPyV2 e HPyV5 codificam microRNA (miRNA) que regulam negativamente a expressão de genes virais.

## Classificação genotípica dos poliomavírus de humanos

A classificação genotípica dos HPyV pode ser confusa considerando que é uma mistura de subgrupos, subtipos, grupos e genótipos e que os critérios para a definição de cada um desses tipos (p. ex., metodologia, região do genoma, valores de corte etc.) ainda não estão padronizados.

### Poliomavírus de humanos 1

O HPyV1 apresenta uma grande variabilidade genética relacionada ao capsídeo viral, especialmente na região da proteína VP1. A análise filogenética da sequência nucleotídica da região que codifica a VP1 dos HPyV1 permite identificar a existência, até o momento, de quatro subtipos (I-IV) (Quadro 15.4). O subtipo I é o mais amplamente distribuído, seguido pelo subtipo IV, encontrado principalmente em populações do leste da Ásia e da Europa, enquanto os subtipos II e III foram detectados com baixa frequência em todo o mundo. Além disso, os subtipos I e IV também foram classificados em subgrupos: Ia, Ib1, Ib2, Ic e IVa1, IVa2, IVb1, IVb2, IVc1, IVc2, que foram associados a populações humanas específicas. O padrão de distribuição de subtipos e subgrupos em diferentes populações levou à proposta, como no HPyV2, de que o HPyV1 teria codivergido com os seres humanos. No entanto, esse padrão pode implicar em um modelo mais complexo do que para o HPyV2. Por um lado, foi proposto que o subtipo I pode ter se originado na África e que a divergência de seus subgrupos ocorreu durante a migração de seres humanos modernos para fora da África há cerca de 100.000 anos, o que implica uma origem anterior para os subtipos. O subgrupo IV é predominante no leste da Ásia, mas não na África, e um subgrupo específico (IVc2) também é encontrado na Europa e na América do Norte; assim, surgiram dúvidas sobre suas origens nessas populações.

Foi sugerido que populações humanas antigas podem ter perdido seu subtipo IV já associado durante a migração da África para a Eurásia ou que estirpes ancestrais do subtipo IV podem ter sido transmitidas aos humanos modernos a partir de uma população *Homo* arcaica ou de um hospedeiro primata na Ásia. Mais tarde, a população do nordeste asiático infectada com o subgrupo IVc2 expandiu-se para várias populações na Ásia e algumas migraram para o norte da Europa e, muito recentemente, para a América do Norte. No entanto, apesar dessas desvantagens, o padrão evolutivo do HPyV1 mostrou ser útil para estudar o processo populacional de algumas regiões específicas, como a Finlândia e o Japão.

Foi mostrado que diferentes subtipos ligar-se-iam a diferentes receptores da superfície celular e, em seguida, foi proposto que eles pudessem ter tropismo e potencial patogênico distintos. Além disso, como no HPyV2, alguns tipos virais foram associados a quadros patológicos. Em particular, o subgrupo Ia e o subtipo IV mostraram tendência a maior prevalência de nefropatia nos receptores de transplante renal. Além disso, rearranjos no NCCR ou mutações no gene VP1 também podem ser relevantes para a virulência viral.

### Poliomavírus de humanos 2

Usando diferentes métodos e sistemas de nomenclatura, as estirpes de HPyV2 foram classificadas em vários tipos virais associados a diferentes populações humanas e regiões geográficas (ver Quadro 15.4). Os dois sistemas de nomenclatura mais amplamente utilizados dependem da análise filogenética da região codificante completa do genoma. Outros métodos utilizados para classificar as estirpes de HPyV2, baseiam-se na análise filogenética da região intergênica ("região IG", abrangendo 610 pares de base (pb) correspondente ao final 3′ de VP1 e extremidade 5′ do gene T), ou análise de assinatura de mutações em uma região da VP1 ("fragmento de tipificação", abrangendo 215 pb na extremidade 5′ de VP1) ou na região IG. Nenhum sistema de nomenclatura sugerido contempla todos os grupos descritos até o momento.

Foi proposto que o genótipo 6 seria um genótipo ancestral originário da África que deu origem a duas linhagens antigas que mais tarde diversificaram, uma como os genótipos 1 e 4 e a outra como genótipos 2, 3, 7 e 8. Genótipos 1 e 4 foram associados a europeus e europeus-americanos, enquanto o genótipo 2 foi associado a populações asiáticas, nativas americanas e do Pacífico Ocidental, dependendo do subtipo. O genótipo 3 foi relacionado a africanos, afrodescendentes e do centro/oeste da Ásia, enquanto o genótipo 6 foi encontrado em populações da África Central e Ocidental. O genótipo 7 é detectado principalmente na Ásia e o genótipo 8, nas populações do Pacífico Ocidental. A única estirpe disponível para o genótipo 5, descrita nos Estados Unidos da América (EUA) de um indivíduo com pais europeus, emergiu de evento de recombinação entre o subtipo 2B e o genótipo 6. A distribuição dos genótipos de HPyV2 está relacionada a distintas regiões geográficas mundiais e populações distintas.

Essa associação entre tipos virais e a população humana levou à proposta de que o HPyV2 teria codivergido com os hospedeiros humanos e seguiu sua migração em todo o mundo. Por esta razão, a evolução do HPyV2 tem sido usada como uma

**Quadro 15.3** Proteínas codificadas pelos HPyV. O número de resíduos de aminoácidos é apresentado.

| Proteína | Vírus | | | | | | | | | | | | | |
|---|---|---|---|---|---|---|---|---|---|---|---|---|---|---|
| | HPyV1 | HPyV2 | HPyV3 | HPyV4 | HPyV5 | HPyV6 | HPyV7 | HPyV8 | HPyV9 | HPyV10 | HPyV11 | HPyV12 | HPyV13 | HPyV14 |
| LTAg | 695 | 688 | 641 | 648 | 817 | 669 | 671 | 697 | 680 | 668 | 658 | 708 | 711 | 500 |
| STAg | 172 | 172 | 191 | 194 | 186 | 190 | 193 | 198 | 189 | 199 | 195 | 182 | 183 | 179 |
| MTAg | — | – | – | – | – | – | – | 322 | – | – | 299 | – | – | – |
| ELP | 39 | 38 | – | – | – | – | – | – | – | – | – | – | – | – |
| ALT | – | – | – | – | 284/250 | – | – | 131 | – | – | – | – | 299 | – |
| $T'_{135}$ | – | 135 | – | – | – | – | – | – | – | – | – | – | – | – |
| $T'_{136}$ | – | 136 | – | – | – | – | – | – | – | – | – | – | – | – |
| $T'_{165}$ | – | 165 | – | – | – | – | – | – | – | – | – | – | – | – |
| 57kT | – | – | – | – | 532 | – | – | – | – | – | – | – | – | – |
| 21kT | – | – | – | – | – | – | – | 184 | – | – | – | – | – | – |
| 17kT | 136 | – | – | – | – | – | – | – | – | – | – | – | – | – |
| *Tiny* T | – | – | – | – | – | – | – | 85 | – | – | – | – | – | – |
| 145 T | – | – | – | – | – | – | – | – | 145 | – | – | – | – | – |
| 84 T | – | – | – | – | – | – | – | – | – | – | – | 84 | – | – |
| 148 T | – | – | – | – | – | – | – | – | – | – | – | – | – | 148 |
| VP1 | 362 | 354 | 378 | 369 | 423 | 387 | 389 | 376 | 371 | 403 | 401 | 380/364 | 489 | 435 |
| VP2 | 351 | 344 | 400 | 415 | 241 | 336 | 329 | 313 | 352 | 310 | 303 | 313 | 223 | 247 |
| VP3 | 232 | 225 | 257 | 272 | – | 215 | 209 | 195 | 233 | 200 | 195 | 197 | 187 | 171 |
| Agno | 66 | 71 | – | – | – | – | – | – | – | – | – | – | – | – |

Agno: agnoproteína; ALT: *alternative tumor antigen* (antígeno tumoral alternativo); MTAg: antígeno tumoral *middle*; LTAg: antígeno tumoral *large*; STAg: antígeno tumoral *small*; ELP: *early leader peptide* (proteína líder inicial). Fonte: Moens *et al.*, 2017; Gheit *et al.*, 2017.

ferramenta para rastrear migrações populacionais pré-históricas e modernas em todo o mundo.

No entanto, alguns estudos questionaram sua utilidade como marcador de migrações humanas, principalmente com base em discrepâncias entre as filogenias dos subtipos de vírus e de populações específicas de hospedeiros ou inconsistências na data estimada da divergência.

Foi proposto que os genótipos de HPyV2 podem apresentar diferenças biológicas. Entre eles, os genótipos 1 e 2 (subtipo 2B) foram associados a um aumento da incidência de PML, enquanto os genótipos 3 e 4 foram inversamente associados à PML. Apesar dessas associações, as variantes de HPyV2 nas amostras de liquor de pacientes com PML geralmente mostram rearranjos na região NCCR ou mutação pontual na VP1, que se correlacionam com a progressão da PML, independentemente do genótipo.

## Poliomavírus de humanos 5

Com base na análise das sequências completas do genoma, o HPyV5 foi classificado em cinco genótipos associados à sua origem geográfica: Europa/América do Norte, África, Ásia, América do Sul e Oceania (Quadro 15.5). Essa distribuição é consistente com a proposta de diversificação viral após migrações humanas em todo o mundo. Assim como observado para os HPyV1 e HPyV2, a filogenia do HPyV5 não combina completamente com a filogenia esperada para a população humana sob o modelo "*out-of-Africa*", no qual o genótipo África deve se localizar como um grupo basal no dendrograma.

Foi sugerido que as linhagens HPyV5 do genótipo da África atualmente conhecidas, provavelmente, representam apenas uma pequena parte da diversidade real do vírus africano, possivelmente dificultando a identificação correta do seu clado no dendrograma. É importante considerar que sequências completas de genoma do HPyV5 da África Subsaariana ainda não estão disponíveis e, possivelmente, trariam uma imagem mais clara dos eventos antigos da história evolutiva desse vírus.

Além disso, apesar da associação filogeográfica significativa encontrada mesmo usando genomas parciais, algumas sequências não se agruparam com o genótipo esperado de acordo com o local da amostragem, possivelmente revelando movimentos de pessoas relacionadas à escravidão da África Subsaariana para as Américas nos séculos XVI a XIX ou migrações da América do Sul e África para a Espanha. Foram encontrados alguns clados intragenótipo, principalmente no genótipo da América do Sul, possivelmente refletindo processos de diversificação local ou regional. Ainda não foram realizados estudos para analisar a associação de genótipos com manifestações clínicas.

## Outros poliomavírus de humanos

A análise de um fragmento de 512 nucleotídeos da região C-terminal do gene que codifica o LTAg de estirpes de HPyV3 identificou dois genótipos distintos denominados A e B (ver Quadro 15.5). Entretanto, um único estudo identificou esses genótipos. Faz-se necessária, portanto, a análise de um maior número de sequências para confirmar essa classificação.

**Quadro 15.4** Classificação de HPyV1 e HPyV2.

| HPyV1[1] | | HPyV2 | | |
|---|---|---|---|---|
| **Subtipo** | **Subgrupo** | **Genótipo[2]** | **Subtipo[2]** | **Linhagem[3]** |
| | | 1 | 1A | Eu-a |
| | | | 1B | |
| I | Ia | 2 | 2A/C | My |
| | Ib1 | | 2B | B1c |
| | Ib2 | | 2D | B1-b (2D1, 2D2) e B1-d (2D3) |
| | Ic | | 2E | B3-b |
| | | 3 | 3A | Af2-b |
| II | - | | 3B | Af2-a |
| III | - | 4 | - | Eu-b |
| | | 5 | - | - |
| IV | IVa1 | 6 | - | Af1 |
| | IVa2 | 7 | 7A | SC |
| | IVb1 | | 7B | Cy (7B1) e B3-a (7B2) |
| | IVb2 | | 7C | B1-a (7C1) e B2 (7C2) |
| | IVc1 | 8 | 8A | - |
| | IVc2 | | 8B | - |
| | | - | - | Af3 (somente a região IG está disponível) |
| | | - | - | Eu-c |

Fontes: [1]Jin *et al.*, 1995; [1]Takasaka *et al.*, 2004; [1]Ikegaya *et al.*, 2006; [1]Nishimoto *et al.*, 2007; [1]Zheng *et al.*, 2007. [2]Stoner *et al.*, 2000. [3]Sugimoto *et al.*, 1997.

**Quadro 15.5** Classificação de HPyV3-5, HPyV6, HPyV7, HPyV10 e HPyV11.

| HPyV3[1] | HPyV4[2] | | HPyV5[3] | HPyV6[4] | | HPyV7[5] | HPyV10[6] | HPyV11[6] |
|---|---|---|---|---|---|---|---|---|
| Genótipo | Genótipo | Subtipo | Genótipo | Grupo | Subgrupo | Grupo | Genótipo | Genótipo |
| A | I | Ia a Id | Europa/América do Norte | 1 | A a E | 1 | 1 | 1 |
| | | | África | | | | | |
| | II | - | Ásia | | | | | |
| B | III | IIIa a IIIc | América do Sul | 2 | F e G | 2 | 2 | 2 |
| | | | Oceania | | | 3 | 3 | 3 |

Fontes: [1]Babakir-Mina *et al.*, 2009. [2]Bialasiewicz *et al.*, 2010. [3]Martel-Jantin *et al.*, 2014. [4]Hashida *et al.*, 2018. [5]Torres *et al.*, 2016. [6]Peng *et al.*, 2016.

A análise do genoma de estirpes de HPyV4, identificou três genótipos (I, II e III) divididos em subtipos (Ia-Id, IIIa-IIIc) com base na variabilidade de uma região de conexão entre VP1 e VP2 (ver Quadro 15.5). Assim como ocorre para HPyV3, faz-se necessária a análise de um maior número de sequências para confirmar esta correlação.

A análise filogenética usando genomas completos e sequências parciais do HPyV6, permitiu identificar dois grupos principais e vários subgrupos, denominados grupos 1 e 2 e subgrupos A-G (ver Quadro 15.5). O grupo 1 é formado por sequências de todo o mundo, agrupadas principalmente de acordo com sua origem: América do Norte (A), América do Sul (B), Europa (C), Oceania (D) e Ásia (E); enquanto o grupo 2 é formado quase exclusivamente por sequências obtidas de indivíduos de origem asiática (F e G). No entanto, algumas exceções a esse padrão geográfico foram observadas no subgrupo A, que inclui principalmente sequências dos EUA, mas também da Austrália e da China, no subgrupo B, formado por sequências da Espanha e da França, mas também da Argentina (possivelmente relacionado à origem da população, conforme discutido em outros HPyV) e no subgrupo G, incluindo uma sequência dos EUA. À medida que mais sequências forem disponibilizadas a partir de indivíduos com ascendência rastreável de locais distintos, mais análises permitirão entender a história evolutiva e a diversidade desse vírus.

Com relação ao HPyV7, a maioria das sequências disponíveis provém dos EUA ou do Japão, portanto, as informações são limitadas. Na filogenia, três grupos principais são observados: grupos 1 e 3 de sequências japonesas e o grupo 2 principalmente de sequências dos EUA (ver Quadro 15.5).

Sequências de HPyV10 e HPyV11 foram obtidas de indivíduos dos EUA, de Malawi, da Gâmbia, da China e do Brasil, que mostraram uma divergência substancial entre as estirpes que sugere sua classificação em três genótipos cada. No entanto, ainda existem poucas sequências disponíveis e mais dados de outros locais seriam necessários para aprofundar o estudo da diversidade e da história evolutiva desses vírus (ver Quadro 15.5).

## Mecanismos de evolução dos HPyV

As evidências atuais indicam que a história evolutiva dos PyV pode ter envolvido vários processos como codivergência com os hospedeiros, eventos ancestrais de troca de hospedeiros, duplicações de linhagem e recombinações.

Evidências sugerem um padrão de recombinações dentro da família *Polyomaviridae*, mostrando agrupamentos filogenéticos distintos para as proteínas iniciais e tardias dos PyV. Pelo menos três eventos independentes são relatados: (a) o gênero *Gammapolyomavirus* (PyV aviário) que agrupa separadamente na análise filogenética do LTAg, mas agrupa dentro do gênero *Betapolyomavirus* na análise da VP1; (b) alguns membros do grupo *Deltapolyomavirus* agrupam com alguns membros do gênero *Betapolyomavirus* na análise da VP1; e (c) alguns PyV de primatas, agrupam no gênero *Alphapolyomavirus* no LTAg, mas dentro do gênero *Betapolyomavirus* na análise da VP1. Essas evidências deram origem à hipótese de recombinação e diversificação ancestral na história dos PyV. No entanto, razões técnicas e biológicas também foram sugeridas para explicar algumas das análises. Alguns desses processos também podem ser observados no nível intraespécies, como a codivergência parcial proposta dos HPyV1, HPyV2 e com populações humanas ou as recombinações intergenótipos do HPyV2.

## Biossíntese viral

A ligação do vírus ao receptor celular é mediada pela VP1. Os primeiros resultados dos estudos com o poliomavírus símio SV40 revelaram que as moléculas do complexo de histocompatibilidade da classe I (MHC-I, *major histocompatibility complex*-I) eram responsáveis pela ligação do vírus à célula. No entanto, outros estudos realizados em células polarizadas do epitélio renal de seres humanos demonstraram que a ligação a moléculas de MHC-I não é suficiente para iniciar a infecção. Estudos subsequentes indicaram que o SV40 utiliza o MHC-I como correceptor e o gangliosídeo GM1 como receptor. Esse achado é mais consistente com a rota de entrada do vírus através de cavéolas, que são pequenas invaginações da membrana plasmática envolvidas com sinalização celular e são ricas em glicoesfingolipídeos e colesterol. Por outro lado, o HPyV1 usa os gangliosídeos GD1b e GT1b como receptores celulares. Estes gangliosídeos são encontrados nas células do epitélio tubular renal, que são normalmente infectadas pelo HPyV1. Os gangliosídeos GT1b, GD1b e GD2 são necessários para a ligação do HPyV2. O HPyV2 também se liga a lactotetrassacarídeo série c (LTSc), um ácido siálico com ligações α2,6, enquanto o receptor de serotonina $5HT_{2A}$ atua como um possível correceptor. Esse receptor é expresso em células gliais, alvo do HPyV2. O HPyV5 se liga ao GT1b e usa glicosaminoglicanas como possíveis correceptores. O HPyV9 se liga preferencialmente à sialil-lactosamina terminando em ácido 5-*N*-glicolil-neuramínico em relação àqueles terminando em ácido 5-*N*-acetil-neuramínico. Os HPyV6 e HPyV7 empregam receptores não gangliosídicos. O HPyV8 forma complexos com GM1 glicano e α2,3- e α2,6-sialil-lactose.

Os poliomavírus podem utilizar dois mecanismos para entrar na célula. O SV40 e o HPyV1 usam a via que envolve cavéolas. O HPyV2 entra na célula via vesículas recobertas por clatrinas. As partículas virais são transferidas para o retículo endoplasmático (RE), onde é iniciado o desnudamento. A partícula viral parcialmente desnudada é então translocada através da membrana do RE. Os poliomavírus sequestram a maquinaria de degradação associada ao RE e as suas chaperonas, entretanto, a possível atividade de viroporina da VP2/VP3 pode estar envolvida no desnudamento da partícula. O processo de migração subsequente para o núcleo não é bem conhecido, mas, ao atingir o citoplasma, o desnudamento das partículas prossegue e o genoma viral entra no núcleo. Tanto os microtúbulos quanto os microfilamentos têm papel importante no transporte do vírus para o núcleo.

A transcrição e replicação do genoma viral ocorrem no núcleo e são controladas pela região NCCR. A transcrição da região inicial é iniciada antes do início da replicação do DNA viral. A transcrição tardia começa após o início da replicação do DNA viral. A transcrição dos genes precoces e tardios é mediada pela RNA polimerase II celular e fatores do hospedeiro. O promotor inicial contém uma caixa de TATA e múltiplos sítios de ligação para o LTAg e fatores de transcrição celular. A transcrição precoce gera um único RNAm precursor, a partir do qual diferentes transcritos são gerados por meio de *splicing* alternativo. Os principais produtos gerados a partir desse RNA são as proteínas reguladoras LTAg e STAg.

LTAg é uma proteína multifuncional que interage com várias proteínas celulares. O LTAg dos poliomavírus de mamíferos se liga aos motivos 5′-GRGGC-3′ na NCCR e essa ligação regula a mudança da transcrição precoce para a replicação e a transcrição tardia. Em baixas concentrações o LTAg ocupará motivos de ligação de alta afinidade e estimulará a transcrição precoce juntamente com proteínas celulares. Mais tarde na infecção, à medida que a concentração de LTAg aumenta, este também irá interagir com motivos de ligação de baixa afinidade, localizados a jusante da caixa TATA. Como resultado, o LTAg impedirá a transcrição precoce, bloqueando a passagem para o complexo de RNA polimerase II facilitando a transcrição tardia.

Os genes tardios são transcritos a partir da fita oposta e na direção oposta à dos genes iniciais. O LTAg estimula a transcrição tardia através da ligação a fatores de transcrição, como a proteína de ligação a TATA (TBP, TATA *binding protein*) e fatores associados à TBP, bem como fatores de transcrição, como AP1 (proteína ativadora 1 [*activator protein 1*]), Sp1 (proteína de especificidade 1 [*specificity protein 1*]), TEF-1 (fator intensificador de transcrição-1 [*transcriptional enhancer factor-1*]). A região tardia codifica pelo menos duas proteínas do capsídeo, VP1 e VP2, que são traduzidas a partir de RNAm distintos gerados por *splicing*. Os genomas da maioria dos poliomavírus contêm uma ORF para uma terceira proteína estrutural, VP3, que pode ser traduzida a partir do mesmo RNAm da VP2, usando um códon interno de início de leitura. Dos HPyV conhecidos, apenas o HPyV5 parece não ter VP3.

LTAg é a única proteína viral necessária para replicação do DNA. O LTAg se liga na região da origem de replicação (NCCR) como um hexâmero duplo e recruta as proteínas celulares necessárias para a replicação do DNA. O domínio helicase com atividade da ATPase desenrola o DNA e permite o início da replicação.

O STAg desempenha um papel auxiliar na replicação do genoma viral. Ele estabiliza o LTAg, impedindo a desfosforilação mediada pela fosfatase 2A (PP2A, *phosphatase* 2A). A inativação da PP2A leva à ativação das ciclinas A e D1, que promovem a progressão do ciclo celular.

Outra proteína viral que pode estar implicada na regulação da replicação do DNA viral é a agnoproteína. A agnoproteína do HPyV2 potencializa a ligação de LTAg à origem de replicação e estimula a replicação do DNA viral. A agnoproteína HPyV1, por outro lado, interage com o antígeno nuclear de proliferação celular (PCNA, *proliferating cell nuclear antigen*) e inibe a replicação do DNA *in vitro*. A implicação biológica dessa interação pode ser desativar a replicação do DNA viral e promover a montagem de partículas virais.

A montagem dos poliomavírus começa com a translocação das proteínas VP1, VP2 e VP3 para dentro do núcleo e a formação dos capsômeros. A interação de VP2 e VP3 com VP1 é mediada pela região carboxiterminal dessas proteínas. Uma vez que os capsômeros são agrupados formando o capsídeo, o DNA é incorporado à partícula.

A montagem das partículas virais ocorre no núcleo, mas o mecanismo pelo qual as partículas maduras são liberadas da célula infectada é pouco conhecido. Os poliomavírus podem causar lise das células hospedeiras infectadas. Outros estudos indicam que partículas de poliomavírus podem ser eliminadas de células intactas. A agnoproteína parece participar da liberação da progênie viral. A agnoproteína do HPyV2 possui atividade de viroporina, enquanto a agnoproteína HPyV1 interage com a proteína de fusão sensível a α-solúvel N-etilmaleimida (α-SNAP, *α-soluble N-ethylmaleimide-sensitive fusion attachment protein*), sugerindo que esta pode interferir na via exocítica.

## Patogênese

Os HPyV são ubíquos na população. Acredita-se que a infecção primária, normalmente subclínica, ocorre na infância, e é seguida de infecção persistente assintomática que perdura para toda a vida.

Para a maioria dos HPyV a rota de transmissão ainda não está estabelecida. Como os HPyV são detectados em diferentes sítios anatômicos e fluidos de indivíduos imunocompetentes saudáveis, incluindo pele, urina, fezes, secreções respiratórias, saliva, além de amostras ambientais incluindo águas recreacionais, esgoto e rios urbanos, acredita-se que esses vírus sejam transmitidos através de contato pessoa a pessoa e através de superfícies contaminadas, alimentos e água. A transmissão transplacentária já foi sugerida para o HPyV1.

Uma característica da infecção de todos os PyV é a manutenção da infecção persistente crônica com níveis muito baixos de biossíntese em diversos tecidos e órgãos, tais como trato urogenital, rins, medula óssea, pele e cérebro, às vezes permanecendo nesse estado presumivelmente para evitar a detecção pelo sistema imunológico do hospedeiro. Consequentemente, é difícil distinguir o sítio da infecção primária de um sítio que funciona como reservatório da infecção persistente. No entanto, em pacientes sob imunossupressão prolongada e intensa ou medicação imunomoduladora, a propagação dos PyV é descontrolada, resultando na produção eficiente da progênie viral e na destruição das células hospedeiras. Os tecidos mais afetados variam com o tropismo preferencial do vírus.

Embora a infecção causada por HPyV tenha sido associada a doença em indivíduos imunocomprometidos, a excreção de HPyV é observada em amostras de indivíduos imunocompetentes, mas o impacto dessa infecção ainda é desconhecido.

Foram descritos cinco padrões patológicos distintos para os poliomavírus. São eles:

- Danos citopáticos: caracterizam-se pela lise das células infectadas em virtude da alta taxa de propagação viral, porém sem inflamação significativa. O protótipo desta patologia é a PML em indivíduos com grave imunossupressão devido à propagação descontrolada do HPyV2 em oligodendrócitos
- Síndrome inflamatória de reconstituição imunológica (IRIS, *immune reconstitution inflammatory syndrome*): é caracterizada por uma resposta inflamatória robusta ao antígeno viral, tipicamente após um rápido restabelecimento da resposta imunológica celular. Os protótipos são a cistite hemorrágica associada ao HPyV1 após transplante de células-tronco alogênicas ou o agravamento da PML causada pelo HPyV2 após o início da terapêutica antirretroviral em pacientes portadores do vírus da imunodeficiência humana (HIV, *human immunodeficiency virus*)
- Danos citopáticos e inflamatórios: caracterizados por alto nível de propagação viral ocasionando resposta inflamatória significativa devido à lise citopática e à necrose, com infiltração de granulócitos e linfócitos. O protótipo deste padrão patológico é a nefropatia associada à HPyV1 (ou BKPyV) (BKVAN, BKV-*associated nephropathy*)
- Danos autoimunes: conceito hipotético para descrever uma resposta autoimune desencadeada pelos antígenos virais. Tem sido proposto que o lúpus eritematoso sistêmico resulte de uma resposta patológica do próprio organismo que poderia ser desencadeada por antígenos virais como o LTAg
- Oncogênese: caracterizada pela expressão dos genes iniciais virais que ativam as células hospedeiras, porém sem expressão dos genes tardios que causariam a rápida lise das células do hospedeiro. O protótipo desta patologia é o carcinoma de Merkel associado ao HPyV5.

### Papel dos rearranjos genômicos na patogênese dos HPyV

Em hospedeiros imunocompetentes a infecção natural por PyV resulta no estabelecimento de persistência viral que perdura por toda a vida do hospedeiro. Os mecanismos pelos quais o vírus estabelece esta persistência ainda não são compreendidos. O isolamento e caracterização de estirpes de HPyV1 a partir da urina de indivíduos imunocompetentes assintomáticos, apresentando baixos níveis de propagação viral, revelou a existência de estirpes virais denominadas de "arquétipo". Nestas estirpes a região NCCR é dividida em cinco blocos de sequências denominados de O, para origem de replicação, P, Q, R e S, que contêm diversos sítios de ligação a fatores de transcrição. A propagação *in vitro* de estirpes arquétipo do HPyV1 resulta no surgimento de estirpes denominadas de "rearranjadas", as quais são caracterizadas por rearranjos genômicos localizados somente na região NCCR, sem alterações nas demais regiões do genoma.

Os rearranjos da região NCCR consistem em duplicações e deleções de blocos de sequências de DNA, sugerindo que eventos de recombinação podem ocorrer durante a propagação viral. Estudos demonstraram que as variantes rearranjadas de HPyV1 produzem menos miRNA em comparação com estirpes arquétipo. Como os miRNA atuam na degradação do RNAm do LTAg, baixos níveis de miRNA podem resultar no aumento da expressão de LTAg e propagação viral. Variantes rearranjadas de HPyV1 foram detectadas em pacientes imunocomprometidos, e o surgimento destas variantes no plasma tem sido associado a um aumento na capacidade de biossíntese e na patologia em receptores de transplante renal. Esta propagação descontrolada de variantes rearranjadas de HPyV1 pode ser devida à resposta celular antiviral restrita em pacientes imunocomprometidos (Figura 15.23).

Variantes rearranjadas de HPyV2 foram isoladas do liquor e da medula óssea de pacientes com PML apresentando duplicações e deleções semelhantes às observadas para HPyV1 (Figura 15.23). As variantes rearranjadas de HPyV2 também apresentam aumento da expressão de LTAg e maiores taxas de propagação em comparação com a estirpe arquétipo. A análise da sequência da região NCCR de estirpes de HPyV2 detectadas em diferentes compartimentos corporais de pacientes com PML revelou a presença de estirpes rearranjadas no liquor e no sangue. Em contraste, as estirpes detectadas em urina assemelhavam-se ao vírus arquétipo, sugerindo que a população de HPyV2, presente na urina é estável e existe de forma independente das populações destes vírus presentes em outros compartimentos corporais. Embora as sequências rearranjadas de NCCR confiram maior expressão gênica viral e maior capacidade de propagação, mutações pontuais no gene que codifica a VP1 parecem ter um impacto na disseminação viral e na evasão imunológica.

Um estudo utilizando um modelo quimérico de camundongo com células gliais humanas para avaliar a evolução de HPyV2 *in vivo*, demonstrou que a disseminação viral no cérebro infectado estava associada à rápida ocorrência de mutações na VP1, incluindo mutações localizadas no sítio de ligação ao ácido siálico. Mutações nesse sítio que interferem na ligação à célula hospedeira foram descritas anteriormente em estirpes de HPyV2 detectadas em pacientes com PML. A vantagem seletiva dessa perda de função ainda precisa ser investigada. Demonstrou-se que as variantes de HPyV2 contendo mutações na VP1 comprometem a resposta das células $TCD_4^+$ e permitem o escape de anticorpos neutralizantes.

## Manifestações clínicas

Pelo menos, quatro espécies de HPyV são atualmente associadas a doença em seres humanos: HPyV1 causador de nefropatia e cistite hemorrágica; HPyV2 causador de PML; HPyV5 associado ao MCC (carcinoma de células de Merkel; ver *Capítulo 21*) e HPyV8 associado à tricodisplasia espinulosa (TS). Estudos sugerem a associação dos HPyV3 e HPyV4 com doença respiratória aguda em crianças (ver *Capítulo 14*), dos HPyV10 e HPyV11 com doença diarreica aguda em crianças (ver *Capítulo 11*), do HPyV7 com exantema pruriginoso em pacientes recipientes de transplante pulmonar e dos HPyV6 e HPyV7 com dermatose prurítica e disceratótica. Contudo, estas associações ainda não estão completamente comprovadas.

## Epidemiologia

Estudos sorológicos mostraram que a infecção por HPyV é comum, mesmo em populações remotas. Dependendo da espécie, da região geográfica e das características demográficas da

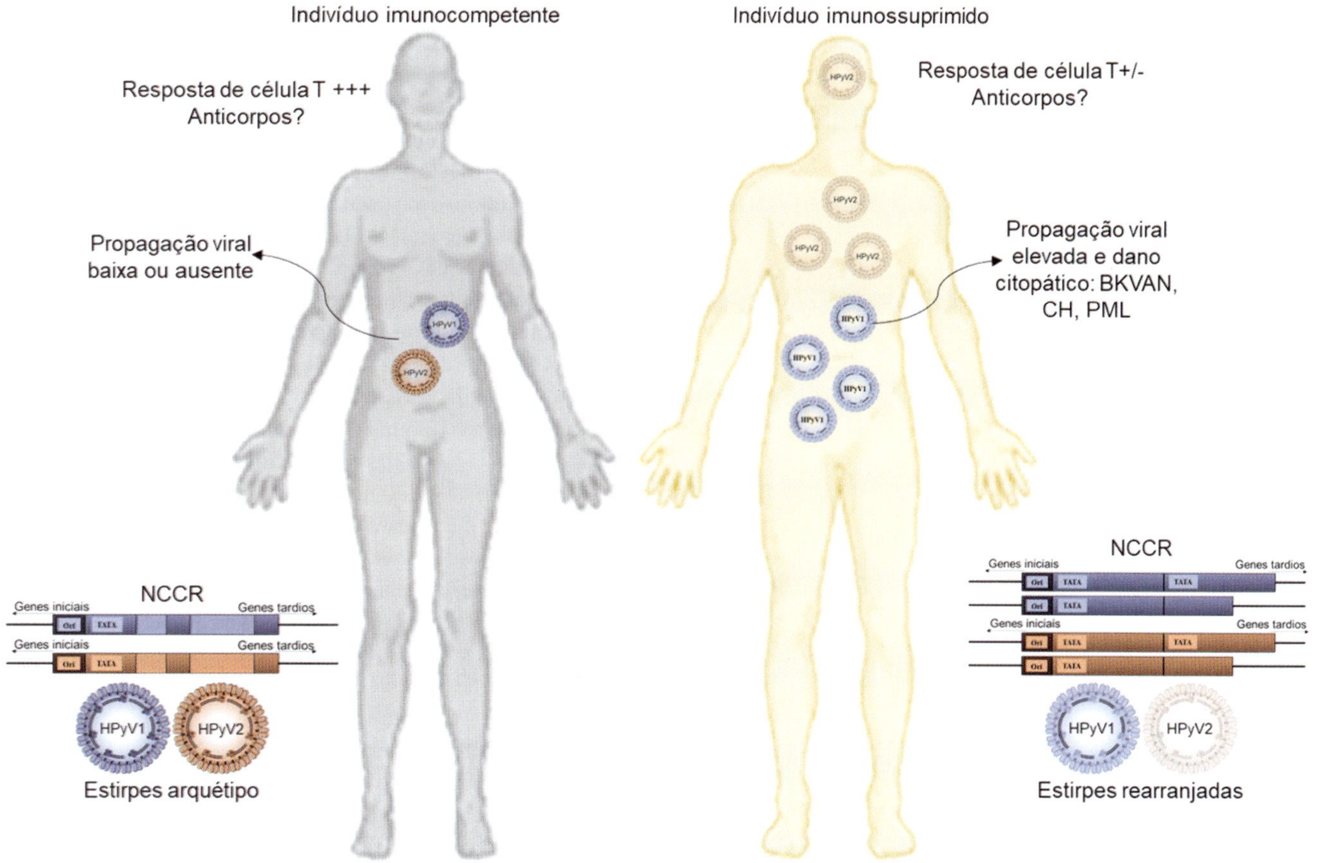


**Figura 15.23** Surgimento de variantes rearranjadas de HPyV em pacientes imunossuprimidos. Com base na sequência da região controle não codificante (NCCR, *noncoding control region*), são descritas duas formas distintas dos HPyV1 e HPyV2, conhecidas como arquétipo e variantes rearranjadas. No vírus arquétipo, normalmente detectado em indivíduos imunocompetentes saudáveis, produto da propagação viral transitória e controlada pela forte resposta imunológica, principalmente a resposta mediada por células T (T+++), a NCCR é bem conservada. As variantes rearranjadas normalmente são detectadas em indivíduos imunossuprimidos. A região NCCR dessas estirpes apresenta duplicações e deleções que afetam a expressão de proteínas iniciais reguladoras, como o LTAg (antígeno T *large*), levando a índices elevados ou descontrole da propagação viral, em virtude da resposta imunológica fraca ou desregulada mediada por células T (T +/–), e expressão de proteínas virais estruturais, causando assim efeito citopático e apoptose. O papel dos anticorpos neutralizantes no controle da biossíntese e doença induzida por poliomavírus ainda precisa ser esclarecido. HPyV1: poliomavírus de humanos 1; HPyV2: poliomavírus de humanos 2; BKVAN: *BKPyV [HPyV1] associated nephropathy* (nefropatia associada ao BKPyV [HPyV1]); CH: cistite hemorrágica; PML: *progressive multifocal leukoencephalopathy* (leucoencefalopatia multifocal progressiva). Adaptada de Barth *et al.*, 2016.

população estudada, a incidência de anticorpos anti-HPyV na população adulta, com base em estudos que utilizaram ensaio imunoenzimático (EIA, *enzyme immunoassay*) para a proteína VP1, pode chegar até 90% (Quadro 15.6). Entretanto, a ocorrência de reatividade cruzada entre as proteínas do capsídeo e entre as proteínas não estruturais desse vírus é um desafio para as análises dos dados sorológicos os quais devem, portanto, ser interpretados com ponderação.

No Brasil, estudos demonstram infecções por HPyV1 e HPyV2 entre receptores de transplante renal, HPyV1 e HPyV4 em indivíduos HIV-positivos e indivíduos imunocompetentes, HPyV5 em indivíduos imunocompetentes e indivíduos com carcinoma de células basais e HPyV8 no sangue de receptores de transplante renal.

No que diz respeito à distribuição dos subtipos já foi demonstrada a circulação dos subtipos de HPyV1 I (Ia e Ib), II, III e IV entre transplantados renais e voluntários saudáveis. Em relação aos genótipos de HPyV2, foi demonstrada a circulação dos genótipos 1 (1A e 1B), 2 (2A, 2B, 2C e 2D), 3 (3A e 3B), 4 e 6 em pacientes com síndrome da imunodeficiência adquirida (AIDS, *acquired immunodeficiency syndrome*), apresentando ou não PML, transplantados renais e entre indivíduos saudáveis. Foram detectadas estirpes de HPyV5 pertencentes aos genótipos América do Sul, África e Europa/América do Norte. A distribuição dos genótipos de HPyV3 e HPyV4 nunca foi descrita no Brasil.

## Poliomavírus de humanos 1 (HPyV1; BKPyV)

O HPyV1 pode ser transmitido por via respiratória, uro-oral e fecal-oral. A infecção primária é normalmente assintomática, geralmente ocorre na infância e resulta no estabelecimento de infecção persistente assintomática em pacientes imunocompetentes. Contudo, a infecção pelo HPyV1 está associada à patologia em indivíduos imunocomprometidos. O sítio primário para a biossíntese viral é o urotélio (epitélio que recobre grande parte do trato urinário, incluindo a pelve renal, os ureteres, a bexiga urinária e partes da uretra), levando à destruição dessas células. Estudos *in vitro* suportam a noção de que o HPyV1 tem tropismo por células parenquimatosas glomerulares do rim, o que poderia afetar a função glomerular, aumentar a inflamação e servir como

**Quadro 15.6** Soroprevalência dos HPyV em indivíduos adultos saudáveis.

| HPyV | Soropositividade (%) |
|---|---|
| HPyV1 | 55 a 90 |
| HPyV2 | 44 a 90 |
| HPyV3 | 55 a 90 |
| HPyV4 | 69 a 98 |
| HPyV5 | 60 |
| HPyV6 | 69 a 83 |
| HPyV7 | 35 a 66 |
| HPyV8 | 75 a 88,9 |
| HPyV9 | 25 a 47 |
| HPyV10 | NT |
| HPyV11 | NT |
| HPyV12 | 23 |
| HPyV13 | NT |
| HPyV14 | NT |

NT: não testado. Fonte: Moens *et al.*, 2013.

reservatório viral para amplificação da propagação viral durante a imunossupressão. A infecção por HPyV1 geralmente está associada a insuficiência renal, incluindo nefropatia (BKVAN) e cistite hemorrágica (CH) e menos comumente associada a pneumonite, retinite, doença hepática e meningoencefalite.

## Manifestações clínicas

### Nefropatia associada ao HPyV1 (BKVAN)

A infecção persistente no tecido renal por HPyV1, é geralmente assintomática em indivíduos imunocompetentes, mas em pacientes transplantados renais (TR) que requerem imunossupressão, a biossíntese pode ocorrer de forma descontrolada. A BKVAN é uma complicação grave observada em pacientes TR, caracterizada pela propagação lítica do HPyV1 nas células infectadas, resultando em inflamação intersticial, fibrose tubular, atrofia e comprometimento funcional. Aproximadamente 50 a 80% dos pacientes que desenvolvem BKVAN também apresentam falha do enxerto. A incidência de falha do enxerto depende do grau de inflamação glomerular causada por citocinas pró-inflamatórias, do influxo de células imunológicas efetoras, propagação lítica do HPyV1 e lise das células epiteliais tubulares renais que podem levar à fibrose renal e subsequente insuficiência do enxerto.

Em pacientes TR, a biossíntese do HPyV1 ocorre no enxerto. A propagação viral após o transplante renal é geralmente observada inicialmente pelo aparecimento de virúria, detectada pelas células uroepiteliais infectadas pelo vírus, conhecidas como células *decoy*, ou pela presença do DNA viral na urina. A virúria é seguida por uma fase virêmica. Aproximadamente 30 a 50% dos pacientes TR desenvolvem virúria nos primeiros 3 meses após o transplante, 10 a 15% deles progridem para viremia e 1 a 10% desenvolvem a BKVAN. A viremia por HPyV1 precede a BKVAN e é um melhor indicador da patologia associado à nefropatia do que a virúria, principalmente quando acompanhada de títulos virais > $10^4$ cópias/mℓ.

A propagação descontrolada do HPyV1 após o transplante tem sido associada a vários fatores incluindo: a intensidade do regime imunossupressor envolvendo o uso de tacrolimo ou micofenolato de mofetila; fatores relacionados ao receptor (idade do paciente e sexo masculino); fatores relacionados ao doador (grau de incompatibilidade do HLA [*human leukocyte antigen*; antígeno leucocitário humano], soropositividade para HPyV1) e fatores relacionados a vírus (genótipo, rearranjos na região NCCR e mutações na VP1). Além disso, outros fatores, como lesão renal associada à variação do tempo de isquemia fria, função tardia do aloenxerto e colocação de *stent* ureteral, também foram relatados como influenciadores para o desenvolvimento da BKVAN (Figura 15.24).

A BKVAN é dividida em três graus histopatológicos: A, B e C. O grau A corresponde à inflamação no epitélio tubular com a ausência de necrose. O grau B é definido como mais progressivo na patologia, envolvendo necrose e lise de células epiteliais tubulares. O grau C é compatível com a presença de fibrose intersticial que pode levar à doença renal em estágio terminal (DRET). Existe uma forte correlação entre a sobrevivência do enxerto com base nos graus histopatológicos da BKVAN, com o grau A tendo o melhor prognóstico para a sobrevivência do enxerto em dois anos (90%) e o grau C tendo o pior (50%).

Como a apresentação inicial da BKVAN é insidiosa, os pacientes transplantados devem ser testados para garantir a detecção precoce da propagação do HPyV1. Atualmente, não existe um biomarcador específico de testagem universal amplamente utilizado na prática clínica, capaz de predizer, consistentemente, o início precoce da BKVAN e se correlacione fortemente com a sobrevivência do enxerto. Além disso, as alterações características relatadas para a patologia renal associada ao BKVAN podem existir apenas em uma fração dos pacientes infectados em graus variados.

### Cistite hemorrágica (CH) associada ao HPyV1

O HPyV1 é o agente causador de cistite hemorrágica (CH) em pacientes submetidos a transplante de medula óssea (TMO). Entre os transplantados de medula óssea, aproximadamente 5 a 15% desenvolvem CH, geralmente 50 dias após o transplante. A mucosa da bexiga é lentamente danificada pelo tratamento por ciclofosfamida, um fármaco amplamente utilizado no período pré-transplante. Durante a fase aplásica, quando a medula produz uma quantidade insuficiente dos elementos do sangue, ocorre intensa biossíntese viral com consequente inchaço e enfraquecimento da mucosa da bexiga, levando à hemorragia.

A ativação e propagação do HPyV1 após TMO está associada a diversas situações clínicas que variam de virúria assintomática, viremia, cistite sem hematúria e CH com aumento da morbidade e mortalidade. A CH é caracterizada por hematúria, dor na bexiga e disúria. Níveis de viremia >$10^4$ cópias de DNA viral/mℓ marcam um risco aumentado de CH em receptores de TMO adultos. Entre os pacientes pediátricos receptores de TMO, a CH correlaciona-se mais fortemente com níveis elevados de virúria para HPyV1 ($10^6$ a $10^7$ cópias de DNA viral/mℓ).

### HPyV1 e câncer

O HPyV1 tem sido associado a vários tipos de câncer, incluindo câncer de próstata e tumores uroteliais. Contudo, não está clara a associação do HPyV1 e o desenvolvimento de tumores.

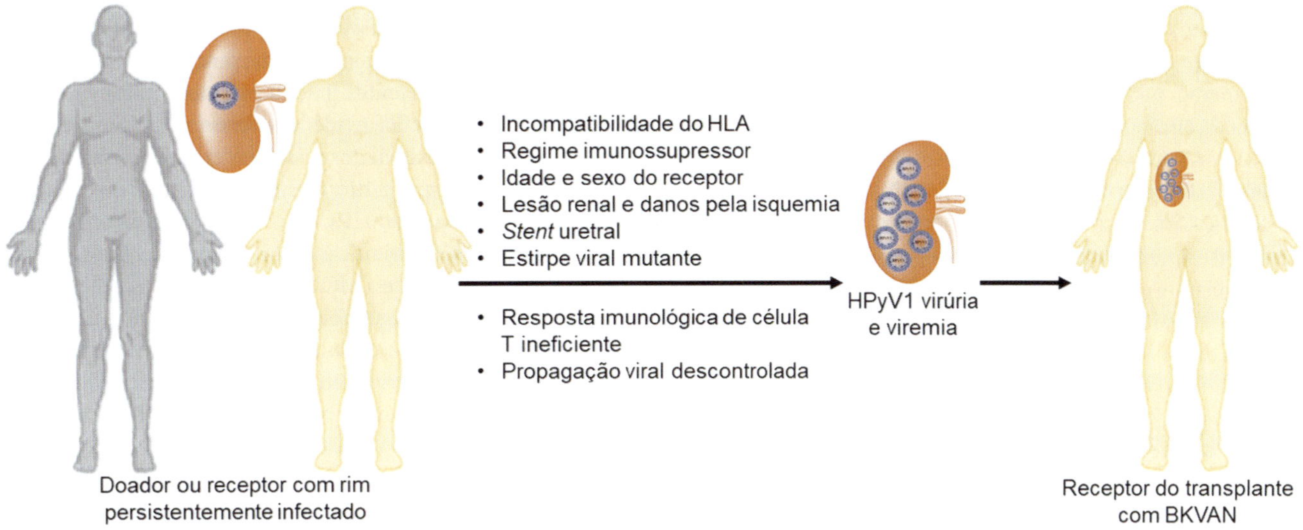


**Figura 15.24** Fatores de risco e mecanismo proposto para o desenvolvimento da nefropatia associada ao HPyV1 (BKVAN). HPyV1: poliomavírus de humanos 1; BKVAN: *BKPyV [HPyV1] associated nephropathy* (nefropatia associada ao BKPyV [HPyV1]); HLA: *human leukocyte antigen* (antígeno leucocitário humano).

Foi sugerido que o HPyV1 pode ser oncogênico devido à expressão das proteínas LTAg e STAg, que podem iniciar ou dirigir a transformação neoplásica. Sabe-se que os antígenos T são pró-oncogênicos devido à sua capacidade de inativar proteínas supressoras de tumores, como p53 e pRb, levando ao aumento da proliferação celular. Portanto, a ligação do antígeno LTAg do HPyV1 à p53 nas células infectadas pode levar à interferência no ciclo celular e aumentar o risco de malignidade. Em suporte a esta hipótese, foram detectados complexos proteicos HPyV1/LTAg-p53 no citoplasma de tecido de câncer de próstata. A presença de tais complexos não é suficiente para provar que o HPyV1 é oncogênico, mas levanta suspeitas de que este vírus possa ser um fator de risco para o desenvolvimento de câncer de próstata. Além disso, foi demonstrado que o STAg aumenta a ativação da via de proteíno-cinases ativadas por mitógenos (MAPK, *mitogen-activated protein kinase*), o que também pode aumentar a proliferação e transformação celular.

### Outras manifestações clínicas

Complicações associadas ao HPyV1 também podem ser observadas em pacientes com diferentes tipos de imunossupressão, incluindo lúpus eritematoso e AIDS. O HPyV1 tem sido associado à sialoadenite esclerosante, um processo inflamatório crônico incomum de glândula salivar, principalmente a submandibular, em pacientes infectados pelo HIV. Dados indicam que o HPyV1 tem tropismo pelas glândulas salivares, com biossíntese ativa e pode estar associado à doença das glândulas salivares (SGD, *salivary gland disease*). Apesar de não ser de grande relevância clínica, a doença causa transtornos ao paciente, como disfonia (distúrbio de comunicação, caracterizado pela dificuldade na emissão vocal), dor intensa e disfagia (dificuldade de deglutição).

## Diagnóstico laboratorial

O diagnóstico mais específico pode ser realizado por imuno-histoquímica, EIA ou reação em cadeia da polimerase (PCR, *polymerase chain reaction*) convencional ou em tempo real. A PCR é o método mais sensível para a detecção do HPyV1 em espécimes clínicos e é utilizada como método de rotina para monitoramento do HPyV1 em pacientes transplantados.

O isolamento do vírus usando cultura de células fetais de rim humano, células renais de macaco (como Vero e CV-1, ambas originadas de rim de macaco-verde africano; *Cercopithecus aethiops*) ou células fetais uroepiteliais não é realizado com frequência. O HPyV1 também pode infectar produtivamente células de glândulas salivares *in vitro*.

Os títulos de anticorpos para HPyV1 podem ser medidos por inibição da hemaglutinação (HI, *hemagglutination inhibition*) ou EIA. Contudo, testes sorológicos a partir de sangue ou liquor para detecção de anticorpos anti-HPyV1 apresentam utilidade limitada pelo fato de que muitos pacientes imunossuprimidos não produzem títulos elevados de anticorpos.

Nos quadros de reativação da infecção pelo HPyV1 resultando em BKVAN o diagnóstico é tipicamente confirmado por exame histológico de biópsia renal. Entretanto, o uso de métodos diagnósticos menos invasivos como citologia da urina ou quantificação da carga viral em sangue e urina tem sido priorizados. Na urina a presença de células epiteliais com corpúsculos de inclusão viral intranuclear (*decoy cell*) indica possibilidade de reativação da infecção pelo HPyV1 no uroepitélio. Contudo, enquanto a ausência dessas células na urina tem valor preditivo negativo de 99% para BKVAN pós-transplantes, o valor preditivo positivo é baixo. Assim, embora a citologia da urina tenha papel importante na testagem de receptores de transplantes renais alográficos, somente esse teste não é suficiente para diagnosticar a BKVAN.

## Prevenção, controle e tratamento

Não existe nenhuma vacina disponível para o controle das infecções pelos poliomavírus. A primeira opção terapêutica para redução da viremia elevada HPyV1 e BKVAN em pacientes transplantados é a redução ou ajuste da imunossupressão (IS), permitindo assim o desenvolvimento da resposta imunológica contra o vírus. Essa estratégia de redução da IS tem se mostrado eficaz na eliminação da viremia por HPyV1 e na preservação da função do aloenxerto, mesmo em pacientes com BKVAN confirmada, embora nem todos os pacientes tenham uma resposta adequada a essa abordagem de tratamento. No entanto, o principal risco de reduzir a IS é a rejeição aguda do enxerto.

Atualmente, não existem medicamentos antivirais com forte evidência de eficácia clínica contra o HPyV1. No entanto, vários relatos descreveram o uso de agentes com atividade potencial anti-HPyV1 em pacientes com BKVAN. Na maioria dos casos, esses agentes foram combinados com a redução da IS e foram relatados em estudos observacionais retrospectivos não controlados, e, portanto, é difícil tirar conclusões definitivas sobre sua eficácia terapêutica. Vários relatos de casos indicam um potencial benefício clínico do cidofovir, juntamente com a redução da IS. No entanto, a aplicação clínica do cidofovir é frequentemente limitada pela nefrotoxicidade. O brincidofovir (CMX001) é uma pró-droga do cidofovir administrado por via oral, atualmente em fase III de testes clínicos, sendo relatada menor incidência de nefrotoxicidade do que com o uso do cidofovir. Os relatos de casos descreveram resultados bem-sucedidos para pacientes TR e TMO com BKVAN após terapia com brincidofovir. No entanto, são necessários ensaios clínicos controlados para estabelecer a eficácia e a segurança desse medicamento no tratamento de doenças associadas ao HPyV1.

A leflunomida, um agente imunossupressor que também possui propriedades antivirais contra o HPyV1 *in vitro*, foi utilizada como agente de substituição no lugar do micofenolato em várias séries de casos. Esses estudos indicam que a leflunomida está associada a uma queda na carga viral do HPyV1, embora não esteja claro se isso reflete uma redução na IS geral ou um efeito antiviral direto. A leflunomida está associada a vários efeitos adversos significativos, incluindo hepatite, microangiopatia trombótica, hemólise e supressão da medula óssea. O metabolito ativo da leflunomida (conhecido como teriflunomida ou A771726) pode ser medido, e o monitoramento terapêutico disso foi proposto para auxiliar na dosagem eficaz da leflunomida, com o objetivo de minimizar a toxicidade.

Foi demonstrado que imunoglobulina intravenosa (IGIV) contém anticorpos neutralizantes contra o HPyV1. Vários relatos de casos e séries de casos descreveram o uso de IGIV como terapia adjuvante para BKVAN; no entanto, nenhum estudo controlado foi relatado. A terapia com IGIV pode ser particularmente benéfica em indivíduos com hipogamaglobulinemia, tanto com o objetivo de contribuir com imunidade passiva anti-HPyV1 como também porque o IGIV é imunomodulador e pode ajudar a prevenir a rejeição de aloenxertos no contexto de redução da IS.

Estudos *in vitro* demonstraram que antibióticos da classe das fluoroquinolonas podem inibir a propagação de HPyV1 ou SV40, e por isso têm sido considerados agentes potenciais para controlar a infecção pelo HPyV1. *In vitro*, o efeito inibitório das fluoroquinolonas parece ser mediado tanto pela redução da expressão do LTAg quanto pela inibição da atividade da helicase desse antígeno.

A análise retrospectiva de um estudo no qual uma fluoroquinolona foi administrada profilaticamente no momento do transplante renal, mostrou que um menor número de pacientes TR desenvolveu viremia por HPyV1, sugerindo ainda um possível benefício para essa classe de antibióticos no controle da biossíntese do HPyV1. A combinação da fluoroquinolona ciprofloxacino e leflunomida também foi relatada como bem-sucedida no controle da biossíntese do HPyV1, em um estudo não randomizado. No entanto, dois estudos prospectivos randomizados controlados subsequentes com uso de outra fluoroquinolona, o levofloxacino, em pacientes TR não demonstraram benefício, em relação à redução da incidência ou do nível de viremia por HPyV1. No geral, esses dados não sugerem que as fluoroquinolonas tenham um papel clinicamente significativo no tratamento da doença relacionada ao HPyV1.

As abordagens terapêuticas para tratar a CH associada ao HPyV1 em receptores de TMO não estão bem estabelecidas. Foram relatadas abordagens semelhantes às do manejo da BKVAN em pacientes com CH, incluindo modificação de medicamentos imunossupressores como a leflunomida, uso de antibióticos da classe das fluoroquinolonas e o antiviral cidofovir.

## Poliomavírus de humanos 2 (HPyV2; JCPyV)

A infecção primária por HPyV2, que provavelmente ocorre na infância, pode ser transmitida por duas vias: sistema respiratório superior pela inalação de aerossóis infecciosos e trato gastrointestinal pela ingestão de alimentos e água contaminada com urina ou fezes. A detecção do HPyV2 nas tonsilas parece ocorrer pela via respiratória, mas a hipótese do trato gastrointestinal, como local inicial da infecção viral, também é apoiada pela detecção de vírus nas células epiteliais intestinais, células gliais entéricas dos plexos mioentéricos e esôfago. No entanto, como o HPyV2 pode infectar os linfócitos B circulantes, as tonsilas e o trato gastrointestinal podem representar um local de persistência e não a via de entrada do vírus. Os linfócitos infectados transportam o vírus pela via hematogênica para sítios secundários. O HPyV2 possui tropismo por células epiteliais renais, linhagens celulares derivadas de medula óssea, oligodendrócitos e astrócitos. Após a infecção primária, assintomática, o vírus persiste nos rins, na medula óssea e, talvez, no cérebro (Figura 15.25).

O vírus entra no cérebro, transportado pelos linfócitos B, nas fases iniciais da infecção e estabelece uma infecção nas células da glia. O HPyV2 entra nessas células através dos receptores de ácido siálico e do receptor de serotonina 2A (5-$HT_{2A}$-R). Os receptores de ácido siálico são abundantes em células epiteliais renais e do cólon, linfócitos e células da glia, o que explica a variedade de tecidos onde o HPyV2 é comumente encontrado. O HPyV2 também pode entrar nas células endoteliais, independentemente desses receptores de serotonina, indicando mais um local de infecção no cérebro. A estirpe de HPyV2 responsável pela infecção primária e estabelecimento da persistência possui o fenótipo "arquétipo", ou seja, não possui mutações na região NCCR.

A infecção pelo HPyV2 é amplamente disseminada e aproximadamente 60 a 70% da população mundial está infectada. Em indivíduos imunocompetentes a infecção permanece assintomática para o resto da vida, embora o vírus seja detectado na urina. A IS resulta em biossíntese viral descontrolada levando a mutações da estirpe selvagem ou arquétipo do HPyV2, resultando no surgimento de estirpes rearranjadas na região NCCR e na VP1. Ambas as regiões são provavelmente relevantes para o tropismo para células da glia e neurônios (ver item "Papel dos rearranjos genômicos na patogênese dos HPyV"). No hospedeiro imunocomprometido, o HPyV2 causa uma infecção lítica dos oligodendrócitos e alterações morfológicas dos astrócitos na ausência de uma resposta inflamatória. Uma vez que a função imunológica é restaurada, por exemplo, após terapia imunossupressiva

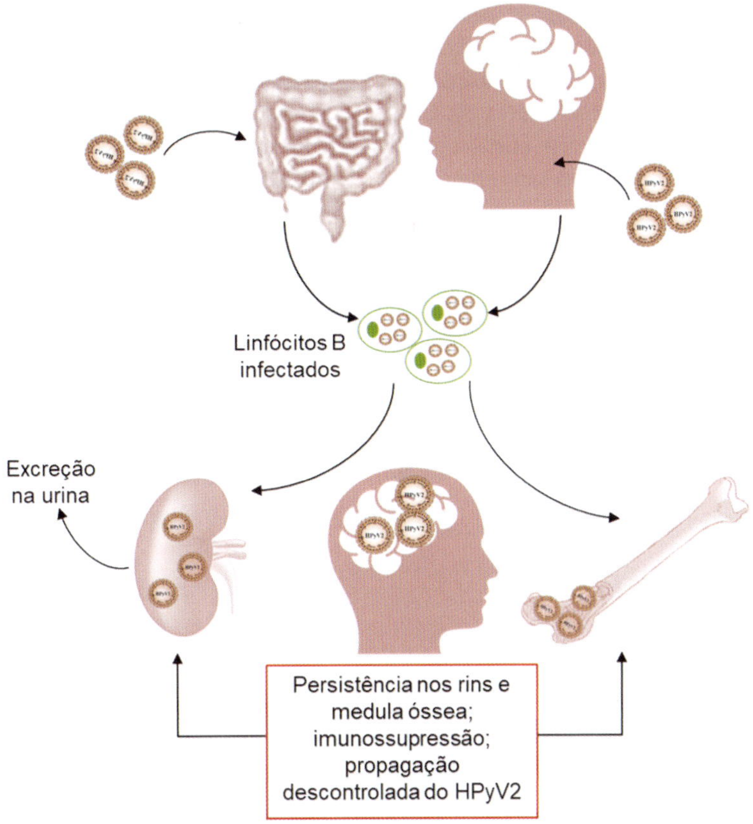


**Figura 15.25** Mecanismo de patogênese do HPyV2. A infecção primária possivelmente inicia-se nas tonsilas, embora o trato gastrointestinal também possa estar envolvido. Os linfócitos B infectados transportam o vírus pela via hematogênica para sítios secundários. HPyV2 possui tropismo por células epiteliais renais, linhagens celulares derivadas de medula óssea, oligodendrócitos e astrócitos. O vírus entra no cérebro, transportado pelos linfócitos B, e nas fases iniciais da infecção pode estabelecer uma infecção persistente nas células da glia. Após a infecção primária o vírus persiste nos rins e na medula óssea. A infecção do uroepitélio resulta na excreção assintomática do vírus na urina. A imunossupressão permite a propagação descontrolada do vírus e a ocorrência de mutações, principalmente na região NCCR (região controle não codificante [*noncoding control region*]) e na proteína do capsídeo VP1. HPyV2: poliomavírus de humanos 2.

ou imunomodulatória, mecanismos da resposta imunológica adaptativa levam à inflamação na área da lesão da PML, que é referida IRIS (ver item "Patogênese" neste capítulo). A IRIS é caracterizada por uma forte infiltração de células $TCD_8^+$ citotóxicas no parênquima cerebral e destruição maciça de células infectadas pelo HPyV2. Embora os mecanismos imunológicos subjacentes à IRIS medeiem a eliminação do HPyV2 do cérebro, a inflamação resultante pode causar danos cerebrais adicionais e levar à morte do paciente. A biossíntese do HPyV2 no cérebro após a imunossupressão foi associada a várias manifestações clínicas, incluindo PML, encefalopatia, meningite e neuropatia de células granulares.

## *Manifestações clínicas*

### Leucoencefalopatia multifocal progressiva (PML)

A PML foi descrita pela primeira vez em 1959 e, em 1971, o HPyV2 foi identificado como o agente etiológico. As características da PML incluem um comprometimento hereditário ou adquirido da função imunológica. Diversas condições têm sido descritas como possíveis razões para o imunocomprometimento que podem levar à PML. Isso inclui: imunodeficiências, como $TCD_4^+$-linfopenia, síndrome da hiperimunoglobulina E (hiper IgE) e infecção pelo HIV; tratamento imunossupressor de amplo espectro; drogas imunomoduladoras altamente específicas, transplante de órgão; e doenças autoimunes/inflamatórias, como sarcoidose, artrite reumatoide ou lúpus eritematoso sistêmico.

Antes da pandemia de AIDS no início da década de 1980, havia pouco mais de 200 casos de PML relatados na literatura, a maioria em pacientes com leucemias, linfomas e doenças autoimunes. No entanto, a incidência de PML aumentou até 20 vezes no início da década de 1990. Estima-se que a PML constitua aproximadamente 5% das complicações neurológicas dos pacientes com AIDS e que até 85% dos pacientes com PML sejam soropositivos para o HIV-1. A eficácia da terapia antirretroviral (TAR) resultou em uma diminuição significativa desses números nas últimas duas décadas; contudo, um novo pico de incidência apareceu devido ao uso de terapias imunológicas como o uso do anti-$CD_{20}$ (rituximabe) para o tratamento de linfoma não Hodgkin, lúpus e artrite reumatoide e do anti-VLA4 (natalizumabe), uma integrina anti-$\alpha$4b1 e $\alpha$4b7 para o tratamento da esclerose múltipla e doença de Crohn. No entanto, o risco de desenvolver PML sob esses tratamentos ainda é considerado baixo, aproximadamente 1:1.000 pacientes em um período médio de 18 meses.

O desenvolvimento da PML depende de muitos fatores, incluindo o *status* imunológico do indivíduo, da estirpe viral apresentar mutações que aumentam a transcrição e replicação do genoma viral no cérebro e da presença de coinfecção pelo HIV-1. Como a PML ocorre em uma prevalência tão alta em pacientes com AIDS, uma possível sinergia entre os dois vírus foi investigada. Foi então demonstrado que a proteína transativadora do HIV-1, Tat, pode ser secretada por macrófagos infectados que não são infectados por HPyV2 e depois internalizada por oligodendrócitos infectados por HPyV2, se ligando a NCCR e ativando sua transcrição e replicação. Isso sugere que a coinfecção por ambos os vírus não é necessária para a interação deles. Além disso, um mecanismo indireto de sinergia envolvendo a ativação de citocinas por Tat, incluindo TGF-β (fator de transformação do crescimento-β [*transforming growth factor*-β]) foi descrito. Quando o TGF-β se liga ao receptor na superfície dos oligodendrócitos infectados com HPyV2, estimula a atividade de Smad 3 e Smad 4 (fatores de transcrição), que por sua vez se ligam à região promotora do vírus, ativando sua transcrição. Esses mecanismos diretos e indiretos não são mutuamente excludentes. Também foi demonstrado que a ativação do promotor de HPyV2 pode ser potencializada pela própria Tat ou pelo fator alfa induzível por hipóxia-1 (HIF-1α, *hypoxia-inducible factor-1*α). Outro mecanismo da fisiopatologia do HPyV2 envolve a inibição da apoptose. Foi demonstrado experimentalmente que o HPyV2 induz a morte celular não apoptótica nas células gliais infectadas e que LTAg do HPyV2 pode ativar o promotor normalmente inativo da proteína antiapoptótica survivina, protegendo as células infectadas da apoptose (Figura 15.26).

A sintomatologia neurológica da PML está relacionada à localização e ao tamanho das lesões desmielinizantes. Os lobos frontal e parietal são os mais comumente afetados, porém lesões podem ocorrer em qualquer localização supratentorial, incluindo tronco cerebral e cerebelo e até medula espinhal. Os sinais e sintomas são diversos e complexos, o que dificulta o diagnóstico da PML, e incluem demência subcortical, comprometimentos cognitivos, disartria (dificuldade de articulação da fala), afasias (disfunção da linguagem) motoras e sensoriais, ataxia (incoordenação motora), paresia (disfunção ou interrupção dos movimentos de um ou mais membros), bradicinesia (lentidão anormal de movimentos voluntários) e, em raras ocasiões, parestesias (sensações cutâneas subjetivas vivenciadas espontaneamente na

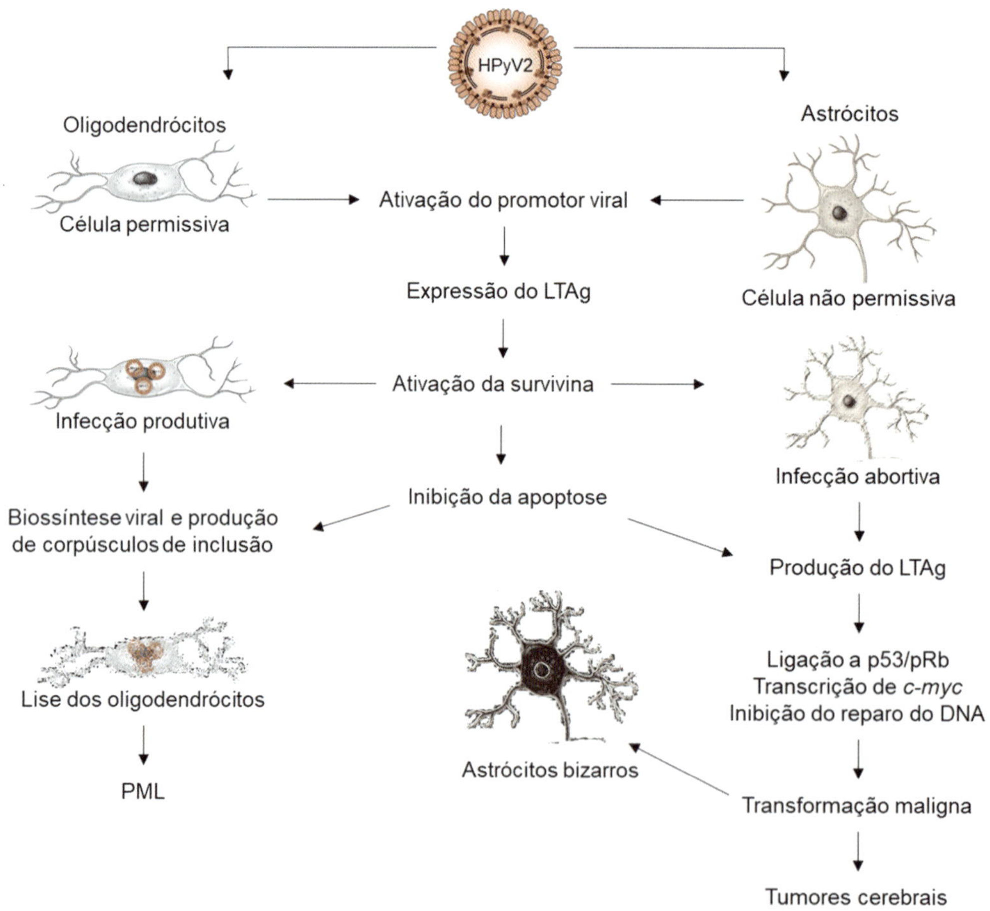


**Figura 15.26** Fisiopatologia do HPyV2 no cérebro. O HPyV2 entra no cérebro e infecta ambos os fenótipos de células gliais, oligodendrócitos e astrócitos, o que resulta na ativação da proteína survivina, levando à inibição da apoptose. Os oligodendrócitos são permissivos à infecção ativa, ocorrendo a biossíntese completa do vírus no núcleo celular, o que resulta na formação de corpúsculos de inclusão e na destruição das células produtoras de mielina e no desenvolvimento da leucoencefalopatia multifocal progressiva (PML, *progressive multifocal leukoencephalopathy*). Os astrócitos sofrem infecção abortiva, não ocorrendo biossíntese viral completa, mas ocorre a expressão de proteínas virais iniciais, principalmente o LTAg (antígeno T *large*), a oncoproteína viral. O LTAg se liga e inativa p53 e pRb, supressores cruciais de tumores, e pode afetar importantes vias reguladoras do ciclo celular, resultando na ativação do c-*myc* e proliferação celular. A infecção com HPyV2 também causa dano ao DNA e, ao se ligar ao substrato 1 do receptor de insulina (IRS-1, *insulin receptor substrate 1*), leva à inibição do reparo fiel do DNA, o que resulta em mutações. Todos esses fatores contribuem para a transformação celular, que em certos indivíduos pode resultar no desenvolvimento de tumores cerebrais. HPyV2: poliomavírus de humanos 2; p53: *tumor protein p53* (proteína de tumor 53); pRb: *retinoblastoma protein* (proteína do retinoblastoma). Adaptada de Del Valle *et al.*, 2019.

ausência de estímulo) e convulsões (fenômeno eletrofisiológico anormal temporário que ocorre no cérebro e que resulta em sincronização anormal da atividade elétrica neuronal). Não foram estabelecidas diferenças na sintomatologia entre PML associada e não associada à AIDS.

O prognóstico da PML é geralmente ruim, com uma expectativa de vida de aproximadamente 6 meses após o diagnóstico. Entretanto, alguns casos de sobrevivência prolongada e até remissão foram relatados em até 10% dos pacientes. No grupo sobrevivente, foram demonstrados linfócitos citotóxicos $TCD_8^+$ específicos contra antígenos virais, e estes estão ausentes em casos fatais de PML.

Na tomografia, a PML é caracterizada por áreas hipodensas na substância branca subcortical. Essas lesões são assimétricas, bem definidas e tendem a se tornar confluentes à medida que a doença progride.

Histologicamente, a PML é identificada por três características patognomônicas: (i) a placa subcortical desmielinizada, que pode ser destacada por coloração especial para mielina (*Luxol Fast Blue*); (ii) dentro das placas, a presença de oligodendrócitos aumentados contendo grandes corpúsculos de inclusão eosinofílicos intranucleares, que representam biossíntese viral ativa; e (iii) astrócitos bizarros. Dependendo do número e maturidade das partículas virais, os corpúsculos de inclusão presentes nos oligodendrócitos podem ter aparência clara ou levemente basofílica com a cromatina normal deslocada para a periferia do núcleo (inclusões "precoces") ou podem ser grandes corpúsculos de inclusão homogêneos eosinofílicos que substituem completamente a cromatina (inclusões "tardias"). Caracteristicamente, esses oligodendrócitos infectados estão presentes nas bordas das placas desmielinizadas. A infecção dos oligodendrócitos é lítica. Os astrócitos atípicos demonstram forte pleomorfismo e podem conter um ou vários núcleos irregulares com cromatina condensada e um nucléolo proeminente, e podem conter pequenos corpúsculos de inclusão, tanto no núcleo quanto no citoplasma. Os astrócitos não sofrem lise. Características adicionais incluem grande número de macrófagos espumosos (*foam cells*), cuja função é fagocitar a mielina liberada por oligodendrócitos lisados e manguito (infiltrado) perivascular de linfócitos. Embora essas alterações sejam características da PML, o diagnóstico pode ser ainda confirmado por análise imuno-histoquímica das proteínas virais. As células infectadas expressam a proteína do capsídeo, VP1, preferencialmente no núcleo, embora também seja encontrada no citoplasma. O LTAg, é detectado preferencialmente nos núcleos de astrócitos e oligodendrócitos, enquanto a agnoproteína mostra uma localização citoplasmática e perinuclear nos oligodendrócitos.

### Terapias imunomodulatórias e PML

Diversas terapias imunomoduladoras, promissoras no tratamento de doenças autoimunes e desordens proliferativas, têm sido associadas ao desenvolvimento de PML. Por esse motivo, a agência americana Food and Drug Administration (FDA) passou a exigir que essa informação conste nas bulas desses imunobiológicos. Entre os agentes imunomoduladores, encontram-se os anticorpos monoclonais humanizados: natalizumabe, rituximabe, efalizumabe e infliximabe, e a pró-droga micofenolato de mofetila.

O natalizumabe é um anticorpo monoclonal humanizado, uma integrina anti-$\alpha$4b1 e $\alpha$4b7 também conhecido como VLA-4 (antígeno muito tardio-4 [*very late antigen*-4]), utilizado no tratamento da esclerose múltipla recorrente-remitente e da doença de Crohn, e pode estar associado ao desenvolvimento da PML em pacientes tratados. Esse imunobiológico é um inibidor seletivo da molécula de adesão VCAM-1 (molécula de adesão celular vascular [*vascular cell adhesion molecule*]).

O tratamento com natalizumabe também resulta no aumento de fatores envolvidos na diferenciação de células B, incluindo o fator Spi-B, no sangue periférico. Considerando que já foi demonstrado que o Spi-B potencializa a transcrição do HPyV2, e que existe a possibilidade de esse vírus estar infectando cronicamente o paciente com esclerose múltipla, este pode ser o mecanismo para o aumento do risco da PML associado ao uso desse agente. O risco de desenvolvimento da PML durante o tratamento com natalizumabe aumenta com a progressão do tratamento. A real incidência de PML devido ao uso desse imunomodulador ainda não está determinada, mas foi estimado que é de aproximadamente 3,85 por 1.000 pacientes tratados com mais de 24 infusões.

O rituximabe é um anticorpo monoclonal humanizado que se liga especificamente ao antígeno transmembrana $CD_{20}$ dos linfócitos B e inicia reações imunológicas que participam da lise dessas células. Ele é utilizado no tratamento de linfomas, leucemias, doenças autoimunes e prevenção da rejeição de transplantes. O tratamento com rituximabe tem sido associado a infecções virais graves e indução de PML por ativação do HPyV2. O tratamento com rituximabe resulta na mobilização de células progenitoras $CD_{34}^+$ e de células pré-B e B da medula óssea e linfonodos para repor as células B $CD_{20}^+$ depletadas no sangue periférico. Ainda não foi descrito nenhum fator que estimule a ativação do HPyV2, como acontece com o natalizumabe. A incidência estimada da PML entre pacientes tratados com rituximabe foi de 1 caso em cada 25.000 indivíduos tratados.

O efalizumabe é um anticorpo monoclonal humanizado que foi usado no tratamento de pacientes com psoríase. Ele se liga à subunidade $CD_{11a}$ do antígeno tipo 1 associado à função de leucócitos (LFA-1, *leukocyte function-associated antigen type 1*), que é uma molécula de adesão de linfócitos T. O efalizumabe foi retirado do mercado em 2009 devido à ocorrência da PML em uma incidência de aproximadamente 1 em 500 indivíduos tratados.

O infliximabe é um anticorpo monoclonal humanizado contra o fator de necrose tumoral $\alpha$ (TNF-$\alpha$, *tumor necrosis factor* $\alpha$), utilizado no tratamento da doença de Crohn. Provavelmente, devido à redução da imunidade celular em função do bloqueio do TNF-$\alpha$ e da redução de células T, esse imunobiológico já foi associado à detecção de infecções ou à reativação de infecções latentes em pacientes tratados, entre essas a ativação do HPyV2. Consequentemente, o uso desse agente também foi associado ao desenvolvimento da PML.

Micofenolato de mofetila é uma pró-droga usada para prevenir rejeição em transplantes de órgãos. É metabolizada pelo fígado e transformada em ácido micofenólico. Não está claro como a administração dessa droga induz PML.

É possível que algumas dessas terapias induzam PML devido à redução da vigilância imunológica. Por outro lado, muitas dessas terapias, particularmente natalizumabe e rituximabe, resultam na diminuição de células B maduras no sangue periférico e subsequente mobilização de células B imaturas da medula óssea, potencialmente disseminando o vírus para o cérebro.

### Diagnóstico laboratorial da PML

Atualmente uma suspeita de PML é confirmada pela detecção do DNA viral no liquor através da PCR (ver *Capítulo 8*). A sensibilidade da PCR convencional diminuiu significativamente após a introdução da TAR, devido à redução do número de cópias de DNA viral, em consequência da reconstituição do sistema imunológico. A utilização da PCR em tempo real restaurou a sensibilidade do teste, com a vantagem de que os resultados parecem se correlacionar com o prognóstico. Por outro lado, a sensibilidade e especificidade desse teste no soro, células mononucleares periféricas ou urina é baixa e não se correlaciona com a doença.

### Tratamento da PML

No momento, não existe um tratamento eficaz para a PML. Contudo, duas novas abordagens têm sido exploradas. Um estudo *in vitro*, envolveu a edição de genes usando o sistema CRISPR/Cas 9 (CRISP [*clustered regularly interspaced short palindromic repeats*; repetições palindrômicas curtas agrupadas e regularmente interespaçadas]/Cas 9 [CRISPR *associated protein* 9; proteína 9 associada a CRISP]), tendo como alvo as regiões do genoma do HPyV2 que servem como sítios para a produção de RNA guia para o antígeno T. Essa abordagem, que se mostrou eficaz em outras infecções virais, resultou na supressão da propagação viral em células permissivas infectadas e apontou a edição de genes como uma nova ferramenta potencial no tratamento da PML. A segunda linha de pesquisa foi desenvolvida por análises *in vivo* e teve como alvo a PD-1 (proteína programada de morte celular 1 [*programmed cell death protein 1*]), um regulador negativo da resposta imunológica que contribui para o comprometimento do *clearance* viral. O tratamento de 8 pacientes com PML com pembrolizumabe, um inibidor da PD-1, resultou na ativação da atividade $TCD_4^+$ e $TCD_8^+$, redução da carga viral e melhora clínica ou estabilização da doença em 5 deles, mas nenhuma alteração significativa foi observada em os 3 restantes. No entanto, a restauração da imunidade é, até o momento, a única maneira de eliminar o vírus do cérebro e, assim, interromper a PML, embora não seja o ideal uma vez que pode induzir a IRIS. É então recomendado que enquanto o paciente estiver em tratamento com imunomoduladores seja cuidadosamente monitorado para a possibilidade de desenvolvimento dessa patologia.

## Neuropatia de células granulares e outras desordens neurológicas associadas ao HPyV2

A infecção produtiva das células granulares neurais pelo HPyV2 também já foi descrita. Alterações na camada granulosa cerebelar já foram observadas na PML, e incluem núcleos hipercromáticos e aumentados, que são encontrados em aproximadamente 5% dos pacientes de PML. Por muitos anos não ficou claro se essas células eram diretamente infectadas com o HPyV2 ou eram danificadas indiretamente como resultado da destruição de células gliais pelo HPyV2. Foi sugerido que essa patologia, denominada neuropatia de células granulares associada ao HPyV2 (JCPyV-GCN, *JC polyomavirus granule cell neuronopathy*) seria uma síndrome clínica distinta da PML. A JCPyV-GCN tem sido descrita em pacientes HIV-positivos e negativos.

A JCPyV-GCN é uma infecção produtiva das células granulares neurais e deve ser considerada em casos de atrofia cerebelar. Os sintomas são indicativos de disfunção cerebelar subaguda e crônica, incluindo anormalidades da marcha, disartria e incoordenação. Indícios de atrofia cerebelar na ressonância magnética, na ausência de lesões da substância branca e de PCR do liquor positivo para o vírus indicam a possibilidade de JCPyV-GCN. O diagnóstico é complicado pela possibilidade da ocorrência simultânea de JCPyV-GCN e PML clássica. A demonstração da ocorrência conjunta dessas duas patologias requer biópsia cerebelar mostrando infecção lítica das células granulares neurais. É possível que a JCPyV-GCN ou a infecção produtiva dos neurônios seja uma complicação frequente da PML clássica. Existem relatos de que até 79% dos casos de PML apresentem infecção das células granulares neurais. É também possível que a PML clássica com lesões muito pequenas esteja presente nos casos de JCPyV-GCN.

A expressão de proteínas virais em neurônios corticais próximos a lesões da substância branca de pacientes com PML já foi detectada, embora a expressão predominante seja de LTAg, indicando a possibilidade de infecção abortiva ou restritiva nessas células. Em um caso de encefalopatia associada ao HPyV2, foi demonstrada a infecção lítica pelo vírus nos neurônios piramidais corticais com desmielinização limitada. A meningite associada ao HPyV2 foi também descrita, embora seja uma patologia rara.

## HPyV2 e câncer

Diversos estudos têm demonstrado a capacidade do HPyV2 em transformar células em cultura e induzir tumores de origem neural em animais de experimentação. Estudos recentes apontam para uma associação entre a infecção pelo HPyV2 e câncer em seres humanos, incluindo tumores cerebrais e câncer de cólon.

Parece estar claro que a atividade oncogênica do HPyV2 está associada à expressão da porção do genoma viral que codifica os genes iniciais. O LTAg é uma proteína multifuncional, dividida em vários domínios. Todos esses domínios cooperam na ligação e inativação de proteínas celulares que geralmente impedem a transição para a fase S do ciclo celular. Esse evento promove biossíntese viral e sua disseminação pelo organismo, quando o HPyV2 infecta células permissivas, enquanto conduz para a transformação celular, quando o HPyV2 infecta células não permissivas. Essa progressão é principalmente o resultado da ligação entre o LTAg e os membros da família de supressores de tumores pRb (proteína de retinoblastoma) que leva à transcrição de alguns genes, necessários para entrar na fase S do ciclo celular, como *c-fos*, *c-myc*, *cyclin D1* e outros. O LTAg também contém o domínio de ligação a p53. O complexo LTAg/p53 leva à inibição do processo de apoptose. Outras proteínas celulares, como o substrato 1 do receptor de insulina (IRS-1, *insulin receptor substrate 1*), a β-catenina e a proteína antiapoptótica survivina também se ligam ao LTAg do HPyV2 (ver Figura 15.26).

O LTAg também tem um efeito mutagênico direto no genoma do hospedeiro, ao induzir mutações espontâneas nas células infectadas e alterações citogenéticas, influenciando a estabilidade cromossômica e o cariótipo celular. Esses danos podem preceder a transformação morfológica.

O principal papel do STAg na transformação é ligar e inativar a PP2A, uma serino/treonino-fosfatase que regula os sinais de fosforilação ativados pelas cinases e funciona como um gene supressor de tumor em uma variedade de cânceres. Além disso, parece que a expressão da agnoproteína do HPyV2 também afeta a resposta celular a danos no DNA.

Mesmo antes da descoberta do HPyV2, vários relatos demonstraram tumores concomitantes em casos de PML. A detecção de sequências de HPyV2 e/ou a expressão de proteínas virais em neoplasias primárias do SNC também têm sido relatadas em pacientes imunocompetentes e/ou imunossuprimidos sem PML. Esses relatos incluem uma ampla variedade de neoplasias do SNC: gangliocitoma, papiloma do plexo coroide, astrocitoma pilocitótico, subependimoma, xantoastrocitoma pleomórfico, oligodendroglioma, todos os subtipos de astrocitoma, ependimoma, oligoastrocitoma, glioblastomatoma multiforme, meduloblastoma, gliossarcoma e tumores neuroectodérmicos primitivos. Esses estudos demonstram a presença do genoma do HPyV2 e a expressão de LTAg e da agnoproteína viral. Contudo, a expressão da proteína de capsídeo, VP1, não foi demonstrada, descartando a infecção produtiva.

Todavia, apesar das evidências de uma associação entre HPyV2 e os tumores do SNC, existem divergências, uma vez que diversos estudos falharam em detectar o genoma viral e a expressão proteica em vários tipos de tumores. Essa observação levanta a questão quanto ao papel do HPyV2 na patogênese das neoplasias malignas ou se o cérebro é um local de persistência do HPyV2.

Foi proposto que após a infecção primária, o HPyV2 estabeleça latência no cérebro e não replique seu genoma nem expresse suas proteínas. Quando ocorre imunodepressão profunda, o vírus pode infectar células permissivas, como oligodendrócitos, e induzir um ciclo lítico, ocorrendo a destruição das células infectadas e o subsequente desenvolvimento de PML. Por outro lado, mudanças fisiológicas transitórias podem ocorrer em indivíduos normais, permitindo a expressão do LTAg e resultando no acúmulo dessa proteína oncogênica nas células cerebrais. O resultado seria a interação do LTAg com as proteínas do hospedeiro ligadas ao controle do ciclo celular, a promoção da divisão celular descontrolada e o estímulo a formação do tumor.

No contexto do câncer de cólon, o HPyV2 parece ser um cofator para a indução da instabilidade cromossômica, mas também interage com a proteína β-catenina levando ao aumento da ativação de genes, como *c-myc* e *cyclin D1*, envolvidos no controle e progressão do ciclo celular. O aumento da ativação destes genes, principalmente devido à intervenção com LTAg, pode resultar na progressão descontrolada do ciclo celular, alta taxa de proliferação e um fenótipo mais maligno.

## Poliomavírus associado a lesões cutâneas

Até o momento, sete espécies de PyV foram detectadas na pele: HPyV5 (MCPyC, poliomavírus de células de Merkel), HPyV6, HPyV7, HPyV8 (TSPyV, poliomavírus associado à tricodisplasia espinulosa), HPyV9, HPyV10 e HPyV13. Destas, apenas as espécies 5, 6, 7 e 8 foram definitivamente associadas a doenças da pele, mais comumente em indivíduos imunocomprometidos. O HPyV5 é agente etiológico de carcinoma de células de Merkel e será apresentado no *Capítulo 21*. HPyV6 e HPyV7 foram recentemente relacionados a erupções cutâneas pruriginosas. O HPyV8 é um dos fatores etiológicos da tricodisplasia espinulosa. O papel patogênico dos HPyV9, HPyV10 e HPyV13, se houver, ainda é desconhecido.

### Poliomavírus de humanos 6 e 7

Os HPyV6 e HPyV7 foram identificados pela primeira vez em 2010, através da técnica de amplificação em círculo rolante (RCA, *rolling circle amplification*; ver *Capítulo 8*) em esfregaços de pele de seres humanos saudáveis.

Os HPyV6 e o HPyV7 estão associados a vários distúrbios cutâneos pruriginosos e disceratóticos, particularmente em pacientes imunossuprimidos. Além disso, o HPyV6 foi detectado em ceratoacantomas, carcinomas basocelulares, carcinomas de células escamosas e tricoblastomas, e ambos foram encontrados em carcinomas de células escamosas induzidas por inibidores de BRAF (gene que codifica a proteína B-Raf, formalmente conhecida como serino/treonino proteíno-cinase B-Raf). Entretanto, o papel desses vírus como agentes causadores destes distúrbios cutâneos ainda não está estabelecido.

A imunossupressão aumenta o risco de desenvolvimento de distúrbios cutâneos associados ao HPyV6 e HPyV7, e cargas virais significativamente mais altas são detectadas nas lesões cutâneas em comparação com a pele saudável. A incidência e persistência do HPyV6 estão associadas a queimaduras solares intensas e à frequência do consumo de álcool, respectivamente. Acredita-se que a infecção primária por HPyV6 e HPyV7 ocorra na infância, e a infecção persistente pode inibir o crescimento de ceratinócitos. No entanto, o modo de transmissão do HPyV6 e HPyV7 permanece desconhecido.

Enquanto a maioria dos recém-nascidos é soropositiva (aproximadamente 80% para HPyV6, aproximadamente 60% para HPyV7), a soropositividade declina após os primeiros 6 meses de vida e depois aumenta entre indivíduos mais velhos, consistentes com o fato da infecção ser no início da vida para a maioria dos indivíduos. As taxas de soroprevalência em adultos são 69 a 83% para HPyV6 e 35 a 66% para HPyV7 em todo o mundo. As taxas de soroprevalência mais elevadas foram detectadas em indivíduos HIV-positivos. A persistência da excreção de DNA viral por um período de mais de 6 meses, na maioria dos indivíduos, sugere a ocorrência de infecção crônica da pele e da excreção assintomática em uma porção dos indivíduos infectados com HPyV6 e HPyV7. Estirpes distintas de HPyV6 e HPyV7 foram ligadas a populações específicas (ver item "Classificação genotípica dos poliomavírus de humanos").

A infecção cutânea por HPyV6 e HPyV7 se manifesta com placas liquenificadas (liquenificação é uma alteração na espessura da epiderme tornando-a espessa e rígida) pruriginosas, de coloração marrom a cinza, envolvendo o tronco e as extremidades. A maioria dos casos foi associada a transplantes cardíacos e pulmonares, embora um caso tenha sido descrito em um indivíduo HIV-positivo. O LTAg e VP1, foram identificados nos ceratinócitos, sugerindo fortemente que esta é a principal célula infectada pelo HPyV7 nessas dermatoses.

A imuno-histoquímica pode ser usada para detectar a expressão do LTAg em toda a epiderme e identificar a expressão da proteína VP1 nas camadas superficiais da epiderme. A expressão do LTAg é tipicamente limitada ao núcleo dos ceratinócitos infectados, enquanto a VP1 pode ser encontrada tanto no núcleo quanto no citoplasma das células infectadas. As análises histológicas das dermatoses associadas ao HPyV6 e ao HPyV7 mostram um padrão distinto de ceratinização anormal semelhante à "plumagem do pavão", incluindo paraceratose (processo incompleto de ceratinização das células superficiais do epitélio) epidérmica com inclusões virais. No entanto, esse padrão não é específico para infecções por HPyV6 e HPyV7, já que também foi descrito em pele não infectada por HPyV.

Os HPyV6 e HPyV7 também foram identificados em outros tecidos. O HPyV6 foi detectado no tecido tonsilar, no liquor, na bile, no sistema respiratório e nas fezes, enquanto o HPyV7 foi detectado no tecido tonsilar, em tumores epiteliais do timo, na urina, no sistema respiratório e nas fezes. Não foi encontrada nenhuma conexão entre HPyV6 ou HPyV7 e malignidade.

Os tratamentos para infecções relacionadas ao HPyV6 e HPyV7 permanecem empíricos. Especificamente, o cidofovir tópico e intravenoso tem sido bem-sucedido em casos isolados de infecção por HPyV7, provavelmente através da inibição da biossíntese viral. Existem relatos contraditórios sobre o benefício da acitretina. Nenhum relato investigou o uso de cidofovir ou acitretina na infecção por HPyV6.

O STAg do HPyV6 se liga à PP2A podendo desativá-la. A inativação da PP2A mediada pelo HPyV6 resulta na hiperfosforilação e ativação das proteíno-cinases MAP2K (proteíno-cinase ativada por mitógeno [*mitogen-activated protein kinase*]) e ERK (cinase regulada por sinal extracelular [*extracellular signal-regulated kinase*]; e c-Jun (fator de transcrição). Esse mecanismo provavelmente está subjacente à hiperproliferação de células anormais observadas nas dermatoses associadas ao HPyV6.

### Poliomavírus de humanos 8 (TSPyV)

O HPyV8 foi descrito em 2010 em associação com tricodisplasia espinulosa (TS, *trichodysplasia spinulosa*), também conhecida como displasia *pilomatrix* ou foliculodistrofia associada à ciclosporina, e foi inicialmente denominado de poliomavírus associado a TS (TSPyV). A TS é uma doença cutânea rara observada em indivíduos imunocomprometidos, especialmente receptores de órgãos sólidos e pacientes com leucemia linfocítica aguda. As manifestações clínicas são caracterizadas pelo desenvolvimento de pápulas e espículas faciais, acompanhadas por espessamento da pele e alopecia de sobrancelhas, de cílios e do couro cabeludo, que em casos graves pode levar à deformidade facial.

O HPyV8 foi descoberto utilizando-se a técnica de RCA (ver *Capítulo 8*) realizada em material colhido de espículas faciais. Já foi descrita a presença de antígeno VP1 do HPyV8 em bulbos pilosos afetados confinados às células da bainha interna com superexpressão de trico-hialina. De acordo com esses dados pode-se atribuir uma relação etiológica entre a infecção ativa pelo HPyV8 e a tricodisplasia espinulosa.

A forma de transmissão da TS não é conhecida, entretanto, o HPyV8 foi encontrado em *swabs* nasofaríngeos e em amostras fecais, sugerindo transmissão respiratória ou fecal-oral. A infecção primária pelo HPyV8 ocorre na infância. A soroconversão da IgM anti-HPyV8 é detectada antes do início dos sintomas da TS, enquanto a soroconversão de IgG é detectável somente após a erupção da TS, sugerindo que provavelmente a TS é causada pela infecção primária e não pelo descontrole da infecção viral persistente em pacientes imunocomprometidos.

A soropositividade para o HPyV8 em crianças de 2 a 3 anos é de 22,6%, aumentando para 88,9% em adultos de 60 a 69 anos. Os ceratinócitos foliculares são as células-alvo principais do HPyV8.

Não existe um tratamento específico para a TS. Em pacientes transplantados, uma diminuição ou alteração na terapia imunossupressora pode melhorar os sintomas clínicos da TS, mas é preciso ter cuidado para evitar a rejeição do enxerto. Além disso, foram relatados o uso bem-sucedido de vários esquemas terapêuticos para o tratamento da TS, incluindo cidofovir tópico (creme 3%, duas vezes ao dia), cloridrato de valganciclovir oral (900 mg duas vezes ao dia), extração física das espículas de ceratina individuais e leflunomida.

### HPyV8 e pilomatricoma

Em função do tropismo do HPyV8 pela área de folículos pilosos e as propriedades oncogênicas de alguns poliomavírus, tem sido estudada a relação entre a infecção pelo HPyV8 e o pilomatricoma. O pilomatricoma é um tumor de origem cutânea benigno de célula matriz pilosa em proliferação. Apesar da suspeita, essa relação ainda não pôde ser comprovada.

### Poliomavírus de humanos 9, 10 e 13

O HPyV9 foi relatado pela primeira vez em 2011 no soro de um paciente transplantado renal em tratamento imunossupressor e logo depois na face de um paciente com carcinoma de células de Merkel. O HPyV10 foi descoberto pela primeira vez em 2012 em verrugas perianais de um paciente com a síndrome WHIM (*warts, hypogammaglobulinemia, infections and myelokathexis syndrome*; uma imunodeficiência congênita rara caracterizada por verrugas, hipogamaglobulinemia, infecções e mielocatexia) e simultaneamente foi detectado em fezes de crianças com e sem diarreia (ver *Capítulo 11*). O poliomavírus humano 13 (HPyV13 ou NJPyV) foi descrito pela primeira vez em 2013 em um receptor de transplante pancreático com múltiplas complicações de saúde. Apresentou placas necróticas nas mãos, face e couro cabeludo, e a biópsia das lesões demonstrou dermopatia necrosante. Os mecanismos e possíveis associações destes HPyV com doenças de pele ainda não são conhecidos.

## Herpesvírus de humanos 6 e 7

Maria Teresa Villela Romanos

### Histórico

Os beta-herpesvírus de humanos, espécies 6A (HHV-6A) e 6B (HHV-6B), e espécie 7 (HHV-7) são vírus linfotrópicos classificados na subfamília *Betaherpesvirinae,* assim como o herpesvírus de humanos 5 (HHV-5). Persistem no hospedeiro após a infecção primária e possuem o potencial de causar doença após reativação, particularmente nos hospedeiros imunocomprometidos.

O HHV-6 foi isolado por Salahuddin e colaboradores, em 1986, a partir de linfócitos B derivados do sangue de pacientes com desordens linfoproliferativas ou com síndrome da imunodeficiência adquirida (AIDS, *acquired immunodeficiency syndrome*) ou infectados com o vírus linfotrópico para células T de humanos (HTLV). Em cultura, os linfócitos desses pacientes formavam sincícios dentro de 2 a 4 dias e morriam em seguida. Ao microscópio eletrônico, foram observadas partículas semelhantes a um vírus da família *Herpesviridae.* É comumente isolado da saliva, tendo sido inicialmente denominado de vírus linfotrópico para células B de humanos (HBLV). Posteriormente, foi relacionado à infecção, principalmente, de linfócitos T, embora afete também outras células brancas sanguíneas.

Posteriormente, por meio de estudos clínicos e moleculares, foi verificado que o HHV-6 incluía dois subgrupos, o HHV-6A e o HHV-6B. Esses dois vírus apresentam cerca de 90% de similaridade antigênica entre si, o que levou o Comitê Internacional para Taxonomia de Vírus (ICTV, *International Committee on Taxonomy of Viruses*), em 2020 (MSL#35), a classificá-los como duas espécies. Os HHV-6A e HHV-6B são distinguidos por padrões imunológicos, tropismo por células cultivadas *in vitro* e por digestão do DNA através de endonucleases (Quadro 15.7).

Em 1988, Yamanishi e colaboradores estabeleceram que o HHV-6B é o agente etiológico do exantema súbito, ou *roseola infantum*, uma doença comum em crianças e que provoca febre alta, diarreia e erupção cutânea leve (exantema) no tronco, no pescoço e na face. O HHV-6 afeta a maioria das pessoas ainda bebês. Estudos sorológicos demonstraram que 90% das crianças até os 2 anos de idade adquirem a infecção primária pelo HHV-6B. Até o momento, nenhuma doença foi claramente associada ao HHV-6A.

O HHV-7, inicialmente denominado vírus RK (iniciais do paciente), foi isolado em 1990, de um indivíduo saudável cujas células foram estimuladas com anticorpos contra $CD_3$ e depois incubadas com interleucina 2 (IL-2), durante pesquisas sobre o HIV (*human immunodeficiency virus*), no Naval Medical Research Institute (NMRI), Estados Unidos da América (EUA). Esse vírus também foi isolado após o estímulo com anticorpos anti-$CD_3$/anti-$CD_{28}$, o que levou à conclusão de que só era detectado após ativação de linfócitos T. Esse novo vírus isolado mostrava reação cruzada com todos os membros da família *Herpesviridae*, mas era diferente de todos os herpesvírus já conhecidos sendo denominado herpesvírus de humanos 7 (HHV-7) pelo ICTV, em 1994.

Após o isolamento da estirpe original, outras foram isoladas de indivíduos saudáveis a partir do cultivo de células polimorfonucleares do sangue periférico ativadas com fito-hemaglutinina

**Quadro 15.7** Padrão de infecção das duas espécies de HHV-6.

| Padrão | | | Espécie HHV-6A | Espécie HHV-6B |
|---|---|---|---|---|
| Tropismo celular | Células primárias | Células $TCD_4^+$ | + | + |
| | | Células $TCD_8^+$ | + | ± |
| | | Células NK | + | – |
| | | Células T-γδ | + | – |
| | Linhagens de células | HSB-2 | + | – |
| | | MOLT-3 | ± | + |
| | | Sup-T1 | + | + |
| | | Jurkat | + | + |
| Efeito citopatogênico | | | + | – |
| Imortalização de células *in vitro* | | | – | – |
| Regulação negativa de $CD_3$ | | | + | + |
| Regulação positiva de $CD_4$ | | | + | + |
| Indução de $CD_4^+$ em células $T^-$ | | | + | ? |
| Transativação da LTR do HIV | | | + | + |

+: presença; –: ausência; ±: a infecção pode ou não ocorrer; ?: informação não comprovada; LTR: *long terminal repeats* (repetição terminal longa); HIV: *human immunodeficiency virus* (vírus da imunodeficiência humana); NK: células *natural killer*; HSB-2, MOLT-3, Sup-T1 e Jukart: linhagens celulares derivadas de leucemia linfoblástica de célula T de humanos.

(PHA), sugerindo que essas células seriam o sítio de latência para esses vírus. Outras estirpes também foram isoladas da saliva.

O HHV-7 também causa exantema súbito e em alguns casos uma síndrome que se assemelha à mononucleose. Em um estudo de caracterização do agente etiológico do exantema súbito, em crianças com faixa etária de 1 a 17 meses de vida, foi demonstrado que em 50% dos casos o quadro clínico estava associado ao HHV-6B. Foi verificado ainda que em 29% dos casos houve infecção inicialmente pelo HHV-6B, estabelecendo-se o quadro clínico típico de exantema súbito, tendo sido isolado o agente viral e confirmada conversão sorológica. A essa infecção inicial seguiu-se o estabelecimento de novo quadro exantemático típico em dois casos, havendo sido isolado o HHV-7 nesse momento posterior, e a conversão sorológica para esse último agente tendo sido confirmada. Em outros dois casos, foi detectada a conversão sorológica para o HHV-7 após a ocorrência do exantema súbito com conversão sorológica para o HHV-6B. No entanto, não houve o estabelecimento de um segundo quadro clínico exantemático, mas sim de sintomas equivalentes a resfriado. Nesses casos, o intervalo de tempo entre as duas infecções variou de 12 dias a 6 meses. O exantema súbito associado apenas à infecção com o HHV-7 foi verificado em somente 21% dos casos analisados. A partir desse e de outros estudos posteriores foi sugerido que a frequência de casos de exantema súbito associado ao HHV-7 é menor do que a associada ao HHV-6B, e que geralmente a infecção pelo HHV-7 ocorre mais tardiamente que a infecção pelo HHV-6B. Porém, tanto o HHV-6 quanto o HHV-7 são vírus ubíquos que causam infecção com alta frequência, fazendo com que 90% da população adulta apresente anticorpos para esses vírus. Ambos, HHV-6B e HHV-7, estão associados à ocorrência de convulsões de curso benigno em crianças muito jovens.

## Classificação e características

O ICTV, em 2020, classificou os HHV-6A, HHV-6B e HHV-7 na ordem *Herpesvirales*, família *Herpesviridae*, subfamília *Betaherpesvirinae*, gênero *Roseolovirus*, espécies *Human betaherpesvirus 6A, 6B e 7* (beta-herpesvírus de humanos 6A, 6B e 7). Todos os membros da subfamília *Betaherpevirinae* possuem os mesmos padrões de biossíntese e características morfológicas da família *Herpesviridae,* causando infecção persistente latente nas células do hospedeiro (para mais informações sobre infecção persistente latente ver *Capítulo 6*). No entanto, enquanto para os demais herpesvírus de humanos, durante o estado de latência, o DNA genômico viral permanece na célula hospedeira em estado epissomal, especificamente para os HHV-6 foi demonstrado que há integração do DNA viral ao cromossoma celular, conforme será discutido posteriormente. O HHV-6 integrado aos cromossomas das células infectadas é denominado *chromossome-integrated* HHV-6 ou CIHHV-6.

O vírion dos *Roseolovirus* possui de 160 a 200 nm de diâmetro, com capsídeo icosaédrico apresentando 90 a 110 nm, composto de 162 capsômeros, sendo 150 hexaméricos e 12 pentaméricos. O genoma dos HHV-6 é linear e constituído de DNA de fita dupla (DNAfd) com 159 a 170 quilopares de base (kpb), contendo 100 genes aproximadamente. O genoma do HHV-7 é um pouco mais compacto, com 133 kpb. Nas duas fitas de DNA estão presentes as regiões codificantes para, provavelmente, 80 a 100 proteínas, tendo sido identificadas, pelo menos, 29 proteínas diferentes incluindo as do envelope viral. Apresenta ainda uma camada amorfa, localizada entre o capsídeo e o envelope viral, denominada tegumento, que é constituída de proteínas importantes para a regulação do biossíntese viral. O envelope é trilaminar, de natureza lipídica adquirido da célula infectada e composto de glicoproteínas inseridas em sua superfície.

O polipeptídeo de 180 quilodaltons (kDa) é, provavelmente, o componente principal do capsídeo. Pelo menos cinco glicoproteínas estão presentes no envelope: gB (gp116), gH (gp102) e gL (gp80), que formam heterodímeros, além de gM e gQ, esta última com duas subunidades (gQ1 e gQ2). A glicoproteína G só existe no gênero *Roseolovirus*. Anticorpos contra gH neutralizam a infecciosidade e inibem a formação de sincícios, demonstrando que existe envolvimento de gH na entrada do vírus na célula hospedeira.

Como nos outros herpesvírus, as glicoproteínas gH e gL são produtos de genes conservados e participam do processo de fusão do envelope do vírus com a membrana citoplasmática da célula infectada. Essas duas glicoproteínas estão associadas à penetração do vírus e à disseminação entre células.

Cada uma das duas fitas do DNA apresenta uma sequência longa única (U) contendo sequências de leitura aberta (ORF, *open reading frames*) numeradas U1 a U100. Elementos internos de repetição (R), que variam em número e conservação de sequência entre os HHV-6A, HHV-6B e HHV-7, estão presentes na sequência U do genoma desses vírus. Nos HHV-6 estão presentes cinco elementos repetidos principais ($R_0$; $R_1$; $R_{2A}$; $R_{2B}$; $R_3$), sendo que $R_0$ não está presente no HHV-6A e apresenta 13 repetições no HHV-6B. $R_1$ possui, respectivamente, 51 e 54 repetições em HHV-6A e HHV-6B; $R_{2A}$ mostra duas repetições em HHV-6A e cinco repetições em HHV-6B; $R_{2B}$ possui um número não definido de repetições em HHV-6A e oito repetições em HHV-6B; e $R_3$, 26 repetições em HHV-6A e 28 repetições em HHV-6B. O HHV-7 apresenta somente os elementos repetidos principais $R_{2A}$ e $R_3$. Esses elementos estão localizados próximo à terminação 3′ do genoma viral e podem regular a taxa de transcrição de alguns genes virais. As terminações 5′ (terminação à esquerda) e 3′ (terminação à direita) do genoma viral apresentam elementos idênticos de repetição direta (DR, *direct repeat*) chamados $DR_L$ (5′) e $DR_R$ (3′). Essas terminações repetidas possuem cerca de 9 kpb e são interpostas pelas sequências pac1 e pac2. Essas últimas sequências possuem sinais necessários para a clivagem e o empacotamento do genoma dos HHV-6 e HHV-7. Nos HHV-6 existe ainda, adjacente à sequência pac2, uma série de domínios TAACCC que são idênticos às sequências teloméricas repetidas TRS (*telomeric repeated sequences*) dos cromossomas de mamíferos. Esse domínio adjacente à pac1 é imperfeito e por esse motivo denominado sequência het (TAACCC)n, ou seja, heterogênea (Figura 15.27). É sugerido que esses domínios, principalmente o domínio TAACCC, participem da replicação do DNA e da manutenção da latência em células infectadas e, ainda mais, estejam envolvidos com a capacidade de integração do genoma viral às regiões teloméricas dos cromossomas da célula hospedeira. Presume-se que, através de eventos de recombinação homóloga entre as TRS presentes nas extremidades do genoma viral e nas regiões teloméricas dos cromossomas, o genoma dos HHV-6 inteiro, ou parte dele, seja integrado ao genoma celular. De fato, todos os locais de integração caracterizados até agora estão localizados nos telômeros. Não existem dados suficientes para mostrar que haja alguma preferência de integração em determinados cromossomas. No entanto, a presença unicamente da TRS na extremidade do genoma viral não parece ser suficiente para levar à integração. Isto porque, apesar de o HHV-7 possuir tais sequências, nunca foi verificada integração do genoma desse vírus ao genoma da célula hospedeira. Uma característica única dos HHV-6, que os distingue dos demais herpesvírus de humanos e que pode estar relacionada com a capacidade integrativa desses vírus, é a presença da ORF U94.

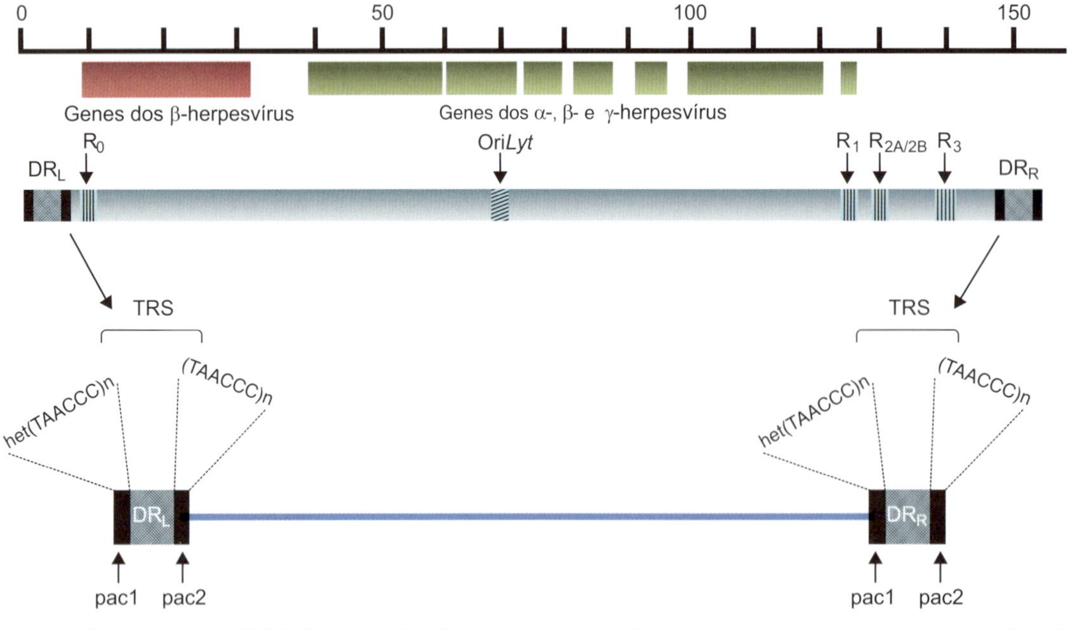


**Figura 15.27** Organização genômica do HHV-6B. A organização geral do genoma é mostrada na parte superior da figura. Os números na parte superior se referem à posição dos nucleotídeos em quilopares de bases (Kpb). Logo abaixo é mostrada a posição do grupo de genes encontrados apenas nos beta-herpesvírus e 7 grupos de genes que são conservados entre todos os herpesvírus. Esses genes são flanqueados por grupos de genes específicos para o gênero *Roseolovirus*. São indicados na figura os elementos idênticos de repetição direta (DR, *direct repeat*) chamados $DR_L$ (5′) e $DR_R$ (3′), os elementos repetidos principais ($R_0$; $R_1$; $R_{2A}$; $R_{2B}$; $R_3$), sequências consenso pac1 e pac2 e domínios idênticos às sequências teloméricas repetidas TRS (*telomeric repeated sequences*), het(TAACCC)n, adjacente a pac1 e (TAACCC)n adjacente a pac2. Ori*Lyt*: origem de replicação.

Essa proteína possui 24% de identidade de aminoácidos com a proteína REP68/78 do *adeno-associated virus type* 2 (AAV-2). A REP68/78 é uma proteína não estrutural, essencial para a integração desse dependoparvovírus ao cromossoma 19 de humanos, possui capacidade de ligação a DNA, atividade de endonuclease e atividade de helicase-ATPase. Já foi demonstrada a atividade de ligação ao DNA para a proteína U94 dos HHV-6, mas as demais atividades ainda precisam ser caracterizadas.

A organização genômica da região U mostra similaridades com a região $U_L$ do HHV-5 e é colinear a do HHV-7. As terminações diretas das ORF são numeradas DR1-DR7, enquanto as 9 ORF únicas do HHV-6B são abreviadas B1-B9.

## Biossíntese viral

Os HHV-6A e HHV-6B infectam preferencialmente linfócitos $TCD_4^+$ cultivados *in vitro*, gerando infecção produtiva, embora também possam infectar outros tipos de células de maneira produtiva ou não.

Esses vírus também apresentam capacidade de propagação em células de origem neuronal. Em cultura primária de astrócitos, o HHV-6A estabelece infecção produtiva lítica, enquanto o HHV-6B produz pouco efeito citopatogênico e estabelece infecção persistente crônica com pouca produção de vírus.

O HHV-6A, mas não o HHV-6B, pode mediar fusão célula-célula na ausência de síntese de proteínas virais (*fusion from without*) em diferentes tipos de células humanas, um processo que é dependente da expressão de $CD_{46}$.

Para iniciar a biossíntese, os HHV-6 penetram nas células permissivas via endocitose mediada por receptor.

Recentemente, verificou-se que essas duas espécies utilizam receptores distintos para a entrada celular: o HHV-6A usa $CD_{46}$, uma proteína reguladora de complemento, expressa em todas as células, com exceção dos eritrócitos, enquanto o HHV-6B usa principalmente $CD_{134}$, uma molécula expressa apenas em células T ativadas. Esses achados mostram que o reconhecimento de receptores distintos pode explicar sua patogênese.

O HHV-7, mas não os HHV-6, utiliza a molécula $CD_4$ como receptor, embora o vírus possa infectar células que não expressem quantidades detectáveis desse receptor, já tendo sido evidenciado sua ligação em proteoglicanas (heparana ou sulfato de heparana) na superfície celular.

As glicoproteínas virais responsáveis pela ligação ao receptor celular são produtos do gene U100. Esse gene sofre vários *splicings*, originando proteínas do envelope viral, como gQ1, uma variante de gQ, que se liga ao complexo gH-gL, e gQ2 que interage com o complexo gH/gL/gQ1. Assim, a interação do vírus com o receptor se dá via complexo gH/gL/gQ1/gQ2. A glicoproteína B (gB) também parece estar envolvida no processo de fusão, mas o mecanismo ainda não está completamente compreendido.

Após a fusão, os capsídeos são transportados para o núcleo e o genoma linear é liberado para o núcleo através dos poros nucleares. O ciclo completo de biossíntese leva de 4 a 5 dias, quando os vírus podem ser detectados no interior de vacúolos citoplasmáticos e extracelularmente. Em 3 dias de infecção, o capsídeo e o DNA viral já podem ser observados dentro do núcleo, onde adquirem o tegumento.

Os HHV-6 codificam várias enzimas que participam do metabolismo de nucleotídeos e fornecem precursores necessários à síntese do ácido nucleico viral: ribonucleotídeo-redutase, nucleotídeo fosfotransferase, exonuclease alcalina e uracil-DNA glicosidase, mas não codificam timidilato-sintetase ou timidino-cinase como os outros herpesvírus.

O genoma dos HHV-6 contém sete grupos de genes que são conservados entre todos os herpesvírus, mais um grupo de genes encontrados apenas nos beta-herpesvírus e diversos genes específicos para o gênero *Roseolovirus*. Foi verificado que o HHV-6B contém 119 ORF codificadas por 97 genes em comparação com as 110 ORF presentes no HHV-6A. A similaridade da sequência de nucleotídeos entre os dois vírus é de 90%, a porção do genoma entre U32 e U77 é altamente conservada (95% de identidade), mas o segmento entre U86 e U100 tem identidade de apenas 72%. Além das diferenças genéticas, variações na reatividade com anticorpos monoclonais, tropismo celular e manifestações clínicas, confirmam que os HHV-6A e HHV-6B são beta-herpesvírus de espécies diferentes. Existem duas regiões no genoma que não codificam proteínas: a região entre U41 e U42 e a região entre U77 e U79. No ciclo lítico, a síntese do DNA é iniciada em uma origem de replicação (ori*Lyt*) que está localizada entre a terminação 5′ do gene U41 e a terminação 3′ do gene U42.

Os genes dos HHV-6 envolvidos na replicação incluem o U27, que codifica o fator de processamento da polimerase (PA), uma fosfoproteína que participa na etapa de replicação do genoma viral. Uma série de transcritos do gene U27 já foram identificados, sendo todos eles poliadenilados e associados a polissomas, confirmando assim que todos os diferentes transcritos são traduzidos. A proteína E (41 kDa) codificada pelo gene U27 localiza-se no núcleo e aumenta a taxa de transcrição do DNA viral pela DNA polimerase. O gene U41 codifica a proteína principal de ligação ao DNA de fita simples (MDBP, *major DNA binding protein*); os genes U43/U74/U77 codificam o complexo helicase/primase (HP), enquanto o U73 codifica a proteína de ligação na origem de replicação (OBP, *origin binding protein*). A propagação viral *in vitro* é aumentada pela presença de múltiplas cópias da origem de replicação (ori*Lyt*).

O gene U11 codifica a proteína p100 que forma o tegumento, enquanto o gene U53 codifica uma protease necessária para o empacotamento do DNA e maturação do capsídeo. A protease é sintetizada na forma de precursor que se autoativa e gera as proteínas estruturais.

Os HHV-6 não possuem o gene que codifica para a timidino-cinase, mas sim o gene UL69, homólogo ao gene que codifica para a fosfotransferase presente no HHV-5.

O HHV-7 é mais heterogêneo do que o HHV-6, mas apesar das diferenças, os sinais para o empacotamento e a clivagem do HHV-7 são reconhecidos e processados durante infecções pelo HHV-6, e vice-versa.

O HHV-7 possui sete genes homólogos aos herpesvírus de humanos 1 e 2 (HHV-1 e HHV-2 ou vírus herpes simplex [HSV]) 1 e 2), que codificam proteínas essenciais para a sua propagação. Além disso, codificam proteínas homólogas a todas as proteínas encontradas no HHV-6, com exceção da ORF UL22, da qual não se conhece a função.

Em semelhança aos HHV-6, o HHV-7 codifica proteínas da família das proteínas G, como por exemplo, fosfotransferase/ganciclovir-cinase, ribonucleotídeo-redutase e protease. A protease pode ser alvo de drogas antivirais, pois é similar às serino-proteases codificadas pelos herpesvírus do gênero *Simplexvirus*, responsáveis pelo processo proteolítico fundamental durante os eventos de maturação do capsídeo. A protease codificada pelo

HHV-7 possui 60% de homologia com a sequência de aminoácidos da protease dos HHV-6 e 38% do HHV-5.

Estudos comparativos de hibridização mostraram grande similaridade entre o genoma do HHV-7 e os outros membros da subfamília *Betaherpesvirinae*. O DNAfd apresenta 145 kpb, é colinear e 10% menor que o genoma dos HHV-6, compartilhando várias propriedades genéticas. É constituído de uma única sequência longa, contendo em torno de 133 kpb, ladeada por terminais de repetição direta, $DR_L$ (repetição direta esquerda [*left direct repeats*]) e $DR_R$ (repetição direta direita [*right direct repeats*]), com tamanho variando de 10 a 12 kpb cada um. Flanqueando as sequências DR, estão as sequências pac (empacotamento [*packaging*])1 e pac2, que são sequências conservadas, úteis para a sinalização do empacotamento e clivagem do DNA, conforme descrito para os HHV-6.

Os herpesvírus possuem genes que pertencem a duas categorias: genes responsáveis pela latência e genes que participam do ciclo lítico. Na classe dos genes líticos existem os iniciais imediatos (IE, *immediate-early*), que regulam a expressão dos outros genes; iniciais (E, *early*), que codificam as proteínas necessárias à replicação do DNA; e os tardios (L, *late*), que codificam as proteínas estruturais do vírus. A transcrição dos genes dos HHV-6 segue o padrão coordenado que caracteriza os herpesvírus. As proteínas IE são sintetizadas dentro de minutos a horas após a infecção; são dependentes da síntese de proteínas *de novo* e geralmente requerem proteínas associadas ao vírus para a sua expressão. Têm sido notadas diferenças específicas entre as espécies HHV-6A e HHV-6B na regulação temporal e padrões de *splicing* de genes de proteínas codificadoras para IE. Transativadores da transcrição codificados pelos HHV-6 incluem os produtos dos genes U86-89 (IE-A) e U16-19 (IE-B). Os genes IE U3 e U95 são homólogos aos genes US22 dos HHV-5.

O gene IE do HHV-6A consiste de duas unidades, IE1 e IE2, que correspondem às regiões U90-U89 e U90-U86/87, respectivamente, mas pouco se sabe sobre sua regulação durante a transcrição. As proteínas codificadas pelo gene IE1 aparecem 8 horas após a infecção, enquanto as proteínas IE2 só são detectadas 3 dias após a infecção. As proteínas IE2 localizam-se tanto no núcleo quanto no citoplasma e podem induzir a transcrição a partir de promotores simples ou complexos, como a região LTR do HIV. Provavelmente, as proteínas IE2 desempenham um importante papel na biossíntese, iniciando a expressão de vários genes dos HHV-6. Por outro lado, as proteínas IE1 interagem de maneira estável com domínios nucleares do genoma celular chamados POD (proteína nuclear da leucemia promielocítica de domínio oncogênico [*nuclear promyelocytic leukemia protein oncogenic domains*]), também conhecidos como ND10, durante o ciclo lítico dos HHV-6.

A análise do gene U95 revelou que a região $R_3$, uma das três principais regiões repetidas adjacentes ao gene IE do HHV-6A, modula a transcrição dos genes IE-A porque contém múltiplos sítios de ligação para fatores de transcrição celulares como NF-κB (fator nuclear κB [*nuclear factor kB*]) e AP-2 (proteína de ativação 2 [*activating protein 2*]). Foi evidenciado que IE1-A é capaz de transativar promotores heterólogos sugerindo sua participação na regulação transcricional. No entanto, a IE1-B exerce essa propriedade de maneira bastante discreta quando comparada com a capacidade da IE1-A para transativar a região LTR (repetição terminal longa [*long terminal repeat*]) do HIV-1.

Foi observado que a proteína IE1 do HHV-6B é fosforilada nos resíduos de serina/treonina, sendo conjugada a um pequeno modificador peptídico semelhante à ubiquitina, podendo ser encontrada no núcleo dentro de 4 horas após a infecção. A proteína IE1 do HHV-6B tem apenas 62% de identidade de aminoácidos com a proteína equivalente do HHV-6A.

Tem sido sugerido que os HHV-6 atuam como um cofator no desenvolvimento da AIDS com base em observações em testes *in vitro*: (i) os HHV-6 e o HIV têm tropismo por linfócitos $TCD_4^+$ e a infecção lítica pelos HHV-6 contribuiria para a diminuição dessa população celular em pacientes infectados com o HIV; (ii) várias proteínas dos HHV-6 são capazes de transativar a região promotora LTR estimulando a síntese do HIV. Além disso, proteínas dos HHV-6 e a proteína transativadora Tat do HIV parecem interagir sinergisticamente nesse sentido; (iii) os HHV-6 induzem a expressão de moléculas $CD_4$ fazendo com que células não permissivas fiquem suscetíveis à infecção pelo HIV; (iv) os HHV-6 influenciam a expressão de vários mediadores da imunidade, tal como o fator de necrose tumoral alfa (TNF-α, *tumor necrosis factor*-α) que ativa a expressão do HIV. No entanto, a evidência clínica da participação dos HHV-6 na AIDS ainda precisa ser comprovada.

A replicação do DNA no ciclo lítico é iniciada na região ori*Lyt* que é similar a dos alfa-herpesvírus e necessita de sete fatores codificados pelo vírus. O primeiro deles é a presença de OBP codificada pelo gene U73 dos *Roseolovirus* (não encontrada no citomegalovírus e gama-herpesvírus), que se liga nos sítios OBP-1 e OBP-2, 2 sequências arranjadas palindromicamente localizadas no centro da região ori*Lyt*, desnaturando uma região do DNA circular. Essa região desnaturada do DNA é mantida pelo complexo helicase/primase (U43, U47 e U77) que também fornece iniciadores de RNA para a síntese da fita simples do DNA. Essa fita simples na "forquilha de replicação" é estabilizada pela proteína principal de ligação ao DNA (U41) até que a segunda fita seja sintetizada pela DNA polimerase (U38), processo coordenado pelo fator de processamento (U27). As quatro outras proteínas, codificadas pelos genes U79 e U80, parecem participar da replicação do DNA, mas seu papel ainda não foi elucidado. Conforme a nova fita é sintetizada, a estrutura de replicação circular é anexada para formar um círculo rolante intermediário. Assim, as fitas concatâmeras geradas são empacotadas pela atuação das proteínas de clivagem e empacotamento (pac1 e pac2) em regiões de sinais específicos de empacotamento final do genoma viral. É interessante notar que as sequências ori*Lyt* e pac são diferentes nas espécies HHV-6A e HHV-6B.

Cerca de 5% do genoma é circularizado fornecendo um modelo para a replicação em círculo rolante que leva à produção de concatâmeros passíveis de serem empacotados nos capsídeos.

O processo de maturação e saída dos vírus parece envolver sucessivos envelopamentos e desenvelopamentos à medida que o vírion se locomove de um ambiente para outro dentro da célula. A replicação do DNA e a maturação do capsídeo ocorrem no núcleo. Os capsídeos contendo DNA são detectados 3 dias após a infecção. Uma característica que provavelmente é resultado desse fenômeno é a presença de muitos nucleocapsídeos com tegumento, mas sem envelope, no citoplasma da célula infectada. Alguns estudos têm detectado partículas contendo apenas o nucleocapsídeo, sem envelope ou tegumento.

É proposto que os nucleocapsídeos adquiram um envelope no núcleo, mas sem glicoproteínas. No citoplasma, este é removido e substituído por um envelope secundário contendo as glicoproteínas adquiridas em estruturas chamadas *annulate lamellae*, ou na vesícula derivada do complexo de Golgi, que são possíveis sítios para a *O*-glicosilação das proteínas virais e envelopamento. A modificação das glicoproteínas durante a passagem pelo complexo de Golgi ocorre antes dos vírions maduros serem liberados. Antes de receberem o segundo envelope, as partículas virais se associam a proteínas do tegumento.

Também existe a possibilidade da aquisição do tegumento em uma estrutura chamada tegussoma, que tem origem na membrana nuclear. No entanto, considerando que esses tegussomas são raramente encontrados, é remota a possibilidade de que esse evento seja importante na formação do tegumento.

Estudos demonstraram que os HHV-6 adquirem o segundo envelope na rede trans-Golgi (TGN, *trans-Golgi network*) ou em alguma vesícula derivada da TGN, brotando para o interior da mesma. Foi caracterizada a presença da proteína celular $CD_{63}$ em vesículas contendo vírions maduros de HHV-6. Essa proteína é marcadora de endossomas tardios ou corpúsculos multivesiculados (MVB, *multivesicular bodies*). Dessa forma, o modelo corrente sugere que em seguida ao brotamento para o interior do TGN ou de alguma vesícula do TGN contendo $CD_{63}$, esta seja maturada em MVB e chegue à membrana citoplasmática pela via exocítica para a liberação dos vírus da célula infectada por exocitose. Esse modelo levanta ainda a possibilidade de que, junto com as partículas virais maduras, o conteúdo desses exossomas, quando liberado para o exterior da célula infectada, possa mediar uma série de sinalizações para as células vizinhas que favoreçam a continuidade da infecção, uma vez que já foi demonstrado que exossomas têm propriedade, entre outras, de estimular a proliferação de linfócitos T.

Um modelo esquemático da biossíntese dos HHV-6 e HHV-7 encontra-se na Figura 15.28.

## Patogênese

Os HHV-6 e o HHV-7, possivelmente, iniciam a infecção pelo sistema respiratório, incluindo tonsilas, ricas em linfócitos, embora não esteja claro se esses vírus possam infectar as células epiteliais tonsilares.

Os HHV-6 acometem, principalmente, bebês e seu modo de transmissão não está completamente elucidado. Em geral, a transmissão acontece de maneira horizontal através do contato íntimo com os pais ou com os médicos e/ou enfermeiros, no

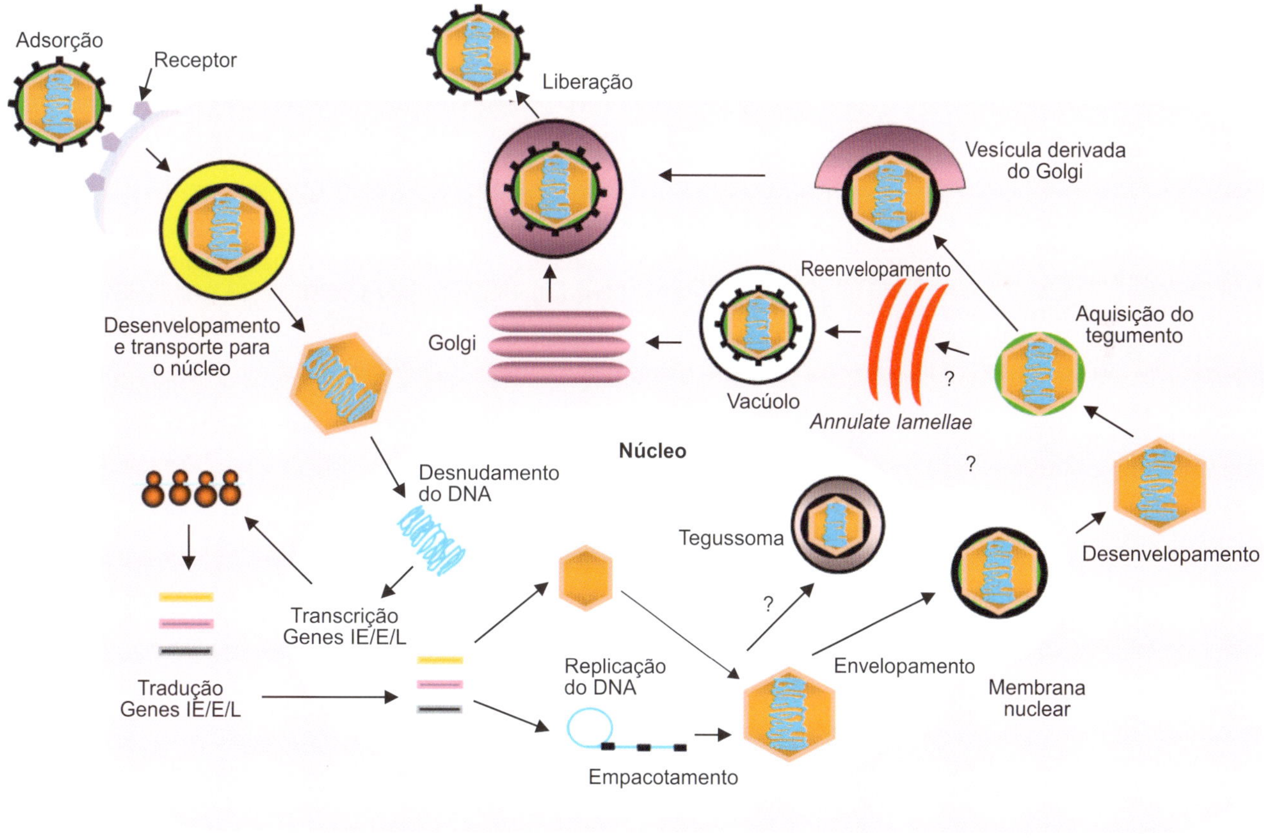


**Figura 15.28** Esquema da biossíntese dos HHV-6 e HHV-7. Os vírus adsorvem ao receptor ($CD_{46}$ – HHV-6; heparana ou sulfato de heparana – HHV-7). Penetram na célula via endocitose mediada por receptores. A seguir, sofrem desenvelopamento e o nucleocapsídeo associado a algumas proteínas do tegumento é transportado para o núcleo e o genoma linear é liberado no núcleo através do poro nuclear. Ocorre a transcrição dos genes iniciais imediatos (IE) pela RNA-polimerase II e síntese de proteínas IE; transcrição dos genes iniciais (E) e síntese de proteínas E; transcrição dos genes tardios (L) e síntese de proteínas L. As proteínas iniciais são as enzimas que participam da síntese do DNA viral. Os produtos do gene L são as proteínas que formam o capsídeo viral e o tegumento. A seguir ocorre o empacotamento do DNA viral no capsídeo. Os nucleocapsídeos liberados do núcleo adquirem um primeiro envelope sem glicoproteínas no citoplasma, e este é removido e substituído por um envelope secundário contendo as glicoproteínas adquiridas em vesículas derivadas do complexo de Golgi. Antes de receber o segundo envelope, o capsídeo se associa às proteínas do tegumento. São mostradas também vias alternativas de aquisição do envelope através das estruturas chamadas *annulate lamellae* e tegussoma.

momento do nascimento, mas a transmissão transplacentária também pode acontecer, já tendo sido encontrado o DNA dos HHV-6 em fetos e no sangue de neonatos. Surtos de exantema súbito são raros, mas em enfermarias pediátricas ou orfanatos, onde há grande concentração de crianças, eles podem ocorrer. O DNA dos HHV-6 tem sido detectado na saliva ou lavado de garganta de crianças e suas mães, assim como de outros adultos sadios, sugerindo a transmissão horizontal pela saliva. Os HHV-6 também podem ser encontrados no sistema genital feminino incluindo a cérvice uterina de mulheres grávidas em estágios avançados da gestação, sugerindo que os vírus podem ser transmitidos para o recém-nascido durante a passagem pelo canal vaginal. Outras vias de transmissão, como transplante de órgãos, já foram relatadas.

No entanto, todos esses achados devem ser analisados com cautela, devido ao fato de que os HHV-6 têm a propriedade de integrar-se ao cromossoma das células infectadas e de serem transmitidos de uma geração para outra, uma vez que: (i) a integração desses vírus acontece não somente nas células somáticas, mas igualmente nas linhagens germinativas. Quando a integração ocorre nas células germinativas, o genoma integrado do HHV-6A/B pode ser transmitido a 50% dos descendentes. Esses indivíduos, portadores de uma cópia do genoma do HHV-6A/B em todas as células, são referidos como tendo herdado o HHV-6A/B por integração cromossômica (CIHHV-6, *HHV-6 chromosomal integration*) e representam aproximadamente 1% da população mundial; (ii) os locais de integração cromossômica dos CIHHV-6 equivalem entre a progênie e os progenitores; (iii) crianças concebidas a partir de gametas positivos para os CIHHV-6 possuem pelo menos uma cópia do CIHHV-6 em cada célula nucleada do organismo.

Estudos mostraram a expressão dos genes dos HHV-6A e -6B em pessoas com CIHHV-6A ou -6B em muitos tecidos: cérebro, testículo, mama, glândula adrenal, pulmões, glândula salivar, esôfago, músculo esquelético, cólon, nervo tibial e artéria, tecido adiposo, coração, pele e tireoide. Curiosamente, o CIHHV-6A foi expresso predominantemente no tecido cerebral, enquanto que para o CIHHV-6B não houve predominância em nenhum órgão específico. Não foi encontrada expressão de RNA do HHV-6 em nenhum dos controles que não apresentavam CIHHV-6.

Os vírus também podem sofrer excisão de seu estado integrado (ser reativado) e, em seguida, sofrerem propagação lítica. Os mecanismos pelos quais a integração (latência) e excisão (reativação) ocorrem ainda não foram completamente elucidados.

O HHV-7 pode ser facilmente isolado da saliva, sugerindo que possa ocorrer biossíntese ativa nas glândulas salivares e transmissão para crianças em contato íntimo com seus pais. O contágio por amamentação tem sido especulado. Assim, a transmissão do HHV-7 pode seguir caminhos semelhantes aos dos HHV-6, exceto que infecções congênitas por HHV-7 não foram relatadas.

Os HHV-6 infectam uma variedade de células humanas *in vitro*, como os linfócitos T e B do sangue periférico e linhagens celulares de linfócitos e macrófagos. O espectro de infecção de tecidos *in vivo* do hospedeiro para os HHV-6 é ainda maior. Os HHV-6 infectam preferencialmente linfócitos $TCD_4^+$, mas também podem infectar, com eficiência diferente, macrófagos, células dendríticas, fibroblastos, células epiteliais e progenitoras da medula óssea, fígado, glândulas salivares, e células endoteliais.

*In vivo*, o HHV-7 infecta linfócitos $TCD_4^+$ (provavelmente o sítio da infecção persistente latente) e células epiteliais das glândulas salivares (sítio de infecção produtiva e de persistência viral). Além disso, células expressando um antígeno estrutural do HHV-7 foram detectadas nos pulmões, pele, glândulas mamárias e, em proporções menores, no fígado.

Após a infecção, os HHV-6, como outros herpesvírus, podem estabelecer infecção persistente latente que permanece por toda a vida do hospedeiro e que pode ser reativada durante imunossupressão. A persistência ocorre em diferentes células e órgãos, incluindo monócitos/macrófagos, glândulas salivares, cérebro e rins. A infecção pelos HHV-6 tem importante papel no sistema imunológico considerando que os vírus infectam, preferencialmente, células $CD_{46}^+$. Isso inclui aumento no número de células NK (*natural killer*), inibição de proliferação de células T, indução de liberação de citocinas, como TNF-$\alpha$ e interleucina 1$\beta$, além de modificar a expressão de receptores celulares como $CD_3$, $CD_4$ e CXCR4 (receptor de quimiocina C-X-C tipo 4, também conhecido como $CD_{184}$ [*C-X-C chemokine receptor type 4*]).

O HHV-7 estabelece infecção latente em células $CD_4^+$, e infecções líticas ou persistentes em glândulas salivares. Antígenos do HHV-7 estão presentes em uma variedade de tecidos, sugerindo que a infecção ocorra em muitos tecidos *in vivo*.

O número de pessoas soropositivas para os HHV-6 é bastante elevado, fazendo com que a maioria dos recém-nascidos apresente anticorpos maternos para esse vírus, com títulos de anticorpos do tipo IgG no sangue do cordão umbilical sendo tão altos quanto os do sangue materno. Enquanto houver anticorpos maternos no sangue do bebê, existe proteção contra a infecção viral.

Em crianças acima de 6 meses, a IgM específica para o vírus é detectada do 5º ao 7º dia após o aparecimento de exantema, com o pico aparecendo em 2 semanas e declinando após 2 meses. A IgG específica é detectável logo após o aparecimento de febre, do 7º ao 10º dia após a infecção.

A persistência dos HHV-6 acontece de duas formas: latência verdadeira, com nenhuma produção de vírus infeccioso, e persistência com biossíntese crônica ocorrendo em baixo nível, em diferentes sítios anatômicos. Acredita-se que glândulas salivares e tecidos do cérebro suportem a infecção persistente crônica dos HHV-6, enquanto os sítios de latência seriam monócitos e células progenitoras jovens da medula óssea. Baixos níveis de DNA dos HHV-6 são encontrados em células mononucleares do sangue periférico (PBMC, *peripheral blood mononuclear cells*) de indivíduos saudáveis. Foi mostrado que o produto do gene *U94* possibilita o estabelecimento e/ou a manutenção da infecção latente, sendo o principal transcrito e expresso em baixos níveis durante a propagação lítica, além de apresentar três efeitos de potencial relevância para a biologia do câncer. Primeiro, inibe fortemente a angiogênese. Segundo, inibe a migração, invasão e proliferação celular. Terceiro, inibe genes, como o *BRCA1* (câncer de mama tipo 1 [*breast cancer type* 1]), envolvidos no reparo do DNA. Isso é uma diferença biológica significativa entre os HHV-6 e HHV-7, uma vez que este último não apresenta um homólogo *U94*.

Já foram identificados transcritos associados à latência (LAT, *latency-associated transcripts*) na região IE dos HHV-6A. Os

HHV-6 podem ser reativados pela superinfecção pelo HHV-7, presumivelmente por transativação.

Embora $CD_{46}$ seja expresso pela maioria das células humanas nucleadas e isto possa explicar o extenso tropismo celular dos HHV-6, esses vírus não infectam todas as células $CD_{46}^+$.

Os HHV-6 só infectam células B se elas estiverem latentemente infectadas com o HHV-4 (ou EBV). Algumas de suas proteínas são capazes de induzir o ciclo lítico do HHV-4.

A infecção dos linfócitos do sangue periférico de pacientes imunocompetentes com HHV-7 pode resultar na reativação dos HHV-6, além de acelerar a propagação do próprio HHV-7, aumentando sua patogenicidade. A mesma interação é observada com o HHV-5, pois ocorre um sinergismo entre os HHV-6 e o HHV-5, com a detecção simultânea de DNA dos dois vírus na urina e no soro desses pacientes.

Os HHV-6 e o HIV podem, tanto *in vitro* quanto *in vivo*, infectar as mesmas células $CD_4^+$. Dependendo das condições, os HHV-6 podem estimular a biossíntese do HIV, pois induzem a expressão de moléculas $CD_4$, em células $CD_4^-$. A transcrição da região LTR do HIV pode ser ativada por proteínas dos HHV-6, em células dependentes de NF-κB e em células T em repouso.

A propagação dos HHV-6 ativa a expressão dos oncogenes do vírus do papiloma de humanos (HPV), E6 e E7, em células cervicais infectadas, sendo capaz de ativar também a expressão gênica do HTLV-1.

## Manifestações clínicas

### *Exantema súbito*

O exantema súbito (ES), também chamado de *roseola infantum* ou 6ª doença, foi primeiro descrito por Zahorsky, em 1910, e é uma doença comum no mundo todo. A doença ocorre quase que exclusivamente em crianças abaixo de 3 anos. Na apresentação clássica, a criança desenvolve febre súbita elevada (≥ 40°C), que dura por alguns dias (3 a 7 dias), seguida imediatamente pelo exantema que aparece no tronco e na face e se espalha para as extremidades inferiores enquanto a febre diminui bruscamente. O exantema é tipicamente maculopapular e é frequentemente confundido com reações alérgicas a antibióticos administrados durante o período de febre. Além disso, a infecção primária por HHV-6 pode ocorrer sem sintomas clínicos de febre ou exantema, ou até mesmo sem qualquer sintoma. O exantema súbito é causado pelo HHV-6B e pelo HHV-7, e a magnitude da propagação do vírus em crianças é refletida na gravidade da doença.

Na maioria dos casos, o ES é benigno e associado a outros sintomas, incluindo diarreia, tosse, linfonodos edemaciados, e fontanelas protuberantes. Em adultos, a infecção primária pode causar uma doença semelhante à mononucleose infecciosa e à síndrome hemofagocítica.

### *Febre indiferenciada em crianças*

A infecção pelo HHV-6 é causa frequente da admissão de crianças na emergência dos hospitais, com 1/3 delas apresentando febre indiferenciada, ou febre com otite média.

### *Convulsão febril*

A convulsão febril é a manifestação clínica mais comum e mais grave da infecção pelo HHV-6, mas seu prognóstico é benigno. Tem sido associada com manifestações febris em crianças particularmente entre 12 e 15 meses de idade. Foi relatado que as primeiras convulsões febris em crianças são devidas à infecção primária pelo HHV-6. Esse vírus persiste no sistema nervoso central (SNC) havendo o risco de recorrência da convulsão febril. Os ataques são quase sempre autolimitados e benignos, porém podem ocorrer meningite e encefalite, podendo deixar alguma sequela.

### *Meningite e encefalite*

Alguns estudos têm associado infecção pelo HHV-6 a meningite e encefalite em crianças e adultos, tanto imunodeprimidos quanto saudáveis. Entretanto, os resultados são difíceis de ser interpretados devido à natureza ubíqua do HHV-6 e seu tropismo generalizado, incluindo o tecido cerebral. Por exemplo, 32% das amostras de autópsias cerebrais de indivíduos saudáveis têm DNA de HHV-6 detectado por PCR (reação em cadeia da polimerase [*polymerase chain reaction*]). O diagnóstico de encefalite foi estabelecido pela detecção do DNA do HHV-6 no liquor ou nos espécimes de autópsias cerebrais, na ausência de outras etiologias. A encefalite pode ser o resultado de invasão viral direta, já que os estudos *in vitro* têm demonstrado suscetibilidade de infecção das células gliais ao HHV-6. Entretanto, encefalite/encefalopatia associada ao HHV-6 tem sido relatada sem mudanças inflamatórias no cérebro ou DNA detectável no tecido cerebral. Casos fatais de encefalite causados por coinfecção por HHV-6 e HHV-1 também têm sido relatados.

O prognóstico para pacientes com meningoencefalite por HHV-6 é geralmente bom. Sequelas como hemiparesia e comprometimento neurológico são raros, mas alguns casos fatais foram relatados.

O HHV-6 tem sido considerado um cofator na leucoencefalopatia multifocal progressiva (PML, *progressive multifocal leukoencephalopathy*), uma doença desmielinizante do SNC que ocorre em pacientes com a imunidade celular comprometida. A PML é causada pelo poliomavírus de humanos 2 (HPyV2 ou JCPyV), mas evidências recentes sugerem que o HHV-6 coopere com o HPyV2 na etiologia da doença.

### *Infecções em pacientes imunocomprometidos*

A reativação da infecção por HHV-6 em pacientes imunocomprometidos pode resultar em diferentes síndromes clínicas. Embora a maioria dos casos ocorra entre pacientes transplantados, eles também podem acontecer em pacientes sob quimioterapia, e também em indivíduos infectados pelo HIV.

A incidência de reativação pelo HHV-6 em pacientes transplantados varia de acordo com o órgão transplantado. A incidência média em pacientes que sofreram transplante de medula óssea é de 48%, e 62% em pacientes receptores de transplante de órgãos. A maioria das infecções por HHV-6 é devida à reativação do HHV-6B com pico de incidência entre 2 e 4 semanas pós-transplante. O uso de OKT3 (muronomabe CD3) e de globulina antilinfocítica para prevenção de rejeição de transplante está associado à incidência aumentada de reativação do HHV-6 em receptores de órgãos transplantados. Isto é devido à significativa imunossupressão associada a essas medicações. O significado clínico da detecção do HHV-6 em pacientes transplantados de medula óssea permanece duvidoso, já que muitos pacientes com reativação de HHV-6 permanecem assintomáticos.

Manifestações clínicas associadas com reativação do HHV-6 em pacientes transplantados incluem febre, exantema, pneumonia, encefalite e supressão de medula óssea. A febre associada à reativação do HHV-6 em pacientes transplantados pode ser alta (acima de 41°C) e associada a leucopenia e exantema não específicos. Pneumonia é mais frequentemente vista em pacientes que sofreram transplante de medula óssea. A pneumonia nesses pacientes tem sido diagnosticada por isolamento do vírus em amostras de lavado broncoalveolar, escarro, linfócitos do sangue periférico e por exclusão de outras etiologias como pneumonia por HHV-5. A PCR quantitativa em biópsias de tecido pulmonar também tem sido utilizada para demonstrar a pneumonia provocada pela infecção pelo HHV-6 em pacientes submetidos a transplante de medula óssea. Em comparação com outros agentes etiológicos de pneumonia em pacientes transplantados de medula óssea, a pneumonia idiopática associada à infecção pelo HHV-6 parece ter prognóstico melhor. Infecção dupla com HHV-6A e HHV-6B também já foi relatada.

A encefalite em pacientes transplantados tem sido diagnosticada pelo isolamento do HHV-6 em culturas ou por detecção do DNA do HHV-6 no liquor, biópsias cerebrais e por imuno-histoquímica em amostras de autópsias. Tanto o HHV-6A quanto o HHV-6B têm sido detectados no tecido cerebral. A análise do liquor é frequentemente normal, mas pode revelar elevados níveis de células mononucleares e de proteínas. A mortalidade pode ser alta sem a terapia antiviral.

O HHV-6 também tem sido associado como causa de supressão de medula óssea em pacientes que sofreram transplante de medula óssea e de células totipotentes. Todos os precursores hematológicos podem ser afetados, mas os precursores dos macrófagos/granulócitos são os mais frequentemente envolvidos. A supressão de medula óssea pode ser evitada com altas doses de aciclovir.

Uma forte relação entre HHV-6 e HHV-5 foi relatada. A reativação com HHV-6 e HHV-7 pós-transplante é comum e, geralmente, ocorre antes da reativação do HHV-5, com o tempo médio de 20 dias para HHV-6, 26 dias para HHV-7 e 36 dias para HHV-5. Tanto o HHV-6 quanto o HHV-5 têm sido implicados na rejeição a enxertos. Em pacientes que sofreram transplante de órgãos, respostas sorológicas para o HHV-6 e presença de DNA do HHV-6, medido por PCR quantitativa, foram correlacionadas a doença por HHV-5. O HHV-6 também tem sido associado a infecção sintomática por HHV-5 e aumento do risco de rejeição ao enxerto. A coinfecção do HHV-6 e HHV-5 está associada a manifestações clínicas graves. Tem sido postulado que a infecção com o HHV-6 leve à alteração do estado imunológico do hospedeiro, que pode levar à reativação e à alteração do curso natural da doença.

Por extrapolação, considerando que o HHV-6 infecta aproximadamente 100% da população mundial, isto sugere que 70 milhões de pessoas carreguem o CIHHV-6. Não somente essa taxa de prevalência é bem maior do que a de qualquer outro herpesvírus que acometa seres humanos, mas a principal diferença está no fato de que o CIHHV-6 está presente em cada célula nucleada do organismo. Uma vez que não se sabe ao certo quais as consequências clínicas associadas ao CIHHV-6, porém, conforme descrito antes, evidências sugerem que a reativação desse vírus em transplantados esteja associada a manifestações clínicas graves, existe grande preocupação na utilização de órgãos, tecidos e células de indivíduos positivos para o CIHHV-6.

A reativação de HHV-6 tem sido frequentemente relatada em pacientes HIV-positivos. Os sintomas clínicos mais descritos nestes pacientes são encefalite e pneumonia. O HHV-6 infecta as mesmas células-alvo que o HIV, principalmente linfócitos $TCD_4^+$. Não foi comprovado que o HHV-6 modifique a taxa de progressão da doença por HIV em pacientes adultos, entretanto, foi demonstrado que o tempo de progressão da doença por HIV em crianças com infecção concomitante por HHV-6 é menor. A frequência de liberação do HHV-7 na saliva e a carga viral plasmática também aumenta nesses pacientes. O HHV-7 tem um efeito antagonista ao HIV, interferindo com o receptor. O tropismo do HHV-7 para linfócitos $TCD_4^+$ e seu potencial patogênico baixo sugerem que o vírus possa ser um bom candidato como vetor para terapia gênica, liberando genes terapêuticos especificamente em células $CD_4^+$.

## Outras manifestações clínicas

### Esclerose múltipla

Títulos elevados para o HHV-6 em soro de pacientes com esclerose múltipla (EM) foram demonstrados, com IgM específica para HHV-6 significativamente elevada. Níveis elevados de $CD_{46}$, que é o receptor para o HHV-6A, foram encontrados em pacientes com EM. Outra evidência correlacionando infecção por HHV-6 na patogênese da EM inclui a detecção do DNA do HHV-6 no liquor e tecido cerebral de pacientes com EM, embora esses dados não tenham sido específicos para EM. Postula-se que a infecção pelo HHV-6 na infância resulte em infecção persistente latente no SNC. A reativação tardia do HHV-6 nos oligodendrócitos pode preceder a resposta imunológica que causa a formação de placas e, subsequentemente, as manifestações clínicas da EM. Entretanto, devido à natureza ubíqua do HHV-6 nos tecidos humanos, é difícil relacionar se o processo patológico foi causado por reativação do HHV-6.

Nos últimos anos vários estudos demonstraram que a EM não é apenas uma doença de desmielinização aumentada, mas também de remielinização diminuída. A remielinização é gerada por oligodendrócitos, que se desenvolvem a partir de células precursoras de oligodendrócitos (OPC, *oligodendrocyte precursor cells*). Um transcrito associado à latência do HHV-6A, produto do gene U94A, prejudica a migração de OPCs para sítios que exigem remielinização.

### Epilepsia

A infecção pelo HHV-6 tem sido associada a diferentes síndromes epilépticas, incluindo convulsões febris e *status* epiléptico, convulsões sintomáticas agudas secundárias à encefalite e epilepsia do lobo temporal. Embora duas espécies virais tenham sido identificadas (HHV-6A e HHV-6B), o HHV-6B é o que tem sido associado principalmente à doença em humanos, incluindo epilepsia.

### Desordens neoplásicas

A infecção pelo HHV-6 tem sido descrita como um fator contribuinte para algumas desordens malignas, incluindo doença de Hodgkin, linfoma não Hodgkin, leucemia linfoblástica aguda, carcinoma oral e carcinoma cervical. Títulos elevados de HHV-6 foram encontrados entre pacientes com linfoma e leucemia, assim como o DNA do HHV-6 foi detectado em pacientes com linfoma. Mais uma vez, nesses casos, não pode ser descartada a possibilidade de que a detecção do DNA viral seja devida ao

CIHHV-6. Dessa forma, qualquer teste molecular pode, potencialmente, detectar o vírus.

A transformação neoplásica dos ceratinócitos epidermais de humanos tem sido demonstrada *in vitro* por fragmentos de DNA de HHV-6 clonados. Entretanto, outros estudos não demonstraram diferença significativa na prevalência de anticorpos para o HHV-6 entre crianças com leucemia e pacientes controle.

Embora haja evidências de que o HHV-6 esteja presente em certos tipos de câncer, a detecção do vírus dentro das células tumorais é insuficiente para atribuir um papel direto do HHV-6 na tumorigênese.

## Infecção semelhante à mononucleose infecciosa

O HHV-6 parece causar linfoadenopatia e doença semelhante à mononucleose infecciosa (MI), doença causada pelo HHV-4 (ver detalhes no *Capítulo 21*). Em um estudo foi observado que 8 (30%) de 27 pacientes sem infecção por HHV-4 e HHV-5 apresentaram infecção semelhante à MI com evidência sorológica de infecção por HHV-6. Entretanto, os autores foram incapazes de determinar se a doença representava infecção primária por HHV-6 ou reativação.

## Cardiomiopatia inflamatória em crianças imunocompetentes

Segundo consenso da Organização Mundial da Saúde (OMS), a miocardiopatia inflamatória foi definida como miocardite associada à disfunção cardíaca com base em achados histológicos, imunológicos e imuno-histoquímicos. Pode ser relacionada à agressão infecciosa, autoimune ou idiopática.

O papel exato do HHV-6 como fator causal da cardiomiopatia inflamatória ainda é motivo de discussão. No entanto, a maioria dos estudos sugere que a persistência ou presença do HHV-6 seja responsável pela progressão da doença na miocardite. Portanto, o diagnóstico de cardiomiopatia inflamatória relacionada ao HHV-6 deve ser considerado quando um paciente apresenta insuficiência cardíaca inexplicável, especialmente uma criança que está dentro do período de pico de infecções primárias (4 a 24 meses) ou com erupção cutânea semelhante à do exantema súbito. Esses casos devem ser totalmente avaliados com métodos histológicos, imuno-histoquímicos, sorológicos e moleculares. A identificação da etiologia exata da cardiomiopatia inflamatória pode facilitar o tratamento personalizado pelo paciente com terapia antiviral específica. Portanto, são necessários estudos futuros para entender melhor a relevância prognóstica da carga viral de HHV-6, *status* replicativo e coinfecções por vírus, além de obter informações mais específicas sobre como avaliar marcadores de diagnóstico como DNA e RNAm do HHV-6 na patogênese das cardiomiopatias inflamatórias. Além disso, o histórico imunogenético dos pacientes com cardiomiopatia inflamatória que os torna suscetíveis a desenvolver insuficiência cardíaca na presença de HHV-6 deve ser mais bem investigado.

## Síndromes de hipersensibilidade a drogas

Infecções virais podem ter participação no desenvolvimento de erupções provocadas pela ingestão de drogas. Tem sido sugerido que a reativação do HHV-6 possa contribuir para o desenvolvimento da síndrome de hipersensibilidade a drogas. Essa síndrome se caracteriza por eosinofilia, sintomas de infecção semelhante à mononucleose, erupções na pele, leucocitose com leucócitos atípicos, disfunção hepática e linfoadenopatia. A síndrome tem sido descrita em associação com o uso de diversas drogas, incluindo alopurinol, sulfassalazina, fenobarbital, carbamazepina e ibuprofeno. O HHV-6 pode induzir reações graves de hipersensibilidade a drogas em pacientes suscetíveis.

## Síndrome da fadiga crônica

Muitos nomes têm sido dados à síndrome da fadiga crônica (CFS, *chronic fatigue syndrome*), incluindo neurastenia, mononucleose crônica, encefalopatia miálgica, entre outros. Essa síndrome foi definida como uma fadiga inexplicada não ligada ao esforço contínuo, que não é aliviada com descanso e resulta em redução significativa dos níveis de atividade física e mental. Quatro ou mais dos seguintes sintomas devem estar presentes ao mesmo tempo, durante 6 meses ou mais: memória ou concentração prejudicada, dor de garganta, infartamento de linfonodos cervicais e/ou axilares, dor muscular, dores nas juntas, cefaleia, sono não reparador, mal-estar após exercício físico e mal-estar constante. Febre pode ou não estar presente. Também foi demonstrada a elevação do título de anticorpos do tipo IgG e IgM específicos para o HHV-6, tanto para os antígenos tardios quanto para os imediatos, demonstrando estímulo da resposta imunológica. Sugere-se que os elevados níveis de IgM nesses pacientes sejam marcadores de infecção por HHV-6, no SNC; 70% dos isolados virais são da espécie HHV-6A; 80% dos pacientes portadores dessa síndrome apresentam resposta de células NK deficiente e elevados níveis de linfócitos B e T citotóxicos.

Inicialmente, o HHV-7 foi também relacionado com a síndrome da fadiga crônica, sendo encontrado tanto em cérebro de pessoas saudáveis como de doentes. Contudo, a associação definitiva tanto com o HHV-6 quanto com o HHV-7 não encontra fundamento em estudos soroepidemiológicos.

## Tireoidite de Hashimoto

A tireoidite de Hashimoto (HT) é uma doença de caráter autoimune caracterizada pela detecção de altos níveis de autoanticorpos e pela presença de infiltrado abundante de linfócitos, em pacientes com aumento ou disfunção da glândula tireoide. A disfunção da tireoide, levando ao bócio ou ao hipotireoidismo, nesse caso, pode ser consequência de processos imunológicos mediados tanto pela resposta celular quanto humoral. É a causa mais comum entre as doenças da tireoide e a maior causa de bócio difuso em mulheres na faixa etária dos 20 aos 40 anos de idade. Infecções virais têm sido sugeridas como disparadores dessa doença. Foi demonstrada alta prevalência de positividade para o HHV-6, especificamente o HHV-6A, em aspirados de pacientes com HT (82%), quando comparado aos pacientes do grupo-controle (10%). Além disso, a carga viral celular presente nos pacientes com HT estava significativamente aumentada. Um dado importante foi a demonstração de que enquanto nos pacientes do grupo-controle a infecção pelo HHV-6A era sempre persistente latente, nos pacientes HT foi detectada a presença de transcritos relacionados com o ciclo lítico viral, assim como as células oriundas do aspirado de tireoide desses pacientes apresentavam baixa taxa de biossíntese viral condizente com o estabelecimento de infecção produtiva nesse órgão. Foi demonstrado, *in vitro*, que células do epitélio folicular da tireoide são suscetíveis à infecção pelo HHV-6A. Por outro lado, células NK dos pacientes com HT foram significativamente mais eficientes do que as células NK obtidas dos pacientes do grupo-controle em causar a morte de células da tireoide infectadas com o HHV-6A. Essas observações sugerem papel importante do HHV-6A no desenvolvimento ou no disparo da HT.

Outras complicações que têm sido relatadas entre crianças com infecção aguda por HHV-6 incluem púrpura trombocitopênica e hepatite fulminante.

## Diagnóstico laboratorial

O diagnóstico laboratorial é complexo devido à dificuldade de encontrar um teste que diferencie a infecção lítica da infecção persistente latente. Além disso, a presença do CIHHV-6 também precisa ser descartada quando a carga viral celular é utilizada como teste diagnóstico ou marcador de infecção aguda.

Os testes sorológicos para detecção de IgG específica possuem várias deficiências, mas os testes para detecção de IgM são altamente específicos e marcadores de infecção ativa no paciente. As limitações principais são a baixa sensibilidade e ainda a possibilidade de reação cruzada com outros herpesvírus.

No diagnóstico sorológico para pesquisa de IgG ou IgM específicas, o teste de imunofluorescência (IF) é o mais utilizado empregando células infectadas com HHV-6 ou HHV-7 como antígeno, mas testes imuno-histoquímicos e hibridização *in situ*, além de testes imunoenzimáticos (EIA, *enzyme immunoassay*), radioimunoprecipitação (RIPA, *radioimmunoprecipitation assay*) e *immunoblot*, podem ser empregados. A presença de IgM anti-HHV-6 ou a conversão sorológica para IgG anti-HHV-6 evidencia a infecção em um indivíduo imunocompetente. No Quadro 15.8 encontra-se a especificidade dos diferentes testes para o diagnóstico das infecções por HHV-6.

**Quadro 15.8** Especificidade dos diferentes testes para o diagnóstico das infecções por HHV-6.

| Teste | Tipo de infecção | | |
|---|---|---|---|
| | Primária | Latente | Reativação/ reinfecção |
| Pesquisa de IgG | +* | + | + |
| Pesquisa de IgM | + | – | ± |
| Isolamento de vírus | + | ± | ± |
| PCR qualitativa a partir de células | + | + | + |
| PCR quantitativa a partir de células | + | + | + |
| PCR (soro ou outros fluidos corporais) | + | – | + |
| RT-PCR a partir de células | + | – | + |
| Imuno-histoquímica | + | – | + |
| Hibridização *in situ* (DNA) | + | + | + |
| Hibridização *in situ* (RNA) | + | – | + |

+: presença; –: ausência; ±: a infecção pode ou não ocorrer; PCR: *polymerase chain reaction* (reação em cadeia da polimerase); RT-PCR: *reverse transcription polymerase chain reaction* (reação em cadeia da polimerase associada à transcrição reversa). *Positivo durante a fase de convalescença; após essa fase, uma janela imunológica de amplitude variável.

O HHV-6 pode ser isolado de PBMC de pacientes com ES durante a fase aguda da doença pela ativação dos linfócitos com PHA (fito-hemaglutinina [*phytohemagglutinin*]) e manutenção da cultura com interleucina 2 (IL-2). O efeito citopatogênico (CPE) aparece dentro de 7 a 10 dias.

O diagnóstico de HHV-6 e HHV-7 deve ater-se aos marcadores diretos da propagação dos vírus *in vivo*. Nesse sentido, o teste disponível mais eficaz é a detecção de DNA livre no soro ou plasma, pela PCR, na fase aguda da doença. Existe boa correlação entre a PCR do soro/plasma e a detecção de IgM.

O diagnóstico do HHV-6 tem cada vez mais sido feito por métodos de PCR. Essas técnicas são rápidas, utilizam amostras obtidas de técnicas não invasivas e são sensíveis em populações imunocomprometidas. A PCR qualitativa pode não ser sensível para distinguir entre infecção latente ou ativa, pois não descarta a detecção do CIHHV-6; entretanto, modificações que aumentam o limiar entre aquele encontrado em PBMC durante a infecção latente ou que utilizam amostras acelulares têm sido descritas. A PCR *multiplex* permite a detecção simultânea de HHV-6A, HHV-6B e de HHV-7. Técnicas de PCR quantitativas utilizando controles internos e quantidades conhecidas de vírus clonados têm sido desenvolvidas. A PCR associada à transcrição reversa (RT-PCR, *reverse transcription polymerase chain reaction*), para a pesquisa de RNA mensageiro viral, utilizando células sanguíneas ou fluidos biológicos, detecta infecção ativa. Embora a detecção do DNA do HHV-6 no sangue tenha apenas valor preditivo positivo de 57% para a infecção primária, a presença do DNA do HHV-6 no sangue, na ausência de anticorpos específicos IgG, ou a presença do DNA do HHV-6 no plasma, ou carga viral elevada, são predizíveis de infecção primária. Nesse sentido é importante a detecção do CIHHV-6, uma vez que os indivíduos que carregam a forma integrada do HHV-6 também terão a carga viral elevada. A PCR em tempo real é um meio sensível para a detecção do DNA do HHV-6 em pacientes transplantados, embora um estudo tenha sugerido que, nessa população, diferenças específicas de estirpes possam ocorrer: os HHV-6A e 6B são detectados no plasma, mas o DNA do HHV-6B é apenas detectado em linfócitos do sangue periférico. Um método alternativo de quantificação do vírus é obtido por testes de antigenemia, sendo este método também aplicado no diagnóstico do HHV-6 em pacientes transplantados.

## Epidemiologia

A infecção pelo HHV-6 é muito comum, com soroprevalência extremamente elevada em toda a população mundial, com exceção do Marrocos, que apresenta somente 20% de soroprevalência. É adquirida quase que universalmente nos primeiros 2 anos de vida. Os títulos são altos em crianças recém-nascidas, mantendo-se elevados até o final da vida. O pico da infecção ocorre entre 6 e 9 meses. Isto é mais cedo que o pico da infecção do HHV-7 que, geralmente, segue a infecção primária pelo HHV-6. Estudos de soroprevalência sugerem que mais de 90% dos adultos são soropositivos.

Acredita-se que a maioria das infecções clínicas em pacientes imunocompetentes seja causada pelo HHV-6B e que o HHV-6A contribui para infecções em pacientes imunocomprometidos e em algumas manifestações neurológicas. A forma de transmissão não é clara, mas o HHV-6 e o HHV-7 estão presentes na saliva e o ciclo de biossíntese ocorre em células epiteliais, sugerindo que as secreções orais contribuam para a transmissão, especialmente do HHV-6B e do HHV-7. A análise da sequência nucleotídica de HHV-6 isolados das mães e das crianças sugere que a transmissão da mãe para a criança possa ocorrer. Não há evidência convincente de transmissão por via sexual. O contato entre irmãos e baixa condição socioeconômica são fatores de risco para a infecção precoce pelo HHV-6.

Três estágios podem ser reconhecidos na história da infecção natural pelo HHV-6: o primeiro representa a infecção primária em lactentes; o segundo ocorre em crianças mais velhas e adultos saudáveis, nos quais ocorre a biossíntese do vírus nas glândulas salivares e o vírus é excretado na saliva (somente HHV-6B); e o terceiro estágio, menos frequente, envolve pessoas imunodeprimidas e está ligado a reativação da latência ou a reinfecção.

Outras condições patológicas, principalmente tumores, esclerose múltipla e síndrome da fadiga crônica, estão associadas ao HHV-6. A alta soroprevalência e a infecção adquirida na tenra idade indicam que o vírus está presente no ambiente doméstico, sendo a mãe a principal fonte de contaminação. O título de anticorpos, do começo ao fim da gravidez, continua no mesmo nível, sugerindo que o HHV-6 não é reativado nesse período. A transmissão pelo leite materno é duvidosa, uma vez que o HHV-6 ainda não foi detectado no leite, nem nas glândulas mamárias. A soroconversão para o HHV-6 ocorre também em crianças que não foram amamentadas, sugerindo que a transmissão desse vírus ocorra, principalmente, pela saliva, possivelmente da mãe, visto que alguns pesquisadores isolaram HHV-6 em mais de 85% das amostras de saliva e em glândulas salivares de pessoas aparentemente saudáveis.

O HHV-6B predomina nos linfócitos do sangue periférico, cérebro e pulmões, enquanto o HHV-6A é encontrado com maior frequência no soro e liquor. Em 30% das pessoas submetidas a transplante de medula óssea, ambas as espécies estavam presentes.

Estudos relacionados com a prevalência do vírus na população indicam que o aparecimento de anticorpos é inversamente proporcional ao aumento da idade, indicando que a reinfecção ou a reativação do HHV-6 não acontece com muita frequência após a infecção inicial. Existem relatos de liberação contínua de vírus na saliva de pessoas infectadas, mas essa liberação não estimula o sistema imunológico, fato observado em outras infecções por outros herpesvírus.

Foi observada a integração do genoma do HHV-6 nos linfoblastos de alguns pacientes leucêmicos e em seus descendentes, demonstrando a possibilidade de transmissão genética.

O aumento de indivíduos transplantados e, consequentemente, de imunodeprimidos e de pacientes com AIDS torna esse patógeno um importante alvo para terapias antivirais efetivas.

## Tratamento

O progresso no conhecimento sobre a patogenia do HHV-6 em pacientes imunocomprometidos enfatiza a necessidade de medidas terapêuticas efetivas na luta contra esses patógenos. Vários agentes antivirais foram avaliados quanto à eficácia *in vitro*, mas nenhum estudo sistemático *in vivo* foi relatado até o momento.

A infecção por HHV-6 e HHV-7 em crianças imunocompetentes é geralmente autolimitada e não exige terapia antiviral. Em indivíduos imunocomprometidos, casos com síndromes órgão-específicas, como encefalite, necessitam de terapia específica. Estudos futuros precisam elucidar se a terapia antecipada (*pre-emptive*) iniciada com base no aumento da carga viral do HHV-6 é uma estratégia válida para prevenir efeitos indiretos como a reativação do HHV-5 ou a rejeição de enxerto em pacientes transplantados. Ganciclovir, fosfonoformato e brincidofovir (pró-fármaco do cidofovir) são ativos contra HHV-6 *in vitro*, mas o aciclovir não apresenta qualquer efeito.

Ganciclovir é ativo contra HHV-6A e HHV-6B, embora 50% da concentração efetiva inibitória seja maior para HHV-6B. Fosfonoformato também é efetivo *in vitro* contra HHV-6A e HHV-6B. Relatos de caso demonstram a eficácia de ganciclovir e fosfonoformato em pacientes imunocomprometidos com síndromes órgão-específicas. A diminuição do nível de DNA do HHV-6 se assemelha ao do HHV-5 durante infusão pós-transplante com ganciclovir e/ou fosfonoformato. Apesar da ineficácia *in vitro*, a profilaxia com altas doses de aciclovir diminui a quantidade de DNA do HHV-6 em pacientes que sofreram transplante de medula óssea. No HHV-6, o gene *U69* é o homólogo do gene $U_L97$ do HHV-5 e, como seu homólogo, mutações nesse gene estão associadas à diminuição na suscetibilidade ao ganciclovir *in vitro* e à exposição prolongada ao ganciclovir *in vivo*.

O brincidofovir oral possui atividade *in vitro* contra o HHV-6B e o HHV-5 e foi avaliado em um estudo randomizado para testar sua eficácia na prevenção de complicações decorrentes da reativação do HHV-5. Os soros armazenados do estudo também permitiram avaliar sua capacidade de prevenir a viremia por HHV-6B. O brincidofovir oral reduziu a incidência cumulativa de viremia por HHV-6B em pacientes de alto risco, mas não de baixo risco. Mais estudos devem ser realizados para avaliar a sua capacidade de prevenir a encefalite relacionada ao HHV-6B.

Já foi relatada a eficácia *in vitro* de vários fármacos anti-herpesvírus mais recentes – análogos de nucleosídeos, análogos de nucleotídeos, pró-fármacos (como brincidofovir), fármacos direcionados para o complexo helicase/primase, para interações proteína-proteína e inibidores de proteíno-cinase e de clivagem e empacotamento de DNA. Outros novos fármacos têm como alvo proteínas celulares essenciais para a biossíntese viral (p. ex., inibidores de cinases dependentes de ciclina e do proteossoma).

Já foi verificado que fármacos aprovados para outros fins têm atividade contra o HHV-6A e -6B como, por exemplo, leflunomida (indicado para o tratamento da artrite reumatoide ativa), artesunato (utilizado para o tratamento da malária), sirolimo (fármaco utilizado como imunossupressor) e everolimo (empregado no tratamento de câncer renal).

# Capítulo 16

# Hepatites Virais

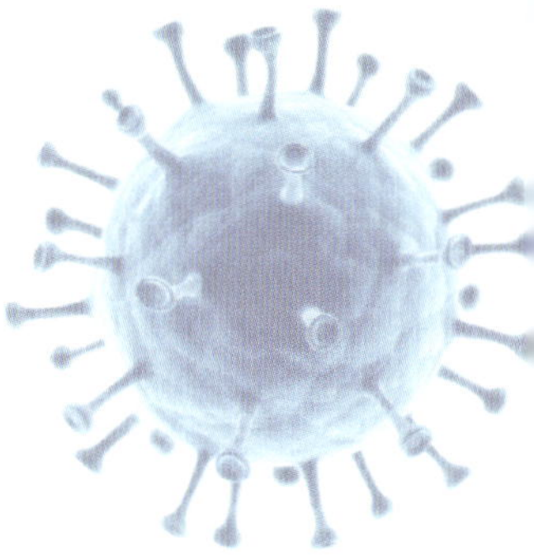

Caroline Cordeiro Soares • Francisco Campello do Amaral Mello •
Bárbara Vieira do Lago • Natalia Motta de Araujo

## Introdução

Os agentes etiológicos das hepatites virais são responsáveis por grande incidência de casos de morbidade e mortalidade e representam grave problema de Saúde Pública em todo o mundo. As hepatites virais são causadas por agentes de diferentes famílias e gêneros que possuem em comum tropismo pelo fígado, levando a alterações hepáticas de gravidade variável (Quadro 16.1). Os vírus, denominados de vírus da hepatite A (HAV) e vírus da hepatite E (HEV), classificados respectivamente nos gêneros *Hepatovirus* (família *Picornaviridae*) e *Orthohepevirus* (família *Hepeviridae*), são de transmissão entérica e causam hepatite aguda. As hepatites de tipo A e E são endêmicas em regiões afetadas pela pobreza, onde as condições sanitárias são precárias. Epidemias de hepatite E foram reportadas em países como Índia e México. Os vírus da hepatite B (HBV; gênero *Orthohepadnavirus*, família *Hepadnaviridae*) e da hepatite C (HCV; gênero *Hepacivirus*, família *Flaviviridae*) são transmitidos pela via parenteral e representam os principais agentes etiológicos da hepatite crônica, cirrose e carcinoma hepatocelular (CHC) em todos os continentes. Outro vírus hepatotrópico de humanos conhecido é o vírus da hepatite D (HDV) que é defectivo e associado ao HBV.

Segundo dados da Organização Mundial da Saúde (OMS), em 2019, 30% da população mundial já havia sido infectada pelo HBV e 257 milhões de indivíduos eram portadores crônicos desse agente, quase 7 vezes mais do que os infectados pelo vírus da imunodeficiência humana (HIV, *human immunodeficiency virus*), e aproximadamente 71 milhões de indivíduos haviam

**Quadro 16.1** Características dos agentes associados às hepatites virais.

| Vírus | Família/gênero | Ano da descoberta | Característica do vírion | Característica do genoma | Genótipo ou grupo genômico | Marcador sorológico | Modo de transmissão |
|---|---|---|---|---|---|---|---|
| HAV | *Picornaviridae/ Hepatovirus* | 1973 | 27 a 28 nm; não envelopado | RNA linear, fita simples, 7,5 kb | I-III (humano)<br>IV-VI (símio) | Anti-HAV total;<br>IgM anti-HAV | Fecal–oral |
| HBV | *Hepadnaviridae/ Orthohepadnavirus* | 1965 | 42 nm; envelopado | DNA circular, parcialmente fita dupla, 3,2 kb | A-J | HBsAg; anti-HBs; anti-HBc; IgM anti-HBc; HBeAg; anti-HBe | Parenteral, perinatal, sexual |
| HCV | *Flaviviridae/ Hepacivirus* | 1987 | 50 nm; envelopado | RNA linear, fita simples, 9,5 kb | 1 a 7 | Anti-HCV | Parenteral, perinatal, sexual* |
| HDV | Não classificado/ *Deltavirus* | 1977 | 35 nm; envelope: HBsAg | RNA circular, fita simples, 1,7 kb | 1 a 8 | HDV-Ag; anti-HDV total; IgM anti-HDV | Os mesmos do HBV |
| HEV | *Hepeviridae/ Orthohepevirus* | 1987 | 30 a 34 nm; não envelopado | RNA linear, fita simples, 7,2 kb | 1 e 2 (humanos)<br>3 a 8 (humanos e animais) | Anti-HEV total;<br>IgM anti-HEV | Fecal–oral |

HAV: vírus da hepatite A; HBV: vírus da hepatite B; HCV: vírus da hepatite C; HDV: vírus da hepatite D; HEV: vírus da hepatite E; HBsAg: antígeno de superfície do HBV; HBeAg: antígeno "e" do HBV; HBcAg: antígeno de *core* do HBV; HDV-Ag: antígeno delta; IgG: imunoglobulina classe G; IgM: imunoglobulina classe M. *Baixa eficiência.

sido infectados pelo HCV. Em 2021, a OMS estimou que, mundialmente, 325 milhões de indivíduos estavam infectados com vírus da hepatite B e/ou C.

Apesar do desenvolvimento e da disponibilidade de inúmeras ferramentas moleculares e imunológicas nas últimas décadas, continua a procura por novos agentes virais associados a casos de hepatite. Isso se deve à alta percentagem de casos de hepatite pós-transfusional que não são diagnosticados como hepatites A, B, C, D ou E, e são chamados de casos de hepatite não A-E. Por meio da busca dos agentes etiológicos responsáveis por tais casos, novos vírus foram identificados, como o vírus da hepatite G (HGV) e o vírus Torque Teno (TTV). No entanto, a relação causal entre infecção por esses vírus e hepatopatias ainda não foi estabelecida.

# Vírus de hepatite de transmissão entérica

## Vírus da hepatite A

Natalia Motta de Araujo

### Histórico

Relatos da ocorrência de icterícia epidêmica são encontrados desde o período anterior à era cristã, e foram descritos inicialmente por Hipócrates (400 a.C.). Entretanto, foi somente entre os séculos XVII e XIX que epidemias de icterícia afetando diversas populações começaram a ser registradas com maior frequência. Com o tempo, uma causa infecciosa foi aventada especialmente para as formas mais brandas e contagiosas da doença. Em 1912, Cockayne utilizou o termo "hepatite infecciosa" para descrever a forma epidêmica da doença. Na década de 1940, estudos confirmaram a origem viral da infecção, bem como o seu período de incubação relativamente curto de 4 ± 2 semanas, e sua transmissão pela via fecal–oral. Esses estudos também demonstraram a singularidade desta doença em relação à "icterícia soro-homóloga", outra forma de hepatite com um período de incubação mais longo. Em 1947, MacCallum introduziu os termos "hepatite A" e "hepatite B" para essas doenças (hepatite infecciosa e hepatite soro-homóloga, respectivamente). Essa terminologia foi adotada pela OMS, permanecendo até os dias atuais.

O vírus da hepatite A (HAV) foi evidenciado pela primeira vez por microscopia eletrônica por Feinstone e colaboradores, em 1973. Nos anos seguintes à identificação do HAV, imunoensaios altamente sensíveis para a detecção do antígeno e do anticorpo correspondente foram desenvolvidos, culminando no teste de detecção da imunoglobulina da classe M (IgM) específica anti-HAV, capaz de detectar infecção recente e distingui-la de infecção passada. Uma etapa importante no histórico desse vírus foi o trabalho de Provost e Hilleman em 1979, que obteve êxito na propagação desses vírus com passagem seriada em culturas celulares, o que em última análise, contribuiu para o desenvolvimento de uma vacina.

### Classificação e características

O HAV está classificado na família *Picornaviridae*, gênero *Hepatovirus*, espécie *Hepatovirus A*. No início da década de 1980, o HAV foi provisoriamente classificado como enterovírus tipo 72 devido as suas características biofísicas e bioquímicas. Entretanto, estudos posteriores revelaram que o HAV é evolutivamente distinto de outros picornavírus, não apenas em termos da sequência nucleotídica de seu genoma, mas também na estrutura de seu capsídeo, que compartilha características em comum com vírus de insetos primitivos. Embora por muitos anos apenas seres humanos e outras espécies de primatas tenham sido suscetíveis à infecção por hepatovírus, várias espécies virais distintas, intimamente relacionadas ao HAV de seres humanos, foram reconhecidas em pequenos mamíferos e estão classificadas no mesmo gênero, com espécies nominadas de *B* a *I* (*Hepatovirus B–I*). Essas descobertas levaram à conclusão de que o HAV é um vírus muito antigo, com uma longa associação com vários mamíferos.

Em contraste com outros picornavírus, o HAV não interrompe a síntese de proteínas nas células infectadas e geralmente sua biossíntese é lenta sem indução de efeito citopatogênico (CPE). Uma das características mais interessantes do vírus é a sua liberação não lítica das células infectadas, como vírions envoltos em membrana, designados de partículas *quasi*-envelopadas (eHAV). As partículas eHAV não apresentam glicoproteínas virais na sua superfície, uma característica que os diferencia dos vírus envelopados convencionais. No entanto, em cultura de célula, sua infecciosidade é semelhante à das partículas não envelopadas. A infecciosidade do eHAV é perdida após a remoção do "pseudoenvelope" com solventes orgânicos, como o clorofórmio.

Embora as partículas virais não envelopadas sejam eliminadas nas fezes de humanos e primatas não humanos infectados, apenas a partícula eHAV é detectada no soro. As evidências sugerem que o eHAV é secretado através da membrana plasmática apical dos hepatócitos para os canalículos biliares proximais, onde a membrana é retirada pela ação detergente dos sais biliares. A maioria dos vírions presentes em sobrenadantes de culturas celulares infectadas é formada por partículas *quasi*-envelopadas.

O vírion não envelopado possui diâmetro de aproximadamente 27 nm e simetria icosaédrica. O capsídeo tem uma composição semelhante a de outros picornavírus, com 60 cópias de cada uma das quatro proteínas de capsídeo (VP1, VP2, VP3 e VP4) dispostas em uma pseudossimetria T = 3 (Figura 16.1). Entretanto, o capsídeo do HAV possui características distintas. A morfogênese começa com a formação de protômeros compostos por VP0, VP3 e VP1 que se agrupam em subunidades de pentâmeros 14S que compartilham antigenicidade parcial com o capsídeo icosaédrico maduro. Em outros picornavírus, VP4 é miristoilada na terminação amino e serve para orientar a montagem de pentâmeros. Este não é o caso do HAV, no qual VP4 possui massa molecular muito menor e não é miristoilada. A montagem do pentâmero é dirigida por sinais intrínsecos na metade do terminal amino do domínio pX da VP1pX, enquanto a VP4 parece essencial para a montagem adicional de pentâmeros em capsídeos vazios 70S. Os capsídeos vazios são abundantes nas preparações de vírus, mas não se sabe se eles são intermediários na montagem de partículas infecciosas.

O vírion maduro, não envelopado, possui um coeficiente de sedimentação de 144S e a densidade de 1.325 gm/cm$^3$ em cloreto de césio (CsCl). A cristalografia de raios X revelou a existência de uma troca de domínio de VP2 não encontrada em outros picornavírus de mamíferos. A superfície do capsídeo não apresenta um cânion ao redor do eixo quíntuplo de simetria como aquele no qual se encaixa o receptor dos enterovírus. O capsídeo do HAV é substancialmente mais estável em pH baixo

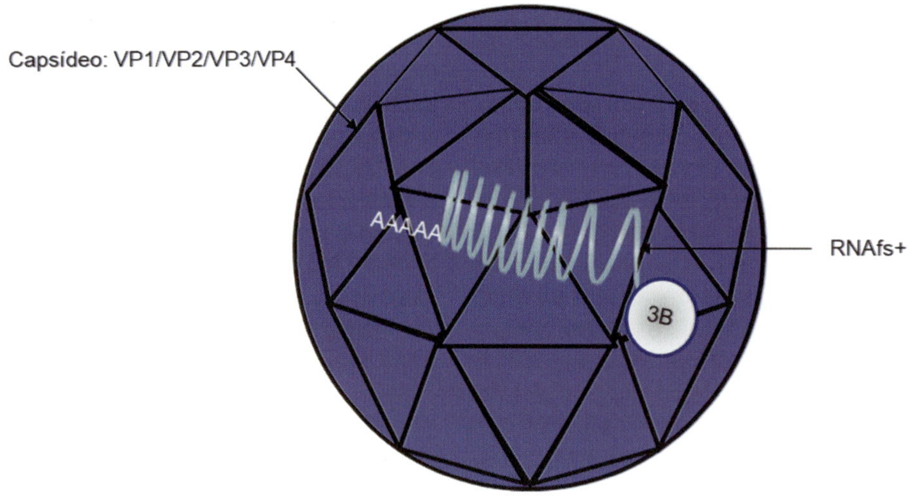


**Figura 16.1** Esquema da partícula do HAV. O vírion possui capsídeo de simetria icosaédrica com diâmetro de 27 a 32 nm e não possui envelope. RNAfs+ = RNA de fita simples de polaridade positiva covalentemente ligado na extremidade 5′ à proteína 3B ou VPg, e na extremidade 3′ possui uma cauda poliadenilada ou poli(A).

e temperaturas elevadas do que em outros picornavírus. A partícula viral é altamente estável em temperatura ambiente e resistente a pH ácido, dessecamento e detergentes. A inativação do HAV requer aquecimento de alimentos (> 85°C por 1 minuto) ou desinfecção de superfícies, com uma diluição de 1:100 de hipoclorito de sódio, por 1 minuto.

As partículas eHAV têm entre 50 e 110 nm de diâmetro e têm uma densidade de flutuação de ± 110 gm/cm$^3$ em iodixanol, em contraste com as partículas não envelopadas com ± 27 nm de diâmetro que possuem uma densidade de flutuação de ± 1,25 gm/cm$^3$. A microscopia eletrônica de preparações de eHAV coradas negativamente mostra vesículas membranosas com um ou dois, ocasionalmente três, capsídeos contendo RNA. Esses capsídeos contêm VP1pX predominantemente não processado, em vez do VP1 encontrado em vírions não envelopados maduros. As membranas envolventes ocluem completamente o capsídeo, impedindo a detecção do antígeno de capsídeo e protegendo-o da neutralização mediada por anticorpos.

O genoma viral consiste em uma molécula de RNA de fita simples de polaridade positiva (RNAfs+), com aproximadamente 7.500 nucleotídeos (nt) de tamanho e uma única sequência de leitura aberta (ORF, *open reading frame*) que codifica para todas as proteínas virais. A ORF é flanqueada por regiões não traduzidas (UTR, *untranslated region*) em seus extremos. A 5′ UTR é longa, contendo 735 nt, compreendendo 10% do genoma e a 3′ UTR mais curta (63 nt) contendo uma cauda poliadenilada [poli(A)]). Ambas as UTR contêm estruturas secundárias importantes. A extremidade 5′ não é capeada e é covalentemente ligada a uma proteína de 2,5 kDa, designada 3B ou VPg que possivelmente funciona como iniciador (*primer*) para a síntese de RNA. Localizado internamente na ORF, existe um grande complexo do tipo haste e alça (*stem-loop*) que funciona como um elemento regulatório de ação *cis* (*cre, cis-acting replication element*) que é essencial para a síntese de RNA viral.

Uma única poliproteína de aproximadamente 2.230 aminoácidos é expressa a partir dessa ORF, sendo posteriormente clivada em precursores P1, P2 e P3, os quais são processados em 10 proteínas maduras principalmente por uma proteinase codificada pelo vírus, 3C$^{pro}$. Três grandes proteínas estruturais são produzidas a partir do segmento P1 do terminal amino da poliproteína: VP0, VP3 e VP1pX, também referidos como 1AB, 1C e 1D. Sessenta cópias de cada uma delas se agrupam para formar o capsídeo viral, com VP0 (1AB) sofrendo maturação por clivagem, após o empacotamento do genoma de RNA, resultando em VP4 (1A) e VP2 (1B). A VP1pX é a maior das proteínas estruturais, 38,5 quilodaltons (kDa), e é encontrada nos intermediários iniciais da morfogênese e no eHAV liberado das células infectadas. Um fragmento de 8,3 kDa, "pX", é clivado do terminal carboxi da VP1pX por uma protease celular desconhecida após a ruptura da membrana do eHAV, resultando na proteína VP1 madura de 31,2 kDa encontrada nos vírions não envelopados excretados por animais e humanos infectados.

O principal evento de clivagem no processamento da poliproteína ocorre entre VP1pX (1D) e 2B e tem sido uma fonte de confusão, já que anotações antigas e imprecisas de sequências genômicas persistem em bancos de dados *online*. Em contraste com a maioria dos outros picornavírus, o HAV não possui a proteína não estrutural 2A, que é uma proteinase dos enterovírus que cliva precursores de proteínas estruturais (o segmento "P1") do restante da poliproteína e um polipeptídeo autocatalítico em aftovírus e cardiovírus que serve para função semelhante. O fragmento carboxiterminal de 8,3 kDa da VP1pX, pX, tem sido frequentemente referido como "2A", que é uma proteína estrutural com funções importantes na montagem do capsídeo.

Os segmentos P2 e P3 da poliproteína codificam seis proteínas não estruturais: 2B, 2C, 3A, 3B, 3C$^{pro}$ e 3D$^{pol}$. Todas essas proteínas estão intimamente associadas a membranas. Como em outros picornavírus, a proteína 2C contém um motivo de helicase e, quando superexpressa (com ou sem 2B como 2BC), induz rearranjos substanciais de membrana celulares. A proteína 3A fornece uma âncora de membrana para a proteína 3B, a proteína ligada ao genoma (ou VPg) que provavelmente serve como um iniciador (*primer*) para a síntese de RNA. A proteína 3A é direcionada para membranas mitocondriais. 3C$^{pro}$ é uma cisteíno-protease, embora com uma dobra semelhante à serino-protease quimiotripsina. O intermediário de processamento 3ABC é único entre os picornavírus, pois é relativamente estável e possui atividades distintas na montagem de partículas, além de interferir com a imunidade inata. A $3D^{pol}$ é a RNA polimerase-RNA dependente viral e o núcleo catalítico do complexo da replicase. O processamento no sítio 3CD é mais eficiente que no 3AB e no 3BC, mas, como no 3ABC, o 3CD é proteoliticamente ativo e contribui para a interrupção da imunidade inata (Figura 16.2).

### Variabilidade genética

Apesar da uniformidade antigênica (sorotipo único), o HAV apresenta grande diversidade genética. Já foram descritos seis genótipos (I a VI), dos quais os genótipos I, II e III são encontrados em seres humanos, que são ainda classificados em subgenótipos IA e IB; IIA e IIB; IIIA e IIIB.

## Biossíntese viral

A presença de partículas *quasi*-envelopadas tem implicações importantes para a entrada do vírus na célula. Embora a infecção geralmente resulte da internalização de partículas não envelopadas, não está claro quais tipos de células são inicialmente infectadas ou mesmo se existe um sítio primário de biossíntese viral no intestino. Por outro lado, após a infecção, a disseminação do vírus no organismo parece envolver partículas eHAV, pois apenas esta forma é detectada no soro ou plasma durante a infecção aguda. O mecanismo pelo qual o eHAV entra nas células deve diferir, *a priori*, dos vírions não envelopados, embora pareça provável que eles possam compartilhar etapas posteriores.

O domínio imunoglobulina e mucina de células T contendo a proteína 1 (TIM1, *T-cell immunoglobulin and mucin domain containing protein 1*), também conhecido como proteína HAV receptor celular 1 (HAVCR1, *HAV cellular receptor 1 protein*) foi inicialmente identificado como um receptor essencial para o HAV. No entanto, estudos posteriores mostraram que o TIM1 não é um receptor essencial, embora pareça desempenhar um papel menor na entrada do eHAV em células Vero (rim de macaco-verde africano, *Cercopithecus aethiops*). A maioria dos estudos que investigaram a entrada do HAV na célula foi realizada antes do reconhecimento do eHAV.

O processo de penetração do eHAV nas células é pouco conhecido. Contudo, foi sugerido que o eHAV entra nas células por uma via endocítica com remoção lenta de seu envoltório, liberando o capsídeo, em um compartimento endossômico. É provável que o eHAV endocitado seja transportado para um compartimento endossômico/lisossômico tardio, onde suas membranas são degradadas por enzimas lisossômicas, permitindo a liberação do capsídeo para o citoplasma. O processo de entrada da partícula não envelopada é mais rápido, possivelmente em um endossoma inicial, e não requer acidificação endossomal.

A liberação do genoma dos enterovírus no citoplasma da célula infectada ocorre por um poro na membrana formado pela

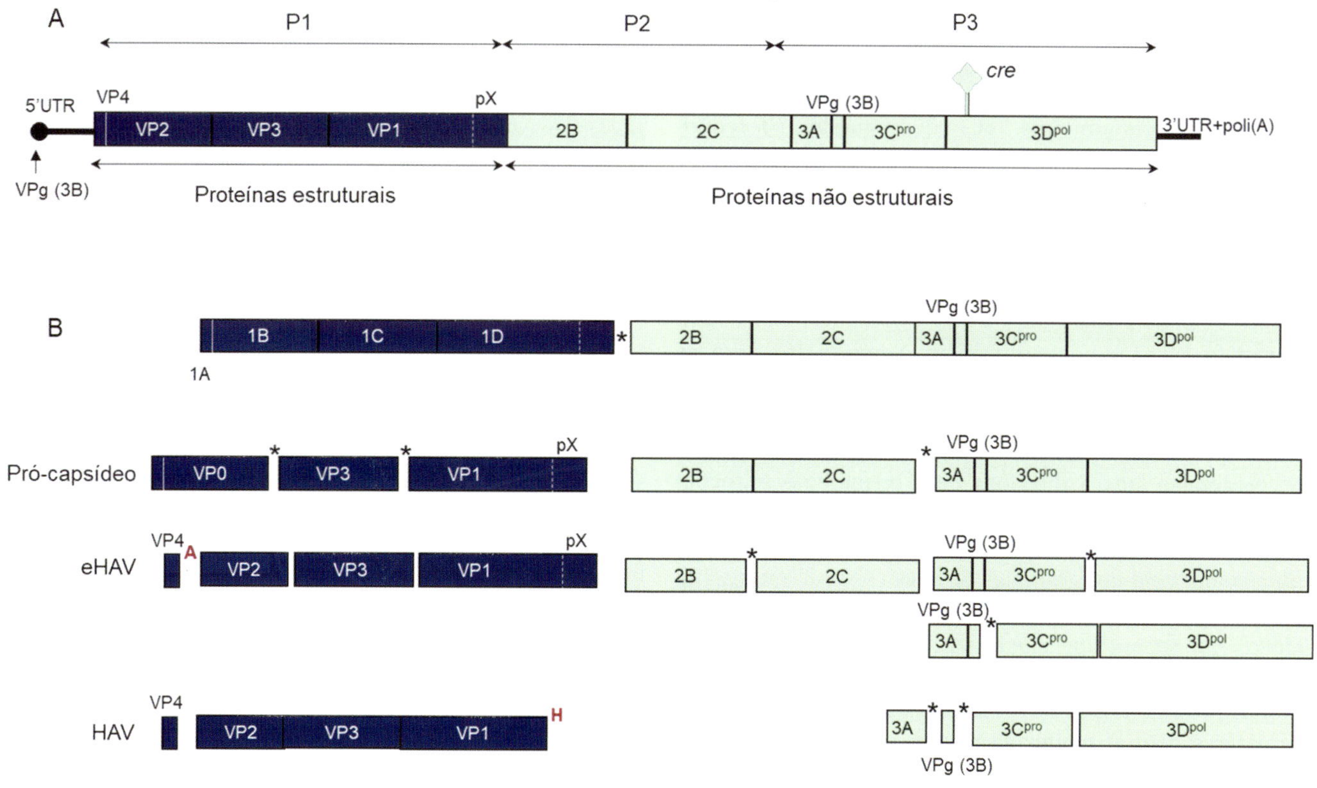


**Figura 16.2** Organização do genoma do HAV e processamento da poliproteína. **A.** Organização do genoma, mostrando a proteína VPg (3B) ligada covalentemente à região não traduzida 5′ (5′ UTR, *untranslated region*), *cre* (elemento regulatório de ação cis [*cis-acting replication element*]) em 3′ UTR e a cauda 3′ poliadenilada (poli (A)) e a sequência de leitura aberta (ORF, *open reading frame*) que codifica a poliproteína mostrando os locais de clivagem que levam à produção de proteínas estruturais maduras (segmento P1) e não estruturais (segmentos P2 e P3). **B.** Processamento da poliproteína. O processamento das proteínas não estruturais resulta em múltiplos intermediários de processamento. A cinética não é conhecida em detalhes, mas as clivagens entre 2B e 2C e 3C e 3D parecem ser favorecidas. A maioria dos eventos de clivagem é mediada pela $3C^{pro}$ cisteíno-protease ("*"). As exceções são a clivagem VP4-VP2, que é autocatalítica ("A") e ativada pelo empacotamento do genoma de RNA, e a excisão do domínio pX do VP1pX após a perda da membrana da partícula *quasi*-envelopada (eHAV), que é mediada por uma protease da célula hospedeira ainda desconhecida ("H"). Adaptada de McKnight e Lemon, 2018.

VP4 miristoilada e pelo terminal amino da VP1 que se estende do capsídeo, após a ligação ao receptor celular. A VP4 pode contribuir para um processo semelhante na entrada do HAV, mesmo que não seja miristoilada, pois parece ter atividade direta de formação de poros na membrana. No entanto, a ausência de qualquer sítio aparente de interação com o receptor celular na estrutura do capsídeo do HAV fomentou especulações de que os processos de entrada e liberação do HAV sejam distintos de outros picornavírus, ocorrendo a entrada do capsídeo intacto no citosol e liberação posterior do genoma intracelularmente.

Uma vez que o RNA é liberado no citosol, inicia-se o processo de tradução de proteínas para produzir tanto proteínas estruturais quanto proteínas não estruturais necessárias para estabelecer um complexo de replicação de RNA. Provavelmente, a proteína VPg (3B) é removida do RNA genômico (RNAg) logo após sua chegada ao citosol e a tradução da poliproteína é iniciada de maneira *cap*-independente sob controle de um sítio interno de entrada no ribossoma (IRES, *internal ribosomal entry site*) localizado na 5′ UTR. O processamento da poliproteína provavelmente começa simultaneamente com a tradução assim que a proteinase $3C^{pro}$ é expressa. A poliproteína é processada em 10 proteínas virais maduras. Com exceção da clivagem entre VP4 e VP2 e uma clivagem tardia de VP1pX observada em partículas não envelopadas, todos os eventos de processamento da poliproteína são mediados por $3C^{pro}$, ou seus precursores (p. ex., 3ABC), sendo que $3C^{pro}$ é a única proteinase expressa pelo vírus.

Em seguida, ou simultaneamente à tradução do RNA e processamento da poliproteína, inicia-se o processo de replicação do genoma, que ocorre exclusivamente no citoplasma das células infectadas. As proteínas 2BC e 2C orquestram o redirecionamento das membranas intracelulares para a formação de complexos de replicação. As membranas provavelmente protegem os intermediários de replicação viral de serem detectados por receptores de reconhecimento de patógenos citoplasmáticos, como as helicases do tipo RIG-I (gene induzível pelo ácido retinoico-I [*retinoic acid-inducible gene-I*]), e também fornecem uma plataforma para montagem de um complexo de replicação multiproteínas. É provável que essas membranas sejam derivadas do retículo endoplasmático (RE), embora seja interessante que 3A, que ancora 3ABC às membranas, tenha um domínio transmembranar que a direciona para membranas mitocondriais. Os complexos de replicação estão muito próximos das mitocôndrias e do RE.

O genoma viral de polaridade positiva (RNA+) é transcrito para um intermediário da fita negativa (RNA– ou RNA antigenômico), que serve como molde para a produção de múltiplos RNA+ em reações catalisadas por $3D^{pol}$. A síntese do RNA– é dependente de um *primer* de proteína, com uma forma uridilada de VPg (VPg-pUpU), produzida em uma reação modelada pelo *cre*, servindo como *primer*, que se liga à sequência genômica 3′ poli (A). Essa fita negativa serve como molde para dar origem a novas fitas de polaridade positiva que funcionam como RNAg e também como RNA mensageiro (RNAm) para a produção da poliproteína. A síntese de RNA+ é similarmente iniciada por VPg-pUpU, explicando a presença de VPg na extremidade 5′ do RNA viral. A replicação prossegue de maneira não conservadora, com as novas fitas de RNA+ superando em muito o número do novo RNA–.

Para a montagem do vírus é produzido um pró-capsídeo que permite o empacotamento do RNAg e consequente formação do provírus. Finalmente, um evento de processamento do provírus permite a formação da partícula viral madura. Pouco se sabe sobre como a montagem das novas partículas e o empacotamento do RNA viral ocorre dentro das células infectadas. Três proteínas precursoras do capsídeo, VP0, VP3 e VP1pX, se dobram em "protômeros" que, em seguida, se agrupam como subunidades de pentâmeros. A montagem adicional de 12 dessas subunidades em capsídeos completos depende da sequência da VP4. A sequência de eventos que leva ao empacotamento do RNA não é bem compreendida, mas a clivagem na junção VP0 não prossegue até que o capsídeo imaturo empacote o RNA. Foi demonstrada a atividade de helicase da proteína 2C do poliovírus no empacotamento do genoma do poliovírus. A sequência 2C do HAV sugere que esta proteína também possui atividade de helicase e é provável que desempenhe um papel semelhante no empacotamento do genoma.

Embora pequenas quantidades de partículas não envelopadas possam ser encontradas nos sobrenadantes das culturas de células infectadas, isso provavelmente representa a liberação inespecífica do vírus através da morte celular ou possivelmente a perda da membrana dos eHAV liberados das células. A liberação das partículas das células infectadas é um processo predominantemente não lítico. As partículas eHAV são liberadas das células infectadas como pequenas vesículas extracelulares (EV, *extracellular vesicles*), cujas membranas envolvem e protegem completamente o capsídeo da ação dos anticorpos neutralizantes. O mecanismo de biogênese dos eHAV envolve secreção por via de corpos multivesiculares (MVB, *multivesicular body*). Os nucleocapsídeos são recrutados do local de replicação e empacotamento do RNA para os endossomas tardios, para formar os MVB em um processo mediado por complexos de classificação endossômica necessários para o transporte (ESCRT, *endosomal sorting complexes required for transport*). Os MVB, com vesículas intraluminais (ILV, *intraluminal vesicles*) contendo os nucleocapsídeos, aproximam-se da membrana plasmática, onde ocorre a fusão da membrana do MVB com a membrana plasmática resultando em liberação extracelular dos ILV contendo os nucleocapsídeos (eHAV). Após a liberação através da membrana apical dos hepatócitos, o "pseudoenvelope" será removido pela ação detergente dos sais biliares durante a passagem pelo trato biliar e, portanto, será eliminado nas fezes como partículas não envelopadas. Uma vez removido o "pseudoenvelope" ocorrerá a clivagem da VP1pX, provavelmente catalisada por uma protease celular ainda não identificada, resultando na VP1 madura encontrada nas partículas não envelopadas (Figura 16.3).

## Patogênese e manifestações clínicas

A transmissão do HAV se dá pela via fecal–oral, através do contato com uma pessoa infectada ou ingestão de água e alimentos contaminados. Por não apresentar envelope lipídico, a partícula viral é estável nas condições do ambiente. Essa estabilidade, juntamente com a grande quantidade de vírus excretados nas fezes dos indivíduos infectados, favorece sua persistência e disseminação no ambiente. A transmissão por via parenteral é rara, mas pode ocorrer se o doador estiver na fase de viremia do período de incubação.

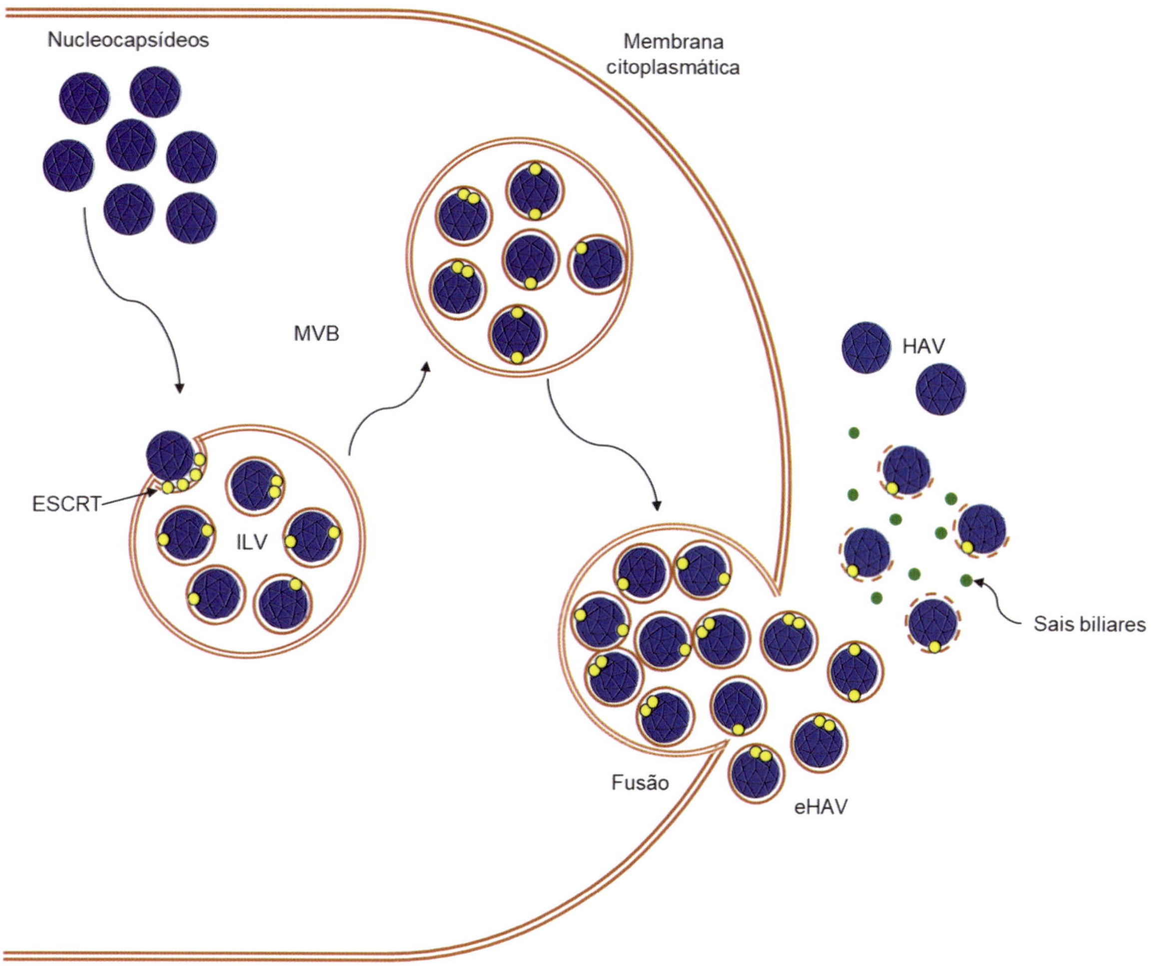


**Figura 16.3** Biogênese das partículas eHAV e HAV não envelopado. Após a montagem e o empacotamento do RNA viral, os nucleocapsídeos são recrutados para a superfície dos endossomas através das interações de VP2 e VP1pX com componentes dos complexos de classificação endossômica necessários para o sistema de transporte (ESCRT, *endosomal sorting complexes required for transport*). Os nucleocapsídeos brotam para dentro dos endossomas, resultando em vesículas intraluminais (ILV, *intraluminal vesicles*) e formação de corpos multivesiculares (MVB, *multivesicular body*). Os MVB são transportados para a membrana plasmática, onde a fusão da membrana do MVB com a membrana plasmática leva à liberação de partículas eHAV para o espaço extracelular. As partículas eHAV que são liberadas da membrana basolateral para sinusoides hepáticos circulam no sangue, enquanto as partículas secretadas através da membrana apical sofrem a ação de sais biliares no sistema biliar proximal, resultando na remoção do "pseudoenvelope" e na liberação das partículas não envelopadas. Adaptada de Lemon *et al.*, 2018.

Embora a transmissão sexual do HAV não seja comum, foram reportados surtos de hepatite A relacionados à transmissão sexual nas Américas e na Europa entre homens que fazem sexo com homens. A existência desses eventos indica a necessidade de atenção por parte da vigilância epidemiológica, principalmente junto a populações-chave para infecções sexualmente transmissíveis (IST).

A partícula viral é ácido-base resistente e resiste ao pH ácido do estômago, atingindo o intestino delgado onde, possivelmente, ocorre síntese de novas partículas virais (a biossíntese primária do HAV no trato gastrointestinal ainda não está completamente comprovada). Atravessa o epitélio intestinal, chegando às vias mesentéricas e ao fígado pelo sistema porta.

Ocorre a biossíntese viral no hepatócito e as novas partículas produzidas são secretadas no canalículo biliar, de onde passam ao ducto biliar e ao intestino delgado, sendo finalmente, eliminadas nas fezes. O ciclo êntero-hepático do HAV continua até que anticorpos neutralizantes ou outros mecanismos da imunidade do hospedeiro o interrompam. Seguindo a infecção, os vírions são excretados pelas fezes e permanecem viáveis nas mãos e objetos contaminados.

O HAV pode tirar proveito das características específicas do eHAV e da partícula não envelopada para evasão da resposta imunológica e transmissão viral eficiente, respectivamente. Nos hospedeiros infectados, o envelope transitório do eHAV encobre o capsídeo, sequestrando-o dos anticorpos neutralizantes que têm como alvo as proteínas do capsídeo. A partícula não envelopada é muito estável e é liberada nas fezes pelo trato intestinal, preservando sua infecciosidade.

A infecção por HAV, tradicionalmente, é dividida em duas fases. A primeira consiste na fase não citopatogênica, durante a qual a biossíntese viral ocorre exclusivamente no citoplasma do hepatócito. A segunda corresponde à fase citopatogênica, a qual apresenta infiltração no tecido hepático. O dano hepatocelular não é resultado de um efeito citopatogênico direto do HAV, mas de um processo mediado pela resposta imunológica do hospedeiro. Uma resposta imunológica forte, que se reflete em redução acentuada do RNA viral durante a infecção aguda, está associada com a hepatite aguda e, eventualmente, com a forma fulminante da doença.

A infecção pelo HAV pode variar desde assintomática até hepatite fulminante. As manifestações clínicas da hepatite A são dependentes da idade do paciente. Em crianças de até 6 anos, cerca de 70% das infecções são assintomáticas. Infecções sintomáticas, com icterícia e altos níveis de aminotransferases, são observadas em mais de 70% dos pacientes adultos, e a infecção é grave nessa faixa etária.

Após o período de incubação médio, que é de aproximadamente 30 dias com variações de 15 a 50 dias, os sintomas típicos se desenvolvem incluindo febre, mal-estar, náusea, vômito, desconforto abdominal, urina escura (colúria), fezes claras (acolia fecal) e icterícia. Sintomas menos comuns incluem mialgia, prurido, diarreia, artralgia e exantema. Não existe evidência de doença persistente crônica após a fase aguda da hepatite A (Figura 16.4). Os testes laboratoriais mostram elevadas taxas de bilirrubina, fosfatase alcalina, aspartato-aminotransferase (AST) sérica e alanina-aminotransferase (ALT). O paciente se recupera do quadro clínico e das anormalidades dos parâmetros bioquímicos em até 2 meses após o início dos sintomas.

Após a incubação, os pacientes desenvolvem sintomas de hepatite aguda com níveis séricos elevados de aminotransferases (AST/ALT). Antes do surgimento dos sintomas, ocorre a viremia e excreção de grandes quantidades de partículas virais nas fezes. As fezes são a principal fonte de transmissão do HAV devido à sua alta carga viral. O vírus pode ser detectado nas fezes em cerca de 1 a 2 semanas após a exposição ao HAV. A concentração viral no soro é de 2 a 3 unidades logarítmicas ($log_{10}$) menor do que nas fezes. A fase de transmissão da infecção pode acontecer a partir de 2 semanas antes, até pelo menos 1 semana após o início da icterícia, de outros sintomas clínicos ou da elevação dos níveis das enzimas hepáticas (Figura 16.5). O vírus também é excretado na saliva da maioria dos pacientes em concentrações ainda mais baixas, mas nenhum dado epidemiológico sugere que a saliva possa ser uma fonte importante de transmissão do HAV. Concordante com a hepatite clínica, a IgM anti-HAV e subsequentemente a IgG anti-HAV aparecem no soro e na saliva acompanhadas por redução da viremia e queda acentuada da excreção do vírus nas fezes. Embora a IgM anti-HAV seja detectável por até 6 meses, a IgG anti-HAV persiste, conferindo imunidade ao longo da vida.

Alguns pacientes apresentam quadro clínico de hepatite recidivante (ou polifásica) ou colestase prolongada que pode durar mais de 6 meses (ver Figura 16.4). A hepatite recidivante se desenvolve em até 12% dos pacientes após a resolução do quadro inicial, mas é geralmente uma forma mais branda da doença. Durante a hepatite recidivante ocorre viremia e excreção de vírus nas fezes. A colestase prolongada (nível total de bilirrubina > 5 mg/dℓ com duração > 4 semanas) é observada em 5 a 7% dos pacientes; ocorrem prurido e fadiga. Está relacionada à hepatite B crônica preexistente, tempo de protrombina (TP) prolongado e bilirrubina total alta no exame inicial. Embora esses pacientes apresentem colestase grave com níveis totais de bilirrubina de até 40 mg/dℓ, geralmente estão em boas condições clínicas, com níveis quase normais de AST/ALT e PT, e se recuperam.

A insuficiência hepática aguda, que se desenvolve em 0,015 a 0,5% dos pacientes com hepatite A, é mais comum em adultos (> 40 a 50 anos de idade) e em pacientes com doenças hepáticas crônicas subjacentes, com reserva funcional hepática limitada.

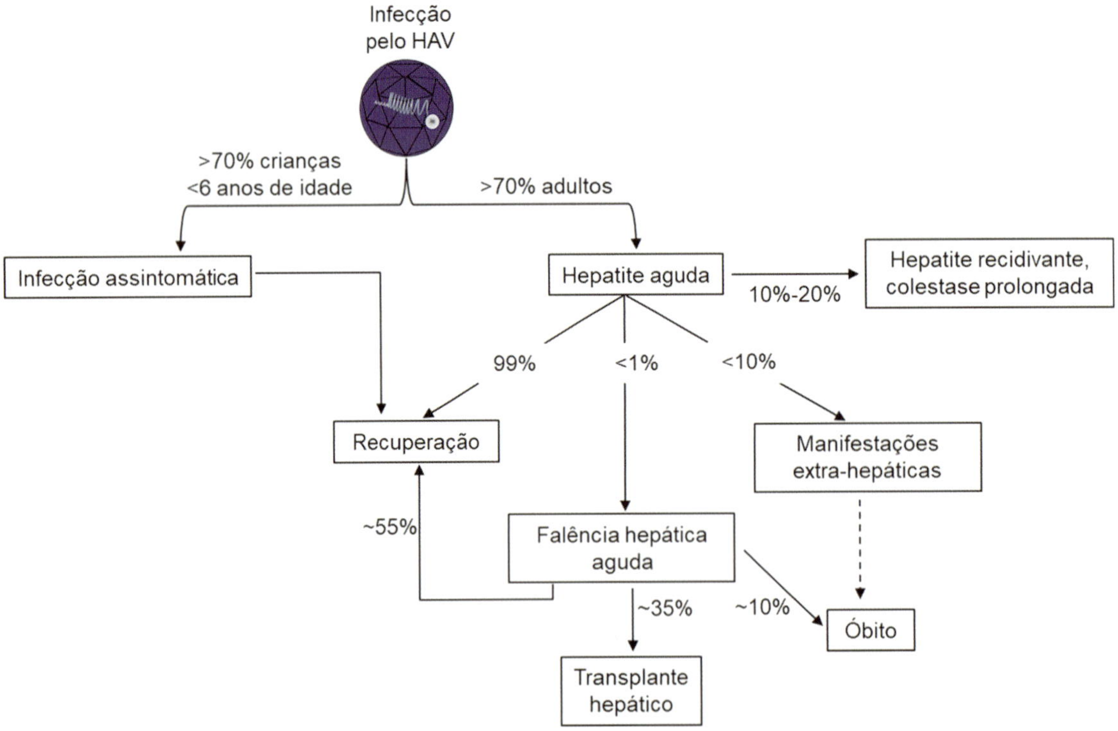


**Figura 16.4** Evolução clínica da infecção pelo HAV. As manifestações clínicas da infecção pelo HAV dependem da idade dos pacientes. A maioria dos pacientes adultos desenvolve hepatite sintomática, enquanto a maioria das crianças é assintomática. A infecção é autolimitada e não progride para hepatite crônica, contudo, alguns pacientes podem apresentar quadros clínicos prolongados (hepatite recidivante ou colestase prolongada). A falência hepática aguda (FHA) é infrequente e ocorre principalmente em adultos > 40 anos de idade. Cerca de 55% dos pacientes com FHA se recuperam espontaneamente; os demais irão necessitar de transplante hepático. Na ausência do transplante, cerca de 10% dos pacientes com FHA vão a óbito. As manifestações extra-hepáticas relatadas incluem lesão renal aguda, colecistite acalculosa, pancreatite, derrame pleural ou pericárdico, hemólise, hemofagocitose, aplasia pura de glóbulos vermelhos, artrite reativa aguda, erupção cutânea e manifestações neurológicas como mononeurite, síndrome de Guillain-Barré e mielite transversa. Adaptada de Shin e Jeong, 2018.

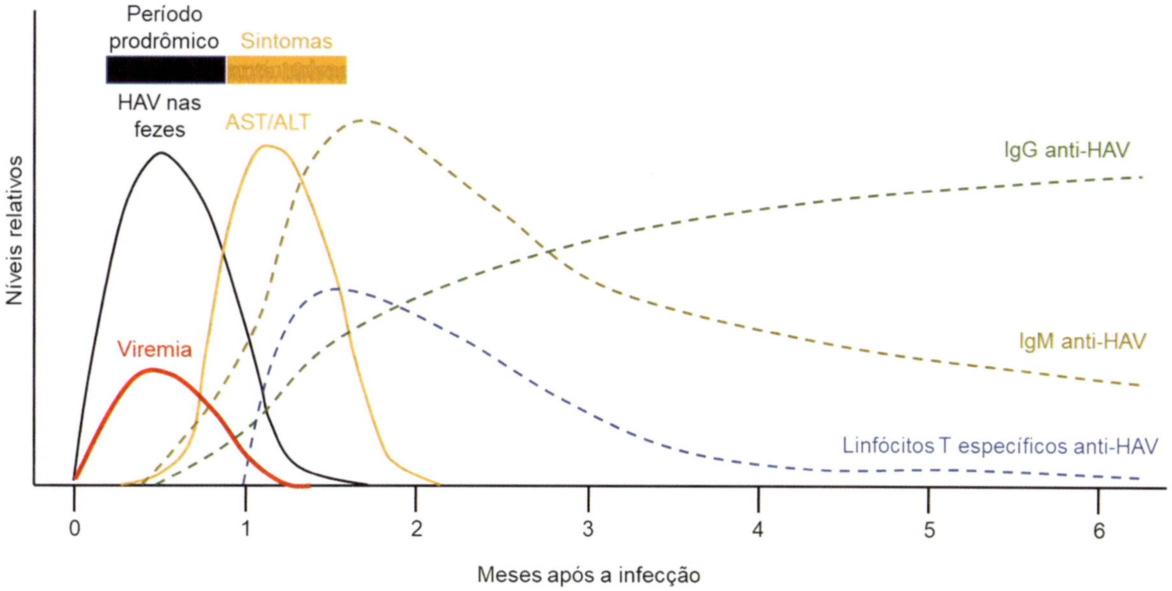


**Figura 16.5** Curso clínico da hepatite A. Após um período de incubação de 15 a 50 dias (média de 30 dias), os pacientes desenvolvem sintomas de hepatite com elevação dos níveis séricos das aminotrasferases (AST/ALT). A excreção viral nas fezes e a viremia estão presentes e atingem o pico durante os estágios finais do período de incubação e diminuem rapidamente com o início dos sintomas e a evidência bioquímica de lesão hepática (elevação das aminotransferases), que ocorre concomitantemente com o aparecimento de anticorpos. A IgM anti-HAV pode ser detectada antes do surgimento dos sintomas clínicos, e os níveis permanecem elevados por meses. Os níveis de IgG anti-HAV tornam-se detectáveis pouco depois da IgM e permanecem para o resto da vida, conferindo imunidade. A resposta de células T-específicas para HAV coincide com a elevação dos níveis séricos das aminotransferases. HAV: vírus da hepatite A; AST: aspartato-aminotransferase; ALT: alanina-aminotransferase; Ig: imunoglobulina.

As manifestações extra-hepáticas relatadas incluem lesão renal aguda, colecistite acalculosa, pancreatite, derrame pleural ou pericárdico, hemólise, hemofagocitose, aplasia pura de glóbulos vermelhos, artrite reativa aguda, exantemas e manifestações neurológicas como mononeurite, síndrome de Guillain-Barré e mielite transversa.

A hepatite A durante a gravidez é geralmente benigna. No entanto, a contração uterina pré-termo é comumente associada à infecção pelo HAV, principalmente durante o segundo e terceiro trimestres.

## *Diagnóstico laboratorial*

O diagnóstico da hepatite A é realizado pela detecção de anticorpos contra o vírus (Figura 16.6). Os anticorpos IgM anti-HAV aparecem na infecção aguda, e anticorpos IgG aparecem após a cura, permanecendo por toda a vida e protegendo contra novas infecções (Quadro 16.2). O diagnóstico se baseia na detecção de IgM anti-HAV e de anti-HAV total (IgG + IgM). Elevações de enzimas hepáticas como ALT e AST ocorrem no quadro agudo e podem demorar até 6 meses para sua normalização (ver Figura 16.5).

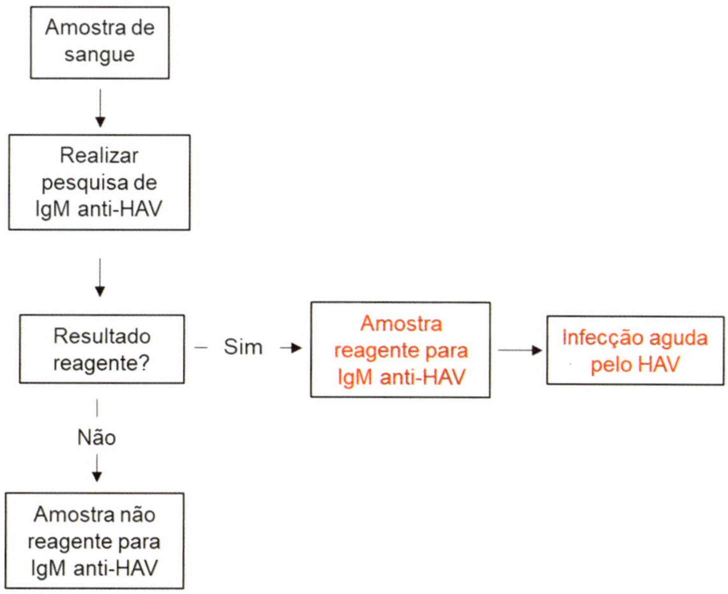


**Figura 16.6** Fluxograma para o diagnóstico da infecção pelo HAV. Fonte: MS do Brasil/SVS/DIAHV, 2015.

**Quadro 16.2** Interpretação dos resultados sorológicos para hepatite A.

| Interpretação | Marcador | |
|---|---|---|
| | Anti-HAV total | IgM anti-HAV |
| Infecção recente | +/– | + |
| Infecção passada ou vacinação | + | – |
| Ausência de contato com o HAV (não imune) | – | – |

Anti-HAV total: IgM + IgG anti-HAV; IgG: imunoglobulina classe G; IgM: imunoglobulina classe M; HAV: vírus da hepatite A; +: teste positivo; –: teste negativo. Fonte: MS do Brasil/SVS/DVE, 2005.

Antes do início dos sintomas clínicos, o HAV é detectado no sangue e nas fezes. A concentração nas fezes é muito elevada ($10^9$ vírions/g), enquanto a concentração no sangue é de $10^5$ vírions/mℓ. Caso as amostras de fezes ou sangue estejam disponíveis antes dos sintomas clínicos, o HAV pode ser detectado. Isso ocorre em infecções experimentais de primatas ou durante surtos. Em cultura de células, a presença do HAV é detectada por ensaio imunoenzimático (EIA, *enzyme immunoassay*), imunomicroscopia eletrônica (IME), testes de hibridização ou de reação em cadeia da polimerase associada à transcrição reversa (RT-PCR, *reverse transcriptase polymerase chain reaction*). No entanto, nenhum desses métodos é necessário no estudo clínico; eles só se mostram necessários no caso de dúvidas sobre o agente infeccioso.

A pesquisa de IgM anti-HAV é usada como marcador de infecção aguda. O título de anticorpos rapidamente aumenta até um período de 4 a 6 semanas e declina a níveis não detectáveis entre 3 e 6 meses na maioria dos pacientes. Mais de 85% dos indivíduos apresentam as enzimas hepáticas normais antes ou na época do desaparecimento da IgM anti-HAV. A IgG anti-HAV pode ser detectada simultaneamente ou até 2 semanas depois do início dos sintomas agudos, e termina por substituir os anticorpos IgM. O ensaio do anticorpo anti-HAV total é utilizado também para determinar o estado imunológico de um indivíduo depois da vacinação ou infecção natural, ou avaliar o risco de um indivíduo que viaja para uma região de alta prevalência de HAV. A presença do anti-HAV total, na ausência de IgM específica, indica infecção passada ou imunidade vacinal, e proteção contra uma infecção futura.

## Epidemiologia

A hepatite A é a forma mais comum entre as hepatites virais. Segundo a OMS, aproximadamente 1,4 milhão de casos são notificados anualmente no mundo todo, porém esse número pode ser ainda maior. As principais diferenças geográficas com referência à endemicidade da doença estão intimamente relacionadas a indicadores socioeconômicos e ao acesso à água potável. A associação de fatores de risco a padrões de higiene e condições sanitárias, a expressão clínica dependente da idade, e a imunidade determinam os diferentes padrões de infecção pelo HAV observados mundialmente. O nível de endemicidade de uma população é definido pelos resultados de estudos de soroprevalência em grupos etários. As diferentes regiões mundiais podem ser caracterizadas como regiões de alta, intermediária ou baixa endemicidade para hepatite A.

A soroprevalência de anticorpos anti-HAV está diminuindo em várias partes do mundo, porém em regiões menos desenvolvidas e em alguns países desenvolvidos, a infecção ainda é bastante comum nos primeiros anos de vida e a soroprevalência chega a até 100%. Em áreas de endemicidade intermediária, a exposição tardia ao vírus resulta em um grande número de adolescentes e adultos suscetíveis e aumento na média de idade de indivíduos com a infecção primária. Como a gravidade da doença aumenta de acordo com a idade do indivíduo infectado, isso acaba gerando surtos de hepatite A. Em países menos desenvolvidos, com condições sanitárias e de higiene precárias, a infecção pelo HAV é altamente endêmica e a maioria das pessoas é infectada na infância; os casos são majoritariamente assintomáticos, o relato de doença nessas áreas é baixo e surtos não são comuns. Áreas de alta endemicidade incluem África, Ásia e Américas Central e do Sul. Condições que contribuem para a propagação do vírus entre crianças nessas regiões incluem muitas pessoas vivendo na mesma casa, precárias condições sanitárias e fontes de suprimento de água inadequadas. Em regiões em desenvolvimento como leste da Europa, partes da África, Ásia e Américas, onde as condições sanitárias e de higiene variam, os picos de infecção ocorrem com frequência no final da infância ou na adolescência. Paradoxalmente, como a transmissão nesses países ocorre em faixa etária mais alta, o número de casos relatados pode ser maior do que em países menos desenvolvidos, onde a infecção é altamente endêmica. De fato, em regiões mais desenvolvidas como América do Norte, Europa Ocidental, Austrália e Japão, as condições sanitárias e de higiene são usualmente boas e as taxas de infecção em crianças são geralmente muito baixas. Os picos de infecção e os casos de doença tendem a acontecer em adolescentes e adultos jovens.

No Brasil, entre 1999 e 2018, 167.108 casos de hepatite A, confirmados por critérios laboratoriais ou clínico-epidemiológicos, foram notificados ao Ministério da Saúde (MS) do Brasil. A taxa de incidência de hepatite A no país tem mostrado tendência de queda, passando de 6,2 casos em 2008 para 1,0 por 100 mil habitantes em 2018 (redução de 83,3%). Estratificando-se as análises por região geográfica, observa-se também uma tendência similar de diminuição (Figura 16.7). Diversos fatores contribuem para a diminuição da taxa de infecção, incluindo aumento nos níveis socioeconômicos, melhoria no acesso à água potável e disponibilidade da vacina, que passou a fazer parte do Programa Nacional de Imunizações (PNI) em 2014.

O subgenótipo IA é o mais prevalente no mundo, enquanto outros genótipos e subgenótipos são mais restritos a algumas regiões do globo. O subgenótipo IIB já foi descrito na Europa, região norte da África, Estados Unidos da América (EUA) e Brasil, e o IIA na África Ocidental. Além disso, surtos de HAV foram descritos em homossexuais masculinos, na Europa, com predominância do tipo IA. O genótipo IIIA é especialmente encontrado no Sudeste da Ásia e na Índia, porém casos devidos a esse subgenótipo já foram documentados na Europa e no Japão, a maioria relacionada com viajantes. A cocirculação de diferentes genótipos tem sido relatada em diferentes regiões. Os genótipos IA e IB já foram descritos em vários países, incluindo África do Sul, Brasil, Israel e EUA.

## Prevenção e controle

A conscientização da população sobre higiene pessoal, com ênfase nos cuidados em lavar as mãos e boas condições sanitárias, diminuiria muito a ocorrência de casos esporádicos e de epidemias

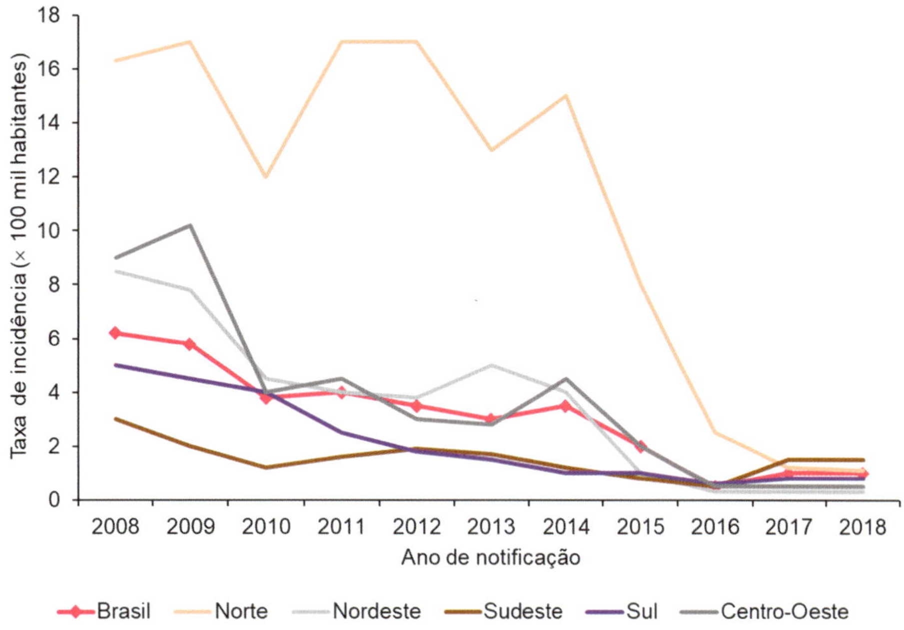


**Figura 16.7** Taxa da incidência dos casos de hepatite A (por 100.000 habitantes) segundo região de residência por ano de notificação. Brasil, 2008-2018. Adaptada de MS do Brasil/SVS, Boletim epidemiológico de Hepatites Virais, 2019.

causados pelo HAV. Do ponto de vista da saúde pública, é essencial que todos tenham acesso à água de qualidade e a boas condições de saneamento básico e redes de esgoto. Diversas vacinas contra hepatite A, injetáveis e produzidas com vírus inativado, estão disponíveis internacionalmente. Todas são semelhantes com relação aos níveis de proteção e efeitos colaterais. Nenhuma vacina está licenciada para crianças com menos de 1 ano de idade. Na China e Índia, também está disponível uma vacina oral produzida com vírus atenuado. Quase 100% das pessoas desenvolvem níveis protetores de anticorpos contra o vírus dentro de 1 mês após uma dose da vacina. Mesmo após a exposição ao vírus, uma única dose da vacina dentro de 2 semanas após o contato com o vírus tem efeitos protetores. Ainda assim, os fabricantes recomendam 2 doses da vacina para garantir uma proteção a longo prazo – de 5 a 8 anos – após a vacinação. Cinco vacinas monovalentes são atualmente utilizadas mundialmente. As vacinas Havrix®, Vaqta® e Avaxim® são preparadas a partir de vírus propagados em cultura de células MRC-5 (fibroblasto de pulmão fetal humano) e a Healive® é preparada em cultura de células 2BS (fibroblasto de pulmão fetal humano) e são inativadas com formalina. A Epaxal® utiliza antígeno de HAV produzido em células MRC-5 e adsorvido em virossoma [lipossoma contendo a hemaglutinina do vírus da influenza A, estirpe A/Singapura/6/86 ($H_1N_1$)] (Quadro 16.3). Três vacinas possuem o antígeno HAV propagado em cultura de células MRC-5 e inativado combinado com outros antígenos: a Twinrix® combina HAV e o antígeno de superfície do HBV recombinante (HBsAg); as vacinas Hepatryx® e ViATIM® combinam HAV e o polissacarídeo Vi de *Salmonella typhi* (Quadro 16.3). Todas as vacinas devem ser administradas por via intramuscular no músculo deltoide.

Reações no local da injeção (dor, eritema, edema), leves e de curta duração, foram relatadas em até 21% das crianças vacinadas. Reações sistêmicas (fadiga, febre, diarreia e vômitos) foram relatadas em menos de 5% dos vacinados, principalmente alteração da alimentação (8%) e cefaleia (4%) em crianças.

Em 2006, o Comitê Consultivo para Práticas de Imunização (ACIP, *Advisory Committee on Immunization Practices*) dos Centros para Controle e Prevenção de Doenças (CDC, Centers for Disease Control and Prevention) dos EUA, emitiu recomendações para a prevenção da hepatite A por meio de imunização passiva e ativa. O ACIP recomendou a vacinação de todas as crianças a partir de 1 ano de idade, pessoas consideradas de risco para a infecção e qualquer pessoa que desejar obter imunidade contra o HAV. Essas recomendações são também sugeridas pela OMS. Pessoas consideradas em grupo de risco para a infecção por HAV incluem pessoas suscetíveis que viajam para países de moderada a alta endemicidade para HAV, homossexuais masculinos e usuários de drogas injetáveis ou não injetáveis, pessoas com risco ocupacional (indivíduos que trabalham com primatas símios infectados pelo HAV e laboratoristas que manipulam o vírus) e pessoas com desordens na coagulação, incluindo pacientes suscetíveis que estão aguardando transplante hepático ou que já foram submetidos a transplante. Pessoas com doença hepática crônica não apresentam necessariamente risco mais elevado, mas são mais propensas a ter manifestações graves da infecção pelo HAV e, portanto, devem receber a vacina.

No Brasil, até julho de 2014, as vacinas contra a hepatite A, Havrix®, Vatqa®, Avaxim®, Epaxal® e Twinrix® eram disponibilizadas pelo MS/PNI, nos Centros de Referência para Imunobiológicos Especiais (CRIE), e distribuídas somente para a imunização de indivíduos de maior risco de apresentar doença grave por hepatite A, sendo recomendada para: pessoas com hepatopatias crônicas de qualquer etiologia; portadores crônicos do vírus da hepatite B e vírus da hepatite C; coagulopatias; crianças menores de 13 anos infectadas pelo HIV ou portadores da síndrome da imunodeficiência adquirida (AIDS, *acquired immunodeficiency syndrome*); adultos infectados pelo HIV que fossem portadores de HBV ou HCV; doenças de depósito; fibrose cística; trissomia; imunodepressão terapêutica ou por doença imunossupressora; candidatos a transplante de órgãos sólidos, cadastrados em programas de transplante; transplantados de órgãos sólidos ou de medula óssea; doadores de órgãos sólidos ou de medula óssea, cadastrados em programas de transplantes e hemoglobinopatias.

**Quadro 16.3** Vacinas contra hepatite A.

| Vacina* | Estirpe | Antígeno | Nº de doses | Idade | Esquema** |
|---|---|---|---|---|---|
| Havrix® | HM17 | 720 EL. U*** | 2 | 12 meses a 18 anos | 0,5 mℓ, IM, 0 e 6 a 12 meses |
| | | 1.440 EL. U | | > 18 anos | 1,0 mℓ, IM, 0 e 6 a 12 meses |
| Vaqta® | CR326F | 25 U**** | 2 | 12 meses a 18 anos | 0,5 mℓ, IM, 0 e 6 a 12 meses |
| | | 50 U | | > 18 anos | 1,0 mℓ, IM, 0 e 6 a 12 meses |
| Avaxim® | GBM | 80 U | 2 | 12 meses a 15 anos | 0,5 mℓ, IM, 0 e 6 a 12 meses |
| | | 160 U | | ≥ 12 anos | 0,5 mℓ, IM, 0 e 6 a 12 meses |
| Epaxal® | RG-SB | 12 UI/0,25 mℓ | 2 | ≥ 12 meses a 16 anos | 0,25 mℓ, IM, 0 e 6 a 12 meses |
| | | 24 UI | | ≥ 17 anos | 0,5 mℓ, IM, 0 e 6 a 12 meses |
| Healive® | TZ84 | 250 U | 2 | 12 meses a 15 anos | 0,5 mℓ, IM, 0 e 6 meses |
| | | 500 U | | ≥ 16 anos | 1,0 mℓ, IM, 0 e 6 meses |
| Twinrix® | HM17 | 720 EL. U | 3 | ≥ 18 anos | 1,0 mℓ, IM, 0, 1 e 6 meses |
| Hepatryx® | HM175 | 1.440 EL. U | 3 | ≥ 15 anos | 1,0 mℓ, IM, 0 e 6 a 12 meses |
| ViATIM® | GBM | 160 U | 2 | ≥ 16 anos | 1,0 mℓ, IM, 0 e 6 a 36 meses (preferivelmente 0 e 6 a 12 meses) |

*Fabricantes: Havrix®, Twinrix® e Hepatryx®, GlaxoSmithKline; Vaqta®, Merck & Co. Inc; Epaxal®, Berna Biotech Ltda; Avaxim® e ViATIM®, Sanofi Pasteur MSD; Healive®, Sinovac Biotech. Co. Ltda. **Número de meses; 0 mês representa o tempo da dose inicial; os números subsequentes representam meses após a dose inicial. ***Conteúdo expresso pela reatividade em ensaio imunossorvente ligado a enzima (ELISA, *enzyme-linked immunosorbent assay*; EL. U, ELISA *units*, unidades ELISA) quantitativo para o antígeno de HAV. ****Conteúdo expresso em unidades de antígeno HAV. IM: intramuscular.

Em julho de 2014 o MS introduziu a vacina Vaqta® no Calendário Básico de Imunização da Criança. O esquema vacinal atualmente preconizado pelo PNI do MS é de dose única. Em 2014, o alvo eram crianças entre 15 e 24 meses de vida. Em 2017, o PNI ampliou a vacinação para crianças com menos de 5 anos, para atingir as crianças que não foram vacinadas no início do programa.

A utilização profilática de imunoglobulinas (IG) anti-HAV pré-exposição é empregada para pessoas suscetíveis que viajam para países de moderada a alta endemicidade para HAV, e na profilaxia pós-exposição de contatos familiares e outros contatos íntimos com pessoas infectadas, e em situações especiais pode ser usada em instituições como creches e em situações de exposição a uma fonte comum (alimento preparado por indivíduo contaminado). Quando administrada na profilaxia pré-exposição, a IG anti-HAV confere proteção por 3 a 5 meses. Quando administrada em até 2 semanas pós-exposição a IG anti-HAV apresenta entre 80 e 90% de eficiência na prevenção da hepatite A. A eficiência é maior se a IG anti-HAV for administrada no início do período de incubação (PI); quando administrada no final do PI possivelmente ocorrerá apenas a atenuação da expressão clínica da infecção pelo HAV.

Em 2007, o ACIP recomendou o uso da vacina na profilaxia pós-exposição com base em estudos que demonstraram a eficácia da vacina e da IG quando administradas em até 14 dias após a exposição ao vírus entre pessoas de 12 meses a 40 anos de idade. Na profilaxia pós-exposição, a vacina apresenta vantagens com relação à IG, incluindo a imunidade ativa que confere proteção duradoura; maior facilidade na administração; maior aceitação pelos pacientes, além de ampla disponibilidade. O ACIP recomenda que um indivíduo, que tenha sido recentemente exposto ao HAV e que não tenha recebido previamente a vacina contra hepatite A, deve receber uma única dose da vacina monovalente ou a IG o mais rápido possível, e dentro de 14 dias da exposição. Entretanto, essas recomendações são estratificadas com base na idade e *status* clínico dos indivíduos expostos. Para pessoas entre 12 meses e 40 anos de idade, é preferível o uso de 1 dose da vacina; para pessoas acima de 40 anos, a IG é preferível, mas a vacina pode ser utilizada caso a IG não esteja disponível; e para crianças menores de 12 anos de idade, pessoas imunocomprometidas, pessoas com diagnóstico de doença hepática crônica e pessoas com contraindicação para o uso da vacina, a IG é recomendada. As pessoas que receberem a vacina na profilaxia pós-exposição devem receber a 2ª dose no período recomendado pelo fabricante para completar a série.

### Tratamento

O tratamento é baseado em medidas de suporte, sendo orientado repouso até a melhora da icterícia. Sugere-se a interrupção do uso de álcool e medicações que possam prejudicar o fígado. Recomenda-se dieta hipercalórica, pois o fígado é um dos responsáveis por manter constante a taxa de açúcar no sangue, e essa função pode estar prejudicada. Devem ser tomados cuidados para evitar a transmissão entre os familiares. Só é necessária internação para pacientes graves, idosos e indivíduos com outras doenças graves. Os raros pacientes com hepatite fulminante (com aparecimento de encefalopatia hepática dentro de 8 semanas do início dos sintomas) devem ser encaminhados para um hospital onde haja disponibilidade de transplante de fígado.

## Vírus da hepatite E

Francisco Campello do Amaral Mello

### Histórico

O vírus da hepatite E (HEV) foi identificado durante a ocupação soviética no Afeganistão na década de 1980, após uma epidemia de hepatite de etiologia desconhecida que acometeu soldados em uma base militar. Um *pool* de extrato fecal de nove soldados infectados foi ingerido pelo Dr. Mikhail Balayan que, após apresentar os sintomas da doença, detectou e identificou partículas virais em sua amostra de fezes através de microscopia eletrônica. Muitos anos antes, em 1955, uma grande epidemia de hepatite viral aguda ocorreu em Nova Déli, na Índia, afetando 29.000 pessoas. Essa epidemia teve início após um incidente de contaminação do suprimento de água potável por esgotos e, na época, a causa foi atribuída à infecção pelo vírus da hepatite A (HAV). No entanto, evidências sorológicas obtidas nos pacientes da epidemia indiana indicaram anticorpos condizentes com um quadro de hepatite A no passado, não parecendo tratar-se de uma infecção recente. De fato, estudos mostraram que em países em desenvolvimento a população sofria uma exposição praticamente universal ao HAV, durante a infância, sendo pouco provável, portanto, que epidemias de HAV pudessem ocorrer em indivíduos que possuíam imunidade natural a esse vírus. Tais observações sugeriram a presença de um novo agente infeccioso causador de epidemias de hepatite. A doença inicialmente descrita em indianos foi chamada de hepatite entérica não A, não B, permanecendo com esta denominação até a identificação e caracterização do HEV pelo grupo de pesquisa do Dr. Balayan, em 1983.

## *Classificação e características*

Durante anos, o HEV foi classificado na família *Caliciviridae*, por apresentar similaridades em sua estrutura, morfologia e organização genômica com os membros dessa família de vírus. A identificação de estirpes virais semelhantes ao HEV, infectando diferentes espécies hospedeiras, levou à criação da família *Hepeviridae*, atualmente dividida nos gêneros *Orthohepevirus*, que inclui os vírus que infectam mamíferos e aves, e *Piscihepevirus*, isolados em peixes. O HEV é atualmente classificado na espécie *Orthohepevirus A*, enquanto as espécies *B*, *C* e *D* incluem estirpes virais que infectam aves e outros mamíferos, não sendo transmissíveis para seres humanos.

O HEV tem aproximadamente 27 a 34 nm de diâmetro, apresenta um capsídeo com simetria icosaédrica e dois tipos de vírions são observados durante uma infecção. Semelhante ao descrito para o HAV, o vírion que circula no sangue é revestido por um envelope transitório derivado da célula hospedeira, enquanto o vírion excretado nas fezes não apresenta o envelope, devido à ação degradante da bile durante a passagem para o intestino. O genoma é formado por RNA de fita simples de polaridade positiva (RNAfs+), com aproximadamente 7,2 quilobases (kb). A região codificante do genoma possui três sequências de leitura abertas (ORF, *open reading frames*) sobrepostas, além de contar com estrutura *cap* na extremidade 5′ e cauda poli(A) na extremidade 3′. A ORF1 codifica uma poliproteína não estrutural com 1.693 aminoácidos (aa) que possui domínios com atividades de metiltransferase, protease, RNA helicase e RNA polimerase-RNA dependente, fundamentais para a biossíntese viral. A ORF2 codifica uma proteína de 660 aa que forma o capsídeo do vírus e é responsável pela montagem de novas partículas infecciosas, interação com as células-alvo hospedeiras e imunogenicidade. A ORF3 localiza-se sobreposta às duas outras ORF e codifica uma pequena proteína de 114 aa, requerida para a propagação do HEV *in vivo* e que atua no processo de liberação dos vírions das células infectadas. O RNA genômico contém também pequenas regiões não traduzidas (UTR, *untranslated regions*) nas extremidades 5′ e 3′ (com 26 e 68 nucleotídeos [nt], respectivamente) que, juntamente com uma região conservada de 58 nt na ORF1, se dobra para formar estruturas secundárias do tipo haste e alça (*stem-loop*), importantes para a replicação do RNA (Figura 16.8).

### Variabilidade genética

A caracterização molecular de estirpes de HEV circulantes entre humanos e animais levou à definição de oito genótipos, denominados de HEV-1 até HEV-8. Dentre os quatro principais genótipos observados, o HEV-1 e o HEV-2 são encontrados exclusivamente em seres humanos, enquanto os HEV-3 e HEV-4 possuem maior variedade de hospedeiros, tendo sido identificados em porcos, veados, coelhos, entre outros. Os demais genótipos foram isolados em animais como javalis, dromedários e camelos, sendo raros os casos reportados de seres humanos infectados com os genótipos HEV-5 ao HEV-8.

Os HEV-1 e HEV-2 ocorrem principalmente em países em desenvolvimento, associados a epidemias causadas por contaminação do sistema de distribuição de água potável por dejetos humanos, após temporais e inundações. Já os HEV-3 e HEV-4 são os genótipos geralmente encontrados nas infecções ocorridas em países desenvolvidos, com transmissão zoonótica pela manipulação e/ou consumo de animais infectados.

## *Biossíntese viral*

Um modelo de biossíntese e expressão gênica do HEV foi proposto baseado nas similaridades e homologia de sequências com outros vírus de RNA de polaridade positiva mais bem estudados. O receptor para o HEV nas células permissivas permanece desconhecido, no entanto, já foram identificados diversos fatores do hospedeiro necessários para a adsorção e entrada do vírus, entre eles, proteoglicanas de sulfato de heparana (HSGP, *heparan sulfate proteoglycans*); proteína regulada por glicose 78 (GRP78, *glucose-regulated protein 78*); receptor de assialoglicoproteína (ASGPR, *asialoglycoprotein receptor*); subunidade 5β da ATP sintase (*ATP5B, 5β subunit of ATP synthase*) e integrina α3 (ITGA3, *integrin α3*).

Após a entrada do vírus na célula permissiva, a região ORF1 do RNA genômico é traduzida no citoplasma das células infectadas, produzindo uma poliproteína não estrutural que

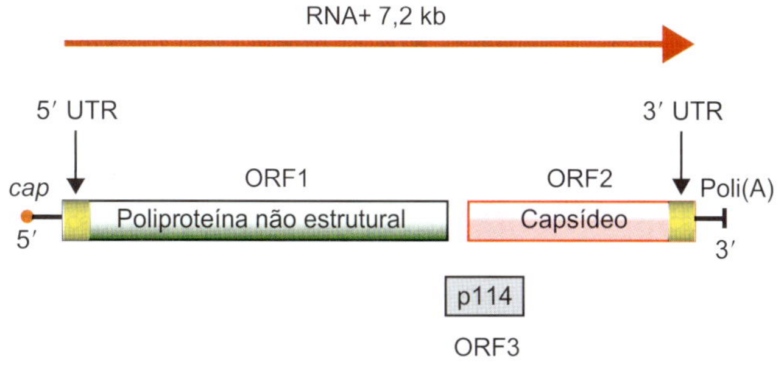


**Figura 16.8** Diagrama do genoma do HEV. O genoma é composto de RNA linear de polaridade positiva de aproximadamente 7,2 quilobases (kb). A região codificante possui três sequências de leitura aberta (ORF, *open reading frames*). A ORF1, de tamanho aproximado de 5 kb, codifica uma poliproteína não estrutural, ORF2 (de aproximadamente 2 kb) codifica as proteínas do capsídeo, e a ORF3, sobreposta às duas outras ORF, codifica uma fosfoproteína de 114 aminoácidos, requerida para a propagação do HEV *in vivo* e que atua no processo de liberação dos vírions das células infectadas. O RNA genômico contém também pequenas regiões não traduzidas (UTR, *untranslated regions*) nas extremidades 5′ e 3′ que são capeadas e poliadeniladas, respectivamente.

atua na síntese de uma fita de RNA complementar de polaridade negativa, que utiliza o RNA genômico como molde. Esse intermediário de replicação, em analogia ao que ocorre com os alfavírus, é o molde para síntese de fitas genômicas de polaridade positiva, assim como dos RNA mensageiros subgenômicos (RNAmsg). Essas unidades subgenômicas são, então, traduzidas no citoplasma em proteínas estruturais. A proteína do capsídeo se organiza para formar decâmeros que empacotam o genoma formando a progênie viral. A dificuldade de propagação do HEV *in vitro* limita a realização de estudos virológicos mais aprofundados. O desenvolvimento de sistemas de cultura de células é fundamental para o melhor entendimento dos processos biológicos do HEV e, por conseguinte, identificar possíveis alvos para drogas antivirais. Recentemente, linhagens de células suscetíveis ao HEV foram descritas, o que possibilitará a realização de novos estudos e, consequentemente, aumentará significativamente o entendimento sobre a biossíntese desse vírus.

## Patogênese e manifestações clínicas

O principal modo de transmissão do HEV em regiões endêmicas é através da ingestão de água contaminada por dejetos humanos. Surtos de diferentes proporções foram documentados, especialmente em países com condições sanitárias precárias, após a ocorrência de fortes chuvas e inundações, onde matéria fecal contaminava reservatórios de água potável. Em regiões desenvolvidas, a transmissão zoonótica, através do contato direto com animais contaminados, bem como a ingestão de alimentos crus ou carnes malcozidas, é a forma mais comum de infecção por HEV. Ainda que em baixa proporção, outras rotas de transmissão observadas são: transfusão de sangue e/ou hemoderivados contaminados e durante a gestação (transmissão vertical).

A infecção pelo HEV comumente causa uma hepatite aguda autolimitada podendo, em alguns casos, persistir como uma doença crônica ou ainda apresentar manifestações extra-hepáticas neurológicas e renais. O HEV não é diretamente citopatogênico, sendo a patogênese associada à resposta imunológica do hospedeiro frente à infecção. O período de incubação varia entre 15 e 60 dias (média de 40 dias). O sítio primário de propagação do vírus é o trato gastrointestinal. Não está claro como o vírus atinge o fígado, mas acredita-se que seja via veia porta. Nos hepatócitos, o vírus é sintetizado no citoplasma das células infectadas e liberado no sangue e na bile, chegando até o trato intestinal. Com base em um estudo de infecção oral em voluntários, a viremia foi detectada por reação em cadeia da polimerase associada à transcrição reversa (RT-PCR, *reverse transcriptase polymerase chain reaction*) 3 semanas após a infecção e 1 semana antes do aparecimento dos sintomas. A excreção do vírus nas fezes pode ser detectada por RT-PCR 1 semana antes e permanece por até 4 semanas após o surgimento dos sintomas. O pico de alteração das enzimas hepáticas ocorre entre 7 e 8 semanas após a infecção, retornando a valores normais em 3 a 4 meses. Os anticorpos anti-HEV, IgM e IgG, aparecem no início da doença, em geral, coincidindo com o pico das enzimas hepáticas. A IgM desaparece depois de 4 a 5 meses e a IgG persiste, mas decai de título rapidamente, logo após a infecção, permanecendo detectável por vários anos. Contudo, o tempo de persistência desses anticorpos no soro não é conhecido (Figura 16.9).

A gravidade das infecções pelo HEV é, de maneira geral, maior do que a das infecções pelo HAV. A taxa de mortalidade devido à hepatite E varia em diferentes estudos, chegando a 1%, comparada com 0,2% para a hepatite A. Mais importante, no

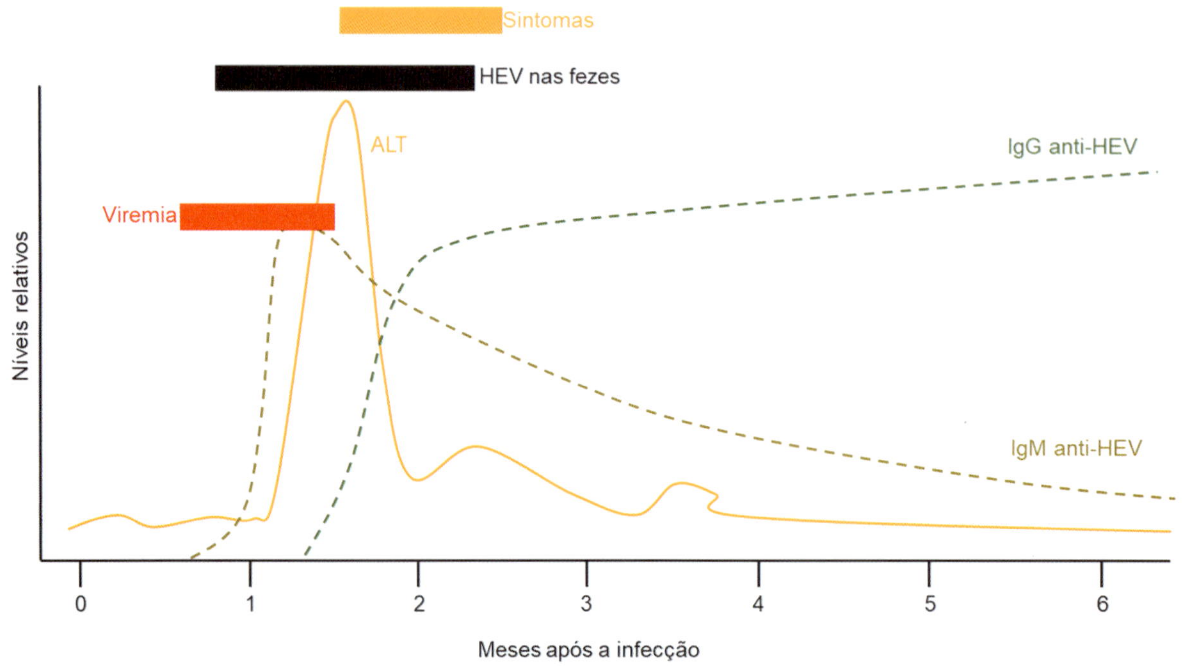


**Figura 16.9** Curso clínico da hepatite E. O HEV começa a ser detectado nas fezes dos pacientes nas primeiras semanas de infecção e antes do aumento dos níveis de transaminase. O RNA do HEV pode ser detectado no soro por um curto período durante a fase aguda. A elevação da ALT e a icterícia ocorrem de 4 a 8 semanas após a exposição ao vírus. Com o surgimento dos sintomas a viremia desaparece, mas a excreção viral nas fezes persiste. Uma resposta sorológica anti-HEV é geralmente detectada no início da doença. A IgM anti-HEV é detectada na fase inicial da doença clínica e pode persistir por vários meses. A IgG anti-HEV aparece logo após a resposta da IgM e pode durar vários anos. HEV: vírus da hepatite E; ALT: alanina-aminotransferase; Ig: imunoglobulina.

entanto, é a gravidade da hepatite E em gestantes. A mortalidade devido à infecção por esse vírus na gravidez aumenta com o tempo de gestação e pode chegar a até 20%. Não existe nenhum relato de que os outros vírus que causam hepatite possam provocar tal efeito em mulheres grávidas. Ainda não são conhecidos os motivos dessa alta taxa de mortalidade durante a gravidez. Alguns estudos mostraram a associação entre a infecção pelo HEV na gestação e a ocorrência de nascimentos prematuros e alta taxa de mortalidade infantil.

A patogênese do HEV é mediada pela resposta imunológica do hospedeiro e não pelo efeito citopatogênico direto dos vírus sobre os hepatócitos, da mesma forma que o observado para outros vírus hepatotrópicos. A hepatite E é geralmente assintomática com uma proporção de apenas 5 a 30% dos indivíduos infectados apresentando icterícia. A doença apresenta fase inicial pré-ictérica de poucos dias, caracterizada por febre, mal-estar, náusea, dor abdominal, alterações intestinais e vômito. O surgimento de icterícia coincide com o desaparecimento dos sintomas prodrômicos e, geralmente, é autolimitado, sendo resolvido em poucas semanas. Inicialmente, acreditava-se que a hepatite E, assim como a hepatite A, era sempre autolimitada, não progredindo para a cronicidade. No entanto, estudos mostraram que alguns indivíduos infectados pelo HEV-3 tiveram o RNA viral detectado no soro e nas fezes por mais de 6 meses. A maioria dos casos ocorreu em indivíduos imunossuprimidos como receptores de órgãos transplantados, coinfectados pelo vírus da imunodeficiência humana (HIV, *human immunodeficiency virus*) ou por tratamento quimioterápico.

## Diagnóstico laboratorial

A metodologia de diagnóstico padrão-ouro para definir uma infecção ativa pelo HEV se dá por meio da detecção do RNA viral. O RNA do HEV pode ser pesquisado durante o período de incubação em amostras de sangue e fezes, permanecendo detectável por 4 a 6 semanas. A análise do RNA do HEV por meio de técnicas moleculares de amplificação permite não apenas a detecção do vírus, mas também a identificação do genótipo e a determinação da sequência genômica do isolado viral, importantes no contexto da epidemiologia molecular.

A presença do HEV pode ser mostrada diretamente pela análise do RNA viral, ou indiretamente pela detecção de marcadores da resposta imunológica do hospedeiro (Quadro 16.4, Figura 16.10). Testes comerciais específicos para a evidenciação de anticorpos IgM e IgG anti-HEV estão disponíveis na Europa, na Ásia e no Canadá. Os testes comerciais detectam IgM anti-HEV em até 90% dos casos de infecção aguda, se a amostra for colhida entre 1 e 4 semanas depois do início da infecção. Cerca de 3 meses depois dos sintomas, o anticorpo IgM anti-HEV não é mais detectável em mais de 50% dos pacientes.

**Quadro 16.4** Interpretação dos resultados sorológicos para hepatite E.

| | Marcador | |
|---|---|---|
| **Interpretação** | **Anti-HEV total** | **IgM anti-HEV** |
| Infecção recente | +/– | + |
| Infecção passada | + | – |
| Ausência de contato com o HEV (não imune) | – | – |

Anti-HEV total: IgM + IgG anti-HEV; IgG: imunoglobulina classe G; IgM: imunoglobulina classe M; HEV: vírus da hepatite E; +: teste positivo; –: teste negativo. Fonte: MS do Brasil/SVS/DVE, 2005.

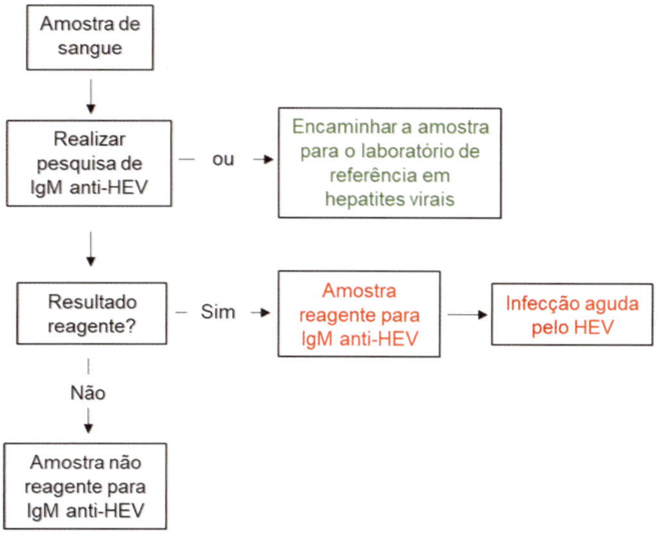


**Figura 16.10** Fluxograma para o diagnóstico da infecção pelo HEV. IgM: imunoglobulina classe M. Fonte: MS do Brasil/SVS/DIAHV, 2015.

A ocorrência da hepatite E deve ser suspeitada em casos de surtos de hepatite entérica, associados a águas contaminadas, que ocorram em regiões geográficas pouco desenvolvidas, especialmente se a doença se manifestar de forma mais grave em gestantes. Em países desenvolvidos, a suspeita de hepatite E normalmente está associada a pacientes com hepatite que retornaram de regiões endêmicas, que tiveram contato direto com animais infectados ou que têm o hábito de consumir alimentos malcozidos.

## Epidemiologia

Dois padrões epidemiológicos distintos são identificados quando regiões altamente endêmicas são comparadas com regiões onde a incidência de infecção pelo HEV é baixa. Esses padrões diferem em suas rotas de transmissão, população afetada e características da doença. As epidemias causadas pelo HEV normalmente acometem grande número de indivíduos. Tais epidemias foram reportadas em muitos países, sendo a maioria em países tropicais e em regiões subtropicais do mundo. Além da grande epidemia de Nova Déli, nos anos 1955-1956, outras notáveis ocorreram na então União Soviética (1955-1956, com 10.000 casos); no Nepal (1973-1974, 10.000 casos); na China (1986-1988, 120.000 casos); e Índia (1991, 79.000 casos). Além de grandes epidemias, o HEV causa infecções esporádicas em áreas endêmicas. Na Índia, por exemplo, cerca de 30% de todos os casos esporádicos de hepatite aguda são causadas pelo HEV. Epidemias de hepatite E são frequentes na Índia, China, no sudeste e na região central da Ásia, no Oriente Médio e nas localidades no norte da África. Nesses locais, as epidemias estão relacionadas com o consumo de água contaminada e podem afetar de centenas a milhares de pessoas. Geralmente, surtos epidêmicos ocorrem após temporadas de fortes chuvas e inundações que favorecem a contaminação dos reservatórios de água potável por dejetos sanitários humanos. Além disso, períodos prolongados de clima quente e seco aumentam a concentração de contaminantes fecais nos rios, cujo nível normal de água diminui. Diferentemente do observado para outras infecções de transmissão entérica, a transmissão direta pessoa a pessoa parece ser incomum para o HEV. Em regiões onde o HEV é responsável por apenas casos esporádicos de hepatite aguda, inicialmente pensou-se que os casos descritos estivessem relacionados com indivíduos que voltavam de viagens para locais com alta prevalência da doença. No entanto, nos últimos anos, casos de hepatite E autóctone (adquirida na própria localidade) foram relatados no Reino Unido, Japão e nos Estados Unidos da América (EUA). Nesses casos de infecção, a transmissão foi causada pelo contato próximo e/ou consumo de carne de animais domésticos ou selvagens contaminados, fato confirmado pela análise dos isolados de HEV que apresentavam uma elevada identidade genética com vírus encontrados em animais. Estudos de transmissão cruzada entre espécies foram realizados inoculando-se porcos com vírus isolado de seres humanos, assim como primatas não humanos inoculados com HEV isolado de suínos, o que confirmou tal forma de contaminação. No período de 1999 a 2011, foram registrados 967 casos confirmados de hepatite E no Brasil, a maioria nas Regiões Sudeste (470 casos; 48,6%) e Nordeste (173 casos; 17,9%). Nesse período, foram relatados 86 óbitos por hepatite E, 51 como causa básica e 35 como causa associada, a maioria na Região Sudeste (58,1%).

Em relação à localização geográfica dos genótipos, o HEV-1 ocorre principalmente na Ásia, e o HEV-2 na África e no México. O HEV-3 e HEV-4 infectam seres humanos, porcos e outros mamíferos e são responsáveis por casos isolados e esporádicos de hepatite E autóctone, tanto em países desenvolvidos como em países em desenvolvimento. Enquanto o HEV-3 possui distribuição ubíqua no mundo, o genótipo 4 ocorre principalmente no Sudeste da Ásia, tendo sido recentemente encontrado em porcos na Europa.

Embora infecções com o HEV-3 e HEV-4 sejam associadas ao consumo de carnes de animais malcozidas e cruas, o espectro de espécies que pode servir de reservatório para o HEV ainda é desconhecido. Evidências sorológicas para essa infecção foram observadas em roedores silvestres, primatas não humanos, porcos domésticos e galinhas criadas para comercialização e postura de ovos. A presença de anticorpos anti-HEV em suínos foi correlacionada a casos em seres humanos apresentando icterícia. Evidências definitivas para a aceitação de que um animal seria reservatório para o HEV vieram de experimentos de clonagem molecular e determinação da sequência nucleotídica, de isolados de HEV de suínos e de casos de hepatite E em seres humanos, nos EUA. As pesquisas revelaram que as sequências de nucleotídeos de vírus isolados de suínos e de seres humanos infectados eram muito próximas filogeneticamente. Além disso, essas sequências apresentavam distância genética considerável quando comparadas às sequências de isolados de HEV de origem humana observadas em indivíduos que viviam em áreas endêmicas. Esses resultados sugerem que animais domésticos, particularmente suínos, sejam reservatórios do HEV e que a transmissão cruzada desse vírus entre seres humanos e animais seja um evento frequente.

### *Prevenção, controle e tratamento*

Em relação à prevenção da hepatite E, medidas que garantam a qualidade da água potável da população, o correto saneamento de dejetos humanos e cuidados com a higiene pessoal são essenciais para evitar a disseminação do HEV. O cuidado deve ser ainda maior em regiões endêmicas e durante os surtos epidêmicos, quando o tratamento da água com cloro e com fervura prévia ao consumo, pode contribuir para a prevenção da doença. Em áreas onde a transmissão zoonótica é o principal modo de dispersão viral, medidas sanitárias no manejo dos animais e o cozimento apropriado das carnes consumidas são importantes ações preventivas.

Três vacinas contra hepatite E vêm sendo avaliadas em testes clínicos. Elas utilizam versões truncadas da proteína do capsídeo, expressas em células de inseto ou em sistemas bacterianos. Uma vez produzidas, as proteínas do capsídeo organizam-se em partículas vazias, semelhantes ao vírus (VLP, *virus-like particles*), capazes de induzir resposta pelo sistema imunológico do hospedeiro. Avaliações preliminares indicam que as vacinas são bem toleradas e altamente imunogênicas, com eficácia protetora que variou de 95 a 100% nos voluntários estudados. Uma das vacinas, conhecida como HEV 239, foi licenciada e vem sendo comercializada na China.

A maioria dos casos de hepatite E são autolimitados e não necessitam de tratamento. Porém, alguns pacientes com doença hepática crônica, que foram posteriormente acometidos por hepatite aguda grave pelo HEV-3, responderam com sucesso ao tratamento com ribavirina. A falta de alternativa de tratamento em gestantes, uma vez que a ribavirina é contraindicada durante a gravidez, por possuir propriedades teratogênicas, é um fator complicador à alta taxa de mortalidade relacionada com a infecção pelo HEV neste grupo. Nos poucos casos de indivíduos com hepatite E crônica relatados, a terapia com interferon peguilado ou ribavirina por 3 a 12 meses alcançou resultados satisfatórios, no que diz respeito à redução da carga viral a níveis indetectáveis no soro, por 3 a 6 meses, após o fim do tratamento.

# Vírus de hepatite de transmissão sanguínea e sexual

## Vírus da hepatite B

Bárbara Vieira do Lago • Francisco Campello do Amaral Mello

### *Histórico*

Relatos da ocorrência de icterícia epidêmica datam do período anterior à era cristã, e foram descritos inicialmente por Hipócrates (400 a.C.). No entanto, a associação desse quadro a uma forma de hepatite de transmissão parenteral aconteceu apenas no final do século XIX, quando uma parcela significativa de trabalhadores de um estaleiro de Bremen, na Alemanha, apresentou icterícia meses após serem vacinados contra varíola (vacina preparada com linfa humana). Em 1965, Blumberg e colaboradores publicaram o que viria a ser uma das mais importantes revelações sobre a hepatite viral. Durante um extensivo trabalho buscando caracterizar traços polimórficos hereditários, em amostras de soro de diversas populações ao redor do mundo, os pesquisadores encontraram, em uma amostra de soro de um aborígene australiano leucêmico, um antígeno que reagia especificamente com um anticorpo presente no soro de um paciente hemofílico americano. Esse "antígeno Austrália (Au)", então relativamente raro na América do Norte e Europa Ocidental e prevalente em populações africanas e asiáticas, não foi prontamente associado à hepatite sérica até que, em 1968, estudos mostraram que o antígeno Au era encontrado exclusivamente no soro de pacientes com hepatite B. A purificação do soro de pacientes positivos para o antígeno Au, hoje conhecido como antígeno de superfície do vírus da hepatite B (HBsAg), possibilitou, posteriormente, a identificação da partícula viral completa através de microscopia eletrônica.

## Classificação e características

O HBV é considerado o protótipo (espécie *Hepatitis B virus*) para uma família de vírus denominada de *Hepadnaviridae*. Essa família compreende vírus de DNA com tropismo por células hepáticas que compartilham semelhanças morfológicas, na organização genômica e nos mecanismos de biossíntese, incluindo o mecanismo particular de replicação do DNA viral. Esta família é constituída de dois gêneros: *Orthohepadnavirus* e *Avihepadnavirus*; este último representando os vírus que infectam aves (patos, garças, gansos e cegonhas). No primeiro gênero, estão incluídos os vírus que infectam mamíferos (seres humanos e primatas não humanos, esquilos e marmotas).

Uma característica peculiar do HBV é a produção de três diferentes tipos de partículas virais que podem ser identificadas, a partir da análise por microscopia eletrônica, de preparações de soro infectado. O vírion, partícula viral completa infecciosa, também chamada de partícula de Dane, mede aproximadamente 42 nm de diâmetro e é constituído por um nucleocapsídeo com simetria icosaédrica formado pela proteína do *core* (HBcAg), onde se encontram internamente o material genético e a polimerase do HBV, envolvido por um envelope glicolipoproteico, contendo as glicoproteínas de superfície do vírus (HBsAg) (proteína S [*small*], proteína M [*middle*] e proteína L, [*large*]), distribuídas em quantidades distintas pelo envelope. A partícula de Dane pode apresentar concentrações no soro de pessoas infectadas maiores que $10^9$ partículas/mℓ e possui densidade de flutuação de 1,22 g/cm$^3$ em gradiente de cloreto de césio.

As outras partículas virais encontradas são incompletas e não infecciosas e podem apresentar formato esférico ou um formato filamentoso (Figura 16.11). Essas subpartículas virais medem aproximadamente 22 nm de diâmetro, com densidade de aproximadamente 1,18 g/cm$^3$ em cloreto de césio. Elas são compostas exclusivamente pelo HBsAg e alguns lipídeos derivados da célula hospedeira e são encontradas em excesso no soro de indivíduos infectados (concentração em torno de $10^{13}$ partículas/mℓ). Apesar de não serem infecciosas, essas partículas são altamente imunogênicas e eficientes em induzir a resposta neutralizante de anticorpos anti-HBs.

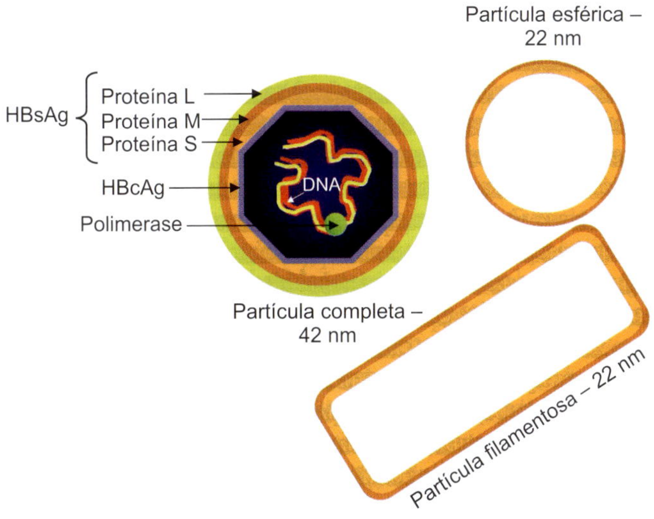


**Figura 16.11** Esquema da partícula do HBV. A partícula completa é composta de envelope glicolipoproteico contendo o antígeno de superfície (HBsAg), que é composto das proteínas S, M e L; nucleocapsídeo de simetria icosaédrica formado pelo antígeno de *core* (HBcAg) e pelo DNA circular de fita parcialmente dupla. As partículas incompletas esféricas e as filamentosas são compostas pelo HBsAg (predominantemente formado pela proteína S).

O HBV não realiza o ciclo de biossíntese em linhagens celulares, sendo necessária a utilização de células primárias de origem humana. A indisponibilidade de tais culturas, porém, dificulta a propagação do HBV *in vitro*. A utilização de modelos que utilizam animais em infecções experimentais é restrita, uma vez que o HBV é capaz de causar infecção apenas em alguns primatas não humanos, além de humanos. No passado, algumas linhagens de hepatomas de origem humana, tais como HepG2, HuH6 e HuH7 transfectadas com o genoma viral clonado consistiam em únicas alternativas à propagação do HBV. Com a recente identificação do NTCP (polipeptídeo cotransportador taurocolato de sódio [*sodium [natrium] taurocholate cotransporting polypeptide*]) como receptor funcional do HBV, linhagens celulares expressando esse receptor tendem a apresentar suscetibilidade à infecção, consistindo em plataformas eficientes para o estudo do vírus.

O genoma do HBV é formado por uma molécula de DNA circular parcialmente fita dupla (onde ambas as fitas não se encontram covalentemente fechadas), com aproximadamente 3.200 nucleotídeos (3,2 quilobases [kb]), um dos menores genomas dentre os vírus que infectam humanos (Figura 16.12). Todo o genoma do HBV é codificante, possuindo quatro sequências de leitura aberta (ORF, *open reading frames*), conhecidas como pré-S/S, pré-C/C, P e X. Todos os genes são codificados pela fita longa e possuem pelo menos uma região de sobreposição a outro gene. A disposição parcialmente sobreposta das diferentes ORF permite ao HBV codificar 50% mais proteínas do que seria esperado pelo tamanho de seu genoma. A sequência de leitura aberta pré-S/S é responsável pela síntese das proteínas do envelope, que formam o HBsAg. A pré-C/C é responsável pela síntese do HBcAg, antígeno do *core*, e de um antígeno encontrado livre no soro dos indivíduos infectados, o HBeAg. A detecção do HBeAg é utilizada na avaliação clínica de pacientes como um indicativo de síntese viral ativa. A sequência de leitura aberta X é responsável pela síntese do HBxAg, uma proteína reguladora viral multifuncional que modula o processo de transcrição, vias de sinalização, degradação de proteínas e resposta celular a estresses, atribuições que afetam a biossíntese viral, direta ou indiretamente, fazendo com que esta proteína esteja envolvida na oncogênese. A sequência P cobre aproximadamente 3/4 do genoma e codifica a DNA polimerase-DNA dependente do HBV, uma proteína multifuncional que conta com três domínios funcionais, o domínio da proteína terminal na porção N-terminal, o domínio da transcriptase reversa e o domínio de RNAseH na porção C-terminal, e uma região espaçadora localizada entre os domínios da proteína terminal e da transcriptase reversa. Existe uma homologia entre a polimerase do HBV e outras transcriptases reversas, particularmente, por compartilhar o motivo tirosina-metionina-aspartato-aspartato (YMDD), que é essencial para a atividade de transcrição reversa.

O gene pré-S/S inclui as regiões pré-S1, pré-S2 e S, com três códons de iniciação na mesma ORF. A maior proteína que

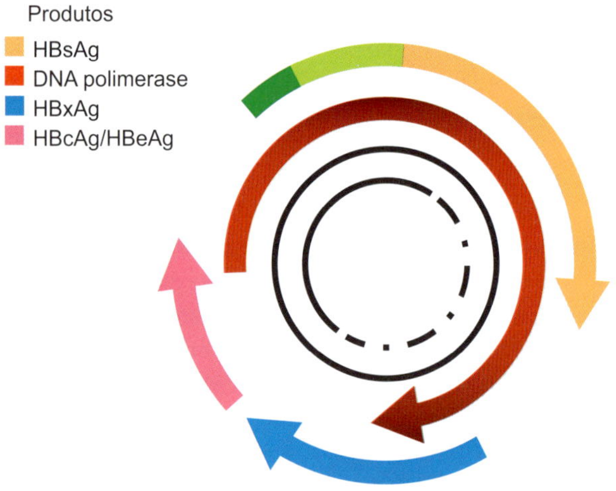


**Figura 16.12** Diagrama esquemático do genoma do HBV. O vírion possui genoma constituído de DNA circular, aberto e incompleto, parcialmente de fita dupla, de 3,2 quilobases (kb), que codifica para quatro genes: gene *S* que codifica o antígeno de superfície (HBsAg); gene *C* que codifica a proteína do *core* (HBcAg) e o antígeno "e" (HBeAg); gene *P*, que codifica a DNA polimerase, que também possui atividade de transcriptase reversa; e gene *X*, que codifica uma proteína transativadora que potencializa a replicação do genoma (HBxAg).

compõe o HBsAg é a proteína L, cujo códon de iniciação está localizado no início da região pré-S1 e é codificada pelas regiões pré-S1, pré-S2 e S. A proteína M, de tamanho intermediário, é codificada pelas regiões pré-S2 e S. Já a menor proteína que compõe o HBsAg, a proteína S, possui o códon de iniciação localizado no início da região S. Essas proteínas possuem o mesmo códon de terminação, localizado no fim da região S e podem se apresentar sob as formas glicosiladas e não glicosiladas. Os três tipos de proteínas não são distribuídos uniformemente entre as diferentes formas de partículas virais. Partículas subvirais de 22 nm são compostas predominantemente por proteínas S, apresentando quantidades variáveis de proteína M e poucas (ou nenhuma) cópias da proteína L. As partículas completas (vírions), por sua vez, são enriquecidas de proteínas L. Uma vez que as proteínas L contêm os sítios de ligação do vírus aos receptores específicos nos hepatócitos, este enriquecimento de proteínas L poderia evitar que as partículas subvirais, que são mais numerosas, possam competir com os vírions pelos receptores presentes na superfície celular. A proteína M atua como elemento de ligação para a adsorção do HBV, possuindo uma região de ligação com a albumina sérica humana, que permite que o HBV penetre via receptores celulares de albumina no citoplasma do hepatócito. A proteína S, que é a principal proteína que forma o HBsAg, é capaz de induzir resposta imunológica protetora (anti-HBs) contra o HBV, e é o antígeno utilizado na formulação de vacinas. Mutações em epítopos específicos, ocorrendo dentro do gene S, podem interferir na proteção vacinal, na análise de resultados sorológicos, bem como prejudicar a terapia baseada na utilização de anticorpos específicos para suprimir a infecção em indivíduos transplantados.

### Variabilidade genética

As variantes do HBV estão classificadas atualmente em 10 genótipos (A-J), divididos por divergências maiores que 7,5% nas sequências nucleotídicas do genoma completo. Os genótipos do HBV apresentam diferentes tamanhos de genoma. Os isolados dos genótipos B, C, F, H e I são considerados os protótipos do HBV e possuem um genoma com 3,2 kb. Os isolados do genótipo A variam dos demais genótipos por uma inserção de 6 nucleotídeos na região terminal do gene da polimerase (inserção que afeta também o gene do *core* sobreposto). Os isolados do HBV dos genótipos D e J possuem uma deleção de 33 nucleotídeos na região pré-S1, relativos à região espaçadora do gene da polimerase. Os representantes dos genótipos E e G possuem uma deleção de 3 nucleotídeos na mesma região do gene da polimerase (códon 11). Finalmente, o genótipo G possui o maior genoma dentre as linhagens de HBV devido a uma inserção de 36 nucleotídeos na porção N-terminal do gene do *core*. Os genótipos do HBV apresentam distribuição geográfica distinta ao redor do mundo. O genótipo A é prevalente no noroeste da Europa, na África Subsaariana, na Índia e nas Américas. Os genótipos B e C são característicos da população asiática, com maior tendência de se encontrar o genótipo C na região norte da Ásia e no Japão. Esses genótipos são observados, também, no sudeste Asiático e na Oceania. O genótipo D é o mais disseminado mundialmente, apresentando uma prevalência mais acentuada nos países mediterrâneos até a Índia e sul e oeste da África. O genótipo E é encontrado na parte ocidental da África, enquanto o genótipo F é endêmico das Américas Central e do Sul. O genótipo G foi inicialmente encontrado nos Estados Unidos da América (EUA) e na França, e o genótipo H na Nicarágua, no México e no estado da Califórnia nos EUA. Os genótipos I e J foram descritos na Ásia, sendo o genótipo I encontrado em Laos, Vietnam, China e Índia, e o genótipo J, cuja classificação como um novo genótipo ainda é controversa, foi isolado no Japão. Com exceção dos genótipos E, G e J, os genótipos do HBV são também subdivididos em subgenótipos, a partir de divergências intragenotípicas acima de 4%. Os subgenótipos, designados pela letra correspondente ao respectivo genótipo seguida por números arábicos, apresentam distribuição mundial característica, podendo funcionar como marcadores do fluxo migratório das populações infectadas, ao longo do tempo. Entretanto, estudos recentes mostram que o padrão de distribuição geográfica dos genótipos e dos subgenótipos do HBV vem mudando, especialmente, em regiões do mundo onde ocorre maior fluxo migratório. Com isso, eventos de recombinação intergenotípica tendem a aumentar uma vez que diferentes genótipos passam a circular em uma mesma região.

## Biossíntese viral

A estratégia de biossíntese do HBV é única dentre os vírus de DNA de animais por apresentar um intermediário genômico de RNA e uma etapa de transcrição reversa. O HBV apresenta tropismo pelos hepatócitos, sendo essas células seu sítio primário de biossíntese. O estágio inicial da infecção pelo HBV é a adsorção da partícula viral a um hepatócito suscetível por meio da ligação das proteínas de envelope do vírus (proteína L) ao receptor funcional NTCP, expresso na superfície dos hepatócitos, e a posterior penetração do HBV no citoplasma celular. Uma vez no citoplasma do hepatócito, o vírion perde seu envelope e o nucleocapsídeo e é transportado até o núcleo da célula, onde libera o genoma. O genoma viral passa, então, à forma de DNA circular covalentemente fechado (DNAccc, *covalently closed circle DNA*), após o reparo da fita positiva incompleta, por uma DNA polimerase celular. A RNA polimerase II celular é a responsável por transcrever o DNAccc em RNA genômicos (RNAg) e subgenômicos (RNAsg), especializados em traduzir produtos de diferentes genes. Os RNAsg atuam exclusivamente como RNA mensageiros (RNAm) para a tradução das proteínas do envelope e da proteína X. Já os RNAg servem tanto de molde para a síntese de DNA viral (sendo denominado, nesse caso, de RNA pré-genômico), como de RNAm para a tradução das proteínas HBcAg, HBeAg e polimerase viral. Os transcritos de RNA são, então, transportados para o citoplasma celular onde serão traduzidos em suas respectivas proteínas. Uma característica do HBV é a estrutura secundária formada pelo RNA pré-genômico na região pré-C/C. Devido a uma redundância terminal de 130 nucleotídeos no RNA pré-genômico, existem duas cópias dessa estrutura em cada extremidade do genoma. A estrutura em haste e alça (*stem-loop*) presente na porção 5′ forma o sinal de empacotamento ε, responsável pelo empacotamento, no citoplasma, do RNA pré-genômico nos capsídeos imaturos. A proteína P se liga ao sinal de empacotamento ε no RNA pré-genômico e esse complexo é envolvido por proteínas do capsídeo, formando o nucleocapsídeo. A síntese do genoma de DNA por transcrição reversa ocorre no interior do capsídeo. Em um primeiro momento, a fita de RNA positiva é transcrita reversamente em DNA fita simples (DNAfs) de polaridade negativa, sendo concomitantemente degradada pela atividade de RNAseH da polimerase viral. Essa fita de DNA negativa, então, serve de molde para a síntese da fita de DNA positiva. Durante esse processo, o genoma do HBV é circularizado, com a peculiaridade da fita positiva não ser completamente sintetizada, resultando em um genoma parcialmente dupla fita, com comprimento que pode variar de 50 a 90% da fita negativa. O nucleocapsídeo pode, então, retornar ao núcleo, liberar o DNA viral (que pode ser convertido novamente em DNAccc) para a amplificação de novos genomas ou seguir para membranas intracelulares do retículo endoplasmático ou do complexo de Golgi contendo as glicoproteínas virais para ser envelopado e, posteriormente, secretado pela via de secreção constitutiva (Figura 16.13).

## Patogênese e manifestações clínicas

A transmissão do HBV pode ocorrer por via parenteral via sangue contaminado (transfusão de sangue; compartilhamento de agulhas, seringas ou outros equipamentos; procedimentos médicos/odontológicos, sem esterilização adequada dos instrumentos; realização de tatuagens e colocação de *piercings*, sem aplicação das normas de biossegurança); sexual (em relações desprotegidas); vertical (principalmente durante o parto, pela exposição do recém-nascido a sangue ou líquido amniótico da mãe infectada e, mais raramente, por transmissão transplacentária); solução de continuidade (pele e mucosa). Existe ainda a possibilidade de transmissão por compartilhamento de instrumentos de manicure, escovas de dente, lâminas de barbear ou de depilar, canudo de cocaína, cachimbo de *crack*, entre outros.

A patogênese do HBV não parece estar associada a um efeito citopatogênico direto das partículas virais sobre os hepatócitos. Dessa forma, os danos hepáticos causados pela infecção pelo HBV mostram-se relacionados à resposta imunológica celular do hospedeiro dirigida contra antígenos virais específicos expostos nos hepatócitos infectados. Essa ideia está de acordo com a observação clínica de pacientes com deficiência imunológica que, quando infectados pelo HBV, frequentemente apresentam lesão hepática mais branda. A resolução da infecção pelo HBV

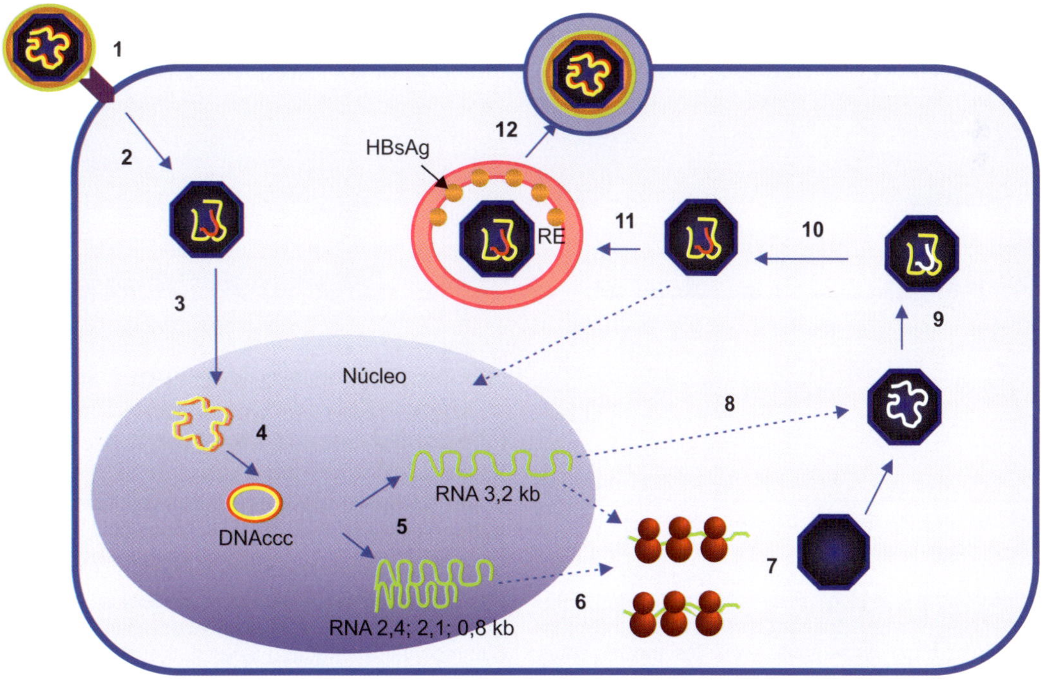


**Figura 16.13** Esquema da biossíntese do HBV. **1.** Adsorção das partículas aos receptores celulares. **2.** Penetração das partículas no citoplasma celular seguida de desnudamento do ácido nucleico. **3.** Migração do DNA viral (DNAv) para o núcleo celular. **4.** Conversão do DNAv para a forma circular covalentemente fechada (DNAccc, *covalently closed circle DNA*). **5.** Transcrição do DNAccc em RNA mensageiros (RNAm) de diversos tamanhos que são usados para a tradução de proteínas e como molde para a síntese do RNA pré-genômico. **6.** Tradução das proteínas virais. **7.** Montagem do capsídeo. **8.** Empacotamento do RNA pré-genômico (3,2 kb). **9.** Síntese da fita negativa do DNAv a partir do RNA pré-genômico por transcrição reversa. **10.** Síntese da fita positiva do DNAv. **11.** Maturação das partículas no retículo endoplasmático rugoso (RER), no qual o HBsAg é incorporado à partícula. Alguns nucleocapsídeos são transportados para o núcleo, onde seus DNA genômicos podem ser convertidos em DNAccc para manter um estoque intranuclear de moldes transcricionais. **12.** Liberação das partículas por brotamento através da membrana celular.

parece estar associada à ação conjunta das respostas imunológicas celular e humoral e da inativação do vírus intracelularmente pela ação de citocinas (como o interferon-γ e TNF-α [*tumor necrosis factor*-α; fator de necrose tumoral α]) liberadas por células mononucleares.

O HBV pode causar hepatite aguda, hepatite fulminante e hepatite crônica podendo, nesse caso, haver evolução para um quadro de cirrose hepática e/ou o desenvolvimento de carcinoma hepatocelular (CHC). A maioria dos sintomas da hepatite aguda aparece entre 45 e 180 dias após a infecção pelo HBV, observando-se um período prodômico, que inclui sensação de mal-estar, fadiga, anorexia, náusea, desconforto abdominal, vômito e leve hepatomegalia. A hepatite aguda é, muitas vezes, uma doença assintomática, com a ocorrência de um período ictérico, caracterizado pelo aparecimento de icterícia, colúria e hipocolia fecal, em apenas 20% dos pacientes. Durante esse período, nota-se aumento dos níveis séricos de bilirrubinas e de transaminases, associado com altos níveis de HBsAg e DNA do HBV, indicando a lesão de células hepáticas. Os indivíduos que evoluem para a cura da doença passam por um período de convalescença que dura entre 20 e 30 dias. Em poucos casos (representando menos de 1%), a infecção aguda pelo HBV pode resultar em insuficiência hepática fulminante (hepatite fulminante), caracterizada pelo desenvolvimento de encefalopatia hepática poucas semanas após o aparecimento dos primeiros sintomas de hepatite, resultando em óbito (Figura 16.14).

Cerca de 10% dos adultos infectados pelo HBV tornam-se portadores crônicos da doença, podendo desenvolver quadros de cirrose hepática e CHC. Caso a infecção ocorra durante a gestação, parto ou amamentação, a chance de a mesma evoluir para cronicidade é de aproximadamente 85%. Acredita-se que a imaturidade do sistema imunológico dos mais jovens esteja associada ao aumento de chance de cronificação da infecção. A hepatite crônica é caracterizada pela persistência do marcador HBsAg no soro por período igual ou superior a 6 meses, não havendo soroconversão para anti-HBs. O marcador anti-HBe é detectado a partir da produção de anticorpos (soroconversão) pelos pacientes positivos para o HBeAg e está associado ao fim da biossíntese viral. A IgG anti-HBc aparece acompanhando o HBsAg e é demonstrativo de exposição prévia ao vírus (Figura 16.15).

Existem três situações diferentes de infecção crônica pelo HBV que podem se estabelecer conforme a expressão clínica e histológica da doença. Uma delas é a hepatite crônica persistente, que normalmente é assintomática, com exame clínico normal ou com hepatomegalia discreta. Apresenta testes de função hepática normais, exceto para transaminases, que sofrem elevação de até 4 vezes nos valores de referência. O exame histológico demonstra infiltração inflamatória moderada composta basicamente de células mononucleadas e hepatócitos normais ou pouco alterados. Embora o prognóstico seja geralmente favorável, há risco de evolução para a forma crônica ativa com persistência da biossíntese viral.

A hepatite crônica ativa é caracterizada por icterícia, hepatomegalia moderada, esplenomegalia, fosfatase alcalina e gamaglutamiltranspeptidase (GGT) normais ou moderadamente elevadas, além de a biópsia hepática apresentar infiltrado inflamatório constituído essencialmente de linfócitos.

A progressão para cirrose, doença progressiva, consiste na formação excessiva de tecido conjuntivo seguido de endurecimento e contração do fígado e com risco bastante elevado de evolução para CHC.

A hepatite crônica pelo HBV pode ser dividida em quatro fases: imunotolerância, imunorreativa ou *immunoclearance*, portador inativo e reativação.

A fase de imunotolerância é caracterizada por altos níveis de biossíntese viral, níveis normais de aminotransferases, com lesões hepáticas discretas ou ausentes, devido à baixa resposta imunológica do hospedeiro e à alta infecciosidade, ausência de

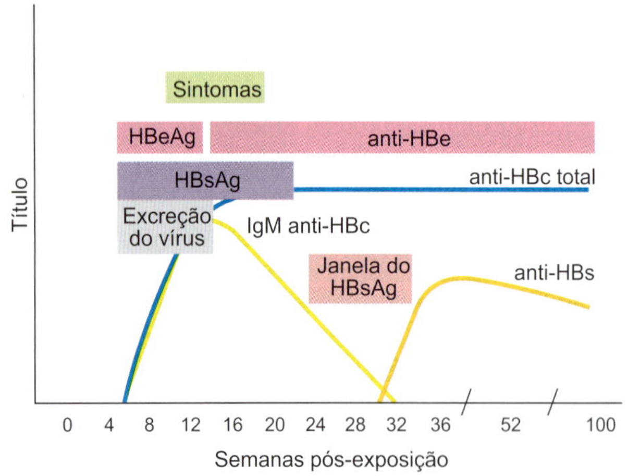


**Figura 16.14** Eventos clínicos e sorológicos da hepatite B aguda. O antígeno de superfície (HBsAg) aparece poucas semanas após a infecção, seguindo-se a elevação do título nas semanas seguintes, mesmo antes do surgimento dos sintomas. Durante a fase clinicamente aparente, os níveis de HBsAg estão elevados. Assim que os sintomas aparecem, o HBsAg começa a declinar e é substituído pelo anti-HBs. O aparecimento do anti-HBs coincide temporalmente com a recuperação da infecção. Em 1 a 2 semanas após o surgimento do HBsAg, podem ser detectados anticorpos contra o antígeno de *core* (HBcAg). A IgM anti-HBc aparece no início da infecção e é substituída pela IgG anti-HBc aproximadamente após 6 meses. O HBeAg surge durante o período de pico da biossíntese viral. Eventualmente, o HBeAg é substituído pelo anti-HBe.

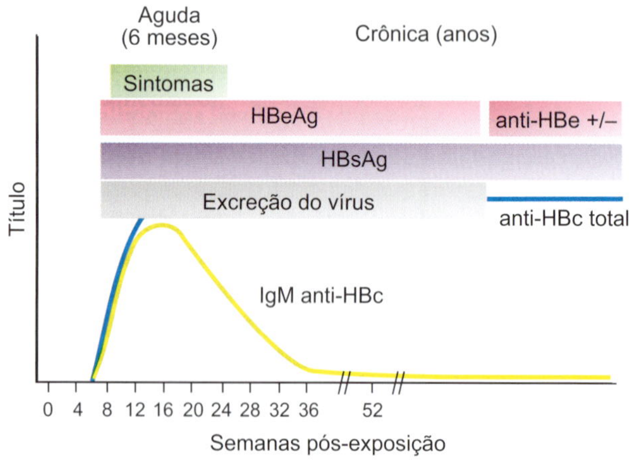


**Figura 16.15** Eventos clínicos e sorológicos da hepatite B crônica. O HBsAg permanece reativo indefinidamente na presença da IgG anti-HBc. São reconhecidas quatro fases da hepatite B crônica: uma fase com taxas de biossíntese relativamente elevadas ocorre no início da infecção e está associada à presença de HBeAg e níveis elevados de DNA viral (em geral > $10^6$ cópias/mℓ). Cerca de 10 a 15% dos pacientes convertem espontaneamente para uma fase de biossíntese menos intensa associada à presença do anti-HBe e níveis de DNA circulantes em torno de ≤ $10^3$ cópias/mℓ. Posteriormente, ocorre a inativação da biossíntese viral com síntese contínua de HBsAg, havendo a possibilidade de reativação da infecção e estabelecimento novamente da infecciosidade. IgM: imunoglobulina classe M.

necroinflamação hepática e lenta progressão para fibrose. Essa fase ocorre por um longo período de tempo, em indivíduos infectados de forma perinatal ou que adquiriram o vírus na primeira infância, mas raramente ocorre em indivíduos infectados pelo HBV no final da infância, ou na idade adulta, cuja infecção evolui para hepatite B crônica. Durante essa fase, a taxa espontânea de soroconversão do HBeAg é muito baixa (menos de 5% dos casos), no entanto, o risco de progressão para cirrose ou hepatocarcinoma também é baixo. A fase imunorreativa da hepatite B crônica é caracterizada pela presença do HBeAg, altos níveis de DNA do HBV e de ALT, assim como inflamação de moderada a grave, com rápida progressão para fibrose hepática. Um evento-chave na história natural dos pacientes HBeAg-positivos é a soroconversão para anti-HBe. Estudos mostraram que a soroconversão induz acentuada redução na biossíntese do HBV e está associada com a remissão bioquímica e histológica da atividade necroinflamatória na maioria dos pacientes. O desaparecimento espontâneo do HBeAg é observado em 8 a 15% dos indivíduos infectados que possuem ALT elevada, ocorrendo normalmente quando o processo de fibrose já se iniciou. Essa fase é observada mais frequentemente em indivíduos infectados na maioridade e que passaram por um longo período de imunotolerância. Os portadores inativos formam o maior grupo de pacientes com infecção crônica pelo HBV. Essa fase ocorre após a soroconversão do HBeAg para anti-HBe, sendo caracterizada por níveis baixos ou indetectáveis de DNA do HBV no soro e normalização dos níveis de ALT. Esse estado representa um bom prognóstico da doença, onde o acompanhamento dos portadores inativos por vários anos pode indicar uma remissão bioquímica sustentada e um baixo risco de desenvolvimento de cirrose ou carcinoma hepatocelular, como resultado do controle imunológico da infecção. O desaparecimento do HBsAg e a soroconversão para anti-HBs podem ocorrer espontaneamente após alguns anos, enquanto os níveis de DNA do HBV permanecem indetectáveis. Cerca de 20 a 30% dos portadores inativos podem sofrer uma reativação espontânea da hepatite B durante o acompanhamento. Múltiplos episódios de reativação podem causar danos hepáticos progressivos e até mesmo descompensação devido à intensificação da reação imunológica, resultando em lesões hepáticas graves e elevado risco e estabelecimento de cirrose.

A reativação em decorrência do aumento da biossíntese viral pode ocorrer após a fase do portador inativo, em função de uma imunossupressão do hospedeiro ou por mutações virais. No primeiro caso, geralmente o paciente reverte a soroconversão tornando-se novamente positivo para HBeAg, enquanto que, na segunda situação, o paciente permanece positivo para anti-HBe devido a mutações ocorridas na região pré-*core* e/ou no promotor basal do *core* que impedem ou diminuem significativamente a expressão do HBeAg. Os níveis de transaminases e DNA viral são significativamente menores em indivíduos HBeAg-negativos do que em indivíduos positivos para esse marcador. Apesar disso, em indivíduos HBeAg-negativos, a recuperação espontânea é rara, o prognóstico da doença a longo prazo é pior e as lesões histológicas são mais graves. Apesar de a atividade necroinflamatória ser similar nos indivíduos HBeAg-positivos e negativos, a ocorrência de fibrose é maior no último grupo. A estimativa anual de incidência de cirrose é de 2 a 6% em pacientes crônicos HBeAg-positivos, e de 8 a 10% em pacientes HBeAg-negativos.

Apesar da relação entre infecção persistente e desenvolvimento de câncer, os mecanismos envolvidos nesse processo ainda não são totalmente esclarecidos. Estudos sugerem que o HBV exerce apenas um efeito indireto na conversão maligna dos hepatócitos através da persistência da inflamação hepática (com presença de fatores de crescimento, citocinas, intermediários reativos de oxigênio) e na progressão de hepatite para cirrose, a qual por si só representa um fator de risco para o desenvolvimento de hepatocarcinoma. Evidências indicam que o HBV pode contribuir diretamente para o processo de transformação dos hepatócitos através da expressão de proteínas virais com potencial oncogênico (provavelmente a proteína HBx) ou por mecanismos relacionados à capacidade de integrar o DNA viral ao genoma celular do hospedeiro.

## Diagnóstico laboratorial

O diagnóstico laboratorial da infecção pelo HBV pode ser realizado por ensaios sorológicos (análise de marcadores sorológicos), técnicas imuno-histoquímicas (análise tecidual) ou moleculares (identificação do DNA viral). O diagnóstico deve ser realizado pela análise conjunta de exames clínicos e laboratoriais. A hepatite B aguda pode ser identificada através de exames bioquímicos que avaliam as taxas de transaminases do indivíduo. Nestes casos, observa-se um aumento dos valores de referência dessas enzimas no soro, podendo atingir 1.000 e 2.000 UI/mℓ, com níveis séricos de ALT maiores do que AST.

Testes sorológicos constituem as principais ferramentas para o diagnóstico das hepatites virais, já que estes detectam os antígenos e anticorpos presentes no soro do indivíduo portador da infecção e podem também indicar a fase de infecção. A partir da descoberta do antígeno Austrália e a sua associação com hepatite, uma série de marcadores sorológicos importantes para o diagnóstico laboratorial da hepatite B foram estabelecidos. São eles: antígeno de superfície (HBsAg), anticorpo para o HBsAg (anti-HBs), anticorpo para o HBcAg (anti-HBc), antígeno "e" (HBeAg) e anticorpo para o HBeAg (anti-HBe) (Quadro 16.5). A detecção de anticorpos e antígenos do HBV por meio de ensaios imunoenzimáticos (EIA, *enzyme immunoassays*) pode indicar diferentes estágios da infecção como infecção aguda, infecção crônica, resposta vacinal e ausência de contato prévio com o vírus (Quadro 16.6 e Figura 16.16).

O quadro de hepatite B aguda caracteriza-se pela presença no soro do HBsAg (marcador de infecção pelo HBV), pelo surgimento de anticorpos anti-HBc da classe IgM (marcador de infecção aguda pelo HBV) e pela presença do HBeAg (marcador de biossíntese viral). Durante o período de convalescença, o HBsAg e o HBeAg desaparecem e surgem os marcadores anti-HBe (indica baixa biossíntese viral) e anti-HBs. Esse último é o anticorpo protetor que neutraliza o vírus e cuja presença após infecção aguda usualmente indica cura e imunidade contra uma reinfecção, além de ser detectado em indivíduos vacinados contra o HBV. O marcador anti-HBc total é também detectado no período de convalescença e, geralmente, permanece durante a vida, sendo, assim, considerado marcador sorológico de exposição ao HBV.

No caso de pacientes com infecção crônica pelo HBV, há persistência do HBsAg após o 6º mês de infecção. Os marcadores de biossíntese viral e as manifestações clínicas são dependentes da interação do vírus com o hospedeiro. Frequentemente, são detectados os marcadores anti-HBc total, HBeAg ou anti-HBe.

Além desses marcadores sorológicos, a pesquisa do ácido nucleico viral (DNA do HBV) pode ser realizada através de técnicas de Biologia Molecular quantitativa e qualitativa, como a

**Quadro 16.5** Marcadores sorológicos para o diagnóstico laboratorial da hepatite B.

| Marcador | Significado |
|---|---|
| **Hepatite B aguda** | |
| HBsAg | É o primeiro marcador que aparece no curso da infecção pelo HBV. Na hepatite aguda, ele declina a níveis indetectáveis em 24 semanas |
| IgM anti-HBc | É o marcador de infecção recente, encontrado no soro até 32 semanas após a infecção |
| IgG anti-HBc | É marcador de longa duração, presente nas infecções agudas e crônicas. Representa contato prévio com o vírus |
| HBeAg | É marcador de biossíntese viral. Sua positividade indica alta infecciosidade |
| Anti-HBe | Surge após o desaparecimento do HBeAg, indicando o fim da biossíntese ativa |
| Anti-HBs | É o único anticorpo que confere imunidade ao HBV. Está presente no soro após o desaparecimento do HBsAg, sendo indicador de cura e imunidade. Está presente isoladamente em pessoas vacinadas |
| **Hepatite B crônica** | |
| HBsAg | Sua presença por mais de 24 semanas é indicativa de hepatite crônica |
| HBeAg | Na infecção crônica está presente enquanto ocorrer biossíntese viral |
| Anti-HBe | Sua presença sugere redução ou ausência de biossíntese viral, exceto nas estirpes com mutação pré-*core* (não produtoras do antígeno "e") |

HBsAg: antígeno de superfície do HBV; HBeAg: antígeno "e" do HBV; anti-HBc: anticorpo contra o antígeno de *core* do HBV; anti-HBs: anticorpo contra o antígeno de superfície do HBV; IgG: imunoglobulina classe G; IgM: imunoglobulina classe M. Fonte: MS do Brasil/SVS/DVE, 2005.

**Quadro 16.6** Interpretação dos resultados sorológicos para hepatite B*.

| | Marcador | | | | | |
|---|---|---|---|---|---|---|
| **Interpretação** | **HBsAg** | **HBeAg** | **IgM anti-HBc** | **IgG anti-HBc**** | **Anti-HBe total** | **Anti-HBs total** |
| Suscetível | – | – | – | – | – | – |
| Incubação | + | – | – | – | – | – |
| Fase aguda | + | + | + | + | – | – |
| Fase aguda final ou hepatite crônica | + | + | – | + | – | – |
| | + | – | – | + | + | – |
| | + | – | – | + | – | – |
| Início fase convalescente | – | – | + | + | – | – |
| Imunidade, infecção passada recente | – | – | – | + | + | + |
| Imunidade, infecção passada | – | – | – | + | – | + |
| Imunidade, infecção passada | – | – | – | + | – | –*** |
| Imunidade, resposta vacinal | – | – | – | – | – | + |

HBsAg: antígeno de superfície do HBV; HBeAg: antígeno "e" do HBV; anti-HBc: anticorpo contra o antígeno de *core* do HBV; anti-HBs total: anticorpos IgM + IgG contra o antígeno de superfície do HBV; anti-HBe total: anticorpos IgM + IgG contra o antígeno "e" do HBV; IgG: imunoglobulina classe G; IgM: imunoglobulina classe M; +: teste positivo; –: teste negativo. *Perfis sorológicos atípicos podem ser encontrados no curso da infecção pelo HBV; tais circunstâncias necessitam da avaliação de um especialista. **Devido à indisponibilidade comercial desse marcador, utiliza-se o anti-HBc total como teste de triagem. ***Com o passar do tempo, o anti-HBs pode estar em níveis indetectáveis pelos testes laboratoriais. Fonte: MS do Brasil/SVS/DVE, 2005.

reação em cadeia da polimerase (PCR, *polymerase chain reaction*). O teste qualitativo é importante na pesquisa de hepatite B oculta, em que o DNA do vírus é detectado por testes moleculares, apesar da ausência do HBsAg em testes sorológicos. Os testes quantitativos do HBV, os quais determinam a carga viral do indivíduo, são utilizados para monitoramento da presença de biossíntese viral e para o acompanhamento de pacientes submetidos a tratamentos antivirais para identificar o sucesso ou a ocorrência de resistência ao fármaco.

Diante da suspeita de infecção pelo HBV, o Ministério da Saúde (MS) do Brasil recomenda a execução dos fluxogramas de diagnóstico (ver Figura 16.16) a fim de tornar rápido o encaminhamento do paciente a um especialista, quando necessário. A solicitação de marcadores para o estadiamento da doença deve ser feita conforme preconizado pelo "Protocolo Clínico e Diretrizes Terapêuticas para Hepatite B e Coinfecções". Quando da solicitação de marcadores da infecção, é preciso sempre ponderar o critério para definição de hepatite B crônica, que é a detecção do HBsAg em dois exames consecutivos, executados em um espaço de pelo menos seis meses.

Os marcadores sorológicos circulantes podem ser detectados no soro, plasma ou sangue de pacientes infectados, por meio de EIA que apresenta altas especificidade e sensibilidade. O HBsAg também pode ser detectado por meio de testes

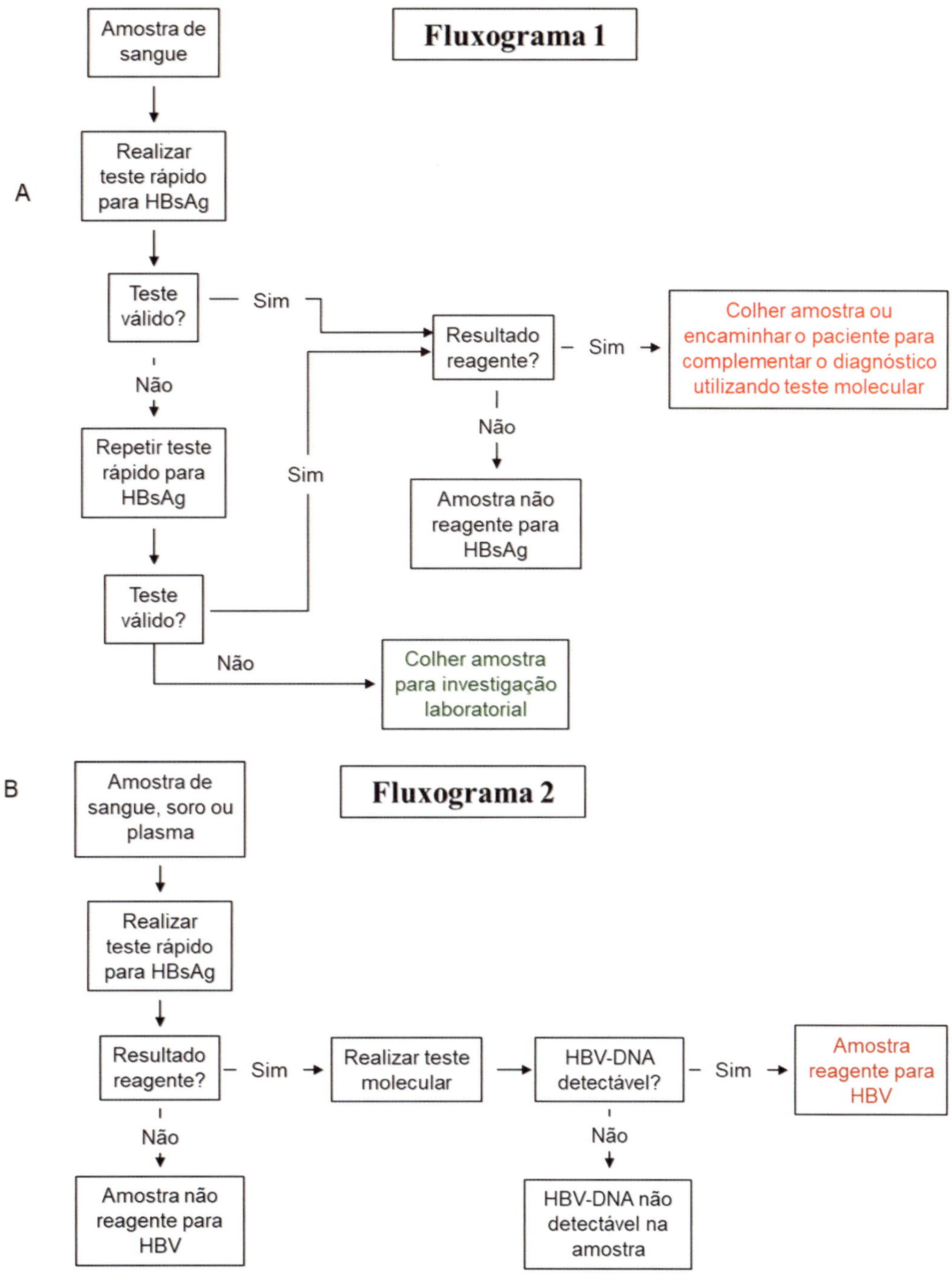


**Figura 16.16** Fluxogramas para investigação da infecção pelo HBV. **A.** Investigação inicial da infecção pelo HBV utilizando testes rápidos para detecção de HBsAg (TR–HBsAg). **B.** Diagnóstico da infecção pelo HBV utilizando TR-HBsAg e teste molecular (HBV-DNA). (*continua*)

imunocromatográficos ou testes rápidos (TR). Embora ambos os ensaios detectem o HBsAg, apenas os EIA detectam também o anti-HBc. Com raras exceções, ambos os marcadores estão presentes em todas as fases da infecção pelo HBV.

Conforme a Portaria MS nº 158, de 4 de fevereiro de 2016, amostras de banco de sangue devem ser investigadas utilizando testes sorológicos e testes para detecção de ácidos nucleicos (NAT, *nucleic acid test*). Indivíduos com amostras reagentes para ambos os marcadores devem ser encaminhados ao serviço de saúde para que o estado da infecção possa ser avaliado. Amostras reagentes para apenas um dos marcadores devem também ser encaminhadas ao serviço de saúde para confirmação diagnóstica, usando um dos fluxogramas disponíveis (ver Figura 16.16) e avaliando a necessidade de vacinação do indivíduo.

O MS do Brasil propõe três fluxogramas para o diagnóstico da infecção pelo HBV, com o intuito de oferecer opções que possam ser selecionadas de acordo com a realidade local, a capacidade do laboratório e o contexto clínico envolvido.

O fluxograma 1 (Figura 16.16A) emprega um TR para detecção do HBsAg em amostras de sangue total. Esse fluxograma é indicado para uso em serviços de saúde e assistência, permitindo a investigação inicial da infecção pelo HBV. Após a detecção do HBsAg por meio de TR, a complementação do diagnóstico deve ser feita utilizando testes laboratoriais, conforme os

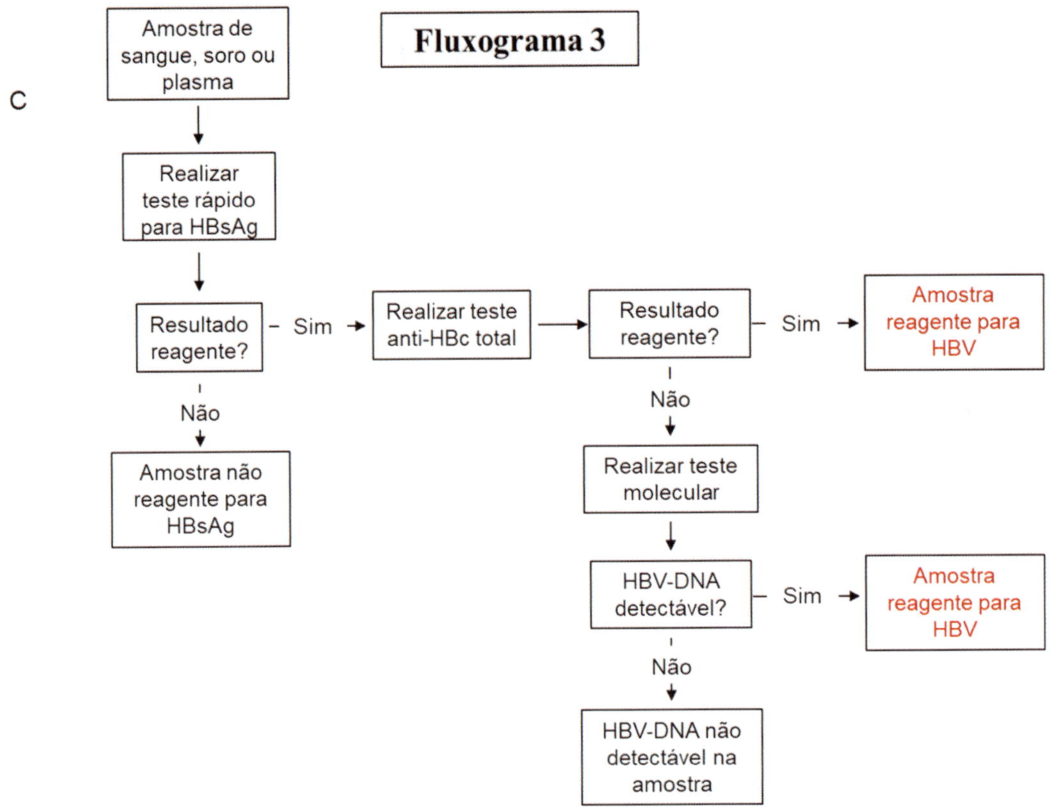


**Figura 16.16** *(Continuação)* Fluxogramas para investigação da infecção pelo HBV. **C.** Diagnóstico da infecção pelo vírus da hepatite B utilizando TR-HBsAg e anti-HBc total. Fonte: MS do Brasil/SVS/DIAHV, 2018.

fluxogramas 2 e 3 (Figura 16.16B e C). Em caso de resultado não reagente, permanecendo a suspeita de infecção, deve-se colher uma nova amostra após 30 dias e repetir o fluxograma. Este esquema pode ser utilizado em gestantes e em indivíduos menores de 18 meses.

O fluxograma 1 permite uma testagem rápida e a ampliação das oportunidades de diagnóstico, principalmente entre as populações-chave. A pessoa com resultado reagente pode ser oportunamente encaminhada para a complementação diagnóstica com a utilização de NAT. Entretanto, o TR pode não ser capaz de detectar a infecção pelo HBV nos casos de hepatite oculta, ou nos casos de estirpes virais com mutações no HBsAg.

O fluxograma 2 (Figura 16.16B) permite o diagnóstico da infecção pelo HBV em indivíduos na fase aguda ou crônica da doença. É capaz de identificar infecções ativas pelo HBV em adultos e em indivíduos menores de 18 meses. Entretanto, ele pode não ser capaz de detectar a infecção pelo HBV nos casos de hepatite oculta, ou nos casos de estirpes virais com mutações no HBsAg. O fluxograma se inicia com um imunoensaio para detectar o HBsAg, como teste inicial, e um teste molecular como teste confirmatório, usados sequencialmente. O imunoensaio pode ser um TR ou um ensaio imunoenzimático. Uma discordância entre o primeiro e o segundo testes pode se dar em virtude de um resultado falso-reagente no primeiro teste ou por se tratar de um indivíduo com carga viral abaixo do limite de detecção da metodologia. Em caso de resultado não reagente no primeiro teste, ou discordância entre os testes, permanecendo a suspeita de infecção, deve-se colher uma nova amostra após 30 dias e repetir o fluxograma. No caso da necessidade de complementação diagnóstica, caberá ao médico definir o encaminhamento do paciente, conforme o "Protocolo Clínico e Diretrizes Terapêuticas para Hepatite B e Coinfecções".

O fluxograma 3 (Figura 16.16C) permite o diagnóstico da infecção pelo HBV em indivíduos na fase aguda ou crônica da doença. Não será capaz de detectar a infecção pelo HBV nos casos de hepatite oculta, ou nos casos de estirpes virais com mutações no HBsAg. O fluxograma se inicia com um imunoensaio capaz de detectar o HBsAg, como teste inicial, e um imunoensaio para a detecção do anti-HBc total como teste complementar, usados sequencialmente. Por fazer uso de testes que detectam anticorpos totais, esse fluxograma não deve ser usado em indivíduos menores de 18 meses de idade, e os resultados devem ser avaliados com cuidado em indivíduos imunossuprimidos/imunodeprimidos. Em caso de resultado não reagente no primeiro teste, ou discordância entre o primeiro e o segundo testes, permanecendo a suspeita de infecção, colher uma nova amostra após 30 dias e repetir o fluxograma. No caso da necessidade de complementação diagnóstica, caberá ao médico definir o encaminhamento do paciente, conforme o "Protocolo Clínico e Diretrizes Terapêuticas para Hepatite B e Coinfecções".

## Epidemiologia

Segundo a Organização Mundial da Saúde (OMS), cerca de 2 bilhões de pessoas foram expostas ao HBV em todo o mundo com cerca de 257 milhões de portadores crônicos. Estima-se que, entre 500 mil e 1 milhão de pessoas morram anualmente em função de alguma doença hepática relacionada ao HBV. Altas taxas de prevalência (≥ 8%) para o HBsAg são observadas na Ásia, África Subsaariana, Alasca, no Oriente Médio e em parte da Bacia Amazônica onde o risco de infecção ao longo da vida chega a 60%, geralmente ocorrendo na primeira infância, com alto risco de evolução para a infecção crônica. Prevalências intermediárias de 2 a 7% são encontradas na Ásia Central, em Israel, no Japão, em parte das Américas do Sul e Central, leste da Europa e Rússia, onde o risco de contrair a infecção é de 20 a 60%. Já as regiões de baixas prevalências (< 2%) estão nos países da América do Norte (exceto Alasca), Europa Ocidental, Nova Zelândia, Austrália (exceto os aborígines) e a região sul da América Latina, onde o risco de infecção durante a vida é inferior a 20% e ocorre geralmente na idade adulta. O Brasil foi recentemente classificado como uma área de baixa prevalência, embora certas localidades possam apresentar altas taxas. Há evidências de maior prevalência do HBV em algumas populações da Amazônia e outras regiões do interior do Brasil. Além disso, a prevalência da infecção crônica é influenciada pela migração de populações asiáticas para o Brasil. Dados do MS do Brasil mostram que entre 1999 e 2018 foram registrados 233.027 casos da doença no país, com 15.033 óbitos entre os anos 2000 e 2017. A OMS classifica a Região Norte do Brasil como de alta endemicidade e as demais Regiões como de baixa endemicidade. Entretanto, os dados epidemiológicos divulgados pelo Departamento de Vigilância, Prevenção e Controle das Infecções Sexualmente Transmissíveis, do HIV/AIDS e das Hepatites Virais, em julho de 2019, mostram que a Região Sul apresenta a maior taxa de incidência (31,6%) seguida pelas Regiões Norte (14,4%), Nordeste (9,9%) e Centro-Oeste (9,1%) (Figura 16.17).

## Prevenção e controle

A prevenção da hepatite B visa reduzir os casos de hepatite, tanto aguda quanto crônica, e, consequentemente, as complicações desencadeadas pelo agravamento dessa infecção. Esses fatores dependem da seleção e controle de doadores de sangue, sêmen, tecidos e da educação da população em relação às formas de transmissão, por meio de programas de conscientização e treinamento de profissionais de saúde. O modo mais eficaz de prevenir a hepatite B é por meio das vacinas, incluindo programas de vacinação que englobe crianças e adolescentes em todo o mundo, além de adultos que constituam uma população com especial risco para essa doença. No Brasil, a vacina contra a hepatite B foi implantada em 1992 e está disponível no Sistema Único de Saúde (SUS) para todas as idades, sendo altamente recomendada para grupos de risco para hepatite B. As primeiras vacinas licenciadas contra a hepatite B (1981) eram derivadas de plasma de doadores humanos portadores de infecção crônica pelo HBV, em que o vírus era inativado por métodos físico-químicos. Desde 1986, utilizam-se vacinas produzidas a partir de tecnologia de DNA recombinante, em que é feita a inserção de um plasmídeo contendo o gene que codifica para o HBsAg em *Saccharomyces cerevisiae*. As células dessa levedura produzem o HBsAg, que é posteriormente purificado e utilizado na produção de vacinas.

Em termos de saúde pública, a melhor estratégia para erradicar a infecção por HBV é um programa de vacinação universal, tal como recomendado pela OMS. A implantação da vacinação universal contra hepatite B para crianças na maioria dos países reduziu a prevalência do HBV nas últimas décadas. No final de 2007, a vacina contra o HBV havia sido introduzida em 171 países, abrangendo cerca de 65% da população mundial, em comparação com apenas 3% em 1992. No Brasil, o MS/PNI (Programa Nacional de Imunizações) recomenda a vacinação em 3 ou 4 doses, sendo a primeira, de preferência nas primeiras 12 horas de vida do recém-nascido ou na ocasião da vacina BCG-ID, com intervalo de 1 mês entre a 1ª e a 2ª doses (no esquema de 3 doses, as mesmas são ministradas ao 0, 1 e 6 meses). Após administração do esquema completo, a vacina induz imunidade em 90 a 95% dos casos vacinados.

A imunoglobulina humana anti-hepatite B (IGHAHB) usualmente é administrada em dose única, 0,5 mℓ para recém-nascidos ou 0,06 mℓ/kg de peso corporal (máximo de 5 mℓ) para as demais idades. A IGHAHB deve ser aplicada por via intramuscular, inclusive na região glútea. Quando administrada simultaneamente à vacina, a aplicação deve ser feita em grupo muscular

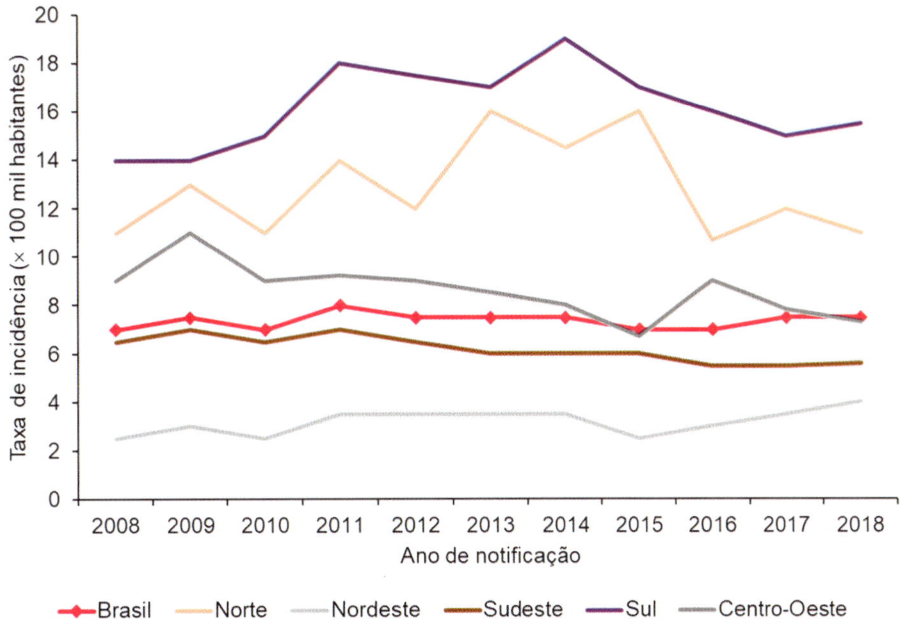


**Figura 16.17** Taxa de detecção de hepatite B (por 100.000 habitantes) segundo região de residência e ano de notificação. Brasil, 2008 a 2018. Adaptada de MS do Brasil/SVS, Boletim epidemiológico de Hepatites Virais, 2019.

diferente. É indicada para pessoas não vacinadas, após exposição ao vírus da hepatite B, nas seguintes situações: prevenção da infecção perinatal pelo vírus da hepatite B; vítimas de acidentes com material biológico positivo ou fortemente suspeito de infecção por HBV, sem vacinação para hepatite B; comunicantes sexuais de casos agudos de hepatite B; vítimas de abuso sexual; e imunocomprometidos após exposição de risco, mesmo que previamente vacinados.

### Tratamento

O tratamento de indivíduos com hepatite B crônica tem como principal objetivo a redução ou supressão da biossíntese viral e, por conseguinte, a prevenção da progressão dos danos hepáticos que podem levar à cirrose, insuficiência hepática, e ao desenvolvimento de carcinoma hepatocelular e morte subsequente. Os antivirais atualmente disponíveis, no entanto, são incapazes de eliminar a infecção pelo HBV devido à persistência do DNA viral sob a forma de DNAccc ou integrado no genoma celular no núcleo dos hepatócitos de indivíduos infectados. Em pacientes com infecção pelo HBV, o objetivo da terapia antiviral é conseguir a soroconversão do HBeAg para anti-HBe, uma vez que esse evento imunológico está associado a um risco reduzido de progressão da doença hepática. A redução da carga viral é essencial para a obtenção da soroconversão do HBeAg e, posteriormente, para uma possível soroconversão do HBsAg para anti-HBs. Os agentes antivirais disponíveis são eficazes em suprimir a biossíntese do HBV, mas em muitos casos eles não são capazes de induzir uma resposta sustentada após a descontinuidade do tratamento. Portanto, o principal objetivo do tratamento é controlar a biossíntese viral para evitar exacerbações das transaminases e/ou induzir a remissão da doença.

Atualmente, duas estratégias são comumente utilizadas no tratamento da hepatite crônica: o uso do interferon-α (IFN-α) convencional ou IFN-α peguilado (PEG-IFN-α), glicoproteínas que possuem ação imunomodulatória, estimulando a resposta imunológica do hospedeiro contra o vírus; e análogos de nucleos(t)ídeos (AN), agentes que atuam diretamente contra o vírus, inibindo a biossíntese pelo bloqueio da atividade da polimerase viral. Os AN são antivirais orais que apresentam um rápido e potente efeito inibitório sobre a atividade de transcriptase reversa da polimerase do HBV, sendo seguros e efetivos na supressão do DNA viral, promovendo ainda a normalização das transaminases e melhora histológica. Atualmente, seis medicamentos AN estão licenciados nos EUA para o tratamento da infecção pelo HBV: lamivudina (3TC), adefovir dipivoxila, entecavir (ETV), telbivudina (LdT), fumarato de tenofovir desoproxila (TDF) e fumarato de tenofovir alafenamida (TAF). No Brasil, o Sistema Único de Saúde (SUS) disponibiliza TDF e ETV, além de PEG-IFN-α.

O principal problema relacionado ao uso prolongado de AN é a seleção de estirpes do HBV com mutações de resistência aos antivirais. Devido à variabilidade espontânea do genoma viral, a pressão farmacológica pode selecionar estirpes virais que apresentem uma melhor capacidade de biossíntese no novo ambiente criado pelo uso dos antivirais. As mutações que conferem resistência aos AN estão localizadas no gene da polimerase viral e podem causar diretamente mudanças conformacionais nessa proteína, levando a um impedimento estérico entre os análogos trifosfatados e o aminoácido substituído. A rapidez da seleção de mutantes resistentes aos medicamentos depende da capacidade de biossíntese dessas estirpes, do seu nível de resistência e de hepatócitos disponíveis no fígado para infecção por esses mutantes. Essas variáveis podem explicar, em parte, as diferenças na taxa de resistência para os diferentes antivirais atualmente utilizados no tratamento da hepatite B.

A principal estratégia para prevenir o desenvolvimento de resistência aos antivirais consiste em escolher os medicamentos mais potentes como primeira escolha para o tratamento da hepatite B crônica. Em pacientes jovens HBeAg-positivos com ALT elevada e níveis moderados de DNA do HBV, o tratamento com PEG-IFN-α deve ser considerado por se tratar de uma terapia com duração finita e sem risco de seleção de resistentes. Para os demais pacientes, o uso de antivirais mais potentes com uma grande barreira genética à ocorrência de resistência (tenofovir ou entecavir) é a escolha ideal por permitir o controle da biossíntese viral e da doença hepática na maioria dos pacientes por vários anos. Para mais informações sobre as drogas anti-HBV consultar o *Capítulo 9*.

## Vírus da hepatite D

Caroline Cordeiro Soares

### Histórico

O vírus da hepatite D (HDV) foi identificado no final da década de 1970 quando um antígeno desconhecido foi detectado no núcleo de hepatócitos de pacientes com hepatite B crônica que desenvolveram quadros graves de doença hepática. Acreditava-se que esse antígeno seria um novo marcador da infecção pelo HBV, já que era apenas encontrado em pacientes com hepatite B. Análises de soro revelaram que esses pacientes, além do antígeno (denominado antígeno Delta ou HDAg), também desenvolviam um anticorpo específico contra o HDAg. Durante a década de 1980, experimentos confirmaram que o HDAg era componente de um patógeno transmissível, porém defectivo e dependente de coinfecção com o HBV para sua biossíntese. Logo mostrou-se que o HDAg era o componente interno de uma partícula *virus-like*, composta por uma pequena molécula de RNA e pelo HDAg, envoltos pelo antígeno de superfície do HBV (HBsAg). Além disso, demonstrou-se que era o agente infeccioso responsável por exacerbação e agravamento da doença causada pelo HBV. Esse agente foi associado a casos graves de hepatite aguda e crônica em indivíduos HBsAg-positivos.

### Classificação e características

O vírus da hepatite D (HDV) é classificado pelo Comitê Internacional para Taxonomia de Vírus (ICTV, *International Committee on Taxonomy of Viruses*, 2020, MSL#35) como a espécie protótipo *Hepatitis delta virus*, do gênero *Deltavirus*, que é um gênero separado, não fazendo parte de nenhuma família de vírus. As partículas, com aproximadamente 36 nm de diâmetro, são compostas por um envelope e uma ribonucleoproteína (RNP). O genoma, uma molécula de RNA de fita simples, circular e de polaridade negativa (RNAfs–), é envolvido por moléculas de antígeno delta (HDAg) apresentado em suas duas isoformas: *small* (S-HDAg) e *large* (L-HDAg). O envelope viral é formado pelas proteínas do HBV (HBsAg), em todas as suas formas (*large* [L], *middle* [M] e *small* [S]), além de lipídeos da célula hospedeira (Figura 16.18). O envelope adquirido do *helper* HBV dá suporte

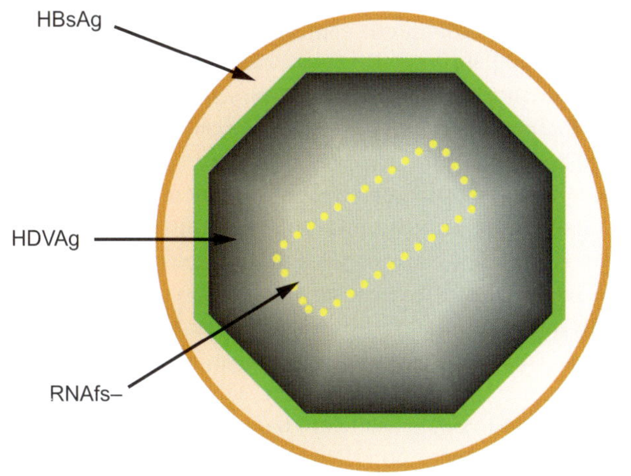


Figura 16.18 Esquema da partícula do HDV. O vírion apresenta 35 a 43 nm de diâmetro e consiste em um genoma de RNA de fita simples negativo, circular, capsídeo composto pelo antígeno delta (HDAg) e envelope contendo HBsAg.

à montagem e liberação de novas partículas de HDV e contribui para a capacidade dessas partículas em se ligar e infectar células suscetíveis. Já que o HBsAg é essencial para a entrada nos hepatócitos e espalhamento célula-célula, o HDV só pode infectar portadores crônicos do HBV (superinfecção) ou infectar indivíduos simultaneamente com o HBV (coinfecção).

O RNA do HDV e de viroides de plantas compartilham algumas características como tamanho reduzido, estrutura circular e replicação por mecanismo de círculo rolante. O tamanho do RNA dos viroides (entre 220 e 400 nucleotídeos [nt]) é muito pequeno para codificar uma proteína, mesmo que seja de mínima complexidade, enquanto o genoma do HDV (cerca de 1.700 nt), significativamente maior, codifica para o antígeno delta. No entanto, estudos mais específicos sobre o genoma viral propõem que ele compreenda um domínio *viroid-like* de aproximadamente 350 nt, contendo ribozimas (sequências pequenas, com capacidade autoclivante) cruciais para a replicação do genoma viral, adicionado a outro domínio contendo a região codificante para o HDAg. O genoma do HDV é menor do que o de qualquer outro agente infeccioso de animais, e o alto grau de pareamento intramolecular de bases (aproximadamente 74%) permite a formação de uma estrutura em forma de haste, não ramificada.

A célula infectada pelo HDV contém, além do genoma viral, fitas exatamente complementares a este (antigenomas) e RNA lineares, de aproximadamente 800 nt. Os antigenomas se acumulam durante a biossíntese do HDV e apresentam a ORF (sequência de leitura aberta [*open reading frame*]) da única proteína do HDV, o antígeno delta (HDAg). Entretanto, essa proteína de 195 aa é traduzida a partir do RNA linear, que funciona como RNA mensageiro (RNAm), e tem a mesma polaridade do RNA antigenômico, com extremidade 5′ capeada e extremidade 3′ poliadenilada. A proteína que forma o HDAg existe em duas isoformas, uma de 24 kDa (*small* HDAg ou S-HDAg) com 195 aa, essencial para a transcrição e acúmulo de RNA, e outra de 27 kDa (*large* HDAg ou L-HDAg) com 214 aa, essencial para a montagem de novas partículas. O L-HDAg é produto da edição pós-transcricional do *stop codon* do S-HDAg, que permite a síntese de uma forma com 19 aa a mais. O L-HDAg suprime o S-HDAg, funcionando como inibidor da replicação, além de ser responsável pela associação ao HBsAg para que ocorra a montagem das novas partículas. *In vitro*, a montagem é dependente da adição de ácido isoprenílico (prenilação) ao L-HDAg para a formação do nucleocapsídeo. Todas as outras proteínas necessárias à replicação do genoma viral são providas pela célula hospedeira, mostrando que a RNA polimerase-DNA dependente celular de alguma forma é redirecionada para usar o RNA viral como molde da síntese de RNA.

Análises de diferentes estirpes demonstram que a variação no tamanho do genoma é limitada entre 1.672 e 1.697 nt, mas que as sequências são altamente variáveis. A divergência de sequências dentro de um mesmo genótipo pode chegar a até 18% e de 20 a 40% entre genótipos diferentes. Em um mesmo indivíduo, a população viral pode ser bem variada, sendo considerada *quasispecies*. Essas variações se devem, parcialmente, a não atividade de correção (*proofreading*) das RNA polimerases. No entanto, essa variabilidade não é homogênea por todo o genoma. As regiões da ribozima autocatalítica e o domínio de ligação do HDAg ao RNA são extremamente conservadas, enquanto a região carboxiterminal do L-HDAg é bastante divergente. Historicamente, a genotipagem do HDV era realizada por análise imuno-histoquímica do tecido hepático, ou por reação de polimorfismo de fragmentos de DNA em gel de agarose (RFLP, reação de polimorfismo de fragmentos de restrição [*restriction fragment length polymorphism*]) de produtos da PCR. Após a introdução de técnicas de genotipagem por sequenciamento direto, ficou demonstrada a existência de oito genótipos (HDV-1 a HDV-8).

## Biossíntese viral

A etapa de entrada do HDV no hepatócito acontece através dos mesmos mecanismos do HBV, visto que ambos compartilham o mesmo envelope. A infecciosidade de ambos é dependente da L-HBsAg, especialmente da porção N-terminal (no domínio Pré-S1), onde está localizado um sítio essencial de miristoilação, assim como de resíduos de aminoácidos específicos presentes na S-HBsAg. Após adsorção das partículas de HDV a proteoglicanas de sulfato de heparana expostas na superfície da célula hospedeira, ocorre ligação da L-HBsAg do envelope viral ao receptor polipeptídeo cotransportador de taurocolato de sódio (NTCP, *sodium [natrium] taurocholate cotransporting polypeptide*). Uma vez no citoplasma, a ribonucleoproteína (RNP) viral é translocada ao núcleo, através de um sinal de localização nuclear presente no HDAg, onde ocorrerá a biossíntese do HDV de forma totalmente independente do HBV.

O antígeno delta não tem atividade de RNA polimerase; para replicar seu genoma, o HDV precisa utilizar as RNA polimerases da célula hospedeira, que tratam o RNA viral como um DNA de fita dupla por causa de sua estrutura dobrada em forma de haste. Três formas de RNA são produzidas durante a replicação e alguns estudos sugerem que não apenas a RNA polimerase II celular esteja envolvida no processo de replicação do HDV, mas também as polimerases I e III. A replicação do RNA do HDV ocorre via mecanismo de círculo rolante, que é um processo comum aos viroides que infectam plantas.

O modelo de transcrição do RNA do HDV produz um RNA multimérico linear que é processado para gerar RNA monoméricos lineares e circulares. Tal processamento envolve etapas de clivagem e ligação e deve ocorrer tanto no RNA genômico como no antigenômico. Em ambos os casos, tal processamento requer atividade de autoclivagem sítio-específica conhecida como ribozima. A ribozima do HDV é um pequeno motivo catalítico essencial para a replicação do RNA durante a biossíntese viral. Como as reações de clivagem produzem monômeros lineares, é necessária uma etapa subsequente para ligar as extremidades e formar os RNA circulares. Alguns dados sugerem que uma RNA ligase da célula hospedeira seja utilizada nesse processo, no entanto, estudos *in vitro* demonstram que as extremidades clivadas podem se autoligar em condições fisiológicas.

A ORF localizada no RNA antigenômico gera as duas isoformas do HDAg por causa da heterogeneidade do RNA no códon 196. Um *stop codon* UAG nessa posição leva à tradução do S-HDAg; entretanto, a edição do RNA pela adenosina desaminase-1 celular modifica a sequência para UGG e, consequentemente, uma fita mais longa (L-HDAg) é sintetizada. S-HDAg retorna ao núcleo para dar suporte à replicação do genoma viral, enquanto o L-HDAg é um regulador negativo da replicação do genoma do HDV e essencial para a montagem dos vírions. Portanto, a edição do RNA linear é um evento central no ciclo de biossíntese do HDV porque controla os níveis de cada isoforma e, consequentemente, o equilíbrio entre a síntese do RNA viral e montagem de novas partículas. As duas formas de HDAg sofrem modificações pós-traducionais essenciais para suas funções. O S-HDAg atua de diferentes maneiras, de acordo com as modificações pós-traducionais que sofre. A fosforilação de dois resíduos de serina permite a interação com a RNA polimerase II celular, possibilitando a replicação do RNA antigenômico. Quando o S-HDAg sofre uma sumoilação (adição de uma proteína similar à ubiquitina em resíduos de lisina) a síntese do RNA genômico e RNAm são potencializadas. Já na L-HDAg, a farnesilação (adição de um grupo farnesil a um resíduo de cisteína) é responsável pela inibição da replicação do RNA e fundamental para a montagem de novas partículas.

Apesar da replicação do genoma e síntese de novas RNP do HDV serem processos independentes do HBV, sua liberação dos hepatócitos depende da presença de HBV na mesma célula. A montagem do vírion depende da interação entre a L-HDAg e o HBsAg. No núcleo, as moléculas de S-HDAg e L-HDAg formam novas estruturas com o RNA genômico. Esses complexos são exportados para o complexo de Golgi através de um sinal na região carboxiterminal do L-HDAg, se associam com as proteínas de envelope do HBV e dão origem aos novos vírions infecciosos. Uma interação da região carboxiterminal do L-HDAg com cadeias pesadas de clatrina é essencial para a montagem dos vírions.

## Patogênese e manifestações clínicas

O HDV é reconhecido como um vírus altamente patogênico que causa doença aguda e crônica e pode ser adquirido por coinfecção, quando os dois vírus (HBV e HDV) infectam um indivíduo simultaneamente, ou por superinfecção, quando o indivíduo já estava previamente infectado pelo HBV. O exato mecanismo de interação entre HBV e HDV ainda não está elucidado, porém o HDV suprime a biossíntese, diminuindo a viremia do HBV. Embora o HBV não seja citopatogênico e o dano celular seja causado pela resposta imunológica do hospedeiro, o HDV apresentou citotoxicidade, principalmente relacionada a S-HDAg, em chimpanzés e cultura de células. No entanto, as respostas imunológicas, inata e adaptativa, estão envolvidas na mediação dos danos hepáticos também na hepatite delta. O HDV pode interferir na sinalização da ativação de interferon, bloqueando a ativação e translocação de proteínas STAT (transdutor de sinal e ativador de transcrição [*signal transducer and activator of transcription*]), contribuindo para a persistência do vírus no organismo e falhas no tratamento com interferon.

As manifestações clínicas dessa infecção podem variar desde estado assintomático a hepatite fulminante e cirrose. O curso clínico da infecção aguda pelo HDV é similar àquela causada pelo HBV, entretanto, comparada à monoinfecção pelo HBV, a coinfecção HBV/HDV induz danos hepáticos mais graves, incluindo necrose dos hepatócitos e desenvolvimento de cirrose em menos tempo e com risco aumentado de falência hepática aguda. Em casos de coinfecção, dois picos de elevação nos níveis de aminotransferases são observados com semanas de intervalo, correspondentes ao estabelecimento da infecção pelo HBV e subsequente espalhamento do HDV. Os sintomas são inespecíficos e incluem fadiga e náusea. A fase ictérica, quando ocorre, é caracterizada pelo aumento nos níveis de bilirrubina no soro. Quando a coinfecção ocorre em indivíduos adultos imunocompetentes, a progressão para resolução de ambas as infecções ocorre em 90 a 95% dos casos. Em casos de superinfecção, o HDV apresenta um curso clínico mais grave, com maior chance de hepatite fulminante, sendo que mais de 90% dos portadores crônicos do HBV superinfectados se tornam crônicos também para o HDV. A hepatite D crônica é caracterizada por infiltrados inflamatórios e fibrose progressiva, levando à cirrose, assim como em outras hepatites virais crônicas. Os mecanismos que determinam quando um indivíduo evolui para a cura ou se torna cronicamente infectado, assim como o processo que causa hepatite grave com rápida progressão de fibrose, ainda não foram esclarecidos.

Evidências sugerem que, na fase aguda, a viremia é associada ao aumento do nível de alanina-aminotransferase e supressão do HBV. Na fase crônica, ocorre queda da taxa do RNA viral com consequente reativação do HBV e aumento moderado dos níveis de transaminases. Essa fase pode ser caracterizada pelo desenvolvimento de cirrose e carcinoma hepatocelular (CHC) devido à biossíntese do HDV ou HBV, ou pela remissão, com *clearance* de ambos os vírus. Por isso, as cargas virais de HDV e HBV variam de acordo com o estágio da infecção. Não se sabe se essa variação tem relação direta com a progressão da doença e outros fatores devem ser considerados.

A resolução da doença pode ocorrer com o *clearance* do HBsAg no soro do indivíduo infectado. Alguns casos de curso benigno já foram descritos. Em geral, pacientes com hepatite delta apresentam doença progressiva, evoluindo para cirrose estável ou descompensada. O mecanismo exato que determina a cura ou a progressão (lenta ou rápida) para fibrose ainda não está esclarecido; especula-se que a resposta imunológica do hospedeiro exerça papel importante nesse processo. Outros fatores que podem estar envolvidos na patogenicidade são os genótipos de HDV e HBV; a ocorrência de espécies específicas de HDAg, que já foram mostrados em casos de hepatite fulminante; a dominância estável ou flutuante do HDV sobre o HBV; e coinfecções com outros vírus.

Por causa da coinfecção, o destino do HDV é determinado pela resposta do hospedeiro à infecção pelo HBV, que em 95% dos adultos resulta em *clearance* viral. A coinfecção aguda pode ser mais grave do que a monoinfecção pelo HBV, resultando assim em insuficiência hepática aguda; entretanto a expressão da doença é variável. A superinfecção de um indivíduo com hepatite B crônica resulta em infecção crônica pelo HDV na maioria das pessoas. No restante dos indivíduos, a propagação do HDV cessa e a história natural da doença segue como na infecção pelo HBV. Um estudo em uma coorte italiana mostrou que 10% dos pacientes com anticorpos anti-HDV se tornaram HBsAg-negativos após 4 anos, comparados com 2,8% de pacientes monoinfectados pelo HBV. Ainda não está claro o motivo para a alta taxa de perda de HBsAg após o *clearance* do RNA de HDV, porém parece plausível que haja aumento da resposta imunológica contra os HBV e HDV.

As Figuras 16.19 e 16.20 mostram os eventos clínicos e sorológicos da coinfecção e da superinfecção, respectivamente. A superinfecção pode apresentar-se como hepatite aguda em um indivíduo sem detecção prévia de HBsAg e, geralmente, é diagnosticada de maneira equivocada como hepatite B aguda ou como o agravamento da doença hepática devido à hepatite crônica. Na avaliação histológica inicial, os pacientes com superinfecção pelo HDV, geralmente, apresentam hepatite grave e com um quadro de fibrose avançado. Tais pacientes progridem mais rapidamente para cirrose e descompensação hepática levando ao óbito quando comparados com indivíduos monoinfectados pelo HBV. Apesar da alta taxa de progressão à cirrose, nem todos os estudos apontam taxas aumentadas de CHC, talvez por causa da supressão da biossíntese do HBV pelo HDV.

## Diagnóstico laboratorial

O desenvolvimento de anticorpos anti-HDV é universal nos indivíduos infectados pelo HDV. Todo paciente HBsAg-positivo deveria ser testado para a presença de IgG anti-HDV, que podem persistir após a resolução da infecção. No entanto, a estratégia para diagnóstico da hepatite delta difere entre os países. Na Europa, o recomendado é testar para HDV todos os pacientes infectados pelo HBV. Já nos Estados Unidos da América (EUA), a triagem só é recomendada a pacientes com fatores de risco específicos. No Brasil, a recomendação do MS é que a hepatite delta seja investigada em indivíduos HBsAg-positivos e que residam ou tenham estado em áreas endêmicas para o agravo.

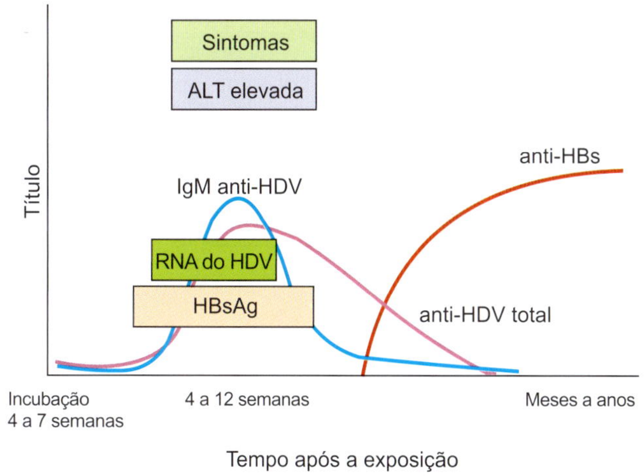


**Figura 16.19** Eventos clínicos e sorológicos da coinfecção por HBV e HDV. A síntese do HDV é necessariamente precedida do surgimento do HBsAg circulante. Na coinfecção podem ocorrer dois picos de elevação da ALT. O antígeno delta (HDAg) raramente é detectado no soro, embora a IgM anti-HDAg seja encontrada no soro e permaneça circulando por 2 a 6 semanas. O anticorpo anti-HBs aparece durante a fase de convalescença. Os anticorpos contra o HDV aparecem tardiamente na fase aguda e podem estar presentes apenas transitoriamente e em baixos títulos. HDV: vírus da hepatite D; HBsAg: antígeno de superfície do vírus da hepatite B; ALT: alanina-aminotransferase; Ig: imunoglobulina.

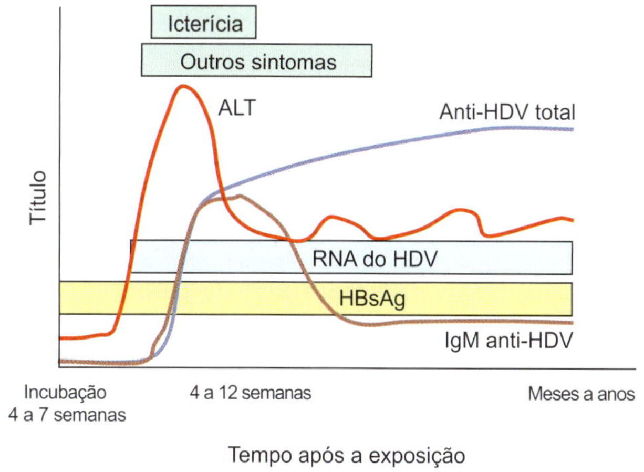


**Figura 16.20** Eventos clínicos e sorológicos da superinfecção por HBV e HDV. A superinfecção por HDV em indivíduos carreadores de HBsAg induz elevação rápida das enzimas hepáticas. O antígeno delta (HDAg) aparece no soro, seguido de IgM e IgG anti-HDAg. A IgG pode atingir níveis elevados. A superinfecção aguda pelo HDV é acompanhada por redução nos níveis de HBsAg. A condição sorológica permanece a mesma na infecção aguda ou crônica. HDV: vírus da hepatite D; HBsAg: antígeno de superfície do vírus da hepatite B; ALT: alanina-aminotransferase; Ig: imunoglobulina.

Diferentes marcadores são utilizados para diagnóstico da infecção pelo HDV: anticorpos anti-HDV, HDAg e HDV-RNA. A pesquisa de anticorpos totais anti-HDV é utilizada como a primeira ferramenta de triagem da infecção pelo HDV, porém o resultado pode ser negativo se a testagem for realizada nas semanas iniciais da fase aguda, além disso, como a imunoglobulina G (IgG) anti-HDV persiste após a infecção, não seria possível distinguir infecção ativa e passada apenas com o resultado deste teste. IgM anti-HDV aparece 2 a 3 semanas após o início dos sintomas, desaparecendo em até 2 meses e, embora seja um teste realizado para identificação da fase aguda da infecção, esses anticorpos também podem aparecer durante momentos de atividade do HDV na infecção crônica. A presença de HDAg no soro é transitória, tornando sua detecção de utilidade limitada.

A confirmação do diagnóstico requer a detecção do HDV-RNA, que atualmente é realizada por técnicas quantitativas ou qualitativas de reação em cadeia da polimerase associada à transcrição reversa (RT-PCR, *reverse transcriptase polymerase chain reaction*). Infecção oculta por HDV ainda não foi relatada, por isso, a pesquisa de HDV-RNA na ausência de anticorpos anti-HDV não é indicada.

Por causa da variabilidade genômica, os testes para detecção de RNA podem gerar resultados falso-negativos e, por isso, a pesquisa de IgM anti-HDV ainda é importante nos indivíduos negativos para o RNA, com sinais clínicos de doença relacionada com HDV (Quadros 16.7 e 16.8 e Figura 16.21).

Recentemente, a Organização Mundial da Saúde (OMS) estabeleceu um padrão internacional de HDV-RNA (genótipo 1) para ser utilizado em testes para detecção de ácidos nucleicos (NAT, *nucleic acid test*), facilitando a comparação de resultados encontrados em pesquisas realizadas em diferentes países, porém o desafio da detecção de diferentes genótipos poderia prejudicar a avaliação do desempenho do teste. Atualmente, ensaios pangenotípicos já estão sendo comercializados. Alguns

**Quadro 16.7** Significado dos marcadores sorológicos da hepatite D.

| Marcador | Interpretação |
|---|---|
| HDAg | Existe controvérsia sobre a utilidade desse marcador na detecção da hepatite D. Segundo alguns autores, a antigenemia permite o diagnóstico em amostras de soro obtidas durante a primeira semana da doença. Para outros, o HDAg é marcador inconstantemente detectado no soro, especialmente na superinfecção |
| IgM anti-HDV | Esses anticorpos aparecem com os sintomas agudos da doença e, quando disponíveis, servem para o diagnóstico; além disso, são úteis para monitorar os pacientes submetidos à terapia com interferon, uma vez que eles desaparecem quando a doença é resolvida. Constituem os marcadores mais estáveis e são detectados antes da IgG anti-HDV. Existe forte correlação entre a IgM anti-HDV, a presença de HDV-RNA no soro e de HDAg no núcleo dos hepatócitos |
| IgG anti-HDV | Esse anticorpo é marcador de infecção passada e imunidade, que aparece no soro em torno de 12 semanas. É um anticorpo instável |

HDV: vírus da hepatite D; HDAg: antígeno delta; IgM anti-HDV: imunoglobulina classe M contra o antígeno delta; IgG anti-HDV: imunoglobulina classe G contra o antígeno delta. Fonte: MS do Brasil/SVS/DVE, 2005.

**Quadro 16.8** Interpretação dos resultados sorológicos para hepatite D.

| | Marcador | | | | |
|---|---|---|---|---|---|
| Interpretação | HBsAg | IgM anti-HBc | HDAg | IgM anti-HDV | IgG anti-HDV |
| Coinfecção* ou superinfecção** recente | + | – | + | – | – |
| Coinfecção recente | + | + | – | + | – |
| Superinfecção recente | + | – | + | + | – |
| | + | – | – | + | – |
| Superinfecção antiga | + | – | – | – | + |
| Imunidade | – | – | – | – | + |

HDV: vírus da hepatite D; HBsAg: antígeno de superfície do vírus da hepatite B; IgM anti-HBc: imunoglobulina classe M contra o antígeno de *core* do HBV; HDAg: antígeno delta; IgM anti-HDV: imunoglobulina classe M contra o antígeno delta; IgG anti-HDV: imunoglobulina classe G contra o antígeno delta. +: teste positivo; –: teste negativo. *Coinfecção: infecção aguda simultânea pelos HBV e HDV. **Superinfecção: Infecção pelo HDV em um indivíduo portador de infecção crônica pelo HBV. Fonte: MS do Brasil/SVS/DVE, 2005.

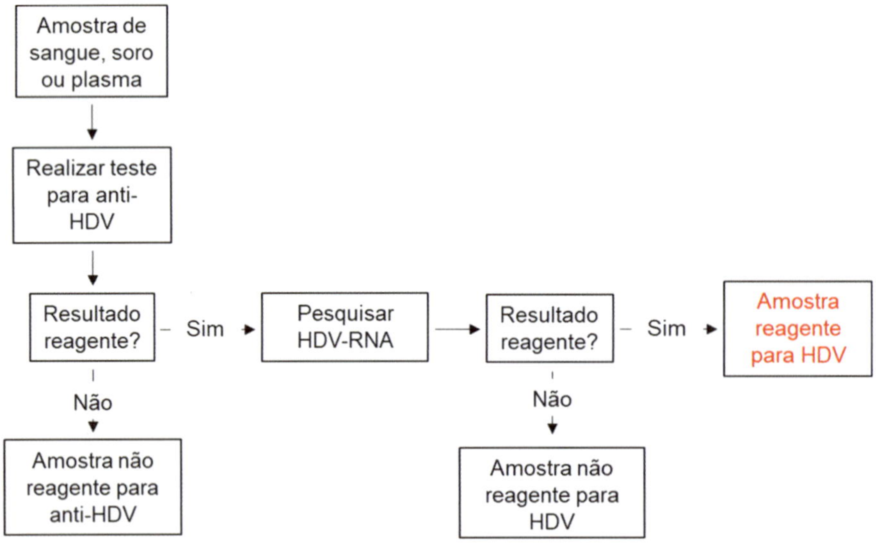


**Figura 16.21** Fluxograma para o diagnóstico da infecção pelo vírus da hepatite D. Fonte: MS do Brasil/SVS/DIAHV, 2018.

laboratórios realizam testes quantitativos, porém as concentrações de RNA no soro não estão correlacionadas à atividade da doença ou ao estágio da fibrose. A quantificação seriada do RNA é utilizada para determinar a resposta ao tratamento antiviral.

Na infecção aguda por ambos os vírus, os antígenos HBsAg e HBeAg, assim como o DNA de HBV aparecem no soro durante o período de incubação, em um padrão característico da infecção aguda pelo HBV. Os anticorpos dirigidos contra o *core* viral (anti-HBc) aparecem e coincidem com o início dos sintomas agudos. O anticorpo anti-HBs aparece durante a fase de convalescença. Os anticorpos contra o HDV aparecem tardiamente na fase aguda e podem estar presentes apenas transitoriamente e em baixos títulos. Positividade para IgM anti-HDV, RNA do HDV ou HDAg no soro pode caracterizar infecção aguda. Na coinfecção, todos os marcadores de biossíntese viral desaparecem no início da convalescença e os outros (IgM e IgG anti-HDV) desaparecem pouco tempo após a convalescença, ou seja, pode ser praticamente impossível se detectar o HDV em um caso agudo autolimitado de coinfecção com HBV. Em contraste, a superinfecção com o HDV em portadores de HBsAg é seguida por uma forte resposta sorológica que persiste ao longo do tempo e pode ser facilmente detectada.

Nos casos em que há disponibilidade de biópsia do fígado, HDAg intra-hepático pode ser detectado por imuno-histoquímica e o RNA viral por hibridização *in situ*.

## Epidemiologia

Os estudos de prevalência de anticorpos anti-HDV em indivíduos positivos para o HBsAg mostram que a distribuição do HDV varia significantemente entre as diferentes regiões no mundo. A infecção é altamente endêmica nos países da região mediterrânea, Oriente Médio, África Central, região norte da América do Sul (Bacia Amazônica) e partes da Ásia. Nos países ocidentais, há uma alta prevalência da infecção entre os usuários de drogas infectados pelo HBV. As taxas de infecção pelo HDV são geralmente maiores nas regiões onde o HBV é endêmico, mas existem exceções, por exemplo, a coinfecção HBV/HDV é incomum no Vietnã e Indonésia. Na China, a prevalência de HDV varia amplamente entre as províncias apesar da alta prevalência do HBV. Estima-se que de 15 a 20 milhões dos indivíduos cronicamente infectados pelo HBV estão também infectados pelo HDV. Diversos estudos conduzidos na Europa nos anos de 1980 e 1990 mostraram prevalência superior a 20% entre os indivíduos HBsAg-positivos. Entretanto, a introdução dos programas de vacinação para o HBV e o conhecimento sobre o vírus e seu modo de transmissão levaram à implantação de medidas preventivas como o uso de seringas, agulhas e material médico descartáveis, o que diminuiu significantemente a incidência para cerca de 5 a 10%. Estudos longitudinais mostram decréscimo na prevalência de HDV em algumas áreas endêmicas como a Itália, por exemplo. Atualmente, os novos casos de hepatite delta identificados na Europa são associados, principalmente, a imigrantes provenientes de regiões endêmicas e usuários de drogas injetáveis.

Até o momento, oito genótipos foram descritos e, possivelmente, estão associados a diferenças no quadro clínico e resposta ao tratamento. O genótipo mais comum, HDV-1 é responsável por casos na Europa, nos EUA, no sul do continente asiático e associado a um quadro mais grave da doença hepática. Com exceção do HDV-1, o mais ubíquo, os demais genótipos apresentam distribuição geográfica específica. Os genótipos HDV-2 e HDV-4 são comuns no leste da Ásia e na região de Yakutia (Rússia). HDV-3, o mais geneticamente divergente de todos os genótipos, é exclusivamente encontrado na Bacia Amazônica e associado a casos de hepatite aguda fulminante na região. HDV-5 a HDV-8 foram descritos em indivíduos de origem africana.

A maior prevalência do HDV no Brasil está concentrada na região ocidental da Bacia Amazônica, como demonstrado por dados da Secretaria de Vigilância em Saúde (Ministério da Saúde). Entre 1999 e 2018 foram registrados 3.984 casos; com notificação de 145 casos em 2018 e um total de 781 óbitos acumulados entre 2000 e 2017. A Região Norte concentra as maiores taxas de casos confirmados e óbitos por HDV: 74,9 e 52,2% respectivamente. Nas demais Regiões, consideradas não endêmicas, as taxas de prevalência e óbito encontradas foram as seguintes: Sudeste – 10,3 e 22,7%; Sul – 5,9 e 12,4%; Nordeste – 5,5 e 9,9%, Centro-Oeste – 3,4 e 2,8%. Na Figura 16.22 é mostrada a distribuição dos casos de hepatite D no Brasil, segundo Região de residência e ano de notificação, no período de 2008 a 2018.

## Prevenção e controle

Assim como o HBV, o HDV é transmitido pela via parenteral por exposição a sangue ou fluidos corpóreos infectados. Já que o espalhamento do HDV está totalmente relacionado com o HBV, as estratégias de prevenção para o vírus *helper* também são eficientes para o HDV, como a vacinação e a profilaxia pós-exposição. A conscientização para redução do comportamento de risco

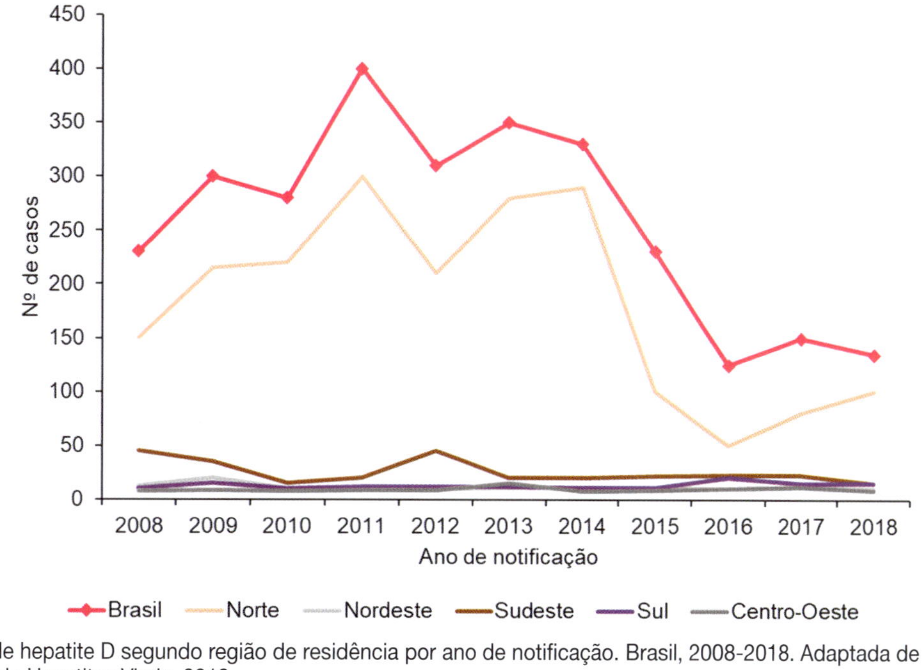


**Figura 16.22** Casos de hepatite D segundo região de residência por ano de notificação. Brasil, 2008-2018. Adaptada de MS do Brasil/SVS, Boletim epidemiológico de Hepatites Virais, 2019.

entre portadores crônicos do HBV também ajuda a diminuir a incidência de superinfecção.

A política atual de excluir da doação de sangue os indivíduos com marcadores sorológicos da infecção por HBV diminuiu consideravelmente as possibilidades da transmissão do HDV pela transfusão de sangue.

As boas práticas adotadas para minimizar a transmissão do HBV, do vírus da hepatite C (HCV), e do vírus da imunodeficiência humana (HIV, *human immunodeficiency virus*) entre usuários de drogas também reduzem a transmissão do HDV, à medida que são implantadas. A imunoprofilaxia para o HDV é a mesma para o HBV. A vacinação contra a hepatite B, que utiliza as proteínas do envelope do HBV, protege contra a infecção pelo HDV.

### Tratamento

O principal objetivo do tratamento da infecção pelo HDV é a eliminação dos dois vírus (HDV e HBV). O HDV é considerado eliminado do organismo quando o RNA viral no soro e o HDAg no fígado tornam-se permanentemente indetectáveis. Entretanto, essa condição só pode ser alcançada com a eliminação do HBsAg. Portanto, o principal desafio em definir a terapia ideal é a complexidade em ter como alvo duas infecções persistentes crônicas. O *clearance* viral é acompanhado por normalização nos níveis de ALT, melhora na necroinflamação do fígado e estabilização da progressão da fibrose (para mais informações consultar o *Capítulo 9*).

Uma das abordagens terapêuticas está baseada na administração de altas doses de PEG-IFN-α (9 milhões de unidades 3 vezes por semana ou 5 milhões de unidades diárias) pelo período de um ano. A duração da terapia pode ser prolongada em casos onde o HBsAg ainda persiste e o tratamento é bem tolerado. Com esse esquema terapêutico, 50% dos pacientes apresentam níveis indetectáveis de HDV RNA e normalização das ALT, porém em até 6 meses após o tratamento, o vírus volta a ser detectado. Apesar da baixa eficácia, da resposta não sustentada e dos efeitos colaterais, o tratamento com IFN-α tem impacto positivo na melhoria dos achados histológicos e na função hepática dos pacientes. A substituição do IFN-α padrão pelo PEG-IFN-α, que tem meia-vida no plasma mais duradoura, permite a administração uma vez por semana e mostrou-se um pouco mais eficiente, alcançando a remissão do HDV-RNA em pacientes não respondedores ao IFN-α.

Análogos de nucleosídeos/nucleotídeos como fumarato de tenofovir desoproxila (TDF) e entecavir (ETV), que são utilizados no controle da hepatite B constam do fluxograma do MS do Brasil para o tratamento da hepatite delta, de acordo com o "Protocolo Clínico e Diretrizes Terapêuticas para Hepatite B e Coinfecções".

O melhor entendimento da biossíntese viral e das interações HDV–hospedeiro e HDV–HBV são cruciais para a identificação de agentes terapêuticos. Como descrito, até o momento não existem drogas que atuem diretamente no RNA viral ou no HDAg e abordagens experimentais como inibição da ribozima ainda estão muito longe dos ensaios clínicos. A etapa de montagem das novas partículas é essencial para uma infecção bem-sucedida e esse processo envolve uma modificação pós-traducional do L-HDAg. Alguns estudos mostraram que, prevenindo a prenilação, a interação do HDAg com o HBsAg é interrompida e a síntese de novos vírions é bloqueada. Em modelo que utiliza animal, os inibidores da prenilação mostraram-se bastante eficientes no *clearance* do RNA viral no sangue. Drogas capazes de interferir nos processos cruciais do ciclo de biossíntese viral parecem ser o futuro para o tratamento da infecção causada pelo HDV.

## Vírus da hepatite C

Francisco Campello do Amaral Mello

### Histórico

A infecção pelo vírus da hepatite C (HCV) é um sério problema de saúde pública. A Organização Mundial da Saúde (OMS) estima que mais de 70 milhões de indivíduos estejam cronicamente infectados pelo HCV no mundo, com aproximadamente 400 mil mortes por ano em complicações decorrentes da infecção viral. Após a identificação do HBV e sua associação à hepatite B, em 1968, alguns testes sorológicos foram desenvolvidos baseados, sobretudo, em radioimunoensaios. Esses testes permitiram a detecção de marcadores sanguíneos do HBV de tal forma que, no início da década de 1970, já era possível a detecção dos três principais marcadores sorológicos do HBV. Com esses três testes específicos, praticamente todos os pacientes infectados pelo HBV, no presente ou no passado, puderam ser identificados, assim como o estado de imunidade desses pacientes, mas surpreendentemente verificou-se que a maior parte dos pacientes com hepatite pós-transfusional não apresentava marcadores sorológicos da infecção pelo HBV. Com isso, o conceito da existência de uma hepatite não A não B passou a ser aceito e teve início exaustiva procura pelo agente causador de tais casos de hepatite. Durante os 15 anos seguintes, inúmeras pesquisas possibilitaram maior conhecimento do agente etiológico, do curso agudo e crônico da doença e sua epidemiologia. Somente com o desenvolvimento de novas ferramentas de Biologia Molecular durante a década de 1980 foi possível identificar o agente causador de hepatite não A não B. Após anos de pesquisas, em 1989, Houghton e colaboradores, da companhia de biotecnologia americana Chiron (Califórnia, Estados Unidos da América [EUA]), identificaram o agente que passaria a ser chamado de vírus da hepatite C. Tal fato só foi conseguido por meio de triagem imunológica de bibliotecas de expressão de DNA complementar (DNAc) derivadas do plasma de um chimpanzé infectado com soro de um paciente com infecção crônica não A não B. A técnica permitiu o isolamento de um clone que teve seu genoma completo identificado e sequenciado. A determinação das propriedades do clone mostrou que se tratava de uma sequência extracromossômica, derivada de um RNA com aproximadamente 9.600 nucleotídeos (9,6 quilobases [kb]) encontrado exclusivamente em amostras de pacientes com hepatite não A não B e que apresentava algum grau de parentesco com vírus da família *Flaviviridae*.

### Classificação e características

O HCV é classificado na família *Flaviviridae*, gênero *Hepacivirus*, espécie *Hepacivirus C*, sendo um pequeno vírus com tropismo por células hepáticas, esférico, com diâmetro entre 55 e 65 nm, envelopado e que possui como material genético uma molécula de RNA de fita simples de polaridade positiva (RNAfs+) (Figura 16.23). Seu envelope glicolipoproteico é derivado da membrana da célula hospedeira e apresenta duas glicoproteínas denominadas E1 e E2, responsáveis pelo reconhecimento e ligação aos receptores celulares, que permitem a entrada da partícula viral no hepatócito. O HCV é formado pelo envelope que envolve o nucleocapsídeo formado pelo capsídeo mais proteínas associadas ao RNA. O vírion é inativado por exposição a solventes lipídicos; aquecimento a 60°C durante 10 horas ou 100°C durante 2 minutos em solução aquosa; formaldeído em diluição 1:2.000 a 37°C por 72 horas e radiação UV.

O RNAfs+ do HCV apresenta aproximadamente 9,6 kb, com uma única sequência de leitura aberta (ORF, *open reading frame*) flanqueada por regiões não traduzidas (NTR, *non translated regions*) nas extremidades 5′ e 3′. A ORF codifica uma poliproteína precursora que, posteriormente, é clivada em 10 proteínas virais com diferentes características: as proteínas estruturais C (capsídeo), E1, E2, localizadas na porção aminoterminal da poliproteína; e as proteínas não estruturais p7, NS2, NS3, NS4A, NS4B, NS5A e NS5B, situadas na porção carboxiterminal (Figura 16.24). As proteínas estruturais são liberadas da poliproteína por peptidases-sinais presentes no retículo endoplasmático (RE), enquanto as proteínas não estruturais são clivadas por proteases virais. As duas regiões não traduzidas presentes nas extremidades 5′ e 3′ são importantes sítios de controle da tradução da poliproteína viral e da replicação do genoma. A porção 5′ não traduzida do RNA genômico contém o sítio interno de entrada no ribossoma (IRES, *internal ribosomal entry site*), responsável pelo início da tradução. A porção 3′ não traduzida, por sua vez, é formada por uma cauda de ribonucleotídeos poli(U), seguida por uma pequena região variável e uma região de 98 nucleotídeos altamente conservada, denominada cauda X. Essa região final forma estruturas em haste e alça (*stem-loop*) que são reconhecidas pela polimerase viral como o sítio de iniciação para a síntese do genoma do HCV.

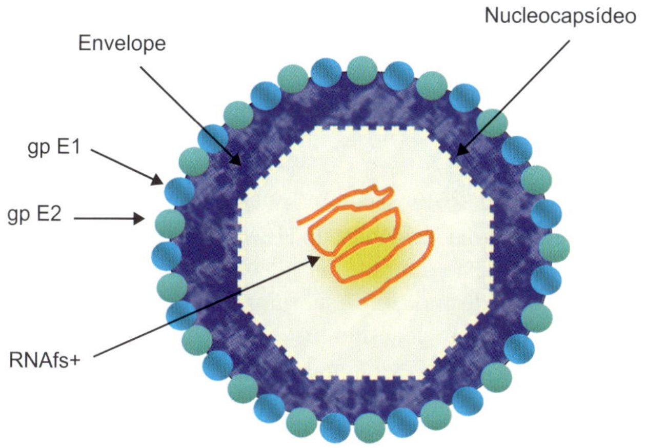


**Figura 16.23** Esquema representativo da partícula do HCV. O vírion é esférico, com cerca de 55 a 65 nm de diâmetro, envelopado e possui como material genético uma molécula de RNA de fita simples de polaridade positiva (RNAfs+). O envelope glicolipoproteico apresenta duas glicoproteínas (gp) denominadas E1 e E2.

Dentre as proteínas estruturais, a proteína do capsídeo do HCV é multifuncional e é altamente conservada. Possui afinidade de associação com o RE, gotículas lipídicas (LD, *lipid droplets*), mitocôndrias e núcleo celular possibilitando a interação com diversas proteínas celulares e consequente alteração de funções da célula hospedeira como a transcrição gênica, o metabolismo de lipídeos, apoptose e vias de sinalização. Além disso, essa proteína tem sido implicada no desenvolvimento de carcinoma e esteatose hepatocelulares. Uma das mais importantes funções da proteína do capsídeo é o recrutamento de proteínas não estruturais para membranas associadas a LD que são organelas celulares responsáveis pelo acúmulo de gordura e que também participam do tráfego de vesículas intracelulares. Estudos mostraram que a proteína do capsídeo pode se automontar em partículas semelhantes ao HCV (HCV-*like particles*) na membrana do RE. As proteínas de envelope E1 e E2 são altamente glicosiladas e são alvos preferenciais dos anticorpos neutralizantes, possuindo alta variabilidade. A presença de ambas as proteínas é necessária para o correto dobramento de suas estruturas assim como para a entrada do vírus na célula hospedeira via ligação aos receptores de membrana.

Duas regiões hipervariáveis (HVR, *hypervariable regions*), denominadas HVR1 e HVR2, estão presentes na proteína E2 e sofrem constante pressão seletiva por serem alvos de anticorpos neutralizantes. Muitos estudos sugerem que as mutações que garantem a grande heterogeneidade genética da HVR1 permitem ao HCV escapar do sistema imunológico favorecendo, dessa forma, a ocorrência de infecção crônica. A proteína p7 está localizada na junção entre as proteínas estruturais e não estruturais e é considerada não estrutural. Pertence a uma família de

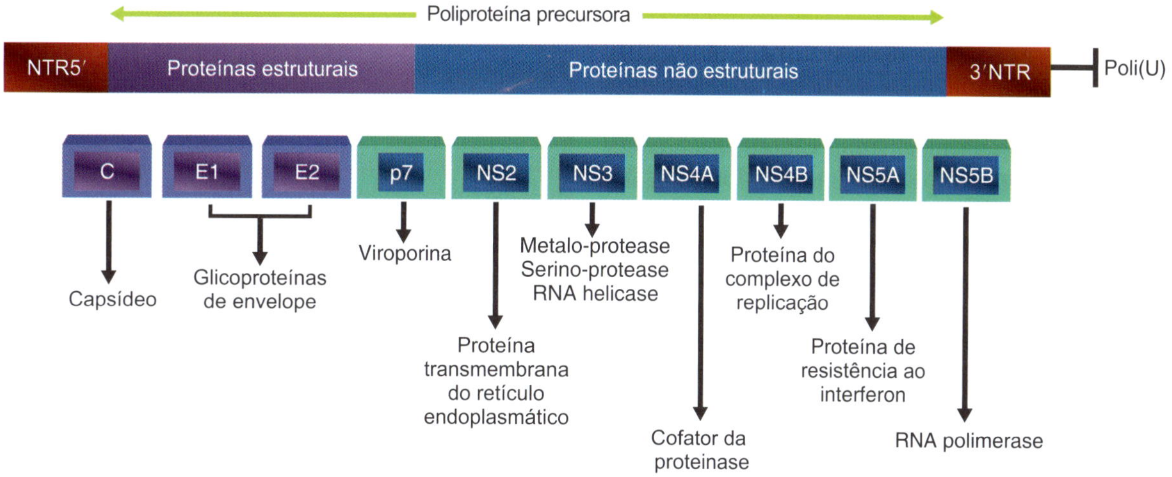


**Figura 16.24** Diagrama esquemático do genoma do HCV. O genoma do HCV é constituído de RNA de fita simples (RNAfs) de aproximadamente 9,6 quilobases (kb). Apresenta uma sequência de leitura aberta (ORF, *open reading frame*) que codifica a poliproteína precursora. A tradução da ORF é controlada pela região não codificante (NTR) na extremidade 5′. A poliproteína é clivada por proteases celulares e virais em 10 produtos diferentes, e as proteínas estruturais (C – capsídeo, E1 e E2 – envelope) estão localizadas na porção aminoterminal, seguidas das proteínas não estruturais (NS2 – NS5 e p7). As funções descritas para os produtos de clivagens estão especificadas na figura.

proteínas virais chamadas de viroporinas e possui dois domínios transmembrana que são incorporados na membrana do RE formando poros hidrofóbicos com atividade de canal iônico fundamental para a produção de partículas infecciosas, atuando na montagem e liberação de novos vírions.

As proteínas não estruturais possuem papel importante no processamento da poliproteína viral e na replicação do RNA, e sua maturação ocorre mediante atividade de proteases virais. A NS2 é uma proteína hidrofóbica de 23 quilodaltons (kDa) que forma 3 ou 4 hélices que se inserem na membrana do RE. Ela interage com ela mesma formando homodímeros e com todas as outras proteínas não estruturais. Uma de suas funções principais é a clivagem da junção NS2-NS3 por meio de atividade autocatalítica metaloprotease dependente que é codificada pelas regiões NS2 e aminoterminal de NS3. Além dessa atividade, a NS2 possui papel fundamental na montagem de novas partículas infecciosas. A região NS3 codifica uma proteína de 67 kDa na porção carboxiterminal, que possui atividades de RNA helicase e de NTPase; a porção aminoterminal apresenta ainda atividade de serino-protease responsável pelas demais clivagens da poliproteína entre os sítios NS3-4A, NS4A-4B, NS4B-5A e NS5A-5B. A proteína NS4A, de 27 kDa, contém quatro domínios transmembrana e forma um complexo estável com a NS3, atuando como um cofator para a sua atividade de proteinase (protease). Já a função da proteína NS4B está relacionada com o recrutamento de outras proteínas virais para a formação de um complexo de replicação no citoplasma celular conhecido como "teia membranosa" (*membranous web*), essencial para a replicação do genoma viral. A "teia membranosa" é constituída de pequenas vesículas de 80 a 180 nm de diâmetro embebidas em uma matriz membranosa que está intimamente associada ao retículo endoplasmático rugoso (RER). A NS4B também está envolvida na modulação da polimerase viral e na regulação de diferentes vias de transdução de sinal do hospedeiro. A proteína NS5A de 56 kDa, em sua forma basal, e 58 kDa quando está hiperfosforilada, possui importante papel na replicação do genoma viral, na modulação de vias de sinalização celular e na produção de interferon. Uma função ainda controversa da proteína NS5A é a inibição da PKR (proteíno-cinase ativada por RNA [*protein kinase RNA-activated*]), pela região entre os aa 237 e 276 chamada de ISDR (região determinante da sensibilidade ao interferon [*interferon sensitivity determining region*]), importante no controle de infecções virais. Finalmente, a proteína NS5B de 65 kDa, atua como RNA polimerase-RNA dependente, essencial para a síntese de novos genomas virais. Essa enzima catalisa a síntese de uma fita de RNA de polaridade negativa complementar usando o genoma como molde e subsequente síntese da fita positiva de RNA a partir da fita de RNA negativa intermediária.

A elevada taxa de propagação do HCV (estimada em $10^{12}$ vírions por dia), somada à ausência de atividade de correção de erros de incorporação de nucleotídeos de sua RNA polimerase durante a replicação do genoma, possibilita o acúmulo de mutações que produz grande variabilidade de sequências entre os isolados do HCV, com uma taxa de mutação que chega a $10^{-3}$ substituições por sítio por ano. A diversidade de sequências pode ser notada em um único indivíduo infectado, com a circulação de *quasispecies* (amplo espectro de variantes relacionadas) com diferenças na sequência genômica completa que atingem até 5%. Essa alta variabilidade está relacionada com a persistência viral por impedir que, na maioria dos casos, o sistema imunológico consiga eliminar completamente a infecção pelo HCV. Além disso, mutações na população viral dificultam o tratamento, por permitirem a seleção de variantes com resistência às drogas antivirais, bem como o desenvolvimento de uma vacina. O genoma do HCV possui regiões altamente conservadas, como as extremidades 5′ e 3′ não traduzidas, e regiões altamente variáveis como a HVR1 presente na proteína de envelope E2. Algumas regiões consideradas relativamente conservadas como o capsídeo, E1 e NS5B, são comumente utilizadas para a determinação dos genótipos e subtipos do HCV.

Uma das grandes dificuldades no desenvolvimento de testes de neutralização e de drogas antivirais para combater a infecção pelo HCV consistiu na falta de modelo adequado de cultura celular. O entendimento básico das funções gênicas do HCV bem como da biossíntese viral foi estabelecido em modelos de transfecção celular ou em modelos de infecção animal como chimpanzé, único animal imunocompetente capaz de ser infectado com o HCV. Grande progresso na pesquisa básica e no desenvolvimento de drogas contra o HCV foi obtido na última década, especialmente com o advento de um sistema de infecção de cultura de células permissivas (JFH-1/HCVcc; *culture-derived HCV particles [HCVcc] based on the JFH-1 isolate*) que permitiu, pela primeira vez, o estudo do ciclo de biossíntese completo do HCV *in vitro*.

### Variabilidade genética

O sequenciamento de variantes do HCV e posterior análise filogenética, ao redor do mundo, identificou sete principais genótipos, numerados de 1 a 7, e 67 subtipos (variantes intimamente relacionadas com um genótipo principal), identificados por letras minúsculas que apresentam diferenças que podem chegar a 35% na sequência nucleotídica completa. Estudos epidemiológicos indicam que existem diferenças geográficas na distribuição dos diferentes genótipos do HCV.

## *Biossíntese viral*

A biossíntese do HCV segue a estratégia básica de outros vírus de RNA de polaridade positiva e ocorre no citoplasma da célula. A entrada do vírus na célula hospedeira envolve uma série de interações complexas que permitem a adsorção, entrada e fusão do HCV por meio da ligação das glicoproteínas E1 e E2 a receptores celulares. A adsorção inicial do vírus aos receptores celulares envolve a região HVR1 da proteína de envelope E2 com o auxílio de glicosaminoglicanas expressas na superfície do hepatócito. A proteína E2 possui os sítios de ligação para $CD_{81}$, uma proteína de membrana que está presente em diversos tipos de células, dentre os quais, hepatócitos e linfócitos B. $CD_{81}$, juntamente com o receptor *scavenger* classe B tipo I (SR-BI ou SRB-1) e as moléculas da junção de oclusão, claudina-1 (CLDN) e ocludina (OCLN), são considerados os principais receptores que possibilitam a entrada do HCV na célula. Além disso, já foi descrita a participação de LDL (*low density lipoprotein*), como fator de ligação inicial do vírus.

Após a adsorção, o HCV é internalizado na célula via endocitose pH-dependente mediada por clatrina. O genoma é liberado no citoplasma da célula após ocorrer fusão da partícula viral com um compartimento endossomal celular. O RNA de polaridade positiva é, então, dirigido ao RER onde se liga através da sequência IRES presente na porção 5′ não traduzida. Ali, inicia-se a tradução do genoma viral produzindo a poliproteína do HCV, posteriormente clivada por proteases virais e celulares para gerar as 10 proteínas do vírus. Durante o processamento da poliproteína, as proteínas do HCV parecem estar associadas a uma "teia membranosa", um complexo replicativo que contém o RNA do HCV e pequenas vesículas embebidas em uma matriz membranosa intimamente associada ao RER. A "teia membranosa" é induzida pela proteína NS4B e é o local provável da replicação do RNA viral onde a fita positiva serve de molde para a síntese de uma fita negativa complementar (intermediário replicativo) pela ação da enzima NS5B (RNA polimerase-RNA dependente) que, por sua vez, serve de molde para a síntese de novos genomas de RNA de polaridade positiva. As novas fitas positivas de RNA são traduzidas em novas poliproteínas virais ou direcionadas para a montagem de novas partículas infecciosas. Os processos de montagem e liberação de partículas virais ainda não são inteiramente compreendidos; no entanto, estudos mostram que estão intimamente relacionados com o metabolismo celular de lipídeos.

## Resposta imunológica

De forma geral, a resposta imunológica é de fundamental importância para o controle de infecções virais. O HCV é um exemplo de patógeno muito bem-sucedido em estabelecer infecções crônicas por se evadir do sistema imunológico. O conhecimento detalhado da resposta imunológica contra o HCV é importante para o desenvolvimento de novas estratégias terapêuticas. Estudos realizados em chimpanzés mostraram que após o reconhecimento dos produtos virais pelos receptores reconhecedores de patógenos (particularmente os receptores tipo RIG-I , gene induzível pelo ácido retinoico-I [*retinoic acid-inducible gene-I*]), os hepatócitos infectados induzem rapidamente a produção de interferons tipo I (IFN-I). O aumento na expressão de genes estimulados pelos IFN-I coincide com o aumento nos níveis de RNA do HCV, detectável no fígado 2 dias após a infecção por via endovenosa, sugerindo que o aumento da carga viral é responsável pela indução dos genes de resposta antiviral. Além da ação antiviral, o IFN-$\alpha$ atua modulando a atividade de diferentes tipos de células do sistema imunológico, como células *natural killer* (NK), macrófagos, células dendríticas e células T, sendo, portanto, uma importante citocina que estimula tanto a resposta imunológica inata como a adaptativa. Uma das estratégias de evasão do HCV é a ação de proteínas virais na degradação e/ou inibição de moléculas cruciais para o reconhecimento de patógenos, como a TRIF (domínio TIR contendo adaptador-indutor de interferon-$\beta$; TIR: receptor *toll*/interleucina-1 [*TIR domain-containing adapter-inducing interferon-b*; TIR: *toll/interleukin-1 receptor*]) que é produzida em resposta à ativação de receptores *toll-like* (moléculas que reconhecem componentes específicos de patógenos e ativam a resposta imunológica contra eles), o que resulta em atenuação da indução de resposta do IFN.

Em relação à resposta inata contra o HCV, as células NK e as células dendríticas possuem um papel importante na supressão da propagação viral (por meio da destruição de células infectadas) e na ativação das respostas adaptativas subsequentes. Células dendríticas ativadas apresentam antígenos para células $TCD_4^+$ auxiliares, estimulando sua proliferação e produção de citocinas como a interleucinas 2 e 4 (IL-2 e IL-4) e IFN-$\gamma$ que, por sua vez, são necessárias para a produção de células $TCD_8^+$ citotóxicas. Estudos demonstraram que tanto as células $TCD_4^+$ como as $TCD_8^+$ estão envolvidas no controle da infecção pelo HCV, possuindo papel crucial para a persistência da infecção. Durante a infecção aguda, uma forte atividade de resposta de células T pode ser observada em pacientes que conseguem depurar a infecção, diferentemente do que ocorre durante a infecção crônica em que uma fraca resposta de células T específicas contra o HCV é percebida. A incapacidade de se manter uma resposta de células T forte e duradoura contra o HCV é considerada crucial para o desenvolvimento da infecção crônica. Estudos mostraram que após a cura da hepatite C aguda, a resposta específica de células T auxiliares persiste. No entanto, ainda não se sabe se estas células específicas de memória são capazes de proteger contra a reinfecção com um vírus homólogo ou heterólogo.

A noção de que a partícula viral em si não provoca efeitos citopatogênicos diretos sobre os hepatócitos infectados e que, portanto, os danos hepáticos observados seriam resultantes do ataque do sistema imunológico direcionado contra tais células, reflete o delicado equilíbrio necessário ao sistema imunológico para promover imunidade protetora conjugada com imunopatologia branda. O RNA do HCV é detectado em níveis elevados no fígado (em torno de $10^8$ a $10^{11}$ cópias por grama de tecido). No entanto, apenas uma pequena percentagem (5 a 19%) de hepatócitos é positiva para o RNA do HCV. Além disso, apenas uma pequena proporção de células hepáticas, em torno de 1 a 5%, expressa os antígenos do HCV. Não se observam danos nas células infectadas sugerindo baixa estimulação imunológica de mediação celular, devido à baixa produção de antígenos. A resposta humoral é usualmente multiespecífica e dirigida contra os epítopos das proteínas C, E, NS3 e NS4, e os anticorpos anti-HCV são detectados cerca de 7 a 31 semanas após a infecção. A ausência de testes de neutralização restringe o conhecimento sobre a relevância dos anticorpos produzidos. As evidências do papel protetor dos anticorpos estão limitadas a estudos com chimpanzés ou a alguns testes desenvolvidos para neutralização em culturas de células permissivas à infecção pelo HCV. A HVR1 da região E2 do HCV foi identificada como o epítopo principal que induz a produção de anticorpos neutralizantes, sendo a principal região estudada para o desenvolvimento de potenciais vacinas.

## Patogênese e manifestações clínicas

O modo de transmissão mais frequente é por via parenteral com o sangue de um indivíduo cronicamente infectado. Dentre as vias de transmissão por contato com sangue contaminado, alguns grupos apresentam maior risco de infecção como usuários de drogas injetáveis e/ou inaladas, que compartilham equipamentos contaminados como agulhas, seringas, canudos e cachimbos; indivíduos que receberam transfusões sanguíneas antes de 1993 (quando testes sorológicos para detectar a infecção por HCV ainda não estavam disponíveis para a triagem em bancos de sangue); indivíduos que compartilham equipamentos não esterilizados ao frequentar pedicures, manicures e podólogos; indivíduos submetidos a procedimentos para colocação de *piercings* e confecção de tatuagens; pacientes que realizam procedimentos cirúrgicos, odontológicos, de hemodiálise e de acupuntura sem as adequadas normas de biossegurança; e profissionais de saúde. Apesar de ser pouco frequente a transmissão sexual pode ocorrer.

Outros modos de transmissão já foram descritos, como o contato próximo no ambiente doméstico com um indivíduo infectado, a transmissão da mãe para o recém-nascido e o compartilhamento de utensílios pessoais como escovas de dente; alicates de unha e barbeadores. O fato de indivíduos infectados pelo HCV serem, na maioria dos casos, assintomáticos, apresentando manifestações clínicas da doença somente décadas depois da infecção, dificulta consideravelmente a identificação da fonte de transmissão, que permanece desconhecida em até 30 a 40% dos casos. Estudos epidemiológicos que buscaram apontar fatores de risco de transmissão como procedimentos médicos, aplicação de injeções para imunização da população, uso de tatuagens e *piercings* e procedimentos de escarificação apresentaram uma ampla variedade de fatores de risco entre as regiões do mundo, cada qual com sua particularidade, e devem servir como base nas localidades onde foram identificados para o desenvolvimento de políticas governamentais que visem a prevenção e o controle da infecção pelo HCV.

O período de incubação é de 2 a 26 semanas. A detecção do RNA do HCV no soro de pacientes infectados ocorre após 7 a 21 dias da exposição ao vírus (Figura 16.25). Apesar de os níveis de RNA viral no soro aumentarem rapidamente e alterações nos marcadores bioquímicos hepáticos, como a ALT e a bilirrubina, serem indicativas de lesão hepática e observadas nas semanas seguintes à infecção, menos de 20% dos indivíduos infectados apresentam sintomas na fase aguda e, quando estes existem, raramente são associados com a hepatite C. Isso ocorre porque as manifestações inespecíficas como dor abdominal, anorexia, prostração, náusea ou vômito geralmente precedem os sintomas clássicos de hepatite como icterícia, colúria (urina escura cor de café, apresentando espuma amarela, por acúmulo de bilirrubina direta no sangue e consequente excreção pela urina) e acolia fecal (fezes esbranquiçadas pela ausência de estercobilina derivada da bilirrubina direta), cuja duração é de 2 a 12 semanas. A maioria das infecções pelo HCV (55 a 85%) torna-se crônica após 6 meses de infecção e é caracterizada pela elevação das transaminases. Formas de hepatite fulminante são raras (menos de 1% dos casos), mas podem ser observadas em coinfecções com o HBV ou HAV.

A definição de um caso de hepatite C aguda se dá da seguinte maneira: soroconversão recente (menos de 6 meses) do anti-HCV documentada (anti-HCV não reagente no início dos sintomas ou no momento da exposição, convertendo para anti-HCV reagente na segunda dosagem, realizada com intervalo de 90 dias); ou anti-HCV não reagente e detecção do RNA do HCV por volta de 90 dias após o início dos sintomas ou da data da exposição, quando esta for conhecida em indivíduos com histórico de exposição potencial ao HCV. Já a definição de um caso de hepatite C crônica segue o seguinte critério: anti-HCV reagente por mais de 6 meses; e confirmação diagnóstica com RNA do HCV positivo por mais de seis meses.

Grande parte das infecções (54 a 86%) torna-se crônica após 6 meses de infecção e os mecanismos que levam à persistência viral têm sido amplamente estudados e discutidos. Alguns marcadores demográficos como sexo e idade de infecção, assim como fatores genéticos como a presença de determinados SNP (polimorfismo de nucleotídeo único [*single-nucleotide polymorphism*]) próximos ao gene IL-28B, parecem estar relacionados com a capacidade de o indivíduo eliminar a infecção. No entanto, tais associações ainda não são consenso entre os pesquisadores. Na infecção crônica, caracterizada pela detecção do RNA viral após 6 meses da contaminação, a propagação viral persiste no fígado e provavelmente em outros tecidos, mesmo após o aparecimento de anticorpos circulantes específicos. O grande problema associado à infecção crônica pelo HCV é o dano hepático contínuo que acaba levando ao desenvolvimento de cirrose hepática (em 15 a 50% dos casos) e, posteriormente, à descompensação hepática (3 a 6% dos pacientes com cirrose ao ano) e ao carcinoma hepatocelular (1 a 5% dos pacientes cirróticos ao ano). Dos pacientes com cirrose que evoluem para descompensação ou carcinoma hepático, a mortalidade atinge quase 5% ao ano.

Assim como o HBV, o HCV não é citopatogênico, fato este comprovado por diversos argumentos tais como falta de correlação entre carga viral, lesão hepática e prognóstico da doença. A resposta imunológica do tipo celular dirigida contra os hepatócitos, na tentativa de controle da infecção viral, acaba levando à agressão do tecido hepático. Ocorre lesão necroinflamatória no fígado, causando migração celular para o meio intra-hepático com participação de linfócitos $TCD_4^+$ e $TCD_8^+$, linfócitos B, células NK e *natural killer T* (NKT). A evolução para a cirrose é consequência da progressão da fibrose e diversos fatores estão associados a isso como a duração da infecção; idade; sexo masculino; consumo de álcool; infecção em indivíduos com idade acima

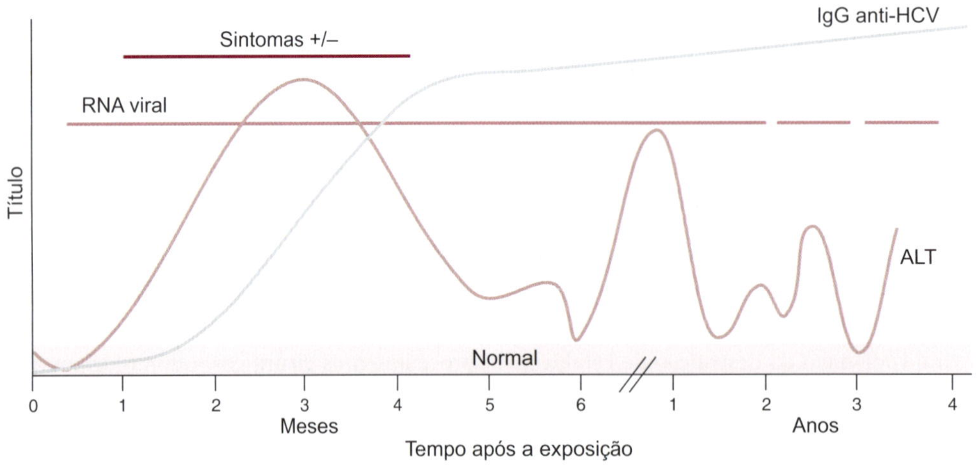


**Figura 16.25** Curso clínico da hepatite C crônica. O período de incubação é de 2 a 26 semanas, com média de 6 a 7 semanas. A maioria das infecções pelo HCV (55 a 85%) torna-se crônica após 6 meses de infecção e é caracterizada pela elevação das transaminases. HCV: vírus da hepatite C; ALT: alanina-aminotransferase; IgG: imunoglobulina classe G; +/–: presença ou ausência de sintomas.

de 40 anos; coinfecção com o HIV e/ou HBV; e baixa contagem de linfócitos $TCD_4^+$. Alterações metabólicas como obesidade e diabetes também são apontadas como cofatores para a fibrogênese.

Fatores virológicos também vêm sendo associados à progressão da hepatite C. Diversos estudos mostraram progressão mais acelerada da doença em pacientes infectados com o HCV-3, fato que pode ser uma das explicações para maiores taxas de mortalidade observadas em pacientes infectados com este genótipo. Ainda, a exacerbação da doença hepática ocorre mais frequentemente em infecções com o HCV-2, o que algumas vezes torna o curso da doença mais grave nesses pacientes. No que diz respeito ao prognóstico da doença, não parece haver associação entre a gravidade do comprometimento hepático de um indivíduo infectado, avaliada normalmente por biópsia do fígado, e os níveis de RNA viral no soro.

A infecção pelo HCV está associada com numerosas manifestações extra-hepáticas, como crioglobulinemia mista essencial (CME), glomerulonefrite membranoproliferativa, porfiria cutânea tardia, tireoidite, doenças linfoproliferativas, síndrome de Sjögren e líquen plano. Tais manifestações baseiam-se em mecanismos linfoproliferativos e/ou autoimunes e ocorrem em 40 a 74% dos pacientes com hepatite C crônica. A CME é uma doença multissistêmica caracterizada pela deposição de imunoglobulinas, que precipitam em temperaturas abaixo de 37°C (crioglobulinas), em vasos de pequeno e médio calibres, com maior associação a infecções pelo HCV (60 a 96% dos casos de CME tipos II e III estão associados ao HCV). A crioglobulinemia pode ser categorizada de acordo com a composição clonal das imunoglobulinas, em tipo I (exclusivamente monoclonal, sem atividade de fator reumatoide), tipo II (IgM monoclonal e IgG policlonal) e tipo III (policlonal somente). Os tipos II e III são chamados de crioglobulinemias mistas e, frequentemente, mostram atividade de fator reumatoide. A elevada frequência de associação entre crioglobulinemia e anormalidades hepatocelulares indica que vírus hepatotrópicos, como o HCV, parecem estar envolvidos na patogênese da doença. Os mecanismos através dos quais o HCV promove a formação de crioglobulinas permanecem desconhecidos. No entanto, a persistência do HCV em células do sistema imunológico e/ou estimulação crônica da resposta imunológica podem fazer parte desse mecanismo fisiopatológico.

## Diagnóstico laboratorial

Existem dois tipos básicos de testes de diagnóstico específicos para o HCV: os sorológicos e os moleculares. Os testes sorológicos são indicados como testes de triagem na suspeita de infecção pelo HCV, para diagnóstico inicial (Quadro 16.9). Os anticorpos do tipo IgG anti-HCV levam cerca de 12 semanas após a infecção para se tornarem detectáveis. Esses anticorpos não conferem imunidade e servem apenas como marcadores de infecção prévia. Por outro lado, os testes moleculares identificam o genoma viral, sendo mais sensíveis e específicos.

A detecção de anticorpos anti-HCV no plasma ou no soro é usualmente realizada com testes comerciais imunoenzimáticos (EIA, *enzyme immunoassays*) ou imunocromatográficos (TR, teste rápido). Uma sensibilidade superior a 97% pode ser alcançada utilizando-se testes de 3ª geração em populações com alta prevalência de infecção pelo HCV. A janela imunológica para os testes sorológicos da hepatite C é de 33 a 129 dias (EIA 2ª geração) ou 49 a 70 dias (EIA 3ª geração). Esse teste, entretanto, não diferencia uma infecção ativa de outra já resolvida. Apesar da observação de substancial melhoria em sensibilidade e especificidade dos testes comerciais, resultados falso-positivos, especialmente em populações de baixo risco, como doadores de sangue, ainda ocorrem. Testes complementares têm sido usados para discriminar, em populações com baixa prevalência do HCV, resultados falso-positivos diagnosticados por EIA. Os testes mais usados são o RIBA (ensaio de imunotransferência recombinante [*recombinant immunoblot assay*]) e o LIA (imunoensaio em linha [*line immunoassay*]), modificações da técnica de *Western blotting* (ver *Capítulo 8*). A especificidade de ambos os testes é alta, porém a sensibilidade é menor do que a observada por EIA. Sendo assim, resultados positivos encontrados nos testes RIBA ou LIA confirmam reatividade anti-HCV específica. Um novo teste de EIA que detecta e quantifica o antígeno do capsídeo do HCV no soro ou no plasma com alta sensibilidade foi desenvolvido com o objetivo de detectar uma infecção pelo HCV antes da soroconversão. Com base em estudos em bancos de sangue, o antígeno do capsídeo do HCV pode ser detectado dentro das primeiras 2 semanas após infecção, período similar ao dos testes moleculares, constituindo, dessa forma, uma maneira mais barata e menos laboriosa do que a detecção de RNA viral.

A hepatite C é um dos melhores exemplos de aplicação direta do diagnóstico molecular à prática clínica. A detecção do RNA viral é aceita como padrão-ouro entre os métodos existentes de identificação do HCV. Juntamente com a detecção qualitativa, a determinação da carga viral e a determinação do genótipo também são ferramentas valiosas para o manejo clínico do paciente. Técnicas mais modernas baseadas na amplificação em tempo real oferecem maior segurança no que diz respeito a prevenção de contaminação de espécimes biológicos e maior especificidade. Todos os ensaios quantitativos comerciais disponíveis apresentam limite de detecção de 10 a 15 unidades internacionais (UI) de RNA do HCV e especificidade satisfatória. A janela imunológica para os testes moleculares é de 22 dias. Uma padronização

**Quadro 16.9** Interpretação de marcadores da hepatite C.

| Marcador | Significado |
|---|---|
| Anti-HCV e HCV-RNA | Anti-HCV indica contato com o vírus da hepatite C.<br>A infecção aguda é definida se houver soroconversão há menos de seis meses, em que o paciente era não reagente no início dos sintomas e passou a anti-HCV reagente com intervalo de 90 dias, ou o anti-HCV é não reagente e a detecção do HCV-RNA (carga viral) é positiva em até 90 dias após o início dos sintomas ou a partir da data da exposição.<br>A infecção crônica é definida se o resultado anti-HCV for reagente por mais de seis meses e o HCV-RNA for detectável por mais de seis meses |

Fonte: MS do Brasil/SVS/DVE, 2019.

das unidades de quantificação do RNA do HCV foi proposta e vem sendo utilizada por todos os testes, permitindo que os resultados sejam comparáveis. A padronização convencionou que 1 UI corresponde a aproximadamente 2 a 8 cópias/mℓ do HCV.

A detecção de RNA do HCV é indicada para confirmar o diagnóstico de hepatite C; caracterizar transmissão vertical; para definir a transmissão em acidentes com materiais biológicos e surtos; e no monitoramento clínico, para avaliar a resposta virológica.

O Ministério da Saúde (MS) do Brasil propõe dois fluxogramas (Figura 16.26) para o diagnóstico da infecção pelo HCV. O primeiro fluxograma (Figura 16.26A) é indicado para uso em serviços de saúde e assistência, permitindo a investigação inicial da infecção pelo HCV. Utiliza um TR para detectar o anti-HCV em amostras de sangue total, permite uma testagem rápida e a ampliação das oportunidades de diagnóstico, principalmente entre as populações-chave. O indivíduo com resultado reagente pode ser encaminhado para confirmação laboratorial da infecção. Pode ser utilizado em gestantes. O resultado reagente no teste de detecção do anti-HCV indica contato prévio com o HCV. Como cerca de 80% dos infectados pelo HCV se tornarão portadores crônicos da infecção é necessário complementar o diagnóstico por meio de testes de detecção direta do vírus (teste molecular ou teste de antígeno). Em caso de resultado não reagente, permanecendo a suspeita de infecção, coletar uma nova amostra após 30 dias e repetir a testagem.

Por detectar anticorpos totais (anti-HCV), o TR não deve ser utilizado em indivíduos menores de 18 meses, e seu uso em indivíduos imunossuprimidos/imunodeprimidos necessita ser avaliado com cuidado, em virtude da possibilidade de resultados falso-negativos. Contudo, pode ser utilizado para diagnóstico em gestantes.

O segundo fluxograma (Figura 16.26B) emprega um imunoensaio capaz de detectar o anticorpo contra o HCV, como teste de triagem, e um teste de detecção direta do HCV (HCV-RNA), como teste complementar, usados sequencialmente. Amostras reagentes no primeiro teste indicam contato com o HCV, salvo em casos de falso-positivos. Uma discordância entre o primeiro e o segundo testes pode se dar em virtude de uma resolução natural da doença.

Este fluxograma é capaz de detectar a infecção crônica pelo HCV. No caso de confirmação diagnóstica, caberá ao médico definir o encaminhamento do paciente conforme o "Protocolo Clínico e Diretrizes Terapêuticas para Hepatite C e Coinfecções".

A infecção em recém-nascidos normalmente tem curso assintomático, e boa parte dos infectados apresentam níveis apenas levemente elevados de aminotransferases. Por isso, o MS do Brasil sugere que todos aqueles nascidos de mães sabidamente infectadas pelo HCV sejam testados. Normalmente, a triagem para a infecção pelo HCV é feita pela detecção do anticorpo contra o vírus (anti-HCV); no entanto, anticorpos da classe IgG atravessam a barreira placentária, o que pode levar a resultados reagentes em crianças não necessariamente infectadas. Por isso, a orientação é de que o diagnóstico da infecção pelo HCV em indivíduos menores de 18 meses seja feito por meio de teste molecular. A detecção do HCV-RNA em duas testagens diferentes confirma a infecção. É recomendado que o primeiro teste seja feito a partir dos 3 meses de idade, com um intervalo de 6 a 12 meses para a segunda testagem. Após os 18 meses, recomenda-se realizar o teste para a detecção do anti-HCV. O diagnóstico infantil também pode ser realizado utilizando um imunoensaio HCV-Ag, capaz de detectar e quantificar antígenos virais do HCV. A documentação da soroconversão na criança deve ser feita com a realização de sorologia anti-HCV após os 18 meses de idade.

A determinação do genótipo é importante para a definição do tempo de tratamento com drogas antivirais e para a avaliação de rotas de transmissão do HCV, especialmente de infecções nosocomiais. A transmissão nosocomial pode ocorrer se os procedimentos de controle de infecção ou de desinfecção de equipamentos contaminados e compartilhados por pacientes não forem realizados adequadamente. Sabe-se que pacientes submetidos à hemodiálise compõem um grupo de risco importante para a infecção com HCV por transmissão nosocomial. A propriedade clínica mais importante relacionada com o genótipo do HCV é a diferença de suscetibilidade à terapia com interferon observada entre os diferentes genótipos. Estudos mostraram que o HCV genótipo 1b é mais resistente ao interferon do que o HCV-2 e HCV-3, fato que determina a recomendação de terapia combinada com ribavirina para os pacientes infectados com este genótipo. O sequenciamento direto de regiões relativamente conservadas do genoma do HCV, como o capsídeo, E1 e NS5B, é considerado o padrão-ouro para genotipagem. Apesar da cada vez maior automatização e capacidade de análise dos sequenciadores, o alto custo do equipamento restringe sua utilização rotineira em muitos laboratórios. Uma das desvantagens do sequenciamento direto de produtos da reação em cadeia da polimerase (PCR, *polymerase chain reaction*) é que esta técnica não permite a identificação de infecções mistas com dois genótipos diferentes do HCV, sendo possível apenas a identificação da população viral majoritária. Alguns testes comerciais baseados em técnicas de hibridização reversa e PCR em tempo real estão disponíveis para o uso clínico de rotina. Por ainda apresentarem custo muito elevado por amostra analisada, técnicas desenvolvidas *in house* são utilizadas no diagnóstico de rotina de muitos laboratórios. Os métodos *in house* comumente empregam amplificação com oligonucleotídeos genótipo-específicos ou análise dos produtos da PCR amplificados pela técnica de RFLP (reação de polimorfismo de fragmentos de restrição [*restriction fragment length polymorphism*]).

A biópsia hepática é um procedimento invasivo que, na maior parte das situações, é essencial para o estadiamento da hepatite crônica e para a definição da necessidade de tratamento. Nos casos de infecção aguda, a biópsia hepática é justificada somente na dúvida de diagnóstico.

As aminotransferases (transaminases) – aspartato-aminotransferase (AST/TGO) e alanino-aminotransferase (ALT/TGP) – são marcadores de agressão hepatocelular. Na forma aguda, principalmente a ALT/TGP pode atingir valores até 25 a 100 vezes acima do normal, embora alguns pacientes apresentem níveis bem mais baixos. Na forma crônica, na maioria das vezes, elas não ultrapassam 15 vezes o valor normal; em indivíduos assintomáticos pode ser o único exame laboratorial sugestivo de dano hepático. Pode haver aumento das bilirrubinas tanto da fração não conjugada (indireta) quanto da conjugada (direta), sendo predominante esta última. A bilirrubina direta pode ser detectada precocemente na urina, antes mesmo do surgimento da icterícia. As proteínas séricas normalmente não se alteram nas formas agudas. Nas hepatites crônicas e cirrose, a albumina apresenta diminuição acentuada e

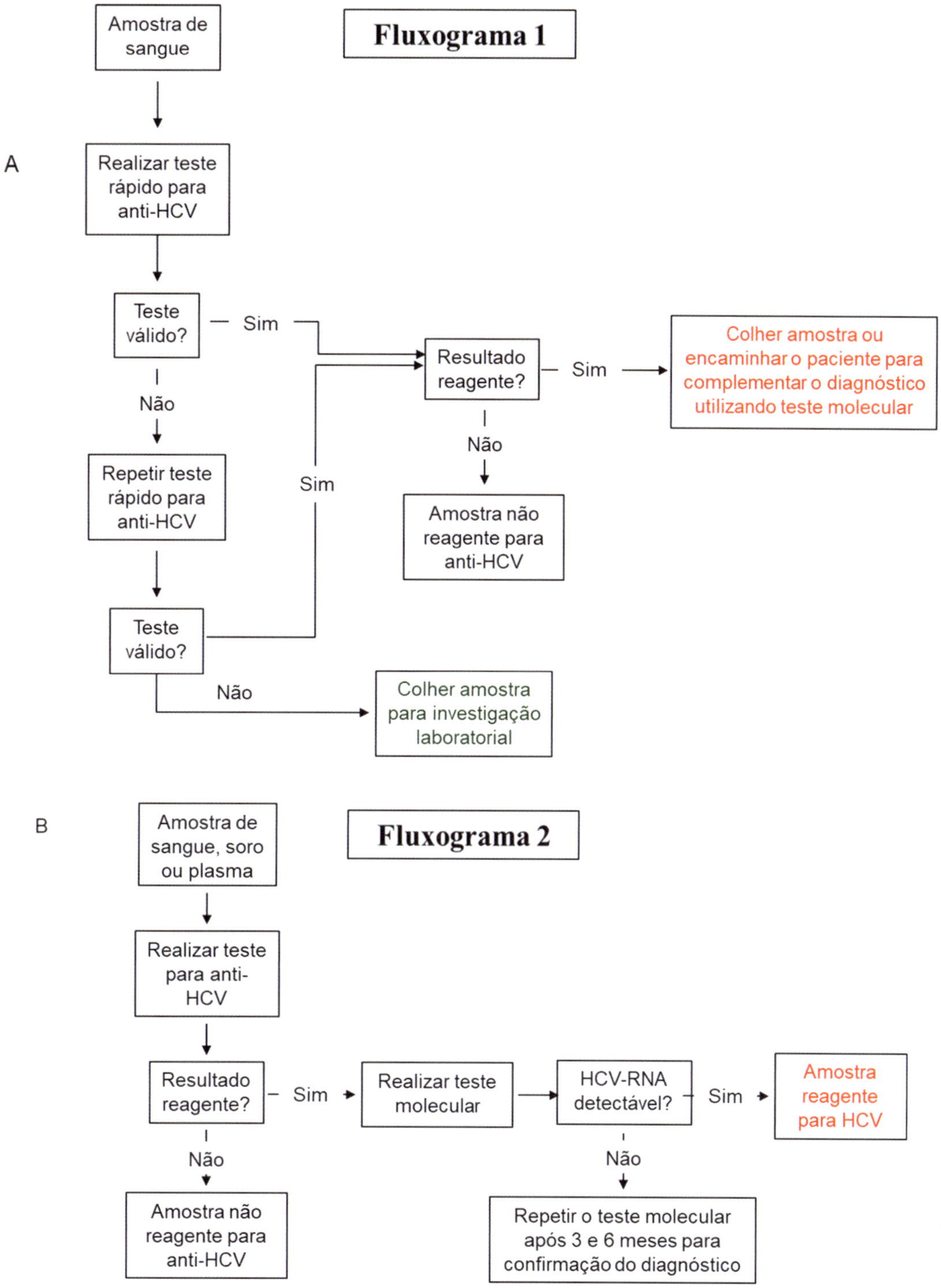


**Figura 16.26** Fluxogramas para investigação da infecção pelo HCV. **A.** Investigação inicial da infecção pelo HCV utilizando testes rápidos (TR anti-HCV). **B.** Diagnóstico da infecção pelo vírus da hepatite C utilizando teste para detecção do anti-HCV e teste molecular (HCV-RNA). Adaptada de MS do Brasil/SVS/DIAHV, 2018.

progressiva. A fosfatase alcalina pouco se altera, exceto nas formas colestáticas, quando se apresenta em níveis elevados. A gamaglutamiltransferase (GGT) é a enzima mais relacionada aos fenômenos colestáticos. Ocorre elevação discreta, exceto nas formas colestáticas. A atividade de protrombina sofre pouca alteração na forma aguda, mas na forma crônica, o aumento do tempo de protrombina indica deterioração da função hepática. Valores elevados ou progressivamente crescentes da alfafetoproteína em pacientes portadores de hepatite crônica indica o desenvolvimento de carcinoma hepatocelular (CHC), sendo por isso utilizada como triagem. Ocorre leucopenia na forma aguda, entretanto, muitos casos cursam sem alteração no leucograma. A plaquetopenia pode ocorrer na infecção crônica.

## Epidemiologia

Dados da OMS de 2019 mostram que a infecção pelo HCV atinge proporções epidêmicas, sendo a hepatite C considerada um grave problema de saúde pública. A infecção atinge mais de

71 milhões de pessoas ao redor do mundo, com 400.000 mortes por ano, constituindo a principal causa de cirrose hepática e de CHC. A alta variabilidade do HCV o torna capaz de escapar do sistema imunológico, estabelecendo infecções persistentes crônicas em aproximadamente 80% dos indivíduos infectados. Aproximadamente 15 a 45% dos indivíduos infectados curam-se espontaneamente em até 6 meses, sem qualquer tratamento. A grande maioria dos pacientes é assintomática e torna-se portadora crônica do vírus sem ter conhecimento, contribuindo para a disseminação da infecção na população em geral. Novas infecções continuam acontecendo devido à utilização de sangue não selecionado corretamente em transfusões, à esterilização inadequada de equipamentos médicos e ao aumento do uso de drogas endovenosas com o compartilhamento de seringas. Os dados epidemiológicos indicam que a maioria da população das Américas, da Europa Ocidental e do sudeste da Ásia apresenta prevalência abaixo de 2,5% para o anticorpo anti-HCV. Esse percentual varia de 1,5 a 5% na Europa Oriental, de 2,5 a 4,9% nos países localizados no Pacífico Ocidental, e de 1% a mais de 12% da população no Oriente Médio e na Ásia Central. Analisando os números absolutos, a maioria das pessoas infectadas no mundo se concentra na Ásia. No Brasil, o MS estima que a prevalência de infecção pelo HCV seja de aproximadamente 0,7% da população, o que representaria cerca de 700 mil indivíduos. Alguns estudos, entretanto, indicaram taxas de prevalência mais altas em São Paulo e em Salvador de 1,4 e 1,5%, respectivamente, e prevalência de 5,8% em algumas localidades específicas da Amazônia consideradas de alta endemicidade.

A determinação do genótipo do HCV é particularmente importante para a definição da estratégica terapêutica de cada paciente e como preditor de uma resposta virológica sustentada após o tratamento antiviral.

Segundo dados da OMS, os genótipos 1, 2 e 3 distribuem-se no mundo inteiro e cerca de 60% das infecções são devidas aos subtipos 1a e 1b. Esses subtipos predominam no norte da Europa e América do Norte, e nas regiões sul e oriental da Europa, além do Japão, respectivamente. O tipo 2 é menos frequente e o tipo 3 é endêmico no sudeste da Ásia, além de ser bastante distribuído em diferentes países. O HCV-4 é principalmente detectado no Oriente Médio, Egito e na África Central. O HCV-5 circula essencialmente no sul da África, e o HCV-6, no sudeste asiático. O genótipo 7, o mais recentemente caracterizado, foi isolado no Canadá em amostras de imigrantes provenientes da República Democrática do Congo, na África Central.

No Brasil, são encontrados, principalmente, os genótipos 1a, 1b, 2a, 2b e 3, com predominância do genótipo 1 sobre genótipos não 1, com distribuição de 60 e 40%, respectivamente. Entre os portadores diagnosticados no Brasil, o HCV-1 é observado em aproximadamente 70% dos casos, o HCV-3 em 25% e o HCV-2 em 5%.

De acordo com o Boletim Epidemiológico de Hepatites Virais de 2019, divulgado pela Secretaria de Vigilância em Saúde do Ministério da Saúde (SVS/MS), cerca de 360 mil casos anti-HCV ou RNA do HCV reagentes foram notificados no Brasil entre 1999 e 2018. Destes, a grande maioria foi detectada nas Regiões Sudeste e Sul (63,1 e 25,2%, respectivamente), seguido por baixas proporções no Nordeste (6,1%), Centro-Oeste (3,2%) e Norte (2,5%). O HCV segue sendo responsável por 70% das hepatites crônicas no país, atingindo principalmente indivíduos acima de 40 anos de idade. Nos últimos anos, a Região Sul concentrou o maior número de casos ultrapassando a Região Sudeste, que historicamente concentrava as maiores taxas (Figura 16.27). Em relação à provável via de transmissão dos casos notificados, observou-se que as maiores proporções de casos estavam relacionadas com o uso de drogas, a transfusão de sangue e/ou hemoderivados e o compartilhamento de objetos perfurocortantes não esterilizados.

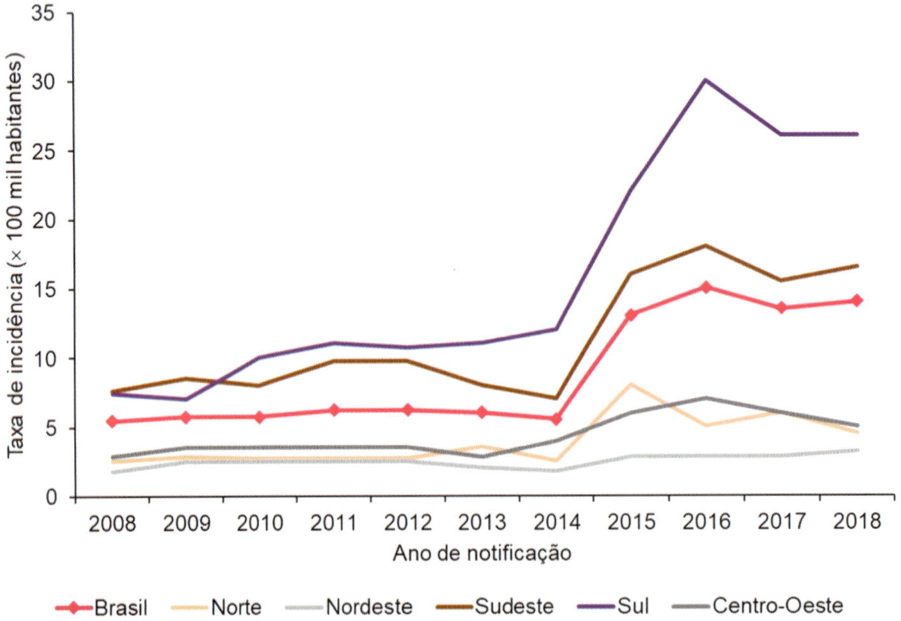


**Figura 16.27** Taxa de detecção dos casos de hepatite C (por 100.000 habitantes) segundo região de residência por ano de notificação. Brasil, 2008-2018. Até 2014, eram considerados casos confirmados de hepatite C aqueles que apresentavam ambos os testes anti-HCV e HCV-RNA reagentes; em 2015, passaram a ser considerados casos confirmados de hepatite C aqueles que apresentem pelo menos um dos testes anti-HCV ou HCV-RNA reagente. Adaptada de MS do Brasil/SVS, Boletim epidemiológico de Hepatites Virais, 2019.

## Prevenção e controle

Até o momento, não existe vacina contra o HCV. A alta diversidade genética do vírus, que contribui para sua capacidade de escapar do sistema imunológico, faz com que, apesar do grande número de pesquisas nesta área, não haja perspectivas para o desenvolvimento de uma vacina eficaz em um médio prazo. Desta forma, a maneira mais adequada para a prevenção da infecção é a identificação da via de transmissão mais frequente em determinada localidade e a criação de medidas específicas para evitar a exposição a sangue e materiais contaminados. Desde sua descoberta no final da década de 1980, a transmissão do HCV pelo sangue diminuiu significativamente após a adoção de medidas de prevenção, principalmente, depois do desenvolvimento de testes sorológicos para a triagem do HCV em doadores de sangue. Em muitos países, o aumento do número de usuários de drogas endovenosas vem contribuindo para a ocorrência de novos casos de infecção. A implantação de políticas públicas que garantam a triagem adequada de sangue e hemoderivados, a educação de profissionais de saúde e da população em geral sobre o risco de transmissão parenteral por equipamentos médicos contaminados e fômites, e o estímulo à utilização de seringas descartáveis é de fundamental importância para a prevenção e o controle da infecção pelo HCV.

## Tratamento

O tratamento da hepatite C tem diretrizes terapêuticas definidas em diferentes países. De maneira geral, o tratamento é recomendado para pacientes com níveis elevados de ALT por mais de 6 meses, presença de anticorpos anti-HCV, RNA viral detectável e biópsia hepática demonstrando algum grau de fibrose, inflamação e necrose. O objetivo final do tratamento contra o HCV é atingir uma resposta virológica sustentada (RVS), caracterizada por níveis indetectáveis de RNA após 24 semanas do término do tratamento, o que, na maioria dos casos, representa a depuração do vírus. Estudos mostraram que a depuração (*clearance*) do HCV possibilita a diminuição dos efeitos adversos causados pela doença. Mesmo em pacientes que já apresentavam fibrose hepática avançada, a depuração viral proporcionou uma significativa redução de descompensação hepática e morte relacionada com problemas no fígado.

Em 1991, o IFN-α foi aprovado para o tratamento da hepatite C crônica. O tratamento exclusivo com o IFN-α apresenta baixa eficiência com apenas 10 a 19% dos pacientes atingindo uma RVS. O IFN-α peguilado (PEG-IFN-α), uma modificação do IFN-α pela adição de polietilenoglicol, que aumenta a meia-vida biológica do fármaco no organismo, possibilitou a administração por via subcutânea apenas 1 vez/semana (contra as 3 administrações semanais requeridas pelo IFN comum) e trouxe melhores resultados na taxa de RVS assim como uma menor incidência dos fortes efeitos colaterais observados pelo uso do IFN tradicional. A ribavirina, um análogo de guanosina capaz de bloquear a síntese de RNA viral, passou a ser administrada de forma combinada com PEG-IFN-α por 24 ou 48 semanas, dependendo do genótipo infectante. Até 2011, este era o esquema terapêutico padrão que apresentava eficiência superior quando comparado com a monoterapia. O tratamento, além de não apresentar uma eficiência satisfatória, é de difícil tolerância e apresenta fortes efeitos colaterais.

Os grandes avanços nos conhecimentos relativos ao HCV e à sua biossíntese obtidos nos últimos anos, por meio de sistemas de cultura de células permissivas, ensaios de replicação do HCV e modelagem tridimensional de proteínas virais, permitiu a identificação de alguns alvos potenciais para o desenvolvimento de novas drogas antivirais. Tais drogas, denominadas DAA (*direct-acting antivirals*), são moléculas que bloqueiam especificamente proteínas não estruturais essenciais para o ciclo de biossíntese do HCV: a protease NS3/NS4A, a proteína NS5A e a polimerase viral NS5B. O desenvolvimento e licenciamento dos DAA vêm revolucionando o tratamento contra a hepatite C, atingindo taxas de RVS acima de 95% em pacientes crônicos em diversos estudos (para mais informações consultar o *Capítulo 9*).

# Capítulo 17

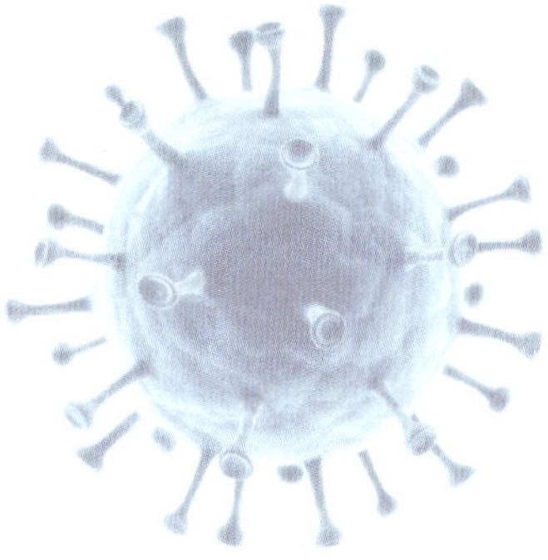

# Viroses do Sistema Nervoso Central

Marcia Dutra Wigg • José Nelson dos Santos Silva Couceiro •
Norma Suely de Oliveira Santos

## Introdução

Sintomas de comprometimento neurológico como cefaleia, letargia e alterações psicomotoras são frequentes em infecções virais. Alguns vírus podem ser responsáveis por infecções do sistema nervoso central (SNC), autolimitadas e, algumas vezes, consideradas benignas, que podem evoluir para quadros graves, com danos neurológicos e morte. Entretanto, não é comum que vírus acometam, especificamente, o SNC, como no caso da raiva e de infecções por alguns henipavírus.

Alguns patógenos que causam encefalite, com frequência, também causam inflamação das meninges (meningite), inflamação da medula espinhal (mielite) ou inflamação da raiz do nervo (radiculite); esses termos são usados algumas vezes em combinação para refletir as partes do SNC atingidas, por exemplo, meningoencefalite, encefalomielite, meningoencefalomielite, mielorradiculite e meningoencefalorradiculite.

Os vírus têm acesso ao SNC via diferentes mecanismos. Em algumas situações as partículas virais passam diretamente pela barreira hematoencefálica, ou são carreadas em leucócitos infectados, e então infectam as células do endotélio vascular. Outros vírus invadem o SNC via nervos espinhais e cranianos.

Os vírus podem causar problemas neurológicos não apenas por indução de citólise dos neurônios ou das glias, mas também causando apoptose, danificando a barreira hematoencefálica, desencadeando ataque autoimune em células específicas, induzindo a expressão de genes virais e reprimindo a expressão de genes celulares, provocando fusão celular, alterando a migração neuronal, atenuando a divisão dos progenitores neurais, e bloqueando a produção e o fluxo do fluido cerebroespinhal.

Diversos vírus de DNA e de RNA já foram associados a infecções neurológicas com consequências variadas (Quadros 17.1 e 17.2). Neste capítulo serão apresentados alguns dos vírus mais frequentemente associados a infecções do SNC, tais como o vírus da raiva, os enterovírus que infectam seres humanos e os henipavírus (vírus Hendra e vírus Nipah). As infecções do SNC causadas por arbovírus serão abordadas no *Capítulo 18*.

## Vírus da raiva

Marcia Dutra Wigg

### Histórico

A raiva é uma doença que se caracteriza por uma encefalomielite viral aguda, progressiva, com letalidade de aproximadamente 100%. É uma zoonose transmitida ao homem, principalmente pela mordedura de um animal infectado. Devido ao neurotropismo do agente infeccioso, a disseminação ocorre facilmente pelo sistema nervoso central (SNC), evoluindo para o quadro

**Quadro 17.1** Exemplos de vírus de DNA associados a doenças do sistema nervoso central em seres humanos.

| Família | Vírus | Doença | Transmissão |
|---|---|---|---|
| | HHV-1 | Meningite, encefalite | Pessoa a pessoa |
| | HHV-2 | Meningite, encefalite | Pessoa a pessoa |
| | HHV-3 | Cerebelite, encefalite, meningite, mielite | Pessoa a pessoa |
| *Herpesviridae* | HHV-4 | Encefalite, meningite, mielite, síndrome de Guillain-Barré | Salivar, sanguínea |
| | HHV-5 | Meningite, encefalite | Salivar, sanguínea, transplacentária, sexual |
| | HHV-6 | Encefalite | Pessoa a pessoa |
| | HHV-7 | Encefalite | Pessoa a pessoa |
| *Adenoviridae* | HAdV | Meningite, encefalite | Respiratória |
| *Polyomaviridae* | HPyV2 | Leucoencefalopatia multifocal progressiva | Urino-oral |

HHV-1: herpesvírus de humanos 1; HHV-2: herpesvírus de humanos 2; HHV-3: herpesvírus de humanos 3; HHV-4: herpesvírus de humanos 4; HHV-5: herpesvírus de humanos 5; HHV-6: herpesvírus de humanos 6; HHV-7: herpesvírus de humanos 7; HAdV: adenovírus de humanos; HPyV2: poliomavírus de humanos 2.

**Quadro 17.2** Exemplos de vírus de RNA associados a doenças do sistema nervoso central em seres humanos.

| Família | Vírus | Doença | Transmissão |
|---|---|---|---|
| *Picornaviridae* | Poliovírus | Meningite, encefalite, mielite | Fecal–oral |
| | Coxsackievírus | Meningite, meningoencefalite, mielite | Fecal–oral |
| | Echovírus | Meningite, meningoencefalite, mielite | Fecal–oral |
| | Enterovírus 70 e 71 | Meningite, encefalite | Fecal–oral |
| | Parechovírus | Encefalite | Fecal–oral |
| *Paramyxoviridae* | Vírus da caxumba | Meningite, encefalite, mielite | Respiratória |
| | Vírus do sarampo | Encefalite | Respiratória |
| | Vírus Hendra | Encefalite | Respiratória |
| | Vírus Nipah | Encefalite | Respiratória/oral |
| *Flaviviridae* | Vírus do Oeste do Nilo | Meningite, encefalite | Mosquitos |
| | Vírus da encefalite de Saint Louis | Meningite, encefalite | Mosquitos |
| | Vírus da encefalite japonesa | Meningite, encefalite | Mosquitos |
| | Vírus do vale Murray | Encefalite | Mosquitos |
| | Vírus da encefalite transmitida por carrapatos | Encefalite | Carrapatos |
| *Peribunyaviridae* | Vírus da encefalite da Califórnia (vírus La Crosse) | Meningite, encefalite | Mosquitos |
| | Vírus do cânion Jamestown | Meningite, encefalite | Mosquitos |
| *Togaviridae* | Vírus da encefalite equina do leste | Meningite, encefalite | Mosquitos |
| | Vírus da encefalite equina do oeste | Meningite, encefalite | Mosquitos |
| | Vírus da encefalite equina venezuelana | Meningite, encefalite | Mosquitos |
| *Arenaviridae* | Vírus da coriomeningite linfocítica | Meningite, encefalite | Roedores |
| *Retroviridae* | Vírus da imunodeficiência humana tipo 1 | Encefalopatia, encefalite, leucoencefalopatia | Sanguínea/sexual |
| *Rhabdoviridae* | Vírus da raiva | Encefalite, encefalomielite | Salivar |
| | Vírus Chandipura | Encefalite | Flebótomo |

clínico característico da doença. A raiva é considerada um grave problema de saúde pública, principalmente nos países em desenvolvimento e de considerável importância econômica devido aos prejuízos causados à pecuária. A estimativa global da Organização Mundial da Saúde (OMS) é que ocorram aproximadamente 59.000 óbitos anualmente, decorrentes da exposição ao vírus da raiva.

A maioria dos casos de raiva (aproximadamente 95%) ocorre na Ásia e África, e, atualmente em muito menor escala, na América Latina. O cão tem sido apontado como o principal transmissor da doença (até 99% dos casos) e as principais vítimas (aproximadamente 40%) são crianças com idade inferior a 15 anos.

A raiva é uma doença reconhecida em animais e nos seres humanos desde os tempos mais antigos. Nos primeiros séculos da era Cristã, ela já era considerada por Celsus como uma doença fatal para o homem. Até a Idade Média, raramente eram descritos surtos de raiva. No início dos anos 1800, ocorreu na França um surto da doença com a morte de centenas de animais e a exposição de muitas pessoas ao vírus. A partir dessa época, ficou evidente a necessidade de medidas eficazes para controlar a doença, despertando, então, o interesse dos estudiosos. Dessa forma, Zinke, em 1804, observou em suas pesquisas que a infecção natural ocorria por contato com a saliva de animais raivosos. Entretanto, somente em 1880, Pasteur demonstrou a propriedade neurotrópica do agente infeccioso. Além disso, ele transmitiu experimentalmente a doença de um cão para outro, conseguindo ainda a estabilização do agente infeccioso mediante passagens seriadas no cérebro de animais. Pasteur supôs que cães mordidos por animais raivosos poderiam ser protegidos pela vacinação devido ao longo período de incubação do vírus. Assim, obteve uma estirpe menos virulenta para os animais de laboratório, com período de incubação mais curto, idealizando uma vacina que conferia imunidade aos cães que posteriormente fossem expostos ao vírus. Apesar das controvérsias quanto ao emprego dessa vacina em seres humanos, em 1885 ele pôde salvar a vida de dois garotos vitimados por um cão raivoso. Essas duas experiências bem-sucedidas levaram outros pacientes ao seu Instituto para tratamento antirrábico. No entanto, algumas dúvidas surgiram quanto ao uso seguro da vacina, após alguns pacientes imunizados terem desenvolvido a doença. Após trabalhos exaustivos voltados para o aprimoramento dessa vacina, Pasteur obteve melhora significativa na qualidade do produto, tornando-a um sucesso comprovado.

Com os avanços dos estudos, Remlinger demonstrou, em 1903, a filtrabilidade do agente infeccioso, e Negri descobriu os corpúsculos de inclusão intracitoplasmáticos (corpúsculos de

Negri) em neurônios infectados, deixando assim evidente a interação das células neuronais com o agente infeccioso.

Com o passar dos anos, ficou bem estabelecido que a vacina era eficaz na prevenção da raiva, e muitas outras surgiram a partir daquela idealizada por Pasteur. Em 1954, o soro hiperimune antirrábico foi utilizado como um adjuvante na profilaxia da doença e tornou-se, desde então, um procedimento rotineiro para o tratamento dos indivíduos expostos ao vírus.

Apesar dos avanços científicos obtidos ao longo dos anos, com os estudos dedicados à raiva, ainda não foi possível encontrar a cura para a doença já estabelecida. Entretanto vacinas mais seguras e eficazes foram desenvolvidas, assim como tratamentos experimentais, que associados a medidas de saúde pública, têm contribuído para a redução do número de casos e de óbitos no mundo.

## Classificação e características

O vírus da raiva pertence à família *Rhabdoviridae*, gênero *Lyssavirus* (*lyssa* = loucura, demência, em grego), espécie *Rabies lyssavirus*. A família *Rhabdoviridae* reúne 30 gêneros com 191 espécies, que estão amplamente distribuídas na natureza, infectando plantas, invertebrados e vertebrados, incluindo peixes e aves. De acordo com o Comitê Internacional para Taxonomia de Vírus (ICTV, *International Committee on Taxonomy of Viruses*), em revisão de 2020 (MSL#35), o gênero *Lyssavirus* compreende 17 espécies virais, cuja espécie referência é o *Rabies lyssavirus* (RABV, vírus da raiva). De todos os membros do gênero *Lyssavirus*, somente o RABV foi descrito até o momento como sendo capaz de estabelecer ciclos epidemiológicos entre morcegos e carnívoros, e é responsável pela maioria das infecções em seres humanos.

### Diversidade genética do gênero *Lyssavirus*

Pesquisas empregando técnicas sorológicas, antigênicas e genéticas, com vírus do gênero *Lyssavirus* demonstraram a existência de diferentes sorotipos, biotipos e genótipos. Inicialmente, esse gênero abrangia quatro sorotipos, segundo as características antigênicas detectadas em estudos utilizando soros policlonais e anticorpos monoclonais. Em 1994, foi proposta a denominação de genótipos em substituição aos sorotipos, até então utilizados para designar os diferentes membros desse gênero. As espécies foram geneticamente caracterizadas e agrupadas em genótipos de acordo com a sequência dos genes que codificam a nucleoproteína (N), a fosfoproteína (P) e a glicoproteína (G).

A primeira espécie descrita é representada pelo clássico vírus da raiva, RABV genótipo 1, em que estão incluídas as estirpes selvagens e vacinais. A distribuição desse vírus é global, e é encontrado em mamíferos terrestres e morcegos, e é de grande importância em saúde pública e veterinária. Além disso, devido à utilização de metodologias mais modernas de estudo empregando anticorpos monoclonais e técnicas moleculares avançadas, foi possível diferenciar e identificar diversas variantes originadas de reservatórios domésticos e silvestres, principalmente carnívoros e quirópteros. Foram descritas, até o momento, 12 variantes antigênicas para o RABV, conforme seus respectivos reservatórios naturais (terrestres ou aéreos). No Brasil, foram descritas sete variantes antigênicas: variantes 1 e 2, isoladas de cães; variante 3, de morcego hematófago *Desmodus rotundus*; e variantes 4 e 6, de morcegos insetívoros *Tadarida brasiliensis* e *Lasiurus cinereus*. Outras duas variantes encontradas em *Cerdocyon thous* (cachorro-do-mato) e *Callithrix jacchus* (sagui-de-tufos-brancos) não são compatíveis com o painel estabelecido pelos Centros para Controle e Prevenção de Doenças (CDC, *Centers for Disease Control and Prevention*) dos Estados Unidos da América (EUA), para estudos do RABV nas Américas.

As demais espécies são os lissavírus não rábicos, que podem causar doença neurológica idêntica à raiva em pessoas e animais domésticos. São antigênica e geneticamente relacionados, foram inicialmente identificados em animais silvestres e posteriormente em animais domésticos, e sua distribuição está restrita ao Velho Mundo e Austrália. Eles incluem: vírus de morcego de Lagos (LBV, *Lagos bat virus*, genótipo 2), isolado de morcegos frugívoros africanos; vírus Mokola (MOKV, *Mokola lyssavirus*, genótipo 3), isolado de roedores africanos; vírus Duvenhage (DUVV, *Duvenhage lyssavirus*, genótipo 4), isolado de morcegos insetívoros africanos; lissavírus de morcego europeu 1 (EBLV-1, *European bat 1 lyssavirus*, genótipo 5) e lissavírus de morcego europeu 2 (EBLV-2, *European bat 2 lyssavirus*, genótipo 6), isolados de morcegos frugívoros e insetívoros europeus, respectivamente; lissavírus de morcego australiano (ABLV, *Australian bat lyssavirus*, genótipo 7), isolado de morcegos frugívoros e insetívoros; lissavírus Aravan (ARAV, *Aravan lyssavirus*) e lissavírus Khujand (KHUV, *Khujand lyssavirus*), isolados de morcegos insetívoros no Quirguistão e no Tadjiquistão, respectivamente; lissavírus Irkut (IRKV, *Irkut lyssavirus*) e lissavírus de morcego do Cáucaso Ocidental (WCBV, *West Caucasian bat virus*), isolado de morcegos insetívoros no leste da Sibéria e na região do Cáucaso, respectivamente; lissavírus de morcego de Shimoni (SHIBV, *Shimoni bat lyssavirus*), isolado de morcegos africanos; lissavírus de morcego de Bokeloh (BBLV, *Bokeloh bat lyssavirus*), isolado de morcegos insetívoros na Europa; lissavírus Ikoma (IKOV, *Ikoma lyssavirus*), isolado de civeta (*Civettictis civetta*) na África, lissavírus de morcego de Gannoruwa (GBLV, *Gannoruwa bat lyssavirus*), isolado de morcegos frugívoros no Sri Lanka; lissavírus de morcego de Lleida (LLEBV, *Lleida bat lyssavirus*), isolado de morcegos na Espanha; e lissavírus de morcego de Taiwan (TWBLV, *Taiwan bat lyssavirus*), isolado de morcegos em Taiwan.

Morcegos são os reservatórios naturais da maioria dos lissavírus, até o momento, e somente MOKV e IKOV nunca foram detectados em morcegos. As 17 espécies de lissavírus foram divididas em dois filogrupos, com base nas distâncias genéticas e reações cruzadas em testes sorológicos. No filogrupo I encontram-se as espécies RABV, GBLV, EBLV 1 e 2, DUVV, ABLV, ARAV, KHUV, BBLV, TWBLV e IRKV, enquanto no filogrupo II estão LBV, MOKV e SHIBV. As espécies WCBV, IKOV e LLEBV não se enquadram em nenhum dos dois filogrupos anteriores.

### Características dos lissavírus

A partícula viral completa apresenta morfologia bem definida, semelhante a um projétil, com uma das extremidades arredondada e a outra plana. A partícula completa tem entre 100 e 300 nm de comprimento (180 nm em média) por 75 nm de diâmetro, variando de acordo com a amostra considerada (Figura 17.1). Apresenta densidade de 1,19 a 1,20 g/cm$^3$ em cloreto de césio (CsCl) e 1,17 a 1,19 g/cm$^3$ em sacarose. Embora as partículas defectivas sejam similares à partícula padrão na composição proteica e lipídica, elas são mais curtas, com deleção de grande parte do genoma.

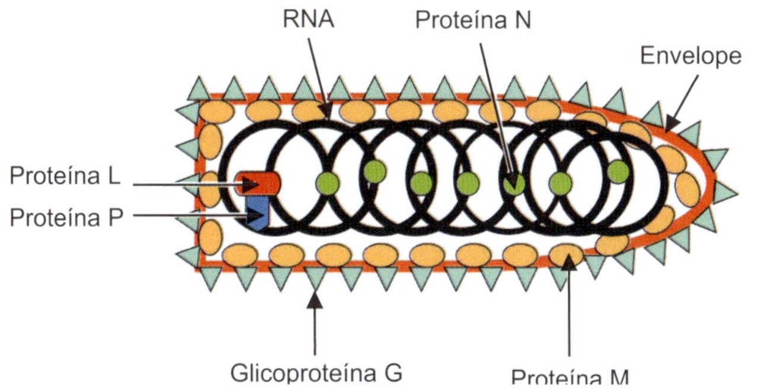


**Figura 17.1** Representação esquemática dos lissavírus. A partícula viral apresenta morfologia semelhante a um projétil e é envolvida por envelope glicolipoproteico no qual estão inseridas espículas da glicoproteína G. O nucleocapsídeo de simetria icosaédrica é formado pelo complexo ribonucleoproteico, constituído pelas proteínas N, L e P associadas ao RNA de fita simples de polaridade negativa. Entre o nucleocapsídeo e o envelope encontra-se a proteína matriz (M).

O vírion é composto por um envelope glicolipoproteico que se origina da célula hospedeira. Nesse envelope estão ancoradas, aproximadamente, de 300 a 400 espículas formadas por trímeros de glicoproteínas G. As dimensões dessas espículas variam de 5 a 10 nm de comprimento por 3 nm de diâmetro. O envelope encobre o nucleocapsídeo que é constituído de uma única molécula de RNA, associada às proteínas N (nucleoproteína), L (polimerase) e P (fosfoproteína), formando o complexo ribonucleoproteico (RNP). Esse complexo, de simetria helicoidal, forma um cilindro de 35 voltas, enroladas simetricamente dentro do envelope, cujo diâmetro varia de 30 a 70 nm. Entre o nucleocapsídeo e o envelope encontra-se a proteína matriz ou M.

O genoma é formado por uma fita simples não segmentada de RNA não infeccioso, de polaridade negativa (RNAfs–). O tamanho varia de 11 a 12 quilobases (kb), com peso molecular de 4,2 a 4,6 quilodaltons (kDa), e coeficiente de sedimentação que varia de 42 a 45 unidades Svedberg. O RNA viral é transcrito em cinco RNA mensageiros (RNAm) que são traduzidos em cinco proteínas: N, P (ou NS), M, G e L (Figura 17.2).

A nucleoproteína N, com 57 a 62 kDa, principal componente do complexo RNP, é potencialmente imunogênica e encontrada em grande quantidade no vírion. Aproximadamente 1.200 moléculas da proteína estão firmemente associadas ao RNA viral. Cada molécula de proteína N envolve nove bases do RNA protegendo-o da ação de ribonucleases, além de manter uma configuração apropriada do genoma para a transcrição. Estudos utilizando microscopia eletrônica de alta resolução e cristalografia de raios X demonstraram que a molécula da proteína N consiste em dois lóbulos com o RNA inserido no meio.

A proteína P, de 35 a 41 kDa, é constituída de 297 a 303 aminoácidos (aa), e é altamente fosforilada. Experimentos de proteólise parcial indicaram que a proteína P consiste em três domínios: aminoterminal, central e carboxiterminal. São encontradas, aproximadamente, 500 moléculas dessa proteína em cada partícula viral constituindo parte do complexo RNP. Embora a sua função ainda não esteja bem estabelecida, ela é um dos componentes da polimerase viral, e está associada à nucleoproteína N, responsável pela ligação da proteína L ao complexo N-RNA. A proteína P forma homo-oligômeros, os quais são estruturas necessárias para ligar a proteína L ao nucleocapsídeo e desencadear sua atividade de transcriptase. A oligomerização é mediada pelo domínio central da proteína P.

A proteína L, de 190 kDa, é uma RNA polimerase-RNA dependente, constituída de 2.127 a 2.142 aa, é a maior proteína do vírus. Em cada partícula são encontradas 50 moléculas dessa proteína associadas ao RNA. Ela é responsável por toda a atividade enzimática associada à síntese de RNA; é uma polimerase viral multifuncional, cujas funções incluem transcrição, replicação, capeamento, metilação e poliadenilação do RNA.

A proteína M, ou proteína matriz, de 26 kDa, contém 202 aa e está localizada entre o nucleocapsídeo e o envelope do vírus, formando um complexo firmemente enrolado que interage intimamente com as glicoproteínas da bicamada lipídica. São

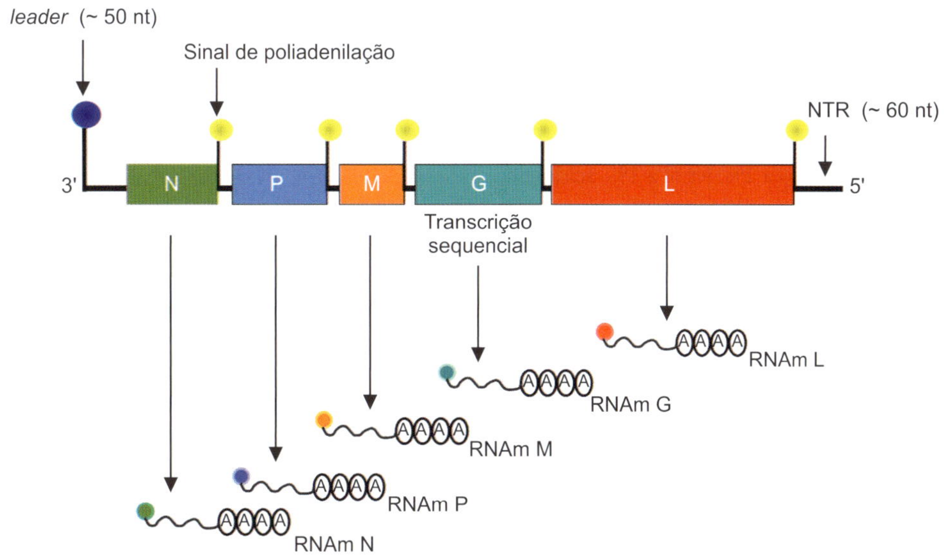


**Figura 17.2** Esquema representativo do genoma dos lissavírus. O genoma é constituído de uma fita de RNA de polaridade negativa (RNAfs–) de aproximadamente 11 a 12 quilobases (kb). Possui uma sequência *leader* de cerca de 50 nucleotídeos (nt) na região 3′ e uma região não traduzida (NTR, *non translated region*) de cerca de 60 nt na região 5′. O RNA é transcrito em cinco RNA mensageiros (RNAm) que são traduzidos em cinco proteínas: N, P, M, G e L. Existe um sinal conservado de poliadenilação no final de cada gene e uma pequena região intragênica entre os cinco genes.

encontradas em cada partícula viral aproximadamente 1.800 moléculas dessa proteína fazendo uma ponte entre a glicoproteína G do envelope e o complexo RNP. O seu papel biológico ainda não foi totalmente desvendado, entretanto, parece estar relacionado com a montagem e o brotamento durante a biossíntese, sugerindo que ela seja responsável pela ligação entre o nucleocapsídeo e o envelope do vírus.

A proteína G é uma glicoproteína trimérica do envelope com peso molecular variando de 65 a 80 kDa. A molécula é formada por cadeias polipeptídicas contendo aproximadamente 500 aa. A função da glicoproteína G está relacionada com a adsorção aos receptores celulares e com a penetração do vírus na célula hospedeira. Possui propriedade hemaglutinante e é de grande importância antigênica por induzir a formação de anticorpos neutralizantes. As variações na sequência dessa proteína parecem ser responsáveis pelas diferenças sorotípicas dos vírus. Mutações na posição 333 causam a supressão de um resíduo de arginina e consequente perda da virulência. Esse resíduo parece ser fundamental para a proteína mediar fusão do envelope viral com as células. Por essa razão, modificações nessa molécula podem resultar em aumento da sua antigenicidade e ajudar na descoberta de vacinas mais eficazes.

A composição química do vírus purificado consiste em 26% de lipídeos, 3% de carboidratos associados a proteínas, 3 a 4% de RNA e 67% de proteínas. A partícula viral é resistente a ciclos de congelamento e descongelamento; é também, relativamente estável na faixa de pH de 5 a 10. Em condições ambientais adversas, pode manter-se infecciosa nos animais mortos por períodos relativamente longos e, então, ser inativada naturalmente pelo processo de autólise.

Do mesmo modo que ocorre com a maioria dos vírus envelopados, na ausência de albumina ou de proteínas dos tecidos e do soro, a infecciosidade cai rapidamente em temperatura ambiente ou em geladeira. A inativação viral é mais lenta nos tecidos mantidos em glicerina neutra. As partículas são mais estáveis quando se encontram nos extratos de tecidos congelados ou liofilizados.

O vírus é pouco resistente aos agentes químicos, sofrendo inativação pelo éter, clorofórmio, sais minerais, ácidos e álcalis fortes, fenol, formol, desinfetantes, detergentes, surfactantes, solventes orgânicos, agentes oxidantes, compostos quaternários de amônio, preparações iodadas, etanol a 70%, β-propiolactona e tripsina. No caso da desinfecção química de instrumentos cirúrgicos, vestuário ou de ambientes onde foi realizada a necrópsia de um animal raivoso, são indicados o hipoclorito de sódio a 2%, formol a 10%, glutaraldeído 1 a 2%, ácido sulfúrico a 2%, fenol a 1%, ácido clorídrico a 5% e cresol (creolina) a 1%, entre outros. Como medida de desinfecção de ambientes, as soluções de formalina de 0,25 a 0,90% e as soluções de bicarbonato de sódio 1 a 2% são suficientes para inativar as partículas virais de forma rápida.

Os vírus são inativados por agentes físicos como calor a 80°C por 2 minutos, radiação ultravioleta, raios X, assim como em temperatura e luminosidade excessivas (luz solar por 14 dias, a 30°C). A 4°C, os vírus se mantêm infecciosos por dias; a –70°C, ou se forem liofilizados e mantidos a 4°C, permanecem infecciosos durante anos.

### Características biológicas

Conforme escrito anteriormente, dentro do gênero *Lyssavirus*, o RABV é responsável pela maior parte das infecções em seres humanos e, assim, será descrito daqui por diante.

Dentre os vírus clássicos da raiva, assinalam-se distinções entre vírus de rua e vírus fixo. A denominação vírus de rua refere-se às estirpes selvagens isoladas recentemente de animais e que não tenham sofrido modificações no laboratório. Essas estirpes se caracterizam por apresentarem períodos de incubação variáveis, podendo ser muito prolongados, e por sua capacidade de invadir glândulas salivares.

O vírus fixo relaciona-se com estirpes adaptadas por passagens seriadas no cérebro de animais de laboratório. Essas estirpes caracterizam-se por apresentarem períodos de incubação curtos e por não invadirem glândulas salivares.

### Hospedeiros

A infecção natural ocorre em quase todos os mamíferos silvestres e domésticos. A infecção experimental pode ser feita em animais de laboratório como *hamsters*, camundongos, cobaios, ratos-brancos e coelhos.

O RABV pode ser propagado em embriões de galinha ou pato e em linhagens celulares. Células primárias de neuroblastomas de camundongos são frequentemente utilizadas para o isolamento de estirpes selvagens. Culturas de células primárias de rim de *hamster*, porco, cão, e de outros animais, podem ser empregadas tanto para o isolamento quanto para a propagação das estirpes selvagens ou modificadas. As linhagens celulares, particularmente a BHK-21 (células de rim de *hamster* recém-nascido), são comumente utilizadas para propagação viral, devido à sua alta suscetibilidade e capacidade de produzir títulos elevados de vírus. Embora essas células sejam amplamente utilizadas na propagação de vírus fixo, os isolados de estirpes selvagens podem não ser cultivados com eficiência. Linhagens de células obtidas de aves e de primatas, assim como as células diploides de origem humana WI-38 e MRC-5, ambas derivadas de fibroblastos de embrião humano, são utilizadas para produzir vacinas para uso em seres humanos. Geralmente, os vírus não causam destruição celular e consequentemente não se observa efeito citopatogênico nas culturas infectadas, entretanto, os antígenos intracitoplasmáticos podem ser facilmente detectados.

## Biossíntese viral

A infecção de uma célula suscetível ao RABV resulta em uma série de eventos que vão desde a biossíntese de subestruturas virais no citoplasma celular até a montagem e liberação das novas partículas pela célula hospedeira. O ciclo de biossíntese é semelhante à maioria dos vírus de RNA de fita negativa, não segmentado. Os eventos iniciais de adsorção, penetração e desnudamento resultam na liberação do nucleocapsídeo no citoplasma da célula hospedeira.

O vírus inicia o processo infeccioso ligando-se a um receptor celular por meio da glicoproteína G do envelope. Estudos indicam que diferentes receptores presentes em vários tipos de linhagens celulares podem ser utilizados durante a etapa de adsorção viral. A identificação desses receptores tem sido controversa devido à diversidade de hospedeiros. As moléculas estudadas mais intensamente são aquelas encontradas em neurônios. Dentre essas moléculas incluem-se: receptor nicotínico da acetilcolina (nAChR, *nicotinic acetylcholine receptor*) na junção neuromuscular; molécula de adesão da célula neural (NCAM ou $CD_{56}$, *neural cell adhesion molecule*); e receptor de baixa afinidade para o fator de crescimento do nervo ou receptor neurotrófico p75 (p75NTR, p75 *neutrophin receptor*). No caso do p75NTR, o vírus irá se ligar apenas àquelas moléculas encontradas em células de mamíferos, não se ligando nas encontradas em células de aves.

Uma vez adsorvido ao receptor celular, o vírus é imediatamente endocitado na região de *clathrina-coated pits* e, então, ocorre a penetração por fusão do envelope viral com a membrana endocítica, um evento dependente da redução do pH no compartimento endocítico. Isso acontece catalisado pela proteína G e resulta na liberação do nucleocapsídeo no citoplasma celular. Concomitantemente ou imediatamente após a fusão do envelope viral com a membrana do endossoma, a proteína M dissocia-se do complexo ribonucleoproteico, levando ao desnudamento do RNA viral. Ao contrário da adsorção que pode ocorrer eficientemente a 4°C, a entrada do vírus na célula é dependente de energia e requer temperatura de 37°C.

Após a entrada e liberação do ácido nucleico no citoplasma celular, o primeiro evento de síntese que ocorre é a transcrição do RNA viral. O genoma do vírus é transcrito pela RNA polimerase-RNA dependente viral, em moléculas complementares positivas, sequencialmente da extremidade 3′ em direção à extremidade 5′, produzindo primeiro um RNA *leader* positivo (antigenoma) e depois cinco RNAm que são traduzidos gerando as proteínas N, P, M, G e L que sofrem metilações e poliadenilações. Em seguida, ocorre uma segunda etapa da replicação do RNA a partir da fita positiva *leader*, ou antigenoma, que servirá de molde para a síntese das fitas negativas do RNA das novas partículas virais. O empacotamento das moléculas dos novos RNA genômicos ocorre concomitantemente com a sua síntese e é um sinal-chave para a RNA polimerase funcionar como uma replicase. Os nucleocapsídeos da progênie são utilizados para três diferentes fins: (a) como moldes para outros ciclos de biossíntese; (b) como moldes para transcrição, que é a principal etapa de amplificação para a expressão de genes virais; (c) para a montagem viral e saída do vírus da célula infectada.

A etapa de replicação do genoma viral inclui primeiramente a síntese do antigenoma (RNA de fita positiva) e sua transcrição em RNA de fita negativa que fará parte da partícula viral, e requer a síntese de proteínas virais. Tanto os eventos de replicação do genoma viral quanto os de transcrição e tradução de proteínas virais acontecem simultaneamente. O controle entre a transcrição e a síntese dos RNA genômicos é mantido pelos níveis da proteína N. Os RNAm são traduzidos em ribossomas livres no citoplasma celular. A síntese das moléculas de proteína G é iniciada pelos ribossomas livres, mas o seu processamento e glicosilação ocorrem no retículo endoplasmático (RE) e no complexo de Golgi. Em seguida, as glicoproteínas G são ancoradas na membrana citoplasmática.

O empacotamento, primeira etapa do processo de montagem, ocorre no citoplasma celular. Resulta da associação das proteínas N, P e L recentemente sintetizadas, com o RNA genômico nascente, formando então, o complexo RNP. Após o empacotamento, a proteína M forma a matriz em torno do complexo RNP. Em seguida, associa-se à membrana plasmática através da proteína G, nas regiões onde foi ancorada, e a proteína M inicia o enovelamento. As partículas virais são liberadas por brotamento da membrana celular (Figura 17.3).

Células do SNC são alvos preferenciais de brotamento dos vírus. Por outro lado, em glândulas salivares, o vírus brota da membrana das células para o lúmen acinar o que maximiza as chances de infecção após a mordida pelo animal.

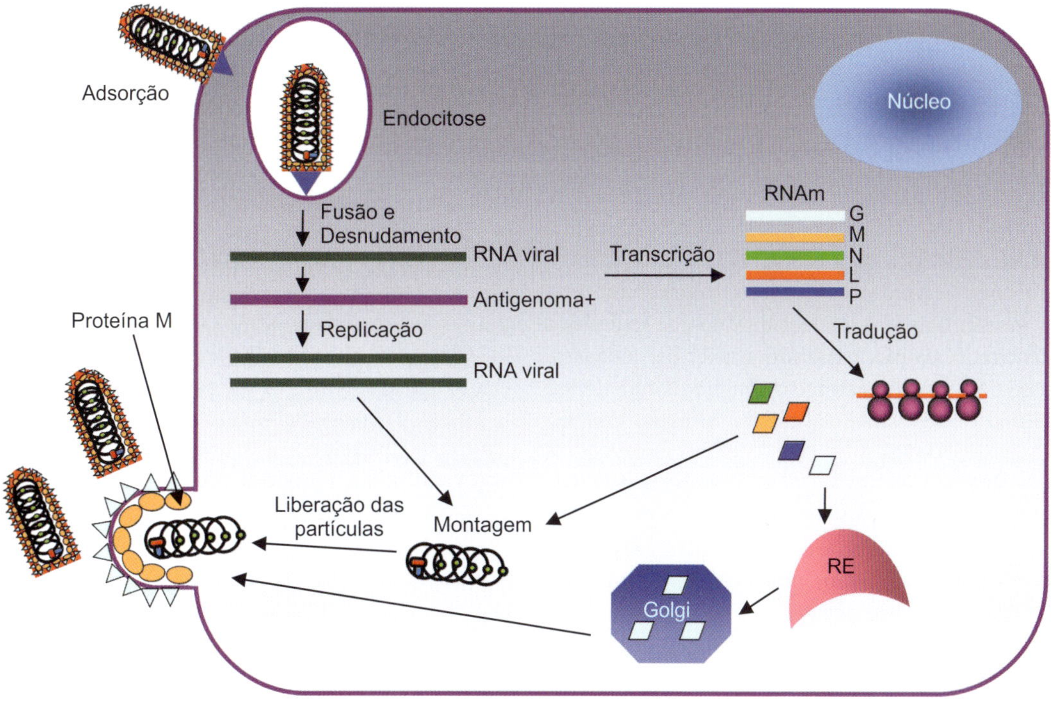


Figura 17.3 Biossíntese do RABV. A adsorção da partícula viral é mediada pela proteína G. Em seguida, o vírus é internalizado por endocitose, seguindo-se fusão do envelope viral com a membrana do endossoma e liberação do genoma no citoplasma. A transcrição resulta na produção de cinco RNA mensageiros (RNAm) que são traduzidos em proteínas virais. A proteína G é processada no retículo endoplasmático (RE) e no complexo de Golgi e transportada para a membrana citoplasmática. A proteína M se localiza na face interna da membrana citoplasmática. A replicação do genoma ocorre a partir de uma fita complementar de polaridade positiva (antigenoma) transcrita a partir do RNA viral de polaridade negativa. A montagem das partículas ocorre no citoplasma celular, e em seguida, os vírions são liberados por brotamento pela membrana citoplasmática, onde adquirem o envelope.

Os eventos iniciais de adsorção, penetração, desnudamento e transcrição primária ocorrem nas primeiras horas pós-infecção. Os eventos finais ocorrem continuamente por todo tempo que permanecer o ciclo infeccioso na célula, podendo durar vários dias.

## Patogênese

O RABV é transmitido ao homem pela saliva de animais infectados, principalmente por meio da mordedura, podendo ser transmitido também pela arranhadura e/ou lambedura desses animais. O ferimento causado pela mordedura de um animal raivoso geralmente resulta na deposição de saliva infectada com vírus, no interior dos músculos e tecidos adjacentes; essa é a porta de entrada mais comumente observada na infecção em seres humanos. Porém, a transmissão também pode ocorrer após o contato de mucosas íntegras ou da pele lesionada com secreções contaminadas, ou ainda por meio de transplante da córnea de um doador infectado. Também já foram relatados casos de transmissão por transplante de órgãos nos EUA, em 2004 e na Alemanha, em 2005. Outra forma de transmissão a ser considerada é pela aspiração de aerossóis formados a partir de secreções contaminadas produzidas por morcegos, em cavernas. A possibilidade de transmissão da raiva via sangue, leite, urina ou fezes é remota devido ao fato de não haver quantidade suficiente de vírus nesses meios para desencadear a infecção. Experimentalmente, o vírus pode ser transmitido por via oral, embora o mecanismo envolvendo esse tipo de transmissão não tenha sido ainda elucidado.

No sítio de entrada, o vírus pode persistir e ser sintetizado durante dias ou semanas no tecido muscular e/ou conjuntivo antes do desenvolvimento de uma resposta imunológica significativa. Por outro lado, pode apresentar curso relativamente rápido e alcançar o sistema nervoso periférico (SNP), sendo em seguida, conduzido até o SNC. Evidências indicam que o vírus pode entrar no sistema nervoso sem previamente sofrer biossíntese no local de entrada, deslocando-se pelas fibras sensoriais e motoras. Entretanto, na maioria das vezes, permanece localizado nas células musculares por longos períodos, onde ocorre amplificação até estar em concentração adequada para invadir uma fibra nervosa através da junção neuromuscular. Após a entrada no nervo periférico, o RABV se desloca para o SNC dentro dos axônios à razão de 3 mm/hora, usando o transporte retrógrado ou centrípeto. Estudos indicam que é o nucleocapsídeo que se desloca passivamente dentro do axônio, passando através das sinapses, até ser liberado no SNC. O vírus atinge o gânglio da raiz dorsal e a medula espinhal onde é sintetizado e daí atinge o cérebro (Figura 17.4).

Após atingir o sistema nervoso, o curso ascendente do vírus ao cérebro é rápido. O espalhamento do vírus pode ser facilitado pelo deslocamento através das junções célula-célula. A distribuição via fluido cerebroespinhal (liquor) pode também contribuir para a disseminação viral dentro do SNC.

Depois de alcançar o SNC, ocorre deslocamento centrífugo ou antirretrógrado do vírus para uma variedade de sítios anatômicos: córtex adrenal, pâncreas, rins, pulmões, coração, cavidade oral, cavidade nasal, mucosa intestinal, folículos capilares, retina, córnea e glândulas salivares. Concomitantemente, o vírus alcança o sistema límbico onde ocorre biossíntese intensa, causando a liberação de fatores corticais que controlam o comportamento. Isso é caracterizado clinicamente na "raiva furiosa".

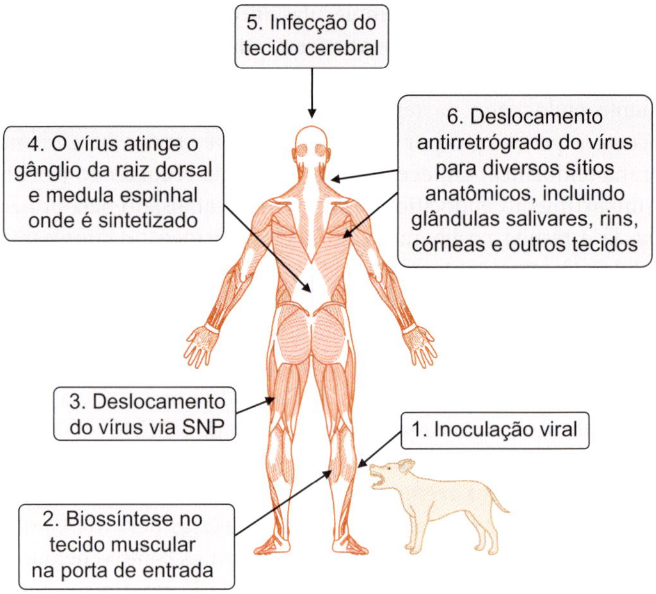


**Figura 17.4** Representação esquemática da patogênese da raiva. SNP: sistema nervoso periférico.

Em seguida, espalha-se atingindo as áreas adjacentes. Ao atingir o neurocórtex, o quadro clínico é alterado para uma forma de "raiva muda" ou paralítica, caracterizada por depressão, coma e parada respiratória seguida de morte. Entretanto, no exame histopatológico, há apenas uma modesta evidência de dano neuronal. A destruição celular é mínima comparada às disfunções neurológicas e aos efeitos letais da infecção. A doença ocorre devido à disfunção neuronal resultante das anormalidades na neurotransmissão envolvendo principalmente o ácido γ-aminobutírico (GABA, *gamma-aminobutyric acid*) e não pela morte celular. Essas observações têm sido consideradas um grande paradoxo na infecção causada pelo RABV, com muitos neurônios infectados e dano tecidual mínimo com poucas células inflamatórias e acentuada disfunção neurológica.

A patogênese da raiva tem características peculiares. Nessa infecção, o vírus espalha-se pelo SNC, e o paciente apresenta os sinais clínicos com o mínimo de resposta imunológica. Isso ocorre, provavelmente, devido ao fato de que muito pouco antígeno é liberado e apresentado ao sistema imunológico, pois a maior parte dos vírus se encontra dentro das células musculares ou dos neurônios. Entretanto, essa fase inicial de infecção é suscetível aos anticorpos. A prova disso está na eficácia da vacinação de indivíduos que foram expostos ao vírus, especialmente quando essa vacinação é combinada com a administração de soro hiperimune. As intervenções imunológicas são efetivas em função do longo período de incubação viral, pois há uma demora, na maioria dos casos, entre a biossíntese inicial nas células musculares e a entrada do vírus no sistema nervoso, cujo meio é altamente protegido da ação do sistema imunológico.

No animal infectado, no período em que ocorre a propagação viral no SNC, o animal torna-se furioso e morde indiscriminadamente. A saliva é potencialmente perigosa devido à grande quantidade de partículas virais contidas nela.

### *Resposta imunológica*

Muito embora as proteínas virais sejam imunogênicas, nenhuma resposta humoral ou celular pode ser detectada durante a fase em que o vírus está se deslocando do sítio de entrada até o SNC. A produção e a detecção de anticorpos só acontecem depois que a infecção é disseminada e os sinais clínicos da doença são estabelecidos.

A resposta imunológica mediada por células parece desempenhar o principal mecanismo de defesa. As células apresentadoras de antígeno, como os macrófagos, células dendríticas e as células de Langerhans, fagocitam, processam e apresentam o antígeno às células do sistema imunológico. Essa apresentação é fundamental para a ativação dos linfócitos T auxiliares, os quais serão responsáveis pela produção de diferentes citocinas, que por sua vez, ativarão diferentes células envolvidas na eliminação direta das partículas virais ou das células infectadas, auxiliando na produção de anticorpos pelas células B.

Por outro lado, os anticorpos induzidos pela vacinação desempenham papel importante de defesa, neutralizando as partículas virais extracelulares antes da interação com os receptores celulares. Dessa forma, o vírus fica limitado ao local da infecção, impedido de se deslocar para o SNC.

A proteína G é o único antígeno viral que induz a formação de anticorpos neutralizantes e é capaz de conferir imunidade contra a infecção letal pelo vírus. Os anticorpos podem mediar eliminação (*clearance*) viral no SNC sem outros efetores imunológicos. A presença de outros mecanismos imunológicos como interferon e linfócitos $TCD_4^+$ e $TCD_8^+$, contudo, aceleram o *clearance* do vírus no SNC.

Embora a proteína G seja a única indutora de anticorpos neutralizantes, a RNP é o principal complexo antigênico. Esse complexo induz uma resposta vírus-específica, cujos anticorpos contribuem para aumentar a proteção contra a infecção.

## Manifestações clínicas

As características clínicas da raiva são similares na maioria das espécies, abrangendo um período prodrômico, uma fase neurológica aguda e coma seguido de morte. Entretanto, há grande variação entre os indivíduos, dependendo da espécie. O período de incubação irá depender de muitos fatores, quais sejam: localização, extensão, quantidade e profundidade dos ferimentos causados pelas mordeduras ou arranhaduras; se ocorreu lambedura de pele ou mucosas ou contato com a saliva de animais infectados; a distância entre o local do ferimento, o cérebro e troncos nervosos; e concentração de partículas virais inoculadas e estirpe viral.

### *Em seres humanos*

Cinco estágios são reconhecidos na raiva em seres humanos: período de incubação, período prodrômico, período neurológico agudo, coma e morte (ou recuperação muito raramente).

O período de incubação em seres humanos varia bastante, de apenas 10 dias a vários meses ou anos, com uma média de 45 dias, apesar de 75% dos pacientes adoecerem nos primeiros 3 meses após a exposição. Esse período irá depender do tipo de lesão, do inóculo, da gravidade das lacerações e da distância que o vírus percorre da sua porta de entrada até o cérebro. Há uma taxa de morbidade maior e um período de incubação menor em pessoas mordidas no rosto ou na cabeça. Geralmente, ele é mais curto em crianças do que em adultos.

Há na literatura relatos de casos de raiva em humanos após exposição supostamente ocorrida em um período compreendido entre 2 e 7 anos, antes da instalação do quadro clínico. Quando a mordida do animal ocorre na cabeça da vítima ou quando o vírus é introduzido diretamente no nervo periférico, o período de incubação é frequentemente curto.

Após o período de incubação, a doença tem início com uma fase prodrômica, relativamente curta, caracterizada pelo aparecimento dos primeiros sinais e sintomas. Esse estágio do processo infeccioso tem início quando o vírus se move centripetamente da periferia para o gânglio da raiz dorsal (ou gânglio espinhal) e medula espinhal, marcando, assim, o fim do período de incubação e a morte ocorre em 2 semanas. Essa fase pode durar de 2 a 10 dias com sintomas geralmente brandos e bastante inespecíficos, tais como: mal-estar, anorexia, fotofobia, diarreia, cefaleia, náusea, vômito, dor muscular e de garganta, e febre baixa. Em geral, o paciente queixa-se de hiperestesia (sensibilidade excessiva a qualquer estímulo) e parestesia (sensações subjetivas como frio, calor, coceira, dormência) perto do local da mordida, e/ou sensações anormais de ansiedade, irritabilidade, insônia e alucinações sensoriais.

Posteriormente ao período prodrômico, o paciente desenvolve um quadro neurológico agudo e progressivo tornando evidentes as manifestações clínicas da doença. Existem duas formas clássicas: a furiosa relacionada principalmente com a transmissão por canídeos, e a forma paralítica que é associada principalmente à transmissão por determinadas variantes de vírus provenientes de morcegos hematófagos. Durante o quadro neurológico da raiva furiosa, o paciente apresenta uma fase de excitação, exibindo sinais de disfunção do sistema nervoso, como desorientação, alucinação e paralisia. Ocasionalmente, pode ser observado priapismo ou aumento da libido. O paciente pode apresentar ansiedade, agitação, rigidez da nuca, aerofobia, espasmos da faringe, disfagia, apoplexia focal ou generalizada, arritmia cardíaca e respiratória, hipertensão, progredindo para coma e morte. A musculatura torna-se rígida, havendo dificuldade em deglutir. A deglutição precipita espasmos dolorosos da musculatura da garganta, podendo com isso deixar a saliva escorrer pelo canto da boca para evitar a dor. É comum o aparecimento de espasmos a uma simples visão de líquidos, daí o termo hidrofobia. A hidrofobia é sintoma patognomônico, não sendo encontrado em nenhuma outra infecção do SNC. Contudo, nem todos os pacientes desenvolvem esse sintoma.

Na raiva paralítica, os pacientes que sobrevivem à excitação aguda passam à fase paralítica, caracterizada pela parestesia, dor e prurido no local da mordedura, evoluindo para paralisia muscular flácida inicial, apatia, paralisia progressiva, e finalmente, coma e morte, geralmente dentro de poucas horas. A paralisia é ascendente, o que demonstra um comprometimento maior da medula espinhal, mais do que do cérebro. O paciente se mantém consciente, com período de alucinações, evoluindo para coma e óbito. Depois de instalados os sinais e sintomas do quadro clínico, o período até a morte é, em geral, de 2 a 7 dias.

Andar sem rumo e falar de forma incoerente são manifestações comuns da raiva. Ataques maníacos podem alternar-se com ataques depressivos. A febre é frequente, podendo atingir 39°C.

### *Em cães e gatos*

Em cães e gatos, a excreção do vírus na saliva pode ser detectada de 2 a 5 dias antes do aparecimento dos sinais clínicos, persistindo durante toda a evolução da doença (período de transmissibilidade), até o óbito. A morte do animal ocorre, em média, entre

5 e 7 dias após a apresentação dos sinais. Por isso, cães e gatos suspeitos devem ser observados por 10 dias a partir da data da agressão.

O período de incubação varia de 3 a 8 semanas, embora possa ser de apenas 10 dias. Entretanto, estudos sugerem que tal período depende da estirpe viral que foi inoculada e do local onde ocorreu a inoculação. A fase prodrômica caracteriza-se por mudança súbita no comportamento do animal. Animais dóceis podem se tornar agressivos e irritados, ao passo que animais agressivos podem ficar mais dóceis. A fase raivosa, ou raiva furiosa, é caracterizada por hiperexcitabilidade, nervosismo, ansiedade, aumento da salivação, respostas exacerbadas aos estímulos luminosos e sonoros. Nessa fase, o animal apresenta dificuldade de deglutição e sofre crises convulsivas, além de tornar-se mais perigoso devido à tendência para morder. A fase paralítica ou raiva muda caracteriza-se pela depressão e paralisia progressiva, que atinge a faringe, não permitindo ao animal beber água. No cão, o comprometimento da laringe produz mudança no som do latido ou sua ausência, e quando atinge os membros impede a locomoção. O coma e a morte sobrevêm inexoravelmente. Às vezes, o animal passa para a fase paralítica, sem passar pela fase raivosa.

### *Em morcegos*

A evolução da doença nos morcegos é pouco conhecida. Há poucos estudos sobre o período de transmissão, e há relato de eliminação de vírus da raiva na saliva de morcego *Desmodus rotundus*, por um período de até 202 dias, sem sinais aparentes da doença. É importante ressaltar que esses animais podem albergar o vírus na saliva por períodos maiores que outras espécies antes de adoecer. Na América Latina, a raiva já foi descrita em mais de 50 espécies de morcegos não hematófagos. No Brasil, o maior número de relatos sobre a ocorrência de raiva é em morcegos hematófagos, seguido de insetívoros, fitófagos e onívoros. As atenções se voltam para o morcego hematófago *Desmodus rotundus*, devido ao seu papel na raiva dos herbívoros.

A doença nesses animais caracteriza-se como raiva furiosa típica com paralisia e morte; raiva furiosa e morte sem paralisia; e raiva paralítica típica seguida de morte.

Alguns sinais são considerados indicativos de raiva: morcegos em situações atípicas e comportamento alterado, como atividade alimentar diurna e presença em momentos e locais não habituais. A sintomatologia nos morcegos hematófagos abrange: hiperexcitabilidade, agressividade, tremores, falta de coordenação dos movimentos, contrações musculares e paralisia. Os animais doentes afastam-se da colônia, deixam de realizar sua higiene corporal e são constantemente agredidos por seus companheiros sadios a cada tentativa de reintegração à colônia. O morcego doente perde a capacidade de voar e, em um estágio mais avançado da doença, começa a apresentar dificuldade para caminhar e sustentar seu corpo sobre os pés e polegares das asas. Sinais de desidratação são observados e há aumento gradativo dos sintomas paralíticos, com maior intensidade nas asas do animal.

Nos morcegos não hematófagos doentes também é observada paralisia, principalmente nas asas, o que, inicialmente, dificulta seus voos e, posteriormente, os impede de voar. Os animais são encontrados em locais não habituais, tais como chão, sobre a cama ou pendurados em cortinas. Podem ser observados em paredes, janelas e muros em horários diurnos.

### *Em herbívoros*

Após o período de incubação, podem surgir diferentes sinais da doença, sendo a paralisia a mais comum, muito embora possa ocorrer a forma furiosa, levando o animal a atacar os outros animais, ou até mesmo seres humanos. Não se sabe exatamente o período durante o qual os herbívoros podem transmitir a doença. Contudo, algumas espécies, mesmo com uma dentição inadequada, podem causar ferimentos com grande possibilidade de infecção, pois há relatos de raiva transmitida aos seres humanos por esses animais.

Na raiva transmitida por morcegos, não foram observadas diferenças acentuadas entre as manifestações clínicas nos herbívoros e outros animais domésticos de importância econômica, como caprinos, ovinos e suínos. Inicialmente, o animal se isola e se afasta do rebanho, apresentando apatia e perda de apetite. Outros sinais podem ser observados como aumento da sensibilidade e prurido na região da mordedura, mugidos roucos e constantes, dificuldade para defecar e tenesmo, hiperexcitabilidade, aumento da libido, salivação abundante e viscosa e dificuldade para deglutir, sugerindo que o animal esteja engasgado. Dessa forma, é comum aos tratadores colocarem a mão na garganta dos animais, na tentativa de ajudá-los, tornando-se expostos a um grande risco de contágio da doença. É recomendado que as mãos não sejam introduzidas na boca de qualquer animal com sinais de doença neurológica sem o uso de equipamentos de proteção apropriados.

Com a evolução do quadro infeccioso, os animais apresentam movimentos desordenados da cabeça, andar cambaleante sem coordenação motora, tremores e contrações musculares involuntárias, ranger de dentes e midríase com ausência de reflexo pupilar. Como consequência da paralisia dos membros posteriores, os animais se deitam. Após entrar em decúbito, não conseguem mais se levantar. Executam movimentos como se estivessem pedalando e apresentam dificuldades respiratórias, espasmos típicos do tétano, asfixia e finalmente a morte, que ocorre geralmente entre 3 e 6 dias após o início dos sinais, podendo prolongar-se, em alguns casos, por até 10 dias até que ocorre a morte.

## Diagnóstico laboratorial

### *Em seres humanos*

O diagnóstico clínico da raiva não é difícil quando a história da exposição é bem documentada e a subsequente compatibilidade dos sinais e sintomas clínicos observados. O diagnóstico laboratorial de raiva deve ser considerado em pacientes que apresentam encefalopatia de causa desconhecida e deve ser solicitado sempre que houver a suspeita clínica da doença. As metodologias existentes para o diagnóstico da raiva estão bem estabelecidas e utilizam testes específicos que devem ser executados em laboratórios especializados, por profissionais qualificados e experientes (para mais detalhes, consultar http://bvsms.saude.gov.br/bvs/publicacoes/manual_diagnostico_laboratorial_raiva.pdf; acesso em: 21 abr. 2021).

O diagnóstico laboratorial *in vivo* dos casos de raiva em humanos pode ser realizado por técnicas clássicas que incluem o método de imunofluorescência direta (IFD) para detecção de antígeno viral, aplicado em amostras de tecido bulbar de folículos pilosos da nuca; impressão de córnea (*cornea-test*); ou raspado de mucosa lingual. O isolamento viral é realizado a partir de saliva por inoculação intracerebral em camundongos recém-nascidos ou em culturas de células.

No caso de óbito do paciente, a necrópsia é indispensável para a confirmação do diagnóstico. Diferentes fragmentos de tecidos do SNC (cérebro, cerebelo e medula) devem ser encaminhados ao laboratório sob refrigeração, se a previsão de envio for de até 24 horas. Nos casos em que a previsão de envio situar-se entre 24 e 48 horas, a amostra deve ser congelada. Em regiões onde houver dificuldade para manter as amostras sob refrigeração ou congeladas, estas devem ser mantidas em solução salina tamponada esterilizada adicionada de 50% de glicerina (v/v).

A pesquisa de corpúsculos de Negri encontrados no citoplasma de células do cérebro ou da medula espinhal constitui diagnóstico histopatológico definitivo de raiva. Os corpúsculos de Negri são formados por ribonucleoproteína das partículas virais em maturação e são descritos como estruturas que apresentam matriz eosinofílica (de cor vermelho-cereja) contendo grânulos basofílicos (de cor azul-escura), que assim se diferenciam de outros corpúsculos de inclusão intracitoplasmáticos. Como essa técnica é de baixa sensibilidade, os resultados negativos precisam ser confirmados por isolamento do vírus ou pela IFD. Assim, esse método não é mais utilizado na rotina da Rede de Laboratórios de Diagnóstico de Raiva do Brasil e foi substituído pelo teste de IFD em esfregaços ou impressões de tecido nervoso e isolamento viral em camundongos recém-nascidos ou culturas de células, recomendados pela OMS.

A detecção direta do antígeno viral pela técnica de IFD é um método de triagem rápido, sensível e específico, apesar de apresentar sensibilidade reduzida em tecidos cerebrais em estado de decomposição. Para manter a eficiência diagnóstica desse método, o material deve ser enviado ao laboratório de diagnóstico em condições de refrigeração, conforme mencionado anteriormente.

As amostras biológicas utilizadas para isolamento viral podem ser saliva, tecido da glândula salivar, liquor ou tecido cerebral em caso de morte. O isolamento do vírus é geralmente mais fácil durante as primeiras 2 ou 3 semanas da doença, possivelmente devido aos anticorpos contra o RABV estarem ausentes ou em baixos títulos. O isolamento pode ser realizado por inoculação direta do material biológico em cultura de células de neuroblastoma ou por via intracerebral em camundongos recém-nascidos. A linhagem celular preconizada para esse tipo de teste é a de células de neuroblastoma de murino (NA-C1300) e a propagação do vírus é evidenciada pela técnica de IFD. O resultado do teste é obtido 18 horas pós-inoculação. Em geral, a incubação é continuada por 48 horas e, em alguns laboratórios, por até 4 dias. Esse teste é tão sensível quanto o teste de inoculação em camundongos, que é muito oneroso. O isolamento em camundongos deve ser substituído, sempre que possível, por isolamento em cultivo celular. A infecção no camundongo resulta em paralisia flácida dos membros inferiores, encefalite e morte. Como a doença produzida no animal experimental não é patognomônica da raiva, o vírus precisa ser identificado, ou seus antígenos detectados por técnicas de IFD ou pela demonstração de corpúsculos de Negri no tecido cerebral dos animais inoculados.

Os anticorpos neutralizantes para o RABV só podem ser detectados no soro e no liquor na fase tardia da doença, pelo teste de neutralização (TN), também chamado de soroneutralização. Tal detecção pode ser considerada como diagnóstico para a raiva desde que o indivíduo não tenha sido previamente vacinado. Esses anticorpos normalmente não estão presentes até a 2ª semana de infecção e ainda podem não atingir níveis detectáveis até ocorrer o óbito.

O TN também é utilizado para a determinação de anticorpos neutralizantes em amostras de soro colhidas 10 dias após a última dose de vacina, ou a qualquer momento, em indivíduos previamente imunizados e expostos ao risco de contraírem o RABV.

Os métodos utilizados podem ser o TN em camundongos ou em culturas de células e ensaios imunoenzimáticos (EIA, *enzyme immunoassays*). O TN em camundongos recém-nascidos é o método mais antigo e ainda continua sendo utilizado em alguns laboratórios, pois não necessita de equipamentos sofisticados para sua execução, embora seja oneroso manter um biotério e realizar o teste para grande número de amostras. Vem sendo substituído pelo TN em culturas de células, teste conhecido como inibição de focos fluorescentes (IFF).

O EIA é mais utilizado para a determinação de anticorpos para o RABV em soros de indivíduos previamente imunizados. Utilizam-se como antígeno o RABV semipurificado produzido em cultura de células BHK e o teste é realizado em microplacas. Existe boa correlação entre o teste de EIA e o TN, sendo o primeiro considerado um teste mais fácil e rápido de ser executado.

Os testes moleculares têm sido utilizados como alternativas mais rápidas e sensíveis para o diagnóstico da raiva. Esses testes são baseados na amplificação do gene da nucleoproteína (N) do RABV, por reação em cadeia da polimerase associada à transcrição reversa (RT-PCR, *reverse transcription polymerase chain reaction*), a partir de saliva, folículo piloso da nuca ou liquor, seguida de sequenciamento genético. Atualmente, existem várias técnicas para o diagnóstico molecular da raiva além da RT-PCR convencional: RT-PCR em tempo real; PCR-ELISA (reação em cadeia da polimerase associada ao ensaio de imunoabsorção enzimática [*polymerase chain reaction-enzyme linked immunosorbent assay*]), que quando utiliza iniciadores e sondas específicas permite a discriminação entre estirpes de diferentes genótipos; RFLP-PCR (reação de polimorfismo de fragmento de DNA associada à PCR [*restriction fragment length polymorphism*-PCR]); e/ou sequenciamento genético. Essas técnicas permitem não apenas a identificação do RABV, como também a sua caracterização genética por meio da análise da sequência do gene da nucleoproteína N localizado entre as posições 1.157 e 1.476 nucleotídeos (nt). Isso contribui de forma satisfatória, não só do ponto de vista epidemiológico, como também para a melhoria dos programas de controle de saúde pública.

### Tipificação antigênica

Para a tipificação antigênica são utilizadas amostras virais que são analisadas por TN utilizando um painel de oito anticorpos monoclonais desenvolvido para detectar as estirpes mais comuns do RABV na América Latina. O TN utiliza anticorpos produzidos contra antígenos da nucleoproteína do vírus e permite análises antigênicas comparativas das variantes do RABV. A reatividade é visualizada por IF indireta (IFI). No entanto, o uso exclusivo de anticorpos monoclonais apresenta certas limitações, como por exemplo, a diversidade das variantes presentes em morcegos insetívoros não é totalmente detectada com os anticorpos monoclonais disponíveis. Assim, a análise antigênica dos RABV por anticorpos monoclonais deve ser acompanhada da realização de técnicas moleculares para análise do genoma viral, pois proporcionam informações mais detalhadas sobre os genótipos existentes. Os CDC dos EUA fazem parte dos Centros Colaboradores da OMS para a Investigação e Referência da Raiva, que fornece aos países da América Latina o painel de anticorpos monoclonais preparados contra a nucleoproteína N viral. O uso do mesmo painel tem a vantagem de permitir a comparação dos resultados obtidos por diferentes grupos de pesquisa no Brasil e no mundo.

Para fins epidemiológicos, em todos os casos de raiva em humanos, é obrigatória a identificação da fonte de infecção por meio da tipificação antigênica, com o painel de anticorpos monoclonais cedido pelos CDC, tipificação genética pela RT-PCR, e sequenciamento genético do vírus detectado.

### Em animais

O diagnóstico da raiva no animal é necessário para o conhecimento do risco da doença em uma região e para a adoção de medidas específicas de controle dependendo da espécie do animal acometido pelo vírus. Em relação aos espécimes clínicos de animais, aqueles que podem ser enviados ao laboratório incluem cabeça, encéfalo inteiro ou fragmentos do tecido cerebral dos dois hemisférios. De acordo com a espécie do animal os fragmentos selecionados são: corno de Amon, cerebelo e medula dos cães e gatos; cerebelo, tronco encefálico e medula de bovinos, ovinos, caprinos ou suínos; tronco encefálico e medula de equídeos (cavalo, jumento, burro); cérebro, cerebelo e medula de animais silvestres, ou quando possível, enviar o animal inteiro para a identificação da espécie.

Em virtude da maioria das amostras disponibilizadas para diagnóstico serem oriundas de carcaças de animais mortos, há diversos dias, e encontradas em condições adversas, pode-se utilizar uma metodologia molecular. A técnica mais empregada para a detecção do RNA viral é a RT-PCR.

Todo material coletado para o diagnóstico deve ser considerado potencialmente infeccioso. Assim, devem ser tomadas medidas de segurança durante a manipulação e o transporte dos espécimes clínicos. Os profissionais envolvidos devem ser vacinados, usar equipamentos de proteção individual (EPI) durante a colheita dos espécimes clínicos. A amostra selecionada deve ser devidamente embalada, identificada e acondicionada com refrigeração em recipiente com isolamento térmico, por um período de até 24 horas. Após esse período, deve ser congelada. Nunca devem ser utilizados formol ou outros conservantes que possam inativar o vírus. Na falta de condições adequadas, o material deverá ser mantido em solução salina tamponada glicerinada a 50% v/v para preservar a amostra. Ao ser recebido no laboratório, o material deve ser processado imediatamente. Quando não for possível, conservar congelado a –70°C.

## Epidemiologia

A raiva representa um grave problema de saúde pública em grande parte do mundo, com algumas exceções. O RABV pode infectar qualquer animal de sangue quente, levando-o à morte. Os bovinos são bastante suscetíveis, como também as aves, em determinadas situações.

O vírus se mantém na natureza por meio de quatro ciclos de transmissão que se inter-relacionam: urbano, rural, silvestre terrestre e silvestre aéreo (morcegos). Os ciclos urbano, rural e silvestre envolvem tanto os seres humanos como todos os demais mamíferos. O ciclo urbano consiste na transmissão por intermédio dos animais domésticos, como cães e gatos; eventualmente ocorre pela invasão do *habitat* de morcegos em áreas periurbanas. O ciclo rural é aquele em que se tem a transmissão sendo feita por morcegos hematófagos para os animais de produção (bovinos, caprinos, suínos, equinos etc.), sendo que esses também podem se infectar pela agressão de cães, gatos e mamíferos silvestres. Na raiva silvestre, os reservatórios e transmissores variam conforme a fauna autóctone e é disseminada pelos morcegos, especialmente os hematófagos ("vampiros") e pelos carnívoros selvagens como raposas, lobos etc. Já o ciclo silvestre aéreo ocorre entre morcegos, sendo este bastante importante na disseminação do vírus, transpondo barreiras geográficas, tornando os morcegos os principais responsáveis pela manutenção da cadeia epidemiológica (Figura 17.5). O RABV já foi isolado de 41 das 167 espécies de morcegos identificados no Brasil.

Apesar dos esforços e dos êxitos alcançados no controle da raiva em muitos países, a maioria da população mundial continua exposta ao risco de infecção. A falta de sistemas adequados de informação e vigilância epidemiológica, na maioria dos países, não permite conhecer a verdadeira realidade do problema. Estima-se que, por hora, 1.000 pessoas recebam tratamento pós-exposição e 1 evolua a óbito a cada 15 minutos. O número de seres humanos acometidos pela doença ainda é muito alto principalmente em países menos desenvolvidos. Calcula-se que anualmente até 59.000 pessoas morram no mundo vítimas da doença. A maioria dos casos acontece principalmente na zona rural dos continentes asiático e africano, devido à mordedura de cães raivosos que são os transmissores mais eficientes do vírus.

Nos países em desenvolvimento a raiva constitui não apenas uma ameaça à vida humana, como também uma importante causa de perda econômica ao atingir áreas rurais. Os morcegos representam um problema especial, pois podem excretar o vírus na saliva, transmitindo-o a diversos animais, inclusive a outros morcegos e seres humanos. A raiva bovina transmitida pelos morcegos hematófagos tem sido um grande problema na América do Sul, devido ao impacto econômico causado nas indústrias de alimentos ligadas à pecuária.

A incidência no homem e em cães tem diminuído continuamente em algumas regiões do mundo. A raiva canina foi eliminada da Europa Ocidental, do Canadá, dos EUA, do Japão, da Malásia e de alguns poucos países da América Latina. A Austrália está livre da transmissão por animais carnívoros e muitas ilhas do Oceano Pacífico nunca tiveram a circulação do RABV. Nessas áreas, as mortes por raiva ocorrem pela exposição ao vírus em decorrência de viagens a regiões endêmicas de raiva canina. Entretanto, em outras áreas, permanece enzoótica entre cães, morcegos e outros animais selvagens, constituindo-se um perigo em potencial se as atuais medidas de controle forem relaxadas.

Na Ásia, 3 bilhões de pessoas estão expostas à raiva canina. Ocorrem de 35.000 a 55.000 casos de raiva por ano, com aproximadamente 7 milhões de pessoas recebendo tratamento antirrábico, com gastos anuais de 560 milhões de dólares com profilaxia pós-exposição. Na Índia, em torno de 15 milhões de pessoas são mordidas por cães todos os anos, causando mais de 20 mil mortes em decorrência da raiva canina. Na África, a raiva causa pelo menos 24 mil óbitos por ano, com cerca de 500.000 vacinações. As principais vítimas são crianças de comunidades

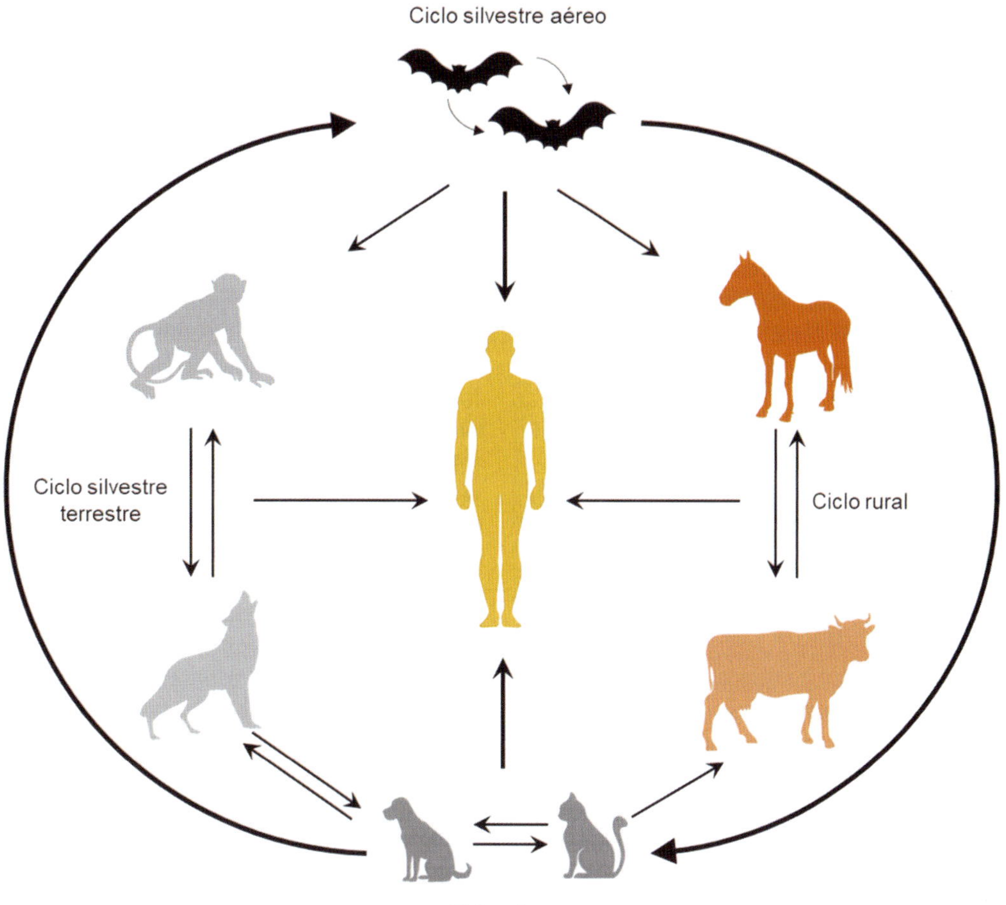


**Figura 17.5** Ciclos epidemiológicos da raiva. A raiva é uma zoonose em que o homem é hospedeiro acidental e terminal. O vírus pode infectar qualquer animal de sangue quente e sua manutenção na natureza ocorre por meio de quatro ciclos de transmissão envolvendo animais urbanos, rurais, silvestres terrestres e silvestres aéreos (morcegos).

rurais pobres. Na América Latina as medidas de controle implantadas pelos países permitiram a redução da incidência da raiva no homem para menos de 100 casos por ano, com média de 500.000 pessoas recebendo tratamento antirrábico. Na América do Norte e Europa, o número de casos registrados é inferior a 50, com aproximadamente 100.000 pessoas recebendo tratamento após uma suposta exposição.

A doença causada pelo RABV está presente em todos os continentes. No entanto, encontram-se livres do vírus: a Oceania e alguns países das Américas, como o Uruguai, Barbados, Jamaica e Ilhas do Caribe; países da Europa, como Portugal, Espanha, Irlanda, Holanda e Bulgária, e o Japão na Ásia. Por outro lado, determinados países da Europa, como a França e a Inglaterra, e da América do Norte, como os EUA e o Canadá, enfrentam ainda problemas com a circulação do vírus no meio silvestre.

Na América do Sul, entre 2013 e 2016, casos de raiva em humanos transmitida por cães foram relatados na Bolívia, no Brasil, na República Dominicana, Guatemala, no Haiti, em Honduras, no Peru e na Venezuela. Em 2016 foram notificados oito casos no Haiti e dois na Guatemala. Essa redução, em nível continental, provavelmente ocorreu por causa da vacinação de cães em larga escala e melhora no acesso dos indivíduos à profilaxia pré- e pós-exposição. A cada dois anos, há o encontro de membros do Programa Diretor para Raiva nas Américas, que se reúne para discutir as ações de controle da raiva nos países membros com o objetivo de eliminar a raiva transmitida por cães nas Américas até 2022. No Brasil, o Programa Nacional de Profilaxia da Raiva Humana, que foi estabelecido em 1973, reduziu a raiva em cães e em humanos especialmente pela efetividade das campanhas de vacinação de cães. No entanto, a raiva em humanos transmitida por animais do ciclo silvestre, tais como morcegos, cães selvagens, raposas e primatas não humanos, merece atenção e mostra a mudança no caráter epidemiológico dessa doença.

Com relação à raiva em animais, a distribuição geográfica é variável e o seu controle primário está restrito a cães e outros animais domésticos. De modo geral, a raiva em animais silvestres é relatada nos países da América do Norte e Europa. Entretanto, a raiva canina é predominante na Ásia, África e América Latina, apesar de a maioria das grandes cidades da América Latina ter conseguido eliminar ou reduzir a incidência da doença de forma significativa. Em morcegos, a raiva ocorre indistintamente nos países em desenvolvimento. Embora a presença dos morcegos hematófagos seja observada apenas na América Latina, a sua importância como transmissor direto ao homem é crescente, além dos prejuízos econômicos que acarretam na pecuária.

## *Epidemiologia da raiva no Brasil*

No período de 2010 a 2020 foram registrados 39 casos de raiva em humanos no Brasil. Com base em dados apurados até maio de 2020, do Serviço de Vigilância em Saúde (SVS) do Ministério da Saúde (MS), o Brasil conseguiu alcançar significativa diminuição nas taxas de mortalidade pela raiva em seres humanos em consequência dos esforços na intensificação das ações de vigilância, como campanhas anuais de vacinação de cães e gatos e profilaxia antirrábica para pessoas expostas ao RABV. Isso pode ser verificado na Figura 17.6 que mostra a série histórica da taxa de mortalidade da raiva em humanos por tipo de animal agressor no período entre 1986 e 2020, com um declínio acentuado no número de casos em humanos, de raiva transmitida por cães. Adicionalmente, em cães, ocorreu a redução de casos de transmissão das variantes 1 e 2 do RABV, consideradas de maior potencial de disseminação entres cães e gatos nas áreas urbanas. Nessa série histórica, no ano de 2008 e entre 2014 e 2020, não houve casos em humanos de raiva transmitida por cão.

A estratégia de vacinação anual de cães e gatos com a vacina antirrábica resultou em grande ganho para a saúde pública no Brasil. Em 1999, o país apresentava mais de 1.200 cães positivos para raiva e uma taxa de mortalidade de raiva em humanos, transmitida por cães, de 0,014/100 mil habitantes. Esse cenário mudou para 136 casos de raiva em cães e nenhum registro de raiva em humanos transmitida por cães, no período entre 2015 e maio de 2020.

De um modo geral, observam-se melhorias no controle da doença, com coberturas vacinais superiores a 80%. Já existe, na maioria dos estados, o mapeamento das áreas que apresentam epizootia, embora um número muito pequeno de municípios mantenha a vigilância epidemiológica da doença. Na ausência de laboratórios de diagnóstico em alguns estados brasileiros, é inegável que em muitas regiões a raiva esteja sendo subnotificada ou confundida com outras enfermidades neurológicas. A ocorrência da raiva em animais silvestres é registrada de maneira esporádica, uma vez que não é comum o envio de amostras biológicas desses animais aos laboratórios de diagnóstico, nem mesmo para fins de vigilância epidemiológica.

Apesar do interesse médico, o homem é apenas um hospedeiro terminal sem importância para o ciclo infeccioso, uma vez que contrai a raiva sem normalmente transmitir a doença. É muito rara a transmissão da doença de um ser humano para outro. Há relatos de alguns casos envolvendo transplante de córneas e outros órgãos como rins, fígado, pulmão e pâncreas.

Os cães e os gatos são as fontes de infecção mais comuns para o homem e para a propagação da raiva urbana. O cão foi responsável por mais de 80% dos casos de transmissão. Entretanto, a raiva em cães vem acompanhando o decréscimo da raiva em humanos.

Até 2003, a principal espécie transmissora do RABV para o homem foi o cão (ver Figura 17.6), com 14 casos confirmados. Em 2004 a situação se inverteu, tornando a transmissão pelo morcego a forma principal de contágio, com 22 casos confirmados, além de 5 casos por cão, 1 por gato, 1 por bovino e 1 ignorado. Em 2005, a raiva fez 44 vítimas, sendo que dos 42 casos notificados nos estados do Pará (17), Maranhão (24), Ceará (1), Sergipe (1) e Minas Gerais (1), 42 foram causados por morcegos, 1 por cão e o outro por primata não humano. De acordo com o MS do Brasil, após 2004 até 2009, foram confirmados 68 casos de raiva transmitida por morcegos, significando que a raiva no Brasil alterou seu perfil epidemiológico. No entanto, apesar dos avanços no controle da raiva em cães, novos desafios vêm surgindo e reemergindo.

Com dados atualizados em 2019 pelo MS do Brasil, no período de 2000 a 2009 foram notificados 163 casos de raiva em seres humanos e 90% deles nas Regiões Norte e Nordeste do Brasil, sendo que 47% foram causados por cães e 45% por morcegos, primatas não humanos 3%, felinos 2%, herbívoros 2%, e de origem desconhecida 1%. A Região Sul teve o seu último registro de raiva em humanos em 1987, transmitida por um morcego no Paraná. Observou-se também que 69% dos casos notificados ocorreram na zona rural. Os registros também revelaram que 56% dos casos de transmissão pelo cão ocorreram na zona urbana e 97% dos transmitidos por morcegos foram na zona rural.

Entre os anos 2000 e 2017, ocorreram 188 casos de raiva em humanos no Brasil, sendo a maioria em homens (66,5%) e em moradores de áreas rurais (67%). A faixa etária mais atingida

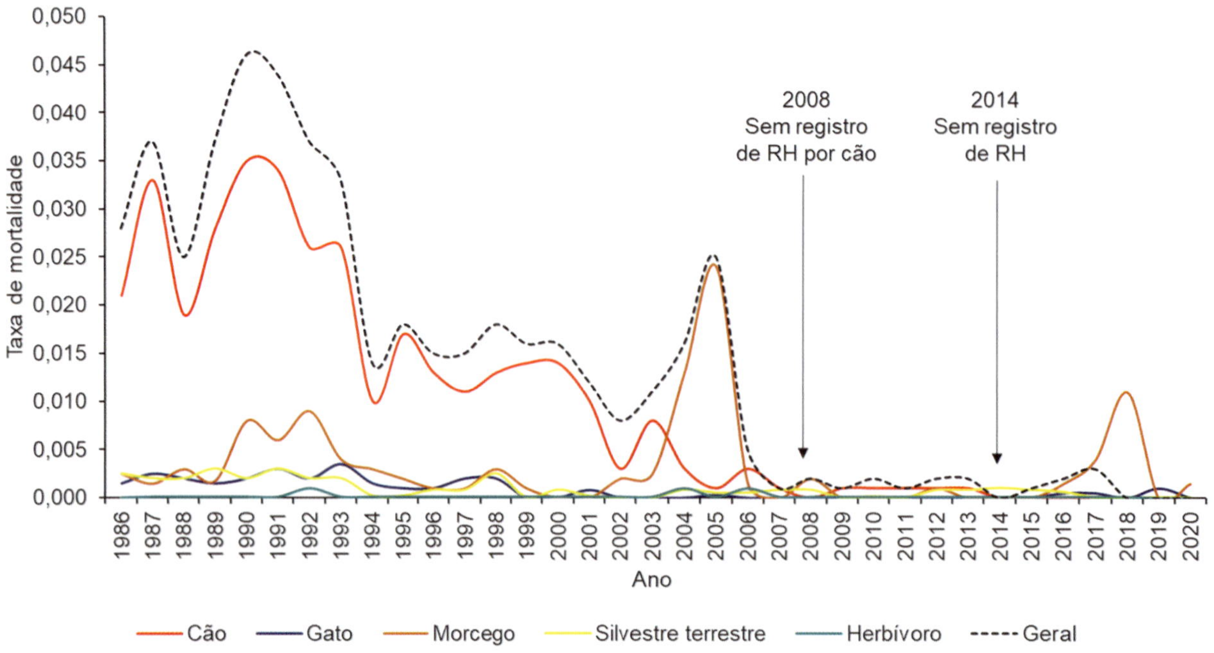


**Figura 17.6** Taxa de mortalidade da raiva em humanos (RH) por tipo de animal agressor (1986-2020). Fonte: MS do Brasil/SVS, 2020.

foi a de menos de 15 anos de idade (49,6%). A forma de transmissão mais comum foi mordedura de animais atingindo principalmente múltiplas áreas do corpo (21,2%), pés (20,2%) e mãos (17%). A maior parte das notificações ocorreu no Nordeste, com maior número de casos nos estados do Maranhão, Pará e Ceará. Sessenta e oito casos (36,2%) ocorreram na região da Amazônia Legal, todos em regiões rurais e associados a morcegos.

O número de casos humanos de raiva diminuiu significativamente de 44 em 2005 para 9 em 2006, 1 em 2007, 3 em 2008, 2 em 2009, 3 em 2010, 2 em 2011, 5 em 2012 e 5 em 2013. Nenhum caso em 2014. Dois casos em 2015, 2 em 2016, 6 em 2017, 11 em 2018, 1 em 2019 e 2 em 2020 (até maio). No período entre 2010 e maio de 2020, foram notificados 39 casos de raiva em humanos: 9 transmitidos por cães, 4 por gatos, 20 por morcegos, 1 por raposa e 4 por primatas não humanos; em um caso, o animal agressor não foi identificado.

Em 2015, 1 caso de raiva em humano ocorreu na Paraíba, transmitida por gato infectado com uma variante encontrada em morcego, e outro no Mato Grosso do Sul, infectado pela variante 1, típica de cães. O caso de Mato Grosso do Sul ocorreu em razão da epizootia canina causada pela introdução de animal positivo pela fronteira com a Bolívia, onde a variante 1 circula.

Em 2016, foram notificados dois casos de raiva em humanos: 1 em Roraima, transmitido por felino infectado com a variante 3, e 1 caso no Ceará transmitido por morcego *Desmodus rotundus* também infectado com a variante 3 do RABV. Desde 2016 os casos de raiva em cães e gatos têm sido associados à variante 3 de morcegos hematófagos *Desmodus rotundus* e da variante compatível com canídeos selvagens.

Em 2017, foram registrados 6 casos de raiva em humanos, todos pela variante 3 de morcegos *Desmodus rotundus*. Três deles ocorreram no estado do Amazonas, ocasião em que três adolescentes foram agredidos por morcegos. Os outros dois casos foram notificados na Bahia e em Tocantins. O sexto caso ocorreu em Pernambuco, após agressão de um gato de rua infectado com a variante 3, demonstrando a importância dos animais domésticos como transmissores secundários da raiva.

No ano de 2018, foram registrados 11 casos de raiva em humanos no Brasil. Destes, 10 foram relacionados a um surto no estado do Pará, com histórico de agressão por morcegos e sem realização de profilaxia antirrábica pós-exposição. O 11º caso registrado ocorreu no Paraná, mas o paciente foi infectado por morcego no estado de São Paulo e foi submetido à profilaxia antirrábica 12 dias após a exposição.

No ano de 2019, foi registrado 1 óbito por raiva em humano no Brasil, em Santa Catarina, transmitida por felino infectado com variante 3.

Em março de 2020, ocorreu a morte de um jovem de 14 anos que foi agredido por morcego infectado com a variante 3, no município de Angra dos Reis (estado do Rio de Janeiro). O jovem foi atacado pelo morcego após encontrá-lo no chão e chutá-lo. Inicialmente, o paciente foi atendido com utilização de soroterapia e vacina, mas não retornou à Unidade de Saúde para seguir com as doses de vacina restantes. Dois meses depois, foi internado apresentando paralisia flácida aguda nos membros inferiores, que evoluiu para insuficiência respiratória aguda e morte, apesar de ter sido submetido ao protocolo de tratamento. O último caso registrado de morte pelo RABV no Rio de Janeiro havia ocorrido em 2006. O segundo óbito ocorreu em julho de 2020, na Paraíba, em uma mulher de 68 anos que foi atacada por uma raposa. A vítima procurou o serviço de saúde em abril, no dia seguinte à mordida, mas não recebeu profilaxia antirrábica.

Já foi relatada a ocorrência de três casos confirmados de raiva em humanos transmitida por herbívoros. Nas três situações, a transmissão ocorreu pela manipulação direta da saliva sem agressão por parte do animal. Isto demonstra a importância da doença ocupacional e a necessidade do esquema de pré-exposição em grupos considerados de maior risco e que estejam permanentemente expostos aos animais ou ao vírus.

A redução na incidência de casos no país indica uma possível tendência de erradicação da doença transmitida pelo cão aos humanos. Mas, mesmo com todo o controle por meio da vacinação dos animais domésticos, captura de animais errantes e bloqueio de focos, é preciso buscar uma vigilância epidemiológica eficiente dos casos transmitidos por animais silvestres para evitar novos surtos. Uma das maneiras encontradas é por meio da vigilância passiva de animais encontrados mortos ou em situações não habituais como os localizados durante o dia ou caídos no chão. Essa vigilância é importante para determinar o real perfil da doença no país, tendo sido implantada desde 2002 em alguns estados brasileiros. Além disso, a implantação dessa vigilância em rodovias e estradas, utilizando carcaças de animais mortos ou atropelados, se tornou um mecanismo extremamente importante.

Devido ao controle que se vem obtendo no ciclo urbano e a melhoria da vigilância sobre espécies silvestres, observou-se um aumento de casos de raiva no ciclo silvestre, e um elevado número em morcegos não hematófagos e bovinos infectados pelo vírus. Consequentemente, no período entre 2015 e maio de 2020, a raiva foi descrita em 1.142 morcegos não hematófagos, 99 morcegos hematófagos, 154 canídeos silvestres, 46 primatas não humanos, 2.092 bovinos, 389 equinos, 67 outros herbívoros e 3 guaxinins, reforçando, assim, a emergência desse ciclo.

Em 2006 foi registrada a introdução da variante viral 1 (canina) em Corumbá, fronteira de Mato Grosso do Sul com a Bolívia. Essa variante nunca havia sido detectada no Brasil. Posteriormente, dos 26 casos caninos notificados em 2009, a mesma variante viral 1 foi identificada em um cão no município de Ladário em Mato Grosso do Sul, 3 amostras pertenciam à variante 3, que é compatível com a isolada em *Desmodus rotundus*; 1 amostra era de uma variante viral comumente encontrada em animais silvestres, não compatível com os perfis preestabelecidos no painel de anticorpos monoclonais. Desde 2016, os casos de raiva em cães e gatos têm sido identificados como transmitidos pela variante viral 3 de morcegos hematófagos e pela variante compatível com canídeos selvagens. Em 2015, na fronteira do Brasil com a Bolívia, ocorreu uma epizootia canina nos municípios de Corumbá e Ladário (Mato Grosso do Sul), com 1 óbito humano, transmitido por cão pela variante viral 1, que circulava na Bolívia. Em 2018, dos 15 casos de raiva em cães e felinos, 9 tiveram a identificação de variantes, em que 33% foram por variantes de canídeos selvagens e 67% por variante 3. Em 2019, foram registrados 24 casos de raiva em cães e em felinos, em que 12 foram causados por variante 3, 6 por variante de canídeos silvestres e 6 não tiveram confirmação. Até maio de 2020, houve 1 registro de raiva em cães, cuja variante não foi confirmada; não houve registro de raiva em gatos.

Segundo a Organização Pan-Americana da Saúde (OPAS), em 2019, os países da América Latina e do Caribe estão mais perto do que nunca de alcançar a eliminação das mortes de seres humanos causadas pela raiva canina. Em 2019, o Haiti e a República Dominicana foram os únicos países do continente onde a raiva canina provocou a morte de seres humanos. O anúncio foi feito no Dia Mundial contra a Raiva, 28 de setembro, com o objetivo de aumentar a conscientização e unir o mundo no combate à doença.

Em 2020, a OMS liderou a implantação do programa *United Against Rabies* (UAR, "Unidos contra a raiva"), que utiliza uma plataforma para fomentar investimentos no controle da raiva e coordenar um plano com o objetivo de alcançar zero morte humana pelo RABV transmitido por cães, até 2030.

## Prevenção e controle

A prevenção da raiva em humanos mantém-se como um grande desafio para a saúde pública em muitas partes do mundo. Devido ao fato de a raiva ser fatal, a profilaxia pós-exposição é extremamente importante. Segundo dados da OMS, atualizados em junho de 2020, anualmente, no mundo, 29 milhões de pessoas recebem profilaxia pós-exposição depois de serem mordidas por animais potencialmente infectados pelo RABV. Nos países menos desenvolvidos, onde a maior parte dos casos de raiva em humanos acontece devido à raiva em cães, as mortes ocorrem principalmente pela falta de acesso aos insumos biológicos adequados e necessários para um tratamento profilático conveniente. Já nos países desenvolvidos, embora a raiva em animais domésticos já esteja controlada, a doença continua sendo um risco para a população, devido ao fato de animais silvestres estarem migrando para áreas urbanas. As vacinas são acessíveis e as poucas mortes humanas ocorrem devido à ignorância ou ao não reconhecimento da exposição, sendo de grande importância tanto a educação da população quanto a dos profissionais de saúde.

O controle da doença é difícil, devido principalmente a fatores sociais que funcionam como facilitadores ou empecilhos para a dispersão do vírus em uma determinada área. Quanto menor o desenvolvimento local, maior é a promiscuidade observada na relação homem/animal e menores são os cuidados sanitários tomados. Por isso, o planejamento de programas de controle de zoonoses como a raiva deve levar sempre em consideração os aspectos socioculturais da população local, assim como a biologia da população animal.

Até a década de 1970, países como Peru, Equador, México e Brasil não conseguiam controlar a raiva urbana, apesar de na época já existirem tecnologia e profilaxia eficientes. No Brasil, muitos fatores contribuíram para a grande incidência de raiva em humanos, tais como: altas taxas de abandono na profilaxia pós-exposição; dificuldade na utilização dos serviços disponíveis; deficiência na educação sanitária da população, que desconhecia as medidas primárias de profilaxia da doença; inexistência de dados epidemiológicos exatos; e hábitos inadequados da população com referência aos ferimentos provocados pelos animais.

Em 1973 foi criado no Brasil o Programa Nacional de Profilaxia da Raiva (PNPR). O objetivo desse programa é promover atividades sistemáticas de combate à raiva em seres humanos, mediante o controle dessa zoonose entre os animais domésticos e o tratamento profilático específico das pessoas mordidas ou que, supostamente, sejam expostas a animais raivosos. As principais atividades previstas pelo PNPR são: vacinação de cães e gatos; apreensão de cães errantes; atendimento de pessoas envolvidas em agravos com animais; observação clínica de cães e gatos suspeitos; profilaxia de pessoas expostas ao risco de infecção rábica; vigilância epidemiológica, colhendo e enviando material para exames laboratoriais; controle de áreas de foco e educação em saúde. A vacinação de cães e gatos e o atendimento de pessoas envolvidas em agravos com animais são as duas principais ações de controle desenvolvidas no Brasil.

Os programas para o controle da raiva no Brasil estão restritos aos cães e outros animais domésticos. Devido ao atual perfil da raiva canina e visando a sua eliminação no ciclo urbano, outras medidas devem ser implantadas além da vacinação animal e o monitoramento da circulação viral, tais como: bloqueio do foco em até 72 horas; captura e eutanásia de animais não passíveis de vacinação; e revisão periódica da estimativa populacional animal.

A eliminação do vírus na natureza é uma tarefa muito difícil uma vez que a raiva é endêmica entre muitos animais selvagens. Então, para garantir que não haja circulação do RABV em cães foi determinado o envio de 0,2% de espécimes biológicos de caninos, com suspeita de doença neurológica, para exame laboratorial da raiva. Outra estratégia adotada para o controle da raiva canina foi a substituição da vacina, produzida em tecido nervoso de camundongos, pela de cultivo celular. Até 2002, a vacina antirrábica canina adquirida pelo MS do Brasil e distribuída às Secretarias Estaduais de Saúde foi a Fuenzalida e Palácios modificada. Posteriormente, foi gradativamente substituída pela vacina inativada produzida em cultura de células; em 2010, o processo de substituição foi finalizado, com uma cobertura vacinal entre 81 e 94%.

Nos países desenvolvidos, esforços estão sendo concentrados para controlar a raiva silvestre mediante vacinação oral utilizando vacinas recombinantes. A OMS recomenda imunizar animais selvagens com a distribuição de iscas contendo vírus atenuados, na tentativa de limitar, na maior extensão possível, a propagação da doença entre esses animais. Inicialmente, essas medidas de controle foram ineficientes devido à baixa eficácia das preparações, principalmente, pela limitada termoestabilidade dos vírus que compunham as vacinas. Além disso, apresentavam pouca proteção ou eram ineficientes na proteção de algumas espécies de animais silvestres reservatórios do RABV nos EUA, como guaxinins e gambás listrados. No entanto, uma vacina oral recombinante (RABORAL V-RG®) na forma de iscas, que utiliza o vírus vaccínia como vetor do gene da glicoproteína G do RABV tem demonstrado ter contornado esses problemas e parece ser promissora para reduzir a transmissão do RABV nas populações de animais silvestres.

### *Vacinação de cães e gatos*

Um programa eficiente para o controle da doença precisa englobar medidas dirigidas para a prevenção da doença em animais e no homem. Assim, os relatórios da OMS sobre raiva recomendam as seguintes medidas de controle: (1) imunização profilática compulsória dos animais domésticos com vacinas inativadas preparadas em culturas de células utilizando estirpes "Flury LEP" (LEP, *low egg passage*; estirpe de vírus fixo atenuado por pequeno número de passagens em embrião de galinha) ou "Flury HEP" (HEP, *high egg passage*; estirpe de vírus fixo atenuado por grande número de passagens em embrião de galinha); (2) registro de todos os cães; (3) eliminação dos cães errantes; (4) isolamento e observação dos cães suspeitos.

O sucesso no controle da raiva em cães depende de uma cobertura vacinal acima de 80% da população canina estimada. No Brasil, até junho de 2020, as vacinas distribuídas pelo MS para as Campanhas de Vacinação para serem administradas em caninos e felinos eram inativadas e produzidas a partir de vírus fixo atenuado estirpe Pasteur (Flury LEP ou Flury HEP), propagado em culturas de células BHK-21. A vacina deve ser administrada por via subcutânea (SC) (1,0 mℓ) em animais a partir de 3 meses, com revacinação anual. Essa vacina antirrábica de uso veterinário (Rhabdocell®) é produzida no Instituto de Tecnologia do Paraná – Tecpar (Paraná, Brasil). A imunidade dos animais é alcançada a partir do 21º dia após a vacinação. As clínicas veterinárias utilizam vacinas nacionais ou importadas, de diferentes laboratórios, todas preparadas com vírus inativados propagados em culturas de células.

### Vacinação dos herbívoros domésticos

A Instrução Normativa nº 5, de 1º de março de 2002 (Anexo 1), do Ministério da Agricultura, Pecuária e Abastecimento (MAPA) do Brasil preconiza que a vacinação anual dos herbívoros seja realizada com vacina contendo vírus inativado, na dosagem de 2 mℓ por animal, independentemente da idade, sendo aplicada por via SC ou intramuscular (IM). Animais primovacinados são revacinados após 30 dias. No Brasil, todas as vacinas antirrábicas para herbívoros são produzidas em cultivo celular e a produção de anticorpos começa após 21 dias da vacinação. É importante ressaltar que os animais nascidos após a vacinação do rebanho deverão ser vacinados quando atingirem a idade recomendada de 3 meses. A vacinação compulsória é recomendada quando da ocorrência de focos da doença e deve ser adotada preferencialmente em bovídeos e equídeos com idade igual ou superior a 3 meses. Porém, em animais com idade inferior a 3 meses, poderá ser orientado, caso a caso, de acordo com a avaliação técnica de um médico veterinário. A vacinação compulsória deverá ter caráter temporário, e será suspensa assim que os programas estaduais atingirem níveis satisfatórios de controle da raiva, garantindo as condições sanitárias do rebanho.

### Controle dos morcegos hematófagos

O controle da raiva transmitida por morcegos hematófagos é de especial interesse nas Américas Latina e Central, onde essas espécies ocorrem. Deve-se ressaltar que em algumas áreas, além de se adotarem medidas de redução da população de morcegos hematófagos, os herbívoros devem ser compulsoriamente vacinados, principalmente nas áreas endêmicas da doença.

Existem alguns métodos utilizados para o controle populacional dos morcegos hematófagos e a maioria baseia-se principalmente na utilização de pastas contendo anticoagulantes na sua formulação. Para que isso ocorra, utilizam-se redes próximas aos abrigos para a captura desses animais. Após a captura, a pasta contendo o anticoagulante é aplicada no dorso dos morcegos e em seguida os animais são libertados para que eles retornem ao seu abrigo. Devido ao hábito de se lamberem, a pasta contendo o anticoagulante é ingerida por vários animais, tendo como consequência a morte de muitos morcegos na colônia. Recomenda-se que se retorne ao abrigo para a retirada dos animais mortos, pois existe a possibilidade de que estes constituam perigo para animais de outras espécies, caso venham a ingeri-los. Essa atividade só pode ser realizada por profissionais capacitados e imunizados contra a raiva.

Outra maneira de controlar a população de morcegos é a utilização das pastas anticoagulantes ao redor das feridas causadas pelo repasto sanguíneo nos herbívoros porque muitas vezes os morcegos retornam na noite seguinte para se alimentar do sangue do mesmo animal. Neste caso, como não há contato direto com o morcego, a aplicação da pasta nas lesões dos animais atacados pode ser feita pelo próprio criador.

Essas técnicas foram oficialmente estabelecidas pelo MS do Brasil para o controle populacional dos morcegos hematófagos nas áreas endêmicas ou de focos da doença. Os morcegos não hematófagos, dos quais algumas espécies encontram-se em perigo de extinção, possuem importantes funções de polinização, dispersão de sementes e predação de insetos, principalmente em regiões tropicais. Deve-se evitar a presença desses animais nas habitações para prevenir algum acidente decorrente do contato humano e possível transmissão do RABV. Os morcegos podem ser portadores do vírus independentemente de seus hábitos alimentares, porém a transmissão da raiva pelos morcegos não hematófagos é acidental. Na maior parte dos casos de raiva em humanos transmitida por esses animais, o contato foi ocasional por manipulação indevida de animais mortos. As pessoas são mordidas ao manusearem ou pisotearem, acidentalmente ou não, os morcegos doentes. Como se trata de animais silvestres e reservatórios naturais para o vírus, todos os acidentes que envolvam esses animais devem ser encaminhados para a profilaxia da raiva em humanos.

## Profilaxia da raiva em humanos

O termo "tratamento profilático antirrábico humano" foi substituído por "profilaxia da raiva humana", devido ao conceito original da palavra profilaxia: "aplicação de meios tendentes a evitar as doenças ou a sua propagação".

Apesar da alta incidência de raiva em humanos em muitas partes do mundo, frequentemente surgem dúvidas do que fazer após a mordida ou arranhadura de um animal. Ao decidir sobre os cuidados a serem tomados com uma pessoa mordida por um animal suspeito, devem ser considerados vários fatores, embora não seja possível apresentar condutas para todas as situações. A profilaxia é prioritária e deve ser iniciada imediatamente. O fato de um indivíduo ter deixado passar muito tempo para procurar atendimento médico não deve ser motivo para se deixar de fazer a vacinação. É importante considerar se já houve anteriormente alguma profilaxia antirrábica, pois em caso positivo, não haverá indicação de uso do soro.

Entretanto, no caso da raiva já estabelecida não há um tratamento específico. Recomenda-se terapia de suporte que inclui sedação, ventilação mecânica, reposição de fluidos e eletrólitos, suporte nutricional e controle das doenças intercorrentes. Após a exposição ao vírus, a prevenção da doença consiste no tratamento do ferimento e na imunização ativa e passiva do indivíduo.

Apesar de ser uma doença fatal, existem casos de sobreviventes na história da raiva humana. De 1970 a 2020, foram documentados cinco casos de recuperação no mundo, sendo dois casos no Brasil.

Uma perspectiva para o tratamento da raiva humana já instalada surgiu em 2004, quando uma paciente contraiu o RABV de um morcego, nos EUA. A paciente foi submetida a um tratamento experimental (incluindo o antiviral amantadina) e indução ao coma, denominado Protocolo de Milwaukee, e sobreviveu sem receber vacina ou soro.

Em 2008, outros dois pacientes foram submetidos ao Protocolo de Milwaukee, sendo um da Colômbia e outro do Brasil. O paciente do Brasil, residente no estado de Pernambuco, era um jovem de 15 anos que foi mordido por um morcego hematófago e contraiu a doença. Após ter o diagnóstico confirmado pela técnica de RT-PCR no folículo piloso, o paciente foi submetido ao mesmo protocolo de Milwaukee adaptado e evoluiu para a cura, embora tenha ficado com sequelas cognitivas.

Devido a esse fato, o MS do Brasil reuniu uma equipe multidisciplinar de profissionais de saúde e publicou um protocolo de tratamento de raiva em humanos, denominado Protocolo de Recife, baseado no protocolo americano de Milwaukee, que tem por objetivo orientar a condução clínica de pacientes suspeitos de raiva, o mais precocemente possível, na tentativa de reduzir a mortalidade da doença. Para o tratamento da raiva em humanos no Brasil, são utilizados indução do coma e alguns medicamentos conforme preconizado no protocolo de Recife, dentre eles a sapropterina e amantadina. Entretanto, esse tratamento é recomendado apenas para os pacientes com suspeita clínica de raiva, vínculo epidemiológico e profilaxia antirrábica inadequada, e sua aplicação deve ser orientada diretamente pela equipe da Secretaria de Vigilância em Saúde (SVS), do MS do Brasil.

Em 2011 foi notificado outro caso de cura nos EUA, e em 2018, um adolescente de 14 anos, morador da zona rural da cidade de Barcelos, no Amazonas, foi a quinta pessoa a sobreviver ao vírus da raiva no mundo e a segunda no Brasil.

Os esquemas para a profilaxia humana no Brasil são recomendados de acordo com as normas técnicas preconizadas pelo MS. Esses esquemas variam desde a dispensa de profilaxia à indicação de vacina antirrábica com ou sem soro heterólogo ou imunoglobulina humana. Inicialmente, a vacina disponibilizada no Brasil era a Fuenzalida e Palácios, que consiste em suspensão vacinal preparada em cérebros de camundongos recém-nascidos. A OPAS/OMS recomendou, desde 1984, que os países substituíssem as vacinas produzidas em tecido nervoso de animais pelas vacinas elaboradas em culturas de células, mas se tal substituição não fosse possível, deveriam ser utilizadas vacinas preparadas em tecido nervoso com potência elevada. Essa vacina inativada Fuenzalida e Palácios modificada contém menos mielina que as vacinas anteriores, mas ainda assim pode ocasionar eventos neurológicos por desmielinização.

A partir de 2010, no Brasil, a vacina preparada em cérebro de camundongos recém-nascidos foi substituída pela vacina produzida por tecnologia de cultivo celular, que gera um imunobiológico mais eficiente e representou um grande avanço para a profilaxia da raiva humana no país. A vacina produzida a partir do cultivo de células é muito potente e bem tolerada, conferindo resposta imunológica mais precoce e mais duradoura, além de causar reações adversas mínimas quando comparada a Fuenzalida e Palácios.

O MS do Brasil distribui às Secretarias Estaduais de Saúde os imunobiológicos necessários para a profilaxia da raiva humana no Brasil: vacina antirrábica de uso em humanos, de cultivo celular; soro antirrábico de uso em humanos e imunoglobulina antirrábica de uso em humanos. Atualmente, recomendam-se três possíveis medidas de profilaxia antirrábica para humanos: pré-exposição, pós-exposição e reexposição.

## Tipos de vacinas

Todas as vacinas contra a raiva, de uso humano, são inativadas e não podem ser congeladas. A conservação deve ser feita sob refrigeração entre 2 e 8°C. Os frascos abertos devem ser utilizados no máximo em 8 horas. As doses não utilizadas nesse período devem ser descartadas.

### Vacinas produzidas em culturas de células

A dose e a via de administração dependem do laboratório produtor, sendo geralmente indicado de 0,5 a 1 mℓ por via IM ou 0,1 mℓ por via intradérmica (ID).

A seguir serão relacionados os tipos de vacinas disponíveis para a profilaxia do RABV em seres humanos.

#### Vacina produzida em células diploides de origem humana

Com o intuito de reduzir os eventos adversos, principalmente os neurológicos, causados pela vacina Fuenzalida e Palácios, foi desenvolvida no ano de 1960 pelo Wistar Institute, na Filadélfia, a primeira vacina produzida a partir de cultura de células diploides humanas (HDCV, *human diploid cell rabies vaccine*). Essa vacina, inativada com β-propiolactona, é produzida em células MRC-5 com a estirpe Pitman-Moore. Apresenta potência mínima de 2,5 UI por dose. A sua formulação contém, ainda, 5% de albumina humana, fenolsulfonilftaleína e sulfato de neomicina, e é apresentada sob a forma liofilizada. É bem tolerada, apresentando baixa incidência de reações alérgicas e neurológicas. Os efeitos adversos relatados com maior frequência são: reações locais, febre, mal-estar, náuseas e cefaleia. Não há relato de óbitos associados ao seu uso. A utilização em larga escala é limitada devido aos custos elevados de produção.

#### Vacina produzida em culturas de células Vero

A vacina antirrábica PVCV (vacina antirrábica purificada de células Vero [*purified Vero cell rabies vaccine*]) é produzida com a estirpe Wistar PM/WI38-1503-3M inativada por β-propiolactona, concentrada e purificada por ultracentrifugação. A potência mínima requerida é de 2,5 UI por dose. A resposta a essa vacina e a incidência de reações adversas são semelhantes às da HDCV. A vacina que é utilizada pelas Secretarias de Saúde dos estados brasileiros e DF (Vacina Raiva®), utilizada em crianças e adultos, é fabricada pelo Laboratório Sanofi Pasteur (França) e importada pelo Instituto Butantan (São Paulo, Brasil). A vacina é adicionada de maltose e albumina humana como estabilizantes e pode conter traços de estreptomicina, neomicina e/ou polimixina B.

#### Vacina produzida em fibroblastos de embrião de galinha

A PCECV (vacina antirrábica purificada de células de embrião de galinha [*purified chicken embryo cell rabies vaccine*]) é preparada com a estirpe Flury LEP-C25 e inativada. A eficácia e segurança alcançadas com essa vacina são semelhantes às da HDCV. A potência mínima é de 2,5 UI por dose. A vacina contém ainda, na sua formulação, albumina humana e traços de neomicina, clortetraciclina e anfotericina B.

#### Vacina produzida em cultura de células diploides de pulmão de feto de macaco rhesus

A RVA (vacina antirrábica adsorvida [*rabies vaccine adsorbed*]), também conhecida como vacina adsorvida, é utilizada apenas nos EUA e é produzida em cultura de células diploides de pulmão de feto de macaco rhesus. Utiliza a estirpe Kissling, inativada pela β-propiolactona, concentrada e adsorvida com fosfato de alumínio. A potência mínima requerida é de 2,5 UI por dose.

### Vacina produzida em cultura primária de células de rim de hamster

A HKCV (vacina antirrábica produzida em células primárias de rim de *hamster* [*primary hamster kidney cell rabies vaccine*]) é produzida na Rússia com a estirpe Beijing do RABV. Somente Rússia e China utilizam essa vacina.

### Vacina modificada Fuenzalida e Palácios

Essa vacina foi utilizada rotineiramente nos programas de saúde pública no Brasil até 2002, quando começou a ser substituída pela vacina em cultivo celular. Alguns outros países da América Latina ainda utilizam essa vacina. Foi desenvolvida no Chile, na década de 1950, pelos dois pesquisadores que deram o nome à vacina, e aperfeiçoada nos anos seguintes, tornando-se mais segura e potente. A suspensão vacinal utiliza a estirpe CVS (*challenge virus standard*), originária de passagens do vírus Pasteur fixo, e preparada em cérebro de camundongos recém-nascidos infectados. A vacina é produzida com vírus inativado e contém cerca de 2% de tecido nervoso, 0,01% de timerosal e 0,1% de fenol. A potência mínima requerida é de 1,0 UI/dose.

Reações adversas podem ocorrer durante ou após a administração do esquema de vacinação quando a vacina modificada Fuenzalida e Palácios é administrada. As mais importantes são as manifestações neurológicas decorrentes da vacinação, provavelmente, ocasionadas por reações autoimunes desencadeadas pela mielina cerebral de camundongo. A ocorrência dessas manifestações é grave e determina a substituição imediata da vacina por outras produzidas em cultura celular. As principais manifestações neurológicas são: encefalomielite; mielite transversa; mononeurite; polirradiculoneuropatia desmielinizante inflamatória aguda ou síndrome de Guillain-Barré.

## Soro e imunoglobulina de origem humana antirrábica

A ação primária desses produtos ocorre no local da inoculação do vírus. A infiltração da lesão utilizando o soro é necessária porque os níveis de anticorpos obtidos após a administração por via IM não são adequados para inativar os vírus no local do ferimento. Se o volume da dose recomendada for insuficiente para infiltrar toda a lesão, deve-se aumentar o volume com soro fisiológico. Nos casos em que houver impossibilidade anatômica para a infiltração de toda a dose, o restante, a menor quantidade possível, deverá ser aplicada por via IM podendo ser utilizada a região glútea. A dose recomendada é de 40 UI/kg de peso e no máximo de 3.000 UI. Essa dose não deve exceder a recomendada, para não interferir na resposta imunológica da vacina.

Quando não se dispuser do soro ou de sua dose total, aplicar inicialmente a parte disponível e iniciar imediatamente a vacinação. A dose total ou complementar do soro deverá ser aplicada juntamente com a primeira dose da vacina de cultivo celular. Após esse prazo o soro não é mais necessário, porque a própria vacina determina o título de anticorpos protetores.

O uso do soro não é necessário quando o paciente recebeu tratamento completo anteriormente. No entanto, em situações especiais, como pacientes imunocomprometidos ou dúvidas com relação a tratamento anterior, se houver indicação, o soro deve ser recomendado.

Após a administração do soro, o paciente deverá permanecer em observação por um período de 2 horas. As reações mais comuns são benignas e fáceis de tratar, apresentando boa evolução. Os eventos adversos deverão ser investigados e notificados ao sistema de vigilância do Programa de Imunizações da Secretaria de Saúde dos estados brasileiros ou do Distrito Federal.

### Soro heterólogo antirrábico

O soro heterólogo antirrábico (SAR) é uma solução concentrada e purificada de imunoglobulinas, preparada a partir de soro de equinos com vírus fixo inativado, amostra Pasteur, propagado em cultura de células. Depois de produzido, o soro deve ser conservado em temperaturas variando de 2 a 8°C. Após a abertura do frasco, o produto deve ser utilizado imediatamente, desprezando-se o volume excedente.

As reações adversas que podem ocorrer são locais e de caráter benigno. As mais comuns são dor, edema e hiperemia. O choque anafilático é uma manifestação rara que pode ocorrer nas primeiras 2 horas após a aplicação. As reações tardias ocorrem com maior frequência até a 2ª semana após a administração do soro. A mais comum é a doença do soro com incidência que varia de 1 a 6,2%. Um quadro muito raro que ocorre com indivíduos tratados anteriormente com outros soros heterólogos é a reação de hipersensibilidade de Arthus.

### Imunoglobulina de origem humana antirrábica

A imunoglobulina de origem humana hiperimune antirrábica (HRIG, *human rabies immunoglobulin*), também conhecida como soro homólogo, é uma solução concentrada e purificada de anticorpos preparada a partir do plasma de indivíduos doadores previamente imunizados. É um produto mais seguro que o soro antirrábico, porém de produção limitada, ocasionando baixa disponibilidade e alto custo. Está disponível apenas para atender a pacientes com reações de hipersensibilidade ao soro antirrábico heterólogo. A dose indicada é de 20 UI/kg de peso do paciente. Os eventos adversos são de caráter benigno e raramente ocorrem reações de hipersensibilidade.

### Profilaxia pré-exposição

O objetivo da profilaxia pré-exposição é alcançar níveis consideráveis de anticorpos protetores pela administração da vacina antes de qualquer risco de exposição ao vírus.

A vacina é indicada para indivíduos que estejam permanentemente expostos ao risco da infecção pelo vírus, devido às atividades profissionais que desenvolvem, ou então aqueles que estão sujeitos às condições epidemiológicas de determinada região. A vacinação é recomendada aos profissionais e estudantes das áreas de medicina, veterinária e biologia; profissionais e auxiliares de laboratórios; profissionais que atuam na captura de quirópteros, vacinação, identificação e classificação de animais, bem como funcionários de zoológicos, espeleólogos, carteiros etc.; profissionais que atuam em área epidêmica para raiva canina de variantes 1 e 2, com registro de casos nos últimos 5 anos, na captura, contenção, manejo, colheita de amostras, vacinação de cães, que podem ser vítimas de ataques por cães; pessoas com risco de exposição ocasional ao vírus, como turistas que viajam para áreas de raiva não controlada, devem ser avaliados individualmente, podendo receber a profilaxia pré-exposição dependendo do risco a que estarão expostos durante a viagem. O esquema de vacinação proposto deve ser realizado utilizando-se menor número de doses, aplicadas em intervalos maiores para obtenção de altos níveis de anticorpos e redução da ocorrência de reações adversas. O controle sorológico desses indivíduos deve ser realizado anualmente. Administrar 1 dose de reforço da vacina sempre que os títulos de anticorpos forem inferiores a 0,5 UI/mℓ e repetir a sorologia a partir do 14º dia após a dose de reforço.

A profilaxia pré-exposição apresenta as seguintes vantagens:

- Simplifica a terapia pós-exposição, eliminando a necessidade de imunização passiva (soro ou imunoglobulina), e diminui o número de doses da vacina; e
- Desencadeia resposta imunológica secundária mais rápida (*booster*), quando for necessária iniciar a pós-exposição.

### Esquema utilizando vacinas em culturas de células

Aplicar 3 doses da vacina distribuídas nos dias 0, 7 e 28 pela via IM profunda, utilizando a dose completa de 0,5 mℓ da PVCV ou 1,0 mℓ da HDCV ou PCECV, no músculo deltoide ou vasto lateral da coxa. A administração pela via ID também pode ser utilizada com dose de 0,1 mℓ para as vacinas PVCV, HDCV e PCECV, na inserção do músculo deltoide. A partir do 14º dia após a última dose, realizar o controle sorológico. O título de anticorpos será satisfatório quando maior ou igual a 0,5 UI/mℓ. Se o resultado for insatisfatório, aplicar 1 dose de reforço completa pela via IM e realizar nova avaliação sorológica a partir do 14º dia após essa dose.

## *Profilaxia pós-exposição*

No caso de acidente com uma possível exposição ao vírus, torna-se fundamental a limpeza do ferimento com água corrente e sabão. Está comprovada a redução do risco de infecção, quando esta conduta é utilizada. A limpeza do ferimento deve ser cuidadosa, visando limpar sem agravar o ferimento, realizada o mais cedo possível e repetida na unidade de saúde, independentemente do tempo transcorrido. Em seguida, devem ser aplicados antissépticos como povidine, digluconato de clorexidina ou álcool-iodado, pois essas substâncias inativam o vírus no próprio local. Nos curativos subsequentes utilizar apenas solução fisiológica. Não se recomenda a sutura dos ferimentos. Quando for imprescindível, aproximar as bordas com pontos isolados, e o soro antirrábico, se indicado, deverá ser infiltrado 1 hora antes da sutura. Proceder à profilaxia do tétano segundo o esquema preconizado (caso o paciente não seja vacinado ou tenha sido submetido a esquema vacinal incompleto) e uso de antibióticos nos casos indicados, após avaliação médica.

Durante a consulta, a anamnese do paciente deve ser completa, para que a indicação do tratamento seja correta. Preencher a "Ficha de Atendimento Antirrábico Humano" disponibilizada pelo MS do Brasil e classificar o acidente de acordo com as características do ferimento e do animal envolvido.

### Esquemas utilizando vacinas em culturas de células

A Nota Informativa nº 26-SEI/2017-CGPNI/DEVIT/SVS/MS de 2017 alterou o esquema de profilaxia pós-exposição da raiva humana de 5 doses para 4, e classificou os tipos de acidentes da seguinte maneira:

- Acidentes leves: ferimentos superficiais pouco extensos, geralmente únicos, em tronco e membros (exceto mãos, polpas digitais e planta dos pés). Podem acontecer em decorrência de mordeduras ou arranhaduras, causadas por unha ou dente, lambedura de pele com lesões superficiais
- Acidentes graves: ferimentos na cabeça, face, pescoço, mão, polpa digital e/ou planta do pé. Ferimentos profundos, múltiplos ou extensos, em qualquer região do corpo. Lambedura de mucosas. Lambedura de pele onde já existe lesão grave. Ferimento profundo causado por unha de animal.

O contato indireto pela manipulação de utensílios potencialmente contaminados e a lambedura da pele íntegra e acidentes com agulhas durante a aplicação da vacina para animal, não são considerados de risco e não exigem profilaxia.

A seguir, serão descritos os esquemas de profilaxia preconizados pelo MS do Brasil após a Nota Informativa de 2017, que alterou os esquemas de profilaxia pós-exposição anteriormente utilizados:

- A1 – Esquema de profilaxia da raiva pós-exposição pela via IM:
  - 4 doses da vacina da raiva (inativada)
  - Dias de aplicação: 0, 3, 7, 14
  - Via de administração IM profunda utilizando dose completa de 0,5 mℓ, no músculo deltoide ou vasto lateral da coxa. Não aplicar no glúteo
- A2 – Esquema de profilaxia da raiva pós-exposição pela via IM com uso de soro antirrábico (SAR) ou imunoglobulina antirrábica (IGAR):
  - 4 doses da vacina da raiva (inativada)
  - Dias de aplicação: 0, 3, 7, 14
  - Via de administração IM profunda utilizando dose completa, no músculo deltoide ou vasto lateral da coxa. Não aplicar no glúteo.

O SAR/IGAR deve ser administrado uma única vez e o quanto antes. A infiltração deve ser executada ao redor da lesão (ou lesões). Quando não for possível infiltrar toda a dose, aplicar o máximo possível. A quantidade restante, a menor possível, aplicar pela via IM, podendo ser utilizada a região glútea. Sempre aplicar em local anatômico diferente de onde foi aplicada a vacina. Quando as lesões forem extensas ou múltiplas, a dose pode ser diluída em soro fisiológico, em quantidade suficiente, para que todas as lesões sejam infiltradas. Nos casos em que se conhece tardiamente a necessidade do uso do soro antirrábico, ou quando não há soro disponível no momento, aplicar a dose recomendada de soro no máximo em até 7 dias após a aplicação da 1ª dose de vacina de cultivo celular, ou seja, antes da aplicação da 3ª dose da vacina. Após esse prazo, o soro não é mais necessário. Não realizar a administração do soro antirrábico por via endovenosa.

É possível optar pela via ID como via de aplicação alternativa, desde que obrigatoriamente os estabelecimentos da rede do Sistema Único de Saúde (SUS) atendam a uma demanda de pelo menos dois pacientes acidentados/dia; tenham equipe técnica habilitada para aplicação pela via ID; e, após ser reconstituída, a vacina deve ser utilizada no prazo de 6 a 8 horas desde que conservada na temperatura de 2 a 8°C, devendo ser descartada em seguida. Para preparação, fracionar o frasco ampola para 0,1 mℓ/dose e utilizar seringas de insulina ou tuberculina. Aplicar somente na inserção do músculo deltoide. O esquema de doses obedece ao seguinte critério: dias 0, 3, 7 e 28 – 2 doses em dois locais diferentes. Ao utilizar a via ID, observar que a última dose da vacina é dada no 28º dia. Para utilização do soro antirrábico, a recomendação permanece a mesma do esquema de profilaxia pela via IM.

Para certificar que a vacina por via ID foi aplicada corretamente, observar a formação da pápula na pele. Se, eventualmente, a vacina for aplicada erroneamente por via SC ou IM, deve-se repetir o procedimento e garantir que a aplicação foi realizada por via ID. É possível iniciar com um esquema por uma via de administração e terminar por outra, porém deve-se respeitar o intervalo da via IM e ID. Por exemplo: se mudar de via ID para IM, deve-se seguir os dias por via IM (0, 3, 7 e 14), mas se mudar de IM para ID, deve-se seguir os dias (0, 3, 7 e 28).

O Quadro 17.3 mostra a conduta de profilaxia da raiva em humanos pós-exposição segundo a espécie animal envolvida e a gravidade do acidente/exposição.

### *Profilaxia na reexposição*

Pessoas que já tenham recebido tratamento antirrábico previamente e voltarem a se expor ao risco de contaminação devem proceder à limpeza do local do ferimento e à profilaxia do tétano e de outras doenças. Em caso de reexposição com histórico de esquema profilático anterior completo, e se o animal agressor, cão ou gato, for passível de observação, considerar a hipótese de apenas observar o animal. Nos indivíduos que receberam a série completa até 90 dias anteriores à exposição atual nenhum tratamento deve ser administrado. Caso a exposição ao vírus tenha ocorrido depois de 90 dias da última dose da vacina, aplicar 2 doses, uma no dia 0 e outra no dia 3. Nos indivíduos que receberam esquema vacinal incompleto: até 90 dias, completar o número de doses; após 90 dias, ver esquema de pós-exposição (conforme o caso). Em caso de reexposição, com história de esquema anterior completo, não é necessário administrar o soro antirrábico. Entretanto, essa conduta não se aplica aos pacientes imunocomprometidos, que devem receber soro e vacina além de monitoramento sorológico. Para esses casos, recomenda-se que, ao final do esquema, seja realizada a avaliação sorológica após o 14º dia da aplicação da última dose. Em qualquer momento, independentemente do estado imunológico do indivíduo, não se indica a vacinação quando os títulos de anticorpos neutralizantes forem iguais ou superiores a 0,5 UI/mℓ, em teste realizado em menos de 90 dias.

### *Profilaxia do tétano e outras doenças*

A profilaxia do tétano é recomendada considerando-se a possibilidade de contaminação do ferimento. O uso de antibióticos pode ser indicado após avaliação médica, de acordo com as características do animal envolvido no acidente.

## Animais envolvidos nos acidentes de agressão a seres humanos

### *Cão e gato*

As características da doença em cães e gatos, tais como o período de incubação, transmissão e quadro clínico, são bem conhecidas e semelhantes. Por isso esses animais são analisados em conjunto.

O estado de saúde do animal no momento da agressão é importante, devendo ser avaliado com cuidado. Verificar se estava sadio ou apresentava sinais sugestivos de raiva. A maneira como ocorreu o acidente pode fornecer informações sobre seu estado de saúde. Quando provocado, o animal reage em defesa própria, indicando assim uma reação normal. Entretanto, a agressão espontânea, sem causa aparente, pode indicar alteração do comportamento, sugerindo o acometimento pela raiva. Vale lembrar que o animal também pode agredir devido a sua índole ou adestramento.

Se o animal estiver sadio no momento do acidente, é importante que seja mantido em observação por 10 dias. Nos cães e gatos, o período de incubação da doença pode variar de alguns dias a anos. No entanto, a excreção de vírus pela saliva só ocorre a partir do final do período de incubação, variando entre 2 e 5 dias antes do aparecimento dos sinais clínicos, persistindo até sua morte, que ocorre em até 5 dias após o início dos sintomas. Portanto, se em todo esse período de 10 dias o animal permanecer vivo e saudável não há riscos de transmissão do vírus.

Outro fator importante é a procedência do animal, sendo necessário saber se é de uma área que tem ou não a raiva sob controle. Além disso, deve ser classificado como domiciliado ou não, vivendo exclusivamente dentro do domicílio, sem ter contato com animais desconhecidos. Desse modo, esses animais podem ser classificados como de baixo risco em relação à transmissão da raiva. Por outro lado, aqueles que passam longos períodos fora do domicílio, sem controle, devem ser considerados como animais de risco, mesmo que tenham dono e recebam vacinas.

### *Animais silvestres*

Animais silvestres, como morcegos de qualquer espécie, micos, macacos, raposas, guaxinins, quatis, gambás, roedores silvestres etc., devem ser classificados como animais de risco, mesmo que domiciliados ou domesticados, haja vista que nesses animais a raiva não é bem conhecida. O risco de transmissão do vírus pelo morcego é sempre elevado, independentemente da espécie e da gravidade do ferimento; por esse motivo, todo acidente com morcego deve ser classificado como grave.

### *Animais domésticos de interesse econômico ou de produção*

Animais criados em pequenas propriedades, como bovinos, equídeos, caprinos, ovinos, suínos, entre outros, com finalidade de produção, também são considerados de risco. A profilaxia pós-exposição é passível de ser realizada após avaliação das condições da exposição. É importante conhecer o tipo, a frequência e o grau do contato ou exposição que os tratadores e outros profissionais têm com esses animais e a incidência da raiva na região, para avaliar a indicação do tratamento.

### *Animais de baixo risco*

Por serem considerados animais de baixo risco para a transmissão da raiva, não está indicada a profilaxia para acidentes causados por ratazana de esgoto (*Rattus norvegicus*), rato-de-telhado (*Rattus rattus*), camundongo (*Mus musculus*), cobaio ou porquinho-da-índia (*Cavea porcellus*), *hamster* (*Mesocricetus auratus*) e coelho (*Oryetolagus cuniculus*).

### *Atendimento antirrábico em seres humanos*

De acordo com a Portaria nº 104, de 25 de janeiro de 2011, o atendimento antirrábico em seres humanos deve ser notificado e registrado no Sistema de Informação de Agravos de Notificação (SINAN), segundo as normas e as rotinas estabelecidas pela Secretaria de Vigilância em Saúde (SVS) do MS do Brasil, sendo, portanto, evento de notificação compulsória. Já os casos com suspeita de raiva em humanos são de notificação compulsória imediata.

**Quadro 17.3** Conduta de profilaxia da raiva em humanos pós-exposição com vacina de cultivo celular segundo a espécie de animal envolvida e a gravidade do acidente/exposição.

| Condição do animal agressor | Tipo de acidente/contato* | |
|---|---|---|
| | Acidente leve | Acidente grave |
| | Ferimentos superficiais, pouco extensos, geralmente únicos, em tronco e membros (exceto mãos e polpas digitais, e planta dos pés); podem acontecer em decorrência de mordeduras ou arranhaduras causadas por unha ou dente. Lambedura de pele com lesões superficiais | Ferimentos em cabeça, face, pescoço, mãos, polpas digitais e/ou planta do pé. Ferimentos profundos, múltiplos ou extensos, em qualquer região do corpo. Lambedura de mucosas. Lambedura de pele onde já existe lesão grave. Ferimento profundo causado por unha de animal |
| Cão ou gato sem suspeita de raiva no momento da agressão | Lavar local com água e sabão<br>Observar o animal por 10 dias após a exposição[a]:<br>▪ Caso permaneça sadio, encerrar o caso<br>▪ Caso morra, desapareça ou se torne raivoso, aplicar 4 doses de vacina nos dias 0, 3, 7 e 14, pela via IM[e], ou nos dias 0, 3, 7 e 28 pela via ID[e] | Lavar local com água e sabão<br>Iniciar esquema profilático com 2 doses, uma no dia 0 e outra no dia 3<br>Observar o animal por 10 dias após a exposição[a,b]:<br>▪ Caso permaneça sadio, encerrar o caso<br>▪ Caso morra, desapareça ou se torne raivoso, completar esquema vacinal com soro[c,d] uma única vez e até 4 doses de vacina. Aplicar uma dose entre o 7º e 10º dia e uma dose no dia 14, pela via IM[e], ou nos dias 0, 3, 7 e 28, pela via ID[e] |
| Cão ou gato com suspeita clínica de raiva no momento da agressão | Lavar local com água e sabão<br>Iniciar esquema profilático com 2 doses, uma no dia 0 e outra no dia 3. Observar o animal por 10 dias após a exposição[a]:<br>▪ Caso a suspeita seja descartada após o 10º dia de observação, interromper esquema e encerrar o caso<br>▪ Caso morra, desapareça ou se torne raivoso, completar esquema vacinal até 4 doses. Aplicar uma dose entre o 7º e o 10º dia e uma dose no dia 14, pela via IM[e], ou nos dias 0, 3, 7 e 28, pela via ID[e] | Lavar local com água e sabão<br>Iniciar imediatamente esquema profilático com soro[c] e 4 doses de vacina nos dias 0, 3, 7 e 14, pela via IM[e], ou nos dias 0, 3, 7 e 28, pela via ID[e]<br>Observar o animal por 10 dias após a exposição:<br>▪ Caso a suspeita seja descartada após o 10º dia, suspender esquema e encerrar o caso |
| Cão ou gato raivoso, desaparecido ou morto; animais domésticos de interesse econômico ou de produção | Lavar local com água e sabão<br>Iniciar imediatamente esquema profilático com 4 doses de vacina nos dias 0, 3, 7 e 14 pela via IM[e], ou nos dias 0, 3, 7 e 28, pela via ID[e] | Lavar local com água e sabão;<br>Iniciar imediatamente esquema profilático com soro[c] e 4 doses de vacina nos dias 0, 3, 7 e 14, pela via IM[e], ou nos dias 0, 3, 7 e 28, pela via ID[e] |
| Morcegos e outros animais silvestres (inclusive os domiciliados) | Lavar com água e sabão. Iniciar imediatamente o esquema profilático com soro[c] e 4 doses de vacina administradas nos dias 0, 3, 7 e 14, pela via IM[e], ou nos dias 0, 3, 7 e 28, pela via ID[e] | |

*No caso de contato indireto, como por exemplo, manipulação de utensílios potencialmente contaminados, lambedura da pele íntegra e acidentes com agulhas durante aplicação de vacina animal não são considerados acidentes de risco e não exigem esquema profilático. Lavar com água e sabão e não tratar. [a]É necessário orientar o paciente para que ele notifique imediatamente a Unidade de Saúde se o animal morrer, desaparecer ou se tornar raivoso, uma vez que podem ser necessárias novas intervenções de forma rápida, como a aplicação do soro ou o prosseguimento do esquema de vacinação. [b]É preciso avaliar, sempre, os hábitos do cão e gato e os cuidados recebidos. Podem ser dispensados do esquema profilático pessoas agredidas pelo cão ou gato que, com certeza, não tenham risco de contrair a infecção rábica. Por exemplo, animais que vivem dentro do domicílio (exclusivamente); não tenham contato com outros animais desconhecidos; que somente saiam à rua acompanhados dos seus donos e que não circulem em área com a presença de morcegos. Em caso de dúvida, iniciar o esquema de profilaxia indicado. Se o animal for procedente de área de raiva controlada não é necessário iniciar o esquema profilático. Manter o animal sob observação durante 10 dias e somente iniciar o esquema profilático indicado (soro + vacina) se o animal morrer, desaparecer ou se tornar raivoso. [c]O soro deve ser infiltrado na(s) porta(s) de entrada. Quando não for possível infiltrar toda a dose, aplicar o máximo possível e a quantidade restante, a menor possível, aplicar pela via intramuscular, podendo ser utilizada a região glútea. Sempre aplicar em local anatômico diferente do que aplicou a vacina. Quando as lesões forem muito extensas ou múltiplas, a dose do soro a ser infiltrada pode ser diluída, o menos possível, em soro fisiológico para que todas as lesões sejam infiltradas. [d]Nos casos em que se conheça tardiamente a necessidade do uso do soro antirrábico, ou quando não há soro disponível no momento, aplicar a dose recomendada de soro no máximo em até 7 dias após a aplicação da 1ª dose de vacina de cultivo celular, ou seja antes da aplicação da 3ª dose da vacina. Após esse prazo, o soro não é mais necessário. [e]O volume a ser administrado varia conforme o laboratório produtor da vacina, podendo ser frasco-ampola na apresentação de 0,5 ou 1,0 mℓ: (i) no caso da via intramuscular (IM) profunda, deve-se aplicar a dose total do frasco-ampola para cada dia; (ii) para utilização da via intradérmica (ID), fracionar o frasco-ampola para 0,1 mℓ/dose. Na via ID, o volume total da dose/dia é de 0,2 mℓ; no entanto, considerando que pela via ID o volume máximo a ser administrado é de 0,1 mℓ, serão necessárias duas aplicações de 0,1 mℓ cada/dia, em regiões anatômicas diferentes. Assim, devem-se aplicar nos dias 0, 3, 7 e 28 – 2 doses, sempre em dois locais diferentes (sítios de administração). IM: intramuscular profunda; ID: intradérmica. Fonte: MS do Brasil, 2019.

No Brasil, entre os anos 2007 e 2019 ocorreram mais de 7,5 milhões de notificações de atendimento profilático antirrábico pós-exposição para pessoas que buscaram assistência médica após serem agredidas por animais. Desse total, 81,7% foram devidas a agressão por cães domésticos e 0,70% a ataques provenientes de morcegos.

Os últimos dados disponibilizados sobre campanhas de vacinação antirrábica no país datam de 2017, quando foram aplicadas 17.294.448 e 4.474.568 de doses de vacinas, respectivamente, em cães e gatos.

Mesmo com a redução no número de casos de raiva em humanos e de raiva em cães e gatos, aliada ao cenário de estabilidade no controle da raiva no Brasil, existe a necessidade de continuar com as reavaliações das ações implantadas e implementadas, assim como continuar com as orientações, principalmente em relação às condutas e indicações da profilaxia da raiva pré- e pós-exposição. Existe ainda um novo desafio relacionado ao ciclo silvestre da raiva, o que obriga constante vigilância para o controle da raiva em seres humanos no Brasil.

# Enterovírus

José Nelson dos Santos Silva Couceiro

## Histórico

A história dos enterovírus se confunde com a história da poliomielite. Acredita-se que a poliomielite seja uma doença antiga, o que é sugerido pela representação de um jovem egípcio, com sequela típica de poliomielite, que data do segundo milênio a.C.

A família *Picornaviridae*, na qual são classificados os enterovírus, é uma das maiores e mais importantes famílias virais para o homem e para a agropecuária. Nela se encontram, além dos poliovírus (PV), os da hepatite A e da febre aftosa. Devido à sua importância econômica e médica, os picornavírus tiveram papel destacado na Virologia moderna. As primeiras descrições da poliomielite foram realizadas em 1800, como casos de paralisia com febre. Publicações sobre essa doença por Heine (1840) e por Medin (1890) fizeram com que a poliomielite paralítica passasse a ser chamada doença de Heine-Medin. Em 1850, Charcot e Joffroy descreveram alterações patológicas nos cornos anteriores da medula, e Landsteiner e Popper, em 1908, comprovaram a natureza infecciosa da poliomielite, pela transmissão da doença a macacos, por inoculação de material do sistema nervoso central (SNC) proveniente de casos humanos. Apesar desses progressos, conceitos errôneos fizeram com que não se conseguisse controlar a doença. A perspectiva de imunização só surgiu quando se entendeu que a infecção pelo vírus ocorria pela via fecal-oral e que a doença do SNC era precedida por viremia. Em 1949, Enders, Weller e Robbins realizaram um importante estudo mostrando que o vírus da poliomielite podia ser propagado em cultura de tecido não neural. Essas investigações tiveram implicações para toda a Virologia porque mostraram que o vírus da poliomielite podia ser propagado em vários tipos de cultura de tecido, que não correspondiam aos tecidos infectados na doença humana. Essa tecnologia permitiu o desenvolvimento da vacina contra poliomielite produzida com vírus inativado (VIP), desenvolvida por Salk, administrada por via intramuscular, licenciada em 1955, e a vacina oral contra poliomielite (VOP), produzida com vírus atenuado, desenvolvida por Sabin, licenciada em 1961-1962, o que alterou radicalmente o panorama epidemiológico da doença.

As pesquisas com os PV têm tido um importante impacto na Virologia Molecular. Em 1981, foi o primeiro vírus de animal a ser completamente clonado e sequenciado e, em 1985, foi o primeiro vírus a ter sua estrutura tridimensional desvendada pela técnica de cristalografia por raios X.

## Classificação e características

Os enterovírus são classificados como membros da família *Picornaviridae*, que consiste em 63 gêneros, dos quais sete possuem espécies capazes de infectar seres humanos (Quadro 17.4) de acordo com o Comitê Internacional para Taxonomia dos Vírus (ICTV, *International Committee on Taxonomy of Viruses*, 2020, MSL#35). A primeira classificação dos enterovírus (EV) que infectam seres humanos era baseada nas manifestações clínicas no homem e na patogenia observada em camundongos recém-nascidos inoculados experimentalmente. Assim, eram classificados em poliovírus (PV), Coxsackievírus A (CV-A), Coxsackievírus B (CV-B) e echovírus (ECHOV). Em junho de 2020, a recomendação do Grupo de Estudos sobre Enterovírus (*Picornaviridae Study Group*), do ICTV, foi que os Coxsackievírus fossem grafados com letra minúscula (coxsackievírus) e os echovírus fossem abreviados com a letra E. Com os avanços da Biologia Molecular, surgiu uma nova classificação, que divide os membros do gênero *Enterovirus* em espécies, baseando-se parcialmente na organização genômica, na similaridade da sequência dos nucleotídeos e nas propriedades bioquímicas. Dessa maneira, esse gênero é dividido em 16 espécies, das quais sete comumente infectam humanos: enterovírus de humanos A, B, C e D (*Enterovirus A, B, C* e *D*); rinovírus A, B e C (*Rhinovirus A, B* e *C*). No Quadro 17.5 são mostradas as espécies do gênero *Enterovirus* que infectam seres humanos. Espécies virais classificadas nos gêneros *Cosavirus*, *Parechovirus*, *Hepatovirus*, *Kobuvirus*, *Salivirus* e *Cardiovirus* também são capazes de causar infecções no homem.

Os EV têm forma esferoidal, com diâmetro de 25 a 30 nm, sem envoltório glicolipoproteico e apresentam capsídeo de

**Quadro 17.4** Gêneros de vírus da família *Picornaviridae* que infectam seres humanos.

| Gênero | Espécie padrão |
|---|---|
| *Cardiovirus* | *Cardiovirus A* |
| *Cosavirus* | *Cosavirus A, B, D, E, F* |
| | *Enterovirus A* |
| | *Enterovirus B* |
| | *Enterovirus C* (poliovírus) |
| *Enterovirus* | *Enterovirus D* |
| | *Rhinovirus A* |
| | *Rhinovirus B* |
| | *Rhinovirus C* |
| *Hepatovirus* | *Hepatovirus A* (vírus da hepatite A) |
| *Kobuvirus* | *Aichivirus A* (vírus Aichi A) |
| *Parechovirus* | *Parechovirus A* |
| *Salivirus* | *Salivirus A* |

**Quadro 17.5** Classificação dos vírus do gênero *Enterovirus* que infectam seres humanos.

| Espécie | | Tipo |
|---|---|---|
| *Enterovirus* | *A* (n = 20) | Coxsackievírus: CVA2 → CVA8, CVA10, CVA12, CVA14, CVA16 |
| | | Enterovírus: EV-A71, EV-A76,[1] EV-A89[1] → EV-A91, EV-A114, EV-A119[1] → EV-A121[2] |
| | *B* (n = 59) | Coxsackievírus: CVA9 |
| | | Coxsackievírus: CVB1 → CVB6 |
| | | Echovírus: E1 → E7, E9, E11 → E21, E24 → E27, E29 → E33 |
| | | Enterovírus: EV-B69, EV-B73 → EV-B75, EV-B77 → EV-B88, EV-B93, EV-B97, EV-B98, EV-B100, EV-B101, EV-B106, EV-B107[1], EV-B111[2] |
| | *C* (n = 23) | Coxsackievírus: CVA1, CVA11, CVA13, CVA17, CVA19 → CVA22, CVA24 |
| | | Enterovírus: EV-C95, EV-C96, EV-C99, EV-C102, EV-C104, EV-C105, EV-C109, EV-C113, EV-C116 → EV-C118[2] |
| | | Poliovírus: PV1 → PV3 |
| | *D* (n = 4) | Enterovírus: EV-D68, EV-D70, EV-D94, EV-D111[1,2] |
| *Rhinovirus* | *A* (n = 80) | RV-A1, RV-A2, RV-A7 → RV-A13, RV-A15, RV-A16, RV-A18 → RV-A25, RV-A28 → RV-A34, RV-A36, RV-A38 → RV-A41, RV-A43, RV-A45 → RV-A47, RV-A49 → RV-A51, RV-A53 → RV-A68, RV-A71, RV-A73 → RV-A78, RV-A80 → RV-A82, RV-A85, RV-A88 → RV-A90, RV-A94, RV-A96, RV-A100 → RV-A109[3] |
| | *B* (n = 32) | RV-B3 → RV-B6, RV-B14, RV-B17, RV-B26, RV-B27, RV-B35, RV-B37, RV-B42, RV-B48, RV-B52, RV-B69, RV-B70, RV-B72, RV-B79, RV-B83, RV-B84, RV-B86, RV-B91, RV-B92, RV-B93, RV-B97, RV-B99, RV-B100 → RV-B106 |
| | *C* (n = 57) | RV-C1 → RV-C57[4] |

[1]Também encontrado em primatas não humanos. [2]A numeração dos EV até 120 é intercalada, com tipos numerados sequencialmente, independentemente de sua atribuição de espécies (p. ex., EV-D68, EV-B69, EV-D70 e EV-A71 etc.). A partir de 120, a numeração não mais é intercalada, com EV-A121 e futuras atribuições de EV-B121, EV-C121 etc. representando diferentes tipos. [3]A numeração de rinovírus das espécies *A* e *B* é intercalada, mas não intercalada após 100, de modo que RV-A101 e RV-B101 são tipos separados. [4]A numeração dos membros da espécie *Rhinovirus C* sempre foi não intercalada, com as atribuições atuais de tipos 1 a 57 representando tipos diferentes daqueles numerados de 1 a 57 nas espécies *Rhinovirus A* e *Rhinovirus B*.
Adaptado de Simmonds *et al*., 2020.

simetria icosaédrica, ou seja, um sólido com 20 triângulos equiláteros e 12 vértices (Figura 17.7). Esse capsídeo é constituído de 60 protômeros ou capsômeros, como comprovado por difração por raios X, observação ao microscópio eletrônico e por estudos bioquímicos. Cada capsômero é formado por quatro polipeptídeos estruturais, denominados VP1, VP2, VP3 e VP4. Os três primeiros são externos e apresentam estrutura antiparalela em β-barril, enquanto VP1 é o mais superficial e predominantemente exposto; nele se localiza o sítio antigênico mais importante, que é, possivelmente, o sítio de reconhecimento do receptor celular. O VP4, o mais interno e menor polipeptídeo, está associado ao ácido nucleico. Estudos da estrutura dos PV e dos rinovírus mostraram que suas superfícies têm uma topografia enrugada, um platô proeminente em forma de estrela, no eixo 5x, circundado por uma profunda depressão (cânion) no centro de VP1 e outra protuberância no eixo 3x. Foi comprovado que o cânion é o lugar de ligação do receptor, no caso do PV e dos rinovírus. Um bolso ou túnel hidrofóbico, importante para a dinâmica do capsídeo, está presente no assoalho do cânion, onde podem ser detectados ácidos graxos como ácido mirístico e esfingosina que têm papel na manutenção da estabilidade da partícula. Enterovírus D-68 apresentam cânions não contíguos, rasos e estreitos, características estruturais únicas entre os enterovírus.

Os EV são estáveis em uma faixa de pH de 3 a 9. São rapidamente inativados por formaldeído a 0,3%; ácido clorídrico a 0,1 N; cloro residual livre na proporção de 0,3 a 0,5 ppm (parte por milhão); e glutaraldeído a 2%. O grau de inativação desses compostos depende da concentração do vírus, do pH, da presença de material orgânico e do tempo de contato. Os vírus são resistentes a muitos desinfetantes usados nos laboratórios, como álcool etílico a 70%, lisol a 5%, álcool isopropílico (70 a 95%) e compostos quaternários de amônio a 1%, além de solventes lipídicos como éter e clorofórmio. São termolábeis, sendo destruídos pela exposição a 42°C, porém, na presença de cátions de magnésio (1 M), ocorre pouca inativação após uma hora a 50°C. São estáveis por anos, em temperaturas entre –20° e –70°C. São inativados pela luz ultravioleta ou por dessecação, principalmente em superfícies.

A composição química desses vírus é de 30% de ácido nucleico e 70% de proteína. O genoma é constituído por RNA linear de fita simples variando de 7,2 a 8,4 quilobases (kb) de comprimento, com polaridade positiva (RNAfs+) e, portanto, é infeccioso, funcionando diretamente como RNA mensageiro (RNAm). O RNA genômico dos picornavírus é ligado covalentemente a uma proteína chamada VPg (proteína do vírion ligada ao genoma), no terminal 5′. A VPg dos diversos picornavírus varia de 22 a 24 aminoácidos (aa) e é codificada por um único gene viral, exceto no genoma do vírus da febre aftosa, em que VPg é codificada por três genes. A VPg está presente nas cadeias nascentes de RNA do intermediário replicativo (IR) e nas fitas negativas de RNA, o que faz supor que a VPg seja um iniciador para a síntese do RNA do PV. As regiões 5′ não traduzidas (UTR, *untranslated region*) são longas, apresentando de 624 a 1.199 nucleotídeos (nt). Essa região do genoma contém sequências que controlam a replicação e a tradução. Possui também uma região ligada ao terminal 3′ com resíduos de adenina, chamada de cauda poli(A). A região 3′ UTR é curta, variando de 14 a 125 pares de base (pb), e contém uma estrutura secundária, que tem sido implicada no controle da síntese do RNA viral. O genoma codifica uma poliproteína de aproximadamente 3.000 aa que pode ser dividida nas regiões funcionais P1, codificante das proteínas do capsídeo (VP1, VP2, VP3 e VP4), além de P2 e P3, que codificam proteínas envolvidas no processamento de outras proteínas e na replicação do genoma (proteínas 2A, 2B, 2C, 3A, 3B, 3C e 3D) e alguns intermediários de clivagem (Figura 17.8).

## Biossíntese viral

A biossíntese dos picornavírus ocorre inteiramente no citoplasma. A primeira etapa da infecção é a adsorção do vírion a receptores

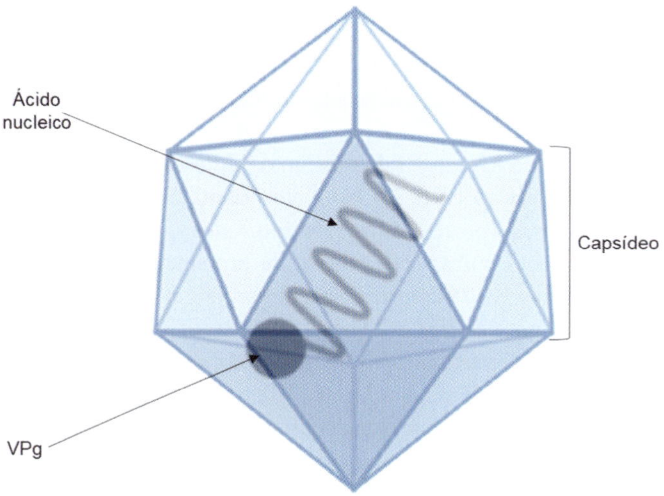


**Figura 17.7** Esquema estrutural da partícula dos picornavírus. A partícula viral é esferoidal, medindo aproximadamente 25 a 30 nm, e não possui envelope glicolipoproteico. O capsídeo icosaédrico envolve o RNA genômico de fita simples positiva. O capsídeo consiste em 60 protômeros, cada um contendo quatro polipeptídeos, VP1, VP2, VP3 e VP4. VP4 está localizado na parte interna do capsídeo associado ao RNA viral. VPg: proteína ligada ao genoma viral.

específicos distribuídos uniformemente na superfície celular. A natureza desses receptores ficou obscura até 1989, quando foram identificados os receptores para os PV e muitos rinovírus. Diferentes tipos de moléculas da superfície celular servem como receptores para os picornavírus; alguns são comuns para vários vírus. Assim, a proteína $CD_{55}$ ou DAF (fator acelerador de decaimento [*decay accelerating factor*]) funciona como um receptor para certos coxsackievírus A e B, echovírus e EV-70, enquanto $CD_{155}$ é o receptor para os PV. Além desses, mais dois receptores transmembrana, PSGL-1 (glicoproteína ligante 1 da selectina P [*P-selectin glycoprotein ligand 1*]) e SCARB2 (receptor *scavenger* classe B, membro 2 [*scavenger receptor class B, member 2*]), foram identificados como receptores funcionais do EV-A71, CVA7, CVA14 e CVA16. Selectinas são moléculas de adesão celular e possuem três tipos: P, E e L. Além disso, são proteínas com um domínio lectina que se liga à sialomucina. A distribuição tecidual de PSGL-1 é restrita a linhagens celulares do tipo mieloide, linfoide e dendrítica, além das plaquetas. A identificação desses receptores propicia o entendimento de sítios de biossíntese iniciais para os EV.

Para alguns picornavírus, como os PV e os rinovírus, um tipo de receptor é suficiente para a adsorção e a internalização, enquanto outros, como alguns coxsackievírus, precisam das moléculas de ICAM-1 (molécula de adesão intercelular-1 [*intercellular adhesion molecule-1*]) ou α e β-integrinas como correceptores. O receptor, $CD_{155}$, também denominado de PVR (receptor para poliovírus [*poliovirus receptor*]) para os PV é uma proteína integral da membrana e membro da superfamília das imunoglobulinas (Ig), ao passo que o $CD_{55}$, receptor também para o CVB3, é membro da cascata do complemento.

Após a adsorção aos receptores, o capsídeo precisa se dissociar para liberar o RNA no citoplasma. Essa liberação, diretamente no citoplasma, é consequência da ligação da extremidade N-terminal de VP1 ao receptor, com liberação de VP4, dependente ou não de um correceptor, mas pode ser dependente de endocitose, caso em que o baixo pH e mudanças estruturais nas partículas virais, levam também à externalização de extremidade de VP1 e à formação de poros hexaméricos pela ação de VP4

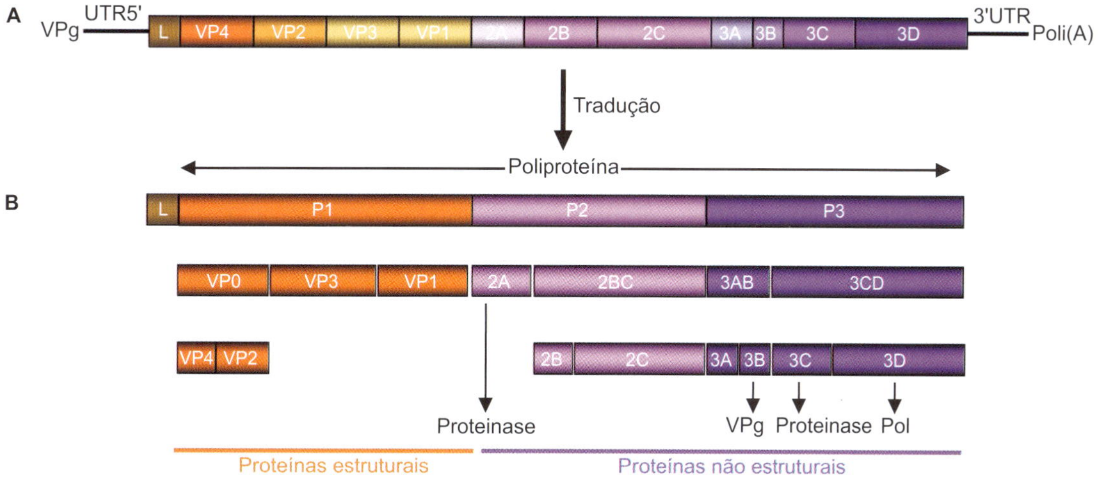


**Figura 17.8** Organização do genoma dos picornavírus. **A.** Diagrama do RNA viral, com a proteína VPg ligada na terminação 5′ do genoma e a região 5′ não traduzida (UTR, *untranslated region*), a região codificadora de proteínas, a região 3′UTR e o terminal poli(A). L codifica uma proteína líder nos genomas dos cardiovírus e aftovírus, mas não em outros picornavírus. **B.** Modelo de clivagem da poliproteína dos picornavírus. A região codificadora foi dividida em três regiões: P1, P2 e P3, que são separadas por clivagem nascente por duas proteinases virais 2A e 3C. São indicados produtos intermediários e finais da clivagem. A proteinase responsável pela clivagem de VP0 não foi identificada. Outras clivagens são realizadas por 3C e seu precursor, 3CD.

(com participação de um ácido graxo saturado, ácido mirístico, ligado à sua extremidade N-terminal), levando à liberação do RNA viral (RNAv) no citoplasma. Nos mecanismos de entrada, direta ou através de endocitose, que são determinados pelo receptor ou correceptor utilizado, a perda do lipídeo do assoalho do cânion está envolvida com a perda da estabilidade estrutural e a remoção do capsídeo. A endocitose pode ocorrer por mecanismos dependentes de clatrina, caveolina ou independente de ambos. Uma fosfolipase do hospedeiro pode atuar diretamente, por interagir com proteínas ou RNAv, ou indiretamente por criar ambiente lipídico para formação do poro. Em um mecanismo hipotético proposto para os poliovírus, VP1 e VP4 participariam da formação de um poro pelo qual o RNAv atravessaria diretamente a membrana citoplasmática e, nesse processo, VP1 participaria do processo de ancoramento inicial do vírus à membrana. Por sua vez, alguns picornavírus (p. ex., vírus da febre aftosa e rinovírus) entram na célula por endocitose mediada por receptores, e o desnudamento é causado por acidificação do endossoma. O EV-D68 faz ligação com sialoglicanas, através de seu cânion, assim como o CVA24, EV-A71 e EV-D70, tendo o ICAM-5 como segundo receptor, o que pode causar mudanças conformacionais e ser corresponsável pela perda de seu capsídeo.

Uma vez no citoplasma, o RNA de polaridade positiva (RNA+) perde a VPg, que se encontra associada à extremidade 5′, por intermédio de clivagem por uma fosfodiesterase. A seguir, esse RNA é traduzido pelos ribossomas da célula hospedeira para produzir as proteínas essenciais para a replicação do genoma e a síntese de novas partículas virais.

Após a síntese das proteínas, começa a replicação do RNAv em estruturas membranosas chamadas organelas de replicação (RO, *replication organelles*), confiscando membranas intracelulares da célula hospedeira. O primeiro passo da replicação é a síntese da fita complementar negativa do RNAv (RNAc–), por meio da RNA polimerase-RNA dependente (RpRd). As fitas negativas de RNA (RNA–) vão servir de molde para as fitas positivas (RNA+). Um processo complexo conduz à formação de intermediários, como a forma replicativa (FR) que consiste em uma molécula de fita dupla, uma positiva e outra negativa; e o intermediário de replicação (IR), composto de uma fita negativa, parcialmente hibridizada com várias fitas positivas de RNA nascentes. Essas novas fitas podem servir como molde para a tradução de mais proteínas ou são empacotadas para formar novos vírus. A síntese de fitas positivas é 30 a 70 vezes maior que a das fitas negativas. A polimerase 3D atua em conjunção com várias outras proteínas virais, inclusive 3CD e 3AB, que se ligam a elementos do RNA envolvidos no processo de iniciação de replicação, enquanto 2C exerce atividades de helicase (enzima dependente de ATP com função no rearranjo e na desestabilização da estrutura do RNA) e de chaperona (auxiliar na manutenção da função de proteínas, mantendo seu enovelamento correto).

A tradução é iniciada pela porção interna de 741 nucleotídeos (nt) da extremidade 5′ do RNAm viral, com síntese da poliproteína precursora P1-P2-P3. A partir da clivagem co- e pós-traducional dessa poliproteína, por proteinases 2A, 3C e 3CD, são geradas as proteínas virais individuais P1, P2 e P3. Estas proteínas também clivam proteínas do hospedeiro para otimizar a disseminação do vírus e suprimir a resposta antiviral da célula. Quando o *pool* de proteínas do capsídeo atinge um grau suficiente, começa o empacotamento, num processo intimamente acoplado com a replicação do RNAv. A proteína P1, precursora do capsídeo, é clivada para produzir protômeros imaturos, que são compostos por três proteínas fortemente agregadas (VP0, VP3 e VP1). Em seguida, esses protômeros se unem em pentâmeros que formam o provírus. As proteínas P2 e P3 originam a RpRd e proteínas acessórias necessárias para replicação do genoma e síntese do RNAm. Fitas recém-formadas de RNA+ se juntam aos provírus, para formar a partícula viral completa. Para o vírus ser infeccioso, a VP0 tem que ser clivada em VP2 e VP4. Em células infectadas, o genoma é amplificado para cerca de 50.000 cópias por célula. O tempo necessário para um ciclo inteiro varia de 5 a 10 horas, dependendo de muitas variáveis, incluindo estirpe viral, temperatura, pH, célula hospedeira e multiplicidade de infecção (MOI, *multiplicity of infection*).

Entre os efeitos da biossíntese viral sobre a célula hospedeira, que coletivamente induzem mudanças dramáticas na estrutura celular e culminam em morte e lise celular, podem ser assinalados: sequestro de RNAm celular com sua tradução sendo substituída pela do RNAm viral; inibição de síntese de RNA celular; parada do tráfego entre núcleo e citoplasma por proteólise de nucleoporinas (proteínas constituintes dos poros de membrana nuclear); inibição de síntese de proteínas pelo bloqueio por proteínas 2B, 2BC (precursora de proteínas 2B e 2C) e 3A; além de picnose celular e ativação da via autofágica que conduz à liberação das partículas virais. A proteína VP4 tem papel na montagem da partícula viral, com a participação de ácido graxo saturado (ácido mirístico) ligado à sua extremidade N-terminal. Muitos picornavírus são liberados pela desintegração (lise) da célula hospedeira, mas também podem ser liberados, antes da lise, em estruturas membranosas que acumulam vírions. Outros são liberados das células na ausência de efeito citopatogênico (CPE). A biossíntese viral é mostrada na Figura 17.9.

## Patogênese

O conhecimento da patogênese dos EV baseia-se em estudos sobre a poliomielite, doença mais grave associada a um membro desse gênero, os PV (enterovírus C). Apesar do nome e de sua rota de transmissão, os EV não são envolvidos com doença gastrointestinal. Os EV são disseminados através contaminação fecal-oral ou por meio de aerossóis de vias respiratórias. Considera-se que a porta de entrada dos EV seja a mucosa da oro- ou nasofaringe; a partir daí, os PV são sintetizados inicialmente em mucosas, especialmente em tonsilas e, então, nas placas de Peyer. As placas de Peyer são constituídas por uma camada epitelial, que forma uma barreira física celular, e pela lâmina própria que contém células dendríticas e macrófagos e elicita resposta imunológica celular. A biossíntese nesses locais pode ser detectada em 1 a 3 dias. Em seguida, a biossíntese viral nos nódulos linfáticos cervicais e mesentéricos profundos, conduz à viremia primária, com invasão subsequente do sistema reticuloendotelial (SRE), incluindo nódulos linfáticos, medula espinhal e baço. Em 25% de todas as infecções ocorre uma fase virêmica muito curta, e os níveis de vírus são muito baixos e transitórios. Nessa fase, o SNC pode ser invadido, mas a doença nesse local ocorre geralmente após amplificação no SRE, seguida por viremia secundária. A maioria dos indivíduos infectados com PV e outros EV

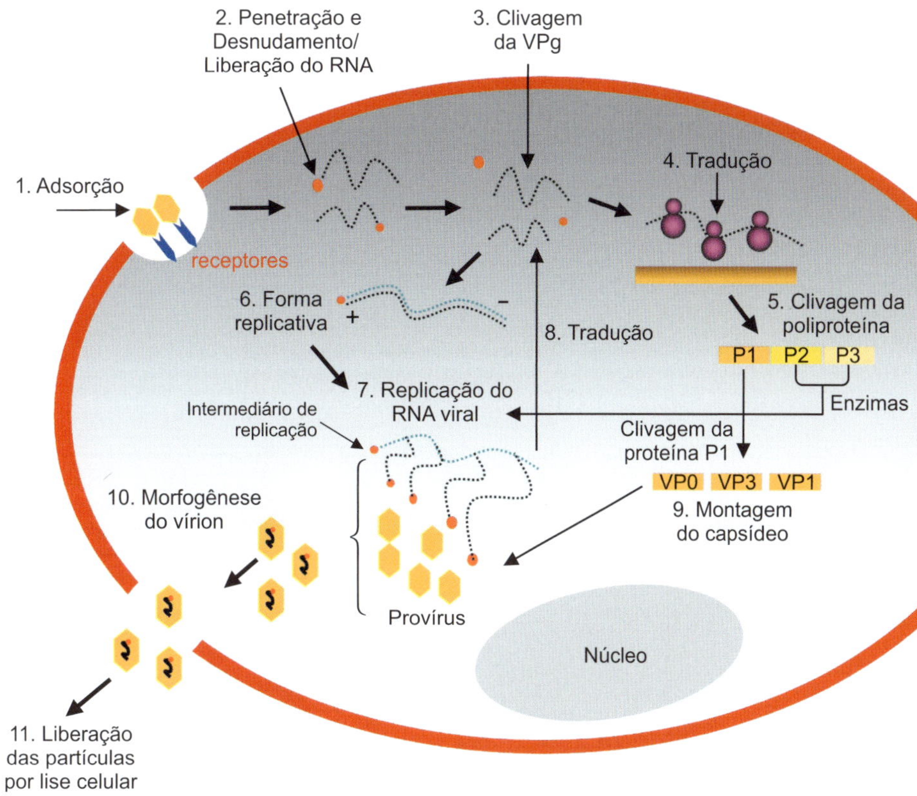


**Figura 17.9** Biossíntese dos picornavírus. **1.** Adsorção do vírion a receptores específicos na superfície celular. **2.** Entrada e desnudamento/liberação do RNA viral no citoplasma por desestabilização do capsídeo. **3.** Clivagem da proteína VPg. **4.** Tradução do RNA viral de polaridade positiva, que atua como RNA mensageiro. **5.** Clivagem da poliproteína para produzir proteínas virais individuais. **6.** Produção de fitas complementares de polaridade negativa a partir do RNA genômico, resultando em uma forma replicativa. **7.** Replicação das novas fitas de RNA de polaridade positiva. **8.** Tradução de proteínas virais adicionais. **9.** Montagem do capsídeo com formação de provírus. **10.** Morfogênese do vírion com a clivagem de VP0 em VP2 e VP4. **11.** Liberação das novas partículas virais por lise celular, além de outras formas de liberação.

controla a infecção antes da segunda fase virêmica, o que leva à infecção assintomática (Figura 17.10). Estudos indicam que os EV são capazes de induzir apoptose no SNC.

Alguns EV, contudo, têm outras vias de infecção associadas a diferentes tipos de doença. Por exemplo, CVA21, assim como EV-D68 são importantes causas de infecções respiratórias e são disseminados por secreções nasais ou por aerossol. Por outro lado, o EV-D70 causa conjuntivite hemorrágica é disseminado diretamente por secreções oculares ou respiratórias. No entanto, o modo de disseminação e as vias de transmissão dos outros EV são semelhantes aos dos PV. O PV é resistente à acidez do estômago, e o intestino delgado é um ambiente adequado para a biossíntese após a ingestão do vírus.

A maioria dos indivíduos infectados elimina o PV em suas fezes durante 2 a 8 semanas após a infecção. A eliminação pode ser intermitente e é influenciada pelo estado imunológico do indivíduo. Na fase inicial da infecção, o vírus pode ser encontrado na saliva, e acredita-se que em países desenvolvidos este seja o modo de transmissão mais importante. Além da saliva, infecções por PV podem ser iniciadas por fômites contaminadas, presentes no meio ambiente.

Existe controvérsia em relação à maneira como o PV chega ao SNC. O fato de a poliomielite paralítica surgir após a viremia e a presença de anticorpos prevenir a paralisia mostra claramente a importância da viremia na passagem do vírus para o SNC. Contudo, achados epidemiológicos e estudos experimentais sugerem que o PV possa ser disseminado para o SNC por nervos periféricos ou cranianos, provavelmente pela via axonal retrógrada, através dos microtúbulos. Um novo modelo de entrada do PV no SNC foi proposto, em que ocorreria a participação de células do sistema imunológico, como monócitos, macrófagos e células dendríticas infectados, que funcionariam como um cavalo de Troia carreando o vírus.

A incidência rara de poliomielite paralítica pode ser explicada, em parte, por barreiras físicas, anatômicas, fisiológicas e imunológicas do hospedeiro no trato gastrointestinal, no sangue, em tecidos periféricos, no SNC e a caminho dele. Condições limitadoras da biossíntese, como tráfego e manutenção da diversidade da população viral, são requeridos para a expressão da virulência. Por outro lado, um fator essencial para invasão do SNC pode ser o envolvimento de *quasispecies*, variantes virais relacionadas com erros mutacionais acumulados durante a propagação viral, que podem ampliar o tropismo dos vírus, participar no escape do sistema imunológico e levar à persistência, já observada para vários EV em diferentes sítios de infecção.

Estudos utilizando camundongos que expressam o receptor para PV, $CD_{155}$, foram realizados para quantificar a eficiência do transporte do PV da periferia ao SNC. Apenas 20% da população do PV foi movimentada com êxito, a partir da periferia para o SNC. O transporte de PV em neurônios periféricos foi muito ineficiente, sendo a resposta imunológica inata iniciada por reconhecimento de padrão(ões) molecular(es) e mediada por interferon $\alpha$ e $\beta$ (IFN-$\alpha$ e $\beta$), um fator contribuinte e limitante para a movimentação viral. Camundongos com deficiência no

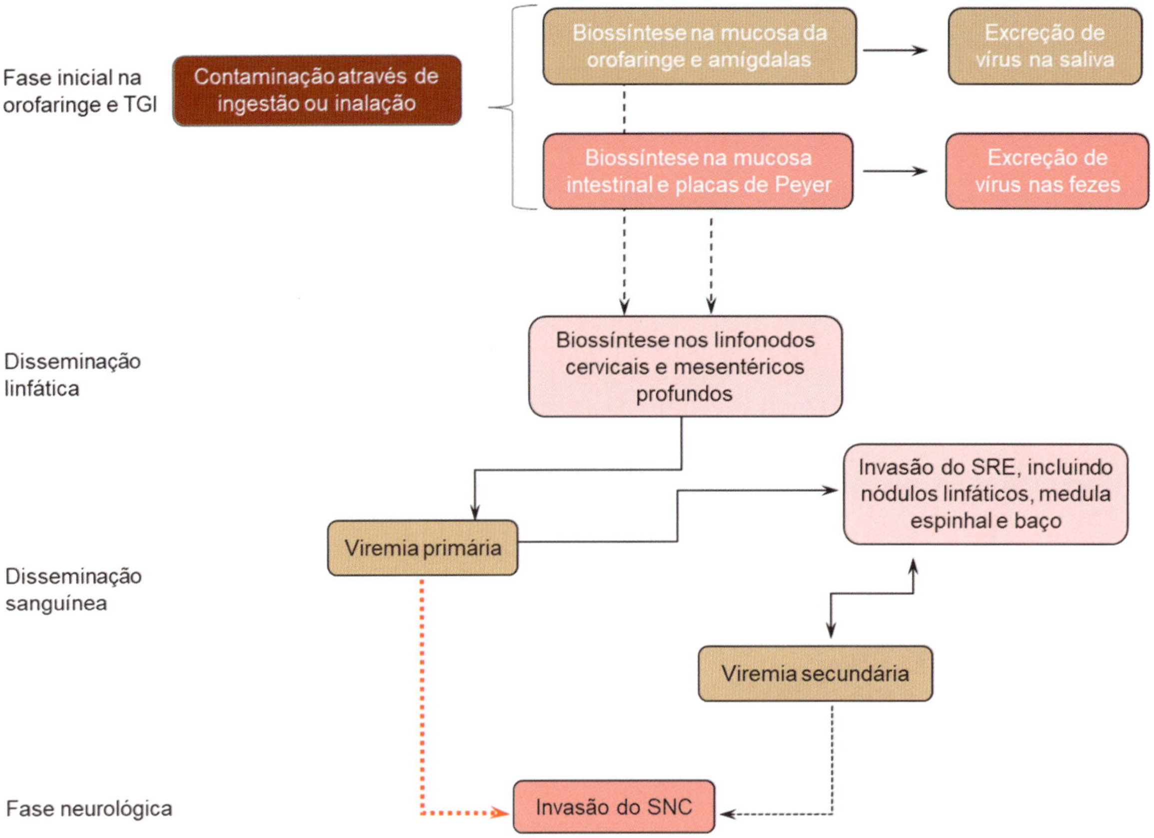


**Figura 17.10** Patogênese da poliomielite. Após a infecção, via inalação ou ingestão de partículas infecciosas, a biossíntese dos PV ocorre inicialmente em mucosas, especialmente nas placas de Peyer e tonsilas, seguindo-se disseminação para os linfonodos cervicais e mesentéricos profundos, onde os vírus são novamente sintetizados. Nessa fase, os vírus chegam ao sangue, causando a viremia primária, que permite o espalhamento dos PV para o SRE. A biossíntese viral nesses novos sítios resulta em viremia secundária e posterior invasão do SNC. O mecanismo pelo qual os PV invadem o SNC é controverso. A maioria dos indivíduos controla a infecção antes da segunda viremia. Entretanto, tanto a viremia primária (*seta vermelha pontilhada*), com menor frequência, quanto a viremia secundária (*seta preta tracejada*) podem conduzir à invasão do SNC. TGI: trato gastrointestinal; SRE: sistema reticuloendotelial; SNC: sistema nervoso central.

transporte neural ou barreiras imunológicas inatas sucumbem à doença mais rápido do que os camundongos com barreiras intactas. Esses dados sugerem a existência de múltiplos mecanismos para o impedimento da movimentação dos PV dos neurônios periféricos para o SNC.

## Manifestações clínicas

A despeito do nome, os EV não são comumente associados a sinais e sintomas entéricos como náusea, vômito e diarreia. Esse nome reflete simplesmente o fato de o trato gastrointestinal humano ser o sítio predominante da biossíntese e de os EV terem sido isolados inicialmente de espécimes entéricos. Esses vírus são, contudo, reconhecidos como causadores de poliomielite paralítica, meningite viral, encefalite, doença das mãos, pés e boca, conjuntivite, infecções respiratórias e outras síndromes associadas a órgãos-alvo extraintestinais. A maioria das infecções (90 a 95%) induzidas pelos EV é assintomática. Porém, estudos recentes sugerem a presença de genoma de EV em alguns pacientes cronicamente infectados, o que poderia ocasionar miocardite crônica, sem a necessidade de propagação viral, e relacionar-se, ainda, com o desenvolvimento de diabetes tipo 1.

É interessante notar que uma mesma síndrome pode ser causada por várias espécies virais e que uma espécie viral pode estar associada a diferentes síndromes (Quadro 17.6).

### Poliomielite

A poliomielite é uma doença infecciosa aguda que, em sua forma grave, afeta o SNC. A destruição dos neurônios motores, nos cornos anteriores da medula espinhal, resulta em paralisia flácida.

Pode ser dividida em:

- Poliomielite abortiva: a forma mais comum da doença, caracterizada por febre, lassidão, sonolência, cefaleia, náusea, vômito, prisão de ventre e inflamação da garganta. O paciente se recupera em poucos dias.
- Poliomielite não paralítica (meningite viral): além dos sintomas referidos anteriormente, o paciente tem rigidez e dor nas costas e nuca. A doença dura de 2 a 10 dias, sendo a recuperação rápida e completa, com um baixo percentual evoluindo para paralisia
- Poliomielite paralítica: em média, apenas 1% das infecções por PV, em população suscetível, evolui para doença paralítica, conhecida como poliomielite. O período de incubação é geralmente de 4 a 10 dias e a paralisia aparece 2 a 5 dias após os sintomas iniciais inespecíficos. A dor muscular reflete a produção de vírus nesse tecido. A paralisia é classificada como espinhal ou bulbar, dependendo se a biossíntese se dá na medula espinhal ou no tronco encefálico, respectivamente. Muitas vezes a forma espinhal se associa à forma bulbar, dando origem à poliomielite bulboespinhal.

Quadro 17.6 Síndromes clínicas associadas a infecção pelo gênero *Enterovirus* em seres humanos.

| Vírus | Síndrome clínica |
|---|---|
| Vírus da poliomielite (tipos 1 a 3) | Paralisia; meningite asséptica; doença febril indiferenciada |
| Coxsackievírus A (21 tipos) | Herpangina; faringite nodular ou linfática aguda; meningite asséptica; paralisia; exantema; doença de mãos, pés e boca; pneumonite em crianças; resfriado; hepatite; diarreia infantil; conjuntivite hemorrágica aguda |
| Coxsackievírus B (6 tipos) | Mialgia epidêmica ou pleurodinia; meningite asséptica; paralisia (rara); infecção sistêmica grave em crianças; meningoencefalite; pericardite e miocardite; doença do sistema respiratório superior e pneumonia; exantema; hepatite; doença febril indiferenciada |
| Echovírus (28 tipos) | Meningite asséptica; paralisia; encefalite; ataxia e síndrome de Guillain-Barré; exantema; doença respiratória; diarreia; pericardite e miocardite; distúrbios hepáticos |
| Outros 53 enterovírus (espécies *A, B, C* e *D*) | Pneumonia e bronquiolite; conjuntivite hemorrágica aguda; paralisia, meningoencefalite; doença de mãos, pés e boca |

A poliomielite espinhal geralmente é flácida, limitada às extremidades e tronco, com os pacientes apresentando desde fraqueza branda a tetraplegia. Apenas 10 a 15% dos casos de poliomielite são da forma bulbar, envolvendo nervos motores ou centros medulares que controlam a respiração e o sistema vasomotor.

A patologia da poliomielite é decorrente da inflamação e da destruição da massa cinzenta do SNC, especialmente da medula espinhal (cornos anteriores). Os neurônios motores localizados no tronco encefálico e hemisférios cerebrais também podem ser infectados. A extensão da infecção da massa cinzenta demonstra que a doença é frequentemente uma poliencefalomielite, isto é, inflamação da massa cinzenta do cérebro e da medula espinhal, e não apenas uma poliomielite, com inflamação da massa cinzenta da medula.

A poliomielite ou paralisia flácida pode ocorrer como resultado da infecção por outros EV além do PV. Nesse período de esforços para erradicação da poliomielite causada pelos PV, o EV-A71 tem se destacado como um vírus neurotrópico mais virulento. Esse vírus causa epidemias de paralisia flácida aguda, incluindo doença bulbar, e também está associado com encefalite e meningite epidêmica. O EV-D70, que causa conjuntivite hemorrágica aguda, pode também causar doença paralítica aguda grave.

### Síndrome pós-pólio

Pacientes com síndrome pós-pólio (SPP) se queixam de fraqueza, fadiga e dor, décadas após a poliomielite paralítica. No entanto, não se conseguiu comprovar com certeza a presença do PV no fluido cerebroespinhal ou SNC, nesses pacientes. A única evidência de persistência da infecção por PV foi encontrada em pessoas imunocomprometidas. Os sintomas dependem das áreas neurológicas afetadas pela poliomielite e o grau de morte neuronal. A síndrome inicia-se com fadiga e debilidade muscular, mas, lenta e progressivamente, podem ocorrer atrofia e dor muscular, além de dor articular, predominantemente nas grandes articulações (quadril, ombros e coluna vertebral), com fadiga generalizada. Os sintomas predominam nas extremidades primariamente afetadas, ainda que posteriormente possam atingir extremidades não afetadas. A maioria dos pesquisadores concorda sobre o fato de que, quando surge a poliomielite e o vírus provoca a morte dos neurônios motores, ocorrerá, consequentemente, a perda da inervação e da função motora das fibras musculares, resultando na paralisia flácida. Em seguida, ocorre uma fase de recuperação, em que surgem novos brotos axonais que reinervam as fibras dos músculos afetados, restaurando totalmente ou parcialmente sua função. A aparência das sequelas iniciais no paciente é diretamente dependente da eficiência desse processo de recuperação. Muitos anos mais tarde, esses novos brotos axonais, que não podem permanecer estáveis indefinidamente, começam a morrer, dessa forma produzindo uma nova denervação das fibras musculares e o aparecimento dos sintomas da SPP que são os efeitos tardios da poliomielite. Outra manifestação dessa síndrome é chamada de atrofia muscular progressiva pós-poliomielite que é uma desordem neurológica primária, manifestada por atrofia lenta progressiva de músculos, com evidente destruição de nervos motores. A presença de sequências genéticas de PV em liquor e leucócitos periféricos, assim como altos títulos de IgM séricos em pacientes com síndrome pós-pólio não foram confirmados, o que aconteceu também em relação ao papel de citocinas pró-inflamatórias nesta síndrome.

## Meningite viral

Febre, mal-estar, cefaleia, náusea e dor abdominal são os sintomas iniciais. Sinais de irritação meníngea, rigidez de nuca ou costas, e vômito podem aparecer 1 ou 2 dias mais tarde. Algumas vezes a doença progride para fraqueza muscular branda, sugestiva de poliomielite paralítica. Em geral, é benigna e autolimitada e os pacientes se recuperam em poucos dias. Logo no início da meningite viral, o liquor apresenta pleocitose (acima de 500 células/mℓ), com mais de 50% de neutrófilos polimorfonucleares.

## Encefalite

Encefalite é uma infecção do parênquima do cérebro, muitas vezes associada a estado de inconsciência e sinais neurológicos focais, além de acidente vascular cerebral. Muitas vezes é associada à meningite, originando um quadro de meningoencefalite. As infecções do SNC por enterovírus são mais comuns na faixa entre 5 e 15 anos de idade.

## Doenças cardíacas

Miocardite é uma inflamação do miocárdio associada com lesão que, geralmente, é autolimitada e subclínica. A doença aguda pode levar à alta taxa de morbidade e à morte. Em alguns casos, a inflamação do miocárdio pode persistir produzindo miocardite crônica e cardiomiopatia dilatada, que evolui para cardiopatia, com elevada mortalidade. Acredita-se que 1,5% das infecções por EV possam causar sintomas cardíacos. A miocardite por EV é uma doença rara, mas grave no período neonatal, o que muitas vezes leva à morte ou resulta em graves sequelas cardíacas, como insuficiência cardíaca crônica, formação de aneurisma no ventrículo esquerdo e regurgitação mitral. Em relação aos EV, a presença de RNA viral, em distintas fases da doença, e a correlação entre biossíntese viral e piora no quadro clínico sugerem que a propagação contínua do vírus esteja envolvida na progressão da doença. Esse achado é corroborado pelo modelo de miocardite murina causada pelo CVB3, em que o vírus se estabelece em uma forma persistente no miocárdio, pela síntese viral defectiva. Os casos de miocardite e pericardite por EV são mais incidentes entre os 20 e os 40 anos de idade.

### Doenças musculares, pleurodinia ou mialgia epidêmica

A relação de EV com doença muscular inflamatória foi feita, inicialmente, devido ao miotropismo provocado pelos CV em camundongos recém-nascidos. Isso foi comprovado pela associação desses vírus com pleurodinia, em uma epidemia da chamada doença de Bornholm (a denominação se refere ao nome de uma ilha dinamarquesa). Essa doença apresenta um quadro febril agudo com mialgia, envolvendo especialmente o tórax e abdômen, mas sem fraqueza muscular. A doença aguda, chamada geralmente de polimiosite ou miosite, é caracterizada por mialgia e detecção de elevadas taxas de enzimas musculares.

### Diabetes

As causas do diabetes podem ser tanto fatores genéticos como ambientais. Dados de estudos epidemiológicos retrospectivos e prospectivos sugerem fortemente o envolvimento de EV, tais como CVB, no desenvolvimento de *diabetes mellitus* tipo 1 (DM1), tendo sido demonstrado que o RNA e/ou proteínas de EV estão presentes em tecidos de pacientes com DM1. O isolamento do CVB4 a partir de pâncreas ou a presença de componentes de EV nas ilhotas pancreáticas de pacientes com DM1 reforça a hipótese de uma relação entre o vírus e a doença. Um mecanismo proposto é que os EV, especialmente CVB e echovírus, podem atuar na fase precoce do DM1, por meio da infecção de células β e ativação da imunidade inata e inflamação. Assim, por exemplo, o IFN-α em contraste com a sua função antiviral, pode ser deletério, atuando como um iniciador da autoimunidade dirigida contra as células β. Por meio de infecções persistentes e/ou sucessivas, os EV podem interagir também com o sistema imunológico adaptativo, pois genes do hospedeiro que influenciam a suscetibilidade ao DM1 estão associados a atividades antivirais. A detecção de RNA de EV em pacientes diabéticos, associada a uma resposta inflamatória na mucosa do intestino, foi outro dado importante para a associação de EV a DM1. Essa detecção de RNA viral foi frequentemente observada na ausência de proteínas virais, sugerindo um ciclo de biossíntese incompleto do vírus. Não se sabe, contudo, com que frequência isso acontece e quais seriam todos os mecanismos imunológicos envolvidos.

### Infecções oculares

A conjuntivite hemorrágica aguda é caracterizada por um período de incubação de 24 a 48 horas, com rápido aparecimento de sintomas uni- ou bioculares. Os pacientes manifestam lacrimejamento excessivo, dor, inchaço periorbital e vermelhidão da conjuntiva, podendo ocorrer ceratite epitelial. A duração é de 1 a 2 semanas, e a recuperação é completa. A conjuntivite hemorrágica pode ocorrer esporadicamente em qualquer local do mundo, enquanto epidemias distintas são registradas com mais frequência no oriente e em regiões tropicais e semitropicais. Para mais detalhes ver *Capítulo 22*.

### Infecções respiratórias

As infecções respiratórias por EV são comumente benignas ou subclínicas, com infecção limitada ao sistema respiratório superior, mas algumas vezes conduzem a surtos de doença respiratória grave.

### Herpangina

Ocorre um quadro abrupto de febre, inflamação da garganta, anorexia, disfagia, vômito ou dor abdominal. A faringe apresenta-se hiperemiada, usualmente com a presença de vesículas discretas características ocorrendo nos pilares anteriores da garganta, no palato, na úvula, nas tonsilas ou na língua. A doença é autolimitada e mais frequente em crianças de faixa etária entre 3 a 10 anos.

### Doença das mãos, pés e boca

Na doença dos pés, mãos e boca, conhecida pela sigla HFMD (*hand, foot and mouth disease*) aparecem inicialmente pequenas manchas vermelhas, que evoluem para bolhas e ulcerações na boca e na faringe, além de erupções vermelhas nas palmas das mãos e plantas dos pés, que podem espalhar-se aos braços e pernas. A cura das vesículas ocorre sem formação de crostas, o que as diferencia clinicamente das vesículas induzidas pelos herpesvírus e poxvírus. Os casos raros de morte são causados por pneumonia e meningite. As infecções por EV responsáveis por quadros de HFMD são mais comumente incidentes em crianças com menos de 5 anos de idade.

### Doença neonatal

Na doença neonatal ocorrem letargia, dificuldade de amamentação e vômito, com ou sem febre. Nos casos graves, pode ocorrer miocardite ou pericardite, nos primeiros 8 dias de vida. Pode ser precedida por um breve episódio de diarreia e anorexia. Podem ocorrer dificuldades cardíacas e respiratórias que se manifestam como taquicardia, dispneia, cianose e alterações no eletrocardiograma (ECG). A doença pode ser fatal, mas o paciente também pode se recuperar completamente. Ela pode ser adquirida *in utero* por via transplacentária, durante o parto ou ainda após o nascimento. Alternativamente, os EV podem ser transmitidos na comunidade, por meio de disseminação nosocomial após o nascimento. Aproximadamente 11 a 22% das infecções graves por EV são adquiridas transplacentariamente, como evidenciado pelo aparecimento de doenças nos 2 primeiros dias de vida e o isolamento de vírus do fluido amniótico ou sangue do cordão umbilical. O modo dominante de transmissão da infecção neonatal grave ocorre por contato com o sangue materno ou com material fecal, vaginal ou cervical.

## Diagnóstico laboratorial

O diagnóstico laboratorial dos EV assumiu grande importância em face da gravidade dos quadros clínicos associados a infecções por alguns vírus desse gênero, como os PV, tendo sido criados comitês especializados em poliomielite, que vêm se reunindo a cada ano, no sentido de controlar essa doença no mundo. No Brasil, em 1980, foi criada uma rede de laboratórios, que trabalhando sob a coordenação central do Ministério da Saúde (MS), aliou às campanhas nacionais de vacinação antipoliomielítica o esforço para o estabelecimento de normas a serem utilizadas no diagnóstico laboratorial. Todos os casos de paralisia flácida aguda (PFA) devem ser notificados ao MS e submetidos ao diagnóstico laboratorial. O MS constituiu um Laboratório de Referência Nacional em Enteroviroses no Instituto Oswaldo Cruz (Rio de Janeiro, Brasil), que trabalha em conjunto com os LACEN (Laboratórios Centrais Estaduais), que são laboratórios de referência para o processamento do diagnóstico.

Devido à diversidade de respostas dos hospedeiros aos EV, ao grande número de sorotipos, bem como ao seu *habitat* principal (sistema respiratório superior ou trato gastrointestinal), o diagnóstico envolve aspectos clínicos e epidemiológicos. Deve ser feita uma análise criteriosa de todos esses dados, para se chegar a um diagnóstico correto, evitando-se falsas associações, já que os EV circulam abundantemente no ambiente, especialmente entre crianças. Porém é imprescindível a confirmação laboratorial, com a detecção e a identificação do agente viral, acompanhada da verificação da resposta de anticorpos tipo-específicos.

Para a detecção dos EV, os espécimes clínicos mais usuais são fezes, urina, ou *swab* retal e lavado ou *swab* de garganta. Também é possível detectar vírus no liquor (ou fluido cerebroespinhal), em casos de meningite. De acordo com o aspecto clínico apresentado, outros materiais podem ser ocasionalmente utilizados, como por exemplo, fluidos vesiculares, *swabs* de conjuntiva e secreções nasais.

Para alguns EV, a recuperação de vírus a partir de material de garganta é possível por um período de até 2 semanas, ao passo que a recuperação a partir de material fecal é possível por até 30 dias. Em particular, a detecção de vírus em amostras provenientes de sítios naturalmente estéreis, como fluidos vesiculares, liquor, soro, urina colhida por punção suprapúbica, ou aquelas recolhidas durante autópsia, são mais confiáveis do que em amostras de sítios não estéreis. Por outro lado, alguns EV são excretados no período prodrômico da doença e em curto período após o aparecimento da sintomatologia clínica, o que dificulta a sua detecção nas fezes. Nos casos fatais, a pesquisa dos vírus deve ser feita nos órgãos e no conteúdo intestinal.

A maioria dos EV é citopatogênica e pode ser propagada em células primárias ou de linhagem contínua de uma variedade de tecidos de origem humana ou de macaco, tais como HeLa (carcinoma de cérvix uterina-humana), WI-38 ou MRC-5 (fibroblastos de pulmão de embrião humano), Vero (rim de macaco-verde africano; *Cercopithecus aethiops*), RMS (rabdomiossarcoma) ou BGMK (rim de macaco-verde africano; *Cercopithecus aethiops*). As culturas de células MRC-5 e BGMK são consideradas as mais sensíveis para o isolamento e titulação de certos EV, bem como para a detecção de EV de amostras de esgoto e água. Alguns tipos sorológicos de CVA são propagados apenas em camundongos recém-nascidos.

A infecção das células por EV acarreta modificações drásticas no metabolismo macromolecular. A síntese de RNA e proteína celular decai logo após a infecção; isso é acompanhado pela elevada produção de RNA viral no citoplasma. Foi observado que em células HeLa infectadas com PV, essa inibição ocorre rapidamente dentro de 30 minutos, ou seja, o tempo necessário para a adsorção e desnudamento do RNA genômico viral. O CPE produzido em células cultivadas em monocamadas é característico, constituindo-se de arredondamento, enrugamento, acentuada picnose nuclear, com degeneração e descolamento da superfície do suporte.

A identificação dos EV é feita, de modo geral, por testes sorológicos associados a testes moleculares. A análise das estirpes isoladas em culturas celulares pode ser efetuada por imunofluorescência (IF), utilizando anticorpos monoclonais específicos para o tipo, ou por teste de neutralização (TN) com antissoros policlonais específicos. Para a identificação das estirpes, em certos casos, podem ser usados os testes de inibição da hemaglutinação (HI, *hemagglutination inhibition*), fixação do complemento (FC) e ensaio imunoenzimático (EIA, *enzyme immunoassay*), e mais recentemente, o teste de hibridização de ácido nucleico, realizado diretamente em tecidos de biópsia.

Existem reagentes padrões, tanto de estirpes de vírus, como de antissoros tipo-específicos produzidos em equinos, que são fornecidos por laboratórios de referência. Esses reagentes, incluindo antissoros contra muitos echovírus e CV, podem ser obtidos por intermédio da Organização Mundial da Saúde (OMS). Contudo, devido ao grande número de EV, o diagnóstico é realizado empregando *pools* de soros específicos anti-EV, chegando-se à identificação final por reconhecimento de padrões de neutralização estabelecidos pela OMS. Os *kits* para identificação de vírus por sorologia, fornecidos pela OMS aos laboratórios de referência, contêm antígenos e antissoros para a tipagem dos EV das espécies *A*, *B*, *C*, *D*, incluindo um *pool* de soros para os três tipos de PV. No entanto, somente o isolamento e a identificação do vírus a partir do material clínico do paciente não são suficientes para o diagnóstico, uma vez que o vírus pode ser encontrado fortuitamente, ou pode ser uma estirpe vacinal. Para a confirmação da infecção recente pelo vírus, é necessária a comprovação da conversão sorológica em duas amostras de soro ou a evidenciação de imunoglobulinas da classe M (IgM) em uma única amostra de soro.

A reação em cadeia da polimerase associada à transcrição reversa (RT-PCR, *reverse transcription polymerase chain reaction*) tem sido utilizada para detectar o genoma de certos EV em cultura de células, espécimes clínicos e tecidos de biópsia ou autópsia. Os métodos de tipagem molecular de EV dependem principalmente do sequenciamento de uma região codificante variável da proteína do capsídeo viral, VP1 (e, alternativamente, VP2 ou VP4), quer seja a partir de uma estirpe viral propagada por cultura de células ou por amplificação direta de material clínico ou ambiental. Estudos de filogenia molecular comparativa têm sido de grande ajuda para classificar os antigos e os novos tipos de EV, além de ajudar na investigação da diversidade desses vírus.

Alguns animais de experimentação podem ser utilizados para a propagação de alguns EV. Os PV podem induzir um quadro de paralisia flácida apenas em macacos e chimpanzés, quando a infecção é realizada por inoculação diretamente no cérebro ou na medula espinhal. A infecção, por via oral, geralmente é assintomática, com os animais eliminando os vírus nas fezes e apresentando anticorpos circulantes. Os CV têm como característica mais importante a sua infecciosidade para camundongos recém-nascidos, além de poder infectar, subclinicamente, chimpanzés e macacos *Cynomolgus*. Os CVA induzem miosite generalizada nos músculos esqueléticos de camundongos recém-nascidos, resultando em paralisia flácida, sem outras lesões observáveis. Os CVA7 são capazes de induzir graves lesões no SNC de macacos e, consequentemente, paralisia. Os CVB podem induzir miosite focal, esteatite e encefalite em camundongos recém-nascidos. Os animais apresentam paralisia do tipo espástica e morrem após poucos dias. Algumas estirpes de CVB podem induzir pancreatite, miocardite, endocardite e hepatite, tanto em camundongos recém-nascidos como em camundongos adultos. Algumas amostras de echovírus 9 (E9) podem induzir paralisia em camundongos recém-nascidos.

Além de identificar o tipo sorológico dos EV, é muito importante diferenciar as estirpes dos PV com caráter selvagem ou vacinal, já que estas estão largamente disseminadas na natureza após a vacinação em massa. Com essa finalidade, diversas técnicas com uso de marcadores genéticos foram inicialmente utilizadas. Entre essas técnicas encontram-se: marcador de temperatura, sorodiferenciação e anticorpos monoclonais. Com o conhecimento da sequência de nucleotídeos das estirpes vacinais e selvagens predominantes, técnicas de Biologia Molecular como a hibridização e o sequenciamento genômico passaram a ser utilizadas para a diferenciação entre vírus selvagens e vacinais.

Os Centros para Controle e Prevenção de Doenças (CDC, Centers for Disease Control and Prevention), dos Estados Unidos da América (EUA), produziram um painel de sondas de DNA que são complementares a uma região conservada do genoma, para fazer a detecção do RNA dos PV. O RNA é extraído dos vírus propagados em cultura de células ou é amplificado diretamente de material fecal por RT-PCR. Em seguida, usam-se sondas específicas para os três tipos de estirpes vacinais e selvagens conhecidas, identificando o isolado pela técnica de hibridização.

Para que o diagnóstico laboratorial dos EV fique completo, é necessária a titulação de anticorpos em soros pareados do paciente, ou seja, em duas amostras de soro, sendo a primeira colhida mais precocemente possível (soro de fase aguda) e a segunda, 2 a 3 semanas após (soro de fase convalescente) ou detecção de IgM em uma única amostra de soro.

O TN é o mais utilizado, é tipo-específico e é considerado o padrão-ouro para a detecção de EV. Os soros pareados são testados, simultaneamente, frente a uma dose preestabelecida de vírus padrão (100 $TCID_{50}$). Para ser indicativo de infecção recente, o título de anticorpos neutralizantes do soro da fase convalescente deve ser pelo menos 4 vezes maior que o da fase aguda (conversão sorológica). Os anticorpos neutralizantes podem já estar em título alto na primeira amostra, pois aparecem muito precocemente, ou podem estar presentes devido a uma infecção anterior, uma vez que eles são detectáveis por toda a vida, nos indivíduos expostos aos EV. A pesquisa de anticorpos IgM específicos por EIA indica infecção recente, sendo útil em certos casos. Seu uso, contudo, ainda está restrito a poucos EV devido ao grande número de reações cruzadas, sendo utilizada no diagnóstico de infecções pelo EV-D70 e alguns CVB.

A importância da realização do diagnóstico laboratorial se deve ao fato de que várias patologias causadas por diferentes patógenos se confundem, conforme já dito anteriormente. Um quadro de exantema em criança pode ser ocasionado por uma ampla variedade de agentes infecciosos incluindo o que surge na HFMD e pode ser confundido com aquele produzido pelos vírus do sarampo, rubéola ou varicela. Dois agentes causadores particularmente importantes a considerar no diagnóstico dos EV são também os meningococos, por causa da necessidade de administração de antimicrobianos, e os vírus da dengue, devido ao risco de evolução para dengue hemorrágica. A herpangina pode ser confundida com úlceras aftosas e gengivoestomatite herpética. CVA16 não está geralmente associado a doença neurológica, mas a erupção na epiderme é indistinguível daquela causada pelo EV-A71. O quadro de meningite asséptica, que é uma manifestação do EV-A71, deve ser diferenciado dos quadros causados por ampla variedade de outros vírus, especialmente echovírus, outros EV, adenovírus, vírus da caxumba e vírus da encefalite japonesa. Ocasionalmente, agentes responsáveis por meningite bacteriana e meningite tuberculosa devem também ser considerados, e a septicemia é um importante dado para o diagnóstico diferencial. A maioria dos pacientes com doenças graves do SNC por EV-A71 apresenta relatos de choque e colapso. Quando ocorre um quadro de paralisia aguda flácida predominante, o diagnóstico diferencial inclui poliomielite causada por PV selvagem ou vacinal, ou por outros EV, flavivírus, vírus da raiva, assim como por síndrome de Guillain-Barré e toxinas bacterianas, tal como a toxina diftérica.

## Epidemiologia

Contato próximo parece ser a principal via de disseminação dos EV. Os vírus podem ser recuperados de materiais da orofaringe e do intestino de indivíduos com infecções aparentes ou inaparentes. São eliminados, geralmente, por períodos mais longos nas fezes (1 mês ou mais) do que nas secreções do trato gastrointestinal superior. Assim, a contaminação fecal, por intermédio de mãos, talheres, água e alimentos, é a fonte normal de contaminação. Contudo, gotículas ou aerossóis provenientes de tosse ou espirro podem ser fontes diretas ou indiretas de contaminação, o que é mais observado, percentualmente, nos países desenvolvidos. Os CVA21 são mais abundantes em secreções nasais do que de garganta. O EV-D70, agente da conjuntivite hemorrágica epidêmica, é encontrado quase que exclusivamente em secreções de conjuntiva ou garganta.

Os EV são encontrados em todas as partes do mundo, nas regiões tropicais e semitropicais, sendo amplamente distribuídos durante o ano inteiro. Em regiões de clima temperado, estão presentes em níveis mais baixos no inverno e na primavera e em grau bem maior no verão e no outono. O clima quente favorece a disseminação dos EV. Os vírus são rapidamente difundidos entre os contatos familiares.

Há uma estreita correlação entre nível socioeconômico e contaminação precoce com EV, tanto em países de clima tropical como de clima temperado, o que reflete o nível geral de higiene do grupo. Entretanto, não são comuns epidemias que se originam de contaminação de água potável ou da rede de esgoto.

Em crianças que vivem em regiões de clima quente e de precárias condições de higiene, a incidência de infecção, com um ou mais tipos de EV, pode ultrapassar a faixa de 50%, sendo comuns as coinfecções por diferentes tipos.

### *Epidemiologia dos enterovírus não pólio*

Os levantamentos epidemiológicos realizados em vários continentes verificaram a circulação de EV não pólio durante períodos epidêmicos. Em um estudo conduzido na França, entre 1985 e 2005, foram isolados echovírus em 98% dos casos de meningite asséptica; os sorotipos mais frequentemente encontrados foram E30, E11, E7, E6 e E4. Dados obtidos em Taiwan (Formosa) também responsabilizaram os echovírus, principalmente o E30 por quadros de meningite asséptica. Em estudo retrospectivo realizado no Japão, os EV da espécie *B*, especificamente, o CVB4 e o E11 se apresentaram como mais incidentes em casos de meningite asséptica.

A partir de 1965, os EV-A71 foram agentes de surtos de meningite na Europa, nos EUA e na Austrália. A partir de 1998, quando se observou um grande surto de casos de meningite por EV-A71 em Taiwan, vários grandes surtos causados por esse vírus passaram a ser observados no Sudeste da Ásia, atingindo China, Taiwan, Malásia, Tailândia, Singapura, Hong-Kong, Japão, Coreia e Camboja. Os echovírus estão também fortemente associados à meningite. Nos países desenvolvidos os CVB são a causa mais importante de meningites. Os echovírus E13, E18 e E30 também causaram surtos anuais de meningite viral nos EUA. Surtos de mielite flácida aguda e paralisia flácida causados pelo EV-D68 têm sido observados na Europa, nos EUA, no Canadá e na Argentina. Na maioria das encefalites não se identifica um vírus específico, mas se considera que as infecções por EV, especialmente EV-A71, sejam a terceira causa desse quadro que tem os herpesvírus de humanos 1 e 2 (vírus herpes simplex 1 e 2) e os arbovírus como agentes etiológicos mais frequentes.

Na Índia, entre os anos de 2009 e 2010, foram identificados vários EV associados à paralisia não pólio, com predominância de tipos de EV-B, E, CVA e baixos níveis de EV-A e EV-C. Os CV podem causar morbidade grave e mortalidade, particularmente em crianças muito jovens que podem apresentar miocardite, meningite e encefalite, com taxas de mortalidade que podem atingir 10%. O agente etiológico mais detectado em casos de miocardite pelo mundo é o CVB5, mas outros CVB, além de CVA, também têm sido detectados.

Surtos de doenças musculares, pleurodinia ou mialgia epidêmica inflamatória aguda têm ocorrido epidemicamente ou esporadicamente em vários locais, e CVB3 e CVB5 são os agentes causais mais comumente associados. Os EV têm sido também implicados com doença muscular inflamatória aguda e crônica.

A primeira pandemia de conjuntivite hemorrágica foi observada na África no período de 1969 a 1971, em que foram identificados como agentes etiológicos dois EV, o EV-D70, até então desconhecido, e uma nova variante antigênica do CVA24. Nessa pandemia foram infectadas centenas de milhões de pessoas. Os fatores, climáticos e de outras naturezas, que contribuem para a ocorrência dessas epidemias são desconhecidos. Vários tipos de vírus, incluindo EV-D70 e CVA24, podem ser relacionados etiologicamente com conjuntivite viral e epidemias de conjuntivite hemorrágica. Nos EUA, CVA24 e EV-D70 têm sido associados a surtos de conjuntivite, nas outras regiões das Américas, os surtos ocorrem anualmente, com poucos casos, em geral na região Central e no Caribe. Surtos de conjuntivite hemorrágica aguda (AHC, *acute hemorrhagic conjunctivitis*) ocorrem no Brasil desde 2003 e podem ter afetado mais de 200.000 pessoas. Mais detalhes sobre as infecções virais oculares estão apresentados no *Capítulo 22*.

Segundo dados da OMS e dos CDC, os EV são uma causa comum de doenças respiratórias, sendo que os mais envolvidos são CVA, CVB e E. Geralmente são infecções do sistema respiratório superior, frequentemente subclínicas, ou com quadros brandos autolimitados. Os EV-D68 têm sido envolvidos em surtos de doença respiratória grave na Europa, nos EUA e no Canadá. Em dados obtidos em Taiwan, entre crianças com infecção do sistema respiratório associada aos EV, CVB4 foi o tipo dominante na infecção do sistema respiratório superior, enquanto E4 foi a principal causa de infecção do sistema respiratório inferior. Entre os casos de herpangina observados em Taiwan, A2 e B4 foram os principais sorotipos de CV detectados.

Em dados obtidos em Taiwan, em surtos da HFMD em 2008, foi caracterizado também o envolvimento de EV-A71 (70%), CVA16, CVA4 e CVA6. Os CVA10 também são agentes de HFMD. O EV-A71 e o CVA16 são os principais agentes envolvidos nos surtos de HFMD no mundo, frequentemente afetando crianças.

Nos EUA surtos por EV não pólio ocorrem em qualquer época do ano, mas são mais comuns no verão e outono. Vários surtos de EV não pólio, causados por CVA16, com quadros de HFMD ocorreram nos últimos anos nos EUA. Em 2011 e 2012, o CVA6 foi uma causa comum de HFMD nesse país, onde gerou quadros graves. O EV-A71 representa um problema atual de saúde pública, causando HFMD com potencial de causar complicações neurológicas, com quadros secundários de meningite e encefalites que são mais frequentes em crianças de faixa etária mais alta (acima de 5 anos) ou em adultos, e dependem do tipo viral circulante. A partir da década de 2000, o EV-A71 causou epidemias com alta incidência de sintomas graves e elevadas taxas de mortalidade nas regiões da costa asiática do Oceano Pacífico, por ordem de incidência desde 2000, Austrália, Vietnã, Brunei, China e Camboja. Em estudo retrospectivo realizado no Japão, os EV-A71, CVA6, CVA10 e CVA16 figuraram como os mais incidentes em casos de HFMD.

Um relatório dos CDC revelou tendências quanto à circulação de EV não pólio e à detecção de parechovírus de humanos (HPeV), durante o período de 2006 a 2008. Nesse relatório, como em anos anteriores, cerca de 70% das detecções ocorreram entre os meses de julho e outubro, reconhecida como a temporada de pico de EV. Os cinco tipos mais comuns, CVB1, E6, E9 e E18 e CVA9, foram responsáveis por 54% dos casos. Durante o período 2006-2008, o CVB1 foi o tipo predominantemente detectado, durante este mesmo período, os EV e o HPeV foram detectados pelos sistemas de vigilância em 49 estados americanos.

As infecções graves, especialmente as que levam a quadros de miocardite, sepse e de atingimento do SNC, são mais comumente observadas em crianças e neonatos. No mundo, a doença neonatal tem sido normalmente causada por E, CVA e CVB. Em 2007, o sorotipo CVB1 foi implicado em um surto de infecções neonatais graves nos EUA.

Nas Regiões Sudeste e Centro-Oeste do Brasil, o EV-A71 foi detectado em casos de meningite asséptica e encefalite, no período de 1998 a 1990, enquanto as infecções por E30 (85,2% dos casos), seguidas daquelas por CVB5 e outros echovírus, foram responsabilizadas por surtos e casos esporádicos de meningite asséptica, em estados do Centro-Oeste, Nordeste, Sudeste e Sul. O Pará foi palco de casos de meningite asséptica causados por E-30, entre 2005 e 2006, a circulação silenciosa de E99 e E29 foi detectada, em 2019, em casos de gastroenterite aguda, sem sintomas típicos de infecções por EV.

## Epidemiologia da poliomielite

### Retrospectiva histórica

Desde tempos remotos, os PV se estabeleceram em quase todas as populações do mundo, permanecendo por muitos séculos na forma endêmica, infectando sempre crianças suscetíveis, de faixa etária muito baixa.

A poliomielite tem três grandes fases epidemiológicas, que são a endêmica, a epidêmica e a pós-vacinal. Essas fases ocorreram sequencialmente na história, mas coexistem, atualmente, em diferentes regiões do mundo. As duas primeiras fases, endêmica e epidêmica, são chamadas de pré-vacinais, historicamente, antes do desenvolvimento das vacinas e, atualmente, por falta de cobertura vacinal.

A fase endêmica foi mudando para epidêmica à medida que as condições de higiene e saneamento foram avançando nos países industrializados. Como o contato com os vírus se fazia cada vez mais tarde (crianças maiores, adolescentes e mesmo adultos), houve o surgimento, na população, de grande massa de suscetíveis, o que facilitava a rápida disseminação quando o vírus penetrava na comunidade.

Em alguns países em desenvolvimento, com grande densidade demográfica, principalmente nos trópicos, a poliomielite paralítica continuou como uma doença da infância, sendo observada apenas esporadicamente nos padrões endêmicos clássicos.

Em 1985, a OMS recebeu notificação de quase 300.000 casos de poliomielite paralítica, em 162 países, em uma população estimada de 4,7 bilhões, sendo a maioria dos casos notificada por países em desenvolvimento. Houve redução na incidência de poliomielite paralítica devido à melhoria de condições socioeconômicas em alguns países populosos, especialmente a China. Em outras regiões, não ocorreu alteração do número de casos, que até aumentaram em alguns países da África e Ásia Meridional.

A era da vacina, para a maioria dos países da Europa, da América do Norte e da Oceania, e alguns países de outras regiões, começou em 1955, quando foi introduzida a vacina produzida com vírus inativado (VIP), firmando-se após 1960, com o advento e utilização da vacina produzida com vírus atenuado oral (VOP) em larga escala. Raramente uma doença grave havia sido controlada tão rapidamente como aconteceu com a poliomielite naqueles países. Em 12 anos (1955-1967), houve redução de aproximadamente 99% no número de casos, passando de 76.000 para 1.013 casos de poliomielite nas regiões citadas.

Em 1960, nos EUA, ocorreu redução do número de casos de poliomielite paralítica, que passou de 5 a 10/100.000 habitantes para 0,5/100.000 habitantes, ocorrendo, contudo, ainda número significativo de casos de paralisia (2.500).

Após a introdução da vacina produzida com vírus atenuados (VOP), houve um importante decréscimo do número de casos nos EUA, e a média anual, no período de 1961 a 1965, caiu para 465. Na década de 1990, o número foi menor que 10 por ano, e nenhuma amostra com comportamento selvagem tem sido detectada desde 1979.

Nas Américas, existem dois tipos de situações:

- Primeira: 27 países obtiveram sucesso no controle da poliomielite nos anos 1970 e notificavam um grande número de casos no período pré-vacinal. Neles, o uso em larga escala da vacina reduziu, significativamente, a incidência da poliomielite entre 1966 e 1975
- Segunda: 14 outros países das Américas, ao contrário, registraram poucos casos entre 1951 e 1955 e tiveram problemas entre 1980 e 1981. Esses países, certamente, estavam na fase endêmica insidiosa, nos anos 1950. No período de 1969 a 1970, 5 vezes mais casos foram registrados do que era de costume, números que permaneceram altos até 1980 (2.500 a 4.500 casos/ano). Contudo, a maioria das notificações era proveniente de cinco países (Bolívia, Brasil, Colômbia, Honduras e México), que apresentavam dificuldades para alcançar uma boa cobertura vacinal, por possuírem grande área geográfica, área rural de difícil acesso e/ou grande aumento da população urbana na periferia. Esses países, que correspondiam a 37% da população das Américas, registraram 4.367 casos em 1979, ou seja, 92% das notificações de toda a Região. Em 1981, esse número foi reduzido para 917 casos, principalmente devido à imunização em massa, iniciada em meados de 1980.

Essa estratégia designada de Dias Nacionais de Vacinação consistiu na aplicação da VOP a todas as crianças com menos de 5 anos, 2 vezes ao ano, com intervalo de 1 mês. Um rápido aumento de imunização da população diminuiu drasticamente a cadeia de transmissão dos PV selvagens. Os Dias Nacionais de Vacinação estão sendo adotados em todos os países endêmicos e representam a maior atividade de saúde pública internacional.

No Brasil, em 1981, 1 ano após a introdução dos Dias Nacionais de Vacinação, foram registrados apenas 122 casos, o que correspondeu a uma redução de aproximadamente 95%. Nas Américas, o último registro de caso de poliomielite por PV selvagem (PVS) ocorreu em 1991, no Peru, e o continente recebeu o Certificado de Erradicação da Transmissão Autóctone do PVS em 1994.

Contudo, mesmo em países com boa cobertura vacinal, pode haver falha na proteção. Essa vulnerabilidade foi demonstrada pela ocorrência de surtos de poliomielite entre comunidades que recusam a vacina por motivos religiosos, como por exemplo, algumas regiões da Holanda, do Canadá e dos EUA.

Tais surtos confirmam a existência de estirpes de PVS em circulação e que elas podem reemergir a qualquer momento, em áreas onde a circulação do vírus selvagem foi erradicada. Assim, a importação de estirpes de PVS constitui um claro problema contra o qual os países só podem se proteger mantendo altos níveis de imunidade por meio da vacinação.

### Situação atual

Os PV2 e PV3 selvagens foram erradicados em 2015 e 2019 respectivamente, mas a emergência continuada de estirpes de PV circulantes derivados da vacina (cVDPV, *circulating vaccine-derived poliovirus*) representa um desafio para a completa interrupção da transmissão dos PV. Os cVDPV são vírus mutantes derivados do vírus vacinal atenuado, que emergem, predominantemente, em áreas com baixa cobertura vacinal, baixos índices de saneamento e elevada densidade populacional. Estirpes cVDPV pertencentes aos três tipos do PV são detectadas tanto em pacientes com PFA como em indivíduos saudáveis que tiveram contato com pessoas infectadas, assim como em amostras ambientais. Atualmente as estirpes cVDPV2 são detectadas com maior frequência (Figura 17.11).

Pela classificação da OMS, Afeganistão e Paquistão são considerados atualmente os únicos países endêmicos, onde a transmissão do PVS nunca foi interrompida, e a circulação do vírus

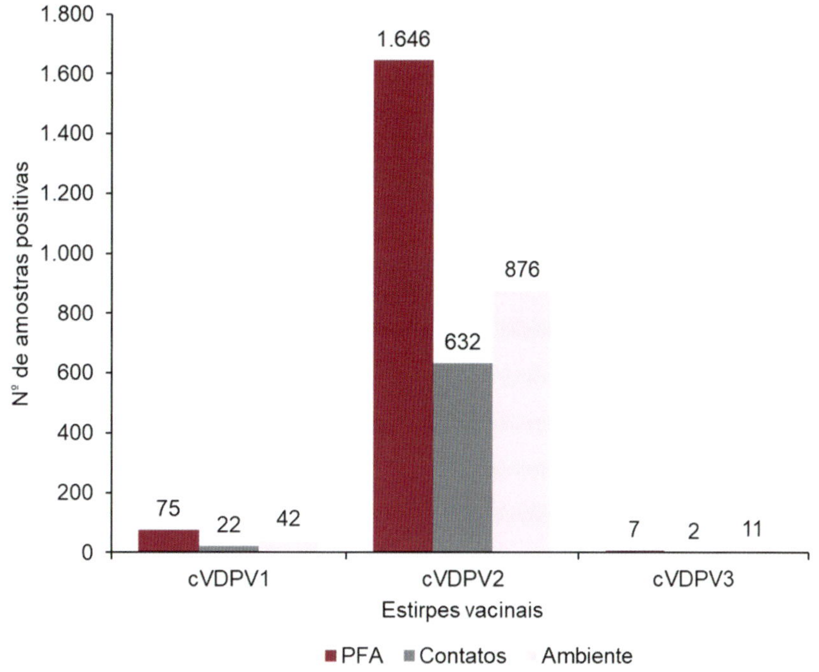


**Figura 17.11** Circulação global de estirpes de poliovírus derivadas da vacina, 2016-2021. †cVDPV: poliovírus circulantes derivados da vacina (*circulating vaccine-derived poliovirus*); PFA: paralisia flácida aguda. (Informações atualizadas até 13 de abril de 2021.) Fonte: WHO, 2021.

é amplamente demonstrada em amostras de origem humana e ambiental (Quadro 17.7). No Quadro 17.8, estão relacionados os casos de poliomielite, causados por estirpes de PVS, confirmados no mundo entre 2011 e abril de 2021. As demais regiões estão livres de casos de poliomielite causados por PVS. Por outro lado, em vários países, estirpes cVDPV se mantêm em circulação. A OMS estabeleceu, em 2019, um plano estratégico para erradicação da poliomielite, *Polio Endgame Strategy 2019-2023*, que espera permitir que até 2023 seja vencido o desafio final de erradicação e conduza para um futuro sustentável livre de poliomielite.

## Poliomielite no Brasil

No Brasil, a partir de 1930, foram descritos surtos de poliomielite em capitais de estados das Regiões Sudeste-Sul. No ano de 1953, ocorreu no Rio de Janeiro a maior epidemia já registrada na cidade, com 746 casos. Somente em 1969 foi instituída a notificação regular de casos ao MS, que registrou, até 1979, a ocorrência de 1.000 a 3.500 casos anuais.

Em 1975, foi organizado um sistema de investigação de casos em nível nacional. As informações obtidas possibilitaram a caracterização da poliomielite no Brasil até 1980 como doença predominantemente infantil, com mais de 90% dos casos ocorrendo em menores de 5 anos, acometendo, praticamente, apenas indivíduos não vacinados (80% sem vacinação prévia), a maioria deles habitantes de periferias urbanas socialmente desfavorecidas.

O caráter endêmico-epidêmico é confirmado pela identificação do PV1 em mais de 80% dos exames realizados desde 1975, o que constitui um padrão típico de disseminação de PVS.

A gravidade da situação epidemiológica da poliomielite no Brasil naquela época, em virtude da insuficiência da rede de serviços básicos da saúde para proceder, rotineiramente, à

**Quadro 17.7** Detecção de poliovírus selvagem em amostras ambientais, contatos de pacientes infectados e outras fontes, no período 2011-2021.

| País | 2011-2014 | 2015 | 2016 | 2017 | 2018 | 2019 | 2020 | 2021† |
|---|---|---|---|---|---|---|---|---|
| Afeganistão | 17 | 20 | 2 | 42 | 83 | 56 | 56 | 1 |
| Egito | 2 | 0 | 0 | 0 | 0 | 0 | 0 | 0 |
| Gaza | 8 | 0 | 0 | 0 | 0 | 0 | 0 | 0 |
| Irã | 0 | 0 | 0 | 0 | 0 | 3 | 0 | 0 |
| Israel | 150 | 0 | 0 | 0 | 0 | 0 | 0 | 0 |
| Nigéria | 20 | 0 | 1 | 0 | 0 | 0 | 0 | 0 |
| Paquistão | 418 | 84 | 62 | 110 | 141 | 391 | 558 | 49 |
| Quênia | 1 | 0 | 0 | 0 | 0 | 0 | 0 | 0 |
| **Total** | **616** | **104** | **65** | **152** | **224** | **450** | **614** | **50** |

†Informações atualizadas até 13 abr. 2021. Fonte: WHO, 2021.

**Quadro 17.8** Casos confirmados de paralisia por poliovírus selvagem no mundo no período de 2011 a 2021.

| País | 2011-2014 | 2015 | 2016 | 2017 | 2018 | 2019 | 2020 | 2021† |
|---|---|---|---|---|---|---|---|---|
| Afeganistão | 159 | 20 | 13 | 14 | 21 | 29 | 59 | 1 |
| Angola | 5 | 0 | 0 | 0 | 0 | 0 | 0 | 0 |
| Camarões | 9 | 0 | 0 | 0 | 0 | 0 | 0 | 0 |
| Chade | 137 | 0 | 0 | 0 | 0 | 0 | 0 | 0 |
| China | 21 | 0 | 0 | 0 | 0 | 0 | 0 | 0 |
| Congo | 1 | 0 | 0 | 0 | 0 | 0 | 0 | 0 |
| Costa do Marfim | 36 | 0 | 0 | 0 | 0 | 0 | 0 | 0 |
| Etiópia | 10 | 0 | 0 | 0 | 0 | 0 | 0 | 0 |
| Gabão | 1 | 0 | 0 | 0 | 0 | 0 | 0 | 0 |
| Guiné | 3 | 0 | 0 | 0 | 0 | 0 | 0 | 0 |
| Guiné Equatorial | 5 | 0 | 0 | 0 | 0 | 0 | 0 | 0 |
| Índia | 1 | 0 | 0 | 0 | 0 | 0 | 0 | 0 |
| Iraque | 2 | 0 | 0 | 0 | 0 | 0 | 0 | 0 |
| Mali | 7 | 0 | 0 | 0 | 0 | 0 | 0 | 0 |
| Níger | 6 | 0 | 0 | 0 | 0 | 0 | 0 | 0 |
| Nigéria | 243 | 0 | 4 | 8 | 0 | 0 | 0 | 0 |
| Paquistão | 655 | 54 | 20 | 0 | 12 | 146 | 121 | 1 |
| Quênia | 15 | 0 | 0 | 0 | 0 | 0 | 0 | 0 |
| RCA | 4 | 0 | 0 | 0 | 0 | 0 | 0 | 0 |
| RDC | 93 | 0 | 0 | 0 | 0 | 0 | 0 | 0 |
| Síria | 36 | 0 | 0 | 0 | 0 | 0 | 0 | 0 |
| Somália | 199 | 0 | 0 | 0 | 0 | 0 | 0 | 0 |
| Total | 1.648 | 74 | 37 | 22 | 33 | 175 | 180 | 2 |
| PV1 selvagem | 1.560 | 74 | 37 | 22 | 33 | 175 | 180 | 2 |
| PV3 selvagem | 88 | 0 | 0 | 0 | 0 | 0 | 0 | 0 |

†Informações atualizadas até 13 abr. 2021. RCA: República Centro-Africana; RDC: República Democrática do Congo; PV1: poliovírus 1; PV3: poliovírus 3. Fonte: WHO, 2021.

vacinação sistemática da população suscetível, levou o MS a modificar a estratégia operacional de imunização contra a doença. A partir de 1980, foram instituídos 2 dias nacionais de vacinação contra a poliomielite, para vacinar toda a população de 0 a 5 anos de idade.

Essa estratégia modificou inteiramente o quadro epidemiológico da poliomielite no Brasil. Até 1984, os índices de cobertura vacinal estiveram acima de 90%, e registraram-se apenas casos esporádicos da doença. A partir de então, até 1989, observou-se pequeno aumento na incidência, com um grande surto na Região Nordeste, em 1986, devido, principalmente, à diminuição da cobertura vacinal (Figura 17.12). Contudo, em 1985, já tinham sido lançadas as bases do Plano de Erradicação da Poliomielite no Brasil, objetivando a erradicação da transmissão autóctone de estirpes de PVS, até o ano de 1990. A partir de 1990, não houve mais casos de poliomielite confirmados, ou seja, casos de PFA, com isolamento de PVS dos pacientes ou de seus comunicantes. Com isso, o Brasil mereceu o certificado de erradicação concedido pela Comissão Internacional para Certificação da Erradicação da Poliomielite, em agosto de 1994. Desde então, o Brasil vem mantendo uma "taxa de incidência de zero" caso de poliomielite causada pelos PVS.

Desde 2016, o esquema vacinal contra a poliomielite passou a utilizar a VIP em associação com a VOP. A mudança está de acordo com a orientação da OMS e faz parte do processo de erradicação mundial da pólio (ver detalhes no tópico "Prevenção e controle"). A Figura 17.13 mostra os casos notificados de PFA e os confirmados como poliomielite no período de 1979 a 2018.

A literatura internacional refere que, com o controle e a erradicação dos PV, os demais EV têm mais chance de serem detectados. No Brasil, essa constatação também foi possível com a implantação das campanhas nacionais de vacinação.

Um estudo levado a efeito no Nordeste, no período de 1980 a 1987, abrangendo os estados de Alagoas, Ceará, Paraíba, Pernambuco, Rio Grande do Norte e Sergipe, revelou que de 105 amostras fecais analisadas, 8,7% das estirpes virais correspondiam a outros EV não pólio: 63,8% destes eram echovírus (principalmente, os tipos E7, E11 e E20), 16,2% eram CV (sendo 94,1% CVB) e 20% eram EV não identificados. Esse estudo verificou, ainda, que, nos anos de 1983 a 1985, houve prevalência de echovírus.

No Rio de Janeiro, em um estudo comparativo realizado em crianças com suspeita de poliomielite e em crianças sem quadro clínico, vacinadas durante as campanhas nacionais de vacinação no período entre 1980 e 1982, verificou-se um aumento na

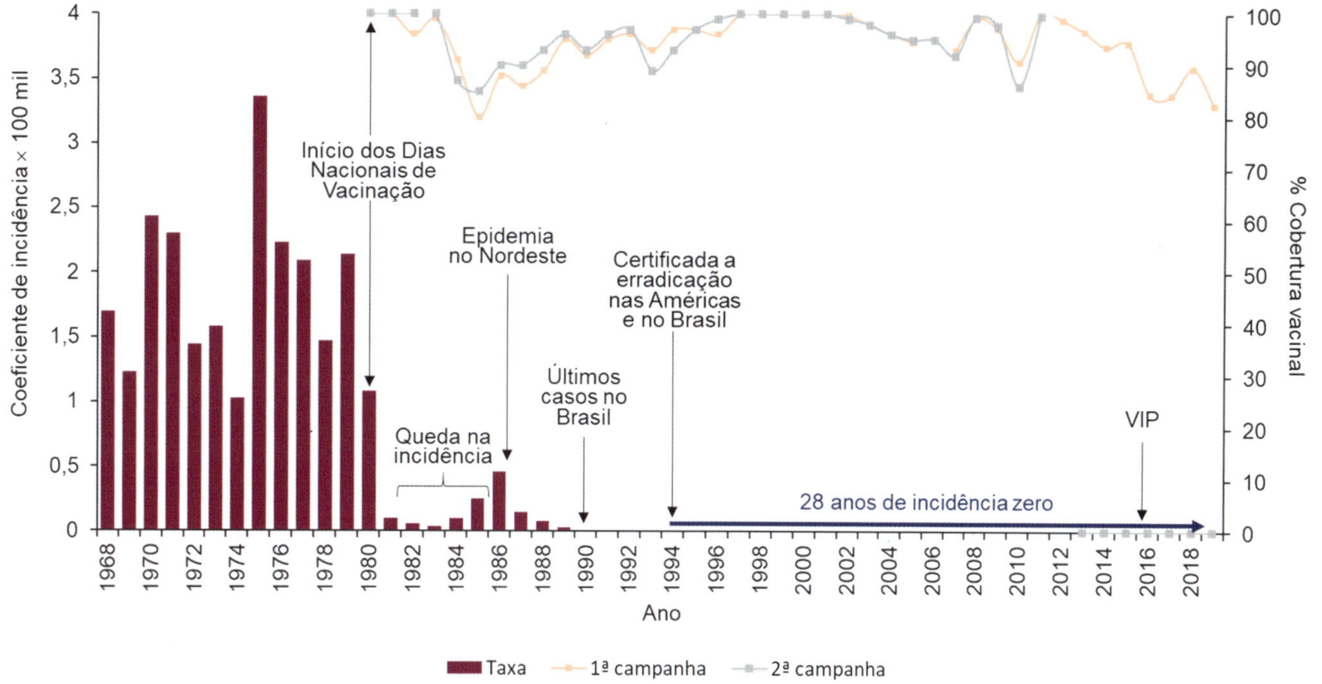


**Figura 17.12** Incidência de poliomielite e cobertura vacinal (VOP) de campanha no Brasil, 1968-2019. VOP: vacina oral contra poliomielite; VIP: vacina inativada contra poliomielite. Fonte: CGDT/CGPNI/SVS/MS do Brasil.

detecção de outros EV à medida que as campanhas anuais se processavam. Nesse estado brasileiro, no período de 1983 a 1989, também foram detectados quatro casos associados ao CVB e 1 caso associado ao E7, entre os casos suspeitos de poliomielite.

## Prevenção e controle

A infecção pelo EV-A71 leva principalmente ao quadro clínico de HFMD, mas está associado também a doenças neurológicas, incluindo meningite asséptica, encefalite e PFA indistinguível da poliomielite. O EV-A71 tem sido o agente de epidemias e está se tornando um problema de saúde pública, devido à elevada incidência de sintomas graves e às altas taxas de mortalidade em regiões da costa asiática do Oceano Pacífico. Devido à falta de medidas preventivas e terapêuticas, o desenvolvimento de vacinas seguras e eficazes contra o EV-A71 tornou-se matéria de necessidade urgente, sobretudo na China. Existem vários fabricantes comerciais e institutos de pesquisa trabalhando no desenvolvimento de diferentes tipos de vacinas para EV-A71, incluindo vacinas contendo vírus inativados ou atenuados, vírus produzidos por técnicas de engenharia genética ou polipeptídeos purificados.

No entanto, no tocante aos EV que infectam seres humanos, existem vacinas disponíveis somente para a prevenção da poliomielite. A VIP, quando preparada e administrada apropriadamente, induz níveis adequados de anticorpos séricos, conferindo imunidade humoral. Para sua fabricação, os três tipos de PV são inoculados separadamente em linhagens de células de rim de

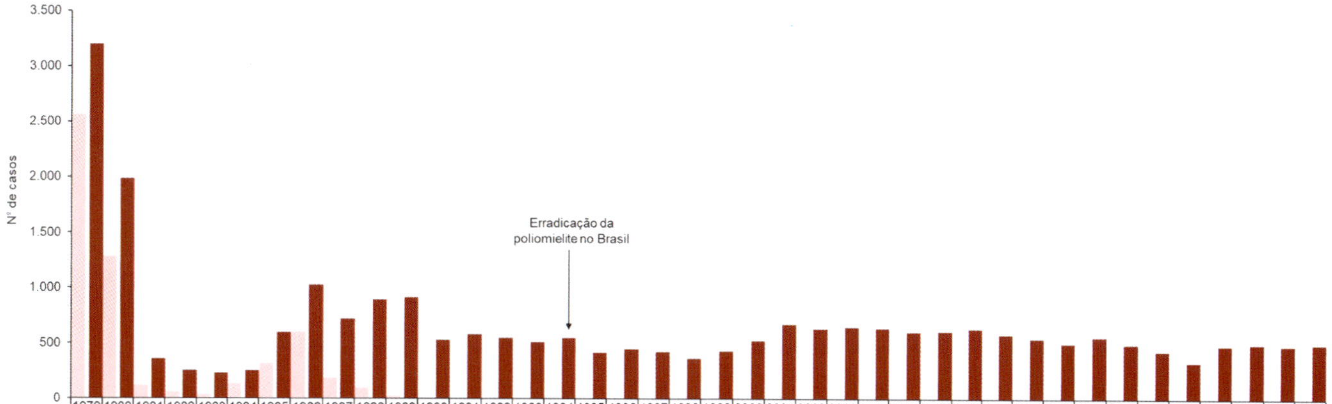


| | 1979 | 1980 | 1981 | 1982 | 1983 | 1984 | 1985 | 1986 | 1987 | 1988 | 1989 | 1990 | 1991 | 1992 | 1993 | 1994 | 1995 | 1996 | 1997 | 1998 |
|---|---|---|---|---|---|---|---|---|---|---|---|---|---|---|---|---|---|---|---|---|
| Poliomielite | 2569 | 1290 | 122 | 69 | 45 | 142 | 329 | 612 | 196 | 106 | 35 | 0 | 0 | 0 | 0 | 0 | 0 | 0 | 0 | 0 |
| PFA | 3205 | 1985 | 362 | 257 | 233 | 257 | 600 | 1029 | 724 | 896 | 916 | 535 | 588 | 552 | 517 | 554 | 419 | 453 | 432 | 369 |

| | 1999 | 2000 | 2001 | 2002 | 2003 | 2004 | 2005 | 2006 | 2007 | 2008 | 2009 | 2010 | 2011 | 2012 | 2013 | 2014 | 2015 | 2016 | 2017 | 2018 |
|---|---|---|---|---|---|---|---|---|---|---|---|---|---|---|---|---|---|---|---|---|
| Poliomielite | 0 | 0 | 0 | 0 | 0 | 0 | 0 | 0 | 0 | 0 | 0 | 0 | 0 | 0 | 0 | 0 | 0 | 0 | 0 | 0 |
| PFA | 437 | 528 | 678 | 637 | 654 | 642 | 609 | 614 | 636 | 585 | 548 | 504 | 561 | 498 | 433 | 335 | 486 | 500 | 485 | 501 |

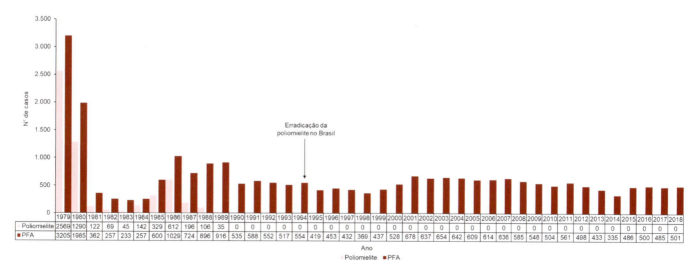

**Figura 17.13** Número de casos confirmados de poliomielite e notificados de paralisia flácida aguda (PFA). Brasil, 1979-2018. Fonte: CGDT/CGPNI/SVS/MS do Brasil.

macaco, e, após a propagação nesse hospedeiro, os vírus são inativados com formol. É administrada em 4 doses por via intramuscular, a partir dos 6 meses de idade, devendo ser aplicadas doses de reforço a cada 5 anos para manutenção de níveis detectáveis de anticorpos séricos. Essa vacina não induz a produção da imunoglobulina A (IgA) secretora, e tem a vantagem de poder ser aplicada em indivíduos imunocomprometidos e naqueles nos quais a vacina produzida com vírus atenuado não é recomendada.

A VOP vem sendo amplamente usada, pela maior facilidade de administração (gotas orais), custo mais barato para a aplicação, capacidade de induzir não apenas anticorpos séricos, mas também anticorpos secretores (IgA) e pela rapidez com que a vacina induz o aparecimento de imunidade duradoura. A vacina oral é preparada com estirpes atenuadas dos três tipos de PV, utilizando células de origem humana ou de macaco. No Brasil, na fase de erradicação da poliomielite, a concentração utilizada por dose é de $10^6$ $TCID_{50}$, $10^5$ $TCID_{50}$ e $6 \times 10^5$ $TCID_{50}$, para os tipos 1, 2 e 3 de PV, respectivamente.

Em alguns países tropicais, a VOP apresenta falhas na indução satisfatória de anticorpos, e esse percentual mais baixo de "pega" da vacina pode ser atribuído a vários fatores. Entre esses fatores podemos relacionar: interferência de outros EV presentes no intestino; presença de anticorpos no leite materno; presença de imunidade prévia devida à exposição anterior a estirpes dos PVS ou vírus relacionados; e finalmente a presença no trato alimentar das crianças (principalmente na saliva) de uma substância que inativa parte dos vírus vacinais.

Outro fator reconhecido como responsável pela falha da VOP, em países tropicais, é a má conservação. A preocupação em contornar esse problema envolve ações que vão desde a tentativa de melhoria da cadeia de frio até a adição de estabilizantes, tais como solução molar de $MgCl_2$, solução de sacarose ou sorbitol.

O Programa Nacional de Imunização (PNI) do MS do Brasil recomendou, por anos, a administração de quatro doses de VOP, com início aos 2 meses de idade, sendo as três primeiras doses administradas com intervalos de 2 meses, com um reforço aos 15 meses. Aos 5 anos de idade a criança recebia outro reforço. Contudo, a VOP, embora segura, em casos raros, pode causar paralisia nas crianças vacinadas ou nos seus contatos. Nos EUA, segundo informação dos CDC, a poliomielite paralítica associada à vacina antipólio (VAPP, *vaccine associated paralytic poliomyelitis*) ocorreu na proporção de 1 caso em 2 a 3 milhões de doses de VOP aplicadas. Assim, houve nos EUA, no período em que usou apenas a VOP, uma média de 8 a 10 casos de VAPP, principalmente após a 1ª dose. No Brasil, no período de 1995 a 2011 foram constatados 48 casos de VAPP.

Dados da OMS revelaram a incidência de 1.580 casos de VAPP no período de 2000 a 2020, sendo 1.088 (68,9%) na Região da África, 325 (20,6%) na Região do Mediterrâneo Oriental, 77 (4,9) na Região do Sudeste da Ásia, 67 (4,2%) na Região do Pacífico Ocidental, 21 (1,3%) na Região das Américas e 2 (0,1%) na Região da Europa. No período de 2016 a março de 2020, cVDPV2 foi o maior responsável por casos de VAPP (735 casos) (ver Figura 17.11). Além disso, pode-se observar que, na maior parte do mundo, o número de casos de VAPP tem excedido o de casos por PV selvagens (Figura 17.14). O uso continuado da VOP pode provocar surtos por cVDPV. Apesar do conhecimento sobre a existência deste problema em potencial, por mais de 40 anos, somente nos últimos anos esse risco ficou claramente demonstrado. O primeiro surto provocado por amostras cVDPV ocorreu na ilha Hispaniola, em 2000 e 2001, em que 21 casos foram confirmados pelo diagnóstico laboratorial virológico, no Haiti e na República Dominicana. De 2000 a 13 de abril de 2021, ocorreram surtos em 38 países em todas as

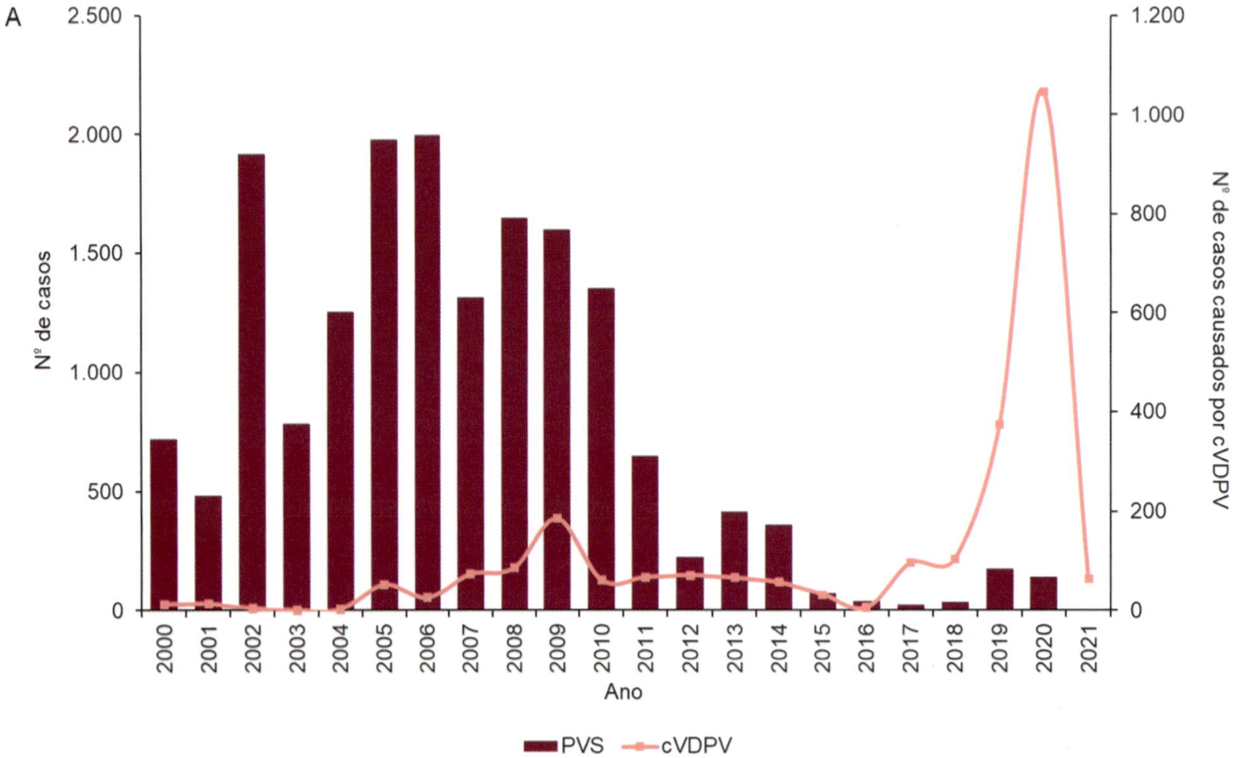


**Figura 17.14** Poliomielite no mundo (2000-2021). **A.** Casos de poliomielite causados por poliovírus selvagem e poliovírus circulantes derivados da vacina, globalmente. (*continua*)

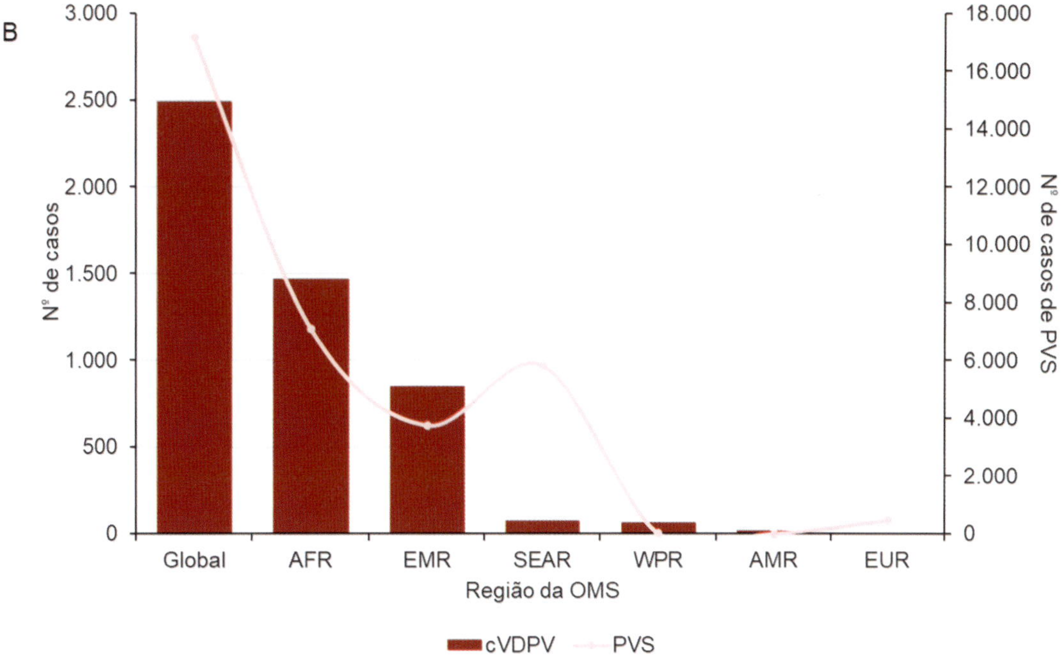


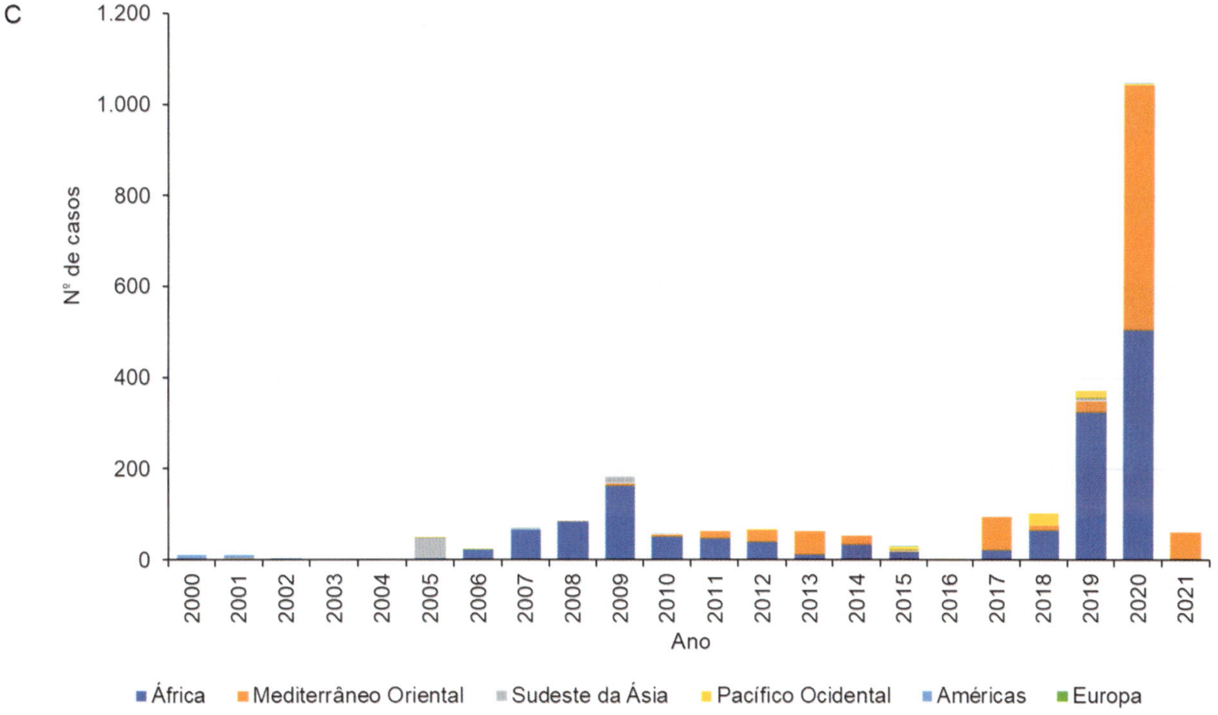


**Figura 17.14** (*Continuação*) Poliomielite no mundo (2000-2021). **B.** Casos de poliomielite por Região da OMS. **C.** Distribuição anual dos casos de poliomielite causados por poliovírus circulantes derivados da vacina, por Região da OMS. PVS: poliovírus selvagem; cVDPV: *circulating vaccine-derived poliovirus* (PV circulante derivado da vacina); AFR: África; EMR: Mediterrâneo Oriental; SEAR: Sudeste da Ásia; WPR: Pacífico Ocidental; AMR: Américas; EUR: Europa. (Informações atualizadas até 13 abr. 2021.) Fonte: WHO, 2021.

Regiões da OMS (Quadro 17.9), a maioria ocorreu na Região da África, onde 21 países reportaram surtos de VAPP.

Devido aos riscos de casos associados à vacina e estirpes derivadas da vacina, a OMS concluiu que não era recomendável continuar a vacinação com a VOP. Nos EUA, com o declínio da incidência de poliomielite, seguindo orientação dos CDC e do Comitê de Imunizações, o esquema vacinal que já incluía duas doses iniciais de VIP foi substituído, desde 2000, por um novo esquema com o uso exclusivo de VIP.

Em 27 de outubro de 2011 foi realizada em Genebra a 10ª reunião consultiva entre OMS e UNICEF (*United Nations Children's Fund*), os laboratórios fabricantes de VOP e VIP e autoridades de Agências Nacionais Reguladoras para avaliar as investigações em curso, visando a erradicação dos PVS e a eliminação dos cVDPV circulantes. Em documento de 26 de março de 2012, o Grupo Consultivo Estratégico de Especialistas em Imunização – Grupo de Trabalho em Poliomielite (*Strategic Advisory Group of Experts on Immunization* [*SAGE*] *Polio Working Group*) informou que mais de 72 países já haviam introduzido a VIP nos programas de imunização de rotina. Esses países adotaram um esquema sequencial, normalmente 1 ou 2 doses de VIP, seguidas por múltiplas doses de VOP, ou um esquema em que utilizavam

**Quadro 17.9** Distribuição da poliomielite associada a cVDPV no mundo por Região da OMS (2000 a 2021)†.

| Ano | Nº de casos de paralisia por cVDPV | Países afetados por Região da OMS |
|---|---|---|
| 2000 | 12 | AMR = 11 casos na República Dominicana e 1 no Haiti |
| 2001 | 13 | AFR = 1 caso em Madagascar; AMR = 2 na República Dominicana e 7 no Haiti; WPR = 3 casos nas Filipinas |
| 2002 | 4 | AFR = 4 casos em Madagascar |
| 2003 | 0 | – |
| 2004 | 2 | WPR = 2 casos na China |
| 2005 | 51 | AFR = 3 casos em Madagascar e 1 na Nigéria; SEAR = 46 casos na Indonésia; WPR = 1 caso no Camboja |
| 2006 | 25 | AFR = 2 casos no Níger e 21 na Nigéria; SEAR = 1 caso em Myanmar; WPR = 1 caso no Camboja |
| 2007 | 72 | AFR = 68 casos na Nigéria; SEAR = 4 casos em Myanmar |
| 2008 | 85 | AFR = 68 casos na Nigéria, 13 na República Democrática do Congo e 3 na Etiópia; EMR = 1 caso na Somália |
| 2009 | 184 | AFR = 5 casos na República Democrática do Congo, 2 na Etiópia, 1 na Guiné, 1 na Guiné-Bissau e 154 na Nigéria; EMR = 6 casos na Somália; SEAR = 15 casos na China |
| 2010 | 60 | AFR = 1 caso no Chade, 18 na República Democrática do Congo, 5 na Etiópia, 1 no Níger e 27 na Nigéria; EMR = 1 caso na Somália, 5 no Afeganistão; SEA = 2 casos na Índia |
| 2011 | 66 | AFR = 11 casos na República Democrática do Congo, 2 em Moçambique, 1 no Níger e 33 na Nigéria; EMR = 9 casos no Iêmen, 9 na Somália e 1 no Afeganistão |
| 2012 | 70 | AFR = 12 casos no Chade, 17 na República Democrática do Congo, 3 no Quênia e 8 na Nigéria; EMR = 2 casos no Iêmen, 1 na Somália, 16 no Paquistão e 9 no Afeganistão; WPR = 2 casos na China |
| 2013 | 65 | AFR = 4 casos em Camarões, 3 no Chade, 1 no Níger e 4 na Nigéria; EMR = 1 caso no Iêmen, 1 na Somália, 48 no Paquistão e 3 no Afeganistão |
| 2014 | 56 | AFR = 1 caso na Guiné, 1 em Madagascar, 30 na Nigéria, 2 no Sudão do Sul; EMR = 22 casos no Paquistão |
| 2015 | 32 | AFR = 1 caso na Nigéria, 10 em Madagascar, 7 na Guiné; EMR = 2 no Paquistão; EUR = 2 casos na Ucrânia; SEAR = 2 casos em Myanmar; WPR = 8 casos na República Popular Democrática de Laos |
| 2016 | 5 | AFR = 1 caso na Nigéria; EMR = 1 caso no Paquistão; WPR = 3 casos na República Popular Democrática de Laos |
| 2017 | 96 | AFR = 22 casos na Guiné Equatorial; EMR = 74 casos na Síria |
| 2018 | 104 | AFR = 34 casos na Nigéria, 10 no Níger, 1 em Moçambique, 20 na República Democrática do Congo; EMR = 12 casos na Somália; SEAR = 1 caso na Indonésia; WPR = 26 casos na Papua-Nova Guiné |
| 2019 | 368 | AFR = 2 casos na Zâmbia, 18 na Nigéria, 1 em Níger, 13 na Etiópia, 88 na República Democrática do Congo, 10 no Chade, 21 na República Centro-Africana, 8 em Benin, 130 em Angola, 8 no Togo, 1 em Burquina-Faso, 18 em Gana; EMR = 3 casos na Somália e 22 no Paquistão; SEAR = 6 casos em Myanmar; WPR = 3 casos na Malásia, 15 nas Filipinas e 1 na China |
| 2020 | 1.047 | AFR = 3 casos em Angola, 3 em Benin, 59 em Burquina-Faso, 7 em Camarões, 4 na República Centro-Africana, 99 no Chade, 1 no Congo, 72 na Costa do Marfim, 78 na República Democrática do Congo, 24 na Etiópia, 12 em Gana, 39 na Guiné, 36 em Mali, 8 na Nigéria, 9 em Níger, 3 em Serra Leoa, 30 no Sudão Sul e 9 no Togo; EMR = 304 casos no Afeganistão, 29 no Iêmen, 135 no Paquistão, 14 na Somália e 57 no Sudão; WPR = 1 nas Filipinas, 1 na Malásia; EUR = 1 no Tajiquistão |
| 2021 | 63 | AFR = 1 no Congo, 5 na Guiné, 3 na Nigéria, 1 na República Democrática do Congo, 3 no Senegal e 4 no Sudão do Sul; EUR = 5 no Tajiquistão |

†Informações atualizadas até 13 abr. 2021. AFR: África; EMR: Mediterrâneo Oriental; EUR: Europa; AMR: Américas; SEAR: Sudeste da Ásia; WPR: Pacífico Ocidental; cVDPV: poliovírus (PV) circulante derivado da vacina (*circulating vaccine-derived poliovirus*). Fonte: WHO, 2021.

apenas a VIP. Nesse documento, recomendava-se que a interrupção do uso de VOP deveria ser cuidadosamente programada e planejada mundialmente, considerando-se a vigilância ativa e a não interrupção da imunização com a VIP como principais estratégias. Mais ainda, como naquele momento, já havia sido atingida a erradicação do PVS2 e a circulação do PVS3 estava controlada, a OMS recomendou a retirada do PV2 da vacina.

Entre 2012 e 2015, o Brasil introduziu modificações no calendário de vacinação, com o uso da VIP em esquema sequencial, utilizando 2 doses de VIP bivalente (VIPb, contendo PV1 e PV3) aos 2 e 4 meses de idade, seguida da 1ª dose de VOP trivalente (VOPt, contendo PV1, PV2 e PV3) aos 6 meses de idade e 2 doses de reforço, com uso de VOP, aos 15 meses e 4 anos de idade, assim como nos Dias Nacionais de Vacinação. Entretanto, nessa ocasião, a Sociedade Brasileira de Imunizações já recomendava que somente fosse aplicada a VIP. As doses de VIP visam minimizar o risco de paralisia associada à vacina, enquanto as de VOP têm o intuito de manter a imunidade da população contra o risco potencial da introdução do PVS por viajantes, pois o vírus ainda circula em alguns países.

Em 2016, o MS introduziu novas mudanças no esquema vacinal contra a poliomielite no Brasil, que passou a ser de três doses da VIPb (2, 4 e 6 meses) e mais duas doses de reforço com a VOP bivalente (VOPb contendo PV1 e PV3) aos 15 meses e 4 anos. A mudança está de acordo com a orientação da OMS e faz parte do processo de erradicação mundial da poliomielite.

Aos viajantes em situações de risco, por viagens a países onde, embora não haja mais circulação do vírus selvagem, ainda é possível a ocorrência de surtos pela importação de vírus selvagem ou vacinal, ou mesmo emergência de circulação de vírus vacinal, ou risco de retorno da poliomielite em países com baixa imunidade da população e vigilância deficiente (ver Quadros 17.8 e 17.9), a OMS recomenda o utilização de 1 dose de VOP ou VIP, no mínimo, 4 semanas antes da viagem, salvo para aqueles vacinados nos últimos 12 meses.

Que vacina será então utilizada no futuro? O avanço tecnológico atual permitiu, por meio da análise do genoma dos PV e do conhecimento da sequência de aminoácidos que compõe suas proteínas, a preparação de uma vacina contendo apenas polipeptídeos selecionados imunologicamente ativos. Porém, em estudos elaborados com peptídeos sintéticos, estes se mostraram como imunógenos fracos. Pesquisas com DNA recombinante resultaram na seleção de estirpes atenuadas de PV, contendo deleção em seus genes de neurovirulência, requerendo avaliação quanto à segurança de seu uso como vacinas orais. Contudo, os testes de avaliação para licenciamento dessas vacinas são caros e demorados e não há garantia se serão aceitos mundialmente.

Uma nova vacina oral, denominada nVOP2, está sendo desenvolvida. As autoridades de saúde estão acelerando o desenvolvimento desta vacina oral com planos para aprovação e implantação de emergência em regiões com transmissão ativa da poliomielite. A vacina é produzida a partir de vírus geneticamente engenheirados para evitar a reversão do PV2 vacinal à sua forma virulenta. O racional para o desenvolvimento desta vacina parte da premissa de que, uma mutação pontual no nucleotídeo (nt) 481 aumenta a neurovirulência e que essa mutação ocorre na maioria das pessoas logo após a imunização. A reversão da mutação no nt 481 seria a primeira etapa necessária para permitir a reversão do fenótipo de atenuado para virulento. Assim, foram introduzidas modificações em 18 nucleotídeos próximos ao nt 481 no genoma do vírus vacinal, de modo que a bem conhecida substituição não ocorra. Essa salvaguarda, por sua vez, é protegida de eventos de recombinação, porque um gene necessário para a biossíntese foi realocado para outra parte do genoma, de modo que se as modificações próximas ao nt 481 forem perdidas por recombinação, o gene necessário para biossíntese também será perdido. Como resultado, a reversão requer dois eventos de recombinação em vez de um, sendo um a aquisição de uma segunda cópia do gene responsável pela biossíntese e o outro a perda das modificações relacionadas ao nt 481. Além disso, foi introduzida no genoma do vírus vacinal uma polimerase de alta fidelidade que introduz menos erros durante a replicação do genoma, enquanto outro gene recebeu alterações para diminuir a propensão do vírus à recombinação.

Algum controle pode ser conseguido com cuidados higiênicos especiais dos pacientes e do pessoal que compõe equipes hospitalares. Na prevenção de surtos, podem ser importantes as condições que envolvem saneamento básico, com utilização de tratamento de esgotos e cuidados para prevenir a contaminação de águas utilizadas pela população, para consumo ou lazer. Em clínicas oftalmológicas, devem ser tomados cuidados especiais em relação ao EV-D70, agente etiológico da conjuntivite hemorrágica epidêmica.

### Tratamento

Não existem medicamentos para o tratamento da maioria dos EV. Embora a ribavirina, agindo sobre a proteína 3D, que tem atividade de RNA polimerase, tenha sido relatada como eficaz em diminuir a produção de vírus *in vivo*, uma dose muito elevada é necessária (100 mg/kg) para o tratamento, o que pode elevar os riscos de efeitos adversos. Entre os PV, já foi observado que o cânion hidrofóbico representa o sítio de ligação para algumas drogas.

Durante milênios a humanidade sofreu o impacto das sequelas causadas pelos PV, e agora com sua eminente erradicação este problema está próximo do fim. Contudo, outros EV estão emergindo como problemas de saúde pública, o EV-A71 é o principal causador de doenças neurológicas, especialmente PFA, enquanto os CV são responsáveis por uma variedade de doenças. Assim poderá se tornar necessária a produção de novas vacinas. Desse modo, apesar da erradicação do PV, os EV continuarão sendo alvos para estudos.

## Henipavírus

Norma Suely de Oliveira Santos

### Histórico

Os henipavírus (HNV) constituem um gênero da família *Paramyxoviridae* que inclui o vírus Hendra (HeV) e o vírus Nipah (NiV). Esses vírus são agentes zoonóticos altamente patogênicos para seres humanos, com taxas de mortalidade de 50 a 100%. O amplo espectro de hospedeiros suscetíveis, a alta virulência e a transmissão zoonótica eficiente, diferenciam os HNV de outros paramixovírus. O NiV e o HeV são uma ameaça à pecuária e à saúde pública. Esse fato, associado à ausência de medidas preventivas e um agente quimioterápico, fez com que o Centro Nacional de Alergia e Doenças Infecciosas dos Institutos Nacionais de Saúde (NIAID/NIH, National Center of Allergy and Infectious Diseases/National Institutes of Health) dos Estados Unidos da América (EUA), classificasse os HNV como agentes patogênicos de Categoria C (patógenos emergentes que poderiam ser submetidos à tecnologia de engenharia genética para disseminação em massa). Os HNV são também classificados internacionalmente como patógenos de Grupo de Risco-4 (RG-4, *risk group*-4, patógenos que normalmente causam doença grave em seres humanos ou animais e que podem ser facilmente transmitidos de um indivíduo para outro, direta ou indiretamente e para os quais não existem medidas preventivas ou tratamento disponível) devido à sua elevada virulência e, portanto, devem ser manipulados em laboratórios de contenção máxima, que são os laboratórios de biossegurança nível 4 (BSL-4, *biosafety level*-4).

O HeV foi descrito pela primeira vez em 1994, na Austrália, quando causou um surto de doença respiratória aguda grave com elevada mortalidade em cavalos puro-sangue, em um estábulo na cidade de Brisbane, no estado de Queensland. O agente etiológico desse surto foi identificado como sendo um membro da família *Paramyxoviridae* que foi inicialmente denominado morbilivírus equino; posteriormente foi renomeado vírus Hendra, devido ao nome do subúrbio de Brisbane onde ocorreu o surto.

Entre setembro de 1998 e abril de 1999, uma grande epidemia da doença em seres humanos e porcos ocorreu na Malásia, resultando na morte de dezenas de pessoas e no sacrifício de milhares de porcos. O surto foi inicialmente atribuído ao vírus da encefalite japonesa (JEV; *Japanese encephalitis virus*), no entanto, posteriormente, um novo paramixovírus foi associado à doença. A caracterização do agente, realizada nos Centros para Controle e Prevenção de Doenças (CDC, Centers for Disease Control and Prevention) dos EUA, demonstrou que esse novo vírus, denominado de vírus Nipah, apresentava similaridades ultraestruturais, antigênicas, sorológicas e moleculares com o HeV. O nome originou-se de Sungai Nipah, uma vila na Península da Malásia. A epidemia teve origem no estado de Perak ao norte de Kuala Lumpur entre trabalhadores e familiares de uma fazenda de criação de porcos. Poucos meses depois, um surto similar, contudo maior, ocorreu em outra fazenda de suínos, ao sul de Kuala Lumpur, no estado de Negri Sembilan. Logo depois novos surtos ocorreram em Singapura.

## Classificação e características

O gênero *Henipavirus* pertence à subfamília *Orthoparamyxovirinae*, da família *Paramyxoviridae*. Esse gênero é composto por cinco espécies virais: *Nipah henipavirus* (NiV), *Hendra henipavirus* (HeV), *Ghanaian bat henipavirus* (GhV), *Cedar henipavirus* (CedV) e *Mojiang henipavirus* (MojV).

O HeV foi a primeira espécie identificada desse gênero, isolado durante um surto de doença respiratória e neurológica em cavalos e em humanos na Austrália. O NiV foi isolado durante um surto de encefalite e doença respiratória entre humanos e porcos na Malásia. Atualmente, existem dois genótipos identificados: NiV-Malásia (NiV-M) e NiV-Bangladesh (NiV-B). O GhV foi identificado a partir de sequências obtidas das fezes de *Eidolon helvum*, uma espécie de morcego da família *Pteropodidae*, em Gana. Nenhum isolado foi relatado e a patogenicidade e a transmissão entre espécies permanecem desconhecidas. Também foram descobertas sequências parciais de 19 henipavírus africanos filogeneticamente novos, sugerindo uma diversidade adicional de henipavírus africanos. O CedV foi isolado de morcegos australianos em 2012, e parece não ser patogênico. O MojV foi descrito em 2014, durante a vigilância retrospectiva do agente etiológico responsável por casos de doenças respiratórias fatais em mineiros, na China. Um genoma completo foi montado a partir de sequências detectadas em uma espécie de roedor (*Rattus flavipectus*) que habita em cavernas. O MojV está circunstancialmente associado à doença respiratória fatal, no entanto, estudos de patogenicidade não foram concluídos.

Os paramixovírus possuem genoma de RNA de fita simples de polaridade negativa (RNAfs–). As partículas virais são pleomórficas e possuem envelope glicolipoproteico e nucleocapsídeo de simetria helicoidal. A partícula de NiV possui um diâmetro maior (500 nm em média) do que um paramixovírus típico (150 a 200 nm (ver Figura 14.9, *Capítulo 14*). Existem diferenças estruturais que distinguem as partículas de NiV e HeV. Quando observadas ao microscópio eletrônico, as projeções da superfície dos vírions de HeV possuem aparência de "franja dupla", enquanto as do NiV têm aparência de "franja simples".

O genoma dos HNV possui aproximadamente 18,2 quilobases (kb), significativamente maiores do que na maioria dos paramixovírus e consiste em seis genes que codificam, no sentido $3' \rightarrow 5'$, as proteínas: N (nucleocapsídeo), P (fosfoproteína), M (matriz), F (fusão), G (glicoproteína de superfície) e L (RNA polimerase-RNA dependente) (Figura 17.15). A organização genômica dos HNV sugere que eles possuam estratégia de replicação semelhante à dos outros paramixovírus. No terminal 3′ o genoma possui uma sequência *leader* (l) de 55 nucleotídeos (nt), e no terminal 5′ uma curta sequência *trailer* (t) de 33 nt que funcionam como promotores para as fitas positiva e negativa, respectivamente. Os 12 nt terminais 3′ e 5′ são altamente conservados e complementares. A região codificante de cada gene é flanqueada por regiões não traduzidas (UTR, *untranslated regions*) que contêm códons de iniciação e terminação. Imediatamente após o códon de terminação há uma curta região intragênica não codificante (IGR, *intragenic regions*) com sequência GAA que precede o códon de iniciação do gene seguinte. As sequências IGR são idênticas às dos *Morbillivirus* e *Respirovirus*.

As proteínas de superfície dos HNV, G e F, induzem a produção de anticorpos neutralizantes e ambas são necessárias para o processo de entrada do vírus na célula. A proteína G dos HNV possui 602 aminoácidos (aa) e funciona como proteína de ligação ao receptor celular. Diferentemente das proteínas de ligação celular de outros paramixovírus, a proteína G dos NiV não possui atividade hemaglutinante ou neuraminidásica. A proteína G do NiV e do HeV se liga a moléculas de ephrin-B2, as quais são expressas nos neurônios, músculo liso e células endoteliais nas paredes das pequenas artérias. Uma molécula relacionada, ephrin-B3, com menor afinidade, serve como receptor alternativo para NiV. O sítio ativo de ligação na haste da proteína G do NiV parece estar envolvido na indução da atividade de fusão da proteína F.

A proteína F de ambos HNV possui 546 aa e é responsável pelo processo de fusão do envelope viral com a membrana da célula. A proteína F dos HNV, semelhante aos outros paramixovírus, é sintetizada como um precursor inativo, $F_0$, o qual é clivado por proteases celulares produzindo duas subunidades biologicamente ativas: $F_1$ e $F_2$, ligadas por pontes dissulfeto. A

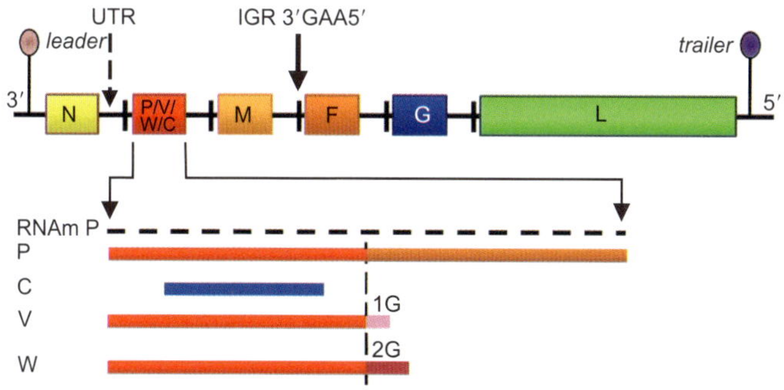


**Figura 17.15** Estrutura genômica dos HNV. O genoma dos henipavírus (HNV) consiste em um RNA de fita simples de polaridade negativa (RNAfs–) de aproximadamente 18,2 kb codificando seis proteínas estruturais. O terminal 3′ possui uma sequência *leader* de 55 nucleotídeos (nt), e o terminal 5′ uma curta sequência *trailer* de 33 nt que funcionam como promotores para as fitas positiva e negativa, respectivamente. Os 12 nt terminais 3′ e 5′ são altamente conservados e complementares. A região codificante de cada gene é flanqueada por regiões não traduzidas (UTR, *untranslated regions*) que contêm códons de iniciação e terminação. Imediatamente após o códon de terminação há uma curta região intragênica não codificante (IGR, *intragenic regions* – GAA) que precede o códon de iniciação do gene seguinte. Os HNV utilizam um processo de edição do RNA para produção de múltiplas proteínas a partir do mesmo gene. Esse processo envolve a inserção de resíduos de guanosina (G) no RNA mensageiro (RNAm) do gene P antes da tradução. O número de resíduos adicionados determina se haverá síntese das proteínas P, V ou W. A proteína C é codificada por uma segunda ORF iniciada no nt 23 ou 26 do sítio de iniciação de tradução da ORF do gene P.

subunidade $F_1$ fica ancorada na membrana e contém um domínio hidrofóbico que é altamente conservado e denominado de peptídeo de fusão. Nos paramixovírus que possuem proteína F com uma sequência consenso multibásica (R-X-R/K-R; R = arginina, X = aa inespecífico, K = lisina), esta é ativada por proteases celulares como furinas, enquanto a proteína F com um único resíduo básico no sítio de clivagem é ativada por proteases extracelulares tripsina-*like*. A proteína F do NiV contém somente um resíduo básico de arginina no sítio de clivagem. Contudo, o NiV induz efeito citopatogênico (CPE) em cultura de células na ausência de proteases exógenas. Estudos de mutagêneses do sítio de clivagem da proteína F de ambos HeV e NiV demostraram que este único resíduo de arginina no sítio não é requerido para o processamento da proteína F, o que indica que a protease responsável pelo processamento dessa proteína não é uma furina-*like*. A ausência de proteases séricas não inibiu a propagação de NiV em cultura de células, o que implica que uma protease intracelular seria responsável pela clivagem. Posteriormente, foi demonstrado que a proteína F dos HNV é processada por meio de uma nova estratégia na qual ela é endocitada e clivada.

A proteína M dos HNV possui 352 aa e promove rigidez à estrutura do vírion em decorrência das interações com a porção citoplasmática da proteína F, o complexo da ribonucleoproteína (RNP), e a face interna do envelope dos vírions.

O complexo RNP dos HNV, assim como de outros paramixovírus, consiste nas proteínas N, L e P. A proteína L possui todas as atividades enzimáticas necessárias para a síntese do RNA, enquanto a proteína P serve como uma plataforma (*scaffold*) entre a proteína L e o nucleocapsídeo. A proteína N dos HNV contém 532 aa e forma o capsídeo helicoidal do vírion. A proteína L é a maior proteína dos paramixovírus, com cerca de 2.200 aa, e a mais abundante na célula infectada. O tamanho dessa proteína provavelmente reflete as diferentes funções enzimáticas atribuídas a ela, incluindo iniciação, alongamento e terminação da transcrição do RNA mensageiro (RNAm; capeamento, metilação e poliadenilação do RNAm) e replicação do genoma. A proteína P possui 707 aa (HeV) ou 709 aa (NiV). O gene P dos HNV codifica pelo menos mais três proteínas não estruturais: C, V e W. As proteínas V e W são geradas por edição do RNAm do gene P. O processo envolve a adição ou não de guanosina (G) ao RNAm do gene P antes da tradução. O número de nt adicionados determina se será sintetizada a proteína P, V ou W. Essas proteínas possuem as porções aminoterminais idênticas (406 aa) e as carboxiterminais distintas. A não adição de guanosina resulta na tradução da proteína P. Quando 1 nt G é adicionado no aminoácido 55 (HeV) ou 52 (NiV) da porção carboxiterminal, a proteína V é produzida; quando 2 nt G são adicionados no aminoácido 47 da porção carboxiterminal, a proteína W é produzida. A proteína C (166 aa) é codificada por uma segunda ORF iniciada no nt 23 ou 26 do sítio de iniciação de tradução da ORF do gene P. A proteína C desempenha um papel importante na regulação da síntese do RNA viral e como fator de virulência. As proteínas V e W são cruciais para a virulência, e essas proteínas possuem função importante na resposta anti-interferon.

## Biossíntese viral

Os processos gerais da biossíntese dos paramixovírus estão descritos no *Capítulo 14*.

## Reservatórios

Acredita-se que certas espécies de morcegos do gênero *Pteropus* sejam os hospedeiros naturais dos HNV. O gênero *Pteropus* contém várias espécies como, por exemplo, as raposas-voadoras e os morcegos frugívoros. Já foi demonstrado que essas espécies estavam infectadas ou eram soropositivas para HNV, indicando que esses vírus são comuns nessas espécies. Os HNV já foram detectados na urina, saliva, secreções nasofaríngeas, placenta e secreções uterinas de morcegos, sugerindo que são provavelmente excretados nesses fluidos.

Os morcegos implicados na transmissão dos HNV estão distribuídos em uma área que compreende o nordeste, leste e sudeste da Austrália, Indonésia, Malásia, Filipinas e algumas ilhas do Pacífico. Eles parecem ser suscetíveis à infecção, mas não adoecem e excretam o vírus de forma intermitente, principalmente na urina.

## Patogênese

### *Transmissão*

A transmissão do HeV pode ocorrer da seguinte maneira:

- Transmissão morcego–cavalo: o isolamento do HeV a partir de secreção uterina e tecidos fetais de morcego gerou a hipótese de que a exposição acidental dos cavalos a fetos abortados e placenta, provavelmente por contaminação do pasto, representa uma possível rota de transmissão (Figura 17.16). A ingestão de restos contaminados com saliva, gerados por morcegos durante sua alimentação, também já foi sugerida como uma possível rota de transmissão morcego–cavalo do HeV, assim como a ingestão de pasto, alimentos ou água contaminados por urina ou fezes infecciosas dos morcegos. Já foi demonstrada, experimentalmente, a contaminação de cavalos por via oronasal, endovenosa e subcutânea. Dessa forma, a infecção natural por via oral ou nasofaríngea é plausível

- Transmissão cavalo–cavalo: os surtos de HeV se caracterizam pela infecção de um ou dois cavalos na mesma propriedade, sem evidência clara de transmissão direta cavalo–cavalo, embora existam sugestões da ocorrência desse tipo de transmissão em um pequeno número de casos. Essa transmissão pode ter sido indireta, via contaminação ambiental ou iatrogênica (mecanicamente transferida de secreções de animais infectados no estábulo ou durante o tratamento dos animais doentes). A transmissão direta cavalo–cavalo por contato com secreções nasais dos animais infectados foi suspeitada durante o surto de Brisbane em 1994. O HeV já foi detectado no sangue, secreções orais e nasais, urina e *swab* retal de cavalos infectados experimentalmente
- Transmissão cavalo–homem: os sete casos de infecção de seres humanos por HeV, até o momento, foram associados à transmissão cavalo–homem, e seis dos sete casos foram associados a contato direto com o animal doente. A natureza do contato que resultou na transmissão foi exposição a secreções respiratórias, sangue e/ou saliva do animal doente ou exposição a fluidos e tecidos durante o exame *post mortem* dos cavalos.

Experimentalmente, os cavalos infectados excretam o vírus nas secreções nasais antes do início dos sintomas da doença, sugerindo que animais assintomáticos representem risco de transmissão do vírus para os seres humanos. Contudo, a observação da excreção do vírus ao longo da infecção indica que o risco de transmissão cavalo–homem é mais elevado na fase avançada da doença no cavalo.

A transmissão homem-homem do HeV nunca foi descrita. Embora os dados clínicos sejam limitados, a detecção do RNA viral (RNAv) na urina e aspirado de nasofaringe e o isolamento do HeV de secreções de nasofaringe já foram descritos em alguns casos de infecção em seres humanos.

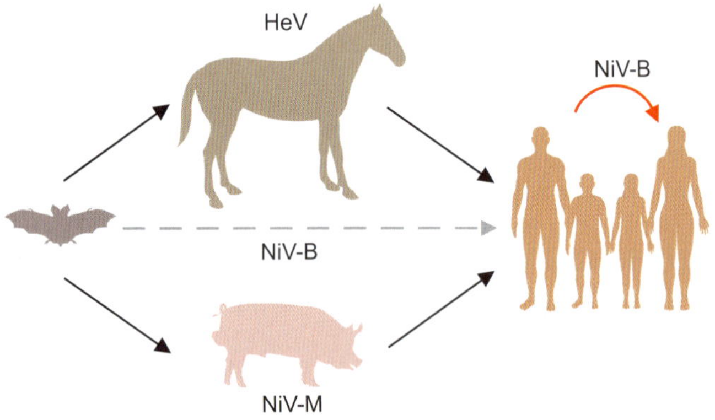


**Figura 17.16** Ciclo epidemiológico dos HNV. A transmissão dos henipavírus (HNV) dos morcegos para outras espécies provavelmente ocorre por contato com urina e fezes contaminadas ou restos de placenta. Os casos de infecção por HeV em seres humanos ocorreram por contato direto com tecidos e secreções infecciosas de cavalos. A transmissão do NiV-M e NiV-B entre porcos, porcos–homem ou homem–homem ocorre por via respiratória. No caso da variante NiV-B, pode ocorrer a transmissão morcego–homem por meio da ingestão de bebida contaminada com excretas de morcegos e homem–homem, via secreções respiratórias. HeV: vírus Hendra; NiV-M: vírus Nipah-Malásia; NiV-B: vírus Nipah-Bangladesh.

A transmissão do NiV-M ocorre da seguinte maneira:

- Transmissão morcego–porco: as práticas da pecuária atraem os morcegos para as proximidades das fazendas, facilitando a transmissão do vírus para os animais. A infecção dos porcos na Malásia pode ter ocorrido por via oronasal por meio da exposição a restos de frutas parcialmente comidas pelos morcegos, ou outros materiais contaminados com saliva, urina ou fezes (ver Figura 17.16)
- Transmissão porco–porco: uma vez que a infecção se estabeleceu na população suína, a transmissão porco–porco foi facilitada pela elevada densidade dos animais nas fazendas e transporte dos animais infectados entre as fazendas e os abatedouros. A transmissão parece ocorrer por contato com secreções respiratórias contaminadas
- Transmissão porco–homem: o contato próximo com porcos infectados foi significativamente associado ao risco elevado de transmissão do NiV para humanos na Malásia e em Singapura.

O exame histoquímico de tecido de pulmão dos porcos doentes demonstrou a presença do NiV. Esses achados, combinados com as características respiratórias da doença, indicam que a transmissão via secreções respiratórias foi a causa mais provável do espalhamento da infecção porco–porco e porco–homem no surto da Malásia.

A excreção orofaríngea do NiV em porcos infectados, a transmissão porco–porco e o início da excreção viral em porcos infectados foram observadas em condições experimentais. A excreção viral foi observada em animais com infecções aparentes e assintomáticas, indicando que animais sem sintomatologia podem transmitir a infecção.

A transmissão NiV-B ocorre da seguinte maneira:

- Transmissão porco–homem: nos primeiros surtos esse parece ter sido o mecanismo principal de transmissão do vírus. Possivelmente a transmissão se deu por via respiratória
- Transmissão morcego–homem: esse mecanismo de transmissão parece ter tido papel significativo na etiologia dos surtos de NiV em Bangladesh e possivelmente na Índia. A análise do genoma dos isolados dos surtos de Bangladesh (NiV-B) indica que houve numerosas introduções do NiV circulantes em diferentes colônias de morcegos, na população humana. As evidências epidemiológicas da transmissão zoonótica implicam primariamente a transmissão indireta dos morcegos para seres humanos, via contato com superfícies ou alimentos contaminados com secreções infecciosas (saliva, urina ou fezes) dos morcegos (ver Figura 17.16). A investigação de um surto ocorrido em Bangladesh entre dezembro de 2004 e janeiro de 2005 revelou que o consumo de um vinho de palma, preparado localmente, estava significativamente associado à doença. Essa bebida é uma iguaria local e é produzida com a resina coletada de palmeiras, durante a noite, e consumida sem qualquer processamento. Os pesquisadores observaram que morcegos da espécie *Pteropus giganteus* frequentemente visitavam as árvores das quais o vinho é preparado e eram vistos bebendo a resina das árvores e dos utensílios usados para coletá-la. Não foi realizado o isolamento do vírus a partir da bebida, contudo, experimentalmente, foi demonstrada a persistência de partículas virais infecciosas em suco de frutas por até 3 dias. Assim, a ingestão do vinho de palma contaminado com secreção infecciosa de morcegos parece ser uma rota plausível de transmissão da infecção pelo NiV

- Transmissão homem–homem: a transmissão entre seres humanos foi observada em 51% dos casos de infecção por NiV em Bangladesh entre 2001 e 2007, e teve papel significativo no espalhamento da doença no surto da Índia de 2001. Nesses casos, a transmissão parece ocorrer pelo contato com secreções respiratórias.

### Fisiopatologia da infecção

A infecção do epitélio do sistema respiratório resulta na indução de citocinas inflamatórias levando ao recrutamento de células do sistema imunológico e pode progredir para um quadro semelhante à síndrome da angústia respiratória. Durante os estágios finais da doença, a biossíntese viral se espalha para o epitélio pulmonar. A infecção pode induzir a vasculite nos pequenos vasos e capilares, caracterizada pela presença de sincícios e necrose.

Os HNV podem entrar na circulação sanguínea e serem disseminados pelo organismo dentro de leucócitos ou livremente no plasma. Além dos pulmões, outros órgãos podem ser atingidos como cérebro, baço e rins, levando à falência de múltiplos órgãos.

A entrada no sistema nervoso central (SNC) pode ocorrer por duas vias distintas: via nervo olfativo e/ou via hematogênica pelo plexo coroide e pelos vasos sanguíneos cerebrais. A infecção do SNC em seres humanos é caracterizada por vasculite, trombose, necrose parenquimal e presença de corpúsculos de inclusão virais. Placas com necrose são encontradas nas substâncias cinza e branca acompanhadas de vasculite, trombose e edema parenquimal; é observada inflamação ao redor dessas placas.

Estudos realizados em casos fatais em humanos mostram a presença do vírus nos tecidos linfoide e respiratório, indicando que esses tecidos são o sítio primário de biossíntese viral. O surgimento simultâneo de vasculite e lesões patológicas em diferentes órgãos sugere uma fase virêmica inicial disseminando o vírus de forma sistêmica. O endotélio tem sido proposto como um sítio secundário para a biossíntese viral seguindo-se a viremia secundária e amplificação da disseminação sistêmica do vírus, eventualmente atingindo o SNC. Enquanto as evidências de infecção endotelial e vasculite são vistas em grande parte dos órgãos examinados, na maioria dos casos de infecção em seres humanos, essas características são mais frequentes no SNC e, juntamente com a infecção das células parenquimatosas do SNC, têm papel central na patogênese da doença (Figura 17.17).

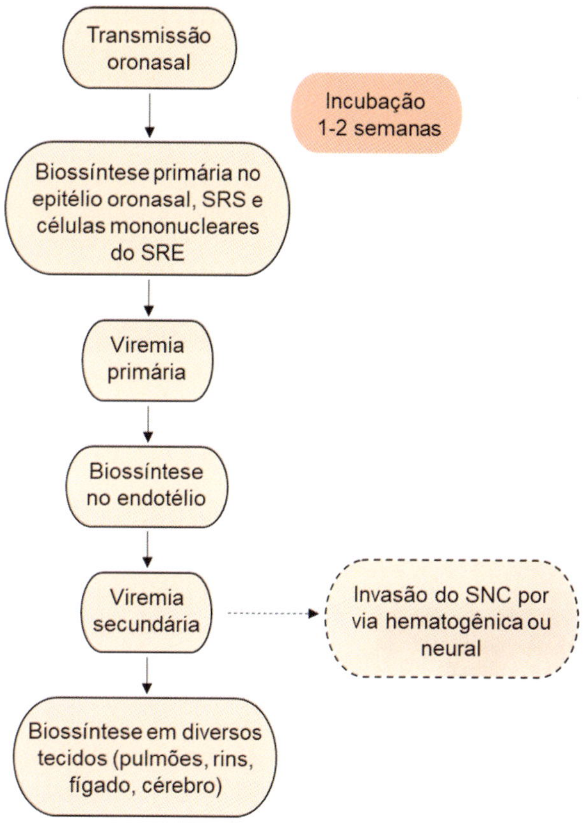


**Figura 17.17** Esquema da patogênese dos HNV. HNV: henipavírus; SRS: sistema respiratório superior; SRE: sistema reticuloendotelial; SNC: sistema nervoso central.

## Manifestações clínicas

### Vírus Hendra

#### Infecção em seres humanos

O período de incubação estimado é de 7 a 10 dias, podendo variar de 5 a 21 dias. A doença é caracterizada como influenza-*like*, com febre, mialgia, cefaleia, letargia, dor de garganta, náusea e vômito. A doença pode progredir para pneumonia grave e morte, ou encefalite com sintomas de cefaleia, febre alta e sonolência. A encefalite pode também ocorrer após a remissão da doença respiratória inicial. Em um total de sete casos, o índice de fatalidade em seres humanos foi de mais de 50%, entretanto, três pacientes se recuperaram em poucas semanas sem sequelas. No soro de dois indivíduos que se recuperaram foi detectada IgG anti-HeV por imunofluorescência (IF), ensaio imunoenzimático (EIA, *enzyme immunoassay*) e teste de neutralização (TN) entre os dias 12 e 14 após o início dos sintomas e permaneceu por, pelo menos, 50 dias.

Um paciente apresentou quadro inicial de influenza-*like* e meningite asséptica; ele se recuperou da infecção inicial, contudo, desenvolveu encefalite 13 meses depois e faleceu. O RNAv foi detectado no soro e anticorpos foram detectados por TN e IF em baixos títulos. Durante a segunda fase da doença, o RNAv foi detectado no liquor e biópsia de tecido cerebral. No soro desse paciente foi detectado título elevado de anticorpos IgG e IgM por IF, EIA e TN. O vírus não foi isolado do cérebro a despeito dos resultados positivos de amplificação do genoma viral por reação em cadeia da polimerase associada à transcrição reversa (RT-PCR, *reverse transcription polymerase chain reaction*), além da detecção de agregados intracelulares de nucleocapsídeos virais por microscopia eletrônica e imuno-histoquímica. O curso da doença mostrou uma semelhança marcante com a pan-encefalite esclerosante subaguda causada por outro paramixovírus, o vírus do sarampo.

Um paciente apresentou um quadro inicial de falência respiratória aguda requerendo ventilação mecânica, que foi complicado posteriormente por falência renal e parada cardíaca; esta última levou o paciente a óbito. Outros dois pacientes desenvolveram sintomas influenza-*like* durante poucos dias durante os quais o RNAv foi detectado no soro, liquor, urina e aspirado de nasofaringe. Melhora clínica ocorreu simultaneamente com o surgimento de IgM e IgG detectáveis por IF e EIA. A despeito da circulação de anticorpos e do tratamento inicial com ribavirina, o RNAv permaneceu detectável por vários dias. Ambos os pacientes desenvolveram encefalite com envolvimento cortical, subcortical e da substância branca detectável por exame de ressonância magnética. Em um paciente os sinais neurológicos progrediram, com convulsão e focos disseminados e hiperintensos detectados na ressonância.

O paciente precisou de ventilação mecânica e faleceu 40 dias após o início da doença. O outro paciente (terceiro sobrevivente) apresentou melhora do curso clínico da doença e recebeu alta. O último caso reportado foi de um veterinário que faleceu a despeito do tratamento com ribavirina.

As infecções de seres humanos por HeV são menos documentadas do que as de NiV devido ao menor número de casos. Apenas em dois casos os resultados das autópsias foram divulgados. No primeiro caso fatal, a histologia dos pulmões revelou alveolite necrosante focal com grande número de células gigantes contendo corpúsculos de inclusão viral. No segundo caso, foi evidenciada leptomeningite com infiltrado de linfócitos e plasmócitos, e necrose no neurocórtex, tronco encefálico e cerebelo. Células endoteliais multinucleadas também estavam presentes no cérebro, fígado e pulmões.

### Infecção em cavalos

A infecção em cavalos geralmente inicia-se com sintomas respiratórios e/ou neurológicos variáveis. Os primeiros sinais incluem febre, taquicardia, desconforto, perda de peso, depressão (letargia, apatia), ataxia, edema facial, angústia respiratória grave e secreção nasal abundante, espumosa, algumas vezes sanguinolenta.

As lesões mais frequentes em cavalos foram dilatação dos vasos linfáticos pulmonares, edema pulmonar grave e congestão. Outras lesões incluem edema de mesentério, aumento do fluido pleural e pericárdico e congestão dos linfonodos. Uma alteração característica foi o surgimento de sincícios em células epiteliais, especialmente naquelas dos capilares e arteríolas dos pulmões, linfonodos, baço, cérebro, estômago, coração e glomérulos renais.

A deterioração rápida das condições do animal é um sinal considerado importante na determinação da possibilidade de infecção por HeV. O índice de fatalidade é maior que 70%. O animal é considerado infeccioso desde 72 horas antes do início da doença até o óbito e eliminação da carcaça.

## *Vírus Nipah*

### Infecção em seres humanos

O período de incubação varia de 2 a 30 dias, embora a maioria dos casos seja de 1 a 2 semanas. Sinais e sintomas prodrômicos incluem febre, cefaleia, mialgia e tonteira. Os sintomas respiratórios precedem os neurológicos que se tornam as características dominantes em 1 semana, embora em 14 a 29% dos casos os sintomas respiratórios também persistam. No estágio inicial o vírus pode ser isolado e o genoma viral pode ser detectado por RT-PCR na urina e secreções respiratórias, mas não no sangue (Figura 17.18).

Sonolência, confusão e redução dos níveis de consciência são observadas em poucos dias. Os sintomas neurológicos mais comuns são hiporreflexia ou arreflexia, mioclonia segmentar, olhar paralisado e fraqueza dos membros. O isolamento do vírus no liquor de pacientes com encefalite é associado à mortalidade elevada. Quase todos os pacientes apresentam IgM sérica detectável por EIA 1 semana após o início dos sintomas respiratórios e, no liquor, após 10 a 15 dias. Todos os pacientes apresentam IgG sérica após 17 a 18 dias pós-infecção. Não houve diferença entre os níveis de anticorpos IgM ou IgG entre pacientes com ou sem encefalite.

Em geral, a deterioração neurológica ocorre rapidamente, e o coma, que requer suporte respiratório, precede o óbito que ocorre em 32 a 61% dos pacientes. A mortalidade observada em Bangladesh foi mais elevada, 73%.

Em 15 a 32% dos pacientes que sobrevivem à encefalite é observado déficit neurológico residual brando ou grave.

Uma das características mais incomuns da infecção por NiV é a propensão dos pacientes para sofrerem recidiva da encefalite e/ou estabelecimento tardio da encefalite. Nos surtos da Malásia 7,5% dos pacientes que se recuperaram da infecção sofreram recidiva da encefalite, enquanto 3,7% dos pacientes que não

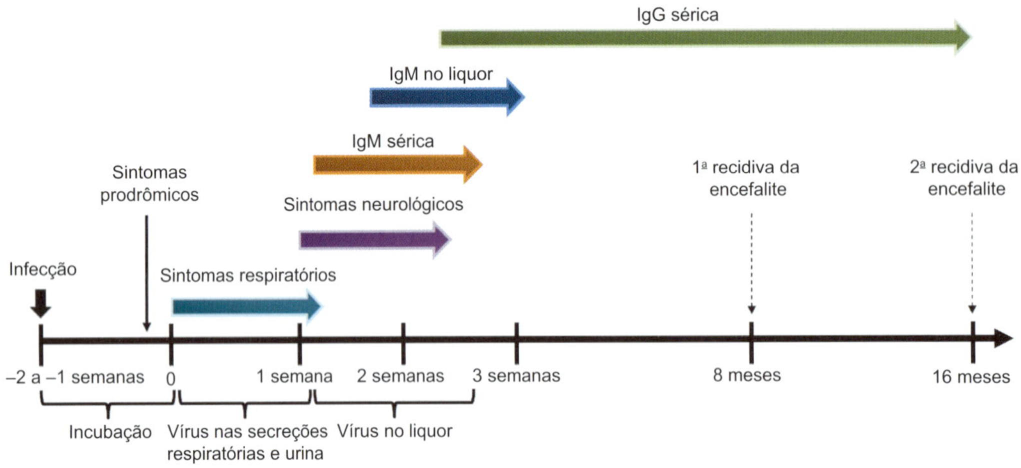


**Figura 17.18** Curso clínico da infecção pelo NiV. O período de incubação médio do vírus Nipah (NiV) é de 1 a 2 semanas. Sinais e sintomas prodrômicos incluem febre, cefaleia, mialgia e tonteira. Os sintomas respiratórios são os primeiros a surgir e permanecem por pelo menos 1 semana. Neste estágio o vírus pode ser isolado e o genoma viral pode ser detectado por RT-PCR na urina e secreções respiratórias, mas não no sangue. A seguir surgem os sintomas neurológicos; nesta fase a detecção do vírus no liquor implica prognóstico ruim. Quase todos os pacientes apresentam IgM sérica detectável por EIA em 1 semana e, no liquor, 10 a 15 dias após o início dos sintomas. Todos os pacientes apresentam IgG sérica 17 a 18 dias pós-infecção. Em geral, a deterioração neurológica ocorre rapidamente e o coma, requerendo suporte respiratório, precede o óbito. O intervalo entre a infecção inicial e a recidiva da encefalite é, em média, de 8 meses. Em pacientes que sofreram uma segunda recidiva, o tempo transcorrido foi, em média, de 8 meses após a 1ª recidiva. NiV: vírus Nipah; RT-PCR: *reverse transcription polymerase chain reaction* (reação em cadeia da polimerase associada à transcrição reversa); EIA: *enzyme immunoassay* (ensaio imunoenzimático); IgM: imunoglobulina M; IgG: imunoglobulina G.

apresentaram encefalite aguda ou foram assintomáticos desenvolveram encefalite tardia. O intervalo entre a infecção inicial e a recidiva era em média de 8 meses. Em pacientes que sofreram uma segunda recidiva, isto ocorreu em média 8 meses após a primeira. A apresentação clínica incluía febre, cefaleia, convulsões e sinais neurológicos focais. Os pacientes que apresentaram recidiva ou encefalite tardia tinham um índice de mortalidade mais baixo (18%) do que aqueles que sofriam encefalite aguda (40%). Contudo, aqueles com recidiva ou apresentação tardia tendiam a apresentar sequelas neurológicas residuais mais graves (61%) do que aqueles com encefalite aguda (22%). O quadro daqueles pacientes com recidiva do quadro neurológico incluía ataxia, dano cognitivo, disfasia, paralisia pseudobulbar, tetraparesia, nistagmo, epilepsia e morte. Não foi possível isolar o vírus do liquor, urina, secreções respiratórias, ou mesmo de tecido cerebral, mostrando novamente semelhanças com a pan-encefalite esclerosante subaguda. Não foi descrito o emprego de RT-PCR para análise desses materiais.

A mortalidade foi mais frequente em pacientes que progrediram rapidamente para os sintomas neurológicos graves. Em alguns pacientes a deterioração neurológica pode ser tão rápida que apenas os tecidos coletados na autopsia estão disponíveis para o diagnóstico laboratorial.

Durante os surtos de Bangladesh, o período de incubação da doença foi de 6 a 11 dias, o qual foi bem mais curto do que os surtos da Malásia. Uma característica clínica distinta da doença em Bangladesh e na Índia, comparando com a doença na Malásia, foi a prevalência de sintomas respiratórios. Apenas 14% dos pacientes da Malásia e 27% de Singapura reportaram sintomas respiratórios, enquanto quase 70% dos pacientes de Bangladesh e da Índia mostraram esses sintomas. Na maioria (90%) dos surtos de Bangladesh, entre 2001 e 2004, os pacientes apresentaram alteração mental, enquanto 21% dos pacientes da Malásia tiveram esse sintoma. Vômito foi também um sintoma prevalente em Bangladesh (58% dos pacientes) comparado com 27% na Malásia. Sintomas clínicos associados a um prognóstico ruim durante os surtos de Bangladesh incluíram temperatura > 37,8°C, alteração mental, perda de consciência, dificuldade respiratória e reflexos plantares anormais.

Vasculite sistêmica com extensa trombose e necrose parenquimal é um achado constante particularmente nas substâncias cinzenta e branca do SNC. O antígeno viral está presente em células endoteliais dos músculos liso e esquelético e vasos sanguíneos. Células gigantes multinucleadas com inclusões intranucleares estão presentes nos pulmões, baço, linfonodos e rins.

### Infecção em porcos

O padrão clínico em suínos varia com a idade do animal. Uma parte da população animal sofre infecção assintomática. O período de incubação estimado é de 7 a 14 dias. Animais jovens (4 semanas a 6 meses de idade) apresentam febre e sintomas respiratórios variando de respiração acelerada até tosse intensa não produtiva (sanguinolenta nos casos mais graves). A excreção do vírus nas secreções nasais e orofaríngeas pode ser detectada nos estágios iniciais da doença por RT-PCR, fato que explica o espalhamento porco-porco. Sinais neurológicos também podem estar presentes e incluem mioclonia e paresia. A mortalidade é baixa.

Em animais adultos os sinais neurológicos são mais proeminentes com salivação espumosa, dificuldade de ingestão, convulsão, paralisia e movimentos descoordenados. O óbito ocorre em 10 a 15% dos casos.

O vírus também foi detectado em nasofaringe, traqueia, brônquios e pulmões, refletindo sua ampla propagação e disseminação no sistema respiratório. Além disso, o vírus estava presente em células endoteliais dos vasos sanguíneos e linfáticos, nos linfonodos submandibulares e bronquiais, tonsilas e baço. O NiV foi detectado no SNC de animais doentes e animais assintomáticos. As lesões verificadas na traqueia, brônquios e bronquíolos foram hiperplasia do epitélio colunar, infiltração linfocítica peribronquiolar e peribronquial. Nos pulmões pôde ser encontrado grande número de macrófagos alveolares e neutrófilos nos bronquíolos e brônquios. Embora alguns animais tenham desenvolvido meningoencefalite, a encefalite foi rara. Foi observada a presença de vasculite e sincícios nas células endoteliais dos vasos sanguíneos dos pulmões. A presença de antígenos virais nessas células pode ser demonstrada por meio de imuno-histoquímica.

### Infecção em outras espécies

Embora uma grande percentagem de cães tenha sido infectada com o NiV na Malásia, apenas dois animais foram estudados. Os sintomas clínicos de um cão foram semelhantes aos da parvovirose canina com febre, dificuldade respiratória, conjuntivite e secreção nasal e conjuntival mucopurulenta. Histologicamente, ocorreu edema pulmonar grave e pneumonia intersticial com a presença de numerosos macrófagos alveolares. Em outros tecidos, como rins, ocorreu isquemia e atrofia glomerular, alguns com presença de sincícios e necrose dos túbulos. Houve meningite não supurativa e uma zona de isquemia cerebral.

Embora experimentalmente gatos possam ser infectados, houve apenas um caso de infecção natural pelo NiV nesses animais. Nesse caso, ocorreu vasculite generalizada, caracterizada por degradação fibroide dos pequenos vasos sanguíneos, os quais estavam rodeados de células mononucleares. Os órgãos mais afetados foram cérebro, rins, fígado e, em menor extensão, pulmões.

## Diagnóstico laboratorial

Todo material biológico suspeito de infecção por HNV deve ser manipulado em laboratório de contenção máxima BL-4. O diagnóstico da infecção por HNV tem sido realizado por meio das seguintes metodologias: detecção de anticorpos IgM e IgG por EIA no soro e liquor; detecção de RNA viral por RT-PCR convencional ou em tempo real em amostras de soro, liquor e *swab* de garganta; e isolamento viral em cultura de células Vero (rim de macaco-verde africano, *Cercopithecus aethiops*) a partir de amostras de liquor ou *swab* de garganta.

## Epidemiologia

### *Vírus Hendra*

No surto de Brisbane, 12 dos 23 cavalos do estábulo inicial e outros estábulos na vizinhança adoeceram e morreram, ou foram sacrificados. Houve quatro casos não fatais, dois dos quais permaneceram com sintomas neurológicos. Três outros cavalos do estábulo apresentaram conversão sorológica sem sintomas aparentes. Todos esses sete cavalos foram posteriormente sacrificados.

Duas vítimas humanas, o treinador e o capataz do estábulo, adoeceram com doença influenza-*like* grave após 1 semana do contato com os cavalos. O treinador foi hospitalizado e posteriormente morreu após falência respiratória e renal. A infecção pelo HeV foi demonstrada em ambos os casos.

Em outra fazenda, em Mackay, mais dois cavalos morreram. O dono do estábulo que ajudou o veterinário na necrópsia teve meningite que foi curada, mas voltou 1 ano depois como uma encefalite fatal, sugerindo doença autoimune.

Em janeiro de 1999, um terceiro caso foi identificado em Cairns, ao norte de Queensland, onde um cavalo foi sacrificado. Em 2004, novamente ao norte de Queensland, em dois eventos simultâneos em Cairns e Townsville, mais dois cavalos foram fatalmente infectados. O veterinário que havia feito a necrópsia no primeiro cavalo (Cairns) e dois assistentes apresentaram sintomas de doença respiratória influenza-*like* 8 a 10 dias após a necrópsia. Contudo, a infecção foi confirmada sorologicamente apenas no veterinário, que se recuperou completamente.

Até o momento, foram descritos sete casos de infecção por HeV em seres humanos, dos quais quatro resultaram em óbito. Todos os casos ocorreram na Austrália envolvendo indivíduos em contato próximo com cavalos infectados.

Entre 1994 e julho de 2019, foram registrados cerca de 84 casos esporádicos fatais confirmados de infecção por HeV em cavalos. Todos os casos ocorreram no nordeste da Austrália, nos estados de Queensland e New South Wales. A maioria dos casos resultou da contaminação dos animais por contato com secreções infecciosas de morcegos.

Em 2011, um cão foi naturalmente exposto ao HeV em uma propriedade em Queensland, onde vários cavalos foram infectados pelo vírus. Os resultados dos testes confirmaram a presença de anticorpos contra HeV e o cão não mostrou sinais de doença. Este foi o primeiro caso relatado de detecção de anticorpos contra HeV em um cão em condições naturais. Em 2013, outro cão de uma propriedade em New South Wales, onde a infecção de um cavalo pelo HeV foi confirmada, também foi diagnosticado como infectado pelo vírus.

Em 2013, o HeV foi detectado em morcegos (*flying fox*; raposas-voadoras) no sul da Austrália. Cerca de 100 morcegos que morreram de estresse causado pelo calor, no norte da cidade de Adelaide, foram testados e um animal foi positivo. Contudo, nessa região, o vírus não foi detectado em cavalos.

## *Vírus Nipah*

Os surtos de NiV na população humana foram documentados na Malásia, Singapura, Bangladesh, Índia e Filipinas. O NiV também foi isolado e identificado em raposas-voadoras na Malásia, em Singapura, Bangladesh, na Índia, no Camboja e na Tailândia. Até junho de 2018, cinco países (Malásia, Singapura, Bangladesh, Índia e Filipinas) reportaram casos de infecção pelo NiV, sendo relatados 643 pacientes confirmados em laboratório e pelo menos 380 (59%) mortes humanas. No Camboja e na Tailândia, o NiV foi encontrado apenas em raposas-voadoras e nenhum caso de infecção humana pelo NiV foi relatado.

### Surtos na Malásia e em Singapura

Durante o surto da Malásia, os seres humanos apresentaram sintomas predominantemente neurológicos, enquanto os porcos mostravam sinais de doença respiratória. A maioria dos casos em humanos tinha história de contato direto com porcos. Em 8 meses, 265 pessoas tiveram encefalite e dessas, 105 morreram. No surto de 1998, mais de 99.000 pessoas foram infectadas. Das pessoas que foram hospitalizadas com sintomas neurológicos, cerca de 40% foram a óbito. Foram tomadas várias medidas, incluindo a proibição de transporte de suínos, educação pública, vigilância nacional e abate de suínos para controlar o surto de NiV. A suinocultura é uma das principais indústrias da Malásia, e mais de 1 milhão de porcos foram abatidos durante os surtos de NiV, resultando em uma perda econômica entre US$350 e US$400 milhões.

Evidências de infecção pelo NiV também foram encontradas em cães, gatos e cavalos. A prevalência inicialmente elevada da infecção em cães, na área endêmica durante e imediatamente após a remoção dos porcos, sugeriu que os cães adquiriram a infecção dos porcos. A baixa prevalência de anticorpos e a restrição da infecção a uma área endêmica de 5 Km sugeriram que o NiV não se espalhou horizontalmente na população canina, e que os cães eram hospedeiros acidentais e terminais da infecção.

A infecção pelo NiV se espalhou para Singapura devido à importação de porcos infectados da Malásia. Em março de 1999, 11 suinocultores de Singapura foram diagnosticados com infecção pelo NiV, ocorrendo 1 fatalidade. Todos esses suinocultores estavam envolvidos na importação de porcos vivos da região da Malásia onde estavam ocorrendo infecções por NiV e tinham um histórico de contato próximo com os porcos infectados. O governo de Singapura adotou ações imediatas e eficazes contra o surto de NiV, incluindo abate de porcos, evitando o contato com porcos infectados e proibição da importação de porcos da Malásia. Após essas ações, o surto foi contido e o último caso confirmado de NiV na Malásia ou Singapura foi relatado em maio de 1999.

### Surtos em Bangladesh

O primeiro surto de NiV em Bangladesh foi relatado em abril de 2001 em uma vila no distrito de Meherpur, com 13 casos confirmados e 9 (69,2%) mortes. Desde 2001, surtos sazonais de NiV ocorreram em Bangladesh nos meses de inverno, principalmente em 20 distritos no centro e noroeste de Bangladesh (o "cinturão do Nipah"). Vários casos esporádicos de infecção e encefalite por NiV são relatados nas regiões oeste e noroeste de Bangladesh quase anualmente. Esses surtos de NiV foram associados a alta mortalidade e representam uma grande ameaça à saúde em Bangladesh devido à natureza altamente infecciosa do vírus e às instalações de assistência médica precárias. Os morcegos *Pteropus* foram identificados como reservatórios.

Embora o contato com porcos tenha sido relatado pela maioria dos pacientes em Bangladesh, o contato próximo com esses animais foi considerado um fator de risco em apenas 1 surto. A transmissão do NiV em Bangladesh pode ocorrer através de várias rotas. Beber vinho de palma é a forma mais comum de transmissão da infecção de morcegos para humanos. Os surtos coincidem com a estação da colheita de seiva (dezembro-maio). Verificou-se que os morcegos *Pteropus* visitam as palmeiras e lambem os recipientes usados para a coleta. Os morcegos também podem contaminar os recipientes de coleta de seiva com urina ou fezes. Os animais domésticos também podem servir como uma via de transmissão para os seres humanos. Os porcos apresentam alta soroprevalência contra o NiV em Bangladesh, embora não tenham sido implicados em surtos. Isso se deve a diferenças na criação de animais em Bangladesh e na Malásia. Em vez de grandes matadouros, em Bangladesh, a criação é de subsistência com um número pequeno de animais por fazenda, havendo poucas chances de propagação animal a animal. Outros animais, como bovinos e caprinos, também foram considerados suscetíveis por estudos de soroprevalência. A disseminação de pessoa a pessoa é um importante modo de transmissão em Bangladesh e foi sugerida em todos os surtos. O maior surto de transmissão pessoa a pessoa ocorreu em Faridpur em 2004. O NiV é transmitido por perdigotos infecciosos e o RNA do vírus foi detectado na saliva dos pacientes. Outras vias possíveis incluem viver próximo ao *habitat* de morcegos, onde a urina do morcego pode infectar o ambiente. No entanto, nenhuma evidência para apoiar esta hipótese foi encontrada. Também se suspeita que o consumo de frutas contaminadas com saliva de morcego seja um modo potencial de transmissão, embora esta hipótese não tenha sido comprovada até o momento. Desta forma, os principais modos de transmissão em Bangladesh são o consumo de vinho de palma e a transmissão de pessoa para pessoa.

#### Surtos na Índia

Em 2001, um surto da doença causada pelo NiV (66 casos prováveis e 4 óbitos) ocorreu em Siliguri, Bengala Ocidental. A etiologia do surto permaneceu desconhecida até que posteriormente foi demonstrada a presença de IgM anti-NiV nos soros dos indivíduos afetados. Subsequentemente, o RNA do NiV foi detectado na urina de pacientes. Diferentemente do observado na Malásia e na Austrália, durante os surtos de HNV, nenhum hospedeiro animal intermediário foi identificado. Houve outro pequeno surto (cinco casos, 100% de fatalidade) em 2007 no distrito de Nadia, também localizado em Bengala Ocidental. Esses surtos ocorreram do outro lado da fronteira do cinturão do Nipah, em Bangladesh. Em maio de 2018, um surto de NiV foi declarado nos distritos de Kozhikode e Malappuram, em Kerala, um estado do sul da costa oeste, geograficamente desconectado das áreas afetadas anteriormente. O consumo de vinho de palma não é uma prática comum nessa área. Foram confirmados 18 casos e 17 mortes. Em 2001, em Siliguri, o caso índice permaneceu não identificado, mas foi internado no Hospital Distrital de Siliguri e infectou 11 casos secundários, todos pacientes do hospital. Esses pacientes foram transferidos para outros hospitais e a transmissão adicional infectou 25 funcionários e oito visitantes. O surto de 2007 iniciou com um indivíduo que contraiu a doença devido ao consumo de vinho de palma e todas as outras, incluindo um profissional de saúde, adquiriram a doença desse primeiro caso. Pelo menos um profissional de saúde também contraiu a doença no surto de 2018. Em todos os surtos da Índia ocorreu a transmissão pessoa a pessoa.

#### Surtos nas Filipinas

Ocorreu um surto de NiV nas Filipinas em 2014. Dezessete casos foram confirmados, a taxa de mortalidade foi de 82%. Dez pacientes tinham histórico de contato próximo com cavalos ou consumo de carne de cavalo. Foram relatadas mortes de 10 cavalos no mesmo período, dos quais nove apresentaram sintomas neurológicos. No entanto, amostras de cavalos não foram testadas para NiV. Cinco pacientes, incluindo dois profissionais de saúde, adquiriram a doença através da transmissão de pessoa para pessoa. Essa estirpe estava intimamente relacionada à estirpe da Malásia, onde a disseminação definitiva de pessoa a pessoa não havia sido identificada anteriormente. Isso sugere a possibilidade de coevolução de diferentes linhagens de NiV em morcegos ou de mutação intralinhagem, à medida que a probabilidade de mutação aumenta a cada evento de transmissão interespécies.

## Prevenção e controle

### Vírus Hendra

Em 2012 foi liberada a primeira vacina contra HeV, para uso veterinário, na Austrália. A vacina é produzida com a tecnologia de DNA recombinante a partir de subunidades da glicoproteína G. É recomendada a administração de duas doses da vacina com 3 semanas de intervalo.

Para prevenir a infecção por HeV em seres humanos é importante o controle do espalhamento da doença em cavalos, incluindo animais assintomáticos. Os grupos de risco incluem criadores de cavalos, veterinários, tratadores, ferreiros e quaisquer outros indivíduos em contato próximo com cavalos.

O uso rotineiro de equipamento de proteção minimiza os riscos de exposição. Os cuidadores de cavalos devem estar sempre atentos a práticas de higiene tais como cobrir cortes e abrasões, especialmente nos braços e mãos, e lavar as mãos após tocar nos animais.

### Vírus Nipah

Diversas vacinas contra a infecção por NiV estão em fase de desenvolvimento, algumas delas com potencial uso veterinário. Contudo, medidas de biossegurança, vigilância efetiva e eutanásia dos animais infectados são medidas de menor custo-benefício e rapidez para controle do espalhamento da doença.

Em Bangladesh, onde o consumo de vinho de palma foi associado à transmissão do NiV, é recomendada a implantação de medidas de controle da produção do vinho para impedir a contaminação por morcegos. Devido à ocorrência de casos de transmissão pessoa a pessoa é recomendada atenção especial no gerenciamento de pacientes infectados nos hospitais e centros médicos.

## Tratamento

O tratamento é sintomático. Em um estudo limitado durante os primeiros surtos de NiV na Malásia foi realizado um teste com ribavirina, mas os resultados foram controversos. Testes realizados em modelos que utilizam animais não demonstraram a eficácia da droga contra a doença grave por NiV. Um estudo demonstrou o efeito da ribavirina *in vitro* na redução dos títulos de HeV. O tratamento mais promissor tem sido o uso de anticorpos monoclonais.

# Capítulo 18

# Arboviroses

Maria Teresa Villela Romanos • Renata Campos Azevedo • Davis Fernandes Ferreira • Daniela Prado Cunha • Zilton Farias Meira de Vasconcelos • Lúcio Ayres Caldas • Norma Suely de Oliveira Santos

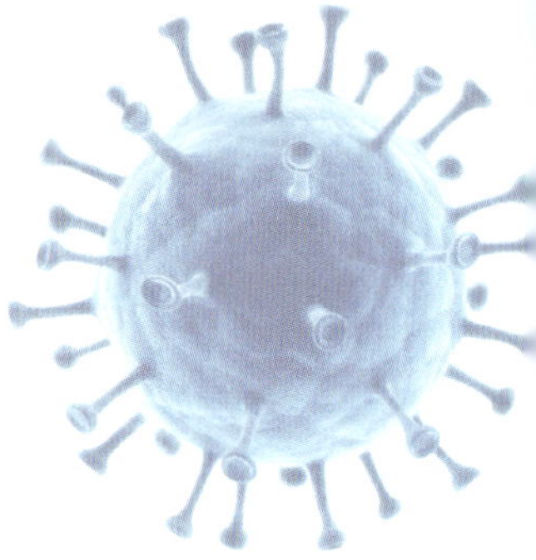

## Introdução

Os arbovírus (***ar**thropod-**bo**rn **viruses***; vírus transmitidos por artrópodes) são vírus zoonóticos com genoma de RNA que são mantidos na natureza em ciclos complexos, envolvendo vetores artrópodes (principalmente mosquitos e carrapatos), aves e mamíferos. Os arbovírus patogênicos pertencem às famílias *Togaviridae*, *Flaviviridae*, *Peribunyaviridae*, *Reoviridae* e *Rhabdoviridae* e são de grande importância para a saúde pública e veterinária, causando globalmente diversas síndromes, incluindo encefalite, febre hemorrágica e artrite.

Os vírus da dengue (DENV, *Dengue virus*) causam aproximadamente 96 milhões de casos clínicos por ano, especialmente nos trópicos e subtrópicos. Os vírus da encefalite japonesa (JEV, *Japanese encephalitis virus*) e do Oeste do Nilo (WNV, *West Nile virus*) são as principais causas de encefalite viral na Europa e Ásia e sua distribuição geográfica vem se expandindo nas últimas décadas. Recentemente, a expansão dos vírus chikungunya (CHIKV, *Chikungunya virus*) e Zika (ZIKV, *Zika virus*) no Hemisfério Ocidental, assim como surtos de febre amarela (YFV, *Yellow fever virus*) na África e no Brasil, destacaram a contínua ameaça desses arbovírus emergentes e reemergentes. O vírus Chandipura (CHPV, *Chandipura virus*) é um rabdovírus emergente que causa epidemias de encefalite principalmente na Índia. No entanto, com o aumento das viagens e da globalização, esses vírus não estão mais restritos às fronteiras dos respectivos países.

O Brasil é considerado "repositório dos arbovírus" e atualmente existem pelo menos oito arbovírus patogênicos, que causam epidemias em seres humanos, em circulação no país: DENV, YFV, ZIKV, WNV, vírus da encefalite de Saint Louis (SLEV, *Saint Louis encephalitis virus*), CHIKV, vírus Mayaro (MAYV, *Mayaro virus*) e vírus Oropouche (OROV, *Oropouche virus*), representando séria ameaça à saúde pública, além de sobrecarregar o sistema público de saúde e causar perdas econômicas.

Com exceção das infecções causadas pelos YFV, JEV e DENV, atualmente não existem vacinas disponíveis para a prevenção e tratamento das arboviroses. Assim, a prevenção e o controle da maioria das arboviroses dependem quase exclusivamente do controle eficaz dos vetores.

Neste capítulo serão apresentadas as principais arboviroses que afetam a saúde dos seres humanos no mundo.

## Arboviroses causadas por flavivírus

### Vírus da febre amarela e da dengue

Maria Teresa Villela Romanos

#### *Histórico*

A febre amarela foi a primeira doença de seres humanos em que se demonstrou a presença de um agente filtrável (posteriormente chamado de vírus) como agente etiológico, sendo também a primeira na qual se comprovou a transmissão por um artrópode. Apesar de a transmissão por mosquitos ter sido proposta desde 1848, a comprovação ocorreu somente em 1901, por Walter Reed, que identificou o mosquito *Aedes aegypti* como vetor do vírus. Em 1927, Mahaffy e Bauer isolaram o vírus (estirpe Asibi) após inoculação do sangue de um paciente em macaco rhesus. Dez anos depois, Theiler e Smith conseguiram atenuar a estirpe Asibi do YFV (*Yellow fever virus*), por meio de passagem seriada em cultura de tecido de embrião de galinha. Essa estirpe atenuada foi denominada 17D e vem sendo empregada até hoje para imunização de seres humanos. Atualmente, a febre amarela ainda é considerada uma das doenças mais importantes que atingem o homem, com participação em diferentes eventos históricos ao longo das décadas.

Em relação à dengue, apesar de ter sido descrita no século XVIII, com epidemias simultâneas em Jacarta e Cairo, em 1779, e na Filadélfia em 1780, o isolamento do vírus responsável por essa doença ocorreu somente em 1943. A transmissão do vírus da dengue (DENV) pelo mosquito *Aedes aegypti* foi descrita pela primeira vez por Bancroft, em 1906, e posteriormente confirmada por Cleland e colaboradores. No mesmo ano, foi determinada a etiologia viral, quando Ashburn e Craig encontraram um agente infeccioso filtrável em sangue humano. Em 1926, o grupo liderado por Siler, e posteriormente Simmons e colaboradores (1931), conseguiram transmitir a doença para voluntários e estabeleceram o período de incubação em mosquitos (período de incubação extrínseco, PIE). O DENV foi isolado em camundongos, em 1943, por Kimura e Hotta, e por Sabin e Schlesinger, em 1944, resultando no isolamento dos dois primeiros sorotipos DENV-1 e DENV-2. Na década de 1950, Hammon e colaboradores isolaram mais dois sorotipos (DENV-3 e DENV-4) quando estudavam a epidemia de dengue hemorrágica ocorrida em Manila (Filipinas), em 1956.

## Classificação e características

Os vírus da febre amarela e da dengue pertencem à família *Flaviviridae*, gênero *Flavivirus*, espécies *Yellow fever virus*, em que, até o momento, só foi descrito um único sorotipo, e *Dengue virus*, com quatro sorotipos (DENV-1, -2, -3 e -4).

A partícula dos flavivírus mede de 40 a 60 nm de diâmetro, possui um capsídeo proteico (C), com simetria icosaédrica, envolvido por um envelope lipídico onde estão inseridas pequenas proteínas de membrana (M) e espículas de natureza glicoproteica (E) (Figura 18.1).

A partícula viral completa apresenta densidade de 1,19 a 1,23 g/cm$^3$ em gradiente de sacarose, e é inativada por solventes lipídicos, como éter, clorofórmio e desoxicolato de sódio; ureia; betapropiolactona; aldeídos; lipases e proteases. A radiação ultravioleta e o aquecimento a 56°C durante 30 minutos também inativam o vírus.

O genoma desses dois flavivírus é constituído por um RNA de fita simples com polaridade positiva (RNAfs+) contendo aproximadamente 10 quilobases (kb), com a extremidade 5′ capeada, mas não apresentando a extremidade 3′ poliadenilada. Esse genoma possui uma única sequência de leitura aberta (ORF, *open reading frame*) com 10.233 nucleotídeos (nt), que codificam as proteínas virais, que é flanqueada por duas regiões não codificantes (NCR, *non coding region*) de tamanho variável, sendo uma grande denominada de 3′ NCR, com cerca de 400 a 700 nt e uma pequena, 5′ NCR, que possui aproximadamente 100 nt. As regiões não codificantes são importantes para a regulação e a expressão do vírus (Figura 18.2A).

O genoma viral codifica uma poliproteína que é processada durante e após a tradução por proteases virais e celulares. Uma peptidase-sinal (SPase) do hospedeiro (*setas verdes*) é responsável pela clivagem entre C/prM, prM/E e E/NS1. Uma serino-protease (NS2B-NS3) codificada pelo vírus cliva as junções entre NS2A/NS2B, NS2B/NS3, NS3/NS4A e NS4B/NS5. A enzima responsável pela clivagem da junção NS1/NS2A não é conhecida. A proteína C nascente contém uma região carboxiterminal hidrofóbica que é clivada em duas etapas, primeiro pela protease viral e posteriormente pela peptidase-sinal celular. A proteína prM é posteriormente clivada por uma enzima celular furina ou furina-*like*. A porção aminoterminal dessa poliproteína codifica três proteínas estruturais (capsídeo, C; prM, precursora da proteína de membrana, M; envelope, E), além de sete proteínas não estruturais (NS1-NS2A-NS2B-NS3-NS4A-NS4B-NS5) responsáveis pelas atividades reguladoras e de expressão do vírus, incluindo biossíntese, virulência e patogenicidade (Figura 18.2B).

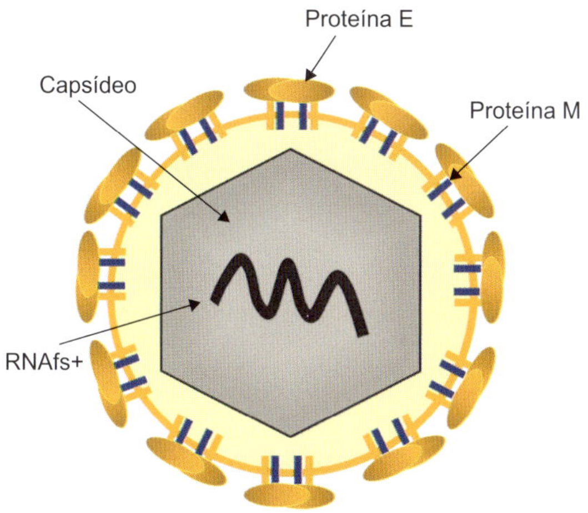


**Figura 18.1** Esquema da partícula dos flavivírus. A partícula viral é esférica e mede 40 a 60 nm de diâmetro. O nucleocapsídeo é formado pela proteína C e o genoma de RNA de fita simples de polaridade positiva (RNAfs+). O envelope viral contém a glicoproteína E e a proteína M inseridas na camada bilipídica. A glicoproteína E é o principal determinante antigênico e medeia a adsorção e a fusão durante a entrada do vírus na célula. A proteína M é produto da clivagem proteolítica do precursor prM, produzida durante a maturação do vírion.

## Biossíntese viral

A biossíntese tem início mediante a adsorção da partícula viral à célula hospedeira. Várias moléculas presentes na superfície celular têm sido capazes de interagir com partículas de flavivírus, mas somente poucos receptores foram caracterizados. Os flavivírus podem utilizar múltiplos receptores presentes em alguns tipos celulares de diferentes hospedeiros.

Após a adsorção, a partícula é endocitada em vesículas recobertas por clatrina, e o nucleocapsídeo é liberado no citoplasma após a fusão do envelope viral com a membrana do endossoma. Essa fusão é dependente de pH e ocorre após mudança conformacional da proteína E.

Depois da liberação do RNA genômico (RNAg) no citoplasma celular, ele serve como RNA mensageiro (RNAm) e é traduzido em uma poliproteína que, posteriormente, é clivada gerando proteínas não estruturais e proteínas que farão parte da partícula viral (proteínas estruturais). A replicação desse mesmo RNAg ocorre também no citoplasma, em associação a membranas celulares nos chamados complexos de replicação viral, e começa com a síntese de uma fita de RNA complementar, com polaridade negativa (RNAc–), que serve como molde para a produção de novas fitas de RNA com polaridade positiva (RNAg). Essa reação é catalisada pela atividade RNA polimerase-RNA dependente (RpRd) da proteína NS5, em associação à protease/helicase NS3 e outras proteínas não estruturais, que provavelmente participam do complexo. A proteína C e o RNA genômico formam o nucleocapsídeo, e a montagem da partícula viral ocorre nas proximidades do retículo endoplasmático (RE), onde a partícula viral adquire o envelope com as proteínas E e prM já inseridas. As partículas são direcionadas através da via secretora para o complexo de Golgi, onde ocorre a clivagem de prM em M, e um rearranjo na proteína E, resultando na maturação da partícula viral. O transporte para a membrana plasmática é realizado por meio de vesículas que se fundem com a membrana celular, liberando as partículas por exocitose (Figura 18.3). O brotamento pela membrana citoplasmática é observado ocasionalmente, indicando não ser esse o principal mecanismo de liberação da partícula viral da célula hospedeira.

## Patogênese

### Febre amarela

#### *Transmissão*

O vírus é mantido na natureza por meio de dois ciclos de transmissão horizontal: silvestre (macaco-mosquito-macaco) e urbano (homem-mosquito-homem). No ciclo silvestre, a transmissão é feita por intermédio de mosquitos, principalmente, dos gêneros *Haemagogus*, *Sabethes* e *Aedes*. Além da infecção em macacos, a manutenção do vírus na natureza ocorre pela transmissão transovariana (transmissão vertical) no mosquito. O homem suscetível pode ser infectado ao penetrar em áreas de florestas e tornar-se uma fonte de infecção para o mosquito

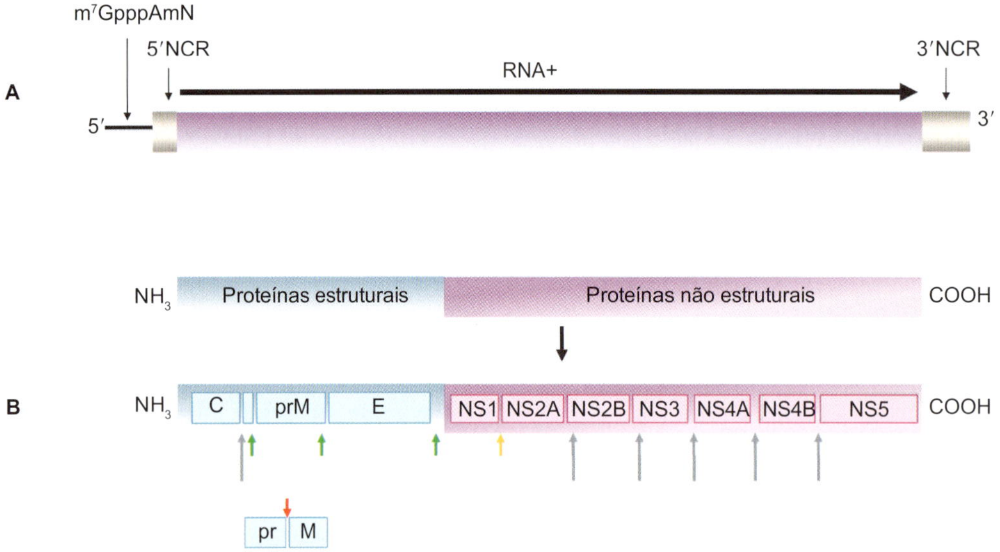


**Figura 18.2** Representação esquemática do genoma dos flavivírus. **A.** Organização genômica dos flavivírus: o genoma dos flavivírus é constituído de uma fita de RNA de polaridade positiva (RNAfs+) de aproximadamente 10 quilobases (kb), não contém uma cauda poli(A), mas contém *cap* ($m^7$GpppAmN) na terminação 5′. Codifica uma única sequência de leitura aberta (ORF, *open reading frame*) de aproximadamente 10,2 kb (*seta*), flanqueada por regiões não codificantes (NCR, *non coding regions*) nas terminações 5′ e 3′. **B.** Processamento e clivagem proteolítica do genoma: o genoma codifica uma poliproteína, a qual é clivada durante e após a tradução, por proteases virais e celulares. As proteínas estruturais (C, prM e E, *azul*) são codificadas à esquerda da ORF (aminoterminal) e as proteínas não estruturais (NS1, NS2A, NS2B, NS3, NS4A, NS4B e NS5, *rosa*) são codificadas à direita da ORF (carboxiterminal). Uma peptidase-sinal do hospedeiro (*setas verdes*) é responsável pela clivagem entre C/prM, prM/E e E/NS1. Uma serino-protease (NS2B-NS3), codificada pelo vírus (*setas cinza*), cliva as junções entre NS2A/NS2B, NS2B/NS3, NS3/NS4A e NS4B/NS5. A enzima responsável pela clivagem da junção NS1/NS2A (*seta amarela*) não é conhecida. A proteína C nascente contém uma região carboxiterminal hidrofóbica que é clivada em duas etapas, primeiro pela protease viral e posteriormente pela peptidase-sinal celular. A proteína prM é posteriormente clivada por uma enzima celular furina ou furina-*like* (*seta vermelha*).

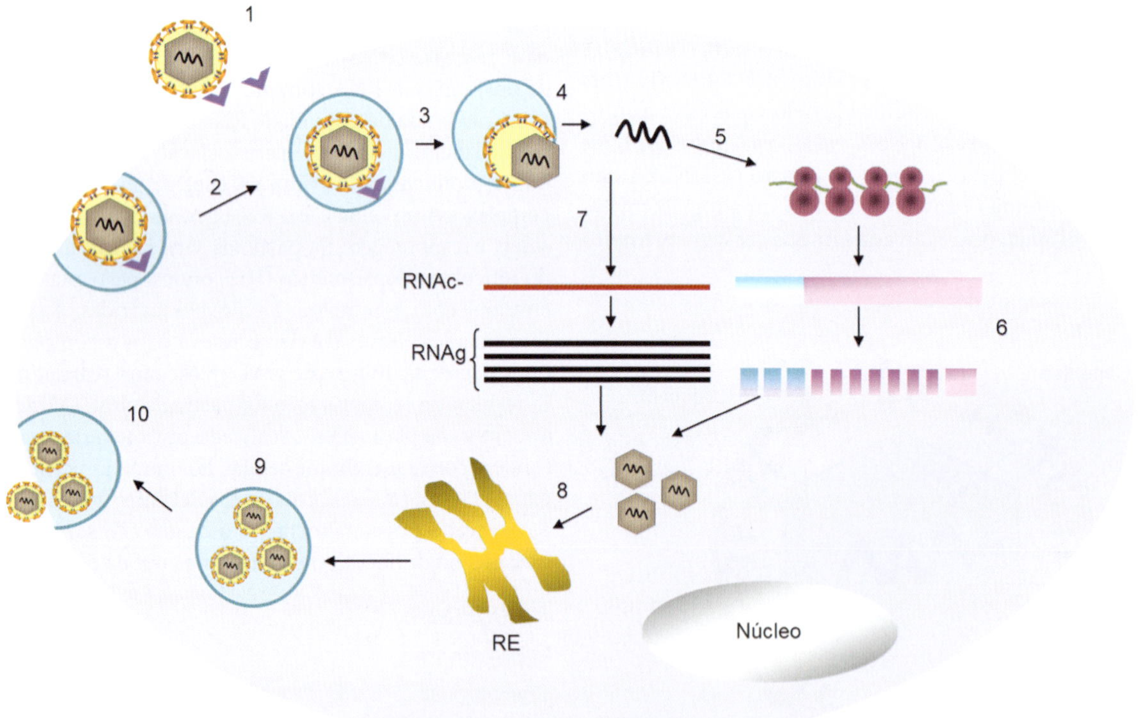


**Figura 18.3** Esquema da biossíntese dos flavivírus. **1.** A adsorção se dá pela interação da glicoproteína E com receptores ainda não conhecidos na membrana celular. **2.** A endocitose ocorre em vesículas recobertas por clatrinas. **3.** A fusão do envelope com a membrana do endossoma ocorre em pH ácido. **4.** Após a fusão ocorrem liberação do nucleocapsídeo e desnudamento do ácido nucleico. **5.** O RNA genômico serve como RNA mensageiro (RNAm) e é traduzido em uma poliproteína. **6.** A poliproteína é clivada gerando proteínas estruturais e não estruturais. **7.** A replicação do RNA genômico (RNAg), de polaridade positiva, ocorre no citoplasma, em associação a membranas celulares nos chamados complexos de replicação viral, e começa com a síntese de uma fita de RNA complementar, com polaridade negativa (RNAc–), que serve como molde para a produção de novas fitas de RNAg. **8.** A morfogênese das partículas virais ocorre nas proximidades do retículo endoplasmático (RE), onde adquire o envelope com as proteínas E e prM já inseridas, seguida da clivagem de prM em M e rearranjo na proteína E no complexo de Golgi. **9** e **10.** O transporte para a membrana plasmática é realizado por meio de vesículas que se fundem com a membrana celular, liberando as partículas por exocitose.

*Aedes aegypti* ao retornar às áreas urbanas. Dessa forma, com a infecção do mosquito, tem-se a manutenção urbana do vírus por meio da transmissão mosquito-homem (Figura 18.4). Embora o mosquito *Aedes albopictus* possa ser um transmissor potencial para o vírus da febre amarela, ele não tem sido descrito como vetor habitual. Tanto o *A. aegypti* quanto o *A. albopictus* proliferam dentro ou nas proximidades de habitações, em recipientes contendo água limpa, e possuem o hábito de picar durante o dia.

### Fisiopatologia da infecção

O vírus penetra pela pele, após inoculação pelo mosquito-fêmea infectado, ocorrendo a biossíntese inicial nos linfonodos regionais. A seguir, dissemina-se, via corrente sanguínea, a outros órgãos, como fígado, rins, medula óssea, sistema nervoso central, coração, pâncreas, baço e linfonodos. As lesões causadas estão relacionadas com o órgão onde ocorre a propagação viral, com consequente necrose celular. As lesões são mais proeminentes no fígado e nos rins, com destruição de grande quantidade de células parenquimatosas.

O fígado mostra-se aumentado de volume e encontram-se alterações como necrose médio-zonal dos lóbulos hepáticos, esteatose (acúmulo de gordura nos hepatócitos) e degeneração eosinofílica dos hepatócitos denotando a lesão hepática devido à apoptose das células. A formação dos corpúsculos intracitoplasmáticos de Councilman e dos corpúsculos intranucleares de Torres pode ser observada nas células do fígado. A biossíntese viral nas células de Kupffer (macrófagos hepáticos) leva à diminuição na taxa de formação de protrombina e à icterícia; entretanto, uma resposta inflamatória é ausente ou fraca.

Os rins apresentam-se aumentados de volume, com edema intersticial e discreto infiltrado inflamatório mononuclear. O epitélio tubular pode apresentar desde degeneração turva até franca necrose devido à coagulação sanguínea.

Além da lesão tecidual provocada pela propagação viral, o processo de coagulação intravascular disseminada (CID) também pode desempenhar importante papel na fisiopatologia da doença.

## Dengue

### Transmissão

Os DENV podem ser transmitidos por duas espécies de mosquitos (*Aedes aegypti* e *Aedes albopictus*) e são mantidos na natureza por meio de dois ciclos de transmissão horizontal: urbano, pela transmissão homem-mosquito-homem, e silvestre, pela transmissão macaco-mosquito-macaco (Figura 18.5). A transmissão vertical em vetores *Aedes* também deve ser considerada.

O período de transmissibilidade no homem pode ocorrer 1 dia antes do início da febre até o 6º dia da doença (às vezes até o 9º ou mais). Após o repasto com sangue de um indivíduo infectado, as fêmeas dos mosquitos se contaminam e os vírus se alojam em suas glândulas salivares, onde ocorre a biossíntese viral. Após 8 a 12 dias de incubação (PIE), essa fêmea é capaz de transmitir os vírus ao picar outro indivíduo suscetível, e o período de transmissibilidade perdura por toda a sua vida (6 a 8 semanas).

### Fisiopatologia da infecção

As primeiras células infectadas, após a inoculação viral por picada do mosquito-fêmea, são as células dendríticas na pele (células de Langerhans). Ocorre a biossíntese inicial na porta de entrada e posterior migração para os linfonodos. A seguir, o vírus atinge a corrente sanguínea (viremia) provocando a fase febril aguda, que dura, geralmente, de 3 a 5 dias. Nesse período, o vírus pode ser isolado a partir de soro ou células mononucleares do sangue periférico do paciente. A gênese dos sintomas sistêmicos na dengue não é bem entendida, mas a ativação das células $TCD_4^+$ e $TCD_8^+$, como resultado da expressão de proteínas na superfície das células dendríticas e macrófagos infectados, e a liberação de diferentes citocinas e interleucinas desempenham papel importante. O interferon (IFN) liberado pelas células T é responsável por redução na atividade da medula óssea que tem como consequência a diminuição na produção de células sanguíneas. A linhagem celular que tem a taxa de renovação mais rápida é a das plaquetas (6 a 8 horas), seguida pelos granulócitos (16 a 18 horas) e, por fim, os monócitos (24 horas). Assim, as primeiras características

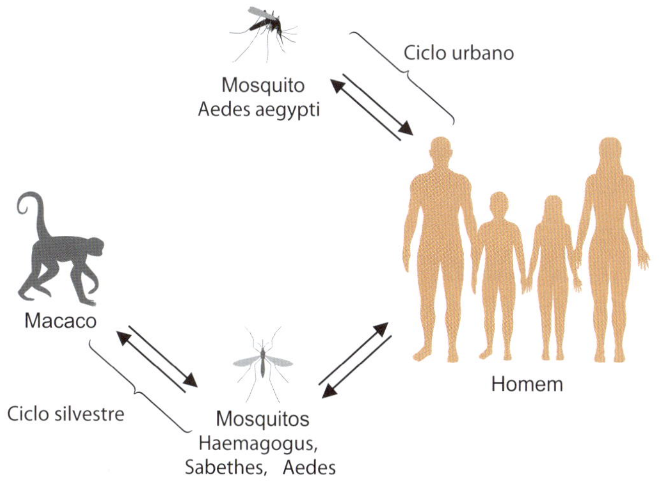


**Figura 18.4** Ciclos silvestre e urbano da febre amarela. A transmissão do vírus da febre amarela (YFV) na natureza envolve um ciclo urbano, em que o vírus é transmitido homem-mosquito-homem tendo como vetor o *Aedes aegypti*, e um ciclo silvestre, em que mosquitos dos gêneros *Haemagogus, Sabethes* e *Aedes* são os principais vetores, havendo a transmissão macaco-mosquito-macaco e, eventualmente, mosquito-homem-mosquito.

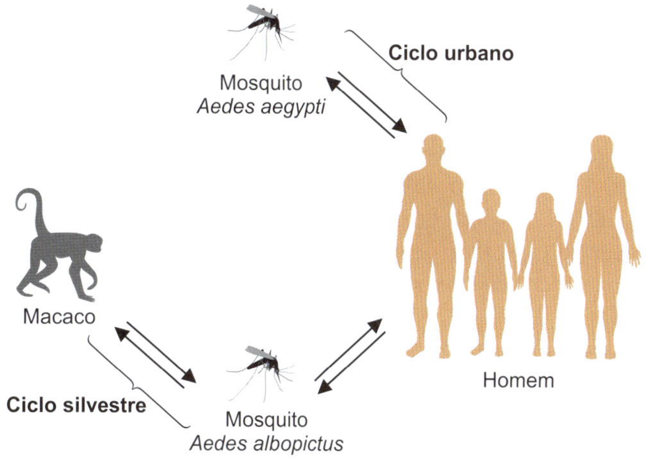


**Figura 18.5** Ciclos silvestre e urbano da dengue. A circulação do vírus da dengue (DENV) na natureza é mantida por dois ciclos de transmissão mediados por mosquitos do gênero *Aedes* sem a participação de um hospedeiro amplificador como ocorre para outros flavivírus. O ciclo urbano é sustentado pela transmissão homem-mosquito-homem, tendo como vetor o *Aedes aegypti.* O ciclo silvestre se mantém pela transmissão macaco-mosquito-macaco e, eventualmente, mosquito-homem-mosquitos, sendo vetor o *Aedes albopictus.*

observadas em um paciente com dengue são as petéquias (pontos hemorrágicos) espalhadas pelo corpo e plaquetopenia, seguida por leucocitose.

Da corrente sanguínea, os vírus são disseminados a órgãos como fígado, baço, linfonodos regionais, medula óssea, podendo atingir pulmão, coração e trato gastrointestinal.

As lesões hepáticas são similares às da febre amarela, com necrose focal dos hepatócitos, tumefação, surgimento de células mononucleares com citoplasma acidófilo e vacuolizado, semelhantes a corpúsculos de Councilman, e hiperplasia e necrose hialina de células de Kupffer. Na medula óssea observa-se depressão dos elementos medulares, que melhora à medida que a febre diminui.

Não se conhece inteiramente a patogênese dos casos graves de dengue (dengue hemorrágica e síndrome de choque da dengue), mas acredita-se que alguns fatores sejam determinantes para o agravamento da doença, entre eles, a reinfecção por um segundo sorotipo do DENV, em que as células de memória decorrentes da infecção prévia por outro sorotipo rapidamente começam a sintetizar anticorpos que reagem, mas não neutralizam os vírus. Os imunocomplexos formados são fagocitados por monócitos/macrófagos que, por sua vez, são os principais sítios de biossíntese viral. Com a infecção dessas células, há um aumento da produção de partículas virais que são liberadas, com consequente formação de mais imunocomplexos. Esses complexos ativam o sistema complemento que, através da liberação de anafilatoxinas, leva ao aumento da permeabilidade vascular com extravasamento de plasma para os tecidos, coagulação intravascular e diminuição do volume sanguíneo (hipovolemia) seguida de choque hipovolêmico. Além do agravamento devido à reinfecção por um segundo sorotipo do DENV, estudos mostraram que a infecção pelos sorotipos DENV-2 e DENV-3 pode estar associada a casos graves da doença, sem necessariamente ter havido contato prévio com qualquer outro sorotipo. Os sorotipos DENV-1 e DENV-4 são relacionados com quadros mais brandos.

Fatores genéticos do hospedeiro também podem ser determinantes para o agravamento do quadro clínico, como mutações em genes associados à suscetibilidade à doença. Acredita-se, por exemplo, que polimorfismos no gene HLA (antígeno leucocitário humano [*human leukocyte antigen*]) possam estar relacionados com proteção ou agravamento da doença, graças à resposta diferencial das células T que ocorre em cada caso. Outra associação genética ocorre com ICAM-3 (molécula de adesão intracelular-3 [*intercellular adhesion molecule-3*] também denominada DC-SIGN1, ligante de molécula de adesão 3 intercelular não integrina específica de célula dendrítica [*dendritic cell-specific intercellular adhesion molecule-3-grabbing non-integrin*]), que é receptora de células dendríticas. Estudos mostraram que há relação entre o aumento da expressão desse receptor e a diminuição da biossíntese do sorotipo DENV-2.

Com a extensão da lesão hepática, em decorrência da propagação viral nos hepatócitos, há comprometimento dos fatores de coagulação que, associados à inibição da maturação de megacariócitos (células precursoras das plaquetas), pode evoluir para um quadro hemorrágico grave.

Outras hipóteses também podem ser relacionadas com a gravidade da infecção: liberação de mediadores químicos depois de destruição de monócitos/macrófagos infectados, resultando no aumento da permeabilidade vascular com extravasamento de plasma e posterior coagulação intravascular; aumento da virulência do agente após passagens sucessivas em mosquitos e seres humanos; pessoas com doenças crônicas, como diabetes ou hipertensão; crianças que apresentam a sintomatologia da doença estão mais propensas ao desenvolvimento do quadro grave do que adultos, entre outros.

## Manifestações clínicas

### Febre amarela

O período de incubação varia de 3 a 6 dias, podendo ser de até 10 a 15 dias. O espectro clínico da febre amarela pode variar desde infecções assintomáticas até quadros graves e fatais, sendo importante destacar que a expressão da doença independe do contexto de transmissão, se urbano ou silvestre. Estima-se que quadros assintomáticos ocorram em aproximadamente metade dos casos infectados.

O quadro clínico clássico caracteriza-se pelo surgimento súbito de febre alta, geralmente contínua, cefaleia intensa e duradoura, inapetência, náuseas e mialgia. O sinal de Faget (bradicardia acompanhando febre alta) pode ou não estar presente.

Na forma leve, o quadro clínico é autolimitado com febre e cefaleia com duração de 2 dias. Geralmente, não há direcionamento para o diagnóstico de febre amarela, exceto em inquéritos epidemiológicos, surtos e epidemias. Na forma moderada o paciente apresenta, por 2 a 4 dias, sinais e sintomas de febre, cefaleia, mialgia e artralgia, congestão conjuntival, náuseas, astenia (fraqueza orgânica, porém sem perda real da capacidade muscular) e alguns fenômenos hemorrágicos como epistaxe (hemorragia nasal). Pode haver subicterícia. Na forma leve da doença, e também na moderada, os sintomas duram cerca de 2 a 4 dias, involuindo sem complicações ou sequelas.

As formas graves acometem entre 15 e 60% das pessoas com sintomas que são notificadas durante epidemias, com evolução para óbito entre 20 e 50% dos casos. Na forma grave, cefaleia e mialgia ocorrem em maior intensidade, acompanhadas de náuseas e vômitos frequentes, icterícia e pelo menos oligúria (redução expressiva do volume de urina eliminado) ou manifestações hemorrágicas, como epistaxe (sangramento pelo nariz), hematêmese (sangramento pela boca com origem no sistema gastrointestinal) e metrorragia (sangramento do útero fora do ciclo menstrual). Classicamente, os casos de evolução grave podem apresentar um período de remissão dos sintomas de 6 a 48 horas entre o 3º e 5º dia de doença, seguido de agravamento da icterícia, insuficiência hepatorrenal e CID. A letalidade é alta, em torno de 50%; entretanto, o paciente pode involuir dos sintomas em uma semana.

### Dengue

A infecção pelos DENV causa um espectro de doenças que varia de uma síndrome viral inaparente ou branda a febre da dengue ou dengue clássica e doenças hemorrágicas graves.

O período de incubação da dengue é de 2 a 7 dias. Na febre clássica da dengue a manifestação clínica começa abruptamente com febre, cefaleia, dor retro-orbital, congestão conjuntival, dor lombossacral, mal-estar, prostração, anorexia, náusea, disgeusia (sensação de paladar alterado), podendo ocorrer erupção maculopapular na epiderme. A mialgia e a artralgia são fatores característicos da doença, sendo raros os sintomas respiratórios como tosse e rinite.

Podem ser observadas manifestações hemorrágicas, como epistaxe, gengivorragia, sangramento gastrointestinal, sangramento vaginal e hematúria.

Além da febre da dengue clássica, a infecção pelos DENV pode causar uma variedade de doenças graves incluindo hepatite fulminante, falência dos órgãos, extravasamento vascular com hipovolemia, cardiomiopatia e encefalopatia.

As manifestações mais graves da dengue são conhecidas como síndrome de choque da dengue e dengue hemorrágica.

O choque ocorre quando um volume crítico de plasma é perdido através do extravasamento, o que geralmente ocorre entre os dias 4 ou 5 (com intervalo entre 3 e 7 dias) de doença, geralmente precedido por sinais de alarme. O período de extravasamento plasmático e choque leva de 24 a 48 horas, podendo levar o paciente ao óbito em um intervalo de 12 a 24 horas ou a sua recuperação rápida, após terapia antichoque apropriada, como a reposição de fluidos e eletrólitos e administração de plasma e concentrado de plaquetas.

O choque prolongado e a consequente hipoperfusão (baixa irrigação sanguínea) de órgãos resultam no comprometimento progressivo destes, bem como em acidose metabólica e CID. Isso, por sua vez, pode levar a hemorragias graves, causando diminuição de hematócrito agravando ainda mais o choque.

Há que se observar que alguns pacientes podem evoluir para choque sem evidências de sangramento espontâneo ou prova do laço (teste que avalia a fragilidade capilar) positiva, salientando que o fator determinante das formas graves da dengue é a alteração do endotélio vascular com extravasamento plasmático, o que leva ao choque devido a hemoconcentração, hipoalbuminemia e/ou derrames cavitários.

Podem ocorrer alterações cardíacas graves (insuficiência cardíaca e miocardite), manifestando-se com redução de fração de ejeção e choque cardiogênico. Síndrome da angústia respiratória, pneumonites e sobrecargas de volume podem ser a causa do desconforto respiratório.

Em alguns casos pode ocorrer hemorragia massiva sem choque prolongado e este sangramento é critério de dengue grave. Este tipo de hemorragia, quando é do aparelho digestivo, é mais frequente em pacientes com histórico de úlcera péptica ou gastrites, assim como também pode ocorrer devido a ingestão de ácido acetilsalicílico (AAS), anti-inflamatórios não esteroidais (AINE) e anticoagulantes. Estes casos não estão obrigatoriamente associados à trombocitopenia e hemoconcentração.

O grave comprometimento orgânico, como hepatites, encefalites ou miocardites pode ocorrer sem o concomitante extravasamento plasmático ou choque.

As miocardites por dengue são expressas principalmente por alterações do ritmo cardíaco (taquicardias e bradicardias), inversão da onda T e do segmento ST com disfunções ventriculares (diminuição da fração da ejeção do ventrículo esquerdo), podendo ter elevação das enzimas cardíacas.

Elevação de enzimas hepáticas de pequena monta ocorre em até 50% dos pacientes, podendo, nas formas graves, evoluir para comprometimento das funções hepáticas que é expresso pela elevação das aminotransferases em 10 vezes o valor máximo normal, associado ao aumento no tempo de protrombina.

Alguns pacientes podem ainda apresentar manifestações neurológicas, como convulsões e irritabilidade.

O acometimento grave do sistema nervoso pode ocorrer no período febril ou, mais tardiamente, na convalescença e tem sido relatado com diferentes formas clínicas: meningite linfomonocítica, encefalite, síndrome de Reye, polirradiculoneurite, polineuropatias (síndrome de Guillain-Barré) e encefalite.

A insuficiência renal aguda é pouco frequente e geralmente cursa com pior prognóstico.

De acordo com os níveis de gravidade, a Organização Mundial da Saúde (OMS) classifica a doença em:

- Dengue sem sinais de alerta
- Dengue com sinais de alerta (dor abdominal, vômito persistente, acúmulo de fluido, sangramento das mucosas, letargia, aumento do volume do fígado, aumento do hematócrito e diminuição das plaquetas)
- Dengue grave (extravasamento de plasma, levando ao choque ou acúmulo de líquidos com desconforto respiratório, sangramento grave ou sinais de disfunção orgânica como o coração, os pulmões, os rins, o fígado e o sistema nervoso central).

## Diagnóstico laboratorial

### Febre amarela

A confirmação do diagnóstico da febre amarela é importante, não só em relação às medidas de saúde pública, como também na diferenciação de outras infecções com manifestações clínicas semelhantes, tais como aquelas observadas na malária, leptospirose, hepatite, febre maculosa brasileira e outras febres hemorrágicas.

O diagnóstico da febre amarela e da dengue pode ser feito por isolamento e identificação viral, pesquisa de anticorpos e detecção do ácido nucleico.

O material de escolha para isolamento viral é o sangue ou soro do paciente, colhido até o 4º dia da doença. A biópsia de fígado durante a doença é contraindicada devido a casos de hemorragia fatal observados em pacientes nos quais esse procedimento foi realizado.

O sangue ou soro podem ser inoculados em culturas de células de animais (p. ex., BHK-21 [rim de *hamster* recém-nascido, *Mesocricetus auratus*], Vero [rim de macaco-verde africano, *Cercopithecus aethiops*]) e em culturas de células de mosquito *Toxorhynchites amboinensis* (TRA-284), *Aedes albopictus* (C6/36) e *Aedes pseudoscutellaris* (AP-61), camundongos recém-nascidos ou intratoracicamente em mosquitos.

A identificação pode ser feita por testes sorológicos, como teste de neutralização (TN), inibição da hemaglutinação (HI, *hemagglutination inhibition*), fixação de complemento (FC), imunofluorescência (IF) e ensaio imunoenzimático (EIA, *enzyme immunoassay*).

A sorologia produz resultados bem definidos quando realizada em pacientes expostos pela primeira vez a um flavivírus. No entanto, quando a pessoa foi exposta anteriormente a outro flavivírus, a reação é rápida e intensa em função da memória imunológica prévia. Nesse caso, os níveis de anticorpos heterólogos são iguais ou mais elevados que os específicos, dificultando a interpretação das reações sorológicas.

Pode-se realizar a sorologia pareada empregando TN, HI ou FC, assim como a pesquisa de anticorpos específicos da classe IgM por IF ou EIA.

Para a detecção do ácido nucleico viral no sangue do paciente, pode ser utilizada a reação em cadeia da polimerase associada à transcrição reversa (RT-PCR, *reverse transcription polymerase chain reaction*) convencional ou em tempo real e a hibridização em microarranjos (*microarray hibridization*), em que esta última não é empregada ainda no diagnóstico de rotina.

### Dengue

O diagnóstico da dengue depende de fatores clínicos e possível exposição ao vírus, como é o caso de pessoas residentes em áreas endêmicas ou que para lá viajam. Como descrito para a febre amarela, o diagnóstico da dengue deve ser confirmado pelo fato de as manifestações clínicas serem semelhantes às de outras doenças, como aquelas causadas por outros arbovírus como, por exemplo, chikungunya, O'nyong-nyong, Sindbis, Mayaro, Oropouche, rio Ross, entre outros.

O diagnóstico consiste em isolamento viral, detecção do antígeno e do ácido nucleico viral e sorologia para a pesquisa de anticorpos.

Os materiais de escolha para o isolamento são o sangue, soro ou plasma, colhido nos primeiros 3 a 5 dias da doença.

A inoculação pode ser feita via injeção intratorácica em mosquitos, inoculação no cérebro de camundongos ou em culturas de células de mosquito (p. ex., TRA-284, C6/36, AP-61), seguida da identificação por IF empregando anticorpos monoclonais tipo-específicos.

O antígeno procurado geralmente é a proteína NS1 por ser altamente conservada entre os sorotipos. Pode ser detectado no soro dos pacientes por meio de imunoensaios, mas esse método perde a sensibilidade quando a infecção é secundária devido à interferência dos anticorpos heterólogos, sendo necessária a utilização de outra forma de diagnóstico.

As metodologias utilizadas na sorologia para a pesquisa de anticorpos são as mesmas empregadas no diagnóstico da febre amarela.

A RT-PCR convencional ou em tempo real tem sido aplicada no diagnóstico rápido da infecção. Como citado para a febre amarela, a hibridização em microarranjos, embora seja empregada para a detecção do ácido nucleico viral, não é ainda utilizada no diagnóstico de rotina.

## Epidemiologia

### Febre amarela

A febre amarela ocorre em toda a América do Sul e África, como uma doença zoonótica, sendo o homem um hospedeiro acidental.

Na África, onde há maior disseminação, a febre amarela é endêmica em 34 países. Cerca de 80% dos casos reportados entre 1980 e 2011 foram nesse continente. Já na América do Sul, nos últimos 20 anos, sua ocorrência tem sido registrada em nove países: Argentina, Brasil, Bolívia, Colômbia, Equador, Guiana Francesa, Paraguai, Peru e Venezuela.

No Brasil, o trabalho de combate ao vetor, visando a erradicação da febre amarela, durou mais de 50 anos, destacando a campanha realizada pelo médico Emílio Marcondes Ribas, que precedeu Osvaldo Cruz. Em 1955, eliminou-se o último foco de *Aedes aegypti*, mas o mosquito foi reintroduzido no Pará, em 1967. Em 1972/73, houve uma epidemia de febre amarela silvestre no estado de Goiás, que atingiu 36 municípios, com 77 casos e 44 óbitos. Em 1973, o vetor foi mais uma vez considerado erradicado do território brasileiro. A erradicação foi mantida durante 3 anos, e, após a reintrodução na Bahia, em 1976, o mosquito foi se espalhando por outros estados brasileiros, atingindo todo o território nacional em 1997.

Até 1999, a vigilância da febre amarela no Brasil era pautada exclusivamente na ocorrência de casos em seres humanos. A partir daquele ano, com a observação de mortes de macacos em vários municípios de Tocantins e Goiás, e o subsequente aparecimento da doença na população, tais eventos passaram a ser vistos como sinalizadores de eventual risco (evento sentinela) de surgimento de casos de febre amarela silvestre em seres humanos.

Com o desaparecimento da modalidade urbana da doença e a manutenção de epizootias e casos silvestres em humanos, estudos anteriores à década de 1970 tornaram possível definir três áreas epidemiologicamente distintas no Brasil, com risco de transmissão da doença, que foram sendo modificadas a partir de 1997: endêmicas ou enzoóticas, que são áreas que sempre apresentaram circulação viral, seja pela ocorrência de epizootias ou pela ocorrência de casos em humanos; epizoóticas ou de transição, que são áreas com evidência de circulação viral esporádica em período mais recente (ocorrendo entre vetores, em epizootias ou podendo haver casos em seres humanos na forma de surtos esporádicos); e áreas indenes, que correspondem a áreas onde não há circulação comprovada do YFV.

Atualmente, a febre amarela silvestre é uma doença endêmica na Região Amazônica. Na região extra-amazônica, períodos epidêmicos são registrados ocasionalmente, caracterizando a reemergência do vírus no país. O padrão temporal de ocorrência é sazonal, com a maior parte dos casos incidindo entre dezembro e maio, e com surtos que ocorrem com periodicidade irregular, quando o vírus encontra condições favoráveis para a transmissão (temperaturas e índices pluviométricos elevados; alta densidade de vetores e hospedeiros primários; presença de indivíduos suscetíveis; baixa cobertura vacinal; eventualmente, novas linhagens do vírus), podendo se dispersar para além dos limites da área endêmica e atingir outros estados e Regiões. A ocorrência de surtos está associada a áreas não endêmicas com baixa vigilância de epizootias em primatas não humanos (PNH) e baixa cobertura vacinal.

A observação de um padrão sazonal de ocorrência de casos entre humanos a partir da análise da série histórica deu suporte à adoção da estratégia de vigilância do Ministério da Saúde (MS) do Brasil baseada na sazonalidade. Assim, o período anual de monitoramento da febre amarela inicia em julho e encerra em junho do ano seguinte, de modo que os processos de transmissão que irrompem durante os períodos sazonais (dezembro a maio) possam ser analisados à luz das especificidades de cada evento.

Nas duas últimas décadas, foram registrados diversos episódios de reemergência do YFV para além dos limites da área considerada endêmica. Os episódios de reemergência do YFV produziram importante impacto na saúde pública, resultando em surtos da doença em humanos e epizootias em PNH. Entre 1998 e 2009 ocorreram surtos em diferentes Regiões do país: Norte 1998/1999; Sudeste e Sul 2002/2003 e 2008/2009; Norte e Centro-Oeste 2007/2008.

Após a expansão da área de circulação viral ocorrida entre 2008 e 2009, quando o vírus atingiu as Regiões Sudeste e Sul do país e causou mais de 100 casos da doença, com letalidade de 51%, a reemergência do vírus no Centro-Oeste brasileiro voltou a causar preocupação. O último episódio de reemergência do YFV ocorreu em 2014 e resultou nos maiores surtos da história da febre amarela silvestre no Brasil, desde que esse ciclo de transmissão foi descrito na década de 1930. Casos em humanos e/ou epizootias em PNH ocorridos nos estados da Bahia, de Minas Gerais, São Paulo, do Paraná e Rio Grande do Sul representaram a maioria dos registros de febre amarela no período, caracterizando uma expansão recorrente da área de circulação viral nos sentidos leste e sul do país, que afetou áreas consideradas "indenes" até então, onde o vírus não era registrado há décadas.

No período de monitoramento 2014/2015, a reemergência do YFV foi registrada além dos limites da área considerada endêmica, manifestando-se por epizootias em PNH no Tocantins. Após esse episódio foi demonstrado o avanço da transmissão do vírus para as regiões Centro-Oeste (Goiás, Mato Grosso do Sul e Distrito Federal) e Sudeste (Minas Gerais) com registros isolados de epizootias e/ou casos em humanos, demonstrando a ampla dispersão do vírus pelo território nacional.

No período de monitoramento 2015/2016, além dos estados já afetados (Goiás, Minas Gerais e Distrito Federal), a transmissão foi detectada também nos estados de São Paulo, Espírito Santo e Rio de Janeiro, e atingindo a Região Nordeste (Bahia) no verão de 2016/2017, aproximando-se de grandes regiões metropolitanas densamente povoadas, com populações não vacinadas e infestadas por *Aedes aegypti*.

A transmissão do YFV foi observada na Região Sudeste durante todo o período de monitoramento 2017/2018 quando foi registrado um dos eventos mais expressivos da história da febre amarela no Brasil. A dispersão do vírus alcançou a costa leste brasileira, na região do bioma Mata Atlântica, que abriga uma ampla diversidade de PNH e de potenciais vetores silvestres e onde o vírus não era registrado há décadas. No período entre julho/2014 e junho/2018, foram confirmadas 2.559 epizootias em PNH, com óbito de, pelo menos, 3.605 animais, e 2.260 casos em seres humanos, com 754 óbitos.

Em 2018/2019, além da manutenção da transmissão do vírus na Região Sudeste (Minas Gerais, Rio de Janeiro e São Paulo), foi relatada dispersão do vírus para a Região Sul tendo sido demonstrada a transmissão do YFV nos estados do Paraná e Santa Catarina. Foram registradas 111 epizootias em PNH e 93 casos em seres humanos, com 19 óbitos. Apesar do elevado número de casos, essa expansão da circulação do vírus está associada à ocorrência do ciclo silvestre da doença, não havendo nenhum indício da sua urbanização, até o momento (abril/2021).

Durante o monitoramento 2019/2020, as primeiras detecções da circulação do vírus amarílico na região extra-amazônica ocorreram entre julho e outubro de 2019, em São Paulo e no Paraná. A partir de novembro, a frequência de confirmações aumentou, com dispersão do vírus nos sentidos sul e oeste do Paraná. Em Santa Catarina, as primeiras detecções em PNH ocorreram a partir de dezembro, e os primeiros casos em seres humanos, a partir de janeiro de 2020. Os meses de janeiro e fevereiro concentraram a maior parte dos eventos confirmados, em concordância com os picos de transmissão observados em outros períodos de monitoramento da reemergência (2014 a janeiro de 2021). Foram confirmadas 395 epizootias envolvendo a morte de macacos registradas em São Paulo (5), Paraná (309), Santa Catarina (64), Goiás (16) e Distrito Federal (1) sinalizando a circulação ativa do vírus nesses estados e o aumento do risco de transmissão às populações humanas durante o período sazonal. Foram confirmados 18 casos em seres humanos e 3 óbitos no Pará (1) e em Santa Catarina (2).

Entre 1980 e janeiro de 2021, ocorreram 3.062 casos de febre amarela entre seres humanos no Brasil e 1.174 óbitos, sendo observada uma taxa de letalidade média de 53,3%. Na Figura 18.6 é mostrada a série histórica de casos confirmados, óbitos e taxa de letalidade por febre amarela no Brasil de 1980 a janeiro de 2021.

## Dengue

A incidência da dengue tem crescido drasticamente em todo o mundo nas últimas décadas. Antes de 1970, apenas nove países haviam enfrentado epidemias de dengue grave. Essa doença agora é endêmica em mais de 100 países nas Regiões da OMS: África, Américas, Mediterrâneo Oriental, Sudeste da Ásia e Pacífico Ocidental. As Regiões das Américas, Sudeste da Ásia e do Pacífico Ocidental são as mais gravemente afetadas.

Os primeiros casos de dengue no Brasil foram relatados em 1923. Dessa época até o início da década de 1980 não foram

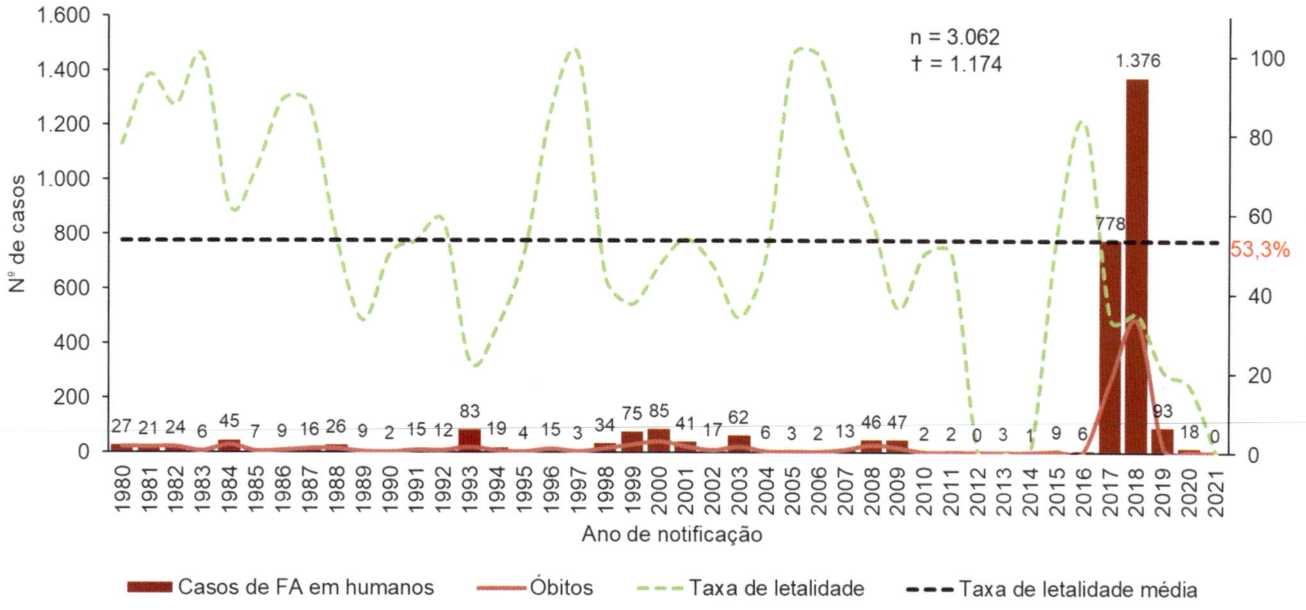


**Figura 18.6** Casos confirmados, número de óbitos e taxa de letalidade por febre amarela (FA) entre seres humanos no Brasil (1980-2021 [até a janeiro de 2021]). O número de casos confirmados por ano está apresentado no topo das barras. Fonte: MS do Brasil/SVS, 2021.

observadas novas ocorrências da doença em nosso meio. Desde 1981, quando a doença voltou a atingir o Brasil, o número de casos de dengue tem aumentado.

Em 2019, a dengue nas Américas atingiu o maior número de casos já registrados na História. A maior epidemia de dengue havia sido descrita em 2015, mas em 2019 foram descritos 2.733.635, incluindo 22.127 casos graves e 1.206 mortes notificadas até o final de outubro de 2019, sendo 13% superior a 2015. Apesar do aumento no número de casos, a taxa de letalidade (proporção de mortes em casos de dengue) foi 26% menor em 2019, quando comparado a 2015.

Os quatro sorotipos do DENV estão presentes nas Américas e a cocirculação dos quatro foi notificada em Brasil, Guatemala e México em 2019. A circulação simultânea de dois ou mais tipos aumenta a ocorrência de casos graves. O Brasil, dada sua grande população, apresentou o maior número de casos (1.544.987), o México apresentou 213.822 casos, a Nicarágua 157.573, a Colômbia 106.066 e Honduras, 96.379 casos. Mas os países com as maiores taxas de incidência, que relacionam o número de casos com a população, foram Belize, com 1.021 casos por 100.000 habitantes; El Salvador, com 375 casos por 100.000 habitantes; Honduras, com 995,5 casos por 100.000 habitantes; e Nicarágua, com 2.271 casos por 100.000 habitantes. O quinto país com a maior taxa de incidência nas Américas foi o Brasil, com 711,2 casos por 100.000 habitantes.

O número real de casos da doença é subnotificado e muitos são classificados de forma equivocada. Estimativas recentes indicam 390 milhões de infecções por dengue por ano no mundo (95% de intervalo de credibilidade, 284 a 528 milhões), dos quais 96 milhões (67 a 136 milhões) se manifestam clinicamente.

Dados do MS do Brasil mostraram que entre 2014 e 2019, os maiores números de casos notificados de dengue foram observados em 2015, 2016 e 2019, com 1.688.688, 1.483.623 e 1.544.987 casos registrados, e 972, 701 e 782 óbitos, respectivamente (Figura 18.7).

Em 2020, foram notificados 979.764 casos prováveis (taxa de incidência de 466,2 casos por 100.000 habitantes) de dengue no país, com 541 óbitos confirmados. A Região Centro-Oeste apresentou a maior taxa de incidência (1.200 casos/100.000 habitantes), seguida das Regiões Sul (934,1 casos/100.000 habitantes), Sudeste (376,4 casos/100.000 habitantes), Nordeste (261,5 casos/100.000 habitantes) e Norte (120,7 casos/100.000 habitantes).

Nesse cenário, destacam-se os estados do Paraná (2.308,5 casos/100.000 habitantes), Mato Grosso do Sul (1.873,5 casos/100.000 habitantes), Distrito Federal (1.559,1 casos/100.000 habitantes), Mato Grosso (982,3 casos/100.000 habitantes), Goiás (887,1 casos/100.000 habitantes), Espírito Santo (881,0 casos/100.000 habitantes), Bahia (554,6 casos/100.000 habitantes) e Acre (737,8 casos/100.000 habitantes), com incidências acima da média do país.

Até a 8ª Semana Epidemiológica de 2021 (27.02.2021) foram notificados 72.093 casos prováveis (taxa de incidência de 34,0 casos/100.000 habitantes) de dengue no Brasil. O maior número de casos foi registrado na Região Centro-Oeste, seguida das regiões Norte, Sul, Sudeste e Nordeste. Destacaram-se nesse período os estados do Acre, Mato Grosso do Sul, Mato Grosso e Goiás. Foram confirmados 8 óbitos por dengue, Pará (1), Bahia (1), São Paulo (1), Paraná (1), Mato Grosso do Sul (1), Mato Grosso (2) e Amazonas (1).

No Brasil, a dengue ocorre, principalmente, entre os meses de janeiro e maio, período de chuva que contribui para a proliferação do mosquito *Aedes aegypti*, transmissor não apenas da dengue como da febre amarela urbana.

Até o ano 2000, os casos de dengue no Brasil eram causados pelos tipos DENV-1 e DENV-2. No início de 2001, registrou-se o primeiro caso de dengue, que tinha como agente etiológico o DENV-3. Em 2008, o DENV-4 foi detectado no país.

Em 2015 e 2016, houve um predomínio do DENV-1. Em 2019, o predomínio foi do DENV-2, que não circulava com

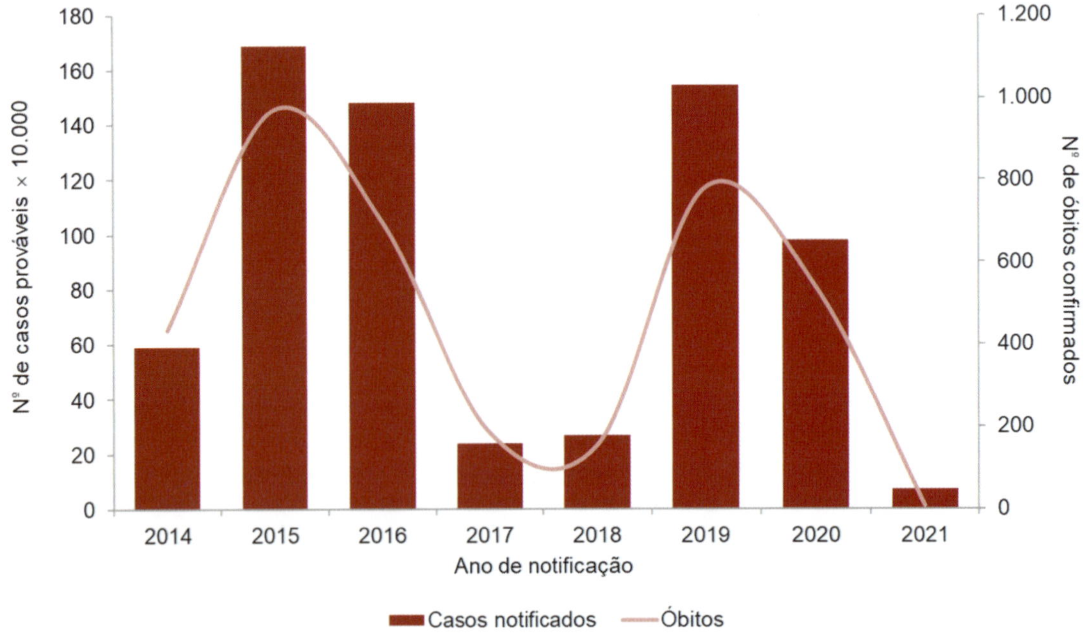


**Figura 18.7** Casos notificados e óbitos confirmados de dengue no Brasil (2014-2021 [até a 8ª Semana Epidemiológica (27/02/2021)]). Fonte: MS da Brasil/SVS, 2021.

intensidade desde 2008. Essa pode ter sido a causa do número elevado de casos de dengue, uma vez que muitas pessoas eram suscetíveis a esse sorotipo.

## Prevenção, controle e tratamento

### Febre amarela

A vacina contra a febre amarela, produzida a partir da estirpe 17D atenuada do YFV cultivada em ovos embrionados de galinha livres de agentes patogênicos, é o único meio eficaz para prevenir e controlar a doença, sendo recomendada para pessoas residentes em áreas endêmicas ou que para lá viajam. A vacina induz a formação de anticorpos protetores em 7 a 10 dias, sendo a taxa de soroconversão de 95%.

Em 2013, o SAGE (Grupo Consultivo Estratégico de Peritos [*Strategic Advisory Group of Experts*]), que é o principal grupo consultivo da OMS para vacinas e imunização, alterou a recomendação de vacinação contra a febre amarela para que fosse administrada apenas uma dose durante toda a vida do indivíduo, sem a necessidade de doses de reforço. Essa recomendação se baseou em uma revisão sistemática da literatura em que foi identificado que a maioria dos indivíduos vacinados apresentava soroconversão à vacina após dose única e o título de anticorpos neutralizantes se mantinha acima de níveis protetores por décadas. A partir dessa recomendação da OMS, o MS do Brasil, em abril de 2017, passou a adotar uma dose da vacina válida para toda vida, indicada para pessoas de 9 (nove) meses a 59 anos de idade. No entanto, dados recentes na literatura sugeriram a necessidade de uma revisão nessas recomendações. Dessa forma, considerando a existência de evidências que demonstram relato de casos de falhas vacinais; queda mais precoce da imunidade nas pessoas vacinadas quando crianças; evidência sugerindo menor resposta imunológica nas crianças brasileiras; um risco significativamente reduzido de eventos adversos graves após doses adicionais da vacina; entendeu-se ser necessário atualizar a recomendação atual de vacinação contra a febre amarela no Brasil, conforme descrito no Quadro 18.1.

A vacina pode ser aplicada, por via subcutânea, a partir dos 9 meses de idade, mas em situações de epidemia ou surtos pode-se antecipar a idade da vacinação para 6 meses. A vacina é contraindicada em grupos com condições especiais como: (i) indivíduos com imunodeficiência congênita ou adquirida (imunodeficiência grave associada à infecção pelo vírus da imunodeficiência humana [HIV, *human immunodeficiency virus*]), indivíduos transplantados e com imunodepressão secundária devido a neoplasias, quimioterapia, radioterapia, corticoterapia (doses ≥ 2 mg/kg/dia de prednisona ou equivalente, para crianças, e ≥ 20 mg/dia, para adultos, por um período maior que 14 dias); (ii) indivíduos com história de reação anafilática relacionada com ovo de galinha e seus derivados; (iii) mulheres em gestação em qualquer fase, o que constitui contraindicação relativa, devendo ser avaliado cada caso (Quadro 18.1). Para indivíduos soropositivos para HIV e que se desloquem para áreas de risco

**Quadro 18.1** Indicação e esquema de doses da vacina contra a febre amarela no Brasil.

| Indicação | Esquema vacinal |
|---|---|
| Crianças de 9 meses a 4 anos, 11 meses e 29 dias de idade, não vacinadas ou sem comprovante de vacinação | Administrar 1 dose aos 9 meses de vida e 1 dose de reforço aos 4 anos de idade |
| Pessoas a partir de 5 anos de idade, que receberam 1 dose da vacina antes de completarem 5 anos de idade | Administrar 1 dose de reforço, com intervalo mínimo de 30 dias entre a dose e o reforço |
| Pessoas de 5 a 59 anos de idade, que nunca foram vacinadas ou sem comprovante de vacinação | Administrar 1 dose da vacina |
| Pessoas de 5 a 59 anos de idade que receberam 1 dose da vacina | Considerar vacinado. Não administrar nenhuma dose |
| Pessoas com 60 anos de idade ou mais que nunca foram vacinadas ou sem comprovante de vacinação | O serviço de saúde deverá avaliar a pertinência da vacinação, levando em conta o risco da doença e o risco de eventos adversos nessa faixa etária e/ou decorrentes de comorbidades |
| Gestantes que nunca foram vacinadas ou sem comprovante de vacinação | A vacina é contraindicada para gestantes; no entanto, na impossibilidade de adiar a vacinação, como em situações de emergência epidemiológica, vigência de surtos, epidemias ou viagem para área de risco de contrair a doença, o médico deverá avaliar a pertinência da vacinação |
| Mulheres que estejam amamentando crianças com até 6 meses de vida, que nunca foram vacinadas ou sem comprovante de vacinação | A vacinação não é indicada, devendo ser adiada até a criança completar 6 meses de vida. Na impossibilidade de adiar a vacinação, como em situações de emergência epidemiológica, vigência de surtos, epidemias ou viagem para área de risco de contrair a doença, o médico deverá avaliar a pertinência da vacinação |
| | Importante ressaltar que previamente à vacinação, o aleitamento materno deve ser suspenso por 28 dias (mínimo 10 dias), com acompanhamento do serviço de Banco de Leite de referência |
| Viajantes internacionais | Para efeito de emissão do Certificado Internacional de Vacinação ou Profilaxia (CIVP), seguir o Regulamento Sanitário Internacional (RSI), que recomenda uma única dose na vida |
| | O viajante deverá se vacinar, pelo menos, 10 dias antes da viagem |

Fonte: MS do Brasil, 2020.

de transmissão de febre amarela deve ser indicada a vacinação levando-se em conta a contagem de células $TCD_4^+$ e a carga viral, devendo ser avaliado cada caso. Ainda, são condições de adiamento da vacinação doenças agudas febris moderadas ou graves até a resolução do quadro.

Podem-se observar reações pós-vacinais em 5 a 10% dos vacinados, até 10 dias após a aplicação da vacina, com um quadro de febre baixa, cefaleia e mialgia e, em pessoas alérgicas a ovo podem ocorrer reações de hipersensibilidade imediata com exantema, urticária e broncoespasmo.

O controle deve ser feito por meio da eliminação dos vetores artrópodes empregando medidas como: evitar picada de mosquito com o uso de espirais ou vaporizadores elétricos, mosquiteiros, repelentes e telas protetoras; eliminar os locais de procriação de mosquitos pela vedação de depósitos de água como caixas d'água, tanques, tinas, poços e fossas; evitar o acúmulo de lixo para reduzir os possíveis criadouros de mosquitos; fazer o controle químico com utilização de larvicidas; tornar o controle biológico uma realidade, com a introdução de organismos no ambiente que atacam, parasitam ou competem com o mosquito, reduzindo assim a sua população e campanhas de educação em saúde informando às comunidades sobre as doenças transmitidas por mosquitos, bem como sobre as medidas adequadas para combatê-las.

Não existe tratamento específico para a febre amarela. Nas formas leves e moderadas, o tratamento é sintomático, à base de paracetamol, na cefaleia; e antieméticos, nos casos de vômitos. Não devem ser utilizados anti-inflamatórios e ácido acetilsalicílico (AAS). Nas formas graves, o paciente deve ser atendido em unidade de terapia intensiva (UTI) para o tratamento das insuficiências hepática e renal, e hemorragias. Nos casos de sangramentos graves, o uso de plasma fresco ou sangue total deve ser imediatamente indicado. Quando houver insuficiência renal, a diálise pode ser necessária.

### Dengue

A primeira vacina contra a dengue foi desenvolvida pelo laboratório francês *Sanofi Pasteur* e é preparada com vírus atenuado (Dengvaxia®). Essa vacina foi aprovada pela Agência Nacional de Vigilância Sanitária (Anvisa) para ser comercializada no Brasil.

A Dengvaxia® é a única vacina aprovada no mundo que demonstrou segurança e eficácia na prevenção da infecção pelos quatro sorotipos da dengue. A análise também confirmou o valor protetor de longo prazo da vacina em indivíduos com uma infecção prévia pelo vírus, em que demonstrou eficácia de cerca de 80% na redução de hospitalizações e na redução de casos graves ao longo dos 6 anos de acompanhamento.

A Anvisa recomenda que a vacina da dengue seja administrada apenas em indivíduos com história de infecção prévia por dengue.

No Brasil, o Instituto Butantan (São Paulo) está no final da terceira fase de produção de outra vacina contra a dengue, empregando vírus modificado por engenharia genética. A vacina, de dose única, deverá proteger contra os quatro sorotipos da dengue. A formulação foi desenvolvida há mais de uma década pelo Instituto Nacional de Saúde (NIH, National Institute of Health) dos Estados Unidos da América (EUA), chegando ao Brasil por meio de transferência tecnológica. Essa é a 1ª vacina contra a dengue de produção 100% nacional a ser testada em seres humanos no país. O Instituto Butantan precisa ainda comprovar sua eficácia por meio de estudos que deverão fornecer os dados de segurança e índices finais de proteção da vacina. Após esse processo, será solicitado o registro da vacina na Anvisa para que possa ser incorporada ao Sistema Único de Saúde (SUS) e ofertada gratuitamente pelo Programa Nacional de Imunizações (PNI).

Além do Instituto Butantan, há outra iniciativa nacional para produção de vacina contra a dengue, liderada pela Fundação Oswaldo Cruz (Fiocruz, Rio de Janeiro, Brasil) em parceria com a companhia farmacêutica britânica multinacional GlaxoSmithKline (GSK).

O controle dos artrópodes vetores deve ser feito como já citado para a febre amarela.

Não há tratamento específico para a dengue. O tratamento é sintomático, consistindo em hidratação e emprego de antitérmicos e antieméticos. A recomendação é que não sejam utilizados medicamentos contendo AAS, que podem aumentar o risco de sangramento. Outros medicamentos contendo dipirona também não devem ser utilizados porque podem ocasionar erupções na pele semelhantes àquelas observadas na dengue. Também não devem ser administrados AINE contendo ibuprofeno, diclofenaco, nimesulida, cetoprofeno, entre outros, pelo risco de efeitos colaterais, como hemorragias digestivas e reações alérgicas. O paracetamol, recomendado para o tratamento dos sintomas como dor e febre, deve ser administrado nas doses e intervalos prescritos pelo médico, uma vez que em doses altas podem causar lesão hepática. A metoclopramida e a bromoprida podem ser utilizados como antieméticos.

Nos casos mais graves, é importante a reposição de fluidos e eletrólitos, administração de plasma e concentrado de plaquetas.

De acordo com o MS do Brasil, considera-se caso suspeito de dengue todo paciente que apresente doença febril aguda, com duração máxima de 7 dias, acompanhada de pelo menos dois dos sinais ou sintomas como cefaleia, dor retro-orbitária, mialgia, artralgia, prostração ou exantema, associados ou não à presença de sangramentos ou hemorragias, com história epidemiológica positiva, tendo estado nos últimos 15 dias em região com transmissão de dengue ou que tenha a presença do *Aedes aegypti*.

Todo o caso suspeito de dengue deve ser notificado à Secretaria de Vigilância Epidemiológica (SVE) municipal ou estadual, sendo imediata a notificação dos casos mais graves da doença.

## Vírus da Zika

Renata Campos Azevedo • Lucio Ayres Caldas • Daniela Prado Cunha • Zilton Faria Meira de Vasconcelos

### *Histórico*

O vírus da Zika (ZIKV, *Zika virus*) foi descoberto em 1947 durante um estudo de vigilância da febre amarela silvestre na floresta Zika em Uganda. Nesse estudo seis macacos rhesus foram posicionados em plataformas nas copas das árvores e suas temperaturas avaliadas diariamente. Um dos macacos utilizados (rhesus 766) apresentou temperatura elevada e seu sangue foi coletado e inoculado em camundongos. A partir do cérebro dos camundongos doentes foi isolado um agente filtrável, denominado de vírus da Zika. No ano seguinte, o ZIKV foi isolado de mosquitos da espécie *Aedes africanus* capturados na mesma floresta. A partir desse momento, o vírus foi isolado em mais de 20 espécies de mosquitos do gênero *Aedes*, o que permitiu classificá-lo como arbovírus. Para a caracterização desse novo agente, foram realizados experimentos de infecção em animais, nos quais foi demonstrado o tropismo do ZIKV para o cérebro de camundongos.

A primeira evidência de infecção em seres humanos foi observada através da detecção de anticorpos no soro de residentes de Uganda e da Tanzânia. A infecção em seres humanos foi associada a uma doença branda e autolimitada, tendo como principais sintomas, febre branda associada a dores no corpo e cefaleia. Os estudos de soroprevalência, conduzidos nas décadas seguintes, mostraram uma área de circulação do vírus abrangendo grande parte do continente africano, o sudeste da Ásia e algumas ilhas do Pacífico. Apesar da ampla dispersão do vírus, a doença foi raramente detectada em seres humanos. Acredita-se que a semelhança entre os sintomas observados na febre associada ao ZIKV e nas outras arboviroses em circulação na mesma região, como a dengue, febre amarela e chikungunya, dificultou o reconhecimento da doença. Surtos importantes associados ao ZIKV só foram identificados a partir de 2007 nas ilhas do Pacífico.

## Classificação e características

O ZIKV possui RNA de fita simples de polaridade positiva (RNAfs+) e pertence à família *Flaviviridae*, gênero *Flavivirus*. A partícula viral, revelada por crioeletromicroscopia, se mostrou estruturalmente semelhante aos outros flavivírus descritos (ver Figura 18.1). O ZIKV apresenta apenas um sorotipo; duas linhagens, a africana e a asiática; e três genótipos bem identificados: oeste africano, leste africano e asiático. O vírus introduzido nas Américas foi derivado da linhagem asiática. Detalhes sobre a partícula e o genoma viral foram apresentados no tópico "Vírus da febre amarela e da dengue", neste capítulo.

Os surtos recentes de ZIKV foram marcados pelo surgimento de um fenótipo mais agressivo apresentando neurotropismo, o que pode ser evidenciado pela associação da infecção por ZIKV com os casos de microcefalia e à síndrome de Guillain-Barré. Yuan e colaboradores em 2017 comparando a estirpe ancestral asiática e as estirpes atuais (associadas aos casos de microcefalia e síndrome de Guillain-Barré) descreveram substituições de aminoácidos ocorridas ao longo do tempo que podem estar relacionadas ao aumento da virulência e ao desenvolvimento do fenótipo neurotrópico. Estudos *in vitro* e *in vivo* sugeriram a substituição de serina, na posição 139 da cadeia de aminoácidos, por uma asparagina (S139N) (região correspondente a prM) como a mutação mais relevante para o aumento da virulência. A identificação dessa mutação ainda está em fase inicial e precisa ser melhor estudada.

## Biossíntese viral

Como para os demais flavivírus a biossíntese do ZIKV ocorre no citoplasma celular e se inicia com a adsorção da proteína do envelope a moléculas receptoras presentes nas células suscetíveis. Estudos *in vitro* sugerem que os receptores constituídos de fosfatidilserina TIM-1 (translocase da membrana interna-1 [*translocase of the inner membrane-1*]) e TIM-4 e os receptores Axl e Tyro 3 da família TAM (TAM deriva da primeira letra de seus três constituintes – Tyro3, Axl e Mer – receptores tirosino-cinase) interagem com os ligantes do ZIKV configurando a suscetibilidade celular para esse patógeno. A relevância dessas moléculas *in vivo* nos processos de adsorção e penetração ainda precisa ser confirmada. Os estudos de microscopia eletrônica apontam que a internalização da partícula viral é tipicamente mediada por clatrina. Em seguida à internalização, o ambiente acídico do interior do compartimento endossomal promove alterações na conformação das glicoproteínas do envelope viral, levando à fusão entre o envelope do vírus e a membrana do endossoma. O RNA genômico (RNAg) liberado é imediatamente processado pelos ribossomas no retículo endoplasmático (RE). Desse processamento resulta uma proteína precursora que é subsequentemente clivada por proteases virais e celulares em sete proteínas não estruturais (NS1, NS2A, NS2B, NS3, NS4A, NS4B e NS5) e três proteínas estruturais (capsídeo [C], membrana [M] e envelope [E]). Para detalhes da biossíntese dos flavivírus ver Figura 18.3.

A biossíntese do ZIKV implica em rearranjo do RE da célula hospedeira, que se torna um sítio adequado à propagação viral. A proteína não estrutural NS1 é indispensável para a promoção do remodelamento do RE, contribuindo para a formação de invaginações observadas no RE, no interior das quais se acredita que ocorra a síntese do RNA negativo intermediário, complementar (RNAc–). Em seguida, as moléculas de RNA+ recém sintetizadas brotam para o lúmen dessa organela. Durante este processo, tal como ocorre na biossíntese da maioria dos membros da família *Flaviviridae*, a presença de membranas convolutas e vesículas é abundante na região. Enquanto as membranas convolutas estão provavelmente envolvidas com a maturação da poliproteína, as vesículas observadas parecem constituir um local para a amplificação do genoma viral (Figura 18.8).

Finalmente, as partículas virais passam pela fase de maturação complementada pela furina, e são transportadas rumo ao limite da membrana plasmática, antes do brotamento.

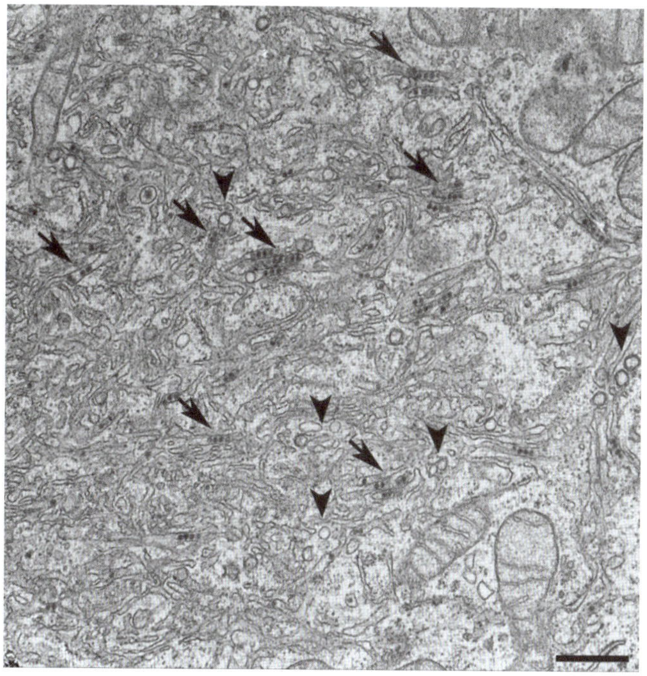

**Figura 18.8** Microscopia eletrônica de transmissão da região de morfogênese do ZIKV: a reconfiguração do retículo endoplasmático (RE), induzida pelo ZIKV, promove um ambiente restrito para a síntese e montagem das partículas. As *setas* indicam o lúmen do retículo endoplasmático modificado, contendo partículas virais em formação. Nessa área também são abundantes as membranas convolutas (*cabeças de seta*). m: mitocôndria. Barra = 500 nm.

## Patogênese

### Transmissão

O ZIKV é transmitido principalmente por vetor artrópode. Além da transmissão vetorial, outras vias de transmissão horizontal foram bem descritas para o ZIKV como a sexual e a sanguínea, além da transmissão vertical.

#### Vetor

O ZIKV é transmitido por culicídeos hematófagos, principalmente os mosquitos do gênero *Aedes* spp., sendo a espécie *Aedes aegypti* associada ao estabelecimento das epidemias em área urbana. A infecção de outras espécies de mosquitos como o *Culex quinquefasciatus* já foi observada, contudo, a sua competência vetorial e importância na manutenção das epidemias é controversa.

#### Sexual

A avaliação dos casos de transmissão sexual demonstrou uma proporção maior de transmissão de homens para mulheres (92,5%) quando comparada a transmissão de homem para homem (3,7%) e de mulher para homem (3,7%). Em adição, a taxa de transmissão foi maior na prática de sexo vaginal desprotegido (96,2%), seguido pelo sexo oral (18,5%) e anal (7,4%). A transmissão sexual pode ser caracterizada nos casos de contaminação de pessoas residentes, em áreas livres do vetor, que tiverem relações sexuais com pessoas que retornaram de áreas endêmicas. A maioria dos casos de transmissão sexual envolveram pessoas infectadas apresentando sintomatologia, apenas dois casos de transmissão homem-mulher envolvendo homens assintomáticos foram registrados.

Em áreas endêmicas é muito difícil medir o impacto da transmissão sexual, contudo, os estudos epidemiológicos revelaram um aumento da incidência dos casos de ZIKV em gestantes durante o surto, o que pode ser ocasionado pela transmissão sexual.

Estudo de infecção intravaginal em camundongos destaca a importância dessa rota para comprometimento do feto. Entretanto, estudos complementares devem ser realizados para determinar se a infecção ascendente pela vagina facilita a infecção do feto em comparação à infecção adquirida pela picada do mosquito, ou se as duas vias de transmissão combinadas facilitam o desenvolvimento da síndrome congênita associada à infecção pelo ZIKV (SCZ).

A transmissão não sexual pessoa a pessoa foi reportada somente uma vez, através do contato com fluidos corporais de um paciente grave, altamente virêmico. Contudo, esse modo de transmissão precisa ser confirmado.

#### Vertical

A transmissão vertical do ZIKV é observada em 30% das gestantes infectadas, sendo sintomática ou assintomática e pode ocorrer em qualquer trimestre da gestação. O mecanismo que permite ao vírus atravessar a placenta não é totalmente compreendido, sabe-se que as células de Hofbauer (macrófagos da placenta) são infectadas. As hipóteses sobre o mecanismo de transposição da barreira placentária estão descritas no tópico "Fisiopatologia da infecção", logo adiante.

#### Vias secundárias de transmissão

##### Sanguínea

A possibilidade de transmissão do ZIKV nas transfusões sanguíneas durante as epidemias não pode ser descartada, pois a viremia é observada em mais de 28% dos casos, sendo observada em 3% de casos assintomáticos. A inclusão de testes para a detecção do ZIKV em doadores e bolsas de sangue foi considerada no Brasil e nos Estados Unidos da América (EUA).

##### Urina

O ZIKV parece permanecer infeccioso na urina, considerando que alguns estudos mostraram o isolamento do vírus a partir desse espécime clínico. Apesar dessa evidência, nenhum caso de contaminação após exposição à urina foi descrito. Contudo, esse material deve ser tratado como amostra potencialmente infecciosa.

##### Amamentação

O ZIKV pode ser detectado no leite materno e a infecção de neonatos pela amamentação foi sugerida em dois casos clínicos. Contudo, o número de informações de transmissão por essa via permanece insuficiente para desencorajar a amamentação.

### Fisiopatologia da infecção

A infecção pelo ZIKV pode ser assintomática, produzir uma doença leve e autolimitada ou gerar quadros graves, principalmente associados à malformação congênita e ao desenvolvimento da síndrome de Guillain-Barré. A infecção apresenta um período de incubação (PI) de 3 a 14 dias nos seres humanos. Após o PI, se desenvolve a infecção aguda que é caracterizada por um breve período de viremia, no qual o vírus apresenta título moderado e pode ser recuperado no sangue dos pacientes. O período de viremia coincide parcialmente com o aparecimento dos sintomas. Além do sangue o vírus pode ser detectado em diversos fluidos corporais, tais como: saliva, suor, lágrima, urina, sêmen, fluido vaginal e leite materno. Contudo, a excreção do vírus nesses fluidos ocorre por um período curto. O sêmen e a urina apresentam maior carga viral quando comparados com o soro. Na urina e no sêmen, o vírus pode permanecer com altos títulos por períodos prolongados. No homem, o vírus pode permanecer no sêmen por, em média, 30 dias. Períodos longos, apesar de raros, já foram descritos. Essa permanência aponta para a possibilidade de infecção persistente do vírus em certos órgãos, como por exemplo, os testículos (Figura 18.9). Em algumas gestantes, o vírus permanece realizando a biossíntese na placenta e no tecido cerebral do feto e o vírus pode ser detectado no líquido amniótico, nas células do cordão umbilical e placenta. Nos casos de comprometimento do sistema nervoso central (SNC) o vírus também pode ser detectado no liquor. Nas gestantes, o período de viremia e excreção do vírus na urina também é mais longo.

Embora o tempo de surgimento e duração dos anticorpos de classe IgM não tenha sido precisamente definido para a infecção pelo ZIKV, os dados observados para outros flavivírus sugerem que a IgM começa a ser detectada em média no 7º dia após infecção, apesar de relatos recentes sobre soroconversão precoce em 1/3 dos pacientes. De acordo com o estudo de outros flavivírus os anticorpos IgM permanecem na circulação por até 5 a 6 meses. A produção de anticorpos neutralizantes da classe IgG, geralmente ocorre após o surgimento de IgM e persiste por anos a décadas (Figura 18.9).

À semelhança dos outros flavivírus, as células dendríticas e endoteliais são sugeridas como alvo para propagação primária do vírus, sendo a infecção adquirida pela rota mais comum, através da picada das fêmeas dos mosquitos. A partir do sítio primário, o vírus é disseminado pela corrente sanguínea, alcançando o

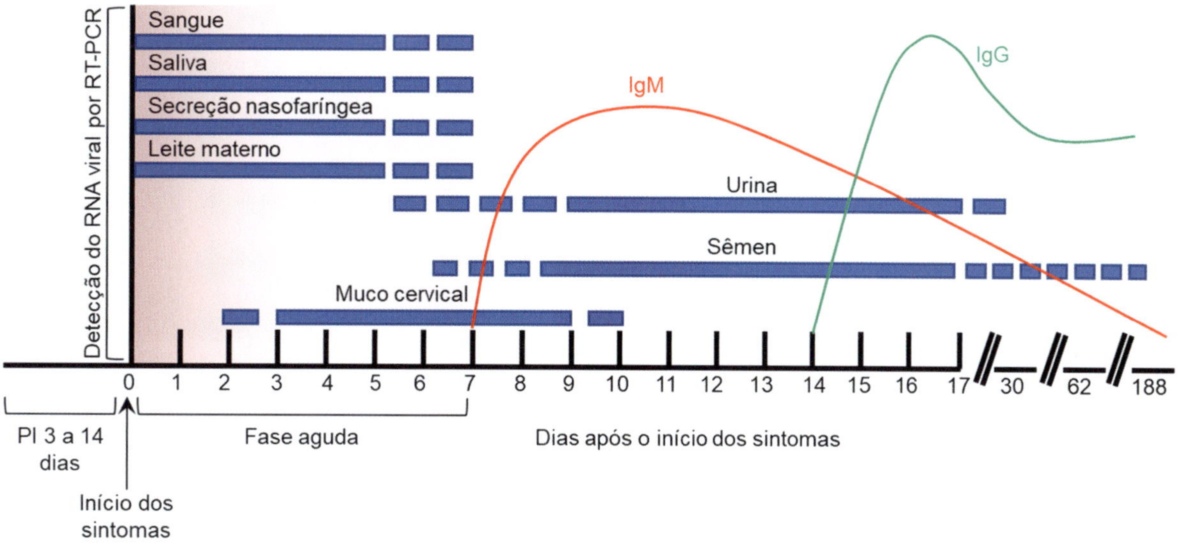


**Figura 18.9** Curso clínico da infecção pelo ZIKV. A figura apresenta o tempo médio de permanência do ZIKV nos fluidos corporais e o surgimento de anticorpos. A fase aguda ou sintomática da doença está em destaque. O tempo de surgimento dos anticorpos e o título podem ser diferentes em pacientes previamente expostos a outros flavivírus. A infecção apresenta período de incubação de 3 a 14 dias nos seres humanos. Após o período de incubação, desenvolve-se a infecção aguda, que é caracterizada por período de viremia que coincide parcialmente com o aparecimento dos sintomas. Além do sangue, o vírus pode ser detectado em diversos fluidos corporais, tais como: saliva, secreção nasofaríngea, leite materno, urina, sêmen e muco cervical, por um curto período. O sêmen e a urina apresentam maior carga viral quando comparados com o soro. Na urina e no sêmen, o vírus pode permanecer com altos títulos por períodos prolongados. Anticorpos da classe IgM começam a ser detectados, em média, no 7º dia após infecção e podem permanecer na circulação por até 5 a 6 meses. A produção de anticorpos neutralizantes da classe IgG geralmente ocorre após o surgimento de IgM e persiste por anos a décadas. As *barras* seguindo a linha do tempo indicam a amostra e os biomarcadores adequados que devem ser investigados de acordo com o período pós-infecção; as *linhas tracejadas* representam diminuição da carga viral; a *barra oblíqua* (//) indica linha do tempo descontínua. IgM: imunoglobulina M; IgG: imunoglobulina G; PI: período de incubação; RT-PCR: *reverse transcription polymerase chain reaction* (reação em cadeia da polimerase associada à transcrição reversa). Adaptada de Vasconcelos *et al.*, 2018.

útero, testículos, cérebro e outros órgãos. O tropismo para células nervosas em diferenciação já foi comprovado e está associado a um fenótipo teratogênico, descrito pela primeira vez para um flavivírus.

O processo de disseminação do vírus pelo organismo, quando contraído por via sexual, ainda não foi descrito. Para esta via de infecção, estudos de caso descrevem um período um pouco maior de incubação (6 a 15 dias) e a permanência prolongada do vírus nas células do sistema reprodutor masculino e feminino. A patogênese do ZIKV adquirido por via sexual também deve ser elucidada, pois pode estar relacionada ao estabelecimento de infecção persistente e aos danos que podem ser observados na fertilidade masculina e na gestação.

Células provenientes de diferentes órgãos e tecidos se mostraram permissivas à infecção pelo ZIKV, tais como: rins, fígado, pulmões, ovários, testículos, próstata, tecido muscular, tecido nervoso e retina (Quadro 18.2).

### *Transposição da barreira hematoencefálica*

A presença do ZIKV no liquor de adultos e neonatos confirma a capacidade de transposição da barreira hematoencefálica e infecção do SNC. Vários estudos destacam o caráter neurotrópico apresentado pelo ZIKV nos surtos recentes. O mecanismo pelo qual o vírus invade o SNC não é completamente entendido. A seletividade da barreira hematoencefálica é mediada pela monocamada de células endoteliais, as quais permanecem aderidas pelas junções coesas (*tight junctions*) e as junções endoteliais aderentes, que controlam o tráfego de leucócitos e a permeabilidade de solutos. Estudos *in vitro* demonstram que o vírus é capaz de infectar as células endoteliais da barreira hematoencefálica e atravessar a monocamada, sem dano que interfira significativamente na permeabilidade seletiva dessa monocamada. Testes *in vivo* também apontam pouca interferência do ZIKV na integridade da barreira hematoencefálica.

Dessa forma, sugere-se que a invasão do SNC pelo ZIKV seja realizada através da transcitose, isto é, passagem das partículas virais diretamente pelas células endoteliais, pela infecção das células da monocamada, com liberação basolateral ou pela permeabilidade de monócitos infectados (Figura 18.10). Uma vez transposta a barreira hematoencefálica, o vírus pode infectar astrócitos e micróglias, levando à liberação de mediadores da inflamação como interleucinas (IL) 6, 1β e 10 (IL-6, IL-1β e IL-10) e fator de necrose tumoral α e γ (TNF-α, TNF-γ; *tumor necrosis factor*) que influenciam a expressão das proteínas

**Quadro 18.2** Células permissivas para o ZIKV.

| Origem | Células |
|---|---|
| Cérebro | Células-tronco neuronais, células precursoras dos oligodendrócitos, neurônios, astrócitos e micróglias |
| Retina | Células endoteliais dos vasos da retina |
| Sangue | Células dendríticas e monócitos |
| Placenta | Células de Hofbauer, trofoblastos e células endoteliais |
| Testículos | Espermatozoides e células de Sertoli |
| Pele e tecido conjuntivo | Ceratinócitos e fibroblastos |

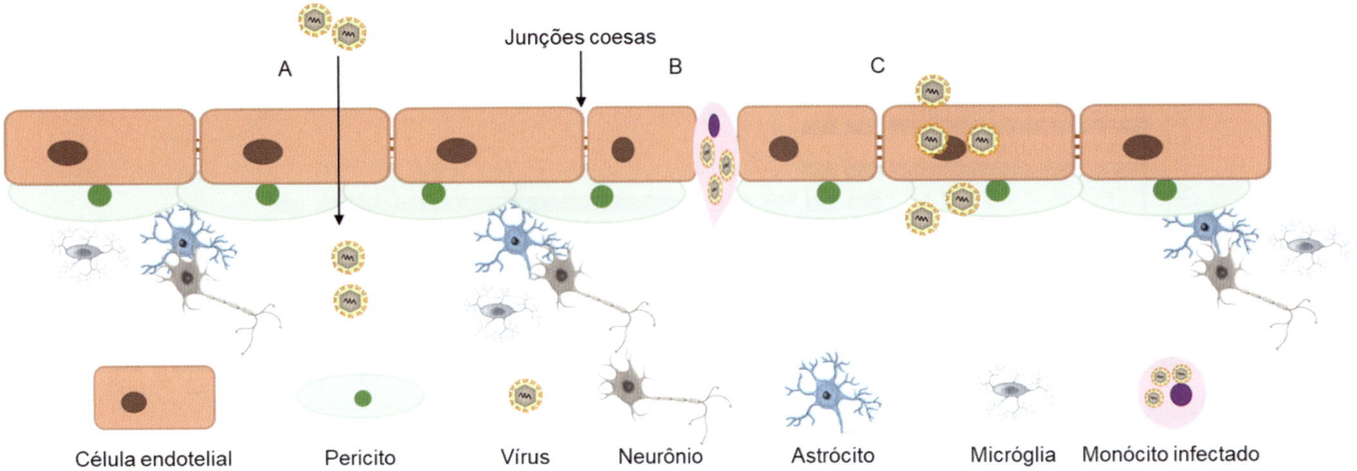


Figura 18.10 Esquema dos mecanismos propostos para transposição da barreira hematoencefálica pelo ZIKV. A. Passagem direta como partícula livre (transcitose). B. Migração para espaço encefálico através de macrófagos infectados. C. Infecção das células da monocamada e liberação basolateral.

de junções, aumentando a permeabilidade da monocamada. O papel do processo inflamatório no dano da barreira hematoencefálica ainda precisa ser melhor caracterizado.

*Infecção da placenta*

A presença do ZIKV no líquido amniótico, na decídua, nas células de Hofbauer, nas células endoteliais e nas células do estroma viloso apoiaram as evidências da transmissão transplacentária. A maneira pela qual o sistema imunológico não consegue detectar o vírus e permite que ele atravesse a placenta ainda não foi completamente elucidada, contudo, uma das hipóteses que tentam explicar esse mecanismo aponta para a participação das células de Hofbauer que possuem capacidade de migração, disseminação e contato com o compartimento fetal. A possibilidade de propagação viral no tecido placentário é sustentada pela observação de um aumento da carga viral nesse tecido em comparação com a carga viral detectada no sangue da gestante.

A idade da placenta parece estar diretamente relacionada à suscetibilidade de infecção pelo ZIKV. Um estudo demonstrou que a infecção adquirida no 1º trimestre de gestação apresenta um risco 30 vezes maior de comprometimento do feto. Esse resultado foi decorrente de pesquisa que utilizou células-tronco para reproduzir células da placenta jovem e identificou genes de quatro receptores virais, que favorecem a entrada do vírus, entre eles os receptores constituídos de fosfatidilserina TIM-1 e os da família TAM. Por outro lado, a placenta jovem também não possui interleucinas, moléculas de defesa contra vírus.

## Manifestações clínicas

### Febre da Zika

A maioria das infecções causadas pelo ZIKV se manifesta de forma assintomática (50 a 80%). Na forma sintomática, o paciente apresenta febre baixa, exantema, artralgia, mialgia e conjuntivite; a doença é autolimitada e se não houver complicações, o paciente evolui para cura em aproximadamente 7 dias. As complicações são raras, mas quando acontecem podem evoluir para casos graves e até fatais.

### Síndrome de Guillain-Barré associada ao ZIKV

A associação da infecção pelo ZIKV com a síndrome de Guillian-Barré (SGB) foi descrita pela primeira vez durante a epidemia na Polinésia Francesa em 2013, quando um estudo de caso controle foi realizado. A SGB é caracterizada por paralisia flácida generalizada, com característica autoimune, que geralmente é precedida de uma infecção. Os sintomas geralmente iniciam entre 5 e 10 dias após a infecção precedente. Três formas da SGB são descritas: polirradiculoneuropatia aguda desmielinizante inflamatória (AIDP, *acute inflammatory demyelinating polyradiculoneuropathy*); neuropatia axonal motora aguda (AMAN, *acute motor axonal neuropathy*) e neuropatia axonal motora e sensorial (AMSAN, *acute motor and sensory axonal neuropathy*). Esses subtipos são associados à atuação de anticorpos contra os gangliosídeos da membrana plasmática dos axônios. Os anticorpos recrutam os macrófagos e estes se posicionam entre os axônios e as células de Schwann (ou neurolemócitos, tipo de célula glial que produz a mielina que envolve os axônios dos neurônios no sistema nervoso periférico), mantendo a integridade da bainha de mielina, mas interrompendo a condução de sinais. Os pacientes apresentam fraqueza generalizada, a maioria perde a capacidade de andar e ventilação mecânica é necessária em 25% dos casos. A recuperação é lenta, mas os pacientes, geralmente, restabelecem a capacidade motora. Estima-se que a SGB associada ao ZIKV ocorra na proporção de 2 a 3 casos por 10.000 infecções.

### Síndrome congênita associada à infecção pelo ZIKV

Antes da detecção do surto de ZIKV, o número de bebês nascidos com microcefalia no segundo semestre de 2015 aumentou consideravelmente, quando comparado com relatos históricos. Essa observação foi feita na Região Nordeste do Brasil; Recife e Salvador e seus arredores foram as cidades mais afetadas. Retrospectivamente, a anamnese da maioria das parturientes revelou episódios de doença febril e lesões cutâneas exantemáticas durante a gravidez. Considerando a situação epidemiológica, em novembro de 2015, a Organização Mundial da Saúde (OMS) confirmou a relação entre infecção por ZIKV e malformações congênitas em neonatos, com a maioria dos casos desenvolvendo microcefalia e/ou ventriculomegalia.

A infecção durante a gravidez pode ser transmitida ao feto e causar malformações sistêmicas graves, resultando na SCZ.

Portanto, da mesma forma como acontece em outras infecções congênitas, o momento da infecção está intimamente relacionado com a gravidade das complicações que podem ocorrer, principalmente, as alterações no SNC. Quando ocorre no 1º trimestre da gestação, o dano gerado é mais prejudicial e estruturalmente mais grave, pois o vírus ataca as células precursoras de neurônios que se encontram em estágios iniciais de desenvolvimento.

As características clínicas da SCZ são descritas desde a epidemia de ZIKV ocorrida em 2015 no Brasil e podem ser divididas em componentes estruturais e funcionais. Os componentes estruturais são morfologia craniana, anomalias cerebrais e oculares, bem como contraturas congênitas. Os componentes funcionais estão relacionados às sequelas neurológicas. Os achados clínicos da SCZ incluem:

- Morfologia craniana: microcefalia grave, suturas cranianas sobrepostas, osso occipital proeminente, pele redundante do couro cabeludo e comprometimento neurológico
- Anomalias cerebrais: diminuição do córtex cerebral; padrões anormais dos giros; aumento de espaços fluidos (ventriculomegalia ou extra-axial); calcificações subcorticais; anomalias do corpo caloso; diminuição da substância branca; e hipoplasia do vérmis cerebelar
- Anomalias oculares: anomalias estruturais – microftalmia, coloboma; catarata; e anomalias posteriores – atrofia coriorretiniana, manchas pigmentares focais da retina e hipoplasia ou atrofia do nervo óptico
- Contraturas congênitas: artrogripose múltipla congênita e pés torcidos unilateral ou bilateral
- Sequelas neurológicas: deficiências motoras; deficiências cognitivas; hipertonia ou espasticidade; hipotonia; irritabilidade ou choro excessivo; tremores e sintomas extrapiramidais; disfunção de deglutição; deficiência visual; deficiência auditiva; e epilepsia.

O reconhecimento precoce e o encaminhamento para atendimento multidisciplinar podem resultar em melhores resultados no tratamento para cada uma das anormalidades descritas.

## Diagnóstico clínico e laboratorial

O diagnóstico clínico e laboratorial do ZIKV é bastante dificultado em áreas de cocirculação de outros flavivírus e demais arboviroses. Essa dificuldade está principalmente relacionada à semelhança de sintomas com as demais arboviroses e a homologia estrutural dos flavivírus, que gera uma expressiva reação cruzada nos testes sorológicos.

Segundo recomendação do Ministério da Saúde (MS) do Brasil um paciente é considerado suspeito de infecção pelo ZIKV se apresentar exantema maculopapular pruriginoso acompanhado de um dos sinais ou sintomas: febre; hiperemia conjuntival/conjuntivite não purulenta; artralgia/poliartralgia e edema periarticular. Para otimizar o diagnóstico clínico e orientar os médicos, informações sobre a intensidade e frequência dos sintomas da febre da Zika em comparação com as outras arboviroses foram publicadas (Quadro 18.3). A confirmação do caso por diagnóstico laboratorial deve ser realizada para comprovação de circulação do ZIKV ou nos casos que merecem mais atenção, como gestantes, idosos, casos graves/óbitos e crianças na primeira infância.

A escolha da amostra para o diagnóstico laboratorial e a metodologia utilizada deve ser realizada de acordo com a fase da doença. Os métodos diretos que detectam a partícula viral devem ser priorizados, uma vez que os métodos indiretos para procura de anticorpos apresentam baixa especificidade em populações previamente expostas aos flavivírus.

A metodologia que utiliza a reação em cadeia da polimerase associada à transcrição reversa (RT-PCR, *reverse transcription polymerase chain reaction*) e suas variações constituem, até o momento, a forma mais confiável de diagnóstico, pois apresentam sensibilidade, especificidade, custo e operacionalidade compatíveis com a rotina dos laboratórios de análises clínicas.

Inicialmente, para diagnóstico de febre da Zika na rede pública de saúde brasileira, foi adotada a metodologia de RT-PCR em tempo real. Para esse sistema de detecção foi utilizada a estratégia TaqMan que, além dos iniciadores, utiliza uma sonda que permite registrar a amplificação ao longo dos ciclos, conferindo maior sensibilidade e especificidade ao teste (ver *Capítulo 8*). Os iniciadores foram desenhados para detecção da região conservada do genoma, que expressa a proteína NS5, utilizando como base a linhagem asiática. Apesar das vantagens já descritas, a técnica de RT-PCR em tempo real não é infalível. Mutações podem ocorrer e alterar a capacidade de ligação dos iniciadores.

**Quadro 18.3** Resumo comparativo dos sinais e sintomas das arboviroses Zika, dengue e chikungunya.

| | Intensidade e frequência | | |
|---|---|---|---|
| **Sinais e sintomas** | **Zika** | **Dengue** | **Chikungunya** |
| Febre | ≤ 38°C ou ausente | > 38°C | > 38,5°C |
| Exantema maculopapular pruriginoso | Frequente e intenso | Frequente e moderado | Frequente e moderado |
| Hiperemia conjuntival | Frequente | Rara | 30% dos casos |
| Artralgia | Leve/moderada | Leve | Moderada/intensa |
| Mialgia | Moderada | Intensa | Moderada |
| Edema articular | Leve | Raro | Moderado/intenso |
| Cefaleia | Moderada | Intensa | Moderada |
| Leucopenia | Moderada | Intensa | Moderada |
| Linfopenia | Rara | Rara | Frequente |
| Trombocitopenia | Leve | Intensa | Moderada |

Adaptado de MS do Brasil, 2020.

Além disso, as amostras biológicas apresentam substâncias inibidoras da reação, tais como: imunoglobulinas, hemoglobina, lactoferrina e anticoagulantes como heparina no sangue; e ureia na urina. Para contornar essas limitações os iniciadores devem ser constantemente comparados com sequências nucleotídicas de vírus recentemente isolados e as amostras biológicas podem ser acrescidas de material genômico exógeno que deve ser amplificado concomitante à amplificação do ZIKV, como controle interno da reação. Com o objetivo de diminuir a variabilidade no desempenho dos testes realizados a comunidade científica se empenhou no desenvolvimento de *kits* de diagnóstico para detecção do RNA do ZIKV simultaneamente a outros arbovírus prevalentes (dengue e chikungunya), conferindo agilidade para a rotina de diagnóstico diferencial dessas arboviroses.

Além da metodologia de RT-PCR em tempo real há esforços para o desenvolvimento de outros métodos de amplificação para a detecção do RNA viral incluindo NASBA (amplificação com base no ácido nucleico específico [*nucleic acid sequence-based amplification*]) e LAMP (amplificação isotérmica mediada por alça [*loop-mediated isothermal amplification*]) (ver *Capítulo 8*).

Outra estratégia para o diagnóstico dos flavivírus, que ganhou destaque a partir de 2010, e que pode ser desenvolvida para ZIKV, é a detecção da proteína viral NS1. Foi identificado primeiramente para o DENV, que as células infectadas são capazes de secretar a proteína não estrutural NS1. Essa proteína atinge alta concentração no soro de pacientes durante a biossíntese do vírus no organismo e se tornou um excelente marcador de fase aguda. Os testes para detecção de NS1 utilizam como base a metodologia de ensaio imunoenzimático (EIA, *enzyme immunoassay*), a qual apresenta um custo menor quando comparada às metodologias de Biologia Molecular e apresenta maior operacionalidade sendo uma boa opção para grandes epidemias. Contudo, a semelhança estrutural entre as proteínas dos flavivírus, principalmente as não estruturais, induz reações cruzadas e resultados falsos positivos, especialmente por infecções por DENV. Assim, ocorre uma limitação na utilização dessa metodologia em áreas de cocirculação com outros flavivírus.

A imuno-histoquímica é uma ferramenta muito importante para avaliação da transmissão vertical e para estudos de necrópsia. Através dessa técnica foi possível claramente demonstrar o antígeno do ZIKV nas células de defesa da placenta (células de Hofbauer) e nos tecidos fetais provenientes do cérebro, fígado, rim, coração e pulmão. De forma semelhante aos demais testes sorológicos, a possibilidade de reação cruzada deve ser considerada e testes moleculares podem ser realizados adicionalmente para aumentar a especificidade.

O isolamento e a identificação do vírus utilizando cultura de células ou animais permanecem como uma opção de auxílio ao diagnóstico. Esse método tem como grande vantagem a possibilidade de detecção de partículas virais infecciosas. Por outro lado, pode ser utilizado para a determinação do risco potencial de transmissão viral por fluidos como saliva, urina, sêmen e leite materno. Devido à necessidade do uso de protocolos de biossegurança e à complexidade operacional associada, somadas ao longo período para a detecção viral (7 a 14 dias), essa metodologia não é utilizada na rotina de diagnóstico e fica restrita aos laboratórios de referência e pesquisa.

A pesquisa de anticorpos para o diagnóstico laboratorial é importante na confirmação das manifestações clínicas posteriores à infecção, como as complicações neurológicas (SGB e encefalites) e as alterações congênitas. Também se torna a opção de confirmação diagnóstica, quando a busca por atendimento médico ocorre de forma tardia e o paciente se encontra no final da fase aguda. A determinação confiável da presença de IgG abre a oportunidade de avaliação do risco no pré-natal, de realização de estudos epidemiológicos de prevalência e de avaliação do desempenho das vacinas em desenvolvimento, principalmente em populações das áreas de cocirculação de flavivírus. Contudo, a forte reação cruzada com os anticorpos produzidos para outros flavivírus traz um grande desafio para o desenvolvimento de testes sorológicos confiáveis. Além da reação cruzada cabe destacar que o título de IgM em pacientes previamente sensibilizados tende a ser reduzido, limitando assim a detecção.

O teste de neutralização por redução de placas (PRNT, *plaque reduction neutralization test*) avalia a presença de anticorpos neutralizantes no soro. O PRNT apresenta maior sensibilidade quando comparado aos imunoensaios. Contudo, a dificuldade de operação, o tempo para realização e a necessidade de manipulação de partículas virais infecciosas limitam a utilização desse teste na rotina de diagnóstico. Essa metodologia fica restrita aos laboratórios de referência e pesquisa.

Mesmo apresentando alta probabilidade de reação cruzada, *kits* para detecção de anticorpos IgM e IgG contra ZIKV, baseados em EIA, estão comercialmente disponíveis. Os resultados obtidos nesses testes sorológicos devem ser interpretados com cautela. Amostras inconclusivas podem ser confirmadas por PRNT.

## Epidemiologia

Estudos preliminares do ZIKV na África identificaram como vetores uma variedade de mosquitos antropofílicos, principalmente do gênero *Aedes*. Estudos sorológicos apontaram a possibilidade de circulação do ZIKV em bovinos, equinos, caprinos, aves e morcegos. Esses indícios apontam para a existência de circulação do vírus entre os vetores e animais silvestres, sugerindo um ciclo silvestre de manutenção do vírus na natureza e a infecção acidental dos seres humanos. O ciclo silvestre do ZIKV ainda não está bem definido e estudos complementares devem ser realizados.

Contudo, a partir de 2007 vários surtos foram identificados demonstrando um novo perfil epidêmico, urbano, para o ZIKV. O primeiro surto com grande número de casos foi identificado na ilha Yap, na Micronésia em 2007. Nesse surto, o vírus pôde ser identificado pela metodologia de RT-PCR, o que conferiu maior confiabilidade à confirmação laboratorial. A investigação epidemiológica conduzida na ilha Yap estimou que 73% dos residentes com idade superior a 3 anos foram infectados pelo ZIKV. Nenhuma morte, hospitalização ou caso hemorrágico foi registrado nesse episódio. De 2007 a 2012 poucos casos de febre da Zika foram reportados no mundo, sendo estes detectados durante o retorno de viajantes a países do sudeste asiático, confirmando assim a circulação endêmica do ZIKV nessa região. Durante 2013 e 2014 surtos em quatro ilhas do Pacífico foram registrados (Ilhas Cook, Polinésia Francesa, Nova Caledônia e a Ilha de Páscoa). Durante esse período, as primeiras hipóteses de associação do ZIKV e complicações neurológicas, como a SGB e infecção via transplacentária foram relatadas.

Em maio de 2015, os primeiros casos autóctones de ZIKV foram divulgados no Brasil a partir de um estudo realizado em amostras de casos suspeitos de arboviroses e com diagnóstico laboratorial negativo para DENV e CHIKV. A pesquisa de material genômico por RT-PCR revelou a presença do genoma do ZIKV nessas amostras. A partir dessa notificação, vários estados brasileiros relataram circulação do ZIKV. Embora o MS venha relatando a ocorrência de SCZ desde 2015, não existem registros do número de casos de febre da Zika no Brasil nesse ano, entretanto, entre 2016 e fevereiro de 2021 foram notificados 260.694 casos no país. A maior epidemia da doença, até o momento, ocorreu em 2016 quando foram notificados 216.207 casos. Em 2020, foram notificados 7.119 casos prováveis (taxa de incidência 3,4 casos/100.000 habitantes) no país. A Região Nordeste apresentou a maior taxa de incidência (9,1 casos/100.000 habitantes), seguida das Regiões Centro-Oeste (3,7 casos/100.000 habitantes), Norte (2,0 casos/100.000 habitantes), Sudeste (0,9 caso/100.000 habitantes) e Sul (0,3 caso/100.000 habitantes). O estado da Bahia concentrava 49,5% dos casos de febre da Zika do país. Até a 8ª Semana Epidemiológica de 2021 (20/02/2021) já haviam sido notificados 327 casos prováveis (taxa de incidência 0,15 caso/100.000 habitantes) no país, a maioria ocorreu na Região Nordeste (n = 152), seguida das Regiões Norte (n = 70), Sudeste (n = 54), Centro-Oeste (n = 38) e Sul (n = 13). Com relação à SCZ, de 2015 até a 45ª Semana Epidemiológica de 2020 (09/11/2020) foram registrados 3.563 casos (Figura 18.11).

Entre 2015 e 2020, a maioria dos casos confirmados de SCZ concentrou-se na Região Nordeste (n = 2.207; 61,9%) do país, seguido das Regiões Sudeste (n = 735; 20,6%), Centro-Oeste (n = 294; 8,3%), Norte (n = 232; 6,5%) e Sul (n = 95; 2,7%). Os estados com maior número de casos confirmados foram Bahia (n = 584; 16,4%), Pernambuco (n = 468; 13,1%) e Rio de Janeiro (n = 305; 8,7%).

Dos 3.563 casos confirmados de SCZ, 78,0% (n = 2.778) eram em recém-nascidos (≥ 28 dias); 15,5% (n = 551) eram em crianças com média de idade de 8,5 meses; e os demais (n = 234; 6,6%) correspondiam a natimortos, fetos e abortos espontâneos. Foram registrados 74 óbitos fetais. Dentre os nascidos vivos, 13,8% (461/3.344) evoluíram para óbito. Muito embora o período de emergência tenha sido encerrado, novos casos de SCZ continuam ocorrendo no país.

No final de 2016 vários países e territórios da América do Sul e Central, abrangendo a área tropical e subtropical, reportaram a transmissão autóctone do vírus. Depois dos episódios na América, surtos em Singapura em 2016 e na Índia em 2018 foram registrados.

## Prevenção, controle e tratamento

Apesar dos esforços da comunidade científica, até o momento, não há vacina disponível para prevenção da infecção por ZIKV. Algumas vacinas estão na primeira etapa dos ensaios clínicos. Logo, as medidas preventivas estão limitadas à diminuição de exposição ao vetor e utilização de preservativos nas relações sexuais. Também não existem antivirais específicos para ZIKV. O Guia de Vigilância em Saúde do Brasil, de 2019, recomenda que o paciente seja orientado a realizar repouso, aumentar a ingestão de líquido e retornar à unidade de saúde caso apresente sensação de formigamento de membros ou alteração no nível de consciência. Para casos de dor e febre pode ser administrado paracetamol ou dipirona; o uso de ácido acetilsalicílico não é recomendado. O uso de anti-histamínico também é preconizado.

# Vírus da encefalite de Saint Louis

Renata Campos Azevedo

## Histórico

O vírus da encefalite de Saint Louis (SLEV, *Saint Louis encephalitis virus*) foi o agente etiológico de uma epidemia, com comprometimento de sistema nervoso central (SNC), em Saint Louis, Missouri, Estados Unidos da América (EUA), em 1933. Essa

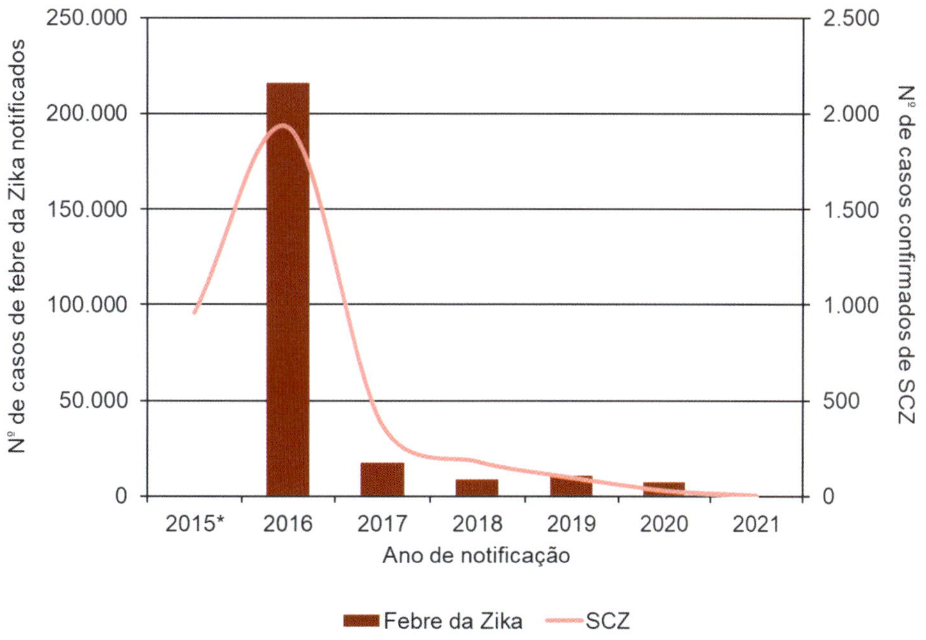


**Figura 18.11** Número de casos notificados de febre da Zika* e casos confirmados de síndrome congênita associada à infecção pelo ZIKV no Brasil (2015-2021+). *Não existem registros do número de casos de febre da Zika no Brasil em 2015. SCZ: síndrome congênita associada à infecção pelo ZIKV. +Até a 8ª Semana Epidemiológica de 2021 (20/02/2021). Fonte: MS do Brasil/SVS, 2021.

epidemia registrou 1.095 casos e 201 óbitos. Desde então, casos esporádicos e surtos são reportados nos EUA. Na América latina, o SLEV não era considerado um problema de saúde pública e casos esporádicos foram descritos até 2005, quando um surto ocorreu na província de Córdoba, na Argentina.

## Classificação e características

O SLEV possui genoma de RNA de fita simples de polaridade positiva (RNAfs+) e pertence ao gênero *Flavivirus* na família *Flaviviridae*. Esse gênero é dividido em complexos de acordo com as semelhanças antigênicas. O SLEV pertence ao complexo do vírus da encefalite japonesa (JEV, *Japanese encephalitis virus*), o qual inclui também os vírus da encefalite do vale Murray (MVEV, *Murray Valley encephalitis virus*), vírus do Oeste do Nilo (WNV, *West Nile virus*) e vírus Usutu (USUV). A estrutura da partícula viral e as características do genoma dos flavivírus estão descritas, neste capítulo, no tópico "Vírus da febre amarela e da dengue".

As análises filogenéticas utilizando o gene que codifica a proteína do envelope (E) mostraram a existência de oito genótipos com diferentes distribuições geográficas. Os genótipos I e II são prevalentes nos EUA e o genótipo V é amplamente distribuído na América do Sul. Os outros genótipos apresentam distribuição mais limitada. O genótipo III ocorre no sul da América do Sul, o genótipo IV está limitado à Colômbia e ao Panamá e o genótipo VI circula no Panamá. O genótipo VII é encontrado na Argentina e o VIII, apenas no Brasil, na Região Amazônica.

## Biossíntese viral

Como um membro da família *Flaviviridae*, o processo de adsorção do vírus à célula é mediado pela glicoproteína E do vírus. Ainda não está descrito qual estrutura celular é utilizada como receptor. A biossíntese do SLEV ocorre no citoplasma e as proteínas são incialmente traduzidas na forma de uma poliproteína. A replicação do genoma ocorre através de um intermediário replicativo, uma fita de RNA complementar ao genoma de polaridade negativa (RNAc−). Após a montagem, as novas partículas virais são liberadas por brotamento. A descrição completa da biossíntese dos flavivírus está apresentada no tópico "Vírus da febre amarela e da dengue", neste capítulo (ver Figura 18.3).

## Patogênese

### Transmissão

Os ciclos de manutenção e dispersão do SLEV na natureza são complexos, pois muitos animais e vetores são passíveis de infecção (Figura 18.12). O vírus é transmitido por inúmeras espécies de mosquitos do gênero *Culex*. Nos EUA os principais vetores associados à transmissão são: *Cx. pipiens pipiens*, *Cx. pipiens quinquefasciatus*, *Cx. tarsalis* e *Cx. nigripalpus*. Os seres humanos são hospedeiros acidentais e terminais, não ocorrendo transmissão pessoa a pessoa.

### Fisiopatologia da infecção

O processo de patogênese da infecção pelo SLEV ainda não está descrito, entretanto, em semelhança aos demais flavivírus, acredita-se que após a inoculação do vírus pela picada do vetor artrópode, ocorra propagação primária e disseminação do vírus no organismo através dos sistemas linfáticos e sanguíneo. Nos seres humanos, o vírus apresenta um período de incubação de aproximadamente 4 dias. O homem não é considerado um

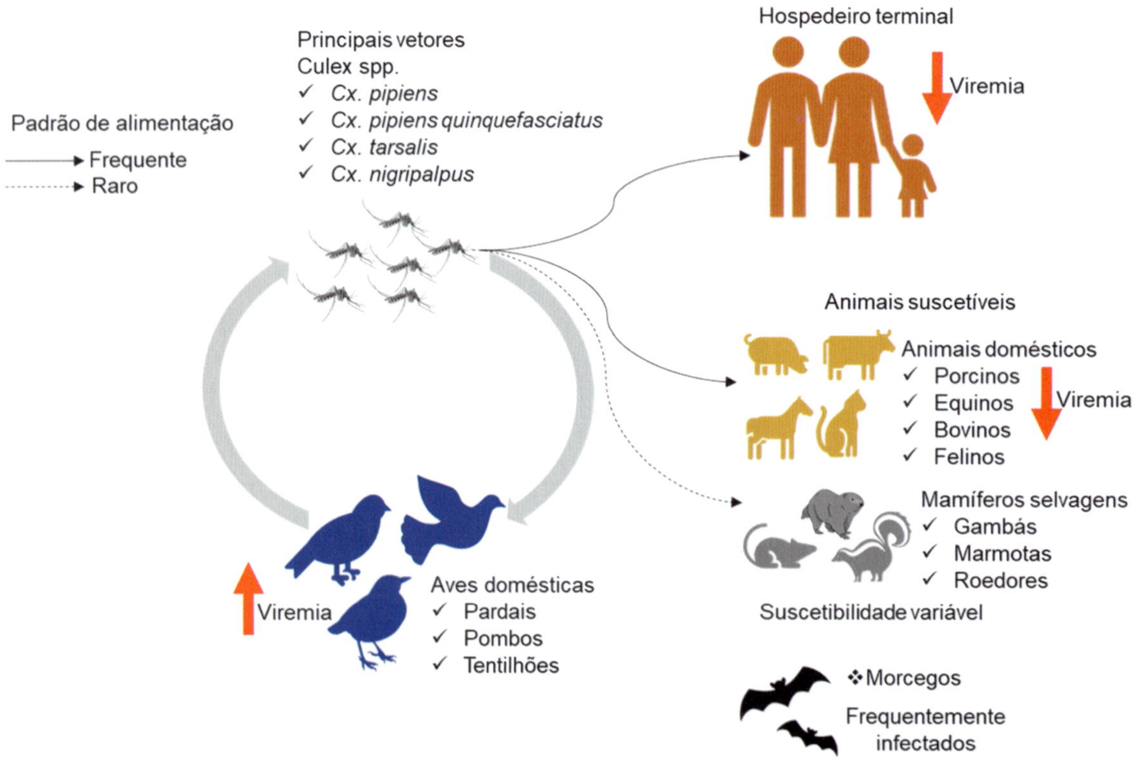


**Figura 18.12** Representação gráfica do ciclo de manutenção e dispersão do SLEV. As aves domésticas atuam como hospedeiros amplificadores do SLEV (vírus da encefalite de Saint Louis) e produzem viremia suficiente para infectar os vetores. O homem apresenta viremia reduzida, sendo considerado um hospedeiro acidental e terminal. Os animais domésticos são suscetíveis à infecção, mas também apresentam viremia branda. A suscetibilidade dos mamíferos selvagens à infecção é bastante variada. O vírus é frequentemente isolado de morcegos e seu papel na ecologia do SLEV não é totalmente compreendido, pois o padrão de alimentação dos mosquitos vetores nessas espécies também precisa ser considerado.

hospedeiro amplificador e a viremia desenvolvida não apresenta título suficiente para infectar os vetores. Contudo, a probabilidade de manifestações clínicas mais graves (encefalites e meningites) está diretamente associada a viremia mais intensa com alto título viral e com maior período de duração.

A capacidade de esse vírus cruzar a barreira hematoencefálica já foi comprovada pela recuperação do vírus no liquor, contudo o mecanismo de neuroinvasão permanece desconhecido. A biossíntese do vírus no SNC resulta na necrose dos neurônios e células da glia. No modelo que utiliza camundongos como animal de experimentação, a biossíntese do SLEV no cérebro induziu a produção de citocinas, quimiocinas e interferon. Foi observada linfopenia, mas a produção de plaquetas e o nível do hematócrito não foram alterados em comparação com os animais não infectados.

A eliminação do vírus do organismo depende de um sistema imunológico ativo e da produção de anticorpos neutralizantes, que em média aparecem nos 7 primeiros dias de infecção.

## Manifestações clínicas

A maioria das infecções causadas por SLEV em seres humanos é assintomática. Um estudo sorológico realizado na epidemia de Missouri, nos EUA, em 1933, demonstrou que a proporção de casos subclínicos para casos sintomáticos era 300:1.

Os casos sintomáticos podem apresentar sintomas leves, semelhantes a um resfriado ou à febre da dengue, ou podem se apresentar de forma mais grave, caracterizada por cefaleia intensa, febre e alterações neurológicas (confusão mental, convulsões, perda dos reflexos, paralisia, meningites e/ou encefalites). Nos casos graves a mortalidade pode chegar a 20%. Os pacientes com manifestações neurológicas, após a recuperação podem apresentar sequelas, tais como: perda cognitiva, perda de memória e falta de coordenação.

O vírus acomete todas as faixas etárias, contudo os idosos apresentam maior risco de desenvolvimento de doença grave. Isso foi observado, principalmente no surto ocorrido em Córdoba, na Argentina, no ano de 2006.

## Diagnóstico laboratorial

O diagnóstico clínico é dificultado pela semelhança dos sintomas das infecções por SLEV com aqueles de outras arboviroses. A confirmação laboratorial pode ser realizada através da detecção do vírus por métodos moleculares ou por evidência sorológica. Os métodos de detecção viral incluem o isolamento e a amplificação do genoma por reação em cadeia da polimerase associada à transcrição reversa (RT-PCR, *reverse transcription polymerase chain reaction*).

Os testes sorológicos são utilizados para evidenciar a circulação principalmente em animais. Devido a possibilidade de reação cruzada os resultados devem ser analisados com cautela.

## Epidemiologia

### Aves silvestres

As aves são as principais espécies amplificadoras. As aves peridomésticas (pombos, pardais e tentilhões) são frequentemente infectadas produzindo viremia capaz de infectar os vetores. O título viral produzido e a duração da viremia estão diretamente relacionados às espécies de aves infectadas, à idade das aves e ao genótipo do SLEV. As espécies de mosquito do gênero *Culex* possuem um padrão de alimentação preferencial para as aves, o que favorece o ciclo de manutenção do vírus na natureza.

### Animais domésticos

Os animais domésticos são suscetíveis ao SLEV, mas o título viral não é suficiente para infectar os vetores. Inquéritos sorológicos mostram baixa viremia em animais domésticos (porcinos, equinos, bovinos e felinos). Apenas as aves domésticas (galinhas e patos) com idade inferior a 1 mês apresentaram viremia consistente para transmissão. Contudo, mesmo com alta viremia as aves infectadas não desenvolvem sintomas, mas produzem anticorpos que perduram pelo resto da vida.

### Mamíferos selvagens

A suscetibilidade dos mamíferos selvagens à infecção varia muito. Algumas espécies de gambás, marmotas e roedores dos gêneros *Ammospermophilus* e *Dipodomys* são suscetíveis à infecção após inoculação subcutânea. Além dessas espécies de mamíferos, o vírus é frequentemente isolado de morcegos. O papel desses animais na epidemiologia do SLEV ainda é pouco compreendido, pois os mosquitos vetores se alimentam do sangue principalmente das aves, raramente de grandes mamíferos e quase nunca de morcegos.

Desde a sua descrição no surto de 1933, várias epidemias foram registradas no EUA. A diminuição de ocorrências foi observada após o surto de encefalite causado pelo WNV em 1999. Estudos experimentais em animais demonstraram que a produção de anticorpos contra o WNV influencia a probabilidade de infecção pelo SLEV.

Em 2005, o primeiro grande surto causado pelo SLEV foi registrado na América do Sul, na província de Córdoba, na Argentina. Esse surto foi causado pelo genótipo III, o qual foi primeiramente detectado na região em 1968. Esse mesmo genótipo foi detectado no Brasil um ano antes, em um caso que ocorreu em São Paulo (Brasil), em 2004. Em 2014, esse genótipo também apareceu no Arizona, nos EUA e, em seguida, na Califórnia, em 2015 e 2016. Isso demonstra a capacidade de dispersão desse vírus a longas distâncias. O vírus isolado em Córdoba mostrou maior virulência quando comparado com o primeiro vírus isolado na mesma região.

Em 2006, o primeiro surto de SLEV foi registrado no Brasil na cidade de São José do Rio Preto, São Paulo, durante um surto de dengue causado pelo vírus da dengue do sorotipo 3 (DENV-3). Os pacientes que apresentaram RT-PCR positivo para SLEV, também tinham diagnóstico de DENV, meningite viral ou febre hemorrágica. Foi a primeira vez que a febre hemorrágica foi associada à infecção pelo SLEV. Não se sabe se a exposição prévia ao DENV ou algum outro flavivírus pode agravar a infecção pelo SLEV e produzir sintomas hemorrágicos.

## Prevenção, controle e tratamento

Não existe vacina ou medicação antiviral específica para SLEV. A única maneira de prevenção é através do controle da população do vetor. Protocolos para tratamento dos pacientes não foram divulgados.

# Vírus do Oeste do Nilo

Norma Suely de Oliveira Santos

## Histórico

O vírus do Oeste do Nilo (WNV, *West Nile virus*) foi isolado pela primeira vez em 1937, do sangue de uma mulher com doença febril que morava na província de West Nile, em

Uganda (África). Até o início da década de 2000, o WNV não era considerado um patógeno importante para a saúde pública. O vírus era endêmico na África, Oriente Médio, regiões leste e central da Ásia e Mediterrâneo. A maioria das epidemias ocorria em regiões rurais. Casos esporádicos de encefalite e pequenos surtos ocasionais foram relatados. Contudo, foram descritas epidemias envolvendo casos de encefalite e morte em Israel (década de 1950), França (1962), África do Sul (1974) e Índia (1980-1981).

## Classificação e características

O WNV é um arbovírus da família *Flaviviridae*, gênero *Flavivirus*, o qual também inclui o vírus da encefalite japonesa (JEV, *Japanese encephalitis virus*), o vírus da encefalite do vale Murray (MVEV, *Murray Valley encephalitis virus*) e o vírus da encefalite de Saint Louis (SLEV, *Saint Louis encephalitis virus*), como exemplos de flavivírus causadores de comprometimento neurológico. A estrutura da partícula viral e as características do genoma dos flavivírus estão descritas, no tópico "Vírus da febre amarela e da dengue", neste capítulo.

O genoma viral consiste em RNA de fita simples de polaridade positiva (RNAfs+). O RNA viral possui cerca de 11 quilobases (kb), contendo uma única sequência de leitura aberta (ORF, *open reading frame*) e regiões 5′ e 3′ não codificantes (NCR, *non coding region*). A ORF codifica uma poliproteína que é processada por proteases, viral e celular, durante e após a tradução, em três proteínas estruturais: a proteína do capsídeo (C) que se liga ao RNA viral, uma proteína de pré-membrana (prM) que bloqueia a fusão viral prematura e atua como chaperona da proteína do envelope, e uma proteína (E) que medeia a ligação viral a receptores celulares, a fusão da membrana e montagem da partícula viral. As proteínas não estruturais (NS1, NS2A, NS2B, NS3, NS4A, NS4B e NS5) regulam a transcrição e a replicação do genoma viral e atenuam as respostas antivirais do hospedeiro. A NS1 possui atividade de cofator para a replicase viral e é secretada pelas células infectadas; NS2A inibe interferon (IFN) e pode participar da montagem do vírus; e NS3 possui atividades de protease, NTPase, RTPase e helicase; NS2B é um cofator necessário para a atividade proteolítica de NS3; NS4A e NS4B modulam a sinalização do IFN; NS5 codifica a RNA polimerase-RNA dependente (RpRd) e uma metiltransferase. Para detalhes da estrutura do genoma dos flavivírus, ver Figura 18.2.

Os isolados de WNV são agrupados em linhagens genéticas distintas. Foram propostas nove linhagens. A maioria dos surtos de encefalite por WNV em humanos foi atribuída às linhagens 1 e 2. A linhagem 1 é disseminada globalmente e é subdividida em clados distintos. O clado 1a compreende estirpes isoladas na Europa, África e Américas. O clado 1b, também conhecido como vírus Kunjin, até o momento, é restrito à Oceania. Os principais surtos na Europa, África e nas Américas associados com doenças neurológicas são causados por estirpes pertencentes à linhagem 1a; o clado 1b, raramente está associado a doenças neurológicas. A linhagem 2 foi relatada exclusivamente na África até 2004, até ser isolada de seres humanos e populações de aves na Hungria, Grécia e Itália. A linhagem 2 era considerada menos patogênica que a linhagem 1, até causar doenças graves na África do Sul e encefalite entre aves e seres humanos na Europa. Ambas as linhagens incluem estirpes com graus variados de neuroinvasão em seres humanos.

As demais linhagens têm distribuição geográfica mais restrita. A linhagem 3, também conhecida como vírus Rabensburg, foi repetidamente isolada na República Tcheca. A linhagem 4 foi isolada na Rússia. A linhagem 5 foi isolada na Índia e é frequentemente identificada como um clado distinto da linhagem 1 (clado 1c). Uma suposta 6ª linhagem, baseada em uma sequência parcial do genoma, foi descrita na Espanha. O vírus Koutango (linhagem 7) foi inicialmente classificado como uma espécie viral distinta, mas agora é considerada uma linhagem do WNV. As estirpes da linhagem 7 foram isoladas de carrapatos e roedores, uma característica rara entre as linhagens de WNV. Embora tenha havido um relato de um acidente em que um técnico de laboratório senegalês apresentou infecção sintomática pela estirpe Koutango, infecções em seres humanos, em condições naturais, ainda não foram confirmadas. Uma nova linhagem (linhagem 8) do WNV foi isolada de *Culex perfuscus* em Kedougou, Senegal, em 1992. Finalmente, uma 9ª linhagem proposta, também classificada como sublinhagem da linhagem 4 em alguns estudos, foi isolada a partir de mosquitos *Uranotaenia unguiculata*, na Áustria.

## Biossíntese viral

A adsorção do vírion à célula suscetível é mediada pela proteína E. Várias moléculas foram implicadas na ligação de WNV a células *in vitro*, incluindo DC-SIGN (ligante de molécula de adesão intercelular não integrina específica de célula dendrítica [*dendritic cell-specific intercellular adhesion molecule-grabbing non-integrin*]), DC-SIGNR (homólogo de DC-SIGN expresso em células endoteliais) e integrina $\alpha_v\beta_3$. No entanto, receptores de ligação *in vivo* para tipos de células fisiologicamente importantes, como neurônios, não foram caracterizados. A partícula penetra na célula via endocitose seguida da fusão do envelope viral com a membrana da vesícula endossomal em pH ácido, com subsequente liberação do nucleocapsídeo no citoplasma. O RNA genômico é liberado e traduzido em uma poliproteína, a qual é clivada por proteases, viral e celular, em múltiplos sítios, gerando as proteínas virais maduras. A RpRd do vírus sintetiza uma fita de RNA negativo complementar ao genoma viral (RNAc–) que serve de molde para a cópia de novas fitas de RNA genômico (RNAg). A montagem dos vírions ocorre em associação à membrana do retículo endoplasmático rugoso (RER). Os vírions acumulam-se em vesículas e são transportados para a membrana citoplasmática sendo liberados por exocitose. Mais detalhes da biossíntese dos flavivírus estão apresentados no tópico "Vírus da febre amarela e da dengue", neste capítulo (ver Figura 18.3).

## Patogênese

### Transmissão

#### *Vetor*

O WNV é mantido e disseminado pelo ciclo ave-mosquito-ave (Figura 18.13). Os mosquitos são os vetores preferenciais, enquanto os pássaros são os hospedeiros amplificadores da infecção. Seres humanos e outros vertebrados, como os cavalos, são hospedeiros acidentais e possuem papel secundário no ciclo de transmissão, embora os dados sorológicos demonstrem que diversas espécies possam ser infectadas, como gatos, gambás, esquilos, coelhos e morcegos.

Mais de 300 espécies de aves são suscetíveis ao vírus. As aves selvagens desenvolvem viremia prolongada, com níveis virêmicos elevados, mas geralmente são assintomáticas. Entretanto,

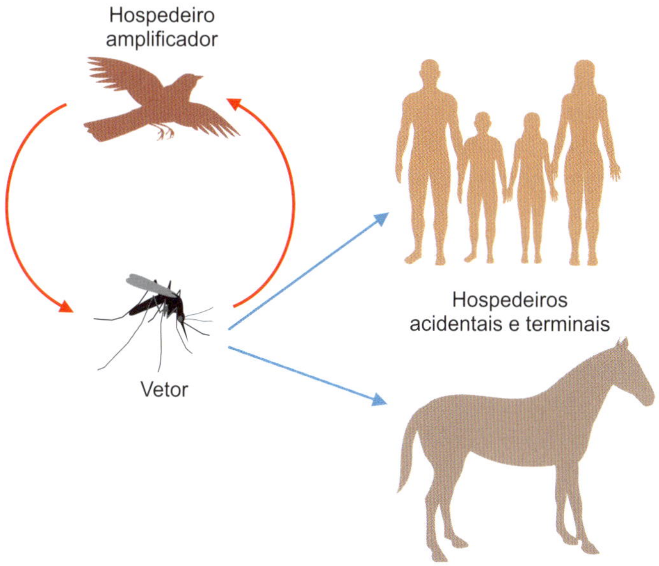


**Figura 18.13** Ciclo epidemiológico do WNV. O ciclo natural do vírus do Oeste do Nilo (WNV) envolve mosquitos e pássaros; o homem e outros mamíferos, especialmente cavalos, são hospedeiros acidentais e não têm papel importante na transmissão.

nos Estados Unidos da América (EUA) e em Israel, foi observada mortalidade elevada em aves infectadas, principalmente, corvos americanos e outros corvídeos na América do Norte. Suspeitou-se que o espalhamento do vírus nas Américas ocorreu pelas rotas de migração das aves silvestres. O espalhamento do vírus pelas ilhas do Caribe provavelmente ocorreu por essa rota. Contudo, as evidências não esclarecem se na América do Norte o espalhamento do vírus na direção leste-oeste foi causado pelas aves migratórias ou por dispersão randômica de pássaros, ou ambos.

O vírus é transmitido por mosquitos, normalmente do gênero *Culex*. A espécie do vetor varia de acordo com sua abundância na região geográfica, propensão em se alimentar em mamíferos, e a eficiência da transmissão da infecção. Na África e no Oriente Médio o principal vetor é o *Cx. univittatus*, sendo as espécies *Cx. poicilipes, Cx. neavei, Cx. decens, Aedes albocephalus* ou *Mimomyia* spp. importantes em algumas áreas. Na Europa, as espécies *Cx. modestus* e *Coquillettidia richiardii* são importantes. Na Ásia, *Cx. tritaeniorhynchus, Cx. vishnui* e *Cx. quinquefasciatus* predominam. Na América do Norte, o WNV foi detectado em 50 espécies de mosquitos, mas *Cx. pipiens, Cx. restuans, Cx. quinquefasciatus, Cx. salinarius, Cx. nigripalpus* e *Cx. tarsalis* são os principais vetores para a manutenção do vírus.

Ainda não está claro que espécie de mosquito seria o vetor principal da transmissão para seres humanos. Na Rússia o WNV foi isolado de carrapatos, contudo, eles não possuem papel claro na manutenção ou disseminação do vírus.

As fêmeas dos mosquitos adquirem o WNV ao se alimentarem do sangue de aves contaminadas. A seguir, o vírus atinge o intestino onde é propagado e causa infecção não citopatogênica, que persiste por toda a vida do mosquito. Contudo, o vírus precisa manter a infecciosidade durante o inverno para iniciar novo ciclo de infecção (*overwintering*). Para que isso aconteça, os possíveis mecanismos incluem: manutenção do vírus em fêmeas dos mosquitos em hibernação; transmissão vertical do vírus de fêmeas infectadas para a progênie; contínua transmissão do vírus em regiões mais quentes; e infecção crônica em aves migratórias.

As aves são infectadas por picada de fêmeas de mosquitos infectadas. As aves insetívoras também podem ser infectadas após a ingestão de mosquitos contaminados. A frequência de infecção fatal varia entre as espécies de aves, mas geralmente é proporcional à magnitude da viremia. As aves possuem células altamente competentes na produção de vírus e, antes de sucumbirem, desenvolvem viremia elevada por mais de 100 dias após a infecção, sendo, assim, fonte de infecção de mosquitos por muito tempo. A morte súbita de aves pode ser um evento sentinela, prenúncio de uma epidemia de WNV em seres humanos. A importância das aves na dispersão do WNV não está completamente estabelecida, contudo o movimento do WVN de leste para oeste na América do Norte está correlacionado às rotas migratórias dessas aves. Por essa razão, acredita-se que as aves migratórias infectadas tenham papel no espalhamento do WNV para novas regiões geográficas e que a migração de aves suscetíveis pode facilitar a transmissão contínua do vírus.

Na região sudeste dos EUA os jacarés podem também servir como reservatório para o WNV.

### Sanguínea

A maioria das infecções de seres humanos por WNV são transmitidas por picadas de mosquitos-fêmeas infectados; no entanto, outros modos de transmissão foram observados. A transmissão do WNV associada à transfusão sanguínea foi identificada pela primeira vez em 2002, quando 23 pessoas nos EUA foram infectadas após receber plaquetas, glóbulos vermelhos ou plasma de 16 doadores de sangue virêmicos. O controle da transmissão do WNV em bancos de sangue foi iniciado nos EUA em 2003 e mais de 3.000 produtos sanguíneos infectados foram identificados e removidos dos estoques de doações. No entanto, casos raros de transmissão associada a transfusão continuam a ocorrer devido a doações de sangue com níveis de viremia abaixo do limite de detecção dos testes.

### Transplante de órgãos

A transmissão do WNV através de transplante de órgãos foi documentada pela primeira vez em 2002, pela identificação da infecção em quatro receptores de órgãos de um doador comum que estava infectado. Em 2005, a infecção foi relatada em três dos quatro receptores de órgãos de um doador comum infectado por WNV. Esse doador foi soropositivo para anticorpos IgM anti-WNV, mas negativo para o RNA viral, sugerindo que a transmissão pode ser possível na ausência de viremia sérica detectável. Desde então, vários outros casos ou *clusters* de infecção por WNV adquiridos através de transplantes de órgãos sólidos foram relatados nos EUA e na Europa.

### Vias secundárias de transmissão

Outras formas raras de transmissão foram identificadas. A transmissão intrauterina foi documentada em uma gestante que foi infectada com WNV com aproximadamente 27 semanas e depois deu à luz um bebê com coriorretinite e síndrome de Miller-Dieker (ou lissencefalia, que significa "cérebro liso", ou seja, a falta de sulcos e reentrâncias que se observa em um cérebro normal, causada por falha na migração dos neurônios durante a formação do embrião) grave. O sangue do cordão umbilical e do calcanhar da criança foi positivo para IgM anti-WNV. Em

2002, foi identificada a possível transmissão via leite materno. As infecções humanas acidentais em laboratório foram adquiridas por via percutânea, e suspeita-se da transmissão por exposição conjuntival em ambiente ocupacional.

### Fisiopatologia da infecção

Após a infecção natural por picada da fêmea do mosquito, acredita-se que a pele seja o sítio inicial de biossíntese viral. A saliva do mosquito, introduzida no sítio da infecção, contém componentes que modulam a infecção inicial das células-alvo, como ceratinócitos e dendrócitos dérmicos e células de Langerhans, por meio de vários mecanismos, incluindo a supressão focal do tráfico de células efetoras do sistema imunológico no local da inoculação. Essas células infectadas migram para os linfonodos regionais onde ocorre propagação do vírus e, a seguir, tem acesso à corrente sanguínea (viremia primária). Subsequentemente ocorre a infecção de tecidos periféricos, incluindo tecidos permissivos como o baço, onde é novamente propagado amplificando a viremia (viremia secundária). Em indivíduos saudáveis, a viremia geralmente atinge o pico entre 2 e 4 dias após a infecção e antes do início da doença; a viremia começa a declinar com o início da doença clínica. Em indivíduos imunossuprimidos, a persistência do vírus pode ser mais prolongada. Em menos de 1% das pessoas infectadas, a viremia resulta na disseminação para o sistema nervoso central (SNC). O mecanismo exato pelo qual o WNV é capaz de invadir o SNC é desconhecido. Experimentos em camundongos sugerem que a ligação do RNA viral a receptores tipo *toll* 3 (TLR3, *toll-like 3)* induz a produção de fator de necrose tumoral-α (TNF-α, *tumor necrosis factor*-α), o qual aumenta a permeabilidade da barreira hematoencefálica e permite a entrada do vírus no SNC, onde ocorrerá a invasão dos neurônios. É provável que a invasão do SNC ocorra, pelo menos em parte, pela via hematogênica. Outros mecanismos são propostos incluindo infecção ou transporte passivo pelo endotélio ou pelo epitélio do plexo coroide; infecção do nervo olfativo e espalhamento pelo bulbo olfativo; transporte pelas células do sistema imunológico que trafegam pelo SNC; e transporte axonal retrógrado a partir da infecção de neurônios periféricos.

Após a neuroinvasão, o vírus infecta diretamente neurônios e, com menor frequência, astrócitos, levando à neuronofagia e morte celular. As alterações histopatológicas na infecção por WNV em seres humanos são caracterizadas pela presença de nódulos microgliais compostos por linfócitos e histiócitos; nos casos de meningite, infiltrados inflamatórios mononucleares leptomeníngeos estão presentes. Os linfócitos $TCD_8^+$ representam o tipo de célula inflamatória predominante nos nódulos e infiltrados.

Embora quase todas as regiões do cérebro possam ser afetadas, o WNV parece ter um neurotropismo específico para neurônios nos gânglios da base, tálamo e tronco encefálico (particularmente na medula e na ponte). Isso se correlaciona bem com a sintomatologia clínica predominante demonstrada por pessoas com encefalite por WNV. A patologia da medula espinhal é significativa pelo envolvimento da substância cinzenta e branca ventral e dorsal, além de raízes nervosas, com uma predileção particular pelas células do corno anterior da medula espinhal. Isso resulta em envolvimento irregular e multissegmentar, semelhante ao observado na infecção por poliovírus. Esse envolvimento se correlaciona clinicamente com a distribuição multifocal e frequentemente segmentar da fraqueza observada nos casos de mielite anterior por WNV ou mielite flácida aguda (AFM, *acute flaccid myelitis*). Inflamação das raízes dos nervos espinhais e cranianos, resultando em radiculite, também pode ser observada.

A idade é o fator de risco mais importante para o desenvolvimento da doença neuroinvasiva. Um levantamento realizado nos EUA demonstrou que o risco aumenta 1,5 vez para cada década de vida, resultando em um risco 30 vezes mais elevado para pessoas de 80 a 90 anos de idade comparado com crianças menores de 10 anos. Transplantados e outros pacientes imunocomprometidos têm risco elevado de desenvolver doença neuroinvasiva. Pacientes imunossuprimidos têm maior propensão a desenvolver AFM por WNV e também têm pior diagnóstico. Entretanto, existem poucos casos de doença neuroinvasiva em pacientes com síndrome da imunodeficiência adquirida (AIDS, *acquired immunodeficiency syndrome*).

## Manifestações clínicas

O período de incubação varia de 2 a 14 dias, mas pode ser de até 21 dias em pacientes imunocomprometidos. Cerca de 80% dos indivíduos infectados são assintomáticos. Naqueles que desenvolvem sintomas, a grande maioria desenvolve uma doença febril sistêmica aguda, a febre do Oeste do Nilo (WNF, *West Nile fever*); menos de 1% das pessoas infectadas desenvolvem doença neuroinvasiva, incluindo meningite asséptica, (WNM, *West Nile meningitis*), encefalite (WNE, *West Nile encephalitis*) ou uma síndrome aguda semelhante a poliomielite/mielite flácida aguda associada ao WNV (WNV *acute polio-like syndrome*/WNV-AFM).

### Febre do Oeste do Nilo

A WNF pode variar de uma enfermidade leve que dura alguns dias, a uma doença debilitante que permanece semanas a meses. Todas as idades podem ser afetadas, mas os dados sugerem que a incidência pode ser maior entre indivíduos mais jovens. Os sintomas são de início súbito e geralmente incluem, além de febre, cefaleia, mal-estar, mialgia, calafrios, erupção cutânea, fadiga, artralgia, sintomas gastrointestinais e dor nos olhos. As queixas gastrointestinais, incluindo náusea e vômito, podem ser predominantes, levando à desidratação. A febre pode ser baixa ou ausente. O exantema, que geralmente aparece na época da defervescência da febre, tende a ser maculopapular e não pruriginoso, e predomina sobre o tronco e as extremidades, poupando as palmas das mãos e as solas dos pés. O exantema pode ser transitório, durando menos de 24 horas em alguns pacientes. O exantema é mais frequentemente observado na WNF do que nas manifestações mais graves da doença (WNM ou WNE). Além disso, é mais frequentemente observado entre indivíduos mais jovens. Ainda não se sabe se a presença do exantema se correlaciona com a resposta imunológica do hospedeiro à infecção. A maioria dos pacientes se recupera completamente em 3 a 6 dias, mas a duração média da doença pode ser de 60 dias; 1/3 dos pacientes precisam de hospitalização. Algumas pessoas, no entanto, podem continuar apresentando fadiga persistente, cefaleia e dificuldades de concentração por dias ou semanas após a infecção. Em particular, a fadiga profunda, às vezes interferindo nas atividades profissionais ou escolares, pode durar meses entre as pessoas que se recuperam da WNF. Óbitos decorrentes da WNF ocorrem principalmente entre os idosos e a população imunocomprometida e são frequentemente atribuídos a complicações cardiopulmonares.

## Meningite asséptica

A WNM é clinicamente semelhante a outras meningites virais, com o início abrupto de febre e cefaleia, bem como sinais meníngeos, incluindo rigidez da nuca, sinais de Kernig (dor e aumento da resistência à extensão do joelho) e/ou Brudzinski (flexão do pescoço com reação dos quadris e joelhos), e fotofobia ou fonofobia (medo e aversão a sons). A cefaleia associada pode ser grave, exigindo hospitalização para controle da dor; distúrbios gastrointestinais associados podem resultar em desidratação, exacerbando a cefaleia e sintomas sistêmicos. A WNM, geralmente, está associada a um prognóstico favorável, embora de forma semelhante à WNF, alguns pacientes experimentem cefaleia persistente, fadiga e mialgia. O exame do liquor é caracterizado por pleocitose (aumento do número de leucócitos no liquor) moderada, geralmente inferior a 500 células/$mm^3$. Embora essa pleocitose seja geralmente linfocítica, o liquor obtido logo após o início dos sintomas pode mostrar predominância neutrofílica.

## Encefalite

A WNE pode variar em gravidade, desde um estado de confusão leve e autolimitado até encefalopatia grave, coma e morte. Várias síndromes neurológicas, principalmente distúrbios extrapiramidais, foram observadas em pacientes com WNE. Pressão intracraniana aumentada e edema cerebral são raramente associados à WNE.

Entre 20 e 70% dos pacientes com WNE apresentam achados anormais na imagem por ressonância magnética (RM) cerebral. No entanto, mesmo nos casos de WNE grave, a RM pode ser normal; achados anormais podem não ser aparentes até várias semanas após o início da doença, ou podem ser aparentes apenas em imagens ponderadas de difusão. Convulsões parecem ser relativamente incomuns e estima-se que ocorram em 3 a 6% dos pacientes. As anormalidades no liquor dos pacientes com WNE são iguais às observadas no WNM, caracterizadas por pleocitose linfocítica moderada, proteína elevada e glicose normal.

Pacientes com WNE frequentemente desenvolvem tremor, particularmente nas extremidades superiores. O tremor tende a ser postural e pode ter um componente cinético. Pode ocorrer mioclonia (contração muscular brusca, involuntária e de brevíssima duração), predominantemente das extremidades superiores e músculos faciais, podendo estar presente durante o sono. Sinais Parkinson-*like*, incluindo hipomimia (redução das expressões faciais e da capacidade de gesticulação), bradicinesia (lentidão anormal dos movimentos voluntários) e instabilidade postural, podem ser vistos e podem estar associados a quedas e dificuldades funcionais. Foi descrita ataxia cerebelar (perda de coordenação motora e planejamento dos movimentos), com instabilidade truncal associada e distúrbios da marcha que levam a quedas. Esses movimentos anormais geralmente seguem o início das alterações do estado mental e geralmente se resolvem com o tempo; no entanto, tremor e parkinsonismo podem persistir em pacientes em recuperação de encefalite grave. O desenvolvimento desses distúrbios do movimento na WNE é devido ao neurotropismo específico do WNV para estruturas extrapiramidais; há envolvimento frequente do tronco encefálico (particularmente da medula e ponte), dos núcleos de substância cinzenta profunda, particularmente da substância negra dos gânglios da base e do tálamo e do cerebelo.

## Mielite flácida aguda associada ao WNV

A fraqueza aguda está associada à infecção por WNV; a maioria dos casos de paralisia ocorre devido ao envolvimento dos neurônios motores inferiores da medula espinhal (células do corno anterior), resultando em uma condição idêntica à causada pelo poliovírus e denominada mielite flácida aguda (AFM) associada ao WNV. Os sinais clínicos da WNV-AFM são característicos e dramáticos e podem ser facilmente diferenciados da característica "fraqueza muscular difusa" descrita por muitos pacientes com fadiga grave associada à infecção por WNV. A WNV-AFM geralmente se desenvolve logo após o início da doença, geralmente nas primeiras 24 a 48 horas. A paralisia dos membros geralmente se desenvolve rapidamente e pode ser abrupta. A fraqueza é geralmente assimétrica e geralmente resulta em monoplegia (paralisia de um único membro). Pacientes com comprometimento grave e extenso da medula espinhal desenvolvem quadriplegia (ou tetraplegia, paralisia dos quatro membros) simétrica. A fraqueza facial central, frequentemente bilateral, também pode ser vista. A perda sensorial ou dormência geralmente está ausente, embora alguns pacientes experimentem dor intensa nos membros afetados imediatamente antes ou durante o início da fraqueza, que pode ser persistente.

Em algumas pessoas, o envolvimento da inervação do músculo respiratório levando à paralisia muscular diafragmática e intercostal, pode resultar em insuficiência respiratória, que requer intubação endotraqueal. O envolvimento do tronco encefálico inferior, incluindo os núcleos motores dos nervos vago e glossofaríngeo é semelhante ao observado na infecção pelo poliovírus e parece ser a gênese dessa síndrome. O envolvimento respiratório na WNV-AFM está associado a alta morbimortalidade e, entre os sobreviventes, pode ser necessário suporte ventilatório prolongado com duração de meses. Pacientes que desenvolvem achados bulbares, como disartria (dificuldade em articular as palavras corretamente), disfagia (dificuldade de deglutição) ou perda de reflexo de vômito, apresentam maior risco de insuficiência respiratória e devem ser monitorados de perto.

Outras formas de paralisia flácida aguda, incluindo radiculopatia e síndrome de Guillain-Barré (SGB), também foram associadas à infecção por WNV. No entanto, essas síndromes parecem ser muito menos comuns que a WNV-AFM e podem ser diferenciadas com base nas características clínicas e eletrofisiológicas. A fraqueza associada à SGB é geralmente simétrica e ascendente e está associada à disfunção sensorial e autônoma. Além disso, o exame do liquor geralmente mostra proteínas elevadas na ausência de pleocitose e os estudos eletrodiagnósticos são consistentes com uma polineuropatia predominantemente desmielinizante.

A recuperação da força dos membros atingidos, em pacientes com WNV-AFM, é variável. No entanto, fraqueza persistente e incapacidade funcional associada parecem ser comuns, pelo menos a curto prazo, e pode ser necessária terapia física e ocupacional prolongada. Em geral, a recuperação da força dos membros ocorre dentro dos primeiros 6 a 8 meses após a doença aguda, após a qual a melhora parece atingir um platô. Em particular, a quadriplegia e a insuficiência respiratória estão associadas a alta morbimortalidade, e a recuperação é lenta e incompleta. Mais de 50% dos pacientes com insuficiência respiratória neuromuscular aguda vão a óbito; dos pacientes que sobrevivem, um número substancial exige traqueostomia prolongada ou suplementação de oxigênio a longo prazo. Em geral, fraquezas iniciais menos profundas podem estar associadas à recuperação de força mais rápida e completa. No entanto, mesmo pacientes com paralisia inicialmente grave e profunda podem experimentar recuperação substancial. É possível que esse fenômeno de recuperação se deva ao envolvimento de grande número de neurônios motores que podem inicialmente ser danificados e que se recuperam. Não se sabe se pode haver o desenvolvimento subsequente de uma síndrome tardia do tipo "síndrome pós-pólio" (ver *Capítulo 17*) anos após a doença aguda.

### Outras manifestações clínicas

Manifestações oculares, incluindo coriorretinite e vitreíte, são talvez as sequelas mais comumente relatadas da infecção por WNV após a doença neuroinvasiva (ver *Capítulo 22*). Também foram reportados casos raros de hepatite fulminante, pancreatite, miocardite, disritmia cardíaca/arritmia, miosite, rabdomiólise, orquite, nefrite, e febre hemorrágica fatal com coagulopatia.

## Diagnóstico laboratorial

O isolamento do WNV em cultura de células raramente é realizado por questões de biossegurança. Para a sua manipulação é requerido laboratório de nível biossegurança 3 (BSL-3, *biosafety level 3*). O diagnóstico é realizado principalmente por testes sorológicos. A detecção de anticorpos contra o vírus pode ser realizada em soro colhido de pacientes 8 a 14 dias após o início da doença, ou em liquor 8 dias após o início da doença, utilizando o método de captura de IgM por ensaio imunoenzimático (EIA, *enzyme immunoassay*). É importante atentar para o fato da possibilidade dos anticorpos para o WNV reagirem com outros flavivírus. A IgM não ultrapassa a barreira hematoencefálica e, portanto, a presença de IgM no liquor é forte indício de infecção.

A detecção do RNA viral por reação em cadeia da polimerase associada à transcrição reversa (RT-PCR, *reverse transcription polymerase chain reaction*) é altamente específica, mas não é tão sensível quanto a sorologia, em parte porque o período de tempo em que o vírus se encontra no sangue (viremia) é breve e pode apenas estar presente no início dos sintomas. A RT-PCR é utilizada principalmente para a triagem de produtos derivados de sangue e para a triagem em larga escala de aves e mosquitos.

## Epidemiologia

O WNV é considerado um dos mais importantes agentes etiológicos de encefalite viral em seres humanos em todo o mundo. O vírus circula em praticamente todos os continentes: África, Ásia, Europa, Américas e Oceania.

No início da década de 1990 começaram a ocorrer mudanças na ecologia, patologia e epidemiologia da infecção por WNV, quando foram descritas epidemias em áreas urbanas na Romênia (1996), Tunísia (1997) e Rússia (1999), envolvendo centenas de pacientes com doença neurológica grave. A análise genética das estirpes virais que foram isoladas dos pacientes demonstrou que essas epidemias foram causadas por uma nova variante genética do vírus, aparentemente mais virulenta. Em 2000, ocorreu uma grande epidemia em humanos em Israel, concomitantemente com elevada mortalidade de aves. Essa epidemia foi singular no sentido de que a mortalidade em aves, associada ao WNV, era um evento raro. O vírus implicado nesse surto apresentava uma mutação de 1 aminoácido (posição 249) na proteína NS3 (T249P, treonina → prolina) a qual resultou em aumento na mortalidade das aves.

Em 1999, ao ser introduzido nas Américas, o WNV causou a morte de grande número de aves durante uma epidemia na cidade de Nova York, EUA. Houve 62 casos de encefalite entre humanos com 7 óbitos. Não se sabe exatamente como o WNV foi introduzido nos EUA, entretanto, acredita-se que pode ter sido por intermédio de mosquitos ou aves infectadas, porque humanos e cavalos não desenvolvem níveis de viremia eficientes para a transmissão da infecção. A sequência genômica dos isolados de WNV obtidos de indivíduos doentes e uma ave (flamingo) em Nova York apresentou alta similaridade com a sequência de um ganso encontrado morto em Tel Aviv, Israel, em 1999, após uma epizootia ocorrida em aves, em 1998. Esse dado sugere que as estirpes de Nova York provavelmente eram provenientes do Oriente Médio ou do leste europeu. Em três anos o vírus, se espalhou para a maioria dos estados americanos e os países vizinhos da América do Norte. Nos EUA, entre 1999 e 2020, ocorreram mais de 52.300 casos de infecção por WNV, mais de 25.700 associados a doença neuroinvasiva e mais de 2.400 óbitos.

Desde o início dos anos 2000, a circulação do WNV tem sido monitorada continuamente em alguns países europeus com um número variável de casos de humanos e cavalos. Em 2018, as infecções por WNV na Europa aumentaram dramaticamente em comparação com os anos anteriores, quando um total de 2.083 casos em humanos e 285 surtos entre equídeos foram relatados com o maior número de casos detectados na Itália, Sérvia e Grécia.

Em 2004, a linhagem 2 do WNV emergiu na Hungria causando casos esporádicos de encefalite em gaviões (*Accipiter gentilis*), outros pássaros predadores e mamíferos. O vírus se tornou endêmico na Hungria, mas apenas casos esporádicos foram descritos entre 2004 e 2007. Em 2008, ocorreu um espalhamento explosivo do vírus causando doença neuroinvasiva em gaviões e outras aves predadoras (n = 25), cavalos (n = 12) e humanos (n = 22). Ao mesmo tempo o vírus se espalhou para a Áustria, onde foi detectado em pássaros mortos (n = 8). Em 2009, ocorreram surtos na Hungria e Áustria, em aves silvestres, cavalos e no homem nas mesmas áreas. Os vírus isolados possuíam proximidade genética com as estirpes da linhagem 2 do WNV que emergiu na Hungria em 2004.

Entre julho e outubro de 2010, ocorreram 261 casos de febre do Oeste do Nilo causados por estirpes da linhagem 2 na Grécia, com 191 casos de doença neuroinvasiva e 34 óbitos. Entre julho e outubro de 2010, 57 casos associados a linhagem 2 do WNV foram reportados na Romênia, com 54 casos de doença neuroinvasiva e 5 óbitos. Em agosto de 2010 foi reportado o primeiro caso de doença neuroinvasiva pela linhagem 2 do WNV na Itália.

Até a introdução da linhagem 2 em 2004, a linhagem 1 foi identificada como a causa de surtos em humanos na Europa. Nos anos seguintes, a linhagem 2 se dispersou na parte oriental da Áustria e nos países do sul da Europa. Dados recentes mostraram que as estirpes detectadas em humanos, cavalos, pássaros e mosquitos pertencem principalmente à linhagem 2.

Entre 2019 e 2020, os Estados-Membros da União Europeia (UE) e os Estados-Membros da Área Econômica Europeia (AEE) e seu países vizinhos notificaram um total de 799 infecções por WNV em seres humanos: Estados-Membros da UE notificaram 729 casos e os países vizinhos notificaram 70 casos. No mesmo período, foram relatados 90 óbitos por infecções pelo WNV.

Nesse período, a Alemanha, a Eslováquia e a Holanda relataram suas primeiras infecções autóctones pelo WNV transmitidas por mosquitos. Isso não foi inesperado, pois a presença do vírus entre aves, equídeos e/ou mosquitos já havia sido documentada nesses países. Todas as outras infecções em seres humanos foram relatadas em países com conhecida transmissão sustentada do vírus em seus territórios.

A partir de setembro de 2019, o Centro Europeu para Prevenção e Controle de Doenças (ECDC, European Centre for Disease Prevention and Control) começou a incluir a detecção de infecções por WNV em aves, além das relatadas em humanos e equinos, em suas atualizações epidemiológicas. Entre 2019 e 2020, foram relatados 276 surtos entre equídeos pelos Estados-Membros da EU/AEE: Espanha (133), Alemanha (54), Itália (24), Grécia (22), França (18), Hungria (8), Espanha (6), Áustria (6) e Portugal (5). Além disso, 56 surtos entre aves foram notificados pela Alemanha (53), Bulgária (2) e Grécia (1).

Entre 2001 e 2004 o vírus se espalhou pelo Caribe e América Central, infectando principalmente aves e cavalos. Entre 2004 e 2005 o WNV chegou à América do Sul, atingindo animais na Colômbia, Venezuela e Argentina. Poucos casos de doença em seres humanos foram reportados na América Latina, apenas alguns casos no México, Cuba, Haiti, Bahamas e Argentina.

No Brasil, os primeiros estudos que deram indícios da transmissão para humanos foram realizados na região do Pantanal, em 2011, seguidos de novos registros em diversas regiões do país. Entretanto, o primeiro caso em humano registrado no Brasil só foi documentado em 2014, no Piauí, a partir de uma estratégia de investigação de síndromes neurológicas, em um vaqueiro de Aroeiras do Itaim (350 km de Teresina), de 52 anos de idade. O paciente buscou atendimento médico apresentando paralisia, febre alta, tremores, cefaleia, meningite e diarreia. O quadro de encefalite causada por WNV foi confirmado pelo Instituto Evandro Chagas de Belém (Pará), por meio da pesquisa de anticorpos IgM utilizando o método de captura de IgM por EIA, pesquisa de anticorpos totais pelo teste de inibição da hemaglutinação (HI, *hemagglutination inhibition*) e anticorpos neutralizantes pelo teste de neutralização por redução de placas (PRNT, *plaque reduction neutralization test*). O paciente sobreviveu à doença, embora tenha permanecido com sequelas neurológicas. Naquela ocasião, uma ampla investigação foi realizada, incluindo diferentes componentes da cadeia de transmissão, como aves domésticas e silvestres, equídeos, mosquitos e seres humanos, com ênfase para a região de Picos (Piauí), área do foco. Os resultados da investigação com os componentes da cadeia de transmissão corroboraram a hipótese da ampla distribuição da WNV nas Américas e no Brasil, ainda que não tenham sido registrados eventos de maior magnitude envolvendo casos entre humanos e epizootias em aves e equídeos. A partir da vigilância estabelecida, seis novos casos de doença em humanos foram confirmados no estado do Piauí: Picos (em 2017), Piripiri (em 2017), Lagoa Alegre (em 2019), Teresina (em 2019), Amarante (em 2019) e Água Branca (em 2020). Em 2017, ocorreu o primeiro e único óbito da enfermidade no Brasil, na cidade de Piripiri, no estado do Piauí.

Em abril de 2018, epizootias em equinos com manifestações neurológicas (meningoencefalite) foram notificadas ao Ministério da Saúde (MS) do Brasil pela Secretaria de Estado de Saúde do Espírito Santo (SES/ES). A investigação desses surtos, pelo Instituto Evandro Chagas, resultou no primeiro isolamento e sequenciamento do WNV no país. A estirpe isolada pertencia à linhagem 1a. Entre janeiro de 2014 e junho de 2019, foram notificadas ao MS 98 epizootias em equídeos no Brasil, das quais 5 foram confirmadas, 65 permaneciam em investigação, 8 foram descartadas e 20 foram consideradas indeterminadas, sem amostras viáveis para o diagnóstico. As notificações concentraram-se em 2018, a partir da detecção do vírus no Espírito Santo, que foi o único estado que registrou epizootia por WNV confirmada laboratorialmente.

Entre janeiro de 2014 e junho de 2019, foram notificadas ao MS 68 epizootias em aves silvestres no Brasil, das quais 1 foi descartada, 51 foram consideradas indeterminadas, pois não apresentaram colheita de amostras para diagnóstico, e outras 16 permaneciam em investigação. A maior concentração das notificações ocorreu entre os anos de 2017 e 2018.

### *Prevenção, controle e tratamento*

Embora existam vacinas disponíveis para uso em cavalos, ainda não há vacinas ou antivirais aprovados para uso em seres humanos. Vários ensaios clínicos foram iniciados com algumas candidatas a vacina, contudo, nenhuma delas avançou para as fases finais dos testes clínicos ou está próxima de aprovação.

O controle da transmissão é feito por meio do controle do vetor e medidas que reduzam a densidade do mosquito. A proteção individual é realizada pelo emprego de repelentes e de mosquiteiros, além do uso de camisa de manga comprida e calça, em ambientes abertos.

Nos EUA e na Europa a triagem de doadores de sangue já é realizada. É recomendado que seja perguntado aos doadores sobre febre e cefaleia ocorridas na semana anterior à doação e que não seja permitido que pessoas que reportarem esses sintomas doem sangue. Ao contrário dos doadores de sangue, os doadores de órgãos não precisam ser testados para WNV, embora alguns centros façam a testagem. Os doadores de órgãos não são testados devido ao tempo necessário para obter os resultados, além do fato de que os testes de diagnóstico, atualmente disponíveis, podem não ser sensíveis para a detecção viral nesses indivíduos.

No momento, não existe tratamento antiviral. O tratamento recomendado é de suporte, incluindo uso de analgésicos, antieméticos, antitérmicos e reidratação, monitoramento da elevação da pressão intracraniana, controle das convulsões e prevenção de infecções secundárias. Em pacientes transplantados a redução ou suspensão da imunossupressão tem propiciado bons resultados em muitos casos e é recomendada para pacientes com suspeita de meningoencefalite por WNV.

Outras terapias usadas em pacientes infectados por WNV ou que estão em fase de testes incluem interferon α-2b, ribavirina, corticosteroides, imunoglobulina endovenosa com altos títulos de IgG anti-WNV (Omr-IgG-am™), anticorpos monoclonais humanizados e oligômeros antissenso que se ligam ao RNA viral. Nenhum estudo documentou a eficácia dessas terapias. Relatos de casos ou séries clínicas não controladas sugerindo eficácia devem ser interpretados com extrema cautela devido ao curso clínico altamente variável da doença.

## Vírus da encefalite japonesa

Norma Suely de Oliveira Santos

### *Histórico*

O vírus da encefalite japonesa (JEV, *Japanese encephalitis virus*) foi originalmente isolado do cérebro de um paciente com encefalite fatal, em Tóquio, em 1934, e de mosquitos *Culex tritaeniorhynchus*, em 1938. O JEV é responsável por casos de encefalite aguda e é a principal causa de encefalite em humanos na região da Ásia-Pacífico. Atualmente, o JEV é predominante principalmente em 24 países do Sudeste da Ásia e do Pacífico Ocidental; anualmente são relatados cerca de 68.000 casos clínicos, e a taxa de mortalidade é de 25 a 30%. Cerca de 30 a 50% dos sobreviventes têm sequelas neurológicas permanentes, impondo um pesado ônus à saúde pública e à sociedade. A incidência anual de casos de encefalite japonesa varia de acordo com a faixa etária, sendo as crianças (< 15 anos) as mais afetadas e mais propensas a sofrer sequelas neurológicas permanentes do que os adultos.

## Classificação e características

O JEV é classificado na família *Flaviviridae*, gênero *Flavivirus*. A partícula viral apresenta diâmetro de aproximadamente 50 nm e é envelopada, semelhante aos demais flavivírus (Figura 18.1). Contém genoma de RNA de fita simples com polaridade positiva (RNAfs+) de aproximadamente 11 quilobases (kb), que codifica três proteínas estruturais (C – capsídeo; prM – pré-membrana/membrana; e E – envelope) e sete proteínas não estruturais (NS1, NS2A, NS2B, NS3, NS4A, NS4B e NS5). Detalhes da estrutura genômica dos flavivírus estão apresentados na Figura 18.2 neste capítulo. Entre as proteínas não estruturais, a NS1 participa da biossíntese viral interagindo com múltiplas proteínas do hospedeiro, controlando as interações hospedeiro-patógeno. Os domínios transmembrana da NS2B auxiliam na biossíntese viral e na biogênese das partículas virais. Vários fatores do hospedeiro que interagem com proteínas virais e auxiliam na biossíntese viral foram identificados. Por exemplo, foi relatado que TRIM52 (proteína 52 com motivo tripartido [*tripartite motif-containing protein 52*]) e SPCS1 (subunidade 1 do complexo de sinal-peptidase [*signal peptidase complex subunit 1*]), interagem com os domínios transmembrana de NS2A e NS2B, respectivamente, e influenciam no processamento pós-traducional das proteínas do JEV e na montagem dos vírions. A proteína NS3 tem função de helicase e protease. A NS5 é uma RNA polimerase-RNA dependente (RpRd) e recentemente foi relatada uma nova função dessa enzima na patogênese viral: ela interage com a proteína trifuncional mitocondrial (MTP, *mitochondrial trifunctional protein*) prejudicando o metabolismo dos ácidos graxos de cadeia longa (LCFA, *long-chain fatty acid*). A biossíntese reduzida de LCFA pode desencadear a liberação de citocinas pró-inflamatórias e contribuir para a patogênese viral.

Com base na análise das sequências dos genes que codificam as proteínas estruturais, o JEV é classificado em cinco genótipos. Cada genótipo apresenta um padrão de distribuição distinto. O genótipo I (GI), que é classificado nos subgenótipos GIa e GIb, e o JEV GIII são os genótipos dominantes e foram amplamente detectados em toda a Ásia. O JEV GII é o terceiro genótipo mais comum e foi encontrado na Indonésia, em Singapura, na Coreia do Sul, Malásia e Austrália. JEV GIV e GV são raros e já foram detectados na Indonésia, Malásia e China. No entanto, nos últimos anos, estudos epidemiológicos demonstram uma mudança acentuada na distribuição dos diferentes genótipos de JEV em áreas endêmicas. O JEV GIa substituiu o GIII como o genótipo predominante em muitos países da Ásia. Por outro lado, o GIII se espalhou da Ásia para a Europa e, recentemente, para a África. O aumento das viagens devido ao comércio e ao turismo em todo o mundo, juntamente com as mudanças climáticas, impactaram enormemente a expansão da incidência de JEV em uma parte diferente do mundo. Dessa forma, a mudança na distribuição geográfica dos diferentes genótipos e as complicações decorrentes da infecção pelo JEV não são apenas questões de interesse científico, mas também representam um problema de saúde pública.

## Biossíntese viral

O processo de biossíntese do JEV é semelhante ao descrito para os demais flavivírus e está apresentado no tópico "Vírus da febre amarela e da dengue", neste capítulo.

## Patogênese

### Transmissão

Estudos realizados na ilha Honshu, no Japão, na década de 1950, elucidaram o ciclo de transmissão do JEV, identificando que porcos e aves selvagens são hospedeiros amplificadores, e mosquitos são os vetores primários (Figura 18.14). Bovinos são infectados com frequência, porém não contribuem para a transmissão porque apresentam baixa viremia. Seres humanos e cavalos podem desenvolver encefalite fatal, mas são apenas hospedeiros acidentais, pois apresentam viremia baixa, insuficiente para infectar o mosquito vetor. O principal vetor epidêmico é o mosquito do gênero *Culex*, do qual o *Cx. tritaeniorhynchus* é o mais importante. Os porcos são necessários para a amplificação pré-epizoótica do vírus, embora algumas epidemias ocorram na ausência de grandes populações suínas.

Vários mecanismos tentam explicar a capacidade do JEV de se manter durante os períodos interpandêmicos e condições climáticas adversas (inverno ou períodos de seca). Os possíveis mecanismos incluem persistência em focos enzoóticos em hospedeiros vertebrados e/ou mosquitos, e reintrodução do vírus por aves migratórias e/ou mosquitos. A transmissão vertical já foi demonstrada em mosquitos, que também transmitem o vírus sexualmente.

A duração da viremia do JEV em aves e porcos é muito curta para que esses animais mantenham, eficientemente, o vírus em condições adversas. Contudo, morcegos infectados experimentalmente foram capazes de sustentar baixos títulos de JEV no

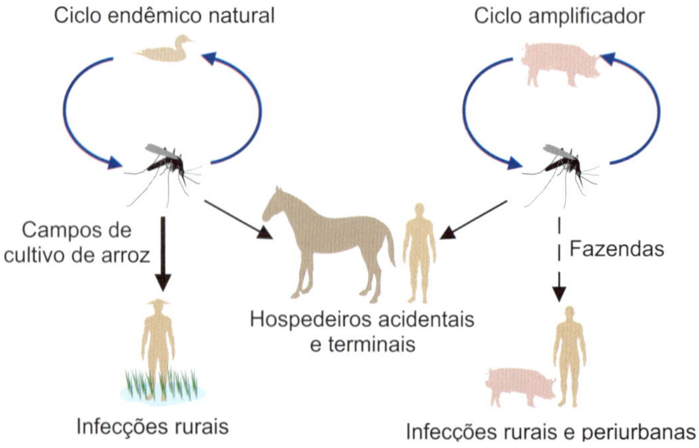


**Figura 18.14** Ciclo epidemiológico do JEV. O principal vetor epidêmico do vírus da encefalite japonesa (JEV) são mosquitos do gênero *Culex*. Porcos e aves selvagens foram identificados como hospedeiros amplificadores. Seres humanos, bovinos e equinos podem desenvolver encefalite fatal, mas são apenas hospedeiros acidentais.

sangue e tecido adiposo durante hibernação simulada em baixas temperaturas; quando os morcegos retornavam à temperatura de 24°C, a biossíntese viral era reativada com consequente elevação da viremia e invasão de outros tecidos. A transmissão transplacentária em morcegos já foi demonstrada, o que poderia favorecer a manutenção do vírus na natureza. Anticorpos anti-JEV já foram detectados em morcegos, mas seu papel na ecologia do vírus não é conhecido.

Um estudo realizado no Japão demonstrou o padrão cíclico da transmissão do JEV entre porcos, mosquitos e seres humanos (Figura 18.15). Nos porcos, o ciclo de amplificação seria de 4 dias, com o ciclo inicial atingindo aproximadamente 20% dos animais, os quais, em geral, desenvolvem anticorpos por volta do 10º dia pós-infecção. As fêmeas dos mosquitos são infectadas ao se alimentarem do sangue dos porcos virêmicos e, após um período de incubação extrínseco (PIE) de 7 a 14 dias, transmitem o vírus a outro porco suscetível. A segunda fase da amplificação viral resulta em 100% de soroconversão no rebanho suíno. Após outro PIE em mosquitos, começam a surgir os casos em seres humanos.

## Fisiopatologia da infecção

Em seres humanos, a transmissão se dá por picada de fêmeas dos mosquitos. O JEV é sintetizado na pele e nos gânglios linfáticos locais, levando a uma baixa viremia transitória. Foi proposto que o vírus infecta células localmente na pele ao redor da picada de mosquito, incluindo fibroblastos, células endoteliais, pericitos, macrófagos e dendrócitos dérmicos, onde ocorre a propagação primária. A partir daí, ocorre disseminação do vírus para o sistema nervoso central (SNC) causando inflamação no cérebro. Os mecanismos pelos quais o JEV atravessa a barreira hematoencefálica, infecta as células cerebrais e induz inflamação que resulta em encefalite ainda não estão esclarecidos. Estudos em camundongos demonstraram que a entrada do vírus no cérebro, a infecção de neurônios e a inflamação que danifica os tecidos antecipam a quebra da barreira hematoencefálica. Com base nesses estudos, foram propostos dois mecanismos possíveis para a entrada do JEV no tecido cerebral: (1) o JEV, ou leucócitos infectados (monócitos, células dendríticas, células T) circulantes no sangue, infectam células endoteliais dos capilares cerebrais, que sem serem afetadas funcionalmente, amplificam e transmitem os vírus aos pericitos, ou mesmo às micróglias ou aos astrócitos que estão em contato com esses capilares. Por sua vez, pericitos, micróglias e astrócitos infectados amplificam a quantidade de vírus e os transmitem a outras células, incluindo neurônios, astrócitos e micróglias no cérebro; (2) células T ou monócitos infectados por JEV circulantes no sangue migram através do plexo coroide para o espaço ventricular e daí para o tecido nervoso periventricular. Então, micróglias, astrócitos e neurônios são infectados pelo contato célula a célula ou por vírions extracelulares recém-sintetizados. Os neurônios infectados pelo JEV sofrem apoptose. Além disso, micróglias e astrócitos infectados com JEV produzem fatores inflamatórios que induzem danos colaterais, resultando em apoptose de neurônios não infectados. Consequentemente, os danos à barreira hematoencefálica podem ser secundários à infecção nas células do tecido nervoso e subsequentes à resposta inflamatória e antiviral.

Algumas vezes, a infecção no cérebro progride paralelamente à meningite asséptica, que pode afetar o suprimento de sangue para o cérebro. Geralmente, a encefalite é a apresentação clínica mais grave da infecção, com uma variedade de sintomas, incluindo convulsões, deficiências funcionais sensoriais e neuromusculares agudas. A infecção das micróglias, astrócitos e neurônios juntamente com a resposta celular e possível apoptose, bem como a resposta inflamatória subsequente, resultam em morte celular neuronal. Além disso, edema e danos vasculares podem aumentar os danos ao tecido e às células. Consequentemente, os gânglios basais, o tálamo e os núcleos do tronco encefálico são os mais afetados.

A encefalite japonesa geralmente é focal, afetando apenas uma ou várias regiões e centros cerebrais. Se os centros visuais forem afetados, cegueira pode advir como consequência da infecção. Pode ocorrer deficiência de outras funções sensoriais realizadas pelos nervos cranianos e integradas nos centros do mesencéfalo e do tronco encefálico. Centros de funções vitais no tronco encefálico também podem ser afetados, inclusive funções associadas à respiração, regulação cardiovascular e digestiva,

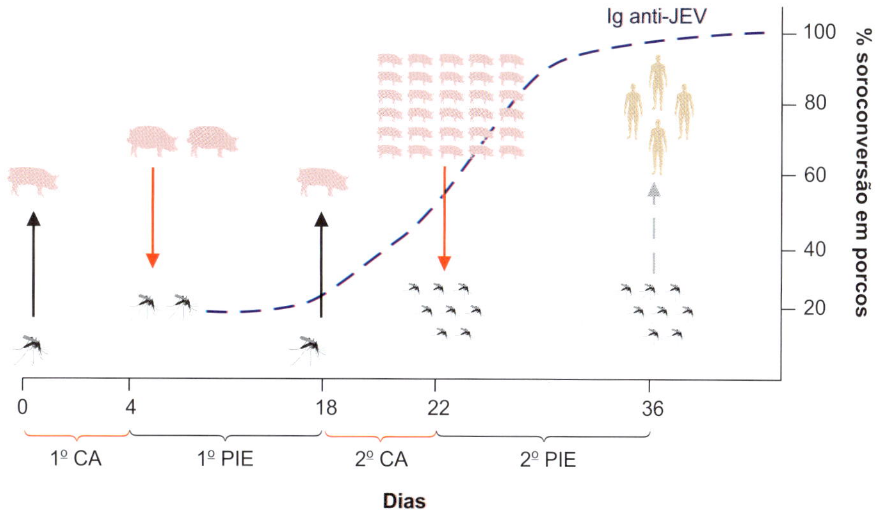


**Figura 18.15** Padrão cíclico da transmissão do JEV entre porcos, mosquitos e seres humanos. O ciclo de amplificação (CA) viral nos porcos é de 4 dias, atingindo, aproximadamente, 20% dos animais, os quais, em geral, desenvolvem anticorpos anti-JEV por volta do 10º dia pós-infecção. As fêmeas dos mosquitos são infectadas ao se alimentarem do sangue dos porcos virêmicos e, após um período de incubação extrínseco (PIE) de 7 a 14 dias, transmitem o vírus a outro porco suscetível. O segundo CA resulta em 100% de soroconversão no rebanho suíno. Após outro PIE em mosquito, começam a surgir os casos em seres humanos. Ig: imunoglobulina.

resultando em sintomas agudos correspondentes, como deficiência respiratória neurogênica, choque cardiovascular e náusea. Além disso, os neurônios motores da medula espinhal podem ser afetados, resultando em paralisia flácida aguda. Danos substanciais no tecido periventricular também podem resultar em hidrocefalia interna obstrutiva com aumento da pressão intracerebral e subsequente dano cerebral adicional.

A inflamação no curso de uma infecção cerebral por JEV é devida a uma reação inflamatória da população local de micróglias e astrócitos, que podem estar infectados ou apenas responder aos danos celulares e teciduais vizinhos no curso da resposta imunológica contra células infectadas por JEV. Essas células produzem vários fatores inflamatórios e citocinas com o objetivo de combater a infecção. Além disso, as células do sistema imunológico podem ser recrutadas da periferia para o sítio da infecção no cérebro, incluindo monócitos e células T JEV-específicas, que terão como alvo células locais infectadas, possivelmente destruindo-as e exacerbando a inflamação e os danos neuronais.

No entanto, na melhor das hipóteses, a resposta imunológica no cérebro pode promover o *clearance* do vírus com danos colaterais mínimos. Na pior das hipóteses, que se aplica de 20 a 40% dos pacientes com encefalite, a infecção neuronal e resposta imunológica podem danificar os principais centros do cérebro resultando em deficiências de longo prazo ou um resultado fatal.

Infecção menos grave do cérebro pode resultar em sintomas leves e transitórios, como deficiência de aprendizado. No entanto, para 50% dos sobreviventes da infecção cerebral por JEV, os danos ao cérebro podem resultar em várias síndromes, sintomas e deficiências de longo prazo. A encefalite japonesa pode ser reativada em crianças soropositivas, apesar de terem desenvolvido imunidade humoral anti-JEV eficiente e na ausência de reinfecção. Isso pode ser devido à infecção crônica de células T ou micróglias, indicando que essas células podem ser reservatórios do vírus.

## Manifestações clínicas

A infecção em seres humanos produz um amplo espectro de manifestações clínicas, variando desde infecções assintomáticas até doença febril branda e meningomieloencefalite aguda fatal. A maioria das infecções é assintomática ou causa doença inespecífica influenza-*like*. Em média, 1 a cada 300 infecções resulta em doença encefálica. O período de incubação é de 5 a 15 dias. Os sintomas normalmente iniciam com febre acima de 38°C, calafrios, dores musculares, cefaleia e vômito. Os sintomas iniciais em crianças, geralmente, compreendem sintomas gastrointestinais: náusea, vômito, dor abdominal e diarreia. Esses sinais prodrômicos podem continuar por 2 a 4 dias. Contudo, o estado do paciente se deteriora rapidamente e ocorre declínio progressivo da consciência, eventualmente levando ao coma. Aproximadamente 85% dos indivíduos apresentam convulsões. O quadro de síndrome meníngea predomina com dor e rigidez de nuca. Pode ocorrer paralisia motora com hemiplegia ou tetraplegia. Tremores, rigidez e movimentos anormais são observados em cerca de 30% dos pacientes.

Os índices de fatalidade são em torno de 20 a 30%. O óbito advém do edema cerebral agudo ou angústia respiratória pelo edema pulmonar. Crianças e idosos têm maior risco de infecção fatal. A recuperação normalmente resulta em sérias sequelas neurológicas e comportamentais, principalmente alteração sensorial persistente, síndrome extrapiramidal, convulsões epilépticas e retardamento mental grave em crianças. A duração do coma associado a convulsões repetitivas, dano peduncular ou hipertensão intracranial é considerado um mau prognóstico, levando à fatalidade. Sinais cardiovasculares residuais tais como bradicardia, taquicardia, pressão arterial elevada ou hipotensão têm sido descritos.

Sintomas clássicos de inflamação como leucocitose e aumento da velocidade de hemossedimentação (VHS) podem estar presentes. A hiponatremia (baixa concentração de sódio no sangue) já foi descrita. A análise do liquor mostra pleocitose (aumento do número de leucócitos no liquor) com predominância de linfócitos, níveis de proteínas moderadamente elevados e glicose normal. Linfócitos atípicos podem estar presentes.

## Diagnóstico laboratorial

O isolamento viral em cultura de células é difícil em virtude da baixa viremia, portanto, as técnicas sorológicas são a melhor opção para o diagnóstico. A detecção de IgM e IgG específicas por ensaio imunoenzimático (EIA, *enzyme immunoassay*) pode ser realizada no sangue e no liquor. Os resultados do *Western blotting* podem ser confusos pela possibilidade de reação cruzada com o vírus da dengue. Da mesma forma, reações cruzadas com outros flavivírus, como o vírus da dengue e o vírus do Oeste do Nilo, limitam o uso do teste de inibição da hemaglutinação (HI, *hemagglutination inhibition*). A amplificação do genoma no liquor por reação em cadeia da polimerase associada à transcrição reversa (RT-PCR, *reverse transcription polymerase chain reaction*) não é utilizada rotineiramente em virtude da viremia baixa e curta.

## Epidemiologia

Devido à elevada morbimortalidade das infecções, o JEV é considerado um problema importante de saúde pública nas regiões endêmico-epidêmicas. A encefalite ocorre em 1 a 20/1.000 infecções, com 25 a 30% dos casos resultando em óbitos e produzindo lesões neurológicas graves em 30 a 50% dos casos. Crianças e adultos jovens são mais suscetíveis.

O pico da transmissão ocorre no verão, correspondendo ao período de chuvas e proliferação do vetor.

Até o momento, as infecções em seres humanos pelo JEV foram documentadas na maioria das regiões temperadas, subtropicais e tropicais da Ásia, região norte da Austrália e, recentemente, um caso em Angola, África (Quadro 18.4). O JEV já foi detectado em aves na Itália.

A encefalite causada por JEV é uma doença predominantemente rural, especialmente associada a campos de cultivo de arroz. Em geral, dois padrões epidemiológicos são reconhecidos: atividade endêmica em regiões tropicais e atividade epidêmica em regiões temperadas e subtropicais. Em áreas endêmicas, não há um padrão sazonal e ocorrem casos esporádicos de encefalite ao longo do ano, mais frequentemente em crianças, embora os casos possam aumentar após a estação chuvosa. A atividade epidêmica ocorre mais frequentemente no verão ou no início do outono, após a estação de chuvas. Os casos de encefalite em regiões temperadas são observados usualmente em crianças e adultos jovens, embora quando ocorrem epidemias em novas áreas ou após longos períodos sem atividade do vírus, todas as idades sejam atingidas. Em áreas onde a vacinação infantil foi instituída a infecção está se tornando comum em indivíduos mais velhos.

Mais de 2 bilhões de pessoas vivem em áreas endêmicas ou epidêmicas e, portanto, estão em risco de desenvolver a doença. A maioria das pessoas infectadas pelo JEV desenvolve sintomas

Quadro 18.4 Países e regiões geográficas com casos documentados de encefalite japonesa em seres humanos.

| Região geográfica | País/território/província |
|---|---|
| Leste da Ásia | China (incluindo Tibete), Japão, Coreia do Norte, Coreia do Sul, Rússia (províncias do extremo oriente) e Taiwan |
| Sul da Ásia | Bangladesh, Índia, Nepal, Paquistão e Sri Lanka |
| Sudeste da Ásia | Brunei, Camboja, Indonésia, Laos, Malásia, Mianmar, Papua-Nova Guiné, Filipinas, Singapura, Tailândia, Timor-Leste e Vietnã |
| Austrália | Península do Cabo York de Queensland e extremidade superior do território do norte |

Adaptado de Filgueira e Lannes, 2019.

leves que são comuns a muitas infecções virais ou são assintomáticos. Portanto, é difícil obter números exatos e avaliar a incidência das infecções em seres humanos. Nas regiões endêmicas, a taxa anual de infecção de crianças foi calculada em aproximadamente 5%. Cerca de 30 a 70% da população não vacinada em áreas endêmicas é constituída de indivíduos soropositivos, indicando que foram infectados, por pelo menos, uma vez com o JEV. Provavelmente menos de 1% dos humanos infectados pelo JEV desenvolve doença. Especialmente crianças de 0 a 14 anos desenvolvem encefalite, com cerca de 50.000 a 175.000 casos por ano, dos quais 30% são fatais e 30 a 50% sofrem de deficiências neurológicas pós-infecção. A maioria das pessoas infectadas pelo JEV se torna imune, embora possivelmente apenas contra o genótipo local. Recentemente, muitos casos foram registrados em populações vacinadas ou imunes, onde a doença ressurgiu na população acima de 15 anos de idade, provavelmente devido à introdução de novos genótipos ou à presença de indivíduos não imunes na população.

### Prevenção, controle e tratamento

O controle do vetor é feito pelo emprego de repelentes e mosquiteiros, além do uso de roupas que cubram todo o corpo em ambientes externos. Em áreas endêmicas o controle do vetor é feito pelo uso de inseticidas. O controle da infecção do hospedeiro amplificador (porcos) pode ser feito por vacinação.

Diversas vacinas contra encefalite japonesa estão disponíveis para uso humano e veterinário.

A vacina com vírus inativado preparada em cérebro de camundongo é a opção mais utilizada em diversas regiões da Ásia. Já foram descritas reações de hipersensibilidade local (eritema ou edema no local da aplicação) em crianças. Outras reações como urticária generalizada, angioedema facial e angústia respiratória já foram reportadas. Alguns indivíduos reclamam de cefaleia, mialgia, dor abdominal ou exantema.

A vacina quimérica está disponível desde 2001 e é preparada por inserção de informação genética do JEV no genoma do vírus vacinal da febre amarela (amostra 17D).

A vacina produzida com a estirpe atenuada do JEV, SA 14-14-2, induz imunidade que pode persistir por até 11 anos e apresenta eficácia de 95 a 98%.

Na ausência de quimioterápicos específicos para o tratamento das infecções por JEV, recomenda-se terapia intensiva de suporte e tratamento sintomático. Corticosteroides foram usados por algum tempo sem benefícios comprovados. A febre deve ser tratada com antipiréticos à base de paracetamol (acetaminofeno).

É importante o cuidado com o paciente para prevenir úlceras de decúbito, infecções e flebite. É necessário o uso de nutrição parenteral, balanço de fluidos e eletrólitos, assim como de antibióticos.

As convulsões podem ser controladas com diazepam, clonazepam ou fenitoína. A hipertensão intracraniana pode ser controlada por hiperventilação e manitol. O uso de diurético não se mostrou benéfico.

# Arboviroses causadas por togavírus

## Vírus chikungunya

Renata Campos Azevedo

### Histórico

A infecção pelo vírus chikungunya (CHIKV) é uma arbovirose transmitida a humanos principalmente por mosquitos do gênero *Aedes*. Antes do ano 2000, apenas um pequeno número de casos importados foi observado, ocasionalmente, em viajantes da América do Norte e Europa. Em consequência, o CHIKV despertava pouco interesse na comunidade médica global e nenhuma preocupação em países desenvolvidos, ao contrário de outros arbovírus. Entretanto, os sucessivos surtos que atingiram o leste da África, as ilhas do oeste e do leste do Oceano Índico e a Índia, e sua disseminação para a Oceania, Europa e Américas demonstraram o potencial desse vírus em emergir como importante patógeno para o ser humano e, assim, a febre chikungunya se tornou uma realidade médica conhecida mundialmente.

A palavra chikungunya, usada para nomear a doença e o vírus, significa "andar encurvado" nos dialetos africanos swahili e makonde, em referência ao efeito da artralgia incapacitante que caracteriza a doença. Na República Democrática do Congo a doença é também conhecida como buka-buka (andar quebrado). A chikungunya é descrita como uma doença dengue-*like*, e a artralgia incapacitante é o sintoma que permite a distinção dessas duas síndromes clínicas que apresentam vetores, sintomas e distribuição geográfica similares.

O vírus chikungunya foi isolado pela primeira vez, em 1953, na Tanzânia. Entre os anos de 1960 e 1990, diversos surtos da doença ocorreram na África e em muitas partes da Ásia. Os surtos na Ásia tinham progressão rápida, afetava de centenas a milhares de indivíduos, e eram seguidos de longo período de silêncio interpandêmico. Contudo na África o vírus é endêmico com surgimento de casos esporádicos e tendência a causar pequenos surtos.

### Classificação e características

O CHIKV é um arbovírus pertencente ao gênero *Alphavirus* da família *Togaviridae*. As partículas virais possuem envelope lipoproteico contendo espículas de glicoproteínas virais, capsídeo de simetria icosaédrica e medem cerca de 60 a 70 nm de diâmetro

(Figura 18.16). É sensível à ação de detergentes, solventes orgânicos e ao aquecimento superior a 58°C.

O genoma é constituído de RNA de fita simples de polaridade positiva (RNAfs+) com aproximadamente 11,8 quilobases (kb). A terminação 5′ do RNA genômico (RNAg) é capeada e a terminação 3′ é poliadenilada; possui duas sequências de leitura aberta (ORF, *open reading frames*) contidos entre regiões não traduzidas (NTR, *non translated regions*) 5′ e 3′, de 76 nucleotídeos (nt). A ORF contida na terminação 5′ é traduzida a partir do RNAg e codifica uma poliproteína precursora de quatro proteínas não estruturais (NSP1-NSP4). A segunda ORF é traduzida a partir do RNA subgenômico (RNAsg) 26S em uma poliproteína precursora das proteínas estruturais: a proteína de capsídeo (C); duas glicoproteínas de envelope (E1 e E2) e dois pequenos peptídeos denominados E3 e 6k. A organização genômica segue a ordem 5′-NSP1-NSP2-NSP3-NSP4-C-E3-E2-6k-E1-poli(A)-3′ (Figura 18.17).

A região aminoterminal da proteína C possui 261 aminoácidos (aa) e presumivelmente se liga ao RNAg, enquanto a região carboxiterminal é mais conservada e interage com outras cópias de proteína C para formar o nucleocapsídeo, além de interagir com a região citoplasmática da proteína E2.

A proteína E3 é um pequeno peptídeo de 64 aa, glicosilado e rico em cisteína, que funciona como peptídeo-sinal para a proteína pE2 (precursora de E2 e E3), auxilia E2 a adquirir a conformação adequada e é necessário para a formação do heterodímero de pE2 com E1. A E3 é clivada a partir do precursor pE2 por furinas ou furinas-*like* no trans-Golgi. A glicoproteína E2 possui 423 aa, é uma proteína transmembrana que é o principal antígeno neutralizante do vírus.

A proteína 6k (61 aa) funciona como peptídeo-sinal para a proteína E1, é clivada de E1 e E2 por uma peptidase, e é importante para o brotamento do vírion; pequenas quantidades são incorporadas no vírion. A proteína E1 (435 aa) funciona como um peptídeo de fusão facilitando a entrada do vírus na célula.

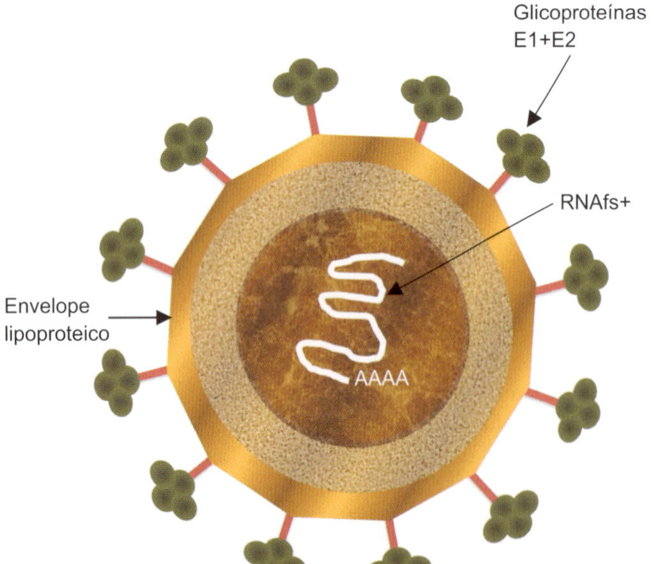


**Figura 18.16** Estrutura da partícula do CHIKV. A partícula do vírus chikungunya (CHIKV) apresenta envelope lipoproteico no qual estão inseridas as espículas glicoproteicas virais (E1+E2); mede entre 60 e 70 nm; o capsídeo de simetria icosaédrica envolve o genoma de RNA de fita simples de polaridade positiva (RNAfs+).

As glicoproteínas E1 e E2 formam heterodímeros no envelope do vírus e são responsáveis pela adsorção e fusão da partícula com a membrana da célula. A fusão é mediada pela glicoproteína E1 em um processo dependente de pH ácido. O ambiente ácido induz a alterações conformacionais nas proteínas do envelope viral, dissociação dos heterodímeros E1-E2 e formação de homodímeros E1. A forma trimérica da proteína E1 é inserida na membrana celular por meio de seu peptídeo de fusão hidrofóbico.

As proteínas não estruturais são produzidas a partir de uma poliproteína precursora denominada p1234 (2.474 aa), traduzida diretamente do RNAg. Essa proteína se autocliva gerando dois produtos, p123 (1.863 aa) e NSP4 (611 aa); esta última possui atividade de RNA polimerase-RNA dependente (RpRd). Essas proteínas formam um complexo juntamente com cofatores celulares que produzem moléculas de RNAg negativas (RNA–). A clivagem subsequente de p123 em NSP1 (535 aa) e p23 (1.328 aa) dá origem ao complexo da polimerase que irá produzir fitas de RNA positivas e negativas. Finalmente, o processamento da p23 em NSP2 (798 aa) e NSP3 (530 aa) resulta em um complexo da polimerase que produz apenas moléculas de RNA positivas. Além de replicar o genoma, esse complexo transcreve o RNAsg 26S que corresponde à extremidade 3′ do RNA viral. Esse RNA é traduzido em uma poliproteína precursora que é clivada por uma combinação de enzimas tanto do vírus quanto da célula para produzir as proteínas estruturais.

Dentro do complexo de replicação viral, a NSP4 possui atividade de RpRd enquanto a NSP3, um cofator essencial dessa enzima, é uma fosfoproteína que interage com diversas proteínas celulares recrutando-as para o complexo de replicação. Ambas, NSP3 e NSP4, interagem diretamente com a NSP1, que é uma proteína envolvida no capeamento do RNAm viral através de sua atividade enzimática de metiltransferase e guanililtransferase e na síntese do RNA negativo complementar ao genoma (RNAc–). A NSP2 contém um domínio RNA-trifosfatase na região aminoterminal que realiza a primeira das reações que levam ao capeamento do RNA viral. Esse mesmo domínio é também uma nucleosídeo-trifosfatase (NTPase) que provê energia para a atividade de helicase do segundo domínio da NSP2. A região carboxiterminal da proteína possui um domínio de protease responsável pela atividade de clivagem autocatalítica da poliproteína não estrutural e um domínio metiltransferase-*like* de função desconhecida.

A análise filogenética da proteína de envelope E1 inicialmente identificou a existência de três genótipos distintos: África Ocidental (WA, *Western Africa*), África Oriental/Sul/Central/ (ESCA, *East/South/Central Africa*) e Ásia. As estirpes virais classificadas nesses genótipos circulam em regiões geográficas com características ecológicas distintas.

A análise da divergência genética realizada pelo método de *pairwise*, entre estirpes virais isoladas com intervalo mínimo de sete anos, na mesma área geográfica, demonstrou média de 6 $\times 10^{-4}$ substituições por nt por ano com desvio padrão de $4 \times 10^{-4}$. Usando esse modelo é possível datar o surgimento do ancestral de todos os CHIKV entre 150 e 1.350 anos atrás. O genótipo ECSA emergiu há 100 a 840 anos e o genótipo Ásia, entre 50 e 310 anos.

Algumas observações levaram à hipótese de que o vírus se originou na África: (i) o grupo mais divergente geneticamente é o genótipo WA; (ii) os genótipos ECSA e Ásia são parafiléticos

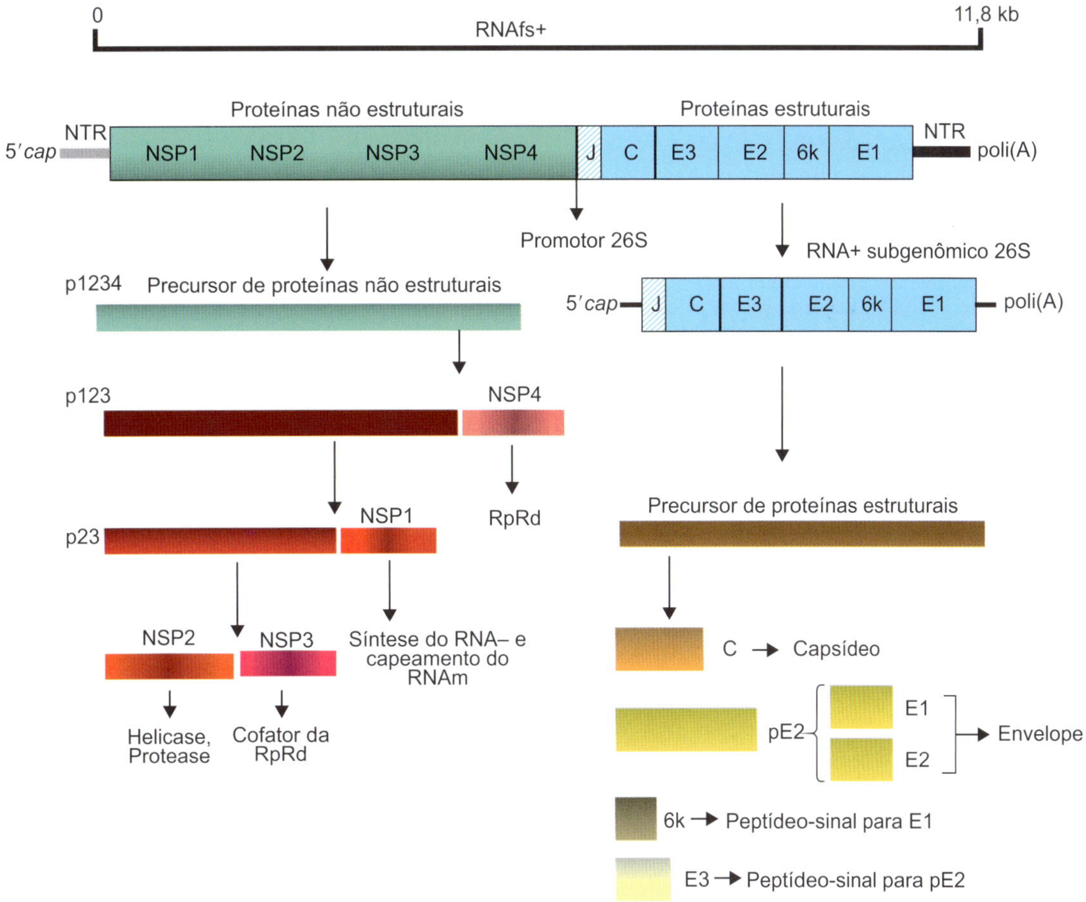


**Figura 18.17** Organização genômica e produtos gênicos do CHIKV. O genoma do vírus chikungunya (CHIKV) é capeado e poliadenilado nas terminações 5′ e 3′, respectivamente; as duas terminações incluem uma sequência de 76 nt não traduzida (NTR, *non translated regions*). Contém duas ORF (sequências de leitura aberta [*open reading frames*]) e uma região de junção (J). A ORF 5′ codifica quatro proteínas não estruturais (NSP1 – NSP4) que são traduzidas a partir do genoma. A ORF 3′ é traduzida a partir do promotor 26S em RNA subgenômico (RNAsg) que codifica as proteínas de capsídeo (C), as glicoproteínas de superfície (E1 e E2) e 2 peptídeos menores E3 e 6k. As proteínas estruturais e não estruturais são geradas a partir da clivagem proteolítica de poliproteínas precursoras. RNAfs+: RNA de fita simples de polaridade positiva.

(descendem do mesmo ancestral) na análise filogenética; (iii) um ciclo silvestre complexo tem sido observado na África, por período de tempo maior que em outras regiões e com número maior de hospedeiros vertebrados e invertebrados foi identificado, criando o ambiente propício para a diversidade genética observada.

O evento evolutivo recente mais importante foi o espalhamento do genótipo ECSA para o Oceano Índico e Ásia. A estirpe viral que emergiu na área do Oceano Índico (IO, *Indian Ocean*) desde o ano 2000 apresenta limitada variação genômica e está proximamente relacionada à sequência de uma estirpe ECSA isolada há 50 anos na Tanzânia.

O genótipo WA parece ter sido o ancestral, o genótipo ECSA divergiu do ancestral WA, e os genótipos Ásia e IO divergiram mais recentemente, de maneira independente, de variantes de ECSA. Dessa forma, o CHIKV provavelmente se originou na África Ocidental antes de se disseminar para outras regiões desse continente e a partir dessa nova região se espalhou, em dois eventos separados, para a Ásia e para o Oceano Índico.

## Evolução adaptativa do CHIKV

Até o início da epidemia do Oceano Índico, durante os surtos de CHIKV em seres humanos, o principal vetor identificado foi o *Aedes aegypti*. Contudo, a partir dessa epidemia, a transmissão do CHIKV passou a ser associada a um vetor alternativo, o *A. albopictus*, o qual se espalhou em áreas previamente ocupadas pelo *A. aegypti*. Durante a epidemia de 2004, no Quênia, até os surtos subsequentes, quando o vírus foi introduzido nas ilhas Comores e ilhas Seychelles, no Oceano Índico, o CHIKV foi transmitido pelo *A. aegypti*. Os vírus isolados inicialmente dessas e outras ilhas da região apresentavam um resíduo de alanina na posição 226 do gene que codifica a proteína E1. Contudo, quando o vírus atingiu as ilhas La Réunion e Maurício, encontrou ambiente ecológico diferente no qual o *A. aegypti* é ausente ou escasso e o *A. albopictus* predomina. Dentro de 1 ano, a mutação (E1-A226V, substituição alanina→valina na posição 226) foi identificada em algumas estirpes virais. O vírus também atingiu a ilha de Madagascar e ilhas Mayotte, onde ambos os vetores são comuns. Essa mutação foi identificada em todas as sequências originárias das ilhas Mayotte, em 2006, e em isolados de Madagascar, de 2007. Isto sugere que essa mutação esteja associada à adaptação ao *A. albopictus*; de fato, essa característica aumenta a eficiência de biossíntese do vírus nesse mosquito. Em todas as ilhas do Oceano Índico em que o *A. albopictus* está presente, a mutação adaptativa E1-A226V foi observada 1 a 2 anos após a introdução do vírus.

A situação é diferente na Índia. A análise filogenética sugere que o CHIKV, vindo do leste da África ou das ilhas Comores, foi introduzido na Índia em 2006. Em 2007, um viajante infectado chegou à Itália vindo da Índia e causou mais de 200 casos de febre chikungunya. A estirpe italiana apresenta a mutação E1-A226V, adquirida na Itália ou, possivelmente na Índia, onde ambos os vetores estão presentes. Como desde 2006 os vírus detectados na Índia se originaram de um ancestral com alanina na posição 226, a mutação E1-A226V deve ter sido adquirida independentemente da mesma mutação observada nos isolados do Oceano Índico. Outros exemplos suportam a teoria de mutações independentes. Surtos de CHIKV foram observados em Camarões (2006) e Gabão (2007), onde o *A. albopictus* substituiu o *A. aegypti*. As estirpes de CHIKV dos dois surtos se originaram de vírus pertencentes ao genótipo ECSA, distintos das estirpes da Índia e Oceano Índico no mesmo período, mas ao contrário das estirpes ECSA, transmitidas por *A. aegypti* originais, os vírus detectados em Camarões e no Gabão possuem a mutação E1-A226V. Isso sugere uma mutação adaptativa independente em resposta às exigências para adaptação da transmissão por *A. albopictus*. Esse fenômeno é denominado de convergência evolutiva. A mutação E1-A226V induz ao aumento da biossíntese viral no vetor, e da eficiência de transmissão e disseminação pelo vetor *A. albopictus*, embora não possua qualquer efeito na infecção do *A. aegypti*.

A adaptação genética das estirpes IO ao novo vetor urbano *A. albopictus* devida à mutação E1-A226V parece ser, pelo menos parcialmente, responsável pelo sucesso evolutivo da emergência desse genótipo, embora essa adaptação não tenha sido responsável pela emergência inicial no Oceano Índico, uma vez que os vírus do início da epidemia não apresentavam essa mutação.

Estudos epidemiológicos e filogenéticos mostraram que essa mutação foi selecionada convergentemente em pelo menos quatro ocasiões separadas a partir de estirpes ECSA em locais onde o *A. albopictus* funciona como o principal vetor epidêmico. Diferentemente, as estirpes endêmicas do genótipo Ásia, as quais circulam em áreas onde ambos os vetores *A. aegypti* e *A. albopictus* estão presentes, não sofreram essa adaptação para *A. albopictus*. Entretanto, os surtos recentes na Ásia são atribuídos à introdução de estirpes ECSA melhor adaptadas ao *A. albopictus*.

A substituição E1-A226V parece ter sido apenas o evento inicial em um processo de adaptação do vírus ao novo vetor. Várias outras mutações foram identificadas, que aumentam a adaptabilidade do vírus ao *A. albopictus*. Outra mutação, E2-L210Q (leucina ⟶ glutamina) foi descrita inicialmente nas estirpes IO circulantes no sul da Índia em 2009. Essa mutação induz aumento de 4 a 5 vezes na capacidade do vírus infectar o *A. albopictus*. Contudo, esse efeito é significantemente mais fraco em comparação com a mutação E1-A226V (que induz aumento de 50 a 100 vezes). Uma nova mutação foi identificada em estirpes IO, E2-K252Q (lisina ⟶ glutamina) causadoras da epidemia na Tailândia, Malásia e Singapura em 2008 a 2009; e uma mutação dupla E2-R198Q/E3-S18F (arginina ⟶ glutamina; serina ⟶ fenilalanina), em estirpes associadas à epidemia no Sri Lanka em 2008.

## Biossíntese viral

A biossíntese inicia com a adsorção da espícula viral ao receptor celular. A proteína E2 é a principal estrutura responsável pela ligação à célula. Alguns receptores celulares têm sido implicados nesse processo tais como DC-SIGN (ligante de molécula de adesão intercelular não integrina específica de célula dendrítica [*dendritic cell-specific intercellular adhesion molecule-grabbing non-integrin*]), L-SIGN (ligante de molécula de adesão intercelular não integrina específica de fígado/linfonodo [*liver/lymph node-specific intracellular adhesion molecules-3 grabbing non-integrin*]), sulfato de heparana, laminina e integrina; contudo, o papel dessas moléculas não está claramente estabelecido. O vírus entra na célula por endocitose mediada por clatrinas. Após a endocitose, o ambiente ácido do endossoma desencadeia alterações conformacionais na proteína de envelope E1 que vai mediar a fusão do envelope com a membrana do endossoma com subsequente liberação do nucleocapsídeo no citoplasma celular.

Na fase inicial da biossíntese, o RNAg serve como RNAm para a tradução da poliproteína p1234 precursora das proteínas não estruturais. A replicação do RNA ocorre via síntese de uma fita de RNAc–, que é usada como molde para a síntese do RNAg e para a transcrição do RNAm subgenômico (RNAmsg) 26S a partir de um promotor interno. A transcrição do RNA+, produzido em níveis constantes durante a biossíntese, e do RNA–, somente detectado nos estágios iniciais, é temporariamente regulada pelo processamento da poliproteína não estrutural p1234. No início da infecção, p1234 é clivada resultando em dois produtos, NSP4 e p123. Nesse estágio, a NSP4 em associação com p123 e cofatores celulares funciona como uma replicase para a produção de RNA–. Durante a replicação do genoma, quando a concentração de p123 está suficientemente elevada, este precursor é processado em NSP1 e p23 dando origem ao complexo da polimerase que regula a síntese de RNA positivos e negativos. Em seguida o processamento da p23 em NSP2 e NSP3 resulta em um complexo da polimerase que produz apenas moléculas de RNAg positivas usando a fita negativa como molde. Essa etapa é regulada pela atividade de helicase e protease da proteína NSP2. O RNAm 26S serve como molde para a tradução da poliproteína precursora C-pE2-6k-E1 das proteínas estruturais. Essa poliproteína é processada por clivagem catalítica pela atividade de serino-protease da NSP2 liberando a proteína de capsídeo (C) da região aminoterminal da poliproteína. A poliproteína pE2-6k-E1 é inserida na membrana do retículo endoplasmático (RE) pela sequência-sinal na região aminoterminal e é processada em pE2 e E1. Essas proteínas são levadas ao complexo de Golgi, onde são glicosiladas e transportadas para a membrana plasmática. Durante o transporte, e provavelmente antes de chegar à superfície da célula, pE2 é clivada por furinas ou furinas-*like* em E2 e E3. A região carboxiterminal transmembrana permite a maturação dos heterodímeros E1-E2. Paralelamente, os capsídeos e RNA+ formados no citoplasma migram em direção à membrana citoplasmática. A montagem do vírus é direcionada pela ligação eletrostática do nucleocapsídeo ao RNA próximo à membrana citoplasmática. A partícula viral sai da célula por brotamento pela membrana citoplasmática adquirindo o envelope glicolipoproteico (Figura 18.18).

## Patogênese

### Transmissão

Na Ásia e nas ilhas do Oceano Índico, os principais vetores de transmissão do CHIKV são o *A. aegypti* e o *A. albopictus*. Na África, o vírus é transmitido por ampla variedade de espécies do gênero *Aedes*, embora a transmissão pelos mosquitos *Culex annulirostris*, *Mansonia uniformis* e anofelinos tenha sido descrita. Na Índia, América Central e América do Sul o vetor principal

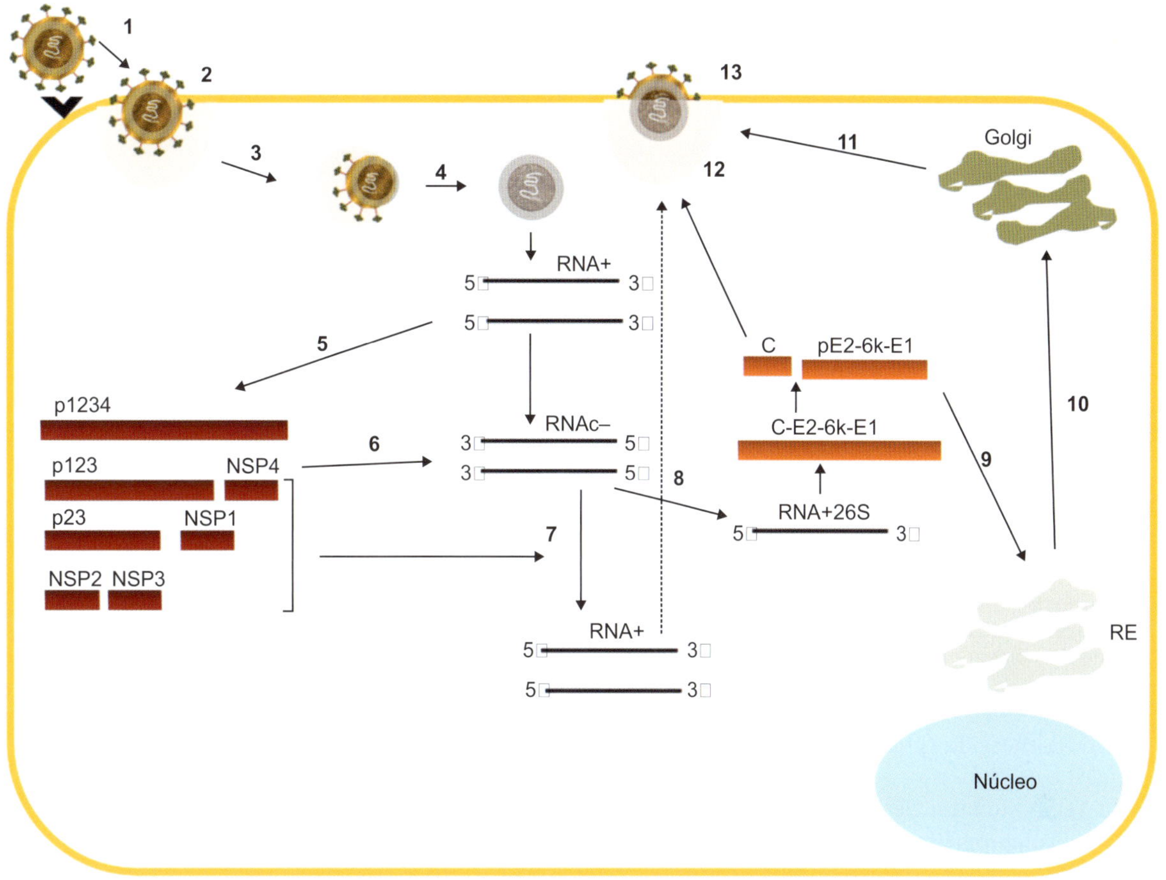


**Figura 18.18** Biossíntese do CHIKV. O vírus chikungunya (CHIKV) adsorve à superfície da célula pela glicoproteína de envelope E2 (**1**) e entra na célula por endocitose (**2**); em pH ácido, a glicoproteína E1 promove a fusão do envelope viral com a membrana do endossoma (**3**), liberando o nucleocapsídeo no citoplasma (**4**). Em seguida o genoma viral é liberado no citoplasma e começa o processo de tradução das proteínas não estruturais a partir do RNA genômico (RNAg). Inicialmente é traduzida uma poliproteína precursora (p1234) (**5**) que sofre diversas etapas de processamento, resultando na produção das proteínas não estruturais que serão responsáveis pela produção de uma fita complementar de RNA negativo (RNAc–) (**6**), que posteriormente servirá de molde para que o complexo da polimerase viral produza novas fitas de RNA+ genômico (**7**). O RNAc– também servirá de molde para a transcrição de um RNA mensageiro subgenômico (RNAmsg) a partir de um promotor interno (RNAm 26S). Esse RNAm 26S (**8**) será traduzido em uma poliproteína (C-E2-6k-E1) que, após processamento, dará origem às proteínas estruturais do vírion. Inicialmente a proteína C é separada do precursor e irá formar os capsídeos virais. Em seguida a poliproteína pE2-6K-E1 será processada no retículo endoplasmático (RE) (**9**) e complexo de Golgi (**10**) e as proteínas processadas serão transportadas para a membrana citoplasmática (**11**), onde serão expressas na forma de heterodímeros E1-E2. Durante esse transporte a proteína pE2 será clivada em E2 e E3 e esta última servirá como peptídeo-sinal para a inserção de E2 na membrana citoplasmática. A montagem da partícula ocorre na face interna da membrana citoplasmática (**12**), e a partícula adquire o envelope por brotamento pela membrana citoplasmática (**13**).

do vírus é o *A. aegypti*. No Oceano Índico e na Europa o vetor é o *A. albopictus*.

Na África, o vírus é zoonótico e mantém um ciclo silvestre envolvendo primatas selvagens e diversas espécies de mosquitos. O ciclo urbano é mantido pela transmissão homem-mosquito-homem (Figura 18.19).

A transmissão do vírus entre seres humanos, na África, permanece quase exclusivamente rural, com impacto moderado na saúde pública. Isso sugere três hipóteses não excludentes: (i) a infecção humana pelo CHIKV é frequentemente confundida com outras doenças; (ii) as infecções são frequentemente assintomáticas; (iii) a população africana é constantemente exposta ao CHIKV, mantendo níveis elevados de imunidade. Nessa situação, o vírus pode ser detectado fortuitamente durante levantamentos sorológicos, visto que possui grau elevado de reação cruzada com outros arbovírus.

Nos países asiáticos o CHIKV é transmitido primariamente por mosquitos, com um ciclo epidemiológico similar ao da dengue: ausência de animal reservatório, transmissão homem-mosquito-homem, e grande potencial epidêmico. As epidemias de CHIKV em seres humanos parecem ser desconectadas da transmissão zoonótica. Essas epidemias parecem resultar da migração do CHIKV para ecossistemas contendo população densa e não imune juntamente com densidade elevada dos mosquitos transmissores que se alimentam principalmente de sangue humano (Figura 18.20).

No Oceano Índico não há evidência de transmissão zoonótica onde o CHIKV é transmitido exclusivamente pelo *A. albopictus*, que nessa região é uma espécie estritamente antropofílica (ver Figura 18.20).

Os seres humanos servem como reservatórios para o vírus durante os períodos epidêmicos. Fora desses períodos os principais reservatórios são os macacos, roedores, aves e possivelmente outros vertebrados não identificados.

## Fisiopatologia da infecção

O grupo dos alfavírus compreende 31 espécies virais. Do ponto de vista clínico os alfavírus podem ser divididos em dois grupos:

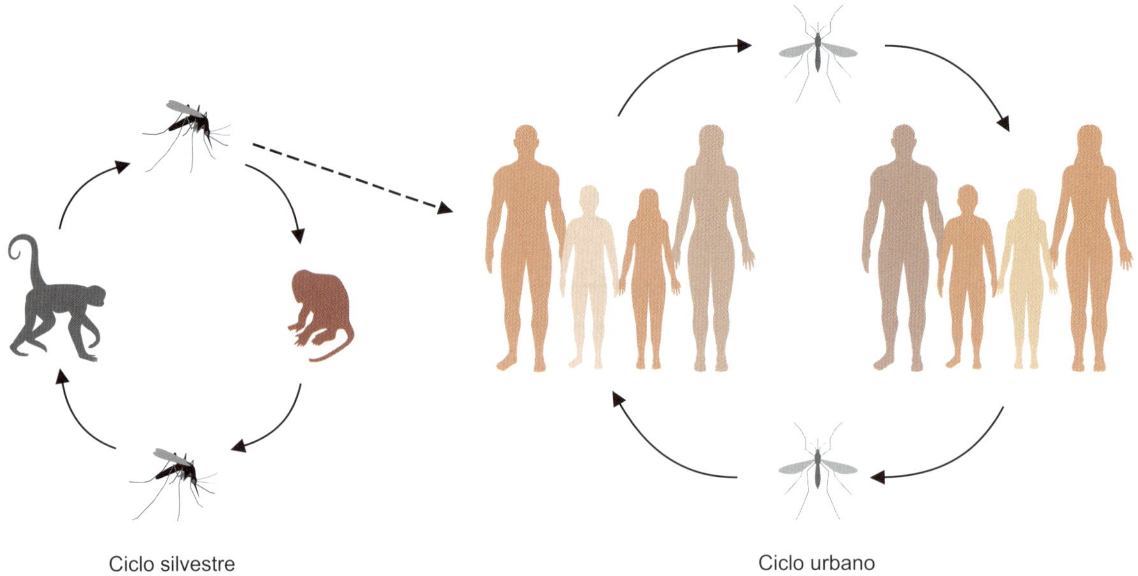


Figura 18.19 Ciclo epidemiológico do CHIKV na África. O vírus chikungunya (CHIKV) é mantido em um ciclo silvestre envolvendo diferentes espécies de mosquitos e de primatas não humanos. Eventualmente, o vírus é introduzido em áreas urbanas, onde a sustentação do ciclo epidemiológico envolve a transmissão homem-mosquito-homem.

os vírus associados a encefalite (predominantemente os alfavírus do Novo Mundo) e os vírus associados a exantema e poliartrite (os vírus do Velho Mundo). Dentre as espécies de alfavírus, seis podem causar comprometimento das articulações em seres humanos: os vírus chikungunya e O'nyong-nyong (África Central), rio Ross e floresta de Barmah (Austrália e Pacífico), Sindbis (cosmopolita) e Mayaro (América do Sul) (Quadro 18.5). Esses alfavírus possuem determinantes antigênicos comuns. Embora o CHIKV seja membro do grupo dos vírus artritogênicos, durante os surtos recentes foram documentados casos de meningoencefalite (primariamente em neonatos) e doença hemorrágica. Diferentemente dos alfavírus encefalogênicos, que infectam neurônios, o CHIKV parece infectar as células do estroma do sistema nervoso central (SNC) e, em particular, as células do plexo coroide.

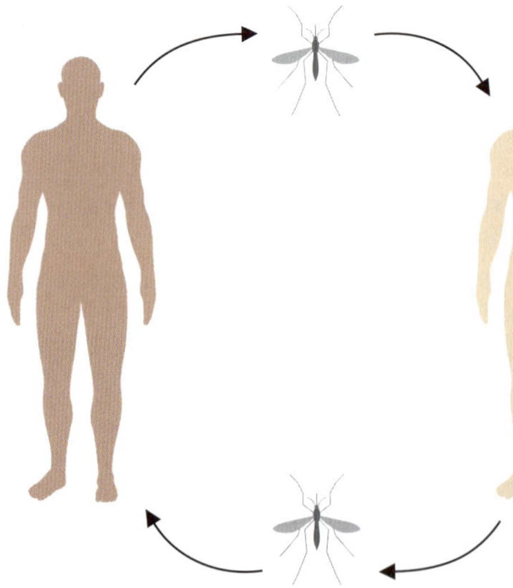

Figura 18.20 Ciclo epidemiológico do CHIKV na Ásia e no Oceano Índico. O vírus chikungunya (CHIKV) é mantido pela transmissão homem-mosquito-homem, sem o envolvimento de um animal reservatório.

Após a transmissão, o ciclo de biossíntese viral ocorre nos fibroblastos da pele com disseminação por via sanguínea para outros tecidos, incluindo fígado e articulações (Figura 18.21). Durante a fase aguda, a carga viral atinge $10^8$ partículas/mℓ de sangue, e a concentração plasmática de interferon (IFN) tipo I é de 0,5 a 2 ng/mℓ, acompanhada de forte indução de outras citocinas pró-inflamatórias e quimiocinas. Infecções assintomáticas ocorrem em aproximadamente 15% dos indivíduos infectados. A infecção parece induzir imunidade duradoura.

## Manifestações clínicas

### Doença aguda

O período de incubação é de 3 a 7 dias em média, podendo variar entre 3 e 12 dias. A fase prodrômica não existe, pois o início da infecção é abrupto e coincide com a viremia, com sintomas de febre alta (> 39°C) e bifásica acompanhada de calafrios por 2 a 3 dias, seguido de remissão por 4 a 10 dias e retorno da febre por 1 a 2 dias, cefaleia, dor nas costas, poliartralgia e fadiga. A poliartralgia é observada em 87 a 98% dos casos e representa o sintoma mais característico. A dor é predominantemente poliarticular, bilateral, simétrica e ocorre principalmente nas articulações periféricas (tornozelos, punhos e falanges) e algumas das grandes articulações (cotovelos e joelhos). O edema das articulações é menos frequente, ocorrendo em 25 a 42% dos casos. Dores nos ligamentos (pubalgia, músculo esternocleidomastóideo, inserções occipitais e talalgia); nas articulações temporomandibular e esternocostoclavicular; e tenossinovite também já foram descritas. A mialgia é observada em 46 a 59% dos indivíduos, embora alguns estudos tenham descrito em até 93% dos casos. A mialgia sem miosite tem sido observada predominantemente nos braços, coxas e panturrilhas.

As manifestações cutâneas estão presentes em cerca de 40 a 50% dos casos, aparecem no início da doença, e consistem de exantema macular ou maculopapular predominantemente no tórax e face e desaparecem em 3 a 4 dias sem sequelas. Prurido generalizado foi descrito em 25% dos casos. Grande variedade

**Quadro 18.5** Alfavírus associados a quadros de artrite e artralgia em seres humanos.

| Vírus | Distribuição | Vetor | Principais sintomas |
|---|---|---|---|
| Floresta de Barmah | Austrália | *Aedes* spp. | Febre, exantema |
| Chikungunya | África, Ásia, Europa e Américas | *A. aegypti, A. albopictus* | Febre, exantema, hemorragia,* parestesia* |
| Mayaro | América do Sul | *Aedes* spp., *Haemagogus* spp. | Febre, exantema, hemorragia* |
| O'nyong-nyong | África | *Anopheles* spp. | Febre, exantema, linfoadenopatia, hemorragia,* parestesia* |
| Rio Ross | Oceania | *Aedes* spp., *Culex* spp. (raro) | Febre, exantema, parestesia* |
| Floresta de Semliki | África | *Aedes* spp. | Febre, exantema |
| Sindbis, Sindbis-*like* | Cosmopolita | *Culex* spp. | Febre, exantema, parestesia* |

*Ocasionalmente.

de lesões cutâneas e de mucosas foram descritas durante a doença aguda: hipermelanose, hiperpigmentação, fotossensibilidade, dermatite esfoliativa, vesículas, bolhas, lesões vasculares, lesões semelhantes ao eritema nodoso, exacerbação de dermatoses preexistentes como psoríase e ulceração de mucosa.

Sintomas digestivos como diarreia, vômito, náusea ou dor abdominal ocorrem em 15 a 47% dos casos durante a fase aguda da doença.

A febre chikungunya apresenta impacto relevante na qualidade de vida do paciente durante a fase aguda da doença. Incapacitação ou limitação das atividades normais ocorre em mais de 60% dos casos enquanto o cansaço é considerado significativo em 47% dos pacientes. Impacto psicológico foi observado em alguns pacientes, que apresentaram depressão.

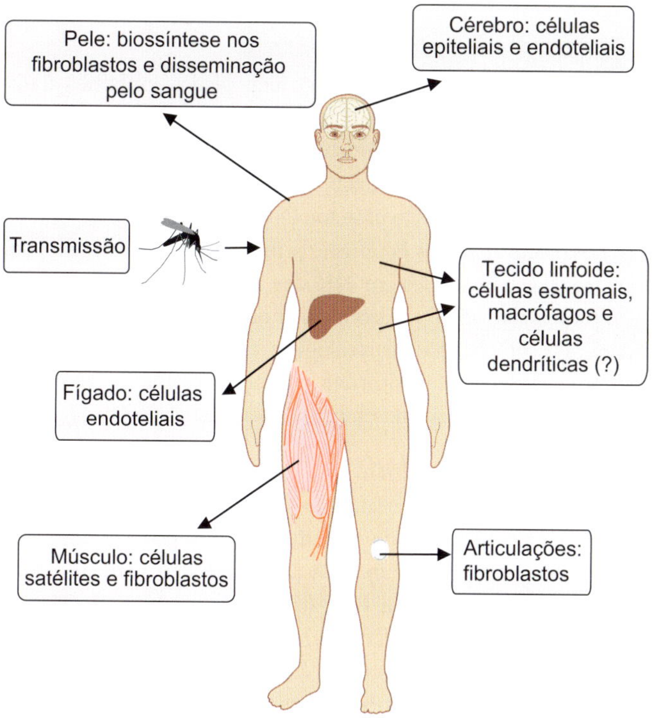


**Figura 18.21** Infecção pelo CHIKV em seres humanos. A transmissão do vírus ocorre pela picada do vetor artrópode (*Aedes aegypti* ou *Aedes albopictus*). O vírus chikungunya (CHIKV) realiza a biossíntese nos fibroblastos da pele e se dissemina por via sanguínea para o fígado, os músculos, o tecido linfoide (linfonodos e baço) e cérebro. As células-alvo em cada tecido estão indicadas no diagrama.

A fase aguda da doença é caracterizada por viremia elevada com duração média de 7 dias (variando entre 3 e 10 dias) e alterações sanguíneas como linfopenia pronunciada e/ou moderada trombocitopenia. Outras alterações como leucopenia, enzimas hepáticas elevadas, anemia, creatinina elevada, creatino-cinase elevada e hipocalcemia foram observadas com menor frequência.

A evolução da doença foi observada em uma coorte de pacientes durante a epidemia na ilha La Réunion e foram descritos dois estágios: o estágio viral (1 a 4 dias), associado ao decréscimo da viremia, seguido de rápida melhora da apresentação clínica e o estágio convalescente (5 a 14 dias) associado a viremia não detectável e lenta recuperação clínica. A IgM aparece nos primeiros 2 a 5 dias e pode persistir por várias semanas a 3 meses. A IgG pode aparecer durante as primeiras semanas de evolução e persistir por anos, proporcionando forte imunidade antiviral que evita sintomas clínicos no caso de uma segunda infecção pelo CHIKV (Figura 18.22).

## Doença crônica

Após a doença aguda alguns pacientes apresentam recidiva ou sintomas persistentes. Dentre os sintomas descritos para a fase tardia da doença, a artralgia ou dores do músculo esquelético foram os mais frequentes. Estudos prospectivos após a epidemia na ilha La Réunion descreveram diversas manifestações reumáticas após a febre chikungunya como artrite reumatoide, espondiloartropatia e outras manifestações reumatoides não clássicas. Outros sintomas menos frequentes foram observados como febre; fadiga; cefaleia; neuropatia; desordens cerebrais; danos neurossensoriais; disestesia e/ou parestesia; síndrome carpal, tarsal ou cubital; desordens digestivas; exantema; alopecia; prurido; síndrome de Raynaud; rigidez das articulações; bursite; tenossinovite e sinovite, com ou sem efusão. Exceto por alguns pacientes com diagnóstico de artrite reumatoide, os testes laboratoriais são normais, incluindo os marcadores de inflamação, durante esse estágio.

A proporção de pacientes que se recuperam parcialmente ou apresentam os sintomas persistentes varia entre os estudos. O tempo de duração dos sintomas tardios varia entre pacientes de 30 dias até 2 anos.

## Quadros atípicos

A infecção do SNC pelo CHIKV foi relatada desde a década de 1960. Durante a epidemia do Oceano Índico, complicações neurológicas foram descritas em 25% dos casos. Convulsões foram

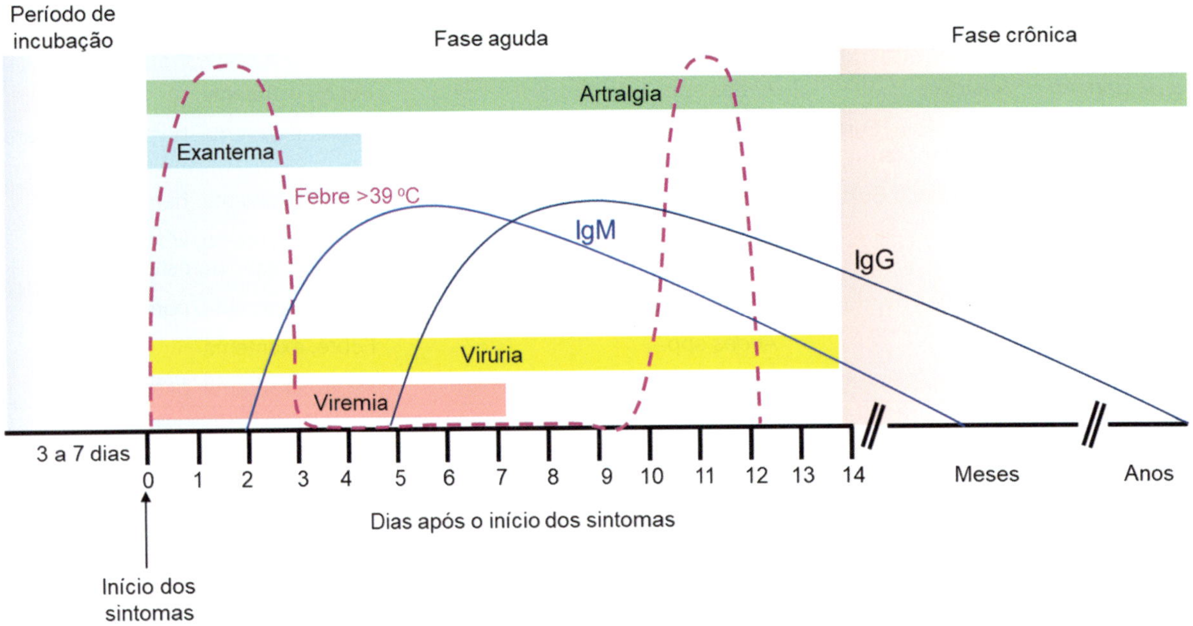


**Figura 18.22** Evolução clínica e biomarcadores da febre chikungunya. Após o período de incubação de 3 a 7 dias, em média, os sintomas surgem de forma abrupta. A fase aguda é caracterizada por três sintomas clássicos: febre alta (> 39ºC) súbita, erupção cutânea (exantema) e dor nas articulações (artralgia). A febre é bifásica, persiste por 2 a 3 dias, seguida de remissão por 4 a 10 dias e retorno da febre por 1 a 2 dias. O exantema pode estar presente no início da doença e desaparece em 3 a 4 dias. A artralgia começa juntamente com os primeiros sintomas e pode perdurar por vários meses ou anos. O RNA viral pode ser detectado no sangue durante os 7 primeiros dias da fase virêmica. O vírus pode ser isolado da urina durante os 5 primeiros dias da doença, contudo, a virúria pode persistir por até 2 semanas. A IgM específica para o vírus pode ser detectada a partir do 2º dia da doença e persiste por várias semanas até por 3 meses. A IgG pode aparecer durante as primeiras semanas de evolução e persistir por anos. IgM: imunoglobulina M; IgG: imunoglobulina G.

observadas mais frequentemente em pacientes com histórico de epilepsia e/ou naqueles com histórico de alcoolismo. Outras complicações neurológicas registradas foram: encefalopatia, encefalite, síndrome de Guillain-Barré, encefalomielorradiculite ou hemorragia cerebral subaracnoide.

Sinais hemorrágicos como sangramento nasal e gengival são raros (1 a 7% dos pacientes) e na maioria dos casos não estão associados a anormalidades de coagulação ou trombocitopenia.

Uma variedade de outros sintomas clínicos foi observada na fase aguda da doença como conjuntivite, neurorretinite, iridociclite, miocardite, pericardite, pneumonia, tosse seca, linfoadenopatia, nefrite, hepatite e pancreatite. Durante a epidemia na ilha La Réunion, 0,3% dos casos sintomáticos foram atípicos. Entre os casos atípicos, 36% foram considerados graves, 14% foram admitidos em unidades de terapia intensiva e 10% faleceram. As causas de óbito foram falência cardíaca, falência múltipla de órgãos, hepatite tóxica, encefalite, dermatite bolhosa, falência respiratória, falência renal, pneumonia, infarto agudo do miocárdio, doença cerebrovascular, hipotireoidismo ou septicemia.

### Infecção em crianças

Em crianças as manifestações clínicas da febre chikungunya são mais específicas e, embora as manifestações reumatológicas sejam menos frequentes, as crianças são grupo de risco para manifestações atípicas ou graves. As principais características clínicas da doença nas crianças são: alta prevalência das manifestações dermatológicas (hiperpigmentação, eritema generalizado, exantema maculopapular e lesões vesiculobolhosas) e complicações neurológicas (encefalite, convulsões, síndrome meníngea e encefalopatia aguda). Outras características clínicas descritas incluem desordens digestivas (diarreia), cianose periférica e manifestações hemorrágicas.

### Chikungunya em gestantes e neonatos

A febre chikungunya não parece ser teratogênica, embora a transmissão vertical tenha sido descrita durante a epidemia de 2006 em La Réunion. A transmissão vertical foi observada exclusivamente em mulheres apresentando viremia no período pré-parto. O parto cesariano não apresentou efeito protetor. Doença grave foi observada em 53% dos recém-nascidos e consistiu principalmente de encefalopatia com sequelas persistentes em 44% dos casos. Outras complicações incluíram convulsões, síndrome hemorrágica, desordens hemodinâmicas, complicações cardiológicas (hipertrofia do miocárdio, disfunção ventricular, pericardite, dilatação da artéria coronária), enterocolite necrotizante ou manifestações dermatológicas.

## Diagnóstico laboratorial

O isolamento do vírus é realizado por inoculação em cultura de células de mosquitos ou de mamíferos, como por exemplo, culturas de células de rim de macaco (Vero, macaco-verde africano; *Cercopithecus aethiops* ou LLC-MK2, macaco rhesus; *Macaca mulatta*), de rim de *hamster*, de embrião de galinha ou de pato e inoculação em camundongos recém-nascidos.

As duas principais formas de diagnóstico são: detecção do RNA viral por reação em cadeia da polimerase associada à transcrição reversa (RT-PCR, *reverse transcription polymerase chain reaction*) e sorologia para pesquisa de anticorpos.

A RT-PCR é útil durante a fase virêmica (0 a 7 dias). Em crianças, o vírus pode ser detectado no fluido das bolhas da erupção cutânea. Os métodos sorológicos como inibição da hemaglutinação (HI, *hemagglutination inhibition*), fixação do complemento (FC), imunofluorescência (IF) e ensaio imunoenzimático (EIA, *enzyme immunoassay*) podem ser usados para a pesquisa de anticorpos. A IgM específica para o vírus pode ser detectada por EIA em média a partir do 2º dia da doença e persiste por várias semanas até 3 meses. A IgG específica é detectada na fase convalescente e persiste por anos (ver Figura 18.22). Contudo, a sensibilidade dos testes sorológicos é baixa, sendo possível que ocorra reação cruzada com outros arbovírus como o vírus Mayaro e o vírus O'nyong-nyong. Sorologicamente, o CHIKV é mais próximo do vírus O'nyong-nyong.

## Epidemiologia

Como ocorre com todos os arbovírus, os surtos de CHIKV começam durante as estações chuvosas quando a densidade do vetor atinge o pico. Os dados epidemiológicos sugerem que o CHIKV pode ser endêmico e epidêmico. A forma endêmica parece afetar principalmente áreas rurais na África, com amplo espectro de vetores e reservatórios, transmissão contínua para uma população com níveis elevados de imunidade, e pequenos surtos rurais ou casos esporádicos. Nessa situação, a infecção pode ser detectada fortuitamente durante levantamentos sorológicos de outros arbovírus, uma vez que ocorrem altas taxas de reação cruzada entre os testes para CHIKV e vírus O'nyong-nyong.

A forma epidêmica tende a ocorrer em áreas urbanas e é transmitida por dois vetores – *A. aegypti* e *A. albopictus* – para uma população com baixos níveis de imunidade. Nessas áreas, a doença é caracterizada por início abrupto, epidêmico, com índice de ataque elevado. O pico epidêmico decai gradualmente à medida que a população desenvolve imunidade.

O mesmo vetor pode transmitir vários tipos de arbovírus, tendo sido descritas epidemias mistas como febre amarela e chikungunya; dengue e chikungunya; ou malária, dengue e chikungunya.

Desde a primeira descrição da epidemia de chikungunya que ocorreu na Tanzânia, de 1952 a 1953, a infecção de seres humanos pelo CHIKV foi documentada em Mianmar, Tailândia, Camboja, Vietnã, Índia, Sri Lanka e Filipinas. Epidemias foram registradas nas Filipinas em 1954, 1956 e 1968, e no sul de Sumatra, Java, Timor, Sukawesi (ilha da Indonésia, anteriormente denominada Celebes), e nas Ilhas Moluccas (Indonésia), entre 1982 e 1985. Foram descritos 25 surtos na Indonésia entre 1999 e 2003, baseados na observação clínica (13 surtos) ou no diagnóstico sorológico (12 surtos).

A febre chikungunya ocorre no oeste da África desde o Senegal até Camarões, República do Congo, Nigéria, Angola, Uganda, Guiné, Malawi, República Centro-Africana, e Burundi, e também no sudeste da África. Durante o período de 2004 a 2010 ocorreram epidemias no Quênia, Senegal, Sudão, em Camarões e no Gabão. Em 2011, foi descrita uma epidemia na República do Congo.

O vírus reemergiu na Ásia em 2001 a 2003, em Java, Indonésia, após um período de 20 anos sem registro da doença. O primeiro caso de CHIKV em Hong Kong foi registrado em 2006 (importado das ilhas Maurício). Em 2010 foi registrado um surto de febre chikungunya em Guandong, na China.

A epidemia na região do Oceano Índico provavelmente emergiu em 2004, no Quênia (Lamu e Mombasa), antes de atingir as ilhas Comores, em janeiro de 2005 e ilhas Seychelles em março de 2005, seguido das ilhas Maurício. A prevalência no Quênia (Lamu) foi de 75% da população, 63% nas ilhas Comores, e 26% nas ilhas Mayotte (2006). Foram descritos mais de 1 milhão de casos suspeitos. O vírus chegou à ilha de Madagascar em 2006 e aparentemente se tornou endêmico.

O vírus atingiu a ilha La Réunion em março-abril de 2005, sendo diagnosticados cerca de 266.000 casos até fevereiro de 2007. Até esse período ocorreram 254 mortes atribuídas, direta ou indiretamente, ao CHIKV. A epidemia alcançou o pico na 6ª semana de 2006 com 46.000 casos, apresentando declínio gradual após essa data.

Nas ilhas Mayotte foram detectados 63 casos entre fevereiro e junho de 2005. Um segundo pico foi observado em 2006, com índice de ataque de 4%. No Sri Lanka e nas ilhas Maldivas o surto surgiu de novembro a dezembro de 2006, seguido de epidemia explosiva envolvendo milhões de pessoas na Índia, onde o vírus não circulava há quase 32 anos. O vírus é muito conhecido no subcontinente indiano. Desde seu primeiro isolamento em Calcutá, em 1963, houve várias descrições da infecção pelo CHIKV na Índia. Diversas epidemias de febre chikungunya foram descritas na Índia durante o período entre os anos 1960 e 1970. A epidemia se espalhou para o Paquistão, a Malásia, Singapura e Tailândia.

Entre 2006 e 2011 casos importados também foram descritos na Alemanha, Suécia, Itália, Noruega, China, em Taiwan, na Guiana Francesa, no Reino Unido, na República Checa, Bélgica, Espanha, nos EUA, no Canadá, Brasil, em Guadalupe, na Martinica, Nova Caledônia e Austrália. Embora os mosquitos *A. aegypti* e/ou *A. albopictus* sejam abundantes na maioria desses países, não havia evidências significativas da transmissão autóctone do vírus.

O primeiro surto autóctone de CHIKV na Europa ocorreu entre julho e setembro de 2007 em duas pequenas vilas contíguas divididas por um rio (Castiglione di Cervia e Castiglione di Ravena) na província de Ravena no nordeste da Itália. Foram relatados 334 casos suspeitos com exames laboratoriais realizados em 281 pacientes, dos quais 205 foram confirmados por RT-PCR e/ou HI. O vetor do vírus na Itália foi o *A. albopictus*. A etiologia de CHIKV foi logo investigada com base nos sintomas clínicos, identificando-se o primeiro caso como sendo um homem indiano, morador da vila de Castiglione di Cervia, que não havia deixado o país pelo período de 1 ano. Entretanto, relatou que havia recebido a visita de um parente vindo de Kerala, na Índia (área afetada pela epidemia de CHIKV), em 21 de junho, e que apresentara febre na tarde do dia 23 de junho, enquanto estava na vila. Além disso, a presença do vetor na região já era conhecida.

Em dezembro de 2013, ocorreram os primeiros casos autóctones de febre chikungunya nas Américas. Os casos iniciais foram registrados no Caribe, na ilha de St. Martin. O vírus se espalhou rapidamente pela região e até dezembro de 2014 a transmissão local já havia sido identificada em 41 países ou territórios do Caribe e nas Américas Central, do Sul e do Norte. Entre dezembro de 2013 e dezembro de 2014, foram reportados 1.012.347 casos autóctones suspeitos com 22.559 casos confirmados laboratorialmente, 2.370 casos importados e 155 óbitos.

Os primeiros casos de febre chikungunya no Brasil foram registrados no segundo semestre de 2014. Na primeira semana de setembro foram notificados 54 casos suspeitos em 15 estados do país, sendo confirmados 36 casos em 11 estados, todos eles importados: 21 casos provenientes do Haiti, 10 casos da República Dominicana, 2 casos de Guadalupe, 2 casos da Venezuela e 1 caso da Guiana Francesa. Na segunda semana de setembro foram registrados os primeiros casos autóctones no país (2 casos) ocorridos no município de Oiapoque (estado do Amapá). Até o final de setembro, já havia confirmação de 41 casos autóctones nos municípios de Feira de Santana (estado da Bahia) e 8 no de Oiapoque. A análise do genoma dos vírus detectados nesses casos mostrou a ocorrência de, ao menos, dois episódios de introdução do CHIKV: os casos de Oiapoque estavam associados a estirpes do genótipo asiático e os casos de Feira de Santana associados ao genótipo ECSA. Os casos importados foram identificados no Distrito Federal e nos estados: Amazonas, Amapá, Ceará, Goiás, Maranhão, Pará, Paraná, Rio de Janeiro, Rio Grande do Sul, Roraima e São Paulo. Até o final de 2014, foram notificados 3.657 casos autóctones suspeitos de febre de chikungunya nos estados do Amapá, Bahia, Roraima, Mato Grosso do Sul e no Distrito Federal. Nenhum óbito foi notificado nesse período.

A partir de 2015 a febre chikungunya se tornou um sério problema de saúde pública no Brasil; foram registrados no país 38.499 casos prováveis de febre de chikungunya (taxa de incidência de 18,8 casos/100.000 habitantes), distribuídos em 704 municípios dos 27 estados da Federação, sendo confirmados 14 óbitos (Figura 18.23).

Em 2016, ocorreu a maior epidemia de febre de chikungunya no país, quando foram registrados 277.882 casos prováveis com taxa de incidência de 134,8 casos/100.000 habitantes, distribuídos em 2.829 municípios, sendo confirmados 216 óbitos. A Região Nordeste apresentou o maior número de casos (86,3%) seguida das Regiões Sudeste (9,1%), Norte (3,2%), Sul (0,7%) e Centro-Oeste (0,7%). A epidemia progrediu até 2017 quando foram registrados 185.593 casos prováveis de febre de chikungunya com uma incidência de 90,1 casos/100.000 habitantes, sendo confirmados 192 óbitos. A Região Nordeste apresentou o maior número de casos (76,5%) seguida das Regiões Sudeste (12,4%), Norte (8,9%), Centro-Oeste (2,0%) e Sul (0,2%).

Em 2018, foram registrados 87.687 casos prováveis de febre de chikungunya no país, com incidência de 42,1 casos/100.000 habitantes e 39 óbitos. A Região Sudeste apresentou o maior número de casos prováveis (60,4%), seguida das Regiões Centro-Oeste (15,8%), Nordeste (12,9%), Norte (10,6%) e Sul (0,3%).

Em 2019, o número de casos da febre chikungunya voltou a aumentar sendo notificados 132.205 casos prováveis (taxa de incidência de 62,9 casos/100.000 habitantes) no país. As Regiões Sudeste e Nordeste apresentam as maiores taxas de incidência, 104,6 casos/100.000 habitantes e 59,4 casos/100.000 habitantes, respectivamente. Os estados do Rio de Janeiro e Rio Grande do Norte concentraram 75,6% dos casos prováveis. Foram confirmados 92 óbitos nesse período.

Em 2020, foram notificados 80.914 casos prováveis (taxa de incidência de 38,5 casos por 100.000 habitantes) no país, com 26 óbitos confirmados. As Regiões Nordeste e Sudeste apresentaram as maiores taxas de incidência, com 102,2 casos/100.000 habitantes e 13,1 casos/100.000 habitantes, respectivamente.

Em 2021, até a 8ª Semana Epidemiológica (27/02/2021) foram notificados 5.193 casos prováveis (taxa de incidência de 2,5/100.000 habitantes) no país. A Região Nordeste apresentou a maior incidência com 4,6 casos/100.000 habitantes, seguida das Regiões Sudeste (2,4 casos/100.000 habitantes) e Norte (1,3 caso/100.000 habitantes).

## Prevenção, controle e tratamento

Não há ainda vacinas disponíveis contra o CHIKV, embora algumas candidatas tenham sido testadas em seres humanos.

No momento, também não há antiviral disponível para o tratamento da febre chikungunya. Dessa forma, o tratamento é sintomático e baseado em analgésicos não salicilados e drogas anti-inflamatórias não esteroidais.

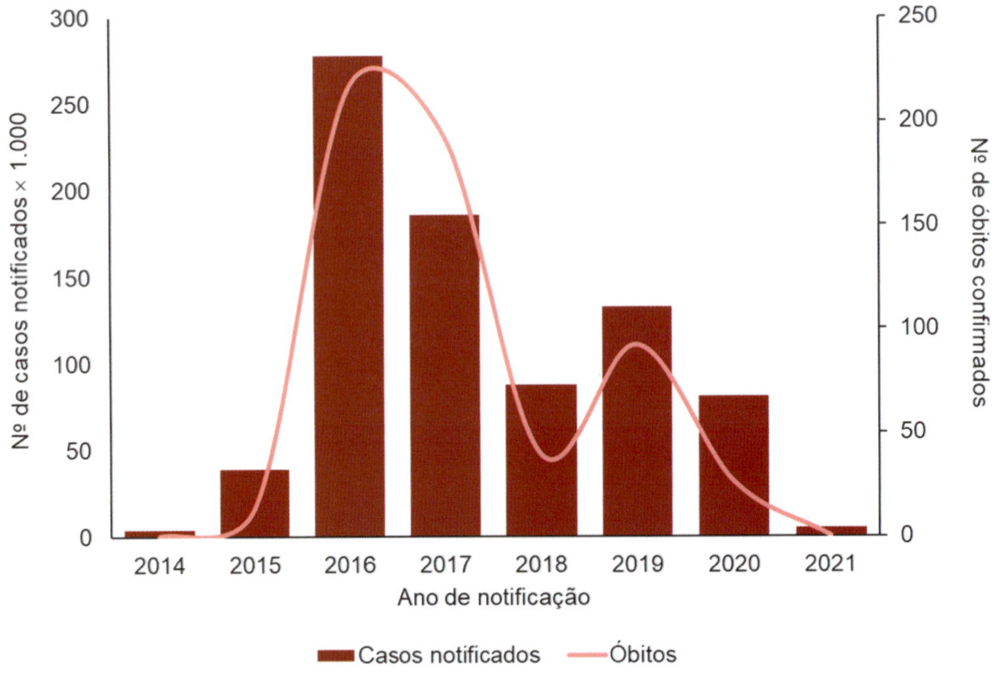


**Figura 18.23** Número de casos notificados e óbitos confirmados de febre chikungunya no Brasil (2015-2021 [até a 8ª Semana Epidemiológica (27/02/2021)]). Fonte: MS do Brasil/SVS, 2021.

Foi descrita a eficácia sinérgica entre interferon-α e ribavirina *in vitro*. A eficácia da cloroquina para tratamento da artralgia não foi confirmada em um estudo realizado no sudeste da África.

As medidas preventivas consistem no controle do vetor e proteção individual contra a picada do mosquito. O controle do vetor usa o mesmo modelo da dengue e outras arboviroses.

## Vírus Mayaro

Renata Campos Azevedo • Davis Fernandes Ferreira

### Histórico

O vírus Mayaro (MAYV) foi descoberto em 1954 a partir do soro de pacientes sintomáticos no condado de Mayaro, em Trinidade e Tobago. É um arbovírus transmitido por mosquitos *Haemagogus* e sua circulação autóctone só foi demonstrada na América do Sul e Central. A infecção pelo MAYV está associada à febre do Mayaro, doença febril com sintomas semelhantes a outras arboviroses, principalmente, as artritogênicas. A dificuldade de diagnóstico contribui para subnotificação dos casos de infecção pelo MAYV.

### Classificação e características

O MAYV pertence à família *Togaviridae*, gênero *Alphavirus*. A partícula viral é envelopada contendo o genoma de RNA de fita simples de polaridade positiva (RNAfs+). As espécies desse gênero são divididas em complexos de acordo com semelhanças antigênicas observadas. O MAYV pertence ao complexo do vírus da floresta de Semliki, que agrupa os vírus Bebaru, chikungunya, Getah, rio Ross, O'nyong-nyong e Una. Reações cruzadas são esperadas entre os membros desse grupo. Para os detalhes da estrutura da partícula ver o tópico "Vírus chikungunya", neste capítulo.

Com base nas sequências das proteínas E1-E2 foram descritos três genótipos para o MAYV: D, L e N. O genótipo D, que apresenta a maior distribuição geográfica, já foi isolado de amostras da América Central, Brasil, Bolívia e Venezuela. O genótipo L, foi descrito apenas no Brasil e no Haiti, e o genótipo N, o último a ser descrito, foi identificado em um isolado do Peru em 2010. Nenhuma outra característica, além da distribuição geográfica foi associada a esses genótipos.

### Biossíntese viral

O MAYV, como outros alfavírus, realiza a biossíntese em células de vertebrados e invertebrados. Nas células de vertebrados o vírus produz efeito citopatogênico e lise celular. Nas células de invertebrados, é estabelecida uma infecção persistente e não há observação de efeito citopatogênico. Durante a síntese nas células de vertebrado uma forte inibição na produção de proteínas celulares é observada, efeito denominado de *shut off*. Em cultura de células, o ciclo de síntese de uma nova progênie de vírus ocorre entre 4 e 6 horas após a inoculação. Detalhes sobre o ciclo de biossíntese dos alfavírus estão apresentados no tópico "Vírus chikungunya", neste capítulo.

### Patogênese

#### Transmissão

A única rota de transmissão descrita para o MAYV, até o momento, é a vetorial (Figura 18.24). O MAYV, provavelmente, é mantido na natureza em um ciclo enzoótico, semelhante ao do vírus da febre amarela (YFV, *Yellow fever virus*). A transmissão do MAYV ocorre quando fêmeas de mosquitos pertencentes a diversos gêneros, principalmente *Haemagogus*, se alimentam do sangue de um hospedeiro infectado, e com viremia elevada.

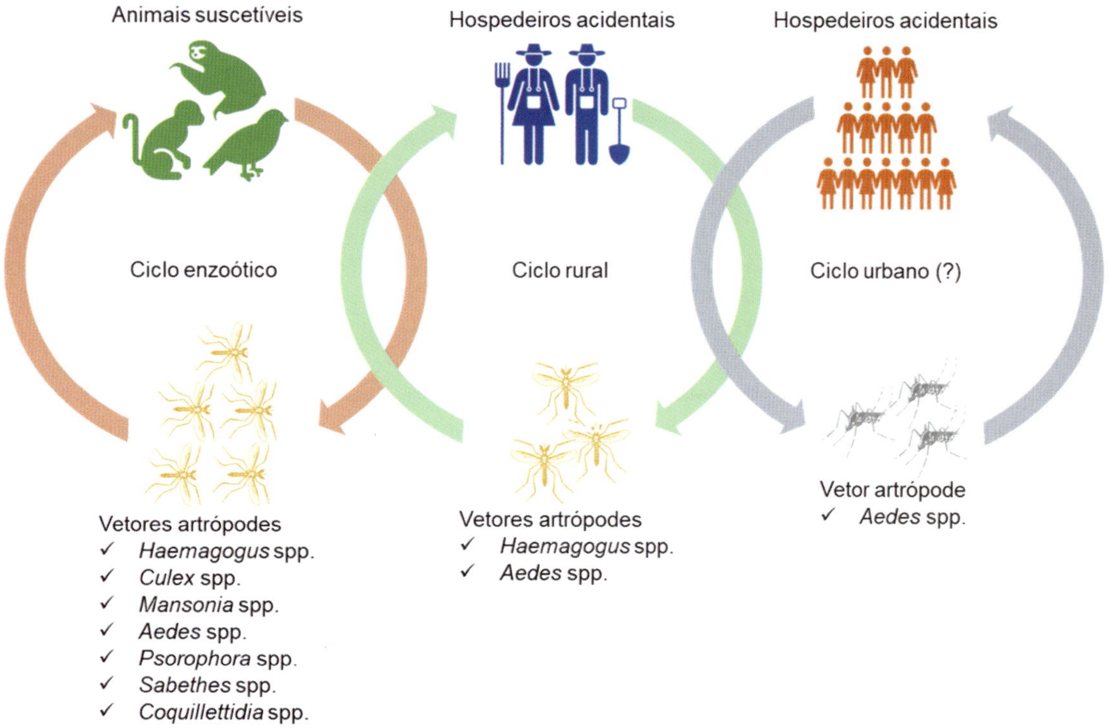


**Figura 18.24** Ciclo de transmissão proposto para o MAYV na América do Sul. Na natureza, o vírus Mayaro (MAYV) é mantido em um ciclo enzoótico no qual é transmitido a primatas não humanos, marsupiais, roedores e aves por mosquitos de diferentes gêneros. No ciclo rural, os seres humanos que estão constantemente expostos a ambientes florestais podem ser acidentalmente infectados. O potencial de urbanização de MAYV já foi demonstrado em um possível ciclo urbano sustentado por mosquitos antropofílicos, principalmente do gênero *Aedes*. Adaptada de Mota *et al*., 2015.

O MAYV foi isolado de outros gêneros de mosquitos, incluindo *Culex* spp., *Mansonia* spp., *Aedes* spp., *Psorophora* spp., *Coquillettidia* spp. e *Sabethes* spp. No mosquito, o vírus desenvolve um período de incubação extrínseco (PIE, em média 12 dias), durante o qual o vírus é propagado no vetor. O vírus infecta as células epiteliais do intestino do mosquito, onde é sintetizado, e migra para a lâmina basal, para atingir a hemolinfa. Em seguida, o vírus infecta as glândulas salivares, onde estabelece infecção persistente. A partir da infecção das glândulas salivares, o mosquito pode transmitir o vírus por toda a vida. Durante os ciclos silváticos e rurais, os vetores artrópodes transmitem o vírus a primatas não humanos e outros mamíferos de vida livre. O MAYV foi detectado na natureza em vários hospedeiros vertebrados, como primatas não humanos, roedores, pássaros, marsupiais (gambás), xenartras (preguiças, tamanduás e tatus) e outros pequenos mamíferos. As infecções em humanos são causadas por contato acidental com o ciclo enzoótico, não ocorrendo transmissão pessoa a pessoa.

Os mosquitos do gênero *Aedes*, especificamente *A. aegypti*, são suscetíveis à infecção pelo MAYV e são potenciais candidatos ao ciclo de transmissão urbana. O curto período de viremia em seres humanos poderia explicar a baixa probabilidade de transmissão de humanos para mosquitos observada até o momento. No entanto, modificações genéticas do vírus podem aumentar sua infecciosidade para vetores urbanos. As mutações genéticas, juntamente com as mudanças ambientais, permitem que os arbovírus infectem e sejam transmitidos por novos vetores, como o *A. aegypti*. Isso já foi observado com o YFV, vírus da dengue (DENV) e vírus chikungunya (CHIKV). Portanto, é possível que o MAYV desenvolva o mesmo padrão.

Há um relato de um técnico de laboratório que adquiriu a infecção por MAYV por inalação de aerossol infeccioso; no entanto, esta, normalmente, não é considerada uma via de transmissão importante, do ponto de vista epidemiológico.

### Fisiopatologia da infecção

A patogênese do MAYV foi pouco estudada. Os estudos que descrevem a patogênese de alfavírus foram conduzidos, principalmente, com o CHIKV e vírus do rio Ross (RRV, *Ross River virus*). Mas, acredita-se que após inoculação intramuscular pela picada do inseto, o MAYV seja disseminado no organismo através dos sistemas linfático e sanguíneo. As partículas virais podem ser livremente carreadas pelo sangue ou podem migrar em monócitos infectados até os órgãos-alvo. O fígado e o baço são os órgãos onde há intensa biossíntese viral e, em seguida, o vírus atinge os ossos, músculos e tecido articular, produzindo um intenso processo inflamatório. Em modelo que utiliza animal, foi observado que infiltrados ricos em monócitos, macrófagos, células NK (*natural killer*), linfócitos $TCD_4^+$ e $TCD_8^+$ afetam os músculos e as articulações. Os sintomas observados na fase aguda podem estar relacionados à biossíntese do vírus e ao processo inflamatório produzido.

Estudos recentes apontam que a infecção do MAYV, em cultura de hepatócitos de origem humana (HepG2), induz a produção de espécies reativas de oxigênio (ROS, *reactive oxygen species*). Os mecanismos de defesa antioxidante das células, enzimáticos (superóxido dismutase, catalase e glutationa peroxidase) e não enzimáticos, são ativados, contudo, a homeostase celular não é restabelecida e as células acumulam ROS e o estresse oxidativo é observado. O estresse oxidativo aumenta o processo inflamatório observado durante a infecção, o que pode agravar os sintomas observados. Melhor compreensão sobre os mecanismos que levam ao dano celular, durante a propagação do MAYV, pode contribuir para o entendimento da patogênese e o desenvolvimento de substâncias antivirais.

## Manifestações clínicas

A infecção pelo MAYV causa uma doença febril autolimitada (febre do Mayaro), que frequentemente surge com febre abrupta, acompanhada de cefaleia, exantema maculopapular, poliartralgia (artralgia dos pulsos, tornozelos, dedos dos pés e outras juntas), fotofobia, conjuntivite, diarreia e vômitos. Quadros de leucopenia com linfocitose já foram observados. A poliartralgia pode persistir após a recuperação do paciente por meses ou até anos. Casos graves são raros, mas complicações já foram reportadas tais como: febre intermitente, complicações neurológicas, miocardite, manifestações hemorrágicas e morte.

## Diagnóstico laboratorial

A febre do Mayaro apresenta sintomatologia muito semelhante a outras arboviroses que circulam na mesma região (dengue, Zika e chikungunya), logo, a confirmação dos casos só pode ser realizada por diagnóstico laboratorial.

O vírus pode ser detectado no soro dos pacientes na fase aguda e estudos mostram a excreção dos alfavírus na urina.

A detecção direta do vírus pode ser realizada por isolamento viral ou pela metodologia de reação em cadeia da polimerase associada à transcrição reversa (RT-PCR, *reverse transcription polymerase chain reaction*).

Para o isolamento viral são utilizadas cultura de células de mosquito C6/36 ou células de mamíferos (Vero, células de rim de macaco-verde africano [*Cercopithecus aethiops*] e hepatócitos humano HepG2). A inoculação em cultura de células permite a amplificação do número de partículas, contudo, as condições de transporte e armazenamento podem influenciar no resultado. Após o isolamento, a metodologia de RT-PCR pode ser utilizada para caracterização do vírus isolado.

Poucos ensaios de RT-PCR foram descritos até o momento, e o MAYV não está incluído nos testes de *multiplex* desenvolvidos para otimizar o diagnóstico das arboviroses, limitando assim o seu diagnóstico.

A determinação de anticorpos contra MAYV é utilizada para confirmação de casos após a fase aguda da doença e para os estudos de soroprevalência. Para tal, metodologias tradicionais são utilizadas: inibição da hemaglutinação (HI, *hemagglutination inhibition*), fixação do complemento (FC) e teste de neutralização (TN), este último considerado o padrão-ouro dos testes sorológicos. Poucas metodologias de EIA (ensaio imunoenzimático [*enzyme immunoassay*]) foram descritas e apenas um *kit* comercial foi desenvolvido para detecção de IgM e IgG (Anti-MAYV EIA). Além da escassez de reagentes, a determinação de anticorpos é dificultada pela reação cruzada com outros alfavírus. Exposição prévia a outros alfavírus reduz a especificidade dos testes sorológicos, incluindo até o teste de neutralização.

O grupo de colaboração em pesquisa de doenças infecciosas da Organização Mundial da Saúde (OMS) aponta para a necessidade de construção de um algoritmo para definição de casos suspeitos de febre do Mayaro, bem como a inclusão do MAYV no grupo de vírus pesquisados para diagnóstico diferencial das arboviroses. Esse grupo de especialistas também ressalta a necessidade de desenvolvimento de testes robustos para sorologia e reagentes validados para diagnóstico.

No Brasil, a febre do Mayaro compõe a lista nacional de doenças de notificação compulsória imediata, conforme Portaria de Consolidação nº 4, de 28 de setembro de 2017. O Ministério da Saúde (MS) do Brasil define como caso em humano suspeito de febre do Mayaro: "Indivíduo que apresentou febre e artralgia e/ou edema articular, acompanhado de cefaleia, e/ou mialgia e/ou exantema, com exposição nos últimos 15 dias (ou moradia) em área silvestre, rural ou de mata, em todo o território nacional". Diante da detecção de casos suspeitos, a Secretaria de Vigilância Epidemiológica determina o preenchimento da ficha de notificação e realização de investigação.

## Epidemiologia

A circulação do MAYV já foi relatada em alguns países da América Central e do Sul, geralmente em locais com florestas tropicais, como Guiana Francesa, Bolívia, Peru, Suriname, Costa Rica, Guatemala, Venezuela, México, Equador, Guiana, Panamá e Brasil. Casos importados não são muito frequentes, mas alguns foram relatados entre viajantes norte-americanos visitando o Peru e a Bolívia; viajantes franceses que retornaram da Guiana Francesa e do Brasil; uma mulher alemã retornando da Bolívia; um turista suíço visitando o Peru; um casal holandês retornando do Suriname.

O primeiro surto de febre do Mayaro descrito no Brasil ocorreu em 1955, às margens do rio Guamá, em uma comunidade a cerca de 200 km a leste de Belém, estado do Pará, entre trabalhadores florestais com doença febril. Desde então, casos esporádicos e surtos localizados têm sido registrados nas Américas, incluindo a Região Amazônica do Brasil, principalmente nos estados das Regiões Norte e Centro-Oeste, onde o vírus é considerado endêmico. Surtos já foram confirmados nos estados do Pará, de Tocantins, Goiás, Mato Grosso e do Amazonas (Quadro 18.6, Figura 18.25).

Entre dezembro de 2014 e janeiro de 2016 (1ª Semana Epidemiológica), foram registrados 343 casos humanos suspeitos de febre do Mayaro. Os casos suspeitos foram identificados em onze estados distribuídos nas Regiões Norte (Pará, Roraima, Amazonas e Amapá), Nordeste (Bahia), Sudeste (Minas Gerais) e Centro-Oeste (Goiás, Tocantins, Mato Grosso, Mato Grosso do Sul e Distrito Federal), com destaque para o estado de Goiás com a maior frequência, com 183 (53,3%), seguido do Pará com 68 (19,8%), e Tocantins, com 25 (7,2%) casos suspeitos da infecção. Após a introdução do CHIKV no país, a vigilância para o MAYV foi intensificada, principalmente devido à necessidade do diagnóstico diferencial para esses dois alfavírus. Até abril de 2021 foram detectados cinco novos casos de infecção pelo MAYV, todos procedentes de municípios do estado do Pará.

Como os sintomas da febre do Mayaro podem ser confundidos com os de outras arboviroses, é de fundamental importância a confirmação laboratorial de todos os casos suspeitos. Durante um surto de dengue em Mato Grosso, em 2012, 15 de 604 pacientes com doença febril aguda foram positivos para MAYV. Durante o surto de 2014 a 2016, no estado de Goiás, alguns dos casos confirmados de febre do Mayaro, foram inicialmente relatados como infecção por CHIKV, uma vez que ambos os vírus estão intimamente relacionados e há reação cruzada. A crescente incidência de febre do Mayaro em diferentes regiões do Brasil é uma preocupação crescente, pois isso pode indicar que o vírus está se espalhando para outras partes do país, podendo tornar-se epidêmico.

**Quadro 18.6** Casos de febre do Mayaro notificados no Brasil.

| Estado | Cidade | Ano | Número de casos |
|---|---|---|---|
| Pará | Rio Guamá | 1955 | 6 casos confirmados |
| | Belterra | 1978 | 72 casos notificados/55 confirmados |
| | Conceição do Araguaia | 1981 | ND |
| | Benevides | 1991 | ND |
| | Santa Bárbara | 2008 | 36 casos confirmados |
| | Belém | 2014-2016 | 68 casos notificados/1 caso confirmado |
| | Ananindeua, Acará e Vigia | 2019 | 5 casos confirmados |
| Tocantins | Peixe | 1991 | ND |
| | Paraíso do Tocantins, Palmas, Itacajá e Formoso do Araguaia | 2014-2016 | 25 casos notificados/9 confirmados |
| Goiás | Itaruma | 1987 | ND |
| | Professor Jamil, Rio Quente, Goiânia, Bela Vista de Goiás, Hidrolândia, Piracanjuba, Orizona, Aparecida de Goiânia, Caiapônia e Caldazinha | 2014-2016 | 183 casos notificados/60 confirmados |
| Acre | Acrelândia | 2004 | 1 caso confirmado |
| Amazonas | Manaus | 2007-2008 | 33 casos confirmados |
| Mato Grosso | Cuiabá, Nossa Senhora do Livramento, Várzea Grande e Sorriso | 2012 | 15 casos confirmados |

ND: não determinado.

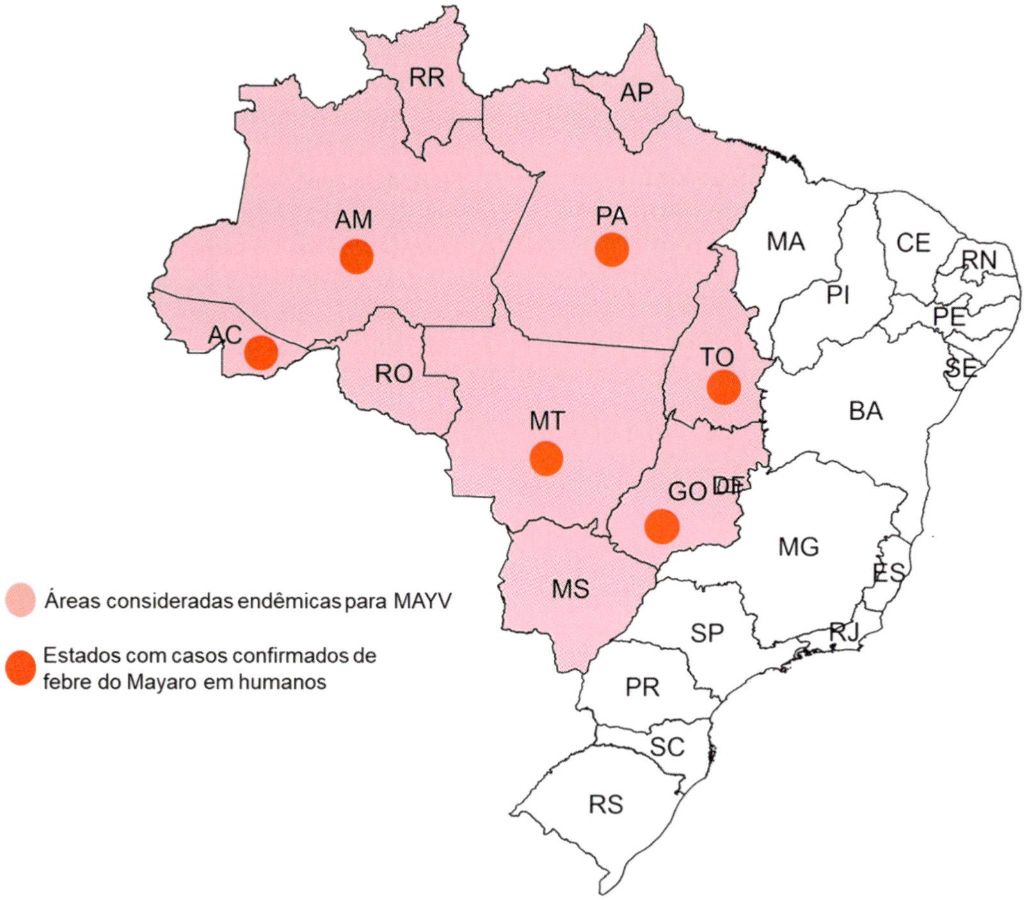


**Figura 18.25** Região considerada endêmica para o MAYV e estados com casos em humanos notificados e confirmados, Brasil. MAYV: vírus Mayaro. Fonte: MS do Brasil/SVS, 2019.

À semelhança do processo de dispersão apresentado pelo CHIKV, o MAYV é apontado como um arbovírus com potencial para adaptação e estabelecimento de ciclo urbano, podendo assim ocasionar grandes surtos e epidemias.

A distribuição geográfica dos vetores e hospedeiros da MAYV restringiu a maioria dos surtos às áreas rurais próximas às florestas tropicais. No entanto, vários fatores sugerem a possibilidade de urbanização do MAYV: (1) sua homologia com o CHIKV, outro alfavírus com história bem descrita de urbanização; (2) ocorrência regular de casos da MAYV perto das principais cidades tropicais onde a circulação do *A. aegypti* é endêmica; (3) estudos experimentais mostrando que *A. aegypti* e *A. albopictus* são vetores competentes para a transmissão do MAYV; (4) possibilidade de o MAYV ser transmitido por viajantes doentes ou aves migratórias.

### Prevenção, controle e tratamento

Para prevenção do MAYV não existe vacina licenciada. Até o momento, três vacinas foram desenvolvidas e estão em estudo em modelo que utiliza animal: vacina atenuada, inativada e vacina de DNA que codifica o antígeno do envelope do MAYV. Os resultados são promissores considerando que as vacinas demonstraram ser imunogênicas em camundongos. Além da vacina, algumas substâncias mostraram efeito antiviral *in vitro*, mas nenhum medicamento específico para tratamento foi liberado. Dessa forma, o tratamento da febre do Mayaro ainda está limitado ao alívio dos sintomas e a prevenção é restringir a exposição ao vetor.

# Arboviroses causadas por buniavírus

## Vírus Oropouche

Renata Campos Azevedo

### Histórico

O vírus Oropouche (OROV) é o agente etiológico da febre do Oropouche uma arbovirose zoonótica transmitida por mosquitos de diferentes espécies. O vírus foi primeiramente isolado a partir do sangue de um trabalhador florestal febril, residente no vilarejo chamado Vega de Oropouche, em Trinidade e Tobago, em 1955. Outra estirpe de OROV foi isolada de mosquitos da espécie *Coquillettidia venezuelensis* coletados na floresta Bush no pântano Nariva, Trinidade e Tobago, em 1960. No mesmo ano, o OROV foi isolado no Brasil a partir do sangue de um bicho-preguiça de três dedos (*Bradypu trydactilus*) e de mosquitos da espécie *Ochlerotatus serratus* capturados na floresta amazônica durante a construção da rodovia Belém-Brasília. Apesar da escassez de reagentes para diagnóstico e da semelhança sintomática da febre do Oropouche com as demais arboviroses, surtos e epidemias são detectados na Região Norte do Brasil, desde 1960. Antes da introdução dos vírus chikungunya (CHIKV) e Zika (ZIKV), o OROV era o segundo agente etiológico mais comumente associado à arbovirose no Brasil.

Até o momento, a circulação do OROV foi evidenciada apenas no Brasil, Panamá, Peru e Trinidade e Tobago. Estudos recentes descrevem evidências de dispersão do OROV pelo Brasil, atingindo as Regiões Centro-Oeste e Sudeste do país.

## Classificação e características

O OROV faz parte dos buniavírus, um amplo grupo de vírus com genoma de RNA de fita simples (RNAfs) capaz de infectar diversos hospedeiros (invertebrados, vertebrados e plantas). Esses vírus foram originalmente classificados em cinco gêneros (*Orthobunyavirus, Phlebovirus, Nairovirus, Hantavirus* e *Tospovirus*) agrupados na família *Bunyaviridae*. Contudo, muitos buniavírus foram descobertos e uma nova estrutura taxonômica precisou ser construída. Recentemente, foi criada a ordem *Bunyavirales* que agrupa doze famílias (*Arenaviridae, Cruliviridae, Fimoviridae, Hantaviridae, Leishbuviridae, Mypoviridae, Nairoviridae, Peribunyaviridae, Phasmaviridae, Phenuiviridae, Tospoviridae* e *Wupedeviridae*) e 45 gêneros. A inclusão das espécies nos gêneros é realizada quando a análise filogenética, baseada na sequência nucleotídica do segmento L do vírus, demonstra um posicionamento monofilético em relação às outras espécies do gênero. O OROV pertence à família *Peribunyaviridae*, gênero *Orthobunyavirus*, espécie *Oropouche orthobunyavirus*. As 88 espécies desse gênero são divididas em sorocomplexos; o OROV faz parte do sorogrupo Simbu, que atualmente apresenta mais de 30 espécies virais, distribuídas em sete subgrupos que se dividem em dois sub-ramos filogenéticos; Manzanilla e OROV (sub-ramo A); Simbu, Akabane, Sathuperi, Shamonda e Shuni (sub-ramo B).

A ultraestrutura do OROV ainda não foi detalhada, mas os estudos com outras espécies desse gênero como o vírus La Crosse (LACV) revelaram uma partícula envelopada, de estrutura esférica, medindo entre 80 e 120 nm de diâmetro. O genoma do vírus é composto por RNA de fita simples polaridade negativa (RNAfs-) ou ambissenso, dividido em três segmentos, nomeados grande (L, *large*), médio (M, *medium*) e pequeno (S, *small*), de acordo com seus pesos moleculares. O segmento L, codifica a RNA polimerase-RNA dependente (RpRd) do vírus, o segmento M codifica as glicoproteínas Gn e Gc e o segmento S codifica a proteína do nucleocapsídeo (N). As regiões codificantes dos três segmentos são flanqueadas por regiões não codificantes (NCR, *non coding regions*) nas extremidades 3′ e 5′. As NCR apresentam tamanhos diferentes, mas contêm uma sequência idêntica para os três segmentos, constituída de 11 nucleotídeos. As NCR também são complementares e permitem a circularização dos segmentos. A proteína N é a unidade constituinte do capsídeo que recobre cada um dos segmentos do genoma formando três nucleocapsídeos helicoidais, que são circularizados e associados à proteína L. O envelope lipídico apresenta projeções de heterodímeros das glicoproteínas (Gn-Gc). Um esquema da partícula dos vírus da família *Peribunyaviridae* está apresentado no *Capítulo 19*; ver Figura 19.2.

Estudos de epidemiologia molecular identificaram quatro genótipos para o OROV (I, II, III e IV) baseados na análise filogenética da sequência nucleotídica completa do segmento S.

Devido à natureza segmentada do genoma do OROV, o mecanismo de reagrupamento (*reassortment*) genético já foi demonstrado e constitui um fator importante na biodiversidade e evolução desse vírus. O reagrupamento acontece quando dois vírus geneticamente relacionados são sintetizados na mesma célula suscetível e a progênie viral pode conter uma combinação dos segmentos. Quatro isolados são originários de reagrupamento e são considerados variantes do OROV: Perdões (PDEV), no Brasil; vírus Iquitos (IQTV), no Peru; e vírus Madre de Dios (MDDV), na Venezuela. O reagrupamento desses vírus pode ocorrer entre os segmentos L, M e S, com predominância do segmento M. Uma quarta variante, o vírus Pintupo (PINTV) também se encontra relacionada no sistema de classificação do Comitê Internacional para Taxonomia de Vírus (ICTV, *International Committee on Taxonomy of Viruses*), em revisão de 2020 (MSL#35), mas ainda não há descrição do genoma.

## Biossíntese viral

A biossíntese dos vírus da família *Peribunyaviridae* se inicia com a adsorção da partícula a células suscetíveis, evento que é mediado pelas glicoproteínas virais Gc e Gn. Após adsorção, as partículas são endocitadas pelo mecanismo que envolve clatrinas. A acidificação da vesícula endocítica leva à inserção do peptídeo de fusão da glicoproteína Gc na membrana do endossoma, promovendo a fusão das membranas e liberação dos ribonucleocapsídeos para o citoplasma. Apenas os segmentos de RNA virais empacotados servem como molde para transcrição e biossíntese do RNA complementar (RNAc), que serve de molde para replicação e produção de novas cópias dos segmentos de RNA genômico viral (RNAv). Esses RNAv recém-sintetizados são associados a nucleoproteína para formar as ribonucleoproteínas (RNP) que são endereçadas para o complexo de Golgi. Cada segmento também é transcrito em um RNA mensageiro (RNAm) o qual é traduzido utilizando a atividade de RNA polimerase-RNA dependente da proteína L e a maquinaria de tradução celular. A proteína N também desempenha papel importante na transcrição, pois possui domínio com função helicase e expõe a molécula de RNA para ação da polimerase. O domínio N-terminal da proteína L possui atividade endonuclease e é capaz de sequestrar os oligonucleotídeos ligados à molécula *cap* na terminação 5′ dos RNAm celulares. Os *cap* sequestrados são utilizados como iniciadores para a transcrição dos RNAm virais.

O RNAm do segmento M é traduzido na forma de poliproteína que sofre clivagem por proteases celulares. As proteínas Gn e Gc são modificadas por glicosilação, dimerizadas e endereçadas para o complexo de Golgi. No complexo de Golgi as partículas virais são montadas e sofrem brotamento para vesículas internas. A liberação das partículas maduras ocorre, principalmente, por fusão das vesículas originadas no complexo de Golgi com a membrana plasmática.

Na Figura 18.26 é apresentada uma representação esquemática da biossíntese dos vírus da família *Peribunyaviridae*.

A maioria dos vírus da família *Peribunyaviridae* infecta células de vertebrados e invertebrados, contudo o efeito citopatogênico (CPE) só é observado nas células de vertebrados. Para o OROV, a presença da progênie viral pode ser observada 10 horas após a inoculação em células HeLa (carcinoma de cérvice uterina de origem humana), com o pico de produção viral sendo atingido em 24 horas. A biossíntese do OROV nas células HeLa induz apoptose, liberação de citocromo C e ativação de caspases 9 e 3. A indução de apoptose foi descrita 36 horas após a infecção.

## Patogênese

### Transmissão

Dois ciclos de transmissão são sugeridos para OROV (Figura 18.27). O ciclo silvestre que tem como hospedeiros primatas não humanos da espécie *Callithrix flaviceps* (sagui-da-serra), *Bradypus tridactylus* (preguiça de três dedos) e algumas aves. Os

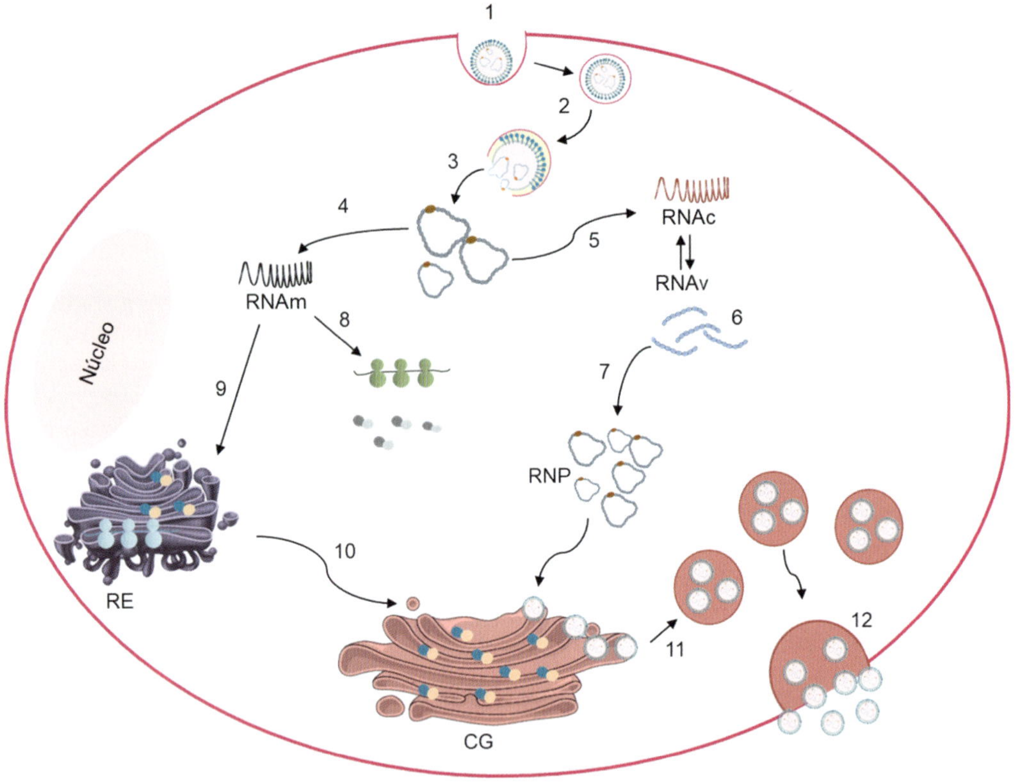


**Figura 18.26** Etapas da biossíntese dos vírus da família *Peribunyaviridae*. O processo de adsorção (**1**) é mediado pelas glicoproteínas virais Gc e Gn e receptores celulares; as partículas são internalizadas em vesículas endocíticas (**2**) que sofrem acidificação, promovendo a fusão das membranas e a liberação das ribonucleoproteínas (RNP) para o citoplasma (**3**); a seguir ocorre a transcrição primária com síntese dos RNA mensageiros (RNAm) virais (**4**) e o RNA complementar (RNAc) (**5**) que serve de molde para replicação e produção de novas cópias dos segmentos de RNA genômico viral (RNAv) (**6**); os RNAv recém-sintetizados são associados à nucleoproteína para formar as RNP (**7**) que são endereçadas para o complexo de Golgi (CG); segue-se a tradução das proteínas virais que ocorre em ribossomas livres no citoplasma (**8**), com exceção das glicoproteínas virais que são traduzidas por ribossomas associados às membranas do retículo endoplasmático (RE) (**9**); as glicoproteínas virais sofrem glicosilação, são dimerizadas e endereçadas para o CG, onde as partículas virais são montadas (**10**); as novas partículas virais ganham o envelope através do brotamento para o interior de vesículas do Golgi (**11**); finalmente, as novas partículas virais são liberadas para o meio extracelular, principalmente, por fusão das vesículas exocíticas derivadas do Golgi com a membrana citoplasmática (**12**).

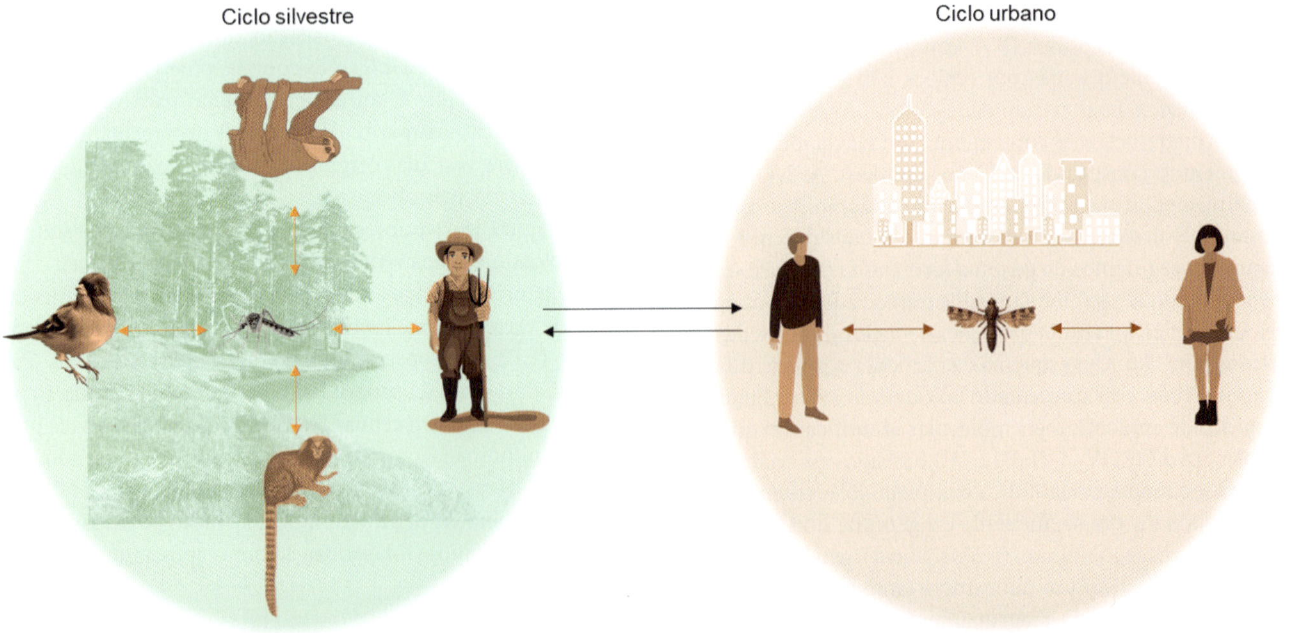


**Figura 18.27** Ciclo de transmissão do OROV. O ciclo silvestre do vírus Oropouche (OROV) possui como hospedeiros mamíferos selvagens, incluindo primatas não humanos da espécie *Callithrix flaviceps* (sagui-da-serra) e *Bradypus tridactylus* (preguiça de três dedos). O vírus também foi isolado de aves selvagens. Os vetores silvestres não estão definidos, mas o vírus já foi isolado de mosquitos das espécies *Coquillettidia venezuelensis* e *Ochlerotatus serratus*. A interferência antropogênica de áreas florestais pode facilitar a disseminação do OROV para seres humanos, gerando surtos em áreas urbanas. O ciclo urbano é aparentemente mantido por *Culicoides paraenses*. *Culex quinquefasciatus* também tem sido implicado na circulação do OROV.

vetores silvestres não estão definidos, mas o vírus já foi isolado de mosquitos das espécies *Coquillettidia venezuelensis* e *Ochlerotatus serratus*. O ser humano é um hospedeiro acidental nesse ciclo, e possivelmente carreador do vírus para o ambiente urbano. No ciclo urbano o homem é apontado como principal hospedeiro, já que estudos realizados em epidemias não demonstraram a participação de animais domésticos (cachorro, gatos e galinhas). Dois vetores são comumente detectados no meio urbano durante as epidemias, os mosquitos das espécies *Culicoides paraensis* e *Culex quinquefasciatus*. Não há relatos de transmissão pessoa a pessoa.

### Fisiopatologia da infecção

O período de incubação da infecção pelo OROV ainda não está precisamente definido. Observações durante as epidemias sugerem um período aproximado de 4 a 8 dias entre a infecção e o surgimento dos sintomas. Entre o 3º e 4º dias de sintomas o vírus infeccioso pode ser recuperado do sangue dos pacientes. Esse período é sugerido para a infecção dos vetores. Estudos que utilizam camundongos como animais de experimentação apontaram a ocorrência de infecção sistêmica com comprometimento do fígado e do tecido nervoso. A maneira pela qual o vírus ultrapassa a barreira hematoencefálica ainda não foi revelada, mas o neurotropismo já foi comprovado.

No controle da infecção por OROV, foi demonstrado em camundongos que a indução de interferon (IFN) tipo I, receptores de IFN α e β e fatores reguladores de IFN (IRF, *interferon regulatory factors*) IRF3, IRF7 e IRF5 são importantes para regulação da resposta imunológica inata, controlando a propagação viral, o dano no fígado e a morte desses animais.

## Manifestações clínicas

No ser humano, a infecção pelo OROV produz uma doença febril, geralmente acompanhada de sintomas como: cefaleia, mialgia, artralgia, anorexia, tontura e fotofobia. Exantema semelhante ao produzido pela rubéola pode ser observado em alguns casos. Sintomas gastrointestinais, tais como náuseas, diarreia e dor abdominal também já foram reportados. A fase aguda da doença varia, em média de 2 a 7 dias. Uma segunda onda de sintomas pode ser observada alguns dias depois da febre inicial. Em 60 a 70% dos casos, sintomas mais leves (febre, cefaleia e tremores) podem ressurgir, uma ou mais vezes entre 2 e 3 semanas após o primeiro episódio.

Alguns casos de meningite e encefalite já foram descritos e o RNA do OROV já foi detectado no fluido cerebroespinhal de pacientes do estado do Amazonas, Região Norte do Brasil. Comprometimento de sistema nervoso central (SNC) é observado, principalmente, em indivíduos imunocomprometidos e crianças. Sinais de hemorragia (sangramento espontâneo, petéquias, epistaxe [sangramento nasal] e sangramento gengival) foram reportados em 15% dos casos, no último surto registrado em Manaus (Amazonas, Brasil), em 2007. Contudo, nenhum caso de óbito associado a febre do Oropouche foi descrito até o momento. Os pacientes, mesmo apresentando sintomas neurológicos se recuperam e não apresentam sequelas.

## Diagnóstico laboratorial

O diagnóstico clínico da febre do Oropouche é dificultado pela semelhança dos sintomas com outras arboviroses que circulam na mesma região (dengue, Zika, chikungunya) e até malária. A infecção não produz alterações específicas na bioquímica sanguínea e/ou nos parâmetros hepáticos. Dessa forma, o diagnóstico só pode ser confirmado por testes específicos para detecção do vírus ou anticorpos.

A detecção do vírus pode ser realizada por metodologias de reação em cadeia da polimerase associada à transcrição reversa (RT-PCR, *reverse transcription polymerase chain reaction*) ou pelo isolamento viral. A estratégia de detecção do genoma deve levar em consideração as possibilidades de rearranjo, comumente observados para OROV.

Metodologias tradicionais como inibição da hemaglutinação (HI, *hemagglutination inhibition*), fixação do complemento (FC) e teste de neutralização (TN) podem ser utilizadas para avaliação de anticorpos em pacientes na fase convalescente.

## Epidemiologia

Até o momento, as ocorrências do OROV estão restritas ao Brasil, Peru, Panamá e Trinidade e Tobago.

A febre do Oropouche ocorre predominantemente na estação chuvosa, devido ao aumento nos criadouros da população vetorial. No Brasil, mais especificamente na região amazônica, a estação seca corresponde aos meses de julho a dezembro, enquanto a estação chuvosa ocorre entre janeiro e junho. Embora com menor frequência, algumas epidemias de OROV foram relatadas durante a estação seca, provavelmente devido à alta densidade populacional de *Culicoides paraensis* durante o período chuvoso anterior. Além disso, a ocorrência de surtos também está relacionada ao aumento da população humana suscetível não exposta anteriormente ao vírus. Em geral, a diminuição dos surtos está associada ao início da estação seca e à diminuição da densidade do mosquito.

O primeiro surto no Brasil foi descrito em 1961 na cidade de Belém, no Pará, um ano após o vírus ter sido isolado de bicho-preguiça e de mosquitos na floresta próxima à região. Após essa data, vários surtos explosivos de febre do Oropouche foram detectados na Região Norte do país. No Quadro 18.7 estão relacionados os principais surtos e epidemias de febre do Oropouche no Brasil e o número de casos estimados.

No primeiro surto de febre do Oropouche no Brasil, ocorrido na cidade de Belém do Pará, em 1961, foram estimados 11.000 casos da doença. Entre 1978 e 1981, foram relatados cerca de 220.000 casos de OROV nos estados do Pará, Amazonas e Amapá. Em 1988, o vírus se espalhou para os estados do Maranhão e Goiás, onde cerca de 200 pessoas foram infectadas. Logo, foram relatados surtos de OROV em cidades ao longo do rio amazonas, e entre 1961 e 2009 foram registrados mais de 30 surtos, com uma estimativa de mais de 500.000 casos.

A dispersão do OROV para outras regiões do país foi demonstrada pela detecção do vírus em animais e humanos. O vírus foi isolado do primata não humano *Callithrix* sp. capturado no ano 2000 em Arino, Minas Gerais, e o RNA viral foi detectado no soro de pacientes com sintomatologia febril, no Mato Grosso, em 2011 e 2012.

Casos de infecção por OROV são monitorados laboratorialmente no Instituto Evandro Chagas do Pará, utilizando o teste de HI. Até abril de 2021 foram detectados 26 novos casos de infecção pelo OROV em quatro estados da Região Norte: Pará (22 casos), Amazonas (1 caso), Amapá (1 caso) e Rondônia (1 caso).

A probabilidade de dispersão do OROV e a ocorrência de surtos e epidemias nos grandes centros urbanos do país não pode ser negligenciada.

**Quadro 18.7** Principais surtos e epidemias de OROV registrados no Brasil.

| Estado | Cidade | Ano | Número de casos estimados |
|---|---|---|---|
| Pará | Belém | 1961 | 11.000 |
| | Bragança e Caratateua | 1967 | 6.400 |
| | Belém | 1968 | ND |
| | Baião | 1972 | 85 |
| | Santarém, Itupiranga, Belterra, Alter do Chão, Mojuí dos Campos e Palhal | 1975 | 17.320 |
| | Tomé-Açu | 1978 | 2.000 |
| | Belém e Several | 1979 | 25.000 |
| | Belém e Several | 1980 | 105.700 |
| | Serra Pelada | 1994 | 5.000 |
| | Oriximiná, Altamira, Brasil Novo e Vitória do Xingu | 1996 | ND |
| | Parauapebas e Porto de Moz | 2003-2004 | ND |
| | Magalhães Barata e Maracanã | 2006 | 18.000 |
| Acre | Xapuri | 1996 | ND |
| Amapá | Mazagão | 1980-1981 | ND |
| Amazonas | Manaus e Barcelos | 1980-1981 | 97.171 |
| | Novo Airão | 1996 | ND |
| | Manaus | 2007-2008 | 128 |
| Maranhão | Porto Franco | 1987-1988 | 130 |
| Goiás | Tocantinópolis | 1987-1988 | ND |
| Rondônia | Ariquemes e Ouro Preto do Oeste | 1991 | 94.000 |

ND: não determinado; OROV: vírus oropouche.

### *Prevenção, controle e tratamento*

Não existe vacina para OROV e o tratamento é sintomático visando o alívio dos sintomas. Também não há protocolos de tratamento descritos na literatura. Como prevenção, devem ser adotadas medidas individuais para evitar o contato como vetor, tais como; o uso de repelentes e barreiras físicas (telas de proteção e mosquiteiros), semelhante ao que é preconizado para os demais arbovírus.

# Arboviroses causadas por rabdovírus

## Vírus Chandipura

Norma Suely de Oliveira Santos

### *Histórico*

O vírus Chandipura (CHPV) foi descrito originalmente por pesquisadores do Virus Research Centre (VRC), de Pune (Índia). O vírus foi descoberto acidentalmente durante a investigação da etiologia de uma doença febril apresentada por um paciente na vila de Chandipura, no norte do estado de Maharashtra, próximo ao distrito de Nagpur (Índia). A suspeita inicial era de infecção pelo vírus da dengue ou vírus chikungunya. O novo vírus foi então denominado de Chandipura (CHPV) em alusão ao nome da região de origem do paciente. Inicialmente, o CHPV foi tratado como um vírus órfão, embora os cientistas do VRC e do National Institute of Virology (NIV) de Pune tenham isolado o CHPV de seres humanos, ouriços, flebotomíneos e mosquitos *Aedes aegypti*, em diversas ocasiões.

Desde 1955, o CHPV pode ser encontrado em várias regiões da Índia, além de Sri Lanka e África (Nigéria e Senegal). O CHPV pode infectar diversas espécies de mamíferos, porém, casos em seres humanos somente foram descritos na Índia.

O CHPV foi utilizado por vários anos em laboratórios de pesquisas virológicas como um modelo de estudo substituto para o vírus da estomatite vesicular (VSV, *vesicular stomatitis virus*), um patógeno de animais.

Em 1983, pesquisadores do VRC descreveram o isolamento de CHPV do sangue de uma criança de 11 anos, que faleceu de encefalopatia aguda. Em 1988, um homem de 35 anos de idade desenvolveu uma lesão pós-cirúrgica em um hospital em Vellor (Índia); 1 semana depois apresentou febre, forte cefaleia e rigidez de nuca. O liquor apresentou linfocitose e o diagnóstico de meningite asséptica foi estabelecido. A partir do liquor foi isolado um vírus capaz de causar efeito citopatogênico em culturas de células Vero (células de rim de macaco-verde africano *Cercopithecus aethiops*). Esse vírus apresentava envelope, como demonstrado pela perda da infecciosidade com solventes lipídicos, e, portanto, não poderia se tratar de um enterovírus, a causa mais comum de meningite viral. Então, o material foi enviado para identificação nos Centros para Prevenção e Controle de Doenças (CDC, Centers for Disease Control and Prevention) dos Estados Unidos da América (EUA), tendo sido inferido que se tratava do vírus da raiva, pela aparência das partículas virais à microscopia eletrônica. No entanto, o paciente se recuperou da doença em poucas semanas e uma segunda amostra de liquor foi negativa para o isolamento viral, mas positiva para anticorpos. Com base nesses resultados, os cientistas dos CDC identificaram o CHPV classificando-o como membro da família *Rhabdoviridae*. A capacidade vetorial de mosquitos na transmissão do CHPV foi demonstrada por pesquisadores do NIV (Índia), que também verificaram que o paciente se infectou no hospital, provavelmente, por meio da picada de mosquitos *Aedes aegypti*.

Em 2003, os cientistas do NIV publicaram a primeira evidência de uma epidemia de CHPV em seres humanos. Nesse ano, ocorreu um surto de doença neurológica entre crianças, em Andhra Pradesh, diagnosticado como encefalite, com índice de fatalidade elevado. Dessa maneira, a doença foi inicialmente associada à infecção pelo CHPV e se caracterizava por presença de febre, alterações sensoriais, convulsões, diarreia e vômito. A morte ou a cura ocorria rapidamente, dentro de 2 a 3 dias, e não foram descritas sequelas nos sobreviventes. Esses achados levaram ao diagnóstico de encefalite do tronco e a etiologia foi atribuída ao CHPV.

## *Classificação, características e biossíntese viral*

O CHPV é classificado na família *Rhabdoviridae*, gênero *Vesiculovirus*, espécie *Chandipura vesiculovirus*. Morfologicamente o CHPV é semelhante ao vírus da raiva (ver *Capítulo 17*). A partícula viral possui um capsídeo de simetria helicoidal, circundado por um envelope glicolipoproteico. O genoma viral é constituído de RNA de fita simples de polaridade negativa (RNAfs–). O genoma é envolvido pela proteína N (nucleoproteína), formando o nucleocapsídeo. As proteínas L (RNA polimerase-RNA dependente) e P (fosfoproteína) também fazem parte do vírion e estão associadas ao nucleocapsídeo. A glicoproteína G está presente no envelope viral e a proteína M (matriz) é localizada na parte interna do envelope.

O genoma do CHPV compreende uma sequência *leader* (*l*) de 49 nucleotídeos (nt), seguida de cinco unidades transcricionais, que codificam a poliproteína viral, separadas por regiões intragênicas e uma curta sequência não traduzida (*trailer*) de 46 nt arranjadas na seguinte ordem: 3′-*l*-N-P-M-G-L-*t*-5′. A biossíntese do CHPV é semelhante à descrita para o vírus da raiva (ver *Capítulo 17*).

## *Patogênese*

### Transmissão

Embora relatos anteriores considerassem os mosquitos como vetores potenciais de CHPV, relatos recentes sugeriram que os flebotomíneos desempenham esse papel (*Phlebotomus papatasi*, *Phlebotomus argentipes* ou *Sergentomyia* spp.). A investigação do vetor potencial de infecção pelo CHPV, em condições laboratoriais, demonstrou que *P. argentipes* não apenas apresentava alta suscetibilidade à infecção pelo CHPV pela via oral, mas também estava presente em áreas endêmicas do CHPV. Em condições laboratoriais o *Phlebotomus papatasi* é um reservatório eficiente para o CHPV, apresentando biossíntese viral e transmissão sexual e transovariana. A transmissão experimental do CHPV pelo *P. (Euphlebotomus) argentipes* foi também demonstrada. Em condições naturais, o vírus foi isolado de um *pool* de 253 flebotomíneos (*Phlebotomus* spp.) em Maharashtra (Índia) e mosquitos-palha do gênero *Sergentomyia* em Karimnagar, distrito de Andhra Prades (Índia). Quatro estirpes do CHPV foram também isoladas do mesmo gênero de mosquito-palha no Senegal (África). Um estudo investigou a capacidade vetorial de *Culex gelidus*, um mosquito amplamente prevalente na Índia e nos países do Sudeste Asiático, para uma variedade de vírus, incluindo o CHPV. Foi observado que *C. gelidus* pode carrear o CHPV na ordem de grandeza de mais de 5 $\log_{10}TCID_{50}$ por mℓ e foi postulado como um vetor em potencial para a CHPV.

### Fisiopatologia da infecção

Após invadir o sistema nervoso central (SNC) através da desestabilização da barreira hematoencefálica ou da infecção das células endoteliais, o CHPV pode se disseminar entre populações neuronais explorando as vias sinápticas. A resposta inflamatória induzida durante a infecção viral, juntamente com a propagação neuronal do vírus, contribui para o dano dessas células, induzindo vias apoptóticas ou necróticas. A resposta inflamatória também resulta na morte de neurônios não infectados próximos ao sítio da infecção.

Estudos com o VSV, outro vesiculovírus, sugeriram que processos apoptóticos nas células infectadas são desencadeados pelo acúmulo de proteínas virais no retículo endoplasmático. Sabe-se que os processos apoptóticos associados às infecções por vesiculovírus envolvem a proteína matriz (M). Portanto, é plausível que o acúmulo de proteína M do CHPV nas células infectadas provoque apoptose neuronal e/ou necrose.

Diversas proteínas da célula hospedeira, envolvidas na rede de sinalização molecular e reguladoras das vias de morte celular necrótica e apoptótica, provavelmente, interagem com a proteína M, de modo que a apoptose dos neurônios infectados pelo CHPV pode ocorrer por vias extrínsecas ou intrínsecas. A via intrínseca é mediada por proteínas da família Bcl-2, incluindo proteínas pró e antiapoptóticas. Essas proteínas ativam caspases a jusante que entram no núcleo e causam a degradação do DNA, ativando a poli(ADP-ribose) polimerase (PARP). A ativação da PARP causa a liberação de fatores indutores de apoptose (AIF, *apoptosis-inducing factors*), resultando em condensação e fragmentação do DNA. A via extrínseca é mediada pela interação do receptor da morte (*death receptor*) com o ligante Fas, que cliva a pró-caspase 8, que por sua vez ativa a caspase 3, causando apoptose. Uma terceira via que leva à apoptose envolve a ativação do receptor extracelular de crescimento, que desencadeia uma via de sinalização através das proteíno-cinases ativadas por mitógeno (MAPK, *mitogen-activated protein kinase*). As proteínas MEK1/2 e ERK1/2 (cinases reguladas por sinal extracelular 1/2 [*extracellular signal-regulated kinases* 1/2]) causam a ativação de vários fatores de transcrição que afetam a proliferação e a morte celular. As interações dessas proteínas com a proteína M do CHPV sugerem um destino semelhante para os neurônios infectados por esse vírus. Juntos, a rápida patogênese viral, o destino apoptótico/necrótico das células infectadas e a natureza insubstituível dos neurônios podem contribuir para a encefalite causada por CHPV.

## *Manifestações clínicas*

As manifestações clínicas da infecção pelo CHPV começam como uma doença influenza-*like*, associada a dor abdominal, vômito, alteração de consciência e comprometimento neurológico. O CHPV causa encefalite com um processo inflamatório difuso ou localizado do parênquima cerebral associado à disfunção cerebral.

Crianças menores de 15 anos de idade são mais vulneráveis do que os adultos. Os sintomas são semelhantes a qualquer encefalite, como febre alta, vômitos, alterações sensoriais, convulsões generalizadas, postura descerebrada ou opistótono (postura anormal do corpo que envolve os braços e pernas mantidos estendidos, os dedos dos pés apontados para baixo e a cabeça e o pescoço curvados para trás; os músculos ficam endurecidos e se mantêm rígidos. Esse tipo de postura, normalmente, significa que existe um dano cerebral grave) e coma. Os mecanismos que envolvem a suscetibilidade/resistência idade-dependente da encefalite viral fatal permanecem desconhecidos.

## Diagnóstico laboratorial

Os surtos de encefalite por CHPV foram confirmados por isolamento do vírus por inoculação em camundongos, ovos embrionados ou cultura de células Vero seguido da identificação por microscopia eletrônica, imunofluorescência (IF) e reação em cadeia da polimerase associada à transcrição reversa (RT-PCR, *reverse transcription polymerase chain reaction*). Como a doença tem progressão muito rápida e mortalidade elevada, a detecção do genoma viral por RT-PCR convencional ou em tempo real é a melhor escolha para diagnóstico ao invés da detecção de IgM anti-CHPV.

## Epidemiologia

O epicentro da atividade de CHPV, até o momento, está restrito à Índia Central, compreendendo partes de Gujarat, Madhya Pradesh, Andhra Pradesh (agora Telangana) e Maharashtra desde 1965. No entanto, relatos de etiologia semelhante foram documentados em Nagpur em Maharashtra, Muzaffarpur em Bihar, Warangal em Andhra Pradesh e Vadodara, em Gujarat, antes de 1953. A presença de anticorpos neutralizantes anti-CHPV em amostras de humanos e animais coletados desde 1955 suporta essa observação e aponta para a circulação do CHPV ou um vírus intimamente relacionado em todo o país. Além da Índia, a atividade do CHPV foi demonstrada na África Ocidental desde 1975, onde o vírus foi isolado de um ouriço e flebotomíneos selvagens da Nigéria e do Senegal, respectivamente. A atividade do CHPV também foi relatada no Sri Lanka, onde anticorpos anti-CHPV foram detectados em macacos.

Em 2003, ocorreu uma epidemia por CHPV em Andhra Pradesh (Índia), com 329 casos de encefalite entre crianças de 9 meses a 14 anos, com 183 mortes. A evolução da doença foi muito rápida, com fatalidade elevada (55,6%). A maioria dos óbitos ocorreu nas primeiras 24 horas da doença devido ao envolvimento do tronco encefálico. Ainda em 2003, ocorreu uma nova epidemia associada à infecção por CHPV em Nagpur, estado de Maharashtra (Índia), com 33 casos de encefalite e 41% de fatalidade.

Em 2004, na epidemia de Gujarat (Índia), foram descritos 26 casos de encefalite entre crianças, com fatalidade de cerca de 70%; 18 pacientes faleceram, dos quais 13 foram a óbito nas primeiras 24 horas da doença. Os demais faleceram no intervalo de 2 a 4 dias pós-infecção. Não foram observadas sequelas neurológicas nos sobreviventes.

Em 2005, foram descritos sete casos de encefalite em Bhandara e Nagpur (Maharashtra, Índia).

Em 2005 e 2006, ocorreu nova epidemia em Andhra Pradesh, onde foram reportados 90 casos de encefalite aguda em pacientes < 15 anos, a maioria entre 0 e 4 anos de idade, com 49 (54,4%) óbitos. A maioria dos óbitos ocorreu nas primeiras 48 horas da hospitalização. Não foram observadas sequelas neurológicas nos sobreviventes.

Em 2007 foram reportados 78 casos de encefalite aguda em pacientes < 15 anos, com índice de fatalidade de 43,6%, em Nagpur (Maharashtra, Índia).

Em 2010 foram relatados dois casos de encefalite aguda em crianças, causados por CHPV, em Nagpur (Maharashtra, Índia). Os sintomas incluíam vômito, febre, convulsões e secreção oral espumosa. As crianças foram a óbito em 24 horas.

Dados epidemiológicos mostraram que houve aumento do número de casos entre 2003 e 2012, e indicam que o vírus se espalhou pelas regiões centro e sul de vários estados da Índia.

Até abril de 2021, a presença desse vírus foi registrada no subcontinente indiano (Índia, Butão e Nepal). Casos em humanos foram relatados apenas na Índia. O CHPV também já foi isolado em macacos no Sri Lanka, em ouriços na Nigéria e flebótomos no Senegal.

## Prevenção, controle e tratamento

A prevenção da transmissão depende do controle da proliferação do vetor. Medidas de proteção individual incluem o emprego de repelentes e inseticidas, além do uso de mosquiteiros.

Considerando a rápida progressão da doença, resultando em casos fatais, a vacinação da população em áreas endêmicas parece ser a opção para evitar surtos. Isso levou ao desenvolvimento de duas candidatas a vacinas, com vírus recombinante e vírus inativado. Ambas induziram alta imunogenicidade em camundongos e parecem promissoras.

O tratamento é sintomático; o uso de aspirina e outros anti-inflamatórios não esteroidais como ibuprofeno e cetoprofeno não é recomendado. Estudos utilizando pequenos RNA de interferência (RNAsi, *small interfering* RNA) foram promissores, uma vez que a inibição da biossíntese do vírus foi observada *in vitro* e *in vivo*. As proteínas P e M foram alvos devido à sua importância no ciclo de biossíntese do vírus.

# Capítulo 19

# Febres Hemorrágicas Virais

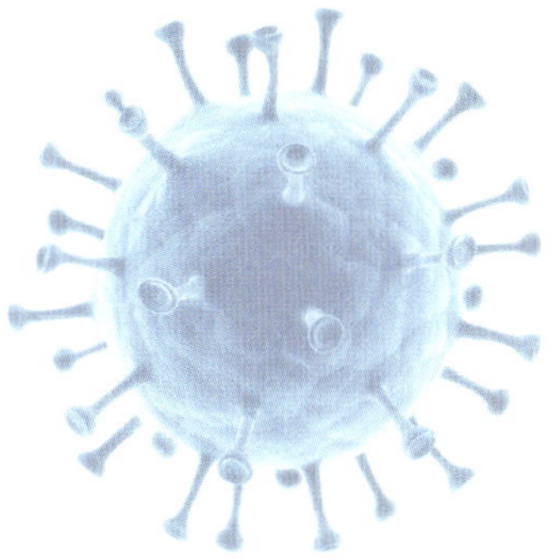

Edson Oliveira Delatorre

## Introdução

As febres hemorrágicas virais (FHV) são infecções de origem zoonótica causadas por uma variedade de vírus, que geralmente apresentam índices de mortalidade e potenciais epidêmicos elevados ao provocarem uma síndrome multissistêmica grave. As FHV podem ocorrer como casos isolados, como casos importados de áreas endêmicas, ou podem ser responsáveis por epidemias letais devastadoras, causando terror nas populações atingidas e, se não forem controladas a tempo, acarretam o colapso dos serviços assistenciais. Essas viroses são temidas desde a época das Guerras Púnicas, quando ocorreu uma epidemia de grandes proporções, até hoje de causa desconhecida da medicina. Essa epidemia que se assemelhava clinicamente a uma espécie de sarampo hemorrágico, segundo a descrição de Tucídides, emergiu na península do Peloponeso no período de 431 a 404 a.C., causando inúmeras mortes na cidade-estado de Atenas e suas cidades-satélites no Mediterrâneo. O fim do Império Romano foi fustigado por uma febre hemorrágica, possivelmente a varíola hemorrágica, incidindo frequentemente nas campanhas romanas e sendo confundida com a peste negra pelos historiadores.

Já na segunda campanha de Cristóvão Colombo nas Américas, seus comandados foram atingidos por uma violenta epidemia de febre hemorrágica, supostamente febre amarela (na região que hoje é o Haiti), de etiologia nunca comprovada. Em 1635, epidemias violentas do mesmo mal ceifavam numerosas vidas no México. Em 1685 emerge em Recife a mesma doença, espalhando-se para Salvador, Rio de Janeiro e demais cidades brasileiras. Com isso, as populações humanas estrangeiras das Américas, desde o Norte até o Sul, foram invadidas pelo terrível miasma. Embora não haja prova etiológica concreta da presença do vírus amarílico nesses ataques, justifica-se a suposição por raciocínio indutivo, usando a febre amarela brasileira do século XX como modelo retrospectivo.

A segunda metade do século XX, assim como o início do século XXI, testemunhou o aparecimento de diversos vírus emergentes, muitos dos quais, causadores de febres hemorrágicas, e o ressurgimento de antigas viroses que supostamente estariam controladas, como a dengue. Atualmente no Brasil, luta-se contra a febre hemorrágica da dengue, e a febre amarela silvestre que ameaça se urbanizar novamente, em razão de o vetor da dengue (mosquitos *Aedes aegypti*), hoje comum nas cidades brasileiras, ser o mesmo da febre amarela urbana.

A (re)emergência viral está associada a diversos fatores ecológicos e do próprio vírus. Os vírus causadores de febres hemorrágicas podem superar a barreira interespécies, ampliando sua abrangência de hospedeiros e seus limites geográficos. Tal expansão favorece o contato entre os hospedeiros reservatórios e o hospedeiro humano, aumentando a chance de a transmissão zoonótica ocorrer.

As FHV são, com frequência, diagnosticadas erroneamente quando a infecção está na fase inicial, sendo confundidas com outras doenças infecciosas endêmicas mais comuns (malária, febre tifoide, hepatites, meningites septicêmicas, riquetsioses, leptospirose etc.). Por essa razão, o diagnóstico rápido e precoce do agente etiológico viral é urgente e necessário, pois permite desencadear as medidas necessárias ao controle da disseminação tanto do vírus quanto de seus vetores, assim como estabelecer quarentena se a doença for contagiosa e vacinar a população, se isso for possível.

Com a interligação de todas as partes do mundo através de transportes rápidos, contingentes de pessoas e produtos podem percorrer longas distâncias e atravessar continentes em questão de horas. Indivíduos infectados ainda em período de incubação podem, assim, transferir patógenos infecciosos de um lado a outro da Terra. Grandes massas de populações migrando de um país a outro podem também transferir patógenos exóticos, ou, ainda, assentamentos humanos em regiões até então inabitadas podem favorecer a emergência de vírus por contato com cadeias de manutenção silvestres, até então ecologicamente desconectadas da presença humana.

No final da Segunda Guerra Mundial, as febres hemorrágicas de Omsk, da floresta Kyasanur e da Crimeia-Congo, todas tendo carrapatos como vetores, emergiram na ex-União Soviética, Índia e África, respectivamente. Na década de 1950, a dengue hemorrágica surgiu na Ásia; na Argentina, a febre hemorrágica argentina; e na África Ocidental, febre de Lassa. Na década de 1960, a febre hemorrágica boliviana emergiu e a doença do vírus Marburg (MVD, *Marburg virus disease*) então desconhecida, foi introduzida na Europa por intermédio de primatas capturados em selvas africanas. Na década de 1970, ocorreram as terríveis epidemias da doença pelo vírus Ebola, no Zaire (atual República Democrática do Congo, RDC) e no Sudão. Entre 2013 e 2016, após causar surtos esporádicos ao longo do tempo, esse vírus ressurgiu, provocando a mais grave epidemia já registrada, tanto em número de vítimas quanto em países afetados. A região Ocidental do continente africano foi a mais afetada, com milhares de mortes, tendo o vírus conseguido disseminar para a Europa e Américas (embora tenham sido somente casos isolados com disseminação local limitada). Posteriormente, outros surtos ocorreram na RDC, até que entre 2018 e 2020, na província de Kivu, foi declarada a segunda maior epidemia de doença do vírus Ebola (EVD, *Ebola virus disease*; anteriormente denominada de febre hemorrágica do Ebola), também com milhares de mortes.

Na década de 1980, a dengue retornou às Américas, e na década de 1990, surge no continente americano com sua forma hemorrágica, então somente conhecida na Ásia; o vírus Sin Nombre emerge no sudoeste americano causando a grave síndrome pulmonar do hantavírus, e desde então são identificados vírus semelhantes na América do Sul.

Alguns vírus como os arenavírus, nairovírus e filovírus podem ser transmitidos secundariamente em uma cadeia exclusivamente humana, sendo responsáveis por infecções nosocomiais em hospitais onde se negligenciam as medidas de barreiras epidemiológicas e de proteção do pessoal que entra em contato direto com os pacientes. Tais vírus apresentam potencial peculiar para ampliar os limites da sua ação além do local onde aparecem pela primeira vez; isso acontece frequentemente em hospitais pelas razões já mencionadas, e daí ganham a comunidade.

Quando uma FHV emerge em uma região, ou reemerge em outra região onde estava controlada, a falta de experiência e conhecimento dos profissionais de saúde com a nova doença e o despreparo das autoridades de saúde para lidar com essa realidade favorecem a disseminação do patógeno. Consequentemente, a mortalidade tende a aumentar e a disseminação do agente infeccioso é facilitada por falta dos cuidados emergenciais necessários, especialmente quando o vírus tem potencial para propagação por contágio secundário. A clínica inicial das FHV frequentemente se confunde, e não há outro critério de confirmação diagnóstica senão a demonstração do agente viral.

## Classificação e características dos vírus causadores de FHV

Os vírus associados a quadros hemorrágicos pertencem a diversas famílias, sendo algumas delas bastante estudadas: *Flaviviridae* (gênero *Flavivirus*), *Peribunyaviridae* (gênero *Orthobunyavirus*), *Hantaviridae* (gênero *Orthohantavirus*), *Nairoviridae* (gênero *Orthonairovirus*), *Phenuiviridae* (gênero *Phlebovirus*), *Arenaviridae* (gênero *Mammarenavirus*) e *Filoviridae* (gêneros *Ebolavirus* e *Marburgvirus*). Os flavivírus e os flebovírus são transmitidos por mosquitos e carrapatos; os buniavírus, por mosquitos; os nairovírus, por carrapatos; os arenavírus e os hantavírus, principalmente por roedores. Os filovírus (*Marburgvirus* e *Ebolavirus*), ao que tudo indica, teriam como reservatório natural morcegos frugívoros, dado que precisa ainda ser confirmado epidemiologicamente. Uma classificação epidemiológica proposta para os vírus associados a febres hemorrágicas é mostrada no Quadro 19.1. A distribuição geográfica das febres hemorrágicas virais é apresentada no Quadro 19.2.

Esses vírus recebem, na maioria das vezes, o nome da cidade de onde emergiram ou foram isolados pela primeira vez; ou o nome de um rio, monte, lago ou outro lugar onde o caso original foi observado. Como exemplos podemos citar: vale do Rift (região), Ebola (rio), Hantaan (rio), Puumala (lago), Marburg (cidade), Seoul (cidade), Sabiá (condomínio).

Todos os vírus causadores de febres hemorrágicas, conhecidos até o momento, são envelopados e com genoma de RNA; seus reservatórios naturais são animais vertebrados ou artrópodes; são estáveis no sangue por longo tempo, podendo ser isolados de sangue armazenado em geladeira por semanas, ou mesmo na temperatura ambiente, além de serem estáveis e muito infecciosos na forma de aerossóis.

**Quadro 19.1** Classificação epidemiológica das febres hemorrágicas virais.

| Transmissão primária | Doença | Gênero viral |
|---|---|---|
| Mosquitos | Dengue hemorrágica | *Flavivirus* |
| | Febre amarela | *Flavivirus* |
| | Febre do vale Rift | *Phlebovirus* |
| | FH Ngari | *Orthobunyavirus* |
| Carrapatos | Febre do vale Rift | *Phlebovirus* |
| | FH da Crimeia-Congo | *Orthonairovirus* |
| | FH da floresta de Kyasanur | *Flavivirus* |
| | FH Omsk | *Flavivirus* |
| Roedores | FH argentina | *Mammarenavirus* |
| | FH boliviana | *Mammarenavirus* |
| | FH venezuelana | *Mammarenavirus* |
| | FH brasileira | *Mammarenavirus* |
| | Febre de Lassa | *Mammarenavirus* |
| | FH com síndrome renal | *Orthohantavirus* |
| Morcegos (?) | Doença do vírus Marburg | *Marburgvirus* |
| | Doença do vírus Ebola | *Ebolavirus* |

FH: febre hemorrágica; (?): o morcego é o provável transmissor; contudo, ainda não há comprovação formal.

**Quadro 19.2** Distribuição geográfica das febres hemorrágicas virais.

| Doença | Distribuição |
|---|---|
| Dengue | Ásia, Américas do Sul e Central |
| Febre amarela | África e América do Sul |
| FH Crimeia-Congo | África, Europa Oriental e Ásia |
| Febre do vale Rift | África e Oriente Médio |
| Febre de Lassa | África |
| Doença do vírus Marburg | África |
| Doença do vírus Ebola | África |
| FH Ngari | África |
| FH com síndrome renal | Ásia, Europa e Estados Unidos da América |
| FH Omsk | Rússia Central |
| Doença da floresta de Kyasanur | Índia |
| FH argentina | América do Sul |
| FH boliviana | América do Sul |
| FH venezuelana | América do Sul |
| FH brasileira | América do Sul |

FH: febre hemorrágica.

A patogênese desses vírus apresenta um período de incubação variável, seguido por um período prodrômico que tem como elemento comum um quadro febril. Alguns indivíduos se recuperam sem intercorrências, enquanto outros desenvolvem sintomas mais graves que evoluem para uma síndrome hemorrágica caracterizada por instabilidade e aumento da permeabilidade vascular, queda significativa das plaquetas e choque hipovolêmico como elemento complicador e fatal.

Ao invadirem o hospedeiro humano, esses vírus normalmente são sintetizados em células que constituem a primeira linha de defesa do organismo, os monócitos circulantes e os macrófagos tissulares. Alguns chegam à corrente sanguínea (viremia primária) e migram para os órgãos reticuloendoteliais (fígado, baço, medula óssea), onde são propagados abundantemente e, retornando posteriormente à corrente sanguínea (viremia secundária), chegam aos órgãos-alvo específicos. No caso de vírus causadores de febres hemorrágicas, alguns deles podem continuar sua biossíntese nos órgãos endoteliais causando graves infecções parenquimatosas (hepatites), tais como o vírus da febre amarela, os filovírus e o vírus da febre hemorrágica da Crimeia-Congo. A característica comum desses vírus é sua interação (ainda não totalmente esclarecida) com as células do endotélio vascular, causando lesões na microcirculação, o que leva à perda de plasma e hemorragias. Dois tipos de ação patogênica desses vírus são observados:

- Ação predominantemente citolítica, com dano patológico associado à extensa destruição celular provocada pela biossíntese viral, como na febre amarela, doença do vírus Ebola, febre do vale Rift e febre hemorrágica da Crimeia-Congo. Esses vírus possuem um período de incubação curto e são viscerotrópicos, com tropismo especial para o fígado. A destruição extensa do parênquima hepático reduz a produção necessária de fatores de coagulação, acirrando as manifestações hemorrágicas. Esses vírus também são sintetizados nas células endoteliais e assim podem causar lesões na microcirculação, contribuindo para o quadro hemorrágico. Adicionalmente, os hantavírus são sintetizados nas células endoteliais dos capilares renais, o que causa nefrite intersticial que pode levar à insuficiência renal aguda, ou dos capilares pulmonares, provocando pneumonite intersticial que leva ao edema agudo de pulmão
- Ação predominantemente não citolítica, tendo como principal fenômeno o comprometimento do sistema imunológico do hospedeiro, retardando a resposta humoral até cerca de 1 mês após a infecção. Os arenavírus provocam instabilidade vascular e causam somente discreta trombocitopenia, porém inibem a função plaquetária, ao passo que os hantavírus provocam, além da instabilidade vascular, trombocitopenia mais acentuada por inibição dos megacariócitos. É comum, portanto, o achado de leucopenia e trombocitopenia nessas viroses.

Em todas as FHV, o quadro de choque é o elemento central da sua fisiopatologia.

## Características clínicas das FHV

As FHV evoluem geralmente como uma febre bifásica, embora nem sempre isso seja evidente. Iniciam-se com um período febril e sintomas semelhantes aos da dengue clássica ou aos da gripe. Essa fase é denominada período constitucional. Uma proporção dos indivíduos infectados se recupera espontaneamente ao fim desse período, dependendo da virulência do agente e da capacidade imunológica desses indivíduos, enquanto outros, após aparente melhora, entram em uma segunda fase febril, o período toxêmico. Neste período se apresenta uma notável deterioração do estado geral, prostração e fraqueza extrema, iniciando manifestações de instabilidade vascular (equimoses, sangramento de mucosas) e ameaça de choque fatal. Essa fase se caracteriza por trombocitopenia, devido à depressão medular, e hemoconcentração, devido à fuga de plasma dos vasos, mesmo que sinais evidentes de hemorragia não estejam presentes. É o risco de choque, e não as hemorragias, o elemento que define a gravidade e a mortalidade dessa síndrome.

Clinicamente, as manifestações das FHV são divididas em quatro formas:

- Quadro infeccioso agudo com mialgia e artralgia, associado a instabilidade vascular e choque (p. ex., dengue hemorrágica)
- Quadro infeccioso agudo associado a hepatite e coagulação intravascular disseminada (CID) (p. ex., febre amarela)
- Quadro infeccioso agudo associado a insuficiência renal e choque (p. ex., febre hemorrágica com síndrome renal por hantavírus)
- Quadro infeccioso agudo associado a insuficiência respiratória aguda e choque (p. ex., pneumonia hemorrágica de Brisbane).

As FHV constituem síndrome única cujas características são: hemorragias espontâneas devidas à fragilidade capilar; aumento da permeabilidade vascular, resultando em extravasamento de sangue ou plasma para o espaço extracelular, com hemoconcentração e risco de choque; disfunção orgânica múltipla devido a pouca perfusão sanguínea dos órgãos, podendo resultar na falência dos órgãos vitais; e trombocitopenia.

Tais características diferenciam as FHV dos quadros infecciosos hemorrágicos produzidos por bactérias (p. ex., leptospirose, meningite septicêmica) e riquétsias (p. ex., tifo exantemático). A caracterização de uma FHV, entretanto, não depende de sinais exteriores de hemorragia, mas da ocorrência de trombocitopenia e da hemoconcentração, conforme já descrito.

O elemento fisiopatológico central nas FHV é o choque hipovolêmico, frequentemente a causa de óbito nessa síndrome. Entretanto, outras alterações, quando graves, podem antecipar a mortalidade, como a necrose hepática extensa ou CID na febre amarela; intoxicação urêmica por insuficiência renal aguda nas hantaviroses; choque e falência orgânica por hemorragias gastrointestinais e uterinas extensas e incontroláveis; dano cerebral por hemorragias ou superinfecção por patógenos oportunistas.

O quadro hemorrágico pode ser discreto, moderado ou grave. As hemorragias superficiais (pele) são precedidas ou não por exantema, e se manifestam como petéquias e equimoses, e podem ser percebidas também pelo sangramento fácil e prolongado nos pontos de venopunctura. As hemorragias de mucosas se manifestam como epistaxe, gengivorragia, hematúria, hemorragia subconjuntival, gastrointestinal (hematêmese, melena ou diarreia hemorrágica) e pulmonar (hemoptise), cujas presenças e gravidade variam de acordo com o agente viral envolvido.

Os achados laboratoriais mais importantes nas FHV são leucopenia, trombocitopenia, hemoconcentração ou redução do hematócrito, transaminases elevadas (se o fígado está comprometido), tempo de coagulação aumentado e albuminúria. Nas hantaviroses observa-se neutrofilia com forte desvio à esquerda (aumento de células imaturas granulocíticas como mielócitos e metamielócitos, ou uma concentração de bastonetes maior que 10% da concentração dos neutrófilos segmentados).

### Choque

O choque é consequência do extravasamento de proteínas para fora do espaço vascular, ou seja, para os tecidos, pericárdio, pleura e rins (proteinúria), resultando em hipovolemia. A causa do choque não é devida às hemorragias, como se pode pensar, mas à hipovolemia causada pela perda de fluidos e macromoléculas, por disfunção do endotélio capilar.

O quadro clínico é típico: ansiedade e irritabilidade, extremidades frias, pulso rápido e filiforme (fraco) no início. Ocasionalmente, podem ocorrer efusões pleural e pericárdica, edema facial (como na febre amarela) e ascite. É o choque a causa de mortalidade principal nas FHV. Para evitar a morte do paciente, o tratamento deve ser o de suporte e controle dos sinais vitais, e a reposição de fluidos é de máxima importância, porém o equilíbrio de fluidos permanece um problema crítico, com alto risco de óbito devido aos efeitos da super-hidratação. Assim, o paciente deve ser continuamente monitorado, especialmente nos casos de dengue hemorrágica e febres hemorrágicas com síndrome renal.

Os critérios básicos para se caracterizar uma FHV são trombocitopenia e elevação do hematócrito, e não o quadro hemorrágico, que pode ser discreto ou clinicamente não evidente. Nos casos graves e, em especial, nas FHV causadas por arenavírus e filovírus, as hemorragias podem ser extensas e intratáveis, e a morte poderá decorrer da falência vegetativa ocasionada por hemorragias intracranianas.

## Tratamento

Não existe tratamento específico e utilizam-se apenas medidas de suporte e controle dos sinais vitais. É importante assinalar que os analgésicos usados não devem apresentar efeito hipotensor significativo. Além disso, antipiréticos que contenham ácido acetilsalicílico (AAS) não devem ser utilizados. Os sinais vitais (pulsação arterial, temperatura, pressão arterial e volumes de absorção e excreção, no caso de hidratação) assim como o hematócrito, devem ser constantemente monitorados.

O quadro hemorrágico deve ser tratado de acordo com a necessidade: transfusões de sangue, concentrado de plaquetas, fibrinogênio, vitamina K e ácido ε-aminocaproico são usados, segundo o que for mais indicado. Não se deve usar heparina, a menos que os fatores de coagulação possam ser continuamente monitorados. Quanto às outras complicações que possam ocorrer, são tratadas segundo a sua natureza.

A ribavirina tem se mostrado útil quando utilizada no tratamento de febres hemorrágicas por arenavírus, hantavírus e febre hemorrágica da Crimeia-Congo. A terapia utilizando soro hiperimune de pacientes convalescentes tem resultados incertos e perigos inerentes. Na maioria dos casos, a febre hemorrágica é autolimitada, necessitando apenas da terapia de suporte; entretanto, quando hepatite fulminante e sangramentos intensos estão presentes, ou então um comprometimento neurológico se superpõe, o prognóstico é grave. No caso do choque, é uma ameaça frequentemente fatal quando se instala.

Vacinas para a febre amarela têm sua eficácia comprovada, enquanto vacinas para arenavírus, filovírus e hantavírus ainda estão em fase experimental. A Dengvaxia® tem valor protetor de longo prazo em indivíduos com uma infecção prévia pelo vírus da dengue. Uma vacina recombinante experimental para a prevenção da EVD, a rVSV-ZEBOV-GP (Ervebo®), embora ainda não licenciada para uso comercial, foi utilizada na forma de "acesso expandido" ou "uso compassivo", nas epidemias recentes causadas pela espécie *Zaire ebolavirus*, e mostrou-se eficiente e segura.

Os surtos de EVD, na África, e o risco potencial de disseminação do vírus para outros países, desencadeou o desenvolvimento da vacina e de antivirais visando não só a recuperação dos doentes, como também a contenção do espalhamento da epidemia. Algumas alternativas terapêuticas foram desenvolvidas utilizando diferentes abordagens como coquetéis de anticorpos monoclonais (Zmapp e REGN-EB3) e drogas antivirais capazes de inibir a atividade da RNA polimerase viral (favipiravir, rendesivir e JK-05). Entretanto, mais estudos clínicos são necessários para comprovar a eficácia desses tratamentos. Fundamentada em estudos com anticorpos monoclonais, em 2020, a Food and Drug Administration (FDA) dos Estados Unidos da América (EUA) autorizou uma mistura de três anticorpos monoclonais (Inmazeb®) e um anticorpo monoclonal (Ebanga®) para tratamento da espécie *Zaire ebolavirus*.

## Febres hemorrágicas por hantavírus

Há dois grupos de hantavírus patogênicos para seres humanos a serem considerados: os hantavírus do Velho Mundo (Europa e Ásia), causadores de febre hemorrágica com síndrome renal (FHSR), e os do Novo Mundo (Américas), causadores de síndrome febril aguda de insuficiência respiratória, a síndrome cardiopulmonar dos hantavírus (SCPH) ou síndrome pulmonar dos hantavírus (SPH). Os hantavírus são uma ameaça global emergente à saúde pública, causando cerca de 30.000 casos em seres humanos anualmente. Embora a epidemiologia das febres hemorrágicas causadas por hantavírus tenha os roedores como reservatório zoonótico primário, esses vírus são também, ocasionalmente, encontrados em morcegos e mamíferos insetívoros.

As espécies de roedores que são consideradas reservatórios para os hantavírus são classificadas em duas famílias: família *Muridae*, subfamília *Murinae* (ratos e camundongos do Velho Mundo), e família *Cricetidae*, que está dividida em três subfamílias: *Arvicolinae* (ratos silvestres e pequenos roedores encontrados na Eurásia e América do Norte), *Neotominae* e *Sigmodontinae* (ratos e camundongos das Américas). Esses vírus são também, ocasionalmente, encontrados em morcegos, musaranhos e toupeiras.

### Classificação e características

Através das análises filogenéticas dos segmentos genômicos, os membros do antigo gênero *Hantavirus*, pertencentes até então à família *Bunyaviridae* foram recentemente reclassificados pelo Comitê Internacional para a Taxonomia de Vírus (ICTV, *International Committee on Taxonomy of Viruses* – MSL #35), na nova família *Hantaviridae*, subfamília *Mammantavirinae*, da ordem *Bunyavirales*. Esta nova classificação taxonômica dividiu os hantavírus em quatro gêneros: *Loanvirus*, *Mobatvirus*, *Orthohantavirus* e *Thottimvirus*. Atualmente, 36 membros são reconhecidos no gênero *Orthohantavirus*, alguns deles associados a FHSR e SCPH/SPH. Alguns exemplos de membros do gênero *Orthohantavirus* que causam doenças em seres humanos e sua distribuição geográfica são mostrados no Quadro 19.3.

A partícula viral dos membros do gênero *Orthohantavirus*, é esférica e possui diâmetro de 80 a 120 nm contendo genoma de RNA de fita simples com polaridade negativa (RNAfs–) e composto por três segmentos. O segmento L (*large*, 6,8 e 12,0 quilobases [kb]) codifica a RNA polimerase-RNA dependente viral (RpRd, proteína L). O segmento M (*medium*, 3,2 a 4,9 kb), que codifica o complexo precursor das glicoproteínas de superfície (GPC, *glycoproteins precursor complex*) que eventualmente é clivado dando origem às glicoproteínas Gn (N-terminal) e Gc (C-terminal) (anteriormente denominadas G1 e G2, respectivamente). O segmento S (*small*, entre 1,0 e 3,0 kb), codifica a nucleoproteína (proteína N). O segmento S de alguns hantavírus também codifica uma proteína NSs. Cada vírion geralmente contém quantidades equimolares de RNA genômico, com uma RpRd anexada a cada segmento do RNA viral. Os RNA genômicos são complexados com a proteína N e formam três nucleocapsídeos individuais, que, juntamente com o RpRd, formam os complexos de ribonucleoproteínas (RNP), os quais são empacotados dentro do envelope lipídico de origem celular contendo espículas formados pelas glicoproteínas Gn e Gc (Figura 19.1).

**Quadro 19.3** Exemplos de membros do gênero *Orthohantavirus* que causam doenças em seres humanos e sua distribuição geográfica.

| Vírus | Distribuição |
|---|---|
| Hantaan | Ásia e Europa |
| Puumala | Escandinávia |
| Dobrava-Belgrado | Bálcãs |
| Seoul | Mundial |
| Sin Nombre | Estados Unidos da América |
| Andes | América do Sul |
| Laguna Negra | Brasil |

Na Figura 19.2A, pode-se observar uma representação esquemática da organização da arquitetura genômica dos hantavírus. Cada segmento do RNA viral (RNAv) contém uma sequência de leitura aberta (ORF, *open reading frame*) flanqueada por regiões não codificantes (NCR, *non coding reagion*) altamente conservadas. O genoma exibe uma estrutura pseudocircular (*panhandle*) devido às sequências complementares presentes nas extremidades 3′ e 5′ das NCR de cada segmento, que funciona como promotor viral e é crucial para a replicação e transcrição do genoma.

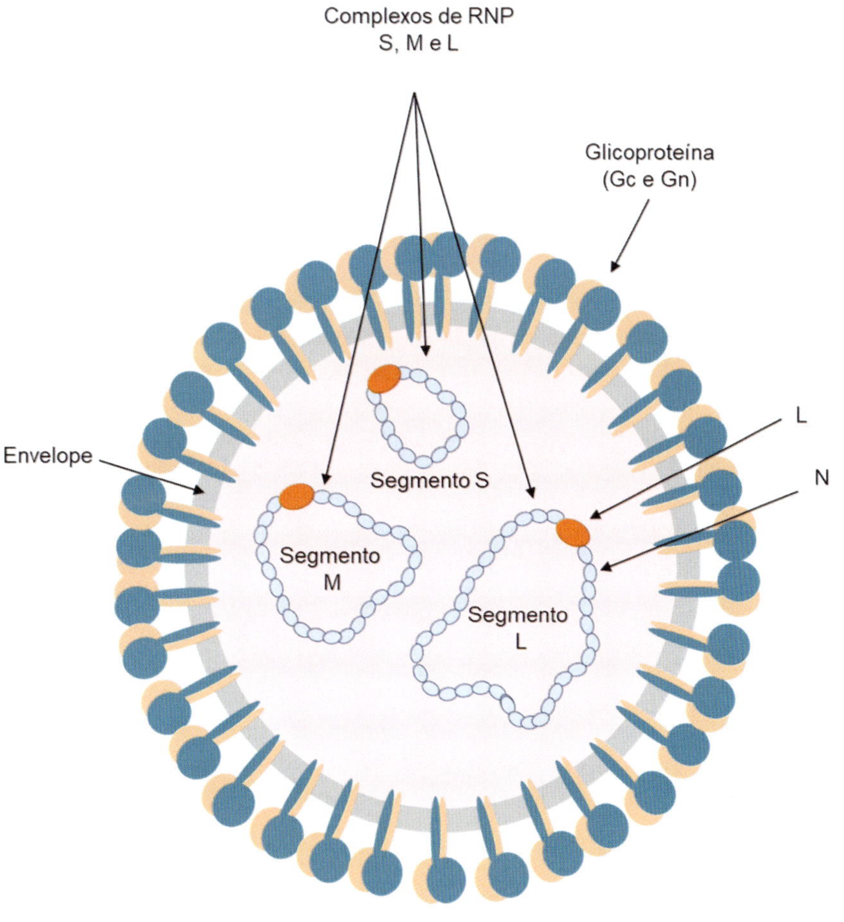


**Figura 19.1** Esquema da partícula dos vírus do gênero *Orthohantavirus*. As partículas virais têm diâmetro de 80 a 120 nm, contendo genoma trissegmentado. Os três segmentos genômicos L (*large*), M (*medium*) e S (*small*) estão envoltos pela nucleoproteína N e contêm, cada um, a proteína L (RpRd, RNA polimerase-RNA dependente), formando os complexos de ribonucleoproteínas (RNP). Esses capsídeos são envolvidos pelo envelope lipoproteico que contém as glicoproteínas Gc e Gn. Uma estrutura similar é observada entre os outros membros das famílias *Nairoviridae*, *Phenuiviridae* e *Peribunyaviridae*.

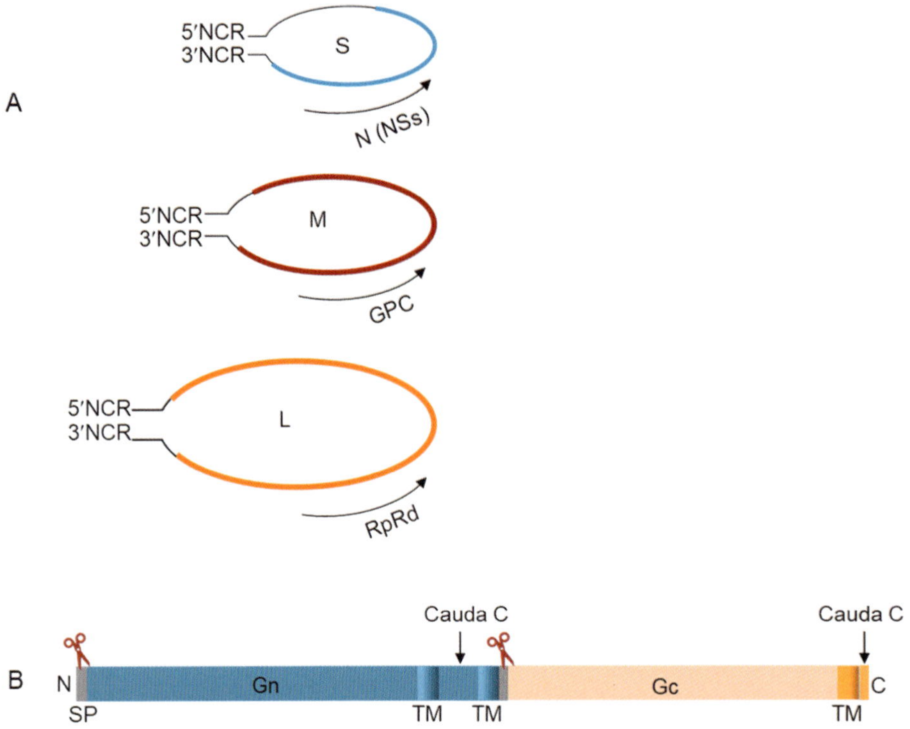


**Figura 19.2** Arquitetura genômica dos vírus do gênero *Orthohantavirus*. **A.** O genoma viral é constituído de três segmentos de RNA de polaridade negativa. As estruturas em *panhandle* são formadas pelo pareamento de bases complementares nos terminais 5′ e 3′ das regiões não codificantes (NCR, *non coding reagion*) de cada segmento genômico. O segmento S codifica a nucleoproteína N, o segmento M codifica o complexo precursor das glicoproteínas (GPC, *glycoproteins precursor complex*) do envelope viral que eventualmente é clivado, dando origem às glicoproteínas Gn (N-terminal) e Gc (C-terminal), e o segmento L codifica a proteína L, (RpRd, RNA polimerase-RNA dependente). O segmento S de alguns hantavírus também codifica uma proteína NSs. **B.** Representação linear do complexo precursor das glicoproteínas (GPC) de superfície dos hantavírus. Gn é proteoliticamente clivada de Gc por proteases celulares (representado por tesoura). Uma arquitetura genômica similar é observada entre os membros das famílias *Nairoviridae*, *Phenuiviridae* e *Peribunyaviridae*. L: *large*; M: *medium*; S: *small*; SP: *signal peptide* (peptídeo-sinal); TM: *transmembrane region* (região transmembrana, mostrada como bloco sombreado); Cauda C: cauda citoplasmática. Adaptada de Mir, 2010; Mittler *et al.*, 2019.

Na Figura 19.2B, é mostrada a representação linear do complexo precursor das glicoproteínas (GPC) de superfícies dos hantavírus. O precursor, GPC, é clivado por proteases celulares no retículo endoplasmático (RE). A cauda citoplasmática da glicoproteína Gn contém um domínio estruturado, *zinc finger*, que provavelmente desempenha um papel nas interações com a proteína N durante a montagem do vírus, em algumas estirpes também pode bloquear a resposta do interferon tipo I (IFN-I) para limitar a resposta imunológica do hospedeiro à infecção; a Gc é uma proteína de fusão classe II semelhante em estrutura às glicoproteínas de flavivírus, alfavírus, vírus da rubéola e flebovírus.

## Biossíntese viral

A biossíntese dos hantavírus se inicia com a ligação das proteínas Gc e Gn do envelope viral à célula hospedeira através de receptores celulares (β-integrina e correceptor $CD_{55}$) presentes em células endoteliais, epiteliais e células do sistema imunológico (macrófagos, células dendríticas e linfócitos). Uma vez que as partículas estejam ligadas aos receptores celulares, são internalizadas por endocitose mediada por clatrina ou, alternativamente, por outras vias que não envolvem clatrina. No caso da endocitose mediada por clatrina, o revestimento de clatrina presente na vesícula será desmontado e a vesícula que abriga o vírion entrará no endossoma inicial (pH 6,0 a 6,5) que amadurece em um endossoma tardio (pH 5,0 a 6,0). A liberação das RNP no citoplasma ocorre a partir do endossoma tardio, após a fusão entre a membrana do endossoma e o envelope viral, dependente da acidificação do pH que induz alterações conformacionais na glicoproteína viral Gc.

A transcrição e a tradução ocorrem no local da liberação da RNP ou no compartimento intermediário do RE-complexo de Golgi. A polimerase viral, RpRd, possui funções de transcriptase, replicase e endonuclease; assim, é responsável tanto pela transcrição quanto pela replicação do genoma viral. Para iniciar a transcrição, a RpRd cliva a região *cap* 5′ dos RNA mensageiros (RNAm) celulares, formando iniciadores capeados (uma etapa que também pode ter participação de endonucleases celulares). Esses iniciadores capeados iniciam a transcrição dos RNAm virais.

A tradução dos RNAm S e L ocorre nos ribossomas livres e o RNAm M é traduzido nos ribossomas associados à membrana do RE, dando origem ao GPC, e é translocado para o lúmen do RE por um peptídeo-sinal endógeno localizado no terminal N. No RE, o GPC é clivado após a tradução, em um sítio conservado contendo o motivo WAASA, por proteases celulares, e são geradas as glicoproteínas Gn e Gc, que posteriormente sofrem *N*- e *O*-glicosilação e são translocadas para o complexo de Golgi ou para a membrana plasmática, onde ocorre a montagem das novas partículas.

Após a transcrição/tradução, a polimerase viral muda sua atividade para a replicação e amplificação dos RNAv, S, M e L. Os RNAv recém-sintetizados são envolvidos pela proteína N e associados a RpRd para formar as RNP. Dependendo do vírus, as glicoproteínas se acumulam nas membranas internas do complexo de Golgi ou na membrana citoplasmática, onde irão mediar a montagem e brotamento das partículas virais, seguido da liberação das novas partículas. A etapa de montagem dos hantavírus do Velho Mundo ocorre no complexo de Golgi e os vírus são liberados da célula pela via secretora, enquanto nos hantavírus do Novo Mundo a montagem e a liberação das partículas ocorrem na membrana plasmática.

Na Figura 19.3 observa-se um esquema representativo da biossíntese dos hantavírus.

## Evolução

Os hantavírus apresentam características peculiares em relação à sua filogenia, que os tornam um modelo para o estudo da coevolução parasita-hospedeiro.

Desde os primeiros estudos filogenéticos, ficou claro que o agrupamento evolutivo dos diferentes hantavírus apresentava certa congruência com a filogenia dos hospedeiros roedores. Isto forneceu um claro suporte à hipótese de codivergência de longo prazo. Desde então, vários estudos buscaram compreender o grau de coevolução entre os hantavírus e suas espécies hospedeiras, o que tem sido central na identificação de novos hantavírus. Embora os principais elementos dessa hipótese se sustentem, as novas descobertas envolvendo a ecologia e a evolução dos hantavírus, expandiram o número de espécies hospedeiras reconhecidas. Tal fato ampliou o número de exceções à congruência filogenética entre vírus e hospedeiros, além da ocorrência de exemplos, cada vez mais frequentes, de transmissão entre espécies e que parecem ter ocorrido nos níveis de ordem, família, gênero e espécie.

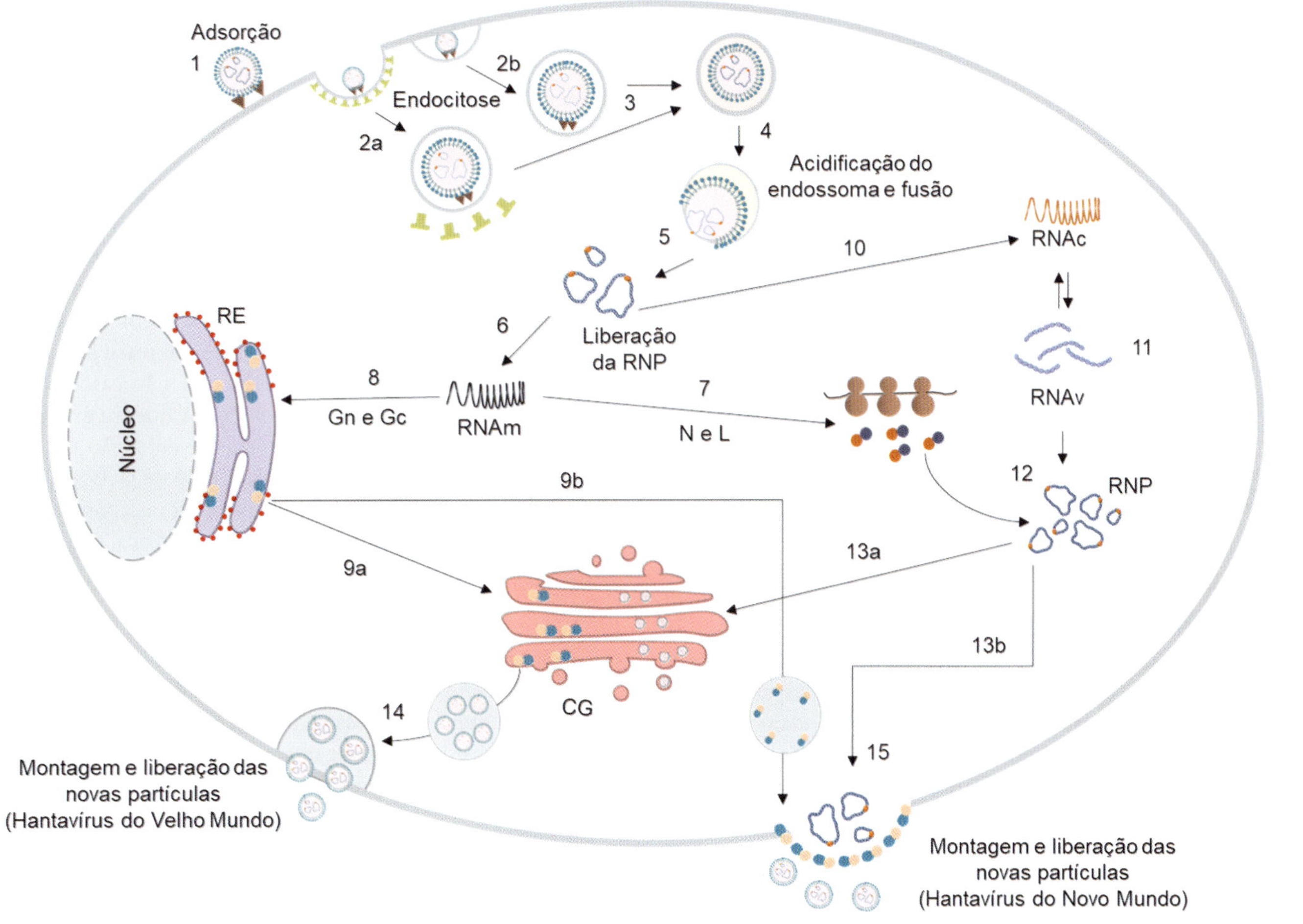


**Figura 19.3** Esquema representativo da biossíntese dos hantavírus. Os hantavírus infectam as células epiteliais, endoteliais, macrófagos, linfócitos e células dendríticas. A biossíntese tem início com a ligação da glicoproteína viral ao receptor presente na superfície da célula do hospedeiro (**1**). Uma vez que as partículas estejam ligadas aos receptores celulares, elas são internalizadas por endocitose mediada pela clatrina (**2a**) ou por outras vias independentes de clatrina (**2b**). As partículas virais trafegam pela via endocítica (**3**, **4**) até que a acidificação do endossoma, e possivelmente outros fatores celulares, desencadeiem o processo de fusão entre a membrana do endossoma e o envelope viral mediada pela glicoproteína Gc, liberando a ribonucleoproteína (RNP) no citoplasma (**5**). Segue-se a transcrição com síntese dos RNA mensageiros (RNAm) virais (**6**) e a tradução das proteínas virais, que ocorre em ribossomas livres no citoplasma (proteínas N e L, respectivamente) (**7**) e em ribossomas associados às membranas do retículo endoplasmático (RE) (proteínas Gn e Gc) (**8**). As proteínas Gc e Gn são glicosiladas e subsequentemente transportadas para o complexo de Golgi (CG) (**9a**) ou para a membrana plasmática (**9b**). Paralelamente à produção dos RNAm, ocorre a síntese da fita de RNA genômico complementar (antigenoma, RNAc) (**10**) que serve de molde para replicação e produção de novas cópias dos segmentos de RNA genômico viral (RNAv) (**11**). Os RNAv recém-sintetizados são associados às proteínas N e L para formar as RNP (**12**) que são endereçadas para o CG (**13a**) ou para a membrana citoplasmática (**13b**). A montagem dos hantavírus do Velho Mundo ocorre no CG, enquanto a montagem dos hantavírus do Novo Mundo ocorre na membrana plasmática. Os vírus são liberados da célula pela via secretora (**14**) ou diretamente da membrana plasmática (**15**).

A análise filogenética, considerando um grande número de estirpes virais identificadas em diferentes hospedeiros mamíferos, evidenciou a existência de quatro filogrupos com apoio estatístico significativo envolvendo diferentes hospedeiros. A filogenia também indicou a existência de rearranjo dos segmentos genômicos, reforçando a indicação de transmissão interespécies. Claramente, para que o rearranjo ocorra, é necessário que dois hantavírus infectem o mesmo hospedeiro mamífero (e a mesma célula dentro desse hospedeiro). Rearranjos já foram descritos entre estirpes estritamente relacionadas em populações de roedores residentes na mesma localidade e entre hantavírus mais distantemente relacionados filogeneticamente com hospedeiros de diferentes espécies. No entanto, apesar da frequência com que o rearranjo ocorre nos hantavírus, ainda não há evidências claras de que este fenômeno tenha facilitado a adaptação e a emergência a um novo hospedeiro. Porém, o entendimento de como ocorre a transmissão interespécies dos hantavírus é importante para a compreensão da sua emergência em populações humanas (ver *Capítulo 2*).

## Patogênese

A forma mais comum de contrair a infecção é através da inalação de aerossóis provenientes de excretas de roedores, durante as colheitas ou incursões no campo, ou na limpeza de galpões em áreas onde o roedor transmissor seja endêmico. A transmissão pessoa a pessoa nunca foi documentada no Brasil, mas na Argentina, durante um surto de SCPH causado pelo vírus Andes, em 1996, ocorreram vários casos cujas evidências epidemiológicas sugeriram essa forma de transmissão.

Dois fatores parecem desempenhar papel fundamental na patogênese da infecção por hantavírus em seres humanos: efeitos diretos causados pelo vírus e imunopatologia. Alguns mecanismos e ações desses dois fatores foram desvendados, mas muito ainda precisa ser elucidado. Tanto a FHSR quanto a SCPH/SPH são infecções agudas que afetam os sistemas renal, cardíaco, pulmonar, nervoso central e endócrino.

Os hantavírus patogênicos para seres humanos não são citopatogênicos para as células infectadas e a infecção tem um período de incubação de 12 a 21 dias. As proteínas de superfície Gn e Gc interagem com a β-3-integrina, a principal molécula receptora presente nas células endoteliais. Entretanto, os hantavírus não apenas infectam células endoteliais vasculares, mas também células epiteliais tubulares, células endoteliais glomerulares e podócitos do rim humano, e interferem nos contatos célula-célula em todos esses tipos de células.

A patogênese da hantavirose é amplamente atribuída à superprodução de citocinas inflamatórias ou "tempestade de citocinas", mediada principalmente pela grande produção dessas moléculas por macrófagos, monócitos e linfócitos em resposta a sinais proinflamatórios. O aumento da permeabilidade capilar é característico das infecções por hantavírus e acredita-se ser de fundamental importância fisiopatológica, causando hipotensão e dor abdominal na FHSR, bem como extravasamentos de líquido para o espaço alveolar e edema pulmonar que ocorrem na SCPH/SPH.

A presença de imunocomplexos e CID fornecem dados patológicos importantes nessas viroses. Anticorpos das classes IgM e IgG são encontrados logo no início da doença, sugerindo sua produção na fase inicial da infecção. Estas características reforçam a hipótese de que a patogênese da infecção por hantavírus seja de natureza imunopatológica.

Uma das características da doença do hantavírus (tanto para a FHSR quanto para a SCPH/SPH) é a trombocitopenia, além de neutrofilia com desvio à esquerda (sinal de produção aumentada de neutrófilos), linfocitose atípica e hemoconcentração. Esses achados são importantes para complementar e reforçar a suspeita clínica.

## Manifestações clínicas

As infecções por hantavírus podem ser agudas, inespecíficas (quadro febril transitório) ou inaparentes (identificada pela ocorrência de soroconversão). Nenhuma infecção crônica foi detectada em humanos; entretanto, alguns pacientes tiveram tempos de recuperação mais longos do que o esperado, embora não tenham sido observadas sequelas permanentes nesses pacientes.

Cinco fases clínicas são manifestadas em pacientes com FHSR típica: fases febril, hipotensiva, oligúrica, poliúrica e convalescente. Além disso, algumas dessas fases se sobrepõem em casos graves, mas podem não ser evidenciadas em casos leves da doença. O edema e a reação inflamatória (nefrite intersticial) levam à insuficiência renal que pode evoluir a óbito. A fase de convalescença pode durar por até 6 meses.

O curso típico da SCPH/SPH normalmente é mais grave que a da FHSR. A SCPH/SPH compreende três fases: prodrômica, cardiopulmonar e convalescente. O estágio prodrômico é caracterizado por sintomas inespecíficos similares à gripe, como febre, calafrios, mal-estar, cefaleia, vômito, dor abdominal e diarreia. Os sintomas da fase cardiopulmonar incluem tosse progressiva, falta de ar e taquicardia. Edema pulmonar não cardíaco e hipotensão são frequentemente observados. A doença grave causa insuficiência respiratória, necessitando de ventilação mecânica. Complicações de choque cardiogênico, acidose láctica e hemoconcentração podem causar morte poucas horas após a hospitalização. Os sobreviventes entram na fase poliúrica, seguida pela resolução do edema pulmonar.

### *Vírus Hantaan e Dobrava-Belgrado*

A FHSR causada pelo vírus Hantaan foi descrita na Sibéria, em 1913. É transmitida pelo camundongo-do-campo *Apodemus agrarius* por meio de aerossóis produzidos a partir de excretas dos animais. A doença incide nas áreas rurais durante o outono, época da colheita do arroz, e somente na China cerca de 100 mil casos da doença requerem tratamento hospitalar anualmente. Apesar de há muito tempo a natureza viral da doença e seu transmissor já serem conhecidos, o vírus Hantaan só foi isolado em 1977.

Os sinais clínicos característicos dessa síndrome são o eritema facial, especialmente visível no pescoço, erupção de petéquias geralmente restritas às axilas, equimoses (nos doentes graves) e hemorragias subconjuntivais. Clinicamente, a FHSR causada pelo vírus Hantaan (Ásia) e pelo vírus Dobrava-Belgrado (Europa Oriental) evolui em cinco fases: fase febril (início súbito, com febre e sintomas constitucionais); fase hipotensiva (instabilidade vascular e manifestações hemorrágicas, com risco de morte [choque] se não houver tratamento adequado nessa fase); fase oligúrica (quadro de insuficiência renal aguda e uremia, com alta incidência de mortalidade, a menos que seja instituído o tratamento de diálise); fase diurética ou poliúrica (anuncia a recuperação do paciente, mas pode levar a desequilíbrio hidroeletrolítico); e fase de convalescença (lenta e não deixa sequelas).

A mortalidade deve-se ao choque hipovolêmico irreversível ou a hemorragias intensas, em cerca de 10% dos casos. Na maioria dos casos, observa-se insuficiência renal aguda sem choque, e, em aproximadamente 1/3 dos casos, a manifestação é indiferenciada e sem comprometimento renal.

### *Vírus Seoul e Puumala*

O vírus Seoul é o único hantavírus patogênico cosmopolita conhecido até o momento. Seus reservatórios são os roedores urbanos da família *Muridae*, subfamília *Murinae*: *Rattus norvegicus*, *R. rattus* e *Mus musculus*. Esse vírus é agente de FHSR com mortalidade abaixo de 1% e com raras manifestações hemorrágicas. Observam-se comumente conjuntivas injetadas, petéquias palatais e hepatomegalia. Sintomas abdominais, disfunção renal e edema pulmonar são observados em maior ou menor grau. As cinco fases clínicas anteriormente citadas não são observadas aqui.

A nefropatia epidêmica é a forma mais branda de FHSR e é causada pelo vírus Puumala, endêmico no norte da Europa. As manifestações clínicas são menos graves e queixas de miopia e visão embaçada são frequentes.

### *Vírus Sin Nombre e Andes*

O vírus Sin Nombre difere dos vírus anteriores porque o quadro predominante é a síndrome aguda de angústia respiratória conhecida como síndrome (cardio)pulmonar dos hantavírus (SCPH/SPH). O início é súbito, com febre, mialgia e mal-estar, evoluindo rapidamente para tosse e dispneia. A radiografia de tórax mostra infiltrado pulmonar difuso (intersticial) bilateral, e choque cardiopulmonar por edema pulmonar não cardiogênico pode encerrar abruptamente a doença com óbito. Esse agravamento ocorre entre 2 e 24 horas após o início da febre, mas pode reverter subitamente, sendo precedido por uma fase diurética. A doença não deixa sequelas. Na Argentina, um vírus semelhante, denominado vírus Andes, foi detectado em uma epidemia em área rural. No Brasil, os hantavírus têm sido detectados em vários estados.

## Diagnóstico laboratorial

Por serem os hantavírus de difícil isolamento em cultura de células, o método de diagnóstico mais apropriado é a detecção de anticorpos de classe IgM e IgG por ensaio imunoenzimático (EIA, *enzyme immunoassay*) de captura ou por reação em cadeia da polimerase associada à transcrição reversa (RT-PCR, *reverse transcription polymerase chain reaction*). No Brasil, atualmente, os exames laboratoriais para diagnóstico específico da hantavirose são realizados em laboratórios de referência, sendo o diagnóstico feito basicamente por meio da sorologia. Os anticorpos da classe IgM são detectados em aproximadamente 95% dos pacientes com SCPH/SPH, desde que a amostra de soro seja colhida no início dos sintomas, sendo, portanto, um método efetivo para o diagnóstico de hantavirose. No caso de fragmentos de órgãos para confirmação da causa do óbito, a técnica recomendada é a imuno-histoquímica, que identifica antígenos específicos. O antígeno N dos hantavírus é grupo-específico, podendo ser identificado por EIA, ao passo que a glicoproteína Gn é tipo-específica, podendo ser detectada por *Western blotting* (WB).

## Epidemiologia

Os hantavírus do Velho Mundo são agentes etiológicos da FHSR que se caracteriza por instabilidade vascular, hemorragias generalizadas e insuficiência renal aguda causada por nefrite intersticial. A espécie mais virulenta é a *Dobrava-Belgrade orthohantavirus*, conhecida como vírus Dobrava-Belgrado, endêmico na Europa Oriental e Bálcãs (mortalidade de 15%), seguido pelo vírus Hantaan (*Hantaan orthohantavirus*), endêmico na Ásia (mortalidade de 5 a 10%). Na Escandinávia e na Suécia, o vírus Puumala (*Puumala orthohantavirus*) é endêmico, causador de febre hemorrágica branda, com nefrite instersticial sem gravidade, denominada nefrite epidêmica. O vírus Seoul (*Seoul orthohantavirus*) é agente de uma forma branda de FHSR (mortalidade em torno de 1%) e ocorre em todo o mundo, pois seu reservatório são as espécies cosmopolitas *Rattus norvegicus* e *Rattus rattus*.

Os hantavírus do Novo Mundo são agentes da SCPH/SPH, insuficiência respiratória grave causada por edema pulmonar agudo devido à pneumonite intersticial. Essa síndrome é causada pelo vírus Sin Nombre (*Sin Nombre orthohantavirus*) na América do Norte e pelo vírus Andes (*Andes orthohantavirus*) na América do Sul, estando associada a taxas de mortalidade de cerca de 40%.

Em 1993, foram registrados os primeiros casos de SCPH/SPH no Brasil, na região de Juquitiba, estado de São Paulo. Desde então, outros casos têm sido isolados e documentados em boa parte do território brasileiro, onde circulam diversos genótipos relacionados com a grande maioria de casos notificados: Juquitiba, Araraquara, Castelo dos Sonhos, Laguna Negra, Rio Mamoré e Anatajuba. Outros genótipos foram encontrados somente em roedores: Jaborá e Rio Mearim (Figura 19.4). No entanto, dentre os genótipos descritos no Brasil, somente o vírus Laguna Negra (*Laguna Negra orthohantavirus*) é reconhecido como espécie pelo ICTV, até o momento. De acordo com as normas vigentes de classificação do ICTV, esses genótipos seriam estirpes de algumas das espécies estabelecidas, como por exemplo, o Rio Mamoré vírus, que seria na verdade uma estirpe do vírus Laguna Negra; e o vírus Araraquara, que pertence à linhagem do vírus Andes.

Os principais reservatórios dos hantavírus no Brasil são roedores dos gêneros: *Oligoryzomys* (vírus Juquitiba, Castelo dos Sonhos, Anajatuba e Rio Mamoré); *Calomys* (vírus Laguna Negra); *Necromys* (vírus Araraquara); *Akodon* (vírus Jaborá); e *Holochilus* (vírus Rio Mearim).

Estudos têm demonstrado que outros hospedeiros também podem atuar como reservatórios para os hantavírus, como por exemplos, os morcegos neotropicais. No Brasil, estudos identificaram hantavírus em reservatórios não roedores como: morcegos frugívoros (*Anoura caudifer* e *Carollia perspicillata*) e hematófagos (*Diphylla ecaudata* e *Desmodus rotundus*), assim como marsupiais (*Micoureus paraguayanus*, *Monodelphis iheringi* e *Didelphis aurita*). Análises filogenéticas demonstraram que os vírus descobertos nesses animais apresentavam alta similaridade com o vírus Araraquara, previamente associado a roedores. Mais estudos, envolvendo dados ecológicos e evolutivos de morcegos podem esclarecer os papéis desses animais como potenciais reservatórios zoonóticos dos hantavírus. Entretanto, cabe ressaltar que devido ao comportamento altamente social dos morcegos,

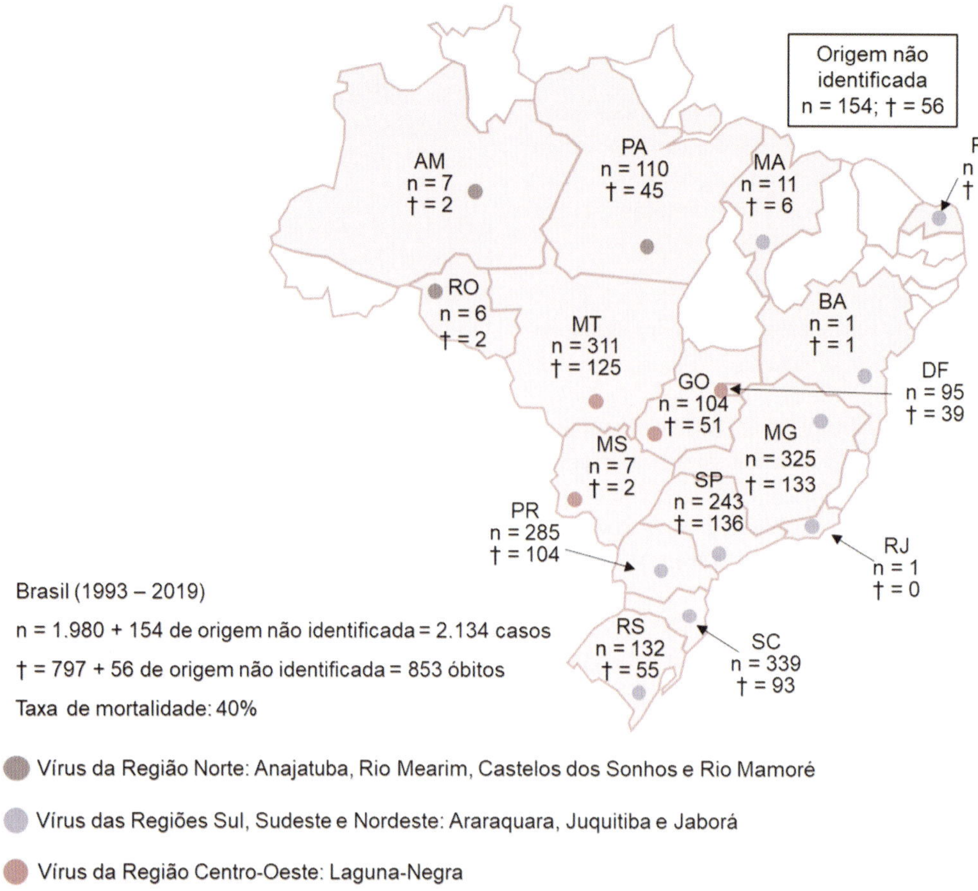


**Figura 19.4** Número de casos e óbitos por hantavirose no Brasil e distribuição geográfica das variantes de hantavírus no país (1993-2019). (Informações atualizadas até 25 de abril de 2019.) Fonte: adaptada de Pinto Junior, 2014; atualizada com os dados do Ministério da Saúde do Brasil até 25 de abril de 2019.

estes podem favorecer a manutenção, evolução e disseminação desses e outros vírus patogênicos.

Dados epidemiológicos demonstram que entre 1993 e 2019, foram confirmados 2.134 (1.980 identificados + 154 de origem não informada) casos de hantavirose. O número médio de casos por ano ficou em torno de 80 e a maior parte dos casos se concentrou na Região Sul (35,4%), seguida da Região Sudeste (26,7%), Centro-Oeste (24,2%), Norte (5,8%) e Nordeste (0,7%). Em 7,2% dos casos, a origem do paciente não foi identificada (ver Figura 19.4). A infecção afetou principalmente indivíduos do sexo masculino entre 20 e 49 anos. Em relação aos antecedentes epidemiológicos, a maioria dos casos ocorreu em áreas rurais, entre indivíduos que exerciam atividades profissionais relacionadas à agricultura, como limpeza de galpões, desmatamento ou com algum tipo de contato direto com roedores. A taxa de letalidade média foi de 46,5% e a maioria dos pacientes necessitou de assistência hospitalar.

## Prevenção e tratamento

A prevenção da hantavirose se baseia na utilização de medidas que impeçam o contato do homem com os roedores silvestres e suas excretas. As medidas de controle devem conter ações que impeçam a aproximação dos roedores, como, por exemplo, roçar o terreno em volta da casa, dar destino adequado aos entulhos existentes, manter alimentos estocados em recipientes fechados e à prova de roedores, além de outras medidas que impeçam a interação entre o homem e roedores silvestres, nos locais onde é conhecida a presença desses animais.

Até o momento, não existem medicamentos antivirais específicos para o tratamento de infecções por hantavírus. Uma alternativa explorada foi a ribavirina, que apresentou alguns efeitos *in vitro* e *in vivo* sobre a biossíntese dos hantavírus. A terapia de suporte permanece como o melhor método para controlar a progressão ao óbito. Gerenciamento cuidadoso de fluidos, balanço eletrolítico e monitoramento hemodinâmico são as melhores opções para terapia de suporte de FHSR e SCPH/SPH; dessa forma os pacientes devem ser removidos para Unidade de Terapia Intensiva (UTI) o mais breve possível.

# Febres hemorrágicas por outros membros da ordem *Bunyavirales*

## Família *Nairoviridae* e gênero *Orthonairovirus*: febre hemorrágica da Crimeia-Congo

O vírus da febre hemorrágica da Crimeia-Congo (CCHFV, *Crimean-Congo hemorrhagic fever orthonairovirus*) possui genoma de RNA de fita simples (RNAfs) segmentado (três segmentos totalizando aproximadamente 19,2 kb), sendo classificado na família *Nairoviridae*, gênero *Orthonairovirus*. Dessa forma, a organização da partícula viral e do genoma é similar à dos

*Orthoantavirus*, descritos anteriormente. A febre hemorrágica da Crimeia-Congo (FHCC) foi descrita pela primeira vez em seres humanos na década de 1940, quando soldados que ocupavam terras agrícolas abandonadas nas estepes ocidentais da Crimeia adoeceram com um quadro hemorrágico. No final da década de 1960, descobriu-se que o agente causador dessa doença hemorrágica na Crimeia era semelhante ao agente causador de doença hemorrágica no Congo Belga (atual República Democrática do Congo), e então, o nome vírus da febre hemorrágica da Crimeia-Congo foi atribuído ao patógeno.

A FHCC é endêmica na África, nos Bálcãs, no Oriente Médio e em países localizados ao sul do continente asiático, abaixo do 50º paralelo, o limite geográfico da principal espécie de carrapato vetor. Dessa forma, o CCHFV apresenta a distribuição geográfica mais ampla dentre todos os vírus transmitidos por carrapatos que causam doença em seres humanos. O CCHFV foi encontrado em cerca de 30 espécies diferentes de carrapatos; entretanto, o vetor mais eficiente é o carrapato *Hyalomma marginatum*. Os hospedeiros vertebrados englobam uma ampla variedade de animais selvagens e domésticos, incluindo bovinos, caprinos e ovinos. Muitas aves são resistentes à infecção, porém avestruzes são suscetíveis e podem apresentar alta prevalência de infecção em áreas endêmicas. A transmissão entre humanos pode ocorrer pelo contato com sangue, secreções, órgãos e outros fluidos corporais das pessoas infectadas.

Após um período de incubação de poucos dias, os sintomas inespecíficos de uma síndrome febril viral se manifestam. Depois desse período, os pacientes entram no período hemorrágico, que acomete vários sítios corporais. As taxas de mortalidade são diferentes entre os surtos da doença, porém tipicamente se distribuem entre 5 e 30%. Assim como para as hantaviroses, trombocitopenia é frequentemente observada nos casos graves, acompanhada por um quadro de CID. Também se observam níveis altos de citocinas inflamatórias, indicando que a infecção pelo CCHFV induz uma forte resposta inflamatória.

Atualmente, não existe tratamento ou vacina específica para a FHCC. Embora a Organização Mundial da Saúde (OMS) sugira a utilização de ribavirina para o tratamento da infecção, os dados clínicos são inconsistentes em relação aos benefícios desse antiviral na melhora do quadro clínico do paciente. Os testes de laboratório usados para diagnosticar a FHCC incluem o EIA (antígenos, IgM e IgG), RT-PCR e isolamento viral.

## Família *Phenuiviridae* e gênero *Phlebovirus*: febre do vale Rift

O vírus da febre do vale Rift (RVFV, *Rift Valley fever phlebovirus*) é um patógeno zoonótico transmitido por mosquitos que frequentemente causa morbimortalidade grave em humanos e animais. Diferentemente dos outros vírus da ordem *Bunyavirales* descritos até agora, o genoma tripartido de 11,5 kb do vírus é composto por RNA de fita simples, formando os segmentos L e M de sentido negativo (RNAfs–), enquanto seu segmento S é ambissenso.

O vírus foi identificado pela primeira vez em 1931, durante a investigação de uma epidemia entre ovelhas em uma fazenda no vale Rift, no Quênia. Repetidas epizootias e epidemias ocorreram no leste e sul da África durante anos com chuvas excepcionais associadas com oscilações climáticas devidas ao El Niño. Posteriormente, o vírus se espalhou para outros continentes e atualmente é descrito em mais de 30 países. Mesmo tendo se espalhado com sucesso por diversos países, os surtos causados pelo RVFV foram descritos até o momento na África e no Oriente Médio. A grande capacidade de dispersão desse vírus levou a OMS a defini-lo como um vírus com grande potencial de causar uma emergência de saúde pública, para a qual não existem medidas de controle suficientes.

Os casos em humanos resultam principalmente da transmissão através de mosquitos infectados ou do contato com tecidos de animais contaminados com vírus, como fluidos ou tecidos de fetos abortados. Os mosquitos do gênero *Aedes* constituem o reservatório enzoótico e são os vetores primários, enquanto mosquitos dos gêneros *Culex*, *Anopheles* e *Mansonia* são importantes vetores secundários. A distribuição global dos mosquitos dos gêneros *Aedes* e *Culex* favorece o potencial emergente do RVFV.

A maioria dos casos em humanos resulta em síndrome gripal autolimitada, mas uma pequena porcentagem (aproximadamente 1 a 2%) evolui para síndrome hemorrágica com alta fatalidade. Os sintomas dessa forma da doença aparecem 2 a 4 dias após o início da doença, com comprometimento hepático grave. Posteriormente, aparecem sinais de hemorragia (vômito de sangue, equimoses etc.). A relação caso-fatalidade para pacientes que desenvolvem a forma hemorrágica da doença é alta, em aproximadamente 50%. A morte geralmente ocorre 3 a 6 dias após o início dos sintomas. O vírus pode ser detectado no sangue por até 10 dias em pacientes com a forma ictérico-hemorrágica da febre do vale Rift. Como os sintomas dessa doença são variados e inespecíficos, o diagnóstico definitivo deve ser feito em laboratório através de RT-PCR, EIA (IgM e IgG) e isolamento viral em cultura de células.

## Família *Peribunyaviridae* e gênero *Orthobunyavirus*: febre hemorrágica do vírus Ngari

O vírus Ngari (NRIV) foi isolado pela primeira vez em mosquitos da espécie *Aedes simpsoni* no sudeste do Senegal, em 1979. Posteriormente, foi isolado de várias espécies de mosquitos no Senegal, em Burquina Faso, na República Centro-Africana e em Madagascar. O isolamento do NRIV de dois pacientes em Dakar, em 1993, levantou a possibilidade de que ele fosse também patogênico para seres humanos. Pelo menos duas grandes epidemias de FH causada por NRIV ocorreram na África Central. A primeira epidemia reconhecida de FH causada por NRIV ocorreu no Quênia, na Somália e na Tanzânia entre 1998 e 1999. Retrospectivamente, uma epidemia ocorrida no Sudão, em 1988, foi identificada como sendo causada por esse vírus.

O NRIV ainda não está bem caracterizado devido à detecção apenas esporádica em populações humanas e de animais na África. Assim como outros vírus da ordem *Bunyavirales*, o NRIV possui um genoma constituído de três segmentos de RNA de sentido negativo que empregam uma variedade de estratégias de codificação para gerar proteínas estruturais e não estruturais. Através da análise genética do NRIV, descobriu-se que o mesmo resultou de um evento de rearranjo entre dois outros vírus do gênero *Orthobunyavirus*: dos segmentos genômicos S e L do vírus Bunyamwera e o segmento M do vírus Batai. Esses três vírus são transmitidos por mosquitos e fazem parte do sorogrupo Bunyamwera, sendo considerados variantes da espécie

*Bunyamwera orthobunyavirus*. O rearranjo é comum entre os buniavírus, mas acredita-se que o NRIV seja o único rearranjo natural do sorogrupo Bunyamwera. Porém, como esses vírus são pouco caracterizados, ainda existe uma lacuna no entendimento de como esse rearranjo poderia ter ocorrido e as consequências epidemiológicas desse evento.

O vírus Ngari pode causar febre hemorrágica grave e fatal em humanos. As manifestações clínicas causadas pelo NRIV são semelhantes às exibidas durante a infecção RVFV, como observado nas epidemias do Quênia e da Somália (1998-1999) e no surto da Mauritânia (2010). O NRIV também foi isolado de pequenos ruminantes com manifestações hemorrágicas.

# Febres hemorrágicas por flavivírus

A dengue é a arbovirose mais disseminada atualmente no mundo. Juntamente com a febre amarela, são as febres hemorrágicas que mais preocupam a medicina e a vigilância sanitária brasileira. As infecções causadas pelos vírus da dengue e febre amarela estão apresentadas no *Capítulo 18*. Neste capítulo, serão abordadas duas outras febres hemorrágicas cujos agentes etiológicos são flavivírus transmitidos por carrapatos, que não ocorrem no Brasil: a febre hemorrágica de Omsk e a doença da floresta de Kyasanur.

## Classificação e características

Os vírus causadores da doença da floresta de Kyasanur (KFDV, *Kyasanur Forest disease virus*) e da febre hemorrágica de Omsk (OHFV, *Omsk hemorrhagic fever virus*) pertencem à família *Flaviviridae*, gênero *Flavivirus*, e se encaixam no chamado sorocomplexo dos vírus de encefalite originada de carrapatos (TBEV, *tick-borne encephalitis viruses*). O KFDV e o OHFV são os únicos membros do sorocomplexo da TBEV que causam febre hemorrágica com implicações neurológicas. Tanto o KFDV quanto o OHFV apresentam organização genômica típica dos flavivírus (genoma de cerca de 10 kb, RNA de fita simples positiva [RNAfs+] linear que codifica uma única poliproteína). O vírus da febre hemorrágica de Alkhurma (AHFV) é considerado uma variante do KFDV, apresentando uma similaridade genômica de ~90%.

## Evolução

A emergência do AHFV em meados dos anos 1990 e sua notável semelhança genética com o KFDV sugeriram que o AHFV surgiu de uma recente introdução do KFDV da Índia na Arábia Saudita. Entretanto, através de análises evolutivas considerando o relógio molecular, estimaram que a divergência entre os ancestrais do AHFV e do KFDV ocorreram no século XIV. Este achado, juntamente com as datas estimadas de origem do ancestral das estirpes de AHFV (≈1925) e KFDV (≈1933), e com uma lenta taxa evolutiva ($9,2 \times 10^{-5}$ substituição/sítio/ano), indica que os dois vírus evoluíram separadamente e o AHFV não é resultado da recente introdução da KFDV na Arábia Saudita.

Um estudo evolutivo similar conduzido com o OHFV demonstrou que as linhagens atuais surgiram a partir de um ancestral que existia no século XIV, um período similar ao encontrado para o ancestral dos AHFV e KFDV. A taxa evolutiva foi estimada em $1,4 \times 10^{-4}$ substituição/sítio/ano. Adicionalmente, dois clados foram encontrados, indicando que, após a sua emergência, o OHFV se propagou para diferentes áreas infectando tanto humanos quanto outros animais.

## Manifestações clínicas

Após um período de incubação de 3 a 8 dias, os sintomas da febre hemorrágica de Omsk começam subitamente com calafrios, febre, cefaleia e fortes dores musculares com vômitos e sintomas gastrointestinais. Sintomas hemorrágicos se iniciam de 3 a 4 dias após os primeiros sintomas. Após 1 a 2 semanas, alguns pacientes se recuperam sem complicações. No entanto, para um subconjunto de pacientes, a doença é bifásica, com uma segunda onda de sintomas que incluem febre e encefalite. A taxa de mortalidade é baixa (0,5 a 3%).

A doença da floresta de Kyasanur apresenta um período de incubação e sintomas iniciais muito parecidos com a febre hemorrágica de Omsk. Porém, de 10 a 20% dos pacientes apresentam uma segunda fase de sintomas, que incluem manifestações neurológicas, como cefaleia intensa, distúrbios mentais, tremores e déficits de visão. A taxa estimada de casos fatais é de 3 a 5%. As informações sobre os sinais e sintomas da febre hemorrágica de Alkhurma ainda são limitadas. Os pacientes inicialmente apresentam sintomas similares à gripe. Em alguns pacientes, uma segunda fase aparece, com manifestação de sintomas neurológicos e hemorrágicos, que compõem a forma grave. Com a progressão da doença, ocorre falência de múltiplos órgãos precedendo resultados fatais que ocorrem entre 1 e 20% dos casos.

## Diagnóstico laboratorial

O diagnóstico clínico dessas infecções é difícil, uma vez que elas apresentam semelhanças entre si, como também com outras febres hemorrágicas que ocorrem em áreas geográficas semelhantes como a febre hemorrágica da Crimeia-Congo e febre do vale Rift. O diagnóstico laboratorial pode ser feito no estágio inicial da doença através da detecção molecular por RT-PCR, ou isolamento viral a partir de amostras de sangue. Posteriormente, podem ser realizados testes sorológicos para busca de IgM e IgG utilizando EIA.

## Epidemiologia

As primeiras epidemias relatadas de febre hemorrágica de Omsk ocorreram entre 1945 e 1948, na Sibéria, Rússia. Atualmente, a doença já foi descrita nas regiões de Omsk, Novosibirsk, Kurgan e Tyumen, todas na Sibéria ocidental. Os roedores servem como hospedeiro principal do vírus, que é transmitido a partir da picada de um carrapato infectado. Os vetores carrapatos mais comuns incluem *Dermacentor reticulatus*, *Dermacentor marginatus* e *Ixodes persulcatus* e os reservatórios mamíferos incluem o rato-almiscarado (*Ondatra zibethicus*), além de duas espécies de roedores cricetídeos (*Arvicola terrestres* e *Microtus gregalis*). Os ratos-almiscarados não são nativos da região de Omsk, mas foram introduzidos na área e agora são alvos para caçadores.

A doença da floresta de Kyasanur foi descrita pela primeira vez em 1957 na Índia, na floresta de Kyasanur. Esta doença se restringe à Índia, principalmente afetando indivíduos nos vilarejos periféricos à floresta de Kyasanur, sendo transmitida a humanos e animais principalmente pelo vetor carrapato *Haemaphysalis spinigera*. Roedores, musaranhos e macacos são hospedeiros comuns após serem picados por carrapato infectado.

Os sintomas desta doença incluem, entre outros, cefaleia na região frontal, prostração grave, febre alta e conjuntivite, sangramento do nariz, boca e trato gastrointestinal. Normalmente são relatados de 400 a 500 casos em humanos por ano.

Uma variante do vírus causador da doença da floresta de Kyasanur foi isolada em 1995 de um paciente na Arábia Saudita, recebendo o nome de febre hemorrágica de Alkhurma. Casos subsequentes foram documentados em turistas no Egito, expandindo a área geográfica de distribuição do vírus. A transmissão da variante viral causadora da febre hemorrágica de Alkhurma não é bem conhecida. Os seus hospedeiros carrapatos descritos (*Ornithodoros savignyi* e *Hyalomma dromedarii*) são amplamente distribuídos. As pessoas podem ser infectadas através da picada de carrapato ou ao esmagar carrapatos infectados. Estudos epidemiológicos indicam que o contato com animais domésticos ou gado pode aumentar o risco de infecção em humanos. Nenhuma transmissão entre humanos foi documentada. Embora geneticamente relacionados, os vírus causadores da febre hemorrágica de Alkhuma e da doença da floresta de Kyasanur são surpreendentemente diferentes em seu modo de patogênese e tropismo tecidual.

### Prevenção e tratamento

Existe uma vacina fabricada na Índia para a doença da floresta de Kyasanur. Esta vacina é disponibilizada nos distritos endêmicos como forma de controle da doença. Não há tratamento específico para essas doenças. Os pacientes devem receber terapia de suporte, que inclui a manutenção da hidratação e as precauções usuais para pacientes com distúrbios hemorrágicos.

## Febres hemorrágicas por arenavírus

Os arenavírus que infectam seres humanos correspondem às estirpes que possuem, como hospedeiros, roedores nativos das Américas, Europa e África e são classificados historicamente como arenavírus do Novo Mundo e do Velho Mundo. Os vírus do Velho Mundo são mantidos em roedores pertencentes à subfamília *Murinae*, enquanto os vírus do Novo Mundo (com algumas exceções) são mantidos em roedores das subfamílias *Neotominae* (América do Norte) ou *Sigmodontinae* (América Latina e Caribe). A distribuição geográfica desses vírus é determinada pela abrangência espacial de seu respectivo hospedeiro. Os arenavírus causadores de febres hemorrágicas, conhecidos até o momento, incluem os vírus Junin (Argentina), Machupo (Bolívia), Guanarito (Venezuela) e Sabiá (Brasil), pertencentes ao grupo dos arenavírus do Novo Mundo. Na África, temos o vírus da febre de Lassa (endêmico em Serra Leoa, Nigéria e Libéria), que faz parte do grupo de arenavírus do Velho Mundo. O Quadro 19.4 relaciona os arenavírus que causam doença em seres humanos.

### Classificação e características

Os arenavírus que infectam humanos fazem parte da família *Arenaviridae*, da ordem *Bunyavirales*. Essa família viral engloba quatro gêneros recém-criados: *Mammarenavirus*, *Reptarenavirus*, *Hartmanivirus* e *Antennavirus*. Como observado pelos nomes, o gênero *Mammarenavirus* abrange os vírus que infectam hospedeiros mamíferos (dentre eles os seres humanos), os reptarenavírus e hartmanivírus infectam hospedeiros reptilianos, enquanto os antennavírus infectam peixes marinhos. O gênero *Mammarenavirus* é subdividido em grupos do Velho Mundo e do Novo Mundo, englobando 39 espécies distintas reconhecidas pelo ICTV. O grupo dos arenavírus do Velho Mundo consiste em uma única linhagem composta por cinco espécies, enquanto o grupo dos arenavírus do Novo Mundo é composto por quatro linhagens: clados A, B, C e um clado provisório, D.

As partículas virais são pleomórficas, mas predominantemente esféricas, com diâmetro variando entre 40 e 200 nm (em média 100 nm), com granulações características em seu interior devido à incorporação de alguns ribossomas durante a saída do vírus da célula. Essas granulações foram as responsáveis pela designação do vírus a partir da raiz latina *arena* que significa areia. Os dois segmentos genômicos L (*large*) e S (*small*) estão envoltos pela nucleoproteína NP juntamente com a proteína L (RpRd), formando o complexo ribonucleoproteico (RNP). Os segmentos genômicos L e S estão presentes na proporção 1:2, respectivamente. Pequenas quantidades de RNA antigenômicos L e S estão presentes dentro dos vírions. Ribossomas celulares podem ser incorporados à partícula, embora o significado biológico desse evento seja desconhecido. Os segmentos de RNA circularizam por pareamento de suas extremidades e são encobertos pela proteína NP, tendo para cada segmento uma RpRd associada. Envolvendo esse conjunto encontra-se um envelope contendo espículas de glicoproteínas virais formadas por complexos tetraméricos das glicoproteínas GP1 e GP2. As glicoproteínas de superfície estão alinhadas com a proteína Z (matriz) subjacente (Figura 19.5).

Os arenavírus têm um genoma de RNA ambivalente que consiste em dois segmentos de RNA de fita simples, os segmentos S de aproximadamente 3 kb e L de aproximadamente 7 kb. O segmento L codifica a proteína L (RpRd) e a proteína matriz

**Quadro 19.4** Arenavírus que causam doença em seres humanos.

| Vírus | | Doença | Distribuição |
|---|---|---|---|
| Complexo LCM | LCM | Coriomeningite linfocítica | Mundial |
| | Lassa | Febre de Lassa | África Ocidental |
| Complexo Tacaribe | Junin | FH argentina | Argentina |
| | Machupo | FH boliviana | Bolívia |
| | Guanarito | FH venezuelana | Venezuela |
| | Sabiá | FH brasileira | Brasil |
| | Whitewater Arroyo | FH com falência renal | Estados Unidos da América |

FH: febre hemorrágica; LCM: coriomeningite linfocítica (infecção não hemorrágica que acomete tipicamente roedores).

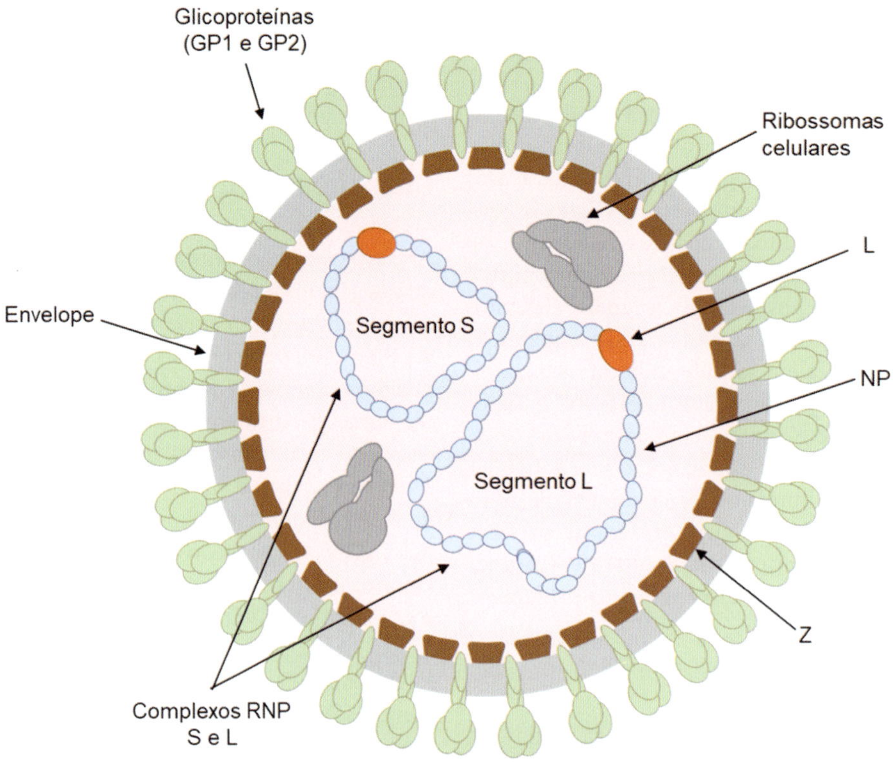


**Figura 19.5** Esquema da partícula dos arenavírus. As partículas virais são pleomórficas, mas predominantemente esféricas, com diâmetro variando entre 40 e 200 nm (média de 100 nm). O envelope contém espículas de glicoproteínas virais formadas por complexos tetraméricos das glicoproteínas GP1 e GP2. As glicoproteínas de superfície estão alinhadas com a proteína Z subjacente. Os dois segmentos genômicos L (*large*) e S (*small*) estão envoltos pela nucleoproteína NP juntamente com a proteína L (RNA polimerase-RNA dependente), formando a ribonucleoproteína (RNP). Ribossomas celulares podem ser incorporados à partícula.

ligada ao zinco (proteína Z), enquanto o segmento S codifica a proteína NP (nucleoproteína) e a proteína GPC precursora das glicoproteínas GP1 e GP2, e do peptídeo de sinal estável (SSP, *stable signal peptide*). Na Figura 19.6 está mostrado um esquema da arquitetura do genoma dos arenavírus, com os produtos dos dois segmentos produzidos durante a biossíntese viral.

Os dois segmentos genômicos são ambivalentes (*ambisense*), isto é, a transcrição ocorre em ambas as direções em um mesmo RNA viral, sem que haja sobreposição das ORF. As duas ORF presentes em cada um dos RNA genômicos são separadas por uma região intergênica (IGR, *intergenic region*) não codificante. As sequências da IGR têm o potencial de formar estruturas secundárias estáveis na forma de grampos e contêm os locais de terminação da transcrição. Cada segmento de RNA é flanqueado por regiões não codificantes (NCR) nos terminais 3′ e 5′. As primeiras 19 bases das NCR são complementares entre si e facilitam a formação de estruturas de aparência circular, conhecidas como *panhandle*.

## Biossíntese viral

A biossíntese dos arenavírus começa com a adsorção da partícula viral aos receptores presentes na superfície da célula. Além dos diferentes receptores celulares, os vírus do grupo Velho Mundo e Novo Mundo também utilizam diferentes vias de entrada na célula. Após a ligação com diferentes tipos de receptores celulares, o vírus é endocitado através de vias dependentes ou independentes de clatrina, dependendo da estirpe viral. Após a endocitose, os vírus são entregues aos endossomas acidificados, onde o pH baixo induz a fusão entre o envelope viral e a membrana endossômica. As RNP são então liberadas no citoplasma, onde ocorrem a replicação e a transcrição do genoma viral.

Depois que o complexo de replicação é liberado no citoplasma, a proteína L, em conjunto com a proteína NP, inicia a replicação do genoma viral. A associação das proteínas L e NP com o genoma viral na célula é considerada o requisito mínimo para início da replicação. A RpRd, através de seu domínio endonuclease, age capturando os *cap* 5′ do RNAm celular, iniciando a transcrição das ORF de L e NP (genes iniciais), presentes nos segmentos S e L, respectivamente. Posteriormente, a RpRd, através de seu domínio replicase, move-se através da IGR e gera um RNA genômico complementar (antigenoma, RNAc). Estes antigenomas são utilizados como moldes para a síntese dos RNAm das proteínas GPC do segmento S e Z do segmento L (genes tardios). As moléculas do genoma complementar também servirão de moldes para amplificação de RNA genômicos dos arenavírus.

A proteína Z desempenha muitas funções na fase de replicação tardia. Uma delas é a interação com a proteína L e consequente inibição da sua função de polimerase. Após todas as proteínas virais serem expressas, os RNA genômicos dos segmentos L e S são envolvidos por NP e L para formar complexos RNP. A interação entre a proteína Z e as demais proteínas virais, juntamente com as interações com o complexo ESCRT (complexo de classificação endossômica necessário para o transporte [*endosomal sorting complexes required for transport*]), facilitam a translocação do

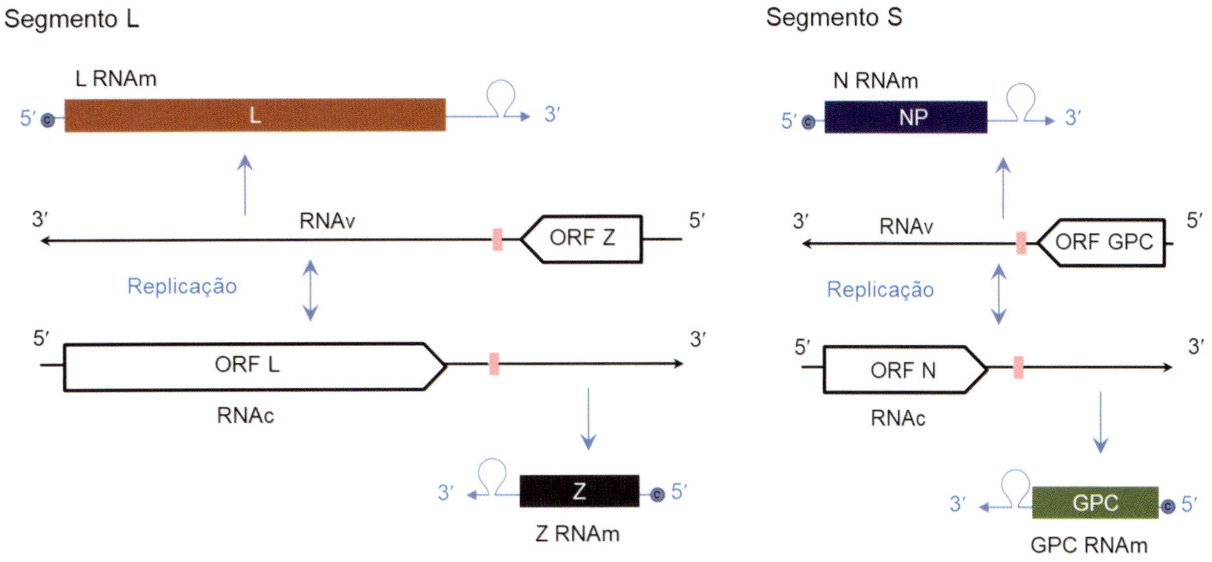


**Figura 19.6** Arquitetura genômica da família *Arenaviridae.* Ambos os RNA são transcritos em duas direções (ambivalência). O segmento L (*large*) é transcrito e traduzido na proteína Z, que participa de vários processos, principalmente na regulação da virulência por meio do controle da síntese do RNA viral. O segmento S (*small*) é traduzido no precursor (GPC) que dá origem às glicoproteínas virais GP1 e GP2 presentes no envelope e importantes na interação vírus-célula. RNAm: RNA mensageiro; RNAv: RNA genômico viral; RNAc: RNA antigenoma (RNA complementar ao genoma viral); NP: nucleoproteína; ORF: *open reading frame* (sequência de leitura aberta).

complexo de replicação para a membrana celular, em preparação para a etapa de brotamento das partículas virais.

Um esquema do ciclo de biossíntese dos arenavírus está apresentado na Figura 19.7.

## Evolução

A associação preferencial do gênero *Mammarenavirus* do Velho e Novo Mundo com subfamílias específicas de roedores foi proposta como uma consequência de relações evolutivas de longo prazo e, possivelmente, coespeciação. Entretanto, análises evolutivas recentes demonstraram que a divergência entre as linhagens dos vírus do gênero *Mammarenavirus* do Novo e Velho Mundo data de aproximadamente 45.000 anos, um período muito mais recente do que o período de divergência entre as famílias *Murinae* e *Cricetidae* (aproximadamente 20 milhões de anos), rejeitando a hipótese de codivergência. Ainda não foi possível estimar o local de origem dos vírus do gênero *Mammarenavirus* ou como eles foram capazes de infectar roedores nos continentes americano e africano.

Os arenavírus, como outros vírus de RNA, apresentam uma alta divergência devido às altas taxas de mutação de sua RpRd de baixa fidelidade e também devido a rearranjos e possivelmente eventos de recombinação que contribuíram para a diversificação viral durante sua a evolução. Até agora, nenhum vírus do gênero *Mammarenavirus* recombinante foi isolado da natureza e a recombinação parece ser rara e ocorrer apenas entre estirpes filogeneticamente próximas. Portanto, a alta frequência de erros de transcrição parece ser a principal força motriz da evolução dos arenavírus. A taxa de mutação estimada dos vírus de RNA varia de $10^{-3}$ a $10^{-5}$ por nucleotídeo incorporado durante a replicação do genoma.

A comparação de sequências de ácidos nucleicos e proteínas entre arenavírus específicos mostrou identidades variando de 90 a 95% para vírus da mesma região, e de 78 a 86% para vírus de diferentes regiões. A diversidade genética dentro e entre grupos isolados de arenavírus sugere que a heterogeneidade espacial possa refletir-se na variedade do hospedeiro e na patogenicidade. Consequentemente, a análise sequencial de novos isolados de vírus pode ser útil para rastrear a fonte de surtos de arenavírus.

## Patogênese

A inalação de aerossóis provenientes de excretas de ratos, o consumo de alimentos contaminados, ou o contato físico com ratos, iniciam as infecções humanas. Esses vírus também apresentam potencial de transmissão pessoa a pessoa e por contato com aerossóis. Dessa forma, os arenavírus causam infecções nosocomiais com risco de epidemia quando a barreira de proteção não é rigorosamente observada.

A taxa de biossíntese desses vírus no organismo é a chave da sua virulência, e a resposta imunológica às suas proteínas estruturais é o fator crítico para limitar e controlar a produção de vírus e para reduzir a gravidade da doença. De fato, a virulência desses vírus está associada ao segmento L. Por outro lado, a função de indução de resposta a células T-citotóxicas restritas ao MHC (complexo principal de histocompatibilidade [*major histocompatibility complex*]) é associada ao segmento S.

As febres hemorrágicas por arenavírus, ao contrário das outras, têm início lento e insidioso, debilitando gradualmente o paciente até se definir pelo óbito ou remissão, geralmente após 2 a 3 semanas de curso, e têm ainda a propriedade de ser uma infecção imunossupressora. As infecções são frequentemente diagnosticadas incorretamente, podem resultar em uma ampla gama de sintomas da doença, variando de não sintomático a falência de múltiplos órgãos e morte. A taxa geral de letalidade é baixa, porém entre pacientes hospitalizados com casos graves pode chegar a 50%.

## Manifestações clínicas

Os sintomas iniciais são febre alta com cefaleia, mialgia, congestão das conjuntivas, ocasional erupção maculopapular,

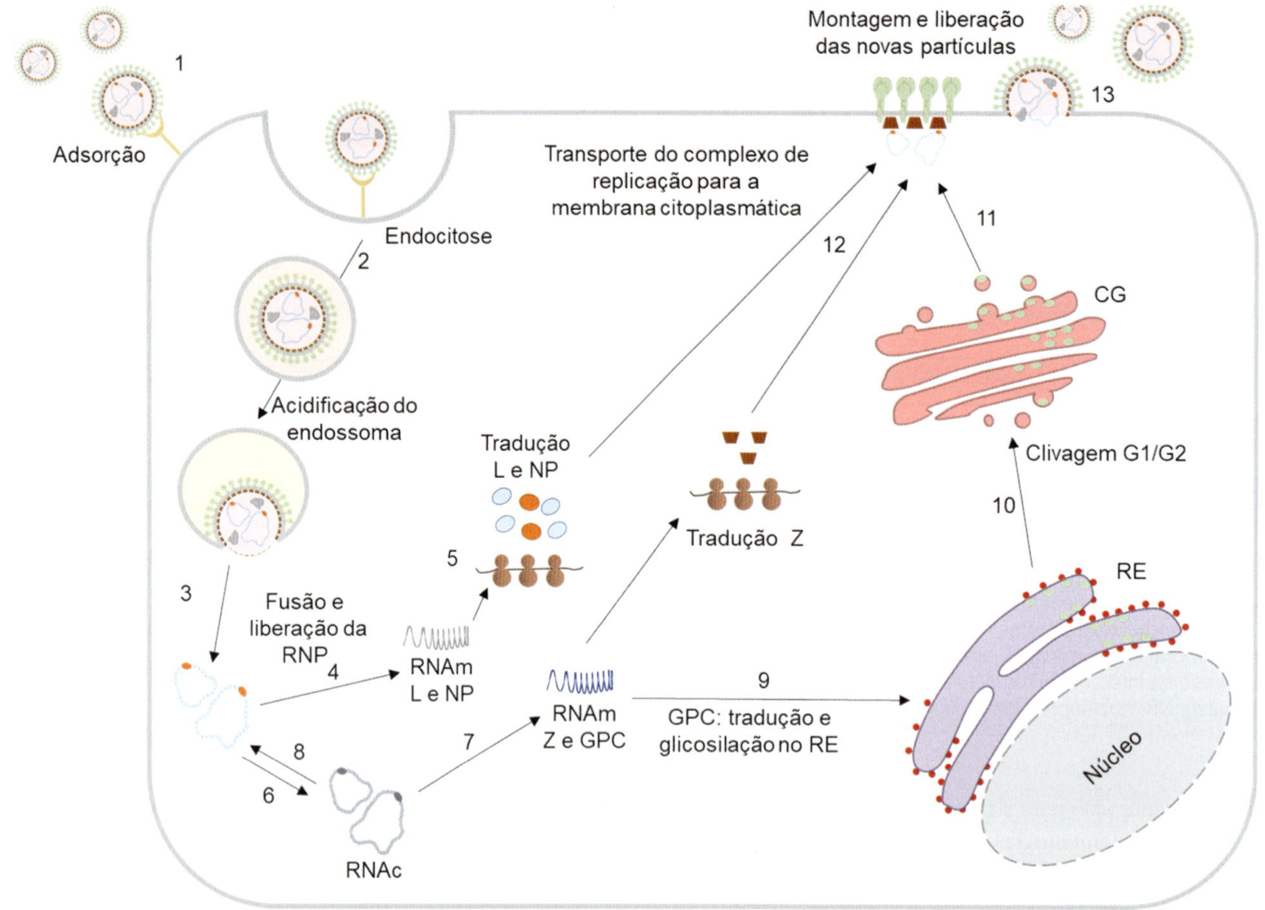


**Figura 19.7** Esquema representativo do ciclo de biossíntese dos arenavírus. Após adsorção (1), as partículas são internalizadas por endocitose, através de vias dependentes ou independentes de clatrina, dependendo da estirpe viral (2). As partículas são transportadas pela via endocítica até o ambiente ácido dos endossomas tardios, que permite a fusão das proteínas do envelope viral com a membrana desses endossomas, levando à liberação das ribonucleoproteínas (RNP) no citoplasma (3), onde o genoma viral será transcrito em RNA mensageiros (RNAm) (4). Incialmente serão transcritos os RNAm L e NP (genes iniciais), os quais serão traduzidos em ribossomas livres no citoplasma (5). A seguir ocorrerá a produção do RNA genômico complementar (antigenoma, RNAc) (6). Estes antigenomas são utilizados como moldes para a síntese dos RNAm das proteínas GPC (complexo precursor das glicoproteínas [*glycoproteins precursor complex*)] do segmento S e Z do segmento L (genes tardios) (7). As moléculas do genoma complementar também servirão de moldes para amplificação de RNA genômicos dos arenavírus (8). As proteínas GPC serão traduzidas e glicosiladas no retículo endoplasmático (RE) (9) e endereçadas ao complexo de Golgi (CG), onde serão clivadas em G1 e G2 (10). Posteriormente estas glicoproteínas são inseridas na membrana citoplasmática, onde ocorrerão a montagem e a liberação das partículas virais (11). As proteínas virais recém-sintetizadas, juntamente com as novas cópias do genoma viral (complexo de replicação), são transportadas para a membrana citoplasmática (12) em um processo mediado pela proteína Z e o complexo celular ESCRT (complexos de classificação endossômica necessários para o transporte [*endosomal sorting complexes required for transport*]). As novas partículas são montadas e liberadas por brotamento através da membrana citoplasmática (13).

prostração intensa e mal-estar. Linfoadenopatia e amigdalite com vesículas e ulcerações na boca e faringe são sinais característicos. Nas formas graves, após o primeiro pico febril aparecem os sintomas hemorrágicos (epistaxe, gengivorragia, hematêmese, hematúria e melena), hipotensão, oligúria e comprometimento neurológico. Anúria, choque e meningoencefalite são complicações que invariavelmente levam ao óbito. A recuperação é anunciada quando a febre diminui e uma pronunciada diurese se inicia. A convalescença é demorada e, durante esse período, vírus infecciosos são excretados na urina, indicando sua persistência no organismo durante algum tempo após a doença. Embora a hepatite seja comum em casos graves de febre de Lassa, é incomum ou leve nas febres hemorrágicas na América do Sul. Sintomas neurológicos, hemorragia, leucopenia e trombocitopenia são mais comuns em infecções por arenavírus do Novo Mundo do que em infecções pelo vírus da febre de Lassa.

## Diagnóstico laboratorial

O diagnóstico pode ser realizado por EIA (captura de antígeno ou de IgM) ou RT-PCR para o diagnóstico rápido e seguro. Esfregaços de células conjuntivais podem servir para um diagnóstico por imunofluorescência (IF) indireta. Os espécimes clínicos para isolamento de vírus são sangue, urina, fluido pleural e lavado de garganta, que são inoculados em culturas de células (Vero é a mais utilizada – células de rim de macaco-verde africano; *Cercopithecus aethiops*). O efeito citopatogênico (CPE) caracteriza-se por células que se tornam redondas, granulosas e se descolam da superfície do suporte. A confirmação se faz por IF ou EIA (captura de antígeno) do sobrenadante da cultura.

## Epidemiologia

As febres hemorrágicas por arenavírus são graves. Esses vírus infectam primariamente o homem a partir de camundongos silvestres e adaptam-se à transmissão pessoa a pessoa por contato, podendo ainda ser transmitidos por aerossóis, o que os torna muito perigosos. Causam frequentemente infecções nosocomiais e podem, por essa via de transmissão secundária, ser introduzidos em países em que não exista o seu reservatório natural (o que efetivamente já aconteceu algumas vezes), ou seja, podem se disseminar para fora da sua área endêmica. São conhecidas pelo menos 10 espécies, mundialmente distribuídas, capazes de causar doença em seres humanos, e a maioria delas foi identificada no continente americano; entretanto, o arenavírus mais importante, causador de doença em seres humanos, é o vírus da febre de Lassa, endêmico em certas regiões da África. Esse vírus infecta anualmente de 100.000 a 250.000 pessoas na África Ocidental, resultando em até 10.000 óbitos e deixando inúmeros pacientes surdos. Outro vírus causador de febres hemorrágicas emergiu na África do Sul em 2008. Essa nova patogenia, causada pelo vírus Lujo (*Lujo mammarenavirus*), teve origem perto de Lusaka, na Zâmbia, e se espalhou para Joanesburgo, na África do Sul.

O hospedeiro do vírus da febre de Lassa (*Lassa mammarenavirus*) é o roedor *Mastomys natalensis*, comum na Nigéria, Libéria e Serra Leoa. Na Nigéria, a doença é prevalente nos meses de janeiro e fevereiro, ao passo que na Libéria e em Serra Leoa ocorre em todos os meses do ano. A febre de Lassa é endêmica no Benin (onde foi diagnosticada pela primeira vez em novembro de 2014), Gana (diagnosticada pela primeira vez em outubro de 2011), Guiné, Libéria e Mali (diagnosticada pela primeira vez em fevereiro de 2009), Serra Leoa e Nigéria, mas provavelmente também está presente em outros países da África Ocidental. A propagação da febre de Lassa fora da África Ocidental é muito limitada. Somente algumas dezenas de casos (20 a 30 casos) foram descritos na Europa, correspondendo a casos importados de países endêmicos. Os casos importados não resultaram em epidemias maiores fora da África devido à falta de transmissão de humano para humano em ambientes hospitalares. Durante os anos de 2018 e 2019, o maior surto de febre de Lassa ocorreu na Nigéria, causando milhares de casos. Dentre os confirmados, 171 fatalidades ocorreram no ano de 2018 (taxa de mortalidade de casos de 27%) e 154 mortes em 2019 (taxa de mortalidade de casos de 21,4%).

O vírus Junin (*Argentinian mammarenavirus*), agente da febre hemorrágica argentina, é transmitido pelo camundongo *Calomys masculinus*, que é comum e amplamente distribuído nas regiões central e noroeste da Argentina. As densidades populacionais locais do roedor reservatório estão diretamente associadas à incidência anual da febre hemorrágica, que coincide com a colheita das principais plantações iniciadas no verão. A doença foi descrita pela primeira vez em 1953 e o vírus isolado 5 anos depois. Desde sua descoberta, o vírus tem expandido geograficamente rumo ao norte, seguindo a distribuição do roedor reservatório.

Na Bolívia, o hospedeiro do vírus Machupo (*Machupo mammarenavirus*) é o *Calomys callosus*, um roedor nativo do norte da Bolívia que se adapta facilmente à vida doméstica, de modo que as infecções ocorrem frequentemente no ambiente doméstico. As epidemias começaram no início da década de 1960, quando a população de São Joaquim, cidade fronteiriça com o Brasil, iniciou o cultivo de cereais para o seu sustento, levando a população desse roedor silvestre a aumentar consideravelmente. A detecção do *C. callosus* infectado é relativamente fácil, pois a virose produz anemia hemolítica que leva o fígado e o baço do animal a ficarem cronicamente aumentados. A captura de animais com tais alterações em determinada região é sinal de atividade viral e inicia o alerta epidemiológico.

Na Venezuela, um surto de febre hemorrágica por arenavírus foi detectado em 1989, sendo identificado como um novo arenavírus, denominado Guanarito (*Guanarito mammarenavirus*). O hospedeiro natural desse vírus não foi ainda identificado.

No Brasil, um caso fatal de febre hemorrágica por arenavírus foi registrado no começo de 1990. O vírus, um tipo até então desconhecido, foi denominado Sabiá, nome do local (um condomínio no interior de São Paulo) onde o caso foi detectado. Não se encontrou o vírus em roedores da região e, embora o paciente tenha vindo do norte do país, já estava em São Paulo há mais de 3 meses, portanto, um tempo superior ao período de incubação do vírus. Duas infecções secundárias não fatais foram registradas entre pessoas que procuravam isolar o vírus: uma no Brasil (Belém) e outra nos EUA (Universidade de Yale). O quarto caso de vírus Sabiá descrito na literatura ocorreu em 1999 por infecção natural. Trata-se de um paciente de 32 anos de idade, do sexo masculino, operador de máquina de grãos de café, residente de área rural do Espírito Santo do Pinhal no estado de São Paulo. Após 7 dias de hospitalização, o paciente evoluiu para óbito. Em 2019, um novo caso foi diagnosticado como uma infecção pelo vírus da febre hemorrágica brasileira (*Brazilian mammarenavirus*). Um homem de 53 anos com suspeita de febre amarela veio a óbito sem diagnóstico confirmado. Após o falecimento, o vírus Sabiá foi identificado como o agente etiológico. Este vírus não era identificado no Brasil há mais de 20 anos, fato com grandes implicações epidemiológicas, representando uma reemergência do vírus.

Os arenavírus causam infecção persistente no seu hospedeiro natural, o rato-silvestre, ou seja, adaptam-se a esses animais sem causar doença e são eliminados durante toda a vida deles, particularmente pela urina. Essas viroses ocorrem em surtos ou pequenas epidemias, mas o seu potencial de espalhamento por infecção secundária torna esse vírus uma ameaça importante. As infecções subclínicas pelos vírus Junin e Machupo são raras, mas são comuns com o vírus de Lassa. Deve-se suspeitar sempre de arenavírus diante de uma febre hemorrágica de início insidioso em pacientes provenientes de áreas rurais, principalmente quando há outras suspeitas na mesma localidade.

## Prevenção e tratamento

A melhor forma de prevenir as infecções por arenavírus é evitando o contato com roedores silvestres encontrados em áreas rurais e de mata. Aos profissionais de saúde recomenda-se o uso de equipamentos de proteção individual. É necessário também haver um controle de infecção, desinfecção e exposição de risco. Detergentes e desinfetantes comuns (hipoclorito de sódio, glutaraldeído, álcool etílico a 70%, lisofórmio) e luz ultravioleta eliminam o vírus. Como medida profilática, existe uma alternativa para a infecção pelo vírus Junin, através do uso de uma vacina contendo vírus atenuado (Candid#1) que é aprovada para uso em regiões endêmicas na Argentina, e que diminuiu substancialmente o número de casos anuais de febre hemorrágica argentina.

O medicamento antiviral ribavirina parece ser um tratamento eficaz, uma vez que é capaz de inibir a polimerase L de todos os arenavírus, porém apresenta efeitos colaterais significativos em alguns indivíduos. No caso da febre de Lassa, deve ser administrado precocemente durante o curso da doença. Outros antivirais inibidores da polimerase demonstraram resultados promissores em modelos que utilizam animais de experimentação.

## Febres hemorrágicas por filovírus

Os vírus Ebola e Marburg são endêmicos na África e têm potencial para se disseminar mundialmente. A doença causada por esses vírus é extremamente grave. Febre alta, dor abdominal e prostração extrema são características nessa doença, além de caquexia. O indivíduo apresenta-se febril, os olhos injetados e algumas vezes com manchas na pele; vômito e diarreia hemorrágica são os sinais mais importantes, mas nem sempre estão presentes. A morte costuma ocorrer por volta do 10º dia e não se deve às hemorragias, mas ao quadro de choque, ou seja, à hipotensão grave devida ao extravasamento de plasma dos capilares, que leva à falência múltipla dos órgãos.

## Classificação e características

A família *Filoviridae* tem como membros os gêneros *Cuevavirus*, *Dianlovirus*, *Ebolavirus*, *Marburgvirus*, *Striavirus* e *Thamnovirus*. Destes, somente vírus pertencentes aos gêneros *Ebolavirus* e *Marburgvirus* causam doença grave e frequentemente fatal em seres humanos. O gênero *Ebolavirus* contém as espécies Bombali (BOMV, *Bombali ebolavirus*); Bundibugyo (BDBV, *Bundibugyo ebolavirus*); Reston (RESTV, *Reston ebolavirus*); Sudão (SUDV, *Sudan ebolavirus*); Taï Forest (TAFV, *Tai Forest ebolavirus*) e Ebola (EBOV, *Zaire ebolavirus*), enquanto o gênero *Marburgvirus* contém somente o vírus Marburg (MARV, *Marburg marburgvirus*).

Os filovírus apresentam vírions pleomórficos, de formato filamentoso, com diâmetro de 80 nm e comprimento variável, podendo chegar a 14.000 nm. O comprimento da partícula viral infecciosa para MARV e EBOV foi determinado em 860 e 1.200 nm, respectivamente. Esses vírus possuem envelope glicolipoproteico envolvendo o genoma de RNA de fita simples de polaridade negativa (RNAfs–). As proteínas NP e VP30 se ligam ao RNA, formando o nucleocapsídeo de simetria helicoidal; as proteínas que formam o complexo da polimerase, VP35 e L (RNA polimerase-RNA dependente) se juntam ao nucleocapsídeo, formando a RNP ou complexo de replicação. As proteínas matriz, VP24 e VP40, ligam o nucleocapsídeo às espículas de homotrímeros das glicoproteínas GP inseridas no envelope (Figura 19.8). As glicoproteínas do envelope, além da função de adsorção a receptores celulares, apresentam efeito imunossupressor.

O genoma possui aproximadamente 19 kb, contendo sete genes arranjados sequencialmente na ordem 3′-NP-VP35-VP40-G P-VP30-VP40-L-5′, sendo o maior gene o da RpRd (gene L), com 7,5 kb. O genoma do vírus Marburg tem apenas uma sobreposição (*overlap*), ao passo que o do vírus Ebola tem três. Os genes são separados por uma curta sequência intragênica. Os produtos dos genes dos filovírus são a proteína L (RpRd, uma molécula da enzima por vírion), NP, VP30 e VP35, presentes no capsídeo, e as proteínas VP40 e VP24, que formam a matriz. O produto do gene GP é a glicoproteína de estrutura trimérica presente no envelope. Exceto pelo GP, cada um desses genes codifica um único produto proteico. Um esquema geral do genoma dos filovírus é apresentado na Figura 19.9.

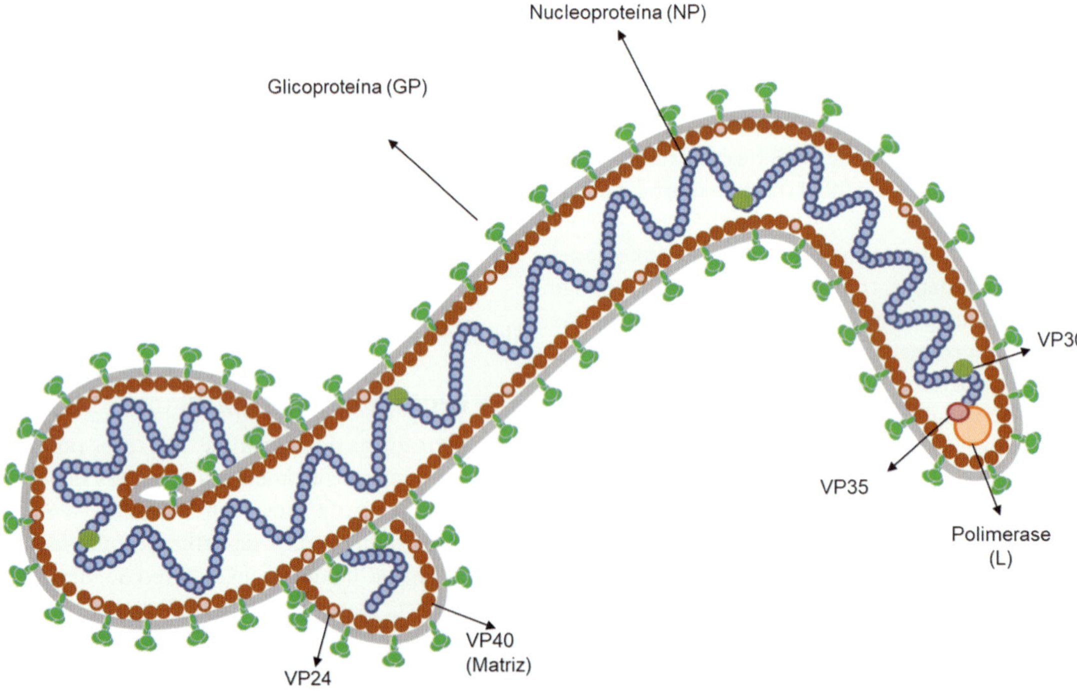


**Figura 19.8** Esquema da partícula dos filovírus. Os vírions apresentam configuração filamentosa e medem entre 300 e 1.200 nm de comprimento, com diâmetro de 80 nm. Possuem envelope glicolipoproteico envolvendo o genoma de RNA de fita simples de polaridade negativa (RNAfs–) e envolvido pelas proteínas NP e VP30, formando o nucleocapsídeo helicoidal; as proteínas que formam o complexo da polimerase, VP35 e L (RNA polimerase-RNA dependente) se juntam ao nucleocapsídeo, formando a ribonucleoproteína ou complexo de replicação. As proteínas que formam a matriz, VP24 e VP40, ligam o nucleocapsídeo às espículas de homotrímeros da glicoproteína GP inseridas no envelope.

As proteínas desses vírus exibem papéis diferentes na patogênese do vírus: VP24 inibe a sinalização do interferon, VP35 é um antagonista do interferon, enquanto VP40 tem papel na liberação do vírus da célula infectada. VP40 foi recentemente encontrada na região extracelular, como o exossoma, que pode afetar o sistema imunológico do hospedeiro. O gene GP codifica três produtos distintos: GP (contém o domínio de ligação ao receptor – GP1 e a proteína de fusão ancorada na membrana – GP2), a forma solúvel (sGP – é produzida a partir da transcrição não editada do RNA) e a pequena forma solúvel (ssGP – uma versão truncada da sGP). A maioria dessas proteínas tem múltiplas funções. NP envolve o RNA genômico para formar a RNP. GP e VP40 são componentes essenciais do envelope viral. GP tem um papel na adsorção e entrada do vírus nas células, induz a regulação negativa das proteínas da superfície celular, inflamação e citotoxicidade. No Quadro 19.5 é apresentado um resumo das funções das proteínas codificadas pelos filovírus.

## Características das espécies de vírus Ebola

As seis espécies do gênero *Ebolavirus* são distintas sorológica-, bioquímica- e biologicamente. A espécie mais letal para o homem é a *Zaire ebolavirus*, isolada pela primeira vez na epidemia do Zaire (atual RDC) em 1976, com letalidade entre 47 e 89%. Em seguida, vêm as espécies *Sudan ebolavirus*, isolada primeiramente na epidemia do Sudão em 1976, com letalidade entre 36 e 65%, e *Bundibugyo ebolavirus*, isolada em uma epidemia no distrito de Bundibugyo em Uganda, em 2007, e posteriormente na RDC, com taxa de letalidade entre 25 e 36%. A espécie *Tai Forest ebolavirus* foi identificada na Costa do Marfim e isolada em 1995. Essa espécie é patogênica para o homem, porém sem taxa de letalidade conhecida, uma vez que somente um caso humano foi até agora registrado. Todas essas espécies são altamente letais para símios; a espécie *Reston ebolavirus*, que não é letal para o homem, foi isolada de macacos *Cynomolgos* capturados na floresta tropical das Filipinas (também foi demonstrada soroprevalência positiva para esses vírus, em macacos *Cynomolgos* da Indonésia e Tailândia), sendo o primeiro filovírus detectado fora das florestas tropicais africanas. Em 2020, o ICTV (MSL#35) incluiu nesse gênero a espécie *Bombali ebolavirus* isolado de morcegos *Chaerephon pumilus* e *Mops condylurus*, em Serra Leoa (África Ocidental), em 2016. Até o momento, não há evidências de que esse vírus possa infectar seres humanos.

**Quadro 19.5** Proteínas codificadas pelo genoma dos filovírus e suas respectivas funções.

| Proteína | Função |
|---|---|
| NP | Principal proteína do nucleocapsídeo; envolve o genoma |
| VP35 | Cofator do complexo da polimerase; antagonista do interferon |
| VP40 | Proteína matriz; função na montagem e liberação do vírion; antagonista do interferon |
| GP | Glicoproteína do envelope; participação na entrada do vírus na célula (adsorção e fusão); induz a regulação negativa das proteínas da superfície celular, inflamação e citotoxicidade |
| sGP | Desconhecida |
| ssGP | Desconhecida |
| VP30 | Componente minoritário do nucleocapsídeo; envolve o genoma; ativação da transcrição |
| VP24 | Componente minoritário da matriz viral; participação na montagem do vírion; antagonista do interferon |
| L | RNA polimerase-RNA dependente |

sGP: *soluble* GP (forma solúvel da GP); ssGP: *small soluble* GP (forma pequena solúvel da GP).

## Biossíntese viral

No início da infecção, a partícula viral se liga a lectinas do tipo C, como DC-SIGN (ligante de molécula de adesão intercelular não integrina específica de célula dendrítica [*dendritic cell-specific intercellular adhesion molecule-grabbing non-integrin*]) na superfície da célula. A internalização das partículas ocorre por macropinocitose e a biossíntese ocorre no citoplasma celular.

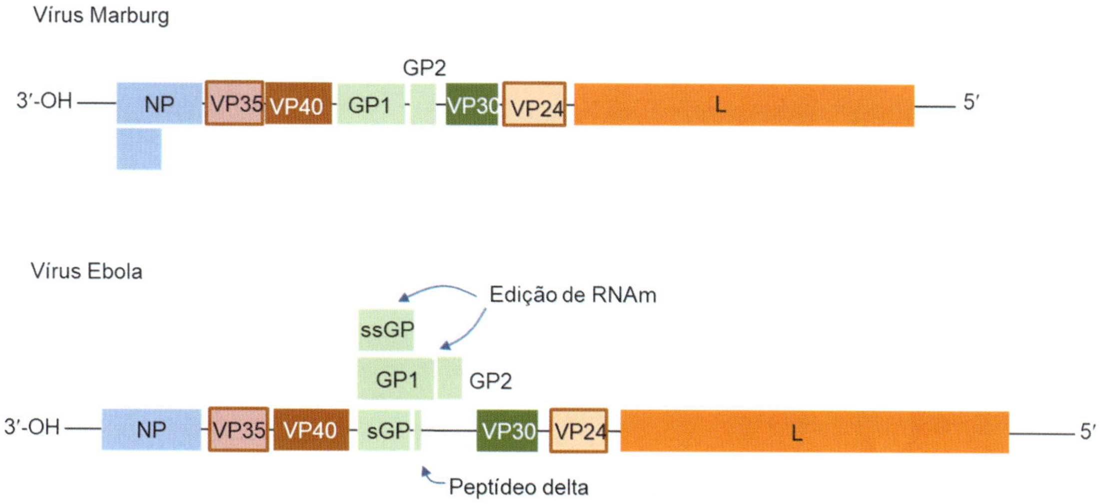


**Figura 19.9** Esquema da organização genômica dos vírus Ebola e Marburg. O genoma dos filovírus é de aproximadamente 19 kb, contendo sete genes arranjados sequencialmente na ordem (NP)–VP35-VP40-GP1/2-VP30-VP24-L. Os genes são separados por uma curta sequência intragênica. A polimerase viral se liga à região *leader* e transcreve sequencialmente cada gene, reconhecendo os códons de iniciação e terminação que flanqueiam os genes. Enquanto o vírus Marburg apresenta apenas uma região de superposição (*overlaping*), o Ebolavírus apresenta três dessas regiões (retângulos entrecortados). O peptídeo delta dos Ebolavírus é um fragmento de 40 aminoácidos carboxiterminal de sGP. RNAm: RNA mensageiro.

A partícula viral é transportada para um ambiente ácido dos endossomas tardios, onde ocorre a clivagem da glicoproteína GP pela cisteíno-protease catepsina B. Esse evento de clivagem é essencial para o mecanismo de entrada, pois expõe o sítio de fusão que irá se ligar ao receptor, o transportador de colesterol Niemann-Pick C1 (NPC1) desencadeando a fusão entre o envelope viral e a membrana endossômica. Após a fusão, o complexo da ribonucleoproteína, também chamado de nucleocapsídeo, que é composto pelo RNA viral e as proteínas L (RpRd), NP, VP30 e VP24, é liberado no citoplasma da célula infectada.

Após a liberação do nucleocapsídeo no citoplasma da célula infectada, a RpRd viral começa a transcrever o genoma do RNA ainda complexado às proteínas, na ausência de síntese proteica viral, um processo chamado transcrição primária. A transcrição é iniciada em um único sítio promotor, localizado na extremidade 3′ do genoma viral. Isso é realizado por sinais de parada/início da transcrição conservados localizados nos limites de cada gene viral. À medida que a polimerase viral se move ao longo do genoma, esses sinais fazem com que a enzima pause e às vezes se separe do molde e encerre a transcrição. O resultado é que mais RNAm são produzidos a partir de genes localizados próximo ao promotor e menos a partir de genes a jusante. Isso regula a expressão de genes, produzindo grandes quantidades de algumas proteínas como a NP, e menores quantidades de outras proteínas, como a proteína L. São produzidos sete RNAm monocistrônicos que codificam as proteínas NP, VP35, VP40, GP, VP30, VP24 e L. Os RNAm virais são capeados e poliadenilados e são reconhecidos pela maquinaria de tradução celular para produzir as proteínas virais. O precursor das glicoproteínas de envelope (GP) é clivado na rede trans-Golgi pela enzima furina para produzir GP1/GP2. Os heterodímeros de GP1/GP2 são então transportados por corpos multivesiculares para balsas lipídicas na membrana celular.

As concentrações de proteínas virais, especialmente NP, regulam a mudança da síntese de RNAm para a replicação de genoma, que começa com a síntese de RNA antigenômicos (RNA complementares de polaridade positiva; RNAc+) pela RpRd, os quais servem como moldes para a síntese de novos genomas virais. Isso requer que os sinais de parada/início necessários para a transcrição sejam substituídos pela polimerase viral – o empacotamento imediato do RNAc+ recém-formado pela NP parece mediar esse mecanismo. Novos RNA genômicos recém-sintetizados servem como moldes para a síntese de RNAm durante a transcrição secundária, e são empacotados para produção da progênie viral.

A replicação do genoma viral e a montagem de novos nucleocapsídeos ocorrem em inclusões dinâmicas e altamente organizadas (corpúsculos de inclusão), formadas no citoplasma da célula infectada. Os nucleocapsídeos maduros passam dessas inclusões para os locais de brotamento na membrana plasmática por meio de transporte dependente de actina. Octâmeros de VP40 são produzidos e transportados para as balsas lipídicas contendo GP. A VP40 interage com o terminal-C da NP e direciona os nucleocapsídeos para locais de brotamento do vírus (Figura 19.10).

## Evolução

Os filovírus apresentam uma taxa de evolução compatível com outros vírus de RNA de evolução rápida, tendo uma taxa de mutação entre $10^{-4}$ e $10^{-5}$ substituição por sítio por ano. No entanto, em comparação a outros vírus zoonóticos de seres humanos, como o vírus da influenza, os filovírus evoluem bem mais lentamente (até 100 vezes mais lentamente). Duas possíveis explicações são a afinidade da RNA polimerase codificada por seus genomas e a baixa taxa de biossíntese nos reservatórios naturais.

Utilizando dados do gene GP foi possível estimar o tempo de divergência entre as diferentes espécies do vírus Ebola. O tempo de separação entre o EBOV e o TAFV foi estimado entre 700 e 1.300 anos, enquanto entre o RESTV e SUDV a divergência ocorreu entre 1.400 e 1.600 anos. A divergência entre os ancestrais que originaram estes dois pares ocorreu entre 1.000 e 2.100 anos. A divergência entre os gêneros *Ebolavirus* e *Marburgvirus* ocorreu provavelmente entre 1.000 e 9.800 anos. Essa estimativa é consistente com o aparecimento da agricultura, sugerindo que talvez mudanças ambientais, provocadas pela invasão das florestas pelos campos, tenham sido fatores importantes na evolução e na transmissão entre espécies desses vírus.

Durante o surto de EBOV que ocorreu na região da África Ocidental, uma mutação não sinônima emergiu no gene GP. Essa mutação ocorreu no início do surto de 2013 a 2016, atingindo uma alta frequência na população viral. Através de análises genéticas e virológicas, se descobriu que os vírus carreando esta mutação possuíam maior capacidade de infectar células de primatas, sugerindo que essa mutação era de fato uma adaptação ao hospedeiro humano. Adicionalmente, a mutação GP-A82V (alanina → valina) foi associada ao aumento da mortalidade durante a epidemia, consistente com a hipótese de que a infecciosidade intrínseca aumentada conferida pela mutação GP-A82V contribuiu para a gravidade da doença.

## Patogênese

Os filovírus infectam o hospedeiro humano através das membranas mucosas e são propagados em macrófagos e células dendríticas. Os membros dos gêneros *Ebolavirus* e *Marburgvirus* são vírus pantrópicos, ou seja, são propagados em quase todas as vísceras e no sistema nervoso central (SNC). Os órgãos mais afetados são o fígado e o baço, com extensa necrose celular resultante da biossíntese viral no parênquima. A inibição da medula óssea, resultando em leucopenia e trombocitopenia, assim como a destruição do parênquima hepático, levando à deficiência de síntese de fatores de coagulação, pode causar um quadro de CID, com tromboses múltiplas, isquemia dos órgãos vitais e hemorragias.

O fígado e o baço tornam-se aumentados e escuros. No fígado, encontra-se necrose hialina, com a presença de corpos hialino-necrótico-eosinofílicos semelhantes aos corpúsculos de Councilman da febre amarela. O achado desses corpúsculos em um esfregaço de fígado colhido *post mortem* é patognomônico da doença do Ebola ou do Marburg.

No baço, há evidente estase e intensa congestão, com proliferação de elementos reticuloendoteliais e macrófagos na polpa vermelha. A polpa vermelha encontra-se necrosada, os elementos linfoides estão destruídos e, nos corpos malpighianos, o número de linfócitos está marcadamente diminuído.

As lesões necróticas não são apenas encontradas no fígado e no baço, mas também em pâncreas, gônadas, adrenais, hipófise, tireoide, rins e pele. Os pulmões mostram poucas lesões, exceto hemorragias circunscritas e endoarterite, especialmente nas pequenas arteríolas. No cérebro, os elementos afetados são as células da glia e uma reativa formação de edema cerebral.

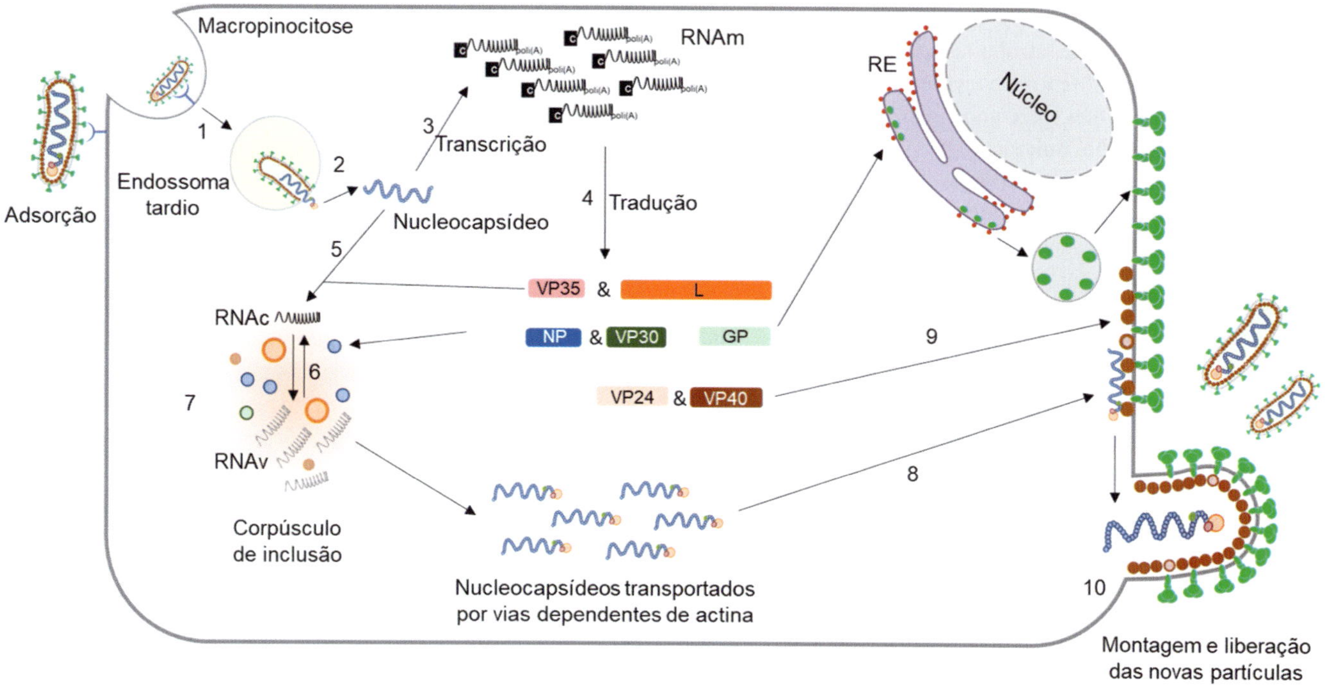


**Figura 19.10** Esquema representativo do ciclo de biossíntese dos filovírus. As partículas virais se ligam a um receptor da superfície celular, seguido de captação via macropinocitose e tráfego para endossomas tardios (1). A glicoproteína (GP) viral é clivada por proteases endossômicas e se liga à proteína da membrana do endossoma NPC1 (transportador de colesterol Niemann-Pick C1) (2). Essa interação leva à fusão do envelope viral com a membrana do endossoma, liberando o nucleocapsídeo viral no citoplasma. O nucleocapsídeo, que é composto pelo RNA viral e as proteínas L (RNA polimerase-RNA dependente), NP, VP30 e VP24, serve como molde para a síntese de sete RNA mensageiros (RNAm) virais no citoplasma (3), que são então traduzidos (4). As concentrações de proteínas virais, especialmente NP, regulam a mudança da síntese de RNAm para a replicação de genoma, que começa com a síntese de fitas de RNA genômico complementar (antigenoma, RNAc+) (5). Estes então são envolvidos pela NP e, por sua vez, servem como moldes para a síntese do RNA genômico viral (RNAv) (6). Os corpúsculos de inclusão são os locais de síntese de RNAv e montagem de nucleocapsídeos (7). Os nucleocapsídeos maduros são levados dessas inclusões para os locais de brotamento na membrana plasmática por meio de transporte dependente de actina (8). A VP40 interage com a NP e direciona os nucleocapsídeos virais para locais de brotamento do vírus (9). As partículas virais são finalmente liberadas por brotamento (10).

Os exames comuns de laboratório mostram uma grande elevação das transaminases, principalmente a TGO (transaminase glutâmico-oxaloacética ou AST, aspartato aminotransferase), leucopenia, trombocitopenia intensa (50 a 10 mil plaquetas/mm$^3$) e queda do hematócrito. A morte deve-se ao choque (não necessariamente devido às hemorragias), à extensa necrose hepática ou ao comprometimento do SNC. Uma complicação grave é a superinfecção por patógenos oportunistas devido à imunodepressão provocada pelo vírus. Anticorpos neutralizantes (IgG) são deficientemente produzidos e não encontrados nos convalescentes.

## Manifestações clínicas

Após um período de incubação médio de 1 semana, mas que pode variar de 2 a 21 dias, a doença tem início súbito com cefaleia frontotemporal intensa, além de grande mal-estar com mialgia generalizada; as dores na região lombar são proeminentes. Muitos pacientes apresentam as conjuntivas irritadas e os olhos doloridos à pressão. A febre alta aparece no 2º dia, debilitando ainda mais o paciente e, no 3º dia, aparecem dores e cãibras abdominais, náusea, vômito e diarreia aquosa; esse quadro dura cerca de 1 semana. O paciente rapidamente se desidrata e entra em caquexia (perde 10 a 20 kg em aproximadamente 1 semana). Bradicardia e discreta linfoadenopatia são sinais comuns nessa fase. No Sudão, notaram-se também outros sintomas precoces: dor no peito em pontadas (pleurodinia), tosse seca e intensa, secura na garganta, que ficava tão dolorida que o paciente se recusava a beber ou comer. Fissuras e úlceras nos lábios e na língua eram observadas nesses pacientes. Nos pacientes com febre do Marburg, notava-se também enantema (erupção na mucosa) pronunciado na orofaringe.

Nos pacientes de pele clara, evidenciava-se erupção maculopapular (exantema) não pruriginosa evoluindo centrifugamente, que aparecia entre o 5º e o 7º dia da doença, durava 4 a 5 dias e terminava com uma fina descamação. Essa erupção, que é uma característica dessa febre hemorrágica, era superposta a um pronunciado eritema nas costas, faces e membros. Nos pacientes de pele negra, essa erupção não era óbvia e só era evidenciada quando a descamação começava.

Os casos fatais desenvolvem uma síndrome hemorrágica múltipla e grave que ocorre entre o 5º e o 7º dia. O trato gastrointestinal e os pulmões são os mais afetados. Hematêmese, melena e, algumas vezes, sangue vivo nas fezes (diarreia hemorrágica) são frequentes, assim como hemorragia nasal (epistaxe), gengival, vaginal e subconjuntival. Na epidemia do Zaire, eram comuns aborto e metrorragia (hemorragia uterina). As taxas de mortalidade variam entre 20 e 90%, dependendo do surto.

Integram ainda o quadro hepatite grave (mas sem icterícia clínica) e nefrite tóxica com anúria. Hematúria e edema, contudo, raramente acontecem. O SNC também é afetado, e isso também indica prognóstico sombrio. Parestesia, letargia, confusão mental, irritabilidade, estupor e comportamento agressivo indicam comprometimento do SNC. Convulsões e coma são complicações neurológicas letais. Outras complicações frequentes são miocardite, orquite, atrofia testicular e complicação por pneumonia bacteriana. Menos frequentemente ocorrem uveíte e pancreatite. Nos pacientes infectados pelo Marburgvírus observou-se dermatite escrotal típica.

A morte costuma ocorrer por volta do 9º dia devido ao choque hipovolêmico, o qual não se deve às hemorragias, mas à fuga de plasma do espaço vascular. Nas crianças e mulheres grávidas, esse tempo pode ser menor. Os sobreviventes têm uma convalescença longa e penosa, padecendo de cãibras abdominais e prostração marcante. Ocorre alopecia, o paciente permanece caquético e anoréxico por 3 a 4 semanas ainda, e alguns apresentam distúrbios psicóticos, com comportamento bizarro e violento.

## Diagnóstico laboratorial

Os filovírus produzem CPE característico tanto em cultura (células Vero [células de rim de macaco-verde africano; *Cercopithecus aethiops*] são as mais utilizadas) quanto no fígado dos pacientes. São corpúsculos intracitoplasmáticos semelhantes aos de Negri, e são patognomônicos quando demonstrados em exame *post mortem* (esfregaço de tecido hepático). Atualmente, EIA para captura de antígeno e de IgM, e RT-PCR são utilizados para um diagnóstico rápido e preciso, sendo esta última a mais utilizada.

A visualização direta do vírus ao microscópio eletrônico com contraste negativo (sedimento de plasma centrifugado e tratado com glutaraldeído) serve para o diagnóstico devido à morfologia única desses vírus.

O vírus pode ser isolado do sangue periférico na 1ª semana da doença, inoculando-o em cultura de células Vero ou BHK (células de rim de *hamster* recém-nascido, *Mesocricetus auratus*). Após 2 a 4 dias, as células se arredondam e se soltam da superfície do suporte, sendo as inclusões intracitoplasmáticas características facilmente notadas. Não ocorre neutralização *in vitro* com filovírus, o que dificulta seu reconhecimento e diferenciação. A confirmação é feita por EIA (captura de antígeno) ou imunofluorescência (IF), e, antes mesmo do surgimento do CPE, esses testes já podem ser realizados para um diagnóstico urgente. A espécie SUDV não é propagada em tais culturas sem antes ser adaptada em cobaias (preás).

## Epidemiologia

O vírus Marburg foi descoberto em 1967, em condições inusitadas. Dois carregamentos de *Cercopithecus aethiops* infectados provenientes de Uganda (capturados na região do Lago Kyoga) foram utilizados para obtenção de cultura de células renais nos laboratórios da Behring-Wercke, em Marburg e Frankfurt (Alemanha) e em Belgrado (Sérvia). Os 25 técnicos envolvidos nessa tarefa (autópsias, nefrectomias, preparação de cultivos celulares etc.) contraíram febre hemorrágica grave, com 7 casos fatais apesar de todos os cuidados intensivos imediatamente recebidos.

O vírus Marburg emergiu em uma situação incomum, pela utilização de macacos para fins de pesquisa e preparo de insumos biológicos. É possível que, se aqueles técnicos não tivessem adoecido, o vírus atingisse a população por meio das vacinas que seriam preparadas a partir das células daqueles macacos e as consequências teriam sido catastróficas. Fato semelhante ocorreu com macacos *Cynomolgos* (*Macaca fascicularis*) exportados das Filipinas (Ásia) para os EUA (Virgínia, Pensilvânia e Texas, entre 1989 e 1996) e para a Itália (Siena, em 1992), que se mostraram infectados por uma espécie do vírus Ebola, que ficou conhecida como vírus Reston (cidade do estado americano da Virgínia onde o vírus foi primeiramente detectado). Esse filovírus não se mostrou patogênico para o homem, mas provou que surtos e epidemias pelos gêneros *Ebolavirus* e *Marburgvirus* podem acontecer inesperadamente em qualquer parte do mundo, particularmente via macacos infectados.

O vírus Marburg foi detectado posteriormente em infecções raras e esporádicas na África, mostrando-se restrito a um nicho ecológico com pouca interação com a espécie humana. Em 1975, um jovem australiano em turismo pelo sul do Zimbábue (ex-Rodésia) adoeceu com grave infecção pelo vírus Marburg. Em 1980, dois casos foram registrados no Quênia, sendo um deles fatal. Outro caso não fatal foi registrado no Zimbábue em 1982, e um caso fatal ocorreu no Quênia em 1987. Entre 1998 e 2000, 149 casos de febre hemorrágica de Marburg foram registrados em mineiros na RDC, com 123 mortes. Em Angola, 252 casos foram registrados em 2004-2005, com 227 mortes (90%). Em 2007, dois mineiros foram comprovadamente infectados por vírus Marburg, em Uganda. Posteriormente, outro surto aconteceu na Uganda em 2012, com 15 casos e quatro mortes.

Ao contrário dos Ebolavírus, o vírus Marburg parece não ter potencial epidêmico significativo, uma vez que as infecções secundárias por esse vírus são difíceis e, quando ocorrem, se dão em menor número e não se propagam além dos casos primários ou dos primeiros casos secundários. Os Ebolavírus causam infecções raras e esporádicas na África Central e só emergem quando amplificados por contágio direto por inoculação e manipulação direta do paciente e por contato com suas secreções ou vísceras (cuidados de enfermagem, preparação do cadáver para enterro ou necropsia).

Os Ebolavírus têm grande potencial para disseminação por transmissão secundária, particularmente no ambiente hospitalar (médicos, enfermeiros e laboratoristas), fato que foi a fonte das epidemias por esse vírus, provenientes de um ou poucos casos primários. O Ebolavírus emergiu quase simultaneamente no Sudão Meridional e no norte da RDC, entre julho e novembro de 1976, em províncias situadas a uma distância aproximada de 1.000 km. O fato mais intrigante em toda essa história foi que o vírus que emergiu nessas duas regiões não era o mesmo, mas duas variantes antigênicas e biologicamente diferentes do mesmo vírus, *Sudan ebolavirus* e *Zaire ebolavirus*. Isso mostra que esse vírus tem disseminação ampla nas florestas tropicais africanas, está adaptado a determinados nichos e só não é mais frequente porque é difícil sua forma de contágio primária para humanos. O Ebolavírus também causa epizootias em macacos, que assim amplificam o vírus nas selvas. A demonstração de que morcegos frugívoros isolados na região onde se notam epizootias autóctones em primatas e casos em humanos são suscetíveis e suportam a infecção por Ebolavírus e Marburgvírus sugere fortemente que esses animais seriam hospedeiros naturais para esses vírus (Figura 19.11).

O vírus que surgiu no Sudão (*Sudan ebolavirus*) foi detectado primeiramente em três trabalhadores de uma fábrica de algodão na aldeia de N'zara (província equatorial ocidental), sucessivamente infectados ao longo do mês de julho, e propagou-se por mais alguns indivíduos por contágio direto. Os casos foram erroneamente diagnosticados como febre tifoide e removidos para o hospital missionário de Maridi. Nesse hospital, o vírus foi tremendamente amplificado por contágio direto devido à manipulação dos pacientes sem a barreira de proteção e pela reutilização de seringas e agulhas. Ao todo, 284 pessoas adoeceram gravemente e 151 delas morreram (76 casos eram membros do hospital e desses, 42 foram fatais). Em 1979, o mesmo tipo de vírus reemergiu na mesma aldeia, mas o surto foi contido a tempo, com um total de 34 infectados e 22 mortes.

O vírus que emergiu no norte da RDC (*Zaire ebolavirus*), se disseminou no hospital missionário de Yambuku, ao norte de Yandonge (região equatorial), e alastrou-se por todas as aldeias próximas. O vírus foi amplificado no hospital nas mesmas condições observadas no Sudão, e os pacientes infectados retornaram às suas aldeias e disseminaram o vírus em seus locais de origem. Ao todo, foram 318 vítimas, com 280 mortes. Quando havia contágio por inoculação direta (reutilização de seringas e agulhas contaminadas no ambiente hospitalar), a mortalidade era de 88%. Das 103 primeiras infecções nosocomiais, 72 o foram por essa via (85 das vítimas fatais receberam injeção no hospital de Yambuku).

Em 1995, contudo, o *Zaire ebolavirus* reemergiu na RDC, dessa vez no sul, em Kikwit, e propagou-se para Yassa-Bonga, nas mesmas condições já descritas. A linhagem era a mesma que atacara no norte do país em 1976. Dessa vez, 315 pessoas foram acometidas e 250 morreram, e o contágio por inoculação direta não foi importante. Em 1996, no Gabão, na província de Mayibout, um surto de vírus Ebola foi detectado entre pessoas que manipularam um chimpanzé infectado, encontrado morto na floresta e utilizado para fins de alimentação; 37 pessoas foram atingidas com 21 mortes entre elas. Em 1996-1997, um surto ocorreu na província de Booué no Gabão, causado pelo vírus Ebola, em que o caso-índice foi um caçador que morava na floresta; a doença foi disseminada por contato direto com pessoas infectadas e 60 pessoas foram atingidas, com 45 mortes.

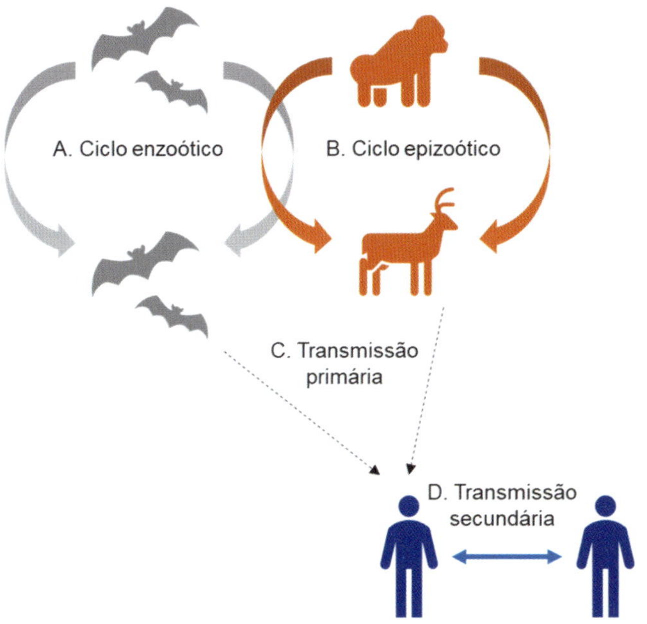


**Figura 19.11** Modelo proposto do ciclo de transmissão dos Ebolavírus. **A.** Evidências sugerem fortemente que morcegos são reservatórios dos Ebolavírus, embora a forma de manutenção do ciclo enzoótico nestes animais ainda não seja conhecida. **B.** Epizootias causadas por Ebolavírus ocorrem esporadicamente, causando alta mortalidade entre primatas não humanos e antílopes e podem preceder os surtos em seres humanos. **C.** A partir da transmissão primária do vírus para seres humanos, através de contato direto com morcegos ou animais silvestres infectados, com frequência ocorrem transmissões secundárias (**D**) de humano para humano, através do contato direto com fluidos corporais e aerossóis.

É bem pouco provável a possibilidade de filovírus serem autossustentados em populações de primatas símios, uma vez que as populações desses são muito pequenas para suportar uma transmissão primata a primata, de modo a manter o vírus na população. A hipótese de o hospedeiro reservatório ser um morcego vem ganhando cada vez mais apoio. Os primeiros casos de *Zaire ebolavirus* em N'zara (1976 e 1979) surgiram em uma fábrica de algodão infestada de morcegos. Em alguns aspectos, a infecção primária pelos filovírus assemelha-se a uma virose acidentalmente adquirida a partir de algum hospedeiro raro. Primatas símios podem compartilhar o mesmo nicho desse hospedeiro, sendo atacado por ele ou então se alimentando dele. As epizootias de Ebolavírus entre chimpanzés na Floresta Tai (*Tai Forest ebolavirus*), na Costa do Marfim, ocorrem a cada 2 anos, no final do período das chuvas (em 1994, foram registrados 12 animais infectados numa colônia de 43 primatas), sugerindo um ciclo relacionado com a interação com outras populações ou hábitos.

Em 2000-2001, ocorreu uma epidemia nos distritos de Gulu, Mbarara e Masindi (Uganda), com 425 casos suspeitos, dos quais 218 foram confirmados laboratorialmente e 224 evoluíram a óbito. A espécie envolvida nessa epidemia foi a *Sudan ebolavirus*. As investigações epidemiológicas identificaram três importantes situações de risco para a transmissão do vírus: participar de funerais cujo ritual envolvia contato com possíveis vítimas da doença; contato intrafamiliar; ou transmissão nosocomial.

Entre outubro de 2001 e março de 2002 houve um surto no Gabão na província de Ogoué-Ivindo, com 65 casos confirmados e 53 óbitos. O vírus se espalhou para vilas vizinhas na República do Congo, na região de Cuvette, onde ocorreram 57 casos e 43 óbitos. O surto foi causado pela espécie *Zaire ebolavirus*. No final de 2002 um novo surto ocorreu na República do Congo, nos distritos de Mbomo e Kéllé no Departamento de Cuvette Ouest, novamente causado por este vírus, onde ocorreram 143 casos e 128 óbitos. Em 2003, ocorreu novo surto associado ao *Zaire ebolavirus* na República do Congo, quando foram registrados 35 casos e 29 óbitos, nas vilas de Mbomo e Mbandza. Em 2004, foram reportados 17 casos de febre hemorrágica associados ao *Sudan ebolavirus*, em Yambio (Sudão), incluindo 7 óbitos. Entre abril e junho de 2005, foram descritos 12 casos de infecções por *Zaire ebolavirus* nas vilas de Etoumbi e Mbomo, na República do Congo, com 9 óbitos. Em 2007 foi relatado novo surto do *Zaire ebolavirus* na RDC, dessa vez, na província de Kasai Ocidental. Foram reportados 264 casos e 187 destes ocorreram entre os meses de setembro e outubro.

Em dezembro de 2007, foram registrados casos da doença no distrito de Bundibugyo, Uganda. O surto terminou em janeiro de 2008, tendo sido reportados 149 casos suspeitos e 37 óbitos. O vírus identificado era distinto dos demais isolados até então e foi considerado como uma nova espécie, o *Bundibugyo ebolavirus*. Entre dezembro de 2008 e fevereiro de 2009, foram descritos 32 casos de infecção pelo *Zaire ebolavirus* com 15 óbitos, novamente na província de Kasai Ocidental, na RDC.

Em 2012, mais dois surtos de EVD foram relatados em Uganda: em julho, o Ministério da Saúde de Uganda notificou a OMS sobre um surto no distrito de Kibaale, na parte ocidental do país, que durou até agosto. Foram reportados 11 casos com 4 óbitos. Esse surto foi atribuído ao *Sudan ebolavirus*; em novembro, 6 casos foram comunicados nos distritos de Luwero e Kampala, com 3 óbitos. A espécie viral envolvida foi o *Sudan ebolavirus*.

Em 2012, o Ministério da Saúde da RDC informou à OMS a respeito de um surto de EVD nas zonas de Isiro e Dungu, província de Oriental, ao leste do país. O Uganda Virus Research Institute (UVRI) confirmou a infecção pelo *Bundibugyo ebolavirus*. Ocorreram 38 casos com 13 óbitos. Entre novembro de 2012 e janeiro de 2013, o UVRI confirmou a ocorrência de 6 casos de infecção pelo *Sudan ebolavirus* no distrito de Luwero em Uganda, dos quais 3 foram fatais.

Entre 2014 e 2016, foi registrada a maior epidemia de EVD. Esta epidemia se iniciou em dezembro de 2013 na Guiné e se disseminou em diversos países da região da África Ocidental, constituindo as primeiras mortes registradas por *Zaire ebolavirus* de forma epidêmica. O surto se iniciou na vila de Meliandou, infectando pessoas da mesma família, que então espalharam a doença para outras vilas. O surto se espalhou para outros países da África Ocidental, como Libéria, Serra Leoa, Mali, Nigéria e Senegal, além de ter se propagado para a Europa (Espanha, Itália e Inglaterra) e EUA. Mais de 28.000 casos foram reportados, com mais de 11.000 mortes causadas pela doença. Em 2017, a RDC reportou 8 casos e 4 óbitos por EVD associados ao *Zaire ebolavirus*.

Entre 2018 e 2020, ocorreu o segundo maior surto de EVD: foi descrito nas províncias de North Kivu e Ituri na RDC e em Uganda, resultando em 3.470 casos e 2.287 mortes. A variante identificada foi o *Zaire ebolavirus*. Nessa epidemia, assim como na anterior (as maiores até então) foi utilizada a vacina experimental recombinante rVSV-ZEBOV-GP; sua eficácia foi avaliada quando administrada usando a estratégia de vacinação em anel. Esta estratégia, que consiste em rastrear e imunizar todas as pessoas que tiveram contato direto com pelo menos um caso confirmado da doença responsável por um surto, apresentou resultados promissores para controle da disseminação do vírus Ebola durante surtos. Ainda em 2018, outro surto de EVD ocorreu na RDC, causado pela mesma variante, na região de Bikoro, na província de Équateur, no noroeste do país, que resultou em 54 casos e 33 óbitos.

Em 2020, o governo da RDC declarou um novo surto de EVD causado pelo *Zaire ebolavirus* em Mbandaka, província de Équateur, oeste do país, quando foram reportados 130 casos e 55 óbitos. Em fevereiro de 2021, surtos de EVD foram reportados na RDC e na Guiné, associados à variante *Zaire ebolavirus*. Até fevereiro de 2021 já haviam sido reportados doze casos e seis óbitos. Em maio de 2021, o Ministério da Saúde da RDC e a OMS declararam o fim do surto.

Na Figura 19.12 estão indicadas a localização dos casos de infecção por Ebolavírus na África entre 1976 e 2021 e a espécie viral envolvida.

## Prevenção e tratamento

Várias estratégias, como notificação de surto de EVD, tratamento adequado para pessoas infectadas, sepultamento adequado, desinfecção das áreas e planejamento adequado para evitar a disseminação adicional são as medidas tomadas para controlar a EVD. Os hospitais onde as pessoas infectadas são tratadas também devem ser desinfetados, juntamente com a esterilização de todos os instrumentos que entram em contato com as pessoas infectadas. A incineração e a autoclavação podem facilmente eliminar o vírus. A vacina rVSV-ZEBOV-GP (Ervebo®), embora ainda não licenciada para uso comercial, foi utilizada na epidemia de EBV de 2018-2020 na RDC causadas pela espécie *Zaire ebolavirus*, se mostrou eficiente e segura.

O tratamento é sintomático e inclui medicamentos anti-inflamatórios para febre e dor e fluidos intravenosos para manter o equilíbrio osmótico corporal.

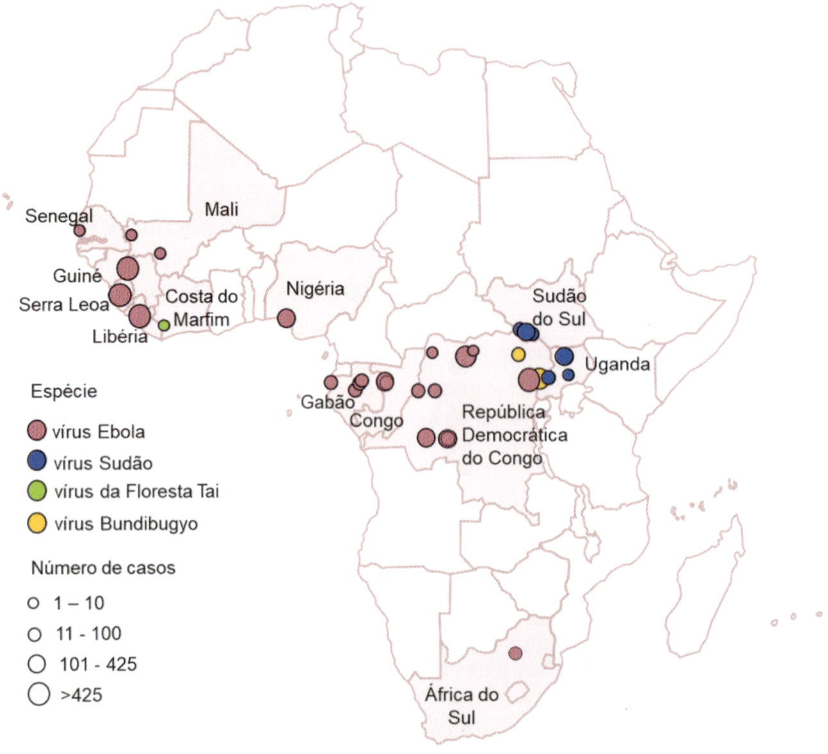


**Figura 19.12** Distribuição dos casos de infecção por Ebolavírus na África (1976-2021). Adaptada de CDC, 2021.

# Capítulo 20

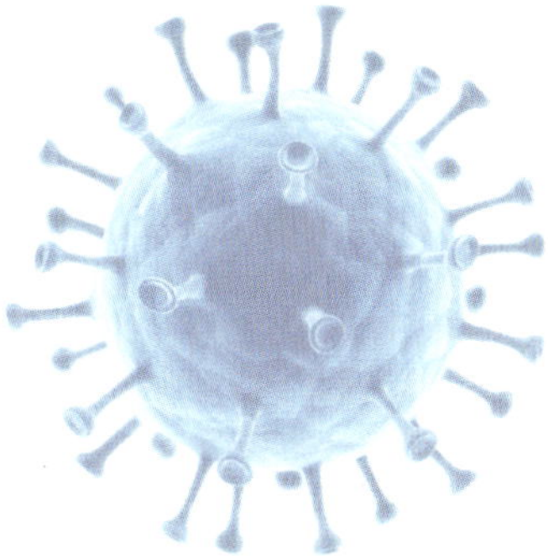

# Síndrome da Imunodeficiência Adquirida: AIDS

Luciana Jesus da Costa • Luciana Barros de Arruda

## Histórico

A primeira descrição do que veio posteriormente a ser conhecida por síndrome da imunodeficiência adquirida (AIDS, *acquired immunodeficiency syndrome*) se deu no início da década de 1980, quando Gottlieb e colaboradores relataram cinco casos de pneumonia por *Pneumocistis carinii* (atualmente *P. jiroveci*) acometendo homossexuais masculinos, jovens e previamente saudáveis, em três hospitais de Los Angeles, nos Estados Unidos da América (EUA). Uma característica comum entre esses casos era a evidência de depleção de linfócitos T circulantes. Desses cinco casos, dois haviam ido a óbito, mesmo havendo sido administrada terapia específica para pneumonia por *P. carinii*. Nos meses que se seguiram, epidemiologistas dos Centros para Controle e Prevenção de Doenças (CDC, Centers for Disease Control and Prevention) de Atlanta, EUA, se depararam com o aumento significativo do número de novos relatos de pneumonia por *P. carinii* em outras cidades dos EUA, além de outras infecções oportunistas. Detectou-se, ainda, aumento da incidência entre homossexuais masculinos jovens de uma doença até então rara nos EUA, o sarcoma de Kaposi. A Europa Ocidental, ao mesmo tempo, se deparava com maior número de casos dessas mesmas entidades clínicas entre homossexuais masculinos e entre imigrantes de origem africana.

Devido a esses achados, médicos e epidemiologistas propuseram a hipótese de que um novo agente infeccioso pudesse ter sido introduzido nessa população, e que sua transmissão se daria provavelmente por contato sexual entre homens. Na época em que foram iniciados os esforços para entender essa nova doença, a taxa de mortalidade da AIDS chegava a alarmantes 39%.

A ideia de que somente o grupo de homossexuais masculinos estaria em risco de contrair AIDS não durou mais do que 2 anos a partir da descrição da doença. O registro de quadros de imunocomprometimento semelhantes e o estabelecimento de infecções oportunistas em indivíduos previamente saudáveis foram observados em hemofílicos, usuários de drogas injetáveis (UD) e indivíduos que haviam recebido transfusão de sangue ou hemoderivados, indicando a via parenteral de transmissão. Dessa forma, as rotas de transmissão foram estabelecidas mesmo antes do reconhecimento do agente etiológico da doença. A detecção de quadros similares de imunodeficiência em mulheres parceiras de homens com AIDS indicou a via de transmissão heterossexual. O desenvolvimento de imunodeficiência e infecções oportunistas em bebês que nasceram de mães com AIDS sugeriram a possibilidade de transmissão vertical.

Apesar dos recursos financeiros limitados para o estudo dessa nova epidemia, os esforços para a identificação do novo agente infeccioso foram então iniciados. A hipótese de que esse patógeno seria um vírus, e possivelmente um retrovírus, originou-se de algumas observações, que a princípio pareciam não relacionadas: a coincidência das vias de transmissão da AIDS com as da hepatite B; o fato de que um número significativo de homossexuais masculinos que desenvolveram AIDS logo nos primeiros anos da epidemia nos EUA eram indivíduos com hepatite B crônica; a suspeita do caráter crônico da infecção que levava ao estabelecimento da AIDS; a coincidência do quadro de imunossupressão e da possível cronicidade da AIDS com os da infecção de felinos com um retrovírus, o vírus da leucemia de felinos (FeLV).

O grupo de pesquisadores do Instituto Pasteur de Paris, França, liderado por Montagnier e Barrè-Sinoussi, foi o primeiro a identificar, em 1983, a atividade da enzima transcriptase reversa, em amostra de sangue de um paciente com linfoadenopatia generalizada e outros sintomas que precediam o estabelecimento do quadro de AIDS. Esses autores, posteriormente, caracterizaram estruturalmente esse novo retrovírus de seres humanos e demonstraram que o mesmo era distinto do primeiro retrovírus de humanos, previamente caracterizado pelo grupo liderado por Gallo do Instituto Nacional da Saúde (NIH, National Institute of Health), nos EUA, o vírus linfotrópico para células T de humanos (HTLV [ver *Capítulo 21*]). A reatividade das proteínas desse novo vírus com os soros de pacientes americanos com quadros de imunossupressão e doenças oportunistas confirmaram sua associação com o estabelecimento da AIDS. Novas evidências dessa associação rapidamente se seguiram, tais como o isolamento de retrovírus antigenicamente semelhantes a partir de material clínico de 22 indivíduos com AIDS nos EUA. De forma importante, em 1983 foi demonstrada a possibilidade de indivíduos infectados serem portadores saudáveis desse retrovírus.

A caracterização antigênica do novo agente, que se seguiu logo após seu isolamento, permitiu que já em 1985 estivesse disponível um teste para o diagnóstico da doença baseado na detecção de anticorpos específicos, o que conduziu à tomada de medidas de prevenção, principalmente no tocante à verificação de sangue e hemoderivados nos bancos de sangue.

A partir da utilização de tal ferramenta foram investigados espécimes biológicos, incluindo uma coletânea de espécimes do CDC proveniente de indivíduos homossexuais masculinos com hepatite B crônica ou em risco de adquirir hepatite B; um número significativo de soros do início da epidemia que foram coletados de indivíduos nos EUA com AIDS ou risco de desenvolvê-la;

e soros de indivíduos com suspeita de AIDS na República Democrática do Congo (antigo Zaire). Assim, foi possível o conhecimento das características desse novo agente infeccioso, de sua forma de espalhamento e a compreensão da história natural da infecção. Esses estudos lançaram as bases que permitiram a confirmação do caráter crônico, progressivo e patogênico da infecção, que já inicialmente demonstrou ter períodos variáveis de incubação, mas que em média se desenvolvia 10 anos após o contato inicial com o agente infeccioso.

O agente etiológico da AIDS foi denominado vírus da imunodeficiência humana (HIV, *human immunodeficiency virus*) em 1986, e associado ao estabelecimento de quadros clínicos de imunocomprometimento grave em pacientes que apresentavam contagem de linfócitos $TCD_4^+$ inferiores a 200 células/$mm^3$ de sangue periférico. Ainda nesse ano foi observado um perfil inconclusivo de reatividade de soros provenientes de pacientes africanos (um grupo de trabalhadoras do sexo do Senegal) com suspeita de AIDS ou com quadro clínico de imunossupressão, frente aos antígenos do isolado viral francês, em ensaios de *Western blotting* (WB). Nesses ensaios, os soros reagiam somente com proteínas estruturais codificadas pelo gene *Gag* que compõe o capsídeo viral, mas não eram reativos para as proteínas do envelope e enzimas virais. A caracterização mais detalhada desses soros levou ao descobrimento de estirpes virais que compartilhavam somente 50% de identidade antigênica com os HIV previamente caracterizados nos EUA e na Europa. Foi definida dessa maneira uma nova espécie de HIV, que foi denominada HIV-2, e aqueles que haviam sido isolados anteriormente foram então denominados HIV-1. O HIV-2 foi igualmente associado ao estabelecimento de quadros de imunocomprometimento e infecções oportunistas em indivíduos infectados. Os dados sorológicos foram posteriormente confirmados a partir da caracterização molecular por sequenciamento de nucleotídeos do genoma viral. Desde o seu isolamento e caracterização como um retrovírus, diversos estudos estabeleceram as bases moleculares e celulares da biossíntese viral, da origem, da epidemiologia molecular e da patogênese do HIV.

## Origem dos vírus

Em 1983, uma síndrome de ocorrência natural assemelhando-se em vários aspectos aos quadros de AIDS em seres humanos foi registrada em duas colônias de macacos mantidas em cativeiro em Centros de Primatologia, uma colônia da espécie *Macaca cyclopis* na cidade de Nova Inglaterra (EUA) e outra de macacos rhesus (espécie *Macaca mulatta*), na Califórnia (EUA). A síndrome era caracterizada por imunossupressão, leucopenia, anemia, neutropenia, ocorrência de linfomas, pneumonia por *P. carinii* e gengivite necrosante, apresentando um número significativo de óbitos entre os macacos, e foi denominada síndrome da imunodeficiência de símios (SAIDS, *simian acquired immunodeficiency syndrome*). Porém, não foi possível observar nas amostras desses animais a presença de vírus relacionados com o HIV recém-caracterizado. Alguns estudos demonstraram a presença de retrovírus semelhantes aos HTLV, porém o estabelecimento de que esses vírus estariam relacionados com os quadros clínicos descritos permaneceu não elucidado. No entanto, em 1985, pesquisadores que estavam investigando vírus com tropismo por linfócitos T de macacos isolaram um retrovírus com alta similaridade com o recém-isolado HIV a partir de amostras de quatro macacos rhesus com sintomas de SAIDS. Em seguida, novos isolados relacionados com o HIV foram obtidos a partir de amostras de primatas não humanos africanos infectados naturalmente e de forma espécie-específica. A esses vírus foi dado coletivamente o nome de vírus da imunodeficiência de símios (SIV, *simian immunodeficiency virus*). Para referir a espécie de primata não humano a qual este infecta, adicionam-se à sigla SIV as iniciais do nome popular da espécie em letras minúsculas. Dessa forma, o SIV que infecta a espécie de primata *Cercocebus atys*, popularmente *sooty mangabey monkeys* (macacos-fuliginosos), é denominado $SIV_{smm}$.

Quando os primeiros isolados de SIV foram caracterizados, similaridades em termos de tropismo por linfócitos T, morfologia da partícula viral e indução de efeito citopatogênico, foram observadas em relação ao HIV. No entanto, a descrição posterior do genoma dos SIV e HIV por sequenciamento revelou padrões complexos de relação, que definiram a história evolutiva desses vírus e permitiram traçar a origem dos HIV na população humana, que ocorreu por diversos eventos não relacionados de transmissões zoonóticas conforme serão detalhados posteriormente (Figura 20.1A).

Quando o genoma do primeiro isolado de SIV obtido de amostras de macacos rhesus foi caracterizado por sequenciamento, verificou-se que o mesmo apresentava maior similaridade com as sequências de isolados de HIV-2. O SIV e o HIV-2 são mais próximos filogeneticamente do que o HIV-2 e o HIV-1. Posteriormente, verificou-se que o HIV-2 possui alta similaridade genética com o $SIV_{smm}$ que infecta naturalmente macacos-fuliginosos cujo *habitat* natural é a região costeira da África Ocidental. Isolados desse vírus mostram homologia de cerca de 80% em suas sequências de aminoácidos (aa) com o HIV-2, que é endêmico da mesma região geográfica. Além disso, análises filogenéticas indicam que diferentes isolados de HIV-2 são mais similares ao $SIV_{smm}$ do que entre si, o que sugere recentes e contínuas transmissões zoonóticas entre espécies. Tomando como base as análises de similaridade da região do envelope viral dos diferentes isolados de HIV-2 e $SIV_{smm}$ é possível que tenham ocorrido oito introduções zoonóticas distintas na espécie humana, e estas se relacionem com os oito subtipos de HIV-2 atualmente existentes (Figura 20.1B). Posteriormente, foi estabelecido que o primeiro isolado de SIV obtido a partir da infecção de um macaco-fuliginoso era de fato derivado do $SIV_{smm}$ que acidentalmente infectou esse hospedeiro ao longo de sua permanência em cativeiro.

Quando um indivíduo é portador de uma infecção mista, causada por dois ou mais subtipos diferentes, pode ocorrer transferência de material genético entre eles, dando origem às formas recombinantes. Caso a transmissão de uma forma recombinante tenha sido documentada em mais de três indivíduos, passa a ser denominada de forma recombinante circulante (CRF, *circulating recombinant forms*). Formas recombinantes que foram identificadas em um único paciente duplamente ou multiplamente infectado, mas cujas transmissões sejam desconhecidas ou não relatadas, são definidas como formas recombinantes únicas (URF, *unique recombinant forms*). Apesar dos esforços para se conhecer a origem do HIV-1, esta só foi identificada mais de uma década após a descoberta da relação entre o $SIV_{smm}$ e o HIV-2. Ao final da década de 1990, foi demonstrado que o HIV-1 originou-se

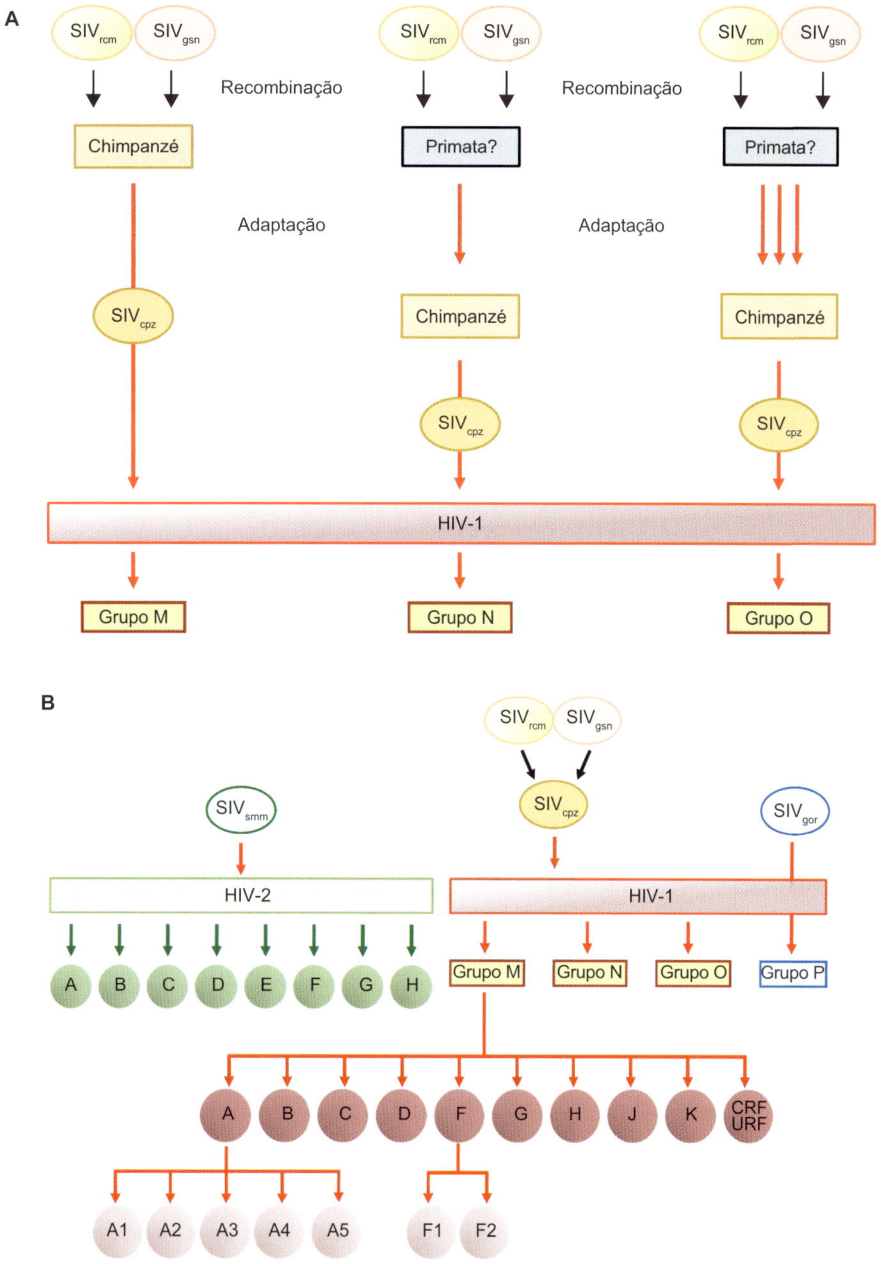


**Figura 20.1** Origem e classificação dos HIV. **A.** Origem zoonótica do HIV-1: o HIV-1 foi derivado do SIV que infecta chimpanzés ($SIV_{cpz}$) a partir de uma ou várias introduções zoonóticas deste na espécie humana. Evidências sugerem que o $SIV_{cpz}$ surgiu na população símia a partir de um evento de recombinação entre SIV que infectam macacos *red capped mangabey* ($SIV_{rcm}$) e *greater spot-nosed* ($SIV_{gsn}$). O evento de recombinação que gerou o $SIV_{cpz}$ pode ter acontecido tanto diretamente, a partir da coinfecção em chimpanzés, quanto em algum primata ainda não identificado. No primeiro caso, a adaptação ao novo hospedeiro aconteceu na própria espécie de chimpanzé, e esta funcionou como espécie intermediária e reservatório atual do HIV-1. No 2º cenário, existem duas possibilidades: (i) após a adaptação do vírus recombinante em uma espécie de primata, o $SIV_{cpz}$ foi introduzido em chimpanzés; dessa maneira, o primata ainda não identificado funcionou como intermediário desconhecido e o chimpanzé como reservatório atual do HIV-1; (ii) três introduções zoonóticas não relacionadas aconteceram de um primata desconhecido para o chimpanzé (cada uma destas estaria então relacionada com um dos grupos de HIV-1 que surgiu na espécie humana: M, N e O), e assim o primata funcionou como intermediário e reservatório, e o chimpanzé como intermediário atual do HIV-1. **B.** Tipos, grupos, subtipos e subsubtipos do HIV: o HIV surgiu na espécie humana a partir de introduções zoonóticas não relacionadas. Calcula-se que pelo menos quatro introduções aconteceram. Uma delas está relacionada com o surgimento do HIV-2, que teria ocorrido a partir do contato de seres humanos com macacos-fuliginosos (*sooty mangabey monkeys*) infectados pelo $SIV_{smm}$. Com base no sequenciamento do gene *Env* é possível dividir o HIV-2 em oito subtipos distintos. O HIV-1 está relacionado com o SIV que infecta chimpanzés ($SIV_{cpz}$) e gorilas ($SIV_{gor}$). Tendo como base o sequenciamento do genoma completo do HIV-1, este pode ser dividido em quatro grupos, M (*major*), N (*non-M and non-O*), O (*outlier*) e P. Os HIV-1 do grupo P estão relacionados com o $SIV_{gor}$, enquanto os do grupo M são vírus pandêmicos e podem ser classificados em subtipos (A-K), subsubtipos (A1, A2, A3, A4 e A5; F1 e F2) e formas recombinantes circulantes (CRF, *circulating recombinant forms*) ou formas recombinantes únicas (URF, *unique recombinant forms*). HIV: *human immunodeficiency virus* (vírus da imunodeficiência humana); SIV: *simian immunodeficiency virus* (vírus da imunodeficiência de símios).

a partir do $SIV_{cpz}$ que infecta a espécie de chimpanzé *Pan troglodytes troglodytes* devido a suas semelhanças com esse vírus, à coincidência geográfica entre as regiões de ocorrência de *Pan troglodytes troglodytes* naturalmente infectados pelo $SIV_{cpz}$ e ao epicentro da pandemia de AIDS.

Sabe-se que o chimpanzé *Pan troglodytes troglodytes* é o reservatório natural dos SIV precursores do HIV-1, a partir do qual podem ter ocorrido um ou mais eventos independentes de introdução do HIV-1 na população humana (ver Figura 20.1A). A partir das análises filogenéticas do genoma completo dos SIV de um grande número de espécies de primatas, sugeriu-se que o próprio $SIV_{cpz}$ seja um vírus recombinante entre SIV que infectam os gêneros de primatas *Cercopithecus* e *Cercocebus*. Mais especificamente, o $SIV_{cpz}$ que circula em *Pan troglodytes troglodytes* apresenta os genes *Gag*, *Pol*, *vif* e *vpr* mais semelhantes aos mesmos genes de SIV que infectam o macaco *red-capped mangabey* (*Cercocebus torquatus*) – $SIV_{rcm}$ –, enquanto a presença do gene *vpu*, a ausência do gene *vpx* e a similaridade do gene *Env* com o SIV que infecta o macaco *greater spot-nosed* (*Cercopthecus nictitans*) – $SIV_{gsn}$ – sugere que o $SIV_{cpz}$ seja um vírus recombinante. Esse evento de recombinação pode ter ocorrido no próprio *Pan troglodytes troglodytes*, após sua coinfecção com os $SIV_{rcm}$ e $SIV_{gsn}$, e após a adaptação desse recombinante, o mesmo foi introduzido na espécie humana em pelo menos dois eventos distintos (ver Figura 20.1A). Outra hipótese seria que a coinfecção com os $SIV_{rcm}$ e $SIV_{gsn}$, e posterior adaptação, tenha ocorrido em um primata ainda não identificado e depois introduzido no *Pan troglodytes troglodytes* a partir do qual foi capaz de infectar seres humanos.

O fato de muitos chimpanzés e gorilas terem sido caçados para serem utilizados para alimentação ou para usos medicinais por populações africanas, e do contato próximo entre humanos e macacos-fuliginosos que eram utilizados como animais de estimação, poderia ter facilitado o contato de seres humanos com o sangue desses animais contendo lentivírus e, assim, possibilitado a transmissão viral interespécies, a qual se deu de forma acidental. A partir das várias introduções dos SIV na espécie humana, houve um período de adaptação desses vírus ao novo hospedeiro, resultando no surgimento do que atualmente é reconhecido como HIV.

As observações iniciais de macacos de origem asiática (principalmente rhesus) com sintomas semelhantes à AIDS, que levaram à identificação dos SIV, sugeriam que todas as infecções por esses vírus resultariam no estabelecimento de imunossupressão no organismo infectado, em contraste com o que se observava na infecção natural dos macacos africanos com SIV em que, apesar dos elevados títulos virais nesses animais, a progressão para doença era rara ou inexistente. No entanto, foi evidenciado que tanto *Pan troglodytes troglodytes* infectados com o $SIV_{cpz}$, quanto um macaco-fuliginoso infectado por mais de 18 anos com o $SIV_{smm}$, progrediram para quadros semelhantes à AIDS humana, com evidência marcante de depleção de linfócitos $TCD_4^+$ e estabelecimento de infecções oportunistas.

## Classificação e características

O HIV faz parte da família *Retroviridae*, subfamília *Orthoretrovirinae*, gênero *Lentivirus* devido ao curso lento da infecção. Por meio de reações sorológicas foram evidenciados, até o momento, duas espécies virais: *Human immunodeficiency virus 1* (HIV-1) e *Human immunodeficiency virus 2* (HIV-2). O HIV-1 é o tipo mais virulento e mais disseminado pelo mundo, enquanto o HIV-2 parece ser menos patogênico.

Um desenho esquemático da partícula de um lentivírus pode ser observado na Figura 20.2. A partícula viral madura apresenta 100 a 120 nm de diâmetro e é caracterizada por um envelope glicolipoproteico derivado da célula infectada da qual o vírus saiu pelo mecanismo de brotamento. Inseridas no envelope estão as espículas virais constituídas por um trímero das glicoproteínas de superfície (gp120 ou SU) e transmembrana (gp41 ou TM). Logo abaixo do envelope viral está a matriz do vírus, composta por subunidades da proteína matriz (também denominada p17 ou MA). Envolto pela matriz está o capsídeo viral de formato cônico, formado pela proteína de capsídeo (p24 ou CA). O capsídeo protege o material genético viral que é composto por duas moléculas de RNA de fita simples, que se ligam por meio de uma estrutura secundária na região 5′ de cada fita e estão associadas a subunidades da proteína de nucleocapsídeo (p7 ou NC). Ainda dentro do capsídeo viral encontram-se as enzimas transcriptase reversa (TR), integrase (IN) e protease (PR), assim como as proteínas vif, vpr, nef e p6. Na partícula viral ainda são encontrados diversos componentes celulares derivados da célula hospedeira, como o $RNAt^{Lis}$, associado ao RNA genômico (RNAg), desoxinucleotídeos trifosfatos (dNTP) necessários aos eventos iniciais de retrotranscrição, além de proteínas celulares como ciclofilina A, Tsg101 (gene de suscetibilidade tumoral 101 [*tumor susceptibility gene 101*]), MHC I (complexo principal de histocompatibilidade I [*major histocompatibility complex I*]), MHC II (complexo principal de histocompatibilidade II [*major histocompatibility complex II*]) e Alix/AIP1 (proteína 1 [ou X] que interage com ALG-2 [ALG-2 *interacting protein 1* [ou X]).

O genoma do HIV é constituído por duas cópias de RNA de fita simples de polaridade positiva (RNAfs+). Contudo, essas fitas não servem como molde para a síntese das proteínas virais, devendo ser primeiramente transcritas pela TR em DNA de fita dupla (DNAfd), o qual será integrado ao genoma da célula hospedeira pela IN para que possa haver a transcrição do DNA proviral. Os RNA mensageiros (RNAm) são transcritos a partir desse DNA proviral e traduzidos nas diferentes proteínas virais. O genoma possui aproximadamente 9,7 quilobases (kb) e nove sequências de leitura aberta (ORF, *open reading frames*), que originam 15 proteínas. Existem três genes ditos estruturais: *Gag*, *Pol* e *Env*, além de dois genes regulatórios (*tat* e *rev*) e quatro acessórios (*nef*, *vif*, *vpr* e *vpu* ou *vpx*).

## Enzimas virais

### Transcriptase reversa

A TR é uma DNA polimerase que apresenta três atividades bioquímicas distintas e sequenciais: síntese da fita de DNA complementar (DNAc) a partir do RNA viral; degradação do molde de RNA quando associado ao DNA (atividade de RNAse H); e síntese da fita positiva de DNA utilizando o DNAc como molde. A TR do HIV é um heterodímero formado por uma subunidade de 66 kDa (p66), que possui ambas as atividades de polimerase e RNAse H, e outra subunidade de 51 kDa (p51), que apresenta somente atividade de polimerase. A estrutura da unidade p66 obtida a partir de cristalografia de alta resolução demonstra que esta se assemelha à forma da mão direita. Assim, definem-se, além

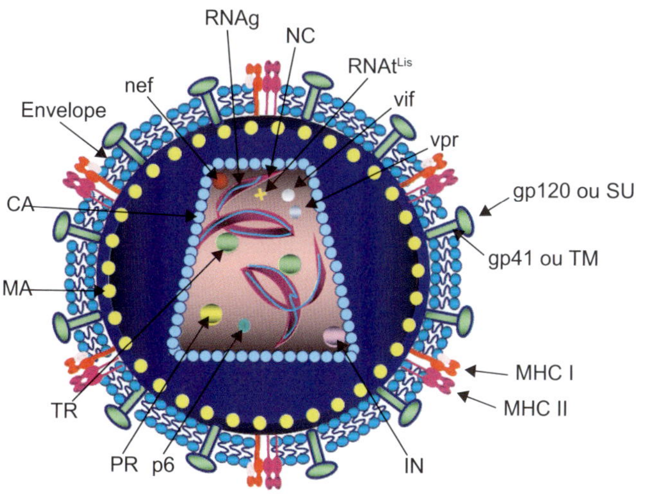


**Figura 20.2** Esquema representativo da partícula do HIV-1. A partícula viral possui envelope glicolipoproteico contendo espículas que consistem em trímeros das proteínas gp120 (SU) e gp41 (TM). Logo abaixo do envelope viral há a matriz viral formada pela proteína p17 (MA). Dentro da matriz, se encontra o capsídeo viral, que apresenta morfologia cônica e é formado pela proteína p24 (CA). O capsídeo protege o material genético viral, que consiste em duas moléculas de RNA de polaridade positiva que se associam pelo terminal 5′. Associada ao RNA se encontra a proteína p7 (NC). Dentro do capsídeo também se encontram a p6 e as enzimas virais protease (PR), integrase (IN) e transcriptase reversa (TR), além de outras proteínas virais (vif, vpr, nef e p6) e celulares (MHC I e MHC II, dentre outras). MHC: *major histocompatibility complex* (complexo principal de histocompatibilidade).

do domínio RNAse H, os domínios: palma (aa 86-117; 156-237), dedos (aa 1-85; 118-155), polegar (aa 238-318) e conector (aa 319-426). O domínio palma da subunidade p66 contém o sítio ativo da enzima e, junto com os domínios dedos e polegar, forma a fenda catalítica na qual se ligam o molde mais o iniciador (RNAg:RNAt$^{Lis}$). O sítio ativo da TR é composto pelos resíduos dos aa tirosina 183, metionina 184 e ácido aspártico 185 e 186.

### Integrase

A IN do HIV é uma enzima de 32 kDa gerada pela clivagem da porção carboxiterminal da poliproteína Gag-Pol. Ela promove a integração do DNA viral em um processo de duas etapas, conforme será detalhado adiante. A IN contém três domínios: o domínio aminoterminal (aa 1-50), onde se encontram dois resíduos de histidina e dois de cisteína que promovem a ligação com zinco. O domínio "cerne" (aa 50-212) contém os sítios catalíticos para a endonuclease e a polinucleotidil transferase, além da tríade ácido aspártico 64, ácido aspártico 116 e glutamina 52, onde se ligam íons manganês ou magnésio, chamada de "motriz DDE". O domínio carboxiterminal (aa 213-288) contém resíduos de aminoácidos básicos e liga-se ao DNA. A estrutura de cada um dos domínios da IN foi obtida por ressonância magnética de alta resolução (domínios amino- e carboxiterminais) e cristalografia de raios X (domínio "cerne"). Embora cada um desses domínios forme separadamente uma estrutura dimérica, é provável que a enzima completa seja ativa na forma de um tetrâmero ou mesmo um octâmero.

### Protease

A PR viral é uma proteína composta por 99 aa que é traduzida como parte da poliproteína precursora Gag-Pol. Ela faz parte da família das aspartil-proteases, pois contém um resíduo de ácido aspártico no centro catalítico. Todas as aspartil-proteases descritas contêm o sítio ativo formado pela tríade D-T/S-G (ácido aspártico-treonina ou serina-glicina). Além dessa tríade, proteases retrovirais contêm, ainda, uma segunda tríade altamente conservada, G86-R87-N88 (glicina–arginina–asparagina, respectivamente nas posições 86, 87 e 88), ausente nas aspartil-proteases celulares, que são monoméricas e perderam esse domínio durante a evolução. Essa tríade está envolvida na dimerização das proteases retrovirais, condição essencial para que a enzima tenha atividade catalítica. Sendo assim, duas moléculas de Gag-Pol devem se dimerizar para formar um homodímero de PR e iniciar a autocatálise. O mecanismo que ativa a PR viral não é ainda inteiramente compreendido, mas sabe-se que a PR é responsável pelo seu autoprocessamento, ou seja, pela sua própria liberação da poliproteína precursora.

A estrutura cristalina da PR madura foi primeiramente descrita em 1989. A PR forma um dímero simétrico em que a interface das subunidades se volta para o centro catalítico. Como todas as proteases retrovirais descritas, a protease do HIV-1 possui um cerne estrutural conservado e alças flexíveis (*flaps*), e é a mais compacta delas dentre todas as proteases retrovirais de estrutura conhecida. As alças flexíveis (aa 47-56) interagem entre si e permitem a entrada do substrato ou inibidor na fenda catalítica da enzima. As alças podem estar em duas conformações: fechada, com as duas alças interagindo quando a enzima possui algum substrato na fenda catalítica, ou aberta. O centro catalítico ainda abriga uma única molécula de água essencial à catálise.

Aproximadamente 50% das interações que mantêm o dímero são encontradas na folha β antiparalela composta pelos quatro primeiros resíduos de aa (1 a 4) (formando as folhas externas), e os quatro últimos resíduos de aa (96-99) de cada monômero da enzima (formando as folhas internas). Esses resíduos de aa terminais derivam da clivagem dos sítios que flanqueiam a própria PR: p6*/PR e PR/RT. A folha β é a região mais estável da protease em solução. Sugere-se que a dimerização da protease ocorra em conjunto com o enovelamento da proteína e, nesse contexto, a folha β é muito importante.

## Organização genômica do HIV e SIV

A estrutura genômica do HIV-1 se assemelha àquela do $SIV_{cpz}$, enquanto a estrutura genômica do HIV-2 se assemelha à do $SIV_{smm}$. A principal diferença na estrutura genômica entre os HIV-1/$SIV_{cpz}$ e os HIV-2/$SIV_{smm}$ é a ausência da proteína acessória vpx nos primeiros, e a ausência da proteína vpu nos últimos (Figura 20.3). Além disso, pequenas diferenças existem nas regiões de sobreposição das ORF e na extensão de tais sobreposições entre esses dois grupos de vírus que são: (i) no HIV-1/$SIV_{cpz}$ *vif* se sobrepõe a *Pol* e *vpr*, o mesmo não acontecendo com os HIV-2/$SIV_{smm}$, estando nestes últimos sobreposta apenas com *vpx*; (ii) nos HIV-2/$SIV_{smm}$ o primeiro éxon do gene *tat* encontra-se mais próximo da ORF de *Env*, e sua sobreposição com *vpr* tem maior extensão do que nos HIV-1/$SIV_{cpz}$; (iii) nos HIV-2/$SIV_{smm}$ o primeiro éxon de *rev* encontra-se mais adjacente a *Env* do que no HIV-1/$SIV_{cpz}$; (iv) a região 5′ do gene da proteína acessória nef nos HIV-2/SIV sobrepõe-se à região 3′ de *Env*; o mesmo não acontece nos HIV-1/$SIV_{cpz}$, sendo o gene *nef* no HIV-2/SIV maior que no HIV-1/$SIV_{cpz}$.

Quando retrotranscrito e integrado, o genoma na forma de DNA de fita dupla possui terminais repetidos longos (LTR, *long terminal repeats*) nas suas extremidades, regiões não codificadoras, importantes para os eventos de transcrição e integração do genoma viral ao cromossoma da célula hospedeira. Por codificarem proteínas regulatórias (tat e rev) e acessórias (nef, vif, vpr e vpu ou vpx), além das poliproteínas estruturais (Gag, Pol e Env) comuns a todos os membros da família *Retroviridae*, os lentivírus são considerados retrovírus complexos (Figura 20.3).

## Variabilidade genética

Mesmo antes de estabelecida a origem do HIV-1 na população, os estudos de similaridade de sequências genômicas do HIV-1 revelaram significativa e crescente variabilidade genética. Nesse período, o HIV-1 pôde ser filogeneticamente dividido em quatro grupos: M, N, O e P, de acordo com a sequência nucleotídica de seu genoma. Os HIV-1 do grupo M (*major*) são responsáveis por 98% dos isolados no mundo e podem ser subdivididos em nove subtipos (A, B, C, D, F, G, H, J, K), além das formas recombinantes (CRF e URF). Os subtipos E e I foram reclassificados como CRF. A variação genética dentro de um subtipo pode ser de 15 a 20%. O HIV-2 apresenta oito subtipos (A, B, C, D, E, F, G, H).

Os subtipos do HIV-1 podem ainda ser divididos em subsubtipos (A1–A5, F1 e F2) (ver Figura 20.1B). Além disso, verifica-se a ocorrência em alta frequência de formas recombinantes virais. Devido à própria característica do processo de transcrição reversa, como será detalhado posteriormente, durante a síntese da fita de DNAc, a enzima viral TR promove recombinação entre as duas fitas de RNA genômico. A frequência de recombinação é em torno de 10%, explicando, assim, a grande diversidade de genomas recombinantes existentes, com a descrição das CRF e URF. Na década de 1990, foram caracterizados isolados virais que possuíam particularidades antigênicas e genéticas que os diferiam dos HIV-1 e HIV-2, mas que não justificavam a criação de uma nova espécie de HIV. Dessa forma, além do grupo M, o HIV-1 foi dividido em mais um grupo e esses vírus foram classificados como grupo O (*outlier*). Esses vírus são endêmicos na República dos Camarões e ocorrem de forma menos frequente em outros países da região centro-oeste do continente africano.

Em 1998, foi identificada uma nova estirpe viral a partir do sangue de uma mulher camaronense que havia morrido de AIDS em 1995. O soro dessa paciente reagia com os antígenos do envelope de isolados recentes de SIV obtidos de amostras de chimpanzés ($SIV_{cpz}$), mas não de HIV-1 dos grupos M ou O. A descrição da sequência nucleotídica do genoma viral completo revelou que esse vírus era um possível recombinante entre o HIV-1 e o $SIV_{cpz}$. A identificação de novos isolados com essas mesmas características levou à criação de um novo grupo de HIV-1, que foi denominado N (*non-M, non-O*). Semelhante ao que acontece com o grupo O, os vírus do grupo N são endêmicos na República dos Camarões e ocorrem de maneira menos frequente no centro-oeste africano.

O grupo P foi descrito em 2009 e confirmado em 2010 como um grupo oficial, e é responsável por casos raros de infecção na República dos Camarões, já tendo sido identificado na França, em um indivíduo de origem camaronense. As análises das relações genéticas entre esses novos isolados de HIV-1 e dos SIV que

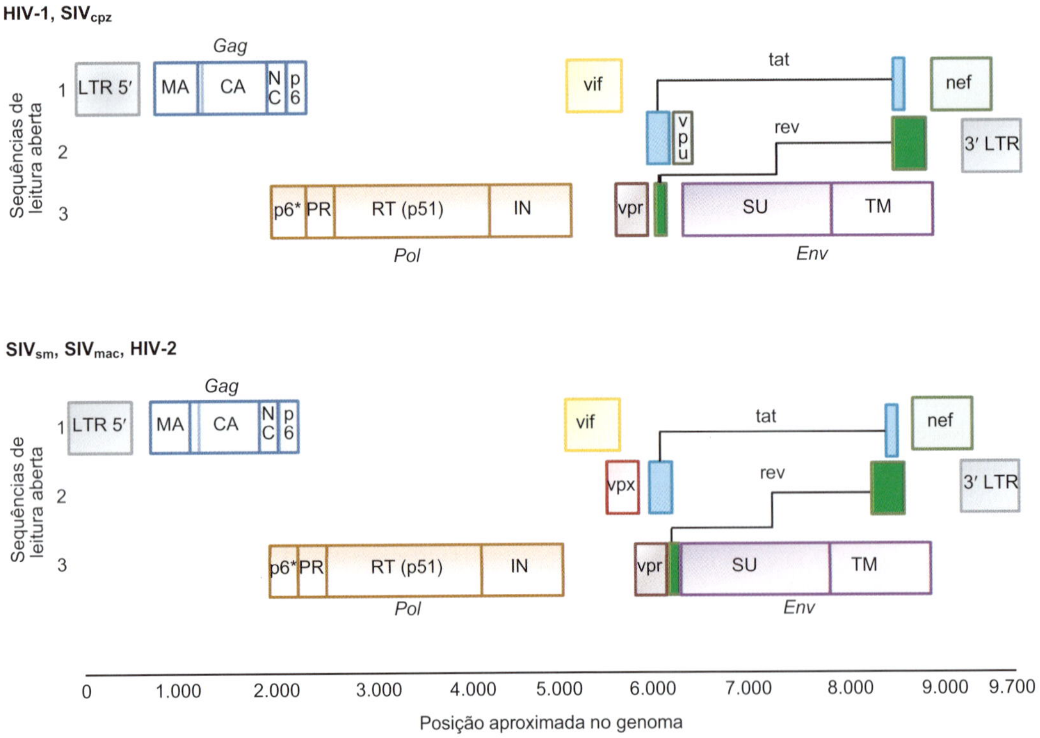


**Figura 20.3** Organização genômica dos HIV e SIV. São mostrados os terminais repetidos longos (LTR, *long repeated terminals*) presentes nas extremidades 5′ e 3′ do genoma e as três sequências de leitura aberta (ORF, *open reading frame*). As três ORF comuns a todos os retrovírus – *Gag, Pol* e *Env* – estão representadas em *azul*, *marrom* e *roxo*, respectivamente. A ORF *Gag* contém as proteínas estruturais; *Pol*, as enzimas virais; e *Env*, as espículas virais. Outras seis ORF codificam as proteínas acessórias e regulatórias. A *linha inferior* representa o tamanho do genoma viral e as ORF encontram-se representadas em escala aproximada.

infectam hominoides revelaram que sua origem se deu a partir de um evento de transmissão zoonótica a partir da espécie de gorila *Gorilla gorilla* descrita como seu reservatório ($SIV_{gor}$).

# Biossíntese viral

## Adsorção, fusão e penetração

O primeiro contato da partícula viral com a célula-alvo ocorre pela interação da proteína de superfície viral (SU ou gp120) com a molécula $CD_4$ (Figura 20.4), que é o principal receptor para lentivírus de primatas, na superfície das células suscetíveis. Essa ligação, apesar de garantir a adsorção da partícula viral à célula-alvo, não é suficiente para a penetração. Para tal, é necessária uma segunda ligação entre a gp120 e o correceptor, um receptor de quimiocina, em geral CCR5 (receptor de quimiocina tipo 5 [*C-C chemokine receptor type 5*]) ou CXCR4 (receptor de quimiocina C-X-C tipo 4 [*C-X-C chemokine receptor type 4*]). No caso do CCR5, o domínio alça V3 da gp120 reconhece as alças flexíveis das regiões extracelulares de CCR5. Essa segunda interação dispara uma mudança conformacional da proteína transmembrana (gp41). Como consequência, o núcleo da proteína gp41 se dobra em uma estrutura de feixe de 6 α-hélices que leva à justaposição do envelope viral com a membrana da célula. O modelo, pelo qual gp41 realiza fusão, sugere que a ligação da gp120 ao receptor leve à exposição do peptídeo de fusão da gp41, que interage com a membrana celular produzindo um estado intermediário de pré-grampo, fazendo assim uma ponte entre o envelope do vírus e a membrana da célula infectada. Esse estágio de pré-grampo é relativamente longo e sujeito à inibição por peptídeos, como os que mimetizam a região HR2 (repetições heptato 2 [*heptad repeat 2*]) da gp41ou anticorpos neutralizantes direcionados à região HR1 (repetições heptato 1 [*heptad repeat 1*]) da gp41. Em seguida, o pré-grampo sofre um redobramento, atingindo a estrutura de feixe das seis α-hélices, que envolve interações antiparalelas entre as sequências HR1 e HR2 de gp41, e é essa transição que catalisa a fusão do envelope com a membrana da célula por exposição do peptídeo de fusão.

Após a fusão do envelope com a membrana da célula o capsídeo viral chega ao citoplasma celular por intermédio dos microtúbulos, depois que a proteína nef remodela a barreira de actina

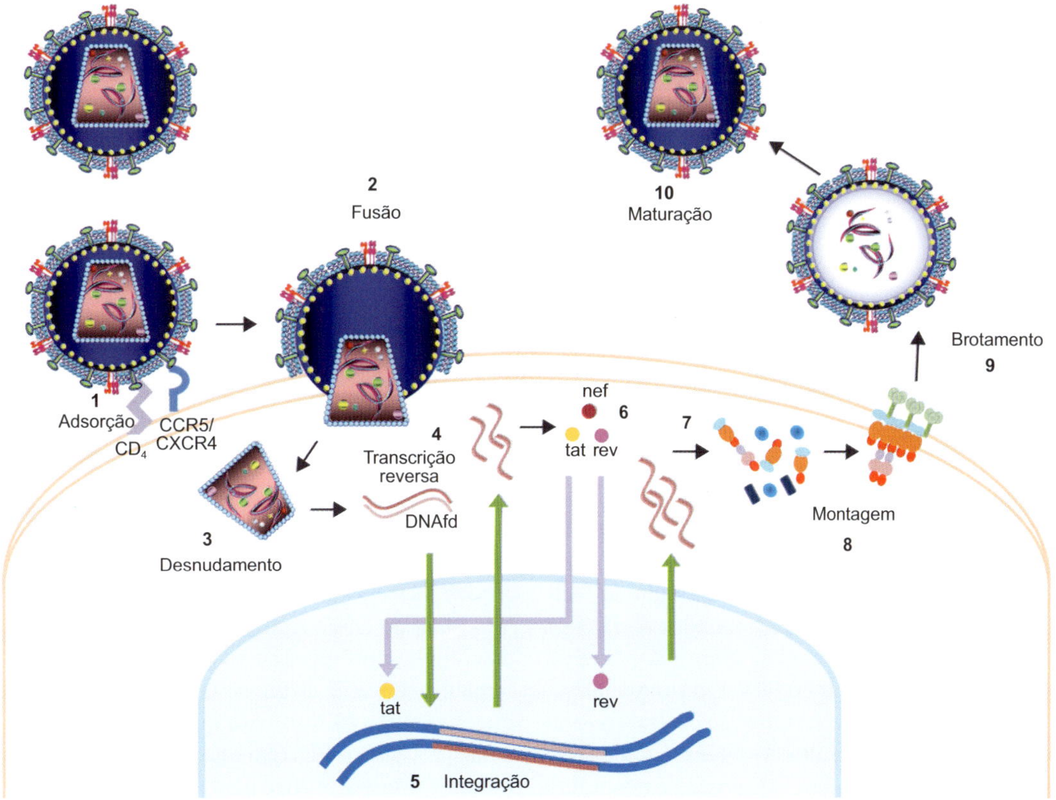


**Figura 20.4** Esquema representativo das etapas de biossíntese do HIV-1. Após o reconhecimento e ligação do receptor ($CD_4$) e correceptor (CCR5/CXCR4) pela proteína de superfície viral (gp120) (**1**), o envelope viral se funde com a membrana da célula (**2**) pela atividade da proteína transmembrana (gp41). Após a fusão o nucleocapsídeo é levado para o citoplasma celular e tem início o processo de desnudamento (**3**), em que a matriz e o capsídeo virais se dissociam gradativamente. Concomitantemente, se inicia a transcrição reversa (**4**). O DNA de fita dupla recém-sintetizado é translocado pela membrana nuclear por meio de proteínas virais e celulares, e é então integrado ao genoma da célula hospedeira pela integrase viral (**5**). A transcrição dos RNA mensageiros (RNAm) virais é realizada pela maquinaria celular. No início do ciclo essa transcrição é pouco eficiente, dando origem a apenas poucos RNAm que sofrem múltiplos eventos de *splicing* e dão origem às proteínas acessórias tat, rev e nef (**6**). O acúmulo de tat permite o aumento da eficiência da transcrição, e rev medeia o transporte dos RNAm recém-sintetizados para fora do núcleo, impedindo novos eventos de *splicing* e permitindo a síntese das poliproteínas virais estruturais e enzimas, do envelope viral e demais proteínas acessórias virais, além de novas cópias de RNA genômico (RNAg) (**7**). Os componentes virais se acumulam nos locais de brotamento, se automontam (**8**) e recrutam proteínas celulares que separam o envelope da partícula recém-montada da membrana celular, liberando assim novas partículas (**9**). Durante ou logo após o brotamento, a protease viral é ativada e cliva as poliproteínas estruturais e enzimas. Esse processo causa uma reorganização espacial das proteínas virais, o capsídeo assume o formato cônico e a partícula se torna infecciosa, pronta para reiniciar um novo ciclo (**10**).

encontrada pelas partículas virais. Então, a matriz começa a se desestruturar lentamente e a fita dupla do DNA viral começa a ser sintetizada a partir do RNAg.

## Transcrição reversa

O RNAg apresenta um $RNAt^{Lis}$ ligado por complementaridade de bases ao terminal 5′, em uma sequência definida como PBS (sítio de ligação do iniciador [*primer binding site*]) que funciona como iniciador para o início da transcrição reversa. A transcrição reversa se inicia quando a TR, associada à molécula de $RNAt^{Lis}$, polimeriza as primeiras 186 bases do DNAc, chegando ao final da extremidade 5′ e, assim, interrompendo a síntese. Toda a extensão do RNAg que serviu como molde para a síntese desse fragmento de DNAc é degradada pela atividade RNAse H da TR, com exceção do $RNAt^{Lis}$. Dessa maneira, ao final, tem-se um fragmento de DNAc associado à extremidade 5′ do RNAg somente através do $RNAt^{Lis}$ ligado ao PBS (Figura 20.5, estágios 1 a 3). Esse fragmento de DNAc é chamado de DNAsss (*single-strand strong stop* DNA), e é reposicionado juntamente com a TR na extremidade 3′ do RNAg por apresentar complementaridade de bases com o elemento repetido R presente em ambas as extremidades do RNAg. Esse é denominado o primeiro "salto" da TR (Figura 20.5, estágio 4). Essa capacidade de dissociação e reassociação da TR com o RNAg-molde, juntamente com o fato de que duas cópias do RNAg estão presentes durante o processo de síntese do DNA viral, confere à TR a característica de promover recombinações em alta frequência.

Após o reposicionamento da TR juntamente com o DNAsss na extremidade 3′ do RNAg-molde, a síntese do DNAc é reiniciada e se estende até o final da molécula de RNAg (Figura 20.5, estágio 5). Assim, a fita de DNAc já terá o LTR formado na extremidade 5′, e o DNA sintetizado é maior do que o RNA viral. A degradação do RNAg-molde, pelo domínio RNAse H da TR, acontece concomitantemente à síntese do DNAc, mas uma região desse RNAg-molde, rica em purina (PPT, trato de polipurina [*polypurine tract*]), localizada no DNAc não é degradada por ser resistente à ação da enzima, e serve de iniciador para a síntese da fita positiva do DNA (Figura 20.5, estágios 6 e 7). A seguir, novamente o domínio RNAse H da TR degrada todo o iniciador $RNAt^{Lis}$ juntamente com PBS da terminação 5′ da fita do DNAc. Isso expõe PBS na terminação 3′ da fita positiva do DNA (Figura 20.5, estágio 8), permitindo que ocorra um segundo "salto" (Figura 20.5, estágio 9), onde a região homóloga de PBS da terminação 3′ da fita do DNAc hibridiza com a região PBS da terminação 3′ da fita positiva. Para o HIV-1, a síntese termina na região chamada CTS (sinal de terminação central [*central termination signal*]) quando toda a fita do DNAc é duplicada, com os LTR em ambas as extremidades. Esse processo possibilita a integração e cria sequências ativadoras e promotoras da transcrição do provírus.

As DNA polimerases de organismos pro- e eucariotos apresentam, além da atividade de polimerização de nucleotídeos no sentido 5′-3′, atividade exonucleotídica na direção 3′-5′ da fita de DNA recém-sintetizada. Essa capacidade confere a essas enzimas a propriedade de editoração da síntese do DNA. Ou seja, antes de realizar a próxima ligação fosfodiéster, a DNA polimerase verifica se o nucleotídeo recém-polimerizado está corretamente pareado ao DNA molde. Caso contrário, este é removido pela própria DNA polimerase para que possa haver a continuidade da polimerização. Essa atividade de editoração, também conhecida como *proofreading*, está diretamente relacionada com a baixa taxa de erro durante a síntese do DNA desses organismos.

Ao contrário dessas DNA polimerases, a TR não possui atividade exonucleotídica 3′-5′. Dessa forma, os pareamentos errôneos de nucleotídeos durante a síntese do DNA não são verificados e erros são consequentemente incorporados à molécula de DNA nascente. A taxa de erro calculada para a TR do HIV-1 é de $3{,}4 \times 10^{-5}$ mutação/nucleotídeo/ciclo em ensaios realizados em culturas de células de mamíferos. No entanto, a taxa de erro verificada em ensaios bioquímicos *in vitro* foi de 5,0 a $6{,}4 \times 10^{-4}$ mutação/nucleotídeo. Essa diferença da ordem de 10 vezes pode ser explicada pela diferença dos sistemas utilizados para a verificação da fidelidade da TR durante a polimerização do DNA. Enquanto no sistema *in vitro* tem-se somente a presença da TR, do iniciador, da fita molde e dos desoxinucleotídeos, no sistema celular estão presentes outras proteínas virais e fatores celulares durante a transcrição reversa, que podem participar como cofatores da TR e assim aumentar sua fidelidade. De qualquer forma, em ambos os casos esses dados implicam uma alta taxa de incorporação de mutações pela TR. As taxas de mutação significam que, a cada 100.000 ou 10.000 nucleotídeos adicionados pela TR, são incorporadas, respectivamente, 3,4 ou 5,0 a 6,4 mutações na molécula de DNA sintetizada. Sendo o tamanho do genoma do HIV-1 de aproximadamente 10.000 nucleotídeos, no primeiro caso, a cada 10 ciclos de biossíntese são acumuladas 3,4 mutações na população viral, e no segundo caso, 5,0 a 6,4 mutações são incorporadas a cada genoma de DNA polimerizado. Somando a essa taxa de incorporação de erro, a taxa de recombinação da TR, que é da ordem de 10 a 20% a cada ciclo de biossíntese, a alta variabilidade genética do HIV-1 pode ser facilmente explicada.

## Transporte para o núcleo

Ao final da síntese, a fita dupla do DNA permanece associada à TR, e também se liga às proteínas virais vpr, MA e NC, e à enzima viral IN por meio dos LTR. Além disso, outros fatores celulares associados à cromatina contribuem para a integração do DNA viral. Entre eles, o mais importante é a participação da proteína associada à cromatina LEDGF/p75 (coativador de transcrição em humanos p75/fator de crescimento derivado do epitélio da lente [*human transcriptional coactivator p75/lens epithelium-derived growth factor*]), que se liga na IN e estimula a transferência da fita dupla do DNA viral para haver a integração, fazendo parte do complexo pré-integrativo ou PIC (*pre-integrative complex*). O tamanho do PIC é estimado em 56 nm, o que é muito maior do que o máximo (9 nm) para que haja difusão passiva pelo poro nuclear. Assim, o PIC tem que apresentar propriedades que permitam o transporte ativo para dentro do núcleo. Dados mostram que o PIC é transportado pelo citoplasma celular e transpõe a membrana nuclear por meio da interação com nucleoporinas (nup) presentes no complexo do poro nuclear (NPC, *nuclear pore complex*), principalmente nup 153, que auxilia o PIC a atravessar o lúmen do NPC.

Os lentivírus não necessitam que a célula entre em mitose (com consequente desestruturação da membrana nuclear) para chegar ao núcleo, como ocorre com outros retrovírus. Isso permite que células quiescentes sejam infectadas, embora ainda assim ocorra o estímulo à ativação celular, a fim de aumentar a taxa de síntese do RNAm viral. Uma vez no núcleo, inicia-se

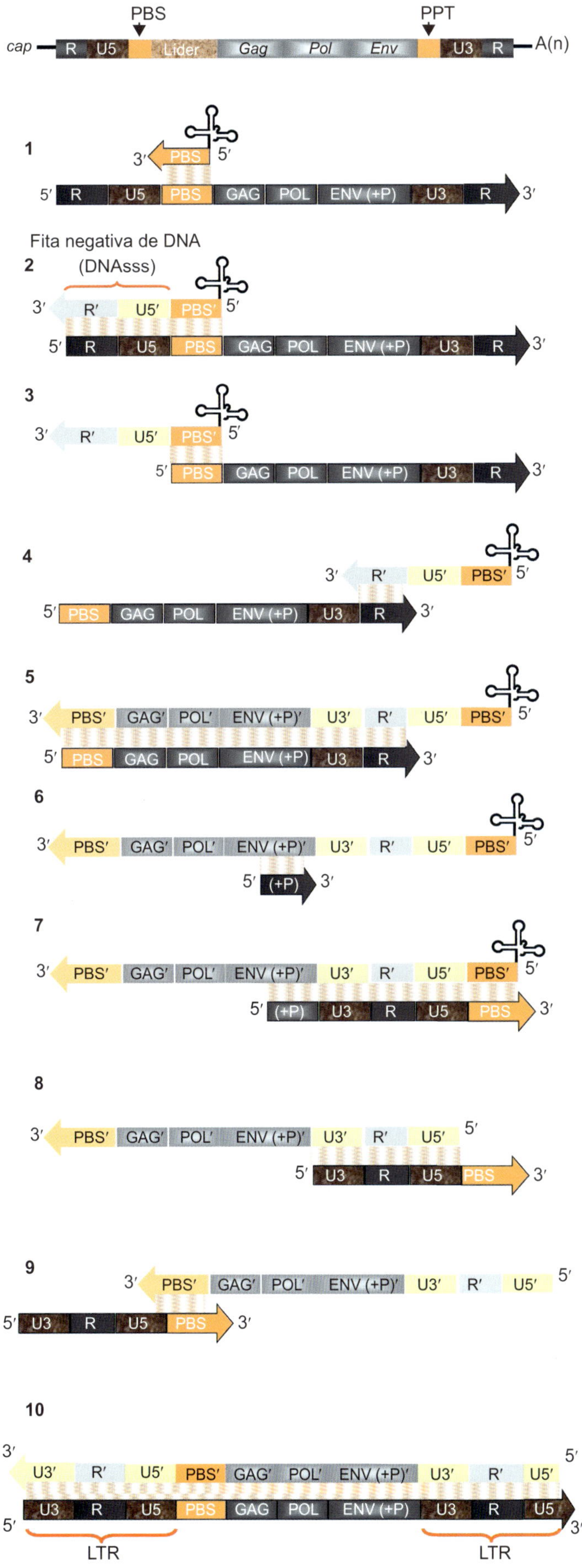


**Figura 20.5** Transcrição reversa do HIV-1. Consultar o texto para mais detalhes.

a integração do DNA viral ao genoma da célula, geralmente em regiões transcricionalmente ativas (eucromatina), pela ação da IN com o auxílio das regiões LTR, localizadas nas extremidades do DNA viral.

## Integração

O processo de integração acontece em duas etapas: na primeira, chamada de processamento 3′, a IN remove dois nucleotídeos de cada extremidade 3′ da fita dupla linear do DNA viral, gerando pontas 5′ protrusas. A clivagem dessa região é endonucleolítica em uma sequência CA do DNA viral, altamente conservada, liberando, na maioria dos retrovírus, incluindo o HIV, o dinucleotídeo TT; na segunda etapa, denominada transferência da fita de DNA (DNA *strand-transfer*), os grupamentos hidroxila 3′ de cada fita "atacam" ligações fosfodiéster no DNA celular, clivando o DNA celular e transferindo a fita dupla do DNA viral para essa região. Assim, por meio de duas reações de transesterificação ocorre a integração das terminações do DNA viral ao cromossoma da célula. O processo de integração leva à duplicação da região do DNA celular onde houve a integração. O número de nucleotídeos duplicados é característico para cada um dos retrovírus. Após a integração, a região 5′ protrusa não é ligada pela IN, mas é rapidamente reparada por enzimas celulares após a reação de transferência de cada fita de DNA. O DNA viral integrado é agora denominado provírus. Todos os provírus integrados terminam com os dinucleotídeos 5′-TG e CA-3′. A integração marca o fim da fase pré-transcricional da biossíntese viral.

Além do DNA de fita dupla linear que serve como substrato para a integração, dois outros DNA circulares são formados no núcleo: um tipo com um LTR e outro com dois LTR. Embora essas formas circulares não se integrem no cromossoma celular, eles são marcadores úteis para estudos de transporte do DNA viral para o núcleo, pois sua formação requer a maquinaria enzimática nuclear.

## Transcrição

Os LTR contêm várias sequências promotoras localizadas na região U3, que sinalizam para o início da transcrição do DNA viral, além de sequências potencializadoras (*enhancers*) que tanto podem estar localizadas na região U3, quanto nas regiões a montante do sítio +1 de transcrição, localizado no elemento R dos LTR. Sinais negativos de transcrição também estão presentes no LTR. A expressão dos genes virais é regulada em nível transcricional e a RNA polimerase II é responsável por transcrever o DNA proviral. As regiões, promotora e potencializadora, dos LTR recrutam fatores de transcrição, tais como NF-κB (fator nuclear-kB [*nuclear factor-kB*]), Sp-1 (fator específico 1 ou fator de transcrição Sp-1 [*specific factor 1 or transcription factor Sp-1*]), C/EBP (CCAAT/proteína intensificadora da ligação [CCAAT/*enhancer-binding protein*]), NFAT (fator nuclear de células T ativadas [*nuclear factor of activated T cells*]) e AP-1 (proteína ativadora adjacente 1 [*adjacent activator protein 1*]) necessários para iniciar a transcrição. Esses fatores atuam junto com coativadores, tais como histonas-acetil-transferases e o complexo SWI/SNF ("interruptor"/complexo não fermentável de sacarose [*switch/sucrose nonfermentable complex*]) que influenciam a estrutura da cromatina do DNA proviral. No entanto, o recrutamento eficiente dos fatores de iniciação da transcrição não garante a eficiência da transcrição a partir do promotor do HIV.

A síntese da maioria dos transcritos é interrompida cerca de 50 a 60 nucleotídeos após o início da transcrição, sugerindo que a etapa de extensão do RNAm seja também alvo de regulação. O HIV codifica um ativador transcricional, a proteína tat (proteína transativadora [*transactivator protein*]), que se liga, no RNA nascente, a uma estrutura secundária (*stem-loop*) formada pelo elemento TAR (elemento responsivo tat [*tat responsive element*]). Tat liga-se ao TAR, associada ao complexo P-TEFb (fator positivo de alongamento da transcrição [*positive transcription elongation factor b*]), recrutando-o para o LTR, e assim aumentando a taxa de extensão da RNA polimerase II. P-TEFb é composto pela proteína celular ciclina T1 e sua cinase associada CDK9 (cinase ciclina-dependente 9 [*cyclin-dependent kinase 9*]). Esse complexo modifica a atividade da RNA polimerase II por promover sua hiperfosforilação na região carboxiterminal, aumentando sua taxa de processamento. A interrupção da transcrição na ausência de tat está associada à presença dos fatores negativos de alongamento celulares DSIF (fatores indutores de sensibilidade a 5,6-dicloro-1-β-D-ribofuranosil benzimidazol [*5,6-dichloro-1-β-D-ribofuranosylbenzimidazole [DRB] sensitivity inducing factors*]) e NELF (fator negativo de alongamento [*negative elongation factor*]) ligados ao TAR, que são fosforilados por P-TEFb quando tat está presente, e auxiliam na ativação do alongamento da fita que está sendo transcrita.

A fosforilação do terminal carboxi da RNA polimerase II também é importante para o recrutamento da maquinaria de processamento do RNA por *splicing* para o local de transcrição.

A RNA polimerase II, uma vez hiperfosforilada, sintetiza o RNAm viral completo, compreendido do elemento R5′ ao elemento R3′, que é modificado ainda no núcleo e recebe o *cap* de 7-monometil-guanosina na sua extremidade 5′ e a cauda poli-adenina (poli-A) em sua extremidade 3′. Esse RNAm completo serve de molde para a síntese das poliproteínas estruturais Gag e enzimas virais, e ainda como RNAg das novas partículas virais. Para que haja transcritos para a síntese das demais proteínas virais é necessário o processamento do RNAm completo pelo processo de junção de éxons e remoção de íntrons (processamento por *splicing*).

O RNAm viral possui sítios doadores e aceptores de *splicing* distribuídos ao longo de sua sequência (Figura 20.6). Esses sítios são reconhecidos pela maquinaria celular de *splicing* e a combinação aleatória de sítios doadores e aceptores leva à formação de cerca de 40 transcritos diferentes, que são moldes para a síntese das proteínas tat, rev, nef, vif, vpr, vpu (ou vpx), e da poliglicoproteína gp160 (Env).

Inicialmente, o RNAm viral completo é totalmente processado, ou seja, sofre pelo menos quatro eventos de corte de íntrons e junção de éxons formando transcritos de 2 kb que não contêm nenhum elemento intrônico (ver Figura 20.6). Esses transcritos codificam as proteínas regulatórias tat e rev, além da proteína acessória nef, e são transportados do núcleo para o citoplasma pela via clássica de transporte de RNAm, na qual o complexo exportina/RanGTP (Ran é uma proteína da superfamília Ras de GTPases) se liga ao RNAm totalmente processado e promove a passagem do complexo pelo poro nuclear. No citoplasma, RanGTP se liga a GAP (proteínas aceleradoras da atividade GTPase [*GTPase-accelerating proteins*]) e promove a hidrólise de GTP (trifosfato de guanosina) para GDP (difosfato de guanosina), promovendo a dissociação do complexo. Dessa maneira, no início da fase transcricional, somente as proteínas tat, rev e nef são expressas. A proteína tat contém uma sequência de localização nuclear (NLS, *nuclear localization sequence*) e retorna ao núcleo levando consigo P-TEFb e, assim, aumentando a taxa transcricional da RNA polimerase II a partir do promotor LTR.

Além da proteína tat, o HIV apresenta outra proteína regulatória chamada rev (regulador da expressão de proteínas virais [*regulator of expression of viral proteins*]) que é uma fosfoproteína de 19 kDa, predominantemente nucleolar. De maneira semelhante à tat, rev é codificada por dois éxons e contém duas regiões funcionais: um domínio rico em arginina, chamado NLS que realiza sua importação para o núcleo após a tradução no citoplasma; e outra região constituída por um segmento hidrofóbico localizado entre os aa 73 e 84 que contém vários resíduos de leucina que forma o sinal de exportação nuclear (NES, *nuclear export signal*) e promove a saída do RNAm do núcleo para o citoplasma. Após a tradução, ao retornar ao núcleo, rev se liga a uma região secundária dos RNAm virais denominada RRE (elemento responsivo a rev [*rev responsive element*]) para exportá-los para o citoplasma. O RRE está presente somente no RNAm completo (que não sofreu processamento) e naqueles que sofreram menos de quatro eventos de corte de íntrons e junção de éxons (parcialmente processados). Esses últimos transcritos têm entre 4,3 e 5,5 kb e servem de molde para a síntese de vif, vpr, vpu (ou vpx, nos SIV e HIV-2), assim como da poliglicoproteína gp160 (Env). Ao se ligar ao RRE, rev recruta o complexo Crm1/RanGTP para os RNAm completos e parcialmente processados (ver Figura 20.6) para que sejam exportados para o citoplasma. Crm1 é uma proteína celular da família das importinas que, para alguns transcritos celulares específicos, funciona como uma exportina, promovendo o transporte desses transcritos pela via não clássica. Dessa forma, os transcritos completos e parcialmente processados são retirados do núcleo pela via Crm1/RanGTP antes que sejam completamente processados, o que garante a expressão das proteínas estruturais e acessórias virais. Esse evento marca o início da fase tardia da biossíntese viral.

## Fase tardia

A fase tardia da biossíntese viral compreende as etapas de síntese das proteínas acessórias e estruturais, automontagem dos constituintes proteicos, brotamento, além do processamento e maturação das partículas virais.

À exceção das proteínas acessórias e regulatórias, as demais proteínas virais são expressas como poliproteínas precursoras que, posteriormente, são clivadas em seus componentes fundamentais (Figura 20.7). A clivagem de Gag e Gag-Pol é realizada pela protease viral, na fase de maturação do vírus. A poliproteína precursora Gag (pr55) é composta pelas proteínas MA-CA-SP1-NC-SP2-p6. SP1 e SP2 são peptídeos espaçadores (*spacer peptides*); enquanto a presença de SP1 parece ser essencial para a maturação viral, a participação de SP2 ainda é controversa. A poliproteína precursora Gag-Pol (pr160) é formada pelas proteínas MA-CA-SP1-NC-SP2-p6-PR-RT-IN. As glicoproteínas do envelope, gp120 e gp41, são geradas mediante clivagem proteolítica por enzimas celulares a partir do precursor gp160 (Env), produto da tradução de um RNAm que sofreu um único *splicing* (*monospliced*). Produtos de outros RNAm que sofreram vários processos de *splicing* originam as proteínas regulatórias e

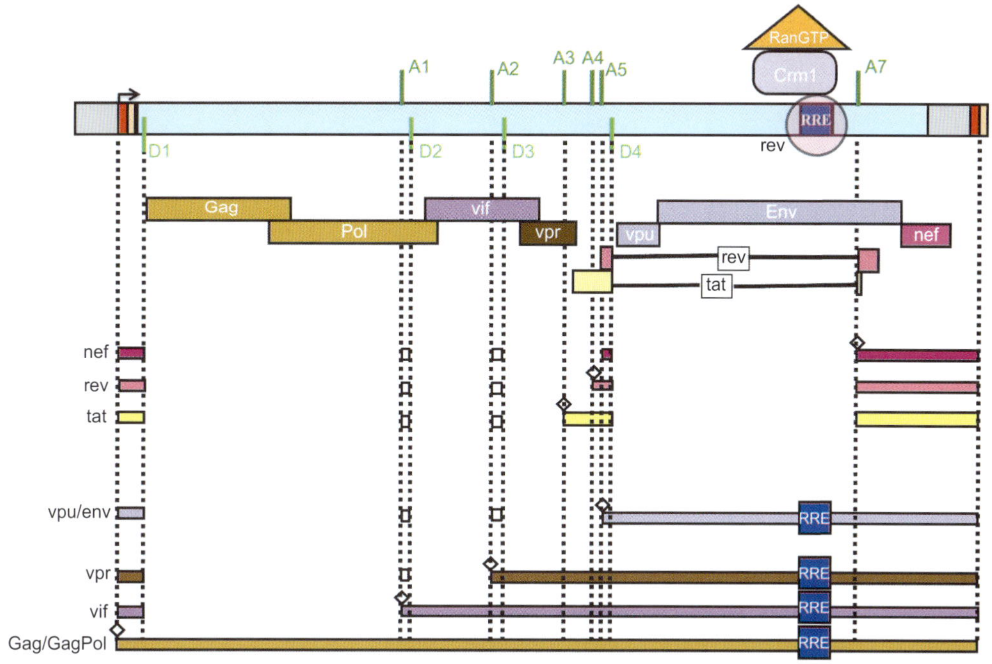


**Figura 20.6** Controle da expressão gênica em HIV-1. A figura mostra os quatro principais sítios doadores (*verde-claro*), e os seis principais sítios aceptores de *splicing* (*verde-escuro*) distribuídos ao longo do genoma do HIV-1. Durante a transcrição do genoma do HIV são gerados cerca de 40 diferentes transcritos de RNA mensageiros (RNAm) a partir de múltiplas combinações dos diferentes sítios doadores e aceptores de *splicing*. O principal transcrito de cada gene está representado. Durante a transcrição do DNA viral a RNA polimerase II sintetiza um RNAm completo iniciando, por definição, no começo do elemento R (*vermelho*) na região 5′ e terminando logo após o final do elemento R na região 3′. Esse transcrito completo de 9 kb é substrato para o processamento pela maquinaria celular de *splicing* e ocorre de forma cotranscricional. O processamento completo desse transcrito (quatro eventos de corte e junção), gera os RNAm de 2 kb multiprocessados (nef; rev; tat), que são os únicos detectáveis durante a fase inicial da biossíntese viral. Os RNAm de 4 kb que originam vif, vpr, vpu e Env são gerados a partir de dois a três eventos de corte e junção. Esses RNAm parcialmente processados (4 kb) e o RNAm completo de 9 kb (de Gag, Gag-Pol, e ainda o RNA genômico) possuem RRE (elemento responsivo a rev [*rev responsive element*]) [*azul*] em sua região 3′, que é reconhecido pelo complexo proteico rev/Crm1/Ran-GTP, e são imediatamente transportados para o citoplasma celular, evitando assim que sofram novos eventos de *splicing*, garantindo a síntese de todas as proteínas acessórias e estruturais virais. O acúmulo de rev e o início da detecção dos transcritos de 4 kb e 9 kb na célula infectada marcam a fase tardia da biossíntese viral. O losango marca o AUG de cada transcrito. A região compreendida entre o códon +1 de transcrição (*seta*) e o sítio D1 é comum a todos os transcritos virais. Os *quadrados transparentes* (regiões compreendidas entre os sítios A1 e D2; e A2 e D3) denotam regiões do genoma também presentes em todos os transcritos e que estão envolvidas na estabilidade dos RNAm. As *linhas verticais pontilhadas* representam as regiões compreendidas entre os sítios doadores e aceptores de *splicing*. Os elementos U3, R e U5 dos LTR (terminais repetidos longos [*long terminal repeats*]) estão representados pelas cores *cinza*, *vermelho* e *laranja*.

acessórias que podem afetar a propagação do HIV em diferentes tipos de células. A poliproteína gp160 é sintetizada no retículo endoplasmático (RE), sendo glicosilada e inserida em seu lúmen e transportada para o complexo de Golgi, onde sofre clivagem proteolítica para gerar gp120 e gp41. Evidências mostram que a enzima celular que executa essa clivagem é uma furina ou furina-*like*. Após a clivagem, as glicoproteínas não covalentemente associadas são transportadas para a membrana citoplasmática. O mecanismo pelo qual as glicoproteínas do envelope são incorporadas na membrana ainda não é completamente compreendido, mas sabe-se que a proteína matriz (MA) participa desse processo. A glicoproteína gp120 é altamente variável, havendo domínios conservados (C) e hipervariáveis (V).

As poliproteínas precursoras Gag (pr55) e Gag-Pol (pr160) são modificadas após a tradução com a adição de ácido mirístico, um ácido graxo de 14 carbonos, que se liga covalentemente na região aminoterminal da proteína MA. Essa adição de ácido mirístico, um sinal de endereçamento à membrana plasmática, juntamente com a composição altamente hidrofóbica e básica da região entre os aa 17 e 31 da proteína MA de Gag, garante que os precursores sejam direcionados para a membrana plasmática, onde se ligam a moléculas de 4,5-bifosfato de fosfatidil-inositol em domínios específicos, ricos em colesterol, chamados "balsas lipídicas" (*lipid rafts*). Apenas a expressão de Gag já é suficiente para a observação de partículas semelhantes a vírus (VLP, *virus-like particles*) capazes de brotar da membrana plasmática.

A síntese do precursor Gag-Pol é altamente regulada por um evento de mudança de fase de leitura (*frameshift*) durante a tradução do RNAm não processado. O ribossoma, ao deslizar pela sequência UUUUUUA na junção de NC com o espaçador peptídico (SP1 ou SP2), tem a tradução momentaneamente interrompida em função da estrutura secundária do RNAm nessa região e, ao reiniciar a tradução, retorna um nucleotídeo e assim recomeça na fase de leitura da região gênica *Pol*. Esse evento ocorre com baixa frequência e assegura que somente 5% dos transcritos irão gerar o precursor Gag-Pol.

O mesmo RNAm completo que dá origem a Gag e Gag-Pol também é o genoma viral. Nesse caso, duas fitas do RNAm de 9 kb se unem pela extremidade 5′, constituindo o dímero de RNAg viral.

A expressão de Env (gp160) se dá por meio de um RNAm subgenômico (RNAmsg) distinto, parcialmente processado por *splicing*. Os primeiros resíduos traduzidos formam um sinal de endereçamento ao RE, para onde a proteína nascente é direcionada. Nesse local, a proteína é glicosilada, enovelada e

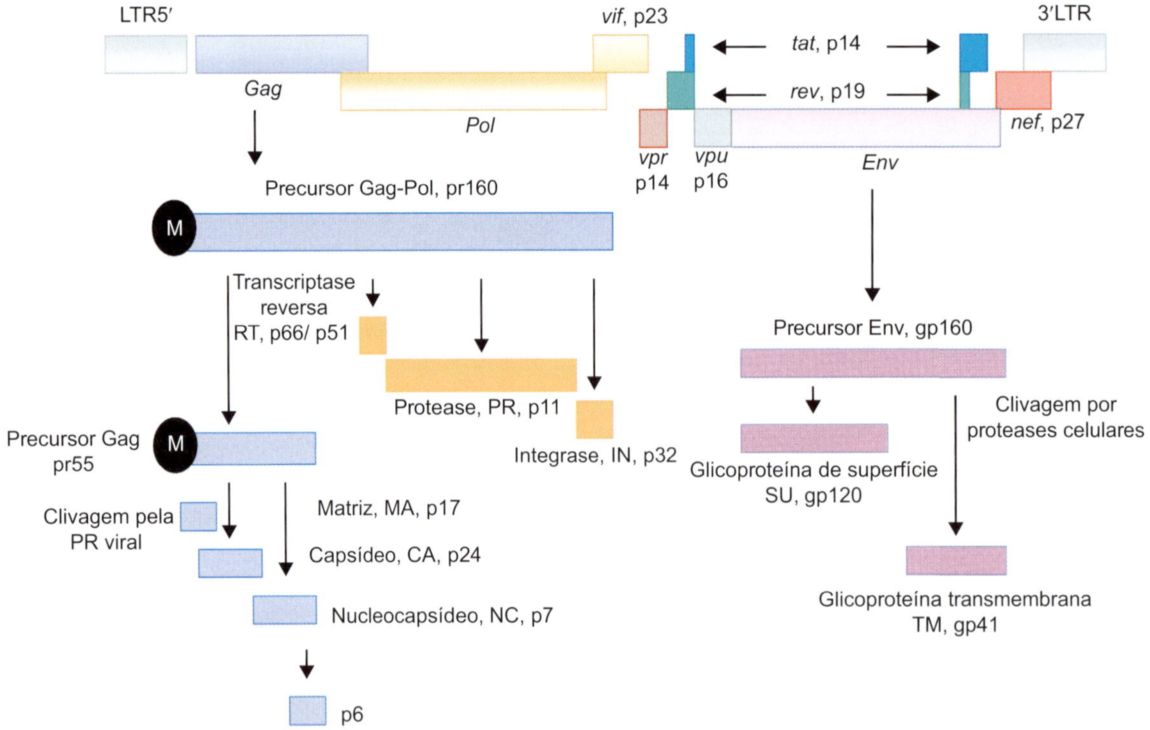


**Figura 20.7** Representação esquemática do processamento das poliproteínas precursoras virais. A clivagem de Gag e Gag-Pol é realizada pela protease (PR) viral. A poliproteína precursora Gag (pr55) é composta pelas proteínas matriz (MA), capsídeo (CA), nucleocapsídeo (NC) e p6. A poliproteína precursora Gag-Pol (pr160) é formada pelas proteínas MA, CA, NC, p6, PR, transcriptase reversa (RT) e integrase (IN). A poliglicoproteína precursora Env (gp160) apresenta duas subunidades: SU-TM, e sua clivagem é realizada por proteases celulares no complexo de Golgi. M: ácido mirístico.

oligomerizada antes de ser transportada ao complexo de Golgi. No complexo de Golgi, Env é clivada por proteases celulares em seus componentes SU (gp120) e TM (gp41), ocorrendo modificação dos açúcares adicionados no RE. Então, as proteínas são endereçadas à membrana plasmática da célula, na região de *lipid rafts*. Com o acúmulo dos precursores e dos dímeros de RNA viral nas *lipid rafts* inicia-se o processo de brotamento, que dá origem a partículas virais imaturas e não infecciosas que apresentam capsídeo de morfologia esférica. O processo de brotamento é dependente de pequenas sequências de aminoácidos chamados de domínios tardios, que realizam o recrutamento de proteínas celulares e será detalhado posteriormente.

## Brotamento

A saída das partículas virais ocorre pelo processo de brotamento e inicia-se concomitantemente com o fim da etapa de montagem da partícula viral, que no HIV-1 é orquestrada pelos diferentes domínios da poliproteína Gag. O domínio MA é responsável por endereçar a proteína para os locais de brotamento e faz contato direto com a camada citoplasmática da membrana. O lipídeo de membrana plasmática 4,5-bifosfato de fosfatidil-inositol [PI(4,5) P2] apresenta papel importante no endereçamento da poliproteína Gag para a membrana por meio de interação específica com o domínio MA. Foi demonstrado que proteínas solúveis denominadas SNARE (proteína de ligação a fator solúvel sensível a *N*-etilmaleimida [*soluble N-ethylmaleimide-sensitive factor attachment protein*]), as quais constituem a maquinaria mínima para a fusão de membranas e são requeridas durante os diversos passos das vias endocítica e exocítica, também participam do recrutamento da poliproteína Gag para a membrana plasmática. Outros fatores celulares, incluindo chaperonas, proteínas adaptadoras (AP, *adaptor proteins*) de clatrina e cinesinas, também são importantes para o endereçamento da poliproteína Gag às regiões de membrana onde acontecerão a montagem e o brotamento das novas partículas virais.

O domínio CA participa nas interações que levam à multimerização de Gag e o domínio NC liga-se ao RNAg. Esse acúmulo de componentes virais nos locais de brotamento causa uma deformação na membrana, que marca o início do processo de brotamento viral. Além desses domínios, a poliproteína Gag também codifica uma região denominada p6 em seu carboxiterminal. A deleção dessa região leva ao bloqueio da liberação viral, onde a membrana contínua que liga a partícula montada à célula hospedeira não é rompida.

Estudos sobre o peptídeo p6 identificaram o domínio PTAP (motivo prolina-treonina-alanina-prolina [*Pro-Thr-Ala-Pro motif*]) como responsável por interagir com a proteína Tsg101 (pertencente ao ESCRT-I, complexo de classificação endossômica I necessário para transporte [*endossomal sorting complex required for transport I*]) e assim permitir o brotamento viral. Tsg101 foi inicialmente descrita como supressora de tumores e reguladora negativa de p53. Em células sadias, Tsg101 age na biossíntese dos corpos multivesiculares (MVB, *multivesicular bodies*), e seu papel no brotamento viral pode ser considerado análogo à sua função no endereçamento de proteínas celulares aos complexos ESCRT subsequentes. Tsg101 liga-se a domínios P(T/S)AP (aa prolina, treonina ou serina, alanina e prolina) em sequência a partir do aminoterminal de p6 pelo domínio UEV (variante da enzima E2 conjugada à ubiquitina [*ubiquitin-conjugating enzyme E2 variant*], aa 1-145), e a ubiquitinação de Gag aumenta intensamente a afinidade de Tsg101 por essa proteína. Além disso, o domínio UEV de Tsg101 liga-se à região rica em prolina – PRD (domínio rico em prolina [*proline rich domain*]), da proteína Alix (ou AIP1) especificamente pelo domínio PSAP (aa 717-720) desta última.

Ainda em Gag há outro domínio tardio, YPLASL, responsável por recrutar a proteína Alix por meio do domínio V. No entanto, essa interação é considerada fraca e de menor importância quando comparada com a anterior, e é utilizada como uma segunda rota de brotamento quando a "via" Tsg101 está inacessível.

Foi demonstrado que a região aminoterminal de Gag, mais precisamente a região NC da poliproteína, também estabelece interações com o domínio Bro da proteína Alix. Tanto os resíduos de aminoácidos de NC envolvidos nessa interação, quanto o domínio Bro de Alix, são positivamente carregados e, assim, a presença do RNAg associado ao NC é essencial para a ligação. Essas observações indicam que o RNAg esteja envolvido no processo de brotamento viral. No entanto, a região NC de Gag não é capaz de interagir sozinha com Alix, sendo necessário que a p6 também se associe ao domínio V dessa proteína.

Para que haja a cisão entre o envelope viral e a membrana celular é necessário que haja o recrutamento do ESCRT-III para os locais de montagem das partículas virais. O modelo corrente, que explica como o ESCRT catalisa esse processo durante o brotamento viral, sugere que as proteínas CHMP (proteína carregada dos corpos multivesiculares [*charged multivesicular-body protein*]), principalmente as isoformas CHMP-2 e CHMP-4b, se depositem nos "pescoços" das partículas em brotamento, onde se polimerizam em filamentos que se fecham em espiral para formar uma "cúpula" que leva à aproximação das membranas opostas. As proteínas do ESCRT-III possuem uma região central helicoidal conservada composta por um grampo helicoidal e duas pequenas hélices que se empacotam na abertura do grampo. Dessa forma, essas proteínas podem adotar as configurações "aberta" e "fechada", nas quais a região carboxiterminal estendida pode dobrar de volta sobre o domínio central e autoinibir a polimerização (conformação fechada), ou se estender para permitir a polimerização e expor o sítio de ligação para a V-ATPase (ATPase vacuolar), Vps4, promovendo a fissão da membrana e liberando para o meio extracelular as partículas virais imaturas.

Essa complexa rede de interação necessita ser melhor esclarecida, já que as proteínas envolvidas no processo de brotamento viral possuem parceiros em comum e a importância de cada interação nem sempre é definida. Além disso, Gag não é a única proteína capaz de interagir com a maquinaria secretória celular; a proteína acessória viral nef também tem capacidade de interagir com a via endolisossomal celular via proteína celular Alix.

Na maioria das linhagens celulares, o HIV-1 brota a partir da membrana plasmática, porém em macrófagos as partículas brotam diretamente dos MVB.

## Processamento e maturação

O HIV é liberado da membrana da célula infectada como um vírus ainda não infeccioso. Durante o brotamento ou imediatamente após, esse vírus imaturo sofre um rearranjo estrutural que resulta na partícula viral infecciosa (Figura 20.8). O processo de transição entre a estrutura amorfa não infecciosa e a partícula madura infecciosa, caracterizada pela presença de um capsídeo eletrodenso em forma de cone, é chamado de maturação. Essa transição ocorre pela clivagem proteolítica das poliproteínas precursoras Gag (pr55) e Gag-Pol (pr160) desencadeada pela PR viral que catalisa a hidrólise das ligações peptídicas dos sítios de clivagem nas poliproteínas, gerando as proteínas maduras capazes de gerar uma partícula viral infecciosa. Gag é clivada pela PR

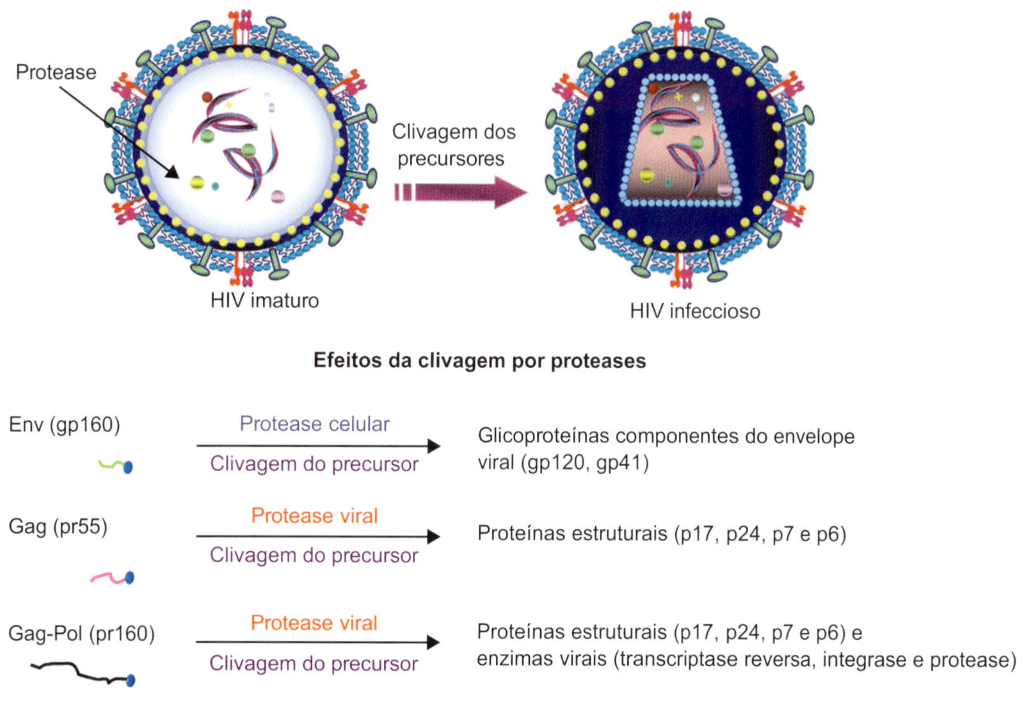


**Figura 20.8** Maturação do HIV-1. Após o brotamento, as novas partículas virais saem da célula sem serem infecciosas. O processo de maturação só ocorrerá quando a protease (PR) viral, que faz parte da poliproteína precursora pr160, se autoativar e clivar a própria poliproteína, além da poliproteína precursora pr55.

nas proteínas estruturais matriz (MA, p17), capsídeo (CA, p24) e nucleocapsídeo (NC, p7), p6 e dois peptídeos espaçadores (SP1 e SP2), enquanto o precursor Gag-Pol dá origem a essas mesmas proteínas além das enzimas PR, TR e IN. A análise de diferentes precursores Gag revelou que a PR reconhece uma conformação assimétrica tridimensional de Gag em vez de uma sequência peptídica em particular, como ocorre com as proteases celulares. A proteína HP68, provavelmente, atua como uma chaperona, facilitando as alterações conformacionais do precursor Gag necessárias para a formação do capsídeo viral.

Nas células infectadas, a PR é sintetizada como parte do precursor Gag-Pol, onde é flanqueada na porção aminoterminal pela p6*, e na porção carboxiterminal pela transcriptase reversa (TR). Essas reações de clivagem, nas quais o precursor Gag-Pol é ao mesmo tempo enzima e substrato, leva à liberação da PR madura. Esse processo é referido como autoprocessamento da protease.

A p6 contém um sítio de clivagem em seu interior que a divide na região octapeptídica TFR (*trans-frame region*) ou p6*, conservada em todas as estirpes de HIV-1, e em $p6^{pol}$, cujo tamanho varia de 48 a 60 aa. Já foi demonstrado que a proteína acessória viral nef é capaz de interagir com o domínio p6* e que essa interação pode ter papel importante durante a ativação da PR. Todas as aspartil-proteases de mamíferos são codificadas como pré-enzimas (zimógenos), cuja clivagem de uma região regulatória a montante é necessária para a ativação total da enzima. Estudos sugerem que p6* possa ter papel similar a essas regiões das aspartil-proteases celulares.

A autocatálise da PR é necessária para liberar a enzima madura do precursor Gag-Pol. Durante essa liberação a atividade catalítica da PR é alterada a cada estágio de processamento, demonstrando que esse é um dos meios pelos quais a maturação é orquestrada. A dimerização de Gag-Pol é indispensável para que o processo de clivagem se inicie e é, portanto, a primeira etapa para a liberação da PR. A dimerização de Gag-Pol é auxiliada pela dimerização da região da TR a jusante da PR. Por possuir constantes de interação maiores, a interação TR-TR é considerada de extrema importância para estabilizar o dímero PR-PR que, nesse momento, estaria muito instável. Em seguida, ocorre uma mudança conformacional fazendo com que a fita aminoterminal de um dos monômeros ocupe o sítio catalítico. Por um processo intramolecular, as fitas aminoterminais de cada monômero são clivadas na junção NC/p6. Esse intermediário sofre ainda duas clivagens ordenadas no aminoterminal, que são reguladas por condições ácidas. Com a queda de pH, ocorre aumento da constante de afinidade entre o sítio de clivagem p6* e o sítio catalítico da PR, promovendo o processamento desse sítio prioritariamente.

O primeiro sítio de clivagem de Gag pela PR está localizado entre SP1 e NC (MA-CA-SP1↓NC-SP2-p6) seguido da separação de MA de CA-SP1 (MA↓CA-SP1). Subsequentemente, p6 é clivado de NC-SP2 (NC-SP2↓p6). Finalmente os dois peptídeos espaçadores (SP1 e SP2) são removidos. Essa sequência de clivagem é regulada pelos aminoácidos presentes no substrato, que estão em contato direto com a PR viral. As clivagens subsequentes, assim como a clivagem da poliproteína Gag, só ocorrem após aumento de atividade da PR. Supõe-se que esse acréscimo se dê após o brotamento viral, possibilitando a clivagem dos sítios seguintes em Gag-Pol e Gag, e completa maturação viral.

A cinética do processamento da PR é regida por diversos fatores: constantes de interação entre os sítios de clivagem nas poliproteínas e a PR, o que resulta em taxas de processamento que podem variar até 400 vezes; dimerização de Gag-Pol e Gag, que resulta no sequestro de moléculas de Gag-Pol, diminuindo o número de dímeros Gag-Pol-Gag-Pol; e regulação da atividade da própria PR, que pode ser influenciada pelo contexto da Gag-Pol (em que ponto do processamento ela se encontra) e pela presença ou ausência de regiões reguladoras, como p6*.

A inibição da PR pela p6 é de importância fundamental no processo de maturação viral, impedindo que a PR se autoclive prematuramente de Gag-Pol. Durante os estágios tardios da biossíntese, as poliproteínas Gag e Gag-Pol se acumulam nos locais de brotamento. Quando a concentração dos precursores se torna elevada o bastante, interações Gag-Gag, direcionadas pelo domínio de CA, podem alterar essa associação p6*-PR, liberando a pressão inibitória e permitindo a dimerização da PR. Isso pode disparar a cascata de eventos proteolíticos que culmina na formação de partículas infecciosas.

Concomitantemente com a clivagem das poliproteínas precursoras ocorre um rearranjo no RNA empacotado na partícula viral, que passa de um dímero fracamente associado a uma forma termodinamicamente mais estável. Mais precisamente, esse evento ocorre após o processamento do sítio que possui maior taxa de clivagem e maior afinidade pela protease, o sítio entre SP1 e NC. Considerando que a proteína NC estabiliza as fitas de RNA na partícula viral madura, esse resultado não é surpreendente. Sendo assim, a maturação viral é caracterizada não apenas pela clivagem proteica de Gag e Gag-Pol, mas também pela correta orquestração e rearranjo do RNAg.

A baixa atividade da PR imatura pode ser explicada pela diferença conformacional do precursor dimérico, que não suporta uma catálise eficiente, e por um possível desequilíbrio que favorece uma forma do dímero, parcialmente enovelado, ou mesmo não enovelado. Aparentemente, para a PR do HIV-1 e para outras aspartil-proteases virais, a ativação é intimamente relacionada ao enovelamento. Isso contrasta com o descrito para as proteases celulares, onde a maquinaria enzimática já se encontra pré-formada de maneira estável, sendo necessária apenas a clivagem do zimógeno, cuja estrutura bloqueia a entrada do sítio catalítico, a fim de gerar a protease madura.

Outro processo que impede a ativação prematura da PR, de maneira espacial, é a razão Gag:Gag-Pol que é essencial para geração de partículas virais. Foi demonstrado que o acúmulo de Gag inibe a ativação prematura da PR de maneira dose-dependente. Essa inibição é dependente da região CA em Gag. A mesma região responsável pela dimerização de Gag, uma sequência de 20 aminoácidos altamente conservada chamada MHR (principal região de homologia [*major homology region*]), seria responsável pela inibição da ativação da protease de Gag-Pol. Ao haver a dimerização dos domínios CA de Gag e Gag-Pol, haveria um "sequestro" das moléculas de Gag-Pol, impedindo uma dimerização Gag-Pol/Gag-Pol, e consequentemente a dimerização da PR, impedindo a ativação.

Outro mecanismo capaz de regular a atividade da PR é o pH do microambiente celular. Semelhante a diversas proteases já descritas, a PR possui atividade ótima em ambiente ácido, geralmente com pH abaixo de 5,0. Em ambientes com pH acima desse ponto, a atividade da PR é afetada. Como dificilmente esse pH é encontrado no citoplasma celular, isso impede a ativação precoce da PR em ambientes não favoráveis à formação de partículas infecciosas. Coincidentemente, esse pH é encontrado em endossomas tardios, onde a montagem e o brotamento do HIV são sugeridos.

## Proteínas acessórias

As proteínas nef, vif, vpr, vpu (HIV-1 e $SIV_{cpz}$) e vpx (HIV-2 e $SIV_{smm}$) são ditas acessórias por não serem essenciais à replicação e/ou à propagação viral em sistemas de linhagens celulares estabelecidas. Entretanto, essas proteínas virais apresentam importantes funções durante a infecção dos hospedeiros naturais. A maioria dessas proteínas é multifuncional e, durante a infecção viral na célula hospedeira, desempenham funções que auxiliam no controle de diversas etapas da biossíntese viral.

### *Vpr*

A vpr (proteína viral r [*viral protein r*]) auxilia no transporte do PIC para o núcleo da célula infectada, participa da ativação do LTR durante a fase transcricional do ciclo de biossíntese viral e induz a parada do ciclo celular na fase G2. Essa última função garante que a biossíntese ocorra em um ambiente celular ótimo, pois nessa fase do ciclo celular é verificado o aumento significativo da transcrição a partir do LTR viral, que está diretamente relacionado com a presença de vpr. Além disso, na fase G2 do ciclo celular a tradução dos RNAm celulares por *cap* é inibida, e observam-se altas taxas de tradução de transcritos via sítio interno de entrada do ribossoma (IRES, *internal ribosome entry site*). Já foi demonstrado que todos os transcritos virais possuem uma região altamente estruturada na região 5′ não traduzida que pode funcionar como um IRES. Assim sendo, a parada do ciclo celular na fase G2 pode contribuir para o aumento transcricional e traducional dos genes virais.

O mecanismo pelo qual a vpr poderia induzir a parada do ciclo celular na fase G2 está relacionado com a atividade do proteassoma 26S. Nesse modelo, vpr se liga ao complexo ubiquitino-ligase E3, Cul4-DBB1, induzindo-o a ubiquitinizar proteínas celulares responsáveis pela progressão do ciclo celular e consequentemente levá-las à degradação proteassomal.

### *Vif*

Chamada de fator de infecciosidade viral (*virus infectivity factor*), a proteína vif foi inicialmente caracterizada por levar ao aumento da infecciosidade das partículas virais. Posteriormente, foi verificado que essa propriedade está relacionada à sua capacidade de inibir a atividade de uma família de proteínas celulares – APOBEC3 (polipeptídeo 3 catalítico da enzima de edição do RNAm da apolipoproteína B [*apolipoprotein B mRNA editing enzyme, catalytic polypeptide-like 3*]) – que funcionam como fatores de restrição viral, conforme será descrito posteriormente.

### *Vpu*

A vpu (proteína viral u [*viral protein u*]) participa do processo de internalização do vírus e também induz a degradação das moléculas de $CD_4$ que se encontram no RE, liberando o precursor gp160 (Env) que estava previamente ligado a essa molécula para ser transportado à superfície da célula. A própria vpu tem sua síntese no RE e seu transcrito é o mesmo da glicoproteína de envelope. A proteína vpu codificada pelo subtipo B do HIV-1 está associada à membrana do RE, ao complexo de Golgi e aos endossomas, mas raramente na membrana citoplasmática. Entretanto, para o $SIV_{cpz}$ e outros subtipos do HIV-1, já foi verificada a presença de vpu na membrana citoplasmática. O mecanismo pelo qual a vpu induz a degradação de $CD_4$ está relacionado com sua interação direta com o domínio citoplasmático dessa molécula, porém somente a ligação de vpu e $CD_4$ não é suficiente para induzir a degradação deste último. A fim de induzir a degradação de $CD_4$, vpu deve ser fosforilada para se ligar às proteínas h-βTrCP-1 (proteína contendo repetição da β-transducina-1 de humanos [*human β-transducing repeat containing 1*]) e h-βTrCP-2 que são subunidades do complexo SCF (*skp-cullin 1-F-box*) ubiquitino-ligase. As proteínas β-TrCP servem como receptores substrato-específicos para as SCF ubiquitino-ligases; dessa maneira, h-βTrCP-1 e h-βTrCP-2 reconhecem a vpu fosforilada e sua ligação a ela permite que haja a formação de um complexo ternário onde $CD_4$ está presente. A partir dessa ligação, vpu aproxima as moléculas de $CD_4$ das SCF ubiquitino-ligases, o que resulta na poliubiquitinização das moléculas de $CD_4$. Posteriormente, por intermédio de um mecanismo chamado de deslocamento, esse complexo ternário atravessa a membrana do RE, entregando $CD_4$ poliubiquitinizado para degradação pelo proteassoma. Esse processo é remanescente daquele de controle de qualidade celular denominado ERAD (degradação de proteínas associada ao retículo endoplasmático [*endoplasmic reticulum-associated protein degradation*]), o qual é responsável por eliminar proteínas incorretas ou não enoveladas, que são sintetizadas no RE. Essas proteínas apresentando anormalidades estruturais são detectadas ainda no lúmen do RE e marcadas para a degradação que ocorre no sistema ubiquitina-proteassoma citoplasmático após o deslocamento dessas proteínas através da membrana do retículo. No entanto, uma diferença importante entre o ERAD e o mecanismo de degradação de $CD_4$ mediado por vpu está relacionado com o fato de que, no primeiro, várias ubiquitino-ligases residentes na membrana do retículo participam da poliubiquitinização das proteínas-alvo, e no último somente as subunidades h-βTrCP do complexo SCF ubiquitino-ligase citoplasmática, que é responsável pela degradação de substratos proteicos não ERAD, são requeridas.

A proteína vpu interage ainda com outra proteína celular denominada teterina, cuja atividade está relacionada com um mecanismo de restrição celular. A interação entre vpu e teterina, assim como seu papel no escape dessa via, serão descritos posteriormente.

### *Nef*

Os lentivírus de primatas são os únicos retrovírus que expressam a proteína acessória nef (fator negativo [*negative factor*]) durante a biossíntese viral. Embora nef tenha sido chamada originalmente de fator negativo devido a relatos de que inibia a biossíntese viral, impedindo a transcrição dos LTR do HIV, ela é um importante fator de patogenicidade, com funções múltiplas e distintas contribuindo para o aumento da infecciosidade das partículas virais. Nef é responsável pela endocitose do receptor viral $CD_4$ assim como das moléculas de MHC de classe I, além de participar da inibição da síntese das moléculas de MHC de classe II, e da ativação de proteínas-chave que participam nas cascatas de sinalização intracelular. Mais de 30 proteínas celulares já foram descritas com capacidade de ligação em nef, porém o mecanismo pelo qual essa proteína aumenta a infecciosidade das partículas virais ainda não foi totalmente elucidado.

O gene *nef* está localizado no terminal 3′ do genoma viral, e compartilha o terminal 3′ do gene *Env* e o início do 3′ LTR. O produto desse gene é uma pequena proteína, de 27 a 35 kDa (dependendo do vírus), expressa abundantemente na fase inicial da biossíntese viral e que continua sendo expressa durante todo o ciclo. Nef é pós-traducionalmente modificada por fosforilação e adição de ácido mirístico ao resíduo G2, responsável por direcioná-la à membrana plasmática, o que faz com que a região aminoterminal adote a conformação de um braço flexível de aproximadamente 70 aa. Seus primeiros 22 resíduos possuem elevada carga positiva, o que contribui ainda mais para sua ancoragem à membrana plasmática, interagindo com as cargas negativas dos fosfolipídeos. A região helicoidal em torno do resíduo 20 interage com um complexo de proteínas contendo a tirosino-cinase Lck e outras proteínas envolvidas na endocitose de $CD_4$ e regulação negativa de MHC-I.

A porção aminoterminal de nef é seguida por um núcleo altamente enovelado e conservado de aproximadamente 120 aa, única região que adota estrutura terciária. Nessa região está localizado o domínio PxxP (prolina-2 aa quaisquer [xx]-prolina), essencial à ativação celular mediada por nef. Essa função é necessária à propagação viral em células quiescentes, por meio da estimulação de NF-κB e NFAT, ativadores transcricionais de início de transcrição, que irão auxiliar tat a promover o alongamento da fita de RNAm pela RNA polimerase II. De fato, foi observado que nef é capaz de estimular a transcrição do DNA viral na presença de níveis subótimos de tat. No núcleo enovelado é onde interage a maioria das proteínas envolvidas em eventos de sinalização celular, como proteínas que possuem domínios SH3. Essa região é ainda responsável pela oligomerização de nef em dímeros ou trímeros, um mecanismo que é comumente usado para disparar eventos de sinalização celulares e endocitose.

A proteína nef possui uma alça flexível de aproximadamente 30 aa, que se projeta a partir do núcleo enovelado e possui três sítios de interação, todos eles conectando nef a vias endocíticas: o domínio de internalização di-leucina (E/DxxxLL, ácido glutâmico ou ácido aspártico-3 aa quaisquer [xxx]-2 leucinas), que se associa a proteínas adaptadoras (AP); a sequência diacídica (EE, 2 ácidos glutâmicos) necessária à associação à β-COP; e o *cluster* negativo (D174-E178, ácido aspártico, ácido glutâmico), necessário à interação com AP e à subunidade H da V-ATPase que funciona como uma bomba de prótons celular. Em alelos do HIV-2 e de $SIV_{smm}$, nef possui ainda uma cauda de 10 a 30 aa na porção carboxiterminal.

Uma das primeiras ações atribuídas à proteína nef foi aceleração da endocitose e degradação lisossomal do receptor $CD_4$, o que facilitaria o escape do vírus do sistema imunológico (SI). Esse mecanismo estaria associado, ainda, à liberação das partículas nascentes (que não ficariam associadas à membrana por meio do receptor viral) e evitaria a chamada "superinfecção", ou seja, a reinfecção de uma célula já infectada por mais partículas virais, sobrepondo a capacidade de biossíntese celular sem levar à produção de mais partículas. A proteína nef age como um adaptador da porção citoplasmática de $CD_4$ a vesículas revestidas de clatrina, direcionando esse receptor a vias de degradação proteica. Outras funções de nef que contribuem para a evasão do SI são a modulação negativa do receptor de MHC-I, a inibição da síntese de moléculas de MHC-II, a interferência na cascata de sinalização mediada pelo receptor de células T (TCR, *T-cell receptor*) e o aumento da expressão do receptor Fas-L, que dispara a apoptose em células T citotóxicas próximas.

Além dessas interações, ainda se pode citar a realizada com a subunidade H da V-ATPase, dinamina, PACS-1, cinases Src e Vav, PAK2, entre outras. No entanto, a existência dessas interações não é suficiente para explicar o aumento de infecciosidade nas partículas virais contendo nef. Com essa complexa rede de interações, falta ainda determinar qual a relevância de cada uma delas, e qual é a principal capaz de justificar o aumento da infecciosidade conferida por nef.

A capacidade de nef interagir com diversas proteínas, frequentemente não relacionadas, e modular fenótipos muitas vezes contraditórios faz dela a mais intrigante proteína codificada pelos lentivírus de primatas. Dessa maneira, nef participa da biossíntese viral conectando e influenciando diferentes fatores celulares, e provavelmente modulando grandes complexos proteicos. A presença de nef nesses complexos é transitória, considerando que é uma proteína altamente dinâmica e, apesar de 50% se localizarem no citosol, pode ser detectada em diversos compartimentos celulares. As ações de nef seguem uma sequência temporal que é dependente do estágio da biossíntese viral (inicial ou tardia) e da sua conformação estrutural, possível graças à abundância de regiões flexíveis e pouco estruturadas (cerca de 50% da proteína).

Proteínas celulares não são os únicos alvos de ligação de nef. Foi demonstrado também que ela se liga especificamente à Gag-Pol tanto *in vitro* quanto durante a infecção pelo HIV-1 em linhagens celulares. Dados semelhantes foram demonstrados para o $SIV_{mac}$ e $SIV_{cpz}$. Foi demonstrado, ainda, que nef aumenta a quantidade de Gag presente em *lipid rafts*, domínios propostos como locais de brotamento das partículas virais.

Cerca de 70 a 100 moléculas de nef são incorporadas em cada partícula viral, sugerindo que sua presença talvez seja necessária logo após a fusão do envelope e a desestruturação do capsídeo viral. A incorporação também sugere que ela esteja presente nos locais próximos ao brotamento viral, já que muitas proteínas que agem próximo a esses sítios acabam por ser incorporadas nos vírus nascentes.

Nef também participa do processo de brotamento dos lentivírus de primatas, pela interação com a proteína celular Alix via subdomínios Bro-1 e MB1, tanto *in vitro* quanto *in vivo*. Essa interação leva à proliferação de MVB, que se correlaciona a maiores níveis de liberação viral em macrófagos, um tipo celular importante na patogênese do HIV-1.

Estudos apontam para um possível papel de nef também na montagem e maturação das partículas virais nascentes. Essa proteína é capaz de se ligar à proteína de fusão GST-PR-p6* *in vitro*, via domínio di-leucina da sua alça flexível. Além disso, a própria proteína nef sofre clivagem pela protease viral, entre os resíduos W57L58 (triptofano e leucina nas posições 57 e 58, respectivamente). Esse mesmo sítio é necessário à interação de nef com a subunidade H da V-ATPase. Todos esses dados convergem para um modelo integrado de montagem, processamento e brotamento viral que teria nef como orquestradora.

Apesar de as proteínas acessórias estarem relacionadas à regulação de vários aspectos da biossíntese viral, que em última análise levam à otimização do meio celular para a produção de maior quantidade de uma progênie viral mais infecciosa, uma das funções mais importantes dessas proteínas parece ser a atuação contra proteínas celulares que têm a capacidade de inibir a biossíntese viral, os chamados fatores de restrição.

Um resumo das funções de cada uma das proteínas codificadas pelos genes do HIV encontra-se no Quadro 20.1.

## Fatores celulares de restrição viral

Desde os primeiros estudos realizados com diferentes linhagens celulares para a propagação do HIV, foi notado que determinadas linhagens celulares eram permissivas e outras não permissivas à propagação de algumas estirpes virais.

Classicamente, estirpes virais deficientes em vif eram propagadas em linhagem linfocitária estabelecida CEM, mas não em outro clone celular, CEM15. No entanto, vírus que codificavam vif eram propagados normalmente em ambas as linhagens. Estudos detalhados mostraram que a proteína celular APOBEC3G, que é expressa somente em células CEM15, e não na linhagem CEM, era a responsável pela restrição da propagação viral nas células CEM15 na ausência da proteína acessória viral vif. Posteriormente foi demonstrado que essa proteína é normalmente expressa nas células de origem humana alvo da infecção pelo HIV, tais como linfócitos T e macrófagos, e na ausência de vif a propagação viral nessas células é inibida.

APOBEC3G é considerada fator de restrição à infecção pelo HIV ou simplesmente fator de restrição viral. Posteriormente, outras APOBEC3 e as proteínas celulares TRIM5α, teterina e SAMHD1 também foram identificadas como fatores de restrição por efetivamente bloquearem a biossíntese dos HIV e SIV. Dois pontos em comum entre esses diferentes fatores de restrição são: contra cada um deles foi selecionada, por meio da evolução, uma estratégia de bloquear sua ação na biossíntese viral; a expressão desses fatores na célula infectada está comumente associada à resposta inata, uma vez que todas essas proteínas são fortemente induzidas por interferon do tipo I (IFN-I).

A seguir serão descritos os fatores de restrição à biossíntese do HIV-1 e as estratégias virais selecionadas para seu bloqueio.

### *APOBEC3*

APOBEC3 pertence a uma subfamília de proteínas com capacidade de catalisar a desaminação citidina-uracila utilizando moléculas de DNA como substrato. Essa subfamília é composta por sete proteínas denominadas APOBEC3A-D e F-H. Aquelas que têm a propriedade de bloquear a propagação do HIV-1 são as APOBEC3D, F, G e H.

Tendo como base os estudos realizados com a APOBEC3G, foi demonstrado o mecanismo pelo qual essa proteína bloqueia a biossíntese viral. Durante a infecção da célula hospedeira, mesmo em doses fisiológicas de APOBEC3G, e na ausência de vif, essa proteína é empacotada no capsídeo viral a partir de sua interação com o RNAg. Quando a progênie viral estabelece infecção na próxima célula, a APOBEC3G desamina as citidinas

**Quadro 20.1** Proteínas do HIV e suas principais funções.*

| Proteína | Tamanho molecular (kDa) | Função |
|---|---|---|
| Gag | p24 | Proteína do capsídeo (CA) |
| | p17 | Proteína matriz (MA) |
| | p7 | Proteína nucleocapsídeo (NC) associada ao RNA viral |
| | p6 | Proteína presente no nucleocapsídeo; promove brotamento |
| Transcriptase reversa (TR) | p66/p51 | Enzima responsável pela transcrição reversa, com função de DNA polimerase-RNA dependente, RNAse H e DNA polimerase-DNA dependente |
| Protease (PR) | p11 | Enzima que realiza a clivagem das poliproteínas precursoras virais |
| Integrase (IN) | p32 | Enzima que realiza a integração do DNA proviral no genoma da célula |
| Envelope | gp120 | Proteína de superfície do envelope |
| | gp41 | Proteína transmembrana do envelope |
| Tat | p14 | Aumenta a transativação |
| Rev | p19 | Regula a expressão do RNA mensageiro viral |
| Nef | p27 | Regula negativamente a expressão de $CD_4$, MHC-I, MHC-II, $CD_3$ e $CD_{28}$ na superfície da célula; aumenta a infecciosidade viral; modula as vias de ativação celulares |
| Vif | p23 | Inativa a atividade antiviral de APOBEC3G; aumenta a infecciosidade viral e a transmissão célula–célula; participa na síntese do DNA proviral e/ou empacotamento do vírus |
| Vpr | p14 | Subverte o ciclo celular; participa da importação do PIC para o núcleo; transativa promotores virais e celulares; promove apoptose |
| Vpu** | p16 | Potencializa a liberação do vírus; promove a degradação de $CD_4$; inibe a ação de teterina |
| Vpx*** | p15 | Participa do transporte do PIC para o núcleo; inativa SAMHD1 |

HIV: *human immunodeficiency virus* (vírus da imunodeficiência humana); PIC: complexo de pré-integração; MHC-I: *major histocompatibility complex I* (complexo principal de histocompatibilidade I); MHC-II: *major histocompatibility complex II* (complexo principal de histocompatibilidade I); SAMHD1: *SAM (sterile alpha motif) domain and HD domain (histidine [H] and/or aspartate [D] domain)-containing protein 1*; proteína 1 contendo domínio SAM (motivo alfa estéril) e domínio HD (domínio de histidina [H] e/ou aspartato [D]). *Ver Figura 20.3 para localização dos genes virais no genoma. **Somente no HIV-1. ***Somente no HIV-2.

recém-incorporadas durante a síntese da molécula de DNAc. Então, as citidinas desaminadas são pareadas com adenosinas, uma vez que se assemelham a uridinas. Em consequência da desaminação das citidinas no DNAc, a TR irá produzir um DNA hipermutado (G-A), o qual, em decorrência da extensão das desaminações, pode ser levado à degradação pela própria maquinaria celular, ou ser integrado no cromossoma celular. Porém, esse provírus pode não levar à formação de progênie viral em consequência da hipermutação G-A, que pode comprometer a codificação dos genes virais (Figura 20.9A).

De forma interessante, não somente os HIV e SIV, mas todos os demais lentivírus, com exceção do vírus da anemia infecciosa de equinos (EIAV, *equine infectious anemia virus*), codificam proteínas com atividade similar a vif, demonstrando que estão igualmente sujeitos à ação das APOBEC3.

A proteína vif bloqueia a atividade de restrição das APOBEC3 mediante recrutamento do complexo ubiquitino-ligase formado pelas proteínas Cul5, EloB, EloC e Rbx2. Vif interage diretamente com as APOBEC3 fazendo a ponte entre elas e o complexo ubiquitino-ligase. No entanto, para a formação dessa ponte é necessária presença de um fator celular transcricional estabilizador da interação de vif com o complexo ubiquitino-ligase chamado CBFβ (fator de ligação do núcleo β [*core binding factor* β]) (Figura 20.9A).

Dessa maneira, vif induz a poliubiquitinização das APOBEC3 e sua degradação no sistema proteassoma 26S, reduzindo a quantidade de APOBEC3 presente na célula infectada e evitando que sejam incorporadas na progênie viral em formação.

### Teterina

Desde o início dos estudos sobre a função de vpu foi verificado que, em determinados tipos celulares, como por exemplo, algumas linhagens de linfócitos T, a ausência dessa proteína viral levava ao bloqueio da liberação para o meio extracelular das partículas virais em brotamento. Tal efeito não estava relacionado com o mecanismo de degradação de $CD_4$ por vpu, uma vez que era observado mesmo em linhagens celulares que não expressavam $CD_4$. Posteriormente, a proteína celular teterina (BST2 ou $CD_{137}$), que é induzida por IFN, foi identificada como responsável pelo fenômeno de bloqueio da liberação da progênie viral na ausência de vpu.

A topologia da teterina, que inclui um domínio citoplasmático na região aminoterminal, seguido por um domínio transmembrana e um domínio "bobina enrolada" (CC, *coiled-coil*) extracelular, além de uma âncora de glicosil-fosfatidil-inositol (GPI) no carboxiterminal, permite uma atividade antiviral ampla que não está restrita somente ao HIV, mas a uma grande variedade de vírus envelopados. Em virtude da presença do domínio transmembrana e da âncora de GPI, teterina pode se associar simultaneamente ao envelope viral e à membrana celular. Conforme o processo de brotamento tem prosseguimento, teterina se liga no envelope viral e forma uma ponte entre a partícula viral em brotamento e a superfície celular (Figura 20.9B). Há dois modelos para a atuação da teterina: no primeiro deles, duas moléculas de teterina se orientam em paralelo, com os domínios TM embebidos na membrana plasmática e os GPI ancorados no envelope viral; no segundo modelo, uma molécula de teterina fica mergulhada no envelope viral e a outra na membrana plasmática, de modo que somente se associam pelos domínios CC. Nos dois modelos, ocorre uma associação física entre o envelope viral e a membrana da célula, impedindo assim que a partícula viral seja liberada para o meio extracelular. É sugerido que teterina forme um homodímero paralelo e que a orientação do aminoterminal de pelo menos uma das subunidades do dímero em direção à célula leve à interação do mesmo com a maquinaria endocítica. Após a formação do homodímero paralelo de teterina, a orientação do aminoterminal de pelo menos uma das subunidades do dímero em direção à célula levaria o vírus a ser endocitado e degradado no lisossoma.

O mecanismo pelo qual a vpu neutraliza a atividade da teterina no processo de liberação da progênie viral ainda não está totalmente esclarecido, mas sabe-se que é dependente da interação direta entre as duas proteínas, provavelmente por intermédio do domínio transmembrana de ambas. Essa interação pode acontecer tanto durante a síntese da teterina, ainda no RE, a exemplo do que ocorre com a molécula de $CD_4$, ou na membrana citoplasmática. A interação das duas proteínas pode resultar tanto na degradação da teterina, quanto na sua retenção em compartimentos intracelulares (Figura 20.9B). Os estudos realizados até o momento demonstram que a vpu forma uma ponte entre a teterina e o complexo ubiquitino-ligase (Cul5-skp-1–h-βTrCP-2). Evidências sugerem que esse complexo formado leve à captação da maquinaria ESCRT e à consequente degradação lisossomal de teterina. No entanto, a degradação de teterina pelo sistema proteassoma 26S também já foi evidenciada e pode estar relacionada com a degradação pela via ERAD, a exemplo do que acontece com as moléculas de $CD_4$ (conforme descrito anteriormente).

Os $SIV_{smm}$, $SIV_{mac}$ e HIV-2 não codificam vpu e a forma como esses vírus bloqueiam a ação de teterina possivelmente é por intermédio da proteína nef no $SIV_{mac}$ e $SIV_{smm}$ e da glicoproteína de envelope gp41 no HIV-2. Apesar de o $SIV_{cpz}$ codificar a proteína vpu, esta não é ativa contra teterina de seu hospedeiro natural, mas a proteína nef possui atividade contra teterina nesse vírus. A atividade tanto de nef dos SIV quanto da gp41 do HIV-2 contra teterina está relacionada com o sequestro desta em compartimentos intracelulares após sua endocitose a partir da membrana citoplasmática. Não há evidências da interação direta entre nef e teterina, mas sabe-se que a endocitose de teterina induzida por nef requer a proteína adaptadora AP2.

De fato, a propriedade da vpu do HIV-1 e de gp41 do HIV-2 de neutralizar a atividade antiviral da teterina parece ter sido adquirida depois de repetidas transmissões interespécie dos SIV, uma vez que a ausência de uma sequência de cinco aminoácidos na teterina de seres humanos não mais confere a esta suscetibilidade à proteína nef. Esses resultados têm implicações evolutivas importantes; no entanto, precisam ser mais bem esclarecidos.

### TRIM5α

Outro fator de restrição da infecção por diferentes retrovírus é a proteína TRIM5α (proteína 5 contendo motivo tripartido [*tripartite motif-containing protein 5*]) que pertence a uma família de proteínas tripartidas com mais de 70 representantes. O termo tripartido se refere aos três domínios das proteínas: domínio RING, domínio B-*box* 2, e domínio *coiled-coil*. Os dois últimos domínios promovem a multimerização de TRIM5α e quase sempre são requeridos para sua atividade antiviral. O domínio RING possui atividade de ubiquitino-ligase E3 e essa atividade pode estar relacionada com o mecanismo de restrição por TRIM5α que prediz que a associação dessa proteína ao capsídeo viral logo após o processo de entrada dos vírus na célula hospedeira redirecionaria

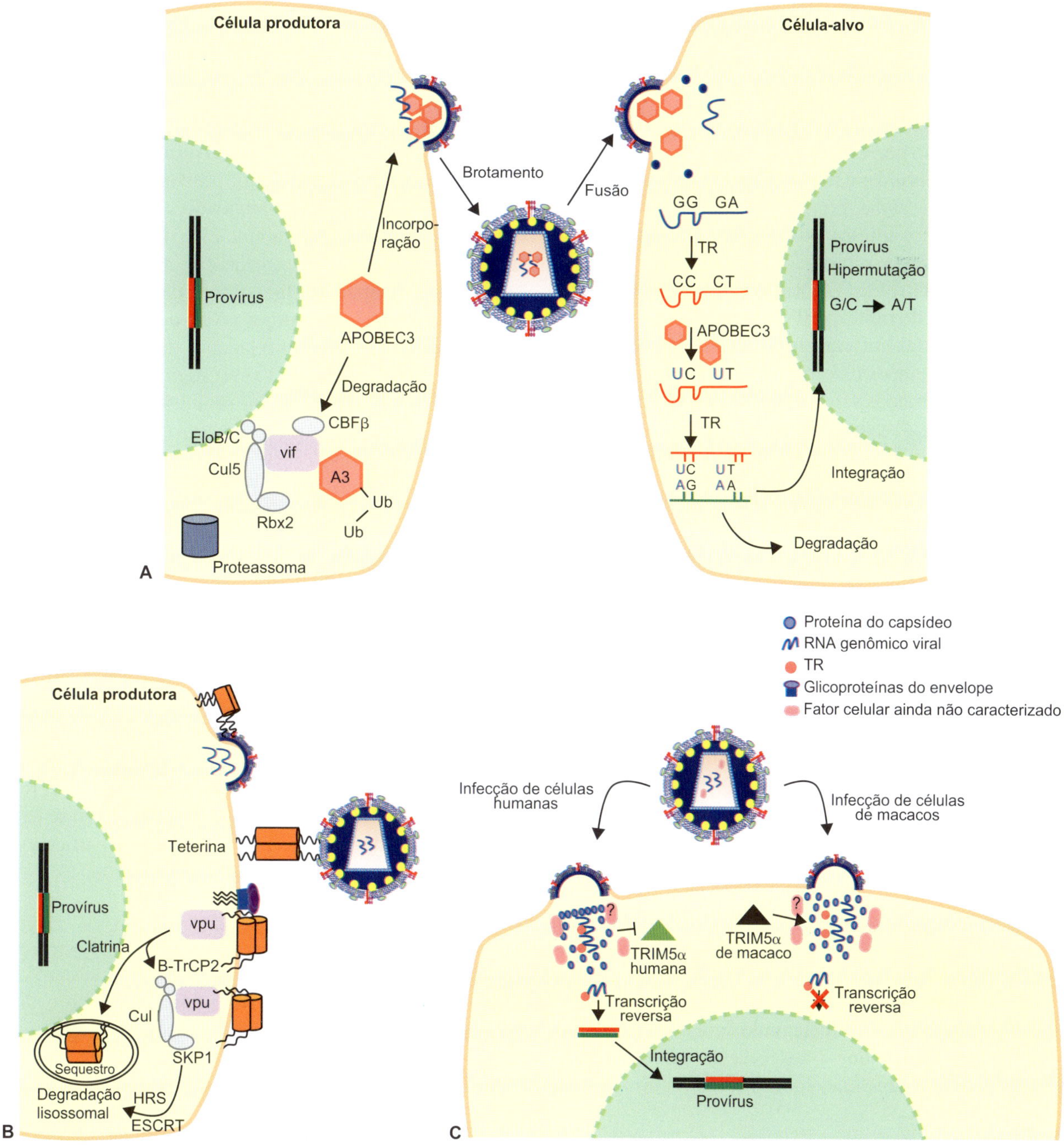


**Figura 20.9** Fatores celulares de restrição à infecção pelo HIV. **A.** Inibição da síntese viral por proteínas citidino-desaminases celulares. APOBEC3 promove a editoração de ácidos nucleicos celulares e é um fator de restrição da infecção pelo HIV. Tem afinidade pelo RNA genômico viral (RNAg), e também pode se ligar a proteínas virais tais como NC e TR durante a etapa de automontagem viral. Dessa forma, APOBEC3 é incorporada às partículas virais ainda na célula produtora da progênie viral. Quando novas partículas virais infectam novas células-alvo, durante a etapa de síntese da fita de DNA complementar (DNAc) pela TR, APOBEC3 promove a desaminação das desoxicitidinas recém-sintetizadas que faz com que elas sejam reconhecidas como uridinas pela TR. Assim, no momento da síntese da fita positiva de DNA, serão incorporadas desoxiadenosinas onde deveriam ter sido incorporadas desoxiguanosinas, levando ao processo de hipermutação G/A do genoma viral. O DNA recém-sintetizado hipermutado pode tanto ser incorporado ao genoma celular na próxima etapa do ciclo viral, ou devido à extensão da hipermutação, ser levado à degradação. A proteína viral vif promove o escape do mecanismo de restrição pela APOBEC3 e garante a formação da progênie viral infecciosa em células que expressam APOBEC3. Vif se liga à proteína celular CBFβ e recruta um complexo ubiquitino-ligase (Ub) que leva à poliubiquitinização da APOBEC3, direcionando assim a degradação dessa proteína no proteassoma 26S. **B.** A proteína celular teterina prende fisicamente as partículas de HIV em brotamento à membrana das células produtivamente infectadas, por intermédio de sua ligação concomitante ao envelope viral e à membrana celular. A proteína acessória viral vpu no HIV-1, ou a glicoproteína de envelope gp41 no HIV-2, se contrapõe à ação da teterina ao promover sua internalização a partir da superfície celular, sequestrando-a para locais distantes dos sítios de brotamento viral. A proteína vpu pode ainda recrutar complexos ubiquitino-ligase que promovem a ubiquitinação da teterina e sua degradação em lisossomas. **C.** A proteína celular TRIM5α atua de forma espécie-específica nas etapas iniciais da biossíntese viral. Por meio de algum fator celular associado ao capsídeo viral, essa proteína promove a desregulação do processo de desnudamento viral, interferindo com a etapa posterior de transcrição reversa. A TRIM5α de humanos não é eficiente na restrição do HIV-1; no entanto, a TRIM5α de macacos do Velho Mundo promove a restrição eficiente do HIV-1. APOBEC3: *apolipoprotein B mRNA editing enzyme, catalytic polypeptide-like 3* (polipeptídeo 3 catalítico da enzima de edição do RNAm da apolipoproteína B); NC: nucleocapsídeo; TR: transcriptase reversa; vif: *virus infectivity factor* (fator de infecciosidade viral); CBFβ: *core binding factor* β (fator de ligação do núcleo β) vpu: *viral protein u* (proteína viral u); TRIM5α: *tripartite motif-containing protein 5* (proteína 5 contendo motivo tripartido).

o capsídeo para degradação. A consequência direta desse processo seria o desnudamento acelerado do capsídeo, o qual seria deletério ao processo de transcrição reversa, que depende da integridade parcial do capsídeo. No entanto, ainda existe uma série de controvérsias e questões não muito bem esclarecidas a respeito do mecanismo de restrição por TRIM5α.

Em um estudo realizado em macacos rhesus foi demonstrado que o HIV, que infecta células da espécie humana, pode penetrar em linfócitos, mas a biossíntese para antes ou durante a transcrição reversa. A causa dessa inibição foi descrita como sendo devida ao fator celular TRIM5α. O TRIM5α de células de origem humana não é capaz de inibir o HIV-1, enquanto o de células de macacos rhesus o faz eficientemente. Por outro lado, o SIV que infecta naturalmente os macacos-verdes e rhesus africanos, sem causar doença, é menos suscetível a qualquer das formas de TRIM5α. O TRIM5α de células humanas ou de primatas não humanos é capaz de inibir a propagação de outros lentivírus e representa um novo fator de resistência celular cujo significado biológico definitivo ainda está por ser caracterizado.

O mecanismo pelo qual o HIV-1 neutraliza a ação da TRIM5α de humanos não está inteiramente esclarecido, mas resíduos de aminoácidos específicos na proteína do capsídeo estariam envolvidos no bloqueio da ação de TRIM5α durante o desnudamento/transcrição reversa. Esses resíduos não evitariam a atividade de TRIM5α de não humanos. Não se sabe se somente a proteína do capsídeo seria suficiente para neutralizar a atividade de TRIM5α, ou se algum fator ainda não caracterizado, viral ou celular, poderia participar desse processo (Figura 20.9C).

### SAMHD1

Os macrófagos e células dendríticas (DC, *dendritic cells*) de origem mieloide são conhecidos por serem total ou parcialmente refratários à infecção pelo HIV-1. Experimentos de espectrometria de massa identificaram a proteína celular SAMHD1 (proteína 1 contendo domínio SAM [motivo alfa estéril] e domínio HD [domínio de histidina (H) e/ou aspartato (D)] [SAM (*sterile alpha motif*) *domain and HD* (*histidine* [H] *and/or aspartate* [D]) *domain-containing protein 1*]) interagindo com a vpx, e estudos funcionais demonstraram que a ausência de expressão dessa proteína em tipos celulares mieloides as tornam permissivas à infecção pelo HIV-1.

SAMHD1 é composta por um domínio de interação proteica SAM e um domínio carboxiterminal com atividade de fosfo-hidrolase de dNTP. Os estudos de caracterização de mais esse fator de restrição ainda são muito iniciais, mas evidências bioquímicas e funcionais demonstram que SAMHD1 reduz os níveis de dNTP disponíveis no citosol e assim bloqueia a transcrição reversa de forma eficaz. A impossibilidade de completar a síntese do DNA viral dentro de uma determinada janela de tempo leva eventualmente à desintegração completa do capsídeo viral e à degradação dos produtos virais por uma série de proteases e nucleases celulares. Presume-se que a infecção pelo HIV leve a uma resposta inata potente que resulta na produção de IFN que gera um *feedback* positivo, que aumenta os níveis de SAMDH1 nessas células. Ainda não foi determinado, entretanto, se um único vírus no interior de uma célula induz a produção de IFN que, então, aumenta os níveis de SAMDH1 a níveis restritivos, ou se o aumento dos níveis dessa proteína é a manifestação de um mecanismo dependente de IFN mais abrangente que protege as células da vizinhança que ainda não foram infectadas.

O mecanismo pelo qual a vpx do $SIV_{smm}$ ou do HIV-2 neutraliza a atividade de SAMDH1 está relacionado à indução da sua degradação pelo proteassoma 26S. Vpx serve como uma plataforma para a formação de um complexo ubiquitino-ligase composto por DECAF1, DDB1 e Cul4, que resultam na poliubiquitinização de SAMDH1 e sua consequente degradação. No entanto, até o momento, não foi possível demonstrar que a vpr do HIV-1 tenha qualquer atividade contra SAMDH1. Além disso, o HIV-1 não codifica vpx. Essa deficiência explica o fato de células mieloides serem refratárias à infecção pelo HIV-1, e também pode implicar a diferença de patogenicidade observada entre HIV-1 e HIV-2. Maiores níveis de infecção em linhagens mieloides poderiam alterar o balanço da apresentação antigênica, favorecendo a redução da ativação imunológica e do *turnover* dos linfócitos $TCD_4^+$, conforme será discutido posteriormente.

### SERINC

Recentemente, foi demonstrado que uma família de proteínas celulares transmembrana altamente conservadas em eucariontes também funciona como um fator de restrição dos lentivírus. Esta família de proteínas é denominada SERINC (incorporadora de serina [*serine incorporator*]), e é composta por cinco membros (SERINC1-5). Essas proteínas participam do transporte do aminoácido serina através da membrana citoplasmática e da biossíntese de esfingolipídeos e fosfatidil-serina através da incorporação da serina em membranas lipídicas. A incorporação dessas proteínas nas partículas de HIV que brotam através da membrana celular leva à redução da infecciosidade viral ao inibir a fusão viral com a membrana das células-alvo. A proteína viral nef foi identificada como o fator viral que se opõe à SERINC ao se ligar a esta proteína e impedir sua incorporação nas novas partículas virais.

# Patogênese

A infecção pelo HIV gera uma infecção persistente crônica caracterizada pela depleção de linfócitos $TCD_4^+$ e disfunção imunológica, tornando o indivíduo suscetível a infecções oportunistas e maior morbidade e mortalidade pelas mais distintas infecções. Os mecanismos envolvidos na geração de imunodeficiência ainda não estão totalmente esclarecidos e parecem estar associados não só à depleção das células $TCD_4^+$, mas também à disfunção de células apresentadoras de antígeno, ativação exacerbada da resposta imunológica, exaustão de linfócitos T e B, e perda da arquitetura dos diversos tecidos linfoides, incapacitando o SI de montar uma resposta adequada para o controle dessa e de outras infecções que acometam o indivíduo. Nesta seção serão abordadas as células e tecidos acometidos pelo HIV e seu envolvimento no desenvolvimento da AIDS.

## Células-alvo e sítios de biossíntese viral

### Tipos celulares suscetíveis à infecção

O HIV utiliza como receptores para a adsorção e a penetração em células suscetíveis a molécula $CD_4$, além de correceptores de quimiocinas, particularmente, CCR5 e CXCR4. Assim, as células que expressam essas moléculas, incluindo linfócitos $TCD_4^+$, macrófagos e DC são potenciais alvos da infecção por esse vírus. Entretanto, a capacidade de gerar uma infecção produtiva e os efeitos dessa infecção não são os mesmos nos diferentes tipos celulares.

Os linfócitos $TCD_4^+$ são as principais células-alvo da infecção. No seu estado ativado, sintetizam vírus de forma produtiva e a propagação viral pode levar à lise das células, possivelmente, pela indução de morte celular por apoptose. Já as células em repouso, embora sejam também alvos da infecção, são ineficientes em sua capacidade de infecção produtiva e, particularmente, linfócitos T de memória representam o principal reservatório viral ao longo da infecção, como será discutido adiante. A infecção de células $TCD_4^+$, portanto, é a principal responsável pela carga viral plasmática e manutenção dos reservatórios virais e a depleção dessas células é o efeito mais marcante da infecção por HIV.

Os monócitos e os macrófagos também são alvos em potencial da infecção, e a eficiência da biossíntese viral está relacionada com o estado de diferenciação celular. Os monócitos são as células circulantes que, uma vez nos tecidos, se diferenciam em subtipos celulares de acordo com o tecido residente. Esses incluem os macrófagos convencionais, os macrófagos alveolares nos pulmões, as células de Kupffer no fígado, os osteoclastos no tecido ósseo, e os macrófagos perivasculares e células da micróglia no sistema nervoso central (SNC). A proporção de monócitos circulantes infectados em pacientes é extremamente baixa, no entanto, a infecção de macrófagos diferenciados é observada em diferentes tecidos. Os macrófagos produzem vírus ativamente, mas de forma menos eficiente do que os linfócitos $TCD_4^+$, e a infecção dessas células não está associada à indução de efeito citopatogênico marcante. De fato, em pacientes infectados não se observa diminuição do número de macrófagos ou monócitos circulantes. Assim, alguns autores propõem que os macrófagos também poderiam representar reservatórios virais, principalmente pelo fato de que podem se manter viáveis apesar de infectados e manter a produção viral por muitos dias. Apesar de não resultar em morte celular evidente, a infecção de macrófagos pode gerar alterações de função dessas células, incluindo alteração da expressão de moléculas coestimulatórias e produção de citocinas, o que pode contribuir para menor eficiência da resposta imunológica celular durante a infecção.

A infecção produtiva de DC ainda é discutível. Alguns autores propõem que essas células possam ser produtivamente infectadas e contribuir para a liberação de partículas infecciosas. Outros, entretanto, consideram que o fenômeno só acontece *in vitro*, na presença de alto inóculo viral, o que estaria distante do que acontece no indivíduo infectado. Parece certo, por outro lado, que essas células contribuam ativamente no processo de transinfecção de linfócitos T. Além da molécula $CD_4$ e receptores de quimiocinas, as DC expressam outro receptor utilizado pelo HIV, chamado DC-SIGN (ligante de molécula de adesão 3 intercelular não integrina específica de célula dendrítica [*dendritic cell-specific intercellular adhesion molecule-3-grabbing non-integrin*]). Este é um receptor do tipo lectina, associado à endocitose e capaz de reciclar para a membrana plasmática após internalização. Foi proposto que o HIV pode ligar-se à DC-SIGN e ser internalizado e direcionado para vesículas intracelulares. As DC podem migrar e manter o vírus intacto intracelularmente por alguns dias. O complexo poderia, então, voltar à membrana plasmática e o vírus, agora exposto na superfície das DC, estaria disponível para infecção das células $TCD_4^+$. Os mecanismos moleculares ainda não estão completamente elucidados, mas sabe-se que a transinfecção é um processo eficiente, induzindo alta taxa de biossíntese nas células T.

Células precursoras hematopoiéticas também expressam os receptores e correceptores necessários ao início da infecção e alguns autores demonstraram a presença de HIV em células $CD_{34}^+$ em pacientes, e após infecção *in vitro*. O papel dessas células como reservatórios virais, entretanto, é controverso. A maioria dos estudos não observou expressão de vírus nessas células em indivíduos em tratamento, com controle de carga viral.

## Suscetibilidade/permissividade das células-alvo da infecção: ativação celular e reservatórios

Como descrito, linfócitos $TCD_4^+$, monócitos/macrófagos e DC são suscetíveis à infecção pelo HIV, entretanto, infecção produtiva e liberação de partículas infecciosas por essas células depende de vários eventos que incluem: escape de fatores de restrição celulares intrínsecos à célula hospedeira; disponibilidade e ativação de nucleotídeos e fatores de transcrição para a replicação e a transcrição do genoma, respectivamente; além de outros elementos ainda não caracterizados. Assim, durante a infecção do hospedeiro, parte das células infectadas está produzindo vírus ativamente, enquanto outras células atuam como reservatórios virais. Os reservatórios virais são definidos, portanto, como células que permitem a persistência de cópias de provírus em estado latente, mas com competência para realizar biossíntese. Essas células representam o principal desafio para o controle da infecção pelo SI ou para o tratamento com antirretroviral (ARV), e a compreensão dos mecanismos de latência e reativação viral tem sido um dos principais desafios para o estudo da infecção por HIV.

O perfil da infecção de linfócitos $TCD_4^+$, em particular, depende do estado de ativação dessas células. O início da infecção celular, ou seja, adsorção, fusão e desnudamento, independe de ativação, e qualquer célula $TCD_4^+$ é suscetível à infecção pelo HIV. Entretanto, para que a transcrição reversa, integração e expressão do genoma viral se completem, é imprescindível que as células entrem em estado de ativação, o que permite a disponibilidade de todos os elementos celulares requeridos para tais etapas do ciclo de biossíntese viral. Em linhas gerais, a ativação de linfócitos T por antígenos específicos ou mitógenos induz cascatas de sinalização intracelulares associadas à ativação de fatores de transcrição. Estes são translocados para o núcleo e induzem a entrada da célula no ciclo celular e outros eventos associados à função efetora das mesmas. As células ativadas podem, ainda, se diferenciar em células de memória, que voltam ao estado quiescente, não proliferativo. Diferentemente dos linfócitos T efetores ativados, os linfócitos T virgens ou de memória são células em repouso, não ativadas, e que não estão em processo de divisão celular. Assim, a disponibilidade de nucleotídeos, ativação de ciclinas e de fatores de transcrição relacionados com a ativação linfocitária são limitantes nessas populações, o que interfere em diferentes etapas do ciclo de biossíntese viral.

Após a infecção de linfócitos T em repouso, o vírus falha em completar a etapa de transcrição reversa e em integrar seu genoma, e são encontradas cópias lineares do DNA viral extracromossomial no núcleo dessas células. A infecção de células T em repouso pode resultar, portanto, em um estado de latência transitório em uma etapa de pré-integração. Esse genoma pode persistir por semanas e a integração pode se completar se a célula hospedeira entrar em estado de ativação. Além disso, o DNA não integrado pode levar à expressão de algumas proteínas virais, como tat e nef, e alguns estudos sugerem que os produtos desses genes podem induzir ativação celular, permitindo a integração do DNA proviral e continuação do ciclo. Por outro lado, outros trabalhos demonstraram que a infecção abortiva de linfócitos $TCD_4^+$ em repouso pode levar ao acúmulo de transcritos virais incompletos no citoplasma, que podem ser reconhecidos por sensores de DNA ou fatores de restrição citoplasmáticos, cuja ativação leva à morte celular.

Após a integração do genoma viral, outro ponto de regulação importante é a disponibilidade de fatores de transcrição celulares que participam do processo de ativação da expressão gênica. Fatores como NF-κB, NFAT e AP-1 estão constitutivamente inativados no citoplasma de células em repouso e são ativados e translocados para o núcleo de linfócitos T após ativação dessas células. Esses fatores reconhecem sítios específicos da região promotora LTR, modulando a expressão gênica viral como discutido anteriormente. Além disso, é a ativação dos linfócitos que disponibiliza o complexo P-TEFb ativo para que a transcrição viral ocorra de forma eficiente.

Esses achados indicam que células $TCD_4^+$ virgens podem ser infectadas, mas são ineficientes no processo de transcrição reversa e integração, só sendo capazes de completar o ciclo de biossíntese viral se entrarem em processo de ativação. Células $TCD_4^+$ ativadas sintetizam vírus de maneira produtiva enquanto células $TCD_4^+$ de memória podem representar reservatórios virais, contendo o provírus integrado, em estado de latência. Caso essas células sejam novamente estimuladas, serão então capazes de completar a expressão gênica viral e produzir novas partículas infecciosas. A infecção latente de algumas células e o estabelecimento dos reservatórios virais, portanto, provavelmente ocorre quando células T ativadas infectadas entram em estado de repouso, como ocorre no processo de diferenciação da célula de memória. As células de memória apresentam meia-vida longa e a manutenção do estado de baixa transcrição e expressão proteica nessas células permite o escape dos efeitos citopatogênicos resultantes da infecção viral e da resposta imunológica por períodos prolongados de tempo. Essas células apresentam, então, papel central na manutenção dos reservatórios virais ao longo da infecção.

Apesar de todos esses achados, os mecanismos associados ao estabelecimento e manutenção de latência e da população de reservatórios celulares ainda é muito controverso. Até o momento se supõe que as células T de memória estejam em um estado tal de repouso que não permita sua expansão clonal nem nível algum de biossíntese viral. Nesse racional, o reservatório viral depende da sobrevida da célula de memória e a manutenção de uma população-reservatório depende, exclusivamente, de reinfecção e desenvolvimento de novas células de memória. Alguns autores propuseram, no entanto, que determinado nível de estímulo de células de memória poderia induzir sua proliferação em níveis mais baixos, sem indução de marcadores clássicos de ativação ou função efetora, mas com possibilidade de expandir o clone reservatório. A proliferação basal da população de células de memória do paciente permitiria, assim, a manutenção de uma frequência de células com infecção latente sem necessariamente haver infecção de novas células. Certamente, mais estudos ainda precisam ser realizados para o pleno esclarecimento desses mecanismos.

Outros tipos celulares, como macrófagos, também foram propostos como possíveis reservatórios virais. Algumas linhagens macrofágicas, como micróglia no SNC, têm meia-vida longa. Além disso, macrófagos podem se manter viáveis e suportar a biossíntese viral por longo período de tempo. Assim, embora essas células não representem uma descrição exata de reservatório viral, a infecção das mesmas pode contribuir para a persistência do vírus *in vivo*.

### Sítios de biossíntese viral

Durante a infecção natural pelo HIV, a porta de entrada dos vírus é constituída de mucosas. Nesses sítios estão presentes DC, como as células de Langerhans, além de macrófagos, que são alvos da infecção. Essas células, particularmente as DC, podem carrear o vírus para tecidos linfoides, onde poderão transmiti-lo para linfócitos $TCD_4^+$, além de ativar essas células, potencializando a propagação viral. Os vírus podem atingir então a circulação sanguínea, isolados ou associados a células, e se disseminarem no organismo, acometendo, em poucos dias, órgãos e tecidos linfoides distribuídos pelo organismo, além do SNC, entre outros.

Tecidos linfoides são, por todo período de infecção, os principais sítios acometidos e responsáveis pela manutenção da propagação viral e disseminação do vírus no hospedeiro. A biossíntese do HIV nos linfonodos está associada à intensa depleção linfocitária, devido à infecção das células $TCD_4^+$. Nesse ambiente há, ainda, intensa ativação celular, que contribui para o aumento da propagação viral e para a morte de células induzida por essa ativação. Todos esses fenômenos levam à lesão do tecido linfoide, que é seguida de deposição de tecido conjuntivo, assim como fibrose e destruição da arquitetura e função desses tecidos.

Além dos linfonodos, o tecido linfoide associado ao trato gastrointestinal é um dos mais importantes sítios de propagação do HIV. Estes incluem as placas de Peyer e a lâmina própria da mucosa intestinal situada adjacente ao epitélio. Análises de tecidos de pacientes HIV-positivos e estudos de modelo de infecção por SIV demonstraram perda substancial da população de células $TCD_4^+$ da lâmina própria logo nas primeiras semanas da infecção e o grau de lesão nesses sítios parece estar associado ao tempo de progressão para AIDS. A lesão do intestino induz, ainda, a translocação de bactérias do lúmen para os tecidos, contribuindo ainda mais para ativação exacerbada, inflamação e lesão do trato gastrointestinal.

O SNC é outro sítio importante da infecção e seu acometimento está associado a alguns dos sintomas da AIDS. O HIV é encontrado no cérebro em fases iniciais da infecção, principalmente em micróglia e macrófagos perivasculares. Além disso, como discutido, as micróglias apresentam meia-vida longa e é possível que sua infecção contribua para a manutenção dos reservatórios virais.

## Progressão da infecção pelo HIV

O curso natural de progressão da infecção (ou seja, na ausência de terapia antirretroviral [TARV]) pode ser caracterizado por três fases: fase aguda ou infecção primária, fase persistente crônica, e AIDS. Os marcadores de progressão para AIDS que definem clinicamente essas etapas são a contagem de células $TCD_4^+$, a carga viral plasmática e a presença ou não de manifestações clínicas. Nesta seção serão abordadas as características clínicas observadas em pacientes ao longo da infecção na ausência de tratamento com ARV, como estabelecido pelos critérios dos CDC.

A fase aguda, que consiste nas primeiras semanas de infecção, é caracterizada por intensa biossíntese viral, gerando altíssima carga viral plasmática, associada a uma queda brusca transitória de linfócitos $TCD_4^+$ circulantes. Nessa fase o indivíduo pode ou não apresentar sintomas clínicos. Entre 50 e 90% dos indivíduos apresentam um conjunto de sintomas definidos como síndrome retroviral aguda, cujo início geralmente ocorre entre 2 e 4 semanas após a exposição viral. Os sintomas são inespecíficos e se assemelham aos sintomas de gripe ou de mononucleose infecciosa e incluem: febre alta; linfoadenopatia e, em alguns casos, exantema macular; mal-estar; perda de apetite; náusea; vômito; perda de peso; depressão; úlceras na pele, boca e genitais; dores nos músculos e articulações, além de hepatoesplenomegalia, meningoencefalite e pneumonia em menor percentagem. Anticorpos são detectáveis a partir de 2 a 4 semanas de infecção (Quadro 20.2). Devido à elevada carga viral no plasma e em fluidos corporais, a fase aguda é caraterizada por alta probabilidade de transmissão.

Nessa etapa da infecção observa-se intensa resposta imunológica, e, particularmente, a resposta mediada por células $TCD_8^+$ inibe significativamente a infecção, tendo como resultado diminuição drástica de vírus circulante e restauração parcial do número de células $TCD_4^+$, embora a contagem de $TCD_4^+$ muitas vezes não chegue aos níveis anteriores à infecção. Segue-se, então, um período chamado de fase persistente crônica, quando ocorre a latência clínica ou fase crônica assintomática, que é caracterizada pela manutenção dos níveis de células $TCD_4^+$ acima de 350/mm³, e por uma concentração baixa, às vezes até indetectável, de HIV plasmático. Com exceção do desenvolvimento de linfoadenopatia, comum à maioria dos indivíduos infectados, o indivíduo nessa fase apresenta-se clinicamente saudável. Alguns indivíduos podem apresentar anemia e leucopenia discretas e lesões cutâneas inespecíficas. Apesar da latência clínica, a infecção persistente crônica é caracterizada por biossíntese contínua de vírus, depleção progressiva de células $TCD_4^+$ e contínua evolução viral (Figuras 20.10 e 20.11).

Com a progressão da infecção e, consequentemente, da disfunção imunológica, o indivíduo chega a uma etapa chamada de AIDS propriamente dita ou imunodeficiência (ver Figura 20.10), caracterizada por depleção maciça de células $TCD_4^+$ com contagens de células inferiores a 200 células/mm³, altos níveis de vírus circulante e aparecimento de manifestações clínicas características de imunodeficiência, incluindo infecções oportunistas. Na verdade, alguns indivíduos com contagem de $TCD_4^+$ acima de 350 células/mm³ já apresentam infecções bacterianas recorrentes como infecções respiratórias e tuberculose. À medida que a infecção progride, a resposta às infecções

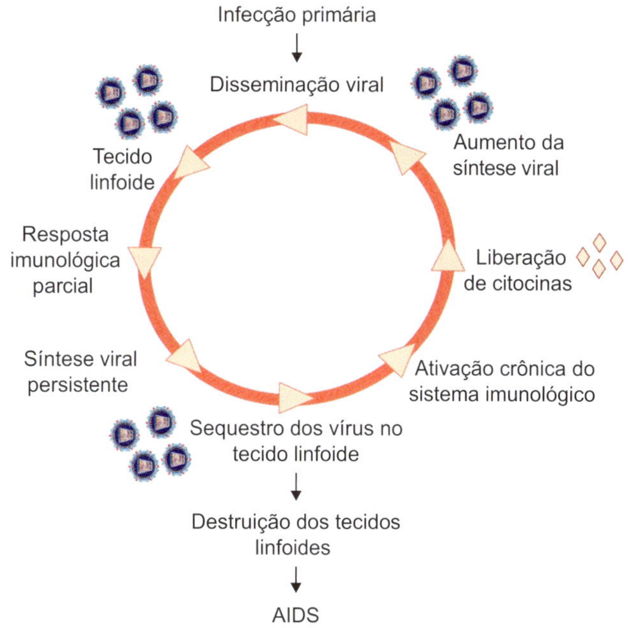


**Figura 20.10** Patogênese da infecção pelo HIV-1.

bacterianas torna-se atípica, incluindo maior tempo de resposta à antibioticoterapia, reativação de infecções anteriores e indivíduos com contagem abaixo de 350 células/mm³ começam a apresentar fadiga, diarreia crônica, lesões orais. As manifestações clínicas da AIDS incluem infecções oportunistas, que podem ser causadas por fungos, protozoários, bactérias ou outros vírus e neoplasias (Quadro 20.3). Dentre as infecções oportunistas mais comuns, pode-se apontar pneumonia causada por *Pneumocystis jiroveci* (ou *P. carinii*); tuberculose pulmonar atípica ou disseminada, toxoplasmose, candidíase oroesofágica, criptococose, citomegalovirose, histoplasmose e infecção por *Mycobacterium avium*. As neoplasias mais comuns são sarcoma de Kaposi, linfoma não Hodgkin (LNH), câncer de colo uterino, podendo ocorrer ainda linfoma primário cerebral (LPC), neoplasia anal e câncer cervical invasivo (Quadro 20.4).

Durante o curso da infecção, podem ocorrer, ainda, danos diretos ou causados por inflamação de diferentes órgãos, podendo gerar outras manifestações clínicas não infecciosas ou neoplásicas que incluem neuropatia, miocardiopatia e nefropatia.

A diarreia é um sintoma marcante da AIDS e pode ser causada por uma série de patógenos, incluindo vírus, fungos, bactérias e helmintos, mas também está associada à enteropatia causada pelo HIV, com atrofia das vilosidades e consequente mal-absorção. Assim, é marcante na AIDS a síndrome associada

**Quadro 20.2** Características da infecção aguda pelo HIV-1.

| | |
|---|---|
| Sintomas clínicos | Febre, linfoadenomegalia; cefaleia; mal-estar; perda de apetite; faringite; mialgia/artralgia; exantema macular; trombocitopenia; leucopenia; náusea e vômito; diarreia; perda de peso; candidíase oral e ulcerações na boca, esôfago e/ou genitais e reto; hepatoesplenomegalia |
| Curso da doença | Período de incubação de 2 a 4 semanas; sintomas duram de 1 a 3 semanas; linfoadenomegalia, letargia e mal-estar podem persistir por muitos meses; geralmente seguidos de um período assintomático por meses ou anos |
| Dados laboratoriais | Primeira semana: leucopenia e trombocitopenia; segunda semana: número de linfócitos sobe devido ao aumento de linfócitos $TCD_8^+$, taxa $CD_4/CD_8$ diminui, linfócitos atípicos aparecem no sangue; antigenemia e viremia detectadas; vírus pode estar presente no SNC e sêmen; anticorpos anti-HIV detectados após 2 a 4 semanas da infecção |

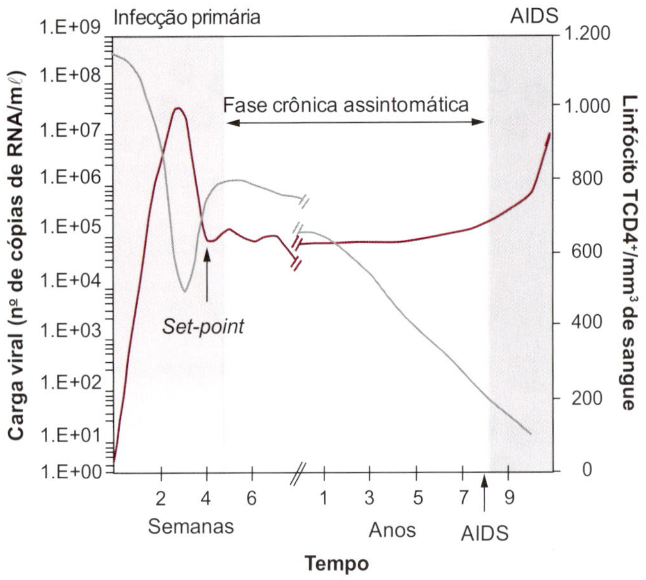


**Figura 20.11** História natural da infecção pelo HIV-1. Após o primeiro contato do indivíduo previamente saudável com o HIV-1, estabelece-se o período de infecção primária que dura em média 4 semanas, e é caracterizado pela queda dos níveis de linfócitos $TCD_4^+$ circulantes (*linha cinza*) e pelo estabelecimento de um alto pico virêmico (*linha vinho*), medido pela quantidade de RNA viral presente no plasma. A primeira queda significativa dos níveis de carga viral no indivíduo é denominada *set-point* e caracteriza o início da fase crônica assintomática da infecção que dura em média 8 a 10 anos. A queda inicial e o posterior estabelecimento dos níveis de RNA viral plasmático na fase crônica da infecção podem ser para níveis intermediários (conforme representado) ou ainda para níveis indetectáveis. Durante essa fase ocorre a recuperação parcial da quantidade de linfócitos $TCD_4^+$ circulantes; entretanto, para a maioria dos pacientes, estes níveis nunca retornam aos níveis anteriores à infecção. A queda gradual e consequente diminuição da quantidade de linfócitos $TCD_4^+$ circulantes a níveis inferiores a 200 células/$mm^3$ de sangue determina a progressão da infecção para a fase de AIDS, podendo ou não ser acompanhada pelo estabelecimento de quadros de infecção oportunista. Nesta fase os níveis de carga viral também aumentam, podendo chegar aos mesmos observados no pico virêmico da infecção primária.

à perda de peso intensa, incluindo perda de gordura corporal e de massa muscular, normalmente associada à diarreia crônica, fraqueza e febre.

Em fases mais tardias da infecção, na ausência de TARV, é relativamente comum o aparecimento de um conjunto de sintomas que caracterizam a "demência associada à AIDS" (ou ADC, *AIDS dementia complex*). Esses sintomas envolvem perda de concentração; desordem mental; alterações de comportamento; perda de memória e confusão mental; depressão; até alterações de fala, visão e equilíbrio, entre outros. Os sintomas parecem ser causados por danos diretos do SNC, e possivelmente pela resposta inflamatória gerada pela infecção de outros tipos celulares, como macrófagos e micróglia. Sem tratamento, o indivíduo pode sobreviver nessa etapa por cerca de 2 a 3 anos.

O tempo de progressão para AIDS pode variar entre indivíduos. Na grande maioria dos indivíduos infectados (cerca de 80%), o tempo de progressão é de cerca de 8 a 10 anos, na ausência de tratamento com ARV. Alguns indivíduos (cerca de 5%) progridem em menos de 3 anos, e são classificados como progressores rápidos. Alguns indivíduos (até 15%) não progridem clinicamente por mais de 10 anos de infecção e mantêm níveis estáveis de células $TCD_4^+$, sendo classificados como não progressores. Dentro desse grupo, alguns indivíduos mantêm níveis detectáveis de propagação viral, e são classificados como não progressores de longo tempo (LTNP, *long term non progressors*). Uma minoria desses indivíduos controla a propagação viral (< 50 cópias/$mm^3$) e mantém a contagem de $TCD_4^+$ estável, sendo esses indivíduos classificados como controladores de elite. Os critérios de classificação são relativamente variáveis, mas os LTNP são caracterizados como indivíduos infectados há pelo menos 7 a 10 anos, com contagem de células $TCD_4^+$ entre 350 e 1.600/$mm^3$ e os controladores de elite apresentam, além desses parâmetros, carga viral indetectável.

Estudos envolvendo as características do vírus e do hospedeiro dos diferentes grupos contribuem para a compreensão dos mecanismos envolvidos na progressão para AIDS. Nesse sentido, já foram descritas algumas características genéticas, virais ou perfis imunológicos que parecem contribuir para o tempo de progressão para AIDS. Um dos primeiros estudos caracterizando não progressão em um paciente HIV-positivo demonstrou a presença de vírus que não expressavam a proteína nef. Porém, outros estudos também detectaram a presença de estirpes virais menos virulentas, não associadas à ausência de nef, em indivíduos não progressores. Por outro lado, análises de diferentes coortes de pacientes demonstraram que a maioria dos indivíduos LTNP ou controladores de elite apresentam vírus tão virulentos quanto os indivíduos progressores, de maneira que a não progressão também está associada a fatores do hospedeiro. Geneticamente, um dos fatores mais marcantes associados com não progressão ou até com não infecção por HIV é o polimorfismo no gene que codifica o correceptor CCR5, apresentando uma deleção de 32 pares de base (polimorfismo CCR5-Δ32). Homozigose em CCR5-Δ32 foi identificada em um pequeno percentual de indivíduos caucasianos, é fortemente relacionada com a resistência ou não progressão, mas não está presente na maioria dos não progressores. A expressão de determinados HLA (antígeno leucocitário de humanos [*human leukocyte antigen*]) também está associada a maior ou menor progressão para AIDS em alguns pacientes. A presença de HLA B57 e B27 é mais frequentemente observada em indivíduos não progressores, enquanto HLA B35 e B53 são mais frequentes em progressores e progressores rápidos.

A não progressão pode ser, ainda, multifatorial e, além das características citadas, pode estar associada ao perfil imunológico dos pacientes, como será discutido posteriormente.

## Dinâmica viral

Dados de ensaios clínicos com inibidores de protease e com um inibidor da TR, nevirapina, da classe dos inibidores não nucleosídicos da TR (INNTR) apresentados pelos grupos de Ho e Shaw, respectivamente, na 11ª Conferência Internacional de AIDS, em Vancouver, Canadá, em 1996, demonstraram a dinâmica acelerada da infecção pelo HIV-1. Com a introdução da metodologia para quantificar a carga viral dos pacientes foi possível realizar o acompanhamento semanal ou diário dos níveis de vírus nos pacientes participantes do ensaio clínico e foi verificado que a supressão da carga viral se dava sempre de maneira exponencial e a eliminação total dos vírus circulantes em média em 2 semanas, indicando uma rápida taxa de decaimento da carga viral, meia-vida de 1,5 a 2 dias.

Além do decréscimo significativo da carga viral, o aumento exponencial de linfócitos $TCD_4^+$ na circulação também acontecia de forma sustentada, tendo sido o *turnover* desses linfócitos em média 15 dias. A coletânea dos dados indicou, pela primeira

**Quadro 20.3** Manifestações clínicas* de imunodeficiência em pacientes com diagnóstico de infecção pelo HIV-1.

| Manifestações de imunodeficiência avançada[a] (doenças definidoras de AIDS) | Manifestações de imunodeficiência moderada[b] |
|---|---|
| ▪ Síndrome consumptiva associada ao HIV (perda involuntária de mais de 10% do peso habitual), associada a diarreia crônica (dois ou mais episódios por dia com duração ≥ 1 mês) ou fadiga crônica e febre ≥ 1 mês | ▪ Perda de peso inexplicada (> 10% do peso) |
| ▪ Pneumonia por *Pneumocystis jiroveci* | ▪ Diarreia crônica sem etiologia definida, com duração de mais de 1 mês |
| ▪ Pneumonia bacteriana recorrente (dois ou mais episódios em um ano) | ▪ Febre persistente inexplicada por mais de um mês (> 37,6°C, intermitente ou constante) |
| ▪ Herpes simplex com úlceras mucocutâneas (duração > 1 mês) ou visceral em qualquer localização | ▪ Candidíase oral persistente |
| ▪ Candidíase esofágica ou de traqueia, brônquios ou pulmões | ▪ Candidíase vulvovaginal persistente, frequente ou não responsiva à terapia |
| ▪ Tuberculose pulmonar e extrapulmonar | ▪ Leucoplasia pilosa oral |
| ▪ Sarcoma de Kaposi | ▪ Infecções bacterianas graves (p. ex., pneumonia, empiema, meningite, piomiosite, infecções osteoarticulares, bacteriemia, doença inflamatória pélvica grave etc.) |
| ▪ Citomegalovirose (retinite ou outros órgãos, exceto fígado, baço ou linfonodos) | ▪ Estomatite, gengivite ou periodontite aguda necrosante |
| ▪ Neurotoxoplasmose | ▪ Anemia inexplicada (< 8 g/dℓ), neutropenia (< 500 células/μℓ) e/ou trombocitopenia crônica (< 50.000 células/μℓ) |
| ▪ Encefalopatia pelo HIV | ▪ Angiomatose bacilar |
| ▪ Criptococose extrapulmonar | ▪ Displasia cervical (moderada ou grave)/carcinoma cervical *in situ* |
| ▪ Infecção disseminada por micobactérias não *M. tuberculosis* | ▪ Herpes-zoster (≥ 2 episódios ou ≥ 2 dermatomas) |
| ▪ Leucoencefalopatia multifocal progressiva (LEMP) | ▪ Listeriose |
| ▪ Criptosporidiose intestinal crônica (duração > 1 mês) | ▪ Neuropatia periférica |
| ▪ Isosporíase intestinal crônica (duração > 1 mês) | ▪ Púrpura trombocitopênica idiopática (PTI) |
| ▪ Micoses disseminadas (histoplasmose, coccidiomicose) | |
| ▪ Septicemia recorrente por *Salmonella* não *thyphi* | |
| ▪ Linfoma não Hodgkin de células B ou primário do sistema nervoso central | |
| ▪ Carcinoma cervical invasivo | |
| ▪ Reativação de doença de Chagas (meningoencefalite e/ou miocardite) | |
| ▪ Leishmaniose atípica disseminada | |
| ▪ Nefropatia ou cardiomiopatia sintomática associada ao HIV | |

*As manifestações clínicas seguem os critérios dos Centros para Controle e Prevenção de Doenças (CDC, Centers for Disease Control and Prevention),1999. Organização Mundial da Saúde (OMS, 2007), mas são adaptadas à realidade brasileira (Ministério da Saúde do Brasil, 2018). [a]Incluem as manifestações classificadas como estágio clínico 4 pela OMS e as definidoras de síndrome da imunodeficiência adquirida (AIDS, *acquired immunodeficiency syndrome*) pelos CDC. [b]Incluem as manifestações classificadas como estágio clínico 3 pela OMS e sintomas atribuídos ao HIV ou indicativos de imunodeficiência celular, mas não definidores de AIDS. *M. tuberculosis*: *Mycobacterium tuberculosis*.

**Quadro 20.4** Doenças oportunistas decorrentes da AIDS.

| Causa | Doença |
|---|---|
| Vírus | Citomegalovirose, herpes simplex, herpes-zoster, leucoencefalopatia multifocal progressiva |
| Bactéria | Micobacterioses (principalmente tuberculose no Brasil), pneumonia, salmonelose |
| Fungo | Pneumocistose, candidíase, criptococose, histoplasmose |
| Protozoário | Toxoplasmose, criptosporidiose, isosporíase |
| Neoplasia | Sarcoma de Kaposi, linfomas não Hodgkin, neoplasia intraepitelial (anal e cervical) |

Fonte: MS do Brasil, 2007.

vez, que a infecção viral no paciente era altamente dinâmica, com taxa de produção diária de vírus da ordem de $10^{10}$ partículas virais e eliminação de metade dessas em um período de 2 dias, e igualmente rápido *turnover* da população de linfócitos $TCD_4^+$ que são o alvo da infecção.

Ficou claro, a partir de então, que a infecção pelo HIV era altamente produtiva e a destruição de células $TCD_4^+$ era em sua maioria consequência direta da biossíntese viral. As implicações terapêuticas foram claras; a interrupção eficaz da biossíntese viral traria como consequência imediata a rápida eliminação de vírus da circulação e a reconstituição da população de linfócitos $TCD_4^+$, que em última análise levaria à reconstituição do SI.

## Resposta imunológica

O HIV infecta, principalmente, células do SI, levando à lise e à disfunção dessas células. A infecção de células $TCD_4^+$ é um dos principais fatores responsáveis pela imunodeficiência, mas isoladamente não explica a completa disfunção imunológica que poderia ser evitada caso houvesse controle eficiente da infecção. Além disso, alterações de número e função de outras células do SI também são observadas durante a infecção e devem contribuir para a imunodeficiência.

Na verdade, a infecção pelo HIV é caracterizada por três principais eventos associados à resposta imunológica que estão inter-relacionados e contribuem para a incapacidade de controlar a infecção e para o desenvolvimento de imunodeficiência. São eles: depleção e/ou disfunção de células e tecidos do SI; ativação imunológica crônica; e exaustão celular. Além disso, a propagação viral está associada a estratégias de evasão do reconhecimento imunológico, incapacitando o indivíduo de responder apropriadamente. Por outro lado, existem evidências de que determinados perfis de resposta imunológica podem contribuir para o controle relativo da infecção e progressão mais lenta para AIDS.

## Depleção e disfunção de células e tecidos do sistema imunológico

A depleção de células $TCD_4^+$ é o principal evento associado à infecção pelo HIV e pode ser resultado da própria biossíntese viral; de indução de piroptose (morte celular explosiva com liberação de moléculas inflamatórias) após infecção viral abortiva; da própria resposta do hospedeiro contra células infectadas ($TCD_4^+$); ou da própria ativação celular gerada pelo ambiente inflamatório. Existem evidências de que a propagação viral pode induzir apoptose de células T infectadas e, de fato, intenso efeito citopatogênico é observado durante a infecção *in vitro*. Entretanto, a apoptose de células não infectadas também é observada nos indivíduos infectados e em modelos de cultura de tecidos, sugerindo que outros mecanismos além da propagação viral possam influenciar a depleção em massa desse tipo celular. A morte de células vizinhas às células infectadas pode se dever à secreção ou expressão de mediadores pró-apoptóticos pelas células infectadas, ou pela secreção de componentes virais. Estudos demonstraram, ainda, que a morte de células não infectadas envolve, ao menos em parte, a infecção abortiva dessas células. De acordo com esses achados, uma infecção abortiva em células em repouso pode levar ao acúmulo de pequenas sequências de DNA viral no citoplasma como resultado de um processo incompleto de retrotranscrição do HIV. Esses oligonucleotídeos podem ser reconhecidos por sensores de DNA viral citoplasmáticos, como IFI16 (ver *Capítulo 7*), que são estimulados levando à ativação de inflamassomas. A ativação desses inflamassomas, por sua vez, levará à secreção das citocinas inflamatórias IL-1β e IL-18 e induzirá a morte dessas células por piroptose. Uma vez que o nível de morte de linfócitos $TCD_4^+$ nos pacientes é muito maior do que a frequência de células infectadas, acredita-se, atualmente, que esse mecanismo seja um dos grandes responsáveis pela depleção de linfócitos $TCD_4^+$, independentemente de infecção produtiva, além de contribuir para ativação crônica observada nos pacientes $HIV^+$.

De fato, apesar de ser um evento importante, a morte celular devido à biossíntese viral não parece ser o único responsável pela imunodeficiência. Um exemplo claro disso é a infecção por SIV em hospedeiros naturais, os quais apresentam alta taxa de biossíntese viral e queda inicial na contagem de $CD_4^+$, mas não progridem para AIDS ou, pelo menos, mantêm níveis estáveis de linfócitos $TCD_4^+$ por um longo período de tempo.

Independentemente do mecanismo associado, a depleção de linfócitos $TCD_4^+$ tem como consequência a disfunção de outros compartimentos que participam da resposta imunológica, uma vez que sua principal função efetora é a modulação da homeostasia e ativação de outros componentes do SI. Estudos sugerem que não só a depleção de linfócitos T em geral, mas o desequilíbrio entre a proporção de subtipos de células $TCD_4^+$ (Th1, Th2, Th17 e Treg) pode influenciar na progressão para AIDS. Nesse sentido, a depleção e/ou preservação maior de determinados subtipos em detrimento de outros, por maiores taxas de infecção ou ativação celular, parece influenciar o estado imunológico do hospedeiro infectado.

Uma característica marcante de indivíduos progressores da infecção é a intensa ativação celular. Esse é um aspecto bastante complexo da patogênese da infecção, uma vez que a ativação de células do SI é necessária para o controle da propagação viral, mas representa também maior disponibilidade de células-alvo para a biossíntese viral. Além disso, a inflamação crônica torna o SI menos eficiente na estimulação de respostas específicas e controle da infecção pelo próprio HIV e infecções oportunistas. A incapacidade do SI em controlar a propagação viral é um dos mecanismos associados à ativação imunológica crônica. Além do mais, o fenômeno de translocação microbiana em função da lesão do epitélio gastrointestinal contribui ativamente para o excesso de ativação.

A ativação imunológica crônica representa, na verdade, um marcador da infecção por HIV. Nesse sentido, o aumento de frequência de células $TCD_4^+$ com fenótipo ativado, assim como de monócitos circulantes com perfil inflamatório são preditores de progressão da infecção. A ativação crônica exacerbada está associada, ainda, à morte celular induzida por ativação e à exaustão celular. Além disso, a inflamação crônica, muitas vezes, não é controlada nem após a TARV. Corroborando essa hipótese, foi demonstrado que a ativação imunológica crônica não é observada em hospedeiros naturais da infecção por SIV. Os achados em pacientes não progressores e hospedeiros naturais sugerem, portanto, que a desregulação da ativação imunológica está, de fato, relacionada com a progressão da doença.

Os linfócitos $TCD_8^+$ não são alvos da infecção, mas também apresentam alteração de função, particularmente na fase crônica e AIDS. É proposto que a ativação crônica dessas células, devido à exposição antigênica constante (em virtude da não eliminação do vírus), associada à ausência de "*help*" de CD4 induz um fenômeno de exaustão celular. A exaustão celular é caracterizada pela expressão de marcadores de exaustão PD-1 (proteína de morte celular programada 1 [*programmed cell death protein 1*]) e CTLA-4 (antígeno 4 de linfócito T citotóxico [*cytotoxic T lymphocyte antigen 4*]), inibição da secreção de citocinas, diminuição da resposta citotóxica e, finalmente, apoptose.

A produção de anticorpos neutralizantes por linfócitos B também parece ser deficiente nos indivíduos infectados. A fase aguda da infecção é caracterizada por intensa ativação policlonal dessas células que contribui para a ineficiência da resposta específica e para a exaustão também das células B.

Pessoas vivendo com HIV (PVHIV) apresentam, ainda, alteração no número e função de células apresentadoras de antígeno, particularmente DC, o que parece estar associado à alteração na dinâmica das diferentes populações de células T. Em controladores de elite o número e função de DC plasmocitoides, que são as principais células produtoras de IFN-I, estão preservados. Alteração no padrão de expressão de moléculas coestimuladoras e de secreção de citocinas por essas células tem sido reportada, o que influencia o padrão de ativação das células T ($CD_4^+$ ou $CD_8^+$), contribuindo para uma resposta imunológica celular ineficiente.

Estudos sugerem, ainda, que o HIV seja capaz de infectar células precursoras hematopoiéticas na medula óssea e timo, o que poderia contribuir para deficiência na hematopoiese e, consequentemente, em dificuldade do SI de repopular os tipos celulares depletados.

Finalmente, a depleção linfocitária devido à biossíntese viral ou à ativação celular e a própria ativação imunológica crônica levam à lesão dos órgãos linfoides, que são os principais sítios de propagação viral. Em fases tardias da infecção são observados focos de fibrose e deposição de tecido adiposo nesses órgãos, alterando a arquitetura dos mesmos, a qual é essencial para o desenvolvimento de resposta imunológica. A lesão desses tecidos dificulta também a disponibilidade de fatores essenciais para manutenção das células linfoides de memória ali presentes.

## Mecanismos de escape da resposta imunológica

Apesar da resposta imunológica vigorosa e até relativamente eficiente no início da infecção, o HIV consegue estabelecer uma infecção persistente crônica que leva à imunodeficiência. O vírus utiliza uma gama de estratégias para escapar ou até subverter a resposta imunológica. Dentre essas estratégias, pode-se citar a capacidade de estabelecer latência em células infectadas e a modulação da atividade de células do SI, já discutidas. Além disso, a alta taxa de mutação desses vírus permite o surgimento de variantes capazes de escapar da resposta imunológica elicitada em velocidade maior e com maior frequência do que o SI é capaz de atacar. Ao longo dos anos, portanto, a incapacidade do SI em conter a propagação viral, associada ao surgimento de mutantes que escapam da resposta elicitada e a consequente ativação imunológica crônica e exaustão celular, representam, juntamente com a depleção de células $TCD_4^+$, os elementos associados ao desenvolvimento da AIDS.

## Mecanismos propostos de controle da infecção

Como descrito, a exacerbação da resposta imunológica parece ser um dos fatores que contribuem para a imunodeficiência. Entretanto, a presença de células $TCD_8^+$ e $TCD_4^+$ específicas contra o HIV está associada ao controle relativo durante a infecção primária e na fase crônica de pacientes não progressores. Além disso, diversos estudos com esses pacientes têm demonstrado que suas células respondem de maneira vigorosa ao estímulo com antígenos do HIV *in vitro*, indicando uma alta proporção de células de memória nesses indivíduos e elevada avidez da resposta.

Um dos principais mecanismos descritos associados ao controle da infecção pelo HIV é a resposta eficiente de células $TCD_8^+$ durante a infecção primária que está associada à queda da carga viral, característica dessa etapa. O efeito é claramente evidenciado em modelos experimentais de infecção por SIV depletados de células $TCD_8^+$. Nesses animais, não foi observada a queda inicial de carga viral, e quando a população de células $TCD_8^+$ era recuperada, os animais apresentavam diminuição da carga viral. O efeito dessas células se deve, principalmente, à sua atividade citotóxica. Além disso, as células $TCD_8^+$ são capazes de produzir mediadores solúveis com efeito antiviral como β-quimiocinas (MIP-1 α, MIP-1 β e RANTES), que se ligam aos correceptores na superfície celular bloqueando a entrada do vírus, e ainda outros mediadores não completamente caracterizados. O perfil de ativação das células $TCD_8^+$ também parece influenciar a eficiência da resposta de inibição. Células de pacientes não progressores apresentam maior proporção de $TCD_8^+$ polifuncionais, em relação às células de indivíduos progressores. Essas células são caracterizadas pela capacidade de produzir diferentes citocinas, além de apresentar marcadores de atividade citotóxica. O fato de a expressão de determinados HLA estar associada ao tempo de progressão para AIDS condiz com a hipótese de que o padrão de resposta mediado por células $TCD_8^+$ ou até mesmo o perfil de repertório estimulado pela infecção é importante para o controle ou a exacerbação da doença. Assim, a expressão de um dado padrão de HLA nos pacientes permitiria a apresentação de determinados epítopos cuja mutação tenha elevado custo para o *fitness* viral, o que permitiria a ativação de um repertório de células T específico contra esses epítopos. Mutações por pressão seletiva poderiam selecionar variantes virais relativamente atenuadas. Nesse sentido, alguns estudos têm reportado, ainda, uma correlação direta entre células $TCD_8^+$específicas contra a poliproteína Gag e baixa carga viral em pacientes não progressores.

A preservação do compartimento central de células $TCD_4^+$ de memória parece ser outra característica de pacientes não progressores. Essas células apresentam maior capacidade proliferativa do que células de memória efetoras e alguns estudos sugerem menor proporção de DNA viral nessas células e talvez menor expressão do correceptor CCR5.

Já o papel de anticorpos neutralizantes na proteção natural à infecção por HIV é bastante complexo. Estudos têm demonstrado que tais anticorpos estão presentes em indivíduos não progressores e que a administração passiva de anticorpos neutralizantes selecionados pode levar ao controle relativo da carga viral. Entretanto, o nível de anticorpos neutralizantes em pacientes não progressores não parece ser significativamente diferente do nível detectado em progressores. Além disso, esses anticorpos são detectados apenas após a queda do pico de carga viral na infecção primária. Por outro lado, a síntese e a administração passiva de anticorpos neutralizantes com ampla reatividade têm indicado respostas positivas, pelo menos em testes clínicos de curto prazo, como será discutido adiante.

Em resumo, apesar de intensa pesquisa na área, o controle ou exacerbação da infecção tem sido associado a algumas tendências no perfil de resposta imunológica, mas ainda não foram definidos marcadores preditivos de resposta ou elementos claros que determinem o controle da infecção.

# Diagnóstico laboratorial

Diferentes marcadores podem ser detectados durante a história natural da infecção pelo HIV no organismo humano, em momentos específicos (Figura 20.12). Por exemplo, o pico inicial de viremia que acontece nas primeiras 3 a 4 semanas após exposição, sendo marcado pela detecção em altos níveis do RNA

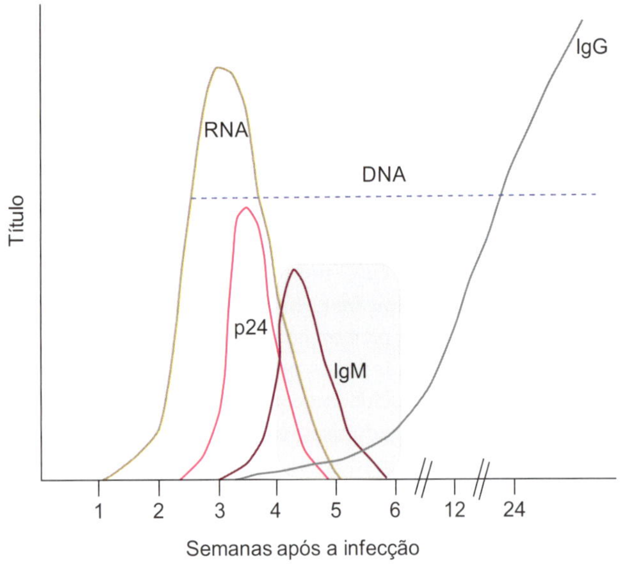


**Figura 20.12** Marcadores da infecção pelo HIV-1. O diagnóstico das infecções pelo HIV se baseia na detecção de anticorpos anti-HIV no soro dos indivíduos infectados. Níveis detectáveis de imunoglobulinas IgM e IgG específicas contra o HIV (*linhas vinho e cinza*, respectivamente), em geral estão presentes após 2 a 4 semanas da infecção, dependendo do ensaio empregado, dessa forma, determinando a janela imunológica dos testes empregados (região sombreada). Outros marcadores da infecção são: presença do RNA viral no plasma (*linha marrom*), que já pode ser detectado a partir da 3ª semana de infecção e é utilizado como diagnóstico em crianças nascidas de mães HIV-positivas até 1 ano de vida; presença do antígeno viral do capsídeo ou p24 (*linha rosa*), detectado a partir de 3 e ½ semanas após a infecção; e DNA viral (linha *pontilhada lilás*), que pode ser detectado desde a 2ª semana após a infecção e persiste ao longo de todo o período de infecção.

viral no plasma do indivíduo infectado, coincide com o pico de detecção do antígeno viral p24 (proteína do capsídeo viral). Os níveis de detecção de p24 caem de acordo com o aumento dos níveis de anticorpos anti-p24, e posteriormente há o aumento dos anticorpos antiglicoproteínas do envelope viral. Durante todo o período de infecção, na maior parte dos indivíduos infectados, pode-se detectar o DNA proviral a partir de células mononucleares do sangue periférico.

A detecção do RNA plasmático viral pode ser realizada por diferentes técnicas, a maior parte delas baseada na amplificação de ácidos nucleicos, e incluem: reação de amplificação baseada no ácido nucleico específico (NASBA, *nucleic acid sequence-based amplification*); ensaio de DNA ramificado (b-DNA, *branched DNA assay*); reação em cadeia da polimerase associada à transcrição reversa (RT-PCR, *reverse transcription polymerase chain reaction*) acoplada à detecção colorimétrica por meio de sonda específica; e reação em cadeia da polimerase (PCR, *polymerase chain reaction*) quantitativa em tempo real. No entanto, nenhum desses testes é utilizado com finalidade de diagnóstico da infecção em adultos, sendo utilizado para o acompanhamento da infecção no indivíduo sem tratamento, ou com objetivo de controle do sucesso ou falha terapêutica em indivíduos em tratamento com ARV. Esses testes de detecção/quantificação de RNA plasmático viral são utilizados para diagnóstico somente para crianças menores de 18 meses que nascem de mães infectadas pelo HIV, a fim de interromper o mais precocemente possível o tratamento dessas crianças nos casos em que não houve a transmissão.

Todos os testes mencionados podem detectar a presença da infecção viral já durante as primeiras 2 semanas após a exposição, e apresentam como fator limitante o nível de detecção do RNA viral que é de 50 cópias/$mm^3$ de plasma para a maioria dos testes.

Estão disponíveis testes rápidos que são imunoensaios simples realizados em até 30 minutos. Como consequência do desenvolvimento e da disponibilidade desses testes, o diagnóstico do HIV pode ser realizado em ambientes laboratoriais e não laboratoriais, como consultórios médicos, Centros de Testagem e Aconselhamento (CTA), residências, dentre outros previstos pelo Ministério da Saúde (MS) do Brasil. Os testes rápidos são primariamente recomendados para testagens presenciais e podem ser realizados com saliva, soro, plasma ou sangue total (o que permite o uso de amostras obtidas por punção digital). Existem vários formatos de testes rápidos para a detecção de anticorpos anti-HIV de ambas as classes IgM e IgG e os mais frequentemente utilizados são: imunocromatografia de fluxo lateral (*lateral flow immunochromatografic assay*), imunocromatografia de dupla migração (DPP, *dual-path platform chromatographic immunoassay*), dispositivos de imunoconcentração e fase sólida. As faixas de sensibilidade e especificidade dos testes rápidos são calculadas em torno de > 99,5% e > 99%, respectivamente. Com o objetivo de ampliar o acesso ao diagnóstico do HIV no Brasil e capacitar o maior número de profissionais de saúde para realizar esses testes, o MS oferece treinamento presencial ou a distância (Sistema TELELAB, disponível em ww.telelab.aids.gov.br), que aborda vários aspectos relativos à qualidade, segurança e execução dos testes rápidos.

Os testes de detecção de anticorpos antiproteínas do HIV no soro são, atualmente, considerados testes complementares e não mais confirmatórios como anteriormente, e são: ensaios imunoenzimáticos (EIA, *enzyme immunoassay*) e *Western blotting* (WB). Para detalhes sobre os testes, consultar o *Capítulo 8*.

Nos testes EIA de 1ª e 2ª gerações (EIA indireto), as amostras são incubadas em presença de lisado viral (1ª geração) ou proteína viral recombinante (2ª geração), e os anticorpos anti-HIV da classe IgG detectados a partir de conjugado anti-IgG humano. No teste de 3ª geração ("sanduíche") as amostras são incubadas em presença de proteína viral recombinante ou peptídeos sintéticos e a presença dos anticorpos anti-HIV é detectada a partir de antígeno viral acoplado à enzima, sendo ambas as classes anti-IgG e anti-IgM detectadas. Dessa forma, a presença de anticorpos anti-HIV pode ser verificada bem mais precocemente do que com a utilização dos testes de 1ª e 2ª gerações. Vale ressaltar que esses testes incluem peptídeos para a detecção não somente de anticorpos do HIV-1 grupo M, mas também do HIV-1 grupo O e do HIV-2.

Nos testes de 4ª geração ("combinatórios") detectam-se, simultaneamente, o antígeno p24 e anticorpos específicos anti-HIV; assim, além dos peptídeos e/ou proteína recombinante viral presente, tem-se ainda revestindo os poços o anticorpo anti-p24. Nesse caso, a detecção dos anticorpos na amostra acontece conforme nos testes de 3ª geração, no entanto, se presente, captura-se também o antígeno p24 que é detectado posteriormente por anti-p24 acoplado à enzima. Esses testes permitem o diagnóstico da infecção por HIV ainda mais precocemente do que nos de 3ª geração, uma vez que pode revelar o antígeno ainda na ausência de níveis detectáveis de qualquer anticorpo específico. São extremamente válidos para o diagnóstico da infecção ainda na fase aguda.

De acordo com o período da janela imunológica dos testes EIA e WB, tem-se que: para os testes EIA de 2ª geração, e igualmente para o WB, os resultados positivos começam a ser detectados a partir da 5ª semana de exposição (ou seja, janela imunológica de no mínimo 35 dias); já para os testes EIA de 3ª geração, os níveis detectáveis de anticorpos aparecem a partir da 3ª semana de exposição (ou seja, janela imunológica de no mínimo 21 dias). Finalmente, para os testes EIA de 4ª geração, em consequência da possibilidade de detecção do antígeno p24, o período de janela imunológica é de aproximadamente 18 dias.

O WB é de custo elevado e requer interpretação subjetiva para estabelecer um diagnóstico com base em um padrão de reatividade definido pelo fabricante do conjunto diagnóstico. O MS do Brasil define o padrão mínimo aceitável de interpretação do WB como reagente (presença de bandas), em pelo menos duas das seguintes proteínas: p24; gp41; gp120/gp160.

No Brasil, o algoritmo para diagnóstico era realizado utilizando-se um teste EIA de 2ª, 3ª ou 4ª geração como triagem, e em caso de positividade, empregavam-se testes confirmatórios: outro teste EIA de fabricante diferente ou WB. Segundo o MS do Brasil, considerando o aperfeiçoamento e a elevação da sensibilidade dos novos testes de triagem, os testes confirmatórios não são mais adequados para diagnosticar a infecção em um indivíduo com infecção recente pelo HIV e são, agora, considerados testes complementares. Além disso, o surgimento de ensaios que permitem a utilização de saliva, em substituição ao sangue, oferece alternativa para a ampliação do diagnóstico da infecção pelo HIV. Dessa maneira, estão disponíveis no Brasil seis fluxogramas de testagem de HIV, cujas escolha e interpretação são complexas e, portanto, devem ser consultados no Manual Técnico para o Diagnóstico da Infecção pelo HIV, do MS do Brasil (2018).

Um dado interessante está relacionado com o fato de que a maior parte dos resultados indeterminados dos testes de WB é consequência da detecção somente de anticorpos anti-p24 em amostras com resultado prévio falso-positivo nos testes EIA. De fato, os anticorpos mais frequentemente detectados em testes EIA falso-positivos são os anti-p24. Uma vez que nos testes imunocromatográficos o antígeno p24 não é incluído, a utilização desses testes como triagem pode excluir a proporção das amostras falso-positivas.

O período de janela imunológica para os testes rápidos era equivalente ao dos testes EIA de 3ª geração. No entanto, testes mais recentes, desenvolvidos para detecção simultânea de anticorpos anti-HIV e do antígeno p24, diminuíram o período de janela imunológica para 2 semanas.

Em bancos de sangue a triagem das amostras é realizada com os testes EIA mais sensíveis disponíveis no mercado, mesmo assim, já foi detectado vírus a partir de testes de amplificação de ácidos nucleicos em amostras com resultados negativos nos testes sorológicos (período de janela imunológica). Dessa forma, em alguns laboratórios, tem sido utilizada a testagem das amostras por amplificação de ácido nucleico (NAAT, *nucleic acid amplification test*) em *pools* de soros, e assim reduzindo o período de janela imunológica para no mínimo 10 dias após a exposição.

O diagnóstico precoce da infecção por HIV é essencial para a saúde pública, pois a fase aguda da infecção representa o período de maior infecciosidade e consequente transmissão viral. Dados de diversos estudos indicam que cerca de 50% das novas infecções por HIV são transmitidas por pessoas recentemente infectadas. Novos dados ainda sugerem que os períodos de infecção aguda e os estágios tardios da infecção pelo HIV estejam associados a maior transmissibilidade viral, independentemente da carga viral no indivíduo transmissor. De acordo com um modelo de estimativas, 25% dos indivíduos que não têm conhecimento de estarem infectados pelo HIV são responsáveis pela transmissão de 54% das novas infecções. Além disso, o início do tratamento do paciente depende de seu conhecimento diagnóstico e sabe-se que, quanto mais precocemente o tratamento é iniciado, maior a sua eficiência em retardar o desenvolvimento de AIDS. Portanto, o diagnóstico da infecção é uma das principais ferramentas para prolongar a vida do paciente, inibir a transmissão vertical e a disseminação da infecção na população.

## Epidemiologia das infecções por HIV e da AIDS

### Transmissão

A capacidade de o HIV infectar um indivíduo depende de alguns fatores que são relacionados com suas características biológicas, assim como comportamentais. Entre os fatores biológicos que influenciam diretamente na probabilidade da infecção de um indivíduo pelo HIV encontram-se: concentração no fluido biológico (inóculo viral); integridade e vulnerabilidade da mucosa envolvida (mucosas anal, vaginal ou oral); duração da exposição; tipo de amostra viral transmitida; e *background* genético. Os fatores comportamentais estão diretamente relacionados com os fatores biológicos e podem ser exemplificados: indivíduos com múltiplos parceiros sexuais; não uso de preservativos e compartilhamento de seringas e/ou objetos perfurocortantes contaminados.

O vírus está presente em diferentes tecidos linfoides por todo o organismo, além de sangue, sêmen, secreções vaginais e/ou cervicais, e leite materno de indivíduos infectados. As principais formas de transmissão são: sexual; parenteral (em receptores de sangue ou hemoderivados e em usuários de drogas injetáveis); e da mãe para o filho, durante a gestação (infecção congênita), durante o parto (infecção perinatal) ou aleitamento (infecção pós-natal); e transmissão ocupacional (Quadro 20.5). No Quadro 20.6 pode ser visualizado o risco de transmissão do HIV-1 de acordo com o tipo de transmissão. A transmissão pode ser:

- Sexual: as relações sexuais desprotegidas representam a maneira mais importante de transmissão no mundo. É uma via natural de infecção, em que o vírus atinge mucosas. O risco de infecção varia de acordo com o sítio de exposição, sendo a exposição retal de maior risco, seguida de transmissão vaginal e oral. Doenças inflamatórias que atinjam a mucosa e infecção por outros patógenos no tecido (p. ex., herpesvírus de humanos 1 e 2 [HHV-1 e HHV-2]) estão associados a maior risco de infecção. O maior número de parceiros sexuais de um indivíduo também está associado a maior probabilidade de contaminação do mesmo. O uso de preservativos é uma estratégia eficiente para a prevenção da infecção por essa via
- Parenteral: ocorre pela inoculação de sangue contaminado por transfusão e compartilhamento de agulhas e seringas; está

**Quadro 20.5** Transmissão do HIV-1.

| Forma de transmissão | | Líquido biológico |
|---|---|---|
| Sexual (homossexual ou heterossexual) | | Sêmen e secreções vaginais e/ou cervicais |
| Parenteral (receptores de sangue ou hemoderivados e usuários de drogas endovenosas) | | Sangue |
| De mãe para filho | Durante a gestação ou parto | Sangue |
| | Durante o aleitamento | Leite materno |
| Ocupacional | | Sangue |

**Quadro 20.6** Risco de transmissão do HIV-1.

| | Tipo de transmissão | Risco |
|---|---|---|
| **Sexual** | Homem-mulher | 1 em 700 a 1 em 3.000 |
| | Mulher-homem | 1 em 2.000 a 1 em 20.000 |
| | Homem-homem | 1 em 10 a 1 em 1.600 |
| **Parenteral** | Transfusão de sangue | 95 em 100 |
| | Compartilhar seringas | 1 em 150 |
| | Picada de agulha | 1 em 200 |
| | Picada de agulha + profilaxia com AZT | 1 em 10.000 |
| **De mãe para filho** | Sem tratamento com AZT | 1 em 4 |
| | Com tratamento com AZT | Menos de 1 em 10 |

AZT: azidotimidina.

associada a um risco substancial de infecção. Devido ao rigoroso controle de bancos de sangue e hemoderivados, a infecção por transfusão é um evento extremamente raro. Apesar de esta ser a forma de transmissão menos frequente, é a que possui maior probabilidade de estabelecimento da infecção após o contato. A infecção devido ao compartilhamento de agulhas/seringas previamente usadas por indivíduos infectados representa um risco bastante elevado, particularmente, por usuários de drogas injetáveis

- De mãe para filho: pode ocorrer por via transplacentária, durante o parto ou durante o aleitamento materno. A carga viral da mãe é determinante na probabilidade de infecção e estima-se que, na ausência de qualquer intervenção terapêutica, o risco de transmissão seja entre 15 e 30%. Ao final da década de 1980, a transmissão materno-fetal em países africanos com altas taxas de prevalência de infecções por HIV, como República Democrática do Congo (antigo Zaire) e África do Sul, encontrava-se em torno de 25%, e a continuidade da amamentação dos bebês nascidos de mães infectadas pelo HIV aumentava essas taxas em cerca de 14%, o que levava à taxa geral de risco de transmissão de 35 a 40%. Atualmente, devido à intervenção com a TARV com controle dos níveis de vírus plasmáticos, essas taxas foram drasticamente reduzidas, conforme será discutido posteriormente
- Ocupacional: contato com sangue ou objetos perfurocortantes em acidentes de trabalho de profissionais de saúde representa risco de transmissão. Entretanto, o uso adequado de equipamentos de biossegurança e a descontaminação de material biológico são eficientes estratégias de prevenção. Os métodos empregados para a descontaminação de material biológico são físicos (autoclavação a 121°C/30 min ou calor seco a 180°C/2 h) e químicos (hipoclorito de sódio a 0,5%/30 min ou glutaraldeído em solução alcalina a 2%/10 min).

É importante ressaltar que, embora o vírus já tenha sido isolado em outros fluidos corporais como saliva, urina, lágrima e suor, não existem relatos de infecção por quaisquer outras vias que não as descritas anteriormente. Assim, contato por objetos contaminados, contato pessoal (que não sexual), ou picadas de insetos, por exemplo, não constituem vias de transmissão do HIV.

## Situação da infecção por HIV e da AIDS no mundo e no Brasil

O que é conhecida como a pandemia de HIV/AIDS, na verdade, é o somatório de epidemias com características relativamente diferentes, dependendo de cada região do globo que se observe. Por exemplo, refletindo a característica da epidemia no continente africano na década de 1990, 3/4 de todas as novas infecções aconteciam por transmissão heterossexual, enquanto nos EUA e Europa Ocidental a transmissão pela via homossexual contribuía para a maioria dos novos casos de infecção por HIV.

Desde o início da pandemia de HIV/AIDS, estima-se que 75,7 (55,9 a 100) milhões de pessoas tenham sido infectadas pelo HIV e destas, 32,7 (24,8 a 42,2) milhões tenham morrido de AIDS ou de complicações decorrentes da infecção.

Em 2020, as metas da UNAIDS (Programa Conjunto das Nações Unidas para HIV/AIDS [*Joint United Nations Programme on HIV/AIDS*]) para 2030 era reduzir os novos casos de infecção e morte pelo HIV em 90%, assim como o estigma e o preconceito. Em 2021, a Assembleia Geral das Nações Unidas propôs um esforço conjunto mundial para acabar com a epidemia de AIDS até 2030.

Em países de baixo e médio padrão socioeconômico, as mulheres representam 52% de todas as pessoas infectadas pelo HIV contra 48% dos homens. No entanto, na região subsaariana da África, esse índice alcança 57% para mulheres, mostrando que a distribuição das infecções pelo mundo não é homogênea. A coletânea de dados mostra que o continente africano, excetuando alguns países das regiões norte e Oriente Médio, possui a mais alta taxa de prevalência das infecções por HIV; em números absolutos, 25,6 milhões de pessoas infectadas pelo HIV, segundo dados da OMS de 2019 (Quadro 20.7). Esses números se tornam ainda mais expressivos quando se verifica que na região subsaariana do continente africano, em 2019, alguns países possuíam elevadas taxas de prevalência na população feminina em idade reprodutivamente ativa (15 a 24 anos), como Essuatini (antiga Suazilândia) (12,3%), África do Sul (10,2%), Lesotho (10,1%) e Botswana (9,3%), enquanto na maioria dos países dessa região essas taxas variam em patamares também elevados. Esta última divulgação dos dados epidemiológicos das infecções por HIV, no entanto, é animadora quando se analisa o continente africano: todas as taxas de incidência, prevalência e mortes por HIV/AIDS mostram uma expressiva queda, especialmente nos países que apresentavam os maiores números absolutos de casos, como a África do Sul. Os números absolutos de infecções por HIV no mundo em 2019 e especificamente no Brasil são mostrados no Quadro 20.7.

Em 2020, a UNAIDS e a Organização Mundial da Saúde (OMS) divulgaram dados relativos a dezembro de 2019, que revelaram que havia 38 milhões de indivíduos infectados pelo HIV no mundo. Como pode ser visto no Quadro 20.8, apesar de o número absoluto de infecções ter aumentado de 24,9 milhões em 2001 para 33,2 milhões em 2013, e para 38 milhões no final de 2019, o número de novas infecções pelo período de 1 ano teve declínio global de 37% passando de 2,6 milhões em 2001 para 1,7 milhão no final de 2019, estabilizando em 0,6% a prevalência em adultos nos últimos 6 anos. O número absoluto de mortes decorrentes de AIDS nos últimos 18 anos apresentou queda de 1,5 milhão de indivíduos em 2001 para 690 mil em 2019. Todos esses dados indicam estabilização da prevalência mundial das infecções por HIV.

O Relatório de Atualização Mundial da AIDS de 2020, da UNAIDS/OMS (2020 *Global AIDS Update – Seizing the moment – Tackling entrenched inequalities to end epidemics*) teve como foco

**Quadro 20.7** Distribuição das infecções por HIV no mundo (todas as idades) em 2019.

| Região | Nº absoluto (milhão) |
|---|---|
| Leste e sul da África | 20,7 (18,4 a 23,0) |
| Oeste e centro da África | 4,9 (3,9 a 6,2) |
| Norte da África e Oriente Médio | 0,24 (0,17 a 0,40) |
| América Latina | 2,1 (1,4 a 2,8) |
| Caribe | 0,33 (0,27 a 0,40) |
| Leste da Europa e centro da Ásia | 1,7 (1,4 a 1,9) |
| Ásia e Pacífico | 5,8 (4,3 a 7,2) |
| Oeste e centro da Europa e América do Norte | 2,2 (1,7 a 2,6) |
| Brasil | 0,92 (0,42 a 1,30) |
| Global | 38,0 (31,6 a 44,5) |

Fonte: UNAIDS/OMS, 2020.

o combate às desigualdades. Também foi destacado o impacto negativo da pandemia pelo SARS-CoV-2 para o tratamento das pessoas vivendo com HIV/AIDS (PVHIV/AIDS). Estudos revelaram que, devido à pandemia, a falta de medicamentos na África Subsaariana, pelo período de seis meses, poderia levar ao aumento de 500.000 mortes em decorrência da AIDS nessa região. Outro ponto relevante abordado no documento foi a constatação da elevação do número de casos de violência contra mulheres e meninas durante o confinamento imposto pela pandemia.

Das 38 milhões de PVHIV/AIDS no final de 2019, 25,4 milhões estavam em tratamento com antirretrovirais, o que significa que 12,6 milhões ainda aguardavam por alguma ajuda terapêutica. De 2010 até 2019, houve redução de 38% em novas infecções, em parte pela substancial redução das infecções nas regiões leste e sul da África. No entanto, o número de infecções apresentou aumento de 72% na Europa Oriental e Ásia Central, assim como 22% no norte da África e no Oriente Médio, e 21% na América Latina. A meta global para redução do número de óbitos e de novas infecções em 2020 era de menos de 500 mil, o que não foi atingido, considerando que no final de 2019 foram contabilizadas 690 mil mortes e 1,7 milhão de novas infecções. A violência e a desigualdade associadas ao gênero continuam a ser o fio condutor da epidemia. Na região da África Subsaariana, uma entre quatro mulheres e meninas (de 15 a 49 anos de idade) contribuem para o total de novas infecções pelo HIV. Estima-se que 243 milhões de mulheres e meninas foram vítimas de violência sexual e/ou física causadas pelo parceiro nos últimos 12 meses de 2019. Ao mesmo tempo, sabe-se que mulheres que são atingidas por tal violência apresentam 1,5 vez mais chance de adquirir o HIV do que outras mulheres não agredidas. Entre grupos marginalizados, a elevada prevalência de violência está também ligada a altas taxas de infecção pelo HIV. Prostitutas têm 30 vezes mais risco de se infectarem pelo HIV do que a população em geral. Em 25 países, foi estimado que 50% da população adulta têm atitudes preconceituosas em relação a PVHIV.

Nesse documento, também é discutido que nos dias atuais já se sabe como tratar a infecção e como prevenir que as pessoas se infectem pelo HIV. No entanto, são necessárias políticas de saúde pública que proporcionem que populações vulneráveis tenham acesso a esses meios, e que haja esforços no sentido de dirimir a injustiça, o preconceito e a desigualdade que colocam em risco a vida de mulheres e meninas, homossexuais masculinos, homens que fazem sexo com homens, trabalhadores do sexo, pessoas transgênero, pessoas que usam drogas, prisioneiros e migrantes, que fazem parte da população que apresenta elevado risco de se tornar infectada.

No Brasil, os primeiros casos de AIDS foram registrados no início da década de 1980, predominantemente nos grupos: usuários de drogas injetáveis (UD); hemofílicos; e homens que fazem sexo com homens (HSH). Em 2002, o Programa de AIDS do MS do Brasil adotou a nomenclatura HSH porque facilita a identificação de casos em que o homem que se diz heterossexual, embora também faça sexo com pessoas do mesmo sexo, não admite ser classificado como homossexual quando entrevistado para a coleta de dados em inquéritos epidemiológicos. No entanto, a epidemia no país se espalhou logo no início nos principais centros urbanos, tendo as Regiões Sudeste e Sul do país as maiores taxas de prevalência das infecções, e afetando o restante da população. A epidemia no Brasil tem como característica a estabilidade

**Quadro 20.8** Estimativas dos números globais de infecções totais, novas infecções e mortes por HIV/AIDS.

| Tipo de infecção | 2001 | 2013 | 2019 |
|---|---|---|---|
| Infecção por HIV em adultos e crianças | 24,9 milhões (20,8 a 29,3 milhões) | 33,2 milhões (27,7 a 39,0 milhões) | 38 milhões (31,6 a 44,5 milhões) |
| Novas infecções em adultos e crianças* | 2,6 milhões (1,9 a 3,5 milhões) | 2,0 milhões (1,4 a 2,6 milhões) | 1,7 milhão (1,2 a 2,2 milhões) |
| Prevalência (%) das infecções em adultos (> 15 anos de idade) | 0,5 (0,4 a 0,6) | 0,6 (0,5 a 0,7) | 0,6 (0,5 a 0,8) |
| Morte de adultos e crianças por AIDS | 1,5 milhão (1,1 a 2,1 milhões) | 0,93 milhão (0,68 a 1,3 milhão) | 0,69 milhão (0,5 a 0,97 milhão) |

*Registro de novas infecções no período de 1 ano. Fonte: AIDSInfo (UNAIDS), 2020.

do número de casos registrados de AIDS ao longo dos cerca de 30 anos, com tendência à concentração em alguns grupos populacionais com maior vulnerabilidade à transmissão (UD, HSH e profissionais do sexo).

De acordo com o Boletim Epidemiológico HIV/AIDS do MS do Brasil, publicado em 2020, em 2019, foram diagnosticados 41.909 novos casos de HIV e 37.308 casos de AIDS notificados no Sistema de Informação de Agravos de Notificação (Sinan), declarados no Sistema de Informações sobre Mortalidade (SIM) e registrados no Sistema de Informação de Exames Laboratoriais (Siscel) e no Sistema de Controle Logístico de Medicamentos (Siclom), do MS, com uma taxa de detecção de 17,8/100.000 habitantes (2019), totalizando, no período de 1980 a junho de 2020, 1.011.617 casos de AIDS detectados no país. Desde o ano de 2012, observa-se uma diminuição na taxa de detecção de AIDS no Brasil, que passou de 21,9/100.000 habitantes (2012) para 17,8/100.000 habitantes em 2019, configurando um decréscimo de 18,7%; essa redução na taxa de detecção tem sido mais acentuada desde a recomendação do "tratamento para todos", implantada em dezembro de 2013.

Na Figura 20.13 são mostradas as taxas de detecção de AIDS, AIDS em menores de 5 anos, infecção pelo HIV em gestantes, coeficiente de mortalidade por AIDS e número de casos de HIV no Brasil no período 2008 a 2019. As fontes utilizadas para a obtenção dos dados são as notificações compulsórias dos casos de HIV no Sinan; os óbitos notificados com causa básica por HIV/AIDS no SIM e os registros Siscel/Siclom.

O número anual de casos de AIDS vem diminuindo desde 2013, quando atingiu 43.618 casos; em 2019, foram registrados 37.308 casos.

A distribuição proporcional dos casos de AIDS, identificados de 1980 até junho de 2020, mostra concentração nas Regiões Sudeste e Sul, correspondendo cada qual a 51,0% e 19,9% do total de casos; as Regiões Nordeste, Norte e Centro-Oeste correspondem a 16,2%, 6,7% e 6,2% do total dos casos, respectivamente. No período de 2015 a 2019, a Região Norte apresentou média de 4,5 mil casos ao ano; Nordeste, 9,0 mil; Sudeste, 15,0 mil; Sul, 7,5 mil; e Centro-Oeste, 2,9 mil.

De 2007 até junho de 2020, foram notificados no Sinan 342.459 casos de infecção pelo HIV no Brasil: 152.029 (44,4%) na Região Sudeste; 68.385 (20,0%) na Região Sul; 65.106 (19,0%) na Região Nordeste; 30.943 (9,0%) na Região Norte e 25.966 (7,6%) na Região Centro-Oeste. No ano de 2019, foram notificados 41.919 casos de infecção pelo HIV, sendo 4.948 (11,8%) na Região Norte, 10.752 (25,6%) casos na Região Nordeste, 14.778 (35,3%) na Região Sudeste, 7.639 (18,2%) na Região Sul e 3.802 (9,1%) na Região Centro-Oeste. No período de 2007 a junho de 2020, foi notificado no Sinan um total de 237.551 (69,4%) casos em homens e 104.824 (30,6%) casos em mulheres. A razão de sexos para o ano de 2019 foi de 2,6 (M:F), ou seja, 26 homens para cada dez mulheres. No início da epidemia, essa relação era de 26; em 2005, 1,4 e em 2013, 1,7.

A taxa de detecção de AIDS também vem caindo no Brasil. Em 2014, a taxa foi de 20,6 casos por 100.000 habitantes; em 2015, 20,1; em 2016, passou para 18,9; em 2017, 18,6; e em 2018 e 2019 chegou a 17,8. Em um período de dez anos, a taxa de detecção apresentou queda de 17,2%: em 2009, foi de 21,5 casos por 100.000 habitantes e, em 2019, de 17,8 casos a cada 100.000 habitantes (Figura 20.13). As Regiões Sudeste e Sul apresentaram tendência de queda; em 2009, as taxas de detecção dessas Regiões foram de 23,2 e 32,7, passando para 15,4 e 22,8 casos por 100.000 habitantes em 2019: queda de 33,6% e 30,3%, respectivamente. A Região Centro-Oeste, apesar de ter apresentado menores variações nas taxas anuais, exibiu aumento de 2,7% no período de 2009 a 2019, passando de 18,6 casos por 100.000 habitantes em 2009 para 19,1 em 2019; as Regiões Norte e Nordeste também mostraram tendência de crescimento na detecção: em 2009 as taxas registradas dessas Regiões foram de 20,9 (Norte) e 14,1 (Nordeste) casos por 100.000 habitantes, enquanto em 2019 foram de 26,0 (Norte) e 15,7 (Nordeste), representando aumentos de 24,4% (Norte) e 11,3% (Nordeste).

No país, no período de 2000 até junho de 2020, foram notificadas 134.328 gestantes infectadas com HIV, das quais 8.312 no ano de 2019, com taxa de detecção de 2,8/mil nascidos vivos. Desses números, 37,7% se concentravam na Região Sudeste, 29,7% na Região Sul, 18,1% na região Nordeste, 8,6% na Região Norte e 5,8% na Região Centro-Oeste. Em um período de dez anos, houve um aumento de 21,7% na taxa de detecção de HIV em gestantes: em 2009, foram registrados 2,3 casos/mil nascidos vivos e, em 2019, 2,8/mil nascidos vivos (Figura 20.13).

Em 2019, foram registrados um total de 10.565 óbitos que tiveram como causa básica a AIDS, com uma taxa de mortalidade de 4,1/100.000 habitantes. Desde o início da epidemia de AIDS (1980) até 31 de dezembro de 2019, foram notificados no Brasil 349.784 óbitos por AIDS. A maior proporção desses óbitos ocorreu na Região Sudeste (57,7%), seguida das Regiões Sul (17,8%), Nordeste (13,9%), Centro-Oeste (5,3%) e Norte (5,3%). Em 2019, a distribuição proporcional dos 10.565 óbitos foi de 39,7% no Sudeste, 23,0% no Nordeste, 19,1% no Sul, 11,2% no Norte e 7,0% no Centro-Oeste do país. No período de 2009 a

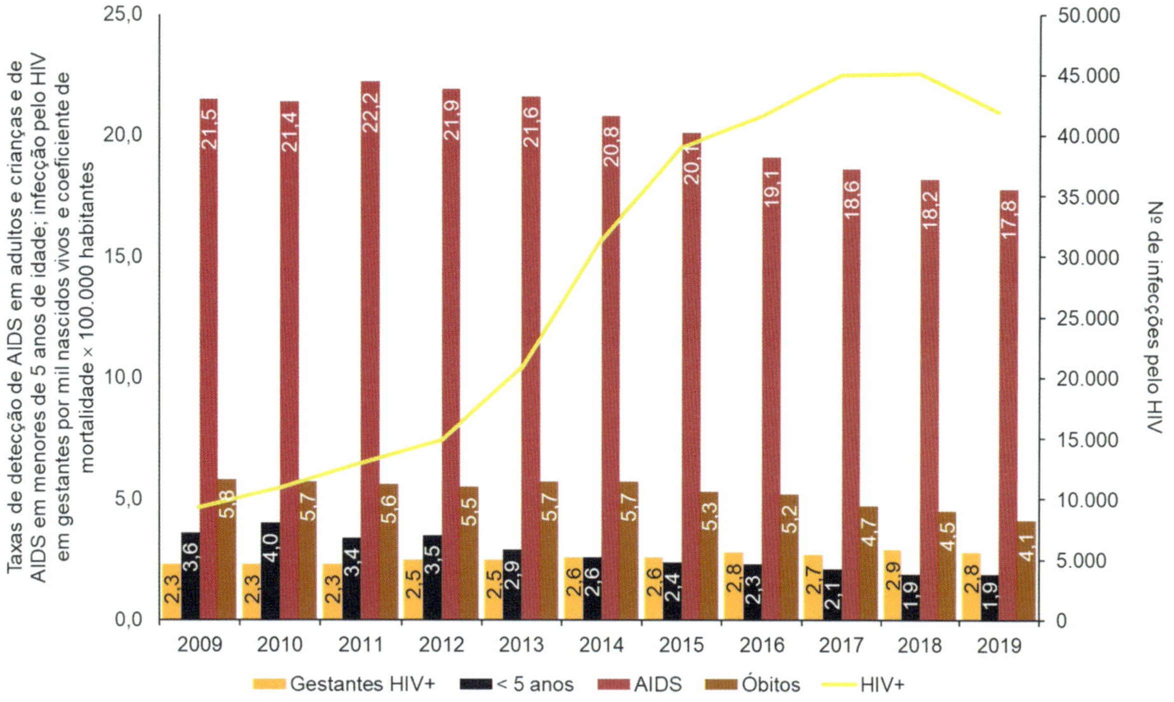


**Figura 20.13** Taxas de detecção de AIDS em adultos e crianças e de AIDS em menores de 5 anos de idade; infecção pelo HIV em gestantes, coeficiente de mortalidade por AIDS e número de infecções pelo HIV (Brasil, 2009 a 2019). Casos notificados no Sistema de Informação de Agravos de Notificação (Sinan) e Sistema de Informação de Exames Laboratoriais (Siscel)/Sistema de Controle Logístico de Medicamentos (Siclom) e no Sistema de Informações sobre Mortalidade (SIM), do MS do Brasil.

2019, verificou-se uma queda de 29,3% no coeficiente de mortalidade padronizado para o Brasil, que passou de 5,8 para 4,1 óbitos por 100.000 habitantes. No mesmo período, observou-se redução nesse coeficiente em todas as Unidades da Federação, com exceção dos estados do Acre, Pará, Amapá, Maranhão, Rio Grande do Norte e da Paraíba, que apresentaram aumento em seus coeficientes. Houve elevação nos coeficientes de mortalidade observados no Amapá e no Acre, que entre 2009 e 2019 passaram de 0,6 para 5,8 e de 1,1 para 2,2 por 100 mil habitantes, respectivamente.

No período de 2007 a junho de 2020 observou-se que a maioria dos casos de infecção pelo HIV encontrava-se na faixa de 20 a 34 anos de idade, com percentual de 52,7% dos casos.

É importante notar que a notificação compulsória da infecção pelo HIV data de 2014, o que impede uma análise epidemiológica mais rigorosa com relação às tendências da infecção no Brasil.

Segundo o MS do Brasil, embora se observe uma diminuição dos casos de AIDS em quase todo o país, principalmente nos últimos anos, cabe ressaltar que parte dessa redução pode estar relacionada à identificação de problemas de transferência de dados entre as esferas de gestão do SUS, o que pode acarretar diferença no total de casos entre as bases de dados municipal, estadual e federal de HIV/AIDS. O declínio no número de casos também pode decorrer de uma demora na notificação e alimentação das bases de dados do Sinan, devido à mobilização local dos profissionais de saúde ocasionada pela pandemia de COVID-19.

Com relação aos subtipos do HIV-1 no Brasil, os mais frequentes são B, C e F, com prevalência para o subtipo B, que também é considerado o mais prevalente em toda a América e Europa. Segundo dados do Manual Técnico para o Diagnóstico da Infecção pelo HIV, do MS do Brasil (2018), a epidemia HIV/AIDS no Brasil, considerando a distribuição e prevalência dos diferentes subtipos do HIV-1, é complexa quando comparada à de outros países da América do Sul. O subtipo B do HIV-1 é o mais prevalente no Brasil, seguido pelo subsubtipo F1 e pela forma recombinante única (URF) B/F1 nas Regiões Norte, Nordeste, Centro-Oeste e Sudeste, enquanto na Região Sul observa-se elevada prevalência do subtipo C e da forma recombinante circulante CRF31_BC. Também já foram relatados alguns casos de infecções pelos subtipos A e D, CRF02_AG e genomas-mosaico em potencial, envolvendo recombinação ou infecção dupla entre B/F1, B/C e F1/D e pelo menos cinco CRF_BF1 (28, 29, 39, 40 e 46) e o CRF31_BC. Além da diversidade intersubtipo, foram relatadas diferenças genéticas e antigênicas entre linhagens do subtipo B circulantes no Brasil, com identificação de uma variante denominada B" que é diferente do subtipo B clássico pela presença do motivo GWGR no topo da alça V3 de gp120 do envelope, no lugar de GPGR. Em algumas áreas do Brasil, a variante B" é altamente prevalente, e corresponde a 57% dos subtipos B detectados em Ribeirão Preto (SP) e 37% dos do Rio de Janeiro (RJ).

Verificou-se aumento na complexidade da composição de subtipos virais e formas recombinantes nas diferentes Regiões brasileiras. Na Região Norte, na cidade de Manaus (AM), 38,7% das amostras analisadas eram do subtipo B, seguido por elevada percentagem de recombinantes B/F (35,5%) e detecção do subtipo F (16%). Já em Belém (PA) e Macapá (AP), verificou-se predomínio do subtipo B (88,3% e 97,1%, respectivamente), seguido do subsubtipo F1 (9,3% e 2,8%, respectivamente), com detecção do subtipo D e do CRF02_AG. No Nordeste, o subtipo B é predominante (80%), seguido de recombinantes BF1 na Bahia e do subsubtipo F1 nos demais estados. Na Região Centro-Oeste, verificou-se elevada prevalência do subtipo B no Distrito Federal (96%), seguido pelo subsubtipo F1 e recombinantes BF1. Em amostras de Goiás, Mato Grosso e Mato Grosso do Sul a prevalência foi de 69,9% do subtipo B, 1,7% do F1, 1% do C e 14,5% de formas recombinantes envolvendo os subtipos B, C, D e F. Estudos apontam para um aumento na prevalência do subtipo C em mulheres dessa região. Na Região Sudeste, o subtipo B é prevalente, seguido do subsubtipo F1 e URF_BF1 (10 a 15%), além de casos isolados do subtipo C verificados no Espírito Santo, Rio de Janeiro, São Paulo e Belo Horizonte. Formas recombinantes circulantes CRF28_BF1, CRF29_BF1 e CRF46_BF já foram relatadas em São Paulo e CRF39_BF1 e CRF40_BF1 no Rio de Janeiro, além da identificação de infecções por CRF02_AG no Rio de Janeiro. Um estudo revelou aumento na detecção do subtipo C em São Paulo.

A subtipagem de amostras de HIV-1 provenientes da Região Sul evidenciou perfil diferenciado, com elevada prevalência do subtipo C, com grande proporção de infecções nos estados do Paraná (30%), Santa Catarina (49 a 64%) e Rio Grande do Sul (27 a 40%), seguido pelo subtipo B, subsubtipo F1, recombinantes BF e BC, além do CRF31_BC, descritos em Porto Alegre (RS) e Rio Grande (RS).

## Prevenção e controle

As principais estratégias para a prevenção e o controle da infecção pelo HIV, recomendadas pelas autoridades sanitárias são: esclarecimento sobre as formas de transmissão do vírus e maneiras de proteção; incentivo ao uso de preservativos, tanto masculinos quanto femininos, que são a única barreira eficiente contra o vírus; orientação quanto ao uso de agulhas e seringas descartáveis; controle do sangue e hemoderivados; adoção de cuidados na exposição ocupacional a material biológico, com os esclarecimentos sobre a utilização das normas de biossegurança; e tratamento de outras infecções sexualmente transmissíveis que podem facilitar a infecção pelo HIV. Além disso, o diagnóstico e tratamento são considerados também ferramentas importantes para controle da transmissão vertical e inibição da disseminação da infecção na população.

O desenvolvimento de uma vacina segura e eficaz contra a infecção pelo HIV permanece como a melhor maneira para controlar mais eficientemente a pandemia, apesar de ter demonstrado ser a meta mais complexa de ser atingida.

### Vacinas anti-HIV

O desenvolvimento de uma vacina segura e eficaz contra o HIV é dificultado devido à sua elevada variabilidade genética, persistência do vírus integrado ao genoma do hospedeiro, falta de conhecimento de correlações imunológicas de proteção, dificuldade na geração de anticorpos neutralizantes, falta de modelos animais relevantes, e complexidades relacionadas com a preparação e a realização de grandes ensaios clínicos. Apesar dessas questões, o racional para o desenvolvimento de uma vacina anti-HIV se baseia no fato de que a presença de uma resposta imunológica celular específica e/ou a administração de anticorpos neutralizantes parece estar associada a menor carga viral e progressão mais lenta para AIDS.

O primeiro ensaio clínico de uma vacina contra o HIV foi conduzido nos EUA na década de 1990. Desde essa tentativa, mais de 150 vacinas foram testadas, atingindo as fases I/II/III. Os ensaios refletem três modelos de vacinas distintos que objetivam induzir diferentes respostas imunológicas, como modelos visando a indução de anticorpos neutralizantes; modelos que visam a elicitação da resposta imunológica mediada por células; e modelos que combinam as duas estratégias.

Uma das primeiras estratégias testadas baseou-se no uso de vírus atenuados após a observação de que vírus mutantes no gene *nef* (no SIV) podiam controlar a biossíntese viral em macacos. Porém, a baixa segurança dessa estratégia é limitante para sua realização. Outra estratégia, utilizando vírus inativado, só foi desenvolvida após a superação do obstáculo de inativar o HIV sem perder a antigenicidade do envelope viral. A utilização de formalina seguida de inativação por calor (62°C) permitiu o desenvolvimento de uma vacina que resultou na indução de título significativo de anticorpos neutralizantes, porém com variabilidade limitada, em camundongos e chimpanzés. Diversos estudos utilizando proteínas virais recombinantes também têm sido realizados. Entretanto, as vacinas utilizando vírus inativado ou subunidades proteicas falharam na indução de resposta eficiente de células $TCD_8^+$ citotóxicas específicas contra o HIV.

Vacinas utilizando vetores recombinantes como o vírus vaccínia ou o adenovírus de seres humanos como vetores para sequências de HIV foram testadas inicialmente em chimpanzés. A administração dessas vacinas induziu o desenvolvimento não só de uma resposta anti-HIV sistêmica como também de mucosa. Apesar da geração de resposta celular em primatas e em modelos murinos, essas estratégias não têm se mostrado eficientes na indução de taxas significativas de anticorpos neutralizantes. Ainda assim, o entusiasmo pelas vacinas visando a ativação de células T levou à concepção do estudo STEP, um estudo de eficácia envolvendo 3.000 pessoas que foram imunizadas com um adenovírus não replicante (MRKAd5 HIV-1) expressando Gag/Pol/nef. Essa vacina também fracassou na prevenção da infecção e no controle de carga viral, e parte desse fracasso foi atribuído à imunidade prévia ao vetor viral. De fato, uma questão limitante para o desenvolvimento de vacinas baseadas em vetores virais é a imunidade prévia ao vetor por infecções anteriores ou pela necessidade de múltiplas doses vacinais. Assim, a combinação desta com outras estratégias tem sido um caminho avaliado por diferentes grupos de pesquisa.

As vacinas de DNA se tornaram populares em décadas anteriores por sua simplicidade, segurança e eficiente capacidade de gerar resposta celular e humoral. O uso de plasmídeos de DNA contendo sequências de proteínas do HIV-1 já foi descrito inúmeras vezes, com sucesso na estimulação do SI em modelos experimentais. Contudo, muitos estudos usando vacinas de DNA falharam no controle viral após desafio. Essa falha foi atribuída principalmente à menor disponibilidade do DNA *in vivo*. Como as vacinas de DNA são pouco imunogênicas quando usadas isoladamente e as vacinas baseadas em vetores virais são ineficientes quando usadas repetidamente (muitas doses), essas duas estratégias têm sido utilizadas de forma combinada em sistema *prime-boost* heterólogo.

Poucos estudos de vacinação anti-HIV alcançaram a fase III. Um primeiro ensaio realizado na década de 1990, e o segundo concluído em 2007 (estudo STEP) foram ambos abandonados por inconsistência de dados. Um terceiro estudo a alcançar a fase III, também conhecido como ensaio RV144, foi realizado na Tailândia e utilizava a estratégia *prime-boost* combinando dois produtos vacinais testados anteriormente, mas sem sucesso: ALVAC-HIV – Vcp1521 – vacina com vetor viral Canarypox contendo genes *Env* e *Gag*; e AIDSVAX gp120 B/E – vacina contendo duas variantes de gp120 recombinantes. Apesar de anticorpos neutralizantes não terem sido detectados, foi sugerido que a proteção parcial gerada por essa vacina pudesse estar associada à presença de anticorpos com capacidade de ligação à proteína Env, os quais estavam presentes em altas concentrações nos pacientes imunizados. Especula-se que esses anticorpos possam promover proteção por mecanismos como citotoxicidade dependente de anticorpos mediada por células *natural killer* (NK). Além disso, uma robusta resposta de células $TCD_4^+$ foi também observada, correlacionando-se à proteção parcial verificada nesse estudo. Estratégia semelhante foi utilizada em um estudo mais recente de eficácia, o chamado HVTN702, realizado na África do Sul, utilizando sequências de antígenos vacinais prevalentes na região. No entanto, nenhuma evidência de eficácia foi observada e o estudo foi interrompido em 2020.

Após o ensaio realizado na Tailândia, com eficiência parcial, estudos voltaram a ressaltar a importância de caracterizar outros poxvírus como candidatos para futuras vacinas contra HIV. Entre os poxvírus, vetores MVA (vírus Ankara modificado) já geraram alguns resultados promissores em estudos *in vitro* e em modelo utilizando símios. Além disso, estratégias de vacinação utilizando DC autólogas também têm sido avaliadas em testes pré-clínicos e como estratégia terapêutica em testes clínicos de fase I e apresentaram relativo sucesso, com diminuição da carga viral e restabelecimento imunológico em parte dos pacientes vacinados.

Muitos estudos têm buscado a caracterização estrutural de anticorpos neutralizantes. Inicialmente, anticorpos isolados de pacientes não progressores foram testados como estratégia de imunização passiva e demonstraram relativa eficiência no controle da propagação viral em modelos experimentais. Esses ensaios serviram de base para o estabelecimento de novas metodologias de análise de repertório de linfócitos B, seleção de células únicas e síntese de anticorpos neutralizantes com ampla reatividade (nAb, *broadly neutralizing antibodies*). Esses anticorpos têm sido avaliados em inúmeros testes clínicos de fase I e têm demonstrado relativa eficiência no controle da carga viral. No entanto, ainda são necessários novos estudos visando maior estabilidade desses anticorpos e sua eficiência a longo prazo.

Apesar do enorme esforço e relativo progresso dos estudos de vacinas anti-HIV, até o momento não existem vacinas terapêuticas ou profiláticas que tenham apresentado eficácia suficiente para uso clínico.

## Tratamento da infecção por HIV-1

Em 2017 foram celebrados 30 anos da descoberta da primeira droga antiviral e do desenvolvimento da TARV, um dos mais importantes marcos no tratamento de infecções virais crônicas de forma geral, e que especificamente representou uma mudança sem precedentes no paradigma da infecção pelo HIV. Esse vírus, até então considerado um patógeno viral "intratável", passou a ser considerado suscetível a um número da ordem de dezenas de substâncias químicas que atuam especificamente no bloqueio das diversas etapas da biossíntese viral (ver *Capítulo 9*).

Graças aos avanços obtidos na área da química de DNA a partir da década de 1960, vários análogos de nucleosídeos foram preparados como potenciais agentes anticâncer. Dentre esses análogos de nucleosídeos estavam: azidotimidina (AZT); 2′,3′-didesoxi-inosina (ddI); 2′,3′-didesoxicitidina (ddC) e 2′, 3′-didesidro-2′,3′-didesoxitimidina (d4T). O primeiro medicamento liberado pela Food and Drug Administration (FDA), agência reguladora dos EUA, responsável pelo controle e licenciamento de alimentos, medicamentos e imunobiológicos, foi a azidotimidina ou AZT (Retrovir®, zidovudina), em 1987. O AZT é um análogo do desoxinucleosídeo timidina e pertence à classe dos inibidores nucleosídicos da transcriptase reversa (INTR). O mecanismo de ação dessa classe de medicamentos está apresentado no *Capítulo 9*.

Os primeiros medicamentos foram aprovados pela FDA somente para administração em esquema monoterápico e logo se observou que a supressão da propagação viral não era duradoura, levando ao curso fatal da infecção meses após o início da administração da terapia. Conforme as técnicas laboratoriais para obtenção de estoques virais e os testes de suscetibilidade do HIV-1 às drogas se tornaram mais sensíveis, pôde-se observar que nos esquemas monoterápicos a seleção de vírus resistentes à droga utilizada acontecia rapidamente. Além disso, a toxicidade elevada dos medicamentos, principalmente do ddI e ddC, obrigava ao início do tratamento nos pacientes infectados somente em fase tardia da AIDS, a fim de diminuir as consequências dos efeitos colaterais acumulativos desses medicamentos.

Posteriormente, uma nova classe de inibidores foi aprovada para uso em pacientes com quadro de AIDS: inibidores não nucleosídicos da TR (INNTR) e inibidores da PR (IP) viral. Nesse momento, já estavam disponíveis para utilização os INTR (AZT, 3TC, ddI, ddC e d4T) e, assim, ensaios clínicos com os INNTR e IP foram iniciados em um esquema de terapia dupla ou tripla em associação a alguns dos INTR em uso. Acredita-se que esse tenha sido o começo que definiu o arcabouço teórico da utilização do coquetel de medicamentos que a partir de então se tornou a única forma de tratamento da infecção pelo HIV.

Devido à baixa eficácia da mono e dupla terapia com os medicamentos disponíveis, que levava à supressão transitória da propagação viral, e ao fato de que o aumento da carga viral que indicava falha terapêutica estava na maior parte dos casos relacionado com a seleção de vírus resistentes ao medicamento em uso, considerou-se que a única possibilidade para tratar os indivíduos com AIDS seria a combinação de três diferentes drogas.

Inicialmente foi realizada a combinação de dois INTR e um IP, o que foi denominado de terapia antirretroviral altamente eficaz ou HAART (*highly active antiretroviral therapy*). Logo de início os benefícios da HAART já foram observados. A utilização da combinação de três medicamentos levava à queda da carga viral cerca de cinco vezes mais significativa que a utilização de um esquema de mono ou dupla terapia. Além disso, a supressão da carga viral se sustentava por um período de tempo que em média era 10 vezes maior do que o obtido com a monoterapia.

Mesmo assim, devido à complexidade do esquema terapêutico, com a necessidade de ingestão de várias doses diárias e separadas de cada medicamento, e devido ao efeito tóxico acumulativo dos mesmos, muitos indivíduos não conseguiam aderir à terapia; assim, a HAART era somente administrada o quão mais tardia houvesse a possibilidade. O emprego da HAART não é capaz de erradicar a infecção pelo HIV, mas diminui sua morbidade e mortalidade, melhorando a qualidade e a expectativa de vida das PVHIV/AIDS. Definir o melhor momento para o início do tratamento é uma das decisões mais importantes no acompanhamento clínico, devendo ser considerados os riscos associados à infecção não tratada frente aos da exposição prolongada aos medicamentos. Além do impacto clínico favorável, o início mais precoce da TARV tem se revelado importante instrumento na redução da transmissão do HIV. Todavia, deve-se considerar a importância da adesão e o risco de efeitos adversos por longo prazo.

O objetivo principal da TARV é suprimir a propagação viral de forma eficaz e sustentada, de modo que ocorram o decréscimo da carga viral a níveis indetectáveis e a reconstituição imunológica, com a elevação do número de linfócitos $TCD_4^+$ e restabelecimento de suas funções fisiológicas.

A melhoria desses parâmetros leva à melhoria das condições de vida do indivíduo infectado, à diminuição das taxas de mortalidade e morbidade da doença, e ao prolongamento de sua expectativa de vida. Além disso, já foi verificado que a implantação da TARV tem impacto positivo na redução das taxas de transmissão do HIV e na ocorrência e circulação de patógenos oportunistas.

O sucesso da TARV é acompanhado pela quantificação da carga viral plasmática em intervalos de tempo regulares e está relacionado com a diminuição sustentada da carga viral para pelo menos 500 cópias de RNA/$mm^3$ de plasma, acompanhada da restituição dos níveis de linfócitos $TCD_4^+$ circulantes para níveis maiores que 350 linfócitos $TCD_4^+/mm^3$ de sangue.

Um arsenal terapêutico está disponível para o tratamento das infecções pelo HIV (ver *Capítulo 9*). Diversas classes de diferentes inibidores, que atuam contra alvos virais específicos durante a biossíntese do HIV, podem ser combinadas de diversas maneiras no intuito de interromper a propagação viral no indivíduo infectado.

## Resistência do HIV aos ARV

Durante a terapia com os antirretrovirais são selecionados vírus resistentes a cada um dos INTR ou a um conjunto deles, no que é denominado resistência cruzada. Por exemplo, a mutação de metionina para valina na posição 184 (M184V) da TR confere alto nível de resistência à lamivudina (3TC), e a mesma em conjunto com outras mutações confere diferentes níveis de resistência a outros INTR.

Existe uma série de mutações denominadas "mutações de resistência aos análogos de timidina" (TAM, *timidine analogs associated mutations*), que são mutações que conferem alto grau de resistência aos análogos de timidina e variados graus de resistência aos demais INTR. A presença conjunta de TAM e M184V aumenta a sensibilidade da TR a zidovudina, estavudina e tenofovir, mas diminui a sensibilidade ao abacavir.

As mutações selecionadas que conferem resistência da TR aos INTR estão relacionadas com dois mecanismos de resistência: mecanismo de exclusão e mecanismo de excisão. No mecanismo de exclusão, o mais comum entre os dois, a TR se torna mais seletiva ao substrato, e dessa forma, conforme o exemplo da mutação M184V, na presença da mutação à TR ocorre diminuição da incorporação do 3TC, aumentando a preferência da enzima pela citidina. Isto acontece porque a mutação causa uma mudança estrutural na TR, o que acarreta impedimento estérico da ligação do INTR e não do substrato natural.

No mecanismo de excisão, mecanismo este relacionado com as TAM, após a incorporação do análogo na cadeia nascente de DNA, ocorre sua remoção específica por uma reação de pirofosforólise. A TR contendo as TAM, ao incorporar o INTR, catalisa uma reação de quebra do último fosfato da cadeia, rompendo assim a ligação fosfodiéster entre o INTR e a cadeia de DNA, substituindo o inibidor pelo desoxinucleotídeo natural. Sugere-se que as TAM reduzam a taxa de incorporação de erros da TR. No entanto, esse tipo de mutação também está associado à menor capacidade replicativa dos vírus, significando que deva existir um limiar de erro favorável à biossíntese viral.

Uma vantagem dos INNTR em relação aos INTR é o fato de que não necessitam da etapa de ativação intracelular (fosforilação), no entanto a barreira genética para a seleção dos vírus resistentes é baixa. Em virtude de os INNTR apresentarem praticamente o mesmo modo de ligação à TR, mutações que levam à resistência a fármacos dessa classe, como a substituição da tirosina por cisteína na posição 181, inviabilizam a terapia com outros INNTR, devido à resistência cruzada.

Os inibidores da IN apresentam uma grande vantagem que é sua especificidade, uma vez que não existem na célula hospedeira enzimas similares a essa enzima viral. No entanto, assim como para os INNTR, a barreira genética para a seleção de vírus resistentes é baixa.

Os inibidores da protease (IP) inibem a atividade da PR ligando-se ao seu centro catalítico e impedindo sua interação com os sítios de clivagem nas poliproteínas virais, interferindo, assim, na maturação viral. Os primeiros IP desenvolvidos, como saquinavir e indinavir, priorizavam interações hidrofóbicas com os átomos do centro catalítico. Essa estratégia, apesar de eficiente a princípio, não resiste ao surgimento de mutações de resistência que a PR rapidamente desenvolveu. Dessa maneira, buscaram-se fármacos que interagissem hidrofilicamente com átomos de resíduos de aminoácidos conservados da protease, e que possuíssem grupos hidrofóbicos menores que pudessem se adaptar para interagir com as regiões mutáveis da PR, como aconteceu com o darunavir. Como esses resíduos de aminoácidos se encontram na cadeia conservada principal da PR, a seleção de mutações de resistência é dificultada, e os fármacos são eficientes na inibição de PR selvagens ou com perfil de resistência.

A resistência viral aos IP está relacionada com a seleção de dois tipos de mutações na enzima. Mutações denominadas primárias são aquelas que ocorrem no sítio catalítico da enzima e bloqueiam diretamente o reconhecimento do IP pela PR. Essas mutações, apesar de ainda possibilitarem o reconhecimento do sítio de processamento natural presente nas poliproteínas Gag e Gag-Pol, têm um impacto deletério na atividade enzimática, e vírus com essas mutações primárias, que sozinhas já conferem alto grau de resistência aos IP, são selecionados em conjunto com as denominadas mutações secundárias. Mutações secundárias são aquelas que ocorrem em regiões fora do sítio catalítico da enzima e sozinhas conferem baixo ou nenhum nível de resistência aos IP. No entanto, são mutações compensatórias, que promovem "ajustes" na estrutura da enzima contendo as mutações primárias, tornando a enzima mais funcional. Em geral, existe um alto grau de resistência cruzada entre os inibidores da PR de primeira geração. No entanto, os novos IP são ativos tanto contra a PR selvagem quanto as PR com múltiplas mutações de resistência.

## Fase atual da TARV

Os medicamentos antirretrovirais não levam à cura e sim ao controle da infecção pelo HIV. Dessa forma, uma vez iniciada a TARV, ela continuará pelo resto da vida do indivíduo. Esse fato representa um desafio para o sucesso terapêutico, uma vez que o efeito acumulativo da medicação antirretroviral está associado ao desenvolvimento de uma série de problemas cardíacos, renais, metabólicos etc.

Outro fator importante que deve ser levado em consideração é a não acessibilidade de alguns tecidos ou órgãos humanos, tais como o SNC e a medula óssea, à medicação. Esses locais são chamados de "repositórios" de biossíntese viral e a não supressão da carga viral pode contribuir para o aparecimento constante de vírus na circulação, mesmo na presença de um esquema terapêutico bem-sucedido.

A terapia de primeira linha ou de primeira escolha, na maioria dos casos, é realizada a partir da combinação de medicamentos que levem à supressão ótima da biossíntese viral e tenham a melhor possibilidade de adesão, ou seja, maior aceitação por parte do indivíduo, e os menores efeitos tóxicos acumulativos possíveis. A recomendação internacional, também utilizada no Brasil, anteriormente a 2018 era que três antirretrovirais combinados fossem utilizados, sendo dois medicamentos da classe de inibidores análogos nucleosídicos da transcriptase reversa (INTR), de preferência 1 com base purínica e outro com base pirimidínica, ou 1 INTR associado a 1 inibidor nucleotídico da transcriptase reversa (INtTR), mais 1 inibidor não análogo nucleosídico da transcriptase reversa (INNTR), ou 1 inibidor da protease associado ao ritonavir (IP/r). A partir de 2018, no Brasil, o esquema inicial preferencial deve ser a associação de dois INTR/INtTR – lamivudina (3TC) e tenofovir (TDF) com o inibidor de IN dolutegravir (DTG). O dolutegravir apresenta maior eficácia em suprimir a carga viral como primeira linha terapêutica e a menor incidência de efeitos colaterais quando comparado aos INNTR e IP/r.

Em geral, a utilização das classes de medicamentos inibidores de entrada e inibidores de fusão é realizada nas chamadas terapias de resgate, nos casos em que os pacientes já apresentaram falhas múltiplas aos diversos INTR, INNTR, inibidores da integrase (IIN) e IP. Esses medicamentos não são utilizados comumente nos esquemas terapêuticos iniciais em virtude principalmente do que é descrito como baixa barreira genética à seleção de vírus resistentes. Ou seja, o acúmulo de um número reduzido de mutações favorece a seleção de vírus resistentes em pouco tempo de utilização do medicamento.

Apesar da eficácia da TARV em suprimir a biossíntese viral, essa terapia não é eficaz na eliminação das células dos reservatórios virais que possuem o provírus em latência, justamente porque os medicamentos disponíveis são eficazes contra a infecção viral ativa. Sendo assim, e baseando-se somente no emprego da TARV, a cura da infecção pelo HIV ainda representa um grande desafio.

Dois dos grandes avanços da TARV que contribuíram significativamente para adesão dos indivíduos ao tratamento foram a combinação de mais de um inibidor em uma única formulação; o aumento da eficácia dos inibidores, possibilitando a diminuição da quantidade de doses de cada medicamento a serem tomadas ao longo do dia. Várias combinações de inibidores estão disponíveis para o tratamento com ARV (ver *Capítulo 9*).

De fato, atualmente, considera-se que um paciente em tratamento e em acompanhamento chegue a níveis indetectáveis de carga viral plasmática em 6 meses. Se esse indivíduo mantiver a carga indetectável por mais 6 meses e, naturalmente, se continuar em acompanhamento, ele virtualmente não apresenta risco de transmissão sexual. É imprescindível, no entanto, que seu acompanhamento e tratamento sejam constantes, para evitar retorno da carga viral.

Além do tratamento convencional, duas estratégias de prevenção contra a infecção estão disponíveis – a PreP e a PeP (ver *Capítulo 9*). A PreP (*pre-exposure prophylaxis*; profilaxia pré-exposição), consiste no uso diário de uma combinação de antirretrovirais (tenofovir e entricitrabina), por indivíduos comprovadamente não infectados, mas em risco de contrair a infecção. Quando feita de maneira regular, reduz em cerca de 90% o risco de transmissão, mas seu efeito só tem início após 7 ou 20 dias de tratamento para relação anal ou vaginal, respectivamente.

Já a PeP é a profilaxia pós-exposição, que também consiste na administração oral de antirretrovirais com o objetivo de bloquear o estabelecimento da infecção no individuo já exposto. Para tal, a PeP deve ser iniciada, preferencialmente até 2 horas pós-exposição até o período máximo de 72 h, e deve ser continuada por 28 dias ininterruptamente.

É importante lembrar que nem a PreP nem a PeP previnem a infecção por qualquer outra IST e o uso de preservativo deve ser sempre indicado.

## Era pós-HAART, cura e cura funcional

Em 2008, o mundo foi surpreendido pela publicação de um possível caso de cura da infecção por HIV: o caso do "paciente de Berlim". Esse paciente, que havia sido diagnosticado com HIV em 1995, desenvolveu leucemia mieloide aguda 12 anos após o primeiro diagnóstico e foi submetido a transplante de medula óssea a partir de doador compatível e que, além disso, possuía a deleção de 32 pb no correceptor CCR5, em homozigose. Após o transplante, a TARV foi descontinuada e até a data de sua morte, motivada pela leucemia, em setembro de 2020, não havia indícios laboratoriais da presença do HIV nesse paciente, sendo ele considerado o primeiro caso de cura.

Vale lembrar que para realização do transplante o paciente seguiu o protocolo regular para esse procedimento que inclui a depleção de suas células hematopoiéticas após sessões de quimio- e radioterapia. Esse fato acompanhado da resistência das células do doador à infecção por apresentarem o polimorfismo Δ32 no gene CCR5, contribuíram para a eliminação viral.

Posteriormente, um novo caso de suposta cura da infecção foi relatado a partir de um procedimento semelhante ao do paciente de Berlim. Esse foi chamado o caso do "paciente de Londres". Esse paciente foi diagnosticado com HIV em 2005 e, em 2012, recebeu diagnóstico de linfoma de Hodgkin. Assim como o paciente de Berlim, ele estava em terapia antirretroviral e também apresentava níveis indetectáveis de vírus circulante. Em 2016, o paciente recebeu transplante de medula óssea também utilizando um doador CCR5-delta-32. Em 2017, o paciente interrompeu o TARV e, desde então, não foi detectado HIV no seu organismo. Apesar do sucesso desses dois casos e do avanço científico que esse conhecimento proporcionou, alguns pontos importantes devem ser lembrados. O transplante de medula óssea é por si só, um procedimento de risco, recomendado apenas para aqueles indivíduos com leucemia/linfoma e que não representa uma estratégia terapêutica à infecção pelo HIV individualmente. Em segundo lugar, em ambos os casos os doadores apresentavam homozigose para o gene CCR5-delta-32, que está presente em apenas 1% da população mundial. Ou seja, a chance de um indivíduo encontrar um doador compatível que seja CCR5-delta-32 é muito baixa. Além disso, existe um relato de transplante nessas mesmas condições que não apresentou o mesmo sucesso. Nesse caso, o paciente apresentou altos níveis de vírus circulantes pouco tempo após a interrupção de tratamento e foi detectada a presença de vírus com tropismo para o correceptor CXCR4, o que deve ter levado ao insucesso do procedimento. Ainda, outros centros avaliaram a possibilidade de interrupção de TARV após transplante de medulas com doadores que expressassem CCR5 normalmente, mas a carga viral nesses indivíduos voltou a aumentar em diferentes períodos de tempo após o tratamento.

Outras estratégias estão sendo investigadas visando a cura esterilizante (eliminação do vírus no hospedeiro) ou, pelo menos, a cura funcional de PVHIV. A cura funcional se caracteriza por manutenção da carga viral indetectável na ausência de TARV, apesar de manutenção do vírus em reservatórios no organismo. Uma das estratégias que vem sendo testada é a utilização de fármacos que ativem os reservatórios, a fim de levarem a uma infecção produtiva dessas células a ponto de eliminá-las. A esses fármacos se associa a TARV para impedir que os vírus produzidos pelas células dos reservatórios estabeleçam novas infecções, assim eliminando o HIV do organismo infectado. Essa estratégia é a chamada *shock and kill*, mas ainda não gerou resultados a longo prazo em pacientes. Por outro lado, outros grupos médico-científicos buscam estratégias que permitam a manutenção do vírus em reservatórios, mas não a propagação viral produtiva, visando a recuperação imunológica, prolongamento da vida do indivíduo infectado e inibição da transmissão para outros hospedeiros. Tal como as anteriores, essa estratégia ainda é experimental e não há resultados clínicos a longo prazo.

Todos esses achados indicam que, embora nenhum método terapêutico leve à cura esterilizante da infecção por HIV, o conjunto de uma série de estratégias pode ser tomado para aumento do tempo de vida e melhoria da qualidade de vida dos pacientes, e inibição da disseminação da infecção em uma dada população. Assim, em 2015 a OMS estabeleceu a meta chamada 90-90-90 que preconizava a redução significativa ou até o bloqueio do avanço da epidemia de AIDS após 10 anos de atingidas as seguintes metas: atingir a marca de 90% de indivíduos com diagnóstico conhecido; que 90% desses indivíduos estivessem em tratamento com ARV; e que 90% desses últimos apresentassem controle da carga viral. Em 2019, 81% (68 a 95%) das PVHIV sabiam da sua condição e dessas, 82% tinham acesso ao tratamento; das pessoas que tinham acesso ao tratamento, 88% (71 a 100%) tinham carga viral indetectável. Ou seja, diagnóstico, tratamento e acompanhamento de pacientes são, definitivamente, a principal ferramenta para o controle da pandemia.

# Capítulo 21

# Viroses Oncogênicas

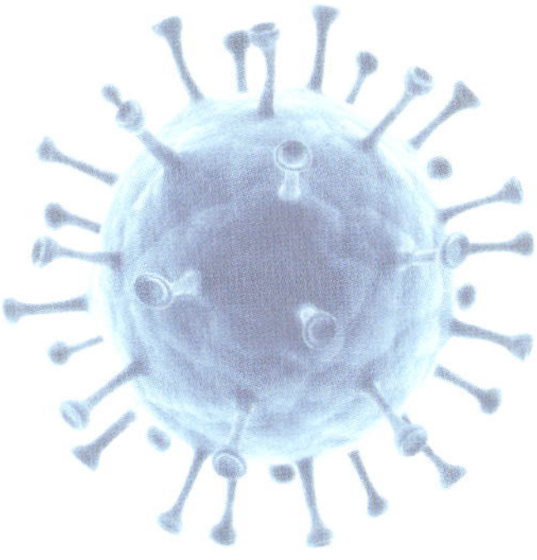

Maria Teresa Villela Romanos • Gabriella da Silva Mendes

## Introdução

A primeira evidência de que alguns cânceres poderiam ter etiologia viral surgiu em 1908, quando Ellerman e Bang demonstraram que a leucemia de galinhas podia ser transmitida a outras aves da mesma espécie, por inoculação de filtrados de células tumorais. Em 1911, Rous constatou que o sarcoma de galinhas também era transmitido da mesma forma, descoberta que lhe rendeu o Prêmio Nobel, em 1966. Vinte e cinco anos depois das observações de Rous, Bittner mostrou que o carcinoma mamário de camundongos era induzido por um vírus transmitido da mãe para a progênie pelo leite. Em seguida, Gross e Friend identificaram dois vírus relacionados com a leucemia de camundongos.

No decorrer das pesquisas, outros agentes semelhantes foram identificados em uma variedade de animais e, normalmente, associados a vários tipos de leucemias ou sarcomas. Ao mesmo tempo, outras descobertas foram feitas não envolvendo vírus diretamente. Foi demonstrado que a radiação ionizante e vários produtos químicos eram oncogênicos, sugerindo que o câncer deveria ser causado, pelo menos em parte, por mutação no material genético celular, fato comprovado por Avery e colaboradores, em 1944.

Em 1953, Watson, Crick e Wilkins demonstraram a estrutura do ácido desoxirribonucleico (DNA) e a forma pela qual a informação genética é codificada. Mais tarde, Vogt e Dulbecco mostraram que células normais poderiam ser transformadas em células cancerosas se fossem expostas a um determinado vírus. Nas duas décadas seguintes, muitos vírus (quase todos com genoma de DNA) foram associados à malignidade em culturas de células e em animais. Em 1970, Baltimore e colaboradores descobriram a enzima transcriptase reversa (designada dessa forma porque subverte a direção usual da transferência de informação de DNA → RNA para RNA → DNA). No mesmo período, Todaro e colaboradores formularam a teoria do oncogene (gene que induz oncogênese), a qual foi comprovada experimentalmente por Stehelin e colaboradores.

Aproximadamente 15% dos cânceres que acometem seres humanos foram associados a etiologia viral; no entanto, é importante esclarecer que somente a infecção viral não é suficiente para induzir malignidade. A infecção viral é um dos muitos fatores envolvidos no processo de oncogênese.

Vírus oncogênicos são vírus que participam do processo de transformação celular. Esses vírus estabelecem uma associação com a célula infectada que, em vez de destruí-la, cria condições para manter sua biossíntese.

Diversos vírus são oncogênicos para animais e seres humanos. No Quadro 21.1 são citados os principais vírus que estão associados ao processo de oncogênese em seres humanos.

## Vírus linfotrópicos para células T de humanos e vírus do papiloma de humanos

Maria Teresa Villela Romanos

### Vírus linfotrópicos para células T de humanos

#### *Histórico*

Quatro tipos distintos de vírus linfotrópicos para células T de humanos (HTLV, *human T-cell lymphotropic virus*) já foram descritos até o momento. O HTLV-1 foi identificado no início da década de 1980 em uma linhagem de células T (HUT 102) estabelecida de um paciente com linfoma cutâneo. Em 1986, a infecção pelo HTLV-1 foi associada a um tipo de mielopatia progressiva denominada paraparesia espástica tropical (PET) e também a uma doença neurológica diagnosticada em japoneses, designada de mielopatia associada ao HTLV-1 (MAH). Mais tarde, ambas foram classificadas como sendo a mesma doença e, desde então, essa síndrome é denominada PET/MAH. Em 1982, um segundo retrovírus, HTLV-2, foi isolado de outra linhagem de células T derivadas do baço de um paciente com uma forma rara de leucemia apresentando células pilosas. Em 2005, dois novos HTLV altamente divergentes, designados de HTLV-3 e HTLV-4, foram identificados, na República dos Camarões, em indivíduos que tiveram contato com primatas não humanos. Os HTLV-1, HTLV-2 e HTLV-3 são geneticamente semelhantes aos vírus linfotrópicos para células T de símios 1, 2 e 3 (*simian-T-lymphotropic virus* [STLV]-1, -2 e -3), respectivamente, enquanto o HTLV-4 é o único membro do grupo dos deltarretrovírus que não tem um STLV correspondente. Há um número limitado de indivíduos infectados pelo HTLV-3 e -4, dessa forma, sua biologia e associação a doenças ainda é desconhecida.

#### *Classificação e características*

Os HTLV estão classificados na família *Retroviridae*, subfamília *Orthoreovirinae*, gênero *Deltaretrovirus*. Até o momento o Comitê Internacional para Taxonomia de Vírus (ICTV, *International Committee on Taxonomy of Viruses*, MSL #35) já oficializou três espécies, *Primate T-lymphotropic virus 1* (HTLV-1), *Primate*

**Quadro 21.1** Principais vírus associados à oncogênese em seres humanos.

| Família | Vírus | Tipo de câncer |
|---|---|---|
| *Retroviridae* | Vírus linfotrópico para células T de humanos 1 (HTLV-1) | Leucemia de células T do adulto |
| | Vírus linfotrópico para células T de humanos 2 (HTLV-2) | Leucemia de células T pilosas |
| *Herpesviridae* | Herpesvírus de humanos 4 (HHV-4 ou vírus Epstein-Barr [EBV]) | Carcinoma de nasofaringe, linfoma de Burkitt, linfoma de Hodgkin, linfoma não Hodgkin associado à síndrome da imunodeficiência adquirida, linfoma difuso de grandes células B |
| | Herpesvírus de humanos 8 (HHV-8 ou herpesvírus associado ao sarcoma de Kaposi [HVSK]) | Sarcoma de Kaposi, linfoma de efusão primário ou de cavidade de corpo, doença multicêntrica de Castleman |
| *Papilomaviridae* | Vírus do papiloma de humanos (HPV) | Carcinoma do trato anogenital, carcinoma de orofaringe, câncer de pele em pacientes com epidermodisplasia verruciforme |
| *Polyomaviridae* | Poliomavírus de humanos 5 (HPyV5) ou poliomavírus de células de Merkel (MCPyV) | Carcinoma de células de Merkel |
| *Hepadnaviridae* | Vírus da hepatite B (HBV) | Hepatocarcinoma |
| *Flaviviridae* | Vírus da hepatite C (HCV) | Hepatocarcinoma |

*T-lymphotropic virus 2* (HTLV-2) e *Primate T-lymphotropic virus 3* (HTLV-3). A espécie *Primate T-lymphotropic virus 4* (HTLV-4) ainda aguarda aprovação. Três subtipos principais de HTLV-1 foram identificados: Cosmopolita, de distribuição mundial; Melanésia, encontrado em Papua-Nova Guiné, Melanésia e em aborígines da Austrália; e Zaire, encontrado na África. O subtipo Cosmopolita está subdividido em: *A* ou Transcontinental, distribuído no mundo inteiro; *B* ou Japonês, prevalecendo principalmente no Japão; *C*, encontrado no oeste da África e Caribe; e *D*, descoberto no norte da África.

Quanto ao HTLV-2, atualmente são descritos quatro subtipos: HTLV-2a, também conhecido como HTLV-2 Mo, predominante entre usuários de drogas injetáveis na América do Norte; HTLV-2b ou HTLV-2 NRA, prevalente entre grupos indígenas do Panamá, da Colômbia, Argentina e América do Norte; HTLV-2c, encontrado predominantemente no Brasil; e HTLV-2d, encontrado na África Central. Não foram descritos subtipos para os HTLV-3 e HTLV-4 até o momento.

A partícula viral possui 100 a 140 nm de diâmetro, com um capsídeo medindo 80 a 100 nm. Esse capsídeo associado a proteínas forma o nucleocapsídeo que contém no seu interior duas cópias de RNA de fita simples, com polaridade positiva (RNAfs+), associadas a uma molécula de RNA transportador (RNAt) que serve como iniciador para a síntese de DNA. Além disso, o capsídeo contém também as enzimas transcriptase reversa (TR), integrase (IN) e protease (PR). O genoma está envolto pela proteína associada ao nucleocapsídeo (NC/p15), proteína do capsídeo (CA/p24) e proteína matriz (MA/p19). A partícula viral possui envelope de natureza glicolipoproteica oriundo da célula infectada, onde estão inseridas espículas, que são heterodímeros formados pelas glicoproteínas gp46 (SU, superfície) e gp21 (TM, transmembrana) (Figura 21.1).

Os HTLV são retrovírus complexos que expressam genes regulatórios e acessórios, além dos genes estruturais e enzimas comuns a todos os retrovírus. Os genomas provirais dos HTLV-1 e HTLV-2 têm aproximadamente 9 quilobases (kb) e apresentam terminais repetidos longos de 5′ e 3′ (LTR, *long terminal repeats*), as quais são repetições diretas geradas durante o processo de transcrição reversa. As terminações 5′ de ambos os genomas codificam os produtos gênicos estruturais e as enzimas. Os genes regulatórios e acessórios são expressos da região denominada pX do genoma que está localizada no terminal 3′ do gene estrutural *Env*. Os genomas provirais de HTLV-1 e HTLV-2 estão representados na Figura 21.2.

A capacidade de codificação dos genomas dos HTLV é significativamente potencializada por várias estratégias de expressão gênica que incluem *frameshifting* ribossomal, gerando a poliproteína Gag-Pol, e *splicing* alternativo, produzindo RNA mensageiros (RNAm) distintos que codificam para a proteína precursora Env e proteínas não estruturais codificadas na região X.

A região *Gag*, depois de transcrita, é traduzida em uma poliproteína precursora e, subsequentemente, é clivada por uma protease viral, dando origem à proteína matriz, à proteína do capsídeo e à proteína associada ao nucleocapsídeo.

As enzimas virais, PR, TR e IN, são codificadas pela região que compreende parte da extremidade 3′ da região *Gag* e parte da extremidade 5′ da região *Pol*, gerando o precursor Gag-Pol. A protease sofre autoativação e autoclivagem, gerando a molécula ativa, responsável pelo processamento dos produtos dos genes *Gag* e *Gag-Pol*.

O gene *Env* é traduzido em um precursor de 61 a 69 quilodaltons (kDa). Esse precursor é sintetizado nos polirribossomas associados ao retículo endoplasmático rugoso (RER), onde permanece ancorado, iniciando a reação de adição de cadeias laterais de carboidratos. As modificações nos carboidratos e a clivagem da poliproteína precursora, dando origem às glicoproteínas de superfície, gp46 e às glicoproteínas transmembrana, denominadas gp21, ocorrem no complexo de Golgi.

Após a integração do genoma proviral, vários transcritos diferentes são produzidos. A região pX contém quatro ou cinco sequências de leitura aberta (ORF, *open reading frames*) designadas de X-I a X-V. As ORF X-III e X-IV codificam as proteínas rex e tax a partir de *splicing* duplo de um RNAm bicistrônico. Tax (proteína p40 para o HTLV-1 e p37 para o HTLV-2) é uma

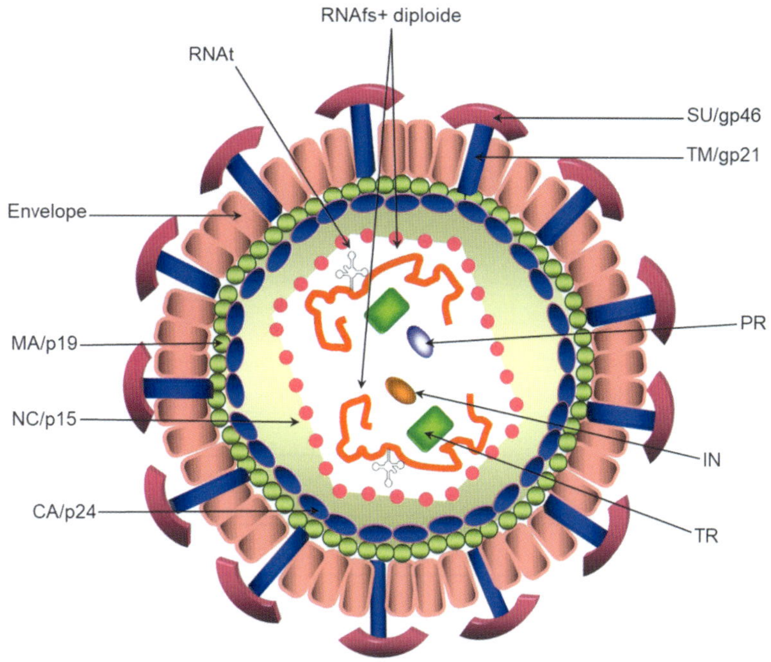


**Figura 21.1** Representação esquemática da estrutura e composição da partícula do HTLV-1. A partícula viral com 100 a 140 nm de diâmetro apresenta envelope glicolipoproteico onde estão inseridos heterodímeros formados pelas glicoproteínas de superfície (SU/gp46) e transmembrana (TM/gp21). O capsídeo contém no seu interior duas cópias de RNA de fita simples com polaridade positiva (RNAfs+), associadas a uma molécula de RNA transportador (RNAt) e as enzimas transcriptase reversa (TR), integrase (IN) e protease (PR). O genoma está envolto pela proteína associada ao nucleocapsídeo (NC/p15), proteína do capsídeo (CA/p24) e proteína matriz (MA/p19).

fosfoproteína que serve como transativadora da transcrição viral; rex (proteína p27 para o HTLV-1 e p26 para o HTLV-2) também é uma fosfoproteína e atua como um regulador pós-transcricional. A proteína viral rex garante a exportação dos RNAm virais não editados (*unspliced*). O RNAm viral sem edição serve como genoma dos futuros vírions e também como fonte das proteínas codificadas pelos genes *Gag*, *PR* e *Pol*. Diversos RNAm editados (*spliced*) também são expressos para gerar Env, proteínas regulatórias e acessórias. A região pX codifica para proteínas acessórias: $p21^{rex}$, p12 e p13 (HTLV-1), que são transcritas a partir de *splicing* de um RNAm, que são isoformas truncadas de rex (t-rex); p28 (HTLV-2), p30 (HTLV-1), p10 (HTLV-2) e p11 (HTLV-2) produzidas por *splicing* duplo de um RNAm.

A p12 é uma proteína ligada à membrana que está localizada no RER e complexo de Golgi. Essa proteína parece apresentar função na infecção das células dendríticas. A p12 reduz a expressão de moléculas de adesão intercelular 1 e 2 (ICAM-1e ICAM-2, *intercellular adhesion molecule*) na superfície das células infectadas, o que impede a morte mediada por células *natural killer* (NK), enquanto a p13 tem sido associada ao aumento da produção de espécies reativas de oxigênio (ROS; *reactive oxygen species*) e apoptose.

A p28 e a p30 têm função de reter o RNAm tax/rex no núcleo resultando na inibição da produção viral. A p30 possui várias outras funções relatadas que não foram documentadas para a p28. Essas funções incluem modulação do reconhecimento de danos ao DNA e regulação negativa do receptor tipo *toll* 4 (TLR4, *toll-like receptor 4*).

A maioria das proteínas regulatórias e acessórias dos dois vírus possui homologia estrutural e funcional, exceto p13 e p8 (produzida por clivagem proteolítica da região carboxiterminal de p12), que são exclusivas para HTLV-1, e p11, que é exclusiva para HTLV-2. A expressão de p13 tem sido associada ao aumento da produção de ROS e apoptose e a p8 medeia a transmissão do HTLV-1 por meio da ativação do antígeno-1 associado à função linfocitária (LFA-1, *lymphocyte function-associated antigen 1*), que promove o contato célula-célula, aumentando o potencial de transmissão viral. A p11 se liga ao complexo principal de histocompatibilidade de classe I (MHC I, *major histocompatibilty complex class I*), modulando a resposta imunológica.

Já foi demonstrado que a p10 do HTLV-2 se liga ao MHC I, mas até o momento nenhuma outra função foi identificada.

O HTLV-1 e o HTLV-2 codificam um gene antissenso a partir de promotores na região 3′ LTR denominados HBZ (fator zíper básico de leucina [bZIP] do HTLV-1 [*HTLV-1 basic leucine ziper* (*bZIP*) *factor*]) e APH-2 (proteína antissenso do HTLV-2 [*antisense protein of HTLV-2*]), respectivamente. O HTLV-1 produz dois transcritos complementares principais, o sHBZ (*spliced* HBZ) e o usHBZ (*unspliced* HBZ), os quais são traduzidos em proteínas que diferem entre si em sete aminoácidos na região aminoterminal. A fita negativa do HTLV-2 produz apenas um transcrito *spliced* que codifica para a proteína APH-2. HBZ possui três domínios funcionais: domínio de transativação N-terminal, domínio modulador central e domínio bZIP C-terminal. APH-2 também possui um domínio modulador central, mas não possui um domínio de transativação do terminal N e possui um terminal C não convencional.

A proteína HBZ reprime a transcrição proviral mediada por tax através da formação de heterodímeros com CREB (proteína de ligação de elemento de resposta à AMP cíclica [*cAMP response element-binding protein*]), CREB-2, CREM (modulador de elemento responsivo à AMP cíclica [*cAMP responsive element modulator*]) e ATF-1 (fator de transcrição dependente de AMP cíclica [*cAMP-dependent transcription factor-1*]). Essa formação

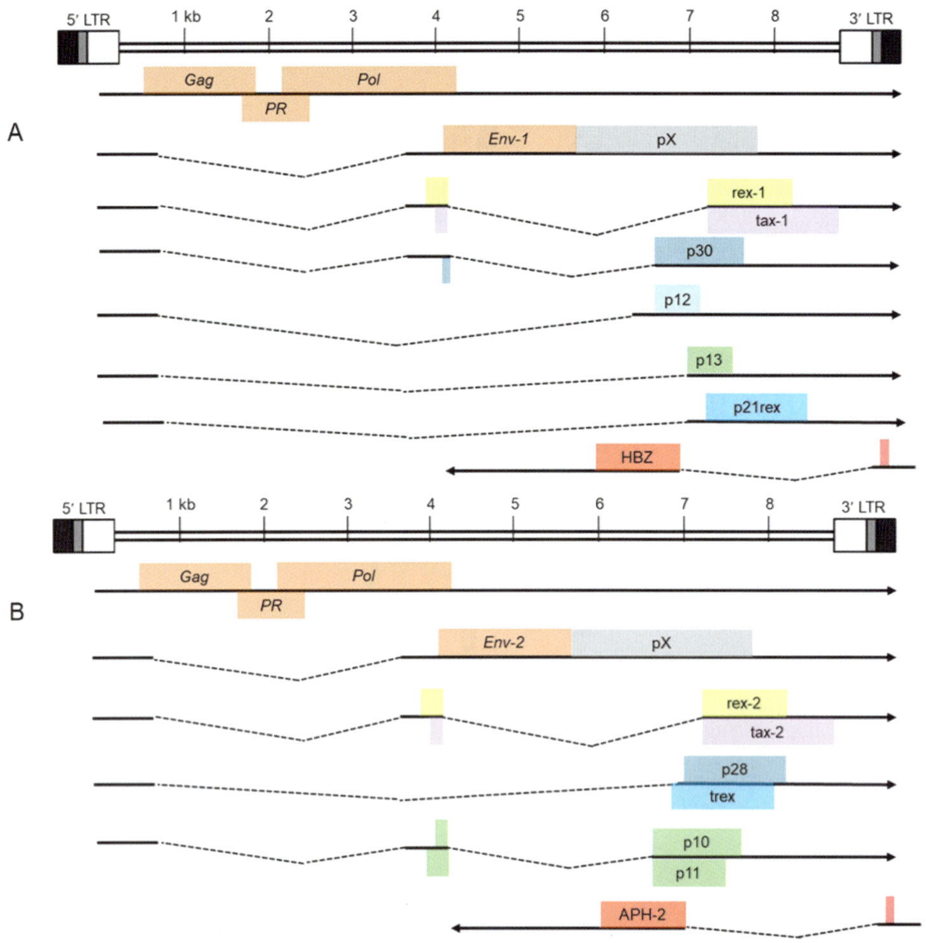


**Figura 21.2** Esquema da organização do DNA proviral do HTLV-1 (**A**) e do HTLV-2 (**B**): o provírus integrado, com 9,03 kb (HTLV-1) e 8,93 kb (HTLV-2), codifica proteínas estruturais incluindo as enzimas virais, regulatórias e acessórias e a região *Gag* codifica as proteínas matriz, do capsídeo e a proteína associada ao capsídeo. As enzimas virais, protease (PR), transcriptase reversa (TR) e integrase (IN), são codificadas por uma região que compreende parte da extremidade 3′ da região *Gag* e parte da extremidade 5′ da região *Pol*. O gene *Env* codifica as proteínas de envelope que, depois de glicosiladas, dão origem às glicoproteínas de superfície e às glicoproteínas transmembrana. A extremidade 3′ do provírus, conhecida como região pX, contém quatro ou cinco sequências de leitura aberta (ORF, *open reading frames*) que codificam as proteínas regulatórias tax e rex, produzidas a partir de um RNA mensageiro (RNAm) bicistrônico, que sofre duplo *splicing*. Outros transcritos produzidos pela região pX codificam proteínas acessórias, entre elas: p21rex, p12, p13 e p30 (HTLV-1); trex, p10, p11e p28 (HTLV-2). Os HTLV-1 e HTLV-2 codificam um gene antissenso a partir de promotores na região 3′LTR denominados HBZ e APH-2, respectivamente. LTR: *long terminal repeats* (terminais repetidos longos).

de heterodímero impede a ligação desses fatores de transcrição a elementos responsivos tax (TRE, *tax-responsive elements*) localizados no LTR, bloqueando a transcrição de provírus. Foi demonstrado que APH-2 desempenha função semelhante no HTLV-2 por meio de interações com CREB através de seu domínio bZIP não convencional. Apesar do uso similar de proteínas ATF/CREB como meio para suprimir a transcrição de provírus induzida por Tax, HBZ possui um potencial inibitório muito maior quando comparado ao APH-2. Dois mecanismos envolvidos nessa diferença são as meias-vidas das proteínas (HBZ, meia-vida de 2 a 6 horas; APH-2, meia-vida de 20 a 30 minutos) e o fato de APH-2 não possuir um domínio de transativação N-terminal.

A expressão dos genes antissenso não é regulada pelas proteínas tax ou rex, mas depende dos fatores celulares do hospedeiro para promover a transcrição.

## Biossíntese do HTLV-1

O HTLV-1 infecta principalmente células $TCD_4^+$, mas tem potencial para infectar uma ampla variedade de células, incluindo células $TCD_8^+$, linfócitos B, células endoteliais, células mieloides, fibroblastos, bem como outras células de mamíferos. Essa ampla variedade de células-alvo é devida, em parte, à capacidade da subunidade glicoproteica (SU, gp46) do envelope de interagir com três receptores de superfície celular amplamente distribuídos, incluindo o transportador de glicose 1 (GLUT1, *glucose transporter 1*), proteoglicanas de sulfato de heparana (HSPG, *heparin sulfate proteoglycan*) e neuropilina-1 (NRP-1, *neuropilin-1*). Após a ligação do HTLV-1 à célula, o processo de fusão da membrana ocorre por uma série de eventos sequenciais entre a subunidade SU e as proteínas receptoras da célula-alvo. A glicoproteína de envelope (gP) interage primeiro com o receptor formado por moléculas de HSPG, seguido pela ligação ao receptor NRP-1, o que resulta na formação de um complexo. Após esse evento, o receptor GLUT1 se associa ao complexo HSPG/NRP-1 para iniciar o processo de fusão, por meio de interações com a proteína transmembrana (TM, gp21), que permite que o nucleocapsídeo contendo duas cópias do RNA genômico viral (RNAg), juntamente com a TR, a IN e a PR viral seja liberado no citoplasma celular.

Após a liberação do genoma viral no interior da célula, este é transcrito em DNA de fita dupla pela enzima TR. Essa enzima possui atividade de DNA polimerase-RNA dependente, transcrevendo uma fita de DNA, de polaridade negativa, usando o RNA viral como molde; a seguir, a função ribonuclease H (RNAse H) da TR digere a fita de RNA do híbrido RNA-DNA e sintetiza a fita de DNA de polaridade positiva usando como molde a fita de DNA de polaridade negativa. O nucleocapsídeo parcialmente desmontado contendo o complexo de transcrição reversa (complexo de pré-integração) é translocado para o núcleo celular, onde ocorre a integração ao cromossoma da célula hospedeira para formar o provírus. Foi observado que o HTLV-1 se integra ao genoma de forma randômica, embora, quando ocorre a expressão da doença induzida pelo HTLV-1, os locais de integração não sejam aleatórios.

As sequências LTR do provírus contêm os elementos promotores e potencializadores necessários para iniciar a transcrição do RNAm viral com o sinal de poliadenilação localizado no 3′LTR. A proteína tax ativa potentemente a transcrição durante a fase inicial da infecção, recrutando vários fatores de transcrição celular. Para a ativação do LTR, tax interage com três repetições diretas conservadas de 21 pares de base (pb), conhecidos como elementos responsivos a tax-1 (TRE-1), ladeadas por sequências ricas em GC, presentes nos LTR. Tax forma um complexo ternário com CREB e as TRE-1, por interação física com o CREB e contato direto com as sequências ricas em GC, através de seu domínio N-terminal (NTD, *N-terminal domain*). Por outro lado, acredita-se que o domínio C-terminal (CTD, *C-terminal domain*) de tax promova o início da transcrição e o alongamento da cadeia do RNAm, por interação direta com a proteína de ligação a TATA (TBP; *TATA binding protein*). O complexo promotor tax-CREB recruta alguns coativadores transcricionais, como a proteína de ligação ao CREB (CBP, *CREB binding protein*), seu homólogo, p300 e o fator associado ao p300/CBP (P/CAF, *p300/CBP-associated factor*) para o LTR para promover a transcrição do RNAm viral.

A proteína rex é um regulador pós-transcricional positivo, essencial para o processamento e transporte do RNAm viral. Rex interage especificamente com as regiões U3 e R do RNAg do HTLV-1, conhecido como elemento responsivo ao rex (RexRE, *rex-responsive element*). Durante os estágios iniciais da transcrição gênica viral, níveis subótimos de rex estão presentes, o que resulta na exportação de RNAm virais duplamente editados (*doubly spliced*; tax, rex, p30, p12, p13, HBZ) para o citoplasma. Depois que rex se acumula no núcleo, ocorre a redução do *splicing* dos RNAm viral, e os RNAm com uma única edição (*singly spliced*; env e gag-pr-pol) são então exportados do núcleo para o citoplasma, levando à produção de proteínas estruturais, incluindo as enzimas virais. Rex se liga ao RexRE através de um NTD de ligação a RNA altamente básico, enquanto o CTD é importante para a oligomerização de proteínas. Rex também contém um domínio de ativação contendo o sinal de exportação nuclear, que direciona essa proteína ao complexo de poros nucleares para que esta se mova entre o núcleo e o citoplasma.

Tão logo o RNAm seja exportado para o citoplasma, a maquinaria de síntese proteica do hospedeiro traduz as proteínas virais. Presumivelmente, o RNAg completo é traduzido ou transportado para a membrana plasmática (PM, *plasma membrane*), onde pode dimerizar, interagir com a poliproteína Gag e ser empacotado nas novas partículas. Os RNAm duplamente editados e não editados (*unspliced*) são traduzidos por ribossomas livres para expressar as enzimas virais e demais proteínas estruturais, respectivamente, enquanto o RNAm com uma única edição é traduzido por ribossomas ligados à membrana para expressar as glicoproteínas do envelope.

A montagem das partículas virais ocorre após o transporte de Gag do citoplasma para a PM. Como Gag é translocada para a membrana ainda não está esclarecido. No entanto, sabe-se que formas monoméricas de Gag existem no citoplasma e são detectadas na membrana logo após o início da tradução das proteínas virais. A proteína associada ao nucleocapsídeo (NC, p15) se liga ao RNA viral de forma relativamente fraca em comparação com outras proteínas NC retrovirais, devido em parte ao domínio carboxiterminal aniônico da NC do HTLV-1. Como o RNA trafega através do citoplasma para chegar à PM (e aos locais de brotamento do vírus) não é conhecido.

As interações Gag-RNAg, Gag-Gag e Gag-membrana são todas necessárias para a montagem e brotamento das partículas virais. Gag faz oligomerização com outras moléculas de Gag através de interações envolvendo principalmente o domínio CA (p24) e, em certa medida, o domínio NC. Demonstrou-se que a Gag do HTLV-1 não tem preferência pela ligação ao fosfatidil-inositol-(4,5)-bifosfato (PI (4,5) P2), conforme descrito para o HIV-1, o que tem implicações na forma como a Gag é direcionada para a PM e identifica os sítios de brotamento viral. Fatores celulares também são recrutados para os locais de brotamento do vírus, resultando na liberação de partículas virais imaturas. A PR cliva as poliproteínas Gag e Pol durante e logo após a liberação de partículas virais imaturas. A proteína matriz MA (p19) permanece intimamente associada à PM; a MA forma a camada que envolve o capsídeo que contém as enzimas TR, IN e PR, além do RNAg complexado com a proteína NC.

## Patogênese

### HTLV-1

A transmissão ocorre principalmente da mãe para o filho, via leite materno, com fatores de risco incluindo a alta carga proviral no leite materno e a amamentação por um período superior a seis meses. Também pode ocorrer por transfusão sanguínea e contato sexual, sendo este último, principalmente do homem para a mulher.

O HTLV-1 infecta, predominantemente, células $TCD_4^+$, mas células $TCD_8^+$ também podem ser infectadas. Embora a infecção de células dendríticas e gliais tenha sido demonstrada, a sua importância na propagação da infecção viral ainda não foi comprovada.

Não são detectadas partículas virais no soro de indivíduos infectados com HTLV-1. Além disso, a infecciosidade de partículas livres é muito pequena quando comparada com a de células infectadas, sugerindo que a disseminação do HTLV ocorra por contato celular e não por meio de partículas virais livres.

A incorporação do HTLV-1 no genoma de células $TCD_4^+$ pode resultar em uma infecção silenciosa, em que, apesar de sequências do HTLV-1 estarem presentes na célula hospedeira, os RNAm virais não são detectáveis. Nesse caso, se o genoma viral não é inserido em genes críticos, a célula infectada é funcionalmente indistinguível da célula normal. A maioria das infecções pelo HTLV-1 é assintomática, e uma pequena percentagem de indivíduos pode desenvolver leucemia/linfoma de células T do adulto (LLcTA ou LTA), paraparesia espástica tropical/mielopatia associada ao HTLV-1 (PET/MAH), uveíte e dermatite infecciosa.

Na patogênese da LLcTA, as células leucêmicas são derivadas de linfócitos T *helper* ativados ($CD_4^+CD_{25}^+$), que possuem um papel central no sistema imunológico mediante produção de citocinas. Esses linfócitos também atuam como linfócitos T reguladores ($T_{reg}$) que agem suprimindo respostas imunológicas excessivas. Dentro da população de linfócitos $CD_4^+CD_{25}^+$ era impossível distinguir células $T_{reg}$ de células T ativadas até a identificação de Foxp3 (*forkhead box* P3), também chamada de escurfina, que desempenha papel crucial na diferenciação, função e homeostase de células $T_{reg}$. Na LLcTA, a maioria das células T são $CD_4^+CD_{25}^+Foxp3^+$, indicando que elas podem ser derivadas de células $T_{reg}$.

Várias evidências sugerem que a proteína tax, responsável pela transativação da transcrição viral, participe do processo inicial da leucemogênese por meio da ativação transcricional de vários genes celulares tais como: *c-fos, c-sis, erg-1, egr-2* e dos genes que codificam para IL-2Rα (cadeia alfa do receptor para interleucina 2 [*interleukin-2 receptor* α]), PTHrP (proteína relacionada com o hormônio da paratireoide [*parathyroid hormone related peptide*]), GM-CSF (fator de estímulo de colônias de granulócitos/macrófagos [*granulocyte-macrophage colony-stimulating factor*]), MHC I, vimentina, IL-2 (interleucina 2), IL-15, IL-15R, TNF-β (fator de necrose tumoral β [*tumor necrosis factor* β]) e NF-κB (fator nuclear κB [*nuclear factor* κ*B*]).

Além da ativação transcricional de genes celulares, a proteína tax bloqueia a atividade de reparo do DNA. Embora o mecanismo ainda não tenha sido completamente elucidado, sabe-se que a proteína tax interage com vários fatores envolvidos no reparo de DNA como a proteíno-cinase dependente de DNA (DNA-PK, *DNA-dependent protein kinase*) e a proteína Ku, além de Chk1 e Chk2 (cinases de ponto de verificação 1 e 2 [*checkpoint kinases 1 e 2*]). Tax também reprime a transcrição do gene para β-polimerase, que tem papel crucial no reparo do DNA.

A proteína tax possui função desencadeante da leucemogênese, expandindo o *pool* de células $TCD_4^+$. Desse modo, criam-se condições para que eventos genéticos subsequentes ocorram, levando à malignidade dessas células. Além disso, as linhagens de células T infectadas pelo HTLV-1 são resistentes à inibição do crescimento induzido por TGF-β (fator transformador de crescimento β [*transforming growth factor* β]), sendo a proteína tax responsável por essa resistência. É relatado também que a proteína tax suprime a expressão de Foxp3, em nível transcricional, quando superexpressa em linfócitos $TCD_4^+$ de humanos, indicando que ela pode influenciar a expressão de Foxp3 em linfócitos $T_{reg}$ infectados pelo HTLV-1. Esses dados sugerem que os linfócitos $T_{reg}$ $Foxp3^+$ sejam uma subpopulação de células $TCD_4^+$ importante para a elucidação da leucemogênese da LLcTA por HTLV-1.

Visto que o RNAm para tax e/ou a própria proteína tax não são detectados em células de pacientes com LLcTA, outros mecanismos como a translocação cromossomial, particularmente envolvendo o cromossoma 14, e mutações nos genes supressores de tumor (p53 e p16) contribuem para o aumento da instabilidade genética, favorecendo o desenvolvimento da leucemia.

A superexpressão da proteína tax é desfavorável para a célula infectada, pois esta é o principal alvo de células T citotóxicas (CTL, *cytotoxic T lymphocytes*) do sistema imunológico; entretanto, as células leucêmicas possuem fatores que controlam e até inibem a produção dessa proteína.

HBZ é outro fator viral envolvido no processo de leucemogênese pelo HTLV-1. A expressão gênica da proteína tax em células de LLcTA é interrompida por vários mecanismos, incluindo alterações no gene *tax* e metilação/deleção do 5′LTR do DNA. Pelo fato de tax ser o alvo principal de CTL *in vivo*, a perda de expressão de tax deve permitir que células de LLcTA escapem do sistema imunológico do hospedeiro. Em células de LLcTA, o 5′LTR do HTLV-I é frequentemente hipermetilado ou suprimido, enquanto o 3′LTR não metilado permanece intacto, o que sugere o envolvimento do 3′LTR na leucemogênese. Um gene codificado pela fita negativa do genoma proviral do HTLV-I (HBZ) é transcrito a partir do 3′LTR em todas as células de LLcTA. A expressão desse gene promove a proliferação de uma linhagem de células T humanas. Análises de linhagens de células T transfectadas com os genes HBZ mutados mostraram que o RNAm para HBZ promove a proliferação dessas células, enquanto a proteína HBZ suprime a transcrição viral mediada por tax através do 5′LTR. Assim, um único gene HBZ tem funções bimodais em duas formas moleculares diferentes. A capacidade do RNAm de HBZ promover a proliferação celular sugere a sua participação na leucemogênese pelo HTLV-1.

O risco maior de desenvolvimento de PET/MAH é observado em pacientes com carga proviral elevada, pois nas células do sangue periférico de pacientes com PET/MAH a carga proviral é 16 vezes maior do que em pacientes assintomáticos. Esse fato sugere que a carga proviral e a proteína tax, juntamente com fatores genéticos que regulam a resposta imunológica, participem do desenvolvimento da doença.

Na PET/MAH e outras doenças inflamatórias associadas ao HTLV-1, as citocinas liberadas por células infectadas e linfócitos reagindo com antígenos virais infiltrados em vários tecidos, como úvea, pele, pulmão, intestino e medula espinhal, induzem danos teciduais que caracterizam essas doenças. Uma vez que os linfócitos $TCD_4^+$ são as células predominantemente encontradas nas lesões inflamatórias iniciais, a ativação dessas células seria um dos principais fatores para a inflamação induzida pelo HTLV-1. A produção acentuada de interferon-γ pelas células $TCD_4^+$ efetoras possivelmente contribui para a inflamação crônica observada na paraparesia espástica tropical/mielopatia associada ao HTLV-1. Na PET/MAH, a hipótese mais aceita sugere que os linfócitos $TCD_4^+$ infectados com o HTLV-1 migrariam para o sistema nervoso central (SNC), infectando a população local de células, ativando astrócitos e micróglias, o que levaria a uma reação inflamatória com indução de citocinas pró-inflamatórias e síntese de quimiocinas. Em consequência, células inflamatórias migrariam para o SNC, ocorrendo assim a desregulação da barreira hematoencefálica, lesão da bainha de mielina e destruição axonal.

Um resumo da desregulação do sistema imunológico devido à infecção pelo do HTLV-1 é mostrado na Figura 21.3.

## HTLV-2

Ao contrário do HTLV-1, o HTLV-2 estimula a proliferação de linfócitos $TCD_8^+$ *in vivo*. Embora o HTLV-2 tenha sido isolado de um paciente com uma forma atípica de leucemia de células T pilosas, seu papel como causador da doença ainda não foi definido. Estudos recentes mostram diferenças entre as proteínas

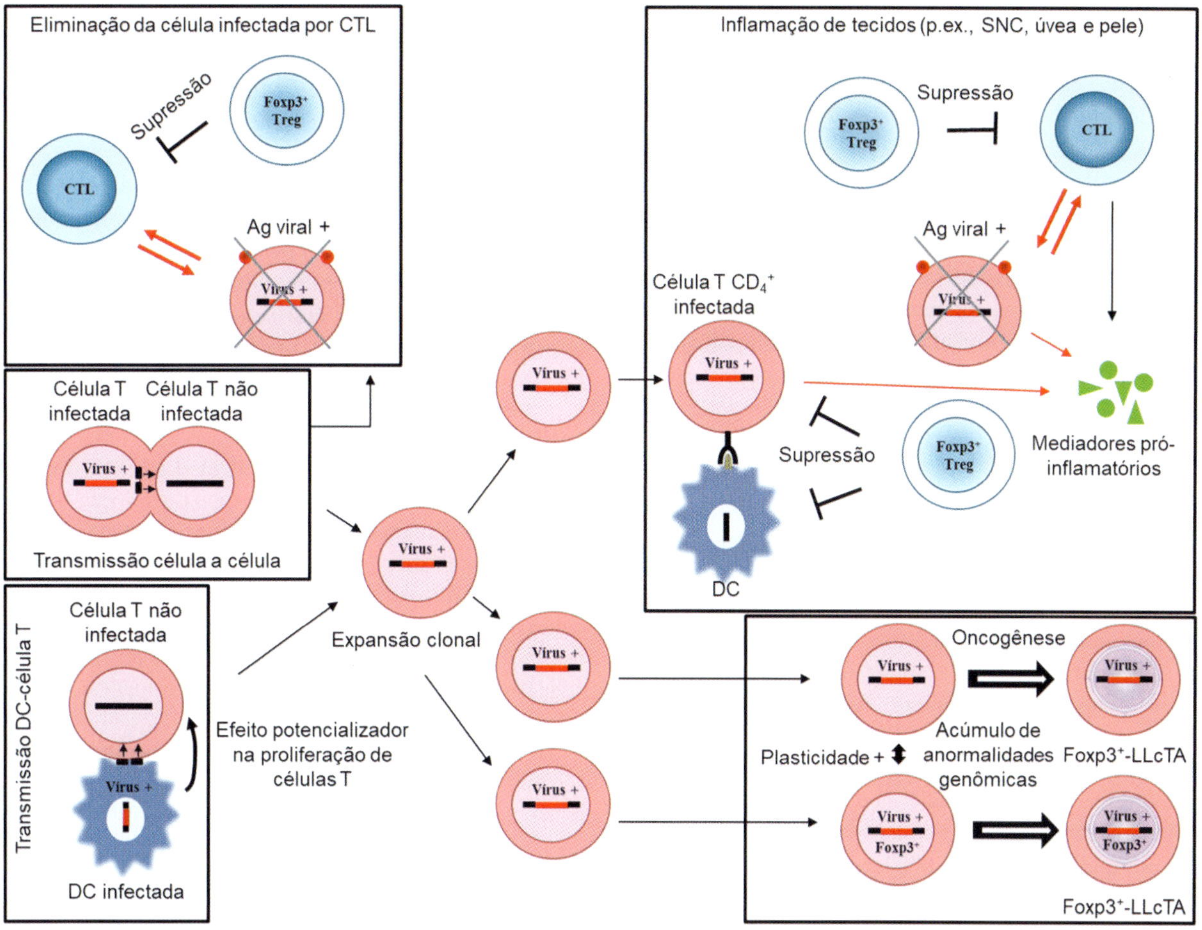


**Figura 21.3** Desregulação do sistema imunológico pelo HTLV-1. Após infectar a célula-alvo o genoma de RNA viral é transcrito reversamente em DNA de fita dupla e integrado ao DNA cromossomal na forma de provírus. O HTLV-1 é disseminado no organismo via transmissão célula a célula e induz a proliferação da célula infectada. O vírus pode infectar uma variedade de células, incluindo células dendríticas (DC, *dendritic cells*), macrófagos, linfócitos B e T, contudo, preferencialmente induz a expansão clonal de células $TCD_4^+$. O controle da infecção é mediado pelos linfócitos T citotóxicos (CTL, *cytotoxic T lymphocytes*), sendo a proteína tax o principal alvo da resposta imunológica. A proteína Foxp3 é um potente regulador no desenvolvimento e função das células T regulatórias ($T_{reg}$) que agem suprimindo respostas imunológicas excessivas. Na leucemia/linfoma de células T do adulto (LLcTA), a maioria das células T são $CD_4^+CD_{25}^+Foxp3^+$ e o acúmulo de células $Foxp3^+$ pode ser a causa do comprometimento imunológico observado nessa patologia. Entretanto, as células $Foxp3^+T_{reg}$ possuem uma plasticidade que lhes permite converter para o fenótipo Foxp3 negativo; sabe-se também que a expressão de tax em células $TCD_4^+$ regula negativamente a expressão de Foxp3 em células $T_{reg}$ infectadas pelo HTLV-1. A infecção pelo HTLV-1 aumenta a proliferação de células $TCD_4^+$ efetoras que podem migrar para tecidos como o sistema nervoso central (SNC), articulações, pulmões, úvea e pele, levando a um processo inflamatório nesses tecidos. Adaptada de Satou e Matsuoka, 2010.

tax do HTLV-1 (tax-1) e do HTLV-2 (tax-2). A maior diferença é que a tax-2 não apresenta, na porção carboxiterminal, o ligante para o domínio PDZ (domínio estrutural, com cerca de 80-90 aminoácidos, encontrado em proteínas sinalizadoras. PDZ é um acrônimo que combina as primeiras letras de três proteínas [PSD95, DlgA e zo-1]) de proteínas. Porém, quando este domínio PDZ de tax-1 é colocado em tax-2, ela adquire características oncogênicas, indicando que esse domínio seja o responsável pela ação transformadora do HTLV-1.

## Manifestações clínicas

### HTLV-1

#### *Leucemia/linfoma de células T do adulto*

A leucemia/linfoma de células T do adulto (LLcTA) é uma patologia que ocorre em 1 a 5% de pessoas infectadas com o HTLV-1, sendo mais frequente em indivíduos do sexo masculino. O tempo médio estimado entre a infecção e o desenvolvimento de leucemia é de aproximadamente 30 anos. Dados epidemiológicos indicam que a leucemia se desenvolve, principalmente, em indivíduos infectados durante o nascimento, sugerindo que a idade em que o indivíduo entra em contato com o vírus pode ser importante para o desenvolvimento de leucemia.

Clinicamente, a leucemia é uma doença agressiva e letal, com sobrevida de aproximadamente 6 meses. Os sintomas podem se manifestar como mal-estar, febre, linfoadenopatia, hipercalcemia, hepatoesplenomegalia, icterícia, perda de peso, envolvimento cutâneo, envolvimento da medula óssea e infiltrado pulmonar. Além da forma tumoral primária de pele, caracterizada por tumores na pele e ausência de linfocitose, hipercalcemia, envolvimento de linfonodos e de outros órgãos internos, Shimoyama e colaboradores dividiram a LLcTA em mais quatro formas clínicas descritas a seguir:

- Forma indolente: caracterizada pela presença de 5% ou mais de linfócitos T anormais no sangue periférico; ausência de linfocitose e de hipercalcemia; ausência de linfoadenopatia; derrames cavitários; envolvimento de fígado, baço, SNC, ossos e trato gastrointestinal, podendo haver comprometimento da pele e/ou dos pulmões

- Forma crônica: presença de linfocitose; ausência de hipercalcemia, ascite ou derrame pleural; ausência de envolvimento do SNC, ossos e trato gastrointestinal, podendo apresentar envolvimento de linfonodos, fígado, baço, pele e/ou pulmões e 5% ou mais de linfócitos anormais
- Forma linfomatosa: apresentando linfoadenomegalia, sem linfocitose e com 1% ou menos de linfócitos anormais no sangue periférico
- Forma aguda: a mais agressiva, com linfoadenomegalia; hepatoesplenomegalia; lesões cutâneas, ósseas, gastrointestinais e do SNC; numerosos linfócitos atípicos no sangue e hipercalcemia, com evolução rápida para óbito.

#### *Paraparesia espástica tropical*

A paraparesia espástica tropical ou mielopatia associada ao HTLV-1 (PET/MAH) é uma doença desmielinizante progressiva crônica que causa danos principalmente no cordão torácico-espinhal. Essa doença afeta entre 0,2 e 5% dos indivíduos infectados, sendo mais frequente nas mulheres do que nos homens. Os sintomas iniciais são fraqueza e rigidez dos membros inferiores. Outros sintomas comuns são: dor lombar, grau variável de perda sensorial e incontinência fecal e urinária. Além disso, já foram descritos pacientes que apresentaram desvio de atenção e dificuldade em manter memórias verbal e visual.

Ainda não se sabe se a maior parte dos danos neurológicos ocorre no primeiro ano de infecção, estabilizando-se nos anos seguintes, ou se esses danos acompanham o desenvolvimento da doença. Estudos indicam que a progressão da doença é variável. Indivíduos que desenvolvem o quadro de paralisia unilateral até 3 anos após o aparecimento dos sintomas iniciais (fraqueza e rigidez dos membros inferiores) apresentam progressão mais rápida para a paralisia total do que aqueles que desenvolvem o quadro de paralisia mais tardiamente. Por exemplo, no primeiro grupo, o tempo médio até o confinamento em cadeira de rodas é de 4 anos, enquanto para o segundo grupo, esse período é de aproximadamente 8 anos.

No liquor de indivíduos com PET/MAH, encontra-se grande número de citocinas pró-inflamatórias, incluindo interferon-$\gamma$ (IFN-$\gamma$), fator de necrose tumoral-$\alpha$ (TNF-$\alpha$; *tumor necrosis factor*-$\alpha$), interleucina (IL)-1 e IL-6, além de grande quantidade de linfócitos ativados que lembram os linfócitos multilobulados observados na LLcTA, indicando o importante papel da inflamação no desenvolvimento das lesões.

#### *Manifestações oculares*

Manifestações oculares associadas ao HTLV-1 também podem ocorrer, tais como uveíte, ceratoconjuntivite e ceratite intersticial, podendo se desenvolver um quadro crônico em crianças, levando eventualmente à degeneração da retina (ver *Capítulo 22*).

#### *Dermatite infecciosa*

A primeira dermatose associada ao HTLV-1 foi a dermatite infecciosa, uma forma de eczema com caráter crônico recidivante, descrita em 1966 na Jamaica, mas somente associada ao vírus em 1990. A dermatite infecciosa é caracterizada por dermatite exsudativa grave, com crostas no couro cabeludo, pescoço, orelhas, axilas e virilha.

#### *Outras desordens*

Um grande número de doenças inflamatórias é associado a infecções pelo HTLV-1, tais como alveolite e artrite. Evidências epidemiológicas sugerem também uma ligação entre crianças infectadas com o HTLV-1 e dermatite seborreica e/ou anemia grave.

### HTLV-2

Várias evidências mostram a associação do HTLV-2 à leucemia atípica de células T pilosas. O termo "atípica" é empregado para diferenciar essa leucemia de outros tipos de leucemias de células pilosas com fenótipo de células B.

Na leucemia de células T pilosas, o DNA proviral é encontrado predominantemente em células $TCD_8^+$, diferentemente do que se observa na leucemia pelo HTLV-1, em que 90 a 99% dos provírus são encontrados em células $TCD_4^+CD_8^-$.

O HTLV-2 também tem sido detectado em um pequeno número de pacientes com síndrome neurológica semelhante à PET/MAH.

## Diagnóstico laboratorial

O diagnóstico laboratorial para HTLV-1 e HTLV-2 geralmente é realizado pela pesquisa de anticorpos no soro do indivíduo por ensaio imunoenzimático (EIA, *enzyme immunoassay*) ou ensaios de aglutinação de partículas de látex (AL) ou gelatina, e confirmado por *Western blotting* (WB). Porém, métodos moleculares como a reação em cadeia da polimerase (PCR, *polymerase chain reaction*) são empregados para a detecção do DNA proviral em células do sangue periférico. Para mais informações sobre essas técnicas, ver *Capítulo 8*.

Devido à dificuldade de propagar o vírus livre em cultura de células de laboratório, o isolamento viral é realizado por cocultivo de células infectadas do paciente com células mononucleares do sangue periférico, não infectadas e estimuladas com mitógenos e fatores de crescimento.

O isolamento não é empregado na rotina de laboratórios de patologia clínica por ser muito demorado e pelo fato de o número de células infectadas no sangue do paciente ser muito baixo.

A pesquisa de anticorpos é realizada, inicialmente, através do EIA para triagem sorológica em que é utilizado lisado viral, algumas vezes enriquecido com antígenos recombinantes. O resultado positivo por esse teste deve ser confirmado empregando-se, geralmente, o teste de WB, que além de servir como teste confirmatório, é empregado também para diferenciar a infecção causada pelas espécies *1* e *2*. O critério para a confirmação por esse teste requer a presença de anticorpos para p24 e para um dos produtos do gene *Env*, gp46 ou gp61.

No Japão, o teste de triagem mais usado é a AL e a confirmação ocorre por teste de imunofluorescência (IF) (ver *Capítulo 8*).

Pelo fato de a antigenemia pelo HTLV ser muito baixa, testes para a detecção de antígenos são empregados somente após o cocultivo de células infectadas de pacientes com células não infectadas.

Não existem *kits* disponíveis para a detecção de antígenos do HTLV para uso em diagnóstico, estando disponíveis apenas para laboratórios de pesquisa.

Embora os HTLV apresentem genoma constituído de RNA, o diagnóstico laboratorial é baseado na pesquisa do DNA proviral integrado ao DNA de linfócitos dos indivíduos infectados, utilizando a técnica de PCR, uma vez que vírions livres não são facilmente liberados no sangue circulante para serem detectados pela PCR associada à transcrição reversa (RT-PCR, *reverse transcription polymerase chain reaction*).

A PCR para amplificação do provírus é empregada para diferenciar o HTLV-1 do HTLV-2, por meio de iniciadores específicos para cada espécie; confirmar os casos em que a sorologia por WB é indeterminada; e determinar a carga proviral no sangue de indivíduos infectados.

Foi padronizada uma PCR em tempo real que permite não só um diagnóstico mais acurado, mas também a quantificação da carga proviral no decorrer da doença, tanto em infecções causadas pelo HTLV-1 quanto pelo HTLV-2.

Porém, a descoberta de novas espécies de HTLV representa um novo desafio para detectar a infecção causada por esse grupo de vírus.

Para diagnóstico da LLcTA, segundo o Guia de Manejo Clínico da Infecção pelo HTLV, do Ministério da Saúde (MS) do Brasil, é necessário que o paciente apresente características laboratoriais que atendam os seguintes critérios: anticorpos anti-HTLV-1 por teste sorológico (EIA e WB); presença de células malignas de origem linfoide em sangue periférico ou linfonodo; células malignas de linhagem T ($CD_2^+$, $CD_3^+$, $CD_4^+/CD_{25}^+$), demonstradas por citometria de fluxo; integração do DNA proviral do HTLV-1 em padrão monoclonal.

## Epidemiologia

Segundo pesquisas, o vírus pode atingir 1% da população. Entretanto, os dados devem estar subestimados, pois faltam levantamentos amplos, e em muitas regiões do mundo a infecção nunca foi investigada. Estima-se que haja entre 5 e 10 milhões de pessoas infectadas no mundo pelo HTLV.

A soroprevalência do HTLV-1 em áreas endêmicas é estimada em 1 a 2%, e atinge 20 a 40% em indivíduos com mais de 50 anos de idade. Um dos principais determinantes epidemiológicos da soroprevalência do HTLV-1 é a idade. Um estudo de coorte hospitalar, divulgado em 2018, sobre a infecção pelo HTLV-1 em uma população indígena australiana documentou um aumento progressivo nas taxas soropositivas para indivíduos do sexo masculino de 50 a 64 anos de idade. Outros determinantes importantes da soroprevalência do HTLV-1 em regiões endêmicas incluem sexo e *status* socioeconômico.

Um estudo envolvendo mais de 250.000 indivíduos em uma região endêmica para HTLV-1 constatou que as mulheres apresentaram soroprevalência geral mais alta do que os homens, sendo que os homens apresentaram soroprevalência mais alta entre as idades de 16 a 19 anos e as mulheres, com soroprevalência comparável ou mais alta acima de 20 anos de idade. Além disso, uma análise retrospectiva mais recente, com mais de 3 milhões de doadores de sangue no Japão, encontrou uma incidência muito maior de soroconversão em mulheres do que em homens (n = 4.190; 3.215 mulheres e 975 homens). A associação entre o nível socioeconômico mais baixo e a soroprevalência mais alta foi documentada especificamente na Jamaica, onde os desempregados, agricultores e trabalhadores apresentaram maior soroprevalência do que aqueles que relataram ocupações estudantis ou profissionais.

O Brasil provavelmente é o campeão em números absolutos. Segundo projeções matemáticas, o país tem aproximadamente 2,5 milhões de infectados. A maioria das pessoas portadoras é assintomática; somente cerca de 10% desenvolvem doenças. Não existe política nacional específica para o HTLV, porém, o vírus está entre os agentes infecciosos testados no material colhido nos hemocentros de todo país desde 1993. Dessa forma, tornou-se possível identificar doadores infectados e impedir a transmissão do vírus através da transfusão de sangue ou derivados. No entanto, essa infecção sexualmente transmissível (IST) ainda não faz parte da lista de doenças e agravos de notificação compulsória e a sorologia para o vírus não consta no protocolo de atenção pré-natal preconizado pelo MS do Brasil.

Em relação à transmissão, para que esta seja eficiente, é necessário que haja contato entre a célula infectada e a célula T-alvo. Em regiões endêmicas como Japão e África Central, a principal via de transmissão do HTLV-1 é da mãe para o filho por ingestão de linfócitos infectados presentes no leite materno. A eficiência da transmissão depende da duração da amamentação e da presença de anticorpos maternos para esse vírus. Em áreas não endêmicas, a principal via de transmissão do HTLV-1/2 é por meio da exposição a células sanguíneas infectadas, seja via transfusão sanguínea ou compartilhamento de seringas com indivíduos infectados entre usuários de drogas injetáveis. Acredita-se que a transmissão sexual seja menos eficiente, mas ainda assim é considerada uma importante via de transmissão, principalmente do homem para seus parceiros sexuais e, apesar de a transmissão sexual ser bidirecional, estima-se que após 10 anos de contato sexual com um parceiro infectado com o HTLV-1, uma mulher tenha 60% de chance de ser infectada, ao passo que o homem tem 0,4%.

A exposição ao HTLV-1 via produtos sanguíneos pode favorecer o desenvolvimento da PET/MAH, enquanto a exposição em mucosas pode estar ligada ao desenvolvimento da LLcTA.

Em relação ao comportamento sexual, práticas sexuais anais foram associadas com soropositividade para o HTLV-1; já o papel das IST ainda não é muito claro. Alguns estudos indicam que a presença de alguma IST não é um fator significante para a aquisição da infecção pelo HTLV-1; já outros consideram o diagnóstico para sífilis ou herpes genital um fator de risco.

Embora a infecção tenha sido descrita em várias partes do mundo, o sudeste do Japão, Caribe, África Central e oeste da África, Índia, sudeste dos Estados Unidos da América (EUA), Melanésia e partes da América do Sul, incluindo o Brasil, são considerados regiões endêmicas.

Ao contrário do vírus da imunodeficiência humana (HIV, *human immunodeficiency virus*), em que existe grande variabilidade genética, os isolados do HTLV-1/2 mostram elevado grau de conservação. A divergência na sequência nucleotídica das estirpes do HTLV-1 do Japão, Caribe e das Américas é de aproximadamente 4%, dependendo da região do genoma analisada. Uma estirpe mais divergente foi descoberta na Melanésia. Entretanto, apesar de mais divergente, ainda apresenta 92% de homologia com as outras estirpes isoladas. A variabilidade genética parece estar relacionada com a etnia da população, bem como à distribuição geográfica dos portadores.

Na América do Sul, o HTLV-1 tem sido identificado entre populações de várias etnias, incluindo brancos, negros, ameríndios, imigrantes japoneses e seus descendentes, bem como em outros grupos étnicos como mulatos e outros mestiços.

No Brasil, o HTLV-1 foi identificado, pela primeira vez, em 1986, entre imigrantes japoneses provenientes de Okinawa, que se instalaram em Campo Grande (MS). Estudos em doadores de sangue têm demonstrado que as Regiões Norte e Nordeste são as que contabilizam mais pessoas com infecção pelo HTLV. Prevalências elevadas foram observadas em Salvador (BA), São Luís (MA), e Belém (PA). Em Salvador e em São Luís, provavelmente esses índices resultam do aporte de africanos durante o tráfico negreiro, com introdução pós-colombiana do HTLV-1 no Brasil, enquanto em Belém, poder-se-ia aventar a hipótese de que a introdução ocorreu por meio do povoamento pré-colombiano por migrações de populações asiáticas que constituem as populações indígenas atuais. A Bahia é o estado com maior número de infecções: a taxa chega a 1,8%, quando nos demais centros urbanos ela é estimada em menos de 1%. Em 2017, um estudo mostrou evidências de que a via sexual é a predominante em Salvador, não obstante existam também evidências de que a transmissão vertical, da mãe para o bebê, tenha participação importante na infecção.

O HTLV-2 ainda não foi etiologicamente ligado a nenhuma doença, embora estudos associem esse vírus a quadros de PET/MAH. Casos de pneumonia, bronquite e infecção no sistema urinário também já foram associados à infecção por esse vírus. Com um número estimado de 800.000 indivíduos infectados em todo o mundo, o HTLV-2 é muito menos prevalente que o HTLV-1. A maioria dos indivíduos infectados com HTLV-2 documentados é encontrada nos EUA (400.000 a 500.000). Essa prevalência é altamente concentrada nas populações de americanos nativos e usuários de drogas intravenosas, mas um padrão epidemiológico semelhante também é encontrado na segunda região mais infectada pelo HTLV-2, o Brasil (200.000 a 250.000). A menor prevalência de HTLV-2, quando comparado ao HTLV-1, reflete uma concentração específica de infecção dentro de grupos de ameríndios e usuários de drogas intravenosas. Com relação aos subtipos moleculares, os HTLV-2a e HTLV-2b são comumente encontrados nas Américas e na Europa, enquanto HTLV-2c e HTLV-2d são encontrados predominantemente no Brasil e na África Central, respectivamente.

Em relação aos HTLV-3 e HTLV-4, ainda não existem estudos epidemiológicos, mas acredita-se que o HTLV-3 seja encontrado em toda a África.

### Prevenção, controle e tratamento

Apesar de a variabilidade genética relativamente baixa encontrada nos isolados desses vírus e de as vacinas experimentais terem impedido a infecção de macacos e coelhos, não existe ainda uma vacina disponível para uso em seres humanos.

A natureza persistente das infecções causadas pelos HTLV é um desafio quando se fala em prevenção ou cura dessas infecções. A prevenção e o controle da infecção têm sido feitos pela utilização de preservativos, agulhas e seringas esterilizadas, triagem sorológica em doadores de sangue e órgãos (obrigatória desde 1994), e campanhas de esclarecimento quanto ao perigo da transmissão pelo leite materno. A transmissão da mãe para o bebê pode ser reduzida por meio do congelamento e descongelamento do leite materno, que destrói as células infectadas, ou pela adoção de leite industrializado.

Dependendo do estágio da doença, a LLcTA é refratária à maioria das terapias convencionais e, dessa forma, apresenta prognóstico ruim, especialmente na sua forma aguda. Agentes quimioterápicos citotóxicos ou citostáticos (ciclofosfamida, hidroxidaunorrubicina, vincristina [Oncovin®] e prednisona – terapia CHOP) continuam sendo empregados no tratamento inicial de pacientes com LLcTA, embora o tempo de sobrevida na maioria dos pacientes seja variável.

Esse tratamento torna-se mais eficaz quando associado à utilização da citocina GM-CSF como um fator de suporte. Observou-se remissão completa em somente 36% dos pacientes que, mesmo assim, apresentaram sobrevida média de apenas 8 meses porque, geralmente, as remissões não são duradouras. Existem síndromes paraneoplásicas (hipercalcemia) que contribuem para a falha do tratamento e morte desses indivíduos.

A quimioterapia combinada tem sido utilizada no tratamento da LLcTA, mas os resultados não têm sido satisfatórios. É provável que essa resposta insatisfatória seja a expressão do gene de resistência multidroga 1 (gene de resistência a múltiplas drogas 1 [*MDR1, multidrug resistance gene 1*]).

A quimioterapia combinada, comumente empregada no Japão (VCAP-AMP-VECP: vincristina, ciclofosfamida, doxorrubicina [adriamicina] e prednisona – VCAP; doxorrubicina [adriamicina], ranimustina e prednisona – AMP, e vindesina, etoposídeo, carboplatina e prednisona – VECP), tem mostrado resultado superior à terapia CHOP quinzenal.

Análogos nucleosídicos e inibidores da topoisomerase têm sido usados como alternativa no tratamento de LLcTA, porém com resultados não significantes. Contudo, em combinação com interferon-α (INF-α), têm demonstrado eficiência no combate à doença.

Em modelos utilizando animais, inibidores de desacetilação de histonas, que induzem apoptose celular, foram capazes de reduzir o volume dos tumores, oferecendo um novo caminho para o tratamento da LLcTA.

O emprego de uma combinação de INF-α e zidovudina (AZT, azidotimidina) para o tratamento da LLcTA mostrou remissão completa em 26% dos pacientes com sobrevida média de 5 meses.

Em 2015, o MS do Brasil, baseado em evidências clínicas de melhor prognóstico dos pacientes que fizeram uso da zidovudina no tratamento de LLcTA, incorporou, no âmbito do Sistema Único de Saúde (SUS), a utilização desse antirretroviral para o tratamento dessa doença de elevada mortalidade

No que diz respeito à PET/MAH, não existe ainda uma terapia com efeito significativo, em parte devido à ausência de animais que possam ser utilizados para testar as terapias e, também, pelo fato da baixa incidência e imprevisibilidade da doença. Por conta de essa doença ser de natureza inflamatória, os glicocorticoides estão entre as principais drogas empregadas no seu tratamento, mas apesar da resposta inicial favorável observada durante o tratamento, esses medicamentos não parecem alterar a progressão da doença.

Indivíduos tratados com zidovidina e/ou lamivudina apresentaram melhora clínica no quadro de PET/MAH. Provavelmente, por serem análogos nucleosídicos da transcriptase reversa, a melhora tenha ocorrido pela inibição da enzima do HTLV, ou por efeitos citostáticos.

Para tratar os danos motores causados pela doença, esteroides, INF-α, fosfomicina, vitamina C, eritromicina e mizoribina têm sido usados com sucesso.

Pacientes com uveíte pelo HTLV-1 são tratados com corticosteroide tópico ou sistêmico.

A associação dos antibióticos sulfametoxazol + trimetoprima administrados por via oral é o tratamento de escolha para a dermatite infecciosa.

## Vírus do papiloma de humanos

### Histórico

O vírus do papiloma de humanos (HPV) foi o primeiro vírus tumorigênico a ser transmitido experimentalmente de um hospedeiro para outro. Isso ocorreu em 1894, quando Licht se inoculou com material da verruga de seu irmão, verificando o aparecimento de uma verruga no local da inoculação. Ciuffo (1907) foi o primeiro a demonstrar a etiologia viral das verrugas cutâneas, inoculando extrato preparado de filtrado de verrugas em sua própria mão.

As infecções por HPV têm sido associadas ao desenvolvimento de vários tipos de cânceres. Dois tipos de HPV (16 e 18) causam 70% dos cânceres de cérvice uterina e lesões pré-cancerosas. Também há evidências científicas que relacionam o HPV com cânceres do ânus, vulva, vagina, pênis e orofaringe.

## Classificação e características

Os papilomavírus, classificados na família *Papillomaviridae*, infectam diferentes hospedeiros vertebrados, sendo a infecção espécie-específica. Os papilomavírus têm sido classificados de acordo com a espécie de hospedeiro infectado, o local da infecção e a doença associada. A classificação tem sido baseada na homologia da sequência de leitura aberta (ORF, *open reading frame*) L1, que codifica a principal proteína estrutural do vírus. São incluídos no mesmo gênero aqueles que apresentam 60% de identidade. Com base nesse critério, os papilomavírus estão classificados em duas subfamílias (*Firstpapillomavirinae*, com 52 gêneros, e *Secondpapillomavirinae*, com um único gênero; todos os gêneros são designados por uma letra do alfabeto grego). Os HPV estão classificados na subfamília *Firstpapillomavirinae* e agrupados em cinco gêneros: *Alphapapillomavirus*, *Betapapillomavirus*, *Gammapapillomavirus*, *Mupapillomavirus* e *Nupapillomavirus*. A classificação dos papilomavírus em gêneros e espécies é bastante confusa, haja vista a frequente reclassificação realizada pelo Comitê Internacional para Taxonomia de Vírus (ICTV, *International Committee on Taxonomy of Viruses*, MSL #35); assim, será empregada a classificação por "tipos", a mais utilizada nas publicações científicas e na clínica médica. Ainda com base na identidade da sequência do DNA, são considerados da mesma espécie dentro de um mesmo gênero aqueles com 60 a 70% de identidade, e, do mesmo tipo dentro de uma dada espécie, aqueles com 71 a 89% de identidade. Um tipo pode agrupar diferentes subtipos que apresentem 90 a 98% de identidade, assim como as variantes com identidade superior a 98%.

A maioria dos *Alphapapillomavirus* infecta mucosas genital e não genital (p. ex., cavidade oral, sistema respiratório e conjuntiva) além da genitália externa, embora uma espécie pertencente a esse gênero infecte, principalmente, a pele em regiões não genitais. Os HPV que estão associados a câncer cervical são frequentemente designados como tipos de "alto risco" (16, 18, 31 e 45). Assim, os tipos de "alto risco" HPV-16 e HPV-31 são membros da espécie *9* e os HPV-18 e HPV-45, da espécie *7*. Os gêneros *Beta-*, *Gamma-*, *Mu-* e *Nupapillomavirus* também infectam a pele em regiões não genitais.

A partícula do HPV é pequena, medindo, aproximadamente, 55 nm de diâmetro, e não possui envelope glicolipoproteico. O genoma desse vírus é composto por um DNA de fita dupla circular, envolvido pelo capsídeo formado por 72 capsômeros, apresentando simetria icosaédrica. A densidade da partícula viral em gradiente de cloreto de césio é de 1,34 g/cm$^3$.

Uma característica da organização genômica dos HPV é que todas as ORF se encontram em uma das fitas do DNA viral, indicando que somente uma fita serve como molde para a transcrição.

O genoma com 8 quilopares de base (kpb) é dividido em região inicial (E, *early*), que codifica as proteínas regulatórias do vírus, incluindo aquelas envolvidas na replicação do DNA viral e transformação celular (E1 a E8); região tardia (*late*, L), que codifica as proteínas do capsídeo (L1 e L2); e região longa de controle (LCR, *long control region*), onde se encontram a origem da replicação e os elementos para o controle da transcrição.

As funções das proteínas iniciais (E) e tardias (L) são mostradas no Quadro 21.2.

## Biossíntese viral

A biossíntese do HPV ocorre no núcleo celular. Pouco é conhecido a respeito das etapas de biossíntese desse vírus devido às dificuldades encontradas para sua propagação nos sistemas hospedeiros de laboratório. Pelo fato de esse vírus ser propagado somente no epitélio escamoso estratificado em diferenciação, não há modelos *in vitro* disponíveis para seu cultivo.

O HPV pode entrar no epitélio por meio de microabrasões ou, para os tipos de "alto risco" infectando o epitélio cervical, a penetração pode ocorrer nas células da junção celular escamosa de camada única entre a endo- e a ectocérvice. Pelo menos para os HPV de "alto risco", parece necessário que infectem células epiteliais basais ou estaminais, em divisão ativa, para o estabelecimento eficiente da infecção. A proteína L1 liga-se aos receptores celulares localizados na membrana basal ou na superfície das células da camada basal. O receptor primário da ligação inicial parece ser formado por proteoglicanas de sulfato de heparana

**Quadro 21.2** Funções das proteínas codificadas pelo genoma do HPV.

| Proteína | Função |
|---|---|
| **Inicial** | |
| E1 | Replicação do DNA e controle da transcrição viral |
| E2 | Replicação do DNA e controle da transcrição viral |
| E3 | Função desconhecida |
| E4 | Proteína sintetizada tardiamente; expressa nos ceratinócitos diferenciados; complexada à citoceratina |
| E5 | Induz transformação celular; aumenta a transdução de sinal para o receptor do fator de crescimento; estimula a proliferação celular; inibe apoptose; modula os genes implicados na adesão celular e na função imunológica |
| E6 | Induz transformação celular; complexada à proteína supressora de tumor (p53) |
| E7 | Possui capacidade de induzir transformação celular; interfere com a proteína do retinoblastoma (Rb), e proteínas 107 e 130, semelhantes à Rb |
| E8 | Função desconhecida |
| **Tardia** | |
| L1 | Principal proteína do capsídeo, 80% do conteúdo proteico viral |
| L2 | Proteína menor do capsídeo; liga-se ao DNA; facilita o transporte da proteína L1 para o núcleo da célula |

(HSPG, *heparin sulphate proteoglycans*). Quando o HPV se liga a esse receptor, há uma alteração conformacional mediada por ciclofilina B no capsídeo viral, de modo que o N-terminal da L2 é exposto na superfície do vírion, sendo clivado pela furina e/ou PC5/6 (proproteína convertase 5/6 [*proprotein convertase 5/6*]) e isso permite a ligação a um receptor secundário na membrana plasmática da célula-alvo. Para os HPV de "alto risco", estudos recentes revelaram o envolvimento de diversas moléculas, tais como fator de crescimento epidermal (EGFR, *epidermal growth factor receptor*); integrina α6; microdomínios de membrana enriquecidos com tetraspanina; laminina; sindecano 1 (*syndecan-1*); heterotetrâmero da anexina A2 e vimentina, como receptores de entrada desses HPV. Dependendo da espécie viral e do tipo de célula a ser infectada, um ou mais receptores podem ser utilizados.

O HPV entra nas células por um mecanismo de endocitose semelhante à micropinocitose. O vírus é transportado através de componentes citoplasmáticos ligados à membrana citoplasmática e da rede trans-Golgi, embora possa haver algum envolvimento do retículo endoplasmático (RE). Finalmente, o genoma epissomal viral é transportado por meio de uma via mediada por tubulina para o núcleo, onde pode entrar por poros nucleares ou após a ruptura da membrana nuclear durante a mitose. O HPV atinge o núcleo aproximadamente 24 horas após o início da infecção, onde o genoma associado a L2 é liberado.

Alguns estudos sobre a transcrição do genoma viral têm sido realizados empregando o HPV-31. Esses estudos mostram que múltiplos promotores estão envolvidos na geração de várias espécies de RNA mensageiros (RNAm). A transcrição é altamente regulada pelo estado de diferenciação de células do epitélio escamoso. O P97 é o principal promotor de células não diferenciadas que dirige a expressão dos genes para as proteínas E6 e E7, assim como de vários outros produtos de genes iniciais. Na diferenciação de ceratinócitos contendo o DNA do HPV-31, a ativação do promotor tardio P742, dirige a expressão dos produtos dos genes tardios, incluindo L1 e L2. A replicação tem início com a remoção das histonas associadas ao DNA viral e seu desenrolamento mediado pelas proteínas virais E1 e E2. Em seguida, a proteína E1 forma um complexo de replicação com proteínas celulares, e a replicação do DNA progride bidirecionalmente a partir da origem de replicação na região LCR do genoma. O DNA é então empacotado no capsídeo por um processo que envolve sua associação a histonas celulares. Uma ligação transitória com a proteína E2 guia o DNA para dentro de um agregado de proteínas L1 e L2 virais que, eventualmente, formam o capsídeo. O capsídeo é estabilizado pela formação de pontes dissulfeto entre cisteínas conservadas em monômeros de L1 adjacentes. Esse processo de maturação condensa o capsídeo e aumenta sua resistência à digestão proteolítica. A liberação das partículas parece ser passiva, não citolítica, com a liberação do vírion ocorrendo como resultado da perda normal da integridade das membranas nuclear e citoplasmática durante a diferenciação terminal dos ceratinócitos infectados.

## Patogênese

A infecção persistente latente representa a maioria das infecções pelo HPV. O período de incubação pode variar de 6 semanas a 2 anos.

Os HPV infectam o epitélio escamoso ceratinizado (pele) e não ceratinizado, como mucosa da boca, vias respiratórias superiores, conjuntiva, trato anogenital, com diferentes tipos de HPV exibindo preferências para sítios diferentes do corpo (Quadro 21.3).

O vírus penetra por abrasão na pele, infectando a camada de células basais da epiderme. Nessas células, o genoma viral é mantido na forma de epissoma nas lesões de baixo grau, em

**Quadro 21.3** Tipos de HPV, tropismo e doenças associadas.

| Tropismo | Tipo | Doença |
|---|---|---|
| Pele | 1, 2, 3, 4, 6, 60 | Verruga plantar |
| | 1, 2, 4, 26, 27, 29, 41, 57, 65, 77 | Verruga comum |
| | 3, 10, 28 | Verruga plana |
| | 5, 8, 9, 12, 14, 15, 17, 19, 20, 21, 22, 23, 24, 25, 36, 46, 47 | Epidermodisplasia verruciforme benigna |
| | 5, 8, 20 | Epidermodisplasia verruciforme (carcinoma de célula escamosa) |
| | 7 | Verruga do açougueiro |
| | 26, 27 | Verruga comum (pacientes imunocomprometidos) |
| | 41 | Carcinoma de célula escamosa cutânea |
| Mucosa | 6, 11 | Condiloma acuminado, papiloma conjuntival, papilomatose respiratória recorrente |
| | 6, 11, 16 | Papiloma oral |
| | 6, 11 (baixo grau) | Neoplasia intraepitelial inespecífica |
| | 16, 18, 31, 33, 35, 39, 45, 51, 52 | Cânceres do trato anogenital |
| | 16 | Cânceres de orofaringe |
| | 13, 32 | Hiperplasia intraepitelial focal |
| | 16, 18, 30, 31, 33, 34, 35, 39, 40, 42, 43, 44, 45, 51, 52, 56, 57, 58, 61, 62 | Neoplasia intraepitelial cervical |

que somente os genes iniciais são expressos. A expressão desses genes estimula a proliferação das células basais, resultando em hiperplasia e levando à acantose e a um papiloma proeminente. Na displasia de alto grau ou no câncer pode ocorrer a integração do DNA viral no DNA celular, geralmente associada à deleção de porções do genoma viral com retenção da LCR da região E6-E7 e maior expressão de E6 e E7.

Os HPV infectam as células basais destinadas a parar a proliferação e entrar em processo de diferenciação. Pelo fato de esses vírus dependerem da maquinaria de replicação do DNA da célula hospedeira para serem propagados, é necessário que o vírus induza a proliferação das células infectadas. No caso dos HPV de "alto risco", 16 e 18, já foi demonstrado que as proteínas virais E6 e E7 são responsáveis por essa indução. A proteína E6 interage com proteínas regulatórias do ciclo celular, denominadas p53, e a proteína E7 com a proteína do retinoblastoma (pRb) e p107.

A proteína E5 interage com múltiplas proteínas das células hospedeiras e foi recentemente reconhecida como uma oncoproteína cujas propriedades incluem estímulo da proliferação celular, inibição da apoptose e modulação de genes implicados na adesão celular e na função imunológica. Apesar de estudos *in vitro* mostrarem que a proteína E5 do HPV-16 é capaz de induzir a formação de tumor quando inoculada em ceratinócitos imortalizados, essa proteína não foi identificada em todos os tipos de HPV, nem encontrada em todos os carcinomas, provavelmente, devido ao seu pequeno tamanho.

As interações de E6 e E7 com p53 e pRb/p107, respectivamente, levam a uma instabilidade genômica que pode representar um passo essencial para o desenvolvimento de malignidade.

Pelo fato de muitas pessoas infectadas com HPV considerados de alto risco não desenvolverem nenhum tipo de câncer, sugere-se que outros fatores também estejam envolvidos no processo de transformação celular.

## Imunidade

Vários fatores, tanto do sistema imunológico inato quanto adaptativo, desempenham importantes papéis no reconhecimento e eliminação do HPV e, na maioria dos casos, essas linhas de defesa são altamente eficazes. No entanto, os HPV desenvolveram vários mecanismos destinados a escapar da resposta imunológica, variando de estratégias virais inespecíficas, capazes de desregular vários componentes do sistema imunológico inato, a estratégias de evasão mais sofisticadas que tornam ineficaz a resposta imunológica adaptativa contra o vírus, o que resulta em infecções virais persistentes. Além disso, uma vez que a transformação maligna tenha sido iniciada, o vírus pode manipular o sistema imunológico, criando uma resposta pró-inflamatória crônica favorável ao desenvolvimento do câncer e progressão do tumor.

Tem sido observado que pacientes em condições que comprometem a imunidade celular como, por exemplo, gestantes, pacientes em tratamento com drogas imunossupressoras e pacientes infectados com o HIV, apresentam risco aumentado de desenvolver a infecção persistente latente e câncer cervical.

## Manifestações clínicas

Os HPV são os agentes etiológicos de verrugas. Na maioria das vezes, a infecção é subclínica. Nos casos em que ocorrem manifestações clínicas, estas podem ser divididas em: manifestações causadas pelos vírus que infectam a pele, como verruga comum, verruga plantar, verruga plana e epidermodisplasia verruciforme; e manifestações produzidas pelos vírus que infectam, preferencialmente, as mucosas, levando a quadros como papilomatose respiratória recorrente (papiloma de laringe), papiloma oral, papiloma conjuntival e verrugas anogenitais, também chamadas de condiloma acuminado.

### Verrugas cutâneas

As verrugas comuns são observadas com mais frequência em regiões proeminentes do corpo sujeitas à abrasão, como mãos e joelhos (Figura 21.4). Geralmente, as verrugas são múltiplas, bem delimitadas, com superfície rugosa e hiperceratinizadas, com aproximadamente 1 mm a 1 cm de diâmetro; os principais tipos envolvidos são os HPV-2 e HPV-4. Na verruga do açougueiro e manipuladores de carne, o HPV-7 é o mais frequentemente encontrado.

As verrugas plantares apresentam-se, geralmente, como lesões únicas, com 2 mm a 1 cm de diâmetro, dolorosas, normalmente encontradas no calcanhar e na sola dos pés. Ocasionalmente, podem ser observadas na palma das mãos. O principal tipo envolvido é o HPV-1.

As verrugas planas têm como principais agentes etiológicos os HPV-3 e HPV-10 e são caracterizadas como lesões múltiplas, pequenas e planas, encontradas, principalmente, em mãos, braços e face de crianças e adolescentes.

A epidermodisplasia verruciforme (EV) é uma doença rara observada em pessoas com deficiência da resposta imunológica mediada por células. Acredita-se que ocorra inibição seletiva da resposta imunológica de linfócitos T frente à infecção pelo

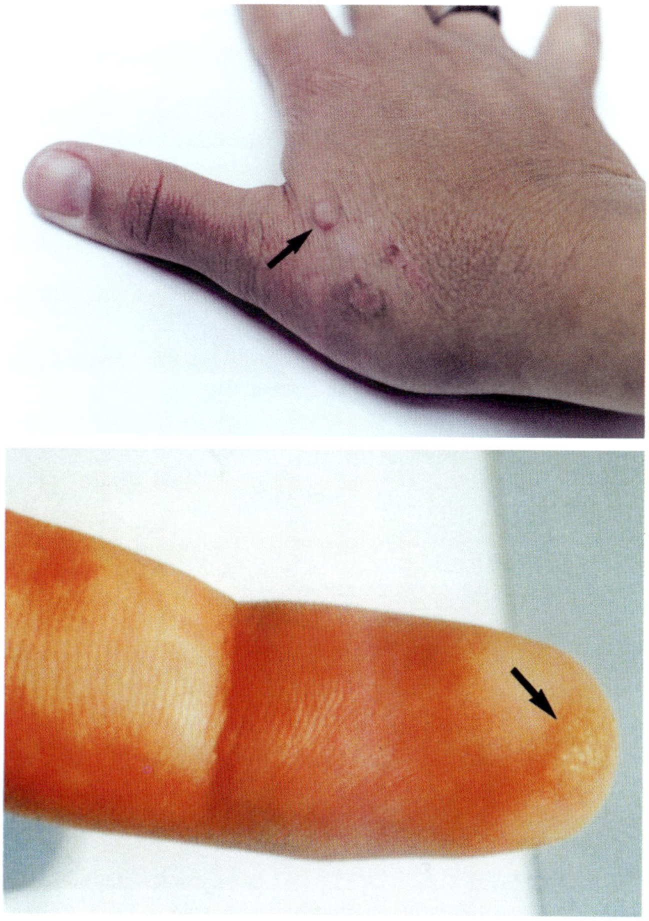

Figura 21.4 Verruga comum na mão.

HPV, provavelmente por falha na apresentação de antígenos virais na superfície dos ceratinócitos. A EV é caracterizada pelo aparecimento de lesões semelhantes às da verruga plana e máculas de coloração marrom-avermelhada na face e extremidades (Figura 21.5). Já se observou que, em pacientes apresentando a lesão antes dos 30 anos de idade, a exposição à radiação solar por vários anos pode levar a transformação ou carcinoma de células escamosas. Vários tipos de HPV já foram detectados na EV, sendo os HPV-3 e HPV-10 encontrados com maior frequência nas lesões semelhantes às da verruga plana, e os HPV-5 e HPV-8 no carcinoma de células escamosas.

## Papilomatose respiratória recorrente

A manifestação clínica mais importante da infecção da laringe por HPV é o papiloma laríngeo, que é enquadrado na categoria das papilomatoses respiratórias recorrentes. A papilomatose laríngea é uma doença que se caracteriza pela presença de lesões epiteliais de aspecto verrucoso, que podem ser sésseis ou pedunculadas, únicas ou múltiplas, mas geralmente recorrentes (papilomatose laríngea recorrente). Apresenta grande morbidade, considerando que essas lesões são de caráter confluente e promovem quadro de disfonia e dispneia, ambas progressivas, podendo desencadear insuficiência respiratória por mecanismo de obstrução das vias respiratórias e até mesmo morte. As lesões podem afetar a boca, o nariz, a faringe, o esôfago e toda a árvore traqueobrônquica. Na laringe, os locais mais frequentemente acometidos são as pregas vocais, a epiglote e as pregas vestibulares. Outros locais mais comuns são: o lúmen do vestíbulo nasal, a superfície nasofaríngea do palato mole e os brônquios.

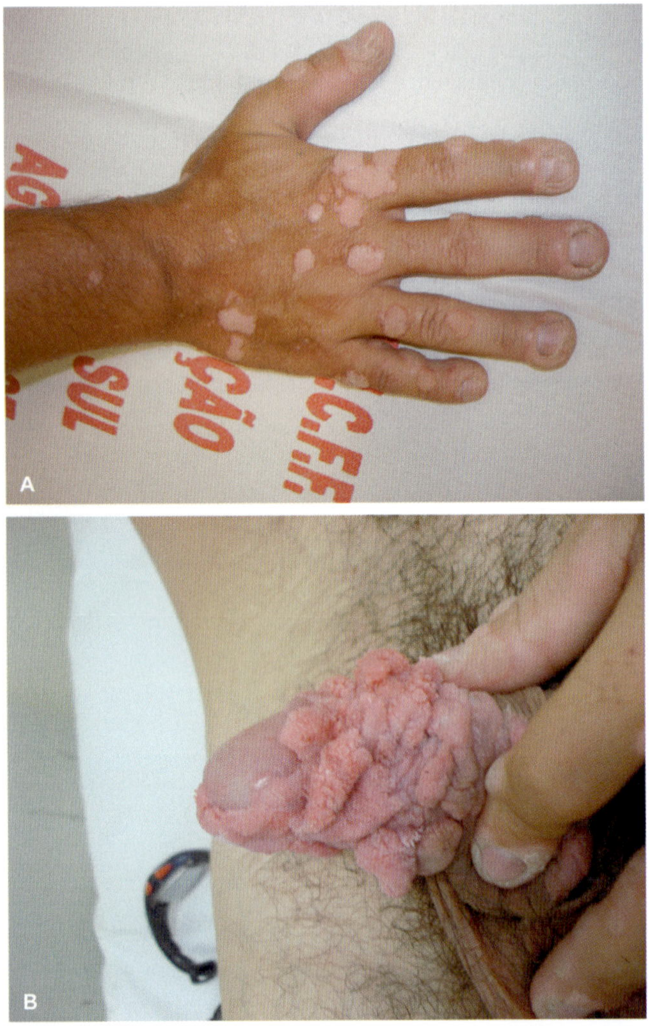

Figura 21.5 Epidermodisplasia verruciforme. A. Mão. B. Pênis. Cortesia de Dr. Hugo G. S. Alves.

Os HPV-6 e HPV-11 são os encontrados na papilomatose laríngea, mas também podem ser encontrados os tipos 16 e 18, sendo que estes últimos apresentam potencial de malignidade.

Essa enfermidade é dividida em dois grupos distintos: papiloma laríngeo em jovens e papiloma laríngeo de início da idade adulta.

Os papilomas laríngeos em jovens são associados aos HPV transmitidos por via vertical de mãe com infecção anogenital ativa ou latente. Mais de 30% de mães com condilomas genitais deram à luz crianças que desenvolveram papilomatose laríngea ainda jovens.

Essa patologia ocorre mais comumente em crianças do primeiro nascimento e por parto normal de mães jovens com condiloma genital. Os casos de crianças com papilomatose laríngea que nasceram por cesariana são raros. Estes HPV estimulam a proliferação de papilomas nas vias respiratórias, preferencialmente na laringe. A progressão dos papilomas é lenta, gerando uma sintomatologia progressiva de dificuldade respiratória, disfonia e tosse persistente.

A papilomatose laríngea juvenil acomete igualmente ambos os sexos, e o fator mais preocupante é a disseminação do vírus pela árvore traqueobrônquica, evoluindo para a papilomatose pulmonar, muitas vezes resultando em infecção incontrolável e fatal. Outro evento importante é a transformação maligna dos papilomas laríngeos que, apesar de ser um evento raro, ocorre em cerca de 3 a 7% dos casos.

Os papilomas laríngeos de início da idade adulta acometem indivíduos com maior número de parceiros sexuais e maior frequência de contatos orogenitais. A hipótese de transmissão orogenital é baseada no fato de que a papilomatose da laringe e os condilomas genitais apresentam os mesmos HPV das infecções associadas, HPV-6 e HPV-11, sendo o primeiro o mais frequente. A área de transição de epitélios cuboide e cilíndrico na laringe e na cérvice uterina podem favorecer a ocorrência do HPV neste local, e a semelhança entre essas regiões parece favorecer, preferencialmente, a infecção do epitélio da laringe sobre o epitélio bucal.

## Papiloma oral

A infecção pode ser assintomática ou associada a lesões únicas ou múltiplas em qualquer parte da cavidade oral (Figura 21.6).

O papiloma oral pode ser causado pelos HPV tipos 6, 11, 16 e 18. A hiperplasia epitelial focal oral é mais prevalente entre índios da América do Sul e América Central. Entre os esquimós, apresenta-se como lesões na boca, sendo causada pelos HPV-13 e HPV-32.

Embora o consumo de álcool e o tabagismo sejam grandes fatores de risco para o câncer de cabeça e pescoço, a infecção pelo HPV tem contribuído com o aumento na incidência desse tipo de tumor, especialmente na região da orofaringe, que engloba a base da língua, as amídalas e a parte lateral e posterior da garganta.

Os sintomas incluem lesões na boca que não cicatrizam; gânglios na região do pescoço; rouquidão; dificuldade de engolir; ou dor de garganta, que persistam por mais de duas semanas. Os tipos 16 e 18 são os mais relacionados a esse câncer.

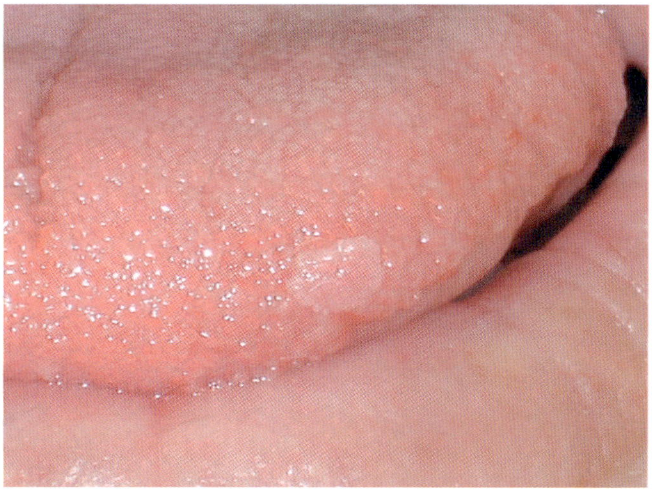

Figura 21.6 Papiloma oral.

## Papiloma conjuntival

É raro, mas pode ocorrer em qualquer idade. Os principais agentes envolvidos são os HPV-6 e HPV-11 (Figura 21.7).

## Verrugas anogenitais

A infecção genital pode permanecer latente, sem manifestação clínica aparente, ou manifestar-se como verrugas ou condilomas na vulva, meato uretral, pênis, períneo, ânus, colo uterino e vagina (Figura 21.8). O condiloma acuminado compreende múltiplas lesões granulares e verrucosas, da cor da pele, acinzentadas, vermelhas ou hiperpigmentadas. As lesões maiores parecem uma couve-flor, e as pequenas podem ter a forma de pápula, placa ou podem ser filiformes. Pode ocorrer como lesão única, porém mais frequentemente na forma de lesões múltiplas. Microscopicamente, apresenta-se como uma estrutura ramificada, recoberta por epitélio escamoso estratificado sobre um estroma conjuntivo. O epitélio pode apresentar hiperceratose, paraceratose, acantose e atipia das células superficiais com coilocitose (atipia nuclear com vacuolização perinuclear, típica de lesões pelo HPV). No homem, as lesões são mais comumente encontradas no pênis e no ânus e, na mulher, no períneo e no ânus.

Os HPV que infectam o sistema genital são classificados, de acordo com a sua capacidade de induzir alterações pré-malignas ou malignas, em HPV de baixo risco (mais frequentemente, os tipos 6 e 11, e menos frequente os tipos 26, 42, 43, 44, 53, 54, 55, 62, 66), de risco moderado (33, 35, 39, 51, 52, 56, 58, 59, 68) e HPV de alto risco (16, 18, 31, 45), sendo os tipos 16 e 18 os mais frequentemente encontrados. Em mais de 90% de todos os cânceres de cérvice, foi encontrado o DNA do HPV, com maior frequência dos tipos 16 e 18 (70% dos cânceres cervicais). O início precoce da atividade sexual e múltiplos parceiros; tabagismo (a doença está diretamente relacionada à quantidade de cigarros fumados); e uso prolongado de pílulas anticoncepcionais aumenta o risco de desenvolver esse tipo de câncer.

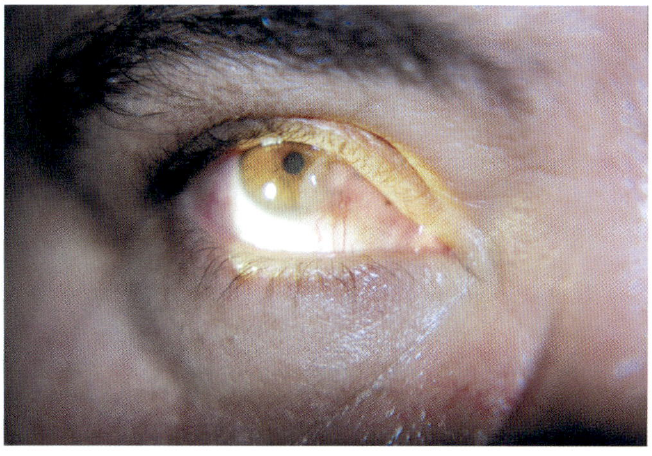

Figura 21.7 Papiloma conjuntival em forma de monte, estendendo-se sobre a córnea. Cortesia de Dr. João Paulo Sucena Alencar.

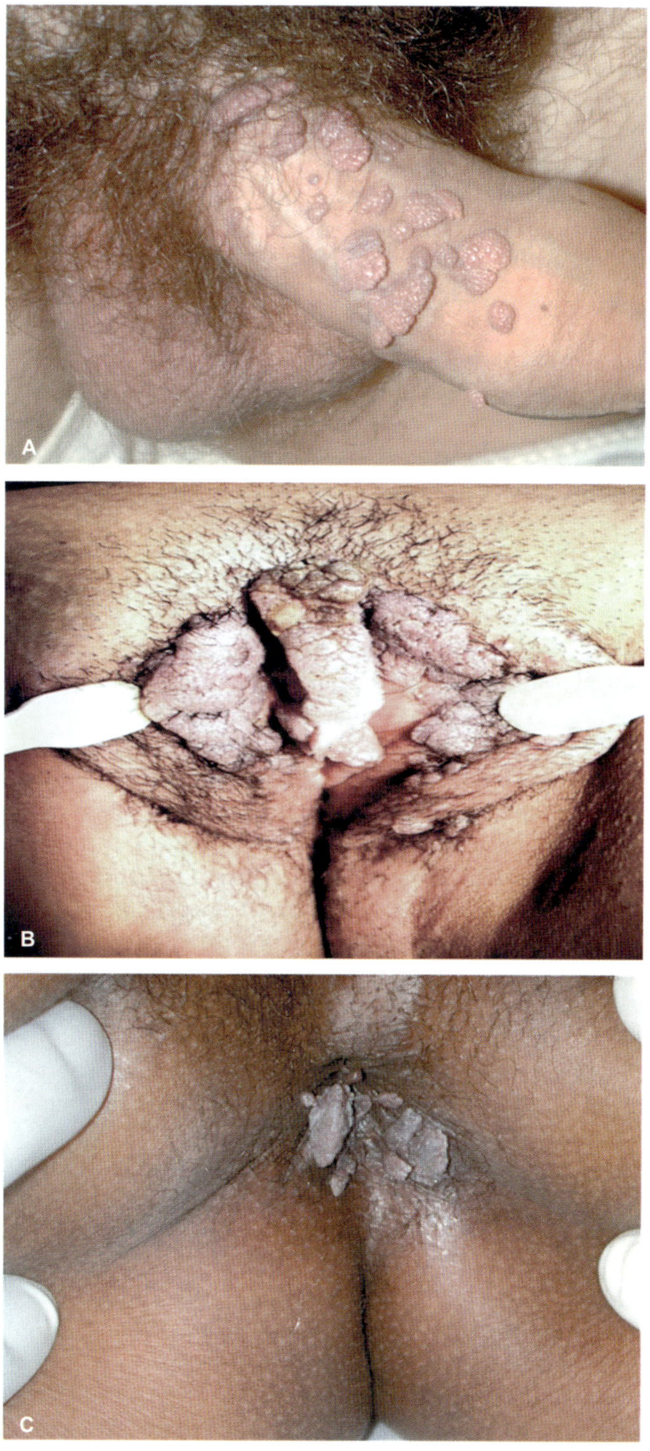


Figura 21.8 Condiloma acuminado no pênis (A), na vagina (B) e na região perianal (C).

Entre os sintomas do câncer de cérvice em estágio inicial estão: manchas de sangue irregulares ou sangramento leve em mulheres em idade reprodutiva; mancha ou sangramento pós-menopausa; sangramento após a relação sexual; e aumento do corrimento vaginal, às vezes com mau cheiro. Conforme o câncer avança, sintomas mais graves podem aparecer, incluindo: dores persistentes nas costas, perna ou pélvis; perda de peso, fadiga e perda de apetite; corrimento vaginal com mau cheiro e desconforto vaginal; e inchaço de uma perna ou ambas.

## Diagnóstico laboratorial

O diagnóstico da infecção pelo HPV é clínico, baseado na visualização das verrugas a olho nu.

Os métodos de diagnóstico laboratorial foram desenvolvidos, principalmente, para a infecção anogenital. Testes que não são específicos para o HPV podem revelar a presença de alterações celulares que sejam potencialmente indicativas de infecção por esse vírus. Por outro lado, a infecção pelo HPV pode ocorrer sem alteração citopatológica, sendo, dessa forma, importante a combinação de testes específicos e inespecíficos.

O emprego de testes que evidenciam alterações citopatológicas e histopatológicas é de grande importância, não só na triagem, como também no acompanhamento de pacientes com infecção comprovada pelo HPV.

Entre os testes inespecíficos importantes para o diagnóstico de infecção pelo HPV pode-se citar colposcopia, citopatologia e histopatologia, e, entre os específicos, imunocitoquímica e testes para detecção do ácido nucleico viral.

A colposcopia é empregada, principalmente, na detecção de lesões subclínicas. Nesse exame, são empregadas substâncias que tornem essas lesões visíveis. O ácido acético a 5% aplicado nas regiões suspeitas durante 3 a 5 min leva ao aparecimento de lesões aceto-brancas, enquanto a aplicação de uma solução aquosa de azul de toluidina a 1%, durante um minuto, seguida da descoloração com ácido acético a 2%, resulta no aparecimento de áreas coradas em azul.

O exame citopatológico identifica tanto alterações celulares benignas como aquelas de maior gravidade.

No diagnóstico citológico de esfregaço cervicovaginal de mulheres infectadas com HPV são observadas alterações como presença de coilócitos (Figura 21.9), disceratose e anomalias nucleares. Os coilócitos, descritos pela primeira vez por Papanicolaou (médico grego considerado o pai da citopatologia por ter criado o método que leva o seu nome), são células encontradas na camada superficial ou intermediária do epitélio, aumentadas ou não de volume, contendo um halo perinuclear claro e de tamanho variável, com um ou mais núcleos hipercromáticos.

Papanicolaou criou uma nomenclatura que procurava expressar se as células observadas eram normais ou não, atribuindo-lhes uma classificação, em que a classe I indicava ausência de células atípicas ou anormais; II, citologia atípica, mas sem evidência de malignidade; III, citologia sugestiva, mas não conclusiva, de malignidade; IV, citologia fortemente sugestiva de malignidade; e V, citologia conclusiva de malignidade.

No Sistema Bethesda, desenvolvido por Solomon e colaboradores, as anormalidades citológicas são classificadas como: células escamosas atípicas de significado indeterminado (ASCUS, *atypical squamous cells of undetermined significance*); lesões intraepiteliais escamosas de baixo grau (LSIL, *low-grade squamous intraepithelial lesions*), correspondendo às anormalidades citológicas brandas, lesões intraepiteliais escamosas de alto grau (HSIL, *high-grade squamous intraepithelial lesions*), incluindo as anormalidades mais graves, e carcinoma de células escamosas (SCC, *squamous cell carcinoma*).

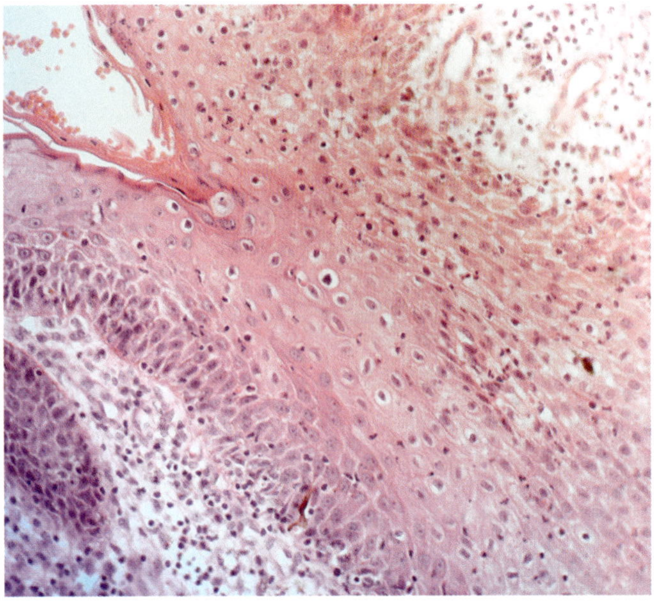

Figura 21.9 Epitélio demonstrando coilocitose exuberante. Coloração: hematoxilina-eosina (aumento 100×).

Os critérios histopatológicos permitem o diagnóstico de infecções por HPV, mas não identificam o tipo viral envolvido. No caso do condiloma, o exame histopatológico confirma o diagnóstico, determinando o grau de gravidade das lesões.

A proliferação anormal da camada basal do epitélio define as displasias ou neoplasias intraepiteliais cervicais (NIC). Essas lesões são precursoras potenciais de câncer, sendo graduadas de acordo com a extensão da proliferação de células basais. A proliferação em até 1/3 do epitélio é considerada displasia branda ou NIC-1; até 2/3, displasia moderada ou NIC-2; e proliferação em todo o epitélio, displasia grave ou carcinoma *in situ* ou NIC-3. A ruptura da membrana basal pelas células epiteliais caracteriza o carcinoma de células escamosas invasivo.

O teste imunocitoquímico é baseado na procura de antígenos em esfregaços celulares empregando anticorpos dirigidos para proteínas comuns aos HPV, conjugados com peroxidase ou substância fluorescente. A sensibilidade do teste é limitada, variando de acordo com o tipo de lesão.

Além de demonstrarem a infecção, os testes de detecção do ácido nucleico viral são mais sensíveis para determinar o tipo de HPV envolvido, dependendo do método empregado. Podem ser empregadas as técnicas que utilizam sondas marcadas com radioisótopos ou biotiniladas, como *dot* ou *slot blotting*, *Southern blotting*, hibridização *in situ* clássica ou sobre filtro, assim como a PCR (ver *Capítulo 8*).

A técnica de *dot* ou *slot blotting* pode ser usada tanto para a detecção do DNA quanto do RNAm viral. Por essa técnica, várias alíquotas da amostra podem ser examinadas e tipadas, empregando sondas tipo-específicas diferentes.

O *Southern blotting* consiste em uma técnica de hibridização em fase sólida. Essa técnica consome mais tempo, mas devido a sua sensibilidade e especificidade, foi durante muito tempo a técnica de diagnóstico de referência, por permitir diferenciar o DNA integrado do epissomal, assim como detectar deleção no DNA, infecção dupla, e a identificação de novos tipos de HPV.

A hibridização *in situ* sobre filtro consiste na captura de células em suspensão por meio de filtração seguida de desnaturação e detecção do ácido nucleico. Nessa técnica, são empregadas sondas radioativas para aumentar a sensibilidade.

A hibridização *in situ* clássica também tem sido bastante empregada para a detecção de vírus em tecidos congelados ou parafinados e esfregaços fixados em lâmina (Figura 21.10). Apesar de a sensibilidade não ser alta, essa técnica permite determinar o tipo de HPV, além de revelar a localização do genoma viral em uma determinada camada da epiderme ou do tumor.

Considerada a técnica mais sensível, a PCR permite a detecção de pequeno número de cópias do ácido nucleico genômico, além da tipagem empregando iniciadores (*primers*) específicos para cada tipo de HPV.

O teste citológico de dupla coloração p16-Ki67 identifica duas proteínas, a p16 e a Ki67, que fazem parte do ciclo celular normal e se alteram devido à infecção pelo HPV. Quando as duas pesquisas são combinadas, o resultado revela se, no indivíduo portador de HPV, o vírus já se instalou em suas células e está ocasionando sua transformação.

O p16-Ki67 é indicado principalmente para pacientes com teste positivo para HPV de alto risco ou quando apresenta dois tipos de alterações no Papanicolaou, como LSIL e ASCUS.

## Epidemiologia

A verruga cutânea é comum entre a população em geral. A sua transmissão se realiza pelo contato direto da lesão ou fômites com abrasões da pele. A verruga plantar é adquirida, principalmente, no chão de banheiros e piscinas públicos.

Acredita-se que a papilomatose respiratória ou oral em crianças seja adquirida no nascimento, durante a passagem pelo canal vaginal de mães infectadas. A eficiência da infecção não parece ser alta, devido ao elevado número de mulheres infectadas em relação ao pequeno número de crianças com esse tipo de doença.

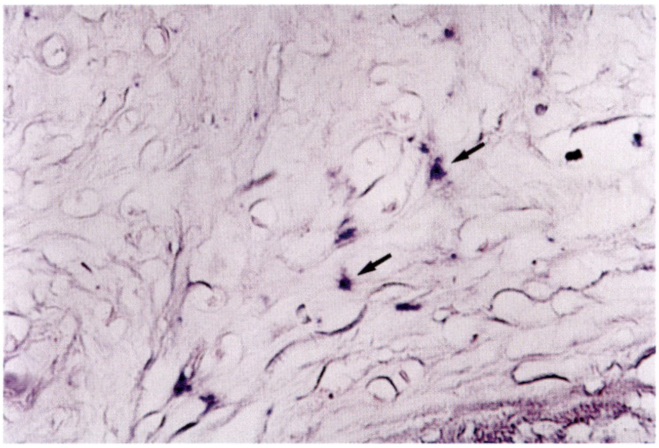

**Figura 21.10** Displasia epitelial grave por técnica de hibridização *in situ* demonstrando sinais nucleares da presença dos HPV-16/18 (aumento 400×). *Seta*: indicação de DNA viral. Cortesia de Dr. João Paulo Sucena Alencar.

A prevalência de infecções genitais está diretamente relacionada com o número de parceiros sexuais e com a idade, com um pico observado entre mulheres de 15 a 30 anos. Segundo a Organização Mundial da Saúde (OMS), estimativas epidemiológicas sugerem que a prevalência mundial da infecção pelo HPV esteja em torno de 630 milhões de pessoas infectadas. Com aproximadamente 570 mil casos novos por ano no mundo, o câncer de cérvice uterina é o 4º tipo de câncer mais comum entre as mulheres, e é responsável pelo óbito de 311 mil mulheres por ano. Os países europeus, os Estados Unidos da América (EUA), Canadá, Japão e Austrália apresentam as menores taxas, enquanto países da América Latina e sobretudo de regiões mais pobres da África apresentam valores bastante elevados. Segundo o Globocan (*Global Cancer Observatory*; https://gco.iarc.fr/), cerca de 85% dos casos de câncer de cérvice ocorrem nos países menos desenvolvidos e a mortalidade por esse câncer varia em até 18 vezes entre as diferentes regiões do mundo, com taxas de menos de 2 por 100.000 mulheres, na Ásia Ocidental e de 27,6 na África Oriental.

Nos países desenvolvidos, existem programas preventivos, que tornam possível a identificação da maioria das lesões pré-cancerosas em estágios nos quais podem ser facilmente tratadas. O tratamento precoce previne até 80% do câncer de cérvice nesses países.

Nos países em desenvolvimento, o acesso limitado a uma triagem eficaz significa que a doença muitas vezes não é identificada até que esteja mais avançada e os sintomas se desenvolvam. Além disso, as perspectivas de tratamento de tal doença em estágio avançado (cirurgia, radioterapia e quimioterapia) podem ser precárias, resultando em uma taxa mais alta de mortes por câncer de cérvice uterina nesses países.

A alta taxa de mortalidade por câncer de cérvice em todo o mundo (6.9 por 100.000 em 2018) poderia ser reduzida por meio de programas eficazes de triagem e tratamento.

No Brasil, as taxas de incidência estimada e de mortalidade, devido ao câncer de cérvice, apresentam valores intermediários em relação aos países em desenvolvimento, porém são elevadas quando comparadas com as de países desenvolvidos. Esse tipo de câncer é o segundo mais incidente nas Regiões Norte (26,24/100 mil), Nordeste (16,10/100 mil) e Centro-Oeste (12,35/100 mil). Já na Região Sul (12,60/100 mil), ocupa a 4ª posição e, na Região Sudeste (8,61/100 mil), a 5ª posição.

Quanto à mortalidade, é também na Região Norte que se evidenciam as maiores taxas do país, sendo a única com nítida tendência temporal de crescimento. Em 2016, a taxa padronizada pela população mundial foi de 11,07 mortes por 100.000 mulheres, representando 1ª causa de óbito por câncer feminino nessa região. Nas Regiões Nordeste e Centro-Oeste, onde este câncer representou a 3ª causa de óbito, as taxas de mortalidade foram de 5,71/100 mil e 5,55/100 mil. As Regiões Sul e Sudeste tiveram as menores taxas (4,64/100 mil e 3,29/100 mil), representando a 6ª colocação entre os óbitos por câncer em mulheres.

Apesar de a triagem reduzir o risco de câncer de colo uterino, ela não previne a infecção pelo HPV ou o desenvolvimento de lesões pré-cancerosas, que precisam de um acompanhamento cuidadoso e, muitas vezes, de tratamento corrente baseado em excisões cirúrgicas de células infectadas e/ou estímulo do sistema imunológico do paciente para destruí-las.

O Instituto Nacional de Câncer (INCA) estima que, para cada ano do triênio 2020/2022, sejam diagnosticados 16.590 novos casos de câncer de cérvice no Brasil, com um risco estimado de 15,43 casos a cada 100 mil mulheres.

A infecção em homens não tem sido estudada com a frequência que se estuda a infecção em mulheres, devido à dificuldade em coletar espécimes adequados para exame e pelo fato de a gravidade da infecção ser maior entre mulheres. No entanto, apesar da menor gravidade quando comparado ao câncer de cérvice, o Brasil é o 2º país com maior número de casos de câncer de pênis no mundo; são de 5 a 11 casos para 100 mil habitantes, dependendo da região, enquanto nos EUA é de 0,5 para 100 mil.

## Prevenção, controle e tratamento

A Agência Nacional de Vigilância Sanitária (Anvisa), órgão do MS, autorizou a comercialização, no Brasil, de duas vacinas contra HPV. A vacina Gardasil®, desenvolvida pelo laboratório Merck Sharp & Dohme, contém proteína L1 purificada dos HPV-6 e HPV-11, responsáveis por 90% das verrugas genitais, e dos tipos 16 e 18, responsáveis por 70% dos cânceres de colo de útero, destina-se à prevenção da displasia cervical de elevado grau de colo de útero ou da vulva, carcinoma de cérvice uterina e verrugas genitais provocados por esses vírus. A vacina Cervarix®, desenvolvida pelo laboratório farmacêutico GlaxoSmithKline, contém as proteínas L1 purificadas dos HPV-16 e HPV-18.

São recomendadas três doses da vacina em um período de 6 meses: Gardasil® – 0, 2 e 6 meses, e Cervarix® – 0, 1 e 6 meses. Até o momento, os laboratórios consideram a proteção pelas vacinas válida por um período de 5 anos.

A Anvisa aprovou o uso da vacina em mulheres (2006) e homens (2011) de 9 a 26 anos, pelo reconhecimento em relação ao avanço trazido pelas vacinas que previnam as infecções causadas pelos principais tipos de HPV. A vacina quadrivalente foi incorporada ao calendário nacional de imunização do Sistema Único de Saúde (SUS) em 2014, para meninas de 11 a 13 anos de idade, inicialmente em três doses (intervalo de 0, 6 meses e 5 anos). Atualmente, meninas de 9 a 14 anos e meninos de 11 a 14 anos podem tomar a vacina gratuitamente no SUS, sendo aplicadas duas doses da vacina, com intervalo de seis meses entre as doses. Para os que vivem com HIV e pessoas transplantadas, a faixa etária é mais ampla (9 a 26 anos) e o esquema vacinal é de três doses (intervalo de 0, 2 e 6 meses). No caso dos portadores de HIV, é necessário apresentar prescrição médica.

Outros grupos etários podem dispor das vacinas em serviços privados, se indicado por seus médicos. De acordo com o registro na Anvisa, a vacina quadrivalente é aprovada para mulheres entre 9 a 45 anos e homens entre 9 e 26 anos, e a vacina bivalente para mulheres entre 10 e 25 anos. No momento, as clínicas não estão autorizadas a aplicar as vacinas em faixas etárias diferentes das estabelecidas pela Anvisa.

Ambas as vacinas possuem maior indicação para meninas e meninos que ainda não iniciaram a vida sexual, uma vez que apresentam maior eficácia na proteção de indivíduos não expostos aos tipos virais presentes nas vacinas.

A vacina HPV é destinada exclusivamente à utilização preventiva e não tem efeito demonstrado ainda nas infecções preexistentes ou na doença clínica estabelecida. Portanto, a vacina não tem uso terapêutico no tratamento do câncer de cérvice uterina, de lesões displásicas cervicais, vulvares e vaginais de alto grau ou de verrugas genitais.

Apesar dos resultados promissores, as vacinas não previnem todas as infecções causadas pelos HPV, nem eliminam a necessidade de as mulheres realizarem o exame preventivo Papanicolaou anualmente.

Não existem métodos de controle específicos para as infecções causadas pelos diferentes tipos de HPV, sendo recomendado o uso de preservativos durante a relação sexual e, para os pacientes com epidermodisplasia verruciforme e imunodeficientes ou imunocomprometidos apresentando lesões cutâneas, recomenda-se a exposição mínima à luz solar.

O tratamento consiste na remoção das verrugas pelo emprego de agentes físicos ou químicos. Entre os métodos físicos, podem ser citados: remoção por crioterapia, eletrocauterização, excisão com alça diatérmica (filamento metálico submetido à corrente elétrica em baixos níveis) e *laser*. Entre os métodos químicos, podem ser empregadas substâncias como o ácido tricloroacético, a podofilina e o imiquimode.

O ácido tricloroacético (concentração de 50 a 90%) é aplicado em pequena quantidade, somente nas lesões, até que as mesmas adquiram aspecto branco e seco. Tem indicação nos casos de verrugas externas nos homens e mulheres, em especial quando não ocorre ceratinização da lesão e para lesões de mucosa vaginal ou cervical. Por não haver efeitos adversos para o feto, pode ser usado com segurança na paciente grávida até o término da gravidez. Não se deve aplicar sobre extensa área da região anal ou do meato uretral, em uma única aplicação, para evitar estenose. O sucesso terapêutico pode chegar a 80% e a taxa de recorrência vai de 30 a 60% com o uso tópico do ácido (Figura 21.11).

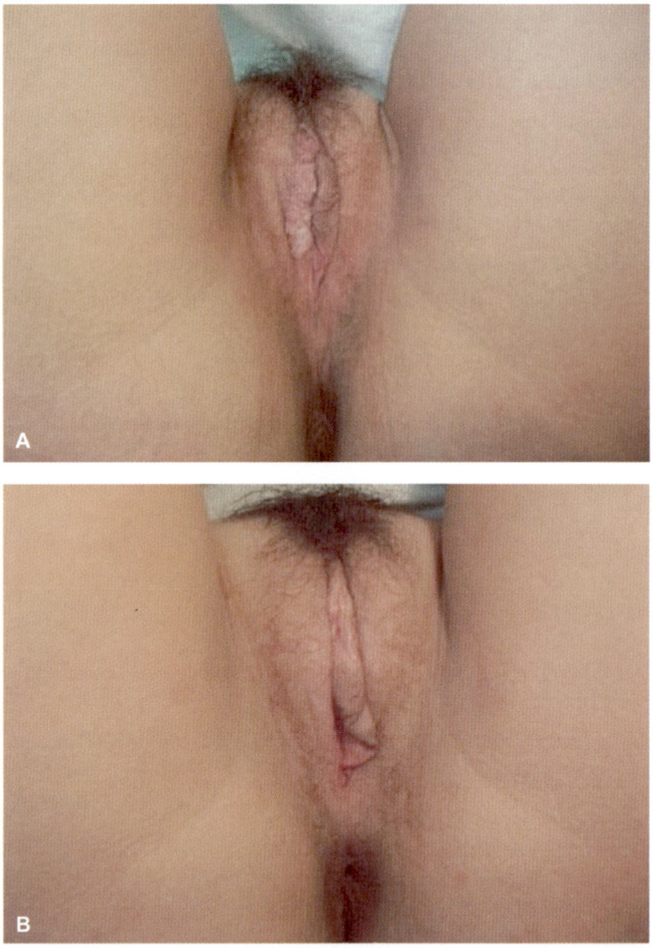


**Figura 21.11** Condiloma acuminado na vagina antes (**A**) e após (**B**) tratamento com ácido tricloroacético a 90%. Cortesia de Dra. Helena Lucia Barroso dos Reis.

A podofilina, um agente citotóxico constituído por uma mistura de resinas extraídas da planta *Podophyllun peltatum*, apresenta ação cáustica, ceratolítica, escarótica e antimitótica. A apresentação na forma de creme foi descontinuada pelo fabricante e não está mais disponível no SUS. Pode ser encontrada na concentração de 10 a 25% em veículo alcoólico ou tintura de benjoim. Pela promoção de ação lesiva na pele, sua administração não deve ser feita pelo próprio paciente. A pele saudável deve ser protegida com vaselina ou pasta de óxido de zinco antes de a podofilina ser aplicada sobre as lesões da pele, devendo-se lavar a região com água e sabão 4 a 6 horas depois da aplicação. A aplicação deve ser realizada 1 a 2 vezes/semana. Não deve ser usada em gestantes pelo risco de abortamento, parto prematuro e morte fetal. Pode causar efeitos neurotóxicos e nefrotóxicos em dosagens excessivas. O uso de podofilina tem sido cada vez mais restrito devido aos efeitos colaterais sistêmicos e ao baixo sucesso terapêutico.

O imiquimode (Aldara®) é um agonista do receptor do tipo *toll* (TLR, *toll-like receptor*) liberado pela Anvisa para uso tópico no tratamento de verrugas externas, genitais e anais causadas pelos HPV. Está disponível na forma de creme, na concentração de 50 mg/g, para ser aplicado sobre as lesões 3 vezes/semana até que a verruga desapareça, ou por um período máximo de 16 semanas.

Entre os quimioterápicos, o antineoplásico citostático 5-fluoruracila a 5% tem sido empregado no tratamento tópico.

Substâncias imunomoduladoras têm sido empregadas para o tratamento de lesões virais, dentre elas as causadas pelo HPV. Entre essas substâncias pode ser citado o imiquimode, empregado, principalmente, no tratamento de condiloma anal. Seu mecanismo de ação não está bem claro, mas por ter a capacidade de induzir a produção endógena de interferon-α e outras citocinas, como IL-12 e TNF-α, apresenta atividade antiviral e antitumoral. Sua autoaplicação é realizada sob a forma de creme a 5% diretamente sobre as lesões da pele, da vulva ou do pênis. O índice de remissão total das lesões é de cerca de 50% em pacientes imunocompetentes e 25% nos pacientes imunodeprimidos.

O emprego do interferon-α também tem sido recomendado para o tratamento sistêmico, intralesional e tópico, embora o tratamento por via sistêmica apresente muitos efeitos colaterais.

Para o tratamento das verrugas cutâneas, existe um fitoterápico à base de extrato alcoólico da planta *Thuya occidentalis* que pode ser usado topicamente. Nas infecções genitais, podem ser empregados óvulos preparados com o extrato.

A regressão das lesões não tratadas também ocorre e está associada, principalmente, à resposta imunológica celular do hospedeiro.

Em casos de carcinoma cervical, recomenda-se a remoção cirúrgica acompanhada de quimioterapia e/ou radioterapia.

# Herpesvírus de humanos 4 e 8 e poliomavírus de humanos 5

Gabriella da Silva Mendes

## Herpesvírus de humanos 4

### Histórico

A descrição do herpesvírus de humanos 4 (HHV-4), anteriormente denominado de vírus Epstein-Barr (EBV), ocorreu a partir de um estudo para a identificação da etiologia do linfoma de Burkitt (LB) em várias tribos de diferentes regiões da África Subsaariana. O LB já havia sido descrito, em 1958, pelo pesquisador que deu o nome ao linfoma, um cirurgião inglês que observou a presença de tumores de aspecto multifocal em maxilares de duas crianças da região de Kampala (África). Em 1963, Burkitt coletou células do linfoma de uma das crianças e as enviou para o Middlesex Hospital em Londres (Inglaterra), onde Epstein estabeleceu linhagens derivadas das células do LB *in vitro*. As células analisadas ao microscópio eletrônico revelaram a presença de partículas virais semelhantes às dos herpesvírus. Além disso, as linhagens celulares continham antígenos que podiam ser detectados empregando soros de pacientes com LB, o que permitiu estudos soroepidemiológicos sobre a doença.

A associação entre o vírus observado no LB e o quadro de mononucleose infecciosa (MI) ocorreu acidentalmente em 1967, quando uma estudante de pós-graduação, que trabalhava no grupo de cientistas liderados por Epstein, adoeceu de MI enquanto estava conduzindo um estudo soroepidemiológico sobre o LB. Uma amostra de soro obtida da estudante previamente ao desenvolvimento da doença não reagiu com antígenos do LB, mas a segunda amostra de soro obtida imediatamente após o quadro clínico apresentou reação positiva, demonstrando uma relação direta entre o LB e o vírus responsável pela MI apresentada pela estudante.

Com a finalidade de homenagear Epstein e sua estudante, o vírus presente nas células do LB foi denominado vírus Epstein-Barr, sendo um vírus biologicamente e antigenicamente diferente de outros vírus pertencentes à família *Herpesviridae*. A infecção pelo HHV-4 é restrita a seres humanos e alguns primatas não humanos.

Além de causar MI, o HHV-4 foi o primeiro vírus a ser considerado como indutor de neoplasias, devido ao seu potencial oncogênico. Além da sua associação ao LB, o HHV-4 também já foi associado a carcinoma de nasofaringe, leucoplasia pilosa e doença linfoproliferativa pós-transplante. Por outro lado, busca-se a associação da reativação do HHV-4 a outras patologias como úlceras genitais e orais, lesões dermatológicas e/ou estomatológicas como o líquen plano, pênfigo vulgar, carcinoma epidermoide, síndrome de Sjögren, doença periodontal e atividade do lúpus eritematoso.

### Classificação e características

O HHV-4 está classificado na família *Herpesviridae*, subfamília *Gamaherpesvirinae*, gênero *Lymphocryptovirus*, espécie *Human gammaherpesvirus 4*.

A partícula viral consiste no DNA circundado pelo capsídeo icosaédrico contendo 162 capsômeros, no tegumento composto de proteínas amorfas circundando o capsídeo, e no envelope lipoproteico contendo espículas glicoproteicas formadas pelas proteínas gB, gH, gL, gM, gN, gp350, gp42, gp78, gp150 e BMRF2 (Figura 21.12).

Foram identificados dois tipos de HHV-4 circulantes nas populações, nomeados de HHV-4-1 e HHV-4-2, anteriormente denominados tipos A e B. As principais diferenças identificadas entre o genoma do HHV-4-1 e HHV-4-2 estão localizadas nos genes que codificam os antígenos de latência nuclear (EBNA, EB [Epstein-Barr] *nuclear antigen*): EBNA2, EBNA3A, EBNA3B, EBNA-3C e EBNA-LP (proteína líder do EBNA [*EBNA leader protein*]). Ambos os vírus são encontrados em lavado de garganta de indivíduos imunocomprometidos, particularmente pacientes

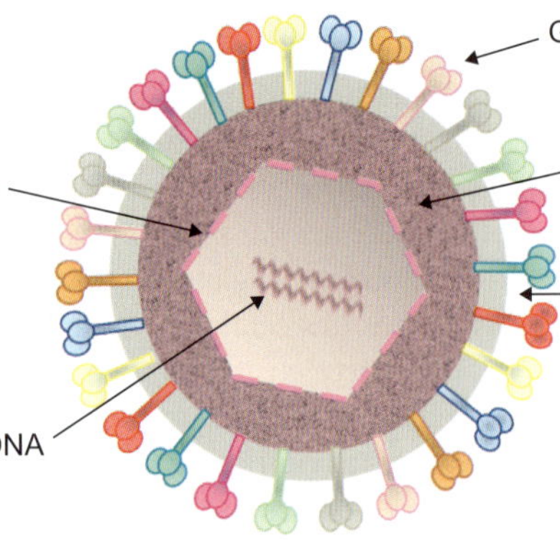


**Figura 21.12** Esquema da partícula do HHV-4. A partícula viral possui aproximadamente 200 nm de diâmetro e envelope glicolipoproteico contendo espículas de glicoproteínas. O capsídeo possui simetria icosaédrica e é circundado por uma camada de proteínas amorfas que constituem o tegumento. O genoma é constituído de DNA de fita dupla (DNAfd) linear.

infectados com o vírus da imunodeficiência humana (HIV, *human immunodeficiency virus*), os quais podem ser infectados com ambos os tipos e múltiplas estirpes. Recombinações intertípicas e deleções no antígeno EBNA2 já foram identificadas em vírus detectados na orofaringe e em linfócitos de indivíduos imunocomprometidos, e com menor frequência, em indivíduos saudáveis.

O genoma consiste em uma molécula de DNA de fita dupla (DNAfd) linear com cerca de 172 quilopares de bases (kpb), que codifica aproximadamente 100 proteínas virais, sendo, no entanto, apenas 12 genes expressos *in vitro* nas células B infectadas. As recombinações entre as repetições ao longo do genoma linear o tornam circular nas células infectadas, de maneira a permitir a formação de uma ligação circular covalente estável que permanece como epissoma de replicação autônoma e latente nas células infectadas. O genoma do HHV-4 se caracteriza por apresentar: duas a cinco repetições diretas seguidas da mesma sequência de 0,5 kpb nas terminações 3′ e 5′ (TR, repetições terminais [*terminal repeats*]); seis a 12 repetições seguidas de 3 kpb internas (IR1, *internal repeats*); domínios de sequências únicas curta ($U_S$, *unique short*) e longa ($U_L$, *unique long*) que detêm praticamente toda a capacidade codificante do genoma; sequências seguidas repetidas, perfeitas e imperfeitas, na sua maioria dentro das sequências de leitura aberta (ORF, *open reading frames*); e uma região duplicada, IR2, próxima à terminação esquerda da $U_L$, a qual consiste em múltiplas sequências repetidas seguidas, altamente conservadas, ricas em G/C de 125 pares de base (pb) e em uma sequência única de DNA de 2 kpb adjacente, todas possuindo grande homologia com a região IR4, próxima à terminação direita da $U_L$. A IR4 é composta de uma sequência repetida seguida, rica em G/C, de 102 pb, e de uma sequência única de DNA de 1 kpb adjacente. As sequências repetidas IR2 e IR4 estão localizadas dentro de ORF e incluem as origens (ori*Lyt*, *lytic origin of replication*) de iniciação da replicação do DNA viral (Figura 21.13).

Até o momento, foram descritos seis antígenos nucleares: EBNA1, EBNA2, EBNA3A, EBNA3B, EBNA3C e EBNA-LP, juntamente com as proteínas de latência presentes em membranas (LMP1, LMP2A e LMP2B, *latent membrane protein*), dois RNA pequenos (EBER1 e EBER2) e dois grupos de microRNA (miRNA). No Quadro 21.4 são mostrados alguns exemplos de produtos gênicos expressos pelo HHV-4.

## *Biossíntese viral*

Como todos os herpesvírus, o HHV-4 pode se manter na célula por meio do ciclo lítico ou na forma latente. No estado latente o genoma viral, na forma epissomal, se comporta como o DNA cromossomal da célula hospedeira. No ciclo lítico ou produtivo, o genoma viral é amplificado 100 a 1.000 vezes por enzimas virais. A propagação produtiva do DNA viral ocorre em sítios no núcleo celular denominados compartimentos de biossíntese; o programa de propagação lítica interrompe a progressão do ciclo de divisão celular na fase S e altera o ambiente celular, o que favorece a biossíntese viral.

Os linfócitos B e as células epiteliais são os principais alvos de infecção. A infecção dos linfócitos B de memória induz a proliferação contínua dessas células resultando em uma linhagem celular linfoblastoide (LCL) que expressa um número limitado de produtos gênicos. Dessa maneira, o vírus ativa células B quiescentes a entrar no ciclo de divisão celular, mantém as células em proliferação contínua e impede essas células de sofrerem apoptose. Estudos mostram que *in vitro* o HHV-4 infecta somente linfócitos B. Esse tropismo restrito é explicado pela distribuição dos receptores do HHV-4 no epítopo $CD_{21}$, também denominado CR2 (receptor 2 do complemento [*complement receptor 2*]), encontrado nesses linfócitos. A infecção das células epiteliais resulta na biossíntese viral, na lise da célula e na liberação de partículas infecciosas.

O HHV-4 utiliza diferentes combinações de glicoproteínas para infectar os linfócitos B e as células epiteliais, mas de forma semelhante aos outros herpesvírus, a base do complexo de fusão consiste em gB e gH/gL, sendo gB a proteína fusogênica.

A adsorção do vírus à célula é mediada pela molécula $CD_{21}$, que é um receptor para a fração C3d do sistema complemento e está presente nas células B e nas células epiteliais das tonsilas. Em células epiteliais que não apresentam $CD_{21}$, a proteína BMRF2 (glicoproteína do envelope viral) pode ter participação no processo de adsorção ligando-se à integrina β1. Tanto a adsorção como a fase inicial da penetração viral são mediadas pela interação de $CD_{21}$ com a principal proteína da superfície viral, que é a glicoproteína gp350. Essa interação resulta no capeamento desse receptor, seguido de endocitose. A gp42 interage com moléculas de antígeno leucocitário humano (HLA; *human leukocyte antigen*) II, desencadeando a fusão do envelope viral com a membrana celular mediada por gH/gL e gB, levando à liberação do nucleocapsídeo no citoplasma. Em células epiteliais a penetração do HHV-4 ocorre por fusão direta do envelope viral com a membrana citoplasmática e em linfócitos B a penetração ocorre por endocitose seguida de fusão com a membrana endocítica.

O desnudamento do nucleocapsídeo e o transporte do genoma viral para o núcleo celular não são bem compreendidos. No citoplasma, o capsídeo é removido e o genoma é transportado para o núcleo. Uma vez dentro do núcleo, o genoma é circularizado como já foi descrito anteriormente, o que precede a expressão dos genes virais iniciais ou coincide com ela. Durante o ciclo lítico, o genoma do HHV-4 é replicado pela DNA polimerase viral enquanto, no ciclo latente, o DNA epissomal é replicado pela DNA polimerase celular.

### Expressão de genes virais na infecção lítica

*In vivo* a ativação e a diferenciação das células B de memória em plasmócitos inicia o ciclo lítico do HHV-4. Existem três classes

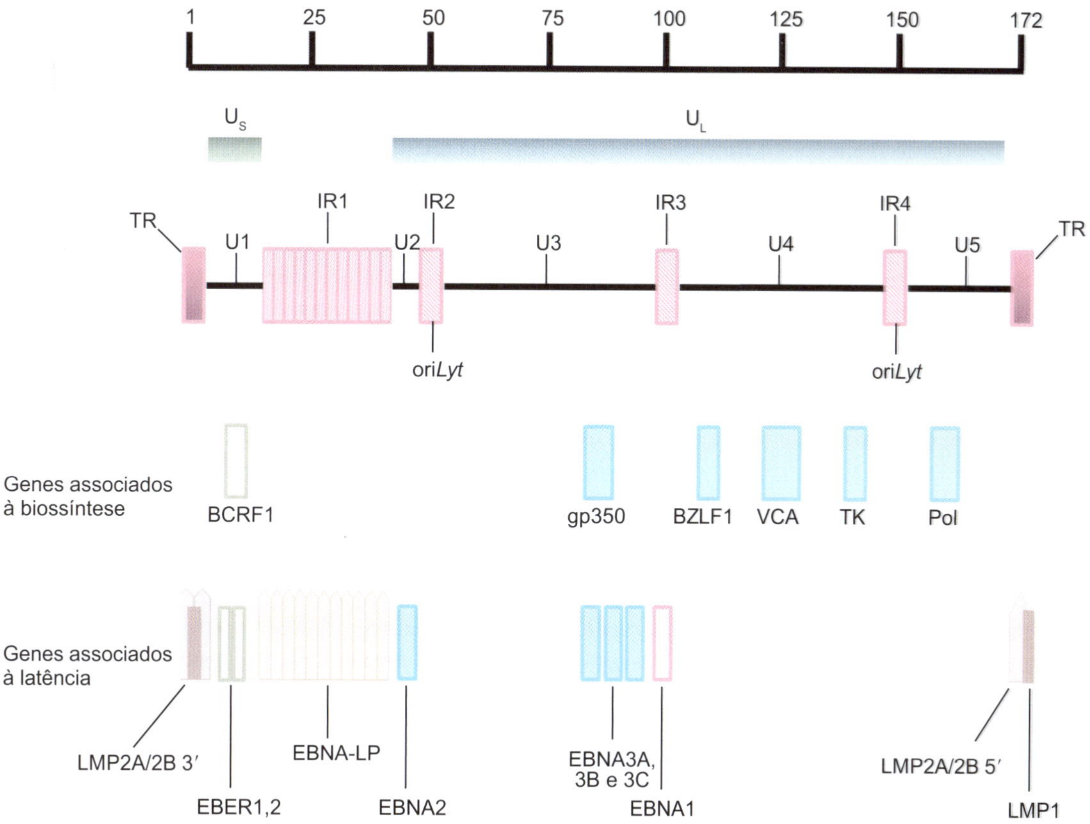


**Figura 21.13** Estrutura genômica do HHV-4 e localização de alguns genes relevantes para a biossíntese e latência viral. O genoma consiste em uma molécula de DNA de fita dupla de aproximadamente 172 quilopares de base (kpb) arrumado em sequências únicas, curta ($U_S$, *unique short*) e longa ($U_L$, *unique long*), organizadas em séries de domínios únicos (U1 a U5); repetições internas (IR1 a IR4, *internal repeats*) e regiões terminais (TR, *terminal repeats*). Regiões repetidas menores ocorrem, mas não são mostradas na figura. São mostrados diversos genes codificados pelo HHV-4 que são relevantes para a biossíntese viral ou para a latência nos linfócitos B. A região que codifica o antígeno nuclear LP do HHV-4 (EBNA-LP, *EBV nuclear antigen leader protein*), as proteínas de latência presentes em membrana (LMP1, LMP2A e LMP2B, *latent membrane protein 1, 2A, 2B*) são produtos de *splicing* de porções descontínuas do genoma; LMP2A e LMP2B iniciam-se na terminação à direita do genoma circularizado e estendem-se através da TR à esquerda do genoma. EBER: *EBV-encoded small RNA* (pequenos RNA codificados pelo EBV [HHV-4]); BZLF1 (ou EB1, Zta ou Zebra): *trans-activator protein BZLF1* (proteína transativadora BZLF1); VCA: *viral capsid antigen* (antígeno do capsídeo viral); TK: *thymidine kinase* (timidino-cinase); Pol: *polymerase* (polimerase); ori*Lyt*: *lytic origin of replication* (origem lítica da replicação); BCRF1: *viral interleukin-10 homolog* (homólogo de interleucina 10).

**Quadro 21.4** Exemplos de produtos gênicos codificados pelo HHV-4.

| Produto gênico | Descrição |
|---|---|
| EBNA1 | Necessário para a replicação do epissoma e manutenção do genoma viral; associado aos cromossomas durante a mitose, garantindo a distribuição dos epissomas virais para a progênie celular |
| EBNA2 | Principal regulador da transcrição viral |
| EBNA3A, 3B e 3C | Consistem em uma família de três produtos gênicos de alto peso molecular; regulam a transcrição dos genes virais de latência; podem alterar significativamente a transcrição de genes celulares |
| EBNA-LP | Possivelmente regula a transcrição dos genes virais durante a latência |
| LMP1 | Mimetiza receptor para o fator de necrose tumoral (TNF, *tumor necrosis factor*); é essencial para a transformação dos linfócitos B mediada pelo HHV-4 |
| LMP2 | Mimetiza o receptor de célula B (BCR, *B cell receptor*) e atua bloqueando sinal para tirosino-cinase; relacionado com a LMP2A, mas não possui o domínio requerido pela LMP2A para a sinalização da tirosino-cinase |
| EBER 1 e 2 | Pequenos RNA nucleares abundantes na infecção latente pelo HHV-4 capazes de inibir a função da PKR (proteíno-cinase ativada por RNA [*protein cinase RNA-activated*]) e induzir a produção de interleucina (IL)-10 |
| BHRF1 e BART | MicroRNA (miRNA) BHRF1 são expressos durante a latência III, atua como homólogo de Bcl-2; miRNA BART são expressos em todos os tipos de latência |
| BZLF1 | Transativador de genes líticos, também denominado de Zebra, Zta ou EB1 |
| BRLF1 | Transativador de genes líticos |
| BCRF1 | Homólogo de IL-10 |

EBNA: *EBV nuclear antigen* (antígeno nuclear do EBV (HHV-4); EBNA-LP: *EBNA leader protein* (proteína líder do EBNA); LPM: *latent membrane protein* (proteínas de latência presentes em membranas); EBER: *EBV-encoded small RNA* (pequenos RNA codificados pelo EBV [HHV-4]); BART, BHRF1 e miRNA-146a: *EBV-encoded microRNA* (microRNA codificados pelo EBV [HHV-4]); BZLF1: *trans-activator protein BZLF1* (proteína transativadora BZLF1); BRLF1: *replication and transcription activator* (ativador de replicação e transcrição); BCRF1: *viral interleukin-10 homolog* (homólogo de interleucina 10).

de produtos gênicos líticos virais: proteínas iniciais imediatas (IE, *immediate-early*), iniciais (E, *early*) e tardias (L, *late*). Uma vez induzido o programa lítico, dois genes IE principais são expressos, BZLF1 (também denominado EB1, Zta ou Zebra) transativador e BRLF1, ativador de replicação e transcrição. Esses genes codificam transativadores de promotores virais e celulares, desencadeando uma cascata de expressão de genes virais: ativação dos genes E (p. ex., BNLF2a, inibidor viral do transportador associado ao processamento de antígeno), que apresentam diversas funções, incluindo metabolismo, replicação do DNA e bloqueio do processamento de antígenos; expressão em seguida dos genes L, que incluem as proteínas estruturais (p. ex., VCA, antígeno do capsídeo viral [*viral capsid antigen*]); e produtos gênicos envolvidos na evasão do sistema imunológico – SI (p. ex., BCRF1; homólogo de interleucina-10 [IL-10]).

Após a indução do ciclo lítico na célula permissiva, a biossíntese viral induz alterações citopáticas, incluindo marginação da cromatina nuclear e inibição da síntese de macromoléculas do hospedeiro. Ocorrem replicação do DNA viral, montagem dos nucleocapsídeos, envelopamento e brotamento das partículas através da membrana nuclear, e novo envelopamento das partículas nas membranas citoplasmáticas.

### Expressão de genes virais na infecção latente

Uma característica marcante da infecção por HHV-4 em linfócitos B é o estabelecimento de latência, a qual se caracteriza pela persistência viral, a expressão restrita de genes virais os quais alteram a proliferação celular e o potencial de reativação da infecção lítica. No estado latente, o genoma do vírus encontra-se na forma circular epissomal, não sendo produzidas novas progênies virais. Os epissomas são replicados de forma semiconservativa na fase S do ciclo de divisão celular pela DNA polimerase celular. Durante o estado de latência, um número limitado de genes virais é expresso, os quais possivelmente estão envolvidos no estabelecimento e manutenção do estado "imortalizado" da célula, incluindo as seis proteínas nucleares (EBNA1, EBNA2, EBNA3A, EBNA3B, EBNA3C e EBNA-LP) e as proteínas de latência presentes em membranas (LMP1 e LMP2A e LMP2B). São também expressos dois pequenos RNA não poliadenilados e não traduzidos (EBER1 e EBER2) e os miRNA BART e BHRF1. A latência pode ser interrompida por diversos ativadores celulares, resultando na expressão da proteína BZLF1 (proteína transativadora do HHV-4) e consequente destruição celular.

As características do padrão de expressão gênica em diferentes linhagens celulares mostraram a existência de quatro programas de latência distintos. Utilizando diferentes programas de transcrição, o genoma latente do HHV-4 pode ser replicado em células de memória em divisão (latência I), induzir diferenciação das células B (latência II), ativar células B virgens (latência III), ou restringir completamente toda a expressão gênica em células B de memória quiescentes (latência 0). No programa de latência tipo I, são expressos EBNA-1, EBER e os grupos de miRNA comumente referidos como BART (*Bam*HI-A, *rightward transcripts*). No programa tipo II, são expressos EBNA1, EBER, BART além de LMP1 e LMP2A e LMP2B. No programa do tipo III, todos os produtos gênicos de latência são expressos (Quadro 21.5).

O programa de expressão gênica do HHV-4 propriamente dito é a latência III. Após essa etapa, as células B penetram no centro germinativo, onde começa o programa de latência II que tem como objetivo assegurar que as células B infectadas sobrevivam no centro germinativo para que consiga ter acesso ao *pool* de células B de memória, nas quais o HHV-4 estabelece uma infecção persistente sem expressão de proteínas virais (latência 0). Quando EBNA-1 é expresso nas células B de memória, mesmo que de forma transitória, estabelece-se o programa de latência I. Esses programas de latência representam o estado pré-malignidade dos linfomas associados ao HHV-4. O linfoma de Burkitt e o carcinoma gástrico expressam o programa de latência I; linfoma de Hodgkin, carcinoma de nasofaringe e linfomas de células T expressam o programa II e alguns, porém não todos os linfomas de células B, expressam o programa de latência III. Na mononucleose infecciosa (MI), também é observado, ainda que transitoriamente, o programa de latência III. O HHV-4 é sintetizado nos programas de latência I, II e III através da proliferação das células B infectadas. O ciclo lítico ocorre somente nos programas 0 e I após metilação do genoma viral, pois o fator de transcrição BZLF1 tem predileção por CpG metilado (Figura 21.14).

### Reativação

As células B infectadas podem ocasionalmente ser estimuladas a reativar a infecção. Isso leva à produção de vírus que podem reinfectar novas células B, além de células epiteliais, podendo

**Quadro 21.5** Padrões de expressão de genes de latência do EBV.

| Tipo de latência | Padrão de expressão de genes de latência | | | | | | | | | |
|---|---|---|---|---|---|---|---|---|---|---|
| | EBNA1 | EBNA2 | EBNA3[a] | EBNA-LP | LMP1 | LMP2[b] | EBER[c] | BART[d] | BHRF1[e] | Doença |
| 0 | - | - | - | - | - | - | + | + | - | Portadores saudáveis |
| I | + | - | - | - | - | - | + | + | - | LB, CG |
| II | + | - | - | - | + | + | + | + | - | CN, LH, linfomas de células NK/T |
| III | + | + | + | + | + | + | + | + | + | MI, PTLD, LDGCB, LNH associado à AIDS |

LB: linfoma de Burkitt; CG: carcinoma gástrico; CN: carcinoma de nasofaringe; LH: linfoma de Hodgkin; MI: mononucleose infecciosa; PTLD: *post-transplant lymphoproliferative disorders* (desordens linfoproliferativas pós-transplantes); LDGCB: linfoma difuso de grandes células B; LNH: linfoma não Hodgkin; AIDS: *acquired immunodeficiency syndrome* (síndrome da imunodeficiência adquirida) [a]EBNA3A, 3B e 3C: *EBV nuclear antigen 3A, 3B, 3C* (antígeno nuclear 3A, 3B e 3C do EBV [HHV-4]); [b]LMP2A e 2B: *latent membrane protein 2A e 2B* (proteínas de latência presentes em membranas 2A e 2B); [c]EBER: *EBV-encoded small RNA* (pequenos RNA codificados pelo EBV [HHV-4]); [d]BART e [e]BHRF1: *EBV-encoded microRNA* (microRNA codificados pelo EBV [HHV-4]).

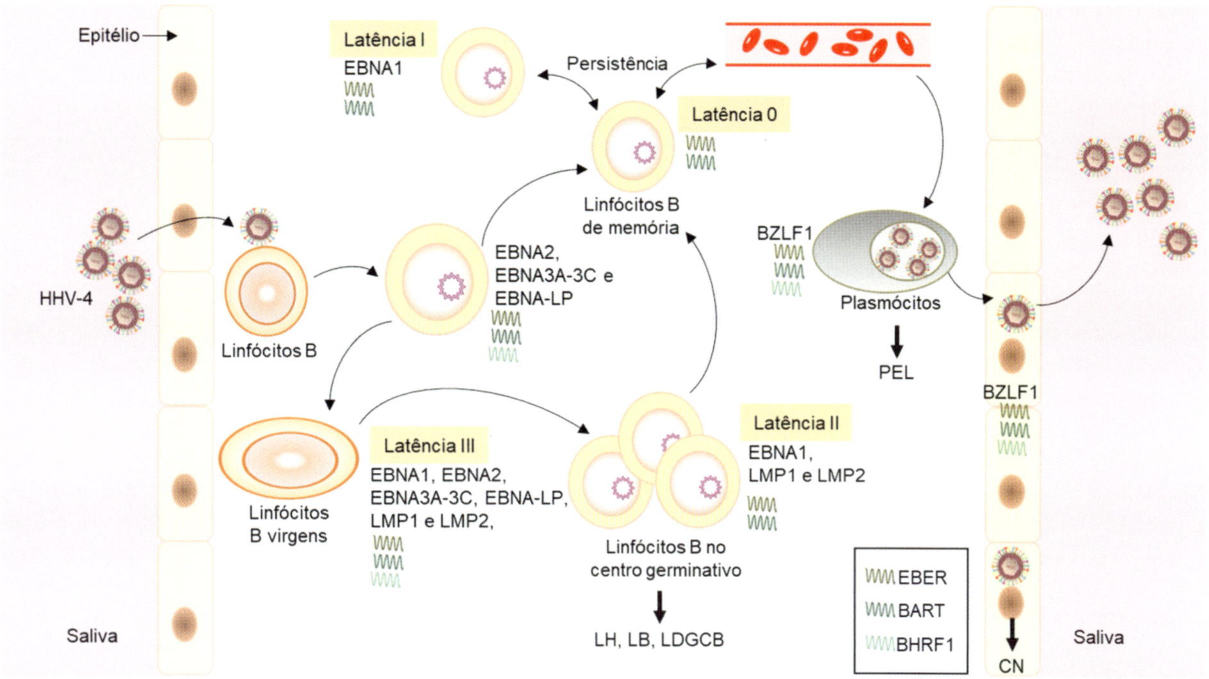


**Figura 21.14** Esquema da infecção e persistência do HHV-4. Após a atravessar o epitélio da mucosa oral, o vírus infecta células B em tecidos linfoides secundários, como as tonsilas. Nos quatro tipos de latência, essa infecção leva à proliferação das células infectadas, devido à expressão de todos ou alguns dos antígenos virais (EBNA2, EBNA3A, EBNA3C, EBNA-LP, LMP1, LMP2), além dos pequenos RNA (EBER), e dos miRNA (BART e BHRF1). Na latência 0, as células B de memória infectadas podem se diferenciar diretamente e são expressos apenas EBER e o miRNA BART. No programa de latência III, alternativamente, o HHV-4 pode infectar linfócitos B virgens e expressar todo o espectro de proteínas de latência (EBNA1, EBNA2, EBNA3A, EBNA3B, EBNA3C, EBNA-LP, LMP1 e LMP2), os EBER, BART e BHRF1. Na expressão do padrão de latência II, o vírus induz ativação e proliferação das células B, as quais migram para os folículos linfoides e formam os centros germinativos expressando EBNA1, LMP1, LMP2, EBER e BART. A expressão das proteínas LMP1 e LPM2 fornece o estímulo que permite às células B sobreviverem à reação dos CG e formarem células B de memória quiescentes, expressando o padrão de latência 0. Acredita-se que essa diferenciação via CG forneça precursores de pré-malignidade para algumas desordens linfoproliferativas associadas ao HHV-4 tais como: linfoma de Hodgkin (LH), linfoma de Burkitt (LB) e linfoma difuso de grandes células B (LDGCB). As células B de memória deixam os folículos linfoides e migram para o sangue periférico. Nesse ponto, a expressão das outras proteínas do HHV-4 está reduzida, permitindo assim a persistência do vírus nas células B e a evasão da resposta imunológica. A expressão intermitente do EBNA1 nas células em divisão permite que o vírus dissemine seu genoma para a progênie celular e mantenha a expressão de um número reduzido de proteínas de latência (EBNA1) e os RNA, EBER e miRNA BART (latência I) ou que nenhum gene seja expresso (latência 0). A latência pode ser interrompida por diversos ativadores celulares, resultando na expressão da proteína BZLF1, dos RNA EBER e miRNA BART e BHRF1. Assim, a partir das células B de memória, ocorre uma mudança do ciclo viral para o programa lítico, possivelmente desencadeado pela maturação das células B em plasmócitos, permitindo propagação do vírus, excreção do vírus na saliva e transmissão para um novo hospedeiro e/ou para um linfócito B não infectado no mesmo hospedeiro. A propagação intensa do vírus após a reativação do ciclo lítico pode ser encontrada no linfoma de efusão primário (PEL, *primary effusion lymphoma*) associado ao HHV-4. A reativação do ciclo lítico provavelmente permite a infecção de células epiteliais para excreção eficiente na saliva e transmissão do vírus. Essa infecção das células epiteliais pode originar os carcinomas associados ao HHV-4, por exemplo carcinoma de nasofaringe (CN). EBNA: *EBV nuclear antigen* (antígeno nuclear do EBV (HHV-4); EBNA-LP: *EBNA leader protein* (proteína líder do EBNA); EBER: *EBV-encoded small RNA* (pequenos RNA codificados pelo EBV [HHV-4]); BART e BHRF1: *EBV-encoded microRNA* (microRNA codificados pelo EBV [HHV-4]); LMP: *latent membrane protein* (proteínas de latência presentes em membranas); BZLF1 (ou EB1, Zta ou Zebra): *trans-activator protein BZLF1* (proteína transativadora BZLF1). O significado dos RNA presentes nas diferentes fases de latência encontra-se no boxe na margem inferior direita da figura. Adaptada de Münz, 2019.

levar à transmissão do vírus para novo hospedeiro. Ainda não se sabe precisamente o que desencadeia a reativação da biossíntese viral. Presume-se que isto ocorra quando a célula B carreando a infecção persistente latente responda a infecções não relacionadas com a infecção viral, uma vez que a estimulação de receptor de célula B desencadeia a reativação dessas células.

## Patogênese

A infecção pelo HHV-4 geralmente ocorre pelo contato direto com secreções orais. Contudo, a transmissão entre crianças também pode ocorrer em idades precoces devido ao contato oral com utensílios contaminados. A transmissão também tem sido documentada por transfusão sanguínea e transplante de órgãos.

As células epiteliais da orofaringe e os linfócitos B subjacentes nas criptas do epitélio tonsilar parecem ser as primeiras células infectadas. Essa infecção leva à produção contínua de partículas virais e liberação do vírus nas secreções orofaríngeas, assim como infecção de novas células B nos tecidos linfáticos associados à orofaringe. As células B de memória infectadas são responsáveis pela disseminação da infecção no sistema linforreticular. Uma consequência importante da infecção por HHV-4 em células B é que essas células são induzidas a ativar seu programa de divisão e desencadeiam a diferenciação em células de memória via reação de centro germinativo. A seguir, as células B de memória infectadas são liberadas para o sangue periférico. Após a infecção primária o número de células B infectadas diminui com o tempo, mas essas células nunca são completamente eliminadas (Figura 21.15). Acredita-se que, após a infecção aguda, 1 em cada $10^6$ células B carreie o genoma viral. A resposta imunológica celular que ocorre após a infecção é massiva, e aparentemente essa resposta não apenas limita a ocorrência de novos ciclos de biossíntese viral como também pode contribuir direta ou indiretamente para os sintomas clínicos da MI.

Os indivíduos infectados pelo HHV-4 podem eliminar o vírus na saliva durante a reativação mesmo não apresentando sintomas.

A manutenção do ciclo de transmissão da infecção pelo HHV-4 em seres humanos depende da propagação viral na orofaringe e espalhamento do vírus para indivíduos não infectados por contato com saliva infectada. O período de incubação é de aproximadamente 30 a 50 dias.

## Evasão do sistema imunológico

A capacidade do HHV-4 em persistir no organismo, a despeito da potente resposta imunológica formada contra ele, indica que o vírus apresenta estratégias para escapar do SI.

### Evasão da resposta imunológica inata

Assim como os outros gama-herpesvírus, o HHV-4 inibe a síntese de proteínas celulares através de uma desestabilização global do RNAm. Esse processo é denominado *shutoff* e é mediado pela proteína BGLF5, uma exonuclease que é expressa nos estágios iniciais da infecção. BGLF5 degrada tanto DNA quanto RNA, podendo afetar proteínas imunologicamente relevantes como TLR2 (receptor do tipo *toll 2* [*toll-like receptor 2*]) e TLR9. LMP1 também atua sobre TRL9, porém reduzindo sua transcrição.

Algumas proteínas do ciclo lítico do HHV-4 interferem com a ação dos fatores reguladores de interferon (IRF, *interferon regulatory factors*), que são os fatores de transcrição que induzem a produção de interferon-I (IFN-I). BZLF1 e LMP1 interagem com IRF7, inibindo sua atividade. BRLF1 reduz a expressão tanto de IRF3 quanto de IRF7, inibindo a produção de interferon-β (IFN-β). A proteína do tegumento LF2 tem IFR7 como alvo e inibe a produção de interferon-α (IFN-α). A proteíno-cinase BGLF4 inibe a atividade transcricional de IRF3, reduzindo

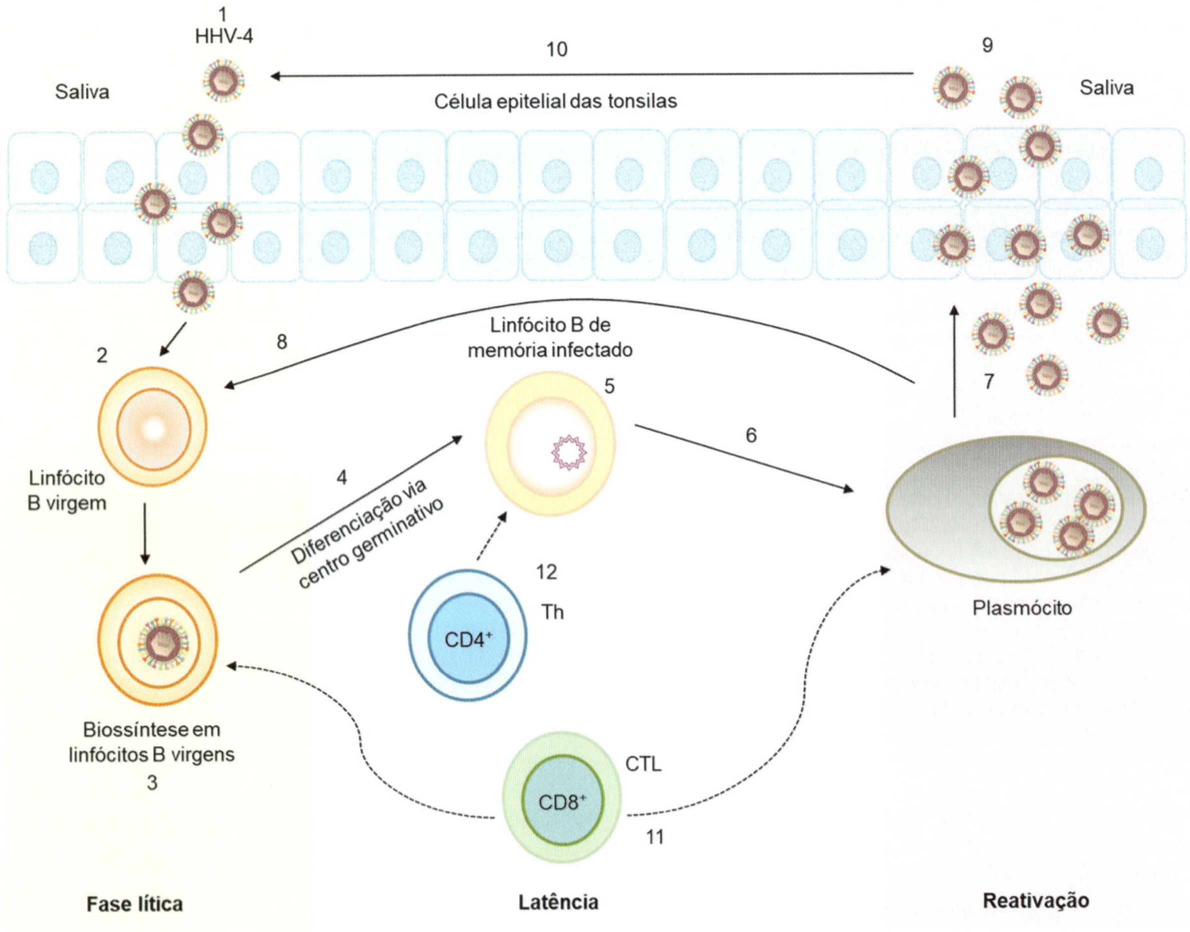


**Figura 21.15** Biologia da infecção pelo HHV-4. (**1**) O herpesvírus de humanos 4 (HHV-4) é transmitido primariamente por saliva contaminada, (**2**) infecta células do epitélio e células B no epitélio da orofaringe, ocorrendo biossíntese e ativação das células B. (**3**) Após a infecção das células B virgens no linfonodo, todos os genes de latência são expressos e as proteínas de latência viral induzem a subsequente proliferação e (**4**) diferenciação em células B de memória via centro germinativo na ausência de antígeno cognato. O trânsito através do CG resulta no estabelecimento da infecção persistente dos linfócitos B de memória (**5**), os quais são detectados no sangue periférico. A diferenciação das células B de memória em plasmócitos (**6**) resulta na reativação do ciclo lítico do vírus, expressão das proteínas líticas e produção de vírus infeccioso (**7**). Os novos vírus recém-produzidos podem infectar células B dentro dos tecidos linfoides (**8**) ou podem ser excretados na saliva (**9**), podendo contaminar novos hospedeiros (**10**). O controle da infecção primária do HHV-4 pelos linfócitos T citotóxicos (CTL; $CD_8^+$) é primariamente mediado pelo MHC I e interferon-γ (**11**). As células CTL específicas para as proteínas líticas e latentes do HHV-4 são detectadas em indivíduos soropositivos. O controle das células expressando EBNA1 por células T *helper* (Th; $CD_4^+$) (**12**) é também mediado por interferon-γ, mas por meio de MHC II. MHC I: *major histocompatibility complex class I* (complexo principal de histocompatibilidade de classe I); MHC II: *major histocompatibility complex class II* (complexo principal de histocompatibilidade de classe II).

a expressão de interferon-β (IFN-β). Já BCRF1 mimetiza a atividade da interleucina 10 (IL-10) mediante inibição da síntese de interferon-γ (IFN-γ) por células mononucleares do sangue periférico. A proteína LMP2 atua, em nível transcricional, na inibição de IFN e citocinas pró-inflamatórias e regula negativamente o receptor para IFN.

O NF-κB (fator nuclear κB [*nuclear factor κB*]) é um fator de transcrição, envolvido no controle da expressão de diversos genes ligados à resposta inflamatória. Ao ser transportado para o núcleo, sua atividade transcricional pode ser inibida pela proteína BZLF1, impedindo a ativação da resposta antiviral. A ativação de NF-κB pelos TLR é outro alvo das proteínas do HHV-4; BGLF4 inibe a fosforilação de um cofator necessário na cascata de sinalização, inibindo a atividade de NF-κB, enquanto BPLF1 (uma protease presente no tegumento da partícula viral) atua na reversão da ubiquitinação de diversos intermediários da cascata TRL, inibindo não só a atividade de NF-κB, mas também a produção de citocinas.

O HHV-4 pode interferir diretamente com as moléculas efetoras da imunidade inata. A proteína BARF1 (proteína secretada pelo HHV-4) funciona como um receptor solúvel para o fator de estimulação de colônia 1 (CSF-1, *colony-stimulating factor 1*). Como esse fator normalmente potencializa a expressão de IFN-α pelos monócitos, a proteína BARF1 pode funcionar como um receptor competidor para bloquear a ação desse IFN. A proteína BZLF1 possui múltiplas funções: (i) regula negativamente os receptores para fator de necrose tumoral-α (TNF-α; *tumor necrosis factor-α*) e INF-γ; (ii) suprime SOCS3 (supressor de sinalização de citocinas 3 [*suppressor of cytokine signaling 3*]), que é uma citocina sinalizadora, interrompendo a cascata que culmina com a produção de IFN-γ; (iii) leva à expressão da citocina imunossupressora TGF-β (fator transformador de crescimento β [*transforming growth factor β*]).

Como os IFN-α e -γ inibem a proliferação de células infectadas por HHV-4, *in vitro*, as diferentes estratégias utilizadas para bloquear a resposta inata favorecem a evasão do vírus do sistema imunológico do hospedeiro durante a infecção aguda ou na reativação do vírus em células apresentando infecção persistente latente.

A Figura 21.16 mostra, em resumo, os mecanismos utilizados pelo HHV-4 na evasão da resposta imunológica inata.

### *Evasão da resposta imunológica adaptativa*

A imunidade antiviral depende de uma resposta robusta dos linfócitos B e T ao vírus. Uma vez que o HHV-4 permanece dentro da célula a maior parte do tempo, sua detecção e eliminação dependem, em grande parte, do processamento e apresentação de antígenos para ativação dos linfócitos.

A proteína EBNA1 é capaz de bloquear a sua própria degradação por proteossomas na célula. Uma vez que as proteínas virais são normalmente clivadas em peptídeos, nos proteossomas, para serem apresentados às células T citotóxicas (CTL, *cytotoxic T lymphocytes*) via complexo principal de histocompatibilidade de classe I (MHC I, *major histocompatibilidade complex class I*), a capacidade de EBNA1 inibir sua degradação pode permitir à proteína evitar a ativação dos CTL. A ação dos CTL também é prejudicada pela atuação das proteínas LMP1 e LMP2, que regulam positivamente o promotor galectina-1, levando à indução de apoptose dessas células. O HHV-4 também promove redução da atividade dos linfócitos T *helper* via redução da expressão das moléculas de MHC II por meio da ação da BCRF (homólogo viral de IL-10) e BGLF5. A quantidade de MHC II na superfície da célula infectada pode ser reduzida pela proteína BILF1 (receptor acoplado à proteína G), que sequestra essa molécula da superfície e leva à sua degradação nos lisossomas. O vírus ainda pode fugir da atividade das células NK (*natural killer*) através da interferência na apresentação pós-transcricional do antígeno leucocitário humano II (HLA II, *human leukocyte antigen II*) por BZLF1 ao interferir na função da cadeia invariável.

O HHV-4 codifica, pelo menos, duas proteínas que inibem a apoptose. A proteína BHFR1 é um homólogo da proteína humana Bcl-2, a qual também bloqueia a apoptose, ao passo que a proteína viral LMP1 regula a expressão de várias proteínas celulares que inibem a apoptose, incluindo Bcl-2 e A20.

As células do LB infectadas pelo HHV-4 apresentam redução da expressão de várias proteínas que são importantes para a atividade dos CTL. Estas incluem proteínas transportadoras associadas com processadores de antígenos (TAP, *transporter associated with antigen processing*), que carreiam proteínas virais do citoplasma para o retículo endoplasmático (RE), para a apresentação do antígeno; moléculas de adesão celular, que permitem à célula entrar em contato com outras células; e moléculas de MHC de classe I (mas não de classe II), que permitem aos CTL reconhecerem células infectadas.

No Quadro 21.6 são mostrados exemplos de produtos gênicos do HHV-4 que inibem a resposta imunológica adaptativa do hospedeiro.

A imunossupressão é o único estímulo para a reativação do vírus que tem sido bem documentado na literatura. Durante a reativação as partículas virais são detectadas na saliva. Porém, outros estímulos foram descritos como: ação hormonal, citocinas e agentes químicos e físicos.

## HHV-4 e oncogênese

O HHV-4 foi o primeiro vírus descrito como associado a neoplasias. As teorias sobre a associação entre o HHV-4 e a formação de neoplasias malignas têm sido descritas desde 1985 e baseavam-se principalmente em características exclusivamente virais. Atualmente, sabe-se que o processo oncogênico é multifatorial e pode ser influenciado pelo padrão de latência, estirpe viral, *status* imunológico, expressão de proteínas oncogênicas, expressão de genes celulares, mutações e translocações, além de fatores culturais.

A proliferação descontrolada é a principal característica de uma célula transformada, e muitas proteínas virais estão envolvidas na regulação do ciclo de divisão celular, causando uma hiperproliferação e baixa taxa de apoptose levando, eventualmente à oncogênese. Como comentado anteriormente, o HHV-4 apresenta padrões distintos de latência (0, I, II e III), onde são expressas diferentes proteínas virais de latência. O tipo de latência depende do tipo de célula infectada e do estágio da célula B, por exemplo, o linfoma de Burkitt é caracterizado pela latência I; carcinoma de nasofaringe expressa latência II, pois o HHV-4 não induz expansão clonal em células epiteliais primárias (ver Quadro 21.5). O padrão de expressão gênica é essencial para tirar a célula da fase estacionária do ciclo celular e entrar na fase de divisão, manter esse estado de proliferação contínua, além de regular a apoptose.

### *Antígenos virais envolvidos na oncogênese*

As proteínas de latência e os miRNA virais codificados pelo genoma do HHV-4, além de permitirem a evasão da resposta

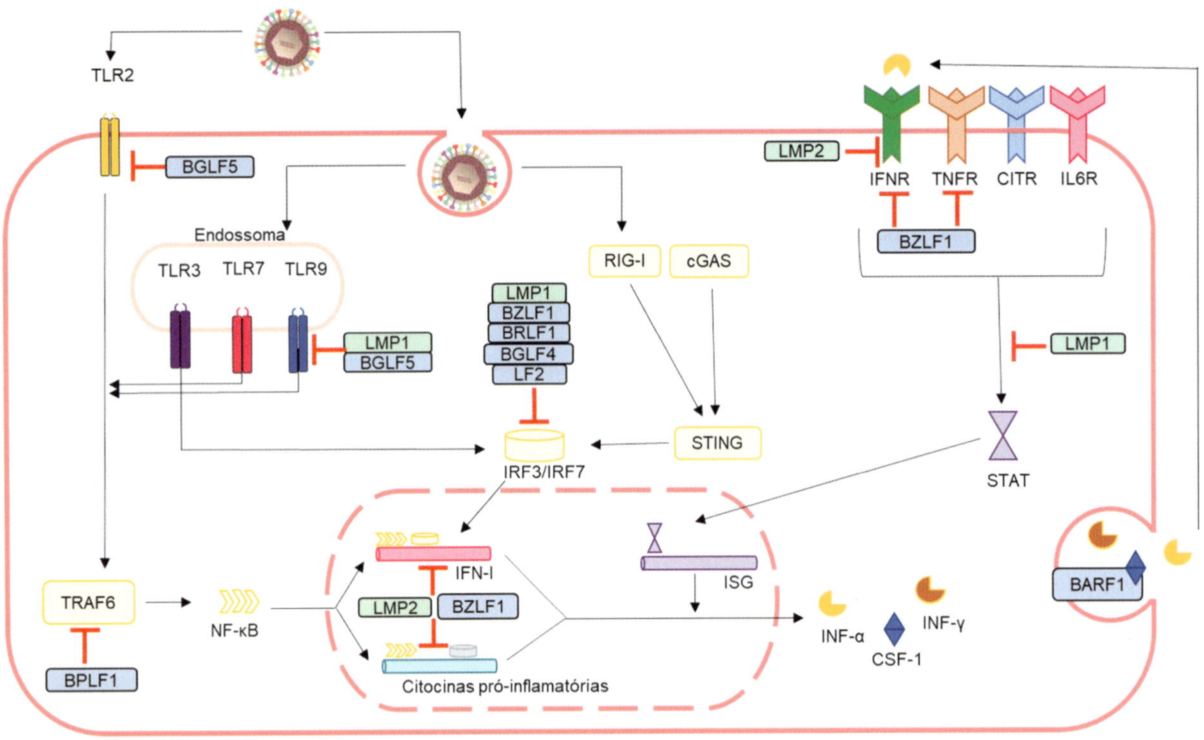


**Figura 21.16** Resumo dos mecanismos de escape da resposta imunológica inata utilizados pelo HHV-4. As partículas do herpesvírus de humanos 4 (HHV-4) podem ser detectadas pelos receptores de reconhecimento de padrões (PRR, *pattern recognition receptor*). Na superfície celular e no endossoma, o HHV-4 pode ser detectado por receptores do tipo *toll* 2 (TLR2). No citosol, componentes derivados ou induzidos pelo vírus podem ser detectados por sensores de RNA e DNA (p. ex., RIG-I, cGAS). O reconhecimento por esses mecanismos induz uma cascata de sinalização intracelular, resultando na ativação dos fatores reguladores de interferon (IRF, *interferon regulatory factors*) e do fator nuclear κB (NF-κB, *nuclear factor κB*) e, consequentemente, na transcrição gênica, levando à produção de citocinas e interferon do tipo I (IFN-I). Essas citocinas serão reconhecidas por receptores que ativarão as moléculas STAT (transdutor de sinal e ativador de transcrição [*signal transducer and activator of transcription*]). A translocação nuclear de STAT resulta na transcrição de genes de resposta a citocinas, como os genes estimulados por interferon (ISG, *interferon stimulated genes*) cujos produtos exercem funções antivirais diretas. Inúmeras etapas nessa via de sinalização desencadeada pelos PRR são alvos de proteínas do HHV-4 de latência (*verde*) ou de ciclo lítico (*azul*). CITR: *surface cytokine receptors* (receptores de citocinas da superfície); IFNR: *interferon receptor* (receptor de interferon); IFN-α: interferon-α; IFN-γ: interferon-γ; IL6R: *interleukin 6 receptor* (receptor de interleucina 6); TNFR: *tumor necrosis factor receptor* (receptor do fator de necrose tumoral); TRAF6: *TNF receptor (TNFR) associated factor* 6 (fator associado ao receptor TNF [TNFR] 6); CSF-1: *colony stimulating factor 1* (fator estimulador de colônia 1); RIG-I: *retinoic acid-inducible gene I* (gene indutor de ácido retinoico I); cGAS: *cyclic GMP-AMP synthase* (GMP-AMP-sintase cíclica); STING: *stimulator of interferon genes* (proteína estimuladora de genes de interferon); LPM1 e LPM2: *latent membrane protein* (proteínas de latência presentes em membranas); LF2: *EBV tegument protein* (proteína de tegumento do EBV [HHV-4]); BZLF1 (ou EB1, Zta ou Zebra): *trans-activator protein BZLF1* (proteína transativadora BZLF1); BRLF1: *replication and transcription activator* (ativador de replicação e transcrição); BPLF1: *large tegument protein deneddylase* (protease do tegumento); BGLF4: *serine-threonine-protein kinase* (serino-treonino-proteíno-cinase); BGLF5: *shutoff alkaline exonuclease* (exonuclease alcalina responsável pela desestabilização do RNAm); BARF1 (ou p33; 33 kDa *early protein*): *secreted protein BARF1* (proteína secretada BARF1). Adaptada de Ressing *et al*., 2015.

imunológica e alterar o ciclo celular, também desempenham papeis importantes diretamente no processo oncogênico.

A LMP1 é expressa em diferentes tipos de cânceres, incluindo câncer gástrico e linfomas de Burkitt e de Hodgkin. Essa proteína atua em vias de sinalização celular e na proliferação celular através da modulação de diversos processos, incluindo migração, diferenciação e tumorigênese. LMP1 é uma proteína integral de membrana constituída de um domínio N-terminal, seis regiões transmembrana e uma porção C-terminal que é dividida em três domínios. Estes domínios são denominados regiões de ativação C-terminal (CTAR, *C-terminal activating regions*) 1, 2 e 3 que interagem com diferentes fatores celulares e culmina na ativação das vias de NF-κB, JNK (cinases c-Jun N-terminais [*c-Jun N-terminal kinase*]), p38 MAPK (proteíno-cinase ativada por mitógeno p38 [*mitogen-activated protein kinase p38*]), JAK/STAT (*janus kinase* [janus cinase]/*signal transducer and activator of transcription* [transdutor de sinal e ativador de transcrição]) e PI3K/Akt (fosfatidil-inositol 3-cinase [*phosphatidylinositol 3-kinase*]/serino/treonino-proteíno-cinase [*serine/threonine-protein kinase*]).

CTAR-1 consegue desregular moléculas envolvidas na progressão do ciclo celular G1/S como o inibidor de diferenciação1 (Id1), $p27^{kip1}$, que é um inibidor de CDK (cinase dependente de ciclina [*cyclin-dependent kinase*], CDK2 e pRb (proteína de retinoblastoma [*retinoblastoma protein*]); ativar a via de sinalização de NF-κB, além de regular a atividade da telomerase promovendo a "imortalização" celular. Já CTAR-2 é o principal responsável pela ativação de NF-κB e da via JNK, responsável pelo processo de diferenciação das células T e apoptose. CTAR-3 é responsável por regular a via JAK/STAT que tem papel no crescimento e diferenciação de determinados tipos celulares.

A família das proteíno-cinases ativadas por mitógenos (MAPK) é constituída de três vias, denominadas ERK/MAPK (cinase regulada por sinal extracelular/proteíno-cinase ativada

Quadro 21.6 Exemplos de produtos gênicos codificados pelo HHV-4 que inibem o sistema imunológico.

| Produto gênico | Descrição |
|---|---|
| EBNA1 | Inibe seu próprio processamento no proteossoma |
| LMP1 | Regula positivamente o promotor galectina-1, levando à apoptose de CTL; regula positivamente IL-10; regula a expressão de Bcl-2 e A20, promovendo a inibição da apoptose |
| LMP2 | Aumenta a degradação de receptores de IFN; regula positivamente o promotor galectina-1, levando à apoptose de CTL |
| BARF1 | Receptor para CSF-1; inibe a secreção de IFN-α |
| BCRF1 | Homólogo de IL-10; inibe a síntese de IFN-γ pelas células T; reduz a expressão de MHC II, reduz a produção de IL-1α, IL-1b, TNF-α e IL-6 em monócitos; reduz os níveis de MHC I, ICAM-1, $CD_{80}$ e $CD_{86}$ em monócitos; reduz os níveis de RNAm de TAP1 e da proteína de proteossoma LMP2 |
| BGLF5 | Exonuclease, regula negativamente TLR2 e TLR9; reduz a expressão de MHC I e MHC II através da degradação do seu RNAm |
| BHRF1 | Homólogo de Bcl-2; bloqueia apoptose |
| BILF1 | Liga-se a moléculas de MHC I e remove MHC I da superfície da célula |
| BLLF3 (dUTPase) | Regula positivamente IL-10, TNF-α, IL-1b, IL-8 e IL-6 |
| BNLF2a | Interage com TAP e inibe sua função de ligação a peptídeo e ATP; reduz MHC I na superfície da célula |
| BZLF1 | Regula positivamente IL-10, inibe IRF7 (e IFN do tipo I); inibe a expressão de NF-κB, reduz a expressão dos receptores de TNF-α e IFN-γ; inibe a expressão de MHC II; reduz a resposta ao IFN do tipo I, interfere com a função da cadeia invariável de MHC I |
| BZLF2 (gp42) | Liga-se à cadeia HLA-DRb do MHC II e inibe a apresentação de antígeno |
| EBER | Regula positivamente IL-10, induz resistência à apoptose mediada por IFN-α |
| BART2 | Reduz a expressão do peptídeo MICB, provocando a redução da ação das células NK |
| miRNA-146a | Inibe a expressão de genes responsivos a interferon |

EBNA: *EBV nuclear antigen 1* (antígeno nuclear 1 do EBV (HHV-4); LPM1 e LPM2: *latent membrane protein 1, 2* (proteínas de latência presentes em membranas 1 e 2); BARF1 (ou p33; 33 kDa *early protein*): *secreted protein BARF1* (proteína secretada BARF1); BCRF1: *viral interleukin-10 homolog* (homólogo de interleucina 10); BGLF5: *shutoff alkaline exonuclease* (exonuclease alcalina responsável pela desestabilização do RNAm); BART, BHRF1 e miRNA-146a: *EBV-encoded microRNA* (microRNA codificados pelo EBV [HHV-4]); BILF1: *G-protein coupled receptor* (receptor acoplado à proteína G); BLLF3 (dUTPase): *deoxyuridine 5'-triphosphate nucleotidehydrolase* (desoxiuridina 5'-trifosfato nucleotídeo-hidrolase); BNLF2a: *viral inhibitor of the transporter associated with antigen processing* (TAP) (inibidor viral do transportador associado ao processamento de antígeno [TAP]); BZLF1 (ou EB1, Zta ou Zebra): *trans-activator protein BZLF1* (proteína transativadora BZLF1); BZLF2 (gp42): *glycoprotein 42* (glicoproteína 42); EBER: *EBV-encoded small RNA* (pequenos RNA codificados pelo EBV [HHV-4]); CTL: *cytotoxic T lymphocytes* (linfócitos T citotóxicos); IL-10: *interleukin 10* (interleucina 10); Bcl-2: *B-cell lymphoma 2; protein that regulates cell death* (linfoma de células B-2; proteína que regula a morte celular); A20 (ou TNFAIP3): *tumor necrosis factor alpha [TNF-α]-induced protein 3* (proteína 3 induzida por fator de necrose tumoral alfa); CSF-1: *colony stimulating factor 1* (fator estimulador de colônia 1); MHC I e MHC II: *major histocompatibility complex class I and II* (complexo principal de histocompatibilidade de classe I e II); ICAM-1: *intercellular adhesion molecule* (moléculas de adesão intercelular 1); TAP1: *transporter associated with antigen processing 1* (transportador associado ao processamento de antígeno 1); RNAm: RNA mensageiro; TLR: *toll-like receptor* (receptor tipo *toll*); ATP: *adenosine triphosphate* (trifosfato de adenosina); HLA-DRb: *human leukocyte antigen-DRB1 beta chain* (antígeno leucocitário humano-DRB1 cadeia beta); MICB: *MHC class I polypeptide-related sequence B* (sequência B do polipeptídeo do MHC classe I); NK: células *natural killer*; IFN: *interferon*.

por mitógeno [*extracellular signal-regulated kinase/mitogen-activated protein kinase*]), JNK/MAPK e p38/MAPK. As vias de sinalização MAPK estão envolvidas em diferentes eventos como proliferação, diferenciação, apoptose e migração, consequentemente, a desregulação de qualquer das três vias leva à carcinogênese. LMP2A ativa a sinalização via MAPK em diferentes tipos celulares infectados pelo HHV-4. Além dessas, LMP2A também ativa a via PI3K/Akt levando a um aumento no crescimento celular e a efeitos antiapoptóticos e inibe a via de NK-κB/STAT, cuja ativação leva ao desenvolvimento de uma atividade antitumor através do recrutamento e ativação de células do sistema imunológico. Por último, LMP2A se associa a c-*myc* (fator de transcrição) para promover a transição G1/S e hiperproliferação de células B através da degradação de $p27^{kip1}$.

O antígeno nuclear EBNA1 é essencial para a replicação do DNA viral e manutenção do epissoma durante a replicação celular nos estágios de latência em células infectadas. Ademais, é a única proteína expressa em todos os tipos de tumores associados ao HHV-4. Acredita-se que essa proteína regule e se ligue em promotores de muitos genes celulares; entretanto, as consequências e implicações dessas interações para a sobrevivência celular ainda não são bem compreendidas.

A expressão de EBNA2 é essencial para a transformação das células B. Essa proteína mimetiza a via de sinalização Notch, que coordena a diferenciação e proliferação celular. Além disso, interage diretamente com Nur77 (receptor nuclear) que, por sua vez, modula a função dos membros da família Bcl-2, influenciando o processo apoptótico. Outro antígeno que merece destaque é EBNA-LP, que funciona como coativador transcricional de EBNA2. EBNA-LP também parece estar envolvida na sobrevivência e transformação celular, porém, até o momento, pouco se sabe sobre esse assunto.

As EBNA3 (3A, 3B e 3C) formam uma família de proteínas que funcionam como reguladoras da transcrição viral e do hospedeiro. Assim como EBNA2, elas não se ligam diretamente ao DNA, mas interagem com diversos fatores de transcrição para transativar ou suprimir a expressão de um gene. EBNA3A e 3C, por exemplo, cooperam para regular negativamente, através de silenciamento epigenético, os supressores de tumor $p16^{INK4a}$ e

$p14^{ARF}$, assim como reduzem a indução de apoptose. Outro papel importante dessas proteínas é o bloqueio da diferenciação das células B em plasmócitos, ajudando a estabelecer a fase de latência. EBNA3C ainda consegue interagir com p53 e suas proteínas reguladoras. Já a função de EBNA3B necessita de mais estudos, mas acredita-se que funcione como uma proteína supressora de tumor.

Além dos antígenos nucleares e proteínas associadas à membrana, o HHV-4 expressa RNA não codificantes, denominados de EBER, e inúmeros miRNA. Embora a maioria dos EBER não seja essencial para o processo oncogênico, eles têm papel importante na evasão da resposta imunológica, inibindo a apoptose por ativação da PKR (proteíno-cinase ativada por RNA [*protein cinase RNA-activated*]). Os miRNA são abundantemente expressos em células B infectadas; entretanto, seu papel na oncogênese ainda não é claro. Mas sabe-se que, além do seu papel central na evasão do sistema imunológico, alguns alvos celulares já foram identificados para os miRNA BART e BHRF-1. Estes atuam em proteínas que influenciam o processo apoptótico e proliferativo.

O Quadro 21.7 apresenta um resumo das funções dos antígenos de latência na oncogênese.

## Manifestações clínicas

### Cânceres associados ao HHV-4

O HHV-4 é sintetizado no epitélio da orofaringe, porém estabelece uma infecção persistente latente em células B, e muitas das neoplasias associadas são, de fato, associadas a células B: linfoma de Burkitt, linfoma de Hodgkin, linfoma não Hodgkin associado à síndrome da imunodeficiência adquirida (AIDS, *acquired immunodeficiency syndrome*), linfoma difuso de grandes células B, entre outros. O HHV-4 também já foi associado a neoplasias em outros nichos celulares como nos linfomas malignos de células T ou NK, carcinoma de nasofaringe e carcinoma gástrico de origem epitelial.

Na Figura 21.17 é mostrado um esquema de classificação das neoplasias associadas ao HHV-4.

### Carcinoma de nasofaringe

Em comparação com outros cânceres, o carcinoma de nasofaringe (CN) é relativamente raro. De acordo com a International Agency for Research on Cancer, em 2018 foram relatados 129.000 novos casos de CN, o que representa 0,7% de todos os cânceres diagnosticados nesse ano. Independentemente disso, a distribuição geográfica global não é homogênea; mais de 70% dos casos ocorrem no leste e sudeste da Ásia. Ao longo das décadas, a incidência de CN vem gradualmente diminuindo, chegando até 30% em 20 anos, como é o caso de Hong Kong. Também é prevalente no nordeste da África, e entre os esquimós do Alasca e no Canadá.

Essa distribuição geográfica incomum levou a inúmeros estudos sobre os fatores de risco associados ao seu desenvolvimento, e foi identificado que, além da infecção pelo HHV-4, fatores ambientais e genéticos do hospedeiro também contribuem para seu desenvolvimento. Pessoas com histórico de tabagismo ativo ou passivo, que consumem muita comida enlatada, consomem álcool ou possuem uma baixa higiene oral encontram-se no grupo de risco para desenvolvimento do CN. Outro fator comumente associado é o consumo de peixes de água salgada, devido à presença de N-nitrosamina, que é carcinogênica. Em relação à faixa etária, o CN acomete com maior frequência indivíduos entre 35 e 50 anos de idade, com presença mais comum em homens do que em mulheres.

Diversos estudos explorando o cenário molecular do CN identificaram alterações genômicas cruciais que estimulam o desenvolvimento e a progressão do CN: mutações que causam perda de função dos reguladores negativos da via de NF-κB; lesões genéticas recorrentes incluindo a perda do *locus* CDKN2A/2B, mutações no gene *TP53*, na via de sinalização PI3K/MAPK (fosfoinositida 3-cinases/MAPK [*phosphoinositide 3-kinases/MAPK*]), e em genes que regulam o reparo do DNA.

A proteína viral LMP1 desempenha um papel essencial no desenvolvimento do CN. Ela atua na ativação constitutiva da

**Quadro 21.7** Proteínas de latência do HHV-4 e suas funções no processo oncogênico.

| Proteína de latência | Função |
|---|---|
| EBNA1 | Regula a replicação do DNA viral e a transcrição de genes virais e celulares |
| EBNA2 | Um dos principais fatores de transcrição viral; mimetiza a via de Notch, reduzindo a apoptose |
| EBNA-LP | Coativador transcricional de EBNA2 |
| EBNA3A e 3C | Inibem os supressores de tumor $p16^{INK4a}$ e $p14^{ARF}$; reduzem a indução da apoptose; impedem a diferenciação das células B em plasmócitos; EBNA3C interage com p53 e suas proteínas reguladoras |
| EBNA3B | Função hipotética de proteína supressora de tumor codificada pelo vírus |
| LMP1 | Ativa as vias de NF-κB, JAK/STAT, ERK/MAPK influenciando a migração e diferenciação celular; regula a atividade da telomerase, promovendo a "imortalização"; inibe apoptose |
| LMP2 | Ativa a via PI3K/Akt, levando ao aumento da divisão celular; promove a transição G1/S e a hiperproliferação celular; bloqueia apoptose |
| EBER 1 e 2 | Evasão da resposta imunológica, inibindo a apoptose por ativação da PKR |
| BART e BHRF-1 | Evasão da resposta imunológica; interagem com proteínas que influenciam o processo apoptótico e proliferativo |

EBNA: *EBV nuclear antigen 1* (antígeno nuclear 1 do EBV (HHV-4); EBNA-LP: *EBNA leader protein* (proteína líder do EBNA); LPM1 e LPM2: *latent membrane protein* (proteínas de latência presentes em membranas); EBER: *EBV-encoded small RNA* (pequenos RNA codificados pelo EBV [HHV-4]); BART e BHRF1: *EBV-encoded microRNA* (microRNA codificados pelo EBV [HHV-4]); p53: *tumor protein p53* (proteína de tumor 53); NF-κB: nuclear factor κB (fator nuclear κB); JAK/STAT: *Janus kinase (JAK)/signal transducer and activator of transcription (STAT)* (Janus cinase [JAK])/transdutor de sinal e ativador da transcrição [STAT]); ERK/MAPK: *extracellular signal-regulated kinase/mitogen-activated protein kinase* (cinase regulada por sinal extracelular/proteíno-cinase ativada por mitógeno); PKR: *protein kinase RNA-activated* (proteíno-cinase ativada por RNA).

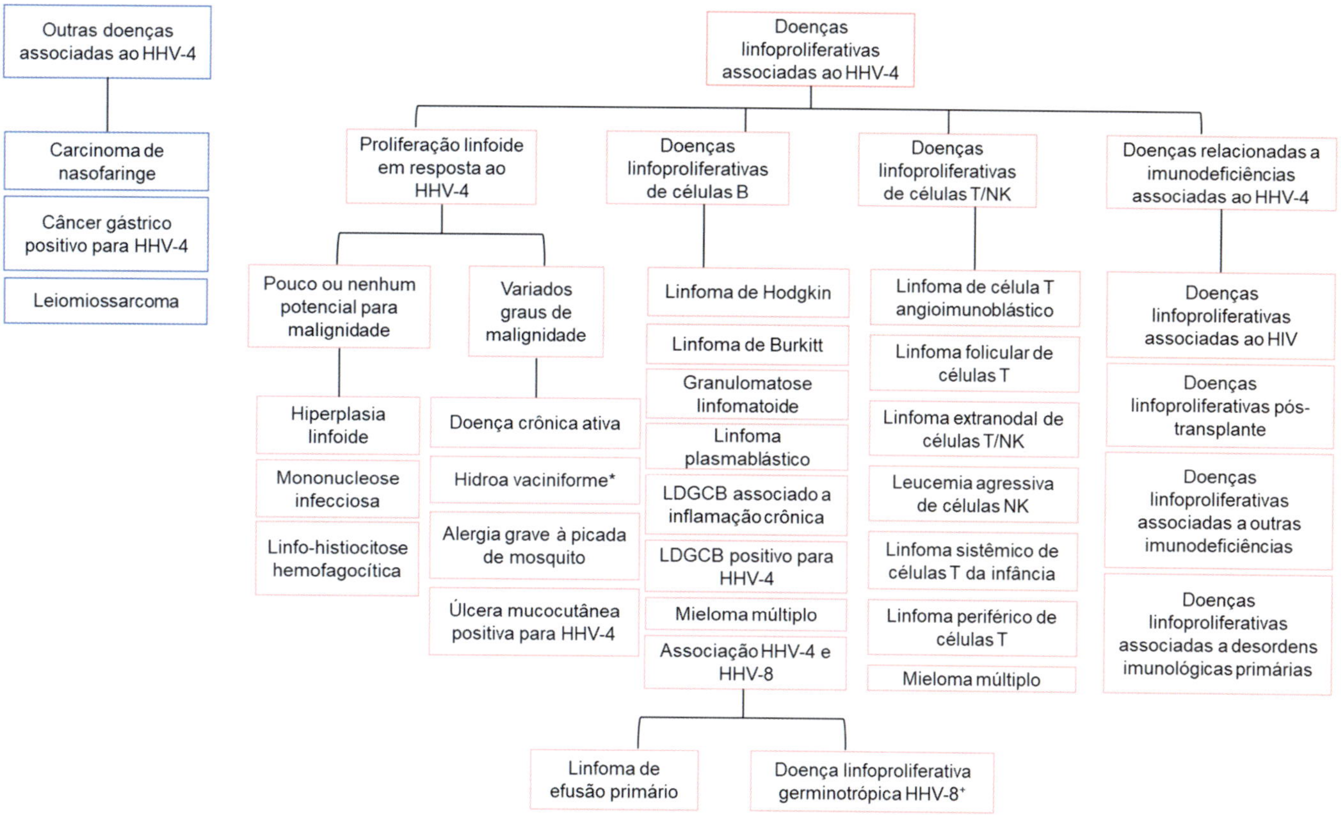


**Figura 21.17** Esquema de classificação das neoplasias associadas ao HHV-4. LDGCB: linfoma difuso de grandes células B; HHV-8: herpesvírus de humanos 8; HIV: vírus da imunodeficiência humana. *Hidroa vaciniforme: fotodermatose muito rara vista geralmente na infância.

sinalização de NF-κB, reprograma o metabolismo celular e, juntamente com LMP2A, promove metástase. Os miRNA BART contribuem para a manutenção da latência viral e promovem a sobrevivência celular.

Foi observado que o genoma do HHV-4 está presente nas células epiteliais transformadas e em lesões displásicas pré-invasivas ou em carcinomas *in situ*, porém não nos linfócitos presentes no tumor, o que demonstra que a infecção pelo vírus precede o desenvolvimento de tumores invasivos.

De acordo com a Organização Mundial da Saúde (OMS), o CN pode ser patologicamente dividido em três subtipos: carcinoma de células escamosas ceratinizadas, carcinoma de células não ceratinizadas e carcinoma escamoso basaloide. O carcinoma de células não ceratinizadas pode ser subdividido em diferenciado (2a) e indiferenciado (2b). O termo linfoepitelioma também é utilizado para designar esses dois subtipos de tumor, sendo as novas nomenclaturas 2a e 2b correspondentes aos tipos 2 e 3 da antiga classificação.

O subtipo ceratinizado é encontrado em menos de 20% dos casos mundialmente distribuídos, e é relativamente raro nas áreas endêmicas. O subtipo não ceratinizado é responsável pela maioria dos casos em áreas endêmicas (> 95%). O carcinoma de células não ceratinizadas subtipo indiferenciado parece estar mais relacionado com a infecção pelo HHV-4, promovendo de maneira ainda incerta o desenvolvimento do câncer em pacientes mais jovens (em torno dos 15 aos 17 anos). Desse modo, a presença do genoma viral em linfonodos metastáticos pode sugerir carcinoma de nasofaringe como sítio primário, porém o sítio de origem é variado. Os locais mais acometidos são as paredes laterais da nasofaringe, mais frequentemente o recesso faríngeo lateral e o toro tubário.

As manifestações clínicas do CN dependem em geral da localização, do tamanho e do percurso de disseminação gerado por esses tumores, sendo os de menor tamanho, assintomáticos. Contudo, os pacientes podem apresentar otite média serosa, obstrução nasal, cefaleia, epistaxe (sangramento nasal), dor de garganta, sensação de ouvido tampado e trismo (contratura dolorosa da musculatura da mandíbula), o que estará diretamente relacionado com o grau de acometimento das estruturas adjacentes e da extensão da lesão.

O CN caracteriza-se como uma neoplasia que não apresenta ligação entre o tamanho do tumor e a presença de metástases em linfonodos. Verificou-se que, em torno de 90% dos casos, essas metástases estão presentes no momento do diagnóstico e que 50% desses casos já apresentam doença bilateral. As metástases podem acometer os pulmões, os ossos e o fígado.

Como o sistema de classificação atual baseado na anatomia não é suficiente para prever um prognóstico ou benefícios de determinado tratamento, muitos estudos avaliaram a incorporação de outros fatores clínicos e marcadores biomoleculares. Atualmente, a proposta é uma combinação da avaliação das concentrações plasmáticas do DNA do HHV-4 antes do início do tratamento e de variações clinicopatológicas. Outros biomarcadores como grau de metilação do DNA, miRNA e RNAm também demonstraram um valor positivo em prever o prognóstico do paciente com CN.

A radioterapia é o principal e único tratamento curativo para CN. Atualmente tem se utilizado a radioterapia de intensidade modulada (IMRT, *intensity-modulated radioterapy*) em vez dos métodos convencionais e tem-se observado uma taxa de sobrevivência entre 80 e 90% mesmo para CN em estágios avançados. A combinação da radioterapia com quimioterapia é outro avanço crucial no tratamento de CN local avançado. Em relação ao quimioterápico, os protocolos variam, porém o fármaco de primeira escolha é a cisplatina. Entretanto, como o controle local é excelente com a radioterapia, muitos centros preferem restringir a quimioterapia a indivíduos com alto risco de metástase.

### Linfoma de Burkitt

O LB representa um subgrupo de linfoma não Hodgkin de alto grau com características epidemiológicas, moleculares e clínicas distintas, que foi classificado pela OMS dentro dos tumores do tecido linfoide, como neoplasia de células linfoides B maduras. Caracteriza-se por ser um tumor de células B e tende a se disseminar para áreas além do sistema linfático, como a medula óssea, o sangue, o sistema nervoso central (SNC) e o liquor, apresentando três variações clínicas:

- LB endêmico: com ocorrência na África Equatorial (onde está associado à malária), na Papua-Nova Guiné e na Região Nordeste do Brasil, demonstrando-se como a principal neoplasia maligna que acomete pacientes pediátricos nessas localizações. Possui predominância para o sexo masculino, principalmente crianças entre 4 e 7 anos. Em crianças com menos de 18 anos de idade, a incidência é de 3 a 6 casos a cada 100.000 crianças, anualmente
- LB esporádico: ocorre na América do Norte e Europa com uma idade média de diagnóstico de 30 anos em adultos e 3 a 12 anos em crianças. Apresenta uma estimativa anual de incidência de 4 a cada 1 milhão de pessoas com menos de 18 anos de idade e de 2,5 a cada 1 milhão de adultos
- LB associado à imunodeficiência: verificado com frequência em pacientes infectados pelo HIV, em que, nos casos de progressão para a imunodeficiência, pode representar uma de suas manifestações iniciais. Essa categoria apresenta três classificações: clássico, com diferenciação plasmocitoide e atípico. Apresenta uma incidência de 22 a cada 100.000 pessoas nos Estados Unidos da América (EUA).

Atualmente, o LB representa aproximadamente entre 1 e 5% de todos os linfomas não Hodgkin. Como a maioria dos linfomas, é mais prevalente em homens, com uma taxa de 3 a 4,1 homens para cada mulher, acometendo mais pessoas caucasianas do que pessoas com ascendência africana ou asiática.

O tumor localiza-se, geralmente, na mandíbula, e mais de 90% dos casos estão associados à infecção por HHV-4. No entanto, grandes quantidades de células neoplásicas podem se acumular nos linfonodos e nos órgãos abdominais, acarretando aumento de volume. A infecção pelo *Plasmodium falciparum*, possivelmente, reduz a capacidade das células T para controlar as células B infectadas e intensifica sua proliferação.

O padrão de latência associado ao LB é o padrão I, onde somente EBNA1 é expressa, juntamente com EBER e miRNA. Sabendo que EBNA1 não tem papel direto na transformação de célula e que EBER e miRNA estão associados com evasão da resposta imunológica, o desenvolvimento do LB está associado a outros fatores.

As células do LB apresentam uma translocação envolvendo os cromossomas 8 e 14, 8 e 22, ou 8 e 2. Essa translocação resulta no posicionamento do oncogene c-*myc* (cromossoma 8) próximo à região do genoma que codifica as cadeias pesadas (cromossoma 14, *IGH, immunglobulin heavy chain*) ou as cadeias leves (cromossomas 2, *IGK, immunoglobulin kappa light chain* ou 22, *IGL, immunoglobulin lambda light chain*) de imunoglobulinas, levando a uma regulação anormal do gene c-*myc* (Figura 21.18) A expressão do c-*myc*, em células B imortalizadas pelo HHV-4, resulta no aumento da malignidade da célula.

Entretanto, estudos recentes sugerem que c-*myc* não é um iniciador dos eventos oncogênicos, mas atua com efeitos pleotrópicos, como um amplificador universal de genes transcricionalmente ativos. Foi demonstrado que mutações envolvendo TP53, ID3, TCF3 (codifica E2A) e CCND3 (codifica ciclina D) são frequentes nos LB, implicando uma nova via de cooperação oncogênica em sua patogênese.

Embora o padrão de latência comum para o LB seja a latência I, um padrão diferente foi identificado em um pequeno número de linhagens celulares derivadas do LB. Essas linhagens contêm deleções de 6 a 8 kb que eliminam o antígeno nuclear EBNA2, o que leva a uma alteração no promotor (que é regulado por EBNA1), fazendo com que EBNA3 e EBNA-LP sejam expressos. Além desses genes, também foram encontrados altos níveis de BHRF1 que codifica um homólogo a Bcl-2, favorecendo a sobrevivência dessas células.

O tratamento convencional dos LB consiste em quimioterapia de alta intensidade e curta duração a fim de alcançar células de crescimento rápido. Devido à eficácia da quimioterapia e a disseminação do LB, a radioterapia não é, comumente, utilizada. A remoção cirúrgica somente é indicada em casos de complicações como obstrução intestinal.

### Linfoma de Hodgkin

O linfoma de Hodgkin (LH) é um linfoma de células B e representa aproximadamente 10% de todos os linfomas, e se distingue de outros linfomas não Hodgkin pelo contínuo espalhamento do tumor ao longo do sistema linfoide, e morfologicamente pela presença de um espectro de células neoplásicas, incluindo células de Hodgkin mononucleadas (H), células de Reed-Sternberg multinucleadas (RS) e células mumificadas (degeneradas) em um cenário inflamatório.

De acordo com a OMS, baseando-se nas características morfológicas e imunofenotípicas das células neoplásicas, o LH pode ser subdividido em: LH clássico e LH nodular com predomínio de linfócitos (NLPHL, *nodular lymphocyte predominat Hodgkin's lymphoma*). O LH clássico pode ainda ser subdividido em: nodular esclerosante (NS, *nodular sclerosis*), de celularidade mista (MC, *mixed cellularity*), clássico rico em linfócitos (LRC, *lymphocyte-rich classic*) e de depleção linfocitária (LD, *lymphocyte depleted*). Entre os cinco subtipos, o MC é o mais comumente associado com o HHV-4 mundialmente, variando de 72 a 86%, enquanto o NLPHL é quase sempre HHV-4 ausente em países ocidentais, com raras exceções.

As células neoplásicas, em virtualmente todos os casos de LH, são derivadas de células B do centro germinativo com deficiência de receptores BCR (receptor de células B [*B-cell receptor*]) na superfície, imunoglobulinas transcritas erroneamente e perda de programas replicativos, devido ao silenciamento epigenético. A patogênese molecular do LH mostra um equilíbrio entre efeitos proliferativos e apoptóticos que envolvem TRAF (*TNF receptor (TNFR) associated factor*; fator associado ao receptor TNF [TNFR]), NF-κB, STAT e cFLIP (proteína celular inibidora de FLICE [*cellular FLICE-inhibitory protein*]) com inibição da atividade da via das caspases.

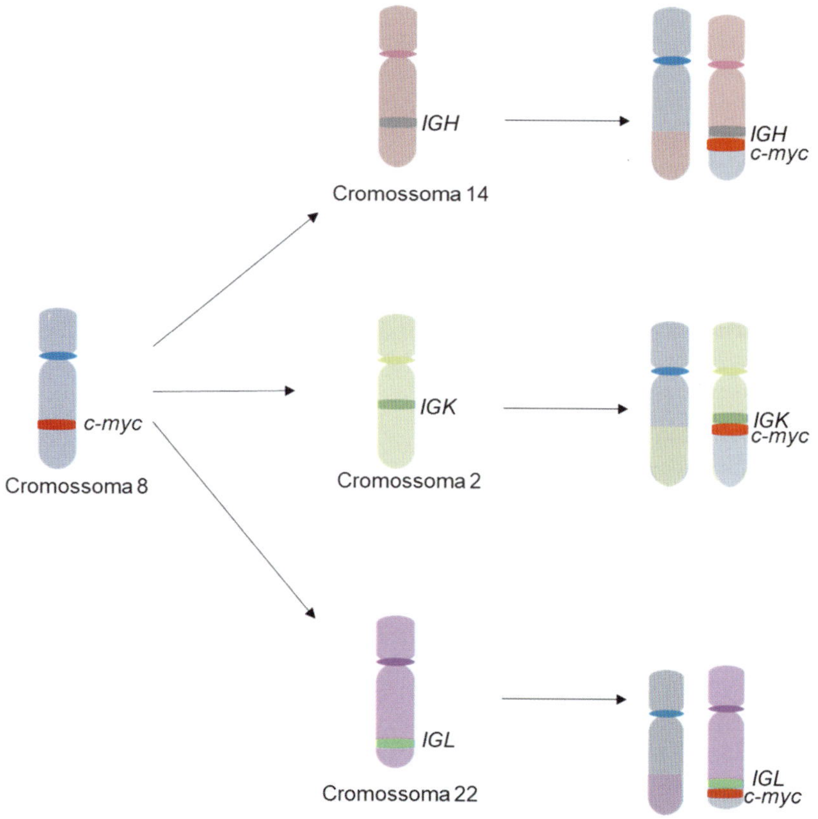


**Figura 21.18** Esquema do fenômeno de translocação oncogênica que pode ocorrer durante o desenvolvimento do linfoma de Burkitt. No linfoma de Burkitt normalmente se observa uma translocação do gene *c-myc* presente no cromossoma 8 para o cromossoma 14, próximo ao gene que codifica a cadeia pesada (IGH, *immunglobulin heavy chain*) das imunoglobulinas. Porém, já foram observadas translocações entre os cromossomas 8 e 2 e também entre 8 e 22, onde o gene *c-myc* fica localizado próximo ao gene que codifica a cadeia leve (IGK [*immunoglobulin kappa light chain*] e IGL [*immunoglobulin lambda light chain*], respectivamente) das imunoglobulinas.

O papel oncogênico do HHV-4 no LH ainda está sendo investigado. Quando o HHV-4 está envolvido, as células RS apresentam o padrão de latência II, com LMP1 atuando em diversas frentes como na ativação as células B através de *c-myc*, estimulação da transição G1/S em células B, ativação da via de NF-κB e indução de respostas a estresse. Além disso, regula negativamente as shelterinas causando disfunção do telômero, rearranjos cromossomais complexos e multinucleação (características das células RS). Foi também observado que células RS apresentam um padrão de expressão de ciclina A elevado, sendo que esta atua na fase S do ciclo celular e é necessária para o início da replicação do DNA.

Quanto aos sintomas, os indivíduos podem apresentar linfonodo aumentado no pescoço, na axila ou na virilha, e a pele pode apresentar prurido intenso.

Ocorrem diferenças epidemiológicas de acordo com o desenvolvimento socioeconômico do país de origem, e possui maior frequência em: crianças de países em desenvolvimento; pacientes hispânicos; homens jovens; e pacientes imunocomprometidos (incluindo aqueles infectados pelo HIV).

O LH pode acometer uma faixa etária variada, com uma forma infantil ocorrendo antes da adolescência, outra considerada adulta precoce com pico de idade aos 20 anos e uma forma adulta tardia após os 50 anos de idade. Nos EUA e na Europa Ocidental, aproximadamente 30 a 40% dos tumores LH clássicos contêm o HHV-4.

No Brasil, o envolvimento do vírus em LH vem caindo ao longo das últimas décadas. Em crianças com menos de 15 anos, a prevalência caiu de 96% para 64%; em adultos jovens (15 a 45 anos) passou de 85% para 32%. Também vêm sendo observadas mudanças em relação à frequência dos indivíduos acometidos em relação ao sexo; a porcentagem de pacientes do sexo masculino caiu de 80% para 58%.

### *Outros cânceres*

O DNA do HHV-4 ou proteínas virais podem ter papel patogênico em vários outros tumores nos quais eles têm sido detectados, incluindo neoplasias da musculatura lisa, carcinoma hepatocelular, carcinoma intracervical, câncer de mama e de pulmão, carcinoma de glândula salivar, linfomas nasais de células T/célula *natural killer*, granulomatose linfomatoide, linfoadenopatia angioimunoblástica, linfomas do SNC em pacientes imunocomprometidos, tumores do músculo liso em receptores de transplantes, carcinoma gástrico, carcinoma tímico e o carcinoma de células escamosas oral. O DNA viral ou proteínas virais também já foram detectados em linfomas de células T periféricas, os quais podem ser acompanhados de uma síndrome hemofagocítica associada a vírus.

O HHV-4 foi detectado, com maior frequência, em biópsia de nódulos linfáticos com aparência benigna, de pacientes infectados com HIV, os quais subsequente ou simultaneamente tinham linfomas não Hodgkin. Foi classificado como a segunda neoplasia mais comum em pacientes infectados pelo HIV, com maior ocorrência em sítios não nodulares, especialmente no SNC.

O linfoma não Hodgkin acomete, com maior frequência, nódulos linfáticos de indivíduos adultos; contudo, linfomas extranodulares também podem ser encontrados, e os pacientes percebem a massa rígida que aumenta de tamanho lentamente durante meses. A lesão pode envolver uma coleção de nódulos linfáticos locais, como os nódulos cervicais, axilares e inguinais, onde um ou mais nódulos móveis podem ser percebidos.

Torna-se de extrema importância a identificação clínica dos estágios, a fim de que ocorra a verificação de quanto a doença se espalhou, para que se possa estabelecer um melhor prognóstico para o paciente.

O tratamento dos pacientes com linfoma não Hodgkin consiste em radioterapia e/ou quimioterapia antineoplásica, dependendo do estágio e do grau em que se encontra a lesão. Quanto à intervenção cirúrgica, esta não possui indicação.

#### Doença linfoproliferativa associada ao cromossoma X

Também conhecida como síndrome de Duncan, constitui-se em uma doença hereditária do sexo masculino, em que os pacientes podem apresentar uma doença fatal após a infecção pelo HHV-4, devido à ausência de resposta imunológica ao vírus.

O gene do cromossoma X, que sofre mutação nessa doença, foi identificado como sendo o *SAP* (proteína associada à molécula sinalizadora de ativação de linfócitos [SLAM] [*signaling lymphocyte activation molecule* (*SLAM*) – *associated protein*]) também conhecido como *SH2D1A* ou *DSHP*, e codifica a proteína SAP. Essa proteína está localizada na superfície de células T e interage com duas outras proteínas: SLAM, presente nas células B e T, e 2B4, presente em células T e células NK. A ausência do gene *SAP* funcional em pacientes com a doença linfoproliferativa associada ao cromossoma X possivelmente prejudica a interação normal das células T e B, resultando no crescimento desordenado das células B infectadas pelo HHV-4.

A doença pode acometer crianças em torno dos 2 anos de idade, que apresentam um quadro clínico de hepatite ou doença linfoproliferativa disseminada. Os pacientes que conseguem sobreviver podem desenvolver linfoma de células B ou hipogamaglobulinemia com consequente óbito por volta dos 10 anos.

### Infecções em pacientes imunocomprometidos

#### Leucoplasia pilosa oral

Reconhecida a partir da epidemia de AIDS, a manifestação clínica da leucoplasia pilosa oral (LPO) apresenta-se como uma placa branca, com uma superfície que pode ser plana, corrugada ou pilosa, não removível por meio de raspagem, tendo como sítio preferencial para sua localização as bordas laterais da língua, de modo que pode ser uni- ou bilateral, sendo uma lesão não maligna das células epiteliais.

Pode ocorrer em pacientes infectados pelo HIV, assim como em alguns pacientes transplantados; todavia, existem relatos em pacientes sem qualquer alteração imunológica, sendo rara em crianças e adolescentes. Pode estar associada à presença de candidíase.

As alterações nucleares nos ceratinócitos associadas ao HHV-4 (inclusão tipo Cowdry A, núcleo em "vidro fosco" e núcleo "em colar") foram estabelecidas como critério suficiente para o diagnóstico histopatológico. Outros classificam como necessária a identificação do DNA do HHV-4, particularmente após a descrição da pseudoleucoplasia pilosa e de outras lesões que possam requerer o diagnóstico diferencial.

A importância da LPO no diagnóstico e prognóstico da AIDS justifica a necessidade da precocidade e da precisão diagnóstica, sendo que alguns estudos já demonstraram a citopatologia como método de diagnóstico de escolha. Atualmente, a terapia antirretroviral combinada tem promovido a diminuição na prevalência das manifestações bucais da infecção pelo HIV em tecidos moles. Essas lesões sinalizam como indicadores da progressão da doença ou ineficácia do tratamento antiviral, e podem preceder as manifestações sistêmicas da AIDS.

O tratamento da LPO não se faz geralmente necessário, embora em alguns casos seja indicado devido a algum pequeno desconforto ou necessidades estéticas.

#### Pneumonite intersticial linfoide

Ocorre primariamente em crianças, mas também pode surgir em adultos infectados pelo HIV. Caracteriza-se por infiltrado pulmonar intersticial difuso. As alterações patológicas nas lesões incluem infiltração do septo alveolar por linfócitos, células plasmáticas e imunoblastos.

#### Desordens linfoproliferativas

As desordens linfoproliferativas pós-transplantes (PTLD, *post-transplantation lymphoproliferative diseases*) são associadas ao uso crônico de fármacos imunossupressores após o transplante. O desenvolvimento de PTLD está associado a diversos fatores de risco como idade, tipo do enxerto, tipo, intensidade e duração da imunossupressão; infecção por HHV-4 e herpesvírus de humanos 5 (HHV-5 ou citomegalovírus de humanos [HCMV]).

O HHV-4 é um patógeno importante em receptores de transplantes de órgãos sólidos (TOS) ou medula óssea. O espectro das manifestações associadas às infecções por HHV-4 nesses pacientes varia desde assintomáticas, MI, até desordens linfoproliferativas, incluindo linfomas malignos associados. PTLD associadas ao HHV-4 são observadas com maior frequência em infecções primárias pós-transplante. A exposição ao vírus no período pós-transplante pode ocorrer via leucócitos infectados do doador do órgão soropositivo, via produtos sanguíneos ou secreções orais. Como o desenvolvimento de manifestações clínicas, incluindo PTLD, é mais frequente durante a infecção primária, os pacientes pediátricos receptores de transplante de órgão, em geral, apresentam maior risco de desenvolvimento dessas doenças do que os adultos. Em geral, as infecções secundárias tendem a causar quadros mais brandos ou mesmo serem assintomáticas.

A capacidade de o hospedeiro controlar a infecção pelo HHV-4 é mediada primariamente por células T. Assim, a infecção primária em receptores de transplante pode complicar-se pelo uso de medicações imunossupressoras que têm como alvo principal as células T. A despeito disso, os receptores de transplante geralmente são capazes de produzir algum nível de resposta imunológica específica contra o HHV-4. Contudo, comparada com a de um indivíduo imunocompetente, a resposta imunológica antiviral é reduzida ou incompleta e os reservatórios de células B contendo o vírus latente são mais numerosos. Além disso, os pacientes imunocomprometidos podem não ser capazes de desenvolver uma população de CTL HHV4-específicos (HHV4-CTL). A presença dessas células representa um dos melhores indicadores preditivos da capacidade do paciente de controlar a infecção por HHV-4. Estudos em pacientes receptores de TOS e de medula óssea demonstraram que os níveis de atividade HHV4-CTL estão correlacionados à magnitude da circulação do vírus e à possibilidade de desenvolvimento de PTLD.

A avaliação histológica é importante para definição do *status* da doença do paciente suspeito de apresentar PTLD. De acordo com a classificação da OMS as PTLD são divididas em: lesões iniciais (indistinguível da hiperplasia linfocitária e PTLD MI-*like*), PTLD polimórfica (proliferação linfocitária com obliteração da histoarquitetura, mas sem linfoma), linfoma maligno PTLD monomórfico (de células B ou células T/NK) e PTLD tipo linfoma de Hodgkin clássico. Entretanto, a classificação histológica de múltiplas lesões obtidas simultaneamente do mesmo paciente pode variar, limitando a precisão da avaliação patológica.

A prevalência de PTLD associada ao HHV-4 (HHV4-PTLD) em TOS varia entre 1 e 30% e em transplante de medula óssea varia de 1 a 22% de acordo com o tipo de órgão transplantado, *status* sorológico pré-transplante e a idade do receptor, com índice de mortalidade elevado. A HHV4-PTLD geralmente ocorre na fase inicial pós-transplante, com a maior incidência no primeiro ano após o transplante, embora casos tardios tenham sido relatados. Os índices mais elevados de PTLD são observados em receptores de intestino e pulmões e os índices mais baixos são observados em receptores de fígado, coração e rins.

A disponibilidade de técnicas de diagnóstico molecular para a quantificação da carga viral tem auxiliado no diagnóstico e permitido o monitoramento de HHV4-PTLD, assim como tem sido uma ferramenta utilizada rotineiramente para estimativa de risco para o desenvolvimento de PTLD. A OMS disponibilizou um protocolo padronizado para a quantificação do DNA do HHV-4. Desde 2011, uma estirpe de referência pode ser solicitada ao National Institute for Biological Standards and Control (NIBSC; NIBSC code: 09/260), Reino Unido, para ser utilizada na calibração das curvas-padrões dos diferentes protocolos de amplificação *in house*.

#### *Linfo-histiocitose hemofagocítica*

O HHV-4 pode ser considerado uma causa de linfo-histiocitose hemofagocítica (LHH). A doença é caracterizada por febre aguda, linfoadenopatia, hepatoesplenomegalia e hemofagocitose generalizada, hepatite, pancitopenia e coagulopatia, frequentemente fatal. A descrição de que uma condição semelhante, denominada doença Kawasaki-*like*, estava associada à infecção de células T pelo HHV-4, levou ao desenvolvimento de diversos estudos, os quais confirmaram a presença de populações monoclonais ou oligoclonais de células T infectadas pelo HHV-4 no sangue ou tecidos de pacientes com LHH.

#### *Granulomatose linfomatoide*

É uma desordem angiodestrutiva do sistema linfático que pode estar associada ao HHV-4. Na maioria dos casos, as células B infectadas pelo vírus estão presentes e a proliferação é clonal. Os pacientes, com frequência, apresentam evidências de imunodeficiência, incluindo condições congênitas ou adquiridas. As características clínicas incluem febre, tosse, mal-estar e perda de peso, com envolvimento dos pulmões, rins, fígado, pele e tecidos subcutâneos, além do SNC. Aparentemente essa condição se desenvolve a partir das células B infectadas.

### Infecções por HHV-4 em pacientes imunocompetentes

#### *Mononucleose infecciosa*

Enquanto a maioria das infecções em bebês e crianças jovens é assintomática ou apresenta um quadro clínico inespecífico, a infecção em adolescentes e adultos, frequentemente, resulta na manifestação clínica da MI. A transmissão dessa infecção pode ocorrer primariamente por meio do beijo, pelo qual se dá o compartilhamento da saliva, principalmente entre os adolescentes e os adultos jovens, o que levou à denominação de "doença do beijo".

Não há predileção por raça na MI, com incidência idêntica para ambos os sexos. Mais de 50% dos pacientes com MI manifestam a seguinte tríade: febre, linfoadenopatia e faringite. Esplenomegalia, petéquias no palato e hepatomegalia estão presentes em mais de 10% dos pacientes.

O quadro clínico de adenomegalia generalizada de caráter agudo ou subagudo é acompanhado, ocasionalmente, de visceromegalias e alterações hematológicas, que caracterizam a MI como uma síndrome que possui diversas causas, sendo a infecção pelo HHV-4 a mais frequente. O diagnóstico diferencial dos possíveis patógenos que induzem MI inclui os seguintes agentes: HHV-5, *Toxoplasma gondii*, *Trypanossoma cruzi*, espécies de *Bartonella* (responsável pela doença da arranhadura de gato), HIV, vírus da rubéola e herpesvírus de humanos 6 (HHV-6).

A maioria dos pacientes com MI apresenta leucocitose com aumento no número de células mononucleares periféricas, anticorpos heterófilos, níveis séricos elevados de aminotransferases e linfócitos atípicos. Esses linfócitos atípicos são, primariamente, células T, na sua maioria atuando na eliminação das células B infectadas pelo HHV-4. Grande parte dos sintomas da MI é atribuída à proliferação e à ativação das células T em resposta à infecção. Uma pequena percentagem das células B periféricas é infectada com HHV-4 durante a MI. A ativação das células B por HHV-4, com decorrente produção de anticorpos policlonais, causa elevação do título de anticorpos heterófilos e, ocasionalmente, aumenta a produção de anticorpos antinucleares, crioglobulina e fator reumatoide.

Complicações menos comuns incluem anemia hemolítica, trombocitopenia, anemia aplástica, miocardite, hepatite, úlcera genital, ruptura esplênica, exantema e complicações neurológicas, tais como síndrome de Guillain-Barré, encefalite e meningite.

Cerca de 8% das pessoas que contraem a doença podem apresentar exantema. Tem sido observado que essa complicação pode aumentar para 70 a 100% quando os pacientes recebem aminopenicilinas (ampicilina ou amoxicilina) durante uma infecção pelo HHV-4. Existem duas hipóteses para essa reação: o SI de pacientes com MI diminui a tolerância e/ou o aumento da resposta imunitária a certas drogas ou seus metabólitos. Na maioria dos casos, uma erupção por amoxicilina associada ao HHV-4 é reversível, geralmente autolimitada e se resolve dentro de dias após a interrupção do agente antimicrobiano causador e, como consequência, um teste de diagnóstico diferenciado para alergia não é considerado ou recomendado.

Ruptura esplênica espontânea é uma complicação rara da MI observada em 0,1 a 0,5% dos pacientes com essa condição, sendo descrita uma taxa de 30% de mortalidade. Estudos iniciais recomendavam a esplenectomia em casos de ruptura do baço; entretanto, as recomendações mais recentes são para um tratamento mais conservativo, a menos que o sangramento seja profuso e necessite de mais de duas unidades de sangue transfundido. É recomendado que o paciente com MI evite a prática de esportes por um período de 3 semanas após o surgimento dos sintomas. Esportes que requeiram contato físico devem ser evitados por 4 semanas, se o exame de imagem mostrar o baço com tamanho normal. Essas recomendações devem-se ao fato de que praticamente todos os casos de ruptura esplênica ocorrem nos primeiros 21 dias e a ultrassonografia mostra que o retorno do baço ao tamanho normal ocorre após 28 dias do início dos sintomas.

A obstrução das vias respiratórias superiores devido à maciça hiperplasia linfoide e ao edema de mucosa é reconhecida como uma complicação incomum e potencialmente fatal da MI. A obstrução grave pode ser tratada por traqueostomia ou intubação. O uso de corticoides para reduzir o edema de faringe e a hipertrofia linfoide é preconizado para o tratamento de indivíduos com obstrução branda.

#### *Reativação*

A reativação da infecção latente pelo HHV-4 pode estar associada a sintomas como fadiga, febre baixa, cefaleia e dor de garganta. Em estudo recente foi identificada uma alta prevalência de DNA de HHV-4 e LMP1 em tonsilites recorrentes em crianças, indicando as tonsilas como possível reservatório do HHV-4.

#### *Infecção crônica ativa pelo HHV-4*

A infecção crônica ativa pelo HHV-4 (CAHHV-4) é caracterizada por episódios de febre, linfoadenopatia e hepatoesplenomegalia recorrentes ao longo de vários anos após a infecção primária. O paciente apresenta um perfil sorológico incomum, com títulos de anticorpos extremamente elevados de IgG anti-VCA (antígeno de capsídeo, título > 5.120) e EA (antígeno inicial, título > 640), frequentemente com persistência de IgM anti-VCA, títulos baixos ou não detectáveis de IgG anti-EBNA1 e títulos elevados de IgG anti-EBNA2. Esse perfil lembra aquele da infecção primária e grandes quantidades de genoma viral nas células mononucleares do sangue periférico, confirmadas por reação em cadeia da polimerase (PCR, *polymerase chain reaction*) são maiores do que as observadas no quadro clássico de MI. Foi demonstrada a presença de células T e células NK infectadas por HHV-4 no sangue periférico desses pacientes. Cerca de 50% dos indivíduos com células T infectadas pelo HHV-4 têm chance de sobrevida menor que 5 anos, enquanto 80% dos indivíduos com o fenótipo NK têm uma sobrevida de 5 anos.

### Doenças autoimunes

Vários estudos têm sugerido que o HHV-4 esteja associado a doenças autoimunes, tais como o lúpus eritematoso sistêmico (LES), artrite reumatoide, esclerose múltipla, tireoidite autoimune, doenças inflamatórias intestinais, diabetes insulinodependente, síndrome de Sjögren, esclerose sistêmica, miastenia *gravis* e doenças hepáticas autoimunes. A associação entre infecção pelo HHV-4 e LES tem sido descrita por diversos autores, bem como a reação cruzada de anticorpos contra constituintes proteicos virais e de origem humana. A suspeita de tal associação é reforçada pelo achado de títulos elevados de anticorpos anti-HHV-4 em pacientes com LES, assim como pela constatação de que a infecção pelo HHV-4 antecede o aparecimento das alterações autoimunes, que ocorrem no LES. O aumento da prevalência de infecções pelo HHV-4 em pacientes jovens, portadores de LES, parece confirmar tais observações.

## Diagnóstico laboratorial

O diagnóstico clínico diferencial da infecção pelo HHV-4 é difícil, especialmente antes de os sintomas clássicos da síndrome se tornarem evidentes. A mononucleose deve ser distinguida de outras doenças infecciosas que causam febre e inflamação do sistema respiratório superior. A MI induzida por HHV-4 é, geralmente, diagnosticada pela presença de linfócitos atípicos, linfocitose, anticorpos específicos para antígenos virais e anticorpos heterófilos (esses últimos aglutinam hemácias não humanas). O isolamento do vírus em cultura de células é extremamente difícil e pouco prático para diagnóstico.

Os linfócitos atípicos, também denominados células de Downey, aumentam no sangue periférico durante a 2ª semana de infecção, contribuindo com 10 a 80% da contagem total de leucócitos. Essas células desaparecem com a resolução da doença.

Os pacientes com MI desenvolvem elevação não específica nos níveis de imunoglobulinas séricas além dos anticorpos heterófilos, na sua maioria da classe IgM. Essas imunoglobulinas, como mencionado antes, têm a propriedade de aglutinar eritrócitos de carneiro, cabra, cavalo e boi, e formam a base do teste de aglutinação de Paul-Bunnell-Davidson. Tal teste pode não ser positivo inicialmente e, eventualmente, deve ser repetido após 3 a 4 semanas, podendo permanecer negativo em crianças, mesmo com a confirmação sorológica de que a infecção seja realmente causada pelo HHV-4. O teste Monospot é bastante utilizado na detecção de anticorpos heterófilos.

Os testes sorológicos para a detecção de anticorpos contra o HHV-4 são a principal ferramenta para confirmação do diagnóstico. Durante a primeira década de pesquisa, a soroepidemiologia da infecção por HHV-4 foi realizada por testes de imunofluorescência (IF). Esses ensaios detectavam três antígenos clássicos: EBNA, EA e VCA. Posteriormente, foram desenvolvidos diversos ensaios imunoenzimáticos e outros testes sorológicos para detecção de anticorpos, baseados em peptídeos virais específicos.

O diagnóstico das desordens linfoproliferativas requer exame histológico do tecido de biópsia e hibridização *in situ*. Porém, para a detecção do vírus pode ser feita imuno-histoquímica e imunocitoquímica. Testes de PCR quantitativos e semiquantitativos foram desenvolvidos para a detecção de DNA viral no sangue periférico. Esses testes têm demonstrado que a medida do DNA viral circulante pode ser um marcador no diagnóstico dessas patologias.

## Epidemiologia

As informações acerca da distribuição geográfica da infecção por HHV-4 e da incidência de MI em diferentes ambientes e condições socioeconômicas foram adquiridas a partir dos estudos soroepidemiológicos. O HHV-4 se dissemina por contato íntimo entre pessoas suscetíveis e portadores assintomáticos. A maioria das infecções primárias é subclínica. A MI é uma doença facilmente reconhecida em sociedades com padrões de higiene avançados, ao passo que a doença é rara em sociedades em desenvolvimento, com superpopulação e baixos padrões de higiene.

Há pelo menos 125 mil novos casos de MI relatados nos EUA a cada ano e, aproximadamente, 200 mil novos casos de neoplasias associadas ao HHV-4 são reportados a cada ano no mundo.

Muitos adultos são soropositivos para o HHV-4 em torno dos 25 anos de idade e, não obstante, estão sujeitos à reinfecção. Cerca de 90 a 95% da população adulta mundial está infectada, sendo que o HHV-4 possui a capacidade de permanecer por toda a vida do paciente na forma latente, tanto nas células epiteliais quanto nos linfócitos B, podendo ser reativado constantemente, de forma que sempre haja a presença de partículas virais na cavidade oral.

O HHV-4 pode ser isolado em saliva de indivíduos assintomáticos soropositivos em 15 a 20% dos casos. Essa porcentagem aumenta em pacientes imunocomprometidos e naqueles portadores de MI.

Com relação à distribuição da infecção causada pelo HHV-4, o HHV-4 tipo 1 tem maior prevalência na América do Norte e Europa, e o HHV-4 tipo 2 foi descrito com maior frequência na Europa.

No sul da Tasmânia (Austrália) a infecção primária pelo HHV-4 foi descrita em indivíduos adultos acima dos 30 anos, o que representa frequência maior do que é geralmente observado em outras partes do mundo.

### Prevenção, controle e tratamento

Até o momento, não existe uma vacina disponível para a prevenção da doença causada por HHV-4. A maioria das vacinas em desenvolvimento, que visam a prevenção da infecção pelo HHV-4 ou doenças relacionadas, tem se concentrado na gp350 do HHV-4, que é a glicoproteína mais abundante do vírus e em células infectadas por vírus, e é o alvo principal de anticorpos neutralizantes que ocorrem naturalmente. Um dos principais estudos de uma vacina contra o HHV-4, para uso em seres humanos, reduziu em 78% a incidência de MI. Também se encontram em desenvolvimento vacinas terapêuticas para o tratamento de malignidades associadas ao HHV-4. O objetivo dessas imunoterapias é aumentar a imunidade mediada por células T para as proteínas do HHV-4, que são expressas nas células tumorais, especialmente EBNA e LMP. Como a transmissão ocorre principalmente por saliva, medidas de higiene podem prevenir a contaminação.

A terapia da MI causada por HHV-4 é essencialmente paliativa, considerando que as drogas antivirais disponíveis não são eficientes. No entanto, alguns estudos propõem que o aciclovir é um potencial agente terapêutico tanto para MI quanto para doenças MI-*like*, demonstrando redução do tempo de hospitalização e da febre, sem apresentar efeitos colaterais evidentes. O uso de analgésicos e antipiréticos é indicado para aliviar a dor de garganta e a febre. Pacientes com esplenomegalia devem evitar a prática de esportes por 3 a 6 meses após a recuperação dos sintomas. A administração de antibióticos pode ser necessária para o tratamento da faringite causada por infecção bacteriana secundária.

A terapia para as desordens linfoproliferativas deve incluir a redução da dose de medicamentos imunossupressores, quando possível. A redução da dose pode resultar na resolução de algumas lesões.

## Herpesvírus de humanos 8

### Histórico

O sarcoma de Kaposi (SK) foi descrito pelo dermatologista húngaro Moritz Kaposi, em 1872. A doença se apresenta como uma lesão angioproliferativa e inflamatória complexa extremamente comum em populações do Mediterrâneo e ainda mais comum em certas regiões da África. Embora seja raro nos Estados Unidos da América (EUA) e oeste da Europa, com a pandemia do vírus da imunodeficiência humana (HIV, *human immunodeficiency virus*), em 1980, emergiu como a neoplasia mais comum em pacientes acometidos por esse vírus.

Sempre houve a suspeita de que SK seria de origem infecciosa devido à distribuição geográfica incomum e aos padrões clínicos da doença. Durante a década de 1970, várias tentativas foram feitas para identificar o agente infeccioso responsável por essa patologia. Diversos vírus foram apontados como possíveis agentes etiológicos, incluindo o herpesvírus de humanos 5 (HHV-5, citomegalovírus de humanos [HCMV]), o poliomavírus de humanos 1 (HPyV1, anteriormente denominado de poliomavírus BK) e o vírus do papiloma de humanos (HPV), além de agentes não virais como o micoplasma. Entretanto, nenhum desses agentes pôde ser associado definitivamente à doença. Alguns dos vírus da família *Herpesviridae* eram, ocasionalmente, isolados das lesões, mas nenhum era correlacionado ao desenvolvimento do quadro clínico.

A partir de estudos epidemiológicos desenvolvidos por Beral e colaboradores, no final de 1980, a via sexual foi estabelecida como sendo a rota preferencial de transmissão do vírus, com alta prevalência nas regiões do Mediterrâneo e países da África.

Devido à dificuldade de se propagar o vírus em cultura de células, a análise do DNA foi usada para identificar o(s) possível(eis) agente(s) envolvido(s) na gênese da lesão. Em 1996, o genoma do vírus foi sequenciado a partir das lesões do SK, possibilitando a identificação desse agente. O novo vírus foi denominado herpesvírus associado ao sarcoma de Kaposi (KSHV; *Kaposi's sarcoma herpesvirus*) e posteriormente renomeado para herpesvírus de humanos 8 (HHV-8). Posteriormente, o HHV-8 foi associado a outros quadros clínicos como: linfoma de cavidade do corpo (BCBL, *body-cavity-based lymphoma*) ou linfoma de efusão primário (PEL, *primary effusion lymphoma*) e doença multicêntrica de Castleman (MCD, *multicentric Castleman disease*).

O genoma viral codifica diversos produtos que compartilham homologia estrutural e funcional com proteínas humanas que possuem papel primordial na proliferação celular, o que pode explicar a contribuição do vírus para a transformação maligna.

### Classificação e características

O HHV-8 é classificado na família *Herpesviridae*, subfamília *Gamaherpesvirinae*, gênero *Rhadinovirus*, espécie *Human gammaherpesvirus 8* (HHV-8).

O HHV-8 compartilha muitas das características morfológicas comuns aos outros herpesvírus, possuindo DNA de fita dupla (DNAfd) linear, capsídeo icosaédrico, envelope glicolipoproteico e tegumento, apresentando de 120 a 150 nm de diâmetro. A biossíntese ocorre no núcleo da célula hospedeira, com ciclos de infecção persistente não produtiva (latente) e infecção produtiva (lítica) possuindo enzimas homólogas às enzimas celulares além de outras envolvidas na replicação e metabolismo do seu ácido nucleico.

O genoma viral contém aproximadamente 170 quilopares de base (kpb), com uma região de 145 kpb que contém todas as sequências de leitura abertas (ORF, *open reading frames*) (Figura 21.19). A região central é flanqueada por terminais repetidos (TR, *terminal repeats*) formados por unidades de terminações de repetições diretas ricas em bases GC; cada unidade TR possui 801 pares de base (pb) e 85% GC. O genoma do HHV-8 tem organização e tamanho semelhantes a outros rhadinovírus. Contudo, também contém blocos de genes altamente conservados que são comuns a outros herpesvírus. Esses genes codificam proteínas envolvidas na replicação do genoma ou na produção de componentes estruturais do vírion. Há ainda um grupo de genes que apresenta homologia com genes dos gama-herpesvírus. Finalmente, há um grupo de genes codificados somente pelo HHV-8 e o herpesvírus saimiri (HVS), por exemplo, genes que codificam a virocina homóloga da interleucina 6 (v-IL-6) e os fatores virais de regulação de interferon (v-IRF; *viral interferon regulation factors*). As ORF são numeradas de 1 a 75. O HHV-8 possui diversas ORF localizadas entre os genes conservados, mas que não são conservadas em outros herpesvírus. Essas ORF exclusivas do HHV-8 são designadas "K" (ORF K1 - K15). Algumas das ORF K codificam para mais de uma proteína devido a *splicing* e/ou sítios de iniciação da tradução alternativos. Muitas delas codificam moléculas de sinalização que são homólogas às dos genes celulares. O genoma do HHV-8 também codifica muitos RNA pequenos, incluindo um conjunto de microRNA (miRNA) e um RNA nuclear poliadenilado (PAN).

Baseado no sequenciamento de regiões hipervariáveis do genoma viral, como a ORF-K1, cinco subtipos virais (A–E) foram identificados. O subtipo B é predominante na África; D e E estão confinados a Ilhas do Pacífico e aos ameríndios; e na Europa e na América do Norte predominam os subtipos A e C. Variações geográficas na sequência dos genes de algumas estirpes têm sido identificadas em vírus isolados no Japão, Kuwait, Europa, Rússia, Austrália, América do Sul e EUA. Embora variantes específicas não tenham sido associadas a patologias diferentes, o alto nível da variabilidade no HHV-8 pode ter importantes implicações funcionais, embora nenhuma diferença sorológica tenha sido notada usando as técnicas sorológicas disponíveis.

## Biossíntese viral

O HHV-8 infecta diferentes tipos celulares incluindo linfócitos B e células endoteliais e epiteliais através da interação inicial de glicoproteínas do envelope viral (gB, gH e gL) com receptores celulares como sulfato de heparana, integrina, efrina A2, xCT e DC-SIGN (ligante de molécula de adesão 3 intercelular não integrina específica de célula dendrítica [*dendritic cell-specific intercellular adhesion molecule-3-grabbing non-integrin*]). Após a interação, ocorre a entrada da partícula predominantemente por endocitose mediada por clatrina. O capsídeo é transportado para o núcleo celular e o genoma liberado, através do poro nuclear, para o interior do núcleo, tendo início o processo de transcrição e tradução dos genes imediatos. Como ocorre com todos os herpesvírus, o HHV-8 apresenta dois programas genéticos alternativos de biossíntese: latência e infecção lítica.

Durante a latência, o genoma viral encontra-se circularizado no núcleo celular e é mantido como um "plasmídeo nuclear cromatinizado" através da assimilação de histonas do hospedeiro. A

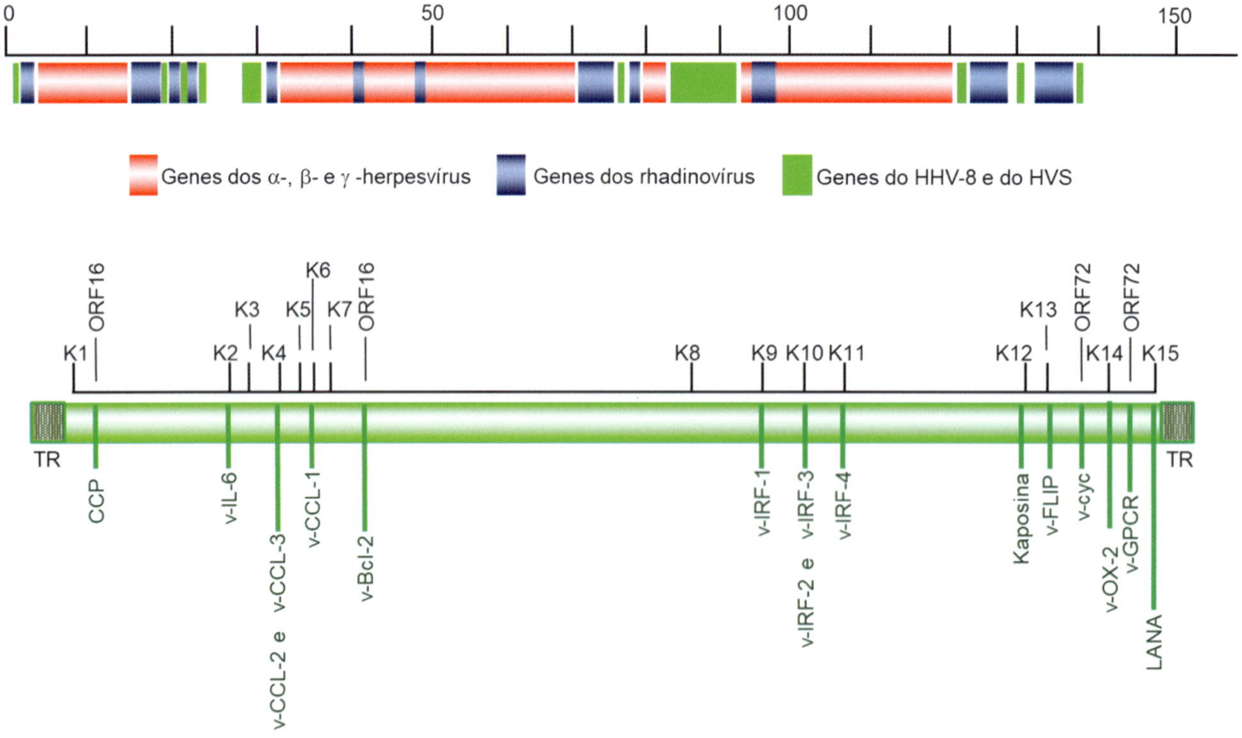


**Figura 21.19** Esquema do genoma do HHV-8. *Diagrama superior*: mapa do genoma do herpesvírus de humanos 8 (HHV-8) mostrando as regiões contendo genes comuns aos alfa-, beta- e gama-herpesvírus (*vermelho*), genes comuns aos rhadinovírus (*azul*) e contendo os genes exclusivos do HHV-8 e do herpesvírus saimiri (HVS) (*verde*). *Diagrama inferior*: mapa do genoma do HHV-8 mostrando a codificação de proteínas homólogas a proteínas celulares (virocinas) e genes que são potencialmente importantes na patogênese. O genoma consiste em DNAfd linear contendo uma região de aproximadamente 140,5 quilopares de base (kpb), que codifica mais de 80 ORF, flanqueada por TR consistindo em unidades de 801 pares de base (pb) de sequências repetidas diretas ricas em bases GC. As ORF são nomeadas de acordo com os genes correspondentes no HVS, e os genes exclusivos do HHV-8 são designados "*K*" (*K1–K15*). v-CCL: *viral chemokine [C-C motif] ligand* (ligante viral de motivo CC de quimiocinas); CCP: *complement control protein* (proteína de controle do complemento); v-cyc: *viral cyclin* (ciclina tipo D viral); v-FLIP: *viral FLICE-inhibitory protein* (proteína viral inibidora de FLICE); v-GPCR: *viral G protein coupled receptors* (receptor viral acoplado à proteína G); v-IL-6: *viral interleukin 6* (virocina homóloga da interleucina 6); v-IRF: *viral interferon regulation factor* (proteínas homólogas ao fator de regulação do interferon); v-Bcl-2: proteína antiapoptose; v-OX-2: *orexin-B/hypocretin-2* (orexina-B/hipocretina-2) ; v-GPCR: *viral G protein-coupled receptor* (receptores virais acoplados à proteína G); LANA: *latency-associated nuclear antigen* (antígeno nuclear associado à latência); ORF: *open reading frame* (sequências de leitura aberta); TR: *terminal repeats* (terminais repetidos); DNAfd: DNA de fita dupla.

síntese do DNA viral tem início a partir de múltiplas origens de replicação (ori-P) nos TR com o auxílio da DNA polimerase celular e a manutenção desse genoma ocorre através da distribuição igualitária para as células-filhas. A expressão dos genes virais é mínima, o que limita a resposta imunológica do hospedeiro. O vírus utiliza a maquinaria enzimática celular para sua manutenção e reparo do genoma viral. A infecção persistente não produtiva (latente) passa à infecção lítica (produtiva), espontaneamente em cultura de células ou após indução por agentes químicos, ocorrendo morte celular por apoptose.

Nessa etapa, em células fusiformes e endoteliais das lesões de SK, ocorre a expressão de quatro principais transcritos encontrados em regiões próximas no genoma: ORF73 (LANA; antígeno nuclear associado à latência [*latency-associated nuclear antigen*]), ORF72 (v-ciclina), ORF71 (K13/v-FLIP; proteína viral inibidora de FLICE [*viral FLICE-inhibitory protein*]) e K12/kaposina (A, B e C); juntamente são encontrados em torno de 25 miRNA maduros. Todos os transcritos têm função tanto na manutenção da latência quanto na sobrevivência celular e desenvolvimento de patologias (Figura 21.20).

O LANA do tipo 1 (LANA-1) é um antígeno do HHV-8 que é altamente imunogênico. Na fase de latência é responsável pela estabilidade e replicação do genoma. Seu domínio C-terminal se liga a TR conservados no genoma viral enquanto a porção N-terminal interage com o genoma do hospedeiro, evitando a perda do genoma durante o processo de mitose. Ele é considerado importante no desencadeamento e manutenção das malignidades associadas a esses vírus pela sua atuação na regulação do ciclo celular, competindo com o fator de transcrição E2F pela ligação à proteína de retinoblastoma (pRb; proteína supressora de tumor [*retinoblastoma protein*]) hipofosforilada. Dessa maneira, ocorre a liberação de E2F para ativar o gene de transcrição envolvido na progressão do ciclo celular. Muitos vírus oncogênicos parecem ter atividade transformante devido, em parte, à sua capacidade de se ligar e inativar os produtos do gene de retinoblastoma. A atividade de E2F também pode desencadear apoptose via p53, que pode ser reprimida quando LANA-1 interage com p53, reprimindo sua atividade transcricional e capacidade de induzir apoptose. Portanto, a inibição de p53 por LANA-1 permite ao HHV-8 latente promover progressão do

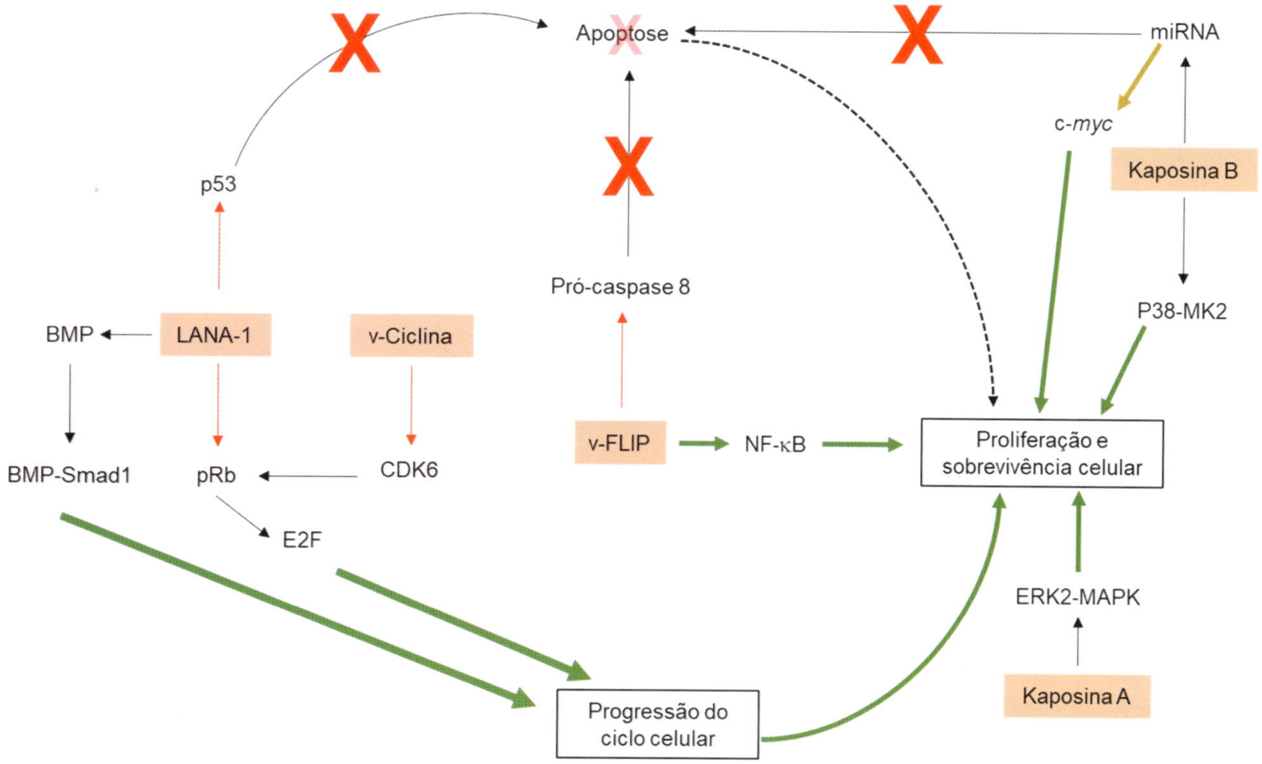


**Figura 21.20** Principais proteínas de latência do HHV-8 e suas respectivas funções. Durante a latência, ocorre a expressão de quatro transcritos: LANA-1, v-ciclina, v-FLIP e kaposina (A, B e C). LANA-1 atua na regulação do ciclo celular, ligando-se às pRb e liberando o fator de transcrição E2F que, por sua vez, ativa a transcrição dos genes da fase S, levando à progressão do ciclo celular; interage com p53, reprimindo sua atividade transcricional e sua capacidade de induzir apoptose, permitindo a sobrevivência celular; e também afeta a via de sinalização das BMP e as converte a uma via BMP-Smad1, que contribui para a proliferação celular. A v-ciclina é o homólogo da ciclina celular D2 e também atua na regulação e proliferação celular ao ativar CDK6, a qual se complexa com pRb liberando o fator de transcricão E2F, que ativa a transcrição dos genes da fase S. vFLIP ativa NF-κB, que é essencial para o crescimento e sobrevivência da célula e inibe a pró-caspase-8, impedindo o desencadeamento da apoptose por esta via, permitindo a sobrevivência celular. A kaposina A ativa a via ERK2/MAPK, favorecendo a proliferação celular. A kaposina B ativa a via p38-MK2 favorecendo também a sobrevivência celular, além de regular a expressão de microRNA (miRNA) que cooperam com a ação do c-*myc,* contribuindo para a proliferação celular, além de miRNA que atuam bloqueando a apoptose celular. A função da kaposina C permanece desconhecida. LANA: *latency-associated nuclear antigen* (antígeno nuclear associado à latência); v-FLIP: *viral FLICE-inhibitory protein* (proteína viral inibidora de FLICE); BMP: *bone morphogenetic proteins* (proteínas morfogenéticas ósseas); ERK2/MAPK: *extracellular signal-regulated kinase 2/mitogen-activated protein kinase* (cinase 2 regulada por sinal extracelular/proteíno-cinase ativada por mitógeno); CDK6: *cyclin-dependent kinase 6* (cinase 6 dependente de ciclina); pRb: *retinoblastoma protein* (proteína de retinoblastoma); NF-κB: *nuclear factor-κB* (fator nuclear-κB). *Setas vermelhas*: ligação à proteína celular; *setas verdes*: regulação da proliferação celular; *setas pretas*: regulação de vias de sinalização; *seta marrom*: cooperação gênica; *seta pontilhada*: sobrevivência celular.

ciclo celular, enquanto inibe a apoptose. O HHV-8 bloqueia a diferenciação celular durante o desenvolvimento do tumor, pela estabilização da β-catenina que é promovida por LANA. Essa proteína também é capaz de alterar a expressão gênica da célula, ligando-se a inúmeros componentes da maquinaria transcricional, ativando ou reprimindo a transcrição de diferentes genes. LANA-1 também afeta a via de sinalização das proteínas morfogenéticas ósseas (BMP, *bone morphogenetic proteins*) e a converte a uma via BMP-Smad1 que contribui para a proliferação celular, podendo ter papel sobre o desenvolvimento de malignidades.

O antígeno LANA-1 é expresso pela maioria das células fusiformes tumorais, tanto em lesões em estágio inicial quanto nas lesões tardias de todas as diferentes formas clínicas do SK e, portanto, usado como marcador de diagnóstico em lesões suspeitas de relação com HHV-8. Muitos estudos têm demonstrado aumento na quantidade de LANA-1 nas células durante a progressão de lesões de SK, permitindo a quantificação e fenotipagem dessas células em lesões de SK.

*Kaposina* é um gene de latência com potencial de transformação celular, embora pouco seja conhecido sobre o seu papel na desregulação da sinalização celular. Está presente em três isoformas (A, B, C). Kaposina A interage com o fator de troca de nucleotídeos da guanina, cito-hesina-1 e ativa a via ERK2/MAPK (cinase 2 regulada por sinal extracelular/proteíno-cinase ativada por mitógeno [*extracellular signal-regulated kinase 2/mitogen-activated protein kinase*]), favorecendo a proliferação celular. A kaposina B é expressa em todas as células infectadas por HHV-8; pode ativar a via p38-MK2 e bloquear a degradação dos RNA mensageiros (RNAm), transcrevendo várias citocinas necessárias para a sobrevivência celular, consequentemente, aumentando sua tradução. Além disso, verificou-se recentemente que a kaposina B regula miRNA, cooperando com *c-myc*, em células infectadas por HHV-8, além de miRNA que atuam bloqueando a apoptose celular. Alguns desses miRNA são expressos pelas células fusiformes em todos os estágios do SK e podem contribuir para transformação tumorigênica de células infectadas. A função da kaposina C permanece desconhecida.

Os miRNA do HHV-8 são expressos pelo que parece ser um único *locus* genético que coincide largamente com uma sequência não codificante de 4 quilobases (kb) localizada entre os genes *v-ciclina* do HHV-8 e genes *K12/kaposina*; ambos também são expressos em células infectadas latentemente.

A v-ciclina possui um homólogo celular, e por isso é capaz de ligar-se a cinases dependentes de ciclina (CDK6, *cyclin-dependent kinase* 6), que se complexa com pRb fosforilada, liberando um fator de transcricão (E2F), que ativa a transcrição dos genes da fase S. Contudo, diferentemente da ciclina celular, complexos CDK6-v-ciclina são resistentes a proteínas inibitórias CDK, o que pode levar à progressão do ciclo celular desregulado e transformação, e consequentemente promover o desenvolvimento de tumor. Além disso, v-ciclina também é capaz de interagir com CDK9, resultando no aumento da fosforilação de p53.

O HHV-8 pode inibir a morte mediada por células NK pela expressão de proteínas inibitórias v-FLICE antiapoptóticas (v-FLIP). A v-FLIP do HHV-8 compartilha com c-FLIP a capacidade de ativar NF-κB (fator nuclear κB [*nuclear factor* κB]) que é essencial para o crescimento e sobrevivência da célula. Estudos em biópsias de SK mostraram que a apoptose claramente diminui durante o desenvolvimento de lesões nodulares de SK de iniciais para tardias, e que a expressão de v-FLIP antiapoptótico e Bcl-2 celular aumenta entre os estágios iniciais e tardios nas lesões de SK. Além disso, v-FLIP também tem a capacidade de interagir e inibir a pró-caspase-8, impedindo o desencadeamento da apoptose por esta via. Assim, a exploração viral dessas duas vias antiapoptóticas contribui para o crescimento do tumor-*like* e progressão da lesão do SK. Na Figura 21.20 encontra-se um resumo das funções dessas quatro proteínas.

Embora a maioria das células fusiformes seja persistentemente infectada com HHV-8, somente uma minoria (5 a 10%) passa para a fase lítica, como acontece com as células mononucleares das lesões de SK. Mesmo assim, a fase lítica pode não ser completada, e na maioria dos casos ocorre interrupção do processo. Quando iniciada a fase lítica, observa-se a expressão dos genes virais imediatos, intermediários e tardios e quando esta etapa se completa começa a montagem da partícula viral no núcleo celular. Os genomas replicados são incorporados a capsídeos recém-sintetizados, adquirem o tegumento e, finalmente brotam através das membranas celulares para obter o envelope e, subsequentemente saindo da célula hospedeira.

## Patogênese

Nos países da América do Norte, a transmissão ocorre, principalmente, por contato homossexual masculino, em que o vírus é mais prevalente do que entre os usuários de drogas endovenosas, hemofílicos e mulheres. A transmissão por contato heterossexual não parece ser estatisticamente relevante, visto que ocorre uma predileção pelo sexo masculino que envolve fatores ainda não conhecidos.

Nos países do Mediterrâneo, que têm a doença de forma endêmica, a transmissão ocorre, principalmente, na infância, após a diminuição dos anticorpos maternos. Frequentemente, a transmissão está associada ao contato íntimo doméstico ou compartilhamento de utensílios, possivelmente via saliva contaminada. Filhos de mães infectadas com o HHV-8 apresentam soroconversão mais cedo que filhos de mães não portadoras. É rara a infecção por HHV-8 em crianças que não vivem em região endêmica.

A transmissão por meio de transplante de órgãos pode ocorrer, mas muitas vezes a detecção do vírus nos indivíduos receptores de órgãos ocorre devido à reativação da biossíntese viral em consequência do tratamento com drogas imunossupressoras.

Devido ao fato de a viremia nos pacientes infectados ser incomum, acreditava-se que a transmissão sanguínea não ocorresse; entretanto, estudos recentes realizados inferem o contrário.

### Infecção primária

Inicialmente, o vírus é sintetizado nas células epiteliais e linfócitos B presentes na orofaringe; posteriormente, os linfócitos B se tornam alvo da infecção e representam o reservatório primário do vírus. Na infecção lítica ocorre a expressão de diversos genes virais e a produção de partículas virais que eventualmente são destruídas. Na infecção persistente latente apenas um pequeno número de genes é expresso, possibilitando à célula infectada evadir da vigilância imunológica. Os linfócitos B portando a infecção latente são disseminados para diversas áreas do organismo. Aqueles que migram para tecidos linfoides podem ser estimulados por diversos sinais (p. ex., inflamação) a entrar no ciclo lítico. Acredita-se que o ciclo lítico nos linfócitos B promova a infecção de outros tipos celulares como as células endoteliais. Os indivíduos imunocompetentes infectados geralmente são assintomáticos, contudo, podem excretar o vírus na saliva de forma intermitente (Figura 21.21).

A infecção das células endoteliais pelo HHV-8 faz com que estas células adquiram morfologia fusiforme (*spindle cell*), devido à ação dos genes de latência viral. Essas células fusiformes produzem citocinas que induzem a proliferação celular que em condições normais é controlada. Quando o sistema imunológico está comprometido, a infecção por HHV-8 pode resultar em lesões malignas na pele; também é possível o envolvimento de mucosas e vísceras.

Ao contrário dos outros herpesvírus, pouco se conhece a respeito das manifestações clínicas na infecção primária pelo HHV-8. Tem sido observada uma síndrome semelhante à mononucleose, com sintomas de febre, artralgia, esplenomegalia e linfoadenopatia cervical, com aumento de IgM específica para HHV-8, contudo, a maioria dos indivíduos infectados permanece assintomática.

## Patogênese do SK

Histologicamente, a lesão do SK difere das formas tradicionais de câncer. Por exemplo, diferentemente dos cânceres clássicos, que surgem como expansão clonal de um único tipo celular, as lesões do SK são muito complexas histologicamente. O elemento proliferativo predominante são as chamadas células fusiformes. As células fusiformes são de origem endotelial, pois expressam diversos marcadores de origem endotelial, incluindo fator XIII, $CD_{31}$, $CD_{34}$, $CD_{36}$, En-4 e PAL-E. Contudo, algumas células fusiformes não expressam o fator VIII, o qual é um marcador de endotélio vascular diferenciado. Essas células também apresentam heterogeneidade na expressão de marcadores: por exemplo, em biópsia de lesões de SK, algumas células fusiformes expressam o fator VIII, enquanto outras expressam α-actina de músculo liso. Esses achados levaram à suspeita de que as células fusiformes podem se originar de células precursoras mesenquimais que se diferenciam em células vasculares e do músculo liso. Outra possibilidade é que sejam originadas do endotélio linfático. Essa hipótese é concordante com a observação de que marcadores moleculares do endotélio linfático (p. ex., VEGF-C, VEGF-R3, LYVE-1 e podoplanina) também são expressos por células fusiformes de lesões de SK.

Existem evidências *in vitro* do envolvimento de três genes iniciais ou imediatos no processo de indução de tumor e,

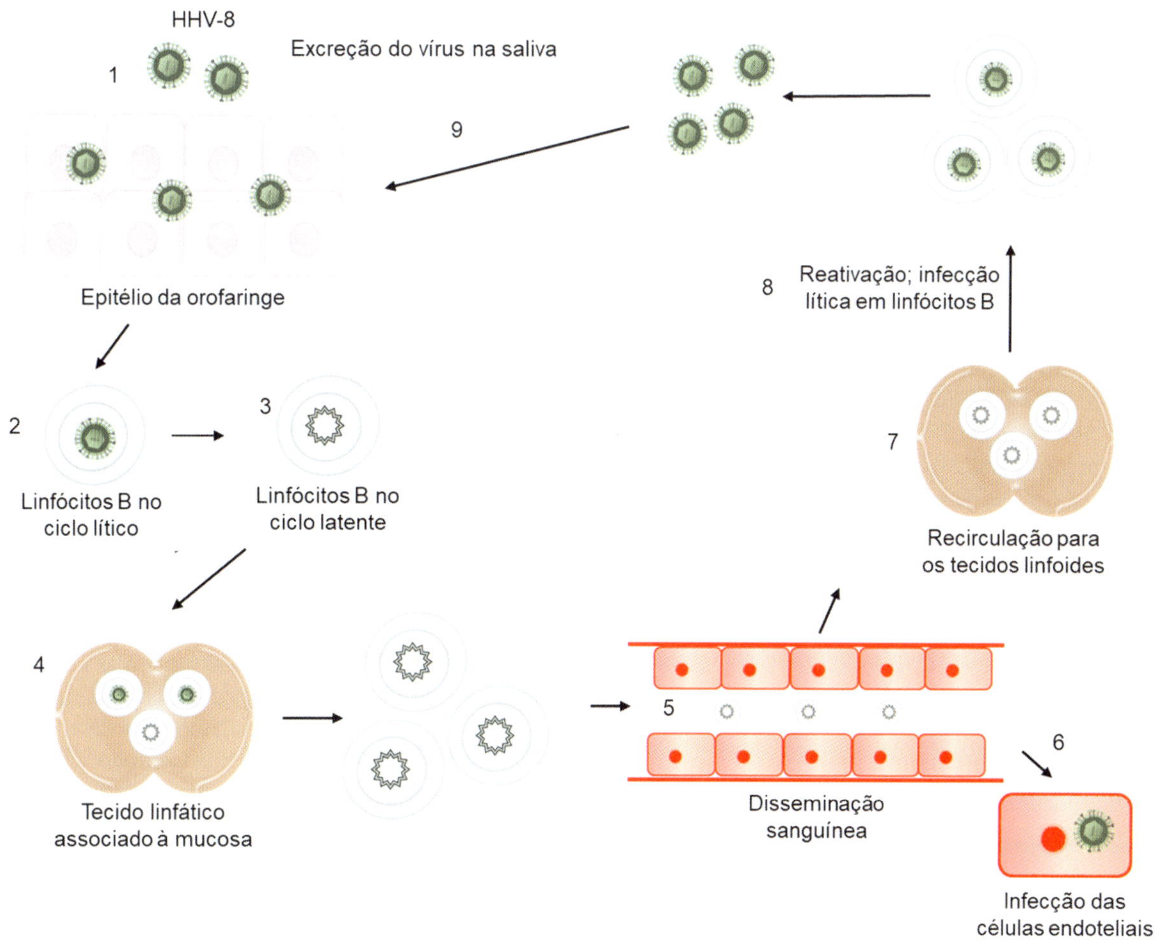


**Figura 21.21** Infecção primária pelo HHV-8. O herpesvírus de humanos 8 (HHV-8) é sintetizado inicialmente nas células do epitélio da orofaringe (1) e, subsequentemente, infecta linfócitos B (2). A infecção dos linfócitos B resulta em latência, permitindo a evasão do sistema imunológico (3). O tráfego dos linfócitos latentemente infectados pelo tecido linfoide (4) permite que mais células B sejam infectadas quando a infecção é reativada. Linfócitos B portando a infecção latente podem se disseminar para outros sítios por via sanguínea (5); o vírus é também propagado nas células endoteliais (6). Os linfócitos infectados que migram para os tecidos linfoides podem ser estimulados a entrar no ciclo lítico (7), resultando na reativação da infecção (8). A infecção lítica de linfócitos B na orofaringe leva à excreção do vírus na saliva, facilitando a transmissão (9).

possivelmente, com a patogênese da doença *in vivo*. São eles: *ORF K1*, cuja expressão ativa os sinais imunorregulatórios dos receptores de tirosino-cinase; *ORF K9*, que expressa o fator viral regulador de interferon tipo I (v-IRF-1, *viral interferon regulatory factor type 1*), o qual inibe a sinalização do interferon-I (IFN-I) e induz a expressão de c-*myc;* e *ORF 74*, que expressa o fator viral regulador do crescimento celular (v-GCR, *viral growth cellular regulatory factor*). O v-GCR age como um componente constitutivo do receptor para quimiocinas, induzindo a secreção do fator de crescimento do endotélio (VEGF, *vascular endothelium growth factor*). Contudo, como a célula morre tão logo começa a expressão dos genes da fase lítica, ainda não existem evidências comprovando o envolvimento desses genes na patogênese *in vivo*.

Além dos fatores citados anteriormente, poucas células infectadas liticamente expressam as quimiocinas virais homólogas, v-Bcl-2 e v-IL-6. Assim, é provável que mecanismos indiretos participem da patogênese do sarcoma de Kaposi, tais como indução de quimiocinas envolvidas na atividade angiogênica.

Uma hipótese para o desenvolvimento do SK sugere que as lesões se desenvolvam quando as células do endotélio vascular dos capilares da pele são infectadas diretamente ou via células endoteliais progenitoras circulantes infectadas (Figura 21.22A). Em indivíduos imunocomprometidos a reativação da latência é frequente, resultando no aumento da infecção das células endoteliais. A infecção viral ativa a transformação e proliferação dessas células mediada por produtos gênicos virais. Pode ocorrer invasão da camada subendotelial, a derme. A proliferação das células fusiformes é induzida principalmente por estímulo de citocinas. Virocinas, como a v-IL-6 produzidas por células infectadas, estimulam a produção do VEGF. A v-IL-6 se liga à cadeia gp130 do receptor de IL-6 de seres humanos, mas não precisa se ligar ao correceptor para exercer sua atividade. Assim, a v-IL-6 atua em uma ampla variedade de células, embora seja menos ativa que a citocina de seres humanos (Figura 21.22B).

O vírus também expressa uma virocina, homóloga da IL-8, denominada de v-GPCR (receptores virais acoplados à proteína G [*viral G protein coupled receptors*]), que tem papel central no desenvolvimento do SK. Essa proteína é expressa durante a infecção lítica e ativa vias de sinalização celular, na própria célula infectada, para indução de diversas citocinas incluindo IL-8, IL-6, IL-1b, TNF-α (fator de necrose tumoral-α [*tumor necrosis factor*-α]), bFGF (fator básico de crescimento de fibroblastos [*basic fibroblast growth factor*], também denominado FGF-β) e VEGF. A secreção de VEGF é um estímulo para a proliferação das células endoteliais via receptor de VEGF. A maioria das células proliferativas apresenta a infecção persistente latente e desenvolve a morfologia de células fusiformes.

A formação das lesões de SK se deve ao aumento da proliferação de células fusiformes latentemente infectadas (Figura 21.22A). Essa proliferação é estimulada por um pequeno número de células infectadas com o HHV-8 que estão no ciclo lítico da infecção. As citocinas produzidas por essas células, particularmente VEGF e v-IL-6, estimulam a proliferação de outras células fusiformes (oncogênese parácrina). Ademais, diversas virocinas como v-IL-6, v-CCL1, v-CCL-2 and v-GPCR, atuam juntamente com v-IRF1, v-FLIP e v-ciclina para estimular a angiogênese que fornece oxigênio e nutrientes para as células tumorais. Estudos demonstram que os miRNA K2, K3, K5 e K6 possuem envolvimento direto com a angiogênese necessária para a sobrevivência do SK. Já os miRNA K5, K9 e K10 estão envolvidos na estimulação de citocinas e quimiocinas pró-inflamatórias como IL-6, IL-8, IL10 e GM-CSF (fator de estímulo de colônias de granulócitos/macrófagos [*granulocyte-macrophage colony-stimulating factor*]). O aumento da vascularização e o sequestro de hemácias no espaço entre as células fusiformes resultam na coloração avermelhada característica das lesões (Figura 21.22C).

Outra consequência da liberação de quimiocinas pelas células liticamente infectadas é a infiltração de células do sistema imunológico nas lesões, tais como linfócitos T, plasmócitos e macrófagos. As virocinas homólogas de CCL (*chemokine (C-C motif) ligand*) -1, CCL-2 e CCL-3 reduzem a resposta imunológica local.

Na Figura 21.23 encontra-se um resumo dos possíveis mecanismos celulares envolvidos na patogênese do SK.

O SK pode ocorrer em diversos tecidos, mas é mais comumente localizado na pele, principalmente nas extremidades inferiores. O HHV-8 está presente tanto nas células endoteliais microvasculares quanto nas células fusiformes de lesões iniciais de sarcoma, significando que os eventos iniciais são desencadeados pela infecção viral.

Inicialmente, as células fusiformes são os elementos mais numerosos, porém células inflamatórias e elementos neovasculares também são proeminentes nesse estágio. A lesão progride então a um estágio nodular, onde as células fusiformes tornam-se progressivamente os elementos dominantes no quadro histológico, formando lesões macroscopicamente visíveis.

O HHV-8 pode ser também detectado em linfócitos B, monócitos e leucócitos dos pacientes com alto risco de desenvolverem SK. Mesmo em pessoas com baixo risco infectadas primariamente, essas células são os sítios reservatórios no hospedeiro.

As células endoteliais e fusiformes ativadas são aquelas que respondem rapidamente a qualquer infecção ou injúria, montando uma resposta inflamatória eficaz para eliminar os eventos estranhos ao organismo. Quando qualquer evento desse tipo ativa as células endoteliais, ocorre a expressão de quimiocinas e moléculas de adesão, que irão atrair os leucócitos e permitir que eles façam a adesão e migrem transendotelialmente. No SK é alta a expressão de moléculas de adesão intercelular (ICAM-1, molécula de adesão intercelular-1 [*intercellular adhesion molecule-1*]), de moléculas de adesão vascular (VCAM-1, molécula de adesão celular vascular-1 [*vascular cell adhesion molecule-1*]), e E-selectina. A expressão dessas moléculas nas células endoteliais é mediada por agentes pró-inflamatórios, tais como, TNF-α, IL-1b, IL-6, lipopolissacarídeos (LPS) e RNA de fita dupla (RNAfd). Os linfócitos infectados com HHV-8 tornam as células endoteliais vulneráveis à infecção, pois as quimiocinas atraem os linfócitos infectados, e as moléculas de adesão favorecem a adsorção dos linfócitos nas paredes do endotélio. Contudo, a liberação dos fatores inflamatórios parece não ser o único fator desencadeante da patogênese, pois nem todo hospedeiro que abriga o HHV-8 e sofre infecção ou injúria tissular desenvolve o SK.

Sendo assim, para que o HHV-8 persista nas células endoteliais sem ser eliminado pelo hospedeiro e para que o aporte de leucócitos infectados trazendo mais vírus ao tecido não seja prejudicado, outros elementos devem sustentar a infecção por HHV-8, nas células endoteliais. Esse fator, exclusivo do vírus, é a inibição direta da resposta antiviral do hospedeiro.

Para evitar ataques de fatores celulares, o HHV-8 codifica proteínas que inibem, de forma direta ou indireta, processos e

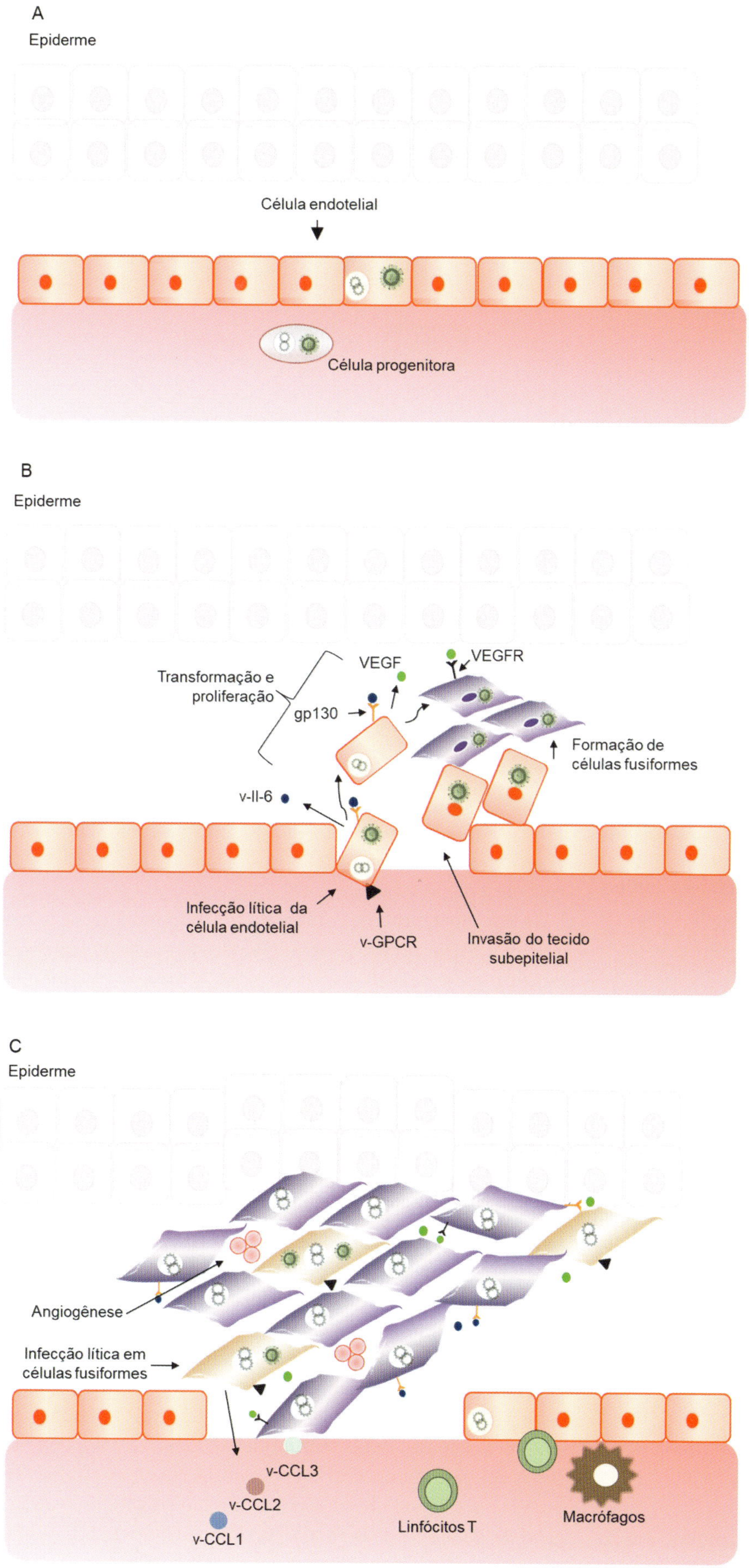


**Figura 21.22** Hipótese para a transformação de células endoteliais pelo HHV-8. **A.** As células endoteliais são infectadas diretamente ou por recrutamento de células endoteliais progenitoras circulantes infectadas. **B.** A infecção dessas células estimula sua transformação e sua proliferação induzidas em células latentemente infectadas, pelo estímulo de citocinas secretadas de forma parácrina, ocorrendo, assim, invasão do tecido subepitelial. A virocina IL-6 (v-IL-6) produzida por células latentemente e liticamente infectadas estimula a produção do fator de crescimento do endotélio (VEGF, *vascular endothelium growth factor*). O receptor v-GPCR (*G-protein-coupled receptor*), um homólogo de receptor de interleucina 8 (IL-8), é expresso por células sofrendo a infecção lítica e também altera vias de sinalização intracelulares para promover a transformação celular e a produção de citocina. A produção de VEGF é um fator importante para a indução da proliferação das células endoteliais via interação com o receptor VEGF (VEGFR). A maioria das células proliferativas apresenta infecção latente e desenvolve morfologia fusiforme. **C.** A secreção de VEGF e v-IL-6 promove a angiogênese que fornece oxigênio e nutrientes para as células tumorais. A liberação das virocinas v-CCL-1, v-CCL-2 e v-CCL-3 promove a quimiotaxia de células do sistema imunológico como linfócitos T e macrófagos. gp130: *human IL-6 receptor chain* (cadeia do receptor de IL-6 de seres humanos); CCL: *chemokine* [*C-C motif*] *ligand* (ligante de motivo CC de quimiocinas). Adaptada de Immunopaedia.org.

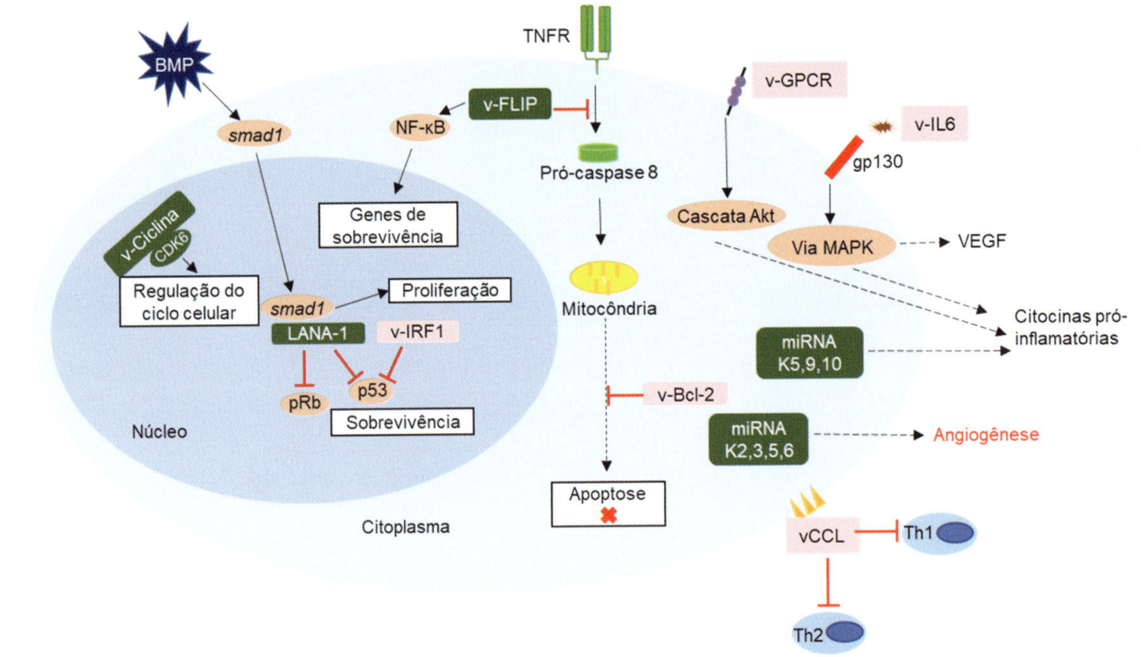


**Figura 21.23** Resumo dos possíveis mecanismos celulares envolvidos na patogênese do SK. As proteínas do ciclo latente estão representadas em *verde* e as do ciclo lítico, em *rosa*. LANA-1 interfere na via de sinalização BMP (proteínas morfogenéticas ósseas [*bone morphogenetic proteins*]), transformando-a em uma via oncogênica; além disso, impede a ação de p53 na morte celular e se liga a pRb, removendo esse *check-point*. A v-ciclina regula o ciclo celular através da ativação constitutiva da CDK6 (cinase dependente de ciclina 6 [*cyclin-dependent kinase 6*]). A v-FLIP inibe a ativação da pró-caspase 8, inibindo a apoptose, além de estimular NF-κB, aumentando a expressão dos genes de sobrevivência. A v-Bcl2 inibe a apoptose se ligando a peptídeos antiapoptóticos e neutralizando-os. A v-GPCR estimula a via Akt, que por sua vez estimula a produção de citocinas pró-inflamatórias. A v-IL6 interage com gp130, acionando a via das MAPK (*mitogen-activated protein kinase*; proteíno-cinase ativada por mitógeno), levando à produção de VEGF e v-CCL, que inibem a resposta imunológica. TNFR: *tumor necrosis factor receptor* (receptor do fator de necrose tumoral); miRNA K5,9,10 e miRNA K2,3,5,6: microRNA codificados pelo HHV-8. Adaptada de Yan *et al*., 2019.

vias de sinalização relacionadas à resposta celular (produção de citocinas, processamento e apresentação de antígenos, sinalização via interferon e ativação da via do complemento).

Um mecanismo importante de evasão da resposta imunológica é a redução da quantidade de moléculas de complexo principal de histocompatibilidade de classe I (MHC I, *major histocompatibilidade* complex I) na superfície celular através dos produtos das ORF K3 (MIR1) e K5 (MIR2) que promovem a ubiquitinação ao atuarem como E3 ligase.

O HHV-8 codifica um grupo de proteínas homólogas ao fator de regulação do interferon (IFN), denominada v-IRF que pode atuar em diversas etapas da ativação do sistema imunológico, como (i) inibição da transativação de promotores de IFN ao se ligar a IRF3 e IRF7; (ii) inibição da cascata STING-cGAS que culminaria na produção de IFN-β, sendo que o produto da ORF52 também pode atuar nessa etapa; (iii) juntamente com v-GPCR podem reduzir a expressão de TLR4 (receptor tipo *toll* 4) na superfície celular. O produto da ORF45 impede a fosforilação de IRF7 e, o produto da ORF64 desubiquitina RIG-I, impedindo a produção de IFN através dessa via. Esse vírus não é encontrado fora das lesões de SK ou em células endoteliais associadas a outras patologias.

Na Figura 21.24 encontra-se o mecanismo de modulação da resposta imunológica pelo HHV-8.

## Sarcoma de Kaposi em indivíduos com síndrome da imunodeficiência adquirida

O comportamento clínico clássico do SK em adultos imunocompetentes é muito indolente, e indivíduos afetados por essa doença geralmente apresentam sobrevida elevada, falecendo por outras causas. Muitos pacientes com SK localizado não necessitam de tratamento, enquanto outros podem ser tratados por meio de terapias locais.

Já em pacientes com síndrome da imunodeficiência adquirida (AIDS, *acquired immunodeficiency syndrome*), o SK é bem mais agressivo, podendo se espalhar pelo organismo e envolver estruturas linforreticulares, trato gastrointestinal, pulmões, e pele. O envolvimento pulmonar está associado a um péssimo prognóstico, sendo a morte por falência pulmonar um quadro muito comum. Além disso, esses pacientes têm probabilidade 300 vezes maior de desenvolver SK do que outros indivíduos com outras imunodeficiências. Estudos demonstraram que o HIV possui papel importante na patologia da infecção, uma vez que a proteína tat, um fator de ativação da transcrição do genoma do HIV, e, indiretamente, do HHV-8, também é responsável por funções que afetam a sobrevida e crescimento das células T, células endoteliais e células fusiformes.

A estimulação contínua das células fusiformes reativas pelas citocinas inflamatórias, fatores de crescimento, HHV-8 e tat, pode ser, esporadicamente, oncogênica e, eventualmente, resultar na transformação das células fusiformes reativas das lesões de SK, suportada pelo aumento de fatores oncogênicos, especialmente a proteína Bcl-2. Isso ocorre somente em um estágio muito avançado da doença, caracterizada por imunodepressão acentuada, particularmente em pacientes provenientes da África.

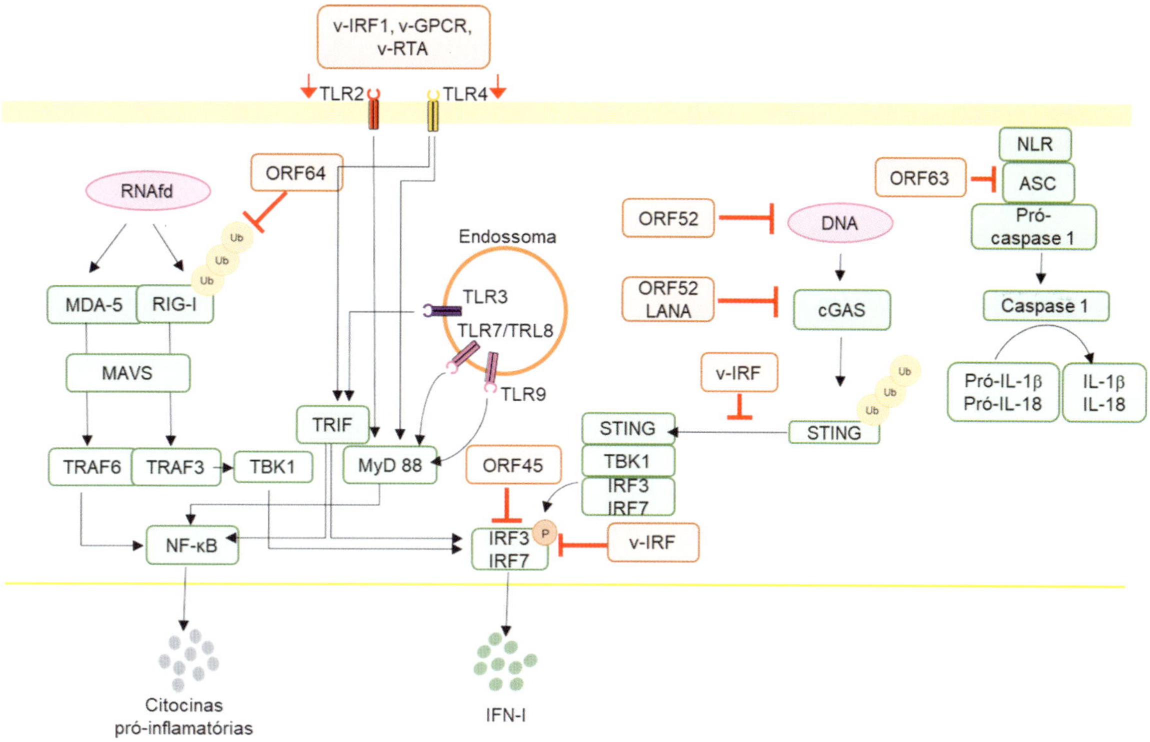


**Figura 21.24** Modulação da resposta imunológica pelo HHV-8. O herpesvírus de humanos 8 (HHV-8) codifica um arsenal de proteínas que modulam várias vias da resposta imunológica inata. As proteínas v-IRF1, v-GPCR e v-RTA podem regular negativamente os receptores tipo *toll* (TLR, *toll-like receptors*) TLR2 e TLR4; TRIF, uma proteína adaptadora de TLR, é ainda inibida pelo v-RTA. A inibição dessas vias de sinalização TLR resulta na regulação negativa da resposta do interferon tipo I (IFN-I). A ubiquitinação (Ub) do sensor de RNA, RIG-I, que é crucial para a sua ativação, é inibida pelo produto da ORF64, resultando na inibição da resposta do IFN. O v-IRF e o produto da ORF45 podem inibir a ativação de IRF celulares, como IRF3 e IRF7. A ativação de cGAS (sensor de DNA citosólico), estimulador da proteína STING, é inibida por ação da proteína viral LANA e o produto da ORF52, enquanto v-IRF1 impede a associação do STING com TBK1, inibindo assim a produção de IFN-I através da via mediada por IRF3 e IRF7. O inflamassoma NLRP1, que compreende NLR, ASC e pró-caspase-1, é inibido pelo ORF63, resultando em inibição de ativação de IL-1β e IL-18. v-IRF: *viral interferon regulatory factor* (fator viral regulador de interferon); v-GPCR: *viral G protein-coupled receptor* (receptor viral acoplado à proteína G); v-RTA: *viral replication and transcription activator* (ativador de replicação e transcrição viral); ORF: *open reading frame* (sequência de leitura aberta); MDA-5: *melanoma differentiation-associated protein 5* (proteína associada à diferenciação de melanoma 5); RIG-I: *retinoic acid-inducible gene I* (gene induzível pelo ácido retinoico-I); MAVS: *mitochondrial antiviral-signalling protein* (proteína de sinalização antiviral mitocondrial); NF-κB: *nuclear factor-κB* (fator nuclear κB); TRAF: *TNF [tumor necrosis factor]) receptor-associated factor* (fator associado ao receptor TNF [fator de necrose tumoral]); TRIF: *TIR [toll/interleukin-1 receptor]-domain-containing adapter-inducing interferon-*β (adaptador-indutor de interferon-β contendo domínio TIR [receptor *toll*/interleucina-1]); MyD88: *myeloid differentiation primary response 88* (resposta primária do gene 88 à diferenciação mieloide); cGAS: *cyclic GMP-AMP synthase* (GMP-AMP sintase cíclica); STING: *stimulator of interferon genes protein* (proteína estimuladora do gene do interferon); TBK1: *serine-threonine-protein kinase* (serino-treonino-proteíno-cinase); LANA: *latency-associated nuclear protein* (antígeno nuclear associado à latência); NLRP1: *NOD-, LRR- and pyrin domain-containing 1 inflammasome* (inflamassoma 1 contendo domínio NOD, LRR e pirina); ASC: *apoptosis-associated speck-like protein containing a CARD [caspase recruitment domains]*; proteína adaptadora associada à apoptose contendo CARD [domínios de recrutamento de caspases]); NLR: *NOD-like receptor* (receptor tipo NOD); RNAfd: RNA de fita dupla; P: fosfato. Adaptada de Cesarman *et al*., 2019.

## Manifestações clínicas

### Sarcoma de Kaposi

Doença mais importante associada ao HHV-8, o SK é uma desordem multifocal proliferativa de origem vascular, encontrada em quatro formas epidemiológicas mais frequentes:

- SK clássico (SKC) ou esporádico: originalmente descrito como um tumor indolente de extremidades em indivíduos idosos do sexo masculino, na região do Mediterrâneo, ou em descendentes de judeus do leste da Europa
- SK endêmico ou SK africano (SKA): ocorre em áreas do centro e leste da África Subsaariana antes da pandemia de AIDS; clinicamente semelhante ao SKC, mas pode ser mais fulminante e fatal em crianças
- SK iatrogênico: associado à terapia imunossupressora pós-transplantes, denominada SK pós-transplante (PKS; *post-transplant Kaposi sarcoma*)
- SK associado a AIDS (AIDS-SK): mais observado em pacientes masculinos homo/bissexuais vivendo com HIV/AIDS. É o tumor mais frequentemente observado em pessoas vivendo com HIV/AIDS (PVHIV/AIDS) e a forma mais agressiva e de evolução mais rápida do SK, com espalhamento para pele e vísceras. Em indivíduos submetidos à terapia antirretroviral (TARV) essa manifestação clínica praticamente não é observada.

A lesão do SK é caracterizada por múltiplas manchas, de aparência nodular, macular, papular ou planar, que podem ocorrer em qualquer área, mas são encontradas principalmente nas extremidades do corpo, e na região da cabeça e pescoço, frequentemente envolvendo mucosa (palato, gengiva, conjuntiva) e vísceras, principalmente na AIDS-SK. Quase todas as lesões são palpáveis e não pruriginosas, e variam de tamanho de milímetros a vários centímetros de diâmetro. As lesões podem assumir uma coloração amarronzada, rosácea, avermelhada ou violácea e podem ser difíceis de distinguir em indivíduos de pele escura; podem ser discretas ou confluentes e tipicamente aparecem em uma distribuição linear. O estágio final é representado por uma fase tumoral nodular. Em PVHIV/AIDS na África, esse quadro é observado logo no começo da infecção. Além disso, diferentes estágios da doença podem coexistir no mesmo indivíduo em determinado período de tempo.

As lesões podem também se desenvolver em órgãos internos como pulmão e trato gastrointestinal. A disseminação da doença está associada ao grau de imunossupressão. Sinais e sintomas do envolvimento do trato gastrointestinal incluem odinofagia (dor de garganta), disfagia (dificuldade de deglutição), náusea, vômito, dor abdominal, hematêmese (vômito de sangue) hematoquezia (eliminação de sangue "vivo" pelo ânus), melena (fezes de cor negra que indica presença de sangue digerido) e obstrução intestinal. As lesões pulmonares são normalmente associadas a um estágio avançado de imunossupressão e embora, possam ocasionalmente ser observados achados radiológicos em indivíduos assintomáticos, geralmente estão associadas com evidências de doença respiratória incluindo tosse, dispneia, hemoptise (eliminação pela boca de sangue proveniente do aparelho respiratório) e falência respiratória.

Todas as formas de SK, embora tenham uma distribuição geográfica e cursos clínicos diferentes, compartilham de várias características comuns, incluindo: (1) distúrbios do sistema imunológico, caracterizado, inicialmente, por uma imunoativação, principalmente de células $CD_8^+$ e citocinas do tipo Th1 aliadas à imunodepressão; (2) aumento de células progenitoras fusiformes na circulação; (3) lesões histopatológicas; (4) altos níveis de citocinas inflamatórias; fatores angiogênicos (fatores proliferativos de vasos endoteliais) e fatores de crescimento; e (5) infecção pelo HHV-8.

Embora seja necessária a infecção pelo HHV-8 para que ocorra o SK, apenas este fator não é suficiente. No oeste da Europa e EUA, aproximadamente 3% da população é infectada pelo HHV-8, porém estes indivíduos apresentam taxa de risco muito baixa para desenvolvimento do SK, indicando que são necessários cofatores para que ocorra o desenvolvimento da doença. Na associação AIDS-SK, o cofator é claramente associado à infecção pelo HIV. Este fato é confirmado devido à forte relação entre a carga viral do HIV e o risco de desenvolvimento do SK; à diminuição do número de casos de SK em pacientes com AIDS que experimentam a TARV, além da redução clínica do SK em pacientes com AIDS que começam essa terapia.

Os cofatores necessários para que ocorra o desenvolvimento do SK em pacientes negativos para o HIV ainda são desconhecidos, mas acredita-se que seja necessária alguma forma de imunossupressão para o desenvolvimento da doença.

### Linfoma de efusão primário ou de cavidade de corpo

O linfoma de efusão primário (PEL, *primary effusion lymphoma*) ou de cavidade do corpo (BCBL, *body-cavity-based lymphoma*) é um linfoma de células B, não Hodgkin, muito raro, geralmente encontrado em pacientes com AIDS terminais e raramente em pacientes negativos para HIV. O PEL geralmente se apresenta como um derrame maligno envolvendo as cavidades pleural, peritoneal e/ou do pericárdio, sem uma massa tumoral. Histologicamente, é caracterizado por células linfoides atípicas da linhagem B com núcleos grandes e nucléolos proeminentes. Raros casos de linfoma HHV-8$^+$, com características semelhantes às do PEL, podem apresentar-se como massas tumorais na ausência de derrames cavitários e são considerados uma variante extracavitária ou sólida de PEL. Outras características são rearranjo de genes das imunoglobulinas; perda dos principais marcadores de superfície dos linfócitos; e diferentemente do linfoma de Burkitt, ausência de rearranjo c-*myc*. A maioria dos PEL é duplamente infectada com o HHV-4 (vírus Epstein-Barr [EBV]) e HHV-8. Existem, aproximadamente, 50 a 1.000 cópias de epissomas de HHV-8 em células retiradas de PEL. Contudo, diferentemente do SK, esse epissoma é de padrão monoclonal, indicando origem única.

Assim como em SK, a infecção por HHV-8 é somente um dos inúmeros fatores necessários para o desenvolvimento de PEL, visto que essa doença é rara mesmo em populações onde a soroprevalência é alta.

Células retiradas de PEL crescem facilmente em cultura e são imortalizadas, sendo empregadas como sistema hospedeiro no qual foi possível a observação da biossíntese do HHV-8 *in vitro*.

### Doença multicêntrica de Castleman

Lesão rara, policlonal e linfoproliferativa que ocorre tanto em pessoas vivendo com HIV/AIDS (PVHIV/AIDS), quanto em indivíduos negativos para HIV. Duas formas clínicas foram descritas. A primeira é localizada e envolve apenas um nódulo e, geralmente, é restrita a pacientes negativos para HIV. Pode ser tratada apenas com a retirada das células envolvidas na lesão. A segunda forma, a doença multicêntrica de Castleman (MCD) é uma doença sistêmica agressiva, caracterizada por febre repentina, suor, perda de peso, linfoadenopatia e esplenomegalia. É uma doença frequentemente encontrada em pacientes com AIDS. Existe grande possibilidade de os pacientes com MCD desenvolverem alguma malignidade. Não é incomum a presença de MCD e SK no mesmo linfonodo de uma PVHIV/AIDS. Nesses casos, o tratamento é feito por meio de quimioterapia antineoplásica.

### Outras doenças

A associação do HHV-8 a outras doenças, tais como mieloma múltiplo, sarcoidose, hipertensão pulmonar primária, angiossarcoma, linfoma de células T e carcinomas de pele, ainda não foi confirmada.

O HHV-8 já foi encontrado em lesões de pele de pacientes com pênfigo *vulgaris* e *folicularis*. Acredita-se que HHV-8 tenha tropismo pelas lesões causadas por essas enfermidades. Porém outros estudos falharam em associar o HHV-8 a essas lesões.

O vírus já foi associado também a casos de doença de Kikuchi-Fujimoto, que é uma desordem nos linfonodos cervicais comum em mulheres asiáticas jovens.

## Diagnóstico laboratorial

O DNA do HHV-8 pode ser detectado por reação em cadeia da polimerase (PCR, *polymerase chain reaction*) em células mononucleares do sangue periférico (PBMC, *peripheral blood mononuclear cells*) em 10 a 20% dos indivíduos saudáveis infectados com HHV-8; a proporção aumenta quando a doença se manifesta. A *nested* PCR (ver *Capítulo 8*) tem sido utilizada para detectar HHV-8 em tecidos parafinados de SK, doença multicêntrica de Castleman, tecidos linfoides do linfoma de efusão primário, sêmen, plasma, sangue periférico e saliva. O HHV-8 tem sido detectado em 30 a 60% das células mononucleares do sangue periférico de pacientes com SK por *nested* PCR.

A hibridização *in situ* pode ser utilizada para localizar células específicas infectadas com o HHV-8 em lesões de SK. A imuno-histoquímica tem sido empregada para a detecção do HHV-8 em tecidos fixados com formalina e embebidos em parafina, utilizando anticorpos monoclonais para diferentes antígenos virais, tanto na infecção não produtiva (latente) quanto na produtiva (lítica), além de detectar o HHV-8 em células fusiformes e algumas células epiteliais de lesões de SK, em células de linfoma de efusão primário, em linfomas positivos para HHV-8 envolvendo tecidos sólidos, e células infectadas na doença multicêntrica de Castleman.

Anticorpos específicos para HHV-8 são detectados utilizando-se como antígenos células extraídas diretamente do PEL, proteína LANA e duas proteínas estruturais recombinantes, uma do capsídeo viral (p19) e outra do envelope (gp35/37). Nem todos os indivíduos infectados produzem anticorpos para os três antígenos.

A sensibilidade dos testes sorológicos com antígenos recombinantes está em torno de 80 a 95%. Testes de imunofluorescência (IF) e ensaios imunoenzimáticos (EIA, *enzyme immunoassay*), empregando antígenos virais purificados, apresentam 100% de sensibilidade, mas ocorre diminuição da especificidade.

Exames histopatológicos são realizados para a detecção de SK. Entretanto, muitas vezes um diagnóstico diferencial deve ser empregado, visto que a lesão pode ser confundida com outras doenças, como hemangiomas, histiocitoma fibroso ou alguns tipos de melanoma.

Baseados nesses fatos, a combinação de testes sorológicos é a mais indicada para prover um resultado reprodutível, com alta sensibilidade e especificidade.

## Epidemiologia

O SK é encontrado em todo mundo, porém com diferentes taxas de prevalência.

A detecção do genoma do HHV-8 por PCR e a sorologia têm sido usadas nos estudos epidemiológicos e de transmissão do vírus. Esses estudos demonstraram que o vírus é raro na população dos EUA, Reino Unido e Europa Central, Setentrional e Meridional, sendo disseminado na África. As taxas de infecção em outras regiões do mundo, tais como América do Sul e Ásia, foram pouco estudadas, mas dados demonstram que esse vírus é endêmico e prevalente em populações remotas de ameríndios, mesmo sem ter havido contato prévio com a civilização.

Nos EUA, Reino Unido, Dinamarca e Noruega, o desenvolvimento de AIDS-SK é de aproximadamente 25 a 60% em homossexuais masculinos com comportamento de risco, ao passo que, em outros grupos de risco, como doadores de sangue, pacientes com hemofilia ou usuários de drogas injetáveis, essa taxa é inferior a 5%. Cerca de 50% dos pacientes homossexuais masculinos portadores de HHV-8 e HIV, mesmo em países onde a incidência de SK é baixa, desenvolvem AIDS-SK, entre 5 e 10 anos após a aquisição da infecção dupla, o que representa um alto nível da expressão da doença nesses indivíduos, embora esse quadro esteja se modificando com a introdução da terapia antirretroviral. Desse modo, a coinfecção com o HIV-1 pode ser considerada um importante cofator no desenvolvimento de SK. De forma semelhante, a infecção por HHV-8 em pacientes transplantados é fortemente associada ao desenvolvimento de SK, embora seja observada uma remissão da doença após a descontinuidade da terapia imunossupressora. Atualmente, estima-se que pacientes que receberam órgãos sólidos apresentam 200 vezes mais chance de desenvolver SK (iatrogênico) do que a população geral. Ademais, as taxas de SK iatrogênico se relacionam de forma direta com a prevalência do HHV-8 e com as taxas de SK clássico nestes países, e é mais frequentemente observado em indivíduos do sexo masculino e idade avançada.

Embora o HHV-8 seja altamente prevalente (até 90%) entre adultos, em todas as partes da África Subsaariana, o SK endêmico é mais comum no leste e centro da África. No Mediterrâneo a prevalência fica entre 20-30% enquanto, no norte da Europa, na Ásia e nos EUA a prevalência é inferior a 10%.

Em países endêmicos, a proporção parece ser igual entre homens e mulheres, sendo a transmissão durante a infância a principal causa de espalhamento do HHV-8, visto que o vírus pode ser encontrado na saliva e leite materno proveniente de mulheres desses locais.

Estudos realizados na África mostraram que a soroprevalência é baixa em crianças menores de 2 anos, aumentando rapidamente após essa idade. Esse padrão de contaminação demonstra que a amamentação não é o fator de transmissão, mas sim o contato íntimo ou o compartilhamento de utensílios domésticos contaminados, principalmente, com saliva.

A Organização Mundial de Saúde (OMS) relatou a ocorrência de 41.799 novos casos de SK no mundo em 2018 e 19.902 mortes. A maioria dos novos casos, aproximadamente 24 mil, ocorreu na África Oriental. Nas Américas, o maior número de casos foi observado na América do Sul (1.959 casos), seguido pela América do Norte (1.385 casos) e Central (671 casos). Ásia e Europa tiveram um número similar de ocorrência de SK, aproximadamente 2.500 casos e na Oceania foram relatados 95 casos de SK.

Os motivos pelos quais ocorre essa variação geográfica na incidência de SK ainda não são inteiramente compreendidos, porém conjectura-se que fatores ambientais, como coinfecção com malária ou outras infecções parasitárias possam levar a um aumento da carga viral de HHV-8 na saliva, aumentando assim a taxa de infecção e disseminação.

Recentemente também foram descritos determinantes genéticos que podem estar associados com maior chance de desenvolvimento de SK. Em famílias cuja prevalência do SK era alta, foram observadas mutações nos genes que codificam para IFNR1, STIM, $CD_{134}$ e WAS. Todas essas mutações comprometem uma resposta celular eficiente.

## Tratamento

Inibidores da DNA polimerase de herpesvírus são eficazes no combate à infecção lítica, porém, são ineficazes em casos de infecção latente. Apesar de o vírus, nesta fase, não causar danos, há sempre risco de reativação, principalmente no caso de indivíduos com AIDS. Já foi observado que foscarnet e ganciclovir induzem a regressão das lesões do SK. Já foi descrito também, o uso da zidovudina para impedir a transmissão perinatal.

Atualmente, utiliza-se o tratamento com radioterapia ou cirurgia nos casos de lesões isoladas. Nos casos avançados, substâncias com propriedades anticancerígenas são as mais indicadas para uso em pacientes com SK, PEL/BCBL ou MCD. Entre elas, podem ser citadas: daunorrubicina, doxorrubicina, paclitaxel e alitretinoína (9-*cis*-ácido retinoico), entretanto, apenas a doxorrubicina lipossomal e o interferon-α são liberados pela agência norte-americana Food and Drug Administration (FDA) para tratamento das lesões produzidas pelo SK. Entretanto, nenhum desses tratamentos é considerado curativo.

## Poliomavírus de humanos 5

### *Histórico*

O poliomavírus de humanos 5 (HPyV5), originalmente denominado de poliomavírus de células de Merkel (MCPyV) foi descoberto no Instituto do Câncer, na Universidade de Pittsburgh, Estados Unidos da América (EUA). Os pesquisadores responsáveis pelo projeto utilizaram a técnica de subtração digital de transcriptoma (DTS, *digital transcriptome subtraction*) para analisar amostras de carcinoma de células de Merkel (MCC, *Merkel cell carcinoma*). Essa técnica compara bibliotecas de DNA complementar (DNAc) gerados randomicamente por transcrição reversa associada à reação em cadeia da polimerase (RT-PCR, *reverse transcription polymerase chain reaction*) a partir de amostras de tecidos de indivíduos saudáveis ou doentes, assim, identificando transcritos de RNA mensageiros (RNAm) potencialmente característicos para esses tecidos. Os transcritos foram submetidos à técnica de pirossequenciamento, sendo os dados analisados por bioinformática para que fosse possível identificar transcrições que não fossem de seres humanos. Uma sequência apresentou homologia com o antígeno T *large* (LT-Ag) dos LPyV (poliomavírus linfotrópico de macaco-verde africano) e HPyV1 (anteriormente denominado poliomavírus de humanos BK). Com a utilização de iniciadores randômicos o genoma completo foi sequenciado, sendo identificada uma nova espécie de poliomavírus de humanos.

### *Classificação e características*

O HPyV5 está classificado na família *Polyomaviridae*, gênero *Alphapolyomavirus*, espécie *Human polyomavirus 5*. O genoma de DNA de fita dupla (DNAfd) do HPyV5 tem aproximadamente 5,4 quilopares de base (kpb) e é semelhante aos demais poliomavírus de humanos (HPyV) na medida em que inclui uma região codificante conservada e uma região regulatória não codificante (NCCR, *non-coding control region*) hipervariável, onde está localizada a origem de replicação (Ori), além de domínios para a ligação de vários fatores regulatórios envolvidos na transcrição e replicação do genoma viral. A região codificante é funcionalmente dividida em região precoce e região tardia. Na região precoce estão os genes que codificam o antígeno T (LT-Ag, T *large*), antígeno t (ST-Ag, t *small*), ALTO (sequência de leitura aberta alternativa T *large* [*alternate frame of large T open reading frame*]) e antígeno 57-kT (análogo do antígeno 17-kT do poliomavírus SV40). Este último é uma isoforma que divide sua estrutura aminoterminal com LT e ST e parece ter menor significância clínica. Eles são transcritos antes da replicação do DNA e expressos logo após a infecção das células hospedeiras; são essenciais para a regulação da transcrição e replicação do genoma viral. Na região tardia estão genes que codificam as proteínas estruturais do capsídeo (VP1, VP2 e VP3 (Figura 21.25) – predominantemente transcritas após o início da replicação genômica) que juntamente com o DNA viral formam os vírions (ver *Capítulo 15*).

Apesar dessas semelhanças, o genoma do HPyV5 tem várias características genéticas únicas em comparação com os demais HPyV. Um exemplo disso são os produtos dos genes de ambas as regiões, precoce e tardia, do HPyV5 que possuem maior similaridade com poliomavírus de murinos do que com os de humanos. Além disso, o genoma do HPyV5 expressa um miRNA de 22 nucleotídeos (miR-M1) que tem complementaridade reversa completa com uma sequência no LT-Ag adjacente ao motivo LXCXE, indicando que ele atue autorregulando essa proteína precoce e possivelmente afete uma variedade de alvos celulares com funções potencialmente relevantes na transformação celular.

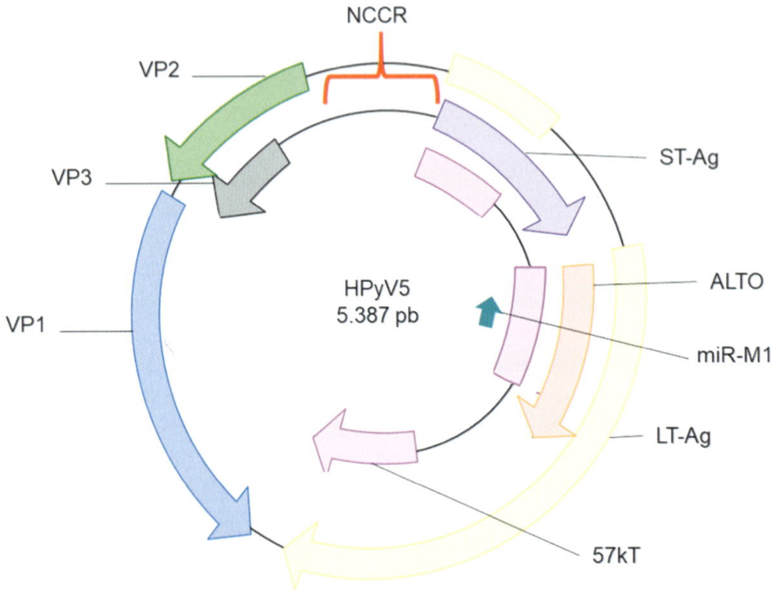


**Figura 21.25** Representação esquemática da organização do genoma do HPyV5. O genoma do poliomavírus de humanos 5 (HPyV5), é constituído de DNA de fita dupla (DNAfd) de aproximadamente 5,4 quilobases (kb) (5.387 pares de base [pb]) e inclui uma região codificante conservada e uma região regulatória não codificante (NCCR, *non-coding control region*) hipervariável. A região codificante é dividida em região precoce e região tardia. Na região precoce estão os genes que codificam os antígenos T (LT-Ag, T *large*), antígeno t (ST-Ag, t *small*), ALTO (*alternate frame of large T open reading frame*) e antígeno 57-kT (análogo do antígeno 17-kT do poliomavírus SV40) que são essenciais para regulação da transcrição e replicação do genoma viral. Na região tardia estão genes que codificam as proteínas estruturais do capsídeo (VP1, VP2 e VP3). Além disso, o genoma do HPyV-5 expressa um microRNA (miRNA) de 22 nucleotídeos denominado miR-M1. Adaptada de MacDonald e You, 2017.

## Patogênese

O HPyV5 faz parte da microbiota da pele, consequentemente, é predominantemente encontrado nesse sítio, mas pode ser também detectado em uma variedade de outros tecidos, incluindo amostras do sistema respiratório, saliva, tecido linfoide, urina e sangue.

O modo de transmissão do HPyV5 ainda não é completamente conhecido. Estudos sugerem que a presença do DNA viral no estômago e no trato gastrointestinal de indivíduos com MCC, assim como em materiais provenientes de esgotos pode caracterizar um modo de transmissão fecal-oral. No entanto, a detecção do DNA viral nessas localizações é relativamente baixa em comparação com a pele, onde tanto o DNA viral quanto o vírion podem ser detectados. Outra hipótese, a respeito da rota de transmissão, pode ser mencionada no que diz respeito à presença do DNA viral no sistema respiratório, sugerindo a entrada do HPyV5 por via respiratória. Entretanto, o modo de transmissão mais provável seria através de contato com a pele ou saliva de indivíduos contaminados, principalmente entre irmãos e entre mãe e bebê.

Assim como ocorre com outros HPyV, a infecção por HPyV5 é ubíqua e estudos sorológicos revelam a prevalência de anticorpos para a proteína estrutural do capsídeo VP1 em cerca de 60 a 80% dos adultos. A infecção primária, aparentemente, é assintomática e ocorre cedo na infância, havendo infecção persistente por toda a vida do indivíduo.

O HPyV5 é o agente causador do MCC, visto que seu genoma é encontrado em mais de 80% dos espécimes de MCC, os outros 20% são desencadeados por radiação UV. Provavelmente o evento inicial que faz com que uma infecção aparentemente inofensiva se transforme em um tumor agressivo é a perda da vigilância imunológica contra o vírus. O MCC ocorre principalmente em pacientes idosos ou imunocomprometidos, e os indivíduos que desenvolvem MCC por infecção pelo HPyV5 apresentam um título muito alto de anticorpos contra proteínas estruturais do vírus, sugerindo que a perda da imunidade celular possa ser o que permite a viremia antes do desenvolvimento do tumor.

Nessas células tumorais, o vírus sofre pelo menos duas mutações, a primeira é uma recombinação não homóloga com o DNA da célula hospedeira. Se a integração ocorre espontaneamente ou se requer um fator mutagênico exógeno ainda não foi descrito, mas sabe-se que essa integração ocorre antes da proliferação da célula tumoral. A segunda é uma mutação deletéria no LT-Ag, que perde o domínio helicase responsável pela replicação do genoma, o que favorece a manutenção do vírus na célula, pois se o LT-Ag fosse expresso de forma completa, ele começaria uma síntese de DNA "não autorizada" no sítio de integração dessas células causando colisões das forquilhas de replicação e consequente quebra do DNA, podendo levar à ativação de uma resposta imunológica que levaria à morte celular (Figura 21.26).

A radiação ultravioleta (UV) parece estar correlacionada à incidência de MCC. Os raios UV-B podem agir como um imunomodulador extrínseco, causando diminuição das células T dendríticas epidérmicas e promovendo liberação de citocinas imunossupressoras. A radiação UV-A parece reduzir as células de Langerhans e induzir tolerância a haptenos. Pode haver também mutações que contribuem para o aumento da sobrevida das células infectadas e para o aumento da transcrição do ST-Ag de maneira dose-dependente, visto que o ST-Ag possui uma região promotora induzível por UV. Pacientes com psoríase tratados com UV também apresentam alta incidência de MCC.

Relatos de remissão espontânea de MCC podem refletir uma reconstituição da resposta imunológica mediada por células contra antígenos tumorais e constituem uma esperança na direção do desenvolvimento de imunoterapias como tratamento para esse tipo de câncer.

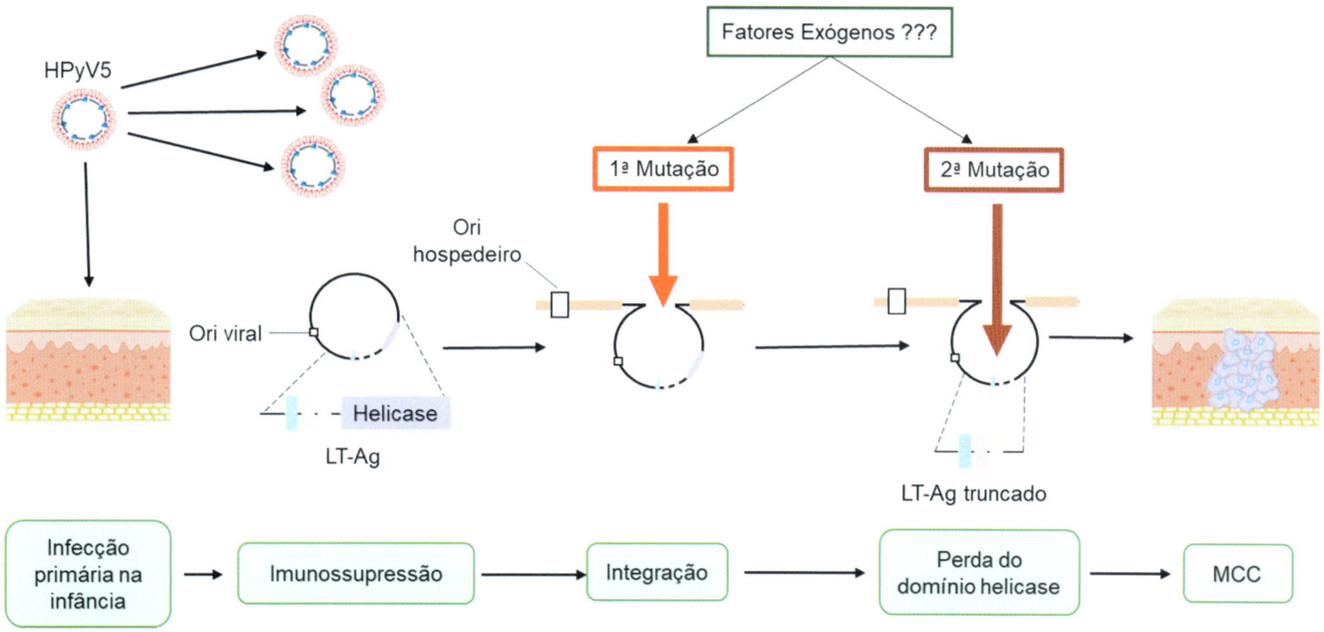


**Figura 21.26** Alterações no genoma do HPyV5 que possibilitam o desenvolvimento do MCC. Em células tumorais, o poliomavírus de humanos 5 (HPyV5) sofre pelo menos duas mutações: a primeira é uma integração ao genoma celular; ainda não se sabe se esse fenômeno ocorre espontaneamente ou se requer um fator mutagênico exógeno ainda não descrito. A segunda é uma mutação deletéria no LT-Ag, que perde o domínio helicase responsável pela replicação do genoma viral, favorecendo a manutenção do vírus na célula infectada. MCC: *Merkel cell carcinoma* (carcinoma de células de Merkel). Adaptada de Moore e Chang, 2010.

## Antígenos virais envolvidos na oncogênese

Além do processo de integração e da perda da capacidade replicativa, a capacidade de alteração/inibição de proteínas regulatórias e de contornar os *checkpoints* que controlam a progressão do ciclo celular é necessária para iniciar e manter o processo de tumorigênese. Essas alterações geralmente são mediadas por oncoproteínas celulares ou virais. Ao contrário de outros poliomavírus que já foram associados à oncogênese, o HPyV5 tem como principal oncogene transformador o ST-Ag e não LT-Ag; entretanto, outros genes também podem ter participação no processo oncogênico.

### *Antígeno T-large (LT-Ag)*

Funcionalmente, o LT-Ag pode ser dividido em cinco domínios: DnaJ (domínio conservado no terminal N [chamado "J"] [*N-terminal conserved domain (called 'J' domain)*]) – também denominado de proteína de choque térmico 40 [Hsp40, *heat shock protein 40*]), MUR (região única do MCPyV [*MCPyV unique region*]), OBD (domínio de ligação à origem [*origin binding domain*]), dedo de zinco e ATPase/helicase (Figura 21.27).

O domínio DnaJ possui 70 aminoácidos e compreende o motivo CR1 (região conservada 1 [*conserved region 1*]) e um motivo de ligação à proteína cognata da proteína de choque térmico 70 (Hsc70; *heat shock cognate 70*). A interação do LT-Ag com esse domínio é essencial para a biossíntese viral, mas também se estipula que essa interação seja responsável por interromper a ligação de pRb (proteína do retinoblastoma) com E2F (fator de transcrição), contribuindo para o principal papel do LT-Ag na oncogênese.

A seguir vem a região denominada MUR, exclusiva do HPyV5. Nesse domínio encontra-se um motivo de ligação a hVam6p (proteína humana de morfologia vacuolar 6 [*human vacuolar morphology (VAM)6 protein*]) e um motivo de ligação a pRb. A proteína hVam6p está envolvida no tráfego lisossomal. Ao ser sequestrada, a degradação de proteínas no lisossoma é reduzida e a produção da progênie viral aumenta. Entretanto, apesar de ser um mecanismo importante para a regulação do ciclo lítico viral, ainda não se sabe se isso tem algum papel no processo oncogênico.

Dentro do mesmo domínio MUR existe também um motivo de ligação com a pRb. Essa proteína controla a entrada da célula na fase S do ciclo de divisão. Em células em repouso, pRb encontra-se associada ao fator E2F; entretanto ao ser ativada através de cinases dependentes de ciclina, a pRb é fosforilada e se solta de E2F. Isso permite que E2F ative a transcrição dos genes necessários para a progressão do ciclo celular. Esse motivo (LXCXE) no LT-Ag se associa à pRb, o que inibe a sua interação com E2F, burlando o *checkpoint* da fase S, fazendo com que a célula esteja sempre se dividindo (Figura 21.28). Como comentado anteriormente, o domínio DnaJ tem uma participação nesse processo, aproximando Hsc70 e pRb, facilitando a liberação de E2F de uma forma dependente de ATP.

Em relação a outra proteína comumente envolvida nos processos oncogênicos, a p53, até o momento não foi confirmada a interação do LT-Ag com essa proteína diretamente, porém MCC causados pelo HPyV5 apresentam um nível mais baixo de p53. O que ocorre é que o LT-Ag estimula cinases a ativar p53, levando à parada do ciclo de mitose celular e inibindo a proliferação celular.

Por último, o LT-Ag recruta uma oncoproteína celular chamada de survivina, que pertence à família dos inibidores de apoptose, estando diretamente associada com a sobrevivência das células tumorais.

### *Antígeno 57kT*

É uma proteína codificada pela região inicial do genoma do HPyV5, juntamente com o LT-Ag. Possui 432 aminoácidos divididos em três éxons. Porém o papel desempenhado pela 57kT no processo oncogênico permanece desconhecido, visto que a biossíntese viral não parece ser prejudicada na ausência desse antígeno.

### *ALTO*

Assim como o LT-Ag a região C terminal de ALTO possui os resíduos 880-1624. Entretanto, a capacidade de transformação dessa proteína no desenvolvimento do MCC ainda não foi estabelecida. Alguns poucos estudos apontam que a biossíntese viral não é influenciada pela presença ou ausência de ALTO.

### *Antígeno T-small (ST-Ag)*

ST-Ag é considerado o principal oncogene do HPyV5. Contém 186 aminoácidos e, na porção N-terminal, compartilha 78 aminoácidos com LT-Ag e com 57kT. Essa região corresponde ao domínio DnaJ, contendo os mesmos motivos CR1 e de ligação com Hsc70. Entretanto, o resto do ST-Ag é único deste gene. Essa região única contém domínios para ligação e interação com

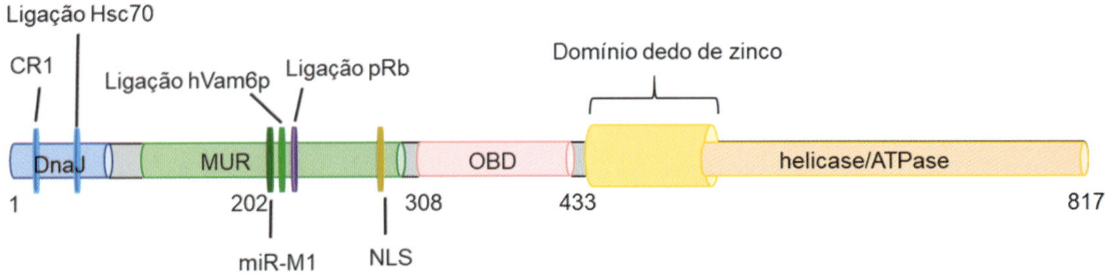


**Figura 21.27** Representação esquemática do antígeno T *large* (LT-Ag) dos HPyV5. O LT-Ag dos poliomavírus de humanos 5 (HPyV5) pode ser funcionalmente separado em cinco domínios: DnaJ, que apresenta dois motivos (CR1 e ligação a Hsc70); MUR, que é uma região única dessa espécie de HPyV contendo os motivos de ligação a hVam6p e à pRb, além do sinal de localização nuclear (NLS; *nuclear location sign*); OBD; dedo de zinco, importante na replicação; e helicase/ATPase, responsável pela replicação do genoma do HPyV5. HPyV5: poliomavírus de humanos 5; DnaJ: *N-terminal conserved domain [called 'J' domain]* (domínio conservado no terminal N [chamado "J"]); CR1: *conserved region 1* (região conservada 1); Hsc70: *heat shock cognate 70* (proteína cognata da proteína de choque térmico 70); hVam6p: *human vacuolar morphology [VAM]6 protein* (proteína humana de morfologia vacuolar 6); pRb: *retinoblastoma protein* (proteína do retinoblastoma); MUR: *MCPyV [HPyV5] unique region* (região única do MCPyV [HPyV5]); OBD: *origin binding domain* (domínio de ligação à origem); miR-M1: microRNA miR-M1. Adaptada de Wendzicki *et al*., 2015.

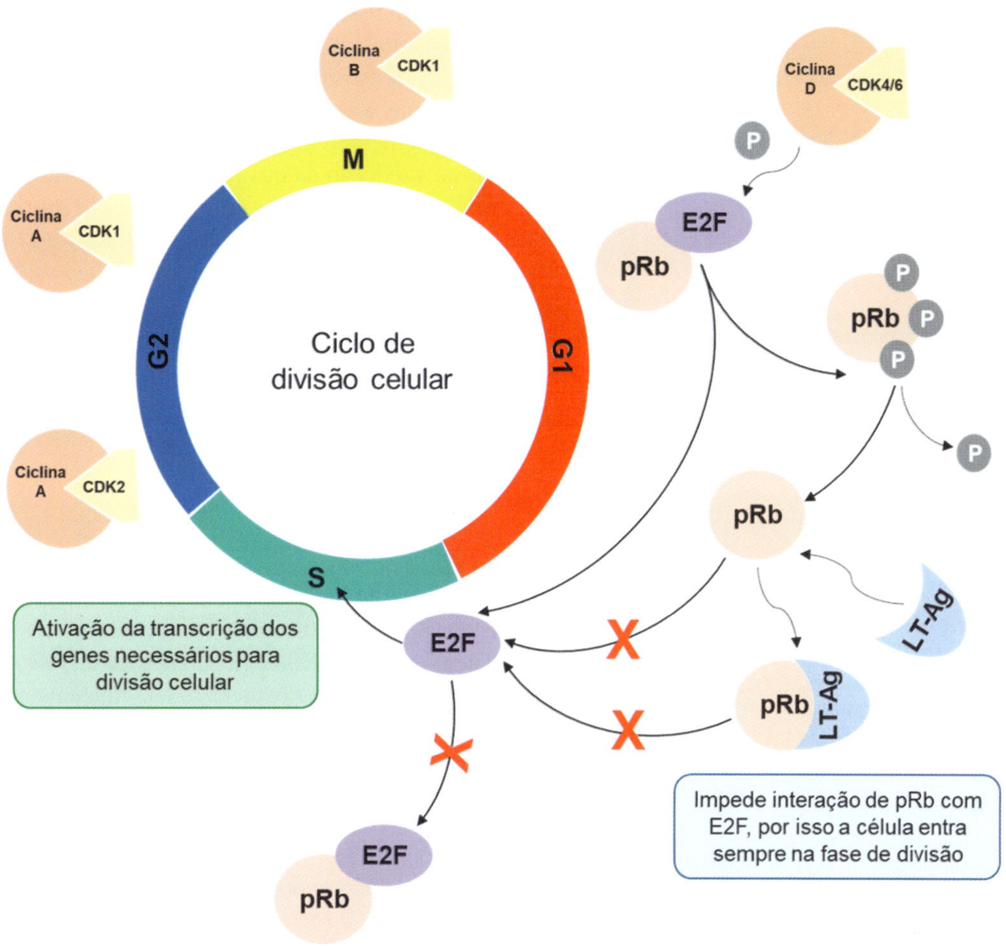


**Figura 21.28** Ação do LT-Ag na progressão do ciclo celular. A entrada da célula na fase S do ciclo de divisão é regulada pela interação do fator E2F e pRb. Uma vez fosforilada pela ciclina D, pRb libera E2F, que faz a célula entrar na fase de replicação do DNA. O LT-Ag se associa à pRb, impedindo que esta se ligue a E2F, mantendo esse fator sempre disponível e, consequentemente, fazendo o ciclo celular permanecer contínuo. As ciclinas participam da regulação do ciclo celular, mas não sofrem influência direta do LT-Ag. LT-Ag: *T large antigen* (antígeno T *large*); pRb: *retinoblastoma protein* (proteína do retinoblastoma); E2F: *transcription factor* (fator de transcrição); P: fosfato. Adaptada de Wendzicki *et al*., 2015.

diferentes proteínas celulares necessárias para o processo oncogênico, como o motivo de ligação a PP2A (proteíno-fosfatase 2A [*protein phosphatase 2A*]), LSD (domínio de estabilização de LT [*LT-stabilization domain*]) que é um motivo de estabilização do LT-Ag e motivo de interação com PP4C/NEMO (proteíno-fosfatase 4C/modulador essencial do fator nuclear κB [*protein phosphatase 4C/ NF-κB essential modulator*]) (Figura 21.29).

PP2A é uma serino/treonino-fosfatase que regula, entre outros processos celulares, a progressão do ciclo e apoptose através da defosforilação de proteínas-chave como Akt, p53, c-*myc* e β-catenina, sendo considerada, portanto, como uma proteína supressora de tumor. Estruturalmente é composta por uma subunidade catalítica (PP2Ac), uma subunidade estrutural (PP2Aa) e uma regulatória (PP2Ab), que interagem para formar o complexo enzimático. O ST-Ag desloca a subunidade PP2Ab, que é quem regula a atividade dessa fosfatase. Com isso ocorre uma superexpressão das vias mencionadas anteriormente, favorecendo o processo oncogênico.

O ST-Ag apresenta um motivo de estabilização do LT-Ag, denominado LSD, que é único do HPyV5. Esse motivo se liga a Fbxw7, que é uma E3 ubiquitino-ligase, e forma um complexo responsável por marcar proteínas destinadas a serem degradadas nos proteossomas. Ao fazer essa ligação, o ST-Ag inativa essa ubiquitino-ligase sequestrando-a para o núcleo celular, levando a um acúmulo de proteínas oncogênicas como ciclina E, mTOR (alvo da rapamicina em mamíferos [*mammalian target of rapamycin*]) e LT-Ag.

Outra região do ST-Ag que tem participação no processo oncogênico é o motivo de ligação a PP4C/NEMO. ST-Ag se liga à serino-treonina proteíno-fosfatase subunidade catalítica 4 (PP4C, *serine/threonine-protein phosphatase 4 catalytic subunit*) e a subunidade regulatória 1 de PP4C, formando um complexo que tem como alvo o modulador essencial do NF-κB (NEMO; *NF-κB essential modulator*) levando a uma redução na translocação e na atividade transcricional de NF-κB (fator nuclear κB [*nuclear factor-κB*]).

A via de sinalização PI3K-AkT-mTOR (cascata de sinalização importante para a regulação do ciclo celular fosfatidilinositol 3-cinase/serino-treonino-cinase/alvo da rapamicina em mamíferos [*phosphatidylinositol-3-kinase (PI3K)/AKT/mammalian target of rapamycin (mTOR)*]); desempenha um papel importante na regulação da tradução dependente de *cap* na oncogênese. Uma etapa importante é a ligação do fator de iniciação eucariótico 4E (eIF4E) a moléculas específicas de RNAm. A ligação

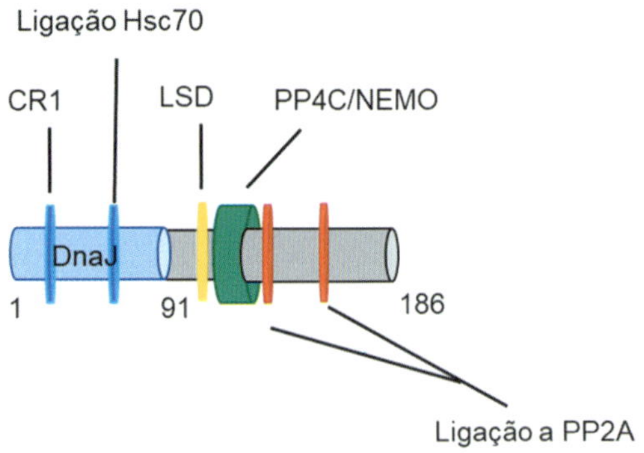


**Figura 21.29** Representação esquemática do antígeno *T small* (ST-Ag) dos HPyV5. O ST-Ag compartilha o domínio DnaJ com o LT-Ag; entretanto, apresenta três motivos únicos: LSD, que é o domínio de estabilização do LT-Ag e regulação da tradução dependente de *cap*; motivo de ligação a PP4C e NEMO, que regula a via de NF-κB; e dois motivos de ligação a PP2A que levam à superativação da cascata PI3K-AkT-mTOR. PP2A: *protein-phosphatase 2A* (proteíno-fosfatase 2A); LSD: *LT antigen stabilization domain* (domínio de estabilização do antígeno LT); PP4C: *protein phosphatase 4 catalytic subunit* (proteíno-fosfatase subunidade catalítica 4); NEMO: *NF-kappa-B essential modulator* (modulador essencial do fator nuclear κB); PI3K-AkT-mTOR: *phosphatidylinositol-3-kinase (PI3K)/AKT/mammalian target of rapamycin (mTOR)* (fosfatidilinositol-3-cinase/serino-treonino-cinase/alvo da rapamicina em mamíferos); Hsc70: *heat shock cognate 70* (proteína cognata da proteína de choque térmico 70); NF-κB: *nuclear factor κB* (fator nuclear κB). Adaptada de Wendzicki *et al*., 2015.

de eIF4E ao complexo eIF4F inicia o recrutamento ribossomal e quem regula esse processo é a proteína de ligação a eIF4E (4E-BP1), que, ao ser fosforilada, libera eIF4E para formação do complexo e consequente início de tradução. ST-Ag atua se ligando a 4E-BP1, mantendo-a fosforilada e, com isso aumentando a tradução dependente de *cap*.

A Figura 21.30 resume as interações de LT-Ag e ST-Ag nas diferentes vias e seu resultado no processo oncogênico.

### Evasão da resposta imunológica

O HPyV5 possui mecanismos de evasão tanto da resposta imunológica inata quanto da adaptativa. Em células que estão passando por algum estresse, o ligante de *natural killer* do grupo 2D (NKG2D) e as proteínas A e B relacionadas à cadeia de complexo principal de histocompatibilidade de classe I (MHC I, *major histocompatibility complex class I*), MICA e MICB (*MHC I polypeptide-related sequence A [MICA] and B [MICB]*; sequência A e B do polipeptídeo do MHC classe I) encontram-se reguladas positivamente, assim como durante uma infecção viral ou transformação celular. A interação entre NKG2D e MICA/MICB estimula a proliferação e o potencial citotóxico das células NK. Em células de MCC, os níveis de RNAm dessas proteínas são baixos e seus produtos raramente são observados, indicando que o HPyV5 utiliza um mecanismo que afeta a ativação das células NK.

HPyV5 pode também interferir no reconhecimento do seu DNA pelo TLR9 (receptor tipo *toll* 9 [*toll-like receptor 9*]) através da inibição de um fator de transcrição que regula positivamente sua expressão, reduzindo sua quantidade e interferindo na resposta inflamatória que ocorreria via NK-κB e produção de interferon do tipo I.

Ainda sobre a resposta imunológica inata, foi observado que a maioria dos macrófagos que se infiltram no MCC expressa $CD_{163}$, um marcador para o fenótipo M2, que está associado ao crescimento e sobrevivência das células tumorais através da secreção de citocinas supressoras da resposta imunológica.

Quanto à resposta imunológica adaptativa, o HPyV5 atua principalmente em linfócitos T citotóxicos. Um dos mecanismos é a redução da quantidade de E-selectina na superfície das células infectadas. Essa proteína é um ligante de células T, direcionando a resposta imunológica.

O vírus pode ainda reduzir a quantidade de MHC I, na superfície das células infectadas, reduzindo a apresentação de antígeno viral e, consequentemente reduzindo a resposta imunológica. Além da inibição de receptores necessários para a ativação da resposta imunológica, o vírus estimula uma superexpressão de moléculas inibidoras.

## *Manifestações clínicas*

### Carcinoma de células de Merkel (MCC)

As células de Merkel não são dendríticas e não possuem tonofilamentos de ceratina. Cada célula de Merkel está intimamente associada a uma terminação nervosa sensitiva. De acordo com evidências neurofisiológicas, essas células são sensitivas e respondem ao tato. Considera-se que funcionem como receptores sensitivos neuroendócrinos e que sejam mecanorreceptores de adaptação lenta que respondem a alterações direcionais da epiderme, permitindo o reconhecimento de texturas e de pressão.

O carcinoma de células de Merkel foi primeiramente descrito por Cyril Toker, em 1972, e sua etiopatogenia permaneceu complexa e incompreendida por muito tempo até que um novo poliomavírus de seres humanos foi identificado em uma grande proporção de casos de MCC, contribuindo para a elucidação da patogênese tumoral.

O MCC ocorre pela transformação maligna dessas células; origina-se a partir da crista neural e se situa na camada basal do epitélio oral e da epiderme. É uma neoplasia maligna de pele relativamente incomum. Várias nomenclaturas são utilizadas para descrever essa neoplasia, entre elas carcinoma de células trabeculares, carcinoma neuroendócrino de pequenas células e carcinoma primário. É um câncer agressivo com alta tendência à recorrência local, regional e de metástases para linfonodos à distância. Apesar de apresentar taxa de ocorrência anual baixa, sua incidência tem aumentado nas últimas duas décadas em uma taxa de 5 a 10% anualmente. Há um aumento marcante na incidência de MCC em indivíduos imunocomprometidos e idosos.

As características clínicas mais comuns da MCC são: falta de sensibilidade, expansão rápida, imunossupressão, idade superior a 50 anos, exposição aos raios UV em indivíduos de peles claras.

Assim como ocorre na ação de outros vírus tumorais de seres humanos, a vigilância imunológica mediada por células é fundamental na supressão da formação do MCC. Indivíduos com leucemia linfocítica crônica, síndrome da imunodeficiência adquirida (AIDS, *acquired immunodeficiency syndrome*) ou transplantados apresentam maior risco para o desenvolvimento de MCC. O risco elevado entre idosos também é consistente com a diminuição da vigilância imunológica associada à idade. Imunodeficiências contribuem para o desenvolvimento do MCC; no entanto, tem-se demonstrado a existência de resposta de células T reativas ao vírus, tanto em pacientes com MCC como em voluntários saudáveis.

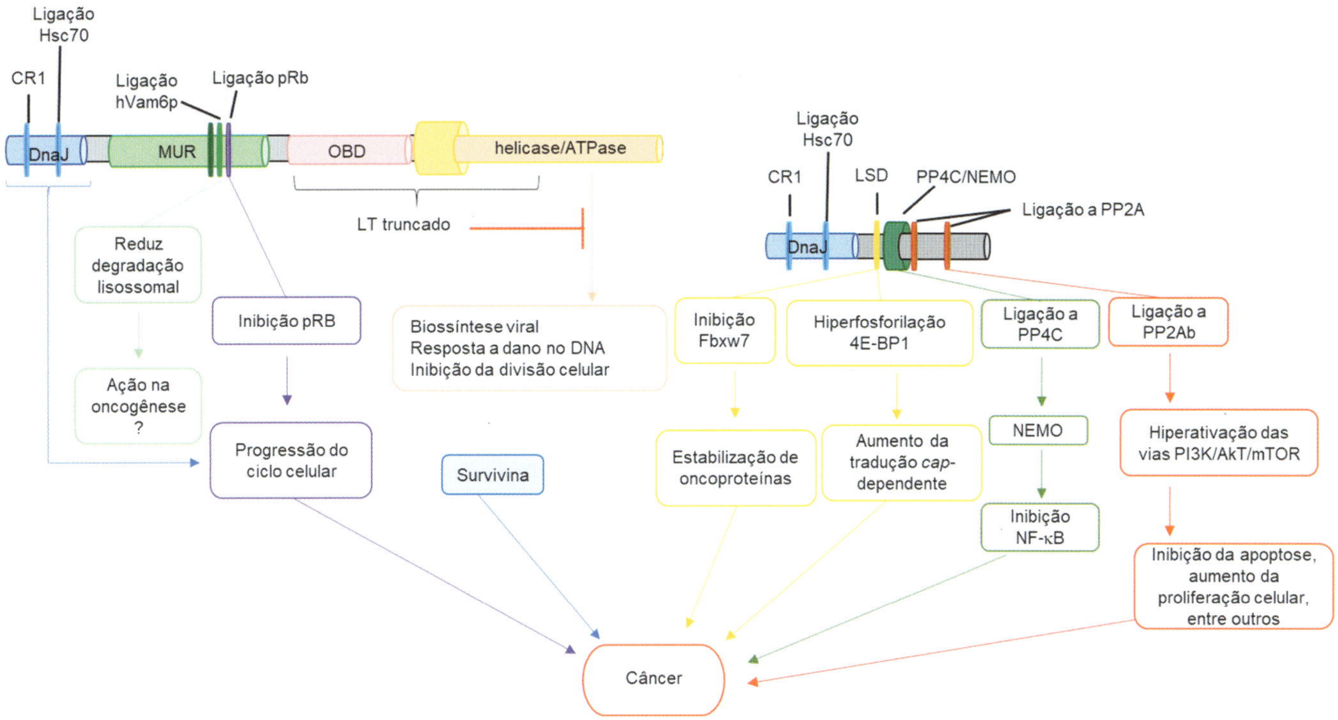


**Figura 21.30** Resumo das interações de LT-Ag e ST-Ag nas diferentes vias e seu resultado no processo oncogênico do HPyV5. O processo oncogênico depende das ações combinadas desses dois antígenos virais: o domínio DnaJ que existe em ambos os antígenos, além de seu papel na biossíntese viral, parece ter uma influência indireta na inibição da pRb. O domínio MUR no LT-Ag possui o motivo de ligação a hVam6p que reduz o tráfego lisossomal e pode ter algum efeito positivo na oncogênese, e o motivo de ligação a pRb propriamente dito que promove constantemente a entrada da célula na fase S do ciclo replicativo ao se ligar e inibir a ação da pRb. As alterações no LT-Ag fazem com que este se apresente "truncado" e, com isso, perca o domínio helicase responsável pela síntese do antígeno, impedindo assim uma replicação genômica não autorizada que poderia alertar o sistema imunológico da presença viral. Por último, o LT-Ag leva ao aumento de survivina, uma proteína associada à sobrevivência celular. No ST-Ag, ocorre a ação do motivo LSD estabilizando o LT-Ag e regulando a tradução dependente de *cap*; o motivo de ligação a PP4C/NEMO que regula a cascata de NF-κB e, por último, os motivos de ligação a PP2A que hiperativam as vias PI3K-AkT-mTOR, inibindo apoptose e aumentando a proliferação celular, entre outros processos que favorecem o processo oncogênico. DnaJ: *N-terminal conserved domain [called 'J' domain]* (domínio conservado no terminal N [chamado "J"]); pRb: *retinoblastoma protein* (proteína do retinoblastoma); MUR: região única do MCPyV; LT-Ag: antígeno T *large*; ST-Ag: antígeno T *small*; hVam6p: *human vacuolar morphology [VAM]6 protein* (proteína humana de morfologia vacuolar 6); LSD: *LT-stabilization domain* (domínio de estabilização de LT); PP4C: *protein phosphatase 4C* (proteíno-fosfatase 4C); NEMO: *NF-κB essential modulator* (modulador essencial do fator nuclear κB); NF-κB: *nuclear factor κB* (fator nuclear κB); PP2A: *protein phosphatase 2A* (proteíno-fosfatase 2A); PI3K-AkT-mTOR: cascata de sinalização importante para a regulação do ciclo celular [*phosphatidylinositol-3-kinase (PI3K)/AKT/mammalian target of rapamycin (mTOR)*]; fosfatidil-inositol-3-cinase/serino-treonino-cinase/alvo da rapamicina em mamíferos); CR1:-*conserved region 1* (região conservada 1); Hsc70: *heat shock cognate 70* (proteína cognata da proteína de choque térmico 70); OBD: *origin binding domain* (domínio de ligação à origem); Fbxw7: E3 ubiquitino-ligase; 4E-BP1: proteína de ligação a eIF4E.

## *Diagnóstico clínico e laboratorial*

O diagnóstico clínico do MCC raramente pode ser realizado, pois o tumor não apresenta características distintas de outras malignidades. Baseando-se somente na impressão clínica, aproximadamente 56% dos MCC foram tratados como cistos ou lesões benignas.

Os MCC visualizados por hematoxilina-eosina (HE) apresentam-se na forma de pequenas células azuis redondas com citoplasma esparso, mitose abundante e grânulos densos no citoplasma, entretanto muitos outros tumores também possuem essa apresentação. Nesse sentido, a imuno-histoquímica se mostra útil para fazer essa distinção. CK20 (citoceratina 20 [*cytokeratin 20*]) é um marcador muito sensível para MCC, visto que é positivo em praticamente 100% dos tumores.

Quanto ao tratamento, a cirurgia de retirada do tumor com margens de 1 a 2 cm é o indicado no caso de MCC primário. Como é comum o envolvimento regional dos linfonodos, também deve ser feita uma biópsia do linfonodo sentinela (BLS). A radioterapia é uma opção para todos os estágios do MCC. A radiação para o tumor primário deve ser iniciada semanas após a excisão cirúrgica, com doses maiores caso as margens da cirurgia tenham se mostrado positivas. A radioterapia está associada, no geral, com maior sobrevida dos pacientes.

Os exames de imagens somente têm indicação de serem realizados caso a BLS seja positiva, ou caso exista alguma suspeita de metástase. A ressonância magnética permite a avaliação do comprometimento da medula óssea e deve ser combinada com uma tomografia para detecção de metástases do fígado e pulmões.

## *Epidemiologia*

Desde a sua descoberta em 2008, estudos epidemiológicos têm demonstrado que o HPyV5 é um vírus que infecta comumente a população humana. Estudos soroepidemiológicos utilizando ensaio imunoenzimático (EIA, *enzyme immunoassay*) específico para a VP1 (principal proteína do capsídeo) demonstraram que até 80% da população adulta possui anticorpos contra o HPyV5. Em crianças, esse vírus torna-se prevalente na primeira década de vida e aumenta continuamente com o avanço da idade, sugerindo que a exposição ao vírus ocorra durante a primeira infância da mesma forma que é sugerido aos outros HPyV. Acredita-se que o HPyV5 seja amplamente distribuído em todo o mundo.

Em relação ao MCC, estudos demonstram um aumento global na incidência dessa malignidade; entretanto, é difícil o acompanhamento devido a sua raridade (menos de 1% de todos os cânceres) e incapacidade de análises retrospectivas internacionais. A incidência de MCC normalmente é reportada com base em revisões pontuais de um único país.

Quanto ao sexo, a prevalência de MCC é maior em homens do que em mulheres, com taxas que variam entre 0,4 e 2,5 a cada 100.000 homens e entre 0,18 e 0,9 a cada 100.000 mulheres. Devido à influência da radiação UV, o MCC é oito vezes mais prevalente em indivíduos caucasianos do que de outras raças. Consistente com o aumento do risco associado ao avanço da idade, o MCC é extremamente raro em crianças.

Estudos de metanálises demonstram que pelo menos 50% dos pacientes com MCC desenvolvem metástase para os linfonodos e 33% desenvolvem metástase para sítios mais distantes. Acredita-se que a exposição ao sol seja o principal fator de risco para o desenvolvimento de MCC e, existe uma tendência de a lesão primária ocorrer em locais expostos ao sol (81%), como cabeça e pescoço (29% a 48% de todos os MCC primários).

Quanto à mortalidade, MCC é um câncer muito agressivo e de rápida expansão; a taxa varia entre 33 e 46%, sendo essa taxa consideravelmente mais alta do que a observada em pacientes com melanoma. O MCC é a segunda principal causa de câncer de pele. Alguns estudos demonstram que a taxa de mortalidade atribuída ao MCC aumentou em 333% de 1986 a 2001, o que se correlaciona com o aumento da incidência na população.

## Tratamento

A quimioterapia é reservada para casos de doença metastática. Nos manuais, os tratamentos não são bem definidos e os regimes são semelhantes aos utilizados para o câncer de pulmão de células pequenas. O regime mais comum inclui agentes com base platina com ou sem etoposídeo. Também podem ser utilizadas ciclofosfamida, doxorrubicina e vincristina. O tempo de duração da resposta é curto, e em 6 a 8 meses há recorrência.

# Capítulo 22

# Viroses Oculares

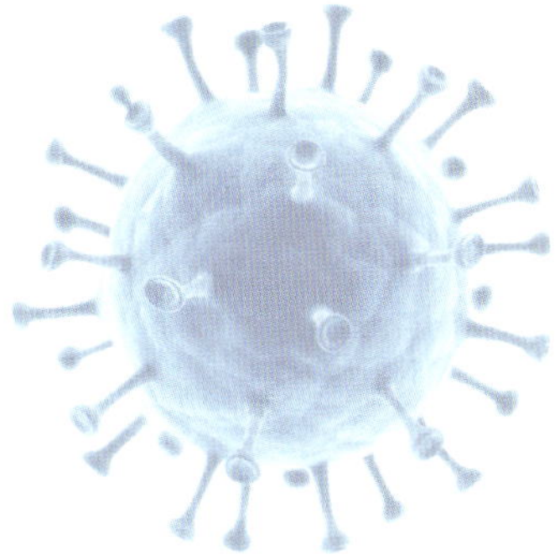

Norma Suely de Oliveira Santos

## Introdução

O olho e suas estruturas estão sujeitos a um grande número de doenças de etiologia viral, as quais são classificadas de acordo com a estrutura anatômica do olho predominantemente afetada. A anatomia do olho é complexa e está dividida em dois segmentos: anterior e posterior. A câmara anterior está localizada no segmento anterior e é um sítio imunológico privilegiado, pois a resposta imunológica mediada por células T está suprimida nessa área. Isso protege o olho contra uma resposta imunológica potencialmente destrutiva, mas por outro lado também dificulta a defesa contra agentes infecciosos (Figura 22.1).

## Conjuntivite

Conjuntivite é o termo utilizado para descrever a inflamação da conjuntiva, uma membrana que recobre a porção anterior da esclera e a face interna das pálpebras. Os principais sintomas incluem: pálpebras inchadas e avermelhadas, coceira, lacrimejamento, secreção aquosa ou purulenta (dependendo do agente causador), intolerância à luz (fotofobia) e sensação de areia nos olhos.

Os vírus são os agentes mais frequentemente associados às epidemias. A conjuntivite viral é altamente contagiosa e a taxa de transmissão foi estimada entre 10 e 50%, porém, autolimitada, com duração de sintomas por aproximadamente 15 dias. Os vírus mais comumente envolvidos em quadros de conjuntivite são: adenovírus, responsáveis pela ceratoconjuntivite epidêmica, febre faringoconjuntival e conjuntivite folicular aguda; enterovírus (echovírus, enterovírus 70 e coxsakievírus A), associados a quadros de conjuntivite hemorrágica aguda, altamente epidêmica; e os herpesvírus de humanos 1 e 2, responsáveis por quadro de ceratoconjuntivite, normalmente com graves complicações da córnea (Quadro 22.1).

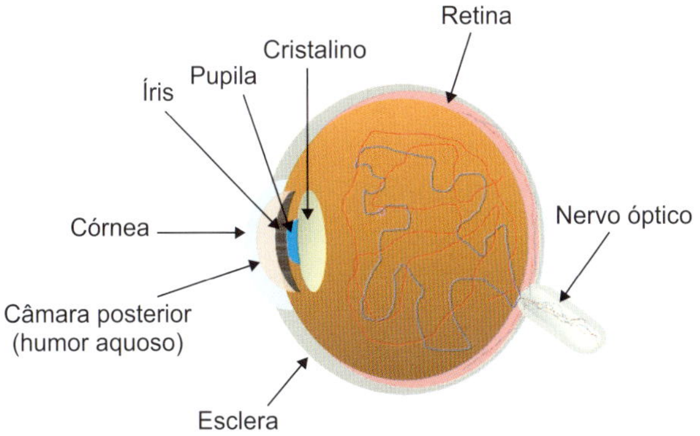


**Figura 22.1** Anatomia básica do olho.

## Adenovírus

Os adenovírus de humanos (HAdV) são os agentes mais frequentes em quadros de conjuntivite e são responsáveis por mais de 70% desses casos. Além da morbidade elevada, a conjuntivite causada por HAdV pode ser grave e complicada, por formação de pseudomembrana e simbléfaro (aderência entre a superfície conjuntival das pálpebras e o bulbo ocular), infiltração subepitelial que compromete a visão durante anos e oclusão pontual. A infecção por HAdV consiste em um processo bifásico durante o qual um ciclo infeccioso é seguido por uma fase inflamatória. A fase inflamatória, em geral, tem início entre 7 e 10 dias após a infecção. Há excreção viral e o paciente pode permanecer infeccioso por 2 a 3 semanas.

As infecções oculares por HAdV são de transmissão fácil e rápida. A transmissão da conjuntivite é altamente eficiente em ambientes fechados e até 50% dos membros da família e de pessoas de contato próximo são afetados. A principal rota de transmissão é por contato das mãos com os olhos, além de secreções respiratórias. A infecção é comumente disseminada em clínicas oftálmicas por meio de instrumentos contaminados (tonômetro, biomicroscópio ocular [lâmpada de fenda] e outros instrumentos), assim como pelo contato com as mãos dos médicos e auxiliares. Nos surtos que acontecem em indústrias e bases militares, o espalhamento pode ocorrer pelo uso compartilhado de banheiros e condições precárias de higiene. Os HAdV podem permanecer infecciosos por várias semanas em banheiras, pias, torneiras, maçanetas e toalhas. Embora não cause cegueira, a infecção pode ser associada a morbidade significativa e com perda econômica, visto que o portador deve ficar em repouso e evitar contato com os colegas de trabalho para não haver o contágio.

Tradicionalmente, as manifestações clínicas da doença ocular causada por HAdV têm sido divididas em febre faringoconjuntival, comumente observada em crianças; e ceratoconjuntivite epidêmica; conjuntivite folicular aguda e ceratoconjuntivite crônica, que usualmente acometem adultos (Quadro 22.2).

O diagnóstico depende não apenas das manifestações oculares, mas também de características sistêmicas associadas à infecção e do histórico dos contatos infecciosos. A infecção por

**Quadro 22.1** Principais vírus associados a infecções oculares.

| Vírus | Família | Fontes e/ou rotas de contaminação da conjuntiva |
|---|---|---|
| Adenovírus | *Adenoviridae* | Secreções oculares e respiratórias, superfícies ou objetos contaminados com secreções infecciosas |
| Enterovírus | *Picornaviridae* | Secreções respiratórias, superfícies ou objetos contaminados com secreções infecciosas |
| Herpesvírus de humanos 1 e 2 | *Herpesviridae* | Superfícies ou objetos contaminados com secreções vesiculares infecciosas, vertical |
| Herpesvírus de humanos 3 | *Herpesviridae* | Secreções vesiculares infecciosas |
| Herpesvírus de humanos 4 | *Herpesviridae* | Saliva, superfícies ou objetos contaminados com secreções infecciosas |
| Herpesvírus de humanos 5 | *Herpesviridae* | Saliva, superfícies ou objetos contaminados com secreções vesiculares infecciosas, vertical |
| Vírus do sarampo | *Paramyxoviridae* | Secreções respiratórias |
| Vírus da imunodeficiência humana | *Retroviridae* | Secreções infecciosas, vertical |

**Quadro 22.2** Doenças oculares causadas por HAdV.

| Quadro clínico | Associação com epidemia | Espécie | Genótipo comumente envolvido |
|---|---|---|---|
| Ceratoconjuntivite epidêmica | Sim | HAdV-D | 8, 19, 37 e 5 |
| Febre faringoconjuntival | Sim | HAdV-B e HAdV-E | 3, 4, 7, 11 e 14 |
| Conjuntivite folicular aguda | Sim | HAdV-B, HAdV-C, HAdV-D e HAdV-E | 1-4, 6, 7, 9-11, 15-17, 20 e 22 |
| Ceratoconjuntivite crônica | Não | HAdV-B, HAdV-D e HAdV-E | Diversos genótipos associados a ceratoconjuntivite epidêmica e febre faringoconjuntival |

HAdV: adenovírus de humanos.

HAdV pode ser confirmada por testes sorológicos para pesquisa do vírus na secreção ocular, por isolamento do vírus ou por métodos moleculares.

Os indivíduos infectados podem excretar partículas virais por até 14 dias após o início dos sintomas. Além disso, o vírus infeccioso foi isolado de superfícies inanimadas por muitos dias. As práticas úteis para diminuir a taxa de transmissão incluem lavagem frequente das mãos, cuidados com limpeza de itens pessoais (toalhas e lenços). No entanto, a lavagem das mãos parece não remover efetivamente o HAdV dos dedos contaminados; portanto, o uso de luvas tem sido recomendado para diminuir o risco de transmissão. No momento, não existe uma droga antiviral para o tratamento específico da conjuntivite por HAdV. O tratamento é voltado para a prevenção das sequelas mais sérias e alívio dos sintomas. O uso de antibióticos para prevenir infecções secundárias não é recomendado, visto que não há evidências clínicas que apontem para os benefícios dessa medida. Além disso, o uso desnecessário de antibióticos pode induzir alergias, efeitos adversos ou reações tóxicas que podem confundir o quadro clínico. É comum o uso de corticosteroides, embora seja controverso. Os corticosteroides reduzem a dor, a fotofobia e o comprometimento da visão, mas também comprometem a capacidade do organismo de eliminar a infecção, prolongando a eliminação do vírus, podendo ainda haver recorrência das lesões após a suspensão da terapia.

O tratamento sintomático é feito por uso de analgésicos, lubrificantes e compressas frias. As complicações decorrentes da infecção, como formação de membranas e pseudomembranas, podem ser tratadas por remoção cirúrgica.

A iodopovidona é um antisséptico na forma de colírio eficiente para o preparo do olho antes de cirurgias e parece ser o mais eficiente para uso em doadores de olhos para transplante de córnea. Por outro lado, a combinação de dexametasona e iodopovidona tem sido proposta para o tratamento de algumas infecções oculares, pois a dexametasona alivia os sintomas e a iodopovidona elimina os vírus na secreção lacrimal, reduzindo o risco de espalhamento da infecção. Embora essa combinação seja potencialmente benéfica para algumas infecções, o uso de corticosteroides (dexametasona) ainda é controverso e se o diagnóstico de infecção por HAdV for confirmado, a iodopovidona não serviria para tratamento da infecção, uma vez que estudos *in vitro* já mostraram a ineficácia desse produto sobre a biossíntese do HAdV. Assim, é de fundamental importância a confirmação do diagnóstico de HAdV, particularmente no estágio inicial da doença, quando o diagnóstico clínico pode ser difícil e o diagnóstico incorreto pode ser danoso.

Detalhes sobre histórico, morfologia, classificação, biossíntese, patogênese e diagnóstico desse patógeno estão descritos nos *Capítulos 11* e *14*.

## Febre faringoconjuntival

A febre faringoconjuntival apresenta, além dos sintomas da conjuntivite, comprometimento das vias respiratórias superiores e afeta, em sua maioria, crianças, já tendo sido descritas epidemias associadas ao uso de piscinas. É frequentemente associada à adenopatia periauricular. A doença é geralmente branda, com recuperação completa e sem sequelas para o paciente. A conjuntivite é normalmente bilateral. O período de incubação é de aproximadamente 12 dias. Nos estágios iniciais, a conjuntivite por HAdV é clinicamente indistinguível das conjuntivites bacterianas, alérgicas ou causadas por outros vírus. A duração da conjuntivite é de 1 a 2 semanas. Os sintomas incluem lacrimejamento, vermelhidão, queimor e fotofobia. A conjuntiva palpebral é hiperêmica e apresenta infiltração difusa e hipertrofia papilar e folicular. Em casos graves, podem ocorrer hemorragia subconjuntival, edema conjuntival (quemose), ou formação de pseudomembrana. Em geral os genótipos envolvidos são 3, 4, 7, 11 e 14.

### Conjuntivite folicular aguda

Essa patologia pode ocorrer como parte da febre faringoconjuntival ou pode ser uma entidade clínica à parte. Pode ocorrer o envolvimento bulbar e palpebral e afetar ambos os olhos. A doença é frequentemente acompanhada de linfoadenopatia pré-auricular significativa. O período de incubação é de 6 a 9 dias, podendo ser mais curto em alguns casos. Geralmente a doença é branda e ocorre a completa recuperação, sem sequelas. Pode ocorrer de forma esporádica ou epidêmica. As epidemias são normalmente associadas a águas de piscinas e pequenos lagos. Os genótipos comumente associados são 1 a 4, 6, 7, 9 a 11, 15 a 17, 20 e 22.

### Ceratoconjuntivite epidêmica e crônica

Diferentemente da forma branda da doença ocular limitada à conjuntiva, a ceratoconjuntivite epidêmica (EKC, *epidemic keratoconjunctivitis*) é uma doença altamente contagiosa e mais séria. A EKC foi descrita, pela primeira vez, em trabalhadores alemães em 1889. Em 1955, os HAdV foram identificados como agentes causadores da doença. Após um período de incubação de 8 a 10 dias, a doença começa com um quadro de conjuntivite, quemose, dor, fotofobia e lacrimejamento. Ceratite epitelial difusa ocorre dentro de 3 a 4 dias (Figura 22.2). A doença é frequentemente unilateral com hipertrofia do linfonodo pré-auricular, e pode regredir em 2 semanas ou pode evoluir para ceratite subepitelial focal com opacidade de córnea. Em casos raros, a infiltração do estroma pode persistir por meses ou anos. No caso da ceratoconjuntivite crônica, quadro raro, a doença pode persistir por até 18 meses. Normalmente, a doença é autolimitada e a visão do paciente não é afetada. Em alguns pacientes pode haver progressão para conjuntivite hemorrágica que deve ser diferenciada daquela causada pelo enterovírus 70. O genótipo 8 foi descrito inicialmente como agente da EKC, e posteriormente outros genótipos como 3, 4, 19, 34, 37, 53 e 54 foram associados a essa patologia.

Um grande número de epidemias de EKC já foi descrito em todo o mundo. Surtos de EKC ocorrem com frequência em clínicas oftalmológicas, fábricas, indústrias, abrigos, asilos, acampamentos, bases militares e creches.

## Enterovírus

Os enterovírus (EV) que acometem seres humanos compreendem mais de 100 tipos virais dentro da família *Picornaviridae*. Desordens oculares associadas aos EV incluem conjuntivite, ceratoconjuntivite, uveíte e coriorretinite. A doença ocular pode resultar da inoculação direta, pelo contato das mãos com os olhos, diferentemente de outras doenças causadas por EV, que requerem a propagação inicial do vírus no intestino, antes do espalhamento para outros órgãos. Diversos tipos têm sido

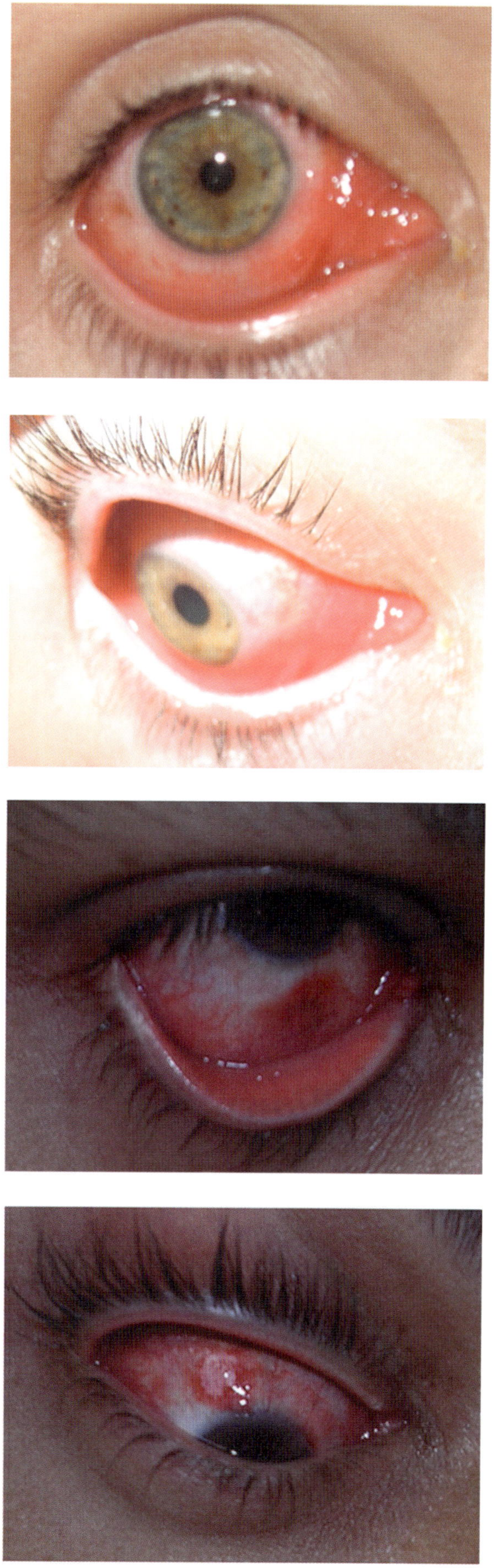

**Figura 22.2** Quadro de ceratoconjuntivite epidêmica causado por HAdV8.

associados à conjuntivite. Os echovírus (E) E7, E11 e outros, assim como o coxsakievírus (CV) CVB2, foram isolados da conjuntiva em casos esporádicos. Os E já foram associados a ceratoconjuntivite e os CVB, a coriorretinite. A uveíte por enterovírus está associada aos E11 e E19.

A principal desordem ocular associada aos EV é a conjuntivite hemorrágica aguda (AHC, *acute hemorrhagic conjunctivitis*). Essa desordem é, em geral, causada por dois tipos de EV: uma variante do CVA24 e o EV-70. Os dois vírus produzem manifestação clínica indistinguível e têm sido isolados de secreções oculares. A infecção viral ocorre por contato direto com secreções infecciosas, seguida de um período de incubação de 12 a 48 horas. O E13 e, menos comumente, os HAdV dos genótipos 4, 11 e 19 também já foram descritos como agentes causadores da AHC.

Detalhes sobre histórico, classificação e características, biossíntese, patogênese e diagnóstico desses patógenos estão descritos no *Capítulo 17*.

### Conjuntivite hemorrágica aguda

A AHC é uma doença altamente contagiosa e tipicamente bilateral. Os sintomas incluem dor, sensação de corpo estranho nos olhos, edema periorbital, lacrimejamento excessivo e vermelhidão da conjuntiva (desde petéquias subconjuntivais até hemorragias). A hemorragia subconjuntival foi observada com frequência nas primeiras epidemias de conjuntivite por enterovírus; entretanto, tem sido menos evidente nas epidemias mais recentes e já foi descrita em infecções causadas por outros agentes virais, incluindo os HAdV. O envolvimento da córnea é limitado a uma ceratite epitelial superficial, embora a superinfecção já tenha sido descrita, particularmente em pacientes tratados com corticosteroides. Outros sintomas podem incluir linfoadenopatia pré-auricular, infecção respiratória e sintomas sistêmicos gerais. Complicações como disfunção neurológica e distúrbios respiratórios e gastrointestinais já foram descritas, porém são extremamente raras.

O diagnóstico pode ser realizado por isolamento viral a partir da secreção ocular, nos primeiros 2 dias da infecção, e por meio de testes sorológicos ou moleculares.

Não existe tratamento específico para a AHC, e na maioria dos casos a infecção é autolimitada. O uso tópico de antibióticos pode ser indicado para a prevenção de infecções secundárias, e compressas frias podem ser usadas para aliviar o desconforto. O uso tópico de corticosteroides para o tratamento da AHC pode predispor ao desenvolvimento de ceratite bacteriana e não deve ser encorajado.

## Herpesvírus de humanos 1 e 2

Detalhes sobre histórico, classificação e características, biossíntese, patogênese e diagnóstico desses patógenos estão descritos no *Capítulo 12*.

O padrão da doença clínica resultante da infecção primária pelos herpesvírus que infectam humanos é fortemente determinado pelo vírus envolvido, a porta de entrada e a situação imunológica do hospedeiro. Em geral, em indivíduos imunocompetentes, tanto a infecção primária quanto a recorrente causam sintomas brandos ou são assintomáticas. Quando os sintomas clínicos são aparentes, eles podem variar desde febre e lesões labiais até comprometimento do sistema nervoso central. Das nove espécies de herpesvírus de humanos identificadas até o momento, sete já

**Quadro 22.3** Doenças oculares associadas a infecções por HHV.

| Vírus | Síndrome clínica |
|---|---|
| Herpesvírus de humanos 1 (HHV-1) | Blefarite, conjuntivite, ceratite, endotelite, uveíte, retinite |
| Herpesvírus de humanos 2 (HHV-2) | Ceratite, uveíte, retinite, catarata congênita |
| Herpesvírus de humanos 3 (HHV-3) | Herpes-zoster oftálmico, ceratite, uveíte, retinite herpética necrosante |
| Herpesvírus de humanos 4 (HHV-4) | Conjuntivite, ceratite, uveíte, retinite |
| Herpesvírus de humanos 5 (HHV-5) | Retinite, uveíte |
| Herpesvírus de humanos 6 (HHV-6A e HHV-6B) | Uveíte, neurite óptica, endotelite |
| Herpesvírus de humanos 8 (HHV-8) | Sarcoma de Kaposi conjuntival |

HHV: herpesvírus de humanos.

foram implicadas em infecções oculares (Quadro 22.3), contudo, os HHV-1, HHV-2, HHV-3, HHV-4 e HHV-5 são os mais frequentemente associados a essas infecções.

Os herpesvírus de humanos 1 e 2 (HHV-1 e HHV-2; anteriormente denominados vírus herpes simplex 1 e 2 [HSV-1 e HSV-2]) são responsáveis por infecções sistêmicas, como herpes orofacial, herpes genital, encefalite herpética e eczema herpético. O envolvimento ocular pode se apresentar como uma infecção primária ou recorrência de infecção persistente latente e pode atingir todos os tecidos oculares causando blefarite, conjuntivite, ceratite, endotelite, irite, trabeculite e retinite (Quadro 22.3). O HHV-1 é mais comumente associado a patologias oculares do que o HHV-2. A infecção ocular pelos HHV-1 ou HHV-2 é a causa mais comum de cegueira da córnea nos países desenvolvidos e prejudica significativamente a qualidade de vida das pessoas afetadas. Estimam-se 50.000 novos casos notificados a cada ano somente nos Estados Unidos da América (EUA), sendo a segunda maior causa de cegueira em adultos naquele país, e que, aos 60 anos de idade, quase 100% dos indivíduos apresentem infecção persistente latente por qualquer dos dois vírus.

A principal rota de transmissão é por contato direto com secreções infecciosas. As manifestações clínicas da infecção primária ocular por HHV-1 são raras e geralmente ocorrem em crianças. Elas se apresentam, tipicamente, na forma de conjuntivite que pode envolver a inflamação das pálpebras (blefaroconjuntivite), marcada por vesículas inflamatórias e úlceras, e podem incluir lesões no epitélio corneal. Com maior frequência, as infecções oculares resultam da reativação do vírus que estabeleceu infecção persistente latente no gânglio trigêmeo, após infeção primária não ocular.

O diagnóstico clínico preciso pode ser desafiador, pois a blefarite por HHV-1 e HHV-2 é incomum e pode ser confundida com a disfunção da glândula de Meibomius (DGM; anomalia crônica, difusa das glândulas meibomianas, geralmente caracterizada por uma obstrução do ducto terminal e/ou alterações qualitativas/quantitativas da secreção glandular). A conjuntivite folicular por HHV-1 e HHV-2 pode ocorrer sem lesões na pálpebra e ser confundida com a conjuntivite crônica por outras causas.

O tratamento é feito com o uso de drogas antivirais. A decisão da utilização tópica ou sistêmica da droga depende do sítio anatômico, da gravidade da infecção e do *status* imunológico do paciente. Estão disponíveis para uso tópico aciclovir, o mais utilizado, e a trifluridina. Para uso oral, além do aciclovir, estão disponíveis o valaciclovir e o fanciclovir. Antivirais tópicos são usados no tratamento de blefarite, conjuntivite, ceratite epitelial infecciosa, e como profiláticos em certas formas de ceratite, juntamente com corticosteroides. Agentes orais são usados em alguns casos de endotelite, casos graves de uveíte, pacientes imunocomprometidos, pacientes pediátricos que não respondem ao tratamento tópico, ou como profiláticos. O tratamento endovenoso com aciclovir é geralmente reservado para pacientes com envolvimento do segmento posterior, incluindo a retinite herpética necrosante. Para mais informações sobre tratamento, consultar o *Capítulo 9*.

O uso de corticosteroides para redução da inflamação em doença ocular por HHV-1 e HHV-2 é controverso, visto que pode levar ao aumento da gravidade da infecção devido à supressão da resposta imunológica, mas em alguns casos pode ser benéfico, reduzindo cicatrizes e neovascularização. O uso de esteroides tópicos não é frequente para o tratamento de pacientes com ceratite epitelial, mas é utilizado para o tratamento de casos moderados a graves de ceratite estromal, endotelite e uveíte. O uso sistêmico de esteroides ocorre nas formas graves de ceratite estromal e endotelial, uveíte e retinite após o início da terapia antiviral.

Antes do uso dos antivirais, úlceras dendríticas eram tratadas por cauterização com fenol, éter ou solução de iodo. Embora esse tratamento propicie a resolução das ulcerações, pode estar associado à formação de cicatriz estromal e mesmo a abrasões recorrentes. O debridamento para remoção do epitélio danificado é razoavelmente bem-sucedido, como observado em testes clínicos em que esse procedimento foi comparado com o tratamento com iododesoxiuridina (IDU). O debridamento de úlceras dendríticas pode ser usado como tratamento quando a terapia antiviral não estiver disponível. A crioterapia pode ser uma alternativa, mas existe o risco de reações graves no estroma.

## Herpesvírus de humanos 4

Manifestações oftálmicas podem preceder ou seguir-se à doença sistêmica causada pelo herpesvírus de humanos 4 (HHV-4; anteriormente denominado vírus Epstein-Barr [EBV]). Alguns estudos descrevem diferentes apresentações das infecções do epitélio e estroma corneal associadas a infecções pelo HHV-4. Contudo, a manifestação ocular mais comum da mononucleose aguda inclui edema periorbital e conjuntivite folicular, que pode ser unilateral ou bilateral. Doenças do segmento posterior já foram descritas, mas são extremamente raras. Também existem registros de linfomas oculares, incluindo linfomas de células B e T, associados ao HHV-4. Estudos recentes sugerem que talvez o HHV-4 esteja associado à síndrome de Sjögren (doença reumática autoimune caracterizada pela secura excessiva dos olhos, boca e outras membranas mucosas) secundária.

A resposta folicular conjuntival pode estar associada ao surgimento de pontos brancos, os quais provavelmente representam agrupamento de células inflamatórias e são associados ocasionalmente à formação de membrana. A ceratite não é comum, mas inclui ceratite epitelial pontuada, ceratite dendrítica e doença estromal.

O diagnóstico da infecção por HHV-4 feito com base nos achados clínicos requer a detecção de linfócitos atípicos, anticorpos heterófilos ou anticorpos específicos.

Apesar de ter sido demonstrada a inibição da biossíntese viral, *in vitro*, pelo aciclovir, ganciclovir e zidovudina, até o momento existem poucas evidências que permitam a recomendação desses agentes. Não há tratamento específico para as infecções oculares por HHV-4. O tratamento é direcionado para o controle da inflamação, a prevenção de infecções secundárias e o alívio do desconforto, utilizando analgésicos e lubrificantes.

Detalhes sobre histórico, classificação e características, biossíntese, patogênese e diagnóstico desse patógeno estão descritos no *Capítulo 21*.

## Vírus do sarampo

As manifestações oculares da infecção pelo vírus do sarampo surgem durante a fase prodrômica da doença e incluem a conjuntivite subepitelial. Esta evolui para ceratoconjuntivite epitelial, que se manifesta inicialmente na área exposta da conjuntiva e progride em direção ao centro da córnea. O envolvimento da córnea induz ao surgimento da fotofobia observada na infecção pelo vírus do sarampo.

A infecção aguda pelo vírus do sarampo reduz a concentração sérica de retinol, o que pode se manifestar como xeroftalmia e eventualmente resultar em cegueira. A cegueira pode também resultar do dano cortical causado pela encefalite associada ao sarampo. O sarampo é uma das causas mais importantes de cegueira em crianças em países em desenvolvimento, onde as condições sanitárias são precárias, e a desnutrição está presente, particularmente com deficiência de vitamina A. Nesse cenário, o sarampo pode levar à doença grave da córnea, com ulceração, ceratomalacia e infecção bacteriana secundária ou ceratite em decorrência da reativação dos HHV-1 ou HHV-2.

O diagnóstico laboratorial inclui a detecção de imunoglobulinas IgM e IgG, assim como a detecção molecular do vírus na saliva, na urina e no liquor.

As medidas preventivas na forma de programas de nutrição e vacinação reduzem significativamente a morbidade e a mortalidade devido à infecção pelo vírus do sarampo.

O tratamento da conjuntivite é sintomático, e os pacientes geralmente se recuperam sem complicações. Em países em desenvolvimento, pode ser necessário o uso de suplementação de vitamina A, lubrificação local, ácido retinoico tópico e, com frequência, intervenção cirúrgica.

Detalhes sobre histórico, classificação e características, biossíntese, patogênese e diagnóstico desse patógeno estão descritos no *Capítulo 15*.

## Vírus da doença de Newcastle

O vírus da doença de Newcastle afeta primariamente aves. Infecções em seres humanos se manifestam na forma de mal-estar e febre branda e ocorrem como resultado do contato com aves infectadas ou acidentes em laboratórios. A doença é autolimitada, e os sintomas podem permanecer por 7 a 10 dias. O envolvimento ocular consiste em uma conjuntivite folicular associada a linfoadenopatia pré-auricular que geralmente é unilateral. Raramente uma ceratite pontuada pode se desenvolver, a qual pode persistir por alguns meses. Como não existe terapia específica, o tratamento é sintomático para a redução dos sintomas e prevenção de infecções secundárias.

## Ceratite

A inflamação no interior da córnea pode se manifestar na forma de edema de córnea, ulceração epitelial ou infiltrado inflamatório estromal branco. A inflamação persistente pode resultar na vascularização superficial ou profunda. Pela incapacidade do processo de reparo, a inflamação pode produzir cicatrizes permanentes, perda da transparência e visão deficiente. A opacidade da córnea pode ser corrigida por transplante, porém os resultados são imprevisíveis, e, no caso de infecções persistentes crônicas ou latentes, elas podem ser reativadas.

Os vírus comumente associados à ceratite são: HHV-1, HHV-2 e HHV-3, HAdV, sarampo, caxumba, rubéola, vaccínia e vírus linfotrópicos para células T de humanos 1 (HTLV-1).

### Herpesvírus de humanos 1 e 2

A ceratite herpética causada pelos HHV-1 ou HHV-2 é a principal causa de cegueira infecciosa em países desenvolvidos. Em países em desenvolvimento, o impacto da doença não é conhecido, contudo, estima-se que a incidência global da ceratite causada pelos HHV-1 ou HHV-2 seja de aproximadamente 1,5 milhão por ano, incluindo 40.000 novos casos de lesões monoculares graves ou cegueira.

A ceratite herpética é associada unilateralmente ou bilateralmente à conjuntivite, seguida de adenopatia pré-auricular, fotofobia, lacrimejamento, edema e lesões dendríticas da córnea. O desaparecimento das lesões ocorre em aproximadamente 1 mês, mesmo com o uso de terapia apropriada. A recorrência da infecção nesse local é comum, e normalmente unilateral; dependendo do número de recorrências, há formação de cicatrizes, que com o tempo pode levar à perda da visão. A ceratoconjuntivite herpética, normalmente, é causada pelo HHV-1, mas o comprometimento agudo da retina pode ser devido ao HHV-2.

A ceratite herpética em adultos geralmente representa recorrência da infecção por HHV-1 ou HHV-2. O estresse é um gatilho bem conhecido para a reativação; assim, a ceratite por HHV-1 ou HHV-2 foi relatada mais recentemente após a injeção intravítrea de bevacizumabe ou rituximabe, injeção de toxina botulínica e após cirurgia de catarata e transplante de córnea.

Em neonatos, a ceratite herpética primária é causada, na maioria das vezes, pelo HHV-2 e é adquirida por exposição pré-natal, intraparto ou pós-natal. Devido a um sistema imunológico imaturo, a infecção pelo HHV-2 ou HHV-1 na população pediátrica pode ter um curso particularmente grave e prolongado; assim, a identificação precisa da infecção e o tratamento imediato com antivirais são importantes medidas para prevenir a ambliopia (disfunção oftálmica caracterizada pela diminuição da acuidade visual uni ou bilateralmente, sem que o olho afetado mostre qualquer anomalia estrutural) e a progressão para um quadro mais grave.

As quatro principais categorias de ceratite produzidas pelos HHV-1 ou HHV-2 são: ceratite epitelial infecciosa (IEK, *infectious epithelial keratitis*), ceratite herpética estromal (HSK, *herpetic stromal keratitis*), endotelite e ceratopatia neurotrófica (NK, *neurotrophic keratopathy*).

O manejo adequado da ceratite por HHV-1 e HHV-2 requer a compreensão de que cada uma de suas várias formas possui componentes de infecção e resposta imunológica. Embora a ceratite epitelial e a endotelite sejam induzidas principalmente pela biossíntese viral ativa, a ceratite estromal é causada principalmente pela resposta imunológica.

#### Ceratite epitelial infecciosa

As lesões iniciais da infecção por HHV-1 e HHV-2 na córnea são pequenas vesículas no epitélio que podem ser descritas como ceratopatia epitelial pontuada. As vesículas aglutinam-se e uma lesão linear ramificada com bulbos (bordas epiteliais edemaciadas) se desenvolve, levando à apresentação mais comum da ceratite herpética, a ceratite dendrítica. Os dendritos são verdadeiras úlceras da córnea com coloração com fluoresceína na base e coloração com corante rosa bengala das células epiteliais ao redor. À medida que os dendritos curam, pode ser observada uma epiteliopatia dendrítica e uma névoa subepitelial ou dendrito fantasma, que pode ser diferenciado de um dendrito ativo por causa da falta de coloração com fluoresceína. Outras manifestações menos comuns da IEK herpética incluem úlceras geográficas maiores, que cicatrizam mais lentamente e úlceras marginais periféricas, que são acompanhadas por mais inflamação devido à sua proximidade com o limbo esclerocorneano. Essas várias manifestações da ceratite epitelial herpética podem levar à degeneração dos nervos da córnea, diminuição da sensação da córnea e inflamação e cicatrização do estroma.

A ceratite epitelial geralmente é autolimitada, com remissão espontânea em 2 semanas, mas o início precoce da medicação antiviral tópica ou sistêmica reduz a gravidade e o curso da doença. A aprovação pela Food and Drug Administration (FDA) e pela Agência Nacional de Vigilância Sanitária (Anvisa) do Brasil do aciclovir 3% na forma de pomada adicionou uma alternativa promissora à trifluridina tópica, que apresenta toxicidade superficial significativa. O debridamento epitelial e a colocação de membrana amniótica humana criopreservada também podem acelerar a cicatrização e a reepitelização.

Os agentes administrados por via oral são preferidos aos medicamentos tópicos por muitos especialistas, devido à alta biodisponibilidade e prevenção da toxicidade local. Comparado com o aciclovir oral, o valaciclovir tem melhor biodisponibilidade e talvez adesão maior devido à diminuição da frequência da dose. Nos casos refratários ao aciclovir e ao valaciclovir administrados por via oral, o valganciclovir sistêmico também foi utilizado com sucesso.

#### Ceratite herpética estromal

A ceratite herpética estromal (HSK) é uma forma mais grave e prolongada da manifestação da doença ocular herpética e ocorre quando o vírus induz inflamação corneal crônica. Pode ser classificada como ceratite imunoestromal (ISK, *immune stromal keratitis*) e ceratite estromal necrosante (NSK, *necrotizing stromal keratitis*). Essas duas manifestações não são mutuamente excludentes.

A ceratite imunoestromal pode surgir primariamente ou secundariamente à ceratite epitelial infecciosa ou à endotelite. É caracterizada por inflamação estromal recorrente ou crônica por causa da presença de antígenos virais que desencadeiam a cascata do sistema complemento na reação antígeno-anticorpo. As manifestações clínicas incluem infiltrados estromais que podem ser edema estromal unifocal, multifocal ou difuso; lesão estromal branca na forma de anel (anel imunológico); afinamento da córnea e neovascularização setorial ou difusa do estroma. Com tratamento adequado, esses vasos podem retroceder para vasos fantasmas, mas sem tratamento a ceratopatia lipídica pode se desenvolver e causar cicatrizes estromais significativas. A ceratite estromal geralmente segue um curso crônico com inflamação de baixo grau, intercalada com períodos de relativa inatividade e crises intermitentes.

Quando a ceratite estromal é acompanhada da ulceração epitelial, segue-se um curso de doença mais agressivo e menos responsivo à terapia. Referida como ceratite estromal necrosante, essa forma pode apresentar ceratólise significativa e até perfuração da córnea. A cicatriz corneal, com frequência, provoca astigmatismo irregular, que pode interferir com a visão. Como pode se assemelhar a uma infecção bacteriana ou fúngica, o diagnóstico bacteriológico deve ser feito para descartar agentes microbianos.

A estratégia de tratamento para a ceratite imunoestromal inclui esteroides tópicos, para encurtar o curso da doença, e antivirais sistêmicos para diminuir a frequência de recorrência. Muitas vezes, é necessária terapia de manutenção a longo prazo com esteroides tópicos, com o objetivo de utilizar a dose mínima necessária para suprimir a inflamação. Em um estudo controlado randomizado de pacientes com ceratite estromal, não houve diferença estatisticamente significativa entre o uso de ciclosporina-A 2% na forma de colírio e prednisolona tópica 1% em relação à melhora na densitometria da córnea e melhor acuidade visual corrigida, sugerindo que a ciclosporina é uma eficaz alternativa aos esteroides. A profilaxia antiviral oral deve acompanhar o uso de esteroides tópicos.

### *Endotelite*

Endotelite corneal é uma reação inflamatória no nível do endotélio da córnea, causada pela biossíntese ativa dos HHV-1 ou HHV-2 na câmara anterior. Os pacientes caracteristicamente apresentam precipitados ceráticos, edema estromal sem infiltrado ou neovascularização e irite branda. A endotelite herpética pode ser classificada com base na área de envolvimento em disciforme (forma de disco), difusa e linear. A mais comum delas é a endotelite disciforme, com área circular focal central de edema estromal, com precipitados ceráticos e uveíte anterior. A endotelite difusa é menos comum e tem precipitados ceráticos em toda a córnea e pode até desenvolver uma placa retrocorneal e hipópio (acúmulo de pus na câmara anterior do globo ocular) que se assemelham a uma ceratite fúngica. Na endotelite linear, uma distribuição linear ou serpiginosa distinta de precipitados ceráticos, que progride a partir do limbo, demarcam a córnea edematosa da córnea clara não envolvida. Considerando que a endotelite linear, em pacientes pós-ceratoplastia, pode simular a rejeição do enxerto, a análise do humor aquoso, para pesquisa de vírus por reação em cadeia da polimerase (PCR, *polymerase chain reaction*), pode ajudar no diagnóstico.

Como a endotelite é causada por infecção ativa pelos HHV-1 ou HHV-2 na câmara anterior, os medicamentos antivirais orais geralmente são iniciados primeiro, seguidos pelos esteroides tópicos alguns dias depois. Embora a endotelite disciforme e difusa seja particularmente responsiva aos esteroides tópicos, a endotelite linear pode ser mais difícil de tratar e exigir doses mais altas de antivirais orais e esteroides tópicos.

A ceratite herpética é geralmente diagnosticada clinicamente. Em casos duvidosos podem ser realizados testes laboratoriais específicos. Os testes moleculares como a PCR são mais sensíveis do que o isolamento do vírus em cultura ou a detecção de antígenos. Contudo, o isolamento do vírus em culturas de células ainda é o método padrão em laboratórios de pesquisa, principalmente quando a finalidade é acompanhar o tratamento.

### *Ceratopatia neurotrófica*

Os danos nos nervos da córnea decorrentes de episódios anteriores de ceratite herpética podem levar à ceratopatia neurotrófica, que varia em gravidade de uma superfície epitelial irregular a uma úlcera neurotrófica de forma oval com uma borda epitelial amontoada. Se não for tratada, podem ocorrer neovascularização do estroma, cicatrização, afinamento e até perfuração da córnea.

As úlceras neurotróficas requerem cuidados e uso criterioso de opções terapêuticas, incluindo lubrificação, lentes de contato de bandagem, lágrima artificial, tarsorrafia (fechamento das pálpebras, de forma temporária ou definitiva) e colocação de membrana amniótica humana. Medicamentos antivirais sistêmicos devem ser mantidos e, em alguns casos, esteroides tópicos podem ajudar se a inflamação estiver prejudicando a epitelização. Duas opções terapêuticas ganharam mais interesse recentemente. A cenegermina, um fator recombinante de crescimento do nervo, demonstrou ser eficaz na promoção da reepitelização da córnea após oito semanas de tratamento, embora o efeito a longo prazo ainda seja desconhecido. Um campo em desenvolvimento é o da cirurgia de "neurotização da córnea", em que ocorre reinervação do plexo nervoso sub-basal para restauração da sensibilidade da córnea, com resultados promissores, com melhora medida pela estequiometria de Cochet-Bonnet, bem como por microscopia confocal.

## Herpesvírus de humanos 3

Detalhes sobre histórico, classificação e características, biossíntese, patogênese e diagnóstico desse patógeno estão descritos no *Capítulo 12*.

Nos casos de herpes-zoster oftálmico, o HHV-3 (anteriormente denominado de vírus da varicela-zoster [VZV]) pode causar pequenas lesões papulares observadas ocasionalmente nas margens das pálpebras, na conjuntiva, ou no limbo ocular. As lesões límbicas podem evoluir para úlceras escavadas, as quais causam um processo inflamatório intenso. A córnea pode apresentar ceratite pontuada superficial e ceratite marginal na presença de pústulas límbicas. O envolvimento da córnea pode ocorrer tardiamente na doença, semanas ou meses após a resolução dos dermatomas. Foram descritas pequenas lesões em forma de bolhas na presença de edema de córnea; ceratite em forma de disco e dendritos são descritos raramente. A ceratite em forma de disco parece idêntica à observada na ceratite por HHV-1 ou HHV-2, mas, diferente dessa, responde ao tratamento tópico com corticosteroides sem a necessidade do uso simultâneo de terapia antiviral.

Diversos tecidos oculares podem ser afetados pelo herpes-zoster oftálmico (HZO), incluindo a pele das pálpebras, a córnea, o trato uveal (íris, corpo ciliar e coroide) e os nervos óptico e cranial. Tipicamente, um exantema eritematoso e pustular está presente e pode se estender do nariz e do olho até o topo da cabeça.

No tratamento do HZO, os medicamentos de escolha, por sua melhor biodisponibilidade, são fanciclovir e valaciclovir por via oral, embora o aciclovir oral também possa ser utilizado, mas com menor eficácia (ver *Capítulo 9*). Esses antivirais reduzem significativamente o risco de complicações oculares, como ceratite dendrítica, ceratite estromal, uveíte, episclerite e esclerite. O tratamento deve ser iniciado assim que a erupção começar, pois qualquer atraso pode aumentar o risco de complicações oculares. Mesmo que os estudos falhem em demonstrar um benefício no tratamento de pacientes por um período maior que 7 dias, os pacientes idosos, com maior tendência a desenvolver complicações tardias, devem se beneficiar de um tratamento mais longo.

Os corticosteroides tópicos são usados para tratar a inflamação em pacientes com ceratite estromal, uveíte, episclerite e esclerite. Acetato de prednisolona a 1% a cada 1 hora para uveíte ou inicialmente 4 vezes/dia para ceratite, aumentando o intervalo à medida que os sintomas melhoram. Os corticosteroides devem ser utilizados sistematicamente em associação com uma cobertura antiviral, para limitar o risco de aumento da propagação viral.

### Vírus vaccínia

As manifestações clínicas incluem pústulas ulcerativas nas pálpebras, blefaroconjuntivite, edema de pálpebra e conjuntivite papilar purulenta, algumas vezes com formação de membrana. O envolvimento da córnea ocorre em cerca de 30% dos indivíduos e varia de ceratite pontuada superficial branda até ceratite estromal necrosante, o que pode ocorrer até 3 meses após a infecção.

### Vírus linfotrópicos para células T de humanos

Detalhes sobre histórico, morfologia, classificação, biossíntese, patogênese e diagnóstico desse patógeno estão descritos no *Capítulo 21*.

#### *Ceratoconjuntivite sicca*

A ceratoconjuntivite *sicca* (KCS, *keratoconjunctivitis sicca*), também conhecida como ceratoconjuntivite seca, síndrome do olho seco ou síndrome da disfunção lacrimal, é uma doença caracterizada por secura crônica e bilateral de córnea e conjuntiva, devido a um filme lacrimal inadequado. É acompanhada por aumento da osmolaridade do filme lacrimal e inflamação da superfície ocular. Os sintomas incluem coceira, queimação, irritação e fotofobia.

Com base em evidências epidemiológicas, clínicas e experimentais, a síndrome de Sjögren foi associada a KCS em associação à infecção pelo HTLV-1. Essa síndrome é um distúrbio autoimune que evolui com infiltração linfocítica nas glândulas exócrinas, geralmente levando à xerostomia e/ou KCS. No entanto, a patogênese da KCS associada ao HTLV-1 pode diferir do que é observado na síndrome de Sjögren porque a alteração imunológica não é causada pela autoimunidade, mas pela infecção pelo vírus. A prevalência de KCS associada ao HTLV-1 varia entre 27 e 37% em todo o mundo. O tratamento é feito com suplementos lacrimais tópicos, e às vezes bloqueio dos dutos nasolacrimais.

## Esclerite e episclerite

Diversos vírus podem estar associados aos quadros de esclerite e episclerite, como por exemplo, HHV-1, HHV-2, HHV-3 e HHV-4, vírus da caxumba e vírus da influenza. A esclerite normalmente se manifesta como uma inflamação localizada ou difusa da esclera e tecidos adjacentes. As lesões têm uma aparência vermelho-fosca ou violácea, embora isso possa variar de acordo com a gravidade e a iluminação do ambiente. Tipicamente, a esclerite produz dor relativamente grave, crônica e profunda. A visão pode ser afetada, particularmente se houver o envolvimento da córnea ou da úvea ou se a inflamação for posterior (esclerite posterior). Episódios de esclerite não tratados podem persistir por algum tempo e a visão pode ser afetada. O tratamento consiste em drogas anti-inflamatórias esteroidais ou não esteroidais.

A episclerite se refere à inflamação da episclera e tecidos adjacentes. As lesões podem se assemelhar superficialmente às observadas na esclerite, mas o exame mais minucioso revela a ausência de envolvimento da esclera e uma coloração vermelha brilhante. Os episódios de episclerite não afetam a visão e são geralmente autolimitados. Em geral, não é indicado tratamento.

## Uveíte

O termo uveíte compreende uma gama de doenças inflamatórias oculares. No sentido estrito, isso inclui inflamação de qualquer parte da úvea. A inflamação do trato uveal pode afetar o segmento anterior (incluindo a íris), o trato uveal intermediário (incluindo o vítreo), ou a úvea posterior (incluindo a coroide, a retina e o nervo óptico). Os vírus mais comumente implicados são os HHV-1, HHV-2, HHV-3, HHV-5, vírus da rubéola e HTLV-1.

Tipicamente, a inflamação uveal anterior é associada a hiperemia límbica, dor moderada a grave, fotofobia e lacrimejamento reflexo. A visão pode ser comprometida devido ao edema de córnea e ao acúmulo de *debris* endoteliais, turvação do humor aquoso (fluido que preenche o espaço entre a córnea e a íris – câmara anterior), elevação da pressão intraocular ou edema macular cistoide do polo posterior do olho.

A inflamação resulta da incapacidade de a barreira vascular endotelial dos capilares da íris permitir a passagem de proteínas plasmáticas e o tráfego de células para o humor aquoso. As complicações da uveíte anterior incluem formação de catarata, dano do endotélio da córnea e glaucoma. O tratamento é voltado para a redução da resposta inflamatória com anti-inflamatórios esteroidais ou não, de uso local ou sistêmico, e o tratamento específico quando disponível para o agente etiológico.

A uveíte anterior (UA) é o tipo mais comum de inflamação intraocular. Deve-se suspeitar de UA viral quando ocorre pressão intraocular (PIO) elevada ou atrofia da íris. Os fenótipos clínicos de UA viral incluem:

- Precipitados ceráticos (KP, *keratic precipitates*) granulomatosos com ou sem cicatriz da córnea: a UA viral apresenta inflamação granulomatosa com KP pequeno, médio ou grande. Embora a ceratite ativa possa não estar presente durante um episódio de UA viral, as cicatrizes da córnea são pistas importantes que sugerem possíveis ceratites virais anteriores, provavelmente causadas por infecção por HHV-1, HHV-2 ou HHV-3
- Síndrome da uveíte de Fuchs (FUS, *Fuchs uveitis syndrome*): é um distúrbio inflamatório crônico de baixo grau, envolvendo predominantemente a úvea anterior e o vítreo, sendo principalmente unilateral. É menos agressiva do que outras uveítes, e a maioria dos pacientes é assintomática por um longo período de tempo. Geralmente se apresenta na 3ª e 4ª décadas de vida.

Acredita-se que certos sinais dessa síndrome variem dependendo da etiologia. O vírus da rubéola é a causa mais comum de FUS nas populações ocidentais. O HHV-5 não foi identificado como causa de FUS até recentemente, quando foi relatado com mais frequência na Ásia. Os sinais clínicos da FUS associada ao HHV-5, portanto, diferem em alguns aspectos daqueles da FUS associada ao vírus da rubéola

- Síndrome de Posner-Schlossman (PSS, *Posner-Schlossman syndrome*): é caracterizada por episódios agudos e recorrentes de UA unilateral leve com 1 ou 2 KP granulomatosos acompanhados de PIO marcadamente elevada, o que pode causar desconforto ocular leve com desfoque leve da visão e halos. Ocorre com mais frequência na 3ª década de vida em populações europeias, mas se apresenta mais tardiamente no Extremo Oriente (idade média de 33 a 59 anos). Independentemente da idade, os homens têm maior risco de desenvolver PSS (50,5 a 71,4%). Embora estudos de casos isolados tenham proposto que tanto o HHV-1 quanto o HHV-2, além de outros microrganismos, possam ser responsáveis por essa síndrome, o HHV-5 parece ser o principal agente.

## Herpesvírus de humanos 1 e 2

Nas UA por estes agentes os KP são geralmente de tamanho médio, mas podem ser pequenos. Geralmente, há atividade moderada da câmara anterior com células e *flare* (reflexo da refração da luz na câmara anterior, causado pelo excesso de proteína), e pode ser observado um fluxo ciliar proeminente e um pequeno hipópio. A sinequia posterior (aderência da íris ao cristalino) pode se desenvolver (38%), e a vitreíte está presente em 43%. A PIO está agudamente elevada, provavelmente devido à trabeculite. Durante a inflamação aguda, pode haver iridoplegia setorial e achatamento localizado da borda da pupila na área afetada, associada à fraca reação à luz. Após a resolução do episódio agudo, a destruição do epitélio pigmentado resulta em atrofia irregular ou setorial da íris. Cicatrizes da córnea (33%) e hipoestesia (perda ou diminuição de sensibilidade) podem estar presentes em ceratites epiteliais ou estromais anteriores.

## Herpesvírus de humanos 3

A UA por HHV-3 apresenta-se como uma uveíte hipertensa aguda a grave e está mais frequentemente associada com vermelhidão conjuntival, edema da córnea, sinequia posterior, vitreíte e PIO mais alta em comparação à UA dos HHV-1 ou HHV-2. Geralmente, há uma alta contagem aquosa de flares e atividade celular moderada da câmara anterior; sinequia anterior (aderência da íris à córnea) e posterior são comuns. Os KP podem ser de tamanho pequeno ou médio, e mesmo grandes, de coloração amarelada (*mutton-fat*). A vitreíte se desenvolve em 83% dos casos. Atrofia segmentar da íris pode se desenvolver após a resolução do episódio agudo. Uma minoria pode ter atrofia massiva da íris com danos graves no esfíncter. Glaucoma secundário pode se desenvolver. A catarata subcapsular posterior pode ser resultado de inflamação crônica ou uso tópico de esteroide.

## Herpesvírus de humanos 5

Detalhes sobre histórico, classificação e características, biossíntese, patogênese e diagnóstico desse patógeno estão descritos no *Capítulo 13*.

As manifestações da UA causadas pelo HHV-5 (anteriormente denominado de citomegalovírus humano [HCMV]) variam; pacientes mais jovens, na 3ª a 5ª décadas de vida, geralmente apresentam PSS, enquanto pacientes mais velhos – 5ª a 7ª décadas (média de 65 anos de idade) apresentam UA hipertensiva unilateral crônica, que pode se assemelhar à FUS.

### Uveíte anterior aguda

Acredita-se que o HHV-5 seja a causa de PSS nas populações asiáticas e ocidentais, embora outras causas mais raras sejam possíveis. Há uma inflamação mínima, com mínima ou inexistente injeção ciliar (turgescência dos vasos profundos episclerais que circundam a córnea), um único ou alguns KP centrais de tamanho pequeno e médio, poucas células e *flare* mínimo.

### Uveíte anterior crônica

Desconforto ocular e visão embaçada são os sintomas mais comuns na UA crônica por HHV-5. Em pacientes asiáticos, a infecção geralmente se apresenta como FUS com injeção ciliar leve, atividade da câmara anterior leve a moderada e KP estrelado e uniformemente distribuído. Em pacientes europeus, há menos KP pigmentados localizados na parte inferior da úvea e *flare* mínimo. A catarata subcapsular posterior também se desenvolve em 75% dos casos.

### Iridociclite recorrente ou crônica

Diferentemente dos pacientes asiáticos que se apresentam de maneira semelhante ao FUS ou ao PSS, os pacientes no ocidente geralmente apresentam síndromes menos distintas ou uma sobreposição de características de ambas as síndromes, manifestando-se como uma iridociclite (inflamação da parte anterior do olho, que inclui a íris e o corpo ciliar) crônica ou recorrente unilateral leve.

## Vírus da rubéola

Detalhes sobre histórico, classificação e características, biossíntese, patogênese e diagnóstico desse patógeno estão descritos no *Capítulo 13*.

O vírus da rubéola é uma causa comum de FUS. Normalmente, há KP estrelado, difuso, com distribuição difusa, atrofia difusa da íris e inflamação leve da câmara anterior. Nódulos de Koeppe (precipitados de células inflamatórias que se encontram na margem pupilar e podem ser encontrados nas uveítes não granulomatosas e granulomatosas) podem estar presentes. Ausência de dor, vermelhidão, sinequia posterior, envolvimento da pele e da córnea podem ser observados. A UA pelo vírus da rubéola é frequentemente crônica e geralmente unilateral, mas pode ser bilateral. Apresenta-se tipicamente como uma catarata subcapsular posterior causando desfoque de visão em pacientes jovens. Os pacientes também podem apresentar manchas na visão (*floaters*) devidas à vitreíte, que podem ser confundidas com uveíte intermediária. No entanto, diferentemente do que é observado na uveíte intermediária, a acuidade visual é relativamente boa na UA causada pelo vírus da rubéola, pois não há edema macular cistoide. Alguns pacientes podem apresentar heterocromia (anomalia genética na qual o indivíduo possui um olho de cada cor, ou um mesmo olho com duas cores distintas) antes dos *floaters* e deficiência visual. A UA causada pelo vírus da rubéola pode ser complicada por hipertensão ocular, levando ao glaucoma secundário.

## Vírus linfotrópicos para células T de humanos

O HTLV-1 causa uveíte com inflamação granulomatosa e não granulomatosa associada a opacidade vítrea e vasculite retinal uni- ou bilateral. A uveíte associada ao HTLV-1 pode ocorrer como um evento primário ou pode estar associada à paraparesia espástica tropical (PET)/mielopatia associada ao HTLV (MAH). Outras manifestações oculares pelo HTLV-1 incluem infecção coriorretinal oportunista, presença de infiltrado linfomatoso em pacientes com leucemia de célula T, degeneração pigmentar retinal, episclerite, ceratouveíte e ceratoconjuntivite seca em pacientes com PET/MAH.

A imunopatologia da uveíte por HTLV-1 tem sido amplamente investigada. O mecanismo pelo qual os linfócitos infectados pelo HTLV-1 invadem o sítio imunológico privilegiado do olho ainda não é conhecido; contudo, a carga proviral detectada no olho é significativamente mais elevada do que a encontrada nos linfócitos do sangue periférico. O HTLV-1 ativa os linfócitos $TCD_4^+$, estimulando a produção de citocinas inflamatórias. Os linfócitos T dos infiltrados oculares dos pacientes com uveíte por HTLV-1 produzem uma grande quantidade de citocinas inflamatórias, como a interleucina 6 (IL-6). Desta forma, é provável que a uveíte por HTLV-1 seja causada por citocinas inflamatórias produzidas por linfócitos infectados que se infiltraram no olho. Na clínica, os corticosteroides são eficazes para tratar a inflamação da uveíte pelo HTLV-1.

# Retinite

Os principais agentes virais associados à retinite são os HHV-5, HHV-1, HHV-2 e HHV-3. Tipicamente, a retinite é indolor ou associada a uma irritação que varia de fraca a branda. Os sintomas visuais que podem se manifestar dependem da parte da retina envolvida e da possibilidade de complicações, como o descolamento da retina. O envolvimento vítreo pode produzir manchas na visão (*floaters*), as quais são mais bem visualizadas contra um fundo uniformemente iluminado, ou pode haver redução da visão.

## Herpesvírus de humanos 5

Embora a retinite por HHV-5 possa ocorrer em pacientes submetidos à terapia imunossupressora e, ocasionalmente, em neonatos, ela é mais comumente observada em pacientes infectados pelo vírus da imunodeficiência humana (HIV, *human immunodeficiency virus*) que evoluíram para a síndrome da imunodeficiência adquirida (AIDS, *acquired immunodeficiency syndrome*). Entretanto, o sucesso da terapia antirretroviral (TARV) levou ao declínio significativo da incidência da retinite por HHV-5 nesses pacientes.

A retinite por HHV-5 é a mais comum das infecções oculares graves que ocorrem em pacientes infectados pelo HIV e foi inicialmente detectada no início da década de 1980, logo após a descrição da AIDS. Ocorre em cerca de 1/3 dos pacientes com AIDS, tipicamente quando a contagem dos linfócitos $TCD_4^+$ está abaixo de 50 células/mm$^3$, e é comumente associada à infecção sistêmica por HHV-5 (colite, encefalite, pneumonite, adrenalite e radiculopatia).

O envolvimento ocular é bilateral em cerca de metade dos casos, e uma porção significativa dos pacientes perde a visão. Em torno de 80% dos pacientes que apresentam a doença unilateral irão desenvolver a doença bilateral se não forem devidamente tratados.

A retinite ocorre após viremia crônica. O vírus possivelmente atinge a retina via monócitos infectados ou, mais raramente, pelo sistema nervoso central via nervo óptico. Uma vez na retina, o vírus se espalha rapidamente nos sentidos retrógrado e antirretrógrado, pelas fibras nervosas, antes de se disseminar célula a célula na retina adjacente.

A função visual pode ser afetada como resultado do envolvimento da cabeça do nervo óptico ou da mácula; contudo, muitos casos são assintomáticos, e é necessária a realização do exame regular de fundo de olho para a observação da doença, particularmente naqueles pacientes com contagem de linfócitos $TCD_4^+$ inferior a 100 células/mm$^3$. Pacientes sintomáticos podem reclamar do surgimento gradual de manchas na visão, fotopsia (*flashes* de luz) e visão embaçada. Dor e fotofobia são incomuns e sugerem um diagnóstico alternativo, como por exemplo, retinite por HHV-1, HHV-2 e HHV-3 ou toxoplasma.

Existem duas lesões características que podem ser observadas no exame de fundo de olho. A primeira é uma área cuneiforme ou arcada de infiltração retinal que segue um padrão vascular e é frequentemente associada a hemorragia intrarretinal (*pizza fundus*). A segunda, denominada *cottage cheese and ketchup fundus*, é observada mais comumente na periferia da retina e consiste em lesão granular, branco-amarelada, de expansão lenta, com borda ativa e centro cicatrizado. Também podem ser observadas lesões satélites e bainha perivascular. A resposta inflamatória vítrea é geralmente ausente ou mínima devido ao estado de imunossupressão do paciente.

O diagnóstico geralmente é feito pelo exame de fundo de olho considerando o histórico do paciente e sua condição imunológica. O diagnóstico diferencial pode incluir necrose retinal aguda secundária à infecção por HHV-1, HHV-2 ou HHV-3, toxoplasmose, retinocoroidite e linfoma intraocular primário. A análise do humor aquoso ou vítreo por PCR, detecção de anticorpos ou isolamento viral em cultura pode ser indicada quando se suspeita de uma etiologia infecciosa e o diagnóstico baseado na aparência clínica não é definitivo. Em pacientes com AIDS, que não receberam tratamento para retinite ativa por HHV-5, a PCR é positiva em 95% dos casos. Se o paciente já está recebendo tratamento, a taxa de positividade é mais baixa em função da redução da carga viral.

O tratamento é baseado no uso de drogas antivirais tais como o ganciclovir, valganciclovir, cidofovir, fosfonoformato e letermovir.

# Síndrome da necrose aguda da retina

A síndrome da necrose aguda da retina (ARN, *acute retinal necrosis syndrome*) é uma retinite necrosante com vasculopatia oclusiva. Ocorre, ocasionalmente, em indivíduos imunocompetentes, e é a terceira causa mais comum de retinite em pessoas vivendo com HIV/AIDS. Os sintomas da ARN incluem manchas e decréscimo da visão, dor ocular e periocular, além de fotofobia.

O agente etiológico mais frequente da ARN é o HHV-3, mas também pode ser causada por HHV-1, HHV-2 ou HHV-5. O desenvolvimento da síndrome pode estar relacionado com a deficiência da imunidade mediada por células em associação à infecção viral. Tanto o HHV-3 quanto os HHV-1 e HHV-2 são neurotrópicos e acredita-se que possam atingir a retina a partir do cérebro via nervo óptico. O exame do fundo de olho demonstra a presença de retinite necrótica periférica focal, a qual rapidamente se espalha, formando uma grande lesão confluente circunferencial. Outros achados incluem vitreíte de moderada a grave, edema do disco óptico, arterite retinal, vaso-oclusão e uveíte anterior granulomatosa.

É recomendada a terapia com valaciclovir ou fanciclovir, embora os potenciais benefícios do tratamento sejam controversos. Os resultados do tratamento e o prognóstico visual são modestos, especialmente em pacientes com lesões extensas, pacientes com AIDS e idosos.

## Doença adnexal

O adnexo ocular compreende tecidos que são anatomicamente ou funcionalmente relacionados com o globo ocular. Isso inclui as pálpebras, a pele periocular e estruturas associadas, as glândulas lacrimais e acessórias, além do aparato de escoamento lacrimal. As características da doença dependem da estrutura envolvida. Diversos vírus estão associados a esse quadro, como, por exemplo, HHV-1, HHV-2 e HHV-3, vírus da caxumba, vírus do sarampo, vírus do molusco contagioso e vírus do papiloma de humanos (HPV).

## Vírus associados a doença ocular congênita

### Vírus da rubéola

A catarata congênita aparece logo após o nascimento e geralmente resulta da infecção adquirida durante o primeiro trimestre da gravidez. A catarata pode ser bilateral, nuclear, lamelar ou total e pode progredir para opacidade completa. O tratamento cirúrgico pode ser necessário.

O glaucoma infantil associado à rubéola congênita é provavelmente resultante do desenvolvimento anormal do ângulo da câmara anterior. A intervenção cirúrgica é, em geral, necessária.

A retinopatia afeta o epitélio retinal pigmentado, resultando em uma lesão de fundo de olho com aparência de "sal e pimenta", com numerosos depósitos pigmentados irregulares de tamanhos variados na mácula.

Outros vírus como HHV-5 e HHV-3 podem estar associados a anormalidades oculares congênitas. As alterações oculares associadas ao HHV-5 incluem coriorretinite, necrose retinal com calcificação, atrofia óptica, anormalidades do disco óptico e da câmara anterior, uveíte e estrabismo. A infecção congênita por HHV-3 pode estar associada a atrofia óptica, retinopatia pigmentar, nistagmo, reposta pupilar anormal e catarata.

### HIV e doenças oculares

Estima-se que aproximadamente 70% dos adultos com AIDS irão desenvolver alguma complicação ocular. Classicamente, os principais grupos de manifestações oftálmicas incluem a microvasculopatia, infecções oportunistas, desordens neoplásicas e neuro-oftálmicas. A microvasculopatia pode afetar a conjuntiva ou a retina (retinopatia por HHV-5 em pessoas vivendo com HIV/AIDS), e ao fundoscópio pode se manifestar como "pontos de lã de algodão" (*cotton wool spots*), hemorragia intrarretinal e microaneurisma retinal. Acredita-se que a patogênese da microvasculopatia conjuntival e retinal seja provavelmente semelhante e inclui a elevação da viscosidade do plasma, circulação de imunocomplexos e danos da vasculatura.

As principais infecções virais oportunistas são causadas por HHV-5, HHV-1, HHV-2, HHV-3 e vírus do molusco contagioso.

Além das complicações devido às infecções, o HIV pode causar neuropatia óptica por vários mecanismos, incluindo compressão do nervo óptico por tumores e vaso-oclusão.

Em crianças, as manifestações oculares pelo HIV são bem menos frequentes. A razão para tal é desconhecida. A manifestação ocular mais comum em crianças com HIV é a ceratoconjuntivite seca ou olho seco.

Em pacientes submetidos à TARV, pode ocorrer a síndrome inflamatória da reconstituição imunológica em HIV/AIDS, em que o paciente apresenta elevação na contagem de células $TCD_4^+$ acima de 100 células/$mm^3$ e começa a combater agentes infecciosos como o HHV-5. Nesse caso, a uveíte de recuperação imunológica pode se manifestar como um agravamento paradoxal da inflamação intraocular.

## Doenças oculares associadas a viroses sistêmicas

### Arbovírus

Arbovírus são vírus transmitidos por vetores artrópodes e, em geral, estão associados a infecções sistêmicas. Contudo, alguns destes patógenos têm sido associados a diversas complicações oculares; as mais comuns são conjuntivite, uveíte e doenças do segmento posterior do olho (p. ex., coroidite, atrofia coriorretiniana e retinite).

Detalhes sobre histórico, morfologia, classificação, biossíntese, patogênese e diagnóstico desses patógenos estão descritos no *Capítulo 18*.

#### *Vírus da dengue (DENV)*

A doença ocular associada ao DENV pode ter apresentação uni- ou bilateral com início dos sintomas oculares de 2 a 5 dias após o início da febre. A maioria dos sintomas oculares foi observada dentro de um dia após o pico de trombocitopenia. As principais queixas oculares são dor retro-ocular, visão embaçada, diplopia (visão dupla), sensação de corpo estranho, fotopsia, *floaters* e metamorfopsia (visão distorcida dos objetos). Além disso, outros sintomas oculares incluem *floaters* de visão turva, hemorragia subconjuntival, uveíte, vitreíte. Preditores significativos de sintomas oculares incluem leucopenia e hipoalbuminemia, que podem predispor os pacientes a uma infecção oportunista de tecidos oculares e hiperpermeabilidade.

A maculopatia da dengue é bem reconhecida e estudada mais do que outras manifestações oculares, e tem sido vista como relacionada ao sorotipo e à geografia. Existem poucos estudos para entender o mecanismo por trás das implicações oculares induzidas pela dengue, que limitam nossa compreensão da patologia da doença. Existe apenas um estudo que relaciona a maculopatia com um sorotipo específico, com 10% de incidência na epidemia de DENV-1, e ausência de casos durante a epidemia de DENV-2. Nesse estudo, edema macular e hemorragia macular foram achados comuns em pacientes sintomáticos com maculopatia.

A séria ameaça à visão é a retinopatia da dengue, incluindo vasculopatia da retina e edema macular. O mecanismo da retinopatia não é claramente entendido, mas as observações em pacientes mostram que há envolvimento do epitélio pigmentar da retina (EPR) e de células endoteliais.

### Vírus da Zika (ZIKV)

Em adultos, a infecção ocular pelo ZIKV se apresenta mais comumente como conjuntivite não purulenta; no entanto, achados mais sérios, como distúrbios do EPR e iridociclite, foram relatados em pacientes saudáveis e imunocomprometidos. Em casos de síndrome congênita associada à infecção pelo ZIKV (SCZ), as crianças apresentam manchas pigmentares maculares, perda de reflexo foveal, atrofia neurorretiniana macular e alterações fundoscópicas nas regiões maculares. Também houve relatos de atrofia coriorretiniana, neurite óptica, hemorragia retiniana, manchas retinianas, coloboma (orifício ou fissura no tecido ocular) de íris, subluxação das lentes, hiperplasia do nervo óptico, atrofia coriorretiniana macular. Anormalidades da retina também foram relatadas sem microcefalia, indicando a capacidade do ZIKV de causar complicações oculares por infecção direta. Uma análise dos achados histopatológicos de amostras de tecido ocular de fetos mortos devido à SCZ revelou presença de membranas pupilares e de ângulos imaturos na câmara anterior, perda de pigmento e afinamento do epitélio pigmentar da retina, afinamento coroidal, presença de camadas nucleares indiferenciadas na retina e de um infiltrado inflamatório perivascular dentro da coroide. O antígeno viral pode ser detectado na íris, retina neural, coroide e nervo óptico.

Atualmente, os efeitos a longo prazo dessas infecções são desconhecidos, mas um relato em um paciente imunocomprometido indica que as lesões podem ser persistentes. O ZIKV foi isolado de *swabs* conjuntivais de pacientes infectados, o que indica sua capacidade de infectar os tecidos perioculares e ser transmitido através de secreções oculares.

### Vírus chikungunya (CHIKV)

Sintomas oftálmicos podem ser observados nas fases aguda ou crônica. O epitélio da córnea e as células endoteliais, bem como os ceratócitos da córnea e da esclerótica, são descritos como alvos preferenciais do CHIKV. O envolvimento ocular é comum e pode se manifestar por várias alterações, como conjuntivite, retinite e neurite óptica.

### Vírus da febre amarela (YFV)

Entre os estudos relatados sobre complicações oculares induzidas por YFV (*Yellow fever virus*), há apenas um estudo de caso em uma mulher de 21 anos de idade que sofreu perda irreversível de visão junto com neurite óptica e encefalite duas semanas após receber vacinações contra febre amarela, hepatite A e B. O fator causal entre as múltiplas vacinas não pôde ser identificado durante a investigação.

### Vírus do Oeste do Nilo (WNV)

O envolvimento ocular após a infecção por WNV (*West Nile virus*) inclui a ocorrência de coriorretinite, uveíte anterior, vasculite retiniana, neurite óptica e cicatrização coriorretiniana congênita. Pacientes infectados com WNV com complicações neurológicas podem apresentar coriorretinite multifocal sem sintomas oculares ou visão vagamente reduzida. O padrão multifocal tem sido considerado como um marcador diagnóstico precoce para infecção por WNV com meningoencefalite.

Outras complicações oculares relatadas são iridociclite na ausência de coriorretinite, retinite, hemorragia retiniana, revestimento vascular focal ou difuso, extravasamento vascular, edema macular, vasculite oclusiva e zonas segmentares em forma de cunha de atrofia e manchas do pigmento epitélio retiniano. Pode ocorrer envolvimento do nervo óptico associado ao WNV, incluindo neurite óptica, neurorretinite e inchaço do disco óptico. A infecção por WNV tem sido raramente associada à síndrome de *opsoclonus-myoclonus* (OMS; também denominada síndrome de Kinsbourne, ou síndrome do olho dançante, consiste em uma desordem rara, composta por um conjunto de sintomas neurológicos, como ataxia apendicular e axial, mioclonias, *opsoclonus* [movimentos oculares arrítmicos e caóticos] e irritabilidade), em pacientes com movimentos dos olhos rápidos, involuntários e multifatoriais que persistem durante o sono. Os mecanismos exatos relacionados à neuropatia óptica em pacientes apresentando infecção por WNV ainda são desconhecidos.

### Vírus da encefalite japonesa (JEV)

Houve apenas um estudo de caso publicado em uma mulher de 53 anos infectada com JEV (*Japanese encephalitis virus*), levando a visão turva com hemorragia retiniana e apresentação clínica de fundo ocular. Estudos *in vitro* mostraram que a infecção pelo JEV leva à produção de um fator quimiotático de neutrófilos derivados de macrófagos, que altera a barreira sanguínea da retina e, portanto, pode ter sido uma causa da hemorragia retiniana observada.

## Ebolavírus (EBOV)

Detalhes sobre histórico, morfologia, classificação, biossíntese, patogênese e diagnóstico desse patógeno estão descritos no *Capítulo 19*.

Complicações oculares associadas à infecção aguda pelo EBOV já foram relatadas, incluindo conjuntivite e hemorragia subconjuntival. A falta de descrições detalhadas dos achados oculares pode ser, pelo menos em parte, atribuída ao medo da transmissão aos profissionais de saúde durante a fase aguda, à escassez de equipamento de exame oftalmológico adequado e de oftalmologistas treinados nas regiões de infecção, assim como à dificuldade de realizar um exame oftalmológico completo em um ambiente em quarentena.

Pacientes que se recuperam da infecção aguda podem desenvolver novas manifestações clínicas durante a fase de convalescença, incluindo artralgias, alterações do estado mental, estresse pós-traumático, fadiga extrema e perda auditiva. No entanto, embora os resultados dos exames de sangue e urina sejam negativos para o EBOV durante a fase convalescente, foram descritas queixas visuais e inflamação ocular, incluindo uveíte e vitreíte anteriores, que respondem à terapia tópica com corticosteroides.

O exame de um paciente na infecção aguda revelou cicatrizes coriorretinianas inativas sem sinais de inflamação ocular ativa. Posteriormente na fase convalescente, o paciente desenvolveu inflamação ocular unilateral com características não granulomatosas, vitreíte e heterocromia. Devido à inflamação grave e à pressão intraocular muito alta, o paciente foi submetido a uma paracentese (drenagem de líquido de uma cavidade do corpo) da câmara anterior, que revelou a presença do vírus infeccioso no olho. Essa descoberta ocorreu nove semanas após o *clearance* do vírus do sangue, o que foi semelhante a outro paciente, no qual o vírus infeccioso foi isolado do sêmen quase três meses após o *clearance* do sangue. Os indivíduos que se recuperaram da infecção pelo EBOV podem apresentar várias queixas oculares inespecíficas durante a fase convalescente prolongada.

## Outros vírus

O vírus da influenza tem sido associado a conjuntivite. Os tipos de influenza mais comumente associados a infecções oculares são as estirpes altamente patogênicas do vírus da influenza aviária $H_5N_1$ e $H_7N_7$.

O poliomavírus de humanos 1 (HPyV1, anteriormente denominado BKPyV) é um vírus ubíquo; a maioria das pessoas adquire a infecção na infância. A infecção primária é assintomática, mas o vírus pode permanecer nos rins. A doença ocular é rara, mas acredita-se que ocorra devido à ativação da infecção persistente, e pode se apresentar na forma de retinite atípica, geralmente em pacientes imunocomprometidos.

A infecção pelo vírus da caxumba ocasionalmente pode resultar em complicações oculares. O vírus já foi associado a casos de ceratite e irite. O envolvimento corneal é unilateral, com ceratite intersticial indolor. Há normalmente um decréscimo da acuidade visual no olho afetado, mas a recuperação é normalmente completa e a ocorrência de sequelas duradouras é rara.

As manifestações extra-hepáticas da infecção pelo vírus da hepatite C (HCV) incluem envolvimento ocular; córnea, conjuntiva e glândula lacrimal acessória podem ser afetadas, e a síndrome do olho seco é a manifestação mais comum. Também pode ocorrer o envolvimento da retina.

O vírus do molusco contagioso pode afetar pálpebras, conjuntiva e córnea, predominantemente em adultos jovens.

O vírus do papiloma de humanos (HPV) também já foi associado ao carcinoma de células escamosas conjuntival bem como com condições não neoplásicas como a ceratopatia da gota, doença caracterizada pelo acúmulo de material translúcido composto primariamente de proteína, nas camadas superficiais do estroma da córnea. O vírus também pode causar verrugas nas pálpebras e conjuntiva.

# Índice Alfabético

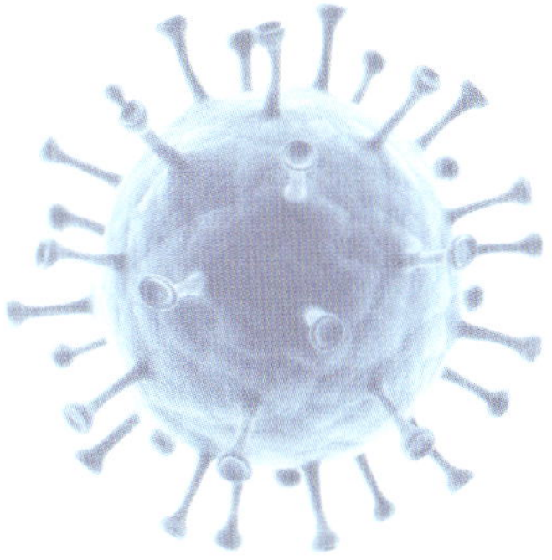

## A



## B

## C



## D

## E

## F



## G



## H

# I

## L



## M



## N

# O



# P

# Q



# R



# S

## T



## U



## V

## W



## Z



2021/1